ISBN 7-5436-1770-6

中国高等植物

HIGHER PLANTS OF CHINA

主　　编

EDITORS-IN-CHIEF

傅立国　陈潭清　郎楷永　洪　涛

FU LIKUO, CHEN TANQING, LANG KAIYUNG AND HONG TAO

第九卷

VOLUME 9

编　辑

EDITORS

傅立国　洪　涛

FU LIKUO AND HONG TAO

青　岛　出　版　社

QINGDAO PUBLISHING HOUSE

鲁新登字 08 号

图书在版编目(CIP)数据

中国高等植物　第九卷/傅立国等主编. —青岛:青岛出版社,1999.1
ISBN 7-5436-1770-6
Ⅰ. 中…
Ⅱ. 傅…
Ⅲ. 高等植物—中国
Ⅳ. Q949.408

中国版本图书馆 CIP 数据核字(98)第 32742 号

书　　名　中国高等植物　第九卷
Title　HIGHER PLANTS OF CHINA　Volume 9
主　　编　傅立国　陈潭清　郎楷永　洪　涛
Editors-in-Chief　Fu Likuo, Chen Tanqing, Lang Kaiyung and Hong Tao
出版发行　青岛出版社(中国青岛市徐州路 77 号,266071)
Publisher　Qingdao Publishing House (Xuzhou Rd. 77, Qingdao, P. R. China)
责任编辑　徐　诚　高继民
排版制图　北京易龙图文设计中心
装帧设计　王鸿翔
印　　刷　胶南市印刷厂
出版日期　1999 年 1 月第 1 版　1999 年 2 月第 1 次印刷
开　　本　16 开(889×1194 毫米)
印　　张　40
插　　页　22
印　　数　1—3000
书　　号　ISBN 7-5436-1770-6/Q·12
定　　价　国内 200.00 元人民币,国外 USD $ 168.00

中国高等植物

中国高等植物　第九卷

HIGHER PLANTS OF CHINA

HIGHER PLANTS OF CHINA Volume 9

Editors Fu Likuo and Hong Tao

Authors Li Hsiwen, Li Pingtao, He Tingnung, Chu Geling, Fang Rhuicheng, Zhang Zhiyung, Chen Shouliang, Liou Sheolu, Lan Youngzhen, Zhuang Tide, Yao Gan, Liu Quanru, Chen Ximu, Chen Shilong, Li Zhenkui and Liu Xinyi

Responsible Editors Xu Cheng and Gao Jimin

前　言

中国地处欧亚大陆东南部，东南濒临太平洋，西北深处欧亚大陆腹地，西南与南亚次大陆接壤，面积960万平方公里，地势西高东低，西南部有世界最高的青藏高原，山峦重叠，河流交错，湖泊众多，拥有渤海、黄海、东海及南海四大海域，南北相距5500公里，跨越温带、亚热带及热带，地貌、土壤及自然条件复杂多样，具有适宜众多生物物种生存和繁衍的各种生境。在中生代至新生代第三纪温暖气候、第四纪冰期时未受北方大陆冰川覆盖，自第三纪以来气候比较稳定，导致我国植物物种极为丰富，仅高等植物（苔藓、蕨类、裸子及被子植物）就达约3万种，在不同地带组成各种植被类型。

中国植物学工作者经过几代人的艰苦工作，80多年来在全国各地采集了约1700万份标本，保存在各省、区、直辖市植物标本馆（室）中，为植物分类学研究工作奠定了坚实的基础。近40年来，经过3代植物分类学家的共同奋斗，编著了3部中国植物分类学巨著——《中国高等植物图鉴》（以下简称《图鉴》）、《中国植物志》（以下简称《植物志》）和《Flora of China》。

在当今全球保护植物物种多样性与合理开发、持续利用野生植物资源的大好形势下，为满足我国农、林、工、牧、医药、环保、科研、教育等部门广大科技人员和基层工作者对植物分类的需求，本书主持单位和青岛出版社决定编著出版一部科、属齐全，种数较多，中名、拉丁名考证正确，简明、实用，图文并茂的中国植物分类学新著——《中国高等植物》。全书记载约1.7万种植物，收载森林、植被及园林中的常见种，有经济或科研价值的物种，分布在两省区以上或毗邻国家分布较广而在我国仅在某周边省区有分布的物种，每个属的代表种，以及常见引种栽培的外来种。全书分13卷出版，苔藓、蕨类及裸子植物用《中国苔藓志》及《中国植物志》（第二至七卷）系统，被子植物各科按Cronquist 系统编排。第一卷：苔藓植物，第二卷：蕨类植物，第三卷：包括裸子植物及被子植物木兰科至杜仲科，第四卷：榆科至藤黄科，第五卷：杜英科至岩梅科，第六卷：山榄科至蔷薇科，第七卷：含羞草科至毒鼠子科，第八卷：黄杨科至伞形科，第九卷：马钱科至唇形科，第十卷：透骨草科至假牛繁缕科，第十一卷：忍冬科至菊科，第十二卷：花蔺科至禾本科，第十三卷：黑三棱科至兰科。各科有分属检索表，各属有分种检索表。每种植物均有中名，少数种有常用别名；有拉丁名及原始文献，若拉丁名为组合名称，则列出基名及其文献，凡《图鉴》或《植物志》所用拉丁学名与现用名不一致，或两书中的名称已被归并或为错误鉴定者均予列出，并在其拉丁名后注明《图鉴》或《植物志》的卷号及页码；每种植物有形态、分布、生境的记述，有些种还记述其主要用途；每种植物均有形态图和地理分布图（外来种及附录种除外），多数形态图均引用或抄自已出版的志书或期刊，均注有原绘图人姓名或书刊名称。有些植物还附有彩片。

本书是中国植物分类学家通力合作的智慧结晶，参加编研工作的专家约140位，并得到所在单位领导的支持。在收集、补充每种植物的具体分布资料的工作中，得到了各省、区专家及标本馆同志们的大力帮助，谨此表示衷心的感谢。

由于编审工作任务繁重，出版时间紧迫，特别是全国植物标本数据库尚未建立，首次绘制的每种植物分布图中难免有所遗误，不足之处，衷心欢迎海内外读者批评指正。

本书编委会

1998年10月

FOREWORD

China, with an area of 9 600 000 km2, is situated in the southeastern part of the continent of Eurasia, facing the Pacific Ocean to the southeast, penetrating deep into the Eurasian heartland to the northwest, and connecting with the South Asian Subcontinent to the southwest. It ranges continuously through temperate, subtropical, and tropical regions and is about 5 500 km across from the north to the south. It has very diverse natural habitats, such as complicated mountainous regions, abundant river systems and lakes, and four major sea areas, namely the Bohai Sea, the Yellow Sea, the North China Sea, and the South China Sea. With the Qinghai—Tibet Plateau, the highest in the world, located in the southwest, the country is high in the west and descends gradually eastwards forming many favorable habitats for a rich number of living organisms. From the Mesozoic to the Tertiary Period in the Cenozoic, the climate is warm in China and has been relatively stable since than partially due to the fact that the country was not covered by the northern continental glaciers in the Quaternary Period. As a result, China has a rich flora with about 30 thousand species of higher plants (bryophytes, pteridophytes, gymnosperms, and angiosperms) forming various types of vegetations in different areas.

Over the past 80 years, generations of Chinese botanists have collected nationwide about 17 million specimens, which are preserved in provincial and other local herbaria and have laid à solid foundation for plant taxonomic researches in China. During the past 40 years, three monumental taxonomic publications, namely ***Iconographia Cormophytorum Sinicorum*** (***ICS***), ***Flora Reipublicae Popularis Sinicae*** (***FRPS***), and ***Flora of China***? have been completed or established through the continued efforts of three generations' Chinese plant taxonomists.

The ***Higher Plants of China***, consisting of 13 volumes, is to meet the great needs of a broad scope of researchers worldwide to study Chinese plant conservation, biodiversity, development and sustainable use of natural botanical resource. The work is treating about 17 thousand species representing all the currently recognized plant families and genera in China. The selection of species are determined by their commonness in the wild or under cultivation and their scientific and economic values. They are often distributed in more than two provinces or autonomous regions or are sometimes found in only one province or autonomous region, but are common in neighboring countries. Representative species for each genus, including those introduced and naturalized ones, are often included. The systematic arrangements for bryophytes, pteridophytes, and gymnosperms follow the ***Flora Bryophytarum Sinicorum*** (***FBS***) and the ***FRPS*** (Vol. 2—7), and that for angiosperms follows Cronquist's system. The contents of the volumes are as follows: Vol. 1. Bryophyta; Vol. 2. Pteridophyta; Vol. 3. Gymnospermae and Angiospermae (Magnoliaceae (Eucommiaceae); Vol. 4. Ulmaceae (Clusiaceae; Vol. 5. Elaeocarpaceae (Diapensiaceae; Vol. 6. Sapotaceae (Rosaceae; Vol. 7. Mimosaceae (Dichapetalaceae; Vol. 8.

Buxaceae (Apiaceae; Vol. 9. Loganiaceae (Lamiaceae; Vol. 10. Phrymaceae (Theligonaceae; Vol. 11. Caprifoliaceae (Asteraceae; Vol. 12. Butomaceae (Poaceae; and Vol. 13. Sparganiaceae (Orchidaceae. Keys to genera and to species are provided. For each species, its standard and sometimes other commonly used Chinese names, its scientific name with reference, and a basionym with reference when applicable are provided. Scientific names accepted in the ***ICS*** and the ***FRPS*** are also provided with reference of page numbers in these works when they are treated as synonyms or as misidentified names. Each species is illustrated sometimes in color with brief descriptions of morphology, distribution, habitat, and sometimes uses and each is accompanied (except for exotic species) by a distribution map to the county level. Illustrators, photographers, and references when applicable for the illustrations are acknowledged.

The ***Higher Plants of China*** is an accumulated work of more than 140 Chinese plant taxonomists from many institutions nationwide. Many others from every provincial and other local herbaria have helped with collecting and verifying data especially for the distribution information. Those who have contributed to the work are highly appreciated.

The Editorial Committee

October 1998

第九卷　被子植物门
Volume 9　ANGIOSPERMAE

科　次

177. 马钱科 LOGANIACEAE

（李秉滔　李镇魁）

乔木、灌木、藤本或草本。根、茎、枝及叶柄均具内生韧皮部。植株无乳汁。单叶，对生，羽状脉，稀3-7基出脉；托叶生于叶腋连成鞘状或在二叶柄间连成托叶线。花两性，稀单性，辐射对称，单生或组成聚伞花序、圆锥状伞房花序；具苞片及小苞片。花萼(2)4-5裂，萼片镊合状排列；花冠常高脚碟状或近钟状，4-5(8-16)裂，裂片镊合状或覆瓦状排列；雄蕊(1)4-5(8-16)枚，着生花冠筒内壁，与花冠裂片同数，且与其互生，花药1-2室，纵裂；子房上位，稀半下位，(1)2(3-4)室，每室1-多数胚珠，横生或倒生；花柱1(2)，柱头全缘或2(4)裂。浆果或蒴果，常球形。种子无翅或具翅，具丰富肉质或软骨质胚乳，胚小，直伸，子叶小。染色体基数x=4-12。

约21属，431种，主产世界热带及亚热带地区。我国7属约25种，主产西南至东部，分布中心为云南。

1. 浆果。
  2. 花冠裂片覆瓦状排列；托叶鞘状 ………………………………………………………… 1. **灰莉属 Fagraea**
  2. 花冠裂片镊合状排列；托叶在叶柄间连成托叶线。
    3. 常具钩状枝或枝刺；基出脉3-7 ……………………………………………………… 2. **马钱属 Strychnos**
    3. 枝直伸，无枝刺；羽状脉 ………………………………………………………… 3. **蓬莱葛属 Gardneria**
1. 蒴果，室间2瓣裂。
  4. 木本；花冠裂片覆瓦状排列。
    5. 藤本；萼片覆瓦状排列；花冠裂片向右覆盖 ………………………………………… 4. **钩吻属 Gelsemium**
    5. 灌木或乔木；萼片镊合状排列；花冠裂片向左覆盖 ………………………………… 5. **髯管花属 Geniostoma**
  4. 草本；花冠裂片镊合状排列。
    6. 花4数；不规则伞形花序 ………………………………………………………… 6. **尖帽草属 Mitrasacme**
    6. 花5数；2-3歧聚伞花序 ………………………………………………………… 7. **度量草属 Mitreola**

1. 灰莉属 Fagraea Thunb.

乔木或灌木，常附生或半附生，稀攀援状，无毛。单叶，对生，全缘，稀具细钝齿，羽状脉，常不明显；叶柄常膨大，托叶合生成鞘状，常于2叶柄间裂成2腋生鳞片。花两性，常较大，单生或少花组成顶生聚伞花序，有时花较小多朵组成二歧聚伞花序；苞片小，2枚。花萼宽钟状，5裂，覆瓦状排列；花冠漏斗状或近高脚碟状，裂片5，稍肉质，花蕾时螺旋状向右覆盖；雄蕊5，着生于花冠筒喉部，常伸出花冠，稀内藏，花药2室，纵裂，内向；子房具柄，1室，具2侧膜胎座，或2室为中轴胎座，胚珠多数，柱头头状、盾状或2裂。浆果。种子多数，种皮脆壳质；胚乳软骨质。染色体基数x=11。

约35种，分布于亚洲东南部、大洋洲及太平洋岛屿。我国1种。

灰莉 图1 彩片1

Fagraea ceilanica Thunb. Vet. Acad. Handl. Stockh. 3: 132. t. 4. 1782.

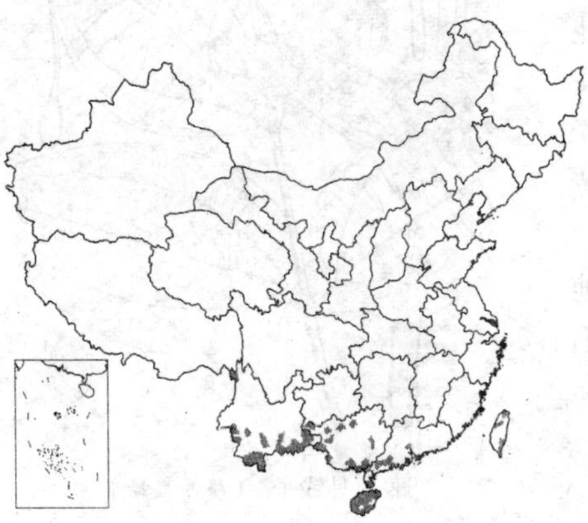

乔木或攀援灌木状，高达15米，树皮灰色；全株无毛。小枝粗圆，老枝具凸起叶痕及托叶痕。叶稍肉质，椭圆形、倒卵形或卵形，长5-25厘米，先端渐尖或骤尖，基部楔形，下延，侧脉4-10对，不明显；叶柄长1-5厘米，基部具鳞片状托叶。花单生或为顶生二歧聚伞花序，花序梗基部具长约4毫米披针形苞片。花梗长1-3

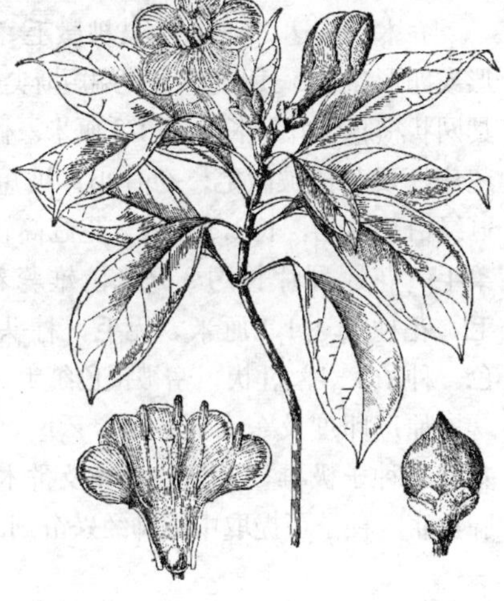

图1 灰莉（黄少容绘）

厘米，中上部具2小苞片；花萼肉质，长1.5-2厘米，裂片卵形或圆形，长约1厘米，边缘膜质；花冠漏斗状，长约5厘米，稍肉质，白色，芳香，裂片倒卵形，长2.5-3厘米；雄蕊内藏；子房2室，每室多数胚珠，花柱细长。浆果卵圆形或近球形，长3-5厘米，具尖喙，基部具宿萼。种子椭圆状肾形。花期4-8月，果期7月至翌年3月。

产台湾、广东、香港、海南、广西及云南，生于海拔500-1800米山地密林中或石灰岩山地阔叶林中。印度及东南亚各国有分布。花大芳香，为庭园观赏植物。

2. 马钱属 Strychnos Linn.

藤本，稀乔木、灌木或草本，常具钩刺或卷须。叶全缘，具3－7基出脉，稀羽状脉；托叶呈睫毛状或环状托叶线。圆锥状或头状聚伞花序腋生或顶生，具鳞片状苞片。花(4)5数；花萼常钟状，萼片小，常被毛；花冠高脚碟状或近钟状，花冠裂片镊合状排列，雄蕊4－5，常生于花冠筒喉部，花药2室，内向，纵裂；子房2室，花柱圆柱形，柱头头状或2裂。浆果，果皮坚硬或脆壳质，果肉肉质。种子1-15颗，一面扁平，一面凸起，平滑；胚乳肉质，子叶叶状。染色体基数x=11。

约190种，分布于热带及亚热带地区。我国11种，2变种，产西南、南部及东南部。

1. 乔木 ………………………………………………………………………… 1. **马钱子 S. nux-vomica**
1. 藤本。
  2. 花冠裂片较花冠筒长。
    3. 花序长1.5-2.5厘米；果径2-5.5厘米 ………………………………… 2. **密花马钱 S. ovata**
    3. 花序长6-12厘米；果径1.2厘米 ……………………………………… 3. **伞花马钱 S. umbellata**
  2. 花冠裂片较花冠筒短或等长。
    4. 花冠裂片与花冠筒近等长 ……………………………………………… 4. **牛眼马钱 S. angustiflora**
    4. 花冠裂片较花冠筒短。
      5. 花冠筒内壁无毛 …………………………………………………………… 5. **华马钱 S. cathayensis**
      5. 花冠筒内壁被毛。
        6. 花冠筒喉部及花柱被长柔毛 ……………………………………… 6. **毛柱马钱 S. nitida**
        6. 花冠筒内壁中部以下被毛；花柱无毛。
          7. 花序腋生；萼片边缘无毛；花药顶端长尖 …………………………… 7. **吕宋果 S. ignatii**
          7. 花序顶生；萼片边缘具睫毛；花药顶端短尖或圆 ……………… 7(附). **长籽马钱 S. wallichiana**

1. 马钱子 图2

Strychnos nux-vomica Linn. Sp. Pl. 189. 1753.

乔木，高达25米。小枝被微毛，老渐脱落。叶纸质，近圆形、宽椭圆形或卵形，长5-18厘米，先端短渐尖或骤尖，基部圆或浅心形，基出脉3-5，具网状横脉；叶柄长0.5-1.2厘米。圆锥状聚伞花序腋密生，长3-6厘米，花序梗及花梗被微毛；苞片小，被短柔毛。花萼裂片卵形，被短柔毛；花冠绿白至白色，长1.3厘米，花冠筒较裂片长，无毛，花冠筒内壁基部被长柔毛，花冠裂片长约3毫米；雄蕊着生花冠筒喉部，花药伸出；子房无毛，花柱长达1.1厘米，无毛，柱头头状。浆果球形，径2-4厘米，桔黄色。种子1-4，盘状，密被银色绒毛。花期春夏，果期8月至翌年1月。

原产印度及东南亚各国。云南、福建、台湾、广西、广东及海南等地栽培。种子极毒，含马钱子碱及番木鳖碱等多种生物碱，入药可通经及消肿止痛；种子可提取中枢神经兴奋剂。木材供车辆及农具等用。

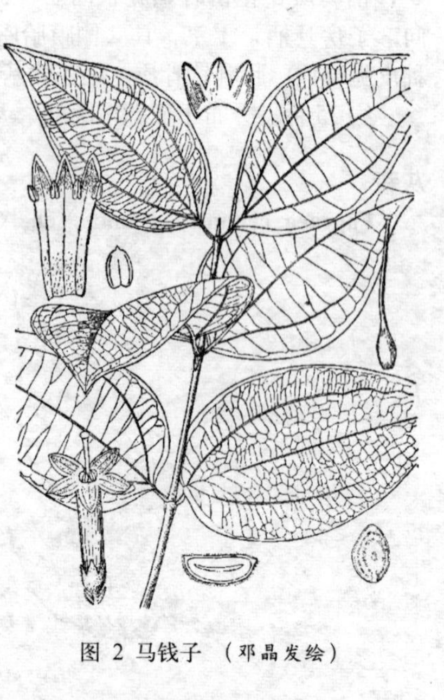

图2 马钱子 （邓晶发绘）

2. 密花马钱 图 3

Strychnos ovata Hill in Kew Bull. 1909: 360. 1909.

Strychnos confertiflora Merr. et Chun; 中国高等植物图鉴 3: 380. 1974.

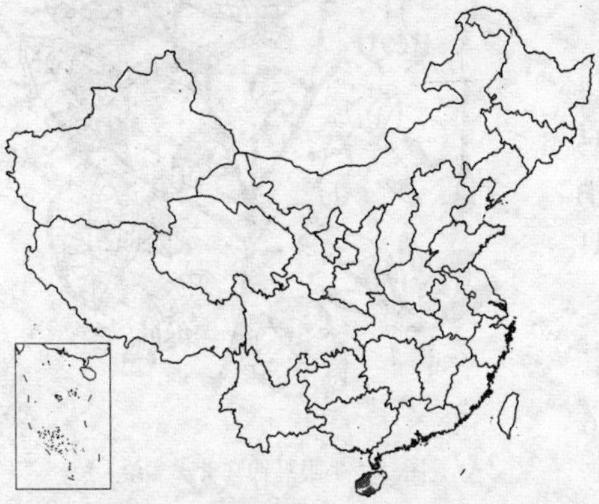

藤本，长达10米，径达4厘米。枝条无毛，具刺。叶纸质，卵形或长椭圆形，长8-13厘米，先端渐尖，基部圆或楔形，无毛，基出脉3-5；叶柄长1.5厘米。聚伞花序长1.5-2.5厘米，花稠密，花序梗、花梗、花萼、花冠及花冠筒内面均被短柔毛。花萼裂片宽卵形，长约1毫米；花冠黄绿色，长3-4.5毫米，花冠筒长1-1.5毫米，花冠裂片长 2.5-3毫米；雄蕊着生花冠筒喉部，药隔具短尖头；子房上部及花柱被长柔毛，柱头头状。浆果球形，径2-5.5厘米，红色。花期3-6月，果期7-12 月。

产广东及海南，生于海拔200-600米山地密林及山坡灌丛中。马来西亚、印度尼西亚及菲律宾有分布。种子含马钱子生物碱，供药用。

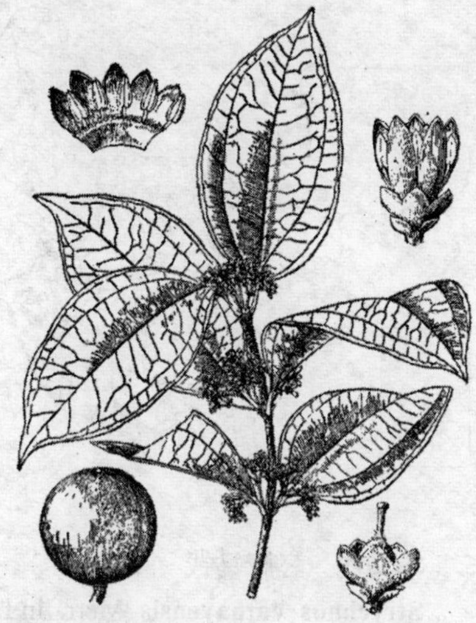

图 3 密花马钱（黄少容绘）

3. 伞花马钱 图 4

Strychnos umbellata (Lour.) Merr. in Philipp. Journ. Sci. 15: 252. 1920.

Cissus umbellata Lour. Fl. Cochinch. 84. 1790.

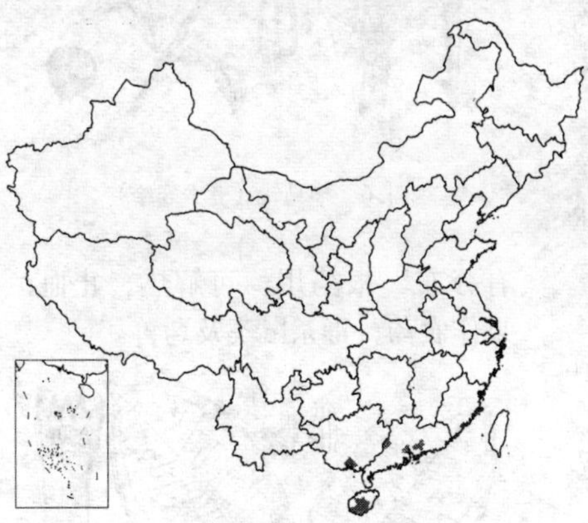

藤本。枝条无毛。叶革质，卵形或长椭圆形，长4-9厘米，先端钝或渐尖，基部宽楔形，基出脉3-7，横出网脉明显；叶柄长4-6毫米。圆锥状聚伞花序长6-12厘米，花序梗、花梗、花萼及花冠筒内面喉部均被短柔毛。花梗长1-4毫米；花4(5) 数；花萼裂片宽卵形，长约1毫米；花冠钟状，长约4毫米，花冠筒长0.5-1毫米，花冠裂片较花冠筒长3倍；子房无毛，柱头头状。浆果球形，径约1.2厘米。种子1-3。花期3-6月，果期7-10月。

产广西、广东、香港及海南，生于低海拔灌丛中。越南及柬埔寨有分布。根有毒，药用可治湿寒痹痛及肾水肿；种子有毒，含马钱子碱，供药用。

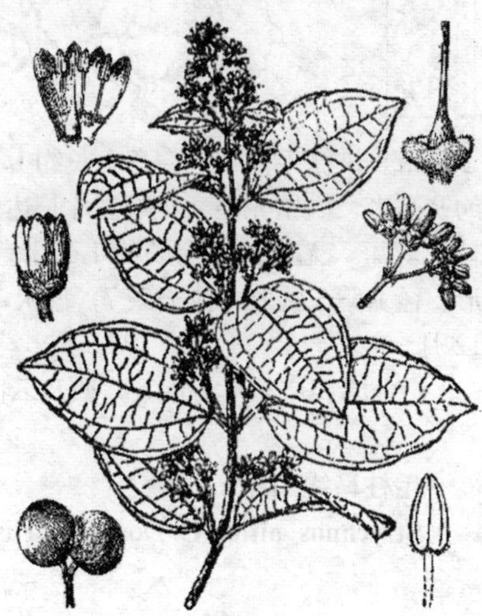

图 4 伞花马钱（黄少容绘）

4. 牛眼马钱 图 5 彩片 2

Strychnos angustiflora Benth. in Journ. Linn. Soc. Bot. 1: 102. 1856.

藤本，长达10米。小枝枝刺具卷钩与叶对生，长2-5厘米，老枝具枝刺。叶革质，圆形、卵形或椭圆形，长3-8厘米，无毛，先端骤尖或钝，基部圆或宽楔形，稀浅心形，基出脉3-5；叶柄长4-6毫米。三歧聚伞花序顶生，长2-4厘米，被短柔毛；苞片小。花长0.8-1.1厘米；花萼裂片卵状三角形，长1毫米，被微柔毛；花冠白色，花冠筒与花冠裂片近等长，长4-5毫米，近基部及花冠筒喉部被长柔毛；雄蕊着生花冠筒喉部，花丝丝状，花药伸出。浆果球形，径

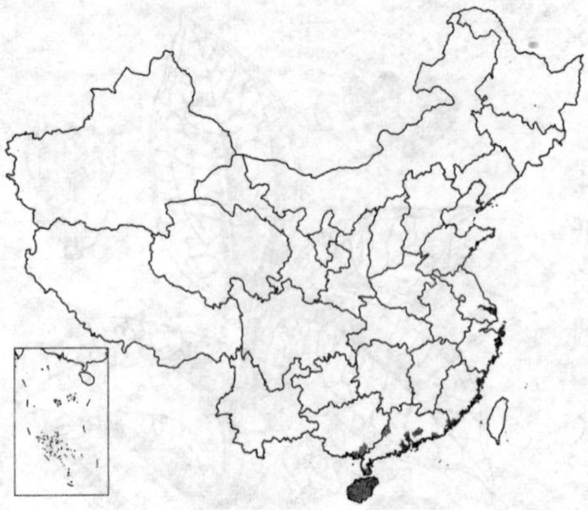

2-4 厘米，平滑，红或橙黄色。种子1-6，扁圆形，径1-1.8 厘米。花期 4-6 月，果期 7-12 月。

产福建、广东、海南及广西，生于山地疏林或灌丛中。越南、泰国及菲律宾有分布。茎皮、幼叶及种子有毒，含马钱子碱及番木鳖碱，药用可消肿解毒；也可作兽药，治跌打损伤。

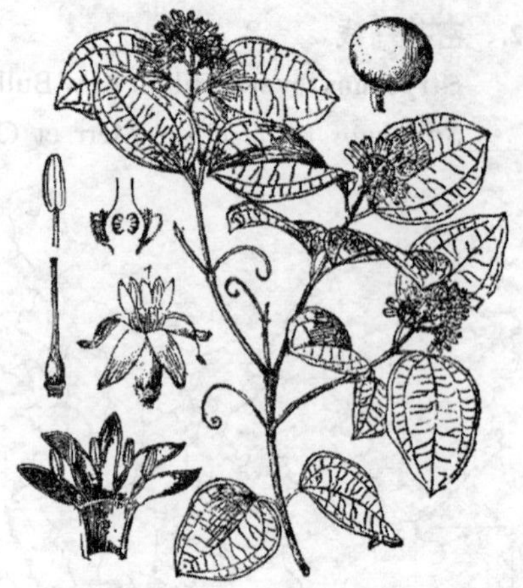

图 5 牛眼马钱（黄少容绘）

5. 华马钱 三脉马钱 牛目椒 图 6

Strychnos cathayensis Merr. in Lingnan Sci. Journ. 13: 44. 1934.

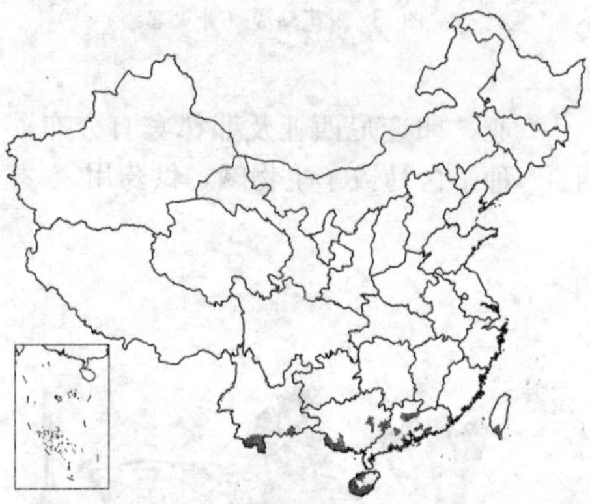

藤本或攀援灌木，长达8米。茎具纵纹，小枝常变态为成对卷钩。叶近革质，长椭圆形或窄长圆形，长2-10厘米，先端骤尖或短渐尖，基部宽楔形、圆或微心形，上面无毛，下面疏被柔毛；叶柄长2-4毫米，疏被柔毛或无毛。聚伞花序长3-4厘米，花稠密，花序梗及花梗被微毛；小苞片长约1毫米。花萼裂片卵形，长约1毫米，被微毛；花冠白色，长约1.2厘米，无毛，有时被乳点，花冠筒长约9毫米，内壁无毛，花冠裂片长达3.5毫米；雄蕊着生花冠筒喉部，花丝较花药短，无毛；子房长约1毫米，花柱长达1厘米，柱头头状。浆果球形，径1.5-3厘米。种子2-7，盘状，径1-2.5厘米。花期3-6月，果期6-12月。

产台湾、广东、海南、广西及云南，生于山地疏林或山坡灌丛中。越南有分布。根药用，可解热、止血；果作农药，毒杀鼠类及鸟兽。

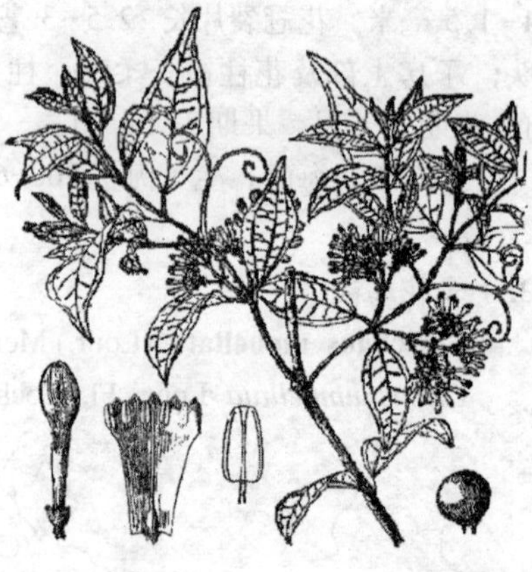

图 6 华马钱（黄少容绘）

6. 毛柱马钱 滇南马钱 图 7:1-7

Strychnos nitida G. Don, Gen. Hist. 4: 66. 1837.

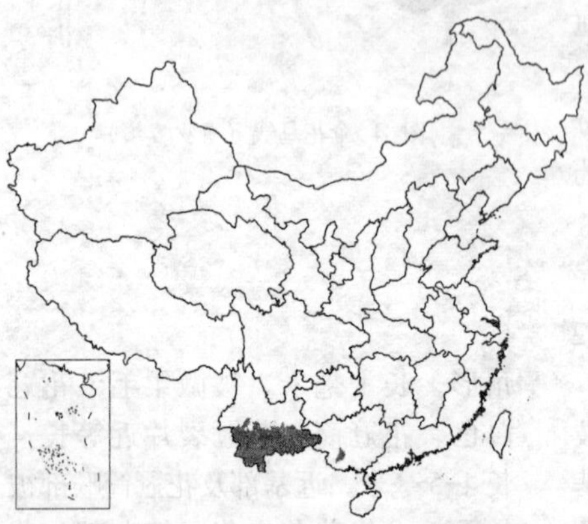

藤本，长达7米。幼枝被短柔毛，老渐脱落；小枝常变态成对卷钩。叶对生，纸质或薄革质，长圆形、椭圆形或长圆状披针形，长8-14厘米，先端骤钝尖，基部宽楔形，边缘稍反卷，上面无毛，下面疏被短柔毛或无毛，基出脉3，网脉横出；叶柄长5-7毫米，腹面具沟，沟侧具睫毛，叶柄间托叶线具睫毛。圆锥状聚伞花序顶生，长4-8厘米，花序梗及花梗被短柔毛。花萼裂片长约1毫米，被微毛，

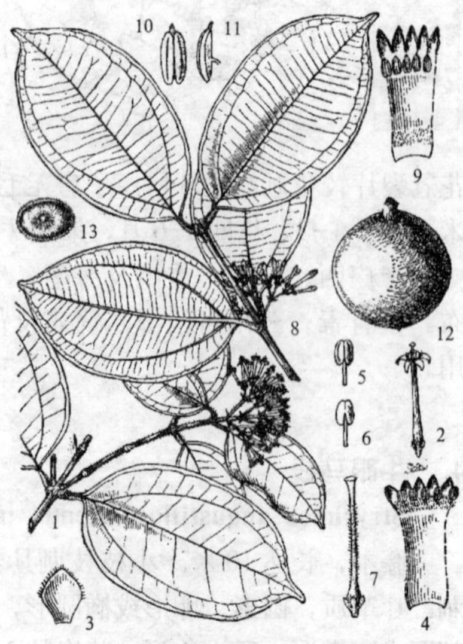

图 7:1-7.毛柱马钱 8-13.吕宋果（余汉平绘）

边缘膜质具睫毛；花冠淡绿色，长1.4-1.5厘米，近无毛，花冠筒长为花冠裂片5倍，内面喉部被长柔毛；雄蕊着生花冠筒喉部，花药长约1毫米，基部2裂，无毛；子房长3毫米，无毛，花柱长1.2厘米，被长柔毛，柱头顶端稍凹缺。浆果球形，径3-5厘米，外果皮木质，厚达4毫米。种子1-3，近球形，径2-3厘米，被微毛。花期3-7月，果期8-10月。

产云南及广西，生于海拔200-1800米灌丛中。印度、孟加拉国、缅甸、老挝及越南有分布。果性寒味苦，有强壮、兴奋、益脑、健胃及活血药效，主治四肢麻木、瘫痪。

7. 吕宋果 海南马钱 图 7:8-13

Strychnos ignatii Berg. in Mat. Med. 1: 146. 1778.

Strychnos hainanensis Merr. et Chun; 中国高等植物图鉴 3: 381. 1974.

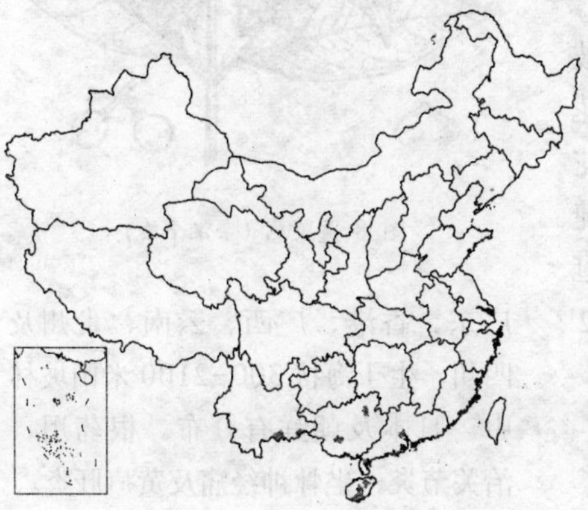

藤本，长达20米。枝条圆，无毛，皮孔明显。卷钩单生叶腋，长3-7厘米。叶纸质或薄革质，卵形或椭圆形，长6-17厘米，先端骤尖，基部宽楔形或圆，基出脉3-5，有时为离基3出脉，网脉横出，两面无毛；叶柄长0.7-1厘米。三歧聚伞花序腋生，长2.5-3厘米，具花10-20朵，花序梗及花梗被短柔毛。花芳香；花萼裂片长约1毫米，被短柔毛；花冠白或淡黄色，长1.5-1.7厘米，被乳点，内面被柔毛，花冠裂片长4-5毫米；雄蕊着生花冠筒喉部，花丝短，花药长1.2-1.8毫米，顶端长尖，基部2浅裂；子房长1毫米，花柱长1.4厘米，柱头头状。浆果球形，径4-10厘米，橙黄色，果皮脆壳质。种子1-15，扁卵圆形，长2-2.5厘米，径1.5-1.8厘米，被灰白色绢毛。花期4-6月，果期7月至翌年1月。

产云南、广西、广东及海南，生于海拔400-800米石灰岩山地疏林或灌丛中。东南亚有分布。种子有毒，药用治中风、小儿蛔虫、泻痢及蛇虫咬伤。

[附] **长籽马钱** 尾叶马钱 **Strychnos wallichiana** Steud. ex DC. Prodr. 9: 13. 1845. 本种与吕宋果的区别：小枝常变态为单生或成对卷钩；叶椭圆形、倒卵形或近圆形，出脉；圆锥状聚伞花序顶生；萼片边缘具睫毛，花冠筒长约1.1厘米，花药顶端短尖或圆；浆果桔红色；种子多颗，密被淡灰褐色绢毛。花期4-6月，果期8月至翌年1月。产云南，生于海拔600米以下山地、山谷荫湿处或石灰岩地区沟谷阔叶林中。印度、孟加拉国、斯里兰卡、越南及安达曼岛有分布。全株有毒，种子味苦性寒，可通经络、消痈肿、止痛，治皮肤癌、小儿麻痹后遗症及淋巴腺结核。

3. 蓬莱葛属 Gardneria Wall.

藤本。单叶，对生，全缘，羽状脉；叶柄间具托叶线。花单生、簇生或组成二至三歧聚伞花序，具长花梗及钻状苞片。花萼小，4-5深裂，裂片边缘具纤毛，余无毛；花冠辐状，4-5裂，裂片镊合状排列，薄或厚肉质，红、黄或白色；雄蕊4-5，着生花冠筒内壁，花丝短，扁平，花药基部2裂，背着，内向，2或4室，伸出花冠筒；子房2室，每室1-4胚珠，花柱长，柱头头状或2浅裂。浆果球形，径1-2厘米，花柱宿存或脱落。种子常1粒，球形或椭圆形，胚乳厚，软骨质。

5种，分布于亚洲东部及东南部。我国均产。

1. 花5数。
    2. 叶卵形或椭圆形；二至三歧聚伞花序 …………………… 1. **蓬莱葛 G. multiflora**
    2. 叶长圆形、线状披针形或披针形；花单生或双生。
        3. 花药离生，4室 …………………… 2. **狭叶蓬莱葛 G. angustifolia**
        3. 花药合生，2室 …………………… 3. **柳叶蓬莱葛 G. lanceolata**
1. 花4数。
    4. 叶卵形，上面侧脉凸起；花药合生 …………………… 4. **卵叶蓬莱葛 G. ovata**
    4. 叶长圆形或长椭圆形，上面侧脉平；花药离生 …………………… 4(附). **离药蓬莱葛 G. distincta**

1. 蓬莱葛 图 8

Gardneria multiflora Makino in Bot. Mag. Tokyo 15: 103. 1901.

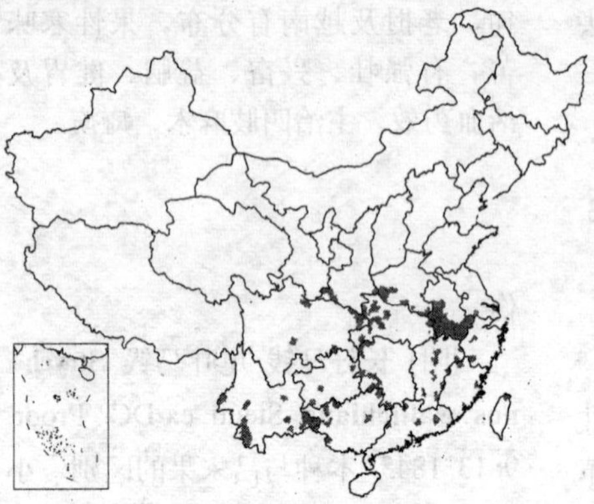

常绿藤本，长达8米。枝条无毛，叶痕明显。叶纸质或薄革质，椭圆形、披针形或卵形，长5-15厘米，先端渐尖或短渐尖，基部楔形或圆，两面无毛，侧脉6-10对，上面平，网脉明显；叶柄长1-1.5厘米；叶柄间托叶线明显。二至三歧聚伞花序腋生，长2-4厘米，花序梗基部具2三角形苞片。花梗长约5毫米，基部具小苞片；花5数；花萼裂片长约1.5毫米，边缘具睫毛；花冠黄或黄白色，花冠筒短，裂片长约5毫米，肉质；雄蕊着生花冠筒内近基部，花丝短，花药离生，长2.5毫米，基部2裂，4室；子房2室，每室1胚珠，花柱长5-6毫米，柱头2浅裂。浆果球形，径约7毫米，红色，有时花柱宿存。种子球形，黑色。花期3-7月，果期7-11月。

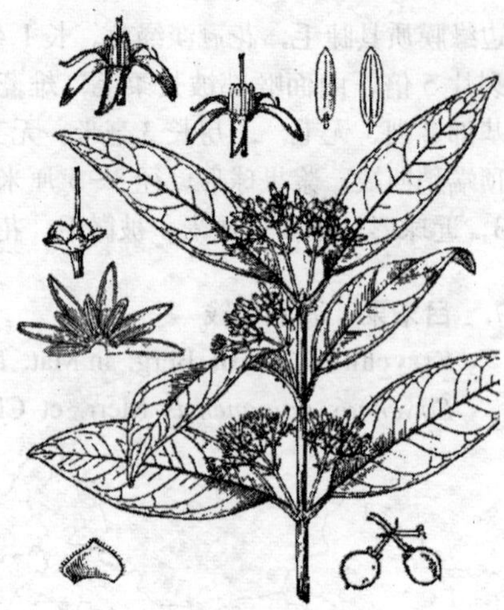

图 8 蓬莱葛（余汉平绘）

产陕西、河南、江苏、安徽、浙江、福建、台湾、江西、湖北、湖南、广东、香港、广西、云南、贵州及四川，生于海拔300-2100米山坡林中。日本及朝鲜有分布。根药用，治关节炎、坐骨神经痛及黄疸肝炎。

2. 狭叶蓬莱葛 图 9

Gardneria angustifolia Wall. in Roxb. Fl. Ind. 1: 318. 1820.

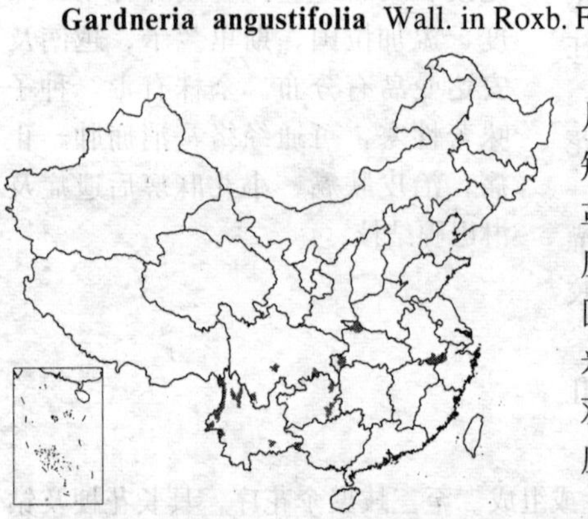

藤本，长达4米。除花萼裂片边缘被睫毛及花冠裂片内面被短柔毛外，余无毛。叶纸质或薄革质，长圆形或披针形，长4-12厘米，先端渐尖，基部楔形或圆，侧脉8-10对；叶柄长约5毫米，叶柄间具托叶线。花单生或双生叶腋，常下垂；花梗长1.5-2厘米，近基部具1对小苞片；花5数；花萼裂片宽卵形，长约1毫米；花冠白或黄白色，花冠筒长约1毫米，花冠裂片长约8毫米；雄蕊着生花冠筒基部，花药长圆形，长约5毫米，分离，4室，花丝短；子房2室，每室1胚珠，柱头2浅裂。浆果球形，径0.5-1厘米，花柱宿存。种子1粒。花期4-7月，果期8-12月。

图 9 狭叶蓬莱葛（余汉平绘）

产云南、四川、贵州、广西、安徽及浙江，生于海拔500-3200米山地密林或山坡灌丛中。印度、尼泊尔、不丹、锡金及日本有分布。根药用，可舒筋活络，治风湿骨痛。

3. 柳叶蓬莱葛 披针叶蓬莱葛 图 10

Gardneria lanceolata Rehd. et Wils. in Sarg. Pl. Wilson. 1: 563. 1913.

攀援灌木。枝褐色，叶痕明显。除花冠裂片内面被柔毛外，余无毛。叶坚纸质或薄革质，披针形或长圆状披针形，长5-12厘米，先端渐尖，基部楔形或圆，侧脉7-9对，网脉不明显；叶柄长0.5-1厘米。花白色，单生叶腋。花梗长1.5-2厘米，中部具1-2钻形小苞片、基部具2钻形苞片，苞片长达1厘米；花萼杯状，裂片圆形，长宽约1.5毫米，边缘具微细睫毛；花冠筒长约2毫米，裂片长约8毫米；雄蕊着生花冠筒基部，花丝短，花药合生，2室；子房每室

1胚珠，花柱长约7毫米，柱头2浅裂。浆果球形，径达1厘米，桔红色，花柱宿存。花期6-8月，果期9-12月。

产江苏、安徽、浙江、江西、湖北、湖南、广东、广西、云南、贵州及四川，生于海拔1000-3000米山坡灌丛中。

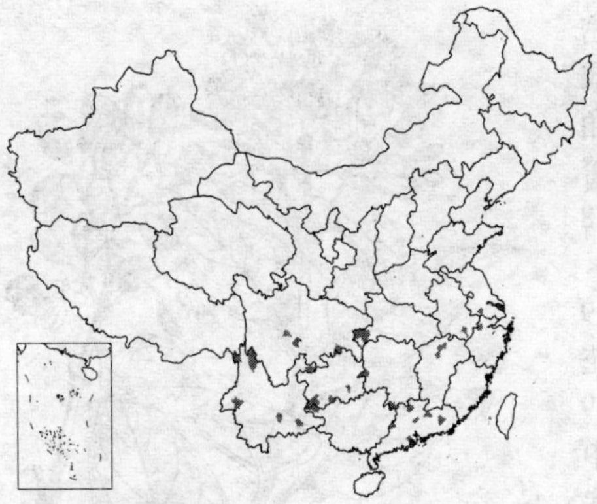

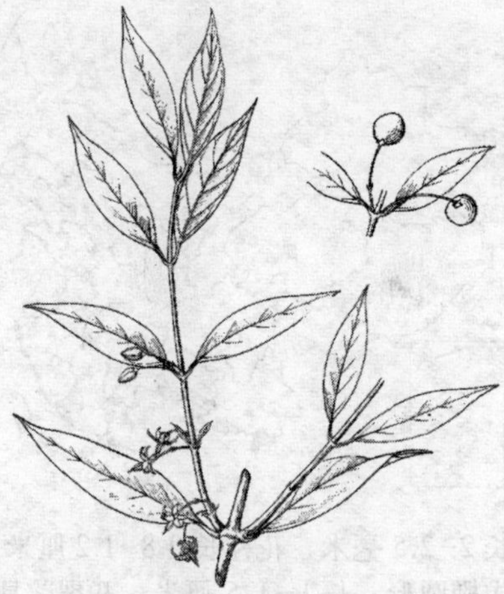

图 10 柳叶蓬莱葛（郭木森绘）

4. 卵叶蓬莱葛 图 11

Gardneria ovata Wall. in Roxb. Fl. Ind. 1: 400. 1820.

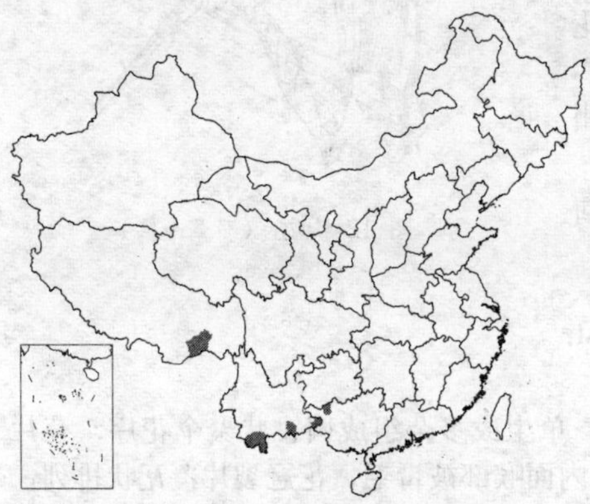

藤本，长达5米。叶纸质或薄革质，卵形、椭圆形或披针形，长8-16厘米，先端骤尖或尾尖，基部楔形或圆，侧脉6-8对；叶柄长0.5-1.5厘米，叶柄间具托叶线，叶腋内有钻状腺体。二至三歧聚伞花序圆锥状，腋生，长4-10厘米，花序梗及花梗各具2钻状苞片及小苞片，花序梗长2-4厘米，花梗长0.5-2厘米；花4数；花萼裂片长1.5-2毫米，边缘具睫毛；花冠初桔红色，后变黄或黄白色，辐状，花冠筒长1-1.5毫米，裂片长4-5毫米，厚肉质，内面被短柔毛；雄蕊4，着生花冠筒内壁基部，花丝短，花药长1.5-4毫米，合生，基部2裂，内向，2室，纵裂；子房长1-1.5毫米，柱头2(4)裂。浆果球形，径6-8毫米，种子1-2，球形，径约5毫米，平滑。花期3-5月，果期6-10月。

产西藏、云南及广西，生于海拔600-2000米山地密林下。印度及东南亚有分布。

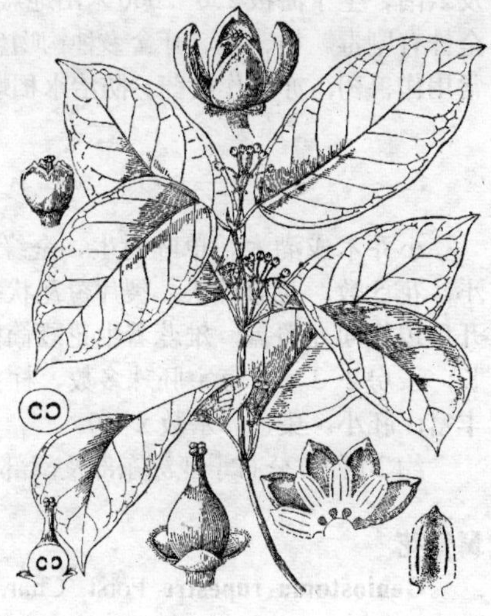

图 11 卵叶蓬莱葛（黄少容绘）

[附] **离药蓬莱葛 Gardneria distincta** P. T. Li in Acta Phytotax. Sin. 17(3): 115. pl. 1. 1979. 本种与卵叶蓬莱葛的区别：叶长圆形或长椭圆形，长3-7厘米，宽1-2厘米，先端渐尖，上面侧脉平；花药离生。产云南，生于林内或河边灌丛中。

4. 钩吻属（断肠草属、胡蔓藤属） Gelsemium Juss.

藤本，无毛。冬芽具数对芽鳞。叶对生或轮生，全缘，羽状脉；具短柄，两叶柄间具托叶痕。花芳香，单生（国外种）或组成三歧聚伞花序，顶生或腋生。花萼5深裂，裂片覆瓦状排列；花冠漏斗状或钟状，裂片5，覆瓦状排列，花后边缘向右覆盖；雄蕊5，着生花冠筒内壁，花丝丝状，花药卵状长圆形，伸出花冠筒，内向，2室；子房2室，每室胚珠多数，花柱细长，柱头2裂，每分枝再2裂或顶端凹入。蒴果，室间2瓣裂。种子多数，扁，具不规则齿状膜质翅。染色体基数x=4。

3种，2种产南美，1种产亚洲及我国。

钩吻 烂肠草 大茶藤 胡蔓藤 图 12 彩片 3

Gelsemium elegans (Gardn. et Champ.) Benth. in Journ. Linn. Soc. Bot. 1: 90. 1856.

Medicia elegans Gardn. et Champ. im Journ. Bot. Kew. Misc 1: 325. 1849

常绿藤本，长达12米。叶卵形或卵状披针形，长5-12厘米，先端渐尖，基部宽楔形或圆，侧脉5-7

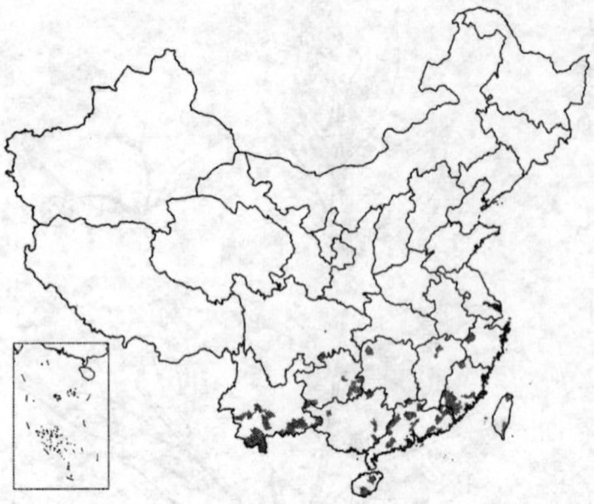

对；叶柄长0.6-1.2厘米。花密集，组成顶生及上部腋生三歧聚伞花序，分枝基部具2三角形长2-4毫米苞片，小苞片着生花梗基部及中部。花梗长3-8毫米；花萼裂片长3-4毫米；花冠黄色，漏斗状，长1.2-1.9厘米，内面具淡红色斑点，花冠筒长0.7-1厘米，裂片长5-9毫米；雄蕊5，着生花冠筒中部，花药伸出花冠筒喉部；子房长2-2.5毫米，花柱长0.8-1.2厘米，柱头2裂，裂片再2裂。蒴果卵圆形或椭圆形，长1-1.5厘米，开裂前具2纵槽，熟时黑色，干后室间开裂为2个两裂果瓣，花萼宿存。种子20-40，肾形或椭圆形，具不规则齿状翅。花期5-11月，果期7月至翌年3月。

产浙江、福建、台湾、江西、湖南、广东、香港、海南、广西、贵州及云南，生于海拔250-2000米山地矮林或灌丛中。印度及东南亚有分布。全株有剧毒。根、茎、叶含多种钩吻生物碱，药用可消肿止痛及杀虫；华南常用作兽药；亦可作农药，防治水稻螟虫。

图 12 钩吻 （邓盈丰绘）

5. 髯管花属 Geniostoma Forst.

小乔木或灌木。单叶对生，全缘，羽状脉；叶柄间具托叶线。花小，单生或多朵组成圆锥状聚伞花序；苞片小。花5数；花萼钟状，裂片覆瓦状排列；花冠钟状或辐状，花冠筒短，内面喉部被髯毛，花冠裂片覆瓦状排列，开后边缘向左覆盖；雄蕊着生花冠筒内壁，并与花冠裂片互生，花丝短，花药内藏或伸出花冠筒喉部，2室，药隔长；子房2-3室，每室胚珠多数，柱头头状或椭圆形。蒴果球形或椭圆形，室间瓣裂。种子多粒，密被疣点；胚乳丰富；胚小。染色体基数x=10。

约20种，分布于亚洲东部及南部、马达加斯加岛及大洋洲各岛。我国1种。

髯管花 图 13

Geniostoma rupestre Forst. Char. Gen. Pl. ed. 1: 12. t. 12. 1776.

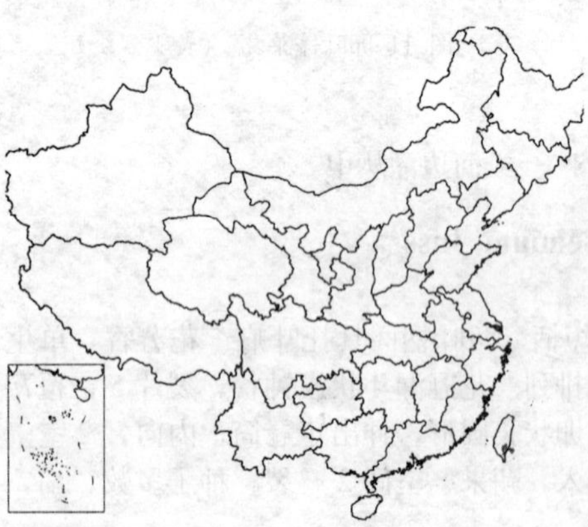

灌木，高达6米。除花外，余无毛。叶卵状长圆形或长椭圆形，长7-16厘米，先端渐尖，基部楔形，上面中脉凹下，侧脉6-10对；叶柄长约1厘米。聚伞花序腋生，长约1厘米，花序梗长约5毫米。花梗长3-5毫米；苞片长0.5-1毫米；花萼近辐状，长约2.5毫米，裂片长约2毫米，边缘具睫毛；花冠钟状，长2-5毫米，无毛，内面被柔毛，喉部具髯毛，裂片宽卵形，长1.5-1.8毫米；花药长卵形，无毛；子房长1毫米，无毛，花柱短，柱头头状，长0.5-1毫米，被微毛。蒴果球形，径0.5-1.1厘米，顶端具尖头，花萼宿存。

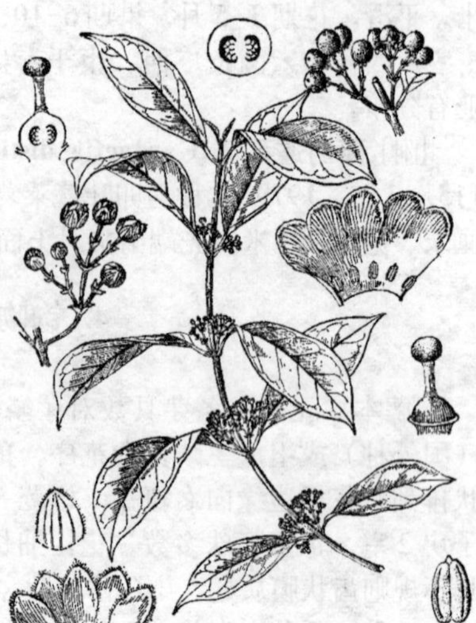

图 13 髯管花 （黄少容绘）

产台湾，生于低山山地灌丛中。马来西亚、澳大利亚东部及太平洋西部有分布。

6. 尖帽草属 （姬苗属） Mitrasacme Labill.

一年生或多年生纤细草本。叶对生，或在茎基部莲座式轮生；近无柄，无托叶。花单生上部叶腋或多朵组成顶生不规则伞形花序。花萼钟状，(2)4裂，裂片镊合状排列；花冠常白色，钟状或高脚碟状，喉部黄色，被毛，花冠筒宽短或长圆筒状，裂片4，镊合状排列；雄蕊4，着生花冠筒内壁，花丝长，花药内藏或稍伸出花冠筒，内向，2室；子房上位或半下位，2室，每室胚珠多数，花柱2，柱头头状或2浅裂。蒴果，常球形，顶端2裂，花柱宿存。种子小，多粒，卵形或球形，被网纹或小瘤；胚乳肉质。

约40种，分布于亚洲南部、东南部及东部、大洋洲，主产澳大利亚。我国2种，3变种，产华东、华南及西南。

1. 茎4棱或具4窄翅，常分枝；花单生；种子被网纹 ………………………………………… 1. **尖帽草 M. indica**

1. 茎圆柱形，不分枝或基部分枝；花单生或成伞形花序；种子被小瘤 ………………………… 2. **水田白 M. pygmaea**

1. 尖帽草 姬苗 图 14

Mitrasacme indica Wight, Icon. Pl. Ind. Or. 4(4): 15. pl. 1601. 1850.

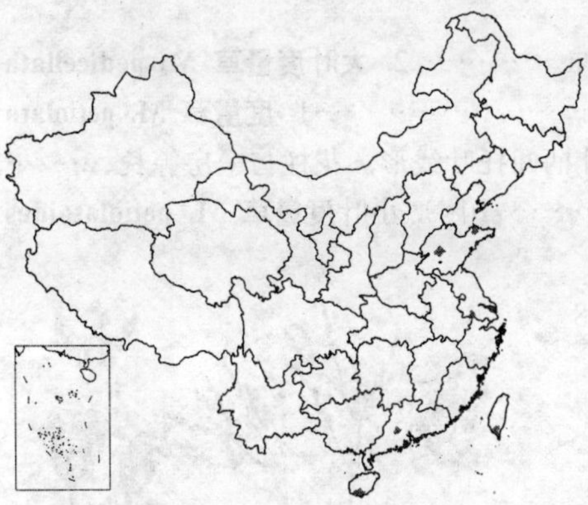

一年生草本，高达15厘米。茎纤细，常分枝，具4棱或4窄翅，近无毛。叶卵形或卵状披针形，长3-7毫米，宽1.5-2.5毫米，先端尖，侧脉两面不明显；近无柄。花小，单生茎上部叶腋。花梗长3-8毫米；花萼长达2毫米，4裂至中部；花冠钟状，长3-5毫米，花冠筒喉部被髯毛，花冠裂片4，长约1.5毫米；雄蕊4，内藏，花丝长约1毫米，花药长0.7毫米，顶端具小尖头；柱头倒圆锥状，2裂。蒴果球形，径达2毫米，宿存花柱顶端合生。种子卵圆形，被网纹。花期2-6月，果期5-8月。

产山东、江苏、福建、台湾、广东及海南，生于海拔500米以下旷野草地。印度、东南亚、日本、朝鲜及澳大利亚有分布。

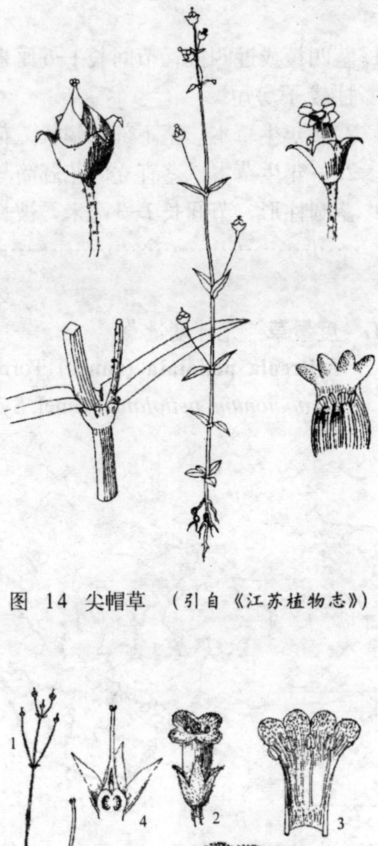

图 14 尖帽草 （引自《江苏植物志》）

2. 水田白 小姬苗 图 15:1-5

Mitrasacme pygmaea R. Br. Prodr. Fl. Nov. Holl. 453. 1810.

一年生草本，高达20厘米。茎不分枝或基部分枝，被长硬毛，老渐无毛。叶卵形、长圆形或线状披针形，长0.2-1.3厘米，宽1-5毫米，基部宽楔形，上面近无毛，下面、边缘及叶脉被白色长硬毛，老时渐脱落，侧脉约3对，不明显。花单生侧枝顶端，或数朵组成稀疏顶生及腋生伞形花序；苞片长约3毫米，具睫毛。花梗长5-9毫米；花萼钟状，长1.5-2.8毫米，裂片4，与萼筒等长；花冠白或淡黄色，钟状，长3-6毫米，花冠筒喉部疏被髯毛，裂片4，长达1.5毫米；雄蕊4，内藏，花丝长1.5-3毫米，花药顶端尖；花柱丝状，基部分离，三分之一以上合生，柱头2裂。蒴果近球形，径约3毫米，花萼宿存，宿存花柱中部以上合生；果梗长约1.5厘米。种子小，被小瘤。花期6-7月，果期8-9月。

产江苏、浙江、福建、台湾、江西、湖南、广东、香港、海南及广西，生于海拔500米以下旷野草地。澳大利亚、东南亚、尼泊尔、印度、朝鲜及日本有分布。全株药用可治咳嗽。

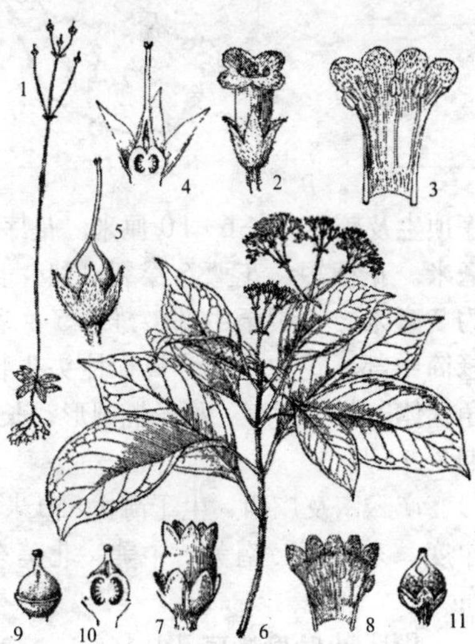

图 15: 1-5. 水田白 6-11.大叶度量草 （黄少容绘）

7. 度量草属 Mitreola Linn.

一年生或多年生草本，直立或匍匐。单叶对生，膜质或纸质，羽状脉；具柄或无柄，叶柄具翼，托叶舌状或在叶柄基部成鞘状。聚伞花序顶生或腋生，花序梗长；苞片及小苞片小。花梗短；花长不及2.5毫米；花萼钟状，5裂至中部或三分之二；花冠钟状或坛状，质薄，具龙骨，喉部被柔毛，裂片5，镊合状排列；雄蕊5，着生花冠筒内壁，内藏，花药内向，2室，纵裂；子房半下位，平滑，2室，每室胚珠多数，花柱2，短，常下部分离，上部合生。蒴果倒卵圆形或近球形，侧扁，顶端具内弯两角或平截。种子小，多数，胚乳肉质，胚线形。染色体基数x=10。

约8种，分布于亚洲、大洋洲、美洲及非洲。我国约4种，产西南至中部。

1. 茎四棱或近四棱，节间长1-6厘米，无毛；叶长4-15厘米，无毛或下面近无毛，托叶三角形、舌状或鞘状；花柱较子房短。
   2. 多年生草本；茎下部匍匐状；花冠筒较花冠裂片长；蒴果顶端两角直伸 ………… 2. **大叶度量草 M. pedicellata**
   2. 一年生草本；茎直立；花冠筒与花冠裂片近等长；蒴果顶端两角内弯……………………… 1. **度量草 M. petiolata**
1. 茎圆柱形，节间长1-3毫米，被长柔毛；叶长0.5-2厘米，两面被毛，叶柄间托叶线形；花柱与子房等长 ……………………………………………………………………………… 1(附). **小叶度量草 M. petiolatoides**

1. 度量草 光叶度量草 图 16:5-8

Mitreola petiolata (Gmel.) Torrey et Gray, Fl. N. Amer. 2: 45. 1841.

Gynoctonum petiolatum Gmel. Syst. Nat. ed. 13: 443. 1791.

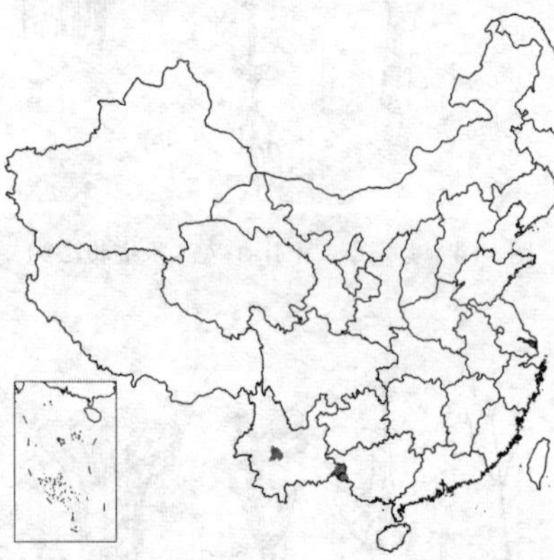

一年生草本，高达50厘米。茎直立，近四棱，节间长1.5-6厘米。除幼叶、花冠裂片内面基部及果疏被平伏短柔毛或微毛外，余无毛。叶膜质至薄纸质，卵形或卵状长圆形，长4-7厘米，先端尖或渐尖，基部楔形，侧脉5-7对，不明显，具细刺状齿；叶柄长0.3-1.5厘米，叶柄间托叶宽三角形或卵状三角形，长1-2毫米。二歧聚伞花序顶生及腋生，长6-10厘米；花序梗长3-10厘米；苞片及小苞片长1-2毫米。花梗短；花萼5深裂，裂片长约1毫米，边缘膜质；花冠白色，长约3毫米，5裂至中部；雄蕊5，着生花冠筒近基部，花药顶端伸达近花冠筒中部；花柱基部分离，柱头头状。蒴果，径约3毫米，顶端具2内弯角状体，花萼宿存。种子椭圆形，长约0.5毫米，平滑。花期5-10月，果期8-11月。

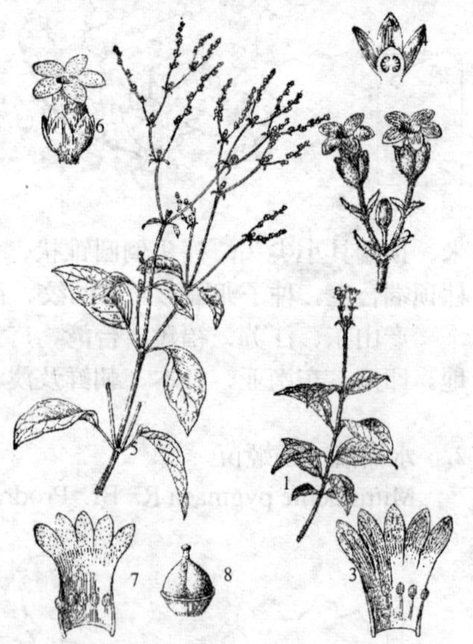

图 16:1-4. 小叶度量草 5-8.度量草

（黄少容绘）

产云南及广西，生于海拔850米以下石灰岩山地林下或山谷阔叶林中。印度、东南亚、南美、中美、北美东南部、非洲南部及澳大利亚北部有分布。

[附] **小叶度量草** 图 16: 1-4 **Mitreola petiolatoides** P. T. Li in Acta Phytotax. Sin. 17(3): 116. pl. 2. 1979. 本种与度量草的区别：植株高达10厘米；茎圆柱形，节间长1-3毫米，被长柔毛；叶卵形，长0.5-2厘米，先端钝，基部圆或钝，两面被长柔毛，叶柄间具托叶线；花柱与子房等长。花期4月。产云南，生于海拔1600米山地岩缝中。

2. 大叶度量草 毛叶度量草 图 15: 6-11

Mitreola pedicellata Benth. in Journ. Linn. Soc. Bot. 1: 91. 1856.

多年生草本，高达60厘米。茎

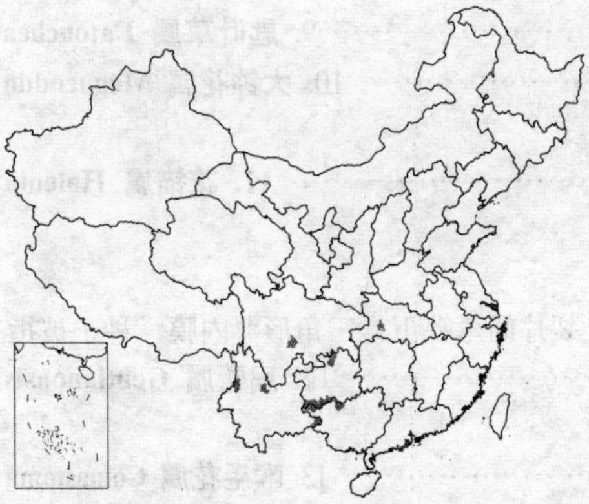

近四棱，下部匍匐状，上部节间稍膨大。叶膜质或纸质，椭圆形或披针形，长 5-15 厘米，先端渐尖，基部楔形，下面被毛，全缘，侧脉 8-10 对，羽状脉显著；叶柄长 1 - 2 厘米，具窄翅，托叶在叶柄间成鞘状。聚伞花序顶生，三歧分枝，下垂，花序梗长 3-7 厘米；苞片及小苞片长约 1 毫米。花梗长 1-3 毫米；花萼 5 深裂，裂片长约 1 毫米，边缘膜质；花冠白色，坛状，花冠筒长约 1.5 毫米，5 裂，裂片长约 0.5 毫米；雄蕊 5，着生花冠筒近中部，内藏；花柱长约 0.5 毫米，基部分离，柱头头状。蒴果近球形，径 2-2.5 毫米，顶端具两尖角，花萼宿存。种子球形，被小瘤。花期 3-5 月，果期 5-7 月。

产云南、四川、湖北、贵州及广西，生于海拔 400-2100 米山地疏林下。印度有分布。

178. 龙胆科 GENTIANACEAE

（何廷农　陈世龙）

一年生或多年生草本。茎直立或斜升，稀缠绕。单叶，稀复叶；对生，稀互生或轮生；全缘，基部合生，筒状抱茎或连成横线；无托叶。聚伞花序或复聚伞花序，稀单花顶生。花两性，稀单性，辐射对称稀两侧对称，4-5(6-10) 数；花萼筒状、钟状或辐状，稀具距，裂片在花蕾右向旋转排列，稀镊合状排列；雄蕊生于冠筒与裂片互生，花药背着或基着，2 室；雌蕊由 2 心皮组成，子房上位，1 室，侧膜胎座，稀心皮结合处凹入形成 2 室，中轴胎座，柱头全缘或 2 裂；胚珠多数；子房基部或花冠具腺体或腺窝。蒴果 2 瓣裂，稀不裂，稀浆果。种子小，多数，胚乳丰富。

约 80 属 700 种，广布世界各地，主产北半球温带及寒温带。我国 22 属 427 种，西南山区为分布中心。

1. 子房 2 室，中央具隔膜；花粉粒小，外壁与内壁连合，平滑。
  2. 花冠辐状，深裂，冠筒短于裂片；花药顶孔开裂。
    3. 自养植物；叶绿色，大型；圆锥状复聚伞花序；花药 2 室 ………… 1. **藻百年属 Exacum**
    3. 寄生植物；叶鳞形，膜质，无叶绿素；单花顶生；花药不完全 2 室 ………… 2. **杯药草属 Cotylanthera**
  2. 花冠筒状，裂至中部，冠筒与裂片近等长；花药纵裂 ………… 3. **小黄管属 Sebaea**
1. 子房 1 室，稀半 2 室，具不完全隔膜；花粉粒较大或大，外壁与内壁分离。
  4. 花序稍假二歧式；花柱线形；花粉粒较大，平滑或疏被细点。
    5. 雄蕊能育，花药初直伸，后螺旋形；花冠高脚杯状，辐射对称；子房半 2 室 ………… 4. **百金花属 Centaurium**
    5. 雄蕊 1-2 能育，2-3 败育，花药直伸；花冠筒钟形，稍两侧对称；子房 1 室 ………… 5. **穿心草属 Canscora**
  4. 聚伞花序或单花；花柱细长或短；花粉粒大，被瘤状突起，组成条纹或网纹。
    6. 腺体轮生子房基部。
      7. 花冠浅裂，冠筒长，裂片间具褶。
        8. 茎四棱形，直立、斜升或铺散 ………… 6. **龙胆属 Gentiana**
        8. 茎圆柱形，缠绕。
          9. 萼筒具 5 脉翅状突起；腺体成杯状花盘；雄蕊顶端一侧下弯，花丝线形；浆果或蒴果 ………… 7. **双蝴蝶属 Tripterospermum**
          9. 萼筒具 10 脉，无翅；腺体小，不成杯状花盘；雄蕊直伸，花丝中下部渐宽成翅；蒴果 ………… 8. **蔓龙胆属 Crawfurdia**
      7. 花冠深裂或半裂，冠筒短，裂片间无褶。
        10. 雄蕊生于花冠裂片间弯缺处，与裂片互生；蒴果上部扭曲；花小 …………

……………………………………………………………………………………………… 9. **匙叶草属 Latouchea**

10. 雄蕊生于花冠筒中上部；蒴果不扭曲；花大 ………………………………………… 10. **大钟花属 Megacodon**

6. 腺体生于花冠筒或裂片，稀无腺体。

11. 花冠具4距，腺体藏于距内 ……………………………………………………………………… 11. **花锚属 Halenia**

11. 花冠无距，腺体生于花冠筒或裂片。

12. 花冠筒形，顶端浅裂，冠筒长于裂片。

13. 花蕾稍扁，具四棱；花萼裂片常一对较宽短，另一对较窄长，裂片间弯缺下具三角形萼内膜；种子被指状突起 ……………………………………………………………………… 12. **扁蕾属 Gentianopsis**

13. 花蕾扁；花萼裂片整齐，裂片间弯缺下无萼内膜；种子近平滑。

14. 花冠喉部具流苏状副冠 ………………………………………………………… 13. **喉毛花属 Comastoma**

14. 花冠喉部平滑，稀具流苏状副冠。

15. 缠绕草本；萼筒具4宽翅；种子周缘具不整齐翅 ……………………… 14. **翼萼蔓属 Pterygocalyx**

15. 直立、稀铺散小草本；种子无翅。

16. 花冠裂片离生；雄蕊生于冠筒，花丝较长 ……………………………… 15. **假龙胆属 Gentianella**

16. 花冠裂片重叠；雄蕊生于冠筒喉部，花丝极短或无 ……………………………………………………………………………………………… 16. **口药花属 Jaeschkea**

12. 花冠辐状，裂至基部，冠筒短于裂片。

17. 花单性，雌雄异株；雄蕊生于花冠裂片间弯缺处，与裂片互生 ………………… 17. **黄秦艽属 Veratrilla**

17. 花两性；雄蕊生于冠筒。

18. 无花柱；花冠裂片在花蕾向右旋转排列，开花时裂片一侧色深，一侧色浅。

19. 花冠裂片基部具2腺窝，腺窝下部管形，上部裂成小裂片，边缘具鳞片状流苏 ……………………………………………………………………………………… 18. **肋柱花属 Lomatogonium**

19. 花冠裂片间无腺窝，具片状或盔形附属物，附属物顶端全缘或稍啮蚀状 ……………………………………………………………………………………… 19. **辐花属 Lomatogoniopsis**

18. 具花柱；花冠裂片不呈二色，基部或中部具腺窝或腺斑，腺窝边缘常具流苏或鳞片，稀无；腺斑与花冠异色 ……………………………………………………………………………… 20. **獐牙菜属 Swertia**

1. 藻百年属 Exacum Linn.

一年生草本。茎分枝。叶对生。圆锥状复聚伞花序顶生及腋生。花近辐状，4-5数；花萼裂至近基部，萼筒短，裂片具龙骨状突起；花冠深裂，冠筒短，圆柱形；雄蕊生于花冠裂片弯缺处，与裂片互生，花丝细短，花药粗长，2室，顶孔开裂；子房2室，花柱线形，柱头小。蒴果圆柱形，2瓣裂。种子小，多数，被瘤状突起。

约40种，分布于亚洲热带及亚热带地区、马达加斯加、非洲热带。我国1种。

藻百年 图 17

Exacum tetragonum Roxb. Fl. Ind. ed. 2: 398. 1832.

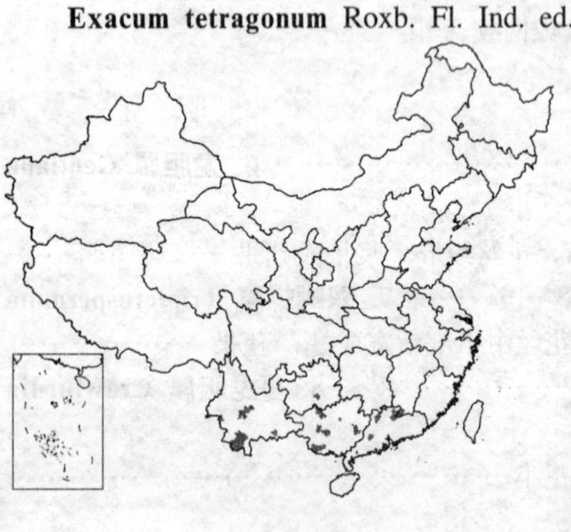

一年生草本，高达60厘米。茎直立，四棱形，上部分枝。叶对生，卵形或卵状披针形，长1-5厘米，先端尖，基部圆，半抱茎，下延成翅。圆锥状复聚伞花序顶生及腋生。花梗长0.3-1厘米；花4数；花萼长5-6毫米，萼筒短，裂片卵形，先端尾尖；膜质边缘宽，中脉龙骨状突起；花冠长1.5-1.7厘米，深裂，冠筒

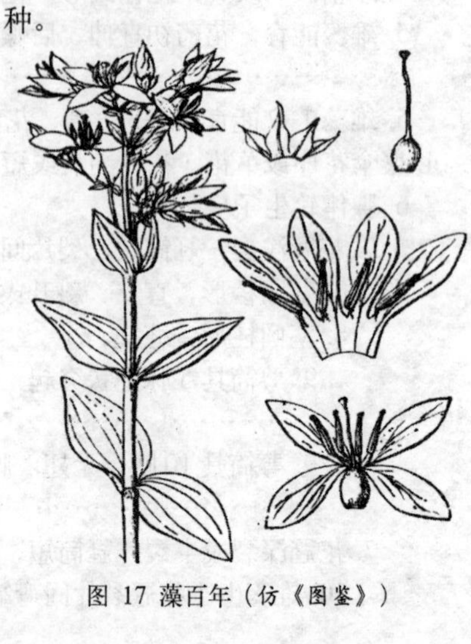

图 17 藻百年（仿《图鉴》）

长 4-5 毫米，裂片椭圆形，长 1.1-1.2 厘米，先端尾尖，全缘。蒴果近球形，径 4-5 毫米。种子长圆形，长 0.7-1 毫米，被小瘤状突起。花果期 7-9 月。

产江西、广东、广西、贵州及云南，生于海拔 200-1500 米草地、山坡或路边。尼泊尔、印度东部、锡金、不丹、缅甸、菲律宾及马来西亚有分布。

2. 杯药草属 Cotylanthera Bl.

寄生草本。叶对生，膜质，鳞形。花单生茎顶，辐状，4 数。花萼膜质，裂近基部，萼筒短；花冠裂近基部，冠筒短；雄蕊生于花冠裂片间弯缺处，花药不完全 2 室，药室下部贯通，顶孔开裂；子房 2 室，无柄，花柱线形，柱头头状，2 裂。蒴果球形，2 瓣裂。种子多数。约 4 种，分布于中印半岛、中南半岛及印度尼西亚。我国 1 种。

杯药草 图 18:1-5

Cotylanthera paucisquama C. B. Clarke in Hook. f. Fl. Brit. Ind. 4: 94. 1883.

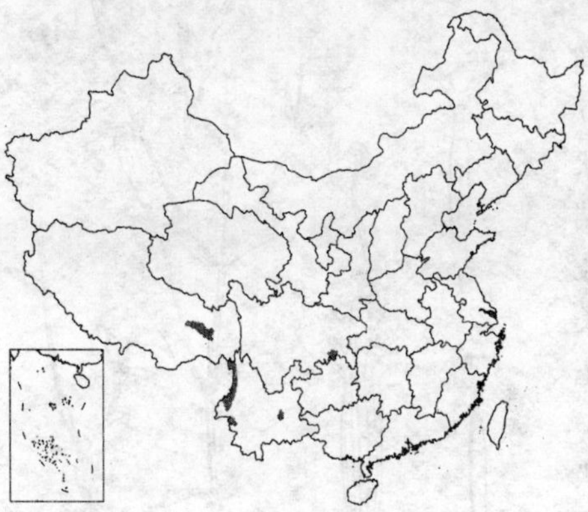

寄生草本，高达 10 厘米。茎直立，不分枝。叶 3-6 对，膜质，鳞形，长 1.5-2.5 毫米，先端尖。花单生茎顶。花梗长 0.6-1 厘米；花萼膜质，长 4-6 毫米，萼筒宽筒形，裂片三角形，长 2.5-4 毫米，先端钝，中脉向萼筒下延；花冠白、蓝或淡紫色，长 1-1.2 厘米，冠筒长 1-1.5 毫米，裂片窄长圆形，先端钝圆，全缘；子房卵状椭圆形，长 1.8-2 毫米，花柱 5.5-8 毫米。蒴果近球形。

产西藏、云南及四川，生于海拔 1750-2350 米林下。锡金及印度有分布。

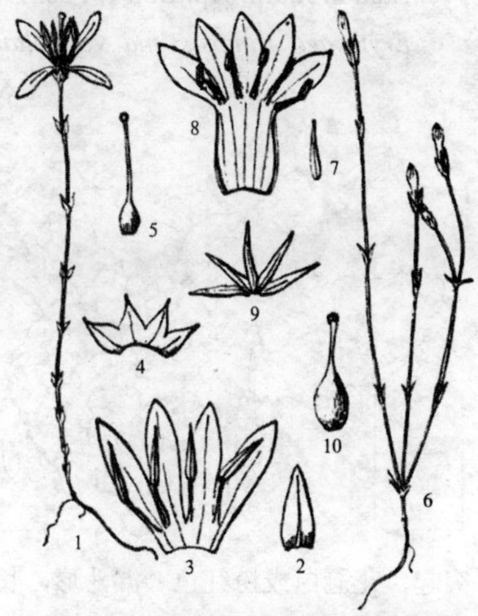

图 18:1-5.杯药草 6-10.小黄管（阎翠兰绘）

3. 小黄管属 Sebaea Soland. ex R. Br.

一年生草本。叶对生，鳞形或披针形。聚伞花序顶生。花 5 数；花萼开展，深裂近基部，萼筒短，裂片中脉脊状突起；花冠裂至中部，冠筒与裂片近等长；雄蕊生于花冠裂片间弯缺处，花丝短，线形，花药椭圆形，纵裂；子房 2 室，柱头 2 裂，裂片圆。蒴果长圆形或近球形，2 瓣裂。种子极小，多数，具蜂窝状网隙。

约 100 种，分布于非洲温带、马达加斯加、斯里兰卡、印度、尼泊尔及大洋洲。我国 1 种。

小黄管 图 18:6-10

Sebaea microphylla (Edgew.) Knobl. in Bot. Centralbl. 60(30): 324. 1894.

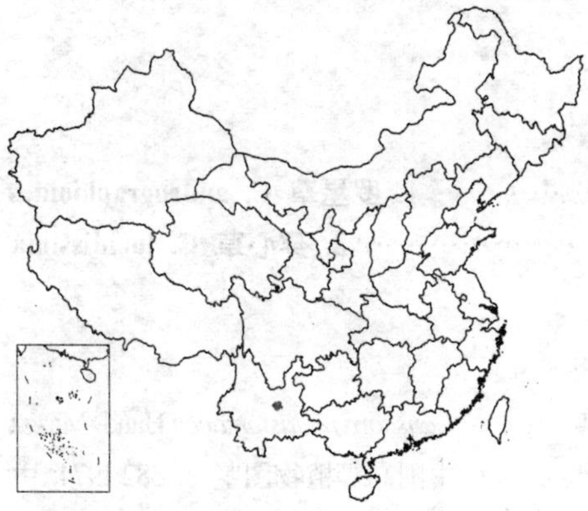

Cicendia microphylla Edgew. in Trans. Linn. Soc. 20: 83. 1846.

一年生草本，高达 10 厘米。茎直立，不分枝。叶鳞形或披针形，长 1-2.5 毫米，先端渐尖，边缘膜质；无柄。花 1-3 朵，聚伞花序顶生。花梗长 0.7-1.7 厘米；花萼裂片披针形，开展，长 3.5-4.5 毫米，先端渐尖，边缘宽膜质，中脉脊状突起；花冠黄色，筒形，长 0.8-1 厘米，裂片椭圆形，长 4-5 毫米，先端钝，全缘；子房无柄，椭圆形，长 2-2.5 毫米，花柱长 3.5-4 毫米。蒴果长圆形或近球形，长 2.5-3 毫米。种子深褐色，有光泽，球形或宽长圆形，长 0.2-0.3 毫米，具蜂窝状网隙。花果期 10 月。

产云南，生于海拔2300米林下。喜马拉雅山西部、尼泊尔及印度有分布。

4. 百金花属 Centaurium Hill.

一年生草本。茎纤细。叶对生；无柄。花多数，假二歧式聚伞花序或穗状聚伞花序。花4-5数；花萼筒形，深裂；花冠高脚杯状，冠筒细长，浅裂；雄蕊着生冠筒喉部，与裂片互生，花丝短，丝状，花药初直伸，后螺旋形；子房具不完全隔膜，半2室，无柄，花柱线形，柱头2裂，裂片球形。蒴果内藏，2瓣裂。种子多数，极小，具浅蜂窝状网隙。

40-50种，除非洲外，广布。我国2种。

百金花 图 19

Centaurium pulchellum (Swartz) Druce var. **altaicum** (Griseb.) Kitag. et Hara in Journ. Jap. Bot. 13: 26. 1937.

Erythraea ramosissima var. *altaica* Griseb. in DC. Prodr. 9: 57. 1845.

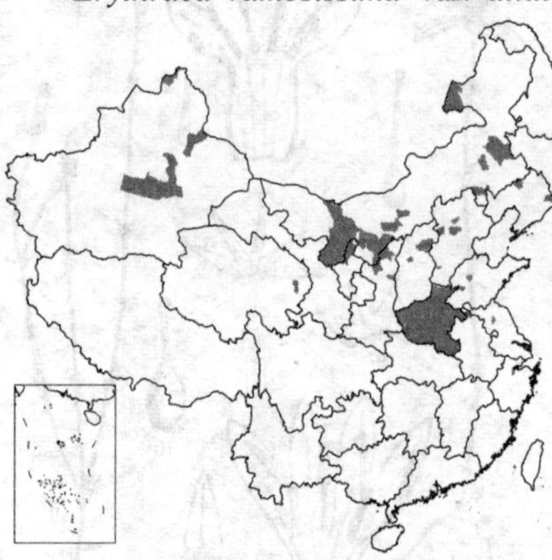

一年生草本，高达15厘米。茎直伸，多分枝。中下部叶椭圆形或卵状椭圆形，长0.6-1.7厘米，先端钝；上部叶椭圆状披针形，长0.6-1.3厘米，先端尖，具小尖头。花多数，二歧式或总状复聚伞花序。花梗长3-5毫米，近四棱形，直伸；花萼5深裂， 裂片钻形，长2.5-3毫米，边缘膜质，中脉脊状突起；花冠白或粉红色，漏斗形，长1.3-1.5厘米，冠筒圆柱形，喉部骤膨大，顶端5裂，裂片窄长圆形，长2.7-3.2毫米，先端钝，全缘；子房半2室，椭圆形，长7-8毫米，花柱长2-2.2毫米。蒴果椭圆形，长7.5-9毫米，花柱宿存，无柄。种子黑褐色，球形，径0.2-0.3毫米。花果期5-7月。

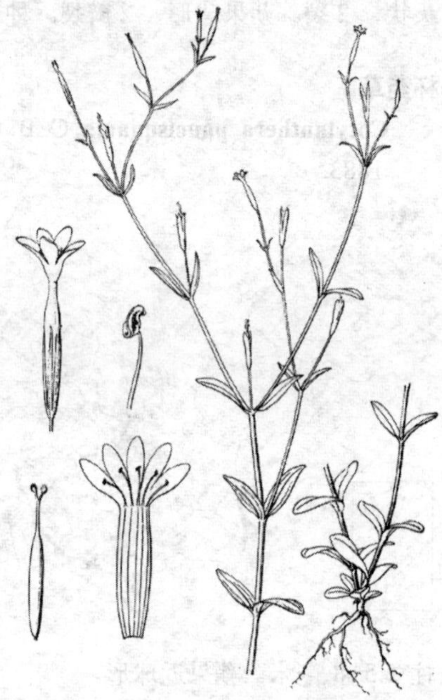

图 19 百金花（张桂芝绘）

产辽宁、内蒙古、河北、山西、河南、陕西、青海、新疆、山东、江苏、安徽及浙江，生于海拔2200米以下潮湿田野、草地、水边、沙滩地，海边最多。印度、中亚、俄罗斯及蒙古有分布。

5. 穿心草属 Canscora Lam.

一年生草本。叶对生；无柄或具柄，或为圆形贯穿叶。假二歧式复聚伞花序或聚伞花序顶生及腋生。花4-5数；花萼筒形，深裂；花冠筒形或钟形，浅裂；雄蕊生于冠筒上部与裂片互生，1-2个具长花丝及能育直立花药，2-3个具短花丝及败育小花药，稀近整齐；子房1室，无柄，花柱线形，柱头2裂，裂片长圆形。蒴果内藏， 2瓣裂。种子多数，扁平，近圆形，具网纹。

约30种，分布于非洲、亚洲、大洋洲热带及亚热带地区。我国2种。

1. 茎生叶对生，卵状披针形；花4数，花冠筒形，雄蕊1长、3短 ······················ 1. **罗星草 C. andrographioides**
1. 茎生叶为圆形贯穿叶；花5数，花冠钟形，雄蕊等长 ·· 2. **穿心草 C. lucidissima**

1. 罗星草 糖果草 图 20

Canscora andrographioides Griffith ex C. B. Clarke in Journ. Linn. Soc. Bot. 14: 431. 1875.

Canscora melastomacea Hand.-Mazz.; 中国高等植物图鉴 3: 382.1974; 中

国植物志 62: 13. 1988.

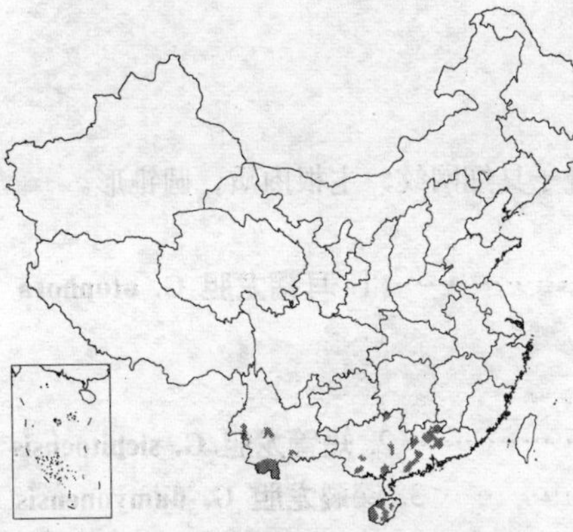

一年生草本，高达30厘米。茎直伸，多分枝。基生叶对生，卵形，具短柄；中上部茎生叶为圆形贯穿叶，径0.7-2厘米，下面灰绿色，网状脉纹突出。假二歧式复聚伞花序，具多花；苞片叶状。花5数；花萼钟状，长5-6毫米，萼筒膜质，萼齿不整齐，三角形，长1-1.5毫米；花冠白或淡黄白色，钟形，长6-8毫米，裂片长圆状匙形，长2-2.5毫米，先端钝圆；子房1室，长圆形，长3.5-4毫米，花柱长2-2.5毫米。蒴果内藏，宽长圆形，长4-5毫米；无柄。种子近圆形，扁平，径0.4-0.5毫米，黄褐色。花果期8月。

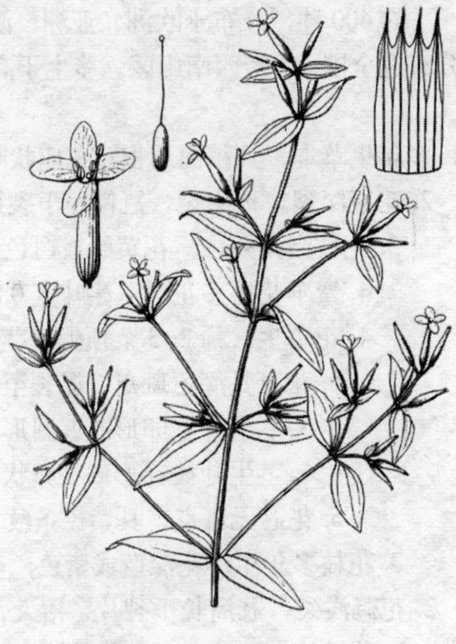

图 20 罗星草（吴樟桦绘）

产云南、广西、广东及海南，生于石灰岩山坡较阴湿岩壁或石缝中。

2. 穿心草 串钱草 图 21

Canscora lucidissima (Lévl. et Vant.) Hand.- Mazz. Symb. Sin. 7: 234. 1931.

Euphorbia lucidissima Lévl. et Vant. in Bull. Herb. Boiss ser. 2, 6: 763. 1906.

一年生草本，高达30厘米。茎直伸，多分枝。基生叶对生，卵形，具短柄；中上部茎生叶为圆形贯穿叶，径0.7-2厘米，下面灰绿色，网状脉纹突出。假二歧式复聚伞花序，具多花；苞片叶状。花5数；花萼钟状，长5-6毫米，萼筒膜质，萼齿不整齐，三角形，长1-1.5毫米；花冠白或淡黄白色，钟形，长6-8毫米，裂片长圆状匙形，长2-2.5毫米，先端钝圆；子房1室，长圆形，长3.5-4毫米，花柱长2-2.5毫米。蒴果内藏，宽长圆形，长4-5毫米；无柄。种子近圆形，扁平，径0.4-0.5毫米，黄褐色。花果期8月。

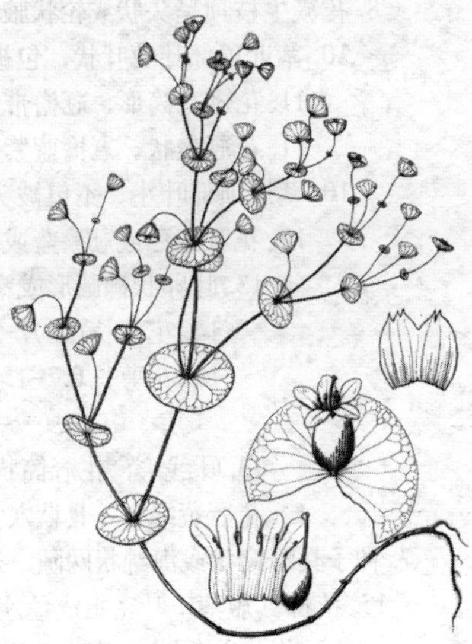

图 21 穿心草（吴樟桦绘）

产贵州、广西及广东，生于石灰岩山坡较阴湿岩壁或石缝中。

6. 龙胆属 Gentiana (Tourn.) Linn.

一年生或多年生草本。茎四棱形，直立、斜生或铺散。叶对生，稀轮生。复聚伞花序、聚伞花序或花单生。花两性，4-5(6-8)数，花萼筒形或钟形，浅裂，萼筒内具萼内膜，萼内膜筒形，或在裂片间呈三角袋状；花冠筒形、漏斗形或钟形，常浅裂，稀深裂，裂片间具褶，裂片在花蕾右向旋卷；雄蕊生于冠筒，与裂片互生，花丝基部稍宽向冠筒下延成翅，花药背着；子房1室，花柱较短或丝状；腺体达10个，轮生。蒴果2裂。种子小，多数，具纹饰。

约400种，分布于欧洲、亚洲、澳大利亚北部、新西兰、北美、沿安第斯山脉达合恩角及非洲北部。我国247种，分布遍全国，主产西南山区，多生于高山流石滩、高山草甸及灌丛中。

1. 多年生草本，具稍肉质根及莲座状叶丛，稀无莲座状叶丛。
  2. 花冠深裂，稀中裂，冠筒短于裂片；褶极小，耳形，附生于裂片一侧；种子具细网纹；主根肉质，圆锥形。
    3. 花枝当年死亡；花黄绿或白色。
      4. 聚伞花序多花；茎生叶宽 0.8-1.5 厘米 ………… 1. **耳褶龙胆 G. otophora**
      4. 花单生，稀 2-3 朵顶生；茎生叶宽 3-8 毫米。
        5. 花冠具深色斑点，深裂至下部。
          6. 茎生叶宽卵形或近圆形 ………… 2. **短管龙胆 G. sichitoensis**
          6. 茎生叶披针形或窄卵状披针形 ………… 3. **深裂龙胆 G. damyonensis**
        5. 花冠无斑点，具紫色条纹，裂至中部 ………… 2(附). **类耳褶龙胆 G. otophoroides**
    3. 花枝多年生；花深蓝或紫色；茎生叶卵形或匙形 ………… 4. **美龙胆 G. decorata**
  2. 花冠浅裂，冠筒长于裂片，褶大，生于裂片间。
    7. 种子具细网纹；须根扭结成圆柱形主根；植株基部具纤维质枯叶柄。
      8. 疏散聚伞花序顶生及腋生；花梗长 3-4 厘米。
        9. 花冠黄绿色；萼筒一侧开裂，裂片钻形，长 0.5-1 毫米，稀线形，长 0.3-1 厘米 ………… 5. **麻花艽 G. straminea**
        9. 花冠深蓝色；萼筒不裂，稀一侧浅裂，裂片线形，长 5-8 毫米 ………… 6. **达乌里秦艽 G. dahurica**
      8. 花簇生枝顶呈头状或轮状腋生；无梗。
        10. 茎近顶部叶苞叶状，包被头状花序。
          11. 花冠宽筒形，冠檐带紫褐色，内面淡黄或黄绿色 ………… 7. **西藏龙胆 G. tibetica**
          11. 花冠壶状，冠檐蓝紫或深蓝色，内面具斑点 ………… 8. **粗茎龙胆 G. crassicaulis**
        10. 茎近顶部叶小，不包被头状花序。
          12. 花冠蓝色或冠檐蓝或蓝紫色。
            13. 叶卵状椭圆形或窄椭圆形；花冠黄绿色，冠檐蓝或蓝紫色。
              14. 花萼长 (3-)7-9 厘米；花冠壶状，长 1.8-2 厘米 ………… 9. **秦艽 G. macrophylla**
              14. 花萼长 0.7-1.4 厘米；花冠筒状，长 2-2.5 厘米 ………… 9(附). **大花秦艽 G. macrophylla** var. **fetissowii**
            13. 叶线形；花冠筒状钟形，深黄色 ………… 10. **管花秦艽 G. siphonantha**
          12. 花冠黄绿色，具蓝灰色细条纹或斑点，筒形 ………… 9(附). **黄管秦艽 G. officinalis**
    7. 种子具蜂窝状或海绵状网隙；须根松散。
      15. 植株具短茎；叶密集成莲座状，包被顶芽；花茎从莲座叶腋抽出。
        16. 花单生茎端；褶整齐；顶芽不生成粗壮主茎。
          17. 叶及花萼裂片边缘软骨质。
            18. 茎多数，铺散，长 7-10 厘米；茎上部叶密集，下部叶疏离；花萼裂片倒披针形，基部窄缩；花冠淡蓝灰色 ………… 11. **短柄龙胆 G. stipitata**
            18. 茎少数，直伸，长 2-3 厘米；茎生叶密集；花萼裂片基部不窄缩。
              19. 花冠内面白色，被蓝灰色斑点及条纹；花萼裂片披针形 ………… 12. **大花龙胆 G. szechenyii**
              19. 花冠内面蓝紫或紫红色，被绿色宽条纹；花萼裂片椭圆形 ………… 13. **滇西龙胆 G. georgei**
          17. 叶及花萼裂片无软骨质边缘。
            20. 茎生叶 3-8 轮生；花 5-8 数。

21. 花冠裂片先端尖，无尾尖。
22. 叶及花萼裂片边缘具刚毛；茎生叶4-7轮生，线状匙形、卵形或披针形，长2.5-6毫米……………………………………………… 14. **无尾尖龙胆 G. ecaudata**
22. 叶及花萼裂片边缘无毛；茎生叶3-4轮生，线状披针形，长1-1.5厘米……………………………………………… 14(附). **台湾轮叶龙胆 G. yakushimensis**
21. 花冠裂片先端尾尖；茎生叶(5)6-7轮生。
23. 茎上部叶及花萼裂片线状匙形，先端钝；花冠筒形或窄漏斗形，喉部径1-1.5厘米……………………………………………… 15. **六叶龙胆 G. hexaphylla**
23. 茎上部叶及花萼裂片线形，先端尖；花冠钟状漏斗形，喉部径达2.5厘米……………………………………………… 15(附). **七叶龙胆 G. arethusae var. delicathula**
20. 茎生叶对生；花5数。
24. 茎下部叶卵形；花冠上部深蓝色，下部黄绿色，被深蓝色条纹及斑点……………………………………………… 16. **蓝玉簪龙胆 G. veitchiorum**
24. 茎下部叶窄长圆形或鳞形。
25. 花冠淡蓝色，喉部无斑点。
26. 茎生叶叶腋具不发育小枝；叶密集，线状披针形；花冠淡蓝色，被黄绿色条纹……………………………………………… 17. **华丽龙胆 G. sino-ornata**
26. 茎生叶叶腋无不育枝；叶疏离，线形；花冠上部亮蓝色，下部黄绿色，被蓝色条纹。
27. 花萼裂片与萼筒等长……………………………………………… 18. **湖边龙胆 G. lawrencei**
27. 花萼裂片长为萼筒1.5倍……………………………………………… 18(附). **线叶龙胆 G. lawrencei var. farreri**
25. 花冠上部深蓝色，喉部具深蓝色斑点……………………………………………… 19. **青藏龙胆 G. futtereri**
16. 花簇生枝端呈头状，褶偏斜；顶芽生成粗壮主茎；茎及分枝顶端具莲座叶丛。
28. 基生莲座叶丛不明显；茎生叶二型，下部叶鳞形，中上部叶卵状椭圆形或卵形；花冠淡紫色……………………………………………… 20. **滇龙胆草 G. rigescens**
28. 基生莲座叶丛发达，茎生叶同型，窄披针形或线状披针形；花冠蓝色。
29. 株高5-15厘米；叶宽0.6-1.2厘米；花长2.5-4厘米……………………………………………… 21. **五岭龙胆 G. davidii**
29. 株高3-5厘米；叶宽2-3.5毫米；花长1.5-2.5厘米……………………………………………… 21(附). **小叶五岭龙胆 G. davidii var. formosana**
15. 植株具根茎或匍匐茎，侧芽形成花茎及营养茎。
30. 植株具根茎。
31. 无莲座叶丛；茎生叶二型，下部叶鳞形膜质，余为叶质；种子具粗网纹，两端具翅；花蓝紫色。
32. 茎上部叶卵形或卵状披针形，边缘密被乳突；花萼裂片外反或开展……………………………………………… 22. **龙胆 G. scabra**
32. 茎上部叶线形或线状披针形，边缘平，无乳突；花萼裂片直伸。
33. 花多数，稀3朵；花萼裂片窄三角形，长4-8毫米，短于萼筒；花冠裂片先端钝……………………………………………… 23. **三花龙胆 G. triflora**
33. 花1-2朵；花萼裂片线状披针形，长0.8-1.5厘米，等于或长于萼筒；花冠裂片先端渐尖……………………………………………… 24. **条叶龙胆 G. manshurica**
31. 莲座叶丛发达；茎生叶同形，叶质；种子具海绵状网隙，无翅。
34. 花萼裂片整齐，长3-7毫米，直伸。
35. 花冠黄色。
36. 花1-3(-5)朵，无梗或具短梗；花冠具蓝色斑点，无条纹……………………………………………… 25. **高山龙胆 G. algida**
36. 花1-8朵，梗长达4厘米；花冠无斑点，具蓝灰色宽短条纹……………………………………………… 26. **岷县龙胆 G. purdomii**

35. 花冠上部蓝色，下部黄白色，具深蓝色条纹 ………………………………… 27. **云雾龙胆 G. nubigena**
34. 花萼裂片不整齐；花冠深蓝色；茎密被乳突。
37. 花萼裂片窄三角形或钻形，长 0.5-1.5 毫米；花冠无条纹及斑点 ………………………………………… 28. **小齿龙胆 G. microdonta**
37. 花萼裂片披针形或线形，长 2-5.5 毫米；花冠有时具斑点 ………………………………………… 29. **阿墩子龙胆 G. atuntsiensis**
30. 植株具匍匐茎，稀具根茎；莲座丛叶小，花茎多年生，平卧地面。
38. 柱头小，离生，外反；种子具蜂窝状或海绵状网隙，无翅。
39. 花 3-8 簇生茎顶呈头状；叶柄扁平，上部叶柄宽；花冠褶偏斜。
40. 叶柄细；花冠长 3-3.5 厘米；雄蕊与冠筒等长 ……………………………… 30. **中国龙胆 G. chinensis**
40. 茎下部叶柄细，上部叶柄宽；雄蕊短于冠筒。
41. 花簇生茎端，被叶丛包被；花冠长 2-2.5 厘米 ……………………… 31. **锡金龙胆 G. sikkimensis**
41. 花簇生茎端，基部被叶丛包被；花冠长 2.6-3 厘米 ………………………………………… 31(附). **扭果柄龙胆 G. harrowiana**
39. 花单生茎顶，稀 2-4 簇生；叶柄不增宽；花冠褶整齐，稀偏斜。
42. 叶及花萼裂片具软骨质或膜质宽边缘。
43. 花萼裂片先端尖；花冠长 4.5-6 厘米；叶卵形或卵状椭圆形，长 2-4 厘米 ………………………………………… 32. **硕花龙胆 G. amplicrater**
43. 花萼裂片先端钝圆或平截；花冠长 2-3(-4) 厘米；叶扇状楔形，长 0.7-1.3 厘米 ………………………………………… 33. **乌奴龙胆 G. urnula**
42. 叶及花萼裂片无软骨质或膜质边缘。
44. 花萼裂片匙形或窄椭圆形，基部具爪；花冠长 3-3.5 厘米，具黄绿色条纹及紫黄色斑点 ………………………………………… 34. **黄条纹龙胆 G. gilvo-striata**
44. 花萼裂片披针形、窄长圆形、三角形或匙形，基部不窄缩；花冠无斑点及条纹。
45. 花柱丝状，长于子房；叶匙形或倒卵状匙形 …………………… 35. **丝柱龙胆 G. filistyla**
45. 花柱短于子房。
46. 叶倒卵状匙形或匙形；花冠钟形，长 2-2.2(-2.6) 厘米，在花萼以上膨大，褶宽卵形 ………………………………………… 36. **矮龙胆 G. wardii**
46. 叶椭圆形或长圆形；花冠棍棒状筒形，长 (2-)2.5-3.5 厘米，褶平截或近耳形 ………………………………………… 36(附). **筒花龙胆 G. tubiflora**
38. 柱头盘状，后分离；种子具浅蜂窝状网隙，具宽翅；叶倒卵形或宽倒卵形 ………………………………………… 37. **叶萼龙胆 G. phyllocalyx**
1. 一年生、稀多年生草本；无莲座状叶丛。
47. 蒴果窄长，顶端及边缘无翅；基生叶小，茎生叶向上部渐大。
48. 种子具蜂窝状网隙；花萼无龙骨状突起（四数龙胆例外）。
49. 花冠淡黄、黄绿或淡蓝色，具蓝灰或蓝色斑点。
50. 聚伞花序顶生及腋生；花冠筒形，褶整齐。
51. 花萼裂片 3 个大，匙形，2 个小，窄椭圆形 ……………………… 38. **云南龙胆 G. yunnanensis**
51. 花萼裂片等大，圆匙形或匙形 ……………………………………… 39. **圆萼龙胆 G. suborbisepala**
50. 花单生枝顶；花萼裂片等大；花冠高脚杯状，褶偏斜 ………………………………………… 40. **东俄洛龙胆 G. tongolensis**
49. 花冠蓝、蓝紫或紫红色，具深紫色、黑紫或深蓝灰色条纹，褶整齐。
52. 花 4 数；花萼裂片中脉龙骨状突起，向萼筒下延成宽翅 ………………………………………… 41. **四数龙胆 G. lineolata**
52. 花 5 数；花萼无龙骨状突起，无宽翅。

53. 全株密被紫红色乳突；花簇生枝顶呈头状 …………………………………… 42. **微籽龙胆 G delavayi**

53. 全株平滑；花 1-3 顶生及腋生 ……………………………………………… 43. **着色龙胆 G. picta**

48. 种子具网纹；花萼裂片中脉常突起，向萼筒下延成翅。

54. 花长 3-6 厘米，褶偏斜；雄蕊顶端一侧下弯。

55. 花冠淡红色，褶先端具细长流苏；花柱长约 6 毫米 ……………………………………………………………………………………… 44. **红花龙胆 G. rhodantha**

55. 花冠非淡红色，褶先端齿状或啮蚀状；花柱长 0.8-1.5 厘米。

56. 花冠淡黄、黄或淡绿色。

57. 花冠具黑色条纹，无毛，裂片先端尾尖 ……………………………… 45. **条纹龙胆 G. striata**

57. 花冠无条纹，沿脉被短柔毛，裂片先端啮蚀状 ……………………………………………………………………………………… 46. **毛脉龙胆 G. souliei**

56. 花冠蓝或蓝紫色，无毛 ………………………………………………… 47. **翼萼龙胆 G. pterocalyx**

54. 花长 1.6-2.5 厘米；雄蕊整齐。

58. 茎生叶草质，倒卵形、倒卵状匙形、圆匙形或椭圆形。

59. 花冠上部深蓝或蓝紫色，下部黄绿色，裂片长 4-5 毫米；种子幼时一侧具翅 ……………………………………………………………………………………… 48. **偏翅龙胆 G. pudica**

59. 花冠蓝或蓝紫色，裂片长 1.5-1.7 毫米；种子一端具翅 ……………………………………………………………………………………… 49. **圆齿褶龙胆 G. crenulato-truncata**

58. 茎生叶革质，线状钻形；花冠筒形，淡蓝色，喉部具蓝灰色斑纹 ……………………………………………………………………………………… 50. **钻叶龙胆 G. haynaldii**

47. 蒴果顶端具宽翅，两侧具窄翅；基生叶发达；种子具细网纹。

60. 蒴果倒卵状匙形或长圆形；花萼裂片无龙骨状突起；花冠筒形或漏斗形。

61. 一年生草本，稀多年生；主根细。

62. 花萼裂片丝状或丝状锥形。

63. 花冠褶具流苏或条裂片。

64. 花冠褶具流苏或条裂，花冠蓝色。

65. 花冠无斑点，裂片卵形，与褶等宽 ……………………………………… 51. **流苏龙胆 G. panthaica**

65. 花冠具深蓝色斑点，裂片线形，较褶窄 3 倍 ……………………………………………………………………………………… 51(附). **丝瓣龙胆 G. exquisita**

64. 花冠褶具棍棒状流苏；花冠黄绿色，裂片卵形，与褶等宽 ……………………………………………………………………………………… 52. **少叶龙胆 G. oligophylla**

63. 花冠褶全缘或具细齿。

66. 茎直立，基部不分枝，中上部分枝。

67. 花冠长 1.2-1.5 厘米，上部淡黄色，基部淡紫色，喉部具黄色斑点；花萼裂片长 2-2.5 毫米 ………………………………………………………… 53. **黄花龙胆 G. flavo-maculata**

67. 花冠长 2-3 厘米，紫红色，冠筒具黑紫色短细条纹及斑点；花萼裂片长 3-6 毫米 …… ……………………………………………………………………… 54. **深红龙胆 G. rubicunda**

66. 茎基部多分枝，枝叉开；花冠淡蓝色，褶全缘；茎生叶卵形或心形 ……………………………………………………………………………………… 55. **母草叶龙胆 G. vandellioides**

62. 花萼裂片三角形、卵形或披针形。

68. 茎基部多分枝，丛生状，无主茎，枝二歧式，铺散或斜生。

69. 叶常对折，线形，叶柄连合部分向上渐长。

70. 花冠蓝紫色，喉部具 5 束密长毛 ……………………………………… 56. **髯毛龙胆 G. cuneibarba**

70. 花冠喉部无毛。

71. 花冠上部紫红或蓝紫色，下部黄色。

72. 花冠直伸，喉部具宽条纹；褶顶端平截，具条裂 …………………………………………………… 57. **刺芒龙胆 G. aristata**

72. 花冠反折，喉部具椭圆形花纹；褶卵形，先端钝 …………………………………………………… 57(附). **反折花龙胆 G. choanantha**

71. 花冠淡蓝色，内面白色，喉部无花纹 …………………………………………………… 58. **针叶龙胆 G. heleonastes**

69. 叶非线形，叶柄合生部分向上渐短。

73. 花萼裂片基部缢缩，外反或直伸。

74. 叶及花萼裂片平滑，具软骨质边缘。

75. 花萼裂片卵形，反折；花冠稍伸出花萼 …………………………………………………… 59. **鳞叶龙胆 G. squarrosa**

75. 花萼裂片直伸；花冠伸出花萼。

76. 茎上部叶及花萼裂片肾形或宽圆形，先端圆或平截 …………………………………………………… 60. **肾叶龙胆 G. crassuloides**

76. 茎上部叶倒披针形或匙形，先端尖；花萼裂片卵形，先端具小尖头 …………………………………………………… 60(附). **卵萼龙胆 G. bryoides**

74. 叶及花萼裂片被乳突，无软骨质或膜质边缘；花萼裂片卵圆形 …………………………………………………… 61. **长白山龙胆 G. jamesii**

73. 花萼裂片直伸，三角形或披针形。

77. 花冠黄绿色；叶及花萼裂片边缘密被短睫毛 …………………………………………………… 62. **黄白龙胆 G. prattii**

77. 花非黄色。

78. 茎生叶椭圆形；花冠白色，稀淡蓝色，喉部具蓝色斑点 …………………………………………………… 63. **蓝白龙胆 G. leucomelaena**

78. 茎生叶匙形或倒卵状匙形。

79. 叶及花萼无柔毛。花冠紫红色；茎生叶匙形，先端三角状尖 …………………………………………………… 64. **匙叶龙胆 G. spathulifolia**

80. 花冠蓝色。

81. 茎生叶及花萼裂片具宽膜质边缘 …………………………………………………… 65. **大颈龙胆 G. macrauchena**

81. 叶稍具软骨质边缘；花萼裂片无膜质边缘。

82. 花萼长为花冠之半，萼筒绿色，无白色膜质纵纹 …………………………………………………… 66. **假水生龙胆 G. pseudo-aquatica**

82. 花萼稍短于花冠，萼筒具 5 条白色膜质条纹 …………………………………………………… 66(附). **白条纹龙胆 G. burkillii**

79. 叶及花萼被柔毛；花冠淡蓝色，具黄绿色宽条纹 …………………………………………………… 67. **柔毛龙胆 G. pubigera**

68. 茎直立，主茎明显，上部稍分枝。

83. 茎下部无叶，顶部节间短，叶及短枝密集呈头状，被叶状苞片；叶及萼被柔毛 …………………………………………………… 68. **鸟足龙胆 G. pedata**

83. 茎下部具叶，顶部叶及短枝不密集；茎从基部或中部帚状分枝，枝平行斜升。

84. 花萼裂片卵形，稀披针形，反折或开展。

85. 叶稍肉质，先端具小尖头。

86. 茎生叶卵形或心形，基生叶与茎下部叶等大；茎密被乳突。

87. 茎生叶卵形 …………………………………………………… 69. **灰绿龙胆 G. yokusai**

87. 茎生叶心形 ……………………………………………………………………………………… 69(附). **心叶灰绿龙胆 G. yokusai** var. **cordifolia**

86. 茎下部叶卵形，中上部叶披针形，基生叶大于茎下部叶；茎疏被乳突 ……………………………… 70. **四川龙胆 G. sutchuenensis**

85. 叶革质，坚硬，先端具短尖，卵状披针形，基生叶较大 ……………………………………………… 71. **繁缕状龙胆 G. alsinoides**

84. 花萼裂片三角形或披针形，直伸。

88. 茎生叶宽卵形或宽卵圆状匙形，边缘软骨质，平滑或被不明显乳突。

89. 花长 1.4–1.8 厘米，花冠淡蓝色，具黄绿色宽条纹；茎光滑 ……………………………………… 72. **笔龙胆 G. zollingeri**

89. 花长 1–1.3 厘米，花冠黄绿色，内面蓝色，茎被乳突 ……………………………………………… 72(附). **水繁缕叶龙胆 G. samolifolia**

88. 茎生叶长圆状披针形，边缘密被乳突；花冠黄或淡黄色，喉部具斑点，褶长 3–4 毫米；茎密被白色乳突 ……………………………………………………… 73. **玉山龙胆 G. scabrida**

61. 多年生草本；根肉质，纺锤形。

90. 花 2–3 簇生近顶部 2–3 对叶腋，蓝色 ……………………………………………… 74. **草甸龙胆 G. praticola**

90. 花单生枝顶。

91. 植株无匍匐茎；花冠紫红色 ……………………………………………………… 75. **华南龙胆 G. loureirii**

91. 植株具匍匐茎；花冠黄绿色，内面蓝色 ……………………………………… 75(附). **菔根龙胆 G. napulifera**

60. 蒴果窄椭圆形，顶端渐尖或钝；花萼裂片具龙骨状突起，向萼筒下延成翅；花冠高脚杯状，紫红色 ……………………………………………………………… 76. **陕南龙胆 G. piasezkii**

1. 耳褶龙胆

图 22

Gentiana otophora Franch. ex Hemsl. in Journ. Linn. Soc. Bot. 26: 130. 1890.

多年生草本，高达 25 厘米。主茎径达 1 厘米，具环纹。主根粗壮。莲座丛叶长圆状倒披针形或倒卵状披针形，长 5–12 厘米，先端圆或具小尖头，基部渐窄，叶柄宽扁，长 1–5 厘米；茎生叶 2–4 对，椭圆形，长 1–3 厘米，先端钝尖，基部圆或宽楔形，叶柄宽扁，长 0.5–1 厘米，基部抱茎成短鞘。聚伞花序顶生，具多花。花梗长 0.5–3 厘米；花萼杯状，萼筒长 4–5 毫米，裂片长圆形、披针形或卵形，不整齐，长 1–3 毫米；花冠淡黄绿色，具紫褐色斑点，钟形，长约 2 厘米，深裂，冠筒长 6–7 毫米，裂片卵形，长 1.3–1.5 厘米，先端钝，褶长三角形，长约 3 毫米。蒴果内藏，长椭圆形，长约 1.6 厘米。种子具细网纹。花果期 8–11 月。

产西藏东南部及云南西北部，生于海拔 2800–4200 米山坡草地、山谷草地及杜鹃林下。缅甸东北部有分布。

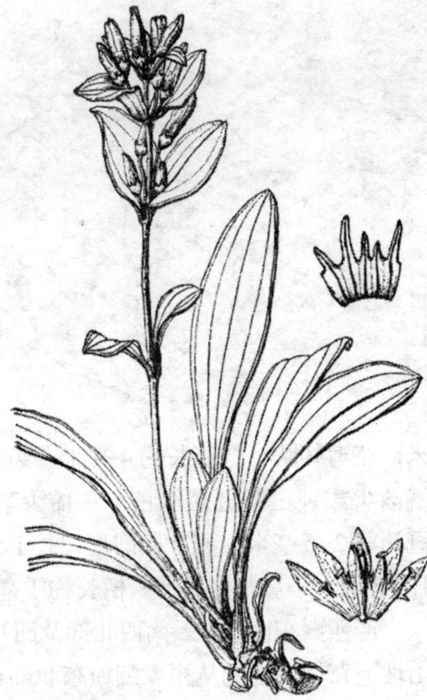

图 22 耳褶龙胆（马平绘）

2. 短管龙胆

图 23

Gentiana sichitoensis Marq. in Kew Bull. 1928: 56. 1928.

多年生草本，高达15厘米。主茎粗壮。

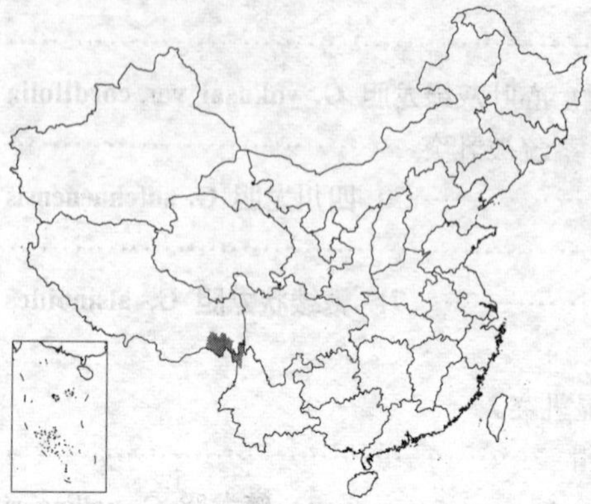

莲座丛叶匙形或长椭圆形，长1-5厘米，先端圆钝，基部渐窄，叶柄宽扁，长1-3厘米；茎生叶3-4对，宽卵形或近圆形，长0.8-1厘米，先端圆，基部圆或宽楔形，叶柄宽扁，长2-3毫米。单花顶生，稀2-3花。花梗长1-1.5厘米；花萼杯状，萼筒长4-6毫米，裂片椭圆形、圆形、卵形或披针形，大小不等，长1-3(-5)毫米，先端圆钝；花冠黄绿色，内具蓝紫色斑点，钟形，长2-2.5厘米，深裂，冠筒长约7毫米，裂片卵形，长1.4-1.7厘米，先端钝，褶线状披针形，长1-1.5毫米；雄蕊具长短二型；长雄蕊花及短雄蕊花。蒴果长椭圆形或球形，长约1.5厘米，果柄粗短。种子具细网纹。花果期9-11月。

产西藏东南部、云南西北部，生于海拔3300-4200米石质山坡、山坡草地及竹丛中。缅甸东北部有分布。

[附] **类耳褶龙胆 Gentiana otophoroides** H. Smith in Anz. Akad. Wiss. Wien, Math.-Nat. 63: 101. 1926. 本种与短管龙胆的区别：花冠白色，具紫色条纹，筒形，裂至中部，褶长三角形；莲座丛叶倒披针形或倒卵状披针形。花果期8-9月。产西藏东南部及云南西北部，生于海拔3200-4050米石质山坡

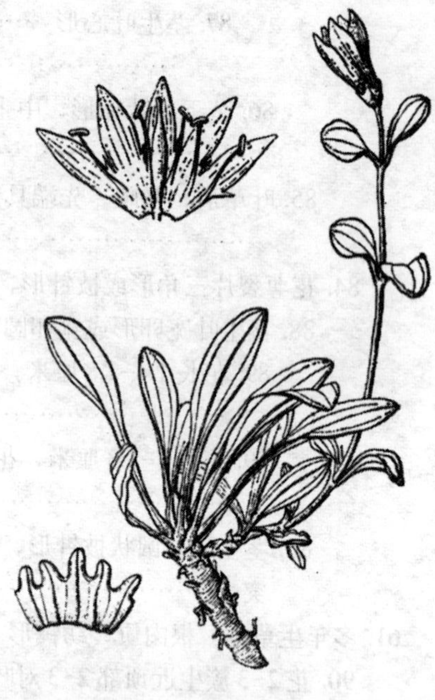

图 23 短管龙胆（马平绘）

草地。缅甸东部有分布。

3. 深裂龙胆 图 24:1-3

Gentiana damyonensis Marq. in Kew Bull. 1928: 51. 1928.

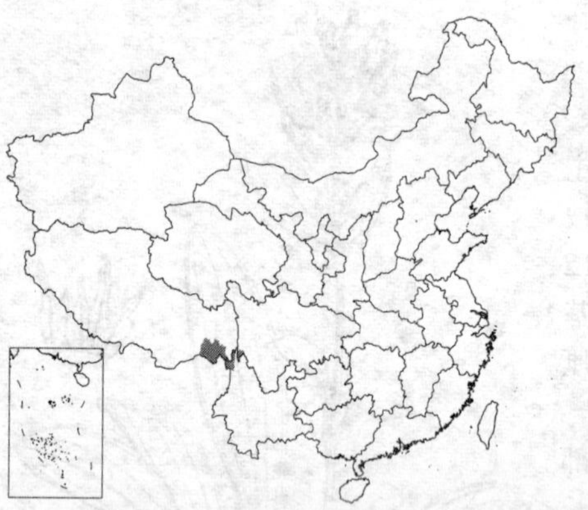

多年生矮小草本，高达10厘米。主茎匍匐状，径约2厘米，上部叉状分枝。花枝常丛生，斜伸。莲座丛叶线状倒披针形或倒披针形，长2-3.5厘米，先端钝，基部渐窄，叶柄宽扁，长达1厘米；茎生叶窄披针形或窄卵状披针形，长0.8-1.1厘米，先端钝，基部渐窄。花单生枝顶。花梗无或长达5毫米；花萼杯状，萼筒长约4毫米，裂片披针形或窄长圆形，长1-3毫米，先端渐尖或钝；花冠淡绿色，具稀少紫或暗绿色斑点，长约2厘米，深裂，冠筒长2-5毫米，裂片椭圆形，长1.5-1.8厘米，先端钝，褶三角形，长1-1.5毫米；子房长椭圆形，柄长约1毫米，无花柱。花果期8-10月。

产西藏东南部、云南西北部及四川西南部，生于海拔3700-5200米石质山坡、草地或杜鹃丛中。缅甸东北部有分布。

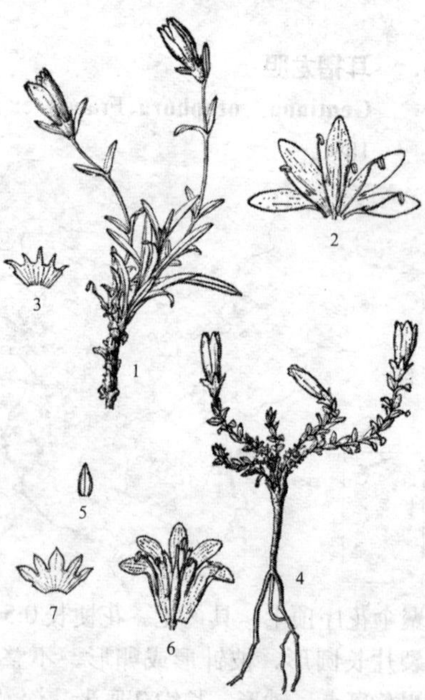

图 24:1-3.深裂龙胆 4-7.美龙胆(马平绘)

4. 美龙胆 图 24:4-7

Gentiana decorata Diels in Notes Roy. Bot. Gard. Edinb. 5: 220. 1912

多年生矮小草本，高达5厘米。基部多分枝，枝丛生，平卧或斜升。茎生叶多数，密集，卵形、倒卵形、椭圆形或匙形，长3-8毫米，叶柄极短，连成长1-2毫米的筒。花单生枝顶。花梗长2-4毫米；花萼杯状，萼筒长4毫米，裂片不等大，卵形或椭圆

形，长2-5毫米,花冠深蓝或紫色，钟形，长1.5-2厘米，中裂或深裂，冠筒与裂片等长或稍短，长0.6-1厘米,裂片椭圆形，长0.7-1.1厘米，褶三角形，长1-2毫米。蒴果内藏，无柄，长椭圆形，扁平，长约1.5厘米。种子具细网纹。花果期8-11月。

产西藏东南部及云南西北部，生于海拔3200-4550米山坡草地、水边草地。

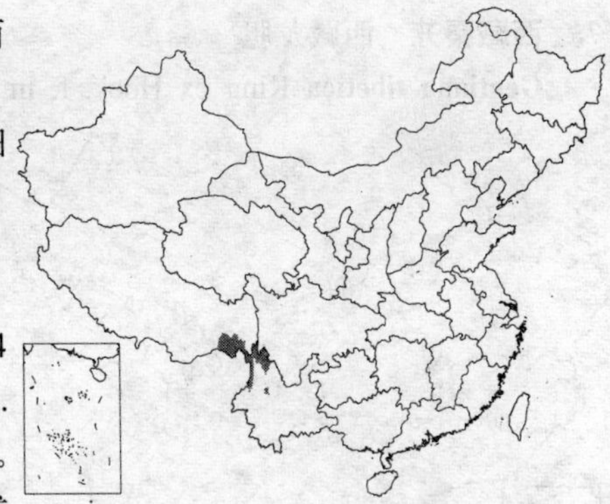

5. 麻花艽 图25 彩片4

Gentiana straminea Maxim. in Bull. Acad. Sci. St.-Pétersb. 27: 502. 1881.

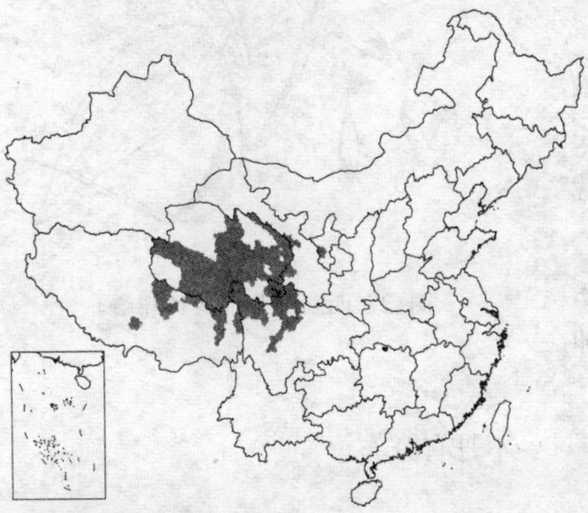

多年生草本，高达35厘米。枝丛生。莲座丛叶宽披针形或卵状椭圆形，长6-20厘米，两端渐窄，叶柄长2-4厘米；茎生叶线状披针形或线形，长2.5-8厘米，叶柄宽，长0.5-2.5厘米。聚伞花序顶生或腋生，花序疏散，花序梗长达9厘米。花梗长达4厘米；萼筒膜质，黄绿色，长1.5-2.8厘米，一侧开裂，萼片2-5，钻形，稀线形，花冠黄绿色，喉部具绿色斑点,有时外面带紫或蓝灰色，漏斗形，长(3-)3.5-4.5厘米，裂片卵形或卵状三角形，长5-6毫米，先端钝，全缘，褶偏斜，三角形，长2-3毫米，先端钝，全缘或边缘啮蚀状。蒴果内藏，椭圆状披针形。种子具细网纹。花果期7-10月。

产宁夏、甘肃、青海、西藏及四川，生于海拔2000-4950米草甸、灌丛中、林下、林间空地、山沟、多石山坡或河滩。尼泊尔有分布。

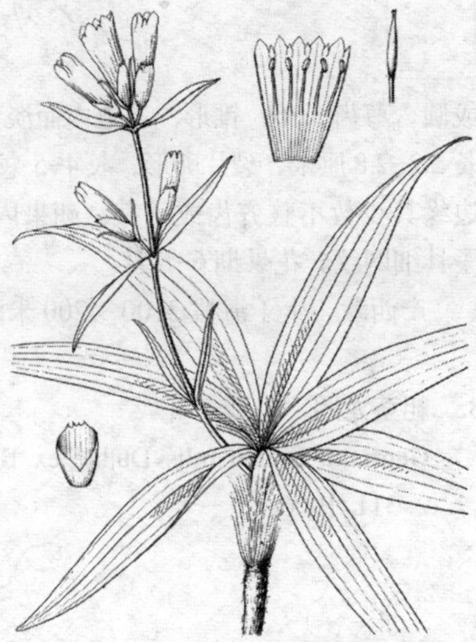

图25 麻花艽（吴樟桦绘）

6. 达乌里秦艽 图26 彩片5

Gentiana dahurica Fisch. in Mém. Soc. Nat. Mosc. 3: 63. 1812.

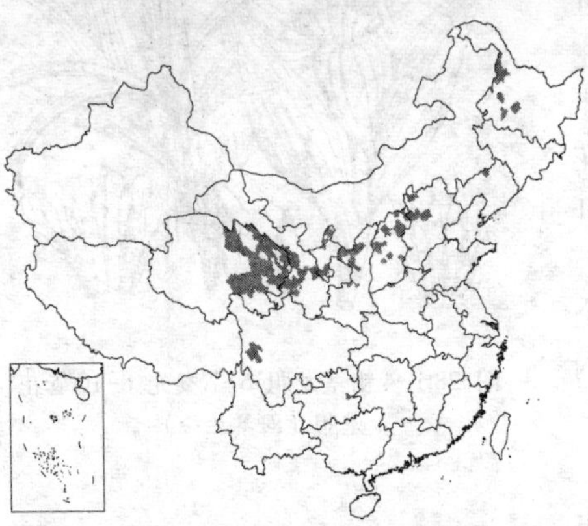

多年生草本，高达25厘米。枝丛生。莲座丛叶披针形或线状椭圆形，长5-15厘米，先端渐尖，基部渐窄，叶柄宽扁，长2-4厘米；茎生叶线状披针形或线形，长2-5厘米。聚伞花序顶生或腋生，花序梗长达5.5厘米。花梗长达3厘米；萼筒膜质，黄绿或带紫红色，长0.7-1厘米，不裂，稀一侧开裂，裂片5，不整齐，线形，绿色，长3-8毫米；花冠深蓝色，有时喉部具黄色斑点，长3.5-4.5厘米，裂片卵形或卵状椭圆形，长5-7毫米，先端钝，全缘，褶整齐，三角形或卵形，长1.5-2毫米，先端钝，全缘或边缘啮蚀状。蒴果内藏，椭圆状披针形，长2.5-3厘米，无柄。种子具细网纹。花果期7-9月。

产辽宁、内蒙古、河北、河南、山西、陕西、甘肃、宁夏、青海、四川及湖北，生于海拔870-4500米田边、路边、河滩、湖边沙地、沟边、阳坡及干草原。俄罗斯及蒙古有分布。

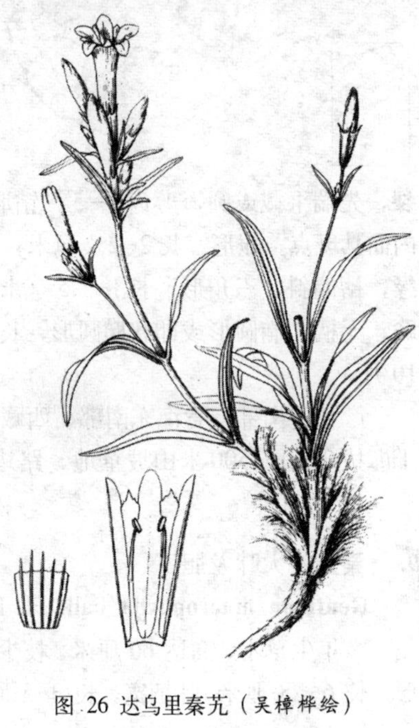

图26 达乌里秦艽（吴樟桦绘）

7. 西藏秦艽 西藏龙胆 图 27

Gentiana tibetica King ex Hook. f. in Hook. Icon. Pl. 15: 33. t. 1441. 1883.

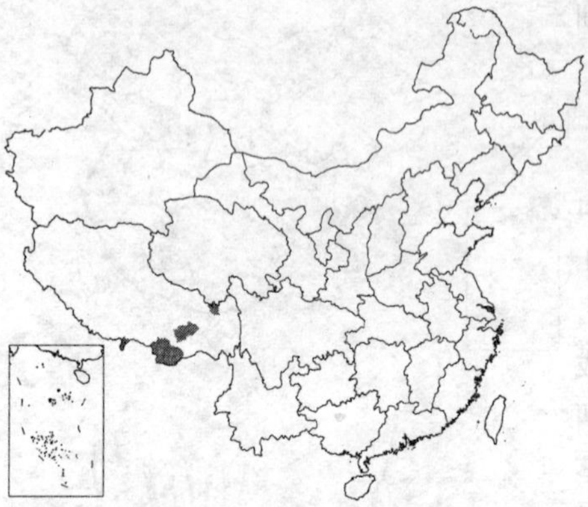

多年生草本，高达50厘米。枝少数丛生。莲座丛叶卵状椭圆形，长9-16厘米，叶柄宽，长5-7厘米；茎生叶卵状椭圆形或卵状披针形，长8-13厘米，无叶柄或柄长达3.5厘米；近顶部叶密集呈苞叶状包被花序。花簇生茎顶呈头状或轮状腋生。花无梗；萼筒黄绿色，长7-8毫米，一侧开裂，先端平截或圆，萼齿5-6，锥形；花冠内面淡黄或黄绿色，冠檐带紫褐色，宽筒形，长2.2-2.8厘米，裂片卵形，长4-5毫米，褶偏斜，三角形，长0.5-1.5毫米，边缘具少数不整齐齿或平截。蒴果内藏，椭圆形或卵状椭圆形，无柄。种子具细网纹。花果期6-8月。

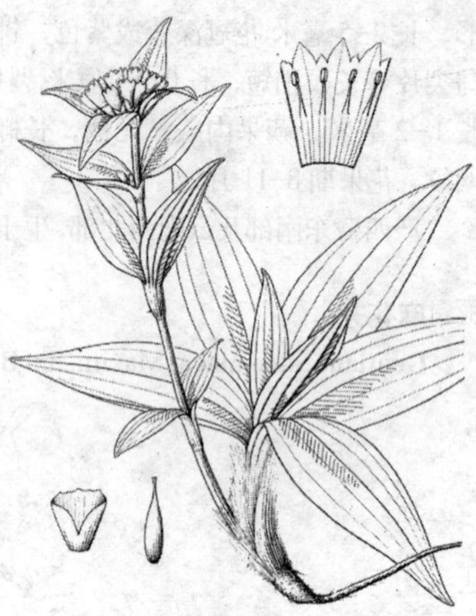

图 27 西藏秦艽（吴樟桦绘）

产西藏，生于海拔2100-4200米路边、灌丛中及林缘。尼泊尔、锡金、不丹有分布。

8. 粗茎龙胆 粗茎秦艽 图 28:1-4 彩片 6

Gentiana crassicaulis Duthie ex Burk. in Journ. Asiat. Soc. Bengal n. ser. 2: 311. 1906.

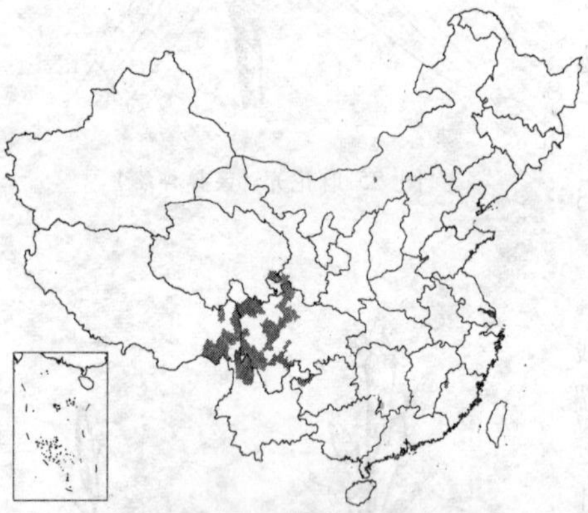

多年生草本，高达40厘米。枝少数丛生。莲座丛叶卵状椭圆形或窄椭圆形，长12-20厘米，叶柄宽，长5-8厘米；茎生叶卵状椭圆形或卵状披针形，长6-16厘米，叶柄宽，近无或长达3厘米；最上部叶密集呈苞叶状包被花序。花簇生茎顶呈头状，稀轮状腋生。花无梗；萼筒长4-6毫米，一侧开裂，先端平截或圆，萼齿1-5，钻形，花冠筒黄白色，冠檐蓝紫或深蓝色，内面具斑点，壶形，长2-2.2厘米，裂片卵状三角形，长2.5-3.5毫米，全缘，褶偏斜，三角形，长1-1.5毫米，先端钝，边缘具不整齐细齿。蒴果内藏，无柄，椭圆形或卵状椭圆形，长1-2厘米。种子具细网纹。花果期6-10月。

图 28:1-4.粗茎龙胆 5-7.秦艽 8-10.管花龙胆（阎翠兰绘）

产甘肃南部、青海东南部、西藏东南部、云南、四川及贵州西北部，生于海拔2100-4500米山坡草地、路边、草甸、撩荒地、灌丛中、林下及林缘。云南丽江有栽培。

9. 秦艽 大叶龙胆 图 28:5-7

Gentiana macrophylla Pall. Fl. Ross. 1(2): 108. t. 96. 1788.

多年生草本，高达60厘米。枝少数丛生。莲座丛叶卵状椭圆形或窄椭圆形，长6-28厘米，叶柄宽，长3-5厘米；茎生叶椭圆状披针形或窄椭圆形，长4.5-15厘米，无叶柄或柄长达4厘米。花簇生枝顶或轮状腋生。花无梗；萼筒黄绿或带紫色，长(3-)7-9毫米，

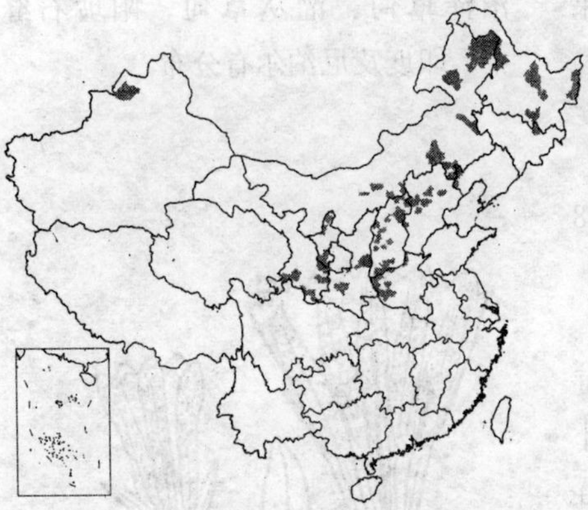

一侧开裂，先端平截或圆，萼齿(1-3)4-5，锥形，长 0.5-1 毫米；花冠筒黄绿色，冠檐蓝或蓝紫色，壶形，长 1.8-2 厘米，裂片卵形或卵圆形，长 3-4 毫米，褶整齐，三角形，长 1-1.5 毫米，平截。蒴果内藏或顶端外露，卵状椭圆形，长 1.5-1.7 厘米。种子具细网纹。花果期 7-10 月。

产黑龙江、吉林、辽宁、内蒙古、河北、山西、河南、陕西、甘肃、宁夏及新疆，生于海拔 400-2400 米河滩、路边、沟边、山坡草地、草甸、林下及林缘。俄罗斯及蒙古有分布。

[附] **大花秦艽 Gentiana macrophylla** var. **fetissowii** (Regel et Winkl.) Ma et K. C. Hsia in Acta Sci. Nat. Univ. Intramongol. 6 (1): 43. 1964. —— *Gentiana fetissowii* Regel et Winkl. in Acta Hort. Petrop. 7: 548. 1880. 本种与模式变种的区别：花萼长 0.7-1.4 厘米；花冠筒形，长 2-2.5 厘米。产河北、河南、山西、陕西、四川、甘肃、宁夏及新疆，生于海拔 650-3700 米山坡草地、路边或河滩。

[附] **黄管秦艽 Gentiana officinalis** H. Smith. in Hand.-Mazz. Symb. Sin. 7: 979. 1936. 本种与秦艽的区别：叶线形；花冠筒状钟形，深蓝色，褶偏斜；蒴果窄椭圆形。产四川北部、青海东南部及甘肃南部，生于海拔 2300-4200 米草甸、灌丛中、山坡草地、河滩及田边。

10. 管花秦艽 图 28:8-10 彩片 7

Gentiana siphonantha Maxim. ex Kusnez. in Mél Biol. Acad. Sci. St. Pétersb. 13: 176. 1891.

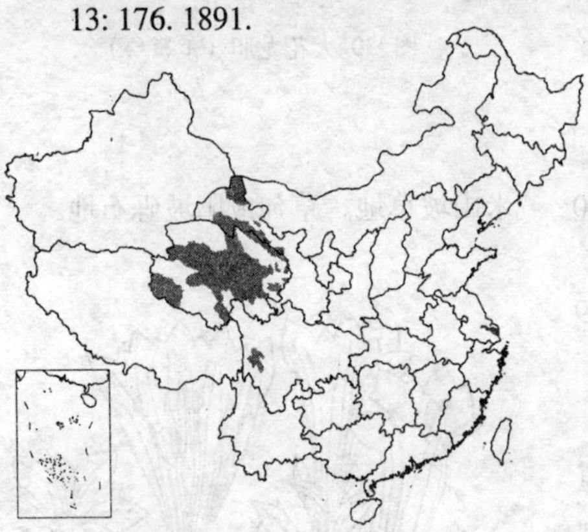

多年生草本，高达 25 厘米。枝少数丛生。莲座丛叶线形，稀宽线形，长 4-14 厘米，叶柄长 3-6 厘米；茎生叶与莲座丛叶相似，长 3-8 厘米，无叶柄或柄长达 2 厘米。花簇生枝顶及叶腋呈头状。花无梗；萼筒带紫红色，长 4-6 毫米，萼齿不整齐，丝状或钻形，长 1-3.5 毫米；花冠深蓝色，筒状钟形，长 2.3-2.6 厘米，裂片长圆形，长 3.5-4 毫米，褶窄三角形，长 2.5-3 毫米。全缘或 2 裂。蒴果长 1.4-1.7 厘米，果柄长 6-7 毫米。种子具细网纹。花果期 7-9 月。

产四川西部、青海、甘肃及宁夏，生于海拔 1800-4500 米干草原、草甸、灌丛中及河滩。

11. 短柄龙胆 图 29

Gentiana stipitata Edgew. in Trans. Linn. Soc. 20: 84. 1846.

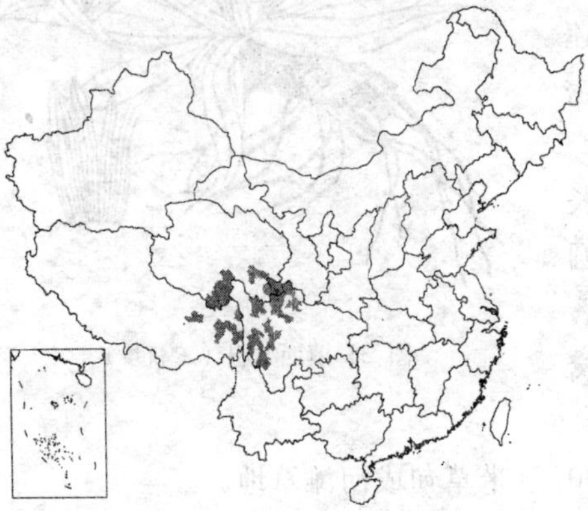

多年生矮小草本，高达 10 厘米。茎短。花枝丛生，斜升。叶常对折，边缘及中脉白色软骨质，被乳突；莲座丛叶卵状披针形或卵形，长 1.5-2 厘米；茎生叶多对，卵形或椭圆形，长 4-7 毫米，上部叶密集，椭圆形、椭圆状披针形或倒卵状匙形，长 1-1.6 厘米。花单生枝顶。花无梗；萼筒白色，膜质，倒锥状，长 0.8-1.2 厘米，裂片绿色，倒披针形，长 0.5-1 厘米，边缘白色软骨质，被乳突，中脉白色软骨质，突起；花冠淡蓝灰色，稀白色，具深蓝灰色宽条纹，有时具斑点，宽筒形，长 2.5-4.5 厘米，裂片卵形， 长 4-4.5 毫米，先端具小尖

图 29 短柄龙胆（王颖绘）

头，褶整齐，卵形，长2-2.5毫米。蒴果内藏，披针形，长1.5-1.7厘米，果柄长达6毫米。种子具浅蜂窝状网隙。花果期6-11月。

产甘肃玛曲、青海、西藏东南部及四川，生于海拔3200-4200米河滩、沼泽草甸、灌丛草甸、阳坡石缝中。印度及尼泊尔有分布。

12. 大花龙胆 粗根龙胆 图版 30 彩片 8

Gentiana szechenyii Kanitz in As. Centr. Coll. 40. 1891.

Gentiana callistantha Diels. et Gilg; 中国植物志 62: 78. 1988.

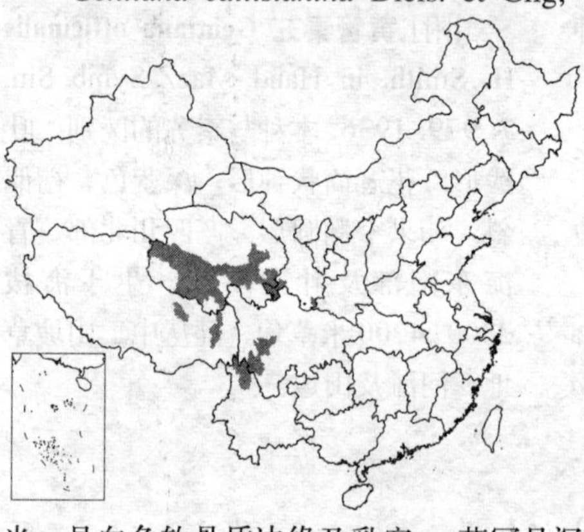

多年生矮小草本，高达7厘米。茎短。花枝丛生，斜升。叶三角状或椭圆状披针形，边缘白色软骨质，被乳突，中脉白色软骨质；莲座丛叶长3-6厘米；茎生叶密集，长1-2.5厘米。花单生枝顶。花无梗；萼筒膜质，黄白或上部带紫红色，长1.3-1.5厘米，裂片披针形，长1-1.2厘米，具白色软骨质边缘及乳突； 花冠具深蓝灰色宽条纹及斑点，内面白色，筒状钟形，长4-5厘米，裂片卵形，全缘，褶卵圆形，长2.5-3毫米，全缘或具微细齿。蒴果内藏，窄椭圆形，长2-2.3厘米。种子具浅蜂窝状网隙。花果期8-9月。

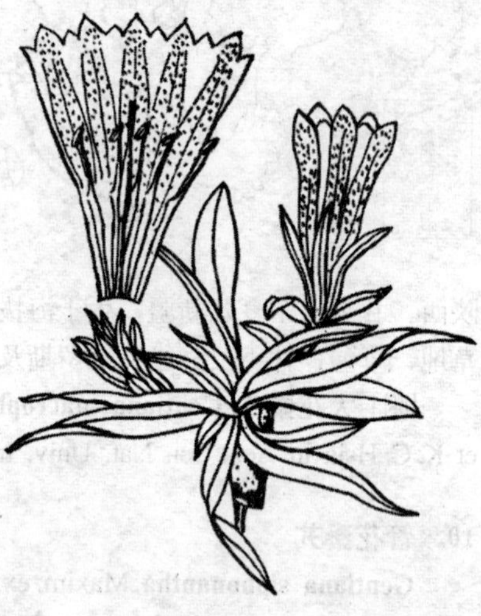

图 30 大花龙胆（王颖绘）

产甘肃、青海、西藏东南部、四川及云南西北部，生于海拔2000-4900米山坡草地、草甸或阳坡砾石地。

13. 滇西龙胆 图 31 彩片 9

Gentiana georgei Diels in Notes Roy. Bot. Gard. Edinb. 5: 221. 1912.

Gentiana szechenyii auct. non Kanitz: 中国植物志 62: 79. 1988.

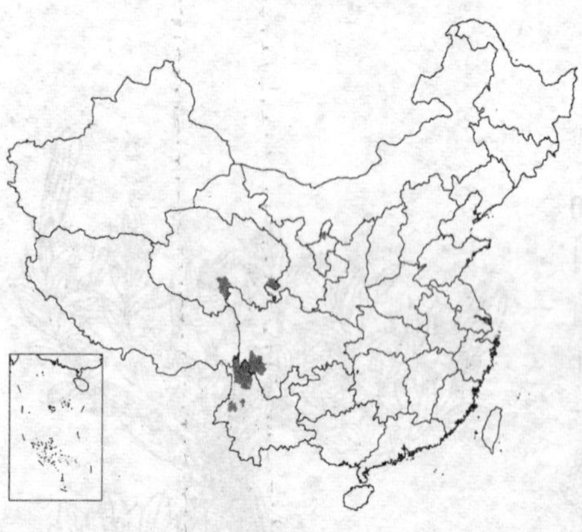

多年生矮小草本，高达7厘米。茎短。花枝少，斜升。叶剑状披针形或披针形，先端渐尖，边缘白色软骨质，密被乳突，上面中脉突起，具白色软骨质；莲座丛叶长约6厘米；茎生叶密集，长达3厘米。花单生枝顶。萼筒膜质，倒锥状筒形，长1.2-1.7厘米，裂片叶状，椭圆形，长达1.5厘米，先端渐尖，边缘及背部中肋白色软骨质；花冠具绿色宽条纹，内面蓝紫或紫红蜂窝状网隙。花果期 8-9 月。

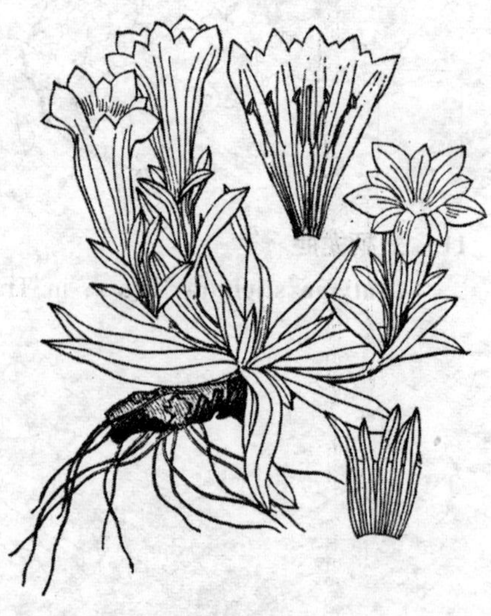

图 31 滇西龙胆（王颖绘）

产云南西北部、四川西南部及青海东南部，生于海拔 2000-4800 米草甸或河滩草地。

14. 无尾尖龙胆 图 32 彩片 10

Gentiana ecaudata Marq. in Kew Bull. 1928: 51. 1928.

多年生矮小草本，高达10厘米。茎

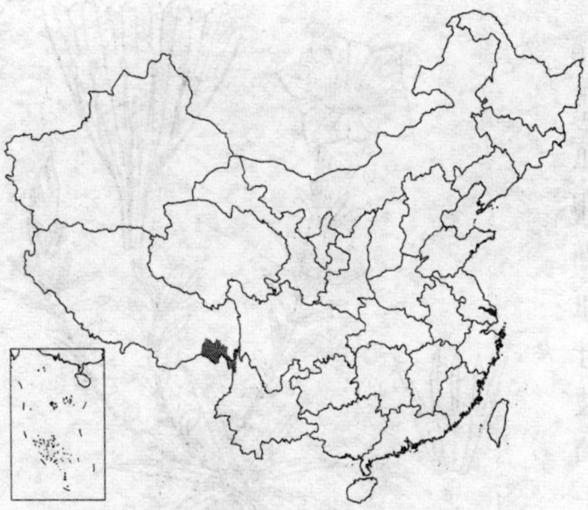

短。花枝丛生，铺散，斜升，密被乳突。莲座丛叶三角形，长3－7 毫米；茎生叶4－7 轮生，由下向上渐密集，下部叶宽披针形，长2－3 毫米，中上部叶线状披针形或线形，长0.5–1 厘米，边缘疏被刚毛。花单生枝顶。花无梗；萼筒倒锥状筒形，长6－8 毫米，裂片绿色，叶状，长0.8－1 厘米，边缘被刚毛；花冠常闭合，淡蓝色，具深蓝色条纹，筒形，长3–5 厘米，喉部径0.7–1.5 厘米，裂片三角形，长4.5–5.5 毫米，先端尖，具细齿，褶宽三角形，长1–2 毫米，全缘或具细齿。蒴果内藏，长圆形，长1–1.2 厘米。种子具蜂窝状网隙。花果期10月。

产西藏东南部及云南西北部，生于海拔 3000–4500 米山坡草地。

[附] **台湾轮叶龙胆 Gentiana yakushimensis** Makino in Bot. Mag. Tokyo 23: 1909. 本种与无尾尖龙胆的区别：叶及花萼裂片边缘无刚毛，茎生叶 3–4 轮生，线状披针形，长 1–1.5 厘米；萼筒钟形，褶缘啮蚀状。产台湾。日本有分布。

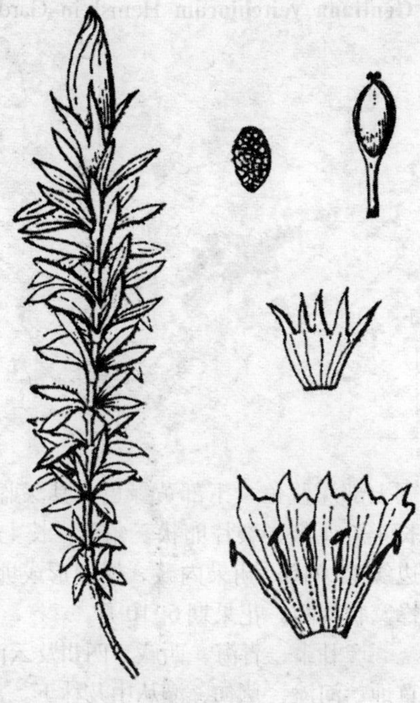

图 32 无尾尖龙胆（阎翠兰绘）

15. 六叶龙胆 图 33

Gentiana hexaphylla Maxim. ex Kusnez. in Mél. Biol. Acad. Sci. St. Pétersb. 13: 337. 1894.

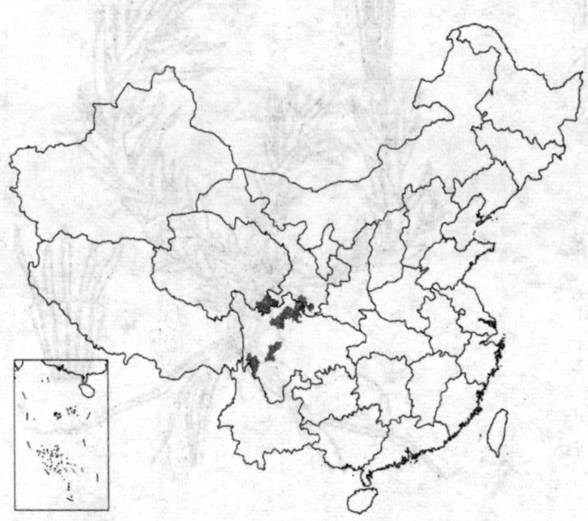

多年生草本，高达 20 厘米。茎短。花枝丛生，被乳突。莲座丛叶三角形，长0．5－1 厘米；茎生叶(5)6–7 轮生，上部叶线状匙形，先端钝圆，具小尖头，下部叶卵形或披针形，长2.5–6 毫米。花单生枝顶，(5)6–7(8) 数。花无梗；萼筒紫红或黄绿色，倒锥形或倒锥状筒形，长0.8–1 厘米，裂片绿色，线状匙形，长0.5–1.1 厘米；花冠蓝色，具深蓝色条纹，或冠筒黄白色，筒形或窄漏斗形，长 3.5–5 厘米，喉部径 1–1.5 厘米，裂片卵形或卵圆形，长4.5–6 毫米，先端具长 2–2.5 毫米尾尖，边缘啮蚀状，褶平截或宽三角形，长 0.5–1 毫米，先端钝，边缘啮蚀状。蒴果内藏，顶端外露，椭圆状披针形，长1.3–1.7 厘米。种子具浅蜂窝状网隙。花果期7–9 月。

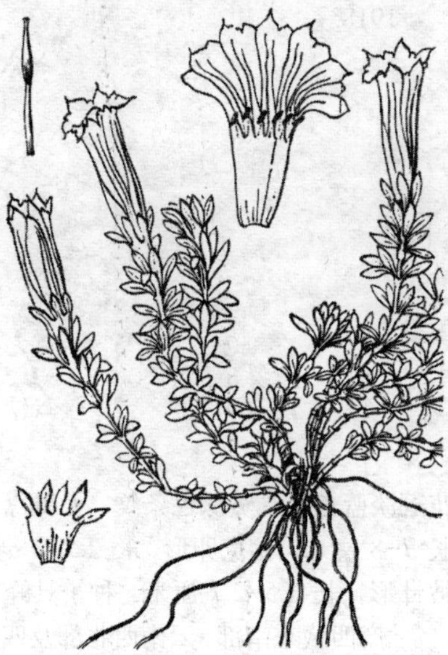

图 33 六叶龙胆（王颖绘）

产甘肃南部、四川西北部及青海东南部，生于海拔 2700–4400 米山坡草地、路边、草甸及灌丛中。

[附] **七叶龙胆** 彩片 11 **Gentiana arethusae** Burk. var. **delicatula** Marq. in Kew Bull. 1931: 81. 1931. 本变种与六叶龙胆的区别：茎上部叶及花萼裂片线形，先端尖；花冠钟状漏斗形，喉部径达 2.5 厘米。产河南西部、陕西南部、四川西部、云南西北部及西藏东南部，生于海拔 2700–4800 米山坡草地、草甸、路边及林缘草地。

16. 蓝玉簪龙胆 图 34 彩片 12

Gentiana veitchiorum Hemsl. in Gard. Chron. 46: 178. t. 74. 1909.

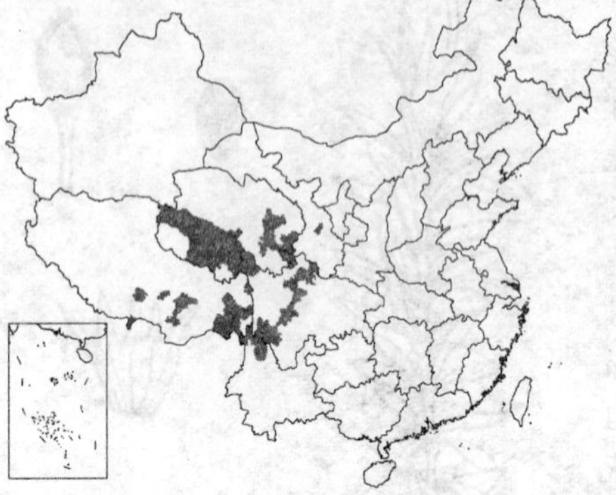

多年生矮小草本，高达10厘米。茎短。花枝丛生。莲座丛叶线状披针形，长3-5.5厘米；茎生叶多对，下部叶卵形，长2.5-7毫米，中部叶窄椭圆形或披针形，长0.7-1.3厘米，上部叶宽线形或线状披针形，长1-1.5厘米。花单生枝顶。花无梗；萼筒带紫色，筒形，长1.2-1.4厘米，裂片与上部叶同形，长0.6-1.1厘米；花冠上部深蓝色，下部黄绿色，具深蓝色条纹及斑点，窄漏斗形或漏斗形，长4-6厘米，裂片卵状三角形，长4-7毫米，褶宽卵形，长2.5-3.5毫米，边缘啮蚀状。蒴果内藏，椭圆形或卵状椭圆形，长1.5-1.7厘米。种子具蜂窝状网隙。花果期6-10月。

产甘肃、青海、西藏、四川及云南西北部，生于海拔2500-4800米山坡草地、河滩、草甸、灌丛中及林下。尼泊尔有分布。

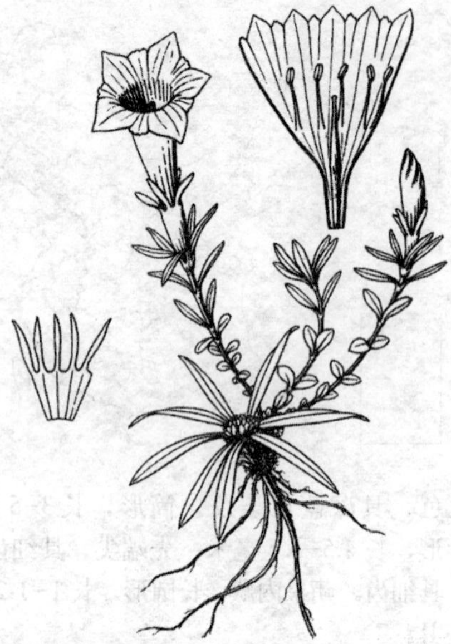

图 34 蓝玉簪龙胆（吴樟桦绘）

17. 华丽龙胆 图 35 彩片 13

Gentiana sino-ornata Balf f. in Trans. Proc. Bot. Soc. Edinb. 27: 253. 1918.

多年生草本，高达15厘米。茎短，较粗。花枝丛生。莲座丛叶窄三角形，长4-6毫米；茎生叶多对，密集，内弯，叶腋具不发育小枝，中下部叶披针形，长0.7-1厘米，上部叶线状披针形，长1-3.5厘米；叶柄上面被乳突。花单生枝顶。花无梗；萼筒倒锥状筒形，长1.3-1.5厘米，裂片与上部叶同形，长1.3-1.5厘米；花冠淡蓝色，具黄绿色条纹，无斑点，窄倒锥形，长5-6厘米，裂片卵形，长7-8毫米，褶宽卵形，长2.5-3毫米，具不整齐细齿。蒴果内藏，椭圆状披针形，长2.5-2.7厘米。种子具蜂窝状网隙。花果期5-10月。

产西藏东南部、云南西北部及四川西南部，生于海拔2400-4800米山坡草地。

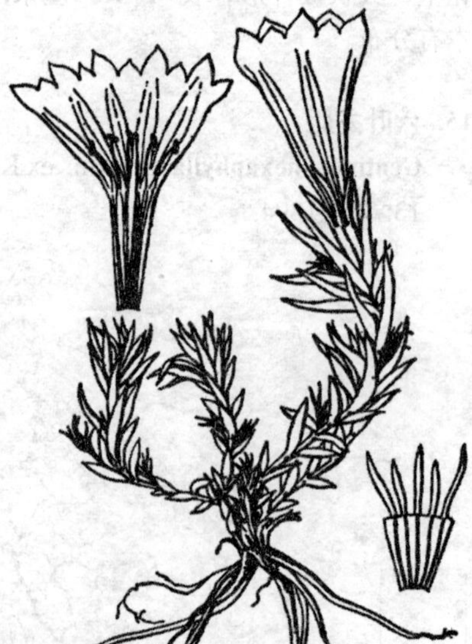

图 35 华丽龙胆（王颖绘）

18. 湖边龙胆

Gentiana lawrencei Burkill. in Gard. Chron. ser. 3, 38: 307. 1905.

多年生矮小草本，高达10厘米。茎短。花枝丛生。莲座丛叶披针形，长4-6(-20)毫米，茎生叶多对，下部叶窄长圆形，长3-6毫米，中上部叶线形，稀线状披针形，长0.6-2厘米。花单生枝顶。花梗短，稀长达1厘米；花萼长为花冠之半，萼筒紫或黄绿色，筒形，长约1.5厘米，裂片与上部叶同形，长1-1.5(-2)厘米；花冠上部亮蓝色，下部黄绿色，具蓝色条纹，无斑点，倒锥状筒形，长4.5-6厘米，裂片卵状三角形，长6-7.5毫米，褶整齐，宽卵形，长4-5毫米，边缘齿蚀状。蒴果内藏，椭圆形，长1.8-2厘米。种子具蜂窝状网隙。花果期8-10月。

产西藏、青海、四川及甘肃，生于海拔2400-4600米草甸、灌丛中及滩地。

[附] **线叶龙胆** 图36 **Gentiana**

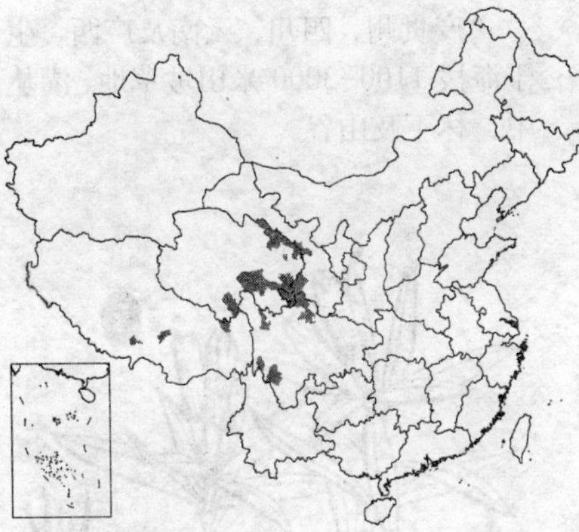

lawrencei var. **farreri** (Balf. f.) T. N. Ho in Novon 4: 371. 1994.——*Gentiana farreri* Balf. f. in Trans. Proc. Bot. Soc. Edinb. 27: 248. 1918; 中国植物志 62: 95. 1988. 本种与模式变种的区别：花萼裂片较萼筒长1.5倍。产甘肃、青海及四川，生于海拔2410-4600米草甸、灌丛中及滩地。

图 36 [附] 线叶龙胆（王颖绘）

19. 青藏龙胆 图 37

Gentiana futtereri Diels et Gilg in Futterer, Durch Asien. Bot. Repr. 3: 14. t. 1 B. 1903.

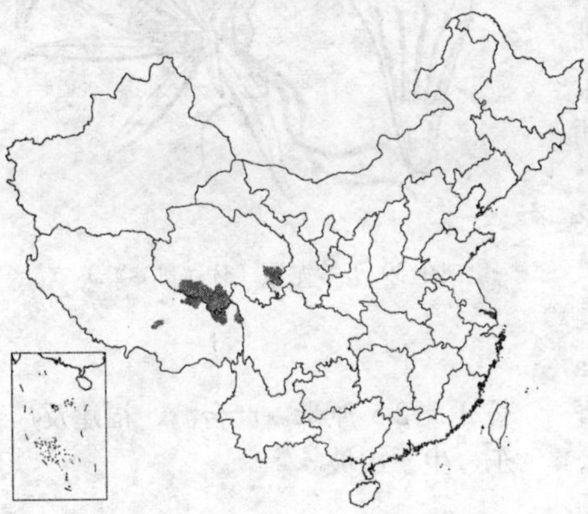

多年生矮小草本，高达 10 厘米。茎短。花枝丛生。莲座丛叶线状披针形，长 1-2（-4.5）厘米；茎生叶多对，下部叶窄长圆形，长 3-6 毫米，中上部叶线形或线状披针形，长 0.6-2 厘米。花单生枝顶。花梗短，稀长达 1 厘米；萼筒宽筒形或倒锥状筒形，长 1-1.4 厘米，裂片长 0.6-1.4 厘米；花冠上部深蓝色，下部黄绿色，具深蓝色条纹及斑点，倒锥状筒形，长 5-6 厘米，裂片卵状三角形，长 6-7.5 毫米，褶整齐，宽卵形，长 4-5 毫米，具不整齐细齿。蒴果内藏，椭圆形，长 1.5-1.8 厘米。种子具蜂窝状网隙。花果期 8-11 月。

产青海及西藏，生于海拔 2800-4400 米山坡草地、河滩草地、草甸、灌丛中及林下。

图 37 青藏龙胆（王颖绘）

20. 滇龙胆 坚龙胆 图 38 彩片 14

Gentiana rigescens Franch. ex Hemsl. in Journ. Linn. Soc. Bot. 26: 134. 1890.

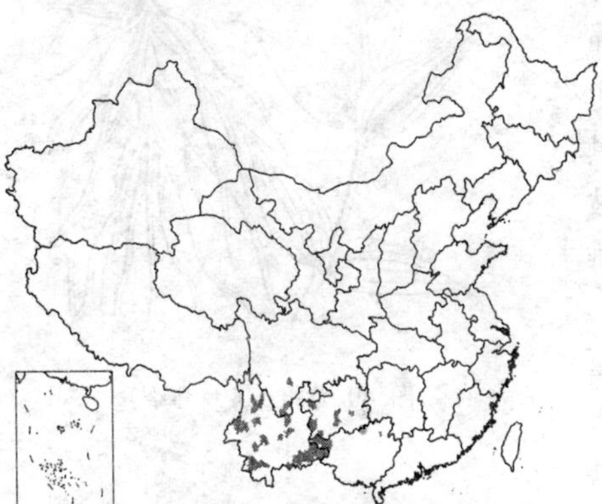

多年生草本，高达 50 厘米。主茎分枝，花枝多数。茎生叶，下部 2-4 对鳞形，其余叶卵状长圆形、倒卵形或卵形，长 1.2-4.5 厘米，先端钝圆，基部楔形，边缘稍外卷；叶柄边缘被乳突，长 5-8 毫米。花簇生枝顶呈头状。花无梗；花萼倒锥形，长 1-1.2 厘米，萼筒膜质，裂片 2 个倒卵状长圆形或长圆形，长 5-8 毫米，基部具爪，3 个线形或披针形，长 2-3.5 毫米，基部不窄缩；花冠淡紫色，冠檐具深蓝色斑点，漏斗形或钟形，长 2.5-3 厘米，裂片宽三角形，长 5-5.5 毫米，先端尾尖，全缘或

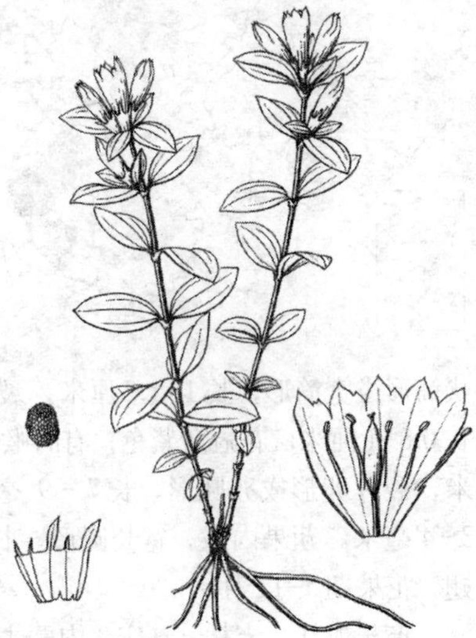

图 38 滇龙胆（吴樟桦绘）

下部边缘具齿，褶偏斜，三角形，长 1-1.5 毫米，先端钝，全缘。蒴果长 1-1.2 厘米。种子具蜂窝状网隙。花果期 8-12 月。

产贵州、四川、云南及广西，生于海拔 1100-3000 米山坡草地、灌丛中、林下及山谷。

21. 五岭龙胆 图 39 彩片 15

Gentiana davidii Franch. Pl. David. 1: 211. 1884.

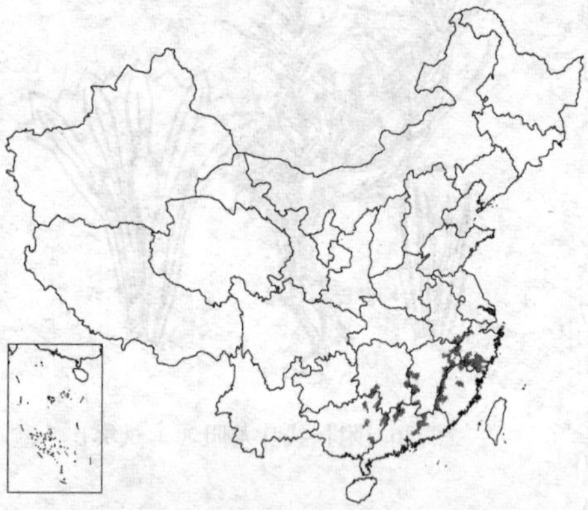

多年生草本，高达 15 厘米。茎短，具多数较长分枝。花枝多数。叶线状披针形或椭圆形状披针形，边缘微外卷，被乳突；莲座丛叶长 3-9 厘米，叶柄长 0.5-1.1 厘米；茎生叶长 1.3-5.5 厘米，叶柄长 4-7 毫米。花多数，簇生枝顶呈头状。花无梗；花萼窄倒锥形，长 1.4-1.6 厘米，萼筒膜质，裂片 2 大，3 小，线状披针形或披针形，长 3-7 毫米，边缘被乳突；花冠蓝色，窄漏斗形，长 2.5-4 厘米，裂片卵状三角形，长 2.5-4 毫米，先端尾尖，褶偏斜，平截或三角形，长 1-1.5 毫米，全缘或具微波状齿。蒴果长 1.5-1.7 厘米。种子具蜂窝状网隙。花果期 (6-)8-11 月。

产安徽、浙江、福建、江西、湖南、广东及广西，生于海拔 350-2500 米山坡草丛中、路边、林缘或林下。

图 39 五岭龙胆（仿《图鉴》）

[附] **小叶五岭龙胆** 台湾龙胆 **Gentiana davidii** var. **formosana** (Hayata) T. N. Ho, Fl. Reipubl. Popularis Sin. 62.103. 1988.—— *Gentiana formosana* Hayata in Journ. Coll. Sci. Univ. Tokyo 22: 242. 1906. 本种与模式变种的区别：植株高达 10 厘米，叶长 1.5-3 厘米，宽 2-3.5 毫米；花冠钟状筒形或漏斗形，长 1.5-2.5 厘米。产台湾、福建及广东，生于山坡。

22. 龙胆 图 40

Gentiana scabra Bunge in Mém Acad. Sci. St. Pétersb. Sav. Etrang. 2: 543. 1835.

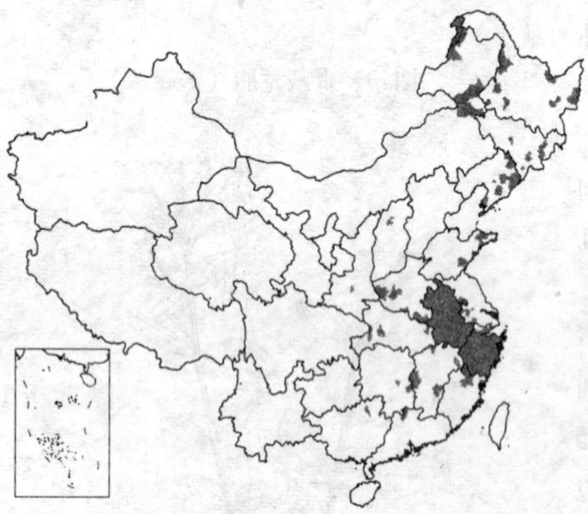

多年生草本，高达 60 厘米。根茎平卧或直立。花枝单生，棱被乳突。枝下部叶淡紫红色，鳞形，长 4-6 毫米，中部以下连成筒状抱茎；中上部叶卵形或卵状披针形，长 2-7 厘米，上面密被细乳突。花簇生枝顶及叶腋。花无梗；每花具 2 苞片，苞片披针形或线状披针形，长 2-2.5 厘米；萼筒倒锥状筒形或宽筒形，长 1-1.2 厘米，裂片常外反或开展，线形或线状披针形，长 0.8-1 厘米；花冠蓝紫色，有时喉部具黄绿色斑点，筒状钟形，长 4-5 厘米，裂片卵形或卵圆形，长 7-9 毫米，先端尾尖，褶偏斜，窄三角形，长 3-4 毫米。蒴果内藏，宽长圆形，长 2-2.5 厘米。种子具粗网纹，两端具翅。花果期 5-11 月。

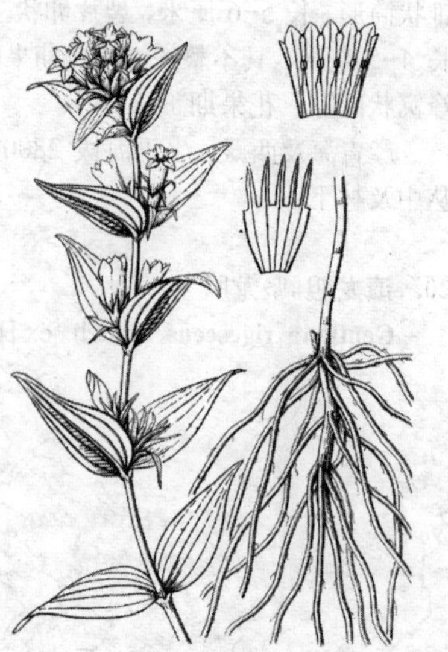

图 40 龙胆（吴樟桦绘）

产黑龙江、吉林、辽宁、内蒙古、山东、江苏、安徽、浙江、福建、江西、湖北、湖南、广东、广西、河南及陕西，生于海拔 400-1700 米山坡草地、路边、河滩、灌丛中、林缘及林下、草甸。俄罗斯、朝鲜、日本有分布。

23. 三花龙胆 图 41

Gentiana triflora Pall. Fl. Ross. 1(2): 105. t. 93. 1788.

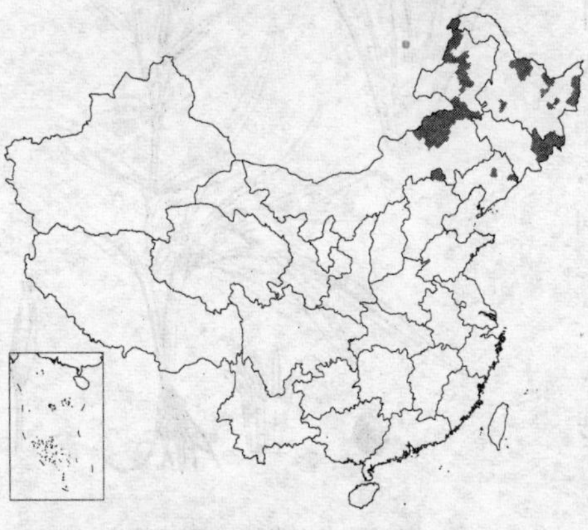

多年生草本，高达 80 厘米。根茎平卧或直立。花枝单生，具细条棱。茎下部叶淡紫红色，鳞形，长 1-1.2 厘米，中部以下连成筒状抱茎；中上部叶线状披针形或线形，长 5-10 厘米，边缘无乳突，上面密被细乳突，无柄。花多数，稀 3 朵，簇生枝顶及叶腋。花无梗；每花具 2 苞片，苞片披针形，长 0.8-1.2 厘米；花萼紫红色，萼筒钟形，长 1-1.2 厘米，常一侧浅裂，裂片窄三角形，稀线状披针形，长 4-8 毫米，直伸；花冠蓝紫色，钟形，长 3.5-4.5 厘米，裂片卵圆形，长 5-6 毫米，先端钝圆，褶偏斜，宽三角形或平截，长 1-1.5 毫米，边缘齿蚀状，稀全缘。蒴果内藏，宽椭圆形，长 1.5-1.8 厘米。种子具粗网脉，两端具翅。花果期 8-9 月。

产黑龙江、吉林、辽宁、内蒙古及河北，生于海拔 640-950 米草地、湿草地、林下。俄罗斯、朝鲜及日本有分布。

图 41 三花龙胆（吴樟桦绘）

24. 条叶龙胆 图 42

Gentiana manshurica Kitag. in Bot. Mag. Tokyo 48: 103. 1934.

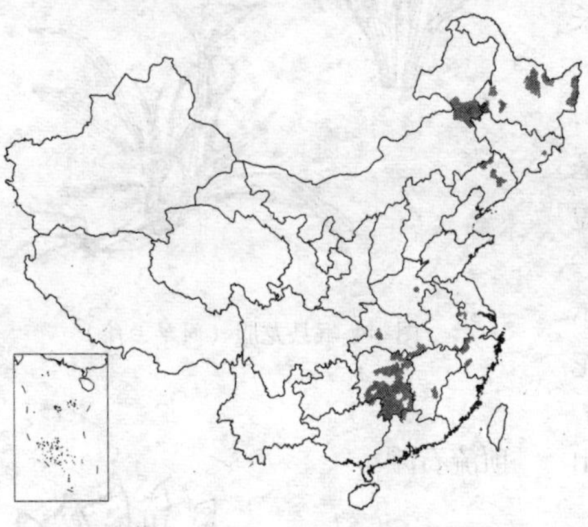

多年生草本，高达 30 厘米。根茎平卧或直立。花枝单生。茎下部叶淡紫红色，鳞形，长 5-8 毫米，中部以下连成鞘状抱茎；中上部叶线状披针形或线形，长 3-10 厘米，无柄。花 1-2 朵，顶生或腋生。花无梗或具短梗；每花具 2 苞片，苞片线状披针形，长 1.5-2 厘米；萼筒钟状，长 0.8-1 厘米，裂片线形或线状披针形，长 0.8-1.5 厘米，先端尖；花冠蓝紫或紫色，筒状钟形，长 4-5 厘米，裂片卵状三角形，长 7-9 毫米，先端渐尖，褶偏斜，卵形，长 3.5-4 毫米，具不整齐细齿。蒴果内藏，宽椭圆形。种子具粗网纹，两端具翅。花果期 8-11 月。

产黑龙江、吉林、辽宁、内蒙古、江苏、安徽、浙江、江西、湖北、湖南、广东、广西及河南，生于海拔 100-1100 米山坡草地、湿草地、路边。朝鲜有分布。

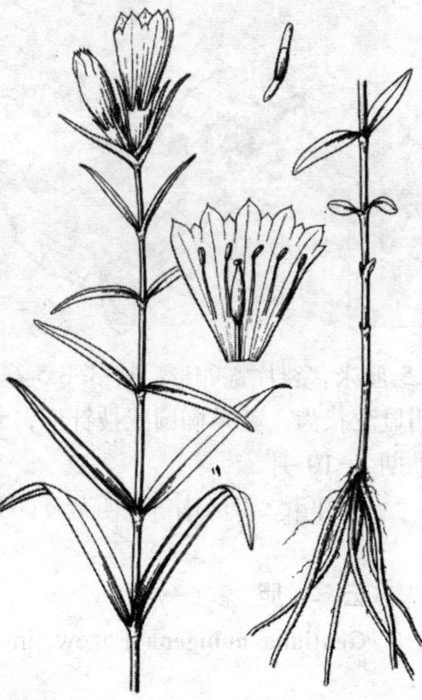

图 42 条叶龙胆（吴樟桦绘）

25. 高山龙胆 图 43

Gentiana algida Pall. Fl. Ross. 1 (2): 107. t. 95. 1788.

多年生草本，高达 20 厘米。茎 2-4 丛生。叶多基生，线状椭圆形或线状披针形，长 2-5.5 厘米，叶柄长 1-3.5 厘米；茎生叶 1-3 对，窄椭圆形或椭圆状披针形，长 1.8-2.8 厘米。花 1-3(-5) 朵，顶生。花无梗或具短梗；花萼钟形或倒锥形，长 2-2.2 厘米，萼

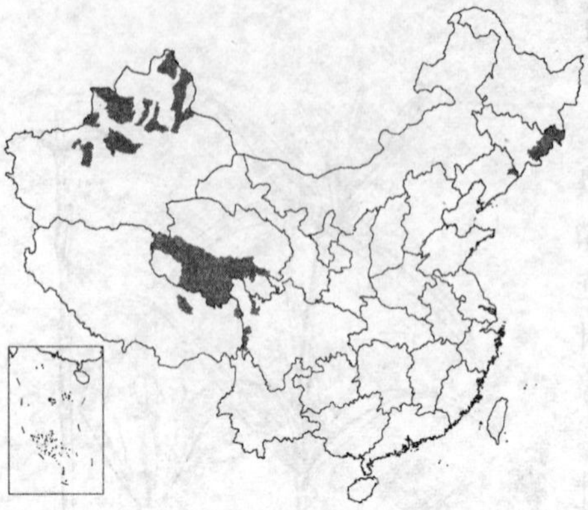

筒膜质，萼齿线状披针形或窄长圆形，长 5-8 毫米；花冠黄白色，具深蓝色斑点，筒状钟形或漏斗形，长 4-5 厘米，裂片三角形或卵状三角形，长 5-6 毫米，褶偏斜，平截。蒴果椭圆状披针形，长 2-3 厘米。种子具海绵状网隙。花果期 7-9 月。

产新疆、青海、西藏、四川、辽宁及吉林，生于海拔 1200-5300 米山坡草地、河滩草地、灌丛中、林下或高山冻原。中亚、蒙古、俄罗斯、日本、加拿大及美国有分布。

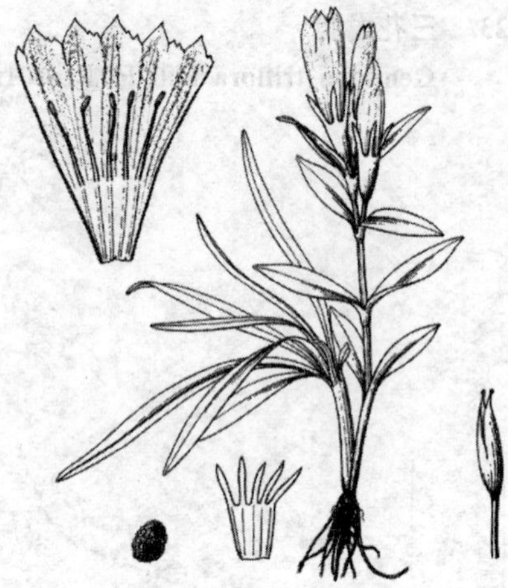

图 43 高山龙胆（吴樟桦绘）

26. 岷县龙胆 图 44 彩片 16

Gentiana purdomii Marq. in Kew Bull. 1928: 55. 1928.

Gentiana algida Pall. var. *przewalskii* auct. non (Maxim.) Kusnez.: 中国高等植物图鉴 3: 390. 1974.

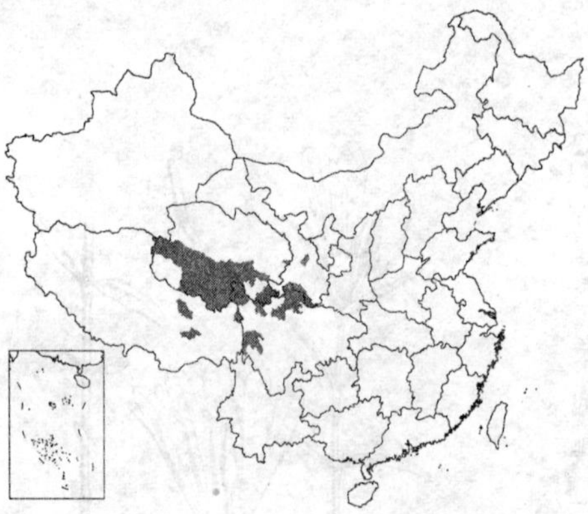

多年生草本，高达 20 厘米。根茎短，直立。茎 2-4 丛生。叶多基生，线状椭圆形，稀窄长圆形，长 2-6 厘米；茎生叶 1-2 对，窄长圆形，长 1-3 厘米。花 1-8 朵，顶生及腋生。无花梗或梗长达 4 厘米；花萼倒锥形，长 1.4-1.7 厘米，萼筒叶质，裂片直伸，窄长圆形或披针形，长 2.5-8 毫米；花冠淡黄色，具蓝灰色宽短条纹，筒状钟形或漏斗形，长 3-4.5 厘米，裂片宽卵形，长 3-3.5 毫米，具不整齐细齿，褶偏斜，平截，具不明显波状齿。蒴果椭圆状披针形，长 1.8-2.5 厘米。种子具海绵状网隙。花果期 7-10 月。

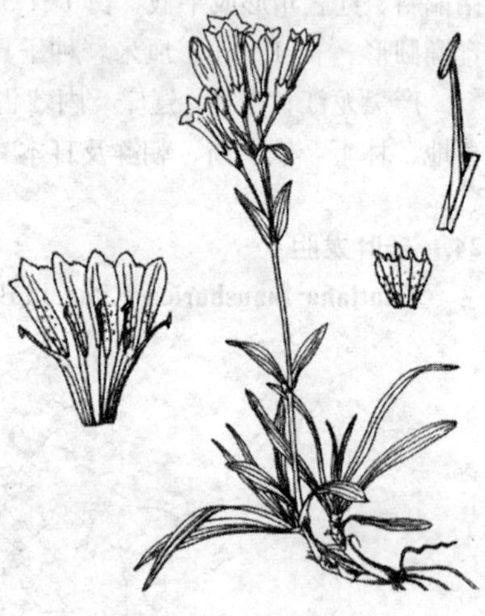

图 44 岷县龙胆（阎翠兰绘）

产甘肃、青海南部、西藏及四川西部，生于海拔 2700-5300 米草甸、山顶流石滩。

27. 云雾龙胆 图 45 彩片 17

Gentiana nubigena Edgew. in Trans. Linn. Soc. 20: 85. f. 49. 1846.

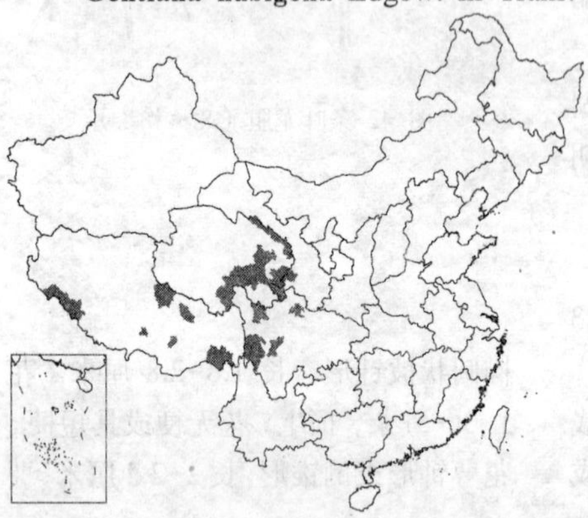

多年生草本，高达 17 厘米。茎 2-5 丛生。叶多基生，线状披针形，窄椭圆形或匙形，长 2-6 厘米；茎生叶 1-3 对，窄椭圆形或椭圆状披针形，长 1.5-3 厘米，无柄。花 1-2(3) 顶生。无花梗或具短梗 花萼筒状钟形或倒锥形，长 1.5-2.7 厘米，萼筒具绿或蓝色斑点，裂片直立，窄长圆形，长 2-8.5 毫米；花冠上部蓝色，下部

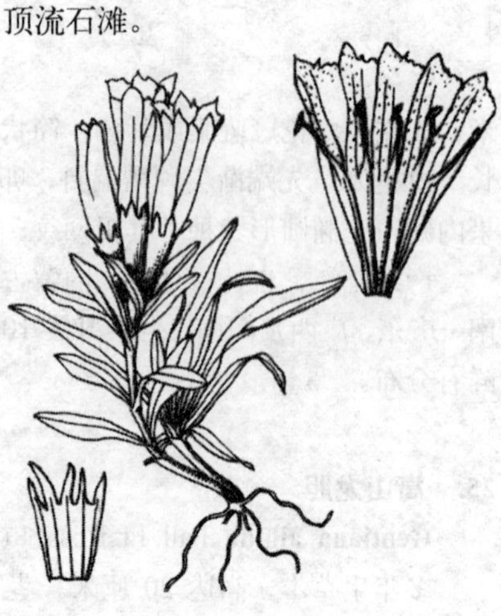

图 45 云雾龙胆（阎翠兰绘）

黄白色，具深蓝色细长或短条纹，漏斗形或窄倒锥形，长 3.5–6 厘米，裂片卵形，长 3–4.5 毫米，先端钝，上部全缘，下部具不整齐细齿，褶偏斜，平截，具不整齐波状齿或啮蚀状。蒴果椭圆状披针形，长 2–3 厘米。种子具海绵状网隙。花果期 7–9 月。

产甘肃、青海、西藏及四川西部，生于海拔 3000–5300 米沼泽草甸、草原灌丛、草甸或流石滩。

28. 小齿龙胆 图 46

Gentiana microdonta Franch. ex Hemsl. in Journ. Linn. Soc. Bot. 26: 130. 1890.

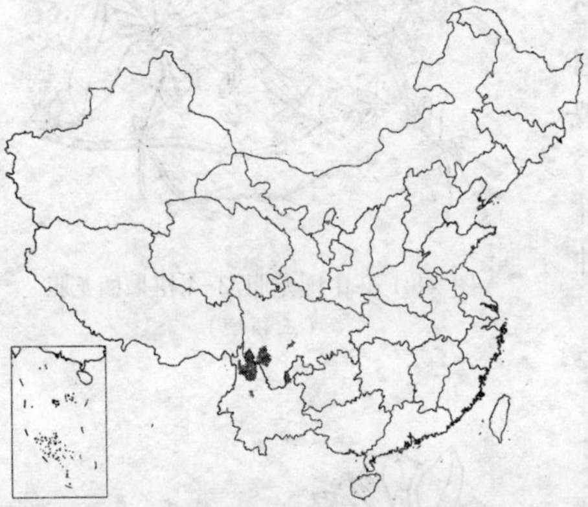

多年生草本，高达 35 厘米。茎 2 – 4 丛生。叶多基生，卵状椭圆形或窄椭圆形，长 2.5–3.5 厘米；茎生叶倒卵状长圆形、椭圆形或线状椭圆形，长 2 – 4 厘米。圆锥状聚伞花序顶生及腋生，花序梗长达 4.5 厘米。花梗带紫色，长 0.5–2.5 厘米，密被乳突；花萼带紫红色，窄倒锥形或筒形，长 0.7–1 厘米，萼筒草质，一侧开裂，萼齿不整齐，窄三角形或钻形，长 0.5–1.5 毫米；花冠深蓝色，筒状漏斗形，长 2.2–2.5(–3.2) 厘米，裂片卵形，长 3–4 毫米，褶偏斜，平截或三角形，长 1.5–2 毫米，具不整齐细齿。蒴果椭圆状披针形，长 1–1.2 厘米。种子具海绵状网隙。花果期 7–11 月。

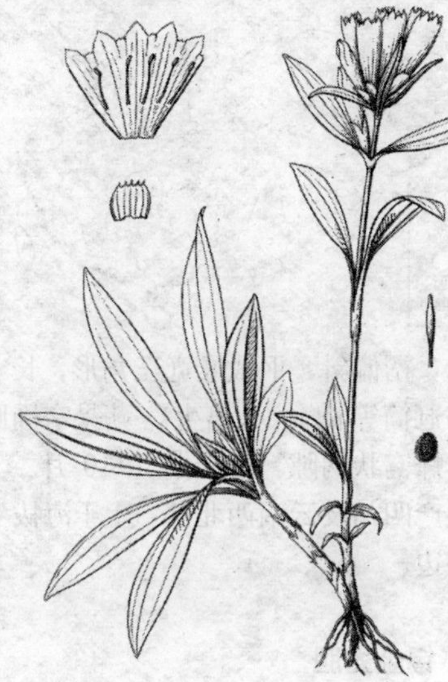

图 46 小齿龙胆（吴樟桦绘）

产云南西北部、四川西南部，生于海拔 2600–4200 米林下、草甸。

29. 阿墩子龙胆 图 47

Gentiana atuntsiensis W. W. Smith in Notes Roy. Bot. Gard. Edinb. 8: 121. 1913.

多年生草本，高达 20 厘米。茎 2 – 5 丛生，密被乳突。叶多基生，窄椭圆形或倒披针形，长 3 – 8 厘米；茎生叶 3 – 4 对，匙形或倒披针形，长 2.5–3.5 厘米。花多数，聚成头状或生于花枝上部三歧分枝顶端，花序梗长达 7 厘米。花萼倒锥状筒形或筒形，长 0.8–1 厘米，有时被乳突，萼筒膜质，裂片不整齐，披针形或线形，长 2–3 毫米；花冠深蓝色，有时具蓝色斑点，漏斗形，长 (2.3–)3–3.5 厘米，裂片卵形，长 3.5–5 毫米，具不明显细齿，褶偏斜，平截或三角形，长 1 – 1.5 毫米，具不整齐细齿。蒴果椭圆状披针形，长 1.5–2 厘米。种子具海绵状网隙。花果期 6–11 月。

图 47 阿墩子龙胆（阎翠兰绘）

产西藏东南部、云南西北部及四川西南部，生于 2700–4800 米林下、灌丛中或草甸。

30. 中国龙胆 图 48:1–2

Gentiana chinensis Kusnez. in Mel. Biol. Acad. Sci. St. Petersb. 13: 338. 1894.

多年生草本，高达 15 厘米。匍匐茎长。叶椭圆形或卵状椭圆形，长 0.6-1.5 厘米，叶柄细；茎最上部叶较长，密集。花 1-3 顶生。无花梗；萼筒膜质，黄绿色，筒形，长 0.7-1 厘米，裂片三角形、线形或卵形，长 1.5-2 (-4) 厘米，边缘被细乳突；花冠蓝色，筒形，长 3-3.5 厘米，裂片卵形或卵状椭圆形，长 3-3.5 毫米，褶偏斜，平截或宽三角形，长 0.8-1 毫米，全缘或具不整齐细齿；雄蕊与冠筒等长；柱头离生。蒴果窄椭圆形或卵状椭圆形，长 1.3-1.5 厘米。种子具蜂窝状网隙。花果期 7-10 月。

产四川及云南西北部，生于海拔 2450-4500 米山坡草地、林下、岩缝中及路边。

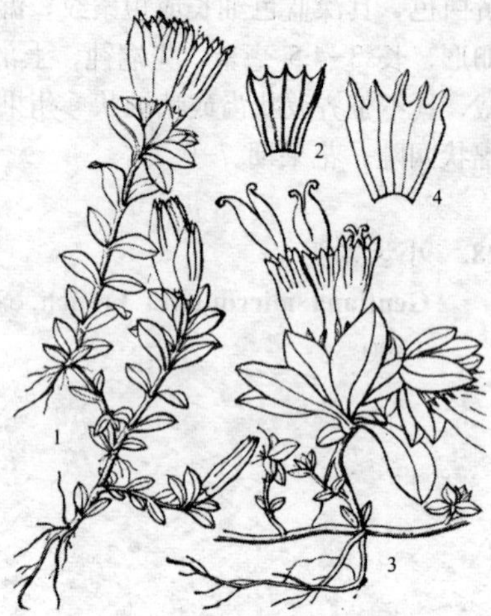

图 48:1-2.中国龙胆 3-4.扭果柄龙胆（王颖绘）

31. 锡金龙胆 图 49

Gentiana sikkimensis C. B. Clarke in Hook. f. Fl. Brit. Ind. 4: 114. 1883.

多年生矮小草本，高达 10 厘米。匍匐茎长。基生叶近圆形，长 0.6-1 厘米，具柄；中下部叶疏离，最上部 3-4 对叶密集，长圆形或匙形，长 0.6-1.6 厘米，叶柄扁平，长 0.4-1.3 厘米，宽 2-4.5 毫米。花 3-8 簇生枝顶，包被于叶丛中。无花梗；萼筒膜质，黄绿色，长 7-8 毫米，裂片绿色，披针形或线形，长 1.5-4(-5) 毫米；花冠蓝或蓝紫色，具深蓝色条纹，筒形，长 2-2.5 厘米，裂片卵形，长 2.8-3.2 毫米，褶偏斜，平截或宽三角形，长 0.5-1 毫米，全缘或具不整齐细齿；雄蕊短于冠筒；柱头离生。蒴果长椭圆形，长 1-1.2 厘米。种子具海绵状网隙。花果期 8-11 月。

产西藏东南部及云南西北部，生于海拔 2700-5000 米山坡草地、灌丛中、林下及林缘。印度、尼泊尔东部、锡金、不丹有分布。

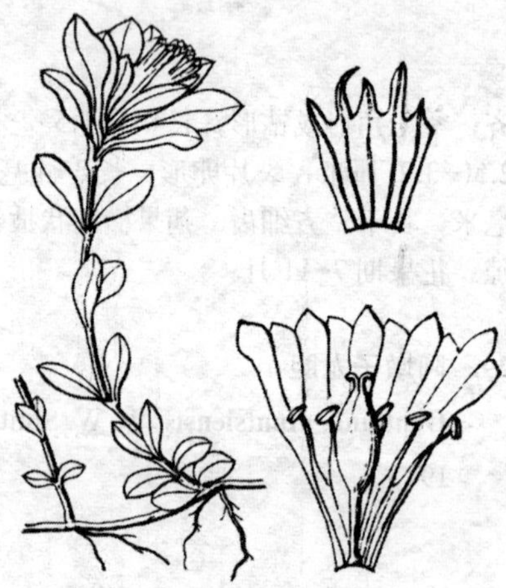

图 49 锡金龙胆（王颖绘）

[附] **扭果柄龙胆** 图 48:3-4 **Gentiana harrowiana** Diels in Notes Roy. Bot. Gard. Edinb. 5: 221. 1912. 本种与锡金龙胆的区别：枝顶簇生花的下部为叶丛包被；花冠长 2.6-3 厘米。产云南西北部，生于海拔 3600-4500 米山坡草地。缅甸东北部有分布。

32. 硕花龙胆 图 50

Gentiana amplicrater Burk. in Journ. Asiat. Soc. Bengal n. ser. 2: 312. 1906.

多年生草本，高达 15 厘米。枝直立，单生或 2-3 枝丛生。叶密集，覆瓦状排列，疏离，卵形或卵状椭圆形，长 2-4 厘米，边缘软骨质；基生叶花期枯萎，宿存。花 1-4 朵，顶生，基部为叶丛包被。无花梗；萼筒白色，膜质，倒锥形，长 1.7-2.3 厘米，裂片椭圆形，长 0.6-1 厘米，先端尖，边缘软骨质，背面中脉突起；花冠上部蓝紫色，下部黄绿色，具深蓝色条纹，

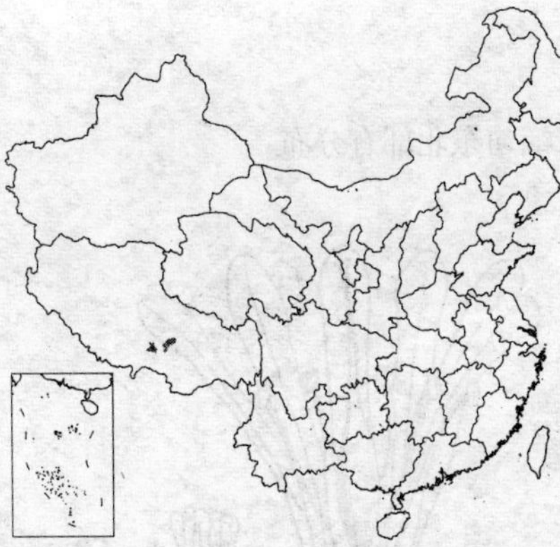

筒状钟形，长 4.5-6 厘米，裂片卵圆形，长 4.5-5 毫米，褶整齐，卵形，长 1.5-2.5 毫米，具不整齐细齿，稀全缘；子房线状披针形，长 1.7-2 厘米。花果期 8-10 月。

产西藏，生于海拔 3900-4800 米沼泽化草甸或山坡流水线处。尼泊尔及锡金有分布。

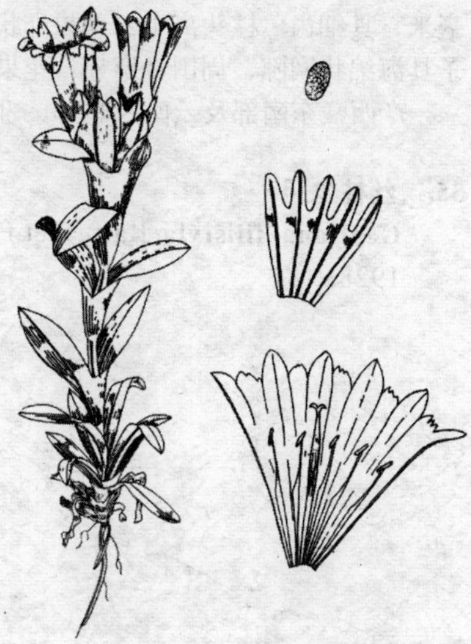

图 50 硕花龙胆（引自《西藏植物志》）

33. 乌奴龙胆 图 51

Gentiana urnula H. Smith in Kew Bull. 15(1): 51. 1961.

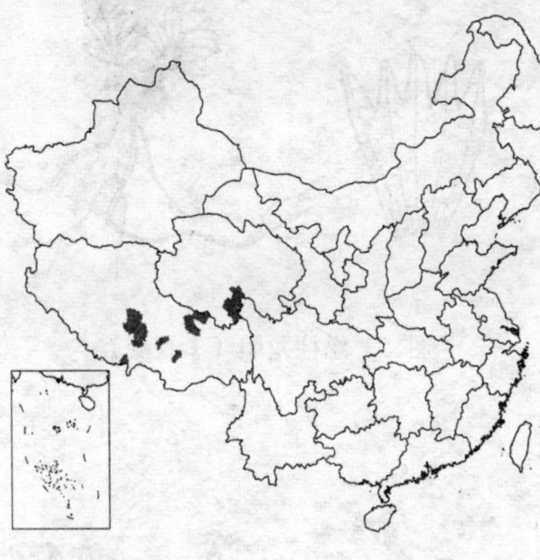

多年生矮小草本，高达 6 厘米。具匍匐茎，丛生枝稀疏。叶密集，覆瓦状排列，扇状截形，膜质，长 0.7-1.3 厘米，先端微凹，基部连成短鞘状，上部带紫色，边缘白色软骨质；无柄。花单生，稀 2-3 顶生。无花梗；萼筒膜质，裂片绿或紫红色，叶状，与叶同形，长 3-3.5 毫米；花冠淡紫红或淡蓝紫色，具深蓝灰色条纹，壶形或钟形，长 2-3(-4) 厘米，裂片宽卵圆形，长 2-2.5 毫米，褶平截或圆形，具不整齐细齿；柱头离生。蒴果卵状披针形，长 1.5-1.8 厘米。种子长 2.3-2.5 毫米，具蜂窝状网隙。花果期 8-10 月。

产西藏及青海，生于海拔 3900-5700 米砾石带、草甸或沙石山坡。尼泊尔、锡金及不丹有分布。

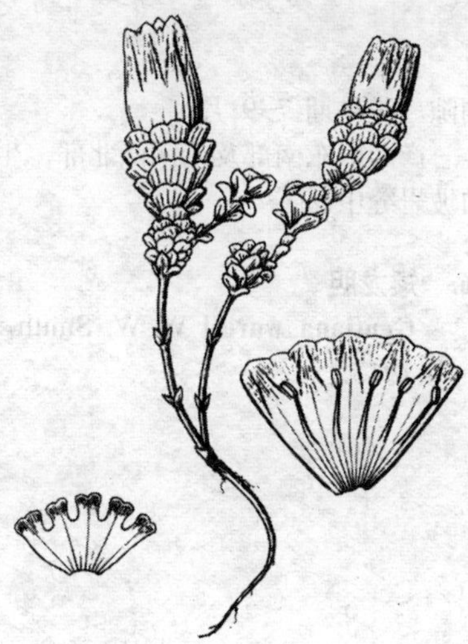

图 51 乌奴龙胆（吴樟桦绘）

34. 黄条纹龙胆 图 52

Gentiana gilvo-striata Marq. in Kew Bull. 1931: 83. 1931.

多年生矮小草本，高达 7 厘米。具匍匐茎。丛生枝稀疏。叶倒卵状匙形或倒披针形，长 0.5-1 厘米，先端钝圆，基部渐窄，边缘微皱折。花单生或 2-3 顶生。无花梗；萼筒膜质，筒形，长 1-1.2 厘米，平滑或被黄绿或紫红色乳突，裂片绿色，匙形或椭圆形，长 2.5-3.5 毫米，先端钝圆，基部具爪，边缘微皱折，被乳突；花冠淡蓝紫色，下部具黄绿色条纹及紫蓝色斑点，漏斗形，稀筒形，长 3-3.5 厘米，裂片宽卵形，长 6-7 毫米，先端钝，具细齿，褶宽卵形，长 1.5-2.5

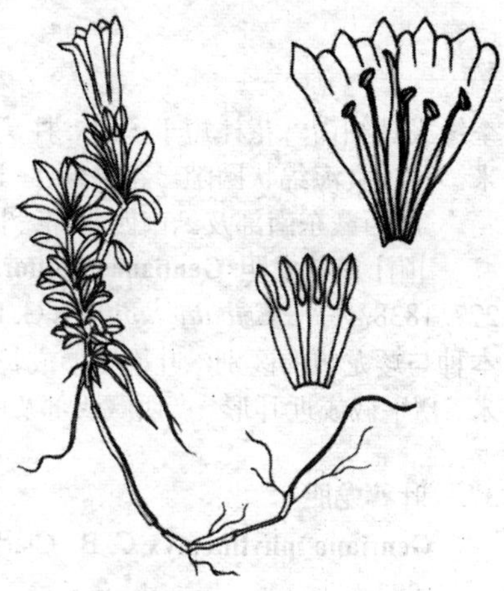

图 52 黄条纹龙胆（王颖绘）

毫米，具细齿；柱头离生。蒴果卵状椭圆形或椭圆形，长 1.3-1.4 厘米。种子具海绵状网隙，周围具窄翅。花果期 8-11 月。

产西藏东南部及云南西北部，生于海拔 3000-3900 米山坡草地或林下。缅甸东北部有分布。

35. 丝柱龙胆 图 53

Gentiana filistyla Balf. f. et Forrest ex Marq. in Kew Bull. 1928: 60. 1928.

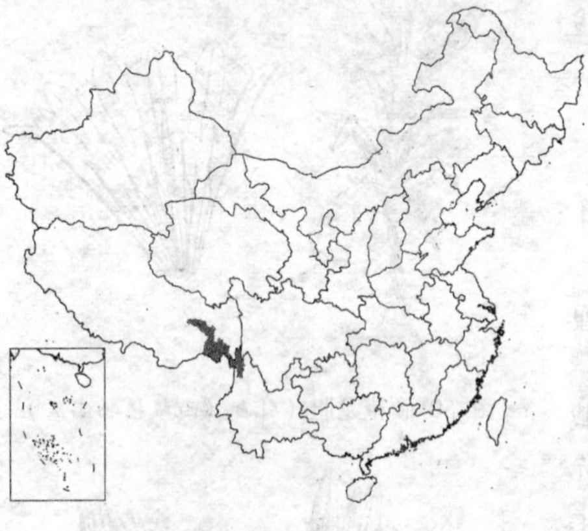

多年生矮小草本，高达 5 厘米。匍匐茎短。叶莲座状，匙形或倒卵状匙形，连柄长 4-8.5 毫米。花单生枝顶。无花梗或梗长达 5 毫米；萼筒倒锥状筒形，长 0.8-1.1 厘米，裂片披针形或窄长圆形，长 5-6 毫米；花冠蓝色，漏斗形，长 3-4 厘米，裂片卵圆形，长 3.5-4 毫米，褶偏斜，平截，边缘啮蚀状；花柱丝状，长于子房，柱头离生。蒴果椭圆形，长 1-1.2 厘米。种子具浅蜂窝状网隙。花果期 7-9 月。

产西藏东南部及云南西北部，生于海拔 2900-4500 米草甸、山坡草地或山坡岩缝中。

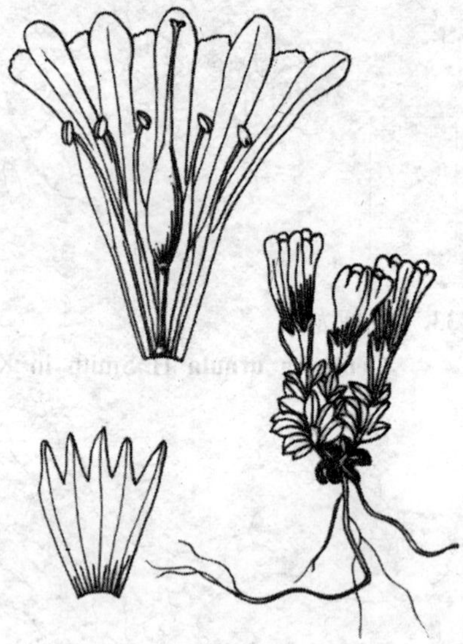

图 53 丝柱龙胆（王颖绘）

36. 矮龙胆 图 54 彩片 18

Gentiana wardii W. W. Smith in Notes Roy. Bot. Gard. Edinb. 8: 122. 1913.

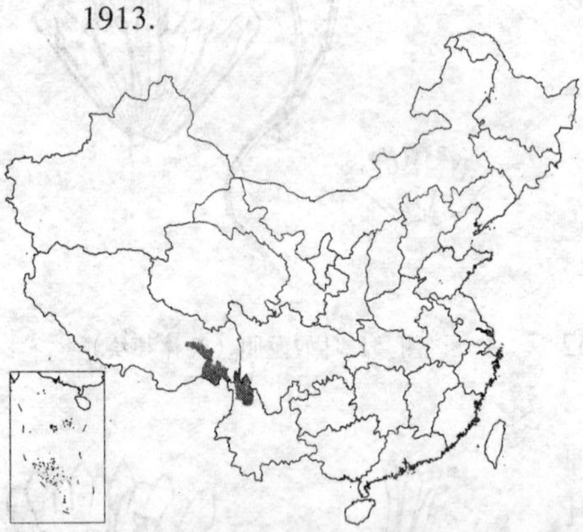

多年生矮小草本，高达 3 厘米。具匍匐茎。丛生枝稀疏。叶莲座状，倒卵状匙形或匙形，连柄长 0.4-1.1 厘米。花单生枝顶。无花梗；萼筒膜质，黄绿色，长 6-8 毫米，裂片三角形、披针形或匙形，长 2.5-3 毫米；花冠蓝色，钟形，花萼以上骤膨大，长 2-2.2(-2.6) 厘米，裂片半圆形或宽卵圆形，长 1.5-2.5 毫米，褶偏斜，宽卵形，长 1-1.5 毫米，全缘或具细齿；花柱短于子房，柱头离生。蒴果卵状椭圆形，长 1.4-1.6 厘米。种子具海绵状网隙。花果期 8-10 月。

产西藏东南部及云南西北部，生于海拔 3500-4550 米草甸或砾石山坡。

[附] **筒花龙胆 Gentiana tubiflora** (G. Don) Wall. ex Griseb. Gen. Sp. Gent. 277. 1838. —— *Ericala tubiflora* G. Don, Gen. Syst. Dichlam. Pl. 4: 189. 1837. 本种与矮龙胆的区别：叶椭圆形或长椭圆形；花冠棍棒状筒形，长达 3.5 厘米，褶平截或近耳形。产西藏西部及南部，生于海拔4200 米草甸。尼泊尔、锡金及不丹有分布。

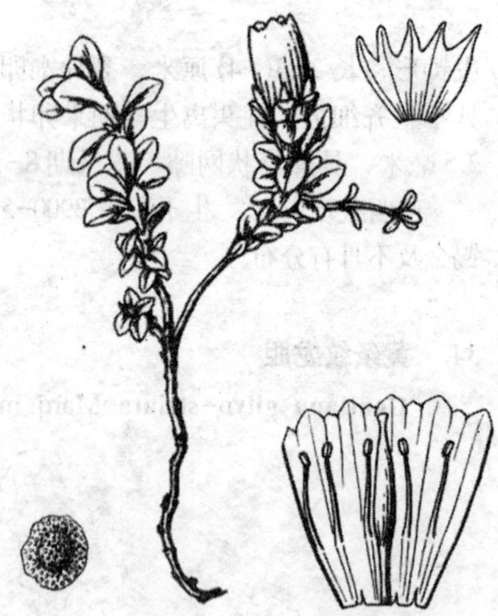

图 54 矮龙胆（吴樟桦绘）

37. 叶萼龙胆 图 55

Gentiana phyllocalyx C. B. Clarke in Hook. f. Fl. Brit. Ind. 4: 116. 1883.

多年生小草本，高达 12 厘米。根茎细长。枝丛生或单生，茎不分枝。叶多基生，常密集呈莲座状；茎生叶 2-3 对，倒卵形或宽倒卵形，长 0.6-2.6 厘米，先端钝圆，微凹。花单生枝顶，

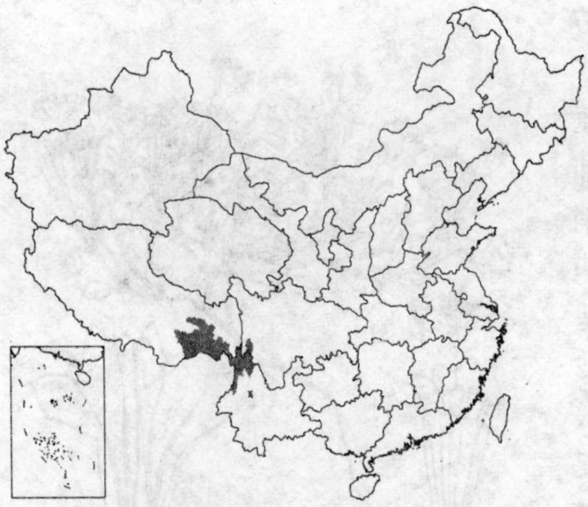

稀 2-3 簇生。无花梗 花萼膜质，黄绿色，萼筒宽筒形，长 3.5-4.5 毫米，裂片披针形或线状椭圆形，长 3-4 毫米，先端钝；花冠蓝色，具深蓝色条纹，筒状钟形，长 3-4.7 厘米，裂片卵形或卵圆形，长 3-4 毫米，全缘或边缘啮蚀状，褶平截或凹形，边缘啮蚀状 花柱短于子房，柱头盘状，后分离。蒴果窄卵状椭圆形，长 2.3-2.5 厘米。种子具浅蜂窝状网隙，周缘具宽翅。花果期 6-10 月。

产西藏东南部、云南西北部及四川西南部，生于海拔 3000-5200 米山坡草地、石砾山坡、灌丛中、岩缝中。尼泊尔、锡金、不丹及缅甸北部有分布。

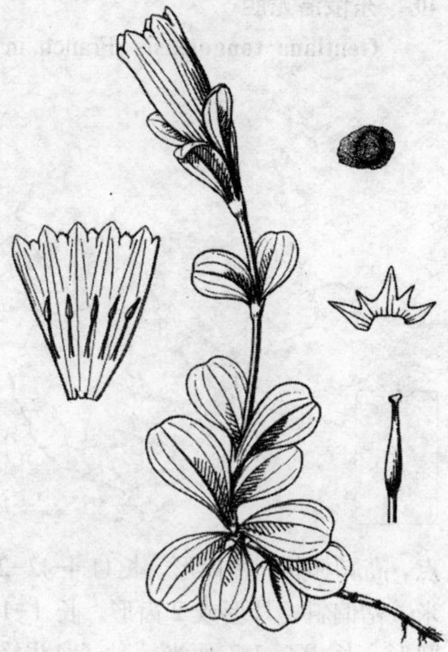

图 55 叶萼龙胆（吴樟桦绘）

38. 云南龙胆 图 56:1-3

Gentiana yunnanensis Franch. in Bull. Soc. Bot. France 31: 376. 1884.

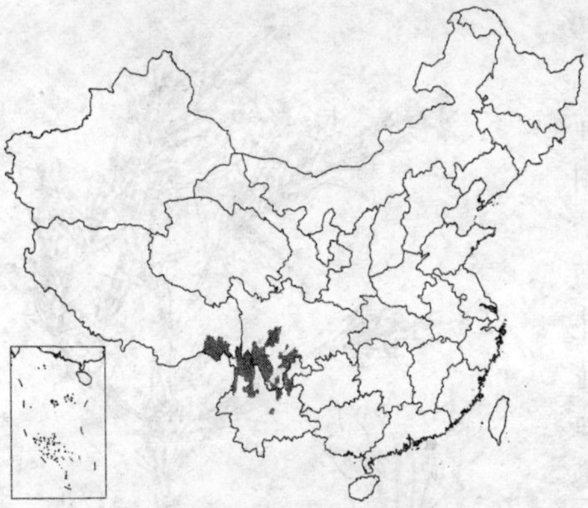

一年生草本，高达 30 厘米。茎直立，密被乳突，基部或下部多分枝。叶匙形或倒卵形，长 1-3.5 厘米。花 5 数，聚伞花序具 1-3 花，顶生及腋生。无花梗；萼筒倒锥状筒形，长 6-8.5 毫米，裂片 3 个匙形，长 0.8-1 厘米，2 个窄椭圆形，长 4-6 毫米；花冠黄绿或淡蓝色，具蓝灰色斑点，筒形，长(1.5-)2.2-2.6 厘米，裂片卵形，长 3-5 毫米，褶宽卵形，长 0.7-1 毫米，先端 2 浅裂或具细齿；花柱长 2-3 毫米。蒴果窄长圆形，长 1.1-1.3 厘米。种子具浅蜂窝状网隙。花果期 8-10 月。

产贵州、四川、云南及西藏东南部，生于海拔 2300-4400 米山坡草地、路边、草甸、灌丛中及林下。

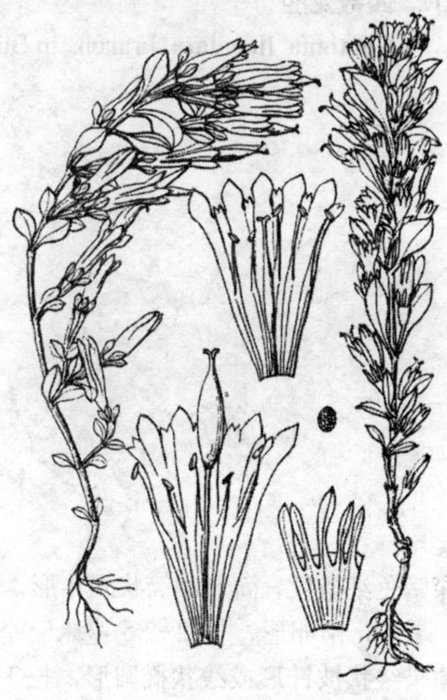

图 56:1-3.云南龙胆 4-6.圆萼龙胆（王颖绘）

39. 圆萼龙胆 图 56:4-6

Gentiana suborbisepala Marq. in Kew Bull. 1928: 58. 1928.

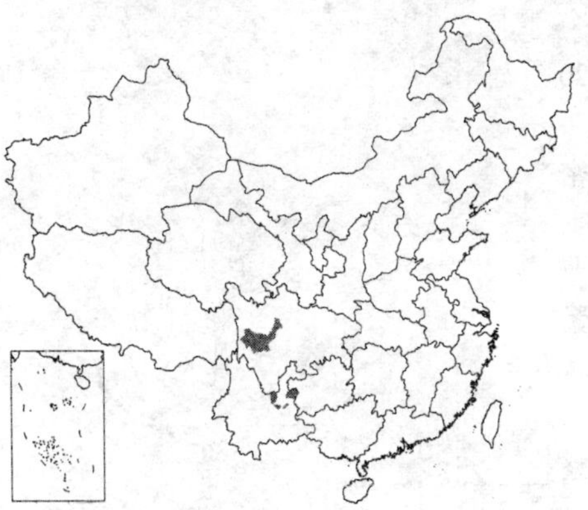

一年生草本，高达 15 厘米。茎被乳突，多分枝，直伸或铺散。叶疏离，匙形或倒卵形，长 0.5-1(-1.5) 厘米。花 5 数，聚伞花序具 1-3 花，顶生及腋生。无花梗；萼筒倒锥状筒形或宽筒形，长 0.7-1 厘米，裂片圆匙形或匙形，长 6-8 毫米，基部渐窄或缢缩成爪；花冠淡黄或淡蓝色，常具蓝灰色斑点，筒形，长 2-3 厘米，裂片卵形，长 2.5-4 毫米，褶宽卵形，长 1.5-2 毫米，先端 2 浅裂或具细齿，花柱长 3.5-5.5 毫米。蒴果窄长圆形，长 1.3-1.5 厘米。种子具浅蜂窝状网隙。花果期 8-11 月。

产贵州西北部、四川西南部及云南东北部，生于海拔 2200-4400 米山坡草地、草甸、撩荒地或灌丛中。

40. 东俄洛龙胆 图 57

Gentiana tongolensis Franch. in Bull. Soc. Bot. France 43: 490. 1896.

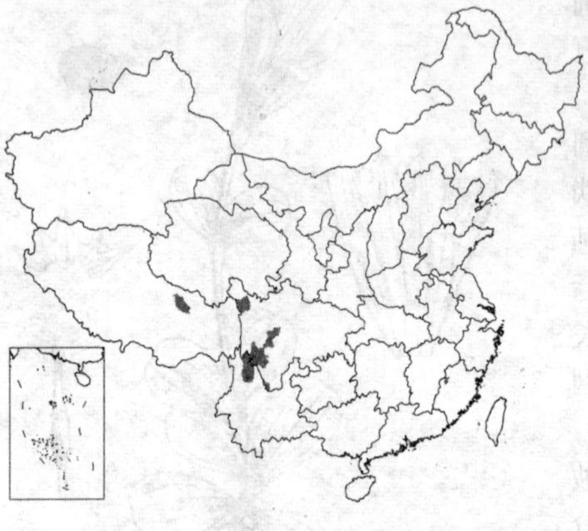

一年生矮小草本，高达 8 厘米。茎被乳突，基部多分枝，铺散。基生叶花期枯萎；茎生叶稍肉质，近圆形，径 3-5 毫米，基部缢缩成柄，边缘软骨质，叶柄基部宽，连成环状。花 5 数，单生枝顶。无花梗；萼筒长 0.6-1 厘米，被乳突或平滑，裂片稍肉质，外反或开展，绿色，长 2-4 毫米，先端圆，基部缢缩成爪，边缘软骨质；花冠淡黄色，上部具蓝色斑点，高脚杯状，稀筒形，长(1.4-)2-2.4 厘米，裂片卵状椭圆形，长 2-4.5 毫米，褶偏斜，耳形或 2 齿形，长 1-1.5 毫米；花柱长，伸出花冠。蒴果窄长圆形，长 0.6-1.2 厘米。种子具浅蜂窝状网隙。花果期 8-9 月。

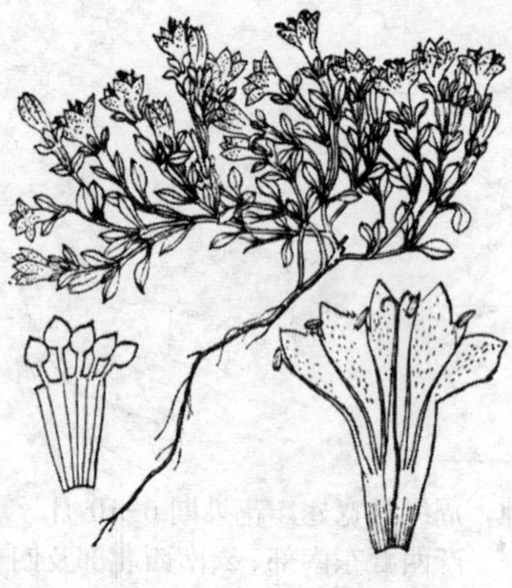

图 57 东俄洛龙胆（王颖绘）

产西藏、云南西北部及四川西部，生于海拔 3500-4800 米草甸、山坡路边。

41. 四数龙胆 图 58 彩片 19

Gentiana lineolata Franch. in Bul. Soc. Bot. France 31: 375. 1884.

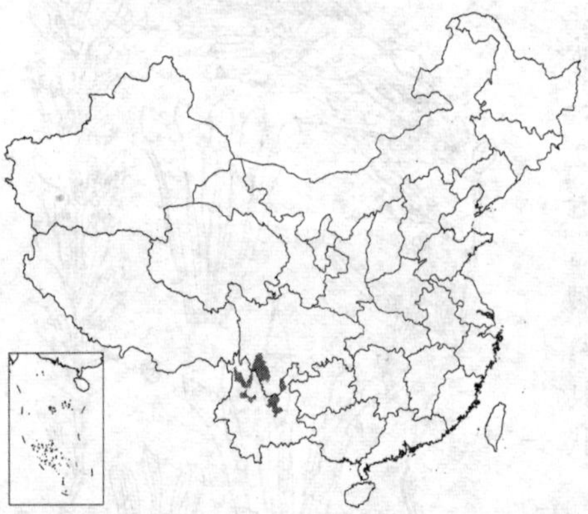

一年生矮小草本，高达 10 厘米。茎基部多分枝，枝铺散或斜升。基生叶花期枯萎；茎生叶疏离，卵形或披针形，长 0.6-1 厘米，顶部 2 对叶密集，苞叶状。花 4 数，单生枝顶，遍布全株。花近无梗 花萼筒形，长 1.3-1.6 厘米，裂片卵状三角形，长 5-6 毫米，先端尾尖，边缘密被乳突，基部膜质，中脉龙骨状，向萼筒下延成宽翅；花冠紫红或紫色，具深紫色细条纹，筒形或筒状漏斗形，长 2.5-3 厘米，裂片卵状椭圆形，长 4-5 毫米，褶卵形，长 2-2.5 毫米，全缘或具不整齐细齿；花柱长 8-9 毫米。蒴果线状披针形或线状椭圆形，长 1-1.2 厘米。种子具蜂窝状网隙。花果期 8-12 月。

图 58 四数龙胆（王颖绘）

产云南中部及北部、四川西南部，生于海拔 600-4000 米林下、林缘及草坝。

42. 微籽龙胆 图 59:1-3 彩片 20

Gentiana delavayi Franch. in Bul. Soc. Bot. France 31: 377. 1884.

一年生草本，高达 10(-20) 厘米，全株密被紫红色乳突。茎直立。叶密集，先端钝，基部渐窄，边缘密被短睫毛；基生叶花期宿存或凋落；中上部叶窄椭圆状披针形，长 2-5 厘米。花 5 数，多数顶生呈头状。无花梗；萼筒膜质，白色或上部带紫红色，倒锥状筒形，长 0.8-1 厘米，裂片绿或带紫红色，倒披针形，长 0.8-1.1 厘米，边缘密被短睫毛，两面密被乳突，中脉突起，密被乳突；花冠蓝紫色，具黑紫色宽条纹，漏斗形，长 2.8-4 厘米，裂片卵状三角形，长 5-6 毫米，褶平截或卵圆形，长 1.2-1.5 毫米，具不整

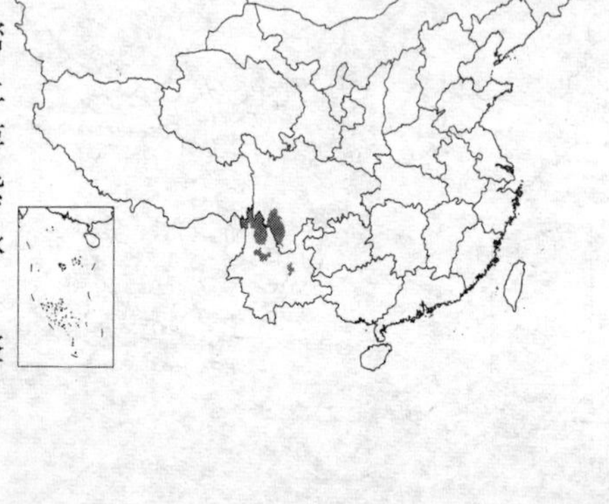

齐圆齿；花柱丝状，长 0.8-1 厘米。蒴果椭圆状披针形或椭圆形，长 1.5-1.8 厘米。种子具浅蜂窝状网隙。花果期 9-12 月。

产云南西北部及中部、四川西南部，生于海拔 1450-3850 米山坡草地、路边及灌丛中。

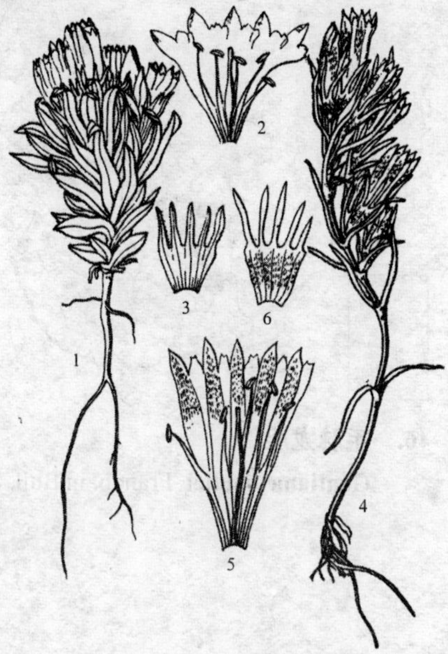

图 59:1-3.微籽龙胆　4-6.着色龙胆（王颖绘）

43. 着色龙胆　　图 59:4-6

Gentiana picta Franch. ex Hemsl. in Journ. Linn. Soc. Bot. 26: 131. 1890.

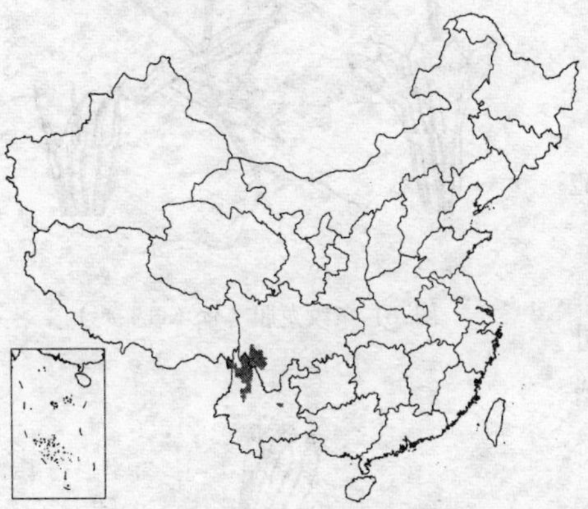

一年生草本，高达 15 厘米。茎直立，基部多分枝。叶线形，长 1-3 厘米。花 5 数，1-3 朵顶生及腋生。花无梗；萼筒黄绿色，具蓝灰色斑点，倒锥状筒形，长 6-8 毫米，裂片线形，长 0.7-1.2 厘米；花冠蓝色，具深蓝灰色短细条纹，宽筒形，长 2.5-3.2 厘米，裂片卵形，长 4-5 毫米，褶宽长圆形，长 2-2.5 毫米；花柱长 3-4 毫米。蒴果窄椭圆形，长 1.1-1.3 厘米。种子具浅蜂窝状网隙。花果期 8-11 月。

产云南西北部及四川西南部，生于海拔 2400-3000 米河滩、山坡草地。

44. 红花龙胆　　图 60　彩片 21

Gentiana rhodantha Franch. ex Hemsl. in Journ. Linn. Soc. Bot. 26: 133. 1890.

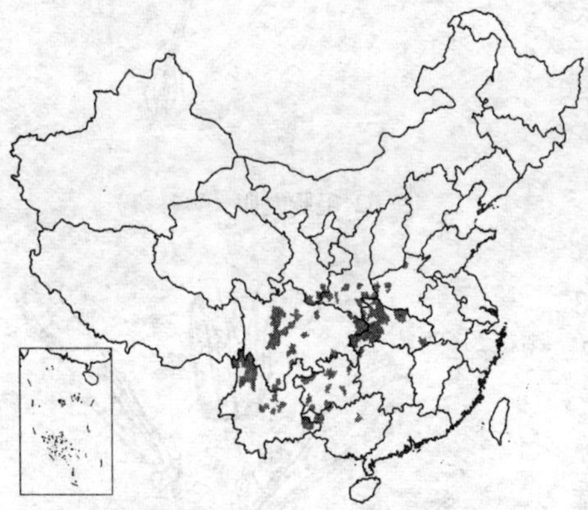

多年生草本，高达 50 厘米。茎单生或丛生，上部多分枝。基生叶莲座状，椭圆形、倒卵形或卵形，长 2-4 厘米；茎生叶宽卵形或卵状三角形，长 1-3 厘米。花单生茎顶。无花梗；花萼膜质，萼筒长 0.7-1.3 厘米，脉稍突起成窄翅，裂片线状披针形，长 0.5-1 厘米，边缘有时疏被睫毛；花冠淡红色，上部具紫色纵纹，筒状，长 3-4.5 厘米，裂片卵形或卵状三角形，长 5-9 毫米，褶偏斜，宽三角形，宽 4-5 毫米，顶端具细长流苏；雄蕊顶端一侧下弯；花柱长约 6 毫米。蒴果长椭圆形，长 2-2.5 厘米。种子具网纹及翅。花果期 10 月至翌年 2 月。

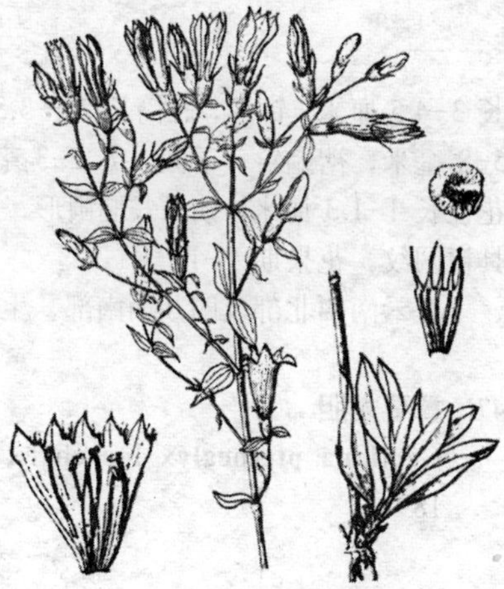

图 60 红花龙胆（田虹绘）

产河南、湖北、陕西、甘肃、四川、云南、贵州及广西，生于海拔 570-1750 米灌丛中、草地及林下。

45. 条纹龙胆　　图 61

Gentiana striata Maxim. in Mél. Biol. Acad. Sci. St. Pétersb. 11: 265. 1881.

一年生草本，高达 30 厘米。茎淡紫色直伸或斜升，基部分枝。茎生叶长三角状披针形或卵状披针形，长 1-3 厘米，先端渐尖，基部圆或平截，抱茎呈短鞘，下面脉密被短柔毛；无柄。花单生茎顶。花萼钟形，萼筒长 1-1.3 厘米，具窄翅，裂片披针形，长 0.8-1.1 厘米，中脉突起下延成翅，边缘及翅粗糙；花冠淡黄色，具黑色纵纹，长 4-6 厘米，裂片卵形，长约 7 毫米，先端尾尖，长 1-2 毫米，褶偏斜，平截，宽约 3 毫米，具不整齐齿裂；雄蕊顶

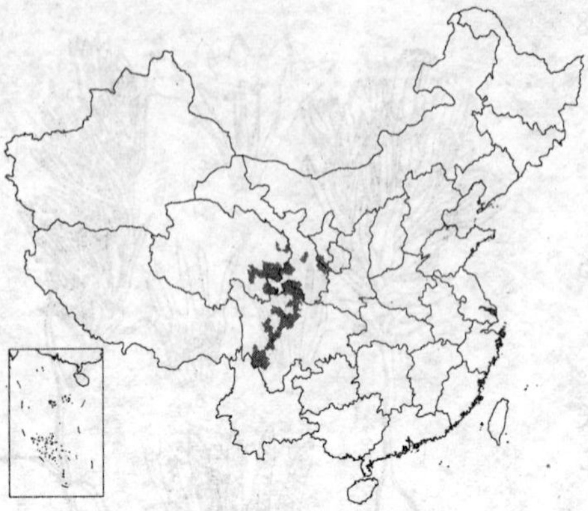

端一侧下弯；花柱长 1-1.5 厘米。蒴果长圆形，长 2-3.5 厘米。种子三棱状，沿棱具翅，具网纹。花果期 8-10 月。

产宁夏、甘肃、青海及四川，生于海拔 2200-3900 米山坡草地及灌丛中。

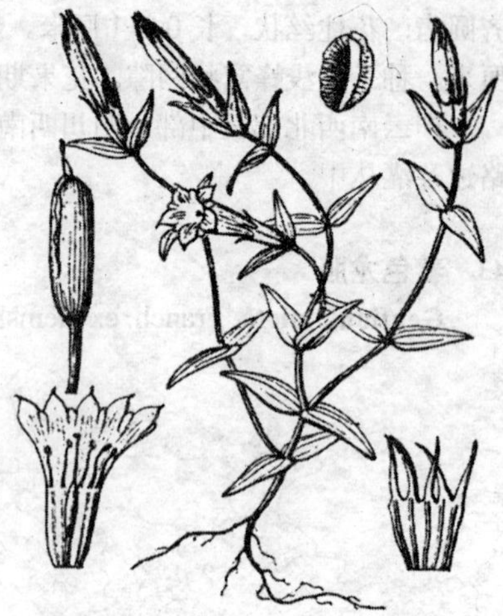

图 61 条纹龙胆（仿《图鉴》）

46. 毛脉龙胆 图 62

Gentiana souliei Franch. in Bull. Soc. Bot. France 43: 491. 1896.

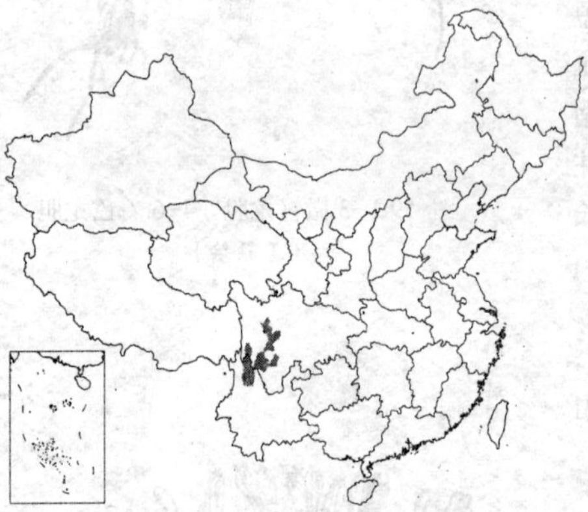

一年生草本，高达 40 厘米。茎直伸，分枝。茎生叶卵状披针形，长 1-2.6 厘米，基部心形或圆，下延成棱，被长柔毛，沿脉疏被长柔毛；无柄。花单生茎顶。花无梗，基部具 2 叶状苞叶；花萼钟形，萼筒长 1-1.3 厘米，上部具宽翅，先端内面具萼内膜，裂片披针形，长 0.8-1 厘米，脉突起成翅向萼筒下延，边缘及翅密被长柔毛；花冠黄或淡绿色，长 3-4.5 厘米，钟形，冠筒长 2.5-3.5 厘米，沿脉密被短柔毛，裂片卵形，长 5-8 毫米，褶偏斜，平截，宽 2-3 毫米，先端啮蚀状；雄蕊顶端一侧下弯；花柱长 1-1.3 厘米。蒴果长椭圆形，长约 2.5 厘米。种子三棱状，沿棱具翅，具粗网纹。花果期 9-12 月。

产云南西北部及四川西南部，生于海拔 3200-3900 米草地或冷杉林下。

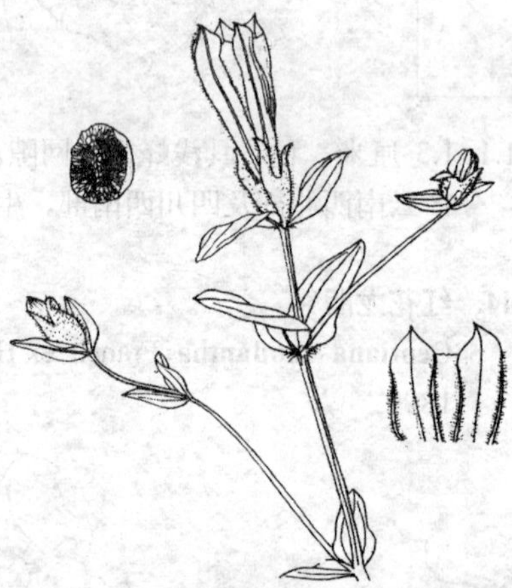

图 62 毛脉龙胆（田虹绘）

47. 翼萼龙胆 图 63

Gentiana pterocalyx Franch. ex Hemsl. in Journ. Linn. Soc. Bot. 26: 132. 1890.

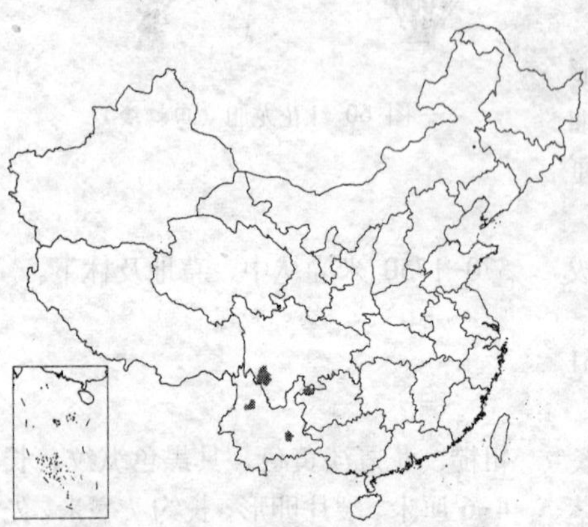

一年生草本，高约 35 厘米。茎暗紫或黄绿色，分枝。基生叶匙形，长达 1.5 厘米；茎生叶心形、卵形或宽卵形，长 (0.7-)1.3-2.5 厘米，无柄。花单生茎顶。花无梗，基部具 2 叶状苞叶；花萼钟形，萼筒长 1-1.2 厘米，上部具宽翅，沿翅密被紫及白色柔毛，萼筒具透明萼内膜，裂片披针形或卵状披针形，长 5-9 毫米，中脉突起成翅，下延至萼筒；花冠蓝或蓝紫色，窄钟形，长 3-4 厘米，果时长达 5 厘米，冠筒长 3-3.5 厘米，裂片卵形，长 0.8-1.1 厘米，褶偏斜，半圆形，长 1-2 毫米，

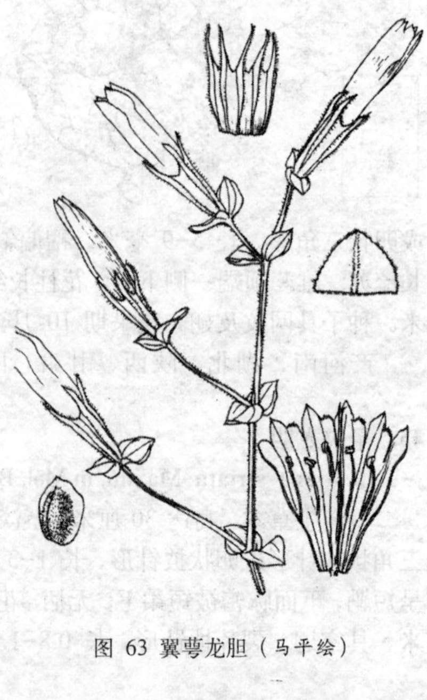

图 63 翼萼龙胆（马平绘）

宽约3毫米，先端具齿裂；雄蕊顶端一侧下弯；花柱长 0.8-1.2 厘米。蒴果 2-2.5 厘米。种子三棱状，沿棱具翅，具粗网纹。花果期 8-11 月。

产四川西南部、云南，生于海拔1650-3500米山坡草地。

48. 偏翅龙胆 图 64

Gentiana pudica Maxim. in Mél. Biol. Acad. St. Pétersb. 10: 677. 1880.

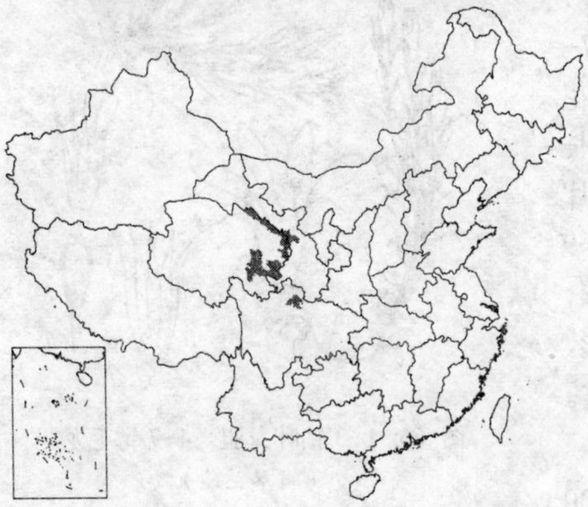

一年生草本，高达12厘米。茎基部多分枝，铺散。叶圆匙形或椭圆形，长4.5-9毫米；基生叶花期枯萎，宿存。花单生枝顶。花梗黄绿色，长1-2.5厘米；花萼带蓝紫色，筒状漏斗形，长1-1.2厘米，裂片三角形，长2.5-3毫米，边缘膜质，中脉龙骨状，向萼筒下延成翅；花冠上部深蓝或蓝紫色，下部黄绿色，宽筒形或漏斗形，长2-2.5厘米，喉部径6-8毫米，裂片卵形或卵状椭圆形，长4-5毫米，褶宽长圆形，长2.5-3.5毫米，具不整齐细齿。蒴果窄长圆形，长0.8-1厘米，边缘无翅。种子具细网纹，幼时一侧具翅。花果期6-9月。

产甘肃、青海及四川，生于海拔 2230-5000 米山坡草地、草甸或河滩。

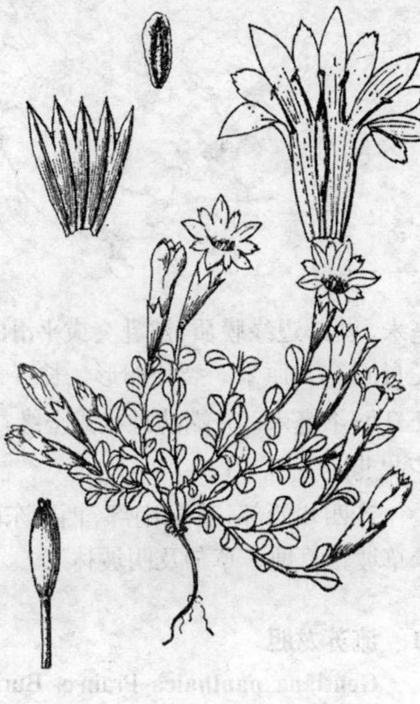

图 64 偏翅龙胆（阎翠兰绘）

49. 圆齿褶龙胆 图 65

Gentiana crenulato-truncata (Marq.) T. N. Ho, Fl. Reipubl. Popularis Sin. 62: 163. 1988.

Gentiana prostrata Haenk var. *crenulato-truncata* Marq. in Journ. Linn. Soc. Bot. 48: 205. 1929.

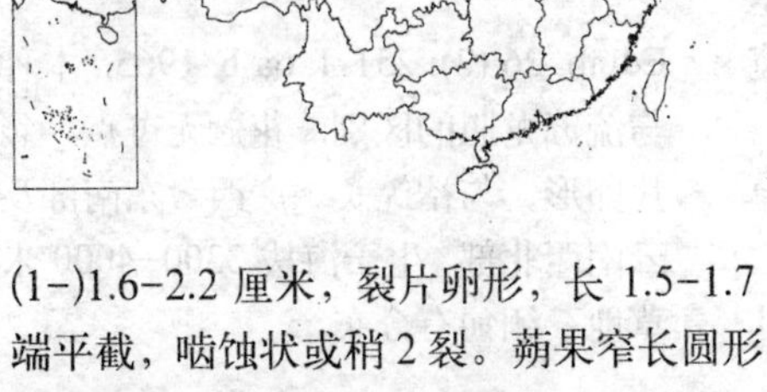

一年生矮小草本，高达3厘米。茎光滑。叶倒卵形或倒卵状匙形，长3-6毫米。基生叶花期枯萎，宿存；茎生叶2-3对，贴生茎上。花单生枝顶。花近无梗；花萼筒状或筒状漏斗形，长(0.9)1.2-1.5 厘米，萼筒上部草质，下部膜质，裂片三角形，长2-3毫米，先端钝，边缘膜质，中脉龙骨状，向萼筒下延成窄翅；花冠深蓝或蓝紫色，宽筒形，长(1-)1.6-2.2 厘米，裂片卵形，长 1.5-1.7 毫米，褶卵形，长 1-1.2 毫米，先端平截，啮蚀状或稍2裂。蒴果窄长圆形，长 0.8-1 厘米，边缘无翅。种子具细网纹，一端具翅。花果期 5-9 月。

产青海及西藏，生于海拔 2700-5300 米草甸、碎石带、山坡沙质地、山顶荒地、山沟草滩及湖边沙质地。

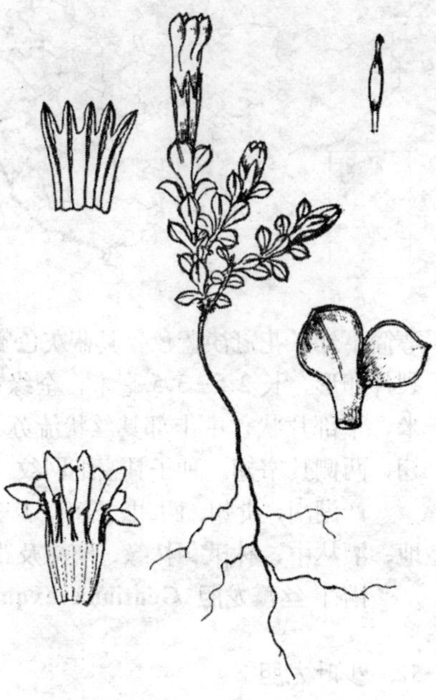

图 65 圆齿褶龙胆（阎翠兰绘）

50. 钻叶龙胆 图 66: 1-3 彩片 22

Gentiana haynaldii Kanitz, Pl. Exped. Szechenyi in As. Centr. Coll. 39. 1891.

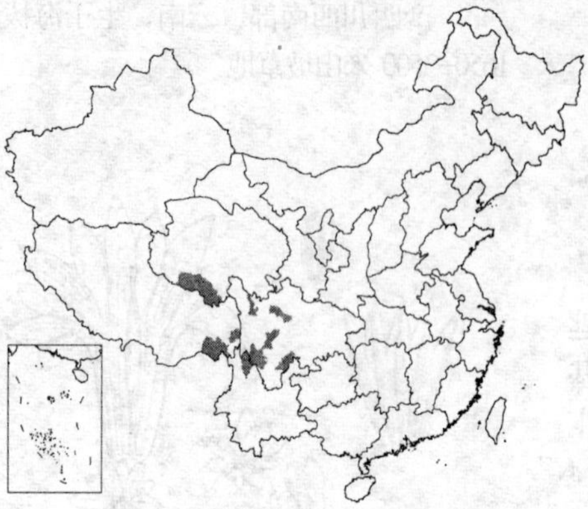

一年生小草本，高达10厘米。茎基部多分枝。叶革质，中下部边缘疏被短睫毛，茎基部及下部叶缘软骨质，中上部叶基部边缘膜质；基生叶卵形或宽披针形，长2.5–7毫米，花期枯萎，宿存；茎生叶线状钻形，长0.7–1.5(–5)厘米。花单生枝顶。花近无梗；花萼倒锥状筒形，长1.3–1.7厘米，萼筒膜质，裂片革质，绿色，线状钻形，长7–9毫米，基部边缘膜质，被乳突或平滑；花冠淡蓝色，喉部具蓝灰色斑纹，筒形，长(1.6)2–3厘米，裂片卵形，长3–5毫米，全缘或具不明显圆齿，褶卵形，长2.5–4毫米，先端啮蚀状或全缘。蒴果长1.1–1.3厘米。种子具细网纹。花果期7–11月。

产四川西部、青海南部、西藏东南部及云南西北部，生于海拔2100–4200米草坡、草地、草甸及阴坡林下。

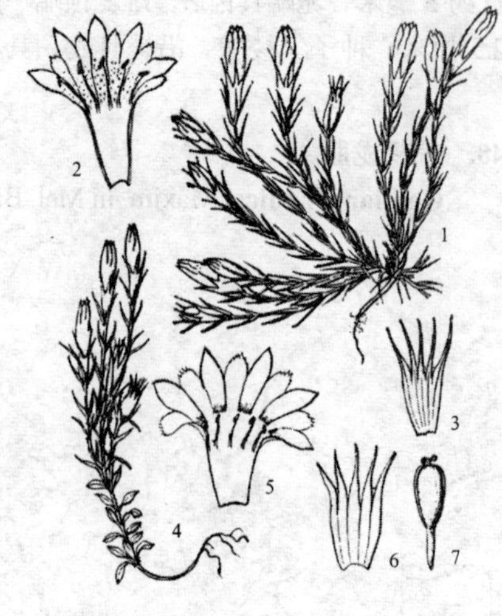

图 66: 1–3.钻叶龙胆　4–7.髯毛龙胆
（阎翠兰绘）

51. 流苏龙胆　　图 67

Gentiana panthaica Prain et Burk. in Journ. Asiat. Soc. Bengal n. ser. 2: 313. 1906.

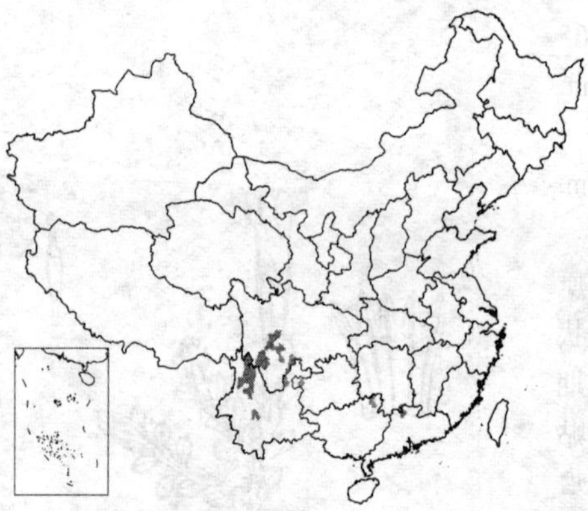

一年生小草本，高达10厘米。茎光滑，基部多分枝。叶卵形或卵状椭圆形，长0.9–2厘米，基部圆或心形，半抱茎；基生叶花期枯萎，宿存；茎生叶卵状三角形、披针形或窄椭圆形，长6–8毫米。花单生枝顶。花梗黄绿色，长0.3–1.2厘米；花萼钟形，长4.5–7毫米，裂片丝状锥形或锥形，长1.5–3毫米，脉脊状突起，向萼筒下延；花冠淡蓝色，具蓝灰色宽条纹，窄钟形，长(0.8–)1–1.4厘米，裂片卵形，长2.5–3.5毫米，全缘或具不明显细齿，褶卵形，长2–2.5毫米，下部片状，中上部具丝状流苏。蒴果长圆形，长4–5毫米，顶端具宽翅，两侧具窄翅。种子具密细网纹。花果期5–8月。

产湖南、贵州、四川、云南、广东及广西，生于海拔600–3800米山坡草地、灌丛中、林下、林缘、河滩及路边。

[附] **丝瓣龙胆 Gentiana exquisita** H. Smith in Notes Roy. Bot. Gard. Edinb. 26 (2): 251. f. 6a-b. 1965. 本种与流苏龙胆的区别：花冠无斑点，裂片卵形，与褶等长。产西藏东南部及云南西北部，生于海拔3300–4000米草地。缅甸有分布。

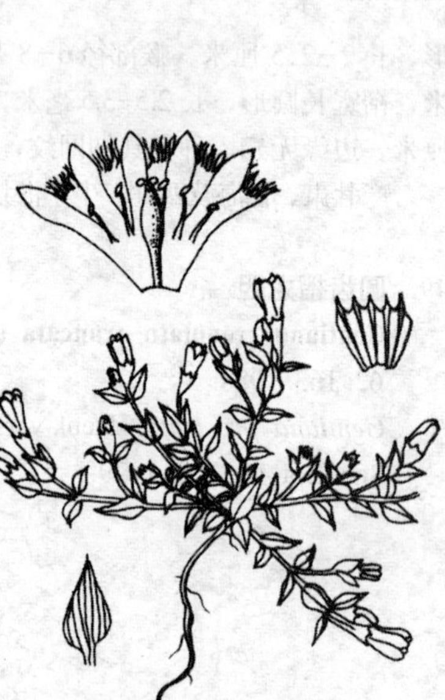

图 67 流苏龙胆（阎翠兰绘）

52. 少叶龙胆　　图 68

Gentiana oligophylla H. Smith ex Marq. in Kew Bull. 1937: 130, 169. 1937.

一年生小草本，高达12厘米。茎紫红色光滑，多分枝。基生叶卵状披针形或卵状椭圆形，长0.9–2厘米；茎生叶卵状三角形或线状披针形，长5–8毫米，上面具乳突，基部圆或心形，半抱茎。花单生枝顶。花梗紫红色，长0.4–1.7厘米；花萼钟形，长4–5.5毫米，裂片丝状锥形，长2–2.5毫米，中脉细或脊状突起，向萼筒下延，内面密被细乳突；花冠黄绿色，钟形，长0.8–1厘米，裂片宽卵形，长2–2.5毫米，基部微缢缩，褶长圆形，

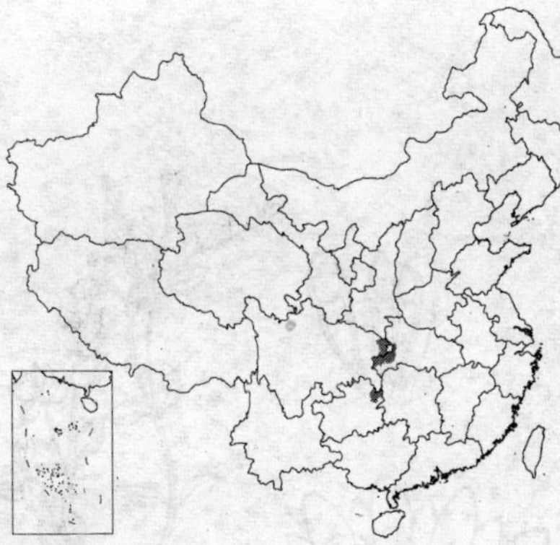

长1.5－2毫米，下部片状，上部具棍棒状流苏。蒴果长圆形或倒卵状长圆形，长3.5-4.5毫米，顶端具宽翅，两侧具窄翅。种子具密细网纹。花果期5-8月。

产四川东部、湖北西部及贵州东北部，生于海拔1800-2800米山坡草地、草丛、路边及林缘。

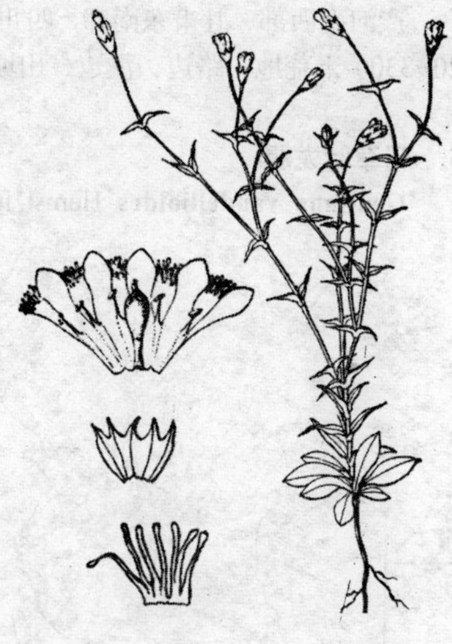

图 68 少叶龙胆（阎翠兰绘）

53. 黄花龙胆 图 69

Gentiana flavo-maculata Hayata, Ic. Pl. Formos. 6: Suppl. 49. 1917.

一年生小草本，高达10厘米。茎密被乳突，基部多分枝，枝铺散、斜升。基生叶卵状椭圆形或长圆状披针形，长0.7-1.7厘米；茎生叶卵形、卵状椭圆形或披针形，长5－8毫米；边缘被乳突或仅基部被乳突。花单生枝顶。花梗密被乳突，长2－3毫米；花萼钟形，长5-6毫米，裂片钻形，长2-2.5毫米；花冠上部淡黄色，基部淡紫色，喉部具黄色斑点，筒状钟形，长1.2-1.5厘米，裂片卵形，长2.5-3毫米，褶卵形，与裂片等长，全缘。蒴果倒卵圆形或卵圆形，长约6毫米，边缘具翅。种子具细网纹。花果期8-10月。

产台湾，生于海拔1800-3000米山坡草地。

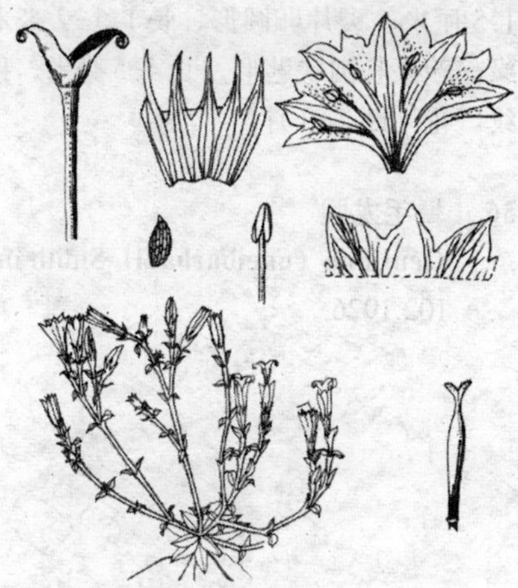

图 69 黄花龙胆（引自《Fl.Taiwan》）

54. 深红龙胆 图 70

Gentiana rubicunda Franch. in Bull. Soc. Bot. France 31: 373. 1884.

一年生草本，高达15厘米。茎直立，光滑，不分枝或中、上部少分枝。基生叶卵形或卵状椭圆形，长1-2.5厘米；茎生叶卵状椭圆形，长圆形或倒卵形，长0.4-2.2厘米，边缘被乳突，上面密被细乳突。花单生枝顶。花梗紫红或草黄色，长（0.3-）1-1.5厘米；花萼倒锥形，长0.8-1.4厘米，被细乳突，裂片丝状或钻形，长3-6毫米，基部向萼筒下延成脊；花冠紫红色，有时冠筒具黑紫色短细条纹及斑点，倒锥形，长2-3厘米，裂片卵形，长3.5-4毫米，褶卵形，长2-3毫米，边缘啮蚀状或全缘。蒴果长圆形，长7.5-8毫米，顶端具宽翅；果柄长达3.5厘米。种子具细网纹。花果期3-10月。

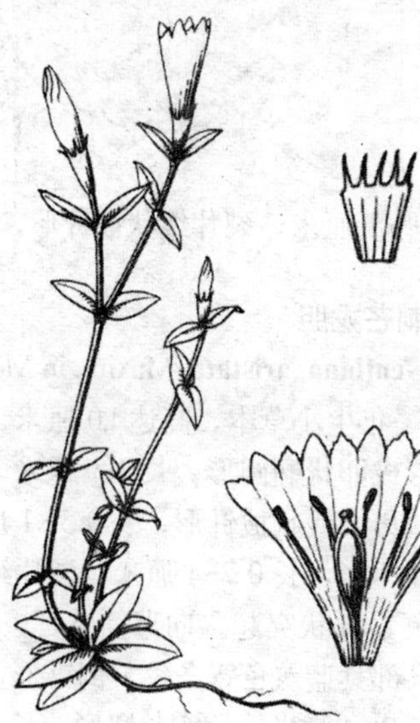

图 70 深红龙胆（吴樟桦绘）

产河南西部、甘肃东南部、四川、湖北、湖南、贵州及云南，生于海拔520-3300米荒地、路边、溪边、山坡草地、林下、岩边及山沟。

55. 母草叶龙胆 图 71

Gentiana vandellioides Hemsl. in Journ. Linn. Soc. Bot. 26: 137. 1890.

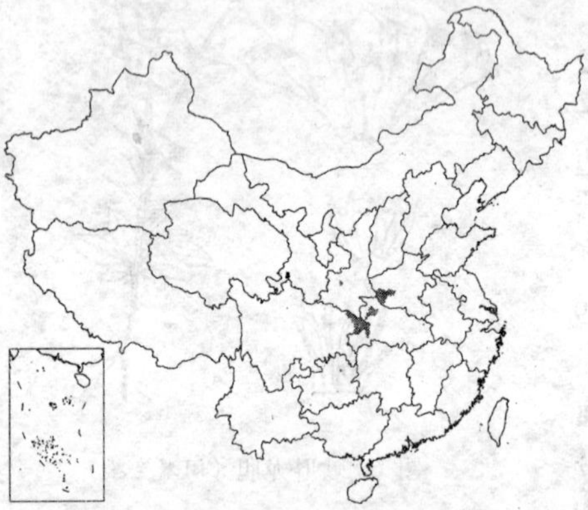

一年生小草本，高达10厘米。茎基部多分枝，枝叉开。基生叶卵形或匙形，长0.8-1厘米，花期枯萎，宿存；茎生叶卵形或近心形，长0.7-1.2厘米，边缘密被乳突。花单生枝顶。花梗长0.8-1.5厘米；花萼窄钟形，长4.5-5.5厘米，裂片紫红色，丝状，长2-2.5毫米，基部向萼筒下延成窄翅；花冠淡蓝色，漏斗形，长1.2-1.5厘米，裂片卵圆形，长1.5-2毫米，先端钝，褶卵形，稍短于裂片，全缘。蒴果长圆状匙形，长4-5毫米，顶端具宽翅，两侧具窄翅。种子具细网纹。花果期7-9月。

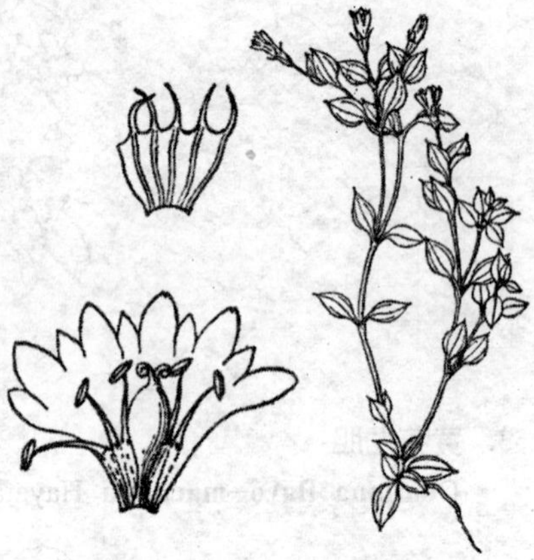

图 71 母草叶龙胆（王颖绘）

产河南西部、陕西中部、湖北北部及四川东部，生于海拔1100-3500米路边、林下及林缘。

56. 髯毛龙胆 图 66:4-7

Gentiana cuneibarba H. Smith in Anz. Akad. Wiss. Wien, Math.-Nat. 63: 102.1926.

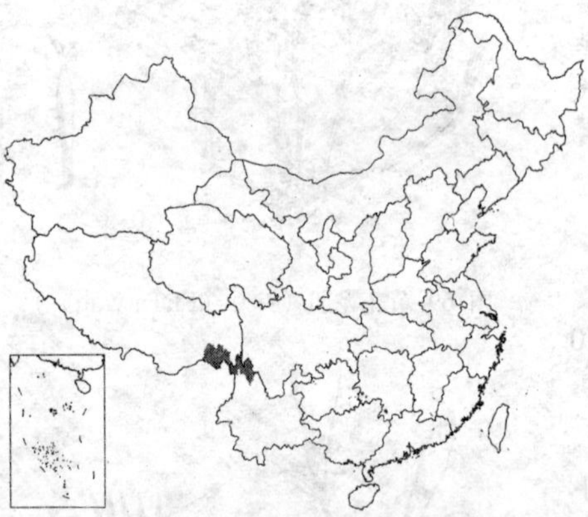

一年生矮小草本，高达7厘米。茎基部多分枝，枝铺散，斜上升。基生叶近革质，卵形或宽披针形，长5.5-7.5毫米，边缘软骨质，基部疏被短睫毛，花期枯萎，宿存；茎生叶对折，疏离，椭圆形、窄披针形或线状披针形，长0.3-1厘米，边缘软骨质，基部疏被睫毛。花单生枝顶。花梗被乳突，长1-4毫米；花萼筒形，长0.9-1厘米，裂片线状披针形，长3.5-6毫米，下部边缘膜质，疏被睫毛，中上部边缘软骨质，疏被乳突；花冠蓝紫色，筒形，长1.7-2.1厘米，喉部具一圈深蓝色斑点，内面具5束白色髯毛，长约2毫米，裂片卵状椭圆形，长3-4毫米，褶卵形或卵状椭圆形，长2-2.5毫米，边缘啮蚀状。蒴果长圆形，长6-7毫米，顶端具宽翅，边缘具窄翅。种子具密细网纹。花果期8-10月。

产西藏东南部及云南西北部，生于海拔3150-4000米草坡、林下。

57. 刺芒龙胆 图 72:1-3

Gentiana aristata Maxim. in Mél. Biol. Acad. Sci. St. Pétersb. 10: 678. 1880.

一年生小草本，高达10厘米。茎基部多分枝，枝铺散，斜上升。基生叶卵形或卵状椭圆形，长7-9毫米，边缘膜质，花期枯萎，宿存；茎生叶对折，疏离，线状披针形，长0.5-1厘米。花单生枝顶。花梗长0.5-2厘米；花萼漏斗形，长0.7-1厘米，裂片线状披针形，长3-4毫米，边缘膜质，中脉绿色，脊状突起，向萼筒下延；花冠下部黄绿色，上部蓝、深蓝或紫红色，喉部具蓝灰色宽条纹，倒锥形，长1.2-1.5厘米，裂片卵形或卵状椭圆形，长3-4毫米，褶宽长圆形，长1.5-2毫米，先端平截，不整齐缺裂。蒴果长圆形或倒卵状长圆形，长5-6毫米，顶端具宽翅，两侧具窄翅。种子具

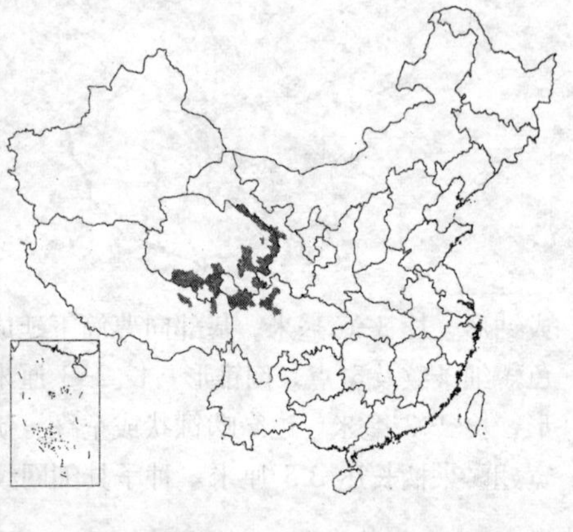

密细网纹。花果期6-9月。

产甘肃、青海、西藏、四川北部，生于海拔1800-4600米河滩草地、灌丛中、沼泽草地、草滩、草甸、草甸灌丛、草甸草原、林间草丛、阳坡砾石地、山谷及山顶。

[附] **反折花龙胆** 图72: 4-7 **Gentiana choanantha** Marq. in Kew Bull. 1931: 85. 1931 本种与刺芒龙胆的区别：花后冠檐反折，喉部具椭圆形花纹；褶卵形，先端钝。花果期4-8月。产四川西部，生于海拔2700-4600米草甸、山坡灌丛中、草地、沼泽地、河滩及沟边。

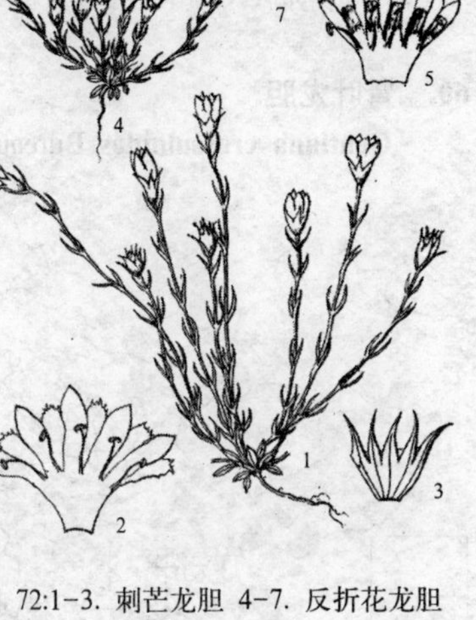

图 72:1-3. 刺芒龙胆 4-7. 反折花龙胆（王颖绘）

58. 针叶龙胆 图 73:1-3

Gentiana heleonastes H. Smith ex Marq. in Kew Bull. 1937: 132, 174. 1937.

一年生草本，高达15厘米。茎基部多分枝。基生叶倒卵圆形或卵圆形，长5-7毫米；茎下部叶匙形，长4-6毫米，中上部叶线状披针形，长0.6-1厘米，边缘膜质。花单生枝顶。花梗长1.3-2毫米；花萼漏斗形，裂片线状披针形，长2-3毫米，边缘膜质，上面中脉突起，向萼筒下延；花冠淡蓝或蓝灰色，内面白色，筒形，长1.4-1.6毫米，裂片卵圆形或卵形，长2.5-3.5毫米，边缘疏生细锯齿，褶宽长圆形，长1.5-2毫米，具不整齐条裂。蒴果长圆形或倒卵状长圆形，长6-6.5毫米，顶端具宽翅，两侧具窄翅。种子具密细网纹。花果期6-9月。

产四川北部及青海东南部，生于海拔3250-4200米向阳湿润草地、草甸灌丛及沼泽草甸。

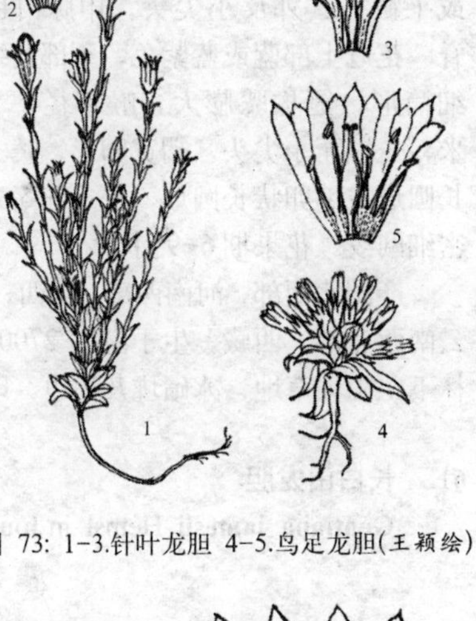

图 73: 1-3.针叶龙胆 4-5.鸟足龙胆(王颖绘)

59. 鳞叶龙胆 图 74

Gentiana squarrosa Ledeb. in Mém. Acad. Sci. St. Pétersb. 5: 520. 1812.

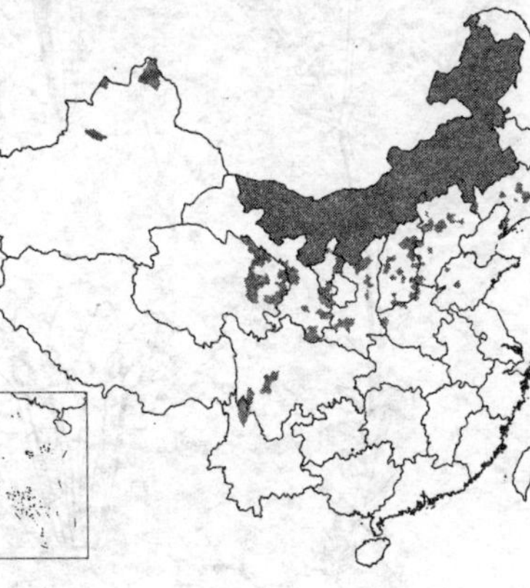

一年生矮小草本，高达8厘米。茎密被黄绿色或杂有紫色乳突，基部多分枝，枝铺散，斜升。叶缘厚软骨质，密被乳突，叶柄白色膜质，边缘被短睫毛；基生叶卵形、宽卵形或卵状椭圆形，长0.6-1厘米；茎生叶倒卵状匙形或匙形，长4-7毫米。花单生枝顶。花梗长2-8毫米；花萼倒锥状筒形，长5-8毫米，被细乳突，裂片外反，卵圆形或卵形，长1.5-2毫米，基部圆，缢缩成爪，边缘软骨质，密被细乳突；花冠蓝色，筒状漏斗形，长0.7-1厘米，裂片卵状三角形，长1.5-2毫米，褶卵形，长1-1.2毫米，全缘或具细齿。蒴果倒卵状长圆形，长3.5-5.5毫米，顶端具宽翅，两侧具窄翅。种子具亮白色细网纹。花果期4-9月。

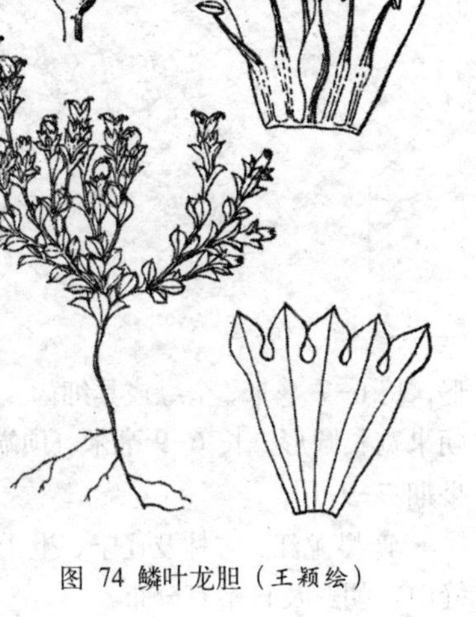

图 74 鳞叶龙胆（王颖绘）

产吉林、辽宁、内蒙古、河北、山东、河南、山西、陕西、甘肃、宁夏、新疆、青海、四川及云南，生于海拔 110-4200 米山坡、山谷、山顶、干草原、河滩、荒地、路边、灌丛中及高山草甸。锡金、苏联、蒙古、朝鲜及日本有分布。

60. 肾叶龙胆 图 75

Gentiana crassuloides Bureau et Franch. in Journ. de Bot. 5: 104. April. 1891.

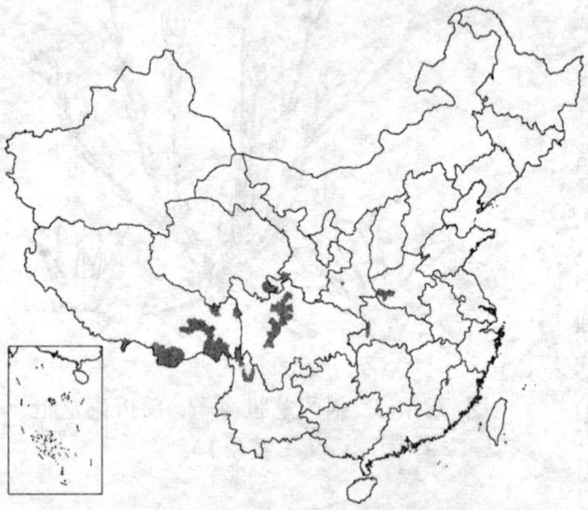

一年生矮小草本，高达 6 厘米。茎密被乳突，基部多分枝，枝铺散。叶基部心形或圆，缢缩成柄，边缘厚软骨质，基部及叶柄边缘疏被短睫毛；基生叶宿存，长 0.3-1 厘米；茎生叶卵状三角形，长 1.5-3 毫米，上部肾形或宽圆形，长 1.5-4 毫米。花单生枝顶。花梗长 1.5-3 毫米；花萼宽筒形或倒锥状筒形，长 0.5-1.2 厘米，萼筒膜质，带紫红色，裂片肾形或宽圆形，长 1.2-1.5 毫米，先端圆或平截，具外反小尖头，中脉白色软骨质，在上面突起，向萼筒下延成脊；花冠上部蓝或蓝紫色，下部黄绿色，高脚杯状，长 0.9-2.1 厘米，冠筒细筒形，冠檐骤膨大，喉部径 1.5-5 毫米，裂片卵形，长 1.5-2.5 毫米，先端无小尖头，褶宽卵形，长 1-1.5 毫米，先端钝，边缘啮蚀状。蒴果长圆形或倒卵状长圆形，长 3.5-5 毫米，顶端具宽翅，两侧具窄翅。种子具密细网纹。花果期 6-9 月。

产湖北西部、河南西部、陕西、甘肃、青海东南部、四川西部及西北部、云南西北部、西藏，生于海拔 2700-4450 米山坡草地、沼泽草地、灌丛中、林下、山顶草地、冰碛垅及沟边。印度、尼泊尔及锡金有分布。

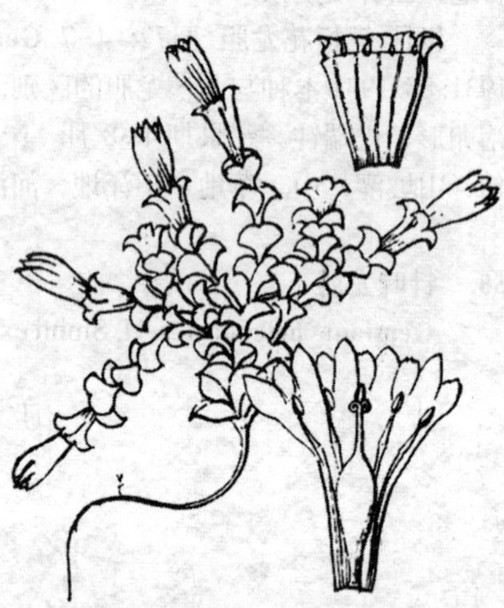

图 75 肾叶龙胆（王颖绘）

[附] **卵萼龙胆** 彩片 23 **Gentiana bryoides** Burk. in Journ. Asiat. Soc. Bengaln. ser. 2: 316. 1906. 本种与肾叶龙胆的区别：茎上部叶倒披针形或匙形，先端尖；花萼裂片卵形，先端具小尖头。花果期 5-6 月。产西藏南部，生于海拔 3800-4500 米草坡、山顶草地及林下。尼泊尔、锡金及不丹有分布。

61. 长白山龙胆 图 76

Gentiana jamesii Hemsl. in Journ. Linn. Soc. Bot. 26: 128. 1890.

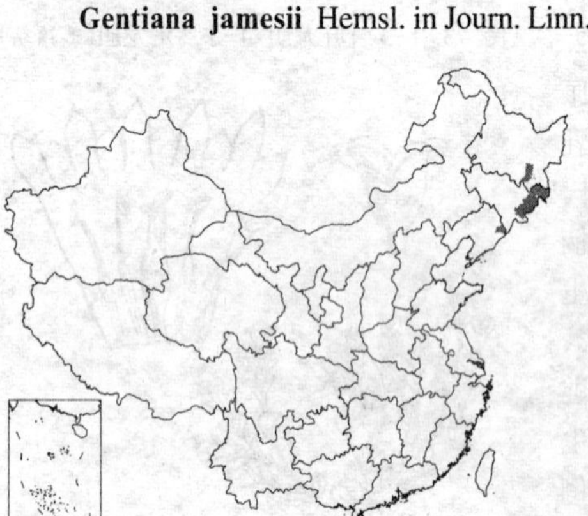

多年生草本，高达 18 厘米。具匍匐茎。茎直伸，不分枝，或少分枝。叶稍肉质，宽披针形或卵状椭圆形，长 0.7-1. 5 厘米，基部半抱茎，边缘外卷，上面密被细乳突。花单生枝顶。花梗长 0.7-1.2 毫米；花萼倒锥形，长约 1 厘米，裂片稍肉质，宽卵形，长 1.5-3 毫米，基部圆，缢缩；花冠蓝或蓝紫色，宽筒形，长 2.3-3 厘米，裂片卵状椭圆形或长圆形，长 6-7 毫米，全缘或具细齿，褶宽卵形，长 2.7-3 毫米，具不整齐条裂。蒴果宽长圆形，长 6-9 毫米，顶端具宽翅，两侧具窄翅。种子具细网纹。花果期 7-9 月。

产黑龙江、吉林及辽宁，生于海拔 1100-2450 米草坡、草地、路边或岩缝中。朝鲜及日本有分布。

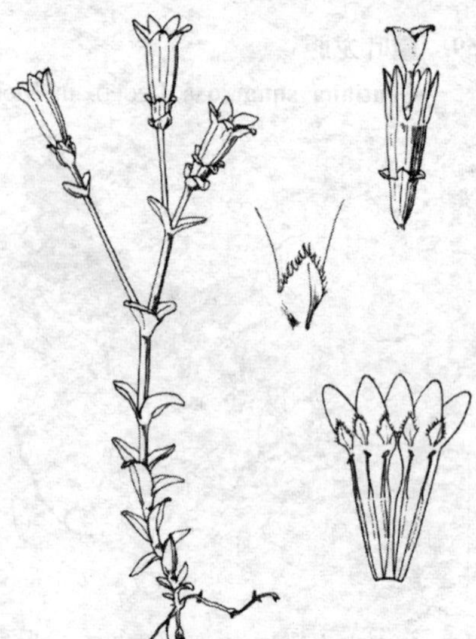

图 76 长白山龙胆（张桂芝绘）

62. 黄白龙胆 图 77

Gentiana prattii Kusnez. in Acta Hort. Petrop. 13: 63. 1893.

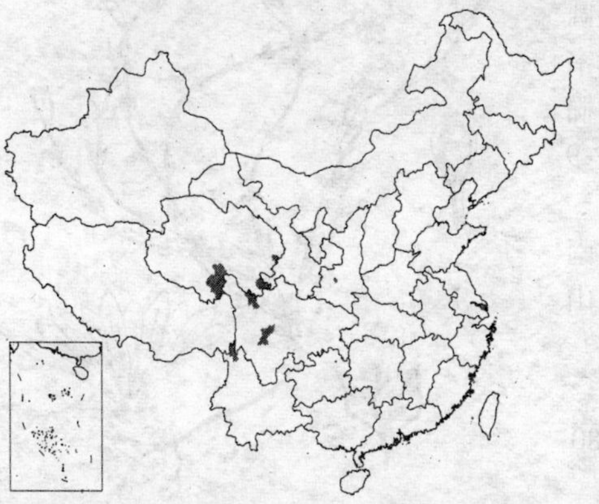

一年生矮小草本，高达 4 厘米。茎密被乳突，基部多分枝，枝铺散或斜升。基生叶卵圆形，长 3–3.5 毫米，边缘软骨质，被小睫毛；茎生叶覆瓦状排列，卵形或椭圆形，长 4–5 毫米，先端具小尖头，边缘密被小睫毛。花单生枝顶。花梗长 1–3 毫米；花萼筒状漏斗形，长 5–5.5 毫米，裂片卵状披针形或三角形，长 1.5–2 毫米，先端具小尖头，边缘膜质，密被小睫毛；花冠黄绿色，具暗绿色宽条纹，筒形，长 8–9 毫米，裂片卵形，长 1.5–2 毫米，褶长圆形，长 0.7–1 毫米，顶端啮蚀状。蒴果长圆状匙形，长 4–5 毫米，顶端具宽翅，两侧具窄翅。种子具密细网纹。花果期 6–9 月。

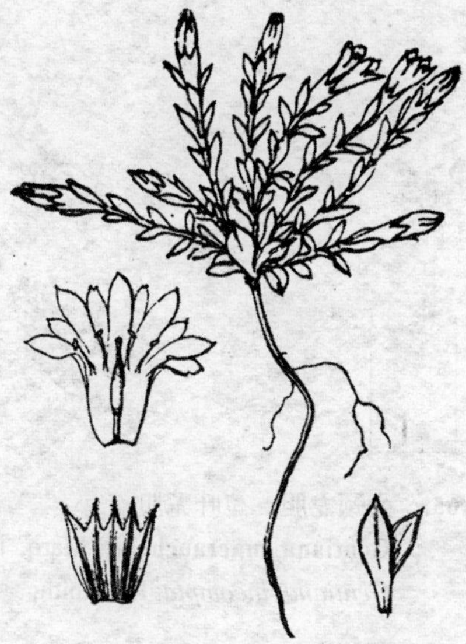

图 65 黄白龙胆（阎翠兰绘）

产陕西南部、青海、四川及云南西北部，生于海拔 3000–4000 米山坡草地、草甸及滩地。

63. 蓝白龙胆 图 78

Gentiana leucomelaena Maxim. in Mél. Biol. Acad. Sci. St. Pétersb. 13: 175. 1891.

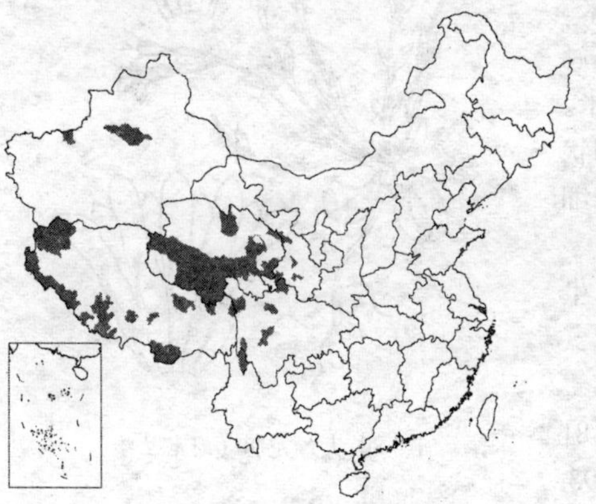

一年生矮小草本，高达 5 厘米。茎光滑，基部多分枝，枝铺散或斜升。基生叶卵圆形或卵状椭圆形，长 5–8 毫米；茎生叶椭圆形或椭圆状披针形，长 3–9 毫米。花单生枝顶。花梗长 0.4–4 厘米；花萼钟形，长 4–5 毫米，裂片三角形，长 1.5–2 毫米，边缘膜质；花冠白或淡蓝色，稀蓝色，具蓝灰色宽条纹，喉部具蓝色斑点，钟形，长 0.8–1.3 厘米，裂片卵形，长 2.5–3 毫米，褶长圆形，长 1.2–1.5 毫米，先端平截，具不整齐条裂。蒴果倒卵圆形，长 3.5–5 毫米，顶端具宽翅，两侧具窄翅。种子具亮念珠状网纹。花果期 5–10 月。

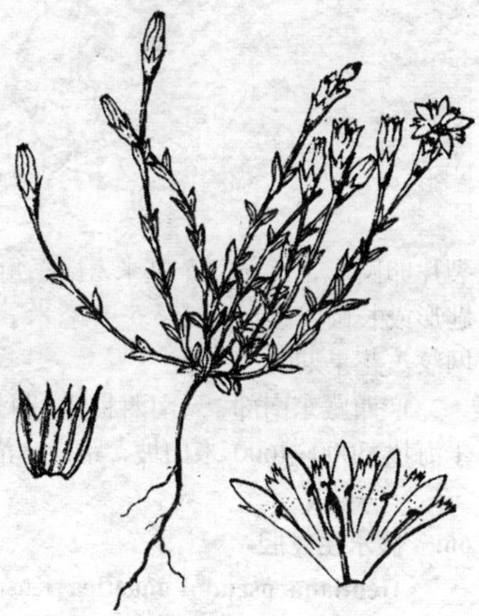

图 78 蓝白龙胆（阎翠兰绘）

产甘肃、青海、新疆、西藏、云南及四川，生于海拔 1940–5000 米沼泽化草地、沼泽地、湿草地、河滩草地、山坡草地、山坡灌丛中及草甸。印度、尼泊尔、俄罗斯及蒙古有分布。

64. 匙叶龙胆 图 79

Gentiana spathulifolia Maxim. ex Kusnez. in Mél. Biol. Acad. Sci. St. Pétersb. 13: 339. 1894.

一年生草本，高达 13 厘米。茎紫红色密被乳突。基部多分枝，铺散，斜开。基生叶宽卵形或圆形，长 4–5.5 毫米，边缘软骨质；茎生叶匙形，长 4–5 毫米，先端三角状尖；叶柄边缘具乳突。花单生枝顶。花梗紫红色，密被细乳实长 0.3–1.2 厘米；花萼漏斗形，长 5–7 毫米，裂片三角状披针形，长 1.5–2.5 毫米，先端尖，边缘膜质；花冠紫红色，漏斗形，长(1)1.2–1.4 厘米，裂片卵形，长 2–2.5 毫米，褶卵形，长 1.5–2 毫米，先端 2 浅裂或不裂；雄

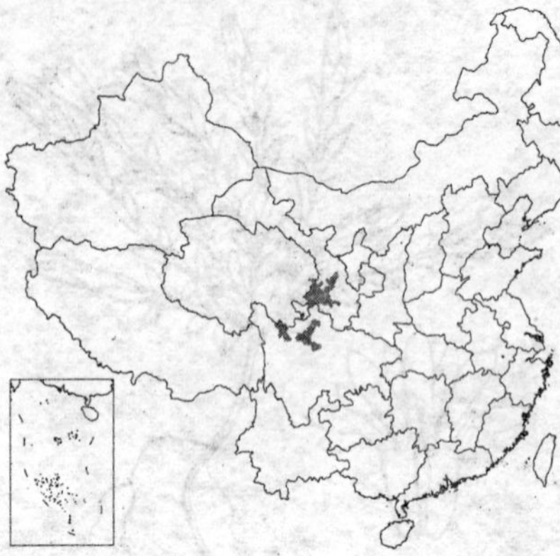

蕊生于花冠筒中下部，花丝丝状钻形，花药椭圆形；子房椭圆形，花柱线形，柱头已裂。蒴果长圆状匙形，顶端具宽翅，两侧具窄翅，长 5-6 毫米。种子褐色，椭圆形，具细网纹。花果期 8-9 月。

产四川北部、青海及甘肃南部，生于海拔 2800-3800 米山坡。

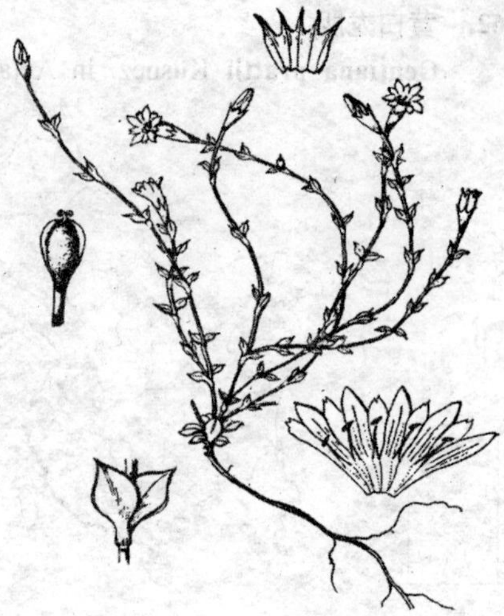

图 79 匙叶龙胆（阎翠兰绘）

65. 大颈龙胆 苞叶龙胆 图 80

Gentiana macrauchena Marq. in Kew Bull. 1931: 85. 1931.

Gentiana incompta H. Smith; 中国植物志 62: 219. 1988.

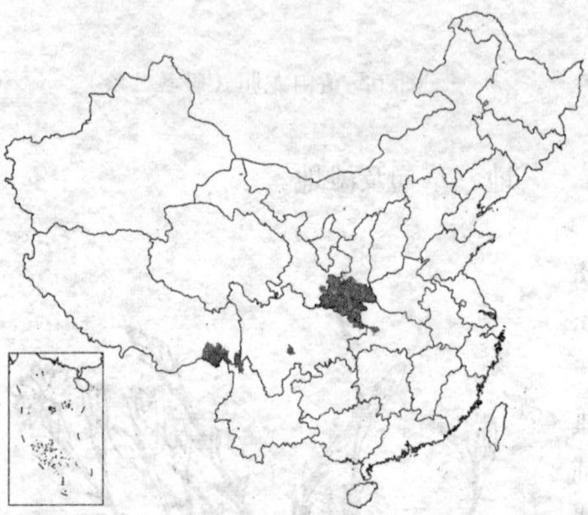

一年生矮小草本，高达 5 厘米。茎光滑，基部多分枝，枝铺散。基生叶卵形，长 0.5-1 厘米，边缘软骨质；茎生叶多对，披针形或线形，长 4-6 毫米，先端渐尖，具小尖头，边缘膜质，平滑或被乳突。花单生枝顶。花梗长 3-6 毫米；花萼漏斗形，长 7-8 毫米，裂片三角形，长 2-3 毫米，先端具小尖头，边缘膜质；花冠淡蓝色，筒形，长 1.3-1.5 厘米，裂片卵圆形，长 2-2.5 毫米，褶三角形，长 1-1.5 毫米，全缘。蒴果倒卵状匙形或长圆状匙形，长 5.5-6 毫米，顶端具宽翅，两侧具窄翅。种子具密细网纹。花果期 5-8 月。

产西藏东南部、云南西北部、四川、甘肃东部、陕西南部及湖北西部，生于海拔 3000-4600 米山坡、路边、灌丛中及林缘。

图 80 大颈龙胆（阎翠兰绘）

66. 假水生龙胆 图 81

Gentiana pseudo-aquatica Kusnez. in Acta. Hort. Petrop. 13: 63. 1893.

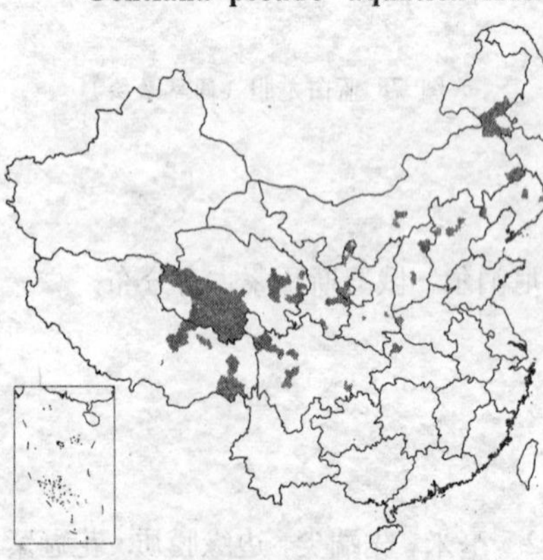

一年生矮小草本，高达 5 厘米。茎密被乳突，基部多分枝，枝铺散或斜升。叶先端外反，边缘软骨质，被乳突；基生叶卵圆形或圆形，长 3-6 毫米；茎生叶倒卵形或匙形，长 3-5 毫米。花单生枝顶。花梗长 0.2-1.3 厘米；花萼筒状漏斗形，长 5-6 毫米，裂片三角形，长 1.5-2 毫米，先端尖，边缘膜质；花冠深蓝色，具黄绿色宽条纹，漏斗形，长 0.9-1.4 厘米，裂片卵形，长 2-2.5 毫米，褶卵形，长 1.5-2 毫米，全缘或边缘啮蚀状。蒴果倒卵状长圆形，长 3-4 毫米，顶端具宽翅，两侧具窄翅。种子具细网纹。花果期 4-8 月。

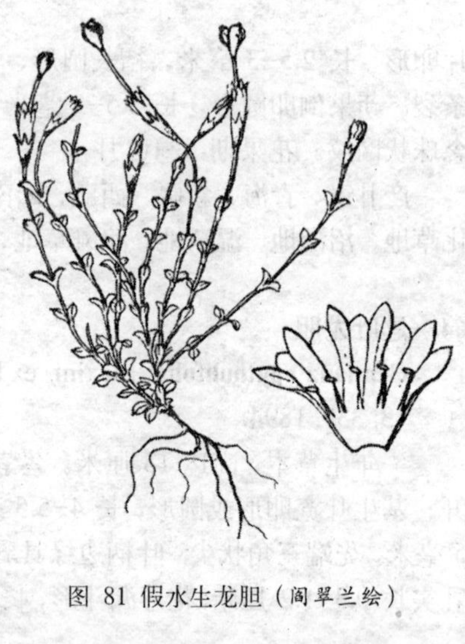

图 81 假水生龙胆（阎翠兰绘）

产辽宁、内蒙古、河北、河南、山西、陕西、甘肃、宁夏、青海、西藏东部及四川，生于海拔1100-4650米河滩、沟边、山坡草地、山谷湿地、沼泽草甸、林间空地及林下。印度、俄罗斯、蒙古及朝鲜有分布。

[附] **白条纹龙胆 Gentiana burkillii** H. Smith in Hand.- Mazz. Symb. Sin. 7: 953. 1936. 本种与假水生龙胆的区别：花萼稍短于花冠，萼筒具5条白色膜质条纹；花冠筒形；蒴果长5-7毫米。花果期6-8月。产西藏西部、青海西部，生于海拔3600-4300米山坡、山沟。阿富汗、喜马拉雅西部、克什米尔地区、尼泊尔及俄罗斯西伯利亚有分布。

67. 柔毛龙胆 图 82

Gentiana pubigera Marq. in Kew Bull. 1928: 59. 1928.

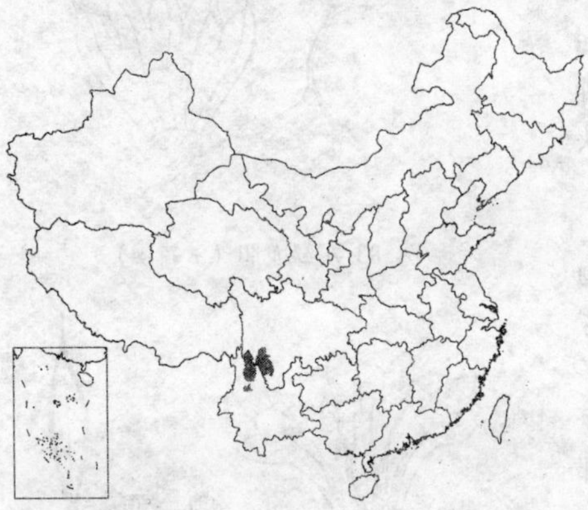

一年生矮小草本，高达3.5厘米。茎基部多分枝，稀不分枝。叶先端圆，密被长睫毛，上面平滑，下面被柔毛；基生叶卵圆形，长0.9-1.2厘米；茎生叶倒卵状匙形，长4-6毫米。花单生枝顶。花梗长2-4毫米；花萼宽筒形，长0.8-1.1厘米，被柔毛，裂片窄三角形，长2-2.5毫米，先端尖；花冠淡蓝色，具黄绿色宽条纹，漏斗形，长1.4-1.9厘米，无毛，裂片卵圆形，长1.5-2.5毫米，先端钝圆，具短尾尖，褶宽卵圆形，长1.2-1.5毫米，边缘具微波状齿。蒴果长圆状匙形，长8-9毫米，顶端具宽翅，两侧具窄翅。种子具细网纹。花果期5月。

产云南西北部、四川西南部，生于海拔2400-3800米山坡草地。

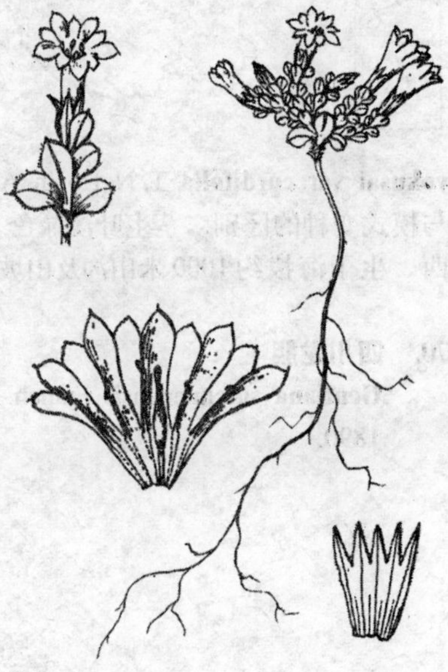

图 82 柔毛龙胆（阎翠兰绘）

68. 鸟足龙胆 图 73:4-5

Gentiana pedata H. Smith in Hand.- Mazz. Symb. Sin. 7: 967. 1936.

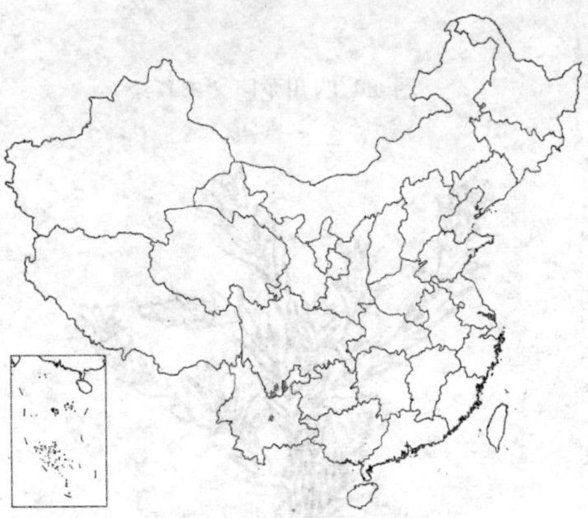

一年生矮小草本，高达8厘米。茎下部单一，无叶，具翅状条棱，上部节间极短，叶簇生短枝呈头状，为苞叶状包被。叶近革质，覆瓦状排列，外层叶苞叶状，窄椭圆形或窄卵状披针形，长1.5-2.2厘米，内层叶对折，匙形，长5-7毫米，边缘软骨质，被睫毛，下面密被柔毛，中脉软骨质，被柔毛，最内层叶卵状披针形，长4-6毫米，被睫毛，下面密被柔毛。花单生枝顶。花无梗；花萼筒状钟形，长8-9毫米，密被柔毛，内面无毛，裂片卵状三角形，直立，长4-4.5毫米，先端尖，边缘被睫毛；花冠蓝紫色，筒形，长1.2-1.4厘米，裂片卵状三角形，长2.5-3毫米，褶卵形，长0.8-1毫米，全缘。蒴果长圆状匙形，连柄长约7毫米，顶端具宽翅，两侧具窄翅。种子具细网纹。花果期3-5月。

产云南及四川南部，生于海拔1960-3000米山坡草地。

69. 灰绿龙胆 图 83

Gentiana yokusai Burk. in Journ. Asiat. Soc. Bengaln. ser. 2: 316. 1906.

一年生草本，高达14厘米。茎密被黄绿色乳突，基部多分枝。叶稍肉质，卵形，边缘软骨质，下缘被短睫毛，上缘疏被乳突，叶柄边缘被睫毛；基生叶长0.7-2.2厘米；茎生叶长0.4-1.2厘米。花单生枝顶，花枝2-5簇生。花梗长1.2-5毫米；花萼倒锥状筒形，长5-8毫米，裂片卵形或披针形，长2-3毫米，先端长尖；花冠蓝、紫或白色，漏斗形，长0.7-1.2厘米，裂片卵形，长2-2.5毫米，先端钝，褶卵形，长1-2毫米，具不整齐细齿或全缘。蒴果卵圆形或倒卵

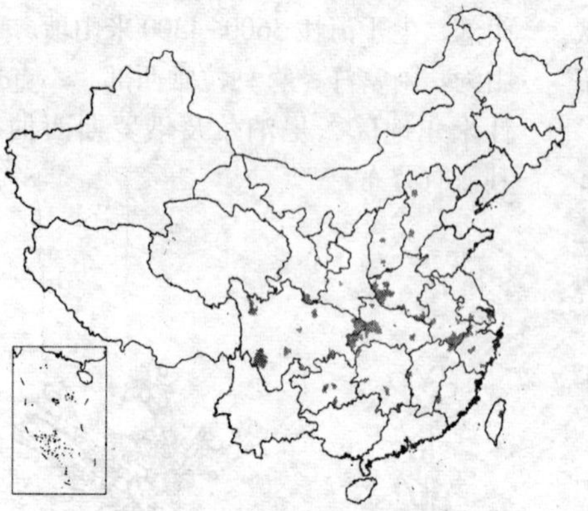

状长圆形，长3-6.5毫米，顶端具宽翅，两侧具窄翅。种子具密网纹。花果期39月。

产江苏、安徽、浙江、福建、台湾、江西、湖北、湖南、贵州、四川、甘肃、陕西、河南、山西及河北，生于海拔2650米以下水边草地、荒地、路边、农田、阳坡、山顶草地、林下及灌丛中。

[附]**心叶灰绿龙胆 Gentiana yokusai** var. **cordifolia** T. N. Ho in Acta Biol. Plateau Sin. 3(3): 42. 1984. 本种与模式变种的区别：茎生叶淡绿色，心形。产内蒙古、河北、山西及陕西，生于海拔约1000米山沟及山坡。

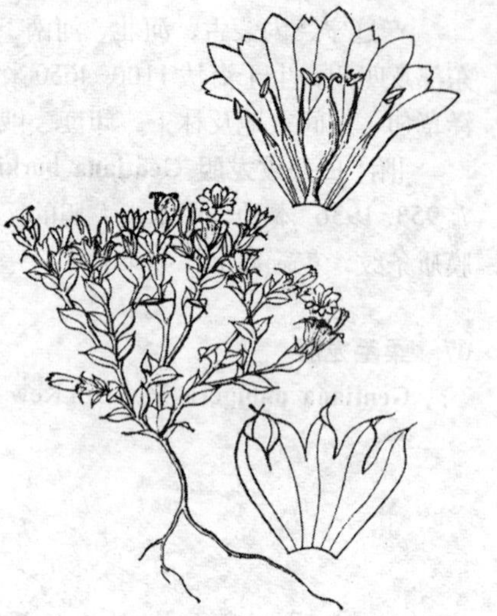

图 83 灰绿龙胆（王颖绘）

70. 四川龙胆 图 84 彩片 24

Gentiana sutchuenensis Franch. ex Hemsl. in Journ. Linn. Soc. Bot. 26: 136. 1890.

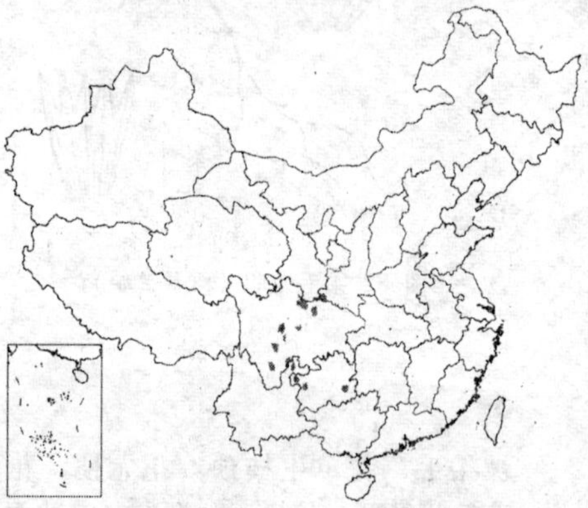

一年生矮小草本，高达8厘米。茎直立，疏被乳突，基部多分枝，枝密集。叶稍肉质，先端长尖，边缘软骨质，密被乳突；基生叶椭圆形或线状椭圆形，长1.5-4.5厘米；茎生叶卵形或披针形，长0.5-2厘米。花单生枝顶。花梗长0.2-1厘米；花萼倒锥形，长5-7.5毫米，裂片披针形或卵状披针形，开展，长2-2.5毫米，先端长尖，基部微缢缩，边缘软骨质，密被乳突；花冠上部蓝或蓝紫色，下部黄绿色，漏斗形，长0.9-1.2厘米，裂片卵形，长2-3毫米，先端钝，褶卵形，长1-1.5毫米，具不整齐细齿或全缘。蒴果长圆形或倒卵状长圆形，长3.5-5毫米，顶端具宽翅，两侧具窄翅。种子具细网纹。花果期4-7月。

产陕西、四川、云南西北部及贵州，生于海拔400-2450米山坡草地、山脊、山顶、林下、路边及沟边。

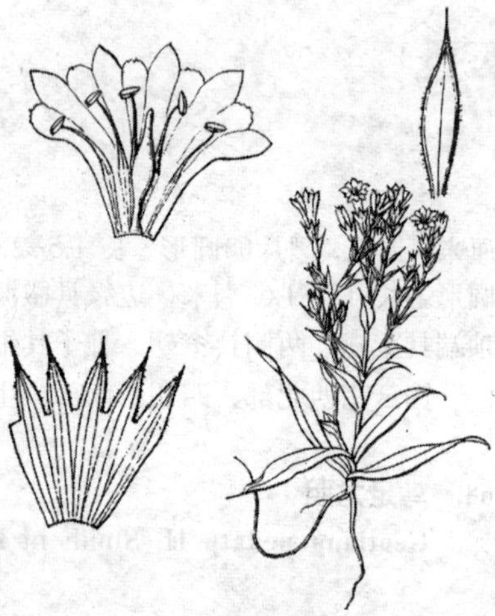

图 84 四川龙胆（王颖绘）

71. 繁缕状龙胆 图 85

Gentiana alsinoides Franch. in Bull. Soc. Bot. France 31: 374. 1884.

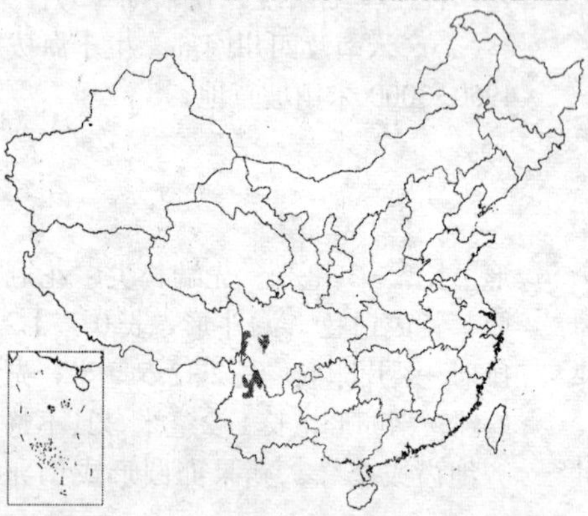

一年生矮小草本，高达7厘米。茎直伸，密被乳突，基部分枝，枝疏散。叶革质，卵状披针形，先端尖，边缘软骨质；基生叶长0.9-1.2厘米；茎生叶长2-8毫米。花单生枝顶。花梗短或近无梗；花萼宽筒形，长4.5-5毫米，萼筒带紫色，裂片革质，卵形，长1-1.2毫米，先端尖，边缘软骨质；花冠蓝

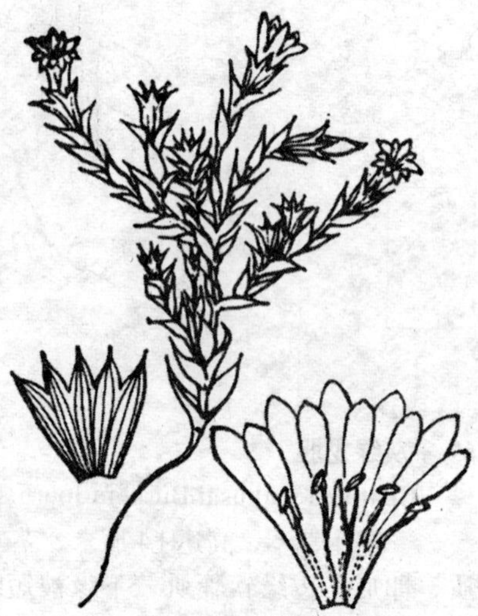

图 85 繁缕状龙胆（王颖绘）

或淡蓝色，筒形，长7-8毫米，裂片卵状披针形，长2-2.5毫米，褶圆形，长1-1.5毫米，啮蚀状。蒴果长圆形，长3.5-4毫米，顶端具宽翅，两侧具窄翅。种子具细网纹。花果期7-9月。

产云南西北部、四川西部，生于海拔2700-3350米干草坡、石灰岩岩隙。

72. 笔龙胆 图 86

Gentiana zollingeri Fawcett in Journ. Bot. 21: 183. 1883.

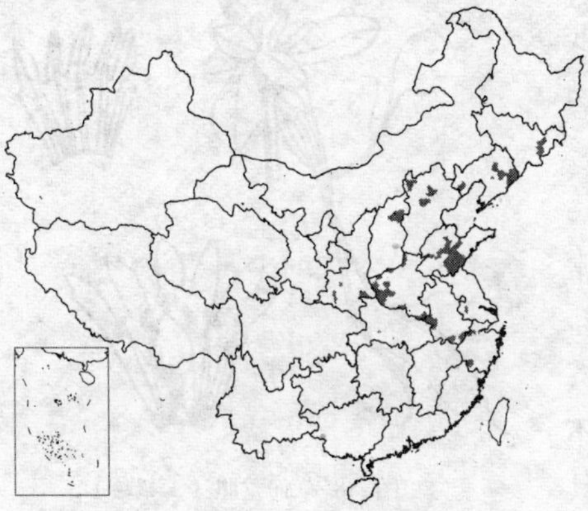

一年生矮小草本，高达6厘米。茎直立，光滑，基部分枝。叶宽卵形或宽卵状匙形，长1-1.3厘米，先端钝或圆，具小尖头，边缘软骨质；基生叶花期不枯萎，与茎生叶相似较小；茎生叶密集。花单生枝顶，花枝密集呈伞房状。花梗长1-2.5毫米；花萼漏斗形，长7-9毫米，裂片窄三角形或卵状椭圆形，长3.5-4.5毫米，先端具短尖头，边缘膜质；花冠淡蓝色，具黄绿色宽条纹，漏斗形，长1.4-1.8厘米，裂片卵形，长2.5-3毫米，褶卵形或宽长圆形，长1-1.5毫米，先端2浅裂或具不整齐细齿。蒴果倒卵状长圆形，长6-7毫米，顶端具宽翅，两侧具窄翅。种子具细网纹。花果期4-6月。

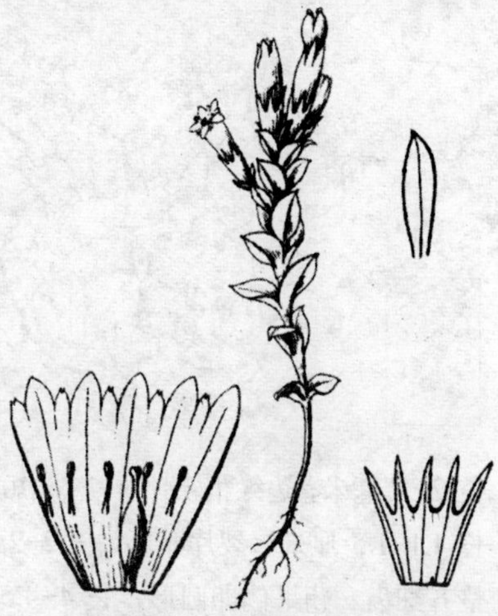

图 86 笔龙胆（吴樟桦绘）

产吉林、辽宁、河北、山东、江苏、浙江、安徽、湖北、河南、陕西及山西，生于海拔500-1650米草甸、灌丛中、林下。俄罗斯、朝鲜、日本有分布。

[附] **水繁缕叶龙胆 Gentiana samolifolia** Franch. in Bull. Soc. Bot. France. 43: 485. 1896. 本种与笔龙胆的区别：花长1-1.3厘米；花冠黄绿色，内面蓝色。产四川东部、贵州东北部、湖北西部及湖南西南部，生于海拔900-3000米山坡草地、山谷沟边、潮湿草地、山坡路边、灌丛中、林下及林缘。

73. 玉山龙胆 图 87

Gentiana scabrida Hayata in Journ. Coll. Sci. Univ. Tokyo 25 (19): 168. 1908.

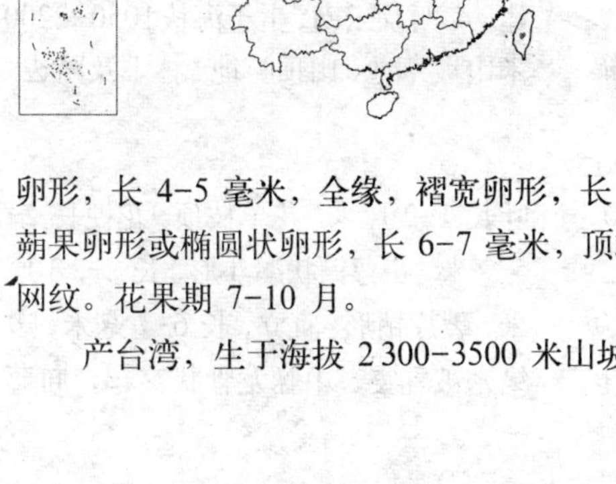

一年生草本，高达20厘米。茎直伸，密被白色乳突，基部分枝，枝疏散。基生叶与茎生叶相似，长圆状披针形，长0.9-1.5厘米，先端短尖，边缘稍软骨质，密被乳突。花单生枝顶。花梗长0.2-1厘米；花萼筒状钟形，长0.6-1厘米，裂片卵状披针形或匙形，长2-4毫米，先端短尖；花冠黄或淡黄色，喉部具斑点，筒形或筒状钟形，长1.2-2厘米，裂片宽卵形，长4-5毫米，全缘，褶宽卵形，长3-4毫米，具微波状齿或近全缘。蒴果卵形或椭圆状卵形，长6-7毫米，顶端具宽翅，两侧具窄翅。种子具细网纹。花果期7-10月。

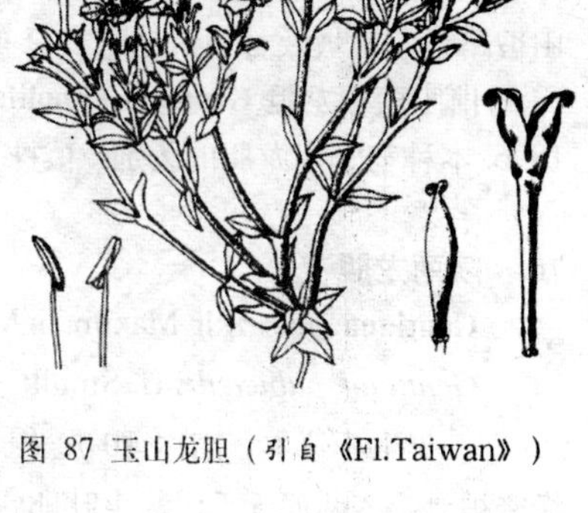

图 87 玉山龙胆（引自《Fl.Taiwan》）

产台湾，生于海拔2300-3500米山坡草地。

74. 草甸龙胆 图 88 彩片 25

Gentiana praticola Franch. in Bull. Soc. Bot. France 43: 489. 1896.

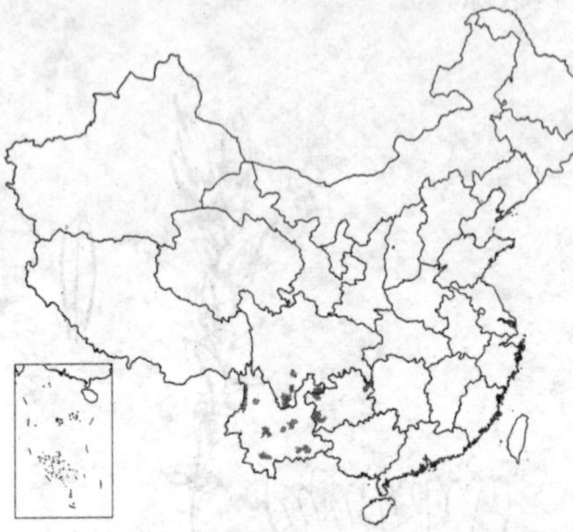

多年生草本，高达 11 厘米。茎直伸，基部多次二歧分枝。基生叶卵圆状披针形或窄椭圆形，长 1.5–2.5 厘米，边缘稍软骨质，密被短睫毛，上面密被乳突；茎生叶椭圆形或卵形，长 0.5–1.3 厘米。花 2–3 朵簇生顶部叶腋。花近无梗，花萼钟形，长 6.5–7.5 毫米，萼筒膜质，裂片革质，常外反，椭圆状披针形或椭圆形，长 2–3 毫米，边缘稍软骨质，密被短睫毛；花冠蓝色，具深色宽条纹，宽筒形，长 1.1–1.5 厘米，裂片卵形，长 2–2.5 毫米，褶半圆形，长 1–1.2 毫米，具不整齐细齿。蒴果倒卵圆形，长 4–4.5 毫米，顶端宽翅具不整齐细齿，两侧具窄翅。种子具密细网纹。花果期 6–10 月。

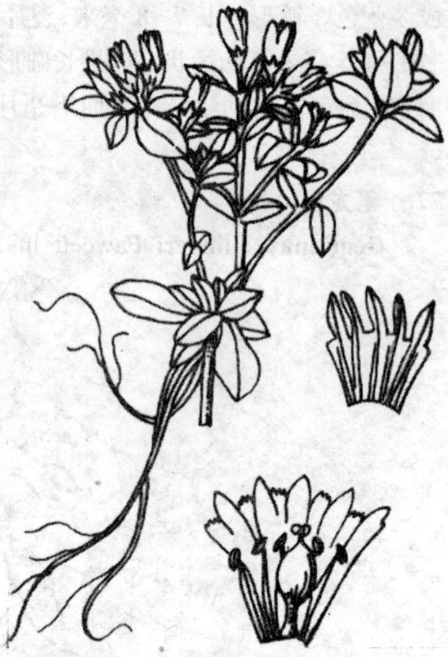

图 88 草甸龙胆（王颖绘）

产云南、四川及贵州，生于海拔 1200–3200 米山坡草地、山谷草地、荒坡及林下。

75. 华南龙胆 图 89 彩片 26

Gentiana loureirii (G. Don) Griseb. in DC. Prodr. 9: 108. 1845.

Ericala loureirii G. Don, Gen. Syst. Dichlam. Pl. 4: 192. 1837.

一年生矮小草本，高达 8 厘米。茎少数丛生，分枝少。基生叶莲座状，窄椭圆形，长 1.5–3 厘米，密被睫毛，上面被乳突；茎生叶椭圆形或椭圆状披针形，长 5–7 毫米。花单生枝顶。花梗长 0.5–1.2 厘米；花萼钟形，长 5–6 毫米，裂片披针形或线状披针形，长 2.5–3.5 毫米，先端具小尖头；花冠紫色，漏斗形，长 1.2–1.4 厘米，裂片卵形，长 2–2.5 毫米，褶卵状椭圆形，长 1–1.5 毫米，先端平截，具不整齐细齿。蒴果倒卵圆形，顶端具宽翅，两侧具窄翅。花果期 2–9 月。

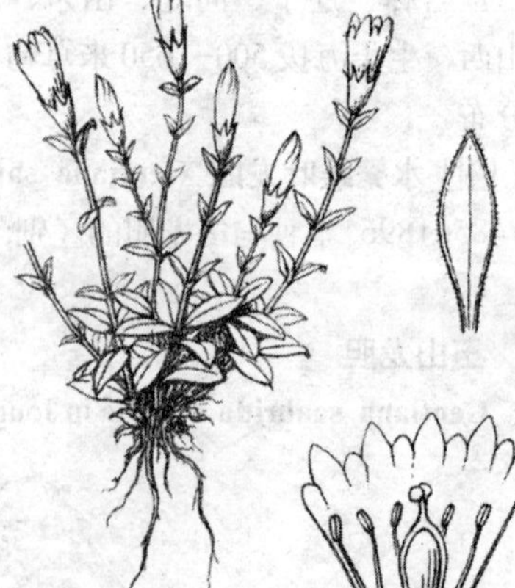

图 89 华南龙胆（吴樟桦绘）

产浙江、福建、台湾、江西、湖南、广东及广西，生于海拔 300–2300 米山坡路边、荒坡及林下。越南有分布。

[附] **菔根龙胆 Gentiana napulifera** Franch. in Bull. Soc. Bot. France 43: 488. 1896. 本种与华南龙胆的区别：植株具匍匐茎；花冠黄绿色，内面蓝色。产福建、广西及云南，生于海拔 1050–2200 米山坡草地、山顶旷地、林下及路边。

76. 陕南龙胆 图 90

Gentiana piasezkii Maxim. in Mél. Biol. Acad. St. Pétersb. 10: 679. 1880.

Gentiana pubicaulis H. Smith; 中国植物志 62: 256. 1988.

一年生小草本，高达 10 厘米。茎基部多分枝，密被紫红色乳突。叶边缘密被乳突，两面无毛；基生叶卵状长圆形或窄椭圆形，长 2–3 厘米；茎生叶长 1–2 厘米。花单枝顶。花梗长 2–5 毫米；花萼筒状漏斗形，长 2–2.3 厘米，裂片钻形，直立，长 6–7 毫米，边缘密被乳突，中脉龙骨状突起，向萼

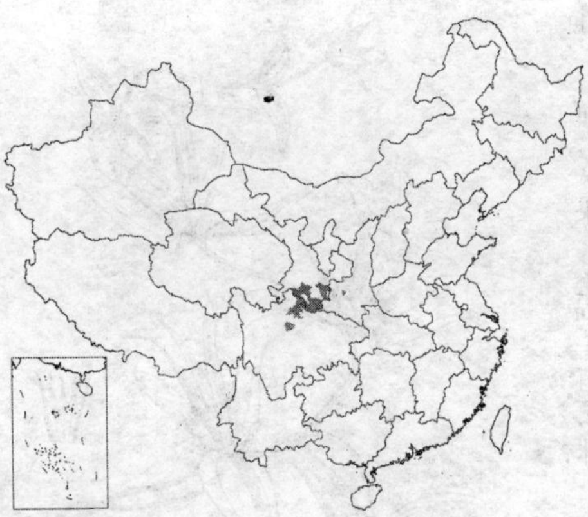

筒下延成翅；花冠紫红色，高脚杯状，长 3-3.2 厘米，裂片卵状披针形，长 7-8 毫米，褶卵形或卵状椭圆形，长 4-5 毫米，全缘。蒴果窄椭圆形，长 1-1.3 厘米，顶端渐尖，边缘具窄翅。种子具密细网纹。花果期 7 月。

产陕西南部、甘肃东部及四川北部，生于海拔 1000-3000 米山坡草地、山沟、林下、河滩荒地及路边。

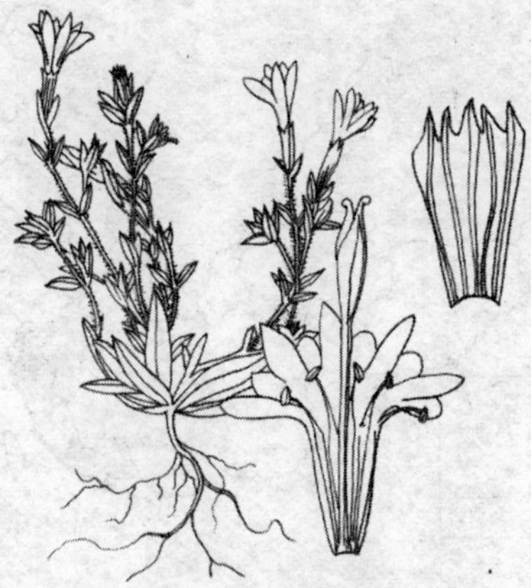

图 90 陕南龙胆（吴樟桦绘）

7. 双蝴蝶属 Tripterospermun Bl.

多年生缠绕草本。茎圆柱形。叶对生。聚伞花序或花腋生及顶生。5 数；萼筒钟形，脉 5 条突起成翅，稀无翅；花冠钟形或筒状钟形，裂片间具褶；雄蕊生于冠筒，不整齐，顶端向一侧弯曲，花丝线形；子房 1 室，胚珠多数，腺体成环状花盘。浆果或蒴果 2 瓣裂。种子多数，三棱形，无翅，或扁平具盘状宽翅。

约 17 种，分布于亚洲南部。我国 15 种、1 变种。

1. 蒴果；种子扁平，具宽翅。
  2. 叶长 3 厘米以上；茎缠绕；花冠长 3.5-4.5 厘米。
    3. 叶革质；萼筒具翅，裂片长 6-9 毫米，与萼筒等长 ………… 1. **双蝴蝶 T. chinensis**
    3. 叶膜质；萼筒无翅，裂片长 2-4 毫米，长为萼筒 1/4-1/2 ………… 2. **湖北双蝴蝶 T. discoideum**
  2. 叶长 1-2 厘米；茎匍匐地面；花冠长约 2.5 厘米 ………… 2(附). **小叶双蝴蝶 T. microphyllum**
1. 浆果；种子三棱形，无翅。
  4. 果柄长 1-3.5 厘米；茎生叶卵形或卵状披针形。
    5. 花冠蓝或紫红色，长 4-5 厘米 ………… 3. **细茎双蝴蝶 T. filicaule**
    5. 花冠淡黄绿色，长 2.5-3 厘米 ………… 3(附). **尼泊尔双蝴蝶 T. volubile**
  4. 果无柄或柄长不及 5 毫米；茎生叶心形；花冠紫色。
    6. 叶长 3.5-12 厘米，宽 2-5 厘米，边缘微波状；萼筒长 (0.5-)1-1.3 厘米，裂片线状披针形，长 0.7-1.6 厘米 ………… 4. **峨眉双蝴蝶 T. cordatum**
    6. 叶长 1.5-3.5 厘米，宽 1-2.5 厘米，全缘；萼筒长 6-7 毫米，裂片菱状披针形或长椭圆形，长 (5-)7-8 毫米 ………… 5. **高山肺形草 T. cordifolium**

1. 双蝴蝶 图 91

Tripterospermum chinense (Migo) H. Smith apud S. Nilsson in Grana Palyn. 7(1): 144. 1967.

Crawfurdia chinense Migo in Journ. Shanghai Sci. Inst. Sect. 3(4): 154. 1939,excl. syn.p.p.

Tripterospermum affine auct. non (Wall.) H. Smith: 中国高等植物图鉴 3: 385.1974. p. p.

多年生缠绕草本。基生叶常 2 对，卵形、倒卵形或椭圆形，长 3-12 厘米，先端尖或圆，基部圆；茎生叶卵状披针形，长 5-12 厘米，先端渐尖或尾状，基部心形或近圆，叶柄扁平，长 0.4-1 厘米。聚伞花序具花 2-4 朵，稀单花，腋生。花梗短；花萼钟形，萼筒长 0.9-1.3 厘米，具窄翅或无翅，裂片线状披针形，长 6-9 毫米；花冠蓝紫或淡紫色，钟形，长 3.5-4.5 厘米，裂片卵状三角形，长 5-7 毫米；褶半圆形，色较淡或乳白色，

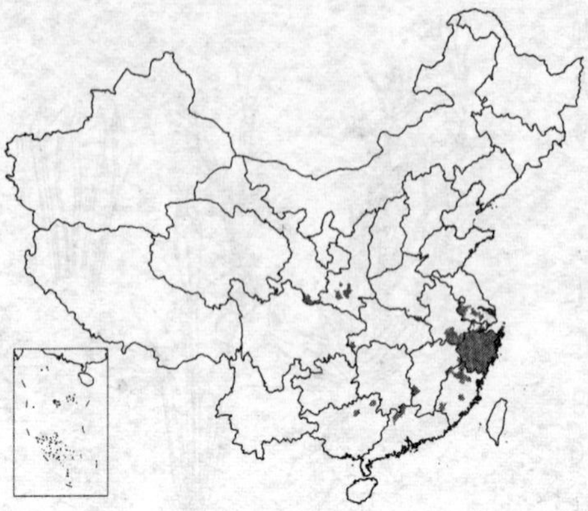

长1-2毫米，先端浅波状；花柱长0.8-1.1 厘米。蒴果椭圆形，长2-2.5厘米，果柄长1-1.5厘米。种子淡褐色，近圆形，径约2毫米，具盘状双翅。花果期10-12月。

产江苏、安徽、浙江、福建、江西、湖北、广东、广西、河南、陕西及甘肃，生于海拔300-1100米山坡林下、林缘、灌丛或草丛中。

图 91 双蝴蝶（吴樟桦绘）

2. 湖北双蝴蝶 图 92:1-5

Tripterospermum discoideum (Marq.) H. Smith in Notes Roy. Bot. Gard. Edinb. 26 (2):244. 1965.

Gentiana discoidea Marq. in Kew Bull. 1931: 72. 1931.

多年生缠绕草本。叶卵状披针形或卵形，长5-7厘米，先端渐尖，有时短尾状，基部近圆或近心形。单花腋生或聚伞花序具2-5花。花梗长0.3-1厘米；花萼钟形，萼筒长1-1.4厘米，无翅或具窄翅，沿翅被乳突，裂片线形，长2-4(-7)毫米；花冠淡紫或蓝色，钟形，长约4厘米，裂片卵状三角形，长6-7毫米；褶半圆形，长1.5-2毫米；花柱长约1厘米。蒴果长椭圆形，淡褐色，长约2.5厘米，果柄长约1.5厘米，蒴果内藏或顶端露出。种子圆形，深褐色，径2-2.5毫米，具盘状双翅。花果期8-10月。

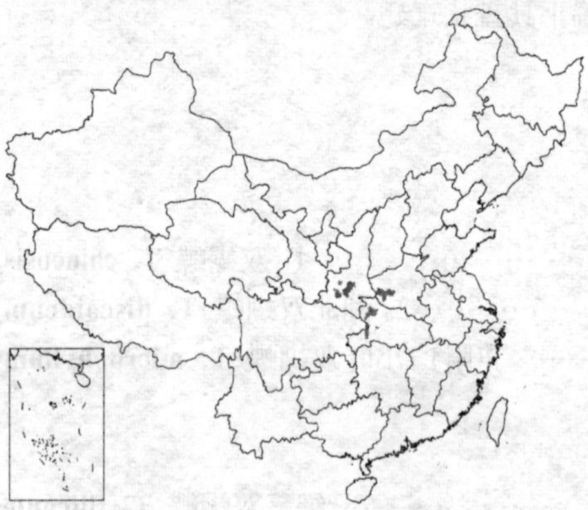

产湖北西部、陕西南部及河南西南部，生于海拔600-1600米山坡草地。

[附] **小叶双蝴蝶 Tripterospermum microphyllum** H. Smith ex S. Nilsson in Grana Palyn. 7(1): 144. 1967. —— 本种与双蝴蝶及湖北双蝴蝶的区别：匍匐茎细，逐节生根；叶长1-2(3)厘米；花冠长约2.5厘米，花柱长1.2-1.7厘米。花果期7-9月。产台湾，生于山坡草地或林下。

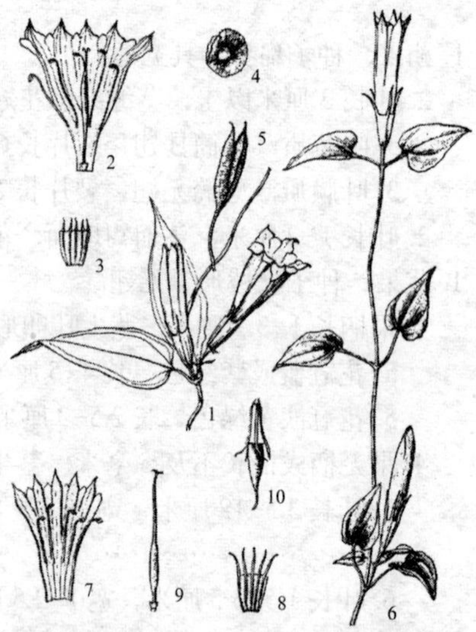

图 92:1-5. 湖北双蝴蝶 6-10. 细茎双蝴蝶（田虹、马平绘）

3. 细茎双蝴蝶 图 92:6-10

Tripterospermum filicaule (Hemsl.) H. Smith in Notes Roy. Bot. Gard. Edinb. 26 (2): 238.1965.

Gentiana filicaule Hemsl. in Journ. Linn. Soc. Bot. 26: 127. 1890.

多年生缠绕草本。基生叶卵形，长(2-)3-5厘米，先端渐尖或尖，基部宽楔形；茎生叶卵形、卵状披针形或披针形，长(3-)4-11厘米，先端渐尖，基部近圆或近心形，叶柄稍扁，长(0.5-)1-2厘米。单花腋生，或聚伞花序具2-3花。花梗长0.3-1.1厘米；花萼钟形，萼筒长0.6-1.2厘米，具窄翅，裂片线状披针形或线形，长0.5-1.2厘米，基部向萼筒下延成翅；花冠蓝、紫或粉红色，窄钟形，长4-5厘米，裂片卵状三角形，长5-7毫米，褶半圆形或近三角形，长约2毫米；花柱长1.2-1.5厘米。浆果长圆形，长2-4厘

米。种子椭圆形或近卵圆形，三棱状，长约 2 毫米，无翅。花果期 8 月至翌年 1 月。

产安徽、浙江、福建、湖北西部、广东、广西、贵州、云南、四川、甘肃南部及河南，生于海拔 350-3300米阔叶林、杂木林中及林缘、山谷灌丛中。

[附] **尼泊尔双蝴蝶** 图93:1-4 **Tripterospermum volubile** (D. Don) Hara in Journ. Jap. Bot. 40: 21. 1965. —— *Gentiana volubile* D. Don, Prodr. Fl. Nepal. 126. 1825. 本种与细茎双蝴蝶的区别：花冠淡黄绿色，长2.5-3厘米。花果期8 - 9 月。产西藏，生于海拔2300-3100米山坡林下。印度、尼泊尔、锡金、不丹及缅甸东北部有分布。

4. 峨眉双蝴蝶 图 93:5-8

Tripterospermum cordatum (Marq.) H. Smith in Notes Roy. Bot. Gard. Edinb. 26(2): 244. 1965.

Gentiana cordata Marq. in Kew Bull. 1931: 77. 1931.

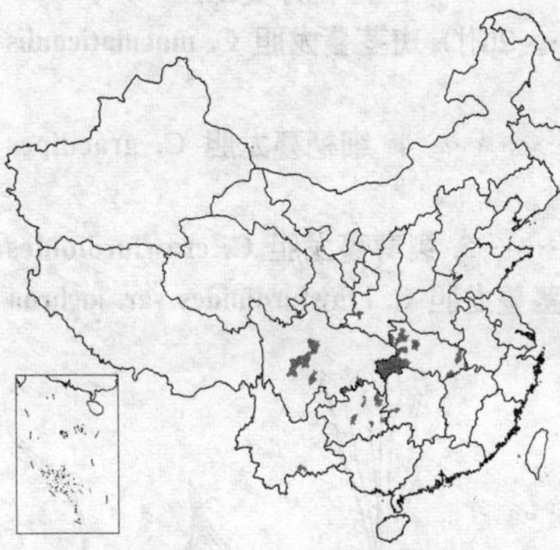

多年生缠绕草本。叶心形、卵形或卵状披针形，长 3.5-12 厘米，宽 2-5 厘米，先端短尾尖，基部心形或圆，边缘微波状。花单生或成对腋生，或聚伞花序具 2 - 6 花。花萼钟形，萼筒长 (0.5-)1-1.3 厘米，不裂，稀一侧开裂，具翅，裂片线状披针形，长 0.7-1.6 厘米；花冠紫色，钟形，长 3.5-4 厘米，裂片卵状三角形，长 4 - 6 毫米，褶宽三角形，长 1.5-2 毫米；花柱长 1.5-2 厘米。浆果长椭圆形，长 2-3 厘米。种子椭圆形或卵圆形、三棱状，长 2-2.5 毫米。花果期 8-12 月。

产云南、四川、陕西、湖北、贵州及湖南，生于海拔 700-3200 米山坡林下、林缘、灌丛中或河谷。

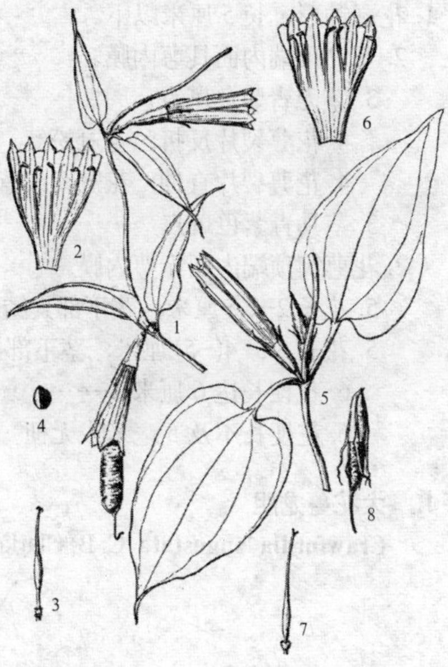

图 93:1-4. 尼泊尔双蝴蝶 5-8. 峨眉双蝴蝶（马平绘）

5. 高山肺形草 图 94

Tripterospermum cordifolium (Yamamoto) Satake in Journ. Jap. Bot. 26 (4):108. 1951.

Crawfurdia cordifolium Yamamoto in Trans. Nat. Hist. Soc. Form. 20: 104. 1929.

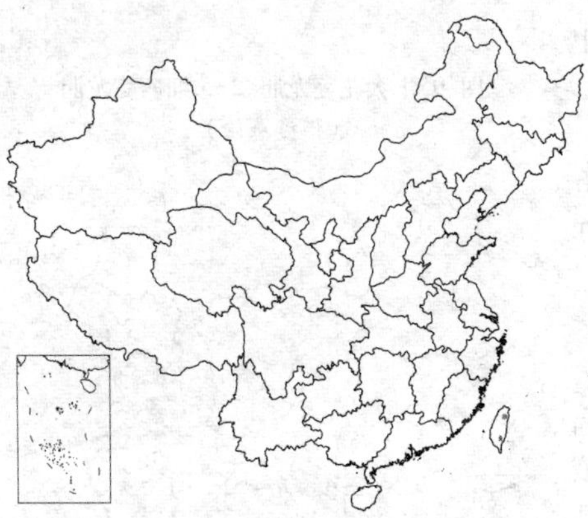

多年生缠绕草本。茎生叶宽卵形或心形，长 1.5-3.5 厘米，先端渐尖，基部圆或近心形。花单生叶腋或顶生。花萼钟形，萼筒长 6-7 毫米，裂片菱状披针形或长椭圆形，长（5-）7-8 毫米，先端渐尖；花冠紫色，窄钟形，长约 3.5 厘米，裂片卵状宽三角形，长约 5 毫米，褶半圆形，长约 2 毫米；子房长椭圆形，长约 8 毫米，花柱长约 1.8 厘米，柱头线形，长约 5 毫米，2 裂，外曲。浆果内藏，长圆形，具短柄。花期 10 月。

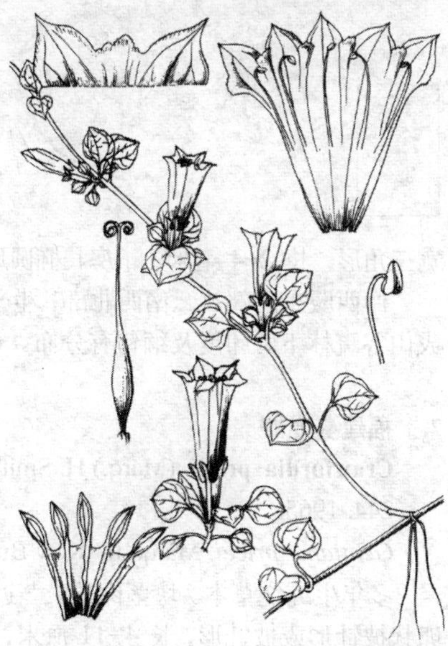

图 94 高山肺形草（引自《Fl.Taiwan》）

产台湾，生于海拔 2300-2700 米山坡草地。

8. 蔓龙胆属 Crawfurdia Wall.

多年生缠绕稀直立草本。茎圆柱形。叶对生。聚伞花序，稀单花，腋生或顶生。花 5 数；花萼钟形，萼筒具 10 脉，无翅；花冠漏斗形、钟形或长筒形，裂片间具褶；雄蕊生于冠筒，整齐，直伸，两侧向下渐宽成翅；子房 1 室，胚珠多数，子房柄基部具 5 腺体。蒴果。种子多数、扁平、盘状，具宽翅。

约 16 种，分布于亚洲南部，主产中国、印度、缅甸及锡金。我国 14 种、1 变种。

1. 花冠漏斗形，长 6-8 厘米 ………………………………………… 1. **大花蔓龙胆 C. angustata**
1. 花冠钟形，长 5 厘米以下。
  2. 萼筒顶端内面具萼内膜。
    3. 茎无青紫色斑点。
      4. 花萼裂片反折；花冠粉红、白或淡紫色；具肉质块根 ……………… 2. **福建蔓龙胆 C. pricei**
      4. 花萼裂片直伸；花冠紫或蓝紫色；具肉质根茎 ……………………… 3. **穗序蔓龙胆 C. speciosa**
    3. 茎具青紫色斑点 ……………………………………… 2(附). **斑茎蔓龙胆 C. maculaticaulis**
  2. 花萼筒顶端内面无萼内膜。
    5. 花长 2-2.5 厘米；茎下部具鳞叶 ………………………………… 4. **细柄蔓龙胆 C. gracilipes**
    5. 花长 3.5-4(-5) 厘米；茎下部无鳞叶。
      6. 花梗长达 6 厘米 …………………………………………… 5. **裂萼蔓龙胆 C. crawfurdioides**
      6. 花梗长不及 5 毫米或无梗 …………………… 5(附). **根茎蔓龙胆 C. crawfurdioides var. iochroa**

1. 大花蔓龙胆 图 95:1 彩片 27

Crawfurdia angustata C. B. Clarke in Hook. f. Fl. Brit. Ind. 4: 106. 1883.

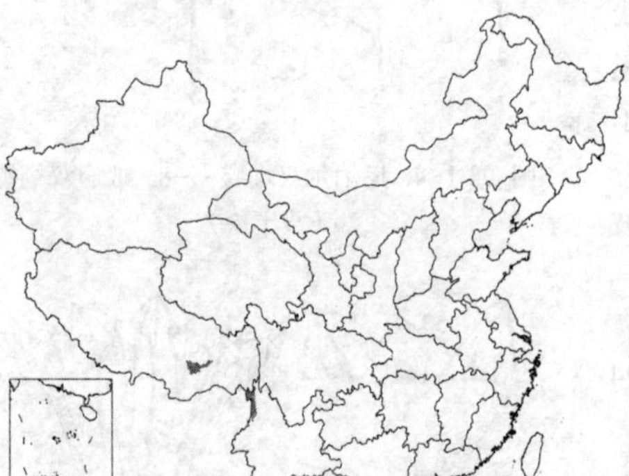

多年生缠绕草本。叶椭圆形或卵形，长 4-7 厘米，先端长尾尖，基部圆，边缘膜质。花单生或聚伞花序具 2-3 花。花萼绿或淡紫色，筒形，萼筒长 2-2.5 厘米，稀一侧开裂，顶端内面具萼内膜，裂片长三角形或卵状三角形，长 3-4 毫米；花冠淡紫色，漏斗形，长 6-8 厘米，冠筒下部圆筒形，花萼以上渐粗开展，裂片卵状三角形，长 1-1.7 厘米，褶宽三角形，长 2-4 毫米；子房长椭圆形，长 2-3 厘米。花期 10-12 月。

产西藏东南部及云南西北部，生于海拔 1500-2800 米山坡草地、灌丛中或山谷疏林下。印度及缅甸有分布。

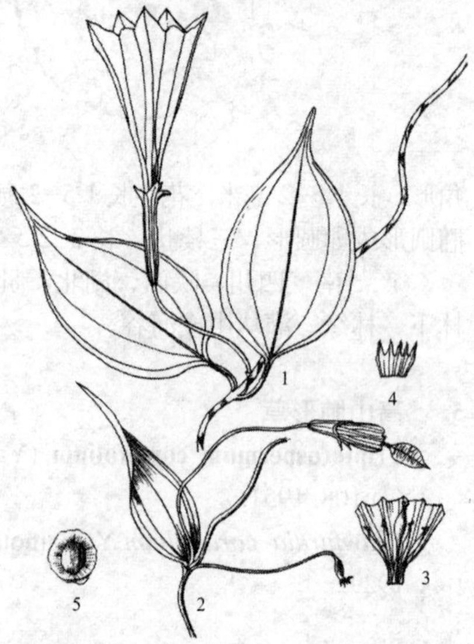

图 95:1.大花蔓龙胆 2-5.细柄蔓龙胆
（张海燕绘）

2. 福建蔓龙胆 图 96

Crawfurdia pricei (Marq.) H. Smith in Notes Roy. Bot. Gard. Edinb. 26 (2): 244. 1965.

Gentiana pricei Marq. in Kew Bull. 1931: 75. 1931.

多年生缠绕草本。块茎肉质。茎近基部具多对三角状鳞叶；茎生叶卵形、卵状披针形或披针形，长 4-11 厘米，先端渐尖，基部圆，边缘膜质，叶柄扁平，长 3-8 毫米，背面及两边密被短硬毛及腺毛。聚伞花序具 2 至多花，腋生或顶生，稀单花腋生。花萼筒形，萼筒不裂，长 1-1.5 厘米，顶端内面具萼内膜，裂片三角形或披针形，反折，长 1-4 毫米；花冠粉红、白或淡紫色，钟形，上部开展，长约 4 厘米，裂片宽卵状三角形，长 3-4 毫米，褶平截或半圆形，长 1-2.5 毫米；柱长约 8 毫米。蒴果椭圆形，长约 2 厘米。种子圆形，径约 2 毫米，具盘状双翅。花果期 10-12 月。

产福建西部、湖南南部、广东北部、广西北部，生于海拔 430-2000 米山坡草地、山谷灌丛或密林中。

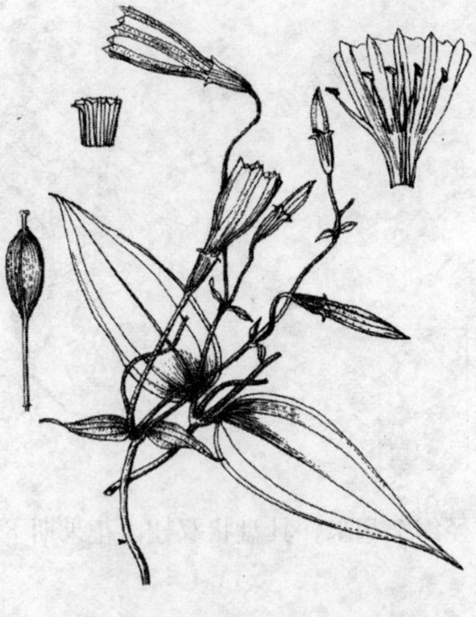

图 96 福建蔓龙胆（张海燕绘）

3.　穗序蔓龙胆　　图 97:1-4

Crawfurdia speciosa Wall. in Tent. Fl. Nepal. 64. t. 48. 1826.

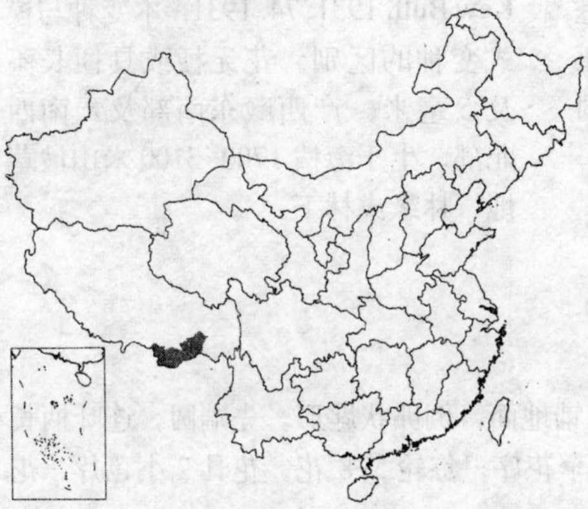

多年生缠绕草本。根茎肉质。叶卵形，长 4-7 厘米，先端尾尖，基部圆。聚伞花序具单花或 3 花，顶生或腋生。花萼钟形，萼筒稀一侧开裂，长 1-1.2 厘米，顶端内面具萼内膜，裂片三角形，直立，长 2-3 毫米；花冠紫或蓝紫色，钟形，上部开展，长 4-4.5 厘米，裂片卵状宽三角形，长约 3 毫米，褶平截或半圆形，长约 1 毫米；子房长椭圆形，长约 1.3 厘米，花柱长约 8 毫米。蒴果椭圆形，长 2-3 厘米。种子近圆形，径约 1.5 毫米，具宽翅。花果期 9-12 月。

产西藏东南部，生于海拔 2900-4000 米山坡草丛中。尼泊尔、印度、锡金、不丹及缅甸东北部有分布。

[附] **斑茎蔓龙胆 Crawfurdia maculaticaulis** C.Y. Wu ex C. J. Wu in Bull. Bot. Res. Harbin 4(3): 133. 1984. 本种与穗序蔓龙胆的区别：茎具青紫色斑点；茎生叶长 7-13 厘米，宽 2-6 厘米；花冠裂片长 5-7 毫米。花果期 10 月至翌年 5 月。产云南东南部、广西北部及广东北部，生于海拔 1000-1800 米山坡密林中、山谷林内或灌丛中。

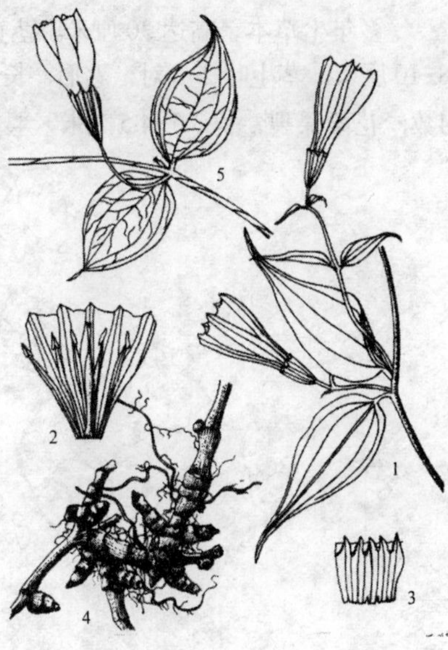

图 97:1-4.穗序蔓龙胆 5.裂萼蔓龙胆（田虹绘）

4.　细柄蔓龙胆　　图 95:2-5

Crawfurdia gracilipes H. Smith in Notes Roy. Bot. Gard. Edinb. 26 (2): 246. 1965.

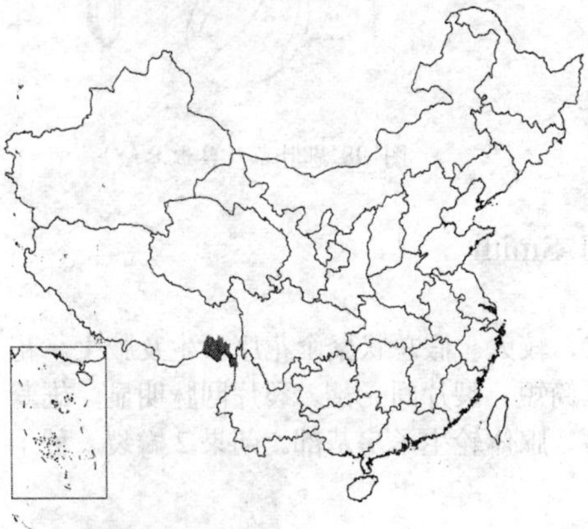

多年生缠绕草本。下部茎生叶 3 或多对，鳞状卵形，长达 1 厘米；中部以上茎生叶卵形或卵状披针形，长 5-8 厘米，先端长尾尖，基部圆。花单生叶腋，稀成对着生。花萼绿或淡紫红色，钟形，萼筒不裂或一侧开裂，长约 8 毫米，裂片线形，长 7-8 毫米；花冠蓝紫或蓝色，钟形，上部膨大，长 2-2.5 厘米，裂片宽三角形，长约 2 毫米，褶偏斜，平截或半圆形，长约 1 毫米；子房纺锤形，长约 1 厘米，花柱长约 4 毫米。蒴果椭圆形，长 1-1.5 厘米。种子卵圆形或椭圆形，长约 2.5 毫米，具盘状双翅。花果期 9-10 月。

产西藏东南部及云南西北部，生于海拔约 3000 米山坡林下或草地。

5.　裂萼蔓龙胆　　图 97:5

Crawfurdia crawfurdioides (Marq.) H. Smith in Notes Roy. Bot. Gard. Edinb. 26 (2): 244.1965.

Gentiana crawfurdioides Marq. in Kew Bull. 1931: 72. 1931.

多年生缠绕草本。根茎粗 2-3 毫米。叶心形或卵形，最下部叶常圆形，长 3-6（-9）厘米，先端尖或长尾状，

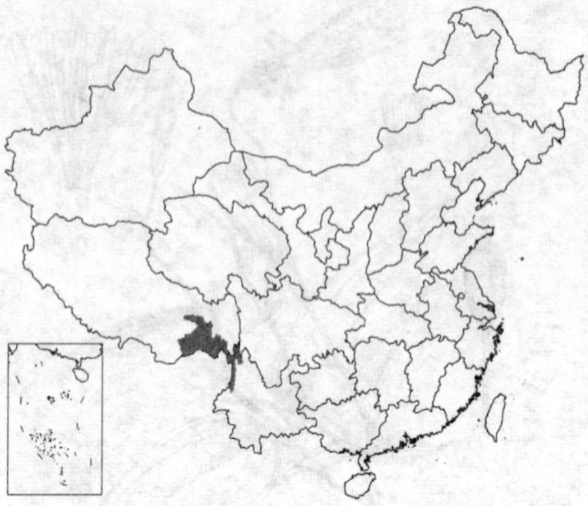

基部圆或平截。单花腋生或顶生。花梗长达6厘米；花萼暗紫色，钟形，萼筒长1.2–1.4厘米，一侧开裂，稀不裂，裂片披针形，长3–5毫米；花冠紫或红紫色，漏斗状钟形，上部膨大，长3.5–4(–5)厘米，裂片宽卵状三角形，长约2毫米，褶平截，宽约3毫米；子房纺锤形，长0.8–1.2厘米，花柱长约6毫米。蒴果椭圆形，长约2.2厘米。种子近圆形，径约2毫米，具盘状双翅。花果期8–10月。

产西藏东南部及云南西北部，生于海拔2100–3900米草地、冷杉林下或竹林中。

[附] **根茎蔓龙胆 Crawfurdia crawfurdioides** var. **iochroa** (Marq.) C. J. Wu, Fl. Reipubl. Popularis Sin. 62: 286. 1988.—— *Gentiana iochroa* Marq. in Kew Bull. 1931: 74. 1931. 本变种与模式变种的区别：花无梗或具梗长不及5毫米。产西藏东南部及云南西北部，生于海拔1700–3100米山坡草地、林缘或林下。

9. 匙叶草属 Latouchea Franch.

多年生草本，高达30厘米。茎直立，单一，不分枝。叶大部基生，平铺地面，倒卵状匙形，先端圆，连叶柄长8–10厘米；茎生叶2–3对，匙形，长1.5–2厘米，先端钝，基部圆。轮生聚伞花序，每轮5–8花，花具2小苞片。花4数；花萼深裂，长3.5–4.5毫米，萼筒短，裂片线状披针形；花冠淡绿色，钟形，长1–1.2厘米，半裂，裂片间无褶；雄蕊生于花冠裂片间弯缺处，与裂片互生，花丝短，花药小；子房不完全2室，花柱短，腺体轮状生子房基部。蒴果卵状圆锥形，长1.5–1.8厘米，上部扭曲，喙状花柱宿存，无果柄。种子多数，长圆形，长1.3–1.6毫米，具纵脊。

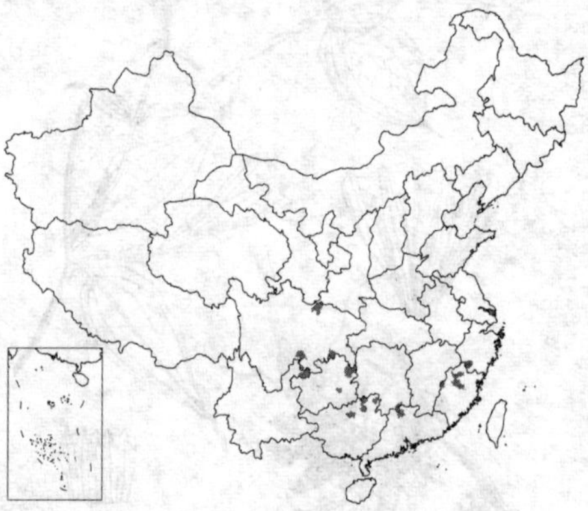

我国特有单种属。

匙叶草 图 98

Latouchea fokiensis Franch. in Bull. Soc. Bot. France 46: 212. 1899.

形态特征同属。花果期3月至翌年1月。

产浙江、福建、湖南、广东、广西、贵州、云南东北部及四川东南部，生于海拔1020–1800米山坡、路边或林下。

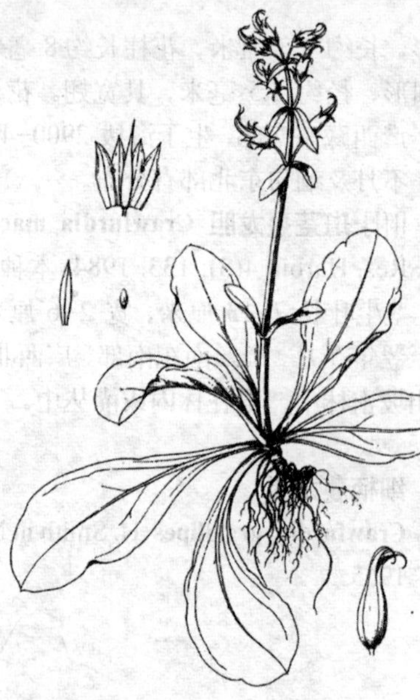

图 98 匙叶草（蔡淑琴绘）

10. 大钟花属 Megacodon (Hemsl.) H. Smith

多年生大草本。叶对生，基部2–4对叶小，膜质，卵形，上部叶草质，较大。假总状聚伞花序顶生及腋生。花梗长，具2苞片；花大型，5数；花萼钟形，宿存，萼筒短；花冠钟形，冠筒短，裂片间无褶，裂片网脉明显；雄蕊生于冠筒中上部，与裂片互生，花丝扁平；子房1室，花柱粗短，柱头2裂，腺体轮生子房基部。蒴果2瓣裂。种子多数，具纵脊或密网隙与瘤状突起。

2种，产中国－喜马拉雅地区。

大钟花 图 99 彩片 28

Megacodon stylophorus (C. B. Clarke) H. Smith in Hand.-Mazz. Symb. Sin 7: 950. 1936.

Gentiana stylophora C. B. Clarke in Hook. f. Fl. Brit. Ind. 4: 1883.

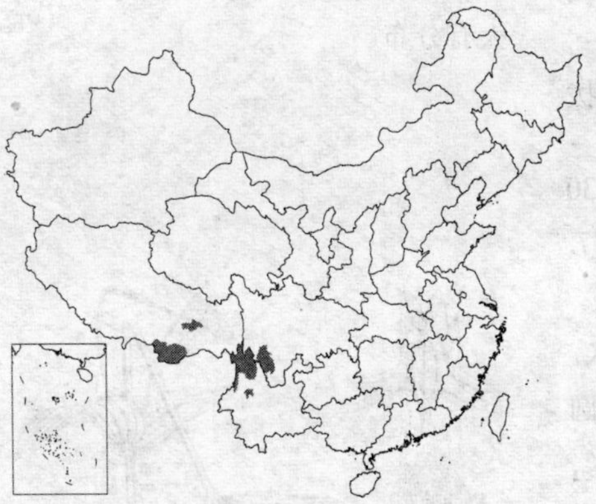

多年生草本，高达 0.6 (-1) 米。茎直伸，粗壮，基部径 1-1.5 厘米，不分枝。基部 2-4 对叶膜质，卵形，长 2-4.5 厘米；中上部叶草质，卵状椭圆形或椭圆形，长 7-22 厘米，先端钝，基部楔形或圆；上部叶卵状披针形，长 5-10 厘米。假总状聚伞花序具花 2-8 朵，顶生及腋生。花萼钟形，长 2.7-3.2 厘米，萼筒短，宽漏斗形，长 6-8 毫米，裂片卵状披针形，先端渐尖；花冠黄绿色，具绿及褐色网脉，钟形，长 5-7 厘米，冠筒长 0.8-1 厘米，裂片长圆状匙形，先端圆；子房无柄，圆锥形，长 1.2-1.4 厘米。蒴果椭圆状披针形，长 5-6 厘米。种子长圆形，长 2.2-2.5 毫米，具纵脊。花果期 6-9 月。

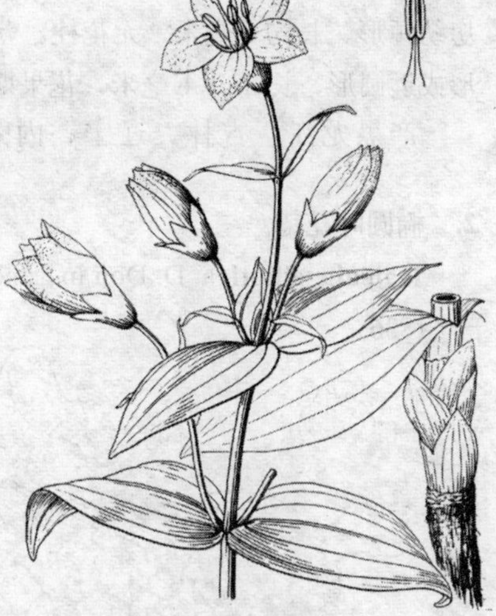

图 99 大钟花（吴樟桦绘）

产西藏东南部、云南西北部及四川南部，生于海拔 3000-4400 米林间草地、林缘、灌丛中、山坡草地或沟边。印度东北部、尼泊尔、锡金及不丹有分布。

11. 花锚属 Halenia Borkh.

一年生或多年生草本。茎直伸，常分枝或不分枝。单叶，对生，全缘，具 3 - 5 脉；无柄或具柄。聚伞花序腋生或顶生，组成松散圆锥花序。花 4 数；花萼深裂，萼筒短；花冠钟形，深裂，裂片基部具窝孔延伸成长距，距内有蜜腺；雄蕊生于冠筒，与裂片互生，花药丁字着生；雌蕊无柄，花柱短或无，子房 1 室，胚珠多数。蒴果室间开裂。种子小，多数，常褐色。

约 100 种，主产北美洲西南部、拉丁美洲西北部，少数产亚洲及欧洲东部。我国 2 种。

1. 花冠黄色；花萼裂片窄三角状披针形 …………………… 1. **花锚 H. corniculata**
1. 花冠蓝或紫色；花萼裂片卵形或椭圆形 …………………… 2. **椭圆叶花锚 H. elliptica**

1. 花锚 图 100 彩片 29

Halenia corniculata (Linn.) Cornaz in Bull. Soc. Sci. Not. Neuch. 25: 171. 1897.

Swertia corniculata Linn. Sp. Pl. 227. 1753.

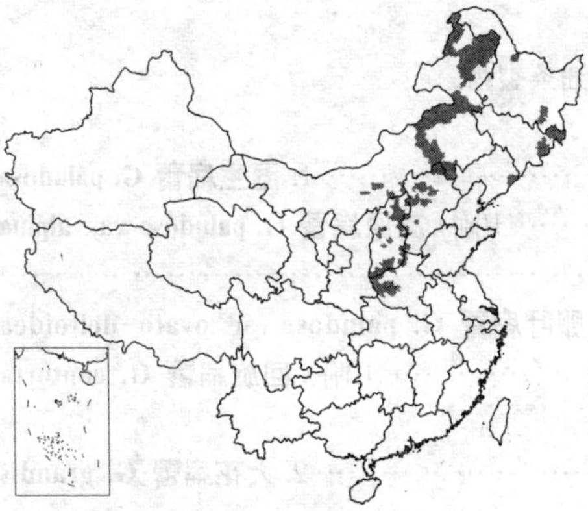

一年生直立草本，高达 70 厘米。茎近四棱形，基部分枝。基生叶倒卵形或椭圆形，长 1-3 厘米，先端圆或钝尖，常早枯萎；茎生叶椭圆状披针形或卵形，长 3-8 厘米，先端渐尖，基部近圆，上面幼时密被乳突，后脱落。聚伞花序顶生及腋生。花萼裂片窄三角状披针形，长 5-8 毫米，先端渐尖；花冠黄色，钟形，冠筒长 4-5

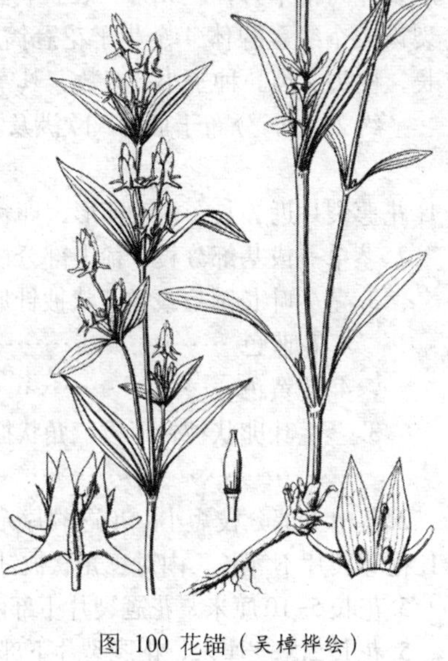

图 100 花锚（吴樟桦绘）

毫米，裂片卵形或椭圆形，长 5–7 毫米，先端具小尖头，距长 4–6 毫米；子房纺锤形，长约 6 毫米，无花柱。蒴果卵圆形，长 1.1–1.3 厘米。种子椭圆形或近圆形，长 1–1.4 毫米。花果期 7–9 月。

产黑龙江、吉林、辽宁、内蒙古、河北、山西及河南，生于海拔200–1750米山坡草地、林下及林缘。俄罗斯、蒙古、朝鲜、日本及加拿大有分布。

2. 椭圆叶花锚 图 101 彩片 30

Halenia elliptica D. Don in London Edinb. Philos. Mag. Journ. Sci. 8: 77. 1836.

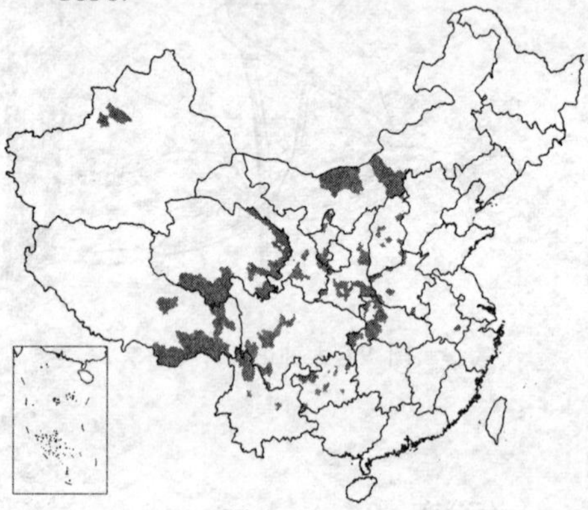

一年生草本，高达 60 厘米。茎直立、上部分枝。基生叶椭圆形，有时近圆形，长 2–3 厘米，先端圆或钝尖；茎生叶卵形、椭圆形、长椭圆形或卵状披针形，长 1.5–7 厘米，先端钝圆或尖。聚伞花序顶生及腋生。花萼裂片椭圆形或卵形，长 3–6 毫米，先端渐尖，具小尖头；花冠蓝或紫色，冠筒长约 2 毫米，裂片卵圆形或椭圆形，长约 6 毫米，具小尖头，距长 5–6 毫米，平展；子房卵圆形，长约 5 毫米，花柱长约 1 毫米。蒴果宽卵圆形，长约 1 厘米。种子椭圆形或近圆形，长约 2 毫米。花果期 7–9 月。

产内蒙古、山西、河南、陕西、甘肃、宁夏、青海、新疆、西藏、云南、四川、贵州及湖北，生于海拔 700–4100 米林下、林缘、山坡草地、灌丛中或山谷沟边。尼泊尔、锡金、不丹、印度及俄罗斯有分布。

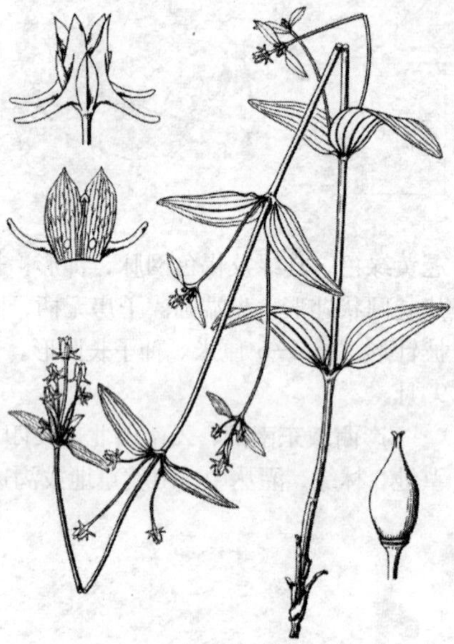

图 101 椭圆叶花锚（吴樟桦绘）

12. 扁蕾属 Gentianopsis Ma

一年生或二年生草本。茎直立，近四棱形。叶对生，常无柄。花单生茎枝顶端。花梗花时伸长；花蕾椭圆形或卵状椭圆形，稍扁，具四棱；花 4 数；萼筒状钟形，裂片 2 对，内对宽短，外对窄长，先端渐尖或尾尖，萼内膜位于裂片间稍下方，三角形，袋状，上部具缘毛；花冠筒状钟形或漏斗形，4 裂，裂片间无褶，裂片下部两侧具细条裂齿或全缘，腺体 4 个生于花冠筒基部，与雄蕊互生；雄蕊生于冠筒中部，较冠筒稍短；子房具柄，花柱短或较长，柱头 2 裂。种子小，多数，具密指状突起。

约 24 种，分布于亚洲、欧洲及北美洲。我国 5 种，除华南外，大部分地区均产。

1. 花萼裂片近等长，内对卵形、卵状三角形或三角形；茎生叶先端圆或钝。
  2. 茎单一或基部分枝，稀上部分枝，上部花葶状；花冠裂片下部两侧具细条裂齿。
    3. 茎生叶长圆形或椭圆状披针形；茎上部不分枝。
      4. 花蓝色 …………………………………… 1. **湿生扁蕾 G. paludosa**
      4. 花黄色 …………………………………… 1(附). **高原扁蕾 G. paludosa** var. **alpina**
    3. 茎生叶卵状披针形或三角状披针形；茎上部分枝 …………………………………… 1(附). **卵叶扁蕾 G. paludosa** var. **ovato-deltoidea**
  2. 茎中上部分枝短小；花冠裂片无细条裂齿 …………………………………… 1(附). **回旋扁蕾 G. contorta**
1. 花萼裂片不等长，内对三角状披针形，短于外对；茎生叶先端尖或渐尖。
  5. 花长 5–10 厘米，花冠裂片下部两侧具长条裂齿 …………………………………… 2. **大花扁蕾 G. grandis**
  5. 花长 2.5–5 厘米，花冠裂片下部两侧具短条裂齿。

6. 花萼裂片线状披针形或卵状披针形，萼筒径 0.6-1 厘米；茎上部分枝 ………………………………………………………………………………… 3. **扁蕾 G. barbata**

6. 花萼裂片线状钻形，萼筒径 3-4 毫米；茎基部分枝 ………………………………………………………………………………… 3(附). **细萼扁蕾 G. barbata** var. **stenocalyx**

1. 湿生扁蕾 图 102 彩片 31

Gentianopsis paludosa (Hook. f.) Ma in Acta Phytotax. Sin. 1(1): 11. 图版 3. 图 1. 1951.

Gentiana detonsa Rottb.var. *paludosa* Hook. f. in Hook. Icon. Pl. t. 857. 1852.

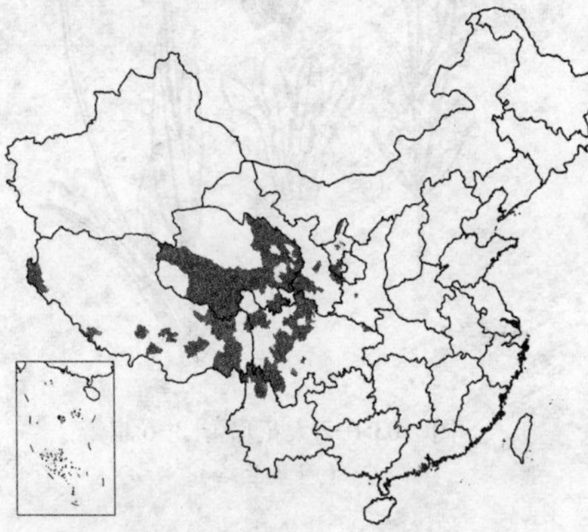

一年生草本，高达 40 厘米。茎单生，分枝或不分枝。基生叶 3-5 对，匙形，长 0.4-3 厘米,先端圆，边缘被乳突；茎生叶 1-4 对，长圆形或椭圆状披针形，长 0.5-5.5 厘米，先端钝，边缘被乳突，无柄。花单生茎枝顶端。花萼筒形，长 1-3.5 厘米，裂片近等长，先端尖，边缘白色膜质，外对窄三角形，长 0.5-1.2 厘米，内对卵形，长 0.4-1 厘米；花冠蓝色，或下部黄白色，上部蓝色，宽筒形，长 1.6-6.5 厘米，裂片宽长圆形，长 1.2-1.7 厘米，先端圆，具微齿，下部两侧具细条裂齿；腺体近球形，下垂；子房具柄，线状椭圆形，长 2-3.5 厘米，花柱长 3-4 毫米。蒴果椭圆形，具长柄。种子长圆形或近圆形，径 0.8-1 毫米。花果期 7-10 月。

产陕西、甘肃、宁夏、青海、西藏、云南及四川，生于海拔 1180-4900 米河滩、山坡草地或林下。尼泊尔、印度、锡金及不丹有分布。

[附] **高原扁蕾 Gentianopsis paludosa** var. **alpina** T. N. Ho in Acta Biol. Plateau Sin. 1: 41. 1982. 本变种与模式变种的区别：花黄或黄白色，具蓝色条纹。产西藏及青海，生于海拔 2800-4000 米沼泽地、河滩、林下或草甸。

[附] **卵叶扁蕾 Gentianopsis paludosa** var. **ovato-deltoidea** (Burk.) Ma ex T. N. Ho in Acta Biol. Plateau Sin. 1: 42. 1982. —— *Gentiana detonsa* var. *ovato-deltoidea* Burk. in Journ. Asiat. Soc. Bengal. n. ser. 2: 319. 1906. 本变种与模式变种的区别：茎生叶卵状披针形或三角状披针形；茎上部分枝；花梗直伸。产内蒙古、河北、山西、陕西、甘肃、青海、云南西北部、四川及湖北，生于海拔 1190-3000 米山坡草地、潮湿地或林下。

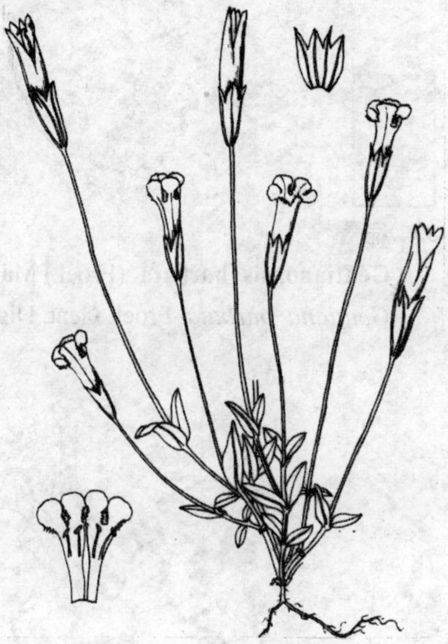

图 102 湿生扁蕾（阎翠桦绘）

[附] **回旋扁蕾 Gentianopsis contorta** (Royle) Ma in Acta Phytotax. Sin.1(1): 14. 1951.—— *Gentiana contorta* Royle, Illustr. Bot. Himal. 278. t. 68, f. 3. 1835. 本种与湿生扁蕾的区别：茎中上部分枝短小；花冠裂片无细条裂齿。产西藏、青海东部、四川、贵州及辽宁，生于海拔 1920-3550 米山坡或林下。喜马拉雅西北地区、尼泊尔及日本有分布。

2. 大花扁蕾 图 103:1-2 彩片 32

Gentianopsis grandis (H. Smith) Ma in Acta Phytotax. Sin.1(1): 9. pl. 3. f. 2. 1951.

Gentiana grandis H. Smith in Anz. Akad. Wiss. Wien, Math.- Nat. 63: 100. 1926.

一年生或二年生草本，高达 50 厘米。茎单生，多分枝。茎基部叶密集，叶匙形或椭圆形，长 0.5-1.5 厘米，先端钝，基部渐窄，具短柄；茎生叶窄披针形或线状披针形，长 4-8 厘米，先端尖或渐尖。花单生茎枝顶端。花长 5-10 厘米，径 1-1.7 厘米；花萼漏斗形，稍短于花冠，长 3.5-7 厘米，裂片外对线状披针形，长 2.5-5 厘米，先端尾尖，内对三角状披针形，长 1.5-2.5 厘米，先端尖，边缘宽膜质；花冠漏斗形，裂片椭圆形，长 2-3 厘米，先端钝，具不整齐

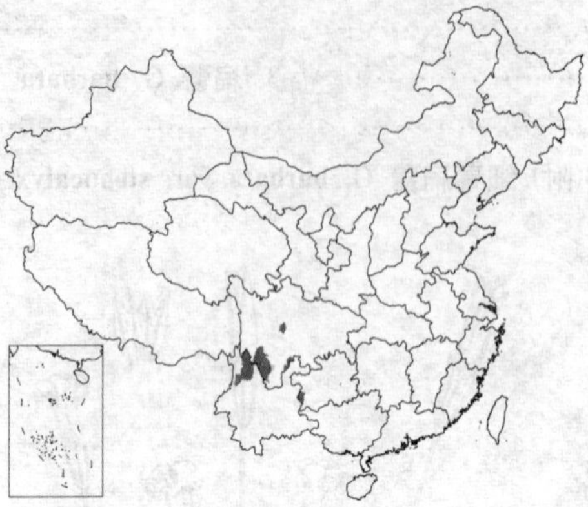

波状齿，下部两侧具细长条裂齿；子房披针状椭圆形，长3.5-4厘米，花柱长3-5毫米。蒴果具柄，与花冠近等长。种子长圆形，长约1毫米。花果期7-10月。

产云南西北部、四川西南部及贵州，生于海拔2000-4050米沟边、山谷河边或山坡草地。

3. 扁蕾 图 103:3-6

Gentianopsis barbata (Froel.) Ma in Acta Phytotax. Sin. 1(1): 8. 1951.

Gentiana barbata Froel. Gent. Diss. 114. 1796.

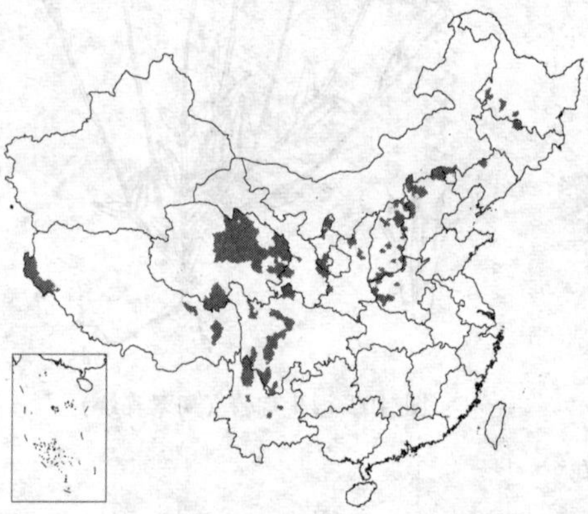

一年生或二年生草本，高达40厘米。茎单生，上部分枝，具棱。基生叶匙形或线状倒披针形，长0.7-4厘米，先端圆，边缘被乳突；茎生叶窄披针形或线形，长1.5-8厘米，先端渐尖，边缘被乳突。花单生茎枝顶端。花萼筒状，稍短于花冠，裂片边缘具白色膜质，外对线状披针形，长0.7-2厘米，先端尾尖，内对卵状披针形，长0.6-1.2厘米，先端渐尖，萼筒长1-1.8厘米，径0.6-1厘米；花冠筒状漏斗形，冠筒黄白色，冠檐蓝或淡蓝色，长2.5-5厘米，裂片椭圆形，长0.6-1.2厘米，先端圆，具小尖头，边缘具小齿，下部两侧具短细条裂齿；子房具柄，窄椭圆形，长2.5-3厘米，花柱短，长1-1.5毫米。蒴果具短柄，与花冠等长。种子长圆形，长约1毫米。花果期7-9月。

产黑龙江、吉林、辽宁、内蒙古、河北、河南、山西、陕西、甘肃、青海、西藏、云南、四川及湖北，生于海拔700-4400米沟边、山谷河边、山坡草地、林下、灌丛中及沙丘边缘。

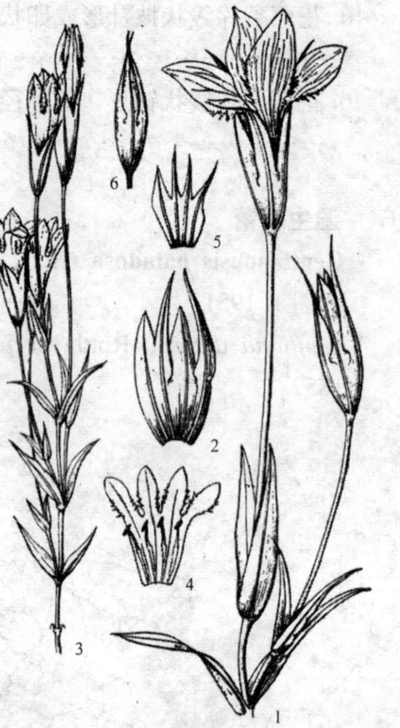

图 103:1-2.大花扁蕾 3-6.扁蕾
（阎翠兰绘）

[附] **细萼扁蕾** 彩片33 **Gentianopsis barbata** var. **stenocalyx** H. W. Li ex T. N. Ho in Acta Biol. Plateau Sin. 1: 40. 1982. 本种与模式变种的区别：茎基部分枝，近帚状，稀单生；花梗较长；花萼径3-4毫米，长为花冠1/2，裂片线状钻形，短于冠筒。产西藏西部及东北部、四川西北部及青海，生于海拔3300-4640米河滩、水边、半阴坡或林缘。

13. 喉毛花属 Comastoma (Wettst.) Toyokuni

一年生或多年生草本。茎不分枝或分枝，直伸或斜升。叶对生；基生叶常早落；茎生叶无柄。花4-5数，单生茎枝顶端，或为聚伞花序。花萼深裂，萼筒短，无萼内膜，裂片(2)4-5，常短于花冠；花冠钟形、筒形或高脚杯状，4-5裂，裂片间无褶，喉部具多数白色流苏状副冠，花期内弯，冠筒基部具小腺体；雄蕊生于冠筒，花丝有时无毛；花柱短，柱头2裂。蒴果2裂。种子小，多数，光滑。

约15种，分布于亚洲、欧洲及北美洲。我国11种。

1. 花冠高脚杯状，喉部膨大，长1.2-2.5厘米。
  2. 多年生草本；花萼裂片不弯曲 ………………………………………… 1. **蓝钟喉毛花 C. cyananthiflorum**
  2. 一年生草本；花萼裂片镰状 ………………………………………………………… 2. **镰萼喉毛花 C. falcatum**
1. 花冠筒状，喉部不膨大。
  3. 茎生叶卵状披针形，半抱茎；花冠浅裂，裂片直伸 ……………………………… 3. **喉毛花 C. pulmonarium**
  3. 茎生叶椭圆形、椭圆状披针形或卵状长圆形。

4. 花冠蓝色；花萼裂片边缘皱波状，长于花冠筒 ………………………………… 4. **皱边喉毛花 C. polycladum**
4. 花冠上部深蓝或蓝紫色，下部黄绿色，具深蓝色脉纹；花萼裂片边缘平截，短于花冠筒 ………………………………………………………………………………………… 5. **长梗喉毛花 C. pedunculatum**

1. 蓝钟喉毛花 图 104 彩片 34

Comastoma cyananthiflorum (Franch. ex Hemsl.) Holub in Folia Geobot. Phytotax. 2 (1):120. 1967.

Gentiana cyananthiflora Franch. ex Hemsl. in Journ. Linn. Soc. Bot. 26: 126. 1890.

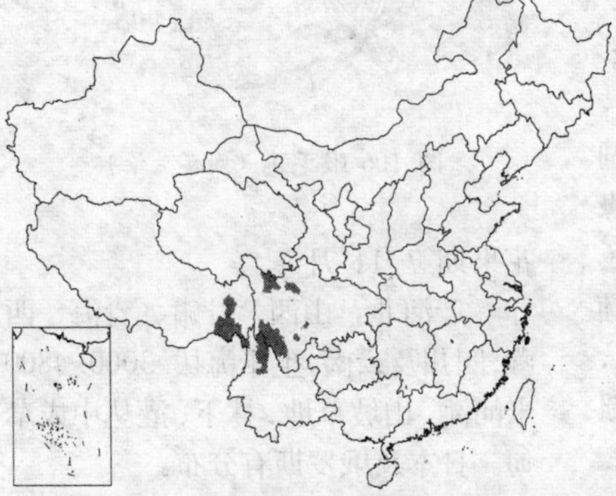

多年生草本，高达 15 厘米。根茎短，颈部具褐色枯存叶柄。茎基部分枝。基生叶倒卵状匙形，长 1.5-2.8 厘米，先端圆或钝；茎中部叶倒卵状匙形，长 0.5-1 厘米，先端钝圆，具短柄。花 5 数，单生枝端。花萼绿色，长约花冠 1/3，裂片披针形或卵状披针形，长 0.6-1 厘米，先端尖；花冠蓝色，高脚杯状，长 1.4-2.5 厘米，冠筒宽筒形，喉部骤膨大，裂至中部，裂片开展，长圆形或倒卵状长圆形，长 0.8-1.5 厘米，基部具 2 鳞片状白色副冠，副冠长 2.5-3 毫米，上部流苏状条裂，裂片先端尖；花丝基部疏被白色长毛，稀无毛。蒴果披针形。种子球形，径 0.5-0.7 毫米。花期 6-10 月。

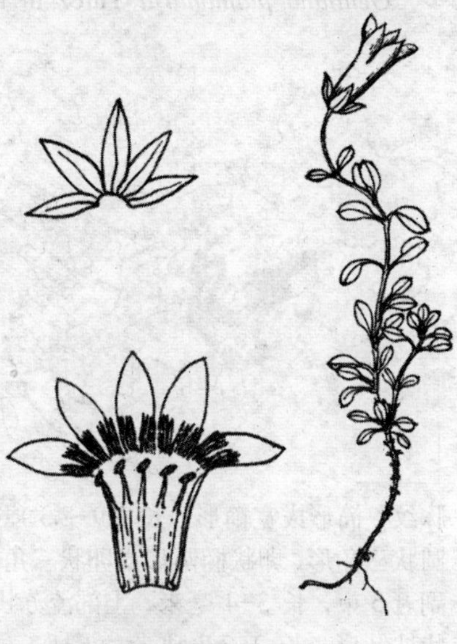

图 104 蓝钟喉毛花（阎翠兰绘）

产西藏东南部、云南西北部及四川，生于海拔 3000-4900 米草甸、灌丛草甸、林下或山坡草地。

2. 镰萼喉毛花 图 105

Comastoma falcatum (Turcz. ex Karelin et Kir.) Toyokuni in Bot. Mag. Tokyo 74: 198. 1961.

Gentiana falcatum Turcz. ex Karelin et Kir. in Bull. Soc. Nat. Mosc. 15: 404. 1842.

Gentianella falcata (Turcz.) H. Smith apud S. Nilsson; 中国高等植物图鉴 3: 400. 1974.

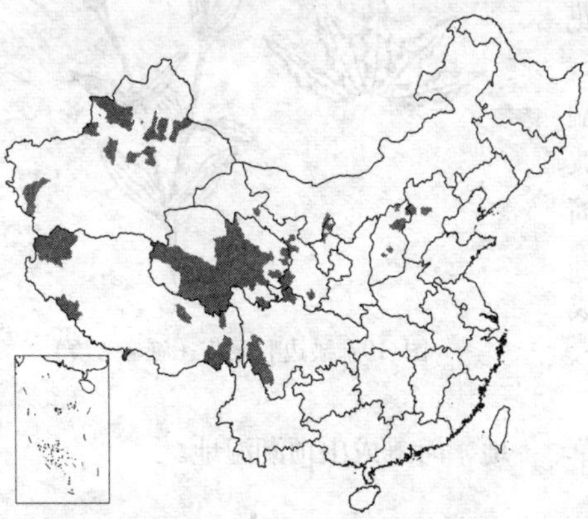

一年生草本，高达 25 厘米。茎基部分枝。叶大部基生，长圆状匙形或长圆形，连柄长 0.5-1.5 厘米，先端钝或圆；茎生叶长圆形，稀卵形或长圆状卵形，长 0.8-1.5 厘米，先端钝，无柄。花 5 数，单生枝顶。花萼绿色或带蓝紫色，长为花冠 1/2，稀达 2/3，裂片常卵状披针形，镰状，边缘近皱波状，基部具浅囊；花冠蓝、深蓝或蓝紫色，具深色脉纹，高脚杯状，长(0.9-)1.2-2.5 厘米，冠筒筒状，喉部骤膨大，径达 9 毫米，裂至中部，裂片长圆形或长圆状匙形，长 0.5-1.3 厘米，先端钝圆，偶具小尖头，喉部具一圈白色副冠，副冠 10 束，流苏状裂片先端圆或钝；花丝基部下延冠筒成窄翅。蒴果窄椭圆形或披针形。种子近球形，褐色，径约 0.7 毫米。花果期 7-9 月。

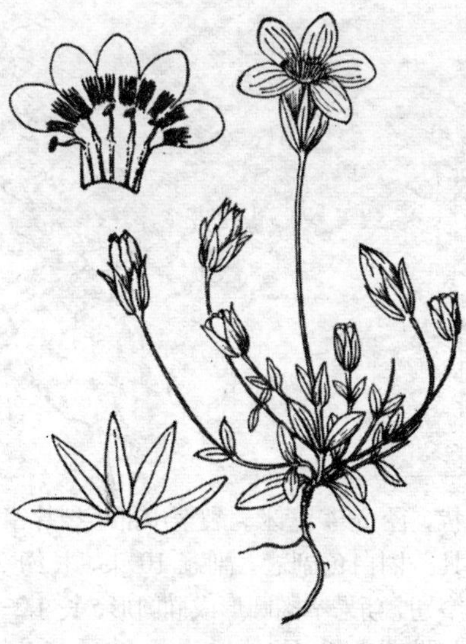

图 105 镰萼喉毛花（阎翠兰绘）

产河北、山西、内蒙古、甘肃、宁夏、新疆、青海、西藏及四川西部及北部，生于海拔 2100-5300 米河滩、山坡草地、林下、灌丛、高山草甸。克什米尔地区、印度、尼泊尔、蒙古、中亚及俄罗斯有分布。

3.　喉毛花　　图 106

Comastoma pulmonarium (Turcz.) Toyokuni in Bot. Mag. Toky .74: 198. 1961.

Gentiana pulmonaria Turcz. in Bull. Soc. Nat. Mosc. 22 (4): 317. 1849.

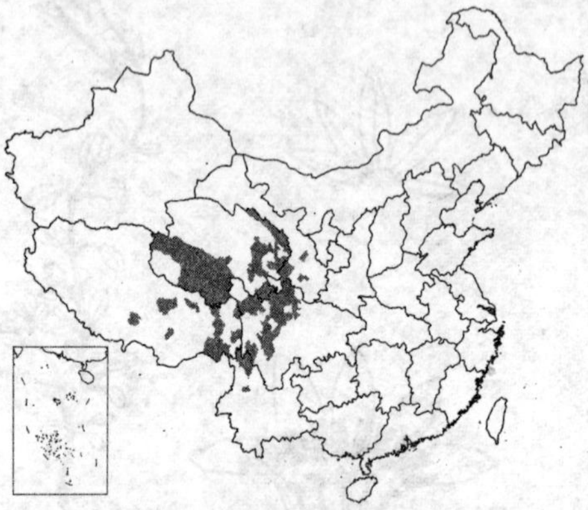

一年生草本，高达 30 厘米。茎直立，分枝，稀不分枝。基生叶少数，长圆形或长圆状匙形，长 1.5-2.2 厘米，先端圆；茎生叶卵状披针形，长 0.6-2.8 厘米，茎上部及分枝叶小，半抱茎。聚伞花序或单花顶生。花 5 数；花萼开展，长约花冠 1/4，裂片卵状三角形、披针形或窄椭圆形，长 6-8 毫米，先端尖，边缘被糙毛；花冠淡蓝色，具深蓝色脉纹，筒形或宽筒形，长 0.9-2.3 厘米，径 6-7 毫米，浅裂，裂片直伸，椭圆状三角形、卵状椭圆形或卵状三角形，长 5-6 毫米，喉部具一圈白色副冠，副冠 5 束，长 3-4 毫米，上部流苏状裂片先端尖；花丝疏被柔毛。蒴果椭圆状披针形，长 2-2.7 厘米，无柄。种子近球形或宽长圆形，径 0.8-1 毫米。花果期 7-11 月。

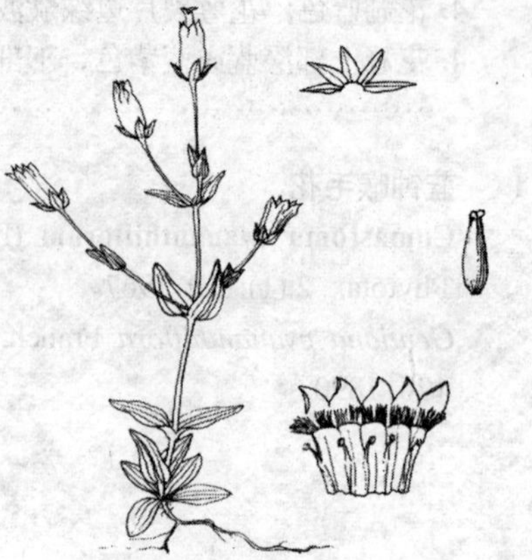

图 106 喉毛花（阎翠兰绘）

产河北、山西、甘肃、青海、西藏、四川及云南，生于海拔 3000-4800 米河滩、山坡草地、林下、灌丛中或草甸。日本及俄罗斯有分布。

4.　皱边喉毛花　　图 107

Comastoma polycladum (Diels et Gilg) T. N. Ho in Acta Biol. Plateau Sin. 1: 39. 1982.

Gentiana polyclada Diels et Gilg in Futterer, Durch Asien. Bot. Repr. 3: 16. t. 3. 1903.

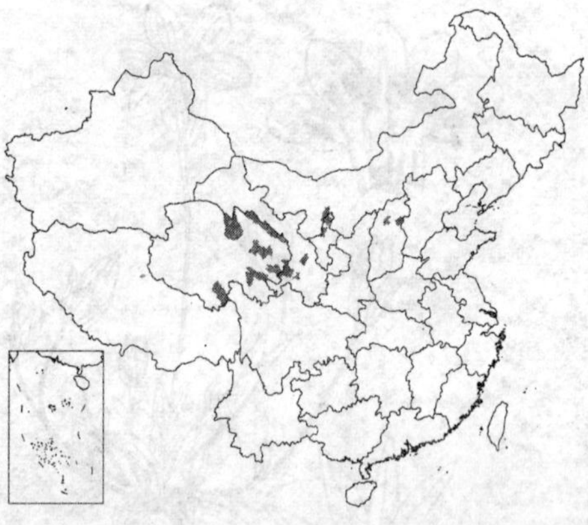

一年生草本，高达 20 厘米。茎基部多分枝。基生叶花期凋谢或宿存，匙形，连柄长 0.6-1.1 厘米，先端圆；茎生叶椭圆形或椭圆状披针形，长达 2 厘米，先端钝，边缘外卷，叶缘紫色，皱波状。聚伞花序顶生及腋生。花 5 数；花萼绿色，长 6.5-9 毫米，裂片披针形或卵状披针形，先端渐尖，边缘黑紫色，外卷，皱波状，长于花冠筒；花冠蓝色，筒状，径 3-4 毫米，裂至中部，裂片窄长圆形，长 5-7 毫米，先端钝圆，喉部具一圈白色副冠，副冠 10 束，长约 2.5 毫米，流苏状条裂；花丝下延冠筒成窄翅。蒴果窄椭圆形或椭圆形，长 1.2-1.5 厘米。种子长圆形，长 0.5-0.7 毫米。花果期 8-9 月。

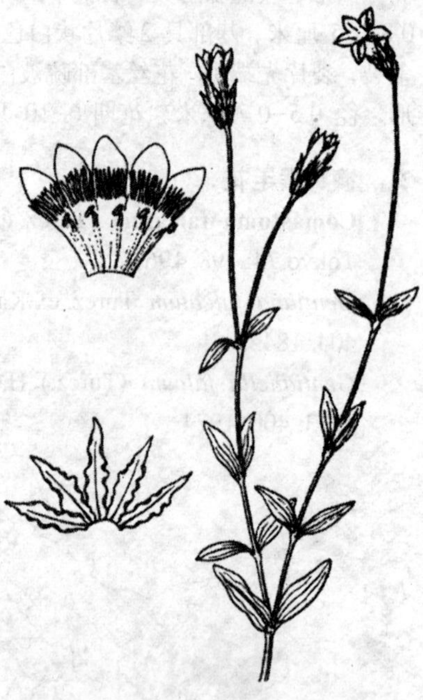

图 107 皱边喉毛花（阎翠兰绘）

产山西、 内蒙古、宁夏、甘肃及青海，生于海拔 2100-4500 米山坡草地、河滩或山顶潮湿地。

5.　长梗喉毛花　　图 108

Comastoma pedunculatum (Royle ex D. Don) Holub in Folia Geobot. et Phytotax. 3: 218. 1968.

Eurythalia pedunculata Royle ex D. Don in London Edinb. Philos. Mag. Journ. Sci. 8: 76. 1836.

一年生草本，高达 15 厘米。茎基部分枝。基生叶少，长圆状匙形，长 0.5-1.6 厘米，先端钝圆，近无柄；茎生叶椭圆形或卵状长圆形，长 0.2-1.2

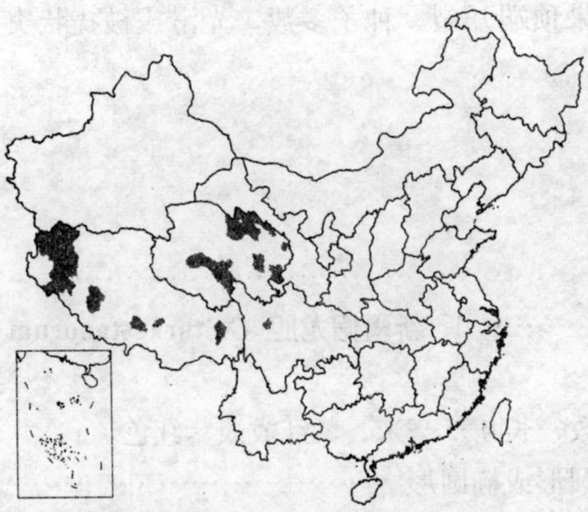

厘米，先端尖，无柄。花单生枝顶。花萼绿色，长 3-8 毫米，裂片不整齐，卵状披针形或披针形，宽 1-4 毫米，先端尖或渐尖，边缘有时带黑色，基部具浅囊，短于花冠筒；花冠上部深蓝或蓝紫色，下部黄绿色，具深蓝色脉纹，筒状，长 0.6-1 厘米，径达 4 毫米，裂至中部，裂片近直伸，卵状长圆形，长 3-1.1 厘米，先端钝圆，喉部具一圈白色副冠，副冠 5 束，长 2-2.5 毫米，上部流苏状条裂。蒴果无柄，稍长于花冠。种子宽长圆形，长约 0.5 毫米。花果期 7-10 月。

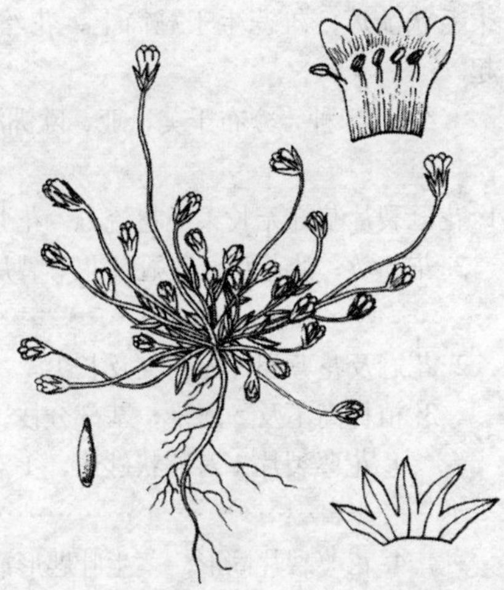

图 108 长梗喉毛花（王颖绘）

产青海、西藏及四川，生于海拔3200-4800 米河滩或草甸。克什米尔地区及不丹有分布。

14. 翼萼蔓属 Pterygocalyx Maxim.

一年生缠绕草本。单叶对生，披针形、卵状披针形或窄披针形，长 3-7 厘米，先端渐尖，基部宽楔形，抱茎，全缘，叶脉 1-3 条；具短柄。花 4 数，单生或聚伞花序，顶生及腋生。花萼钟形，4 裂，萼筒长约 1 厘米，具 4 宽翅；花冠蓝色，冠筒长 1.1-1.5 厘米，4 裂，裂片长圆形，长约 8 毫米，无褶；雄蕊 4，生于花冠筒与裂片互生；子房具柄，1 室，胚珠多数；花柱长约 2 毫米，柱头 2 裂，半圆状扇形，顶端鸡冠状。蒴果椭圆形，长约 1.5 厘米，2 瓣裂。种子多数，盘状，具宽翅及蜂窝状网纹。

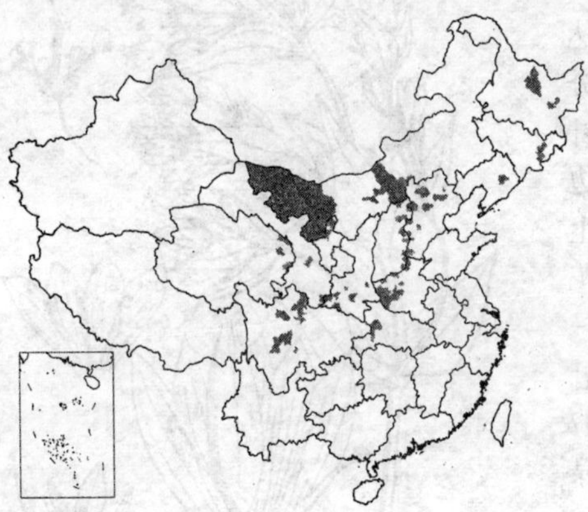

单种属。

翼萼蔓 图 109

Pterygocalyx volubilis Maxim. Prim. Fl. Amur. 198, 274. t. 9. 1858.

形态特征同属。花果期 8-9 月。

产黑龙江、 吉林、辽宁、内蒙古、河北、河南、山西、陕西、甘肃、宁夏、青海、四川及湖北，生于海拔 1100-2800 米山坡林下及林缘。俄罗斯、朝鲜及日本有分布。

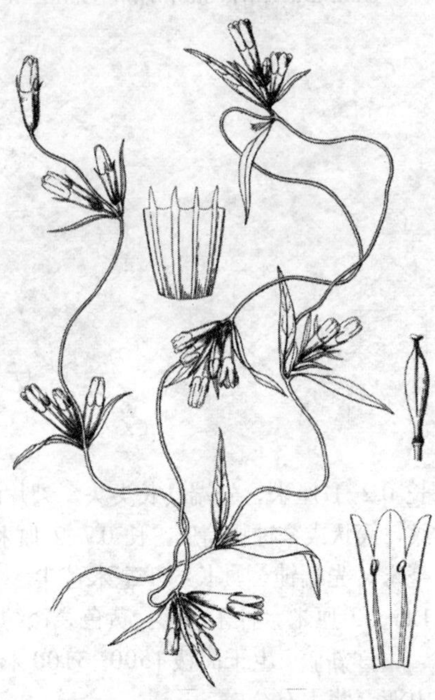

图 109 翼萼蔓（吴樟桦绘）

15. 假龙胆属 Gentianella Moench.

一年生或二年生草本。茎单一或分枝，直立，稀铺散。叶对生；基生叶早落；茎生叶无柄或具柄。花 4 - 5 数，单生茎枝顶端，或成聚伞花序；花萼叶质或膜质，深裂，萼筒短或极短，裂片同形或异形，裂片间无萼内膜；花冠筒状或漏斗状，浅裂或深裂，冠筒上生有小腺体，裂片间无褶，离生，不重叠，裂片基部常光裸，稀具有维管束的柔毛状流苏；雄蕊生于冠筒上，花丝较长；具花柱，柱头小，2裂。蒴果顶端开裂。种子多数，光滑或被疣状突起。

约 125 种，分布于美、亚、欧洲温带。我国 9 种。

1. 花冠裂片基部无长柔毛状流苏；花萼裂片背部无脊。
  2. 花 5 数，淡蓝色；花冠及花萼裂片具芒尖或长尖；植株高 10-35 厘米 ………………………………………………………………………………… 1. **新疆假龙胆 G. turkestanorum**
  2. 花冠及花萼裂片无芒尖及长尖。
    3. 植株高不及 5 厘米，基部分枝，常弯曲或铺散；茎生叶具柄；花 4 数，长 4-5 毫米，紫红或淡紫红色。
      4. 花萼裂片 1 对卵状匙形，1 对窄披针形；茎生叶宽卵形、卵状长圆形或椭圆形 ……………………………………………………………………… 2. **异萼假龙胆 G. anomala**
      4. 花萼裂片同形；茎生叶匙形或倒卵状长圆形 ……………………………… 3. **紫红假龙胆 G. arenaria**
    3. 植株高达 25 厘米，茎直伸，基部或下部分枝；茎生叶无柄；花 5 数，长 0.5-1.4 厘米，蓝色；花萼裂片及背面中脉边缘黑色 ……………………………………………………………… 4. **黑边假龙胆 G. azurea**
1. 花冠裂片基部具 6-7 条柔毛状流苏；花萼裂片背部具脊；花 5 数，稀 4 数，蓝色；茎生叶披针形或卵状披针形，无柄 …………………………………………………………………………………… 5. **尖叶假龙胆 G. acuta**

1. 新疆假龙胆 图 110:1-3

Gentianella turkestanorum (Gand.) Holub in Folia Geobot. Phytotax. 2 (1): 118. 1967.

Gentiana turkestanorum Gand. in Bull. Soc. Bot. France 65: 60. 1918.

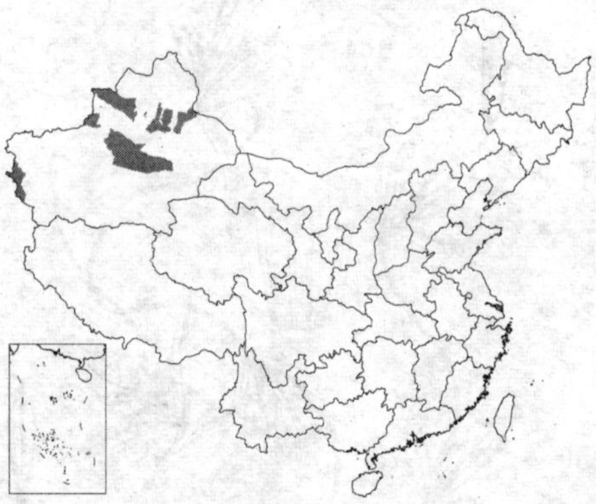

一年生或二年生草本，高达 35 厘米。茎单生，直伸，基部分枝，枝纤细。叶卵形或卵状披针形，长达 4.5 厘米，先端尖，边缘常外卷，无柄。聚伞花序顶生及腋生，具多花。花 5 数，顶花较基部小枝花大 2-3 倍，径 3-5.5 毫米；花萼钟状，长约花冠之半，裂至中部，萼筒长 1.5-7 (-9) 毫米，白色，膜质，裂片绿色，不整齐，线状椭圆形或线形，长 0.2-1 厘米，先端具长尖头，裂片间弯缺近圆形；花冠淡蓝色，具深色纵纹，筒状或窄钟状筒形，长 0.7-2 厘米，裂片椭圆形或椭圆状三角形，长 3-7 毫米，先端钝，具长约 1 毫米芒尖；子房宽线形，长 1.1-1.2 毫米。蒴果长 1.8-2.2 厘米。种子球形，黄色，径约 0.8 毫米，具细网纹。花果期 6-7 月。

产新疆，生于海拔 1500-3100 米河边、湖边台地、阴坡草地或林下。中亚至蒙古有分布。

图 110:1-3.新疆假龙胆 4-6.异萼假龙胆

（王颖绘）

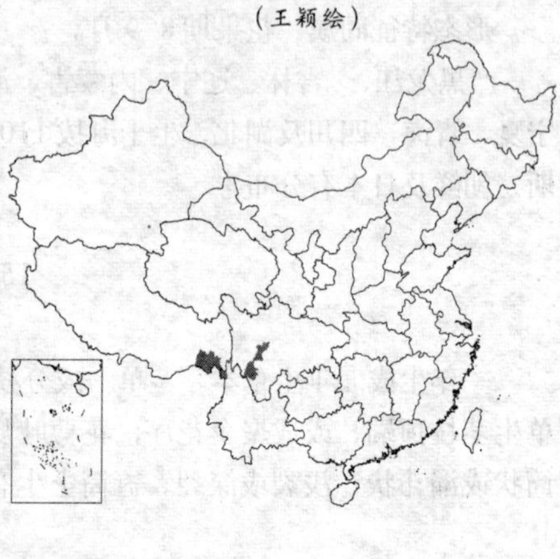

2. 异萼假龙胆 图 110:4-6

Gentianella anomala (Marq.) T. N. Ho in Acta Biol. Plateau Sin. 1: 39. 1982.

Gentiana anomala Marq. in Kew Bull. 1928: 49. 1928.

一年生小草本，高达 5 厘米。茎直伸，单一或基部分枝，分枝常弯曲。基生叶早落；茎生叶宽卵形、卵状长圆形或椭圆形，长 2-7 毫米，先端圆或钝，叶柄扁平，长 2-5 毫米。聚伞花序顶生及腋生，具多花，稀少花或单生。花梗长达2.7厘米；花4数；花萼长约花冠1/2-2/3，长1.5-6毫米，深裂，裂片1对卵状椭圆形，宽约2毫米，1对窄披针形，宽约1毫米，先端渐尖，具小尖头；花冠淡紫红色，筒状，长0.25-1厘米，裂近中部，裂片披针形，先端具小尖头，背面密被乳突；子房无柄，披针形，长达6毫米。花期10月。

产云南西北部、四川西南部及西藏东南部，生于海拔3400-4200米石质山坡。

3. 紫红假龙胆 图 111:1-3 彩片 35

Gentianella arenaria (Maxim.) T. N. Ho in Acta Biol. Plateau Sin. 1: 39. 1982.

Gentiana arenaria Maxim. Diagn. Pl. Nov. Asiat. 8: 30. 1893.

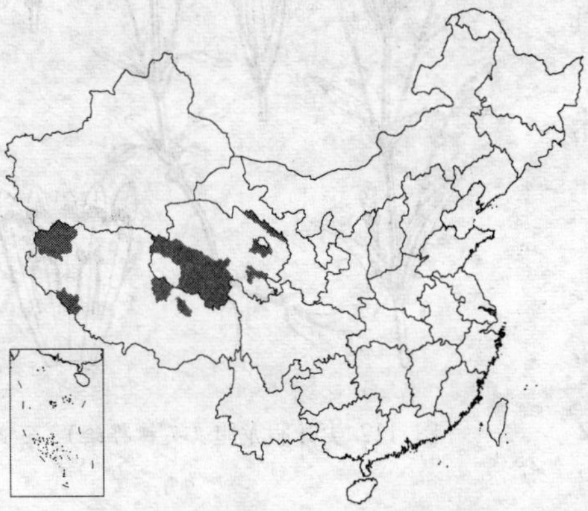

一年生小草本，高达4厘米，全株紫红色。茎基部多分枝，铺散。基生叶及茎下部叶匙形或倒卵状长圆形，先端钝圆；连柄长5-8毫米。花4数，单生枝顶，径3-4.5毫米。花梗长达3厘米；花萼紫红色，长3-4.5毫米，裂片匙形，先端钝圆，外反；花冠紫红色，筒状，长5-5.5毫米，裂片长圆形，长1.6-1.8毫米，先端钝圆；子房无柄，卵状披针形，先端渐尖。蒴果卵状披针形，长6.5-7毫米。种子宽长圆形，深褐色，长达0.9毫米，具细网纹。花果期7-9月。

产西藏、青海及甘肃，生于海拔3400-5400米河滩沙地或高山流石滩。

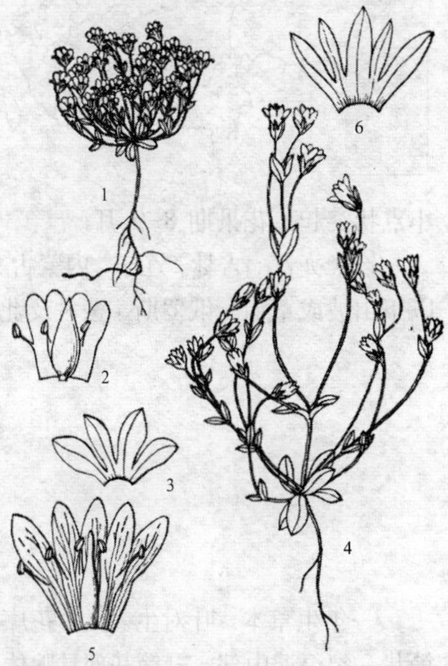

图 111:1-3.紫红假龙胆 4-6.黑边假龙胆
（王颖绘）

4. 黑边假龙胆 图 111:4-6

Gentianella azurea (Bunge) Holub in Folia Geobot. Phytotax. 2 (1): 116. 1967.

Gentiana azurea Bunge in Mém. Soc. Nat. Mosc. 7: 230. 1829.

一年生草本，高达25厘米。茎直伸，基部或下部分枝，枝开展。基生叶早落；茎生叶长圆形、椭圆形或长圆状披针形，长0.3-2.2厘米，先端钝，边缘微粗糙，无柄。聚伞花序顶生及腋生，稀单花顶生。花梗长达4.5厘米；花5数；花萼绿色，长4-9毫米，深裂，萼筒长1.5-2毫米，裂片卵状长圆形、椭圆形或线状披针形，宽1-2毫米，边缘及背面中脉黑色，裂片间弯缺窄长；花冠蓝或淡蓝色，漏斗形，长0.5-1.4厘米，裂片长圆形，长2-6毫米，先端钝；子房无柄，披针形，长0.45-1厘米。蒴果无柄，顶端稍外露。种子长圆形，褐色，长1-1.2毫米，具细网纹。花果期7-9月。

产甘肃、青海、新疆、西藏、四川及云南西北部，生于海拔2280-4850米山坡草地、林下、灌丛中或高山草甸。不丹东北部、蒙古、中亚、俄罗斯有分布。

5. 尖叶假龙胆 图 112

Gentianella acuta (Michx.) Hulten in Mém. Soc. Fauna Fl. Fenn. 25: 76. 1950.

Gentiana acuta Michx. Fl. Bor.-Amer. 1: 177. 1803.

一年生草本，高达35厘米。茎直伸，单一，上部具短分枝。基生叶早落；茎生叶披针形或卵状披针形，长1.5-3.5厘米，先端尖，基部稍宽，无柄。聚伞花序顶生及腋生，组成窄总状圆锥花序。花5数，稀4数；花梗

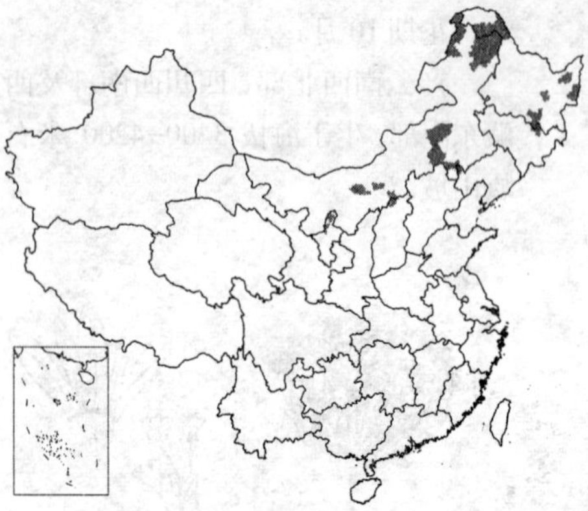

细，长 2-8 毫米；萼筒浅钟形，长 1-2 毫米，裂片窄披针形，长 4-7 毫米，先端渐尖，边缘稍厚，背部具脊，花冠蓝色，窄圆筒形，长 0.8-1.1 厘米，喉部径约 3 毫米，裂片长圆状披针形，长 3-4 毫米，先端尖，基部具 6-7 条不整齐柔毛状流苏；子房长 5-6 毫米。蒴果圆柱形，无柄。种子球形，褐色，径 0.6-0.8 毫米，具小点状突起。花果期 8-9 月。

产黑龙江、吉林、辽宁、内蒙古、河北、山西及宁夏，生于海拔 1500 米以下山坡或草甸。俄罗斯、蒙古及北美洲有分布。

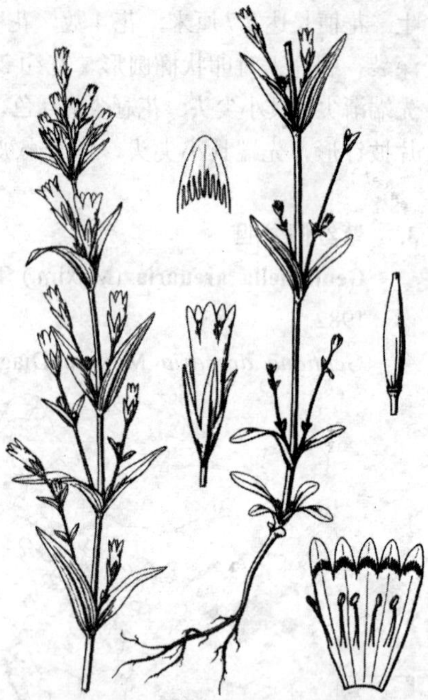

图 112 尖叶假龙胆（吴樟桦绘）

16. 口药花属 Jaeschkea Kurz

一年生草本。叶对生。聚伞花序或花多数，生于茎枝顶端，稀单花。花 4-5 数；花萼深裂近基部，萼筒短；花冠筒状，裂至近中部，冠筒基部具腺体，裂片间无褶，不重叠或右旋覆瓦状排列；雄蕊生于冠筒喉部，花丝短或无；子房无柄或具柄，花柱短，胚珠少。蒴果 2 瓣裂。种子较少，光滑。

3 种，产中国－喜马拉雅山区。我国 2 种。

1. 茎棱被乳突，单一或少分枝；圆锥状复聚伞花序，顶生及腋生；花萼稍短于花冠；花丝极短 ………………………………………………………………………………………… **宽萼口药花 J. canaliculata**
1. 茎无乳突，单一或基部分枝；花单生茎枝顶端；花萼长约花冠 1/2；花丝长约1毫米………………………………………………………………………………………… (附). **小籽口药花 J. microsperma**

宽萼口药花 图 113:1-2

Jaeschkea canaliculata (Royle ex G. Don) Knobl. in Bot. Centrabl. 9: 387. 1894.

Gentiana canaliculata Royle ex G. Don, Gen. Syst. Dichlam. Pl. 4: 182. 1837.

一年生草本，高达 11 厘米。茎直伸，具棱，棱被乳突，单一或具少数近直伸分枝。茎下部叶倒卵形或匙状长圆形，长（3-）5-9 毫米，先端钝或圆，基部窄下延成柄，全缘，具柄；中部叶长圆形，长 6-9 毫米，先端钝，基部稍窄，无柄；上部叶卵形或卵状长圆形，长达 1.2 厘米。圆锥状复聚伞花序顶生及腋生。花 5 数；萼筒长约 1 毫米，裂片稍不整齐，匙状长圆形或长圆形，长 6-8 毫米，

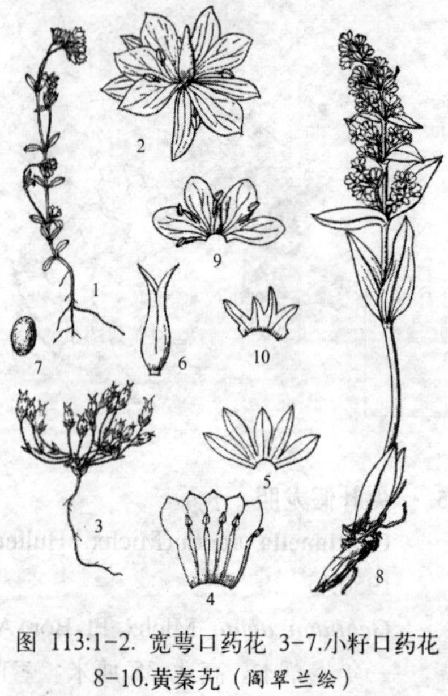

图 113:1-2. 宽萼口药花 3-7.小籽口药花 8-10.黄秦艽（阎翠兰绘）

先端钝，基部稍窄；花冠蓝色，长达1厘米，筒状，裂片卵形，长达4毫米，先端钝，外侧一边下延冠筒成纵脊；雄蕊近无花丝；子房无柄，卵状披针形，长4-6毫米。花期7月。

产西藏东南部、四川西部及西南部，生于海拔约4400米河滩草丛中。克什米尔地区有分布。

[附] **小籽口药花** 图 113:3-7 **Jaeschkea microsperma** C. B. Clarke in Hook. f. Fl. Brit. Ind. 4: 119. 1883. 本种与宽萼口药花的区别：茎无乳突，单一或基部分枝；花单生茎枝顶端；花萼长约花冠1/2；花丝长约1毫米。果期9月。产西藏南部及西部，生于海拔4300-4600米砾石滩地或山坡草地。锡金及印度有分布。

17. 黄秦艽属 Veratrilla (Baill.) Franch.

多年生草本。叶对生，营养茎之叶呈莲座状。圆锥状复聚伞花序。花单性，雌雄异株，辐状，4数。花萼裂至近基部，萼筒短；花冠深裂，冠筒短，裂片基部具2异形腺斑；雄蕊生于花冠裂片间弯缺处，与裂片互生，花丝极短；子房1室，花柱短。蒴果2瓣裂。种子多数，周缘具宽翅，具网纹或网隙。

2种，产印度东北部、锡金、不丹及我国。

黄秦艽 图 113:8-10

Veratrilla baillonii Franch. in Bull. Soc. Bot. France. 46: 311. 1899.

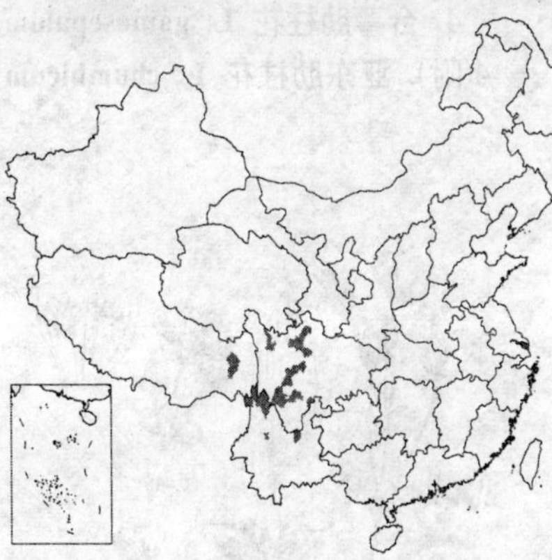

多年生草本，高达45(-85)厘米，全株平滑，基部具黑褐色残叶。主根粗壮，黄色，圆锥形。茎直伸，不分枝。基部叶长圆状匙形，长5-14厘米，先端圆钝，基部渐窄，边缘平滑；茎生叶多对，卵状椭圆形，长3.5-8厘米，无柄。圆锥状复聚伞花序；雌株花较小，花序窄；雄株花多，花序宽大。花4数；花萼裂至近基部，萼筒短，裂片先端钝，雌花萼片长4-5毫米，卵状披针形，雄花萼片长2-2.5毫米，线状披针形；花冠黄绿色，具紫色脉纹，长6-7毫米，冠筒长1.5-2毫米，裂片长圆状匙形，长4-5毫米，先端钝圆，雌花花冠裂片先端常凹缺，基部具2紫色腺斑；雌花雄蕊退化，雄花雄蕊发育；雌花子房无柄，长4-5毫米。蒴果卵圆形，长6-7毫米。种子近圆形，径1.7-2毫米，具细网纹，周缘具宽翅。花果期5-8月。

产西藏东南部、云南西北部及四川西部，生于海拔3200-4600米山坡草地、灌丛中、草甸。印度东北部有分布。

18. 肋柱花属 Lomatogonium A. Br.

一年生或多年生草本，全株光滑，稀密被乳突状毛。茎单一，上部分枝或基部分枝，分枝直伸或铺散。叶对生；基生叶花期宿存或早落。花5数，稀4数，稀花冠裂片多至10数。单生或聚伞花序。花萼深裂，萼筒短，有时稍长，裂片常与叶同形，常短于花冠；花冠辐状，深裂近基部，冠筒短，裂片在蕾中右向旋转排列，重叠覆盖，开放时1侧色深，1侧色浅，基部具2腺窝，腺窝下部管形，上部裂成鳞状，基部合生或否，边缘具裂片状流苏；雄蕊生于冠筒基部与裂片互生，花药蓝或黄色，短于花丝；无花柱，柱头沿子房缝合线下延。蒴果2裂，果瓣近革质。种子小，多数，近圆形，常光滑。

约24种，大部产亚洲，少数分布于欧洲及北美洲。我国20种。

1. 萼筒及花冠筒长不及1毫米，稀2-3毫米；子房剑形、倒披针形或圆柱形。
   2. 多年生草本；基生叶莲座状；花萼裂片基部窄缩。
      3. 萼筒及花冠筒长2-3毫米，花冠裂片宽倒卵形或匙形，宽3-5毫米，先端圆；茎生叶近圆形、宽倒卵形、楔形或匙形，先端圆 ………………………………………… 1. **圆柱肋柱花 L. oreocharis**

3. 萼筒及花冠筒长约1毫米，花冠裂片窄椭圆形、线状长圆形或线状匙形，宽1-2毫米，先端钝或尖；茎生叶长圆形或长圆状匙形 …………………………………………………… 2. **宿根肋柱花 L. perenne**

2. 一年生草本；基生叶早落；花萼裂片基部不窄缩；萼筒及花冠筒长不及1毫米。

4. 茎生叶卵形、卵状披针形或长圆形，先端钝；花萼裂片长为花冠1/2-2/3。

5. 花冠裂片长0.8-1.4厘米；蒴果圆柱形；花萼裂片卵状披针形或椭圆形，先端钝或尖 …………………………………………………… 5. **肋柱花 L. carinthiacum**

5. 花冠裂片长1.3-2厘米；蒴果窄长圆形、窄长圆状披针形或倒卵状长圆形。

6. 茎多分枝，密集；茎生叶半抱茎；圆锥状聚伞花序；花萼裂片卵状披针形或披针形 …………………………………………………… 8. **美丽肋柱花 L. bellum**

6. 茎少分枝，稀疏；茎生叶不抱茎；花少，疏散；花萼裂片窄披针形或线形 …………………………………………………… 6. **大花肋柱花 L. macranthum**

4. 茎生叶窄长披针形、披针形或线形，先端尖；花长达2.5厘米；花萼较花冠稍短或等长 …………………………………………………… 7. **辐状肋柱花 L. rotatum**

1. 萼筒及花冠筒长1.5-3毫米；子房卵状披针形，顶端渐尖；茎多分枝，铺散或斜升。

7. 花药卵状长圆形，长约1.5毫米，黄色；花萼裂片窄卵形、卵状长圆形、椭圆形或椭圆状披针形 …………………………………………………… 3. **短药肋柱花 L. brachyantherum**

7. 花药窄长圆形，长约2.5毫米，蓝色。

8. 花冠淡蓝色，内面基部白色，具10个黑斑；花萼裂片窄卵形或卵状长圆形 …………………………………………………… 4. **合萼肋柱花 L. gamosepalum**

8. 花冠蓝色；花萼裂片倒卵状匙形，基部具爪 ……………………………… 4(附). **亚东肋柱花 L. chumbicum**

1. 圆叶肋柱花　图 114:1-4

Lomatogonium oreocharis (Diels) Marq. in Journ. Linn. Soc. Bot. 48: 207.1929.

Pleurogyne oreocharis Diels in Notes Roy. Bot. Gard. Edinb. 5: 222. 1912.

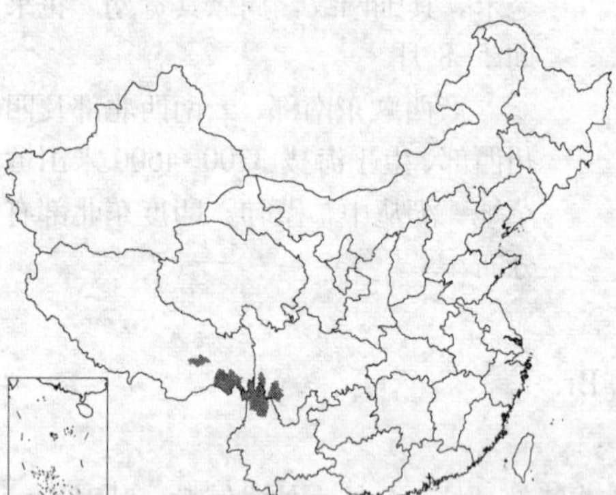

多年生草本，高达17厘米。根茎多分枝。花枝直伸或斜升。营养枝之叶莲座状，与花枝中下部叶同形，近圆形或宽倒卵形，长0.6-1.3厘米，先端圆，边缘微粗糙，基部楔形，具柄；花枝上部叶楔形或匙形，长1-1.9厘米，先端圆，基部楔形。花5数，常2-6朵，稀单生。萼筒宽钟形，长2-3毫米，裂片稍不整齐，倒卵形或匙形，长6-8毫米，宽3-5毫米，先端圆，边缘微粗糙，基部具爪；花冠蓝或蓝紫色，具深蓝色纵纹，径2-2.7厘米，裂片倒卵形，长1.5-2厘米，先端圆，基部两侧各具1管形腺窝，上部具细长裂片状流苏；花药蓝色，长圆形，长约3毫米。蒴果披针形，长达1.9厘米，无柄。种子球形，黄色。花果期8-10月。

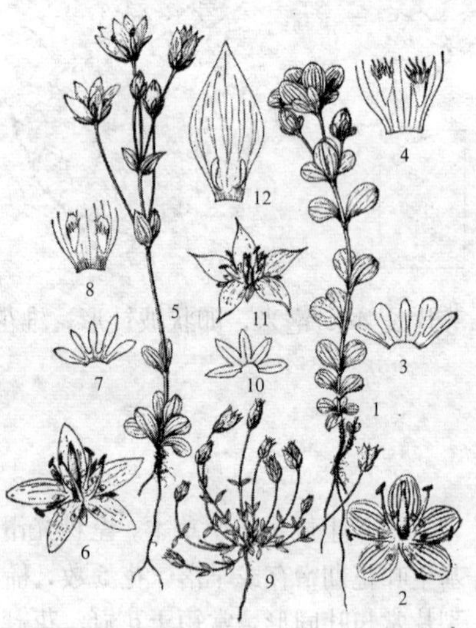

图 114:1-4.圆叶肋柱花 5-8.宿根肋柱花 9-12. 短药肋柱花（阎翠兰绘）

产西藏东南部、四川西南部及云南西北部，生于海拔3000-4800米草坡，灌丛中或林下。

2. 宿根肋柱花　图 114:5-8

Lomatogonium perenne T. N. Ho et S. W. Liu, Fl. Tsinling 1 (4):122. 396. 1983.

多年生草本，高达25厘米。根茎短，有时分枝。花茎单一，直伸。营养枝莲座状叶与花茎基部叶均为匙形或长圆状匙形，连柄长0.6-1.5(-2.1)厘米，先端钝，边缘被乳突，基部渐窄

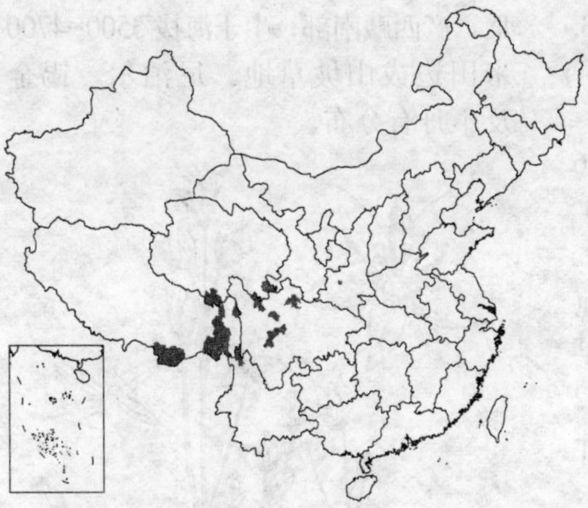

成柄；花茎中上部叶长圆形或长圆状匙形，长 0.6–1.6 厘米，先端钝，基部宽楔形或半抱茎。花 5 数，常 1–7 朵，单生或为聚伞花序。花萼裂片窄椭圆形、线状长圆形或线状匙形，长 4.5–8 毫米，宽 1–2 (–3.5) 毫米，基部窄缩；花冠深蓝或蓝紫色，脉纹不明显，冠筒长约 1 毫米，裂片窄长圆形或椭圆形，长 1.2–1.7 厘米，基部两侧各具 1 管形腺窝，上部具宽裂片状流苏；花药蓝色，长圆形，长 2–3 毫米。蒴果线状椭圆形，长约 1.3 厘米。种子近圆柱形。

产陕西、四川、青海东南部及南部、西藏东部及云南西北部，生于海拔 3950–4320 米山坡草地、灌丛中或草甸。

3. 短药肋柱花　铺散肋柱花 图 114:9–12

Lomatogonium brachyantherum (C. B. Clarke) Fern. in Rhodora 21: 197. 1919.

Pleurogyne brachyanthera C. B. Clarke in Hook. f. Fl. Brit. Ind. 4: 120. 1883.

Lomatogonium thomsonii (C. B. Clarke) Fern.; 中国植物志 62: 340. 1988.

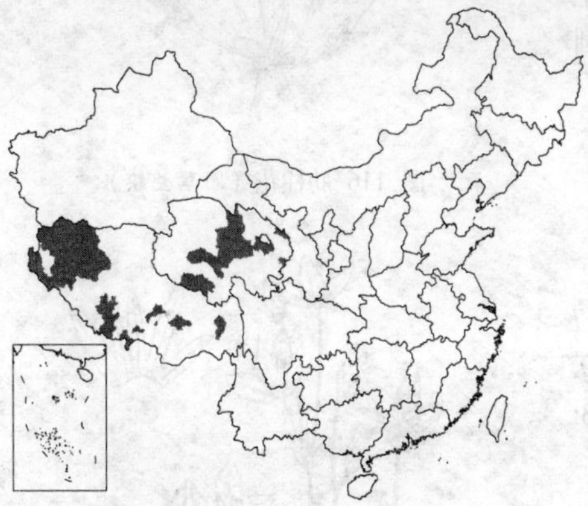

一年生草本，高达 15 厘米。茎基部多分枝，铺散。茎基部叶匙形或窄长圆状匙形，长 1–1.5 毫米，先端钝，边缘微粗糙；茎中上部叶椭圆形或椭圆状披针形，长 3–6 毫米，先端钝，边缘微粗糙，基部楔形。花 5 数，单生枝顶。花萼裂片稍不整齐，椭圆形或椭圆状披针形，长 4.5–6 毫米，先端钝，边缘微粗糙；花冠蓝、紫或蓝紫色，冠筒长 2–3 毫米，裂片宽椭圆形，长 0.8–1 厘米，先端钝，边缘色浅或近白色，基部具 2 腺窝，外侧边缘具裂片状流苏；花药黄色，卵状长圆形，长约 1 毫米。蒴果椭圆状披针形。种子球形或宽长圆形，微粗糙，有光泽。花果期 8–9 月。

产西藏及青海，生于海拔 2200–5200 米河滩、湖滨草甸、沼泽草甸或草甸。阿富汗、巴基斯坦、不丹、印度、克什米尔、尼泊尔、锡金及塔吉克斯坦有分布。

4. 合萼肋柱花 图 115

Lomatogonium gamosepalum (Burk.) H. Smith ex S. Nilsson in Grana Palyn. 7(1): 109, 145. 1967.

Swertia gamosepala Burk. in Journ. Asiat. Soc. Bengal n. ser. 2: 324. 1906.

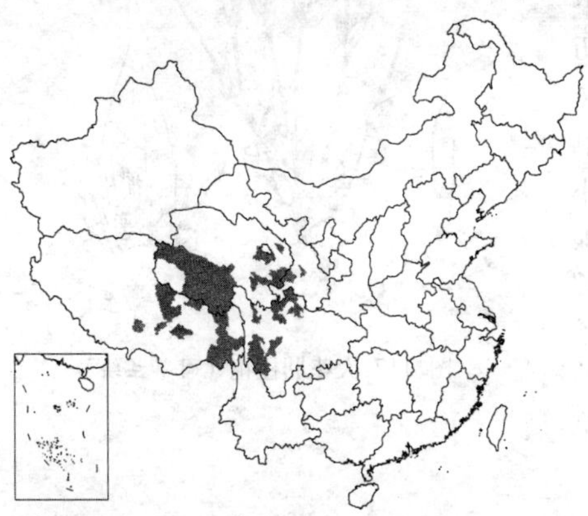

一年生草本，高达 20 厘米。茎基部多分枝，枝斜升。叶倒卵形或椭圆形，长 0.5–2 厘米，先端钝或圆，基部楔形，无柄。聚伞花序或花单生枝端。花 5 数，萼筒长 2–3 毫米，裂片稍不整齐，窄卵形或卵状长圆形，长 3–7 毫米，先端钝或圆，互相覆盖；花冠蓝色，冠筒长 1.5–2 毫米，裂片卵形，长 0.6–1.2 厘米，先端尖，基部两侧各具 1 腺窝，腺窝片状，边缘具浅齿状流苏；花药蓝色，窄长圆形，长约 2.5 毫米。蒴果宽披针形，长 1.2–1.4 厘米。种子近球形。花果期 8–10 月。

产甘肃西南部、青海、西藏东部及四川，生于海拔 2800–4500 米河滩、林下、灌丛中、高山草甸。尼泊尔有分布。

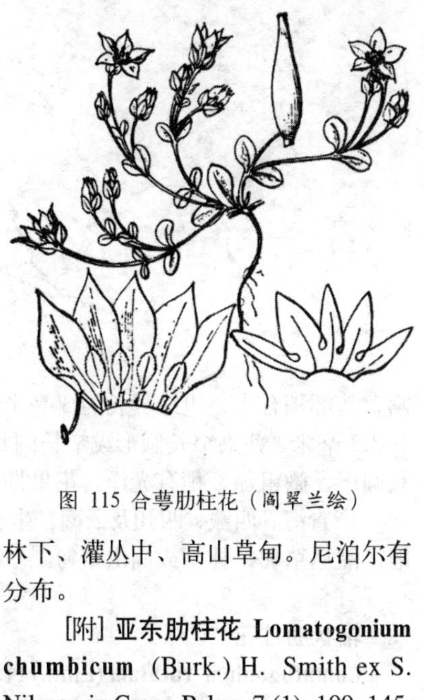

图 115 合萼肋柱花（阎翠兰绘）

[附] **亚东肋柱花 Lomatogonium chumbicum** (Burk.) H. Smith ex S. Nilsson in Grana Palyn. 7 (1): 109, 145.

1967. —— *Swertia chumbica* Burk. in Journ. Asiat. Soc. Bengal n. ser. 2: 323. 1906. 本种与合萼肋柱花的区别：花冠蓝色；花萼裂片倒卵状匙形，基部具爪。产西藏南部，生于海拔 3500-4700 米田边或山坡草地。尼泊尔、锡金及不丹有分布。

5. 肋柱花 图 116 彩片 36

Lomatogonium carinthiacum (Wulf.) Reichb. Fl. Germ. Excurs. 421. 1831.
Swertia carinthiaca Wulf. in Jacq. Misc. 2: 53. 1781.

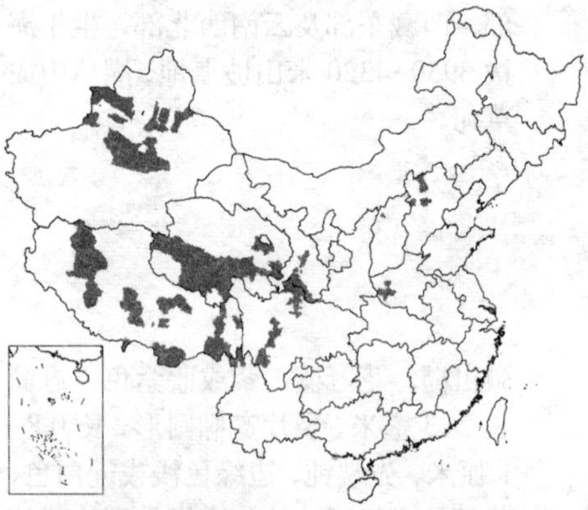

一年生草本，高达 30 厘米。茎下部多分枝。基生叶早落，莲座状，叶匙形，长 1.5-2 厘米，基部窄缩成短柄；茎生叶披针形、椭圆形或卵状椭圆形，长 0.4-2 厘米，宽 3-7 毫米，先端钝或尖，基部楔形，无柄。聚伞花序或花生枝顶。花 5 数；萼筒长不及 1 毫米，裂片卵状披针形或椭圆形，长 4-8 (11) 毫米，边缘微粗糙；花冠蓝色，裂片椭圆形或卵状椭圆形，长 0.8-1.4 厘米，先端尖，基部两侧各具 1 管形腺窝，下部浅囊状，上部具裂片状流苏；花药蓝色，长圆形，长 2-2.5 毫米。蒴果圆柱形，与花冠等长或稍长，无柄。种子近圆形，褐色。花期 8-10 月。

产河北、山西、河南、甘肃、青海、新疆、西藏、四川及云南西北部，生于海拔 430-5400 米山坡草地、灌丛草甸、河滩草地或高山草甸。欧洲、亚洲、北美洲温带及大洋州有分布。

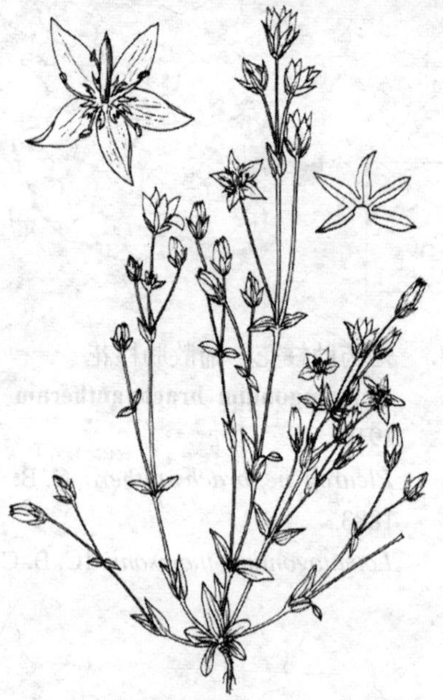

图 116 肋柱花（阎翠兰绘）

6. 大花肋柱花 图 117

Lomatogonium macranthum (Diels et Gilg) Fern. in Rhodora 21: 197. 1919.
Pleurogyne macrantha Diels et Gilg in Futterer, Durch Asien. Bot. Repr. 3: 17. t. 2. 1903.

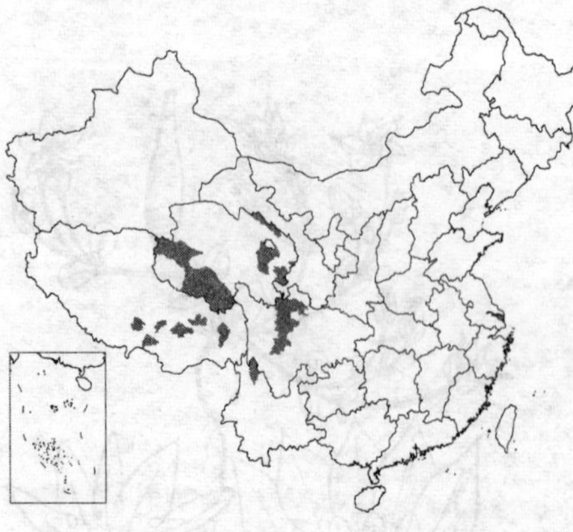

一年生草本，高达 35 厘米。茎分枝稀疏。叶卵状三角形、卵状披针形或披针形，长 0.7-2.7 厘米，宽 0.2-1.2 厘米，基部楔形，无柄。花 5 数，生于枝顶。花萼裂片窄披针形或线形，稍不整齐，长 0.7-1.1 厘米，先端尖，边缘微粗糙；花冠蓝紫色，具深色纵脉纹，裂片长圆形或长圆状倒卵形，长 1.3-2 厘米，先端具小尖头，基部两侧各具 1 管形腺窝，基部稍合生，边缘具长约 3 毫米裂片状流苏；花药蓝色，窄长圆形，长 3-3.2 毫米。蒴果窄长圆形或窄长圆状披针形，长 1.7-2.1 厘米，无柄。种子长圆形，微粗糙，稍有光泽。花果期 8-10 月。

产青海、西藏、四川及云南，生于海拔 2500-4800 米河滩草地、山坡草地、灌丛草甸、林下或高山草甸。

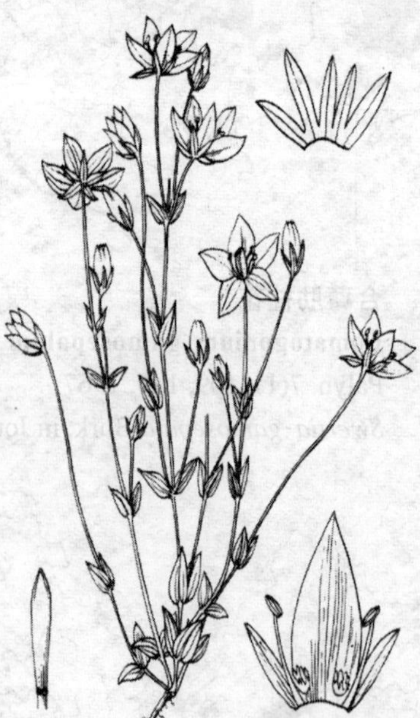

图 117 大花肋柱花（阎翠兰绘）

7. 辐状肋柱花 图 118 彩片 37

Lomatogonium rotatum (Linn.) Fries ex Nyman Consp. Fl. Europ. 500. 1881.
Swertia rotata Linn. Sp. Pl. 1: 226. 1753.

一年生草本，高达 40 厘米。茎不分枝或基部少分枝。叶窄长披针

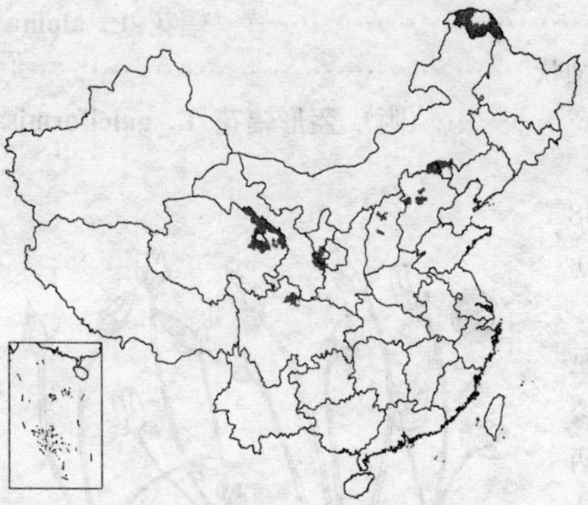

形、披针形或线形，长达 4.3 厘米，先端尖，基部楔形，半抱茎；无柄。花 5 数，顶生及腋生。花萼裂片线形或线状披针形，稍不整齐，长 0.8-2.2(-2.7) 厘米，先端尖；花冠淡蓝色，具深色脉纹，裂片椭圆状披针形或椭圆形，长 1.5-2.5 厘米，基部两侧各具 1 管形腺窝，边缘具不整齐裂片状流苏；花药蓝色，窄长圆形，长 3-4.5 毫米。蒴果窄椭圆形或倒披针状椭圆形。种子球形，光滑。花期 8-9 月。

产东北、华北、西北及西南，生于海拔 1400-4200 米沟边或山坡草地。俄罗斯及日本有分布。

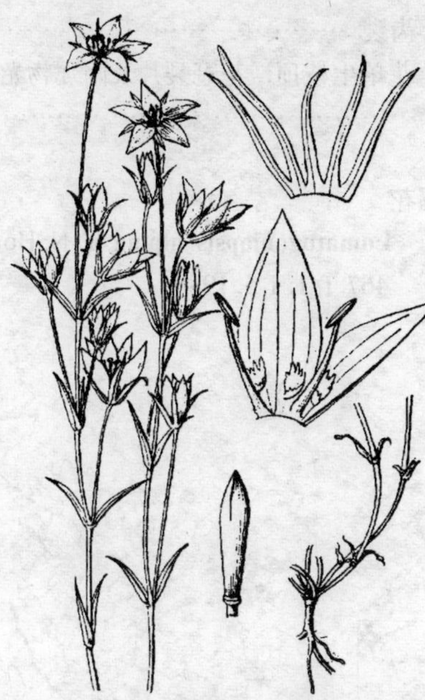

图 118 辐状肋柱花（阎翠兰绘）

8. 美丽肋柱花 图 119

Lomatogonium bellum (Hemsl.) H. Smith ex S. Nilsson in Grana Palyn. 7 (1): 109, 145. 1967.

Swertia bella Hemsl. in Journ. Linn. Soc. Bot. 26: 138. 1890.

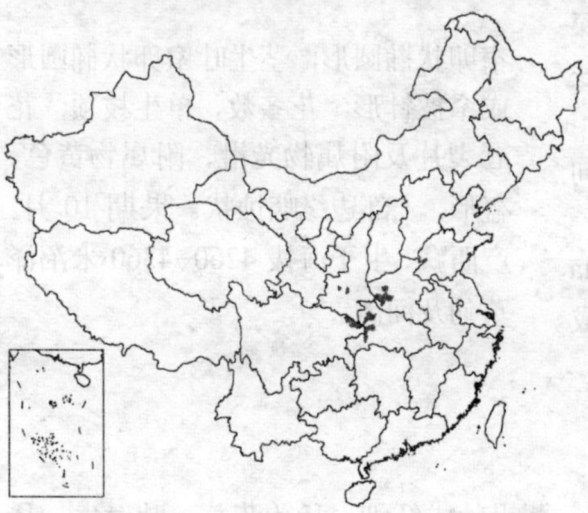

一年生草本，高达 40 厘米，全株光滑。茎直伸，上部分枝或基部分枝密集。茎中下部叶卵形或近心状卵形，长 1.6-2.8 厘米，上部叶卵状披针形，长 1.3-2 厘米，基部圆或楔形，稀近心形，半抱茎，无柄。圆锥状复聚伞花序。花 5 数；花萼裂片卵状披针形或披针形，长 0.7-1.7 厘米；花冠蓝色，具深蓝色条纹，裂片窄卵状长圆形、窄椭圆形或倒卵状长圆形，长 1.3-2 厘米，先端钝，具小尖头，基部两侧各具 1 管形腺窝，上部具不整齐裂片状流苏；花药蓝色，线状长圆形，长约 4 毫米。蒴果窄倒卵状长圆形，长 1.8-2.2 厘米，无柄。种子长圆形，微粗糙。花果期 8-10 月。

产河南西南部、陕西南部、湖北西部及四川，生于海拔 1300-3200 米山坡草地、阴湿地或林下。

图 119 美丽肋柱花（阎翠兰绘）

19. 辐花属 Lomatogoniopsis T. N. Ho et S. W. Liu

一年生草本。叶对生。聚伞花序或花单生枝顶。花辐状，5 数；花萼深裂，萼筒短；花冠深裂，冠筒短，裂片在蕾中向右旋转排列，开放时一侧色深，一侧色浅，无腺窝，具 5 个与裂片对生膜质片状或盔形附属物，无脉纹，先端全缘或稍啮蚀状；雄蕊生于冠筒与裂片互生，花粉粒近球形，被小瘤，有时为网状纹饰；子房 1 室，花柱不明显，柱头 2 裂。蒴果 2 裂。种子多数，光滑。

青藏高原特有属，3 种。

1. 聚伞花序顶生及腋生；花冠裂片与附属物密被乳突；附属物片状窄椭圆形，淡蓝色，具深蓝色斑点，先端全缘或 2

齿裂 …… 辐花 **L. alpina**

1. 花单生枝顶；花冠裂片及附属物光滑；附属物盔形，黄色，上部边缘啮蚀状 ………………………………………………………………………………………………… (附). 盔形辐花 **L. galeiformis**

辐花 图 120 彩片 38

Lomatogoniopsis alpina T. N. Ho et S. W. Liu in Acta Phytotax. Sin. 18(4): 467. f. 1: 1-5. 1980.

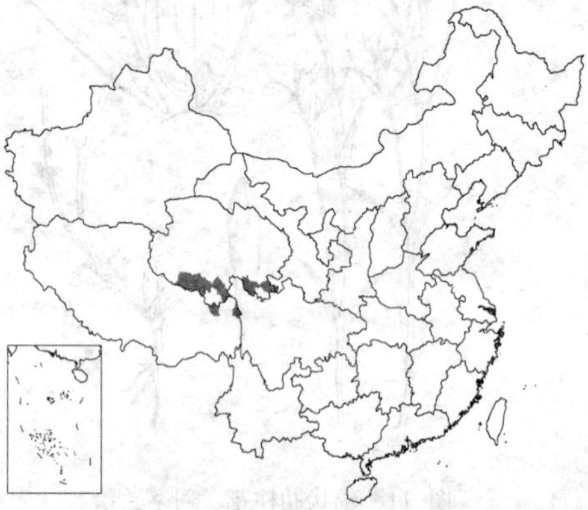

一年生小草本，高达10厘米。茎基部多分枝，稀单一，棱密被乳突。基生叶匙形，连柄长0.5-1厘米，具短柄；茎生叶卵形，长(0.3-)0.6-1.1厘米，无柄；叶先端钝，基部稍窄缩，边缘被乳突。聚伞花序顶生及腋生，稀单花。萼筒长约1毫米，裂片卵形或卵状椭圆形，长3.5-6.5毫米，先端钝圆，边缘密被乳突；花冠蓝色，冠筒长1-1.5毫米，裂片二色，椭圆形或椭圆状披针形，长5.5-9毫米，先端尖，两面密被乳突，附属物窄椭圆形，长4-6毫米，淡蓝色，具深蓝色斑点，密被乳突，无脉纹，全缘或先端2齿裂。蒴果卵状椭圆形，长0.9-1.2厘米，无柄。种子近球形，光滑。花果期8-9月。

图 120 辐花（阎翠兰绘）

产青海南部及西藏东北部，生于海拔3950-4300米云杉林缘、阴坡草甸或草甸灌丛中。

[附] **盔形辐花 Lomatogoniopsis galeiformis** T. N. Ho et S. W. Liu in Acta Phytotax. Sin. 18(4): 468. f. 1: 6. 1980. 本种与辐花的区别：基生叶窄椭圆形或窄卵状椭圆形；茎生叶窄卵状椭圆形或窄披针形；花多数，单生枝顶；花冠裂片及附属物光滑，附属物黄色，盔形，上部边缘啮蚀状。果期10月。产西藏，生于海拔4260-4360米沼泽草甸及河滩。

20. 獐牙菜属 Swertia Linn.

一年生或多年生草本。根草质、木质或肉质，常具主根。无茎或具茎，茎粗壮或纤细，稀为花葶。叶对生，稀互生或轮生，多年生种类营养枝之叶常呈莲座状。复聚伞花序、聚伞花序或单花。花4或5数，少数种类中两者兼有，辐状；花萼裂至近基部，萼筒短；花冠裂至近基部，冠筒短；裂片基部或中部具腺窝或腺斑，腺窝边缘常具流苏或鳞片，稀光滑，腺斑与花冠异色；雄蕊生于冠筒基部与裂片互生，花丝线形，稀下部宽，连成短筒或否；子房1室，花柱短，柱头2裂。蒴果常包于宿存花被中，由顶端向基部2瓣裂，果瓣近革质。种子多而小，稀少而大，光滑、具折皱状突起或翅。

约170种，主产亚洲、非洲及北美洲，少数分布于欧洲。我国79种。

1. 多年生草本，基生叶发达；茎不分枝或花序少分枝；花较大，较少。
  2. 花5数，花冠裂片具1-2腺窝。
    3. 种子具翅；茎生叶对生或互生。
      4. 花冠绿或黄绿色，具红褐色斑点，裂片基部具1圆形褐色腺窝；茎生叶对生 ……………………………………………………………………………………… 1. 红直獐牙菜 **S. erythrosticta**
      4. 花冠裂片基部具2个与花同色腺窝；茎下部叶互生。
        5. 花冠淡黄色；花萼裂片大，与花冠等长或较长，苞叶状 ………………………… 2. 叶萼獐牙菜 **S. calycina**
        5. 花冠蓝紫或淡紫色；花萼裂片小，不呈苞叶状，短于花冠 ……………………………………………………………………………………… 2(附). 北温带獐牙菜 **S. perennis**

3. 种子无翅，具纵皱折，稀具窄翅；茎生叶对生。
6. 叶集生茎基部，茎中部无叶，近似花葶；花单生或为聚伞花序。
7. 花冠蓝色；基生叶 1-2 对；叶长圆形或卵状长圆形 ………………………………… 3. **二叶獐牙菜 S. bifolia**
7. 花冠黄或黄绿色。
8. 花长 1-1.2 厘米；基生叶 3-4 对，线状椭圆形或窄椭圆形 ………………………………………………………………………… 4. **膜边獐牙菜 S. marginata**
8. 花长 1.5-2 厘米；基生叶 1-2 对，长圆形或椭圆形 ……………………… 5. **华北獐牙菜 S. wolfangiana**
6. 叶基生及茎生；圆锥状聚伞花序或聚伞花序具多花；花冠黄绿色。
9. 基生叶宽 5-9 厘米；花冠具蓝色细条纹 ……………………………………… 7. **黄花獐牙菜 S. kingii**
9. 基生叶宽不及 3 厘米。
10. 花冠裂片长 0.9-1.1 厘米，花冠具蓝紫色细短条纹 ……………………………… 8. **高獐牙菜 S. elata**
10. 花冠裂片长 2-3.3 厘米，花冠无条纹，基部稍带淡蓝色 ………………………………………………………………………… 9. **大药獐牙菜 S. tibetica**
2. 花 4 数，花冠裂片具 1 腺窝或腺斑。
11. 植株高 2-4 厘米；基生叶卵形或近圆形，长 4-7 毫米；花单生茎顶，淡蓝色 ………………………………………………………………………… 10. **矮獐牙菜 S. handeliana**
11. 植株高 8-80 厘米；基生叶匙形或长圆匙形。
12. 茎丛生，高 8-12 厘米；聚伞花序顶生；花蓝紫色，裂片长 1-1.1 厘米；种子光滑 ………………………………………………………………………… 11. **多茎獐牙菜 S. multicaulis**
12. 茎单生，高 25-80 厘米；圆锥状聚伞花序顶生及腋生；花紫色，裂片长 1.2-1.7 厘米；种子周缘齿 ……………………………………………………………………………… 11(附). **粗壮獐牙菜 S. hookeri**
1. 一年生稀多年生草本；基生叶不发达；茎多分枝；花较小，较多。
13. 花丝基部不扩大，离生；花冠裂片具 1-2 腺窝或腺斑。
14. 茎基部无丛生分枝；花 4-5 数，大小近相等。
15. 多年生草本；基生叶宿存。
16. 茎多数，丛生；花萼裂片卵状披针形或披针形，苞叶状，包被花冠；花冠白色，具紫色脉纹 ………………………………………………………………………… 12. **斜茎獐牙菜 S. patens**
16. 茎单生，基部分枝；花萼裂片线状披针形，短于花冠，不为苞叶状；花冠淡蓝色，具蓝紫色脉纹 …………………………………………………………………………… 13. **川东獐牙菜 S. davidii**
15. 一年生草本；基生叶早落。
17. 花冠裂片具腺斑。
18. 花冠裂片具1腺斑。
19. 花萼浅钟形，半裂，长为花冠 1/5-1/4；叶椭圆形或卵形，长 7-19 厘米 ………………………………………………………………………… 14. **新店獐牙菜 S. shintenensis**
19. 花萼辐状，深裂，长为花冠 1/2-2/3；叶卵状心形，长 0.8-2.3 厘米 ………………………………………………………………………… 14(附). **心叶獐牙菜 S. cordata**
18. 花冠裂片具 2 腺斑。
20. 花冠白色，具黄绿色斑点，裂片中部腺斑近圆形；叶宽 1.5-5 毫米 ………………………………………………………………………… 15. **鄂西獐牙菜 S. oculata**
20. 花冠黄色，具紫色斑点，裂片中部腺斑半圆形；叶宽 1-4 厘米 ………………………………………………………………………… 16. **獐牙菜 S. bimaculata**
17. 花冠裂片具腺窝。
21. 花冠裂片具1半圆形腺窝，上部边缘具短流苏，基部具 1 半圆形鳞片；花 4 数。
22. 花萼长于花冠；花冠黄绿色，中部以上具紫色网脉。
23. 叶基部渐窄，具短柄；种子表面泡沫状 ……………………………… 17. **显脉獐牙菜 S. nervosa**
23. 叶基部圆，近无柄；种子被脊状突起 ………………………………………………

…………………………………………………………………………………… 6. **阿里山獐牙菜 S. arisanensis**

22. 花萼短于花冠；花冠淡黄绿色，中上部具紫红色网脉 …… 18. **狭叶獐牙菜 S. angustifolia**

21. 花冠裂片具 2 腺窝。

24. 腺窝沟状或囊状，边缘具流苏。

25. 花萼裂片包被花冠，3 个卵形，2 个卵状披针形，背部具突起网脉；花径 2-3 厘米，蓝紫色 ……………………………………………………………………………… 19. **丽江獐牙菜 S. delavayi**

25. 花萼裂片不包被花冠，整齐；花径 1-1.5 厘米。

26. 叶及花萼裂片边缘被短硬毛；花冠淡紫或白色，腺窝倒向囊状，位于裂片基部,开口向着花冠基部 ……………………………………………………………………………………………… 20(附). **毛萼獐牙菜 S. hispidicalyx**

26. 叶及花萼裂片边缘无毛；腺窝沟状或囊状，开口向着花冠顶端。

27. 叶三角状卵形，基部心形；花冠蓝色，腺窝沟状，边缘具篦齿状短流苏 ……………………………………………………………………………… 20. **卵叶獐牙菜 S. tetrapetala**

27. 腺窝边缘被长柔毛状或裂片状流苏。

28. 叶披针形、线形、椭圆形或长圆形。

29. 花萼裂片长于或等于花冠；腺窝周缘密被长柔毛状流苏。

30. 花淡蓝色 ………………………………………… 21. **北方獐牙菜 S. diluta**

30. 花黄白色 …………………………… 21(附). **日本獐牙菜 S. diluta var. tosaensis**

29. 花萼裂片短于花冠；腺窝边缘疏被流苏。

31. 花冠裂片长 4-6 毫米；腺窝具长柔毛状流苏 ……………………………………………………………………… 22. **细瘦獐牙菜 S. tenuis**

31. 花冠裂片长 0.7-1.2 厘米；腺窝具裂片状流苏 ……………………………………………………………… 22(附). **云南獐牙菜 S. yunnanensis**

28. 叶匙形、长圆状披针形、卵状披针形。

32. 蒴果具 1-4 种子；种子长 1.5-2 毫米 ……………………………………………………………………… 23. **大籽獐牙菜 S. macrosperma**

32. 蒴果具多数种子，种子长不及 1 毫米。

33. 花 5 数，花冠白，稀淡蓝色，裂片卵形或卵状披针形，先端钝 ……………………………………………………………… 23(附). **浙江獐牙菜 S. hickinii**

33. 花 4-5 数，裂片先端具芒尖。

34. 花 4 数。

35. 叶基部近心形，半抱茎。

36. 花暗紫红色 …………………………… 24. **川西獐牙菜 S. mussotii**

36. 花黄绿或淡黄色 ……………………………… 24(附). **黄花川西獐牙菜 S. mussotii var. flavescens**

35. 叶基部渐窄；花冠黄白或黄绿色 ……………………………………………… 24(附). **贵州獐牙菜 S. kouitchensis**

34. 花 5 数。

37. 花淡蓝色，等大；茎生叶基部耳形，半抱茎 …………………………………………… 25. **抱茎獐牙菜 S. franchetiana**

37. 花暗紫红色，不等大，侧枝及茎下部花较小；茎生叶基部渐窄 ……………………………………………… 25(附). **紫红獐牙菜 S. punicea**

24. 腺窝鳞片半圆形，背面中央具角状突起；花 4 数；茎基部二歧式分枝 ……………………………………………………………………………… 26. **歧伞獐牙菜 S. dichotoma**

14. 茎基部具多数长短不等分枝；花 4 数，大小相差 2-3 倍；花丝基部背面具 1 小鳞片；花冠腺窝常不明显 ………

………………………………………………………………………………………… 27. **四数獐牙菜 S. tetraptera**

13. 花丝基部宽度达长度一半以上，连合成短筒或否；花冠裂片具1腺窝。

38. 萼筒及冠筒长0.5-1毫米；花冠黄绿色，腺窝马蹄形，上部具2黑色斑点 ……………………………………………………………………………… 28. **西南獐牙菜 S. cincta**

38. 萼筒及冠筒长2.5-3.5毫米；花冠淡蓝或淡蓝紫色，腺窝囊状 ……………………………………………………………………………… 28(附). **藏獐牙菜 S. racemosa**

1. 红直獐牙菜 图 121:1-5 彩色 39

Swertia erythrosticta Maxim. in Mel. Biol. Acad. Sci. St. Petersb. 11: 268. 1881.

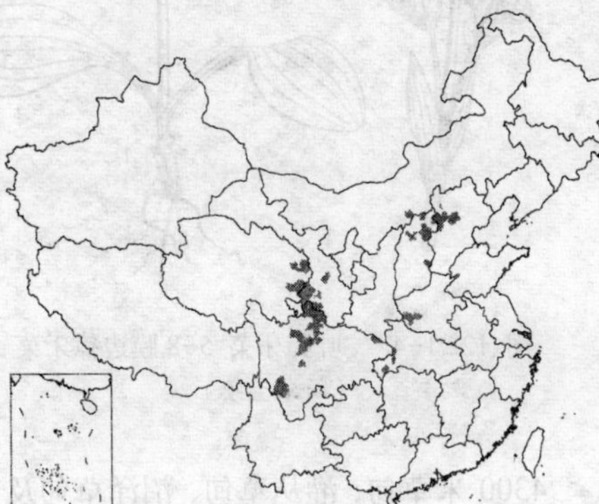

多年生草本，高达50厘米。茎直伸，不分枝。基生叶花期枯萎；茎生叶对生，多对，长圆形、卵状椭圆形或卵形，长5-11(-12.5)厘米，先端钝，稀渐尖，基部渐窄成柄，叶柄扁平，长2-7厘米，下部连合成筒状抱茎。圆锥状复聚伞花序，长(5-)10-45厘米，具多花。花梗常弯垂，长1-2厘米；花5数，径1.2-1.5(-2)厘米；萼筒长2.5-3.5毫米，裂片窄披针形，长0.5-1厘米，先端渐尖；花冠绿或黄绿色，具红褐色斑点，裂片长圆形或卵状长圆形，长0.8-1.7厘米，先端钝，基部具1褐色圆形腺窝，边缘被长1.5-2毫米柔毛状流苏；花丝扁平，线状锥形，长5-7毫米，基部背面被流苏状柔毛；花柱圆柱状，长0.8-1毫米。蒴果卵状椭圆形，长1-1.5厘米。种子周缘具宽翅。花果期8-10月。

产河北、山西、陕西内蒙古、甘肃、青海、四川、湖北及河南，生于海拔1500-4300米河滩、干草原、高山草甸或疏林下。朝鲜有分布。

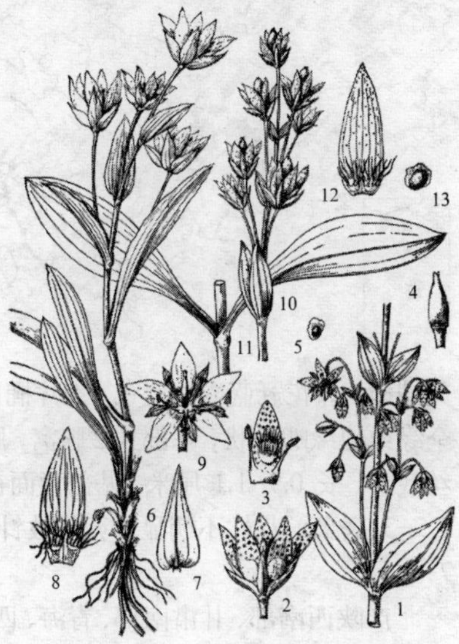

图 121:1-5. 红直獐牙菜 6-9.叶萼獐牙菜 10-13. 北温带獐牙菜(阎翠兰绘)

2. 叶萼獐牙菜 图 121:6-9

Swertia calycina Franch. in Bull. Soc. Bot. France 46: 311. 1899.

多年生草本，高达30厘米。茎直立，不分枝。基生叶线状长圆形，长3.5-7厘米，先端钝，基部渐窄成柄，叶柄扁平，长4-6厘米；茎生叶互生，无柄，半抱茎，中上部叶卵状长圆形或卵形，长2.5-4厘米，先端尖，基部圆，下延成窄翅。聚伞花序具5至多花。花梗长3-5.5厘米；花5数，径1.5-2(-3)厘米；花萼绿色，裂片苞叶状，与花冠近等长或较长，卵形或卵状披针形，长(0.8-)1-1.6(-2.5)厘米，先端尖或渐尖，基部心形或圆；花冠淡黄色，裂片卵状长圆形，长1-1.6(-2.5)厘米，先端钝，全缘或具微齿，基部具2囊状腺窝，边缘被长柔毛状流苏；花丝线形，长1-1.3厘米，基部背面被流苏状柔毛；花柱长1-1.5毫米，柱头2裂，裂片半圆形。蒴果椭圆状披针形，长1.3-1.5厘米。种子棱具不整齐窄翅。花果期7-9月。

产云南西北部及四川西南部，生于海拔2600-4000米山坡。

[附] **北温带獐牙菜** 东北獐牙菜 图 121:10-13 **Swertia perennis** Linn. Sp. Pl. 1:226. 1753. ——*Swertia manshurica* (Kom.) Kitag.；中国植物志 62: 357. 1988. 本种与叶萼獐牙菜的区别：花冠蓝紫或淡紫色，花萼裂片长0.8-1厘米，不呈苞叶状，短于花冠；蒴果卵圆形；种子边缘具宽翅。花果期9月。产吉林，生于海拔约

350 米阴坡或草甸。欧洲、亚洲西南部及北美洲有分布。

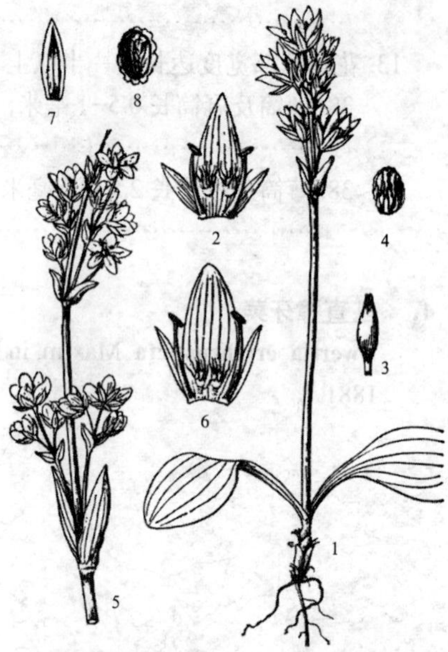

图 122:1-4. 二叶獐牙菜 5-8.膜边獐牙菜
（阎翠兰绘）

3. 二叶獐牙菜 图 122:1-4

Swertia bifolia Batal. in Acta Hort. Petrop. 13: 378. 1894.

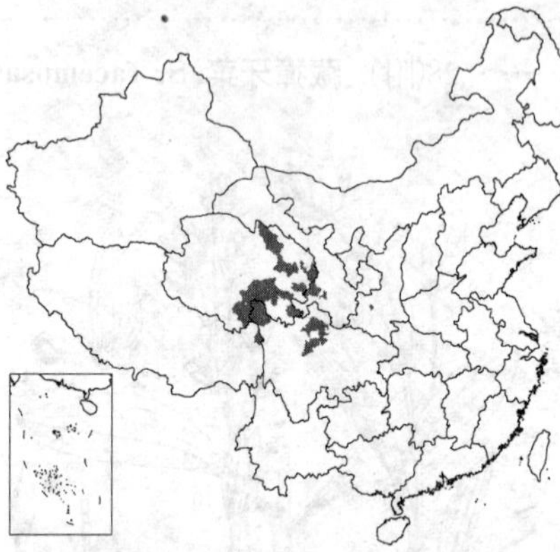

多年生草本，高达 30 厘米。茎直伸，不分枝。基生叶 1-2 对，长圆形或卵状长圆形，长 1.5-6 厘米，先端钝或圆，基部楔形，渐窄成柄；茎中部无叶；最上部叶 2-3 对，卵形或卵状三角形，长 7-18 厘米，无柄。聚伞花序具 2-8(-13) 花。花梗长 0.5-5.5 厘米；花 5 数，径 1.5-2 厘米；花萼有时带蓝色，裂片披针形或卵形，长 0.8-1.1 厘米；先端渐尖；花冠蓝或深蓝色，裂片椭圆状披针形或窄椭圆形，长 1.5-2 厘米，全缘或边缘啮蚀状，基部具 2 腺窝，腺窝基部囊状，顶端被长柔毛状流苏；花丝线形，长 0.9-1.1 厘米，基部背面被流苏状短毛，花药蓝色，窄长圆形，长 2.5-3 毫米；花柱不明显。蒴果披针形，顶端外露。种子具纵皱折。花果期 7-9 月。

产陕西南部、甘肃南部、青海、四川北部及西藏东北部，生于海拔 2850-4300 米草甸、灌丛草甸、沼泽草甸及林下。

4. 膜边獐牙菜 图 122:5-8 彩片 40

Swertia marginata Schrenk in Bull. Acad. Sci. St.- Pétersb. 10: 353. 1842.

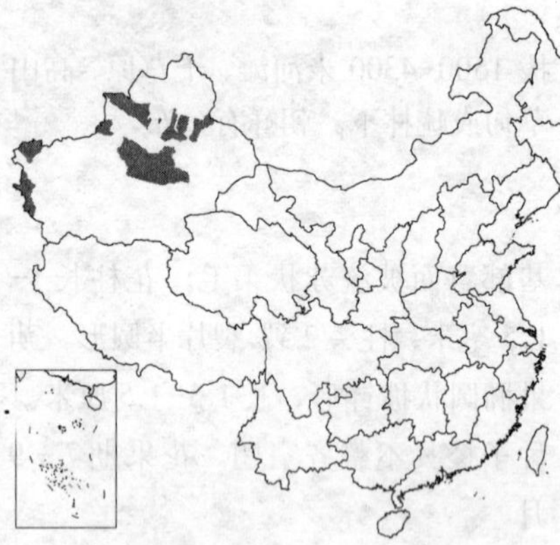

多年生草本，高达 35 厘米。茎直伸，不分枝。基生叶 3-4 对，具长柄，叶线状椭圆形或窄椭圆形，长 3-8 厘米，先端钝圆，基部渐窄成柄；茎中部无叶，上部叶卵状椭圆形或线状椭圆形，长 1.5-3.5 厘米，先端钝，基部无柄，离生，半抱茎。圆锥状复聚伞花序密集，具多花。花梗长 0.5-1.5 厘米；花 5 数，径 1.3-1.5 厘米；花萼裂片披针形，长 0.8-1 厘米，具宽膜质边缘；花冠黄色，中部蓝色，裂片长圆形或窄长圆形，长 1-1.2 厘米，先端钝圆，啮蚀状，基部具 2 腺窝，腺窝基部囊状，边缘被长柔毛状流苏；花丝线形，长 8-9 毫米，基部背面被流苏状短毛；花柱不明显。蒴果窄卵形。种子具纵皱折。花果期 8-9 月。

产新疆，生于海拔 2520-3000 米山坡草地。克什米尔地区、中亚、俄罗斯及蒙古有分布。

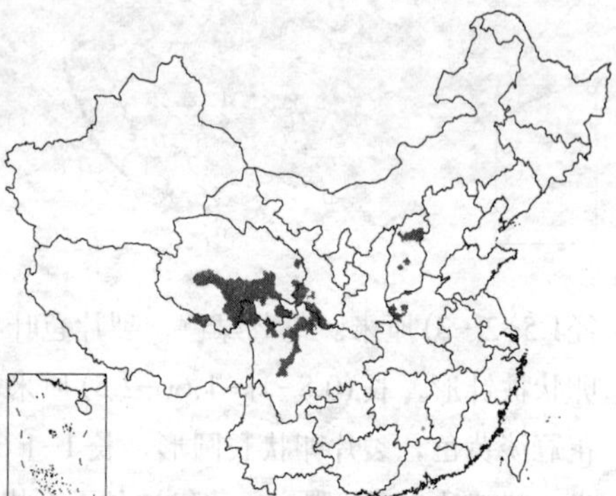

5. 华北獐牙菜 图 123 彩片 41

Swertia wolfangiana Gruning in Fedde, Rep. Sp. Nov. 12: 309. 1913.

多年生草本，高达 55 厘米。根茎短。茎直伸，不分枝。基生叶 1-2 对，具长柄，叶长圆形或椭圆形，长 2-9 厘米，宽 1-3 厘米，先端钝或圆，基部渐窄成柄；茎中部无叶，上部叶卵状长圆形，长 1.5-3 厘米，先端钝，基部无柄，离生，半抱茎。聚伞花序具 2-7 花或单花顶生。花梗长 2-5 厘米；花萼绿色，裂片卵状披针形，长 0.8-1.3 厘米，先端尖，具白色膜质边缘；花冠黄绿色，背面中央蓝色，裂片长圆形或椭圆形，长 1.5-2 厘米，先端钝或圆，稍啮蚀状，基部具 2 腺窝，腺窝下部囊状，边缘被长柔毛状流苏；花丝线形，长 0.8-1.3 厘米，先端尖，具白色膜质边缘；花冠黄绿色，背面中央蓝色，裂片长圆形或椭圆形，长1.5-2厘米，先端钝或圆，稍啮蚀状，基部具2腺窝，腺窝下部囊状，边缘被长柔毛状流苏；花丝线形，长0.8-1.2厘米，基部背面被流苏状短毛；花柱不明显。蒴果椭圆形。种子具纵皱折。花果期7-9月。

产山西、甘肃南部、青海、西藏、四川、及河南，生于海拔1500-5260米草甸、沼泽草甸、灌丛中及潮湿地。

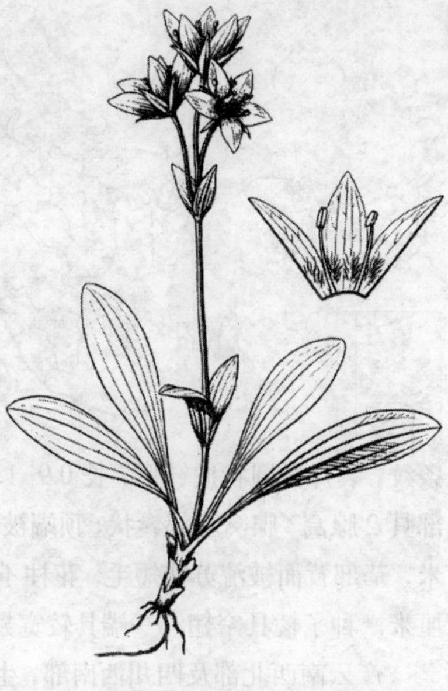

图 123 华北獐牙菜（吴樟桦绘）

6. 阿里山獐牙菜 图 124

Swertia arisanensis Hayata in Journ. Coll. Sci. Univ. Tokyo 30 (1): 203. 1911.

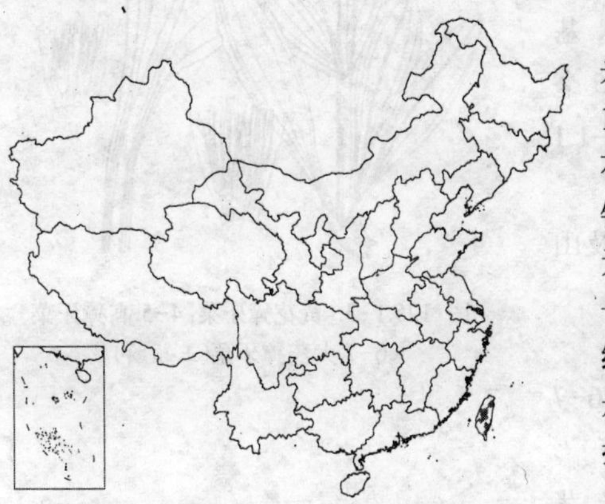

一年生草本，高达90厘米。茎直伸，四棱形，棱具宽1-2毫米翅，上部分枝。基生叶花期枯萎；茎生叶长圆形或披针形，长4-8厘米，基部圆，近无柄。圆锥状复聚伞花序，花梗长0.5-1.5厘米；花4数；花萼绿色，裂片披针形，长0.5-1厘米，先端渐尖；花冠白色，裂片披针形，长6-9毫米，基部具1圆形腺窝，上部边缘被长柔毛状流苏，基部具1圆形鳞片，鳞片上部具齿；花丝下部扁平，长约3毫米，花药长圆形，长约1毫米；花柱极短。蒴果长约1厘米。种子具多数脊状突起。花果期10-11月。

产台湾，生于海拔1700米。

图 124 阿里山獐牙菜（引自《Fl.Taiwan》）

7. 黄花獐牙菜 图 125:1-3

Swertia kingii Hook. Icon. Pl. 15: t. 1442. 1883.

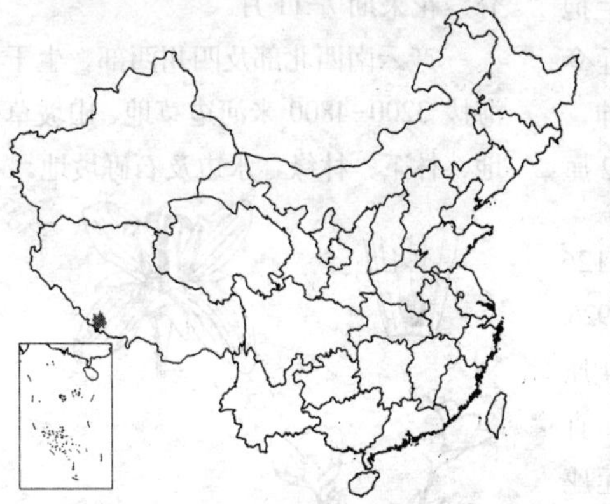

多年生草本，高达1米。茎直立，不分枝。基生叶及茎下部叶宽椭圆形，长12-18厘米，先端钝，基部渐窄成长柄；茎中上部叶多对，卵状披针形或卵形，长3-10厘米，基部楔形。圆锥状复聚伞花序长约25厘米。花梗长达3厘米；花5数，径2-2.5厘米；花萼裂片卵状披针形，长1.1-1.3厘米，先端尖，疏生不整齐细齿；花冠黄绿色，具蓝色细条纹，裂片长圆形或倒卵状长圆形，长1.5-1.7厘米，先端钝圆，啮蚀状，基部具2近圆形腺窝，基部囊状，边缘被长柔毛状流苏；花丝线状钻形，长8-9毫米，基部背面被流苏状短毛；花柱不明显。花果期8-9月。

产西藏南部，生于海拔3400-3800米山坡。尼泊尔、锡金及不丹有分布。

8. 高獐牙菜 图 125:4-5

Swertia elata H. Smith in Anz. Akad. Wiss. Wien, Math.-Nat. 63: 106 1926.

多年生草本，高达1米。茎直伸，不分枝。叶多基生，线状椭圆形或窄披针形，长10-16厘米，先端钝，基部渐窄成具窄翅长柄；茎中上部叶与

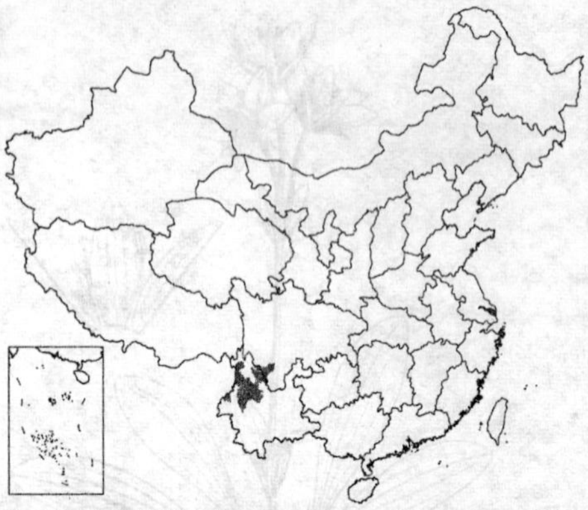

基生叶相似，长7-12厘米，先端尖，基部渐窄成柄；最上部叶披针形或线形，长1-3厘米，宽0.7-1.2厘米，先端渐尖，基部楔形，无柄。圆锥状复聚伞花序。花梗长达2厘米；花5数，径1-1.3厘米；花萼裂片披针形或卵状披针形，长7-9毫米，先端渐尖；花冠黄绿色，具蓝紫色细短条纹，裂片椭圆状披针形，长0.9-1.1厘米，先端钝或平截，边缘啮蚀状，基部具2腺窝，腺窝基部囊状，顶端被长柔毛状流苏；花丝线形，长6.5-7.5毫米，基部背面被流苏状短毛；花柱不明显，柱头小。蒴果卵圆形，长0.9-1.1厘米。种子棱具窄翅；一端具较宽翅。花果期6-9月。

产云南西北部及四川西南部，生于海拔3200-4600米草甸、灌丛中及山坡草地。

图 125:1-3. 黄花獐牙菜 4-5.高獐牙菜 6-7.大药獐牙菜(王颖绘)

9. 大药獐牙菜 图 125:6-7

Swertia tibetica Batal. in Acta Hort. Petrop. 14: 175. 1895.

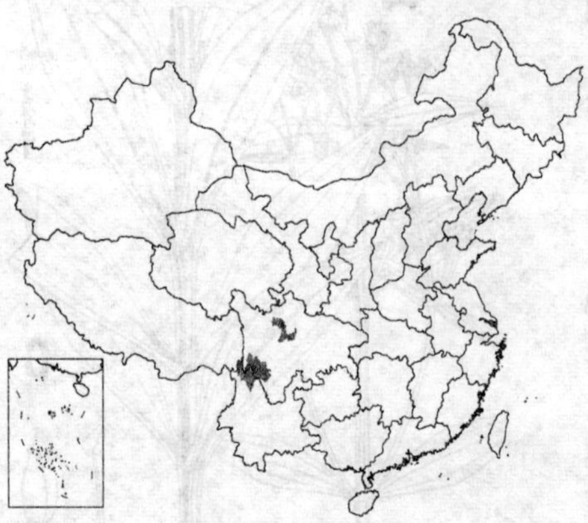

多年生草本，高达64厘米。茎直伸，不分枝。基生叶窄长圆形或椭圆形，长4.5-10厘米，先端钝，基部渐窄成长柄；下部茎生叶与基生叶相似，长6 -135厘米；茎上部叶卵状披针形，长4-9厘米，先端尖或渐尖，基部圆，近无柄，离生，半抱茎。聚伞花序假总状，稀近伞房状，具5-9花。花梗直伸，长2-9厘米；花5数，径2.5-3.5厘米；花萼裂片卵状披针形，长1.5-2厘米，边缘膜质；花冠黄绿色，基部稍淡蓝色，裂片椭圆形，长2-3.3厘米，先端钝，啮蚀状，基部具2腺窝，腺窝基部囊状，边缘被柔毛状流苏；花丝线形，长1-1.5厘米；花柱不明显。蒴果椭圆形。种子具纵脊。花果期7-11月。

产云南西北部及四川西部，生于海拔3200-4800米河边草地、山坡草地、林下、林缘、水边及石砾坡地。

10. 矮獐牙菜 图 126

Swertia handeliana H. Smith in Anz. Akad. Wiss. Wien, Math.-Nat. 63: 106. 1926.

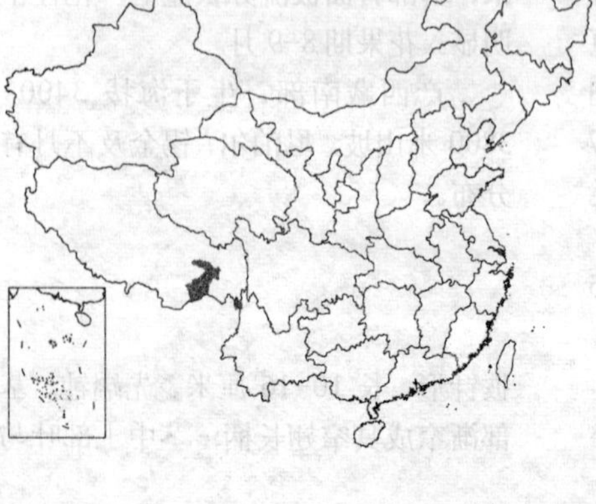

多年生小草本，高达4厘米。茎2-5丛生，稀单生，直立，不分枝。叶多基生，莲座状，卵形或近圆形，长4-7毫米，先端圆，具长柄；茎生叶少，匙形或倒卵形，长4-6毫米，先端钝，基部离生，无柄。花单生茎顶，4数，径0.8-1厘米。花梗长0.5-1.3厘

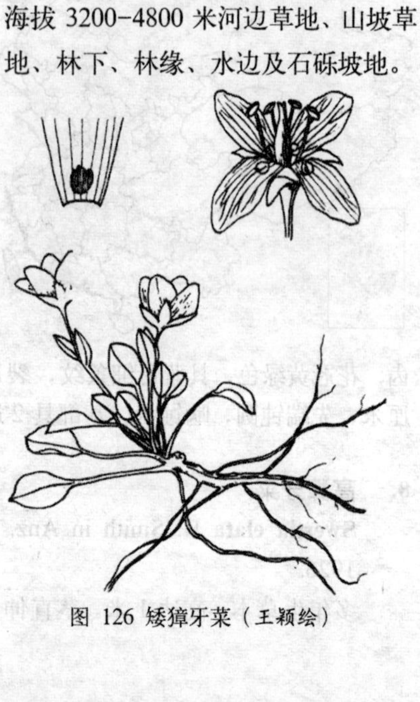

图 126 矮獐牙菜(王颖绘)

产西藏东南部及云南西北部，生于海拔 3500-4500 米山坡草地及高山草甸。

米；花萼绿色，裂片椭圆状卵形或卵状披针形，先端钝，边缘粗糙；花冠淡蓝色，裂片长圆形，长 0.8-1 厘米，先端钝，具小尖头，基部具 1 圆形腺斑；花丝线形，长约 5．5 毫米，花柱短。蒴果卵状披针形，长约 1 厘米；种子近光滑。花果期 8-11 月。

11. 多茎獐牙菜 图 127

Swertia multicaulis D. Don. Prodr. Fl. Nepal. 127. 1825.

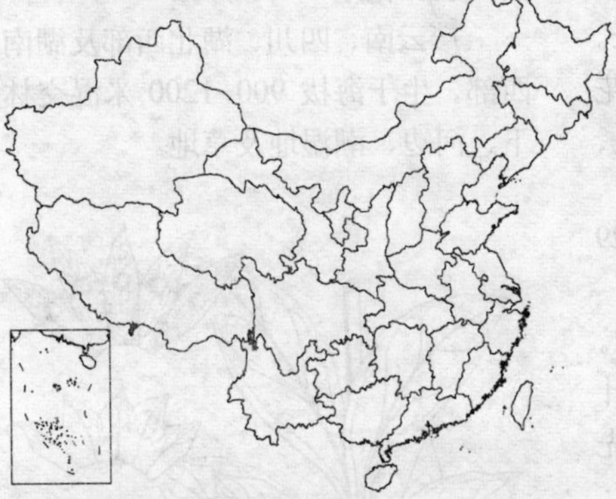

多年生草本，高达 12 厘米。茎多数，上部分枝。叶多基生，莲座状，匙形或长圆状匙形，长 1.5-3.5 厘米，先端圆或钝，边缘微粗糙，基部渐窄成柄；茎生叶少，苞叶状。聚伞花序生于分枝顶端，具 1-3（4）花。花梗长 2-4.5 厘米；花 4 数；花萼裂片长圆形或披针形，长 5-7 毫米，边缘粗糙；花冠蓝紫色，裂片长圆形，长（0.8-）1-1.1 厘米，先端钝，基部具 1 椭圆形、周缘被长柔毛状流苏腺窝；花丝线形，长约 5 毫米，花药深蓝色，长约 2.5 毫米。蒴果披针形，长约 1.5 厘米。种子光滑。花果期 6-9 月。

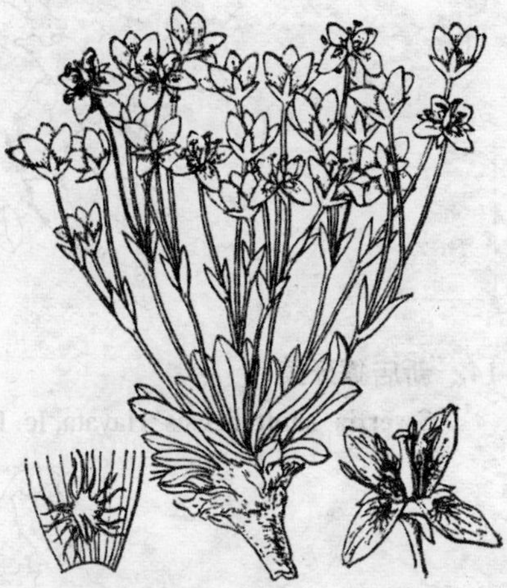

图 127 多茎獐牙菜（王颖绘）

产西藏南部及云南西北部，生于海拔 3600-4350 米高山草地。尼泊尔、锡金及不丹有分布。

[附] **粗壮獐牙菜 Swertia hookeri** C. B. Clarke in Hook. f. Fl. Brit. I 4:127. 1883. 本种与多茎獐牙菜的区别：茎单生，高达 80 厘米；圆锥状聚伞花序顶生及腋生；花紫色，裂片长 1.2-1.7 厘米；种子周缘具翅。产西藏，生于海拔 4000-4200 米草坡。尼泊尔、锡金及不丹有分布。

12. 斜茎獐牙菜 图 128:1-3

Swertia patens Burk. in Journ. Asiat. Soc. Bengal n. ser 7: 82. 1911.

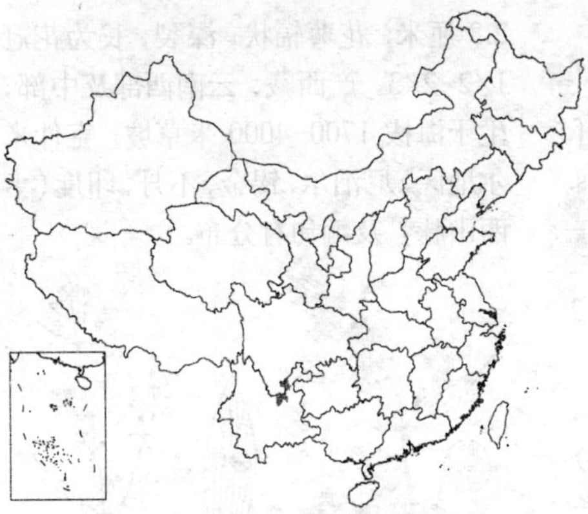

多年生草本，高达 15 厘米。茎丛生，具窄翅，翅被乳突状短毛。基生叶窄匙形或窄倒披针形，连柄长 1.5-6.5 厘米，先端尖，基部渐窄成柄；茎生叶窄匙形、窄椭圆形或线形，连柄长 1.5-3.8 厘米，基部渐窄成柄。花单生枝顶，4 数。花梗长 1-2.2 厘米；花萼绿色，包被花冠，外层 2 裂片卵状披针形，长 2-2.8 厘米，内层 2 裂片披针形，长 1-2 厘米，先端渐尖，基部心形或近圆；花冠白色，具紫色脉纹，裂片卵状长圆形，长 1.3-1.5 厘米，先端钝，具短尖头，下部具 2 杯状腺窝，顶端边缘被短流苏；花丝窄锥形，长约 7 毫米，白色，花药蓝色，长圆形，长约 2.5 毫米；花柱短，柱头头状。花期 7-8 月。

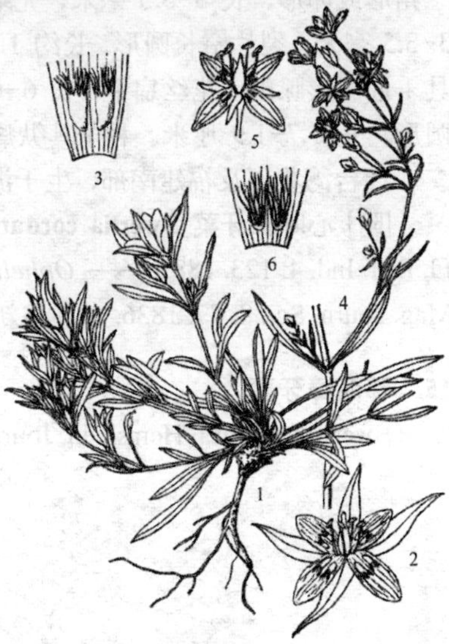

图 128:1-3. 斜茎獐牙菜 4-6. 川东獐牙菜（王颖绘）

产云南东北部及四川南部，生于海拔 1100-2600 米山坡草地。

13. 川东獐牙菜 图 128:4-6

Swertia davidii Franch. Pl. David. 2: 100. 1888.

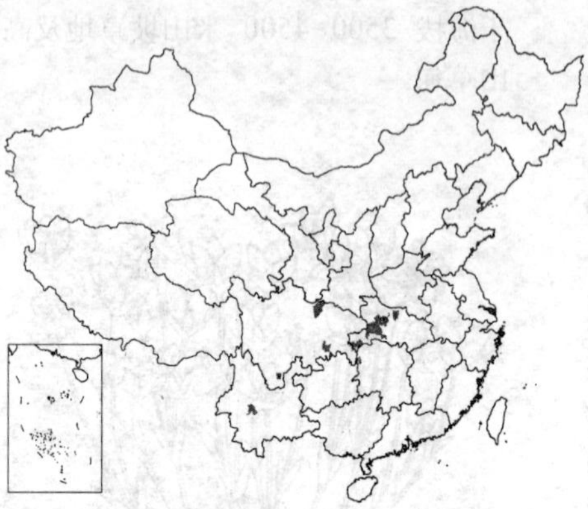

多年生草本，高达 58 厘米。茎单一，直立，棱具窄翅，基部以上分枝。基生叶及茎下部叶窄椭圆形，连柄长 1.3–7 厘米，先端钝尖，全缘，基部渐窄成长柄；茎中上部叶线状椭圆形或线状披针形，长 1.5–3 厘米，具短柄。圆锥状复聚伞花序长达 36 厘米。花梗直立，长 0.5–3.5 厘米；花 4 数，径达 1.5 厘米；花萼绿色，裂片线状披针形，长 5–7 毫米，先端尖；花冠淡蓝色，具蓝紫色脉纹，裂片卵形或卵状披针形，长 0.7–1.1 厘米，先端渐尖，基部具 2 沟状腺窝，卵状长圆形，边缘被长柔毛状流苏；花丝线形，长 5–6.5 毫米，花药椭圆形，长约 1 毫米；花柱粗短，不明显，柱头 2 裂。花期 9–11 月。

产云南、四川、湖北西部及湖南西部，生于海拔 900–1200 米混交林下、河边、潮湿地及草地。

14. 新店獐牙菜 图 129

Swertia shintenensis Hayata, Ic. Pl. Formos. 6: 31. 1916.

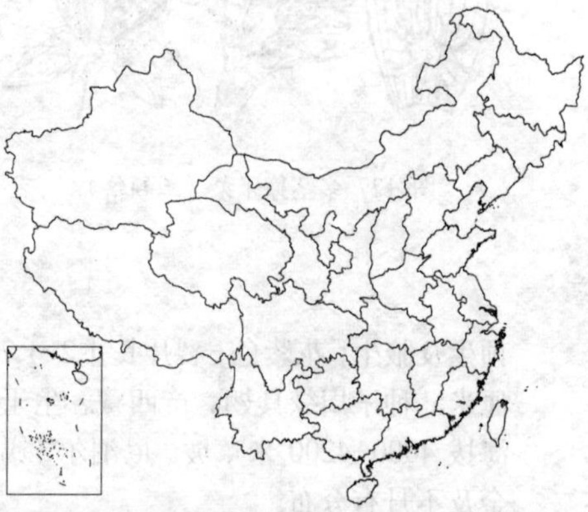

一年生草本，高达 70 厘米。茎单生，直立，不分枝。基生叶少，椭圆形，长 15–19 厘米，先端尖，基部楔形，下延成翅状柄；下部茎生叶椭圆形，长达 11 厘米，具短柄；中上部叶卵形，长达 7 厘米，先端尖，基部心形，抱茎。圆锥状复聚伞花序长达 45 厘米。花梗长 1.6–3 厘米；花 4–5 数；花萼浅钟形，半裂，萼筒长 2–2.5 毫米，裂片开展，卵状三角形或卵形，长 3–3.5 毫米，先端尖，膜质边缘窄；花冠淡黄色，冠筒长 3–3.5 毫米，裂片窄长圆形，长约 1.8 厘米，先端尖，上部具深色斑点，中部具 1 近圆形腺斑；花丝扁平，长 6–6.5 毫米；花柱细，长约 2 毫米。蒴果椭圆形，长 1.7–1.9 厘米。种子具纵瘤状突起。花果期 10–12 月。

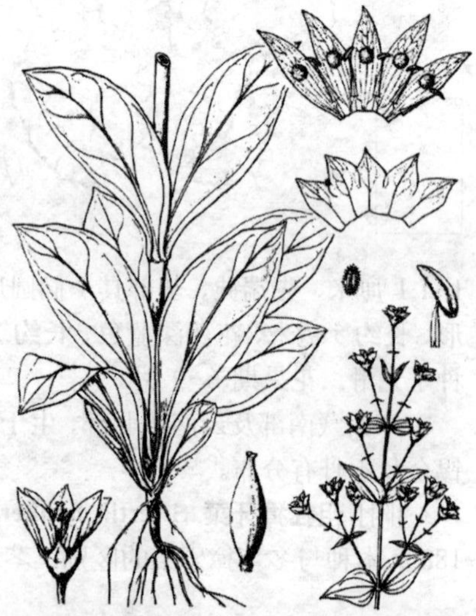

图 129 新店獐牙菜(引自《Fl.Taiwan》)

产台湾北部及福建南部，生于海拔约 900 米山区。

[附] **心叶獐牙菜 Swertia cordata** (G. Don) Wall. ex C. B. Clarke in Hook. f. Fl. Brit. Ind. 4: 123. 1883.—— *Ophelis cordata* G. Don in London Edinb. Philos. Mag. Journ. Sci. 8: 77. 1836. 本种与新店獐牙菜的区别：叶卵状心形，长 0.8–2.3 厘米；花萼辐状，深裂，长为花冠 1/2–2/3。产西藏、云南西部及中部，生于海拔 1700–4000 米草坡。克什米尔地区、尼泊尔、锡金、不丹、印度（卡西山脉）及缅甸有分布。

15. 鄂西獐牙菜 图 130:1–2

Swertia oculata Hemsl. in Journ. Linn. Soc. Bot. 26: 140. 1890.

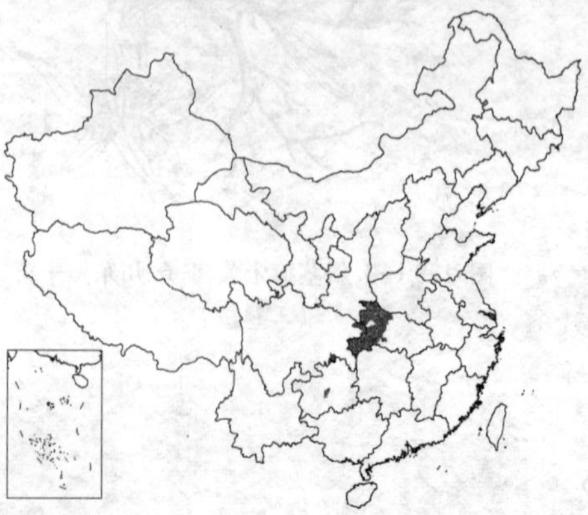

一年生草本，高达 40 厘米。茎直伸，棱具窄翅，中部以上分枝。叶线状披针形或线形，长 1.5–6 厘米，宽 1.5–5 毫米，先端渐尖，基部渐窄成柄，边缘微外卷。圆锥状 复聚伞花序疏散。花梗红，长 3 厘米；花 5 数；花萼绿色，裂片线状长圆形或线形，长 2–5 毫米，先端钝，具小尖头；花冠白色，具黄绿色斑点，

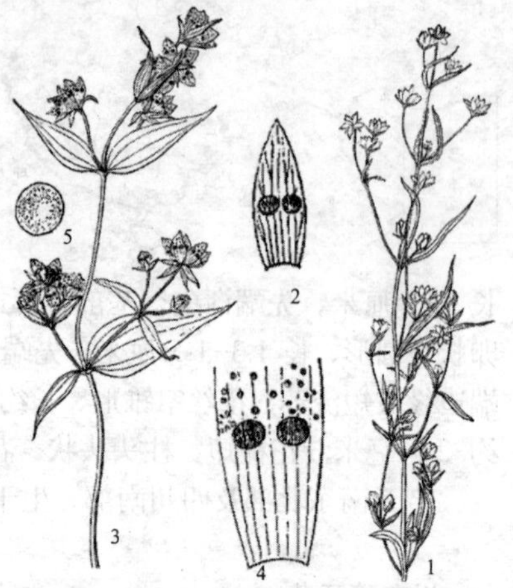

图 130:1–2.鄂西獐牙菜 3–5.獐牙菜(王颖绘)

裂片椭圆状披针形，长 5.5-6.5 毫米，先端渐尖，上部具黄绿色小斑点，中部具 2 黄绿色圆形大腺斑；花丝线形，长约 3.5 毫米；花柱短圆柱形。蒴果窄卵圆形，长约 8 毫米。种子被乳突。花果期 8-9 月。

产湖北西部、四川东部及贵州中部，生于海拔 1500 米以下山坡及灌丛中。

16. 獐牙菜 图 130:3-5 彩片 42

Swertia bimaculata (Sieb. et Zucc.) Hook. f. et Thoms. ex C. B. Clarke in Journ. Linn. Soc. Bot. 14: 449. 1875.

Ophelis bimaculata Sieb. et Zucc. Fl. Jap. Fam. Nat. 2 (1): 35. 1845.

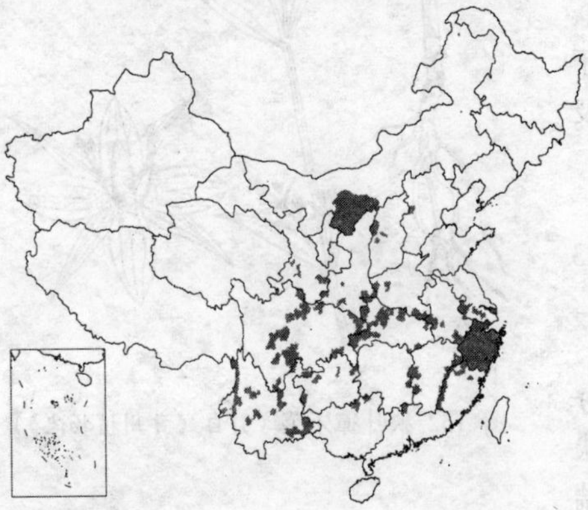

一年生草本，高达 1.4（-2）米。茎直伸，中部以上分枝。基生叶花期枯萎；茎生叶椭圆形或卵状披针形，长 3.5-9 厘米，宽 1-4厘米，先端长渐尖，基部楔形，无柄或具短柄。圆锥状复聚伞花序疏散，长达 50 厘米。花梗长 0.6-4 厘米；花 5 数；花萼绿色，裂片窄倒披针形或窄椭圆形，长 3-6 毫米，先端渐尖或尖，基部窄缩，边缘白色膜质，常外卷；花冠黄色，上部具紫色小斑点，裂片椭圆形或长圆形，长 1-1.5 厘米，先端渐尖或尖，基部窄缩，中部具2 黄绿色、半圆形大腺斑；花丝线形，长 5-6.5 毫米；花柱短。蒴果窄卵圆形，长达 2.3 厘米。种子被瘤状突起。花果期 6-11 月。

产江苏、安徽、浙江、福建、江西、湖北、湖南、广东、广西、贵州、云南、四川、甘肃、陕西、河南、山西、河北及内蒙古，生于海拔 250-3000 米河滩、山坡草地、林下、灌丛中及沼泽地。印度、尼泊尔、锡金、不丹、缅甸、越南、马来西亚及日本有分布。

17. 显脉獐牙菜 图 131:1-2

Swertia nervosa (G. Don) Wall. ex C. B. Clarke in Hook. f. Fl. Brit. Ind. 4: 125. 1883.

Swertia nervosa G. Don, Gen. Syst. Dichlam. Pl. 4: 177. 1837.

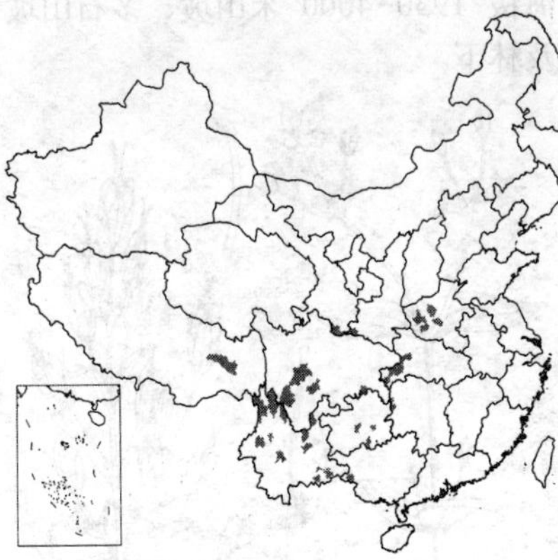

一年生草本，高达 1 米。茎直伸，棱具宽翅，上部分枝。叶椭圆形、窄椭圆形或披针形，长 1.6-7.5 厘米，两端渐窄，柄极短。窄圆锥状复聚伞花序。花梗长 0.5-2 厘米；花 4 数；花萼叶状，裂片线状披针形，长 0.8-1.7 厘米；花冠黄绿色，中部以上具紫红色网脉，裂片椭圆形，长 6-9 毫米，先端钝，具小尖头，下部具 1 半圆形深陷腺窝，上部边缘具短流苏，基部具半圆形鳞片，花丝线形，长 4.5-6 毫米；花柱短。蒴果卵圆形，长 6-9 毫米。种子泡沫状。花果期 9-12 月。

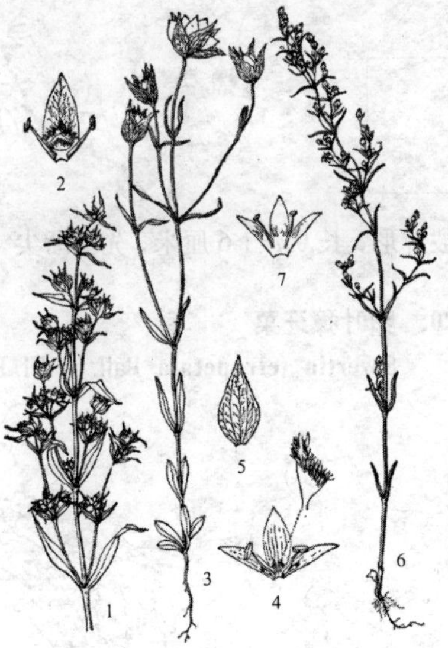

图 131:1-2. 显脉獐牙菜 3-5. 丽江獐牙菜 6-7. 细瘦獐牙菜（王颖绘）

产河南西部、陕西西南部、甘肃东南部、四川、西藏东部、云南、贵州、湖北、湖南西部及广西西部，生于海拔 460-2700 米河滩、山坡、疏林下及灌丛中。尼泊尔、印度及锡金有分布。

18. 狭叶獐牙菜 图 132

Swertia angustifolia Buch. -Ham. ex D. Don, Prodr. Fl. Nepal. 127. 1825.

一年生草本，高达 50 厘米。茎直立，棱具窄翅，上部分枝。叶披针形或披针状椭圆形，长 2-6 厘米，两端渐窄，无柄。圆锥状复聚伞花序。花梗长 3-7 毫米；花 4 数；花萼绿色，长于花冠，裂片线状披针形，长 6-8 毫米；先端尖或渐尖；花冠白或淡黄

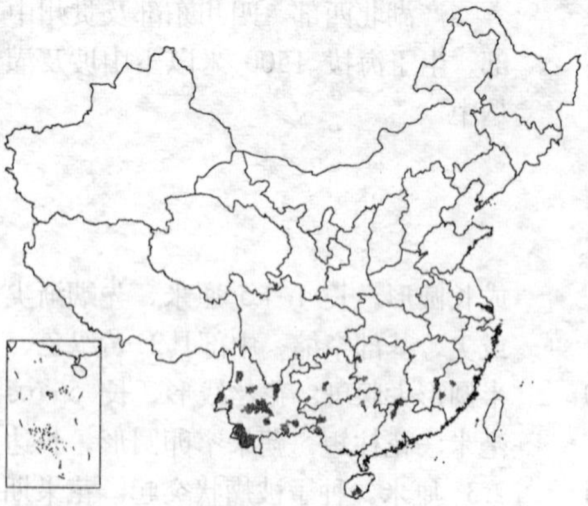

绿色，裂片卵形或椭圆形，长4-6.5毫米，先端钝圆，具小尖头，基部具1圆形深陷腺窝，上半部边缘具短流苏，基部具1圆形膜片，盖在腺窝上，上半部边缘具微齿；花丝线形，长3.5-4毫米；花柱短。蒴果宽卵圆形。种子褐色，长圆形。花果期8-9月。

产福建、江西、湖南、广东、海南、广西、云南及贵州，生于海拔150-3300米田边、草坡及荒地。克什米尔地区、尼泊尔、印度、不丹、锡金、缅甸及越南有分布。

图 132 狭叶獐牙菜（引自《贵州植物志》）

19. 丽江獐牙菜 图 131:3-5 彩片 43

Swertia delavayi Franch. in Bull. Soc. Bot. France 46: 323. 1899.

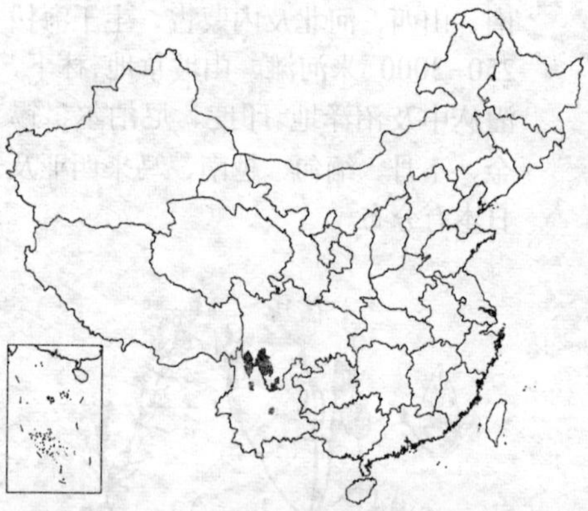

一年生草本，高达40厘米。茎直立，棱具窄翅，基部以上分枝呈帚状。基生叶匙形或长圆状匙形，连柄长1.5-3厘米，先端钝，具短柄；茎生叶窄椭圆形或线形，长1.3-3.5厘米，先端尖，基部渐窄成短柄。花5数，单生枝顶。花梗长1.5-4厘米；花萼绿色，脉纹紫色，包被花冠，裂片外层3枚卵形，长0.9-2.5厘米，基部宽心形，内层2枚卵状披针形，长0.7-1.6厘米，先端渐尖，背部网脉突起；花冠蓝紫色，径2-3厘米，裂片卵形或卵状长圆形，长0.9-1.6厘米，先端钝，基部具2长圆形沟状腺窝，基部具浅囊，边缘密被绒毛状流苏；花丝线形，长约6毫米；花柱短。花期8-10月。

产云南西北部及四川南部，生于海拔1930-4000米山坡、多石山坡及林下。

20. 卵叶獐牙菜 图 133:4-6

Swertia tetrapetala Pall. in Fl. Ross. 1 (2) 99. 1789.

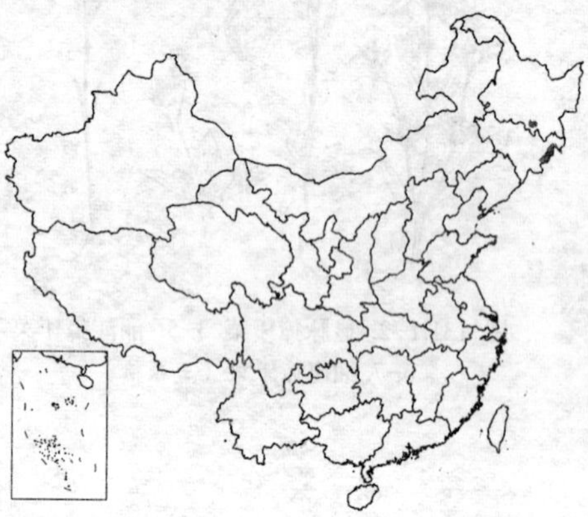

一年生草本，高达30厘米。茎直立，棱具窄翅。基生叶花期枯萎；茎生叶三角状卵形，长1-2.7厘米，先端尖，基部心形，半抱茎，无柄。圆锥状复聚伞花序。花梗直立，长达2厘米；花4数；花萼绿色，裂片线状披针形，长5-7毫米，顶端尖；花冠紫色，裂片椭圆形，长6-8毫米，先端尖，中部具2沟状腺窝，边缘具篦齿状短流苏，开口向着花冠顶部；花丝线形，长约5毫米，花药长圆形，长约1毫米；子房具短柄，披针形，先端渐窄，花柱明显，柱头2裂。花期8-9月。

产黑龙江南部、吉林东南部，生于海拔664米草甸。俄罗斯、朝鲜及日本有分布。

[附] **毛萼獐牙菜** 图133:1-3 **Swertia hispidicalyx** Burk. in Journ. Asiat. Soc. Bengal n. ser. 2: 321. 1906. 本种与卵叶獐牙菜的区别：茎基部多分枝；茎

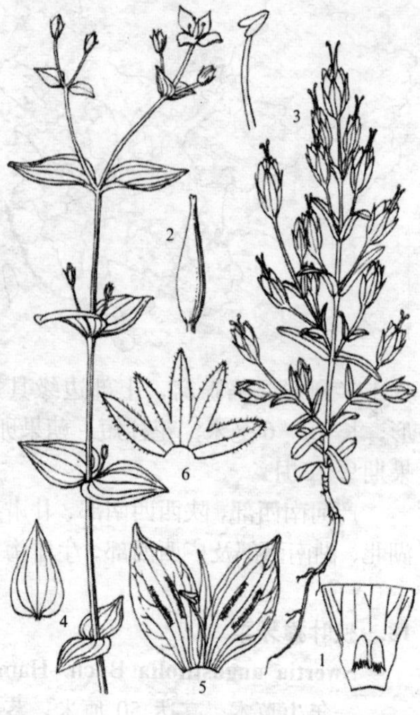

图 133:1-3. 毛萼獐牙菜 4-6. 卵叶獐牙菜
（刘进军绘）

生叶披针形或窄椭圆形；叶及花萼裂片边缘被短硬毛；花梗长达 3.5 厘米；花 5 数；花冠淡紫或白色，裂片卵形，长达 1.1 厘米，腺窝位于基部，倒向囊状，开口向着裂片基部，边缘被柔毛状流苏。花果期 8–10 月。产西藏，生于海拔 3400–5200 米山坡、河边、草原潮湿处及草地。尼泊尔有分布。

21. 北方獐牙菜 当药 图 134

Swertia diluta (Turcz.) Benth. et Hook. f. Gen. Pl. 2: 817. 1876.

Gentiana diluta Turcz. in Bull. Soc. Nat. Mosc. 11: 97. 1938.

一年生草本，高达 70 厘米。茎直伸，棱具窄翅，多分枝。叶线状披针形或线形，长 1–4.5 厘米，两端渐窄，无柄。圆锥状复聚伞花序。花梗长达 1.5 厘米；花 5 数；花萼绿色，裂片线形，长 0.6–1.2 厘米，先端尖；花冠淡蓝色，裂片椭圆状披针形，长 0.6–1.1 厘米，先端尖，基部具 2 沟状窄长圆形腺窝，周缘被长柔毛状流苏；花丝线形，长达 6 毫米；花柱粗短。蒴果长圆形，长达 1.2 厘米。种子被小瘤状突起。花果期 8–10 月。

产黑龙江、吉林、辽宁、内蒙古、河北、山东、江苏、河南、山西、陕西、甘肃、四川北部、青海及宁夏，生于海拔 150–2600 米阴湿山坡、山坡林下、田梗及谷地。俄罗斯、蒙古、朝鲜及日本有分布。

图 134 北方獐牙菜（刘进军绘）

[附] **日本獐牙菜 Swertia diluta** var. **tosaensis** (Makino) Hara in Journ. Jap. Bot. 25: 89. 1950.——*Swertia chinensis* Franch. var. *tosaensis* Makino in Bot. Mag. Tokyo 6: 53. 1892. 本变种与模式变种的区别：花黄白色。产青海东北部及华北地区，生于海拔 820–3100 米山坡。朝鲜及日本有分布。

22. 细瘦獐牙菜 图 131:6–7

Swertia tenuis T. N. Ho et S. W. Liu, Fl. Reipubl Popularis Sin. 62: 396. 1988.

一年生草本，高达 30 厘米。茎直立，上部分枝，稀基部分枝。基生叶花枯萎；茎生叶先端钝，基部渐窄，茎下部叶椭圆形或长圆形，长 0.9–1.5 厘米，茎中上部叶线形或线状披针形，长 0.5–1.2 厘米。圆锥状复聚伞花序。花梗长 0.4–1.2 厘米；花 5 数；花萼绿色，裂片线形，长 2.5–4 毫米，先端尖；花冠淡蓝色，裂片卵状披针形或长圆状卵形，长 4–6 毫米，先端尖，中部以下具 2 不明显腺窝，边缘疏被长柔毛状流苏；花丝丝状，长约 3.5 毫米；花柱短。蒴果卵圆形。种子球形，黄褐色。花果期 8–10 月。

产云南西北部及四川西南部，生于海拔 1200–3500 米山坡草地及林下。

[附] **云南獐牙菜 Swertia yunnanensis** Burk. in Journ. Asiat. Soc. Bengal n. ser. 2: 320. 1906. 本种与细瘦獐牙菜的区别：茎基部分枝；花冠裂片长 0.7–1.2 厘米；腺窝边缘疏被裂片状流苏。产云南、四川及贵州西部，生于海拔 1100–3800 米草坡、林下及灌丛中。

23. 大籽獐牙菜 图 135

Swertia macrosperma (C. B. Clarke) C. B. Clarke in Hook. f. Fl. Brit. Ind. 4: 123. 1883.

Ophelia macrosperma C. B. Clarke in Journ. Linn. Soc. Bot. 14: 448. 1875.

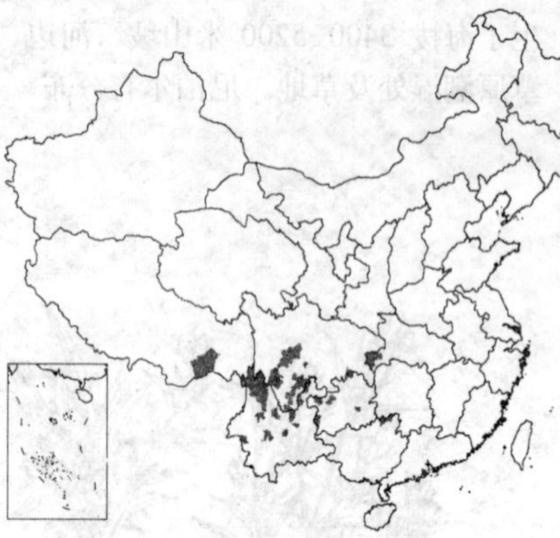

一年生草本，高达1米。茎直立，中部以上分枝。基生叶及茎生下部叶花期枯萎，匙形，连柄长2-6.5厘米，先端钝，全缘或具不整齐细齿，基部渐窄，具长柄；茎中部叶长圆形或披针形，稀倒卵形，长0.4-4.5厘米，先端尖，基部楔形，无柄。圆锥状复聚伞花序开展。花梗长0.4-1.5厘米；花5数，稀4数；花萼裂片卵状椭圆形，长2.5-4毫米，先端钝，背面具1脉；花冠白或淡蓝色，裂片椭圆形，长4-8毫米，基部具2长圆形囊状腺窝，边缘疏被柔毛状流苏；花丝线形，长4-5毫米；花柱短。蒴果卵圆形，长5-6毫米。种子1-4，长1.5-2毫米，光滑。花果期7-11月。

产湖北、四川、西藏、云南、贵州及广西，生于海拔1400-3950米河边、山坡草地、杂木林或竹林下、灌丛中。尼泊尔、锡金、不丹、印度及缅甸有分布。

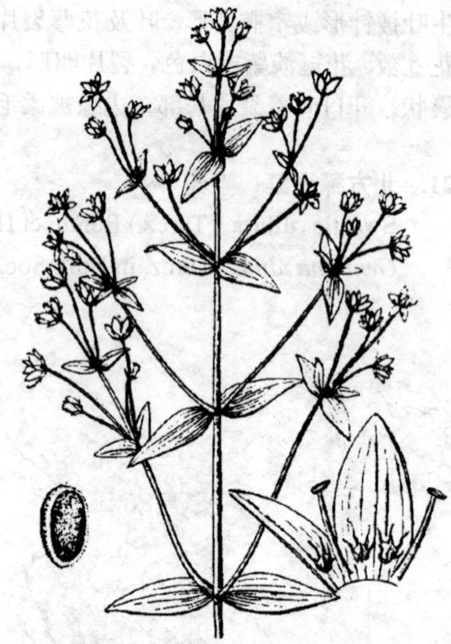

图 135 大籽獐牙菜（引自《图鉴》）

[附] **浙江獐牙菜 Swertia hickinii** Burk. in Journ. Asiat. Soc. Bengal n. ser. 2: 320. 1906. 本种与大籽獐牙菜的区别：花萼裂片线状披针形；花冠裂片卵形或卵状披针形；蒴果具多数种子；种子长不及1毫米。花果期10-11月。产江苏、安徽、浙江、福建、江西、湖南及广西，生于海拔100-1600米草坡、田边、林下及谷地。

24. 川西獐牙菜　　图 136:1-4

Swertia mussotii Franch. in Bull. Soc. Bot. France 46: 316. 1899.

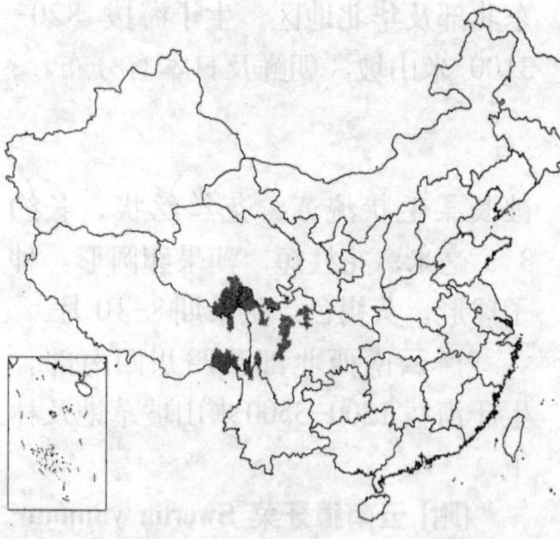

一年生草本，高达60厘米。茎直立，棱具窄翅，基部以上塔形或帚状分枝。叶卵状披针形或窄披针形，长0.8-3.5厘米，先端钝，基部微心形，半抱茎，无柄。圆锥状复聚伞花序。花梗长达5厘米；花4数；花萼绿色，裂片线状披针形或披针形，长4-7毫米，先端尖；花冠暗紫红色，裂片披针形，长7-9毫米，基部具2沟状腺窝，窄长圆形，边缘被柔毛状流苏；花柱粗短。蒴果长圆状披针形，长0.8-1.4厘米。种子具细网状突起。花果期7-10月。

产四川西北部、青海南部、西藏东部及云南西北部，生于海拔1900-3800米山坡、河谷、林下、灌丛中及水边。

[附] **黄花川西獐牙菜 Swertia mussotii var. flavescens** T. N. Ho et S. W. Liu in Acta Biol. Plateau Sin. 1: 47. 1982. 本变种与模式变种的区别：花黄绿或淡黄色。产四川西北部及青海西南部，生于海拔3500-3700米河滩、山坡及灌丛中。

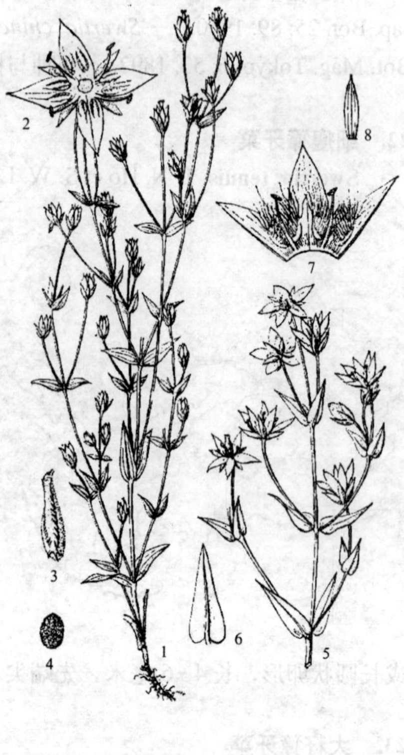

图 136:1-4.川西獐牙菜 5-8.抱茎獐牙菜（阎翠兰绘）

[附] **贵州獐牙菜** 彩片 44 **Swertia kuoitchensis** Franch. in Bull. Soc. Bot. Franc 46: 320. 1899. 本种与川西獐牙菜的区别：叶基部渐窄；花梗长 0.4-1.5 厘米；花萼长于花冠，裂片窄椭圆形，长 0.7- 2 厘米；花冠黄白或黄绿色，裂片椭圆形或卵状椭圆形；蒴果卵圆形。种子近平滑。产陕西南部、甘肃南部、四川东部及东南部、云南东北部、贵州及湖北，生于海拔 750-2000 米河边、草坡及林下。

25. 抱茎獐牙菜 图 136:5-8

Swertia franchetiana H. Smith in Bull. Soc. Nat. Mosc. 4 (6): 251. 1970.

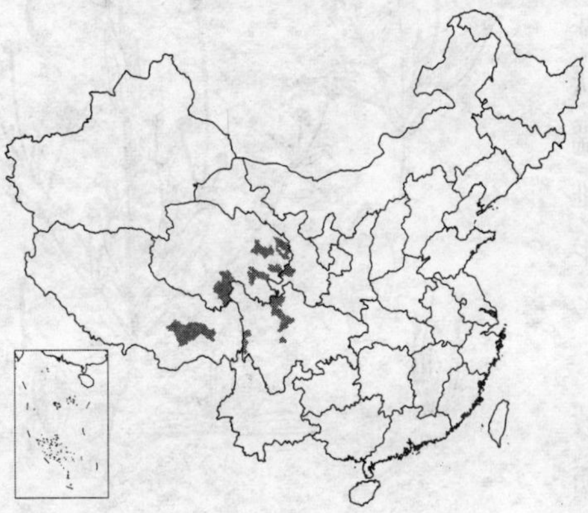

一年生草本，高达 40 厘米。茎直立，棱具窄翅，基部以上分枝。基生叶匙形，长 1-1.5 厘米，先端钝，基部渐窄，具长柄；茎生叶披针形或卵状披针形，长达 3.7 厘米，茎上部及枝上叶较小，先端尖，基部耳形，半抱茎，下延成窄翅。圆锥状复聚伞花序。花梗长达 4 厘米；花 5 数；花萼绿色，裂片线状披针形，长 0.7-1.2 厘米，先端尖；花冠淡蓝色，等大，裂片披针形或卵状披针形，长 0.9-1.5 厘米，先端具芒尖，基部具 2 长圆形囊状腺窝，边缘被柔毛状流苏；花丝线形，长 5-7 毫米；花柱不明显。蒴果椭圆状披针形，长 1.2-1.6 厘米。种子具细网状突起。花果期 8-11 月。

产甘肃西南部、四川、青海及西藏，生于海拔 2200-3600 米沟边、山坡、林缘及灌丛中。

[附] **紫红獐牙菜** 彩片 45 **Swertia punicea** Hemsl. in Journ. Linn. Soc. Bot. 26: 140. 1890. 本种与抱茎獐牙菜的区别：茎生叶长达 6 厘米，基部渐窄；花暗紫红色，不等长，侧枝及茎下部花较小；种子具小瘤状突起。产湖北西部、湖南、贵州、四川及云南，生于海拔 400-3800 米山坡草地、河滩、林下及灌丛中。

26. 歧伞獐牙菜 腺鳞草 图 137

Swertia dichotoma Linn. Sp. Pl. 227. 1753.

Anagollidium dichotoma (Linn.) Griseb.; 中国高等植物图鉴 3: 405. 1974.

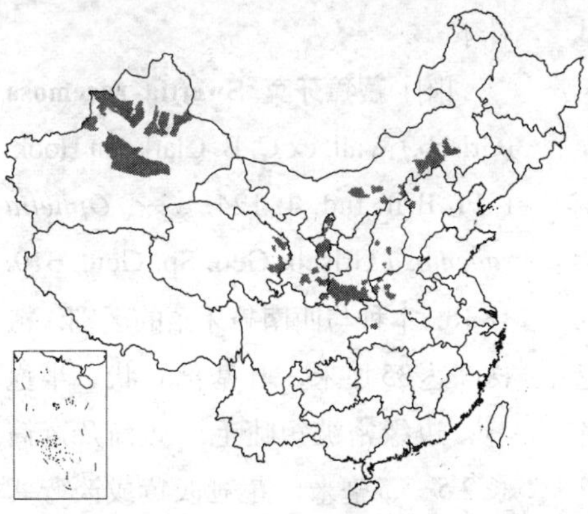

一年生草本，高达 12 厘米。茎细弱，四棱形，棱具窄翅，基部二歧式分枝。下部叶匙形，长 0.7-1.5 厘米，先端圆，具柄；中上部叶卵状披针形，长 0.6-2.2 厘米，先端尖。花 4 数，聚伞花序顶生或腋生。花梗长 0.7-3 厘米；花萼绿色，长为花冠之半，裂片宽卵形，长 3-4 毫米，先端锐尖，边缘及背面脉上稍粗糙；花冠白色，带紫红色，裂片卵形，长 5-8 毫米，先端钝，中下部具 2 黄褐色腺窝，鳞片半圆形，背部中央具角状突起；花丝线形，长约 2 毫米；花柱短柱状。蒴果椭圆状卵圆形。种子淡黄色，长圆形，光滑。花期 5-7 月。

图 137 歧伞獐牙菜（吴樟桦绘）

产内蒙古、河北、山西、河南、湖北、四川、山西、陕西、甘肃、宁夏、青海及新疆，生于海拔 1050-3100 米河边、山坡及林缘。俄罗斯、蒙古及日本有分布。

27. 四数獐牙菜 图 138:1-7

Swertia tetraptera Maxim. in Mél. Biol Acad. Sci. St. Pétersb.11: 269. 1881.

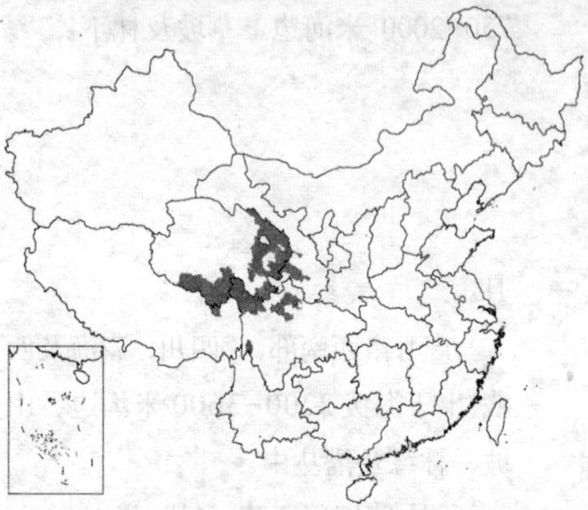

一年生草本，高达30厘米。茎直立，四棱形，棱具窄翅，基部多分枝，丛生，铺散或斜升，中上部分枝直立。基生叶及茎下部叶长圆形或椭圆形，长0.9-3厘米，先端钝，基部渐窄成柄；茎中上部叶卵状披针形，长1.5-4厘米，先端尖，基部近圆，半抱茎。圆锥状复聚伞花序或聚伞花序具多花，稀单花顶生。花4数，主茎上部的花和主茎基部及分枝的花两型：大型花花萼绿色，裂片披针形或卵状披针形，长6-8毫米，先端尖，基部稍窄缩，花冠黄绿色，有时带蓝紫色，异花授粉，裂片卵形，长0.9-1.2厘米，先端啮蚀状，下部具2沟状腺窝，内侧边缘被短裂片状流苏，花丝扁平，基部稍宽，基部背面具1小鳞片；花柱明显；蒴果卵状长圆形，长1-1.4厘米；种子光滑。小型花花萼裂片宽卵形，长1.5-4毫米，先端钝，具小尖头，花冠黄绿色，闭花授粉，裂片卵形，长2.5-5毫米，先端啮蚀状，腺窝常不明显；蒴果宽卵圆形或近圆形，种子较小。花果期7-9月。

图 138:1-7.四数獐牙菜 8-10.西南獐牙菜（阎翠兰绘）

产甘肃、青海、西藏及四川，生于海拔2000-4000米潮湿山坡、河滩、灌丛中及疏林下。

28. 西南獐牙菜 图 138:8-10 彩片 46

Swertia cincta Burk. in Journ. Asiat. Soc. Bengal n. ser. 2: 319. 1906.

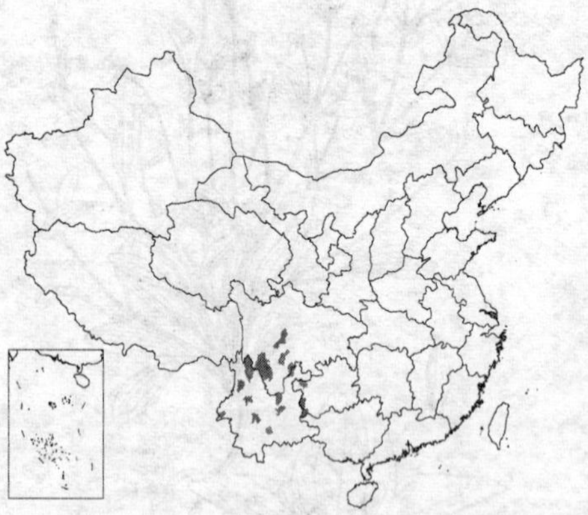

一年生草本，高达1(-1.5)米。茎直立，中上部分枝。基生叶花期凋谢；茎生叶披针形或椭圆状披针形，长2.5-7.5厘米，先端渐窄，基部楔形，柄极短。圆锥状复聚伞花序长达57厘米，下部花序分枝长达30厘米。花梗长0.3-1.8厘米；花5数；萼筒长0.5-1毫米，裂片卵状披针形，长0.9-1.5厘米，先端短尾尖，边缘被长睫毛；花冠黄绿色，基部具一圈紫晕，裂片卵状披针形，长0.7-1.4厘米，先端尾尖，边缘被短睫毛，基部具马蹄形腺窝及2黑紫色斑点；花丝长5-7毫米，基部宽，连成花丝筒包围子房，被乳突状短毛；花柱长。蒴果卵状披针形，长1.2-2.3厘米。种子具细网状突起。花果期8-11月。

产云南、四川及贵州，生于海拔1400-3750米潮湿山坡、灌丛中及林下。

[附] **藏獐牙菜 Swertia racemosa** (Griseb.) Wall. ex C. B. Clarke in Hook. f. Fl. Brit. Ind. 4: 124. —— *Ophelia racemosa* Griseb. Gen. Sp. Gent. 319. 1838. 本种与西南獐牙菜的区别：植株高达35厘米；叶基部耳状，半抱茎，边缘密被短睫毛；萼筒及冠筒长2.5-3.5毫米；花冠淡黄或淡蓝紫色，腺窝囊状；蒴果卵状椭圆形；种子近光滑。花果期8-9月。产西藏东南部，生于海拔3200-4400米山坡草丛及灌丛中。尼泊尔、印度北部、锡金及不丹有分布。

179. 夹竹桃科 APOCYNACEAE

（李秉滔　陈锡沐）

乔木，灌木或藤本，稀亚灌木或草本，具乳汁或水液。单叶对生或轮生，稀互生，全缘，稀具细齿，羽状脉；无托叶，稀具托叶。聚伞花序顶生或腋生，具小苞片。花两性，辐射对称；花萼(4)5裂，双盖覆瓦状排列，基部常具腺体；花冠(4)5裂，高脚碟状、漏斗状、盆状或坛状，稀辐状，裂片向右或向左覆盖，稀镊合状排列；雄蕊(4)5，花丝短，花药箭头形，分离或粘合成圆锥形贴生柱头，纵裂，基部圆、心形、箭头形，或成中空距，花粉颗粒状；花盘环状或杯状，2–5裂，或无花盘；子房上位，稀半下位，合生或离生，1–2室；每室(1)2至多粒胚珠，花柱1，柱头头状、圆锥状或灯罩形，基部具斑点，顶端2裂。浆果、核果、蒴果或蓇葖果。种子具冠毛或无；胚乳厚角质或薄而少，有时无胚乳；胚直伸或近直伸，子叶常较大，胚根圆柱状。

约155属2000种，主产热带及亚热带地区，少数产温带地区。我国44属145种。

1. 草本，有时茎基木质。
  2. 植株具匍匐茎，花紫色 …………………………………… 11. 蔓长春花属 Vinca
  2. 植株无匍匐茎；花粉红或白色，有时带蓝色。
    3. 叶脉苍白色；花冠筒窄，长2–3厘米 …………………………………… 10. 长春花属 Catharanthus
    3. 叶脉非苍白色；花冠筒长约1厘米。
      4. 花冠高脚碟状，裂片向左覆盖；叶互生 …………………………………… 9. 水甘草属 Amsonia
      4. 花冠钟状或盆状，裂片向右覆盖；叶多对生 …………………………………… 32. 罗布麻属 Apocynum
1. 乔木、灌木或藤本。
  5. 植株具刺 …………………………………… 1. 假虎刺属 Carissa
  5. 植株无刺。
    6. 叶互生。
      7. 小枝径2–3厘米；花蜡质；蓇葖果；种子具翅 …………………………………… 7. 鸡蛋花属 Plumeria
      7. 小枝径不及1厘米；花非蜡质；核果；种子无翅。
        8. 花冠白色，喉部带桃红或黄色，花冠筒近圆筒形；果椭圆形或近球形 …………………………………… 17. 海芒果属 Cerbera
        8. 花冠黄色，花冠筒漏斗状；果扁球形 …………………………………… 16. 黄花夹竹桃属 Thevetia
    6. 叶对生或轮生。
      9. 叶轮生。
        10. 花黄色，花冠筒长4厘米以上；果球形，被刺 …………………………………… 18. 黄蝉属 Allamanda
        10. 花各色，花冠筒长不及2.2厘米；果平滑。
          11. 花冠筒漏斗形，长1.2–2.2厘米，具副花冠；叶厚，披针形，下面网脉深绿色；蓇葖果2，并生 …………………………………… 25. 夹竹桃属 Nerium
          11. 花冠筒近圆筒形，长不及1厘米，若超过1厘米则无副花冠；叶较薄；核果或蓇葖果。
            12. 藤本或灌木，具链珠状果。
              13. 花萼内基部具腺体，具鳞片花盘；种子被毛，顶端具绢毛 …………………………………… 35. 长节珠属 Parameria
              13. 花萼内无腺体，无花盘；核果链球状，具2–5节，稀果球形 …………………………………… 13. 链珠藤属 Alyxia
            12. 乔木或灌木；果不呈链珠状。
              14. 蓇葖果；种子被毛；花盘鳞片状或环状，或无花盘 …………………………………… 8. 鸡骨常山属 Alstonia
              14. 核果；种子无毛；花盘环状、杯状，或无花盘。
                15. 花冠裂片向右覆盖，近直伸；无花盘；核果长3厘米以上，中果皮纤维质 ……

………………………………………………………………………………………… 15. 玫瑰树属 **Ochrosia**

15. 花冠裂片向左覆盖，平展；花盘环状或杯状；核果长不及2厘米，中果皮肉质 ……… 12. 萝芙木属 **Rauvolfia**

9. 叶对生。

16. 花冠裂片向左覆盖。

17. 藤本。

18. 花冠筒圆筒形或喉部缢缩；果浆果状。

19. 无花盘；花萼内无腺体；花冠喉部副花冠鳞片状，花冠筒常圆筒形 …………………………………………………………………………………… 2. 山橙属 **Melodinus**

19. 花盘圆筒形；花萼具腺体；无副花冠，花冠筒基部稍膨大，口部缢缩 ………………………………………………………………………………………… 3. 奶子藤属 **Bousigonia**

18. 花冠筒漏斗形或近漏斗形，喉部不缢缩；蓇葖果。

20. 花冠筒长2–2.5毫米；蓇葖果念珠状 ……………………………… 35. 长节珠属 **Parameria**

20. 花冠筒长约1.2毫米；蓇葖果窄纺锤形 ……………………………… 38. 富宁藤属 **Parepigynum**

17. 乔木或灌木。

21. 花具副花冠；雄蕊伸出，花药箭头形，粘生柱头 ……………………………… 26. 倒吊笔属 **Wrightia**

21. 花无副花冠；雄蕊内藏或稍伸出，花药长圆形，与柱头分离。

22. 叶无假托叶，侧脉密而平行，具边脉；浆果 ……………………………… 4. 仔榄树属 **Hunteria**

22. 叶具假托叶，基部合生，侧脉疏离，无边脉；蓇葖果。

23. 花萼裂片卵圆形或长圆形，质薄；蓇葖果长圆形，外果皮薄革质 ………………………………………………………………………………………… 5. 狗牙花属 **Tabernaemontana**

23. 花萼裂片半圆形，质厚；蓇葖果球形，外果皮厚革质 ……………………… 6. 假金桔属 **Rejoua**

16. 花冠裂片向右覆盖。

24. 乔木或灌木；花冠裂片先端非尾尖。

25. 花冠筒窄，长2.3–5厘米；核果 ……………………………………… 14. 蕊木属 **Kopsia**

25. 花冠筒长不及2厘米，蓇葖果。

26. 花萼裂片常被柔毛；无花盘；种子无喙 ……………………… 31. 止泻木属 **Holarrhena**

26. 花萼裂片近无毛；花盘环状或杯状，5裂；种子具长喙 ………………………………………………………………………………………… 30. 倒缨木属 **Kibatalia**

24. 藤本，若植株直立则花冠裂片先端尾尖（羊角拗属 **Strophanthus**）。

27. 花冠漏斗形、近钟形、近坛状或近辐状。

28. 具副花冠；花冠裂片先端尾尖（旋花羊角拗 **S. gratus** 例外）；种子具喙 ………………………………………………………………………………… 29. 羊角拗属 **Strophanthus**

28. 无副花冠；花冠裂片先端非尾状；种子常无喙。

29. 雄蕊伸出。

30. 花丝长，药隔无腺体；花冠宽漏斗形 ……………………………… 27. 清明花属 **Beaumontia**

30. 花丝短，药隔背面具腺体；花冠近辐状 ……………………………… 28. 纽子花属 **Vallaris**

29. 雄蕊内藏。

31. 花冠筒长1–4毫米，近坛状；花序多花，疏散 ……………………… 34. 水壶藤属 **Urceola**

31. 花冠筒长2厘米以上；花序少花，紧密。

32. 花冠高脚碟状；蓇葖果长较宽大5倍 ……………………………… 21. 鹿角藤属 **Chonemorpha**

32. 花冠近钟状；蓇葖果长较宽大 3 倍 …………………………………………………… 22.毛车藤属 **Amalocalyx**

27. 花冠高脚碟状，花冠筒长不及 1.4 厘米。

33. 雄蕊伸出。

34. 花丝直伸；蓇葖果细长，离生 …………………………………………………… 24. 帘子藤属 **Pottsia**

34. 花丝膝曲；蓇葖果径 1 厘米以上，合生 ………………………………………… 23. 同心结属 **Parsonsia**

33. 雄蕊内藏。

35. 花药顶端被长柔毛。

36. 花冠筒长0.5–1.5厘米，较花萼裂片长3–8.7倍 …………………………… 40. 毛药藤属 **Sindechites**

36. 花冠筒长1.6–2.5毫米，较花萼裂片长1.3–2.3倍 ……………………………………………………………………………………………………… 39. 金平藤属 **Cleghornia**

35. 花药顶端无毛。

37. 花盘 5 深裂或 5 片离生。

38. 花冠筒长1.5–1.7厘米，较花萼裂片长5倍；花序顶生 …………………… 37. 思茅藤属 **Epigynum**

38. 花冠筒长不及 1.4 厘米，长不及花萼裂片 3 倍；花序腋生或顶生或兼而有之。

39. 花冠筒长 0.5–1.4 厘米，雄蕊着生处膨大；花冠裂片长 0.5–1.4 厘米，蕾时卵球形，较花冠筒粗 ………………………………………………………………… 19. 络石属 **Trachelospermum**

39. 花冠筒长2.5–3毫米，近桶形；花冠裂片长3–5毫米，蕾时近球形，花冠筒近等粗 …………………………………………………………………………………………… 36. 腰骨藤属 **Ichnocarpus**

37. 花盘全缘或 5 浅裂。

40. 花萼裂片先端渐尖或尖，平展，长大于宽 2 倍，较花冠筒长（香花藤 **A. marginata** 例外，花萼裂片长为花冠筒一半，叶具边脉）…………………………………………………………………………………… 20. 香花藤属 **Aganosma**

40. 花萼裂片先端尖或圆，直伸或近直伸，长不及宽 2 倍，为花冠筒一半。

41. 花冠裂片不扭曲，花蕾近圆柱状，顶端圆；种子无喙 …………………………………………………………………………………………… 36. 腰骨藤属 **Ichnocarpus**

41. 花冠裂片扭曲，花蕾卵球形，顶端稍尖；种子具喙 …………………………………………………………………………………………… 33. 鳝藤属 **Anodendron**

1. 假虎刺属 **Carissa** Linn.

灌木、藤本或小乔木，常具刺； 2 岐分枝。叶对生。聚伞花序顶生及腋生，2 歧分枝，常多花。花(4)5 数，花萼无腺体，稀内面基部具腺体；花冠高脚碟状，裂片向右或向左覆盖，花冠筒圆筒形，雄蕊着生处膨大；雄蕊内藏喉部，花药披针形，顶端钝或细尖；无花盘；子房 2 室，每室 1–4 胚珠，稀胚珠多数，2 列；花柱丝状，柱头窄长圆形或纺锤形，顶端 2 浅裂。浆果。种子 2 至多粒，盾状；胚乳肉质，子叶卵圆形，胚根下位。染色体 2n=22。

约 30 种，分布于非洲及亚洲热带、亚热带地区及澳大利亚。我国 1 种，引种栽培 3 种。

1. 叶卵圆形或椭圆形，侧脉 3–5 对；子房每室 1 胚珠；果近球形 ………………………… 1. **假虎刺 C. spinarum**

1. 叶宽卵形或长圆形，侧脉约 8 对；子房每室多数胚珠；果卵球形 ……………………… 2. **刺黄果 C. carandas**

1. 假虎刺 图 139 彩片 47

Carissa spinarum Linn. Mant. Pl. 2: 559. 1771.

Carissa yunnanensis Tsiang et P. T. Li; 中国植物志 63: 13. 1977.

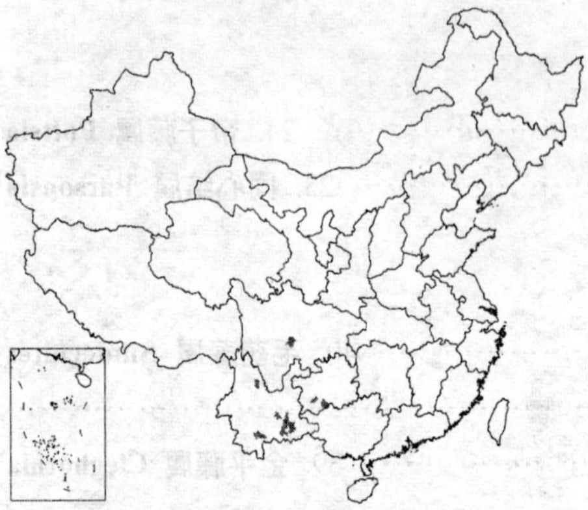

小乔木或灌木状，高达5米；刺长1.2-6厘米。叶革质，卵圆形或椭圆形，长0.5-5.5厘米，先端骤尖或短渐尖，基部圆或楔形，侧脉3-5对，显著，叶下面被微柔毛。聚伞花序顶生及腋生，具3-7花，被微柔毛；花萼裂片长约2.5毫米；花冠白色，裂片长5-7毫米，向右覆盖，花冠筒长1厘米，内面密被柔毛；子房每室1胚珠。浆果亮黑色，近球形，径0.5-1.2厘米。种子长3-5毫米。花期3-5月，果期9-12月。

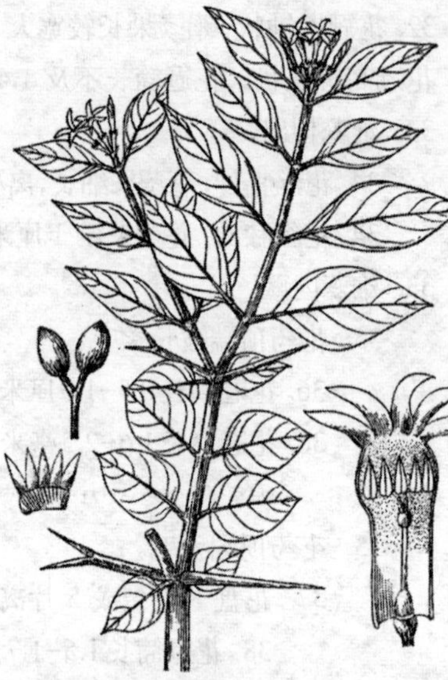

图 139 假虎刺（吴翠云绘）

产贵州、四川及云南，生于路边、灌丛中或林缘。印度、斯里兰卡、缅甸及泰国有分布。根入药，治肝炎及风湿性关节炎。

2. 刺黄果 图 140

Carissa carandas Linn. Mant. Pl. 1: 52. 1767.

小乔木或灌木状，高5米；刺长5厘米。叶宽卵形或长圆形，长3-7厘米，先端短细尖，基部宽楔形或圆，侧脉约8对，上升，近边缘网结。聚伞花序顶生，常具3花，花序梗长1.5-2.5厘米，具小苞片。花芳香；花萼裂片长2.5-7毫米，基部内面具多数腺体；花冠白或淡玫瑰色，裂片披针形，长约1厘米，先端尖，向右覆盖，被微柔毛，边缘具睫毛，花冠筒长2厘米，内面被微柔毛。每室多数胚珠。浆果红紫色，卵球形，长1.5-2.5厘米，径1-2厘米。花期3-6月，果期7-12月。

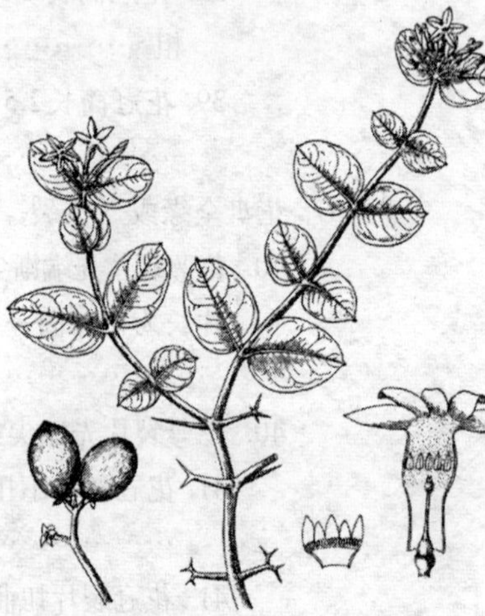

图 140 刺黄果（李秉滔绘）

原产印度、斯里兰卡、缅甸、泰国、马来西亚及印度尼西亚。福建、广东、贵州、海南及台湾有栽培。果可生食，也可做糕饼馅及果酱。

2. 山橙属 Melodinus J. R. et G. Forst.

藤本或攀援灌木；具乳汁。叶对生。聚伞花序顶生或腋生。花白色；花萼无腺体；花冠高脚碟状，裂片常斜镰刀形，向左覆盖，花冠筒圆筒形，雄蕊着生处膨大；副花冠鳞片状，5或10枚，直立；雄蕊着生花冠筒中部或下部，花丝短，花药与柱头分离，基部圆；无花盘；子房2室，胚珠多数；花柱短，柱头，2裂。浆果大，肉质。种子多数，无毛。

约50种，分布于亚洲热带、亚热带及澳大利亚。我国12种，产西南、华南及台湾。

1. 花序腋生，花蕾顶端渐尖 …………………………………………………………………… 1. **腋花山橙 M. axillaris**
1. 花序顶生及腋生，花蕾顶端圆或近骤尖。
    2. 叶无毛或沿中脉疏被毛。
        3. 叶侧脉弧曲。

4. 幼枝及幼叶被鳞片；花萼裂片先端骤尖；果径约 10.5 厘米 ………………………… 2. **雷打果 M. yunnanensis**

4. 植株除花序外无毛；花萼裂片先端圆；果径不及 9 厘米 ………………………………… 3. **山橙 M. suaveolens**

3. 叶侧脉细密平行，与中脉成 70–80°；叶膜质 ……………………………………… 4. **薄叶山橙 M. tenuicaudatus**

2. 叶下面被毛。

5. 幼枝及幼叶密被短绒毛，老叶上面毛稍脱落；花冠裂片窄椭圆形 ……… 5. **川山橙 M. hemsleyanus**

5. 幼枝及幼叶被微柔毛，老时脱落；花冠裂片窄卵圆形或倒卵圆形 …………………… 6. **尖山橙 M. fusiformis**

1. 腋花山橙 图 141

Melodinus axillaris W. T. Wang ex Tsiang et P. T. Li in Acta Phytotax. Sin. 11: 349. 1973.

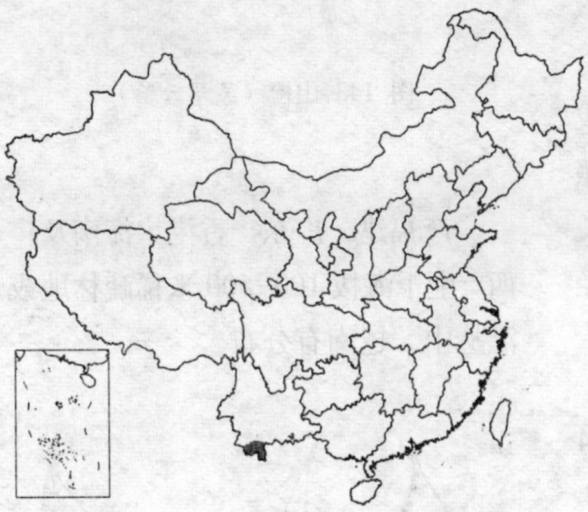

攀援灌木。小枝具棱，稍被短柔毛。叶纸质，无毛，长圆形，长 10–18 厘米，先端骤尖，基部楔形，侧脉 17–20 对，在两面稍凸起；叶柄长 5–9 毫米。聚伞花序腋生，2–5 歧，长 3.5–8 厘米，被短柔毛，花序梗长 2–3 厘米；苞片及小苞片披针形，被短柔毛。花蕾长圆状披针形，顶端渐尖，被短柔毛；花萼裂片卵圆形，长 3–3.4 毫米，先端钝，具缘毛；花冠白色，高脚碟状，长 1.2 厘米，裂片长圆形，花冠筒圆筒形，内面被柔毛；副花冠鳞片状，被长柔毛；雄蕊着生花冠筒中部以下，花丝被柔毛；子房圆筒状，无毛，花柱丝状，柱头圆锥状。花期 5 月。

图 141 腋花山橙（吴翠云绘）

产云南南部，生于海拔 1000 米疏林中。

2. 雷打果 图 142 彩片 48

Melodinus yunnanensis Tsiang et P. T. Li in Acta Phytotax. Sin. 11: 355. 1973.

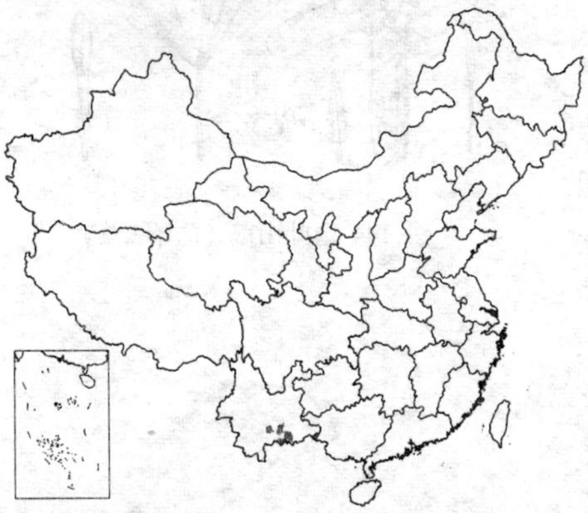

攀援灌木，长 10 米。枝黑灰色，无毛；小枝与幼叶被鳞片。叶纸质，长圆形或椭圆状长圆形，长 7–18 厘米，先端渐尖，基部圆，侧脉 10–15 对，两面近平；叶柄长 0.5–1 厘米。聚伞花序伞形，顶生及腋生，长 5–6.5 厘米，花序梗长 1.5–2 厘米，无毛。花梗长 5–7 毫米，被短柔毛；花蕾圆筒状，长约 2 厘米，无毛；苞片及小苞片披针形，长 3–7 毫米；花萼裂片宽卵圆形，长 7 毫米，先端骤尖，具缘毛；花冠白色，裂片长圆形，长 1.1 厘米，花冠筒圆筒形，长 1.2 厘米，内面被短柔毛；副花冠鳞片状，线形，内藏；子房无毛，花柱极短。浆果球形，径约 10.5 厘米。花期 5 月，果期 8 月。

图 142 雷打果（陈国泽绘）

产云南南部及广西西部，生于海拔 1500-2000 米密林中。

3. 山橙 图143

Melodinus suaveolens (Hance) Champ. ex Benth. in Kew Bull. Bot. 4: 333. 1852.

Lycimmia suaveolens Hance in Walper, Ann. Bot. Syst. 3: 30. 1852.

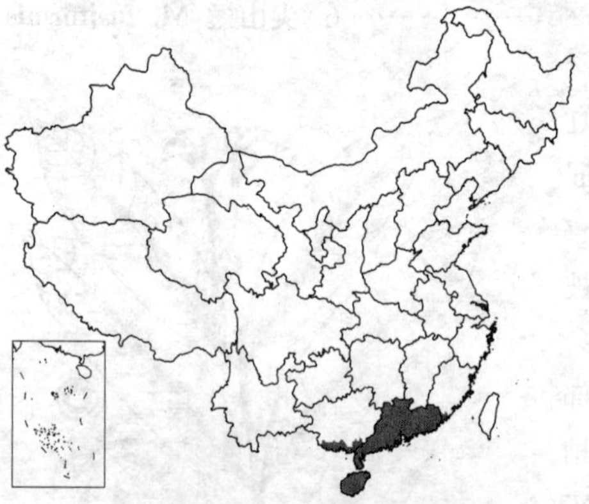

藤本，长达 10 米。除花序疏被柔毛外，全株无毛。叶革质，椭圆形或卵圆形，长 5-10 厘米，先端短渐尖，基部楔形或圆；叶柄长约 1.2 厘米。聚伞花序顶生及腋生。花蕾顶端圆或钝，被微柔毛；花芳香；花萼裂片卵圆形，长约 3 毫米，被微毛，先端圆或钝；花冠白色，裂片近圆形、镰刀形，近顶端具缺刻，花冠筒长 1-1.4 厘米；副花冠钟状或筒状，顶端 5 裂，自花冠喉部伸出。浆果球形，径 5-8 厘米。花期 5-11 月，果期 8-12 月。

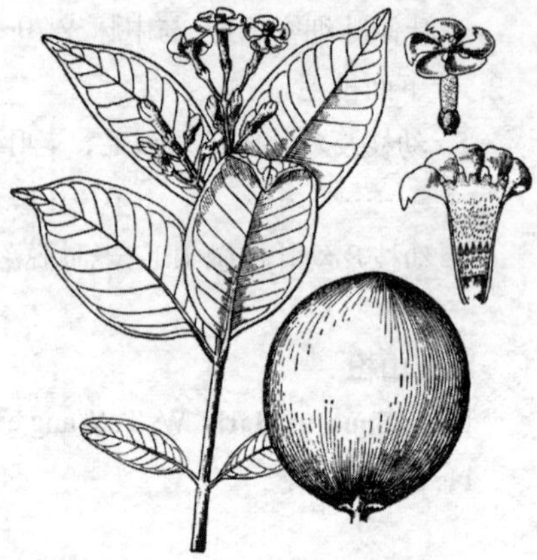

图 143 山橙（吴翠云绘）

产福建、广东、香港、海南及广西，生于海拔 100-500 米稀疏林地或灌丛中。越南有分布。

4. 薄叶山橙 图 144

Melodinus tenuicaudatus Tsiang et P. T. Li in Acta Phytotax. Sin. 11: 353. 1973.

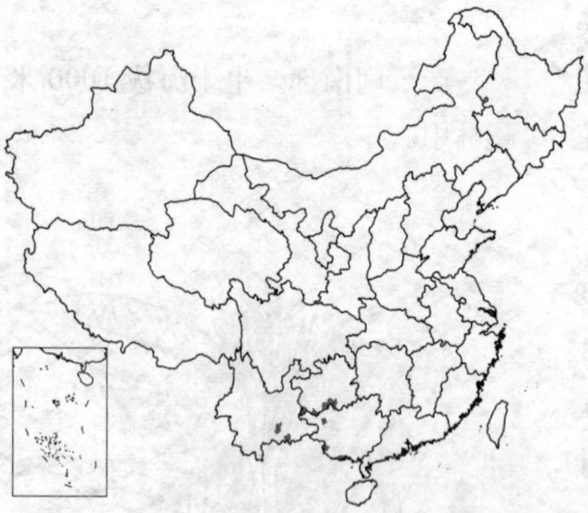

攀援灌木，长 4 米。枝条灰色，小枝灰黄色。叶膜质，无毛，长圆形或窄长圆形，长 6-15 厘米，先端尾尖，基部楔形或宽楔形，侧脉多数，近平行，与中脉成 70-80°，两面平。聚伞花序顶生，长 4-6 厘米，具 3-5 花，花序梗约长 1.2 厘米，被微柔毛；苞片及小苞片窄椭圆形，长 2.5-4 毫米。花梗约长 5 毫米；花萼裂片卵圆形；花冠白色，裂片长圆形，长约 1.8 厘米，花冠筒与裂片等长，无毛，内面被柔毛；副花冠鳞片状，10 枚，窄椭圆形；花丝被微柔毛。浆果近纺锤形，长 6.5-7 厘米，径 1.8-2.5 厘米。花期 5-9 月，果期 9-12 月。

产广西、贵州、云南，生于海拔 800-1800 米山地密林或灌丛中。

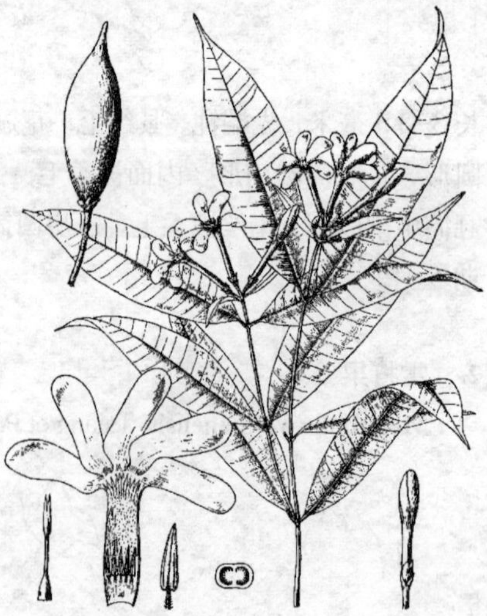

图 144 薄叶山橙（陈泽国绘）

5. 川山橙 图 145

Melodinus hemsleyanus Diels in Engl. Bot. Jahrb. 29: 539. 1900.

粗壮藤本，长 8 米。幼嫩部分密被细绒毛。叶近革质，椭圆形、长圆形或窄长圆形，长 7-15 厘米，先端渐尖，基部楔形，上面无毛，下面脉被柔毛，侧脉约 10 对，两面均明显。聚伞花序顶生。花萼裂片卵状长圆形，长约 7 毫米，密被柔毛，先端渐尖；花冠白色，裂片窄椭圆形，长约 8 毫米，花冠筒长约 1 厘米，两面被微柔毛；

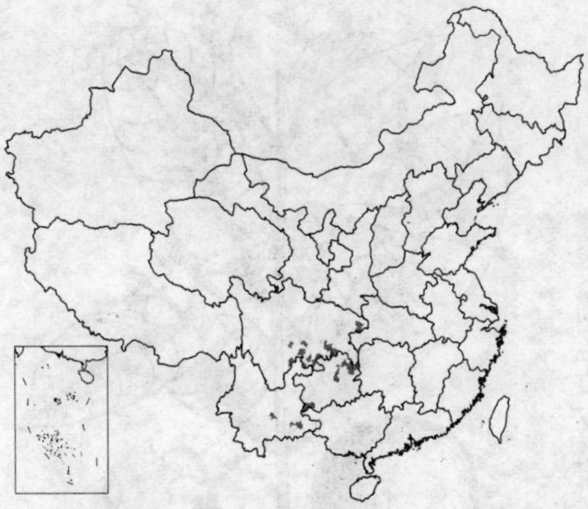

副花冠鳞片状，不等长；雄蕊着生花冠筒下部的膨大处，花药与花丝等长；柱头扩大成圆柱状。浆果椭圆状纺锤形，长7.5厘米。种子窄椭圆形，长约9毫米。花期5-8月，果期7-12月。

产贵州、四川、湖北及云南，生于海拔500-1500米山地疏林中。

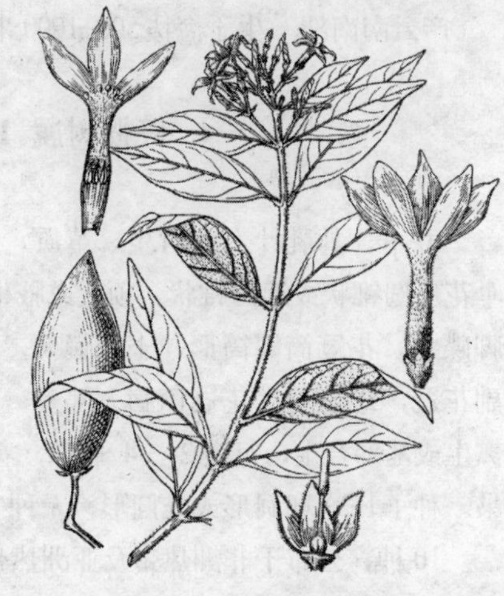

图 145 川山橙（吴翠云绘）

6. 尖山橙 图 146

Melodinus fusiformis Champ. ex Benth. in Kew Bull. Bot. 4: 332. 1852.

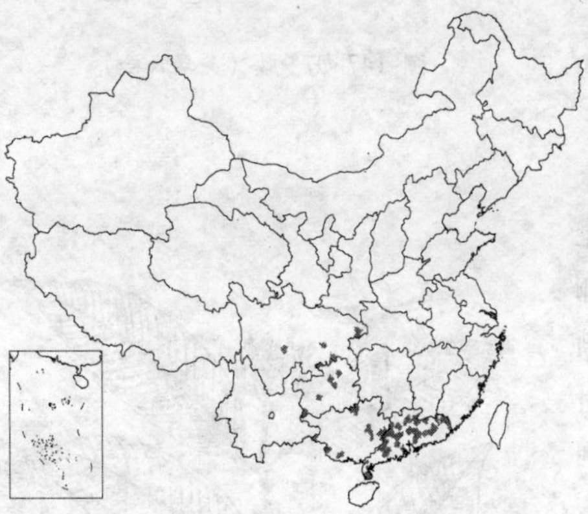

粗壮藤本，长达10米。幼嫩部分被柔毛，后脱落；茎皮灰褐色。叶近革质，椭圆形或长圆形，稀窄椭圆形，长4.5-12厘米，先端渐尖，基部楔形或圆，侧脉约15对，斜展近叶缘网结；叶柄长4-6毫米。聚伞花序顶生，长3-5厘米，具花6-12朵。花萼裂片卵圆形，长4-5毫米，先端骤尖；花冠白色，裂片窄卵圆形或倒卵圆形，长（0.8）1.1-2厘米，花冠筒长1.2-2厘米；副花冠鳞片状，5枚，伸出，被长柔毛，先端2-3裂；雄蕊内藏，着生花冠筒近基部。浆果纺锤形，长3.5-5.3厘米。花期4-9月，果期6-12月。

产广东、广西、贵州及四川，生于海拔300-1500米山地疏林中及山谷。

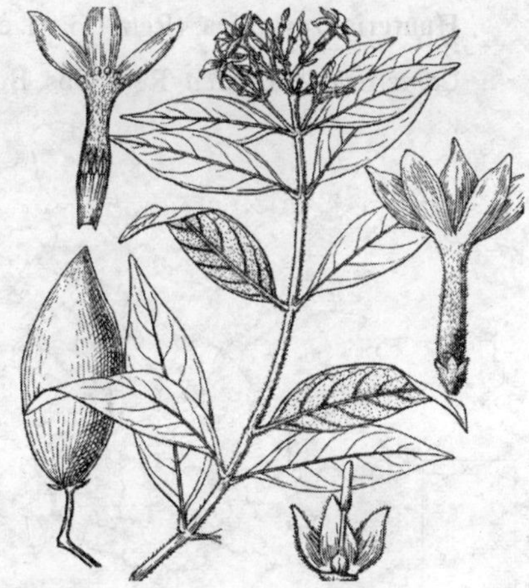

图 146 尖山橙（仿《图鉴》）

3. 奶子藤属 Bousigonia Pierre

藤本，具乳汁。叶对生，叶脉平行。聚伞花序腋生及顶生，花序梗长。花5数；花萼深裂，内面基部具腺体；花冠高脚碟状，裂片向左覆盖，花冠筒圆筒形，基部膨大，喉部无副花冠鳞片；雄蕊着生花冠筒中 部，花丝粗短，花药内藏，窄长圆形，与柱头离生；花盘厚肉质，短圆筒形，较子房短，顶端全缘或微凹；子房1室，胎座2，每胎座具2胚珠；花柱短，柱头膨大，顶端2裂。果浆果状，肉质。种子3-4，无种毛；有胚乳，胚根短。

2种，产我国、老挝及越南。

奶子藤 图 147

Bousigonia mekongensis Pierre in Planch. Prodr. Apocyn. 324.1894.

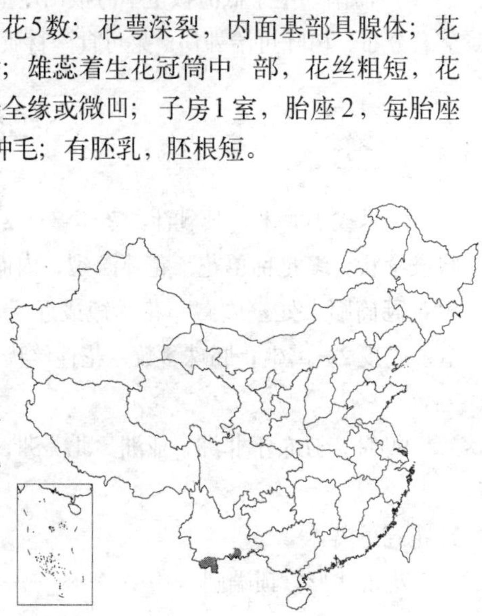

藤本，长达10米。幼枝被微柔毛。叶近革质，长圆形，长6-15厘米，先端短渐尖，侧脉8-12对，近平行；叶柄长1.5-1.8厘米。聚伞花序顶生及腋生，较叶短，花序梗长5-11厘米；苞片及小苞片三角形，长约1厘米。花梗长0.2-1厘米，被微柔毛；萼片卵圆形，长约1.5毫米，具缘毛；花冠白色，花冠筒长约7毫米，花冠裂片卵圆形，长约2毫米；花盘较子房短，顶端被微柔毛。果球形或近球形，长3-5厘米。花期4-6月，果期8-12月。

产云南南部，生于海拔500-1000米混交林或灌木林中。越南有分布。

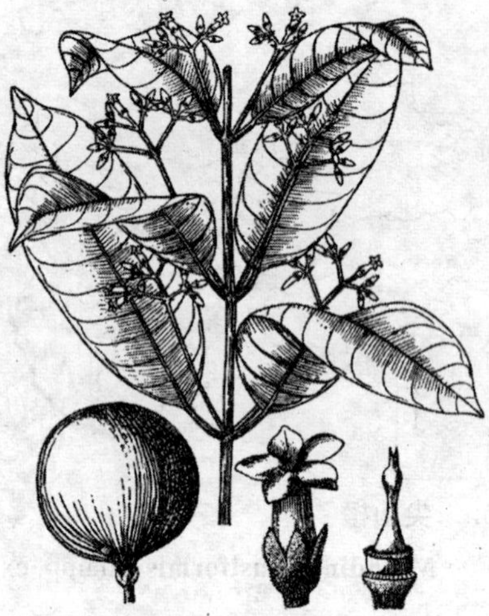

图 147 奶子藤（吴翠云绘）

4. 仔榄树属 Hunteria Roxb.

乔木，具乳汁。叶对生，革质，无毛，侧脉多数，直伸，具边脉。聚伞花序圆锥状或近圆锥状，顶生或腋生。花5数；花萼小，无腺体；花冠高脚碟状，花冠筒圆筒形，上部膨大，花冠裂片较花冠筒短，向左覆盖；无副花冠；雄蕊着生花冠筒膨大部分，内藏，花药窄卵圆形；无花盘；心皮离生或基部合生，每室2－4 胚珠；花柱丝状，柱头肥厚，顶端2浅裂。浆果。种子1-2，卵圆形或长圆形，无种毛；子叶叶状，胚根直伸。

10种，分布于非洲热带及亚洲热带地区。我国1种。

仔榄树 图 148 彩片 49

Hunteria zeylanica (Retz.) Gard. ex Thw. Enum. Pl. Zeyl. 191. 1860.

Cameraria zeylanica Retz. Obs. Bot. 4: 24. 1786.

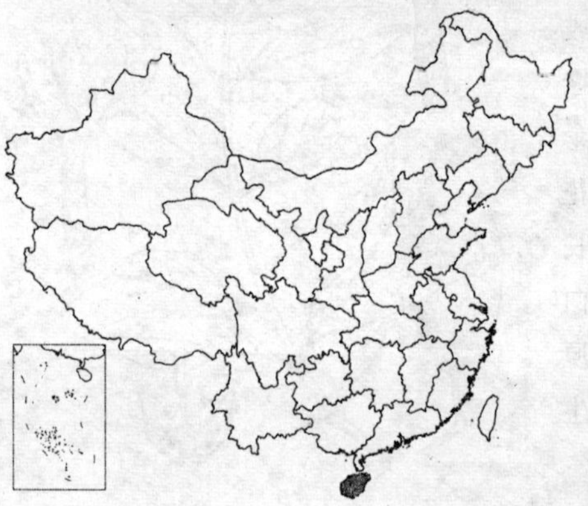

乔木，高达15米。枝条无毛。叶长圆形、椭圆形或窄卵圆形，长5-18厘米，先端渐尖，基部宽楔形或圆，侧脉30对以上，近平行，于叶缘连成网脉；叶柄长1-1.5厘米。花芳香，白色；花梗较花萼长；花萼裂片卵圆形，长1.5-1.7厘米；花冠筒长0.7-1厘米，内面被柔毛。浆果黄色，球形，常成对，径1-2厘米。种子淡褐色，卵球形，长约1.2厘米，染色体2n=22。花期4-9月，果期5-12月。

产海南，生于低海拔至中海拔山地密林中。印度、东南亚各国及非洲东部有分布。树叶可治外伤；果可食；材质坚硬，可做筷子。

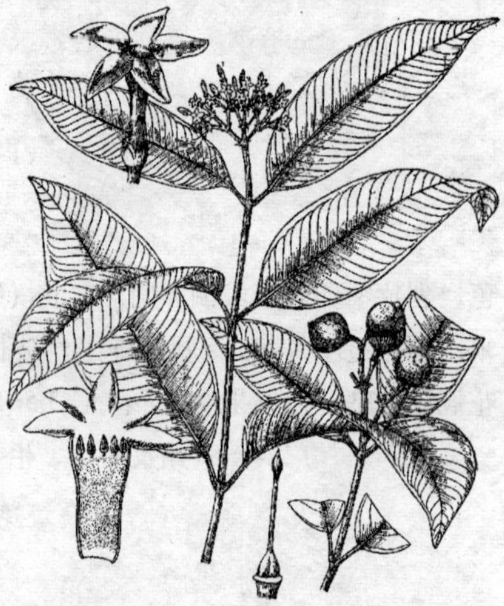

图 148 仔榄树（引自《图鉴》）

5. 狗牙花属 Tabernaemontana Linn.

灌木或小乔木，具乳汁。茎干多回2歧分枝。叶对生；叶柄腹面基部具半圆形或半抱茎托叶鞘。聚伞花序伞房状或伞状，多花稀单花。花萼深裂，内面基部具腺体；花冠高脚碟状，中部或近中部膨大，裂片向左覆盖；雄蕊着生花冠筒膨大处，内藏，花丝短或近无，花药长圆形或窄三角形，与柱头离生，基部箭形或深心形，无距；无花盘；心皮2，离生，胚珠多数，花柱丝状，柱头头状，顶端2裂。蓇葖2，叉开。种子具红或橙色肉质假种皮，无种毛。

99种，分布于非洲、亚洲、北美洲、南美洲及太平洋岛屿。我国5种，产西南、华南及台湾。

1. 花冠单瓣。
   2. 花蕾球形，顶端圆 ………………………………………………………… 1. 药用狗牙花 **T. bovina**

2. 花蕾卵圆形，顶端尖或钝。
3. 花序梗纤细，苞片卵形 ………………………………………… 2. 尖蕾狗牙花 **T. bufalina**
3. 花序梗粗，苞片鳞片状 ………………………………………… 3. 狗牙花 **T. divaricata**
1. 花冠重瓣 ……………………………………………………………… 3. 狗牙花 **T. divaricata**

1. 药用狗牙花 图 149

Tabernaemontana bovina Lour. Fl. Cochinch. 1: 118. 1790.

Ervatamia officinalis Tsiang; 中国高等植物图鉴 3: 435. 1974; 中国植物志 63: 112. 1977.

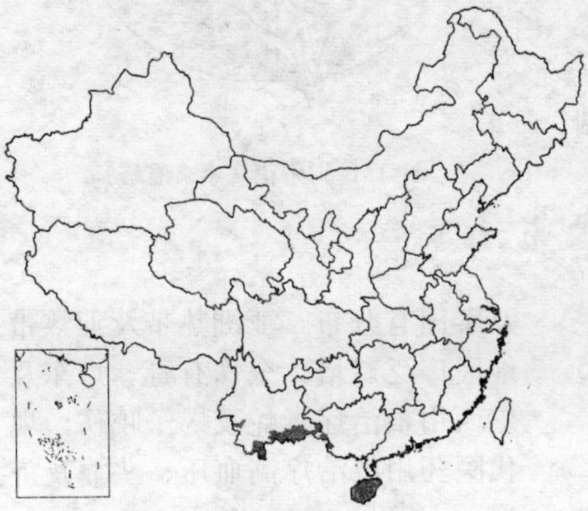

小乔木或灌木状，高达5米，除花外全株无毛。叶纸质，椭圆形或窄椭圆形，长3-21厘米，先端尾尖或渐尖，基部楔形，侧脉4-12对，上面深绿色，下面淡绿色；叶柄长2-8毫米。聚伞花序较叶短。花蕾球形；花冠白色，裂片斜椭圆形，长0.5-1.5厘米，两面被微柔毛，花冠筒长1.2-2.8厘米；雄蕊着生花冠筒上部，内藏；子房无毛。蓇葖果长圆形，长1.5-2.4厘米，顶端渐尖。花期5-6月，果期8-12月。

图 149 药用狗牙花（仿《图鉴》）

产海南、广西西部及云南，生于海拔200-1000米山地疏林中。泰国、越南有分布。

2. 尖蕾狗牙花 图 150

Tabernaemontana bufalina Lour. Fl. Cochinch. 1: 117. 1790.

Ervatamia chengkiangensis Tsiang; 中国植物志 63: 106. 1977.

Ervatamia hainanensis Tsiang; 中国高等植物图鉴 3: 433.1974; 中国植物志 63: 104. 图版 35. 1977.

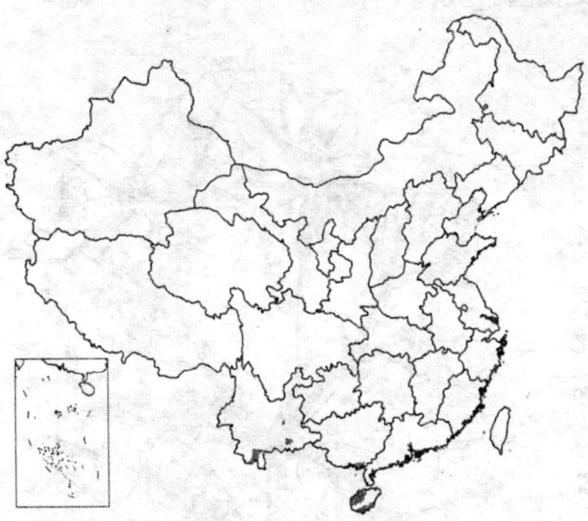

小乔木或灌木状，高达4米，全株无毛。叶纸质，椭圆形或窄椭圆形，长4-17厘米，先端骤短尖，基部楔形，侧脉5-12对；叶柄长1-8毫米。聚伞花序2-3歧分枝；苞片卵形。花蕾卵圆形，顶端骤尖；花冠白或黄白色，裂片常镰刀形，长0.5-1.5厘米，花冠筒长0.8-1.7厘米；雄蕊内藏，生于花冠筒中部或上部；子房无毛。蓇葖果窄斜椭圆形或窄长圆形，长2-12厘米，径0.5-1.5厘米，喙长1-2厘米。花期5-8月，果期7-11月。

产广东、海南、广西及云南南部，生于海拔100-1000米混交林中。柬埔寨、缅甸、越南及泰国有分布。根入药，可治高血压、毒蛇咬伤及风湿症。

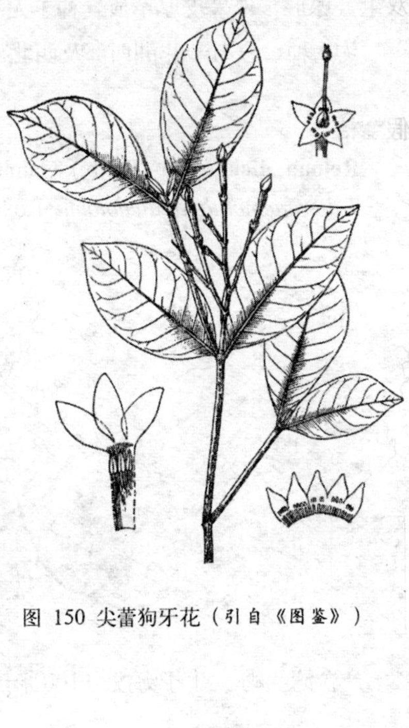

图 150 尖蕾狗牙花（引自《图鉴》）

3. 狗牙花 图 151 彩片 50

Tabernaemontana divaricata (Linn.) R. Br. ex Roem. et Schult. in Syst. Veg. 4: 427. 1819.

Nerium divaricata Linn. Sp. Pl. 209. 1753.

Ervatamia divaricata (Linn.) Burk.; 中国高等植物图鉴 3: 433. 1974.

Ervatamia flabelliformis Tsiang; 中国植物志 63: 106. 1977.

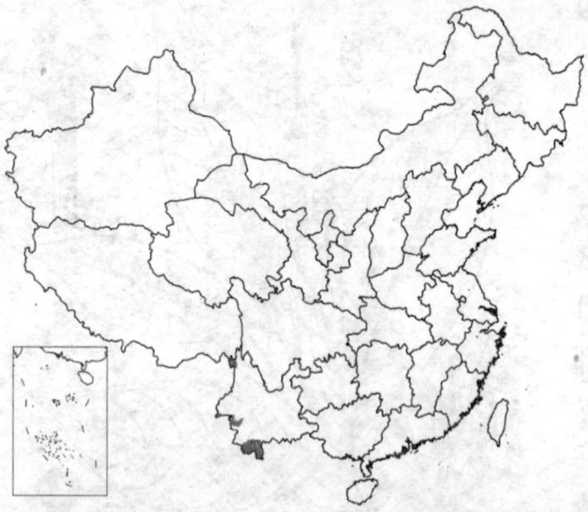

小乔木或灌木状，高达5米，除花萼外，余无毛。叶椭圆形或窄椭圆形，长3-18厘米，先端渐尖，基部楔形，侧脉5-17对；叶柄长0.3-1厘米。聚伞花序2歧分枝，具花1-8朵；苞片鳞片状。花蕾卵圆形，顶端骤尖或钝；花萼裂片具缘毛；花冠单瓣或重瓣，白色，裂片倒卵形或宽倒卵形，长1.5-2.7厘米，花冠筒长1.5-2.7厘米；雄蕊着生花冠筒下部，内藏。蓇葖果窄长斜椭圆形，长2-7厘米，径0.6-1.5厘米。花期4-9月，果期7-11月。染色体2n=22。

产云南南部，生于海拔100-1600米山地灌丛或疏林中；台湾、福建、广东、广西、海南及云南有栽培。孟加拉国、不丹、尼泊尔、印度、缅甸及泰国有分布。亚洲热带及亚热带地区广泛栽培。全株有毒，广东及广西用根治疗毒蛇及蝎子咬伤；现代医药用根治疗高血压、头痛及疥癣。

图 151 狗牙花（李秉滔绘）

6. 假金桔属 Rejoua Gaud.

灌木或小乔木；具乳汁。枝条短，圆柱形。叶对生，具柄，羽状脉；叶腋具假托叶。聚伞花序。花萼5裂，裂片半圆形，较厚；花蕾椭圆形，顶端尖；花冠高脚碟状，花冠筒圆筒形，基部膨大，裂片5，向左覆盖；雄蕊5，着生花冠筒基部或近基部；花药长圆形，基部耳形，花丝短；心皮2，离生，花柱丝状，柱头头状，顶端2尖裂。蓇葖果双生，球形，外果皮厚革质。种子无毛。

约5种，分布于非洲西部及西北部，亚洲斯里兰卡、印度、马来西亚及我国。我国1种。

假金桔 图 152

Rejoua dichotoma (Roxb.) Gamble, Fl. Madras 812. 1923.

Tabernaemontana dichotoma Roxb. Fl. Ind. 2: 21. 1824.

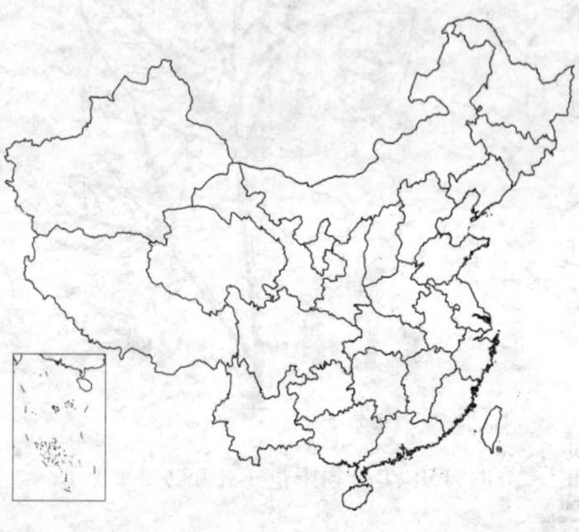

小乔木。叶长卵形或长圆形，长7-12厘米，无毛，侧脉10-12对。聚伞花序具数朵花。花萼裂片厚，半圆形；花冠黄色，高脚碟状，花冠筒长2-2.5厘米，基部膨大，花冠白色，裂片长椭圆状镰刀形，盛开时径5-7.5厘米；雄蕊着生花冠筒基部或近基部；心皮离生，柱头2裂。蓇葖果双生，球形，径约2厘米。花期6-9月，果期9月至翌年3月。

产台湾兰屿， 生于海拔约100米热带雨林中。印度及斯里兰卡有分布。

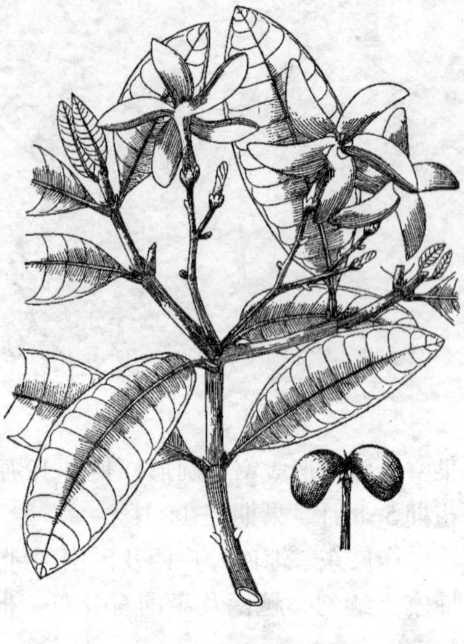

图 152 假金桔（吴翠云绘）

7. 鸡蛋花属 **Plumeria** Linn.

小乔木。枝条粗，近肉质，具乳汁，叶痕明显。叶大，互生，具长柄，羽状脉。聚伞花序顶生，2–3歧，具花序梗；苞片大，开花前脱落。花芳香，蜡质；花萼小，无腺体；花冠漏斗状，白色、淡黄、淡红或紫红色，花冠筒窄圆筒形，内面被毛，喉部无鳞片，花冠裂片5，向左覆盖；雄蕊着生花冠筒基部，花药与柱头离生，长圆形，基部圆；无花盘；心皮2，离生，花柱短，柱头2裂；每心皮胚珠多数，排成多列。蓇葖果2。种子多数，扁平，顶端具膜质翅；胚乳肉质；子叶长圆形；胚根短。

约7种，产美洲热带地区，现广植于亚洲热带及亚热带地区。我国引入2种。

鸡蛋花 图 153 彩片 51

Plumeria rubra Linn. Sp. Pl. 209. 1753.

乔木，高达 8 米；树皮淡绿色，平滑。叶厚纸质，椭圆形或窄长椭圆形，长14–30厘米，先端骤尖或渐尖，下面淡绿色，两面无毛，侧脉30–40对；叶柄长4–7.5厘米。花冠稍淡红或紫红色，径4–6厘米，花冠裂片淡红、黄或白色，基部黄色，长3–4.5厘米，宽1.5–2.5厘米，斜展。蓇葖果长圆形，长11–25厘米，径2–3厘米。花期3–9月，果期6–12月。染色体2n=36。

原产墨西哥及中美洲，现广植于亚洲热带及亚热带地区。福建、广东、广西、海南及云南有栽培。供药用及观赏；花治痢疾。

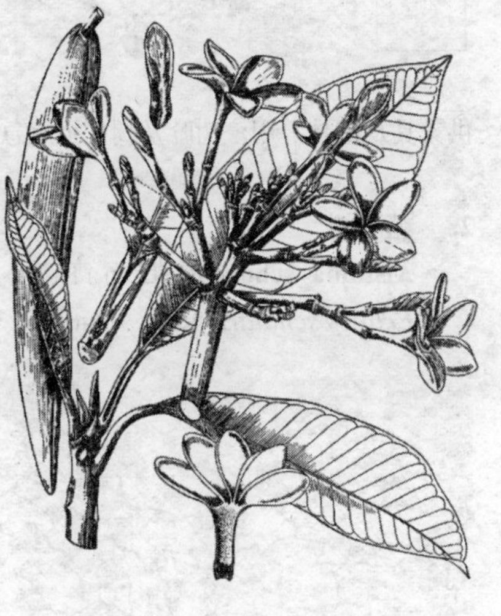

图 153 鸡蛋花（引自《图鉴》）

8. 鸡骨常山属 **Alstonia** R. Br.

乔木或灌木，具乳汁。枝条常4–5轮生。叶轮生，稀对生；侧脉多数，具边脉。聚伞花序组成圆锥状或复伞形顶生。花白、黄或粉红色；花萼内面无腺体，裂片基部合生；花冠高脚碟状，花冠筒圆筒形，上部膨大，内面被柔毛，花冠裂片向右或向左覆盖；雄蕊内藏，着生花冠筒近中部；花药卵形，与柱头离生；花盘环状、鳞片状或无花盘，心皮2，离生或合生；胚珠多数。蓇葖果2，离生或合生。种子长圆形或线形，两端具冠毛；胚乳薄，子叶较胚根长2倍。

约60种，分布于热带亚洲、非洲、中美洲、澳大利亚北部及太平洋岛屿。我国8种。

1. 花盘环状或无花盘。
   2. 叶先端短尾尖；心皮2，合生；蓇葖合生 ………… 1. **盆架树 A. rostrata**
   2. 叶先端圆或短渐尖；心皮2，离生；蓇葖离生 ………… 2. **糖胶树 A. scholaris**
1. 花盘具2舌状鳞片。
   3. 叶两面被短柔毛；花粉红或红色 ………… 3. **鸡骨常山 A. yunnanensis**
   3. 叶无毛；花白色 ………… 4. **羊角棉 A. mairei**

1. 盆架树 图 154

Alstonia rostrata C. E. C. Fisch. in Kew Bull. 1929: 315. 1929.

Winchia calophylla A. DC.; 中国高等植物图鉴 3: 432. 1974; 中国植物志 63: 97. 1977.

常绿乔木，高达30米，全株无毛。枝条淡绿色，幼枝具棱。叶3–4轮生，稀对生，厚纸质，窄椭圆形，长7–20厘米，下面淡绿稍灰白色，先端短尾尖，侧脉20–50对，与中脉成80–90°角；叶柄长1–2厘米。聚伞花序无毛，长约4厘米，花序梗长1.5–3厘米。花冠白色，被柔毛，花

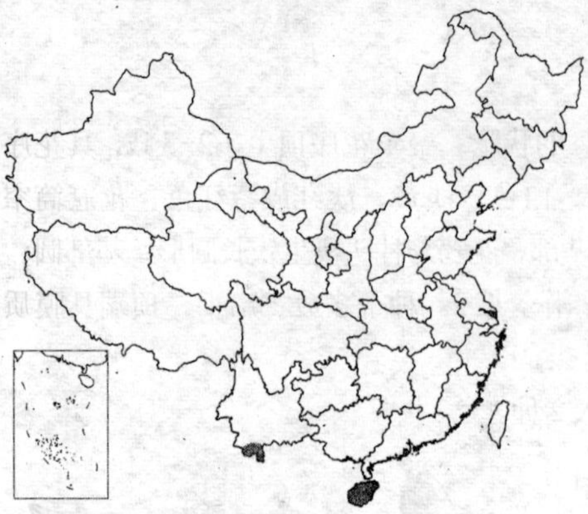

冠筒长5-6毫米，花冠裂片宽卵形，长3-4毫米，向左覆盖；无花盘。蓇葖果合生，长18-35厘米，径1-1.2厘米。种子窄椭圆形，两端被褐黄色冠毛，长2厘米。花期4-7月，果期8-12月。

产海南及云南南部，生于海拔300-1100米季雨林或山地雨林中。印度、缅甸、泰国、马来西亚及印度尼西亚有分布。木材供家具及文具等用；树叶及树皮可治急性支气管炎。

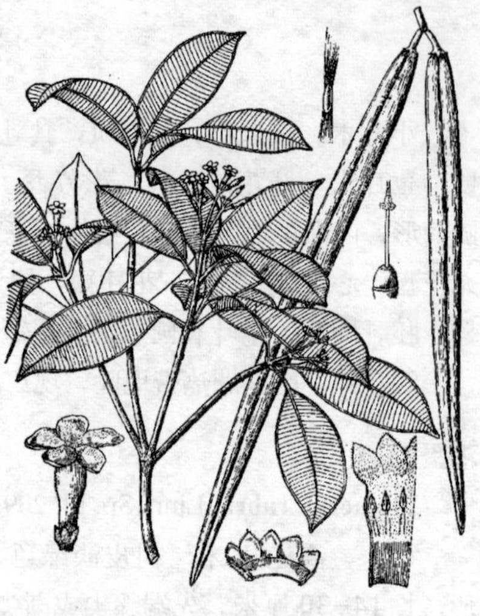

图 154 盆架树（引自《图鉴》）

2. 糖胶树 图 155 彩片 52

Alstonia scholaris (Linn.) R. Br. in Mem. Wern. Nat. Hist. Soc.1: 76. 1811.
Echites scholaris Linn. Mant. 53. 1767.

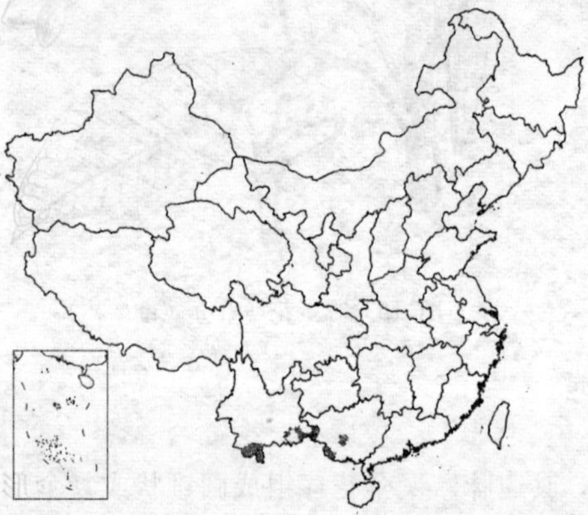

乔木，高达40米。小枝无毛，皮孔明显。叶3-10轮生，革质，窄倒卵形或长匙形，长7-28厘米，先端圆，基部楔形，两面无毛，侧脉25-50对，与中脉成80-90°角；叶柄长1-3厘米。聚伞花序稠密，被柔毛，花序梗长4-7厘米。花梗与花萼等长或稍短；花冠白色，花冠筒长0.6-1厘米，裂片宽卵形或宽倒卵形，长2-4.5毫米，向左覆盖；子房被柔毛。蓇葖果离生，线形，长达57厘米，径2-5厘米。种子长圆形，具缘毛，两端具长1.5-2厘米冠毛。花期6-11月，果期10-12月。染色体2n=22,44.

产广西西南部及云南南部，生于林中及沟边。湖南、福建、广东、海南及台湾有栽培。印度、尼泊尔、东南亚及澳大利亚有分布。

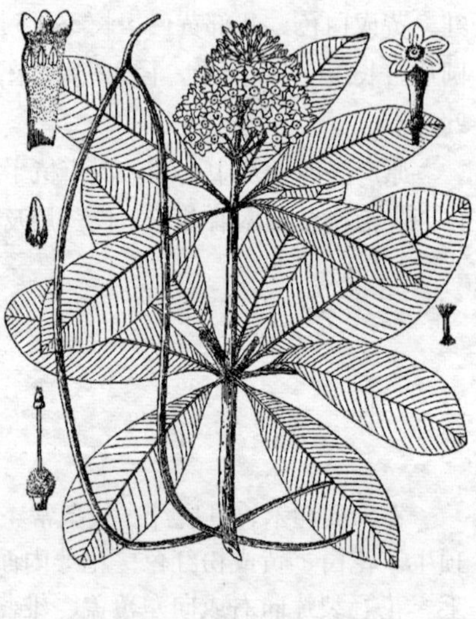

图 155 糖胶树（引自《图鉴》）

3. 鸡骨常山 图 156 彩片 53

Alstonia yunnanensis Diels in Notes Roy. Bot. Gard. Edinb. 5: 165. 1912.

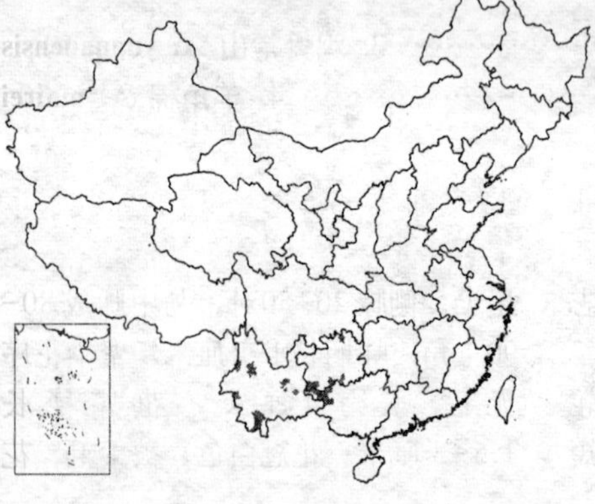

灌木，高达3米。枝条皮孔明显，幼时被微柔毛。叶3-4轮生，薄纸质，倒卵状披针形或长圆状披针形，长6-19厘米，两面被短柔毛，先端长渐尖，基部窄楔形，侧脉15-35对，与中脉成45°角，在叶缘联结。聚伞花序被微柔毛，花序梗长0.5-2厘米。花梗长8毫米；花冠粉红或红色，花冠筒长1-3

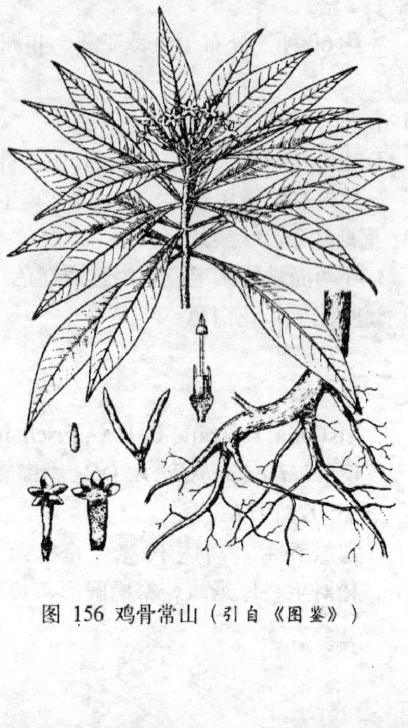

图 156 鸡骨常山（引自《图鉴》）

厘米，裂片长圆形，长2-6毫米，向左覆盖；雄蕊着生花冠筒中部；柱头棍棒状，基部密被短柔毛；花盘具2舌状鳞片，较子房长或等长。蓇葖果离生，线形，长3-5厘米，径约4毫米。种子长圆形，两端被短毛。花期3-6月，果期6-12月。染色体2n=44。

产广西、贵州及云南，生于海拔800-2400米山地灌丛中。根药用，治高血压；叶可止血、接骨。种子含油量18%，供工业用。

4. 羊角棉 图 157

Alstonia mairei Lévl. Cat. Pl. Yun-Nan 9. 1915.

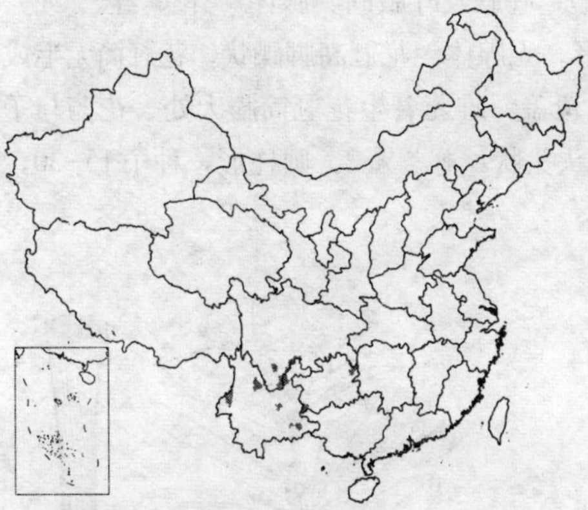

灌木，高达2米。小枝无毛；具白色皮孔。叶3-5轮生，薄纸质，窄长倒卵形或倒披针形，长4-14厘米，宽0.8-3厘米，先端渐尖或尾尖，基部窄楔形，两面无毛，侧脉27-70对，与中脉成45-60°角；叶柄长0.5-1.5厘米。聚伞花序较叶长，花序梗长1.5-3.5厘米。花梗长0.2-1.5厘米；花冠白色，花冠筒长1-2厘米，裂片长圆形，长0.6-1厘米；花盘裂片较子房短；心皮长约1.5厘米。蓇葖果离生，线形，长5-10厘米，径3-5毫米。种子长圆形，长约7毫米；顶端冠毛长5毫米。花期5-10月。

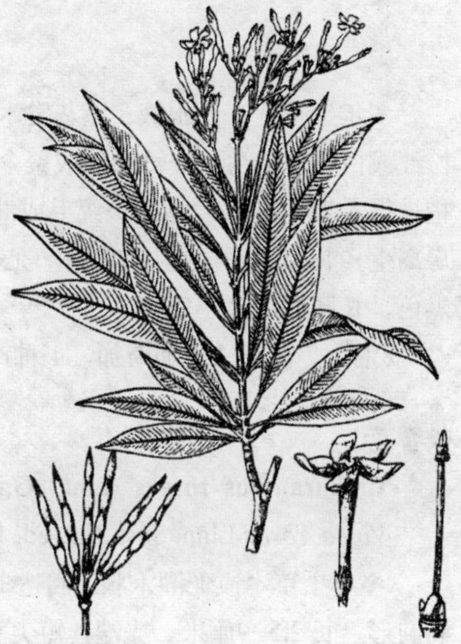

图 157 羊角棉（引自《图鉴》）

产贵州、云南及四川，生于海拔700-1500米山地疏林及岩缝中。根及叶外用止血。

9. 水甘草属 Amsonia Walter

一年生或多年生草本，具乳汁。无匍匐茎。叶互生，膜质。聚伞花序组成圆锥状或伞房状复花序，顶生。花蓝或淡蓝色；花萼裂片渐尖，无腺体；花冠高脚碟状，花冠筒圆筒形，上部膨大，内面被长柔毛，裂片向左覆盖；雄蕊着生花冠筒膨大处，花药卵形或长圆形，基部圆，与柱头离生；花柱细长，胚珠多数，2列；柱头棒状。蓇葖果2，圆筒状纺锤形，直伸。种子圆柱形，顶端斜截，无冠毛。

约20种，分布于北美洲及东南亚。我国1种。

水甘草 图 158

Amsonia elliptica (Thunb. ex Murr.) Roem. et Schult. in Syst. Veg. 4: 432. 1819.

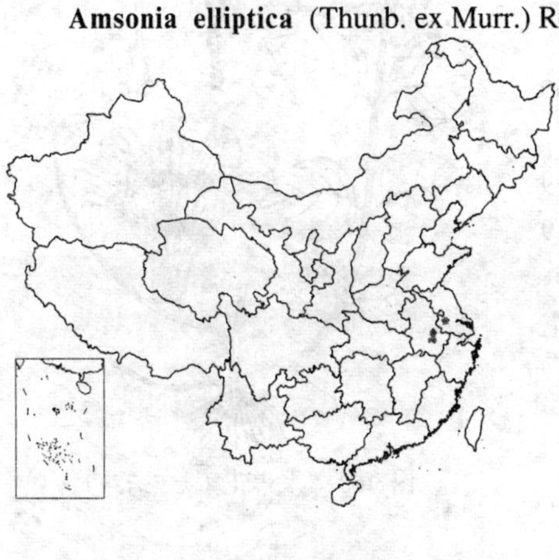

Tabernaemontana elliptica Thunb. ex Murr. in Syst. Veg. ed. 14, 255. 1784.

Amsonia sinensis Tsiang et P. T. Li; 中国高等植物图鉴 3: 429. 1974; 中国植物志 63:81.1977.

多年生草本，高达40厘米。

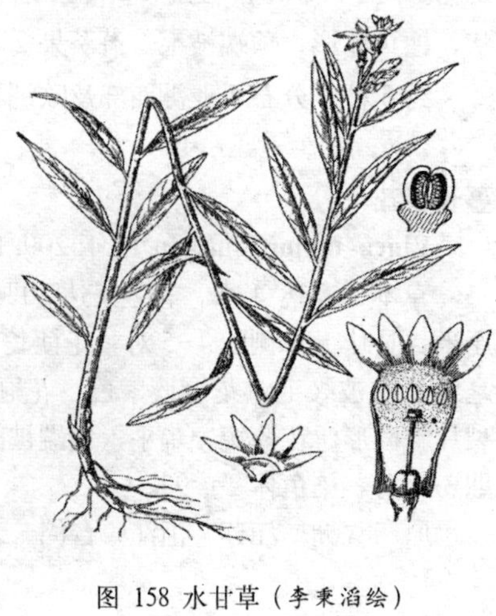

图 158 水甘草（李秉滔绘）

茎及叶无毛。叶窄披针形，长2.2–5厘米，宽5–8毫米，先端渐尖，基部楔形，侧脉不明显；叶柄长3–5毫米。花序短；花梗长约4毫米；花萼裂片长约2毫米；花冠淡蓝色，裂片长圆形，长约6毫米，花冠筒长约1厘米，内面被长柔毛，喉部毛密；花药长圆形，内藏；子房无毛，花柱长约5毫米。花期6月。染色体2n=22。

产安徽及江苏，生于草地。日本有分布。全株入药，与甘草同煎饮服，治小儿风热及丹毒疮。

10. 长春花属 Catharanthus G. Don

多年生草本，具水液。茎基常木质化。叶草质至稍革质，对生；叶柄短，叶腋及叶腋间具腺体。花紫红、红、粉红或白色，单生或2–3朵组成聚伞花序，顶生及腋生。花萼裂片窄长圆形，无腺体；花冠高脚碟状，花冠筒无毛或稍被微柔毛，喉部缢缩，被绵毛或茸毛，花冠裂片平展，斜倒卵形，向左覆盖；雄蕊着生花冠筒膨大处，花药与子房离生，长圆形；花盘具2腺体；心皮2，离生，胚珠多数，花柱丝状，柱头头状。蓇葖果2，圆柱形。种子15–30，黑色，长圆形，被小瘤。

8种，7种产马达加斯加，1种产印度及斯里兰卡。我国引入栽培1种。

长春花 图159 彩片54

Catharanthus roseus (Linn.) G. Don, Gen. Hist. 4: 95. 1837.

Vinca rosea Linn. Syst. Nat. ed. 10: 944. 1759.

多年生草本或亚灌木状，高达1米。幼茎被微柔毛。叶草质，倒卵形或椭圆形，长2.5–9厘米，先端具短尖头，基部楔形，侧脉7–11对。花冠红、粉红或白色，常具粉红、稀黄色斑，裂片宽倒卵形，长1.2–2厘米，花冠筒长2.5–3厘米，内面疏被柔毛，喉部被长柔毛。蓇葖果长2–3.8厘米，径约3厘米。花期春秋。染色体2n=16。

原产马达加斯加，现在热带地区栽培，已驯化。江苏、浙江、福建、江西、湖南、广东、广西、海南、云南、贵州、四川及河南等地栽培。全株入药，治疟疾、腹泻、糖尿病、高血压、皮肤病及霍金斯病。

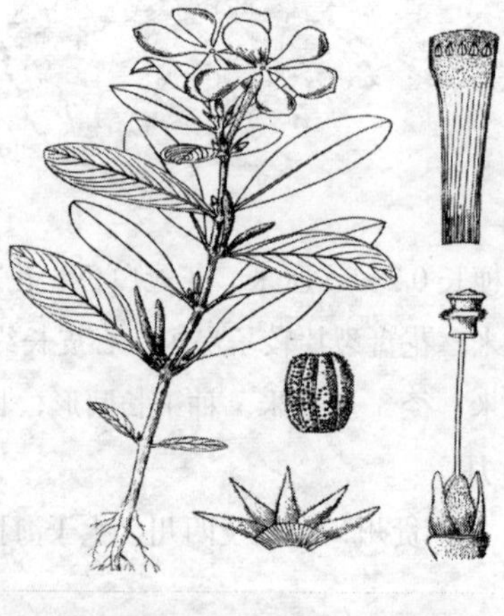

图159 长春花（引自《图鉴》）

11. 蔓长春花属 Vinca Linn.

蔓性草本，具水液。叶对生，全缘；叶柄短，叶腋及叶腋间具腺体。花紫色，单生叶腋，稀2朵。花萼小，无腺体；花冠高脚碟状，裂片斜倒卵形，平展，较花冠筒短，向左覆盖，花冠筒圆筒形，喉部被毛或鳞片；雄蕊着生花冠筒中部以下；花盘具2舌状鳞片，与心皮互生；胚珠6–多数；花柱丝状，柱头环形，顶端被毛。蓇葖果2，直伸或平展。种子无毛。

约5种，分布于亚洲西部及欧洲。我国引入栽培2种。

蔓长春花 图160

Vinca major Linn. Sp. Pl. 1: 209. 1753.

草本，高达1米，花茎长达30厘米。叶椭圆形、卵形或宽卵形，长2–9厘米，具睫毛，侧脉4–5对。花梗长3–5厘米；花萼裂片窄披针形，长约9毫米，密被缘毛；花冠蓝紫色，花冠筒长1.2–1.5厘米，冠檐径3–5厘米，裂片斜截形；花药短，扁平，顶端被微柔毛。蓇葖果平展，长约5厘米。花期3–5月。染色体2n=92。

原产欧洲。江苏、浙江、台湾、云南等省栽培。

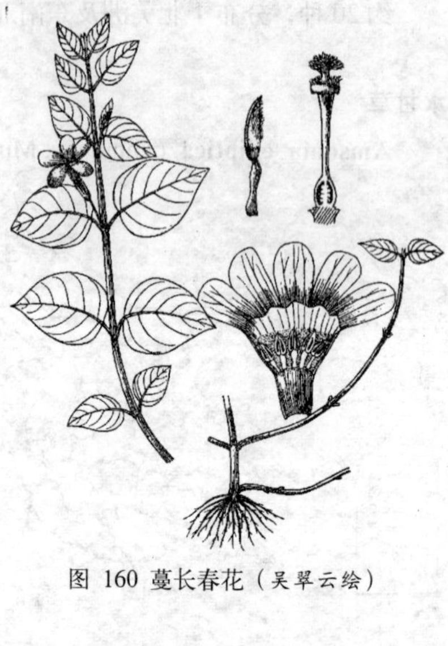

图160 蔓长春花（吴翠云绘）

12. 萝芙木属 Rauvolfia Linn.

乔木或灌木，具乳汁。叶轮生，稀对生，叶腋或叶柄具腺体。聚伞花序顶生或腋生，具花序梗。花白、黄、绿或粉红色，稀红色；花萼5深裂，无腺体；花冠高脚碟状或钟状，裂片向左覆盖，花冠筒圆筒形，中部或喉部一边膨大，内面被长柔毛；雄蕊着生花冠筒膨大处，花丝短，花药卵形，与柱头离生；花盘环形或杯状，全缘或浅裂；2心皮，离生或合生；花柱丝状，柱头鼓形，具下垂环，2浅裂。核果2，离生或合生。种子1，无毛。

约60种，分布于非洲、美洲及亚洲。我国7种。

1. 果合生或部分合生。
  2. 叶卵形或椭圆形，幼时被绒毛；花冠筒长2-3毫米；果合生 ………………………… 1. 四叶萝芙木 **R. tetraphylla**
  2. 叶窄椭圆形或倒卵形，无毛；花冠筒长1-1.8厘米；果合生至中部 ………………………… 2. 蛇根木 **R. serpentina**
1. 果离生 ………………………………………………………………………………………… 3. 萝芙木**R. verticillata**

1. 四叶萝芙木 图 161

Rauvolfia tetraphylla Linn. in Sp. Pl. 1: 208. 1753.

灌木，高达2米。枝叶幼时被短柔毛或绒毛，老时近无毛。叶3-5轮生，膜质，卵形、窄卵形或长圆形，长1-15厘米，基部宽楔形或圆，侧脉5-12对；叶柄长2-5毫米。花序梗长1-4厘米。花冠坛状，白色，长2-3毫米，内面上部被长毛，花冠裂片卵形或近圆形；雄蕊着生花冠喉部；心皮合生。核果近球形，径0.5-1厘米，黑色，无毛。花期5月，果期6-8月。染色体2n=66。

原产热带美洲。广东南部、广西西南部、海南及云南南部有栽培。供药用，可催吐、下泻、祛痰、利尿、消肿。

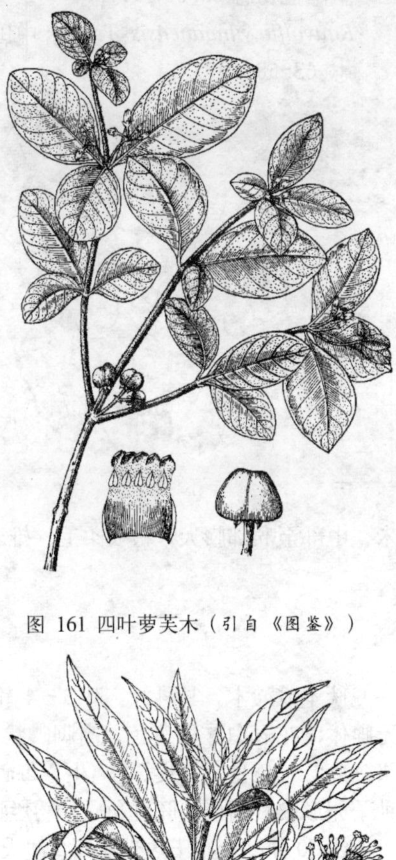

图 161 四叶萝芙木（引自《图鉴》）

2. 蛇根木 图 162 彩片 55

Rauvolfia serpentina (Linn.) Benth. ex Kurz, For. Fl. Brit. Burma 2: 171. 1877.
Ophioxylon serpentinum Linn. Sp. Pl. 1043. 1753.

灌木，高达1米。除花冠筒内上部被毛外，余无毛。茎细长，常不分枝。叶膜质，3-5轮生，窄椭圆形或倒卵形，长7-17厘米，先端渐尖，基部楔形，侧脉7-15对；叶柄长1-1.5厘米。聚伞花序稠密，花序梗长5-13厘米，红或淡红色。花梗及花萼红或淡红色；花冠白色，花冠筒圆筒形，长1-1.8厘米，中部膨大，内面上部疏被柔毛，花冠裂片近斜圆形，宽1.5-3.5毫米；雄蕊着生花冠筒中部；子房下部合生。核果椭圆状，径约8毫米，合生至中部。花期2-10月，果期5-12月。染色体2n=22。

产云南南部，生于海拔800-1500米山地林中；广东南部、广西南部及海南有栽培。印度、斯里兰卡、缅甸、泰国、马来西亚及印度尼西亚有分布。根作镇静剂，治高血压；树皮、树叶及根治蛇蝎咬伤。

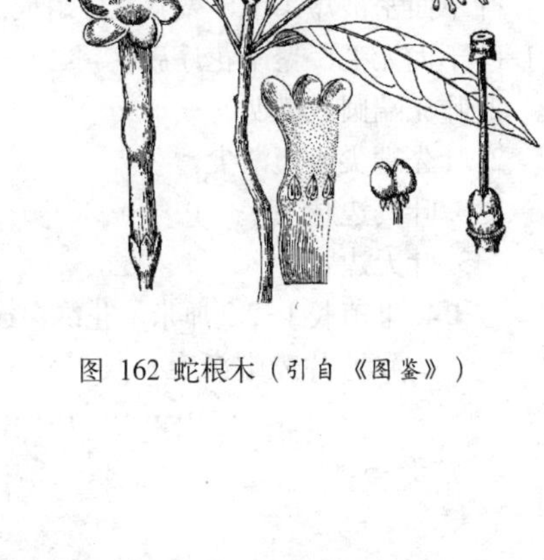

图 162 蛇根木（引自《图鉴》）

3. 萝芙木 药用萝芙木 矮青木 风湿木 图 163 彩片 56

Rauvolfia verticillata (Lour.) Baill. in Hist. Pl. 10: 170. 1889.

Dissolaena verticillata Lour. Fl. Cochinch. 138. 1790.

Rauvolfia brevistyla Tsiang; 中国植物志 63: 54. 1977.

Rauvolfia latifrons Tsiang; 中国高等植物图鉴 3: 426. 1974; 中国植物志 63: 58. 1977.

Rauvolfia perakensis King et Gamble; 中国植物志 63: 53. 1977.

Rauvolfia taiwanensis Tsiang; 中国植物志 63: 54. 1977.

Rauvolfia verticillata var. *hainanensis* Tsiang; 中国高等植物图鉴 3: 425. 1974; 中国植物志 63: 57. 1977.

Rauvolfia verticillata var. *oblanceolata* Tsiang; 中国植物志 63: 57. 1977.

Rauvolfia verticillata var. officinalis Tsiang; 中国高等植物图鉴 3: 424.1974; 中国植物志 63: 55.1977.

Rauvolfia yunnanensis Tsiang; 中国高等植物图鉴 3: 425. 1974; 中国植物志 63: 58. 1977.

图 163 萝芙木 （引自《图鉴》）

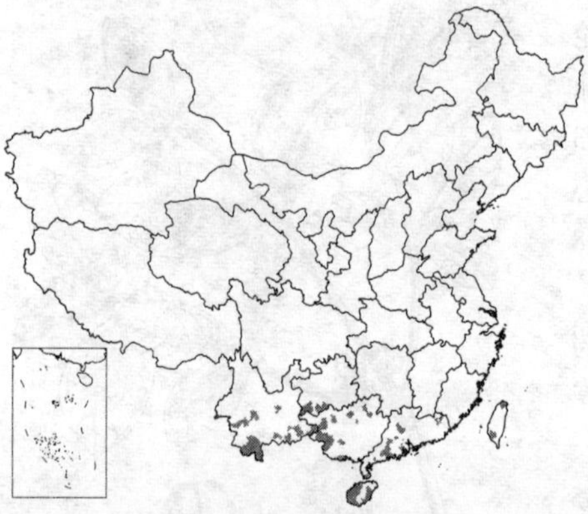

灌木，高达3米，全株无毛。小枝下部叶对生，叶3-4轮生枝顶，近纸质至膜质，长椭圆状披针形或卵状披针形，长3.5-25厘米，先端长渐尖，基部窄楔形，侧脉6-7对；叶柄长0.5-1.5厘米。聚伞花序较疏，花序梗长2-15厘米。花梗长3-6毫米；花冠白色，裂片宽椭圆形或卵形，长1-4.5毫米，花冠筒圆筒形，长1-1.8厘米，中部至喉部膨大，被长柔毛；雄蕊着生花冠筒中部；心皮2，离生。核果椭圆状或卵圆形，离生，长约1厘米，径约5毫米。种子1。花期2-10月，果期4-12月。染色体2n=22。

产台湾、广东、海南、广西、贵州及云南，生于海拔1700米以下山地雨林、季雨林或灌丛中、溪边及海滩。印度及东南亚各国有分布。根、叶入药，治蛇咬伤、疟疾、斑疹伤寒，根治高血压及作镇静剂。

13. 链珠藤属 Alyxia Banks ex R. Br.

藤本或灌木，具乳汁。叶3-4轮生或对生。聚伞花序顶生及腋生，有时簇生或为短圆锥状。花小；花萼深裂，无腺体；花冠白，稀黄色，高脚碟状，裂片向左覆盖，花冠筒圆筒形，喉部无鳞片；雄蕊内藏，花丝短，花药与柱头分离；无花盘；心皮2，离生，每心皮4-6胚珠，2列；花柱丝状，柱头头状，2裂。核果成对，念珠状，或单生。种子卵形或长圆形；胚乳角质，嚼烂状；子叶叶状，直伸或弯曲。

约70种，分布于热带亚洲、澳大利亚及太平洋岛屿。我国12种。

1. 叶下面密被短柔毛；聚伞花序组成穗状 …… 1. **毛叶链珠藤 A. villilimba**
1. 叶下面无毛；聚伞花序簇生。
    2. 叶先端圆或微凹 …… 2. **链珠藤 A. sinensis**
    2. 叶先端尖或短渐尖。
        3. 叶具边脉 …… 3. **陷边链珠藤 A. marginata**
        3. 叶无边脉。
            4. 果节长1-2.2厘米；花绿白或绿黄色。
                5. 萼片先端渐尖，长1.5-3毫米；花冠绿白色，花冠筒长约3毫米；果节长1-1.3厘米，径 0.8-1厘米 …… 4. **筋藤 A. levinei**

5. 萼片先端钝或尖；花冠绿黄色，花冠筒长 0.3–1.5 厘米；果节长 1–2.2 厘米，径 5–8 毫米 ………………………………………………………………………………………………… 6. **海南链珠藤 A. odorata**

4. 果节长约 7 毫米；花黄色 ………………………………………………………………… 5. **狭叶链珠藤 A. schlechteri**

1. 毛叶链珠藤 图 164

Alyxia villilimba C. Y. Wu ex Tsiang et P. T. Li in Acta Phytotax.Sin. 11: 366. 1973.

灌木，高 3 米。小枝密被短柔毛。叶 3 片轮生，纸质，椭圆状披针形或窄椭圆形，长 7–20 厘米，宽 1.5–4.5 厘米，上面无毛，下面密被短柔毛，侧脉 30–40 对，近平行；叶柄长 1–2厘米。聚伞花序组成穗状，腋生，花序梗长 2–4 厘米，苞片及小苞片卵形。花萼裂片窄椭圆形，先端渐尖，被短柔毛；花冠白色，长约 1.5 毫米；雄蕊着生花冠筒中部；子房无毛。果念珠状，果节椭圆形，长约 2.5 厘米，径约 1 厘米。种子黑色。花期 5 月。

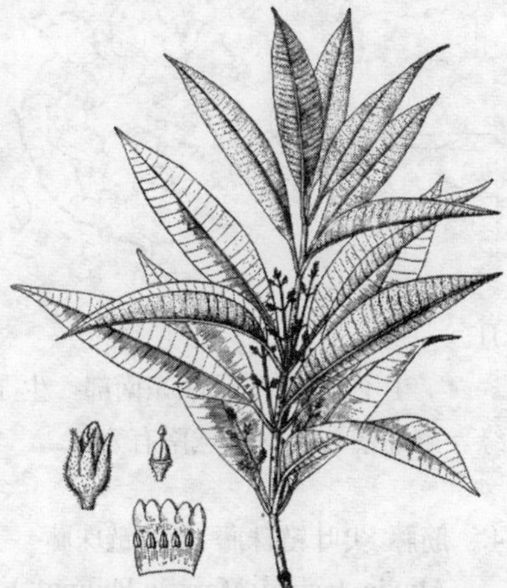

图 164 毛叶链珠藤（陈国泽绘）

产广西西部及云南东南部，生于海拔 500–1000 米石灰岩山地林中。

2. 链珠藤 图 165

Alyxia sinensis Champ. ex Benth. in Kew Bull. Bot. 4: 334. 1852.

藤状灌木，高达 3 米。叶对生或 3 片轮生，革质，圆形、椭圆形、卵形或倒卵形，长 1.5–3.5 厘米，边缘反卷，先端圆或微凹，下面侧脉不明显；叶柄长约 2 毫米。聚伞花序腋生或近顶生，花序梗长不及 2 厘米，花密。花萼裂片卵形，被短柔毛，长约 1.5 毫米，先端钝；花冠淡红或白色，裂片卵形，长约 1.5毫米，花冠筒长 2–3 毫米；子房被长柔毛。果念珠状，具柄，果节 2–3，椭圆形，长约 1 厘米，径约 5 毫米。花期 4–9 月，果期 5–11 月。染色体 2n=36。

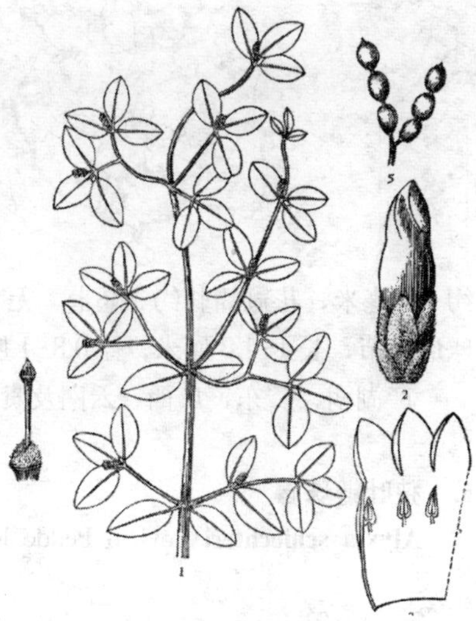

图 165 链珠藤（吴翠云绘）

产浙江、福建、台湾、江西、湖南、广东、海南、广西及贵州，生于海拔 200–500 米灌丛中或林缘。根入药，可治跌打损伤、牙痛、风湿性关节炎。

3. 陷边链珠藤 图 166

Alyxia marginata Pitard in Lecomte et Humb. Fl. Indo-Chin. 3: 1123. 1933.

Alyxia funingensis Tsiang et P. T. Li；中国植物志 63: 67. 1977.

攀援灌木，高达 3 米。除花序外余无毛。枝条具瘤状凸起。叶纸质，对生或 3 片轮生，椭圆状披针形、窄椭圆形或倒卵形，长 7–17 厘米，宽 1.4–5 0厘米，侧脉多数，在叶下面不

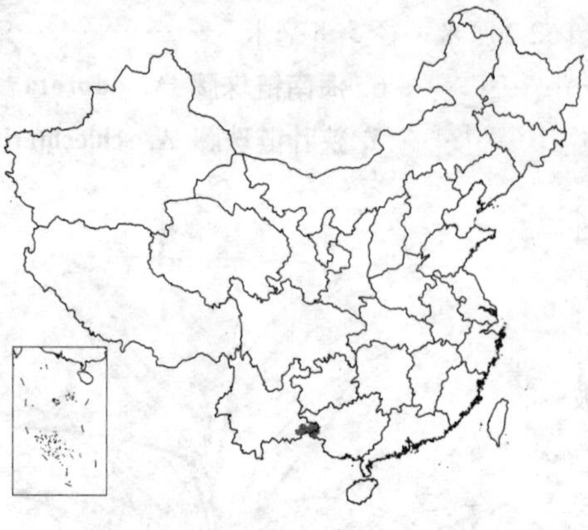

明显，具边脉；叶柄长0.3-1厘米。聚伞花序腋生，长1-2厘米，被短柔毛。花萼裂片卵形，长3-3.5毫米，被短柔毛，先端尖；花冠白或黄白色，裂片卵形，长约3 毫米，花冠筒长0.5-1厘米，内面密被短柔毛；子房被微柔毛。果念珠状，果节近球形，长1-1.6厘米。花期9-11月，果期10-12月。

产广西西部及云南东南部，生于海拔200-1800米灌丛、密林中或林缘。柬埔寨、老挝及越南有分布。

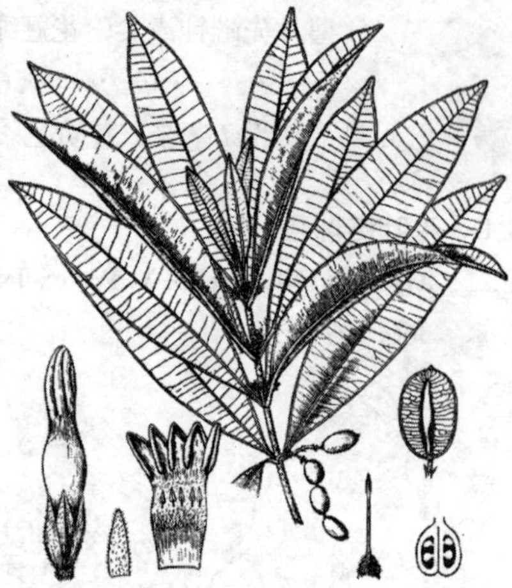

图 166 陷边链珠藤（引自《植物分类学报》）

4. 筋藤 尖叶链珠藤 贵州链珠藤 图 167

Alyxia levinei Merr. in Philipp. Journ. Sci. 15: 254. 1920.

Alyxia acutifolia Tsiang; 中国植物志 63: 69. 1977.

Alyxia kweichowensis Tsiang et P. T. Li; 中国植物志 63: 67. 1977.

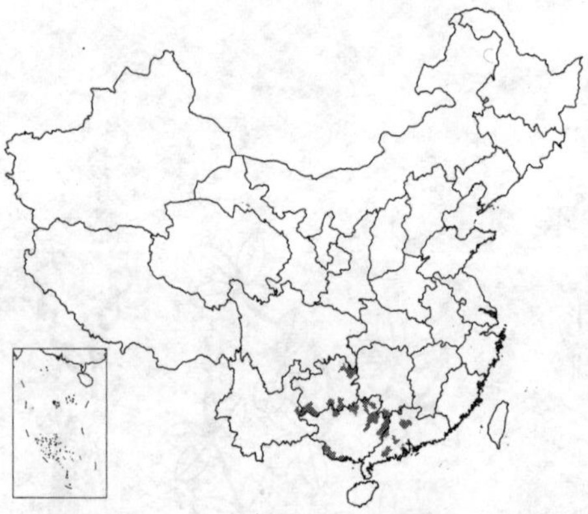

攀援灌木，高达3米。枝条细，小枝无毛。叶纸质至近革质，对生或3片轮生，椭圆形或窄长圆形，长3.5-8厘米，先端尖或骤尖，侧脉不明显；叶柄长4-7毫米。聚伞花序腋生，花序梗长0.5-2厘米，被微柔毛。花萼裂片长1.5-3毫米，被长柔毛及缘毛，先端渐尖；花冠绿白色，裂片宽椭圆形，长约1.5毫米，花冠筒长约3毫米，无毛；子房被长柔毛。果具1-3椭圆形或球形果节，长1-1.3厘米，径0.8-1厘米。花期3-8月，果期9-12月。

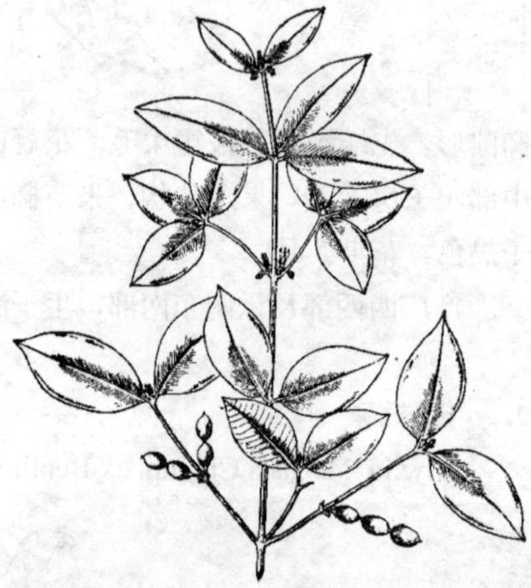

图 167 筋藤（引自《图鉴》）

产湖南、广东、广西、云南及贵州，生于海拔300-500米山地疏林及灌丛中。全株入药，可消肿、止痛。

5. 狭叶链珠藤 图 168

Alyxia schlechteri Lévl. in Fedde, Repert. Sp. Nov. 9: 453.1911.

藤本。枝条灰色，皮孔密，小枝被微柔毛，老时渐无毛。叶革质，对生或3-4片轮生，常集生小枝上部，窄椭圆形或窄披针形，长2-12厘米，宽0.5-1.5厘米，先端渐尖或尖，基部宽楔形，边缘稍反卷，下面侧脉不明显；叶柄长2-4毫米。花黄色，聚伞花序具多花，长0.5-1厘米，腋生。花

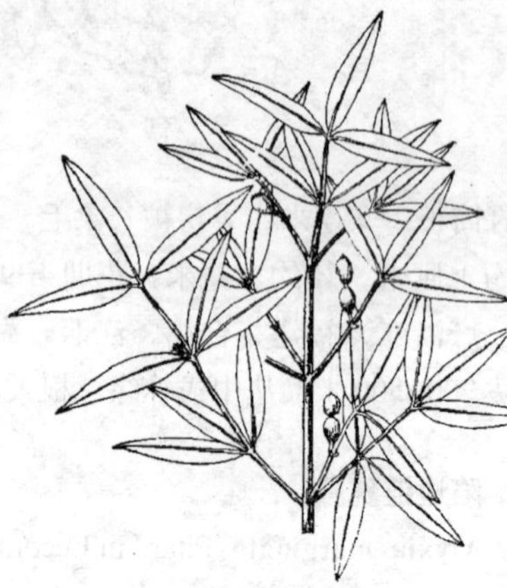

图 168 狭叶链珠藤（引自《图鉴》）

萼裂片窄椭圆形，长约2.5毫米，龙骨状凸起。果具2－3果节，果节椭圆形，长约7毫米，径约5毫米。

产广西、云南、贵州及湖南，生于海拔500-1500米山地疏林或灌丛中。泰国有分布。

6. 海南链珠藤 乐东链珠藤 串珠子 茉莉链珠藤 卫矛叶链珠藤 图 169

Alyxia odorata Wall. ex G. Don in Gen. Hist. 4: 97. 1837.

Alyxia euonymifolia Tsiang; 中国植物志 63: 70. 1977.

Alyxia hainanensis Merr. et Chun; 中国高等植物图鉴 3: 428.1974; 中国植物志 63: 70.1977.

Alyxia jasminea Tsiang et P.T. Li; 中国植物志 63: 72. 1977.

Alyxia lehtungensis Tsiang; 中国植物志 63: 65. 1977.

Alyxia vulgaris Tsiang; 中国高等植物图鉴 3: 428. 1974; 中国植物志 63: 72. 1977.

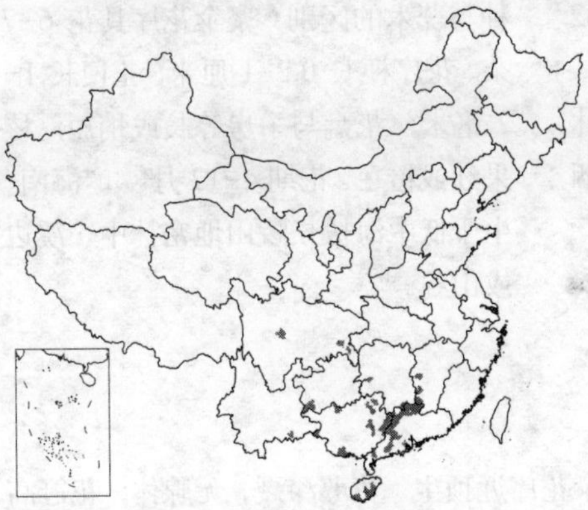

藤状灌木，高达4米。小枝被微柔毛或无毛。叶纸质，对生或3片轮生，椭圆形、长圆形或倒卵形，长2-12厘米，宽1-4.5厘米，先端尖或短渐尖，侧脉多数，常不明显。聚伞花序密集，顶生及腋生，长1-2厘米，被短柔毛。花梗被短柔毛；花萼裂片卵形或窄椭圆形，长1.8毫米，先端钝或尖，被短柔毛及缘毛；花冠黄绿色，无毛或有时内面被短柔毛，裂片卵形，长1.5-4毫米；雄蕊着生花冠筒上部；子房被短柔毛。果具1-3个果节，果节椭圆状球形，长1-2.2厘米，径5-8毫米。花期3-10月，果期6-12月。

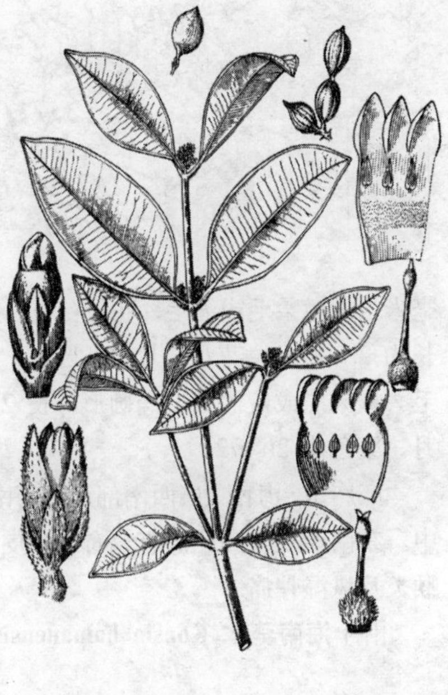

图 169 海南链珠藤（引自《中国植物志》）

产江西、湖南、广东、海南、广西、贵州、云南及四川，生于海拔200-2000米山地疏林或灌丛中。缅甸及泰国有分布。

14. 蕊木属 Kopsia Bl.

乔木或灌木，具乳汁。叶对生。聚伞花序顶生，具花3-多朵；花序梗及花梗具苞片。花白或粉红色；花萼小，5深裂，无腺体；花冠高脚碟状，裂片向右覆盖，花冠筒细长，顶部膨大，喉部无鳞片，内面疏被长柔毛；雄蕊着生花冠筒中部以上，花丝极短，花药窄长圆形或卵形，内藏，与柱头分离，基部圆；花盘舌状，与子房互生；心皮2，离生，每心皮2胚珠，花柱丝状，柱头增厚。核果1-2，椭圆形。种子1-2，长圆形，种皮膜质，无种毛。

约20种，分布于亚洲东南部。我国2种，引入栽培1种。

1. 聚伞花序组成伞房状，花序梗长14厘米；花盘较子房长；核果蓝黑色 …………………………… 蕊木 **K. arborea**
1. 聚伞花序具花6-7朵，花序梗长1厘米；花盘与子房等长；核果橙或红色 …………………………………………………………… (附). 海南蕊木 **K. hainanensis**

蕊木 图 170 彩片 57

Kopsia arborea Bl. in Catalogus 13. 1823.

Kopsia lancibracteolata Merr.; 中国高等植物图鉴 3: 421. 1974; 中国植物志 63: 41. 1977.

Kopsia officinalis Tsiang et P. T. Li;

中国高等植物图鉴 3: 422. 1974; 中国植物志 63: 43. 1977.

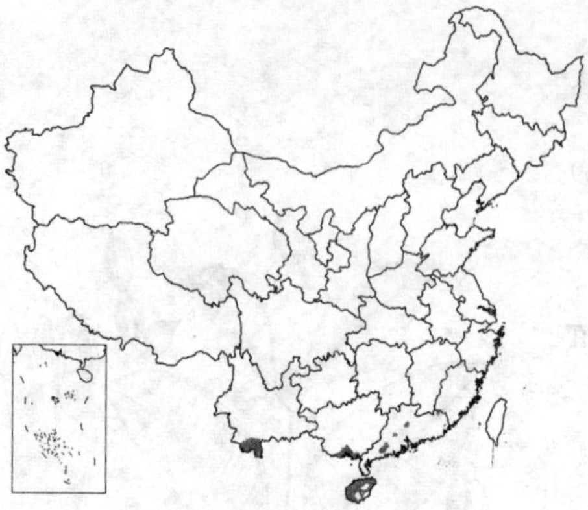

乔木，高达 15 米。枝条淡绿色，幼时被微柔毛，后脱落。叶椭圆形、窄椭圆形或窄卵形，长 8–24 厘米，两面无毛，先端尖或短渐尖，侧脉 10–20 对；叶柄长 0.5–1.5 厘米。聚伞花序伞房状，花序梗长 14 厘米，被微柔毛或无毛；小苞片窄长圆形，被微柔毛或无毛。花梗长 3–4 毫米；花萼裂片窄长圆形，长 4–6 毫米，被微柔毛或无毛；花冠白色，裂片窄长圆形，长 1.5–2 厘米，花冠筒长约 2.5 厘米；花盘鳞片窄长圆形，较子房长，肉质；子房卵圆形，被微柔毛。核果黑或蓝黑色，椭圆形，长 2.5–3.5 厘米。花期 4–9 月，果期 7–12 月。染色体 2n=72。

产广东、海南、广西南部及云南南部，生于海拔 400–1000 米山地沟谷林中。东南亚及澳洲北部有分布。树皮煎水治水肿；果、叶可消炎止痛，治咽喉炎及风湿骨痛。

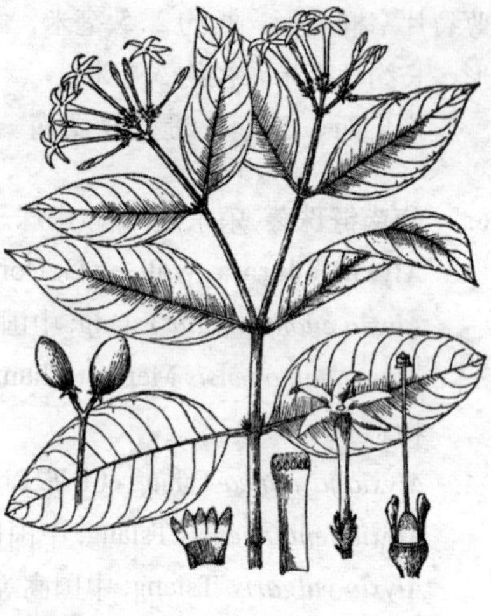

图 170 蕊木（吴翠云绘）

[附] 海南蕊木 **Kopsia hainanensis** Tsiang in Sunyatsenia 2: 111. 1934. 本种与蕊木的区别：聚伞花序具花 6–7 朵，花序梗长 0.2–1 厘米；花梗长 1–2 毫米；花盘与子房等长或稍短；核果红或橙色。花期 4–12 月。产海南，生于低中海拔丘陵山地密林中，溪边或山谷。

15. 玫瑰树属 **Ochrosia** Juss.

乔木，具乳汁。小枝粗。叶 3–5 轮生或对生；侧脉多数，近平行。聚伞花序近顶生。花萼深裂，无腺体；花冠高脚碟状，上部稍膨大，裂片向右覆盖，喉部无鳞片；雄蕊着生花冠筒膨大处，花药与柱头分离；无花盘；心皮 2，离生或基部合生，每室 2–6 胚珠，2 排；花柱丝状，柱头 2 浅裂。核果 1–2，平滑，内果皮坚硬。种子 2–4，扁平，无种毛；无胚乳，子叶大而扁平。

约 25 种，分布于马来西亚及太平洋西部岛屿。我国引入栽培 2 种。

玫瑰树 图 171

Ochrosia borbonica Gmelin, Syst. Nat. 2: 439. 1796.

乔木，高达 15 米，胸径 40 厘米。小枝上部叶 3–4 轮生，下部对生，倒卵形或椭圆形，长 8–25 厘米，先端钝圆，基部楔形；叶柄长 0.5–3.5 厘米。聚伞花序多花，花序梗长 2–12 厘米。花芳香，具短梗或无梗；花萼裂片卵形，长 2.5–3 毫米；花冠白、粉红或红色，裂片长圆形，长 4–9 毫米，花冠筒长约 1 厘米。核果 2，红色，长约 4.5 厘米，径 3.5 厘米。全年开花，主花期 6–7 月。

原产马来西亚、新加坡、印度尼西亚、越南、斯里兰卡及马达加斯加。广东南部栽培。

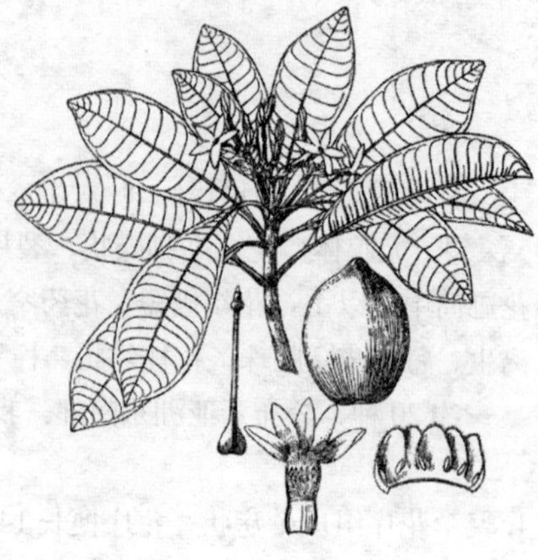

图 171 玫瑰树（吴翠云绘）

16. 黄花夹竹桃属 **Thevetia** Linn.

常绿乔木或灌木，具乳汁。叶互生。聚伞花序顶生或腋生。花萼深裂，内面基部具腺体；花冠漏斗状，裂片向左覆盖，喉部具被毛鳞片 5 枚；雄蕊着生花冠筒喉部，花丝短，花药小，与柱头分离；无花盘；子房 2 室，2 裂；花柱丝状，柱头盘状，顶端 2 浅裂。核果扁球形，内果皮坚硬，木质。每室 2 种子，无种毛；无胚乳，子叶近圆形，肉质，胚根短。

8 种，分布于热带美洲。我国栽培 2 种。

黄花夹竹桃 图 172 彩片 58

Thevetia peruviana (Pers.) K. Schum. in Engler u. Prantl, Nat. Pflanzenfam. 4(2):159. 1895.

Cerbera peruviana Pers. Syn. 1: 267. 1805.

小乔木或灌木状，高达 6 米；树皮褐色，皮孔明显。小枝下垂。叶革质，线状披针形或线形，长 10–15 厘米，宽 0.5–1.2 厘米，先端渐尖，下面淡绿色，侧脉不明显；叶柄长约 3 毫米。花芳香，花梗长 2.5–5 厘米；花萼裂片绿色，窄三角形，顶端渐尖；花冠长 6–7 厘米，径 4.5–5.5 厘米，裂片较花冠筒长，喉部鳞片被毛。核果扁三角状球形，径 2.5–4 厘米。种子淡灰色，长约 2 厘米，径约 3.5 厘米。花期 5–12 月，果期 8 月–翌年春季。染色体 2n=20。

原产中南美洲。福建、台湾、广东、广西、海南及云南有栽培。为美丽绿化树种。树液及种子有毒，误食可致命。种子可榨油，供工业用及制肥皂。种仁含黄花夹竹桃素，有强心、利尿、祛痰、发汗、催吐等药效。

图 172 黄花夹竹桃（引自《图鉴》）

17. 海芒果属 Cerbera Linn.

乔木，具乳汁。枝条粗。叶互生，侧脉 20–30 对，几与中脉垂直。聚伞花序顶生，花序梗长。花萼深裂，内面无腺体；花冠白色，裂片向左覆盖，喉部稍膨大，肋状凸起或具 5 枚被短柔毛鳞片；雄蕊着生花冠筒喉部，花药窄长圆形，具短尖头，与柱头分离；无花盘；心皮 2，离生，每心皮 4 胚珠；花柱丝状，上端膨大，柱头 2 浅裂。核果 1–2，椭圆形或球形，内果皮木质或纤维质。每室 1–2 种子，无胚乳，子叶薄，胚根短。

3 种，分布于非洲、热带亚洲、澳大利亚及太平洋岛屿。我国 1 种。

海芒果 图 173 彩片 59

Cerbera manghas Linn. Sp. Pl. 1: 208. 1753.

乔木，高达 8 米；树皮灰褐色。枝条轮生，叶痕明显。叶窄卵形，长 6–37 厘米，先端渐尖，基部楔形；叶柄长 2.5–6 厘米。花序梗粗，长 5–21 厘米。花梗长 1–2 厘米；花冠白色，中央粉红色，径 4–7 厘米，裂片卵形或镰刀形，长 1.5–2.5 厘米，花冠筒长 2.5–4 厘米，内面被长柔毛。核果平滑，长 5–8 厘米，4–6 厘米。种子常 1 粒。花期 3–10 月，果期 7–12 月。染色体 2n=40。

产广西南部、广东、香港、海南及台湾，生于海边或近海湿润地方。东南亚、日本、太平洋岛屿及澳大利亚有分布。花美丽芳香，树冠深绿优美，为

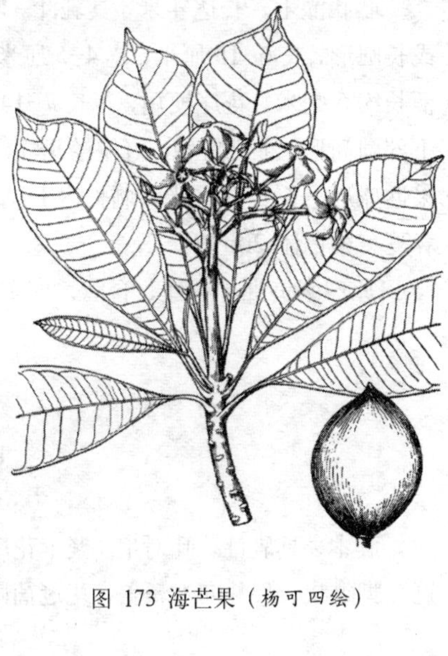

图 173 海芒果（杨可四绘）

著名观赏树种。种子剧毒，误食致死。树皮、叶及乳汁有催吐、下泻、堕胎 等药效，须慎用。

18. 黄婵属 Allamanda Linn.

直立或藤状灌木。叶轮生，叶腋具腺体。花大，伞房花序顶生或近顶生。花萼深裂，无腺体；花冠黄色，漏斗形，冠檐钟状，裂片向左覆盖；雄蕊着生花冠筒喉部，花丝极短，花药窄长圆形；花盘杯状，肉质，全缘或不明显5裂；子房1室，侧膜胎座2，胚珠多数；花柱丝状，柱头基部膨大成环状，顶部圆锥状。蒴果球形，被刺，2瓣裂。种子多数，扁平，边缘膜质或具翅；胚根短。

4种，分布于热带美洲。我国栽培2种。

1. 灌木，具水液；叶下面侧脉凸起；花冠筒长约3厘米，基部膨大 ………………………………… 1. **黄婵 A. schottii**
1. 藤状灌木，具乳汁；叶下面侧脉平；花冠筒长4-8厘米，基部不膨大 ……………………… 2. **软枝黄婵 A. cathartica**

1. 黄婵 图 174 彩片 60

Allamanda schottii Pohl in Pl. Bras. Icon. Descr. 1:73. 1827.

Allamanda neriifolia Hook.; 中国高等植物图鉴 3: 414. 1974; 中国植物志 63: 75. 1977.

灌木，高达2米，具水液。叶3-5轮生，椭圆形或窄倒卵形，长5-14厘米，宽2-4厘米，脉稍被糙硬毛，下面侧脉凸起；叶柄极短。花长4-6厘米；花冠筒窄漏斗形，长约3厘米，基部膨大，裂片淡黄色，卵形或圆形，长约2厘米，先端钝。蒴果球形，径约3厘米，被长刺。种子长约2厘米，径约1.5厘米。花期5-8月，果期10-12月。染色体2n=18。

原产巴西。福建、台湾、广东、广西及海南有栽培。供观赏及药用。

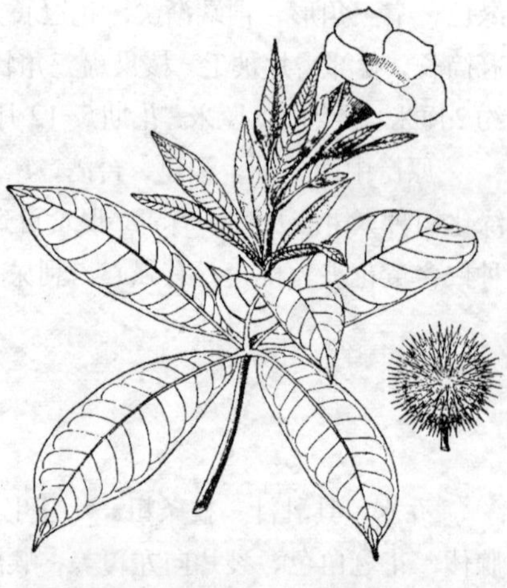

图 174 黄婵（引自《图鉴》）

2. 软枝黄婵 图 175 彩片 61

Allamanda cathartica Linn. Mant. Pl. 2: 214. 1771.

Allamanda cathartica var. *hendersonii* (Bull. ex Dombr.) Bail. et Raff.; 中国植物志 63: 76. 1977.

藤状灌木，长达4米，具乳汁。叶对生或3-5轮生，倒卵形、窄倒卵形或长圆形，长6-15厘米，宽4-5厘米，无毛或下面脉被长柔毛，侧脉平；叶柄长约5毫米。花序梗短，花长7-14厘米，花冠黄色，花冠筒长4-8厘米，下部圆筒形，上部钟状，冠檐径9-14厘米，花冠裂片平截倒卵形或圆形。蒴果近球形，长3-7厘米，刺长达1厘米。种子扁平，边缘膜质或具翅。花期春夏。染色体2n=18。

原产南美洲。福建、台湾、广东、广西及海南有栽培。供观赏及药用。

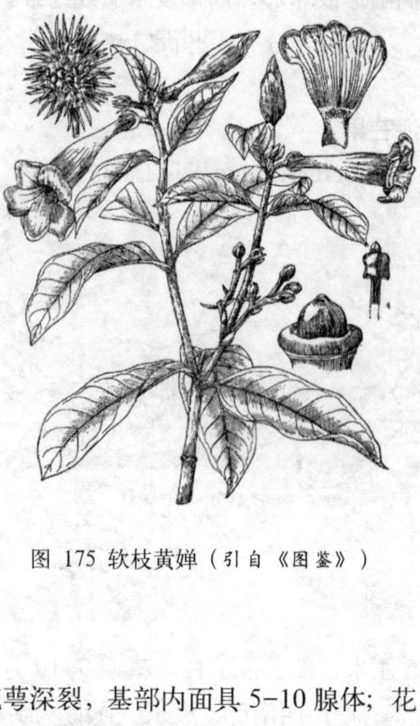

图 175 软枝黄婵（引自《图鉴》）

19. 络石属 Trachelospermum Lemaire

藤本，具乳汁。叶对生。聚伞花序疏散，顶生及腋生。花白或紫色，5数；花萼深裂，基部内面具5-10腺体；花冠高脚碟状，裂片向右覆盖，花冠筒圆筒形，5棱，雄蕊着生处膨大，喉部缢缩；雄蕊着生花冠筒下部，花药箭头形，基部耳形，与柱头粘生；花盘鳞片5，离生；心皮2，离生，每心皮胚珠多数；花柱短，柱头圆锥状。蓇葖果2，线形或纺锤形，叉开或平行。种子线状长圆形，无喙，被白色绢毛；胚乳丰富，子叶线形，胚根短。

约15种，主产亚洲，北美洲1种。我国6种。

1. 花冠筒中部膨大，雄蕊着生冠筒中部；花萼裂片反曲 ………………………………………… 1. **络石 T. jasminoides**
1. 花冠筒基部膨大，雄蕊着生冠筒基部。
  2. 花白色；蓇葖果叉开，线形，径3–5毫米 ………………………………………………… 2. **短柱络石 T. brevistylum**
  2. 花紫色；蓇葖果平行，圆柱形或纺锤形，径1–1.5厘米 ……………………………………… 3. **紫花络石 T. axillare**

1. 络石 石血 变色络石 图176

Trachelospermum jasminoides (Lindl.) Lem. in Jard. Fleur. 1: t. 61. 1851.

Rhynchospermum jasminoides Lindl. in Journ. Hort. Soc.Lond. 1:74. 1846.

Trachelospermum jasminoides var. *heterophyllum* Tsiang; 中国高等植物图鉴 3: 454. 1974; 中国植物志 63: 218. 1977.

Trachelospermum jasminoides var. *variegatum* Miller; 中国植物志 63: 219. 1977.

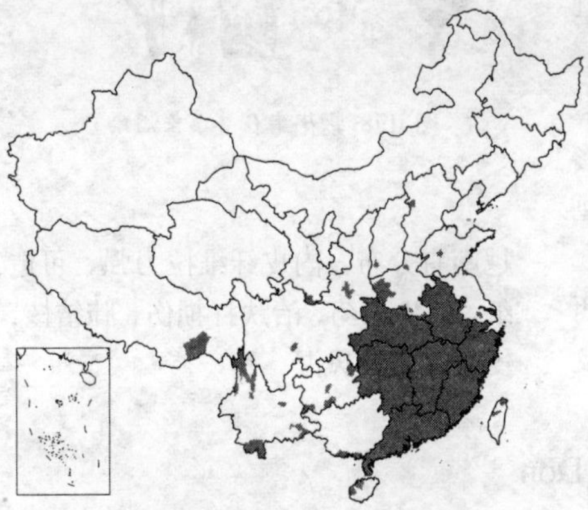

藤本，长达10米。小枝被短柔毛，老时无毛。叶革质，卵形、倒卵形或窄椭圆形，长2–10厘米，无毛或下面疏被短柔毛；叶柄长0.3–1.2厘米。聚伞花序圆锥状，顶生及腋生，花序梗长2–6厘米，被微柔毛或无毛。花萼裂片窄长圆形，长2–5毫米，反曲，被短柔毛及缘毛；花冠白色，裂片倒卵形，长0.5–1厘米，花冠筒与裂片等长，中部膨大，喉部无毛或在雄蕊着生处疏被柔毛，雄蕊内藏；子房无毛。蓇葖果线状披针形，长10–25厘米，径0.3–1厘米。种子长圆形，长1.5–2厘米，顶端具白色绢毛，毛长1.5–4厘米。花期3–8月，果期6–12月。染色体2n=20。

产陕西、河南、山西、河北、山东、江苏、安徽、浙江、福建、台湾、江西、湖北、湖南、广东、海南、广西、贵州、云南、四川及西藏，生于海拔200–1300米林缘或灌丛中。日本、朝鲜及越南有分布。内皮纤维拉力强，可制绳索、纸张及人造棉。花芳香，可提取芳香油。根、茎、叶及果入药，可祛风活络、止痛消肿、清热解毒。全株有毒。

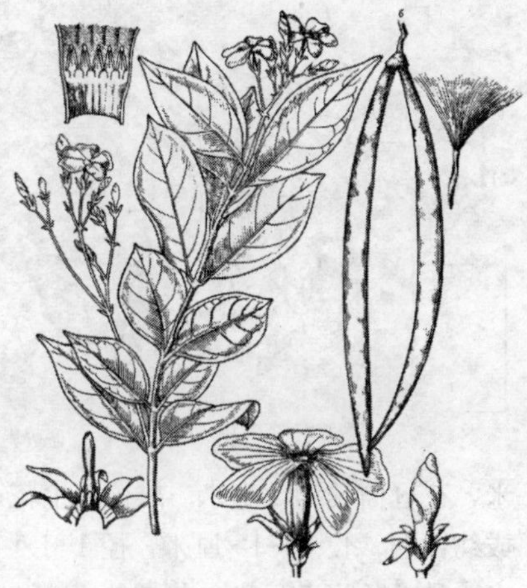

图176 络石（仿《图鉴》）

2. 短柱络石 图177 彩片62

Trachelospermum brevistylum Hand.-Mazz. in Akad. Wiss. Wien. Math.-Nat.1, 58: 228. 1921.

藤本，长达5米，全株无毛。叶窄椭圆形或披针状椭圆形，长5–10厘米，宽1.2–3厘米，先端渐尖或尾尖，基部楔形，侧脉10–14对；叶柄长5–8毫米。聚伞花序顶生及腋生，花序梗长1–2厘米。花梗长5–7毫米；花萼裂片窄椭圆形，长1–2毫米，先端尖，无毛；花冠白色，裂片斜倒卵形，长6–7毫米，花冠筒长约4.5毫米，内面疏被糙伏柔

图177 短柱络石（吴翠云绘）

毛；雄蕊内藏，着生花冠筒基部；花盘5裂；子房无毛。蓇葖果线形，叉生，长11-24厘米，径3-5厘米。种子长圆形，长1-3厘米，种毛长约3厘米。花期4-7月，果期8-12月。

产河南、安徽、浙江、福建、江西、湖南、广东、广西、云南、贵州、四川及西藏，生于海拔600-1100米疏林中，常缠绕树上。

3. 紫花络石 图 178 彩片 63

Trachelospermum axillare Hook. f. Fl. Brit. Ind. 3: 668. 1882.

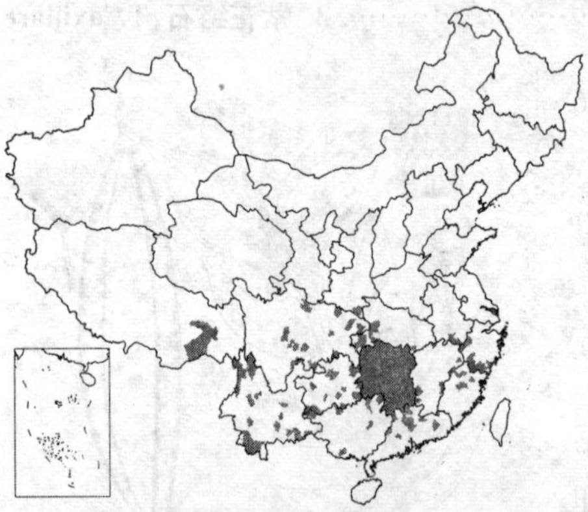

藤本，长达10米，除嫩枝及花序外余无毛。茎密被皮孔。叶革质，倒卵形、窄倒卵形或椭圆形，长8-15厘米，宽3-4.5厘米，先端骤尖或短尾尖，基部楔形，侧脉多至15对；叶柄长3-5毫米。聚伞花序腋生或近顶生，长达3厘米。花梗长3-8毫米；花萼裂片卵形，紧贴花冠筒，内面基部具10腺体；花冠紫色，裂片窄倒卵形，长5-7毫米，花冠筒长约5毫米；雄蕊着生花冠筒基部，内藏。蓇葖果合生，圆柱形或纺锤形，长10-15厘米，径1-1.5厘米，无毛。种子宽卵形，长约1.5厘米，种毛长约5厘米。花期5-7月，果期8-10月。

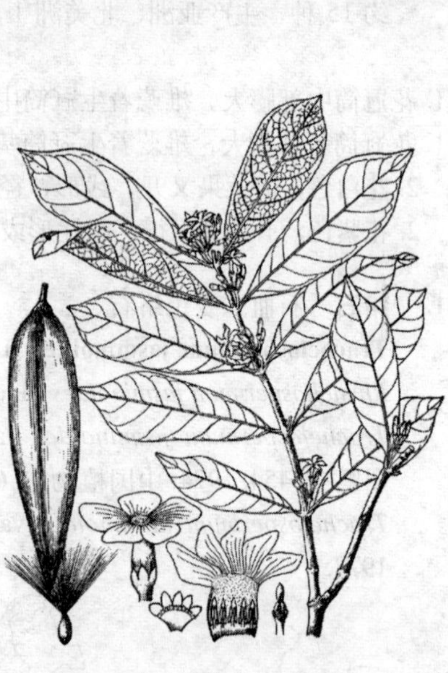

图 178 紫花络石（李秉滔绘）

产安徽、浙江、福建、江西、湖北、湖南、广东、广西、贵州、云南、西藏、四川及陕西，生于海拔500-1500米灌丛或疏林中。锡金、斯里兰卡及越南有分布。内皮纤维拉力强，可造纸。全株入药，治跌打损伤、肺结核、支气管炎及风湿。

20. 香花藤属 Aganosma (Bl.) G. Don

藤本，具乳汁。叶对生。聚伞花序伞房状，顶生或腋生；苞片及小苞片萼片状。花萼5裂，内面具腺体；花冠白色，高脚碟状，裂片向右覆盖，花冠筒圆筒形，基部膨大；雄蕊着生花冠筒下部，花药内藏，箭头形，靠合柱头；花盘环状或筒状，5裂；心皮2，离生，胚珠多数；花柱短，柱头圆锥状，顶端2裂。蓇葖果圆柱形。种子扁平，顶端具白或黄色绢毛。

约12种，分布于亚洲热带及亚热带地区。我国5种。

1. 花冠筒较花萼裂片长；花萼内面具多数腺体，排成环状；叶具边脉 ………………………… 1. **香花藤 A. marginata**
1. 花冠筒较花萼裂片短；花萼内面具5腺体；叶无明显边脉。
   2. 花冠裂片长圆形或镰刀形，长2.4-3.5厘米 ………………………… 2. **广西香花藤 A. siamensis**
   2. 花冠裂片倒卵形，长0.4-1.6厘米 ………………………… 3. **海南香花藤 A. schlechteriana**

1. 香花藤 图 179

Aganosma marginata (Roxb.) G. Don, Gen. Hist. 4: 77. 1837.

Echites marginata Roxb. Fl. Ind. Carey ed. 2: 15. 1832.

Aganosma acuminatum (Roxb.) G. Don；中国高等植物图鉴 3: 448. 1974；中国植物志 63: 182. 1977.

藤本，长达8米。茎及枝具皮孔。叶长圆形，长4.5-12厘米，先端渐尖或尾尖，基部宽楔形或圆，下面被短柔毛，脉上毛密，侧脉12-15对；叶柄长约1厘米。聚伞花序腋生，3歧分枝，花序梗被微柔毛；苞片及小苞片近线形。花梗被微柔毛；花萼内面基部具腺体环，花萼裂片近线形，长5-7毫米；花冠白或黄色，裂片窄披针形，长1.5-2厘米，花冠筒长0.8-1厘

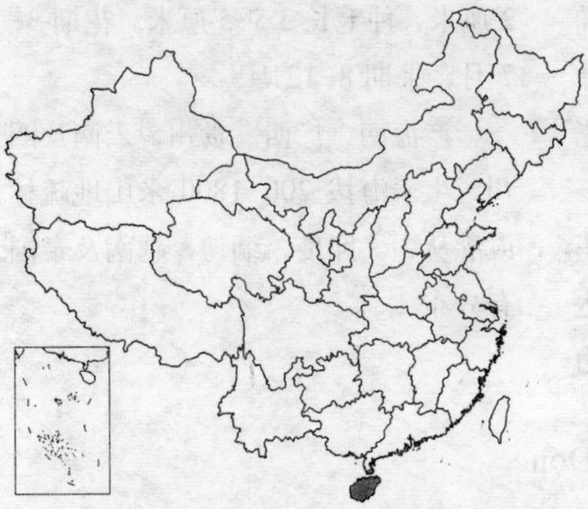

米，内面密被长柔毛；雄蕊着生花冠筒中部；花盘环状，较子房短；子房无毛。蓇葖果 2，圆柱形，长 15-40 厘米，径约 1 厘米。种子长圆形，扁平，长约 1 厘米，种毛长 2.7 厘米。花期 3-9 月，果期 6-12 月。

产广东及海南，生于山地林中或海边灌丛中。印度及东南亚各国有分布。

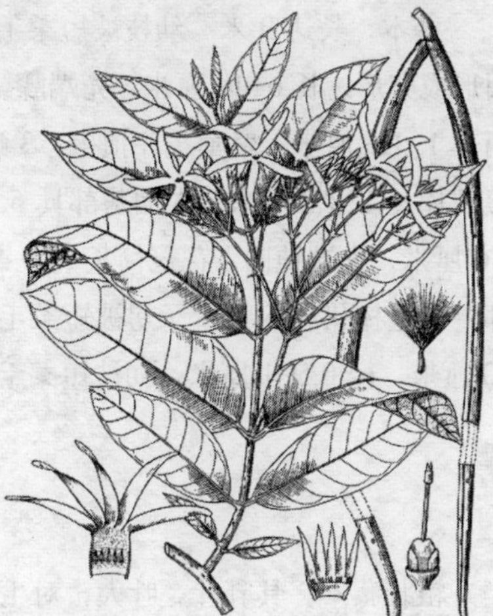

图 179 香花藤（李秉滔绘）

2. 广西香花藤 图 180

Aganosma siamensis Craib in Kew Bull. 1915: 433. 1915.

Aganosma kwangsiensis Tsiang; 中国高等植物图鉴 3: 448. 1974; 中国植物志 63: 183. 1977.

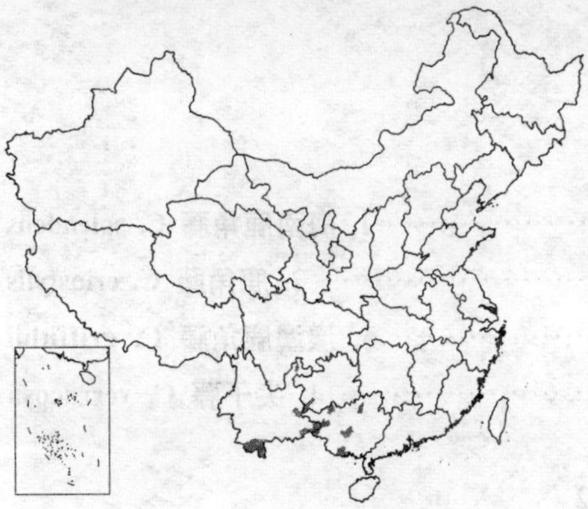

藤本，长达 10 米。幼枝及花序被短柔毛。叶纸质，椭圆形或窄椭圆形，长 5-10（-15）厘米，先端尖或渐尖，基部楔形，两面无毛，侧脉（6-）7-10 对，斜上升；叶柄长 1-1.5 厘米。聚伞花序顶生，长约 10 厘米，具花 9-15 朵。花梗长 0.5-1.6 厘米；花萼内面基部具 5 腺体，花萼裂片近线形，长 1.5-2（-2.8）厘米；花冠白色，裂片长圆形或镰刀形，长 2.4-3.5 厘米，花冠筒长 0.7-1.2 厘米，基部膨大，两面被短柔毛；雄蕊着生花冠筒基部；花柱短，柱头圆锥形。蓇葖果长约 14 厘米，径约 7 毫米，被糙伏毛。花期 5-6 月。

产广西、贵州及云南，生于海拔 300-1500 米山地密林或沟谷疏林中。泰国有分布。全株入药，治水肿。

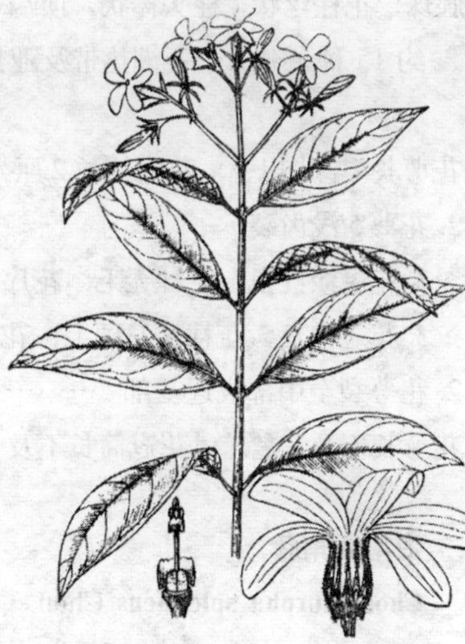

图 180 广西香花藤（引自《图鉴》）

3. 海南香花藤 贵州香花藤 短瓣香花藤 图 181

Aganosma schlechteriana Lévl. in Fedde, Repert. Sp. Nov. 9: 325. 1911.

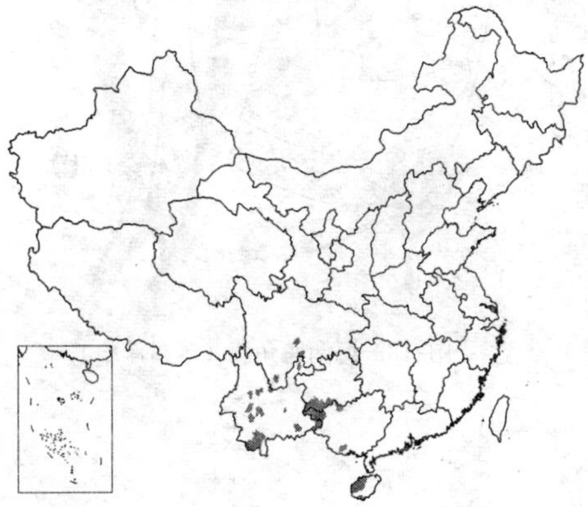

Aganosma navaillei (Levl.) Tsiang; 中国植物志 63: 187. 1977.

Aganosma schlechteriana var. *breviloba* Tsiang; 中国植物志 63: 187. 1977.

Aganosma schlechteriana var. *leptantha* Tsiang; 中国植物志 63: 187. 1977.

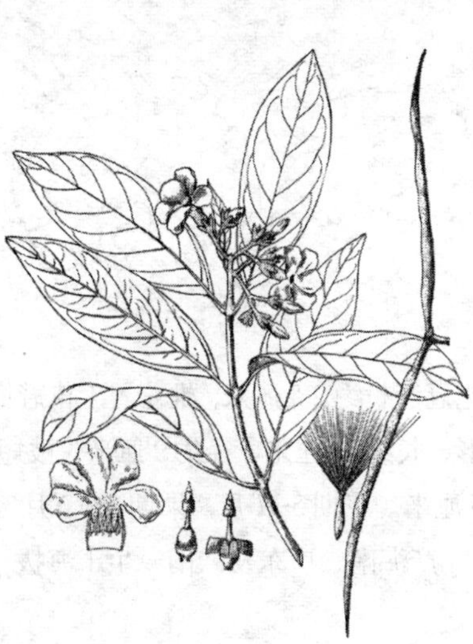

图 181 海南香花藤（杨可四绘）

藤本，长达 9 米。幼枝被短柔毛，后脱落无毛。叶革质，椭圆形、窄椭圆形或卵形，长 6-14 厘米，先端骤尖或渐尖，基部楔形，侧脉约 10 对；叶柄长 1-1.5 厘米。聚伞花序顶生，3 歧分枝，径 6.5-15 厘米，被短柔毛。花萼裂片长 1-1.2 厘米，内面基部具 5 腺体；花冠白色，裂片倒卵形，长 0.4-1.6 厘米，先端钝圆，花冠筒长 5-9 毫米，基部稍膨大；雄蕊着生花冠筒基部；花盘杯状或 5 裂；子房被短柔毛，较花盘短。蓇葖果 2，圆柱形，长达 30 厘米，径 0.5-1 厘米，初被短柔毛，老时无毛。种子长圆形，扁平，长约 2 厘米，种毛长 3.5-5 厘米。花期 3-7 月，果期 8-12 月。

产海南、广西、贵州、云南及四川，生于海拔 200-1800 米山地疏林或灌丛中。印度、缅甸、越南及泰国有分布。

21. 鹿角藤属 **Chonemorpha** G. Don

粗壮藤本，具乳汁。叶大，对生。聚伞花序疏散，组成圆锥状或总状，顶生或近腋生。花大；花萼筒状，5 齿裂或 5 深裂，基部腺体大；花冠白或淡红色，高脚碟状，裂片向右覆盖，花冠筒圆筒形，喉部无鳞片；雄蕊着生花冠筒近基部或中部，花药箭头状，与柱头粘生，基部耳状；花盘环状，5 浅裂，肉质，较子房短；心皮 2，离生，每心皮多数胚珠；花柱丝状，柱头棒状，顶端 2 浅裂。蓇葖果 2，圆柱形。种子卵状长圆形，扁平，具短喙，顶端具长毛。

约 15 种，分布于亚洲热带及亚热带地区。我国 8 种。

1. 花萼长7毫米以上；花冠筒长 2 厘米以上。
  2. 花萼 5 浅齿裂。
    3. 花冠淡红色；花柱无毛；花序长达 35 厘米 ………………………………………… 1. **海南鹿角藤 C. splendens**
    3. 花冠白色；花柱被长硬毛；花序长约 12 厘米 ………………………………………… 2. **鹿角藤 C. eriostylis**
  2. 花萼裂至中部或近基部 ………………………………………… 3. **漾濞鹿角藤 C. griffithii**
1. 花萼长不及 7 毫米；花冠筒长不及 1 厘米 ………………………………………… 4. **尖子藤 C. verrucosa**

1. 海南鹿角藤 图 182

Chonemorpha splendens Chun et Tsiang in Sunyatsenia 2:157. 1934.

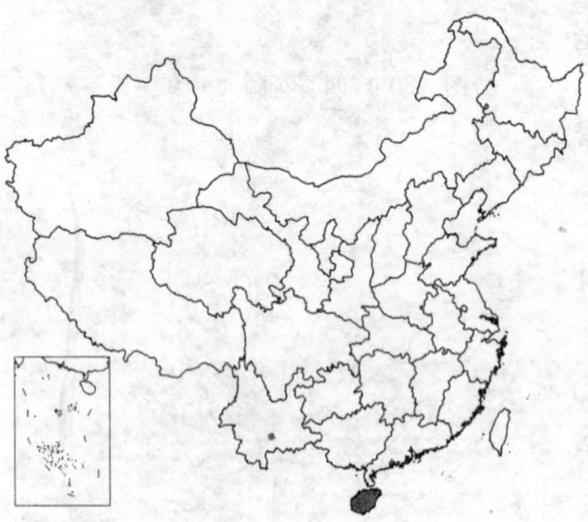

藤本，长达 20 米。小枝、花序梗、叶下面及萼筒被淡黄色短绒毛。叶宽卵形或倒卵形，长 18-20 厘米，先端钝尖，基部圆或浅心形；侧脉 11-12 对；叶柄长 1.5-2 厘米。聚伞花序总状，长达 35 厘米，具花 9-13 朵；花萼筒状，长 1.5-1.8 厘米，具 5 浅齿；花冠淡红色，径 4 厘米，花冠筒长约 2.5 厘米；雄蕊着生花冠筒中下部；子房及花柱无毛。蓇葖果纺锤形，长约 25 厘米，径约 2 厘米，被短绒毛，老时近无毛。种子具绢毛，长达 5 厘米。花期 5-7 月，果期 8-12 月。

产海南、广东及云南，生于海拔 300-800 米疏林中，常攀援树上。

图 182 海南鹿角藤（陈国泽绘）

2. 鹿角藤 图 183

Chonemorpha eriostylis Pitard in Lecomte et Humb. in Fl. Gen. Indo- Chine 3: 1247. 1933.

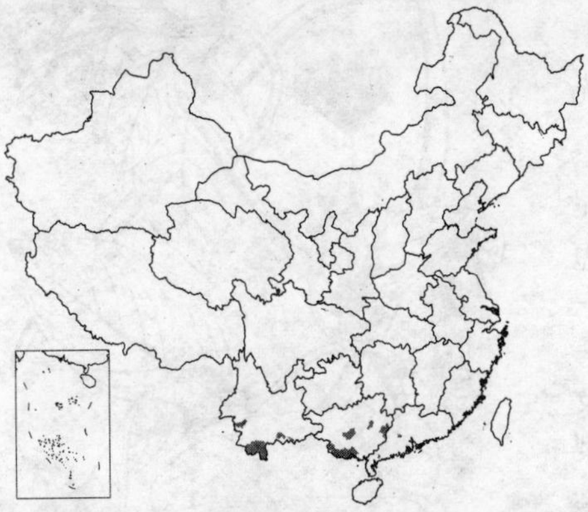

藤本，长达30米。叶纸质，倒卵形或宽长圆形，长12-34厘米，先端骤尖，基部圆，上面被短柔毛，侧脉9-11对；叶柄长1.2-1.5厘米。聚伞花序长约12厘米。花萼筒状，长约1.4厘米，被绒毛，5齿裂；花冠白色，径约4厘米，花冠筒长约2厘米，两面被短柔毛；雄蕊着生花冠筒近基部，花丝被微柔毛；花盘杯状，较子房长，顶端波状；子房无毛，花柱被长硬毛。蓇葖果线形，长25-40厘米，径1.5-2厘米，被黄褐色茸毛。种子卵状披针形，扁平，长约2.6厘米，种毛长约7厘米。花期5-7月，果期8-12月。

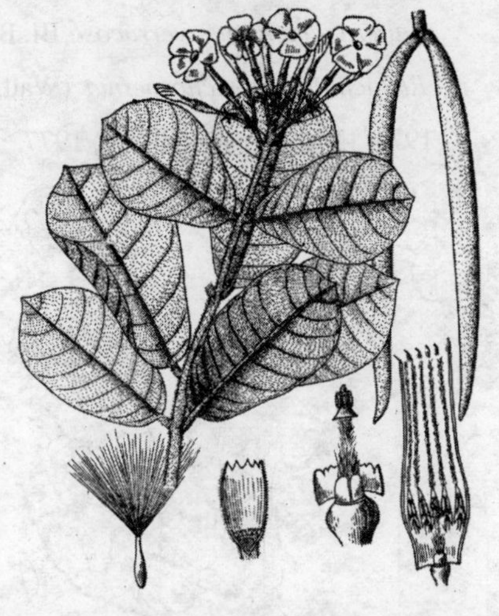

图 183 鹿角藤（陈国泽绘）

产广东、广西及云南南部，生于海拔300-1000米山地林中及湿润山谷。越南有分布。老茎药用，广西民间用治妇女黄疸。

3. 漾濞鹿角藤 毛叶藤仲　　图 184　彩片 64

Chonemorpha griffithii Hook. f. Fl. Brit. Ind. 3: 662. 1882.

Chonemorpha valvata Chatt.; 中国高等植物图鉴 3: 452. 1974; 中国植物志 63: 204. 1977.

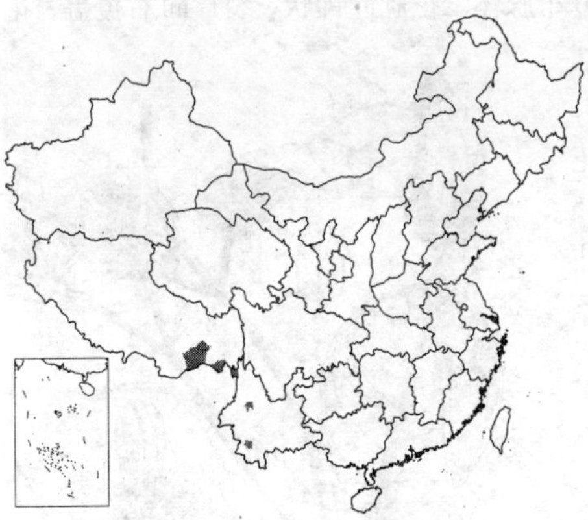

藤本，长达20米。小枝皮孔不明显，被黄褐色短柔毛。叶宽卵形或近圆形，长12-33厘米，宽7-20厘米，先端圆或骤尖，基部宽楔形或圆，下面被短柔毛，侧脉9-12对，近平行，斜上升；叶柄长1.5-5厘米。聚伞花序圆锥状，顶生，具花15朵；小苞片披针形，先端尖，长约1毫米。花萼长约1.1厘米，裂至基部，裂片窄卵形，镊合状排列，被微柔毛；花冠淡红色，裂片倒卵形或倒三角形，长3.5-4厘米，宽3.5-4.3厘米，花冠筒圆筒形，长约7厘米，中部膨大，上部内面密被短柔毛；雄蕊着生花冠筒中部，花丝被微柔毛；花盘环状，顶端浅裂，较子房短；子房无毛，花柱顶端被微柔毛。蓇葖果圆柱形，无毛，长约34厘米，径1.2厘米。花期春夏季，果期秋冬季。

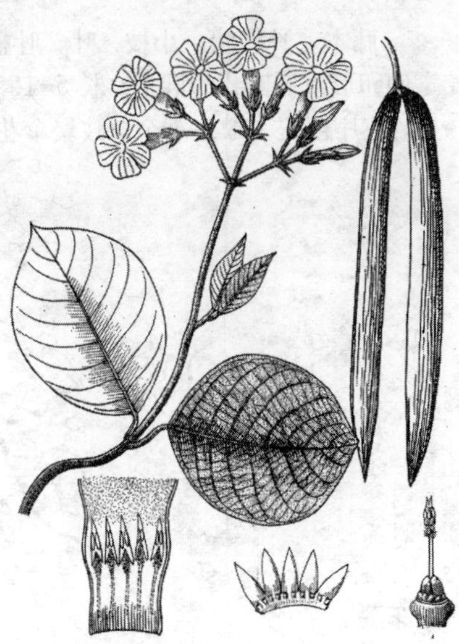

图 184 漾濞鹿角藤（引自《图鉴》）

产西藏东部及云南，生于海拔900-1600米山地密林中及潮湿山谷。印度、尼泊尔、缅甸及泰国有分布。茎供药用，云南民间用治风湿及骨折。

4. 尖子藤　　图 185

Chonemorpha verrucosa (Bl.) D. J. Middl. in Novon 3: 455.1993.

Tabernaemontana verrucosa Bl. Bijdr. 1029. 1826.

Rhynchodia rhynchosperma (Wall.) K. Schum.; 中国高等植物图鉴 3: 452. 1974; 中国植物志 63: 206. 1977.

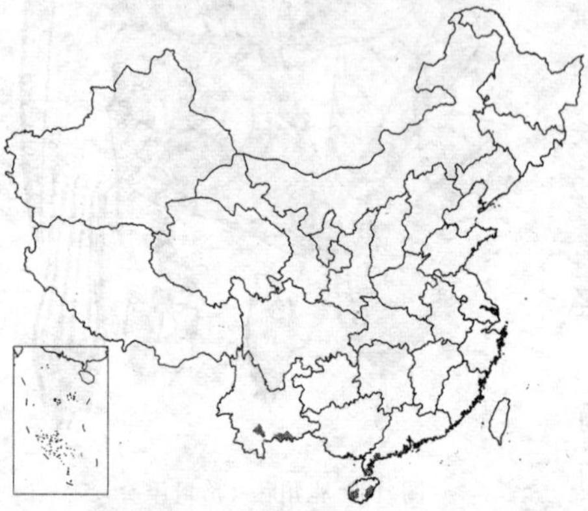

图 185 尖子藤（引自《图鉴》）

藤本，长达 10 米。小枝无毛，皮孔疏。叶宽卵形或窄卵形，长 12-22 厘米，先端骤尖或短尾尖，基部宽楔形或圆，下面被短柔毛，侧脉 7-15 对；叶柄长 1-3 厘米。聚伞花序圆锥状，长 7-13 厘米，被微柔毛。花萼长不及 7 毫米；花冠白或淡粉红色，裂片倒卵形或倒三角形，长约 8 毫米，先端圆或平截，花冠筒具 5 棱，长约 6 毫米，内面被微柔毛；雄蕊着生花冠筒中部。蓇葖果扁，长 19-40 厘米，径 0.7-1 厘米。种子长圆形，长约 1.5 厘米，种毛长 4.5-6 厘米。花期 4-6 月，果期 8-12 月。

产广东、海南及云南南部，生于海拔 300-1000 米山地密林中及沟谷。不丹、印度及东南亚有分布。

22. 毛车藤属 Amalocalyx Pierre

藤本，具乳汁。小枝、叶、叶柄、花序梗、小苞片、花萼及果均密被锈色长柔毛，老时近无毛。叶对生，纸质，宽倒卵形或椭圆状长圆形，长 5-15 厘米，先端骤尖，基部圆或稍耳状，侧脉 8-9 对；叶柄长 1-3 厘米。聚伞花序腋生，花序梗长，具 2-3 个单歧聚伞花序分枝。花萼 5 深裂，内面基部具约 50 个腺体；花冠近钟状，裂片向右覆盖，花冠筒圆筒形，长 2.2 厘米，喉部无鳞片；雄蕊着生花冠筒中部，花丝短，花药箭头形，内藏；花盘环状，与子房等长，全缘或 5 裂；心皮 2，离生；花柱丝状，柱头圆柱状，顶端被长柔毛。蓇葖果 2，并生，椭圆形或窄椭圆形，种子卵形，顶端具冠毛。

单种属。

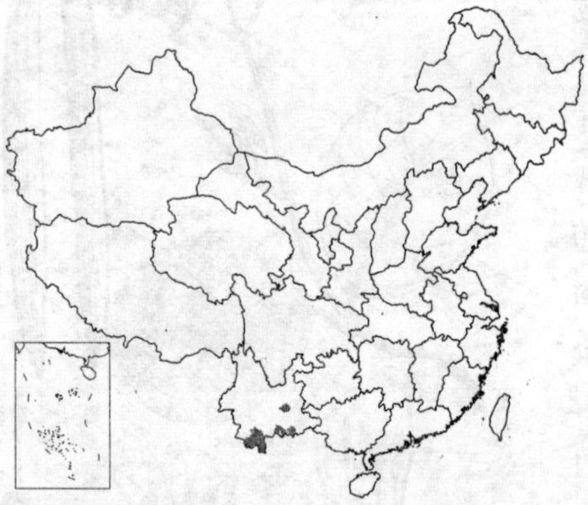

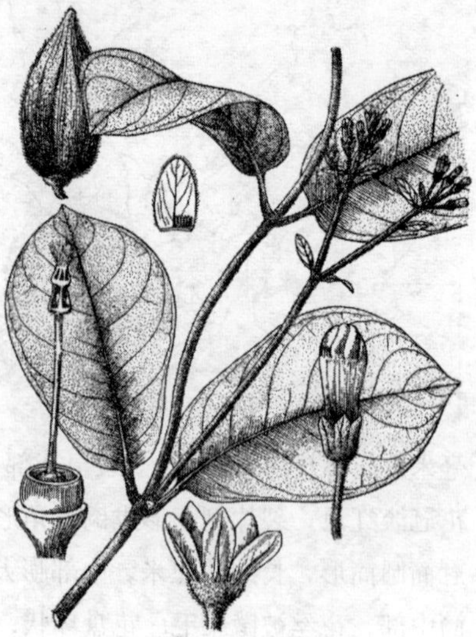

图 186 毛车藤（吴翠云绘）

毛车藤 图 186 彩片 65

Amalocalyx microlobus Pierre in Spire, Contr. Apocyn. 93.1905.

Amalocalyx yunnanensis Tsiang; 中国高等植物图鉴 3: 457. 1974; 中国植物志 63: 231.1977.

形态特征同属。花期 4-10 月，果期 9 月-翌年 1 月。

产云南南部，生于海拔 800-1000 米山地疏林中，常攀援树上。老挝、缅甸、越南及泰国有分布。

23. 同心结属 Parsonsia R. Br.

藤本，具乳汁。叶对生。聚伞花序组成伞房状或圆锥状，2 歧分枝，顶生或腋生。花小，花萼内面基部具腺体或

5 鳞片；花冠高脚碟状，裂片向右覆盖，花冠筒短，喉部无鳞片；雄蕊着生花冠筒中部或喉部，花丝长，扭曲或膝曲，花药窄箭头形，伸出，粘成近球状贴生柱头中部，花药基部耳形；花盘 5 裂或具 5 鳞片；心皮 2，离生，每心皮多数胚珠；花柱丝状，柱头加厚，顶端全缘或 2 裂。蓇葖果 2，圆柱形。种子线形或长圆形，顶端具冠毛；胚乳薄，子叶窄长圆形，扁平。

约 50 种，分布于东南亚及太平洋岛屿。我国 2 种。

同心结 海南同心结　　　　图 187

Parsonsia alboflavescens (Dennst.) Mabb. in Taxon 26: 532.1977.

Periploca alboflavescens Dennst. in Schlüssel Hortus Malab.12, 23: 35. 1818.

Parsonsia howii Tsiang; 中国高等植物图鉴 3: 441. 1974; 中国植物志 63: 144. 1977.

Parsonsia laevigata (Moon) Alston; 中国高等植物图鉴 3: 440. 1974; 中国植物志 63: 144. 1977.

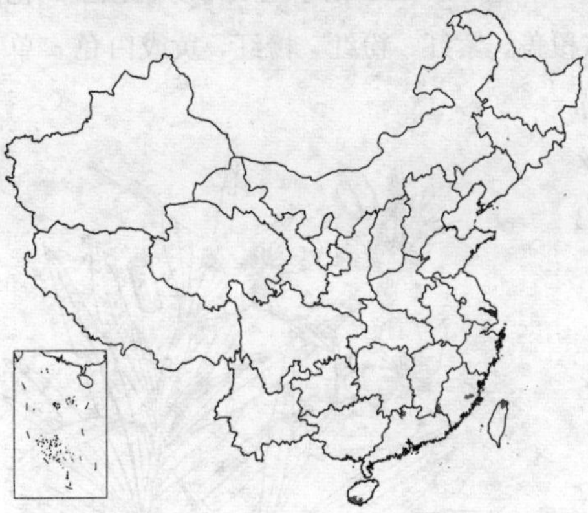

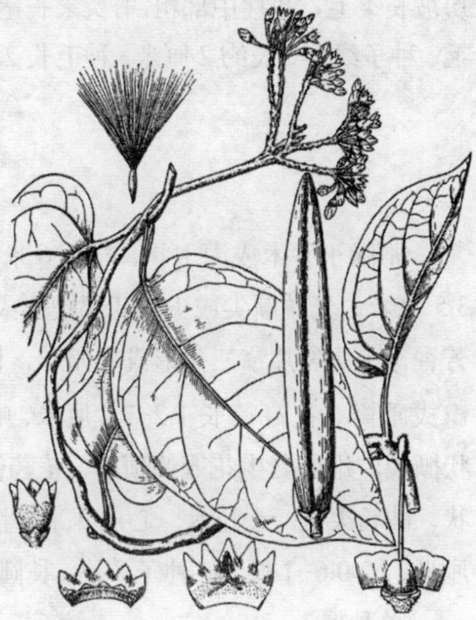

图 187 同心结（陈国泽绘）

藤本，长达 10 米。除花序外全株无毛。叶卵形或近椭圆形，长 4–12 厘米，先端短渐尖，基部圆或浅心形，侧脉 5–7 对；叶柄长 2–4 厘米。花序长 8–15 厘米，花序梗长 3–9 厘米。花萼裂片长约 2 毫米，腺体宽三角形，膜质；花冠白或淡绿色，花冠筒长约 5 毫米，冠檐径 1–2 厘米，裂片长约 6 毫米；雄蕊着生花冠筒中部；子房与花盘等长或稍短，无毛。蓇葖果线状圆柱形，平行，长 7–16 厘米，径 1–2 厘米。种子长圆形，长 1.5–1.8 厘米，径约 2 毫米，种毛长 2–4.5 厘米。花期 4–10 月，果期 9–12 月。

产福建、台湾、广东及海南，生于海拔 200–500 米山地林中。东南亚、印度及日本有分布。

24. 帘子藤属 Pottsia Hook. et Arn.

藤本，具乳汁。叶对生。聚伞花序组成总状或圆锥状，3–5 分枝，顶生或腋生。花萼 5 深裂，内面基部具多数腺体；花冠高脚碟状，裂片向右覆盖，花冠筒圆筒形，喉部缢缩，无鳞片；雄蕊着生花冠筒顶部，花丝短，花药伸出，箭头状，腹部粘生柱头，基部耳状；花盘 5 裂；心皮 2，离生，较花盘短，每心皮胚珠多数，花柱中部粗，柱头椭圆状或纺锤状，顶端圆锥状。蓇葖果 2，线形。种子线形，无喙，顶端具种毛；胚乳丰富，子叶线形，扁平。

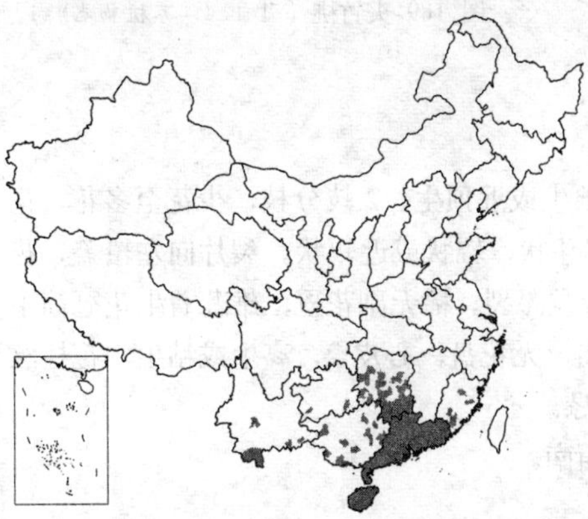

约 4 种，分布于亚洲东南部。我国 2 种。

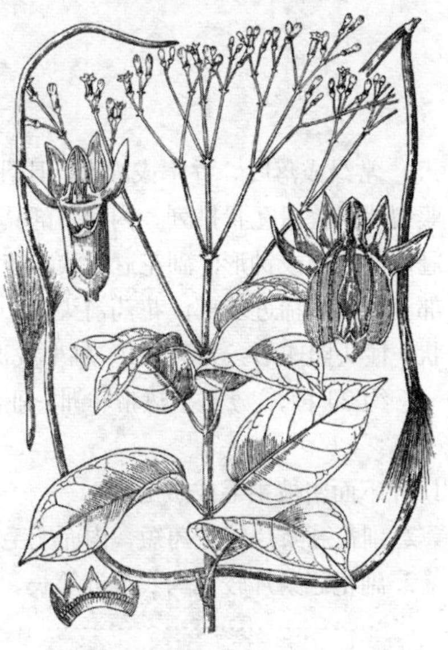

图 188 帘子藤（引自《图鉴》）

帘子藤 毛帘子藤　　　　图 188

Pottsia laxiflora (Bl.) Kuntze in Rev. Gen. Pl. 2: 416. 1891.

Vallaris laxiflora Bl. in Bijdr. 1043. 1826.

Pottsia pubescens Tsiang; 中国植物志 63: 137. 1977.

藤本，长达 10 米。枝条被短柔毛或近无毛。叶卵形、窄卵形或椭圆形，长 6-12 厘米，先端短尾尖，基部圆或近心形，两面被短柔毛或无毛，侧脉 4-6 对；叶柄长 1.5-4 厘米。聚伞圆锥花序长达 25 厘米，花序梗长。花冠紫或粉红色，裂片窄卵形，长约 2 毫米，平展，花冠筒无毛，较花冠裂片长；子房被长柔毛，花柱中部粗。蓇葖果长达 55 厘米，径 3-5 毫米，被短柔毛或无毛。种子线形，长约 2 厘米，种毛长 2.5-3 厘米。花期 4-8 月，果期 8-10 月。

产福建、湖南、广东、香港、海南、广西、贵州及云南，生于海拔 200-1000 米山地疏林、林缘或灌丛中。印度及东南亚有分布。茎叶药用，治骨折损伤；乳汁及根治贫血、风湿。

25. 夹竹桃属 Nerium Linn.

常绿小乔木或灌木状，高达 6 米；具水液。叶 3 片轮生，稀对生，革质，窄椭圆状披针形，长 5-21 厘米，宽 1-3.5 厘米，先端渐尖或尖，基部楔形或下延，侧脉达 120 对，平行；叶柄长 5-8 毫米。聚伞花序组成伞房状顶生。花芳香，花萼裂片窄三角形或窄卵形，长 0.3-1 厘米；花冠漏斗状，裂片向右覆盖，紫红、粉红、橙红、黄或白色，单瓣或重瓣，花冠筒长 1.2-2.2 厘米，喉部宽大；副花冠裂片 5，花瓣状，流苏状撕裂；雄蕊着生花冠筒顶部，花药箭头状，附着柱头，基部耳状，药隔丝状，被长柔毛；无花盘；心皮 2，离生。蓇葖果 2，离生，圆柱形，长 12-23 厘米，径 0.6-1 厘米。种子多数，长圆形，毛长 0.9-1.2 厘米。染色体 2n=22。

单种属。

夹竹桃 图 189 彩片 66

Nerium oleander Linn. in Sp. Pl. 1: 209. 1753.

Nerium indicum Mill.; 中国高等植物图鉴 3: 441. 1974; 中国植物志 63: 147. 1977.

形态特征同属。花期春、夏、秋，果期冬、春。

原产伊朗、印度及尼泊尔，现广植于热带及亚热带地区。我国各地有栽培，南方为多，长江以北，须在温室越冬。植株具剧毒。种子含油量达 58.5%。

图 189 夹竹桃（引自《江苏植物志》）

26. 倒吊笔属 Wrightia R. Br.

常绿或落叶，乔木或灌木，具乳汁。叶对生，叶腋具腺体。聚伞花序顶生或近顶生，2 歧分枝，少花至多花。花萼裂片双盖覆瓦状排列，内面基部具 5-10 鳞片状腺体；花冠高脚碟状、漏斗状、辐状或近辐状，裂片向左覆盖，花冠筒圆筒形或钟形；副花冠舌状、流苏状或杯状，顶端全缘或近全缘，浅裂或深裂，稀无副花冠；雄蕊着生花冠筒中部至顶部，稀近基部；花药箭头状，靠合或粘生柱头，基部耳状，顶端伸出；无花盘；心皮 2，离生或粘生；花柱丝状，柱头卵球形。蓇葖果 2，粘生或离生。种子窄纺锤形，顶端具冠毛，无喙。

约 23 种，分布于热带非洲、亚洲及澳大利亚。我国 6 种，产南部及西南。

1. 叶下面密被柔毛或绒毛。
   2. 副花冠鳞片较花药短，内面无毛；果具皮孔，常无毛 ………… 1. **胭木 W. arborea**
   2. 副花冠鳞片较花药长或近等长，内面被微柔毛；果无皮孔，常被微柔毛 ………… 2. **倒吊笔 W. pubescens**
1. 叶无毛或叶下面沿脉被短柔毛。

3. 心皮及果粘生 ………………………………………………………… 2. 倒吊笔 **W. pubescens**

3. 心皮及果离生 ………………………………………………………… 3. 蓝树 **W. laevis**

1. 胭木 图 190

Wrightia arborea (Dennst.) Mabb. in Taxon 26: 533. 1977.

Periploca arborea Dennst. in Schlüssel Hortus Malab. 13, 23:25. 1818.

Wrightia tomentosa (Roxb.) Roem. et Schult.; 中国高等植物图鉴 3: 436. 1974; 中国植物志 63: 121. 1977.

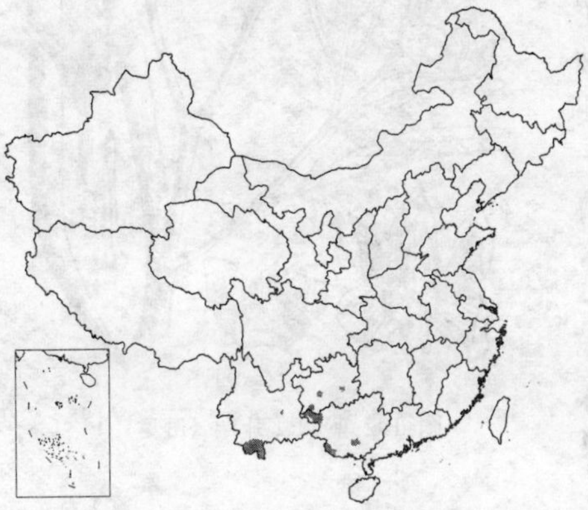

乔木，高达 20 米。小枝被短柔毛，老时渐脱落，皮孔密。叶椭圆形、宽椭圆形或倒卵形，长 6-18 厘米，上面被短柔毛或无毛，下面被绒毛，侧脉 10-15 对；叶柄长 0.2-1 厘米。聚伞花序被短柔毛，花序梗长达 2 厘米。花梗长 1-1.5 厘米；花萼裂片卵形或宽卵形，长约 3 毫米；花冠淡黄、粉红或深红色，辐状或近辐状，花冠筒长 3-7 毫米，无毛，裂片窄椭圆形或卵形，长 0.8-1.6 厘米，具乳头状凸起；副花冠为 10 枚鳞片，较花药短，无毛，顶端齿裂。蓇葖果粘生，圆柱形，长 14-21 厘米，径 3-4 厘米，具皮孔。种子线状纺锤形，长约 2 厘米，冠毛长约 3.5 厘米。花期 5-10 月，果期 8-12 月。染色体 2n=22。

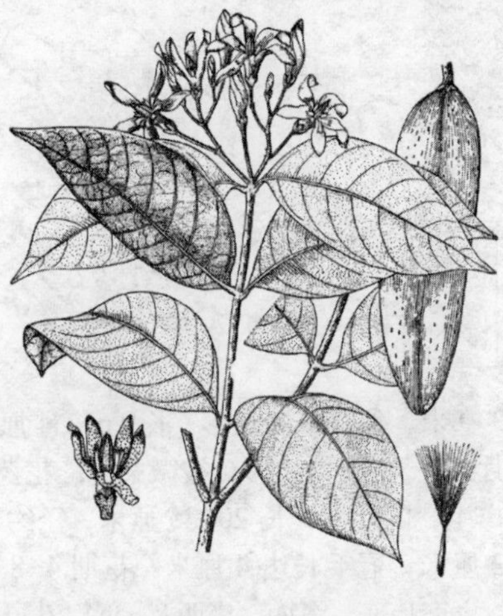

图 190 胭木（杨可四绘）

产广西、贵州及云南，生于海拔 200-1500 米落叶林或混交林中。印度及东南亚有分布。

2. 倒吊笔 广东倒吊笔 图 191

Wrightia pubescens R. Br. in Mem. Wern. Soc. 1: 73. 1811.

Wrightia kwangtungensis Tsiang; 中国植物志 63: 121. 1977.

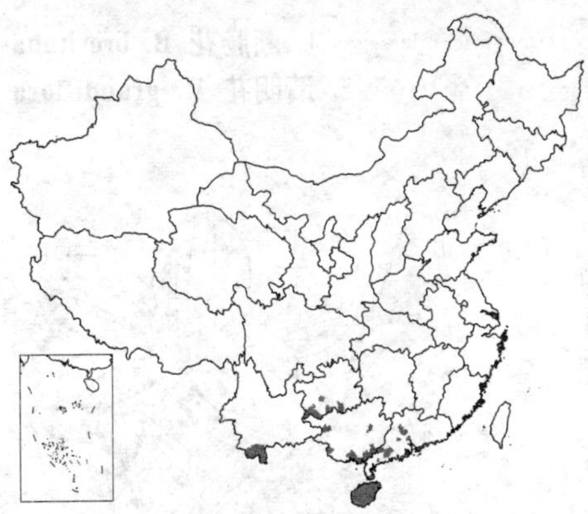

乔木，高达 35 米，胸径 60 厘米；树皮淡黄褐色。小枝被黄色柔毛，老时渐脱落，皮孔密。叶坚纸质，窄长圆形、卵形或窄卵形，长 5-10 厘米，上面被微柔毛或无毛，下面密被柔毛或微柔毛，或仅沿脉被毛，侧脉 8-15 对；叶柄长约 1 厘米。花序长约 5 厘米，被柔毛。花萼裂片卵形或宽卵形，长 2-5 毫米；花冠漏斗状，白或粉白色，花冠筒长 5-6.5 毫米，裂片长圆形，长 1-2 厘米；副花冠为 10 枚鳞片，呈流苏状，较花药长或等长，内面被微柔毛；雄蕊被短柔毛，着生花冠喉部，花药伸出；心皮无毛。蓇葖果 2，粘生，近线形，长 15-30 厘米，径 1-2 厘米，无皮孔。种子窄纺锤形，冠毛长达 3.5 厘米。花期 4-8 月，果期 8-12 月。

图 191 倒吊笔（引自《图鉴》）

产广东、海南、广西、贵州及云南，生于海拔 400 米以下次生雨林及干燥稀树林中。印度、东南亚及澳大利亚有分布。木材适作上等家具、铅笔杆、雕刻图章、乐器等。树皮纤维可制人造棉及造纸。根及树皮入药，治颈淋巴结核、风湿关节炎。

3. 蓝树 图 192 彩片 67

Wrightia laevis Hook.f. Fl. Brit. Ind. 3: 654. 1882.

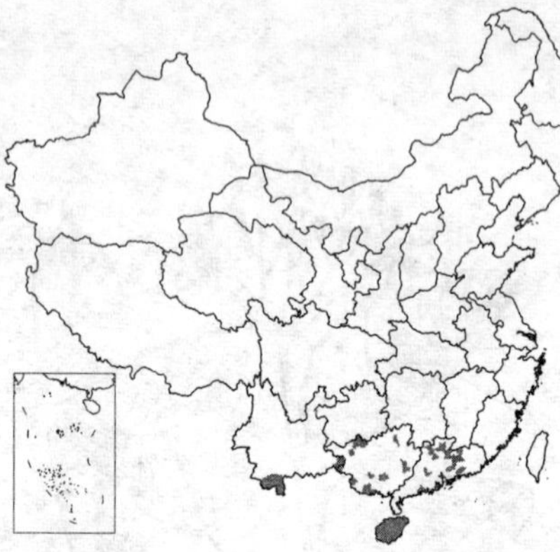

图 192 蓝树（引自《图鉴》）

乔木，高达 40 米。除花外，全株无毛；树皮深灰色。小枝褐色，具皮孔。叶长圆形或窄椭圆形，稀卵形，长 7-18 厘米，先端渐尖或尾尖，侧脉 5-11 对；叶柄长 5-7 毫米。花序长约 6 厘米，花序梗长约 1 厘米，被微柔毛或无毛。花梗长1-1.5 厘米；花萼裂片宽卵形，长约 1 毫米，被微柔毛，先端圆或钝；花冠漏斗状，白或淡黄色，花冠筒长 1.5-3 毫米，裂片窄椭圆形，长 0.6-1.4 厘米，具乳头状凸起；副花冠流苏状，鳞片 25-35 枚，线形，被微柔毛；花药与副花冠等长，被微柔毛。蓇葖果 2，离生，圆柱形，长 20-35 厘米，径约 7 毫米，具皮孔。种子近线形，长 1.5-2 厘米，冠毛长达 4 厘米。花期 4-8 月，果期 7-12 月。染色体 2n=22。

产广东、海南、广西及云南，生于海拔 200-1000 米山地疏林及沟谷密林中。印度、东南亚及澳大利亚北部有分布。根及叶治跌打损伤、刀伤止血；果可治肺结核。叶浸水可得蓝色染料。

27. 清明花属 Beaumontia Wall.

粗壮藤本，具乳汁。叶对生，叶腋常具腺体。聚伞花序顶生或腋生；苞片叶状。花大而芳香；花萼裂片叶状，内面基部多腺体；花冠漏斗状，白色，花冠筒短或长，冠檐宽钟形，喉部无鳞片，裂片向右覆盖；雄蕊着生花冠筒上端，花丝弧曲，花药箭头形，伸出，靠合柱头，基部耳状；花盘环状，5 浅裂；合生心皮 2，花柱长，柱头纺锤形；每室多数胚珠。蓇葖果长，木质。种子扁，顶端渐窄，冠毛丝状；子叶叶状或肥厚，胚根短。

9 种，分布于亚洲东部及东南部。我国 5 种。

1. 花冠筒较花冠裂片短，内面被微柔毛 ………………………………………… 1. 断肠花 **B. brevituba**
1. 花冠筒较花冠裂片长，内面无毛 ………………………………………… 2. 清明花 **B. grandiflora**

1. 断肠花 图 193

Beaumontia brevituba Oliv. in Hook. Icon. Pl. 16: t. 1582. 1887.

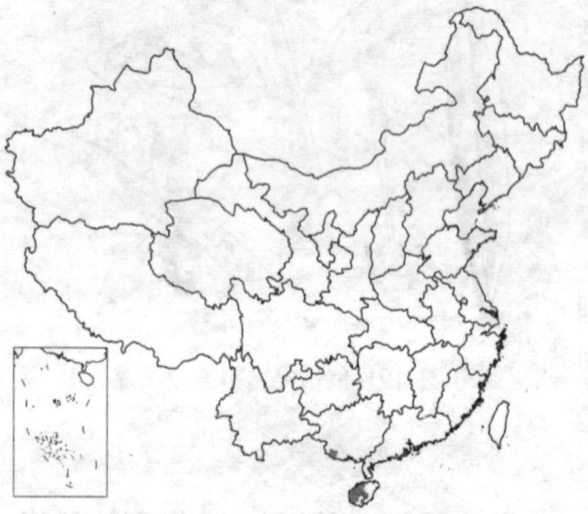

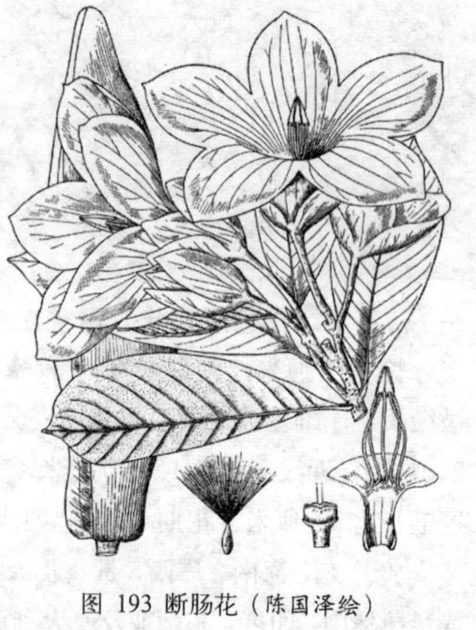

图 193 断肠花（陈国泽绘）

藤本，长达 12 米。幼枝被短柔毛，老渐无毛，皮孔明显。叶窄倒卵形，长 7-25 厘米，先端骤短尖，基部楔形；叶柄长 1-3 厘米。花序梗长达 4 厘米。花梗长达 6 厘米；花萼裂片淡黄色，宽椭圆形或倒卵形，长 3.5-5.5 厘米，两面被微柔毛；花冠白色，径约 12 厘米，花冠筒长 6-8.5 厘米，被微柔毛，裂片长 4-5.5 厘米，先端骤尖；雄蕊伸出，花丝长 5.5-6 厘米；花盘杯状，顶端稍被微柔毛；子房被绒毛，花柱长 5.5-7 厘米，无毛。蓇葖果长圆形，长达 16 厘米，径 4 厘米。种子长圆形，深褐色，长约 1.5 厘米，冠毛长 4 厘米。花期春夏季。

产广西及海南，生于海拔 300–1000 米山地密林中或沟边。越南有分布。

叶及乳汁有毒。

2. 清明花

Beaumontia grandiflora Wall. in Tent. Fl. Nepal. 15. t. 7. 1824.

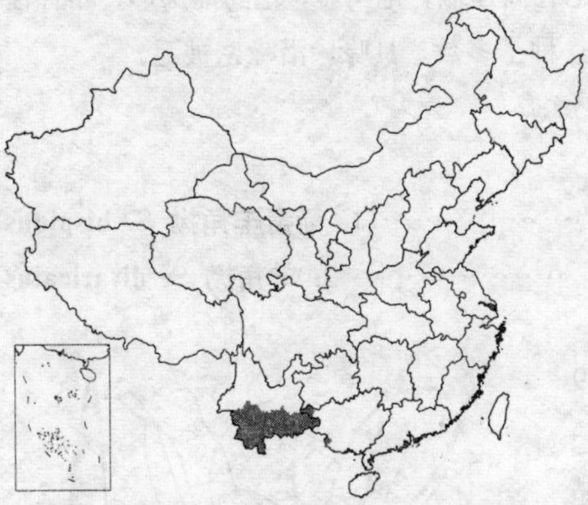

藤本，长达 20 米。茎皮木栓质。幼枝被锈色柔毛，老渐无毛。叶窄倒卵形或椭圆形，长 6–30 厘米，幼时稍被柔毛，老渐无毛，侧脉 8–20 对；叶柄长达 3 厘米。聚伞花序长 12–25 厘米，被柔毛，具花 3–19 朵，花序梗长 2.5–9 厘米；苞片叶状，粉绿色。花梗长 2.5–4.5 厘米；花萼裂片粉绿色，长 3–6 厘米；花冠白或淡黄色，基部粉绿色，花冠筒漏斗状，长 6.5–13 厘米，内面无毛，冠檐径约 10 厘米，基部渐窄，被短柔毛，内面无毛，裂片近圆形或宽卵形，长 1.7–4 厘米，先端渐尖；雄蕊白色，花丝长 3.2–6 厘米，花药长 1.5–1.7 厘米，内藏；花盘环状，顶端稍被微柔毛；子房被绒毛，花柱长 7–9 厘米。蓇葖果窄椭圆状圆柱形，长 22–31 厘米，径 5–6 厘米。种子长 1.5–2.5 厘米，冠毛长 4–7 厘米。花期春夏季。染色体 2n=24。

产广西西部及云南南部，生于海拔 300–1500 米山地林中或沟谷、河边。福建、广东、香港有栽培。孟加拉国、不丹、尼泊尔、印度、缅甸、老挝、越南及泰国有分布。栽培供观赏。幼枝皮可制绳索。根及叶入药，治风湿性腰腿痛、骨折、跌打损伤。

28. 纽子花属 Vallaris N. Burm. f.

攀援灌木，具乳汁。叶对生，具透明腺点。伞形或复伞房聚伞花序，腋生或顶生。萼片离生，内面基部具腺体或无；花冠近辐状，冠檐伸展，喉部无鳞片，花冠裂片向右覆盖；雄蕊着生花冠筒顶部或中部，花丝短，近顶端背面具 1 大腺体，花药箭头形，靠合柱头，基部耳状；花盘环状或杯状，5 裂，具缘毛。蓇葖果 2，离生。种子多数，2 列，顶端具冠毛；胚乳淀粉状，胚直伸，子叶椭圆形。

3 种，分布于亚洲热带及亚热带地区。我国 2 种。

大纽子花 图 194 彩片 68

Vallaris indecora (Baill.) Tsiang et P. T. Li in Acta Phytotax. Sin. 11: 375. 1973.

Beaumontia indecora Baill. in Bull. Soc. Linn. Paris 1: 759. 1888.

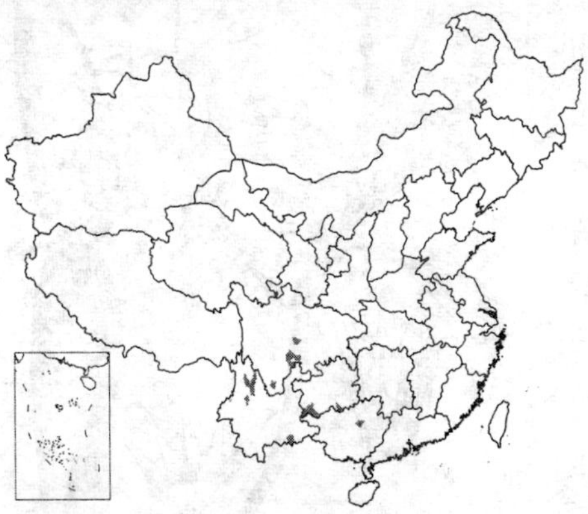

攀援灌木，高达 6 米。茎皮淡灰色。叶椭圆形或倒卵形，长 7–14 厘米，先端渐尖，基部楔形或圆，两面被短柔毛或无毛，侧脉 6–8 对；叶柄长 1–6 毫米。聚伞花序具花 3–4 朵，花序梗长 0.7–1.5 厘米。花梗长 0.7–2 厘米； 萼片长圆形，长 0.9–1.5 厘米；花冠淡黄色，花冠筒长1.3–1.5 厘米，冠檐径 3–4 厘米，内面及喉部被短柔毛，花冠裂片具短尖头；花药伸出；子房及花柱疏被柔毛。蓇葖果披针状圆柱形，长 6.5–14 厘米，径 1.5–3.5 厘米。种子菱形或椭圆形，长约 2 厘米，冠毛长 2.2 厘米。花期 3–6 月，果期秋季。

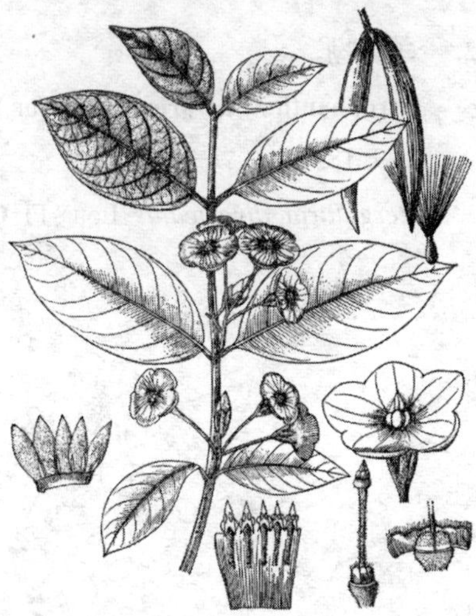

图 194 大纽子花（吴翠云绘）

产广西、贵州、云南及四川，生于海拔 700–3000 米山地密林中。植株可治血吸虫病。

29. 羊角拗属 Strophanthus DC.

藤本、直立或披散灌木，稀乔木，具乳汁。叶对生或 3 片轮生。聚伞花序顶生，常 2 歧分枝，花序梗有或无。花大；萼片离生或基部合生，覆瓦状或双盖覆瓦状排列，内面基部具 5 枚或更多腺体；花冠漏斗状，花冠筒短，喉部宽，裂片向右覆盖，先端长尾尖；副花冠 10 裂，着生花冠裂片基部；雄蕊着生花冠筒顶端，花丝短，花药箭头形，靠合柱头，基部耳状；无花盘；心皮 2，基部稍合生，花柱丝状。蓇葖果 2，叉生。种子多数，具喙，沿喙密被毛。

38 种，分布于热带非洲及亚洲。我国 6 种。

1. 植株被黄色糙硬毛；蓇葖果窄披针形，长达 54 厘米 ………………………………………… 1. **箭毒羊角拗 S. hispidus**
1. 植株除花外无毛；蓇葖果椭圆状长圆形，长达 15 厘米 ……………………………………… 2. **羊角拗 S. divaricatus**

1. 箭毒羊角拗　　图 195　彩片 69

Strophanthus hispidus DC. in Bull. Soc. Philom. Paris 3: 123. 1802.

藤本或披散灌木状，高达 5 米，乳汁淡红或白色。小枝及幼叶被黄色糙硬毛。 叶对生。椭圆形或椭圆状倒卵形，长 3-22 厘米，先端骤短尖，基部圆或近心形，侧脉 6-11 对；叶柄长 1-5 毫米。聚伞花序被黄色硬毛。花萼裂片卵形，长 1.3-3.5 厘米；花冠黄色，花冠筒长 1-2.2 厘米，裂片连同长尾尖长 15-22.5 厘米，两面被微柔毛；副花冠裂片黄色，具红、紫或褐色斑点；花药内藏，无毛；子房被糙硬毛，花柱长达 1.2 厘米。蓇葖果窄披针形，长达 54 厘米，径 3 厘米，密被皮孔。种子窄椭圆形，喙长 2.3-7.7 厘米，冠毛长达 5 厘米。花期 2-4 月，果期 6-12 月。染色体 2n=18。

原产非洲中西部。广东南部、广西南部、海南及云南南部有栽培。全株剧毒，液汁作箭毒用；种子可作强心剂及利尿剂。

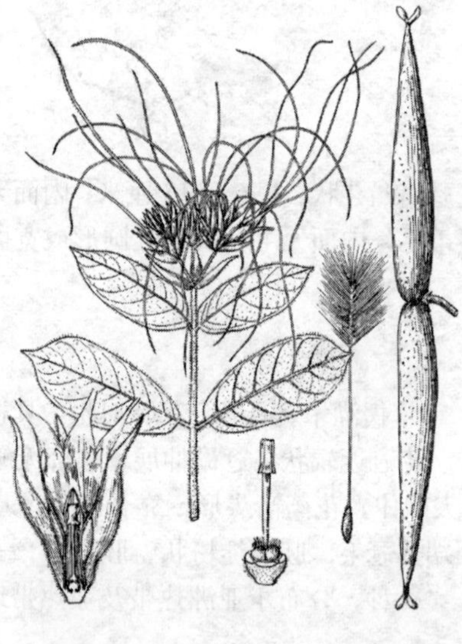

图 195 箭毒羊角拗（陈国泽绘）

2. 羊角拗　　图 196　彩片 70

Strophanthus divaricatus (Lour.) Hook. et Arn. in Bot. Capt. Beech. Voy. 199. 1837.

Pergularia divaricatus Lour. Fl. Cochinch. 1: 169. 1790.

藤本或灌木状，具长匍匐茎，长达 4.5 米，除花冠外余无毛，乳汁清或淡黄色。小枝密被皮孔。叶窄椭圆形或倒卵状长圆形，长 3-10 厘米，先端短尖，基部楔形，侧脉约 6 对；叶柄长 0.5-1 厘米。聚伞花序具花 3-15 朵，花序梗长达 1.5 厘米。花梗长 1 厘米；花萼裂片窄三角形，长 0.4-1.1 厘米；花冠黄色，花冠筒长 0.9-1.6 厘米，两面被微柔毛或内面无毛，花冠裂片卵形，先端长尾带状，长达 10 厘米， 基部内面具红色斑点；副花冠裂片 10 枚，黄绿色，三角形或锥形，长 0.9-3 毫米；花药内藏，药隔长

图 196 羊角拗（引自《图鉴》）

尾尖；子房无毛。蓇葖果水平叉开，木质，椭圆状长圆形，长 9-15 厘米，径 2-3.5 厘米。种子纺锤形，长 1.3-2 厘米，喙长 1.2-3.4 厘米，冠毛长 3.5-5.5 厘米。 花期 5-7 月，果期 6-12 月。染色体 2n=18。

产福建、广东、香港、海南、广西、贵州及云南，生于海拔 100-1000 米林内或灌丛中。越南及老挝有分布。全株有毒，入药作强心剂及治跌打损伤、蛇咬伤。

30. 倒缨木属 **Kibatalia** G. Don

乔木或灌木，具乳汁。叶对生。聚伞花序伞房状，腋生，花序梗短。花梗长；花萼内面基部具腺体；花冠近漏斗状或高脚碟状，花冠筒圆筒形，喉部以下缢缩，裂片向右覆盖；花丝宽短，花药伸出或内藏，箭头形，粘生柱头，基部耳状；花盘环状或杯状，肉质，5 裂；心皮 2，离生，每心皮多数胚珠；花柱线形。蓇葖果 2。种子倒生，窄长圆形，顶端具长喙，沿喙密被轮生毛。

15 种，分布于亚洲。我国 1 种。

倒缨木　毛叶倒樱木　图 197

Kibatalia macrophylla (Pierre ex Hua) Woodson in Philipp. Joun. Sci. 60: 214. 1936.

Paravallaris macrophylla Pierre ex Hua; 中国高等植物图鉴 3: 439. 1974; 中国植物志 63:134.1977.

Paravallaris yunnanensis Tsiang et P. T. Li; 中国植物志 63:136. 1977.

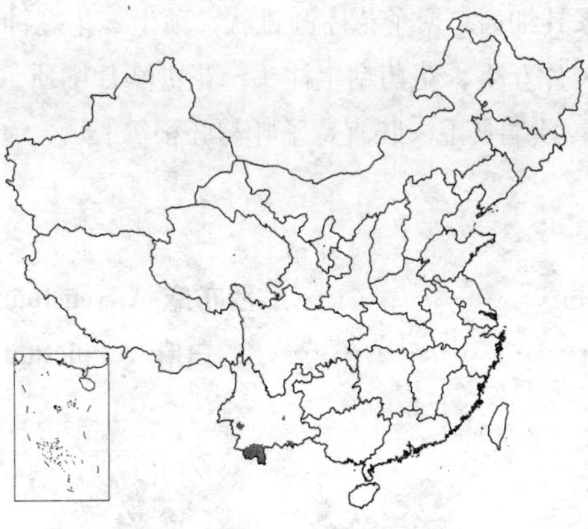

乔木，高达 15 米；除花外，全株无毛。叶长圆形或卵状椭圆形，长 11-38 厘米，先端尾尖，基部圆，侧脉 13-19 对；叶柄长 1-1.5 厘米。聚伞花序长 4-7 厘米，具花 3-12 朵，花序梗长 0.3-1.5 厘米。花梗长 1.5-3 厘米；花冠白色，高脚碟状，花冠筒长 1.1-1.3 厘米，喉部被长柔毛，冠檐钟状，裂片长圆形，长 1.2-1.4 厘米，两面被微柔毛；花丝背面具 2 突起物，花药伸出；花盘杯状，5 裂；子房被微柔毛，花柱圆柱形，长 0.9-1.2 厘米。蓇葖果线状长圆形，长 8-24 厘米，径 7-9 毫米。种子窄长椭圆形，扁平，长 1.5-2 厘米，宽 2.5-3 毫米，喙长约 4 厘米，毛长 1.5-4.5 厘米。花期 4-9 月，果期 9-12 月。

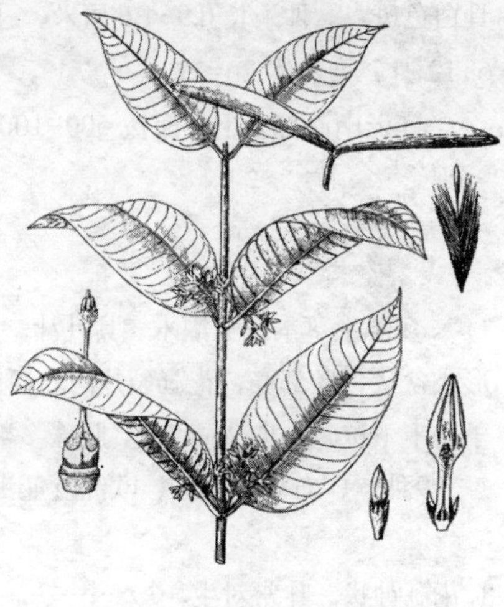

图 197 倒缨木（李秉滔绘）

产云南南部，生于海拔 200-700 米山地林中、河岸或沟谷。缅甸、柬埔寨、老挝、越南及泰国有分布。

31. 止泻木属 **Holarrhena** R. Br.

乔木或灌木，具乳汁。叶对生。聚伞花序顶生或腋生，具多花。花萼小，内面基部腺体与花萼裂片互生；花冠高脚碟状，花冠筒圆筒形，近基部稍膨大，裂片向右覆盖；雄蕊着生花冠筒近基部，花丝短，花药窄卵形，与柱头分离；无花盘；心皮 2，离生，花柱短，每心皮胚珠多数。蓇葖果 2，圆柱形，叉开。种子线形，顶端具绢毛；胚乳薄。

4 种，分布于热带非洲及亚洲东南部。我国 1 种。

止泻木 图 198 彩片 71

Holarrhena pubescens Wall. ex G. Don, Gen. Hist. 4: 78. 1837.

Holarrhena antidysenterica Wall. ex A. DC.;中国高等植物图鉴 3: 436. 1974; 中国植物志 63: 117. 1977.

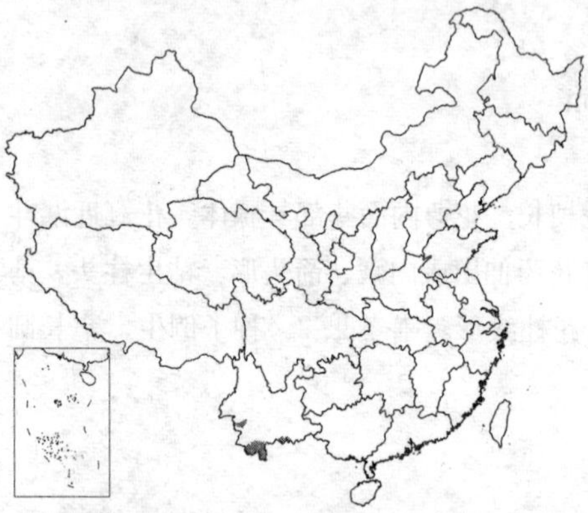

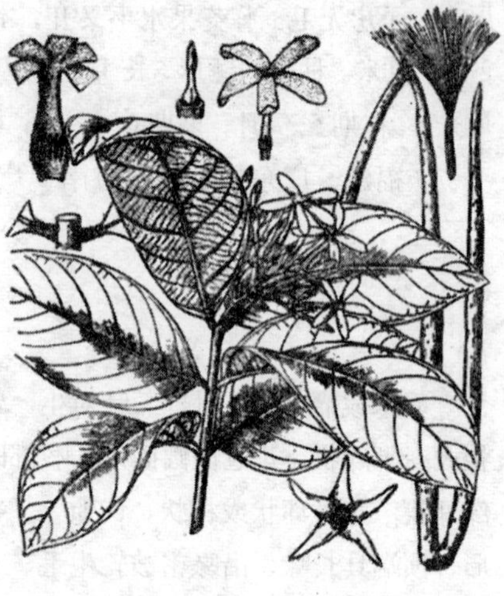

图 198 止泻木（引自《图鉴》）

乔木，高达 10 米。幼枝密被柔毛。叶膜质，卵状椭圆形或椭圆形，长 10–24 厘米，基部宽楔形或圆，两面被短柔毛，侧脉 10–15 对；叶柄长 1–5 毫米，具槽，槽内具腺体。花萼裂片椭圆状披针形，长 0.2–1.2 厘米；花冠白色，被短柔毛，花冠筒长 0.9–1.9 厘米，花冠裂片长圆形，长 1–3 厘米；花药内藏。蓇葖果长圆柱形，长 20–43 厘米，径 0.5–1.5 厘米，具白色斑点。种子长 0.9–1.6 厘米，冠毛长 2.5–4.5 厘米。花期 4–7 月，果期 6–12 月。染色体 2n=22。

产云南南部，生于海拔 500–1000 米山地林中。广东南部、海南、广西及台湾有栽培。亚洲南部、东南部及非洲有分布。树皮及根入药，治痢疾及退热。

32. 罗布麻属 Apocynum Linn.

多年生草本或亚灌木，具乳汁。根茎富含纤维。叶对生，稀互生，叶缘具细齿。聚伞花序圆锥状，顶生。花冠钟形或盆状，喉部宽，花冠裂片向右覆盖；雄蕊着生花冠筒基部，与副花冠裂片互生，花药粘生柱头；花盘鳞片肉质；子房半下位，心皮 2，离生，胚珠多数。蓇葖果 2，细长，叉生。种子多数，顶端具毛；胚直，子叶与胚根等长。

9种，广布于北美洲、欧洲及亚洲温带地区。我国2种。

1. 花冠钟状；叶常对生 ………………………………………… 1. 罗布麻 **A. venetum**

1. 花冠盆状；叶常互生 ………………………………………… 2. 白麻 **A. pictum**

1. 罗布麻 图199 彩片 72

Apocynum venetum Linn. Sp. Pl. 1: 213. 1753.

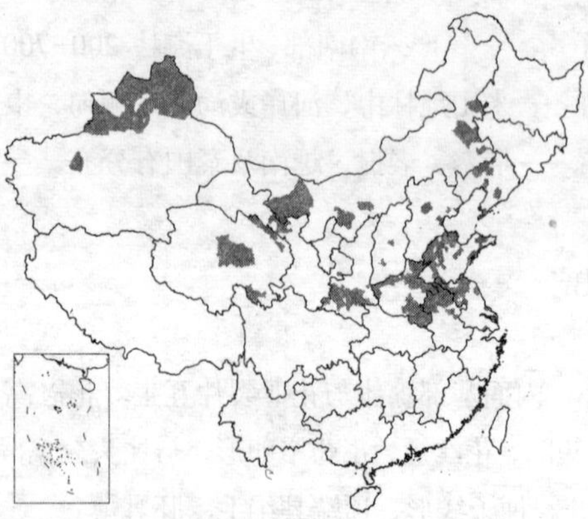

图 199 罗布麻（杨可四绘）

亚灌木，高达 4 米，除花序外全株无毛。叶常对生，窄椭圆形或窄卵形，长 1–8 厘米，基部圆或宽楔形，具细齿；叶柄长 3–6 毫米。花萼裂片窄椭圆形或窄卵形，长约 1.5 毫米；花冠紫红或粉红色，花冠筒钟状，长 6–8 毫米，被颗粒状凸起，花冠裂片长3–4 毫米；花盘肉质，5 裂，基部与子房合生。蓇葖果长 8–20 厘米，径 2–3 厘米。种子卵球形或椭圆形，长 2–3 毫米，冠毛长 1.5–2.5 厘米。花期 4–9 月，果期 7–12 月。染色体 2n=22。

产辽宁、内蒙古、河北、山东、江苏、安徽、河南、山西、陕西、甘肃、青海及新疆，生于盐碱荒地、沙漠边缘、河岸、冲积平原及湖边。广布于欧亚温带地区。茎皮纤维细长柔韧，为高级衣料、渔网、高级用纸等原料。叶含胶量达5%，可作橡胶原料；药用作镇静剂及治疗高血压。花芳香，蜜腺发达，为优良蜜源植物。

2. 白麻 图 200

Apocynum pictum Schrenk in Bull. Phys. Math. Acad. Pétersb. 2: 115. 1844.

Poacynum hendersonii (Hook. f.) Woodson; 中国高等植物图鉴 3: 444. 1974; 中国植物志 63: 163. 1977.

Poacynum pictum (Schrenk) Baill.; 中国高等植物图鉴 3: 443. 1974; 中国植物志 63: 161.1977.

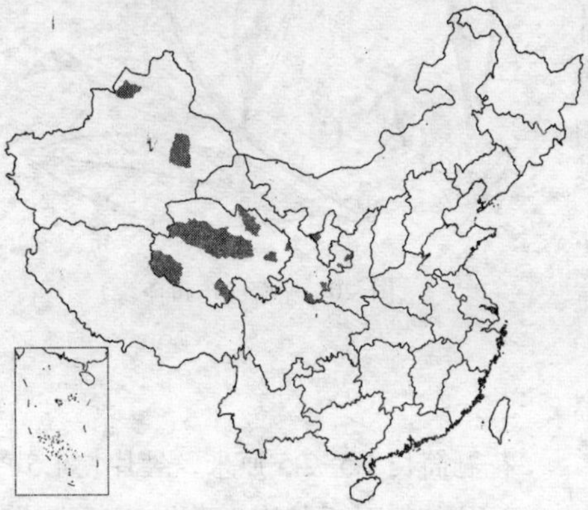

亚灌木，高达2米。幼枝被短柔毛，后渐无毛。叶常互生，长圆形或卵形，长1.5-4厘米，两面被颗粒状凸起，密生细齿。花萼裂片卵形或三角形，长1.5-4毫米；花冠粉红或紫红色，花冠筒盆状，长2.5-7毫米，花冠裂片宽三角形，长2.5-4毫米；副花冠着生花冠筒基部，裂片宽三角形，先端长渐尖。蓇葖果下垂，长10-30厘米，径3-4毫米。种子窄卵圆形，长2.5-3毫米，冠毛长1.5-2.5厘米。花期4-9月，果期7-12月。

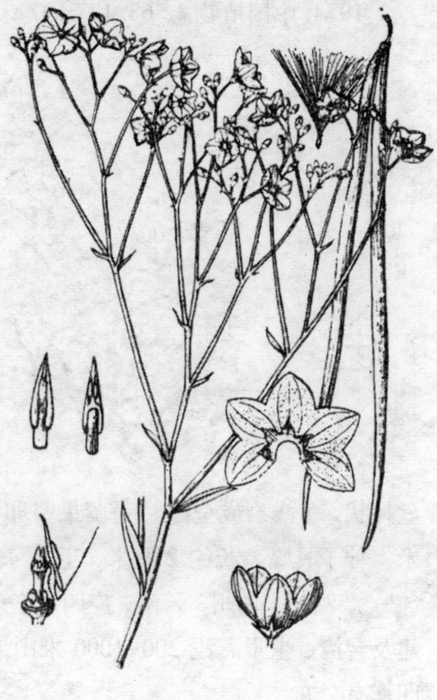

图 200. 白麻（杨可四绘）

产甘肃、宁夏、青海及新疆，生于盐碱荒地、沙漠边缘及河岸。哈萨克斯坦及蒙古有分布。用途同罗布麻。

33. 鳝藤属 Anodendron DC.

藤本，具乳汁。叶对生，侧脉常呈皱纹。聚伞花序圆锥状，顶生或腋生。花小；花萼深裂，内面基部具腺体；花冠高脚碟状，花冠筒圆筒形，喉部缢缩，无鳞片，花冠裂片向右覆盖；雄蕊内藏，花丝短，花药箭头形，粘生柱头；花盘环状或杯状，顶端平截或5浅裂；心皮2，离生，较花盘稍高；每心皮多数胚珠；花柱短，柱头基部环状。蓇葖果叉生。种子扁，卵圆形或长圆形，具喙，沿喙密被毛。

约16种，分布于斯里兰卡、印度、越南及马来西亚。我国5种。

1. 叶侧脉5-12对。
   2. 花冠筒长1.5-4.5毫米，裂片长3-5.5毫米；种毛长4-6厘米 ………………………… 1. **鳝藤 A. affine**
   2. 花冠筒长1.5-2.5厘米，裂片长1.5-2.5厘米；种毛长约2厘米 ……………………………………………… 1(附). **台湾鳝藤 A. benthamianum**
1. 叶侧脉约30对 ……………………………………………………… 2. **平脉藤 A. formicinum**

1. 鳝藤 广花鳝藤 屏边鳝藤 防城鳝藤 抑叶鳝藤 图 201

Anodendron affine (Hook. et Arn.) Druce in Bot. Soc. Exch. Cl. Brit. Isles 4: 605. 1917.

Holarrhna affinis Hook. et Arn. Bot. Beech. Voy. 198. 1836.

Anodendron affine var. *effusum* Tsiang; 中国植物志 63: 176.1977.

Anodendron affine var. *pingpienense*

Tsiang et P. T. Li; 中国植物志 63: 176. 1977.

Anodendron fangchengense Tsiang et P. T. Li; 中国植物志 63:176. 1977.

Anodendron salicifolium Tsiang et P. T. Li; 中国高等植物图鉴 3: 447. 1974; 中国植物志 63: 177.1977.

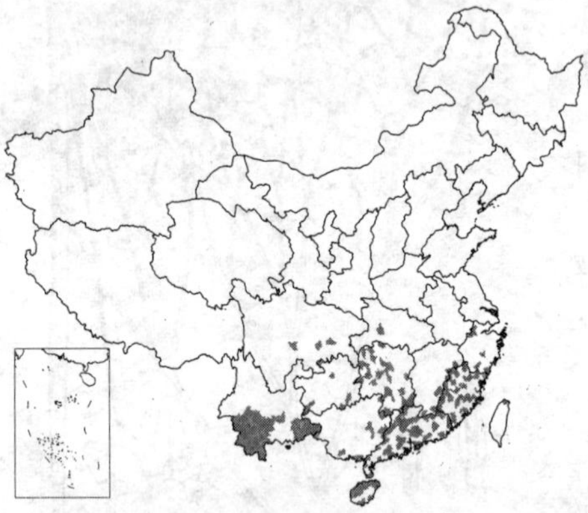

藤本，长达 10 米，除花冠外全株无毛。叶窄长圆形或窄卵形，长3-14 厘米，侧脉 6-12 对，干时常呈皱纹；叶柄长 0.5-2 厘米。花序圆锥状，顶生及腋生，长 3-26 厘米，花序梗长。花萼裂片卵形，长 2-3 毫米；花冠白或黄绿色，内面疏被柔毛，裂片镰刀形或窄长圆形，花冠筒长 1.5-4.5 毫米；雄蕊着生花冠筒基部；花盘杯状，5 浅裂或全缘。蓇葖果窄卵状椭圆形，长 8-13 厘米，径 1.6-3 厘米。种子具喙，长约 2 厘米，毛长 4-6 厘米。花期 4-11 月。

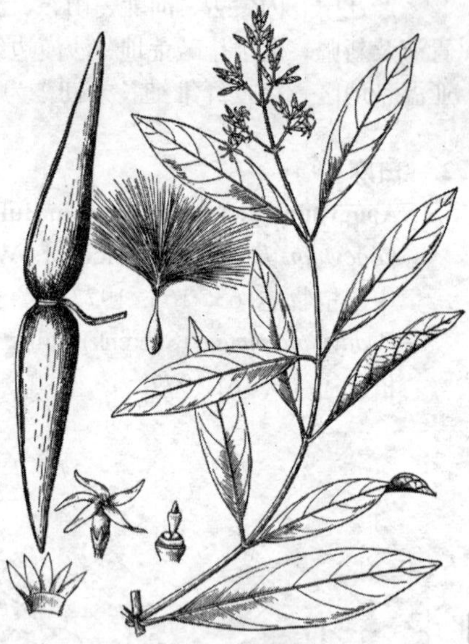

图 201 鳝藤（陈国泽绘）

产四川、贵州、云南、广西、广东、香港、海南、湖南、湖北、浙江、福建及台湾，生于海拔 200-1000 米山地稀疏杂木林或灌木林中。日本、越南、印度有分布。

[附] **台湾鳝藤 Anodendron benthamianum** Hemsl. in Journ. Linn. Soc. Bot. 26: 98. 1889. 本种与鳝藤的区别：叶长圆状披针形或窄卵形，侧脉 5-7 对；花冠筒长 1.5-2.5 厘米，裂片长 1.5-2.5 厘米；种毛长约 2 厘米。产台湾北部，生于海拔约 400 米山地森林或灌丛中。

2. 平脉藤 图 202

Anodendron formicinum (Tsiang et P. T. Li) D. J. Middl. in Novon 4: 152. 1994.

Micrechites formicina Tsiang et P. T. Li in Acta Phytotax. Sin. 11: 385. pl. 50. 1973; 中国植物志 63: 189. 1977.

藤本，长达 14 米；除花萼外全株无毛。叶长圆形或窄长圆形，长6-17 厘米，先端骤尖，基部圆，侧脉约 30 对，与中脉近垂直；叶柄长 0.5-1.3 厘米。花序圆锥状，顶生及腋生，长 14.5 厘米。花小；花萼裂片卵形，被微柔毛；花冠黄绿色，裂片较花冠筒长；雄蕊着生花冠筒基部；花盘环状，5 裂；子房无毛，花柱短，柱头喙状。花期 5-7 月。

图 202 平脉滕（陈国泽绘）

产云南南部，生于海拔约 1800 米山地密林中。

34. 水壶藤属 Urceola Roxb.

藤本，具乳汁。叶对生。聚伞花序圆锥状，顶生或腋生，具3分枝。花小；花萼深裂，内面基部具腺体；花冠近坛状，裂片短，向右覆盖，喉部无鳞片；雄蕊着生花冠筒基部，内藏，花丝短，花药窄长圆形或箭头形，粘生柱头，基部耳状；花盘环状，全缘或5裂；心皮2，顶端被长柔毛；花柱短，柱头卵圆形、圆锥形或长圆形，顶端2裂。蓇葖果圆柱形或窄椭圆形。种子多数，扁长圆形或线形，顶端具绢毛；胚乳薄，子叶叶状，长圆形或卵形，胚根短。

15种，分布于亚洲东南部。我国8种。

1. 叶下面被柔毛，脉上毛密 ………………………………………………………… 1. **乐东藤 U. xylinabariopsoides**
1. 叶无毛，有时仅侧脉稍被微毛。
  2. 叶柄被微柔毛；花冠裂片近基部具1齿；果卵圆形 …………………………… 2. **杜仲藤 U. micrantha**
  2. 叶柄无毛；花冠裂片全缘；果圆柱形或窄卵圆形。
    3. 叶宽椭圆形，长3-7厘米；花冠粉红色，花冠筒长约4毫米；子房被短柔毛；果圆柱形，长达15厘米 ……… …………………………………………………………………………………… 3. **酸叶胶藤 U. rosea**
    3. 叶长圆形或窄长圆形，长11-18厘米；花冠白色，花冠筒长1-1.5毫米；子房被长柔毛；果窄卵圆形，长达10厘米，径约2厘米 ……………………………………………… 3(附). **云南水壶藤 U. tournieri**

1. 乐东藤 图 203

Urceola xylinabariopsoides (Tsiang) D. J. Middl. in Novon 4: 151. 1994.

Chunechites xylinabariopsoides Tsiang in Sunyatsenia 3: 306. pl. 36. 1937; 中国高等植物图鉴 3: 457. 1974; 中国植物志 63: 229.1977.

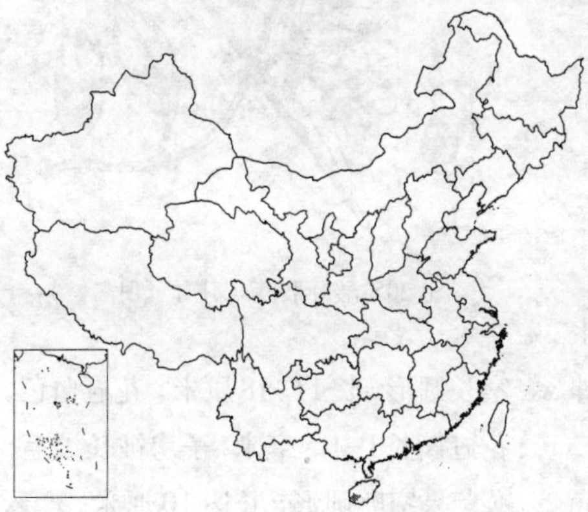

藤本，长约1.5米。小枝密被短柔毛。叶近革质，披针状椭圆形，长3-6厘米，先端短渐尖，基部宽楔形，上面脉被毛，下面被柔毛，脉上毛密，侧脉5-7对；叶柄长2-3毫米。花序圆锥状，腋生及顶生，长5-8厘米。花萼裂片椭圆状披针形，长约1毫米；花冠橙黄色，裂片条状镰形，长1.5-2毫米，中部具1齿，花冠筒长约1毫米；花盘环状，稍5裂；子房顶端被长柔毛。蓇葖果线状披针形，长5-7厘米。种子窄长圆形，长约1厘米，被短柔毛，顶端冠毛长约3厘米。花期6-9月，果期9-12月。

产海南乐东及浙江舟山，生于山地疏林中。越南有分布。

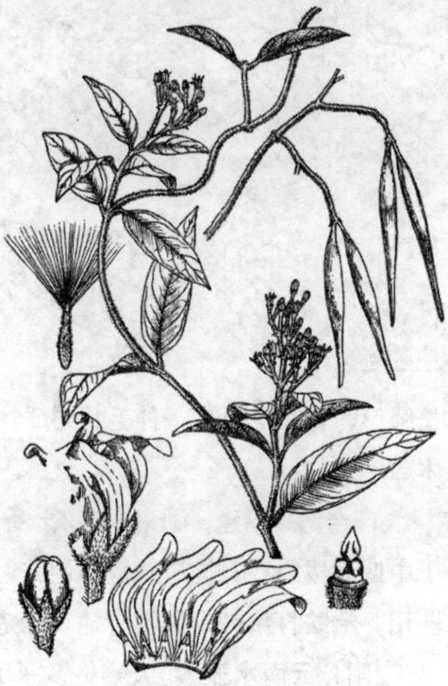

图 203 乐东藤（吴翠云绘）

2. 杜仲藤 图 204

Urceola micrantha (Wall. ex G. Don) D. J. Middl. in Novon 4: 151. 1994.

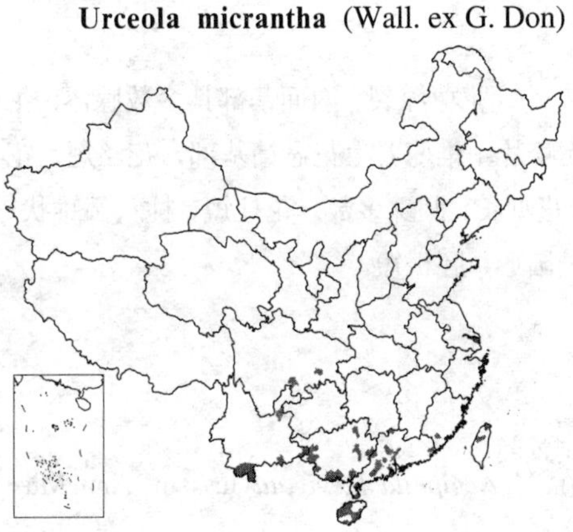

Echites micrantha Wall. ex G. Don, Gen. Hist. 4: 75. 1837.

Parabarium micranthum (Wall. ex G. Don) Pierre; 中国高等植物图鉴 3:459. 1974; 中国植物志 63: 239. 1977.

藤本，长达50米，茎粗10-30厘米。叶椭圆形或窄卵形，长5-15厘米，先端渐尖，基部锲形，侧脉3-7对；叶柄长1.5-3厘米，

图 204 杜仲藤（吴翠云绘）

被微柔毛。花序圆锥状，密集，长 9 厘米，花序梗被短柔毛。花萼裂片卵形，长 0.8-1 毫米；花冠粉红色，裂片长圆形，长约 2 毫米，近基部具 1 齿；花丝长约 0.5 毫米；花盘环状；子房疏被柔毛，柱头圆锥状。蓇葖果窄卵圆形，长 9-23 厘米。种子长 2-4 厘米，冠毛长约 4 厘米。花期3-6 月，果期6-12 月。

产台湾、福建、广东、香港、海南、广西、云南及四川，生于海拔300-1000米混交林或灌丛中。印度、尼泊尔、东南亚及日本有分布。茎皮及根入药，治小儿麻痹、风湿腰痛、跌打损伤。

3. 酸叶胶藤 图 205

Urceola rosea (Hook. et Arn.) D. J. Middl. in Novon 4: 151.1994.

Ecdysanthera rosea Hook. et Arn. Bot. Capt. Beech. Voy. 198. t. 42. 1836; 中国高等植物图鉴 3:458. 1974; 中国植物志 63: 234. 1977.

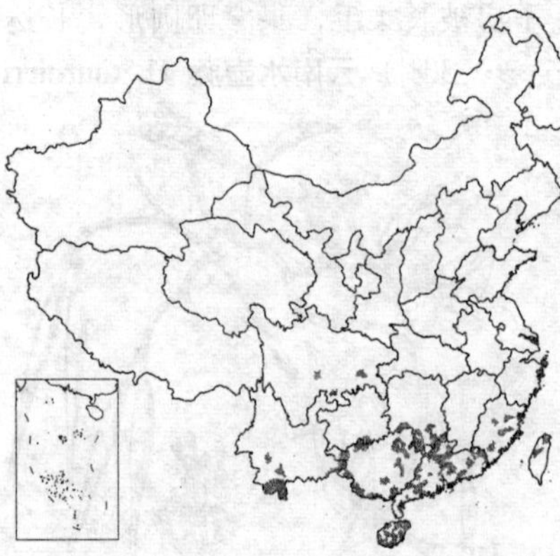

藤本，长达 20 米。茎枝皮孔不明显。叶宽椭圆形，长 3-7 厘米，先端骤尖，基部楔形，两面无毛，下面被白粉，侧脉 4-6 对。花萼裂片卵形，长约 3 毫米；花冠粉红色，裂片卵圆形，花冠筒长约 4毫米；花盘环状，全缘；子房被短柔毛。蓇葖果圆柱形，长达 15 厘米，密被斑点。种子窄长圆形，长约 1 厘米，种毛长约 3 厘米。花期4-12 月，果期 6-12 月。染色体 2n=20。

产台湾、福建、湖南、广东、香港、海南、广西、贵州、云南及四川，生于中低海拔山谷、沟边较潮湿地方。印度尼西亚、泰国及越南有分布。全株药用，治跌打瘀肿、风湿骨痛、疔疮。

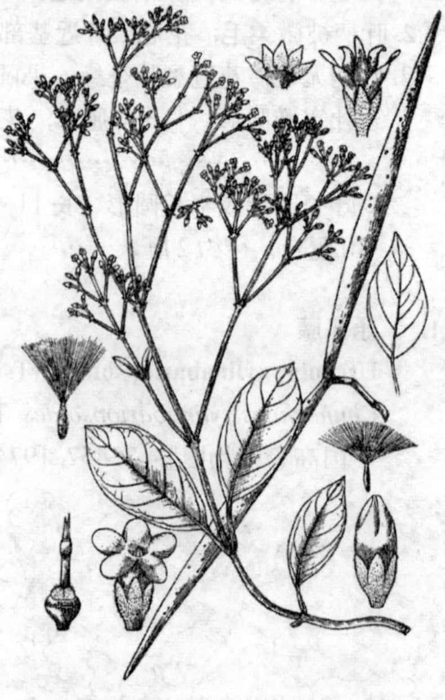

图 205 酸叶胶藤（引自《图鉴》）

[附] **云南水壶藤** 大赛格多 **Urceola tournieri** (Pierre) D. J. Middl. in Novon 4: 151.1994. —— *Ecdysanthera tournieri* Pierre in Rev. Cultures Colon. 11: 228. 1902. —— *Parabarium tournieri* (Pierre) Pierre; 中国高等植物图鉴 3: 460. 1974; 中国植物志 63: 243. 1977. 本种与酸叶胶藤的区别: 叶长圆形或窄长圆形，长 11-18 厘米；花冠白色，花冠筒长1-1.5 毫米；子房被长柔毛；蓇葖果窄卵圆形，长达 10 厘米。产云南南部，生于海拔 800-1800 米常绿阔叶林中。老挝及缅甸有分布。植株干胶乳含胶量达 87.75%。

35. 长节珠属 Parameria Benth.

藤本，具乳汁。叶对生。聚伞花序宽圆锥状，顶生或腋生，具花序梗。花小；花萼深裂，内面基部具多数腺体；花冠高脚碟状或近钟状，裂片向左覆盖，伸展或反曲，花冠筒短，喉部宽，无鳞片；雄蕊着生花冠筒基部，花丝短，花药箭头形，靠合粘生柱头，基部耳状；花盘具 5 枚鳞片；心皮 2，离生，较花盘长，胚珠多数，花柱短，柱头圆锥状，顶端 2 裂。蓇葖果念珠状。种子纺锤形，冠毛顶生，早落；胚乳薄，子叶长圆形，胚根短。

约 4 种，分布于亚洲东南部。我国 1 种。

长节珠 图 206 彩片 73

Parameria laevigata (Juss.) Moldenke in Rev. Sudameric. Bot. 6: 76.1940. *Aegiphila laevigata* Juss. in Ann. Mus.

Paris 7: 76. 1806.

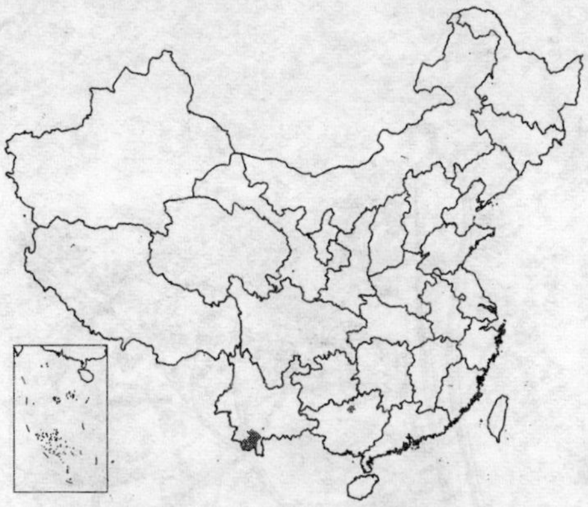

常绿藤本，长达 10 米。幼枝被微毛，老时无毛。叶窄长圆形或近卵形，长 5-13 厘米，先端渐尖或稍尾尖，基部楔形，两面无毛，侧脉 5-6 对；叶柄长 2-4 毫米。花序疏被微柔毛。花萼裂片宽卵形，长 0.5-1 毫米；花冠淡红或白色，径约 7 毫米，裂片宽卵形或近圆形，长约 3 毫米，花冠筒长 2-2.5 毫米；花盘较子房短；子房被短柔毛。蓇葖果长达 45 厘米。种子长约 1 厘米，被短柔毛，种毛长约 3 厘米。花期 6-10 月，果期 10-12 月。

产广西南部及云南南部，生于海拔 800-1500 米山地沟谷林中。印度及东南亚有分布。全株入药，治风湿、肾炎及跌打损伤。

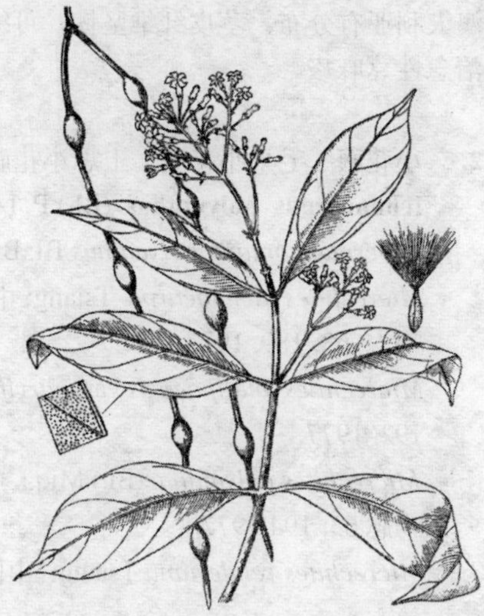

图 206 长节珠（李秉滔绘）

36. 腰骨藤属 Ichnocarpus R. Br.

藤本，具乳汁。叶对生。聚伞花序，顶生或腋生。花小；花萼 5 裂，内面基部具腺体；花冠高脚碟状，白色、淡黄或红色，裂片长圆形或镰刀状，向右覆盖，蕾时上半部内折，花冠筒基部膨大，喉部被毛；雄蕊内藏，着生花冠筒中部或稍下，花丝短，花药箭头形，基部耳状，粘生柱头；花盘深裂或浅裂；子房基部与花盘粘合，被短柔毛，胚珠多数，花柱短，柱头卵球形或杯状。蓇葖果 2，叉开。种子线形，扁，具种毛；胚乳丰富，子叶长，胚根上位。

12 种，分布于亚洲东南部、澳大利亚北部及太平洋岛屿。我国 4 种。

1. 花盘 5 深裂，裂片线形，较子房长；果长 8-15 厘米 ………………………………………… 1. **腰骨藤 I. frutescens**
1. 花盘环状，5 浅裂，较子房短；果长 25-40 厘米 ………………………………………… 2. **小花藤I. polyanthus**

1. 腰骨藤　　图 207

Ichnocarpus frutescens (Linn.) W. T. Aiton in Hort. Kew. ed. 2, 2: 69.1811.

Apocynum frutescens Linn. Sp. Pl. 1: 213. 1753.

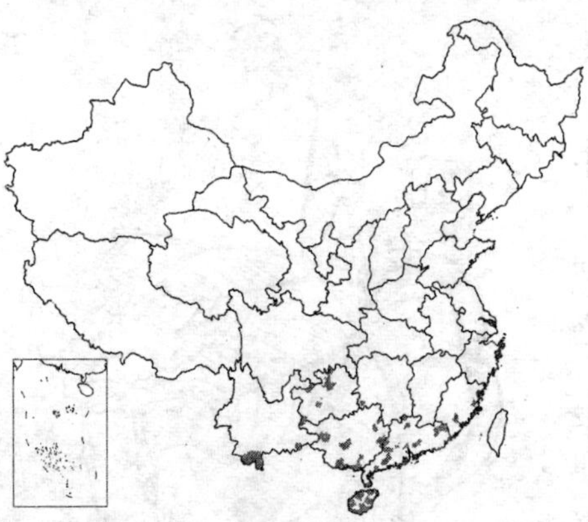

藤本，长达 10 米。幼枝被短柔毛，后渐无毛。叶卵圆形或椭圆形，长 5-11 厘米，两面无毛或下面被短柔毛，侧脉 5-7 对。花序长 3-8 厘米，花多数。花萼密被短柔毛；花冠筒长约 2.5 毫米，花冠裂片长圆形，长约 5 毫米；花药椭圆形；花盘裂片线形，较子房长；子房被短柔毛。蓇葖果圆柱形，长 8-15 厘米，径 4-5 毫米，稍念珠状，被短柔毛。种子线形，冠毛长约 2.5 厘米。花期 5-8 月，果期 8-12 月。染色体 2n=20。

产福建、湖南、广东、海南、广西、贵州及云南，生于海拔 200-900 米山地疏林或灌丛中。印度、孟加拉国、不丹、尼泊尔、巴基斯坦、东南亚及

图 207 腰骨藤（杨可四绘）

澳大利亚有分布。茎皮纤维坚韧，可编绳索；种子浸酒治腰骨风湿痛，茎叶治急性荨麻疹。

2. 小花藤 毛果小花藤 上思小花藤 云南小花藤 图 208 彩片 74

Ichnocarpus polyanthus (Bl.) P. I. Forst. in Austral. Syst. Bot. 5:544. 1992.

Tabernaemontana polyanthus Bl. Bijdr. 1029. 1826.

Micrechites lachnocarpa Tsiang; 中国高等植物图鉴 3: 449.1974; 中国植物志 63: 189. 1977.

Micrechites malipoensis var. *parvifolia* Tsiang et P. T. Li; 中国植物志 63: 192. 1977.

Micrechites polyantha (Bl.) Miq.; 中国高等植物图鉴 3: 450. 1974; 中国植物志 63: 194.1977.

Micrechites rehderiana Tsiang; 中国植物志 63: 194. 1977.

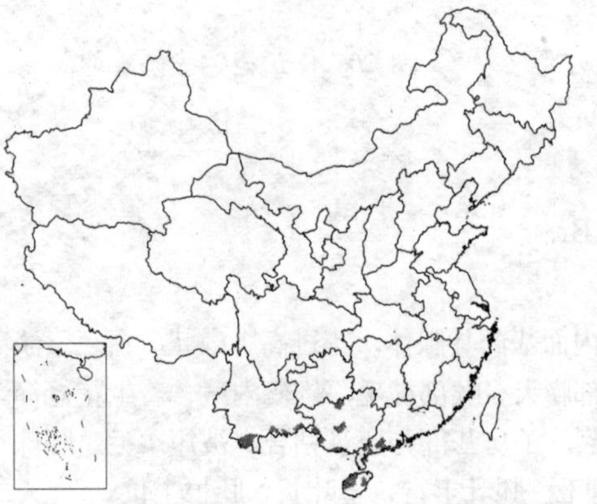

图 208 小花藤（引自《图鉴》）

藤本，长达30米，除花序外全株无毛。叶窄卵形或窄椭圆形，长6-13厘米，先端短渐尖，基部宽楔形，侧脉10-15对。花序圆锥状，顶生及腋生，花序梗长达9厘米，被短柔毛。花梗长2-4毫米；花萼裂片卵形，长约2.5毫米，被短柔毛；花冠白色，裂片长圆形，长约2毫米，花冠筒长约3毫米，内被短柔毛；雄蕊着生花冠筒近基部；花盘环状，5浅裂，较子房短；子房密被短柔毛。蓇葖果线状圆柱形，长25-40厘米，径约5毫米，无毛。花期4-6月，果期9-12月。

产广东、海南、广西及云南，生于海拔200-1800米山谷密林或灌丛中。不丹、印度、尼泊尔及东南亚有分布。

37. 思茅藤属 Epigynum Wright

藤本，具乳汁。叶对生。聚伞花序伞房状或圆锥状，顶生。花萼深裂，内面基部具腺体或无；花冠高脚碟状，裂片向右覆盖，花冠筒长约为花萼裂片5倍，基部膨大，喉部被长柔毛，无鳞片；雄蕊着生花冠筒中部以下，花丝短，花药内藏，箭头形，粘生柱头，基部耳状；花盘5深裂，较子房长；子房半下位，心皮2，离生，每心皮胚珠多数；花柱丝状，柱头长圆锥状。蓇葖果2，离生，圆柱形。种子长圆形或窄长圆形，扁平，具种毛。

约14种，分布于亚洲东南部。我国1种。

思茅藤 图 209

Epigynum auritum (Schneid.) Tsiang et P. T. Li in Acta Phytotax. Sin. 11: 397. 1973.

Trachelospermum auritum Schneid. in Sarg. Pl. Wilson. 3:341. 1916.

图 209 思茅藤（陈国泽绘）

藤本，长达8米。幼枝密被长硬毛。叶宽椭圆形或近倒卵形，长8-15厘米，先端骤短尖，基部稍心形，两面被长柔毛，侧脉约10对；叶柄长0.5-1厘米。聚伞花序与叶等长或更长，密被黄色短柔毛，花序梗长达 8 厘米。花梗长约 1 厘米；花冠白色，裂片斜倒卵形或窄匙形，长 1.2-1.3 厘米，花冠筒长 1.5-1.7 厘米；花盘 5 裂；子房顶端被微柔毛。蓇葖果 2，长圆形，长达 16 厘米，径 1-1.5 厘米，密被黄色柔毛。种子长圆形，长达 2 厘米，种毛长达 3.5 厘米。花期 4-7 月，果期 8-12 月。

产云南南部，生于海拔 700-1300 米山地密林中。

38. 富宁藤属 **Parepigynum** Tsiang et P. T. Li

大藤本，具乳汁。除花序及幼嫩部分外，全株无毛。叶对生，叶腋及腋间具钻状腺体；叶长圆状椭圆形，长 8-14 厘米，先端短尾尖，基部楔形，侧脉 10-13 对。聚伞花序伞房状，顶生及腋生，花序梗长。花萼 5 深裂，内面基部具 5 个钻状腺体；花冠高脚碟状，裂片窄椭圆形，向左覆盖，花冠筒中部以下缢缩，内壁被倒生刚毛；雄蕊着生花冠筒近基部，花丝短，花药箭头形，内藏，腹部粘生柱头，基部耳状；花盘肉质，5 深裂，裂片近四方形，与子房等长；子房半下位，心皮 2，每心皮胚珠多数；花柱圆柱形，顶端膨大，柱头圆锥状。蓇葖果 2，合生，窄纺锤形。种子窄椭圆形，具短喙，种毛丝质。

我国特有单种属。

富宁藤 图 210

Parepigynum funingense Tsiang et P. T. Li in Acta Phytotax. Sin. 11: 385. 1973.

形态特征同属。花期 2-9 月，果期 8 月-翌年 3 月。

产贵州及云南西南部，生于海拔 1000-1800 米山地密林中。

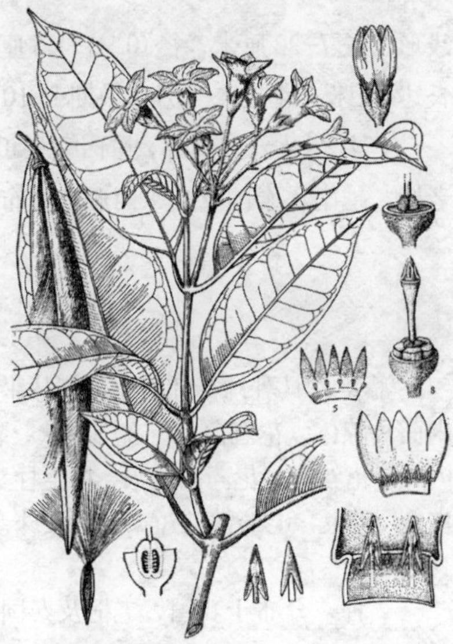

图 210 富宁藤（引自《图鉴》）

39. 金平藤属 **Cleghornia** Wright

藤本，具乳汁。叶对生，侧脉平行。聚伞花序圆锥状或伞房状，腋生或顶生，少花至多花。花小；花萼内面具腺体；花冠高脚碟状，白或黄色，裂片伸展，向右覆盖，花冠筒圆筒形；雄蕊内藏，着生花冠筒基部，花丝短，花药箭头形，腹部与柱头粘生，顶端渐尖，被簇生长柔毛；花盘肉质，5 裂，与子房等长或稍短；离生心皮 2，每心皮胚珠多数，花柱短，柱头杯状，顶端 2 裂。蓇葖果 2，细长。种子多数，顶端具冠毛。

4 种，分布于亚洲东南部。我国 1 种。

金平藤 图211

Cleghornia malaccensis (Hook. f.) King et Gamble in Ridley, Mat. Fl. Malay. Penins. 491. 1907.

Baissea malaccensis Hook. f. Fl. Brit. Ind. 3: 663. 1882.

Baissea acuminata auct. non (Wight) Bemth. ex Hook.: 中国高等植物图鉴 3: 446. 1974; 中国植物志 63: 173. 1977.

藤本，长达 35 米，除花冠喉部外全株无毛。茎深褐色，径达 5 厘米。叶椭圆形、长圆形或近倒卵形，稀窄卵形，长 7-16 厘米，先端尾尖，基部楔形或圆，侧脉 10-

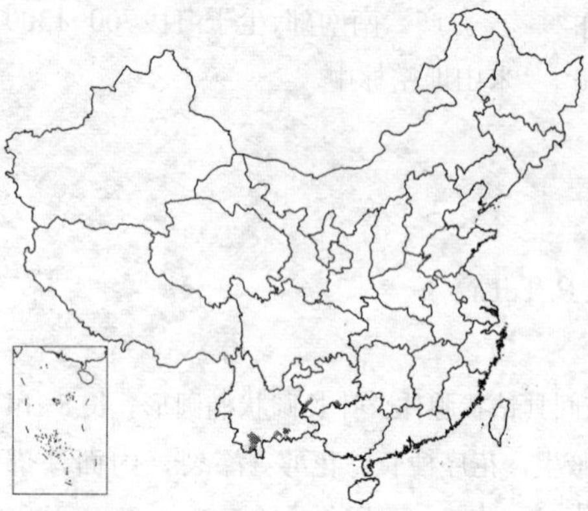

14对；叶柄长0.7-2厘米。花序长4-7厘米，常3歧分枝；花冠黄或淡黄色，裂片长圆形，长1-3.2毫米，宽0.1-1毫米，花冠筒长1.6-2.5毫米，喉部被短柔毛；雄蕊着生花冠筒中部以下，花丝背面被微柔毛，花药箭头形，长约2.5毫米；花盘较子房短。蓇葖果2，线形，长7-22厘米，径(0.5)1-1.5厘米。种子窄纺锤形，长2-3厘米，种毛长达4厘米。花期4-7月，果期7-10月。

产贵州及云南南部，生于海拔500-1600米山地疏林或溪边沟谷灌丛中。老挝、越南、泰国及马来西亚有分布。

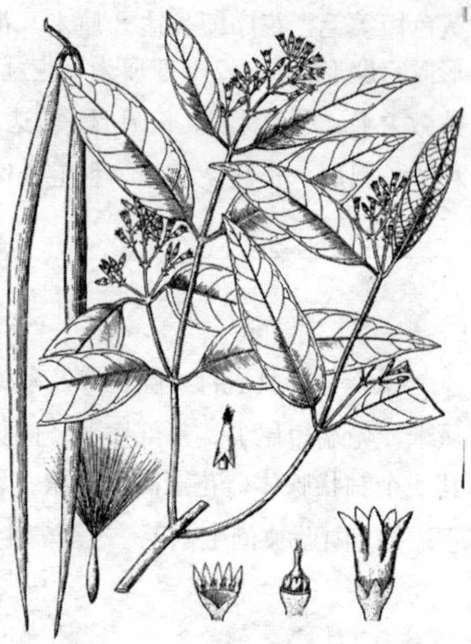

图 211 金平藤（陈国泽绘）

40. 毛药藤属 Sindechites Oliv.

藤本，具乳汁。叶对生，侧脉平行或近平行。聚伞花序圆锥状或伞房状，顶生及腋生，少花至多花。花小；花萼内面具腺体；花冠白色，高脚碟状，裂片较花冠筒短，向右覆盖，喉部或花冠筒中部膨大；雄蕊着生花冠筒中部以上，内藏，花丝短，花药箭头形，粘生柱头，基部耳状，药隔顶端被长柔毛；花盘肉质，全缘或5裂，较子房短或等长；心皮2，离生，上部常被短柔毛，胚珠多数；花柱长，柱头棒状，顶端2裂。蓇葖果2，窄圆柱形，稍念珠状。种子顶端具冠毛。

2种，分布于我国、老挝及泰国。

毛药藤 图 212

Sindechites henryi Oliv. in Hook. Icon. Pl. 18: t. 1772. 1888.

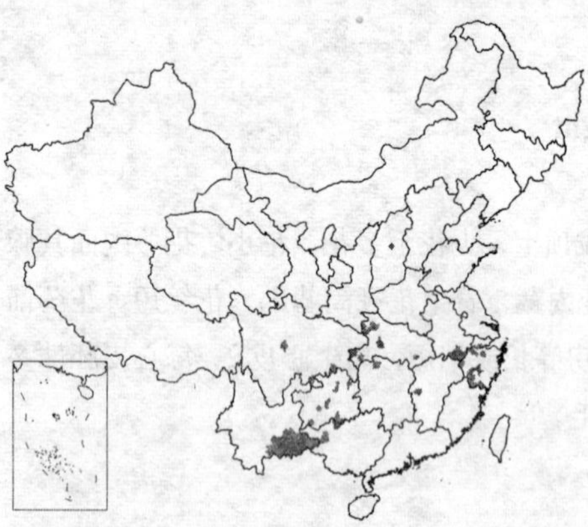

藤本，长达8米，除花外全株无毛。叶膜质，窄长圆形或窄卵形，长5.5-12.5厘米，先端长渐尖，基部楔形或圆，侧脉15-25对，近平行，达叶缘前网结；叶柄长0.4-1厘米。花序长3-7厘米，2-3歧分枝。花蕾长7.5-9毫米，顶端圆锥形；花冠白色，裂片卵形或宽卵形，花冠筒长5-8毫米，喉部宽，内面被短柔毛；雄蕊着生花冠筒近喉部；花盘较子房短；子房密被柔毛，花柱长。蓇葖果长3-14厘米，径2-3毫米。种子窄长圆形，长约1.3厘米，种毛长约2.5厘米。花期5-7月，果期7-10月。

产浙江、安徽、江西、湖北、湖南、广西、贵州、云南、四川及山西，生于海拔500-1500米山地疏林中、阳坡灌丛或沟谷密林中。广西民间用作补药，称“土牛党七”，孕妇忌用。

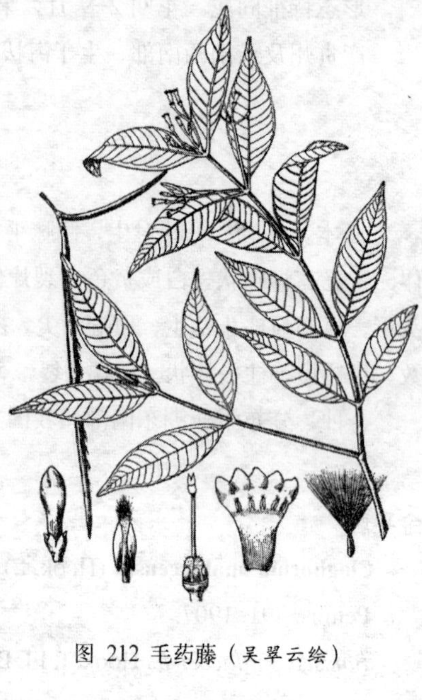

图 212 毛药藤（吴翠云绘）

180. 萝藦科 ASCLEPIADACEAE

（李秉滔 陈锡沐）

草本、灌木或藤本；常具乳汁，稀具水液。单叶，对生或轮生，稀互生，全缘；常无托叶。聚伞花序组成伞形、总状或密伞花序，顶生、腋生或腋外生。花两性，5数，辐射对称；花萼深裂，内面基部具腺体；花冠合瓣，坛状或高脚碟状，裂片镊合状或蕾时向右或向左覆瓦状排列；常具副花冠，着生花冠筒、雄蕊或合蕊冠上；雄蕊5，常着生花冠筒基部，与柱头粘生成合蕊柱，花丝离生或合生成筒，花药4室或2室，顶端常具膜质附属物，匙形载粉器具四合花粉，载粉器基部具粘盘，或花粉粘合成蜡质花粉块，花粉块柄连结着粉腺，与相邻花粉块形成花粉器，每花粉器具2个或4个花粉块；子房上位，心皮2，离生，胚珠多数，花柱合生，柱头肉质。蓇葖果，1或2。种子多数，极扁，顶端具簇生绢质种毛。染色体数目x=(8–)11(12)。

约250属，2000多种；分布于热带及亚热带地区，主产非洲及南美洲，部分种类分布至亚洲北部及东南部。我国44属，270种。

本科植物常有毒，种子及乳汁含多种生物碱及甙类，可药用或作杀虫剂。

1. 四合花粉藏于匙形载粉器内，基部具粘盘；花丝分离或基部合生。
  2. 花冠筒较长；副花冠裂片与花丝离生或合生。
    3. 花蕾圆锥状卵球形，顶端钝；副花冠着生花冠筒喉部，裂片倒卵形，先端具细尖头，与花丝合生；花药每室具2个载粉器 …… 1. 海岛藤属 **Gymnanthera**
    3. 花蕾圆柱状披针形，顶端尾尖；副花冠着生花冠筒中部，裂片卵形或线形，先端钝，与花丝离生，花药每室具1个载粉器 …… 2. 白叶藤属 **Cryptolepis**
  2. 花冠筒极短；副花冠裂片与花丝合生。
    4. 副花冠裂片卵形，较花药短；花药顶端被长毛 …… 6. 须药藤属 **Stelmatocrypton**
    4. 副花冠裂片钻形或丝状，较花药长；花药顶端无毛。
      5. 副花冠裂片3裂，中间裂片丝状，两侧裂片瓣状；花药背部疏被柔毛 …… 5. 杠柳属 **Periploca**
      5. 副花冠裂片全缘；花药无毛。
        6. 蓇葖果无翅，密被绒毛；叶柄间线纹不明显；花序单生 …… 3. 马莲鞍属 **Streptocaulon**
        6. 蓇葖果具翅，无毛；叶柄间线纹明显；花序节上双生，聚伞花序圆锥状 …… 4. 翅果藤属 **Myriopteron**
1. 花粉成块状，花粉块柄连结着粉腺；花丝合生成筒。
  7. 每花粉器具4个花粉块，着粉腺细小淡色，无柄。
    8. 花药顶端无膜质附属物。
      9. 副花冠5深裂，裂片直伸，先端渐尖或尖，植株常被长柔毛或锈色柔毛 …… 7. 弓果藤属 **Toxocarpus**
      9. 副花冠5浅裂，裂片外卷，先端圆；植株无毛或被淡色微柔毛 …… 8. 勐腊藤属 **Goniostemma**
    8. 花药顶端具膜质附属物。
      10. 花冠裂片内面被长柔毛；副花冠裂片三角形 …… 9. 须花藤属 **Genianthus**
      10. 花冠裂片内面无毛；副花冠裂片镰刀形 …… 10. 鲫鱼藤属 **Secamone**
  7. 每花粉器具2个花粉块，着粉腺紫红色，具柄。
    11. 花序轴圆柱形，密被花梗痕；叶多肉质，稀革质或膜质。
      12. 叶倒三角状楔形，先端平截或微凹；花冠裂片向左覆盖；柱头长喙状 …… 23. 扇叶藤属 **Micholitzia**

12. 叶线形、圆形或倒卵形，先端圆或长渐尖；花冠裂片镊合状排列；柱头盘状。
13. 花冠辐状或反折；副花冠裂片肉质，干时具光泽 …………………………………… 24. 球兰属 **Hoya**
13. 花冠卵球形或坛状；副花冠裂片不为肉质，干时无光泽 ………………………… 25. 眼树莲属 **Dischidia**
11. 花序各式，花序轴稀为圆柱形密被花梗痕；叶膜质或革质。
14. 花药顶端无附属物．若有则不明显且无膜质边缘；花粉块具透明凸缘。
15. 花冠钟状或近辐状，裂片星状伸展或内弯。
16. 副花冠裂片5枚，先端具细齿，着生花冠弯缺处，与花冠裂片互生 ……………………………………………………………………… 41. 石萝藦属 **Pentasachme**
16. 副花冠着生合蕊冠基部或顶端。
17. 直立草本，具块根；具水液；副花冠2轮，外轮直立，内轮向花药内弯 ……………………………………………………………………… 43. 润肺草属 **Brachystelma**
17. 藤本，乳汁白色；副花冠1轮，星状开展或近直立 ……………………………………………………………………… 42. 醉魂藤属 **Heterostemma**
15. 花冠筒状，基部肿大，冠檐漏斗状，裂片直立，先端常粘合 ……………………………………………………………………… 44. 吊灯花属 **Ceropegia**
14. 花药顶端附属物具膜质边缘；花粉块无透明凸缘。
18. 副花冠2轮，外轮着生花冠基部，内轮着生合蕊冠。
19. 茎细长，幼时草质；叶片发育正常，宿存；花冠盘状，径2-3厘米 ……………………………………………………………………… 11. 尖槐藤属 **Oxystelma**
19. 茎肉质；叶片退化或早落，植株常呈无叶状。
20. 茎柔弱，圆柱形，蔓生或缠绕 ……………………………………… 12. 肉珊瑚属 **Sarcostemma**
20. 茎粗壮，4棱，棱具齿或刺，斜升或直立 ………………………………… 30. 豹皮花属 **Stapelia**
18. 副花冠1轮，具时退化或缺如。
21. 直立草本、灌木或小乔木。
22. 副花冠裂片着生合蕊冠顶部；花粉块平展或斜展，稀直立 ……………………………………………………………………… 39. 娃儿藤属 **Tylophora**
22. 副花冠裂片着生合蕊冠基部；花粉块下垂。
23. 副花冠膜质，杯状或筒状，或5深裂，裂片肉质，有时内侧具附属物 ……………………………………………………………………… 18. 鹅绒藤属 **Cynanchum**
23. 副花冠为5枚离生肉质小片。
24. 叶长圆形、卵形或倒卵形，基部心形或抱茎；副花冠裂片基部具距 ……………………………………………………………………… 13. 牛角瓜属 **Calotropis**
24. 叶披针形，基部楔形或渐窄；副花冠裂片基部无距。
25. 花直立，花冠红或紫色；副花冠鲜红或黄色；蓇葖果平滑，径1-1.5厘米；多年生草本 ……………………………………………………………………… 14. 马利筋属 **Asclepias**
25. 花下垂，花冠白色；蓇葖果被软刺或刺毛；灌木或亚灌木 ……………………………………………………………………… 15. 钉头果属 **Gomphocarpus**
21. 藤本或平卧草本。
26. 副花冠裂片为小鳞片，着生合蕊冠基部，或无副花冠。
27. 花萼裂片长不及7毫米；花冠筒长不及1厘米。
28. 花冠筒具5纵脊，具时具肉质裂片或2列毛 …………………… 28. 匙羹藤属 **Gymnema**
28. 花冠筒无肉质裂片或列毛。
29. 花冠裂片较花冠筒短；柱头棒状，伸出花冠筒喉部 ……………………………………………………………………… 17. 乳突果属 **Adelostemma**

29. 花冠裂片与花冠筒等长；柱头圆锥状，内藏 …………………………………………………… 29. 纤冠藤属 Gongronema

27. 花萼裂片叶状，长约2.6厘米；花冠筒长约5厘米 …………………………………………………… 32. 黑鳗藤属 Jasminanthes

26. 副花冠裂片显著，或副花冠环状，着生合蕊冠基部。

30. 花冠裂片先端尾状；花药顶端丝状；茎密被黄色长柔毛；聚伞花序总状，花序轴肉质 …………………………………………………… 26. 金凤藤属 Dolichopetalum

30. 花冠裂片先端钝或渐尖；花药顶端圆；茎无黄色长柔毛；花序轴不为肉质。

31. 副花冠着生合蕊冠基部；花粉块常下垂，稀平展。

32. 柱头长喙状，伸出 …………………………………………………… 16. 萝藦属 Metaplexis

32. 柱头盘状。

33. 花径2–4厘米；果皮厚。

34. 叶基脉3–5出，基部心形。

35. 花冠钟状；副花冠裂片线状钻形，直立，较合蕊冠长；花萼内面基部具腺体 …………………………………………………… 20. 大花藤属 Raphistemma

35. 花冠近辐状；副花冠环状，肉质，着生合蕊冠基部；花萼内面无腺体 …………………………………………………… 21. 铰剪藤属 Holostemma

34. 叶具羽状脉，基部圆或楔形，托叶叶状 …………………………………………………… 22. 天星藤属 Graphistemma

33. 花径0.4–1.2（–2）厘米；果皮薄。

36. 副花冠环状，先端平截、波状5浅裂或齿裂，内面无附尾物；花冠坛状或钟状；叶线形、披针形或窄椭圆形，上面常被淡色小斑点 …………………………………………………… 19. 秦岭藤属 Biondia

36. 副花冠杯状或筒状，膜质或肉质，先端浅裂、具锯齿或5深裂，有时内面具附属物；花冠常深裂，花冠筒极短，稀钟状；叶上面无小斑点。

37. 副花冠裂片圆形或近方形，两侧相连成杯状，先端内弯花粉块平展或斜展，稀直立 …………………………………………………… 39. 娃儿藤属 Tylophora

37. 副花冠与上不同；花粉块下垂 …………………………………………………… 18. 鹅绒藤属 Cynanchum

31. 副花冠裂片着生花药背面或合蕊冠；花粉块直立或平展。

38. 花冠裂片长圆状披针形，蕾时内折，开花时向右覆盖 …………………………………………………… 40. 折冠藤属 Lygisma

38. 花冠裂片卵形，蕾时直伸。

39. 花冠高脚碟状，坛状或钟状。

40. 花冠长1.4–8.5厘米，高脚碟状，花冠筒内具5列柔毛 …………………………………………………… 32. 黑鳗藤属 Jasminanthus

40. 花冠长不及1厘米，若花冠高脚碟状，则花冠筒内面毛被不整齐或无毛。

41. 副花冠裂片具附属物；花冠高脚碟状 …………………………………………………… 31. 夜来香属 Telosma

41. 副花冠裂片无附属物；花冠钟状或坛状，稀高脚碟状。

42. 副花冠裂片背部具纵翅；花冠裂片基部增厚 …………………………………………………… 34. 马兰藤属 Dischidanthus

42. 副花冠裂片背部凸起或肿胀；花冠裂片基部不厚 …………………………………………………… 33. 牛奶菜属 Marsdenia

39. 花冠辐状或浅钟状。

43. 副花冠裂片膜质，扁平 …………………………………………………… 27. 荟蔓藤属 Cosmostigma

43. 副花冠裂片肉质，具钩、角或距。

44. 副花冠裂片肉质，镰刀状，呈星状开展 …………………………………………………………… 36. **箭药藤属 Belostemma**

44. 副花冠裂片外角圆形或具 2 肋，若平伸则肿胀呈圆形。

45. 副花冠裂片与花药等长，其内角成尖齿靠合花药；聚伞花序伞状，具长梗；蓇葖果常具纵棱或横褶 …………………………………………………………… 35. **南山藤属 Dregea**

45. 副花冠裂片较花药短，先端靠合花药下部或花丝；花序轴常分枝，稀花序伞状；蓇葖果平滑。

46. 副花冠裂片背部具 2 纵翅 …………………………………………………………… 38. **白水藤属 Pentastelma**

46. 副花冠裂片卵形，背部肿胀或隆起，无纵翅。

47. 花序轴较粗，小苞片卵形，长约 1 毫米；花冠裂片宽约 4 毫米；中果纤维质 …………………………………………………………… 37. **驼峰藤属 Merrillanthus**

47. 花序轴纤细，小苞片线状披针形，长1.5-2毫米；花冠裂片宽1-3 毫米；中果皮薄 …………………………………………………………… 39. **娃儿藤属 Tylophora**

1. 海岛藤属 Gymnanthera R. Br.

藤本。叶对生。聚伞花序常较叶短，腋生、腋外生或顶生。花近无柄；花萼5裂，内面基部具5或多个腺体；花冠高脚碟状，裂片向右覆盖，花冠筒圆筒形；副花冠裂片卵形，着生花冠筒喉部，与花丝合生；雄蕊着生花冠筒喉部，花丝短，基部宽，合生，上部窄，离生，花药粘生柱头，顶端渐尖，伸出，载粉器具四合花粉，每药室具2个载粉器，载粉器具柄及粘盘；心皮2，离生，花柱丝状，柱头短圆锥形。蓇葖果2，叉开，线状披针形。种子椭圆形，顶端具白色绢毛。

2种，分布于亚洲南部、东南部及澳大利亚。我国1种。

海岛藤 图 213

Gymnanthera oblonga (N. L. Burm.) P. S. Green in Kew Bull. 47: 333. 1992.

Jasminum oblonga N. L. Burm. in Fl. Indica 6. t. 3. f. 2. 1768.

Gymnanthera nitida R. Br.; 中国高等植物图鉴 3: 462. 1974; 中国植物志 63: 260. 1977.

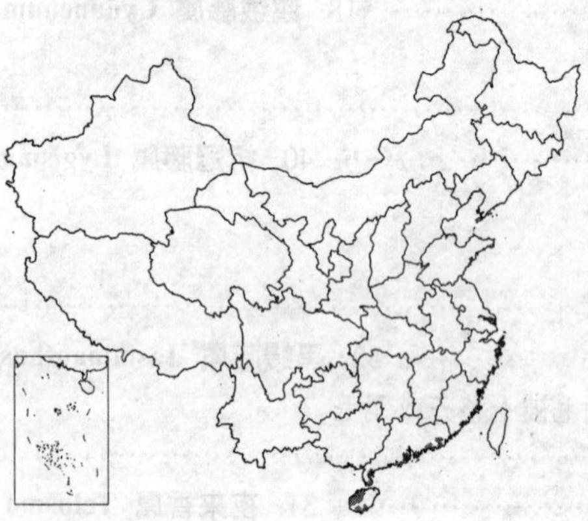

藤本，长达2米。小枝深褐色，具皮孔，稍被短柔毛。叶纸质，长圆形或椭圆形，长3-5.5厘米，先端圆，具小尖头，基部圆或宽楔形，两面无毛，侧脉约8对，两面平；叶柄长0.5-1厘米。聚伞花序腋生，具5-7花，无毛。花梗长0.5-1厘米；花萼裂片卵形，长约2毫米，内面基部具5-10腺体；花冠黄绿色，裂片卵形，长约7毫米，先端钝，花冠筒长6-9毫米；副花冠裂片卵形，先端具小尖头；载粉器短圆柱形，直立；子房无毛。蓇葖果深褐色，长8-12厘米，径5-6毫米。种子深褐色，长圆形，长约7毫米，种毛长2厘米。花期6-9月，果期9月至翌年1月。

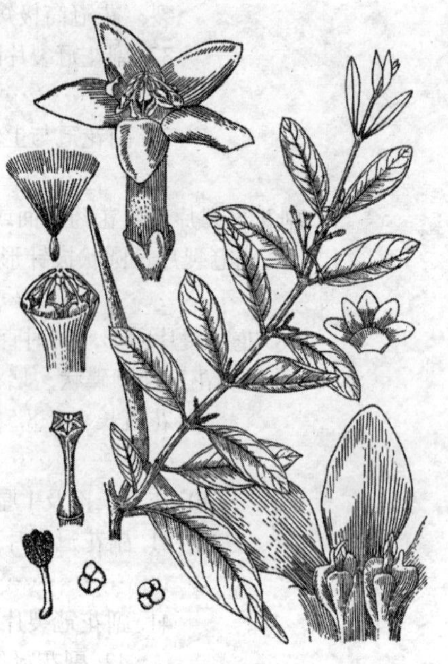

图 213 海岛藤（引自《图鉴》）

产广东南部、香港及海南，生于红树林中。东南亚及澳大利亚有分布。

2. 白叶藤属 Cryptolepis R. Br.

灌木或藤本。叶对生，下面苍白色。聚伞花序顶生、腋生或腋外生。花蕾圆柱形，顶端尾尖；花萼内面基部具5-10腺体；花冠高脚碟状，裂片向右覆盖，花冠筒短圆柱形或钟状；副花冠裂片着生花冠筒中部，线形或卵形，与花丝离生；花丝下部宽，上部窄，花药粘生柱头，载粉器具四合花粉，每药室具1载粉器，匙形，直立；花柱短，柱头宽圆锥状。蓇葖果2，窄披针形，叉开。种子长圆形，顶端具白色绢毛。

约12种，分布于亚洲东南部及热带非洲。我国2种。

白叶藤 图 214

Cryptolepis sinensis (Lour.) Merr. in Philipp. Journ. Sci. 15:254. 1920.

Pergularia sinensis Lour. Fl. Cochinch. 1: 167. 1790.

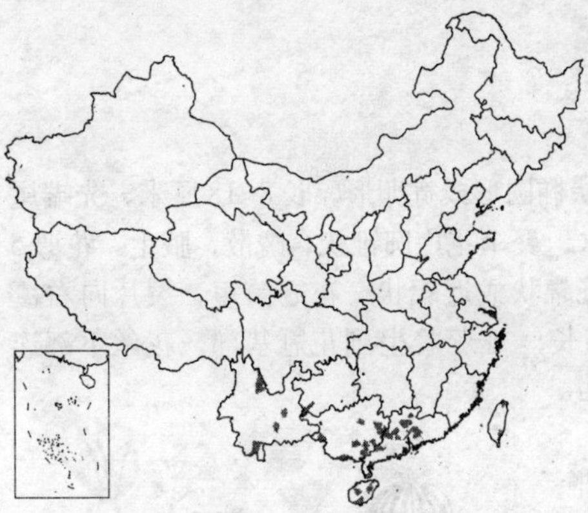

藤本，长达3米。小枝无毛，枝皮片状剥落。叶长圆形或披针形，长1.5-6厘米，先端圆，具细尖头，基部圆或浅心形，两面无毛，侧脉5-9对；叶柄长5-7毫米。聚伞花序无毛，顶生或腋生，较叶长，花疏离。花梗长1-3.5厘米；花萼裂片卵形，长约1毫米，内面基部具10腺体；花冠淡黄色，裂片长圆状披针形或线形，长1-1.5厘米，花冠筒长约5毫米；副花冠裂片棒形。蓇葖果圆柱形，长达12.5厘米，径6-8毫米。种子褐色，长圆形，长约1厘米；种毛长约2.5厘米。花期4-9月，果期6-12月。

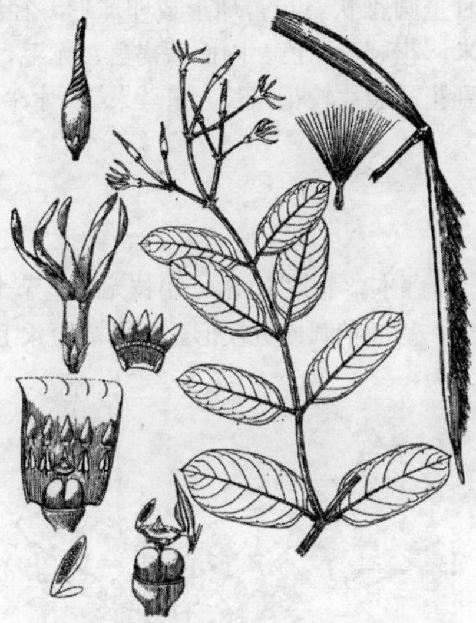

图 214 白叶藤（引自《图鉴》）

产广东、海南、广西、贵州、云南及台湾，生于海拔100-800米山地密林中或林缘。印度、柬埔寨、越南、马来西亚及印度尼西亚有分布。茎、叶外敷治蛇咬伤、跌打损伤及疥疮；茎皮纤维坚韧，可制绳索。

3. 马莲鞍属 Streptocaulon Wright et Arn.

灌木或藤本。叶对生，具柄，羽状脉；叶柄间线纹不明显。聚伞花序腋外生或顶生，不规则分叉，花疏离。花萼小，5深裂，内面基部具5小腺体；花冠辐状，花冠筒极短，裂片向右覆盖；副花冠裂片5，细长，内弯，与花丝合生；雄蕊着生花冠筒基部，花丝离生，丝状；花药与柱头靠合，药隔附属物膜质，花粉器直立，匙形，载粉器具四合花粉，基部具粘盘；柱头凸起，具棱。蓇葖果2，密被绒毛，叉开，圆柱形或卵球形。种子顶端具白色绢毛。

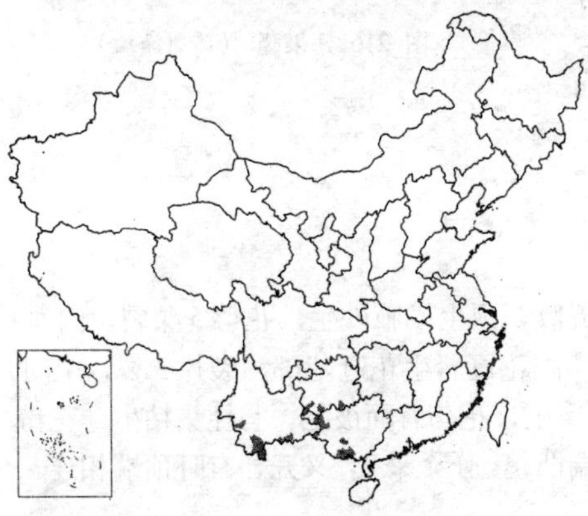

约5种，分布于亚洲东南部。我国1种。

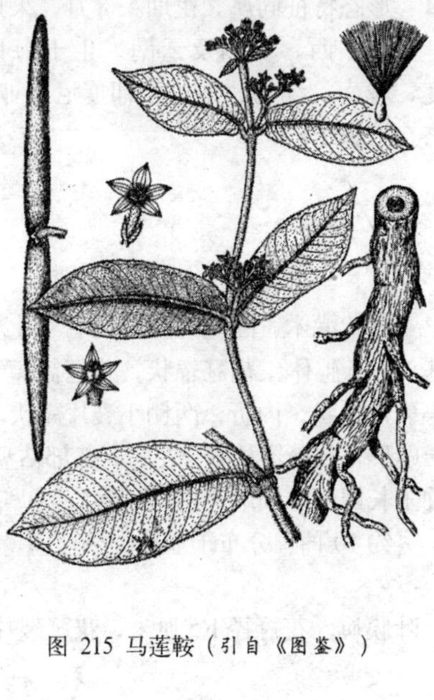

图 215 马莲鞍（引自《图鉴》）

马莲鞍 暗消藤 图 215

Streptocaulon juventas (Lour.) Merr. in Trans. Am. Phil. Soc. n.s., 24: 315.

1935.

Apocynum juventas Lour. Fl. Cochinch. 167. 1790.

Streptocaulon griffithii Hook. f.; 中国高等植物图鉴 3: 464. 1974; 中国植物志 63: 267. 1977.

藤本，长达8米。小枝、叶及果均密被黄褐色绒毛。叶革质或厚纸质，倒卵形或宽椭圆形，长7-15厘米，先端骤尖或圆，具小尖头，基部圆或心形，侧脉14-20对，近平行；叶柄长3-7毫米。聚伞花序长4-20厘米，有时呈圆锥状。花蕾球形或卵球形，径约3毫米；花萼裂片卵形，长约1.3毫米；花冠黄绿色，内面黄褐色，无毛，裂片卵形，长约3毫米，花冠筒短；副花冠裂片较花药长。蓇葖果2，水平叉开，长圆形或长圆状披针形，长7-13厘米，径0.5-1厘米。种子长圆形，长6-9毫米；种毛长3-3.5厘米。花期5-10月，果期8-12月。

产广西、贵州及云南，生于海拔300-1000米山地常绿林及灌丛中，常攀援树上。印度及东南亚有分布。根药用，治痢疾及胃痛；叶外用治毒蛇咬伤及烂疮。

4. 翅果藤属 **Myriopteron** Griff.

藤本，长达10米。小枝无毛，节上叶柄间具凸缘。叶对生，膜质，卵状椭圆形或宽卵形，长8-18厘米，先端尾尖，基部稍圆或宽楔形，两面被短柔毛，侧脉7-9对；叶柄长1.5-4厘米。聚伞花序圆锥状，疏散，腋生。花萼5裂，内面基部具5小腺体；花冠辐状或近辐状，花冠筒短，裂片向右覆盖；副花冠裂片线形，较花药长；雄蕊着生副花冠基部，花丝下部连合，花药顶端具膜片；花粉器匙形，其上部载粉器具四合花粉，下部具花粉器柄及粘盘；柱头凸起，顶端2裂。蓇葖果2，长卵球形，长约7厘米，基部肿大，先端渐窄，具多数纸质纵翅。种子顶端具白色绢毛。

单种属。

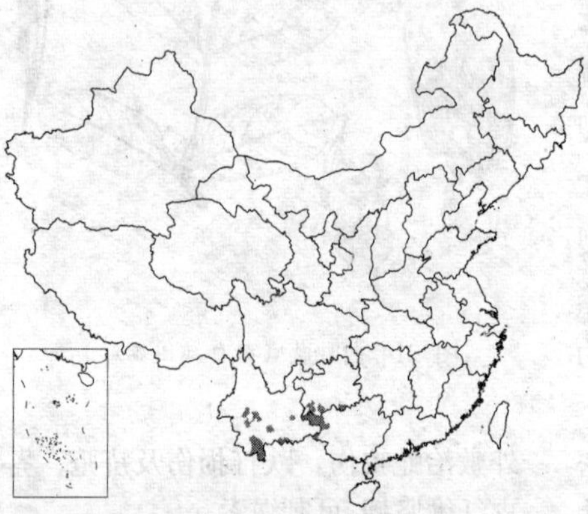

翅果藤 图 216 彩片 75

Myriopteron extensum (Wight et Arn.) K. Schum. in Engl. u. Prantl, Nat. Pflanzenfam. 4, 2: 215. 1895.

Streptocaulon extensum Wight et Arn. in Wight, Contr. Bot. Ind. 65. 1834.

形态特征同属。花期5-8月，果期8-12月。

产广西、贵州及云南，生于海拔600-1600米山地疏林或灌丛中。印度、越南、缅甸、泰国及印度尼西亚有分布。根入药，可消炎、润肺、止咳，治肺结核。

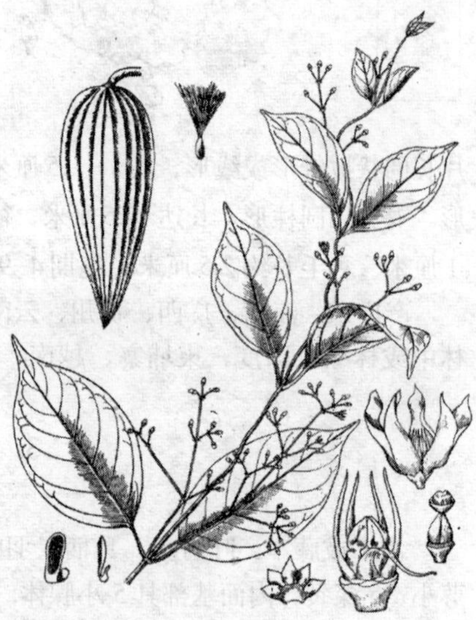

图 216 翅果藤 （陈国泽绘）

5. 杠柳属 **Periploca** Linn.

藤状灌木。除花外全株无毛。叶对生，侧脉多数，具边脉。聚伞花序疏散，顶生或腋外生；花萼5深裂，内面基部具5腺体；花冠辐状，花冠筒短，花冠裂片向右覆盖，内面常被柔毛；副花冠着生花冠基部，裂片3裂，中间小裂片丝状，内折，两侧小裂片瓣状；雄蕊5，着生副花冠内面，花丝短，离生，花药背面被毛，与柱头粘生；花粉器匙形，载粉器具四合花粉，基部粘盘靠合柱头；花柱极短，柱头盘状，先端凸起。蓇葖果2，叉开，有时顶端相连。种子长圆形，顶端具白色绢毛。

约10种，分布于亚洲温带地区、欧洲南部及非洲热带地区。我国5种。

1. 叶膜质；花冠径1.5厘米，花冠裂片反折；副花冠裂片无毛 ………………………… 1. **杠柳 P. sepium**

1. 叶近革质或革质；花冠径5-8毫米，花冠裂片直立；副花冠裂片被毛。
  2. 叶椭圆状披针形，宽1.5-2.2厘米；花冠深紫色，裂片被长柔毛 ………………………… 2. **青蛇藤 P. calophylla**
  2. 叶披针形，宽0.5-1厘米；花冠黄绿色，裂片被微柔毛 ………………………………………… 3. **黑龙骨 P. forrestii**

1. 杠柳 图 217 彩片 76

Periploca sepium Bunge in Enum. Pl. China Bor. 43. 1833 (1831).

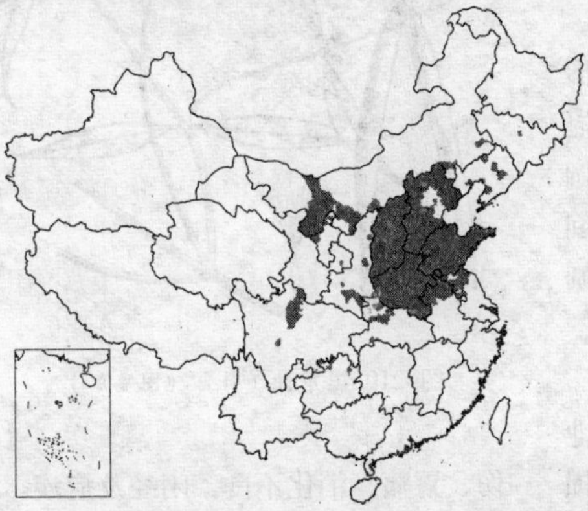

落叶蔓性灌木，长达4米。主根圆柱形，灰褐色，内皮淡黄色。茎灰褐色；小枝常对生，具纵纹及皮孔。叶膜质，披针状长圆形，长5-9厘米，先端渐尖，基部楔形，侧脉20-25对；叶柄长约3毫米。聚伞花序腋生，常成对。花梗长约2厘米；花萼裂片三角状卵形，长约3毫米；花冠紫色，辐状，径约1.5厘米，花冠筒长约3毫米，裂片椭圆形，长约8毫米，中间加厚呈纺锤状，反折，无毛，内面被长柔毛；副花冠裂片无毛。蓇葖果2，圆柱形，长7-12厘米，径约5毫米，顶端常相连。种子窄长圆形，长约7毫米，宽约1毫米。种毛长3厘米。花期5-6月，果期7-9月。染色体2n=22。

产吉林、辽宁、内蒙古、宁夏、河北、山东、江苏、安徽、江西、湖北、贵州、四川、甘肃、陕西、河南及山西，生于平原及低山林缘、坡地。根皮及茎皮入药，治风湿关节炎、筋骨痛及跌打损伤。

图 217 杠柳（陈国泽绘）

2. 青蛇藤 图 218

Periploca calophylla (Wight) Falc. in Proc. Linn. Soc. 1: 115. 1841.

Streptocaulon calophylla Wight, Contr. Bot. Ind. 65. 1834.

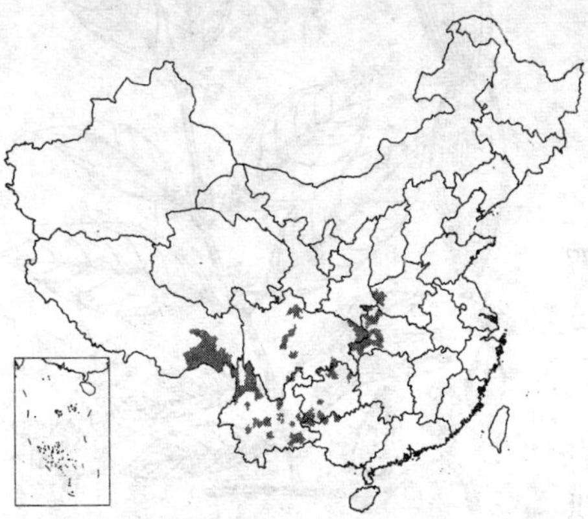

藤状灌木。除花外，全株无毛。幼枝灰白色，老枝黄褐色，密被皮孔。叶近革质，椭圆状披针形，长4.5-6厘米，宽1.5厘米，先端渐尖，基部楔形，中脉在上面微凹，侧脉在两面平；叶柄长1-2毫米。聚伞花序长约2厘米，具花约10朵；苞片卵圆形，长约1毫米，具缘毛。花萼裂片卵形，长1.5毫米，具缘毛，内面基部具5腺体；花冠深紫色，辐状，径约8毫米，无毛，内面被白色柔毛，花冠筒短，裂片长圆形，直立；副花冠环状，5-10裂（其中5裂丝状），被长柔毛；花药背部被长柔毛，花粉器匙形；子房无毛，柱头短圆锥状，顶端2裂。蓇葖果2，长箸状，长约12厘米，径约5毫米。种子窄长圆形，长1.5厘米，宽3毫米，种毛长3-4厘米。花期4-5月，果期8-9月。

产西藏、四川、湖北、河南、贵州、云南及广西，生于海拔2800米以下山地及山谷林中。尼泊尔、印度及锡金有分布。茎皮纤维可制绳索及作造纸原料；茎药用，治腰痛、风湿麻痹、跌打损伤及蛇咬伤。

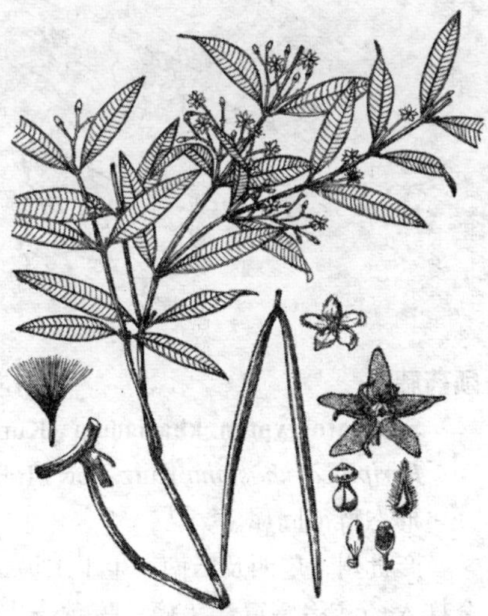

图 218 青蛇藤（引自《图鉴》）

3. 黑龙骨 图 219

Periploca forrestii Schltr. in Notes Roy. Bot. Gard. Edinb. 8: 15. 1913.

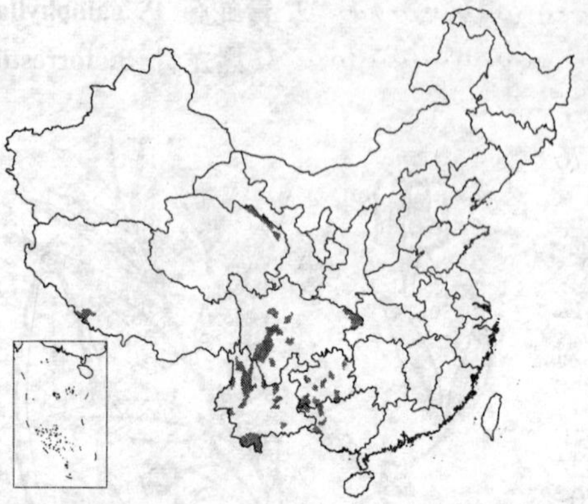

藤状灌木，长达10米。多分枝；除花外全株无毛。叶革质，披针形，长3.5-7.5厘米，宽0.5-1厘米，基部楔形，侧脉近平行；叶柄长1-2毫米。聚伞花序腋生，较叶短，花少数。花径约5毫米；花萼裂片卵形或近圆形，长约1.5毫米；花冠黄绿色，花冠筒短，裂片长圆形，长约2.5毫米，直立，中间厚；副花冠裂片被微柔毛，较花冠筒稍短；花药基部肿大，粘生；柱头圆锥状。蓇葖果2，细长圆柱形，长约11厘米，径约5毫米。种子扁长圆形，种毛长约3厘米。花期3-4月，果期6-9月。

图 219 黑龙骨（引自《图鉴》）

产广西、贵州、云南、四川、青海及西藏，生于海拔200 米以下山地疏林或灌丛中。印度及尼泊尔有分布。全株药用，治风湿关节炎、跌打损伤、胃痛、消化不良、闭经及疟疾。

6. 须药藤属 Stelmatocrypton H. Baill.

藤本。茎淡褐色，皮孔突起，幼枝被短柔毛。叶对生，近革质，椭圆形或长椭圆形，长7-17厘米，先端渐尖，基部楔形，无毛，侧脉约7 对。聚伞花序腋外生，花序梗长5 毫米。花萼裂片宽卵形，内面基部具5腺体；花冠近钟状，花冠筒短，裂片向右覆盖；副花冠裂片5 ，卵形，着生花冠筒基部；雄蕊5 ，着生花冠筒基部，花丝离生，花药长圆状卵形，背面疏被柔毛，顶端被长毛，伸出喉部；花粉器匙形，载粉器长圆形，具四合花粉，粘盘卵圆形。蓇葖 果叉开近水平。种子顶端具白色绢毛。

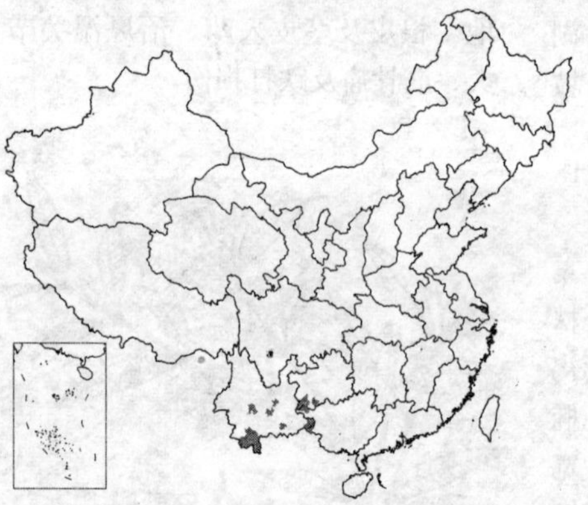

单种属。

须药藤 图 220 彩片 77

Stelmatocrypton khasianum (Kurz) H. Baill. in Hist. Pl. 10: 300. 1890.

Periploca khasiana Kurz, For. Fl. Brit. Burma 2: 196. 1877.

形态特征同属。

产贵州、广西及云南，生于山坡、山谷杂木林或灌丛中。印度有分布。全株入药，治感冒、头痛、咳嗽、支气管炎及胃痛；根可提取芳香油，供制香精及定香剂。

图 220 须药藤 （吴翠云绘）

7. 弓果藤属 Toxocarpus Wight et Arn.

灌木或藤本。植株被长柔毛或锈色绒毛，稀无毛。叶对生。聚伞花序伞状，腋生。花萼裂片小，基部内面有时具腺体；花冠常黄或淡黄色，辐状，稀钟状，花冠筒极短，裂片伸展反折，向左稀向右覆盖；副花冠5深裂，着生合蕊冠背部，腹背扁平；花药小，微凹，有时具细小附属物；每花粉器具4花粉块，花粉块直立或平展；花柱短，柱头伸出。蓇葖果叉开，圆柱形，常被长柔毛。种子扁平，具喙，顶端具白色绢毛。

约40种，分布于非洲、亚洲热带地区及太平洋岛屿。我国10种。

1. 叶两面无毛 …………………………………… 1. 弓果藤 **T. wightanus**
1. 叶下面被锈色长柔毛。
  2. 柱头伸出花冠。
    3. 柱头被微毛；叶椭圆形；果长约8厘米，径1厘米 …………………… 2. 毛弓果藤 **T. villosus**
    3. 柱头被毛；叶卵形；果长达18厘米，径5厘米 ………… 2(附). 小叶弓果藤 **T. villosus** var. **thorelii**
  2. 柱头内藏花冠筒；叶宽卵形 …………………… 2(附). 短柱弓果藤 **T. villosus** var. **brevistylis**

1. 弓果藤 圆叶弓果藤 图 221

Toxocarpus wightanus Hook. et Arn. Bot. Beech. Voy. 200.1837.

Toxocarpus ovalifolius Tsiang; 中国植物志 63: 260. 1977.

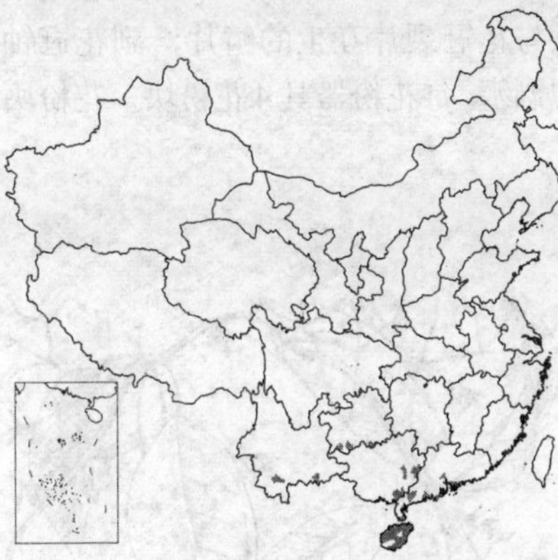

柔弱藤本，长达8米。小枝被黄褐色微柔毛，具皮孔。叶近革质，椭圆形或椭圆状长圆形，长2.5-6厘米，无毛，先端骤尖或圆，基部圆或近心形，侧脉5-8对；叶柄长1-1.5厘米，被锈色绒毛。聚伞花序伞状，较叶短，具花达10朵；花序梗长约6毫米，被锈色柔毛。花萼裂片膜质，卵状长圆形，被锈色绒毛；花冠淡黄色，辐状，无毛，花冠筒长约2毫米，径约3毫米，裂片窄披针形，长约8毫米，宽1-2毫米；副花冠裂片三角形，长约2毫米；柱头纺锤形。蓇葖果2，窄披针形，长8-9厘米，径约1厘米，近水平叉开，果皮厚，密被锈色绒毛。种子卵状长圆形，长约1厘米，无喙，种毛长约3厘米。花期6-8月，果期10-12月。

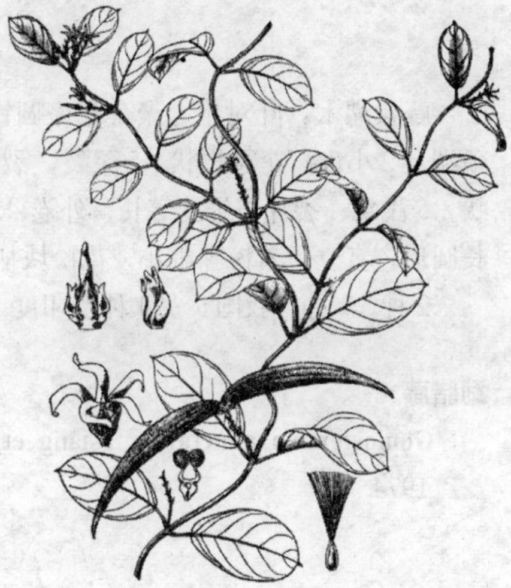

图 221 弓果藤 （吴翠云绘）

产广东、香港、海南、广西、贵州及云南，生于海拔100-600米疏林或灌丛中。印度及越南有分布。全株药用，外敷治跌打损伤、疮痈肿毒及烫伤；作兽药，治牛食欲不振。

2. 毛弓果藤 图 222

Toxocarpus villosus (Bl.) Decne. DC. Prodr. 8: 506. 1844.

Secamone villosa Bl. Bijdr. 1050. 1826.

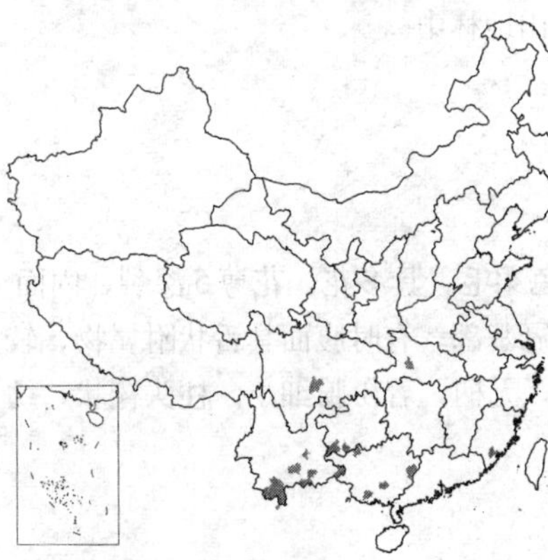

藤状灌木。幼嫩部分被锈色绒毛。叶厚纸质，椭圆形，长5-11.5厘米，上面中脉被柔毛，下面被锈色长柔毛，侧脉5-8对。花序梗长3-10厘米，被锈色柔毛；花冠黄色，辐状，花冠筒短，喉部被长柔毛，裂片披针状长圆形，长0.8-1厘米，宽2毫米；副花冠裂片较花药短；花柱长圆柱状，柱头伸出，被微毛。蓇葖果近圆柱形，长约8厘米，径约1厘米，有时仅1个发育。种子线形，长1厘米，宽2毫米；种毛长约2厘米。花期4月，果期6月。

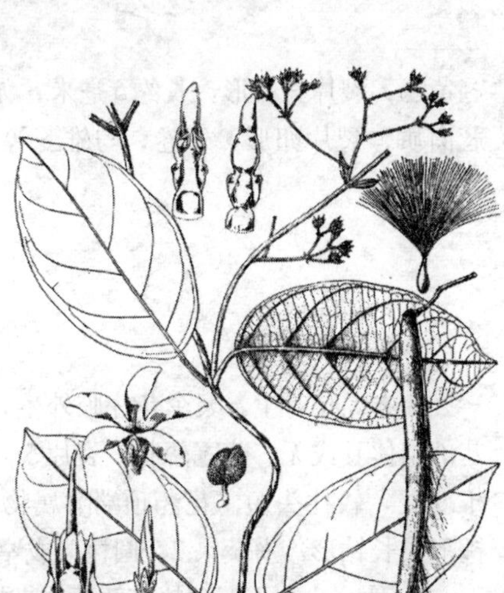

图 222 毛弓果藤 （陈国泽绘）

产湖北、四川、贵州、云南、广西及福建，生于海拔1500米以下山地密林中。越南及印度尼西亚有分布。

[附] **小叶弓果藤 Toxocarpus villosus** var. **thorelii** Cost. in Lecomte, Fl. Indo-Chine 4: 52. 1912. 本变种与模式变种的区别：叶卵形，长4.5-5.5厘米，宽2.8-3.2厘米，先端短尖；柱头被毛；蓇葖果长15-18厘米，径5毫米。花期5月，果期12月。产云南及广西，生于海拔1500米山地密林中。越南、老挝及柬埔寨有分布。

[附] **短柱弓果藤 Toxocarpus villosus** var. **brevistylis** Cost. in Lecomte, Fl. Indo-Chine 4: 52. 1912. 本变种与模式变种的区别：叶宽卵形，长4.5-7厘米，宽3.2-5.6厘米；柱头短，内藏花冠筒。花期5月。产福建，生于山地林中。越南、老挝及柬埔寨有分布。

8. 勐腊藤属 Goniostemma Wight et Arn.

藤状灌木。叶对生。聚伞花序圆锥状，腋生或腋外生，较叶长，具多花。花萼5裂，内面基部具5腺体，腺体顶端具2小齿；花冠辐状，5深裂，裂片向左覆盖，花冠筒短，有时内面具5枚与花冠裂片互生的鳞片；副花冠钟状，5浅裂，裂片与雄蕊等长，外卷；雄蕊5，花丝合生成短筒，花药顶端无附属物；每花粉器具4花粉块，花粉块长圆形，直立，着粉腺细小，花粉块柄极短或无；柱头顶端2浅裂。

2种，1种产我国，另1种产印度。

勐腊藤 图 223

Goniostemma punctatum Tsiang et P. T. Li in Acta Phytotax. Sin. 12: 81. 1974.

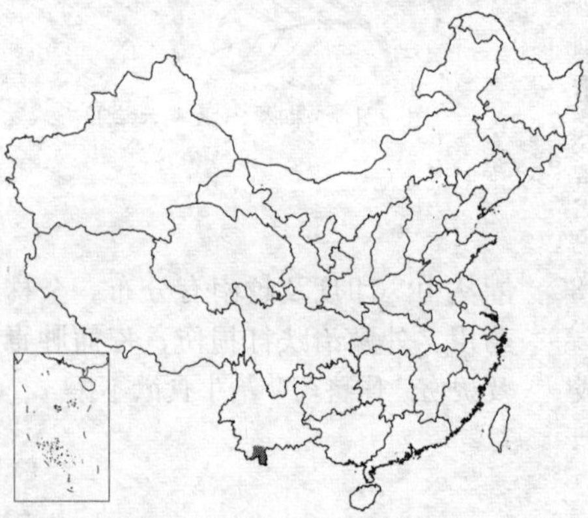

藤状灌木，长达4米。茎被小瘤；小枝被微柔毛，后脱落。叶薄纸质，椭圆形或卵状长圆形，长6-9厘米，无毛，具透明腺点，先端渐尖，基部近圆，侧脉12-15对；叶柄长约2厘米。花序腋外生，较叶长，疏散，具多花，花序梗长达10厘米，被锈色柔毛。花萼裂片宽卵形，长约1.5毫米；花冠黄色，裂片长圆形，长约5毫米，无毛，内面密被硬毛，花冠筒短；副花冠肉质，裂片卵形，外卷，与雄蕊等长；子房无毛，柱头纺锤形。花期10月。

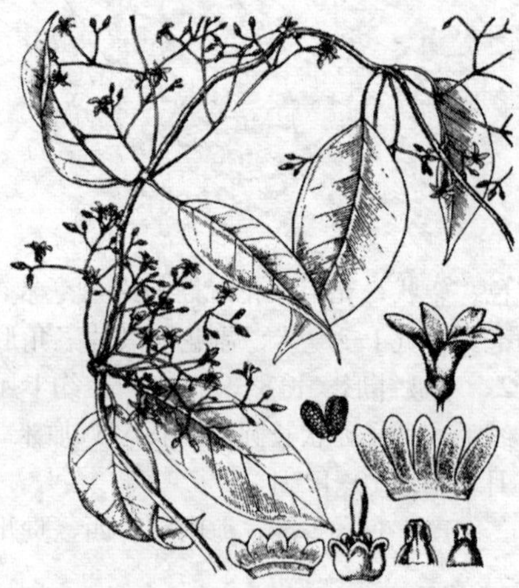

图 223 勐腊藤（杨可四绘）

产云南南部，生于海拔约200米山地林中。

9. 须花藤属 Genianthus Hook. f.

藤本。叶对生。聚伞花序腋外生，圆锥状，分枝总状或穗状，被褐色或锈色柔毛，具多花。花萼5深裂，内面基部腺体具或无；花冠辐状，裂片5，近镊合状排列；副花冠裂片5，着生合蕊冠基部，有时腹面具舌状附属物，较雄蕊长，较柱头短；花药顶端附属物膜质；每花粉器具4花粉块，花粉块直立，无柄，着粉腺细小；柱头棒状、纺锤形或长钻形。蓇葖果2，圆柱形或窄卵球形。种子长圆形，顶端具白色绢毛。

15种，分布于亚洲热带及亚热带地区，马来西亚为分布中心。我国1种。

须花藤 图 224

Genianthus bicoronatus Klackenb. in Phytologia 75: 200. 1993.

Genianthus laurifolius auct. non (Roxb.) Hook. f.. 中国高等植物图鉴 3: 467. 1974; 中国植物志 63: 293. 1977.

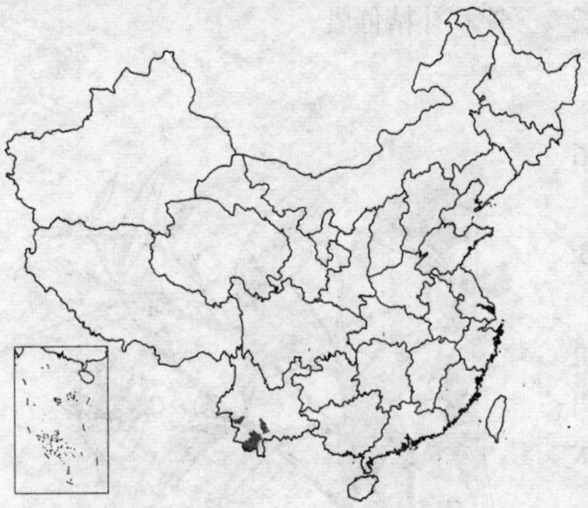

藤本，长达10米。除花序外全株无毛。茎具凸起皮孔。叶宽椭圆形，长6-10（-13）厘米，先端骤尖，基部圆，侧脉8-10对；叶柄长1-3（-4）厘米，顶端上面具簇生小腺体。花序圆锥状，2歧分枝，较叶短，被锈色柔毛。花萼裂片卵形，长1.1-1.6毫米，被锈色微柔毛；花冠橙黄色，中间紫色，花冠筒长0.5-1毫米，裂片长圆形，长1.8-2.3毫米，无毛，内面被长柔毛；副花冠裂片三角状长圆形，腹面近顶端具齿状附属物；花粉块近球形，直立；柱头头状或盾状。蓇葖果2，圆柱形，长9-12厘米，径0.5-1厘米，被颗粒状凸起。种子长圆形，褐色，长约1.5厘米，种毛长达5厘米。花期1-5月，果期8-12月。

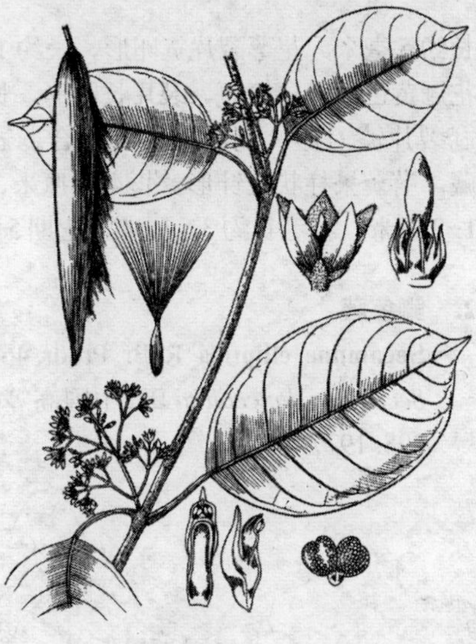

图 224 须花藤（吴翠云绘）

产云南南部，生于海拔500-1000米山地混交林中。缅甸及泰国有分布。

10. 鲫鱼藤属 Secamone R. Br.

藤本或攀援灌木。叶对生，常具透明腺点。聚伞花序顶生或腋生，2-3歧分枝；花序梗短或无。花小；花萼5深裂，裂片具缘毛，内面基部常无腺体；花冠近辐状，花冠筒短，裂片向右覆盖；副花冠常2轮，外轮5裂片退化，内轮5 裂片镰刀形，着生合蕊冠，直立或内弯；花丝离生或基部合生，花药顶端具膜质附属物；每花粉器具4 花粉块，花粉块细小，直立，无柄，球形或椭球形，着粉腺小；子房无毛，柱头头状或短圆锥状。蓇葖果2，圆柱形，果皮平滑。种子卵圆形，顶端具白色绢毛。

约80种，主产非洲，马达加斯加62种，少数种类产亚洲热带、亚热带地区及澳大利亚。我国6种。

1. 叶下面被短柔毛或无毛；柱头内藏或稍伸出。
  2. 叶卵状披针形，先端渐尖，下面被短柔毛；花序梗不曲折；种子长1-3厘米 …………………………………… 1. 吊山桃 S. sinica
  2. 叶椭圆形，先端尾尖，两面无毛；花序梗曲折；种子长约5毫米 …………………………… 2. 鲫鱼藤 S. elliptica
1. 叶下面被粉状腺点，无毛或叶柄及中脉被微毛；柱头伸出 ……………………………… 3. 催吐鲫鱼藤 S. minutiflora

1. 吊山桃 图 225

Secamone sinica Hand.-Mazz. Symb. Sin. 7: 997. 1936.

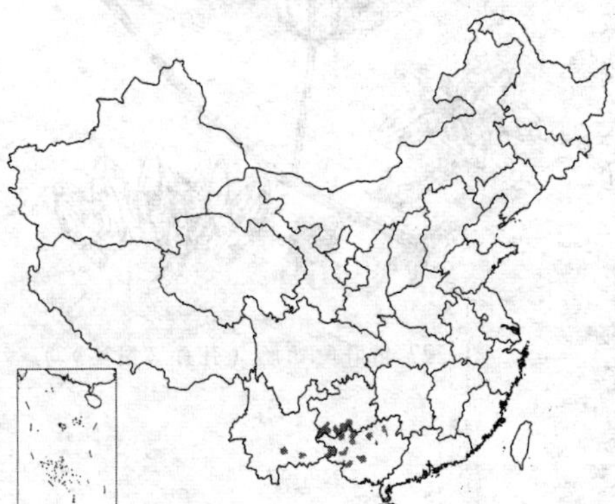

藤状灌木，长达8米。幼枝疏被锈色短柔毛，老渐脱落，枝条淡灰色，密被皮孔。叶纸质，卵状披针形，长2-7厘米，先端渐尖，基部近圆或宽楔形，上面无毛，下面被短柔毛，具透明腺点，侧脉6-10对；叶柄长2-5毫米，被短柔毛。聚伞花序腋外生或近顶生，具花2-6朵；花序梗短，密被锈色短柔毛。花小，花梗

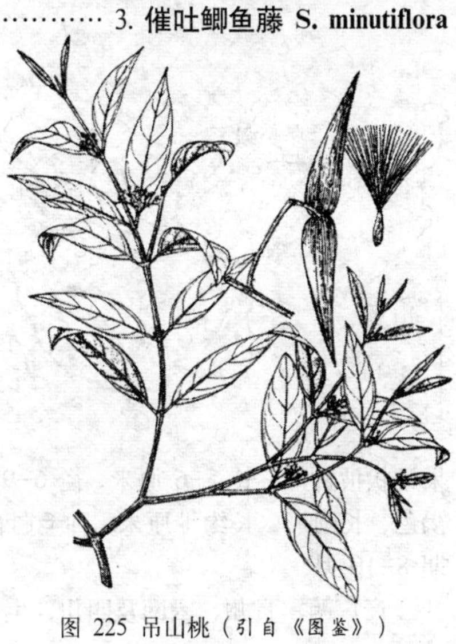

图 225 吊山桃（引自《图鉴》）

长约5毫米；花萼裂片宽卵形，长约1毫米，具缘毛，内面基部具小腺体；花冠黄色，花冠筒短，裂片长圆形，长约2毫米，内面具乳头状凸起；副花冠裂片镰刀形，侧面扁平，较合蕊冠短；子房无毛，柱头短圆锥状，内藏。蓇葖果柱状披针形，长4–6厘米，径约7毫米。种子长圆形，扁平，长1–3厘米，种毛长约3.5厘米。花期5–8月，果期9–12月。

产广东、广西、贵州及云南，生于海拔400–800米山地林中。越南及泰国有分布。叶药用，可强筋骨、补精催乳。

2. 鲫鱼藤 图 226

Secamone elliptica R. Br. Prodr. 464. 1810.

Secamone lanceolata Bl.; 中国高等植物图鉴 3: 468. 1974; 中国植物志 63: 298. 1977.

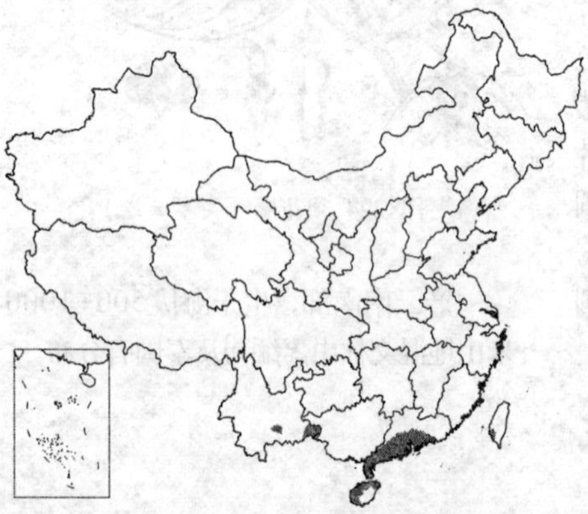

图 226 鲫鱼藤（引自《图鉴》）

藤状灌木，长达5米。枝淡灰色，无毛。叶纸质，具透明腺点，椭圆状披针形或椭圆状卵形，长4–7厘米，先端尾尖，基部楔形，无毛，侧脉不明显；叶柄长2–5毫米。聚伞花序腋外生，长达6厘米；花序梗曲折，2叉，被短柔毛。花小，花梗长2–4毫米，被短柔毛；花萼裂片卵形，被柔毛；花冠黄或黄绿色，花冠筒短，裂片长圆形，长约3毫米；副花冠裂片镰刀形，较雄蕊短；柱头稍伸出。蓇葖果柱状披针形，长5–7厘米，径约1厘米，无毛。种子卵状长圆形，长约5毫米，种毛长3厘米。花期7–8月，果期9–12月。

产台湾、广东、海南、广西及云南，生于海拔100–600米山地灌丛及疏林中。柬埔寨、越南、马来西亚及印度尼西亚有分布。根入药，治风湿痛及跌打损伤。

3. 催吐鲫鱼藤 图 227

Secamone minutiflora (Woodson) Tsiang in Sunyatsenia 4: 56. 1939.

Tylophora minutiflora Woodson in Ann. Miss. Bot. Gard. 21(4):609. 1934.

Secamone szechuanensis Tsiang et P. T. Li; 中国高等植物图鉴 3: 468. 1974; 中国植物志 63: 300. 1977.

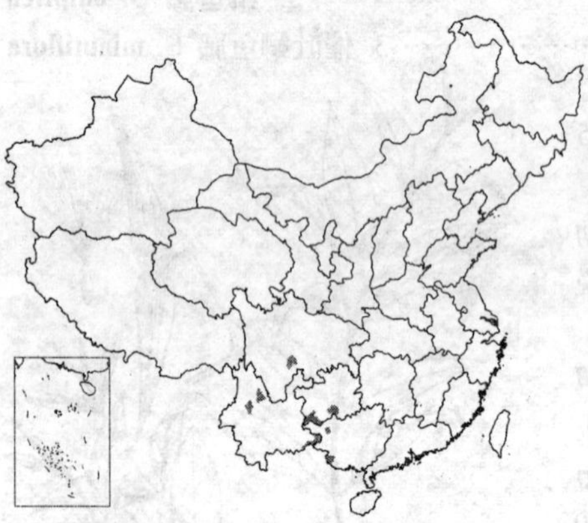

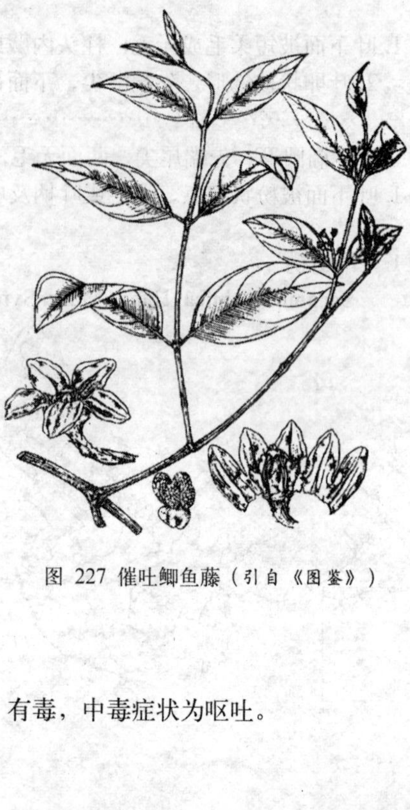

图 227 催吐鲫鱼藤（引自《图鉴》）

柔弱藤本，长达5米。小枝无毛。叶薄纸质，椭圆状卵形，长3–6.5厘米，先端渐尖，基部楔形，无毛，下面被腺点，侧脉不明显；叶柄长2–3毫米，被微柔毛。聚伞花序伞状，腋外生，较叶短。花小；花萼裂片卵形，长约1毫米，密被短柔毛；花冠近辐状，径约4毫米，花冠筒短，裂片长圆形，长1.5毫米；副花冠裂片镰刀形；柱头伸出。蓇葖果线状披针形，长5–6厘米，径6–9毫米，叉开成180–200°，无毛。种子褐色，长圆形，长约1厘米；种毛白色绢质，长2.5厘米。花期5–7月，果期8–10月。

产广西、贵州、云南及四川，生于海拔800米以下山地疏林向阳处。根有毒，中毒症状为呕吐。

11. 尖槐藤属 Oxystelma R. Br.

藤状灌木或草本。叶对生。聚伞花序腋外生，总状或伞状，稀花单生；花序梗细长。花蕾球形；花萼小，5 裂，内面基部具 5 或更多小腺体；花冠盘状，裂片基部镊合状排列，上部向右覆盖；副花冠 2 轮，外轮着生花冠筒基部，环状，边缘膜质，顶端平截，内轮为 5 枚卵状披针形裂片，着生合蕊冠，伸出；雄蕊 5，花丝合生成短筒，花药顶端具附属物；每花粉器具 2 花粉块，花粉块长圆形，下垂，具长柄；柱头肿大，顶端凸起。蓇葖果 1-2，长圆形或卵状披针形，果皮平滑。种子小，顶端具白色绢毛。

2 种，分布于亚洲热带、亚热带及非洲热带。我国1种。

尖槐藤 图 228

Oxystelma esculentum (Linn. f.) Smith in Rees Cycl. 25: (notnumbered). 1813.

Periploca esculenta Linn. f. Suppl. Pl. 168. 1781.

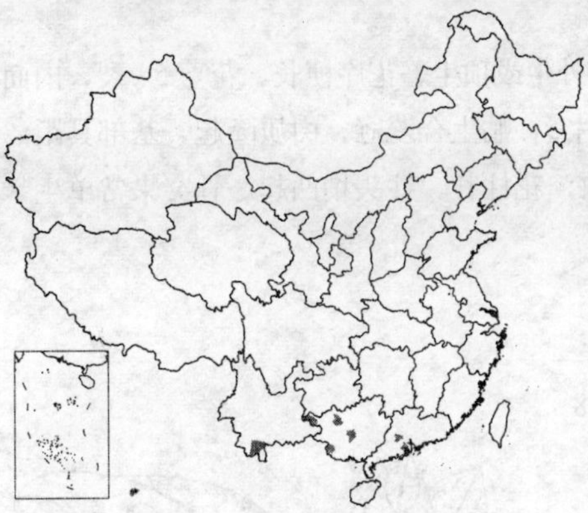

草质藤本，长 4 米以上。除花外，全株无毛。叶膜质，线形或线状披针形，长 6-11 厘米，先端渐尖，基部楔形或圆，侧脉 9-12 对，具边脉；叶柄长 1-1.5 厘米。聚伞花序伞状，较叶长，具(1)2-4 花。花蕾径 8-9 毫米；花萼裂片卵状披针形，长约 3.5 毫米，内面基部具多数小腺体；花冠白色，具紫色条纹或斑点，径 2-3 厘米，冠檐 1.5-2 厘米，裂片三角形，密被缘毛；副花冠 2 轮，外轮密被短柔毛；花粉块长约 1.5 毫米；子房无毛。 蓇葖果柱状披针形，长约 5 厘米，径约 1.5 厘米，顶端稍骤尖，两侧具窄翅。种子卵形，长 2 毫米，种毛长1.5-2厘米。花期7-9月，果期10-12月。

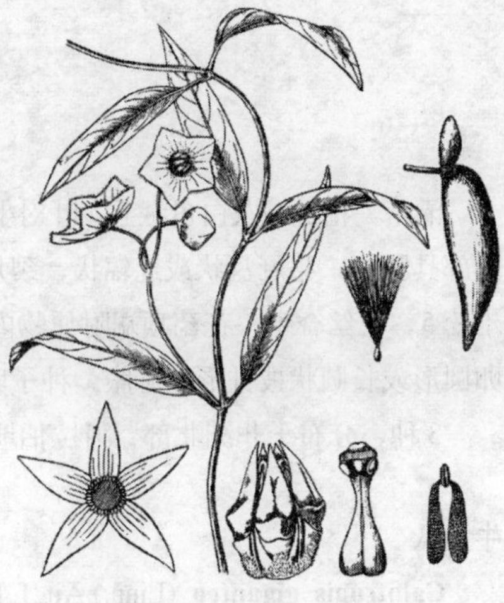

图 228 尖槐藤（引自《图鉴》）

产广东，广西及云南，生于溪边灌丛中。印度、孟加拉国、巴基斯坦、尼泊尔、东西亚及非洲东北部有分布。全株药用，可株药用，可抗癌；根可治黄疸病及跌打损伤；果可食。

12. 肉珊瑚属 Sarcostemma R. Br.

蔓生或缠绕藤本。茎肉质，基部木质；小枝下垂，绿色。叶退化成小鳞片，早落。聚伞花序伞状，顶生或腋外生；无花序梗。花萼 5 深裂，内面基部腺体有或无；花冠辐状或近辐状，5 深裂，裂片向右覆盖；副花冠 2 轮，外轮环状或杯状，膜质，具 5 棱，顶端平截或浅裂，内轮具 5 裂片，肉质，基部肿大，内面具 2 龙骨凸起；雄蕊 5，花丝合生成短筒，花药附属物膜质；每花粉器具 2 花粉块，花粉块蜡质，下垂，花粉块柄细长；花柱短，柱头短圆锥状或长圆状纺锤形。蓇葖果披针状圆柱形，果皮平滑。种子顶端具白色绢毛。

约 10 种，分布于亚洲热带地区、非洲及澳大利亚。我国1种。

肉珊瑚 图 229

Sarcostemma acidum (Roxb.) Voigt, Hort. Suburb. Calc. 542. 1845.

Asclepias acida Roxb. Fl. Ind. ed. 2, 2: 31. 1832.

无叶缠绕藤本，长 2 米。茎绿或灰色，无毛。聚伞花序顶生或腋外生，具 6-15 花。花梗长 3-5 毫米，被微柔毛；花萼裂片卵形，长约 1 毫米，被

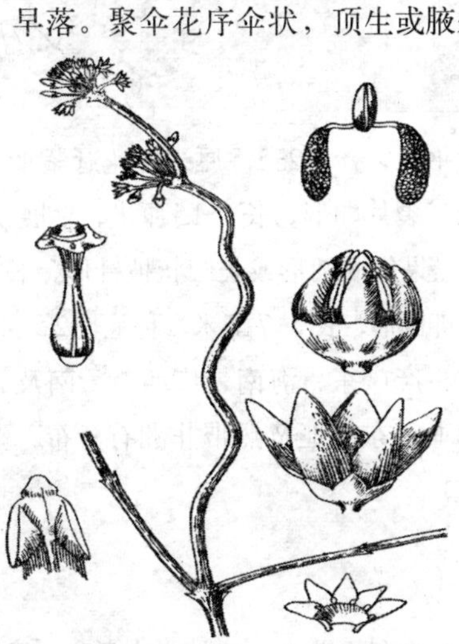

图 229 肉珊瑚（引自《图鉴》）

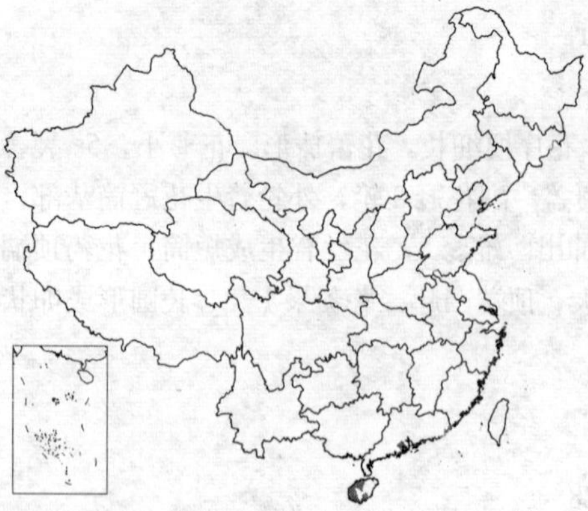

微柔毛，边缘透明；花冠白或淡黄色，花冠筒极短，裂片卵状长圆形或长圆状披针形，长约3毫米，宽1毫米，无毛；副花冠2轮，外轮浅杯状，内轮5裂，裂片先端钝，较花药稍短或等长；花粉块柄近平伸，着粉腺近椭圆形；柱头较花药先端附属物短。蓇葖果披针状圆柱形，长15厘米，径约1厘米。种子宽卵圆形，长约3毫米，种毛长2厘米。花期3-12月，果期冬季或翌年春季。染色体2n=22。

产广东南部及海南，生于海边灌丛中。印度、尼泊尔、缅甸、越南及泰国有分布。全株入药，作收敛止咳剂及催乳剂。

13. 牛角瓜属 Calotropis R. Br.

灌木。植株被灰白色绒毛。叶对生，宽大，近无柄。聚伞花序伞状，腋外生或顶生，花序梗长。花萼5 裂，内面基部具腺体；花冠盘状或近辐状，裂片镊合状排列或向右覆盖；副花冠裂片5，贴生合蕊冠，肉质隆起，基部具距；雄蕊5，花丝合生，花药顶端附属物内折；每花粉器具2长圆形下垂花粉块；花柱长，柱头稍凸起。骨突果常单生，卵圆形或长圆状披针形，肿胀。种子卵圆形，顶端具白色绢毛。

3种，分布于非洲北部、阿拉伯地区及亚洲热带地区。我国2种。

牛角瓜 图 230 彩片 78

Calotropis gigantea (Linn.) Ait. f. Hortus Kew. ed. 2, 2: 78.1811.

Asclepias gigantea Linn. Sp. Pl. 214. 1753.

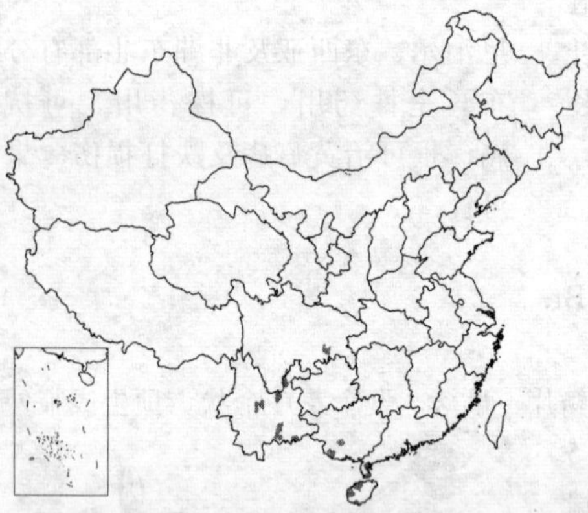

灌木，高达5米。幼枝被灰白色绒毛。叶倒卵状长圆形或长圆形，长7-30厘米，先端钝，基部心形，两面被灰白色绒毛，老渐脱落，侧脉4-8对，疏离；叶柄长1-4毫米。聚伞花序伞状，被灰白色绒毛，花序梗粗，长5-12厘米。花梗长2-2.5厘米；花蕾圆柱形；花萼近平展，径1.2-1.5厘米；花冠紫蓝色，基部淡绿色，辐状，径2.5-3.5厘米，裂片卵形，长1-1.5厘米，平展或反折，边缘反卷；副花冠较合蕊冠短。蓇葖果斜椭圆形或长圆状披针形，长5-10厘米，被短柔毛，两端内弯。种子宽卵圆形，长5-7毫米，种毛长2.5-4厘米。花果期几全年。染色体2n=22。

产广东、海南、广西、云南及四川，生于低海拔阳坡、旷野及海边。南亚、东南亚及热带非洲有分布。茎、叶入药，治皮肤病、痢疾、风湿、支气管炎及梅毒；乳汁可作树胶原料、制鞣料及黄色染料；茎皮纤维供造纸、制绳索。

图 230 牛角瓜（引自《图鉴》）

14. 马利筋属 Asclepias Linn.

多年生草本，基部常木质化。叶对生或轮生，具短柄。聚伞花序伞状，顶生或腋外生，具多花。花萼5深裂，内面基部具5-10腺体；花冠辐状，深裂，裂片镊合状排列，稀向右覆盖；副花冠裂片5，着生合蕊冠，直立，先端凹兜状，腹面具舌状或角状附属物；雄蕊5，着生花冠筒基部，花丝合生成筒，花药顶端附属物内弯；每花粉器具2下垂花粉块；柱头圆锥状。蓇葖果纺锤形，顶端渐尖。种子扁平，顶端具白色绢毛。

约120种，分布于美洲；部分种类引种非洲、欧洲及亚洲，已野化。我国引入1种。

马利筋 图 231 彩片 79

Asclepias curassavica Linn. Sp. Pl. 1: 215. 1753.

多年生草本，高达 1 米。茎淡灰色，被微柔毛或无毛。叶对生，膜质，披针形或长圆状披针形，长6-15厘米，宽1-4厘米，先端渐尖，基部下延至叶柄，两面无毛或下面脉被微毛，侧脉8-10对；叶柄长约1厘米。聚伞花序与叶近等长，具8-20花；花序梗长3.5-6厘米，被柔毛。花梗长1.2-2.5厘米，被柔毛；花萼裂片披针形，长约3毫米，被柔毛；花冠紫或红色，裂片长圆形，长5-8毫米；副花冠裂片黄或橙色，匙形，长3.5-4毫米；合蕊冠长2.5-3毫米；花粉块长圆形，下垂，着粉腺紫红色。蓇葖果纺锤形，长5-10厘米，径1-1.5厘米。种子卵圆形，长6-7毫米，种毛长2-4厘米。花期几全年，果期8-12月。染色体2n=22。

图 231 马利筋（引自《图鉴》）

原产热带美洲，现广植于世界各地。江苏、安徽、浙江、福建、台湾、江西、湖北、湖南、广东、海南、广西、贵州、云南、四川、西藏、青海及河南有栽培，已野化。根提取物用作催吐剂及泻药；叶乳汁可治肠内寄生虫及退热消炎；果乳汁可止血。

15. 钉头果属 Gomphocarpus R. Br.

灌木或亚灌木。叶对生或轮生，叶缘常反卷，具短柄。聚伞花序伞状，腋外生，下垂，具多花。花萼5深裂，内面基部具腺体；花冠辐状，裂片平展或反折，镊合状排列；副花冠裂片5，着生合蕊冠，盔状，先端具2下弯或直立小齿；花丝合生成筒，花药顶端附属物内弯；每花粉器具2花粉块，花粉块长圆形，下垂；柱头扁平。蓇葖果卵球形，肿胀，被软刺或刺毛。种子长圆形，顶端具白色绢毛。

约50种，分布于热带非洲。我国栽培2种。

钉头果 图 232

Gomphocarpus fruticosus (Linn.) Ait. f. Hortus Kew. ed. 2, 2: 80. 1811.

Asclepias fruticosa Linn. Sp. Pl. 1: 216. 1753.

灌木，高达2米。茎被微柔毛。叶对生，线形或线状披针形，长6-10厘米，宽5-8毫米，先端渐尖，基部渐窄下延至叶柄，边缘反卷，两面无毛，侧脉不明显。聚伞花序生于近枝顶叶腋，长4-6厘米。花蕾球形；花萼裂片披针形，被微毛，内面基部具腺体；花冠白色，裂片宽卵形或椭圆形，反折，具缘毛；副花冠裂片黑色，盔状。蓇葖果肿胀，卵球形，长5-6厘米，径约3厘米，顶端具长喙，被软刺，刺长约1厘米。种子卵圆形，种毛长约3厘米。花期夏季，果期秋季。染色体2n=22。

原产非洲，现世界各地引种栽培。华北、广西及云南栽培作药用。全株浸剂治肠胃病，叶可治肺结核，乳汁作灌肠剂；种毛作填充物。

图 232 钉头果（杨可四绘）

16. 萝藦属 Metaplexis R. Br.

草质藤本或攀援亚灌木。叶对生，具长柄。聚伞花序总状，腋生或腋外生，花序梗长。花萼5深裂，内面基部具5小腺体；花冠近辐状，裂片较花冠筒长，向左螺旋状排列；副花冠环状，着生合蕊冠基部，5浅裂，裂片盔状；花丝合生成短筒，花药顶端附属物内弯；每花粉器具2花粉块，花粉块长圆形或卵状长圆形，下垂；花柱短，柱头长喙状，2裂或全缘，伸出。蓇葖果纺锤形或长圆形，粗糙、多皱或平滑。种子卵圆形，顶端具白色绢毛。

约6种，分布于亚洲东部。我国2种。

1. 叶侧脉10-12对；花蕾圆锥状，顶端骤尖；花冠筒内面被柔毛；果无毛，平滑 ………………………………………………………………………………………… 1. **萝藦 M. japonica**

1. 叶侧脉5-8对；花蕾宽卵圆形，顶端钝圆；花冠两面无毛；果被柔毛，粗糙或多皱 ………………………………………………………………………………………… 2. **华萝藦 M. hemsleyana**

1. 萝藦 图 233

Metaplexis japonica (Thunb.) Makino in Bot. Mag. Tokyo 17: 87. 1903.

Pergularia japonica Thunb. Fl. Jap. 1: 11. 1784.

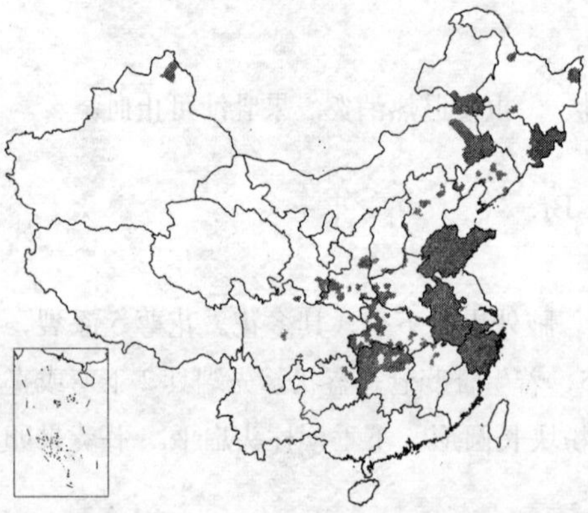

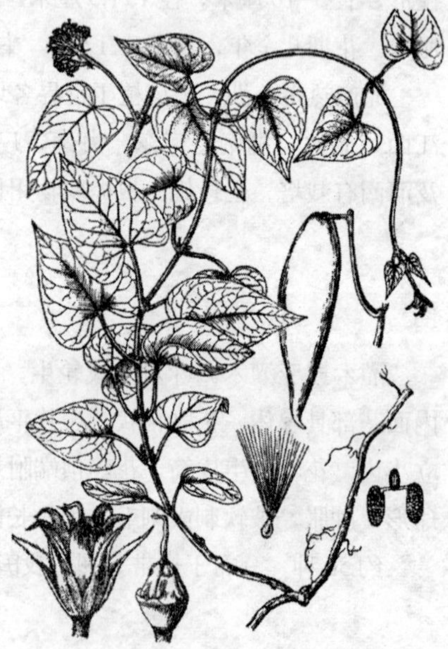

图 233 萝藦（引自《图鉴》）

草质藤本，长达8米。幼茎密被短柔毛，老渐脱落。叶膜质，卵状心形，先端短渐尖，基部心形，两面无毛，或幼时被微毛，侧脉10-12对；叶柄长3-6厘米，顶端具簇生腺体。聚伞花序具13-20花；花序梗长6-12厘米，被短柔毛；小苞片膜质，披针形，长约3毫米。花梗长约8毫米，被微毛；花蕾圆锥状，顶端骤尖；花萼裂片披针形，被微毛；花冠白色，有时具淡紫色斑纹，花冠筒短，裂片披针形，内面被柔毛；柱头2裂。蓇葖果纺锤形，长8-9厘米，径约2厘米，无毛。种子扁卵圆形，长约5毫米，边缘膜质，种毛长约1.5厘米。花期7-8月，果期9-12月。染色体2n=22, 24。

产黑龙江、吉林、辽宁、内蒙古、河北、河南、山西、陕西、甘肃、新疆、山东、江苏、安徽、浙江、江西、湖南、湖北、四川及贵州，生于林缘荒地、山麓、河边或灌丛中。朝鲜、日本及俄罗斯有分布。茎、根入药，治跌打损伤、蛇咬伤、疔疮及小儿疳积；茎皮纤维坚韧，可制人造棉。

2. 华萝藦 图 234

Metaplexis hemsleyana Oliv. in Hook. Icon. Pl. 20: t. 1970.1891.

草质藤本，长5米。茎被单列短柔毛，节上毛密。叶膜质，卵状心形，长5-13厘米，先端骤尖，基部心形，两面无毛，侧脉5-8对；叶柄长达5厘米。聚伞花序总状，腋外生，具6-16花；花序梗长4-6厘米，疏被柔毛。花梗长0.5-1厘米，被微柔毛；花蕾宽卵形，顶端钝圆；花萼裂片卵状披针形；花冠径0.9-1.2厘米，花冠筒短，裂片宽长圆形，长约5毫米，无毛；柱头窄圆锥状，稍伸出。蓇葖果长圆形，长7-8厘米，径

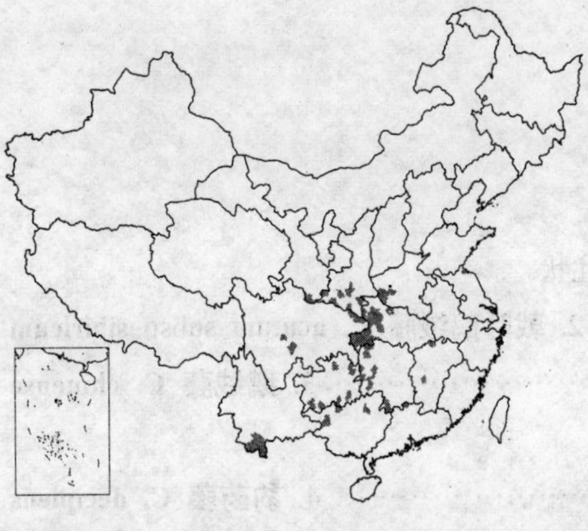

约2厘米，粗糙或多皱，被柔毛。种子卵圆形，长约6毫米，边缘膜质，具细齿，种毛长约3厘米。花期7-9月，果期9-12月。

产河南、陕西、甘肃、四川、云南、贵州、广西、广东、湖南、湖北、江西及江苏，生于山地林中或灌丛中。全株药用，治肾亏遗精、乳汁不足及劳伤。

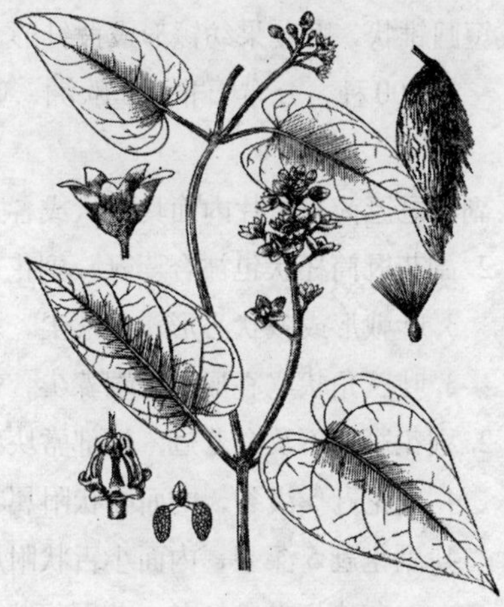

图 234 华萝藦（引自《图鉴》）

17. 乳突果属 Adelostemma Hook. f.

缠绕藤本。小枝无毛。叶对生，心形，长3.5-6厘米，无毛；叶柄细，长1.5-4厘米，被单列短柔毛，顶端上面具簇生小腺体。聚伞花序总状，腋外生，花序梗细柔。花小；花萼5深裂，疏被柔毛，内面基部具5腺体；花冠白色，钟状，裂片短，向右覆盖；副花冠裂片5，膜质，三角形，着生合蕊冠，与花药对生，或无副花冠；花药顶端附属物长圆形；每花粉器具2花粉块，花粉块卵球形，蜡质，下垂，花粉块柄丝状，着粉腺卵球形；柱头棒状，伸出花冠筒喉部。蓇葖果常单生，长4.5厘米，径1.5厘米，被乳头状凸起。种子扁圆形，边缘膜质，顶端具白色绢毛，种毛长2厘米。

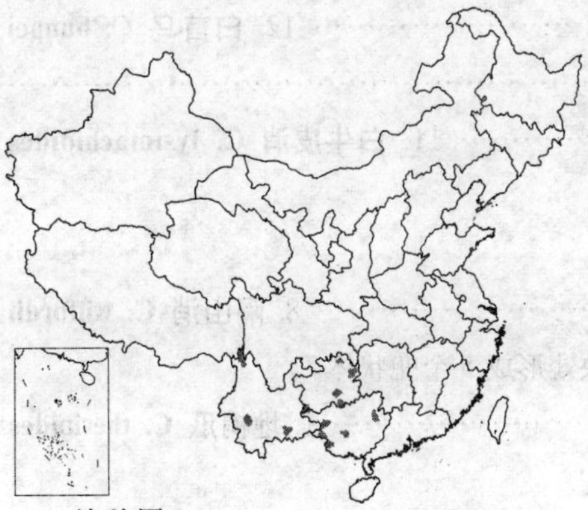

单种属。

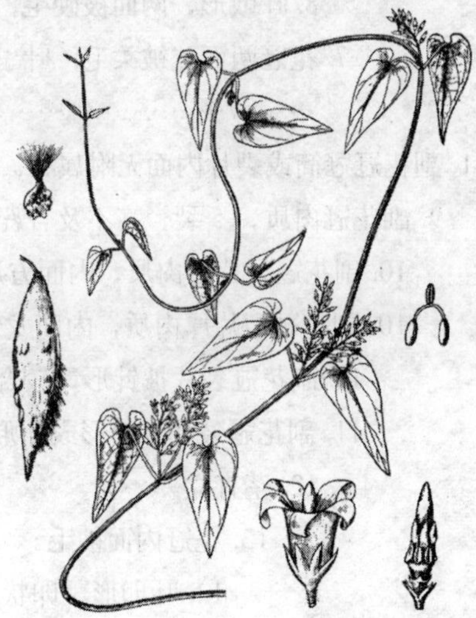

图 235 乳突果（引自《图鉴》）

乳突果 图 235

Adelostemma gracillimum (Wall. ex Wight) Hook. f. Fl. Brit. Ind. 4: 21. 1883.

Cynanchum gracillimum Wall. ex Wight, in Contrib. Bot. Ind. 57. 1834.

形态特征同属。花期秋季，果期冬季。

产广西、贵州及云南，生于海拔500-1000米山谷林中或灌丛中。缅甸 有分布。

18. 鹅绒藤属 Cynanchum Linn.

亚灌木或多年生草质藤本。茎直立或缠绕。常具根状茎；根纤维质、木质或肉质。叶对生，稀轮生。聚伞花序伞状、伞房状或总状，腋外生或顶生，稀腋生。花萼5深裂，裂片直伸，内面基部常具腺体；花冠辐状或近辐状，花冠筒短，裂片伸展或反折，向右或向左覆盖，稀镊合状排列；副花冠着生合蕊冠基部，膜质或肉质，杯状、筒状或5深裂，有时内面具舌状附属物；花丝合生成筒，花药顶端具膜质附属物；每花粉器具2下垂花粉块；柱头凸起或短圆锥状。蓇葖果纺锤形或披针形，平滑，稀具窄翅或刺毛。

约200种，分布于非洲、欧洲、亚洲、南美洲及北美洲。我国57种。

1. 副花冠冠筒或裂片内面具舌状或各式裂片附属物。
  2. 副花冠筒杯状包被合蕊冠，副花冠裂片伸出花冠喉部；根常木质，圆柱状。
    3. 叶戟形或戟状心形，先端尖，基部耳形 ………………………… 2. **戟叶鹅绒藤 C. acutum** subsp. **sibiricum**
    3. 叶三角状宽心形，先端骤尖，基部心形 ………………………………………………… 3. **鹅绒藤 C. chinense**
  2. 副花冠高不及合蕊冠；根部常块状。
    4. 副花冠5浅裂，内面卵状附属物粘生 ……………………………………………………… 4. **豹药藤 C. decipiens**
    4. 副花冠5深裂，内面小舌状附属物顶端于弯缺处离生。
      5. 花序梗较花梗长；花冠辐状。
        6. 花序伞状；花冠裂片长4.5–5毫米，被柔毛 …………………………………… 13. **朱砂藤 C. officinale**
        6. 花序总状；花冠裂片长(4.5–)5.5–8(–10)毫米 ……………………………… 14. **牛皮消 C. auriculatum**
      5. 花序梗与花梗等长或稍长。
        7. 花冠无毛；叶戟形或戟状长圆形。
          8. 叶戟状长圆形，两面被微毛；花冠红或淡红色 ………………………… 10. **峨嵋牛皮消 C. giraldii**
          8. 叶戟形，两面被硬毛；花冠白或黄绿色 …………………………………………… 12. **白首乌 C. bungei**
        7. 花冠两面疏被柔毛；叶三角状卵形或卵圆形，叶缘近波状 ……………………………………………………… 11. **白牛皮消 C. lysimachioides**
1. 副花冠冠筒或裂片内面无附属物。
  9. 副花冠肉质，5裂，高不及合蕊冠。
    10. 副花冠裂片薄肉质，内面方形，顶端平截，与合蕊冠近基部合生 ………………… 8. **隔山消 C. wilfordii**
    10. 副花冠裂片厚肉质，内面龙骨状，与合蕊冠基部以上合生，在弯缺处形成5个兜状体。
      11. 副花冠裂片披针形，较合蕊冠长；根圆柱状，稀分枝 ………………………… 1. **地梢瓜 C. thesioides**
      11. 副花冠裂片半圆形或卵形，与合蕊冠等长；根丛生状。
        12. 茎直立。
          13. 花冠内面被毛。
            14. 叶卵形、卵状长圆形或宽椭圆形，宽1.5–5厘米。
              15. 叶无柄，基部抱茎；茎无毛 ……………………………………… 15. **合掌消 C. amplexicaule**
              15. 叶具柄，基部不抱茎；茎被毛 …………………………………………… 18. **大理白前 C. forrestii**
            14. 叶线形或线状披针形，宽0.8–1.7厘米 …………………………………… 23. **柳叶白前 C. stauntonii**
          13. 花冠内面无毛。
            16. 叶卵形、卵状长圆形或宽椭圆形。
              17. 叶两面密被白色绒毛；花冠深紫色 ………………………………………………… 16. **白薇 C. atratum**
              17. 叶两面无毛或仅脉被微毛；花冠黄或白色。
                18. 叶椭圆形，基部楔形，对生或4叶轮生；花冠黄色 ……………………………………………………… 24. **潮风草 C. acuminatifolium**
                18. 叶宽卵形，基部圆或近心形，对生；花冠黄色 ………………… 17. **竹灵消 C. inamoenum**
            16. 叶线形、窄椭圆形或长披针形。
              19. 叶无毛。

20. 茎被单列柔毛或无毛；叶卵状披针形，先端长渐尖；花冠紫或深红色 ……………………………………………………………………… 20. **华北白前 C. mongolicum**

20. 茎被二列柔毛；叶长圆形或长圆状披针形，先端钝；花冠黄色 ……………………………………………………………………… 21. **白前 C. glaucescens**

19. 叶常被毛。

21. 叶全为对生；茎无毛或下部被糙硬毛；果长 4-8 厘米，径 3-8 毫米 ……………………………………………………………………… 19. **徐长卿 C. paniculatum**

21. 茎基部叶 3-6 轮生，上部叶对生；茎被二列柔毛；果长约 5 厘米，径约 1 厘米 ……………………………………………………………………… 22. **轮叶白前 C. verticillatum**

12. 茎缠绕或下部直立，上部缠绕。

22. 植株下部直立，上部缠绕；茎、叶、花序梗被绒毛；花冠黄或深紫色 ……………………………………………………………………… 25. **变色白前 C. versicolor**

22. 植株全部缠绕。

23. 叶两面被黄色短柔毛；花冠紫红色；茎密被短柔毛 ……………………… 26. **毛白前 C. mooreanum**

23. 叶两面疏被柔毛；花冠黄白色；茎被二列柔毛 ……………………… 27. **山白前 C. fordii**

11. 副花冠裂片披针形，较合蕊冠长；根圆柱状，稀分枝 ……………………… 1. **地梢瓜 C. thesioides**

10. 副花冠裂片薄肉质，内面方形，顶端平截，与合蕊冠近基部合生，不形成兜状体 ……………………………………………………………………… 8. **隔山消 C. wilfordii**

9. 副花冠膜质，5-10 裂，高于合蕊冠。

24. 副花冠冠筒内面具褶皱或龙骨状凸起。

25. 果被弯刺 ……………………………………………… 6. **刺瓜 C. corymbosum**

25. 果无刺。

26. 叶卵状长圆形，长 4-9 厘米，宽 2-4 厘米 ……………………… 5. **景东杯冠藤 C. kintungense**

26. 叶长圆状戟形、三角状披针形或线状披针形，长 1-4 厘米，宽不及 1.5 厘米。

27. 叶长圆状戟形或三角状披针形，宽 0.5-1.5 厘米，基部戟形或近心状戟形，叶柄长 1-1.5 厘米 ……………………………………………………………………… 7. **海南杯冠藤 C. insulanum**

27. 叶线状披针形，宽 1-3 毫米，基部圆，叶柄长 1-4 毫米 ……………………………………………………………………… 7(附). **线叶杯冠藤 C. insulanum** var. **lineare**

24.副花冠冠筒内附属物小或无；叶膜质，三角状卵形，基部耳状心形 ……………………………………………………………………… 9. **青羊参 C. otophyllum**

1. 地梢瓜 雀瓢 图 236

Cynanchum thesioides (Freyn) K. Schum. in Engl. u. Prantl, Nat. Pflanzenfam. 4, 2: 252. 1895.

Vincetoxicum thesioides Freyn in Oest. Bot. Zeitschr. 40: 124. 1890.

Cynanchum thesioides var. *australe* (Maxim.) Tsiang et P. T. Li; 中国植物志 63: 370. 1977.

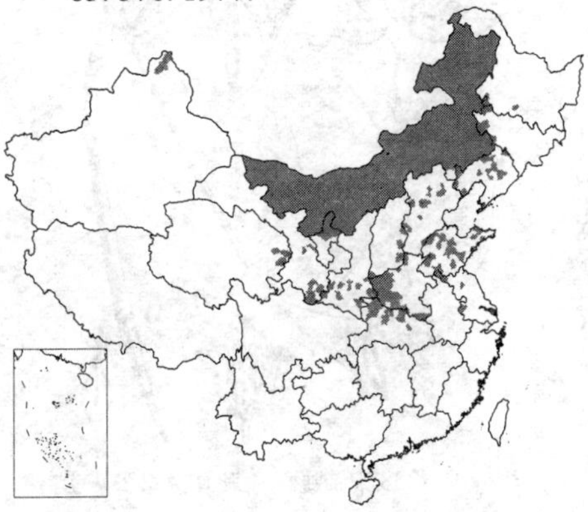

草质或亚灌木状藤本。小枝被毛。叶对生或近对生，稀轮生，线形或线状披针形，稀宽披针形，长 3-10 厘米，宽 0.2-1.5(-2.3) 厘米，侧脉不明显；近无柄。聚伞花序伞状或短总状，有时顶生，小聚伞花序具 2 花。花梗长 0.2-1 厘米；花萼裂片披针形，长 1-2.5 毫米，被微柔毛及缘毛；花冠绿

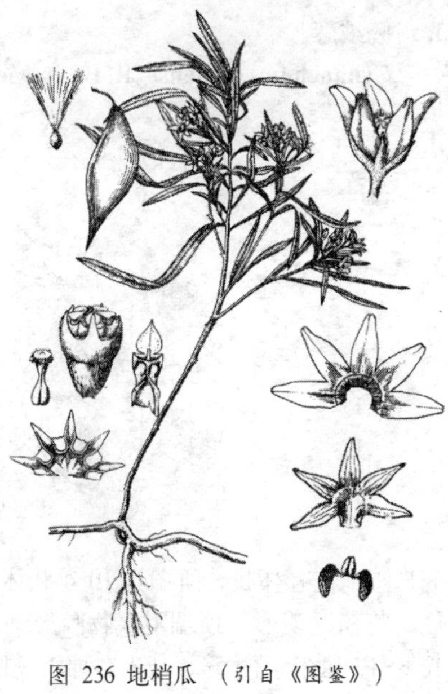

图 236 地梢瓜 （引自《图鉴》）

白色，常无毛，花冠筒长1-1.5毫米，裂片长2-3毫米；副花冠杯状，较花药短，顶端5裂，裂片三角状披针形，长及花药中部或高出药隔膜片，基部内弯；花药顶端膜片直立，卵状三角形，花粉块长圆形；柱头扁平。蓇葖果卵球状纺锤形，长5-6(-7.5)厘米，径1-2厘米。种子卵圆形，长5-9毫米，种毛长约2厘米。花期3-8月，果期8-10月。

产黑龙江、吉林、辽宁、内蒙古、河北、河南、山东、山西、陕西、甘肃、宁夏、青海、新疆、江苏及湖北，生于海拔3000米以下山坡、沙丘或干旱山谷、荒地、灌丛中及草地。哈萨克斯坦、俄罗斯、蒙古及朝鲜有分布。全株含橡胶1.5%，树脂3.6%，可作工业原料；幼果可食；种毛作填充料。

2. 戟叶鹅绒藤 图 237

Cynanchum acutum Linn. subsp. **sibiricum** (Willd.) K.H. Reching. in Fl. Iranica 73: 9. 1970.

Cynanchum sibiricum Willd. in Ges. Naturf. Fr. Neue Schr. 124. t. 5. f. 2. 1799; 中国高等植物图鉴 3: 472. 1974; 中国植物志 63: 311. 1977.

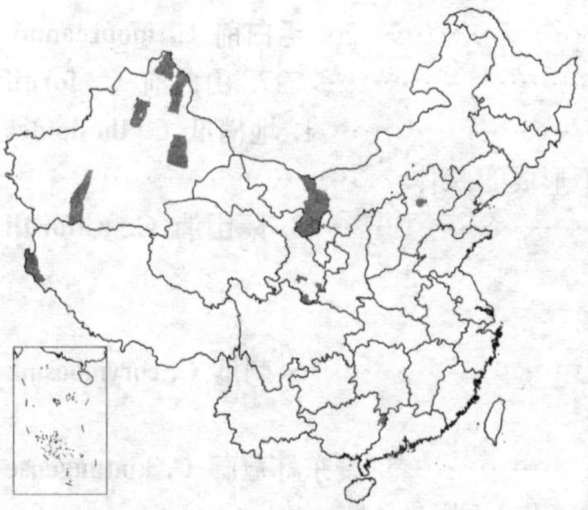

多年生缠绕藤本，长达3米。根粗壮，径约2厘米。茎多分枝，上部缠绕，被柔毛，稀无毛。叶戟形、戟状心形或长圆状戟形，长1.3-6(-15)厘米，先端尖，基部耳形，两面无毛或脉被微柔毛，具缘毛，基脉5-7出，侧脉约3对；叶柄长0.5-4厘米。聚伞花序短总状，腋外生，长达7厘米。花梗长4-8毫米；花萼裂片卵形，长1.5-2毫米，被微柔毛，内面具小腺体；花冠白色，内面白至紫色，花冠筒长约1毫米，裂片窄卵形或长圆形，长约4毫米，先端钝，无毛；副花冠2轮，外轮筒状，顶端具5丝状舌片，内轮裂片较短；花药近方形，顶端附属物卵形；花粉块长圆形。蓇葖果披针状或线状圆柱形，长6.5-13厘米，径0.8-1厘米，被微柔毛。种子长圆状卵形，长5-7.5毫米，种毛长2-3厘米。花期5-8月，果期6-10月。

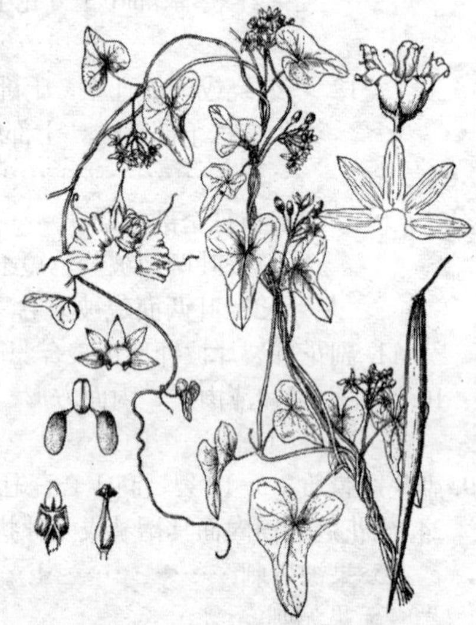

图 237 戟叶鹅绒藤 （引自《图鉴》）

产内蒙古、河北、甘肃、宁夏、西藏及新疆，生于海拔900-1000米干旱地区及荒漠。阿富汗、克什米尔、巴基斯坦、哈萨克斯坦、土库曼斯坦及俄罗斯有分布。根、茎、叶入药，可治痈肿。

3. 鹅绒藤 图 238 彩片 80

Cynanchum chinense R. Br. in Mem. Wern. Soc. 1: 44. 1810.

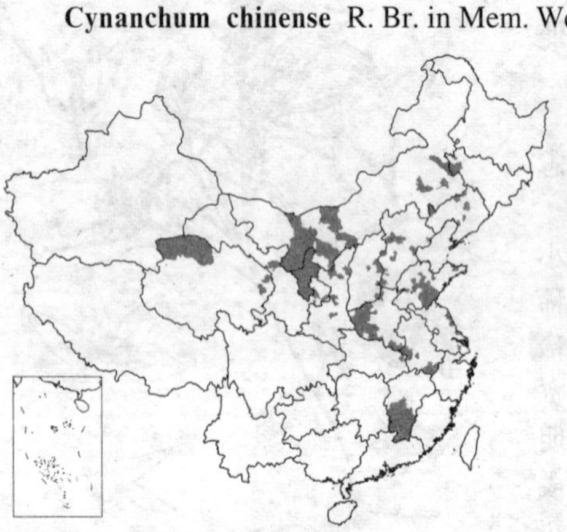

缠绕草质藤本，长达4米。全株被短柔毛。叶对生，宽三角状心形，长2.5-9厘米，先端骤尖，基部心形，基出脉达9条，侧脉6对。聚伞花序伞状，2歧分枝，具花约20，花序长达10厘米。花梗长约1厘米；花萼裂片长圆状三角形，长1-2毫米，被柔毛及缘毛；花冠白色，辐状或反折，无毛，花冠筒长0.5-1毫米，裂片长圆状披针形，长3-6毫米；副花冠杯状，顶端具10丝状体，两轮，外轮与花冠裂片等长，内轮稍短；花药近菱形，顶端附属物圆形；花粉块长圆形。蓇葖果圆柱状纺锤形，长8-13厘米，径5-8毫米。种子长圆形，长5-6毫米，宽约2毫米，种毛

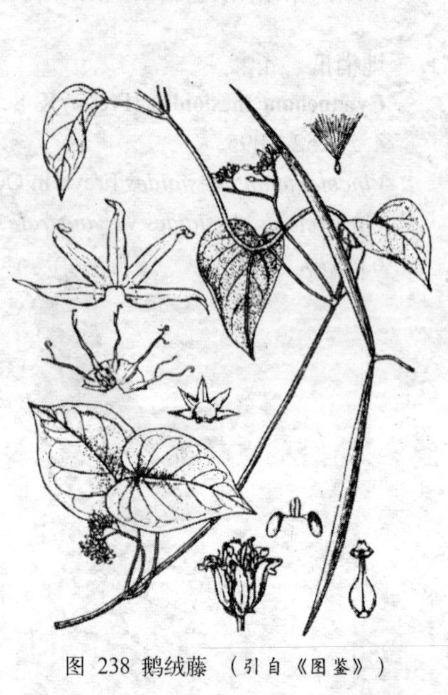

图 238 鹅绒藤 （引自《图鉴》）

长 2.5–3 厘米。花期 6–8 月，果期 8–10 月。

产吉林、辽宁、内蒙古、河北、河南、山东、山西、陕西、宁夏、甘肃、青海、江苏及安徽，生于海拔 500(–900) 米以下阳坡灌丛中、河岸或田边。蒙古及朝鲜有分布。全株浸剂治风寒感冒。

4. 豹药藤 图 239

Cynanchum decipiens Schneid. in Sarg. Pl. Wilson. 3: 345. 1916.

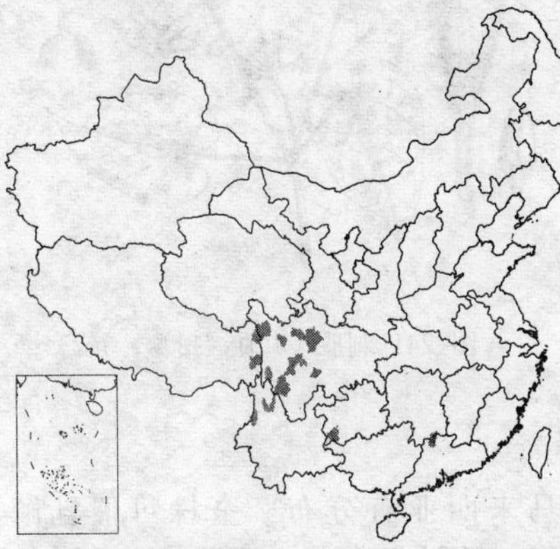

攀援灌木，高达 3 米。枝被单列微毛，有时近无毛。叶对生，三角状卵形或卵形，长 5-8厘米，先端渐尖，基部心形，两面疏被微毛；叶柄长 1–3 厘米，被微柔毛，腹面具腺体。聚伞花序伞状，长达 15 厘米，花多达 25。花梗长 1–2 厘米；花萼裂片披针形，长约 2 毫米，疏被柔毛及缘毛；花冠白或淡红色，辐状，裂片长圆形，长约 4 毫米，无毛，内面被微柔毛；副花冠杯状，较合蕊冠短，近肉质，顶端 5 浅裂，内面具 5 肉质卵形附属物；花药顶端附属物圆形，内弯；花粉块长圆形。蓇葖果披针状圆柱形，长约11厘米，径约 1.2 厘米。种子长圆状匙形，种毛长约 2 厘米。花期 5–7 月，果期 7–10 月。

产湖南、贵州、云南、四川及西藏，生于海拔 2000–3500 米疏林地、溪边、沟谷及灌丛中。根捣碎后可毒杀野兽。

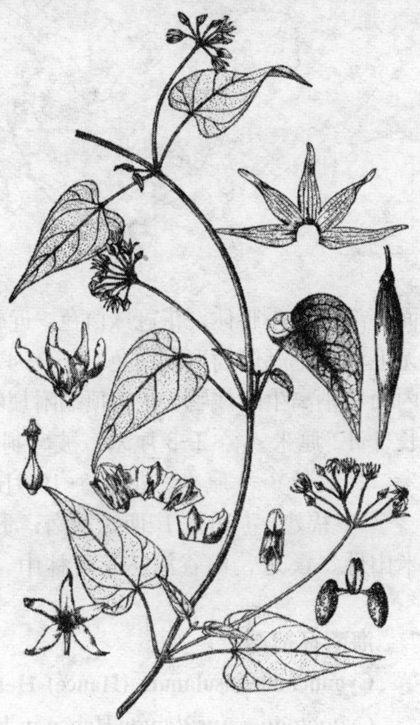

图 239 豹药藤（引自《图鉴》）

5. 景东杯冠藤 图 240

Cynanchum kintungense Tsiang in Sunyatsenia 4: 110. 1939.

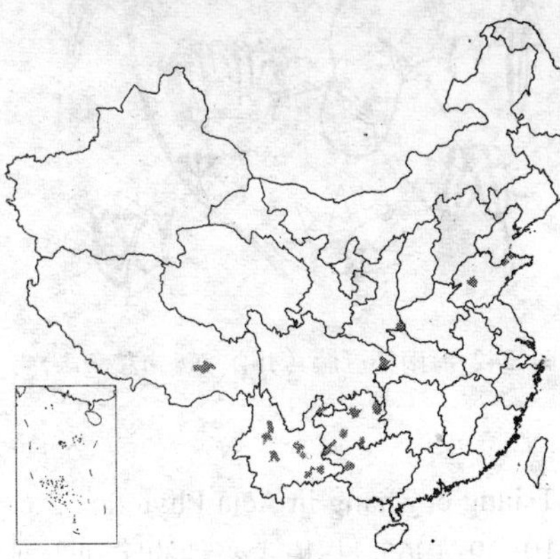

缠绕藤本，长达 2 米。茎被单列毛。叶对生，卵状长圆形，长 4–9 厘米，宽 2–4 厘米，先端短渐尖，基部耳状心形，上面被短柔毛，脉上较密，下面无毛，具缘毛，基脉 5 出，侧脉 3–4 对；叶柄长 2.5–4 厘米。聚伞花序伞房状，具 10–20 花。花萼裂片卵形，长约 1.5 毫米，被微柔毛，内面基部腺体多达 20；花冠辐状，白或黄白色，无毛，裂片长圆状披针形，长约 3.5 毫米；副花冠白色，膜质，杯状，长约 2 毫米，顶端具 5 圆齿，齿间内面具褶皱；花粉块长圆形。蓇葖果近纺锤形，长约 6.5 厘米，径约 1 厘米，无毛，具喙。种子宽卵圆形，长约 8 毫米，种毛长 1–2 厘米。花期 7–10 月，果期 9–12 月。

产广西、贵州、云南、西藏、四川、陕西及山东，生于山谷灌丛中。（《中国植物志》第 63 卷将本种归入**C. wallichii**，但本种的副花冠筒较短，花冠辐状，与 **C. wallichii** 不同。）

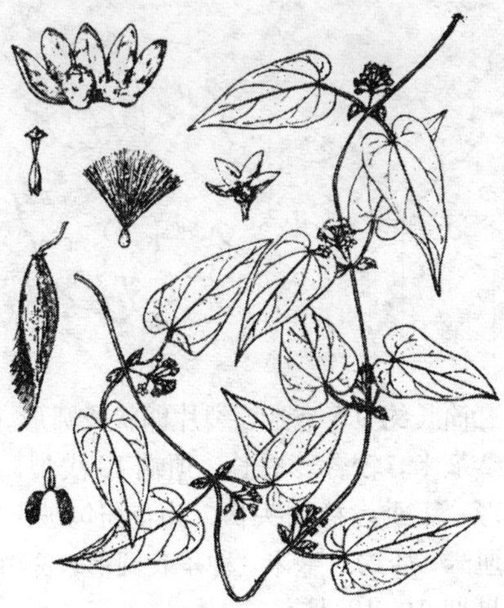

图 240 景东杯冠藤（引自《图鉴》）

6. 刺瓜 图 241

Cynanchum corymbosum Wight, Contr. Bot. Ind. 56. 1834.

多年生草质藤本，长达 2 米。块根粗

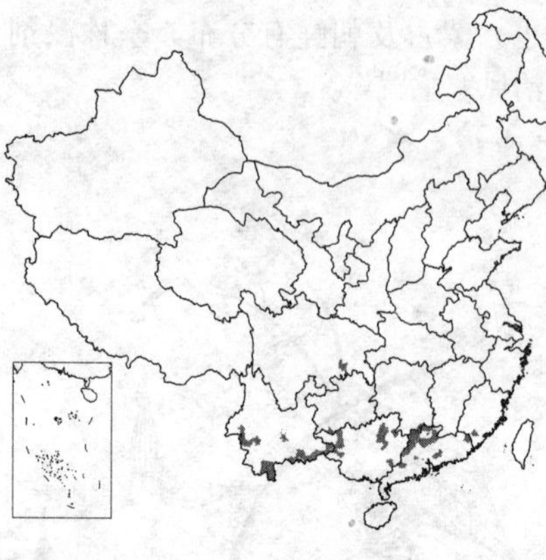

壮。茎缠绕，枝灰白色，被2列柔毛。叶卵形或卵状长圆形，长4.5-12（-20）厘米，先端骤尖，基部心形，下面苍白色，仅脉上被毛，基脉5出，侧脉约3对；叶柄长2.5-4.5厘米。聚伞花序总状，长2.5-7（13）厘米，小聚伞具2花；花序梗长1-5厘米，被微柔毛。花梗长0.2-1.8厘米，被短柔毛；花萼裂片卵形，长1.5-2毫米，无毛或被短柔毛，内面基部具5小腺体；花冠绿白色，近辐状，裂片长圆状披针形，长约5毫米，无毛；副花冠近筒形，白色，长3-4毫米，具10齿，5圆齿及5锐齿互生，内面具稍离生附属物；花药顶端附属物卵形；花粉块长圆形。蓇葖果纺锤形，长9-12厘米，径2-3厘米，被弯刺。种子褐色，长0.7-1厘米，宽约5毫米，种毛长3-4厘米。花期5-10月，果期8-12月。

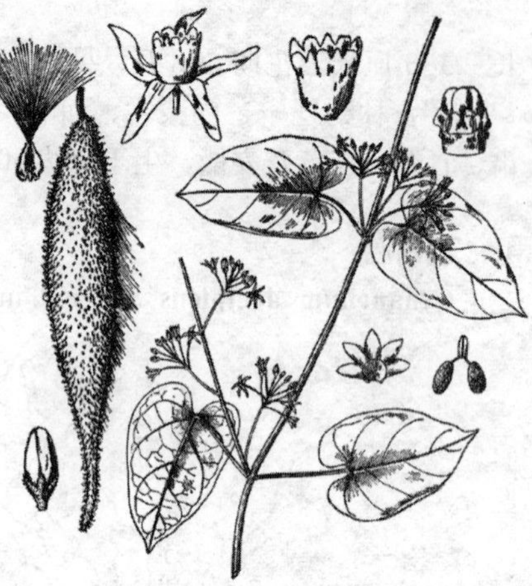

图 241 刺瓜（引自《图鉴》）

产福建、广东、广西、云南、贵州、四川及湖南，生于海拔100-2100米山地、溪边、山谷灌丛及疏林中。印度、缅甸、柬埔寨、老挝、越南及马来西亚有分布。全株可催乳解毒，治神经衰弱、慢性肾炎、肺结核及肝炎。

7. 海南杯冠藤 图 242

Cynanchum insulanum (Hance) Hemsl. in Journ. Linn. Soc. Bot. 26: 107. 1889.

Cynoctonum insulanum Hance in Journ. Bot. 330. 1868.

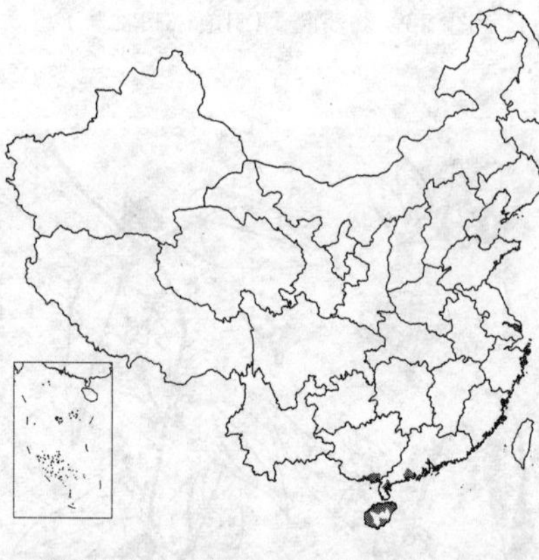

柔弱草质缠绕藤本，长达60厘米。除茎节、叶柄及叶缘被短柔毛外，余无毛。叶长圆状戟形或三角状披针形，长2-3.5厘米，宽0.5-1.5厘米，先端尖或短渐尖，基部圆或近心状戟形，侧脉5对；叶柄长1-1.5厘米。聚伞花序伞状，较叶短，具4-5花。花萼裂片长圆形，长约1毫米，内面基部具5腺体，裂片长圆形；花冠绿白色，近辐状，花冠筒长约0.5毫米，裂片卵状长圆形，长约3毫米；副花冠杯状，膜质，长约2毫米，较合蕊冠长，顶端10浅裂，裂片先端钝；花药近方形，花粉块长圆形，下垂；柱头头状，为花药包被。蓇葖果单生，披针状圆柱形，长4.5-5厘米，径约8毫米。种子长圆形，长约3毫米，种毛长2厘米。花期5-10月，果期10-12月。

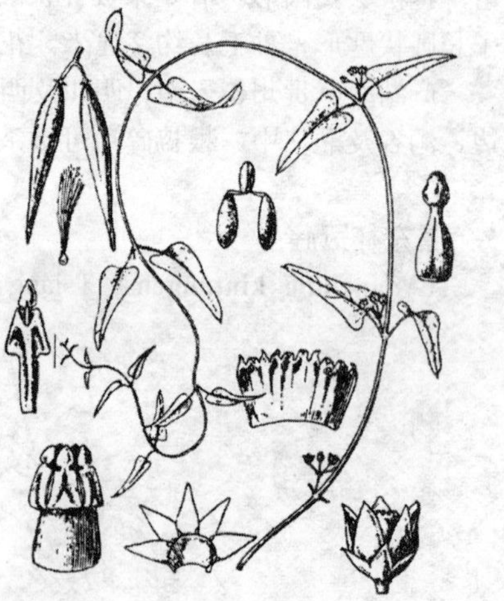

图 242 海南杯冠藤（引自《海南植物志》）

产海南、广东及广西，生于海边砂地或低海拔及平原疏林中。

[附] **线叶杯冠藤** Cynanchum insulanum var. lineare (Tsiang et Zhang) Tsaing et Zhang in Acta Phytotax. Sin. 12:109. 1974. —— *Cyathella insulana* var. *linearis* Tsiang et Zhang in Acta Phytotax. Sin. 10: 39. 1965. 与模式变种的区别：副花冠10深裂，裂片渐尖；叶线状披针形，长1-4厘米，宽1-3毫米，叶柄长1-4毫米。产广东及海南，生于海边湿地。

8. 隔山消 图 243

Cynanchum wilfordii (Maxim.) Hook. f. Fl. Brit. Ind. 4: 25.1883.

Cynoctonum wilfordii Maxim. in Bull. Acad. St. Pétersb. 23: 369.1877.

多年生草质缠绕藤本，长达2米。根肉质，近纺锤形，长约10厘米，径2厘米。茎被单列毛。叶对生，卵状心形，长5-6厘米，先端骤短尖，基部耳状心形，两面被微柔毛，叶干时

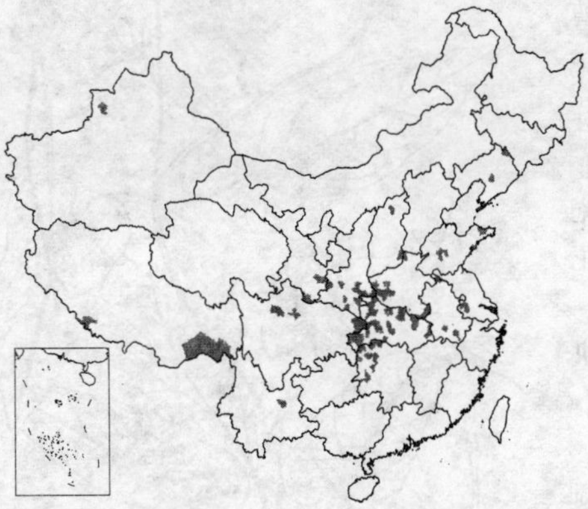

上面带黑褐色，基脉3-5出，侧脉约4对；叶柄长2厘米，上面具腺体。聚伞花序伞状或短总状，具15-20花，花序梗被单列毛。花梗长5-7毫米，被微柔毛；花萼裂片长圆状披针形，长约1.5毫米，无毛或疏被短柔毛，内面基部腺体10个；花冠淡黄色，辐状，裂片卵状长圆形，长4.5-5毫米，无毛，内面被长柔毛；副花冠较合蕊冠短，5深裂，裂片膜质，圆形或近方形；花粉块长圆形；花柱细长，柱头具脐状突起。蓇葖果披针状圆柱形，长11-12厘米，径1-1.4厘米。种子卵形，长约7毫米，种毛长约2厘米。花期5-9月，果期7-11月。

产辽宁、河南、山东、山西、陕西、甘肃、西藏、新疆、江苏、安徽、湖北、湖南、四川及云南，生于海拔800-1500米山坡、山谷灌丛中或草地。日本、朝鲜及俄罗斯有分布。块根药用，可健胃，外用治疮毒。

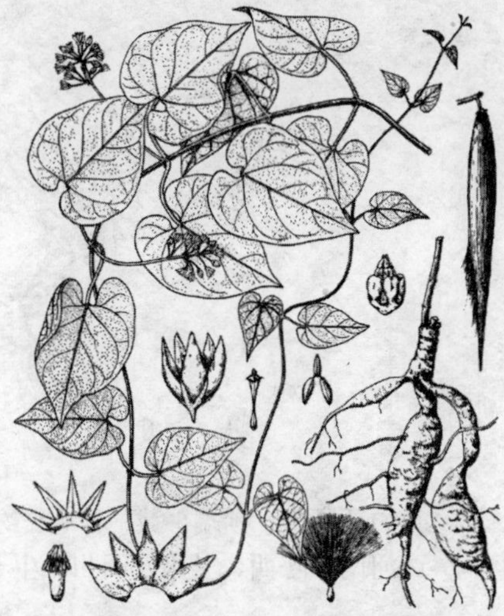

图 243 隔山消（引自《图鉴》）

9. 青羊参　　图 244　彩片 81

Cynanchum otophyllum Schneid. in Sarg. Pl. Wilson. 3: 347. 1916.

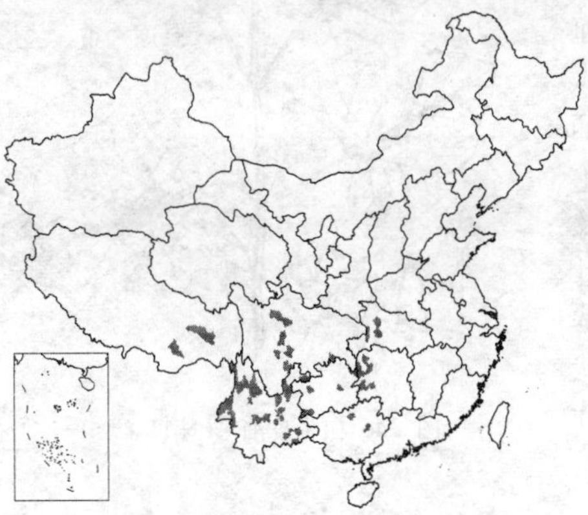

多年生草质缠绕藤本，长达2米。根圆柱状，灰黑色，径约8毫米。茎被 单列柔毛。叶对生，三角状卵形，长4-11厘米，先端渐尖，基部深耳状心形，两面疏被柔毛或近无毛；叶柄长1.5-5厘米。聚伞花序伞状或总状，花序梗长2-4厘米，被微柔毛或近无毛。花梗长3-5毫米，被微毛；花萼裂片卵状披针形，长约1毫米，被微毛，基部内面具5腺体；花冠白色，辐状，裂片长圆形，长2-3毫米，内面被微毛；副花冠较花冠稍短，5深裂，裂片长圆状披针形，内面附属物小或无；合蕊冠具柄；花药顶端附属物直立，卵形；花粉块长圆形；柱头稍凸起。蓇葖果披针状圆柱形，长8-9厘米，径约1厘米，具2纵脊。种子卵圆形，长约6毫米，种毛长约3厘米。花期6-10月，果期8-12月。

产湖北、湖南、广西、贵州、云南、四川及西藏，生于海拔1000-3000米山坡、溪谷、疏林或灌丛中。根药用，治风湿、癫痫、狂犬病及毒蛇咬伤。枝、叶有毒，制成粉剂可防治农业害虫。

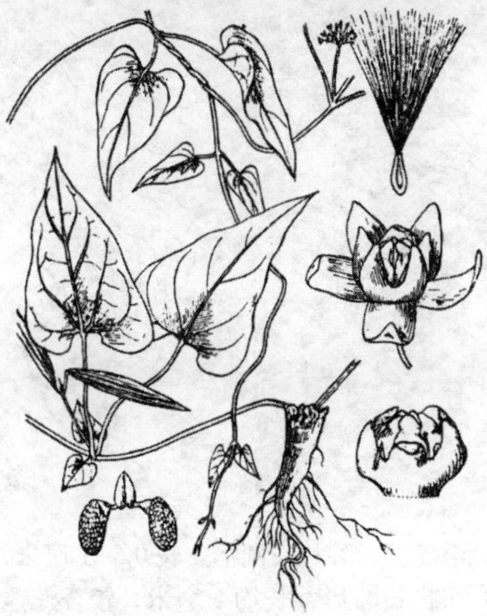

图 244 青羊参（引自《图鉴》）

10. 峨嵋牛皮消　　图 245

Cynanchum giraldii Schlt. in Engl. Bot. Jahrb. 36: Bebl. 82: 92. 1905.

草质缠绕藤本，长达4米。茎柔弱，被微柔毛。叶对生，戟状长圆形，长7-14厘米，先端渐尖，基部耳状心形，两面被微毛，侧脉约10对；叶柄细，长2-3厘米，托叶小叶状。聚伞花序伞状，具5-10花；花序梗及花

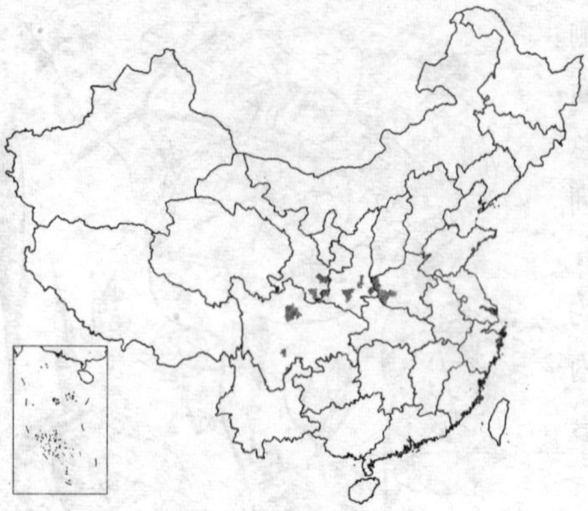

梗长1-2厘米，近无毛。花萼裂片卵状三角形，近无毛；花冠红或淡红色，近辐状，裂片长圆形，长3-4毫米，无毛；副花冠5深裂，裂片卵形或宽卵形，内面具舌状附属物；花药近菱形，顶端附属物卵形；花粉块长圆形，下垂，花粉块柄粗；花柱细长，柱头2裂。蓇葖果纺锤形，长8-10厘米，径约1厘米，无毛。种子卵圆形，长约7毫米，顶端平截，种毛长约3厘米。花期7-8月，果期8-10月。

产河南、陕西、甘肃及四川，生于山地林下、山谷草地或石缝中。

图 245 峨嵋牛皮消（陈国泽绘）

11. 白牛皮消 丽江牛皮消 图 246

Cynanchum lysimachioides Tsiang et P. T. Li in Acta Phytotax. Sin. 12: 89. 1974.

Cynanchum likiangense W. T. Wang ex Tsiang et P. T. Li; 中国植物志 63: 321. 1977.

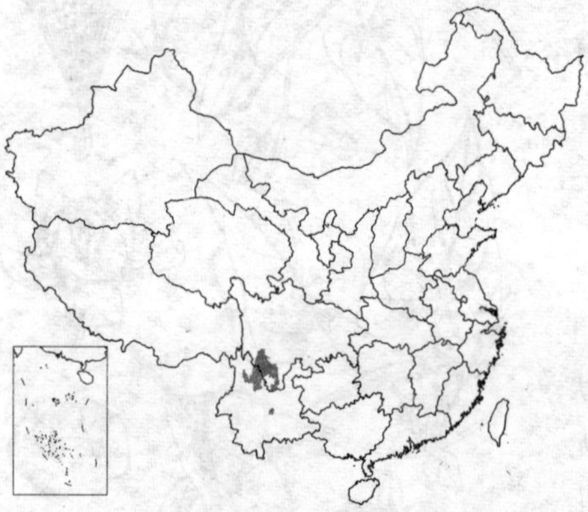

多年生草本，直立或缠绕，长达4米。小枝、叶及花序均疏被柔毛。叶对生，宽三角形状卵形或卵圆形，长4-10厘米，基部心形，边缘近波状，基脉3-5出，侧脉3-6对；叶柄长2-4厘米，被粗长毛。聚伞花序伞状，具5-8花；花序梗及花梗长2-3厘米。花萼裂片披针状椭圆形，被小硬毛，内面基部具5腺体；花冠白色，辐状至反折，裂片长圆形，长0.5-1厘米，两面疏被柔毛；副花冠5深裂，裂片卵状长圆形，长约5毫米，较合蕊冠长，内面具短舌状附属物；花粉块长圆形，花粉块柄粗短，着粉腺长圆形；柱头2浅裂。花期8月。

产云南及四川西南部，生于林缘及灌丛中。

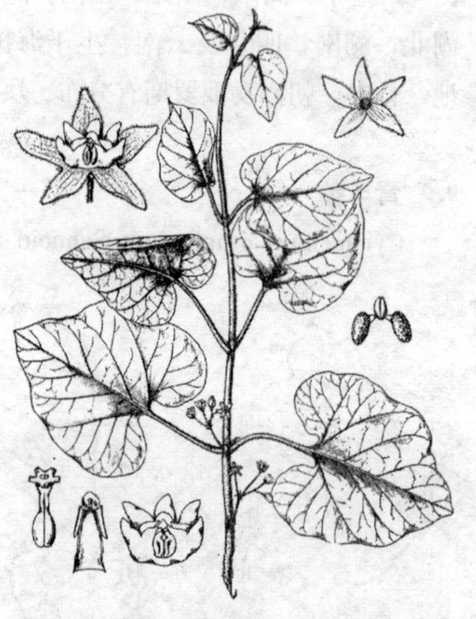

图 246 白牛皮消 （陈国泽绘）

12. 白首乌 图 247

Cynanchum bungei Decne. DC. Prodr. 8: 549. 1844.

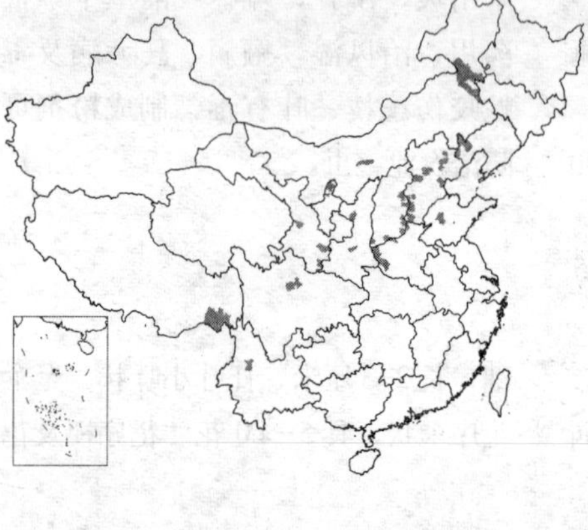

草质缠绕藤本，长达4米。块根粗壮，长3-7厘米，径1.5-4厘米。茎被微毛。叶对生，戟形或卵状三角形，长3-8厘米，先端渐尖，基部耳状心形，叶耳圆，两面被硬毛，侧脉4-6对。聚伞花序伞状，长达4厘米，花序梗长1.5-2.5厘米。花梗长约1厘米；花萼裂片披针形，长约1.5毫米，无毛，基部

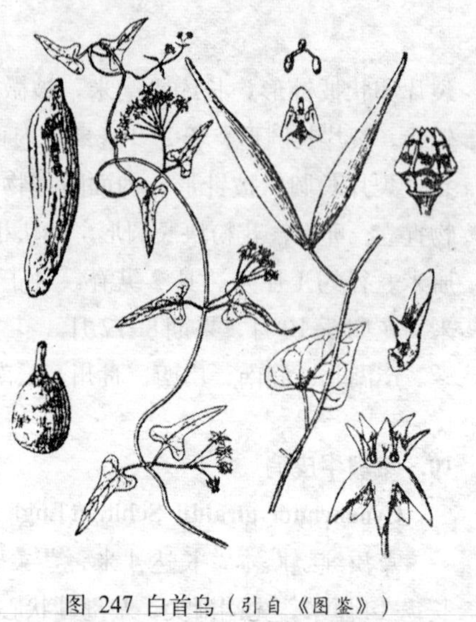

图 247 白首乌（引自《图鉴》）

内面腺体少；花冠白或黄绿色，辐状，花冠筒长约1毫米，裂片长圆形，长约4毫米，外反；副花冠5深裂，裂片披针形，长约3.5毫米，内面具舌状附属物；花粉块长圆形；柱头基部五角状，顶端全缘。蓇葖果披针状圆柱形，无毛，长9–10厘米，径约1厘米，具2不明显纵脊；种子卵圆形，长约1厘米，种毛长约4厘米。花期6–7月，果期7–11月。

产辽宁、内蒙古、宁夏、河北、山东、河南、山西、陕西、甘肃、山东、四川、云南及西藏，生于海拔1500米以下山坡、沟谷及灌丛中。朝鲜有分布。块根为著名中药材及滋补珍品，治风湿腰痛、神经衰弱及失眠。

13. 朱砂藤 图 248

Cynanchum officinale (Hemsl.) Tsiang et Zhang in Acta Phytotax. Sin. 12: 90. 1974.

Pentatropis officinalis Hemsl. in Journ. Linn. Soc. Bot. 26: 110. 1889.

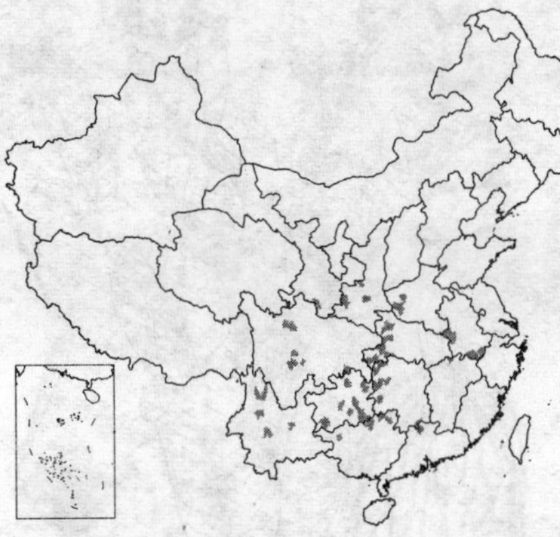

图 248 朱砂藤（引自《图鉴》）

草质缠绕藤本，长达4米。主根圆柱状，肉质。幼茎被单列柔毛。叶对生，卵形或卵状长圆形，长5–12厘米，无毛或被微柔毛，先端渐尖或尾尖，基部深心形，耳圆形，基脉3–5出；叶柄长2–6厘米。聚伞花序腋生，伞状，长1–8厘米，具花10朵或更多；花序梗长1–2厘米。花梗长0.7–1厘米；花萼裂片卵状长圆形，长约2毫米，被微柔毛，内面基部具5腺体；花冠反折，花冠筒长约1毫米，裂片窄长圆形，长4.5–5毫米，无毛，内面被柔毛；副花冠5深裂，裂片卵形，肉质，内面具圆形舌状附属物；花粉块长圆形。蓇葖果披针状圆柱形，长7.5–11厘米，径0.8–1厘米，无毛，具2纵脊。种子长卵圆形，顶端平截；种毛长约2厘米。花期5–8月，果期7–11月。染色体2n=22。

产安徽、江西、湖北、湖南、广东、广西、贵州、云南、四川、甘肃、陕西及河南，生于海拔1000–2800米山地灌丛及疏林中。根药用，治癫痫、狂犬病及毒蛇咬伤。

14. 牛皮消 西藏牛皮消 图 249

Cynanchum auriculatum Royle ex Wight, Contr. Bot. Ind. 58. 1834.

Cynanchum saccatum W. T. Wang ex Tsiang et P. T. Li; 中国植物志 63: 322. 1977.

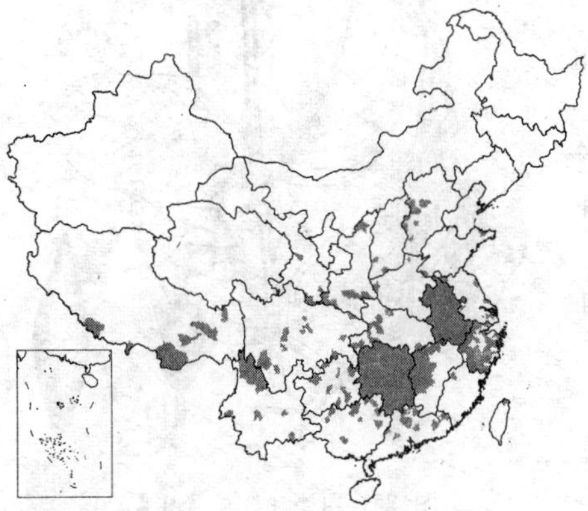

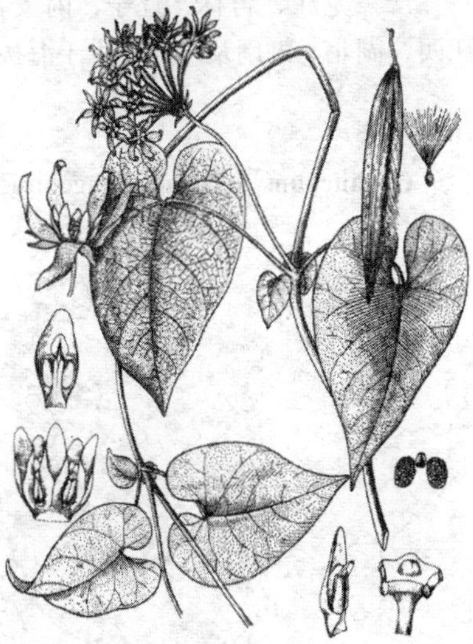

图 249 牛皮消（杨可四绘）

草质缠绕藤本。茎被微柔毛或近无毛。叶对生，宽卵形，长4.5–11（–16）厘米，基部深心形，耳圆形，两面被微柔毛，基脉5出；叶柄长2.4–3.5（–8.5）厘米。聚伞花序总状，长达23厘米。花梗被微柔毛；花萼裂片披针形，被微柔毛，内面基部具5腺体；花冠白、淡黄、粉红或紫色，辐状，花冠筒短，裂片披针形或披针状长圆形，长 5.5-8 毫米，内面疏被长柔毛；副花冠 5 深裂，裂片较合蕊冠长，椭圆形，肉质，内面具窄三角形舌状附属物；柱头圆锥状。蓇葖果长圆状披针形，长约 8 厘米，径约 1 厘米。种子卵圆形，长约 6 毫米，顶端平截，种毛长约 2.5 厘米。花期 6-8 月，果期 8-12 月。染色体 2n=22。

产河北、山东、江苏、安徽、浙江、福建、台湾、江西、湖北、湖南、广东、广西、贵州、云南、西藏、四川、甘肃、陕西、河南及山西，生于海拔 2800-3600 米山坡林缘、灌丛中、河岸及沟谷潮湿地。不丹、印度、克什米尔、尼泊尔及巴基斯坦有分布。块根入药，润肺止咳，治神经衰弱、胃及十二指肠溃疡、肾炎及水肿。

15. 合掌消 紫花合掌消　　图 250

Cynanchum amplexicaule (Sieb. et Zucc.) Hemsl. in Journ. Linn.Soc. Bot. 26: 104. 1889.

Vincetoxicum amplexicaule Sieb. et Zucc. in Abh. Akad. Muench 4(3): 162. 1846.

Cynanchum amplexicaule var. *castaneum* Makino; 中国植物志 63: 332. 1977.

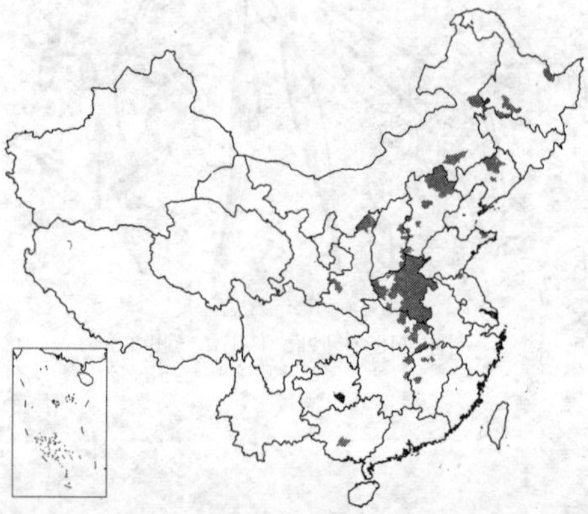

多年生草本，高达1米。茎无毛，叶对生，倒卵状椭圆形、卵形或卵状长圆形，长 4-6（-10）厘米，先端骤尖，基部下延抱茎，无毛，侧脉 8-10 对。聚伞花序伞状，腋外生及顶生；花序梗长 0.5-6 厘米。花梗长约 4 毫米；花萼裂片卵形，长 1-1.5 毫米，内面基部腺体小；花冠黄绿、黄褐或紫色，辐状，花冠筒长约 0.5 毫米，裂片长圆形，长 2.5-3.5 毫米，被微柔毛；副花冠 5 深裂，裂片扁平，与合蕊冠等长；花药菱形，花粉块长圆形；柱头稍隆起。蓇葖果披针状圆柱形，长 5-7(-8) 厘米，径 5-8(-11) 毫米。种子深褐色，长圆状卵形，种毛长约 2 厘米，淡褐色。花期 5-9 月，果期 9-12 月。染色体 2n=22。

产黑龙江、吉林、辽宁、内蒙古、河北、河南、山东、陕西、江苏、江西、湖北、湖南及广西；生于海拔 1000 米以下山坡草地、田边、沙滩草丛中。朝鲜及日本也有分布。全草药用，治跌打损伤及风湿关节炎。

图 250 合掌消（引自《图鉴》）

16. 白薇　　图 251

Cynanchum atratum Bunge in Enum. Pl. China Bor. 45. 1833 (1831).

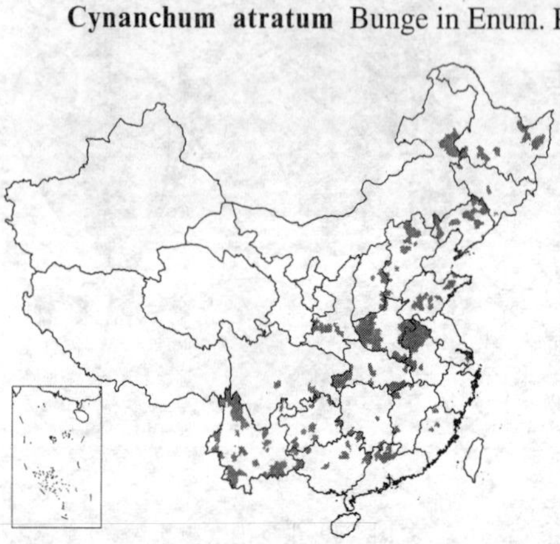

多年生草本，高达 50 厘米。茎密被毛。叶对生，卵形或卵状长圆形，长 5-8(-12) 厘米，先端骤尖或渐尖，基部圆或近心形，两面被白色绒毛，侧脉 6-7(10) 对；叶柄长约 5 毫米。聚伞花序伞状，无花序梗，具 8-10 花。花梗长约 1.5 厘米；花萼裂片披针形，长约 3 毫米，被短柔毛，内面基部具 5 腺体；花冠深紫色，辐状，径 1-1.2(-

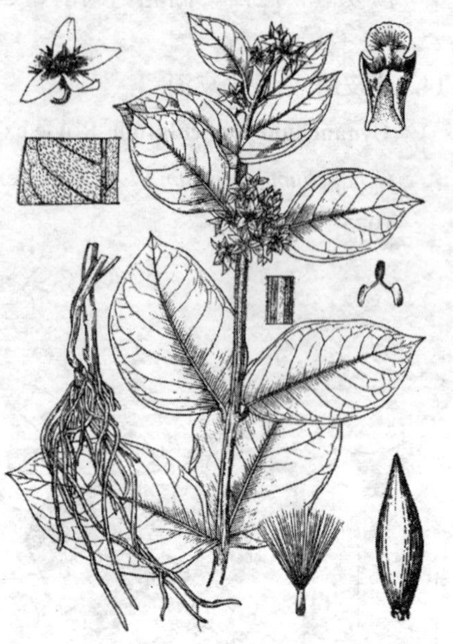

图 251 白薇（引自《图鉴》）

2.2) 厘米，被短柔毛，内面无毛，裂片卵状三角形，长 4-7 毫米，具缘毛；副花冠 5 深裂，裂片与合蕊冠等长；花药顶端附属物圆形，花粉块长圆状卵球形；柱头扁平。蓇葖果纺锤形或披针状圆柱形，长 5.5-11 厘米，径 0.5-1.5 厘米，顶端渐尖。种子淡褐色，种毛长 3-4.5 厘米。花期 4-8 月，果期 6-10 月。染色体 2n=22。

产黑龙江、吉林、辽宁、内蒙古、山东、河北、河南、陕西、山西、江苏、安徽、福建、江西、湖北、湖南、广东、广西、贵州、云南及四川，生于海拔 100-2000 米河边、旱地及草丛中，山沟、林下草地常见。朝鲜、日本及俄罗斯东部有分布。根及根茎药用，治尿道感染、肾炎、水肿、支气管炎及风湿腰腿痛。

17. 竹灵消 图 252

Cynanchum inamoenum (Maxim.) Loes. in Engl. Bot. Jahrb. 34: Beibl.75: 60. 1904.

Vincetoxicum inamoenum Maxim. in Bull. Acad. Sci. St. Pétersb. 23: 361. 1877.

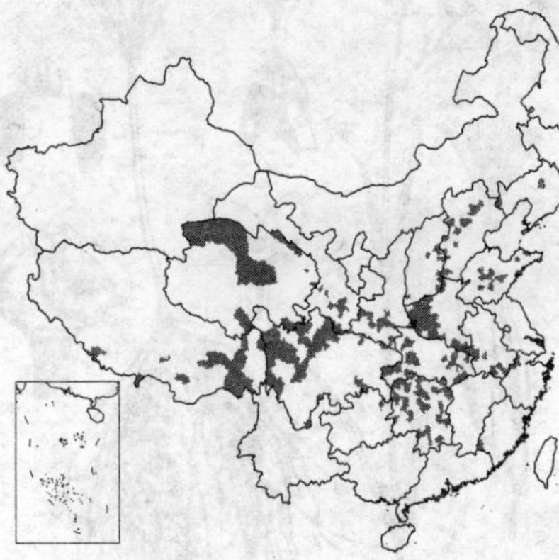

多年生草本，高达 70 厘米。茎被单列柔毛，近顶端密被短柔毛。叶对生，宽卵形，长 3-7 厘米，宽 1.5-5 厘米，先端稍骤尖或渐尖，基部圆或近心形，两面无毛或仅脉被微毛，侧脉约 5 对；叶柄长不及 6 毫米。聚伞花序伞状，具（3-）8-10 花，花序梗长 0.4-2.5 厘米。花梗长 3-8 毫米；花萼裂片披针形，长 2-2.5 毫米，近无毛；花冠黄色，辐状，花冠筒长 1-1.3 毫米，裂片卵状长圆形，长 2.5-4 毫米；副花冠裂片较厚，卵状三角形，较合蕊冠长；花药顶端附属物圆形，花粉块长圆形；柱头扁平。蓇葖果窄披针状圆柱形，长 4-6 厘米，径 0.5-1 厘米。花期 5-7 月，果期 7-10 月。染色体 2n=22。

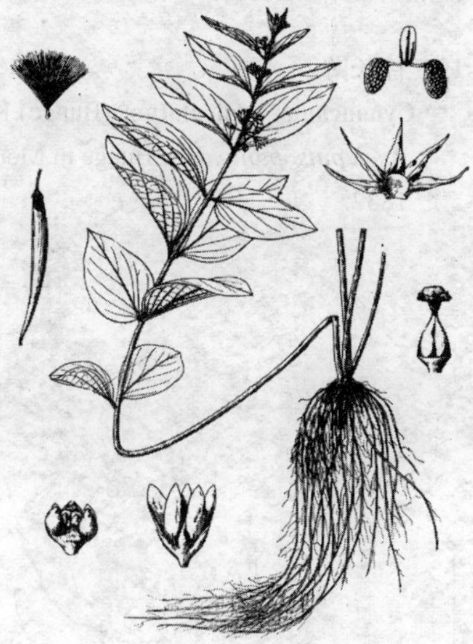

图 252 竹灵消（引自《图鉴》）

产辽宁、河北、河南、山东、山西、安徽、浙江、湖北、湖南、陕西、甘肃、贵州、四川、青海及西藏，生于海拔 100-3500 米山地疏林及灌丛中或草地。朝鲜、日本及俄罗斯有分布。根药用，清热散毒，可治淋巴炎及疥疮。

18. 大理白前 椭圆叶白前　木里白前　卵叶白前　康定白前 图 253

Cynanchum forrestii Schltr. in Notes Roy. Bot. Gard. Edinb. 8: 15.1913.

Cynanchum balfourianum (Schltr.) Tsiang et Zhang; 中国植物志 63: 334. 1977.

Cynanchum forrestii var. *balfourianum* Schltr.; 中国植物志 63: 334. 1977.

Cynanchum forrestii var. *stenolobum* Tsiang et Zhang; 中国植物志 63: 335. 1977.

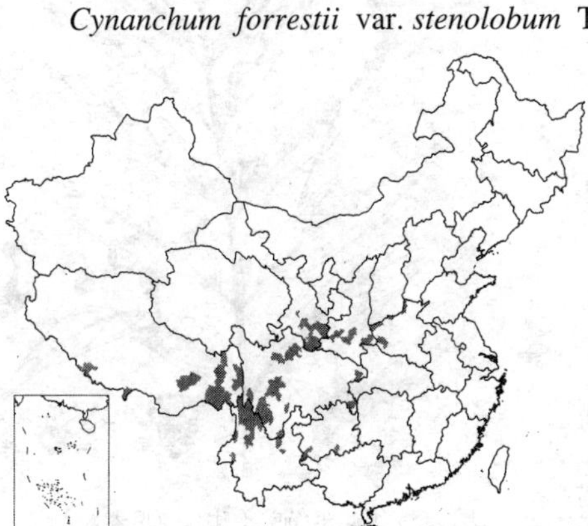

Cynanchum limprichtii Schltr.; 中国植物志 63: 337. 1977.

Cynanchum muliense Tsiang; 中国植物志 63: 334. 1977.

Cynanchum steppicola Hand. Mazz.; 中国植物志 63: 335. 1977.

多年生草本，高达 60 厘米。茎顶端有时缠绕，被单列柔毛，

图 253 大理白前（吴翠云绘）

上部密被短柔毛。叶对生，宽卵形或卵状长圆形，长2.5－8 厘米，先端稍骤渐尖，基部稍圆或近心形，两面无毛或仅脉被微毛，侧脉5－7对；叶柄长0.5－1 厘米，被微柔毛。聚伞花序伞状，腋外生及顶生，较叶短；花序梗长不及5厘米。花梗长5－8毫米；花萼裂片披针形或窄三角形，长1.5－2.5毫米，内面基部具5腺体；花冠黄、淡褐或紫色，辐状，花冠筒长1－2毫米，裂片卵状长圆形或长圆形，长3－7.5毫米；副花冠深裂，裂片肉质，三角状卵形，与合蕊冠等长；花粉块长圆形；柱头隆起，微凹。蓇葖果披针状圆柱形，常下垂，长5－9.6厘米，径0.7－1.2厘米。种子扁长圆形，长约8毫米，种毛长1－2厘米。花期4－7月，果期6－11月。

产河南、陕西、甘肃、四川、西藏、云南及贵州，生于海拔1000－5000米荒原、草甸、林缘及潮湿地。根药用，可清热利尿，生肌止痛。

19. 徐长卿 图 254

Cynanchum paniculatum (Bunge) Kitag. in Journ. Jap. Bot. 16: 20. 1940.

Asclepias paniculata Bunge in Mém. Acad. Sci. Pétersb. Sav. Etrang. 2: 117. 1832.

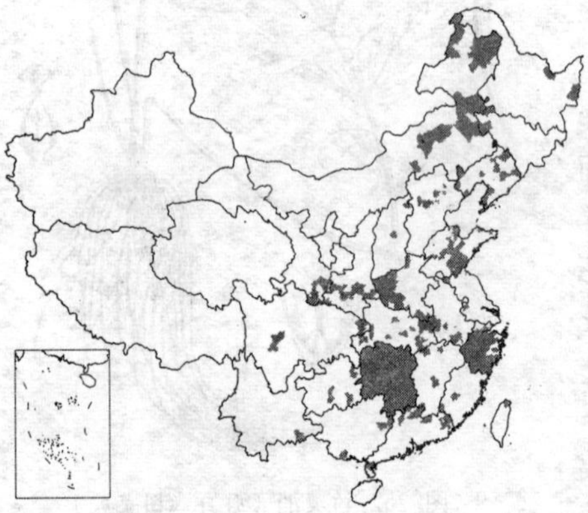

多年生草本，高达1米。茎常不分枝，无毛或下部被糙硬毛。叶对生，窄披针形或线形，长5－13厘米，宽0.5－1厘米，先端长渐尖，两面无毛或被微柔毛，具缘毛；叶柄长约3毫米。聚伞花序圆锥状，顶生或近顶生，长达7厘米，花序梗长2.5－4厘米。花梗长0.5－1厘米；花萼裂片披针形，长1－1.5毫米，内面具腺体或无；花冠黄绿色，近辐状，无毛，花冠筒短，裂片卵形，长4－5.5毫米；副花冠5深裂，裂片肉质，卵状长圆形，内面基部龙骨状增厚；花药顶端附属物半圆形，花粉块长圆形；柱头稍脐状凸起。蓇葖果披针状圆柱形，长4－8厘米，径3－8毫米。种子长圆形，长约5毫米，种毛长1.5－3 厘米。花期5－7月，果期8－12月。染色体2n=22。

产黑龙江、吉林、辽宁、内蒙古、河北、河南、山西、陕西、甘肃、四川、贵州、云南、山东、安徽、江苏、浙江、福建、台湾、江西、湖北、湖南、广东及广西；生于向阳山坡及草丛中。日本、朝鲜及蒙古有分布。全草入药，治胃气痛、肠胃炎、腹水及毒蛇咬伤。

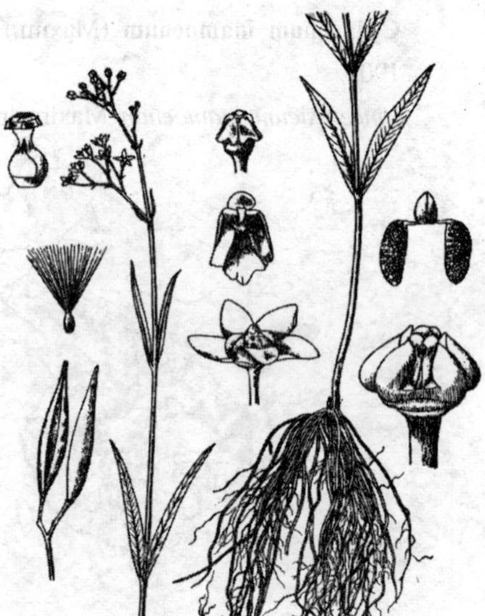

图 254 徐长卿（引自《图鉴》）

20. 华北白前 老瓜头 图 255

Cynanchum mongolicum (Maxim.) Hemsl. in Journ. Linn. Soc. Bot. 26: 107. 1889.

Vincetoxicum mongolicum Maxim. in Bull. Acad. Sci. St. Pétersb. 23: 356. 1877.

Cynanchum hancockianum (Maxim.) Iljinski; 中国高等植物图鉴 3: 479. 1974; 中国植物志 63: 344. 1977.

Cynanchum komarovii Iljinski; 中国高等植物图鉴 3: 481. 1974; 中国植物志 63: 353. 1977.

多年生草本，高达50厘米。茎被单列柔毛或近无毛。叶对生或轮生，卵状披针形，长3－10厘米，宽0.5－3厘米，先端长渐尖，基部楔形，侧脉4－6对，常不明显。聚伞花序伞状，花序梗长约1.2厘米。花萼裂片卵状披针形，

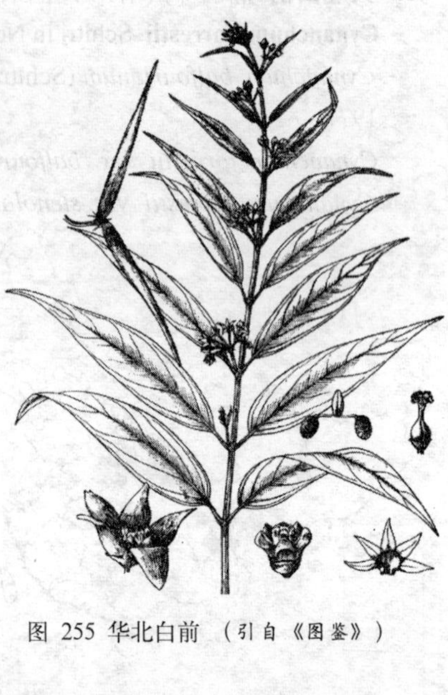

图 255 华北白前 （引自《图鉴》）

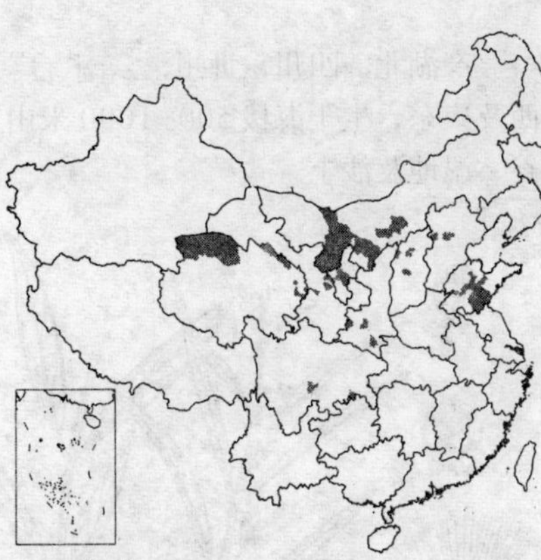

长1-1.7毫米，内面基部具5腺体；花冠紫或深红色，花冠筒长约1毫米，裂片卵形，长2-3毫米，无毛；副花冠5深裂，裂片肉质，龙骨状，与花药近等长；花粉块卵球形；柱头扁平或稍隆起。蓇葖果双生，长圆状披针形，长6.5-7厘米，径0.5-1厘米，长喙具2-4纵脊。种子扁长圆形，长约5毫米，种毛长约2厘米。花期5-8月，果期6-11月。

产内蒙古、河北、山东、山西、陕西、甘肃、宁夏、青海及四川，生于海拔3000米以下山岭旷野、沙地。全草入药，内服可镇痛，外敷治风湿关节炎、跌打损伤及脓肿。

21. 白前 图 256

Cynanchum glaucescens (Decne.) Hand.-Mazz. Symb. Sin. 7: 994. 1936.

Pentasachme glaucescens Decne. in DC. Prodr. 8: 627. 1844.

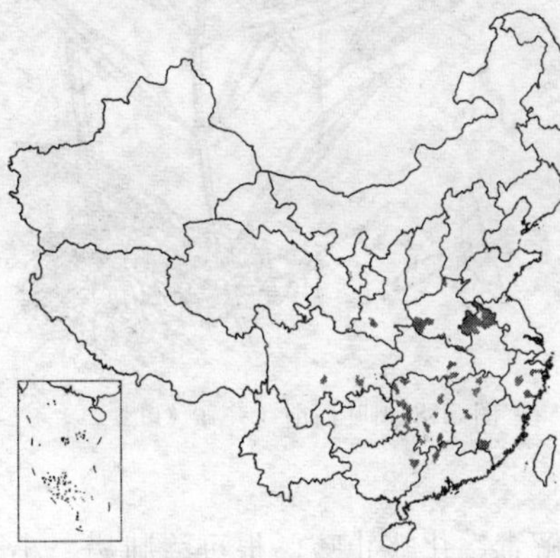

多年生草本，高达60厘米。茎被二列柔毛。叶对生，长圆形或长圆状披针形，长1-7厘米，宽0.7-1.2厘米，先端钝，基部楔形或圆，两面无毛，侧脉3-5对，不明显；近无柄。聚伞花序伞状，无毛或近无毛。花萼裂片长圆状披针形，长约2.3毫米，无毛，内面基部具5小腺体；花冠黄色，辐状，裂片卵状长圆形，长约3.5毫米；副花冠浅杯状，5裂，裂片肉质，卵形，顶端内弯，较花药稍短；花粉块卵球形；柱头凸起。蓇葖果纺锤形，长4.5-6厘米，径0.6-1厘米。种子扁长圆形，种毛长约2厘米。花期5-11月，果期7-12月。

产江苏、安徽、浙江、福建、江西、湖北、湖南、广东、广西、四川、陕西及河南，生于海拔100-800米山地、河边及沙石间。根及根茎药用，可祛痰镇咳。

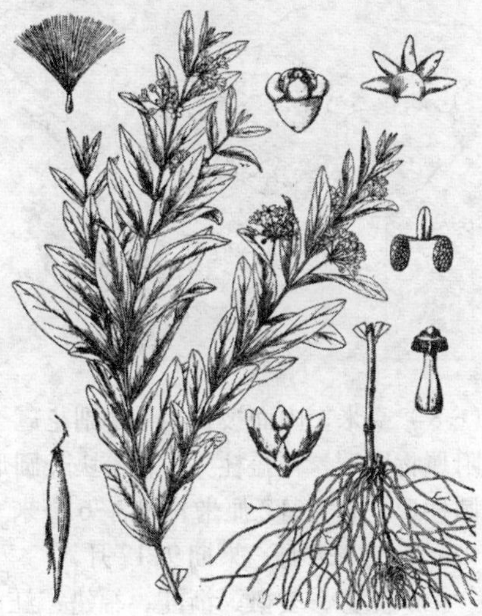

图 256 白前（引自《图鉴》）

22. 轮叶白前 富宁白前 图 257

Cynanchum verticillatum Hemsl. in Journ. Linn. Soc. Bot. 26: 109. 1889.

Cynanchum verticillatum var. *arenicolum* Tsiang et Zhang; 中国植物志 63: 349. 1977.

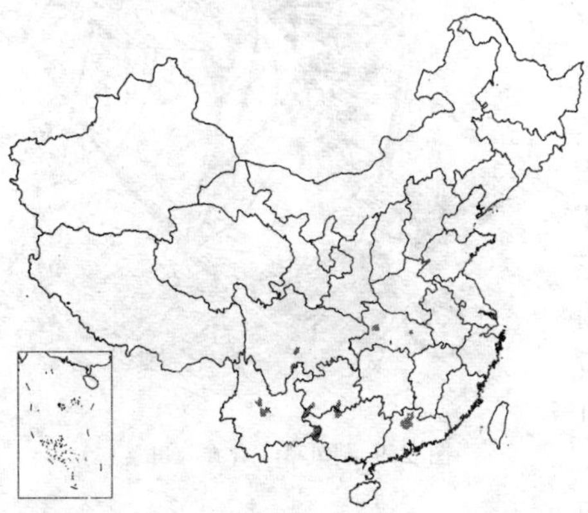

多年生草本，高达60厘米。茎被二列柔毛。叶对生或3-6轮生，线状披针形，长5-10(-17)厘米，宽0.7-1.5厘米，先端长渐尖，侧脉约7对。聚伞花序伞状或短总状，近顶生，具6-10花；花序梗长0.2-1.5(-2.5)厘米。花梗纤细，长约1厘米；花萼裂片披针形，长约2毫米，内面基部具腺体；花冠淡黄、白或深红色，辐状，无毛，花冠筒长约1毫米，裂片卵状长圆形，长3-5.5毫米；副花冠

图 257 轮叶白前（引自《图鉴》）

裂片肉质，三角形；花药方形或长圆形，花粉块长圆形；柱头盘状五角形。 蓇葖果披针状圆柱形，长约5厘米，径约1厘米，果皮平滑。花期4-7月，果期7-10月。

产湖北、四川、贵州、云南、广西及广东，生于海拔500-1000米山谷、湿地及沙土。

23. 柳叶白前 图 258

Cynanchum stauntonii (Decne.) Schltr. ex Lévl. in Mem. Real. Acad. Cinenc. Artes Barcelona 12: 4. 1916.

Pentasachme stauntonii Decne. in DC. Prodr. 8: 627. 1844.

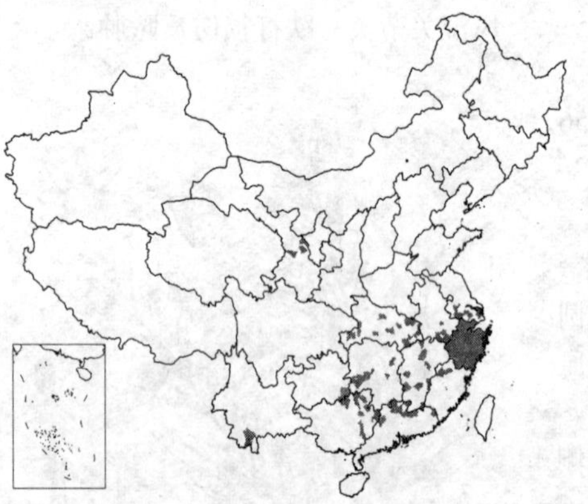

多年生草本，高达1米。茎无毛。叶对生，线形或线状披针形，长6-13厘米，宽0.8-1.7厘米，先端渐尖，侧脉约6对；叶柄长约5毫米。聚伞花序总状，花序梗长达1.7厘米。花梗长3-9毫米；花萼裂片卵状长圆形，长1-1.5毫米，内面基部具腺体；花冠紫色，稀黄绿色，辐状，花冠筒长约1.5毫米，裂片线状长圆形，长3-5(-8)毫米，内面被长柔毛；副花冠裂片5，卵形，内面龙骨状；花药顶端附属物圆形，覆盖柱头，花粉块长圆形；柱头凸起，内藏。蓇葖果窄披针状圆柱形，长9-12厘米，径3-6毫米，无毛。种子长圆形，种毛长约2.5厘米。花期5-8月，果期9-12月。

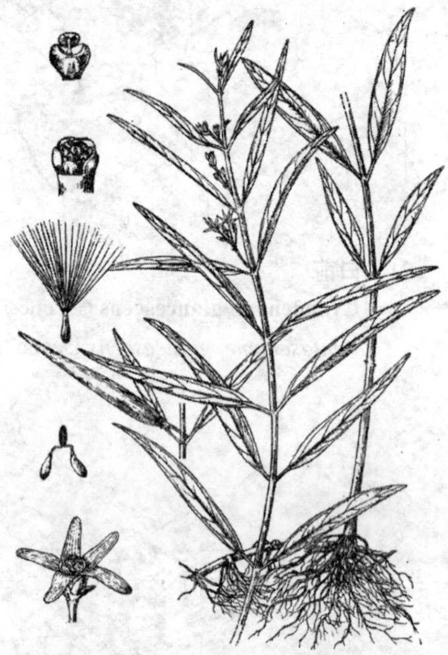

图 258 柳叶白前（引自《图鉴》）

产江苏、安徽、浙江、福建、江西、湖北、湖南、广东、广西、贵州、云南及甘肃，生于中低海拔山谷湿地、水边及浅水中。全草入药，可清热解毒、化痰止咳；根可治肺病、小儿疳积、感冒及慢性支气管炎。

24. 潮风草 图 259

Cynanchum acuminatifolium Hemsl. in Journ. Linn. Soc. Bot. 6: 104. 1889.

Cynanchum ascyrifolium (Franch. et Sav.) Matsum.; 中国高等植物图鉴 3: 478. 1974; 中国植物志 63: 340. 1977.

直立草本，高达60厘米。茎及幼叶被短柔毛。叶对生或4片轮生，椭圆形，长7-13厘米，先端稍骤尖，基部楔形，侧脉6-7对；叶柄长约1厘米。聚伞花序伞状，顶生或近顶生，长3-5厘米，具10-12花。花萼裂片卵形，内面基部具5腺体；花冠白色，辐状，裂片卵状长圆形，长约7.5毫米；副花冠杯状，5裂，裂片肉质，三角状，与合蕊冠近等长；花粉块卵球形。蓇葖果单生，披针状圆柱形，长6-7厘米，径约5毫米。种子长圆形，种毛长约2厘米。花期6-8月，果期8-11月。

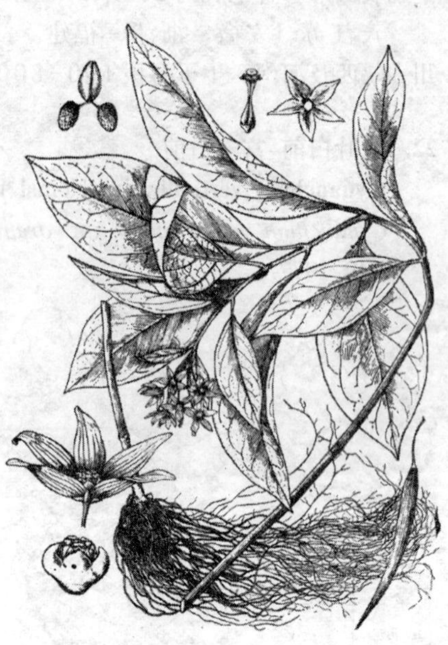

图 259 潮风草（引自《图鉴》）

产黑龙江、吉林、辽宁、河北、山东及安徽，生于疏林中向阳处、山坡草地或沟边。朝鲜、日本及俄罗斯东部有分布。根入药，作利尿剂。

25. 变色白前 图 260

Cynanchum versicolor Bunge in Enum. Pl. China Bor. 44. 1833 (1831).

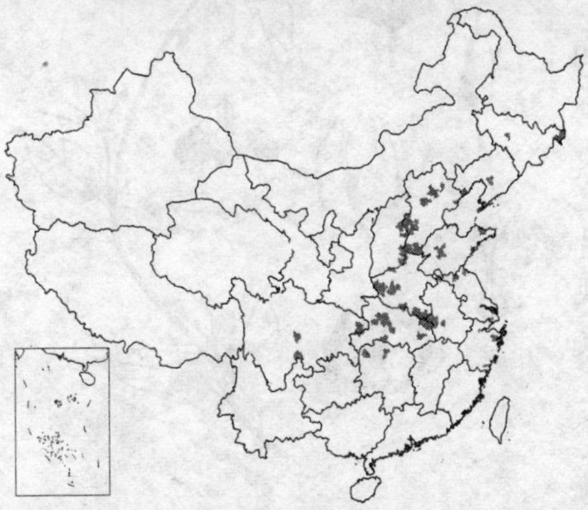

亚灌木，高达2米，上部缠绕，下部直立。茎被绒毛。叶对生，宽卵形或卵状椭圆形，长7-10厘米，基部圆或近心形，具缘毛，两面被黄色绒毛，侧脉3-5对；叶柄长0.3-1.5厘米。聚伞花序伞状，花序梗长不及1厘米，被绒毛。花梗长3-5毫米；花萼裂片线状披针形，长2-3毫米，内面基部具5腺体；花冠黄白或深紫色，辐状或钟状，花冠筒长约0.5毫米，裂片卵状三角形，长约2.5毫米，被微柔毛，副花冠较合蕊冠短，裂片三角形，肉质；花药菱形，顶端附属物圆形；花粉块椭球形；柱头稍凸起。蓇葖果宽披针状圆柱形，长4-5厘米，径0.8-1厘米。种子卵形，长约5毫米，种毛长2厘米。花期5-8月，果期7-11月。染色体2n=22。

产吉林、辽宁、河北、河南、山东、江苏、浙江、湖北、湖南及四川，生于海拔800米以下山地灌丛中及溪边。根及根茎药用，可解热、利尿，治肺结核及浮肿；茎皮纤维作造纸原料；根含淀粉，并可提取芳香油。

图 260 变色白前（陈国泽绘）

26. 毛白前 图 261

Cynanchum mooreanum Hemsl. in Journ. Linn. Soc. Bot. 26: 108. 1889.

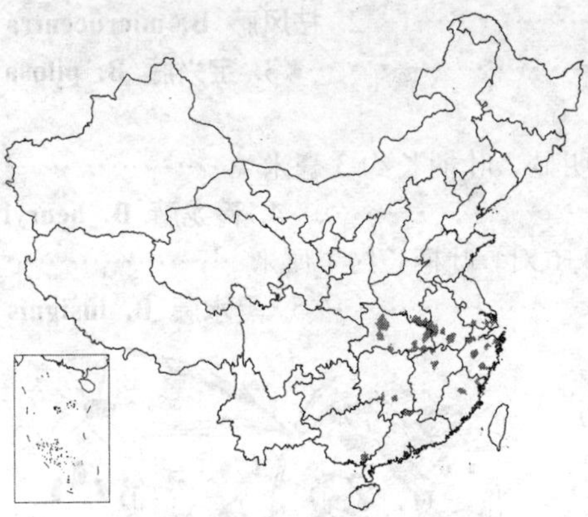

柔弱缠绕藤本，长达2米。茎密被短柔毛。叶对生，卵状心形或卵状长圆形，长2-8厘米，先端尖，基部心形或平截，两面被黄色短柔毛，侧脉4-5对；叶柄长1-2厘米。聚伞花序伞状，具花达9朵，花序梗长达4厘米，被短柔毛。花梗长0.5-1.3厘米；花萼裂片卵形，长约2.5毫米，被短柔毛，内面基部腺体小；花冠紫红色，辐状，无毛，裂片卵状披针形，长6.5-8(-10)毫米；副花冠杯状，2裂，裂片卵形，较合蕊冠短；花粉块卵状长圆形；柱头扁平。蓇葖果披针状圆柱形，长7-9厘米，径约1厘米。种子褐色，长圆形，种毛白色绢质。花期6-7月，果期8-12月。

产河南、安徽、江苏、浙江、福建、江西、湖北、湖南、广东及广西，生于海拔200-800米山坡灌丛或疏林中。全草药用，治疥疮。

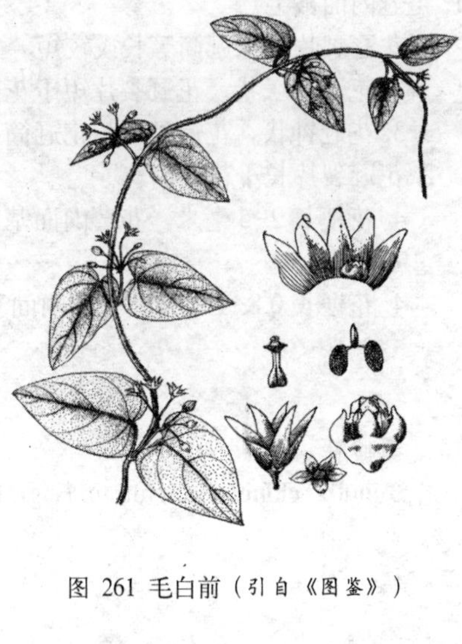

图 261 毛白前（引自《图鉴》）

27. 山白前 图 262

Cynanchum fordii Hemsl. in Journ. Linn. Soc. Bot. 26: 106. 1889.

缠绕藤本，长达2米。茎被二列柔毛。叶对生，卵状长圆形，长3.5-10厘米，先端短渐尖，基部平截，稀

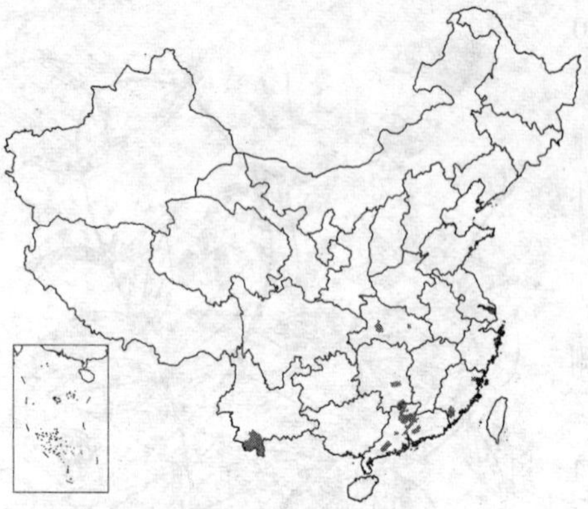

近心形或圆，两面疏被柔毛，侧脉4-6对；叶柄长0.5-2厘米。聚伞花序伞房状或伞状，腋外生。花萼裂片卵状三角形，被微柔毛，内面基部具5腺体；花冠黄白色，径约7毫米，无毛，裂片长圆形，长约9毫米，宽约3毫米；副花冠裂片5，质薄，较合蕊冠短；花粉块卵状长圆形；柱头稍隆起。蓇葖果披针状圆柱形，长5-6厘米，径约1厘米。种子扁卵形，种毛长约2.5厘米。花期5-8月，果期8-12月。

产福建、湖北、湖南、广东及云南，生于海拔200-800米山地林缘、疏林或灌丛中。

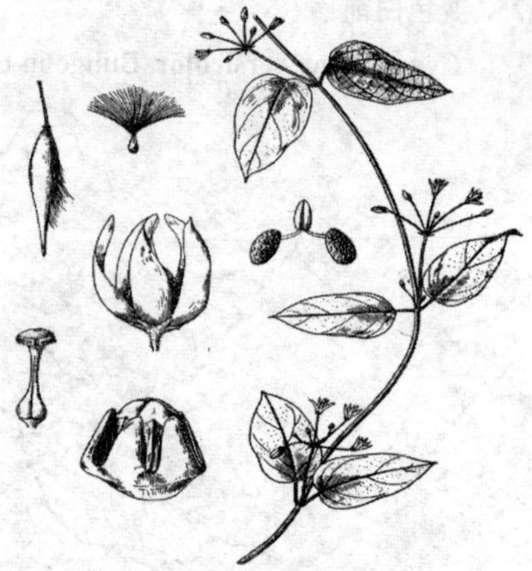

图 262 山白前（引自《图鉴》）

19. 秦岭藤属 Biondia Schltr.

草质藤本。叶对生，上面常被淡色小斑点。聚伞花序伞状，腋外生。花萼5深裂，裂片镊合状排列，内面基部具5腺体，稀无腺体；花冠坛状或钟状，裂片镊合状排列；副花冠环状，着生合蕊冠基部，顶端5浅裂，稀齿裂；花丝合生成短筒，花药顶端附属物内弯；每花粉器具2花粉块，花粉块长圆形，下垂；柱头盘状。骨突果常单生，窄披针状圆柱形。种子线形，顶端具白色绢毛。

我国特有属，约13种。

1. 花冠内面无毛；叶宽不及1厘米；花冠裂片长度为花冠筒1/3-1/2 …………………… 1. **秦岭藤 B. chinensis**
1. 花冠内面被毛。
  2. 花冠裂片与花冠筒等长或较短。
    3. 花冠近坛状，花冠裂片短于花冠筒；叶椭圆形或长圆状披针形 ……………… 2. **祛风藤 B. microcentra**
    3. 花冠钟状，花冠裂片与花冠筒近等长；叶线形或线状披针形 ……………………… 3. **宝兴藤 B. pilosa**
  2. 花冠裂片长于花冠筒。
    4. 花梗长2-5毫米；花萼内面基部具腺体；幼枝被微柔毛；叶侧脉不明显，叶柄长约3毫米 ……………………………… 4. **青龙藤 B. henryi**
    4. 花梗长0.8-1厘米；花萼内面基部无腺体；枝被单列柔毛；叶侧脉4-6对，叶柄长约1厘米 ……………………………… 5. **黑水藤 B. insignis**

1. 秦岭藤　图 263:1-9

Biondia chinensis Schltr. in Engl. Bot. Jahrb. 36: Beibl. 82: 91.1905.

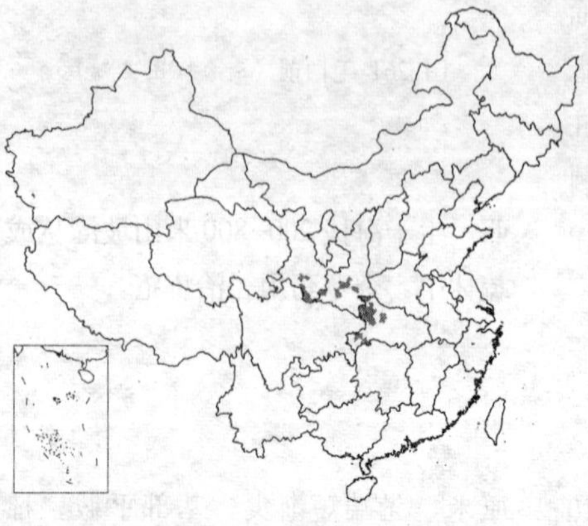

草质缠绕藤本。枝纤细，被二列柔毛。叶披针形或线状披针形，长3-6厘米，宽0.7-1厘米，先端长渐尖，基部楔形，两面近无毛；叶柄长3-5毫米。聚伞花序伞状，花序梗长5-8毫米。花梗丝状，长5-8毫米，被微柔毛；花萼裂片卵状椭圆形；花冠钟状，裂片长度为花冠筒1/3-1/2，直立，无毛；副花冠环状，顶端5浅裂；

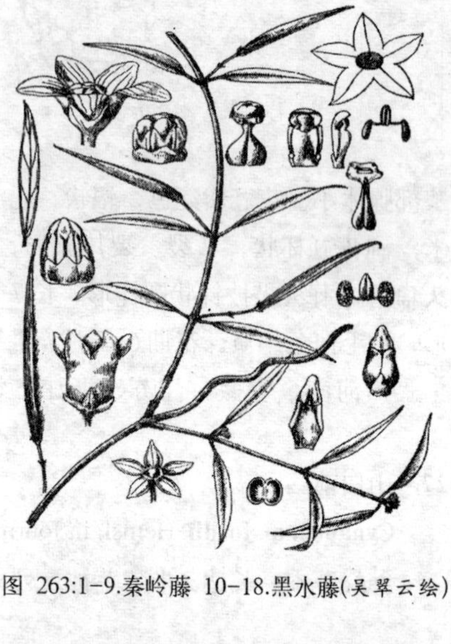

图 263:1-9.秦岭藤 10-18.黑水藤(吴翠云绘)

花药长圆状菱形，顶端附属物宽三角形，内弯，花粉块长圆形；子房无毛，柱头盘状五角形。蓇葖果窄披针状圆柱形，长5-7厘米，径约4毫米。种子线形，长约7毫米，宽约2毫米，种毛长约1厘米。花期5月，果期10月。

产甘肃、陕西及湖北，生于海拔约1600米山地林中、峭壁峡谷及灌丛中。

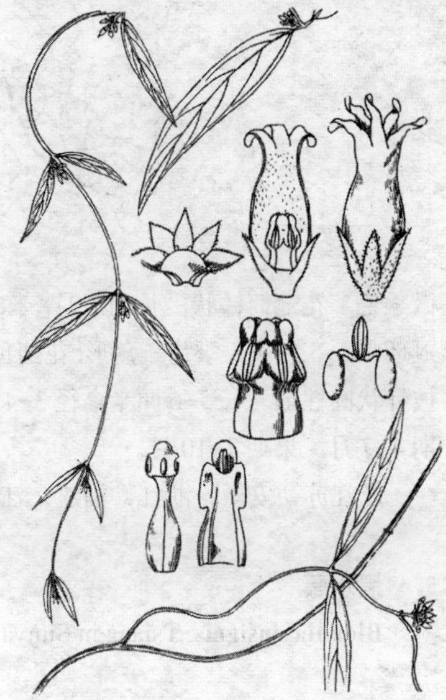

图 264 祛风藤（引自《Sunyatsenia》）

2. 祛风藤 浙江乳突果 图 264

Biondia microcentra (Tsiang) P. T. Li in Journ. S. China Agric. Univ. 12(3): 39. 1991.

Adelostemma microcentrum Tsiang in Sunyatsenia 2: 184. t. 34. 1934; 中国植物志 63: 304. 1977.

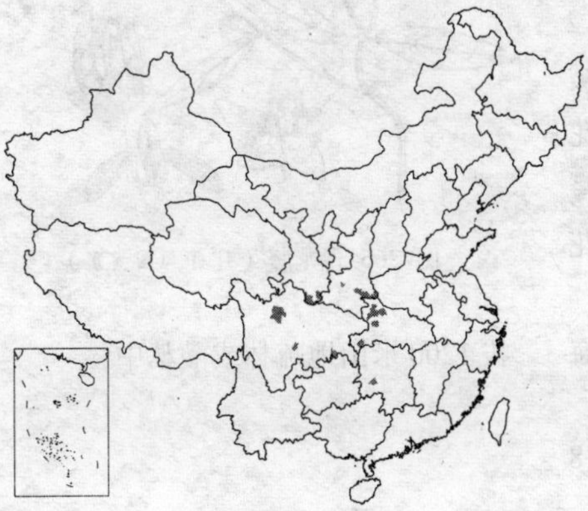

缠绕藤本，长达2米。茎纤细，疏被短柔毛。叶椭圆形或长圆状披针形，长3-7厘米，先端渐尖，基部圆形或楔形，两面无毛，仅上面中脉被微柔毛，侧脉4-7对，常不明显；叶柄长0.5-1厘米。聚伞花序较叶短，具4-9花；花萼裂片披针形，长1.6-3毫米，被短柔毛；花冠黄白色，内面稍紫色，近坛状，被短柔毛，花冠筒长(2.5-)3.5-4毫米，裂片长圆状披针形或长圆状椭圆形，长1.2-2毫米；副花冠小，环状；花药顶端附属物圆形，花粉块近长圆形；子房无毛。蓇葖果长圆状披针形，长8-12厘米，径5-7毫米。种子长圆形，种毛长3厘米。花期4-7月，果期7-10月。

产安徽、四川及云南；生于海拔约800米疏林或灌丛中。全草煎汁，可治风湿。

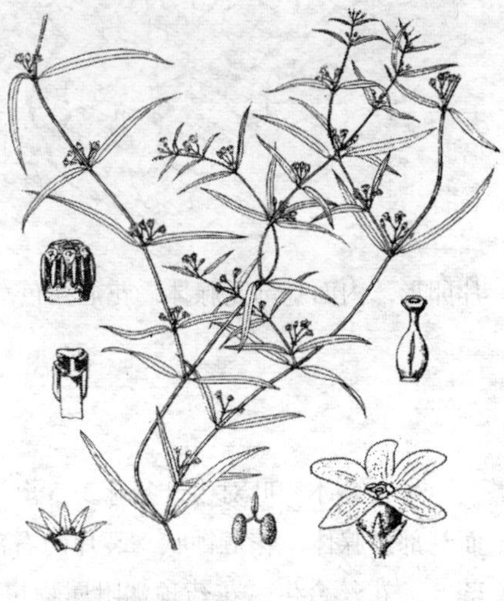

图 265 宝兴藤（引自《Sunyatsenia》）

3. 宝兴藤 图 265

Biondia pilosa Tsiang et P. T. Li in Acta Phytotax. Sin. 12: 112. pl. 25. 1974.

缠绕藤本，长达1.5米。茎、枝条、叶柄及花序梗被单列柔毛。叶线形或线状披针形，长2.5-7厘米，宽约5毫米，先端渐尖，除上面中脉被微毛外，余无毛，侧脉5-7对；叶柄长2-4毫米。聚伞花序伞状，较叶短，具4-6花，花序梗长3厘米。花梗纤细，长4-6毫米；花萼裂片披针形，长约1毫米；花冠近钟状，内面被短柔毛，花冠筒长2毫米，裂片长圆形，与花冠筒等长；副花冠环状，顶端平截或稍波状；花药顶端附属物圆形，花粉块长圆形；子房无毛，柱头盘状五角形。花期6月。

产四川及云南，生于海拔2700米山地林中或溪边。

4. 青龙藤 图 266

Biondia henryi (Warb. ex Schltr. et Diels) Tsiang et P. T. Li in Acta Phytotax. Sin. 12: 114. 1974.

Cynanchum henryi Warb. ex Schltr. et Diels in Engl. Bot. Jahrb. 29: 542. 1900.

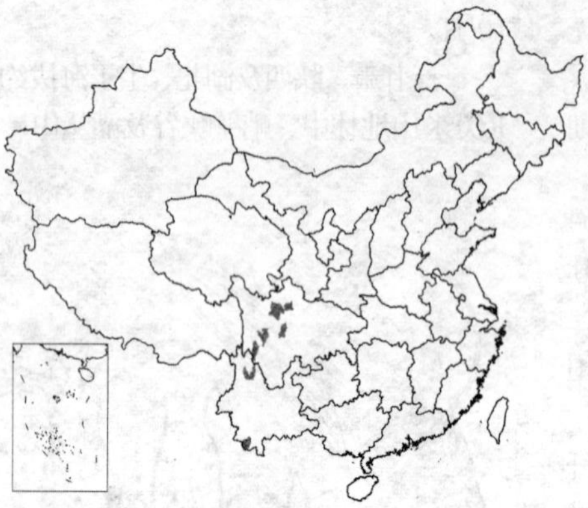

藤本，长达2米。幼枝疏被微柔毛。叶窄卵状披针形，长3-5.2厘米，宽0.5-1.2(-2)厘米，先端尖，基部楔形，两面无毛，侧脉不明显；叶柄长约3毫米。聚伞花序伞状，长1-2厘米；花序梗纤细，长0.5-1.5(-3)厘米。花梗长2-5毫米；花萼裂片披针形，长约1.2毫米，被短柔毛；花冠内面被微柔毛，花冠筒钵状，长约1.2毫米，裂片卵状三角形，长约1.7毫米；副花冠环状，5齿裂，裂齿三角形；花药顶端附属物圆形，花粉块长圆形。蓇葖弓披针状圆柱形，长5-6厘米，径3-4毫米。种子长圆形，种毛长2厘米。花期4-7月，果期7-10月。

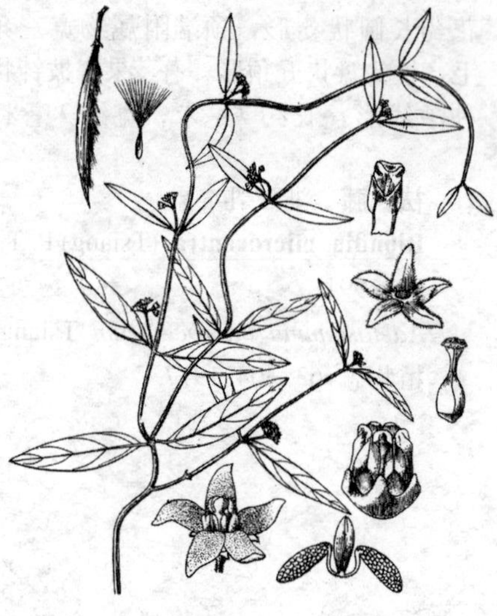

图 266 青龙藤（引自《图鉴》）

产江苏、安徽、浙江、福建、江西、湖南、四川、甘肃及陕西，生于海拔1200米山地疏林或灌丛中。

5. 黑水藤 图 263:10-18

Biondia insignis Tsiang in Sunyatsenia 4: 106. 1939.

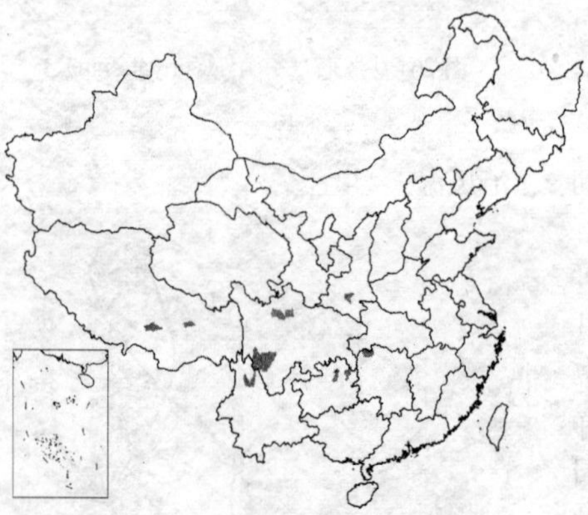

缠绕藤本，长达1米。枝及叶柄被单列柔毛。叶线状披针形或披针形，长3-7厘米，宽0.3-1.5厘米，先端渐尖或尖，基部楔形，上面中脉及叶缘被微毛，余无毛，侧脉4-6对；叶柄长约1厘米。聚伞花序腋生，伞状，具4-6花；花序梗纤细，长0.6-4厘米，无毛。花梗长0.8-1厘米，无毛；花萼裂片卵形，内面基部无腺体；花冠绿色，花冠筒钵状，长1.2-2毫米，裂片卵状长圆形，长约1.7毫米，内面疏被柔毛或无毛；副花冠环状，顶端5浅裂；花药顶端附属物圆形，花粉块长圆形。蓇葖果窄披针状圆柱形，长约8厘米，径约4毫米。种子窄椭圆形，长约8毫米，宽约2毫米，种毛长2.5厘米。花期6-8月，果期8-10月。

产湖南、贵州、云南、西藏、四川及陕西，生于海拔200-2900米山地林中。

20. 大花藤属 Raphistemma Wall.

木质藤本。叶对生，基脉3-5出，具长柄。聚伞花序伞状或短总状，腋外生，花序梗长。花大；花萼5裂，内面基部具腺体；花冠钟状，裂片向右覆盖；副花冠裂片离生，着生合蕊冠基部，裂片线状钻形，伸出花冠喉部；雄蕊5，花丝合生，花药顶端附属物短，内弯，每花粉器具2花粉块，花粉块椭球形，下垂；花柱短，柱头顶端扁平。蓇葖果纺锤形或圆柱形，果皮纤维质。种子卵形，顶端具白色绢毛。

2种，分布于亚洲东南部及我国。

大花藤 图 267

Raphistemma pulchellum (Roxb.) Wall. Pl. Asiat. Rar. 2: 50. 163. 1831.

Asclepias pulchella Roxb. Fl. Ind. 2: 54. 1824.

木质藤本，长达8米。全株无毛。叶宽卵形，长6-20厘米；先端

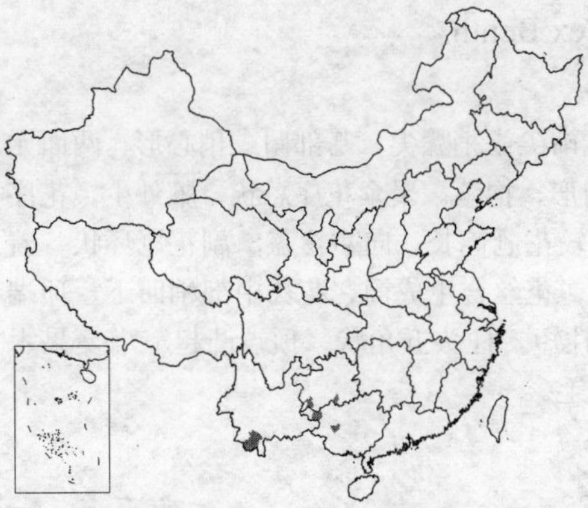

骤渐尖，基部深心形，侧脉6－7对；叶柄长4-12厘米，顶端具簇生小腺体。聚伞花序伞状，具4-12花，花序梗长3.7-13厘米。花梗长1.2-4厘米；花萼裂片卵状长圆形，长3－4毫米，具缘毛；花冠黄白色，花冠筒长1.2-1.8厘米，裂片长圆形，无毛；副花冠裂片白色，长1-1.2厘米。蓇葖果纺锤形，长约16厘米，径约4厘米。种子卵圆形，种毛长4厘米。花期6－8月，果期9-12月。

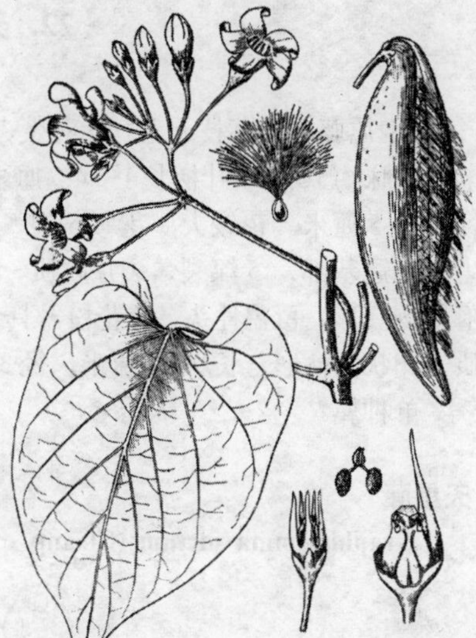

图 267 大花藤（引自《图鉴》）

产广西、贵州西南部及云南南部，生于海拔400-1200米山地林中或灌丛中。印度、尼泊尔、锡金、缅甸、老挝、泰国及马来西亚有分布。

21. 铰剪藤属 Holostemma R. Br.

草质或木质藤本。叶对生。聚伞花序伞状或短总状，腋外生，花少数。花较大；花萼5深裂，内面基部无腺体；花冠近辐状，裂片向右覆盖；副花冠肉质，浅杯状，着生合蕊冠基部，顶端全缘或浅波状；雄蕊5，花丝合生成筒，花药粘合成柱状，具10纵翅，每花粉器具2花粉块，花粉块镰刀形，下垂；花柱短，柱头稍脐状凸起。蓇葖果圆柱状纺锤形。种子扁平，顶端具白色绢毛。

2种，分布于印度、斯里兰卡、缅甸及泰国。我国1种。

铰剪藤 图 268

Holostemma ada-kodien Schult. in Roem. et Schult. Syst. Veg. 6: 95. 1820.

Holostemma annulare (Roxb.) K. Schum.; 中国高等植物图鉴 3: 492. 1974; 中国植物志 63: 410. 1977.

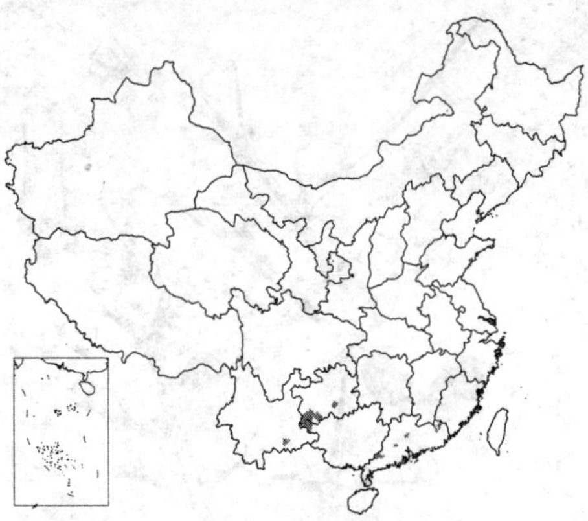

藤本，长达8米，茎多分枝，被微柔毛或无毛。叶卵状心形，长5－12厘米，先端渐尖，基部深心形，仅上面脉被微柔毛；叶柄长2－6厘米，顶端具簇生小腺体。聚伞花序伞状或近总状，花序梗长2.5-5厘米。花萼裂片卵形，长3毫米；花冠白或黄白色，内面带紫红色，裂片卵状长圆形，长0.8-1.6厘米；副花冠环状，10裂，长3毫米。蓇葖果单生或双生，披针状圆柱形，长8-14厘米，径1-4厘米，无毛。种子卵圆形，长约5毫米，边缘膜质，种毛长2－3厘米。花期4-9月，果期8-12月。

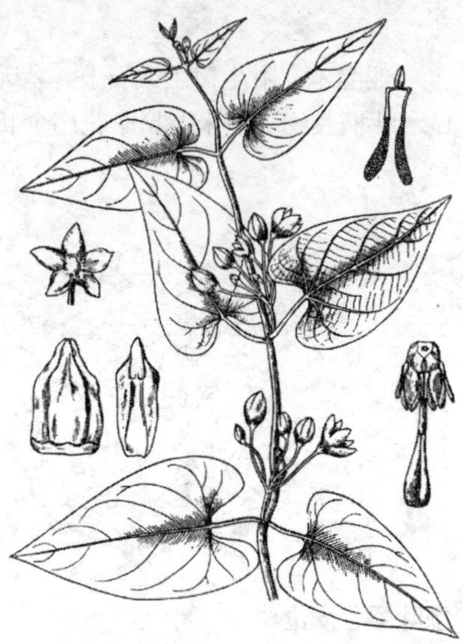

图 268 铰剪藤（陈国泽绘）

产广东、广西、贵州及云南，生于丘陵荒坡灌丛中。印度、斯里兰卡、克什米尔、巴基斯坦、尼泊尔、缅甸及泰国有分布。全株药用，治产后虚弱及催奶。

22. 天星藤属 Graphistemma Champ. ex Benth.

木质藤本。茎枝无毛。叶对生，长卵状椭圆形，长6-20厘米，先端渐尖或稍骤尖，基部圆或稍心形，两面无毛，侧脉约10对；叶柄长1- 4.5厘米，顶端簇生小腺体；托叶圆形或卵圆形，抱茎。聚伞花序总状，腋外生，花序梗长达5厘米。花较大；花萼5裂，内面基部具腺体；花冠近辐状，裂片较花冠筒长，向右覆盖；副花冠环状，着生合蕊冠基部，5深裂，裂片膜质，直立，向外反卷；雄蕊生于花冠基部，花丝合生成筒，花药中部稍凹下，顶端附属物圆形，覆盖柱头，每花粉器具2花粉块，花粉块长圆形，下垂；花柱短，柱头五角状，顶端凸起。蓇葖果木质，卵状圆柱形，长9-11厘米，径3-4厘米。种子卵圆形，顶端具白色绢毛。

单种属。

天星藤 图 269

Graphistemma pictum (Champ. ex Benth.) Benth. et Hook. f. ex Maxim. in Bull. Acad. Sci. St. Pétersb. 9: 776. 1876.

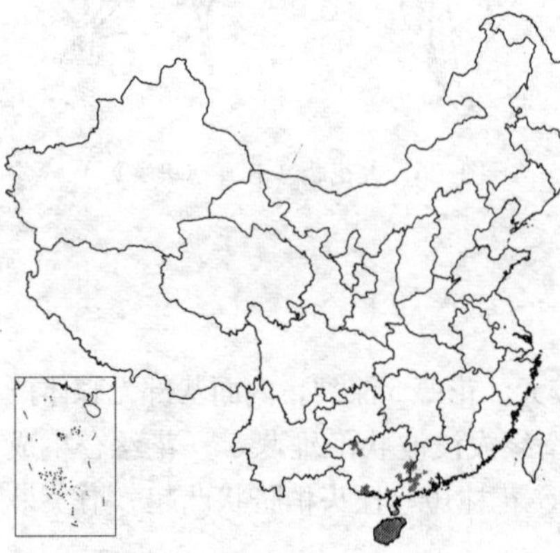

Holostemma pictum Champ. ex Benth. in Journ. Bot. Kew Misc: 5: 53. 1853.

形态特征同属。花期4-9月，果期7-12月。

产广东、香港、海南及广西，生于海拔100-700米山谷、溪边、疏林或灌丛中。越南有分布。全株药用，治跌打损伤、喉痛及催乳。

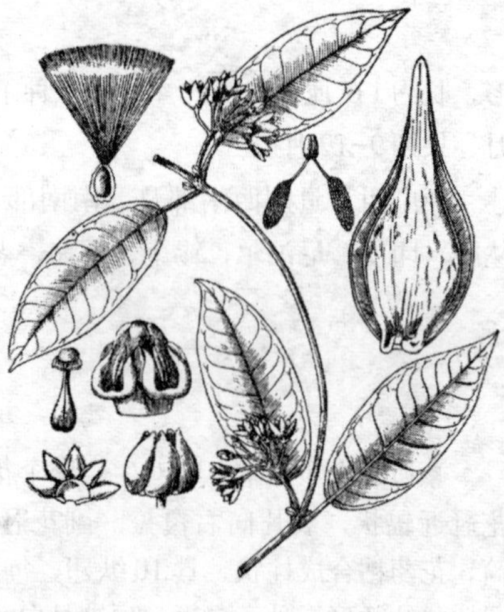

图 269 天星藤（引自《图鉴》）

23. 扇叶藤属 Micholitzia N. E. Br.

亚灌木，附生树上或石上。茎无气根。叶对生，倒三角状楔形，肉质或近革质，长2-3厘米，无毛，侧脉不明显；叶柄长约2毫米。聚伞花序伞状，腋外生。花萼5裂，内面基部无腺体；花冠白色，圆筒状，裂片直立，向左覆盖；副花冠5裂，裂片肉质，直立，两侧边缘反卷；花药顶端具渐尖附属物，每花粉器具2花粉块，花粉块直立，基部边缘透明；柱头长喙状，伸出花药顶端附属物。蓇葖果单生，窄披针状圆柱形。种子长圆形，顶端具白色绢毛。

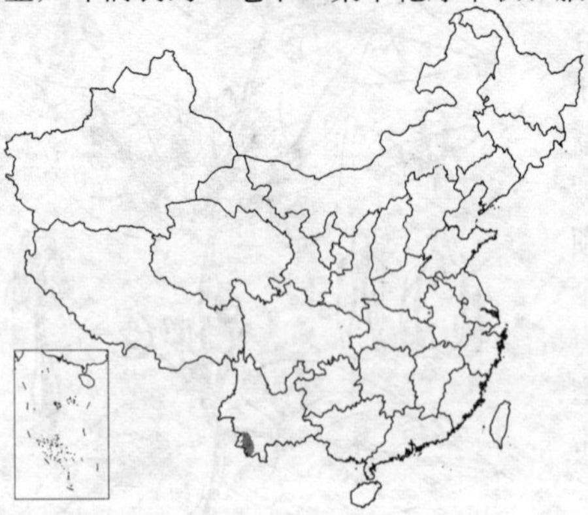

单种属。

扇叶藤 澜沧球兰 图 270

Micholitzia obcordata N. E. Br. in Kew Bull. 1909: 358.1909.

Hoya lantsangensis Tsiang et P. T. Li; 中国植物志 63: 492. 1977.

形态特征同属。花期7月。

产云南西南部，生于海拔1000-1600米山地林中，常攀援树上或岩石。印度东北部、缅甸及泰国北部有分布。

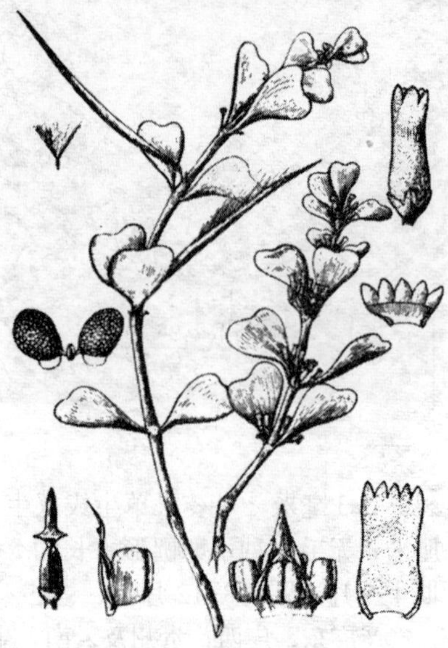

图 270 扇叶藤（引自《图鉴》）

24. 球兰属 Hoya R. Br.

亚灌木或藤本，附生树上或岩石，具不定根缠绕或攀援。叶对生，肉质、纸质或膜质。聚伞花序腋外生或顶生，伞状，花多数，组成球形或平顶花束。花萼短，5裂，内面基部具腺体；花冠肉质，辐状或反折，稀钟状，裂片镊合状排列，内面常被毛或鳞片；副花冠肉质，5裂，裂片两侧反折，内角小齿靠合花药，外角圆或骤尖；花药顶端膜片紧贴柱头；每花粉器具2花粉块，花粉块长圆形，直立，边缘透明凸起；柱头盘状。蓇葖果常单生，柱状纺锤形。种子顶端具白色绢毛。

100种以上，分布于亚洲东南部及大洋洲。我国32种。

1. 叶具三出脉 …… 2. **三脉球兰 H. pottsii**
1. 叶具羽状脉或叶脉不明显。
  2. 副花冠裂片外角圆形。
    3. 叶被毛。
      4. 叶长圆形，基部圆或平截 …… 6. **毛球兰 H. villosa**
      4. 叶椭圆状披针形或椭圆形，基部楔形或稍圆 …… 7. **香花球兰 H. lyi**
    3. 叶无毛。
      5. 花序平顶；花冠径1-1.5厘米，内面被长柔毛 …… 8. **薄叶球兰 H. mengtzeensis**
      5. 花序球形；花冠径约3厘米，内面稍被微柔毛 …… 9. **荷秋藤 H. griffithii**
  2. 副花冠裂片外角锐尖。
    6. 花冠裂片反折；副花冠具柄，裂片基部具距 …… 1. **蜂出巢 H. multiflora**
    6. 花冠不反折；副花冠无柄，裂片基部无距。
      7. 叶肉质，侧脉不明显；花冠内面被乳点 …… 3. **球兰 H. carnosa**
      7. 叶革质，侧脉明显。
        8. 花序球形；花梗及花萼被短柔毛；花冠内面被淡色鳞片 …… 4. **护耳草 H. fungii**
        8. 花序平顶；花梗及花萼无毛；花冠内面无毛 …… 5. **凸脉球兰 H. nervosa**

1. 蜂出巢 图 271

Hoya multiflora Bl. Cat. Gew. Buitenz. 49. 1823.

Centrostemma multiflora (Bl.) Decne.; 中国高等植物图鉴 3: 504.1974; 中国植物志 63: 471. 1977.

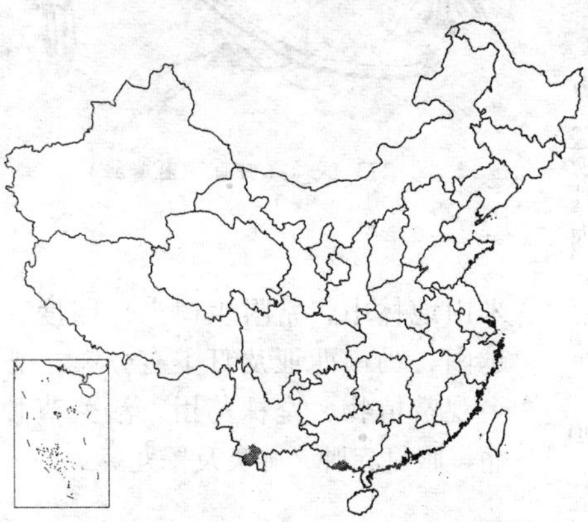

图 271 蜂出巢（引自《图鉴》）

直立或附生蔓性灌木，高达2.5米。除花冠喉部外，全株无毛。叶坚纸质，披针状长圆形，长8－18厘米，先端渐钝尖，基部楔形，侧脉不明显；叶柄长1－2厘米。聚伞花序腋外生、近顶生或顶生，具多花，花序梗粗，长1.5-3厘米。花梗长3.5-7厘米；花萼裂片卵形，长约2.5毫米，内面基部腺体多；花冠黄白色，裂片窄三角状长圆形，长约1.2厘米，先端橙色，反折，喉部被长柔毛；副花冠5裂，裂片黄色，窄披针形，长8-9毫米，外角距长尖，内角渐尖，长出柱头。蓇葖果窄披针状圆柱形，长12－18厘米，径约1厘米。种子卵圆形，长约4毫米，宽约2毫米，种毛长5厘米。花期5-7月，果期9-12月。

产云南及广西，生于海拔500-1200米山地水边、山谷林中或旷野灌丛中，常附生树上；广东栽培。东南亚有分布。花奇特美丽，可栽培供观赏。

2. 三脉球兰 铁草鞋 图 272

Hoya pottsii Traill in Trans. Hort. Soc. Lond. 7: 25. 1830.

Hoya pottsii var. *angustifolia* (Traill) Tsiang et P. T. Li; 中国植物志63: 479. 1977.

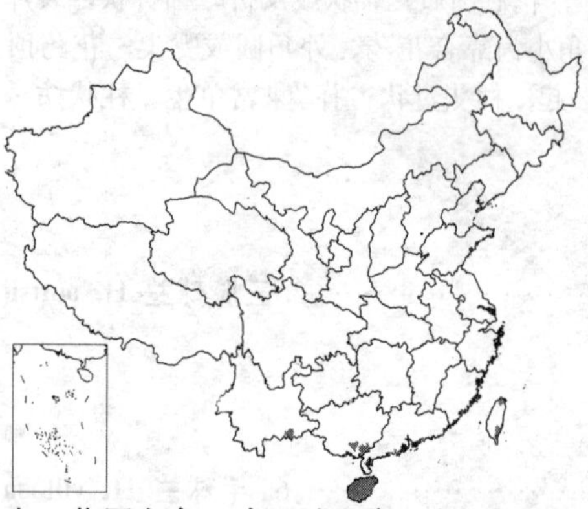

攀援灌木，长达4米。除花冠内面外，余无毛。叶肉质，干后革质，卵状长圆形，长6-12厘米，先端骤尖，基部圆或楔形，基脉3出，细脉不明显；叶柄肉质，长0.5-2厘米。聚伞花序伞状腋外生，球形；花序梗长（2-）5-10厘米。花萼裂片卵形，长约1.5毫米；花冠白色，中心淡红色，径1厘米，反折，裂片宽卵形，无毛，内面被长柔毛；副花冠裂片星状开展，边缘反折，内角尖，内弯至柱头。蓇葖果线状长圆柱形，长约11厘米，径约8毫米。种子窄长圆形，种毛长约3.5厘米。花期4-5月，果期8-10月。

产云南、广西、广东、海南及台湾；生于海拔500米以下山地密林中，附生树上或岩石。叶药用，民间用作接骨，可散瘀消肿、拔脓生肌。

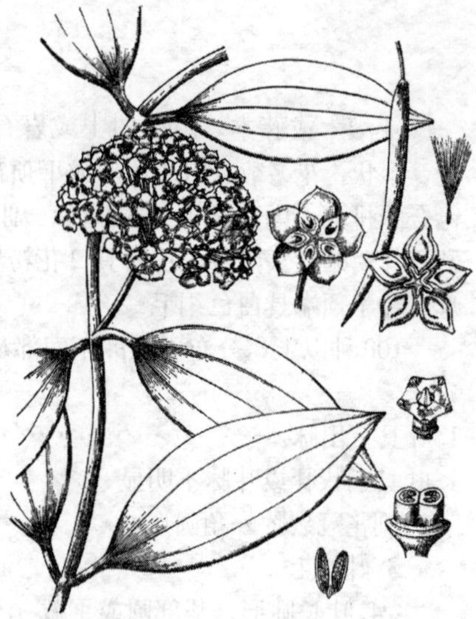

图 272 三脉球兰（引自《图鉴》）

3. 球兰 图 273

Hoya carnosa (Linn. f.) R. Br. Prodr. 460. 1810.

Asclepias carnosa Linn. f. Suppl. Pl. 170. 1781.

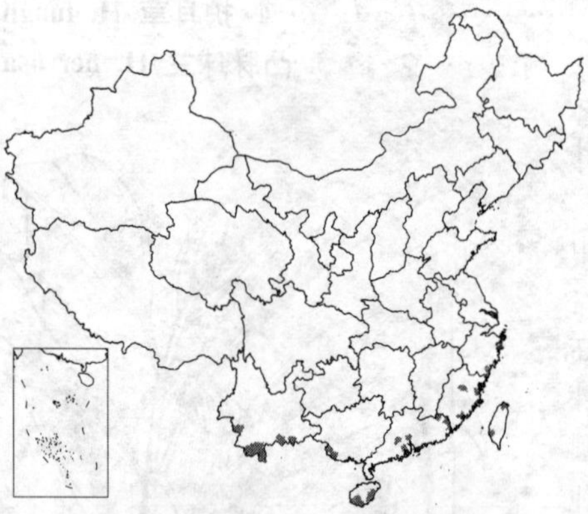

攀援灌木，长达6米。除花序外，余无毛。茎粗壮，淡灰色。叶肉质，卵状长圆形或椭圆形，长3.5-13厘米，基部圆或楔形，侧脉约4对，不明显；叶柄长1-1.5厘米。聚伞花序伞状，腋外生，花多达30，被短柔毛，花序梗长约4厘米。花梗长2-4厘米；花冠白色，有时中心粉红色，辐状，径1.5-2厘米，裂片三角形，内面被乳点，先端反折；副花冠裂片星状开展，外角尖，中脊隆起，边缘反折，内角尖，内弯至花药。蓇葖果窄披针状圆柱形，长6-10厘米，径0.5-1.5厘米。种子长约5毫米，宽约1毫米，种毛长2.5厘米。花期4-11月，果期7-12月。染色体2n=22。

产台湾、福建、浙江、广东、海南、广西及云南，生于海拔200-1200米山地林中，常附生树上。印度、越南、马来西亚及日本有分布。著名观赏植物。全株药用，治关节肿痛、眼目赤肿、肺炎及睾丸炎。

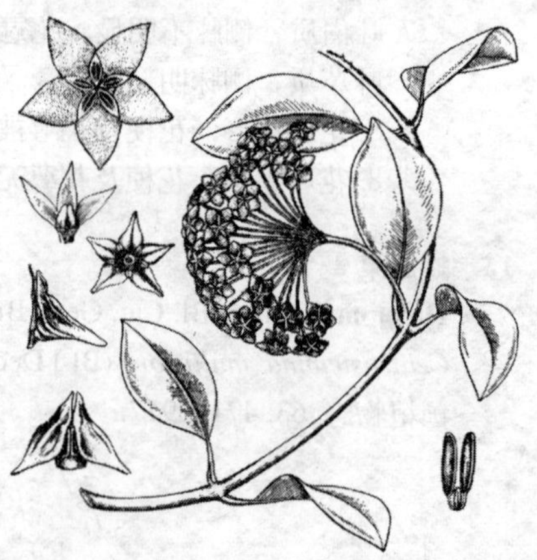

图 273 球兰（引自《图鉴》）

4. 护耳草 图 274

Hoya fungii Merr. in Lingnan Sci. Journ. 13: 68. 1934.

攀援灌木，长达2米。茎无毛。叶干时革质，椭圆形或椭圆状卵形，长8-20厘米，基部圆，两面无毛，侧脉约7对；叶柄长1-3厘米。伞形花序球形，腋外生，花序梗长3.5-5厘米。花梗长2-4厘米，被微柔毛；花萼裂片被微柔毛，具缘毛；花冠白色，无毛，内面被淡色鳞片，裂片圆形，长约5毫米；副花冠淡黄色，

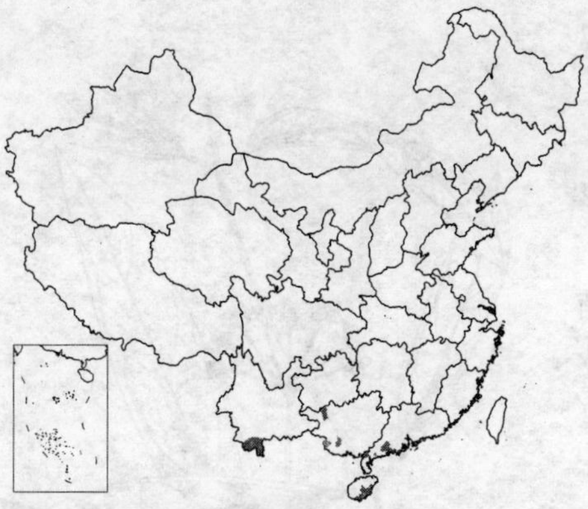

星状，裂片长约3.5毫米，外角尖或短渐尖，内角尖，近直立。蓇葖果窄披针状圆柱形，长约12厘米，径约8毫米，平滑。花期4－9月，果期9－12月。

产广东、香港、海南、广西及云南，生于海拔300-1000米山地疏林中，附生树上。全株药用，治跌打损伤及风湿。

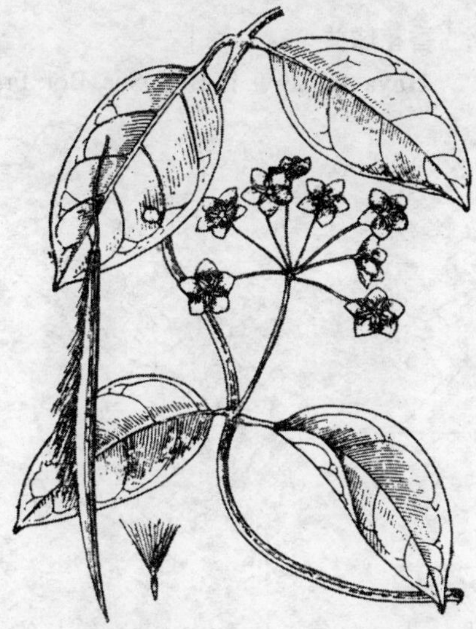

图 274 护耳草（引自《图鉴》）

5. 凸脉球兰 图 275 彩片 82

Hoya nervosa Tsiang et P. T. Li in Acta Phytotax. Sin. 12: 122. pl. 28. 1974.

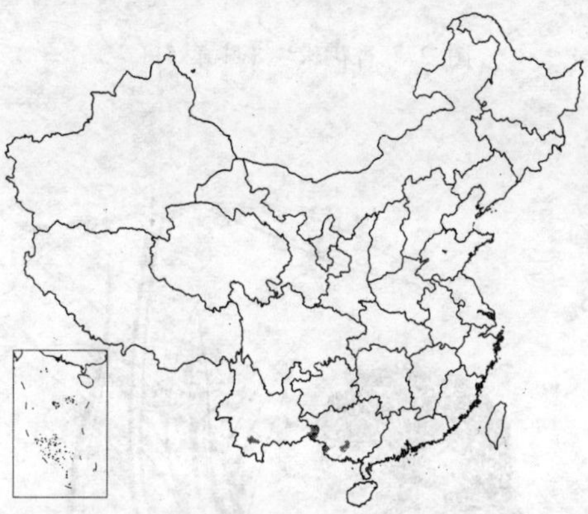

攀援灌木，长达6米。全株无毛。叶干时革质，卵形或卵状长圆形，长8-17厘米，基部圆，侧脉5－6对，凸起，弧形上升，近叶缘网结；叶柄粗，长1－2厘米，顶端具簇生小腺体。伞形花序平顶，花序梗长达13厘米。花梗长约2厘米，无毛；花萼5深裂，无毛；花冠白色，辐状，径约1.2厘米，内面无毛；副花冠裂片星状开展，外角尖。花期8月。

产广西及云南南部，附生树上。

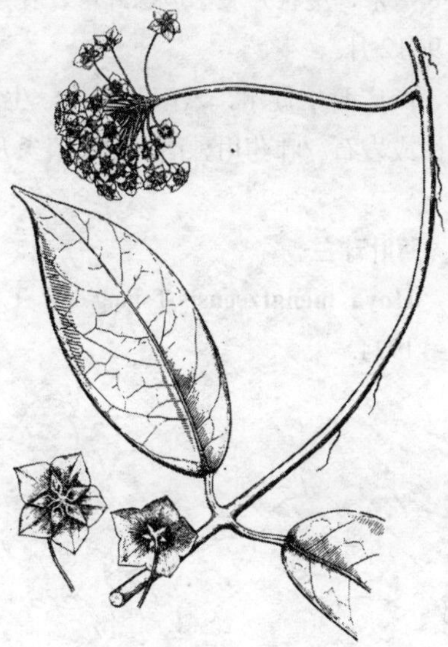

图 275 凸脉球兰（引自《植物分类学报》）

6. 毛球兰 图 276

Hoya villosa Cost. in Lecomte, Fl. Indo-Chine 4: 137. 1912.

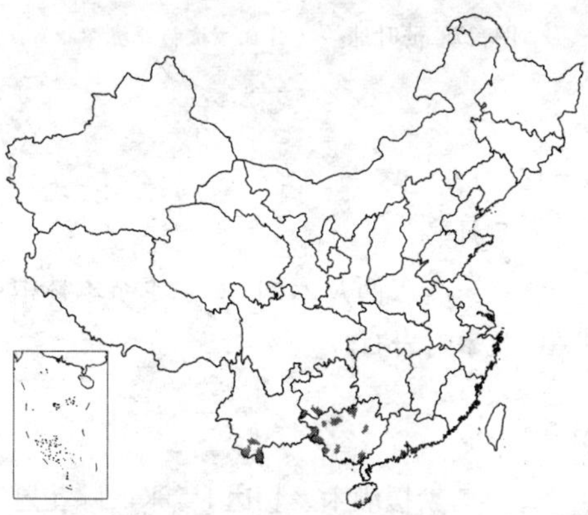

藤本，长达3米。全株被柔毛。茎粗壮。叶长圆形，长7－11厘米，先端骤短尖或短尖，基部圆或平截，侧脉4-6对，斜上升，近叶缘网结；叶柄长1.5-2厘米。伞形花序腋外生，具花达30，花序梗粗，长3－7厘米。花梗长1－2厘米；花萼裂片圆形；花冠星状开展，花冠筒与裂片等长，无毛，内面被短柔毛，裂片三角形，长约4毫米；副花冠裂片厚，外角圆形，内角尖或短渐尖，上面凸起，下面中空。蓇葖果线状圆柱形，长9-11厘米，径约4毫米。种子长约5毫米，种毛长约2厘米。花期4-6月，果期9-12月。

产海南、广西、贵州及云南，生于海拔400-1000米山谷、疏林中，附生岩石。越南有分布。叶药用，治跌打损伤。

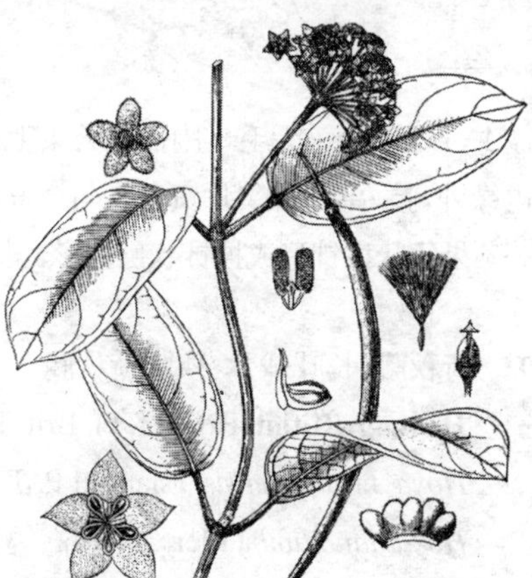

图 276 毛球兰（吴翠云绘）

7. 香花球兰 图 277

Hoya lyi Lévl. in Bull. Soc. Bot. France 54: 369. 1907.

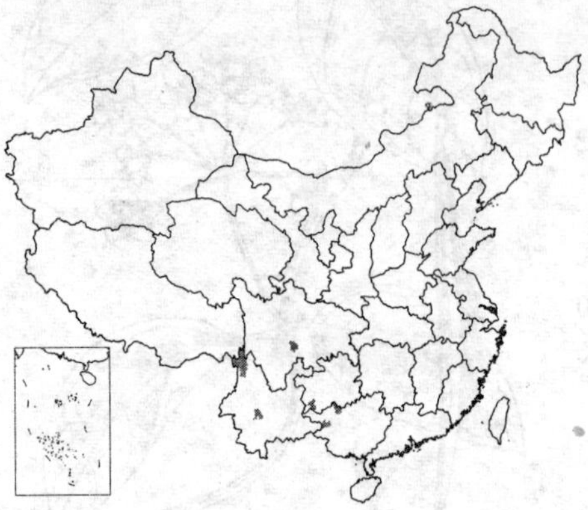

藤本，长1.5米。茎纤细，被黄色柔毛。叶椭圆状披针形或椭圆形，稀近圆形，长(3-)5.5-19厘米，基部楔形或稍圆，两面被黄色长柔毛，侧脉4-7对；叶柄粗，长0.3-1.5厘米，被黄色长柔毛。伞形花序腋外生，长达9厘米，花序梗下垂，长达10厘米。花梗长2-3厘米；花萼裂片长2-2.5毫米，花冠白色，具香气，花冠筒长约3毫米，裂片三角形；副花冠裂片长6-8毫米，星状开展，边缘外弯，外角宽圆形；柱头与副花冠裂片等高。花期9-12月。

产广西、贵州、云南及四川；生于海拔1000米以下山地密林中，附生大树或岩石。叶药用，治风湿关节炎及跌打损伤。

图 277 香花球兰（引自《图鉴》）

8. 薄叶球兰 图 278

Hoya mengtzeensis Tsiang et P. T. Li in Acta Phytotax. Sin. 12: 120. pl. 27. 1974.

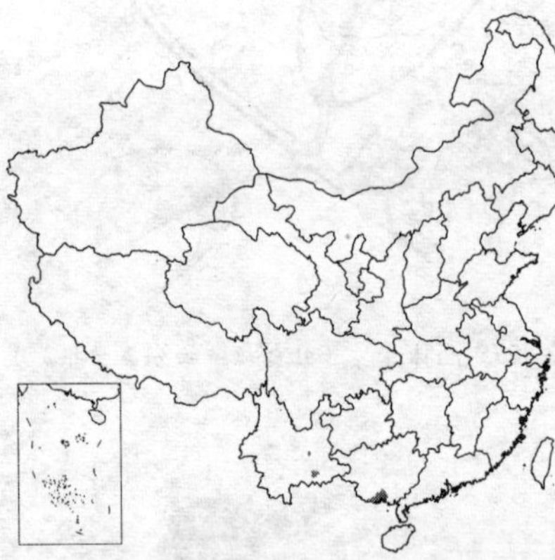

附生亚灌木，长达1.5米。除花冠外全株无毛。叶薄纸质，窄披针形，长6-11厘米，宽1.5-2厘米，先端渐尖，基部楔形，下延至叶柄，侧脉不明显，叶柄长1-2厘米，顶端具1-3小腺体。伞形花序平顶，腋外生，花序梗粗，长2-8厘米。花梗长1.5-2.5厘米；花萼裂片长约1.5毫米，花冠白色，径1-1.5厘米，无毛，内面被长柔毛，花冠筒与裂片近等长，裂片三角形，边缘外弯；副花冠裂片黄色，与合蕊冠近等长，外角圆形，内角短齿状。蓇葖果线状披针形或披针状圆柱形，长约17厘米，径约5毫米，平滑。花期7月。

产广西及云南，生于杂木林中及攀附岩石。

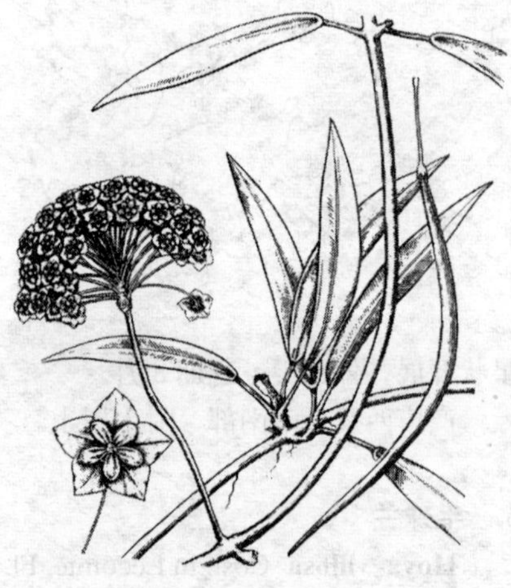

图 278 薄叶球兰（引自《植物分类学报》）

9. 荷秋藤 长叶球兰 狭叶荷秋藤 图 279

Hoya griffithii Hook. f. Fl. Brit. Ind. 4: 59. 1883.

Hoya kwangsiensis Tsiang et P. T. Li; 中国植物志 63: 488. 1977.

Hoya lancilimba Merr.; 中国高等植物图鉴 3: 508. 1974.; 中国植物志 63: 487. 1977.

Hoya lancilimba f. *tsoi* (Merr.) Tsiang; 中国植物志 63: 487. 1977.

攀援灌木，长达1.5米。除花冠外，全株无毛。叶披针形或长圆状披针形，长11-14厘米，基部楔形，侧脉不明显；叶柄粗，长1-3厘米。伞形花序球形，腋外生，花序梗长

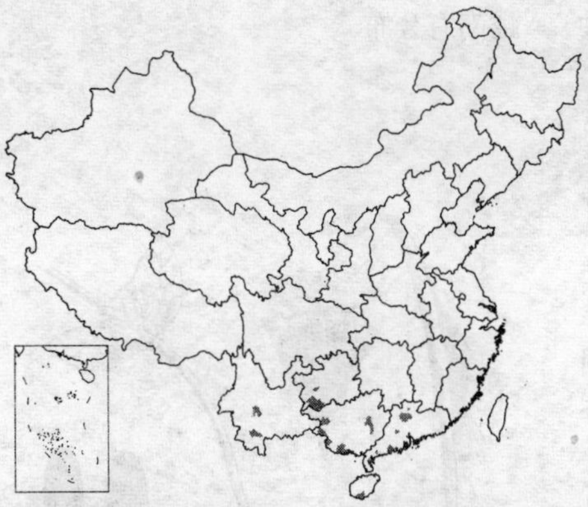

5-7厘米。花梗长4-4.5厘米；花萼裂片长圆状卵形，长7-8毫米；花冠白色，径约3厘米，裂片宽卵形或近镰刀形，无毛，内面稍被微柔毛；副花冠裂片长约5毫米，中部凹入，外角圆形，内角齿状，与花药顶端附属物近等长。蓇葖果披针状圆柱形，长约15厘米，径约1厘米。花期6-8月。

产广东、海南、广西、贵州及云南，生于海拔300-800米山地林中，附生大树。印度有分布。茎叶药用，治跌打损伤、骨折及咳嗽。

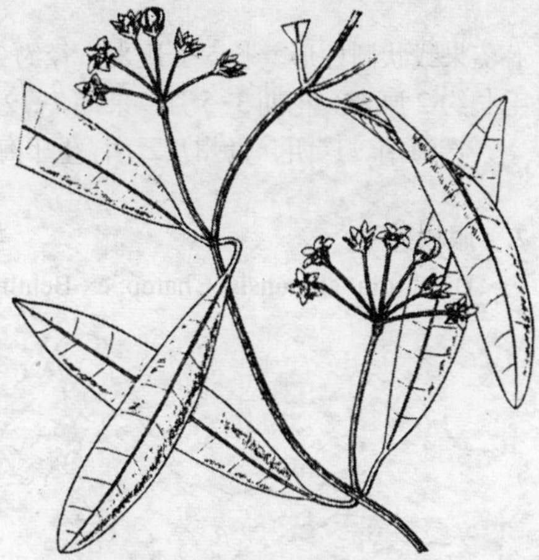

图 279 荷秋藤（引自《图鉴》）

25. 眼树莲属 Dischidia R. Br.

附生草本或亚灌木状。茎枝肉质，具不定根攀援树上或岩石，或缠绕或悬垂。叶对生或3-4轮生，肉质，稀无叶。聚伞花序伞形，腋外生。花小；花萼5深裂，内面基部具5腺体；花冠肉质，卵球形或坛状，喉部缢缩，裂片短，镊合状排列，常被毛；副花冠裂片5，纤细，着生合蕊冠，直立或斜展，先端全缘、凹缺或浅裂；花药直立，顶端膜片覆盖柱头，每花粉器具2花粉块，花粉块边缘透明，花粉块柄顶端肿大，直立；柱头平顶或圆锥状。蓇葖果披针形或圆柱形。种子顶端具白色绢毛。

约80种，分布于亚洲、大洋洲热带及亚热带地区。我国5种。

1. 花冠裂片先端三棱状，花冠无毛或喉部稍被毛 ………………………… 1. **滴锡眼树莲 D. tonkinensis**
1. 花冠裂片扁平或稍厚，花冠喉部被长柔毛。
   2. 叶椭圆形、窄椭圆形或卵状椭圆形 ………………………… 2. **眼树莲 D. chinensis**
   2. 叶圆形或卵形 ………………………… 3. **圆叶眼树莲 D. nummularia**

1. 滴锡眼树莲　金瓜核　滴锡藤　　　　图 280　彩片 83

Dischidia tonkinensis Cost. in Lecomte et Humb. Fl. Gén. Indo-Chine 4: 146. 1912.

Dischidia alboflava Cost.; 中国植物志 63: 503. 1977.

Dischidia esquirolii (Lévl.) Tsiang; 中国高等植物图鉴 3: 511.1974; 中国植物志 63: 504. 1977.

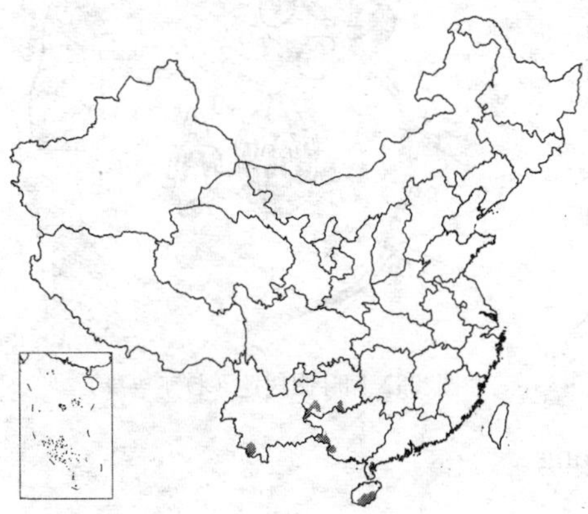

附生草本，长达2米。除花冠喉部外，全株无毛。茎节间长6-9厘米，节上生根。叶卵状椭圆形，长1.8-2厘米，先端钝，基部宽楔形或圆，侧脉约4对，不明显；叶柄长1-2毫米。伞形花序平顶；花序梗长约1毫米。花梗长约1.5毫米；花萼裂片卵形；花冠白色，坛状，花冠筒长约2毫米，喉部缢缩增厚，裂片卵状三角形，长约1毫米，先端三棱状；副花冠裂片锚状，具柄，先端2裂。

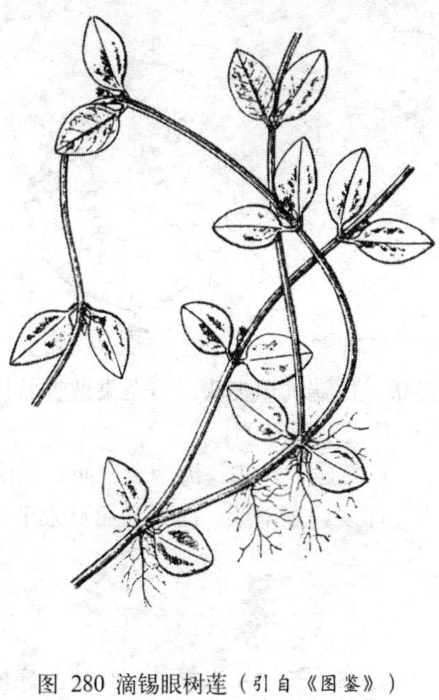

图 280 滴锡眼树莲（引自《图鉴》）

蓇葖果线状圆柱形，长5-6厘米，径约2毫米。种子长圆形，长3毫米，种毛长约2厘米。花期3-5月，果期7-12月。

产海南、广西、贵州及云南，生于海拔300-1500米山地林中及岩石上。

越南有分布。

2. 眼树莲 图 281

Dischidia chinensis Champ. ex Benth. in Journ. Bot. Kew Misc. 5: 55. 1853.

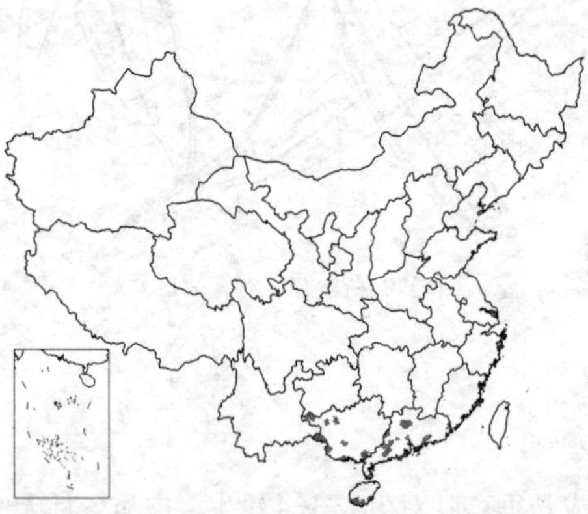

附生草本，长达2米。除花外全株无毛。叶卵状椭圆形，长1.5-3厘米，先端尖，基部楔形，侧脉4-5对；叶柄长2-3毫米。伞形花序具花达9朵，花序梗长约2毫米。花梗长约1毫米；花萼裂片卵形，具缘毛；花冠黄白色，喉部被长柔毛，裂片卵状三角形，长宽约1毫米；副花冠裂片锚状，具柄，先端线形，2裂，开展下弯，中部被乳点；花药顶端附属物尖，花粉块长圆形。蓇葖果披针状或线状圆柱形，长5-8厘米，径约4毫米，平滑。种子卵状长圆形，种毛长约2.5厘米。花期4-5月，果期5-6月。

产广东、海南及广西，生于山地林中潮湿处、山谷、溪边，攀附树上或岩石。越南有分布。全株药用，治肺咳血、疮疖肿毒、痢疾、跌打损伤及毒蛇咬伤。

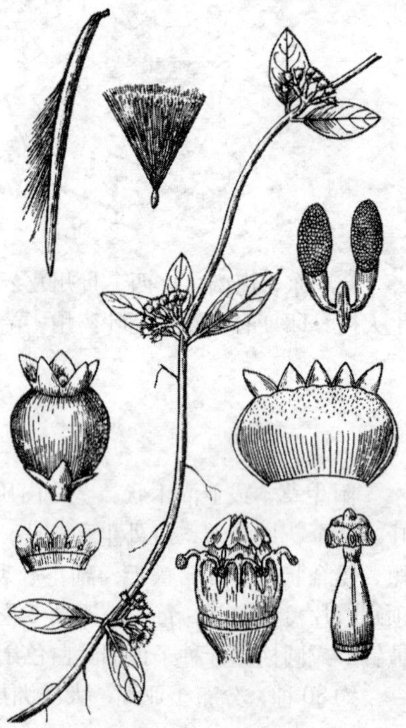

图 281 眼树莲（引自《图鉴》）

3. 圆叶眼树莲 小叶眼树莲 图 282

Dischidia nummularia R. Br. Prodr. 461. 1810.

Dischidia minor (Vahl) Merr.; 中国植物志 63: 506. 1977.

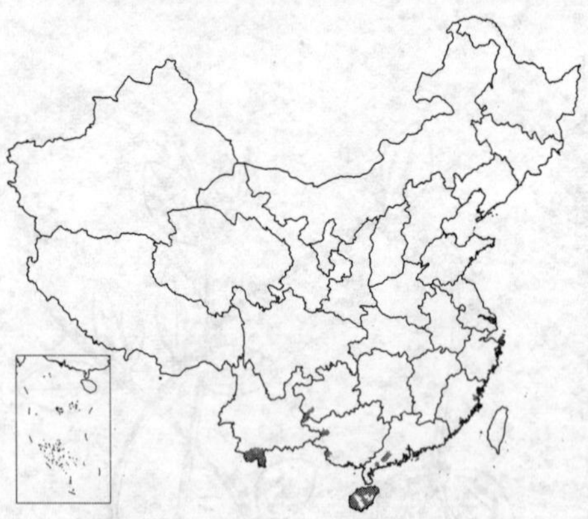

附生草本，长达1.5米。除花外全株无毛。茎纤细，缠绕。叶圆形，径0.7-1厘米，侧脉不明显；叶柄长1-2毫米。伞形花序近无梗。花萼裂片卵形；花冠白或黄白色，喉部被长柔毛，裂片卵状三角形，长约1毫米，中部厚；副花冠裂片锚状，具柄，较合蕊冠短，顶端2裂下弯；花药顶端膜片卵状三角形，花粉块长圆形；柱头盘状，顶端具短尖头。蓇葖果披针状圆柱形，长约4厘米，径约5毫米。花期3-6月，果期6-9月。

产福建、广东、海南、广西、云南及贵州，生于海拔300-1000米山地林中。印度、东南亚、澳大利亚及太平洋岛屿有分布。

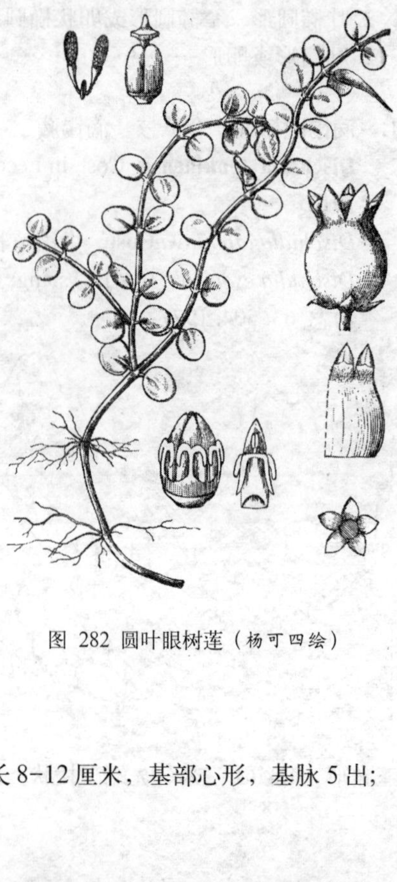

图 282 圆叶眼树莲（杨可四绘）

26. 金凤藤属 Dolichopetalum Tsiang

藤本，长达4米。茎、叶及花序梗密被黄色长柔毛。叶对生，卵状心形，长8-12厘米，基部心形，基脉5出；

叶柄顶端具10簇生小腺体。聚伞花序总状，腋生，花萼5深裂，内面基部具多个小腺体；花冠盘状，裂片镊合状排列，下部宽卵形，上部骤窄成钻状长尾；副花冠扁平，贴生合蕊冠，5深裂，裂片长圆状方形，顶端微缺；花丝合生，花药近方形，顶端丝状，每花粉器具2花粉块，花粉块直立；花柱短，柱头短圆锥状，顶端微缺。蓇葖果单生，长圆状披针形，平滑。种子椭圆形，边缘膜质，种毛丝质，长约2.5厘米。

我国特有单种属。

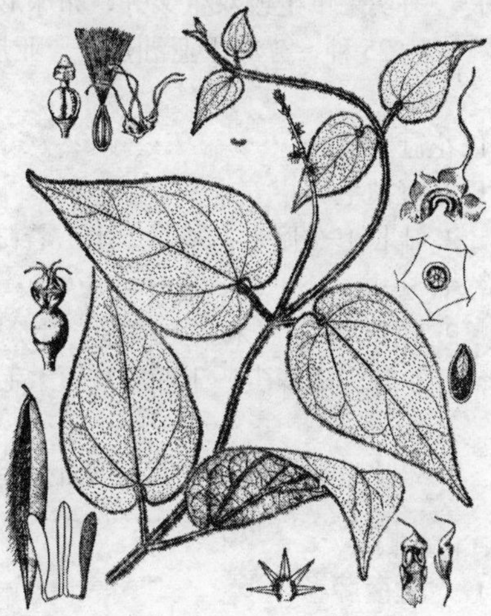

图 283 金凤藤（引自《图鉴》）

金凤藤 图 283

Dolichopetalum kwangsiense Tsiang in Acta Bot. Sin. 15: 137. 1973.

形态特征同属。花期8月，果期11月。

产广西西部、贵州及云南，生于山地灌丛中。全株药用，治毒蛇咬伤。

27. 荟蔓藤属 Cosmostigma Wight

藤本。叶对生。聚伞花序总状或伞状，腋外生，花序梗长。花萼5深裂，内面基部具5腺体；花冠近辐状或浅钟状，裂片近镊合状排列或向右覆盖；副花冠裂片5，膜质，扁平，贴生雄蕊背部，顶端2裂或平截；花丝合生成筒，花药四方形，边缘软骨质，顶端膜质附属物内弯，每花粉器具2花粉块，花粉块直立，斜卵球形或长圆形，花粉块柄长，扭曲；花柱短，柱头盘状，与花药等长。蓇葖果长圆状披针形。种子顶端具白色绢毛。

3种，分布于亚洲热带及亚热带地区。我国1种。

荟蔓藤 图 284

Cosmostigma hainanense Tsiang in Sunyatsenia 6: 156. 1941.

藤本，长达6米。茎被黄色短柔毛。叶卵圆状心形，长5-11厘米，先端骤尖，基部心形，两面疏被柔毛，基脉掌状，侧脉6-7对；叶柄长2.5-3.5厘米，疏被柔毛，顶端具簇生小腺体。聚伞花序伞状，具6-15花。花梗长1.1厘米；花萼裂片卵形；花冠黄绿色，短钟状，径约5毫米，花冠筒约与裂片等长，喉部被短柔毛，裂片卵形，长约2毫米，无毛；副花冠裂片扁平，全缘，较花药短；花药顶端附属物圆形，花粉块长圆形，着粉腺较花粉块长；子房无毛，柱头扁平，顶端全缘。花期5月。

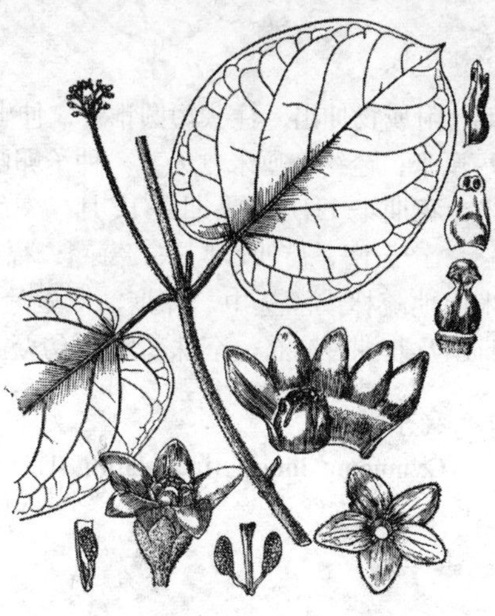

图 284 荟蔓藤（引自《图鉴》）

产海南，生于山谷林中潮湿处。

28. 匙羹藤属 Gymnema R. Br.

藤本。叶对生。聚伞花序常总状，腋生。花小；花萼5裂，内面基部具腺体；花冠钟状，裂片向右覆盖或近镊合状排列，花冠筒内具5纵脊，有时为肉质裂片被二列柔毛；副花冠裂片缺如；雄蕊5，花丝合生成筒，花药直立，顶端附属物膜质，每花粉器具2花粉块，花粉块长圆形，直立；柱头半球形、钝圆锥形或棒状具喙，较花药长。蓇葖果单生或双生叉开，卵球形或柱状披针形，或具长喙，基部常肿大。种子顶端具白色绢毛。

约25种，分布于亚洲热带、亚热带地区、非洲南部及大洋洲。我国7种。

1. 花冠无毛 …………………………………………………………………………………………………… 1. **匙羹藤 G. sylvestre**
1. 花冠被毛。
  2. 叶长1-2厘米，基脉5出；着粉腺较花粉块长；果长约3.5厘米 ……………………………………………………………………………………………………… 2. **会东藤 G. longiretinaculatum**
  2. 叶长4-13厘米，无基脉；着粉腺长为花粉块1/2；果长4.5-16厘米。
    3. 叶先端骤尖，下面密被短柔毛；花冠筒具5纵脊，脊被二列柔毛 ……………………………………………………………………………………… 3. **宽叶匙羹藤 G. latifolium**
    3. 叶先端渐尖或尾尖，下面无毛或仅脉稍被微毛；花冠筒内面具5列毛 ……………………………………………………………………………………… 4. **广东匙羹藤 G. inodorum**

1. 匙羹藤 图 285 彩片 84

Gymnema sylvestre (Retz.) Schult. in Roem. et Schult. Syst. Veg. 6: 57. 1820.

Periploca sylvestre Retz. Obs. 2: 15. 1781.

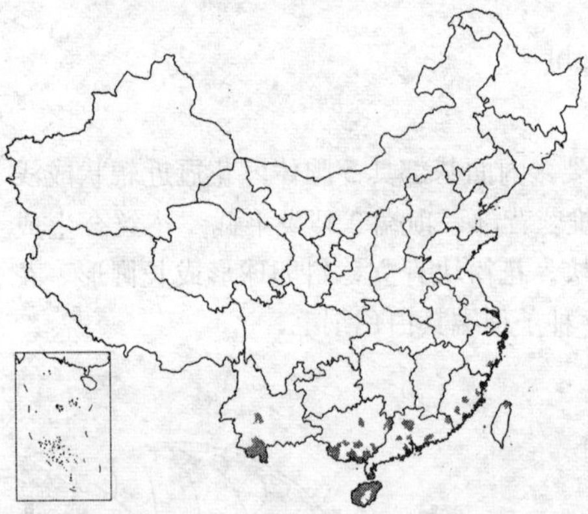

藤本，长达8米。幼枝被微柔毛，老渐无毛。叶厚纸质，倒卵形或椭圆形，长3-8.5厘米，先端骤短尖，基部宽楔形，上面被短柔毛或仅中脉被毛，下面被绒毛或仅脉被毛；侧脉4-5对；叶柄长0.3-1.2厘米。聚伞花序被短柔毛，花序梗长2-5毫米。花梗长2-3毫米；花萼裂片卵形，具缘毛；花冠绿白色，裂片卵形，无毛，附属物伸出；柱头短圆锥状，伸出。蓇葖果常单生，卵状披针形，长5-9厘米，径约2厘米，无毛。种子卵圆形，长约8毫米，种毛长约3.5厘米。花期4-11月，果期9-12月。染色体2n=22。

产云南、广西、广东、海南、福建、台湾及浙江，生于海拔100-1000米山地疏林或灌丛中。印度、斯里兰卡、越南、马来西亚、印度尼西亚、日本及非洲有分布。全株药用，治风湿痹痛、脉管炎、痔疮及毒蛇咬伤。

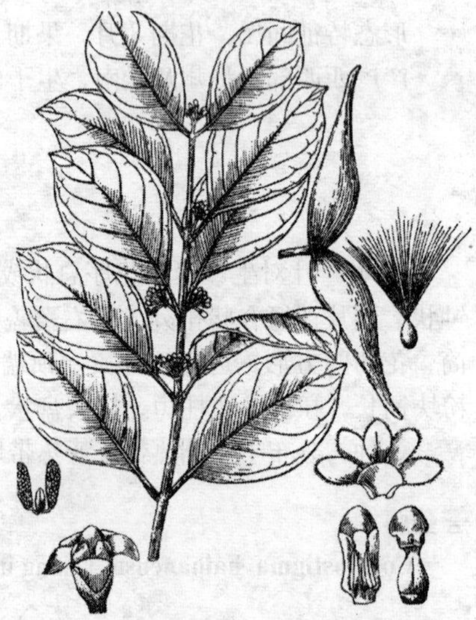

图 285 匙羹藤（引自《图鉴》）

2. 会东藤 图 286

Gymnema longiretinaculatum Tsiang in Sunyatsenia 6: 136. 1941.

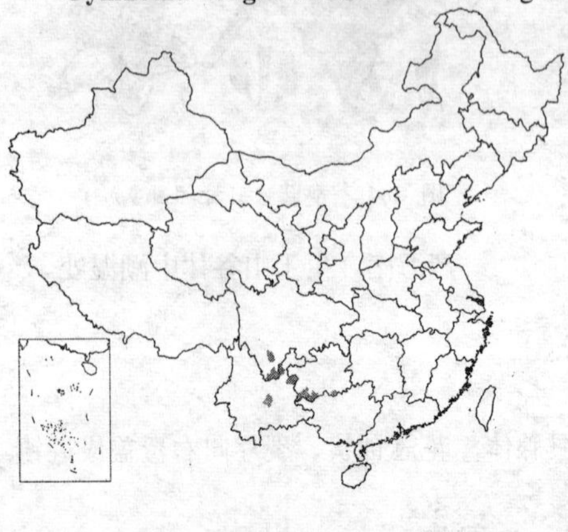

藤状灌木，长达1米。除果外全株被粗硬毛。叶卵圆状心形，长1-2厘米，先端尖，基部心形，基脉5出，显著；叶柄长3-5毫米。聚伞花序长1.5-2.3厘米，具（1）3-5花；花序梗长1-1.3厘米。花梗长约5毫米；花萼裂片卵形；花冠白色，花冠筒长约3毫米，裂片长圆形，长约2毫米，先端

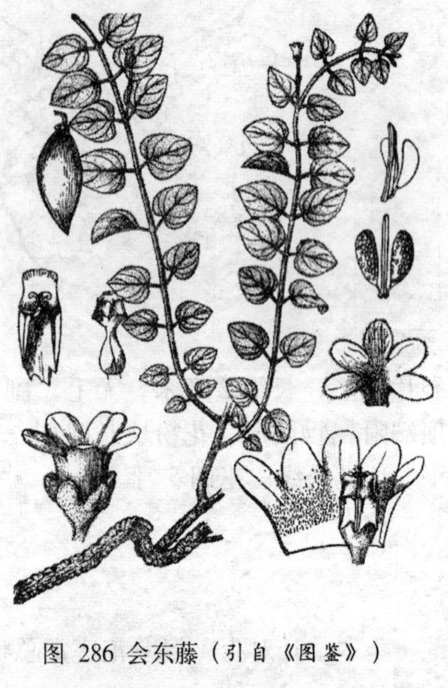

图 286 会东藤（引自《图鉴》）

圆或微凹，无附属物，毛带内藏；合蕊冠圆柱形，顶端达花冠喉部；花药与柱头等长，花粉块长圆形，具粉腺线状长圆形，较花粉块长；柱头盘状。蓇葖果纺锤形，长约3.5厘米，无毛。花期7–9月，果期8–10月。

产贵州、云南及四川，生于海拔1000–2400米山地灌丛中。种毛作刀伤药；根煎服治心口痛。

3. 宽叶匙羹藤 图 287

Gymnema latifolium Wall. ex Wight, Contr. Bot. Ind. 45. 1834.

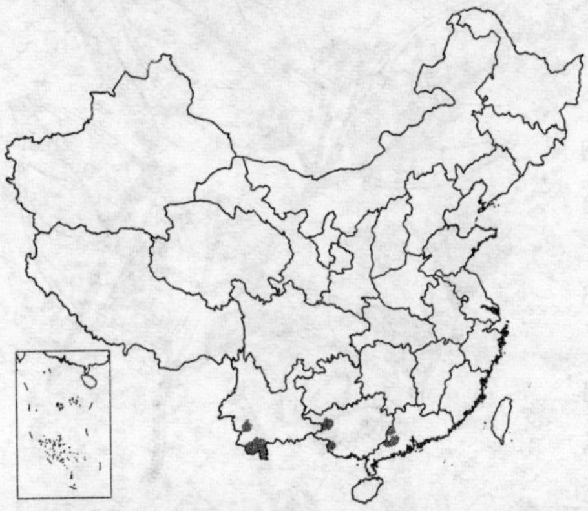

藤本，长达6米。小枝被短柔毛。叶宽卵形或长圆状椭圆形，长8–13厘米，先端骤尖，基部圆，上面疏被短柔毛，下面密被短柔毛，侧脉6–7对；叶柄长1.5–4厘米，密被短柔毛。聚伞花序伞状，常在节双生，被短柔毛，具多花，花序梗长1–1.5厘米。花梗长3–8毫米；花萼裂片卵形，被微柔毛；花冠淡黄色，钟状，无毛，花冠筒具5纵脊，脊被二列柔毛，花冠裂片卵形，较花冠筒短，内面密被短柔毛；合蕊冠圆柱形，花药顶端膜质附属物较柱头短，花粉块长圆形；柱头圆锥状。蓇葖果长卵状披针形，具喙，长4.5–5.5厘米，密被短柔毛。种子长圆状卵形，长约1.1厘米，边缘膜质，种毛长约3厘米。花期4–11月，果期8–12月。

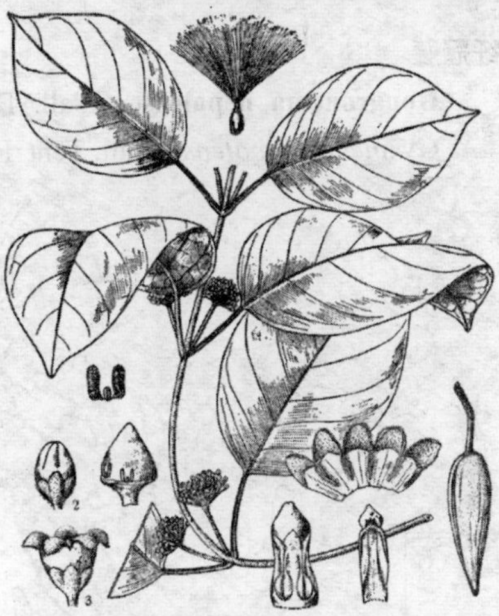

图 287 宽叶匙羹藤（引自《图鉴》）

产广东、广西及云南南部，生于海拔500–1000米山地杂木林中。印度、缅甸、越南及泰国有分布。

4. 广东匙羹藤 大叶匙羹藤 图 288

Gymnema inodorum (Lour.) Decne. in DC. Prodr. 8: 551. 1844.

Cynanchum inodorum Lour. Fl. Cochinch. 166. 1790.

Gymnema tingens Roxb. ex Spreng.; 中国高等植物图鉴 3: 495. 1974; 中国植物志 63: 422. 1977.

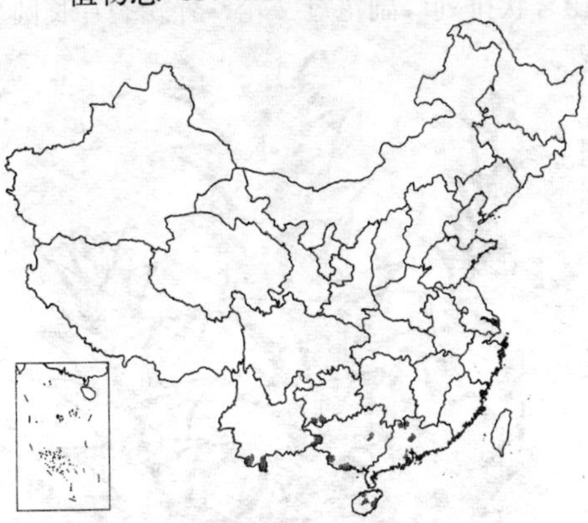

藤本，长达10米。茎无毛，幼枝被微柔毛。叶膜质，卵状长圆形或宽卵形，长4–13厘米，先端短尾尖，基部圆或浅心形，两面无毛或脉稍被微柔毛，侧脉4–6对；叶柄长2–6厘米。聚伞花序短总状，长达4厘米。花梗长1–1.5厘米；花萼裂片长圆形，长2–3毫米，被微柔毛及缘毛；花冠黄色，被微毛，花冠筒圆筒形，内面具5列毛，裂片长圆形，长3–4毫米，先端圆，具缘毛；花粉块长圆形；柱头圆锥状，伸出。蓇葖果披针状柱形，长达16厘米，径达3厘米，果皮厚，无毛。种子卵圆形，长约1.5厘米，种毛长约4厘米。花期5–7月，果期6–12月。

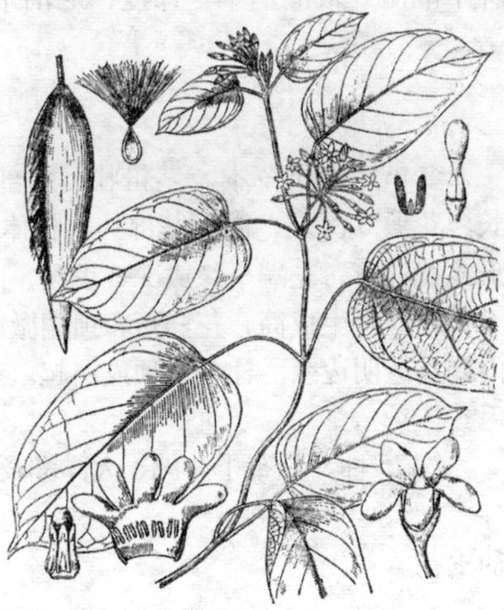

图 288 广东匙羹藤（引自《图鉴》）

产广东、海南、广西、贵州及云南，生于海拔200–1000米山地疏林或灌丛中。印度、尼泊尔、锡金、越南、泰国及菲律宾有分布。全株药用，治风湿症及小儿麻痹症。

29. 纤冠藤属 Gongronema (Endl.) Decne.

藤本或亚灌木。叶对生。聚伞花序伞状或总状，腋外生。花萼5深裂，内面基部具5腺体或无；花冠坛状或钟状，稀辐状，裂片5，向右覆盖或镊合状排列；副花冠裂片5，鳞片状，着生合蕊冠基部；雄蕊5，花丝合生成筒，花药直立，顶端膜质附属物与柱头等长或稍长，每花粉器具2花粉块，花粉块卵球状长圆形或长圆形，直立；花柱短，柱头圆锥状或凸起，内藏。蓇葖果2，长圆状披针形。种子顶端具白色绢毛。

约16种，分布于非洲、大洋洲、亚洲热带及亚热带地区。我国2种。

纤冠藤 图 289

Gongronema nepalense (Wall.) Decne. in DC. Prodr. 8: 624. 1844.

Gymnema nepalense Wall. Tent. Fl. Nep. 50. t. 38. 1826.

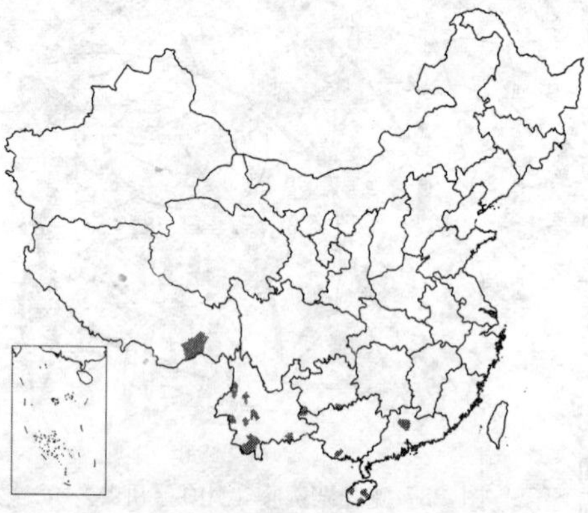

藤本，长达8米。茎无毛。叶卵状长圆形、椭圆形或长卵形，长6－14厘米，先端短渐尖，基部圆或平截，两面无毛，侧脉5－7对；叶柄长1－3厘米。聚伞花序长达16厘米，花序梗长达8厘米，常具2－3主枝，小聚伞花序伞状或短总状，被短柔毛，具小苞片。花梗长3-6毫米；花萼裂片卵形；花冠淡黄色，裂片卵状三角形，无毛或疏被缘毛；副花冠裂片半圆形；花药顶端膜片与柱头等长。蓇葖果长圆状披针形，长4.5－8厘米，径5－7毫米，无毛。种子卵圆形，长约4毫米，种毛长约2.5厘米。花期6－9月，果期8－12月。

图 289 纤冠藤（引自《图鉴》）

产广东、海南、广西、贵州、云南及西藏，生于海拔500－1500米山地林中潮湿处或灌丛中。印度、尼泊尔、锡金及老挝有分布。全株药用，治跌打损伤、妇女白带及子宫下垂。茎皮纤维坚韧，作纺织品及造纸原料。

30. 豹皮花属 Stapelia Linn.

多年生肉质草本。茎粗壮，基部丛生，4棱，棱具齿或刺。叶不发育或早落。花大，单生或几朵簇生，花梗长；花萼5深裂，内面基部具5腺体；花冠辐状或宽钟状，裂片三角形，镊合状排列；副花冠2轮，外轮裂片长圆形或披针形，先端全缘或2-3浅裂，内轮裂片与花药粘生，先端角状；雄蕊5，花丝合生成筒，花药短，顶端微凹，无膜质附属物，花粉块短，直立，内侧具透明边缘；柱头平顶或凸起。蓇葖果双生，平滑。种子顶端具白色绢毛。

约75种，分布于非洲、大洋洲及亚洲热带地区。我国栽培3种。

豹皮花 图 290 彩片 85

Stapelia pulchella Mass. Stapel. 22. t. 36. 1796.

肉质草本，高约10厘米。茎亮绿色，数枝簇生，具4棱，棱具粗厚软刺，光滑，绿色。无叶。花单生或几朵簇生；花梗长2-3厘米；花冠辐状，五角星状，径3-5厘米，绿色，光滑，内面黄绿色，凹凸不平，具暗紫色横纹及斑点，花冠筒短，裂片三角状卵圆形，具缘毛；副花冠2轮，外轮盔状，淡黄色，具淡紫褐色斑点，内轮5裂，裂片顶端2裂；花粉块直立，内侧边缘膜质透明。蓇葖果平滑。

原产热带非洲，我国华北地区公园（温室）栽培。形态奇特，花朵美丽，供观赏。

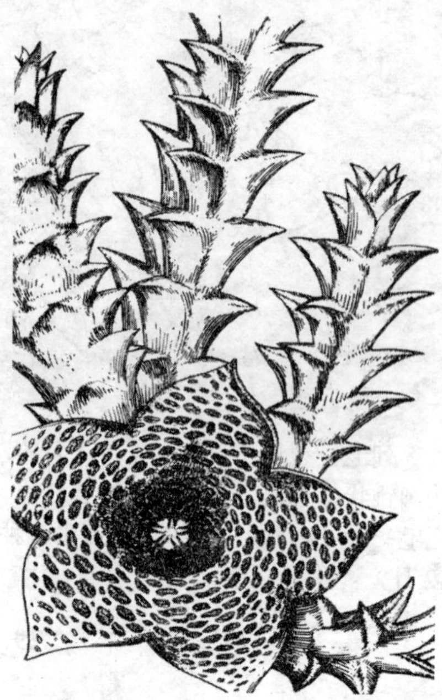

图 290 豹皮花（引自《图鉴》）

31. 夜来香属 Telosma Coville

藤状灌木。叶对生，具长柄。聚伞花序伞状或总状，腋外生，下垂。花萼5深裂，内面基部具5小腺体；花冠长不及1厘米，高脚碟状，花冠筒圆筒形，喉部常缢缩，裂片向右覆盖；副花冠裂片5，着生合蕊冠基部，内面具附属物，粘生花药背面，边缘及顶端离生，直立，顶端舌状内弯，背面顶部凸起向内凹入；雄蕊5，花丝合生成筒，花药顶端具内弯膜片，每花粉器具2花粉块，花粉块长圆形，直立；花柱短，柱头凸起或圆锥状。蓇葖果柱状披针形，无毛。种子顶端具白色绢毛。

约10种，分布于亚洲、大洋洲及非洲热带地区。我国3种。

1. 叶基部深心形；花芳香 ………………………………………………………………………… 1. 夜来香 T. cordata
1. 叶基部楔形或圆；花无香味 ……………………………………………………………… 2. 卧茎夜来香 T. procumbens

1. 夜来香 图 291

Telosma cordata (Burm. f.) Merr. in Philipp. Journ. Sci. 19: 372. 1921.

Asclepias cordata Burm. f. Fl. Ind. 72. f. 2. 1768.

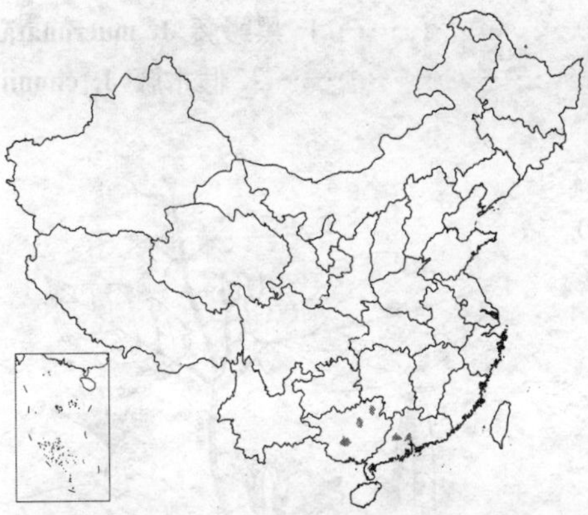

柔弱藤本，长达10米。小枝黄绿色，被短柔毛，老枝渐无毛。叶卵形，长4-12厘米，先端渐尖，基部深心形，基脉3出，侧脉6对；叶柄长1.5-5厘米。聚伞花序伞状，具花15-30花，花序梗长0.5-1.5厘米，被微柔毛。花萼裂片长圆状披针形，被微柔毛；花冠黄绿色，花冠筒长0.6-1厘米，被微柔毛，喉部被长柔毛或乳点，裂片长圆形，长0.6-1.2厘米，具缘毛；副花冠裂片近肉质，下部卵形，先端渐尖，常凹缺或深裂，内面附属物常较裂片长；花粉块长圆形或肾形；柱头头状。蓇葖果柱状披针形，长7-13厘米，径2-3.5厘米，无毛，稍具钝棱。种子扁宽卵形，长宽约1厘米，边缘膜质；种毛长3-4厘米。花期5-10月，果期10-12月。染色体2n=22。

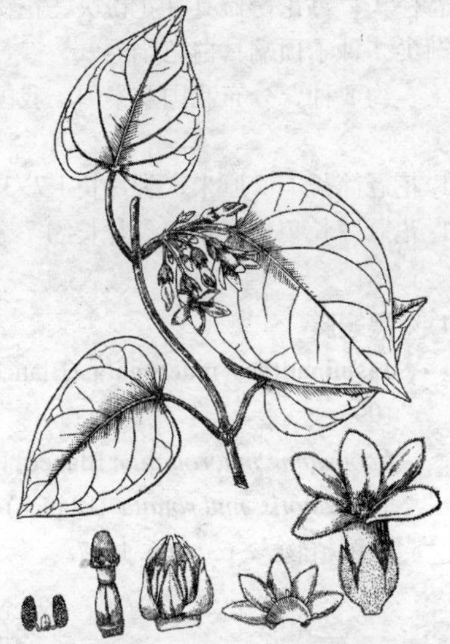

图 291 夜来香（引自《图鉴》）

产广东及广西，生于山地疏林或灌丛中。我国南方各地有栽培。亚洲热带、亚热带地区、欧洲及美洲均有栽培。花芳香，可提取芳香油；花、叶作菜肴，又可药用，治眼结膜炎。

2. 卧茎夜来香 华南夜来香 图 292

Telosma procumbens (Blanco) Merr. in Philipp. Journ. Sci. 7: 243. 1912.

Pergularia procumbens Blanco, Fl. Filip. 201. 1837.

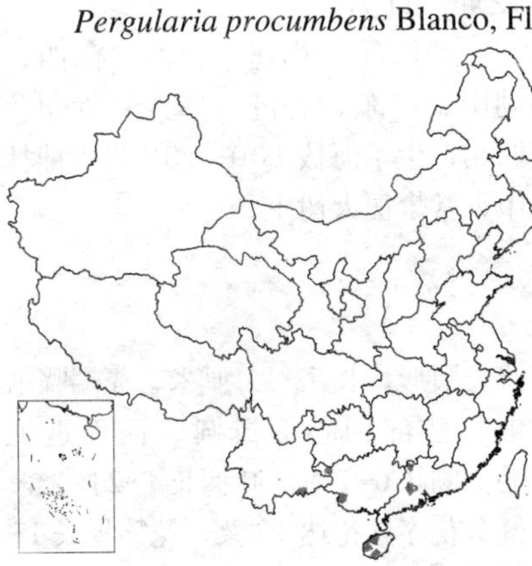

Telosma cathayensis Merr., 中国高等植物图鉴 3: 497. 1974; 中国植物志 63: 438. 1977.

藤本，长达4米。茎无毛，幼枝被微柔毛。叶卵形、长圆形或卵状长圆形，长6-13厘米，先端骤尖或渐尖，基部宽楔形或稍圆，两面无毛或脉被微柔毛，侧脉约6对；叶柄长1.5-

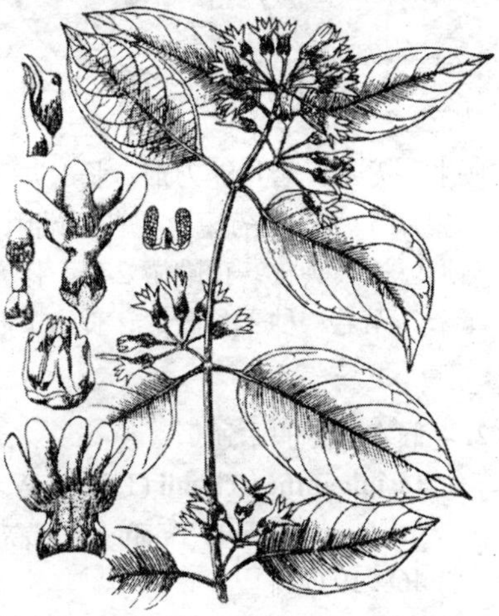

图 292 卧茎夜来香（引自《图鉴》）

3.5 厘米。聚伞花序伞状，腋外生，花多朵；花序梗长 1-3 厘米。花梗细，长 1-1.5 厘米；花萼裂片卵形，长约3.5 毫米，被微柔毛；花冠淡绿或黄绿色，无香味，花冠筒与裂片近等长，喉部被长柔毛，内面具 5 排二列毛，裂片长圆形，长约 8 毫米，先端圆或近平截，无毛，内面被微柔毛；副花冠裂片渐尖，背部隆起；花粉块长圆形，直立；柱头短圆锥状。蓇葖果柱状披针形，长约1 0 厘米，径约 2 厘米。种子扁平，顶端具白色绢毛。

产广东、海南、广西及云南，生于海拔 300-800 米山地疏林向阳处或溪边灌丛中。越南及菲律宾有分布。

32. 黑鳗藤属 Jasminanthes Bl.

藤本。叶对生。聚伞花序伞状，腋外生。花萼 5 深裂，裂片近叶状，内面基部常无腺体；花冠长 1.4-8.5 厘米，高脚碟状或坛状，花冠筒长，基部宽，喉部缢缩或稍肿大，内面具 5 列柔毛，裂片向右覆盖，常较花冠筒长；副花冠 5 裂，裂片粘生雄蕊背部，直立，扁平，顶端离生；雄蕊 5，花丝合生成短筒，花药顶端附属物直立或内弯，粘着柱头，每花粉器具 2 花粉块，花粉块直立；花柱短，柱头圆锥状或头状。蓇葖果柱状披针形或长圆状披针形，顶端渐尖。种子顶端具白色绢毛。

约 5 种，分布我国及泰国。我国4种。

1. 花冠筒长 1-2 厘米，裂片长 1.7-3 厘米；花具紫色液汁 …………………………………… 1. 黑鳗藤 **J. mucronata**
1. 花冠筒长 7-8 毫米，裂片长约 7 毫米；花具黑色液汁 …………………………………… 2. 假木藤 **J. chunii**

1. 黑鳗藤 图 293

Jasminanthes mucronata (Blanco) W. D. Stevens et P. T. Li in Novon 5: 10. 1995.

Apocynum mucronatum Blanco, Fl. Filip. 825. 1837.

Stephanotis mucronata (Blanco) Merr.; 中国高等植物图鉴 3: 503. 1974; 中国植物志 63: 466. 1977.

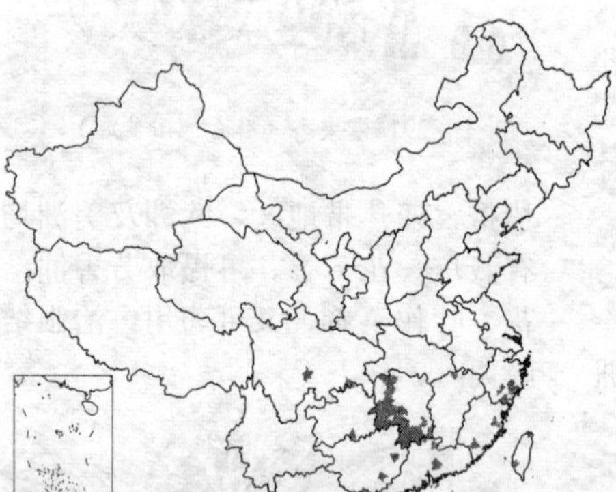

藤本，长达 12 米。茎被二列柔毛。叶纸质，卵状长圆形，长 7-12 厘米，先端稍骤尖，基部心形，两面被短柔毛或近无毛，侧脉约 8 对；叶柄长 2-3 厘米。聚伞花序具花 2-4（-9）朵，花序梗长 1.5-2 厘米；小苞片卵形，被短柔毛。花梗长 2-3 厘米；花萼裂片长圆形，长约 7 毫米；花冠白色，具紫色液汁，花冠筒长 1-2 厘米，无毛，裂片镰刀形，长 1.7-3 厘米，开展；合蕊冠较花冠筒短；副花冠裂片 5，较花药短；花药顶端附属物长圆状卵形，较柱头长，花粉块椭圆形；柱头头状，顶端微 2 裂。蓇葖果柱状披针形，长约12厘米，径约 1 厘米，无毛。种子长圆形，长约 1 厘米，种毛长约2.5 厘米。花期 5-6 月，果期9-11月。

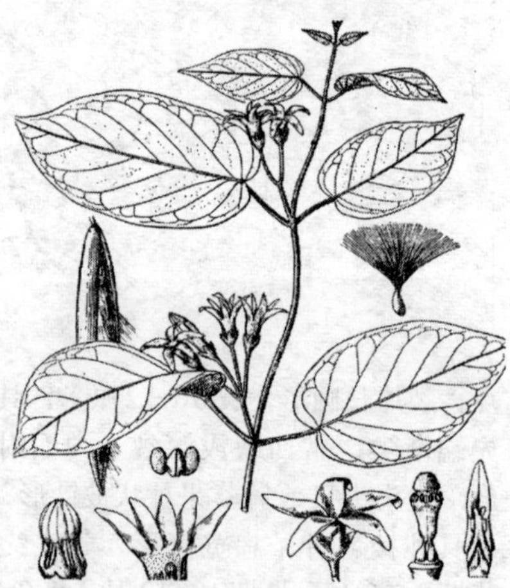

图 293 黑鳗藤（引自《图鉴》）

产浙江、福建、台湾、江西、湖南、广东、香港、广西、贵州及四川，生于海拔 100-500 米山地林中，常攀援大树上。

2. 假木藤 假木通 图 294

Jasminanthes chunii (Tsiang) W. D. Stevens et P. T. Li in Novon 5: 10. 1995.

Stephanotis chunii Tsiang; 中国高等植物图鉴 3: 504. 1974; 中国植物志 63: 468. 1977.

藤本，长达 8 米。小枝被二列柔毛，老枝近无毛。叶纸质，卵形或宽卵状长圆形，长 7-11 厘米，先端骤渐尖，基部稍心形或圆，两面近无毛，侧脉 6-7 对；叶柄长 1-2 厘米。聚伞花序具花达 12 朵，花序梗长 1-

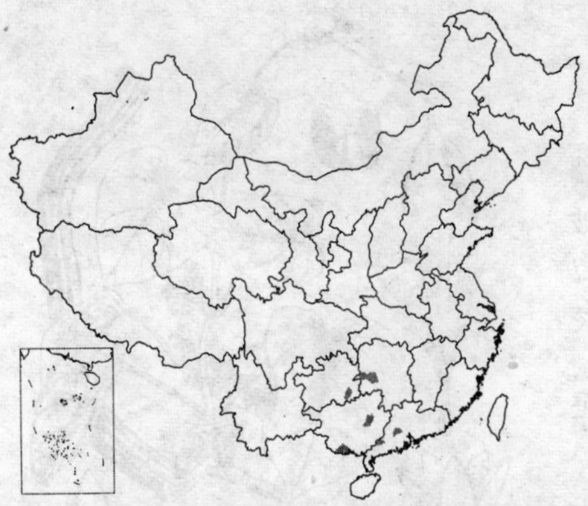

1.5 厘米，密被短柔毛。花梗长约1.5厘米，密被短柔毛；花萼裂片长圆形，长约5毫米，被短柔毛及缘毛；花冠白色，具黑色液汁，花冠筒长7-8毫米，无毛，内面具5行二列粗毛，裂片长圆状镰刀形，长约7毫米，具缘毛；副花冠裂片小，扁平，较花药短；花粉块卵球形；柱头头状，顶端钝。蓇葖果卵状披针形，长约13厘米，径约2厘米，无毛。种子长圆状卵圆形，长约1厘米，边缘膜质，种毛长约5.5厘米。花期5-6月，果期8-12月。

产湖南、广东、广西及贵州，生于海拔600-1000米山地林中，常攀援大树上。根药用，可舒筋活络。

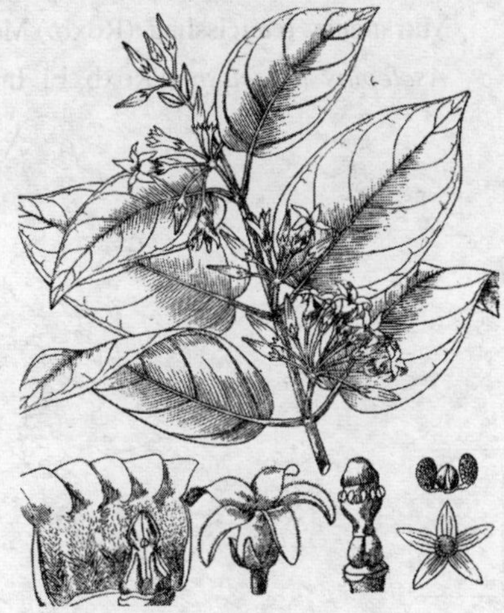

图 294 假木藤（引自《图鉴》）

33. 牛奶菜属 Marsdenia R. Br.

藤本，稀灌木或亚灌木。叶对生。聚伞花序伞状、圆锥状或总状，顶生或腋外生，具花序梗。花萼5深裂，裂片覆瓦状排列，内面基部常具腺体或鳞片；花冠坛状或钟状，喉部常被毛，裂片向右覆盖，基部不厚；副花冠裂片5，着生合蕊冠，肉质，直立，背凸起或肿胀，上端渐尖；花丝合生成筒，花药直立，顶端附属物内弯，每花粉器具2花粉块，花粉块常长圆形，直立；柱头扁平、凸起或喙状。蓇葖果常粗厚，顶端渐尖，平滑或具纵翅。种子顶端具白色绢毛。

约100种，分布于亚洲、美洲及热带非洲。我国25种。

1. 柱头喙状，伸出花药之外。
  2. 副花冠裂片较花药短；茎、叶近无毛；聚伞花序叠生 …… 3. 白药牛奶菜 **M. griffithii**
  2. 副花冠裂片与花药等长；茎、叶被黄色短柔毛；聚伞花序单生。
    3. 花冠筒内面疏被柔毛；果密被绒毛 …… 4. 喙柱牛奶菜 **M. oreophila**
    3. 花冠筒喉部密被倒生柔毛，内面近基部无毛；果无毛 …… 5. 海枫藤 **M. officinalis**
1. 柱头扁平、宽柱形、半球形或短圆锥状，无喙。
  4. 花冠筒较花冠裂片短或近等长。
    5. 花冠筒长3-7毫米。
      6. 叶基部心形；花序分枝。
        7. 叶两面被茸毛，或上面近无毛，基部深心形；副花冠基部具距 …… 1. 通光藤 **M. tenacissima**
        7. 叶上面疏被长柔毛，下面被绒毛，基部浅心形；副花冠无距 …… 7. 海南牛奶菜 **M. hainanensis**
      6. 叶基部圆或平截；花序不分枝 …… 2. 百灵草 **M. longipes**
    5. 花冠筒长0.9-1.2厘米 …… 6. 大叶牛奶菜 **M. koi**
  4. 花冠筒较花冠裂片长。
    8. 茎被黄色绒毛；叶绿色，上面疏被微毛，下面被黄色绒毛 …… 8. 牛奶菜 **M. sinensis**
    8. 茎基初被短柔毛，后脱落无毛；叶蓝绿色，两面近无毛 …… 9. 蓝叶藤 **M. tinctoria**

1. 通光藤 通光散

图 295

Marsdenia tenacissima (Roxb.) Moon, Cat. Pl. Ceylon 21. 1824.

Asclepias tenacissima Roxb. Fl. Ind. 2: 31. 1824.

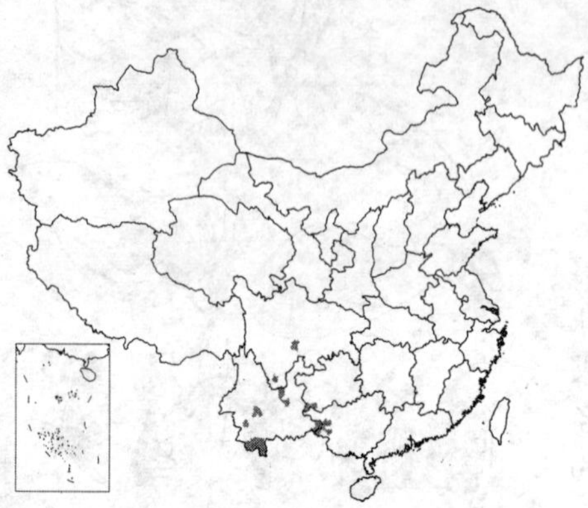

粗壮藤本。茎枝密被毛。叶卵圆形，长8-10厘米，先端稍骤尖，基部深心形，两面被茸毛或上面近无毛；基脉5-7出，侧脉3-5对；叶柄细，长5-6厘米。聚伞花序多分枝，长达8厘米，径12厘米，花序梗长2厘米。花梗长6-8毫米；花萼裂片椭圆状披针形，长约3毫米，内面具腺体；花冠钟状，密被柔毛，花冠筒长约3.5毫米，内面基部被毛，裂片卵状长圆形，开展，长约4毫米，被茸毛；副花冠裂片伸出花冠筒，具距；花药顶端附属物长圆形，较副花冠裂片稍长，花粉块弯圆锥形；柱头宽柱形，为花药顶端附属物所包被。蓇葖果柱状披针形，长约8厘米，径约1厘米，密被柔毛。花期6月，果期11月。

产广西、云南、贵州南部及四川，生于海拔1500-2000米山地疏林中。印度、斯里兰卡、尼泊尔、缅甸、柬埔寨、老挝、越南及泰国有分布。著名纤维植物，茎皮纤维坚韧，可制弓弦或绳索；藤茎供药用，治支气管炎、哮喘、肺炎、扁桃腺炎及膀胱炎。

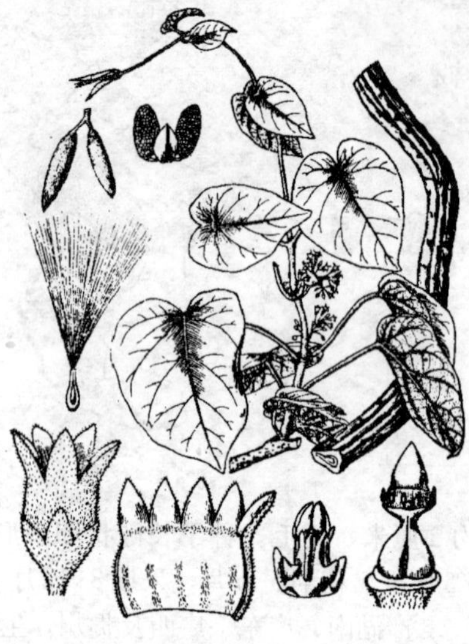

图 295 通光藤（引自《图鉴》）

2. 百灵草 图 296

Marsdenia longipes W. T. Wang ex Tsiang et P. T. Li in Acta Phytotax. Sin. 12:117. 1974.

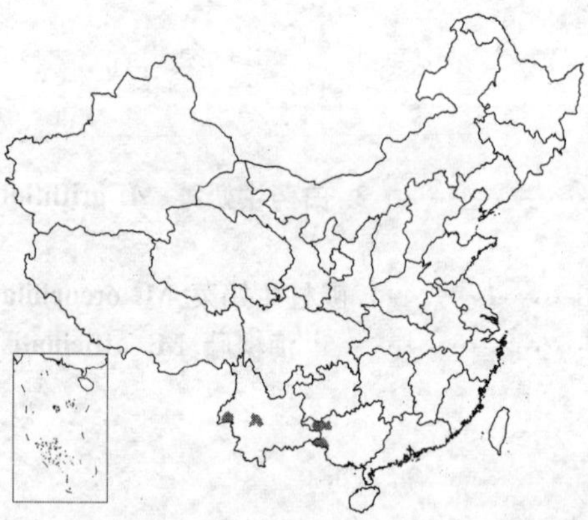

柔弱藤本，长达2米。茎枝无毛。叶窄长圆形或长圆状披针形，长5-10厘米，先端渐尖，基部圆或平截，两面无毛，侧脉4-6对；叶柄长1-1.5厘米。聚伞花序密集，具10-15花，花序梗细，长达10厘米。花冠紫蓝色，长约1.2厘米，花冠筒与花冠裂片近等长，裂片披针形；副花冠裂片长圆形，基部背面具钩状距；花药长圆形，顶端附属物宽椭圆形，较副花冠裂片长；花粉块长圆形；子房无毛，柱头短圆锥状。蓇葖果披针状圆柱形。花期2-3月，果期6-8月。

产广西及云南，生于海拔2000米以下山地密林或潮湿灌丛中。全株药用，治骨折及外伤出血；根治支气管炎及哮喘。植株有毒，多服易中毒，四肢抽搐，用桤木叶、毛桃子煎水服可解毒。

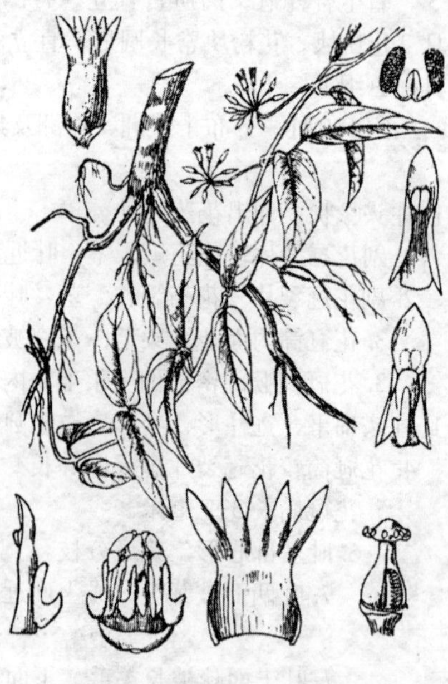

图 296 百灵草（引自《图鉴》）

3. 白药牛奶菜 大白药 图 297

Marsdenia griffithii Hook. f. Fl. Brit. Ind. 4: 36. 1883.

粗壮藤本，长达10米。小枝灰绿色，近无毛。叶卵状椭圆形，长7-11厘米，先端近骤尖，具短尖头，基部圆或近心形，两面近无毛或脉被微柔毛，侧脉4-5对；叶柄长3-6厘米。聚伞花序团集，叠生，花序梗长约2.5厘米，被短柔毛。花梗长约1厘米，被短柔毛；花萼裂片卵形，被短柔毛，基部内面具5腺体或更多；花冠淡红或白色，近钟状，花冠筒长5-7毫米，无毛，内面疏被柔毛，喉部密被倒生柔毛，裂片长圆状披针

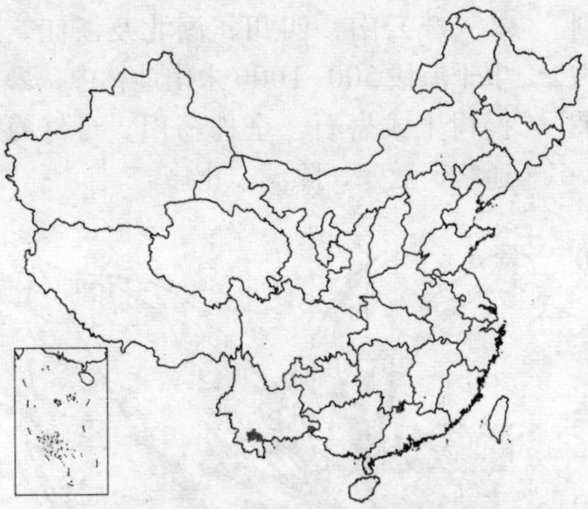

形，较花冠筒长，内面疏被柔毛；副花冠裂片钻形或披针形，较花药短；花药顶端附属物圆形，花粉块近肾形；柱头长喙状，伸出花药。蓇葖果长圆状披针形，长约9厘米，径约4厘米，平滑。种子扁卵圆形，长约1.7厘米，边缘膜质，种毛长约3厘米。花期夏季至秋季，果期冬季。

产云南、广东及广西，生于海拔2000米以下山地密林中。印度有分布。植株有毒，供药用，治外伤出血、接骨及疮毒。

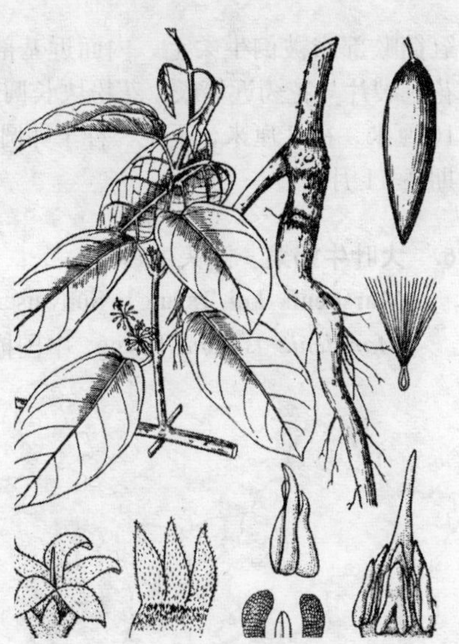

图 297 白药牛奶菜（引自《图鉴》）

4. 喙柱牛奶菜 图 298

Marsdenia oreophila W. W. Smith in Notes Roy. Bot. Gard. Edinb. 8: 193. 1914.

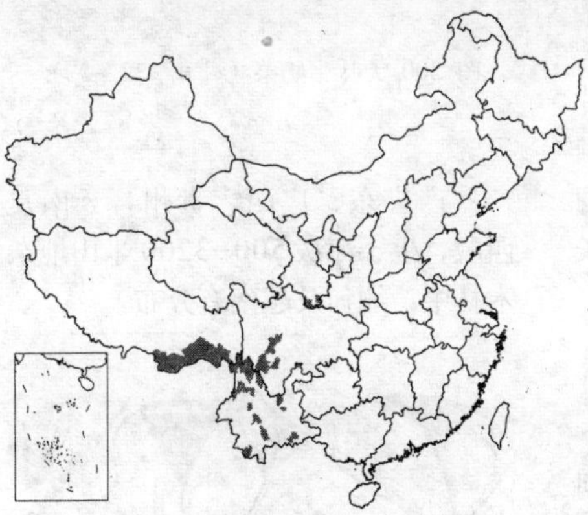

藤本，长达6米。茎被短绒毛。叶椭圆形或卵状椭圆形，长6-15厘米，先端短渐尖，基部圆，上面疏被柔毛，下面被短绒毛，侧脉5－7对；叶柄长2－3厘米。聚伞花序伞状，具7－15花，花序梗长1.5－5厘米。花梗长1－2厘米；花萼裂片卵形，内面具10腺体；花冠白色，内面橘红色，裂片长圆状卵形，较花冠筒长，无毛，内面疏被柔毛；副花冠裂片披针形，直立，与花药等长；花药顶端附属物圆形，花粉块长圆形，长约1毫米；柱头长喙状，长5-6毫米。蓇葖果纺锤形，长约13厘米，径约3厘米，密被绒毛。种子长圆状卵圆形，长约1厘米，种毛长2厘米。花期7-9月，果期9-11月。

产云南、西藏、四川及甘肃，生于海拔3000米以下山谷密林中。

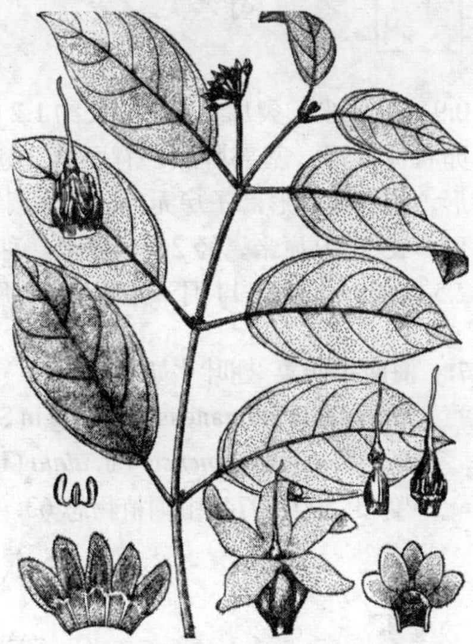

图 298 喙柱牛奶菜（引自《图鉴》）

5. 海枫藤 海枫屯 图 299

Marsdenia officinalis Tsiang et P. T. Li in Acta Phytotax. Sin. 12: 115. 1974.

藤本，长达4米。茎被黄色绒毛。叶卵状长圆形或长卵形，长8-11厘米，先端钝，基部圆，上面被微毛，下面被黄色绒毛，侧脉6－8对；叶柄长约2厘米，被黄色绒毛。聚伞花序伞状，具10花，花序梗长5厘米，被黄色绒毛。花梗长达2厘米；花萼5裂，内面基部具10腺体；花冠近钟状，花

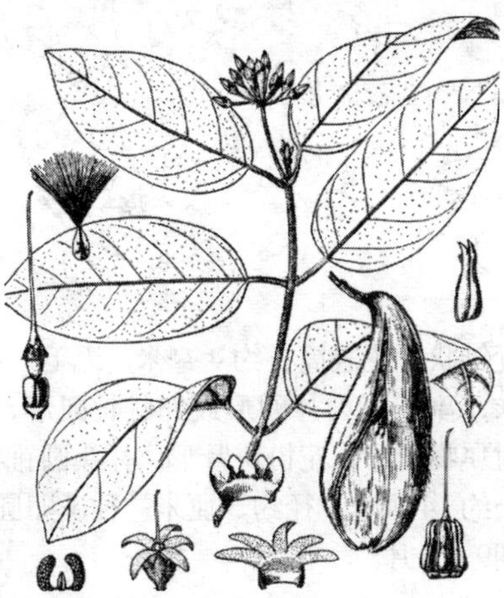

图 299 海枫藤（引自《图鉴》）

冠筒喉部密被倒生柔毛，内面近基部无毛，裂片长圆形，内面被绒毛；副花冠裂片与花药近等长；花粉块长圆形；柱头长喙状。蓇葖果纺锤形，长约10厘米，径3厘米，无毛。种子卵圆形，种毛长达4厘米。花期7–8月，果期9–11月。

产云南、四川、湖北及浙江，生于海拔500–1000米山地林中，攀援树上或岩石。全株药用，可舒经通络、散寒、除湿、止痛。

6. 大叶牛奶菜 圆头牛奶菜 图 300

Marsdenia koi Tsiang in Sunyatsenia 3: 211. 1936.

Marsdenia tsaiana Tsiang; 中国植物志 63: 461. 1977.

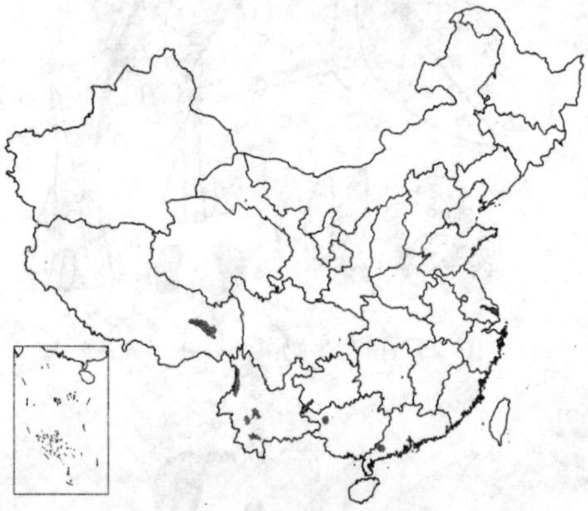

粗壮藤本，长达15米。茎枝灰褐色，无毛，干后中空。叶纸质，卵状长圆形，长8–20厘米，先端骤尖；基部心形，两面无毛，侧脉5–7对；叶柄长4–10厘米，顶端具小腺体。聚伞花序伞状，花序梗长7–9厘米。花梗长2–4厘米；花萼裂片卵圆形，具缘毛，内面基部具10腺体；花冠近钟状，无毛，内面被柔毛，花冠筒长0.9–1.2厘米，裂片长圆形，长约1.2厘米，边缘内卷，具缘毛；副花冠裂片卵状披针形，基部肿胀，背面具2翅状纵脊；花药两侧扁，顶端附属物圆形，花粉块肾形；子房无毛，柱头圆锥状，顶端钝，2裂。蓇葖果柱状椭圆形，长5–10厘米，径2.5–4厘米。种子卵状长圆形，长约1.5厘米，种毛长2.5厘米。花期7–11月，果期9–12月。

图 300 大叶牛奶菜（引自《图鉴》）

产广东、广西、贵州、云南及西藏，生于海拔500–3200米山地杂木林中。缅甸及越南有分布。

7. 海南牛奶菜 翅叶牛奶菜 图 301

Marsdenia hainanensis Tsiang in Sunyatsenia 3:206. 1936.

Marsdenia hainanensis var. *alata* (Tsiang) Tsiang et P. T. Li; 中国高等植物图鉴 3: 500. 1974; 中国植物志 63: 459. 1977.

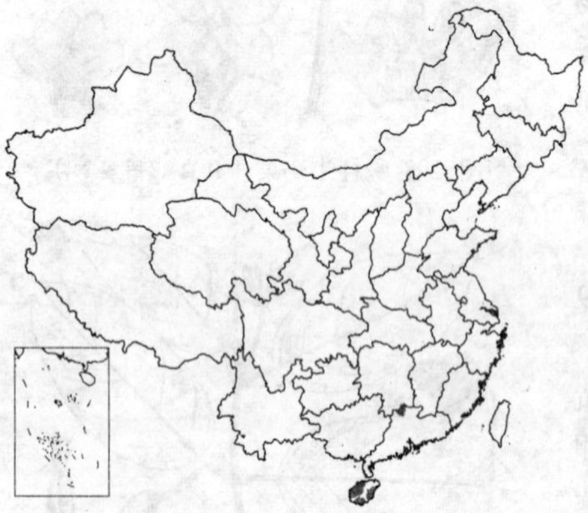

粗壮藤本，长达6米。除花冠外，全株被锈色绒毛。叶纸质，卵圆形，长8–18厘米，先端骤短尖，基部浅心形，上面疏被柔长毛，下面被绒毛，侧脉5–6对；叶柄长3–10厘米。聚伞花序2歧，长10–16厘米，花序梗长达15厘米。花梗约长1厘米；花萼裂片卵状长圆形，长约3毫米，内面基部具5–6腺体；花冠黄白色，近钟状，花冠筒长约4毫米；无毛，内面疏被柔毛，裂片卵形，长3–4毫米；副花冠裂片卵形或卵状长圆形，肉质，较花药及花冠筒短；花药顶端附属物圆形，花粉块肾形；柱头圆锥状或球形，伸出花药。蓇葖果纺锤形，长约14厘米，径约3厘米。种子卵圆形，种毛长5厘米。花期5–10月，果期9–12月。

图 301 海南牛奶菜（引自《图鉴》）

产海南及湖南，生于海拔500–800米山地疏林或山顶灌丛中。越南有分布。花、叶可提取蓝色染料。

8. 牛奶菜 漾濞牛奶菜 图 302

Marsdenia sinensis Hemsl. in Journ. Linn. Soc. Bot. 26 :113. 1889.

Marsdenia yaungpienensis Tsiang et P. T. Li; 中国植物志 63: 461. 1977.

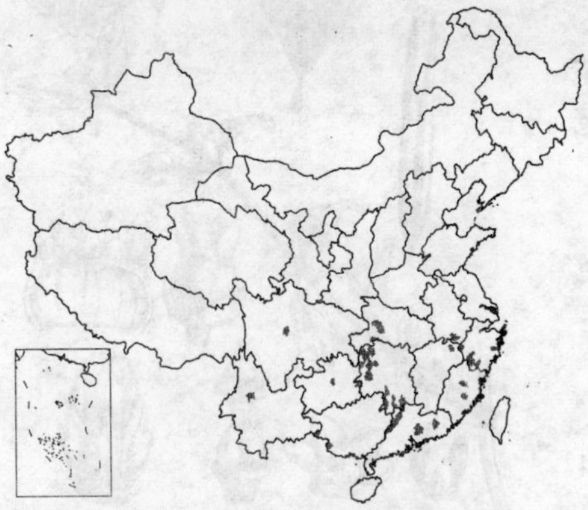

粗壮藤本，长达10米。茎被黄色绒毛。叶卵状心形或卵状长圆形，长7-17厘米，先端骤短渐尖，基部心形，上面疏被微毛，下面被黄色绒毛，侧脉5-6对；叶柄长2.5-7.5厘米。聚伞花序2歧，长3-13厘米，具花10-55，花序梗长2-4.5厘米。花梗长3-5毫米；花萼裂片卵形或椭圆形，长约3毫米；花冠近钟状，黄或玫瑰色，裂片被微柔毛，内面淡黄或黄白色，密被绒毛，裂片卵形，长2-3毫米，开展；副花冠裂片肉质，卵状披针形，较花药短；花粉块近肾形；柱头圆锥状，顶端2裂，伸出花冠筒。蓇葖果纺锤形，长9-13厘米，径2-3厘米，被锈色绒毛。种子卵圆形，长0.6-1.3厘米，边缘膜质，种毛长约3.5厘米。花期4-7月，果期8-11月。

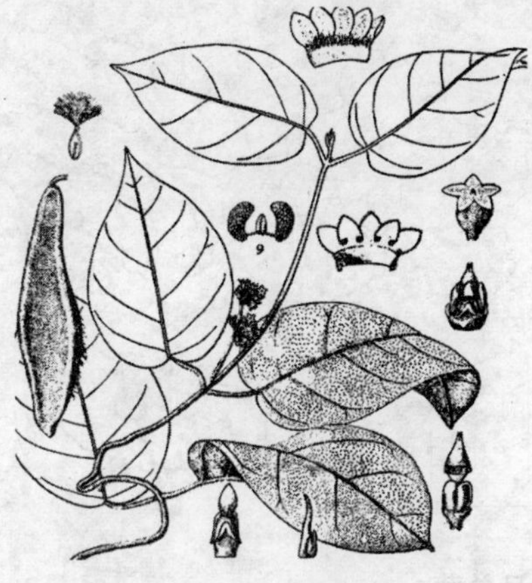

图 302 牛奶菜（陈国泽绘）

产浙江、安徽、福建、江西、湖北、湖南、广东、广西、云南、贵州及四川，生于海拔800米以下山谷疏林或灌丛中。全株药用，可壮筋强骨、利肠健胃，治跌打损伤及毒蛇咬伤。

9. 蓝叶藤　球花牛奶菜　　图 303

Marsdenia tinctoria R. Br. in Mem. Wern. Nat. Hist. Soc. 1:30. 1810.

Marsdenia globifera Tsiang; 中国高等植物图鉴 3: 498. 1974; 中国植物志 63: 448. 1977.

Marsdenia tinctoria var. *brevis* Cost.; 中国植物志63: 446. 1977.

Marsdenia tinctoria var. *tomentosa* Masam.; 中国植物志 63: 445. 1977.

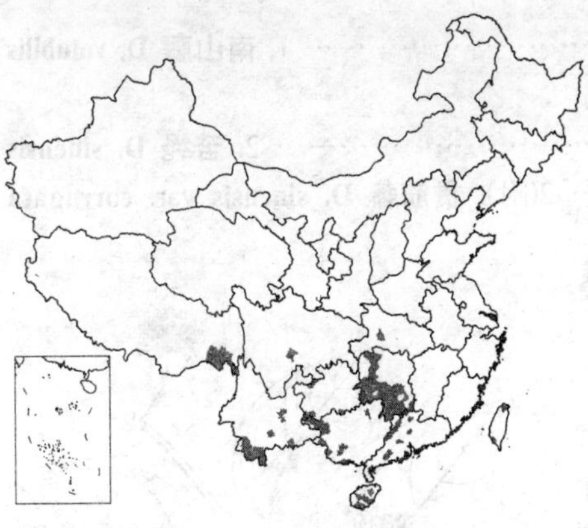

藤本，长达5米。幼嫩部分被短柔毛，后渐无毛。叶卵状长圆形，长5-13厘米，基部圆或稍心形，鲜时蓝绿色，干后蓝色，侧脉5-7（-10）对；叶柄长1-4厘米。聚伞花序总状，稠密，花序梗长2.5-5厘米。花梗长3-5毫米；花萼裂片近圆形，长约2毫米；花冠黄白色，坛状，长3.5-4（-6）毫米，喉部具毛环，余无毛，花冠裂片卵形，长1-1.5毫米；副花冠裂片5，披针形，与花药等长；花粉块窄长圆形；柱头盘状，顶端稍隆起。蓇葖果圆柱状披针形，长5-10厘米，径0.8-1厘米，被茸毛。种子卵圆形，长约1厘米，种毛长1-2厘米。花期3-11月，果期7-12月。

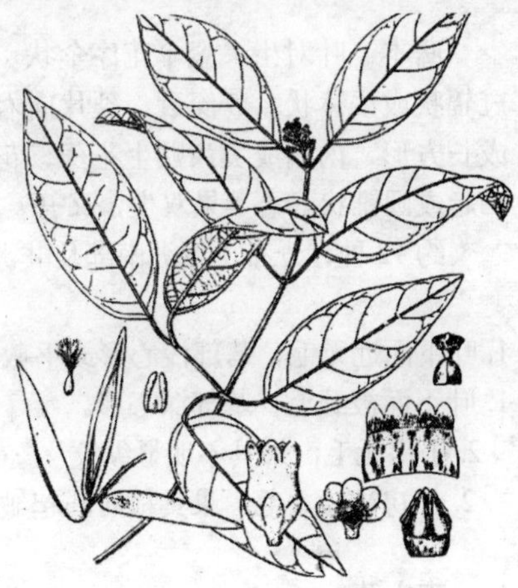

图 303 蓝叶藤（引自《图鉴》）

产台湾、湖北、湖南、广东、海南、广西、云南、贵州、四川及西藏，生于海拔400-1000米山地杂木林中。印度、不丹、尼泊尔、东南亚及日本有分布。茎皮、叶、花可提取蓝色染料。

34. 马兰藤属 Dischidanthus Tsiang

柔弱缠绕藤本。茎被二列柔毛。叶对生，薄革质，长卵形或椭圆状长卵形，长1.5-5厘米，基部圆，稀近心形，仅中脉被毛，余无毛，侧脉4-5对；叶柄长0.4-1.5厘米，被毛，顶端具簇生腺体。聚伞花序伞状腋生，具8-10花，花序梗短。花萼裂片卵形，具缘毛，内面基部具5腺体；花冠坛状，绿色，喉部缢缩，裂片基部厚，向右覆

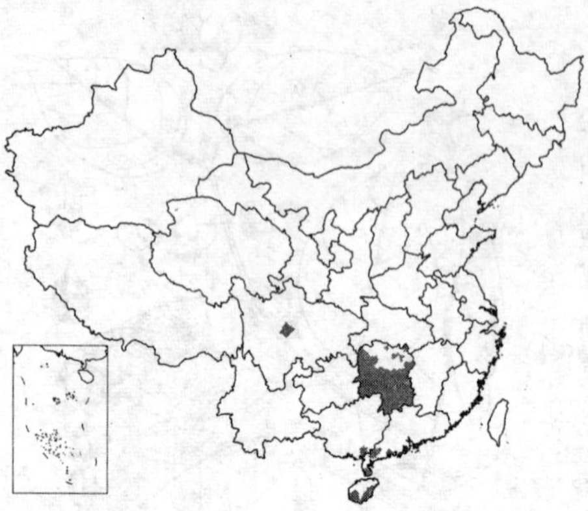

盖；副花冠裂片 5，背部具纵翅，镰形，两侧扁，着生雄蕊背部；雄蕊 5，花丝合生成筒，花药顶端具膜质附属物，每花粉器具 2 直立花粉块，合蕊冠与花冠筒等长；柱头圆锥状。蓇葖果常双生，线状披针形。种子卵状长圆形，顶端具白色绢毛。

单种属。

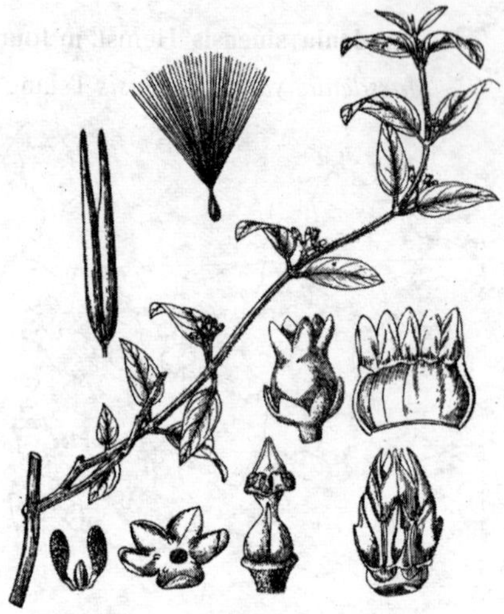

图 304 马兰藤（引自《图鉴》）

马兰藤 图 304

Dischidanthus urceolatus (Decne.) Tsiang in Sunyatsenia 3: 185. 1936.

Marsdenia urceolata Decne. in DC. Prodr. 8: 617. 1844.

形态特征同属。花期 3-9 月，果期 5 月至翌年 2 月。

产四川、湖南、广东、海南及广西，生于海拔 300-800 米山地杂木林或灌丛中。越南有分布。全株药用，治风湿腰痛。

35. 南山藤属 Dregea E. Mey.

藤本。叶对生。聚伞花序伞状，腋生，花多朵，花序梗及花梗细长。花萼裂片卵圆形，内面基部具 5 腺体；花冠辐状或浅钵状，5 深裂，裂片向右覆盖；副花冠 5 裂，裂片开展，厚肉质，与雄蕊等长，贴生雄蕊背面，外角钝或长方形，内角成尖齿贴生花药，花药顶端具膜质附属物，每花粉器具 2 花粉块，花粉块长圆形，直立；柱头脐状凸起或圆锥状。蓇葖果双生，叉开，具纵棱或横皱褶。种子顶端具白色绢毛。

约 12 种，分布于亚洲南部及非洲。我国 4 种。

1. 叶下面近无毛，基部浅心形或平截；果具多皱棱或纵肋 …… 1. **南山藤 D. volubilis**
1. 叶下面被绒毛，基部深心形。
   2. 子房无毛；果具不明显纵纹 …… 2. **苦绳 D. sinensis**
   2. 子房被短柔毛；果具横向凸起皱褶 …… 2(附). **贯筋藤 D. sinensis** var. **corrugata**

1. 南山藤 图 305

Dregea volubilis (Linn. f.) Benth. ex Hook. f. Fl. Brit. Ind. 4: 46. 1883.

Asclepias volubilis Linn. f. Suppl. Pl. 170. 1781.

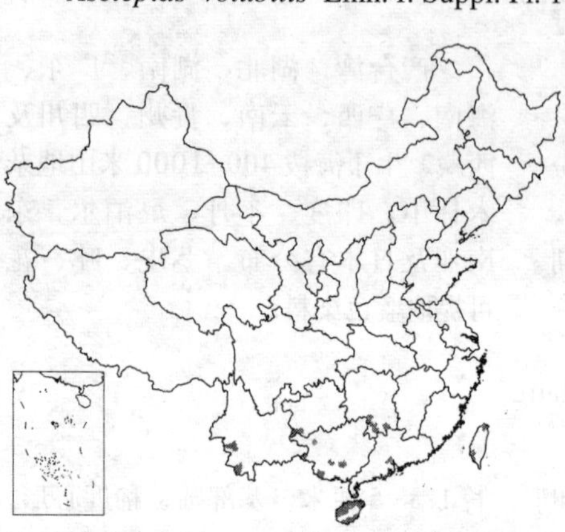

大藤本，长达 12 米。枝灰褐色，具皮孔，小枝绿色。叶卵圆形，长 7-18 厘米，先端稍骤尖或短渐尖，基部浅心形或平截，两面无毛或稍被短柔毛，侧脉 4-6 对；叶柄长 2.5-6 厘米。聚伞花序伞形下垂，花多朵，花序梗细，长 2-6厘米，被微毛。花梗长 2-2.5 厘米；花萼裂片卵状长圆形，长 2.5-3 毫米，被短柔毛及缘毛；花冠绿或黄绿色，芳香，裂片宽卵形，长 0.6-1.2 厘米，具缘毛；副花冠黄绿色，径 4-4.5 毫米；花药顶端附属物白色，花粉块长圆形；子房疏被柔毛。

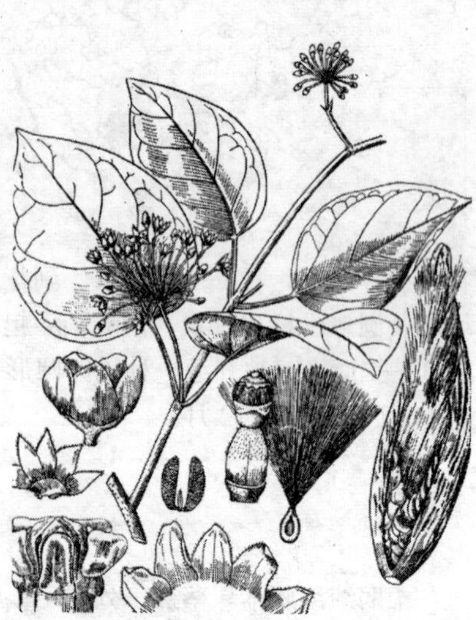

图 305 南山藤（引自《图鉴》）

蓇葖果窄卵球形，长10-15厘米，具多皱棱或纵肋。种子扁卵圆形，长约1.2厘米，边薄，种毛长约4.5厘米。花期4-9月，果期7-12月。染色体2n=22。

产贵州、云南、广西、广东、海南、香港、湖南及台湾，生于海拔500米以下山地林中，常攀援大树上。印度、克什米尔、尼泊尔、孟加拉国及东南亚有分布。嫩叶可拌咖哩粉食用；根药用，作催吐剂，茎利尿，全株治胃痛；茎皮纤维可作人造棉及绳索。

2. 苦绳 图 306:1-8 彩片 86

Dregea sinensis Hemsl. in Journ. Linn. Soc. Bot. 26:115. 1889.

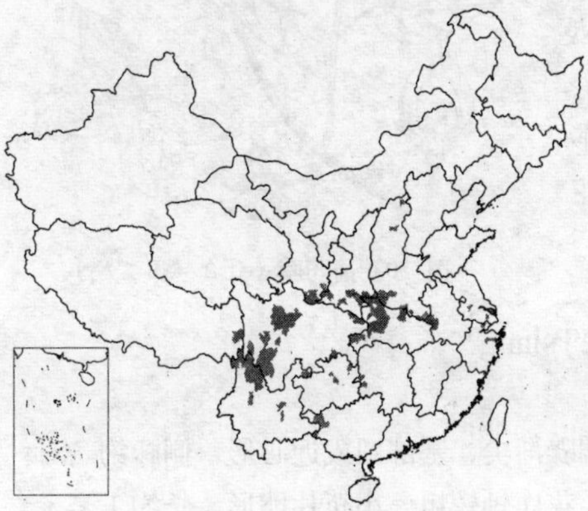

藤本，长达8米。幼枝被褐色绒毛；茎具皮孔。叶纸质，卵状心形，长2-13厘米，基部深心形，上面被短柔毛或近无毛，下面被绒毛，侧脉约5对；叶柄长1.5-5厘米。聚伞花序伞状，花多达20朵，花序梗长3-6厘米。花梗细，长约2.5厘米；花萼裂片卵状长圆形，被短柔毛；花冠白色，内面紫色，径约1.6厘米，裂片卵状长圆形，长6-7毫米，具缘毛；副花冠裂片卵圆形，肥厚，顶端骤尖；花粉块长，基部窄，或镰刀状；子房无毛，柱头圆锥状，为花药顶端附属物包被。蓇葖果柱状披针形，长5-6厘米，径1-2厘米，具不明显纵纹，顶端弯曲。种子扁卵状长圆形，长0.9-1.2厘米，种毛长2.5-4.5厘米。花期4-8月，果期7-12月。

产江苏、浙江、安徽、湖北、湖南、广西、贵州、云南、西藏、四川、甘肃、陕西、河南及山西，生于海拔500-3000米山地疏林或灌丛中。全株药用，可催乳、止咳、祛风湿；叶外敷治外伤肿痛、痈疖及骨折。

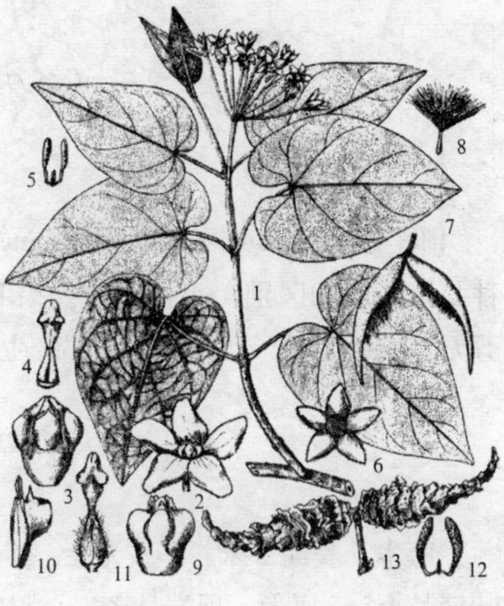

图 306:1-8.苦绳 9-13.贯筋藤（陈国泽绘）

[附] **贯筋藤** 图306: 9-13 **Dregea sinensis var. corrugata** (Schneid.) Tsiang et P. T. Li in Acta Phytotax. Sin. 12: 129. 1974.——*Dregea corrugata* Schneid. in Sarg. Pl. Wilson. 3: 353. 1916. 本变种与模式变种的区别：子房被短柔毛；蓇葖果具横向凸起皱褶。产贵州、云南、四川、甘肃及陕西，生于山地灌丛中。茎、叶药用，治黄疸、淋病、水肿及脓肿。

36. 箭药藤属 Belostemma Wall. ex Wight

缠绕藤本或攀援亚灌木。叶对生。聚伞花序腋外生，花序梗及花梗纤细。花萼5深裂，内面基部具5腺体；花冠辐状，花冠筒短，裂片镊合状排列；副花冠5裂，着生雄蕊背面，裂片肉质镰刀状，星状开展；雄蕊5，花丝合生成筒，花药顶端膜质附属物宽卵形，覆盖柱头，每花粉器具2花粉块，花粉块近球形，平展或近直立，合蕊冠伸出花冠筒；柱头盘状五角形。蓇葖果单生，窄纺锤形。

3种，分布于印度、尼泊尔及我国。我国3种均产。

1. 叶卵状心形，基部心形；枝、叶及花萼被硬毛 ………………………… 箭药藤 **B. hirsutum**
1. 叶卵形，基部宽楔形或圆；枝被二列柔毛，叶及花萼无毛或近无毛 ……………… (附). 镰药藤 **B. yunnanense**

箭药藤 图 307

Belostemma hirsutum Wall. ex Wight, Contr. Bot. Ind. 52. 1834.

缠绕藤本，长达4米。全株被硬毛。叶膜质，卵状心形，长2.5-5厘米，先端渐尖，基部浅心形，侧脉4-5对；叶柄细，长1-2厘米。聚伞花序伞状，具多花，花序梗长0.5-1.5厘米；苞片线形，长2毫米。花梗细，长1-2厘米；花萼裂片卵状披针

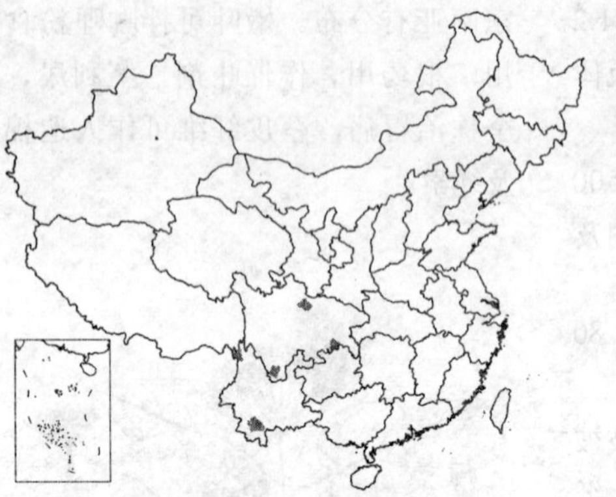

形，长约0.8毫米，具缘毛；花冠紫色，辐状，裂片长圆形，长约2毫米；副花冠深紫色，裂片肉质，镰刀形，星状开展；花粉块近球形；子房无毛，柱头扁平。蓇葖果单生，幼果细长纺锤形。花期6-8月。

产四川及云南，生于海拔700-1500米山地密林或灌丛中。印度及尼泊尔有分布。

[附] 镰药藤 **Belostemma yunnanense** Tsiang in Sunyatsenia 6:139. 1941. 本种与箭药藤的区别：小枝被二列柔毛；叶卵形，基部宽楔形或圆，叶及花萼无毛或近无毛。产云南东南部，生于海拔1400米山地林中。

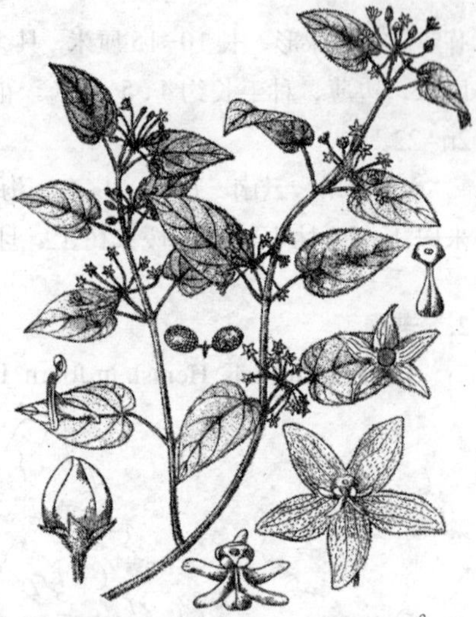

图 307 箭药藤（引自《图鉴》）

37. 驼峰藤属 Merrillanthus Chun et Tsiang

藤本，长约2米。茎枝无毛。叶对生，椭圆状卵形，长5-15厘米，先端骤渐尖，基部圆或近心形，侧脉约7对；叶柄长1.5-5厘米，顶端具簇生小腺体。聚伞花序总状，多歧，花序梗长，花序轴较粗；小苞片卵形，长约1毫米。花萼5裂，内面基部具5腺体；花冠浅钵状，5裂至中部，裂片向右覆盖；副花冠肉质，着生合蕊冠，5裂，裂片卵形，背部隆起，基部厚，腹面与雄蕊背部粘生，较花药短；花丝合生成筒，花药顶端附属物膜质，卵形，覆盖柱头，每花粉器具2花粉块，花粉块长圆形，下垂，花粉块柄斜伸；柱头盘状，基部5棱。蓇葖果单生，宽纺锤形，长9-12厘米，径3. 5-4厘米，无毛。中果皮纤维质。种子扁卵圆形，顶端具白色绢毛。

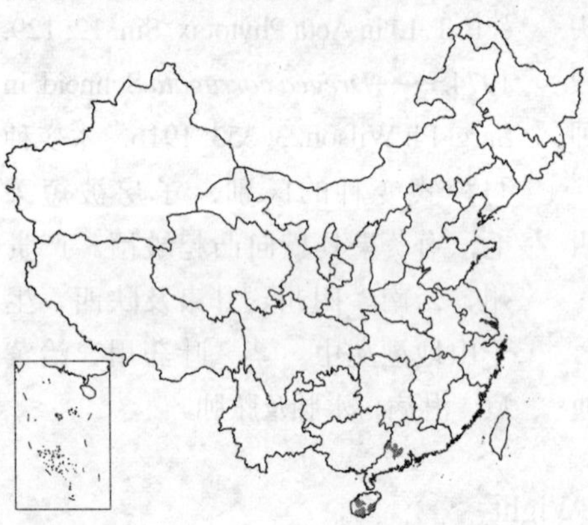

单种属。

驼峰藤 图 308

Merrillanthus hainanensis Chun et Tsiang in Sunyatsenia 6:107. 1941.

形态特征同属。花期3-4月，果期5-6月。

产广东及海南，生于低海拔或中海拔山谷林中。柬埔寨有分布。

图 308 驼峰藤（引自《图鉴》）

38. 白水藤属 Pentastelma Tsiang et P. T. Li

藤本，具乳汁。除叶柄稍被微毛外，全株无毛。叶对生，长圆状披针形，长6-13厘米，宽1.5-3.5厘米，先端近尾尖，基部耳形；叶柄长1-2厘米。聚伞花序伞状，腋生，具3-5花，花序梗及花梗均纤细。花萼5深裂，内面基部具腺体；花冠淡红色，近钟状，裂片披针形，较花冠筒长，向右覆盖；副花冠与合蕊冠粘生，5裂，裂片肉质，背部具2纵翅，较花药短，花丝合生成筒，花药顶端附属物内弯，覆盖柱头，每花粉器具2花粉块，花粉块卵球形，下垂；花柱圆筒状，柱头盘状五角形，顶端稍凸起。

我国特有单种属。

白水藤

Pentastelma auritum Tsiang et P. T. Li in Chun et al., Fl. Hainan. 3: 577. 1974.

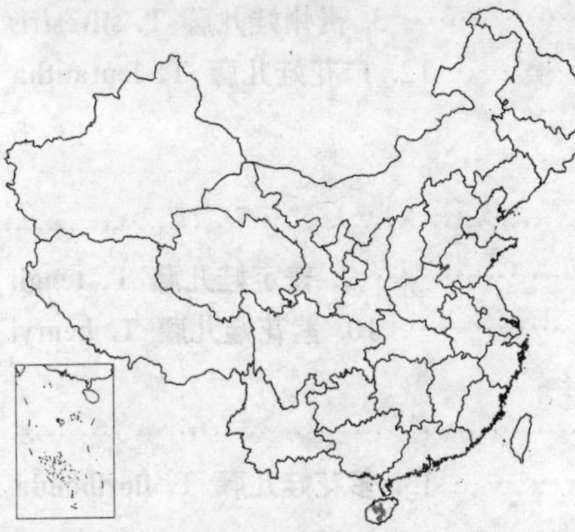

形态特征同属。花期12月。

产海南，生于海拔300-600米花岗岩丘陵山区。

图 309

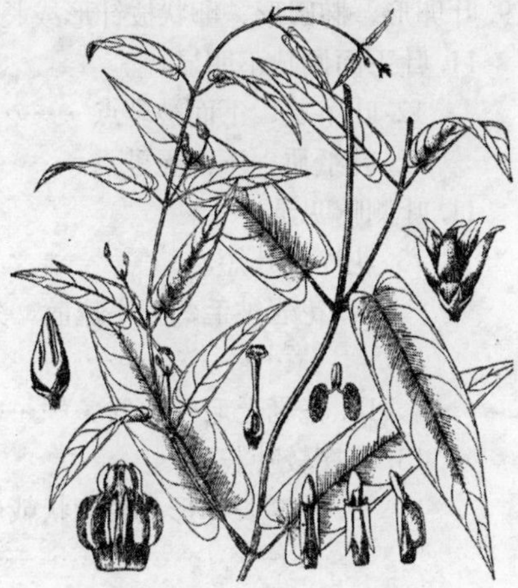

图 309 白水藤（引自《图鉴》）

39. 娃儿藤属 Tylophora R. Br.

缠绕或攀援藤本，稀多年生草本或小灌木。叶对生。聚伞花序总状或伞状，腋外生，稀顶生，花序轴纤细，常曲折，单歧、2歧或多歧；小苞片线状披针形，长1.5-2毫米。花小；花萼5裂，内面基部具腺体或无；花冠辐状或近辐状，5深裂，裂片宽1-3毫米，向右覆盖或近镊合状排列；副花冠裂片常直立，肿胀，粘生合蕊冠基部，先端通常较合蕊冠低，稀圆形张开；雄蕊5，与雌蕊粘生，花丝合生成筒状，花药短，顶端附属物弯拱，覆盖柱头，每花粉器具2花粉块，花粉块平展或斜展，稀直立，花粉块柄斜展或近直立，着粉腺小；花柱短，柱头扁平，常较花药低。蓇葖果长圆状披针形或纺锤形，中果皮薄。种子顶端具白色绢毛。

约60种，分布于非洲、澳大利亚、亚洲热带及亚热带地区。我国35种。

1. 植株直立，有时顶部缠绕。
    2. 叶线状披针形，宽1.5-6毫米，叶柄长1-2毫米 …… 1. 汶川娃儿藤 **T. nana**
    2. 叶宽卵形或卵状椭圆形，宽1.5毫米以上，叶柄长3-6毫米 …… 2. 云南娃儿藤 **T. yunnanensis**
1. 植株攀援、平卧或缠绕。
    3. 叶柄基部具轮环(关节)；茎被乳点 …… 5. 轮环娃儿藤 **T. cycleoides**
    3. 叶柄基部无轮环(关节)；茎无乳点。
        4. 花序梗常较花梗短。
            5. 副花冠裂片较合蕊冠短，卵圆形，直立贴生花药。
                6. 叶纸质或近革质，先端钝圆或具细尖头；茎平卧，顶部有时缠绕。
                    7. 叶长圆形或卵形，下面无毛或中脉被微柔毛；叶柄及花萼无毛 …… 8. 虎须娃儿藤 **T. arenicola**
                    7. 下部叶近圆形，上部叶卵形或倒卵形，下面稍被短柔毛；叶柄及花萼被毛 …… 7. 圆叶娃儿藤 **T. rotundifolia**
                6. 叶膜质，先端渐尖；茎缠绕 …… 10. 紫花娃儿藤 **T. henryi**
            5. 副花冠裂片与合蕊冠等长，圆形或近方形，稍开张 …… 14. 长梗娃儿藤 **T. glabra**
        4. 花序梗常较花梗长。
            8. 茎被锈色糙硬毛 …… 6. 娃儿藤 **T. ovata**
            8. 茎无毛或被单列或二列柔毛。
                9. 叶线形或线状披针形，长为宽5倍以上。
                    10. 叶革质或厚纸质，叶下面被乳点，侧脉不明显 …… 3. 贵州娃儿藤 **T. silvestris**
                    10. 叶膜质，下面无乳点，侧脉较明显 …… 4. 人参娃儿藤 **T. kerrii**

9. 叶卵形、椭圆形、卵状披针形或长披针形，长不及宽5倍。

11. 叶下面侧脉不明显。

12. 叶革质，下面被乳点 …………………………………………………………………… 3. **贵州娃儿藤 T. silvestris**

12. 叶纸质，下面无乳点 ………………………………………………………………… 12. **广花娃儿藤 T. leptantha**

11. 叶侧脉明显。

13. 花序较叶短。

14. 花冠被毛；花序疏散，分枝少，花序梗绿色；花冠绿白色 …………………………………………………………………………………… 9. **普定娃儿藤 T. tengii**

14. 花冠无毛，紫色 ………………………………………………………………… 10. **紫花娃儿藤 T. henryi**

13. 花序较叶长。

15. 叶窄长卵形或长卵状戟形；花序多岐曲折；花紫色 …………………………………………………………………………………… 13. **多花娃儿藤 T. floribunda**

15. 叶长圆形或长圆状披针形；花序轴不分枝，近直伸；花黄绿色 …………………………………………………………………………………… 11 **通天连 T. koi**

1. 汶川娃儿藤 图 310

Tylophora nana Schneid. in Sarg. Pl. Wilson. 3: 351. 1916.

小灌木，高达50厘米。茎枝被微柔毛。叶线形或线状披针形，长1-3.8厘米，宽1.5-6毫米，上面疏被短柔毛，下面仅中脉疏被短柔毛，侧脉不明显；叶柄长1-2毫米，被微柔毛。聚伞花序无梗或近无梗，具4-10花。花梗细，长0.5-1.2厘米；花萼裂片窄披针形，长1-1.5毫米，内面基部常无腺体；花冠裂片线状披针形，长5-7毫米；副花冠裂片卵状三角形，先端渐尖，上达合蕊冠中部；花药近方形，顶端附属物圆形，花粉块近平展；柱头圆，顶端稍扁。蓇葖果披针状圆柱形，长4.5-6厘米，径3-5毫米，无毛。花期3-6月，果期7-8月。

产甘肃及四川，生于海拔1000-1800米旱地灌丛中。

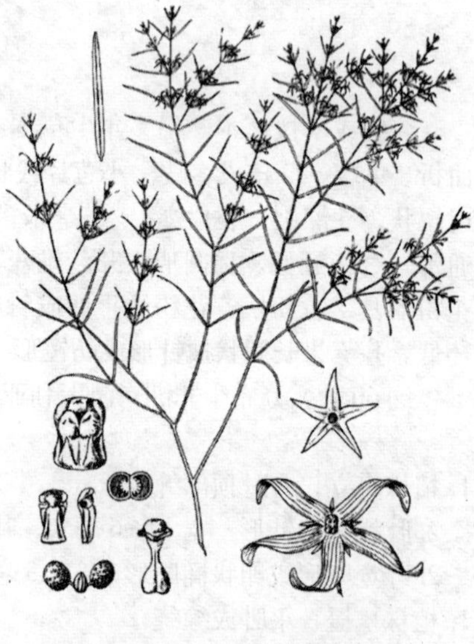

图 310 汶川娃儿藤（陈国泽绘）

2. 云南娃儿藤 图 311 彩片 87

Tylophora yunnanensis Schltr. in Notes Roy. Bot. Gard. Edinb. 8: 17. 1913.

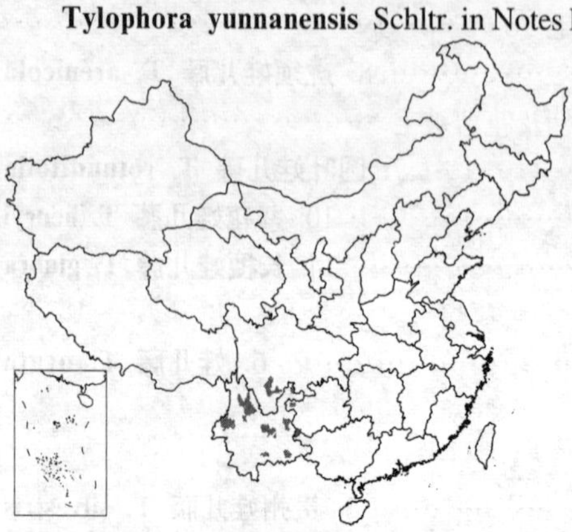

亚灌木，高达60厘米。须根丛生。茎常不分枝，被微柔毛，顶部缠绕。叶宽卵形或卵状椭圆形，长3-8厘米，先端具小尖头，基部圆或宽楔形，上面近无毛，下面被微毛，侧脉4-5对；叶柄长3-6毫米，被短柔毛。聚伞花序腋生及顶生，较叶长，具多花，花序梗长达6厘米。花梗细，长1.8厘米；花萼裂片三角状披针形，长约15毫米，具缘毛，内面基部腺体2齿裂；

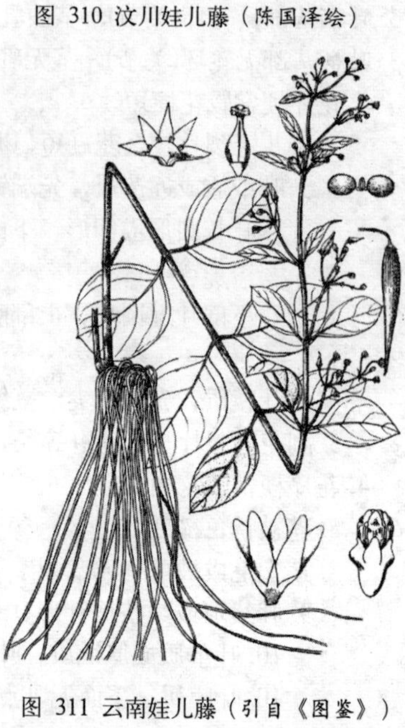

图 311 云南娃儿藤（引自《图鉴》）

花冠紫红色，辐状，裂片长圆形，长3-4毫米，无毛，内面疏被长柔毛，具缘毛；副花冠裂片卵球形，顶端钝；花药近方形，顶端附属物圆形，花粉块长圆形，平展；柱头顶端扁平。蓇葖果柱状披针形，长4-6厘米，径约7毫米。种子卵形，长约5毫米，宽3毫米，种毛长2.5厘米。花期5-8月，果期8-11月。

产贵州、云南及四川，生于海拔2000米以下山坡、向阳旷野及草地。根药用，可消炎解毒、治疟疾、祛风湿；种毛外用可止血。

3. 贵州娃儿藤 图 312

Tylophora silvestris Tsiang in Sunyatsenia 3: 226. 1936.

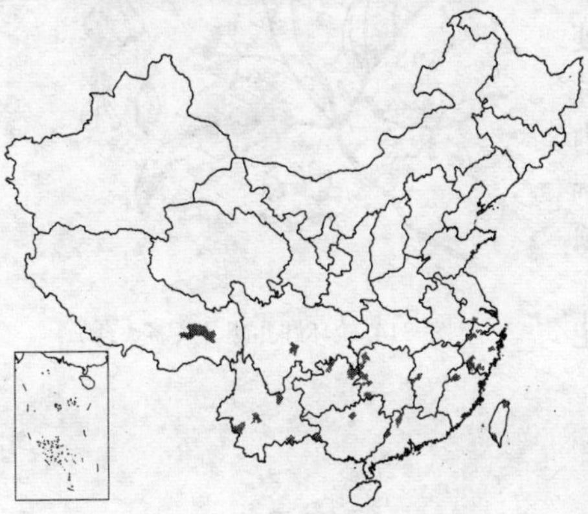

攀援藤本，长达2米。枝无毛。叶革质或厚纸质，披针形，长5-9厘米，宽1-1.2厘米，先端渐尖，基部圆或楔形，除中脉被微毛外，两面无毛，下面被乳点；叶柄长约5毫米，被微柔毛。花序轴常分枝，曲折，聚伞花序总状，疏散，花序梗长达6厘米。花梗长1-2(-6)毫米，被短柔毛；花萼裂片长圆形，长约15毫米，被短柔毛及缘毛，内面基部具5腺体；花冠紫或淡黄色，辐状，裂片卵形，长2.5-3.5毫米；副花冠裂片卵形，肿胀；花药近方形，顶端附属物白色圆形，花粉块球形，平展；子房无毛，柱头顶端稍隆起。蓇葖果披针状圆柱形，长约7厘米，径约5毫米，顶端渐尖，无毛。花期3-5月，果期6-9月。

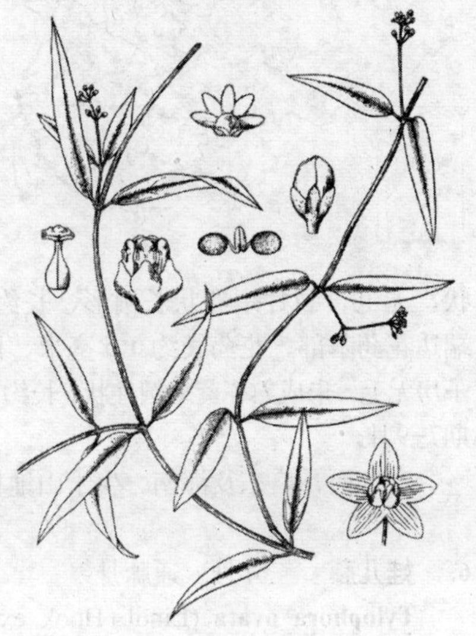

图 312 贵州娃儿藤（引自《图鉴》）

产江苏、安徽、浙江、福建、台湾、江西、湖南、广东、广西、云南、贵州、四川及西藏，生于海拔300-2400米山地林中及旷野。

4. 人参娃儿藤 图 313

Tylophora kerrii Craib in Kew Bull. 1911: 417. 1911.

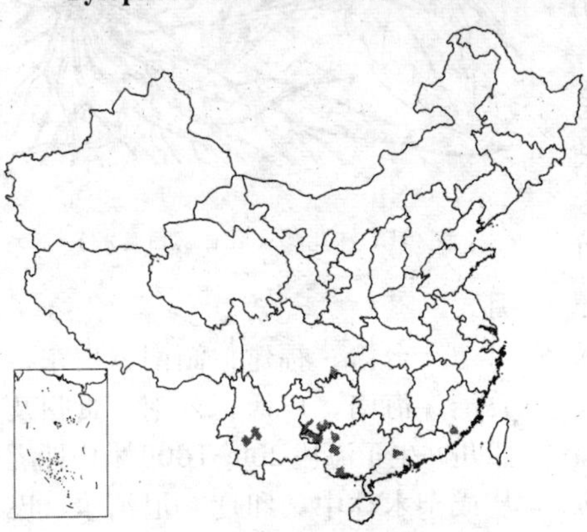

柔弱藤本。除茎节、叶柄及花外，余常无毛。叶膜质，线状披针形，长5.5-9厘米，宽约1.5厘米，先端尖，基部圆或浅心形，侧脉4-8对；叶柄长3-7毫米。聚伞花序下垂，长2-8厘米，花序轴曲折。花梗长0.3-1厘米；花萼裂片窄卵形，长约1.5毫米，疏被微毛，内面基部具5腺体；花冠绿、黄、淡紫或白色，近辐状，裂片卵状长圆形，长达6毫米，被乳头状短柔毛；副花冠裂片卵球形，顶端达花药基部；花药顶端附属物圆形，花粉块球形，斜伸；子房无毛，柱头顶端具细尖头。蓇葖果披针状圆柱形，长4.5-11厘米，径约1厘米。种子长圆形，长约8毫米，种毛长约2.5厘米。花期5-8月，果期8-12月。

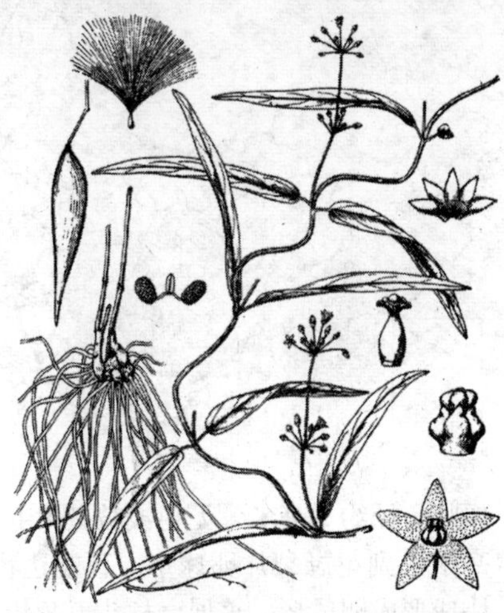

图 313 人参娃儿藤（引自《图鉴》）

产四川、贵州、云南、广西、广东及福建，生于海拔800米以下山谷、草地、溪边及灌丛中。柬埔寨、越南及泰国有分布。根药用，治毒蛇咬伤及癌肿。

5. 轮环娃儿藤 图 314

Tylophora cycleoides Tsiang in Sunyatsenia 3: 224. 1936.

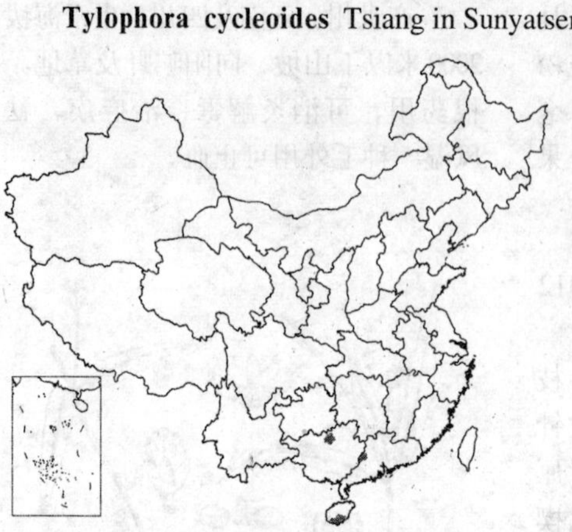

藤本，长达1.5米。茎疏被二列微柔毛，密被乳点。叶纸质，卵形，长2－7厘米，先端具尖头，基部圆或浅心形，两面无毛，基脉3出，侧脉2－3对；叶柄长约1厘米，基部具轮环。聚伞花序伞状，约具10花，花序梗长0.2–2厘米。花梗细，长0.6–1.2厘米；花萼裂片椭圆状卵形，长约1毫米，内面基部腺体少；花冠紫色，辐状，无毛，裂片窄卵状长圆形，长约4毫米，副花冠裂片肉质，卵形，顶端达花药基部，花药长约0.5毫米，顶端附属物圆形，花粉块球形，平展；子房无毛。未成熟蓇葖果圆柱状，长约11厘米，径约5毫米，叉开成180°。花期7–9月。

产广西、广东及海南，生于山地林中。

图 314 轮环娃儿藤（吴翠去绘）

6. **娃儿藤** 三分丹 通脉丹 图 315

Tylophora ovata (Lindl.) Hook. ex Steud. Nomencl. Bot. ed.2, 2: 726. 1841.

Diplolepis ovata Lindl. in Trans. Hort. Soc. Lond. 6: 286. 1826.

Tylophora atrofolliculata F. P. Metcalf; 中国高等植物图鉴 3: 514. 1974; 中国植物志63: 533. 1977.

Tylophora mollissima Wallich ex Wight; 中国高等植物图鉴 3: 514. 1974; 中国植物志 63: 531. 1977.

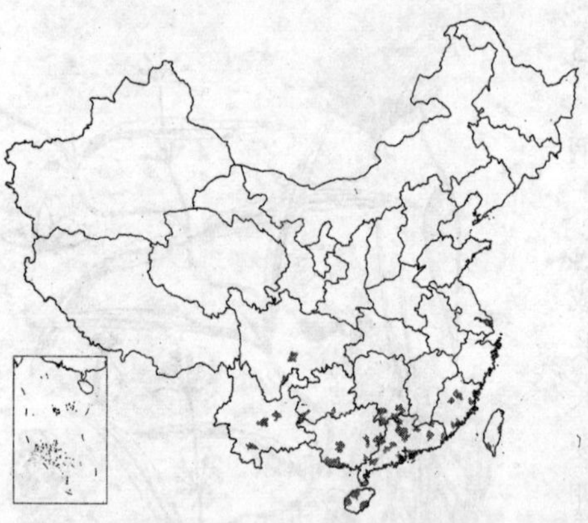

攀援藤本，长达5米。全株被锈色糙硬毛或柔毛。叶坚纸质，卵形，长2.5–12.5(–16)厘米，基部心形，侧脉4–6对；叶柄长0.5–3厘米。聚伞花序总状，长4－13厘米，花序梗长0.5–2厘米，花序轴曲折，具多花，密集。花梗丝状，长0.5–1厘米；花萼裂片钻状渐尖或卵形，具缘毛，内面基部具5腺体或无；花冠淡黄或黄绿色，辐状，径约5毫米，无毛或被微柔毛，裂片长圆状卵形或卵形，长1.5–2.5毫米；副花冠裂片卵球形，顶端达花药中部；花药顶端附属物圆形，花粉块球形或卵球形，平展；柱头五角状，顶端扁平。蓇葖果披针状圆柱形或长圆状披针形，长4–7厘米，径0.3–1.2厘米，被微柔毛或无毛，顶端有时弯曲。种子卵圆形，长5–7毫米，种毛长2–3.5厘米。花期4–8月，果期8–12月。

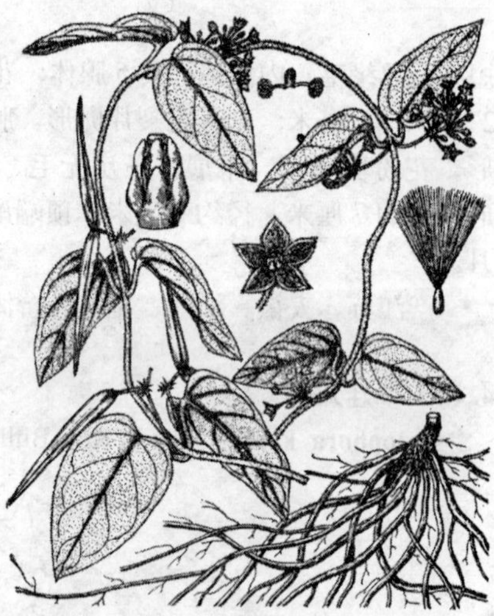

图 315 娃儿藤（引自《图鉴》）

产台湾、福建、湖南、广东、香港、海南、广西、云南、贵州及四川，生于海拔200–1000米山地灌丛或杂木林中。印度、尼泊尔、巴基斯坦、缅甸及越南有分布。根及全株药用，治风湿腰痛、跌打损伤、胃痛、哮喘及毒蛇咬伤。

7. **圆叶娃儿藤** 图 316

Tylophora rotundifolia Buch.-Ham. ex Wight, Contr. Bot. Ind. 50. 1834.

Tylophora trichophylla Tsiang; 中国高等植物图鉴 3: 515. 1974; 中国植物志 63: 537. 1977.

草本，长达3米。茎、叶、叶柄、花萼均疏被柔毛。茎下部平卧，上部有时缠绕。叶长4–9厘米，

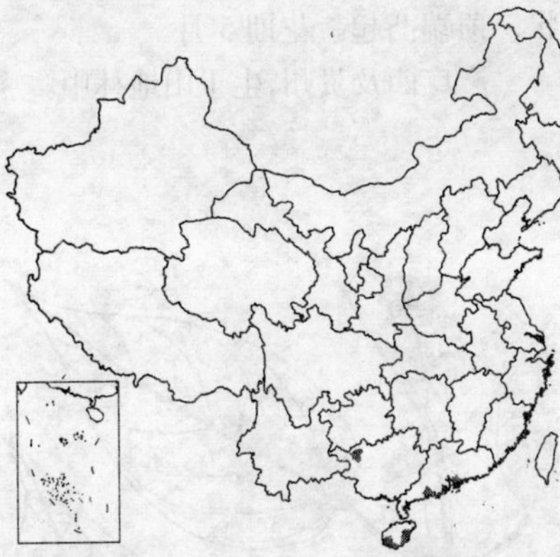

宽3.5-8厘米，下部叶近圆形，上部叶较小，卵形或倒卵形，基部圆，侧脉4－6对；叶柄长2－5毫米，被柔毛。聚伞花序总状，长约2厘米，花序梗长5-8毫米。花梗长1-2.5(-3)厘米；花萼内面基部具5腺体，裂片卵状三角形；花冠黄色，辐状，花冠筒短，裂片长圆形；副花冠裂片肿胀，卵形，顶端达花药基部；花药方形，顶端附属物圆形，花粉块球形，平展；柱头扁平。蓇葖果披针状圆柱形，长约6厘米，径约1厘米，稍被柔毛。种子卵圆形，种毛长约2厘米。花期5月，果期6月。

产广西、广东及海南，生于海拔200-1000米山地灌丛中。印度及尼泊尔有分布。根药用，治风湿、跌打损伤及四肢麻痹。

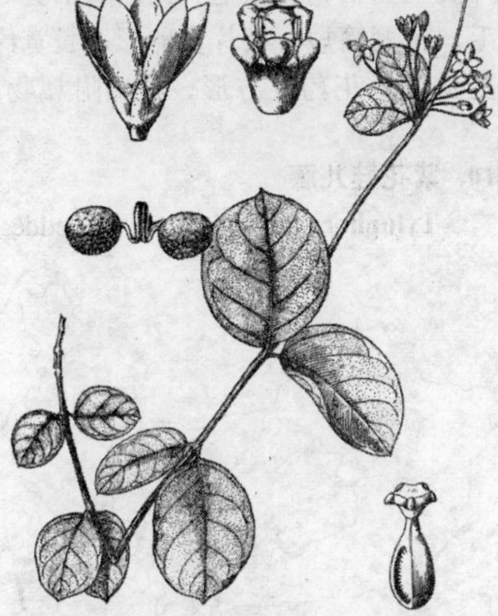

图 316 圆叶娃儿藤（引自《图鉴》）

8. 虎须娃儿藤 老虎须 图 317

Tylophora arenicola Merr. in Lingnan Sci. Journ. 13: 69. 1934.

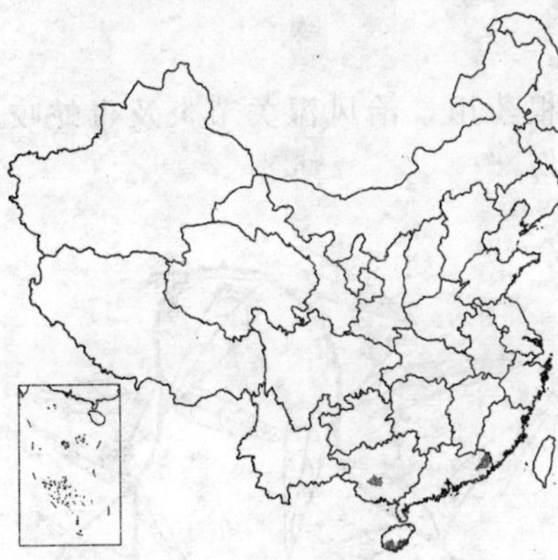

藤本，长达1米。须根丛生，黄白色。茎稍被微柔毛。叶长圆形或卵形，长2－8.5厘米，先端圆或具细尖头，基部圆，两面无毛或中脉被微柔毛，侧脉4－6对；叶柄长2－5毫米，无毛。聚伞花序具7-10花。花梗长约1厘米；花萼裂片卵状三角形，无毛，长约1.5毫米，内面基部具5腺体；花冠黄绿色，辐状或近辐状，裂片长圆形，长35毫米，无毛；副花冠裂片肿胀，宽卵形，顶端达花药基部；花药顶端附属物圆形，花粉块球形，平展；柱头扁平。蓇葖果披针状圆柱形，长4-6.3厘米，径0.7-1厘米，无毛。种子卵圆形，长约4毫米，种毛长约2厘米。花期5-8月，果期9-12月。

产广西、广东及海南，生于海边沙地及平原旷野灌丛中。越南有分布。

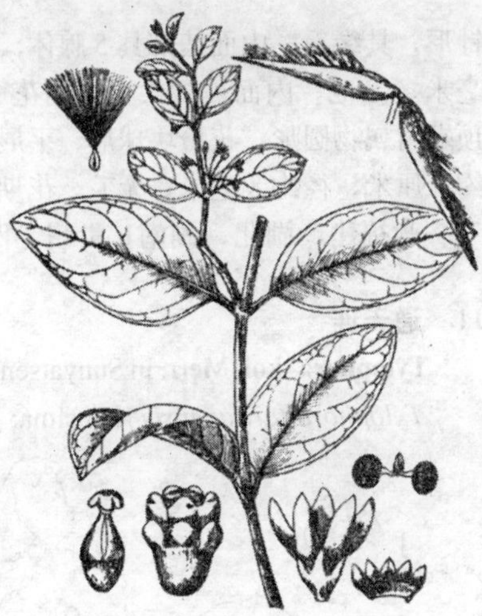

图 317 虎须娃儿藤（引自《图鉴》）

根药用，治跌打瘀肿、毒蛇咬伤。

9. 普定娃儿藤 图 318

Tylophora tengii Tsiang in Sunyatsenia 3: 228. 1936.

草质藤本，长达1米。茎纤细，无毛或被微柔毛。叶薄纸质，长卵形或长圆状卵形，长2.5-4厘米，基部浅心形，上面仅中脉被微毛，余无毛，侧脉3-4对；叶柄长0.5-1厘米，被单列柔毛。聚伞花序伞状，长约2.5厘米，具10-16花，1-2岐，花序梗长1-1.5厘米。花梗长2－6毫米，无毛；花萼裂

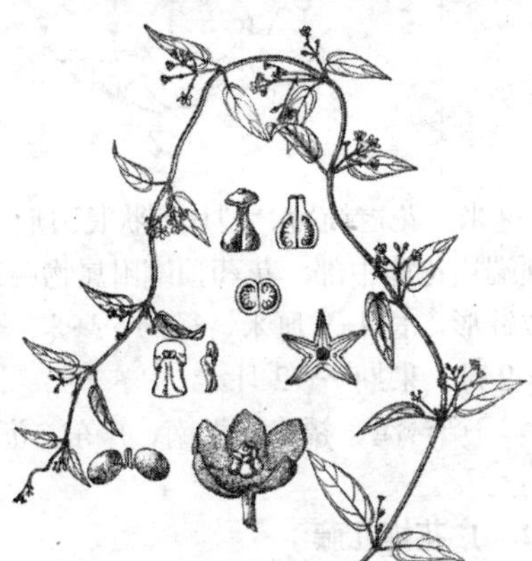

图 318 普定娃儿藤（吴翠云绘）

片长三角状，具缘毛，内面基部具5腺体；花冠绿白色，辐状，稍被微柔毛，花冠筒短，裂片宽卵形，长宽约3毫米；副花冠裂片卵形，顶端达花药基部；花药近方形，顶端附属物圆形，花粉块近球形，平展；柱头盘状，顶端凸起。花期5月。

产广西及贵州，生于山地林中。

10. 紫花娃儿藤 图 319

Tylophora henryi Warb. in Fedde, Repert. Sp. Nov. 3: 313. 1907.

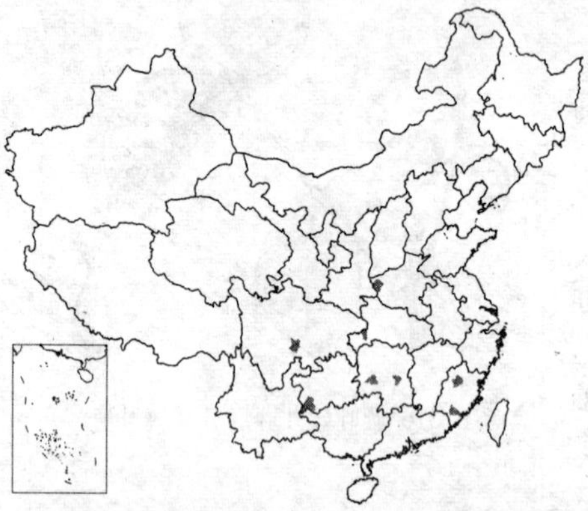

草质缠绕藤本，长达3米。须根丛生。茎被单列柔毛。叶膜质，长卵形或椭圆状卵形，长7.5-16厘米，先端渐尖，基部圆或浅心形，上面仅中脉被微毛，余无毛，侧脉5-6对；叶柄长2-6厘米，被单列柔毛。聚伞花序伞状，长2-6厘米，具多花，被微柔毛或无毛；花序梗长达3厘米，有时极短。花梗长0.5-1厘米；花萼裂片披针形，具缘毛，内面基部具5腺体；花冠紫色，辐状，裂片宽卵形，长2-3毫米，无毛，内面被微柔毛；副花冠裂片近方形，顶端达花药基部；花药顶端附属物圆形，花粉块球形，平展；柱头盘状。蓇葖果披针状圆柱形，长约8厘米，径约8毫米，无毛。花期6-8月，果期8-11月。

产福建、湖北、湖南、贵州、四川及河南，生于山地林下或灌丛中。根药用，治风湿关节炎及毒蛇咬伤。

图 319 紫花娃儿藤（陈国泽绘）

11. 通天连 图 320

Tyiophora koi Merr. in Sunyatsenia 2: 17. 1934.

Tylophora taiwanensis Hatusima; 中国植物志 63: 521. 1977.

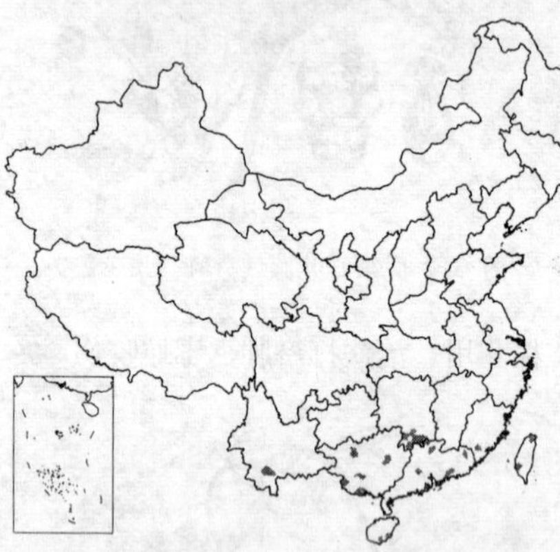

攀援灌木，长达3米。全株无毛。茎纤细。叶长圆状窄卵形或长圆状披针形，长4-8（-11）厘米，先端渐尖，基部近心形，下面密被乳点，侧脉4-7对；叶柄长0.8-2厘米。聚伞花序伞状，长达11厘米，花序梗长达3.5厘米。花梗长4-8毫米；花萼裂片卵状三角形，边缘透明，内面基部具5腺体；花冠黄绿色，辐状，径4-6毫米，花冠筒短，裂片卵状长圆形，脉纹4-7，副花冠裂片肿胀，卵形，顶端达花药中部；花药顶端附属物圆形，花粉块近球形，平展。蓇葖果线状披针形，长4-9厘米，径约5毫米。种子卵圆形，种毛长约1.5厘米。花期6-9月，果期7-12月。

产台湾、福建、湖南、广东、海南、广西及云南，生于海拔100-1000米山谷密林或灌丛中。越南及泰国有分布。全株药用，治毒蛇咬伤、跌打损伤及疥疮。

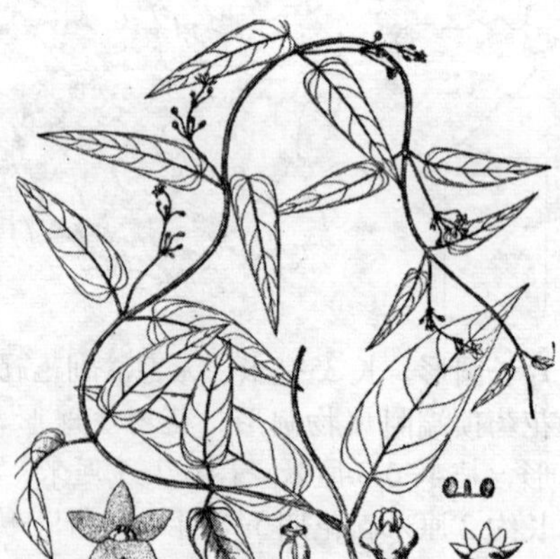

图 320 通天连（引自《图鉴》）

12. 广花娃儿藤 图 321

Tylophora leptantha Tsiang in Sunyatsenia 3: 234. 1936.

藤本，长达4米。除花冠内面被柔毛外，全株无毛。叶坚纸质，长圆状窄长卵形或长圆状披针形，长6-16厘米，宽2.5-5厘米，基部圆或浅心

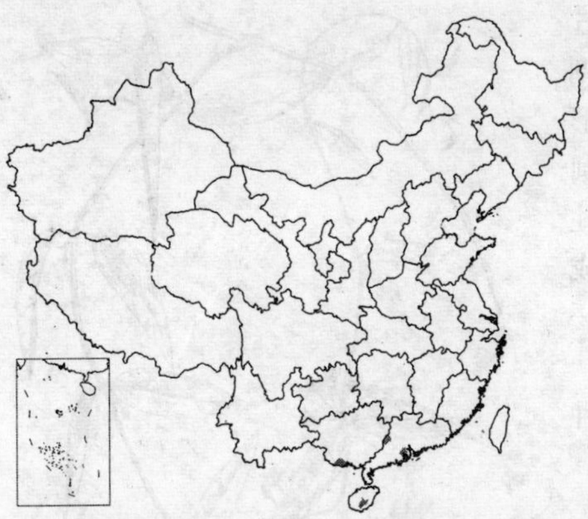

形，侧脉3-6对；叶柄长1-2.5厘米。聚伞花序圆锥状，长宽达12厘米，多歧，花序梗淡紫色。花梗长2-8毫米，淡紫色；花萼裂片卵状长圆形，长约1毫米，内面基部无腺体；花冠淡绿色，辐状，无毛，内面疏被柔毛，裂片长圆形，长约3毫米；副花冠裂片肿胀，卵形，顶端达花药基部；花药方形，顶端附属物圆形，花粉块近球形，平展；柱头扁平，与花药等长。蓇葖果圆柱状披针形，长约12厘米，径约5毫米。种子卵圆形，长约7毫米，种毛长约3厘米。花期4-9月，果期8-12月。

产广西、广东及海南，生于山地疏林或山谷灌丛中。

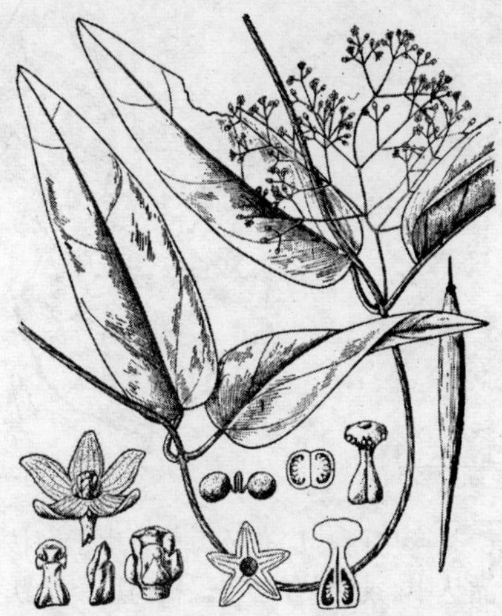

图 321 广花娃儿藤（陈国泽绘）

13. 多花娃儿藤 七层楼 图 322

Tylophora floribunda Miq. in Ann. Mus. Bot. Lugd.-Bat. 2: 128. 1866.

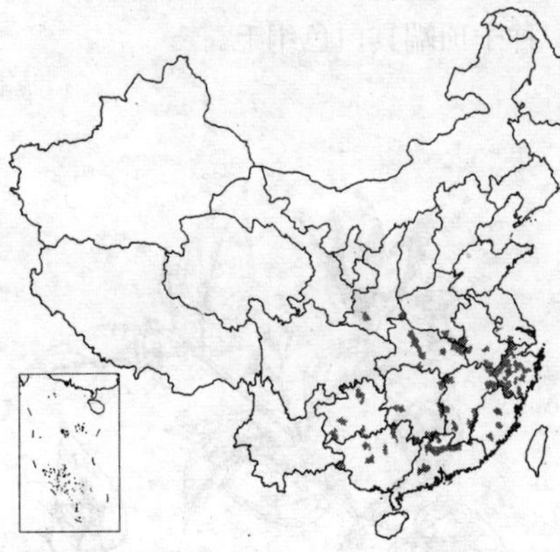

缠绕藤本，长达3米。茎纤细，被单列微柔毛。叶膜质或薄纸质，窄长卵形或长卵状戟形，长3-5厘米，基部心形或圆，下面被乳点，侧脉3-5对；叶柄长0.5-1厘米，被微柔毛。聚伞花序总状或伞状，疏散，长达11厘米，花序梗曲折，花少。花萼裂片长圆状披针形，内面基部具5腺体；花冠紫色，辐状，径约2毫米，无毛，裂片卵形；副花冠裂片宽卵形，顶端达花药基部；花药近方形，顶端附属物圆形，花粉块近球形，平展；柱头顶端具小凸起。蓇葖果披针状圆柱形，长4-6厘米，径4-5毫米。种子卵圆形，长约4毫米，种毛长约2厘米。花期5-9月，果期8-12月。

产江苏、浙江、福建、江西、湖南、湖北、安徽、广东、广西、贵州、河南及陕西，生于海拔100-700米向阳疏林或灌丛中。朝鲜及日本有分布。根药用，治小儿惊风、牙痛、白喉、跌打损伤、关节肿痛及蛇咬伤。

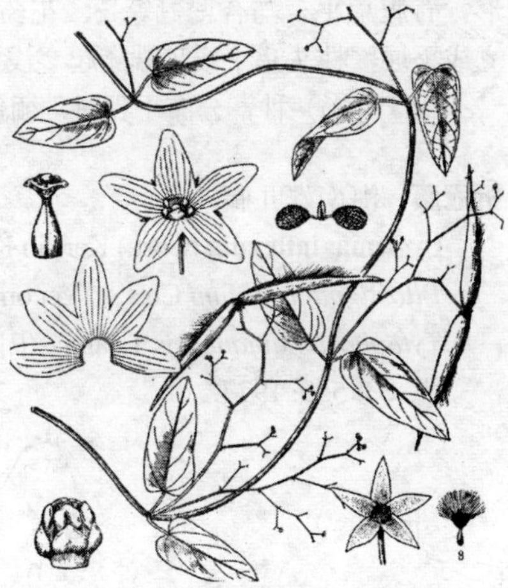

图 322 多花娃儿藤（引自《图鉴》）

14. 长梗娃儿藤 斑胶藤 扒地蜈蚣 图 323

Tylophora glabra Cost. in Lecomte, Fl. Indo-Chine 4: 109. 1912.

Tylophora longipedicellata Tsiang et P. T. Li; 中国植物志 63: 529. 1977.

Tylophora renchangii Tsiang; 中国高等植物图鉴 3: 517. 1974; 中国植物志 63: 547. 1977.

藤本，长达3米。茎被单列微柔毛。叶纸质，椭圆状窄卵形或披针状长圆形，长4.5-8厘米，宽2-3.5厘米，先端渐尖，基部宽楔形或圆，仅上面中脉被微毛，余无毛；叶柄长0.5-1.3厘米。聚伞花序伞状或短总状，花序梗长0.5-1.5厘米，无毛或疏被微柔毛。花梗长1-2.8厘米；花萼内面基部具5腺体，裂片长约3毫米，被长柔毛；花冠绿白色，辐

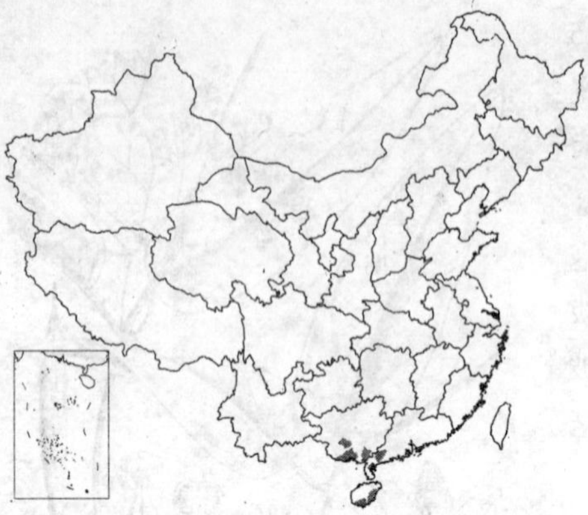

状，花冠筒长约2毫米，裂片卵状长圆形，长约4毫米；副花冠裂片着生花药基部，圆形或近方形；花药顶端附属物圆形，花粉块近球形，平展；柱头盘状。蓇葖果双生，叉开成180°，披针状圆柱形，长4.5–6.5厘米，径0.8–1厘米，无毛。种子长卵圆形；长约4毫米，种毛长1.5–2厘米。花期4–8月，果期9–12月。

产广西、广东及海南，生于海拔500米以下山地疏林、平原旷野及河边灌丛中。越南有分布。根药用，治跌打损伤及骨折；叶外敷治毒蛇咬伤。

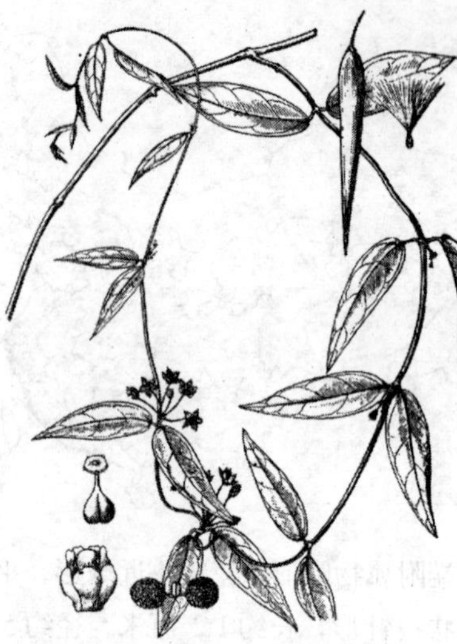

图 323 长梗娃儿藤（引自《图鉴》）

40. 折冠藤属 Lygisma Hook. f.

缠绕藤本。叶对生。聚伞花序腋外生，有时顶生，疏散。花蕾顶端平截；花萼5深裂；花冠钟状，花冠筒较裂片短，裂片蕾时内折，后向右覆盖，窄长圆状披针形，边缘反卷，先端钝圆；副花冠裂片着生花药背部，长圆状卵形，背腹扁平，与合蕊冠等长；花药短，顶端附属物贴生柱头，每花粉器具2花粉块，花粉块斜长圆状镰刀形，直立或平展；柱头扁平或顶端隆起2浅裂。蓇葖果椭圆状卵球形或圆柱状披针形。种子顶端具白色绢毛。

约3（-6）种，分布于我国、缅甸、越南及泰国。我国1种。

折冠藤 海南娃儿藤 图 324

Lygisma inflexum (Cost.) Kerr in Kew Bull. 1939: 457.1939.

Pilostigma inflexum Cost. in Lecomte, Fl. Indo-Chine 4: 73. 1912.

Tylophora hainanensis Tsiang; 中国高等植物图鉴 3: 519. 1974; 中国植物志 63: 559. 1977.

藤本，长达3米。小枝被单列短柔毛，后渐无毛。叶卵形或卵状长圆形，长3–6.5厘米，先端渐尖或稍尾尖，基部圆或心形，两面被微柔毛或下面近无毛，侧脉3–4对；叶柄长0.5–2.5厘米，两侧具毛。聚伞花序较叶短，具4–8花。花梗长4–6毫米；花萼裂片卵形，长约1.5毫米，被柔毛，内面无毛，内面基部具5小腺体；花冠白色，花冠筒长约1毫米，裂片长圆状披针形，长2.5–3毫米，无毛，内面被微柔毛；副花冠裂片长圆状卵形；柱头扁平。蓇葖果圆柱状披针形，长5–7厘米，径约1厘米，近无毛。种子长圆形，长约1厘米，种毛长约3厘米。花期7–10月，果期9–12月。

图 324 折冠藤（引自《图鉴》）

产广西、广东及海南，生于海拔100–300米向阳山地疏林或灌丛中。越南有分布。

41. 石萝藦属 Pentasachme Wall. ex Wight

多年生直立草本。茎无毛，常不分枝。叶对生，窄披针形。聚伞花序总状或伞状，花序梗短。花萼5裂，内面基部具腺体；花冠辐状或近钟状，花冠筒短，裂片窄长，向右覆盖；副花冠裂片5，着生花冠筒，顶端具齿或分裂；雄蕊5，花丝合生成短筒，花药直立，顶端附属物在柱头基部内弯，每花粉器具2花粉块，花粉块直立，卵球形，顶端具透明喙；花柱极短，柱头圆锥状或扁平，顶端2裂。蓇葖果2，圆柱状披针形，平滑。种子顶端具白色绢毛。

4种，分布于印度、尼泊尔、不丹、孟加拉国及东南亚。我国1种。

石萝藦 图 325

Pentasachme caudatum Wall. ex Wight, Contr. Bot. Ind. 60. 1834.

Pentasachme championii Benth.; 中国高等植物图鉴 3: 493. 1974; 中国植物志 63: 415. 1977.

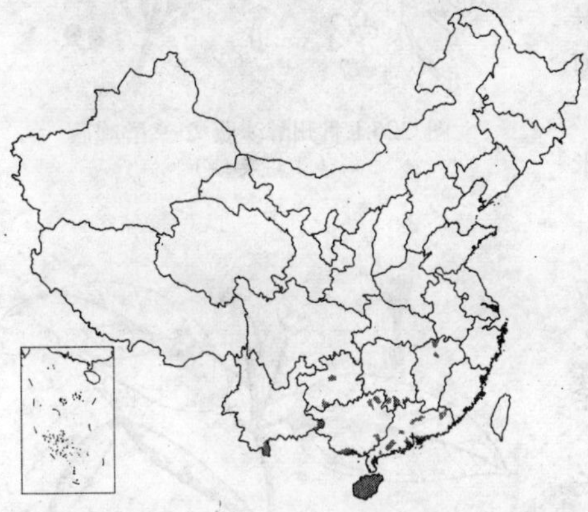

多年生草本，高达80厘米。全株无毛。叶膜质，线状披针形，长4-16厘米，宽0.5-2厘米，先端长渐尖，基部楔形，中脉两面凸起，侧脉不明显；叶柄长1－2毫米。聚伞花序总状，具4－8花；无花序梗。花梗长0.3-2厘米；花萼裂片披针形，长1.5－3毫米；花冠白色，花冠筒短，裂片线状披针形，长0.6-1.5厘米，宽约2毫米；副花冠裂片白色，边缘具齿；花药两侧扁平，花粉块中部与花粉块柄连结。蓇葖果圆柱状披针形，长5-7.5厘米，径约3毫米。种子小，种毛长约1.5厘米。花期4-10月，果期7-12月。

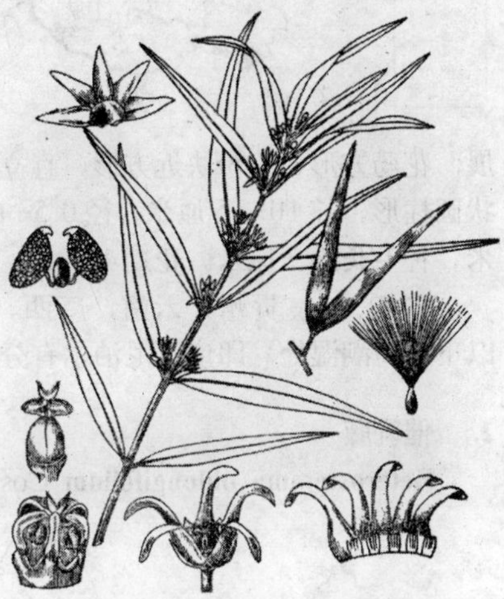

图 325 石萝藦（引自《图鉴》）

产江西、湖南、广东、香港、海南、广西、云南及贵州，生于海拔1300米以下山地疏林、灌丛中、溪边及石缝中。印度、尼泊尔、不丹、孟加拉国及东南亚有分布。全株药用，治肝炎、肾炎、结膜炎、喉痛及支气管炎。

42. 醉魂藤属 Heterostemma Wight et Arn.

藤本，有时具不定根，乳汁白色。叶对生，基脉3-5出，或为羽状脉。聚伞花序伞状或短总状，花序梗短或无。花萼5裂，内面基部具5小腺体；花冠辐状或宽钟状，裂片向左覆盖或镊合状排列；副花冠裂片5，肉质，星状开展或近直立，内面龙骨状或具附属物，先端全缘、具齿或分裂；雄蕊5，花丝合生成筒，花药顶端附属物短而钝，每花粉器具2花粉块，花粉块直立或近平展，内角边缘隆起透明；花柱短，柱头肿大。蓇葖果常双生，窄披针状圆柱形，稍叉开或外弯，平滑。种子顶端具白色绢毛。

约30种，分布于亚洲热带及亚热带地区。我国9种。

1. 叶具羽状脉，扁平；花序具4-5花，花冠淡绿色，内面黄色 ……………………………… 2. **催乳藤 H. oblongifolium**
1. 叶具基脉3-5。
  2. 叶下面中脉或基出脉成翅状。
    3. 茎具纵纹；叶两面被微毛，脉上毛密；花冠裂片被微毛 …………………………… 1. **醉魂藤 H. alatum**
    3. 茎无纵纹；叶两面无毛或稍被毛；花冠裂片无毛 ……………………… 3. **贵州醉魂藤 H. esquirolii**
  2. 叶下面中脉或基出脉平；花径1.2-1.5厘米 ……………………………… 4. **大花醉魂藤 H. grandiflorum**

1. **醉魂藤** 图 326:2-9 彩片 88

Heterostemma alatum Wight, Contr. Bot. Ind. 42. 1834.

藤本，长达4米。茎具纵纹及二列柔毛，老时近无毛。叶宽卵形或长圆状卵形，长8-15厘米，基部圆或宽楔形，幼时两面被微柔毛，下面

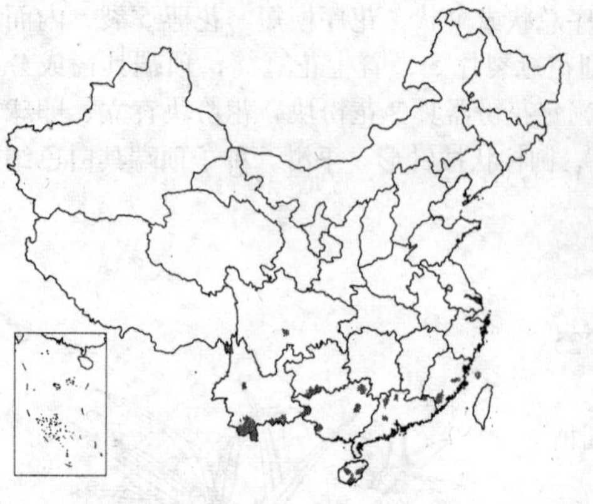

脉上毛密，老渐无毛；基脉3－5出，初翅形，后渐平，侧脉3－4对；叶柄长2－5厘米，被柔毛。聚伞花序伞状，具10-15花，花序梗粗，长2－3厘米。花梗长1-1.5厘米；花萼内面具5小腺体，裂片卵形，长约1毫米；花冠黄色，辐状，被微毛，内面无毛，花冠筒长4－5毫米，裂片三角状卵形，长4-5毫米；副花冠裂片长舌状，星状开展；花药方形，花粉块近方形，直立；柱头扁平，基部5棱。蓇葖果窄披针状圆柱形，长10-15厘米，径0.5-1厘米，无毛。种子卵圆形，长约1.5厘米，种毛长约3厘米。花期4-9月，果期6-12月。

产四川、贵州、云南、广西、广东、海南及福建，生于海拔1200米以下山地潮湿处。印度及尼泊尔有分布。根药用，治风湿、胎毒及疟疾。

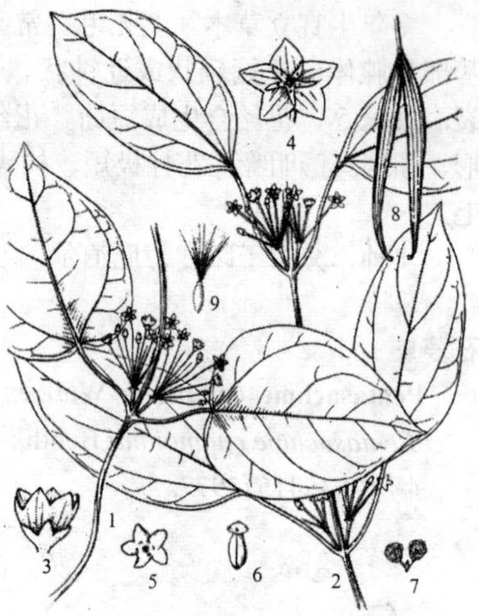

图 326:1.贵州醉魂藤 2-9.醉魂藤
（张培英绘）

2. 催乳藤 图 327

Heterostemma oblongifolium Cost. in Lecomte, Fl. Indo-Chine 4: 120. 1912.

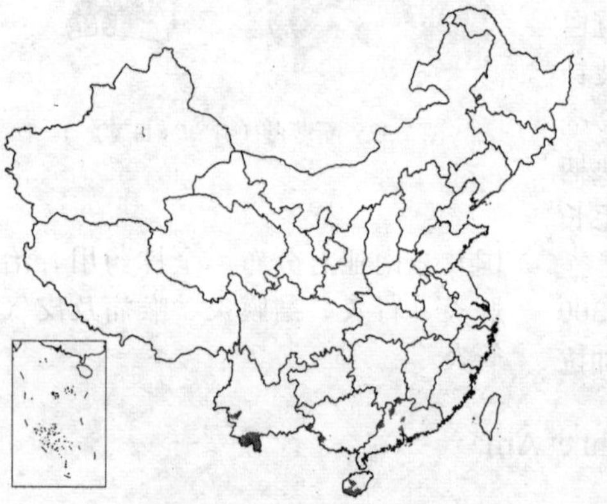

缠绕藤本，长达3米。茎节间被二列柔毛。叶薄革质，长圆形，稀卵状长圆形，长7.5-14(-17.5)厘米，先端稍骤尖，基部圆，两面无毛，侧脉5-7对；叶柄长1.2-3(-4.5)厘米。聚伞花序伞状，具4－5花，花序梗长1－2毫米。花梗长(0.8-)1.2-2.2(-3.5)厘米；花萼裂片长圆形；花冠淡绿色，内面淡黄或橙色，辐状或浅钵状，径1-1.5厘米，分裂或中部，裂片三角状卵形，长4-7(-9)毫米；副花冠裂片长圆状倒卵形或圆形，星状伸展。蓇葖果双生，叉开近180°，窄披针状圆柱形，长12-13.5厘米，径0.9-1厘米。种子窄长圆形，长约2厘米，种毛长约3厘米。花期8-10月，果期9-12月。

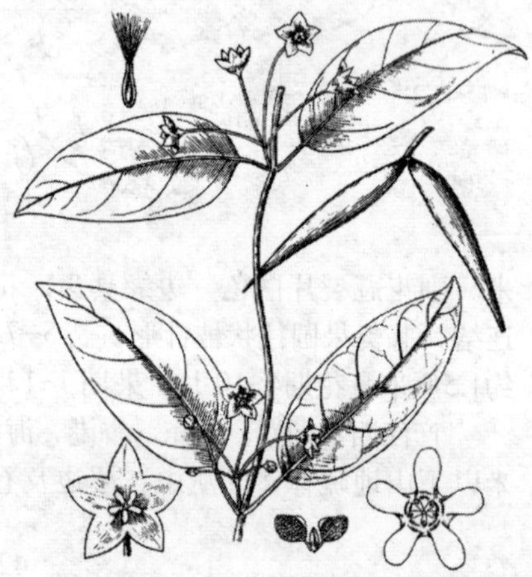

图 327 催乳藤（引自《图鉴》）

产广东、海南、广西及云南，生于海拔100-500米山地疏林及灌丛中。越南及老挝有分布。全株药用，作催乳药。

3. 贵州醉魂藤 图 326:1

Heterostemma esquirolii Lévl. Tsiang in Sunyatsenia 3: 189. 1936.

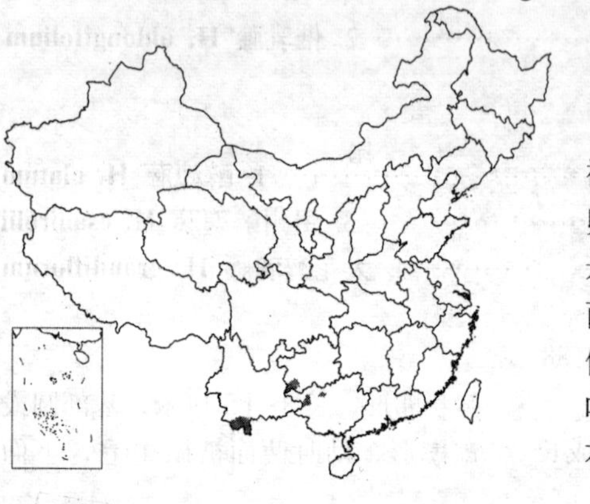

Pentasachme esquirolii Lévl. Fl. Kouy-Tchéou 14. 1914.

藤本，长达3米。茎节间被二列柔毛。叶卵形或椭圆状卵形，长(4-)6.5-10(-12)厘米，先端渐尖，基部楔形，两面无毛或稍被柔毛，基脉3出，侧脉3－4对，下面中脉翅形；叶柄长1.3-2.3(-5)厘米。聚伞花序伞状，具10－17花，花序梗极短。花梗纤细，长1.5-3（-4）厘米；花萼裂片卵形，长约15毫米，被微柔毛及缘毛，内面基部具5腺体，腺体顶端齿裂；花冠黄或绿色，辐状，径约12厘米，裂片宽三角形，长3.5-7毫米，无毛；副花冠裂片长圆状卵形，长约1毫米，顶端平展。蓇葖果窄披针状圆柱形，长约6厘米，径约5毫米。花期7－9月，果期9－12月。

产贵州、云南及广西，生于山地

疏林中。泰国有分布。

4. **大花醉魂藤**

Heterostemma grandiflorum Cost. in Lecomte, Fl. Indo- Chine 4: 122. 1912.

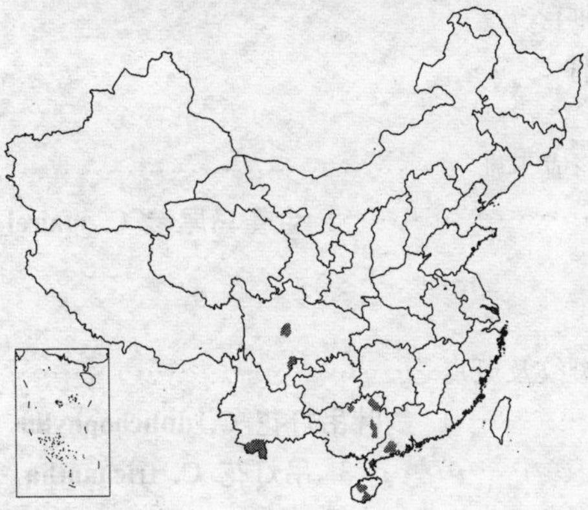

藤本，长达5米。茎枝具纵纹，节间被二列柔毛或无毛。叶纸质，卵形或卵状长圆形，长(7-)10-19厘米，基部圆或平截，两面无毛，基脉3出，侧脉3-4对，在上面平；叶柄扁，长(2-)2.5-6.5厘米。聚伞花序长6-9厘米，花序梗长0.9-2.5(-3)厘米，2歧。花梗长1-1.5(-4)厘米，被微柔毛；花萼裂片卵形，具缘毛；花冠辐状，被微柔毛，径1.2-1.5厘米，内面无毛，裂片卵形，长约4毫米；副花冠裂片舌状，长约3毫米，上部平展。蓇葖果窄披针状圆柱形，长10-12厘米，径0.7-1厘米，稍弯。种子宽卵形，长约2厘米，种毛长约2.5厘米。花期7-9月，果期10-12月。

产四川、云南、广西、广东及海南，生于山地疏林或灌丛中。越南有分布。

43. 润肺草属 Brachystelma R. Br.

多年生直立草本，具水液。根茎常块状。叶对生，常窄小，无柄或近无柄。聚伞花序伞状或总状，腋生或顶生。花梗细短；花萼5裂，内面基部具5腺体；花冠钟状或近辐状，裂片直立或开展，镊合状排列；副花冠2轮，着生合蕊冠，外轮5裂片2深裂，内轮5裂片长圆形，近柱头内弯；雄蕊5，花丝合生成短筒，花药顶端无膜质附属物，每花粉器具2花粉块，花粉块直立或斜伸，边缘透明；花柱短，柱头扁平。蓇葖果常双生，线状圆柱形。种子顶端具白色绢毛。

约60种，分布于非洲、大洋洲及亚洲东南部。我国2种。

润肺草 图 328

Brachystelma edule Coll. et Hemsl. in Journ. Linn. Soc. Bot. 28: 89. 1890.

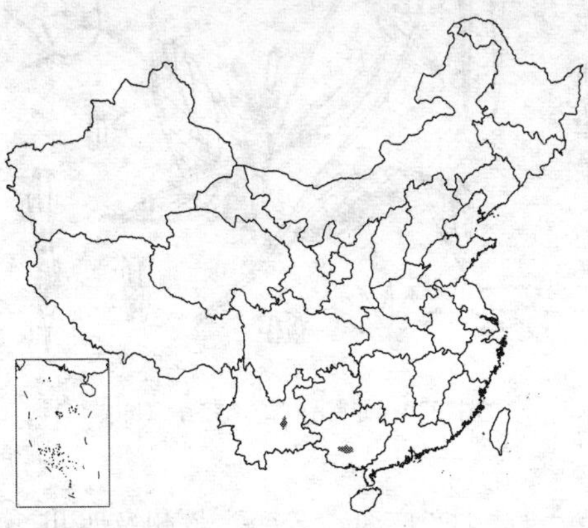

多年生草本，高达15厘米。块根球形或卵球形，径1.5-2厘米。茎不分枝，节间短，被微毛或无毛。叶对生，稀在下部互生，线状披针形，长2-4厘米，宽2-3毫米，无毛，侧脉5-7对，不明显；无叶柄。聚伞花序总状，顶生。花梗细短；花萼裂片卵状披针形，被短柔毛；花冠近辐状，无毛，内面被短柔毛，裂片披针形；副花冠裂片反折；花粉块卵球形，斜升。蓇葖果线状圆柱形，长约9厘米，径约4毫米，无毛。种子长圆形。花期10月。

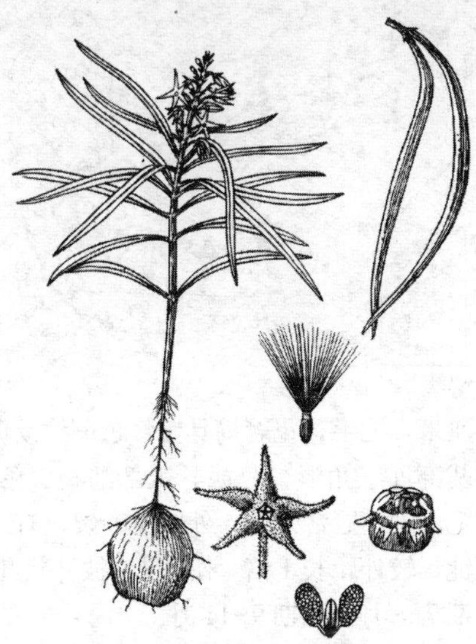

图 328 润肺草（引自《图鉴》）

产广西及云南，生于海拔300-1200米山地林下。缅甸有分布。块根可食用；全株药用，可止咳祛痰。

44. 吊灯花属 Ceropegia Linn.

多年生草本或草质藤本；液汁清或浑，稀乳状。茎肉质，直立或缠绕。聚伞花序常伞状，腋外生，稀顶生。花较大；花萼5深裂，内面基部具多个小腺体；花冠筒状，基部常一面肿胀，上部漏斗形，裂片常纤细，基部镊合状排列，顶端粘合，具缘毛；副花冠2轮，外轮5裂片基部合生成杯状，顶端全缘或2裂，内轮5裂片钻形或窄匙形，下部贴盖花药，上部直立；花丝合生成短筒，花药顶端无附属物，每花粉器具2花粉块，花粉块直立，内角具透明边缘；柱头凸起或扁平。蓇葖果线形、纺锤形或圆柱形。种子顶端具种毛。

约170种，主产非洲，少数种类分布亚洲热带地区及大洋洲。我国17种。

1. 茎直立或下部直立，上部缠绕；叶卵状椭圆形或椭圆状披针形，基部楔形或下延 …… 2. **金雀马尾参 C. mairei**
1. 茎缠绕。
  2. 叶长圆状披针形、窄卵状椭圆形或椭圆状长圆形。
    3. 叶长5-12厘米，宽0.5-2厘米；叶柄长达1厘米；花冠筒具紫红色斑纹及斑点 …… 1. **剑叶吊灯花 C. dolichophylla**
    3. 叶长约4.5厘米，宽2.5厘米；叶柄长达2.8厘米；花冠筒绿白色 …… 3. **吊灯花 C. trichantha**
  2. 叶卵形或卵状长圆形。
    4. 叶先端渐尖，基部圆或楔形。
      5. 外轮副花冠不明显5裂，具刺毛；花冠基部橙黄色，顶端紫色 …… 4. **西藏吊灯花C. pubescens**
      5. 外轮副花冠10裂，具缘毛；花冠褐红或粉红色 …… 6. **白马吊灯花 C. monticola**
    4. 叶先端尾尖，基部心形，两面无毛；花冠具白绿或淡紫色斑点及斑纹 …… 5. **宝兴吊灯花 C. baohsingensis**

1. 剑叶吊灯花 长叶吊灯花 图 329

Ceropegia dolichophylla Schltr. in Notes Roy. Bot. Gard. Edinb. 8: 17. 1913.

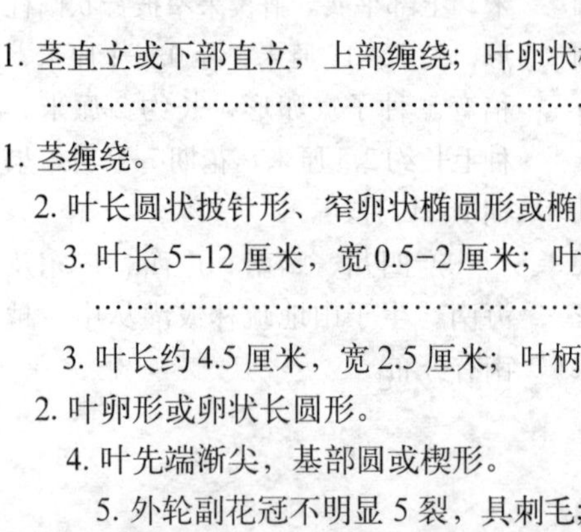

草质缠绕藤本。长达1.5米。茎无毛。叶椭圆状披针形或窄卵状椭圆形，长5-12厘米，宽0.5-2厘米，先端渐尖，基部楔形，上面疏被柔毛，下面无毛，具缘毛；叶柄长达1厘米。聚伞花序具(1-)2-7花，花序梗长0.2-3厘米，疏被短柔毛。花梗长1-1.5厘米，无毛；花萼裂片线状披针形，长5-6毫米，无毛；花冠长(2.2-)3-4.7厘米，无毛，花冠筒具紫红色斑纹及斑点，裂片长(0.8-)1-2.2(-2.5)厘米，基部近三角形，色淡，上部细长，色深，先端粘合，龙骨状，内面被长柔毛；副花冠常无毛，外轮10裂，有时具缘毛，内轮裂片线状披针形，先端钝，较外轮长1倍。蓇葖果窄披针状圆柱形，长约10厘米，径约5毫米。花期7-8月，果期9-11月。

图 329 剑叶吊灯花（引自《图鉴》）

产广西、云南、贵州及四川，生于海拔500-1500米山地密林中。

2. 金雀马尾参 图 330

Ceropegia mairei Lévl. H. Huber in Mem. Soc. Brot. 12: 43. 1957.

Aristolochia mairei Lévl. in Bull. Geogr. Bot. 22: 228. 1912.

多年生草本，长达35厘米。根茎丛生，纺锤形。茎直立，或上部缠绕，近基部无叶，被微柔毛。叶卵状椭圆形或椭圆状披针形，长1-4(-5)厘米，先端骤尖或短渐尖，基部楔形或下延，上面密被微柔毛，下面除中脉外无毛，叶缘稍波状，侧脉不明显；叶柄长0.3-1厘米，具窄翅，被

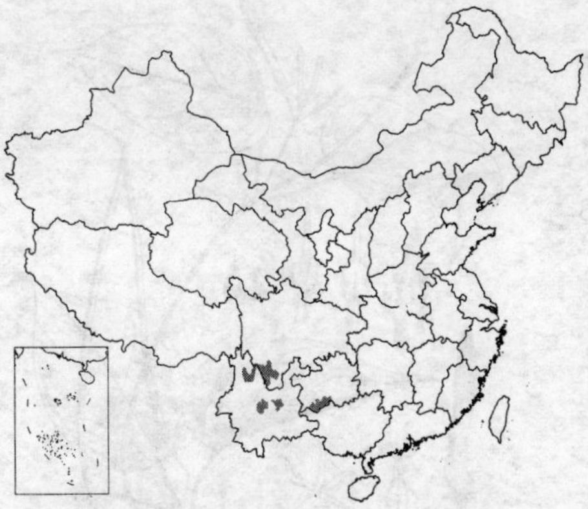

微柔毛。聚伞花序近无梗，具1-2(-5)花。花梗长0.4-1.7厘米，稍被微柔毛；花萼裂片线状三角形，长7毫米，疏被微柔毛；花冠黄或绿色，具紫色斑纹，长(2.3-)4.3-4.9厘米，花冠筒径2-3.4毫米，喉部径0.9-1.2厘米，无毛，裂片长(0.7-)1.4-2.5厘米，内面密被柔毛或微柔毛；外轮副花冠裂片三角形，被长柔毛，内轮裂片线形，无毛，较外轮长1倍。花期5-7月，果期10月。

产云南、贵州及四川，生于海拔1000-2300米石灰岩峭壁或灌丛中。根药用，治癞疮。

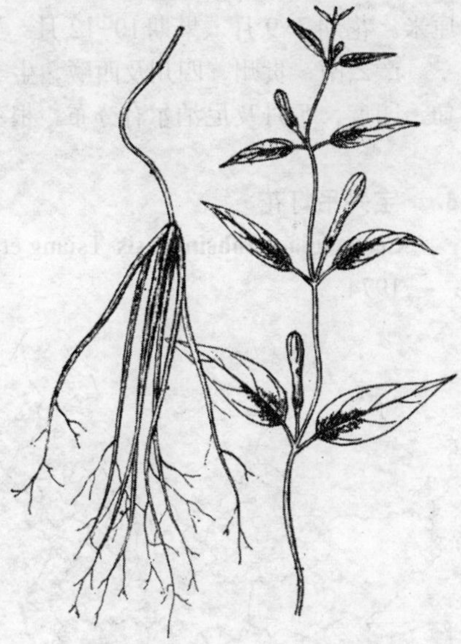

图 330 金雀马尾参（引自《图鉴》）

3. 吊灯花 图 331

Ceropegia trichantha Hemsl. in Journ. Bot. 23: 286. 1885.

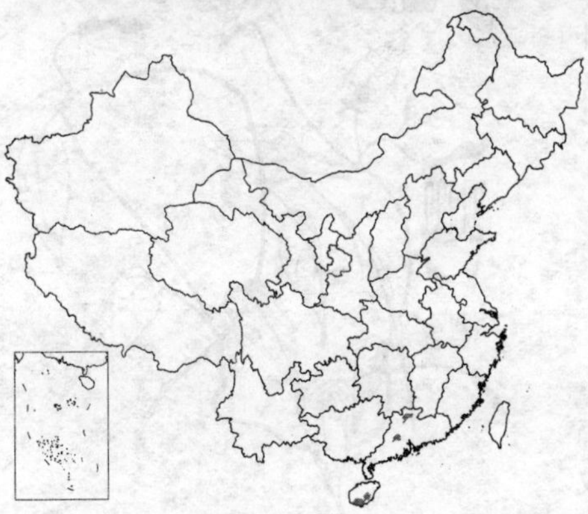

草质藤本，长达1.5米。根茎丛生，纺锤形。茎缠绕，除节外无毛。叶长圆状披针形或椭圆状长圆形，长约4.5厘米，宽2.5厘米，基部圆或宽楔形，上面被平伏短柔毛，下面苍白色，除中脉外无毛，侧脉6-7对；叶柄长达2.8厘米，具翅，被平伏短柔毛。聚伞花序具4-5花，花序梗长1.4-3.5厘米。花梗长1-1.5厘米；花萼裂片线状披针形，长3-4(-6)毫米；花冠无毛，长3-4.5厘米，花冠筒绿白色，长1.5-2厘米，基部肿大，径3.7-4.5毫米，冠檐窄漏斗形，径3-3.5毫米，裂片深紫色，长1.8-2厘米，近线形，先端匙形；外轮副花冠裂片2裂，裂齿近三角形，具缘毛，内轮副花冠裂片舌状，长达3毫米，被长柔毛。蓇葖果长约20厘米，径约5毫米。花期8-10月，果期10-12月。

图 331 吊灯花（引自《图鉴》）

产广东及海南，生于海拔100-1000米疏林及灌丛中。泰国有分布。全株药用，治癞癣。

4. 西藏吊灯花 图 332

Ceropegia pubescens Wall. Pl. Asiat. Rar. 2: 81. 1831.

草质缠绕藤本，长达1米。茎无毛。叶卵圆形或卵状长圆形，长4-15厘米，先端近尾尖，基部圆，上面被长柔毛，侧脉4-5对；叶柄长3-4.5厘米，被长柔毛。聚伞花序具4-8花，花序梗长约2.5厘米，近无毛。花梗长约1厘米，被微柔毛；花萼裂片线状披针形，长约1.5厘米，宽约5毫米；花冠黄色，长5-5.5厘米，花冠筒长3-3.5厘米，基部稍肿胀，喉部径3-5毫米；花冠裂片线形，长2-2.5厘米，基部橙黄色，反卷，先端紫色，近钻形；外轮副花冠不明显5裂，具刺毛，内轮副花冠裂片线形。蓇葖果长约13厘米，径约2毫米。种子窄披针形，长约1厘米，宽1毫米，种毛长约3.5

厘米。花期7–9月，果期10–12月。染色体2n=20。

产云南、贵州、四川及西藏，生于海拔1500–3200米山地杂木林中。缅甸、印度、不丹及尼泊尔有分布。根药用，治小儿蛔虫。

5. 宝兴吊灯花 图 333

Ceropegia baohsingensis Tsiang et P. T. Li in Acta Phytotax. Sin 12: 145. 1974.

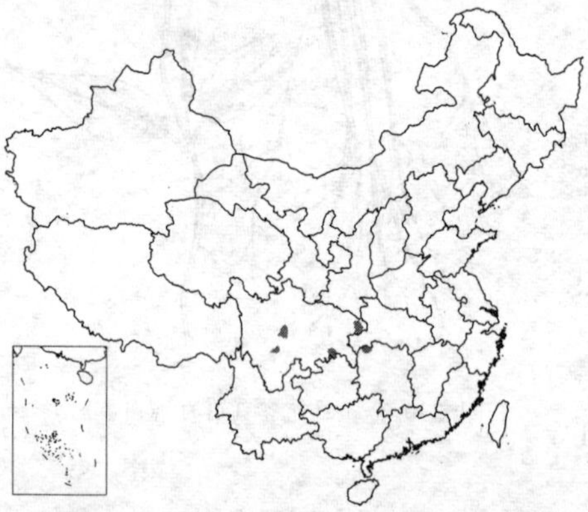

多年生缠绕草本，长达2米。除花外全株无毛。叶卵形或卵状长圆形，长3–6厘米，先端尾尖，基部心形，两面无毛，侧脉7–9对；叶柄长1–1.5厘米。聚伞花序与叶近等长，花序梗细，长0.8–2厘米。花梗长约1厘米；花萼裂片披针形，长约2毫米，宽0.5毫米，具缘毛；花冠无毛，具白绿或淡紫色斑点及斑纹，花冠筒长约2厘米，基部肿胀，中部缢缩，喉部宽大，裂片舌状，长约6毫米；外轮副花冠浅裂，裂片先端2裂，疏被柔毛，内轮副花冠裂片舌状，长于合蕊冠。花期4–8月。

产四川及湖南，生于海拔300–900米山谷。

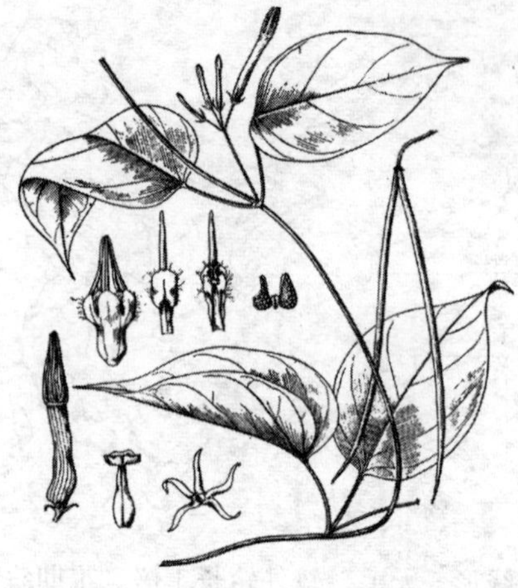

图 332 西藏吊灯花（陈国泽绘）

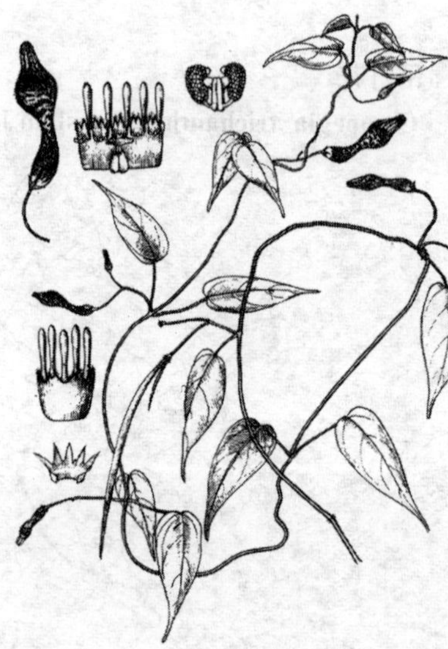

图 333 宝兴吊灯花（植物分类学报）

6. 白马吊灯花

Ceropegia monticola W. W. Smith in Notes Roy. Bot. Gard. Edinb. 12: 198. 1920.

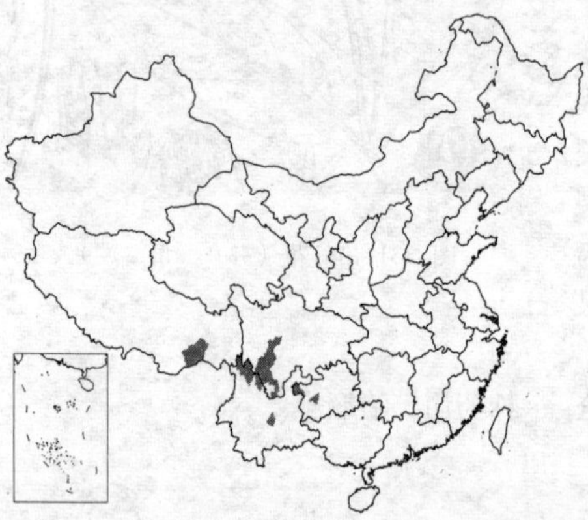

草质缠绕藤本，长达1.5米。茎疏被长柔毛。叶宽卵形或卵状长圆形，长4–10厘米，先端渐尖，基部圆或宽楔形，上面疏被长硬毛，下面近无毛或沿中脉疏被长硬毛，具缘毛，侧脉约6对；叶柄长0.5–1厘米，密被长硬毛。聚伞花序伞状，花序梗长0.4–1.5 厘米，被长硬毛。花梗长0.5–1.5厘米，无毛或稍被微柔毛；花萼裂片钻状线形，长约5毫米；花冠褐红或粉红色，长3–4厘米，无毛，花冠筒长1.5–2厘米，基部稍肿胀，喉部开展，花冠裂片线形，长约1.5厘米，被微柔毛；外轮副花冠裂片先端2裂，具缘毛，内轮副花冠裂片长圆形，较外轮副花冠裂片长2倍。花期4–8月。

产云南、贵州、四川及西藏，生于海拔2000米以下山地杂木林或河边灌丛中。泰国有分布。

181. 茄科 SOLANACEAE

（张志耘）

草本、灌木或小乔木，直立或攀援。茎有时具皮刺，稀具棘刺。叶互生，单叶或羽状复叶，全缘，具齿、浅裂或深裂；无托叶。花序顶生或腋生，总状、圆锥状或伞形，或单花腋生或簇生。花两性，稀杂性，(4)5(6-9)数；花萼(2-4)5(-10)裂，稀平截，花后不增大或增大，宿存，稀基部宿存；花冠筒辐状、漏斗状、高脚碟状、钟状或坛状；雄蕊与花冠裂片同数互生，伸出或内藏，生于花冠筒上部或基部，花药2，药室纵裂或孔裂；子房2室，稀1室或具不完全假隔膜在下部成(3)4(5-6)室，中轴胎座，胚珠多数，稀少数至1枚，倒生、弯生或横生。浆果或蒴果。种子盘状或肾形；胚乳肉质；胚钩状、环状或螺旋状卷曲，位于周边埋藏于胚乳中，或直伸位于中轴。

约95属2300种，广布于全世界温带及热带地区，美洲热带种类最丰富。我国22属101种。

1. 花少数至多数组成花序。
 2. 果为宿萼包被。
  3. 花3至数朵簇生；花盘明显；浆果 ………………………………… 11. **睡茄属 Withania**
  3. 花组成总状、穗状、圆锥状或伞形花序；花盘不明显；蒴果。
   4. 花冠裂片不等大；宿萼具纵肋，萼裂片先端成硬刺，具边肋 ………………… 7. **天仙子属 Hyoscyamus**
   4. 花冠裂片近等大；宿萼无纵肋，裂片先端不成硬刺，无边肋 ………………… 8. **泡囊草属 Physochlaina**
 2. 果不为宿萼包被。
  5. 花冠筒长于裂片；花萼常不或几不增大；种子常卵圆形或椭圆形。
   6. 浆果；植株无毛、被长硬毛或星状毛；花萼短于6毫米 ………………… 20. **夜香树属 Cestrum**
   6. 蒴果；植株常被腺毛；花萼长于6毫米 ………………………………… 21. **烟草属 Nicotiana**
  5. 花冠筒短于裂片；花萼常增大或稍增大；种子圆盘状或肾状。
   7. 花药纵裂。
    8. 草本，稀亚灌木；圆锥状聚伞花序；花冠5-6(-9)裂，黄色；种子无翅 ……………………………… 16. **番茄属 Lycopersicon**
    8. 小乔木或灌木；总状、蝎尾状或伞房状聚伞花序；花冠5裂，粉红色；种子周围具窄翅 ……………………………… 17. **树番茄属 Cyphomandra**
   7. 花药孔裂 ……………………………………………………… 14. **茄属 Solanum**
1. 花1-3腋生。
 9. 果为宿萼包被，与萼分离或贴生。
  10. 蒴果；花萼长于1.5厘米，浅裂或中裂；花冠长于2.5厘米。
   11. 茎粗短；叶密集茎端呈莲座状 ………………………………… 6. **马尿泡属 Przewalskia**
   11. 茎明显；叶互生或大小不等2叶双生。
    12. 花冠漏斗状；雄蕊不等长，花萼裂片近等长，果柄不增粗，与宿萼连接处明显 ……………………………… 5. **天蓬子属 Atropanthe**
    12. 花冠钟状；雄蕊近等长，花萼裂片不等长；果柄增粗，与宿萼连接处不明显 ……………………………… 4. **山莨菪属 Anisodus**
  10. 浆果；花萼短于1.5厘米(如长于1.5厘米，则花冠也长于2厘米)，深裂；花冠短于2厘米。
   13. 花萼深裂近基部，裂片基部心状箭形，具2尖耳片；干浆果 ……………… 1. **假酸浆属 Nicandra**
   13. 花萼浅裂或中裂，裂片基部常凹下，多汁浆果。
    14. 宿萼顶端不闭合；花1-3腋生 ………………………………… 9. **散血丹属 Physaliastrum**
    14. 宿萼膀胱状，全包浆果，顶端闭合；花单生叶腋或枝腋 ……………… 10. **酸浆属 Physalis**
 9. 果不为宿萼包被，与宿萼分离。

15. 蒴果。
  16. 花萼5浅裂，稀兼在一侧深裂，花后近基部环裂脱落；果4瓣裂 ………………………… 19. **曼陀属 Datura**
  16. 花萼5深裂或近全裂，宿存；果2瓣裂 ……………………………………………… 22. **碧冬茄属 Petunia**
15. 浆果。
  17. 花冠漏斗状，雄蕊伸出；植株常具棘刺；叶互生或在短枝上簇生 ………………………… 2. **枸杞属 Lycium**
  17. 花冠钟状、辐状或星状，雄蕊内藏；植株无刺；叶常互生，稀集生枝顶。
    18. 花萼深裂或中裂，果时稍增大或增大；花药纵裂。
      19. 叶互生或大小不等2叶双生，具柄；花萼5深裂 ………………………………… 3. **颠茄属 Atropa**
      19. 叶在茎端集生或在分枝散生，叶柄不明显；花萼5中裂 ………………… 18. **茄参属 Mandragora**
    18. 花萼顶端平截近全缘，或具5(-7)或10齿。
      20. 花药孔裂；花冠辐状或星状，花萼常具10齿，有时具5齿或近全缘 ……………………………………………………………………………………………… 15. **红丝线属 Lycianthes**
      20. 花药纵裂。
        21. 花冠宽钟状，黄色；花萼顶端平截或近全缘；多汁浆果 ……………………………………………………………………………………… 13. **龙珠属 Tubocapsicum**
        21. 花冠辐状，白或带紫色；花萼具5(-7)小齿；无汁浆果 ……………………… 12. **辣椒属 Capsicum**

1. 假酸浆属 Nicandra Adans.

一年生直立草本，高达1.5米。茎无毛。叶互生，卵形或椭圆形，长4-20厘米，先端尖或短渐尖，基部楔形，具粗齿或浅裂；叶柄长1.5-6厘米。花单生叶腋，俯垂。花梗长1.5-4厘米；花萼钟状，长0.8-3厘米，5深裂近基部，裂片宽卵形，先端尖，基部心状箭形，具2尖耳片，果时增大成5棱状，宿存；花冠钟状，淡蓝色，冠檐5浅裂，径2.4-4厘米，裂片宽短；雄蕊5，内藏，花丝基部宽，花药椭圆形，药室平行，纵裂；子房3-5，胚珠多数，柱头近头状，3-5浅裂。浆果球形，径1-2厘米，黄或褐色，为宿萼包被。种子肾状盘形，径约1毫米，具多数小凹穴；胚弯曲，近周边生，子叶半圆棒形。

单种属。

假酸浆 图 334:1-4

Nicandra physalodes (Linn.) Gaertn. Fruct. Sem. Pl. 2: 237. 1791.

Atropa physalodes Linn. Sp. Pl. 181. 1753.

形态特征同属。花果期夏秋季。

原产南美洲秘鲁。河北、河南、甘肃、新疆、西藏、四川、云南及贵州等地栽培已野化，常生于海拔800-2600米田边、荒地或宅边。全草药用，有镇静、祛痰及清热解毒之效。

图 334:1-4.假酸浆 5-8.颠茄（王金凤绘）

2. 枸杞属 Lycium Linn.

灌木，常具棘刺，稀无刺。单叶互生或在短枝簇生，叶扁平，全缘，稀边缘反卷呈柱状；具柄或近无柄。花具梗，单生或簇生叶腋；花萼钟状，具不等大2-5齿或裂片，花后稍增大，宿存；花冠漏斗状或钟状，冠筒短，喉部宽大，冠檐(4)5裂，裂片基部耳片显著或不明显；雄蕊5，着生花冠筒中部或中下部，伸出或内藏，花丝近基部具一圈绒毛或无毛，花药长椭圆形，药室平行，纵裂；子房2室，柱头2浅裂，胚珠1至多数。浆果肉质。种子多数或少数，扁平，种皮密被网状凹穴；胚弯曲，位于周边。

约80种，主产南美洲及非洲南部，少数产欧亚大陆温带。我国7种3变种。

1. 果紫黑色，球形；叶厚，肉质 …………………………………… 1. **黑果枸杞 L. ruthenicum**
1. 果红或橙色，卵圆形、椭圆形或长圆形，稀球形；叶纸质或稍厚，稀近肉质。
  2. 花冠筒长约冠檐裂片2倍，花丝近基部疏被绒毛。
    3. 叶窄披针形或披针形；花萼有时因裂片脱落成平截 ………………… 2. **截萼枸杞 L. truncatum**
    3. 叶倒披针形或椭圆状倒披针形，稀宽披针形；花萼裂片宿存 ……………… 3. **新疆枸杞 L. dasystemum**
  2. 花冠筒长不及冠檐裂片2倍，或稍长或稍短于裂片；花丝近基部密被一圈绒毛。
    4. 花萼2中裂或裂片先端2-3齿裂；花冠筒长于裂片，裂片无缘毛 …………………………………… 4. **宁夏枸杞 L. barbarum**
    4. 花萼常3中裂或4-5齿裂；花冠筒稍短或稍长于裂片，裂片具缘毛。
      5. 叶卵形、卵状菱形、长椭圆形或卵状披针形；花冠裂片缘毛较密，基部耳片显著；雄蕊稍短于花冠 …………………………………… 5. **枸杞 L. chinense**
      5. 叶披针形、长圆状披针形或线状披针形；花冠裂片缘毛稀疏，基部耳片不显著；雄蕊稍长于花冠 …………………………………… 5(附). **北方枸杞 L. chinense** var. **potaninii**

1. 黑果枸杞 图 335

Lycium ruthenicum Murr. in Comment Soc. Sc. Gotting 2: 9.1780.

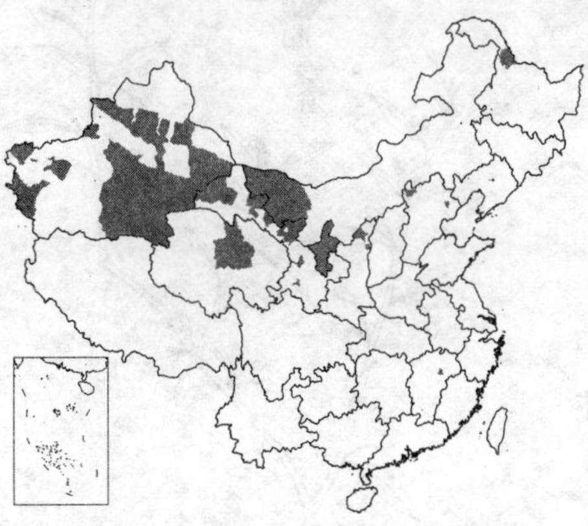

灌木，高达1.5米。茎多分枝，分枝斜升或横卧地面；小枝顶端刺状，每节具长0.3-1.5厘米棘刺。叶在长枝单生，在短枝2-6簇生，线形、线状披针形或线状倒披针形，稀边缘反卷呈柱状，肉质，灰绿色，长0.5-3厘米，宽2-7毫米，先端钝圆，基部渐窄；近无柄。花1-2生于短枝叶腋。花梗长0.5-1厘米；花萼窄钟状，长4-5毫米，果时稍增大成半球状，包被果中下部，不规则2-4浅裂，裂片膜质，疏被缘毛；花冠漏斗状，淡紫色，长约1.2厘米，5浅裂，裂片长圆状卵形，长为冠筒1/2-1/3，无缘毛；雄蕊稍伸出，花丝近基部疏被绒毛，花柱与雄蕊近等长。浆果球状，紫黑色，有时顶端稍凹下，径6-9毫米。种子褐色，肾形，长1.5毫米，径约2毫米。花期5-8月，果期8-10月。

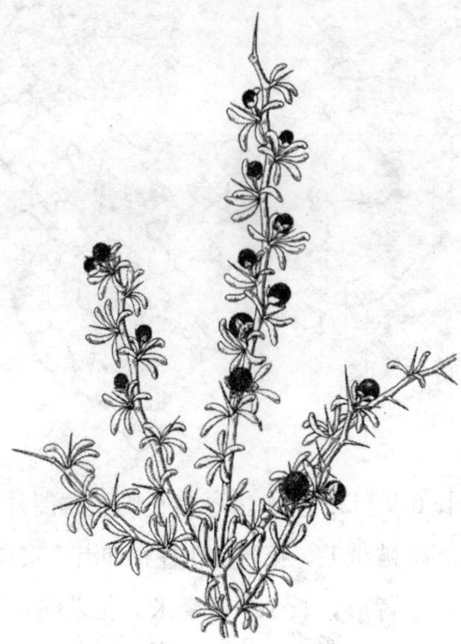

图 335 黑果枸杞（王金凤绘）

产内蒙古、河北、陕西、甘肃、宁夏、新疆及青海，生于海拔400-3000米盐碱地及沙地。蒙古、俄罗斯、阿富汗、巴基斯坦、亚洲西南部及欧洲有分布。

2. 截萼枸杞 图 336

Lycium truncatum Y. C. Wang in Contr. Inst. Bot. Nat. Acad. Peiping 2(4): 104. t. 3. 1934.

灌木，高达1.5米；少棘刺。叶线状披针形或披针形，长1.5-2.6厘米，宽2-6毫米，先端尖，基部窄楔形下延成叶柄。花1-3生于短枝叶腋。花梗长1-1.5厘米；花萼钟状，长3-4

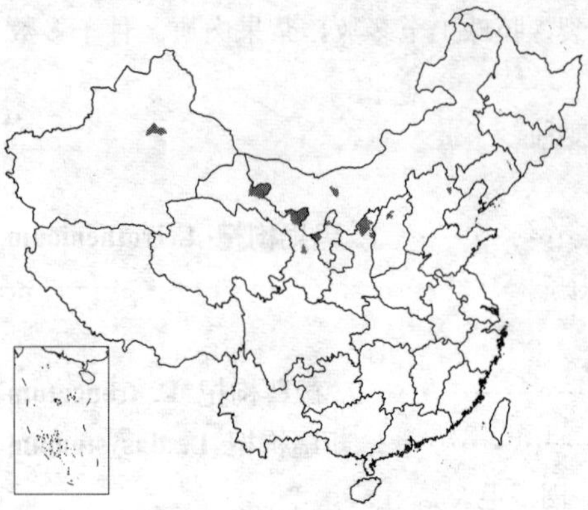

毫米，2－3 裂，裂片膜质，花后有时脱落使宿萼平截；花冠漏斗状，紫或红紫色，筒长约 8 毫米，裂片卵形，长约 4 毫米，无缘毛；雄蕊及花柱稍伸出，花丝基部疏被绒毛。浆果长圆形或长圆状卵圆形，长 5－8 毫米，顶端具小尖头。种子橙黄色，长约 2 毫米。花期 5－8 月，果期 8-10 月。

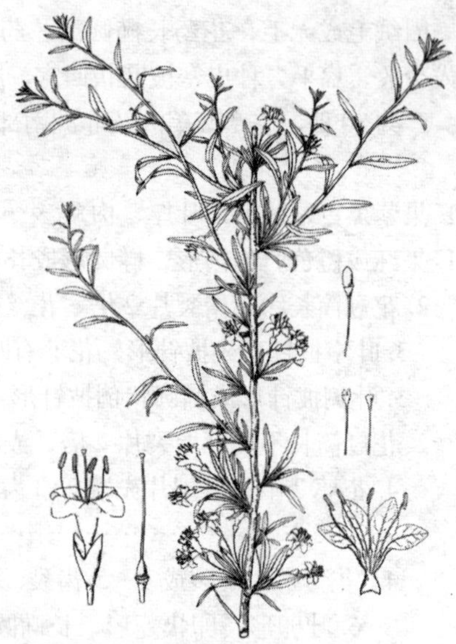

图 336 截萼枸杞（引自《北研丛刊》）

产内蒙古、山西、陕西、甘肃、宁夏及新疆，生于海拔 800-1500 米山坡、路边及田边。

3. 新疆枸杞 红枝枸杞 图 337

Lycium dasystemum Pojark. in Not. Syst. Herb. Hort. Bot. URSS 13: 268. f. 7. 1950.

Lycium dasystemum var. *rubricaulium* A. M. Lu; 中国植物志 67(1): 13. 158. 1978.

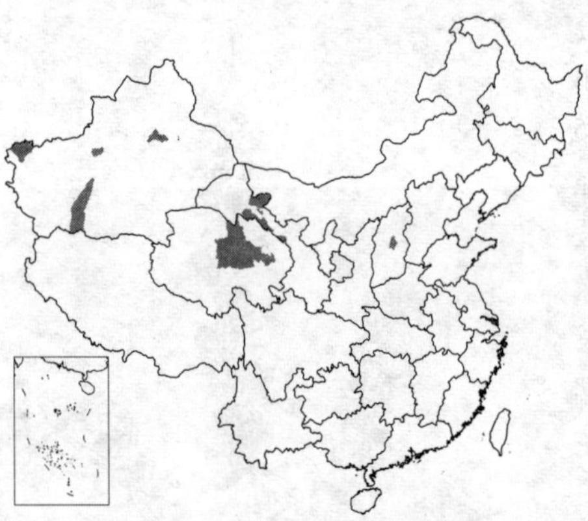

多分枝灌木，高达 1.5 米。枝灰白或灰黄色，幼枝细长，老枝具长 0.6-6 厘米坚硬棘刺。叶倒披针形、椭圆状倒披针形或宽披针形，长 1.5-6 厘米，宽 0.5-1.5 厘米，先端尖或钝，基部楔形，下延至叶柄。花 2-3 簇生短枝或单生长枝叶腋。花梗长 1-1.8 厘米；花萼长约 4 毫米，2-3 中裂；花冠漏斗状，长 0.9-1.3 厘米，冠筒长约冠檐裂片 2 倍，裂片卵形，疏被缘毛；花丝近基部疏被绒毛，花药及花柱稍伸出。浆果卵圆形或长圆形，长 1-1.2 厘米，红色。种子肾形，长 1.5-2 毫米。花果期 6-9 月。

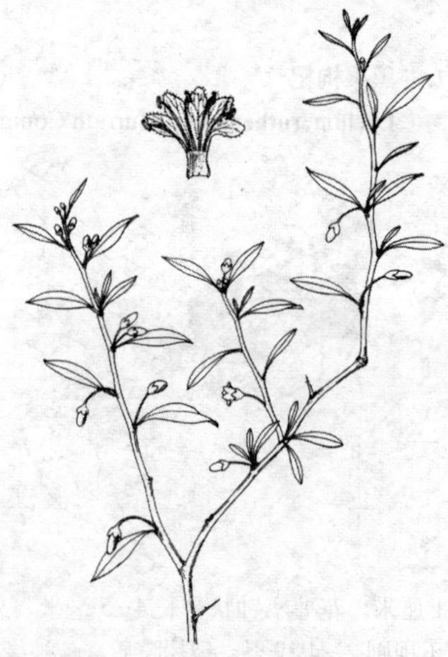

图 337 新疆枸杞（张泰利绘）

产内蒙古、山西、甘肃、新疆及青海，生于海拔 1200-2700 米山坡、沙滩或绿洲。中亚有分布。

4. 宁夏枸杞 中宁枸杞 图 338 彩片 89

Lycium barbarum Linn. Sp. Pl. 192. 1753.

灌木，高达 2 米。茎枝无毛，具棘刺。叶披针形或长椭圆状披针形，长 2-3 厘米，宽 3-6 毫米，先端短渐尖或尖，基部楔形，栽培植株之叶长达 12 厘米，宽 1.5-2 厘米。花在长枝 1-2 腋生，在短枝 2-6 簇生。花梗长 1-2 厘米；花萼钟状，长 4-5 毫米，常 2 中裂，裂片具小尖头或 2-3 齿裂；花冠漏斗状，紫色，冠筒长 0.8-1 厘米，裂片卵形，长 5-6 毫米，基部具耳片，无缘毛；雄花蕊丝近基部及花冠筒内壁具一圈密绒毛；花柱稍伸出。浆果红色或栽培类型有橙色，肉质多汁，形状及大小多变异，宽椭圆形、长圆形、卵圆形或近球形，长 0.8-2 厘米，径 0.5-1 厘米。种子扁肾形，褐黄色，长约 2 毫米。花期 5-8 月，果期 8-11 月。

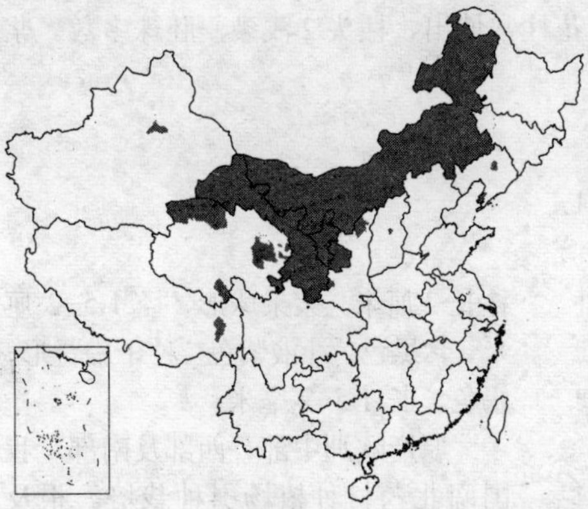

产辽宁、内蒙古、山西、陕西、甘肃、宁夏、青海、新疆及西藏，由于果药用在中部及南部广泛栽培，尤以宁夏及天津栽培更多。欧洲及地中海沿岸国家有栽培并已野化。喜生于土层深厚沟岸及山坡，耐盐碱、瘠薄及干旱，可作水土保持及绿化灌木。果实中药称枸杞子，可滋肝补肾、益精明目；根皮中药称地骨皮。

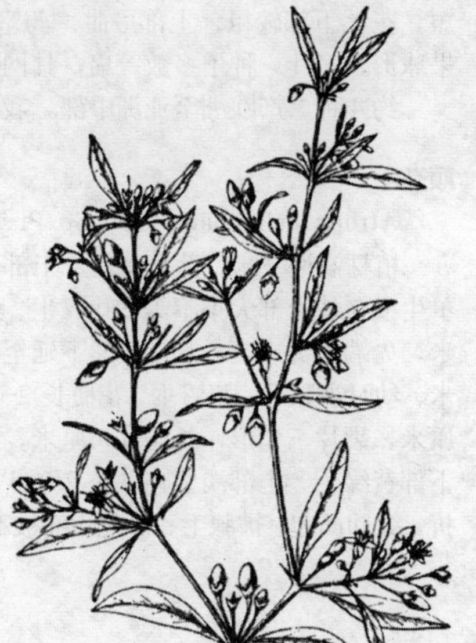

图 338 宁夏枸杞（引自《图鉴》）

5. 枸杞 图 339 彩片 90

Lycium chinense Mill. Gard. Dict. ed. 8, no. 5. 1768.

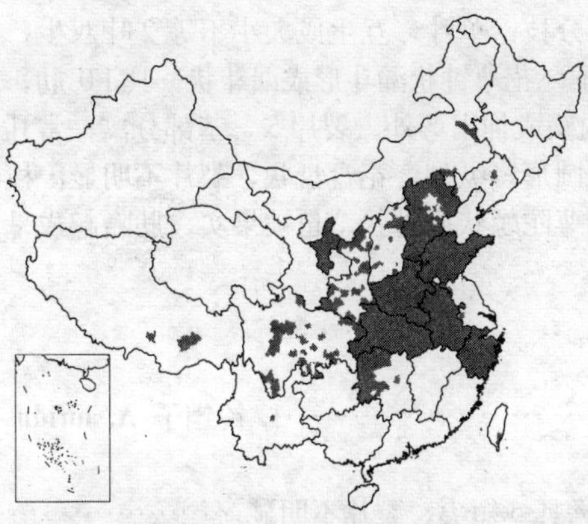

多分枝灌木，高达 1(-2) 米。枝条细弱，弯曲或俯垂，淡灰色，具纵纹，小枝顶端成棘刺状，短枝顶端棘刺长达 2 厘米。叶卵形、卵状菱形、长椭圆形或卵状披针形，长 1.5-5 厘米，先端尖，基部楔形，栽培植株之叶长达 10 厘米以上；叶柄长 0.4-1 厘米。花在长枝 1-2 腋生，在短枝簇生。花梗长1-2 厘米；花萼长3-4毫米，常 3 中裂或 4-5 齿裂，具缘毛；花冠漏斗状，淡紫色，冠筒向上骤宽，较冠檐裂片稍短或近等长，5 深裂，裂片卵形，平展或稍反曲，具缘毛，基部耳片显著；雄蕊稍短于花冠，花丝近基部密被一圈绒毛并成椭圆状毛丛，与毛丛等高处花冠筒内壁密被一环绒毛；花柱稍长于雄蕊。浆果卵圆形，红色，长 0.7-1.5 厘米，栽培类型长圆形或长椭圆形，长达 2.2 厘米。种子扁肾形，长 2.5-3 毫米，黄色。花期 5-9 月，果期 8-11 月。

产内蒙古、辽宁、河北、山西、河南、陕西、甘肃、宁夏、山东、江苏、安徽、浙江、台湾、江西、湖南、湖北、四川及西藏，生于山坡、荒地、丘陵地及盐碱地；福建、贵州、云南、广西、广东及海南有栽培或已野化。作药用、蔬菜或绿化。朝鲜、日本、欧洲有栽培或已野化。

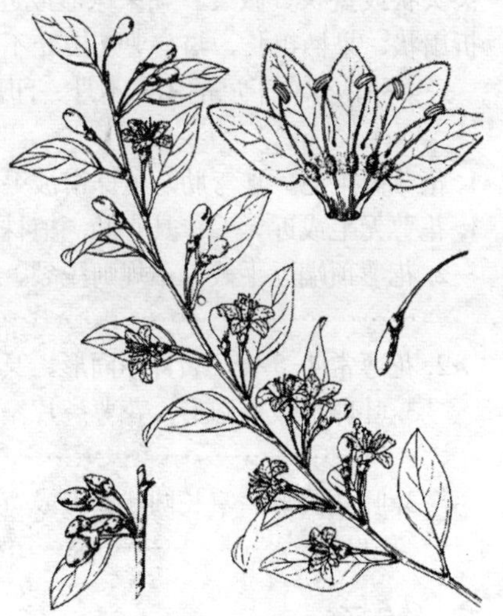

图 339 枸杞（王金凤绘）

[附] **北方枸杞 Lycium chinense** var. **potaninii** (Pojark.) A. M. Lu, Fl. Reipubl. Popularis Sin. 67(1): 16. 1978. —— *Lycium potaninii* Pojark. in Not. Syst. Herb. Hort. Bot. URSS 13: 265. 1950. 本变种与模式变种的区别：叶披针形、长圆状披针形或线状披针形；花冠裂片疏被缘毛，基部耳片不显著；雄蕊稍长于花冠。产内蒙古、河北北部、山西北部、陕西北部、甘肃西部、宁夏、新疆及青海，生于山坡及沟边。

3. 颠茄属 Atropa Linn.

多年生草本（栽培为一年生）。根粗壮。单叶互生或大小不等 2 叶双生，全缘，具柄。花单生叶腋。花萼宽钟状，5 深裂，果时稍增大，叶状，开展；花冠筒状钟形，裂片宽短；雄蕊 5，生于花冠筒基部，等长，较花冠稍短，花丝下部较粗，上部弓曲，药室平行，纵裂；花盘明显；子房2室，花柱常伸出，柱头2浅裂；胚珠多数。浆果球形，多汁。种子多数，扁，具网状凹穴；胚弯曲，位于近周边。

约4种，产欧洲至亚洲中部。我国栽培1种。

颠茄 图 334:5-8 彩片 91

Atropa belladonna Linn. Sp. Pl. 181. 1753.

植株高达2米。茎带紫色，上部叉状分枝，幼枝被腺毛，后渐脱落。叶单生或在枝上部大小不等2叶双生，卵形、卵状椭圆形或椭圆形，长7-25厘米，先端渐尖或尖，基部楔形下延至叶柄，两面沿叶脉被柔毛；叶柄长4厘米，幼时被腺毛。花俯垂，花梗长2-3厘米，密被白色腺毛；花萼长1.2-1.5厘米，裂片三角形，长1-1.5厘米，被腺毛，花后稍增大，果时开展；花冠下部黄绿色，上部淡紫色，长2.5-3厘米，径约1.5厘米，5浅裂，裂片反折，纵肋凸起，被腺毛，筒内基部被毛；花丝长约1.7厘米，下端被柔毛；花柱长2厘米。浆果球形，径1.5-2厘米，紫黑色，汁液紫色。种子扁肾形，褐色，长1.5-2毫米。

原产欧洲中部、西部及南部。我国南北药材种植场引种栽培。根及叶含莨菪碱及颠茄碱等，作镇痉、镇痛药。

4. 山莨菪属 Anisodus Link et Otto

多年生草本或亚灌木。根粗壮，肉质。茎直立，常具钝棱，2或3歧分枝。单叶，互生或大小不等2叶双生，全缘或具粗齿，具柄。花单生，腋生或侧生，或生于枝叉间，具梗，常俯垂；花萼钟状漏斗形或漏斗状，具10肋，裂片4-5，不同形，花蕾时萼顶端前伸，两侧扁；花冠钟状，具15肋，内藏或伸出萼外，裂片5，基部分离，常耳形；雄蕊5，着生花冠筒基部，近等长，内藏，花丝基部常无毛，花药卵圆形，纵裂；花盘盘状，裂片不明显；柱头头状或盘状，微裂。蒴果球形或近卵形，中部以上环裂或顶端2裂，宿萼陀螺状或钟状，包被果实，肋隆起或呈折扇状；果柄粗长，与宿萼连接处不明显，下弯或直立。

4种，分布于尼泊尔、不丹、印度东北部及中国，我国4种均产。

1. 花萼被柔毛，具弯肋；植株密被毛 …………………………………………………… 1. **铃铛子 A. luridus**
1. 花萼无毛或近无毛，具直肋；植株常无毛。
  2. 花萼顶端近平截，不规则浅裂，或兼有1-2深裂，肋不明显；花冠冠檐具5短尖，裂片不明显 ……………………………………………………………………………… 3. **赛莨菪 A. carniolicoides**
  2. 花萼常4-5裂，裂片不同形，具10肋；花冠5裂。
    3. 叶卵形或椭圆形；花萼裂片窄三角形；果俯垂，宿萼长3.5-4.5厘米 …………………………………………………………………………………… 2. **三分三 A. acutangulus**
    3. 叶长圆形、窄长圆状卵形或宽披针形；花萼裂片宽三角形；果直立，宿萼长约6厘米 …………………………………………………………………………………… 4. **山莨菪 A. tanguticus**

1. 铃铛子 图 340

Anisodus luridus Link in Sprengel, Syst. Veg. 1: 699. 1825.

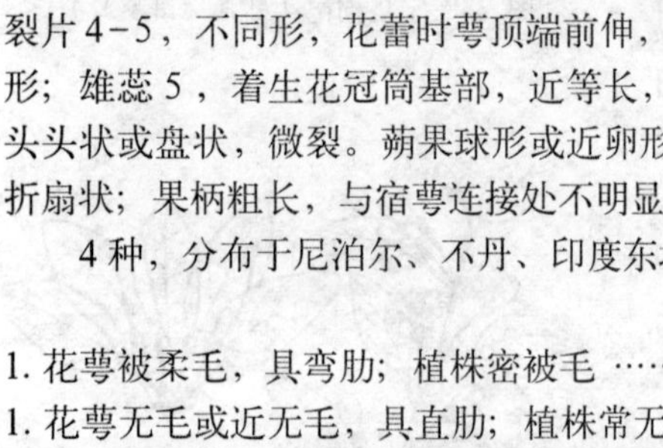

多年生草本，高达1.2米，全株密被绒毛及星状毛。根粗壮，黄褐色。叶卵形或椭圆形，长7-15(-22)厘米，先端尖或渐尖，基部楔形或稍下延，全缘或微波状，稀具齿，上面常无毛，下面密被星状毛及微柔毛；叶柄长2-4厘米。花俯垂，花梗长1-5厘米，密被星状微柔毛；花萼钟状，长3-3.5厘米，肋呈折扇状，弯曲，密被柔毛，裂片不等大，宽三角形；花冠钟状，淡黄绿色或有时裂片带淡紫

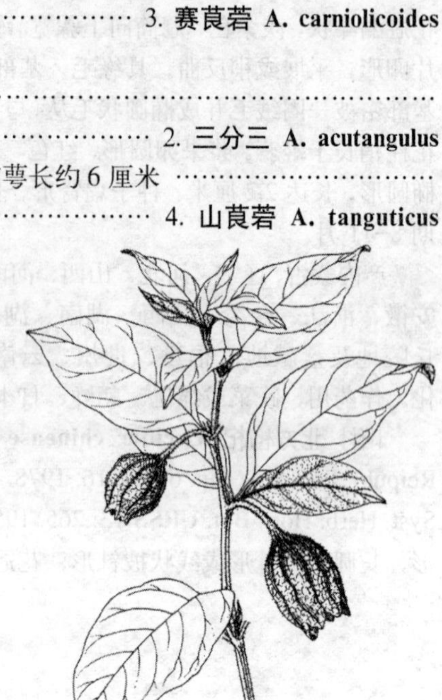

图 340 铃铛子（张泰利绘）

色，长约3.5厘米，被柔毛，内面筒中下部被柔毛，冠檐裂片半圆形，常具不规则细齿；雄蕊长约花冠1／2；花盘黄白色。果球形或近卵圆形，长约2.5厘米，宿萼长达5厘米，裂片不明显，脉隆起呈折扇状；果柄长2-2.5厘米，下弯。花期5-8月，果期10-11月。

产云南西北部、四川西南部及西藏东南部，生于海拔3200-4200米草坡、山地溪边。印度、尼泊尔及不丹有分布。根及种子药用，可抗痉挛及止痛；根可提取莨菪碱类生物碱。

2.　三分三　　图 341

Anisodus acutangulus C. Y. Wu et C. Chen in Acta Phytotax. Sin. 15(2): 21. f. 2, 1. 1977.

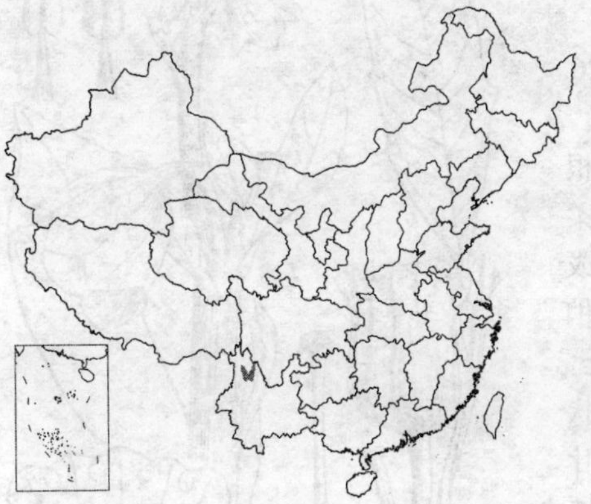

多年生草本，高达1.5米，全株无毛。主根粗大，具肥大侧根，根皮黄褐色。叶卵形或椭圆形，长8-15厘米，先端渐尖，基部楔形，稍下延，全缘或微波状；叶柄长0.5-1(-1.5)厘米。花梗长1-3厘米；花萼漏斗状钟形，长3-4.5厘米，具10脉，萼齿4-5，窄三角形，不等长；花冠漏斗状钟形，淡黄绿色，长2.5-3(-4)厘米，裂片半圆形，基部近耳形，具不规则细齿，花冠筒内面被柔毛，近基部具5对紫斑；雄蕊内藏。蒴果近球形，宿萼较果长约1倍，长3.5-4.5厘米，肋隆起；果柄长5-7厘米，下弯。花期6-7月，果期9-11月。

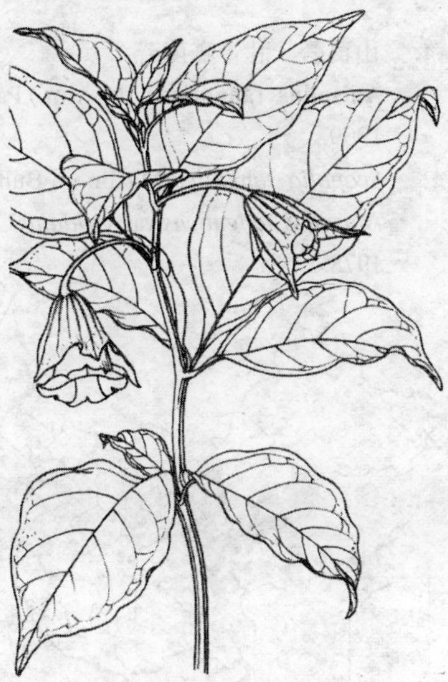

图 341 三分三（曾孝濂绘）

产云南西北部，生于海拔2750-3100米山坡或林中。根入药，可治骨折、跌打损伤、风湿骨痛，内服或泡酒外擦；有大毒，内服慎用，生药最大剂量不得超过三分三钱，否则易引起中毒，故有“三分三”之称。根、茎及叶均含莨菪烷类生物碱。

[附] 三分七 **Anisodus acutangulus** var. **breviflorus** C. Y. Wu et C. Chen ex C. Chen et C. L. Chen in Acta Phytotax. Sin. 15(2): 63. 1977. 本变种与模式变种的区别：叶缘具1-2(-3)对粗齿；花萼有时疏被柔毛；仅花冠冠檐伸出，花冠裂片带淡紫色；花梗长约2厘米，果柄长达5厘米。产云南西北部及四川西南部，生于海拔2890-3100米林缘、灌丛、荒地或石堆中。用途与三分三同，据说药效差，用量需略增，故有“三分七”之称。

3.　赛莨菪 齿叶赛莨菪　　图 342

Anisodus carniolicoides (C. Y. Wu et C. Chen) D'Arcy et Z. Y. Zhang in Novon 2: 126. 1992.

Scopolia carniolicoides C. Y. Wu et C. Chen in Acta Phytotax. Sin. 15(2): 59. 1977; 中国植物志 67(1): 20. 1978.

Scopolia carniolicoides var. *dentata* C. Y. Wu et C. Chen; 中国植物志 67(1): 22. 1978.

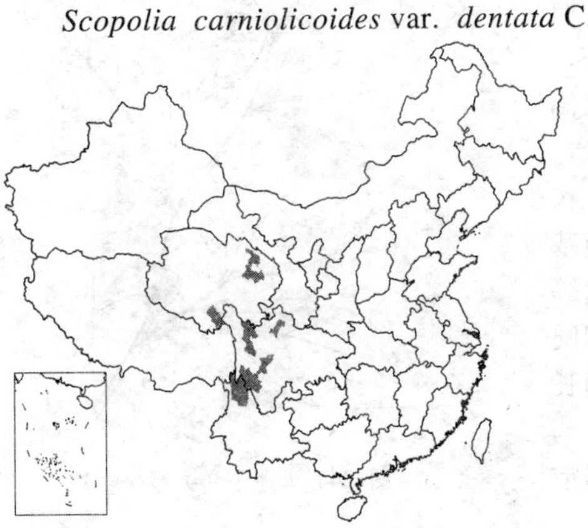

多年生草本，高达1.5米，全株无毛。根黄色。叶椭圆形或卵状椭圆形，长6-18(-21)厘米，先端尖或渐尖，基部楔形或稍下延，全缘、微波状或具不规则小齿；叶柄长1.2-3(-5)厘米。花俯垂，花梗长1.5-4厘米；花萼钟形，长约2厘米，径1.5-2.5厘米，顶端平截，具不规则浅齿，

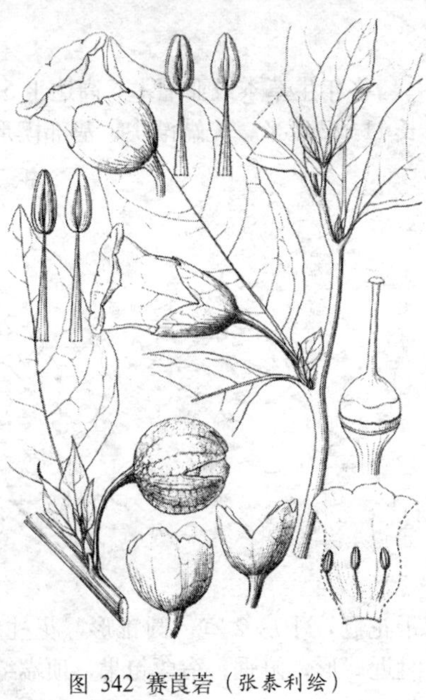

图 342 赛莨菪（张泰利绘）

或兼具1-2深裂，肋不明显；花冠淡黄绿色，长约4.5厘米，冠檐具5短尖头，裂片不明显，具淡紫色条纹，内面花丝基部两侧具暗紫色斑；雄蕊近等长；花盘淡黄色。宿萼包果，顶端缢缩，裂片不明显，肋稍隆起；果近球形，径1.5厘米；果柄粗，长约4厘米。花期5-6月，果期9-10月。

产云南西北部、四川西部及青海东部，生于海拔3000-3600米草坡、林缘灌丛中或疏林下草丛中，有时生于石缝。根入药，治跌打损伤、风湿痛、外伤出血、骨折；有剧毒，内服慎用。

4. 山莨菪 甘青赛莨菪 图 343

Anisodus tanguticus (Maxim.) Pascher in Fedde, Repert. Sp. Nov. 7: 167. 1909.

Scopolia tangutica Maxim. in Bull. Acad. Sci. St. Pétersb. 27: 508. 1882.

Anisodus tanguticus var. *viridulus* C. Y. Wu et C. Chen; 中国植物志 67(1):26. 1978.

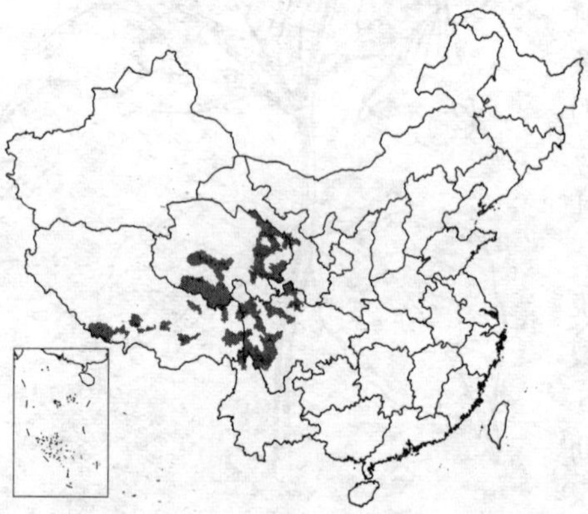

多年生草本，高达1米。根粗大，近肉质。茎无毛或被微柔毛。叶长圆形、窄长圆状卵形或披针形，长8-20厘米，先端稍骤尖或渐尖，基部楔形或下延，全缘或具1-3对粗齿及啮蚀状细齿，两面无毛，稀被短柔毛；叶柄长1-3.5厘米。花俯垂，花梗长1.5-8(-11)厘米；花萼钟状或漏斗状钟形，长2.5-4厘米，疏被微柔毛或近无毛，肋直，裂片宽三角形；花冠钟状或漏斗状钟形，紫或暗紫色，长2.5-3.8厘米，内藏或仅冠檐露出，花冠筒内面被柔毛，裂片半圆形；雄蕊长约为花冠1/2；花盘淡黄色。果球形或近卵圆形，径约2厘米，宿萼长约6厘米，肋及网纹隆起；果柄长达8厘米，直伸。花期5-6月，果期7-8月。

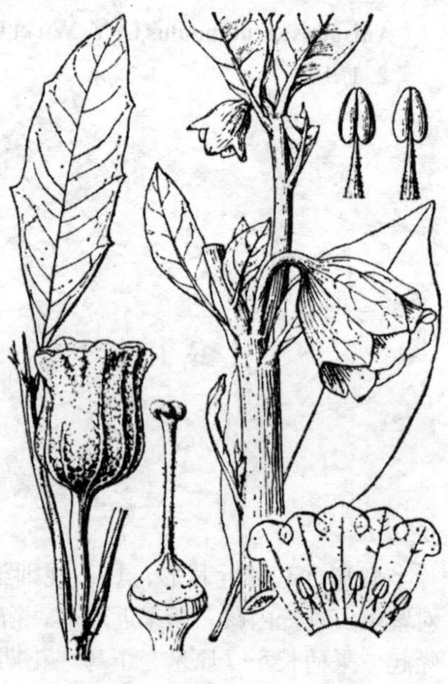

图 343 山莨菪（引自《图鉴》）

产甘肃、青海、云南西北部、四川西部及西藏东部，生于海拔2800-4200米山坡、草坡阳处。根供药用，可镇痛；为提取莨菪烷类生物碱重要资源植物；茎叶掺入牛饲料中，可催膘。

5. 天蓬子属 Atropanthe Pascher

多年生草本或亚灌木，高达1.5米。茎具钝棱，2或3歧分枝。单叶，互生或大小不等双生，叶椭圆形或卵形，长11-22厘米，先端渐尖，基部楔形，微下延，全缘，两面无毛；近无柄或柄长达4.5厘米。花单生，腋生或侧生。花梗俯垂，长1-2.5厘米；花萼钟状，长约2厘米，具15肋，裂片5，整齐，边缘密被绒毛；花冠漏斗状筒形，黄绿色，长约3.2厘米，具15肋，冠檐5裂，上面1枚稍大，雄蕊5，着生花冠筒基部，不等长，较花冠短或等长，花丝基部被毛，花药卵圆形或近心形，纵裂；雌蕊稍长于花冠，子房2室，圆锥形，花柱上部微弯，柱头微裂；花盘橙红色。蒴时近球形，俯垂，宿萼包果，顶端缢缩，径2.5-3厘米；果柄不增粗，与宿

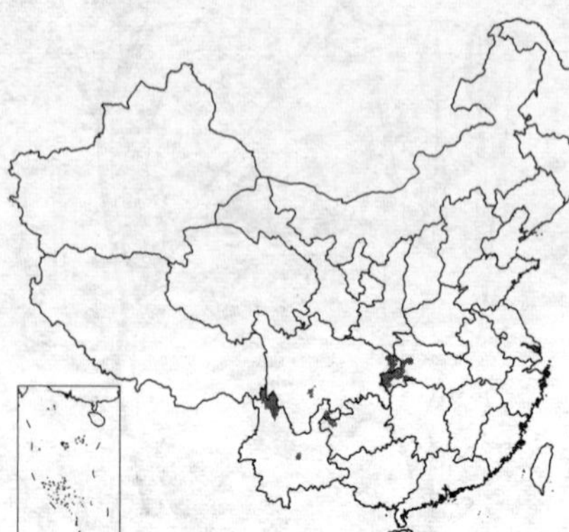

图 344 天蓬子（吴彰桦绘）

萼连接处明显，干后易分离。种子扁平。

我国特有单种属。

天蓬子 图 344

Atropanthe sinensis (Hemsl.) Pascher in Oesterr. Bot. Zietsch. 59: 330. f. 1-2. 1909.

Scopolia sinensis Hemsl. in Journ. Linn. Soc. Bot. 26: 176. 1889; 中国高等植物图鉴 3: 710. 1974.

形态特征同属。花期4-5月，果期8-9月。

产湖北西部、四川东部、贵州西北部及云南西北部，生于海拔1380-3000米杂木林下阴湿处或沟边。根药用，可镇痛、镇痉；可提取莨菪烷类生物碱。

6. 马尿泡属 **Przewalskia** Maxim.

多年生草本，高达30厘米。根肉质，圆柱状，径1-2.5厘米。根茎短，具多数休眠芽。茎下部叶鳞片状，常埋于地下，茎顶端叶密集，长椭圆状卵形或长椭圆状倒卵形，连叶柄长10-17厘米，先端圆钝，基渐渐窄，全缘或微波状，缘毛短，两面幼时被腺毛，后渐脱落。花序梗长2-3毫米，花单生或2-3簇生叶腋。花梗长0.5-1厘米，被短腺毛；花萼筒状钟形，长约1.5厘米，径约5毫米，密被短腺毛，萼齿5，具腺状缘毛，三角形，不等大；花冠冠檐黄色，冠筒紫色，筒状漏斗形，长约2.5厘米，被短腺毛，冠檐5浅裂，裂片卵形，长约4毫米；雄蕊生于花冠喉部，花丝极短，花药纵裂；花柱伸出，柱头膨大，2裂，紫色。蒴果球形，径1-2厘米，宿萼宽椭圆形或卵形，长8-13厘米，肋及网纹凸起，包果，顶端不闭合，裂片三角状。种子肾形，稍扁，黑褐色，长约3毫米。

单种属。

马尿泡 图 345 彩片 92

Przewalskia tangutica Maxim. in Mel. Biol. 11: 275. 1882.

形态特征同属。花期6-7月。

产青海、甘肃、四川及西藏，多生于海拔3200-5000米砂砾及干旱草地。印度有分布。根含莨菪碱、东莨菪碱及山莨菪碱，可镇痛、镇痉及消肿。

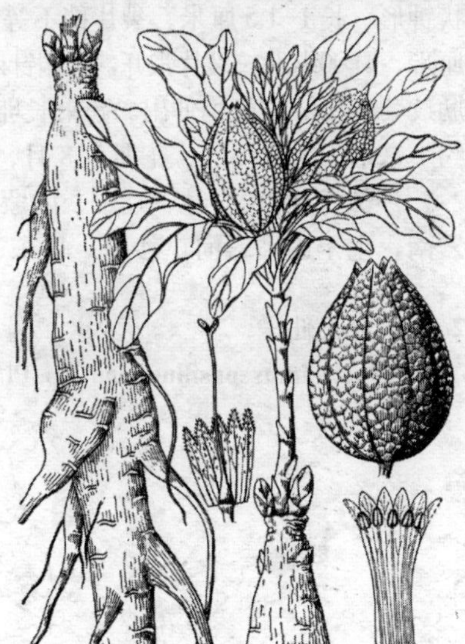

图 345 马尿泡（引自《中国植物志》）

7. 天仙子属 **Hyoscyamus** Linn.

一年生、二年生或多年生草本。叶互生、或簇生成莲座状，具波状弯缺或粗大牙齿，或羽状分裂，稀全缘；叶柄极短或无柄。花在茎下部单生叶腋，在茎上端单生苞状叶腋内组成偏向一侧蝎尾式总状或穗状花序，无梗或具短梗；花萼筒状钟形、坛状或倒圆锥状，5浅裂，花后增大，果时包被蒴果，纵肋明显，裂片开张，先端成硬刺；花冠钟状或漏斗状，黄或黄绿色，网纹带紫色，5浅裂，裂片不等大；雄蕊5，生于花冠筒近中部，常伸出，花丝基部稍宽，上端稍弯曲，花药纵裂；花盘无或不明显；子房2室，花柱丝状，柱头头状，2浅裂，胚珠多数。蒴果自中部稍上盖裂。种子肾形或盘形，稍扁，具网纹凹穴；胚极弯曲。

约20种，分布于非洲北部、亚洲及欧洲。我国2种。

1. 宿萼坛状，裂片直伸；花冠钟状，长2-3厘米 …………………… 1. **天仙子 H. niger**

1. 宿萼筒状漏斗形，裂片开展；花冠漏斗形，长1-1.5厘米 ………………………………… **2. 中亚天仙子 H. pusillus**

1. 天仙子 小天仙子　　图 346:1-2, 6-7 彩片 93

Hyoscyamus niger Linn. Sp. Pl. 179. 1753.

Hyoscyamus bohemicus F. W. Schmidt; 中国植物志 67(1): 32. 1978.

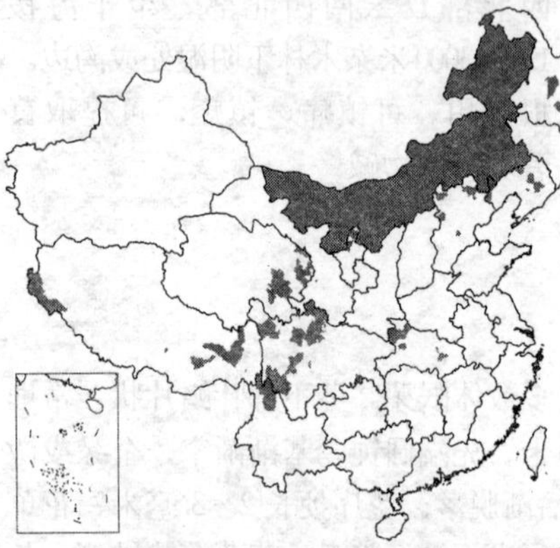

一年生或二年生草本，高达1米。植株被粘性腺毛。根较粗壮。自根茎生出莲座状叶丛，叶卵状披针形或长圆形，长达30厘米，先端尖，基部渐窄，具粗齿或羽状浅裂，中脉宽扁，侧脉5-6对，叶柄翼状，基部半抱根茎；茎生叶卵形或三角状卵形，长4-10厘米，先端钝或渐尖，基部宽楔形半抱茎，不裂或羽裂；茎顶叶浅波状，裂片多为三角形，无叶柄。花在茎中下部单生叶腋，在茎上端单生苞状叶腋内组成蝎尾式总状花序，常偏向一侧。花近无梗或梗极短；花萼筒状钟形，长1-1.5厘米，裂片稍不等大，花后坛状，长2-2.5厘米，径1-1.5厘米，具10纵肋，裂片张开，先端针刺状；花冠钟状，长约花萼1倍，黄色，肋纹紫堇色；雄蕊稍伸出。蒴果长卵圆形，长约1.5厘米。种子近盘形，径约1毫米，淡黄褐色。花期5-8月，果期7-10月。

产黑龙江、吉林、辽宁、内蒙古、河北、宁夏、西藏、青海、四川及云南，生于山坡、河岸沙地。华东、华中及贵州有栽培或已野化。蒙古、俄罗斯、欧洲、印度、阿富汗、日本、朝鲜、尼泊尔、巴基斯坦、亚洲西南部及非洲北部有分布。根、叶、种子含莨菪碱及东莨菪碱，可作止咳药及麻醉剂。

图 346:1-2,6-7. 天仙子 3-5.中亚天仙子
（张泰利绘）

2. 中亚天仙子　　图 346:3-5

Hyoscyamus pusillus Linn. Sp. Pl. 1: 180. 1753.

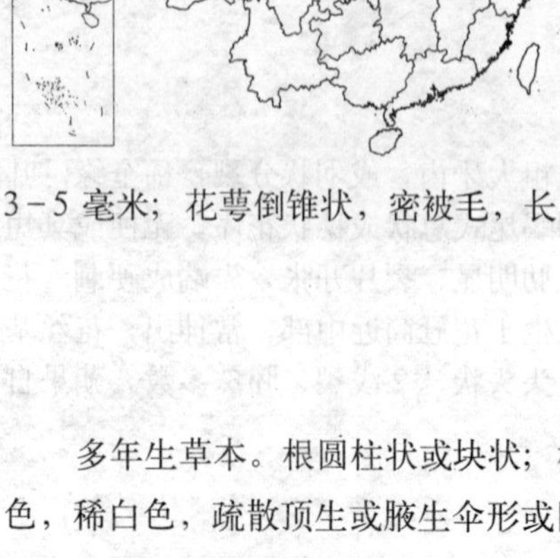

一年生草本，高达60厘米。茎被腺毛或杂生长柔毛。稀近无毛。叶披针形、菱状披针形或长椭圆状披针形，长3-10厘米，基部楔形下延至叶柄，全缘或疏生牙齿，有时具羽状缺刻或羽状深裂，裂片2-4对，三角形，两面被腺毛，沿脉被长柔毛，稀近无毛，茎下部叶柄与叶片近等长。花单生叶腋。花近无梗或茎下部花梗长3-5毫米；花萼倒锥状，密被毛，长0.8-1.3厘米，果时筒状漏斗形，长1.5-2.5厘米，裂片张开，三角形，先端针刺状；花冠漏斗状，黄色，喉部暗紫色，长1-1.5厘米，裂片稍不等大；雄蕊内藏，花丝紫色，被柔毛。蒴果圆柱状，长约7毫米。种子扁肾形，长约1毫米。花期4-6月，果期6-8月。

产新疆及西藏，生于砾质干燥丘陵、固定沙丘边缘、荒漠草原及河湖沿岸。俄罗斯、蒙古、阿富汗、印度及巴基斯坦有分布。果及种子含莨菪碱及东莨菪碱。

8. 泡囊草属 Physochlaina G. Don

多年生草本。根圆柱状或块状；根茎短。叶互生，全缘波状或疏生三角形牙齿；具叶柄，稀近无柄。花紫或黄色，稀白色，疏散顶生或腋生伞形或圆锥形花序，具叶状或鳞片状苞片，稀无苞片。花萼钟状、漏斗状或坛形，萼齿5，等长或稍不等长，花后宿存包果，膜质或近革质，具10纵肋及网纹；花冠钟状或漏斗状，冠檐稍偏歪，5浅裂，裂片近相等；雄蕊 5，着生花冠筒中部或下部，等长或稍不等长，内藏或伸出，花药卵圆形，药室平行，纵裂；花盘肉质，环状，子房 2 室，圆锥状，花柱伸出或几不伸出，柱头微 2 裂。蒴果，自中部稍上盖裂，果盖盘状或半球状帽形。种子多数，肾状稍侧扁，被网纹状凹穴，胚环状。

约 11 种，分布于喜马拉雅、中亚至亚洲东部。我国 6 种，产西部、中部及北部。

1. 宿萼漏斗状，萼齿张开；花冠绿黄色，冠筒带淡紫色；叶近三角形，疏生三角形牙齿 ……………………………………………………………………………………………… 1. 漏斗泡囊草 **P. infundibularis**
1. 宿萼宽卵圆形或近球形，萼齿内倾，顶口不闭合；花冠紫堇色；叶常卵形，全缘 ……………………………………………………………………………………………… 2. 泡囊草 **P. physaloides**

1. 漏斗泡囊草 图 347

Physochlaina infundibularis Kuang in Acta Phytotax. Sin. 12(4): 410. t. 80. f. 8. 1974.

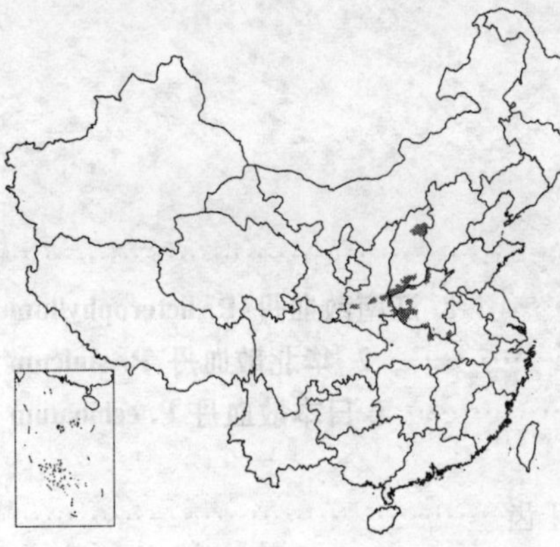

植株高达 60 厘米。除叶片外全株被腺状短柔毛。叶三角形或卵状三角形，稀近卵形，长 4-9 厘米，先端尖，基部心形、平截，骤窄下延成长 2-7(-13) 厘米叶柄，疏生三角形牙齿，侧脉 4-5 对。花序伞形，具鳞状苞片。花梗长 3-5 毫米；花萼漏斗状钟形，长约 6 毫米，5 中裂，裂片披针形，稍不等长，花后漏斗状，膜质，长 1-1.8 厘米，径 1-1.5 厘米；花冠漏斗状钟形，长约 1 厘米，绿黄色，冠筒带淡紫色，5 浅裂，裂片卵形，长约筒部 1/3；雄蕊稍不等长，伸至花冠喉部；花柱与花冠近等长。蒴果近球形，径约 5 毫米；果柄长 1-1.7 厘米。种子肾形，淡桔黄色。花期 3-4 月，果期 4-6 月。

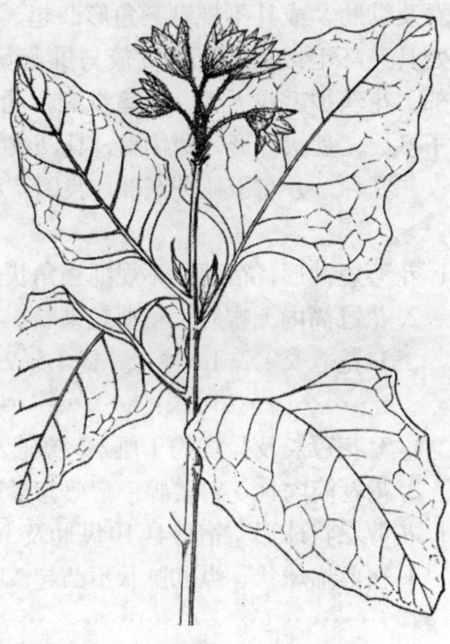

图 347 漏斗泡囊草（张泰利绘）

产河南西部及南部、山西、陕西秦岭中部及东部、湖北北部，生于海拔 800-1600 米山谷或林下。植株含莨菪碱、东莨菪碱及山莨菪碱。

2. 泡囊草 图 348

Physochlaina physaloides (Linn.) G. Don, Gen. Hist. 4: 470. 1838.

Hyoscyamus physaloides Linn. Sp. Pl. 1: 180. 1753.

植株高达 50 厘米。幼茎被腺状短柔毛，后渐脱落。叶卵形，长 3-5 厘米，先端尖，基部宽楔形，下延，全缘微波状，两面幼时被毛；叶柄长 1-4 厘米。花序伞状，具鳞状苞片。花梗密被腺状短柔毛，长 0.5-1 厘米；花萼窄钟形，长 6-8 毫米，裂片密被腺状短柔毛及缘毛，果时卵圆状或近球状，毛渐稀疏，长 1.5-2.5 厘米，径 1-1.5 厘米，萼齿内倾，顶口不闭合；花冠漏斗状，较花萼长 1 倍，紫色，

图 348 泡囊草（张泰利绘）

冠筒色淡，5浅裂，裂片先端圆钝；雄蕊稍伸出；花柱伸出。蒴果径约8毫米。种子扁肾状，长约3毫米，黄色。花期4–5月，果期5–7月。

产内蒙古、辽宁、河北及山西，生于山坡草地或林缘。蒙古及俄罗斯有分布。全株含莨菪碱、东莨菪碱，可镇痛、镇静、解痉，民间用全草作消毒剂，花及茎可作止血药。

9. 散血丹属 Physaliastrum Makino

多年生草本或亚灌木。茎常二歧分枝。叶互生，生于茎下部者由于返茎现象而常生于下一个茎节处并面对枝腋，生于茎、枝上部者由于另一小枝未发育而大小不等，双生或三出，具柄。花稍黄或白色，单生或2-3花簇生叶腋或枝腋，具长梗，俯垂。花萼短钟形或坛状近球形，萼齿5或5中裂大小不等，果时成膀胱状或贴近浆果，具棱脊及纵肋，或具不规则三角形凸起，顶端直伸或缢缩，顶口不闭合；花冠宽钟形或钟形，冠檐5裂，内面雄蕊着生处具一环毛或近基部具5簇与雄蕊互生的髯毛，髯毛上方具2蜜腺或无蜜腺；雄蕊5，着生花冠筒中下部或近基部，花丝被毛或无毛，药室纵裂；无花盘；子房2室，柱头微2裂。浆果球形或宽椭圆形，多汁，为宿萼包被。种子多数，盘状肾形，两侧扁，具网纹状凹穴；胚弯曲，位于近周边。

9种，分布于亚洲东部。我国7种，产东北、华北、华东、中南及西南。

1. 花萼短钟形，宿萼具不规则三角状凸起，贴近浆果不成膀胱状。
  2. 花冠筒内无蜜腺；宿萼较果长，在果顶端稍缢缩。
    3. 花冠长1.2–1.5厘米，径1.5–2厘米；雄蕊长为花冠一半，花丝疏被柔毛 …… 1. **江南散血丹 P. heterophyllum**
    3. 花冠长及径均约1厘米；雄蕊伸至花冠裂片弯缺处，花丝无毛 …… 2. **华北散血丹 P. sinicum**
  2. 花冠筒内具5对蜜腺；宿萼与果近等长，果顶端裸露 …… 3. **日本散血丹 P. echinatum**
1. 花萼坛状球形，宿萼具10纵肋及10棱脊，膀胱状，不贴近浆果。
  4. 宿萼扁球状，纵肋脉状不凸起；叶卵状或卵状披针形，全缘波状，稀疏生牙齿 …… 4. **地海椒 P. sinensis**
  4. 宿萼球状卵圆形，纵肋成翅状，翅具三角形牙齿；叶椭圆形或卵形，疏生粗牙齿 …… 5. **广西地海椒 P. kwangsiensis**

1. 江南散血丹 图 349

Physaliastrum heterophyllum (Hemsl.) Migo in Journ. Shanghai Sc. Inst. sect. III. 4: 171. 1939.

Chamaesaracha heterophylla Hemsl. in Journ. Linn. Soc. Bot. 26: 174. 1890.

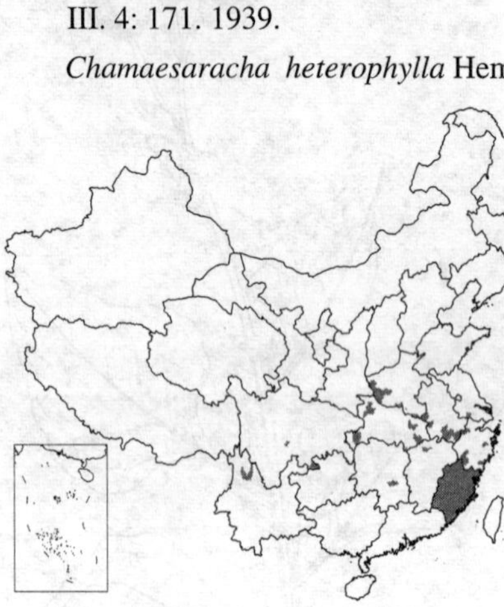

植株高达60厘米。幼茎疏被细毛，茎节稍肿大。叶宽椭圆形、卵形或椭圆状披针形，长6-13厘米，先端短渐尖或骤尖，基部歪斜，楔形下延，全缘或稍波状，两面疏被细毛，侧脉5-7对；叶柄长1-6厘米。花单生或双生。花梗长1-1.5厘米；花萼短钟状，长5-7毫米，径0.6-1厘米，疏被柔毛，5中裂，裂片窄三角形，不等长，具缘毛，花后近球状，径约2厘米；花冠宽钟状，白色，长1.2-1.5厘米，径1.5-2厘米，冠檐5浅裂，裂片扁三角形，具缘毛；雄蕊长为花冠之半。花丝疏被柔毛。浆果径约1.8毫米，果柄长3-5厘米。花期5-8月，果期8-9月。

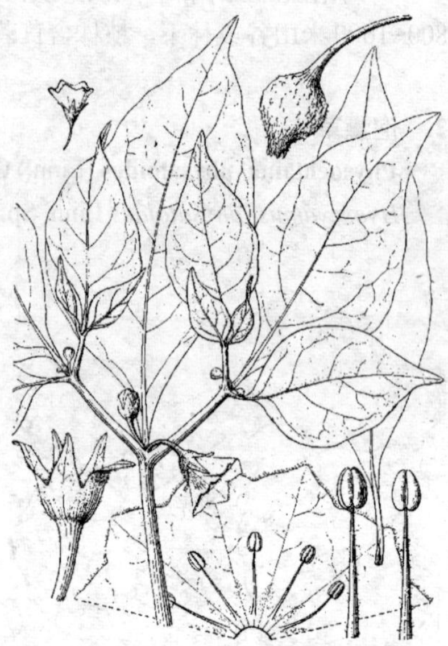

图 349 江南散血丹（张泰利绘）

产河南、江苏、安徽、浙江、福建、江西、湖南、湖北、四川及云南，生于海拔450-1100米山坡或山谷林下潮湿地。

2. 华北散血丹 图 350

Physaliastrum sinicum Kuang et A. M. Lu in Acta Phytotax. Sin. 10 (4): 352. Pl. 78. 1965.

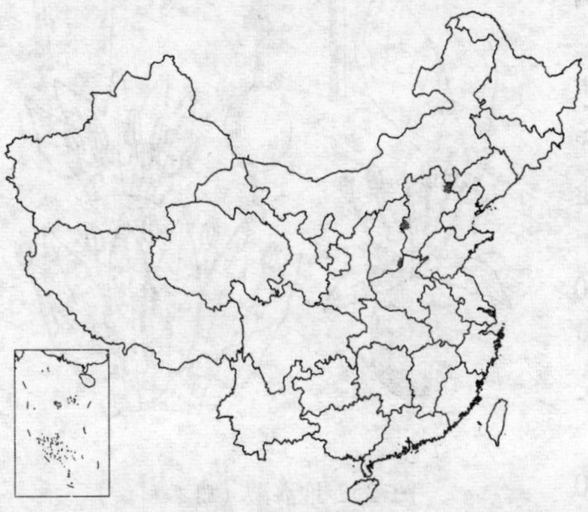

植株高达50厘米。幼枝被较密细柔毛。叶多宽卵形，长6-12厘米，先端短渐尖，基部歪斜，渐窄下延成长约1厘米叶柄，全缘波状，具缘毛，两面被较密柔毛，侧脉6-7对。花常双生叶腋或枝腋，俯垂。花梗密被细柔毛，长1-1.5厘米；花萼短钟状，长及径约7毫米，密被细柔毛，5中裂，裂片长椭圆形或窄三角形，具缘毛，花后卵状球形，长约2.5厘米，径约1.8厘米；花冠钟形，白色，长及径约1厘米，密被细毛，冠檐5浅裂，裂片宽三角形，具缘毛；雄蕊长约6毫米，伸至花冠裂片弯缺处，花丝无毛。浆果球形，径约1.6厘米，果柄长2-2.5厘米。种子近盘形，色淡。花期5-6月，果期7-8月。

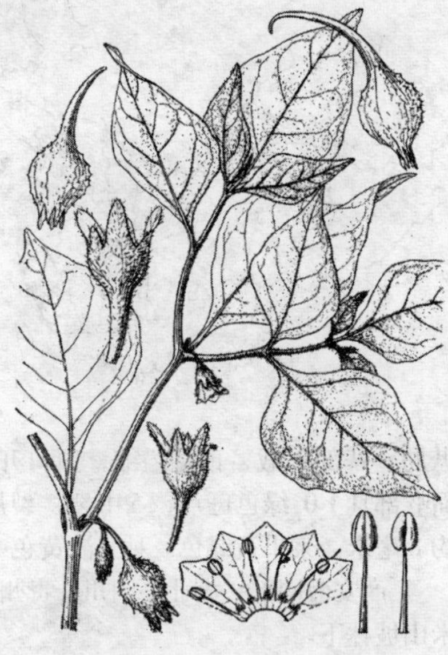

图 350 华北散血丹（张泰利绘）

产河北及山西，生于海拔1200-1400米山谷灌丛中。

3. 日本散血丹 图 351

Physaliastrum echinatum (Yatabe) Makino in Bot. Mag. Tokyo 28: 21. 1914.

Chamaesaracha echinatum Yatabe in Bot. Mag. Tokyo 5: 355. 1891.

Physaliastrum japonicum auct. non Honda: 中国植物志 67(1): 47. 1978.

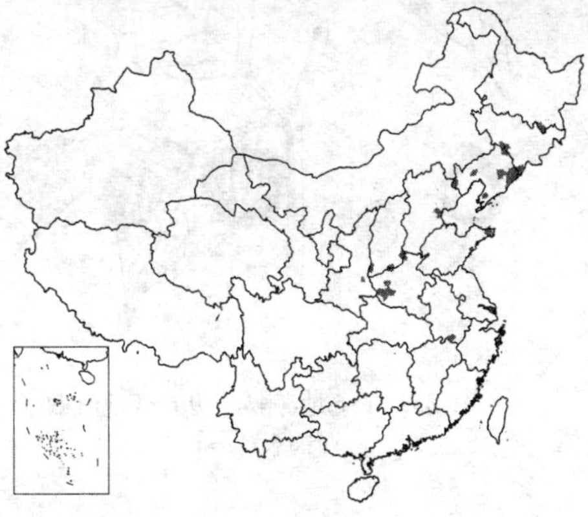

植株高达70厘米。茎疏被柔毛。叶卵形或宽卵形，长4-8厘米，先端骤尖，基部偏斜楔形下延至叶柄，两面疏被短柔毛，全缘稍波状，具缘毛；叶柄窄翼状。花常2-3生于叶腋或枝腋，俯垂。花梗长2-4厘米；花萼短钟状，疏被长柔毛及不规则三角形小鳞片，萼齿扁三角形，不等大；花冠钟形，径约1厘米，5浅裂，裂片具缘毛，冠筒内面中部具5对与雄蕊互生蜜腺，下面具5簇髯毛；雄蕊稍短于花冠筒。浆果球形，径约1厘米，为宿萼包被，果顶端裸露。种子近盘形，花期6-8月，果期7-9月。

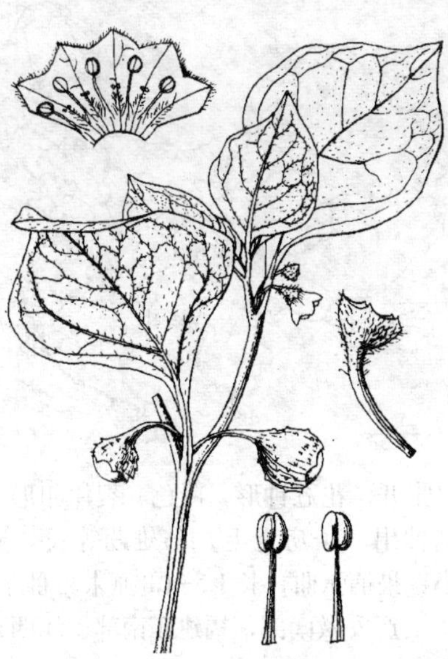

图 351 日本散血丹（张泰利绘）

产黑龙江、吉林、辽宁、河北、河南、山西、陕西、山东及安徽，生于低海拔山坡草丛中。朝鲜、日本及俄罗斯有分布。

4. 地海椒 图 352，图353: 1-6

Physaliastrum sinense (Hemsl.) D'Arcy et Z. Y. Zhang in Novon 2: 127. 1992.

Chamaesaracha sinense Hemsl. in Journ. Linn. Soc. Bot. 26: 174. 1890.

Archiphysalis sinensis (Hemsl.) Kuang; 中国植物志 67(1): 50. 1978.

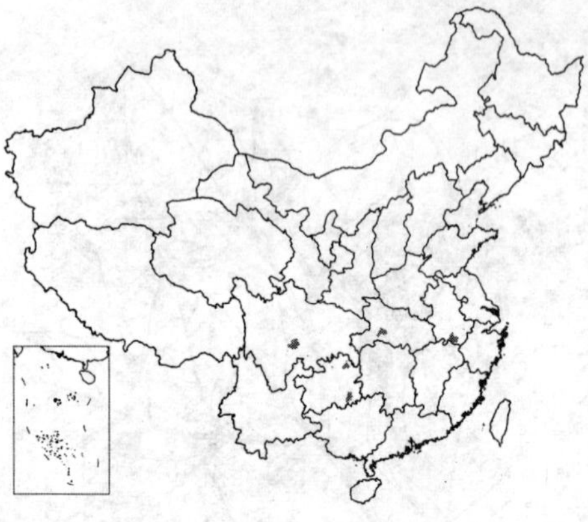

多年生草本， 高达 2 米。枝细长。叶卵形或卵状披针形，长达 7 厘米，先端渐尖，基部歪斜渐窄，全缘波状，稀疏生牙齿，侧脉 5－7 对；叶柄长约 3 毫米。花2-3簇生枝腋。花梗长2-2.5 厘米，弧曲；花萼坛状球形，长约 4 毫米，径 3 毫米，萼齿扁三角形，具睫毛，果时扁球状，长约 15厘米，径 1.8-2 厘米，具 10 纵棱及 10 纵肋，基部平截，顶端缢缩，顶口开张；花冠长及径约 1 厘米，白色，内面喉部具 1 0 绿色斑点， 5 中裂，裂片窄卵形，密被柔毛，具睫毛；雄蕊长约 8 毫米。浆果黄绿色。种子淡黄色。花期 6-8 月，果期 9-10 月。

产安徽南部、湖北、四川、贵州东北部及东南部，生于海拔 300-1400 米山坡林下。

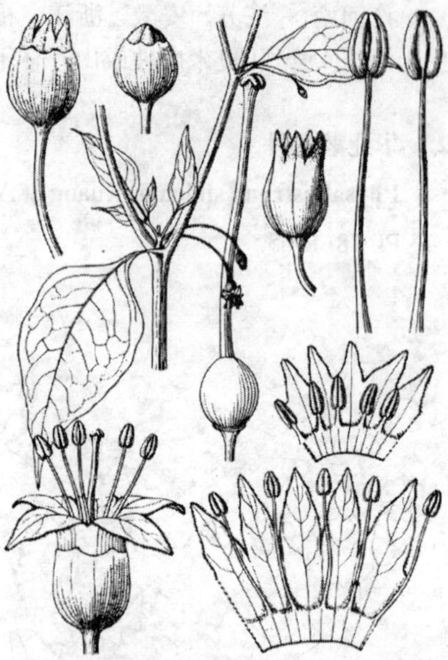

图 352 地海淑（张泰利绘）

5. 广西地海椒 图版 353: 7-9

Physaliastrum chamaesarachoides (Makino) Makino in Journ. Jap. Bot. 5: 24. 1928.

Archiphysalis kwangsiensis Kuang; 中国植物志图版 67(1):50. 1978.

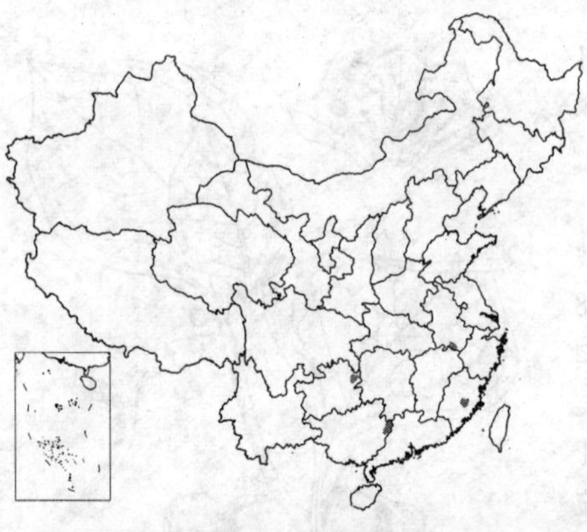

亚灌木或草本，枝多曲折。叶宽椭圆形或卵形，长 3-14 厘米，先端渐尖，基部歪斜，圆或宽楔形，疏生粗牙齿，稀全缘波状，具缘毛，两面近无毛，侧脉 5-6 对；叶柄长 1-3 厘米。花萼果时膀胱状，俯垂，球状卵圆形，长约 1.8 厘米，径 1.5 厘米，近干膜质，带白色，具 1 0 翅状纵肋，翅具三角形牙齿，基部圆，顶端渐缢缩，顶口张开；花冠钟形，白色，裂片卵形，长 2-3 毫米，具微缘毛；雄蕊内藏或稍伸出；子房无毛，与雄蕊等长。浆果单生或 2 个并生，球状，较宿萼小，果柄弧曲，长 1.5-1.8 厘米。种子淡黄色。花期 7-9 月，果期 8-11 月。

产安徽南部、福建东南部、江西东北部、广西东部及贵州东北部，生于海拔 300-1000 米林下。

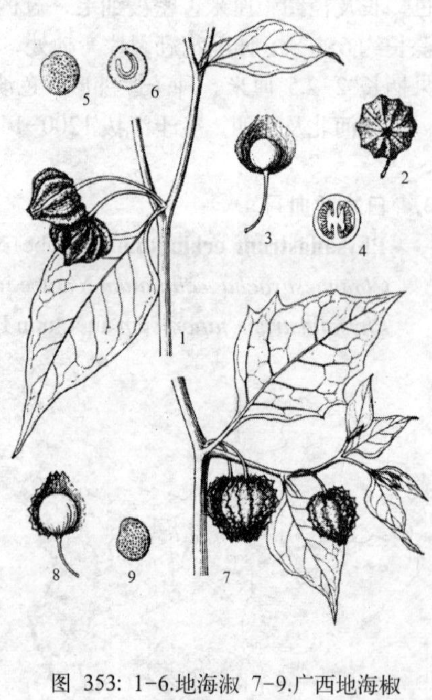

图 353: 1-6.地海淑 7-9.广西地海椒（张泰利绘）

10. 酸浆属 Physalis Linn.

一年生或多年生草本，基部稍木质。叶不裂或具不规则波状牙齿，稀羽状深裂，互生或在枝上端大小不等二叶双生。花单生叶腋或枝腋。花萼钟状，5 浅裂或中裂，果时膀胱状，全包浆果，具 10 纵肋，5 棱或 10 棱，膜质或革质，顶端闭合，基部常凹下；花冠白或黄色，辐状或辐状钟形，具褶襞，5 浅裂或成 5 角形；雄蕊 5，较花冠短，生于花冠近基部，花丝基部宽，花药纵裂；花盘不显著或无；子房2室，柱头2浅裂；胚珠多数。浆果球形，多汁。种子多数，扁平，盘形或肾形，被网纹状凹穴；胚弯曲，位于近周边处。

约75种，多数分布于美洲热带及温带地区，少数产欧亚大陆及东南亚。我国6种1变种。

1. 花冠白色，辐状；花药黄色；宿萼橙或红色，近革质。
    2. 花梗及花萼密被柔毛；果柄及宿萼被毛 ………………………………………………… 1. 酸浆 **P. alkekengi**
    2. 花梗近无毛或疏被毛，花萼裂片毛较密，萼筒毛稀疏；果柄及宿萼无毛 …………………………………………………………………………………………………… 1(附). 挂金灯 **P. alkekengi** var. **franchetii**
1. 花冠淡黄或黄色，辐状钟形；花药紫色，稀黄色；宿萼草绿或淡麦秆色，薄纸质。
    3. 叶基部心形；花冠长0.8-1.5厘米，径1-2厘米。
        4. 叶基部歪斜心形，具不等大三角形牙齿；花药长1-2毫米 ……………………………… 2. 毛酸浆 **P. philadelphica**
        4. 叶基部对称心形，全缘或疏生不明显牙齿；花药长3-3.5毫米 ……………………… 2(附). 灯笼果 **P. peruviana**
    3. 叶基部歪斜，楔形或宽楔形；花冠长4-6毫米，径6-8毫米。
        5. 花冠喉部常具紫色斑纹，花药蓝紫或黄色，花萼裂片披针形，宿萼径1.5-2.5厘米 …………………………………………………………………………………………………… 3. 苦蘵 **P. angulata**
        5. 花冠及花药均黄色；花萼裂片三角形，宿萼径1-1.5厘米 ……………………………… 3(附). 小酸浆 **P. minima**

1. 酸浆

Physalis alkekengi Linn. Sp. Pl. 1: 183. 1753.

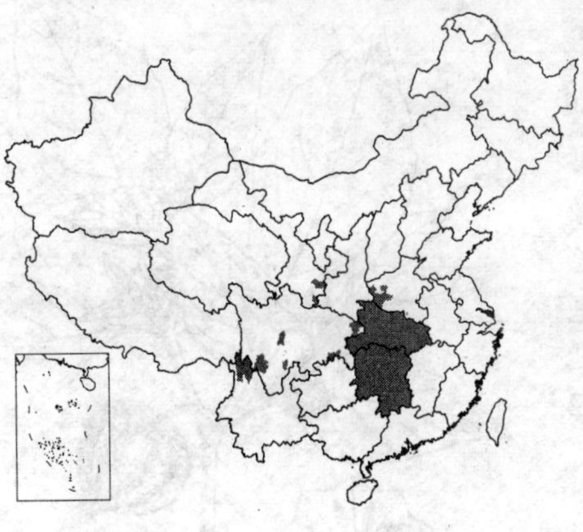

多年生草本，高达80厘米。茎被柔毛，幼时较密。叶长卵形或宽卵形，稀菱状卵形，长5-15厘米，先端渐尖，基部不对称窄楔形、下延至叶柄，全缘波状或具粗牙齿，有时疏生不等大三角形牙齿，两面被柔毛，脉上较密，上面毛常不脱落；叶柄长1-3厘米。花梗长0.6-1.6厘米，初直伸，后下弯，密被柔毛；花萼宽钟状，长约6毫米，密被柔毛，萼齿三角形，边缘被硬毛；花冠辐状。白色，径1.5-2厘米，裂片开展，先端骤窄成三角形尖头，被短柔毛及缘毛。宿萼卵圆形，长2.5-4厘米，径2-3.5厘米，薄革质，网脉明显，纵肋10，橙或红色，被柔毛，顶端闭合，基部凹下。浆果球形，橙红色，径1-1.5厘米；果柄长2-3厘米，被柔毛。种子肾形，淡黄色，长约2毫米。花期5-9月，果期6-10月。

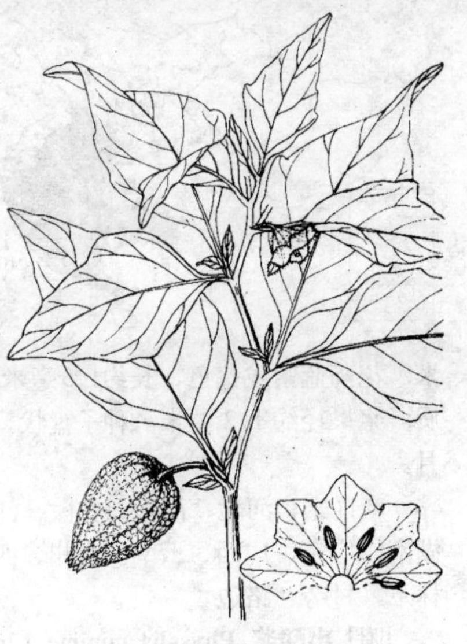

图354 ［附］挂金灯（张泰利绘）

产甘肃、四川、云南、湖南、湖北及河南，生于海拔1200-2500米旷地或山坡。欧亚大陆有分布。

［附］**挂金灯** 图354 **Physalis alkekengi** var. **franchetii** (Mast.) Makino in Bot. Mag. Tokyo 22: 34. 1908. —— *Physalis franchetii* Mast. in Gard. Chron. ser. 3, 16: 434. 1894. 与模式变种的区别：茎节肿大；叶仅具缘毛；花梗近无毛或疏被柔毛，果时无毛；花萼裂片毛较密，萼筒毛稀疏，宿萼无毛。除西藏外其他省区均产，生于田野、沟边、山坡草地、林下或水边；亦普遍栽培。欧洲、亚洲西南部、朝鲜及日本有分布。果可食及药用，可清热解毒、消肿。

2. 毛酸浆 图355

Physalis philadelphica Lam. Encycl. 2: 101. 1786.

Physalis pubescens auct. non Linn.: 中国高等植物图鉴 3: 717. 1974; 中国植物志 67(1): 58. 1978

一年生草本。茎被柔毛，常多分

枝，分枝毛较密。叶宽卵形，长3-8厘米，先端尖，基部歪斜心形，常具不等大三角形牙齿，两面疏被毛，脉上较密；叶柄长3-8厘米，密被短柔毛。花单生叶腋，长0.8-1.5厘米。花梗长0.5-1厘米，密被短柔毛；花萼钟状，密被柔毛，裂片披针形，具缘毛；花冠淡黄色，喉部具紫色斑纹，径0.6-1厘米；花药淡紫色，长1-2毫米。宿萼卵圆形，长2-3厘米，径2-2.5厘米，具5棱及10纵肋，顶端萼齿闭合，基部稍凹下；浆果球形，径约1.2厘米，黄或带紫色。种子近盘状，径约2毫米。花果期5-11月。

原产墨西哥。东北、华北、华东、华中、西南及陕西栽培或已野化，多生于草地、田边或路边。果可食。

[附] 灯笼果 **Physalis peruviana** Linn. Sp. Pl. ed. 2. 2: 1670. 1763. 本种与毛酸浆的区别：叶基部对称心形，全缘或疏生不明显尖齿；花药长3-3.5毫米。原产南美。江苏、福建、广东及云南栽培或已野化。

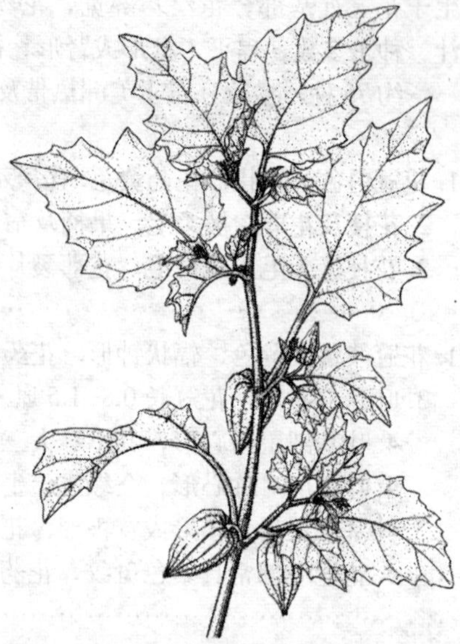

图 355 毛酸浆（王金凤绘）

3. 苦蘵 图 356

Physalis angulata Linn. Sp. Pl. 1: 183. 1753.

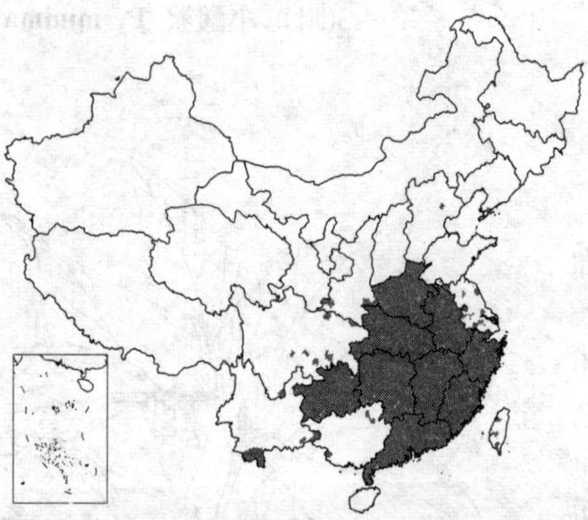

一年生草本，高达50厘米。茎疏被短柔毛或近无毛。叶卵形或卵状椭圆形，长3-6厘米，先端渐尖或尖，基部宽楔形或楔形，全缘或具不等大牙齿，两面近无毛；叶柄长1-5厘米。花梗长0.5-1.2厘米，纤细，被短柔毛；花萼长4-5毫米，被短柔毛，裂片披针形，具缘毛；花冠淡黄色，喉部具紫色斑纹，长4-6毫米，径6-8毫米；花药蓝紫或黄色，长约1.5毫米。宿萼卵球状，径1.5-2.5厘米，薄纸质；浆果径约1.2厘米。种子盘状，径约2毫米。花期5-7月，果期7-12月。

产辽宁、河北、河南、安徽、江苏、浙江、福建、台湾、江西、湖北、湖南、广东、广西、云南、贵州、四川及陕西，生于海拔500-1500米山谷、林下、村旁、路边。

[附] 小酸浆 **Physalis minima** Linn. Sp. Pl. 183. 1753. 本种与苦蘵的区别：植株较矮小，分枝横卧地上或稍斜升；花冠及花药黄色，花萼裂片三角形；宿萼径1-1.5厘米。产广东、广西、云南及四川，生于海拔1000-1300米山坡。

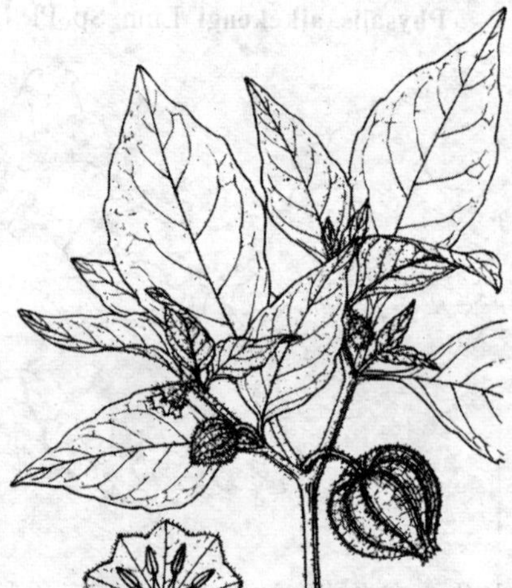

图 356 苦蘵（张泰利绘）

11. 睡茄属 Withania Pauquy

灌木或多年生草本。茎多二歧分枝。叶在茎枝下部互生，由于返茎现象而生于下一茎节处并面对枝腋，在枝上部大小不等双生。花3至数朵簇生叶腋或枝腋。花近无梗或梗极短；花萼钟状，具5齿，花后膀胱状，包果，顶口闭合或稍开张，花冠窄钟状，5中裂；雄蕊5，生于花冠筒近基部，花丝稍扁，药室纵裂；花盘环状，具弯缺；子房2室，柱头微2裂；胚珠多数。浆果球形，较宿萼小。种子扁肾形；胚弯曲。

约6种，分布于欧洲南部、非洲北部及亚洲西南部。我国1种。

睡茄 图 357

Withania somnifera (Linn.) Dunal in DC. Prodr. 13(1): 453. 1852.

Physalis somnifera Linn. Sp. Pl. 1: 182. 1753.

Withania kansuensis Kuang et A. M. Lu; 中国植物志 67(1): 59.159. 1978.

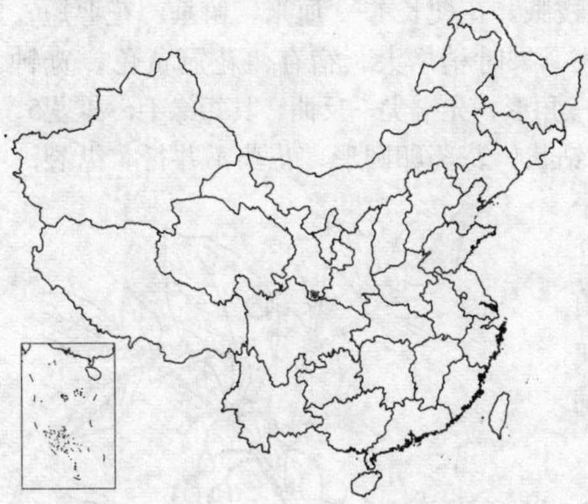

多年生草本，高达1.5米。茎多二歧分枝，密被柔毛。叶宽卵形或椭圆形，长6-10厘米，先端尖，基部楔形下延，全缘稍波状，两面疏被柔毛，脉上毛较密，侧脉4-6对；叶柄长1-2厘米。花3-6簇生。花梗长2毫米，密被柔毛；花萼钟状，密被柔毛，长及径2.5-3毫米，萼齿三角形，长不及毫米；花冠窄钟状，冠筒毛稀疏，冠檐毛密，长4-4.5毫米，裂片卵状三角形；雄蕊稍伸出，花冠裂片弯缺，药隔显著。宿萼卵圆形，膜质，长1-1.2厘米，径约9毫米，被柔毛，不明显纵肋1 0；浆果球形，径约8毫米；果柄长达5毫米。种子淡褐色，长约2.8毫米，具网纹状凹下，花果期10月。

产甘肃，生于海拔750-1000米山坡。阿富汗、印度、巴基斯坦、亚洲西南部及欧洲有分布。

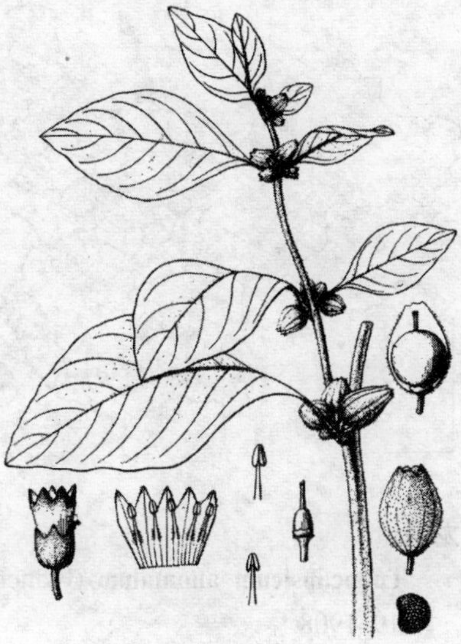

图 357 睡茄（引自《中国植物志》）

12. 辣椒属 Capsicum Linn.

灌木、亚灌木或一年生草本。多分枝。叶互生，全缘或浅波状，具柄。花1至数朵簇生枝腋或近叶腋。花梗直伸或俯垂；花萼宽钟状或杯状，具5(-7)小齿，果时稍增大，宿存；花冠辐状，白或带紫色，5中裂；雄蕊5，生于花冠筒基部，花药纵裂；子房2(3)室，花柱细长，柱头近头状，微2(3)裂，胚珠多数；花盘不显著。浆果无汁，果皮肉质或近革质，种子盘状，胚弯曲。

约25种，主要分布于南美洲。我国栽培1种。

辣椒 小米辣 图 358

Capsicum annuum Linn. Sp. Pl. 1: 188. 1753.

Capsicum frutescens Linn.; 中国植物志 67(1): 63. 1978.

一年生草本或灌木状，高达8 0 厘米。茎近无毛或被微柔毛，分枝稍之字形折曲。叶长圆状卵形、卵形或卵状披针形，长4-13厘米，全缘，先端短渐尖或尖，基部窄楔形；叶柄长4-7厘米。花单生或数朵簇生，俯垂。花萼杯状，齿不显著；花冠白色，长约1厘米，裂片卵形；花药灰紫色。果柄较粗，俯垂；果形多变异，长达1 5 厘米，成熟前绿色，成熟后红、橙或紫红色，味辣。种子扁肾形，长3-5毫米，淡黄色。花果期5-11月。

原产墨西哥及南美。世界各国普遍栽培。我国已有数百年栽培历史，为重要蔬菜及调味品。种子油可食用，果可驱虫及发汗。由于长期人工栽培、杂交育种，品种繁多，我国约有数十个品种，如灯笼椒（菜椒、柿子椒）cv.‘**Grossum**’，朝天椒 cv.‘**Conoides**’簇生椒 cv.‘**Fasciculatum**’等。

图 358 辣椒（引自《图鉴》）

13. 龙珠属 Tubocapsicum (Wettst.) Makino

多年生草本，高达1.5米，植株无毛。根粗壮。茎二歧分枝开展。叶互生或在枝上端大小不等2叶双生，卵形、椭圆形或卵状披针形，长5-18厘米，先端渐尖，基部歪斜楔形下延，全缘或浅波状，侧脉5-8对；叶柄长0.8-3厘米。花单生或2-6簇生叶腋或枝腋。花梗长1-2厘米，俯垂；花萼短，皿状，径约3毫米，顶端平截，果时稍增大，宿存；花冠黄色，宽钟状，径6-8毫米，5裂，裂片三角形，先端尖，反曲，具短缘毛；雄蕊5，生于花冠中部，稍伸出，花丝钻状，花药卵圆形，花药不并行，纵裂；花盘稍波状，果时垫座状；子房2室，花柱与雄蕊等长，柱头稍头状，胚珠多数。浆果俯垂，球形，多汁，径0.8-1.2厘米，红色，果皮薄。种子近扁圆形，淡黄色，胚弯曲。

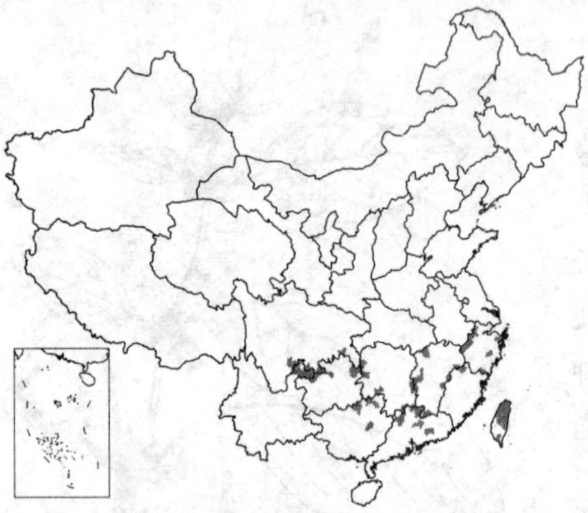

单种属。

龙珠 图 359

Tubocapsicum anomalum (Franch. et Sav.) Makino in Bot. Mag. Tokyo 22: 19. 1908.

Capsicum anomalum Franch. et Sav. Enum. Pl. Jap. 2: 452. 1878.

形态特征同属。花果期8-10月。

产浙江、福建、台湾、江西、湖南、广东、广西、云南、贵州及四川，生于山谷、沟边或密林中。朝鲜、日本、菲律宾、印度尼西亚、泰国及印度有分布。

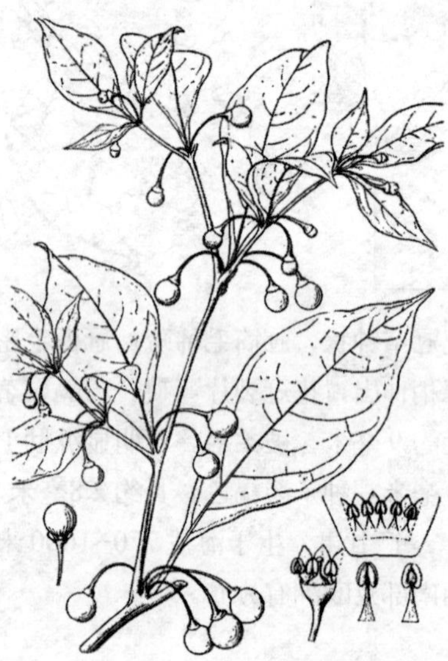

图 359 龙珠（张泰利绘）

14. 茄属 Solanum Linn.

草本、亚灌木、灌木或小乔木，稀藤本。单叶互生，稀双生，全缘，波状或分裂，稀复叶。花序顶生、侧生、腋生、腋外生或对叶生，稀单花。花两性，全部能孕或仅花序下部的能孕，花萼4-5裂，果时稍增大，宿存，稀增大包果；花冠星状辐形或漏斗状辐形，白色，有时青紫、红紫或黄色，开放前常折叠，(4)5浅裂、中裂、深裂或几不裂;花冠筒短；雄蕊(4)5枚，生于花冠筒喉部，花丝短，间或一枚较长，较花药短，稀较长，无毛或内侧被长毛，花药内向，顶端具尖头或无，常靠合成圆筒，孔裂；子房2室，胚珠多数，花柱直或微弯，柱头钝圆，稀2浅裂，稀2浅裂。种子常两侧扁，具网纹状凹穴。

约1200余种，分布于全世界热带及亚热带，少数至温带地区，主产南美洲热带。我国41种。

1. 植株被星状毛。
  2. 植株无刺；叶全缘；花药顶端无尖头；圆锥花序近顶生 ………………………………… 2. **假烟叶树 S. erianthum**
  2. 植株具刺；叶分裂或具齿；花药顶端具尖头。
    3. 花萼增大，包果大部；花白色；茎被星状毛及细刺；宿萼疏被弯刺 ……………………… 21. **膜萼茄 S. griffithii**
    3. 花萼几不增大，不包果。
      4. 果密被星状毛；花萼裂片长约8毫米 ……………………………………………………… 20. **毛茄 S. lasiocarpum**
      4. 果无毛；花萼裂片常短于7毫米。
        5. 花序常1-3分枝。
          6. 花冠白色，花梗被腺毛及星状毛；果黄色，径约1.5厘米；叶半裂或波状 ……………………

…………………………………………………………………………………………………… 15. **水茄 S. torvum**

6. 花冠紫色，花梗被星状毛；果红色，径5-8毫米；叶近全缘或6-7波状裂 ……………………………
…………………………………………………………………………………………………… 13. **山茄 S. macaonense**

5. 花序不分枝。

7. 果径大于1.4厘米；常雄花和两性花同株。

8. 果红或橙黄色，具4-6棱；花冠白或稍带紫色 …………………………………… 17. **红茄 S. aethiopicum**

8. 果色多变异，黄或黑色，无沟棱；花冠黄或紫蓝色。

9. 果径大于4厘米，形状多变异，绿、白、黑紫、粉红或近褐色 ……………………………………
…………………………………………………………………………………………………… 23. **茄 S. melongena**

9. 果径2-3厘米，球形，黄色 ……………………………………………………………… 22. **野茄 S. undatum**

7. 果径小于1.4厘米；多为两性花。

10. 叶被脱落性星状毛，5-9裂或羽状深裂；枝刺长0.5-1.8厘米；花药长于7毫米；果淡黄色 ……………
…………………………………………………………………………………………………… 24. **黄果茄 S. virginianum**

10. 叶毛被宿存，全缘或浅裂；枝无刺或具长1-7毫米小钩刺；果橙红或黄色。

11. 叶全缘或微波状；枝无刺或具长约1毫米钩刺，后渐脱落 ……………………………………………
…………………………………………………………………………………………………… 14. **疏刺茄 S. nienkui**

11. 叶浅裂或深裂，或近全缘；枝具长2-7毫米钩刺。

12. 叶长5-8(-11)厘米，5-7深裂或波状浅圆裂，叶柄长2-4厘米；花序腋外生 ………………………
…………………………………………………………………………………………………… 16. **刺天茄 S. violaceum**

12. 叶长2-6厘米，近全缘或波状浅圆裂；叶柄长0.4-1厘米；花序顶生或腋外生 ……………………
………………………………………………………………………………………… 16(附). **海南茄 S. procumbens**

1. 植株无毛或被单毛，稀被星状毛，若有星状毛，仅在叶上面，并混生单毛；常无皮刺。

13. 花药顶端延长；植株被细刺。

14. 果桔红色；种子边缘翅状 …………………………………………………………… 19. **牛茄子 S. capsicoides**

14. 果淡黄色，种子无翅 ………………………………………………………………… 18. **喀西茄 S. aculeatissimum**

13. 花药顶端不延长；植株无刺。

15. 奇数羽状复叶，小叶常大小相同 ………………………………………………………… 12. **阳芋 S. tuberosum**

15. 单叶全缘或分裂。

16. 叶二型；分裂叶及全缘叶，裂片线状披针形；花序总状，花序梗短或无；花冠蓝紫色 裂片先端微缺；果卵状椭圆形，桔黄色 …………………………………………………………………… 1. **澳洲茄 S. laciniatum**

16. 叶一型；花冠裂片先端无凹缺。

17. 花序总状，或兼具单花或双花；叶全缘；花白色；果桔黄。

18. 花序梗长0.3-1.2厘米，花梗长达2.5厘米 …………………………………………… 3. **旋花茄 S. spirale**

18. 花序梗极短或几无，花梗长3-4毫米。

19. 植株无毛 ………………………………………………………………………… 7. **珊瑚樱 S. pseudocapsicum**

19. 幼枝及叶下面沿脉被星状簇绒毛 ……………………………………………………………………
……………………………………………………………… 7(附). **珊瑚豆 S. pseudocapsicum var. diflorum**

17. 花序伞形或圆锥状。

20. 花序伞形；草本；叶全缘或具齿。

21. 小枝无棱或不明显，无毛或被微毛；叶全缘或4-5波状齿；花序梗长2-4厘米，花梗长0.8-1.2厘米；果黑色。

22. 花冠长于5毫米，花药长于2毫米；果径大于8毫米。

23. 叶具不规则波状粗齿或全缘，卵形或披针状卵形；果黑色 …………………………………………………………………………………………………… 5. **龙葵 S. nigrum**

23. 叶全缘或浅波状，宽卵形、菱形或圆形；果紫黑色 …………………………………………………………………………………………………… 5(附). **木龙葵 S. scabrum**

22. 花冠短于5毫米，花药短于1.5毫米；果径小于8毫米 …………………………………………………………………………………………………… 5(附). **少花龙葵 S. americanum**

21. 小枝具棱状窄翅，翅被瘤状凸起，小枝被糙伏短柔毛及腺毛；叶全缘或基部具1-4齿；花序梗长约1厘米，花梗长4-6毫米，花白或紫色；果朱红、桔黄或绿黄色 …………………………………………………………………………………………………… 6. **红果龙葵 S. villosum**

20. 圆锥花序。

24. 草本或亚灌木状。

25. 茎疏被柔毛；叶全缘或浅波状；花白色，花萼裂片具缘毛；果黑或黑蓝色 …………………………………………………………………………………………………… 4. **光枝木龙葵 S. merrillianum**

25. 茎被白色弯曲短柔毛，稀近无毛；叶(3、5)7(9)裂；花青紫色花萼裂片无缘毛；果红色 …………………………………………………………………………………………………… 11. **青杞 S. septenlobum**

24. 草质藤本或蔓生灌木。

26. 草质藤本；叶基部戟形或宽楔形。

27. 叶全缘或基部3-5深裂；植株被长柔毛；花蓝紫或白色；果红黑色 …………………………………………………………………………………………………… 9. **白英 S. lyratum**

27. 叶具波状钝齿或1-3(-5)深裂；植株无毛或疏被柔毛；花紫色；果红色 …………………………………………………………………………………………………… 8. **欧白英 S. dulcamara**

26. 蔓生灌木或攀援亚灌木；植株无毛或疏被柔毛；果红色。

28. 攀援亚灌木；叶全缘，基部心形或圆；花序梗长达7厘米；花紫色；果径6-8毫米 …………………………………………………………………………………………………… 8(附). **光白英 S. kitagawae**

28. 蔓生灌木；叶全缘、波状或3-5浅裂，基部圆或楔形；花序梗长达5.5厘米；花白色，稀紫色；果径达1.2厘米。

29. 叶全缘 …………………………………………………………………… 10. **海桐叶白英 S. pittosporifolium**

29. 叶缘波状或3-5浅裂 …………………………………………………………… 10(附). **野海茄 S. japonense**

1. 澳洲茄 图 360:9-13

Solanum laciniatum Alton, Hort. Kew. 1: 247. 1789.

Solanum aviculare auct. non Forst.: 中国植物志 67(1): 70. 1978.

灌木，高达3米。全株无毛。小枝具棱。分裂叶羽状3-5裂，基部宽楔形，长约15厘米，基部裂片常较短，线状披针形，长2-7厘米，中间裂片窄椭圆状披针形，长约10厘米，微波状或近全缘；全缘叶披针形，长10-20厘米，基部楔形下延；叶柄长约1-1.5厘米。蝎尾状总状花序顶生或腋生，长约8厘米，花序梗短或近无。花梗长1.5-3厘米；花蓝紫色，径约2-2.5厘米；花萼径约7毫米，萼齿圆，长2-3毫米，先端凸尖。冠檐长约1厘米，浅裂，裂片先端微缺；花丝锥形；花柱长8毫米，柱头2浅裂。浆果卵状椭圆形，长约3厘米。种子近卵形，褐黄色，长约3毫米。花期秋季，果期冬季。

原产大洋洲。河北、江苏、湖北、四川及云南各地植物园及药用植物园有栽培。为提取索拉索丁(Solasodine)的最佳原料之一。叶、果含生物碱、茄解碱、索拉马琴(Solamargin)。

2. 假烟叶树 图 360:1-8 彩片 94

Solanum erianthum D. Don, Prodr. Fl. Nepal. 96. 1825.

Solanum verbascifolium auct. non Linn.: 中国高等植物图鉴 3: 718. 1974; 中国植物志 67(1): 72. 1978.

小乔木或灌木状，高达10米，

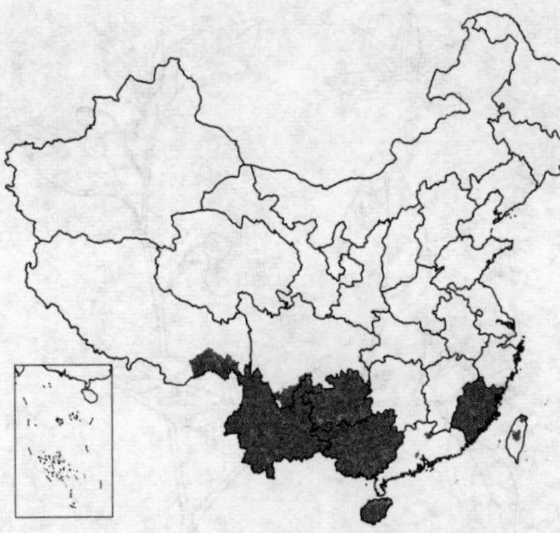

无刺。小枝、叶、叶柄、花序梗、花梗、花萼、花冠及子房均密被星状毛。叶卵状长圆形，长10-29厘米，先端短渐尖，基部宽楔形或楔形，下面毛被较厚，全缘或稍波状，侧脉5-9对；叶柄长1.5-5.5厘米。圆锥花序近顶生，花序梗长3-10厘米。花白色，径约1.5厘米，花梗长3-5毫米；花萼钟形，径约1厘米，5中裂，萼齿卵形，长约3毫米，中脉明显；冠檐5深裂，裂片长圆形，长6-7毫米，中肋明显；花药长约为花丝2倍，顶孔稍向内。浆果球形，宿萼径约1.2厘米，初被星状毛，后渐脱落，黄褐色。种子径1-2毫米。花果期几全年。

产福建、台湾、广东、海南、广西、云南、贵州、四川及西藏，生于海拔300-2100米荒山荒地灌丛中。广布于热带亚洲、大洋洲及南美洲。根皮入药，可消炎、解毒。

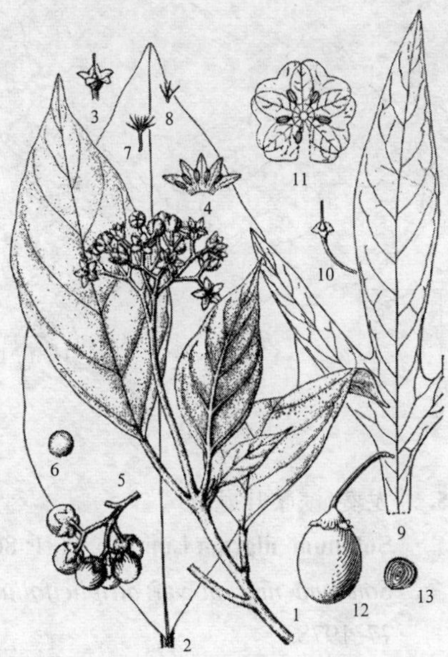

图 360:1-8.假烟叶树 9-13.澳洲茄
（张泰利绘）

3. 旋花茄 图 362:7

Solanum spirale Roxb. Fl. Ind. 2: 247. 1824.

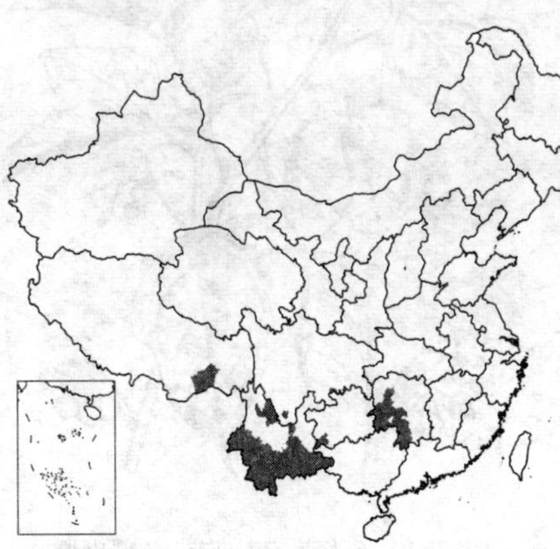

灌木，高达3米，植株无毛。叶椭圆状披针表，长9-22厘米，先端尖或渐尖，基部楔形下延，全缘或稍波状，侧脉5-8对；叶柄长2-3厘米。蝎尾状总状花序，对叶生或腋外生，花序梗长0.3-1.2厘米。花梗长达2.5厘米；花萼杯状，径3毫米，(4)5浅裂，萼齿圆；花冠白色，冠檐长6-7毫米，裂片长圆形，长5-6毫米；花丝长约1毫米，花药长3-3.5毫米；花柱长约7毫米，柱头平截。浆果球形，桔黄色，径1-1.6厘米。种子径2-3.5毫米。花期5-7月，果期6-12月。

产湖南、广西、贵州、云南、四川及西藏，生于海拔500-1900米溪边灌丛中或林下。印度、孟加拉、缅甸、越南、泰国及澳大利亚有分布。嫩叶傣族作蔬菜，煮水可治疟疾。植株为紫胶虫寄主。印度用根作麻醉剂及利尿剂。

4. 光枝木龙葵 木龙葵 图 361

Solanum merrillianum Liou in Contr. Inst. Bot. Nat. Acad. Peiping 3: 455. 1935.

Solanum suffruticosum Schousb.; 中国植物志 67(1): 78. 1978.

Solanum suffruticosum var. *merrillianum* (Liou) C. Y. Wu et S. C. Huang; 中国植物志 67(1): 79.1978.

亚灌木或草本状，高达1.5米。茎疏被短柔毛。枝扁、圆或四棱形，小枝幼时被弯卷短毛。叶卵形或菱状卵形，长2-8厘米，先端尖或钝，基部楔形下延，两面近无毛或被短柔毛，近全缘或浅波状；叶柄长0.5-2厘米。聚伞状圆锥花序径2-3厘米，有时成总状，花序梗长2-3厘米。花梗长7-9(-12)毫米，被短柔毛；花萼杯状，疏被短柔毛，裂片卵圆形，具缘毛；花冠白色，长4-6毫米，径约5毫米，裂片长2-3毫米，花丝长0.5毫

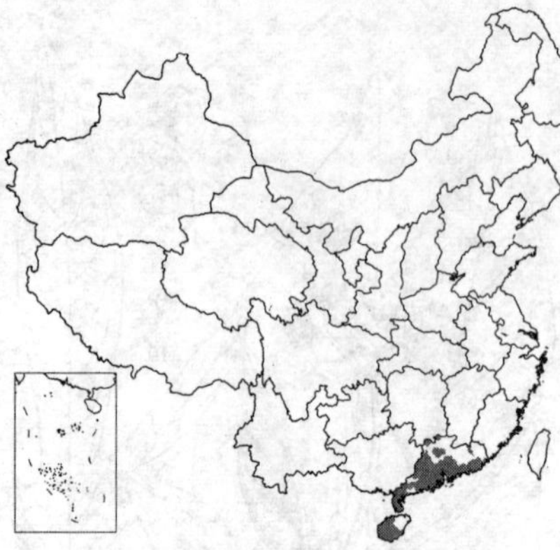

米，被短柔毛，花药长1.5-1.7毫米，花柱长约4毫米，基部被绒毛。浆果球形，黑或黑蓝色，径4-5毫米；果柄长0.8-1.2厘米，宿萼不增大。种子圆盘状或卵圆形，径约1.5毫米。花果期全年。

产广东、海南及香港，生于低海拔山坡。

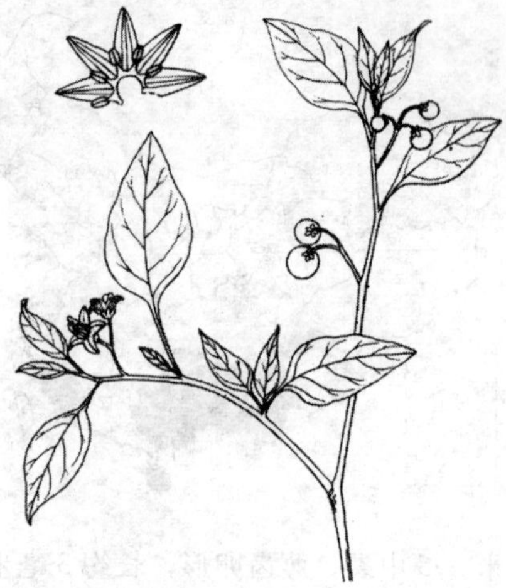

图 361 光枝木龙葵（张泰利绘）

5. 龙葵 滨黎叶龙葵　　图 362:1-6　彩片 95

Solanum nigrum Linn. Sp. Pl. 1: 86. 1753.

Solanum nigrum var. *atriplicifolium* (Desp.) G. Mey.; 中国植物志 67(1): 77. 1978.

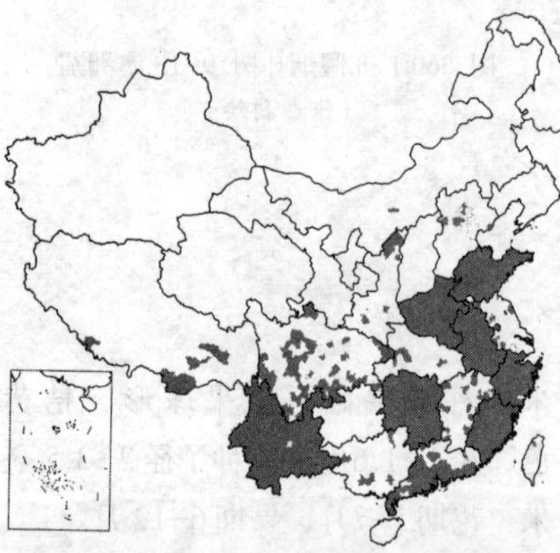

一年生草本，高达1米。茎近无毛或被微柔毛。叶卵形，长4-10厘米，先端钝，基部楔形或宽楔形，下延，全缘或具4-5对不规则波状粗齿，两面无毛或疏被短柔毛，叶脉5-6对；叶柄长2-5厘米。伞形状花序腋外生，具3-6(-10)花，花序梗长2-4厘米。花梗长0.8-1.2厘米，近无毛或被短柔毛；花萼浅杯状，径2-3毫米，萼齿近三角形，长1毫米；花冠白色，长0.8-1厘米，冠檐裂片卵圆形；花丝长1-1.5毫米，花药长2.5-3.5毫米，顶孔向内，花柱长5-6毫米，中下部被白色绒毛。浆果球形，径0.8-1厘米，黑色；果柄弯曲。种子近卵圆形，径1.5-2毫米。花期5-8月，果期7-11月。

产内蒙古、河北、山东、江苏、安徽、浙江、福建、台湾、湖北、湖南、江西、广东、广西、云南、贵州、四川、西藏、甘肃、陕西、及河南，生于海拔600-3000米田边、荒地及村庄附近。日本、印度、亚洲西南部及欧洲有分布。全株入药，可散瘀消肿，清热解毒。

图 362:1-6.龙葵 7.旋花茄 8.珊瑚樱（曾孝濂，张泰利绘）

[附] **木龙葵 Solanum scabrum** Mill. Gard. Dict. ed. 8. no. 6. 1768. —— *Solanum nigrum* auct non Linn.: 中国高等植物图鉴 3: 719. 1974，一部分；中国植物志 67(1): 76. 1978. 一部分。本种与龙葵的区别：叶宽卵形、菱形或圆形，全缘或浅波状；果紫黑色。产福建、台湾、江西、湖南、广东、广西、云南、贵州、四川及西藏，生于海拔200-2700米坡地阴湿处。非洲有分布。

[附] **少花龙葵 Solanum americanum** Mill. Gard. Dict. ed . 8. no. 5. 1768. —— *Solanum photeinocarpum* Nakamura et Odashima; 中国植物志 67(1): 77. 1978. —— *Solanum nigrum* auct. non Linn.: 中国高等植物图鉴 3: 719. 1974, p.p. 中国植物志 67(1): 76. 1978. 一部分。本种与木龙葵的区别：花冠短于5毫米，花药短于1.5毫米；果径小于8毫米，宿萼反折。产福建、台湾、江西、湖南、广东、海南、广西、云南及四川，生于海拔100-2000米。广布于全世界热带及温带地区。

6. 红果龙葵 矮株龙葵　　图 363

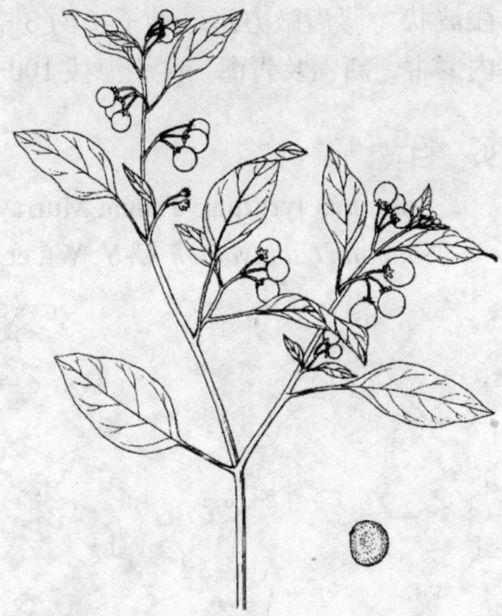

图 363 红果龙葵（张泰利绘）

Solanum villosum Mill. Gard. Dict. ed. 8. no. 2. 1768.

Solanum alatum Moench; 中国植物志 67(1): 78. 1978.

Solanum nigrum Linn. var. *humile* (Bernh.) C. Y. Wu et S. C. Huang; 中国植物志 67(1): 76. 1978.

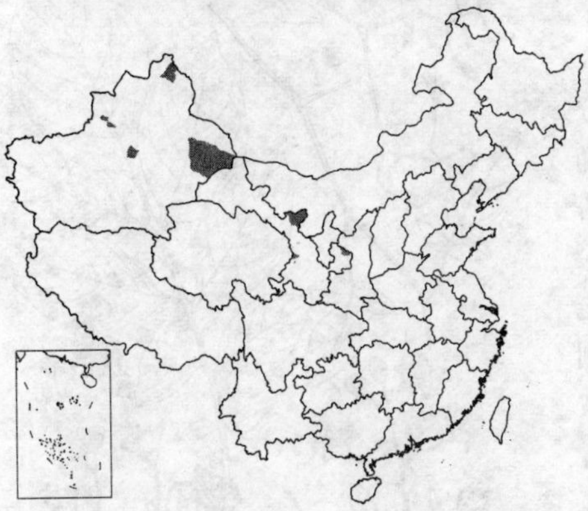

草本，高达60厘米。小枝被糙伏短柔毛及腺毛，具棱状窄翅，翅被瘤状突起。叶卵形或椭圆形，长3－7厘米，先端尖，基部楔形，下延，近全缘、浅波状或基部具1-2(3-4)齿，两面疏被短柔毛；叶柄具窄翅；长0.5-1厘米，疏被短柔毛。花序近伞形，腋外生，被微柔毛或近无毛，花序梗长约1厘米。花梗长4－6毫米，花白或紫色，径约7毫米；花萼杯状，径约2毫米，被微柔毛，萼齿近三角形；冠檐长约5毫米，裂片卵状披针形，边缘被绒毛，花丝长1.5-1.8毫米，花药长约2毫米；花柱中下部被白色绒毛。浆果球形，朱红、桔黄或绿黄色，径6-8毫米。种子近卵圆形，径约1毫米。花期7-9月，果期9-11月。

产甘肃及新疆，生于海拔100-1300米山坡或山谷阴处。阿富汗、印度、尼泊尔、亚洲西南部及欧洲有分布。

图 362:8

7. 珊瑚樱

Solanum pseudocapsicum Linn. Sp. Pl. 1: 184. 1753.

灌木，高达2米。植株无毛。叶窄长圆形或披针形，长1-6厘米，基部窄楔形下延，全缘或波状，侧脉4-7对；叶柄长2-5毫米。花单生，稀双生或成短总状花序与叶对生或腋外生，花序梗无或极短。花梗长3-4毫米；花白色，径0.8-1.5厘米，花萼绿色，径约4毫米，裂片长约1.5毫米；冠檐裂片卵形，长约3.5毫米；花丝长不及1毫米，花药长约2毫米；花柱长约2毫米，柱头平截。浆果橙红色，径1-1.5(-2)厘米，果柄长约1厘米。种子盘状，径2-3毫米。花期初夏，果期秋末。

原产南美。河南、安徽、江西、湖北、广东及广西栽培。广泛栽培于世界各地。

[附] **珊瑚豆 Solanum pseudocapsicum var. diflorum** (Vell.) Bitt. in Engl. Bot. Jahrb. 54: 498. 1917.—— *Solanum diflorum* Vell. Fl. Flumin. 2: t. 102. 1827. 与模式变种的区别：幼枝及叶下面沿脉被星状绒毛，后渐脱落。原产南美。我国各地栽培。

图 365:3-4

8. 欧白英

Solanum dulcamara Linn. Sp. Pl. 1: 185. 1753.

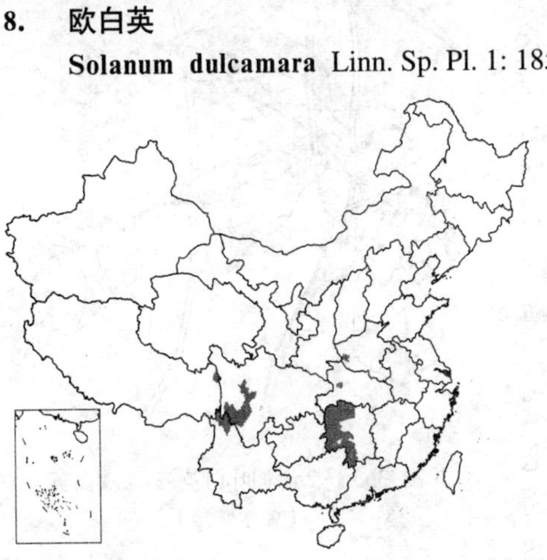

草质藤本，无毛或疏被短柔毛。叶卵状椭圆形、戟形或卵状戟形，长4-11厘米，先端渐尖，基部戟形，具波状钝齿或1-3(-5)深裂，中裂片较长，具波状钝齿或浅裂，两面疏被短柔毛，侧脉4-8对；叶柄长1-2厘米。圆锥花序腋外生，花序梗长1-3厘米。花梗长0.5-1.2厘米，疏被短柔毛；花萼杯状，径2.5-3毫米，裂片三角形；花冠紫色，径约1厘米，花冠筒长不及1毫米，冠檐长约6.5毫米，裂片椭圆状披针形，长约5毫米；花丝长约0.5毫米，花药长约2.5毫米；花柱长约5.5毫米。浆果球形或卵圆形，径6-8毫米，红色。种子近圆形，径1.5-2毫米。花期夏季，果期秋季。

产云南、四川、西藏、新疆、湖北、湖南及河南，生于海拔500-3300米林缘或坡地。欧洲、俄罗斯及亚洲西南部有分布。

[附] **光白英 Solanum kitagawae** Schönbeck-Temesy, Fl. Iranica 100: 15. 1972. —— *Solanum borealisinense* C. Y. Wu et S. C. Huang; 中国植物志 67(1): 84. 1980. 本种与欧白英的区别：攀援亚灌木；叶全缘，基部心形或圆，下延至叶柄；花萼平截或

浅波状，萼齿微方形；种子长约3毫米。产黑龙江、吉林、辽宁、河北、内蒙古、新疆及青海，生于海拔100-1500米水边潮湿处。阿富汗、日本、蒙古、俄罗斯及亚洲西南部有分布。

图 364:1-3.白英 4-6.青杞 7-10.阳芋
（张泰利绘）

9. 白英 图 364:1-3 彩片 96

Solanum lyratum Thunb. Murray, Syst. Veg. ed. 14. 224. 1784.

Solanum cathayanum C. Y. Wu et S. C. Huang; 中国植物志 67(1): 84. 1978.

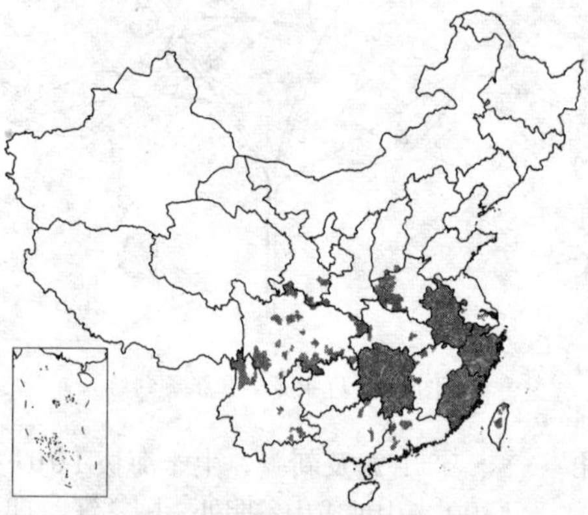

草质藤本，长达3米。多分枝，茎及小枝密被长柔毛。叶椭圆形或琴形，长3-11厘米，基部心形或戟形，全缘或3-5深裂，裂片全缘，中裂片常卵形，先端渐尖，两面被白色长柔毛，侧脉5-7对；叶柄长1-3厘米，被长毛。圆锥花序顶生或腋外生，花序梗长2-2.4厘米，被长柔毛。花梗长0.8-1.5厘米，被毛；花萼环状，径3-4毫米，疏被短柔毛，萼齿宽卵形；花冠蓝紫或白色，径约1.1厘米；冠檐长约6.5毫米，裂片椭圆状披针形，长约4.5毫米，先端被微柔毛；花丝长约1毫米，花药长3-3.2毫米；花柱无毛，长6-8毫米。浆果球状，红黑色，径7-9毫米。种子近盘状，径约1.5毫米。花期6-10月，果期10-11月。

产河南、山西、陕西、甘肃、江苏、安徽、浙江、福建、台湾、江西、湖北、湖南、广东、海南、广西、云南、贵州及四川，生于海拔100-2900米。日本、朝鲜、中南半岛有分布。全草入药，治小儿惊风，果治牙痛。

10. 海桐叶白英 图 365:1-2

Solanum pittosporifolium Hemsl. in Journ. Linn. Soc. Bot. 26:171. 1890.

Solanum pittosporifolium var. *pilosum* C. Y. Wu et S. C. Huang; 中国植物志 67(1): 88. 1978.

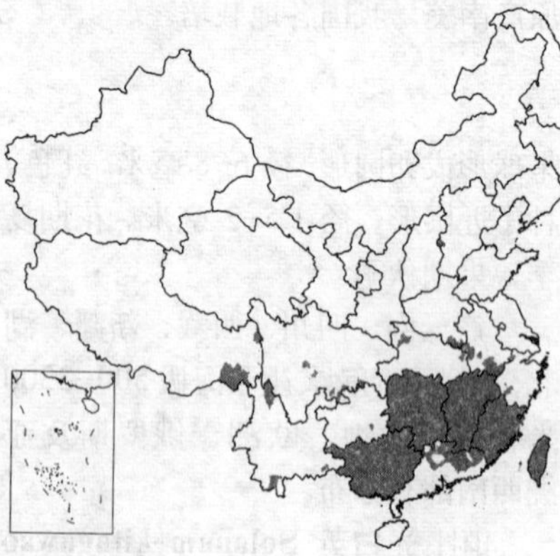

蔓生灌木，长达2米，植株无毛或疏被短柔毛。叶互生，披针形或卵状披针形，长4-13厘米，先端渐尖，基部圆或楔形，有时稍偏斜，全缘，两面无毛，侧脉6-7对；叶柄长0.7-2厘米，花序圆锥状腋外生，疏散，花序梗长1-5.5厘米。花梗长0.5-2厘米；花萼浅杯状，径约3毫米，浅裂，萼齿钝圆；花冠白色，稀紫色，径7-9毫米，花冠筒藏于萼内，长约1毫米，冠檐长5-6毫米，基部具斑点，5深裂，裂片长圆状披针形，长4-5毫米，具中肋及缘毛，反折；花丝长1毫米，花药长2.5-2.8毫米；花柱长约7毫米。浆果球形，红色，径0.8-1.2厘米。种子径2-2.8毫米。花期6-8月，果期9-12月。

产河北、安徽、浙江、福建、台湾、江西、湖北、湖南、广东、广西、云南、贵州、四川及西藏，生于海拔500-2500米林下。越南北部有分布。

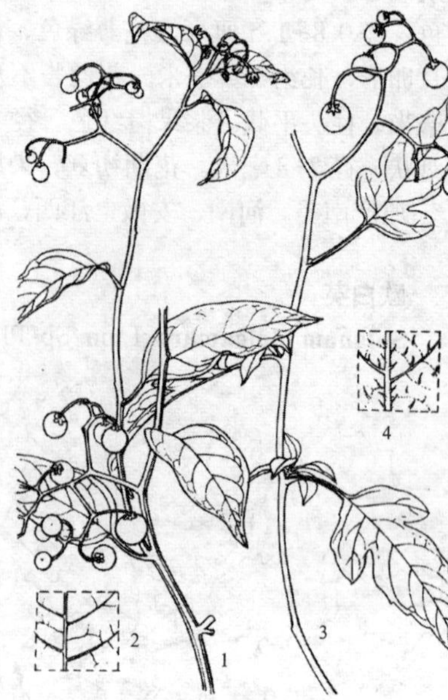

图 365:1-2.海桐叶白英 3-4.欧白英
（曾孝濂绘）

[附] **野海茄 Solanum japonense** Nakai, Fl. Sylv. Kor. 14: 58. 1923. 本种与海桐叶白英的区别：叶缘波状或3(5)浅裂，无毛或疏被柔毛或仅脉被柔毛。产河北、河南、陕西、青海、新疆、江苏、安徽、浙江、湖北、湖南、广东、广西、云南及四川，生于荒坡、山谷、水边及山坡疏林下。日本及朝鲜有分布。

11. 青杞 卵果青杞 单叶青杞 图 364:4-6

Solanum septemlobum Bunge, Enum. Pl. China Bor. 48. 1833.

Solanum septemlobum var. *ovoidocarpum* C. Y. Wu et S. C. Huang; 中国植物志 67(1): 93. 1978.

Solanum septemlobum var. *subintegrifolium* C. Y. Wu et S. C. Huang; 中国植物志 67(1): 93. 1978.

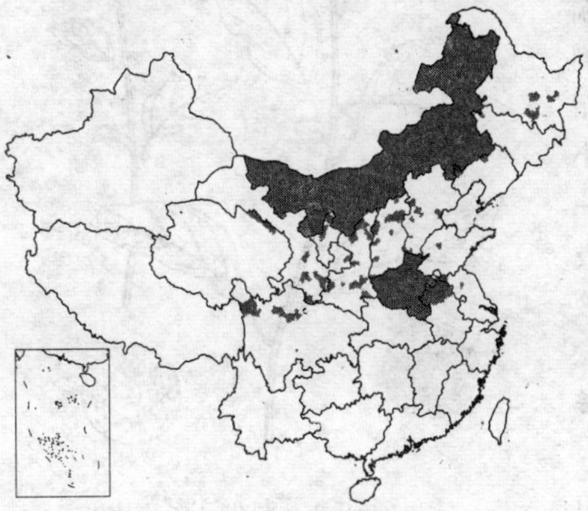

草本或灌木状。茎具棱角，被白色弯卷短柔毛或腺毛，稀近无毛。叶卵形，长3-9厘米，先端钝，基部楔形，(3、5)7(9)裂，裂片卵状长圆形或披针形，全缘或具齿，两面疏被短柔毛，中脉、侧脉及边缘毛较密；叶柄长1-2.5厘米，被白色弯卷柔毛。花序圆锥状，顶生或腋外生，花序梗长2-5厘米，被微柔毛或近无毛。花梗长0.5-1厘米，近无毛；花萼杯状，径约2毫米，疏被柔毛，萼齿三角形，长不及1毫米；花冠青紫色，径约1厘米，冠檐长约7毫米，5深裂，裂片长圆形，长4-6毫米，常外曲；花丝长不及1毫米，花药长2.5-3.5毫米；花柱长约7毫米。浆果近球形或卵圆形，红色，径约8毫米。种子盘状，径2-3毫米。花期6-10月，果期10-12月。

产黑龙江、吉林、辽宁、内蒙古、河北、河南、山西、陕西、甘肃、宁夏、新疆、西藏、四川、山东、江苏及安徽，生于海拔900-1600米阳坡。俄罗斯有分布。

12. 阳芋 洋芋 土豆 马铃薯 图 364:7-10 彩片 97

Solanum tuberosum Linn. Sp. Pl. 1: 185. 1753.

草本，高达80厘米，无毛或疏被柔毛。地下茎块状，扁圆形或长圆形，径3-10厘米，淡黄、白色、淡红或紫色。奇数羽状复叶，小叶常大小相间，长10-20厘米；叶柄长约2.5-5厘米；小叶6-8对，卵形或长圆形，最大长达6厘米，最小长不及1厘米，先端尖，基部稍不对称，全缘，两面疏被白色柔毛，侧脉6-8对；小叶柄长1-8毫米。圆锥状花序顶生，与叶对生或腋生；花白或蓝白色；花萼钟形，径约1厘米，疏被柔毛，5中裂，裂片披针形；花冠辐状，径2.5-3厘米，冠檐长约1.5厘米，裂片三角形，长约5毫米；雄蕊长约6毫米，花药长5毫米；花柱长约8毫米。浆果球形，无毛，径约15厘米。花期夏季。

原产热带南美洲。全球温带地区广泛种植。块茎富含淀粉，供食用，为淀粉工业原料。芽条及果富含龙葵碱。

13. 山茄 图 366

Solanum macaonense Dunal in DC. Prodr. 13(1): 264. 1852.

草本或亚灌木状，高达1.5米。小枝、叶上面中脉及下面、叶柄、花序梗、花梗、花萼、花冠裂片、子房及花柱均被星状毛。小枝具细小皮刺。叶单生或大小不等双生，卵状椭圆形，长10-18厘米，先端尖或渐尖，基部圆或楔形，不对称，近全缘或6-7波状裂；上面疏被星状毛或近无毛，下面毛密，中脉或具小刺，侧脉5-6对；叶柄长2-4厘米。二歧伞房状聚伞花序，腋外生，花序梗长1-2.3

图 366 山茄（张泰利绘）

厘米。花梗长4-8毫米；花萼近钟形，径4-5毫米，裂片卵形；花冠辐状，紫色，径1.5-1.8厘米，冠檐长约9毫米，裂片卵状披针形，长约5毫米；花丝长不及1毫米，花药顶端延长，长约6毫米；花柱长约8毫米。浆果球形，红色。径5-8毫米。种子扁圆形，径约1.5毫米。全年开花结果。

产福建、广东、海南及广西，生于旷野荒地及灌丛中。菲律宾有分布。

14. 疏刺茄 图 367:1-3

Solanum nienkui Merr. et Chun in Sunyatsenia 2: 318. 1935.

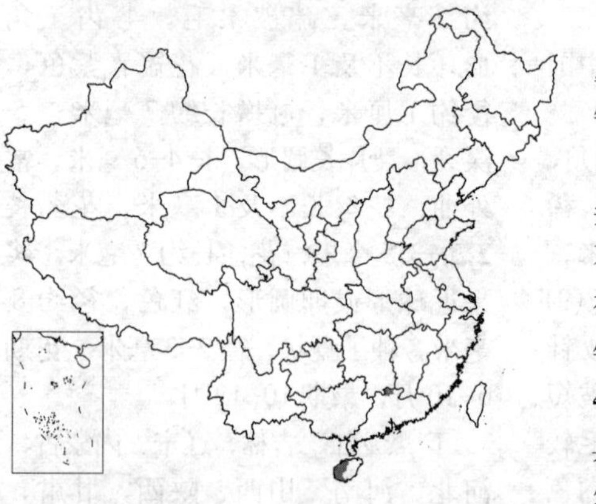

灌木，高达1米。幼枝常被星状毛，无刺或具长约1毫米小钩刺，后渐脱落。叶卵形或长圆状卵形，长3-10厘米，先端尖或钝，基部圆或楔形，两侧不对称，全缘或微波状，两面被星状毛，上面中脉有时具小钩刺，侧脉4-5对；叶柄长1-4.5厘米，密被星状毛，无刺或具小钩刺。蝎尾状总状花序腋外生，稀顶生，长3-6厘米。花梗长约1厘米，被星状毛；花萼钟状，径5-6毫米，密被星状毛，裂片长圆状卵形，长1.5-2毫米，先端渐尖；花冠辐形，蓝紫色，径约1.3厘米，被星状毛，花冠筒长约1.5毫米，冠檐长约1厘米，裂片常3长2短，三角形，长4-6毫米；花丝长0.5-1毫米，花药长4-6毫米，先端延长；花柱长约7毫米，柱头2浅裂。浆果球形，径约1厘米，无毛，果柄长约1.2厘米，被星状毛。种子近肾形，径1.5-2毫米，具网纹。花果期全年。

图 367:1-3.疏刺茄 4-6.海南茄
（李锡畴绘）

产海南及广东北部，生于海拔100-300米林下或灌丛中。

15. 水茄 图 368:7-8 彩片 98

Solanum torvum Swartz, Prodr. 47. 1788.

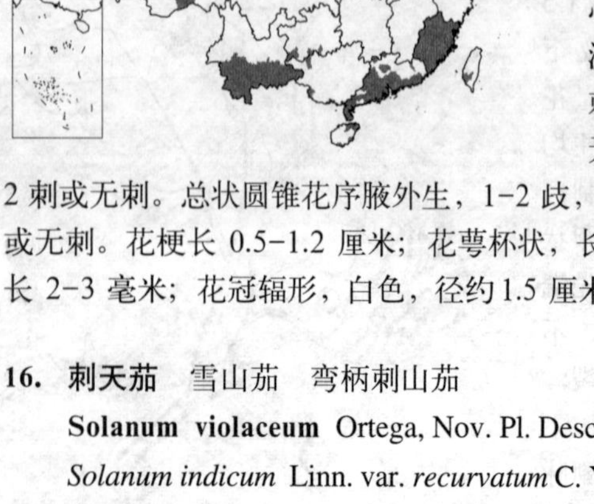

灌木，高达2(-3)米。小枝、叶、叶柄、花序梗、花梗、花萼、花冠裂片均被星状毛，或兼有腺毛。小枝疏具基部扁的皮刺，皮刺长0.3-1厘米，尖端稍弯。叶单生或双生，卵形或椭圆形，长6-16(-19)厘米，先端尖，基部心形或楔形，两侧不等，半裂或波状，裂片常5-7，下面中脉少刺或无刺，侧脉3-5对，有刺或无刺；叶柄长2-4厘米，具1-2刺或无刺。总状圆锥花序腋外生，1-2歧，花序梗长1-1.8厘米，具1刺或无刺。花梗长0.5-1.2厘米；花萼杯状，长4-5毫米，裂片卵状长圆形，长2-3毫米；花冠辐形，白色，径约1.5厘米，冠筒长约1.5毫米，冠檐径约1.5厘米，裂片卵状披针形，长0.8-1厘米；花丝长约1毫米，花药长7毫米；柱头平截。浆果球形，黄色，无毛，径1-1.5厘米；果柄长约1.5厘米。种子盘状，径1.5-2毫米。花果期全年。

产福建、台湾、广东、海南、香港、广西、贵州、云南及西藏，生于海拔200-2000米荒地、灌丛中、沟谷潮湿地方。原产加勒比海，印度、东经缅甸、泰国、南至菲律宾、马来西亚及热带美洲有分布。果可明目，叶治疮毒。

16. 刺天茄 雪山茄 弯柄刺山茄 图 368:1-6 彩片 99

Solanum violaceum Ortega, Nov. Pl. Desc. 56. 1798.

Solanum indicum Linn. var. *recurvatum* C. Y. Wu et S. C. Huang; 中国植物志67(1): 101. 1978.

Solanum nivalomontanum C. Y. Wu et S. C. Huang; 中国植物志 67(1): 101. 1978.

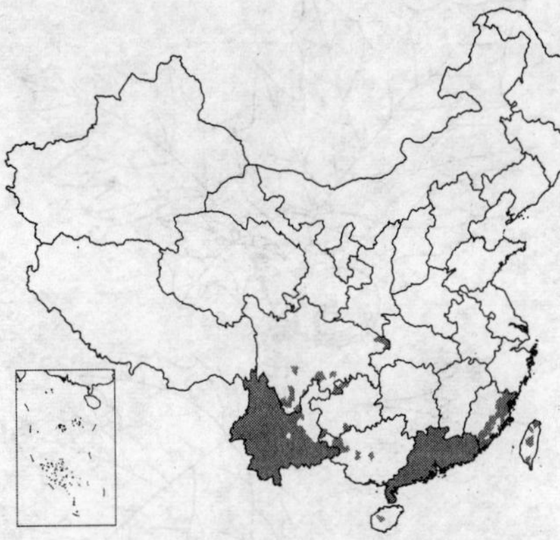

多枝灌木，高达 1.5(-6) 米。小枝、叶、叶柄、花序梗、花梗、花萼、花冠裂片、子房顶端、花柱及果柄均密被星状毛。小枝褐色，被淡黄色钩刺，刺长 4-7 毫米，基部宽 1.5-7 毫米。叶卵形，长 5-8(-11) 厘米，先端钝，基部心形或平截，5-7 深裂或波状浅圆裂，两面中脉及侧脉常具细刺，侧脉 3-4 对；叶柄长 2-4 厘米，具 1-2 刺或无。蝎尾状总状花序腋外生，分枝，长 2-6 厘米，花序梗长 0.5-1.5 厘米。花梗长 1.5 厘米或稍长，具细刺；花蓝紫，稀白色，花萼杯状，径约 1 厘米，长 4-7 毫米，裂片卵形，被细刺，内面先端被星状毛；花冠辐状，蓝紫或白色，冠筒长约1.5 毫米，冠檐径约 1.3 厘米，裂片卵形，长 5-8 毫米；花柱长约 8 毫米，柱头平截。浆果球形，橙红色，径 1-1.3 厘米，宿萼反卷；果柄长 1-1.2 厘米，被刺。种子近盘状，淡黄色，径约 2 毫米。花果期全年。

产福建、台湾、广东、海南、广西、云南、贵州及四川，生于海拔 100-2700 米林下或荒地。广布于亚洲热带地区。果药用，治伤风咳嗽。

[附] **海南茄** 图 367:4-6 **Solanum procumbens** Lour. Fl. Cochinch. 1: 132. 1790. 本种与刺天茄的区别：叶全缘或波状浅圆裂，叶柄长 0.4-1 厘米；花序顶生或腋外生。产海南、广东及广西，生于海拔 300-1200 米灌丛中或林下。越南及老挝有分布。

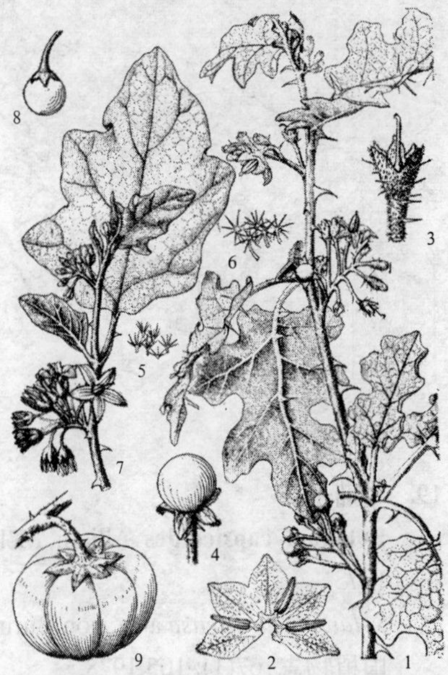

图 368:1-6.刺天茄 7-8.水茄 9.红茄
（王利生，张泰利绘）

17. 红茄

图 368:9

Solanum aethiopicum Linn. Cent. Pl. 2: 10. 1756.

Solanum integrifolium Poir.; 中国植物志 67(1): 103. 1978.

一年生草本，高约 70 厘米。茎、叶、叶柄、花梗、花萼、花冠、子房及花柱均被星状毛。小枝黑褐色，毛被渐脱落。疏被宽扁皮刺。上部叶常双生，不等大，卵形或长圆状卵形，长 10-20 厘米，先端渐尖或钝，基部不对称，不规则波状深裂，裂片三角形，两面中脉疏被刺或无刺，侧脉 4-7 对；叶柄长 2-7 厘米，具刺。总状花序腋外生，具 3-8 花。花梗长 0.5-1.2 厘米，具刺；花 5 数，（栽培品种 6-9 数），花萼钟形，径 0.8-1.5 厘米，萼筒被刺，萼齿卵形或卵状披针形，长 5-7 毫米，反卷；花冠白色，稍紫色，星形，径 1.5-2.5 厘米，冠筒长不及 1 毫米，冠檐裂片披针形，长约 6 毫米；花丝长 0.6-1 毫米，花药长 4-5 毫米，孔顶生；子房 4 - 8 室，花柱长 5.5-7.5 毫米，柱头 2-4 浅裂。浆果扁球形，橙黄或红色，径 1.5-3 厘米（栽培品种 3.7-4.5 厘米），具 4-6 棱，棱具浅沟。种子肾形，淡黄色，径 2-3.5 毫米。

原产非洲。河南嵩县、云南昆明及西双版纳栽培。果形及色泽可供观赏。

18. 喀西茄

图 369

Solanum aculeatissimum Jacq. Collectanea 1: 100. 1787.

Solanum khasianum C. B. Clarke; 中国植物志 67(1): 108. 1978.

草本或亚灌木状，高达 2(-3) 米。茎、枝、叶、花柄及花萼被硬毛、腺毛及基部宽扁直刺，刺长 0.2-1.5 厘米。叶宽卵形，长 6-15 厘米，先端渐尖，基部戟形，5-7 深裂，裂片边缘不规则齿裂及浅裂，上面沿叶脉毛密，侧脉疏被直刺；叶柄长 3-7 厘米。蝎尾状总状花序腋外生，花单生或 2-4。花梗长约 1 厘米；花萼钟状，长 5 - 7 毫米，径约 1 厘米，裂片长圆状披针形，长约 5 毫米，具长缘毛；花冠筒淡黄色，长约 1．5 毫米，冠檐白色，裂片披针形，长约 1.4 厘米，具脉纹，反曲；花丝长 1-2 毫米，花药顶端延长，长 6-7 毫米，顶孔向上；子房被微绒毛，花柱长约 8 毫米，柱头平截。浆果球形，径 2-3 厘米，

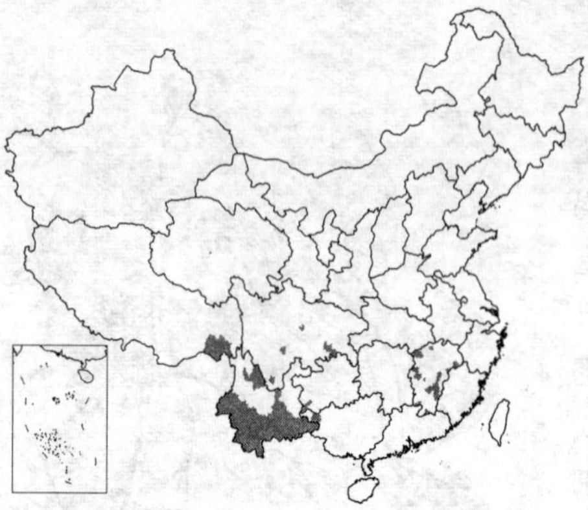

淡黄色，宿萼被毛及细刺，后渐脱落。种子淡黄色，近倒卵圆形，径2-2.8毫米。花期3-8月，果期11-12月。

产福建、江西、广西、云南、贵州、四川及西藏，生于海拔600-2300米沟边、灌丛、荒地、草坡或疏林中。广布于亚洲及非洲热带地区。果含索拉索丁(Solasodine)，为合成激素原料。

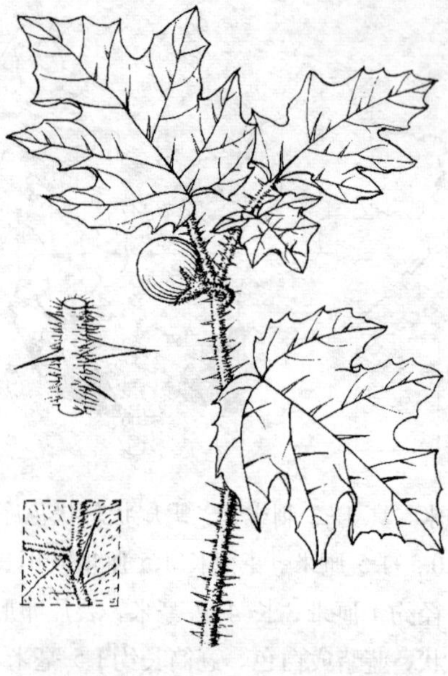

图 369 喀西茄（李锡畴绘）

19. 牛茄子 图 370 彩片 100

Solanum capsicoides Allioni, Mélanges Philos. Math. Soc. Roy. Turin 5: 64. 1773.

Solanum surattense auct. non Burm. f.: 中国高等植物图鉴 3: 724. 1974; 中国植物志 67(1): 105.1978.

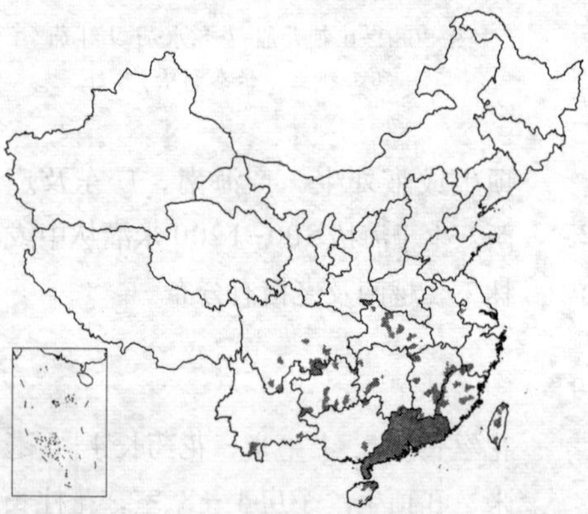

草本或亚灌木状，高达60(-100)厘米。除茎、枝外各部均被长3-5毫米纤毛，茎及小枝被细刺，常无毛或疏被纤毛。叶宽卵形，长5-13厘米，先端短尖或渐尖，基部心形，5-7浅裂或半裂，裂片三角形或卵形，边缘浅波状，无毛或脉疏被纤毛，缘毛较密，侧脉被细刺；叶柄长2-7厘米，微被纤毛及细刺。花序总状腋外生，长不及2厘米，花少。花梗被细刺及纤毛，长0.5-1.5厘米；花萼杯状，长约5毫米，径约8毫米，被细刺及纤毛，裂片卵形；花冠白色，长约2.5毫米，裂片披针形，长1-1.2厘米；花丝长约2.5毫米，花药长6毫米，顶端延长；花柱长7-8毫米。浆果扁球状，径3.5-6厘米，桔红色，果柄长2-2.5厘米，被细刺。种子边缘翅状，径4-6毫米。

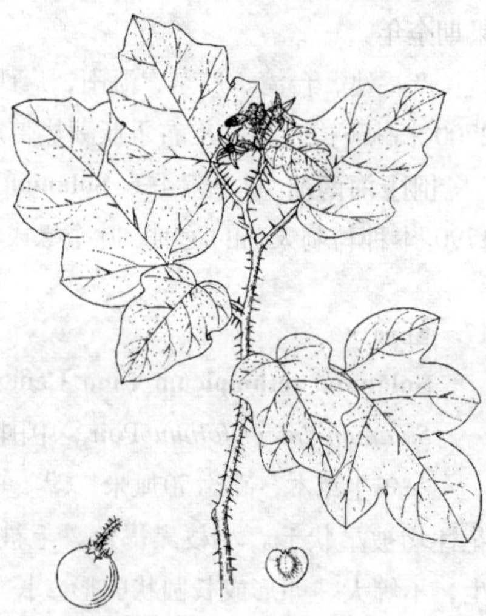

图 370 牛茄子（张泰利绘）

产江苏、浙江、福建、台湾、江西、湖北、湖南、广东、海南、香港、广西、云南、贵州及四川，生于海拔200-1500米荒地、疏林或灌丛中。广布于全世界温暖地区。果有毒，色彩鲜艳，可供观赏；含龙葵碱，可药用。

20. 毛茄 图 371 彩片 101

Solanum lasiocarpum Dunal. Hist. Nat. Solanum. 222. 1813.

Solanum ferox auct. non Linn.: 中国植物志 67(1): 110. 1978.

草本或亚灌木状，高达1.5米。小枝、叶、叶柄、花序梗、花萼及果均被硬毛或星状毛及直刺，刺长1-8毫米。叶卵形，长10-20厘米，先端短尖，基部平截或近戟形，不对称，波状浅裂，裂片三角形，有时具1-2浅齿，上面毛较薄，下面稍厚，侧脉5-11对；叶柄长3-5厘米。蝎尾状总状花序腋外生，疏花，长1.5-2厘米，花序梗长约3毫米。花梗长约1厘米，具细刺或无；花萼杯状，径约1.5厘米，裂片卵状披针形，长约8毫米；花冠近辐形，白色，冠筒长约1毫米，无毛，冠檐长约1.3厘米，径约2厘米，裂片卵状披针形，长约1厘米；近无花丝，花药顶端延

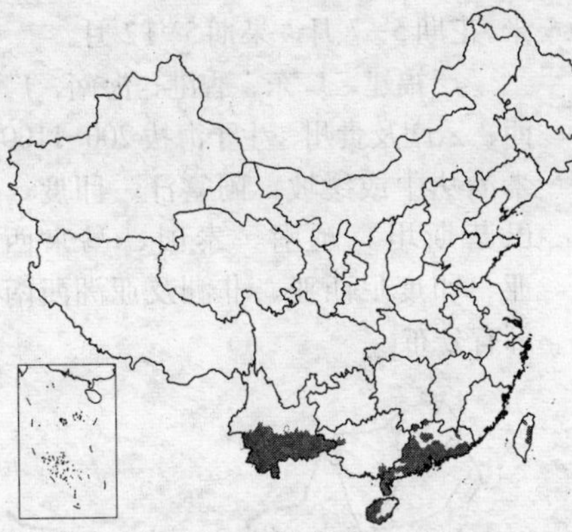

长，顶孔向上；柱头平截。浆果球形，径约2厘米。种子黑褐色，径约2毫米。花期6-10月，果期11-12月。

产台湾、广东、香港、海南、广西及云南，生于海拔200-1000米沟谷湿润地、灌丛中、疏林或密林下。印度、越南、老挝、柬埔寨、爪哇、斯里兰卡及菲律宾有分布。全株入药，治跌打、疝气。

图 371 毛茄（张泰利绘）

21. 膜萼茄 图 372

Solanum griffithii (Prain) C. Y. Wu et S. C. Huang in Acta Phytotax. Sin. 16 (2): 75. 1978.

Solanum barbisetum Nees var. *griffithii* Prain in Journ. Asiat. Soc. Bengal 62: 541. 1896.

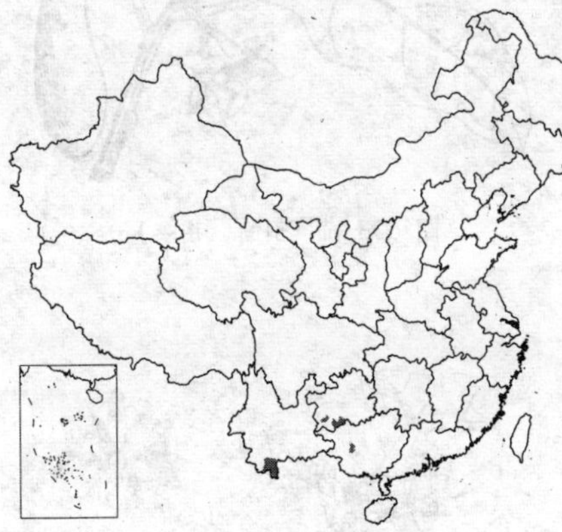

草本或亚灌木状，高达1米。茎、枝、叶、叶柄、花序梗、花梗、花萼均被星状毛及稀疏细刺。叶卵形或倒卵状椭圆形，长6-16(-19)厘米，先端尖，基部稍圆或宽楔形，不对称，三角状浅裂或波状，侧脉4-8对；叶柄长2-5厘米。蝎尾状总状花序腋外生，长约3.5厘米。花白色，径约1.5厘米，花梗长达1厘米；花萼近钟形；花冠近宽钟状，冠筒长约1毫米，冠檐长约8毫米，裂片披针形，长约6毫米，被星状毛；花药顶端延长；花柱长约9毫米。浆果球形，径约1.2厘米，无毛，为宿萼包被，宿萼被星状毛、直刺及弯刺；果柄长约1.1厘米。种子盘状，径约2.5毫米。花期4-8月，果期8-10月。

产广西、云南及贵州，生于海拔300-900米灌木林中及石灰岩山地。印度及缅甸有分布。

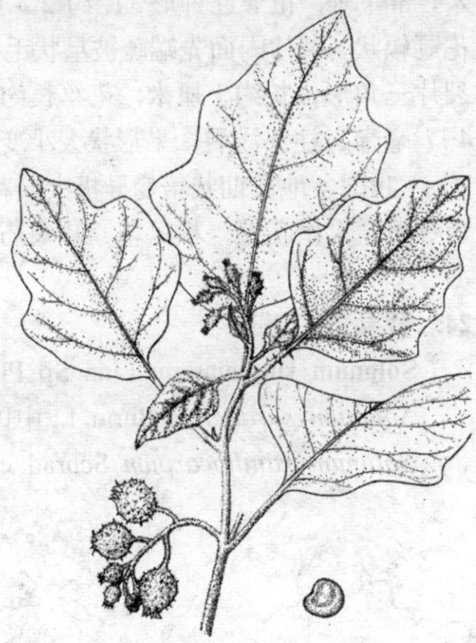

图 372 膜萼茄（张泰利绘）

22. 野茄 菲岛茄 图 374:4-7

Solanum undatum Lam. Tab. Encycl. 2: 22. 1793.

Solanum cumingii Dunal; 中国植物志 67(1): 119. 1978.

Solanum coagulans auct. non Forsk.: 中国高等植物图鉴 3: 725. 1974; 中国植物志 67(1):116.1978.

草本或亚灌木状，高达2米。小枝、叶、叶柄、花序、花萼及花冠均被星状毛；叶脉、叶柄及花萼被细刺；小枝老时毛脱落，具皮刺。叶卵形或卵状椭圆形，长5-12(-14.5)厘米，先端渐尖，基部圆、平截或近心形，浅波状圆裂，裂片5(-7)，侧脉3-5对；叶柄长1-3厘米。蝎尾状总状花序腋外生，长约2.5厘米，具少花，不孕花生于花序上端，能孕花生于花序基部。花梗长约1.7厘米，有时具细刺；花萼钟形，径1-1.5厘米，裂片内面先端被星状毛，萼片三角

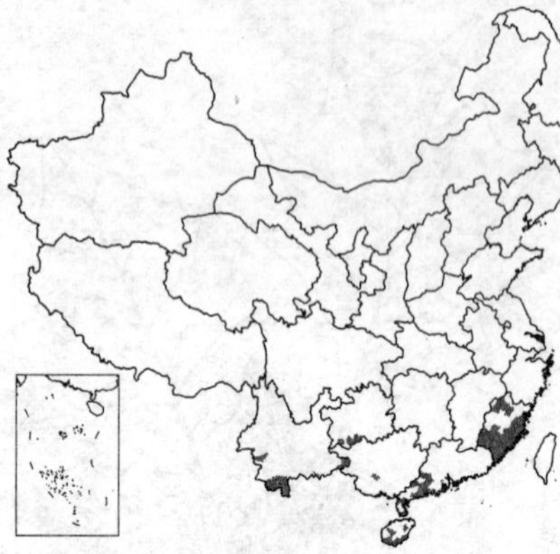

状披针形，长约5毫米；花冠辐状星形，紫蓝色，径约3毫米，花冠筒长约3毫米，冠檐长1.5厘米，裂片宽三角形，长宽约1厘米；花药长为花丝3倍。浆果球形，无毛，径2-3厘米，黄色；果柄长约2.5厘米，弯曲。种子扁圆形，径约2毫米。花期5-7月，果期5-12月。

产福建、广东、香港、海南、广西、云南及贵州，生于海拔200-1100米灌丛中或缓坡。阿富汗、印度、巴基斯坦、越南、泰国、马来西亚、印度尼西亚、非洲及亚洲西南部有分布。

图 373 茄（引自《图鉴》）

23. 茄 图 373

Solanum melongena Linn. Sp. Pl. 1: 186. 1753.

草本或亚灌木状，高达1米。小枝、叶、叶柄、花梗、花萼、花冠、子房顶端及花柱中下部均被星状毛。小枝多紫色，老时毛脱落。叶卵形或长圆状卵形，长6-18厘米，先端钝，基部不对称，浅波状或深波状圆裂，侧脉4-5对；叶柄长2-4.5厘米。花多单生，稀总状花序。能孕花花梗长1-1.8厘米，常下垂；花萼近钟形，径约2.5厘米，被长约3毫米小刺，裂片披针形，花冠辐状，裂片内面先端疏被星状毛，冠筒长约2毫米，冠檐长约2.1厘米，裂片三角形，长约1厘米；花丝长约2.5毫米，花药长约7.5毫米；花柱长4-7毫米，柱头浅裂。果形状大小变异极大，色泽多样。

我国各地长期栽培变异极大，花白或紫色，果球形或圆柱状，白、红、紫等色。果供蔬菜；根、茎、叶入药，可利尿；叶作麻醉剂。

24. 黄果茄 牛茄子 图 374:1-3

Solanum vinginianum Linn. Sp. Pl. 1: 187. 1753.

Solanum surattense Burm. f.; 中国植物志 67(1): 106. 1978.

Solanum xanthocarpum Schrad. et Wendl.; 中国植物志 67(1): 114. 1978.

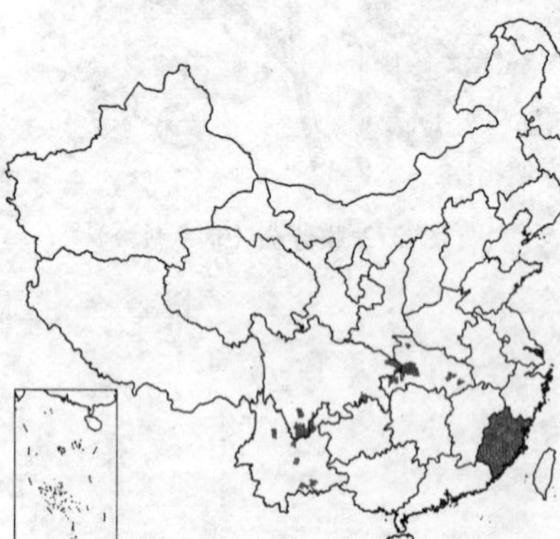

直立或匍匐草本，高达70厘米。植株各幼嫩部分均被星状毛，老渐脱落。小枝、叶两面中脉侧脉、叶柄及花萼均疏被针刺，刺长0.5-1.8厘米。叶卵状长圆形，长4-9厘米，先端钝或尖，基部近心形或偏心形，5-9裂或羽状深裂，裂片边缘波状，侧脉5-9对；叶柄长2-3.5厘米。总状花序腋外生，具3-5花。花萼钟形；花冠辐状，蓝紫色，径约2.5厘米，冠筒长约1.5毫米，冠檐长1.3-1.4厘米，裂瓣卵状三角形，长6-8毫米，密被星状毛，内面被绒毛及星状毛；雄蕊长约9毫米，花药长为花丝8倍；花柱长约1厘米。浆果球形，径1.3-2.2厘米，初绿色具深绿色条纹，熟时淡黄色。种子近肾形，径约1.5毫米。花期11月至翌年5月，果期6-9月。

产福建、云南、四川及湖北，生于海拔100-1100米干旱河谷沙滩。阿富汗、印度、尼泊尔、斯里兰卡、泰国、越南、马来西亚、日本、亚洲西南部、太平洋岛屿及非洲有分布。果实索拉索丁 (Solasodine) 含量约1%。

图 374:1-3.黄果茄 4-7.野茄（张泰利绘）

15. 红丝线属 Lycianthes (Dunal) Hassl.

灌木或亚灌木，稀草本。小枝被柔毛或 2 至多分枝绒毛。单叶，全缘，上部叶常双生，大小不等。花单生或 2－10(－30) 簇生叶腋。花萼杯形，萼筒杯形，萼筒边缘平截，具 10 齿，稀 5 齿或近无齿，萼齿钻状线形；花冠辐状或星状，白或紫蓝色，5 中裂；雄蕊 5，着生花冠筒喉部，花丝近等长，或 1-3 枚较长，较花药短，花药孔裂，孔内向偏斜；子房 2 室，胚珠多数，花柱无毛，柱头钝圆。浆果小，球形，红或红紫色。种子小，多数，三角形或三角状肾形，具网纹。

约 180 种，主要分布于中、南美洲。我国 10 种。

1. 灌木。
  2. 植株被柔毛；花萼具 5-10 齿。
    3. 小枝、叶柄、花梗及花萼密被黄色单毛及 2 至多分枝绒毛 …… 1. **红丝线 L. biflora**
    3. 小枝、叶柄、花梗及花萼被单毛。
      4. 花萼具 10 齿，萼齿钻状线形，长 1.5-3 毫米。
        5. 叶上面及下面沿脉密被淡黄色柔毛；小枝、叶柄、花梗及花萼密被长柔毛；花序具 4-6 花 …… 2. **滇红丝线 L. yunnanensis**
        5. 小枝、叶、叶柄、花梗及花萼被平伏微柔毛；花序具 2-4 花 …… 2(附). **鄂红丝线 L. hupehensis**
      4. 花萼顶端平截，常具 5 小齿，齿长不及 1 毫米 …… 3. **截齿红丝线 L. neesiana**
  2. 植株被微柔毛或渐脱落无毛；花萼常无齿，稀具 1 齿 …… 3(附). **缺齿红丝线 L. laevis**
1. 多年生草本，具匍匐茎；花单生，稀 2 花并生。
  6. 叶下面被柔毛。
    7. 小叶长 2-4.5 厘米，叶柄长达 2 厘米 …… 4. **单花红丝线 L. lysimachioides**
    7. 小叶长 1.2-2 厘米，叶柄长 5-7 毫米 …… 4(附). **茎根红丝线 L. lysimachioides var. caulorhiza**
  6. 叶下面近无毛，叶柄长 1-3 厘米 …… 4(附). **中华红丝线 L. lysimachioides var. sinensis**

1. 红丝线 图 375 彩片 102

Lycianthes biflora (Lour.) Bitter in Abh. Naturw. Ver. Bremen 24: 461. 1920.

Solanum biflorum Lour. Fl. Cochinch. 1: 129. 1790.

灌木或亚灌木，高达 1.5 米。小枝、叶、叶柄、花梗及花萼均密被淡黄色柔毛及 2 至多分枝绒毛。上部叶常双生，大小不等，全缘，上面疏被短柔毛；大叶椭圆状卵形，长 9-15 厘米，先端渐尖，基部楔形下延至叶柄成窄翅，叶柄长 2－4 厘米；小叶宽卵形，长 2.5-4 厘米，先端短渐尖，基部宽圆骤窄下延至柄成窄翅，叶柄长 0.5-1 厘米。花 2-3(4-5) 簇生叶腋。花梗长 5－8 毫米；花萼杯状，长 5－6 毫米，萼齿 10，钻状线形，长约 2 毫米；花冠淡紫或白色，被分枝绒毛，长 0.8-1.2 厘米，裂片卵状披针形，长 6 毫米；花丝长 1 毫米，花药 3 毫米，被微柔毛。浆果红

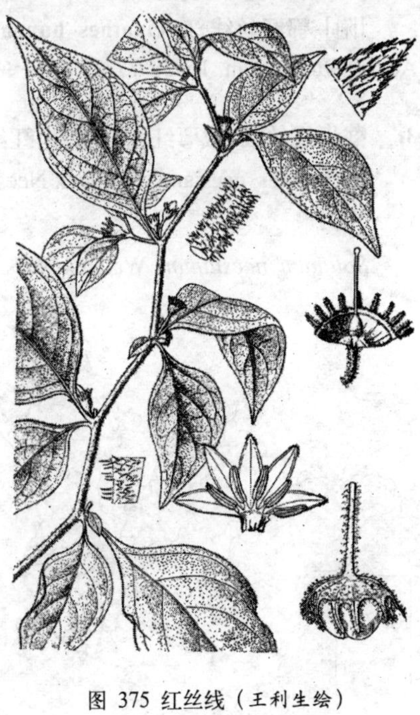

图 375 红丝线（王利生绘）

色，球形，径6-9毫米；宿萼盘状，萼齿长4-5毫米；果柄长1-2厘米。种子淡黄色，卵圆形或近三角形，径1.5-2毫米。花期5-8月，果期7-11月。

产安徽、浙江、福建、台湾、江西、湖北、湖南、广东、海南、香港、广西、云南、贵州及四川，生于海拔150-2000米荒野阴湿地、林下、水边及山谷中。印度、印度尼西亚、马来西亚、菲律宾、日本及新西兰有分布。

2. 滇红丝线 图 376:1-3

Lycianthes yunnanensis (Bitter) C. Y. Wu et S. C. Huang in Acta Phytotax. Sin. 16(2): 77. 1978.

Lycianthes biflora (Lour.) Bitter subsp. *yunnanensis* Bitter in Fedde, Repert. Sp. Nov. 18. 319. 1922.

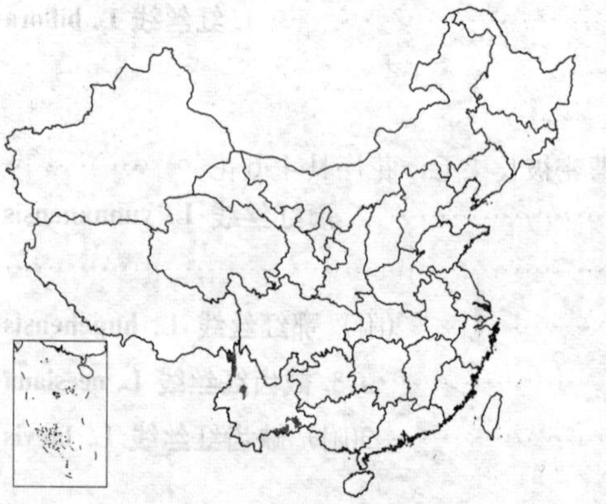

灌木，高约1米。小枝、叶柄、花梗及花萼密被淡黄色柔毛。上部叶常双生，大小不等，上面及下面沿叶脉密被淡黄色柔毛；大叶长椭圆形，长8-20厘米，偏斜，先端镰状渐尖或尖，基部楔形下延至叶柄成窄翅，叶柄长1-1.5厘米；小叶近卵形，长3.5-7厘米，叶柄长2-5毫米。花(2-3)4-6簇生叶腋。花梗长1-1.5厘米；花萼杯状，长4-5毫米，萼齿10，钻状线形，长2-3毫米；花冠紫色，星形，径约1.4厘米，基部具深色斑点，裂片宽披针形，长6-7毫米；花丝长约0.5毫米，花药长约3毫米。浆果球形，紫红色，径0.8-1.2厘米；果柄长1.8-2厘米，疏被长柔毛。种子淡黄色，不规则三角状扁肾形，长约2毫米。花期10-11月，果期11-12月。

产云南，生于海拔1000-1700米开旷坡地、林缘或林下。

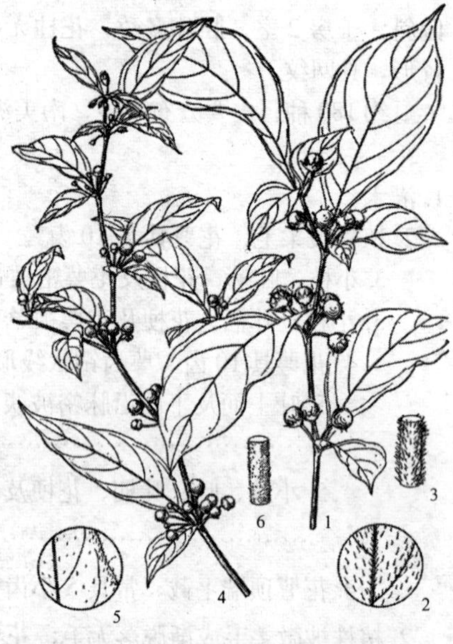

图 376:1-3.滇红丝线 4-6.截齿红丝线 (李锡畴绘)

[附] **鄂红丝线 Lycianthes hupehensis** (Bitter) C. Y. Wu et S. C. Huang in Acta Phytotax. Sin. 16(2): 77. 1978. —— *Lycianthes biflora* subsp. *hupehensis* Bitter in Abh. Naturw. Ver. Bremen 25: 466. 1919. 本种与滇红丝线的区别：小枝、叶、花梗、花萼被平伏微柔毛；果径5-7毫米，果柄长1.2-1.6厘米。产福建、湖北、湖南、广东、广西、云南、贵州及四川，生于海拔400-1400米林中。

3. 截齿红丝线 截萼红丝线 疏齿红丝线 疏果截萼红丝线 图 376:4-6

Lycianthes neesiana (Wall. ex Nees) D'Arcy et Z. Y. Zhang in Novon 2: 126. 1992.

Solanum neesianum Wall. ex Nees in Trans. Linn. Soc. London 17: 42. 1837.

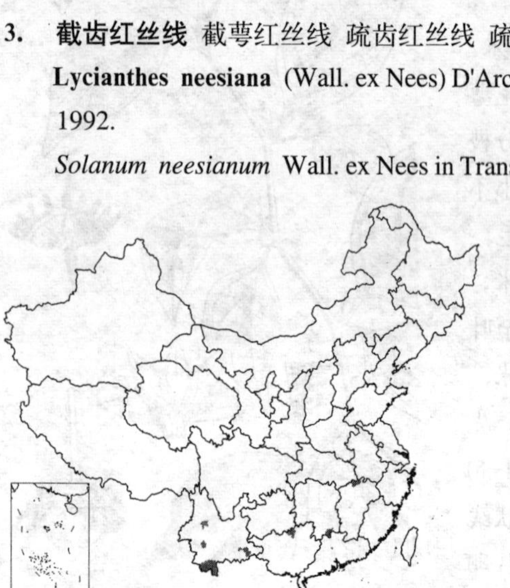

Lycianthes subtruncata (Wall. ex Dunal) Bitter; 中国植物志 67(1):129. 1978.

Lycianthes subtruncata var. *remotidens* Bitter; 中国植物志 67(1):132. 1978.

Lycianthes subtruncata var. *paucicarpa* C. Y. Wu et S. C. Huang; 中国植物志 67(1): 132. 1978.

灌木，高达2米，幼枝密被近平伏微毛。上部叶双生，大小不等，常卵状披针形，先端渐尖，基部楔形，偏斜，全缘，侧脉5-6对；大叶长4-18厘米，叶柄长0.2-1.5厘米；小叶长1-8.5厘米，叶柄长2-5毫米；上面被微小糙毛，在中脉及边缘毛较长，下面中脉及侧脉疏被短毛，叶柄毛较长。花单生或2-9簇生叶腋。花梗长0.8-1厘米，密被平伏短毛；花萼杯状，长2-2.5毫米，顶端平截，具5肋及5小齿，稀具1-10小齿，被毛，内面密被腺点；花冠蓝、白或紫色，钟状星形，长约8毫米，冠檐长5-6毫米，裂片宽披针形，长4-5毫米，先端内卷成兜状，密被极小斑点，冠筒长约1.2毫米；花丝长约1毫米，花药长约3毫米。浆果2-4(-6)，球形，径5-6(-8)毫米；宿萼浅杯状，径4-5毫米，萼齿钻形，不等大；果柄长1-1.2厘米。种子三角状扁肾形，淡黄色，长约1.2毫米，具凸起细微网纹。

产福建、湖南、广西及云南，生于海拔200-1600米山谷、河边或密林下。印度、印度尼西亚及泰国有分布。

[附] **缺齿红丝线 Lycianthes laevis** (Dunal) Bitter in Abh. Naturw. Ver. Bremen 24: 484. 1920. —— *Solanum laevis* Dunal in Poiret, Encycl. suppl. 3: 751. 1813. 本种与截齿红丝线的区别：叶椭圆形；花梗被微柔毛；花萼顶部全缘，稀具1短齿，花丝长0.5毫米。花期8-10月，果期10-12月。产海南、广西及云南，生于海拔700-1000米林中、溪边或湿地。印度尼西亚有分布。

4. 单花红丝线 图 377

Lycianthes lysimachioides (Wall.) Bitter in Abh. Naturw. Ver. Bremen 24: 491. 1920

Solanum lysimachioides Wall. in Roxb. Fl. Ind. 2: 257. 1824.

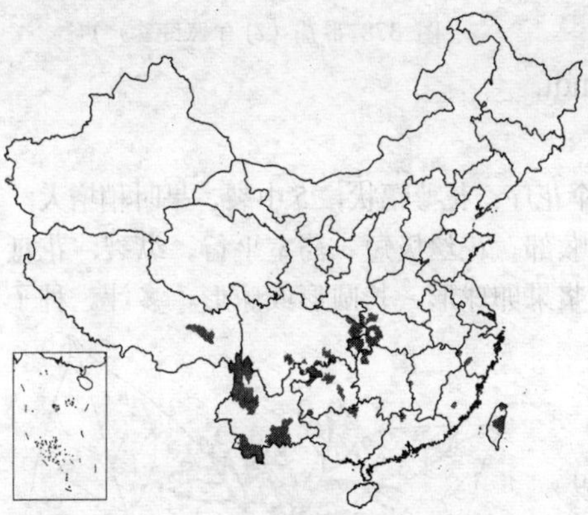

多年生草本。茎纤细，基部常匍匐，节生不定根，常被直伸柔毛，密或稀疏。叶双生，大小不等或近相等，卵形、椭圆形或卵状披针形，先端渐尖，基部楔形下延至叶柄成窄翅，两面疏被柔毛，缘毛较密；大叶长3-7厘米，叶柄长0.8-3厘米；小叶长2-4.5厘米，叶柄长0.5-2厘米。花1(2)腋生。花梗长0.8-1厘米，疏被白色透明单毛；花萼杯状钟形，径约7厘米。具10肋，萼齿10，钻状线形，长3-5毫米，被毛；花冠白、粉红或淡紫色，星形，径约1.8厘米，冠檐长约1.1厘米，裂片披针形，长约1厘米，先端稍反卷，疏被微小缘毛；冠筒长约1.5毫米；花丝长约1毫米，花药长约4毫米。浆果红色，球形，径约8毫米。种子卵状三角形，径1.5-2毫米。

产浙江、福建、台湾、江西、湖北、湖南、广东、广西、云南、贵州、四川及西藏，生于海拔1500-2200米林下。尼泊尔、印度及印度尼西亚有分布。

[附] **中华红丝线 Lycianthes lysimachioides** var. **sinensis** Bitter in Abh. Naturw. Ver. Bremen 24: 493. 1920. 与模式变种的区别：叶较大，茎、叶、花梗及萼疏被毛，叶下面近无毛，叶柄长1-3厘米；花白色。产江西、湖北、湖南、广东、云南及四川，生于海拔600-2000米林下、溪边或湿地。

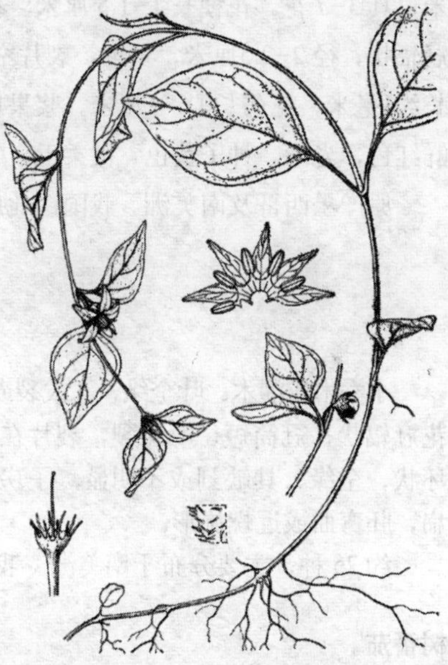

图 377 单花红丝线（张泰利绘）

[附] **茎根红丝线 Lycianthes lysimachioides** var. **caulorhiza** (Dunal) Bitter in Abh. Naturw. Ver. Bremen 24: 493. 1920. —— *Solanum caulorhiza* Dunal in DC. Prodr. 13(1): 181. 1852. 与模式变种的区别：植株密被单毛；小叶长1.2-2厘米，叶柄长5-7毫米。产广东、海南、广西、云南及贵州，生于海拔1650-2100米林下或溪边。印度尼西亚爪哇岛有分布。

16. 番茄属 Lycopersicon Mill.

一年生或多年生草本，或亚灌木，被单毛或腺毛。羽状复叶，小叶不等大，具锯齿或分裂。总状花序，腋生或侧生。花具梗；花萼钟状，5-6裂，果时不增大或稍增大，开展；花冠黄色，辐状，冠筒短，冠檐5-6深裂；雄蕊

5-6，生于花冠喉部，花丝极短，花药长，渐尖，靠合成圆锥状，药室平行，纵裂；花盘不显著；子房2-5室，花柱丝状，柱头稍头状，胚珠多数。浆果多汁，扁球形或近球形。种子扁圆形，胚弯曲。

9种，产于墨西哥及南美洲，世界各地广泛栽培。我国栽培1种。

番茄 图 378

Lycopersicon esculentum Mill. Gard. Dict. ed. 8. no. 2. 1768.

一年生草本，高达2米。植株被粘质腺毛。茎易倒伏。羽状复叶或羽状深裂，长10-40厘米，小叶5-9，大小不等，卵形或长圆形，长5-7厘米，基部楔形，偏斜，具不规则锯齿或缺裂；叶柄长2-5厘米。花序梗长2-5厘米，具3-7花。花梗长1-1.5厘米；花萼辐状钟形，裂片披针形，宿存；花冠辐状，径2-2.5厘米，黄色，裂片窄长圆形，长0.8-1厘米，常反折；花丝长约1毫米，花药长0.6-1厘米。浆果扁球形或近球形，肉质多汁液，桔黄或鲜红色，光滑。种子黄色，被柔毛。

原产墨西哥及南美洲。我国南北广泛栽培，果食用。

图 378 番茄（引自《图鉴》）

17. 树番茄属 Cyphomandra Sendt.

小乔木或灌木。叶全缘、3浅裂或羽状深裂。蝎尾状、总状或伞房状聚伞花序。花萼辐状，5中裂，果时稍增大；花冠辐状，冠筒短，5深裂，裂片在花蕾镊合状排列；雄蕊5，生于花冠喉部，花丝极短、药室平行，纵裂；花盘环状，全缘、具缺刻或不明显；子房2室，胚珠多数，花柱锥形或丝状。浆果卵球形、长圆形或球形，多汁。种子扁，胚弯曲或近螺旋形。

约25种，主要分布于南美洲。我国栽培1种。

树番茄 图 379

Cyphomandra betacea Sendt. in Flora 28: 172. t. 1. 1845.

小乔木或灌木状，高达3米。枝、叶、叶柄、花梗及花萼被短柔毛。叶卵状心形，长5-15厘米，先端短渐尖或尖，基部深心形，两耳侧常靠合，全缘或微波状，侧脉5-8对；叶柄长3-7厘米。2-3歧分枝蝎尾式聚伞花序，近腋生或腋外生。花梗长1-2厘米；花萼辐状，径约6毫米，5浅裂，裂片三角形；花冠辐状，粉红色，径1.5-2厘米，5深裂，裂片披针形；雄蕊靠合，花丝长约1毫米，花药长约6毫米；花柱稍伸出雄蕊。果卵圆形，多汁，长5-7厘米，光滑，桔黄或带红色；果柄粗，长3-5厘米。种子盘形，径约4毫米，周围具窄翅。

原产南美洲，世界热带及亚热带地区有引种。我国云南及西藏南部有栽培。

图 379 树番茄（吴彰桦绘）

18. 茄参属 Mandragora Linn.

多年生草本；被单毛。根粗壮。茎极短、伸长或分枝。叶集生短茎茎顶，在长茎簇集，在分枝互生，全缘、皱波状或具缺刻；具叶柄或基部下延无明显叶柄。花单生叶腋或簇生茎端。花萼辐状钟形或钟形，5中裂，花后稍增大，宿存；花冠辐状钟形或钟形，5中裂或浅裂，裂片在花蕾覆瓦状排列；雄蕊5，生于花冠筒中下部，内藏，花线基部被短柔毛，药室近平行，纵裂；花盘显著；子房2室，花柱长，柱头肿大，胚珠多数。浆果球状，多汁；种子扁，具网纹状凹穴，胚弯曲。

约4种，分布于地中海区域至东喜马拉雅。我国1种，产青藏高原。

茄参 青海茄参 图 380 彩片 103

Mandragora caulescens C. B. Clarke in Hook. f. Fl. Brit. Ind. 4: 242. 1883.

Mandragora chinghaiensis Kuang et A. M. Lu; 中国植物志 67(1): 139. 159. 1978.

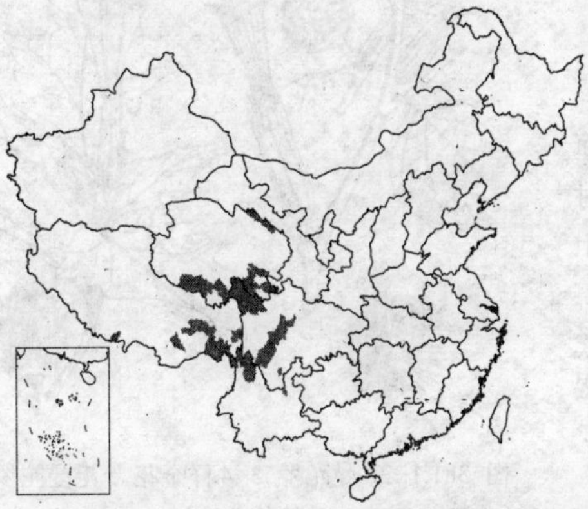

多年生草本，高达60厘米，植株被短柔毛。根粗壮，肉质。茎上部常分枝，或不分枝，或分枝细长。叶在不分枝茎端簇生，在分枝上者较小，在细长枝上者宽大，倒卵状长圆形或长圆状披针形，连叶柄长5-25厘米，先端钝，基部渐窄下延至叶柄成翼状，中脉显著，侧脉5-7对。苞片近无梗；花单生叶腋，常多花与叶集生茎端。花梗粗，长6-20厘米；花萼辐状钟形或钟形，径0.7-2.5厘米，裂片卵状三角形，花后稍增大，宿存；花冠辐状钟形，暗紫或黄色。裂片卵状三角形；花丝长3.5-7毫米，花药长1-3毫米；花柱长约4毫米。浆果球形，多汁，径1-2.5厘米。种子扁肾形，长约2毫米，黄色。花期5-7月，果期7-9月。

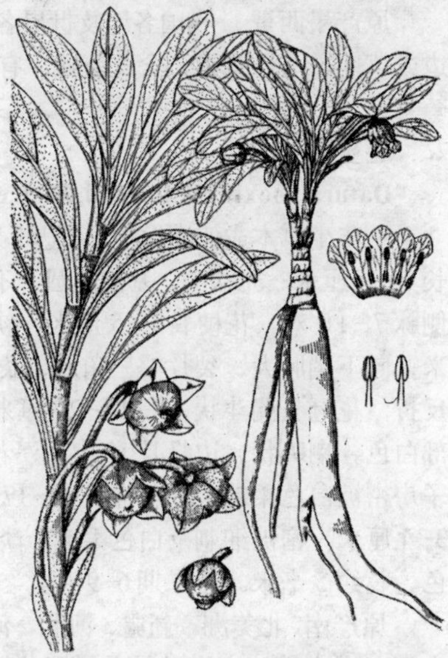

图 380 茄参（王金凤绘）

产青海东南部、云南西北部、四川西部及西藏东部，生于海拔2200-4200米山坡草地。不丹、印度及尼泊尔有分布。根含莨菪碱及山莨菪碱，药用。

19. 曼陀罗属 Datura Linn.

草本、亚灌木、灌木或小乔木。茎二歧分枝。单叶互生，具叶柄。花大，常单生于枝分叉间或叶腋。花萼长筒状，萼筒具5棱或无棱，贴近花冠筒或肿胀不贴于花冠筒，5浅裂，稀兼在一侧深裂，花后基部部分宿存增大或自基部全部脱落；花冠长漏斗状或高脚碟状，白、黄或淡紫色，冠筒长，冠檐5浅裂，裂片先端常渐尖或稀2裂片间具长尖头呈10角形，在花蕾中折合旋转；雄蕊5，花丝下部贴近花冠筒内，上部分离，内藏或稍伸出，花药纵裂；子房2室，或具假隔膜成不完全4室，花柱丝状，柱头肿大，2浅裂。蒴果，4瓣裂，或呈浆果状，被硬刺或无刺。种子多数，扁肾形或近圆形，胚弯曲。

约11种，多数分布于北美洲及南美洲。我国3种，南北各地野生或栽培。本属为莨菪碱及东莨菪碱资源植物。

1. 果直立，规则4瓣裂；萼筒具5棱；花冠长6-10厘米 …………………………………… 1. **蔓陀罗 D. stramonium**
1. 果横生或俯垂，不规则4瓣裂；萼筒无棱；花冠长14-20厘米。
   2. 植株密被腺毛及短柔毛；果俯垂，密被细刺 ……………………………………………… 2. **毛蔓陀罗 D. innoxia**
   2. 植株无毛或幼嫩部分疏被短柔毛；果斜升至横生，被短粗针刺 ……………………………… 2(附). **洋金花 D. metel**

1. 曼陀罗 图 381:1-2

Datura stramonium Linn. Sp. Pl. 1: 179. 1753.

草本或亚灌木状，高达1.5米，植株无毛或幼嫩部分被短柔毛。叶宽卵形，长8-17厘米，先端渐尖，基部不对称楔形，具不规则波状浅裂，裂片先端尖，有时具波状牙齿，侧脉3-5对；叶柄长3-5.5厘米。花直立，花梗长0.5-1.2厘米；萼筒长3-5厘米，具5棱，基部稍肿大，裂片三角形，花后自近基部断裂，宿存部分增大并反折；花冠漏斗状，长6-10厘米，下部淡绿色，上部白或淡紫色，冠檐径3-5厘米，裂片具短尖头；雄蕊内藏，花丝长约3厘米，花药长约4毫米；子房密被柔针毛。蒴果直立，卵圆形，长3-4.5厘米，被坚硬针刺或无刺，淡黄色，规则4瓣裂。种子卵圆形，稍扁，长约4毫米；黑色。花期6-10月，果期7-11月。

原产墨西哥。我国各地及世界各大洲均有栽培并已野化，生于宅旁、路边或草地。全株有毒，含莨菪碱，有镇痉、镇静、镇痛、麻醉等药效。

2. 毛曼陀罗 图 381:5

Datura inoxia Mill. Gard. Dict. ed. 8. no. 5. 1768.

一年生草本或亚灌木状，高达2米，植株密被腺毛及短柔毛。叶宽卵形，长10-18厘米，先端尖，基部近圆，不对称，全缘微波状或疏生不规则缺齿，侧脉7-10对。花梗长1-5厘米，初直立，后下弯；萼筒无棱，长8-10厘米，向下稍肿大，裂片窄三角形，长1-2厘米，花后宿存部分五角形，果时反折；花冠长漏斗状，长15-20厘米，冠檐径7-10厘米，下部淡绿色，上部白色，喇叭状，边缘具10尖头；花丝长约5.5厘米，花药长1-1.7厘米；子房密被白色柔针毛，花柱长13-17厘米。蒴果俯垂，近球形或卵球形，径3-4厘米，密被细刺及白色柔毛，淡褐色，不规则4瓣裂。种子扁肾形，褐色，长约5毫米。花果期6-9月。

原产南、北美洲。新疆、河北、河南、山东、江苏、湖北及大连、北京、上海、南京等城市有栽培并已野化，生于村边、路边。叶、花含莨菪碱及东莨菪碱，药效同曼陀罗。

[附] **洋金花** 图 381:3-4 彩片 104 **Datura metel** Linn. Sp. Pl. 1: 179. 1753. 本种与毛蔓陀罗的区别：植株无毛或幼嫩部分疏被短柔毛；蒴果斜升或横生，被粗短针刺。原产美洲，在亚洲长期栽培并已野化。我国江南各地及北部城市有栽培并已野化。

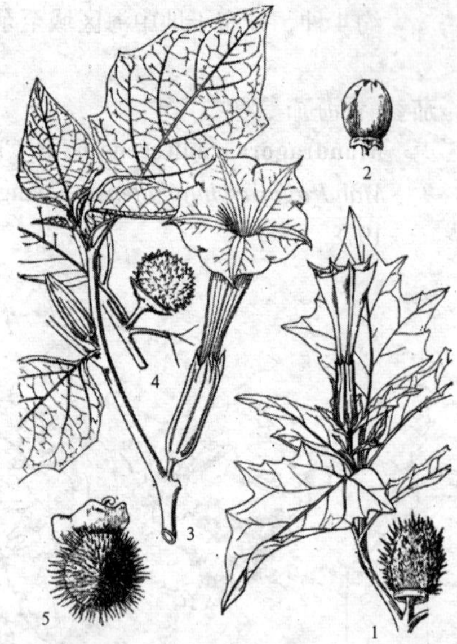

图 381:1-2. 曼陀罗 3-4.洋金花 5.毛曼陀罗（路桂兰绘）

20. 夜香树属 Cestrum Linn.

灌木或乔木，无毛或被长硬毛、星状毛。叶互生，全缘。总状或圆锥状花序顶生或腋生，有时簇生叶腋。花萼钟状或近筒状，具5齿或5浅裂，裂片在花蕾镊合状排列；花冠长筒状、近漏斗状或高脚碟状，冠筒长，上部宽大或向喉部常缢缩而肿胀，基部在子房柄周围缢缩或贴近子房柄，冠檐5浅裂，裂片镊合状；雄蕊5，贴生花冠筒中部，花丝基部常被长柔毛或具齿状附属物，花药纵裂；花盘不明显或明显；子房常具短柄，2室，花柱丝状，柱头盾状，全缘或微2浅裂；每室3-6胚珠。浆果少汁，球形、卵圆形或长圆形。种子少数或1枚，长圆形，近平滑，胚直或稍弓曲。

约175种，主要分布于北美洲及南美洲。我国栽培3种。

夜香树 图 382

Cestrum nocturnum Linn. Sp. Pl. 1: 191. 1753.

直立或近攀援状灌木，高达3米，植株无毛。枝条细长下垂。叶长圆状卵形或长圆状披针形，长6-15厘米，先端渐尖，基部近圆或宽楔形，全缘，侧脉6-7对；叶柄长0.8-2厘米。总状圆锥花序腋生或顶生，疏散，长7-10厘米，具多花。花梗长1-5毫米，花绿白或黄绿色，晚间极香；花萼钟状，长2-3毫米，裂片长约筒部1/4；花冠绿或白黄色，高脚碟状，长1.5-2.5厘米，冠筒长，下部细向上渐宽大，喉部稍缢缩，裂片直立或稍开张，卵形，长约冠筒1/4；雄蕊伸达花冠喉部，花丝基部具齿状附属物，花药极短，褐色；花柱伸达花冠喉部。浆果长圆形或球形，白色，多汁，长0.6-1厘米。种子1，长卵圆形，长约4.5毫米。

原产美洲，广泛栽培于世界热带地区。福建、广东、广西及云南有栽培，作园林绿化树种。

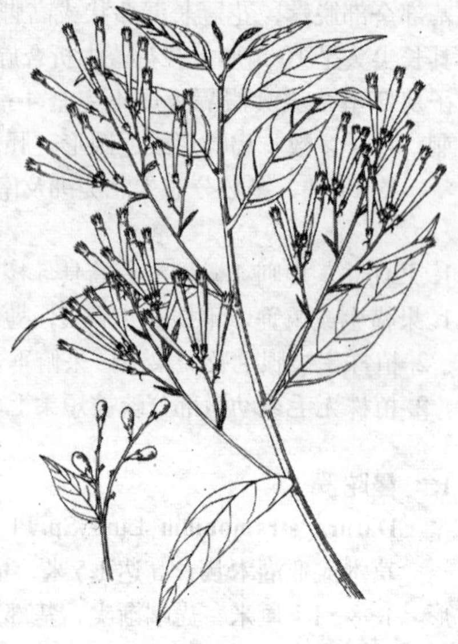

图 382 夜香树（王金凤绘）

21. 烟草属 Nicotiana Linn.

一年生草本、亚灌木或灌木，常被腺毛。叶互生，全缘，稀波状，具柄或无柄。圆锥或总状花序顶生或花单生；花具苞片或无。花萼整齐或不整齐，卵状或筒状钟形，5裂，常宿存稍增大，不完全或全包果实；花冠整齐或稍不整齐，筒状、漏斗状或高脚碟状，冠筒长或稍宽，冠檐5裂或近全缘，在花蕾卷折状，稀覆瓦状，直立、开展或外弯；雄蕊5，生于花冠筒中下部，内藏或伸出，不等长或近等长，花药纵裂；花盘环状；子房2室，柱头2裂。蒴果2裂至中部或近基部。种子多数，扁胚近直伸或稍弓曲。

约95种，分布于美洲、非洲及大洋洲。我国栽培3种。

1. 叶柄具翅或近无柄；花冠漏斗状，粉红或淡绿色 ……………………………… **烟草 N. tabacum**
1. 叶柄无翅；花冠筒状钟形，黄绿色 ……………………………… (附). **黄花烟草 N. rustica**

烟草 图 383

Nicotiana tabacum Linn. Sp. Pl. 1: 180. 1753.

一年生草本，高达2米。植株被腺毛。叶长圆状披针形、披针形、长圆形或卵形，长10-30(-70)厘米，先端渐尖，基部渐窄成耳状半抱茎；叶柄不明显或成翅状。花序圆锥状，顶生。花梗长0.5-2厘米；花萼筒状或筒状钟形，长2-2.5厘米，裂片三角状披针形，长短不等；花冠漏斗状，淡黄、淡绿、红或粉红色，基部带黄色，稍弓曲，长3.5-5厘米，冠檐径1-1.5厘米，裂片尖；雄蕊1枚较短，不伸出花冠喉部，花丝基部被毛。蒴果卵圆形或椭圆形，与宿萼近等长。种子圆形或宽长圆形，径约0.5毫米，褐色。花果期夏秋季。

原产南美洲。我国南北各地广为栽培。为烟草工业原料；全株可作农药杀虫剂；亦可药用，作麻醉、发汗、镇静及催吐剂。

[附] **黄花烟草 Nicotiana rustica** Linn. Sp. Pl. 1: 180. 1753. 本种与烟草的区别：叶柄无翅，花冠筒状钟形，黄绿色。原产南美洲。山西、甘肃、新疆、青海、四川、贵州、云南及广东有栽培。

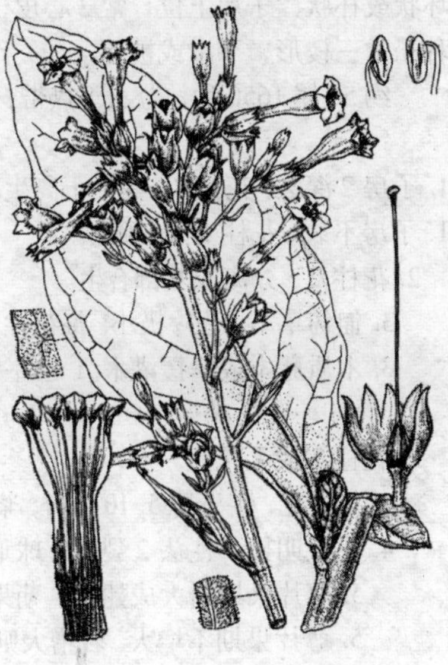

图 383 烟草（引自《中国植物志》）

22. 碧冬茄属 Petunia Juss.

草本，常被腺毛。茎直立或拱垂，分枝。叶互生，全缘，具柄。花单生叶腋。花萼筒状钟形，5深裂或近全裂，裂片长圆形或线形；花冠漏斗状或高脚碟状，冠筒圆柱形或向上渐宽，冠檐具折襞，对称或偏斜，稍2唇形，裂片宽短，覆瓦状排列；雄蕊5，生于花冠筒中部或下部，内藏，4枚长，1枚短，稀不育或退化，花药纵裂；花盘腺质，全缘或缺刻状2裂；子房2室，柱头微2裂，胚珠多数。蒴果2瓣裂。种子近球形或卵球形，具网纹状凹穴；胚稍弓曲或近直。

约3种，主要分布于南美洲。我国栽培1种。

碧冬茄 图 384 彩片 105

Petunia hybrida (Hook. f.) Vilm. Fl. Pleine Terre ed. 1: 615. 1863.

Petunia violacea Lindl. var. *hybrida* Hook. f. in Bot. Mag. Tokyo 64: t. 3556. 1837.

一年生草本，高达60厘米。植株被腺毛。叶卵形，长3-8厘米，先端渐尖，基部宽楔形或楔形，全缘，侧脉不显著，5-7对；具短柄或近无柄。花单生叶腋。花梗长3-5厘米；花萼5深裂，裂片线形，长1-1.5厘米，先端钝，宿存；花冠白或紫堇色，具条纹，漏斗状，长5-7厘米，冠筒向上渐宽，冠檐开展，具折襞，5浅裂；雄蕊4长1短；花柱稍长于雄蕊。蒴果圆锥状，长约1厘米，2瓣裂，裂瓣顶端2浅裂。种子近球形，径约0.5毫米，褐色。

杂交种，我国南北城市公园普遍栽培，供观赏。世界各国花园亦广为栽培。

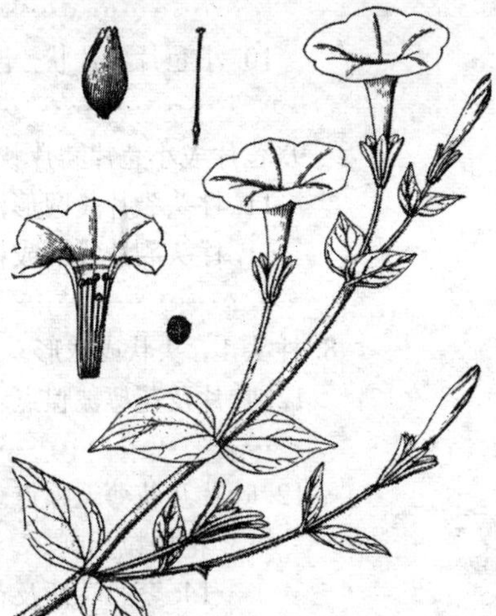

图 384 碧冬茄（王金凤绘）

182. 旋花科 CONVOLVULACEAE

（方瑞征）

草本、亚灌木或灌木；被单毛或分叉毛；常有乳汁。有些种具肉质块根。茎缠绕或攀援，有时平卧或匍匐，稀直立。单叶，互生，全缘，掌状或羽状分裂或复出，基部常心形或戟形；无托叶。花两性，辐射对称，常5数，单花或组成聚伞状、总状、圆锥状或头状花序；苞片成对，小或叶状，稀果期增大。萼片分离或基部连合，宿存，有些种类果期增大成翅状；花冠漏斗状或高脚碟状，稀坛状，常具5条被毛或无毛的瓣中带，冠檐近全缘或5裂，蕾期旋转折扇状或镊合状；雄蕊与花冠裂片互生，贴生花冠筒部，花药内向或侧向，纵裂，花粉粒平滑或具刺；花盘环状或杯状；子房上位，常2心皮，1-2(3-4)室，每室1-2胚珠；花柱1或2，柱头单一或2(-3)裂。蒴果或浆果。种子常三棱形，平滑或被毛。

约56属1650种，分布于热带、亚热带及温带。我国17属118种。

1. 子房2深裂；花柱2，基生于离生心皮间；叶心形、肾形或圆形 ………………………………… 1. **马蹄金属 Dichondra**
1. 子房不裂；花柱1-2，顶生。
  2. 花柱2，分离或基部合生。
    3. 匍匐草本；苞片极小；每花柱2裂，柱头不为盾状 ………………………………… 2. **土丁桂属 Evolvulus**
    3. 木质藤本或攀援灌木；1苞片果期增大，宽椭圆形或圆形；花柱短,不裂，柱头盾状，浅裂，宽约1毫米 ……………………………………………… 3. **盾苞藤属 Neuropeltis**
  2. 花柱1或无花柱。
    4. 花柱无，柱头具5-10纵脊；浆果，宿萼小 ………………………………… 4. **丁公藤属 Erycibe**
    4. 花柱明显，柱头2裂、2球形或头状；蒴果或浆果，具增大有色宿萼。
      5. 萼片果期增大成翅状；蒴果不裂，稀2裂，种子1；总状或圆锥花序 ……………… 5. **飞蛾藤属Porana**
      5. 萼片果期不增大，若增大则不成翅状，果开裂后宿萼留于果柄。
        6. 花冠坛状或钟状，长1.7-2.2厘米。
          7. 花冠坛状；聚伞花序具多花；蒴果4瓣裂 ……………………… 14. **鳞蕊藤属 Lepistemon**
          7. 花冠钟状；花单生叶腋；浆果 ………………………………… 15. **苞叶藤属 Blinkworthia**
        6. 花冠较大，漏斗状或高脚碟状，稀钟状，冠檐多开展。
          8. 柱头2，卵状长圆形、长圆形、椭圆形、线形或棒形。
            9. 苞片或小苞片生于花梗顶部，萼片状或叶状，果期宿存。
              10. 苞片长圆状披针形，不包被花萼；果被毛；花冠黄或白色，花心紫色 ……………………………………………… 6. **猪菜藤属 Hewittia**
              10. 小苞片萼片状，包被花萼；果无毛；花冠淡红、淡紫或白，花心色淡 ……………………………………………… 8. **打碗花属 Calystegia**
            9. 苞片或小苞片鳞片状、线形或钻状，常早落。
              11. 柱头裂片长圆形；伞状聚伞花序；种子背部具窄翅 ……………… 7. **小牵牛属 Jacquemontia**
              11. 柱头裂片线形或棒状，直伸，单花或少花组成聚伞或头状花序；种子被小瘤或平滑 ……………………………………………… 9. **旋花属 Convolvulus**
          8. 柱头1，头状或球形。
            12. 叶片及花萼被腺点；萼片果期增大，革质，先端圆或微缺，全包果 ……………………………………………… 17. **腺叶藤属 Stictocardia**
            12. 叶片及花萼无腺点，被毛或无毛。
              13. 花粉粒无刺。
                14. 茎、叶柄及花序梗常具翅；蒴果中部或中部以上周裂，上部增厚成盖状，下部纸质不规则纵裂 ……………………………………………… 12. **盒果藤属 Operculina**
                14. 茎、叶柄及花序梗无翅；蒴果4瓣裂，稀不规则开裂。

15. 萼片先端渐尖具锐尖头；叶基部戟形，基裂片具尖齿；花粉粒具散孔，花药不旋扭 …… 11. **地旋花属 Xenostegia**

15. 萼片先端尖、钝尖或微凹；叶基部不为戟形；花粉粒具3-12沟或多皱， 花药常旋扭 …… 10. **鱼黄草属 Merremia**

13. 花粉粒被刺。

16. 蒴果绿或褐色，4(-6)瓣裂；瓣中带常无毛 ……………………………………………………… 13. **番薯属 Ipomoea**

16. 浆果肉质或革质，被粉，红、紫、橙或淡黄色；瓣中带常被毛 …… 16. **银背藤属 Argyreia**

1. 马蹄金属 Dichondra J. R. et G. Forst.

草本，匍匐或蔓生。叶小，肾形或圆形，全缘。花单生叶腋；苞片小。萼片5，基部连合，果期增大；花冠钟状，与花萼近等长，5深裂至花冠中部或中部以下；雄蕊内藏，花药小，花粉粒平滑；子房2深裂，2室，每室2胚珠，花柱2，丝状，生于子房基部，柱头头状。蒴果，不规则2瓣裂或不裂，顶部圆或平截、微缺或2深裂；每室种子1-2。种子近球形，光滑。

14种；主产美洲北部及南部，2种产新西兰，1种产澳大利亚，1种广布。我国1种。

马蹄金 小金钱草 图 385

Dichondra micrantha Urban in Symb. Antill. 9: 243. 1924.

Dichondra repens auct. non Forst.: 中国高等植物图鉴 3: 524.1974; 中国植物志 64(1): 8. 1979.

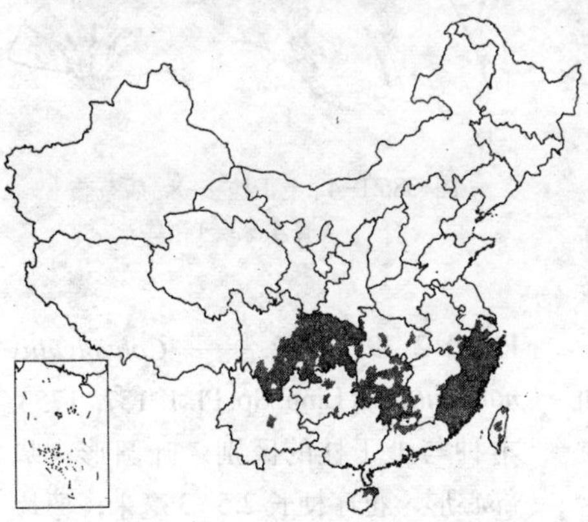

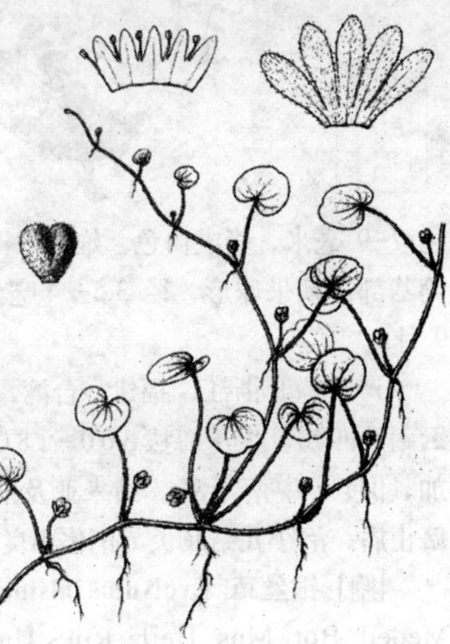

图 385 马蹄金（吴彰桦绘）

多年生小草本，匍匐。茎细长，被短柔毛，节上生根。叶肾形或圆形，宽0.4-2.5厘米，先端圆或微缺，基部心形，上面被微毛，下面被平伏短柔毛；叶柄长3-5厘米。花梗丝状，短于叶柄，顶部外弯；花萼宽钟状，萼片倒卵状长圆形或匙形，长2-3毫米，被毛；花冠黄色，长约2毫米，5裂至中部；雄蕊5，着生花冠裂片间；子房疏被柔毛。蒴果径约1.5毫米，果皮膜质。种子黄或褐色，无毛。经染色体2n=24, 30。

产江苏、安徽、浙江、福建、台湾、江西、湖北、湖南、广东、海南、贵州、四川及云南，生于海拔1300-2000米山坡草地或路边。日本、朝鲜半岛南部、泰国、北美、南美及太平洋岛屿有分布。全草药用，可清热利尿、消炎解毒、祛风止痛。

2. 土丁桂属 Evolvulus Linn.

草本、亚灌木或灌木。叶全缘。花小，单生叶腋，或数朵组成顶生穗状或头状花序；苞片极小。萼片5，果期不增大；花冠辐射状、漏斗状或高脚碟状，冠檐全缘或5裂，瓣中带常被毛；雄蕊内藏或伸出，花粉粒具皱，无刺；子房2室，每室2胚珠，花柱2，分离或基部合生，每花柱2裂，柱头丝状、圆柱状、微棒状或稍头状。蒴果4瓣裂。种子1-4，光滑或被小瘤。

约100种；主产美洲，2种产东半球热带、亚热带。我国2种。

1. 叶长圆形、椭圆形、匙形、披针形或线形；花序梗长2.5-3.5厘米；萼片披针形，花冠蓝或白色；蒴果球形，径

3.5-4 毫米。

2. 叶长圆形、椭圆形或匙形，长 0.7-2.5 厘米，宽 5-9 毫米，先端钝或微凹，具小尖头 ……………………………………………………………………………… 土丁桂 **E. alsinoides**

2. 叶披针形或线形，长 0.5-1.3 厘米，宽 1.5-4 毫米，先端尖或渐尖 ……………………………………………………………………………… (附). 银丝草 **E. alsinoides** var. **decumbens**

1. 叶近圆形；花序梗长 2.5-3 毫米；萼片长圆状披针形，花冠白或黄色；蒴果卵球形，径 2-3 毫米 ……………………………………………………………………………… (附). 短梗土丁桂 **E. nummularius**

土丁桂 图 386:1-4 彩片 106

Evolvulus alsinoides (Linn.) Linn. Sp. Pl. ed. 2. 392. 1762.

Convolvulus alsinoides Linn. Sp. Pl. 157. 1753.

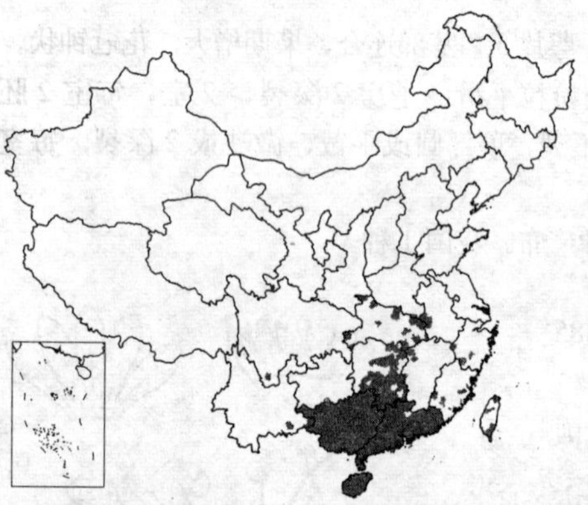

多年生草本，平卧或上升。茎细长，被平伏柔毛。叶长圆形、椭圆形或匙形，长 (0.7)1.5-2.5 厘米，宽 5-9 毫米，先端钝具小尖头，基部圆或渐窄，两面疏被平伏柔毛，侧脉不明显；叶柄短或近无柄。花单生或几朵组成聚伞花序，花序梗丝状，长 2.5-3.5 厘米，被平伏毛。萼片披针形，长 3-4 毫米，被长柔毛；花冠幅状，径 7-9 毫米，蓝或白色；雄蕊 5，内藏，花丝丝状，长约 4 毫米，贴生花冠筒基部。蒴果球形，径 3.5- 4 毫米。种子 4 或较少，黑色，平滑。花期 5-9 月。

产安徽、浙江、福建、台湾、江西、湖北、湖南、广东、海南、广西、云南及四川，生于海拔 300-1800 米草坡及灌丛中。东非热带、马达加斯加、印度、中南半岛、马来亚及菲律宾有分布。全草药用，可清湿热，散瘀止痛，治小儿结肠炎、消化不良、支气管哮喘、腰腿痛、痢疾及眼膜炎。

[附] **银丝草 Evolvulus alsinoides** var. **decumbens** (R. Br.) v. Ooststr. in Meded. Bot. Mus. Herb. Rijks Univ. Utrecht 14: 38. 1934. —— *Evolvulus decumbens* R. Br. Prodr. Fl. Nov. Holl. 489. 1810. 本变种与模式变种的区别：叶披针形或线形，长 0.5-1.3 厘米，宽 1.5-4 毫米，先端尖或渐尖，基部叶宽 3-4 毫米。产福建、台湾、江西、湖北、湖南、广东、海南、广西及云南，生于海拔 100-1800 米山坡草地。泰国、越南、马来西亚、印度尼西亚、新几内亚、澳大利亚及太平洋诸岛有分布。药效同土丁桂。

[附] **短梗土丁桂** 云南土丁桂 **Evolvulus nummularius** (Linn.) Linn. Sp. Pl. ed. 2. 391. 1762. —— *Convolvulus nummularius* Linn. Sp. Pl. 1: 157. 1753. 本种与土丁桂的区别：叶圆形，基部心形；花序梗长 2.5-3 毫米；萼片长圆状披针形，花冠白或黄色；蒴果卵球形，径 2-3 毫米。产云南，生于海拔 960 米。美洲有分布；印度、马来西亚及非洲引种，已野化。

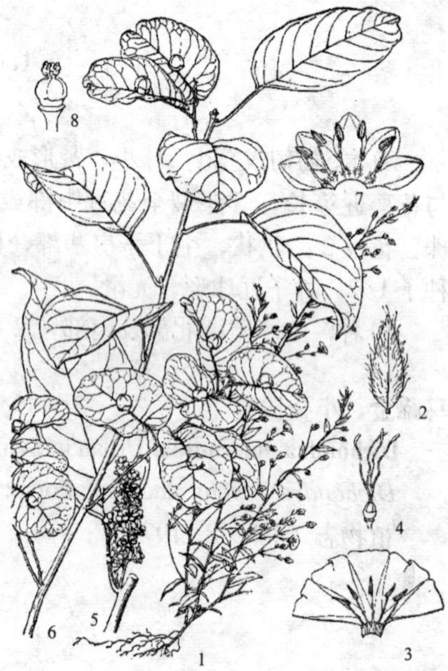

图 386:1-4. 土丁桂 5-8. 盾苞藤
（曾孝濂绘）

3. 盾苞藤属 Neuropeltis Wall.

木质藤本。叶全缘，具柄。花序总状腋生，或近圆锥状顶生；花小；苞片小，贴生花梗，1 片结果时增大，干膜质，具网脉。萼片 5，近等大，果时不增大；花冠辐状或宽钟状，5 深裂；雄蕊 5，着生花冠筒基部，伸出或内藏；花粉粒无刺；子房被毛，完全或不完全 2 室，每室 2 胚珠，花柱 2，分离，短，柱头盾状或肾形，浅裂。蒴果小，无毛，连同宿萼着生增大苞片中部，4 瓣裂。种子常 1 粒，球形，平滑。

约 11 种；7 种产西非，4 种产亚洲热带。我国 1 种。

盾苞藤 图 386:5-8

Neuropeltis racemosa Wall. in Roxb. Fl. Ind. 2: 44. 1824.

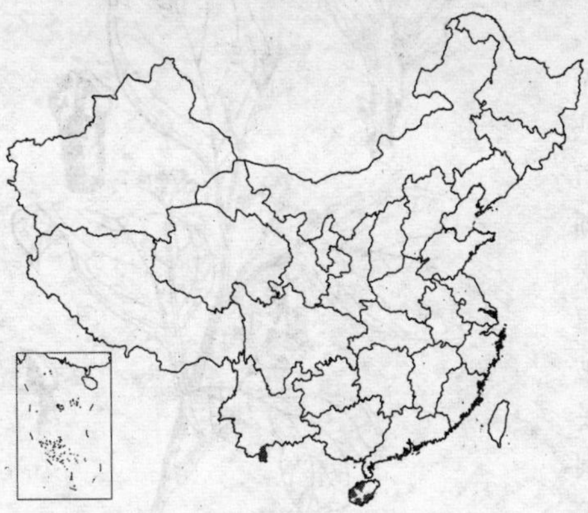

木质藤本。幼枝被锈褐色绒毛，老枝无毛。叶革质，椭圆形或长圆形，长 6-12 厘米，两面近无毛，侧脉 7-10 对；叶柄长 1-1.5 厘米。花序总状，1-6 簇生叶腋，长 3-6 厘米，花序轴被褐色绒毛；苞片长 2-3 毫米，紧贴萼下，1 枚果期增大，宽椭圆形或圆形，长 3-5 厘米。萼片不等大，密被短柔毛；花冠白色，宽钟状，长约 5 毫米，裂片内弯，长于花冠筒，被毛；花丝长约 3 毫米，基部被簇生毛；子房被毛，花柱极短，柱头宽约 1 毫米。蒴果近球形，径 5-6 毫米。

产云南南部及海南， 生于海拔 400-1100 米沟谷密林或灌丛中。缅甸、泰国、马来西亚及印度尼西亚有分布。

4. 丁公藤属 Erycibe Roxb.

木质藤本或攀援灌木。幼枝无毛或被锈色绒毛。叶全缘，革质或纸质。花序总状或圆锥状，顶生或腋生；苞片小，早落。花小，芳香；萼片分离，宿存，近相等，革质，常被毛；花冠白或黄色，5 深裂，萼筒短，无毛，裂片具 2 小裂片，瓣中带近三角形，密被平伏柔毛，小裂片无毛；雄蕊内藏，花丝近三角形或侧面凹，花药顶端钝或渐尖，基部心形，有时两端平截或微凹；子房 1 室，4 胚珠，花柱几无，柱头具 5-10 纵脊。浆果稍肉质。种子 1，种皮膜质。

约 67 种；主产热带亚洲、澳洲、日本及马来西亚。我国 10 种。

1. 幼枝及叶下面密被锈色柔毛；圆锥花序长达 16 厘米 …………………… 1. **锈毛丁公藤 E. expansa**
1. 幼枝无毛或稍被毛；叶下面无毛。
  2. 叶纸质 …………………… 2. **台湾丁公藤 E. henryi**
  2. 叶革质或厚革质。
    3. 叶先端圆或钝；花冠裂片全缘或浅波状；果卵状椭圆形 …………………… 3. **丁公藤 E. obtusifolia**
    3. 叶先端骤渐尖；花冠裂片边缘啮蚀状。
      4. 果球形；侧脉在上面不明显，网脉在下面微凸起 …………………… 4. **光叶丁公藤 E. schmidtii**
      4. 果椭圆形；侧脉在上面凹下，网脉在下面凹下 …………………… 5. **九来龙 E. elliptilimba**

1. 锈毛丁公藤

Erycibe expansa Wall. ex G. Don, Gen. Hist. 4: 392. 1838.

Erycibe ferruginea C. Y. Wu; 中国植物志 64(1):16. 1979.

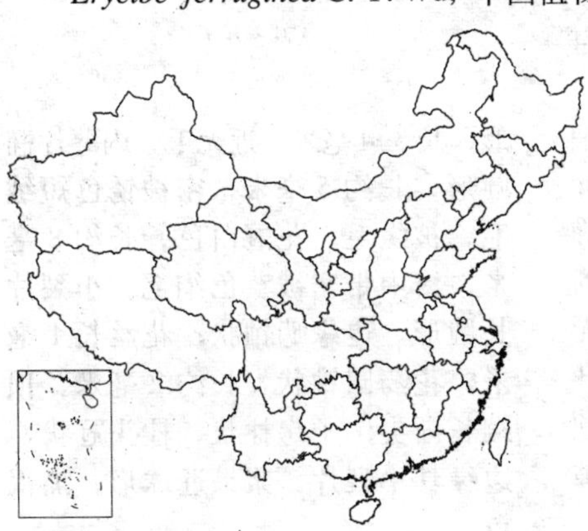

攀援灌木，高约 5 米。幼枝密被锈色分枝短柔毛。叶革质，椭圆形，长 6.5-9 厘米，先端骤尖，尖头长约 8 毫米，基部楔形，上面疏被锈色分枝短柔毛或近无毛，下面密被锈色分枝短柔毛，侧脉 5-6 对，网脉几不明显；叶柄长 5-7 毫米，密被锈色分枝柔毛。圆锥花序顶生，长 4-16(-30) 厘米。花芳香，花梗长 1-2 毫米；萼片卵形，长 2.5-3 毫米，密被分枝毛；花冠白色，长 7.5-9.5 毫米，小裂片椭圆状长圆形，较厚，全缘；雄蕊长 2.2-2.5 毫米，花药渐尖；子房无毛，柱头圆锥状，具 5 纵脊。浆果椭圆形，长约 1.2 厘米。

产云南东南部，生于海拔 1000-1200 米向阳灌丛中。印度、缅甸、泰国及马来西亚有分布。

2. 台湾丁公藤 图 387

Erycibe henryi Prain in Journ. Asiat. Soc. Bengal 73(2): 15. 1904.

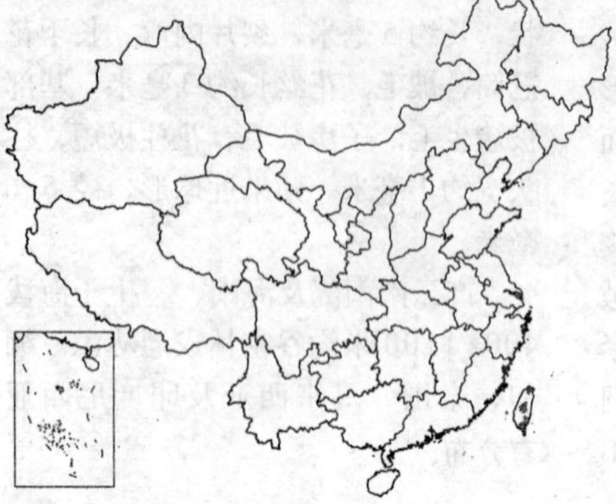

攀援灌木。小枝细，无毛。叶纸质，宽椭圆形，长5-7厘米，先端骤渐尖，基部楔形，两面无毛，侧脉5对，与网脉在两面凸起；叶柄长1.5-3厘米，纤细，被微柔毛。圆锥花序腋生及顶生，长2-9(-15)厘米，稍被平伏褐色短柔毛。花梗长0.4-1.3厘米；萼片长圆形，长2毫米，被短柔毛及缘毛；花冠白色，长0.8-1厘米，小裂片长圆状椭圆形，全缘或波状，瓣中带被平伏锈色单毛；雄蕊长2毫米，花丝与花药近等长，花药三角状，顶端渐尖或尾尖；柱头头状，具5棱，棱间具小突起，形成不规则10槽。浆果椭圆形，长1.8厘米，黑色。

图 387 台湾丁公藤（肖溶绘）

产台湾，生于海拔300米以下灌丛中、次生林内或攀附岩壁。日本南部有分布。

3. 丁公藤　图 388:5-6

Erycibe obtusifolia Benth. Fl. Hongk. 236. 1861.

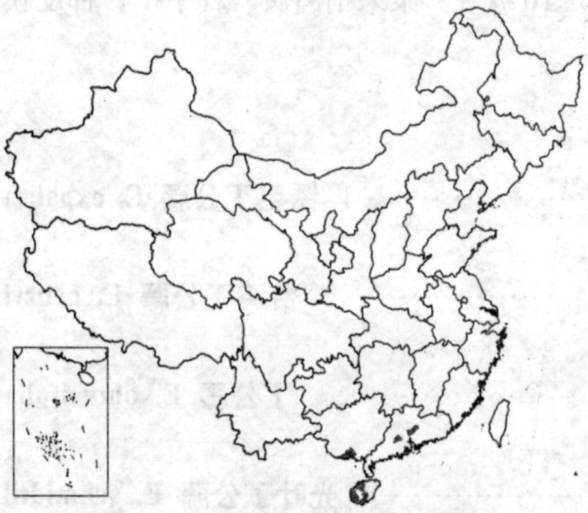

大木质藤本，长达20米。幼枝具棱，无毛。叶革质，椭圆形或倒卵形，长6.5-9(-12)厘米，先端钝或圆，基部楔形，两面无毛，侧脉4-6对，在上面不明显，在下面微凸起；叶柄长0.8-1.2厘米，无毛。腋生花序具少花或多花，顶生花序总状，花序轴被淡褐色短柔毛。花梗长4-6毫米；萼片近圆形，长约3毫米，被淡褐色柔毛，杂有2叉分枝毛；花冠白色，芳香，长0.8-1厘米，小裂片长圆形，全缘或浅波状；雄蕊不等长，花药顶端渐尖，与花丝近等长。浆果红或黄色，卵状椭圆形，长约1.4厘米。

产广西、广东、香港及海南，生于海拔1200米以下山谷密林或灌丛中。越南有分布。广东、广西用茎泡酒，治风湿病。

图 388:1-4.光叶丁公藤　5-6.丁公藤（肖溶绘）

4. 光叶丁公藤　图 388:1-4

Erycibe schmidtii Craib in Bot. Tidsskr. 32: 352. 1916.

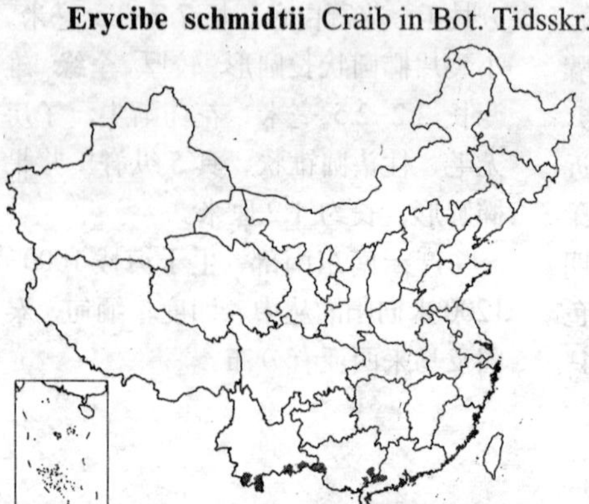

高大攀援灌木。幼枝具细棱，被平伏微柔毛或无毛。叶革质，卵状椭圆形或长圆状椭圆形，长7-12厘米，先端骤渐尖，基部宽楔形或稍圆，两面无毛，侧脉5-6对，不明显；叶柄长1-3.5厘米。圆锥状花序顶生及腋生，长2-7厘米，密被锈色短柔毛，杂有2叉状毛。花梗长2-5毫米；外2萼片近圆形，长3-4毫米，近无毛，内萼片椭圆形，长约5毫米，密被锈色短绒毛，被缘毛；花冠白色，长约8毫米，瓣中带密被黄色绢毛，小裂片长圆形，边缘啮蚀状；花丝长1毫米，花药圆锥状，长约2毫米，顶端长渐尖；子房柱状，柱头冠状，边缘具小裂片。浆果近球形，黑褐色。

产云南南部及东南部、广西西南

及东部、广东，生于海拔300-1200米密林中。印度东北部、泰国及越南有分布。药效同丁公藤。

5. 九来龙 凹脉丁公藤　　图 389 彩片 107

Erycibe elliptilimba Merr. et Chun in Sunyatsenia 2: 45. 1934.

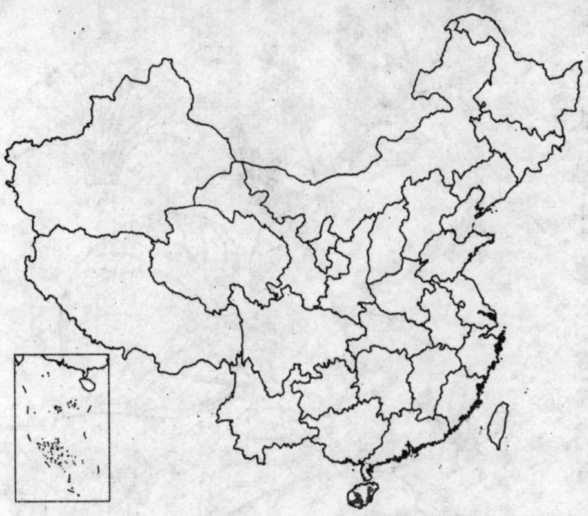

攀援大藤本，长达20米。幼枝稍被硬毛，老枝具木栓质纵棱。叶厚革质，椭圆形或长圆状椭圆形，长9-15厘米，先端骤短渐尖，基部宽楔形，两面无毛，侧脉5-7对，与中脉在上面凹下，网脉在上面稍凹下，在下面凹下；叶柄长2-2.5厘米。花序总状或窄圆锥状，腋生及顶生，有时2-3序同出，长1.5-11厘米，被锈色2叉分枝毛。花梗长2-4毫米；萼片近圆形，长3-4毫米，密被短柔毛；花冠白色，长约1.3厘米，小裂片长圆形，边缘稍啮蚀状；雄蕊长3毫米，花药披针形；子房长1.3-1.6厘米，柱头圆锥状，具5纵脊。浆果椭圆形，长约2厘米，黑褐色。花期8-10月，果期翌年1-4月。

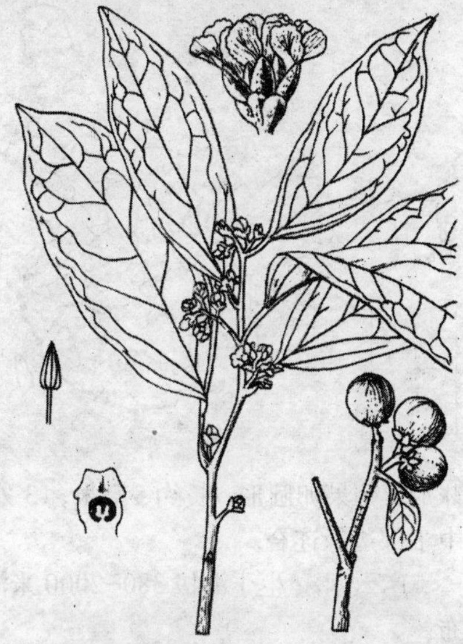

图 389 九来龙（引自《海南植物志》）

产海南，生于海拔600米以下溪边、海边疏林中或路边，常攀援大树。泰国、柬埔寨、老挝及越南有分布。茎、叶有毒，不可药用。

5. 飞蛾藤属 Porana Burm. f.

木质或草质藤本或攀援灌木。叶草质，基部多心形，掌状脉，稀羽状，全缘，稀分裂；具柄。总状或圆锥花序，稀单花；苞片叶状、钻形或缺；萼片5，形小，果期全部或3个外萼片增大成翅状，膜质，具网脉，与果脱落；花冠钟状或漏斗状，稀高脚碟状，冠檐近全缘或5裂；雄蕊5，着生花冠筒中下部或近基部，花丝丝状，无毛或基部具腺体或短柔毛，花药长圆形或线形；子房1-2室，每室2胚珠，花柱1，不裂或不等长2尖裂，柱头球形或2裂。蒴果小，不裂，稀2瓣裂。种子1，球形，无毛。

约18种；主产亚洲热带、亚热带，少数产非洲、大洋洲。我国11种。

对本属分类有不同观点，在《Flora of China》 vol. 16中，George Staples主张恢复原已归入 **Porana** 属的3个属：白花叶属 **Poranopsis** Roberty (1952)，三翅藤属 **Tridynamia** Gagnep. (1950)，飞蛾藤属 **Dinetus** Buch.-Ham. ex Sweet (1825)，并认为 **Porana** 属仅含3种，不产中国。作者认为 **Porana** 属的种具有共同的特征，分成3个属很不自然，在属下建立分类等级是合理的，故予订正。

1. 攀援灌木；花冠瓣中带被毛；果期2或3外萼片增大，内萼片几不增大；子房具4胚珠。
  2. 花冠长4-5毫米，白或黄白色；雄蕊3长2短；果长约5毫米，3外萼片增大。
    3. 花冠宽漏斗形；增大外萼片基部心形；果倒卵圆形，无毛 ······ 1. **白花叶 P. henryi**
    3. 花冠钟状；增大外萼片基部圆、平截，稀浅心形；果球形，密被微柔毛 ······ 1(附). **搭棚藤 P. discifera**
  2. 花冠长1.5-2厘米，淡蓝或紫色；雄蕊近等长；果长约1厘米，2外萼片增大，3内萼片小。
    4. 幼枝被短柔毛，叶两面被黄或锈色短柔毛 ······ 2. **大果飞蛾藤 P. sinensis**
    4. 幼枝及叶近无毛 ······ 2(附). **近无毛飞蛾藤 P. sinensis var. delavayi**
1. 草质藤本；花冠无毛；果期5萼片全增大，或内萼片稍窄；子房具2胚珠。
  5. 花冠长2.5-3厘米；冠檐浅裂；果期3萼片增大，2个较窄 ······ 3. **三列飞蛾藤 P. duclouxii**
  5. 花冠长约1厘米；冠檐5裂至中部；萼片果期全增大 ······ 4. **飞蛾藤 P. racemosa**

1. 白花叶 图 390:5-7

Porana henryi Verdc. in Kew Bull. 26: 137. 1971.

Poranopsis sinensis (Hand.-Mazz.) Staples; Fl. China 16: 281.1995.

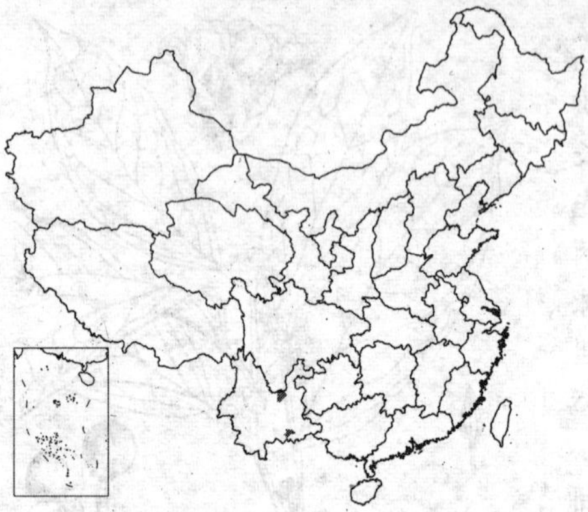

攀援灌木。茎被褐色绒毛。叶宽卵形，长 6-10 厘米，先端长渐尖，基部心形，上面被褐色短柔毛，下面密被褐色绒毛，基出脉 5；叶柄长 1.6-5 厘米。总状或圆锥花序顶生或腋生；苞叶叶状，苞片披针形或线形，小苞片 3，钻形。花梗长 3-6 毫米；萼片长 1-2 毫米，被绒毛；花冠白色，宽漏斗形，长约 4 毫米，冠檐 5 浅裂，雄蕊内藏；柱头 2，球形。蒴果卵圆形，长约 5 毫米，3 外萼增大宿存，萼片卵圆形，基部心形，中下部边缘连合。

产云南，生于海拔 380-2000 米河谷灌丛中或干旱山坡。泰国北部有分布。

[附] **搭棚藤** 图 390:1-4 **Porana discifera** Schneid. in Sarg. Pl. Wilson.3: 358.1916.——*Poranopsis discifera* (Schneid.) Staples; Fl. China 16: 280. 1995. 本种与白花叶的区别：幼枝疏被短柔毛，老枝无毛；花冠黄白色，钟形；雄蕊不等长，3 雄蕊伸出，2 内藏；果球形，被毛，3 个增大外萼片椭圆形，基部圆或平截，稀浅心形。产云南中部及南部，生于海拔 380-1800 米山坡灌丛或疏林中。

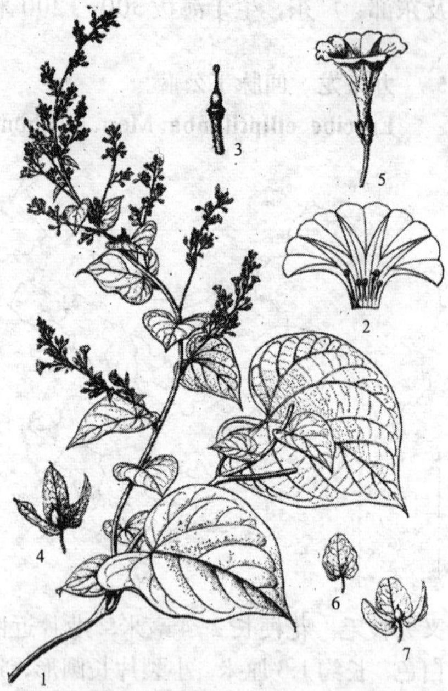

图 390:1-4.搭糖藤 5-7.丁公藤（肖溶绘）

2. 大果飞蛾藤　异萼飞蛾藤 图 391

Porana sinensis Hemsl. in Journ. Linn. Soc. Bot. 26: 197. 1890.

Tridynamia sinensis (Hemsl.) Staples; Fl. China 16: 282. 1995.

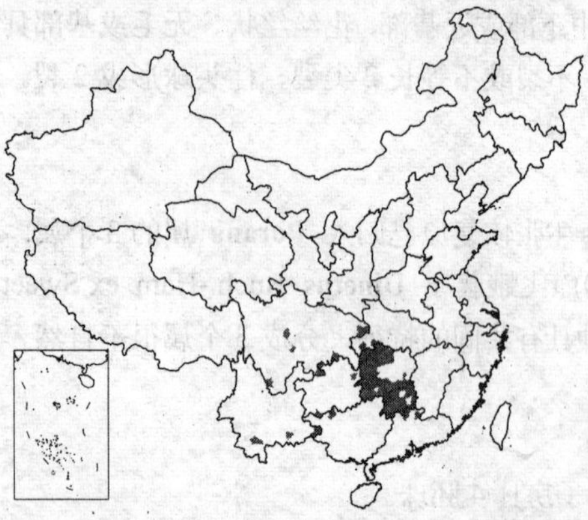

木质藤本。幼枝被短柔毛，老枝无毛。叶宽卵形，长 5-13 厘米，先端尖或骤尖，基部心形，上面疏被毛，下面密被锈黄色短柔毛，基出脉 5；叶柄长 2-6 厘米。总状花序腋生，长达 30 厘米，花 2-3 簇生沿序轴排列。花梗长 5-6 毫米，密被绒毛；小苞片 2-3，卵形；萼片被绒毛，外 2 片长 4-5 毫米，内 3 片小；花冠淡蓝或紫色，宽漏斗状，长 1.5-2 厘米，冠檐浅裂；雄蕊近等长，较花冠短；子房疏被柔毛，柱头头状，2 浅裂。蒴果卵状椭圆形，长约 1 厘米，2 增大外萼片宿存，萼片长圆形或匙形，长 6.5-7.8 厘米，两面被短柔毛，具 5 平行纵脉。

产湖北、湖南、广东、广西、云南、贵州及四川，生于海拔 1000-2200 米石灰岩山地。

[附] **近无毛飞蛾藤 Porana sinensis** var. **delavayi** (Gagnep. et Courch.) Rehd. in Journ. Arn. Arb. 15: 319. 1934. —— *Porana delavayi* Gagnep. et Courch. in Lecomte, Not. Syst. 3: 153. 1915. 本变种与模式变种的区别：茎、叶近无毛。

产陕西南部、甘肃南部、四川、云南、贵州及湖北，生于海拔 1200-1800 米石灰岩山地灌丛中或林缘。

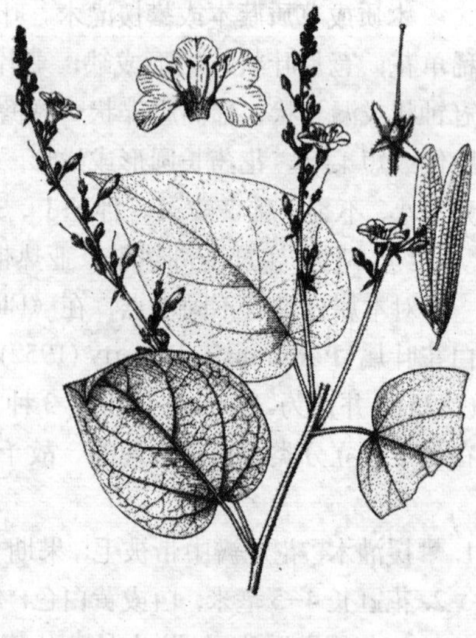

图 391 大果飞蛾藤（冯晋庸绘）

3. 三列飞蛾藤 图 392

Porana duclouxii Gagn. et Courch. in Lecomte, Not. Syst. 3: 153. 1915.

Dinetus duclouxii (Gagn. et Courch.) Staples; Fl. China 16: 284. 1995.

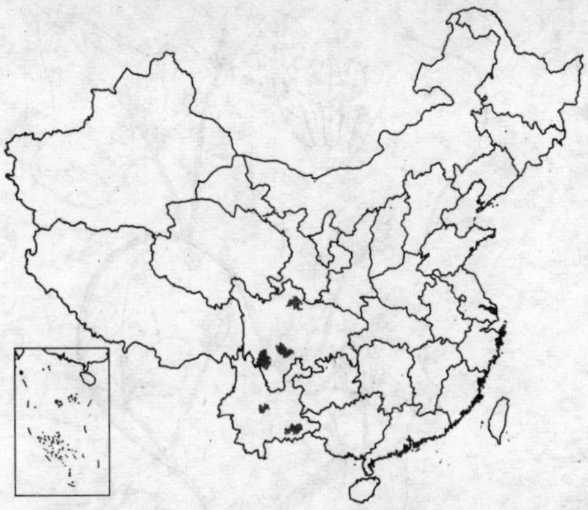

草质藤本。叶宽卵形，长6-11.5厘米，先端渐尖或尾尖，基部深心形，两面无毛或疏被短柔毛，全缘或具缺刻至不规则裂，基出脉7；叶柄长2-7厘米。总状或圆锥花序腋生；苞叶与叶同形稍小，苞片卵形或线状钻形。花梗长1－2厘米，近顶端具2－3小苞片；萼片三角状卵形或线状钻形，长3-4毫米；花冠白、蓝、淡紫或黄色，窄漏斗形，长2.5-3厘米，冠檐浅裂，裂片顶端微凹；雄蕊着生花冠筒中下部，3列，长0.5-1厘米；子房无毛，柱头长圆形。蒴果球形，黄或褐红色，径约5-7毫米，增大花萼宿存，萼片窄卵形或椭圆形，外3片长1.9-3.7厘米，内2片较窄。

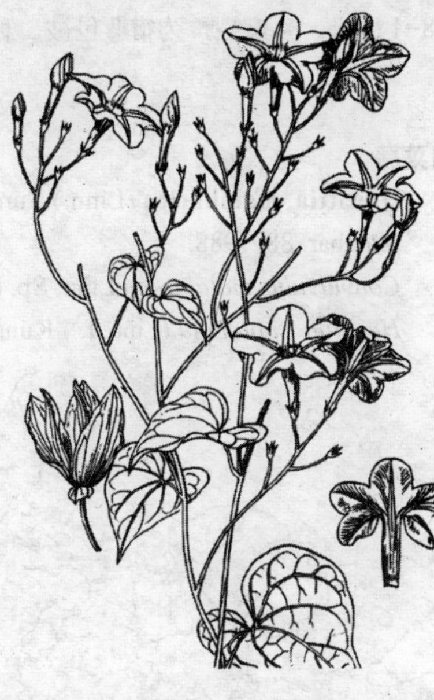

图 392 三列飞蛾藤（李锡畴绘）

产云南及四川，生于海拔600-2000米石灰岩山地灌丛中。

4. 飞蛾藤 图 393

Porana racemosa Wall. in Roxb. Fl. Ind. 2: 41. 1824.

Dinetus racemosus (Wall.) Sweet; Fl. China 16: 284. 1995.

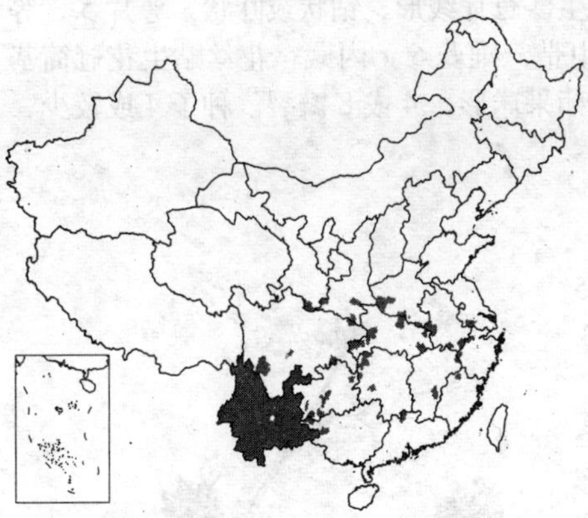

草质藤本，长达10米。幼茎被硬毛，后无毛。叶宽卵形，长6-16厘米，先端渐尖或尾尖，基部深心形，两面被短柔毛或绒毛，基出脉7；叶柄长3-7.7厘米。圆锥花序腋生，长13-45厘米；苞叶叶状。花梗长3-7毫米；小苞片2，钻形；萼片线状披针形，长1-25毫米；花冠白色，冠筒带黄色，漏斗形，长约1厘米，冠檐5裂至中部，裂片长圆形，开展；雄蕊内藏，花丝短于花药；子房无毛，柱头棒状，顶端微缺。蒴果卵圆形，长5－7毫米；宿萼匙形或倒披针形，长0.9-1.5(-1.8)厘米。种子1，黑褐色。

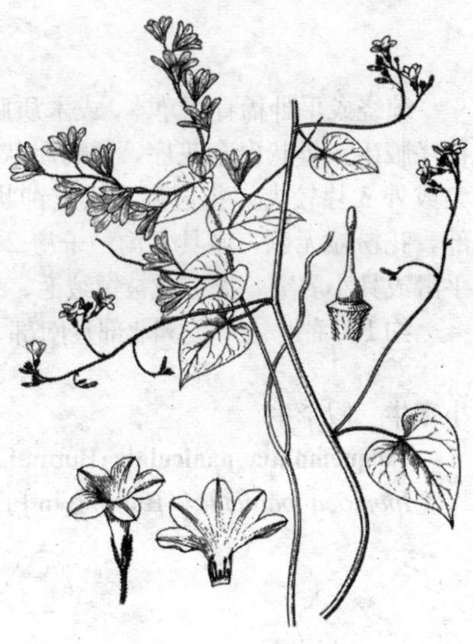

图 393 飞蛾藤（冯晋庸绘）

产江苏、安徽、浙江、福建、江西、湖北、湖南、广东、广西、云南、贵州、四川、甘肃、陕西及河南，生于海拔850-2000(-3200)米石灰岩山地灌丛中。印度、巴基斯坦、尼泊尔、锡金、不丹及东南亚有分布。

6. 猪菜藤属 Hewittia Wight et Arnott

一年生缠绕草本，长达2米。茎被柔毛。叶卵状心形，长3-10厘米，先端短尖，全缘或3裂，两面疏被柔毛，有时被黄色腺点，侧脉5-7对；叶柄长1-6厘米。聚伞花序腋生，花序梗长达10厘米；苞片2，长圆状披针形，生于花梗顶部，宿存。花梗长2-4毫米；萼片5，外3片卵形，果期稍增大，内2片小；花冠钟状，黄或白色，喉部以下带紫色，长2-2.5厘米，瓣中带密被长柔毛，冠檐5浅裂；雄蕊5，内藏，花丝具细乳突，基部箭形，着生花冠筒内，花药长圆形；子房 1 室或上部不完全 2 室，胚珠 4，花柱丝状，柱头 2 裂，裂片卵状长圆形。蒴果球形，被毛，径 0.8-1 厘米，4 瓣裂；为宿萼包被。种子 4 或较少。

单种属。

猪菜藤 图 394

Hewittia malabarica (Linn.) Suresh, An Interpret. of Van Rheede's Hort. Malabar. 88. 1988.

Convulvulus malabarica Linn. Sp. Pl. 155. 1753.

Hewittia sublobata (Linn. f.) Kuntze; 中国高等植物图鉴 3: 529. 1974; 中国植物志 64(1): 43. 1979.

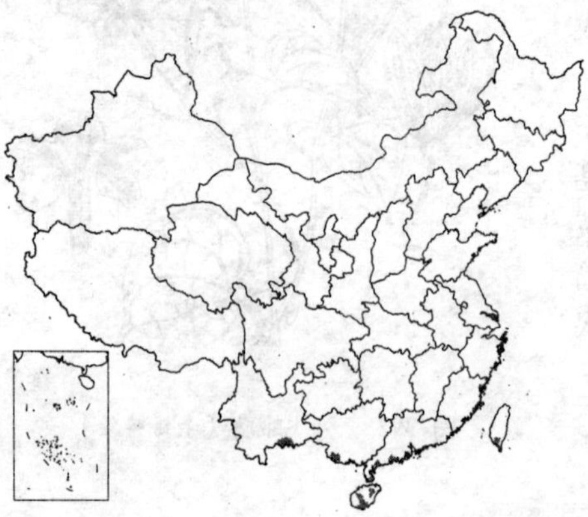

形态特征同属。

产云南南部、广西、广东、香港、海南及台湾，生于海拔 600 米以下沙地、河岸、阳处灌丛中或林中空地。印度及东南亚有分布。非洲、美洲牙买加及太平洋岛屿有栽培，已野化。

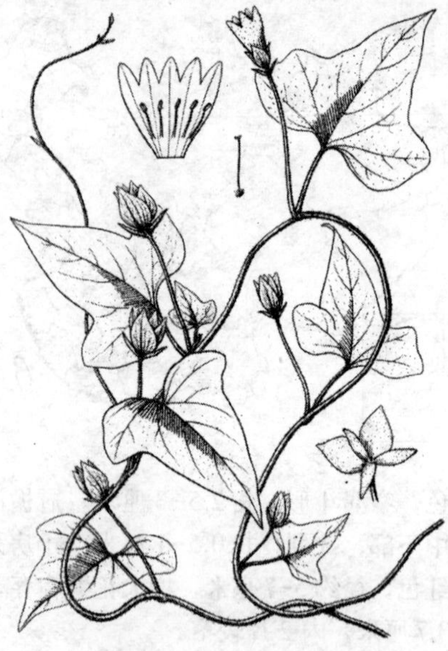

图 394 猪菜藤（吴彰桦绘）

7. 小牵牛属 Jacquemontia Choisy

缠绕或平卧稀直立草本，或木质藤本，被星状毛、柔毛、绒毛或无毛。叶常心形，全缘，稀具齿或浅裂，具柄。花序腋生，伞状聚伞花序，稀蝎尾状聚伞花序、穗状或头状花序，或花单生；苞片线形、钻状或叶状。萼片 5，等大或外 3 片较大；花冠漏斗状或钟状，冠檐 5 齿裂或近全缘，具 5 条瓣中带；雄蕊 5，内藏，花丝贴生花冠筒基部，花粉粒无刺，常具 5 沟；子房 2 室，每室 2 胚珠，花柱 1，柱头 2。蒴果球形，4 或 8 瓣裂。种子 4 或较少，平滑或具小乳突，无毛或被短绒毛，背部常具膜质窄翅。

约 120 种，主产美洲北部及南部，少数分布亚洲、非洲。我国 1 种。

小牵牛 假牵牛 图 395

Jacquemontia paniculata (Burm. f.) Hall. f. in Engl. Bot. Jahrb. 16: 541. 1893.

Ipomoea paniculata Burm. f. in Fl. Ind. 50. 1768.

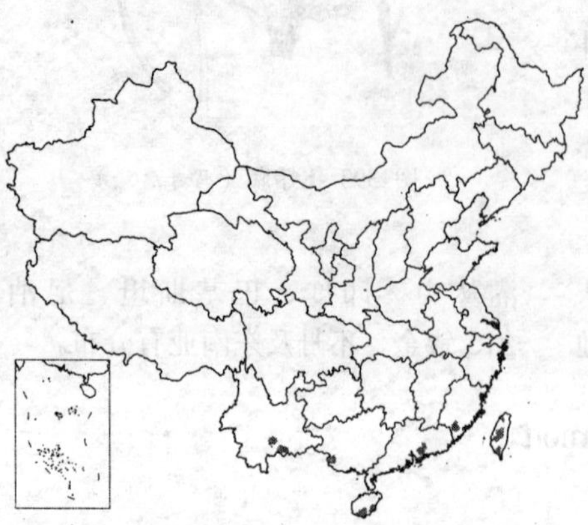

缠绕草本，长达 2 米。茎被柔毛，老枝渐无毛。叶卵形或卵状长圆形，长 1.5-8 厘米，先端渐尖或尖，基部心形，下面疏被柔毛，侧脉 5-8 对；叶柄长 1-6 厘米，被毛。伞状聚伞花序，花序梗长达 5 厘米。花梗长 3-5 毫米；苞片钻形；萼片疏被柔毛，3 外萼片卵形或卵状披针形，长 5-7 毫米，2 内萼片长 3-4.5 毫米；花冠紫、淡红或白色，漏斗状，长 0.8-1.2 厘米，无毛；花丝长约 1 厘米，基部宽，被毛；子房无毛，柱头裂片长圆形，扁平，下弯。蒴果径 3-4 毫米，4 瓣裂。

产云南、广西、广东、海南、台湾及福建，生于海拔 600 米以下灌丛中

图 395 小牵牛（冯晋庸绘）

及林间空地，常生于干处。印度、东南亚、澳大利亚、太平洋岛屿及非洲　　有分布。

8. 打碗花属 Calystegia R. Br.

缠绕、平卧或直立草本。具根状茎。叶长圆形、戟形或箭形，稀鸟足状，具柄或近无柄。聚伞花序或单花腋生。小苞片 2，萼片状，包被花萼，或与花萼分离，钻状或叶状，宿存；萼片 5，近相等，宿存；花冠漏斗状，具 5 条瓣中带，冠檐浅裂或近全缘；雄蕊 5，内藏，近等长，花丝基部宽，花粉粒具散孔；子房 1 室，胚珠 4，花柱 1，内藏，柱头 2，长圆形或椭圆形，稍扁。蒴果卵球形，无毛，为增大宿萼及小苞片包被，不裂。种子 4，平滑或具小疣。

约 25 种，70 个亚种；主产温带，少数分布热带。我国 6 种。

1. 叶肾形，先端圆或微凹；苞片与花萼近等长或较短 ………………………… 1. **肾叶打碗花 C. soldenella**

1. 叶不为肾形，先端渐尖、尖或钝尖；苞片长于花萼。

　2. 植株无毛；叶基部戟形或心形。

　　3. 叶长 4–10 厘米，先端渐尖；萼片卵形 ………………………… 2. **鼓子花 C. silvatica subsp. orientalis**

　　3. 叶长 2–4 厘米，先端钝尖；萼片长圆形 ………………………… 3. **打碗花 C. hederacea**

　2. 植株被柔毛；叶基部平截或稍圆 ………………………… 4. **藤长苗 C. pellita**

1. 肾叶打碗花　　图 396

Calystegia soldanella (Linn.) R. Br. Prodr. 483. 1810.

Convolvulus soldanella Linn. Sp. Pl. 159. 1753.

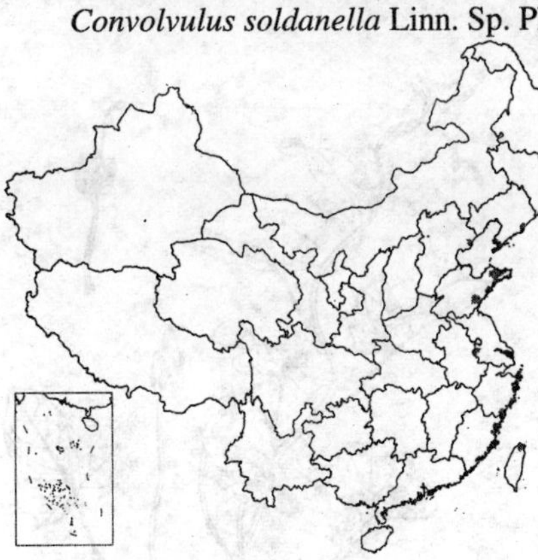

多年生草本，全株近无毛。根细长。茎细长，平卧，具细棱或偶具窄翅。叶质厚，肾形，宽 1–5.5 厘米，先端圆或微凹，具小尖头，全缘或浅波状；叶柄长于叶片。花单生叶腋。花梗长于叶柄；小苞片宽卵形，长 0.8–1.5 厘米，先端圆或微凹，具小短尖；萼片长 1.2–1.6 厘米，外萼片长圆形，内萼片卵形，具小尖头；花冠淡红色，宽漏斗形，长 4–5.5 厘米，冠檐微裂；花丝无毛；柱头扁平，2 裂。蒴果卵球形，长约 1.6 厘米。种子黑色，长 6–7 毫米，光滑。

产辽宁、河北、山东、江苏、浙江、福建及台湾，生于海滨沙地或海岸石缝中。日本、朝鲜、俄罗斯、欧洲、非洲、南北美洲、太平洋诸岛及大洋洲有分布。

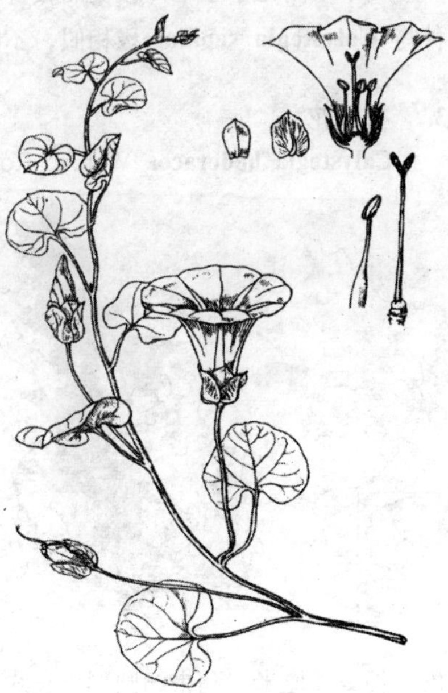

图 396 肾叶打碗花
（引自《中国北部植物图志》）

2. 鼓子花　旋花　篱打碗花　天剑草　　图 397

Calystegia silvatica (Kitaib.) Griseb. subsp. **orientalis** Brummitt in Kew Bull. 35: 332. 1980.

Calystegia sepium auct. non (Linn.) R. Br.: 中国高等植物图鉴 3:526. 1974; 中国植物志 64(1): 48.1979.

Calystegia sepium var. *japonica* auct. non (Choisy) Makino: 中国植物志64(1): 50. 1979.

多年生草本，全株无毛。茎缠绕，

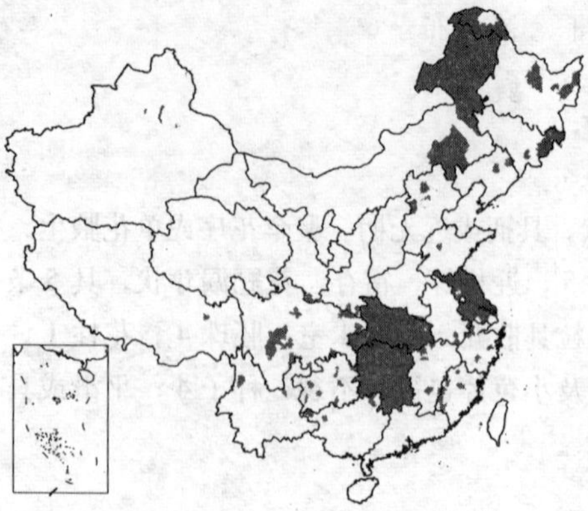

具细棱。叶三角状卵形或宽卵形，长4-10(-15)厘米，全缘或3裂，先端渐尖，基部戟形或心状深凹；叶柄短于叶片或近等长。花单生或成对腋生。花梗长达10厘米，具细棱或有时具窄翅；小苞片宽卵形，长1.5-2.3厘米，覆瓦状，基部囊状；萼片卵形，长1.2-1.6厘米；花冠白，稀淡红或淡紫色，长5-7厘米，冠檐微裂；花丝被小鳞片；柱头2裂，裂片卵形，扁平。蒴果卵圆形，长约1厘米，为增大小苞片及萼片包被。种子被小疣。

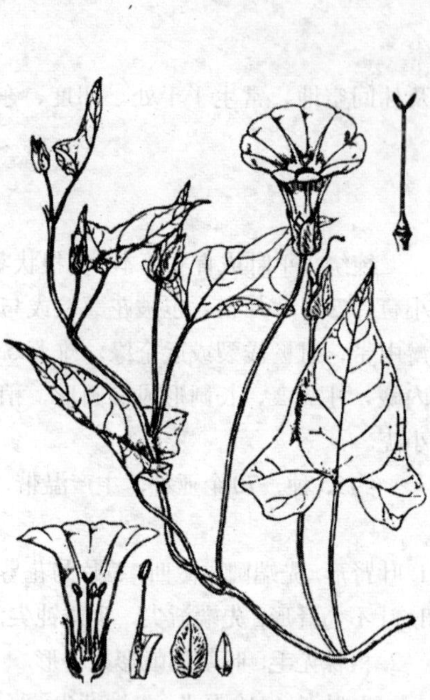

图 397 鼓子花（引自《图鉴》）

产黑龙江、吉林、辽宁、内蒙古、河北、陕西、甘肃、新疆、山东、江苏、安徽、浙江、福建、江西、湖北、湖南、贵州、广西、云南、四川及西藏，生于海拔100-2600米路边、田野、溪边草丛中或林缘。

据 R. K. Brummitt (Kew Bull. 35: 333.) 及1995 (Fl. of China 16: 289) 的观点，本亚种与产于欧洲（从地中海地区东至伊朗北部）的模式亚种 subsp. **silvatica** 不同在于小苞片较尖而较少覆瓦状，花冠、雄蕊及花药较短。本亚种与 **Calystegia sepium** 极相似，不同在于本亚种小苞片基部囊状，先端钝或尖，覆瓦状，仅产中国。

3. 打碗花 图398

Calystegia hederacea Wall. ex Roxb. Fl. Ind. ed. Carey et Wall. 2: 94. 1824.

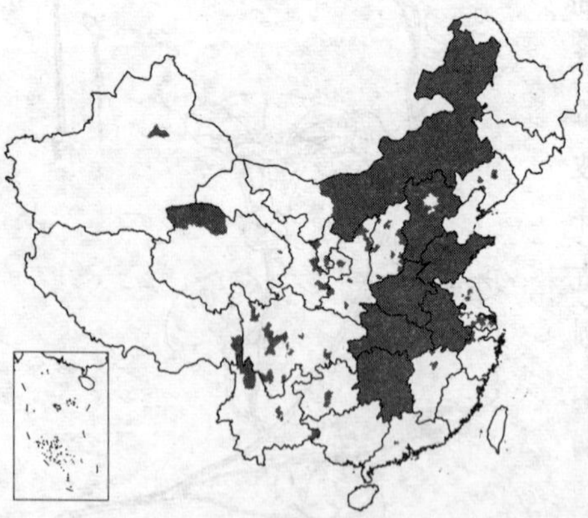

一年生草本，高达30(-40)厘米。全株无毛。茎平卧，具细棱。茎基部叶长圆形，长2-3(- 5.5)厘米，先端圆，基部戟形；茎上部叶三角状戟形，侧裂片常2裂，中裂片披针状或卵状三角形；叶柄长1-5厘米。花单生叶腋，花梗长2.5-5.5厘米；苞片2，卵圆形，长0.8-1厘米，包被花萼，宿存；萼片长圆形；花冠漏斗状，粉红色，长2-4厘米。蒴果卵圆形，长约1厘米。种子黑褐色，被小疣。

产内蒙古、辽宁、河北、山东、江苏、安徽、浙江、江西、湖北、湖南、贵州、云南、四川、西藏、新疆、青海、宁夏、甘肃、陕西、山西及河南，生于平原至高海拔荒地、路边、田野。东非埃塞俄比亚、亚洲东部及南部至马来西亚有分布。

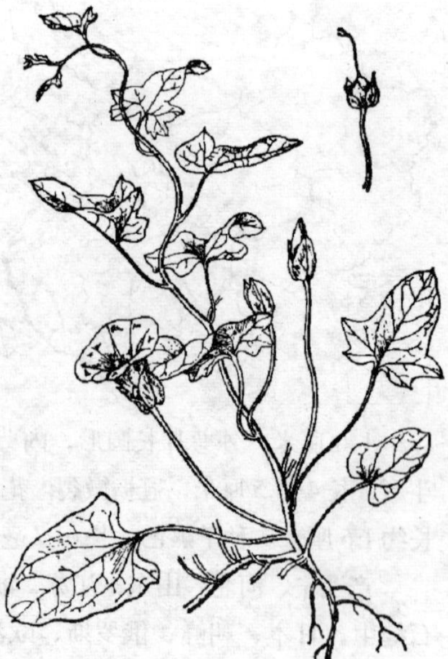

图 398 打碗花（引自《图鉴》）

4. 藤长苗 图 399

Calystegia pellita (Ledeb.) G. Don, Gen. Hist. 4: 296. 1837.

Convolvulus pellitus Ledeb. Fl. Alt. 1: 223. 1829.

多年生草本。根细长。茎缠绕，具细棱，密被灰白或黄褐色长柔毛，有时毛少。叶长圆形或长圆状线形，长4-10厘米，先端钝圆或尖，具短尖头，基部圆、平截或微戟形，全

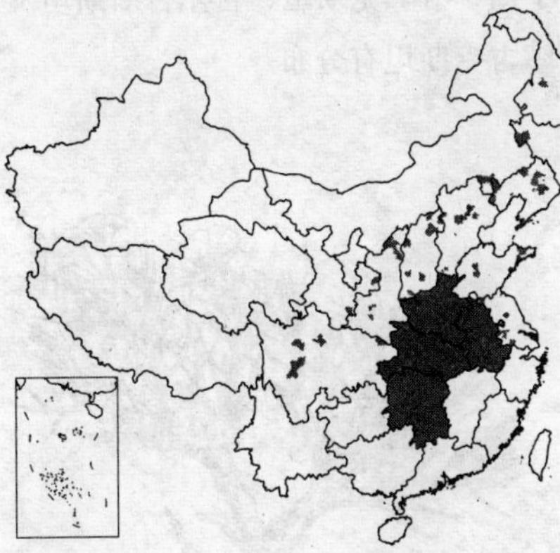

缘，两面被柔毛，下面沿中脉被长柔毛；叶柄长0.2-1.5(-2)厘米，被毛。花单生叶腋；花梗短，密被柔毛；小苞片卵形，长1.5-2.2厘米，先端钝，具短尖头，密被短柔毛；萼片近相等，长圆状卵形，长0.9-1.2厘米；花冠淡红色，长4－5厘米，瓣中带顶端被黄褐色短柔毛；花丝被小鳞片；柱头2裂，裂片长圆形，扁平。蒴果近球形，径约6毫米。种子卵圆形，光滑。

产黑龙江、吉林、辽宁、内蒙古、河北、山东、河南、山西、陕西、甘肃、江苏、安徽、湖北、湖南及四川东北部，生于海拔300-1700米路边、田边或山坡草丛中。俄罗斯及朝鲜有分布。

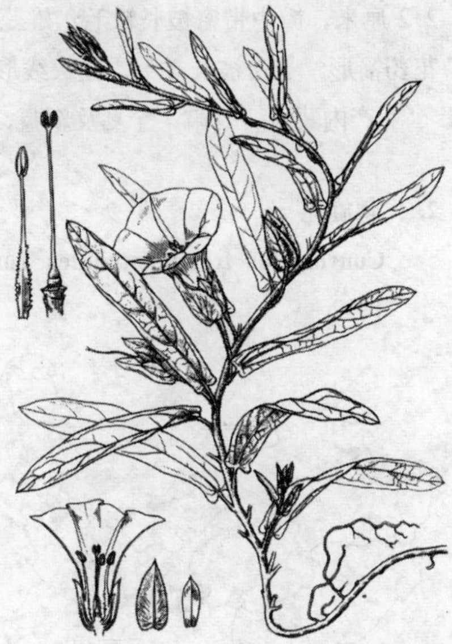

图 399 藤长苗（引自《中国北部植物图志》）

9. 旋花属 Convolvulus Linn.

一年生、多年生草本或垫状灌木。茎平卧、缠绕或直立，常被毛，稀无毛。叶全缘，稀分裂，具柄或近无柄。花单生或2至数花组成聚伞或头状花序，腋生或顶生。萼片5，宿存，不增大；花冠漏斗状或钟状，具5条瓣中带，冠檐浅裂或近全缘；雄蕊5，内藏，花丝基部宽；花粉粒具3或4沟，无刺；子房2室，每室2胚珠；花柱1，柱头2，线形或棒状。蒴果4瓣裂或不规则开裂。种子1-4，常被小瘤，无毛或被毛。

约250种；广布温带及亚热带，极少数产热带。我国8种。

1. 灌木或亚灌木；枝坚硬，具刺。
    2. 萼片无毛或疏被柔毛，2外萼片宽卵状圆形，基部心形，宽于内萼片 …………………………………………………………………………………………… 1. 鹰爪柴 **C. gortschakovii**
    2. 萼片被褐黄色毛，内外萼片近等大，基部不为心形 …………………………… 2. 刺旋花 **C. tragacanthoides**
1. 多年生草本，茎平卧、直立或缠绕，无刺。
    3. 茎、叶无毛或疏被柔毛；叶卵状长圆形或披针形，基部心形、戟形或箭形 …………………………………………………………………………………………… 3. 田旋花 **C. arvensis**
    3. 茎、叶密被平伏银色绢毛；叶线形或窄披针形，基部渐窄 ……………………………… 4. 银质旋花 **C. ammanii**

1. 鹰爪柴　　图 400

Convolvulus gortschakovii Schrenk in Fisch. et Mey. Enum. Pl. Nov. 1: 18. 1841.

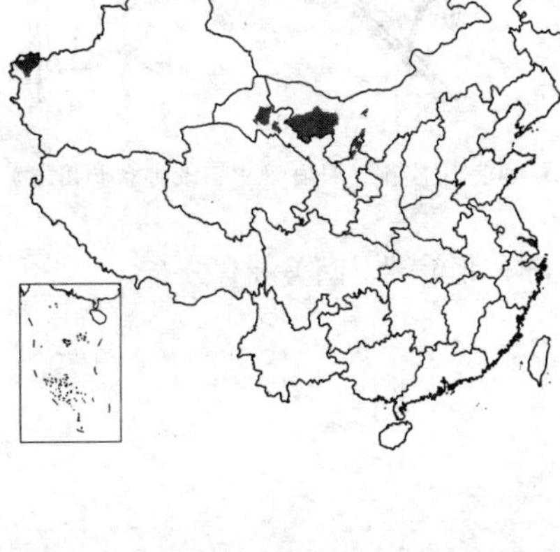

亚灌木或垫状小灌木，高达30厘米。分枝密集，枝刺短而坚硬，密被平伏银色绢毛。叶披针形、倒披针形或线状披针形，长0.5-2厘米，密被平伏银色绢毛；近无柄。花单生于短侧枝顶，托有2短刺，花梗长1-2毫米；萼片不等大，长0.8-1.2厘米，疏被柔毛或无毛；花冠玫瑰色，漏斗状，长1.7-

图 400 鹰爪柴（陈莳香绘）

2.2 厘米，瓣中带密被长粗毛；雄蕊稍不等长，长约花冠 1/2，花丝无毛，花药箭形；子房被长柔毛，柱头线形。蒴果宽椭圆形，顶部疏被柔毛。

产内蒙古、甘肃、宁夏及新疆，生于沙漠、多砾石干燥山坡。蒙古、俄罗斯、哈萨克斯坦、吉尔吉斯斯坦及塔吉克斯坦有分布。

2. 刺旋花 图 401

Convolvulus tragacanthoides Turcz. in Bull. Soc. Imp. Natur. Mosc. 5: 201. 1832.

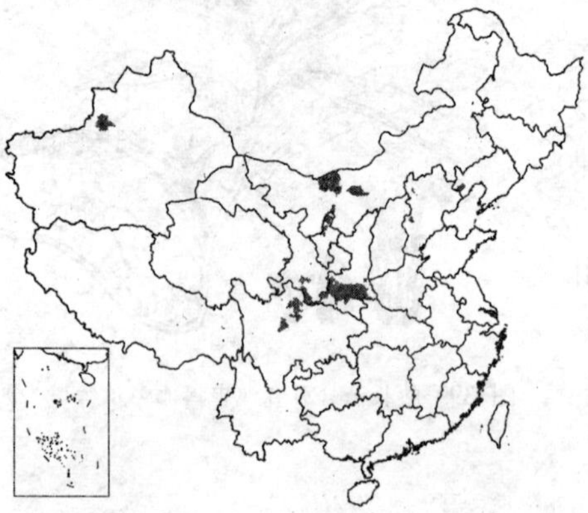

垫状亚灌木，高达 15 厘米。分枝密集，节间短，具枝刺，被银色绢毛。叶窄线形，稀倒披针形，长 0.5-2 厘米，密被银灰色绢毛；近无柄。花 2-6 生枝端，稀单花，无刺，花梗长 2-5 毫米，密被绢毛；萼片长 5-8 毫米，椭圆形或长圆状倒卵形，被褐黄色毛；花冠淡红色，漏斗状，长 1.5-2.5 厘米，瓣中带密被短柔毛；雄蕊不等长，长约花冠 1/2；柱头线形。蒴果球形，顶部被柔毛。

产内蒙古、辽宁、河北、陕西、甘肃、宁夏、新疆、青海及四川西北部，生于干山沟、山坡石隙、砾石丘陵。蒙古、俄罗斯、哈萨克斯坦、吉尔吉斯斯坦、塔吉克斯坦及乌兹别克斯坦有分布。

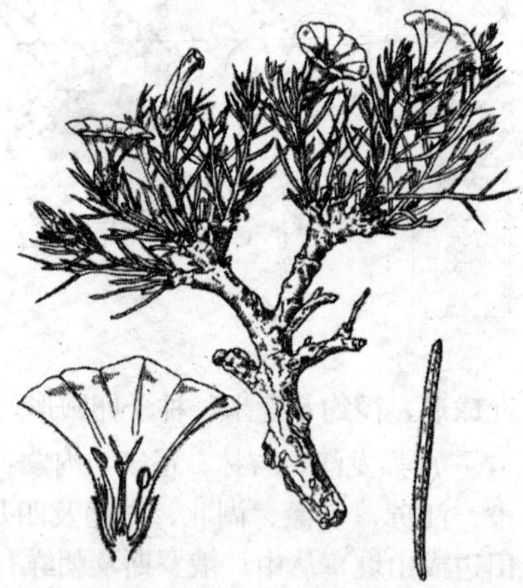

图 401 刺旋花（引自《中国北部植物图志》）

3. 田旋花 图 402 彩片 108

Convolvulus arvensis Linn. Sp. Pl. 153. 1753.

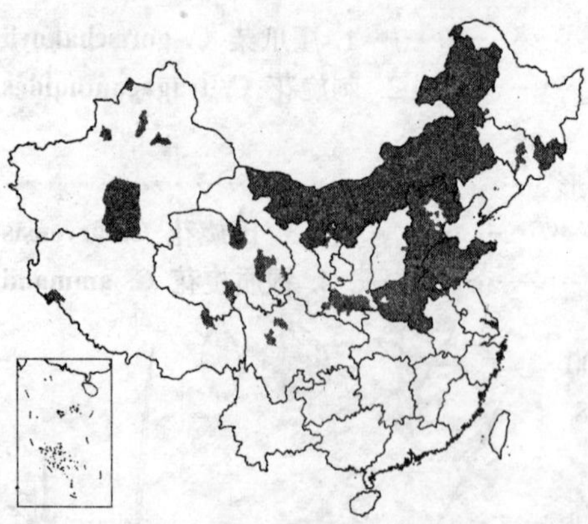

多年生草本，长达1米。具木质根状茎。茎平卧或缠绕，无毛或疏被柔毛。叶卵形、卵状长圆形或披针形，长 1.5-5 厘米，先端钝，基部戟形、箭形或心形，全缘或 3 裂，两面被毛或无毛；叶柄长 1-2 厘米。聚伞花序腋生，具 1-3 花，花序梗长 3-8 厘米；苞片 2，线形，长约 3 毫米。萼片长 3.5-5 毫米，外 2 片长圆状椭圆形，内萼片近圆形；花冠白或淡红色，宽漏斗形，长 1.5-2.6 厘米，冠檐 5 浅裂；雄蕊稍不等长，长约花冠之半，花丝被小鳞毛；柱头线形。蒴果无毛。

产吉林、辽宁、内蒙古、河北、山西、陕西、甘肃、宁夏、新疆、青海、西藏、四川、河南、山东、安徽及江苏，生于耕地或荒地。亚洲、欧洲、北美洲、南美洲有分布。

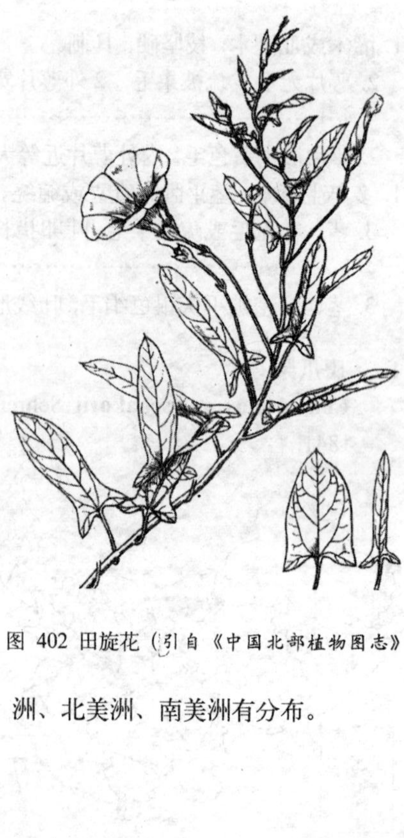

图 402 田旋花（引自《中国北部植物图志》）

4. 银灰旋花 图 403

Convolvulus ammanii Desr. in Lam. Encycl. 3: 549. 1789.

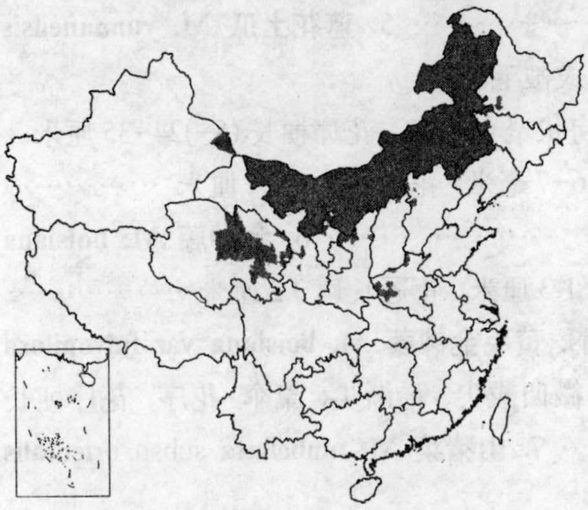

多年生草本，高达10(-15)厘米。具木质化短根茎。茎平卧或上升，密被银灰色绢毛。叶线形或线状倒披针形，长1-2厘米，密被银色绢毛；无叶柄。花单生枝顶。花梗细，长0.5-7厘米；萼片长3.5-7毫米，外2片长圆形，内3片较宽，椭圆形；花冠淡红或白色，带淡紫红色条纹，漏斗状，长0.8-1.5厘米，瓣中带被短柔毛，冠檐5浅裂；雄蕊内藏，不等长，花丝无毛；柱头线形。蒴果卵球形，长6-8毫米，具细尖头。种子2-3，平滑，具喙。

图 403 银灰旋花(引自《中国北部植物图志》)

产黑龙江、吉林、辽宁、内蒙古、河北、河南、山西、陕西、甘肃、宁夏、新疆及青海，常生于荒漠草原，戈壁针茅草原畜群点及过度放牧饮水点附近，常形成以银灰旋花占优势的次生群落。朝鲜、蒙古、俄罗斯及哈萨克斯坦有分布。

10. 鱼黄草属 Merremia Dennst. ex Endl.

草本或亚灌木，常缠绕，稀平卧或直立。叶全缘或具齿，掌状或鸟足状分裂或复出，具柄，稀无柄。单花，腋生，或少至多花组成各式复聚伞花序；苞片小。萼片5，等大或外2片较小，宿存，果时增大；花冠漏斗状或钟状，具5条不明显瓣中带，无毛或被绢毛，冠檐5浅裂；雄蕊5，内藏，不等长；花丝基部宽，花药常旋扭，花粉粒具3-12沟或多皱；子房4室，稀不完全2室，4胚珠。花柱1，柱头2，头状。蒴果4瓣裂或不规则开裂。种子4或较少，无毛或被长柔毛。

约80种，分布于非洲、亚洲、大洋洲、南、北美洲热带。我国19种。

1. 叶掌状(3-)5-7裂或掌状复叶具5小叶。
  2. 叶掌状复叶，小叶5，全缘 …………………………………… 1. **指叶山猪菜 M. quinata**
  2. 叶掌状分裂近中部，具粗齿或近全缘 …………………………………… 2. **掌叶鱼黄草 M. vitifolia**
1. 叶全缘或具不规则粗齿或尖裂齿，稀3裂。
  3. 花冠无毛。
    4. 萼片近相等，先端渐尖或钻状。
      5. 种子无毛；果宽卵圆形或近球形。
        6. 种子长3-4毫米；果近球形，顶端圆 …………………………………… 3. **北鱼黄草 M. sibirica**
        6. 种子长4-7毫米；果宽卵圆形，顶端尖 …………………………………… 3(附). **大籽鱼黄草 M. sibirica** var. **macrosperma**
      5. 种子被毛；果圆锥状卵圆形。
        7. 种子长6-8毫米，密被囊状毛；果长0.9-1.4厘米；花常淡红色 …………………………………… 3(附). **囊毛鱼黄草 M. sibirica** var. **vesiculosa**
        7. 种子长3-4毫米，密被鳞片；果较小；花常白色 …………………………………… 3(附). **毛籽鱼黄草 M. sibirica** var. **trichosperma**
    4. 萼片不等，外2片短于内片，先端平截，具外倾凸尖，花冠长8毫米；花梗及花序梗均具小疣 …………………………………… 4. **鱼黄草 M. hederacea**
  3. 花冠被毛，或瓣中带密被毛，或冠檐被毛。

8. 花冠淡蓝色，窄钟状，长3.5–4厘米；茎、叶及外萼片被毛或少毛；叶密被黄褐色绢毛 …… 5. **蓝花土瓜 M. yunnanensis**

8. 花冠黄或白色，漏斗状或钟状，长1.4–5厘米；茎、叶及外萼片无毛或被毛。

9. 花冠瓣中带密被锈黄色绢毛；叶常心状圆形，先端渐尖或骤尖；伞房状聚伞花序，花序梗长(5–)24–35厘米。

10. 小枝、叶柄、叶片、花序梗、花梗无毛或被微柔毛；外萼片长6–7毫米；花冠长1.4–2 厘米 ……………………………………………………………………………………………… 6. **金钟藤 M. boisiana**

10. 小枝、叶柄、叶片、花序梗、花梗被灰黄色绒毛；外萼片长1–1.3厘米；花冠长达3.2厘米 ……………………………………………………………………………… 6(附). **黄毛金钟藤 M. boisiana** var. **fulvopilosa**

9. 花冠瓣中带顶端被白色柔毛；叶心状卵形或心状长圆形，先端钝、微凹或尖，稀渐尖；聚伞 花序，花序梗长2–5(–12)厘米 ………………………………………………………… 7. **山猪菜 M. umbellata** subsp. **orientalis**

1. 指叶山猪菜 图 404:1

Merremia quinata (R. Br.) v. Ooststr. in Journ. Arn. Arb. 29: 417. 1948.

Ipomoea quinata R. Br. Prodr. 486. 1810.

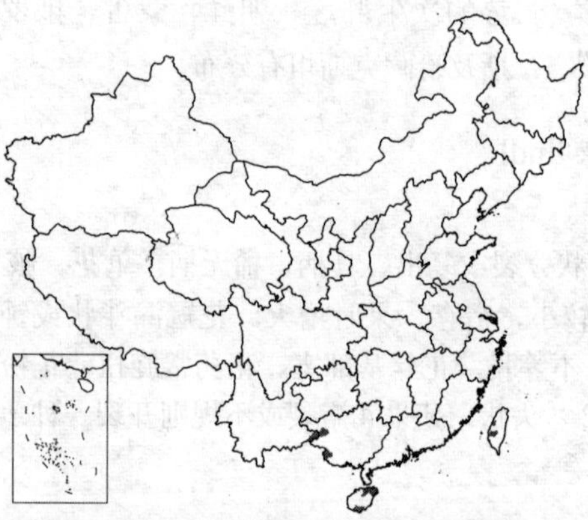

缠绕草本，长达2米。各部稍被淡黄色长硬毛。掌状复叶，具5小叶，小叶线形、披针形或长椭圆形，长1.5–4.2厘米，全缘；叶柄长1–2.5厘米。花1或2朵，腋生，花梗长3–6毫米；苞片卵状三角形，长3–4毫米；萼片椭圆形或卵状长圆形，外萼片长0.9–1厘米，内萼片长约1.5厘米；花冠白色，钟状或漏斗状，长约4厘米；雄蕊着生于花冠基部以上。蒴果卵球形，长约1.3毫米。种子被淡黄色柔毛。

产台湾、香港、海南、广西及云南，生于阳坡。东南亚及大洋洲北部有分布。

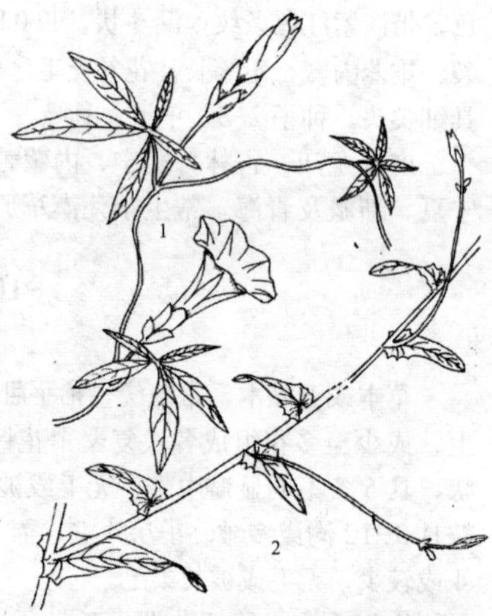

图 404:1. 指叶山猪菜 2.地旋花
（仿《中国植物志》）

2. 掌叶鱼黄草 图 405 彩片 109

Merremia vitifolia (Burm. f.) Hall. f. in Engl. Bot. Jahrb. 16: 552. 1893.

Convolvulus vitifolius Burm. f. Fl. Ind. 45. 1768.

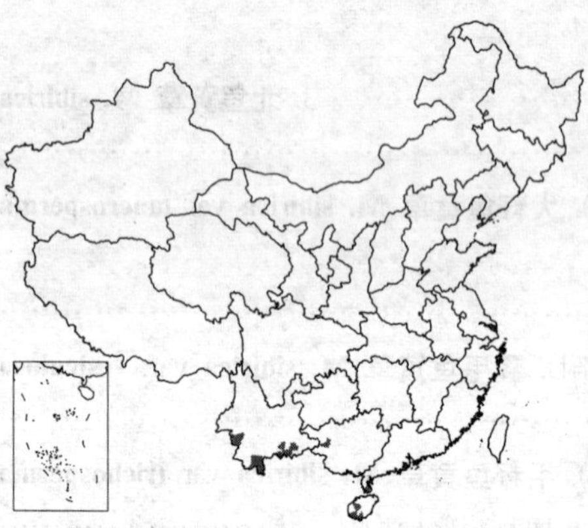

缠绕或平卧草本，长达4米。各部被开展微硬毛。茎带紫色。叶近圆形，长(2.5–)5–18厘米，掌状(3–)5–7裂，裂片宽三角形或卵状披针形，具粗齿或近全缘；叶柄长1–3(–19)厘米。聚伞花序腋生，具1至数花，花序梗长2–5(–15)厘米；苞片钻状。花梗长1–1.6厘米，顶部增粗；萼片长圆形或卵状长圆形，长1.4–1.8厘米，果期增大，内面多窝点；花冠黄色，漏斗状，长2.5–5.5厘米，无毛；雄蕊长约1.1厘米。蒴果近球形，径约1.2厘米。种子无毛。

图 405 掌叶鱼黄草（孙英宝绘）

产广东、海南、广西及云南南部，生于海拔(100-)400-1600米灌丛或林中。印度、尼泊尔及东南亚有分布。

3. 北鱼黄草 西伯利亚鱼黄草 图 406

Merremia sibirica (Linn.) Hall. f. in Engl. Bot. Jahrb. 16: 552. 1893.

Convolvulus sibiricus Linn. Mant. Pl. 2: 203. 1771.

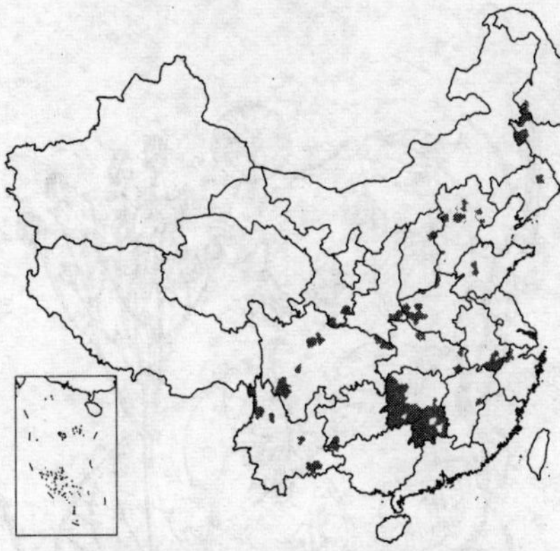

缠绕草本。各部近无毛。茎具棱。叶卵状心形，长3-13厘米，先端长渐尖或尾尖，全缘或浅波状；叶柄长2-7厘米。聚伞花序腋生，具(1-)3-7(-20)花，花序梗长1-6.5厘米，具棱；苞片线形。花梗长0.3-1.5厘米，向上增粗；萼片近相等，椭圆形，长5-7毫米，先端具钻状小尖头；花冠淡红色，钟状，长1.2-1.9厘米，冠檐裂片三角形。蒴果近球形，顶端圆，径5-7毫米。种子椭圆状三棱形，长3-4毫米，无毛。

产黑龙江、吉林、辽宁、河北、河南、山西、陕西、甘肃、山东、安徽、浙江、江西、湖北、湖南、广西西北部、云南、贵州及四川，生于海拔600-2800米田边、路边、山坡草丛或灌丛中。蒙古及俄罗斯东北部有分布。

[附] **大籽鱼黄草 Merremia sibirica** var. **macrosperma** C. C. Huang ex C. Y. Wu et H. W. Li, 云南热带亚热带植物区系研究报告1: 112. 1965. 本变种与模式变种的区别：蒴果宽卵圆形，顶端尖；种子长4-7毫米。产云南西北部及四川西南部，生于海拔2000-2800米林下。

[附] **囊毛鱼黄草 Merremia sibirica** var. **vesiculosa** C. Y. Wu ex C. Y. Wu et H. W. Li, 云南热带亚热带植物区系研究报告1: 111. 1965. 本变种与模式变种的区别：蒴果圆锥状卵圆形，顶端钝尖，长0.9-1.4厘米；种子长椭圆状三棱形，长6-8毫米，密被囊状毛。产云南西北部及四川西南部，生于海拔2000-2800米沟谷灌丛中。

[附] **毛籽鱼黄草 Merremia sibirica** var. **trichosperma** C. C. Huang ex C. Y. Wu et H. W. Li, 云南热带亚热带植物区系研究报告 1: 112. 1965. 本变种与模式变种的区别：种子长3-4毫米，被鳞片；花常白色，冠檐裂片钝圆；果卵状圆锥形，长0.8-1厘米。产吉林、辽宁、河北西北部、山西西北部、云南西北部及四川西部，生于海拔600-2800米林中。

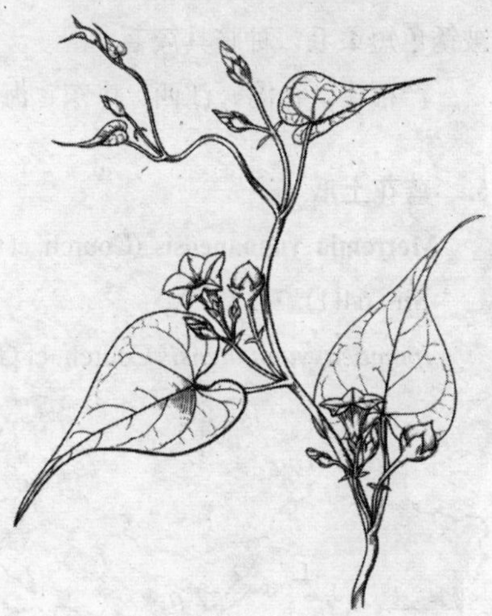

图 406 北鱼黄草（游光琳绘）

4. 鱼黄草 篱栏网 图 407

Merremia hederacea (Burn. f.) Hall. f. in Engl. Bot. Jahrb. 18: 118. 1894.

Evolvulus hederaceus Burm. f. Fl. Ind. 77. t. 30. f. 2. 1768.

缠绕或匍匐草本。茎细长，无毛或疏被长硬毛。叶心状卵形，长1.5-7.5厘米，先端渐尖或长渐尖，全缘或具不规则粗齿或裂齿，稀深裂或3浅裂；叶柄长1-5厘米，被小疣。聚伞花序腋生，具3-5花或更多，稀单花，花序梗长达5厘米。花梗长2-5毫米，与花序梗均被小疣；小苞片早落；萼片宽倒卵状匙形或近长方形，外萼片长约3.5毫米，内萼片长约

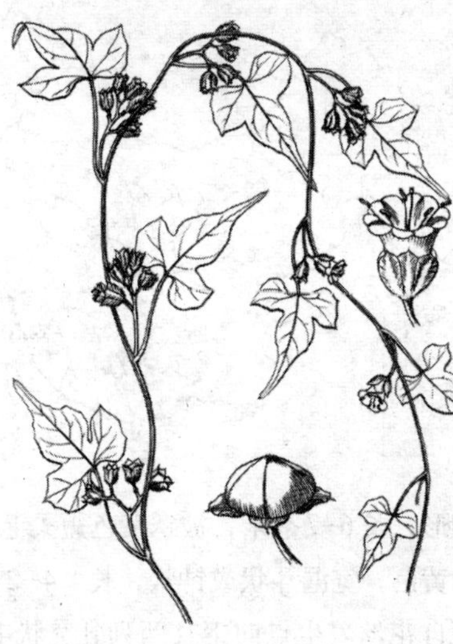

图 407 鱼黄草（引自《图鉴》）

5毫米，无毛，先端平截，具外倾凸尖；花冠黄色，钟状，长8毫米；雄蕊与花冠近等长，花丝疏被长柔毛。蒴果扁球形或宽圆锥形，4瓣裂。种子4，被锈色短柔毛，种脐具簇毛。

产福建、台湾、江西、广东、海南、广西及云南，生于海拔100-800米灌丛或路边草丛中。印度、尼泊尔、巴基斯坦、东南亚、日本（琉球群岛、小笠原群岛）、非洲、澳大利亚北部及太平洋岛屿有分布。

图 408:1-4.蓝花土瓜 5-6.金钟藤(肖溶绘)

5. 蓝花土瓜 图 408:1-4

Merremia yunnanensis (Courch. et Gagnep.) R. C. Fang, Fl. Reipubl. Popularis Sin. 64(1): 74. 1979.

Ipomoea yunnanensis Courch. et Gagnep. in Lecomte, Not. Syst. 3:151. 1915.

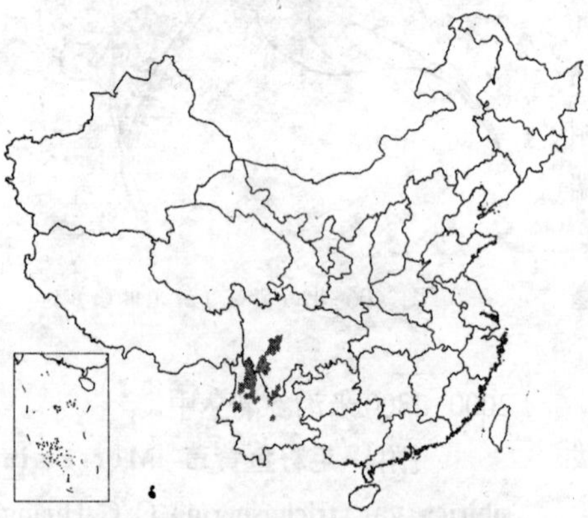

缠绕草本。块根纺锤状。茎细长，密被柔毛。叶菱形或菱状卵形，长3-9厘米，先端骤尖或尾尖，基部楔形，全缘，两面密被黄褐色绢毛；叶柄长0.4-2厘米。聚伞花序腋生，被毛，具1-3花或多花，花序梗长2-10厘米；苞片及小苞片鳞片状，长2-3毫米。花梗长0.7-1厘米，无毛；外萼片倒卵状长圆形，长0.8-1.2厘米，内萼片长1.3-1.4厘米；花冠淡蓝色，窄钟状，长3.5-4厘米，冠檐短三角形，疏被黄褐色缘毛；雄蕊不等长，花丝被毛。蒴果长圆形，长7-9毫米，4裂。种子无毛。

产云南及四川，生于海拔1400-3000米山坡草丛、灌丛中或松林下。

6. 金钟藤 图 408:5-6 彩片 110

Merremia boisiana (Gagnep.) v. Ooststr. in Blumea 3: 343. 1939.

Ipomoea boisiana Gagnep. in Lecomte, Not. Syst. 3: 141. 1915.

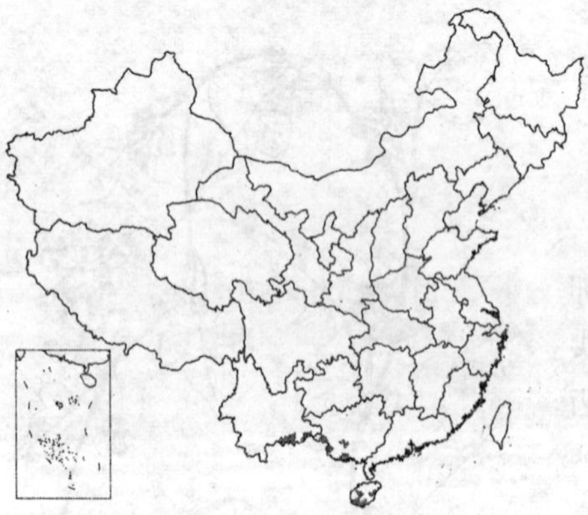

大型缠绕草本或亚灌木。茎圆，幼枝中空。叶卵圆形或卵圆状心形，长9.5-15.5厘米，先端稍骤渐尖，基部深心形，全缘，两面近无毛；叶柄长4.5-12厘米。伞房状聚伞花序腋生，花序梗长(5-)24-35厘米，无毛，上部连同花梗被锈黄色短柔毛；苞片窄三角形，长1.5-2毫米，早落。外萼片宽卵形，长6-7毫米，被锈黄色短柔毛，内萼片近圆形，长7毫米，无毛；花冠黄色，宽漏斗状或钟状，长1.4-2厘米，上部瓣中带密被锈黄色绢毛，内面自花丝着生点向下具两列乳突状毛，冠檐浅圆裂；花药稍扭曲。蒴果圆锥状球形，长1-1.2厘米，4裂。种子三棱状宽卵圆形，沿棱密被褐色鳞状毛。

产海南、广西西南部及云南东南部，生于海拔100-700米疏林润湿处或次生林中。老挝、越南及印度尼西亚有分布。

[附] **黄毛金钟藤 Merremia boisiana** var. **fulvopilosa** (Gagnep.) v. Ooststr. in Blumea 3: 344. 1939. —— *Ipomoea boisiana* var. *fulvopilosa* Gagnep. in Lecomte, Not. Syst. 3: 142. 1915. 本变种与模式变种的区别：植株密被毛，小枝、叶下面、叶柄、花梗、花序梗均被灰黄色绒毛，叶下面毛被不脱落；花序梗较短；萼片长1-1.3厘米，先端尖，花冠长达3.2厘米。产广西西南部及云南东南部，生于海

拔400-1300米林缘、山谷阴蔽处、河谷低丘或向阳疏林中。越南有分布。

7. 山猪菜 图 409

Merremia umbellata (Linn.) Hall. f. subsp. **orientalis** (Hall. f.) v. Ooststr. in Fl. Males. ser. 1, 4(4):449. f. 24: 6. 1953.

Merremia umbellata var. *orientalis* Hall. f. in Versl. Staat Lands Plant. Buit. 132. 1895(1896).

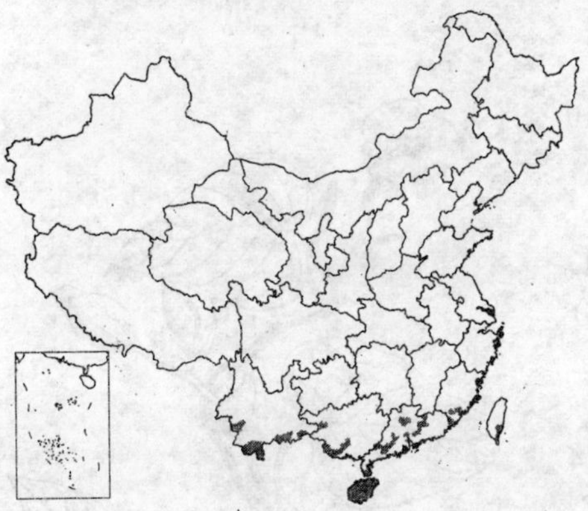

缠绕或平卧草本。茎圆，被毛或无毛。叶心状卵形或心状长圆状披针形，长3.5-13.5厘米，全缘，两面被短柔毛，下面毛密；叶柄长1-10厘米。伞状聚伞花序腋生，花序梗长2-5(12)厘米，被毛；苞片小，早落。花梗长1-3厘米，被短柔毛；萼片稍不等大，宽椭圆形，长0.8-1.4厘米；花冠白、黄或淡红色，漏斗状，长2.5-5.5厘米，瓣中带顶端被白色柔毛，冠檐5浅裂；花药不扭曲。蒴果圆锥状球形，长0.7-1.3厘米，4裂。种子4或较少，密被开展淡褐色长硬毛。

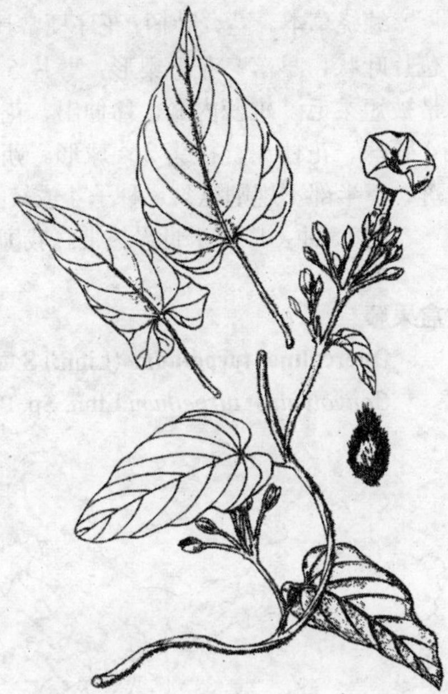

图 409 山猪菜（仿《中国植物志》）

产福建、台湾、广东、香港、海南、广西及云南，生于海拔1600米以下山谷疏林、杂草灌丛中。尼泊尔、东南亚、非洲东部、澳大利亚北部及太平洋岛屿有分布。

11. 地旋花属 Xenostegia D. F. Austin et Staples

多年生草本。茎平卧或顶端缠绕。叶线形、长圆状线形、披针状椭圆形、倒披针形或匙形，具齿或全缘，具柄。聚伞花序腋生，具1-3花。萼片5，果期稍增大；花冠淡黄或白色，宽漏斗状或钟状；花药不旋扭，花粉粒球形，具散孔，无刺；子房2室，4胚珠，花柱1，柱头2，球形。蒴果4瓣裂。种子1-4。

2种，分布于亚洲、非洲及大洋洲热带。我国1种。

地旋花 三齿鱼黄草 尖萼鱼黄草 图 404:2

Xenostegia tridentata (Linn.) D. F. Austin et Staples in Brittonia 32: 533. 1980.

Convolvulus tridentatus Linn. Sp. Pl. 1: 157. 1753.

Merremia tridentata (Linn.) Hall. f.; 中国植物志 64(1): 65. 1979.

Merremia tridentata subsp. *hastata* (Hall. f.) v. Ooststr.; 中国植物志 64(1): 66. 1979.

平卧或攀援草本，长达4米。茎细长，具细棱或窄翅，近无毛。叶线形、线状披针形、长圆状披针形或窄长圆形，长2.5-8厘米，基部戟形，基裂片具尖齿；叶柄长1-3毫米或无。聚伞花序具1-3花，花序梗长(1-)5-6厘米，基部被短柔毛；苞片钻状。花梗长6-8毫米；萼片卵状披针形，长6-8毫米，先端渐尖，具锐尖头；花冠淡黄或白色，漏斗状，长约1.6厘米，无毛；雄蕊内藏；子房无毛。蒴果球形或卵球形。种子黑色，长3-4毫米，无毛。

产台湾、广东、海南、广西及云南，生于海拔300米以下旷野沙地、疏林中及路边。印度、东南亚、非洲及澳大利亚有分布。

12. 盒果藤属 Operculina S. Manso

缠绕草本。茎、叶柄、花序梗常具翅。叶全缘、浅裂或掌状裂，基部常心形，具柄。聚伞花序腋生，具1至数花；苞片叶状，早落。花萼梨形，萼片5，果时常增大，不规则撕裂；花冠宽漏斗状或高脚碟状，稀钟状，无毛或瓣中带被短柔毛；雄蕊内藏，稀伸出，花丝贴生于花冠筒基部，花药开裂时常旋扭，花粉粒具3沟，无刺；子房2室，4胚珠，花柱1，柱头2，球形。蒴果中部或中上部周裂，上半部成盖状，稍肉质，与纸质内果皮分离，成熟时脱落，下半部不规则纵裂。种子4或较少，三棱状或球形，无毛或沿棱疏被柔毛。

约15种，广布于世界热带。我国1种。

盒果藤 图 410

Operculina turpethum (Linn.) S. Manso, Enum. Subst. Bras. 16. 1836.

Convolvulus turpethum Linn. Sp. Pl. 1: 155. 1753.

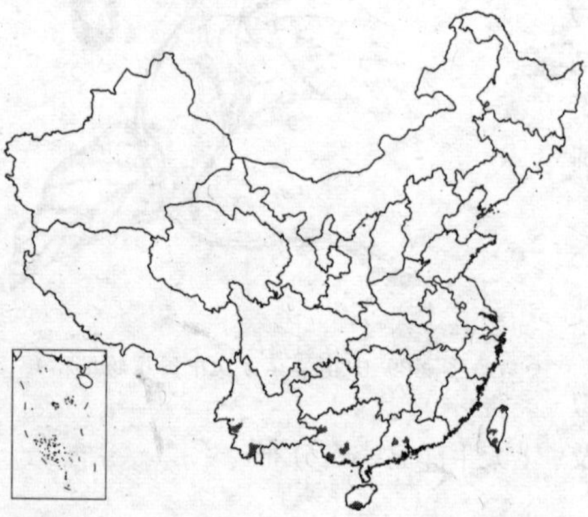

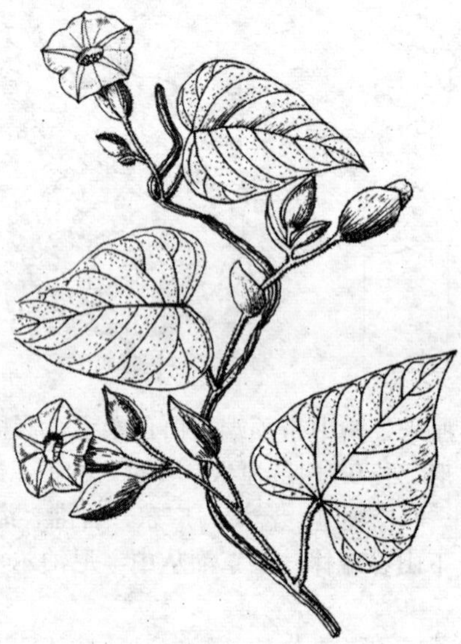

图 410 盒果藤（引自《海南植物志》）

大型多年生缠绕草本，长达4米。根肉质，长而多分枝。茎具3-5翅，幼枝密被毛。叶心状圆形、卵形、宽卵形、卵状披针形或披针形，长4-14厘米，先端尖或渐尖，基部心形、平截或楔形，全缘或浅裂；叶柄长2-10厘米，具窄翅，密被毛或近无毛。聚伞花序常具2花，花序梗长1.5-2厘米；苞片2，长圆形，长1-2.5厘米。花梗长1.5-2厘米，与花序梗均密被短柔毛，果时棒状，长达4厘米；萼片宽卵形或卵圆形，外萼片2，长1.5-2厘米，密被短柔毛，内萼片3，稍短，无毛；花冠白、粉红或淡紫色，宽漏斗状，长约4厘米，无毛，被黄色小腺点，冠檐5裂；雄蕊及花柱内藏。蒴果扁球形，径约1.5厘米。种子4，具三棱，无毛。染色体2n=30。

产台湾、广东、海南、广西及云南南部，生于海拔500米以下溪边、山谷或灌丛中。印度、尼泊尔、东南亚、日本（琉球群岛）、大洋洲、非洲东部及太平洋诸岛有分布。美洲有引种。根皮作泻药，并用以洗久伤筋硬、不能伸缩。

13. 番薯属 Ipomoea Linn.

草本或灌木。茎常缠绕，有时平卧或直立。叶全缘或分裂，具柄。花单生或组成聚伞状、伞状或头状花序，稀圆锥状，常腋生，具苞片。萼片5，宿存，果期稍增大；花冠白、淡红或紫色，稀黄色，漏斗状、钟状或高脚碟状，冠檐5裂或全缘；雄蕊5，内藏或伸出，花丝丝状，常不等长，基部宽，被短柔毛，花药卵圆形或线形，纵裂，不扭曲，花粉粒球形，具散孔，被刺；子房2-4室，花柱1，丝状，内藏或伸出，柱头头状，或裂成2-3小球状。蒴果球形或卵圆形，4或6瓣裂。种子4(-6)或更少。

约500种，广布于热带至暖温带，主产南、北美洲。我国29种。

本属许多种类为重要经济植物，如番薯、蕹菜、牵牛、月光花及茑萝等。

1. 萼片先端具长芒；渐尖成芒状或骤芒尖。
  2. 萼片先端具长芒；花冠高脚碟状，筒长7-12厘米；雄蕊及柱头稍伸出 …………………… 1. **月光花 I. alba**
  2. 萼片先端渐尖成芒状或骤芒尖；花冠钟状或漏斗状；雄蕊及花柱内藏。
    3. 萼片长圆形，先端骤芒尖；花梗长0.2-1厘米；种子无毛 …………………… 2. **番薯 I. batatas**
    3. 萼片卵形，先端渐尖成芒状，具流苏状齿；花梗长1.3-3.5厘米；种子密被短茸毛 ……………………

………………………………………………………………………………………………… 3. **齿萼薯 I. fimbriosepala**

1. 萼片先端钝、圆，具小凸尖或微凹，无芒。
 4. 叶羽状深裂；雄蕊及柱头伸出，花冠深红色，高脚碟状 ……………………………… 4. **茑萝 I. quamoclit**
 4. 叶不为羽状深裂；雄蕊及花柱内藏。
  5. 萼片被毛，边缘具流苏或纤毛。
   6. 花序梗短；花冠长不及2厘米。
    7. 萼片基部渐窄；花冠紫红，稀白色；叶3深裂，基部宽楔形 ………………………… 5. **羽叶薯 I. polymorpha**
    7. 萼片基部耳形；花冠白色；叶心形或三角状心形 ………………………………………… 6. **毛牵牛 I. biflora**
   6. 花序梗常较长；花冠长超过2厘米，稀长1.5厘米。
    8. 花密集成头状，总苞片明显。
     9. 叶掌状深裂；总苞片2层，外层长圆形，内层卵状披针形 ……………………… 7. **虎掌藤 I. pes-tigridis**
     9. 叶不裂，卵状心形；总苞片舟状菱形 ……………………………………………………… 8. **帽苞薯藤 I. pileata**
    8. 花疏生，1至数朵成聚伞花序，无明显总苞片。
     10. 叶3(-5)裂；萼片披针状线形，长2-2.5厘米，被开展刚毛，基部毛密；花冠长5-8(-10)厘米；蒴果3室，3瓣裂 ……………………………………………………………………………………………… 9. **牵牛 I. nil**
     10. 叶3裂或具粗齿，稀全缘；萼片长圆形，长5-8毫米，先端具小尖头，疏被柔毛，具缘毛；花冠长约1.5厘米；蒴果2室，4瓣裂 ……………………………………………………………… 10. **三裂叶薯 I. triloba**
  5. 萼片无毛。
   11. 叶掌状或琴状分裂。
    12. 叶草质，掌状5-7裂；种子被长绢毛 …………………………………………………… 11. **七爪龙 I. mauritiana**
    12. 叶稍肉质，干后厚纸质，叶形多变，全缘或3-5琴状分裂；种子被短茸毛，棱上被长毛 …… 12. **假厚藤 I. imperati**
   11. 叶不裂。
    13. 攀援亚灌木；聚伞花序组成总状 ……………………………………………………………… 13. **海南薯 I. sumatrana**
    13. 中、缠绕或平卧草本；少花或数花组成聚伞花序，或单花腋生。
     14. 叶稍肉质，干后厚纸质，叶形多变，全缘或3-5裂 ……………………………………… 12. **假厚藤 I. imperati**
     14. 叶草质，干后薄纸质，叶形各式，全缘或浅波状，不裂。
      15. 花序梗、花梗、苞片、外萼片被小瘤；茎被长硬毛 ………………………………… 14. **毛茎薯 I. marginata**
      15. 花序梗、花梗、苞片、外萼片无小瘤；茎无毛或近无毛。
       16. 花序梗长0.1-3厘米；外萼片长圆状椭圆形 ……………………………………… 15. **南沙薯藤 I. littoralis**
       16. 花序梗长3-6厘米；萼片卵形 ………………………………………………………… 16. **蕹菜 I. aquatica**

1. 月光花 图 411

Ipomoea alba Linn. Sp. Pl. 1: 161. 1753.

Calonyction aculeatum (Linn.) House; 中国高等植物图鉴 3: 536. 1974; 中国植物志 64(1): 106. 1979.

一年生或多年生大型缠绕草本，长达10米。茎近无毛，或被软刺。叶宽卵形或卵圆形，长10-20厘米，先端渐尖或尾尖，基部心形，全缘具角或3裂；叶柄长5-20厘米。聚伞花序具2至数花，花序梗粗，长达24厘米。花梗长0.7-1.5厘米；萼片卵形，具长芒，3外萼片长0.5-1.2厘米，2内萼片长0.7-1.5厘米；花冠白色，高脚碟状，筒长7-12厘米，瓣中带淡绿色，冠檐径7-12厘米，5浅圆裂；花药基部箭形；柱头2裂，伸出。蒴果卵球形，长2.5-3厘米。种子无毛。2n=28, 30, 38。

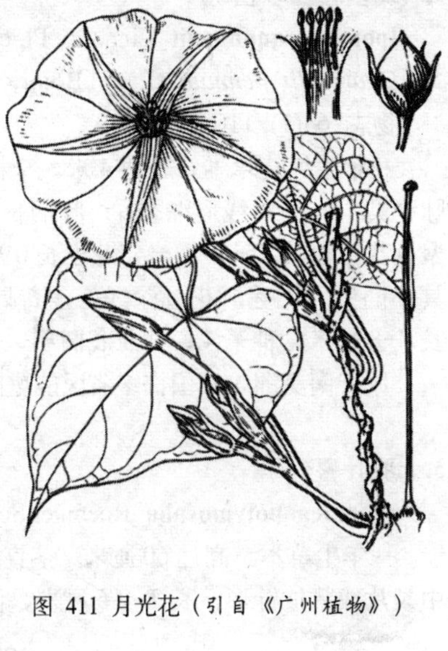

图 411 月光花（引自《广州植物》）

原产美洲。江苏、浙江、江西、广东、海南、广西、云南、四川及陕西栽培，偶见野化。南亚至东南亚、日本琉球群岛及太平洋岛屿等地区栽培，已野化。

2. 番薯 甘薯　　图 412

Ipomoea batatas (Linn.) Lam. Tabl. Encycl. 2: 465. 1793.

Convolvulus batatas Linn. Sp. Pl. 154. 1753

多年生草质藤本，具乳汁。块根白、红或黄色。茎生不定根，匍匐地面。叶宽卵形或卵状心形，长 5-12 厘米，先端渐尖，基部心形或近平截，全缘或具缺裂；叶柄长 2.5-20 厘米。叶形及色泽因栽培品种不同而异。聚伞花序具 1，3，7 花组成伞状，花序梗长 2-10.5 厘米；苞片披针形，长 2-4 毫米，先端芒尖或骤尖。花梗长 0.2-1 厘米；萼片长圆形，先端骤芒尖；花冠粉红、白、淡紫或紫色，钟状或漏斗状，长 3-4 厘米，无毛；雄蕊及花柱内藏。蒴果卵形或扁圆形。种子 2(1-4)，无毛。

原产南美洲及大、小安的列斯群岛。现在全世界热带、亚热带地区广泛栽培。我国多数地区均有栽培。为高产、适应性强的粮食作物，块根可作主食，也是食品加工、淀粉及酒精工业的重要原料；根、茎、叶为优良饲料。

图 412 番薯(引自《中国北部植物图志》)

3. 齿萼薯 狭花心叶薯

Ipomoea fimbriosepala Choisy in DC. Prodr. 9: 359. 1845.

Aniseia stenantha (Dunn) Ling ex R. C. Fang et S. H. Huang; 中国植物志 64(1): 42. 1979.

缠绕草本。茎细长，无毛，节被微硬毛。叶心状箭形或窄戟形，长 5-12厘米，先端渐尖，无毛；叶柄长 1-5 厘米，无毛。花序腋生，具 1-2 花，花序梗长 5(-9) 厘米或较短；苞片 2，卵形，长 0.5-1.5 厘米，无毛。花梗长 1.3-3.5 厘米。外萼片卵状披针形，长 1.5-2.2 厘米，先端渐尖成芒状，具 3 脉，隆起成窄翅，翅基部稍宽，具流苏状齿，无毛；花冠红紫色，窄漏斗状，长 2.5-4 厘米，无毛；雄蕊及花柱内藏。蒴果圆锥状，长 1-1.3 厘米。种子黑褐色，密被短茸毛。

产浙江、福建及广东，生于草地。美洲北部、南部、太平洋岛屿、新几内亚及非洲有分布。

4. 茑萝 茑萝松　　图 413 彩片 111

Ipomoea quamoclit Linn. Sp. Pl. ed. 2. 227. 1762.

Quamoclit pennata (Lam.) Bojor; 中国高等植物图鉴 3: 537. 1974; 中国植物志 64(1): 110-112. 1979.

一年生缠绕草本，长达 4 米。全株无毛。叶长 4-7 厘米，羽状深裂至中脉，具 10-18 对线形细裂片；叶柄长 0.8-4 厘米，基部具一对小型羽裂叶。聚伞花序梗长 1.5-10 厘米。花梗长 0.9-2 厘米；萼片绿色，椭圆形，先端钝，具小凸尖，无毛；花冠深红色，高脚碟状；雄蕊及柱头伸出。蒴果卵形，长 7-8 毫米。种子 4，卵状长圆形，长 5-6 毫米，黑褐色。

原产南美洲。我国许多省区的庭院常栽培，供观赏。

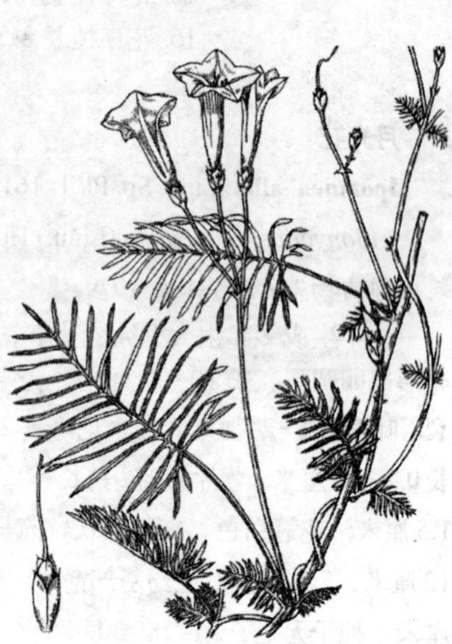

图 413 茑萝（游光琳绘）

5. 羽叶薯　　图 414:1-3

Ipomoea polymorpha Roem. et Schult. Syst. Veg. 4: 254. 1819.

一年生草本。高达 60 厘米。茎直立或平卧，幼枝密被柔毛。叶 3 深裂，中裂片线状披针形，长 2-2.5 厘米，侧裂片宽线形，长 4-8 毫米，基部宽楔

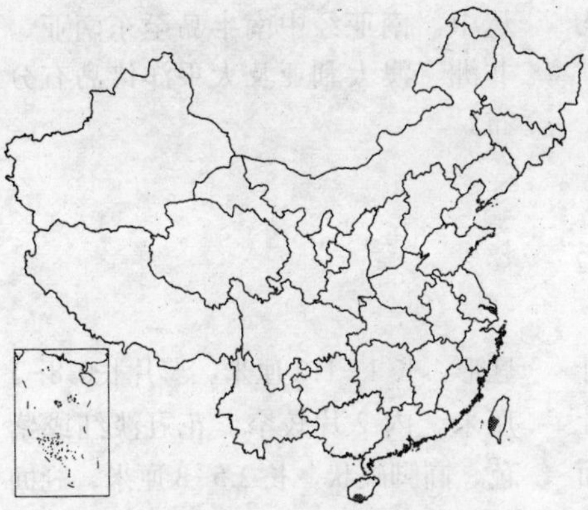

形，疏被柔毛，具缘毛；叶柄长0.5-7毫米。花单生叶腋；苞片线形，长1-2厘米，被长柔毛。花梗短或近无梗；萼片长0.8-1厘米，中脉明显，被毛；花冠紫红，稀白色，筒状漏斗形，长约1.3厘米，无毛；雄蕊内藏。蒴果球形，径约5毫米，包于宿萼内，2室，4瓣裂。种子被短茸毛。

产台湾及海南，生于海拔100米以下滨海沙滩草地。东南亚、日本、非洲及澳大利亚东北部有分布。

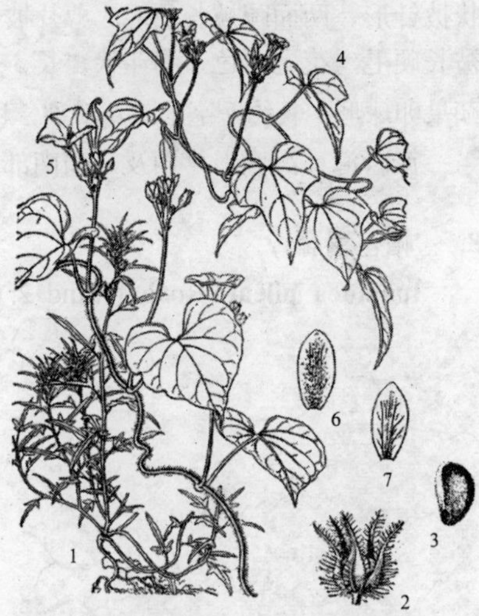

图 414:1-3.羽叶薯 4.三裂叶薯 5-7.毛茎薯（曾孝濂绘）

6. 毛牵牛　心萼薯　　　　图 415

Ipomoea biflora (Linn.) Pers. Syn. Pl. 1: 183. 1805.

Convolvulus biflorus Linn. Sp. Pl. ed. 2. App. 1668. 1763.

Aniseia biflora (Linn.) Choisy; 中国高等植物图鉴 3: 530. 1974; 中国植物志 64(1): 41. 1979.

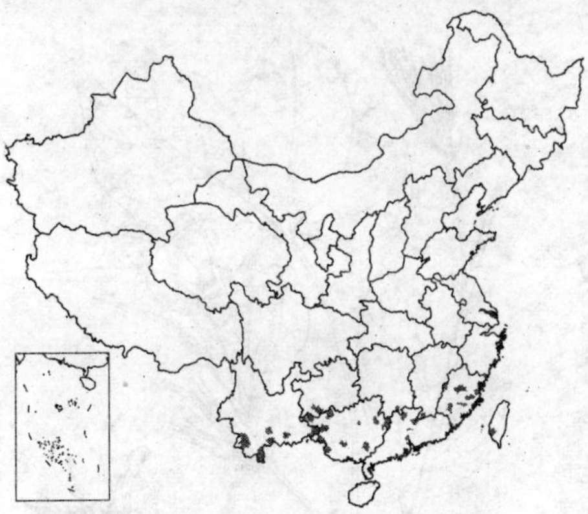

一年生草本。茎攀援或缠绕，被灰白色倒向硬毛。叶心形或三角状心形，长4-9.5厘米，全缘，稀微3裂，两面被长硬毛；叶柄长1.5-8厘米，被长硬毛。花序腋生，具2花，花序梗长0.3-1.5厘米；苞片小，疏被长硬毛。花梗细，长0.8-1.5厘米；外萼片三角状披针形，长0.8-1厘米，基部耳形，疏被长硬毛，内萼片线状披针形；花冠白色，窄钟状，长1.2-1.9厘米，瓣中带被短柔毛；雄蕊内藏。蒴果近球形，径约9毫米。种子4，被毛。

产福建、台湾、江西、湖南、广东、广西、云南及贵州，生于海拔200-1800米山坡、山谷或林下，常生于干燥处。印度、越南、印度尼西亚、日本(琉球群岛)、东非及大洋洲北部有分布。

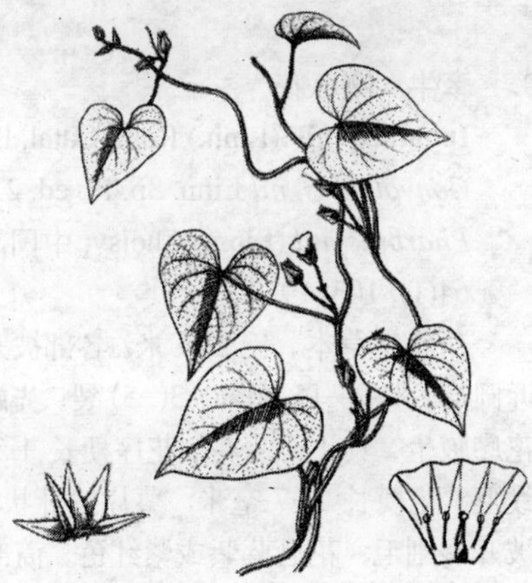

图 415 毛牵牛（吴彰桦绘）

7. 虎掌藤　　　　图 416:1

Ipomoea pes-tigridis Linn. Sp. Pl. 1: 162. 1753.

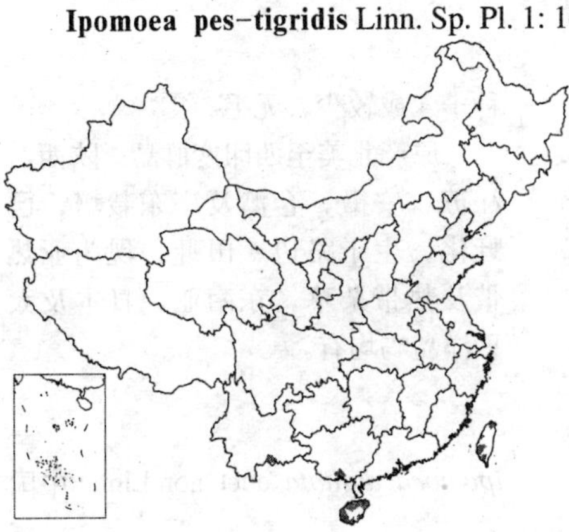

一年生草本。茎缠绕或有时平卧，被开展硬毛。叶近圆形或横椭圆形，长2-10厘米，掌状(3-)5-9深裂，裂片椭圆形或长椭圆形，基部缢缩，两面疏被长微硬毛；叶柄长2-8厘米。聚伞花序具数花，密集成头状，腋生，花序梗长4-11厘米；总苞片2层，外苞片长圆形，长2-2.5厘米，内苞片卵

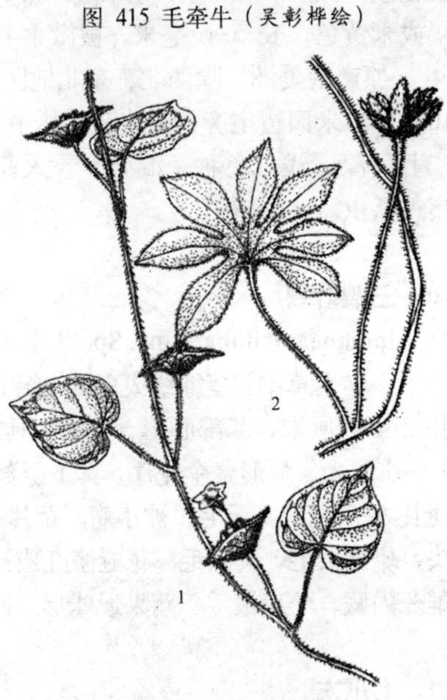

图 416:1.虎掌藤 2.帽苞薯藤（吴锡麟绘）

状披针形，两面疏被长硬毛。萼片披针形，长1-1.4厘米，内萼片较短，均被长硬毛；花冠白色，漏斗状，长3-4厘米，瓣中带疏被柔毛；雄蕊内藏。蒴果卵球形，长约7毫米，4瓣裂。种子4，被短绒毛。染色体2n=28, 30。

产台湾、海南、广西及云南南部，生于海拔400米以下海滨、路边及灌丛中。南亚经中南半岛至东南亚、非洲、澳大利亚及太平洋诸岛有分布。

8.　帽苞薯藤　　　　图 416:2

Ipomoea pileata Roxb. Fl. Ind. 2: 94. 1824.

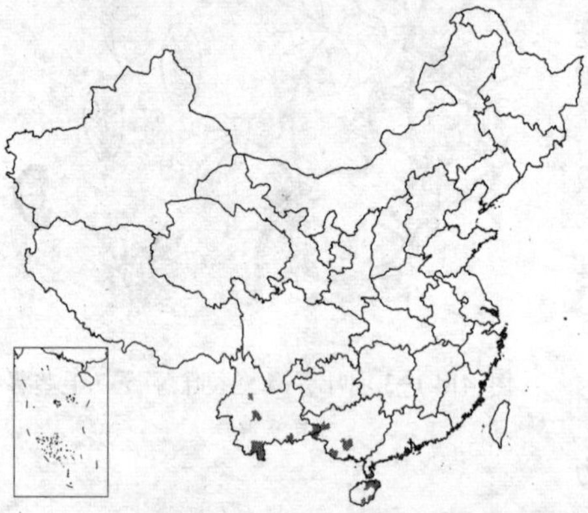

一年生草本。茎缠绕，纤细，被倒向或开展微硬毛。叶卵状心形，长2.5-9厘米，两面被柔毛；叶柄长1.5-6厘米，被倒向微硬毛。头状花序腋生，单花至几朵，花序梗长1.5-7厘米，密被倒向毛；总苞片绿色，舟状，菱形，径2.7-5.5厘米，密被短柔毛；小苞片长圆匙形，长1-1.2厘米。萼片长0.8-1厘米，内2片较窄；花冠淡红或紫色，高脚碟状，长2.5-3厘米，冠檐裂片三角形，瓣中带疏被柔毛；雄蕊内藏。蒴果球形，径5-6毫米。种子无毛。

产广东、海南、广西及云南，生于海拔100-1000米林缘或阳坡。印度、东南亚及非洲有分布。

9.　牵牛　喇叭花　　　　图 417

Ipomoea nil (Linn.) Roth, Catal. Bot. 1: 36. 1797.

Convolvulus nil Linn. Sp. Pl. ed. 2. 1: 219. 1762.

Pharbitis nil (Linn.) Choisy; 中国高等植物图鉴 3: 535. 1974; 中国植物志 64(1): 103. 1979.

一年生草本，长2-5米。各部被开展微硬毛或硬毛。茎缠绕。叶宽卵形或近圆形，长4-15厘米，3(-5)裂，先端渐尖，基部心形；叶柄长2-15厘米。花序腋生，具1至少花，花序梗长1.5-18.5厘米；苞片线形或丝状，小苞片线形。花梗长2-7毫米；萼片披针状线形，长2-2.5厘米，内2片较窄，密被开展刚毛；花冠蓝紫或紫红色，筒部色淡，长5-8(-10)厘米，无毛；雄蕊及花柱内藏；子房3室。蒴果近球形，径0.8-1.3厘米。种子卵状三棱形，黑褐或米黄色，长5-6毫米，被微柔毛。染色体2n=30。

原产南美洲。除西北、东北地区外，大部省区栽培或已野化，生于海拔100-1600米园边宅旁、路边及灌丛中。种子药用，名丑牛子、黑丑、白丑、二丑（深、浅二色种子混合），入药多用黑丑，白丑较少用，可利尿、化痰、杀虫。

图 417 牵牛 （引自《中国北部植物图志》）

10.　三裂叶薯　　　　图 414:4

Ipomoea triloba Linn. Sp. Pl. 1: 161. 1753.

一年生草本。茎缠绕或平卧，无毛或茎节疏被柔毛。叶宽卵形或卵圆形，长2.5-7厘米，基部心形，全缘，具粗齿或3裂，无毛或疏被柔毛；叶柄长2.5-6厘米。伞形聚伞花序，具1至数花，花序梗长2.5-5.5厘米，无毛。花梗长5-7毫米，无毛，被小瘤；苞片小；萼片长5-8毫米，长圆形，具小尖头，疏被柔毛，具缘毛；花冠淡红或淡紫色，漏斗状，长约1.5厘米，无毛；雄蕊内藏；子房被毛。蒴果近球形，径5-6毫米，被细刚毛，2室，4瓣裂。种子4或较少，无毛。

原产北美至西印度群岛。陕西、江苏、安徽、台湾及广东栽培，已野化，生于路边、田野。现为亚热带及热带杂草，东南亚、日本及太平洋岛屿均有。

11.　七爪龙　　　　图 418:1-3

Ipomoea mauritiana Jacq. in Collectanea 4: 216. 1791.

Ipomoea digitata auct. non Linn.: 中国

植物志 64(1): 99. 1979.

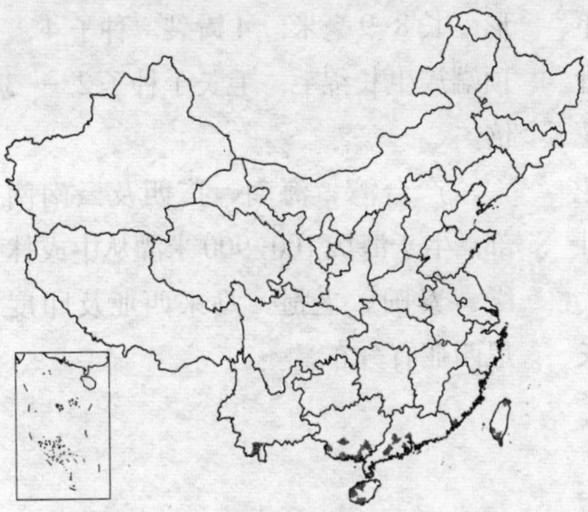

多年生草本，长达 10 米。各部无毛。根粗壮，稍肉质。茎缠绕。叶近圆形，长 7-18 厘米，掌状 5-7 深裂，裂片披针形或椭圆形，全缘或不规则波状；叶柄长 3-11 厘米。聚伞花序腋生，具少花至多花，花序梗长 2.5-20 厘米；苞片早落。花梗长 0.9-2.2 厘米；外萼片长圆形，长 7-9 毫米，先端钝，内萼片宽卵形，长 0.9-1 厘米；花冠淡红或红紫色，漏斗状，长 5-6 厘米；雄蕊及花柱内藏。蒴果卵球形，长 1.2-1.4 厘米，4 瓣裂。种子 4，长约 6 毫米，被长绢毛，易脱落。2n=30。花期夏秋。

产台湾、福建、广东、香港、海南、广西及云南南部，生于海拔 200-1100 米滨海矮林、溪边、灌丛中。东南亚、日本（小笠原群岛、琉球群岛）及太平洋诸岛有分布。块根可提取淀粉食用，并可用作健胃剂。

本种常被误定为产西印度群岛的 **Ipomoea digitata** (Linn.) Linn.

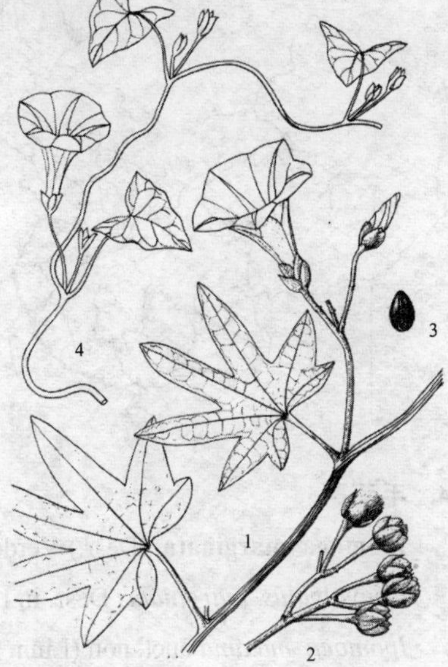

图 418:1-3. 七爪龙 4.南沙薯藤（孙英宝绘）

12. 假厚藤 图 419:1-2 彩片 112

Ipomoea imperati (Vahl) Griseb. Cat. Pl. Cub. 203. 1866.

Convolvulus imperari Vahl, Symb. Bot. 1: 17. 1790.

Ipomoea stolonifera (Cyrillo) J. F. Gmel.; 中国植物志 64(1): 96. 1979.

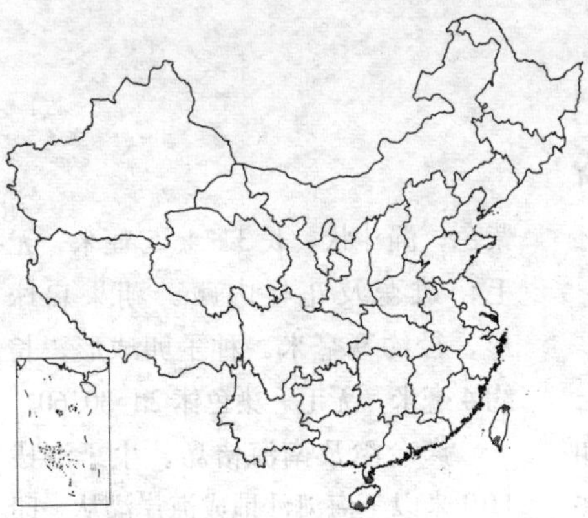

多年生蔓生草本。全株无毛。茎节生根。叶线形、披针形、长圆形或卵形，长 1.5-3 厘米，先端钝、微凹或 2 裂，基部平截或浅心形，全缘或波状，中部常缢缩，或 3-5 裂，稍肉质，干后厚纸质；叶柄长 0.5-4.5 厘米。聚伞花序腋生，具 1 至 3 花，花序梗长约 2 厘米；苞片三角形，长约 2 毫米。花梗粗，长 0.7-1.5 厘米；萼片长圆形或长卵形，长 0.7-1.1 厘米，内萼片稍长；花冠白色，漏斗状，长 3.5-4 厘米，无毛；雄蕊及花柱内藏。蒴果近球形，径约 1 厘米，4 瓣裂。种子 4 或较少，被短茸毛，棱上被长毛。

产福建、台湾、广东及海南，生于海拔 100 米以下沿海沙滩或沙丘。东南亚、日本(小笠原群岛、琉球群岛)、非洲、大洋洲、欧洲、北美及太平洋岛屿有分布。为热带至暖温带海岸植物。

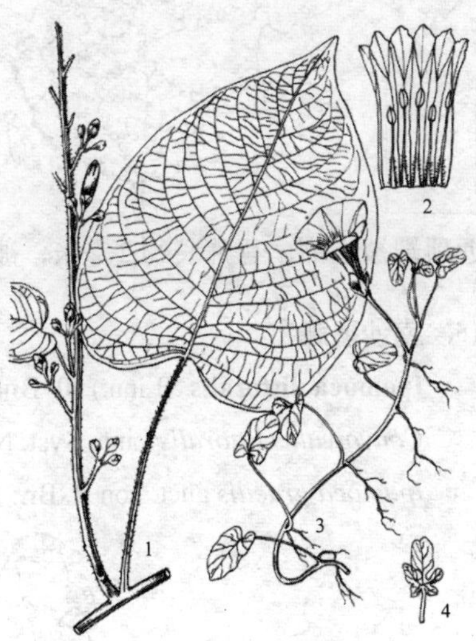

图 419:1-2.假厚藤 3-4.海南薯（李锡畴、吴锡麟绘）

13. 海南薯 图 419:3-4

Ipomoea sumatrana (Miq.) v. Ooststr. in Blumea 3: 571. 1940.

Lettsomia sumatrana Miq. Fl. Ned. Suppl. 560. 1860.

Ipomoea staphylina auct. non Roem. et Schult.: 中国植物志 64(1):99. 1979.

攀援亚灌木。长达 20 米。茎被小疣或绉纹，幼枝被短柔毛或脱落无毛。叶宽卵形或长圆状卵形，长

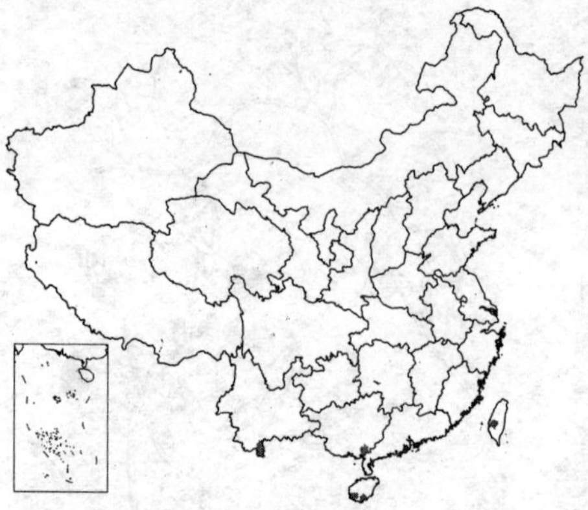

(3.5-)8-16 厘米，先端尖或骤尖，基部心形或平截，全缘，下面常被短柔毛，侧脉 7-13 对；叶柄长 4.5-10 厘米，粗糙。聚伞花序组成总状，长 10-15 厘米，花序梗短于叶柄，被毛；苞片叶状。花梗长 0.7-1 厘米，无毛；小苞片早落；萼片稍不等大，长 5-6 毫米；花冠淡紫或绿白色，内面紫红色；雄蕊内藏。蒴果卵圆形，长 8-9 毫米，4 瓣裂。种子 4，顶端簇生长绵毛，毛长于种子 2 - 3 倍。

产台湾、海南、广西及云南南部，生于海拔 100-900 米灌丛中或林缘。泰国、老挝、马来西亚及印度尼西亚有分布。

14. 毛茎薯 图 414:5-7

Ipomoea marginata (Desr.) Verdc. in Kew Bull. 42: 658. 1987.

Convolvulus marginatus Desr. in Lam. Encycl. Meth. 3: 558. 1792.

Ipomoea maxima auct. non (Linn. f.) Sweet: 中国植物志 64(1): 95.1979.

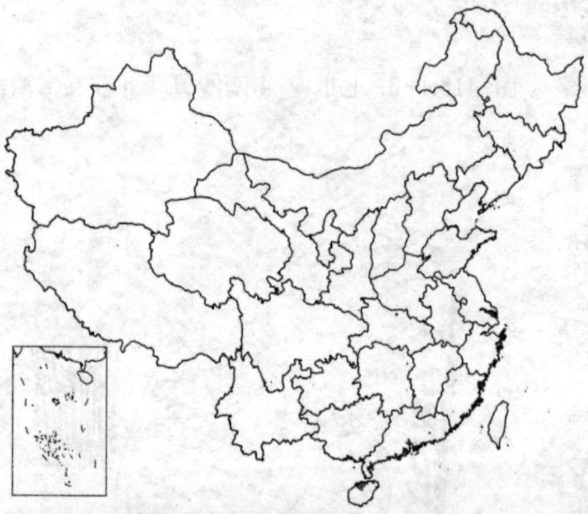

多年生草本，长 1-3 米。茎缠绕或平卧，被淡褐色开展长硬毛。叶常紫色或具紫斑，长卵形或卵圆形，上部叶有时箭形或戟形，长 2 - 6 厘米，基部深心形或戟形，全缘或浅波状；叶柄长 1-3 厘米。聚伞花序伞形，具少花至数花；花序梗粗，长 2 - 8 厘米，有时扁平，近顶端被小瘤；苞片长约 2 毫米，被小瘤，宿存。花梗长 5 - 6 毫米，连同外萼片被小瘤；萼片近等长，长 4 - 7 毫米，外萼片卵形，内萼片椭圆状长圆形；花冠白或淡紫色，漏斗状，长 2.5-4 厘米，裂片具短尖；雄蕊内藏。蒴果扁球形，径 6-7 毫米，2 室，4 瓣裂。种子 4，被短茸毛，沿棱被蛛丝状毛。花期 8-11 月。

产海南，生于海滨灌丛中或荒地。印度、东南亚、太平洋岛屿、大洋洲北部及非洲有分布。

15. 南沙薯藤 图 418:4

Ipomoea littoralis (Linn.) Bl. Bijdr. 713. 1825.

Convolvulus littoralis Linn. Syst. Nat. (ed. 10) 924. 1759.

Ipomoea gracilis auct. non R. Br.: 中国植物志 64(1): 90. 1979.

多年生草本。茎平卧或缠绕，大部无毛。叶三角状戟形，稀卵状长圆形、圆形或肾形，长 1-10 厘米，先端尖、钝或微凹，基部心形，全缘或波状，或具角或稍 3 裂；叶柄细，长 0.5-7 厘米。花序腋生，具 1 或少花，花序梗长 0.1-3 厘米；苞片长 1-2毫米，早落。花梗长 1-4厘米，无毛；外萼片长圆状椭圆形，长 0.6-1 厘米，内萼片椭圆形或近圆形，长 0.8-1.2 厘米；花冠淡红或淡红紫色，漏斗状，长 3 - 4.5 厘米，无毛；雄蕊及花柱内藏。蒴果扁球形，径约 9 毫米。种子卵球形，长约 4 毫米，无毛。染色体 2n=30, 60。

产台湾及南海诸岛，生于海拔 100 米以下海滩沙地或海岸灌丛。印度、东南亚、日本（琉球群岛）、太平洋诸岛、大洋洲北部及非洲有分布。

本种名称长期与**Ipomoea gracilis** R. Br.（产澳大利亚）混淆。D. F. Austin 在 1991 年 (Econ. Bot. 45: 251-256)对其命名、分布及植物学特征进行过讨论。

16. 蕹菜 空心菜 图 420 彩片 113

Ipomoea aquatica Forsk. Fl. Aegypt.-Arab. 44. 1775.

一年生蔓生草本。匍匐地上或漂浮水中。茎圆，中空，无毛。叶三角状长椭圆形，长6-15厘米，基部心形或戟形，全缘或波状，无毛；叶柄长3-14厘米。聚伞花序腋生，花序梗长3-6厘米。萼片卵圆形，先端钝，无毛；花冠白、淡红或紫色，漏斗状。蒴果卵球形或球形，径约1厘米。种子被毛。

产我国，中部及南部常见栽培，北方较少。现广泛栽培于热带亚洲、非洲、大洋洲、太平洋岛屿及南美。水生品种，叶大茎粗，称“水蕹”；旱地品种，叶小茎细，称旱蕹。茎叶作蔬菜；全草药用，可解饮食中毒，外敷治肿毒。

图 420 蕹菜（引自《中国北部植物图志》）

14. 鳞蕊藤属 Lepistemon Bl.

草质或木质缠绕植物，常被毛。叶草质，卵形或圆形，基部常心形，全缘或3－5裂；具柄。聚伞花序腋生，花密集，花序梗短或无；苞片小，早落。萼片5，近等长，草质或近革质，被毛或无毛；花冠坛状，冠檐5浅裂，瓣中带被毛；雄蕊及花柱内藏，花丝着生于花冠基部，基部扩大成内凹鳞片，花药窄椭圆形或线形，花粉粒球形，具散孔，被细刺；子房2室，每室2胚珠，花柱短，柱头头状，2裂。蒴果球形，无毛，4瓣裂。种子4或较少。

约10种，分布非洲、亚洲及大洋洲。我国2种。

1. 叶3-5波状裂或多角浅裂，两面疏被柔毛或近无毛；萼片近无毛，花冠长1.8-2.2厘米，冠檐近全缘；种子疏被长柔毛 …………………………………………………………………………………… 裂叶鳞蕊藤 **L. lobatum**
1. 叶全缘，稀具不规则齿或浅裂，两面疏被平伏长柔毛；萼片被平展毛；花冠长1.2-1.5厘米，冠檐5浅裂；种子无毛 ………………………………………………………………………………… (附). 鳞蕊藤 **L. binectariferum**

裂叶鳞蕊藤 图 421:6-8

Lepistemon lobatum Pilg. in Diels, Notizbl. Bot. Gart. Berl.Dahl. 9: 1029. 1926.

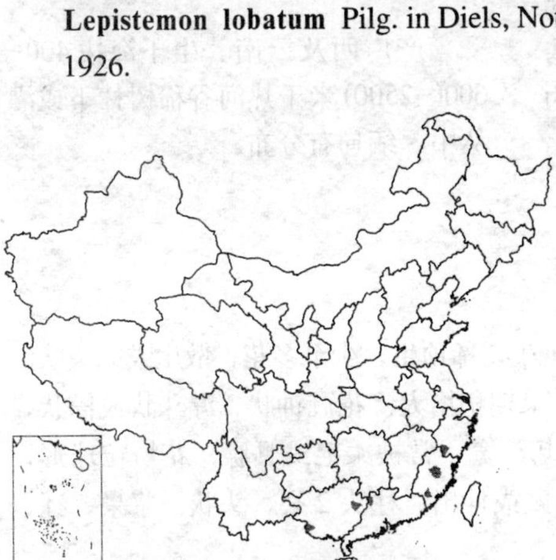

草本。茎缠绕，稍被硬毛。叶卵状心形，长5-8厘米，先端渐尖或尾尖，基部深心形，边缘3-5波状裂或多角浅裂，裂片近三角形，两面被柔毛或近无毛；叶柄细，长5-10厘米，被硬毛。聚伞花序具多花，花序梗长约1厘米。萼片卵形或卵状披针形，长5-7毫米，内萼片较窄，近无毛；花冠绿白色，坛状，长1.8-2.2厘米，冠檐近全缘；雄蕊内藏，花丝长约3毫米，基部鳞片卵状披针形或椭圆形，长约2.5毫米；花柱长1.5-2毫米。蒴果卵圆形，长6-7毫米，无毛，具宿萼。种子4，疏被长柔毛。

产浙江、福建、广东及广西，生于山谷疏林下或溪边。

[附] **鳞蕊藤** 图 419:1-5 **Lepistemon binectariferum** (Wall. ex Roxb.) Kuntze, Rev. Gen. Pl. 1: 446. 1891. —— *Convolvulus binectariferum* Wall. ex Roxb. Fl.

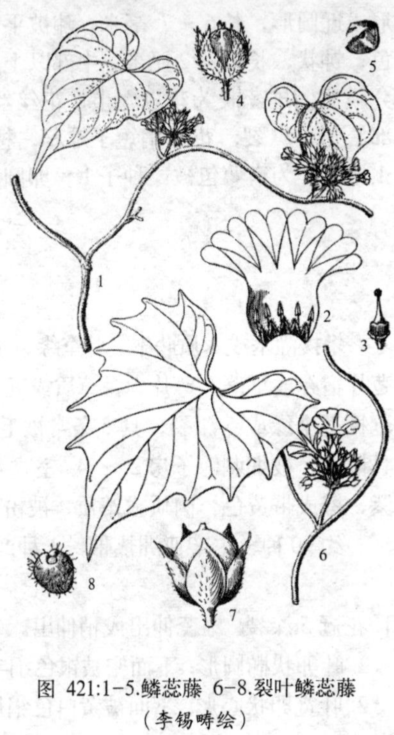

图 421:1-5.鳞蕊藤 6-8.裂叶鳞蕊藤（李锡畴绘）

Ind. ed. Carey et Wall. 2: 47. 1824. 本种与裂叶鳞蕊藤的区别：叶全缘，稀具不规则齿或浅裂；萼片被平展毛，花冠长1.2–1.5厘米，冠檐5浅裂；种子无毛。产于海南。东南亚有分布。

15. 苞叶藤属 **Blinkworthia** Choisy

攀援小灌木。茎细长，被长柔毛或平伏粗毛。叶线形或椭圆形，全缘，被丝毛或平伏粗毛；具柄。花单生叶腋，下弯；苞片2–4，叶状。萼片5，卵状长圆形或近圆形，近等长，革质，果时稍增大；花冠钟状，肉质或蜡质，冠檐直伸，浅5齿裂或近全缘；雄蕊5，内藏，花丝基部渐宽，花药长圆形，花粉粒球形，具散孔，被细刺；子房圆锥状，2室，无毛，花柱1，柱头头状，2裂。浆果，为宿萼包被，无毛。种子1–4，无毛。

2种，分布东亚。我国1种。

苞叶藤 图 422

Blinkworthia convolvuloides Prain in Journ. Asiat. Soc. Bot. Beng. 63(2): 91. 1894.

Blinkworthia discostigma Hand.-Mazz.; 中国高等植物图鉴 3: 541. 1974.

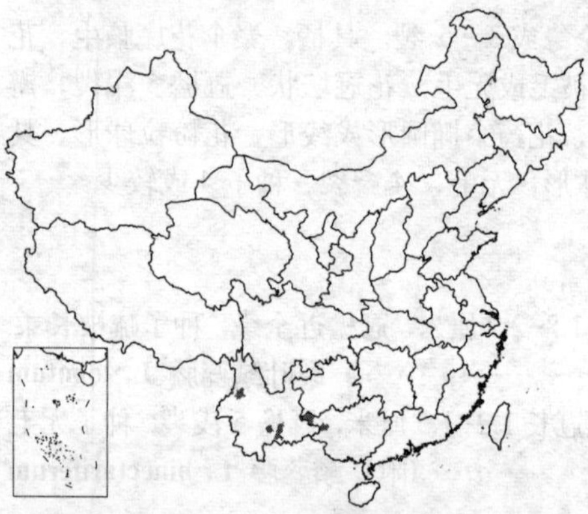

攀援或蔓生小灌木，长达2米。枝条细，被平伏粗毛。叶革质，椭圆形或长圆形，长3–5厘米，先端钝圆，具小尖头，基部宽楔形，上面无毛，下面被平伏粗毛；叶柄长3–4毫米。花梗长0.8–1厘米，下弯，无毛；小苞片生于花梗中部，3或4，匙形，长5–6毫米，下面被平伏粗毛；萼片卵形或近圆形，长6–7毫米，疏被平伏粗毛，基部心形；花冠白、淡绿或黄色，钟状，长1.7–2厘米，中部以上具5条瓣中带，稍肉质，瓣中带间隔部分膜质；雄蕊长为花冠之半，花丝丝状，下部稍宽，被乳突状毛，花药基部心形，纵裂；花柱稍短于雄蕊，柱头盘状，具乳头。浆果卵圆形，径约1厘米，为宿萼包被。种子1，卵圆形，无毛。

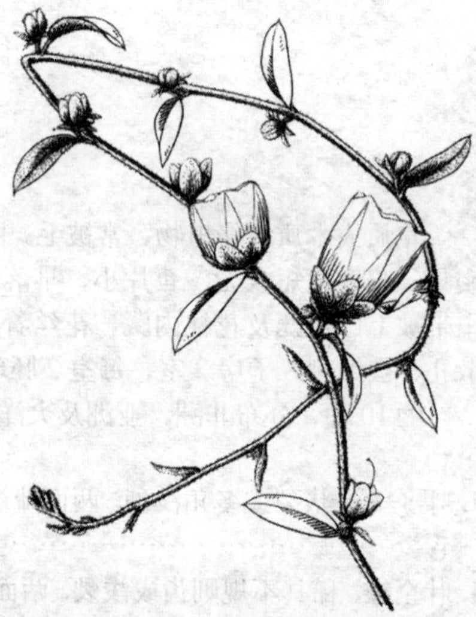

图 422 苞叶藤（吴彰桦绘）

产广西及云南，生于海拔400–600(–2500)米干热河谷稀树林下或灌丛中。缅甸有分布。

16. 银背藤属 **Argyreia** Lour.

攀援灌木或木质藤本。叶全缘，下面常被银灰色绢毛；具柄。聚伞花序腋生，稀顶生，少至多花，散生或成头状；苞片宿存或早落。萼片5，草质或近革质，宿存，常被毛，内面有时红色，果期稍增大；花冠钟状、漏斗状或筒状，冠檐近全缘或5深裂，具5条常被毛瓣中带；雄蕊5，内藏或伸出，花丝基部宽，常被柔毛或具腺；花粉粒球形，具散孔，被细刺；子房2–4室，4胚珠，被短柔毛或无毛，花柱1，内藏或伸出，柱头2裂，头状。浆果，红、紫、橙或带黄色，肉质或革质，被粉。种子4或更少，稀种脐疏被柔毛。

约90种，主产亚洲热带，1种产澳大利亚（昆士兰）。我国22种。

1. 花冠5深裂；雄蕊伸出或稍伸出。
   2. 叶卵状椭圆形，下面密被银色绢毛；花序梗长3.5–8厘米 ………………………………… 1. 白鹤藤 **A. acuta**
   2. 叶宽卵状心形，下面被黄白色绢质绒毛；花序梗长1.5–2厘米 ………………………………………

………………………………………………………………………………………… 1(附). **台湾银背藤 A. formosana**

1. 花冠冠檐全缘或浅裂，雄蕊内藏。
  3. 苞片早落。
    4. 花序梗长0.5-2.5(-4.5)厘米；叶长达10厘米，下面密被银白或暗黄色绢质柔毛；萼片被绢质长柔毛，近等长，长0.8-1厘米 …………………………………………………………………… 2. **银背藤 A. mollis**
    4. 花序梗长11-15(-19)厘米；叶长达20厘米，下面疏被硬毛或糙伏毛；萼片被短硬毛，2外萼片长约4毫米，内萼片稍长 ………………………………………………………………… 2(附). **长叶银背藤 A. henryi**
  3. 苞片宿存。
    5. 花序梗长6-30厘米；苞片舌状，椭圆形或披针形。
      6. 聚伞花序密集成头状；苞片无柄；萼片披针形、长卵形或长圆形，密被长硬毛 …………………………………………………………………………………… 3. **头花银背藤 A. capitiformis**
      6. 聚伞花序疏散；苞片具柄；3个外萼片长圆状披针形，2内萼片倒卵状长圆形，被开展长柔毛 …………………………………………………………………………………… 4. **叶苞银背藤 A. mastersii**
    5. 花序梗长不及2.5厘米；苞片卵状长圆形；幼枝、茎、叶下面、叶柄、花梗均密被短绒毛 …………………………………………………………………………………… 5. **大叶银背藤 A. wallichii**

1. 白鹤藤 图 423

Argyreia acuta Lour. Fl. Cochinch. 135. 1790.

Argyreia obtusifolia auct. non Lour.: 中国植物志 64(1): 120. 1979. p. p.

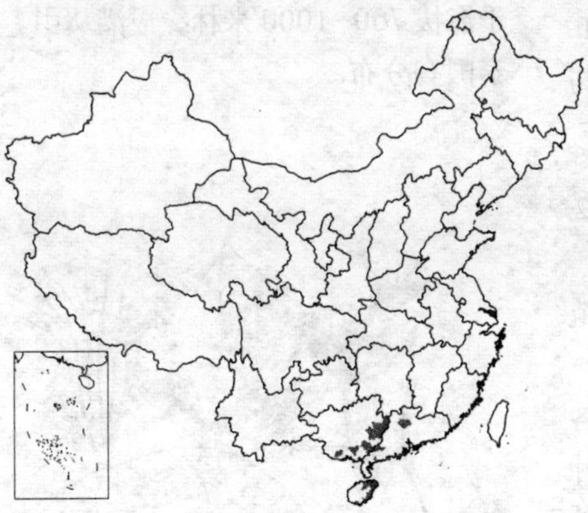

攀援灌木。幼枝、叶下面、叶柄、花序梗、花梗及瓣中带均被银白色绢毛。叶卵状椭圆形，长5-13.5厘米，基部圆、微心形或平截；叶柄长1.5-6厘米。聚伞花序腋生或顶生，花序梗长3.5-8厘米；苞片椭圆形或卵圆形，长0.8-1.2厘米，被绢毛。花梗长5毫米；萼片卵形，先端钝，外萼片长0.9-1厘米，内萼片长6-7毫米，被绢毛；花冠白色，漏斗状，长约2.8厘米，5深裂，裂片长圆形，长达1.5厘米，渐尖；雄蕊稍伸出，花丝长约1.5厘米，花药长圆形，长约4毫米。浆果球形，红色，径约8毫米，为增大宿萼所包。种子4-2，卵状三角形。

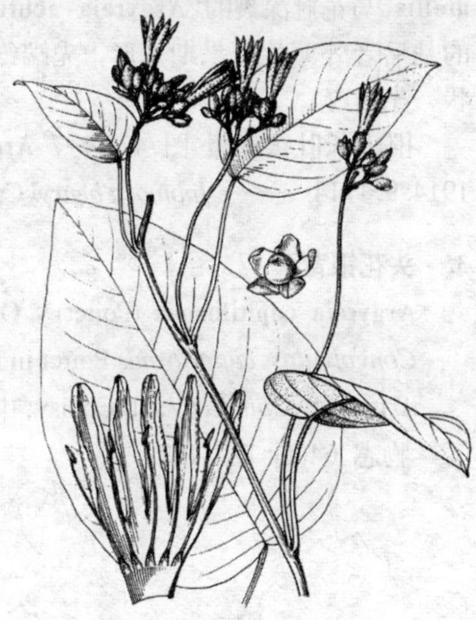

图 423 白鹤藤（冯晋庸绘）

产广东、海南及广西，生于海拔200米以下疏林、灌丛中或河边。老挝及越南有分布。

[附] **台湾银背藤 Argyreia formosana** Ishigami ex T. Yamazaki in Journ. Jap. Bot. 44(4): 160. 1969. 本种与白鹤藤的区别：叶宽卵状心形，下面密被黄白色绢质绒毛；花序梗长1.5-2厘米。产台湾，生于林中。本种在中国植物志64(1)卷中未收载，在台湾植物志第4卷中作**Argyreia obtusifolia** Lour. 收载，但台湾种不同于中国大陆及东南亚的分类群。由于Loureiro的原始记载含糊，**Argyreia obtusifolia** Lour. 曾误用于中国及东南亚的不同分类群。对于台湾标本的处理采用T. Yamazaki的名称为妥。

2. 银背藤 图 424

Argyreia mollis (Burm. f.) Choisy in Mem. Soc. Phys. Geneve 6: 421. 1833.

Convolvulus mollis Burm. f. Fl. Ind. 44. t. 17. 1768.

Argyreia obtusifolia auct. non Lour.: 中国高等植物图鉴 3: 540. 1974; 中国植物志 64(1): 120.1979. p. p.

缠绕藤本，长达10米。各部被平伏柔毛。叶椭圆形、卵状长圆形

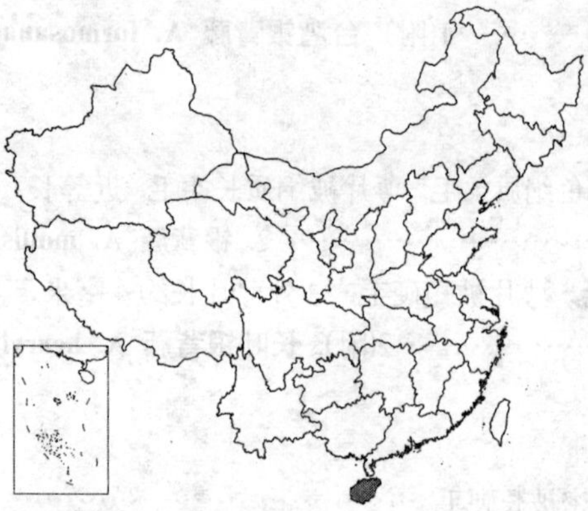

或披针形，长5-10厘米，基部宽楔形，下面密被绢质柔毛；叶柄长1.5-4厘米。聚伞花序腋生，具5-8花，花序梗长0.5-2.5(-4.5)厘米；苞片早落。花梗长0.5-1.5厘米；萼片被绢质长柔毛，2外萼片宽椭圆形，长0.8-1厘米，果期碗状，先端弯；花冠淡红或淡紫色，漏斗状，长4-5厘米，被柔毛，瓣中带密被长柔毛，冠檐全缘或浅裂；雄蕊及花柱内藏。浆果球形，红色，4室。种子4。

产海南，生于海拔300-1800米沟谷密林中。东南亚有分布。

由于 Loureiro 的原记载不完全，难于正确鉴定**Argyreia obtusifolia**，从而常将 **Argyreia obtusifolia** 误用于 **Argyreia mollis**。但 Loureiro 明确描述花冠5深裂，裂片长圆形，反折，这一描述显然不是 **Argyreia mollis**。Fl. Malesiana 4: 496. 1953 所载 **Argyreia mollis** 与产我国海南的同种。**Argyreia mollis** 与花冠深裂的 **Argyreia acuta** 在无花的标本上极易混淆，可以区别的是后者外萼片于果期舟形，先端绉褶或下弯，而本种外萼片于果期呈碗状，先端弯。

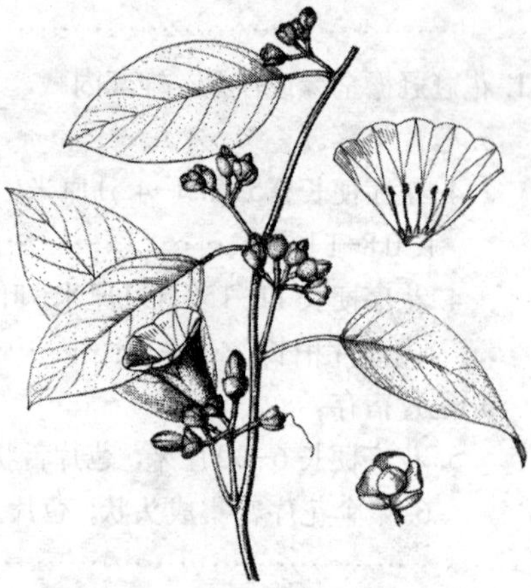

图 424 银背藤（冯晋庸绘）

[附] **长叶银背藤** 图 425:4-7 **Argyreia henryi** (Craib) Craib in Kew Bull. 1914: 9. 1914. —— *Ipomoea henryi* Craib in Kew Bull. 1911: 423. 1911. 本种与银背藤的区别：茎疏被硬毛；叶披针形或长圆状披针形，长10-20厘米，下面疏被硬毛；花序梗长11-15(-19)厘米，连同花梗被短硬毛；萼片被短硬毛，2外萼片长约4毫米，内萼片稍长。产云南南部，生于海拔700-1000米林缘或灌丛中。泰国有分布。

3. 头花银背藤　　图 425

Argyreia capitiformis (Poiret) v. Ooststr. in Fl. Males. ser. 1, 6 (6): 941. 1972.

Convolvulus capitiformis Poiret in Encycl. Suppl. 3: 469. 1814.

Argyreia capitata (Vahl) Choisy; 中国高等植物图鉴 3: 541. 1974; 中国植物志 64(1): 129. 1979.

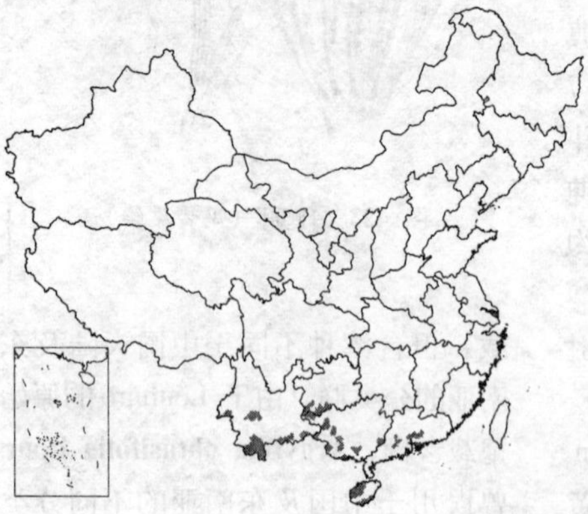

攀援灌木，长达15米。各部被褐或黄色开展长硬毛。叶宽卵形或卵圆形，稀长圆状披针形，长8-15厘米，先端尾尖或渐尖，基部心形；叶柄长3-16厘米。聚伞花序密集成头状，花序梗长6-15(-30)厘米；苞片椭圆形或披针形，长1.5-2.5厘米。花梗短或近无；萼片披针形、长卵形或长圆形，外萼片长1.5-1.7厘米，内萼片长1-1.2厘米；花冠淡红或紫红色，漏斗状，长4.5-5.5厘米，瓣中带被长硬毛，冠檐近全缘或浅裂；雄蕊及花柱内藏。浆果球形，橙红色，径约8毫米，无毛。种子4或较少。

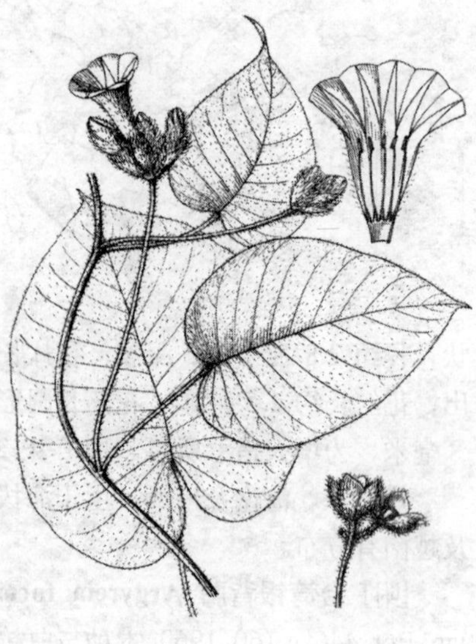

图 425 头花银背藤（冯晋庸绘）

产广东、海南、广西、贵州及云南南部，生于海拔100-2200米沟谷密林、疏林、灌丛中或荒地。印度东北部及东南亚有分布。

4. 叶苞银背藤　　图 426

Argyreia mastersii (Prain) Raizada in Ind. Forest. 93: 754. 1967. *Lettsomia mastersii* Prain in Journ.

Asiat. Soc. Bengal63: 98.1894.

Argyreia roxburghii (Wall.) Arn. ex Choisy var. *ampla* auct. non (Choisy) C. B. Clarke: 中国植物志 64(1): 134. 1979. p. p.

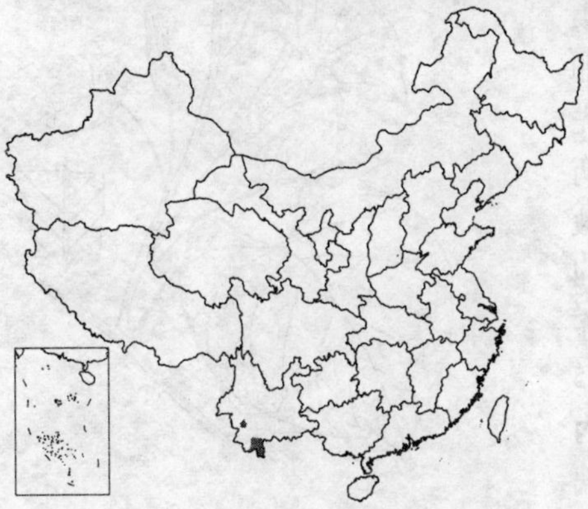

攀援灌木。茎圆，被长柔毛。叶三角状宽卵形或卵圆形，长7-17厘米，先端骤渐尖，基部心形，上面被糙伏毛，下面被白色长柔毛；叶柄长5-16厘米。聚伞花序疏散，花序梗长3-8厘米；苞片数枚，舌状，长2-2.4厘米，稍具柄，宿存。萼片不等大，长6-9毫米，被长柔毛；花冠紫红色，筒状漏斗形，长3.5-4厘米，被白色长柔毛，冠檐浅裂；雄蕊及花柱内藏。浆果近球形，暗紫色，径约1厘米，无毛，为宿萼包被。种子4，卵状三角形，暗褐色。

产云南南部及西南部，生于海拔800-1800米疏林及灌丛中。印度东北部及缅甸北部有分布。

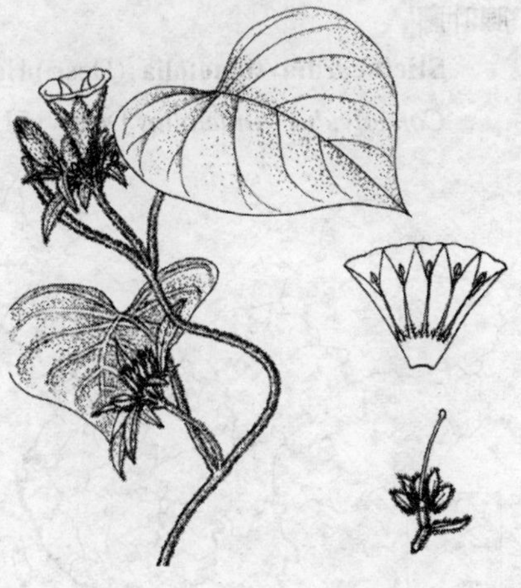

图 426 叶苞银背藤（李锡畴绘）

本种在中国植物志 64(1) 中被作为 **Argyreia roxburghii** var. **ampla**, 经比较两者不同，而 Prain 描述的 **A. mastersii** 与我国标本一致，故予订正。

5. 大叶银背藤 图 427:1-3

Argyreia wallichii Choisy in Mém. Soc. Phys. Genève 6: 422.1833.

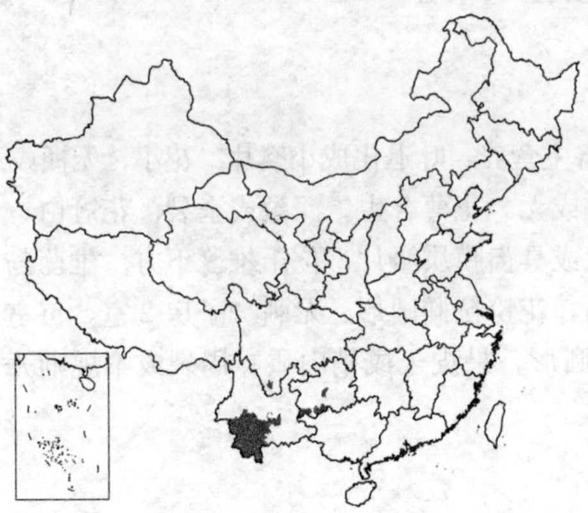

木质藤本。茎密被短绒毛。叶宽卵形或近圆形，长10-25厘米，先端尖，基部心形，上面无毛或疏被平伏毛，下面密被淡褐色绒毛；叶柄长5-13厘米，被短绒毛。花序梗长不及2.5厘米；苞片卵状长圆形，长约2.5厘米，被绒毛。萼片椭圆状长圆形，长1-1.2厘米，被长柔毛；花冠白、淡红或紫色，筒状漏斗形，长4-5厘米，瓣中带被白色长柔毛，冠檐近全缘或浅裂；雄蕊及花柱内藏。浆果球形，红色，径8-9毫米。

产云南南部、贵州南部及四川南部，生于海拔700-1500米灌丛中或林内。印度、锡金、不丹、缅甸及泰国有分布。

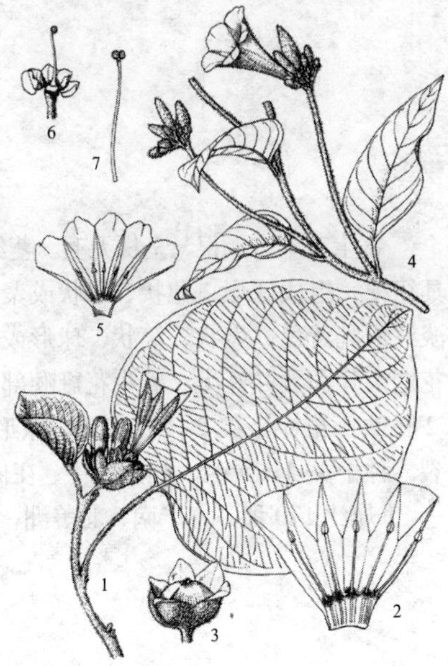

图 427:1-3.大叶银背藤 4-7.长叶银背藤
（陈莳香 李锡畴绘）

17. 腺叶藤属 Stictocardia Hall. f.

木质或草质藤本。叶卵形或圆形，全缘，下面被腺点；具柄。聚伞花序腋生，具1至多花；苞片小，早落。萼片5，等大或稍不等大，卵形、椭圆形或近圆形，被腺点，近革质，边缘薄，果时增大；花冠大，漏斗状，瓣中带疏被柔毛及腺点；雄蕊及花柱内藏，花丝丝状，着生花冠筒近基部，花粉粒球形，具散孔，被刺；子房4室，每室1胚珠，无毛，花柱1，柱头2，球形。蒴果球形，为增大宿萼包被，果皮薄，4瓣裂。种子4或较少，被短柔毛。

约12种，产非洲、亚洲。我国1种。

腺叶藤 图 428

Stictocardia tiliaefolia (Desr.) Hall. f. in Engl. Bot. Jahrb. 18: 159. 1894.

Convolvulus tiliaefolius Desr. in Lam. Encycl. 3: 544. 1789.

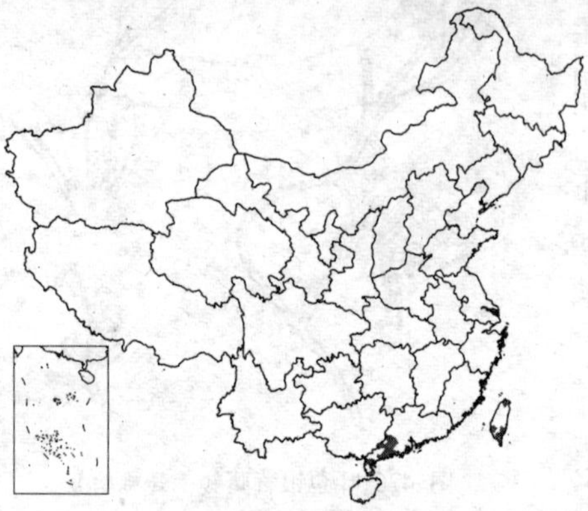

木质大藤本。幼枝被短柔毛，老枝无毛。叶草质，宽卵形或近圆形，长6-20厘米，先端渐尖或骤尖，基部心形，两面被短柔毛或近无毛，下面被腺点，干时黑色；叶柄长3-14厘米。聚伞花序具1-3花，花序梗长1.5-7.5厘米。花梗长2-3.5厘米；萼片圆形，近等长或内萼片稍短，长1-1.8厘米，先端圆或微缺，被短柔毛或无毛，被黑色腺点；花冠紫红色，漏斗状，长8-10厘米，瓣中带被黑色腺点，有时被毛，冠檐径8-10厘米；雄蕊及花柱内藏，雄蕊不等长，花丝基部被毛，花药披针形，长约5毫米。蒴果球形，径2-3.5厘米，宿萼长4-5厘米，全包果。种子暗褐色，长8-9毫米，被短柔毛。

产台湾、广东及海南，生于海拔100米以下海滨灌丛或林中。亚洲热带、大洋洲北部，美洲中部、西印度群岛沿海地区及太平洋诸岛有分布。

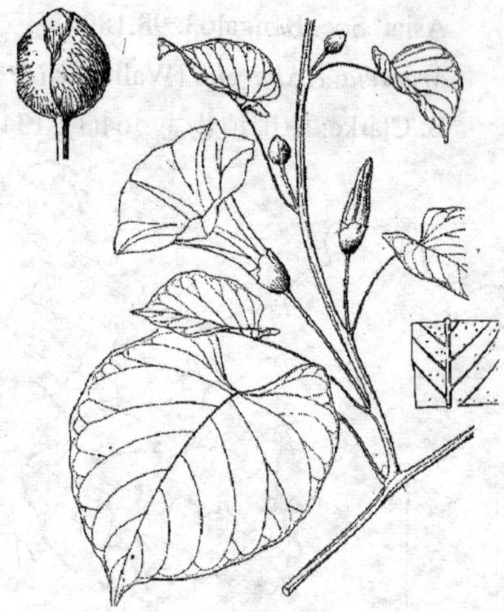

图 428 腺叶藤（吴锡麟绘）

183. 菟丝子科 CUSCUTACEAE

（方瑞征）

寄生草本，无根，全株无毛。茎细长缠绕，黄或带红色，具吸器吸取寄主营养。叶退化成小鳞片。花小，无梗或具短梗，组成球形、穗状、总状或聚伞状簇生花序，4或5出数；苞片小或无。花萼合生，深裂或全裂；花冠白、淡红或乳黄色，壶状、筒状、球形或钟状，花冠筒内面基部有边缘流苏状或具齿膜质鳞片，位于雄蕊下方；雄蕊与花冠裂片同数并互生，着生花冠喉部或花冠裂片间，花丝极短，花药内向，花粉粒椭圆形，无刺；子房2室，每室2胚珠，花柱1或2，柱头2，球形或伸长，有时连合。蒴果球形或卵圆形，果皮干或稍肉质，周裂或不规则开裂。种子1-4，无毛；胚无子叶，在肉质胚乳中，线形螺旋状弯曲。

1属约170种，主产南、北美洲，少数种产亚洲及欧洲。我国11种。

1. 菟丝子属 Cuscuta Linn.

形态特征、生境、分布及种数同科。

1. 花柱2，伸长；密集聚伞状伞形花序或团伞花序；茎纤细成丝状，常寄生草本植物。
    2. 柱头棒状，较花柱长或近等长。
        3. 萼片背部至先端肉质增厚；花柱及柱头与子房近等长或稍长 ………………………… 1. **杯花菟丝子 C. approximata**
        3. 萼片不增厚；花柱及柱头短于子房 ………………………… 1(附). **欧洲菟丝子 C. europaea**
    2. 柱头球形或头状。
        4. 果全为宿存花冠包被，周裂；花冠裂片龙骨状 ………………………… 2. **菟丝子 C. chinensis**
        4. 果下部为宿存花冠包被，不整齐开裂；花冠裂片扁平。

5. 花冠裂片卵形或长圆形，先端钝圆，直伸；花冠内鳞片短于花冠筒 1/2，2 裂 ………………………………………………………………………………… 3. **南方菟丝子 C. australis**

5. 花冠裂片宽三角形，先端尖或钝，常反折；花冠内鳞片与花冠筒近等长，边缘流苏状 ………………………………………………………………………………… 3(附). **原野菟丝子 C. campestris**

1. 花柱 1；花序穗状、总状或圆锥状；茎较粗；常寄生木本植物。

6. 花冠长 3–5 毫米；花柱细，与子房近等长，柱头裂片舌状 ……………………… 4. **金灯藤 C. japonica**

6. 花冠长 5–9 毫米；花柱极短或无。

7. 花冠长 5–9 毫米；花冠筒较花冠裂片长 2 倍；花丝很短；柱头 2，舌状长圆形；花柱短 ………………………………………………………………………………… 5. **大花菟丝子 C. reflexa**

7. 花冠长约 6 毫米；花冠筒较花冠裂片长 1–2 倍；无花丝；柱头圆锥状，花柱近无 ………………………………………………………………………………… 5(附). **短柱菟丝子 C. reflexa var. anguina**

1. 杯花菟丝子 图 429:1–3

Cuscuta approximata Bab. in Ann. Mag. Nat. Hist. 13: 253. 1844.

茎纤细，径小于 1 毫米。花序侧生，少花或多花密集成团伞花序。花无梗；花萼杯状，长 2–2.5 毫米，中部或中部以上分裂，裂片覆瓦状排列，宽菱形，背部至先端肉质增厚；花冠白或淡红色，钟状，长 2–2.5 毫米，裂片三角状卵形，短于花冠筒；雄蕊生于花冠喉部，较花冠裂片短，花药与花丝近等长或稍短；鳞片长圆形，不达花丝基部，或与花冠筒部近等长，先端钝或 2 裂，边缘具小流苏；花柱及棒状柱头等长或稍短，两者与子房等长或稍长。蒴果包被于宿存花冠内，周裂。染色体 2n=14, 28。

产新疆，生于荒地、山坡。寄主为苜蓿属、蒿属植物。亚洲西南部、非洲北部及欧洲南部有分布。

据研究，对 **Cuscuta approximata** 标本的鉴定须作深入研究，因其原描述可能包括2–3个种，**Cuscuta cupulata** Engelmann可能就是其中之一，此名发表于1846年，这是一真正的种还是晚出名称尚不清楚，暂采用 Babington 的名称。

[附] **欧洲菟丝子** 图 430:1–3 **Cuscuta europaea** Linn. Sp. Pl. 124. 1753. 本种与杯花菟丝子的区别：萼片背部至顶端肉质增厚；花柱及柱头较子房长或等长。产黑龙江、辽宁、内蒙古、河北、河南、山西、陕西、甘肃、青海、新疆、西藏、四川及云南，生于海拔 840–3100 米，常见于路边草丛、河边及山地，寄生菊科、豆科及藜科等草本植物。欧洲、非洲北部及西亚有分布。

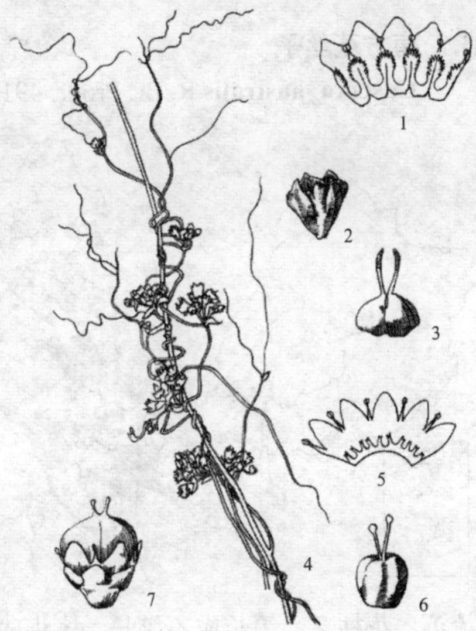

图 429:1–3.杯花菟丝子 4–8.南方菟丝子
（孙英宝仿绘）

2. 菟丝子 无根藤 图 430:4–7 彩片 114

Cuscuta chinensis Lam. Encycl. 2: 229. 1786.

茎黄色，纤细，径约 1 毫米。花序侧生，少花至多花密集成聚伞状伞团花序，花序无梗；苞片及小苞片鳞片状。花梗长约 1 毫米；花萼杯状，中部以上分裂，裂片三角状，长约 1.5 毫米；花冠白色，壶形，长约 3 毫米，裂片三角状卵形，先端反折；雄蕊生于花冠喉部，鳞片长圆形，伸至雄蕊基部，边缘流苏状；花柱 2，等长或不等长，柱头球形。蒴果球形，径约 3 毫米，为宿存花冠全包，周裂。种子 2–4，卵圆形，淡褐色，长 1 毫米，粗糙。染色体 2n=28, 56。

产黑龙江、吉林、辽宁、内蒙古、河北、山西、河南、陕西、甘肃、

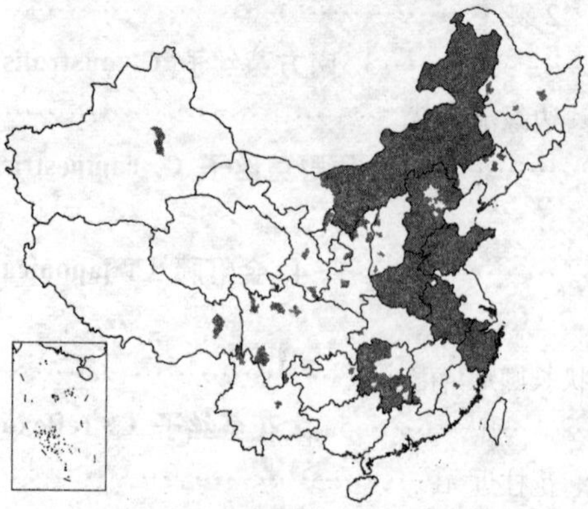

宁夏、新疆、山东、江苏、安徽、浙江、福建、江西、湖北、湖南、四川、云南、贵州及西藏，生于海拔200-3000米田野、山坡、灌丛中或沙丘。常寄生豆科、菊科、蒺藜科等植物。斯里兰卡、印尼、阿富汗、哈萨克斯坦、俄罗斯、蒙古、朝鲜、日本、非洲、西南亚洲及大洋洲有分布。为大豆产区有害杂草，对胡麻、苎麻、花生、马铃薯等农作物亦有害。种子药用，补肝肾、益精壮阳、止泻。

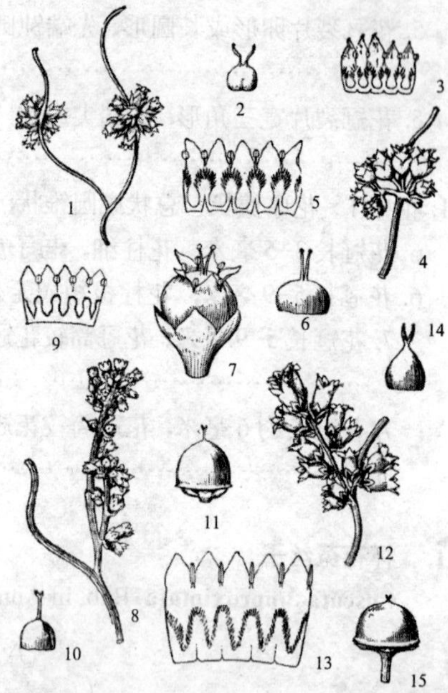

图 430:1-3.欧洲菟丝子 4-7.菟丝子 8-11.金灯藤 12-15.大花菟丝子（李锡畴绘）

3. 南方菟丝子 图 429:4-8

Cuscuta australis R. Br. Prodr. 491. 1810.

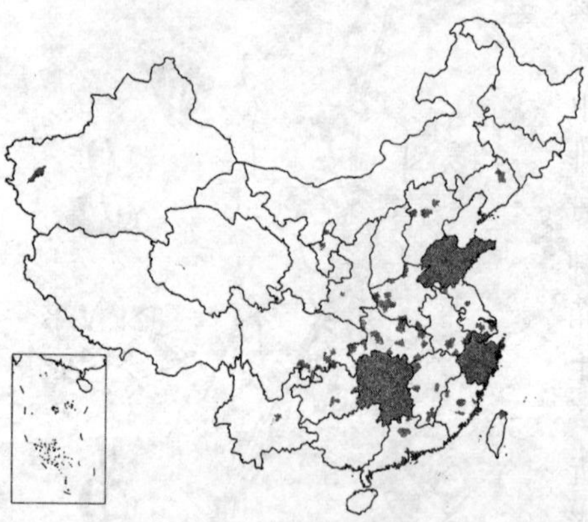

茎黄色，纤细，径约1毫米。花序侧生，少花至多花集成聚伞状团伞花序，花序梗近无；苞片及小苞片鳞片状。花梗长1-2.5毫米；花萼杯状，萼片3-5，长圆形或近圆形，长0.8-1.8毫米；花冠白或乳白色，杯状，长约2毫米，裂片卵形或长圆形，与花冠筒近等长，直伸；雄蕊生于花冠裂片间弯缺处，短于裂片，鳞片短于花冠筒1/2，2裂，具小流苏；花柱2，等长或不等长，柱头球形。蒴果扁球形，径3-4毫米，下部为宿存花冠所包，不规则开裂。种子4，卵圆形，淡褐色，长约1.5毫米，粗糙。

产辽宁、河北、河南、山东、江苏、安徽、浙江、福建、台湾、江西、湖北、湖南、广东、云南、贵州、四川、陕西、宁夏及新疆，生于海拔100-2000米田野及路边，寄生豆科、菊科、蒿属、马鞭草科牡荆属等。欧洲、亚洲中部、南部、东南部及大洋洲有分布。种子药效同菟丝子。

[附] **原野菟丝子 Cuscuta campestris** Yuncker in Mem. Torr. Bot. Club 18: 138. 1932. 本种与南方菟丝子的区别：花冠裂片宽三角形，先端尖或钝，常反折；花冠内鳞片卵形，与花冠筒近等长，边缘流苏状。产新疆及福建。寄生葱属植物。亚洲、非洲、美洲、太平洋诸岛及大洋洲有分布。

4. 金灯藤 图 430:8-11

Cuscuta japonica Choisy, Zoll. Syst. Verz. Ind. Archip. Pflanz. 2: 130. 134. 1854.

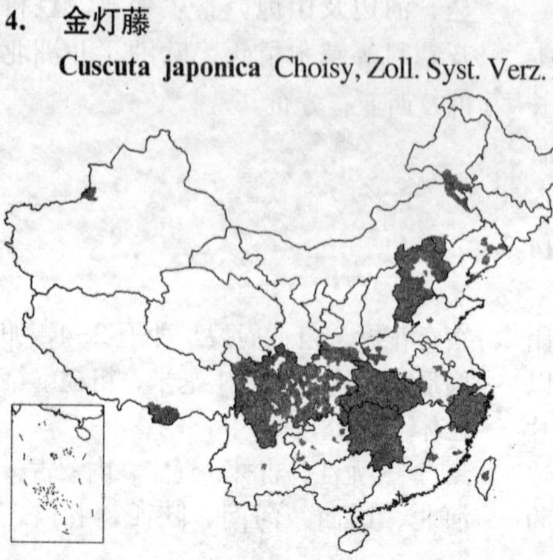

一年生寄生缠绕草本。茎肉质，径1-2毫米，黄色，常被紫红色瘤点，无毛，多分枝，无叶。穗状花序，长达3厘米，基部常分枝。花无梗或近无梗；苞片及小苞片鳞状卵圆形，长约2毫米；花萼碗状，肉质，长约2毫米，5裂几达基部，裂片卵圆形，常被紫红色瘤点；花冠钟状，淡红或绿白色，长3-5毫米，5浅裂，鳞片5，长圆形，边缘流苏状，长达冠筒中部，花柱细长，与子房近等长，柱头2裂，裂片舌状。蒴果卵圆形，长约5厘米，近基部周裂。种子1-2，光滑，长2-2.5毫米，褐色。花期8月，果期9月。

产内蒙古、辽宁、河北、山东、安徽、浙江、福建、台湾、湖北、湖南、贵州、四川、西藏、新疆、陕西及河南，寄生草本或灌木。俄罗斯、日本、朝鲜及越南有分布。种子药效同菟丝子。

5. 大花菟丝子 图 430:12-15

Cuscuta reflexa Roxb. Pl. Coromandal 2: 3. t. 104. 1798.

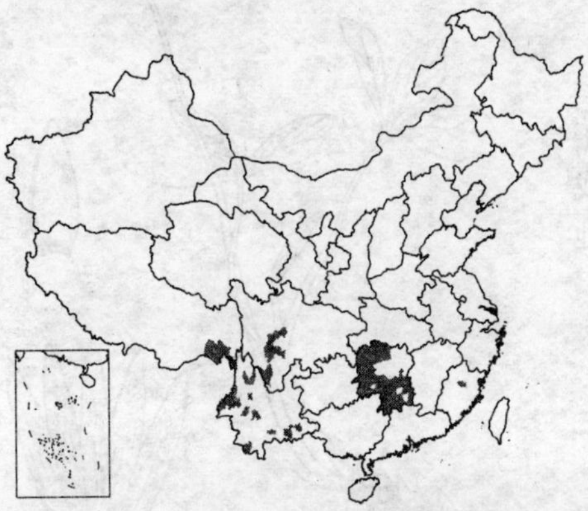

茎黄或黄绿色，径 2-3 毫米，被褐色斑点。花序侧生，总状或圆锥状，长 1.5-3 厘米，花少至多数；苞片及小苞片鳞片状。花梗长 2-4 毫米，连同花序轴均被褐色斑或小瘤；花萼杯状，萼片 5，宽卵形，长 2-2.5 毫米，被小瘤，先端圆；花冠白或乳黄色，芳香，筒状，长 5-9 毫米，裂片三角状卵形，短于筒部；雄蕊生于花冠喉部，花丝短于花药或近无，花药椭圆状卵圆形，鳞片长圆形，长达花冠筒中部，具短密小流苏；花柱极短或无，柱头 2，舌状长圆形。蒴果近方形，顶端钝，径 0.5-1 厘米，周裂。种子 1-4，长圆形，暗褐色，长约 4 毫米。染色体 2n=28, 32, 36, 42。

产湖南、云南、四川及西藏，生于海拔 900-2800 米路边或山坡，寄生灌木。阿富汗、印度、锡金、尼泊尔、巴基斯坦及东南亚有分布。

[附] **短柱头菟丝子 Cuscuta reflexa var. anguina** (Edgew.) C. B. Clarke in Hook. f. Fl. Brit. Ind. 4: 226. 1883. —— *Cuscuta anguina* Edgew. in Trans. Linn. Soc. London 20: 87. 1851. 本变种与模式变种的区别：花长约 6 毫米；花冠裂片为花冠筒长度 1/3 或 1/2；雄蕊生于花冠裂片间弯缺处；柱头圆锥状。产云南西北部。印度、锡金及缅甸有分布。

184. 睡菜科 MENYANTHACEAE

(何廷农　陈世龙)

水生植物。叶常互生，稀对生。花冠裂片在蕾中内向镊合状排列。花粉粒侧扁，稍三棱形，每棱具 1 个萌发孔。子房 1 室，无隔膜。

5 属，广布于热带及温带。我国 2 属。

1. 蒴果顶端开裂；三出复叶，伸出水面；总状花序 ………… 1. **睡菜属 Menyanthes**
1. 蒴果不裂，稍肉质；单叶，浮于水面；花多数，簇生节上 ………… 2. **莕菜属 Nymphoides**

1. 睡菜属 Menyanthes (Tourn.) Linn.

多年生沼生草本。根茎长，匍匐状。叶基生，三出复叶，伸出水面。花葶由根茎顶端鳞叶内抽出。总状花序，具多花。花 5 数；花萼长 4-5 毫米，裂至近基部，萼筒短，裂片卵形，先端钝；花冠白色，筒形，长 1.4-1.7 厘米，上部内面被长流苏状毛，深裂，冠筒稍短于裂片，裂片椭圆状披针形，长 0.7-1 厘米，雄蕊生于冠筒中部；子房 1 室，无柄，长 3-4 毫米，花柱线形，连柱头长 6-7 毫米。蒴果球形，长 6-7 毫米，2 瓣裂。种子膨胀，平滑。

单种属。

睡菜 图 431 彩片 115

Menyanthes trifoliata Linn. Sp. Pl. 145. 1753.

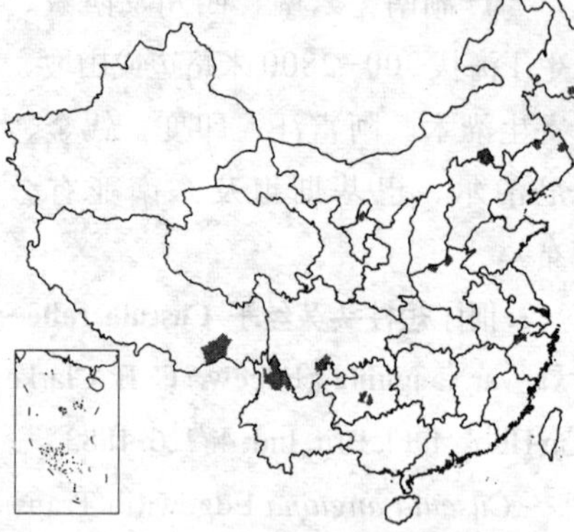

形态特征同属。花果期 5-7 月。

产黑龙江、吉林、辽宁、河北、河南、四川、贵州、云南、西藏东南部及浙江，生于海拔 450-3600 米沼泽中，形成群落。广布于北半球温带地区。

图 431 睡菜（王颖绘）

2. 荇菜属 Nymphoides Seguier

多年生水生草本，具根茎。茎长，分枝或否，节上有时生根。叶基生或茎生，互生，稀对生，叶浮于水面。花簇生节上，5 数。花萼深裂近基部，萼筒短；花冠常深裂至近基部呈辐状，稀浅裂呈钟形，冠筒短，喉部具 5 束长柔毛，裂片在蕾中呈镊合状排列，全缘或具睫毛，或边缘宽膜质、透明，具细条裂齿；雄蕊生于冠筒，与裂片互生，花药卵圆形或箭形；子房 1 室，花柱短于或长于子房，柱头 2 裂，裂片半圆形或三角形，齿裂或全缘；腺体 5，生于子房基部。蒴果不裂。种子少或多数，近球形，平滑、粗糙或被短毛。

约 20 种，广布于全世界热带及温带。我国 6 种。

1. 茎分枝；上部叶对生，下部叶互生；花冠金黄色，长 2-3 厘米，裂片宽倒卵形；蒴果长 1.7-2.5 厘米 …………………… 1. **荇菜 N. peltatum**
1. 茎不分枝；单叶顶生或有时 1-3 叶簇生节上；花冠白色，长 0.4-1.2 厘米；蒴果长 3-5 毫米。
    2. 单叶顶生或 1-3 叶生于节上，近革质，叶下面密被腺体；花冠内面基部黄色，裂片边缘无毛；种子光滑或粗糙。
        3. 花冠裂片腹面密被长柔毛，无纵褶；蒴果椭圆形 …………………… 2. **金银莲花 N. indica**
        3. 花冠裂片腹面无毛，具隆起纵褶；蒴果近球形 …………………… 2(附). **水皮莲 N. cristatum**
    2. 叶常数枚簇生节上，膜质，光滑；花冠裂片边缘具睫毛；蒴果球形，种子具短刺 …………………… 3. **刺种荇菜 N. hydrophyllum**

1. 荇菜 莕菜 图 432

Nymphoides peltatum (Gmel.) Kuntze, Rev. Gen. Pl. 2: 429. 1891.

Limnanthemum peltatum Gmel. in Nov. Comm. Acad. Sci. Petrop. 14 (1): 527. 1769 (1770).

多年生水生草本。上部叶对生，下部叶互生，叶漂浮，近革质，圆形或卵圆形，宽 1.5-8 厘米，基部心形，全缘，具不明显掌状脉，下面紫褐色，密被腺体，粗糙，上面光滑；叶柄圆，长 5-10 厘米，基部鞘状，半抱茎。花多数簇生节上，5 数。花梗长 3-7 厘米；花萼长 0.9-1.1 厘米，裂至近基部，裂片椭圆形或椭圆状披针形，先端钝，

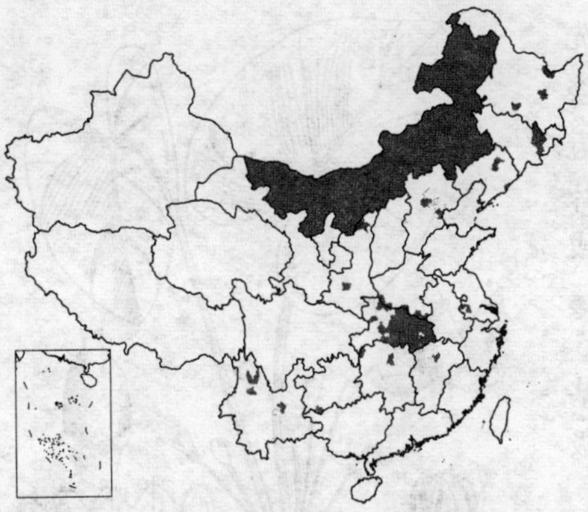

全缘；花冠金黄色，长2-3厘米，径 2.5-3 厘米，裂至近基部，冠筒短，喉部具 5 束长柔毛，裂片宽倒卵形，先端圆或凹缺，中部质厚部分卵状长圆形，边缘宽膜质，近透明，具不整齐细条裂齿；花丝基部疏被长毛；短花柱花的雌蕊长 5-7 毫米，花丝长3-4 毫米；长花柱花的雌蕊长 0.7-1.7 厘米，花丝长 1-2 毫米。蒴果椭圆形，长 1.7-2.5 厘米，不裂。种子边缘密被睫毛。花果期 4-10 月。

产黑龙江、吉林、辽宁、内蒙古、河北、江苏、江西、湖北、湖南、贵州、云南、陕西及河南，生于海拔60-1800米池塘或不甚流动河溪中。中欧、俄罗斯、蒙古、朝鲜、日本、伊朗、印度及克什米尔地区有分布。

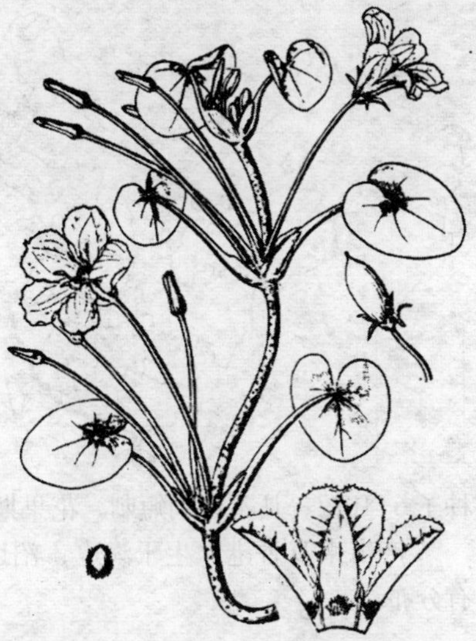

图 432 荇菜（引自《图鉴》）

2. 金银莲花 图 433

Nymphoides indica (Linn.) Kuntze, Rev. Gen. Pl. 2: 429. 1891.

Menyanthes indica Linn. Sp. Pl. 145. 1753.

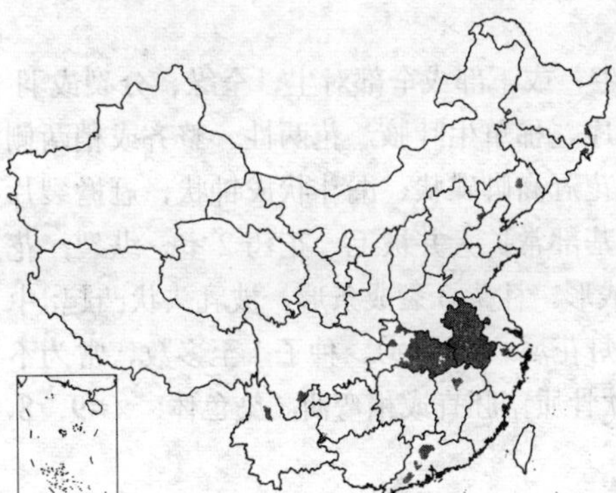

多年生水生草本。茎圆柱形，单叶顶生。叶漂浮，近革质，宽卵圆形或近圆形，长 3-8 厘米，全缘，下面密被腺体，基部心形，具不明显掌状脉。花多数，5数。花梗长3-5厘米；花萼长3-6 毫米，裂至近基部，裂片长椭圆形或披针形，先端钝；花冠白色，基部黄色，长0.7-1.2厘米，径6-8毫米，裂至近基部，冠筒短，具5束长柔毛，裂片卵状椭圆形，腹面密被流苏状长柔毛；花丝短，扁平，线形，长1.5-1.7毫米；花柱圆柱形，长约2.5毫米。蒴果椭圆形，长3-5 毫米，不裂。种子褐色，光滑。花果期8-10月。

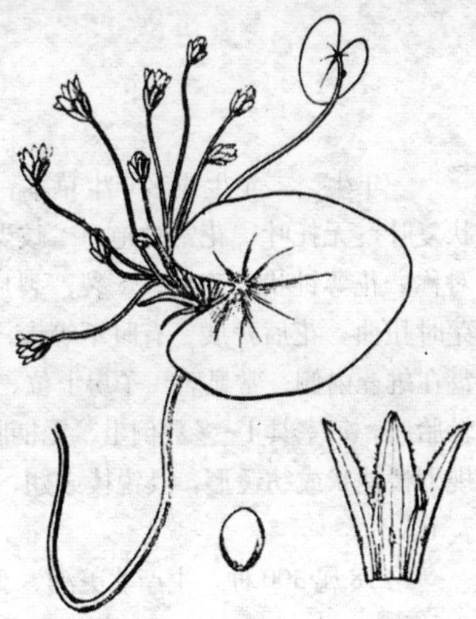

图 433 金银莲花（引自《图鉴》）

产辽宁、河北、安徽、浙江、江西、广东、海南、广西、云南及贵州，生于海拔1530米以下池塘及不甚流动水域。广布于世界热带至温带。

[附] **水皮莲 Nymphoides cristatum** (Roxb.) Kuntze, Rev. Gen. Pl. 2: 429. 1891.——*Menyanthes cristata* Roxb. Pl. Coromand. 2: 3. t. 105. 1798. 本种与金银莲花的区别：花冠裂片腹面无毛，具隆起纵褶；蒴果近球形；种子黄色，粗糙或光滑。产四川、湖北、湖南、江苏、福建、广东、香港、台湾。

3. 刺种荇菜 图 434

Nymphoides hydrophyllum (Lour.) Kuntze, Rev. Gen. Pl. 2: 429. 1891.

Menyanthes hydrophylla Lour. Fl. Cochinch. 105. 1790.

沼泽生浮水草本，长达30厘米。叶常数枚簇生节上，膜质，心形，长1-6厘米，叶脉掌状，不明显。花2-10朵簇生节上，5数。花梗长2-6 厘米；苞片离生，三角形；花萼裂

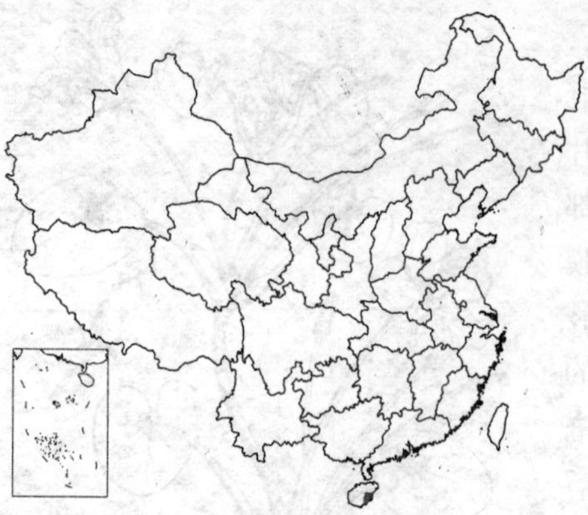

片窄长圆形，长4－5毫米，先端尖；花冠开展，白色，稀淡黄色，钟状，长7－8毫米，冠筒与花萼裂片近等长，裂片短，顶端微缺，边缘流苏状或疏被毛；雄蕊无花丝，花药三角形，长约1毫米；蜜腺5枚，撕裂状，生于子房近基部；子房卵圆形，花柱极短。蒴果球形，径约3毫米。种子6-10粒，具不规则短刺。花果期8-9月。

产海南及香港，生于沟边、沼地，少见。印度、泰国、柬埔寨及越南有分布。

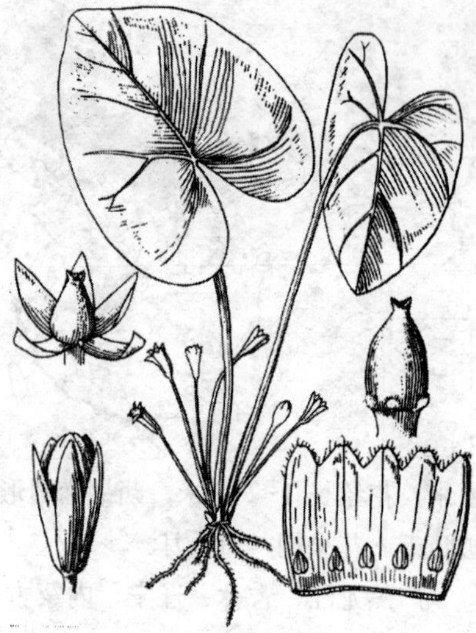

图 434 刺种荇菜（引自《海南植物志》）

185. 花荵科 POLEMONIACEAE

（刘全儒）

一年生、二年生或多年生草本，或灌木，有时具叶卷须攀援。单叶互生，或下部或全部对生，全缘、分裂或羽状复叶；无托叶。花常鲜艳，二歧聚伞或圆锥花序，有时为穗状或头状花序，稀单生叶腋。花两性，整齐或稍两侧对称；花萼钟状或筒状，5裂，裂片覆瓦状或镊合状，有时扩大具5翅；花冠高脚碟状、漏斗状或钟状，冠檐裂片芽时扭曲，花后开展，有时不等大；雄蕊5，生于花冠筒上，花丝丝状，基部常扩大并被毛，花药2室，纵裂；花盘在雄蕊内侧，常显著；子房上位，由(2)3(-5)心皮组成，3(-5)室，花柱线形，柱头3裂成条形，被乳头状凸起；中轴胎座，每室具1-多数倒生、无柄胚珠。蒴果室背开裂，稀室间开裂（电灯花属 Cobaea)。种子1至多数，常为不规则棱柱状或纺锤形，具锐棱或翅，外种皮具一层粘液细胞；胚乳肉质或软骨质；胚直或稍弯曲。染色体：x=9，8，7，6。

约18属300种，主产北美洲，少数产欧亚。我国1属1种，引种栽培2属4种。

1. 植物体具叶卷须攀援；蒴果室间开裂；萼片叶状；种子具翅；羽状复叶具顶生卷须 ………………………………………… 1. **电灯花属 Cobaea**
1. 植物体不攀援；蒴果室背开裂；萼片不为叶状；种子无翅；叶全缘或分裂，无卷须。
   2. 叶羽状分裂或羽状复叶；雄蕊在相同高度着生花冠筒内或花冠喉部 ………………… 2. **花荵属 Polemonium**
   2. 叶全缘；雄蕊在不同高度着生花冠筒内 ………………………………… 3. **天蓝绣球属 Phlox**

1. 电灯花属 Cobaea Cav.

缠绕灌木或草本。叶互生，偶数羽状复叶顶端具分枝卷须。花大，单生或成对（稀3）腋生，具长梗。花萼基部稍连合，裂片5，叶状，镊合状，有时扩大具5翅；花冠钟状或宽筒状，冠檐5裂，裂片宽短，开展，稀窄长；雄蕊伸出，花丝着生花冠筒基部，基部具绵毛状附属物，花药2室；花盘显著，5裂；子房卵圆形，3室，每室胚珠2至多数；柱头3裂。蒴果革质，室间3瓣裂。种子扁平，具宽翅；胚乳肉质；胚直，子叶宽叶状，胚根稍大。

约10种，产热带美洲。我国引种栽培1种。

电灯花 图 435

Cobaea scandens Cav. Icon. 1: 11. t. 16. 17. 1791.

多年生缠绕草本，全株无毛。茎具棱，长3-7米。小叶3对，椭圆形或卵形，长6-9厘米，先端渐窄，基部宽楔形或圆；叶柄长约1厘米，最下1对靠茎，具短柄，基部耳状戟形，卷须分枝。花单生。花梗长15-20厘米；花萼裂片宽卵形，紫色，内面绿色；花冠钟状，长约5厘米，冠檐裂片近圆形，短于冠筒，绿紫色，后渐变紫色；雄蕊花丝中部以上弯曲，花药丁字着生。蒴果长约4厘米。种子宽约8毫米，扁平。

原产墨西哥。云南南部、西北部及广东栽培。

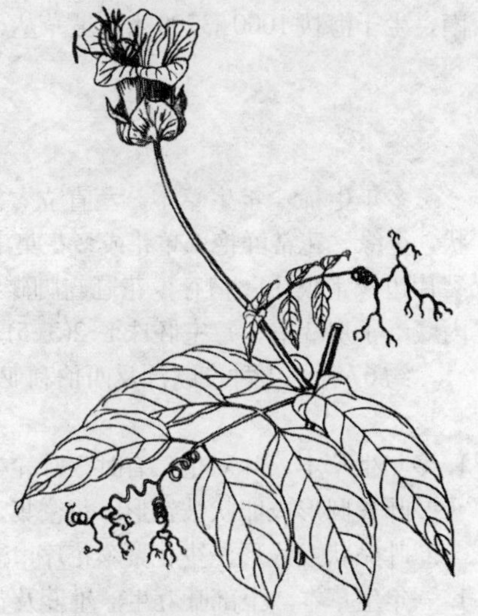

图 435 电灯花（李锡畴绘）

2. 花荵属 Polemonium Linn.

多年生稀一年生草本，常具匍匐根茎。叶互生，一回羽状分裂或奇数羽状复叶；基生叶具长柄，茎生叶柄较短，小叶无柄。顶生聚伞花序、疏伞房花序或近头状聚伞圆锥花序，稀1-3花。花萼钟状，绿色，5裂，花后扩大；花冠蓝紫或白色，宽钟状、近辐状或短漏斗状，冠檐裂片倒卵形；雄蕊在相同高度着生花冠筒内，花丝外曲，基部具髯毛；花盘具圆齿；子房3室，每室2-12胚珠。蒴果3瓣裂。种子具锐棱，无翅，种皮具螺纹纤维膨胀细胞，潮湿时具粘液。

约30-50种，主产美洲北部及中部，欧洲、亚洲、墨西哥及智利有分布。我国1种。

花荵 中华花荵 小花荵 图 436 彩片 116

Polemonium coeuleum Linn. Sp. Pl. 162. 1753.

Polemonium laxiflorum (Regel) Kitamura; 中国高等植物图鉴 3: 543. 1974.

Polemonium coeruleum var. *chinense* Brand; 中国植物志 64(1): 157. 1979.

Polemonium chinense (Brand) Brand; 中国高等植物图鉴 3: 544.1974.

Polemonium liniflorum V. Vassil; 中国植物志 64(1): 158, 1979.

多年生草本，高达1米。根茎匍匐，圆柱状。茎直立，无毛或疏被柔毛，茎下部奇数羽状复叶长达25厘米，茎上部叶长7-14厘米；小叶11-25，长卵形或披针形，长0.5-4厘米，先端尖或渐尖，基部近圆，全缘，两面疏被柔毛或近无毛；花序下的叶有时羽状全裂；叶柄长1.5-10厘米，与叶轴均疏被柔毛或近无毛。聚伞圆锥花序顶生或上部腋生，多花。花梗长3-5(-10)毫米，与花序梗均被腺毛；花萼钟状，长(2-)5-8毫米，被腺毛，果时增大包果；花冠蓝紫色，钟形，长0.8-1.8厘米，冠檐裂片倒卵形，长为冠筒2倍；雄蕊生于花冠筒基部；柱头稍伸出花冠。蒴果卵圆形，长5-7毫米。种子褐色，纺锤形。

图 436 花荵（孙英宝绘）

产黑龙江、吉林、辽宁、内蒙古、河北、山西、陕西、甘肃、宁夏、新疆、青海、四川、湖北及云南，生于海拔1000-3700米山坡草丛、灌丛中、山谷疏林下或溪边。欧洲、亚洲及北美有分布。

3. 天蓝绣球属 Phlox Linn.

多年生稀一年生草本。茎直立、铺散或丛生，有时基部木质化。叶对生或上部互生，稀轮生，常较窄，有时针状，全缘。花常鲜艳，单花或多花集生枝端，组成聚伞、圆锥或聚伞状圆锥花序。花萼筒状或钟状，具5肋，5裂，裂片边缘常膜质，宿存；花冠高脚碟状，冠筒喉部缢缩，冠檐裂片等大；雄蕊在不同高度着生花冠筒内，花丝短，内藏；子房3室，每室胚珠1-2(3-5)，花柱线形，无毛。蒴果3瓣裂。种子无翅，无粘液。

约67种，1种产欧洲及西伯利亚，余分布于北美。我国引种栽培3种，供观赏。

1. 多年生草本；叶对生，有时3叶轮生；雄蕊及花柱与花冠等长或稍长。
  2. 叶长圆形或卵状披针形；花密集，伞房状圆锥花序；冠檐裂片全缘 …………………… 1. **天蓝绣球 P. paniculata**
  2. 叶钻状或线形；少花聚伞花序；冠檐裂片先端凹 …………………… 1(附). **针叶天蓝绣球 P. subulata**
1. 一年生草本；上部叶互生；雄蕊及花柱短于花冠 …………………… 2. **小天蓝绣球 P. drummondii**

1. 天蓝绣球 图437 彩片117

Phlox paniculata Linn. Sp. Pl. 151. 1753.

多年生草本，茎直立，高达1米。叶对生，有时3叶轮生，长圆形或卵状披针形，长7.5-12厘米，先端渐尖，基部楔形，全缘，两面疏被短柔毛；无柄或具短柄。花密集，顶生伞房状圆锥花序。花梗和花萼近等长；花萼筒状，裂片钻状，短于萼筒，被微柔毛或腺毛；花冠淡红、红、白或紫色，冠筒长达3厘米，被柔毛，冠檐裂片倒卵形，先端圆，全缘，较冠筒短，平展；雄蕊及花柱与花冠等长或稍长。蒴果卵圆形，稍长于萼筒。种子卵球形，黑或褐色，具粗糙皱纹。

原产北美东部。我国各地庭院常栽培。

[附] **针叶天蓝绣球 Phlox subulata** Linn. Sp. Pl. 152. 1753. 本种与天蓝绣球的区别：茎丛生，铺散；叶钻状或线形，长1-1.5厘米；少花聚伞花序；冠檐裂片先端凹。原产北美东部。华东地区引种栽培。

图437 天蓝绣球（冀朝祯绘）

2. 小天蓝绣球 图438 彩片118

Phlox drummondii Hook. in Curtis's Bot. Mag. 62: t. 3441. 1835.

一年生草本，高达45厘米。茎直立，单一或分枝，被腺毛。下部叶对生，上部叶互生，宽卵形、长圆形或披针形，长2-7.5厘米，先端尖，基部渐窄或稍抱茎，全缘，上面被毛；无柄。圆锥状聚伞花序顶生，被短柔毛。花梗极短；花萼筒状，裂片披针状钻形，长2-3毫米，被柔毛，果时开展或外弯；花冠淡红、深红、紫、白或淡黄色，径1-2厘米，冠檐裂片圆形，稍短于冠筒；雄蕊及花柱短于花冠。蒴果椭圆形，长约5毫米。种子长圆形，长约2毫米，褐色。

原产北美。各地庭院栽培。

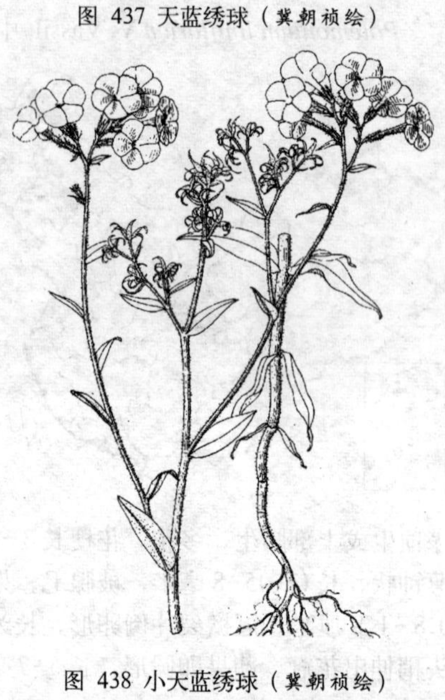

图438 小天蓝绣球（冀朝祯绘）

186. 田基麻科 HYDROPHYLLACEAE

（刘全儒）

一年生、多年生草本或亚灌木，常粗糙被毛，有时具刺。叶基生或互生，稀对生，全缘或羽裂，稀掌状裂；无托叶。花小或显著，多花二歧蝎尾状聚伞花序、聚伞花序或头状花序，或单生。花两性，辐射对称，(4)5(10-12)数；花萼裂至中部或基部，裂片覆瓦状排列，其间有时具苞片状附属物，宿存；花冠辐状、钟状或短漏斗状，常5裂，冠檐裂片常宽而伸展，覆瓦状排列，花冠筒内常有具折或鳞片状附属物；雄蕊与花冠裂片同数互生，着生花冠筒基部；花丝丝状，花药2室，纵裂；花盘下位或无；子房上位，由2心皮组成，1室，侧膜胎座2，或分隔为2室，倒生胚珠多数至2枚，无柄或下垂；花柱1-2，柱头头状或丝状。蒴果室背或室间开裂，2(4)瓣裂或不规则碎裂。种子常具网纹、凹穴或泡状突起，胚小而直，胚乳丰富。

20属，约250种，除大洋洲外，各洲均有分布，主产北美。我国1属1种。

田基麻属 Hydrolea Linn.

一年生、多年生草本或亚灌木，被腺毛或无毛，有时具针刺。叶互生，全缘。花两性，辐射对称，5数，聚伞花序或短总状花序；花萼裂近基部，裂片披针形；花冠钟状或辐状，5裂；雄蕊等长，基部常宽，花药箭形或戟形；子房2室，每室胚珠多数，花柱2，柱头头状。蒴果皮薄，2或4瓣裂，或不整齐碎裂。种子多数，极小，具不规则纵皱纹。

约20种，分布于美洲、非洲及亚洲热带。我国1种。

田基麻 图 439

Hydrolea zeylanica (Linn.) Vahl, Symb. Bot. 2: 46. 1791.

Nama zeylanica Linn. Sp. Pl. 226. 1753.

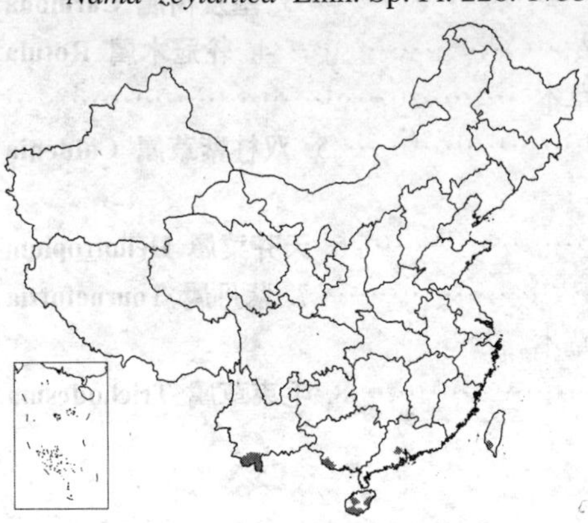

一年生草本。茎直立或平卧，长达1米，分枝，无毛或上部被腺毛。叶披针形或椭圆状披针形，长3-10厘米，先端短尖或渐尖，基部楔形，全缘，两面无毛；叶柄长2-3毫米。短总状花序顶生，被腺毛。花梗长1-3毫米，花后伸长；花萼裂片披针形，长3-6毫米，径0.8-1厘米；花冠辐状，蓝色，长3-5毫米，冠檐裂片卵形。蒴果卵圆形，长5毫米，为宿萼包被。种子长圆形，长约0.3毫米，黄褐色，微具棱。

产福建、台湾、广东、海南、广西及云南，生于海拔1000米以下田野湿润处、池边、稻田边、沟边或疏林下。亚洲热带地区及大洋洲有分布。

图 439 田基麻（冀朝祯绘）

187. 紫草科 BORAGINACEAE

（朱格麟）

一年生、二年生或多年生草本，稀灌木或小乔木，常被刚毛、硬毛或糙伏毛。单叶，基生叶丛生，茎生叶互生，稀对生或轮生；无托叶。聚伞花序或镰状聚伞花序，稀少花或花单生；具苞片或无，苞片叶状，常较小，与花对生或互生，或生于花侧。花两性，辐射对称，稀左右对称；花萼(3-4)5，常宿存；花冠筒状、钟状、漏斗状或高脚碟状，冠檐(4)5 裂，裂片在花蕾中覆瓦状排列，稀旋转状，喉部或筒部具 5 个梯形或半月形附属物，稀无附属物；雄蕊 5，生于花冠筒部，稀生于喉部，轮状排列，稀螺旋状排列，内藏或伸出，花药内向，2 室，基部背着，纵裂；蜜腺在花冠筒内基部环状排列，或生于花盘上；雌蕊由 2 心皮组成，子房 2 室，每室 2 胚珠，或内壁形成隔膜成 4 室，每室 1 胚珠，或子房(-2)4 裂，每裂瓣具 1 胚珠，花柱顶生或生于子房裂瓣间的雌蕊基上，分枝或不分枝；胚珠近直生、倒生或半倒生；雌蕊基平、塔形或锥形。核果具 1-4 种子，或瓣裂成(2)4 个小坚果，果皮干燥，稀多汁，常具疣状、碗状或盘状突起。种子直生或斜生，种皮膜质；无胚乳，稀具少量内胚乳；胚直伸，稀弯曲，子叶平，肉质，胚根在上方。

约 156 属，2500 种，分布于温带及热带地区，地中海地区为分布中心。我国 46 属，引入 1 属，约 300 种，遍布全国，西南最丰富。

1. 子房不裂，花柱顶生；乔木或灌木，稀草本。
  2. 花柱 2 次 2 裂，柱头 4；核果具 1 核；子叶具褶 …… 1. **破布木属 Cordia**
  2. 花柱 2 裂或不裂，柱头 1 或 2；核果常裂为 2 或 4 个分核；子叶无褶。
    3. 花柱常 2 裂；柱头 2，基部不膨大成环。
      4. 果浆果状，或为核果，不裂或裂成(2)4 个分核；灌木或乔木。
        5. 花柱 2 裂，柱头 2。
          6. 花柱 2 浅裂；内果皮裂成 2 个具 2 种子或 4 个具 1 种子分核；叶上面无白色斑点 …… 2. **厚壳树属 Ehretia**
          6. 花柱 2 裂近基部；内果皮不裂；叶上面被白色斑点 …… 3. **基及树属 Carmona**
        5. 花柱不裂，柱头 2 浅裂，近盾状；内果皮裂成 4 个具 1 种子分核 …… 4. **轮冠木属 Rotula**
      4. 果干燥，中果皮不明显，内果皮裂成 4 个具 1 种子分核；一年生草本 …… 5. **双柱紫草属 Coldenia**
    3. 柱头1，花柱基部膨大成环。
      7. 果干燥，中果皮薄 …… 6. **天芥菜属 Heliotropium**
      7. 果具肉质或木栓质中果皮 …… 7. **紫丹属 Tournefortia**
1. 子房(2)4 裂，花柱生于子房裂瓣间雌蕊基上；子房裂瓣发育成小坚果；草本。
  8. 花药药隔芒状，螺旋状扭转 …… 8. **毛束草属 Trichodesma**
  8. 花药药隔先端不呈芒状，不扭转。
    9. 花冠喉部无附属物。
      10. 花药离生，基部非箭头形。
        11. 雄蕊内藏；小坚果背面无碗状突起，着生面位于果腹面基部；雌蕊基平。
          12. 花冠辐射对称，5 裂片近等大；花冠筒长于冠檐。
            13. 雄蕊着生同一水平面；小坚果无柄。
              14. 花柱不裂；小坚果平滑，着生面微凹 …… 9. **肺草属 Pulmonaria**
              14. 花柱 2 或 4 裂；小坚果被疣状突起；.着生面平或微凹 …… 10. **软紫草属 Arnebia**
            13. 雄蕊螺旋状着生；小坚果具短柄 …… 11. **紫筒草属 Stenosolenium**
          12. 花冠稍左右对称，后(上)面裂片较长 …… 12. **蓝蓟属 Echium**
        11. 雄蕊伸出；小坚果背面具碗状突起，着生面位于果腹面中部以下；雌蕊基窄金字塔形或圆锥形 ……

………………………………………………………………………………… 13. 颅果草属 **Craniospermum**

10. 花药围绕花柱靠合，基部箭头形。

15. 花冠筒膨胀，冠檐裂片之下具 5 纵褶及沟槽；花萼裂至中部，裂片三角形 ……………………………………………………………………………………………… 14. 胀萼紫草属 **Maharanga**

15. 花冠筒不膨胀，冠檐裂片之下无纵褶及沟槽；花萼裂至中部或基部，裂片线形或线状披针形 ……………………………………………………………………………………………… 15. 滇紫草属 **Onosma**

9. 花冠喉部或筒部具 5 附属物，若无附属物则具纵褶或毛条。

16. 花萼裂片不等大，果时增大呈蚌壳状，边缘具齿，网脉明显 ………………………… 16. 糙草属 **Asperugo**

16. 花萼裂片近等大，果时稍增大但不呈蚌壳状。

17. 小坚果着生面凹下并有脐状组织，周围具环状突起。

18. 花冠附属物位于喉部。

19. 雄蕊与花冠附属物生于同一水平；花冠浅裂 ………………………… 17. 聚合草属 **Symphytum**

19. 雄蕊生于花冠附属物之下；花冠深裂。

20. 聚伞圆锥花序顶生；着生面在果底部，凹下；植物体被硬毛或刚毛 ……………………………………………………………………………… 18. 牛舌草属 **Anchusa**

20. 花单生叶腋；着生面长圆形在果腹面；植物体被刺毛 ……………………………………………………………………………… 19. 腹脐草属 **Gastrocotyle**

18. 花冠附属物位于喉部之下 ……………………………………………… 20. 假狼紫草属 **Nonea**

17. 小坚果着生面不凹下；无脐状组织和环状突起。

21. 坚果桃形，平滑，乳白色(田紫草例外)；花药具小尖头 ……………… 21. 紫草属 **Lithospermum**

21. 小坚果非桃形；花药无小尖头。

22. 小坚果无锚状刺（西藏微孔草例外）。

23. 小坚果四面体形或双凸镜形。

24. 小坚果背面无膜质杯状突起。

25. 雄蕊伸出花冠喉部。

26. 茎上部叶近轮生 ……………………………………… 22. 山茄子属 **Brachybotrys**

26. 茎生叶互生 ……………………………………………… 23. 滨紫草属 **Mertensia**

25. 雄蕊内藏。

27. 花冠裂片覆瓦状排列；小坚果四面体形 ……………… 24. 附地菜属 **Trigonotis**

27. 花冠裂片旋转状排列；小坚果双凸镜形 ……………………… 25. 勿忘草属 **Myosotis**

24. 小坚果背面边缘具碗状或皿状突起。

28. 叶卵状心形；花萼果期囊状，包被果实 …………………………………………………………………………… 26. 车前紫草属 **Sinojohnstonia**

28. 叶椭圆状卵形或窄椭圆形；花萼果期稍增大，裂片平展，不包被果实 …………………………………………………………………………… 27. 皿果草属 **Omphalotrigonotis**

23. 小坚果非四面体形，也非双凸镜形。

29. 雄蕊伸出花冠 ………………………………………………… 28. 长蕊斑种草属 **Antiotrema**

29. 雄蕊内藏。

30. 花单朵顶生；叶扇状楔形；多年生高山垫状草本 …………………………………………………………………………… 29. 垫紫草属 **Chionocharis**

30. 花数朵至多数，组成各种聚伞花序。

31. 小坚果具形状各异突起。

32. 小坚果腹面具环状凹陷 ……………………………… 30. 斑种草属 **Bothriospermum**

32. 小坚果背面具凹陷形突起。

33. 凹陷形突起 2 层，外层具齿 ……………………… 31. 盾果草属 **Thyrocarpus**

33. 凹陷形突起 1 层，稀 2 层，边缘无明显齿 ……… 32. 微孔草属 **Microula**

31. 小坚果无上述突起。
34. 雌蕊基锥状或柱状。
35. 雌蕊基锥状；小坚果被短糙毛；镰状聚伞花序 …………………………………… 33. **毛果草属 Lasiocaryum**
35. 雌蕊基柱状；小坚果无毛；伞形聚伞花序 ……………………………………… 34. **微果草属 Microcaryum**
34. 雌蕊基近平；小坚果无毛，有光泽 …………………………………………… 35. **钝背草属 Amblynotus**
22. 小坚果具锚状刺，如锚状刺不明显或无锚状刺，则雌蕊基呈锥形。
36. 雌蕊基平、微凸、半球形或矮塔形，较小坚果短几倍。
37. 小坚果被锚状刺及短糙毛 ……………………………………………………… 36. **锚刺果属 Actinocarya**
37. 小坚果仅背盘边缘具锚状刺。
38. 小坚果着生面位于果中部及以下。
39. 叶宽 3.5–9 厘米 …………………………………………………………… 37. **假鹤虱属 Hackelia**
39. 叶宽不及 1.5 厘米 ………………………………………………………… 38. **齿缘草属 Eritrichium**
38. 小坚果着生面位于腹面近顶端 …………………………………………… 39. **颈果草属 Metaeritrichium**
36. 雌蕊基钻状或锥状，稍短或稍长于小坚果。
40. 子房 2 裂，胚珠 2，花柱不裂；小坚果孪生 ………………………………………… 40. **孪果鹤虱 Rochelia**
40. 子房 4 裂，胚珠 4，成熟时 4 裂片发育成 4 个小坚果，有时 1–3 个不发育。
41. 花冠冠檐较冠筒短；雄蕊及花柱伸出。
42. 雄蕊着生于花冠筒喉部附属物下方，花药与花丝近等长或较长。
43. 小坚果卵形，长约 6 毫米，无翅，密生锚状刺 ……………………… 41. **长柱琉璃草属 Lindelofia**
43. 小坚果球形或卵圆形，长约 1.5 厘米，具宽翅 ……………………………… 42. **翅果草属 Rindera**
42. 雄蕊着生花冠筒喉部附属物以上，花药较花丝短几倍 ……………………………………………………………………… 43. **长蕊琉璃草属 Solenanthus**
41. 花冠冠檐与冠筒近等长或较长，雄蕊及花柱内藏。
44. 小坚果着生面位于腹面中部或中部以下。
45. 小坚果腹面仅以着生面与雌蕊基结合 …………………………………… 44. **鹤虱属 Lappula**
45. 小坚果腹面全长与雌蕊基结合 ……………………………………… 45. **异果鹤虱属 Heterocaryum**
44. 小坚果着生面位于腹面上部。
46. 小坚果无翅，着生面在顶部 ……………………………………………… 46. **琉璃草属 Cynoglossum**
46. 小坚果具宽翅，着生面靠上部 ……………………………………………… 47. **盘果草属 Mattiastrum**

1. 破布木属 Cordia Linn.

乔木，稀灌木。叶互生，全缘或具锯齿；常具叶柄。伞房状聚伞花序；无苞片。花两性及雄性；花萼筒状或钟状，具 3–5 裂齿，果期宿存硬化；花冠钟状或漏斗状，4–5 裂，裂片伸展或外弯；雄蕊与花冠裂片同数，花丝基部被毛；子房 4 室，每室 1 胚珠；花柱 2 次 2 裂，4 分枝各具 1 匙形或头状柱头。核果。种子无胚乳，子叶具褶。

约 325 种，主要分布于北美洲及南美洲热带，少数种产非洲及亚洲。我国 5 种。

1. 叶下面密被绒毛；花序顶生及腋外侧生 ………………………………………… 1. **二叉破布木 C. furcans**
1. 叶下面无毛或仅沿叶脉及脉腋被毛；花序生于侧枝顶端。
2. 花序松散，伞房状；花冠喉部被毛 ……………………………………………… 2. **破布木 C. dichotoma**
2. 花序紧密，团伞状；花冠喉部无毛 …………………………………… 2(附). **越南破布木 C. cochinchinensis**

1. 二叉破布木 图 400:4–7

Cordia furcans Johnst. in Journ. Arn. Arb. 32: 5. 1951.

乔木，高达 15 米，或灌木状。叶卵圆形或椭圆形，长 8–15 厘米，先端钝，基部宽楔形或圆，稀微心形，全缘，稀疏生微钝齿，上面被平伏硬毛，下面密被绒毛；叶柄长 3–8 厘米。聚伞花序顶生及腋外侧生，分

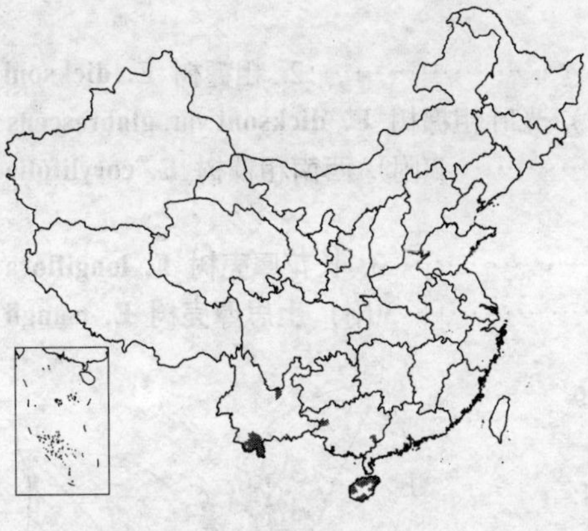

枝呈二歧式，径 8-12 厘米，花序梗长 2-8 厘米。花雄性及两性，4 或 5 基数，近无花梗；花萼钟状，长约 5 毫米，不规则浅裂，裂片不等大，长 1-1.5 毫米，果时杯状；花冠漏斗状，白色，长约 8 毫米，冠筒短于冠檐，冠檐裂片长圆形，长 4-5毫米，外弯，喉部被毛；雄蕊生于花冠筒近顶部，花丝长 4-5毫米；两性花子房卵圆形，花柱长约 4 毫米，2 次分枝，柱头匙形。核果红或淡红色，椭圆形，长约 9 毫米，中果皮多汁。花果期 11 月至翌年 1 月。

产海南、广西及云南，生于山坡疏林中。印度、泰国、越南及缅甸有分布。

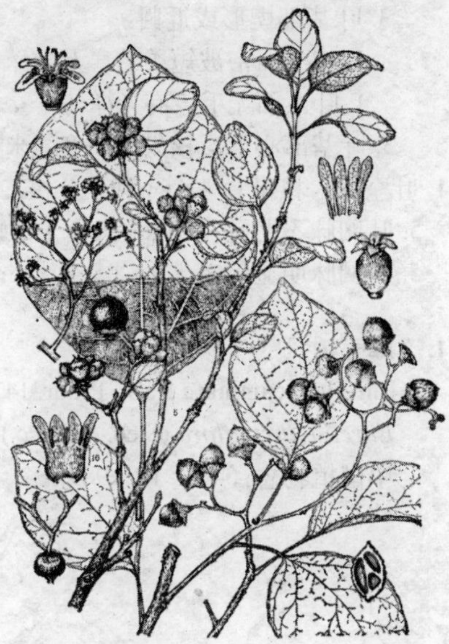

图 440:1-3.越南破布木 4-7.二叉破布木 8-13.破布木（夏泉绘）

2. 破布木 图 440:8-13

Cordia dichotoma Forst. Fl. Ins. Austr. 18. 1786.

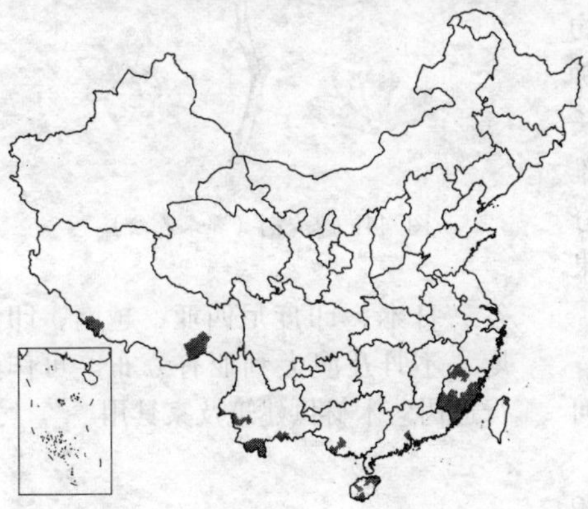

乔木，高达 10 米。叶卵形或卵状椭圆形，长 6-12 厘米，先端骤短尖，基部宽楔形或近圆，近全缘或波状钝齿，两面初被微柔毛，后渐脱落，上面有时被白斑，侧脉 3-5 对；叶柄长 2-4 厘米。伞房状聚伞花序二歧分枝，生于侧枝顶端，长 6-10 厘米，松散。花两性或雄性异株，两性花花萼钟状，长 5-6 厘米，裂片不等大，花冠白或黄白色，长约 1 厘米，裂片长 5-6 毫米，常外折，喉部被毛；雄蕊生于花冠筒顶端，花丝长约 1.5 毫米；子房无毛，花柱伸出。核果近球形，黄或带红色，径 1-1.5 厘米，中果皮具胶质；宿萼浅杯状，径 0.8-1.2 厘米。花期 4-5 月，果期 7-8 月。染色体 2n= 48, 50。

产台湾、福建、广东、海南、广西、云南及西藏东南部，生于海拔 2000 米以下山坡或河谷溪边。印度北部、日本琉球群岛、东南亚、澳大利亚东北部及巴基斯坦有分布。种子富含脂肪；果入药，可祛痰、利尿；木材供制农具。

[附] **越南破布木** 图 440:1-3 **Cordia cochinchinensis** Gagnep. in Lecomte, Fl. Indo -Chine 4: 203. 1914. 本种与破布木的区别：小乔木或灌木状，高达 3 米；叶椭圆形或倒卵形，长 4-8 厘米，叶柄长 1-2 厘米；聚伞花序团伞状，生于侧枝顶端；花冠长约 1.5 厘米，花丝长约 4 毫米。花果期 7-12 月。产海南，生于海边丘陵。越南及泰国有分布。

2. 厚壳树属 Ehretia Linn.

乔木或灌木。叶互生，全缘或有锯齿；具叶柄。伞房状聚伞花序或呈圆锥状。花萼小，漏斗状，5 深裂；花冠筒状，冠檐 5 裂，裂片开展或反折；雄蕊 5，生于花冠筒中部或近基部，花药卵圆形或长圆形，花丝丝状，常伸出花冠筒；子房球形，2 室，每室 2 胚珠，花柱顶生，2 裂至中部，柱头头状或棍棒状。核果，近球形，常无毛，内果皮裂为 2 个具 2 种子或 4 个具 1 种子分核。

约 50 种，主产非洲及亚洲南部，3 种产北美及中美。我国 14 种 1 变种。

1. 叶具细锯齿；核果具 2 分核，每分核具 2 种子。
    2. 叶长 5-12 厘米，宽 4-6 厘米，齿尖内弯；核果径 3-4 毫米 ………… 1. **厚壳树 E. acuminata**
    2. 叶长 10-20 厘米，宽 5-15 厘米，齿尖不内弯，被毛；核果径 0.6-1.5 厘米。

3. 叶基部楔形或近圆。
4. 叶下面密被短柔毛，无光泽 …… 2. **粗糠树 E. dicksoni**
4. 叶下面无毛，有光泽 …… 2(附). **光叶粗糠树 E. dicksoni** var. **glabrescens**
3. 叶基部心形；核果径6-8毫米 …… 2(附). **西南粗糠树 E. corylifolia**
1. 叶全缘；核果具4个1种子分核。
5. 叶网脉不明显；核果径0.8-1.2厘米 …… 3. **长花厚壳树 E. longiflora**
5. 叶网脉明显；核果径约5毫米 …… 3(附). **上思厚壳树 E. tsangii**

1. 厚壳树 图 441 彩片 119

Ehretia acuminata R. Br. Prodr. 147. 1810.

Ehretia thyrsiflora (Sieb. et Zucc.) Nakai; 中国高等植物图鉴 3: 546. 1974; 中国植物志 64(2): 12. 1989.

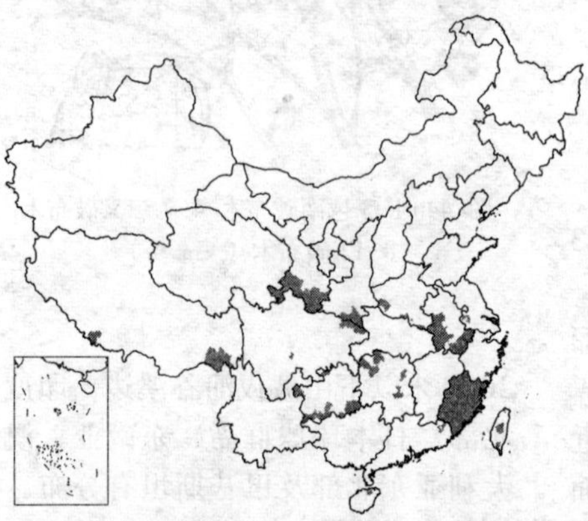

落叶乔木，高达15米。小枝无毛，暗褐色。叶椭圆形或长圆状倒卵形，长5-12厘米，先端尖，基部宽楔形，具不整齐细锯齿，齿端内弯，上面无毛，下面疏被毛；叶柄长1-3厘米。圆锥状聚伞花序顶生，长10-15厘米，近无毛。花萼长约2毫米，裂片卵形；花冠钟形，白色，长3-4毫米，裂片长圆形，较冠筒稍长，开展；雄蕊生于花冠筒中部，伸出，花药长约1毫米；花柱长约2毫米，顶端分枝。核果球形，黄色，径3-4毫米，具皱纹，裂为2个具2种子分核。花果期4-6月。2n=30, 32, 36。

产山东、河南、江苏、安徽、浙江、福建、台湾、江西、湖北、湖南、贵州、广东、海南、广西、及云南，生于海拔2000米以下丘陵、山坡或河谷。日本、印度尼西亚、越南、印度、不丹及澳大利亚有分布。可作行道树；木材供建筑及家具用。

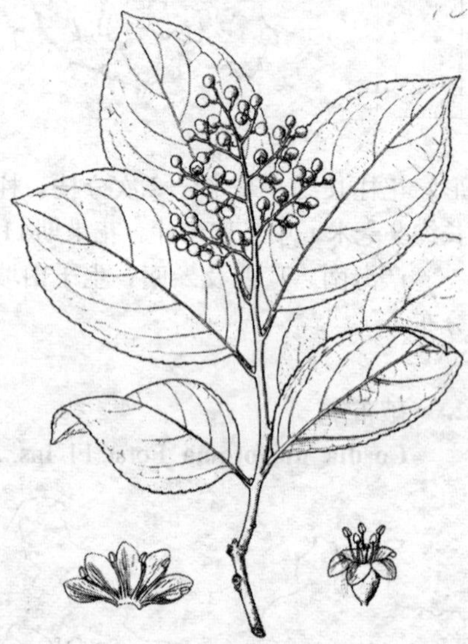

图 441 厚壳树（郭木森绘）

2. 粗糠树 图 442

Ehretia dicksoni Hance, Ann. Sci. Nat. Bot. ser. 4, 18. 224. 1862.

Ehretia macrophylla Wall.; 中国植物志 64(2): 15. 1989.

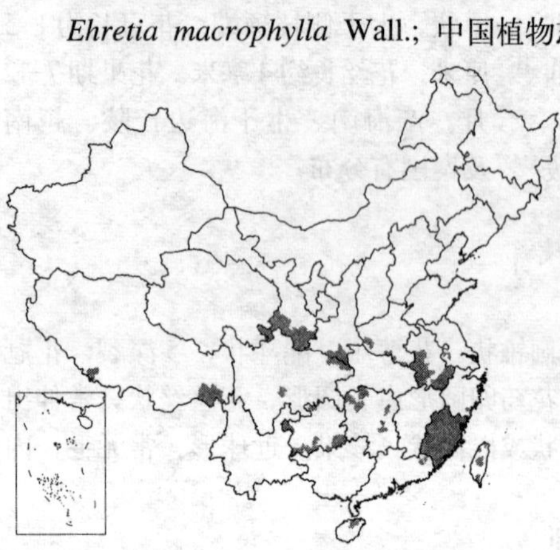

落叶乔木，高达15米。小枝淡褐色，被糙毛。叶椭圆形或倒卵形，长10-20厘米，先端骤尖，基部宽楔形或近圆，具细锯齿，齿尖不内弯，上面密被具基盘糙伏毛，下面被短柔毛；叶柄长1-4厘米。伞房状聚伞花序顶生，径6-9厘米。花具短梗；花萼长约4毫米，5裂至中部稍下，裂片卵形或长圆形，被毛；花冠筒状或漏斗形，白色，长0.8-1厘米，冠檐裂片长圆形，较冠筒稍短；雄蕊生于花冠筒中部，伸出，花药长1.5-2毫米，花柱长约8毫米，顶端分枝。核果近球形，黄色，径1-1.5厘米，内果皮裂为2个具2种子分核。花果期4-7月。染色体2n=40。

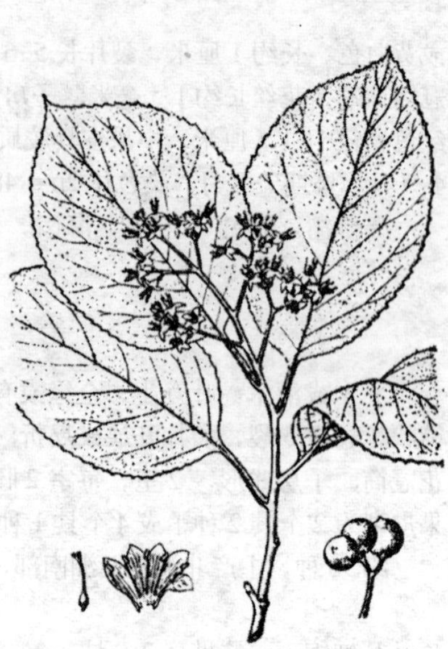

图 442 粗糠树（引自《图鉴》）

产江苏、安徽、浙江、福建、台湾、湖南、广东、海南、广西、四川、贵州、河南、陕西及甘肃，生于海拔2000米以下山坡或林缘。日本、越南、不丹及尼泊尔有分布。

[附] 光叶粗糠树 **Ehretia dicksoni** var. **glabrescens** Nakai in Journ. Arn. Arb. 5: 40. 1924.——*Ehretia macrophylla* Wall. var. *glabrescens* (Nakai) Y. L. Liu; 中国植物志 64(2): 15. 1989. 本变种与模式变种的区别：叶下面无毛，常有光泽。产湖北、广西、贵州、四川及西藏，生于海拔2000米以下丘陵、山坡或山谷。

[附] **西南粗糠树** 彩片 120 **Ehretia corylifolia** C. H. Wright in Kew Bull. 1896: 25. 1896. 本种与粗糠树的区别：叶基部心形；核果径6-8毫米。花期5月，果期6-7月。产云南、贵州及四川，生于海拔1500-3000米山谷、山坡。

3. 长花厚壳树 图 443

Ehretia longiflora Champ. ex Benth. in Hook. Journ. Kew Gard. Misc. 5: 58. 1853.

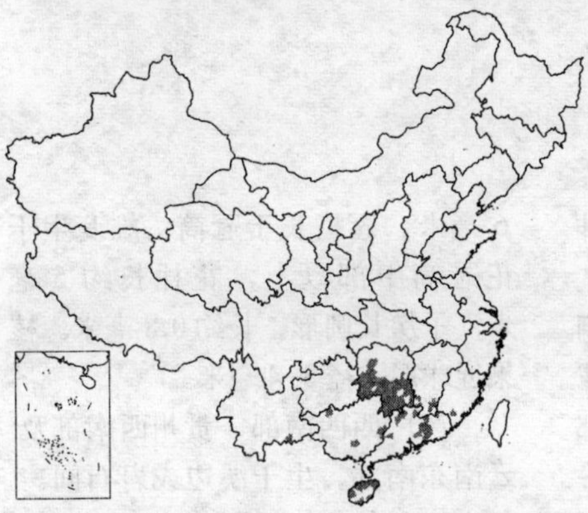

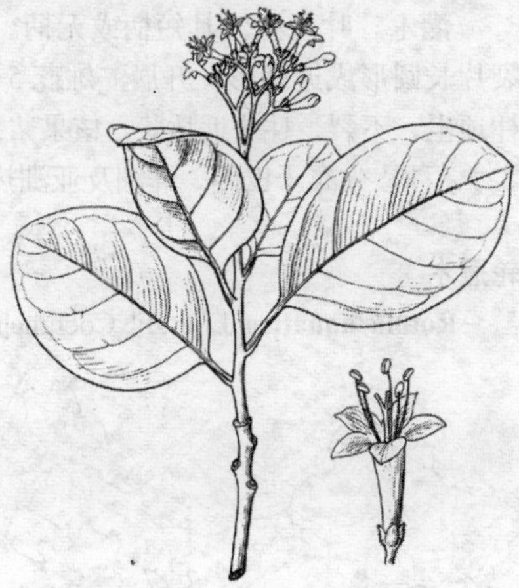

图 443 长花厚壳树（郭木森绘）

落叶乔木，高达15米。小枝褐色，无毛。叶椭圆形或长圆状披针形，长8-15厘米，先端尖，基部宽楔形，两面无毛，全缘，侧脉4-7对；叶柄长1-2厘米。伞房状聚伞花序，生于侧枝顶端，径4-6厘米；无苞片。花具短梗；花萼长约2毫米，裂片卵形或三角形，边缘微被毛；花冠筒状钟形，白或淡红色，长约1厘米，裂片卵形或卵状椭圆形，短于冠筒；雄蕊生于花冠筒近基部，稍伸出，花药长约1毫米，花丝长0.8-1厘米；子房无毛，花柱长1-1.5厘米。核果球形，径0.8-1.2厘米，红或淡黄色，果核裂成4个具1种子分核。花期4月，果期6-7月。

产福建南部、江西、湖南南部、广东、海南、香港、广西及云南，生于海拔1000米以下山坡疏林中。越南有分布。

[附] **上思厚壳树** **Ehretia tsangii** Johnst. in Journ. Arn. Arb. 32: 104. 1951. 本种与长花厚壳树的区别：叶网脉明显；核果径约5毫米。花期3月，果期4月。产贵州南部、广西西部、南部及云南东南部，生于海拔500米以下山谷。

3. 基及树属 Carmona Cav.

小乔木，高达3米，或灌木状。多分枝，幼枝疏被短硬毛。叶互生，簇生短枝；叶倒卵形或匙形，长2-5厘米，革质，先端骤尖或圆，基部渐窄楔形下延成短柄，上部叶缘具牙齿，两面疏被短硬毛。聚伞花序腋生或生于短枝。花具短梗或近无梗；花萼长约5毫米，5裂近基部，裂片线形或线状倒披针形，开展，两面被毛；花冠钟状，白或稍红色，长约6毫米，冠檐裂片5，卵形或披针形，稍长于冠筒，喉部无附属物；雄蕊5，生于花冠筒近基部，花药长圆形，伸出；花柱顶生，2裂近基部，柱头头状，花柱宿存。核果近球形，径约5毫米，内果皮骨质，具网状纹饰，种子4。

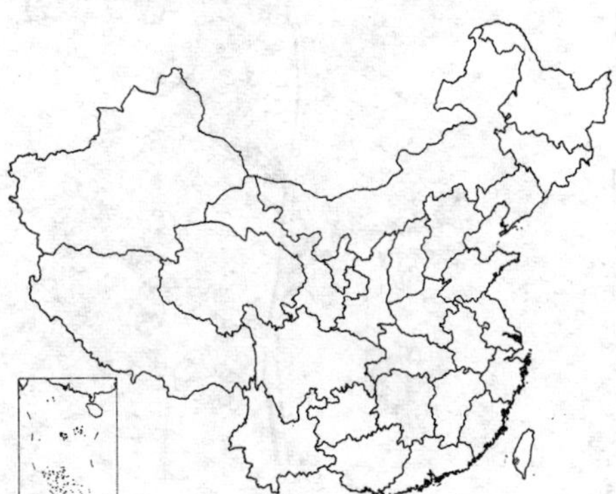

单种属。

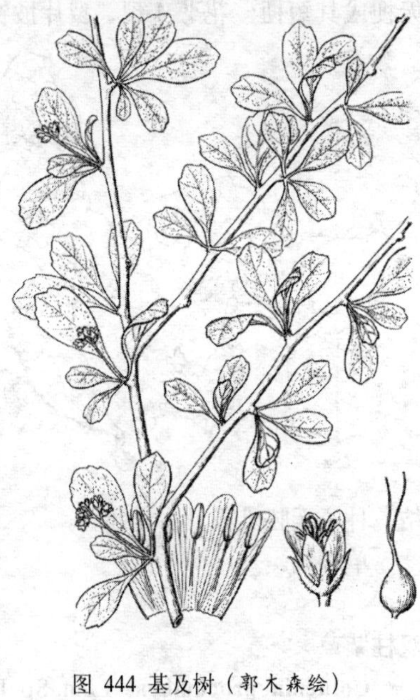

图 444 基及树（郭木森绘）

基及树 图 444

Carmona microphylla (Lam.) G. Don, Gen. Syst. 4: 391. 1837.

Ehretia microphylla Lam. Encycl. Meth. 1: 425. 1783; 中国植物志 64(2): 21. 1989.

形态特征同属。花果期11月至翌年4月。染色体2n=32。

产广东西南部、海南及台湾，生于低海拔丘陵或山坡灌丛中。印度尼西亚、日本及澳大利亚有分布。

4. 轮冠木属 Rotula Lour.

灌木。叶互生；具短柄或无柄。聚伞花序。花萼5裂，裂片披针形，在花蕾中覆瓦状排列；花冠钟形，5裂，裂片长圆形或近圆形，开展；雄蕊5，伸出或内藏，花丝无毛，花药长圆形；子房卵球形，4室，每室1胚珠，花柱顶生，不裂，柱头近盾状。核果浆果状，具4个单种子分核。种子长圆形，无胚乳。

3种，分布于巴西、非洲及亚洲热带。我国1种。

轮冠木

Rotula aquatica Lour. Fl. Cochinch. 1: 121.1790.

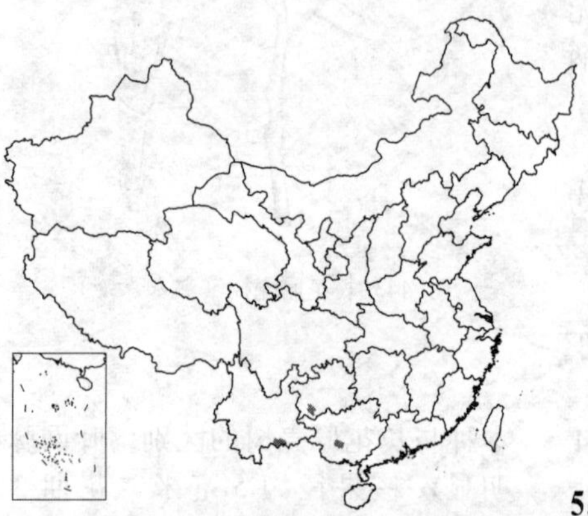

灌木，具多数，细长而延伸的茎；茎灰、灰褐或黑灰色，无毛，分枝细。叶长圆形或倒披针形，长0.5-2.5厘米，近革质，先端钝，具短尖头，基部楔形或近圆，全缘；叶柄长1-4毫米或近无柄。花萼长约4毫米；花冠粉红或淡紫色，长约6毫米，冠檐长于冠筒；雄蕊生于花冠筒中部以上；花柱长约5毫米；子房长圆形，长约0.8毫米。核果近球形，径3-4毫米。

产广西西南部、贵州西南部及云南东南部，生于溪边或岩石间。印度及东南亚有分布。

5. 双柱紫草属 Coldenia Linn.

一年生草本。茎平卧或外倾，长达40厘米，基部分枝，密被糙毛。叶斜倒卵形或椭圆形，长1-2厘米，宽0.5-1.5厘米，两侧不对称，先端近圆，基部楔形，两面被糙伏毛，浅裂，侧脉4-6对；具短柄或近无柄。花单生腋外，无梗或具短梗；花萼4裂，裂片披针形或卵状披针形，果时增大，宿存；

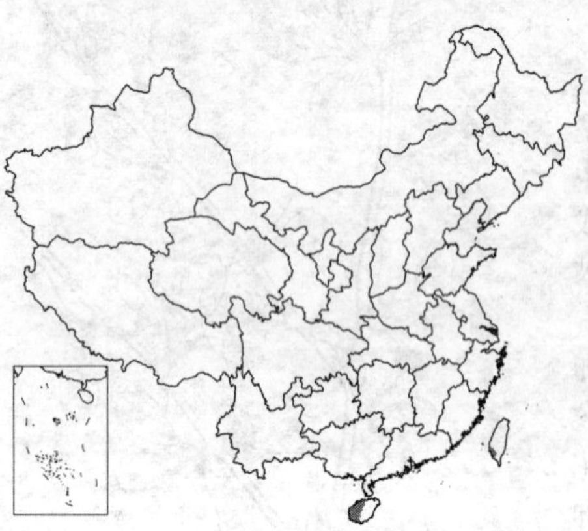

花冠筒状，白色，长约2毫米，冠檐4裂，稍短于冠筒，喉部具鳞片状附属物或不明显；雄蕊4-5，生于花冠筒中部，内藏；子房卵球形，具4沟槽，稍被毛，4室，每室1胚珠；花柱2，顶生，柱头微2裂。果干燥，长3-4毫米，具皱纹及锚刺状突起，裂为4个具1种子骨质小坚果；小坚果常在腹面靠合或与花托连结。种子无胚乳或具少量胚乳。

单种属。

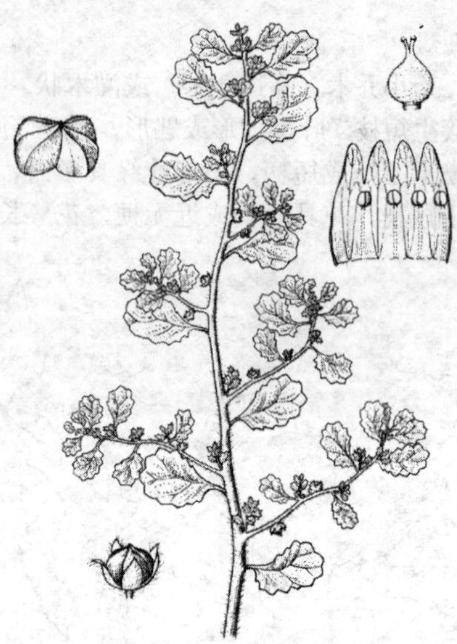

图 445 双柱紫草（郭木森绘）

双柱紫草 图 445

Coldenia procumbens Linn. Sp. Pl. 125. 1753.

形态特征同属。花期4月，果期6月。

产保南、海南及台湾，生于海滨沙地、农田。印度、东南亚、巴基斯坦；非洲、大洋洲、南美洲及北美洲有分布。

6. 天芥菜属 Heliotropium Linn.

一年生或多年生草本，稀亚灌木，被糙伏毛。叶互生；无柄或具柄。镰状聚伞花序穗状，顶生及腋生；具苞片或无苞片，花2行排列于花序轴一侧。花小，花梗短或近无梗；花萼5裂近基部，裂片线形或披针形；花冠筒形、漏斗形或高脚碟状，被糙伏毛，冠檐5裂，裂片近圆形，边缘皱波状或具褶，稍反折，喉部常缢缩，无附属物；雄蕊5，生于花冠筒中部或近基部，内藏，花丝极短，花药卵状长圆形或窄卵形；子房4室，不完全4裂，花柱顶生，基部环状膨大，柱头圆锥状或烛台状。核果干燥，中果皮不明显，内果皮骨质，裂为4个具单种子或2个具双种子分核。种子具胚乳或无胚乳。

约250种，分布于热带及温带。我国10种，1变种。

1. 花冠白色；花序长2–6厘米。
  2. 叶椭圆形或卵状椭圆形，长2–6厘米。
    3. 分核无毛 …… 1. **天芥菜 H. europaeum**
    3. 分核密被短糙伏毛 …… 1(附). **毛果天芥菜 H. europaeum** var. **lasiocarpum**
  2. 叶线状披针形，长0.5–1厘米 …… 2. **细叶天芥菜 H. strigosum**
1. 花冠淡蓝或蓝紫色；花序长10–15厘米；叶卵形或椭圆形，长4–10厘米 …… 3. **大尾摇 H. indicum**

1. 天芥菜 椭圆叶天芥菜 图 446

Heliotropium europaeum Linn. Sp. Pl. 130. 1753.

Heliotropium ellipticum Ledeb.; 中国高等植物图鉴 3: 549. 1974; 中国植物志 64(2): 26. 1989.

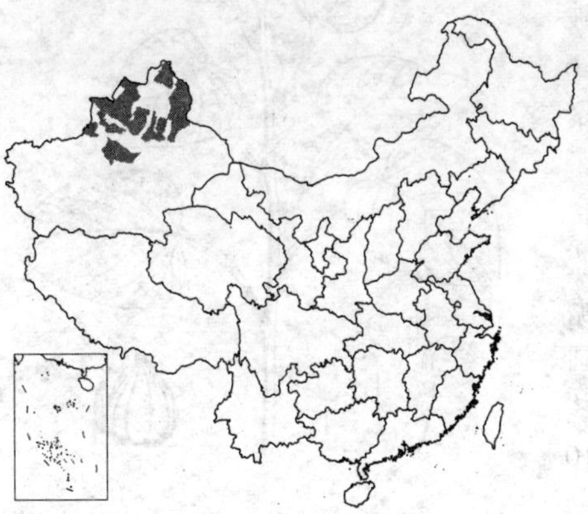

多年生草本，高达50厘米。茎多分枝，密被糙伏毛及短硬毛。叶椭圆形或卵状椭圆形，长2–4厘米，先端钝或尖，基部宽楔形，两面被基部膨大短硬毛；叶柄长1–4厘米。镰状聚伞花序顶生及腋生，长2–4厘米。花萼裂片窄卵形或卵状披针形，长2–3毫米，被毛；花冠白色，长4–5毫米，喉部稍缢缩，冠檐径3–4毫米，裂片近圆形，被短伏毛；雄蕊生于花冠筒近基部，花药卵状长圆形，长约1毫米；子房近球形，柱头烛台状，长1.2–1.5毫米。核果径约3毫米，分核卵圆形，长约2毫米，无毛，具稀疏皱纹及细疣点。花果期7–9月。2n = 24, 32, 48。

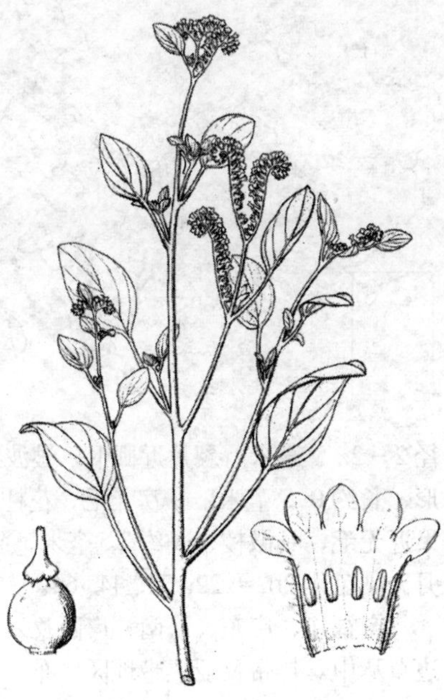

图 446 天芥菜（郭木森绘）

产新疆北部，生于河谷、荒漠、山沟。阿富汗、印度、巴基斯坦、俄罗斯、非洲北部、亚洲西南部及欧洲有分布。

[附] **毛果天芥菜 Heliotropium europaeum** var. **lasiocarpum** (Fisch. et Mey.) Kazmi in Journ. Arn. Arb. 51: 176. 1970. —— *Heliotropium lasiocarpum* Fisch. et Mey. Ind. Sem. Hort. Petrop. 4: 38. 1837. 本变种与模式变种的区别：核果分核密被短糙伏毛。产河南、山西、新疆北部，生于草地、田间。印度、克什米尔、哈萨克斯坦、吉尔吉斯斯坦、巴基斯坦、俄罗斯、塔吉克斯坦、土库曼斯坦、乌兹别克斯坦及亚洲西南部有分布。

2. 细叶天芥菜 图 447

Heliotropium strigosum Willd. Sp. Pl. 1(2): 743. 1798.

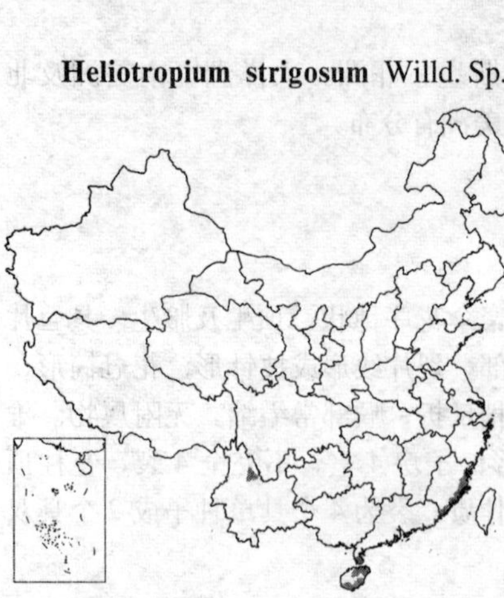

多年生草本，高达30厘米。茎密被糙伏毛。叶线状披针形，长0.5-1厘米，常反卷，两面被糙伏毛；叶柄长0.5-1毫米。镰状聚伞花序长2-6厘米。花萼长约2毫米，裂片窄卵形或披针形，稍被糙伏毛；花冠白色，长3-4毫米，中部较宽，径约1毫米，喉部稍缢缩，冠檐径3-4毫米，与冠筒近等长，裂片近圆形，裂片间有褶，稍被毛；雄蕊生于花冠筒中部，花药窄卵圆形，长约0.6毫米，顶端稍膨大；子房卵球形，无毛，柱头烛台状，长约0.4毫米。核果裂为4个各具1种子分核，分核长约1毫米。花果期7-9月。染色体2n=22, 26, 32, 64。

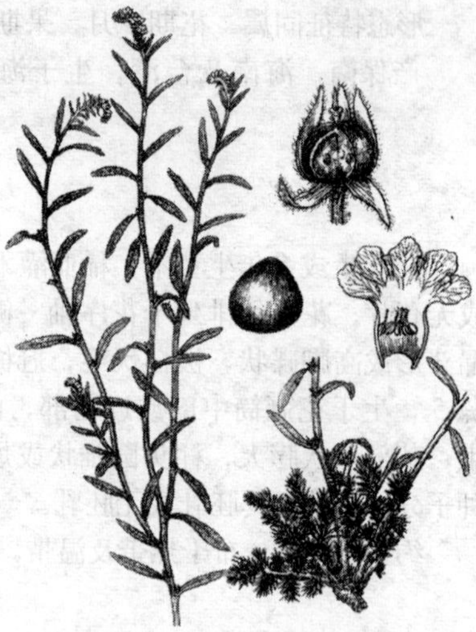

图 447 细叶天芥菜（夏泉绘）

产福建沿海地区及岛屿、广东、海南、香港、及云南，生于海边沙地及山坡。柬埔寨、老挝、缅甸、越南、印度、克什米尔、尼泊尔、阿富汗、不丹、非洲及大洋洲有分布。

3. 大尾摇 图 448 彩片 121

Heliotropium indicum Linn. Sp. Pl. 130. 1753.

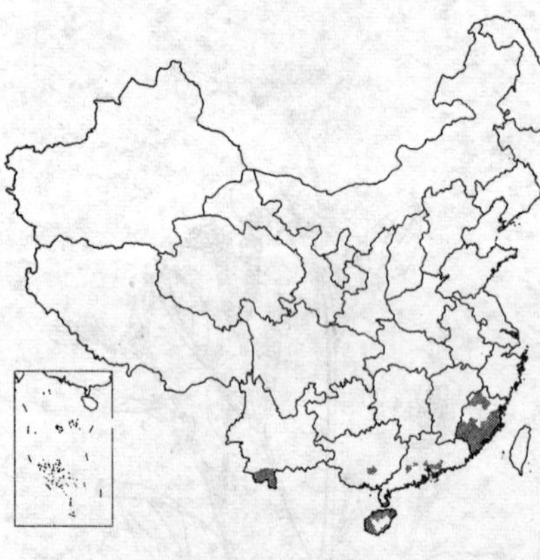

一年生草本，高达50厘米。茎粗壮，被开展糙硬毛。叶宽卵形或卵状椭圆形，长4-10厘米，先端短尖，基部近圆下延至叶柄，叶缘微波状，两面被糙伏毛，疏生长硬毛，侧脉5-6对；叶柄长2-5厘米。镰状聚伞花序穗状，长10-15厘米。花几无梗；花萼裂片披针形，长1.5-2毫米，被毛；花冠淡蓝或蓝紫色，长3-4毫米，冠檐径2-2.5毫米，裂片近圆形，皱波状；雄蕊生于花冠筒近基部，花药卵圆形，长约0.5毫米；子房无毛，花柱长约0.5毫米，柱头烛台状，被毛。核果近无毛，具微棱，长约3.5毫米，裂为4个各具1种子分核。花果期4-10月。染色体2n = 22, 24, 44, 64。

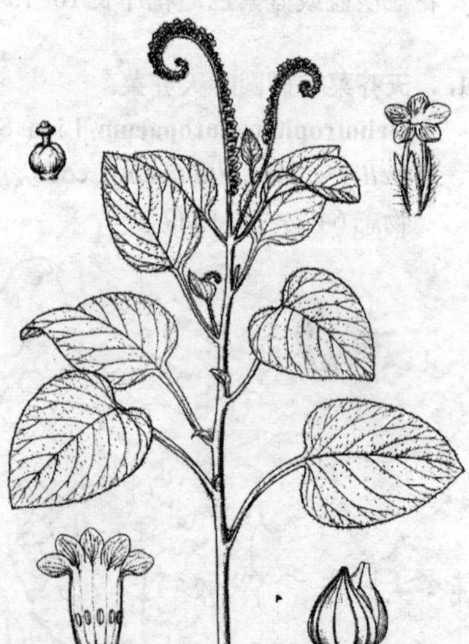

图 448 大尾摇（郭木森绘）

产福建、广东、海南、广西及云南西南部，生于荒地、河边、山坡、路边草丛中。热带及亚热带地区广布。全草入药，可消肿解毒，排脓止痛。

7. 紫丹属 Tournefortia Linn.

灌木，攀缘灌木或多年生草本，稀乔木。叶互生，全缘，具柄。聚伞花序蝎尾状，顶生或腋生；无苞片。花无梗或近无梗；花萼4或5深裂，果期不增大；花冠筒状或漏斗状，白或淡蓝色，冠檐4-5裂，裂片开展，喉部无附属物，冠筒被短柔毛，常长于花萼；雄蕊4-5，生于花冠筒中部至近基部，内藏，花药卵圆形或长圆形；子房4室，每室1胚珠，花柱顶生，极短，柱头不裂或微2裂，基部肉质，环状膨大。核果中果皮多水分及粘液，肉质或木栓质，内果皮常分裂为2个具2种子或4个具1种子分核。种子偏斜，具肉质胚乳；子叶卵形或椭圆形。

约150种，分布于热带及亚热带。我国4种。

1. 攀缘灌木；中果皮多水及粘液。
  2. 核果具2分核；花柱不明显 ………… 1. 紫丹 **T. montana**
  2. 核果具4分核；花柱明显 ………… 1(附). 台湾紫丹 **T. sarmentosa**
1. 多年生草本；中果皮木栓质。
  3. 叶椭圆形或窄卵形 ………… 2. 砂引草 **T. sibirica**
  3. 叶线形或线状披针形 ………… 2(附). 细叶砂引草 **T. sibirica** var. **angustior**

1. 紫丹 图 449

Tournefortia montana Lour. Fl. Cochinch. 1: 122. 1790.

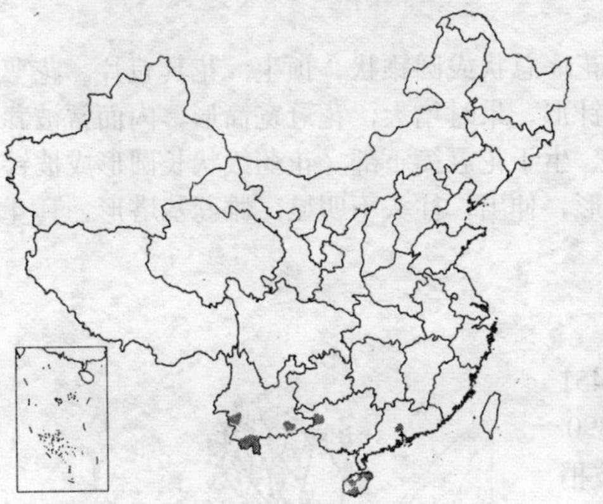

攀缘灌木，高达 2 米。枝被毛。叶披针形或卵状披针形，长 8-15 厘米，先端长渐尖，基部楔形或近圆，两面疏被糙伏毛，微波状，侧脉 6-7 对；叶柄长 0.5-1 厘米。聚伞花序顶生，长 2-12 厘米。花无梗；花萼 5 裂，裂片披针形，长约 3 毫米，被毛；花冠筒状，白或黄白色，疏被糙伏毛，冠檐裂片长约 1 毫米；雄蕊生于花冠筒近基部，花丝极短；子房近卵球形，花柱不明显，柱头盘状。核果近球形，径约 5 毫米，具沟槽，中果皮多水分及粘液，内果皮裂为 2 个，具 2 种子分核。

产广东、海南、广西及云南，生于林中。越南有分布。

[附] 台湾紫丹 **Tournefortia sarmentosa** Lam. Tabl. Encycl. 2(1): 416. 1792. 本种与紫丹的区别：核果具 4 分核；花柱明显。产台湾，生于海岸。菲律宾、印度尼西亚、巴布新几内亚及澳大利亚东北部有分布。

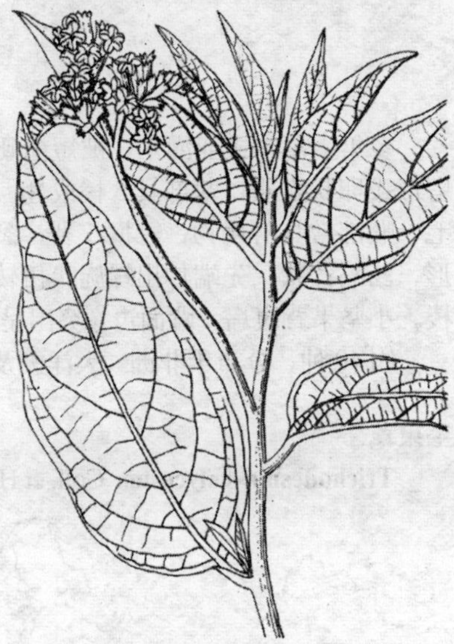

图 449 紫丹（引自《广州植物志》）

2. 砂引草 图 450

Tournefortia sibirica Linn. Sp. Pl. 141. 1753.

Messerschmidia sibirica (Linn.) Linn. Mant. Pl. 2: 334.1771; 中国植物志 64(2): 33.1989.

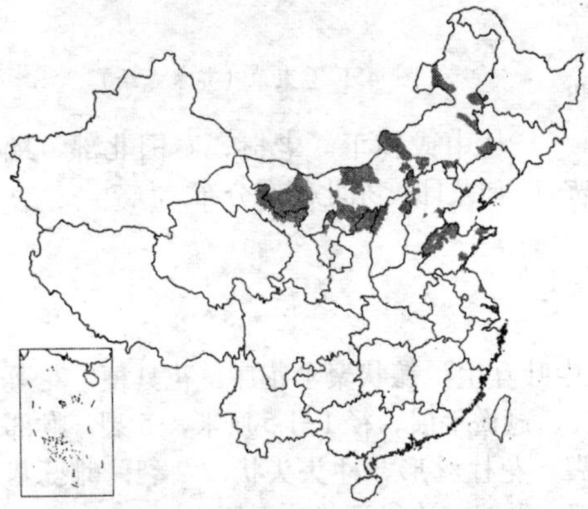

多年生草本，高达 40 厘米。具根茎。茎单一或数条，直立或外倾，分枝，密被糙伏毛。叶椭圆形或窄卵形，长 3-5 厘米，基部楔形，两面密被短糙伏毛；无柄或柄极短。花序顶生，径 2-4 厘米。花萼长约 4 毫米，裂片线形或披针形，被毛；花冠筒漏斗形，长 1-1.3 厘米，黄白色，冠筒长于花萼，冠檐裂片卵形或长圆形，长约筒长 1/2，常稍扭曲，边缘微波状，上部被毛，喉部无附属物；雄蕊生于花冠筒中部稍下，花药钻形，长 2.5-3 毫米，具小尖头，花丝长约 0.5 毫米；子房不裂，花柱长约 0.5 毫米，柱头短圆锥状，2 浅裂，长约 0.8 毫米。核果短长圆形或宽卵圆形，长 7-9 毫米，密被短伏毛，顶端微凹，具微纵肋，中果皮木栓质，二裂。花期 5 月，果期 7 月。染色体 2n=26。

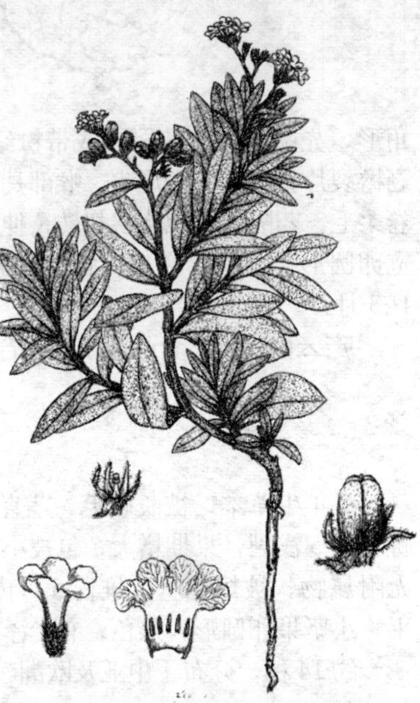

图 450 砂引草（白建鲁绘）

产辽宁、内蒙古、宁夏、甘肃、

陕西、山西、河北、山东、江苏及浙江，生于海滨沙地、荒漠或山坡。日本、朝鲜、蒙古、俄罗斯、亚洲西南部及欧洲东南部有分布。

[附] **细叶砂引草 Tournefortia sibirica** var. **angustior** (DC.) G. L. Chu et M. G. Gilbert in Novon 5: 17. 1995. —— *Tournefortia arguzia* Roem. et Schul. var. *angustior* DC. Prodr. 9: 514. 1845. —— *Messerschmidia sibirica* Linn. var. *angustior* (DC.) W. T. Wang; 中国植物志 64(2): 34. 1989.—— *Messerschmidia sibirica* subsp. *angustior* (DC.) Kitag.; 中国高等植物图鉴3: 548. 1974. 与模式变种的区别：叶较窄细，线形或线状披针形。产黑龙江、辽宁、内蒙古、河北、山东、山西、河南、陕西、宁夏及甘肃，生于海拔400-2000米阳坡及河边沙地。哈萨克斯坦及俄罗斯有分布。

8. 毛束草属 Trichodesma R. Br.

多年生草本或亚灌木，被短糙硬毛。叶对生或互生，全缘。复聚伞花序总状或圆锥状，顶生；花具苞片。花萼塔形或卵状膨胀，基部具5棱或翅，有时耳状，5裂，裂片长圆形或披针形，果时增大；花冠宽筒形，内面常被茸毛，喉部常具附属物，冠檐5裂，裂片三角状卵形，先端尾尖；雄蕊5，生于花冠筒下部，花药线状长圆形或披针形，药隔芒状，先端伸出螺旋状扭转，背面被卷毛；子房4裂，花柱线形，伸出，柱头不明显；雌蕊基塔形，具4棱。小坚果背腹扁，背面边缘突出呈碗状，具齿。种子近圆形。

约40种，分布于非洲、大洋洲及亚洲热带。我国1种、1变种。

毛束草 图 451

Trichodesma calycosum Coll. et Hemsl. in Journ. Linn. Soc. Bot. 28: 92. 1890.

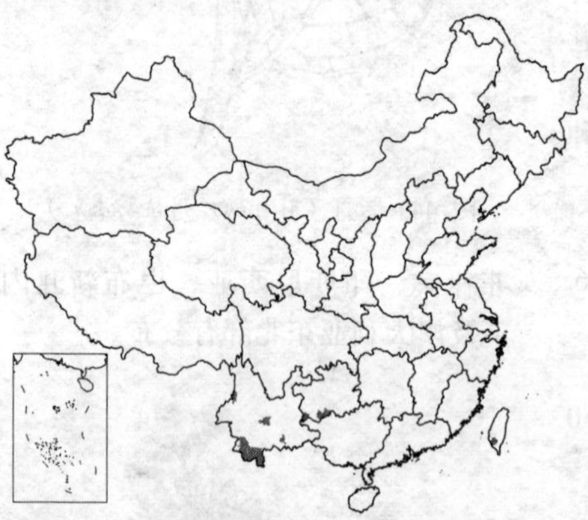

亚灌木，高达2.5米。枝稍四棱，无毛。叶对生，椭圆形或宽椭圆形，长10-28厘米，两面被短糙伏毛，全缘，基部渐窄成短柄。圆锥状聚伞花序顶生，长达20厘米，密被锈色短糙毛；苞片卵状披针形或披针形，长2-4厘米，几无柄。花梗常不规则弯曲；花萼钟状，长约1.5厘米，被短伏毛，果时径达4厘米，裂片卵状三角形，先端尾尖；花冠白或带粉红色，稍长于花萼，内面下部密生茸毛，冠檐裂片卵形，先端尾尖，喉部具10个疣状附属物；花药披针形，背面被卷柔毛，药隔芒状螺旋状扭转，伸出花冠。子房裂片常1-3个发育。小坚果宽卵圆形，长约5毫米，背面碗状突起边缘具钝牙齿。种子扁圆形。花期1-3月。

图 451 毛束草（郭木森绘）

产云南南部、贵州西南部及台湾，生于海拔500-2200米山坡草地、灌丛中或林下。老挝、泰国北部、缅甸及印度东北部有分布。

9. 肺草属 Pulmonaria Linn.

多年生草本，被长硬毛。茎直立，几不分枝。基生叶大型，具柄；茎生叶互生。镰状聚伞花序。花具梗；花萼钟状，5浅裂，果期增大，包被小坚果；花冠紫红或蓝色，冠筒与花萼等长，冠檐平展，径1-1.5厘米，5裂，喉部无附属物，被短毛丛；雄蕊5，内藏，花丝极短，花药长圆形；子房4裂，花柱丝形，柱头头状，2裂；雌蕊基平。小坚果卵圆形，黑色，有光泽，腹面龙骨状，顶端钝，着生面位于基部，微凹，边缘环状，无柄。

约14种，分布于中亚及欧洲。我国1种。

腺毛肺草 图 452

Pulmonaria mollissima Kern. Monog. Pulm. 47. 1878.

根黑褐色，侧根粗壮。茎高达40厘米，上部稍分枝，被短腺毛及短硬毛。基生叶丛生，长圆状椭圆形，长10-30厘米，先端渐尖，基部渐

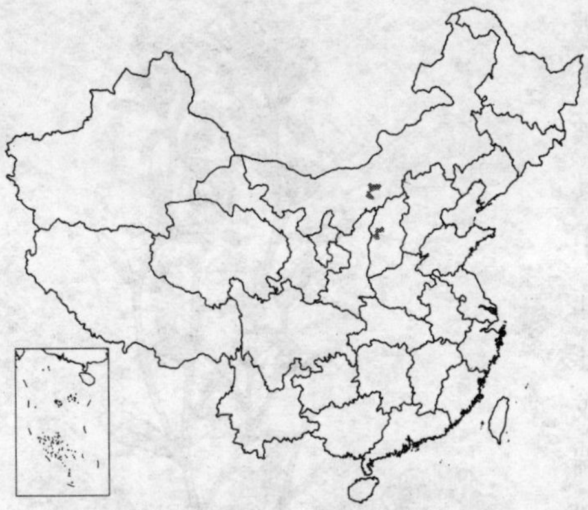

狭，两面被短伏毛，花后枯萎；叶柄长8-18厘米；茎生叶无柄，长圆状倒披针形或窄卵形，长5-12厘米，先端渐尖，基部渐窄或近心形。花序长达8厘米；苞片披针形，长0.6-1.4厘米。花萼窄钟状，长0.8-1.1厘米，5浅裂至1/3，裂片三角形；花冠蓝紫色，宽筒状，长约1.4厘米，冠檐裂片近半圆形，开展，喉部无附属物；雄蕊生于喉部之下，花药长约2毫米；花柱伸至花冠筒中部。小坚果两侧稍扁，长约3.5毫米。花果期6-7月。染色体2n = 14, 18, 28。

产山西、内蒙古，生于山坡林下或山谷阴湿处。哈萨克斯坦、吉尔吉斯斯坦、蒙古、俄罗斯、塔吉克斯坦、土库曼斯坦、乌兹别克斯坦、亚洲西南部及欧洲有分布。

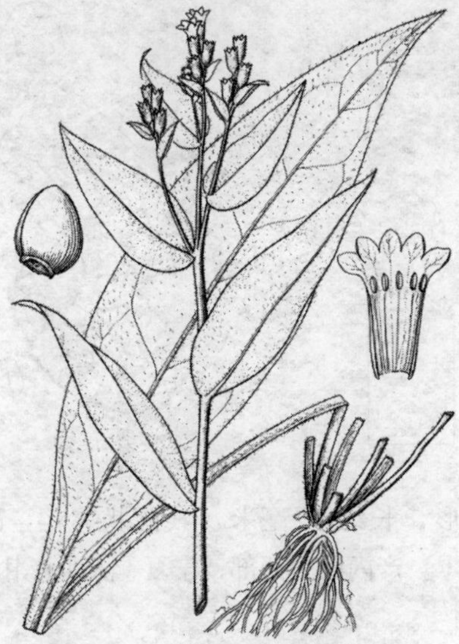

图 452 腺毛肺草（郭木森绘）

10. 软紫草属 Arnebia Forssk.

一年生或多年生草本，被长硬毛或糙毛。根常含紫色素。茎直立或铺散。叶互生。镰状聚伞花序；苞片常与花对生。花具长花柱或短花柱，近无花梗；花萼5裂至基部，果期稍增大，有时基部硬化；花冠漏斗状，常被毛，冠筒直或稍弯，冠檐常短于冠筒，裂片开展，喉部无附属物；长柱花雄蕊生于花冠筒中部，内藏，花柱伸出喉部，短柱花雄蕊生于花冠喉部，花柱仅达花冠筒中部；子房4裂，花柱2-4裂，每分枝各具1柱头；雌蕊基平。小坚果斜卵圆形，具疣状突起，着生面位于果腹面基部，平或微凹，无柄。

约25种，分布于非洲北部、欧洲、亚洲中部、西南部及喜马拉雅。我国6种。

1. 花冠黄色。
  2. 叶宽不及1.2厘米。
    3. 茎密被短柔毛；茎生叶窄卵形或线状长圆形，长1-2厘米；花序疏散 …… 1. **疏花软紫草 A. szechenyi**
    3. 茎被伸展长硬毛及短糙伏毛；茎生叶匙状线形，长1.5-5厘米；花序较紧密 …… 2. **黄花软紫草 A. guttata**
  2. 叶宽1.5厘米以上 …… 4(附). **天山软紫草 A. tschimganica**
1. 花冠蓝紫或紫红色。
  4. 植物体密被白色长硬毛；叶长不及2.5厘米 …… 3. **灰毛软紫草 A. fimbriata**
  4. 植物体密被淡黄色长硬毛；叶长5厘米以上 …… 4. **软紫草 A. euchroma**

1. 疏花软紫草 图 453

Arnebia szechenyi Kanitz, Pl. Exped. Szechenyi, Asia Centr. Coll. 42. pl. 5. 1891.

多年生草本，高30厘米。根稍含紫色素。茎少分枝，密被灰白色短柔毛。叶窄卵形或线状长圆形，长1-2厘米，先端尖，两面被短伏毛及具基盘短硬毛，具钝锯齿，齿端被硬毛；无柄。镰状聚伞花序长1.5-5厘米，花稀疏；苞片与叶同形。花萼长约

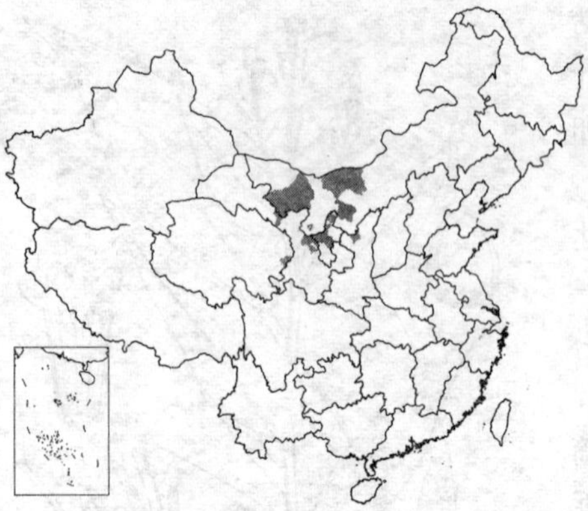

1厘米，裂片线形，两面密被长硬毛及短硬毛，花冠黄色，筒状钟形，长1.5-2.2厘米，被短毛，冠檐径5-7毫米，常具紫色斑点；雄蕊生于花冠筒中部（长柱花）或喉部（短柱花），花药长约1.6毫米；花柱丝状，稍伸出喉部（长柱花）或仅达花冠筒中部（短柱花），顶端2浅裂。小坚果三角状卵圆形，长约2.7毫米，具疣状突起，被短伏毛。花果期6-9月。

产内蒙古西部、宁夏、陕西、甘肃西部、青海东部，生于阳坡。

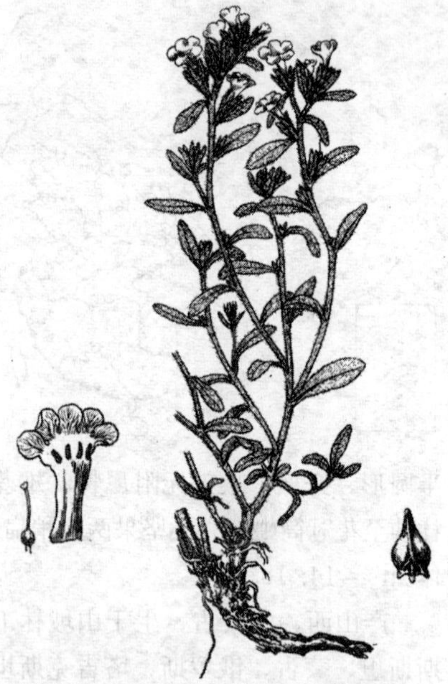

图 453 疏花软紫草（仿《中国植物志》）

2. 黄花软紫草 图 454

Arnebia guttata Bunge Ind. Sem. Hort. Petrop. 1840: 7. 1840.

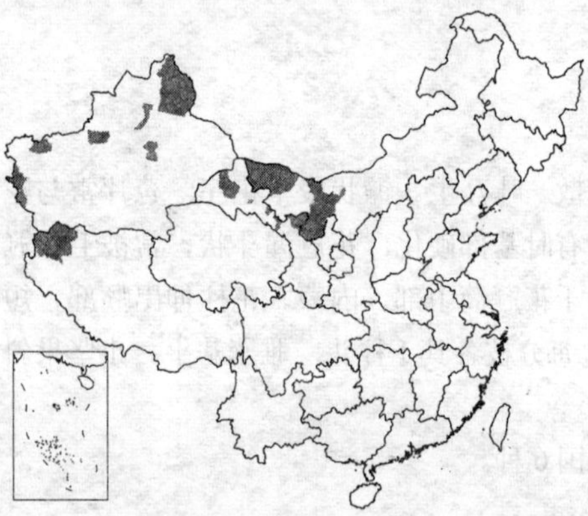

多年生草本，高达25厘米。根含紫色素。茎常2-4条，直立，多分枝，密被开展长硬毛及短伏毛。叶匙状线形或线形，长1.5-5.5厘米，先端钝，两面密被具基盘白色长硬毛；无柄。镰状聚伞花序长3-10厘米；苞片线状披针形。花萼裂片线形，长0.6-1厘米，果期达1.5厘米，被长伏毛；花冠黄色，筒状钟形，被短柔毛，冠檐径0.7-1.2厘米，裂片宽卵形或半圆形，开展，常具紫色斑点；雄蕊生于花冠筒中部（长柱花）或喉部（短柱花），花药长圆形，长约1.8毫米；花柱丝状，稍伸出喉部（长柱花）或仅达花冠筒中部（短柱花），顶端2浅裂，柱头肾形。小坚果三角状卵圆形，长2.5-3毫米，淡黄褐色，具疣状突起。花果期6-10月。

产内蒙古、宁夏、陕西、甘肃西部、新疆及西藏西北部，生于戈壁、石质山坡或湖滨砾石地。印度西北部、巴基斯坦、克什米尔地区、阿富汗、哈萨克斯坦、俄罗斯、吉尔吉斯斯坦、塔吉克斯坦、土库曼斯坦、乌兹别克斯坦及蒙古有分布。根代紫草入药。

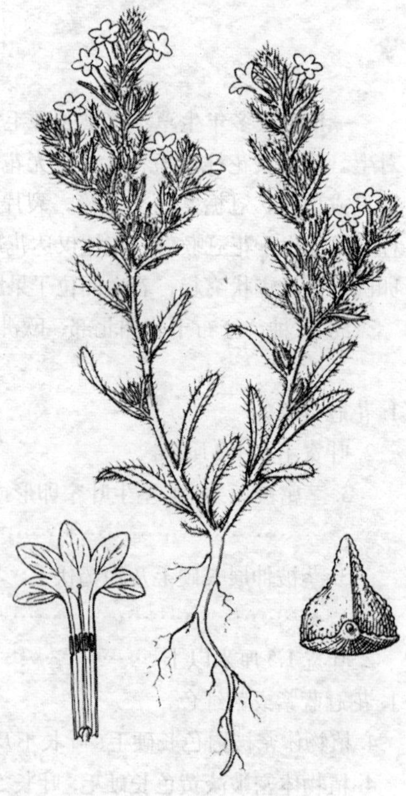

图 454 黄花软紫草（郭木森绘）

3. 灰毛软紫草 图 455

Arnebia fimbriata Maxim. in Bull. Acad. Imp. Sci. St. Petersb. 27: 507. 1881.

多年生草本，高达20厘米。全株密被灰白色长硬毛。茎常多条，有分枝。叶线状长圆形或线状披针形，长1-2.5厘米；无柄。镰状聚伞花序长1-3厘米，花较密；苞片线形。花萼裂片钻形，长约1.1厘米，两面密被长硬毛；花冠淡蓝紫或粉红色，稀白色，长1.5-2.2厘米，稍被毛，冠筒直或稍弯，冠檐径0.5-1.3厘米，裂片宽卵形，近等大，具不整齐牙齿；雄蕊生于花冠筒中部（长柱花）或喉部（短柱花），花药长约2毫米；子

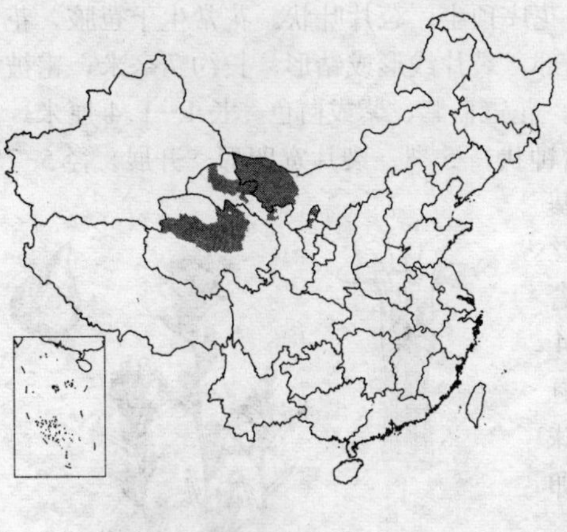

房4裂，花柱丝状，稍伸出喉部（长柱花）或仅达花冠筒中部（短柱花），顶端微2裂。小坚果三角状卵圆形，长约2毫米，密被疣状突起，无毛。花果期6-9月。

产内蒙古、宁夏、甘肃西部及青海柴达木，生于戈壁、山前冲积扇及砾石山坡。蒙古有分布。

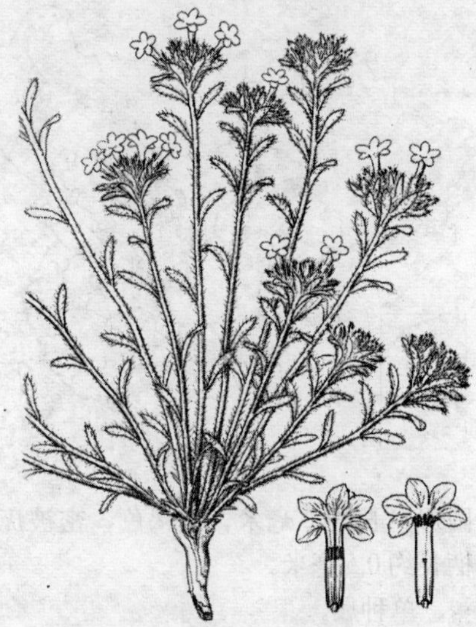

图 455 灰毛软紫草（郭木森绘）

4. 软紫草 新疆紫草 图 456

Arnebia euchroma (Royle) Johnst. in Contr. Gray Herb. 73: 49. 1924.

Lithospermum euchromon Royle, Illustr. Bot. Himal. Mount. 1: 305. 1839.

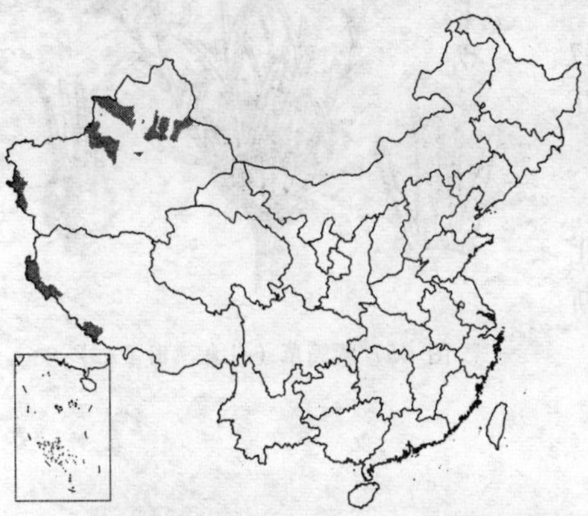

多年生草本，高达40厘米。根粗壮，径达2厘米，富含紫色素。茎1或2条，直立，仅上部花序分枝，基部具叶基鞘，被开展白或淡黄色长硬毛。叶无柄，两面疏被硬毛；基生叶线形或线状披针形，长7-20厘米，先端短渐尖，基部鞘状；茎生叶披针形或线状披针形，较小，基部无鞘。镰状聚伞花序生于茎上部叶腋，长2-6厘米；苞片披针形。花萼裂片线形，长1.2-1.6厘米，先端微尖，两面被毛；花冠筒状钟形，深紫，稀淡黄带紫红色，无毛或稍被短毛，冠筒直，长1-1.4厘米，冠檐径0.6-1厘米，裂片卵形，开展；雄蕊生于花冠筒中部或喉部，花药长约2.5毫米；花柱达喉部或花冠筒中部，顶端2浅裂，柱头2，倒卵形。小坚果宽卵圆形，黑褐色，长约3.5毫米，具粗网纹及少数疣状突起，顶端微尖，背面凸，腹面略平，中线隆起，着生面稍三角形。花果期6-8月。

产新疆及西藏西部，生于海拔2500-4200米多石山坡、洪积扇、草地及草甸。印度西北部、尼泊尔、巴基斯坦、阿富汗、哈萨克斯坦、吉尔吉斯斯坦、俄罗斯、塔吉克斯坦、土库曼斯坦、乌兹别克斯坦及亚洲西南部有分布。根可代紫草入药。

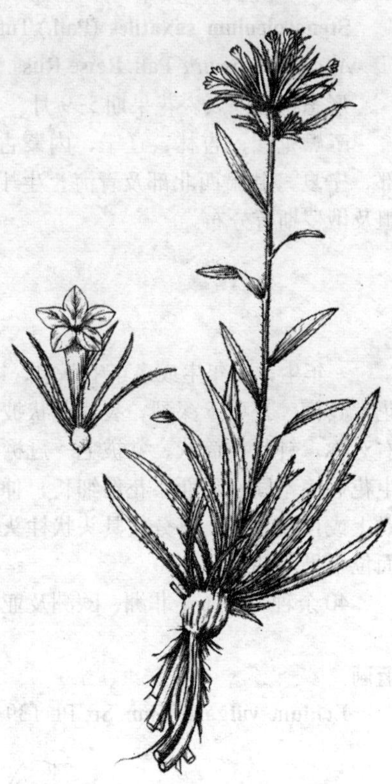

图 456 软紫草（引自《图鉴》）

[附] **天山软紫草 Arnebia tschimganica** (Fedtsch.) G. L. Chu in Acta Phytotax. Sin. 20(3): 326. 1982. —— *Lithospermum tschimganica* Fedtsch. Izv. Bot. Sada Petra Velikago 5(1): 42. 1906. 与软紫草的区别：花冠黄色，漏斗状，长1.5-2厘米。产新疆西部，生于1000-2000米山坡草地或河滩灌丛中。哈萨克斯坦及乌兹别克斯坦有分布。

11. 紫筒草属 Stenosolenium Turcz.

多年生草本，高达25厘米。根具紫色素。茎常数条，直立或斜升，不分枝或上部少分枝，密被开展长硬毛及短伏毛。茎生叶互生，基生叶及下部茎生叶匙状线形或线状倒披针形，近花序叶线状披针形，长1.5-4.5厘米，宽3-5

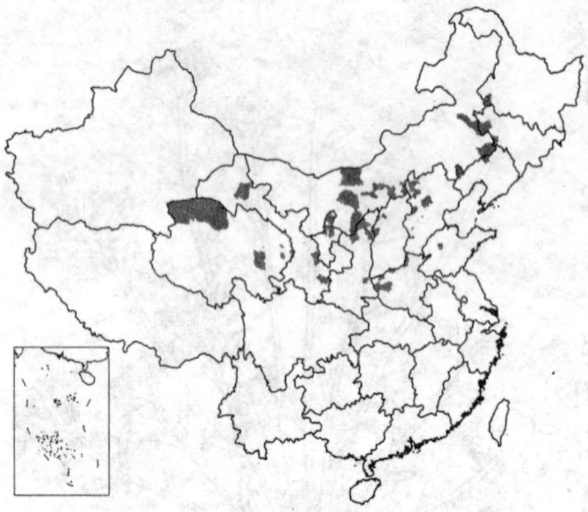

毫米，两面密被硬毛；无柄。花序顶生；苞片叶状。花常生于苞腋，花梗长约1毫米；花萼5裂至基部，裂片线形或钻形，长约7毫米，密被长硬毛，果时直立，基部包果；花冠蓝紫、紫或白色，长1-1.4厘米，疏被短伏毛，冠筒细长，冠檐钟状，5裂，裂片宽卵形，开展，径5-7毫米，喉部无附属物，冠筒基部具褐色毛环；雄蕊5，花丝极短，在花冠筒上部螺旋状着生，花药宽椭圆形；子房4裂，花柱丝形，长约为花冠筒1/2，顶端2浅裂，柱头球形，雌蕊基近平。小坚果斜卵圆形，长约2毫米，灰褐色，密被疣状突起，顶端尖，腹面基部具短柄，柄长约0.5毫米。

单种属。

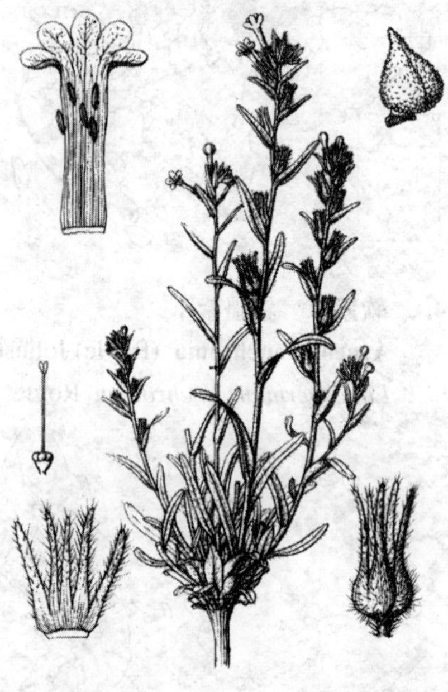

图 457 紫筒草（引自《图鉴》）

紫筒草 图 457

Stenosolenium saxatiles (Pall.) Turcz. in Bull. Soc. Nat. Mosc. 13: 253. 1840.

Anchusa saxatile Pall. Reise Russ. Reich. 3: 718. 1776.

形态特征同属。花果期5-9月。

产黑龙江、吉林、辽宁、内蒙古、河北、山东、山西、河南、陕西北部、宁夏、甘肃西北部及青海，生于草地、路旁、田边。蒙古、哈萨克斯坦及俄罗斯有分布。

12. 蓝蓟属 Echium Linn.

一年生、二年生或多年生草本，被糙硬毛。叶披针形。镰状聚伞花序生茎顶及枝端，组成圆锥状花序，具苞片。花常具梗；花萼5深裂，裂片线状披针形，稀宽披针形，果期稍增大，近轴2片常较小；花冠蓝、紫或粉红色，左右对称，钟状或筒状，常被毛，冠檐斜，裂片不等大，喉部无附属物，冠筒短，基部具毛环或无毛环；雄蕊5，着生花冠筒不同水平面，花丝细长，伸出花冠，稍外倾；花药小，长圆形；子房4裂，花柱丝形，伸出，被毛，中部以上或顶端2裂，每分枝具头状柱头；雌蕊基平。小坚果卵圆形或窄卵圆形，常淡褐色，被疣状突起或平滑，着生面位于果基部。

40余种，分布于非洲、欧洲及亚洲西北部。我国1种。

蓝蓟 图 458

Echium vulgare Linn. Sp. Pl. 139. 1753.

二年生草本。高达1米。茎被开展长硬毛及密被短伏毛，常多分枝。基生叶及茎下部叶线状披针形，长达12厘米，基部渐窄下延成短柄，两面被长糙伏毛；茎上部叶较小，披针形，无柄。花序窄长，花多数；苞片窄披针形，长0.4-1.5厘米。花萼5裂至基部，被毛，裂片线状披针形，长约0.6-1厘米；花冠斜钟状，

图 458 蓝蓟（郭木森绘）

两侧对称，蓝紫色，长约1.2厘米，不等浅裂，上方裂片较大；花丝长1-1.2厘米，花药长约0.5毫米；花柱长约1.4厘米。小坚果卵形，长约2.5毫米，被疣状突起,着生面位于果腹面基部。花果期7-9月。2n＝16，32。

产新疆北部，生于砾石山坡。哈萨克斯坦、吉尔吉斯斯坦、俄罗斯、塔吉克斯坦、土库曼斯坦、乌兹别克斯坦、亚洲西部及欧洲有分布。

13. 颅果草属 Craniospermum Lehm.

多年生或二年生草本。叶互生。镰状聚伞花序；无苞片或具苞片。花无梗或具短梗；萼5深裂，裂片线状披针形，被长硬毛，果时稍增大，直伸或包果；花冠长筒形，上部稍粗，冠檐裂片三角形或卵形，喉部无附属物，有时具皱褶状突起，与花冠裂片互生；雄蕊5，生于花冠筒近中部，花丝长，伸出，花药线状长圆形；子房4裂，花柱伸出花冠，顶端不裂，柱头头状或点状；雌蕊基窄塔形或圆锥形。小坚果长圆形，无毛，背面具碗状突起，突起边缘窄翅状，全缘或具齿，着生面位于果腹面中部以下。种子背腹扁，卵形。

约4种，分布于中亚及西伯利亚。我国2种。

颅果草 图 459

Craniospermum mongolicum Johnst. in Journ. Arn. Arb. 33: 74. 1952.

Craniospermum echioides (Schrenk) Bunge; 中国高等植物图鉴 3: 563. 1974; 中国植物志 64(2): 208. 1989.

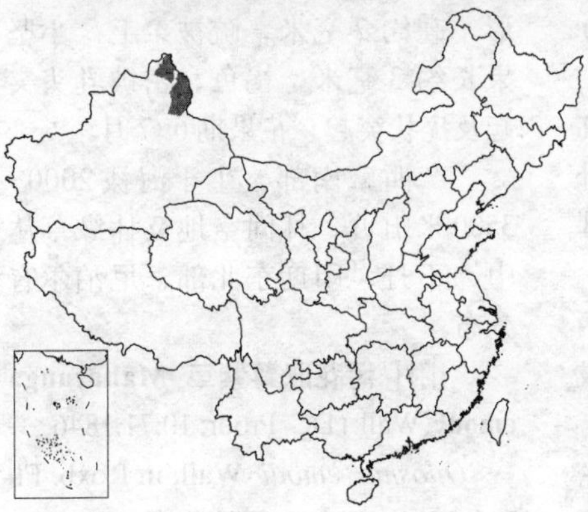

根皮深褐色。茎常1-3条，直立，高达30厘米，上部分枝，被长硬毛及短伏毛。叶匙状线形或倒披针形，长2－6厘米，先端钝，两面被短伏毛，下面及边缘兼有少量长硬毛；无柄。镰状聚伞花序集生茎上部。花密集，具短梗；苞片钻形，与萼近等长；花萼裂片线形，长约5毫米，果时长达1厘米，被长硬毛及短伏毛；花冠蓝色，长约1厘米，冠檐裂片卵形或长圆形，长约3毫米，开展，喉部无附属物；雄蕊生于花冠筒中部稍上，花丝长约7毫米，伸出花冠，花丝基部与花冠筒贴生处向内呈皱褶状臌胀，花药长约2毫米；花柱内藏或稍伸出花冠，柱头不明显。小坚果长约5.5毫米，着生面位于腹面中部之下，背面碗状突起与果近等长，边缘翅具细齿。种子长约3毫米。花果期6－7月。

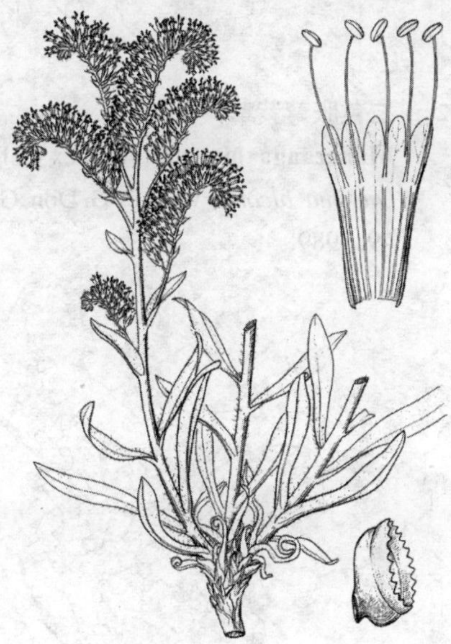

图 459 颅果草（郭木森绘）

产新疆北部，生于干旱山谷。蒙古及俄罗斯有分布。

14. 胀萼紫草属 Maharanga DC.

多年生或二年生草本，稀一年生草本。镰状聚伞花序顶生，果期呈伞房状或总状；具苞片。花萼5裂至中部，裂片三角形；花冠筒膨胀，卵形或倒卵状椭圆形，末端缢缩，骤开展，喉部宽大，冠檐裂片之下具褶及沟槽，中部以上稍外弯，喉部无附属物，蜜腺环状，稀被毛；花药线形，基部箭头状，侧面基部靠合；花柱内藏或稍伸出，雌蕊基宽塔形。小坚果卵圆形，稍弯，腹面龙骨状，着生面位于果基部。

约9种，分布于不丹、印度、尼泊尔、泰国及我国西南部。

1. 花冠长约1.5厘米 ······ 1. **镇康胀萼紫草 M. microstoma**
1. 花冠长0.8-1.2厘米。
  2. 花冠上部蓝色,下部桔黄色，筒状 ······ 2. **二色胀萼紫草 M. bicolor**

2. 花冠污红色，壶状 …………………………………………………………… 2(附). **污花胀萼紫草 M. emodi**

1. **镇康胀萼紫草**

Maharanga microstoma (Johnst.) Johnst. in Journ. Arn. Arb. 35: 81. 1954. *Onosma microstoma* Johnst. in Journ. Arn. Arb. 32: 360. 1951; 中国植物志 64(2): 48. 1989.

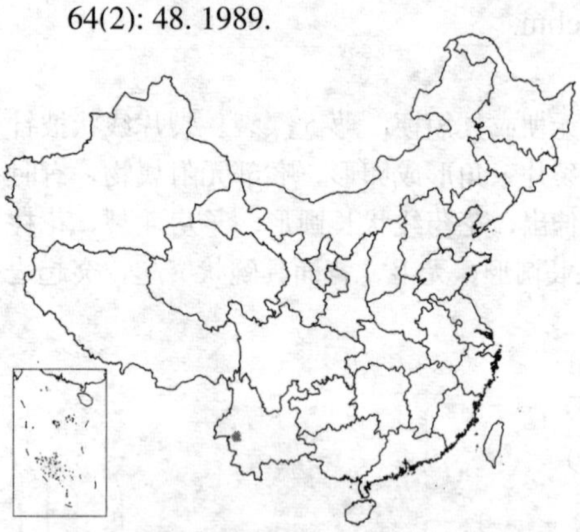

多年生草本，高达50厘米。直根粗壮。茎常数条丛生，直立或斜上，密被长硬毛及糙伏毛，不分枝。基生叶线状披针形，长5-10厘米，两面被毛；茎生叶披针形，长3-6厘米，先端渐尖，基部圆；无柄。聚伞花序顶生，花紧密。花梗长3-8毫米，密被硬毛；花萼长6-8毫米，5裂至中部或稍下，裂片窄三角形，被毛；花冠蓝紫色，长圆状倒卵形，长约1.5厘米，下部具膨胀褶及沟槽，被短柔毛；花药长约5毫米，侧面基部靠合，花丝长约4毫米，基部被毛；花柱长约1.5毫米，伸出；腺体高约1.5毫米，被短柔毛。花果期8-9月。

产云南西部，生于海拔3000米山坡。

2. **二色胀萼紫草**

Maharanga bicolor (Wall. ex G. Don) DC. Prodr. 10: 71. 1846. *Onosma bicolor* Wall. ex G. Don, Gen. Syst. 4: 317. 1839; 中国植物志 64(2): 49. 1989.

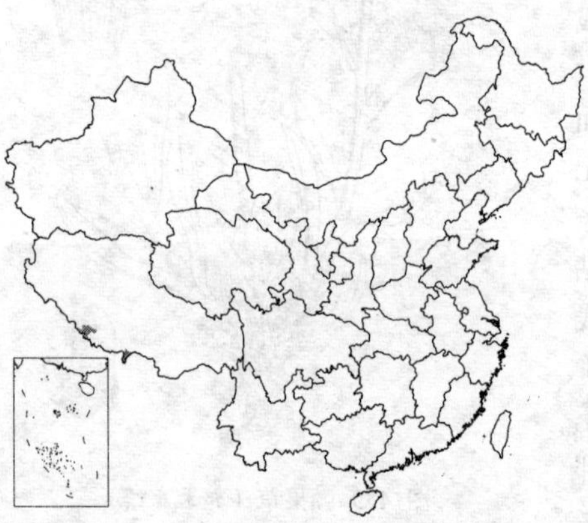

一年生或二年生草本，高达40厘米。茎数条，直立或外倾，被短伏毛及开展硬毛。基生叶线状披针形或倒披针形，6-12厘米，基部渐窄成柄，两面被糙伏毛；茎生叶长圆形或长圆状披针形，长2-5厘米，无柄。聚伞花序顶生，花密集，长2-3厘米。花萼长5-6毫米，两面被毛，裂片三角形；花冠筒状，长0.8-1厘米，上部蓝色，下部桔黄色，喉部径约4毫米，裂片三角形，下部密被短伏毛；雄蕊生于花冠筒中部，花药基部靠合，长约4毫米，花丝长2-3毫米，基部及着生处疏被长柔毛；腺体环形，高约2毫米，疏被柔毛。小坚果长约3毫米，褐色，密被乳头突起及疣状突起。花果期6-7月。

产西藏南部，生于海拔2000-3500米山坡、林间空地及林缘草丛中。不丹、印度东北部、尼泊尔有分布。

[附] **污花胀萼紫草 Maharanga emodi** (Wall.) DC. Prodr. 10:71.1846.—— *Onosma emodi* Wall. in Roxb. Fl. Ind. 2: 11. 1824; 中国植物志 64(2): 49. 1989. 与二色胀萼紫草的区别：花冠污红色，壶状。花果期6-7月。产西藏南部，生于海拔2800-3200米溪边湿地。尼泊尔、锡金及不丹有分布。

15. 滇紫草属 Onosma Linn.

二年生或多年生草本，稀灌木。根常含紫色素。茎常直立。叶基生及茎生，全缘；具柄或无柄。镰状聚伞花序顶生，组成圆锥状；具苞片。花辐射对称，花具梗或近无梗；花萼5裂至中部或基部，裂片线形或线状披针形，花后增大；花冠筒状钟形或高脚碟状，内面基部具腺体，喉部无附属物，冠檐5裂；雄蕊生于花冠筒下部至上部，花药线形，基部箭头状，靠合成花药筒，稀花药基部靠合，花丝丝状；子房4裂，花柱丝状，内藏或稍伸出花药筒，柱头头状；雌蕊基平。小坚果卵状三角形，背面稍凸，腹面具棱，着生面位于基部。

约145种，为欧亚大陆特有属，亚洲为分布中心。我国29种3变种。

1. 花药内藏或仅顶部伸出花冠筒。
   2. 花丝及花柱被毛 …………………………………………………………… 1. **滇紫草 O. paniculatum**
   2. 花丝及花柱无毛 …………………………………………………… 1(附). **密花滇紫草 O. confertum**

1. 花药全部或至少1/2伸出花冠筒。
  3. 花丝基部及花冠筒邻近花丝着生处被毛 ………………………………………… 2. 小叶滇紫草 **O. sinicum**
  3. 花丝基部及花冠筒邻近花丝着生处无毛。
    4. 茎粗壮，单一 ……………………………………………………………… 3. 露蕊滇紫草 **O. exsertum**
    4. 茎细，常数条丛生。
      5. 花药及花蕾顶端弯曲 …………………………………………………… 4. 多枝滇紫草 **O. multiramosum**
      5. 花药及花蕾顶端不弯曲 …………………………………………… 4(附). 腺花滇紫草 **O. adenopus**

1. 滇紫草 图 460 彩片 122

Onosma paniculatum Bur. et Franch. in Journ. de Bot. 5: 104. 1891.

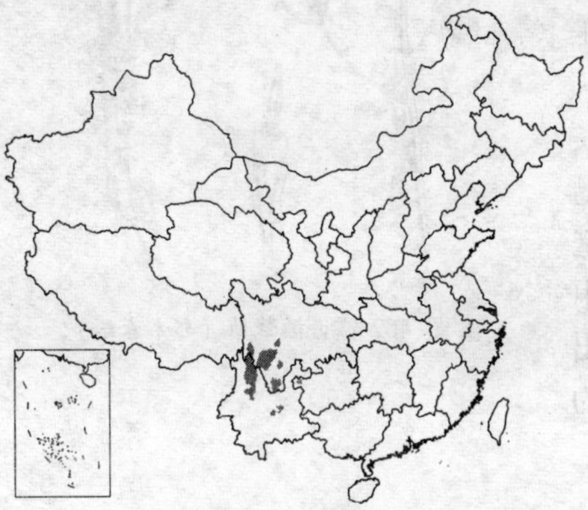

二年生草本， 高达1米。茎单一，密被短伏毛及开展具基盘硬毛。基生叶及下部茎生叶线状披针形或披针形，长10-20厘米，先端渐尖，基部渐窄成短柄；中上部叶较小，基部稍抱茎，无柄。聚伞圆锥花序顶生，长达30厘米。花梗长1-1.5毫米；花萼长约8毫米，果时稍增大；花冠筒状，蓝紫或暗红色，长约1.4厘米，冠檐裂片三角形，常反卷，密被短伏毛，内面沿裂片中脉被毛；雄蕊生于花冠筒中部稍下，花药靠合，花药筒长7-9毫米，内藏或顶端稍伸出，花丝长4-5毫米，被毛，花柱长约1.5厘米，下部被毛；腺体高约0.5毫米，被柔毛。小坚果长约3毫米，具疣状突起。花果期6-9月。

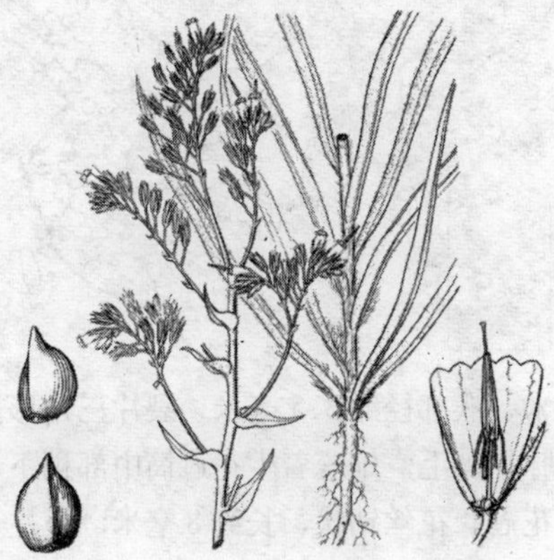

图 460 滇紫草（郭木森绘）

产云南、贵州西部、四川西南部，生于海拔2000-3500米阳坡、林缘。不丹及印度东北部有分布。

[附] **密花滇紫草 Onosma confertum** W. W. Smith in Notes Roy. Bot. Gard.. Edinb. 8: 106. 1913. 与滇紫草的区别：多年生草本；茎单一或数条丛生；花丝及花柱无毛。产云南西北部及四川西南部，生于海拔2000-3500米丘陵、山谷灌丛中。

2. 小叶滇紫草 图 461

Onosma sinicum Diels in Engl. Bot. Jahrb. 29: 546. 1901.

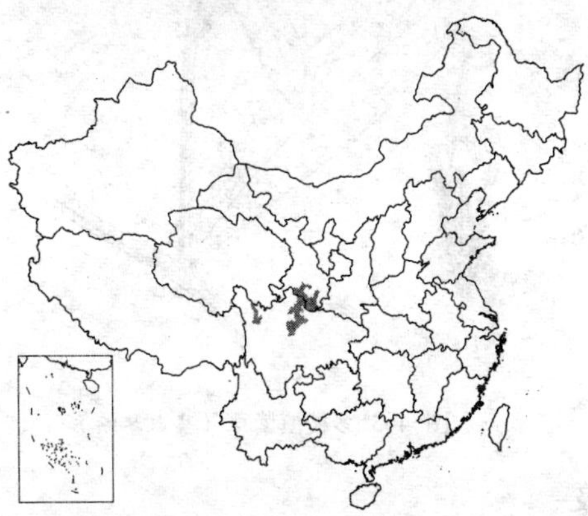

灌木状草本，高达40厘米。茎基部分枝，直立或外倾，被刚毛及糙毛。叶线状椭圆形，长1-2.5厘米，基部渐窄成短柄，上面被开展具基盘刚毛及短伏毛，下面密被短伏毛，沿叶脉及叶缘被刚毛。花序顶生，稀分枝，长5-10厘米；苞片披针形或卵状披针形，长约3毫米。花梗细，长3-8毫米；花萼裂至基部，裂片线形或线状披针形，约与花梗等长；花冠筒状，蓝紫色，长1.2-1.4厘米，中上部被短伏毛；雄蕊生于花冠下部，花药筒长6-7毫米，上部伸出花冠，花丝长5-7毫米，基部密被柔毛；花柱丝状，稍伸出。小坚果褐色，长2.5-3毫米，

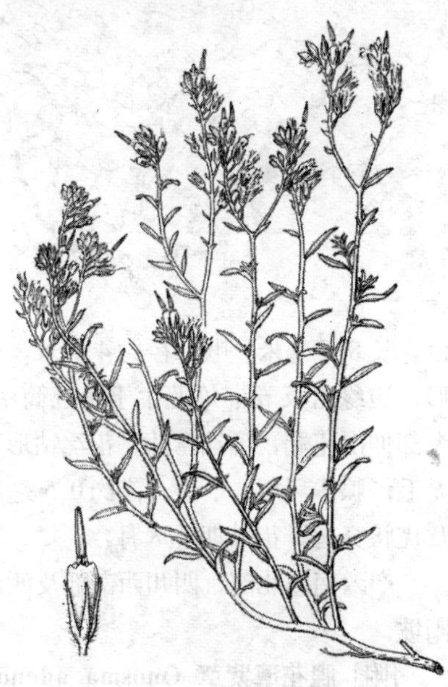

图 461 小叶滇紫草（郭木森绘）

密被疣状小突起。花果期6-8月。

产四川北部及甘肃东南部，生于海拔1700-3000米山坡草地、阳坡及河岸干燥处。

3. 露蕊滇紫草 图 462

Onosma exsertum Hemsl. in Hook. Icon. Pl. 27: pl. 2637. 1900.

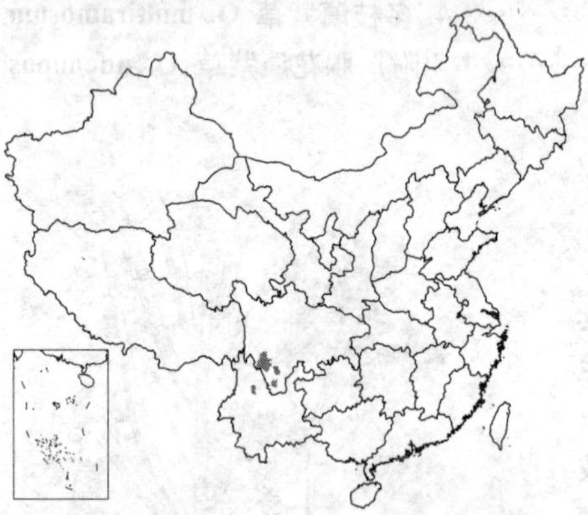

二年生草本。高达1米。茎单一，粗壮，被短伏毛及开展具基盘硬毛。基生叶倒披针形，长20-30厘米，茎生叶较小，披针形或线状披针形，两面密被短硬毛。聚伞圆锥花序生于茎及分枝顶端，长达20厘米。花梗细，长0.5-1厘米；花萼长6-8毫米，裂片披针形，密被糙伏毛；花冠蓝紫色，长7-8毫米，喉部径约3.5毫米，裂片三角形，常反卷，密被短伏毛，内面沿裂片中脉稍被毛；雄蕊着生花冠筒中部稍下，花药靠合，花药筒长5-6毫米，伸出花冠，花丝钻状，长约8毫米；花柱长约1.5厘米，无毛；腺体环形，高约0.2毫米，无毛。小坚果长约3毫米，具皱纹，有光泽。花果期6-8月。

产云南及四川西南部，生于海拔1500-2500米山坡草地及林下。

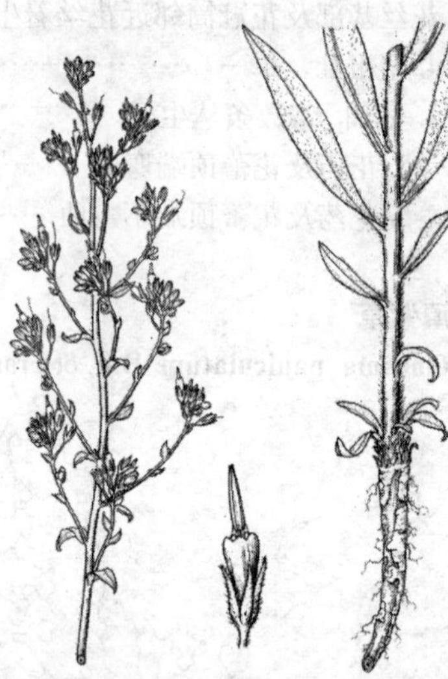

图 462 露蕊滇紫草（郭木森绘）

4. 多枝滇紫草 图 463

Onosma multiramosum Hand.-Mazz. in Anz. Akad. Wiss. Wien, Math.-Nat. Kl. 61: 166. 1924.

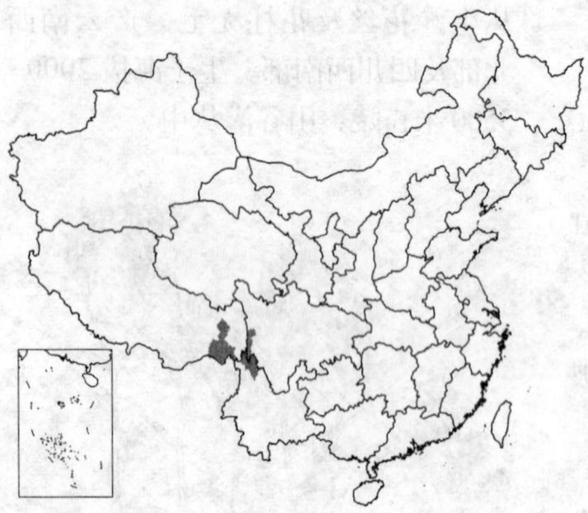

多年生草本，高达30厘米。全株灰绿色。茎细，常数条丛生，被糙伏毛及开展具基盘硬毛，多分枝。基生叶及下部茎生叶倒披针形，长5-7厘米，先端短渐尖，基部渐窄，两面被短硬毛。聚伞花序顶生。花梗短；花萼裂片线状披针形，长7-8毫米，稍短于花冠，内面被毛；花冠筒状钟形，黄色，长8-9毫米，喉部径约4毫米，被毛，内面沿裂片中脉被毛，裂片三角形，边缘常反卷；雄蕊生于花冠筒中部，花药靠合，花药筒长约9毫米，大部伸出花冠，顶端弯曲，花丝钻形，长5-6毫米；花柱长1.2-1.4厘米，无毛；腺体环形，5裂，高约0.5毫米，被毛。小坚果长约3毫米，具皱纹及疣状突起。花果期7-8月。

产云南西北部、四川西南部及西藏东部，生于海拔1500-3000米河谷及阳坡。

图 463 多枝滇紫草（蔡淑琴绘）

[附] **腺花滇紫草 Onosma adenopus** Johnst. in Journ. Arn. Arb. 32: 224. 1851. 与多枝滇紫草的区别：花蕾及花药筒顶端不弯曲。花果期8-9月。产四川西南部及西北部、西藏东部，生于海拔2500-3500米山坡及河谷阶地。

16. 糙草属 Asperugo Linn.

一年生蔓生草本，高达90厘米。茎细，被糙硬毛，中空，具5纵棱，沿棱被短倒钩刺。叶互生，下部茎生叶匙形或窄长圆形，长5－8厘米，全缘或具齿；具柄，中部以上茎生叶无柄。花小，无梗或具短梗，单生或簇生叶腋。花萼长约1.6毫米，5裂至中部稍下，裂片线状披针形，稍不等大，裂片之间具2小齿，花后不规则增大，两侧扁，稍蚌壳状，网脉明显，具不整齐锯齿；花冠蓝紫或白色，筒状，长约2.5毫米，冠筒稍长于冠檐，冠檐5裂，裂片卵形或宽卵形，稍不等大，喉部具疣状附属物；雄蕊5，内藏，花丝极短，花药短长圆形，长约0.6毫米；子房4裂，花柱内藏，柱头头状；雌蕊基钻形。小坚果窄卵圆形，灰褐色，两侧扁，具疣状突起，着生面位于腹面近顶端，圆形。种子直伸，子叶卵形，扁平。

单种属。

糙草 图 464

Asperugo procumbens Linn. Sp. Pl. 138. 1753.

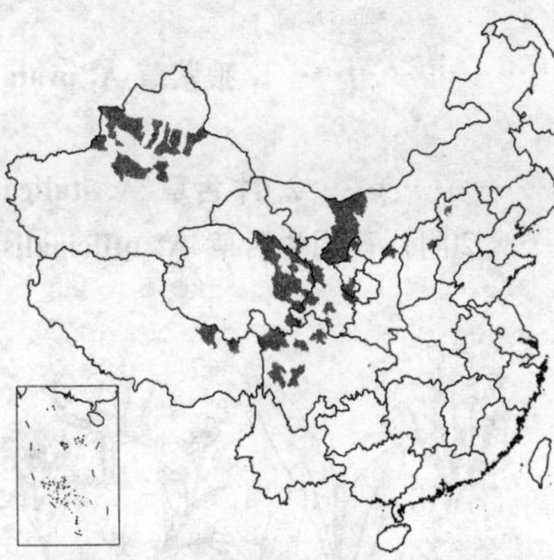

形态特征同属。花果期7－9月。染色体2n=48。

产内蒙古、河北、山西、陕西北部、甘肃、宁夏、青海、新疆、西藏东北部及四川西部，生于海拔2000以上山地草坡、村旁或田边。印度北部、克什米尔、哈萨克斯坦、吉尔吉斯斯坦、蒙古、尼泊尔、俄罗斯、塔吉克斯坦、土库曼斯坦、乌兹别克斯坦、亚洲西部、欧洲及非洲西南部有分布。

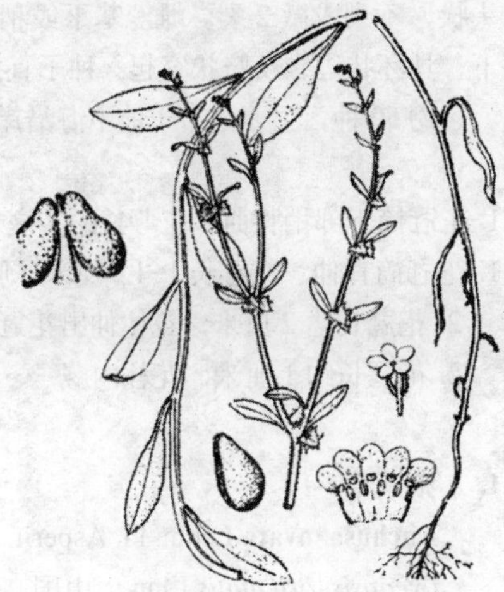

图 464 糙草（引自《图鉴》）

17. 聚合草属 Symphytum Linn.

多年生草本，被硬毛或糙伏毛。基生叶及茎生叶常宽大。镰状聚伞圆锥花序；无苞片。花萼5裂至中部或近基部，裂齿不等长，果期稍增大，花冠筒状钟形，淡紫红或白，稀黄色，冠檐5浅裂，裂片三角形或半圆形，喉部具5披针形附属物，边缘具乳头状腺体；雄蕊5，生于喉部，不伸出冠檐；花药线状长圆形；子房4裂，花柱丝形，伸出，先端具细小头状柱头；雌蕊基平。小坚果卵圆形，有时稍偏斜，常具疣点及网状皱纹，着生面位于基部，碗状，边缘常具细齿。

约20种，分布于高加索至中欧。世界各地多栽培。我国1栽培种。

聚合草 图 465

Symphytum officinale Linn. Sp. Pl. 136.1753

多年生丛生草本，高达90厘米，全株被稍向下弧曲硬毛及短伏毛。主根粗壮，淡紫褐色。茎数条，直立或斜升，多分枝。基生叶50－80片，基生叶及下部茎生叶带状披针形、卵状披针形或卵形，长30－60厘米，稍肉质，先端渐尖，具长柄；茎中部及上部叶较小，基部下延，无柄。花序具多花。花萼裂至近基部；花冠长约1.4厘米，淡紫、紫红或黄白色，裂片三角形，先端外卷，喉部附属物长约4毫米；花药长约3.5毫米，药隔稍突

图 465 聚合草（冯金环绘）

出，花丝长约 3 毫米，下部与花药近等宽；子房常不育，稀少数花内成熟 1 个小坚果，花柱伸出。小坚果斜卵圆形，长 3-4 毫米，黑色，平滑，有光泽。花期 5-10 月。2n ＝ 24, 26, 46, 56。

原产高加索至欧洲，生于山地。我国栽培供家畜青饲料。因长期人工栽培，产生很多变异。

18. 牛舌草属 Anchusa Linn.

一年生、二年生或多年生草本，被硬毛或刚毛。叶互生。蝎尾状聚伞圆锥花序，顶生；具苞片，苞片与花对生或互生。花萼 5 深裂，裂片窄，常不等大，果时稍增大；花冠漏斗状，蓝或紫，稀白色，冠筒直或稍弯，长于花萼，稀近等长，冠檐裂 5，覆瓦状排列，开展，先端钝，喉部具鳞片状或疣状附属物，附属物被毛或具乳头状突起；雄蕊 5，生于花冠筒中部或喉部之下，内藏，花丝短，花药长圆形，子房 4 裂，花柱丝形，稀伸出喉部，柱头头状，不裂或微 2 裂；雌蕊基平或稍凸。小坚果斜卵圆形，有皱褶，腹面龙骨状，着生面位于腹面下部或基部，凹下，具环状边缘及脐状突起。种子直立，子叶卵形，扁平。

约 50 种，主要分布于地中海沿岸、非洲北部、欧洲及亚洲西部。我国 1 种，2 栽培种。

1. 花冠筒下部稍膝曲；花萼长约 7 毫米；叶长 4-14 厘米，宽 1.2-3 厘米 ………………………… 1. 狼紫草 **A. ovata**
1. 花冠筒直伸；花萼长 1-1.3 厘米；叶长 10-30 厘米，宽 5-6 厘米。
  2. 花冠长达 2 厘米；花柱伸出花冠 ………………………… 2. 牛舌草 **A. italica**
  2. 花冠长约 1 厘米；花柱内藏 ………………………… 2(附). 药用牛舌草 **A. officinalis**

1. 狼紫草 图 466

Anchusa ovata Lehm. Pl. Asperif. Nucif. 1: 122. 1818.

Lycopsis orientalis Linn.; 中国高等植物图鉴 3: 557. 1974.; 中国植物志 64(2): 69. 1989.

一年生草本，高达 40 厘米。茎下部常分枝，疏被开展刚毛。基生叶及茎下部叶倒披针形或线状长圆形，长 4-14 厘米，宽 1.2-3 厘米，两面疏被硬毛，具微波状牙齿；具柄。聚伞花序果期长达 25 厘米；苞片卵形或线状披针形。花梗长 0.2-1.5 厘米；花萼长约 7 毫米，裂至近基部，被刚毛，裂片线状披针形，稍不等长，果时开展；花冠蓝紫，稀紫红色，长约 7 毫米，无毛，筒下部稍膝曲，裂片宽稍大于长，开展，附属物疣状或鳞片状，密被短毛；花丝极短，花药长约 1 毫米；花柱长约 2.5 毫米。小坚果肾形，淡褐色，长 3-3.5 毫米，具网状皱褶及疣点，着生面碗状，边缘无齿。种子褐色。花果期 5-7 月。染色体 2n＝16，48。

产内蒙古、河北、河南、山西、陕西、宁夏、甘肃、青海、新疆及西藏，生于山坡、河滩。印度北部、阿富汗、哈萨克斯坦、吉尔吉斯斯坦、蒙古、尼泊尔、巴基斯坦、俄罗斯、塔吉克斯坦、土库曼斯坦、乌兹别克斯坦、亚洲西南部、欧洲及非洲东南部有分布。种子富油脂，可榨取食用。

图 466 狼紫草（钱存源绘）

2. 牛舌草 图 467

Anchusa italica Retz. Obs. 1: 12.1779.

多年生草本，高达1米。茎直立，常上部分枝，密被具基盘白色刚毛。基生叶及下部茎生叶长圆形或倒披针形，长10-30厘米，宽5-6厘米，全缘，两面被刚毛，先端短渐尖或尖，基部渐窄成柄；茎上部叶较小，无柄。聚伞圆锥花序顶生及腋生；苞片线形或线状披针形。花梗近直立，长1-3毫米，果期长达1厘米；花萼长1-1.3厘米，裂至近基部，裂片线状披针形，果期长约1.8厘米；花冠蓝色，长达2厘米，冠筒与花萼等长或稍长，无毛，冠檐径约1.2厘米，裂片近圆形，宽约5毫米，喉部附属物画笔状，长约2毫米；雄蕊生于喉部之下，内藏，花药长约3毫米，花丝长约2.5毫米；花柱长1.1-1.3厘米，稍伸出喉部，柱头微2裂。小坚果长约6毫米，具网状皱褶及疣点。花果期5-6月。

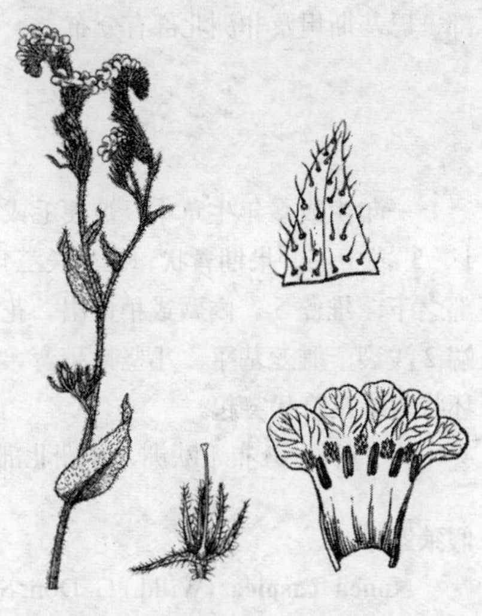

图 467 牛舌草（白建鲁绘）

原产欧洲、非洲北部、叙利亚、伊朗、阿富汗、巴基斯坦、克什米尔、哈萨克斯坦及俄罗斯。我国引种栽培，供观赏。

[附] **药用牛舌草 Anchusa officinalis** Linn. Sp. Pl. 191. 1753. 本种与牛舌草的区别：花冠长约1厘米；花柱内藏。原产欧洲，我国引种栽培。全草入药，治狂犬咬伤及牙痛。

19. 腹脐草属 Gastrocotyle Bunge

一年生草本。茎平卧，被具疣状基盘白色刺毛。叶互生。花单生叶腋。花萼5裂至基部，裂片披针形，稍不等大，花冠宽筒状，淡蓝色，冠筒短直，冠檐裂片5，覆瓦状排列，开展，先端钝，喉部具5附属物，附属物先端钝或平截微缺，具乳头状突起，被柔毛；雄蕊生于花冠筒中部，内藏，花丝极短，花药卵圆形，顶端具小尖头；子房4裂，花柱短，内藏，雌蕊基突出，高达小坚果1／2。小坚果肾形，内弯，具网状皱纹，着生面位于腹面下部，边缘厚环状。

2种，分布于阿富汗、印度、巴基斯坦及亚洲西南部。我国1种。

腹脐草 图 468

Gastrocotyle hispida (Forssk.) Bunge in Mém. Acad. Sci. St. Pétersb. 7: 405. 1854.

Anchusa hispida Forssk. Fl. Aegypt.-Arab. 40. 1775.

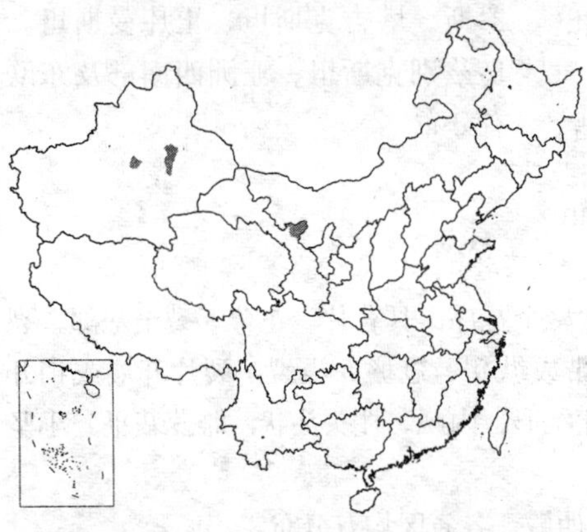

茎长达40厘米，具棱，疏被刺毛，基部分枝。叶长圆形或长圆状披针形，长1.5-3厘米，先端钝，具不整齐疏锯齿，稀波状，两面及边缘被刺毛；无柄。花遍生叶腋。花梗长1.5-2毫米；花萼长2-3毫米，裂片线状披针形，果时长达5毫米；花冠长2.5-3.5毫米，无毛，冠筒与花萼等长或稍短，冠檐裂片倒卵形，稍不等大，喉部附属物梯形，顶端微凹，花药长约0.5毫米，顶端具点状小尖头；花柱长约1毫米，柱头三角状卵形，被乳头，雌蕊基近半球形。小坚果长4-4.5毫米。花果期6-8月。

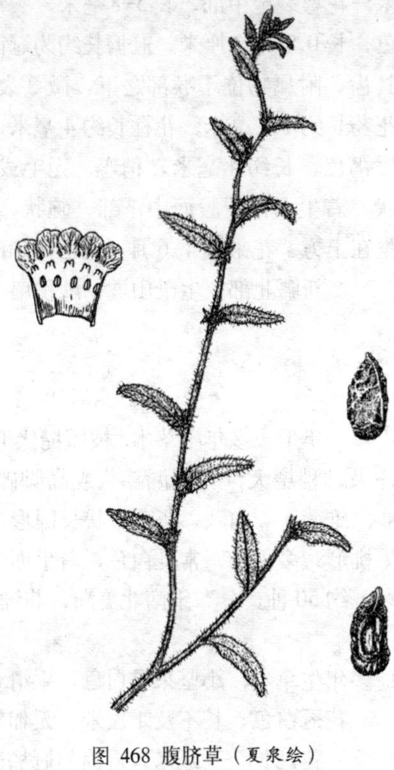

图 468 腹脐草（夏泉绘）

产新疆及甘肃，生于戈壁及盐碱地。非洲北部、阿富汗、印度北部及西部、巴基斯坦及非洲北部有分布。

20. 假狼紫草属 Nonea Medic.

一年生或多年生草本，被硬毛或糙伏毛。叶互生。镰状聚伞总状花序。花蓝紫或黄色；花萼筒状钟形，5裂至1／3 或中部，果期囊状，裂齿长三角形；花冠筒直，裂片覆瓦状排列，开展，先端钝，附属物鳞片状，位于花冠喉部之下；雄蕊5，内藏或稍伸出，花丝极短，花药长圆形，钝或具短尖；子房4裂，花柱内藏，柱头2，球形或顶端2浅裂；雌蕊基平。小坚果稍弯，肾形或近球形，具网状皱纹，无毛或稍有毛，着生面位于腹面下方，内凹，具环状边缘及脐状突起。

约35种，分布于欧洲、非洲北部及亚洲西部。我国1种。

假狼紫草 图 469

Nonea caspica (Willd.) G. Don, Syst. 4: 336. 1838.

Onosma caspica Willd. Sp. Pl. 1: 775. 1797.

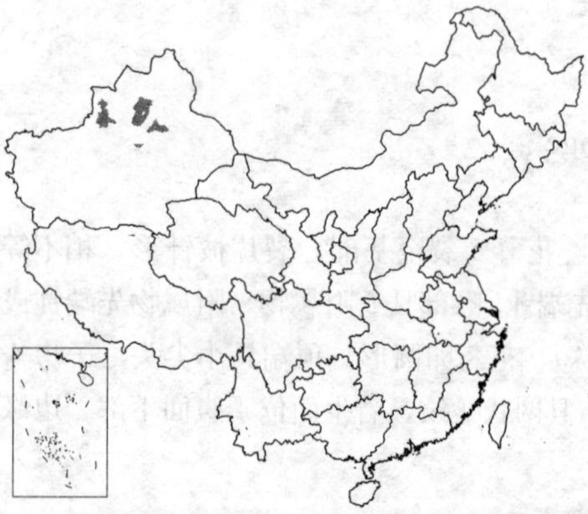

一年生草本，高达25厘米。茎常基部分枝，分枝斜升或外倾，被开展硬毛、短伏毛及腺毛。叶无柄，两面被糙伏毛及稀疏长硬毛，基生叶及茎下部叶线状倒披针形，长2-6厘米，中部以上叶较小，线状披针形。花序果时长达15厘米，被毛；苞片叶状，线状披针形，长1.5-5厘米。花梗长约3毫米；花萼裂至中部，长5-8毫米，裂片三角状披针形，稍不等大；花冠紫红色，长0.8-1.2厘米，冠檐长约为冠筒1/3，裂片卵形或近圆形，全缘或微具齿，附属物位于喉部之下，微2裂；雄蕊生于花冠筒中部稍上，内藏，花药长约1.4毫米；花柱长约4毫米，柱头近球形，2浅裂。小坚果肾形，黑褐色，长约4毫米，稍弯，无毛或幼时疏被柔毛，具横细肋，顶端龙骨状，着生面位于腹面中下部，碗状，边缘具细齿。种子肾形，灰褐色，胚根在上方。花果期4-6月。染色体2n= 16，28，44。

产新疆北部，生于山坡、洪积扇、河谷阶地。阿富汗、哈萨克斯坦、吉尔吉斯斯坦，蒙古、巴基斯坦，俄罗斯、塔吉克斯坦、土库曼斯坦、乌兹别克斯坦、亚洲西南部及东欧有分布。

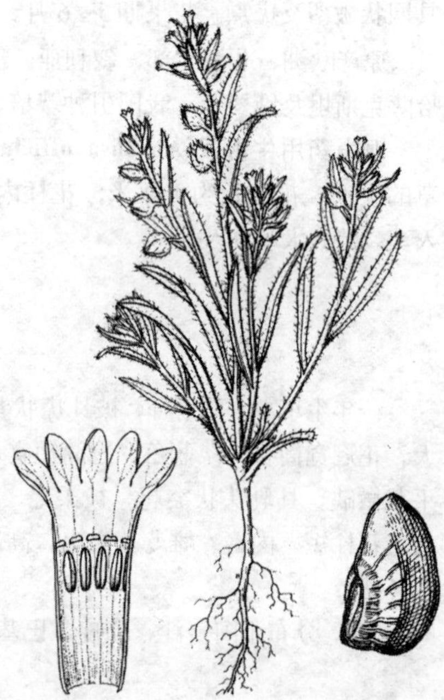

图 469 假狼紫草（郭木森绘）

21. 紫草属 Lithospermum Linn.

一年生或多年生草本，被短糙伏毛。叶互生。花单生叶腋或为顶生镰状聚伞花序；具苞片。花萼5裂至基部，裂片果时稍增大；花冠漏斗状或高脚碟状，喉部具附属物，冠筒具5条毛带或纵褶，冠檐5浅裂，裂片开展或稍开展；雄蕊5，内藏，花药线状长圆形，顶端钝，具小尖头；子房4裂，花柱丝形，内藏，柱头头状；雌蕊基平。小坚果桃形，多平滑，常乳白色，着生面位于腹面基部。

约50种，分布于南北美洲、非洲、欧洲及亚洲。我国5种，除青海及西藏，各省区均有分布。

1. 多年生草本；小坚果乳白色，平滑，有光泽。
  2. 花冠白色，长不及1厘米；无匍匐茎。
    3. 花冠长7-9毫米，冠筒与冠檐近等长，冠檐裂片宽卵形，长宽近相等，喉部附属物无毛 ……………………

……………………………………………………………………………………… 1. **紫草 L. erythrorhizon**

3. 花冠长4-6毫米，冠筒较冠檐长1倍，冠檐裂片卵状长圆形，长大于宽，喉部附属物被短毛…………………………………………………………………………………………………… 1(附). **小花紫草 L. officinale**

2. 花冠蓝紫或紫红色，长1.5厘米以上；具匍匐茎…………………………………… 2. **梓木草、L. zollingeri**

1. 一年生草本；小坚果灰褐色，具疣状突起，无光泽…………………………………… 3. **田紫草 L. arvense**

1. 紫草　　图 470

Lithospermum erythrorhizon Sieb. et Zucc. in Abh. Bayer, Akad. Wiss. 4(3): 149. 1846.

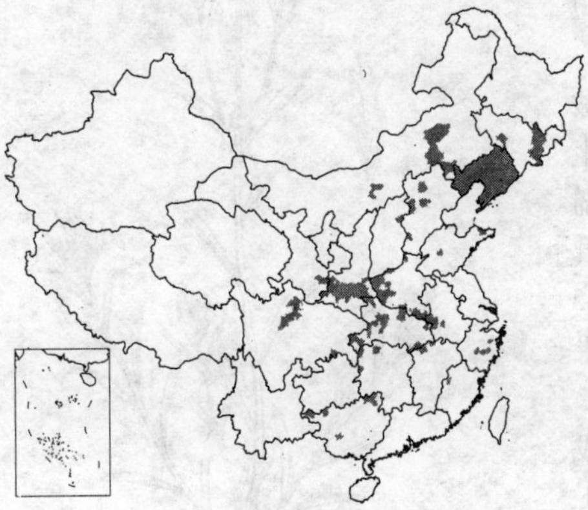

多年生草本，高达90厘米。根富含紫色素。茎常1-2，直立，被短糙伏毛，上部分枝。叶卵状披针形或宽披针形，长2-8厘米，先端渐尖，基部渐窄，两面被毛，无柄。花序生于茎枝上部，长2-6厘米。花萼裂片线形，长4-9毫米，被短糙伏毛；花冠白色，长7-9毫米，稍被毛，冠檐与冠筒近等长，裂片宽卵形，长2-3毫米，开展，全缘或微波状，喉部附属物半球形，无毛；雄蕊生于花冠筒中部，花丝长约0.4毫米，花药长1-1.2毫米；花柱长2.2-2.5毫米。小坚果卵球形，乳白色，或带淡黄褐色，长约3.5毫米，平滑，有光泽，腹面具纵沟。花果期6-9月。染色体2n＝28。

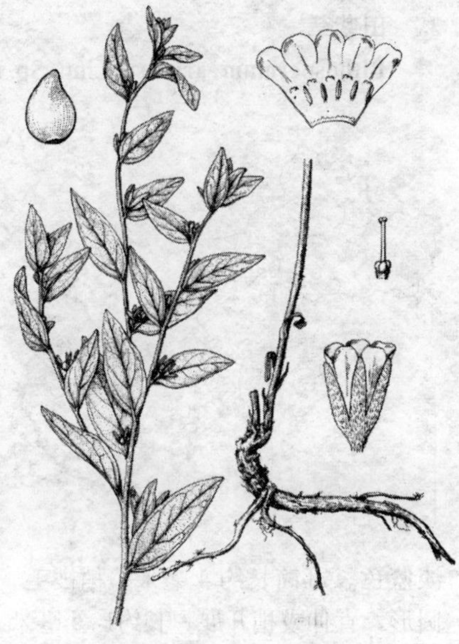

图 470 紫草（郭木森绘）

产内蒙古、辽宁、河北、山东、江苏、安徽、浙江、福建、江西、湖北、湖南、广西、贵州、四川、甘肃、陕西、山西及河南，生于山坡草地。朝鲜、日本及俄罗斯东部有分布。根为中药"紫草"，治麻疹、斑疹、便秘、腮腺炎，外用治烧烫伤。

[附] **小花紫草 Lithospermum officinale** Linn. Sp. Pl. 132. 1753. 与紫草的区别：花冠长4-6毫米，冠筒较冠檐长1倍，冠檐裂片卵状长圆形，长大于宽，喉部附属物被短毛；幼根稍含紫色素。花果期7-8月。染色体2n＝28，56。　产内蒙古、宁夏、甘肃中部及新疆北部，生于山坡、林缘。阿富汗、不丹、印度北部，尼泊尔、俄罗斯亚洲西部及欧洲有分布。

2. 梓木草　　图 471

Lithospermum zollingeri DC. Prodr. 10: 586. 1846.

多年生匍匐草本，茎高达25厘米，匍匐茎长达30厘米，被开展糙伏毛。根褐色，稍含紫色素。基生叶倒披针形或匙形，长3-6厘米，两面被短糙伏毛，具短柄；茎生叶较小，基部渐窄，近无柄。具1花至数花，花序长2-5厘米。花具短梗；花萼长约6.5毫米，裂片线状披针形，两面被毛；花冠蓝或

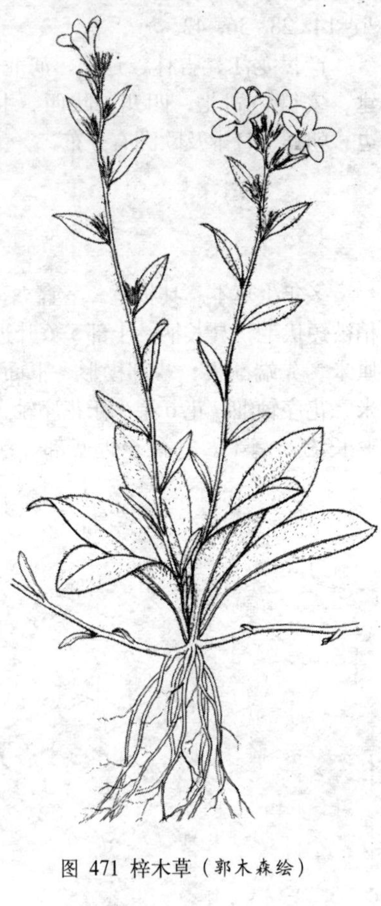

图 471 梓木草（郭木森绘）

蓝紫色，长1.5-1.8厘米，稍被毛，冠筒与冠檐无明显界限，冠檐径约1厘米，裂片宽倒卵形，近等大，长5-6毫米，全缘，无脉，喉部及冠筒具5纵褶；雄蕊生于纵褶之下，花药长1.5-2毫米；花柱长约4毫米。小坚果斜卵球形，长3-3.5毫米，乳白色，有时稍带淡黄褐色，平滑，有光泽，腹面具纵沟。花果期5-8月。染色体2n = 16。

产江苏、安徽、浙江、台湾、江西、湖北、贵州、云南、四川、甘肃东南部、陕西及河南，生于丘陵、低山草坡或灌丛中。朝鲜及日本有分布。果供药用。

3. 田紫草 图 472

Lithospermum arvense Linn. Sp. Pl. 132. 1753.

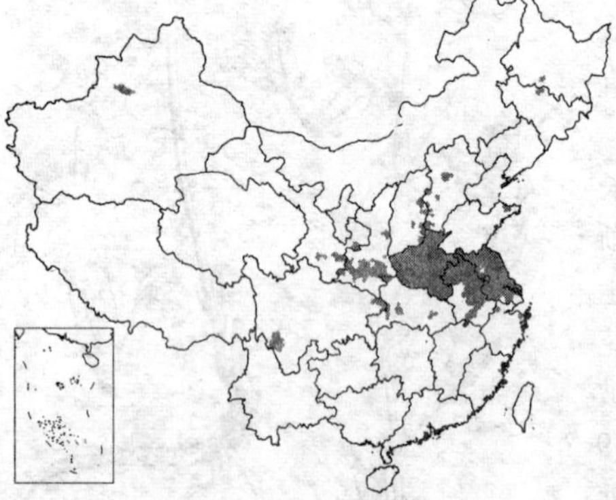

一年生草本，高达35厘米。根含紫色素。茎常分枝，被短糙伏毛。叶倒披针形或线形，长3-4厘米，先端尖，两面被短糙伏毛；无柄。聚伞花序生于枝上部，长达10厘米，花稀疏；苞片与叶同形较小。花具短梗；花萼裂片线形，长4-5.5毫米，常直伸，两面被毛，果期长达1.1厘米，基部稍硬化；花冠高脚碟状，白色，稀蓝或淡蓝色，冠筒长约4毫米，稍被毛，冠檐长约为冠筒一半，裂片卵形或工圆形，直伸或稍开展，长约1.5毫米，稍不等大，喉部无附属物，冠筒具5纵褶；雄蕊生于花冠筒下部，花药长约1毫米；花柱长1.5-2毫米。小坚果三角状卵球形，长约3毫米，灰褐色，具疣状突起。花果期4-8月。染色体2n=14, 28, 36, 42。

产黑龙江、吉林、辽宁、河北、河南、山西、山东、江苏、浙江、福建、安徽、湖北、四川、陕西、甘肃及新疆，生于丘陵、低山草坡或田边。朝鲜、日本及欧洲有分布。

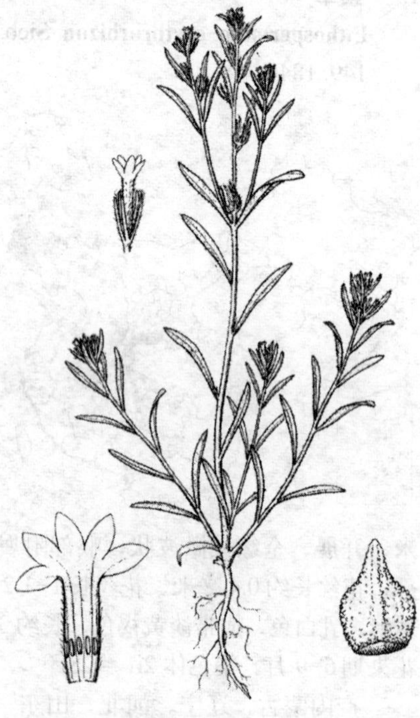

图 472 田紫草（郭木森绘）

22. 山茄子属 Brachybotrys Maxim.

多年生草本。具根茎。茎直立，常不分枝，疏被短伏毛。基部茎生叶鳞片状，中部茎生叶倒卵状长圆形，下面稍被短伏毛，具长柄；上部5-6叶近轮生，倒卵形或倒卵状椭圆形，长6-12厘米，先端渐尖，基部楔形，下面稍被毛，具短柄。花序顶生，长约5厘米，花序轴细，花6朵生于花序轴上部；无苞片。花梗长0.4-1.5厘米；花萼长约8毫米，5裂至近基部，裂片钻状披针形，果期增大；花冠近钟状，紫色，长约1.1厘米，冠筒较冠檐短，冠檐裂片卵状长圆形或倒卵状长圆形，长约6毫米，先端钝，喉部具三角状梯形附属物；雄蕊生于喉部之下，伸出，花丝钻状，长约4毫米，花药长圆形，长3-4毫米，顶端具小尖头，基部微心形；子房4裂，花柱丝形，伸出，柱头头状，雌蕊基近平。小坚果四面体形，长3-3.5毫

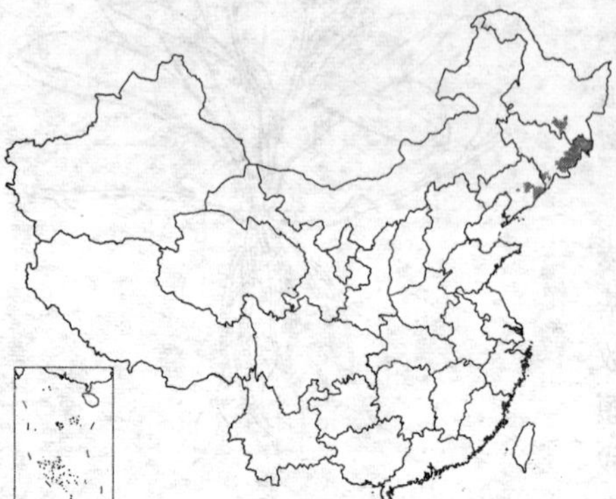

图 473 山茄子（郭木森绘）

米，背面三角状卵形，腹面具3个面，黑色，有光泽，被短柔毛，着生面位于腹面近基部。

单种属。

山茄子 图 473

Brachybotrys paridiformis Maxim. ex Oliv. in Hook. Icon. Pl. 13: 43. pl. 1254. 1878.

形态特征同属。花果期4-6月。染色体2n=24。

产黑龙江、吉林及辽宁，生于林下、草地、田边。朝鲜及俄罗斯远东地区有分布。幼嫩茎叶可作蔬菜。

23. 滨紫草属 Mertensia Roth

多年生草本，无毛或被柔毛。具根状茎。基生叶丛生，叶卵形，常早枯；茎生叶互生。聚伞圆锥花序；无苞片。花具梗；花萼5裂至深裂，较花冠筒短，裂片披针形或卵形，果时不增大；花冠漏斗状，蓝或淡蓝色，冠檐5裂，裂片卵形、长圆形或半圆形，稍开展，先端钝，喉部具横皱褶状或鳞片状附属物；雄蕊5，生于喉部附属物之间或稍下，伸出，花丝扁，花药长圆形或卵圆形，较花丝长；子房4裂，花柱丝状，伸出；雌蕊基圆锥状。小坚果四面体形，无毛，背面凸，具皱纹及疣体，边缘具窄翅，腹面锐，有时成翅状龙骨，着生面位于腹面基部。

约15种，分布于欧洲东部及西北部、北美洲及亚洲。我国6种。

1. 花柱与花冠近等长，内藏或稍伸出花冠。
  2. 植物体被毛；茎生叶线形或线状披针形 …………………… **长筒滨紫草 M. davurica**
  2. 植物体无毛；茎生叶卵形或近圆形 …………………… (附). **薄叶滨紫草 M. pallasii**
1. 花柱伸出花冠约3毫米 …………………… (附). **大叶滨紫草 M. sibirica**

长筒滨紫草 图 474

Mertensia davurica (Sims) G. Don, Gen. Syst. 4: 318. 1838.

Pulmonaria davurica Sims in Curtis's Bot. Mag. 42: t. 1743. 1814.

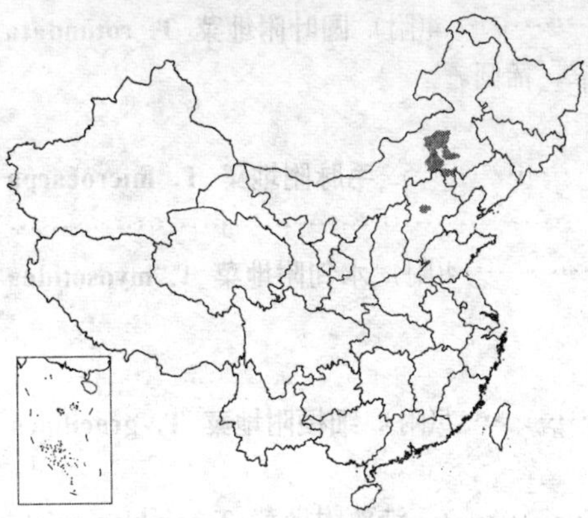

根茎块状，黑褐色。茎高达30厘米，上部花序分枝，具棱槽，上部稍被毛。基生叶莲座状，卵状长圆形或线状长圆形，基部楔形或圆，具长柄；茎生叶近直立，披针形或线状披针形，长1.5-2厘米，先端钝或渐尖，上面被短伏毛及小疣点，下面平滑，侧脉不明显；无柄或具短柄。镰状聚伞花序长1-1.5厘米；无苞片。花梗长2-5毫米，密被短伏毛；花萼裂至近基部，长约4.5毫米，裂片线形或线状三角形；花冠蓝色，长1.2-2.2厘米，无毛，冠筒径2-3.5毫米，长约为冠檐3.5倍，冠檐5浅裂，裂片近半圆形，稍开展，全缘，喉部附属物半圆形，高约0.5毫米，平滑；雄蕊生于喉部附属物之间，花丝长约2毫米，花药线状长圆形，长约2.5毫米；花柱与花冠近等长，稍伸出，柱头盘状。小坚果长约2.5毫米，具皱纹，着生面窄三角形。花果期6-7月。染色体2n=24。

产内蒙古及河北北部，生于山坡草地。蒙古及俄罗斯西伯利亚有分布。

[附] **薄叶滨紫草 Mertensia pallasii** (Ledeb.) G. Don Gen. Hist. 4: 319. 1837. —— *Lithospermum pallasii* Ledeb. Fl. Alt. 1: 176. 1829. 本种与长筒滨紫草的区别:植物体无毛；茎生叶卵形或近圆形。花期5-6月。产新疆西北部，

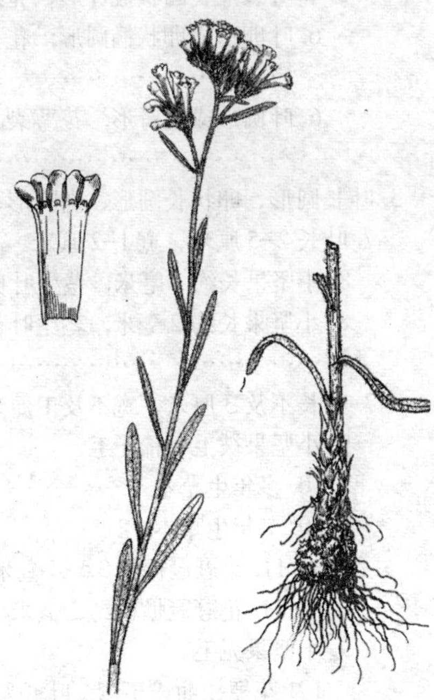

图 474 长筒滨紫草（仿《中国植物志》）

生于悬崖峭壁。哈萨克斯坦及俄罗斯有分布。

[附] **大叶滨紫草 Mertensia sibirica** (Linn.) G. Don , Gen. Hist. 4: 319.1837. —— *Pulmonaria sibirica* Linn. Sp. Pl.

135. 1753. 本种与长筒滨紫草的区别：根状茎横走；基生叶长达20厘米，茎生叶椭圆或线状长圆形，长3-7厘米；花序长6-8厘米，花柱伸出花冠约3毫米；小坚果长4-5毫米。花期6-7月，果期8-9月。染色体2n=24。产山西，生于海拔约2500米山坡草地。俄罗斯有分布。

24. 附地菜属 Trigonotis Steven

多年生、二年生、稀一年生草本，常被糙伏毛或柔毛。茎直立或外倾。叶基生及茎生；茎生叶互生。镰状聚伞花序；无苞片或具苞片。花小，具细梗；花萼5裂；花冠筒状，蓝或白色，冠筒常较萼短，冠檐具5裂片，覆瓦状排列，喉部具5个半月形或梯形附属物；雄蕊生于花冠筒，内藏，花药长圆形或椭圆形，花丝极短；子房4深裂，花柱丝形，常短于花冠筒，柱头头状；雌蕊基平。小坚果4，四面体形，被毛或无毛，常有光泽，背面平或凸，具棱或棱翅，腹面具3个面，着生面位于三面交汇处，无柄或具短柄。胚直生，子叶卵形。

约58种，分布于亚洲及欧洲东部。我国39种，34种为特有种，分布中心在云南及四川。

1. 小坚果倒三棱状四面体形。
  2. 叶长可3-8厘米，侧脉不明显；花冠蓝或白色 …… 1. **西南附地菜 T. cavaleriei**
  2. 叶长2-2.5厘米，侧脉在上面凸起；花冠白色 …… 1(附). **凸脉附地菜 T. elevato-venosa**
1. 小坚果半球形或三棱锥状四面体形。
  3. 叶圆形、肾形、卵形或卵状椭圆形，基部心形或圆，稀楔形。
    4. 花冠被毛 …… 2. **毛花附地菜 T. heliotropifolia**
    4. 花冠无毛。
      5. 花萼裂片宽卵形，先端钝 …… 3. **北附地菜 T. radicans**
      5. 花萼裂片长圆状披针形，先端渐尖或尾尖。
        6. 叶卵形或卵状椭圆形；花萼裂片先端尾尖，外弯；小坚果斜三棱锥状四面体，具柄 …… 4. **朝鲜附地菜 T. coreana**
        6. 叶圆形或近肾形；花萼裂片先端渐尖；小坚果半球形四面体，近无柄 …… 4(附). **圆叶附地菜 T. rotundata**
  3. 叶长圆形、卵状长圆形、椭圆形、卵状椭圆形或匙形，基部楔形或渐窄，稀圆。
    7. 叶长2-5厘米，宽1-2厘米。
      8. 小坚果长约1毫米；茎生叶卵形或长圆形，基部圆 …… 5. **毛脉附地菜 T. microcarpa**
      8. 小坚果长约2毫米；茎生叶长圆状披针形或披针形，基部窄楔形 …… 4(附). **水甸附地菜 T. myosotidea**
    7. 叶长不及3厘米，宽不及1厘米。
      9. 小坚果被毛，稀无毛。
        10. 多年生草本 …… 5(附). **细梗附地菜 T. gracilipes**
        10. 二年生草本。
          11. 花冠冠檐径3.5-4毫米；花萼裂片先端钝 …… 6. **钝萼附地菜 T. amblyosepala**
          11. 花冠冠檐径约2毫米；花萼裂片先端渐尖或尖 …… 7. **附地菜 T. peduncularia**
      9. 小坚果无毛。
        12. 花梗扭曲或下弯；叶长圆形或卵状长圆形；小坚果半球形四面体 …… 8. **扭梗附地菜 T. delicatula**
        12. 花梗不扭曲，斜伸；叶椭圆状卵形、披针形或线形；小坚果斜三棱锥状四面体 …… 8(附). **西藏附地菜 T. tibetica**

1. 西南附地菜 图 475

Trigonotis cavaleriei (Lévl.) Hand.-Mazz. Symb. Sin. 7: 819. 1936.

Omphalodes cavaleriei Lévl. in Fedde, Repert. Sp. Nov. 12: 188. 1913.

多年生草本，高达50厘米。具根茎。茎直立，上部分枝，分枝呈

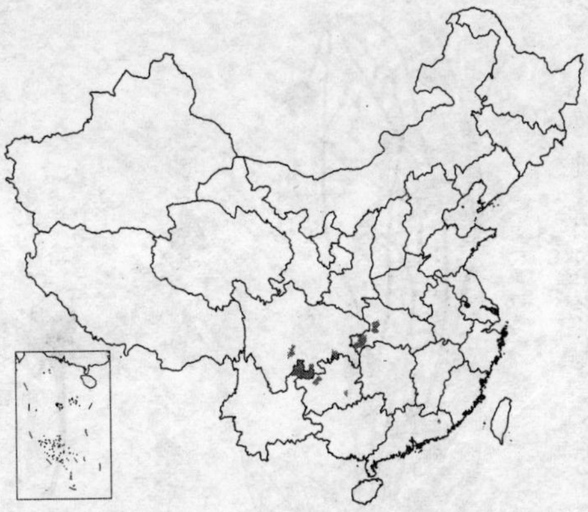

之字形，被开展糙硬毛。基生叶宽卵形或椭圆形，长 3－8 厘米，先端渐尖，基部圆或微心形，两面被具基盘糙伏毛，侧脉不明显，叶柄长 3-7 厘米，基部鞘状；茎生叶较小，卵状披针形，柄极短。果序长达 20 厘米，分枝二叉式；无苞片。花梗长 3－4 毫米；花萼漏斗状，长约 2 毫米，浅裂，裂片宽卵形，被糙伏毛；花冠蓝或白色，冠筒与花萼近等长，冠檐径约 6 毫米，裂片近圆形，喉部附属物高约 1 毫米，被毛，顶端微凹；花药长约 1 毫米。小坚果倒三棱锥状四面体，长约 1 毫米，深褐色，无毛，有光泽，背面具锐棱，腹面 3 个面近等大，着生面无柄。花果期 6-8 月。

产四川、湖北、贵州及云南，生于海拔 700-2000 米林下、河谷湿地。

[附] **凸脉附地菜 Trigonotis elevato-venosa** Hayata, Ic. Pl. Formos. 6: 32. 1916. 本种与西南附地菜的区别：花白色，花梗长 1-3 毫米；叶长 2-2.5 厘米，上面侧脉凸起。产台湾北部山地。

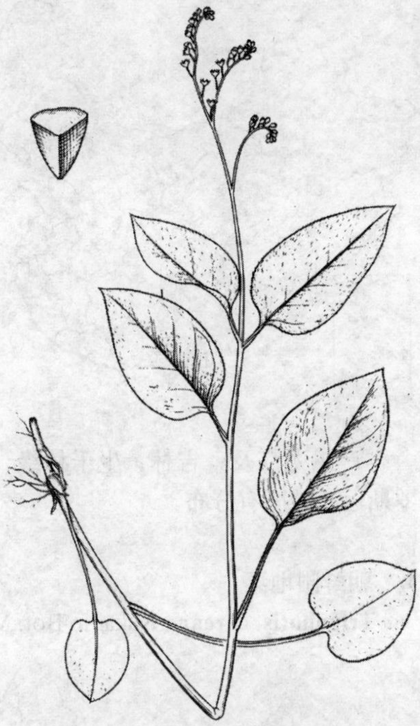

图 475 西南附地菜（郭木森绘）

2. 毛花附地菜 图 476:1-5

Trigonotis heliotropifolia Hand.-Mazz. in Anz. Akad. Wiss. Wien, Math.-Nat. 61: 165. 1924.

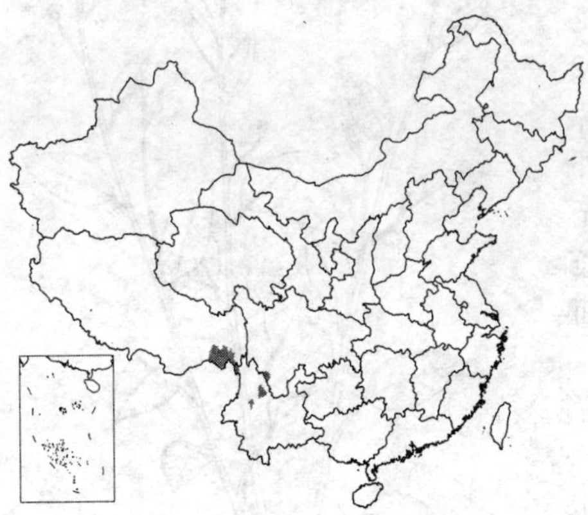

多年生草本，高达 50 厘米。茎直立或斜升，常上部分枝，密被糙伏毛。基生叶常早枯；茎生叶卵形或椭圆形，长 2-6 厘米，先端渐尖，基部近圆，两面被糙伏毛，侧脉 4-7 对，2-3 脉基生；叶柄长 0.5-2 厘米。花序长达 10 厘米；无苞片，有时下部具 1-3 苞片。花梗长 3-5 毫米，果时近平展；花萼漏斗状，长约 3 毫米，裂至中部，裂片披针形；花冠蓝色，冠筒长约 2 毫米，冠檐径约 6 毫米，裂片倒卵形，长约 2 毫米，稍被毛，喉部附属物高约 1 毫米，被毛，顶端微凹；花药椭圆形，长约 0.5 毫米。小坚果半球状四面体形，长约 1 毫米，暗褐色，无毛，有光泽，背面极凸，腹面基底面极小，2 侧面近等大，着生面具短柄。花果期 9-10 月。

图 476:1-5.毛花附地菜 6-9.扭梗附地菜 10-12.圆叶附地菜（引自《中国植物志》）

产云南、四川及西藏东南部，生于海拔 1500-3000 米林下、林缘、山坡草地或河谷湿地。

3. 北附地菜 图 477

Trigonotis radicans (Turcz.) Stev. in Bull. Soc. Nat. Mosc. 24, 1: 603. 1851. *Myosotis radicans* Turcz. in Bull. Soc.Nat. Mosc. 14: 258. 1840.

多年生草本。茎丛生，直立或平卧，长达 50 厘米，常具不定根。基生叶卵形或卵状椭圆形，长 3-7 厘米，先端尖，基部圆或心形，两面被短伏毛，侧脉不明显，叶柄长达 15 厘米；茎生叶较小，叶柄较短。花梗较长，果时长达 2 厘米，被短伏毛；花萼深裂，长约 3-5 毫米，裂片宽卵形，

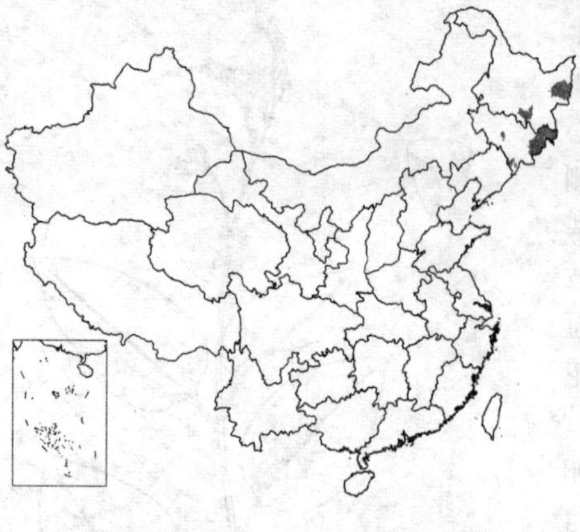

先端钝；花冠淡蓝色，冠筒长约1.2毫米，冠檐径约6毫米，裂片开展，无毛，喉部附属物高约0.5毫米，被毛；花药椭圆形，长约0.5毫米。小坚果斜三棱锥状四面体形，长约2毫米，褐色，被短毛，背面菱形或卵状菱形，具窄棱，腹面基底面较小，着生面具柄，柄长约0.8毫米，常向一侧弯曲。花果期6-9月。

产黑龙江及、吉林，生于林缘、灌丛中或河边草地。日本、朝鲜及俄罗斯远东地区有分布。

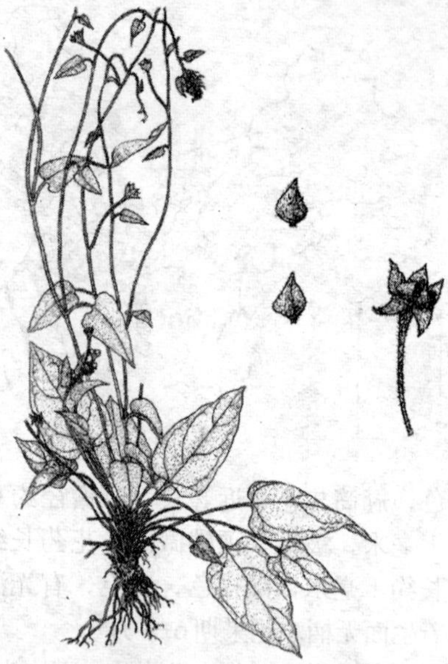

图 477 北附地菜（仿《中国植物志》）

4. 朝鲜附地菜 图 478

Trigonotis coreana Nakai in Bot. Mag. Tokyo 31: 218.1917.

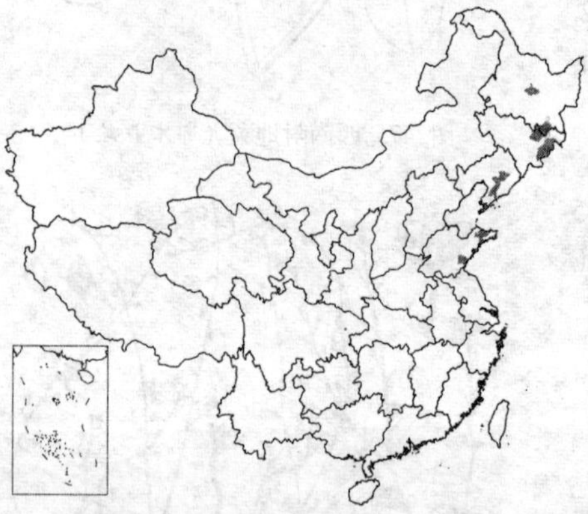

多年生草本，高达40厘米。具根茎。茎丛生，上部分枝，疏被糙伏毛。基生叶及下部茎生叶卵形或卵状椭圆形，长2-4厘米，先端具短尖头，基部圆或楔形，两面被短糙伏毛，叶柄长3-10厘米，基部稍宽；上部茎生叶较小，叶柄较短。花序顶生，具苞片。花梗长1.5-2毫米；花萼长3-4毫米，裂片长圆状披针形，先端尾尖，外弯；花冠淡蓝色，冠筒短于花萼，冠檐径约8毫米，裂片宽倒卵形，无毛，喉部附属物梯形，高约0.8毫米，顶端微凹，被短毛；花药长圆形，长约1毫米。小坚果斜三棱锥状四面体形，被毛，背面三角状卵形，着生面具柄。花果期5-8月。

产黑龙江、吉林、辽宁及山东，生于林缘、灌丛中、沟边。日本、朝鲜及俄罗斯远东地区有分布。

[附] **圆叶附地菜** 图 476:10-11 **Trigonotis rotundata** Johnst. in Journ. Arn. Arb. 18: 7. 1937. 本种与朝鲜附地菜的区别：叶圆形或近肾形；花萼裂片先端渐尖；小坚果半球状四面体形，近无柄。产云南西北部及四川，生于海拔3000-4000米山坡草地、林缘或灌丛中。

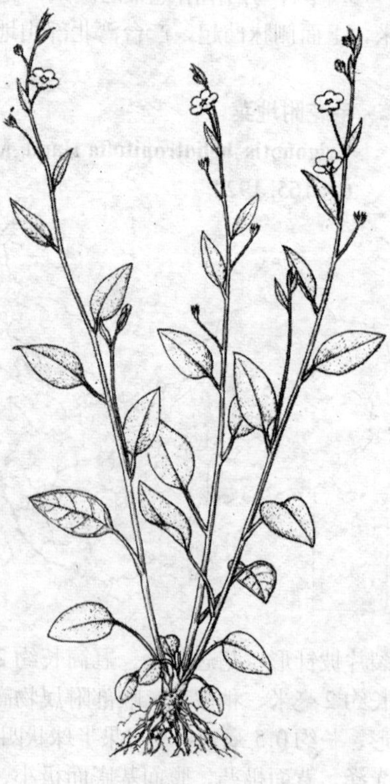

图 478 朝鲜附地菜（郭木森绘）

5. 毛脉附地菜 图 479

Trigonotis microcarpa (DC.) Benth. ex Clarke in Hook. f. Fl. Brit. Ind. 4: 172. 1883.

Eritrichium microcarpa DC. Prodr. 10: 123. 1846.

多年生草本，高达60厘米。具根茎。茎直立或外倾，被短伏毛。基生叶及下部茎生叶卵形或长圆形，长2-5厘米，宽1-2厘米，先端具小尖头，基部圆，两面被糙伏毛，具长柄；上部茎生叶较小，近无柄。花序细，果时长达15厘米；无苞片或基部具2-4苞片。花梗长3-5毫米；花萼长2-2.5毫米，裂片披针形；花冠蓝紫色，冠筒长约2毫米，冠檐径4-5毫米，裂片宽卵形，开展，喉部附属物顶端微凹；花药长约0.6毫米。小坚果斜三棱锥状四面体形，长约1毫

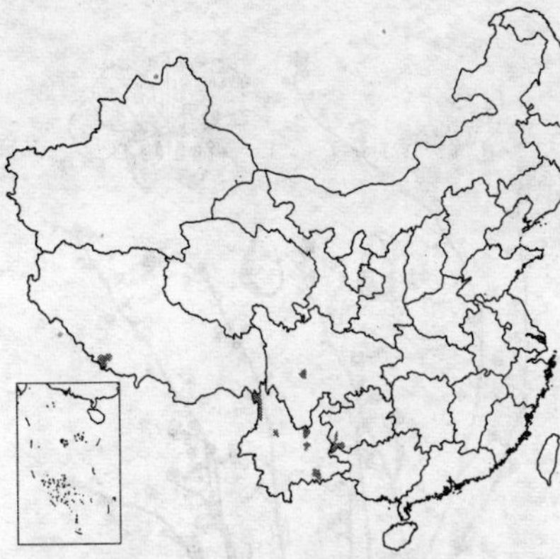

米，深褐色，无毛，有光泽，背面卵形，凸起，具锐棱，腹面基底面较小，着生面具不明显短柄。花果期6-7月。

产云南、贵州、四川及西藏，生于海拔1000-3000米山坡草地、灌丛中、林缘或沟边。不丹、印度、尼泊尔、哈萨克斯坦及俄罗斯有分布。

[附] **水甸附地菜 Trigonotis myosotidea** (Maxim.) Maxim. in Bull. Acad. Sci. St. Pétersb. 27: 506. 1881. ——*Eritrichium myosotideum* Maxim. Prim. Fl. Amur. 203. 1859. 本种与毛脉附地菜的区别：茎生叶长圆状披针形或披针形，基部窄楔形，下延成翅状短柄，两面疏被短伏毛或近无毛；小坚果长约2毫米。产黑龙江、吉林、辽宁及河北，生于沼泽草甸或沟边湿地。俄罗斯远东地区有分布。

[附] **细梗附地菜 Trigonotis gracilipes** Johnst. in Journ. Arn. Arb. 18: 9. 1937. 本种与毛脉附地菜的区别：叶较小，椭圆形或长圆状披针形，下面侧脉不明显；小坚果长约1.3毫米，疏被短柔毛，着生面柄弯向一侧。产云南西北部、四川西南部及西藏南部，生于海拔2500-4500米山坡草地、林下或林缘。

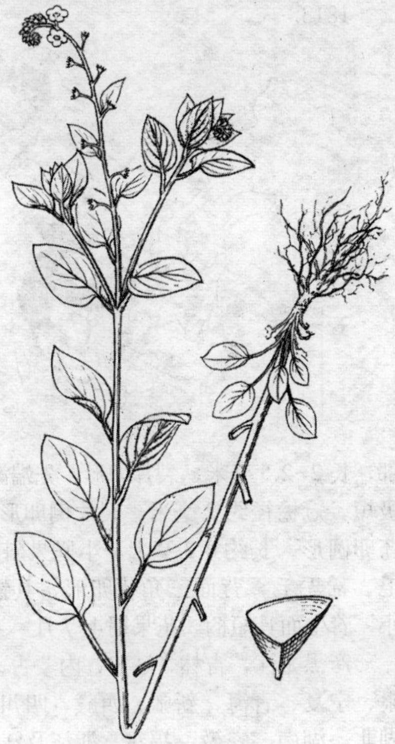

图 479 毛脉附地菜（郭木森绘）

6. 钝萼附地菜 图 480

Trigonotis amblyosepala Nakai et Kitag. in Rep. First Sci. Exped. Manch. sect. 4. part. 1: 44. pl. 14. 1934.

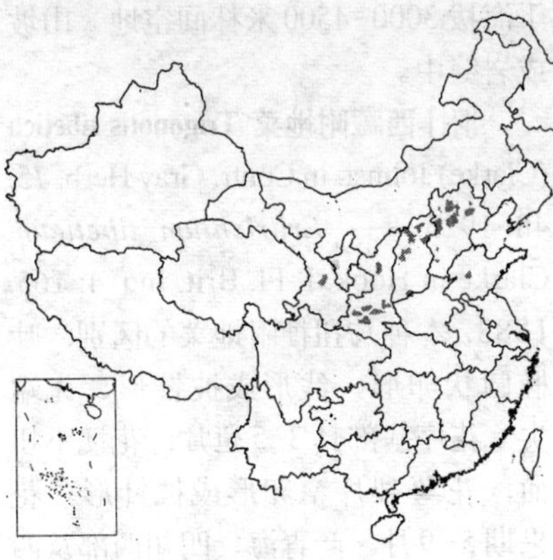

二年生草本，高达40厘米。茎细，斜升或铺散，下部多分枝，疏被短糙伏毛。茎生叶窄椭圆形或倒卵状长圆形，长1-2厘米，宽0.5-1厘米，先端钝，基部楔形，两面被短伏毛，具短柄或无柄。花序顶生，果期长达25厘米；无苞片或花序基部具苞片。花梗长3-6毫米，常弯向一侧，平伸；花萼裂至中下部，长2-2.5毫米，裂片窄倒卵形或线状长圆形，先端钝；花冠蓝色，冠筒长约1.5毫米，冠檐径3.5-4毫米，裂片宽倒卵形，长约2毫米，开展，喉部附属物黄色；花药椭圆形，长约0.6毫米。小坚果斜三棱锥状四面体形，长约1毫米，被毛，背面三角状卵形，凸起，具锐棱，腹面2个侧面近等大，基底面较小，稍凸，着生面具短柄。花果期6-8月。

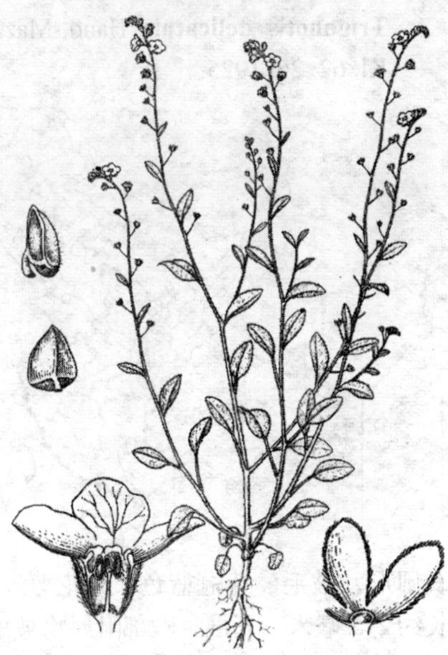

图 480 钝萼附地菜（郭木森绘）

产河北、山东、山西、河南、陕西及甘肃，生于山坡、林缘、灌丛中、荒地或田间。

7. 附地菜 图 481

Trigonotis peduncularis (Trev.) Benth. ex Baker et Moore in Journ. Linn. Soc. Bot. 17: 384. 1879. *Myosotis peduncularis* Trev. in Ges. Naturf. Fr. Ber. Mag. 7: 147. pl. 2. f. 6-9.

1813.

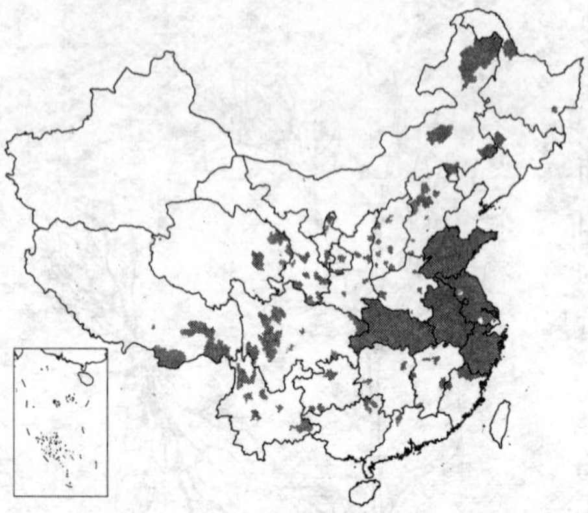

二年生草本，高达30厘米。茎常多条，直立或斜升，下部分枝，密被短糙伏毛。基生叶卵状椭圆形或匙形，长2-3厘米，宽0.5-1厘米，先端钝圆，基部渐窄成叶柄，两面被糙伏毛，具柄；茎生叶长圆形或椭圆形，具短柄或无柄。花序顶生，果期长10-20厘米；无苞片或花序基部具2-3苞片。花梗长3-5毫米；花萼裂至中下部，长2-2.5毫米，裂片卵形，先端渐尖或尖；花冠淡蓝或淡紫红色，冠筒极短，冠檐径约2毫米，裂片倒卵形，开展，喉部附属物白或带黄色；花药卵圆形，长约0.3毫米。小坚果斜三棱锥状四面体形，长约1毫米，被毛，稀无毛，背面三角状卵形，具锐棱，腹面2侧面近等大，基底面稍小，着生面具短柄。花果期4-7月。

产黑龙江、吉林、辽宁、内蒙古、河北、山西、山东 河南、陕西、甘肃、宁夏、青海、新疆、西藏、四川、云南、贵州、广东、广西、江西、湖北、湖南、安徽、福建、浙江及江苏，生于渠边、林缘、村旁荒地或田间。中亚至欧洲有分布。

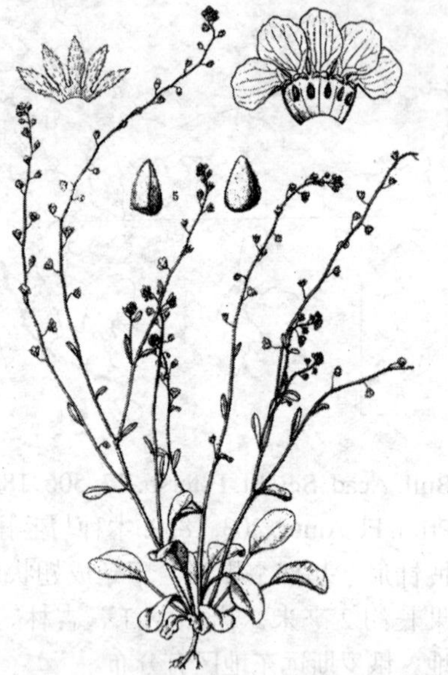

图 481 附地菜（马平绘）

8. **扭梗附地菜** 图 476:6-9

Trigonotis delicatula Hand.-Mazz. in Anz. Akad. Wiss. Wien, Math.-Nat. Kl. 62: 26. 1925.

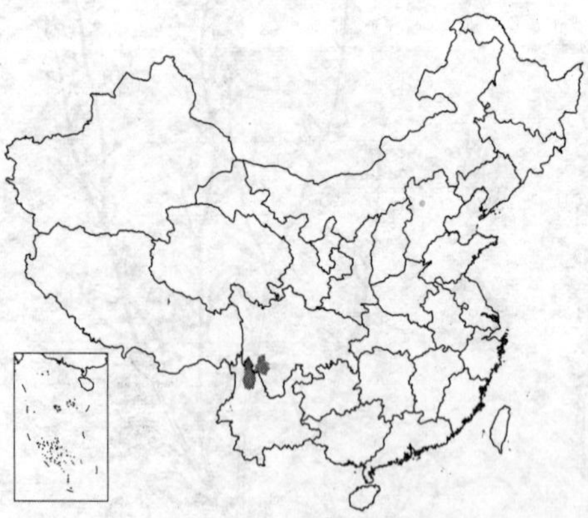

二年生草本，高达40厘米。茎直立，常丛生，下部分枝，密被糙伏毛。基生叶常早枯；茎生叶长圆形或卵状长圆形，长0.5-2厘米；宽0.5-1厘米，先端近圆，具短尖，基部渐窄下延，全缘，两面被糙伏毛，下面中脉凸起；叶柄长达2厘米。聚伞花序具苞片。花梗细，长0.5-1.5厘米，常扭曲或下弯；花萼长约1.5毫米，裂片长圆形，被毛；花冠蓝色，与花萼近等长，冠檐径约5毫米，裂片圆形，长约2.5毫米，开展，喉部附属物被短毛；雄蕊生于花冠筒中部，花药长圆形，长约0.5毫米。小坚果半球状四面体形，长1.5-2毫米，褐色，无毛，有光泽，背面三角形，腹面上方两侧面稍内凹，中间边界具棱，基底面向下方隆起，着生面无柄。花果期7-9月。

产云南北部及四川西南部，生于海拔3000-4500米林间空地、山坡或岩缝中。

[附] **西藏附地菜 Trigonotis tibetica** (Clarke) Johnst. in Contr. Gray Herb. 75: 48. 1925. ——*Eritrichium tibeticum* Clarke in Hook. f. Fl. Brit. Ind. 4: 165. 1883. 本种与扭梗附地菜的区别：叶椭圆状卵形、线形或披针形，先端尖；花序基部具3-5苞片；花梗不扭曲；花萼裂片窄卵形或披针形。花果期5-9月。产青海、四川西部及西藏，生于草坡或灌丛中。不丹、印度北部、尼泊尔及克什米尔地区有分布。

25. 勿忘草属 Myosotis Linn.

多年生或一年生草本。茎细，被短糙伏毛。叶基生及茎生；茎生叶互生。镰状聚伞花序，果序总状；无苞片。花萼5裂，果时稍增大；花冠高脚碟状、钟状或漏斗状，蓝或白色，稀淡紫色，裂片5，在芽内旋转状，喉部具5鳞片状附属物；雄蕊5，生于花冠筒上部，内藏，花丝短，花药长圆形或卵圆形；子房4裂，花柱线形，柱头微小，头状；雌蕊基平或稍凸出。小坚果卵圆形，背腹扁，无毛，有光泽，着生面位于腹面基部。

约50种，分布于欧亚大陆、南部非洲、大洋洲及北美洲。我国5种。

1. 花萼裂至中部，裂片三角状卵形，疏被糙伏毛；花冠冠檐径约3.5毫米；叶长2-3厘米 ……………………………… 1. **湿地勿忘草 M. caespitosa**
1. 花萼裂至中下部，裂片披针形，被开展钩状糙硬毛及短糙毛；花冠冠檐径6-7毫米；叶长4-8厘米。
   2. 小坚果基部无附属物；花序具多花 ……………………………… 2. **勿忘草 M. alpestris**
   2. 小坚果基部具肥厚附属物；花序疏生7-10花 ……………………………… 2(附). **稀花勿忘草 M. sparsiflora**

1. 湿地勿忘草 图 482

Myosotis caespitosa Schultz, Prodr. Fl. Stargard, Suppl. 1: 11. 1819.

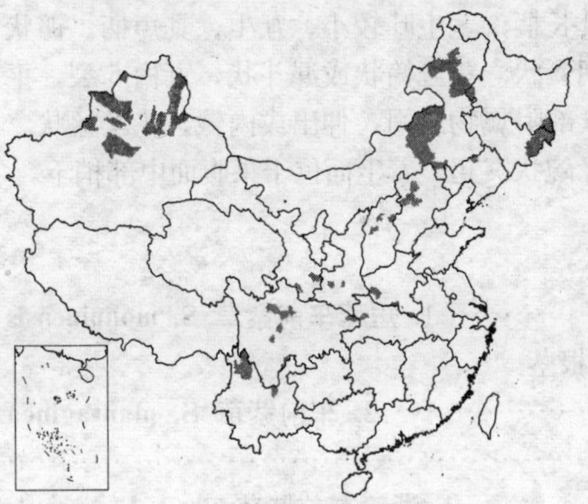

多年生草本，高达60厘米。茎常1条，稀数条，分枝疏，枝斜升或开展，被向上平伏糙毛。基生叶及下部茎生叶长圆形或倒披针形，长2-3厘米，先端钝，基部渐窄，全缘，两面疏被糙伏毛，具柄；中部及上部茎生叶倒披针形或线状披针形，长3-7厘米，无柄。果序长10-20厘米。花萼钟状，裂至中部，长约3毫米，裂片三角状卵形，先端钝，疏被白色糙伏毛；花冠淡蓝色，长2-3毫米，冠筒较花萼短，冠檐径约3.5毫米，裂片近圆形，长约1.5毫米，平展，喉部黄色；花药长约0.5毫米；花柱长约0.8毫米。小坚果卵圆形，长约1.5毫米，淡褐色，有光泽，上部具窄边，顶端钝；果柄长6-8毫米，平展。花果期6-8月。染色体2n = 22，44，48，86，88。

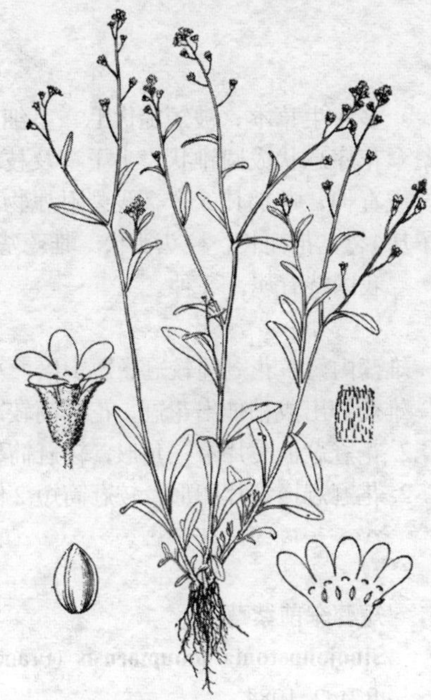

图 482 湿地勿忘草（张桂芝绘）

产黑龙江、吉林、辽宁、内蒙古、河北、四川、云南、山西、陕西、甘肃及新疆，生于山坡湿地、河边。亚洲、欧洲温带及亚热带，北美洲及非洲北部有分布。

2. 勿忘草 图 483 彩片 123

Myosotis alpestris F. W. Schmidt Fl. Boem. Cent. 3: 26. 1794.

Myosotis sylvatica Ehrh. ex Hoffm.; 中国高等植物图鉴 3: 561. 1974; 中国植物志 64(2): 75.1989.

多年生草本。高达50厘米。茎单一或数条，直立，常分枝，疏被开展糙毛。基生叶窄倒披针形或线状披针形，长4-8厘米，基部渐窄下延，两面被糙伏毛；茎生叶较小，无柄或具短柄。果序长达15厘米。花梗长3-6毫米，与萼等长或稍长，果期常直立；花萼裂至近基部，长2-3毫米，果期稍增大，裂片钻状披针形，先端渐尖，被开展钩状糙硬毛及短柔毛；花冠蓝色，冠筒稍短于花萼，冠檐径约6-7毫米，裂片近圆形，长3-3.5毫米，喉部附属物高约0.5毫米，顶端微

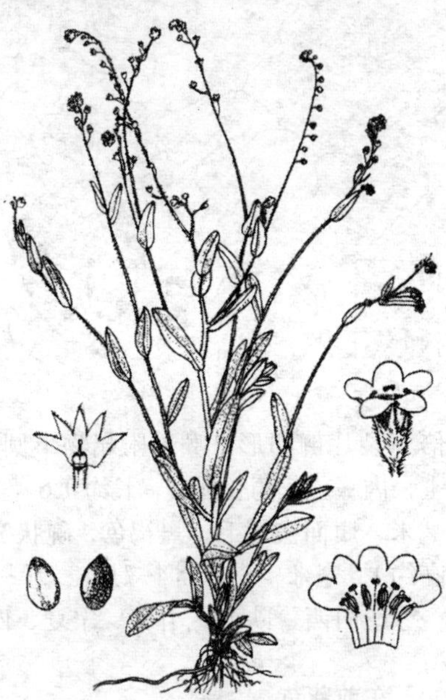

图 483 勿忘草（引自《江苏植物志》）

凹；花药长圆形，长约 1 毫米；花柱长约 1 毫米。小坚果卵圆形，长约 2 毫米，暗黄褐色，无毛，有光泽，周边上部具窄边。花果期 6-8 月。染色体 2n =14, 24, 30, 48, 70, 72。

产黑龙江、吉林、辽宁、内蒙古、河北、山西、河南、陕西、湖北、四川、甘肃、新疆及云南，生于林下、山坡或山谷草丛中。印度、巴基斯坦、克什米尔地区、伊朗、哈萨克斯坦至欧洲有分布。

[附] **稀花勿忘草 Myosotis sparsiflora** Mikan in Hoppe, Taschenb. 74. 1807. 与勿忘草的区别：小坚果基部附属物肥厚；花序疏生 7-10 花。2n =18。产新疆西部，生于河滩湿地。哈萨克斯坦、吉尔吉斯斯坦、土库曼斯坦、乌兹别克斯坦、俄罗斯、亚洲西南部至欧洲中部有分布。

26. 车前紫草属 Sinojohnstonia Hu

多年生草本，被短糙伏毛。茎细，直立或平卧。基生叶卵状心形，具长柄；茎生叶较小，互生，具短柄。镰状聚伞花序总状或圆锥状，生于茎及枝端；无苞片。花萼 5 裂近基部，果期囊状；花冠筒状或漏斗状，冠檐 5 裂，平展或直伸，喉部具 5 个 2 浅裂附属物；雄蕊 5，生于花冠筒中部以上或喉部附属物之间，伸出或内藏，花丝丝状；子房4裂，花柱长，柱头头状；雌蕊基稍塔形。小坚果四面体形，背面边缘碗状突起，着生面位于果腹面中部稍下。

我国特有属，3 种。

1. 雄蕊内藏，花冠筒较冠檐短 1 倍；小坚果被短毛；无根茎 ………………………… 1. **短蕊车前紫草 S. moupinensis**
1. 雄蕊伸出或稍伸出花冠，花冠筒较冠檐长 2 倍或稍长；小坚果无毛；具根茎。
  2. 花冠冠檐裂片窄三角形，较冠筒稍短；雄蕊生于喉部附属物之间 …………………… 2. **车前紫草 S. plantaginea**
  2. 花冠冠檐裂片卵形，较冠筒短 2 倍多；雄蕊生于喉部附属物以下 ………………………………………………………………………… 3. **浙赣车前紫草 S. chekiangensis**

1. 短蕊车前紫草　　图 484

Sinojohnstonia moupinensis (Franch.) W. T. Wang in Bull. Bot. Res. Harbin 4(2): 2. 1984.

Omphalodes moupinensis Franch. in Nouv. Arch. Mus. Hist. Nat. Paris ser.2, 10: 64. 1887.

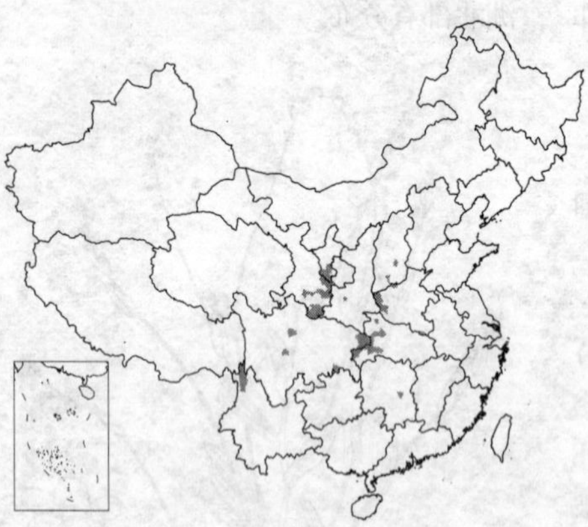

无根茎，具须根。茎数条，长达 25 厘米，疏被短伏毛。基生叶卵形，长 4-10 厘米，两面被糙伏毛及短伏毛，先端短渐尖，基部心形，叶柄长 4-7 厘米；茎生叶长 1-2厘米，疏生。花序长 1-1.5 厘米，密被短伏毛。花萼长 2.5-3 毫米，裂片披针形，两面被毛；花冠白色或带紫色，冠筒较花萼短，长约 1.6 毫米，冠檐较冠筒长 1 倍，裂片倒卵形，喉部附属物半圆形，被乳头；雄蕊生于花冠筒中部稍上，内藏，花药长圆形，长约0.6 毫米；花柱长约 1.5 毫米。小坚果长约 2.5 毫米，腹面被短毛，黑褐色，碗状突起边缘淡红褐色，无毛，口部缢缩，高约1.5 毫米。花果期 4-7月。

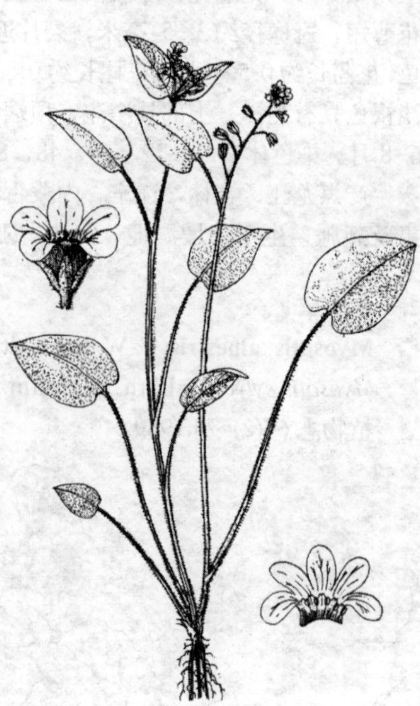

图 484 短蕊车前紫草（李志民绘）

产山西、陕西、甘肃、宁夏、四川、云南、湖南及湖北、生于林下或阴湿岩缝中。

2. 车前紫草　　图 485

Sinojohnstonia plantaginea Hu in Bull. Fan Mem. Inst. Biol. (Bot.) 7: 203. 1936.

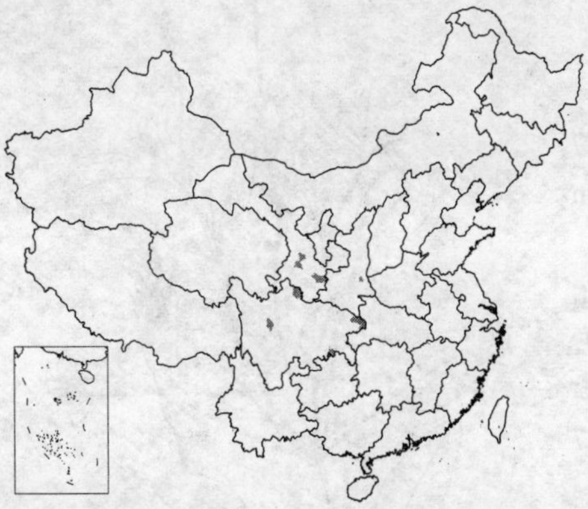

根茎粗约6毫米。茎数条，高达20厘米，被短伏毛。基生叶卵形，长6-13厘米，先端短渐尖，基部心形，两面疏被短伏毛，叶柄长7-20厘米；茎生叶长1.5-3.5厘米。花序长达5厘米。花萼裂至基部，长约3.5毫米，裂片卵状披针形，密被短伏毛；花冠钟状，白色，稍长于花萼，冠筒长约2.2毫米，冠檐全裂，裂片窄三角形，稍短于花冠筒，喉部附属物高约4毫米；雄蕊生于喉部附属物之间，伸出，花丝丝状，长约4毫米，花药长圆形，长约8毫米；花柱长约6毫米，伸出。小坚果长约2．5 毫米，无毛，有光泽，碗状突起淡黄褐色，高约1毫米。花果期3-9月。

产四川、甘肃东南部、陕西南部及河南，生于林下、沟边。

图 485 车前紫草（蔡淑琴绘）

3. 浙赣车前紫草 图 486

Sinojohnstonia chekiangensis (Migo) W. T. Wang in Bull. Bot. Res. Harbin 4(2): 3. 1984.

Omphalodes chekiangensis Migo in Bot. Mag. Tokyo 56: 265. 1942.

Omphalotrigonotis vaginata Y. Y. Fang in Bull. Bot. Res. Harbin 7(1): 89.1987.

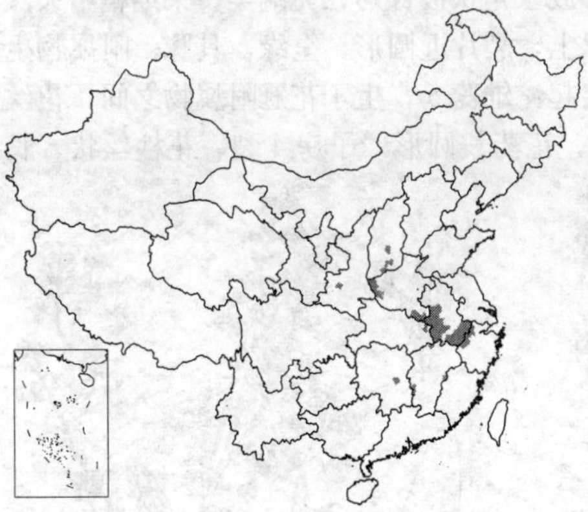

根茎细，长达15厘米。茎数条，高达30厘米，常斜升。基生叶窄卵形，先端渐尖，基部心形，两面密被短糙毛，叶柄长达12厘米；茎生叶较小。花序密被短伏毛。花萼裂至基部，长约6毫米，裂片线状披针形，密被短伏毛，腹面稍被毛；花冠漏斗状，白或稍淡红色，长约1厘米，无毛，冠筒较花萼长，冠檐较冠筒短2倍，裂片卵形，喉部附属物高约1毫米；雄蕊生于喉部附属物以下，稍伸出，花丝长约3毫米，花药长圆形，长约0.9毫米；花柱长约6毫米。小坚果长3-5毫米，碗状突起边缘内折。花果期4-5月。染色体2n ＝ 24。

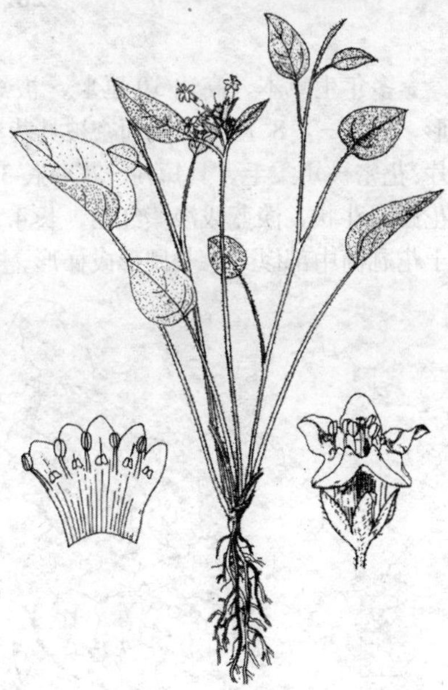

图 486 浙赣车前紫草（李志民绘）

产浙江、安徽、江西、湖南、山西、河南及陕西，生于林下或阴湿岩缝中。

27. 皿果草属 Omphalotrigonotis W. T. Wang

一年生草本，高达40厘米。茎常1条，直立或平卧，少分枝或不分枝，疏被短糙伏毛。叶互生，椭圆状卵形或窄椭圆形，长1.5-4厘米，先端钝，具小尖头，基部宽楔形，两面被短糙伏毛；叶柄长0.5-4厘米。镰状聚伞花序，无苞片，果序长达18厘米。花梗长1-3.5毫米；花萼5裂至基部，裂片长圆形，长约2毫米，果时稍增大，平展，两面被毛；花冠钟状，淡蓝或淡紫红色，长约2.5毫米，冠筒与冠檐近等长，无毛，喉部具半月形附属物；雄蕊5，生于花冠筒中部稍上，内藏，花丝极短，花药长圆形，长约0.7毫米；子房4裂，花柱生于子房裂片之间，长约0.7毫米，内藏；雌蕊基平。小坚果四面体形，淡黄褐色，长0.8-1毫米，平滑，有光泽，背面具皿状突起，着生面位于腹面三个面汇合处。

我国特有单种属。

皿果草 图 487

Omphalotrigonotis cupulifera (Johnst.) W. T. Wang in Bull. Bot. Res. Harbin 4(2): 11. 1984.

Trigonotis cupulifera Johnst. in Journ. Arn. Arb. 33: 69. 1952.

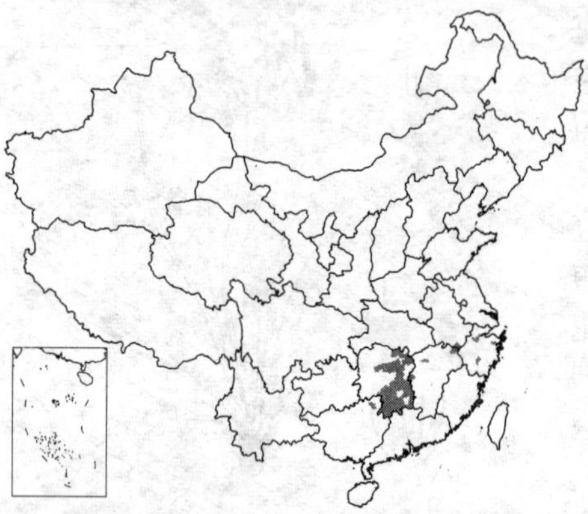

形态特征同属。花果期5-7月。

产浙江、安徽、江西、湖南及广西北部，生于林下、山坡草丛中或湿地。

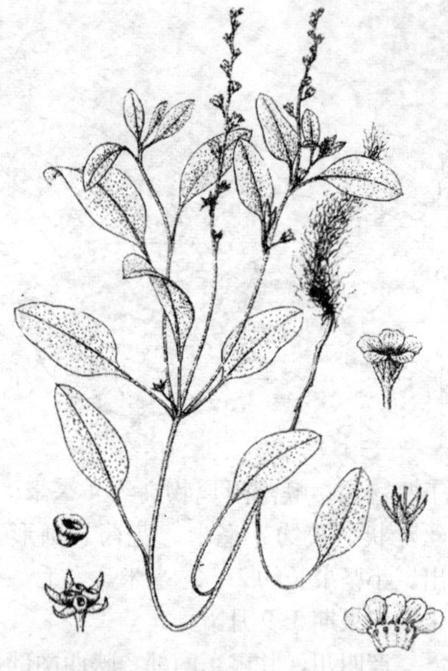

图 487 皿果草（蔡淑琴绘）

28. 长蕊斑种草属 Antiotrema Hand.-Mazz.

多年生草本，高达30厘米，被短柔毛或硬毛。茎常1-2条，直立，上部花序分枝。基生叶莲座状、匙形或卵形，长3-18厘米，两面密被具基盘短硬毛；茎生叶倒披针形或卵状长圆形，较小。镰状聚伞圆锥花序顶生；无苞片。花密被短柔毛，具短梗；花萼长3.5-4毫米，5深裂，裂片线状披针形或三角状披针形，先端尖，果期稍增大；花冠漏斗状，淡蓝或淡紫红色，长4.5-7毫米，无毛，冠檐较冠筒短2倍以上，裂片近圆形，全缘，具脉；附属物生于花冠筒中部以下，长圆形或梯形，长1-1.4毫米，先端钝，边缘具乳头突起；雄蕊5，生于花冠附属物之间，花丝下部与花冠筒贴生，花丝丝状，花药长圆形；子房4裂，花柱丝状，长4-5毫米，雌蕊基平。小坚果半卵圆形，长2.2-2.5毫米，褐色，背面凸，密被疣状突起，腹面具两层纵长环状突起，内层膜质，全缘，外层角质，具疣状细齿，着生面位于底部；宿存花柱较小坚果长约2倍。种子窄卵圆形，背腹扁，胚伸直，胚根在下方。

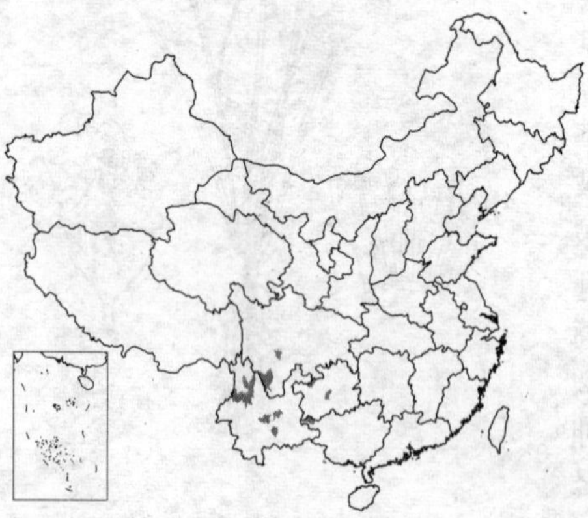

我国特有单种属。

长蕊斑种草 图 488 彩片 124

Antiotrema dunnianum (Diels) Hand.-Mazz. in Anz. Akad. Wiss. Wien, Math.-Nat. Kl. 57: 240. 1920.

Cynoglossum dunnianum Diels in Notes Roy. Bot. Gard. Edinb. 5: 168. 1912.

形态特征同属。花期5-6月，果期7-8月。

产四川西南部、云南、贵州及广西西部，生于海拔1600-2500米山坡草地。根及叶捣烂敷患处，可治跌打、红肿。

图 488 长蕊斑种草（蔡淑琴绘）

29. 垫紫草属 Chionocharis Johnst.

多年生垫状草本，植物体近半球形，径15-40厘米。茎分枝密集，高约3厘米。叶互生，覆瓦状排列，扇状楔形，长0.7-1.2厘米，先端尖，基部渐窄，下面无毛或近无毛，上面前部及边缘被白色长柔毛。花单生枝顶，花梗长4-7毫米，无毛；花萼长约4.5毫米，5深裂至基部，裂片线状匙形，果期不增大，边缘及内面被长柔毛；花冠钟状，淡蓝色，长约7.5毫米，冠筒与花萼近等长，喉部具5个横褶状或半月形附属物，冠檐径7-8毫米，裂片近圆形，开展，具细脉；雄蕊5，生于喉部附属物之下，内藏，花丝极短，花药卵圆形，长约1毫米；子房4裂，花柱长约2毫米，柱头头状；雌蕊基短圆锥形。小坚果卵形，背面鼓状，被短伏毛，着生面位于腹面基部。种子直立，子叶扁。

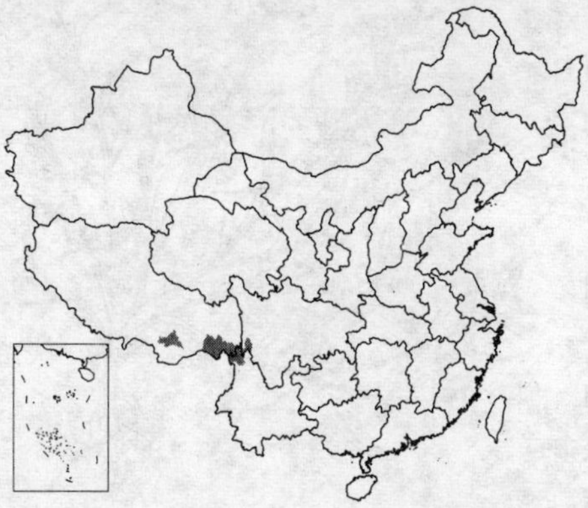

单种属。

垫紫草 图489 彩片125

Chionocharis hookeri (Clarke) Johnst. in Contr. Gray Herb. 73: 66. 1924.

Myosotis hookeri Clarke in Hook. f. Fl. Brit. Ind. 4: 174. 1883.

形态特征同属。花果期8-9月。

产西藏南部、云南西北部及四川西南部，生于海拔3500-5000米石质山坡或石崖上。不丹、尼泊尔及印度东北部有分布。

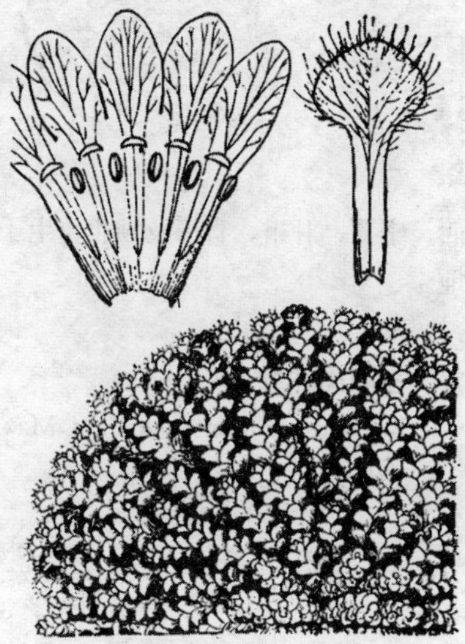

图489 垫紫草（引自《图鉴》）

30. 斑种草属 Bothriospermum Bunge

一年生或二年生草本，被糙硬毛或短伏毛，有时糙硬毛基部具基盘。茎直立，常分枝。叶基生及茎生；茎生叶互生。镰状聚伞花序，果序总状；具苞片，苞片与花对生或互生。花具梗，稀疏，常偏向一侧；花萼钟状，5深裂，裂片披针形，果期稍增大；花冠短筒状，蓝或白色，冠檐5裂，裂片钝，在芽中覆瓦状排列；雄蕊5，生于花冠筒近基部，内藏，花丝极短，花药卵圆形；子房4裂，裂瓣离生；花柱生于子房裂瓣之间，不超出子房裂瓣，柱头头状；雌蕊基平。小坚果肾形，背面钝圆，密被疣状突起，腹面具碗状突起常稍内弯，碗缘厚，全缘或具细齿，着生面位于基底部。

5种，分布于亚洲热带及温带。我国均产。

1. 小坚果腹面稍内弯，腹面环状突起近圆形或纵椭圆形。
  2. 苞片线形或线状披针形，长1.5-3厘米；环状突起近圆形 …………………… 1. 狭苞斑种草 **B. kusnezowii**
  2. 苞片卵形、椭圆形或长圆形，长0.5-1.5厘米；环状突起纵椭圆形。
    3. 茎被开展糙硬毛及短伏毛 …………………… 2. 多苞斑种草 **B. secundum**
    3. 茎被短伏毛 …………………… 3. 柔弱斑种草 **B. zeylanicum**
1. 小坚果腹面极度内弯，腹面环状突起横椭圆形 …………………… 4. 斑种草 **B. chinense**

1. 狭苞斑种草 图490

Bothriospermum kusnezowii Bunge in Del. Sem. Coll. Anni 7.1840.

二年生或一年生草本。茎常数条，直立或外倾，被开展糙硬毛及短伏毛，下部分枝。基生叶倒披针形或匙形，长4-7厘米，先端钝，基部渐窄，边缘波状，两面被毛；茎生叶窄椭圆形或线状倒披针形，无柄。聚伞花序果期总状，长5-10厘米；苞片线形或线状披针形，长1.5-3厘米。花梗长2-3毫米；花萼裂至近基部，长3-5毫米，两面被毛，裂片线状披针形或卵状披针形；花冠钟状，淡蓝或蓝紫色，长约4毫米，冠檐径约5

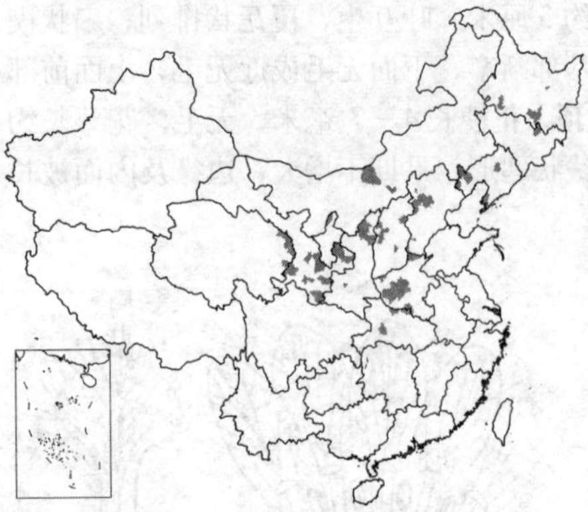

毫米，裂片近圆形，具脉，喉部附属物梯形，高约0.7毫米，先端微2裂；雄蕊生于花冠筒基部以上1毫米处，花药长约0.7毫米，花丝极短；花柱极短。小坚果椭圆形，长约2.5毫米，腹面稍内弯，环状突起近圆形，边缘全缘。花果期6–7月。

产黑龙江、吉林、辽宁、内蒙古、河北、山西、河南、陕西、宁夏、甘肃、青海及湖北，生于海拔800–2500米山坡、林缘或山谷荒地。

图 490 狭苞斑种草（郭木森绘）

2. 多苞斑种草 图 491

Bothriospermum secundum Maxim. in Mém. Acad. Sci. St. Pétersb. 9: 202. 1859.

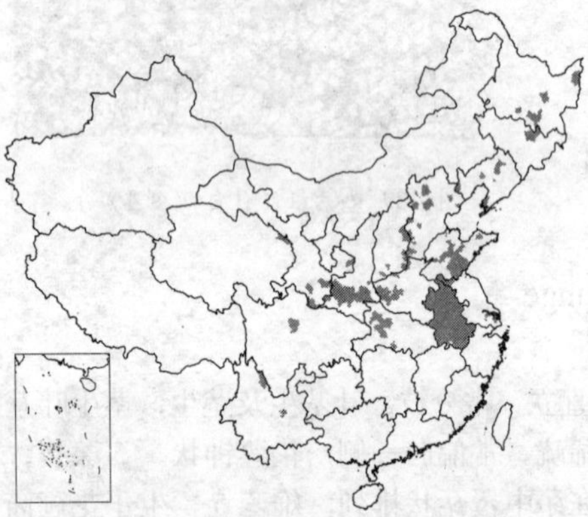

一年生草本，高达40厘米。茎1条或数条丛生，直立，有分枝，枝常细，被开展糙硬毛及短伏毛。基生叶倒卵状长圆形，长2–5厘米，先端钝，基部渐窄至叶柄；茎生叶椭圆形或长圆形，长2–3厘米，两面被具基盘糙硬毛，无柄。聚伞花序果期总状，长10–15厘米；苞片与茎生叶同形，长0.5–1.5厘米。花梗长2–3毫米，常下垂；花萼裂至基部，长约3毫米，被毛，裂片披针形；花冠淡蓝或蓝色，长约4毫米，冠檐径约5毫米，裂片近圆形，喉部附属物梯形，高约0.8毫米，先端微凹；雄蕊生于花冠筒基部以上，花丝极短，花药长圆形，长约0.8毫米；花柱长约1毫米。小坚果长约2毫米，腹面环状突起纵椭圆形。花果期7–9月。

产黑龙江、吉林、辽宁、河北、山东、河南、山西、陕西、甘肃、青海、四川、云南、湖北、安徽、浙江及江苏，生于海拔200–2000米山坡、林缘、灌丛中或溪边。

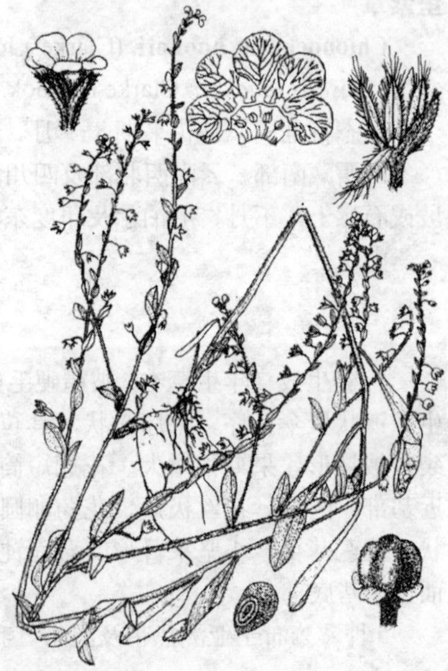

图 491 多苞斑种草（引自《江苏植物志》）

3. 柔弱斑种草 图 492

Bothriospermum zeylanicum (Jacq..) Druce in Bot. Exch. Cl. Brit. Isles 4:610. 1917.

Anchusa zeylanicum Jacq. in Ecl. Pl. Rar. 1: 47. t. 29. 1812.

Bothriospermum tenellum (Hornem.) Fisch. et Mey.; 中国高等植物图鉴 3: 571. 1974; 中国植物志 64(2): 218. 1989.

一年生草本，高达30厘米。茎细，直立或平卧，多分枝，被短伏毛。叶椭圆形或窄椭圆形，长1–3厘米，先端钝，具小尖头，基部宽楔形，两面被具基盘短伏毛。聚伞总状花序细，长10–20厘米；苞片椭圆形或窄卵形，长0.5–1厘米。花梗长1–2毫米；花萼果期增大，长约3毫

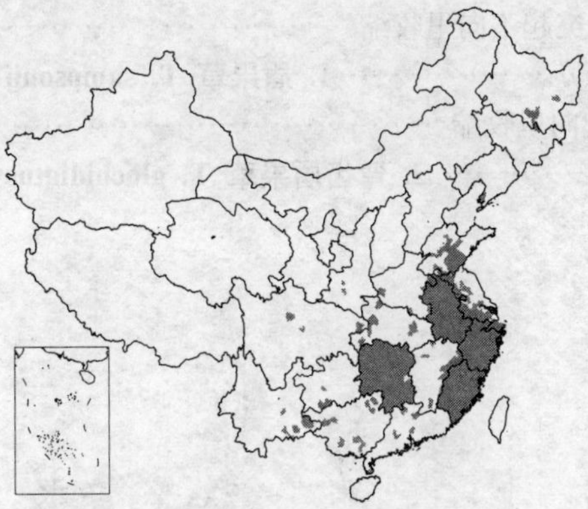

米，被毛，深裂近基部，裂片披针形或卵状披针形；花冠蓝或淡蓝色，长约2毫米，冠檐径约3毫米，裂片近圆形，喉部附属物梯形，高约0.2毫米。小坚果长约1.5毫米，腹面环状突起纵椭圆形。花果期2-10月。

产黑龙江、辽宁、山东、江苏、安徽、浙江、福建、江西、湖北、湖南、广东、广西、云南、贵州、四川及陕西，生于海拔300-2000米山坡、草地或溪边。朝鲜、日本、印度尼西亚、越南、印度、巴基斯坦、阿富汗。哈萨克斯坦、吉尔吉斯斯坦、俄罗斯、塔吉克斯坦、土库曼斯坦及乌兹别克斯坦有分布。

图 492 柔弱斑种草（郭木森绘）

4. 斑种草 图 493

Bothriospermum chinense Bunge, Enum. Pl. Chin. Bor. 47. 1833.

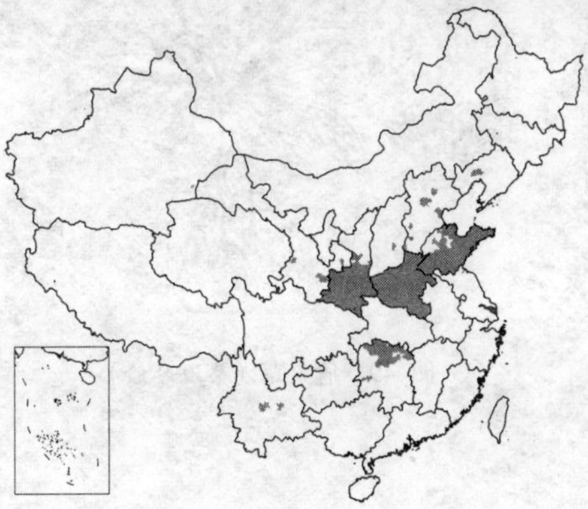

一年生草本。高达30厘米。茎常数条，直立或外倾，被糙硬毛，中上部常分枝。基生叶匙形或倒披针形，长3-7厘米，先端钝，基部渐窄，下延至叶柄，常皱波状，两面被具基盘糙硬毛及伏毛，叶柄长2-3厘米；茎生叶椭圆形或窄长圆形，较小，先端尖，基部楔形，无柄或具短柄。聚伞总状花序，长达15厘米；苞片卵形或窄卵形。花梗长2-3毫米；花萼裂至近基部，长3-4毫米，裂片披针形，被毛；花冠淡蓝色，长3.5-4毫米，冠檐径4-5毫米，裂片近圆形，喉部附属物梯形，先端2深裂；雄蕊生于花冠筒基部以上，花丝极短，花药卵圆形或长圆形，长约0.7毫米。小坚果腹面急度内弯，长约2.5毫米，具网状皱褶及颗粒状突起，腹面环状突起横椭圆形。花期4-6月。

产辽宁、河北、山东、江苏、河南、山西、陕西、甘肃、湖南及云南，生于海拔1600米以下山坡、草地、荒野或灌丛中。

图 493 斑种草（张桂芝绘）

31. 盾果草属 Thyrocarpus Hance

一年生草本。基生叶少数，具短柄；茎生叶互生，无柄或近无柄。镰状聚伞花序；苞片与花对生或互生。花萼5裂至基部，果期稍增大；花冠钟状，冠檐5裂，裂片宽卵形，喉部具附属物；雄蕊生于花冠筒中部，内藏，花丝短，花药卵圆形或长圆形；子房4裂，花柱短，内藏，柱头头状；雌蕊基圆锥状。小坚果卵圆形，背腹稍扁，密被疣状突起，背面具2层突起，内层突起碗状，膜质，全缘，外层突起角质，具篦状细牙齿，着生面位于腹面顶端。种子卵圆形，背腹扁。

约3种，分布于我国及越南。

1. 小坚果外层突起边缘牙齿约为内层突起高 1/2，齿端不膨大，直伸，内层突起不向里收缩 …… 1. **盾果草 T. sampsonii**

1. 小坚果外层突起边缘牙齿约与内层突起高相等，齿端膨大内弯；内层突起向里收缩 …… 2. **弯齿盾果草 T. glochidiatus**

1. 盾果草 图 494

Thyrocarpus sampsonii Hance in Ann. Sci. Nat. ser. 4, 18: 225. 1862.

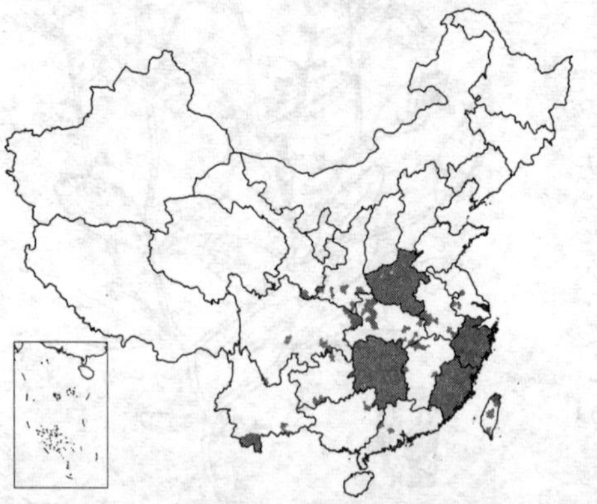

茎直立或斜升，高达 50 厘米，下部常分枝，被开展长硬毛及短糙毛。基生叶丛生，匙形，长 5－20 厘米，全缘或疏生细齿，两面被具基盘长硬毛及短糙毛，具短柄；茎生叶较小，窄长圆形或倒披针形，无柄。聚伞花序长 7－20 厘米；苞片窄卵形或披针形。花多生于腋外；花梗长 1.5－3 毫米；花萼长约 3 毫米，裂片窄椭圆形，外面及边缘被开展长硬毛，内面疏被短伏毛；花冠淡蓝或白色，长于花萼，冠筒较冠檐短 2.5 倍，冠檐径 5－6 毫米，裂片长圆形，开展，喉部附属物线形，长约 0.7 毫米，肥厚，被乳头突起，先端微缺；花丝长约 0.3 毫米，花药卵状长圆形，长约 0.5 毫米。小坚果长约 2 毫米，黑褐色，外层突起边缘色淡，齿约为碗高一半，顶端不膨大，内层突起不向里收缩。花果期 5－7 月。

产江苏、安徽、浙江、福建、台湾、江西、湖北、湖南、广东、广西、贵州、云南、四川、陕西、甘肃及河南，生于山坡草丛或灌丛中。越南有分布。全草药用，治咽喉痛；研末用桐油混合，外敷治乳痈、疔疮。

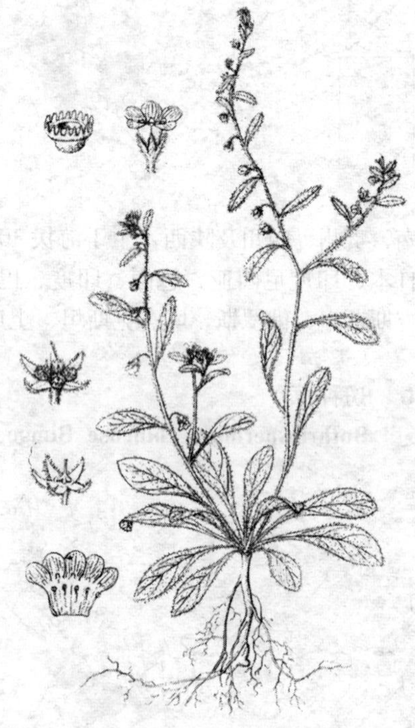

图 494 盾果草（蔡淑琴绘）

2. 弯齿盾果草 图 495

Thyrocarpus glochidiatus Maxim. in Bull. Acad. Imp. Sci. St. Pétersb. 26: 499. 1880.

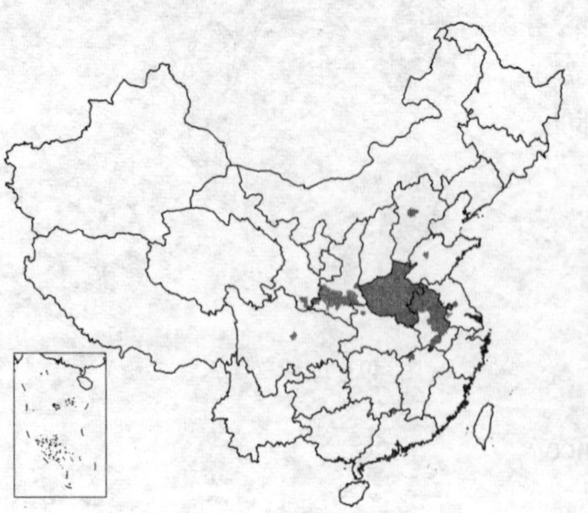

茎细，斜升或外倾，高达 30 厘米，下部常分枝，被伸展长硬毛及短糙毛。基生叶匙形或窄倒披针形，长 2－7 厘米，两面被具基盘硬毛；茎生叶卵形或窄椭圆形。聚伞花序长达 15 厘米；苞片卵形或披针形，长 0.5－3 厘米。花常生于腋外；花梗长 1.5－4 毫米；花萼长约 3 毫米，裂片窄椭圆形或卵状披针形，先端钝，两面被毛；花冠淡蓝或白色，与花萼近等长，冠筒较冠檐短 1.5 倍，冠檐径约 2 毫米，裂片倒卵形或近圆形，稍开展，喉部附属物线形，长约 1 毫米，顶端平截或微凹；花药宽卵圆形，长约 0.4 毫米。小坚果长约 2.5 毫米，黑褐色，外层突起色较淡，齿约与碗高相等，齿端膨大内弯，内层突起向里收缩。花果期 4－6 月。

产河南、陕西、甘肃、四川、山东、江苏、安徽、江西、湖北及广东，生于山坡草地、田埂或路边。

图 495 弯齿盾果草（引自《江苏植物志》）

32. 微孔草属 Microula Benth.

二年生草本，常被糙硬毛或刚毛。根圆柱形。茎直立或外倾，常分枝，稀茎极短。叶基生及茎生，全缘，稀具不明显细齿；茎生叶互生。镰状聚伞花序，果时穗状或总状，有时在分枝处具1朵花与叶对生；具苞片。花萼5深裂，果时稍增大，包被小坚果；花冠筒状或短高脚碟状，蓝色，稀白色，冠檐平展，5裂，喉部具5附属物与裂片对生；雄蕊5，内藏；子房4裂，花柱内藏，柱头扁球形；胚珠倒生；雌蕊基矮塔形或近平。小坚果卵圆形，背腹稍扁，稀背腹呈陀螺状，常具疣状小突起，无毛或被毛，稀疣状突起顶端锚状，背面具背孔，有时背孔内具膜质内层，稀无背孔，着生面位于腹面基部或顶端。

约29种，分布于我国西北至西南、不丹、锡金、尼泊尔、印度北部及东北部。我国均产。

1. 茎极短，叶平铺地面；小坚果疣状突起顶端锚状 ………… 1. 西藏微孔草 **M. tibetica**
1. 茎具分枝；小坚果疣状突起顶端不为锚状。
  2. 小坚果具背孔；花序苞片窄。
    3. 小坚果陀螺状，背孔与小坚果近等长，几垂直。
      4. 小坚果长大于宽；叶长2-5厘米 ………… 2. 长果微孔草 **M. turbinata**
      4. 小坚果长宽近相等；叶长达9厘米 ………… 3. 长叶微孔草 **M. trichocarpa**
    3. 小坚果三角状卵形，背孔短于小坚果，稍斜向。
      5. 小坚果背孔内具膜质内层。
        6. 茎被短糙伏毛及开展刚毛；叶线形或线状倒披针形。
          7. 茎平卧；小坚果背孔较小，在果背面上部 ………… 4. 狭叶微孔草 **M. stenophylla**
          7. 茎直立或外倾；小坚果背孔较大，在果背面中部及上部 ………… 4(附). 疏散微孔草 **M. diffusa**
        6. 茎被短糙伏毛；叶匙形或椭圆状倒披针形 ………… 5. 多花微孔草 **M. floribunda**
      5. 小坚果背孔无膜质内层。
        8. 茎叶被刚毛及糙伏毛。
          9. 茎高30-60厘米；冠檐径7-9毫米，花冠筒长于花萼；叶长4-12厘米 ………… 6. 微孔草 **M. sikkimensis**
          9. 茎高10-30厘米；冠檐径4-5毫米，花冠筒与花萼等长；叶长3-5厘米 ………… 7. 甘青微孔草 **M. pseudotrichocarpa**
        8. 茎叶被糙伏毛或柔毛。
          10. 小坚果背孔长约为小坚果2/3 。
            11. 花梗长不及1厘米；小坚果背孔窄长圆形 ………… 8. 柔毛微孔草 **M. rockii**
            11. 花梗长1-2厘米；小坚果背孔椭圆形或近圆形 ………… 8(附). 大孔微孔草 **M. bhutanica**
          10. 小坚果背孔长不及小坚果1/4。
            12. 小坚果背孔在中部 ………… 9. 小微孔草 **M. younghusbandii**
            12. 小坚果背孔近顶端 ………… 9(附). 小果微孔草 **M. pustulosa**
  2. 小坚果无背孔；花序苞片宽卵形或近圆形 ………… 10. 宽苞微孔草 **M. tangutica**

1. 西藏微孔草 图 496 彩片 126

Microula tibetica Benth. in Benth. et Hook. f. Gen. Pl.. 2: 853. 1876.

多年生草本。茎高约1厘米。基生叶平铺地面，椭圆形或椭圆状长圆形，长2-3厘米，先端圆或钝，基部渐窄成柄，近全缘，上面密被糙伏毛，散生具膨大基盘刚毛，下面被具基盘短刚毛，叶柄扁平，长1-2厘米；茎生叶较窄小，叶缘被具基盘刚毛，无柄或近无柄。花序短；苞片线形或线状长圆形。花梗短，果时长达5毫米，下弯；花萼长2-3毫米，裂片窄三角形，被毛；花冠白色，冠檐径3-4毫米，裂片近圆形，冠筒稍短

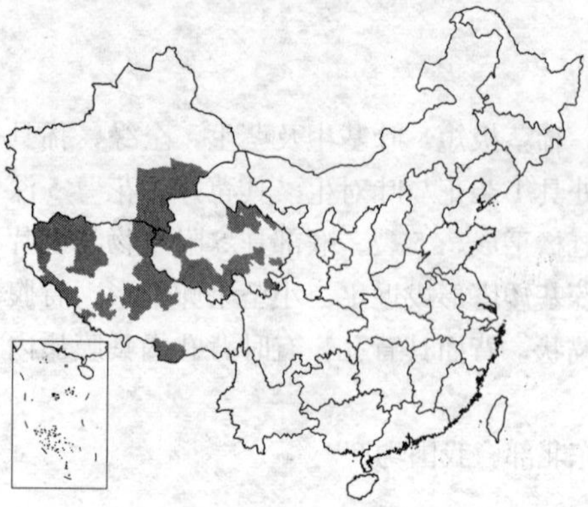

于花萼，喉部附属物梯形，高约0.3毫米。小坚果卵圆形，长约2.5毫米，被疣状突起，突起顶端锚状，背孔圆，在小坚果上部，径0.2-0.3毫米，着生面位于腹面中部。花果期7-9月。

产西藏、青海及新疆，生于海拔4000-5500米湖滨沙滩、山坡流沙或草地。印度北部、尼泊尔及克什米尔地区有分布。

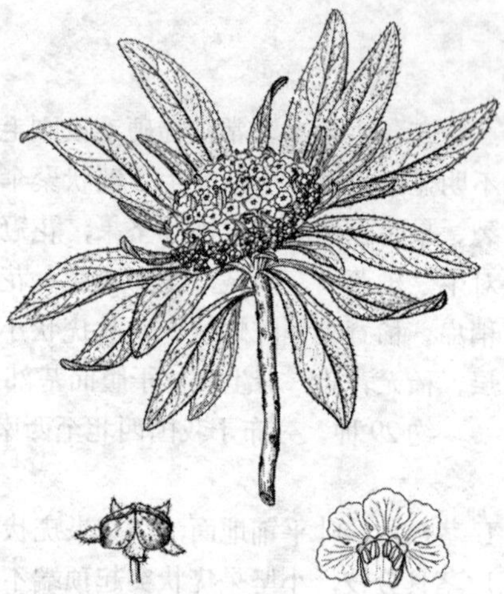

图 496 西藏微孔草（郭木森绘）

2. 长果微孔草 图 497

Microula turbinata W. T. Wang in Acta Phytotax. Sin. 18(3): 279. 1980.

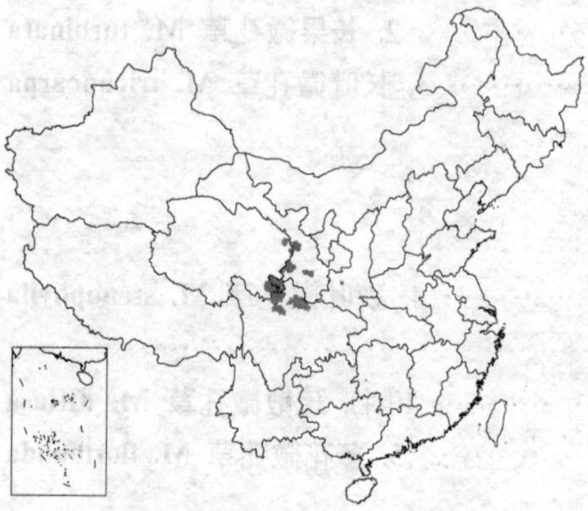

茎高达30厘米，多分枝，被开展刚毛。叶椭圆形或长圆状披针形，长2-5厘米，基部渐窄，两面被糙伏毛，具柄或无柄。花序腋生及顶生，花密集；苞片窄椭圆形。花具短梗；花萼长3-4毫米，疏被短伏毛，裂片线状披针形；花冠蓝色，无毛，冠筒长约2.2毫米，冠檐径约5毫米，裂片倒卵形，喉部附属物梯形，高约0.4毫米。小坚果长陀螺状，具疣状突起及纵棱；背孔囊状，口部稍向内收缩呈圆形，与小坚果背面等长，并垂直。花果期7-8月。

产陕西、甘肃、四川西北部及青海东南部，生于海拔3000-4000米草地。

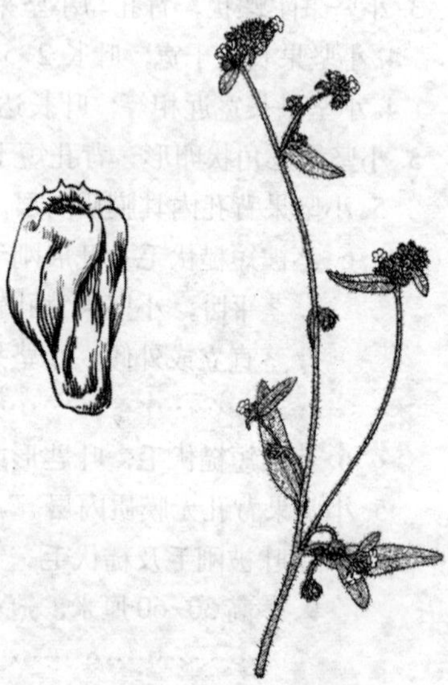

图 497 长果微孔草（仿《中国植物志》）

3. 长叶微孔草 图 498

Microula trichocarpa (Maxim.) Johnst. in Contr. Gray Herb. 81: 83. 1928.

Omphalodes trichocarpa Maxim. in Bull. Acad. Sci. St. Pétersb. 26: 500.1880.

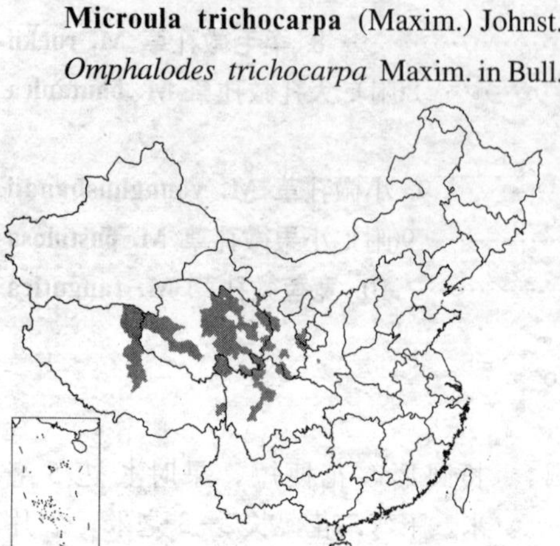

直立草本，高达50厘米。茎基部分枝，被开展刚毛。基生叶及下部茎生叶窄长圆形或倒卵形，长2-9厘米，先端尖，基部渐窄，全缘，两面被短伏毛，叶柄长1-3厘米；上部茎生叶较小，无柄或具短柄。聚伞花序顶生，花序具苞片。花梗短；花萼长2-3毫米，裂片窄三角形，外面被毛；花冠蓝色，冠筒长约2毫米，冠檐径约5毫米，裂片近圆形，喉部附属物半月形，高约0.3毫米，

图 498 长叶微孔草（白建鲁绘）

微被毛；花柱稍长于花萼裂片，雌蕊基微凸。小坚果白色，陀螺状，长与宽几相等，被疣状突起及细毛，背孔椭圆形，几占小坚果整个背面，并垂直，边缘突出，着生面位于腹面近顶端。花果期6-7月。

产陕西南部、甘肃、青海、四川及西藏，生于海拔2400-3600米山地林下、沟边。

4. 狭叶微孔草 图 499

Microula stenophylla W. T. Wang in Acta Phytotax. Sin. 18(1): 114. 1980.

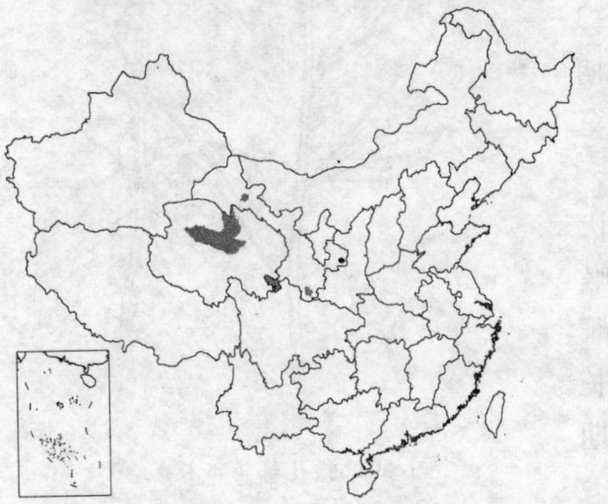

茎平卧，长达15厘米。基部分枝，疏被短糙伏毛及开展刚毛。叶线形或线状倒披针形，长2-5厘米，先端短渐尖，基部渐窄，上面被糙伏毛及散生具基盘刚毛，下面沿中脉疏被刚毛；叶柄短或无。花几遍生于茎。花萼长约2毫米，裂片窄三角形，被毛；花冠常白色，冠筒长约2毫米，冠檐径约3毫米，裂片近圆形，喉部附属物梯形或半月形，高约0.3毫米。小坚果三角状卵圆形，长2-2.5毫米，稍具疣状突起，背孔三角形，位于小坚果上部，长约为小坚果1/3，背孔内具膜质内层，着生面位于腹面近基部。花果期6-8月。

图 499 狭叶微孔草（仿《中国植物志》）

产甘肃、青海、四川，生于海拔3000-5000米沙丘、河滩或灌丛中。

[附] **疏散微孔草 Microula diffusa** (Maxim.) Johnst. in Journ. Arn. Arb. 33: 72. 1952.—— *Omphalodes diffusa* Maxim. in Bull. Acad. Sci. St. Pétersb. 27: 504. 1881. 与狭叶微孔草的区别：茎直立或外倾；叶宽0.5-1.5厘米，下面密被糙伏毛及刚毛；小坚果背孔占背面中部及上部。花果期6-9月。产甘肃西部、青海东南部及西藏东部，生于海拔3000-4000米沙地、河滩、多石山坡或灌丛中。

5. 多花微孔草 图 500

Mcroula floribunda W. T. Wang in Acta Phytotax. Sin. 18(1): 114. 1980.

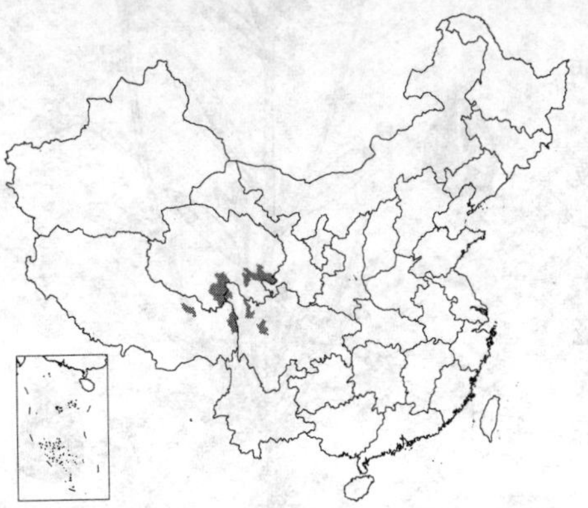

草本，高达30厘米。茎直立或外倾，被短糙伏毛。叶匙形或椭圆状倒披针形，长2-7厘米，先端圆或钝，基部渐窄成柄，两面密被具基盘短糙伏毛，上面中脉稍凹下；上部叶几无柄。聚伞花序腋生或顶生，有时圆锥状，长达10厘米。花梗长1-3毫米；花萼裂片线状披针形，长2-3毫米，密被糙伏毛；花冠深蓝色，冠筒长2-3毫米，冠檐径6-8毫米，裂片宽倒卵形，无毛，喉部附属物近梯形，高约0.6毫米，被短毛。小坚果三角状卵圆形，长约2毫米，被疣状突起，背孔三角形，在小坚果背面上部，背孔内具膜质内层，着生面位于腹面基部之上。花果期7-9月。

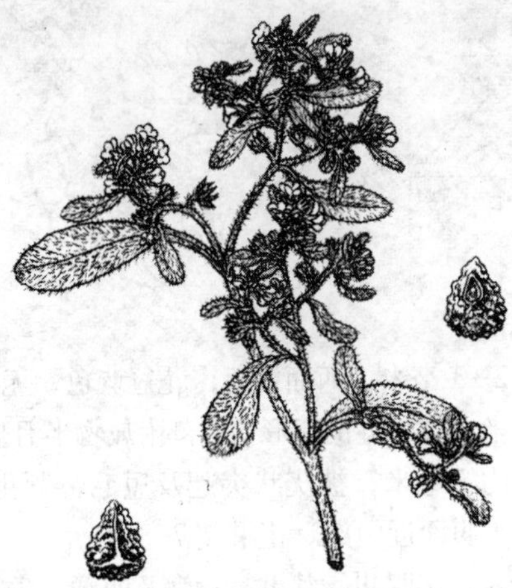

图 500 多花微孔草（仿《中国植物志》）

产四川西北部、西藏东部及青海南部，生于海拔3000-3800米山坡草地、河边砾石滩或灌丛中。

6. 微孔草 图 501

Microula sikkimensis (Clarke) Hemsl. in Hook. Icon. Pl. 26: t. 2562. 1898. *Anchusa sikkimensis* Clarke in Hook. f.

Fl. Brit. Ind. 4: 168. 1883.

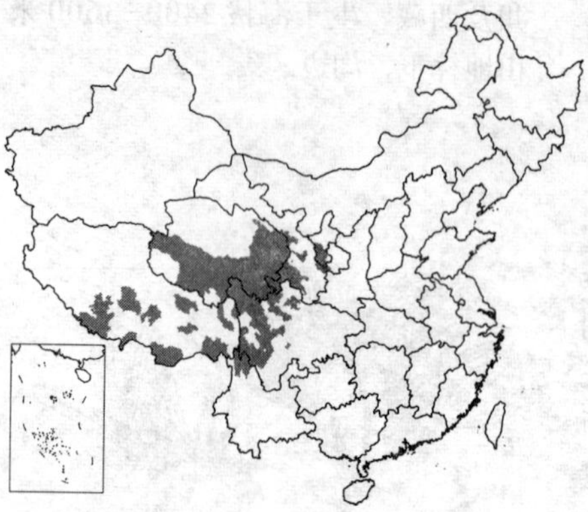

直立草本，高达60厘米。茎基部分枝，稍被刚毛。基生叶及下部茎生叶卵形或宽披针形，长4-12厘米，先端渐尖或尖，基部宽楔形或圆，全缘，两面被短伏毛及疏被刚毛，叶柄长2-3厘米；中上部茎生叶较小，无柄或具短柄。聚伞花序顶生；具苞片。花梗短；花萼长2-3毫米，裂片线形或窄三角形，疏被短伏毛；花冠蓝或蓝紫色，冠筒长3-4毫米，冠檐径7-9毫米，裂片近圆形，喉部附属物短梯形或半月形，高约0.3毫米，有时被短毛，花柱长于花萼；雌蕊基矮塔形。小坚果卵圆形，长约2.5毫米，被疣状突起及短毛，背孔窄长圆形，斜向，长约1.5毫米，在背面中上部，着生面位于腹面中央。花果期6-9月。

产甘肃、宁夏、青海、四川、云南、西藏东部及南部，生于海拔2000-4500米山坡草地、河边及林下。锡金有分布。

图 501 微孔草（郭木森绘）

7. 甘青微孔草

图 502

Microula pseudotrichocarpa W. T. Wang in Acta Phytotax. Sin. 18(3): 274. 1980.

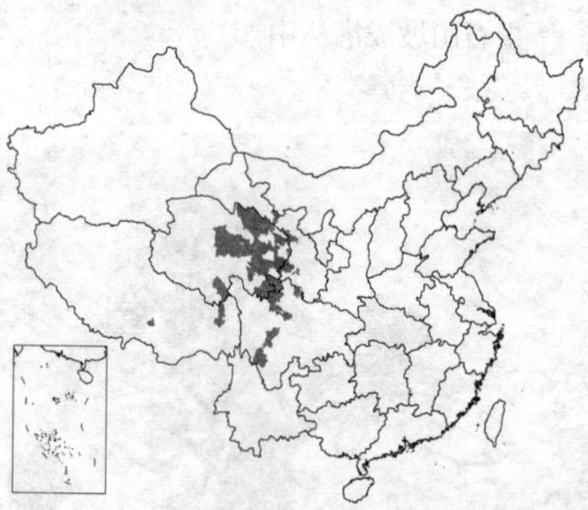

直立草本，高达30厘米。茎数条，中上部分枝，疏被糙伏毛及刚毛。基生叶及下部茎生叶长圆状披针形或倒披针形，长3-5厘米，先端尖，基部渐窄，两面被糙伏毛及疏被刚毛，叶柄长1-2厘米；上部茎生叶较小，无柄或近无柄。聚伞花序顶生及腋生，长约1.5厘米。花梗长1-5毫米；花萼裂片窄三角形，长2-3毫米，两面被毛；花冠蓝色，无毛，冠筒长2-3毫米，冠檐径4-5毫米，裂片宽倒卵形，喉部附属物半月形，高约0.3毫米。小坚果卵圆形，长约2毫米，被疣状突起及短毛，背孔窄长圆形，长约1毫米，着生面位于果腹面近中部。花果期7-8月。

产四川、甘肃、青海及西藏，生于海拔2000-4500米山坡草地。

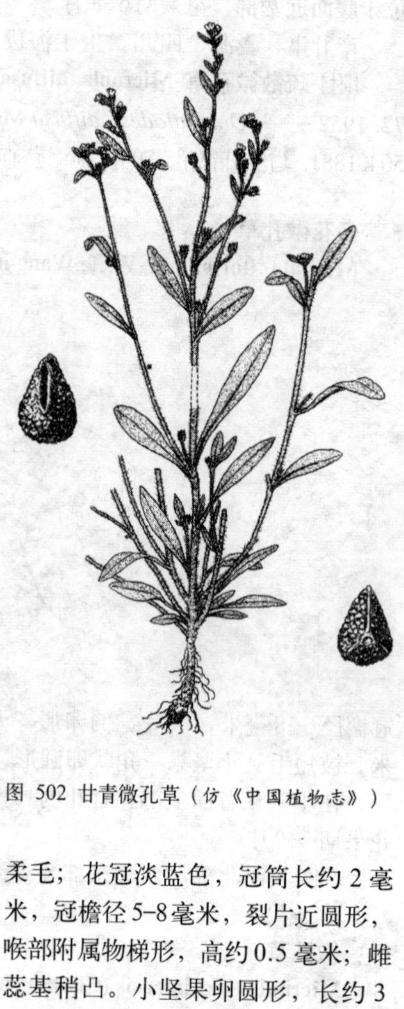

图 502 甘青微孔草（仿《中国植物志》）

8. 柔毛微孔草

图 503

Microula rockii Johnst. in Contr. Gray Herb. 81: 82. 1928.

草本，高达20厘米。茎细，常数条，直立或外倾，几不分枝，疏被短柔毛。叶卵形或椭圆形，长1-1.5厘米，基部渐窄，上面疏被短柔毛，下面无毛；基生叶叶柄长2-8毫米。花序顶生或单花顶生及腋生。花梗长不及1厘米；花萼裂片窄卵形或线形，长约2毫米，无毛，内面及边缘被平伏短柔毛；花冠淡蓝色，冠筒长约2毫米，冠檐径5-8毫米，裂片近圆形，喉部附属物梯形，高约0.5毫米；雌蕊基稍凸。小坚果卵圆形，长约3

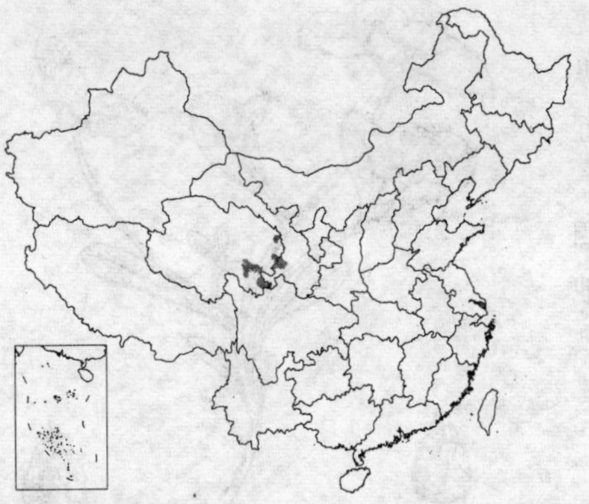

毫米，疏被短毛，下部被小突起，背孔窄长圆形，与小坚果背面近等长，着生面位于果腹面基部。花果期7-8月。

产甘肃西南部及青海东部，生于海拔3000-4000米草地。

[附] **大孔微孔草 Microula bhutanica** (Yamazaki) Hara in Journ. Jap. Bot. 51(1): 10. 1976. ——*Actinocarya bhutanica* Yamazaki in Journ. Jap. Bot. 46(1): 52. f. 3 et 5c. 1971. 本种与柔毛微孔草的区别：叶长2-3厘米，宽1-2厘米，基部宽楔形；花梗长1-2厘米，花萼裂片窄三角形，密被短伏毛；小坚果背孔椭圆形或近圆形。产云南北部及四川西南部，生于海拔3000-4500米山坡、林缘或岩缝中。不丹有分布。

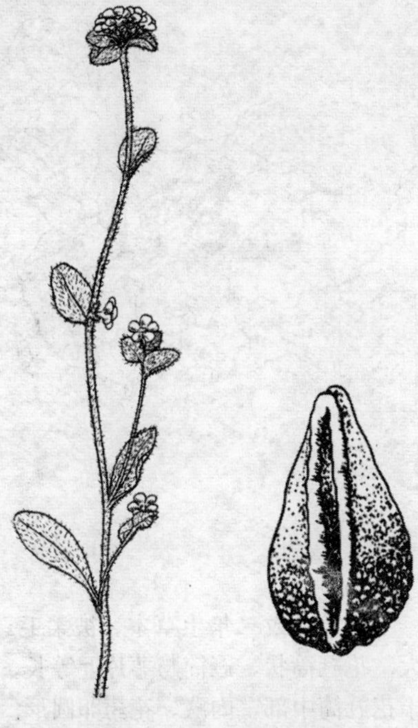

图 503 柔毛微孔草（仿《中国植物志》）

9. 小微孔草 图 504

Microula younghusbandii Duthie in Kew Bull. 1912: 40. 1912.

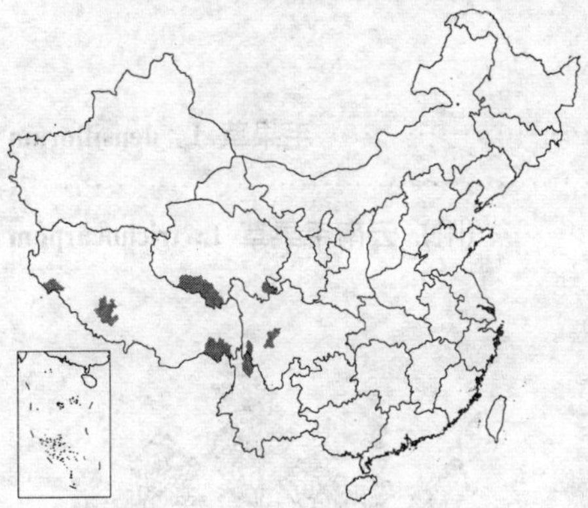

草本，高达5厘米。茎基部常分枝，直立或斜升，密被糙毛。叶窄长圆形或倒披针形，长0.8-2厘米，先端尖，基部渐窄，两面被短糙伏毛；无柄或近无柄。花遍生于茎。花梗长2-4毫米；花萼裂片披针形，长约1.7毫米；花冠常蓝紫色，无毛，冠筒长约1.2毫米，冠檐径约2.5毫米，裂片近圆形，喉部附属物短梯形，高约0.3毫米。小坚果三角状卵圆形，长约2毫米，被疣状突起，无毛，背孔椭圆形或长圆形，在背面中部，着生面在腹面中部或稍下。花果期6-9月。

产云南西北部、四川西部、青海南部及西藏南部，生于海拔3000-4200米草地、沟边或灌丛中。

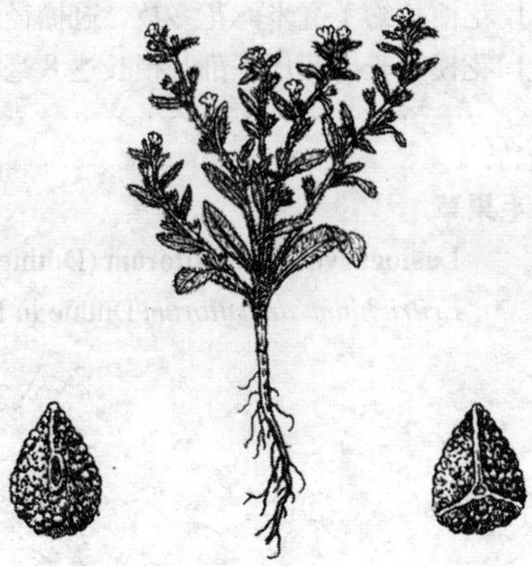

图 504 小微孔草（夏泉绘）

[附] **小果微孔草 Microula pustulosa** (Clarke) Duthie in Kew Bull. 1912: 39. 1912. ——*Eritrichium pustulosum* Clarke in Hook. f. Fl. Brit. Ind. 4: 164. 1885. 本种与小微孔草的区别：叶长圆形或椭圆形，叶柄长5-8毫米；花萼裂片窄卵形或线形；小坚果背孔近顶端。花果期8-9月。产西藏南部及东北部、青海南部、四川西部，生于海拔4000-4700米多石山坡。不丹及印度有分布。

10. 宽苞微孔草 图 505

Microula tangutica Maxim. in Bull. Acad. Imp.Sci. St. Pétersb. 26: 500. 1880.

茎高达10厘米，基部多分枝，被稍开展短糙毛。基生叶匙形，长1-3厘米，先端钝圆，基部渐窄，两面被短糙毛，具柄；茎生叶长0.5-1.5厘米，无柄或具短柄。花序顶生，短小；苞片卵形或近圆形。花无梗；花萼长1.5-2毫米，裂片窄三角形，被毛；花冠蓝色，冠筒长约1.1毫米，冠檐径约2.2毫米，裂片近圆形，喉部附属物半月形，高约0.2毫米。小坚果

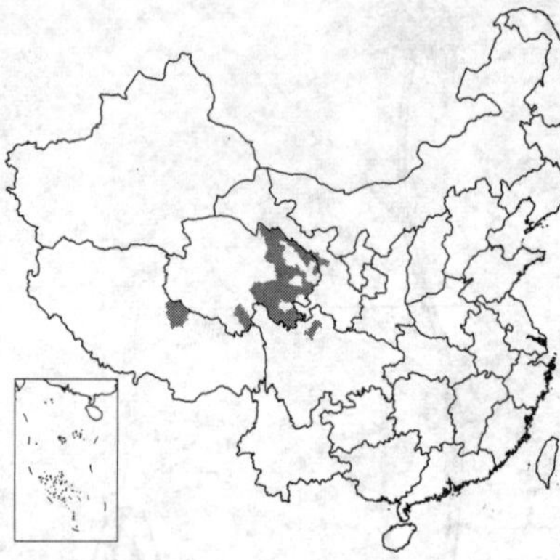

卵圆形，长约1.8毫米，稍被疣状突起，背面具3条不明显纵棱，无背孔，着生面位于腹面近顶端。花果期7-9月。

产甘肃、青海、西藏及四川，生于海拔3500-5000米草地或山坡砾石间。

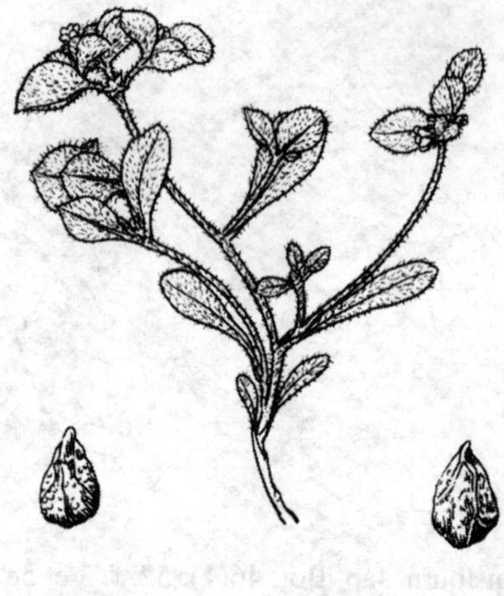

图 505 宽苞微孔草（仿《中国植物志》）

33. 毛果草属 Lasiocaryum Johnst.

一年生或二年生草本，被柔毛。茎生叶互生，全缘。镰状聚伞花序；无苞片。花萼5裂至基部，果期几不增大；花冠筒状，冠筒与萼片近等长，冠檐裂片圆形或倒卵形，覆瓦状排列，先端钝，喉部具5附属物；雄蕊5，生于花冠筒中部，内藏，花药卵圆形；子房4裂，花柱短，内藏，柱头头状；雌蕊基钻状。小坚果窄卵圆形，具横皱纹及短伏毛；着生面窄长，位于果腹面中下部。

4-5种。分布于不丹、印度、巴基斯坦及亚洲西南部。我国3种。

1. 花梗长约1毫米；花多数，冠檐径约3毫米 …………………………………………………… 毛果草 **L. densiflorum**
1. 花梗较长，花序下部花梗长达8毫米；花少数，冠檐径约4毫米 …………………………………………………………………………………………………… (附). 云南毛果草 **L. trichocarpum**

毛果草 图 506

Lasiocaryum densiflorum (Duthie) Johnst. in Journ. Arn. Arb. 21: 51. 1940.
Eritrichium densiflorum Duthie in Kew Bull. 1912: 39. 1912.

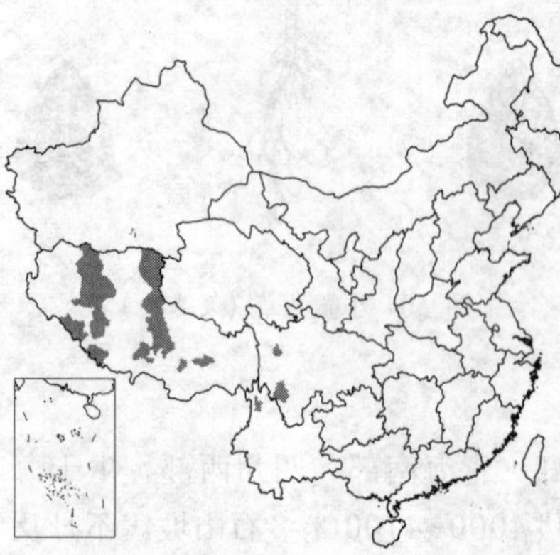

一年生草本，高达6厘米。茎基部多分枝，被短伏毛。基生叶无柄，茎生叶无柄或近无柄，叶卵形、椭圆形或倒卵形，长0.5-1.2厘米，两面疏被柔毛，基部渐窄，脉不明显。聚伞花序生于分枝顶端，具多花。花梗长约1毫米；花萼长2-3毫米，裂片线形，稍不等长，基部龙骨状突起；花冠蓝色，无毛，冠筒与花萼近等长，冠檐径约3毫米，裂片倒卵形，先端钝，有时微凹，开展，喉部黄色，具5个微2裂附属物；花药卵圆形。小坚果窄卵圆形，长约2毫米，淡褐色，沿皱纹被短伏毛，背面中线微隆起，着生面窄长卵形。种子深褐色，卵圆形。花期8月。

图 506 毛果草（引自《图鉴》）

产西藏、四川西部及西南部、云南西北部，生于海拔4000-4500米石质山坡。不丹、印度北部、巴基斯坦及克什米尔地区有分布。

[附] **云南毛果草 Lasiocaryum trichocarpum** (Hand.-Mazz.) Johnst. in Contr. Gray Herb. 75: 45. 1925. —— *Microcaryum trichocarpum* Hand.-Mazz. in Anz.Akad. Wiss. Wien, Math.-Nat. Kl.

61: 164. 1924. 本种与毛果草的区别：花序下部花梗长达 8 毫米，花少数；冠檐径约 4 毫米。产云南西部及四川西南部，生于海拔 3000 米以上山坡。

34. 微果草属 **Microcaryum** Johnst.

一年生小草本，被长柔毛。叶互生。伞形聚伞花序顶生。花具梗；花萼 5 裂至基部，裂片窄，果时不增大；花冠宽筒形或钟形，蓝、粉红或白色，冠筒与花萼等长或稍短，喉部具附属物；雄蕊 5，生于花冠筒中部，内藏，花丝极短，花药卵圆形；子房 4 裂，花柱生于裂片之间，柱头近头状，胚珠侧生；雌蕊基柱状。小坚果长圆状卵圆形，直立，背面隆起，具皱纹，无毛，中线龙骨状突起，腹面纵脊具浅沟，着生面位于腹面基部。种子直，子叶扁平。

约 3 种。分布于印度东北部、锡金及我国。我国 1 种。

微果草 图 507

Microcaryum pygmaeum (Clarke) Johnst. in Contr. Gray Herb. 73: 64. 1924.
Eritrichium pygmaeum Clarke in Hook. f. Fl. Brit. Ind. 4: 165. 1883.

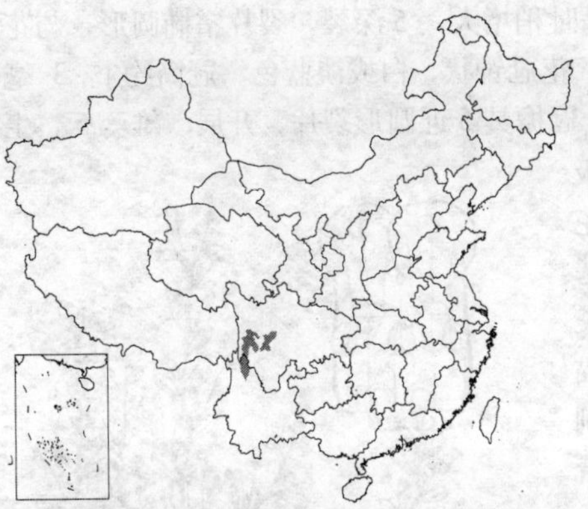

茎直立，高达 5 厘米，不分枝。叶窄倒卵形或线状长圆形，长 0.6–1.5厘米，基部渐窄，两面疏被长柔毛，近先端的毛具基盘；无柄。花梗长 3–6 毫米，被毛；花萼长约 2 毫米，裂片窄椭圆形，稍被毛，内面密被白色长柔毛；花冠蓝或粉红色，无毛，冠筒与花萼近等长，冠檐径约 3 毫米，裂片近圆形，喉部淡黄色，附属物半月形，顶端微缺，具乳头突起；雄蕊生于花冠筒中部，花丝极短，花药顶端具小尖头；子房裂片分离，花柱长约 1 毫米。小坚果卵圆形，长约 1.1 毫米，背面稍龙骨状突起。花果期 7–8月。

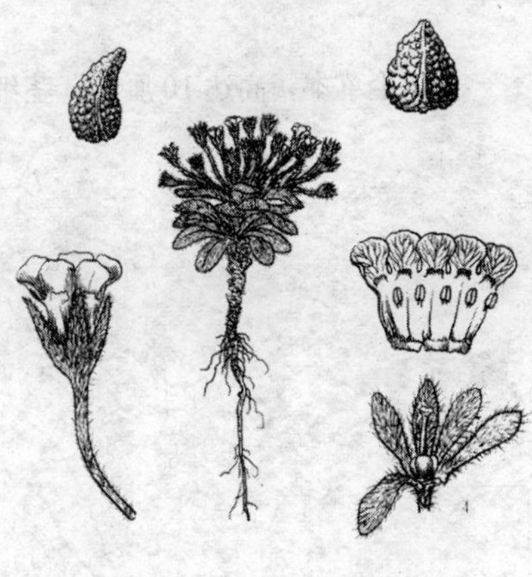

图 507 微果草（仿《中国植物志》）

产四川西部及西南部、云南西北部，生于海拔 3900–4700 米草甸。印度东北部有分布。

35. 钝背草属 **Amblynotus** Johnst.

多年生丛生草本，高达 8 厘米，密被短糙伏毛。茎数条，直立、斜升或外倾。叶互生，基生叶及茎下部叶窄匙形，长 0.7–1.5 厘米，窄倒卵形或线状倒披针形，先端钝，基部渐窄成细柄，中部以上叶无柄。镰状聚伞花序顶生，长 1–3 厘米；具苞片。花具梗；花萼 5 裂至基部，裂片线形，长约 2 毫米，果期稍增大；花冠蓝色，冠筒较花萼短，长约 1.5 毫米，冠檐宽钟形，径 3–5 毫米，裂片覆瓦状排列，倒卵形或长圆形，长约 2 毫米，先端钝，开展，喉部具半圆形附属物；雄蕊 5，生于花冠筒中部，内藏，花丝极短，花药长圆形，长约 0.9 毫米；子房 4 裂，花柱长约 1 毫米，柱头头状；雌蕊

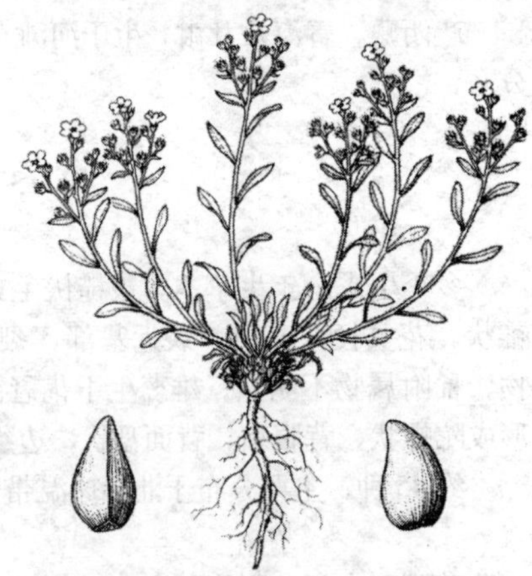

图 508 钝背草 （郭木森绘）

基近平。小坚果斜卵圆形，长1.5-2毫米，淡黄白色，无毛，有光泽，背面圆钝，腹面具纵龙骨突起，着生面位于腹面基部，三角形。种子卵圆形，背腹扁，褐色。

单种属。

钝背草 图 408

Amblynotus rupestris (Pallas ex Georgi) Popov ex Sergiev. in Krylov, Fl. W. Sib. 12(2): 3423. 1934.

Myosotis rupestris Pallas ex Georgi in Bemerk. Reise Russe 1: 200. 1775.

Amblynotus obovatus (Ledeb.) Johnst.; 中国高等植物图鉴 3: 566. 1974; 中国植物志 64(2): 112. 1989.

形态特征同属。花果期4-7月。

产内蒙古及黑龙江西部。蒙古、哈萨克斯坦及俄罗斯西伯利亚地区有分布。

36. 锚刺果属 Actinocarya Benth.

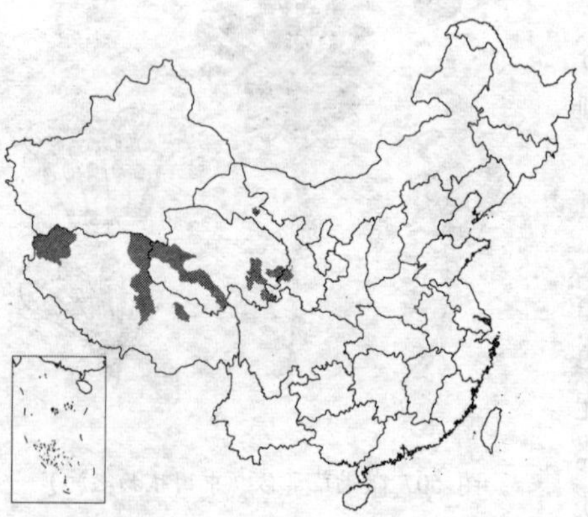

一年生草本，高达10厘米，茎细弱铺散，疏被短糙伏毛。基生叶倒披针形或匙形，长1.2-2.4厘米，先端钝圆，具短尖头，基部渐窄；茎生叶较小，互生。花单生叶腋。花梗长达1厘米；花萼长约1.5毫米，果时稍增大，5深裂，裂片窄椭圆形，与花冠筒近等长，开展，被短伏毛；花冠钟状，白或淡蓝色，冠筒约1.3毫米，喉部具5个2浅裂附属物，冠檐具5近圆形裂片，开展；雄蕊5，生于花冠筒中部，内藏，花丝极短，花药卵圆形；子房4裂，花柱短，内藏，柱头头状；雌蕊基微凸。小坚果窄倒卵圆形，长1.5-2毫米，具长0.4-0.8毫米锚状刺及短糙毛，背面凸，锚状刺基部连成杯状或鸡冠状突起，着生面位于腹面。

单种属。

锚刺果 图 509

Actinocarya tibetica Benth. in Benth. et Hook. f. Gen. Pl. 2: 846. 1876.

Actinocarya kansuensis (W. T. Wang) W. T. Wang; 中国高等植物图鉴 3: 572. 1974.

形态特征同属。花果期7-8月。

产西藏、青海及甘肃，生于河滩草地、灌丛草甸。印度西北部及锡兰有分布。

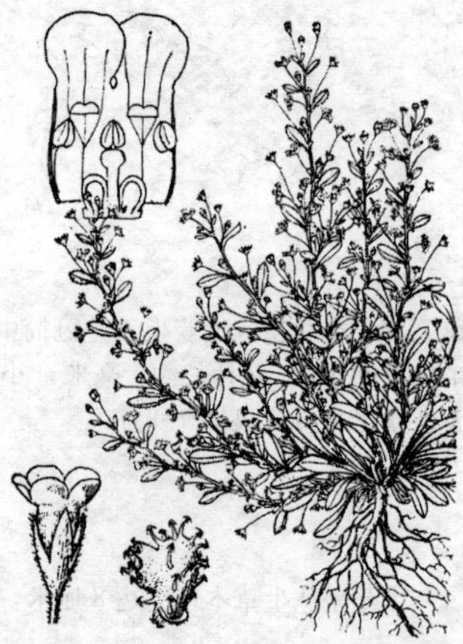

图 509 锚刺果（引自《图鉴》）

37. 假鹤虱属 Hackelia Opiz ex Bercht.

多年生或一年生草本，被糙伏毛或柔毛。叶基生及茎生，茎生叶互生。镰状聚伞花序顶生，不分枝，或组成圆锥状。花具梗；花萼5裂近基部，裂片果时增大，常反折；花冠钟状或筒状，冠檐具5裂片，开展；喉部具附属物，稀附属物不明显，雄蕊生于花冠筒，内藏，花药卵圆形或长圆形；雌蕊基矮塔形。小坚果三角状卵圆形、卵圆形或陀螺状，背腹扁，背面盘状，边缘具扁平锚状刺；果柄反折。

约45种，主要分布于北半球温带、中美洲及南美洲。我国3种。

1. 花萼裂至中部，裂片卵形或三角形；花柱不高出小坚果 …………………………… 1. **卵萼假鹤虱 H. uncinatum**

1. 花萼裂至近基部，裂片窄椭圆形或披针形；花柱高出小坚果。

2. 小坚果同形；花冠冠檐径 7-9 毫米 ………………………………………………… 2. **大叶假鹤虱 H. brachytuba**

2. 小坚果异形；花冠冠檐径 0.9-1.2 厘米 ……………………………………………… 2(附). **异形假鹤虱 H. difformis**

1. 卵萼假鹤虱 图 510

Hackelia uncinatum (Benth.) C. Fischer in Kew Bull. 1932: 298. 1932.

Cynoglossum uncinatum Benth. in Royle, Ill. Bot. Himal. Mount. 1: 34. 1836.

Eritrichium uncinatum (Benth) Lian et J. Q. Wang; 中国植物志 64(2): 120. 1989.

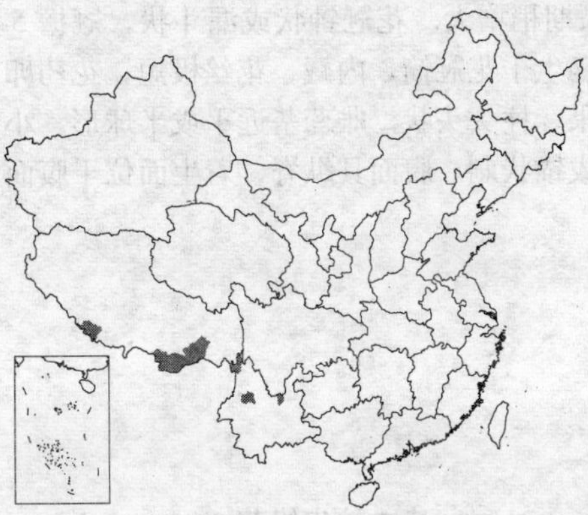

多年生草本，高达 80 厘米。茎丛生，上部分枝，疏被硬短毛。基生叶卵形或宽卵形，长 9-14 厘米，先端短尾尖，基部心形，两面被短硬毛，叶柄长 8-25 厘米；茎生叶卵形或宽椭圆形，长 5-10 厘米，先端短渐尖，基部楔形或微心形，侧脉 5-7，常基出，叶柄较短。伞房状聚伞花序，长 6-10 厘米；无苞片。花梗长 3-7 毫米；花萼裂或中部，长 4-6 毫米，裂片卵形或三角形，被毛；花冠钟状，蓝或蓝紫色，冠筒长约 2 毫米，冠檐径约 1 厘米，裂片宽卵形，长 4-5.5 毫米，喉部附属物梯形，高约 1.8 毫米，顶端肥厚，被毛；雄蕊生于花冠筒中部，花药长圆形；雌蕊基长约 2 毫米。小坚果长 4-5 毫米，无毛，背盘微凸，被疣点或短毛，边缘锚状刺长 1.5-2 毫米，刺基部连合成窄翅；着生面位于腹面中部；花柱不高出小坚果。花果期 6-8 月。

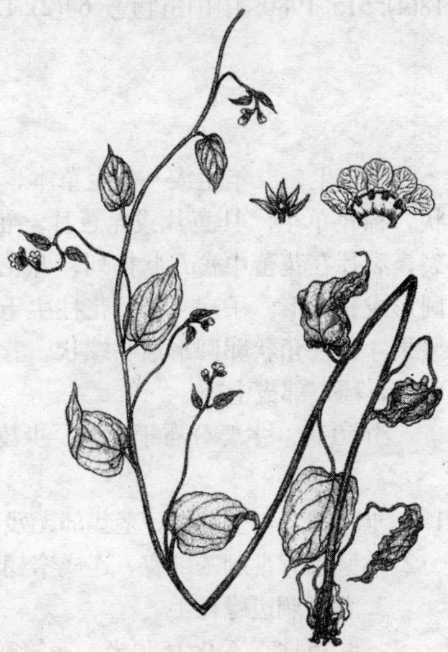

图 510 卵萼假鹤虱（白建鲁绘）

产云南西北部及西藏南部，生于海拔 2500-4000 米林下、林间空地及山坡阴湿处。不丹、印度、克什米尔地区及巴基斯坦有分布。

2. 大叶假鹤虱 图 511

Hackelia brachytuba (Diels) Johnst. in Journ. Arn. Arb. 18: 25. 1937.

Paracaryum brachytubum Diels in Notes Roy. Bot. Gard. Edinb. 5: 168. 1912.

Eritrichium brachytubum (Diels) Lian et J. Q. Wang; 中国植物志 64(2): 121. 1989.

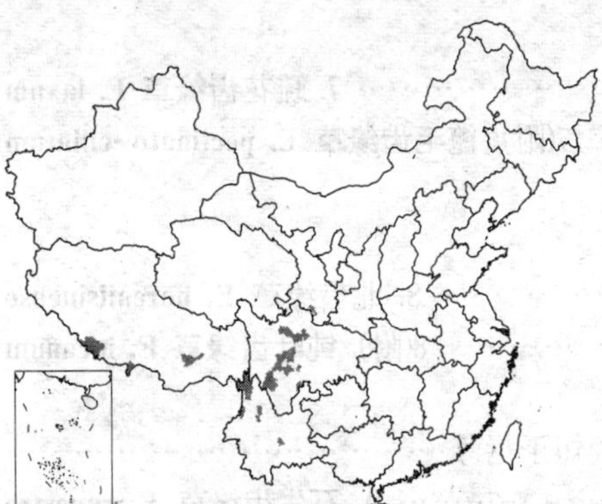

多年生草本，高达 80 厘米。茎数条，直立，多分枝，疏被短硬毛。基生叶宽卵形，长 6-8 厘米，先端尖或短渐尖，基部心形，两面疏被短毛，侧脉 5-7，近基出，叶柄长 8-15 厘米；茎生叶卵形或卵状披针形，柄较短。伞房状聚伞花序；无苞片。花梗长 0.2-1 厘米；花萼裂至近基部，长 4-5 毫米，裂片窄椭圆形或披针形，被毛；花冠钟状，蓝或淡紫色，冠筒与花萼近等长，冠檐径 7-9 毫米，裂片倒卵形，喉部附属物梯形，高约 2 毫米，稍被毛；花药长圆形，长 0.6-1 毫米。小坚果长 4-4.5 毫米，背盘稍凸，无毛或被短毛，边缘疏生锚状刺，刺长 2-3 毫米，腹面具纵脊，着生面位于中部；花柱高出小坚果。花果期 7-8 月。

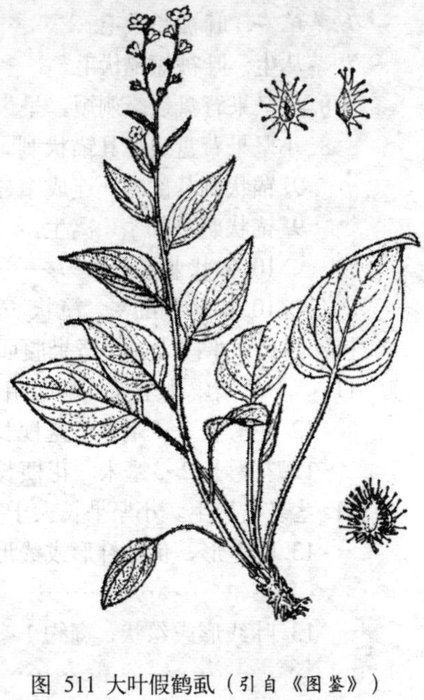

图 511 大叶假鹤虱（引自《图鉴》）

产甘肃东南部、四川西部及西南部、云南西北部及西藏南部，生于海拔3000-4000米山坡或林下。尼泊尔有分布。

[附] **异形假鹤虱 Hackelia difformis** (Lian et J. Q. Wang) Riedl in Novon 4: 47. 1994. ——*Eritrichium difforme* Lian et J. Q. Wang in Acta Phytotax. Sin. 18(4): 515. 1980; 中国植物志 64(2): 122. 1989. 与大叶假鹤虱的区别：小坚果有具长刺及具短刺两种类型。产云南、四川及西藏，生于海拔2000-3500米山坡、林下或沟谷阴湿处。

38. 齿缘草属 Eritrichium Schrader

多年生、二年生或一年生草本，被糙伏毛或柔毛。叶基生及茎生，茎生叶互生。镰状聚伞花序顶生，或为圆锥状，稀花单生；具苞片或无苞片。花梗直伸或反折；花萼5裂近基部，果期稍增大；花冠钟状或漏斗状，冠檐5裂，裂片在花蕾中覆瓦状排列，开花时直伸或开展，喉部常具附属物；雄蕊生于花冠筒，内藏，花丝极短，花药卵圆形或长圆形；子房4裂，花柱生于雌蕊基顶端，不分枝，常不超出小坚果，柱头头状；雌蕊基近平或半球形。小坚果4，三角状卵圆形或陀螺状，背腹扁，背面盘状，边缘具翅、齿、刺或锚状刺，腹面具纵脊，着生面位于腹面中部，稀下部或上部。

约50种。主要分布于亚洲，少数种产欧洲及北美洲。我国39种。

1. 一年生或二年生草本，茎基部无残存枯枝叶。
  2. 小坚果背盘刺基部宽，连成窄翅。
    3. 背盘刺边缘被毛。
      4. 植株高不及15厘米；花冠喉部附属物不明显 ……………… 1. **唐古拉齿缘草 E. tangkulaense**
      4. 植株高15厘米以上；喉部附属物半月形 ……………… 1(附). **异果齿缘草 E. heterocarpum**
    3. 背盘刺边缘无毛。
      5. 茎基部分枝；小坚果长约2毫米 ……………… 2. **百里香叶齿缘草 E. thymifolium**
      5. 茎单一，上部分枝；小坚果长3-4.5毫米 ……………… 2(附). **反折齿缘草 E. deflexum**
  2. 小坚果背盘刺基部窄，离生 ……………… 3. **针刺齿缘草 E. aciculare**
1. 多年生草本，茎基部具残存枯枝叶。
  6. 植株高不及15厘米；小坚果背腹扁；花梗常弯曲。
    7. 茎单一；叶被长柔毛 ……………… 4. **长毛齿缘草 E. villosum**
    7. 茎丛生；叶被短糙伏毛。
      8. 小坚果背盘边缘刺短，呈齿状突起 ……………… 5. **矮齿缘草 E. humillimum**
      8. 小坚果背盘边缘具锚状刺。
        9. 锚状刺基部宽，连成窄翅 ……………… 6. **半球齿缘草 E. hemisphaericum**
        9. 锚状刺基部窄，离生。
          10. 锚状刺稀疏 ……………… 7. **疏花齿缘草 E. laxum**
          10. 锚状刺细密，篦状 ……………… 7(附). **篦毛齿缘草 E. pectinato-ciliatum**
  6. 植株高15厘米以上；小坚果腹面突出，稍陀螺状；花梗硬直。
    11. 茎1-2条；小坚果长宽近相等。
      12. 花萼长3-5毫米；花梗长2-5毫米 ……………… 8. **北齿缘草 E. borealisinense**
      12. 花萼长2-3毫米；花梗长1-2厘米 ……………… 8(附). **钝叶齿缘草 E. incanum**
    11. 茎多条丛生；小坚果长大于宽。
      13. 叶匙形、倒披针形或线形，宽2-5毫米，密被灰色绢毛；花冠筒短于花萼 ……………… 9. **石生齿缘草 E. rupestre**
      13. 叶线形或丝状，宽约1毫米，密被白色伏毛；花冠筒与花萼近等长 ……………… 9(附). **东北齿缘草 E. mandshuricum**

1. 唐古拉齿缘草 图 512

Eritrichium tangkulaense W. T. Wang in Acta Phytotax. Sin. 18: 519. 1980.

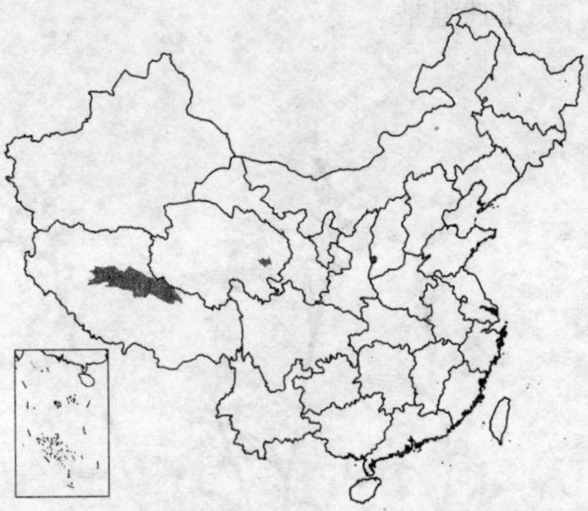

一年生草本，高达10厘米。茎常数条，直立，稍有分枝，被短伏毛。基生叶及下部茎生叶具柄，叶匙形或倒披针形，长1-2厘米，先端钝，基部渐窄成柄，两面被短伏毛；上部茎生叶窄椭圆形，无柄。总状聚伞花序，顶生，长1-3厘米；具苞片。花梗长3-5毫米；花萼长1.5-2毫米，裂片线状长圆形或线形，两面被毛，果期开展；花冠漏斗形，淡蓝或淡紫色，冠筒稍长于花萼，冠檐径约1.5毫米，裂片近圆形，喉部附属物不明显；花药卵圆形；雌蕊基半球形。小坚果卵形，长1-1.2毫米，密被短毛，背盘平，边缘具披针形锚状刺，刺基部连合成翅，腹面凸起，纵脊窄翅状，着生面位于腹面中部稍下。花果期7-9月。

产西藏及青海，生于海拔3500-5000米山坡、河滩或岩缝中。

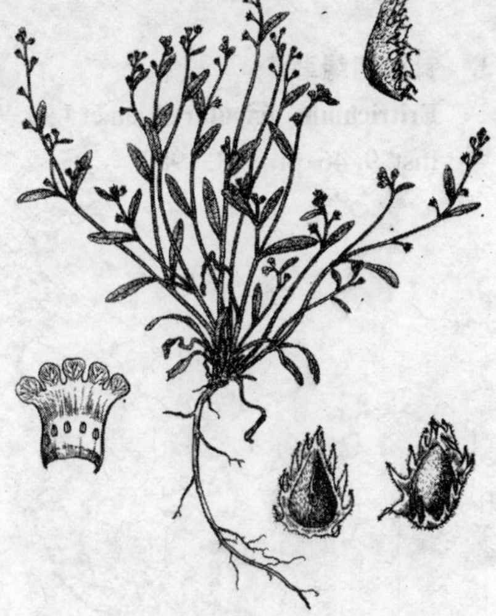

图 512 唐古拉齿缘草（夏泉绘）

[附] **异果齿缘草 Eritrichium heterocarpum** Lian et J. Q. Wang in Bull. Bot. Lab. North-East. Forest. Inst. 9: 45. pl. 3: 2. 1980. 本种与唐古拉齿缘草的区别：植株高达40厘米；茎生叶线状长圆形，基部宽楔形；花序长5-10厘米；花冠筒稍短于花萼，冠檐径约2.5毫米，喉部具半月形附属物。产青海及云南，生于海拔3000-3500米山坡或灌丛中。

2. 百里香叶齿缘草　假鹤虱　　图 513

Eritrichium thymifolium (DC.) Lian et J. Q. Wang in Bull. Bot. Lab. North-East. Forest. Inst. 9: 46.1980

Echinospermum thymifolium DC. Prodr. 10: 136. 1846.

Hackelia thymifolia (DC.) M. Pop.; 中国高等植物图鉴 3: 568. 1974.

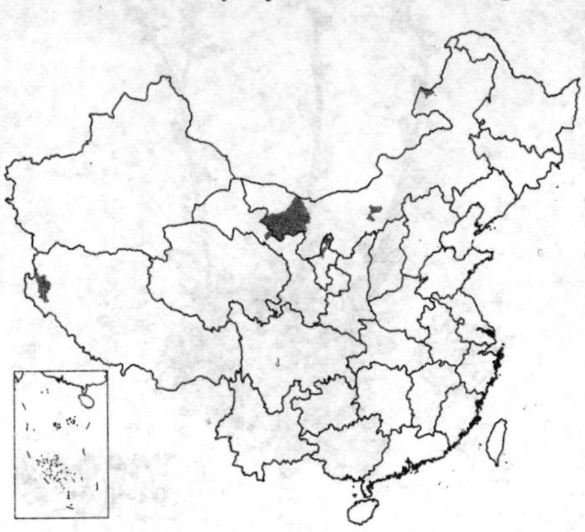

一年生草本，高达40厘米。茎直立，多分枝，密被糙伏毛。基生叶匙形或倒披针形，长1-3厘米；茎生叶线形，长1-3厘米，基部渐窄，两面被具基盘糙毛，具短柄或无柄。聚伞花序顶生，长5-15厘米；具苞片。花梗长1-2毫米；花萼裂至基部，长1.5-2毫米，裂片线形，两面被糙毛；花冠漏斗形，蓝或淡紫色，冠筒稍短于花萼，冠檐径1.5-2毫米，喉部附属物微小；花药三角状卵圆形。小坚果卵圆形，长1.5-2毫米，背盘卵形或窄卵形，中线稍隆起，边缘具三角形锚状刺，刺长约1毫米，基部常连合成翅，腹面凸，具纵脊，着生面位于腹面中部。花果期6-8月。

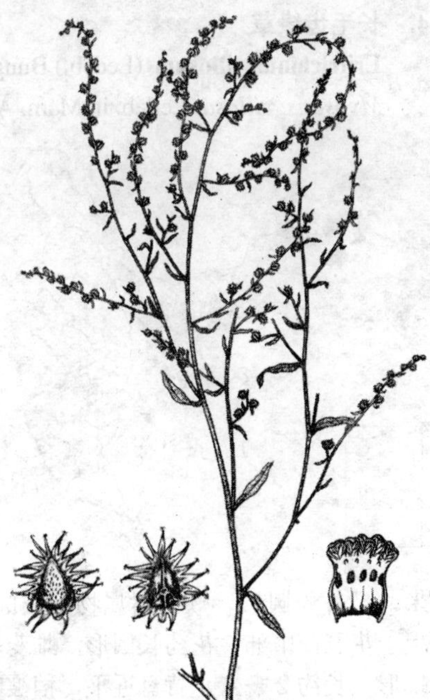

图 513 百里香叶齿缘草（白建鲁绘）

产内蒙古、宁夏、甘肃及西藏，生于阳坡、砾石滩或荒地。蒙古、俄罗斯东部、日本、印度北部及哈萨克斯坦有分布。

[附] **反折假鹤虱 Eritrichium deflexum** (Wahlenb.) Lian et J. Q. Wang in Bull. Bot. Lab. North-East. Forest. Inst. 9: 45. 1980.——*Myosotis deflexa* Wahlenb. in Svensk Vet. Acad. Handl. Stockholm 31: 113. 1810. 本种与百里香齿缘草的区别：茎单一，上部分枝；叶倒披针形、长圆状披针形或线状披针形，

长4-15厘米，宽0.5-2(-3)厘米；小坚果长3-4.5毫米。产黑龙江、吉林、河北、内蒙古及新疆，生于海拔1000-2000米林缘、河滩或沙丘。广布于北半球温带。

3. 针刺齿缘草 图 514

Eritrichium aciculare Lian et J. Q. Wang in Bull. Bot. Lab. North-East.Forest. Inst. 9: 46. pl. 3: 3. 1980.

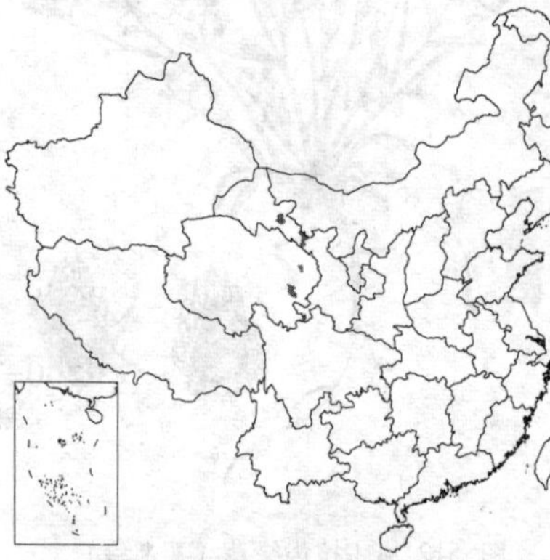

一年生或二年生草本，高达30厘米。茎直立，多分枝，疏被短伏毛。基生叶匙形或倒披针形，具柄；茎生叶线形或线状披针形，长1-3厘米，先端钝，基部楔形，两面被糙伏毛，无柄。总状聚伞花序，疏花；具苞片。花梗长0.3-1厘米；花萼长1.5-2.5毫米，裂片卵形或卵状长圆形，两面被毛；花冠漏斗形，蓝色，冠筒短于花萼，冠檐径2-2.5毫米，喉部附属物新月形；花药卵圆形；雌蕊基矮塔形。小坚果卵形，长2-2.5毫米，稍被毛，背盘具疣点，边缘锚状刺纤细，离生，刺间被毛，腹面凸，着生面位于腹面中部。花果期7-8月。

产甘肃及青海，生于海拔2000-2500米山坡、沟边或河滩。

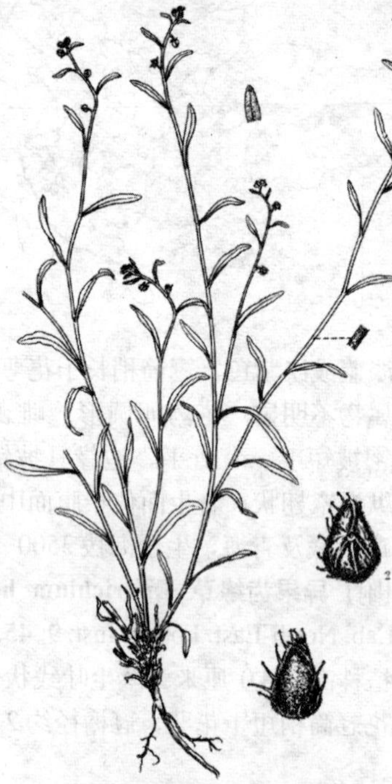

图 514 针刺齿缘草（夏泉绘）

4. 长毛齿缘草 图 515

Eritrichium villosum (Ledeb.) Bunge, Verz. Altai. Pflanzen. 14. 1836.

Myosotis villosa Ledeb. in Mém. Acad. Imp. Sci. St. Pétersb. 5: 516. 1815.

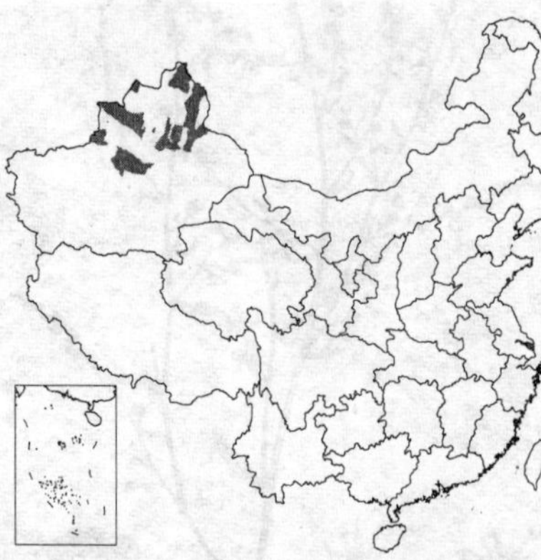

多年生草本，高达15厘米。茎1至数条，直立，被柔毛。基生叶莲座状，倒披针形或长圆形，长1-1.5厘米，两面被长柔毛，无柄；茎生叶窄披针形或长圆形。聚伞花序顶生，果期总状，长3-4厘米；具苞片。花梗长1.5-3毫米；花萼长2-3毫米，裂片线形或窄披针形，被长柔毛；花冠钟状，蓝或淡紫色，冠筒稍短于花萼，冠檐径4-5毫米，裂片长圆形，喉部附属物横长圆形，稍伸出，下方具乳头突起；雄蕊生于花冠筒中部，花药长圆形；雌蕊基稍凸出，高约0.5毫米。小坚果近陀螺形，长约2毫米，背盘近平，稍被毛，中线稍凸出，边缘具长0.2-0.5毫米细刺，刺基部连合成窄翅，腹面凸出，着生面位于腹面中下部。花果期7-8月。染色体2n=24。

产新疆北部，生于海拔2500-3000米山坡。阿富汗、印度北部、克什米尔地区、巴基斯坦、哈萨克斯坦、俄罗斯及欧洲北部有分布。

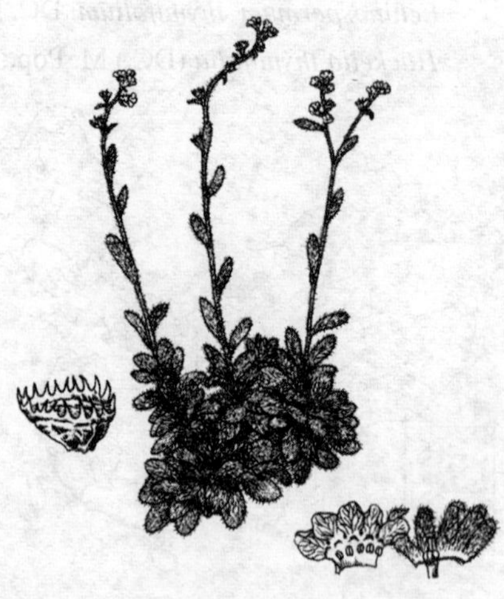

图 515 长毛齿缘草（仿《中国植物志》）

5. 矮齿缘草 图 516

Eritrichium humillimum W. T. Wang in Bull. Bot. Lab. North.-East. Forest Inst. 9: 44. pl. 3. f.1. 1980.

多年生垫状草本，高达8厘米。茎丛生，疏被短伏毛。基生叶线状

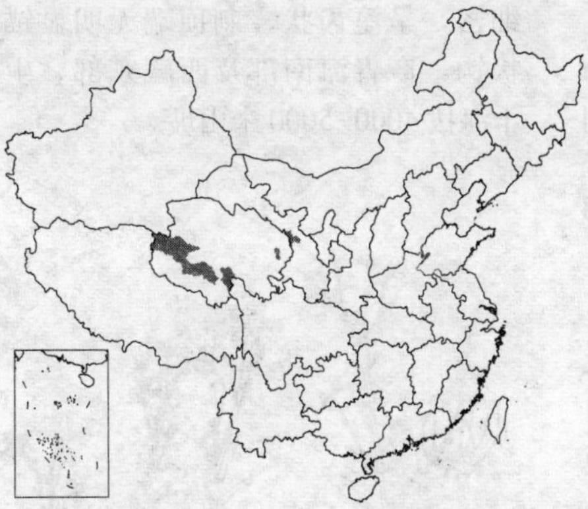

长圆形或线状倒披针形，长 0.5-1.2 厘米，上面疏被短伏毛，下面近无毛，基部较窄成柄，叶柄长 0.5-1.5 厘米，残存；茎生叶较小，无柄。花序总状，顶生，具 2-5 花；具苞片。花梗长 3-5 毫米；花萼裂至基部，长约 2 毫米，裂片线形，被毛；花冠钟状，淡紫色，冠筒短于花萼，冠檐径约 5 毫米，裂片近圆形，长约 2 毫米，喉部附属物横长圆形，高约 0.6 毫米，由喉部伸出；花药椭圆形。小坚果长约 2 毫米，背盘三角状卵形，近无毛，边缘具啮蚀状窄翅，着生面位于腹面中部稍上。花果期 7-8 月。

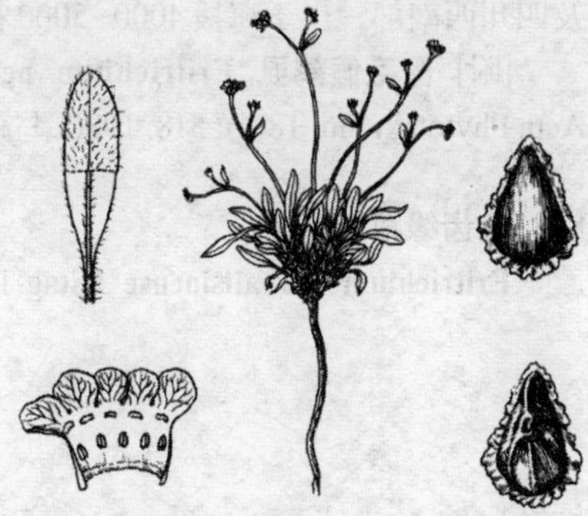

图 516 矮齿缘草（夏泉绘）

产青海及甘肃中部，生于 3000-5000 米阳坡。

6. 半球齿缘草 图 517

Eritrichium hemisphaericum W. T. Wang in Acta Phytotax. Sin. 18(4): 519. 1980.

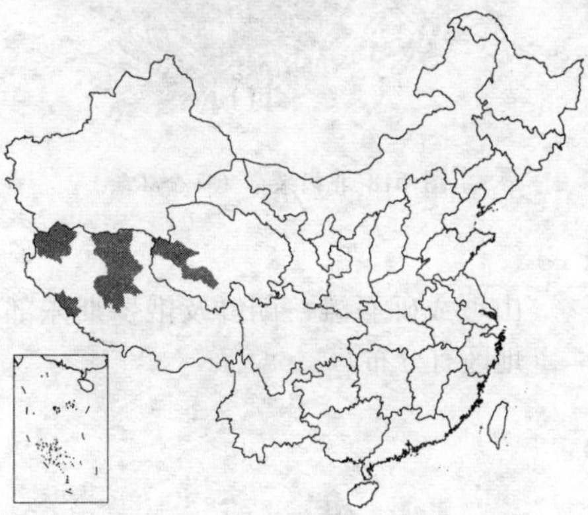

多年生草本，植物体呈半球形，高达 3 厘米。茎细，直立。基生叶匙形或卵状长圆形，先端钝，基部下延成叶柄，上面密被柔毛，下面近先端被毛，叶柄长 1-1.5 厘米；茎生叶常 1-2，较小。花 1 或 2 朵顶生。花梗长 1-1.5 厘米；花萼长约 1 毫米，裂片卵形，被毛，果期开展；花冠漏斗状，长约 2 毫米，冠筒稍长于花萼，冠檐径约 3 毫米，裂片近圆形，喉部附属物乳头状；雄蕊生于花冠筒中部，花药椭圆形；雌蕊基半球形，长约 0.5 毫米，花柱明显。小坚果三角状卵圆形，长约 1.4 毫米，背盘卵形或三角状卵形，中线微凸，被毛，边缘具刺；刺端非锚状，基部连合成翅，被毛；腹面凸，无毛，着生面位于中部。花果期 7-8 月。

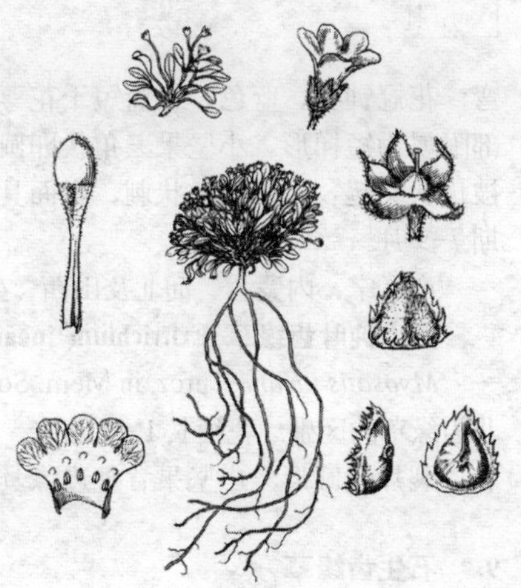

图 517 半球齿缘草（夏泉绘）

产西藏及青海，生于 4500-5800 米山坡或洪积石堆。

7. 疏花齿缘草

Eritrichium laxum Johnst. in Journ. Arn. Arb. 33: 66. 1952.

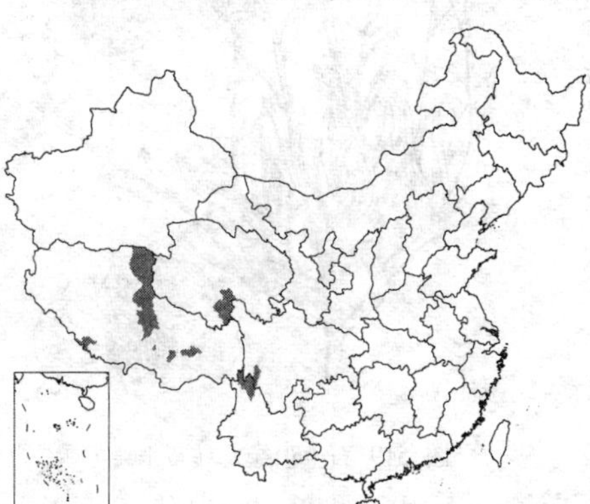

多年生草本，高达 15 厘米。茎丛生，直立或外倾，疏被短伏毛。基生叶匙形，叶柄长 1-4 厘米；茎生叶倒披针形，长 1-3 厘米，先端尖，基部楔形，两面被短伏毛，近无柄。总状聚伞花序，少花；无苞片或基部具 1-2 苞片。下部花梗长达 2 厘米；花萼长 2-2.5 毫米，裂片线形或倒披针形，两面被毛；花冠钟状，白或淡蓝色，冠筒短于花萼，冠檐径 5-6 毫米，裂片近圆形，长约 2.5 毫米，喉部附属物半月形；雄蕊生于花冠筒中部，花药长圆形；雌蕊基长约 1 毫米。小坚果长约 1.8 毫米，背盘三角状卵形，平或微凸，稍被毛，边缘锚状刺长约 0.4 毫米，基部离生，腹面隆起，着生面位于中上部。花果期 6-8 月。

产云南西北部、青海南部、西藏

及四川西南部，生于海拔4000-5000米高山草甸或岩缝中。

[附] **篦毛假鹤虱 Eritrichium pectinato-ciliatum** Lian et J. Q. Wang in Acta Phytotax. Sin. 18(4): 518. 1980. 与疏花齿缘草的区别：小坚果背盘边缘刺细密，呈篦齿状，刺顶端无明显锚状钩。产青海南部及西藏东部，生于海拔4000-5000米山坡。

8. 北齿缘草 图 518

Eritrichium borealisinense Kitag. in Journ. Jap. Bot. 38(10): 301. pl. 1. 1963.

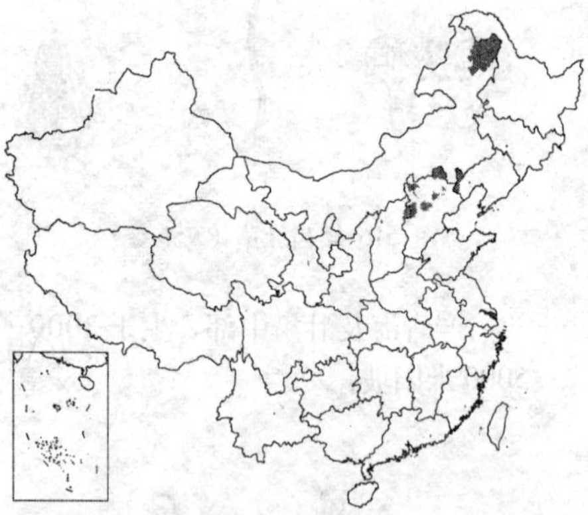

多年生草本，高达40厘米。茎单一或数条，直立，密被糙伏毛。基生叶倒披针形或窄椭圆形，长3-5厘米，基部渐窄成短柄，两面密被糙伏毛；茎生叶线形或窄披针形，长1-4厘米。聚伞花序2-3顶生，长3-7厘米；苞片线状披针形，长3-5毫米。花梗长3-5毫米，近直立；花萼裂至基部，长3-4毫米，裂片窄卵形或窄椭圆形，直伸或稍内弯；花冠钟状，蓝色，冠筒短于花萼，冠檐径约6毫米，裂片倒卵形，喉部附属物短梯形。小坚果三角状卵圆形，长约2毫米，背盘平，卵形，密被疣状突起，边缘具锚状刺，腹面具纵脊，着生面位于腹面中下部。花果期7-9月。

产辽宁、内蒙古、河北及山西，生于山坡、灌丛或石缝中。

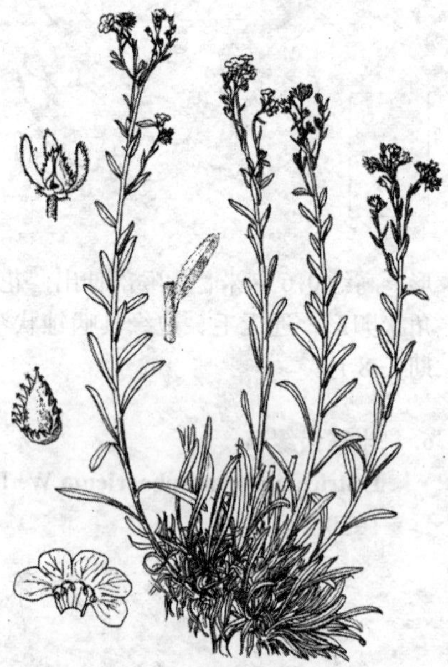

图 518 北齿缘草（冯金环绘）

[附] **钝叶齿缘草 Eritrichium incanum** (Turcz.) DC. Prodr. 10: 127.1846. —— *Myosotis incana* Turcz. in Mem. Soc. Imp. Nat. Mosc. 11: 97. 1838. 本种与北齿缘草的区别：花梗长1-2厘米；花萼长2-3毫米；花冠筒与花萼近等长，裂片近圆形；小坚果背盘边缘具稀疏细刺。产黑龙江及内蒙古，生于山坡或砾石滩。朝鲜及俄罗斯东部地区有分布。

9. 石生齿缘草 图 519

Eritrichium rupestre (Pall.) Bunge, Suppl. Fl. Alt. 14. 1836.

Myosotis rupestris Pall. It. 3: app.: 716.1776.

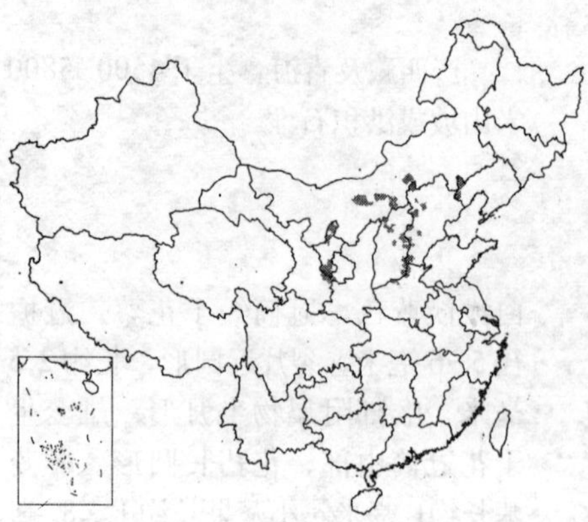

多年生草本，高达30厘米，全株密被灰色绢毛。茎直立，常数条，基部分枝。基生叶匙形或倒披针形，长3-5厘米，先端渐尖或钝，基部渐窄成叶柄；茎生叶倒披针形或线形，长1-2厘米。聚伞花序2-3顶生，长2-5厘米；苞片线状披针形，长3-7毫米。花梗长3-5毫米，近直伸；花萼裂至基部，长约3.5毫米，裂片线形，直伸或稍开展；花冠钟状，蓝色，冠筒短于花萼，冠檐径约7毫米，裂片近圆形，喉部附属物短梯形，伸出。小坚果陀螺形，长约2毫米，背盘平，被疣状突起，边缘具三角形细齿，齿尖非锚状，着生面下缘与背盘下缘在同一水平。花果期7-8月。

产辽宁、内蒙古、河北、山西、甘肃及宁夏，生于海拔1000-2000米山

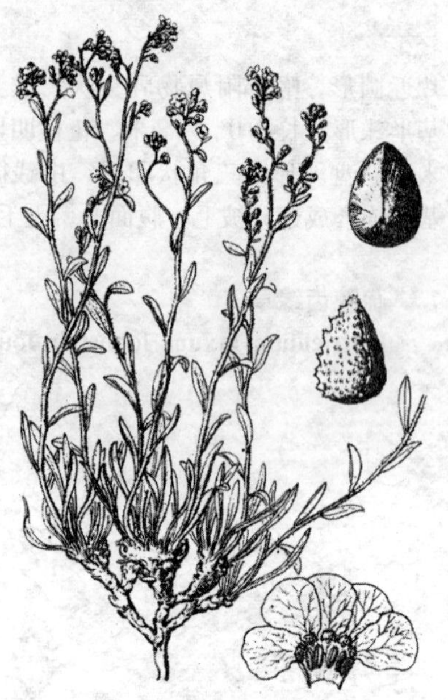

图 519 石生齿缘草（马平绘）

坡、石缝中或路边。蒙古及俄罗斯有分布。

[附] **东北齿缘草 Eritrichium mandshuricum** Popov in Fl. URSS 19: 505. 711. 1953. 本种与石生齿缘草的区别：叶线形或丝状，宽约1毫米，密被白色伏毛；花冠淡蓝色，冠筒与花萼近等长；小坚果着生面上缘与背盘下缘在同一水平。产黑龙江、内蒙古及河北东北部，生于山坡或砾石滩。日本及俄罗斯东部有分布。

39. 颈果草属 **Metaeritrichium** W. T. Wang

一年生草本，高达5厘米。茎基部辐射状分枝。基生叶匙形或倒卵状披针形，长7－10厘米，先端钝，基部渐窄；两面疏被糙毛，叶柄长0.5–1厘米；茎生叶互生，与基生叶同形。聚伞花序小，具数花；具苞片。花萼5裂至近基部，裂片披针形，长1.5–2毫米，稍被毛；花冠钟状筒形，蓝紫色，冠筒长约1毫米，冠檐稍短于冠筒，裂片近圆形，长约0.5毫米，喉部具半月形附属物，高约0.1毫米；雄蕊5，生于花冠筒中部，内藏，花药卵状三角形；子房4裂，花柱内藏，柱头头状；雌蕊基平。小坚果背腹扁，卵形，长约2毫米，背盘边缘具锚状刺，刺基部连成窄翅，着生面位于腹面近顶端；果柄长达2厘米。

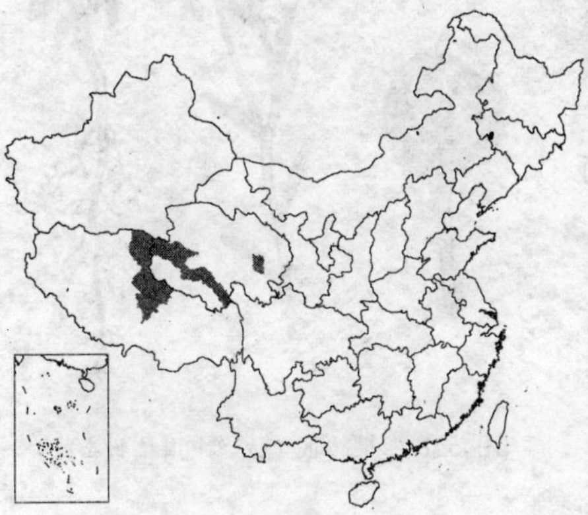

我国特有单种属。

颈果草 图 520 彩片 127

Metaeritrichium microuloides W. T. Wang in Acta Phytotax. Sin. 18(4): 516. 1980.

形态特征同属。花果期7–8月。

产西藏及青海，生于海拔4500–5000米河滩沙地、草甸或岩石堆。

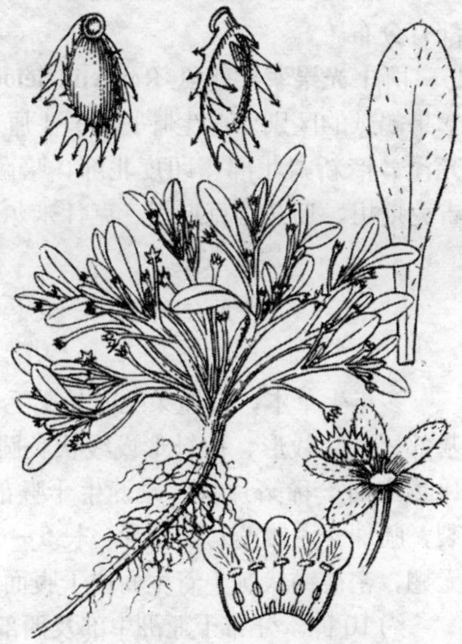

图 520 颈果草（蔡淑琴绘）

40. 李果鹤虱属 **Rochelia** Reichb.

一年生草本。茎细，常多分枝，被糙硬毛。叶基生及茎生，茎生叶互生，具1脉。镰状聚伞花序，具苞片。花具梗；花萼5裂至基部，裂片线形或披针形，果时稍增大，先端常钩状；花冠漏斗状，淡蓝色，冠筒直或稍弯，冠檐5裂，喉部具附属物；雄蕊5，生于花冠筒下部，内藏，花丝短，花药长圆形，药隔微突出；子房2裂，胚珠2，花柱不裂，柱头头状；雌蕊基钻状。小坚果孪生，各具1种子，被疣状突起及锚状刺，或平滑，着生面位于腹面近基部。

约15种，分布于亚洲西南部、中部至欧洲及大洋洲。我国5种。

1. 小坚果被疣状基盘星状毛；茎生叶长1–3厘米；花梗长5–7毫米 ………………………………… **李果鹤虱 R. bungei**
1. 小坚果平滑；茎生叶长0.5–1厘米；花梗长2–3毫米 ……………………………………… (附). **光果李果鹤虱 R. leiocarpa**

李果鹤虱 图 521

Rochelia bungei Trautv. in Trudy Imp. S.-Peterburgsk. Bot. Sada 9: 462. 1886.

Rochelia retorta (Pall.) Lipsky; 中国植物志 64(2): 214. 1989.

一年生草本，高达15厘米，被灰白色糙毛。茎直立，常基部分枝；枝斜升。基生叶具柄，叶倒披针形或倒卵形，长1–2厘米；茎生叶无柄，披针形或线形，长1–3厘米，先端微钝，下面脉凸起。花稀疏；苞片与叶同形。花梗长5–7毫米，伸展或稍下

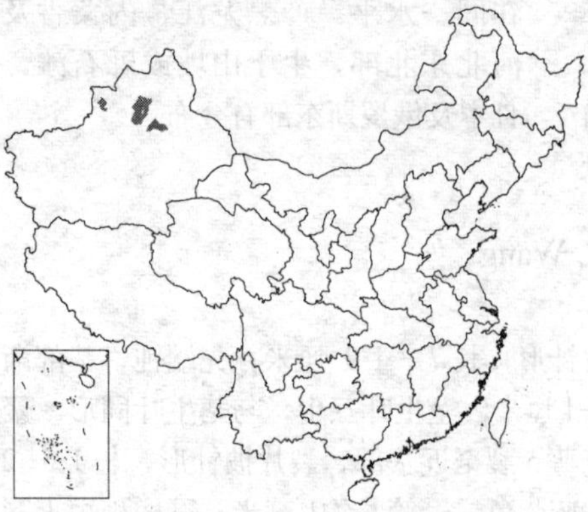

弯，顶端被钩状糙毛；花萼裂片线形，长约2毫米，果时4-5毫米，呈半圆柱状，内曲；花冠淡蓝紫色，冠筒与花萼近等长，喉部具5短梯形附属物，冠檐裂片倒卵形，不等大；雄蕊5，花丝极短，花药长约0.25毫米；花柱宿存，高出小坚果约0.6毫米。果序长5-10厘米；小坚果斜窄卵圆形，长2-3毫米，被具疣状基盘星状毛。花期4-5月。

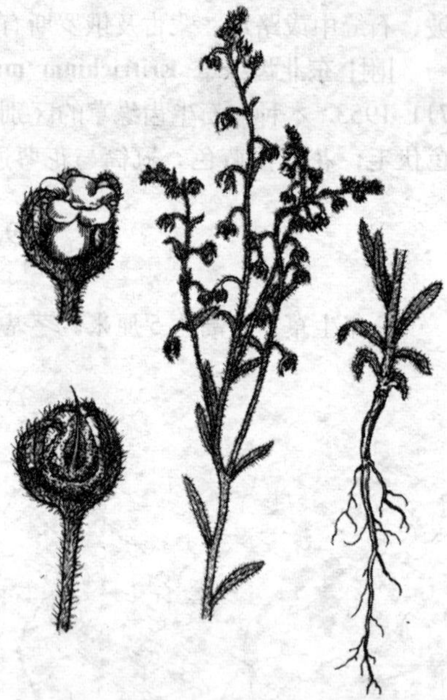

图 521 李果鹤虱（仿《中国植物志》）

产新疆北部，生于盐碱荒地。中亚、巴尔干、小亚西亚、欧洲中部及南部有分布。

[附] **光果李果鹤虱 Rochelia leiocarpa** Ledeb. Fl. Alt. 1: 172.1829. 本种与李果鹤虱的区别: 茎生叶长0.5-1厘米；花梗长2-3毫米；小坚果平滑，有光泽。产新疆北部。印度北部、哈萨克斯坦、吉尔吉斯斯坦、俄罗斯、塔吉克斯坦、乌兹别克斯坦、克什米尔、巴基斯坦及蒙古有分布。

41. 长柱琉璃草属 Lindelofia Lehm.

多年生草本，被短柔毛或长柔毛。叶全缘；基生叶具柄；茎生叶互生。镰状聚伞花序；无苞片。花萼5裂至近基部，裂片线形、披针形或线状长圆形，果时稍增大；花冠漏斗状，冠筒长于花萼，冠檐裂片钝，近直伸，喉部附属物弯曲，稀鳞片状；雄蕊生于喉部之下，花药线状长圆形，基部常戟形，与花丝近等长或稍长，伸出；子房4裂，胚珠4；雌蕊基圆锥形，长5-6毫米，微具棱，花柱长，柱头头状。小坚果背腹扁，卵形，背面具背盘，边缘无翅，密被锚状刺，着生面位于腹面近上部，卵形，与雌蕊基贴合。

约10种。分布于亚洲中部及西部。我国1种。

长柱琉璃草 图 522

Lindelofia stylosa (Kar. et Kir.) Brand in Engl. Pflanzen. IV. 252 (Heft 78): 85. 1921.

Cynoglossum stylosa Kar. et Kir. in Bull. Soc. Not. Mosc. 15: 409. 1842.

茎高达1米，被平伏短柔毛，常上部分枝。根粗壮，径达2厘米。基生叶长圆状椭圆形或线状长圆形，长8-25(-35)厘米，两面疏被短伏毛，基部渐窄，叶柄扁，具窄翅，近无毛；下部茎生叶近线形，具柄；中上部茎生叶窄披针形，无柄或近无柄。花梗长2.5-4毫米，果时可达3厘米；花萼裂片钻状线形，稍不等大，长5-6毫米；花冠长0.8-1.1厘米，紫或紫红色，无毛，冠筒与花萼近等长，冠檐裂片线状倒卵形，长3.5-4.5毫米，喉部附属物鳞片状，无毛；花丝丝状，花药线状长圆形；花柱长1.2-1.5厘米，常稍弯；柱头细小。果序长达20厘米，被毛；小坚果背腹扁，卵圆形，长约6毫米，背盘三角状卵形，高约5毫米，中央具锚状短刺及凸起中线，边缘及盘密被锚状刺。种子卵圆形，黄褐

图 522 长柱琉璃草（引自《图鉴》）

色。花果期7-9月。

产甘肃、新疆、西藏西北部，生于海拔1200-2800米山坡草地、林下或河谷。阿富汗、印度北部、巴基斯坦、克什米尔、哈萨克斯坦、吉尔吉斯斯坦、塔吉克斯坦、土库曼斯坦及乌兹别克斯坦有分布。

42. 翅果草属 Rindera Pall.

多年生草本。茎丛生。叶互生，全缘。伞房状或圆锥状镰状聚伞花序，顶生；无苞片。花具梗；花萼5裂，裂片窄，果期常反折；花冠筒状钟形，淡黄色，冠檐5裂，裂片覆瓦状排列，与冠筒等长或稍短，开展或不开展，喉部附属物半月形或舌状；雄蕊5，生于花冠筒喉部附属物之下；花丝丝状，花药长圆形或线形，基部戟形，先端钝或尖，全部或部分伸出；子房4裂，花柱丝状，伸出，柱头头状；雌蕊基锥状。小坚果4，球形或卵圆形，背面微凹，无毛，边缘具宽翅，沿中线龙骨状突起。

约25种，分布于亚洲中部及欧洲。我国1种。

翅果草

Rindera tetraspis Pall. Reise Russ. Reich. 1: 486. 1771.

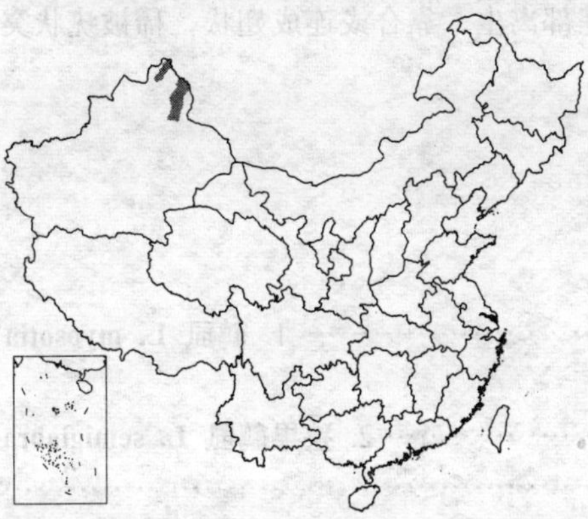

茎直立，高达35厘米，无毛或近无毛，具棱。基生叶长圆形或披针形，长4-8厘米，先端钝，基部楔形，常无毛，疏被长柔毛，叶柄长5-8厘米；茎生叶长圆形或卵形，长2-5厘米，基部圆或近圆，无柄或具短柄。圆锥状聚伞花序顶生。花梗长3-5毫米，被毛；花萼长5-7毫米，果期稍增大，裂片披针形，被毛；花冠长约1.5厘米，无毛，裂片披针形，直伸，稍短于花冠筒；花药长约2毫米，花丝长约1毫米；花柱伸出。小坚果卵圆形，径约1.5厘米，翅全缘或微波状。花果期4-5月。

产新疆北部，生于高海拔砾石戈壁。哈萨克斯坦、俄罗斯、塔吉克斯坦、土库曼斯坦及乌兹别克斯坦有分布。

43. 长蕊琉璃草属 Solenanthus Ledeb.

多年生草本，被柔毛或硬毛。叶基生及茎生，茎生叶互生，全缘。圆锥状镰状聚伞花序，花多数，密集；无苞片。花萼5深裂至基部，果时几不增大；花冠筒状，稀钟状，内藏或稍伸出花萼，冠筒与冠檐间无明显界限，蓝或紫红色，具5裂齿，喉部附属物长圆形，位于花冠筒中部或中部以下；雄蕊生于附属物之上，花丝长，伸出或稍伸出花冠，花药长圆形或宽椭圆形；子房4裂，花柱丝状，伸出花冠，稀内藏，柱头微小，头状；雌蕊基钻状。小坚果背腹扁，卵圆形或近圆形，背面具平或微凹盘状突起，盘缘及盘密被锚状刺，着生面位于腹面近上部，约占腹面一半，与雌蕊基贴合。

约10种。分布于欧洲东南部、亚洲西部及中部。我国2种。

长蕊琉璃草 图 523

Solenanthus circinnatus Ledeb. Ic. Pl. Ross. pl. 26. 1829.

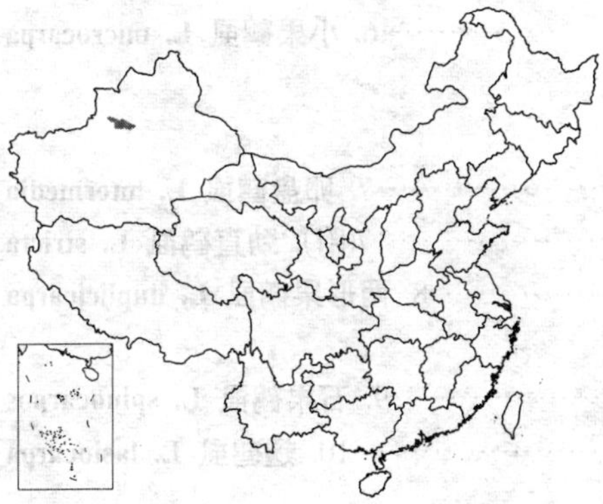

茎直立，高达80厘米，下部径达1厘米，基部残存叶柄鞘，常不分枝，疏被短柔毛。根粗壮，径约2厘米。基生叶卵状长圆形，长5-8厘米，先端钝，基部心形或微心形，两面疏被短伏毛，叶柄长6-10厘米；茎生叶窄长圆形或卵形，基部渐窄稍下延，无柄。蝎尾状聚伞圆锥花序，腋生；无苞片。花梗长约

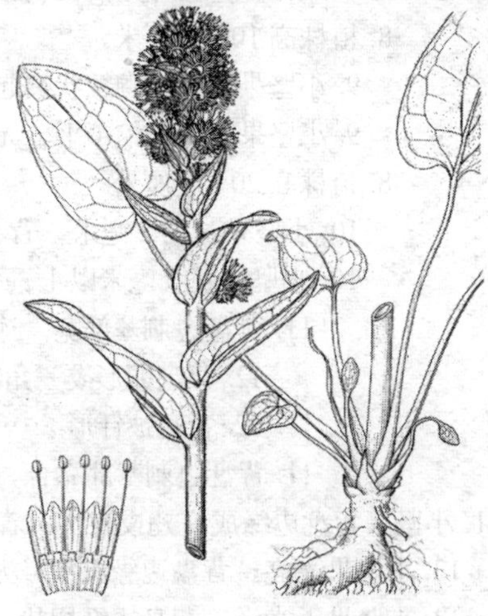

图 523 长蕊琉璃草（郭木森绘）

1.2毫米；花萼长约5毫米，裂片半开展，被毛；花冠宽筒状，紫红色，长约6毫米，无毛，冠檐裂片稍开展，先端微2裂，附属物生于花冠中部以下，舌状；雄蕊生于附属物以上，花丝稍不等长，伸出花冠，花药短长圆形；雌蕊基长达5毫米；花柱长5-7毫米，果时残存。果序长达7厘米，密被短柔毛。小坚果卵圆形，长约6毫米，密被锚状刺，背盘边缘锚状刺较长，基部合生，背盘中心被较短锚状刺及疣状突起，着生面位于腹面近顶端，窄卵形，微凹。花期4-5月，果期6-7月。

产新疆西部，生于林间草地。阿富汗、巴基斯坦、哈萨克斯坦、吉尔吉斯坦、俄罗斯、塔吉克斯坦、土库曼斯坦、乌兹别克斯坦及亚洲西南部有分布。

44. 鹤虱属 Lappula V. Wolf

一年生或二年生、稀多年生草本，被糙伏毛或被具基盘短硬毛。叶基生及茎生，茎生叶互生。镰状聚伞花序，花后呈总状；具苞片。花萼5深裂，果时稍增大；花冠钟状、漏斗状或筒状，蓝色，稀白色，冠筒短，冠檐具5裂片，附属物位于喉部，稀在喉部以下，梯形；雄蕊5，生于花冠筒中部，内藏；子房4裂，花柱在雌蕊基顶端，短或不明显，柱头头状；雌蕊基锥状，具棱，短于小坚果或近等长。小坚果4，同形或异形，被颗粒状或疣状突起，腹面具棱脊，棱脊基部或全部与雌蕊基结合，背盘边缘常被锚状刺，刺基部离生、靠合或连成翅状，稀被疣状突起。

约61种。分布于非洲、亚洲、欧洲温带及北美洲。我国36种。

1. 小坚果背盘边缘被锚状刺，着生面位于腹面中下部。
  2. 背盘刺长2毫米以上。
    3. 背盘中线具1行锚状刺；果柄斜上 ······ 1. **鹤虱 L. myosotia**
    3. 背盘中线龙骨状突起；果柄下弯。
      4. 小坚果窄卵圆形，背盘边缘被1行锚状刺 ······ 2. **狭果鹤虱 L. semiglabra**
      4. 小坚果异形，其中2个小坚果背盘边缘具极短锚状刺 ······ 2(附). **异形狭果鹤虱 L. semiglabra var. heterocaryoides**
  2. 背盘刺长不及1.5毫米。
    5. 小坚果背盘边刺外具1-2行锚状刺。
      6. 边刺外具1行锚状刺。
        7. 背盘边刺基部连成窄翅 ······ 3. **异刺鹤虱 L. heteracantha**
        7. 背盘边刺基部不连成窄翅 ······ 3(附). **山西鹤虱 L. shanhsiensis**
      6. 边刺外具2行锚状刺 ······ 4. **蓝刺鹤虱 L. consanguinea**
    5. 小坚果背盘边缘外无锚状刺。
      8. 植株高10-20厘米。
        9. 小坚果背盘被颗粒状突起 ······ 5. **卵果鹤虱 L. patula**
        9. 小坚果背盘皱缩不平，无颗粒状突起 ······ 5(附). **沙生鹤虱 L. deserticola**
      8. 植株高20-50厘米。
        10. 小坚果长约2毫米，背盘中线被锚状刺 ······ 6. **小果鹤虱 L. microcarpa**
        10. 小坚果长3毫米以上，背盘中线无锚状刺。
          11. 背盘边刺基部宽，连成窄翅。
            12. 背盘卵形或三角状卵形 ······ 7. **卵盘鹤虱 L. intermedia**
            12. 背盘披针形 ······ 7(附). **劲直鹤虱 L. stricta**
          11. 背盘边刺基部靠合，不成窄翅 ······ 8. **两形果鹤虱 L. duplicicarpa**
1. 小坚果背盘边缘成窄翅或波状；着生面位于腹面近基部。
  13. 小坚果光亮，背盘边缘波状，无毛 ······ 9. **石果鹤虱 L. spinocarpos**
  13. 小坚果无光泽，背盘边缘翅状，被毛 ······ 10. **翅鹤虱 L. lasiocarpa**

1. 鹤虱 图 524

Lappula myosotis V. Wolf, Gen. Pl. 17. 1776.

Lappula echinata Gilib.; 中国高等植物图鉴 3: 569. 1974.

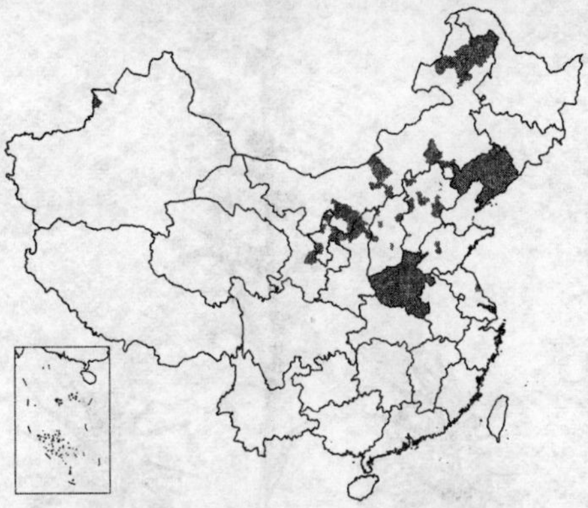

一年生草本，高达6 0 厘米。茎直立，多分枝，密被短糙伏毛。茎生叶线形或线状倒披针形，长1-2 厘米，先端渐尖或尖，基部渐窄，两面疏被具基盘糙硬毛。苞片叶状，与花对生。花梗长2-5 毫米；花萼裂片线形，被毛，果期开展；花冠漏斗状，淡蓝色，长约3 毫米，冠檐径3-4 毫米，裂片窄卵形，附属物生于喉部，梯形。果序长10-20 厘米；小坚果卵圆形，长约3.5 毫米，被疣点，背盘窄卵形或披针形，中线具纵脊，边缘具2 行近等长锚状刺，刺长1.5-2 毫米，基部靠合；雌蕊基及花柱稍高出小坚果。花果期6-8 月。染色体 2n=48。

图 524 鹤虱（引自《图鉴》）

产辽宁、内蒙古、河北、山东、江苏、山西、河南、陕西、甘肃、宁夏及新疆，生于山坡草地或田埂。阿富汗、巴基斯坦、哈萨克斯坦、俄罗斯、吉尔吉斯斯坦、塔吉克斯坦、土库曼斯坦、乌兹别克斯坦、亚洲西南部、非洲南部、欧洲东部及中部有分布。

2. 狭果鹤虱 图 525

Lappula semiglabra (Ledeb.) Gurke in Engl. und Prantl, Nat. Pflanzen. IV(3a): 107. 1897.

Echinospermum semiglabrum Ledeb. Fl. Alt. 1: 204. 1829.

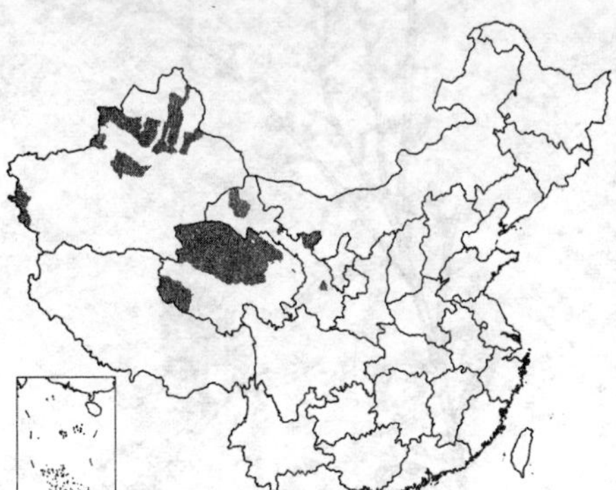

一年生草本，高达30 厘米。茎直立，多分枝，密被短糙伏毛。基生叶匙形或线状披针形，长2-3 厘米，先端钝，基部渐窄，上面无毛，下面及边缘密被具基盘糙硬毛，无柄；茎生叶较小，线状长圆形或披针形。花序顶生，长4-10 厘米。花梗长1-2 毫米；花萼裂片线形或披针形，长1-2 毫米；花冠漏斗形，淡蓝色，长约2 毫米，冠筒长于花萼，冠檐径约1.5 毫米，裂片圆钝；花柱长约0.8 毫米。小坚果窄卵圆形，长3-4 毫米，背盘被颗粒状小突起，中线稍龙骨状突起，边缘被1 行锚状刺，刺淡黄或带红色，长4-5 毫米，基部稍宽，靠合，着生面位于腹面中下部；雌蕊基长约1 毫米。花果期6-9 月。

图 525 狭果鹤虱（郭木森绘）

产甘肃、青海及新疆，生于荒漠、洪积扇或沙丘。印度西北部、阿富汗、巴基斯坦、哈萨克斯坦、吉尔吉斯斯坦、俄罗斯、塔吉克斯坦、土库曼斯坦、乌兹别克斯坦、蒙古及亚洲西南部有分布。

[附] 异形狭果鹤虱 **Lappula semiglabra** var. **heterocaryoides** Popov ex C. J. Wang in Bull. Bot. Res. Harbin 1(4): 83. 1981. 与模式变种的区别：小坚果异形，4 个小坚果中 2 个小坚果背盘边缘具极短锚状刺。花果期6-9 月。产甘肃、青海及新疆。哈萨克斯坦、吉尔吉斯斯坦、俄罗斯、塔吉克斯坦、土库曼斯坦及乌兹别克斯坦有分布。

3. 异刺鹤虱 图 526

Lappula heteracantha (Ledeb.) Gurke in Engl. und Prantl, Nat. Pflanzen. IV(3a): 107. 1897.

Echinospermum heteracanthum Ledeb. Suppl. Ind. Sem. Hort. Dorpat. 3. 1823.

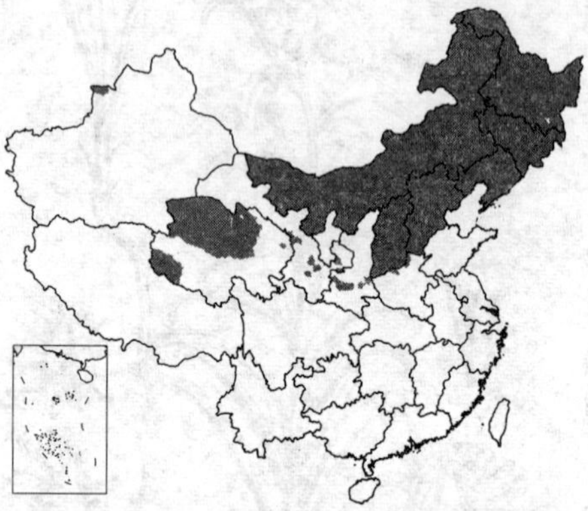

一年生草本，高达50厘米。茎直立，多分枝，密被糙伏毛。茎生叶线状长圆形或披针形，长1-2.5厘米，先端钝，基部渐窄成叶柄，两面被开展具基盘糙硬毛。花序疏散；苞片与叶对生。花梗长2-5毫米；花萼裂片窄卵形，长3-6毫米，果期开展；花冠钟状，淡蓝色，长约3.5毫米，冠檐径3-4毫米；附属物生于喉部，梯形；雌蕊基较短，花柱不高出小坚果。果序长10-15厘米；小坚果卵圆形，长约3.5毫米，被疣点，背盘披针形，边缘被2行锚状刺，内行刺长1.5-2毫米，刺基部宽，靠合成窄翅，外行短刺在果下部。花果期6-9月。

产辽宁、内蒙古、河北、山西、陕西、甘肃、青海及新疆，生于山坡、草地或河滩。俄罗斯及欧洲东部有分布。

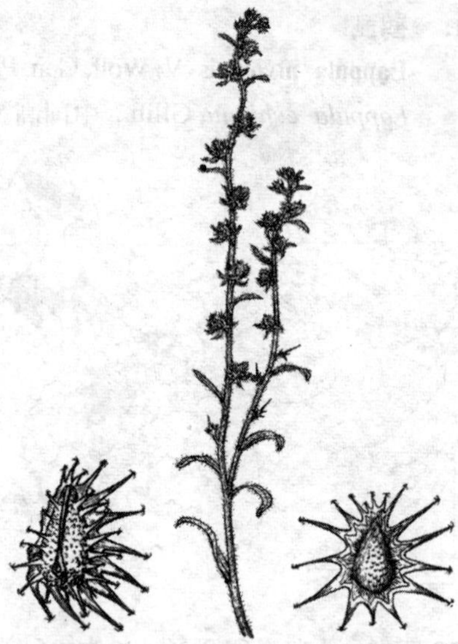

图 526 异刺鹤虱（夏泉绘）

[附] **山西鹤虱 Lappula shanhsiensis** Kitag. in Acta Phytotax. Geobot. 20: 48. 1962.——*Lappula consanguinea* (Fisch. et Mey.) Gurke; 中国高等植物图鉴 3: 569. 1974. 本种与异刺鹤虱的区别：茎生叶长2-4厘米，无柄；小坚果背盘内行边刺不靠合成窄翅。产河北、山西、内蒙古、甘肃及西藏，生于山坡草地、村旁或田间。

4. 蓝刺鹤虱 图 527

Lappula consanguinea (Fisch. et Mey.) Gürke in Engl. und Prantl, Nat. Pflanzen. IV(3a): 107. 1897.

Echinospermum consanguineum Fisch. et Mey. in Ind. Sem. Hort. Petrop. 5: 35. 1838.

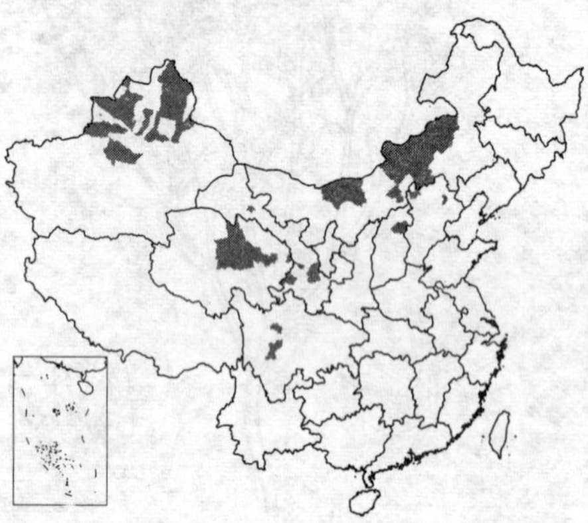

一年生或二年生草本，高达60厘米。茎常单一，上部分枝，被糙伏毛及糙硬毛。茎生叶披针形或线形，长3-5厘米，基部渐窄，两面被具基盘糙硬毛。花序顶生，长10-20厘米；具苞片。花梗长1－3 毫米；花萼裂片线形，长3-5毫米；花冠钟状，淡蓝色，长约4毫米，冠檐径约3毫米，裂片宽倒卵形，喉部附属物高约0.5毫米；花柱高出小坚果约1毫米。小坚果卵圆形，上部较窄，背盘窄卵形，被疣点，边缘具3行锚状刺，第1行刺长约1.5毫米，基部离生，第2及第3行刺较短。花果期6-9月。

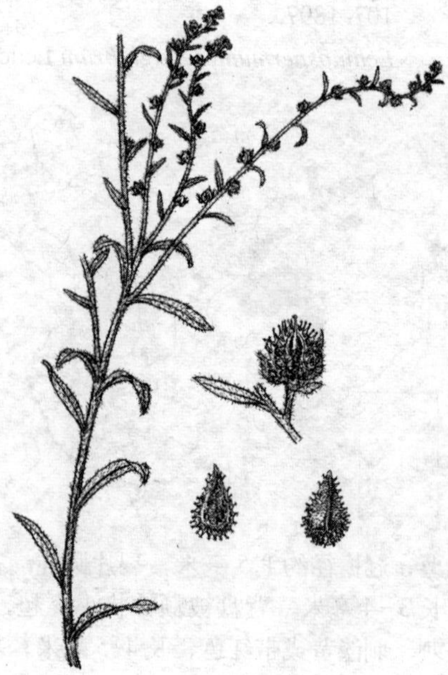

图 527 蓝刺鹤虱（夏泉绘）

产内蒙古、河北、山西、甘肃青海、新疆及四川，生于荒地、石质山坡或山谷干燥处。印度北部、蒙古、巴基斯坦、哈萨克斯坦、俄罗斯、蒙古、土库曼斯坦、塔吉克斯坦、乌兹别克斯坦及欧洲有分布。

5. 卵果鹤虱 图 528:5-6

Lappula patula (Lehm.) Aschers. ex Gürke in Engl. und Prantl, Nat. Pflanzen. IV(3a): 107. 1897.

Echinospermum patulum Lehm. Pl. Asperif. 2: 124. 1818.

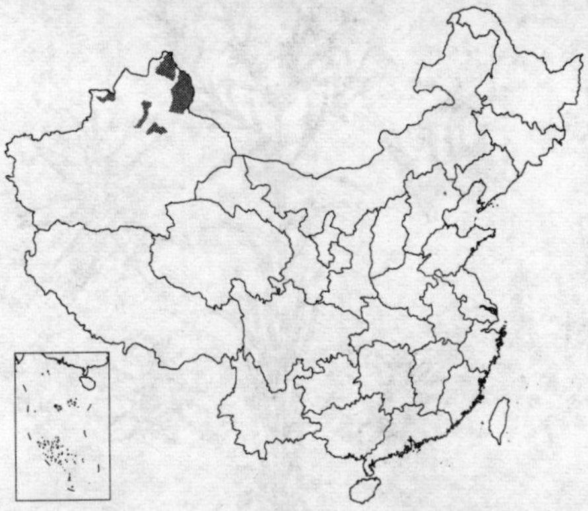

一年生草本，高达30厘米。茎直立，下部分枝，分枝斜升或外倾，被细糙伏毛。叶线形或窄倒披针形，长2－3 厘米，先端钝，基部渐窄，两面被开展具基盘糙硬毛；无柄。花遍生于茎及分枝；苞片叶状，与花对生。花梗长约1毫米；花萼裂片线形，长3-4毫米，开展，被毛；花冠漏斗状，淡蓝色，长约2毫米，冠檐径1.5-2毫米；雌蕊基长约2毫米，花柱极短，稍高出小坚果。小坚果卵圆形，长约3毫米，密被疣状突起，背盘窄卵形，边缘被1行锚状刺，刺长1.5-2毫米，基部分离。花果期7-8月。

产新疆北部，生于山坡草地、砾石滩、荒地或田边。印度西北部、克什米尔地区、巴基斯坦、阿富汗、哈萨克斯坦、俄罗斯、塔吉克斯坦、土库曼斯坦、乌兹别克斯坦、非洲北部及亚洲西南部有分布。

[附] **沙生鹤虱 Lappula deserticola** C. J. Wang in Bull. Bot. Res. Harbin 1(4): 81. 1981. 本种与卵果鹤虱的区别：叶长1-1.5厘米；小坚果三角状卵形，花柱不高出小坚果。产甘肃西部及内蒙古西部，生于荒漠、戈壁或沙地。

6. 小果鹤虱 图 528:1-4

Lappula microcarpa (Ledeb.) Gürke in Engl. und Prantl, Nat. Pflanzen. IV(3a): 107. 1897.

Echinospermum microcarpum Ledeb. Fl. Alt. 1: 202. 1829.

二年生草本，高达40厘米。茎直立，常单一，中部以上分枝，被糙伏毛。基生叶倒披针形或线形，长3-4厘米，先端钝，基部渐窄成柄，两面被开展具基盘糙硬毛；茎生叶较短，线形，无柄。聚伞花序顶生，长3-7厘米；苞片较小，与萼裂片近等长。花梗长1-2毫米；花萼裂片线形，长2-3毫米；花冠钟状，淡蓝色，长2-3毫米，冠檐径约3毫米，裂片圆卵形；花柱高出小坚果约0.5毫米。小坚果卵圆形，长约2毫米，被疣点，背盘披针形，中线具纵脊，边缘具1行短锚状刺。花果期7-8月。

产新疆北部，生于阳坡、沟谷或砾石滩。印度北部、尼泊尔、克什米尔、阿富汗、巴基斯坦、哈萨克斯坦、俄罗斯、塔吉克斯坦、土库曼斯坦、乌兹别克斯坦及亚洲西南部有分布。

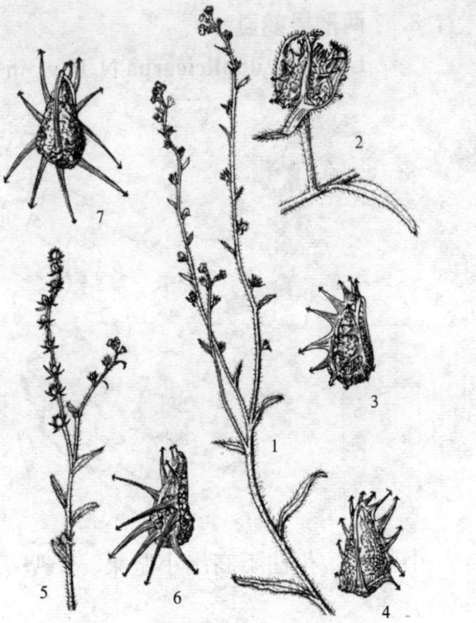

图 528:1-4.小果鹤虱 5-6.卵果鹤虱 （夏泉绘）

7. 卵盘鹤虱 中间鹤虱 图 529:1-3

Lappula intermedia (Ledeb.) Popov. in Fl. URSS 19: 440. 1953.

Echinospermum intermedium Ledeb. Fl. Alt. 1: 199. 1829.

Lappula redowskii (Hornem.) Greene; 中国植物志 64(2): 186. 1989.

Lappula intermedia (Ledeb.) M. Pop.; 中国高等植物图鉴 3: 569. 1974.

一年生草本，高达60厘米。茎直立，常单一，中部以上分枝，密被糙伏毛。茎生叶线形，长2-5厘米，常沿中肋稍内折，先端钝，两面被具基盘糙硬毛。花序长5-20厘米。花梗长2-3毫米，直伸；花萼5深裂，裂片线形，长3-5毫米，开展；花冠筒状，长约3.5毫米，喉部稍缢缩，冠檐径约3毫米，裂片长圆形，附属物生于花冠筒中部稍上；花柱长约0.5毫米；雌蕊基不高出小坚果。小坚果宽卵圆形，长约3毫米，背盘卵形，被颗粒状突起，边缘具1行锚

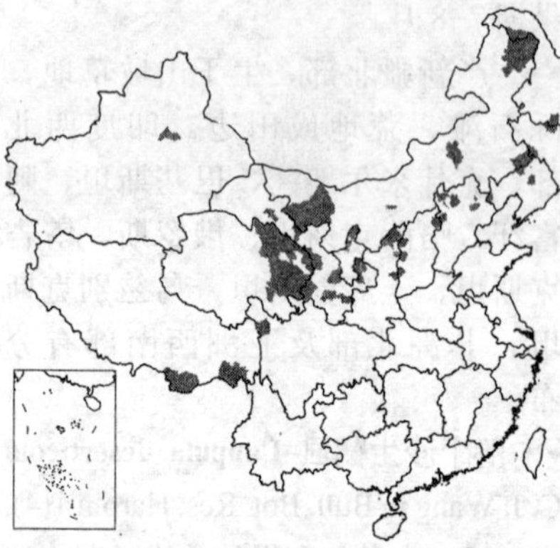

状刺，刺长1-1.5毫米，基部稍宽，腹面常具皱纹。花果期5-8月。

产黑龙江、吉林、辽宁、内蒙古、河北、陕西、甘肃、宁夏、新疆、青海、西藏及四川西北部，生于山坡、荒地、田埂。俄罗斯、吉尔吉斯坦、蒙古、哈萨克斯坦、塔吉克斯坦、土库曼斯坦及乌兹别克斯坦有分布。

［附］ **劲直鹤虱 Lappula stricta** (Ledeb.) Gurke in Engl. und Prantl, Nat. Pflanzenfam. IV(3a): 107. 1897.——*Echinospermum strictum* Ledeb. Fl. Alt. 1: 200. 1829. 与卵盘鹤虱的区别：小坚果背盘窄披针形，中线龙骨状突起，边缘锚状刺长1.5-2毫米。产新疆、内蒙古及甘肃，生于山坡、村旁、沟边。哈萨克斯坦、蒙古、吉尔吉斯斯坦、塔吉克斯坦、土库曼斯坦及乌兹别克斯坦有分布。

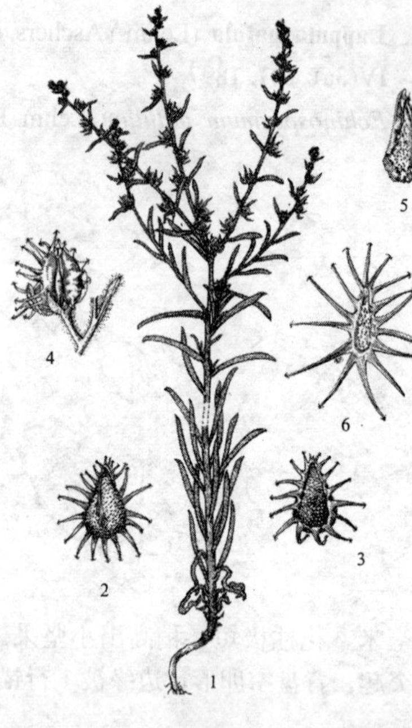

图 529:1-3.卵盘鹤虱 4-6.两形果鹤虱
（白建鲁绘）

8. 两形果鹤虱 图 529:4-6

Lappula duplicicarpa N. Pavl. in Vestn. Akad. Nauk. SSSR 5: 90. 1952.

一年生草本，高达30厘米。茎直立，多分枝，密被糙伏毛。茎生叶线状披针形或披针形，长1-2.5厘米，先端钝，基部渐窄，上面无毛或稍被糙毛，下面密被具基盘糙硬毛；无柄。聚伞花序；苞片窄卵形。花梗长约3毫米；花萼裂片披针形，长1.5-2.5毫米；花冠钟状，淡蓝色，长2-2.5毫米，冠檐径约2毫米，裂片长约0.5毫米；雌蕊基短于小坚果，花柱不高出小坚果。小坚果卵状长圆形，长约3毫米，被疣点，背盘窄卵形，中线被短锚状刺，果序长5-10厘米，下部小坚果背盘边缘具1行短锚状刺，果序中上部小坚果其中2个背盘边缘具短锚状刺，另2个小坚果背盘边缘具长2-4毫米锚状刺，刺基部宽，靠合。花果期6-8月。

产新疆北部及青海柴达木，生于低山阳坡、砾石戈壁或荒漠。哈萨克斯坦、吉尔吉斯斯坦、塔吉克斯坦、土库曼斯坦及乌兹别克斯坦有分布。

9. 石果鹤虱 图 530

Lappula spinocarpos (Forssk.) Aschers. ex Kuntze in Trudy Imp. S.- Peterburgsk. Bot. Sada 10: 215. 1884.

Anchusa spinocarpos Forssk. Fl. Aegypt.-Arab. 41. 1775.

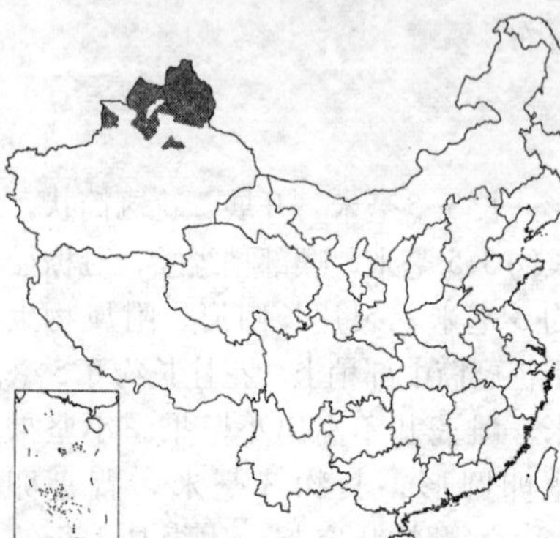

一年生草本，高达15厘米。茎直立，分枝，密被短糙伏毛。基生叶线状匙形，长2-3厘米，先端钝，基部渐窄，两面被具基盘糙伏毛；茎生叶较小。花梗粗短；花萼裂片长3-4毫米，果期达6厘米；花冠蓝紫色，冠筒与花萼近等长，冠檐稍开展，附属物生于喉部稍下；雌蕊基高出小坚果约15毫米。小坚果卵圆形，

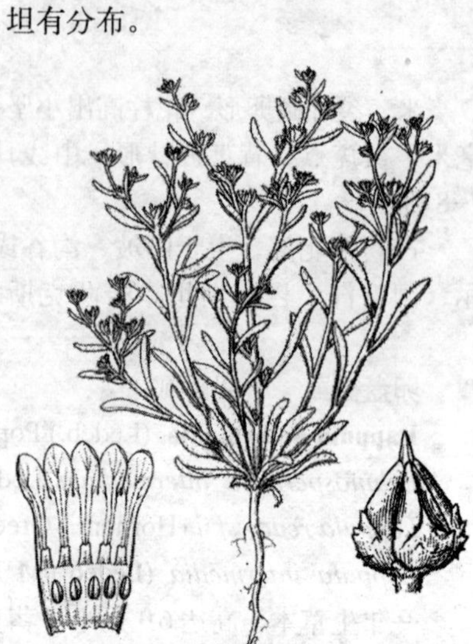

图 530 石果鹤虱（郭木森绘）

圆形，刺长约 4 毫米，灰白色，坚硬，有光泽，腹面与雌蕊基结合，背盘被短锚刺状突起。花果期 5-7 月。

产新疆北部，生于戈壁、台地。巴基斯坦、哈萨克斯坦、阿富汗、吉尔吉斯斯坦、俄罗斯、塔吉克斯坦、土库曼斯坦、乌兹别克斯坦、亚洲西南部、非洲北部及欧洲东部有分布。

10. 翅鹤虱 图 531

Lappula lasiocarpa (W. T. Wang) Kamelin et G. L. Chu in Novon 5: 18. 1995. *Lepechiniella lasiocarpa* W. T. Wang in Bull. Bot. Res. Harbin 4(2): 7.1984.; 中国高等植物图鉴 3: 570. 1974; 中国植物志 64(2): 207. 1989.

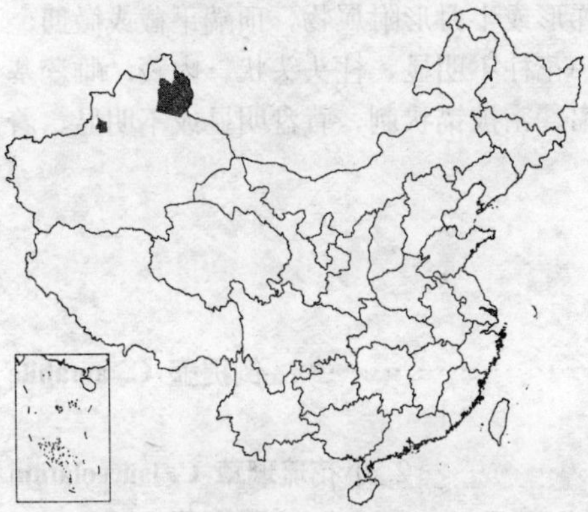

一年生草本，高达20厘米。茎被开展糙毛，基部分枝。基生叶少数，窄倒卵形，长 1-2 厘米，常早枯；茎生叶线状匙形，长 1-3 厘米，无柄或下部叶基部渐窄成柄，两面被白色糙毛。花序长达 8 厘米，花稀疏；苞片线形或线状披针形，长 2-5 毫米。花具短梗；花萼长约 2.3 毫米，裂片线形，被毛；花冠淡蓝色，长约 4 毫米，冠筒较花萼短，长约 1.2 毫米，冠檐裂片倒卵形，长约 2 毫米，喉部附属物梯形，顶端钝；雄蕊 5，生于花冠筒中部稍上，花药长圆形；雌蕊基与小坚果近等长，花柱柱状，长约 0.6 毫米，柱头盘状。小坚果窄卵形，深褐色，长约 3 毫米，被疣状突起，背盘边缘翅向上稍缢缩，全缘，被毛，着生面位于腹面近基部，小坚果着生面与雌蕊基相连。花果期 5-6 月。

产新疆北部，生于沙漠边缘或半固定沙丘。哈萨克斯坦有分布。

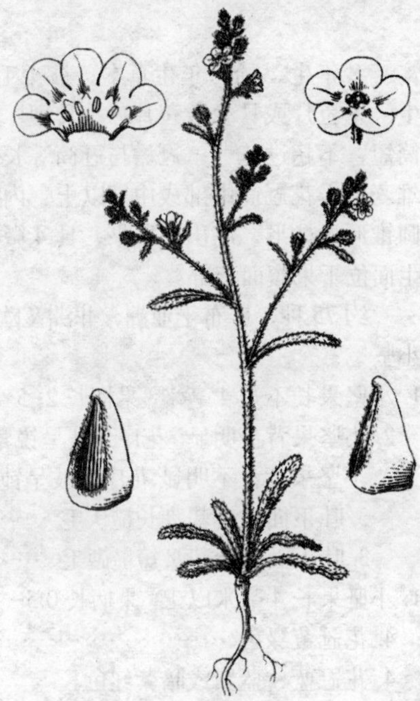

图 531 翅鹤虱（郭木森绘）

45. 异果鹤虱属 Heterocaryum DC.

一年生草本，被具疣状基盘长糙毛。茎直立或外倾，分枝。聚伞花序；具苞片。花萼 5 裂至基部，裂片果时增大；花冠漏斗状或钟状，喉部具 5 个梯形附属物；雄蕊 5，内藏；子房 4 裂，花柱极短，柱头头状；雌蕊基细柱状。小坚果同形或异型，背腹扁，腹面与雌蕊基结合，背面盘状，边缘翅状或具附属物。

约 7 种。分布于亚洲中部及西南部。我国1种。

异果鹤虱 图 532

Heterocaryum rigidum DC. Prodr. 10: 145. 1846.

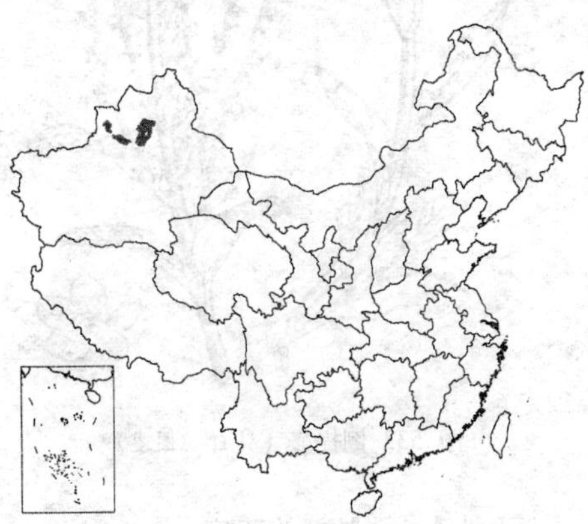

茎常 1 条，直立，高达 25 厘米，密被长毛。叶线形，长 1-3 厘米，密被具基盘长糙毛。花具梗，果期长达 1.2 厘米，苞片与叶同形。花萼裂片线形，长约 2.5 毫米，被毛，果期稍增大；花冠蓝紫色，稍长于花萼，冠筒与冠檐近等长，具 5 纵脊，冠檐裂片卵形披针形，先端钝，喉部缢缩，梯形附属物长约 04毫米；雄蕊生于花冠筒中部，花药卵圆

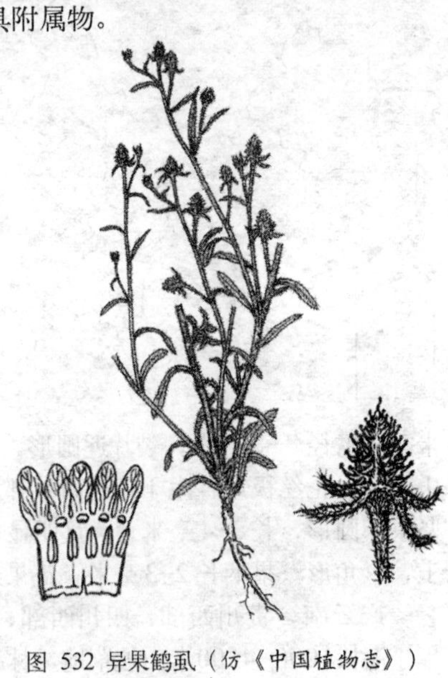

图 532 异果鹤虱（仿《中国植物志》）

形；花柱长约0.6毫米。小坚果窄卵圆形，长4-6毫米，背面边缘具1行长2-2.5毫米锚状刺，背面中央被疣状突起。花果期4-6月。

产新疆北部，生于荒漠。巴基斯坦、阿富汗、哈萨克斯坦、俄罗斯、塔吉克斯坦、土库曼斯坦、乌兹别克斯坦及亚洲西南部有分布。

46. 琉璃草属 Cynoglossum Linn.

多年生、稀一年生草本，被柔毛或糙毛。茎直立，分枝。叶基生及茎生，全缘。镰状聚伞圆锥花序顶生及腋生；无苞片或具少数苞片。花具梗；花萼钟状，5裂至基部，裂片开展或反折，果期增大；花冠钟状或漏斗状，冠筒短，不超过花萼，冠檐与冠筒等长或稍长，裂片卵形或圆形，喉部具5梯形或半月形附属物，顶端平截或微凹；雄蕊生于花冠筒中部或中部以上，内藏，花药卵圆形或长圆形；子房4裂，花柱不明显，柱头头状，内藏；雌蕊基圆锥形或柱形，高出小坚果，具4微棱。小坚果卵圆形或近圆形，背腹稍扁，密被锚状刺，背盘明显或不明显，着生面位于果腹面上部。

约75种，广布于亚洲、非洲及欧洲。我国12种。

1. 小坚果长不及4毫米；果柄长2-5毫米。
  2. 小坚果背盘明显；花序分枝呈锐角开展 ………………………… 1. **倒提壶 C. amabile**
  2. 小坚果背盘不明显；花序分枝呈钝角开展。
    3. 叶下面被具基盘长糙伏毛 ………………………… 2. **小花琉璃草 C. lanceolatum**
    3. 叶下面被无基盘短糙硬毛 ………………………… 3. **琉璃草 C. furcatum**
1. 小坚果长4毫米以上；果柄长0.5- 2厘米。
  4. 花冠黄绿色 ………………………… 4. **绿花琉璃草 C. viridiflorum**
  4. 花冠蓝、蓝紫或暗紫红色。
    5. 小坚果背盘明显。
      6. 花序无苞片；花冠暗紫红色 ………………………… 4(附). **大萼琉璃草 C. macrocalycinum**
      6. 花序下部具苞片；花冠蓝色 ………………………… 5(附). **甘青琉璃草 C. gansuense**
    5. 小坚果背盘不明显 ………………………… 5. **大果琉璃草 C. divaricatum**

1. 倒提壶 图 533 彩片 128

Cynoglossum amabile Stapf et Drumm. in Kew Bull. 1906: 202. 1906.

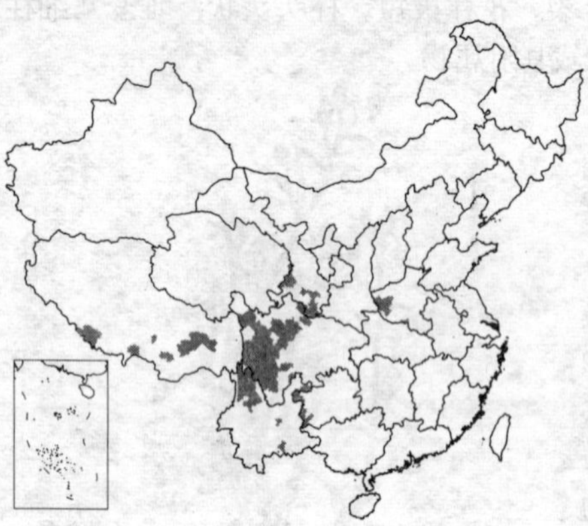

多年生草本，高达50厘米。茎1条或数条，直立，密被糙毛。基生叶长圆状披针形或宽披针形，长5-12厘米，两面密被具基盘短糙伏毛，叶柄长2-2.5厘米；茎生叶长圆形或窄长圆形，长2-5厘米，基部近圆，叶柄短或近无柄。花序分枝疏，呈锐角开展。花萼长2.5-3.5毫米，密被糙伏毛，裂片卵形或长圆形；花冠常蓝色，长5-6毫米，冠檐径7-8毫米，裂片近圆形，长约2.5毫米，喉部附属物梯形，高约1毫米；花丝极短，生于花冠筒中部，花药长圆形；雌蕊基长3-4毫米。小坚果卵圆形，长3-4毫米，背盘明显，密被锚状刺，着生面位于腹面中部以上，三角形；果柄长2-3毫米。花果期6-9月。染色体2n=24。

产云南、贵州西部、四川西部、西藏、河南、甘肃南部及青海东部，生于海拔1000-4500米山坡草地、林缘或灌丛中。不丹有分布。全草入药，可利尿、消肿，治黄疸。

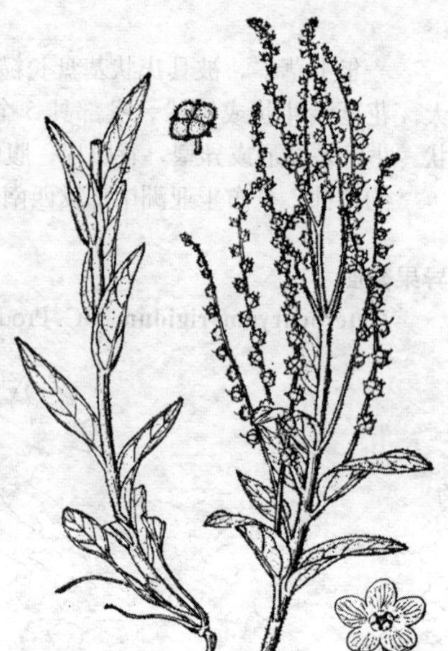

图 533 倒提壶（引自《图鉴》）

2. **小花琉璃草** 图 534

Cynoglossum lanceolatum Forsk. Fl. Aegypt.-Arab. 41. 1775.

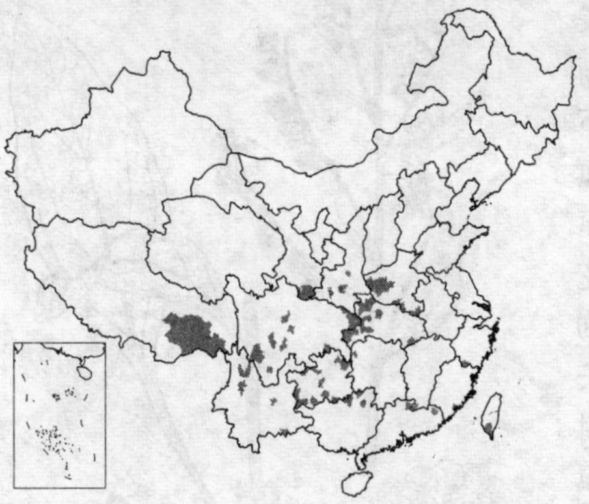

多年生草本，高达 70 厘米。茎直立，多分枝，分枝开展，密被糙伏毛。基生叶长圆形或长圆状披针形，长 8-10 厘米，先端渐尖，基部渐窄，两面被具基盘长糙伏毛；茎生叶披针形，长 4-7 厘米，基部渐窄，无柄或具短柄。花序分枝呈钝角开展，果期长 5-12 厘米。花梗极短；花萼长约 2 毫米，裂片圆卵形，先端钝，被毛；花冠钟状，淡蓝色，长 1.5-2.5 毫米，冠檐径 2-2.5 毫米，喉部附属物半月形；花药圆卵形，长约 0.5 毫米，雌蕊基长约 2 毫米。小坚果长约 2 毫米，密被锚状刺，背盘不明显；果柄长 1-2 毫米。花果期 6-9 月。染色体 2n=24。

产浙江、福建、台湾、江西、湖北、湖南、广东、广西、贵州、云南、西藏、四川、甘肃、陕西及河南，生于海拔 300-3000 米山坡草地或路边。印度北部、克什米尔、巴基斯坦、尼泊尔、缅甸、泰国北部、老挝、马来西亚、斯里兰卡、菲律宾、琉球群岛、亚洲西部及非洲西南部有分布。全草药用，可清热解毒、利尿消肿、活血，外用治痈肿疮毒及毒蛇咬伤。

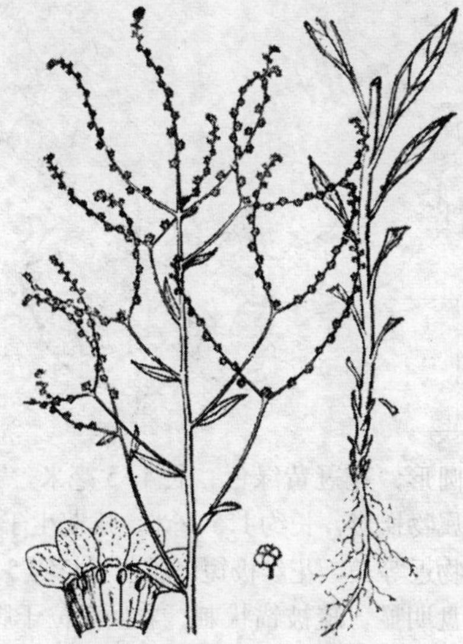

图 534 小花琉璃草（引自《图鉴》）

3. **琉璃草** 图 535

Cynoglossum furcatum Wall. in Roxb. Fl . Ind. 2: 6. 1824.

Cynoglossum zeylanicum (Vahl) Thunb. ex Lehm.; 中国高等植物图鉴 3: 574. 1974; 中国植物志 64(2): 226. 1989.

多年生草本，高达 70厘米。茎 1 或数条，直立，密被带黄褐色糙毛。基生叶窄长圆形或椭圆状披针形，长 10-12 厘米，先端短渐尖，基部渐窄，两面密被短糙伏毛，叶柄长 5-8 厘米；茎生叶椭圆形或椭圆状披针形，较小，无柄或具短柄。花序分枝呈钝角开展。花梗长 1-3 毫米；花萼长 2-3 毫米，裂片卵形或卵状长圆形，先端钝，被毛；花冠漏斗状，蓝色，长 3.5-4.5 毫米，冠檐径 5-6 毫米，裂片长圆形，先端钝，喉部附属物梯形，高约 1 毫米，先端微凹，边缘被短毛；雄蕊生于花冠筒上部，花药长圆形，长约 1 毫米；雌蕊基长约 3 毫米。小坚果卵圆形，长 2-3 毫米，背盘不明显。花果期 6-10 月。

产安徽、浙江、福建、江西、湖北、湖南、广东、广西、贵州、云南、西藏、四川、甘肃、陕西及河南，生于海拔 200-3000 米林间草地、阳坡或路边。印度、巴基斯坦、阿富汗、斯里兰卡、泰国、越南、菲律宾、马来西亚及日本有分布。

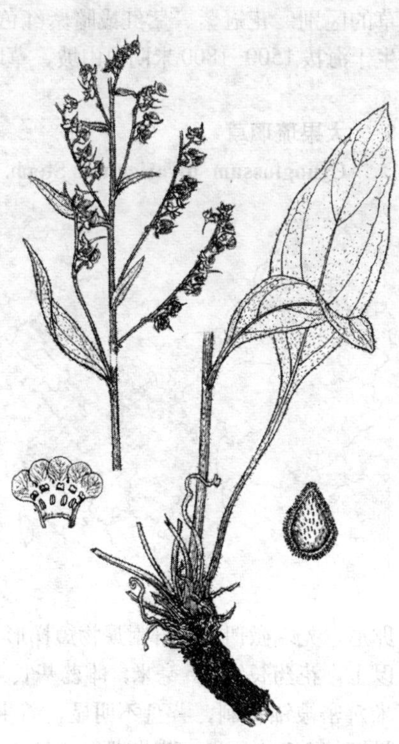

图 535 琉璃草（引自《图鉴》）

4. **绿花琉璃草** 图 536

Cynoglossum viridiflorum Pall. ex Lehm. Pl. Asperif. 1: 160. 1818.

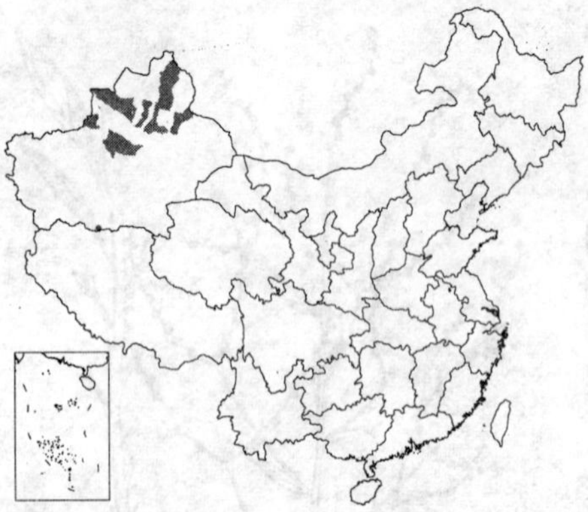

多年生草本，高达 80 厘米。茎单一，粗壮，无毛，具棱。基生叶长圆状椭圆形或椭圆形，长 10-20 厘米，先端尖，基部渐窄，上面疏被具基盘糙硬毛，下面密被短柔毛，叶柄长 5-6 厘米；茎生叶长圆形，长 10-15 厘米，无柄或具短柄。聚伞圆锥花序。花梗长 3-5 毫米；花萼长约 4 毫米，被短伏毛，裂片线状长圆形；花冠黄绿色，长 4-5 毫米，冠檐径 5-6 毫米，裂片近圆形，喉部附属物梯形，长约 1.5 毫米；雄蕊生于花冠筒中部，花药长圆形，与喉部附属物近等长，花丝极短；雌蕊基长约 5 毫米。小坚果宽卵形，长 5-7 毫米，背盘明显，疏被锚状刺，着生面位于腹面中部以上；果柄长达 1 厘米。花期 6-7 月，果期 7-9 月。

产新疆北部，生于海拔 500-2000 米灌丛中、阳坡或溪边。哈萨克斯坦、吉尔吉斯斯坦、俄罗斯、塔吉克斯坦、土库曼斯坦及乌兹别克斯坦有分布。

[附] **大萼琉璃草 Cynoglossum macrocalycinum** Riedl in Novon 4: 46. 1994. —— *Cynoglossum officinale* Linn.; 中国植物志 64(2): 222. 1989. 与绿花琉璃草的区别：花冠紫、紫红或暗紫红色；雌蕊基长达 7 毫米。产新疆北部，生于海拔 1500-1800 米阴湿山坡、草地或沟边。

图 536 绿花琉璃草（夏泉绘）

5. 大果琉璃草 图 537

Cynoglossum divaricatum Steph. ex Lehm. Pl. Asperif. 1: 161. 1818.

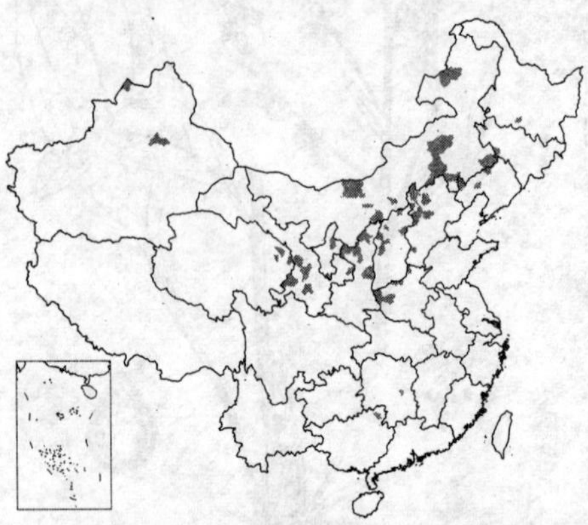

多年生草本，高达 70 厘米。茎直立，稍具棱，上部分枝，枝开展，被糙伏毛。基生叶长圆状披针形或披针形，长 7-14 厘米，先端渐尖，基部渐窄，两面密被短糙伏毛；茎生叶线状披针形，无柄或具短柄。聚伞圆锥花序疏散。花萼长 2-3 毫米，被毛，裂片卵形或卵状披针形；花冠蓝紫色，长约 3 毫米，冠檐径 4-5 毫米，裂至 1/3 处，裂片宽卵形，先端微凹，喉部附属物短梯形，高约 0.5 毫米；雄蕊生于花冠筒中部以上，花药长约 0.6 毫米；雌蕊基长 4-5 毫米。小坚果宽卵圆形，长 5-6 毫米，密被锚状刺，背盘不明显，着生面位于腹面中部以上，三角状卵形；果柄长 0.5-1 厘米。花果期 6-8 月。

产黑龙江、吉林、辽宁、内蒙古、河北、山西、河南、陕西、甘肃、宁夏及新疆，生于海拔 500-2500 米山坡、草地、砾石滩或沙丘。哈萨克斯坦、俄罗斯及蒙古有分布。

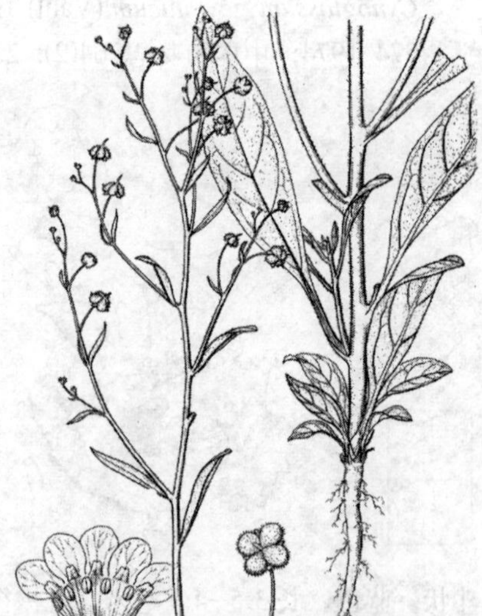

图 537 大果琉离草（郭木森绘）

[附] **甘青琉璃草 Cynoglossum gansuense** Y.L.Liu in Acta Phytotax. Sin. 19(4): 519.1981. 与大果琉璃草的区别：小坚果背盘明显；聚伞花序具少花；花萼裂片开展，较小坚果长 1 倍。产甘肃、宁夏南部、青海东部及四川北部，生于海拔 1500-3000 米山坡、草地、林缘或田边。

47. 盘果草属 **Mattiastrum** (Boiss.) Brand

多年生、二年生或一年生草本，常被毛。叶基生及茎生，基生叶具短柄。镰状聚伞花序顶生及腋生；无苞片。花萼5裂近基部，裂片果时稍增大；花冠钟形，喉部具附属物；雄蕊生于花冠筒中部，内藏；子房4裂，花柱不明显，内藏，柱头头状；雌蕊基柱状，高出小坚果。小坚果具宽翅，着生面位于腹面近上部，窄卵圆形。

约30种。分布于亚洲西南部。我国4种。

盘果草 图 538

Mattiastrum himalayense (Klotzsch) Brand in Fedde, Repert. Sp. Nov. 14: 156. 1914.

Mattia himalayensis Klotzsch in Bot. Ergebn. d. Reinz Woldemar 94. pl. 64. 1862.

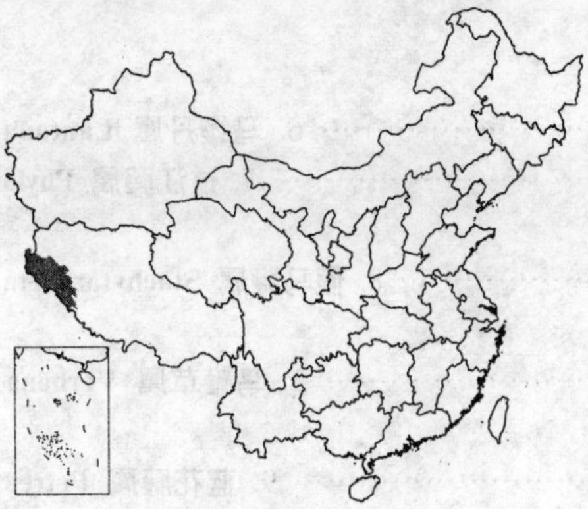

多年生草本，高达30厘米，密被短糙毛。茎直立，常分枝。基生叶长圆状倒披针形或匙形，长5-9厘米，全缘，两面被毛，先端钝，基部渐窄成短柄；茎生叶无柄，较小。花近无梗；花萼裂片椭圆形，长约2.5毫米，稍厚，外面及边缘被短糙毛；花冠淡黄白色，冠筒与花萼近等长，冠檐稍短于冠筒，裂片近圆形，宽约1.5毫米，喉部附属物短梯形；花药长圆形，长约0.9毫米；子房裂瓣1-3发育，花柱不明显，柱头微小。小坚果圆卵形，长约4毫米，疏被短锚状刺，翅宽约0.8毫米。

产西藏西部。生于砾石山坡。印度西北部、巴基斯坦、阿富汗及克什米尔地区有分布。

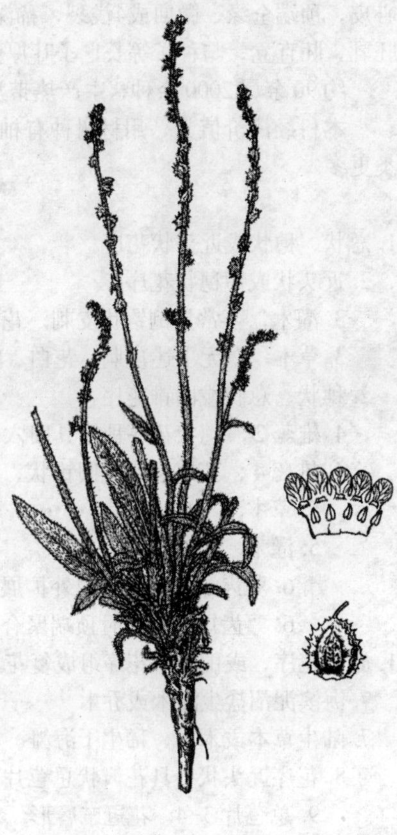

图 538 盘果草（仿《中国植物志》）

188. 马鞭草科 VERBENACEAE

（陈守良）

灌木或乔木，有时为藤本，稀草本。叶对生，稀轮生或互生，单叶或掌状复叶，稀羽状复叶；无托叶。聚伞、总状、穗状、伞房状聚伞、圆锥或近头状花序。花两性，稀杂性，常左右对称，稀辐射对称；花萼宿存，杯状、钟状或管状，稀漏斗状，具4-5(6-8)齿或平截；花冠筒圆柱形，二唇形或4-5裂，全缘或下唇中裂片边缘流苏状；雄蕊(2-)4(5-6)，着生花冠筒，与花瓣互生，花丝分离，花药2室，基着或背着，内向纵裂或孔裂；子房上位，2(-4-5)心皮，顶端全缘、微凹或4浅裂，稀深裂，2-4室，或具假隔膜，每室1胚珠。核果浆果状，稀蒴果或离果。种子无胚乳，胚直立，与种子等长，子叶厚而折皱。

约90余属2000余种，主产热带及亚热带地区。我国20属，182种，引种栽培2属（蓝花藤属及冬红属）。

本科经济价值大，用材树种有柚木属、石梓属、豆腐柴属等，观赏植物有紫珠属、大青属、冬红属等，药用种类更多。

1. 总状、穗状或近头状花序。
  2. 近头状或短穗状花序。
    3. 灌木，茎常具倒钩状皮刺；花红、粉红、橙黄或黄色 ……………………………… 6. **马缨丹属 Lantana**
    3. 草本；茎无上述皮刺；花白、粉红或紫红色 ……………………………………… 7. **过江藤属 Phyla**
  2. 穗状、总状或圆锥花序。
    4. 雄蕊2；穗状花序穗轴具凹穴，花一半嵌生于凹穴 …………………………… 8. **假马鞭属 Stachytarpheta**
    4. 雄蕊4；花序总状或圆锥状，稀穗状。
      5. 草本；子房4室 …………………………………………………………… 5. **马鞭草属 Verbena**
      5. 灌木；子房2室。
        6. 萼齿深裂，果时向外扩展 ……………………………………………… 9. **蓝花藤属 Petrea**
        6. 萼齿短小，果时顶端聚合扭转将果包被 …………………………… 10. **假连翘属 Duranta**
1. 聚伞花序，或由聚伞花序组成复花序，有时为单花。
  7. 海滨泥沼盐生灌木或乔木 …………………………………………………… 1. **海榄雌属 Avicennia**
  7. 陆生草本或木本，稀生于海滩。
    8. 花序近头状，具花瓣状总苞片。
      9. 总苞片3-4；花冠二唇形；雄蕊4 ………………………………………… 4. **绒苞藤属 Congea**
      9. 总苞片5-6；花冠辐射对称；雄蕊5或更多。
        10. 花冠6-16(-18)裂；雄蕊6-16(-18)；叶稍具钝齿 ………………… 2. **六苞藤属 Symphorema**
        10. 花冠5(6)裂；雄蕊5(6-7)；叶全缘或上部具波状齿 ……………… 3. **楔翅藤属 Sphenodesme**
    8. 花序较疏散，无花瓣状总苞片。
      11. 果常4-5深裂；花萼绿色。
        12. 花萼膜质，果时增大，将果包被；花冠4裂 ……………………… 21. **膜萼藤属 Hymenopyramis**
        12. 花萼果时稍增大；花冠5裂。
          13. 茎四棱，沿棱具翅 …………………………………………………… 22. **四棱草属 Schnabelia**
          13. 茎无翅。
            14. 花萼具5浅齿或近平截；雄蕊稍短或稍长于花冠；单叶或具3小叶 …………………………………………………………………………… 19. **辣莸属 Garrettia**
            14. 花萼(4-)5(-6)齿裂；雄蕊伸出花冠；叶全缘或具齿 …………………………………………………………………………… 20. **莸属 Caryopteris**
      11. 果不深裂，如4深裂，则宿萼常有艳色。
    15. 花萼果时增大，常有艳色。
      16. 二歧聚伞花序组成顶生圆锥花序；宿萼包果 ……………………………… 12. **柚木属 Tectona**

16. 花序小，腋生或顶生，花萼果时稍增大，不全包果。

17. 花冠筒不弯曲；花萼钟状或杯状 …………………………………………………… 17. **大青属 Clerodendrum**

17. 花冠筒弯曲；花萼倒圆锥状、碟状或喇叭状 ……………………………………… 18. **冬红属 Holmskioldia**

15. 花萼果时不增大或稍增大，常绿色。

18. 花辐射对称；植株被星状毛、分枝毛、钩状毛；果红、白或紫色 ………………… 11. **紫珠属 Callicarpa**

18. 花两侧对称；植株常被单毛；果不具艳色。

19. 叶常掌状分裂，稀单叶 ………………………………………………………………… 16. **牡荆属 Vitex**

19. 叶不为掌状分裂。

20. 叶基部具大腺点；花长2-5厘米 ……………………………………………………… 15. **石梓属 Gmelina**

20. 叶基部无大腺点；花长不及1.5厘米。

21. 花萼二唇形不明显，如为二唇形，上唇微凹；花序顶生 ………………………… 13. **豆腐柴属 Premna**

21. 花萼二唇形，上唇全缘；花序腋生 ………………………………………………… 14. **假紫珠属 Tsoongia**

1. 海榄雌属 Avicennia Linn.

（兰永珍）

灌木或乔木。枝具关节。单叶对生，全缘，革质。花序小，穗状或头状，无花瓣状总苞片；花小，无柄，对生；苞片短于花萼；花萼杯状，宿存，5深裂，裂片宽卵形，盖覆；花冠钟状，4－5深裂；雄蕊4，着生冠筒喉部，稍伸出，花药内向纵裂；子房不完全4室，每室1胚珠；柱头2裂。蒴果2深瓣裂。

约10种，分布于热带及亚热带海岸地带。我国1种。

海榄雌　　图 539　彩片129

Avicennia marina (Forsk.) Vierh. in Denkschr. Akad.Wissensch. 71: 435. 1907.

Seura marina Forsk. Fl. Aeg.-Arab. 37. 1775.

灌木，高达6米。小枝四棱，无毛。叶革质，椭圆形或卵形，长2-7厘米，下面被柔毛，全缘；叶柄短或近无柄。花序头状，花序梗长1-2.5厘米。花径约5毫米；花萼被绒毛；花冠黄褐色，4裂，裂片被绒毛；花丝极短。果近球形，径约1.5厘米，被毛。花果期7-10月。

产福建、台湾东南部、广东南部及海南，生于海岸及盐沼地带，为海岸红树林组成树种。非洲东部、印度、马来西亚、澳大利亚及新西兰有分布。果浸泡去涩后可炒食，也可作饲料及治痢疾。

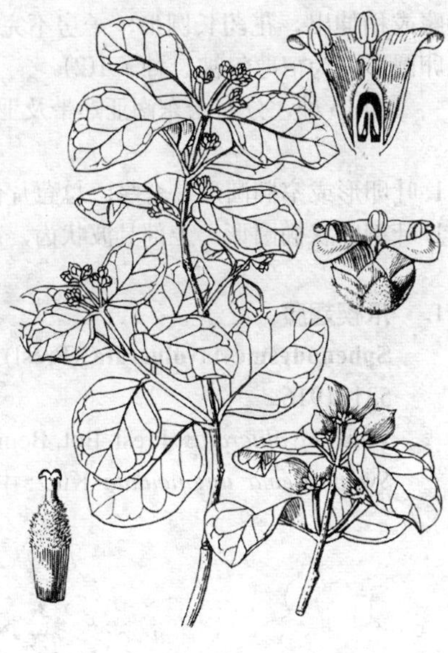

图 539 海榄雌（引自《海南植物志》）

2. 六苞藤属 Symphorema Roxb.

（刘心怡）

攀援灌木，茎稍圆或微四棱。单叶对生，全缘或稍具齿。聚伞花序密集成头状，具6枚轮生总苞片。花萼具5－6齿，宿存；花冠小，白色，冠筒圆柱状，具6-16(-18)裂片；雄蕊与花冠裂片同数等长，伸出花冠，花丝线形，无毛，花药背着；子房2室或不完全4室，每室2下垂胚珠，1枚能育；花柱丝状，柱头2裂，较雄蕊长。蒴果不裂，为宿萼包被。种子无胚乳；子叶肉质，富含油脂。

约4种，分布于印度、缅甸、泰国、菲律宾及我国。我国1种。

六苞藤　　图 540

Symphorema involucratum Roxb. Pl. Corom.2: 46. t. 186. 1805.

攀援灌木。小枝圆，皮孔显著，

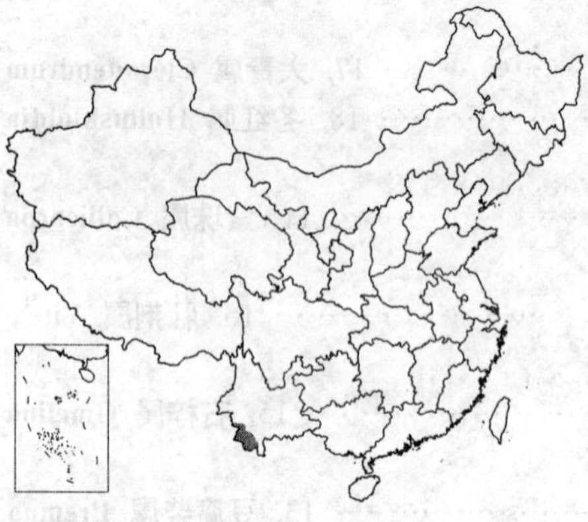

幼时被星状毛。叶卵圆形或近椭圆形，长约10厘米，先端钝或尾尖，基部稍圆或微心形，上面无毛，下面密被星状绒毛，近全缘。花序梗长达7厘米，被星状毛；总苞片6枚，椭圆形或匙形，纸质，全缘，被星状短绒毛，后脱落，果时长达35厘米。花萼管状，长4-5毫米，被星状绒毛，5-6浅裂；花冠白色，长6-8毫米，6-8裂；雄蕊6-8，与花冠裂片近等长。果近球形，无毛，径4-6毫米。

产云南南部，生于海拔500-800米灌丛及疏林中。印度、斯里兰卡、缅甸北部及泰国有分布。

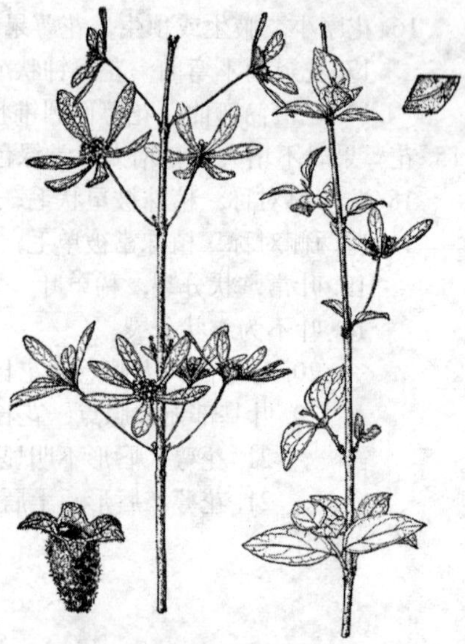

图 540 六苞藤（陈荣道绘）

3. 楔翅藤属 Sphenodesme Jack

（兰永珍）

攀援藤本。小枝具四棱。单叶对生，全缘；具短柄。聚伞花序，具3-7花，密集成头状，具5-6枚花瓣状总苞片。花萼管状或钟状，(4)5(-6)裂；花冠筒短，5-6浅裂，辐射对称或稍两侧对称；雄蕊5(6-7)，着生冠筒喉部，内藏或稍伸出，花药长圆形；子房不完全2室，每室2下垂胚珠，中轴胎座；花柱线状，柱头2浅裂。核果球形或倒卵圆形，为宿萼包被。种子1(2)。

约16种，分布于东南亚热带及亚热带。我国3种、1变种。

1. 叶卵形或窄椭圆形，全缘；总苞片倒卵形或倒披针形；雄蕊内藏 …………………………… 1. 爪楔翅藤 **S. involucrata**
1. 叶倒卵状椭圆形，上部具波状齿；总苞片匙状披针形；雄蕊伸出 ………………………… 2. 多花楔翅藤 **S. floribunda**

1. 爪楔翅藤 图 541

Sphenodesme involucrata (Presl) B. L. Robinson in Proc. Amer. Acad. 51: 531. 1916.

Vitex involucratus Presl, Bot. Bemerk. 148. 1844.

Symphorema unguiculata Kurz; 中国高等植物图鉴 3: 580. 1974.

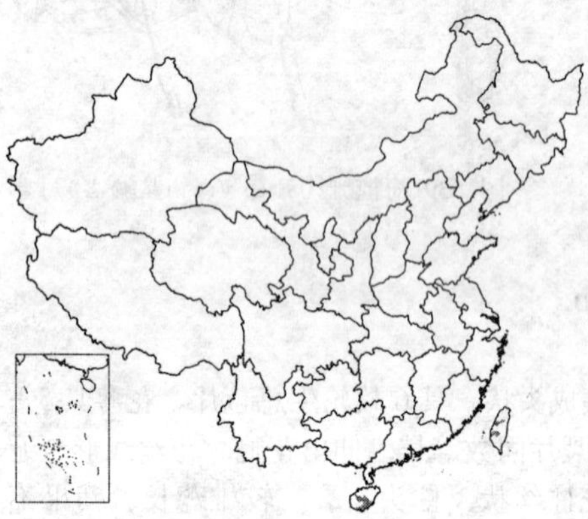

攀援藤本。幼枝细，被星状毛，后脱落。叶卵形或窄椭圆形，长6-13厘米，先端钝圆或短尖，基部楔形或稍圆，全缘，下面脉腋被星状毛及单毛，侧脉5-6对；叶柄长约1厘米，密被星状毛。聚伞花序集成头状，具7花，花序梗密被星状毛；总苞片倒卵形或倒披针形，长达2.5厘米，两面被锈色柔毛及星状毛。花萼钟状，被黄色星状毛，4-5裂，稍2唇形；花冠白或粉红，长4-6毫米，4-5裂；雄蕊4-5，内藏；子房顶端被黄色腺点。果近球形。花果期11月至翌年6月。

产台湾东部、广东及海南，生于海拔500-700米疏林中。马来西亚及印度东部有分布。

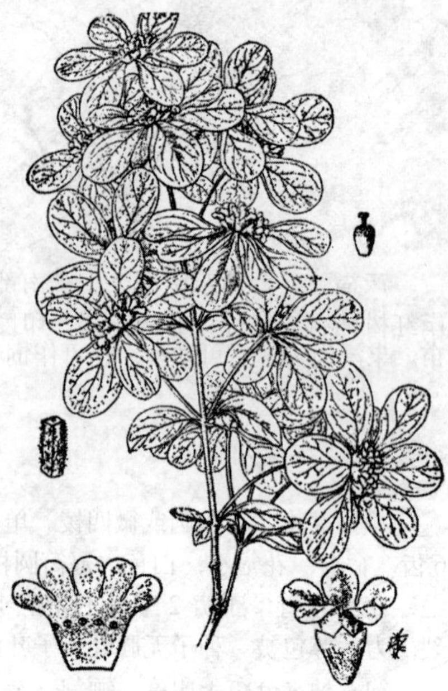

图 541 爪楔翅藤（陈荣道绘）

2. 多花楔翅藤 图 542

Sphenodesme floribunda Chun et How in Acta Phytotax. Sin. 7: 79. 1958.

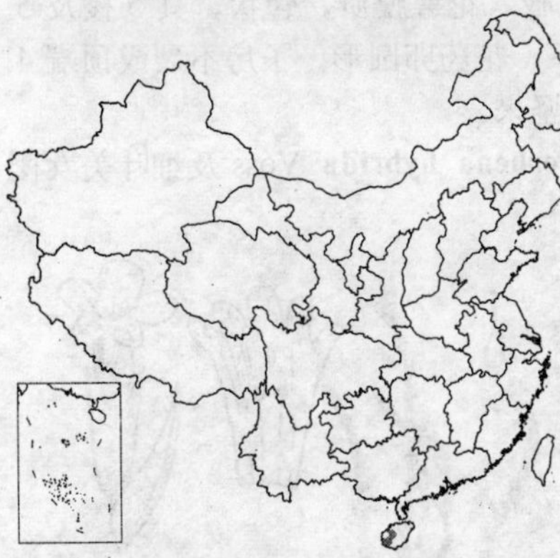

攀援藤本。幼枝、苞片及花萼均被星状毛。叶倒卵形状椭圆形，长6-9厘米，先端渐尖或短尖，基部楔形，两面被腺点，下面被柔毛，上部具波状齿；叶柄长3-9毫米。聚伞花序头状，具7花，组成圆锥花序，花序梗细长；总苞片匙状披针形，膜质。花萼密被星状毛，裂片5-6，卵状三角形；花冠筒细，裂片5-6，倒披针形，具白色长缘毛；雄蕊5，伸出；子房无毛，花柱长约4毫米。花期3-4月。

产海南，生于海拔300-700米疏林中。

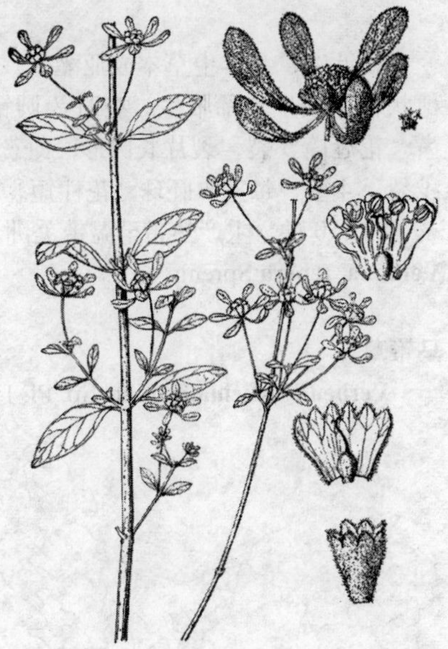

图 542 多花楔翅藤（史渭清绘）

4. 绒苞藤属 Congea Roxb.

（兰永珍）

攀援灌木。小枝稍圆，被单毛及星状毛。单叶对生，全缘。聚伞花序头状，具3-9花，花瓣状总苞片3-4枚；花序梗长，常组成圆锥花序。花萼钟状或漏斗状，5齿裂；花冠筒细长，喉部具毛环，二唇形，上唇2裂，裂片长圆形，下唇3浅裂，裂片倒卵形；雄蕊4，二强，着生花冠喉部，花药近球形，背着；子房顶端被腺点，不完全2室，每室2胚珠；花柱丝状，柱头2浅裂或头状。核果倒卵圆形，革质，不裂。种子1。

约10种，分布于东南亚及我国南部。我国2种。

华绒苞藤 图 543:1-3

Congea chinensis Moldenke in Phytologia 2: 311. 1974.

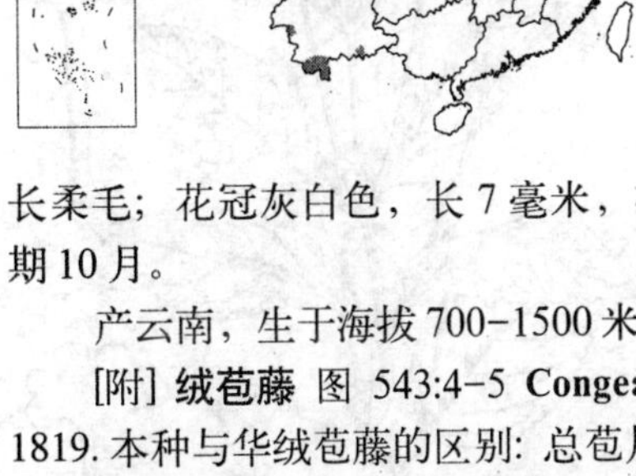

攀援灌木。小枝密被灰色长柔毛。叶窄椭圆形，长8-14.5厘米，先端渐尖，基部浅心形或近圆，下面密被长柔毛；叶柄长7毫米，被长柔毛。头状聚伞花序具5-7花，密被灰白色长柔毛，花序梗长1-2厘米；总苞片4，窄长圆形或近倒披针形，长2.5-3厘米，先端钝，基部连合部分长约6毫米，常灰白色。花萼钟状，长7-8毫米，密被白色长柔毛；花冠灰白色，长7毫米，雄蕊伸出；子房无毛，顶端被腺点。花期10月。

产云南，生于海拔700-1500米沟谷、林缘。缅甸北部有分布。

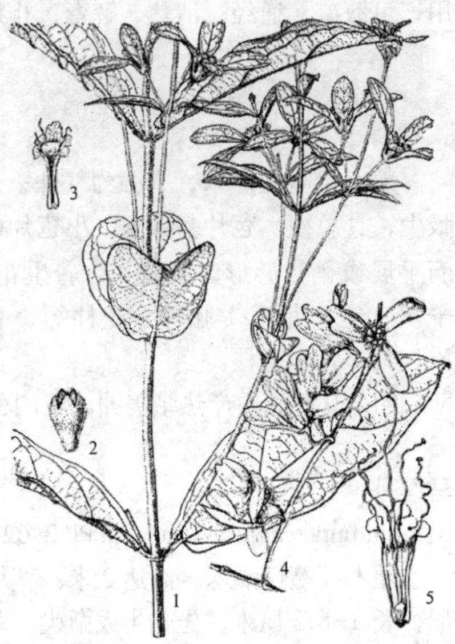

图 543:1-3.华绒苞藤 4-5.绒苞藤（陈荣道绘）

[附] **绒苞藤** 图 543:4-5 **Congea tomentosa** Roxb. Pl. Corom. 3: 90. t. 293. 1819. 本种与华绒苞藤的区别：总苞片3-4，长圆形、宽椭圆形或倒卵状长圆形，基部连合部分长1-3毫米，先端钝圆或1枚微凹，常青紫色；叶椭圆形、宽椭圆形或卵形。产云南西南部，生于海拔600-1200米林内或灌木林中。孟加拉国、印度、缅甸、泰国、老挝及越南有分布。

5. 马鞭草属 Verbena Linn.

（兰永珍）

一年生、多年生草本或亚灌木。茎直立或匍匐。叶对生，稀轮生或互生，具齿或羽状深裂，稀无齿，近无柄。穗状花序顶生，稀腋生，有时为圆锥状或伞房状花序；花蓝或淡红色，生于苞腋。花萼膜质，管状，具5棱及5齿；花冠筒5裂，裂片长圆形；雄蕊4，着生花冠筒中部，2枚在上，2枚在下，花药卵圆形；子房不裂或顶端4浅裂，4室，每室1胚珠；花柱短，柱头2浅裂。蒴果为萼筒包被，裂为4个小坚果。

约250种，主产热带至温带美洲，我国1种，引入栽培观赏的有：美女樱 **Verbena hybrida** Voss 及细叶美女樱 **Verbena tenera** Spreng。

马鞭草 图 544

Verbena officinalis Linn. Sp. Pl. 1: 20. 1753.

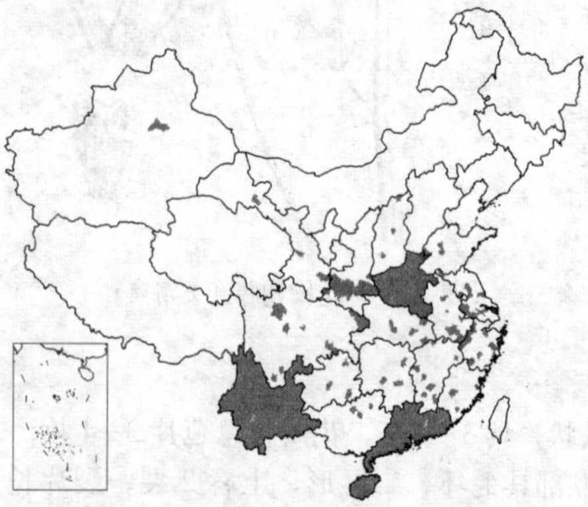

多年生草本，高达1.2米。茎四棱，节及棱被硬毛。叶卵形、倒卵形或长圆状披针形，长2–8厘米，基生叶常具粗齿及缺刻，茎生叶多3深裂，裂片具不整齐锯齿，两面被硬毛。花萼被硬毛；花冠淡紫或蓝色，长4–8毫米，被微毛，裂片5。穗状果序长达25厘米，小坚果长圆形，长约2毫米。花期6–8月，果期7–10月。

产江苏、安徽、浙江、福建、台湾、江西、湖北、湖南、广东、广西、贵州、云南、西藏、四川、陕西、河南、山西及新疆，生于海拔1800米以下路边、山坡、溪边及林缘。全世界温带至热带地区均有分布。全草药用，可散瘀、通经、清热、解毒、止痒、驱虫、消胀。

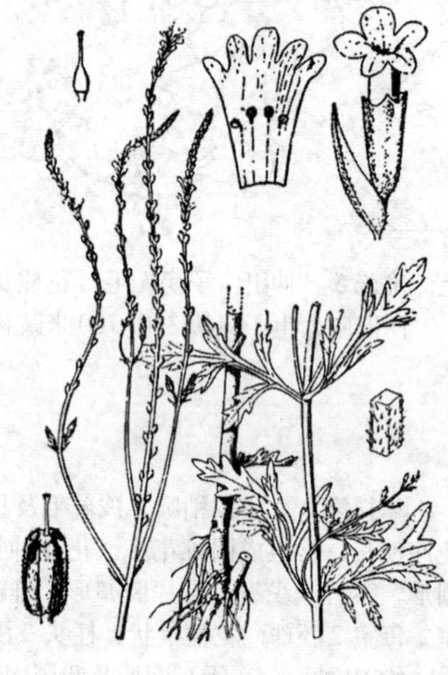

图 544 马鞭草（史渭清绘）

6. 马缨丹属 Lantana Linn.

（兰永珍）

灌木或蔓性灌木，有强烈气味。茎四棱，有或无皮刺。单叶对生，具圆或钝齿，上面多皱。头状花序，顶生或腋生，具总梗；苞片基部宽，小苞片极小。花萼小，膜质，具短齿或平截；花冠4–5浅裂，裂片钝或微凹，近相等而平展或稍二唇形；雄蕊4，着生花冠筒中部，花药卵圆形，药室平行；子房2室，每室1胚珠；花柱短，柱头偏斜，盾形头状。核果中果皮肉质，具2骨质分核。

约150种，主产热带美洲。我国引入栽培马缨丹及蔓马缨丹。

马缨丹 图 545 彩片130

Lantana camara Linn. Sp. Pl. 2: 627. 1753.

灌木或蔓性灌木，高达2米。茎枝常被倒钩状皮刺。叶卵形或卵状长圆形，长3–8.5厘米，先端尖或渐尖，基部心形或楔形，具钝齿，上面具皱纹及短柔毛，下面被硬毛，侧脉约5对；叶柄长约1厘米。花序径1.5–2.5厘米，花序梗粗，长于叶柄；苞片披针形；花萼管状，具短齿；花冠黄或橙黄色，花后深红色。果球形，径约4毫米，紫黑色。全年开花。

原产美洲热带。江苏、浙江、福建、台湾、江西、广东、广西及河南等地栽培，已野化，生于海拔1500米以下滨海沙滩及旷地。世界热带地区均有栽培。花艳丽，供观赏；根、叶、花药用，可治疟疾、肺结核、腮腺炎、胃痛。

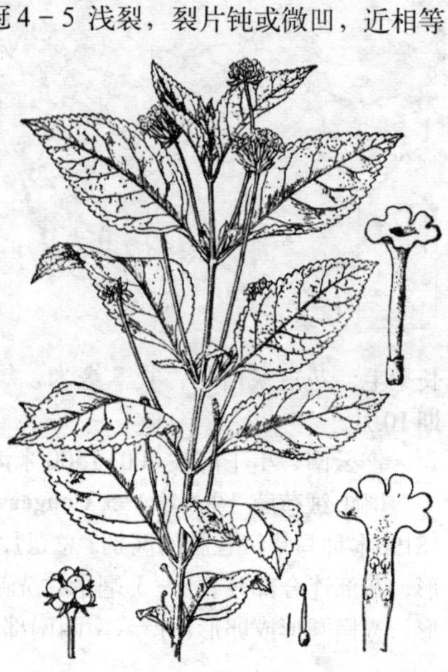

图 545 马缨丹（引自《中国植物志》）

7. 过江藤属 Phyla Lour.

（兰永珍）

茎草质或基部木质化，四棱，匍匐或斜升，节易生根。单叶对生。花序头状或穗状；花小，生于苞腋。花萼膜质，近二唇形；花冠下部管状，上部二唇形，上唇较小，2 浅裂或全缘，下唇较大，3 深裂；雄蕊 4，生于花冠筒中部，2 枚在上，2 枚在下；子房 2 室，每室 1 胚珠；花柱短，柱头头状。蒴果小，裂为 2 分果爿。

约 10 种，分布于亚、非、美洲。我国 1 种。

过江藤 图 546 彩片131

Phyla nodiflora (Linn.) Greene in Pittonia 4: 46. 1899.

Verbena nodiflora Linn. Sp. Pl. 20. 1753.

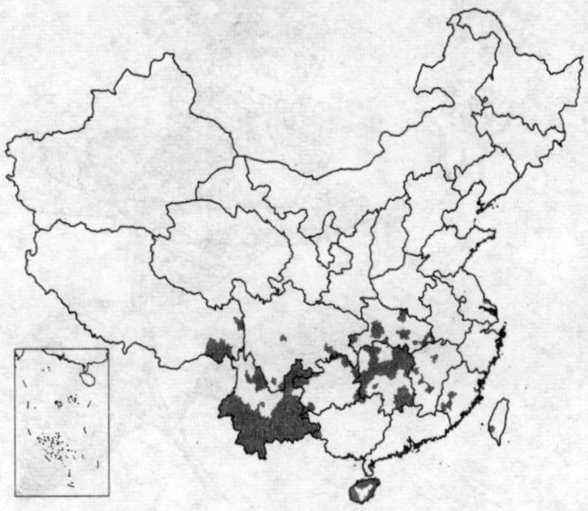

多年生草本；全株被平伏丁字毛。宿根木质，多分枝。叶匙形、倒卵形或披针形，长 1-3 厘米，先端钝或稍圆，基部窄楔形，中部以上具锐齿；近无柄。穗状花序腋生，卵圆形或圆柱形，花序梗长 1-7 厘米；苞片宽倒卵形。花萼膜质；花冠白、粉红或紫红色，无毛；雄蕊短小，不伸出花冠。果淡黄色，长约 1.5 毫米，为花萼包被。花果期 6-10 月。

产江苏、福建、台湾、江西、湖北、湖南、广东、云南、贵州、四川及西藏，生于海拔 300-1880(-2300) 米山坡、平地、河滩湿润地方。全世界热带、亚热带地区有分布。全草入药，利尿、治咳嗽、痢疾、吐血、牙痛、带状疱疹及跌打损伤。

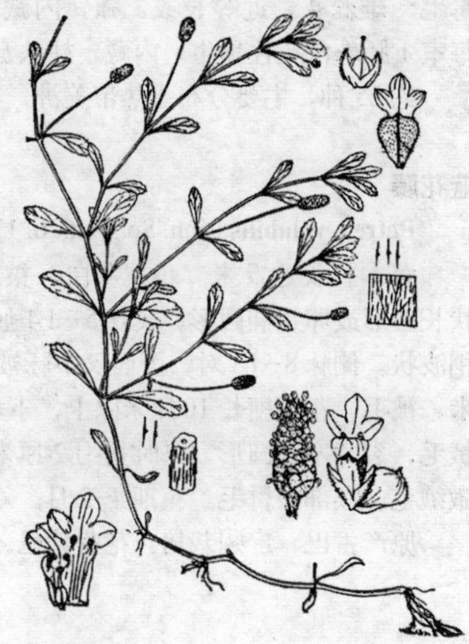

图 546 过江藤（引自《中国植物志》）

8. 假马鞭属 Stachytarpheta Vahl

（兰永珍）

草本或灌木。茎及枝四棱，疏被毛或无毛。单叶对生，稀互生；上面多皱，具锯齿；具柄。穗状花序细长或头状，顶生，花序轴具凹穴；小苞片小或近无。花萼管状，膜质，具 4-5 棱及 4-5 齿；花冠白、蓝、红或淡红色，花冠筒细或上部稍宽大，直或弯，喉部被柔毛，5 裂，裂片等大或稍不等大，先端钝或内凹；雄蕊内藏，能育雄蕊 2 枚着生花冠筒上部，不育雄蕊 2 枚着生花冠筒下部，花药极叉开；子房 2 室，每室 1 胚珠；花柱伸出花冠，柱头头状；花盘环状。蒴果包于宿萼内，长圆形，裂为 2 分果爿。

约 100 种，分布于热带美洲。我国引入栽培 1 种。

假马鞭 图 547 彩片132

Stachytarpheta jamaicensis (Linn.) Vahl, Enum. Pl. 1: 206. 1805.

Verbena jamaicensis Linn. Sp. Pl. 19. 1753.

多年生粗壮草本或亚灌木状，高达 2 米。幼枝稍四棱，疏被短毛。叶椭圆形或卵状椭圆形，长 2.4-8 厘米，先端短尖，基部楔形，具粗齿，两面疏被短毛，侧脉 3-5 对；叶柄长 1-3 厘米。穗状花序顶生，长 11-29 厘米，花单生苞腋，一半嵌生于花序轴凹穴，螺旋状着生；苞片具芒尖。花萼筒状，膜质；花冠深蓝紫色，长 0.7-1.2 厘米，5 裂，裂片平展；雄蕊 2，花丝短，花药极叉开；花柱伸出。蒴果包于宿萼内。花期 8 月，果期 9-12 月。

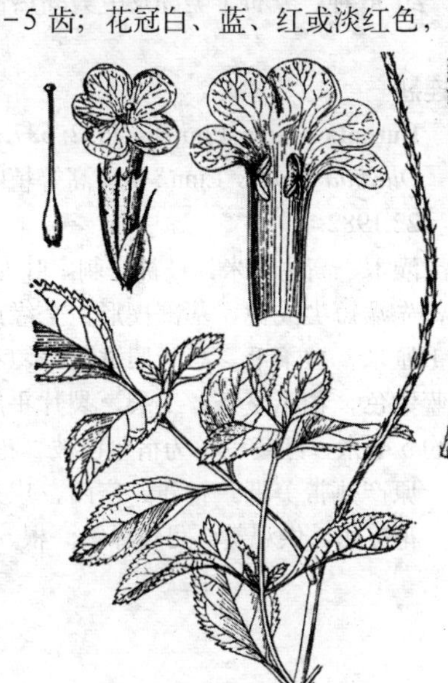

图 547 假马鞭（史渭清绘）

原产中南美洲。福建、台湾、广东、海南、广西西南部及云南南部栽培，已野化。东南亚有分布。全草药用，可清热、利尿，治尿路结石及感染、喉炎；又可作兽药，治牛猪疮疖肿毒、咳喘、下痢。

9. 蓝花藤属 Petrea Linn.

（姚 淦）

木质藤本。叶对生；革质，全缘，稍粗糙。总状花序顶生。萼筒陀螺状，萼齿5深裂，裂片花后增大向外扩展，宿存，脉纹明显；花冠蓝或淡紫色，冠筒5深裂，近二唇形，喉部被髯毛；雄蕊4，近等长或二强，内藏，着生喉部，花药直立；子房2室，每室1胚珠；花柱顶生，内藏，柱头盘状。核果，包于宿萼内。

约25种，主要分布于热带美洲。我国引入1种。

蓝花藤 图 548

Petrea volubilis Linn. Sp. Pl. 626. 1753.

藤本，长达5米。小枝灰白，被毛，皮孔椭圆形，叶痕显著。叶椭圆状长圆形或卵状椭圆形，长6.5-14厘米，先端钝或短尖，基部圆，全缘或稍波状，侧脉8-18对，上面仅中脉被毛，下面疏被毛；叶柄粗，长4-8毫米，被毛。花序梗长10厘米以上，下垂，被短毛。萼筒陀螺形，密被褐色微绒毛，裂片窄长圆形，果时长约2厘米；花冠蓝紫色，长0.8-1厘米，密被微绒毛，喉部被髯毛。花期4-5月。

原产古巴。广州栽培。花蓝紫色，长串下垂，为美丽观赏植物。

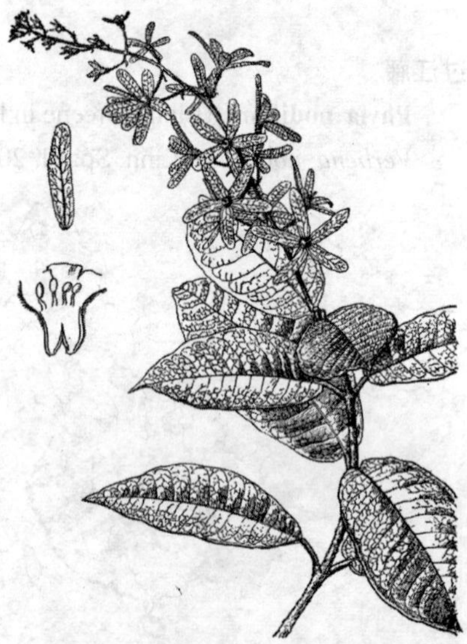

图 548 蓝花藤（陈荣道绘）

10. 假连翘属 Duranta Linn.

（兰永珍）

有刺或无刺灌木。单叶对生或轮生，全缘或具锯齿。花序总状、穗状或圆锥状，顶生或腋生；苞片小。花萼具5齿，果时增大，宿存；花冠筒圆柱形，直或弯，5裂，裂片不等长；雄蕊4，内藏，2长2短，着生花冠筒中部或中部以上；子房8室，每室1下垂胚珠；花柱短，柱头近偏斜头状。核果为宿萼包被，中果皮肉质，内果皮硬，具4核，每核2室，每室1种子。

约36种，分布于美洲及中美洲热带。我国引入1种。

假连翘 图 549 彩片133

Duranta erecta Linn. Sp. Pl. 2: 637. 1753.

Duranta repens Linn.; 中国高等植物图鉴 3: 580.1974; 中国植物志 65(1): 22.1982.

灌木，高达3米。枝被皮刺。叶卵状椭圆形或卵状披针形，长2-6.5厘米，先端短尖或钝，基部楔形，全缘或中部以上具锯齿，被柔毛；叶柄长约1厘米，被柔毛。总状圆锥花序。花萼管状，被毛，5裂，具5棱；花冠蓝紫色，稍不整齐，5裂，裂片平展，内外被微毛。核果球形，无毛，径约5毫米，红黄色，为宿萼包被。花果期5-10月，南方全年。

原产热带美洲。福建、广西、广东、海南及云南栽培，已野化。花期长，花美丽，供观赏；可作绿篱；根、叶、果药用，治跌打损伤、肿痛。

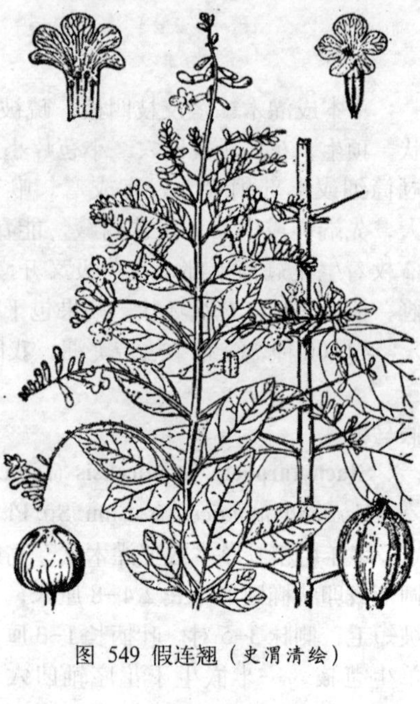

图 549 假连翘（史渭清绘）

11. 紫珠属 Callicarpa Linn.

（姚 淦）

灌木，稀攀援灌木或小乔木。小枝被毛。叶对生，稀3叶轮生，常被毛及腺点，具锯齿，稀全缘。聚伞花序腋生。花小，整齐，花萼杯状或钟状，4裂，宿存；花冠紫、红或白色，4裂；雄蕊4，着生花冠筒基部，花丝与花冠筒等长或伸出，花药卵圆形或长圆形，药室纵裂或孔裂；子房不完全二室，每室2胚珠。浆果状核果，具4分核。

约140余种，主要分布于热带、亚热带亚洲及大洋洲，少数产热带美洲及非洲。我国48种。

本属有些种类药用，有些种类果色艳丽，挂果时间长，供观赏。

1. 植物体被星状毛、分枝毛或单毛；聚伞花序2至多歧分枝，具多花，花序梗较粗。
  2. 花萼管状，萼齿线形或三角状披针形；果为宿萼全包 …………………………… 1. **枇杷叶紫珠 C. kochiana**
  2. 花萼杯状或钟状，萼齿钝三角形或平截；果露出宿萼。
    3. 花丝较花冠长2倍或以上，花药卵圆形或椭圆形，药室纵裂。
      4. 聚伞花序5歧以上分枝，径4-9厘米；花序梗长3厘米以上（大叶紫珠有时长不及3厘米，粗壮。）
        5. 叶全缘；乔木或攀援灌木。
          6. 乔木；花序梗及小枝四棱；叶长12-37厘米。
            7. 叶革质，两面无腺点；花梗长约1.5毫米 …………………………………… 2. **木紫珠 C. arborea**
            7. 叶纸质，两面被红褐色腺点；花梗长约3毫米 ……………………… 2(附). **云南紫珠 C. yunnanensis**
          6. 攀援藤本或藤本；花序梗及小枝圆；叶长6-15厘米。
            8. 花梗、花萼、子房密被星状毛或分枝绒毛；叶下面密被厚星状绒毛 …………………………………………………………………… 3. **全缘叶紫珠 C. integerrima**
            8. 花梗、花萼、子房无毛；叶下面被薄星状毛 ………………………………………………………………3(附). **藤紫珠 C. integerrima var chinensis**
        5. 叶具锯齿或细齿；灌木，稀乔木。
          9. 小枝密被灰褐色星状毛；花序梗长3-8厘米；子房无毛 ……………………… 4. **裸花紫珠 C. nudiflora**
          9. 小枝密被灰白色星状毛；花序梗长2-3厘米；子房被毛 ……………………………………………………………… 5. **大叶紫珠 C. macrophylla**
      4. 聚伞花序常2-5歧分枝，径不及4厘米；花序梗细，长不及3厘米。
        10. 叶基部楔形、钝圆；中部以上渐窄。
          11. 叶及花常被黄色腺点，脱落后留有凹点。
            12. 花萼、叶下面被毛。
              13. 叶下面密被绵毛状星状毛及分枝茸毛，较上面密。
                14. 萼齿尖，长达1毫米；小枝密被黄褐色星状绒毛；叶上面侧脉及网脉不凹下 …………………………………………………… 6. **尖萼紫珠 C. lobo-apiculata**
                14. 萼齿钝三角形或不明显；小枝密被灰白色星状绒毛；叶上面侧脉凹下 ………………………………………………………… 7. **白毛紫珠 C. candicans**
              13. 叶下面被短星状毛或长毛，不为绵毛状。
                15. 萼齿钝三角形；小枝圆，两叶柄间无横线。
                  16. 叶上面被短硬毛；子房无毛 ………………………………………… 8. **杜虹花 C. formosana**
                  16. 叶上面近无毛；子房被毛。
                    17. 叶下面、花萼、花冠疏被星状毛 ………………………… 9. **老鸦糊 C. giraldii**
                    17. 叶下面、花萼、花冠密被灰白色星状毛 …………………………………… 9(附). **毛叶老鸦糊 C. giraldii var. subcanescens**
                15. 花萼近平截，无齿；小枝四棱，两叶柄间具横线 ………………………………………………………… 9(附). **长叶紫珠 C. longifolia**
            12. 花萼无毛；叶下面仅脉被毛。
              18. 小枝四棱；叶披针形，上面脉被毛，两叶之间具毛环 ……………………………………………………………… 10. **尖尾枫 C. longissima**
              18. 小枝圆；叶倒卵形，上面无毛，两叶柄间无毛环 ………………………………

………………………………………………………………………………………………… 11. **白棠子树 C. dichotoma**

11. 叶及花各部被红色腺点，不脱落或脱落后无凹点 ……………………………… 12. **紫珠 C. bodinieri**

10. 叶基部心形或近耳形，中部以上最宽，倒卵状长椭圆形或倒披针形。

19. 萼齿尖三角形，齿长1-2毫米；叶柄长5-8毫米；子房无毛 ………………………………………………………………………………… 13. **长柄紫珠 C. longipes**

19. 萼齿钝三角形或不明显；叶柄极短或近无柄；子房被毛。

20. 小枝、叶、花序、花萼及花冠被毛 ……………………………………… 14. **红紫珠 C. rubella**

20. 小枝、叶、花序、花萼及花冠无毛；小枝稍紫色 ………………………………………………………………… 14(附). **秃红紫珠 C. rubella** var. **subglabra**

3. 花丝短于花冠，稀等于或稍长于花冠，花药长圆形，药室孔裂。

21. 叶及花被红色腺点；叶椭圆形或卵形 ……………………………………… 15. **华紫珠 C. cathayana**

21. 叶及花被黄色腺点。

22. 叶下面或中脉被星状毛，披针形或窄披针形。

23. 叶缘具细密锯齿，叶长4-9厘米，基部楔形；柱头2微裂 ………………………………………………………………………… 16. **峦大紫珠 C. randaiensis**

23. 叶缘上部具锯齿，叶长9-24厘米，基部钝圆，稀微心形或平截；柱头不裂 ………………………………………………………………………… 17. **短柄紫珠 C. brevipes**

22. 叶下面无毛或近无毛。

24. 叶柄长0.5-1.5厘米；叶基部楔形或钝圆。

25. 叶倒卵形或卵状椭圆形；聚伞花序2-3歧分枝，花较少。

26. 叶倒卵形，宽4-6厘米 ……………………………………… 18. **日本紫珠 C. japonica**

26. 叶倒披针形或披针形，宽2-3(-3.5)厘米，常稍紫色 ………………………………………………… 18(附). **窄叶紫珠 C. japonica** var. **angustata**

25. 叶披针形或窄椭圆状披针形，长15-26厘米；聚伞花序3-5歧分枝，花较多 ………………………………………………………………… 19. **广东紫珠 C. kwangtungensis**

24. 叶无柄或近无柄，叶基部浅心形 ……………………………………… 20. **光叶紫珠 C. lingii**

1. 植物体被钩状糙毛；聚伞花序具(1-)3(-7)花，稀二歧分枝，花序梗丝状 ………………………………………………………………………… 21. **钩毛紫珠 C. peichieniana**

1. 枇杷叶紫珠 山枇杷 野枇杷 图 550

Callicarpa kochiana Makino in Bot. Mag. Tokyo 28: 181. 1914.

Callicarpa loureiri Hook. et Arn.; 中国高等植物图鉴 3: 581.1974.

灌木。小枝、叶柄及花序密被黄褐色分枝茸毛。叶长椭圆形、卵状椭圆形或长椭圆状披针形，长12-22厘米，先端渐尖，基部楔形，具细锯齿，上面脉被毛，下面密被黄褐色星状毛及分枝茸毛，两面被不明显淡黄色腺点；叶柄长1-3厘米。花序3-5歧分枝，径3-6厘米，花序梗长1-2厘米。花近无梗；花萼管状，4深裂，萼齿线形或三角状披针形；花冠淡红色，4裂；雄蕊伸出花冠，药室纵裂。核果或浆果状，球形，为宿萼全包。

产浙江、福建、台湾、江西，广东、湖南、河南，生于海拔100-850米

图 550 枇杷叶紫珠（引自《图鉴》）

山坡、山谷或灌丛中。日本及越南有分布。

2.　木紫珠　　图 551

Callicarpa arborea Roxb. Fl. Ind.1: 405. 1820.

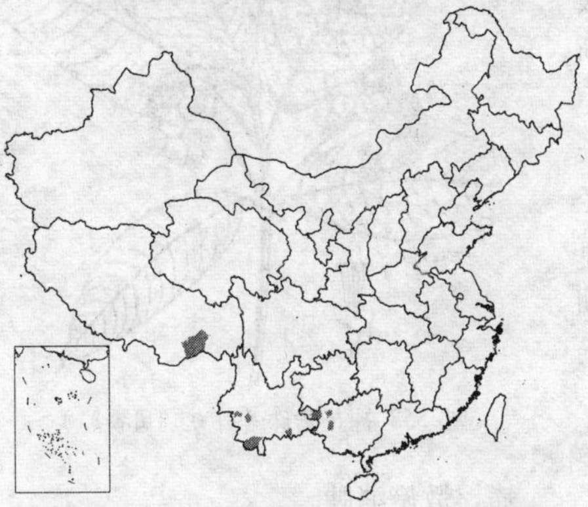

乔木。幼枝、叶柄及花序密被黄褐色粉质分枝毛。叶革质，椭圆形或长椭圆形，长13-37厘米，先端渐尖，基部楔形或宽楔形，全缘，下面密被黄褐色星状毛，侧脉8-10对；叶柄粗，长3-6(-9)厘米。花序6-8歧分枝，径6-11厘米；苞片线形。花梗长约1.5毫米；花萼杯状，密被灰白色星状毛；花冠紫或淡紫色；花药卵圆形，药室纵裂，花丝长于花冠；子房密被星状毛。果球形，紫褐色，干后黑色。花期5-7月，果期8-12月。

产西藏东南部、云南及广西，生于海拔150-1600米阳坡或灌丛中。尼泊尔、锡金、印度及东南亚有分布。喜光，耐瘠薄土壤，为次生林先锋树种。叶、根研粉可作外伤止血药，亦治消化道出血。

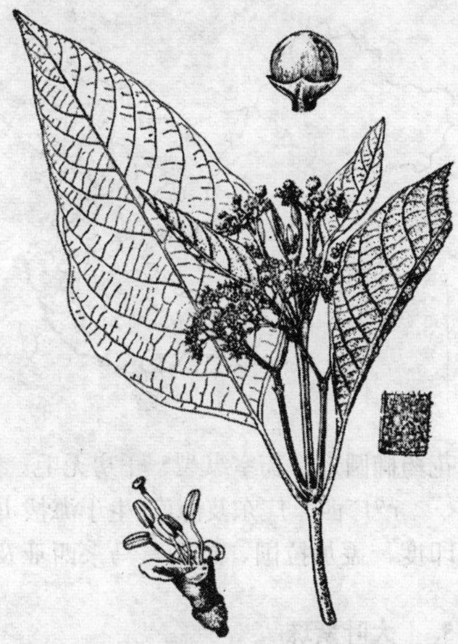

图 551 木紫珠（陈荣道绘）

[附] **云南紫珠 Callicarpa yunnanensis** W. Z. Fang, Fl. Reipubl. Popularis Sin. 65(1): 33. 209. t. 5. 1982. 本种与木紫珠的区别：叶纸质，两面被红褐色腺点；花梗长约3毫米。产云南南部，生于海拔530-560米江边疏林及山谷溪边林中。越南有分布。叶药用，可止血。

3.　全缘叶紫珠　　图 552

Callicarpa integerrima Champ. in Hook. Kew Journ. 5: 135. 1853.

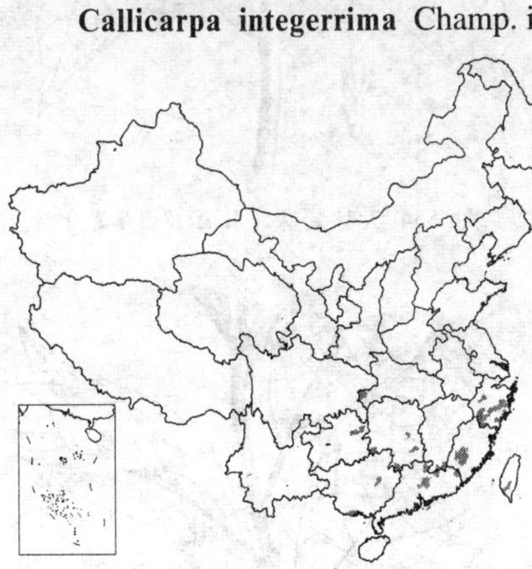

攀援灌木。幼枝、叶柄及花序梗密被黄褐色分枝绒毛。叶卵状椭圆形，长7-15厘米，先端尖或渐尖，基部钝圆，全缘，上面初被毛，后脱落，下面密被厚星状毛及不明显黄色腺点；叶柄长1-2厘米。花序7-9歧分枝，径6-11厘米，花序梗长2.5-5厘米。花萼杯状，被毛，萼齿不明显；花冠紫色，无毛，长约2毫米；雄蕊较花冠长2倍，药室纵裂；子房被星状毛。果近球形，紫色。

产浙江、福建、江西、湖北、湖南、广东、香港及广西，生于海拔100-700米山坡、山谷林中或林缘。

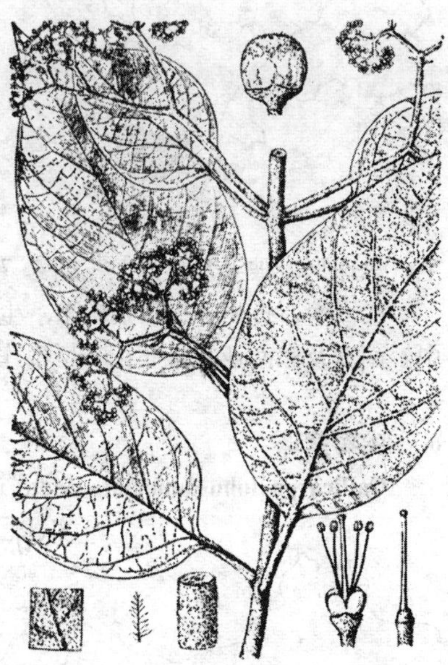

图 552 全缘叶紫珠（史渭清绘）

[附] **藤紫珠 Callicarpa integerrima** Champ. var. **chinensis** (Péi) S. L. Chen in Novon 1: 58. 1991.—— *Callicarpa formosana* Rolfe var. *chinensis* Pei in Mem. Sci. Soc. China 1(3): 30.1932.—— *Callicarpapeii* H. T. Chang; 中国植物志 65(1): 34. 图10. 1982. 本变种与模式变种的区别：花梗、花萼、花冠及子房无毛；叶下面被薄黄褐色星状毛。产浙江、江西、湖北、四川东部、湖南、广东西北部及广西东部，生于海拔200-1500米山坡林中、林缘及溪边。

4. **裸花紫珠** 图 553

Callicarpa nudiflora Hook. et Arn. Bot. Beechey's Voy. 206. 1836.

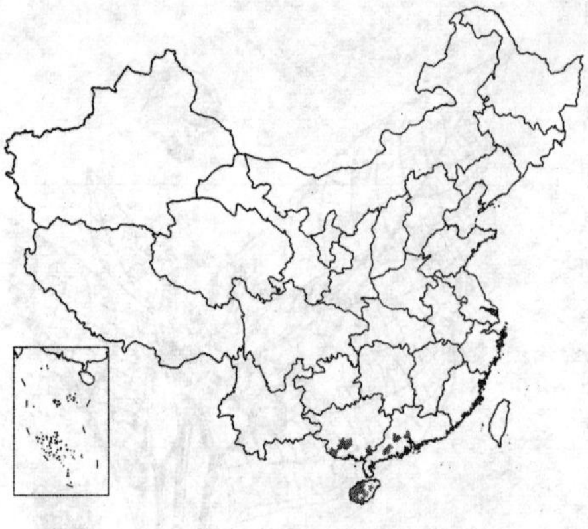

小乔木或灌木状。老枝无毛，幼枝、叶柄及花序密被灰褐色分枝绒毛。叶卵状椭圆形或披针形，长12-22厘米，先端渐尖，基部钝圆，具疏齿，上面中脉被毛，下面密被毛；叶柄长1-2厘米。花序6-9歧分枝，径8-13厘米，花序梗长3-8厘米。花萼杯状，平截或具4细齿；花冠紫或淡红色，无毛，长约2毫米；雄蕊较花冠长2倍，花药椭圆形，药室纵裂，子房无毛。果近球形，红色，干后黑色。

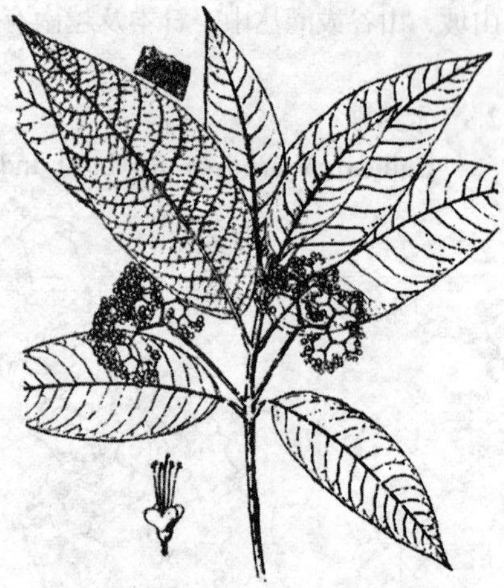

图 553 裸花紫珠（引自《图鉴》）

产广西、广东及海南，生于海拔1000-1200米山谷、山坡林中或灌丛中。印度、孟加拉国、越南、马来西亚及新加坡有分布。叶药用，可止血、止痛、散瘀消肿。

5. **大叶紫珠** 图 554 彩片134

Callicarpa macrophylla Vahl, Symb. 3: 13. t. 53. 1794.

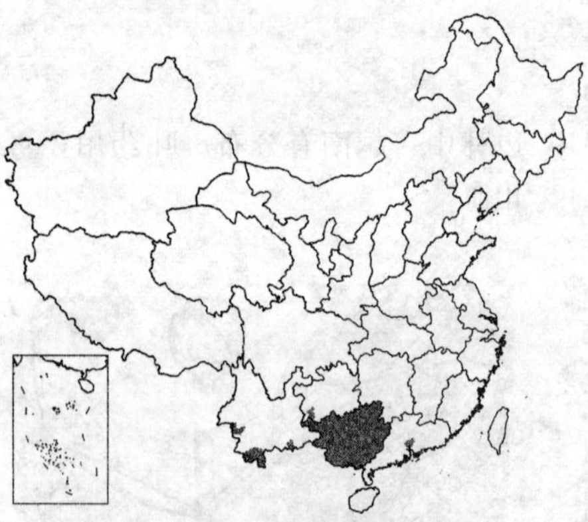

小乔木或灌木状。小枝，叶柄及花序密被灰白色星状绒毛，有臭味。叶长椭圆形或卵状披针形，长10-23厘米，先端短渐尖，基部钝圆，具细齿，上面被短毛，下面密被星状绒毛及腺点；叶柄粗，长1-3厘米。花序5-7歧分枝，径4-8厘米，花序梗长2-3厘米。花萼杯状，被星状毛及腺点；花冠紫色；花药卵圆形，药室纵裂，药隔具腺点；子房被毛。果球形，被毛及腺点。花期4-7月，果期7-12月。

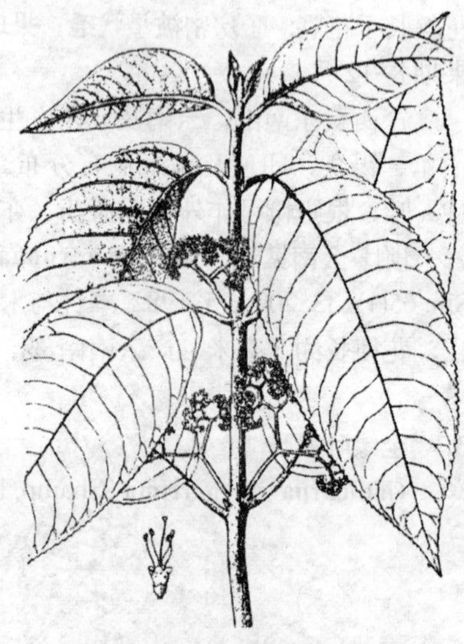

图 554 大叶紫珠（引自《图鉴》）

产云南、贵州、广西及广东，生于海拔100-2000米山坡疏林下及灌丛中。南亚及东南亚有分布。叶、根作内外伤止血药。

6. **尖萼紫珠** 图 555

Callicarpa lobo-apiculata Metc. in Lingn. Sci. Journ. 11: 406. 1932.

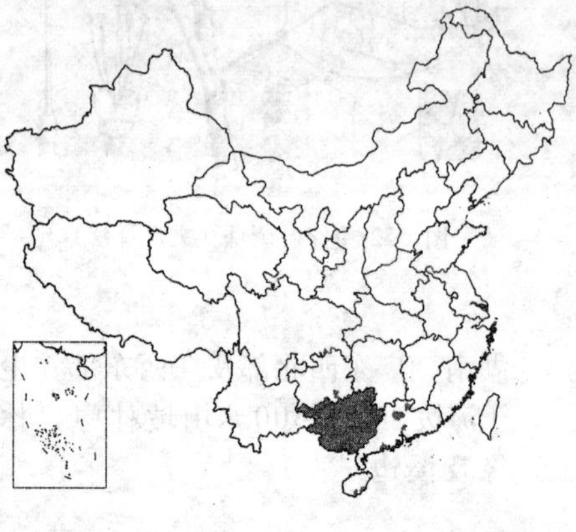

灌木。小枝、叶柄及花序被黄褐色星状绒毛及分枝绒毛。叶椭圆形，长12-22厘米，先端渐尖，基部楔形，具锯齿，上面初被毛，后渐脱落，仅脉被毛，下面密被黄褐色星状绒毛及分枝绒毛，两面被黄色腺点；叶柄粗，长2-3厘米。花序5-6歧分枝，径4-6厘米，花序梗粗，长1-1.5厘米。花萼钟状，疏被星状

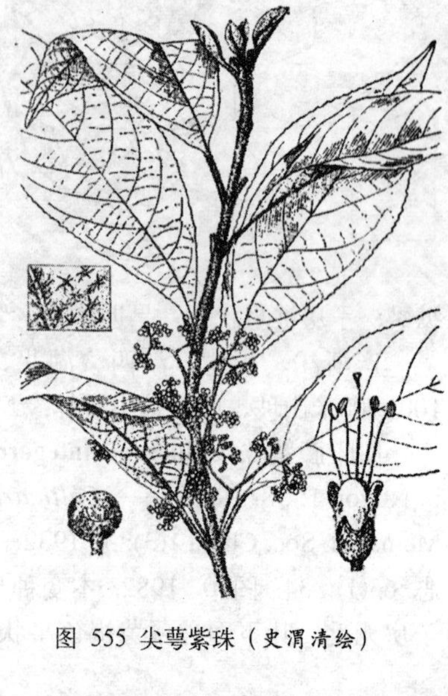

图 555 尖萼紫珠（史渭清绘）

毛或无毛，萼齿尖，长达1毫米；花冠紫色，长2.5毫米；雄蕊长约3.5毫米，花药椭圆形，药室纵裂。果卵圆形，无毛，被黄色腺点。

产湖南、贵州、广西、广东、海南及香港，生于海拔300-500米山坡、山谷及溪边林中。

7. 白毛紫珠 图556

Callicarpa candicans (Burm.f.) Hochr. in Candollea 5: 190. 1934.

Urtica candicans Burm. f. Fl. Ind. 197. 1768.

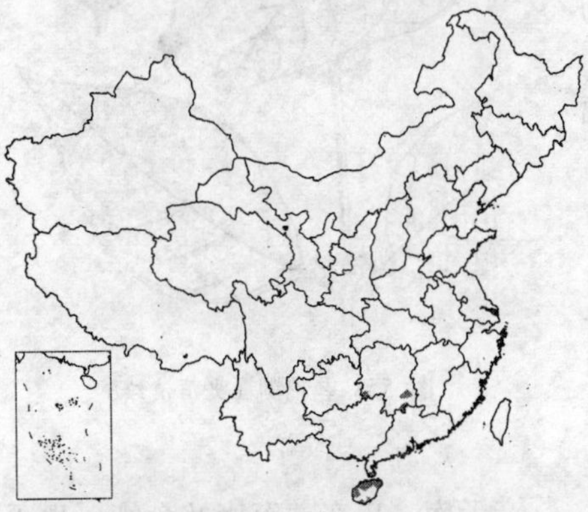

灌木。小枝、叶下面、花序梗及花萼密被灰白星状绒毛。叶卵状椭圆形、宽卵形或椭圆形，长8-15厘米，先端渐尖或尖，基部楔形，具锯齿，上面中脉、侧脉凹下，无毛或脉被毛；叶柄长1-1.5厘米。花序4-5歧分枝，径2-3厘米，花序梗长0.5-1厘米。花萼杯状，具4三角钝齿或不明显；花冠粉红或红色，长约2毫米，疏被星状毛；雄蕊较花冠长2倍，花药卵圆形，药室纵裂；子房无毛。果球形，径约2毫米，紫黑色。

产湖南、广东及海南，生于海拔100-500米山坡路边或旷野。印度、东南亚、澳大利亚北部有分布。叶、树皮煎水治皮肤病。

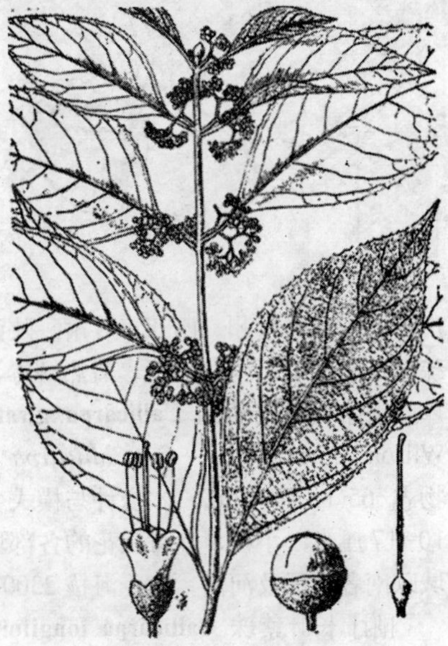

图 556 白毛紫珠（引自《中国植物志》）

8. 杜虹花 图 557

Callicarpa formosana Rolfe in Journ. Bot. 11: 358. 1882.

Callicarpa penduncul ata Lam. et Bakh.; 中国高等植物图鉴 3: 583. 1974.

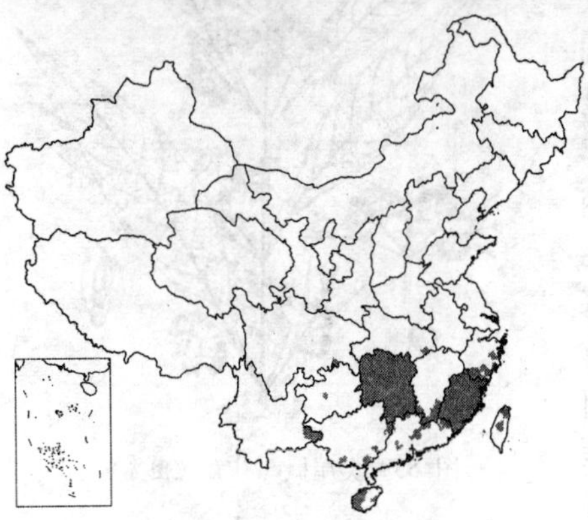

灌木。小枝、叶柄及花序密被灰黄色星状毛及分枝绒毛。叶卵状椭圆形或椭圆形，长5.5-15厘米，先端渐尖，基部钝圆，具细锯齿，上面被短硬毛，下面被灰黄色星状毛及黄腺点，中脉、侧脉隆起；叶柄长1-2.5厘米。花序常4-5歧分枝，径3-4厘米，花序梗长1.5-2.5厘米。花萼杯状，被星状毛及黄腺点，萼齿4，钝三角形；花冠淡紫或紫色，无毛，长约2.5毫米，裂片钝圆；雄蕊较花冠长2倍，花药椭圆形，药室纵裂；子房无毛。果卵球形，紫色，径约2毫米。

产浙江南部、福建、台湾、江西南部、广东、海南、广西及云南东南部，生于海拔1600米以下山坡、山谷林中及灌丛中。日本及菲律宾有分布。叶入药，治创伤出血，根治风湿痛、扭伤、喉炎。

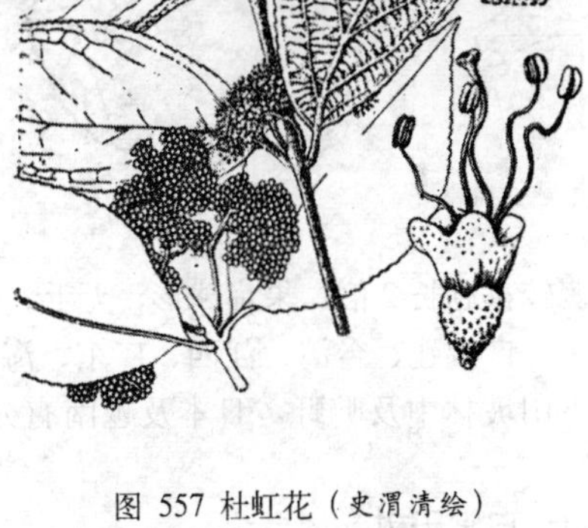

图 557 杜虹花（史渭清绘）

9. 老鸦糊 图 558

Callicarpa giraldii Hesse ex Rehd. in Bailey, Stand. Cycl. Hort. 2: 629. 1914.

灌木。小枝圆，被星状毛。叶宽椭圆形或披针状长圆形，长5-15厘米，先端渐尖，基部楔形或窄楔形，具锯齿，上面近无毛，下面疏被星状

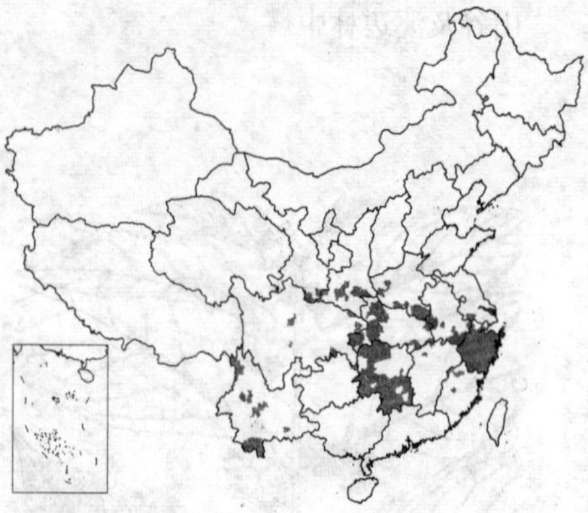

毛，密被黄腺点；叶柄长1-2厘米。花序4-5歧分枝，径2-3厘米。花萼钟状，被星状毛及黄腺点，萼齿钝三角形；花冠紫色，长约3毫米，疏被星状毛及黄腺点；雄蕊伸出花冠，花药卵圆形，药室纵裂；子房被星状毛。果球形，紫色，径2-3毫米，幼时被毛，后脱落。

产江苏、安徽、浙江、福建、江西、湖北、湖南、广东、广西、云南、贵州、四川、甘肃、陕西及河南，生于海拔3400米以下山坡疏林或灌丛中。全草入药，清热解毒，治裤带疮、血崩。

[附] **毛叶老鸦糊 Callicarpa giraldii** var. **subcanescens** Rehd. in Sarg. Pl. Wilson. 3: 368. 1916. —— *Callicarpa giraldii* var. *lyi* (Lévl.) C. Y. Wu; 中国植物志 65(1): 47. 1982. 本变种与模式变种的区别：叶片宽卵形至椭圆形，长10-17厘米；小枝、叶背及花的各部均密被星状毛；果实较小。产于长江流域以南各省区及河南，生于海拔2300米以下的山坡林缘或灌丛中。

[附] **长叶紫珠 Callicarpa longifolia** Lamk. Encycl. 1: 563. 1785. 本种与老鸦糊的区别：小枝四棱，两叶柄间具横线；花萼杯状，近平截；果被毛。

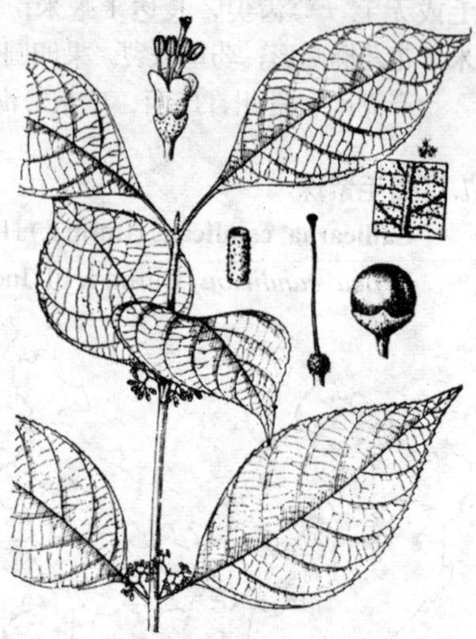

图 558 老鸦糊（史渭清绘）

产云南、广东、海南及台湾，生于海拔1400米以下山坡疏林中及林缘。印度及东南亚有分布。

10. 尖尾枫 图 559

Callicarpa longissima (Hemsl.) Merr. in Philip. Journ. Sci. Bot. 12: 108. 1917. *Callicarpa longifolia* Lamk. var. *longissima* Hemsl. in Journ. Linn. Soc. Bot. 26: 253. 1890.

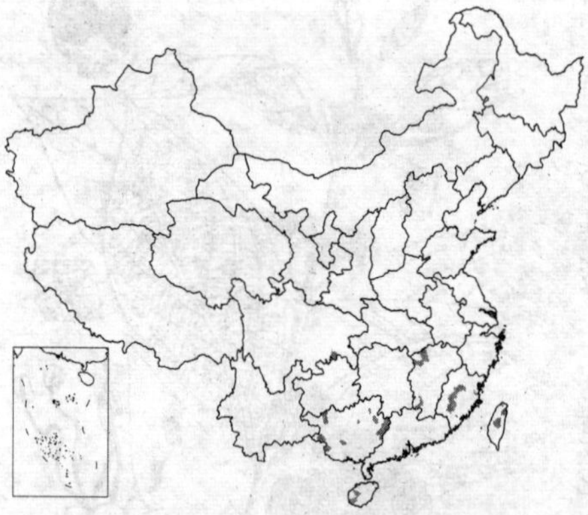

小乔木或灌木状。小枝四棱，紫褐色。叶披针形或椭圆状披针形，长13-25厘米，先端尖，基部楔形，全缘或具不明显细齿，上面脉被毛，下面无毛，被黄腺点，干时呈小窝点；叶柄长1-1.5厘米，两柄之间具毛环。花序5-7歧分枝，径3-6厘米，花序梗长1.5-3厘米。花萼杯状，无毛，被腺点，萼齿不明显或近平截；花冠淡紫红色；雄蕊较花冠长2倍。果扁球形，无毛，被腺点。

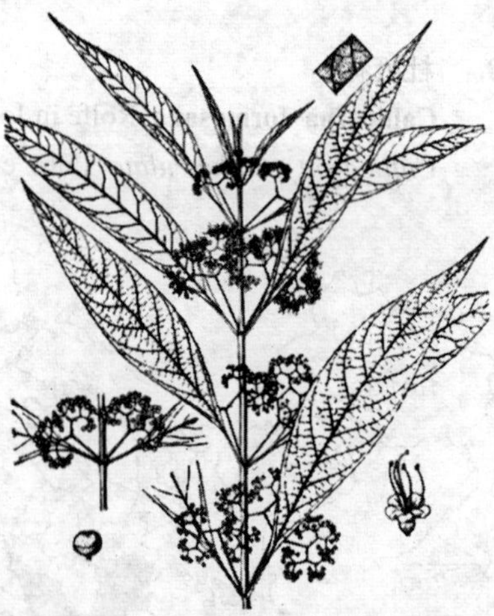

图 559 尖尾枫（引自《图鉴》）

产福建、台湾、江西、广东、海南、广西及四川，生于海拔1200米以下山坡林中及旷野。日本及越南有分布。全株药用，可止血、消肿、祛风湿，治外伤出血、吐血，四肢瘫痪。

11. 白棠子树 图 560 彩片135

Callicarpa dichotoma (Lour.) K. Koch, Dendr. 2: 336. 1872

Porphyra dichotoma Lour. Fl. Cochin. 70. 1790;

小灌木。多分枝。小枝细圆，幼枝被星状毛。叶倒卵形或卵状披针形，长3-6厘米，先端尖或渐尖，基部楔形，上部具粗齿，两面近无毛，下面密被黄腺点，侧脉5-6对；叶柄长2-5毫米。花序2-3歧分枝，径1-2.5厘米，花序梗细，长1-1.5厘米，疏被星状毛。花萼杯状，无毛，被腺点，4齿不明显或近平截；花冠紫

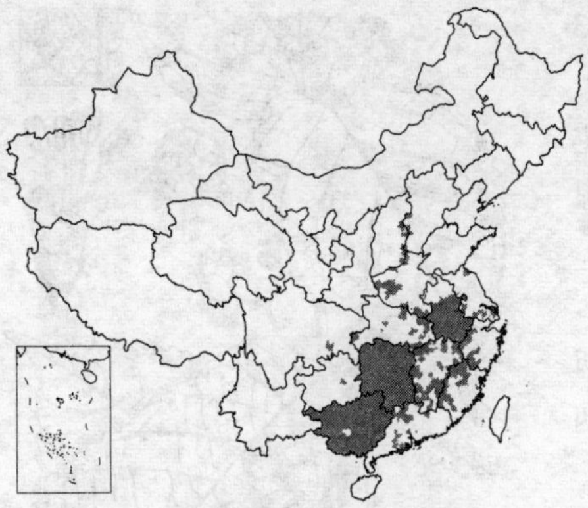

色，无毛；雄蕊较花冠长2倍；子房无毛，被黄腺点。果球形，径约2毫米，紫色。花期5-6月，果期7-11月。

产河北、山西、河南、山东、江苏、安徽、浙江、福建、台湾、江西、湖北、湖南、广东、广西及贵州，生于海拔600米以下山坡灌丛中。朝鲜、日本及越南有分布。全株药用，治感冒、跌打损伤、闭经。

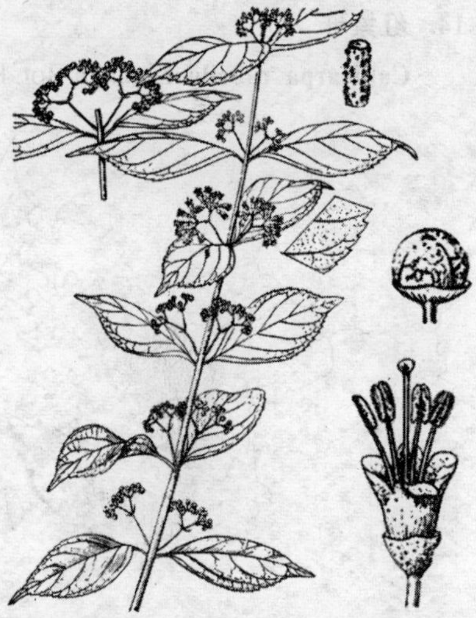

图 560 白棠子树（史渭清绘）

12. 紫珠 珍珠枫 图 561

Callicarpa bodinieri Lévl. in Fedde, Repert. Sp. Nov. 9: 456. 1911.

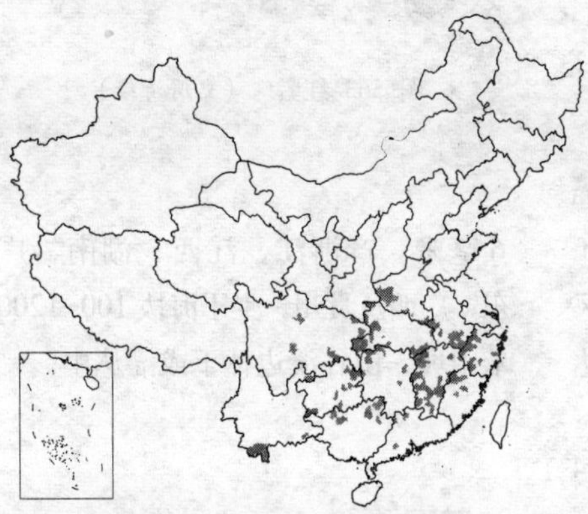

灌木。小枝、叶柄及花序被星状毛。叶卵状长椭圆形或椭圆形，长7-18厘米，先端渐尖或尾尖，基部楔形，具细锯齿，上面被短柔毛，下面被星状绒毛，两面被深红色腺点；叶柄长0.5-1厘米。花序4-5歧分枝，径3-4.5厘米，花序梗长约1厘米。花萼被星状毛及深红色腺点，萼齿钝三角形；花冠紫色，被星状柔毛及深红色腺点；花药椭圆形，药隔被红色腺点；子房被毛。果球形，紫色。

产河南、江苏、安徽、浙江、江西、湖北、湖南、广东、广西、云南、贵州及四川，生于海拔200-2300米山谷、山坡林中或林缘灌丛中。越南有分布。根及全株入药，治妇科病及感冒。

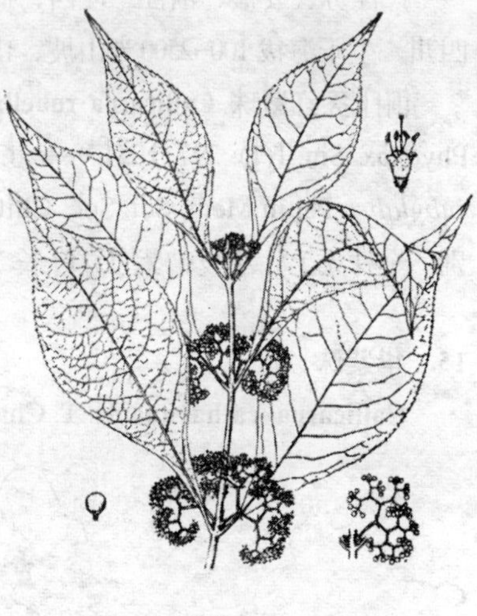

图 561 紫珠（引自《图鉴》）

13. 长柄紫珠 图 562

Callicarpa longipes Dunn in Journ. Linn. Soc. Bot. 38: 363. 1908.

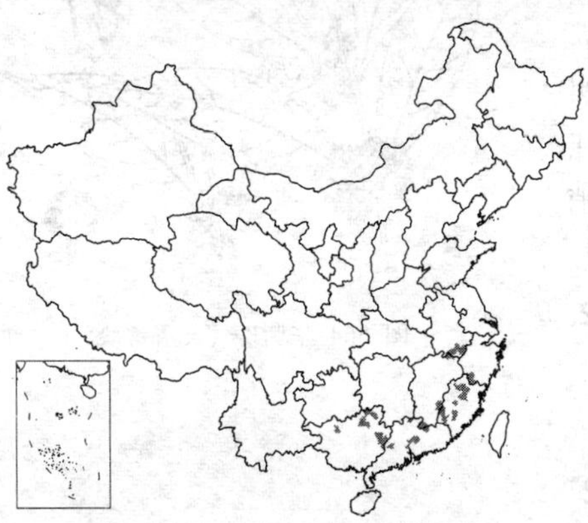

灌木。小枝褐色，被多细胞腺毛及单毛。叶倒卵状椭圆形或倒卵状披针形，长6-13厘米，先端尖或尾尖，基部心形，稍偏斜，具三角状粗齿，两面被多细胞单毛，下面被黄色腺点；叶柄长5-8毫米。花序3-4歧分枝，径达3厘米，被毛，花序梗长1.5-3厘米。花萼钟状，被毛，萼齿尖三角形，长1-2毫米；花冠淡红色；雄蕊较花冠长2倍，花药卵圆形，药室纵裂；子房无毛。果球形，紫色。

产安徽、浙江、福建、江西、广东及广西，生于海拔300-500米山坡灌丛或疏林中。

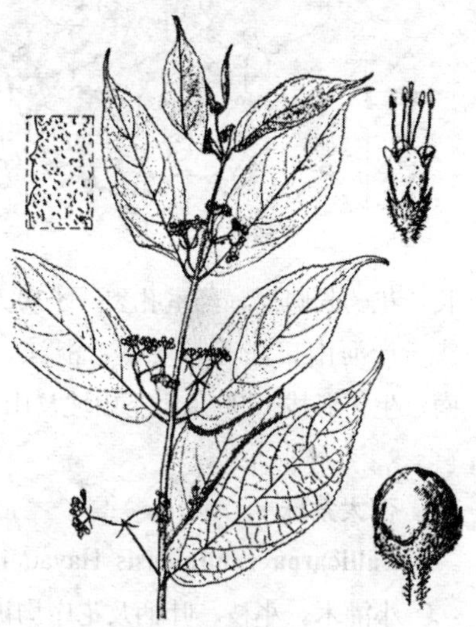

图 562 长柄紫珠（韦力生绘）

14. 红紫珠 图 563

Callicarpa rubella Lindl. in Bot. Reg. 11: t. 883. 1825.

小乔木或灌木状。小枝及花序被黄褐色星状毛及多细胞腺毛。叶倒卵形或倒卵状椭圆形，长 10-18 厘米，先端尾尖或渐尖，基部心形或近耳形，具锯齿，两面被毛，下面被黄色腺点；叶柄短或近无柄。花序 4-5 歧分枝，径 2-4 厘米，花序梗长 2-3 厘米。花萼杯状，被星状毛及腺毛，萼齿钝三角形或不明显；花冠紫红、黄绿或白色，被毛及腺点，长约 3 毫米；雄蕊较花冠长 2 倍；子房被毛。果紫红色。花期 5-7 月，果期 7-11 月。

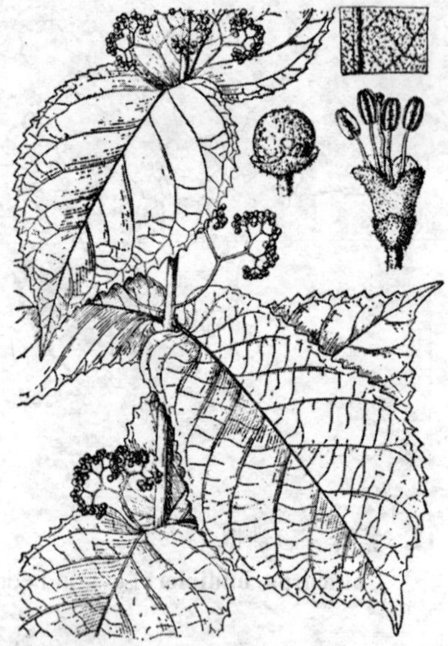

图 563 红紫珠（史渭清绘）

产江苏、安徽、浙江、江西、湖北、湖南、广东、广西、云南、贵州及四川，生于海拔 100-2500 米山坡、山谷林下及灌丛中。东南亚各国有分布。

[附] **秃红紫珠 Callicarpa rubella** var. **subglabra** (Péi) H. T. Chang in Acta Phytotax. Sin. 1(1): 297. 1951.—— *Callicarpa rubella* . var. *hemslyana* Diels f. *subglabra* Péi in Mem. Sci. Soc. China 1(3): 41. 1932. 本变种与模式变种的区别：全株无毛，小枝带紫色；叶长 7-14 厘米，基部浅心形或圆，叶柄长达 6 毫米。产浙江、江西、湖南、广东、广西及贵州，生于海拔 100-1200 米山坡、山谷溪边林下或灌丛中。

15. 华紫珠 鱼显子 图 564

Callicarpa cathayana H. T. Chang in Acta Phytotax. Sin. 1(1): 305. 1951.

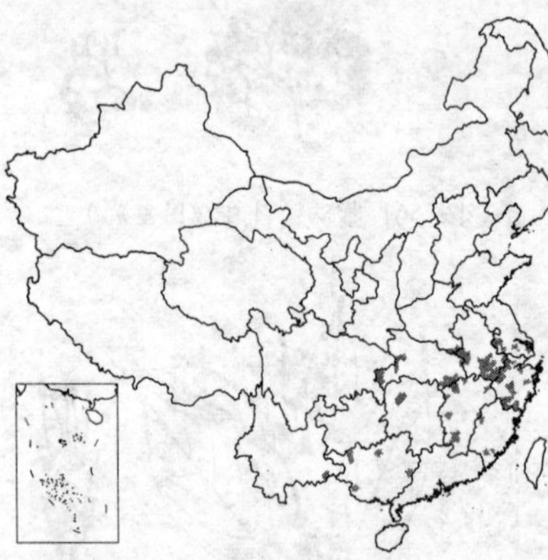

灌木。幼枝疏被星状毛。叶椭圆形或卵形，长 4-8 厘米，先端渐尖，基部楔形，锯齿细密，两面脉被毛，下面被红色腺点；叶柄长 2-8 毫米。花序 3-4 歧分枝，径约 1.5 厘米，花序梗较叶柄稍长或近等长；花萼杯状，被星状毛及红色腺点，萼齿不明显；花冠紫色，疏被星状毛及红色腺点；雄蕊与花冠等长或稍长，花药长圆形，药室孔裂；子房无毛。果球形，径约 2 毫米，紫色。

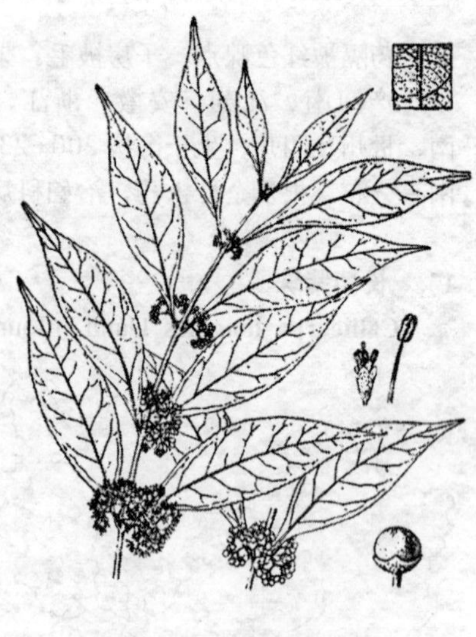

图 564 华紫珠（史渭清绘）

产河南、江苏、安徽、浙江、福建、江西、湖北、广东、广西及云南，生于海拔 1200 米以下山坡及山谷灌丛中。

16. 峦大紫珠 图 565

Callicarpa randaiensis Hayata in Meter. Fl. Formos. 222. 1911.

小灌木。小枝、叶柄及花序均被星状绒毛。叶披针形，长 4-9 厘米，先端渐尖，基部楔形，具锯齿，上面疏被微毛，下面脉被星状绒毛，两面被黄色鳞状腺点；叶柄长 2-5 毫米。花序 2 歧分枝，径约 1.5 厘米，花序梗长约 8 毫米。花萼杯状，无毛，被

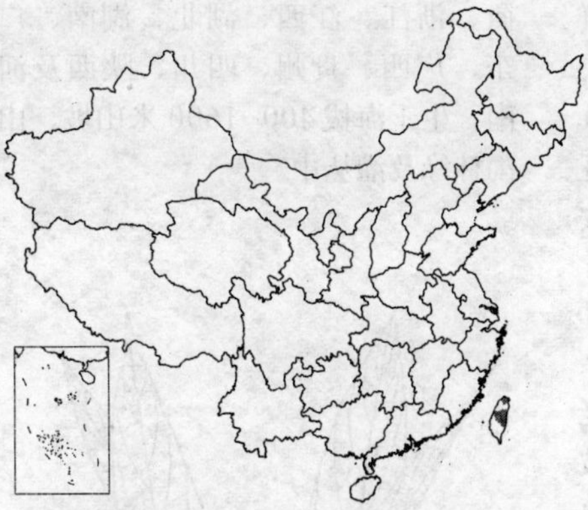

腺点，萼齿钝三角形；花冠长约4毫米，被黄色腺点，柱头2微裂。果球形。花期7月，果期8-12月。

产台湾，生于海拔1100-2600米山顶灌丛及林中。

图 565 峦大紫珠（史渭清绘）

17. 短柄紫珠 图 566

Callicarpa brevipes (Benth.) Hance in Ann. Sci. Nat. 5(5): 233. 1886.

Callicarpa longifolia Lamk. var. *brevipes* Benth. Fl. Hongk. 270. 1861.

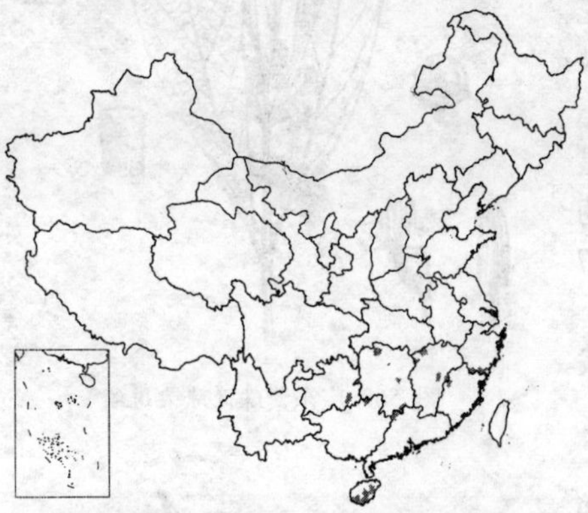

灌木。幼枝被黄褐色星状毛。叶披针形或窄披针形，长9-24厘米，先端渐尖或长渐尖；基部楔形或微心形，中部以上具疏齿，上面无毛，下面中脉被星状毛及黄色腺点，侧脉8-12对；叶柄长不及5毫米，被星状毛。花序2-3歧分枝，径约1.5厘米，花序梗被星状毛。花梗无毛；花萼杯状，被黄色腺点；花冠白色，无毛，长约3.5毫米；雄蕊与花冠等长，花药长圆形，基部箭形，药室孔裂；子房无毛。果倒卵状球形，红或紫色，径3-4毫米。花期4-6月，果期7-11月。

产浙江南部、福建、江西、湖南、广东、海南、广西及贵州，生于海拔600-1400米山坡林下。越南有分布。

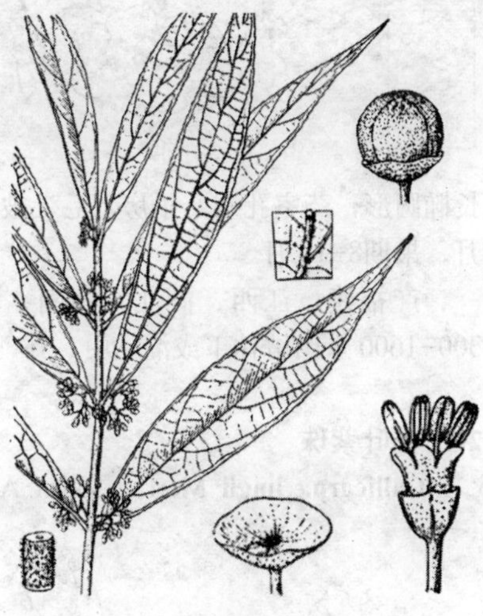

图 566 短柄紫珠（史渭清绘）

18. 日本紫珠 紫珠 图 567

Callicarpa japonica Thunb. Fl. Jap. 60. 1784.

Callicarpa japonica f. *glabra* Péi ex H. T. Ca；中国高等植物图鉴 3: 587. 1974.

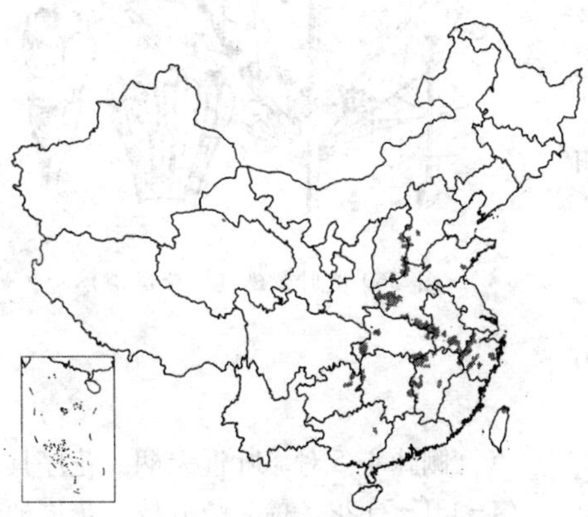

灌木。小枝无毛。叶倒卵形或卵状椭圆形，长7-12厘米，宽4-6厘米，先端尖或尾尖，基部楔形，中部以上具锯齿，两面无毛；叶柄长5-8毫米。花序2-3歧分枝，径约2厘米，花序梗长0.6-1厘米。花萼杯状，无毛，萼齿钝三角形；花冠淡紫或白色，长3-4毫米；雄蕊与花冠近等长或稍长，花药伸出花冠，药室孔裂。果球形，紫红色。

产辽宁、河北、河南、山东、江苏、安徽、浙江、台湾、湖北、湖

图 567 日本紫珠（引自《中国植物志》）

南、贵州及四川东部，生于海拔200-1300米山坡灌丛中或山谷林中。朝鲜及日本有分布。

[附] **窄叶紫珠 Callicarpa japonica** var. **angustata** Rehd. in Sarg. Pl. Wilson. 3: 369. 1916, pro parte, quoad typ. specim. Wils. 2195. 本变种与模式变种的区别：枝条稍紫红色；叶倒披针形或披针形，宽2-3(3.5)厘米。产江苏、安徽、浙江、江西、湖北、湖南、广东、广西、贵州、四川、陕西及河南，生于海拔400-1600米山坡、山沟林缘及灌丛中。

19. 广东紫珠 图 568 彩片136

Callicarpa kwangtungensis Chun in Sunyatsenia 1: 302. 1934.

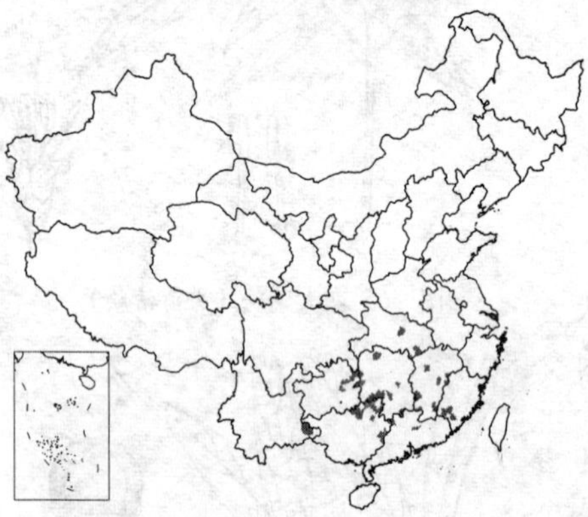

灌木。幼枝疏被星状毛，老枝无毛。叶窄椭圆状披针形、披针形或线状披针形，长15-26厘米，先端渐尖，基部楔形，具细锯齿，两面无毛，下面被黄色腺点；叶柄长5-8毫米。花序3-5歧分枝,径2-3厘米,被星状毛，花序梗长5-8毫米。花萼杯状，被星状毛，后脱落无毛，萼齿钝三角形；花冠白或带紫红色，被星状毛；雄蕊与花冠近等长，花药长椭圆形，药室孔裂；子房无毛，被黄色腺点。果球形，紫红色。花期6-7月，果期8-10月。

产福建、江西、湖北、湖南、广东、广西、云南及贵州，生于海拔300-1600米山坡林下或灌丛中。

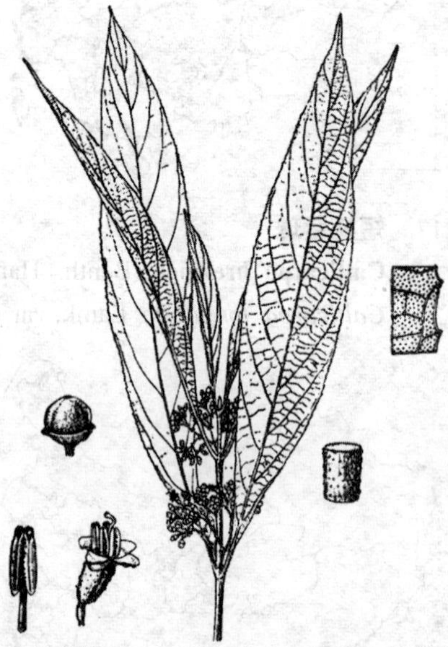

图 568 广东紫珠（陈荣道绘）

20. 光叶紫珠 图 569

Callicarpa lingii Merr. in Journ. Arn. Arb. 8: 16. 1927.

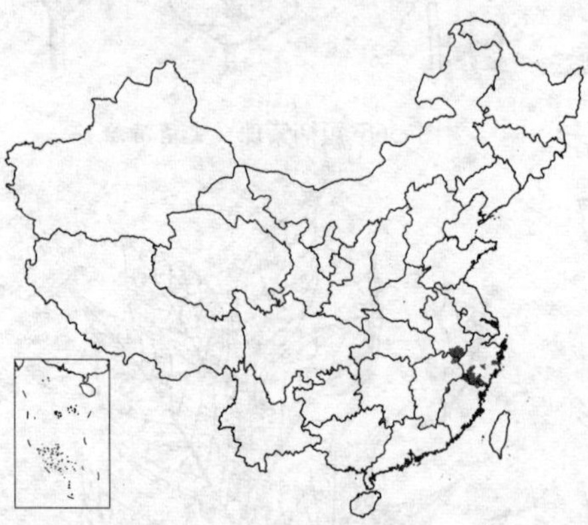

灌木。幼枝紫褐色，疏被星状毛，老枝无毛。叶倒卵状长椭圆形、倒卵状披针形或长椭圆形，长12-18厘米，先端渐尖，基部浅心形，具细齿，上面无毛，中脉稍紫红色，下面幼时脉疏被星状毛，密被黄色腺点；叶无柄或近无柄。花序2-4歧分枝，径约2.5厘米，被黄褐色星状毛，花序梗长0.5-1厘米。花萼杯状，萼齿钝三角形，被毛；花冠紫红色；雄蕊短于花冠，花药长圆形，药室孔裂；子房无毛。果倒卵圆形或卵圆形，淡紫红色，被黄色腺点。花期6月，果期7-10月。

产安徽、浙江及江西，生于海拔300-1000米山坡林内或林缘灌丛中。

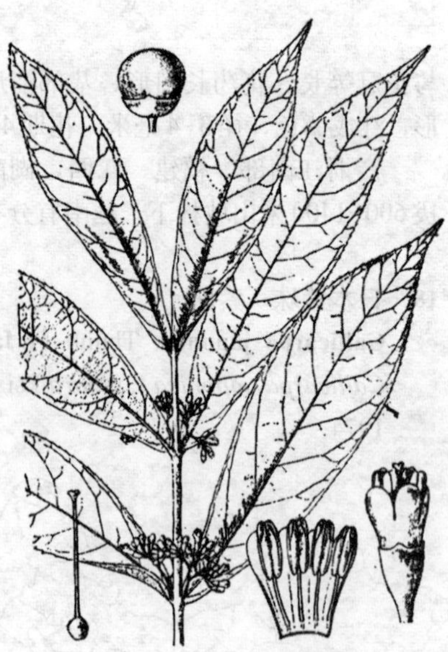

图 569 光叶紫珠（陈荣道绘）

21. 钩毛紫珠 图 570

Callicarpa peichieniana Chun et S. L. Chen, Fl. Reipubl. Popularis Sin. 65(1): 78. 1982.

灌木。小枝密被钩状糙毛及黄色腺点。叶菱状卵形或卵状椭圆形，长2.5-6厘米，先端尾尖，基部楔形，中上部具疏齿，两面无毛，密被黄色腺点，侧脉4-5对；叶近无柄。花序具(1-)3(-7)花，稀2歧分枝，花序梗纤细，长1-2厘米，被钩状糙毛。

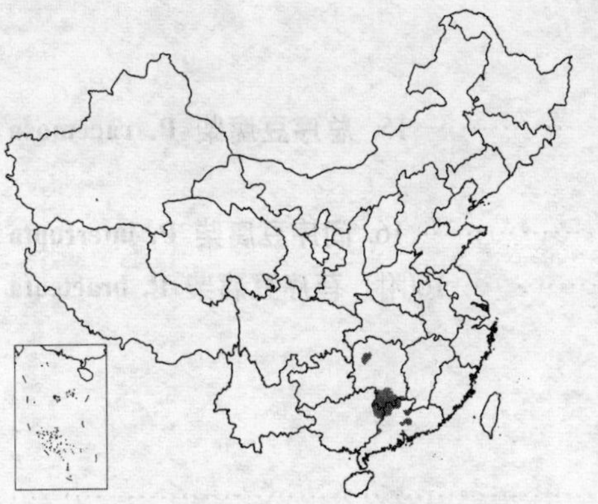

花梗丝状，长约 4 毫米；花萼杯状，平截，被黄色腺点；花冠紫红色，被毛及黄色腺点；雄蕊与花冠等长或稍长，花药椭圆形，药室纵裂；子房无毛，密被腺点。果球形，紫红色。花期 6-7 月，果期 8-10 月。

产湖南、广东及广西，生于海拔 200-700 米山坡林内及林缘。

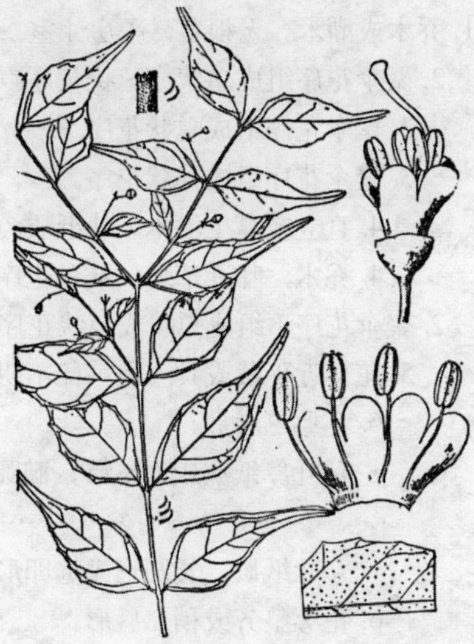

图 570 钩毛紫珠（史渭清绘）

12. 柚木属 Tectona Linn. f.

（姚　淦）

落叶大乔木。小枝四棱，被星状毛。叶形大，对生或轮生。二歧聚伞花序组成顶生圆锥花序；苞片窄小，早落。花萼钟状，5-6 齿裂，花后增大全包果实；花冠筒短，5-6 裂，裂片外卷；雄蕊 5-6，着生花冠筒上部，花丝长，花药纵裂；子房 4 室。核果外果皮薄，内果皮骨质。种子长圆形。

约 3 种，分布于印度、缅甸、马来西亚及菲律宾。我国引入栽培 1 种。

柚木　　图 571

Tectona grandis Linn. f. Suppl. 151. 1781.

大乔木，高达 40 米。小枝被灰黄或灰褐色星状绒毛。叶卵状椭圆形或倒卵形，长 15-45(-70) 厘米，先端钝或渐尖，基部楔形下延，上面粗糙，下面密被灰褐或黄褐色星状绒毛，侧脉 7-12 对；叶柄粗，长 2-4 厘米。花序长 25-40 厘米。花有香味，花萼筒被白色星状绒毛；花冠白色，裂片被毛及腺点。果球形，径 1.2-1.8 厘米，深褐色，被细绒毛。花期 8 月，果期 10 月。

原产印度、缅甸、马来西亚及印度尼西亚。广东、广西、福建、台湾及云南引种造林，生于海拔 900 米以下潮湿疏林中。木材坚韧有弹性，耐朽力强，为优良造船材，也可供建筑、车辆、家具等用。

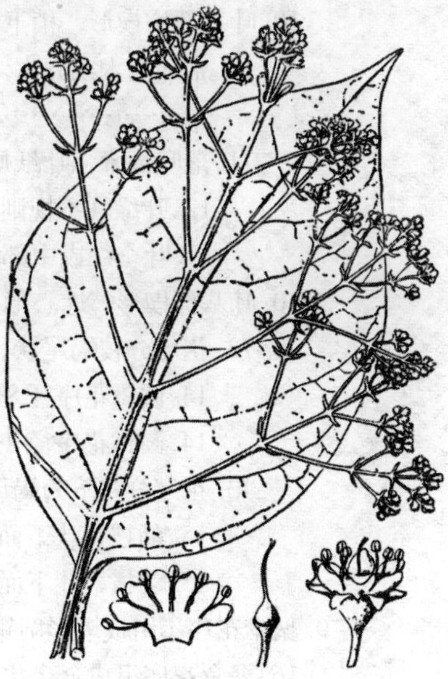

图 571 柚木（引自《中国植物志》）

13. 豆腐柴属 Premna Linn.

（陈守良　刘心怡）

乔木，灌木或亚灌木，有时攀援。枝条圆，具腺状皮孔。单叶对生，全缘稀具 3-4 圆齿。花序顶生，稀腋生，聚伞花序组成伞房状、圆锥状、头状、穗状或总状花序；具苞片。花萼杯状或钟状，宿存，具 2-5 波状钝齿，平截，花冠 4(-5) 裂，稍二唇形，冠筒喉部被毛；雄蕊 4，二强，稀等长，花药近球形，背着；子房 (2-)4 室，每室 1(2) 胚珠，柱头 2 裂。小核果。

约 200 种，主产东半球热带与亚热带。我国 46 种。

本属植物有的材质优良，有的药用，有的树叶可制凉粉、豆腐供食用。

1. 丛生矮小亚灌木，具木质根茎；子房 2 室 ………………………………………… 17. **千解草 P. herbacea**

1. 乔木或灌木，无根茎；子房4室。
2. 聚伞花序组成总状或穗状花序。
3. 聚伞花序组成总状花序 ………………………………………………………………… 15. **总序豆腐柴 P. racemosa**
3. 聚伞花序组成穗状花序。
4. 直立或蔓生灌木；叶纸质；聚伞花序组成穗状花序 …………………………… 16. **间序豆腐柴 P. interrupta**
4. 乔木；叶近革质；聚伞花序组成穗状圆锥花序 …………………………… 16(附). **苞序豆腐柴 P. bracteata**
2. 聚伞花序不组成总状或穗状花序。
5. 花萼近平截或具4齿，稀不明显5裂稍二唇形。
6. 花萼二唇形。
7. 叶厚纸质或近革质，椭圆形或卵状椭圆形；花序径2-5厘米 ………………………………………………………………………………………… 14. **海南臭黄荆 P. hainanensis**
7. 叶纸质，长圆形或宽卵形；花序径8-24厘米 ……………………… 14(附). **伞序臭黄荆 P. corymbosa**
6. 花萼整齐或稍二唇形。
8. 老枝深褐色；叶基部宽楔形或近圆；花萼近平截或稍二唇形，每唇常具2(-3)齿 ………………………………………………………………………………………… 13. **思茅豆腐柴 P. szemaoensis**
8. 老枝灰黄色；叶基部圆或平截；花萼具4齿 …………………………… 13(附). **勐海豆腐柴 P. fohaiensis**
5. 花萼5裂，近辐射对称。
9. 聚伞花序常组成塔形圆锥花序。
10. 叶基部窄楔形，稍下延，或下延至叶柄两侧成翅。
11. 常绿灌木或乔木；叶革质，无毛，两面被深黄色腺点；花萼5裂成二唇形 ………………………………………………………………………………………… 5. **滇桂豆腐柴 P. confinis**
11. 落叶灌木；叶纸质，稍被毛，无腺点或下面被紫红色腺点；花萼5浅裂。
12. 叶缘具不规则粗齿或近全缘；花冠长7-9毫米 ………………………… 2. **豆腐柴 P. microphylla**
12. 叶全缘或中部具3-5钝齿；花冠长3-5毫米 ………………………… 3. **臭黄荆 P. ligustroides**
10. 叶基部楔形、近心形、平截或圆，不下延。
13. 花序分枝蝎尾状，花易落，常偏于一侧并残留花柄。
14. 圆锥花序径8-15厘米；幼枝及花序密被绒毛 …………………………………… 4. **黄药 P. cavaleriei**
14. 圆锥花序径2-5厘米，全株被长柔毛 ……………………………………… 6. **长序臭黄荆 P. fordii**
13. 花序分枝不为蝎尾状，花不易落。
15. 幼枝、叶下面及花序轴无毛或疏被微柔毛 ………………………………… 1. **狐臭柴 P. puberula**
15. 幼枝、叶下面及花序轴被短柔毛 ……………………… 1(附). **毛狐臭柴 P. puberula var. bodinieri**
9. 聚伞花序不组成塔形圆锥花序。
16. 聚伞花序组成伞房状。
17. 叶两面疏被或沿叶脉被锈色短柔毛；同对叶片常等大 ……………… 7. **弯毛臭黄荆 P. maclurei**
17. 叶两面或下面密被柔毛，同对叶片常不等大。
18. 小枝被白色线形皮孔；圆锥花序径6-17厘米；雄蕊二强，伸出。
19. 幼枝、叶柄及叶下面被毛，毛不平展，叶基部圆或近心形 ………………………………………………………………………………………… 8. **淡黄豆腐柴 P. flavescens**
19. 幼枝、叶柄及叶下面被黄色平展长柔毛，叶基部宽楔形或微圆 ………………………………………………………………………………………… 8(附). **黄毛豆腐柴 P. fulva**
18. 小枝被黄色皮孔；花序径不及6厘米；4雄蕊几等长，内藏 ………………………………………………………………………………………… 9. **石山豆腐柴 P. crassa**
16. 聚伞花序密集成头状。

20\. 花冠白、黄或绿白色，花冠筒及子房顶端被毛 …………………………………… 12. **近头状豆腐柴 P. subcapitata**

20\. 花冠粉红或紫色。

  21\. 叶下面密被灰白卷曲柔毛 ……………………………………………………… 12(附). **云南豆腐柴 P. yunnanensis**

  21\. 叶下面疏被毛或沿脉被毛。

    22\. 子房无毛；萼齿披针形或三角状披针形 ………………………………………… 10. **草坡豆腐柴 P. steppicola**

    22\. 子房疏被毛，萼齿线形或线状披针形 ………………………………………… 11. **尖齿豆腐柴 P. acutata**

1. 狐臭柴 长柄臭黄荆 图 572

Premna puberula Pamp. in Nuov. Giorn. Bot. Ital. N. ser. 17: 701. 1910.

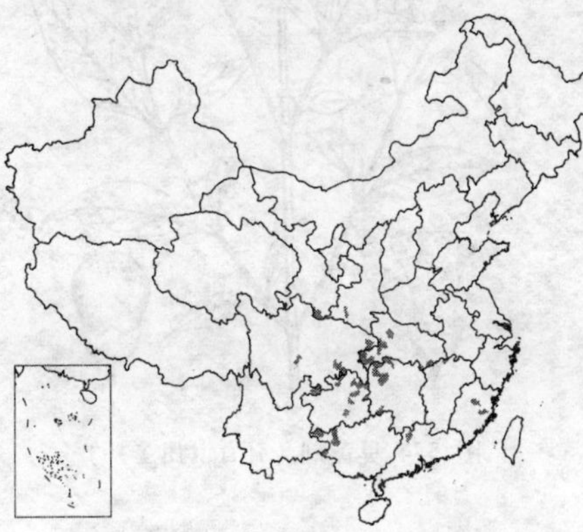

小乔木或攀援灌木状。幼枝、叶下面及花序轴无毛或疏被微柔毛。叶卵状椭圆形、卵形或长圆状椭圆形，长2.5–11厘米，先端尖或尾尖，基部楔形、宽楔形或近圆，稀心形，全缘或上部具波状深齿、锯齿或深裂，无腺点；叶柄长(0.5–)1–2(–3.5)厘米，无毛。聚伞花序组成塔形圆锥花序，长4–14厘米。花萼长1.5–2.5毫米，被短柔毛及黄色腺点，5浅裂；花冠淡黄色，具紫或褐色条纹，长5–7毫米，4裂二唇形，下唇3裂，上唇圆，微凹，密被腺点，喉部被毛。果紫或黑色，倒卵圆形，被瘤点。花果期5–9月。

产甘肃、陕西南部、四川、云南、贵州、广西、广东、湖南、湖北及福建，生于海拔700–1800米山坡林中。根、叶入药，叶可制凉粉食用。

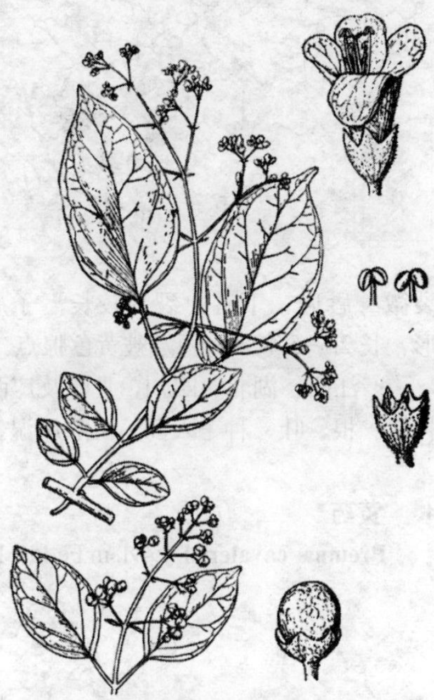

图 572 狐臭柴（史渭清绘）

[附] **毛狐臭柴 Premna puberula var. bodinieri** (Lévl.) C. Y. Wu et S. Y. Pao, Fl. Yunn. 1: 422. 1977.—— *Premna bodinieri* Lévl. in Fedde, Repert. Sp. Nov. 10: 440. 1912. 本变种与模式变种的区别：幼枝、叶两面、叶柄、花序及花萼密被短柔毛。产云南东南部、贵州及广西西部，生于海拔700–1760米石灰岩山麓灌丛中。

2. 豆腐柴 图 573

Premna microphylla Turcz. in Bull. Soc. Nat. Mosc. 36(3): 217. pl. 3. 1863.

灌木。小枝被柔毛，后脱落。叶揉之有臭味，卵状披针形、椭圆形、卵形或倒卵形，长3–13厘米，先端尖或渐长尖，基部渐窄下延至叶柄成翅，全缘或具不规则粗齿，无毛或被短柔毛。聚伞花序组成塔形圆锥花序。花萼5浅裂，绿色，有时带紫色，密被毛或近无毛，具缘毛；花冠淡黄色，长7–9毫米，被柔毛及腺点，内面被柔毛，喉部较密。果球形或倒圆卵形，紫色。花果期5–10月。

产河南、江苏、安徽、浙江、福建、台湾、江西、湖北、湖南、广东、

图 573 豆腐柴（引自《图鉴》）

海南、广西、贵州及四川，生于山坡林下或林缘。日本有分布。叶可制豆腐，根、茎、叶可药用。

3. 臭黄荆 图 574

Premna ligustroides Hemsl. in Journ. Linn. Soc. Bot. 26: 256. 1890.

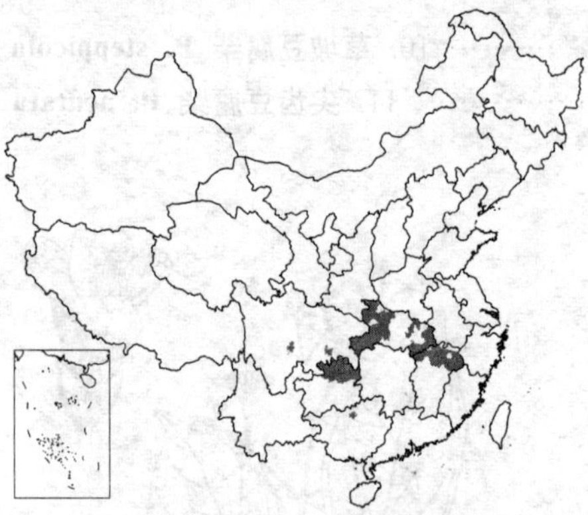

灌木，高达3米，多分枝。幼枝被短柔毛。叶卵状披针形或披针形，长1.5-8厘米，先端尖或渐尖，基部楔形，全缘或中部具3-5钝齿，两面被毛，下面被紫红色腺点。聚伞花序组成顶生圆锥花序，被柔毛，长3.5-6厘米。花萼长约2毫米，被微柔毛及腺点，内面疏被腺点，稍不规则5裂；花冠黄色，长3-5毫米，两面被茸毛及黄色腺点，4裂微二唇形，下唇中裂片较长；子房无毛，上部被黄色腺点。果倒卵球形，长2.5-5毫米，顶端被黄色腺点。花果期5-7月。

产江西、湖北、四川、贵州及广西，生于海拔500-1000米山坡林中或林缘。根、叶、种子入药，可除风湿，治痢疾、痔疮、牙痛。

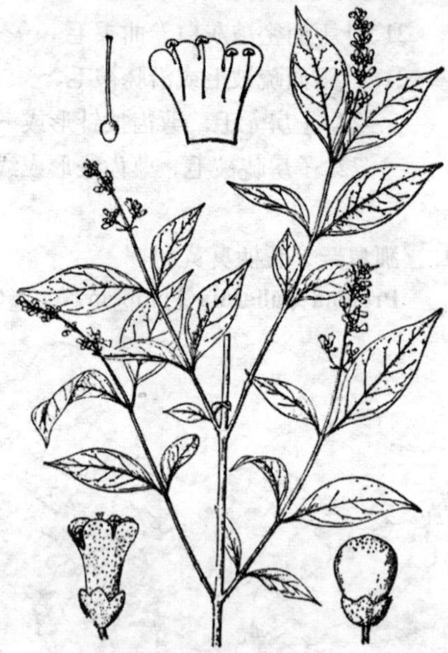

图 574 臭黄荆（引自《图鉴》）

4. 黄药 图 575

Premna cavaleriei Lévl. in Fedde, Repert. Sp. Nov. 10: 439. 1912.

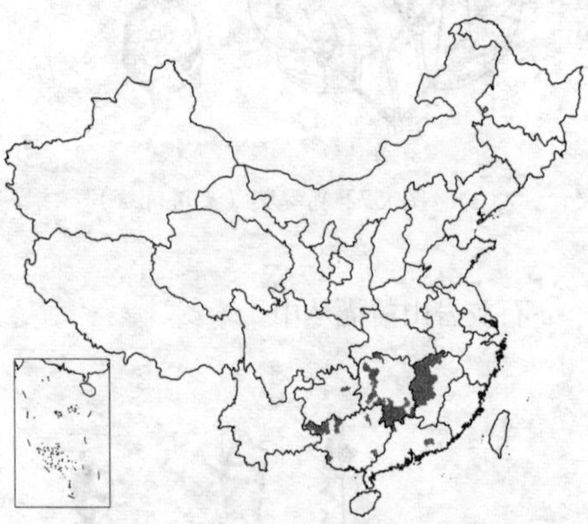

落叶乔木，高达9米，树皮暗灰色。小枝圆，幼时密被绒毛。叶卵形或卵状长椭圆形，长9-15厘米，先端渐尖或钝，基部宽楔形、圆、平截或近心形，全缘，两面疏被茸毛或近无毛；叶柄长2-5厘米。圆锥花序密被茸毛，径8-15厘米；花萼钟状，长1-2.5毫米，密被茸毛及不明显腺点，5裂微二唇形，裂齿钝三角形；花冠淡黄色，4裂近二唇形，疏被茸毛，密被腺点，花冠筒长2-3毫米，喉部密被长柔毛；子房无毛，顶端密被黄色腺点。果卵球形，径约2毫米。花果期5-7月。

产江西、湖南、广东、广西及贵州，生于海拔800米山坡及路边疏林中。

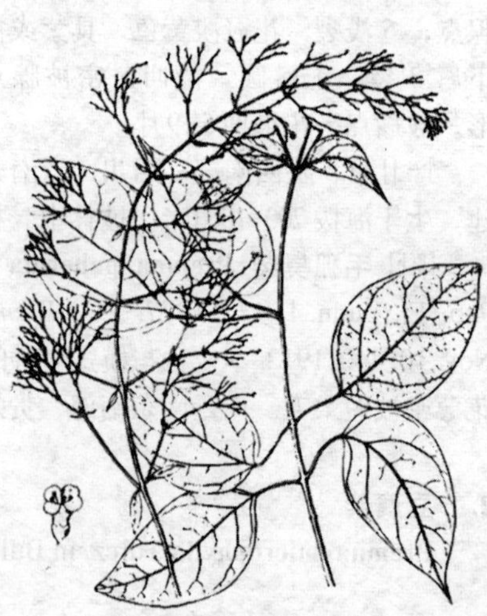

图 575 黄药（引自《图鉴》）

5. 滇桂豆腐柴 图 576:1-4

Premna confinis Pei et S. L. Chen ex C. Y. Wu, Fl. Yunn. 1: 437. pl. 104: 1977.

常绿小乔木或灌木状，高达6米。小枝密被鳞状腺点，无毛。叶革质，长圆形或披针形，稀椭圆形，长9-16厘米，先端尖或渐尖，基部楔形下延，全缘或波状，无毛，两面密被暗黄色腺点；叶柄长2-4厘米，密被腺点。圆锥花序长约20厘米，上部被微柔毛；苞片线形。花萼5裂二唇形，长4-5毫米，无毛，密被腺点；花冠淡黄或白色，长约8毫米，上部密被白色腺点，二唇形，上唇全缘或微凹，下唇3裂，花冠筒窄长，无毛，喉部内面密被柔毛；子房顶端被腺点。果紫红色，径约3毫米，被腺点，微被瘤

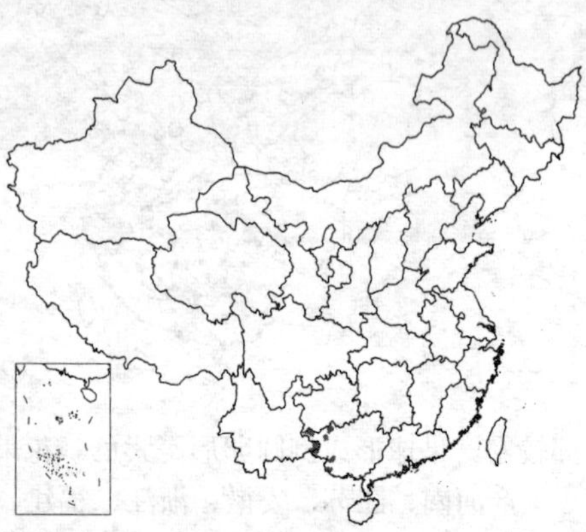

点。花期5月。

产云南东南部及广西西部，生于海拔600米杂木林中。

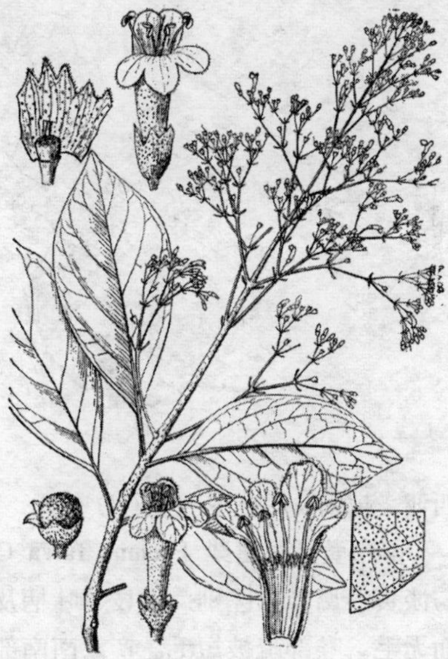

图 576:1-4.滇桂豆腐柴 5-6.长序臭黄荆
（史渭清绘）

6. 长序臭黄荆 图 576:5-6

Premna fordii Dunn et Tutch. in Kew Bull. Add. Ser. 10: 203. 1912.

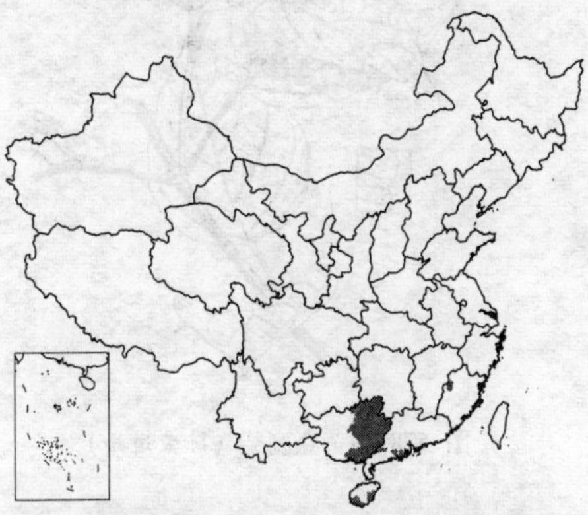

直立或攀援灌木，全株密被长柔毛。叶卵形或卵状长圆形，长4-8.5厘米，先端长渐尖，基部平截或微心形，全缘或中部以上具不明显疏齿，下面被暗黄色腺点；叶柄长0.5-2厘米。圆锥状聚伞花序径2-5厘米。花萼杯状，被柔毛及黄色腺点，长1-2毫米，稍不规则5浅裂，裂齿三角形；花冠白或淡黄色，长3-8毫米，被茸毛及黄色腺点，喉部内被白色柔毛，4裂二唇形，上唇短于下唇；子房无毛。果近球形，径约4毫米，无毛，顶端疏被黄色腺点。花果期5-7月。

产福建、广东、海南及广西，生于海拔1000-1200米溪边或林中。

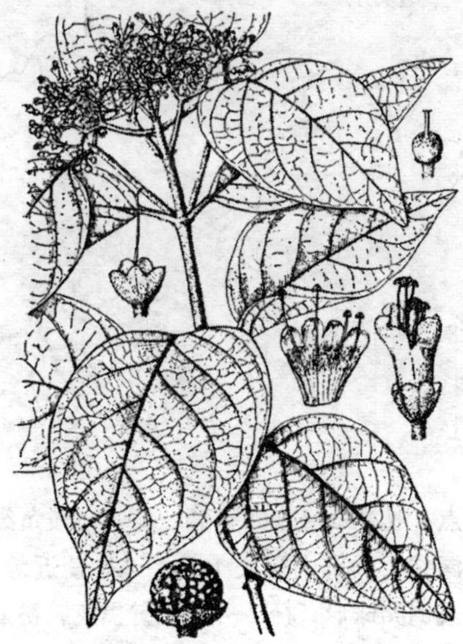

图 577 弯毛臭黄荆（史渭清绘）

7. 弯毛臭黄荆 图 577

Premna maclurei Merr. in Lingn. Sci. Journ. 6: 330. 1928.

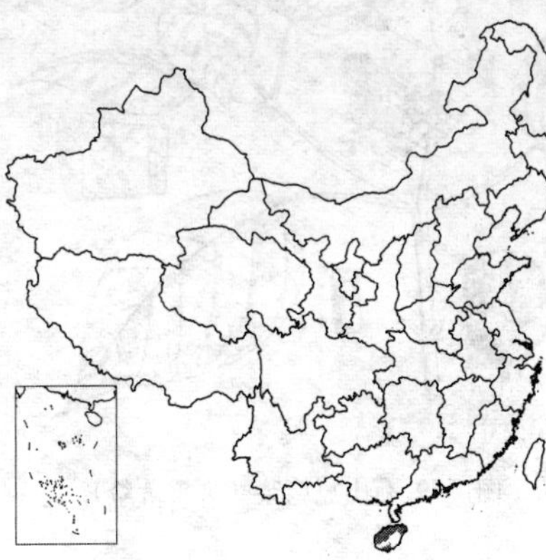

直立或攀援灌木。幼枝密被黄褐色柔毛，后脱落。叶革质，长圆形、椭圆形或倒卵状长圆形，长6-15厘米，先端渐尖，基部圆，全缘，两面疏被或沿脉被绣色短柔毛，或下面毛密；叶柄长1-1.5厘米，密被黄褐色柔毛。伞房状聚伞花序，长4-7厘米，密被黄褐色柔毛；苞片锥形。花萼杯状，被柔毛，5浅裂微二唇形；花冠绿白或白色，长约4毫米，被柔毛，4裂稍二唇形，上唇裂片近圆形，下唇3裂，裂片长圆形，近等长，喉部内面密被白色长柔毛环；子房顶端疏被茸毛及淡黄色腺点。果卵球形，长4-7毫米，红色，被瘤点。花果期3-6月。

产海南，生于海拔400-900米山地阳坡或灌丛中。

8. 淡黄豆腐柴 图 578

Premna flavescens Buch.-Ham. ex C. B. Clarke in Hook. f. Fl. Brit. Ind. 4: 578. 1885.

灌木。幼枝被柔毛，小枝被白色线形皮孔。叶卵形或卵状披针形，长4-15厘米，先端尖或渐尖，基部楔形或近心形，上面被细硬毛，下面被柔毛；叶柄长2-3厘米。圆锥花序

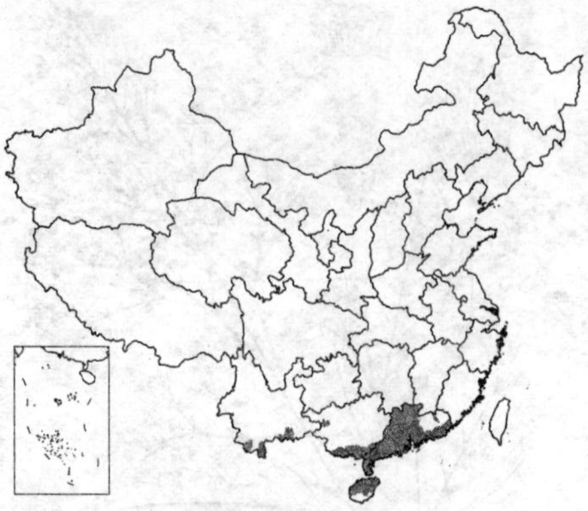

径6－17厘米，被锈色柔毛；苞片线形。花萼长约2.5毫米，具5齿，被柔毛；花冠绿白色，长4-5毫米，两面被细柔毛，4裂，花冠筒喉部密被长柔毛；雄蕊二强，伸出。果干时黑色，径3－5毫米。花果期夏季。

产云南南部、广西西部及广东南部，生于海拔100－1300米石灰岩山地灌丛及疏林中。马来西亚、越南及印度尼西亚有分布。

[附] **黄毛豆腐柴 Premna fulva** Craib in Kew Bull. 1911: 442. 1911. 本种与淡黄豆腐柴的区别：幼枝、叶柄及花序梗密被黄色平展长柔毛；花冠内面无毛，喉部疏被短毛。产云南南部、东南部、贵州南部及广西西南部，生于海拔500－1200米常绿阔叶林或路边疏林中。

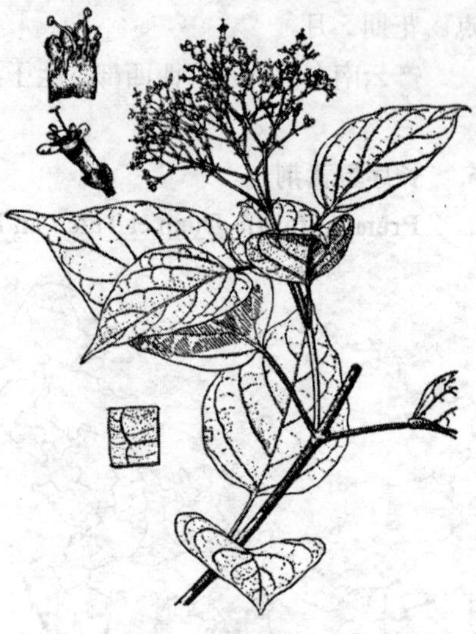

图 578 淡黄豆腐柴（陈荣道绘）

9. 石山豆腐柴 图 579

Premna crassa Hand.-Mazz. in Anz. Akad. Wiss. Wein, Math .-Nat. 58: 230. 1921.

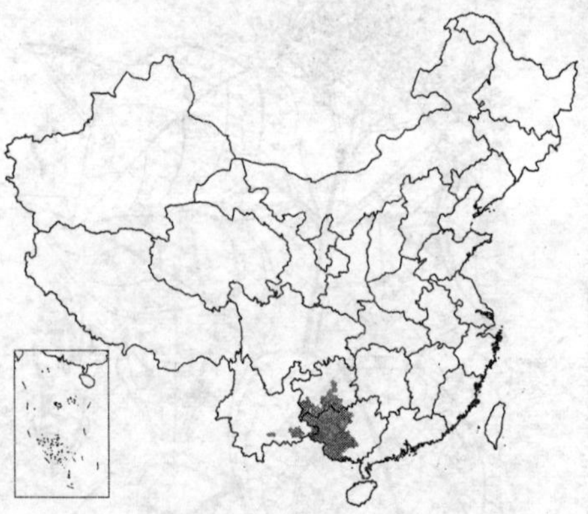

灌木，稍攀援。小枝被黄色皮孔；幼枝、叶柄及花序被黄褐色毛，后脱落。叶卵形或椭圆形，长(3-)5-11厘米，先端骤钝尖，基部圆或近心形，全缘或中部以上具齿或微波状，上面被柔毛，下面被绒毛；叶柄较粗，同对叶柄不等长。伞房状圆锥花序，径不及6厘米，苞片线状披针形。花萼钟状，被细硬毛及腺点，长2-3毫米，5裂；花冠白或黄绿色，微二唇形，上唇微2裂，下唇3深裂，喉部内被长柔毛；4雄蕊近等长，内藏，花药褐色，纵裂。果球形或倒卵球形，径2-4毫米，黑色，被瘤点。花期5月，果期10月。

产云南东南部、贵州西南部及广西西部，生于海拔500-1600米石山杂木林中。越南北部有分布。全株入药，治风湿。

图 579 石山豆腐柴（史渭清绘）

10. 草坡豆腐柴 图 580

Premna steppicola Hand.-Mazz. Symb. Sin. 7: 902. 1936.

灌木。小枝被微柔毛，后脱落。叶宽卵形，长1.5－3.5厘米，先端渐尖，基部宽圆，基部以上稍具牙齿，上面疏被细硬毛及腺点，下面沿脉密被微柔毛；叶柄长4-5毫米，密被柔毛。花序近头状，径1.5-2厘米，密被微柔毛；苞片线形，密被柔毛。花萼钟状，长3-4毫米，5深裂，裂齿披针形或三角状披针形，与花冠密被腺点及疏被细硬毛；花冠长达6毫米，上

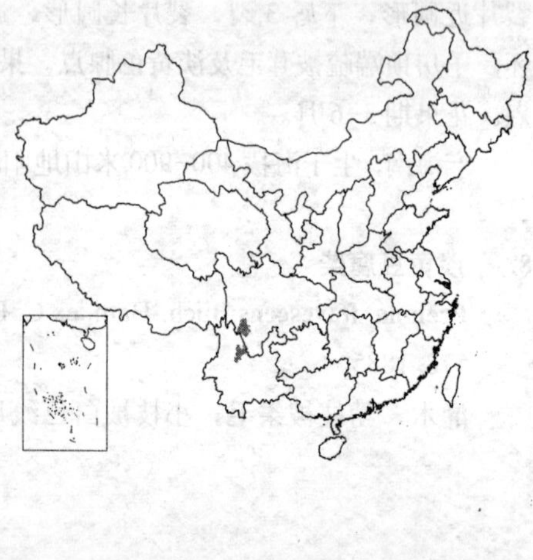

唇凹，下唇3裂，喉部密被长柔毛；4雄蕊近等长，内藏；子房无毛，顶端被腺点。果径2.5毫米，紫黑色。果期10月。

产云南西北部及四川西南部，生于海拔1400-1500米河谷及草坡。

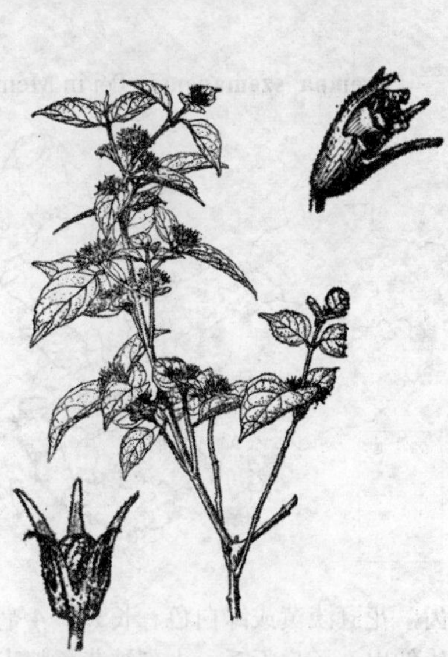

图 580 草坡豆腐柴（陈荣道绘）

11. 尖齿豆腐柴 尖叶臭黄荆 图 581

Premna acutata W. W. Smith in Notes Roy. Bot. Gard. Edinb. 9: 119. 1916.

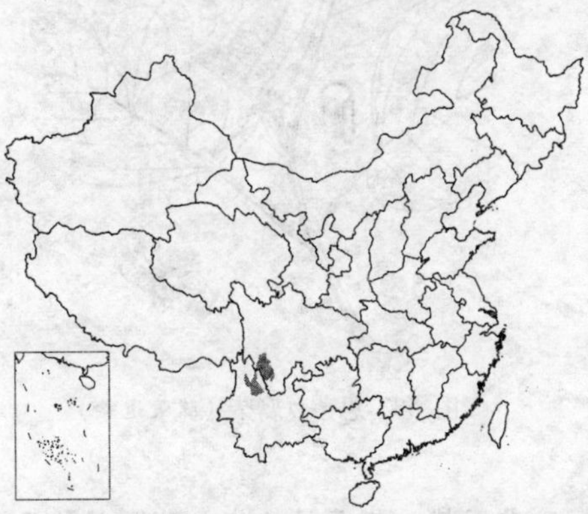

灌木，高达4米。幼枝被褐黄色绒毛，后脱落。叶卵形或卵状披针形，长4-8厘米，先端渐尖或尾尖，基部楔形或近圆，具尖锯齿，上面被细硬毛，两面被腺点；叶柄长0.4-1.2厘米，被柔毛及腺点。头状聚伞花序顶生，径1.5-3.5厘米。花萼两面被毛及腺点，长5-8毫米，萼筒长约1.5毫米，5深裂，裂片线形或线状披针形；花冠淡红色，稍长于花萼，4裂二唇形，被柔毛及腺点，内被长柔毛；雄蕊几不伸出花冠；子房顶端被腺点及疏毛。果倒卵状球形，径达4毫米，黑色。花果期夏秋季。

产云南西北部及四川西南部，生于海拔2700-3000米林缘灌丛中。

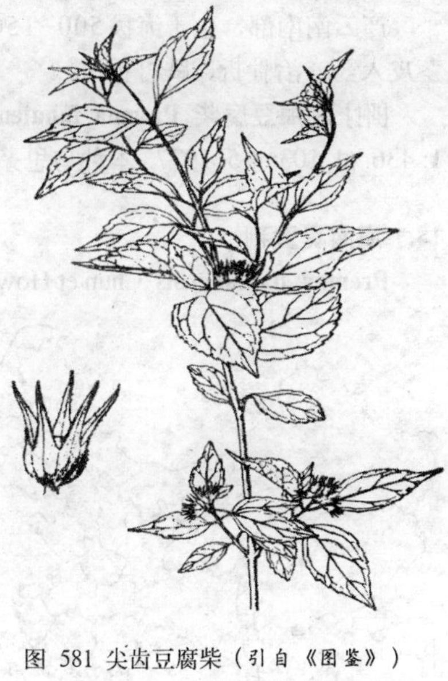

图 581 尖齿豆腐柴（引自《图鉴》）

12. 近头状豆腐柴 头序臭黄荆 图 582

Premna subcapitata Rehd. in Sarg. Pl. Wilson. 3: 458. 1917.

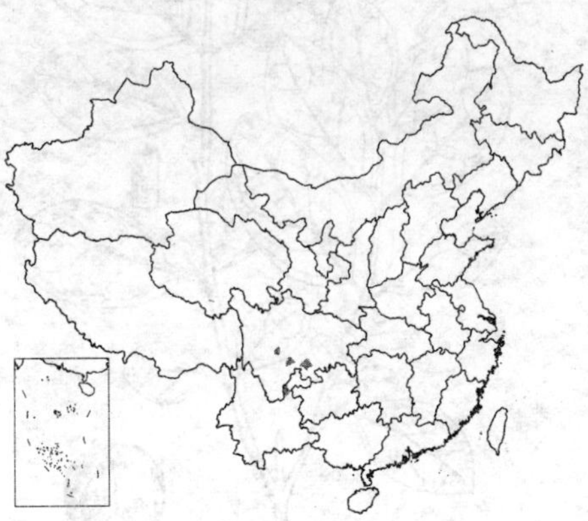

灌木，高达2米。幼枝被淡黄色柔毛，后脱落。叶卵形或卵状长圆形，长2.5-8.5厘米，先端渐尖或尖，基部平截或圆，疏生细齿或近全缘，上面被柔毛及黄色腺点，下面被绒毛及腺点；叶柄长0.4-1厘米。头状聚伞花序顶生，径1-3.5厘米；苞片线形或窄披针形，长0.5-1厘米。花萼杯状，长约4毫米，两面被毛及淡黄色腺点，裂片披针形或窄长三角形；花冠黄绿或绿白色，长约6毫米，被柔毛及腺点，冠檐4裂二唇形，裂片卵圆形，上唇全缘，下唇3裂，花冠筒长约3毫米，喉部内密被长柔毛环；雄蕊稍伸出。果卵圆形，黑色，长3-4毫米，顶端被毛及黄色腺点。花果期5-8月。

产云南东北部及四川西南部，生于海拔约2600米山坡林中。

[附] **云南豆腐柴 Premna yunnanensis** W. W. Smith in Notes Roy. Bot. Gard. Edinb. 9: 120. 1916. 本种与近头状豆腐柴的区别：花萼深裂达中部以下，花冠淡红或紫红色。产云南西部及四川西南部，生于海拔1800-2200米河谷草丛中。

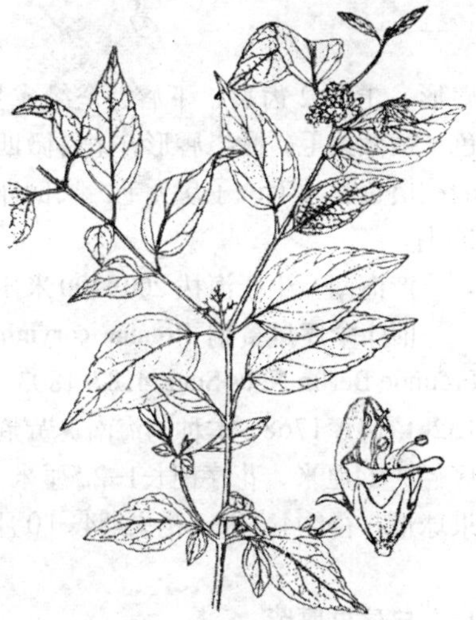

图 582 近头状豆腐柴（引自《图鉴》）

13. 思茅豆腐柴 接骨树 图 583 彩片137

Premna szemaoensis Péi in Mem. Sci. Soc. China 1(3): 76. pl. 17. 1932.

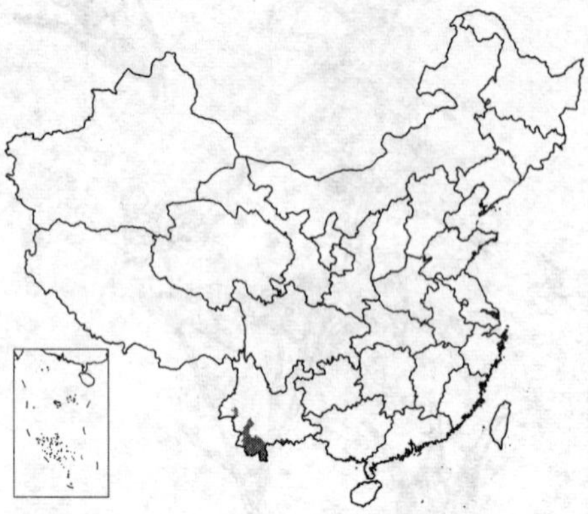

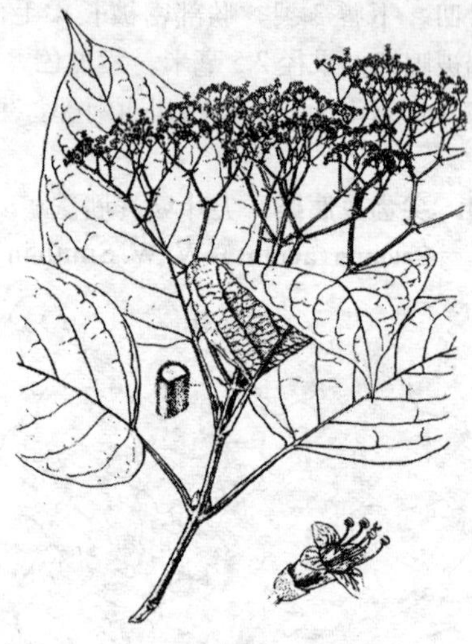

图 583 思茅豆腐柴（陈荣道绘）

乔木，高达12米。幼枝、叶柄及花序被褐色绒毛，老枝无毛。叶宽卵形或卵状椭圆形，长8-18厘米，先端渐尖或尖，基部宽楔形或圆，全缘或具疏齿，上面疏被短柔毛，下面密被褐色绒毛；叶柄长0.5-6厘米。伞房状圆锥花序径7-23厘米；苞片线形，长0.4-1.5厘米。花萼钟状，被短柔毛及淡黄腺点，近平截或微二唇形，每唇常具2(3)齿；花冠淡黄或绿白色，长3.5-4毫米，喉部密被白色长柔毛环；雄蕊及柱头伸出，子房无毛，上部被黄色腺点。果球形或倒卵形，紫黑色，长5-7毫米。花果期6-9月。

产云南南部，生于海拔500-1500米疏林中。热带珍贵用材树种，根及茎皮入药，治骨折、跌打损伤。

[附] **勐海豆腐柴 Premna fohaiensis** Péi et S. L. Chen ex C. Y. Wu, Fl. Yunn. 1: 436. pl. 103: 4-5. 1977. 本种与思茅豆腐柴的区别：老枝灰黄色；叶基部圆或平截；花萼具4齿，花冠长约2毫米。产云南南部，生于海拔1500-1800米林中。

14. 海南臭黄荆 图 584

Premna hainanensis Chun et How in Acta Phytotax. Sin. 7: 77. f. 24. 1. 1958.

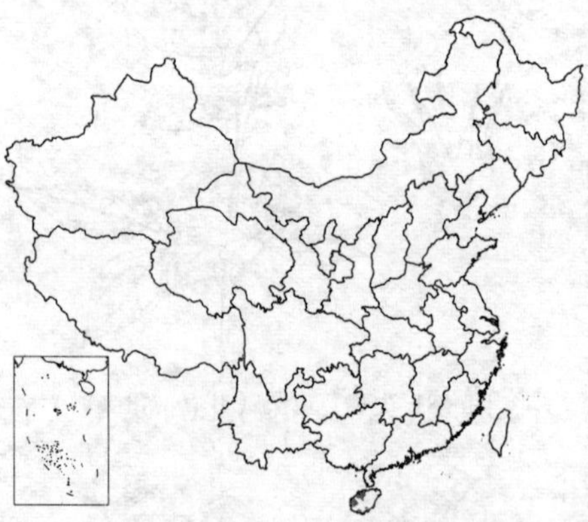

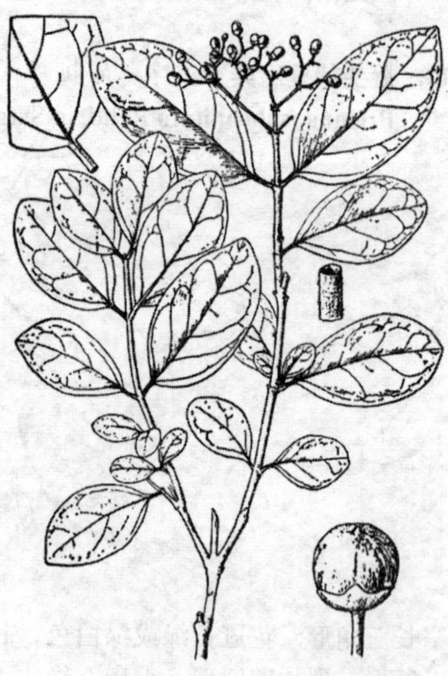

图 584 海南臭黄荆（史渭清绘）

攀援或直立灌木，高达3米。幼枝及花序稍被粉质毛，后脱落。叶厚纸质或近革质，椭圆形或卵状椭圆形，长4-9厘米，先端钝或渐尖，基部宽楔形或稍圆，全缘，两面无毛或沿脉被毛；叶柄长0.8-1.2厘米。伞房状聚伞花序顶生，径2-5厘米，花序梗长0.5-1.5厘米；苞片锥形，长约1.5毫米。花萼长1.8-2毫米，微被柔毛或近无毛，二唇形，上唇2齿裂，下唇近全缘或具2钝齿，果时近平截；花冠淡黄或白色，被微柔毛，微二唇形，上唇微凹，下唇3裂，花冠筒长3-4毫米，喉部内被白色长柔毛；子房无毛。果倒卵圆形，褐色，径2-3毫米。花果期9-11月。

产海南，生于海拔200-400米山坡灌丛中。

[附] **伞序臭黄荆 Premna corymbosa** (Burm. f.) Rottl. et Willd. in Ges. Naturf. Freunde Berlin Neus Schr. 4: 87. 1803.—— *Cornutia corymbosa* Burm. f. Fl. Ind. 132. t. 141. 1768. 本种与海南臭黄荆的区别：叶纸质，长圆形或宽卵形；花序径8-24厘米，花序梗长1-2.5厘米；花萼下唇裂片近全缘或具不明显3齿；果球形，径约4毫米。花果期4-10月。产台湾、广东及广西，生于海边平原或山地林中。印度沿海、斯里兰卡、马来西亚及南太平洋诸岛有分布。

15. 总序豆腐柴 图 585

Premna racemosa Wall ex Schauer in DC. Prodr. 11: 633. 1847.

攀援藤本或灌木，高达6米。小

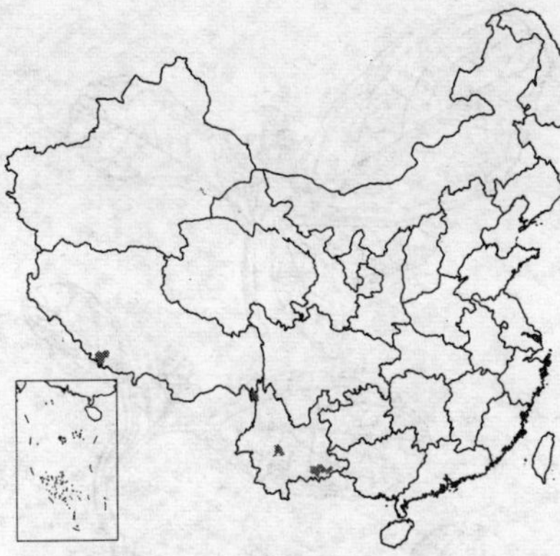

枝、叶柄、花序梗及叶脉稍被锈色平展硬毛，老枝近无毛。叶近革质，卵形、卵圆形或菱状椭圆形，长 6-10 厘米，先端渐短尖或尖，基部稍圆或宽楔形，两面疏被平伏硬毛，全缘或稀具不明显锯齿；叶柄长 0.8-1 厘米。聚伞总状花序；苞片披针形或卵圆形，疏被硬毛，后脱落。花萼二唇形，上下唇裂片全缘，萼筒长约 2 毫米，疏被硬毛及腺点；花冠白色，近 4 等裂，疏被腺点，内面疏被短柔毛；花冠筒长约 4 毫米，伸出，喉部被黄白色毛；雄蕊伸出，长于花柱；子房无毛。果窄倒卵圆形，长约 4 毫米，无毛。花果期 5-7 月。

产云南及西藏，生于海拔 1400-2100 米林中。尼泊尔、印度东北部、孟加拉及缅甸有分布。

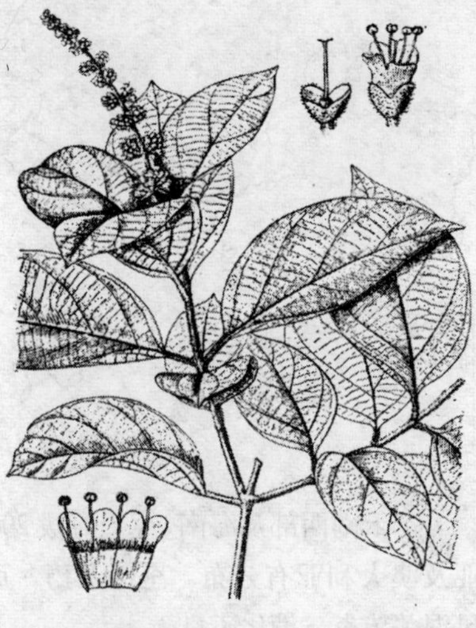

图 585 总序豆腐柴（史渭清绘）

16. 间序豆腐柴 断序臭黄荆 图 586

Premna interrupta Wall ex Schauer in DC. Prodr. 11: 633. 1847.

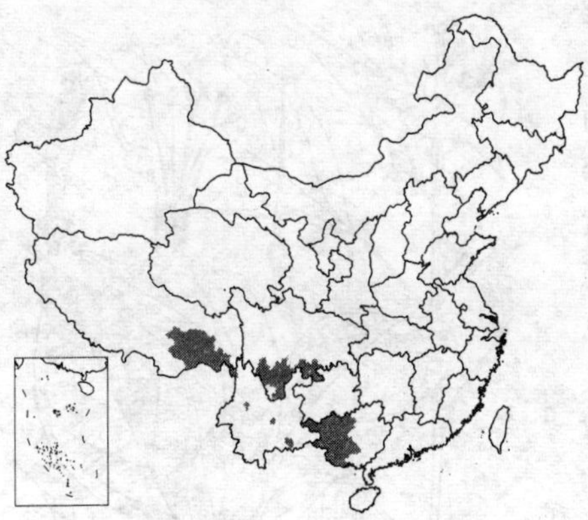

直立或蔓生灌木。幼枝被短柔毛，后脱落。叶倒卵形或卵状长圆形，长 8.5-13 厘米，先端渐长尖或尖，基部楔形下延至叶柄，两面叶脉被短柔毛，下面近无毛，全缘或上部具不明显细齿；叶柄长 3-4 毫米或近无柄。聚伞穗状花序，径约 1.5 厘米，花序梗长约 1.8 厘米，密被茸毛；苞片披针形，长约 1 厘米，疏被柔毛。花萼钟状，疏被短柔毛及黄色腺点或近无毛，长约 2 毫米，二唇形，裂片圆或上唇微凹，具缘毛；花冠黄绿或白色，有香味，微二唇形，裂片外展，近无毛，疏被黄色腺点，喉部内密被柔毛环；雄蕊伸出。果卵球形，黑色，顶端被黄色腺点。花果期 5-8 月。

产西藏东南部、广西、四川及云南，生于海拔 1500-2600 米林中。印度北部及锡金有分布。

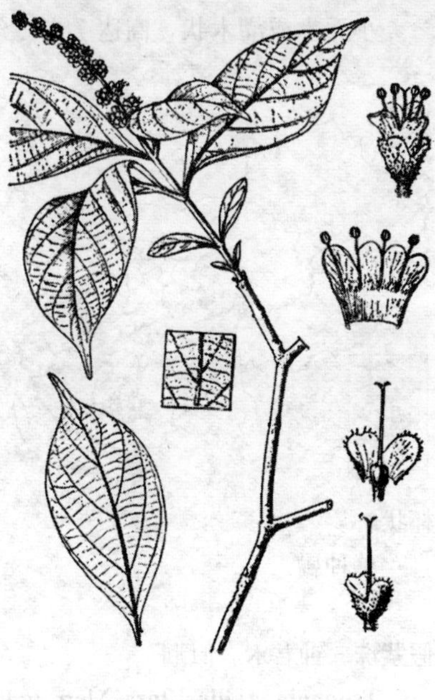

图 586 间序豆腐柴（史渭清绘）

[附] **苞序豆腐柴 Premna bracteata** Wall. ex C. B. Clarke in Hook. f. Brit Ind. 4: 572. 1885. 本种与间序豆腐柴的主要区别：乔木，高达 13 米；叶近革质，叶柄长 1.5-2 厘米；聚伞穗状圆锥花序；苞片卵状披针形，长约 5 毫米。产西藏东南部及云南南部，生于海拔 600-1300 米林中。锡金、不丹、印度东北部至孟加拉国有分布。

17. 千解草 草臭黄荆 图 587

Premna herbacea Roxb. Fl. Ind. ed. 2. 3: 80. 1832.

Pygmaeopremna herbacea (Roxb.) Moldenke; 中国植物志 65(1): 120. 1982.

丛生矮小亚灌木，高约 9 厘米。茎少分枝，常草质，基部木质化，疏被黄褐色柔毛或无毛。叶倒卵状长圆形或匙形，长 4-14 厘米，先端钝圆，基部楔形，两面疏被短柔毛及

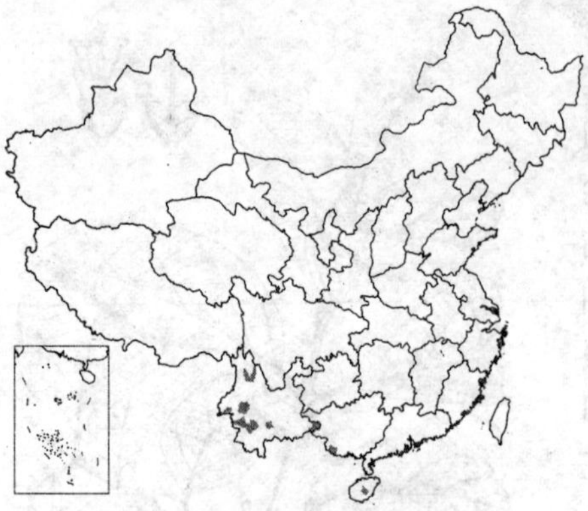

黄色腺点，疏生齿或上部具少数细圆齿，稀近全缘。伞房状聚伞花序密集呈头状，径1－2.4 厘米。花萼杯状，长约2.5 毫米，5浅裂，微二唇形，被短柔毛及黄色腺点；花冠芽时紫色，开后白色，4 裂呈二唇形，疏被柔毛；子房无毛，2室，顶端被腺点。果球形或倒卵圆形，长约5毫米。果期8月。

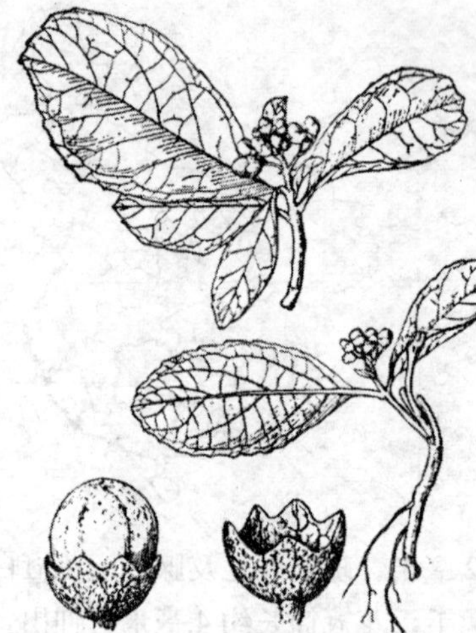

图 587 千解草（引自《图鉴》）

产云南西部及海南，生于海拔200-1700米火烧迹地。印度、不丹、东南亚及澳大利亚有分布。全株入药，可活血、去风湿、健脾，治跌打损伤、风湿关节炎、消化不良。

14. 假紫珠属 Tsoongia Merr.

（姚 淦）

小乔木或灌木状，高达7米。幼枝、叶柄及花序梗被绣色绒毛及黄褐色腺点。单叶或在同一枝上具3小叶复叶，叶椭圆形或卵状椭圆形，长6-15厘米，先端渐长尖或尖，基部宽楔形，两面被柔毛及黄色腺点，全缘；叶柄长2-5.5厘米。聚伞花序少花，腋生。花萼钟状，3齿裂呈二唇形；花冠筒管状，4－5裂，二唇形，裂片倒卵圆形，黄色；冠筒喉部具柔毛环；雄蕊4，近等长；子房顶端密被黄色腺点。核果倒卵状球形，径约4毫米，黑褐色，疏被腺点，宿萼杯状。

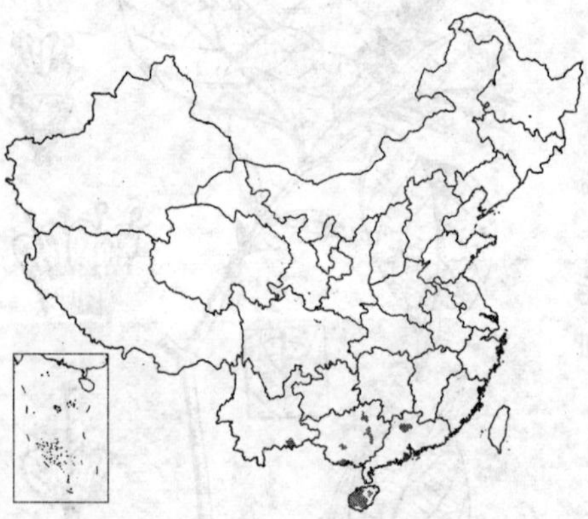

单种属。

假紫珠 钟君木 似荆 图 588

Tsoongia axillariflora Merr. in Philip. Journ. Sci. Bot. 23: 264. 1923.

形态特征同属。花果期5-9月。

产云南、广西、广东及海南，生于海拔850-1000米山谷密林中。越南有分布。

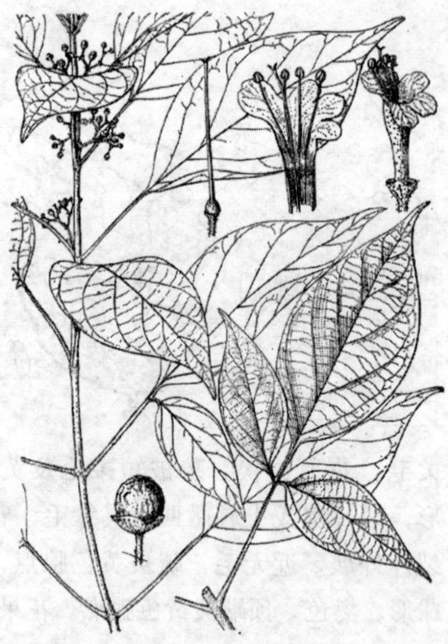

图 588 假紫珠（史渭清绘）

15. 石梓属 Gmelina Linn.

（姚 淦）

乔木或灌木。小枝被绒毛，有时具刺。单叶对生，常全缘，基部具大腺体。复聚伞花序圆锥状，顶生或腋生，稀单花腋生；苞片披针形或椭圆形。花萼钟状，宿存，平截或具5齿裂；花冠稍二唇形，上唇2裂或全缘，下唇3裂，中裂片稍大，花冠筒管状，上部漏斗状；雄蕊4，二强，着生花冠筒下部，花药2室，药室叉开；子房(2－)4室，每室1(2)胚珠；花柱纤细，柱头2裂。肉质核果。

约35种，分布于热带亚洲至大洋洲，少数产热带非洲。我国7种。

1. 苞片卵形或卵状披针形，早落；叶不为倒卵形。
  2. 花萼具裂片或裂齿。
    3. 幼枝圆；花萼裂片卵状三角形；花冠淡红、红、稀淡黄色；子房被毛 …………………………………… 1. 苦梓 G. hainanensis
    3. 幼枝四棱稍扁；花萼裂片尖三角形；花冠黄色；子房无毛 ………………………… 1(附). 云南石梓 G. arborea
  2. 花萼平截；花冠淡粉红色 …………………………………………………………………… 2. 石梓 G. chinensis
1. 苞片圆形或宽卵形，宿存；叶倒卵形 ……………………………………………………… 2(附). 四川石梓 G. szechuanensis

1. 苦梓 海南石梓 图 589 彩片138

Gmelina hainanensis Oliv. in Hook. Icon. Pl. 19: pl. 1874. 1889.

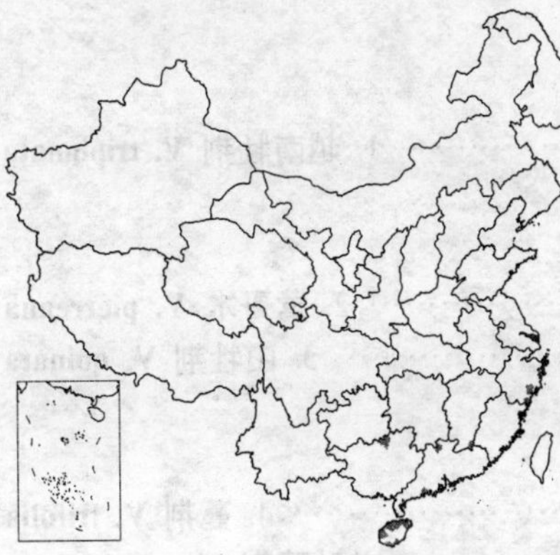

乔木，高达20米，树皮灰褐色，片状剥落。幼枝圆，被毛，老枝无毛，叶痕及皮孔明显。叶卵形或宽卵形，长5-16厘米，先端渐尖，基部宽楔形，下面被微柔毛，全缘，基生三出脉；叶柄长2-4(-6.5)厘米，被柔毛。聚伞圆锥花序顶生，花序梗长6-8厘米，被黄柔毛；苞片卵形或卵状披针形，被灰色柔毛及盘状腺点。花萼钟状，长1.5-1.8厘米，5齿裂，裂片卵状三角形；花冠漏斗状，淡红、红色、稀淡黄色，长3.5-4.5厘米，两面被白色腺点；子房被毛。果倒卵圆形，顶端平截，为宿萼包被。花期5-6月，果期6-9月。

产江西南部、广东、海南及广西，生于250-500米山坡疏林中。材质优良，供造船、建筑、家具等用。

图 589 苦梓（史渭清绘）

[附] **云南石梓 Gmelina arborea** Roxb. Pl. Corom. 3: 41. t. 246. 1815. 本种与苦梓的区别：幼枝四棱稍扁；花萼裂片尖三角形，花冠黄色，子房无毛，被腺点。产云南南部，生于海拔1500米以下山坡疏林中及林缘。东南亚各国有分布。

2. 石梓 图 590 彩片139

Gmelina chinensis Benth. Fl. Hongk. 272. 1861.

乔木，高达12米，树皮灰色。幼枝被黄褐色绒毛，后脱落。叶卵形或卵状椭圆形，长5-15厘米，先端渐尖，基部楔形，全缘，上面无毛，下面灰白色，被毛及腺点；叶柄长2-5.5厘米，被柔毛。聚伞圆锥花序顶生。花萼钟状，平截或具4小尖头，密被灰色短茸毛及黑色盘状腺点；花冠漏斗状，淡粉红或白色，长3-3.5厘米，4(5)裂，裂片宽卵形；雄蕊2强，花丝扁平；子房倒卵圆形，上部密被柔毛。果倒卵圆形，长约2.2厘米。花期4-5月，果期8月。

产贵州、福建、广西、广东及香港，生于海拔500-1200米山坡林中。

图 590 石梓（韦力生绘）

[附] **四川石梓 Gmelina szechuanensis** K. Yao, Fl. Reipubl. Popularis Sin.

65(1): 124. 211. t. 14. 1982. 本种与苦梓、云南石梓、石梓的区别：苞片圆形或宽卵形，宿存；叶倒卵形；幼枝密被白色柔毛。产四川西南部，生于海拔1200-1300米山坡林缘或山谷林中。

16. 牡荆属 Vitex Linn.

（刘守炉）

乔木或灌木。小枝常四棱形。掌状复叶，对生，小叶3－8，稀单叶。圆锥状聚伞花序；苞片小。花萼钟状或管状，近平截或具5小齿，有时稍二唇形，常被微柔毛及黄色腺点；花冠白、淡蓝、淡蓝紫或淡黄色，稍长于花萼，二唇形，上唇2裂，下唇3裂，中裂片较大；雄蕊4，稀5，二强或近等长；子房2-4室，每室1－2胚珠。核果球形或倒卵圆形，外包宿萼。种子倒卵圆形，无胚乳。

约250种，分布于热带及温带地区。我国14种，7变种，3变型。

本属有些种类为工业用材树种，有些供药用。

1. 花序顶生。
  2. 花序梗、花梗及花萼常无毛 ………………………………………… 1. **越南牡荆 V. tripinnata**
  2. 花序梗、花梗及花萼密被细柔毛。
    3. 小叶两面仅中脉疏被柔毛，余无毛。
      4. 小叶披针形或长圆状披针形；苞片花期宿存 ………………………… 2. **莺哥木 V. pierreana**
      4. 小叶倒卵形或倒卵状椭圆形；苞片早落 ………………………………… 3. **山牡荆 V. quinata**
    3. 小叶两面被柔毛，下面毛密。
      5. 小叶1-3，全缘。
        6. 小叶常3枚 ……………………………………………………………… 4. **蔓荆 V. trifolia**
        6. 小叶1，稀在同一枝条上间有3枚 ………………………………… 5. **单叶蔓荆 V. rotundifolia**
      5. 小叶常5枚，全缘或具缺刻状锯齿、浅裂至深裂。
        7. 小叶全缘，偶具少数锯齿 ………………………………………………… 6. **黄荆 V. negundo**
        7. 小叶具锯齿，浅裂至深裂。
          8. 小叶具锯齿 ………………………………………… 6(附). **牡荆 V. negundo var. cannabifolia**
          8. 小叶具缺刻状锯齿、浅裂至深裂 ……………… 6(附). **荆条 V. negundo var. heterophylla**
1. 花序腋生。
  9. 小叶3，两面无毛；芽及幼枝基部被柔毛 …………………………… 7. **长序荆 V. peduncularis**
  9. 小叶3-5，下面被毛或下面脉被长柔毛；芽及幼枝被柔毛。
    10. 小叶3-5，下面疏被柔毛，全缘。聚伞花序不分歧或稀2歧，具3-7花 ……………………………………………………………………………… 8. **滇牡荆 V. yunnanensis**
    10. 小叶3，下面密被柔毛,有时上部疏生浅齿；聚伞花序2-3歧 ……… 8(附). **黄毛牡荆 V. vestita**

1. 越南牡荆 图 591

Vitex tripinnata (Lour.) Merr. in Trans. Amer. Philos. Soc. Philadelphia 24(2): 335. 1935.

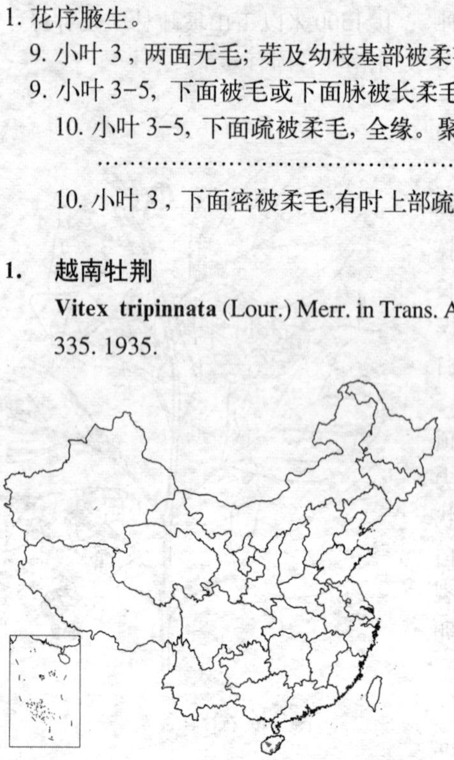

乔木或灌木状，高达8米。枝灰褐色，无毛，具皮孔。三小叶复叶，小叶长椭圆形或长卵圆形，长3-11厘米，先端骤尖或短尾尖，基部宽楔形或近圆，全缘，下面被腺点，两面无毛或叶缘疏生细毛，侧脉6-9对；中间小叶长于两侧小叶。复聚伞花序顶生，长6－11厘米，花序梗长0.5-1厘米。花萼边缘疏被细毛，

图591 越南牡荆（引自《海南植物志》）

余无毛，被黄色腺点，具5小齿；花冠橙黄或淡紫色，有香气，喉部密被白色柔毛，二唇形；雄蕊4，二强，伸出花冠。子房无毛。核果球形。花期5月，果期6-7月。

产海南，生于海拔300-600米山坡林缘。缅甸、越南、柬埔寨及马来西亚有分布。

2. 莺哥木 图 592 彩片140

Vitex pierreana P. Dop in Bull. Soc. Hist. Toulouse 57: 205. 1928.

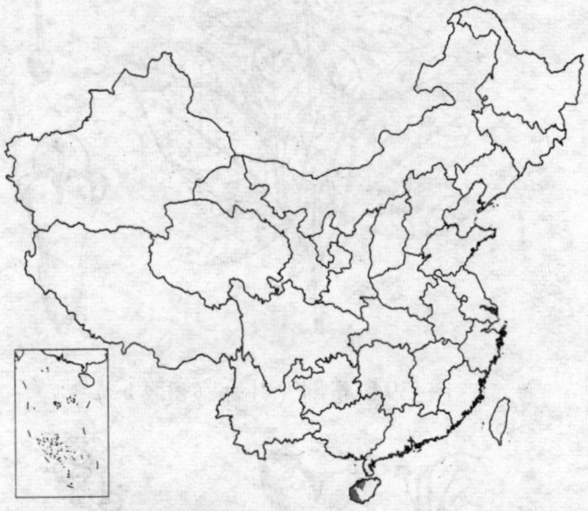

乔木，高达15米。小枝疏被柔毛或近无毛。掌状复叶，叶柄长2.5-7厘米；小叶3-5；中间小叶披针形或长圆状披针形，长9-14厘米，先端渐尖，基部楔形稍下延，全缘，两面中脉稍被柔毛，余无毛，下面被腺点。圆锥花序顶生，长13-20厘米；苞片线形，花期宿存。花萼杯状，具5小齿，被短柔毛及腺点；花冠黄白色，二唇形，被微柔毛；雄蕊二强，花丝基部被柔毛。核果倒卵圆形或近球形，黑色，无毛，被腺点。花期3-5月，果期5-7月。

产海南，生于海拔300-500米山坡林中。越南、老挝有分布。

图 592 莺哥木（陈荣道绘）

3. 山牡荆 图 593

Vitex quinata (Lour.) Will. in Bull. Herb. Boiss. Ser. 2, 5: 431. 1905.

Cornutia quinata Lour. Fl. Cochinch. 2: 387. 1790.

常绿乔木，高达12米。幼枝被短柔毛及腺点。掌状复叶，叶柄长2.5-6厘米；小叶3-5，小叶倒卵形或倒卵状椭圆形，先端渐尖，基部楔形，全缘，下面被黄腺点。复聚伞花序对生于主轴，组成顶生圆锥花序，长9-18厘米，密被黄褐色短柔毛；苞片早落。花萼钟状，长2-3毫米，微具齿，密被黄褐色短柔毛及腺点；花冠淡黄色，长6-8毫米，二唇形；雄蕊4，伸出花冠。核果卵圆形或球形，黑色，径约8毫米。花期5-7月，果期8-9月。

产浙江西部、福建、台湾、江西、湖南、广东、海南及广西，生于海拔180-1200米山坡林中。印度、马来西亚、菲律宾、日本有分布。

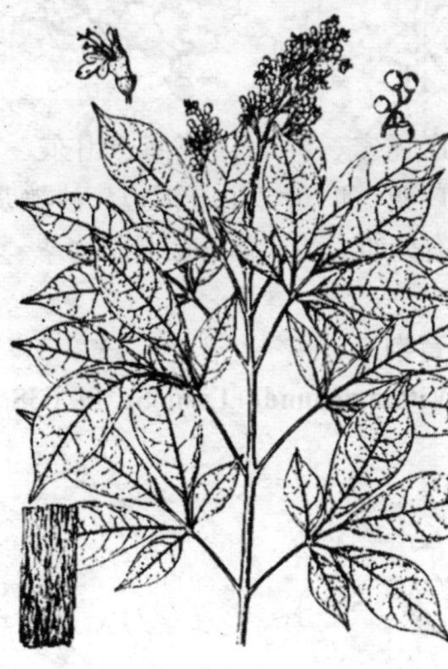

图 593 山牡荆（引自《图鉴》）

4. 蔓荆 图 594 彩片141

Vitex trifolia Linn. Sp. Pl. 638. 1753.

落叶小乔木或灌木状。小枝密被短柔毛。三小叶复叶，有时侧枝具单叶，叶柄长1-3厘米；小叶长圆形或倒卵状长圆形，长2.5-9厘米，先端钝或短尖，基部楔形，全缘，上面无毛或被微柔毛，下面密被灰白色绒毛。圆锥花序顶生，长3-15厘米花序梗被绒毛。花萼钟状，5齿裂，被灰白色柔毛；花冠淡紫或蓝紫色，5裂，

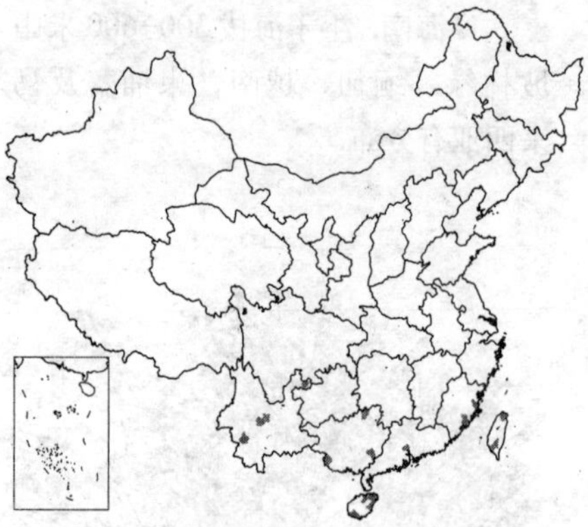

二唇形；雄蕊伸出花冠；子房无毛，密被腺点。核果近球形，径约5毫米，黑色。花期4－8月；果期8-11月。

产福建、台湾、广东、海南、广西及云南，生于海边、河滩、疏林及村旁。印度、越南、菲律宾、日本及大洋洲北部有分布。

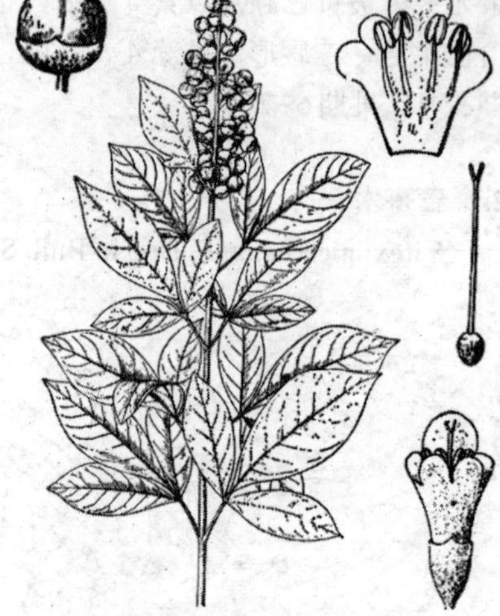

图 394 蔓荆（引自《图鉴》）

5. **单叶蔓荆** 图 595

Vitex rutundifolia Linn. f. Suppl. Pl. Syst. Veg. 294. 1781 (publ. 1782).

Vitex trifolia Linn. var. *simplicifolia* Cham.; 中国植物志 65(1): 140. 1982.

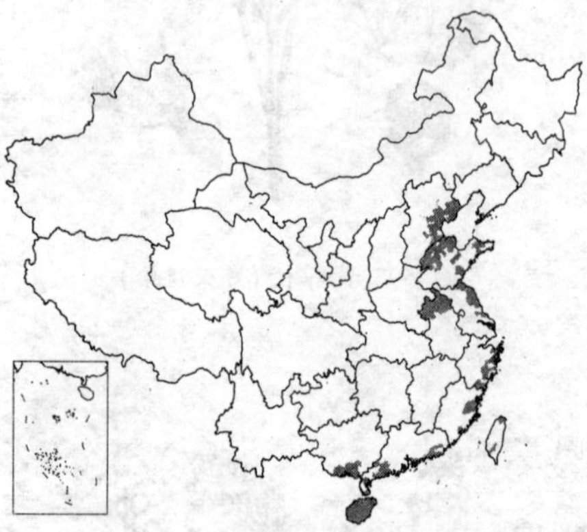

灌木，茎匍匐。幼枝被绢状绒毛。单叶，倒卵形或近圆形，长2.5-5厘米，先端钝圆，基部宽楔形或近圆，上面被短柔毛，下面被绢状绒毛，全缘；无柄或具短柄。聚伞圆锥花序，花萼被绢状绒毛及腺点；花冠紫红或淡紫蓝色，高脚碟状，被绢状绒毛及腺点；子房密被腺点。果球形，黑褐色。花期7-9月，果期9-11月。

产辽宁、河北、河南、山东、江苏、安徽、浙江、江西、福建、台湾、广西、广东，生于海边、沙滩及湖畔。东南亚、澳大利亚、新西兰及日本有分布。治头痛、眩晕及拘挛。

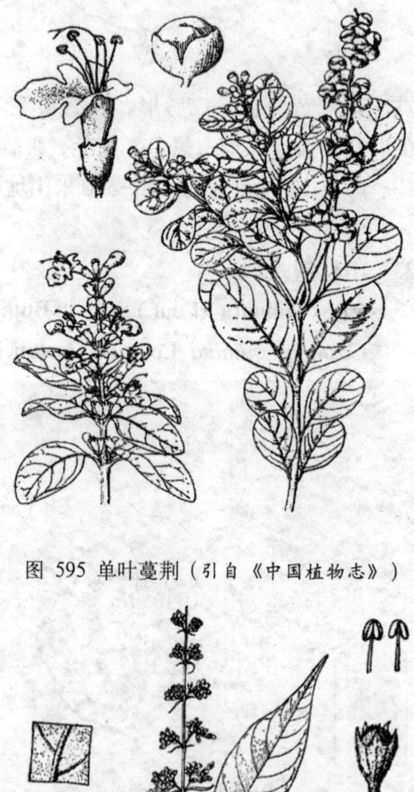

图 595 单叶蔓荆（引自《中国植物志》）

6. **黄荆** 图 596

Vitex negundo Linn. Sp. Pl. 638. 1753.

小乔木或灌木状。小枝密被灰白色绒毛。掌状复叶，小叶(3)5；小叶长圆状披针形或披针形，先端渐尖，基部楔形，全缘或具少数锯齿，下面密被绒毛。聚伞圆锥花序长10-27厘米，花序梗密被灰色绒毛。花萼钟状，具5齿；花冠淡紫色，被绒毛，5裂，二唇形；雄蕊伸出花冠。核果近球形。花期4-5月，果期6-10月。

产长江以南各地，北达秦岭淮河，生于山坡路边或灌丛中。非洲东部经马达加斯加、亚洲东南部及南美玻利维亚有分布。茎、叶治痢疾，根可驱蛲虫，种子为镇静药；茎皮可造纸，叶、花、枝可提取芳香油。

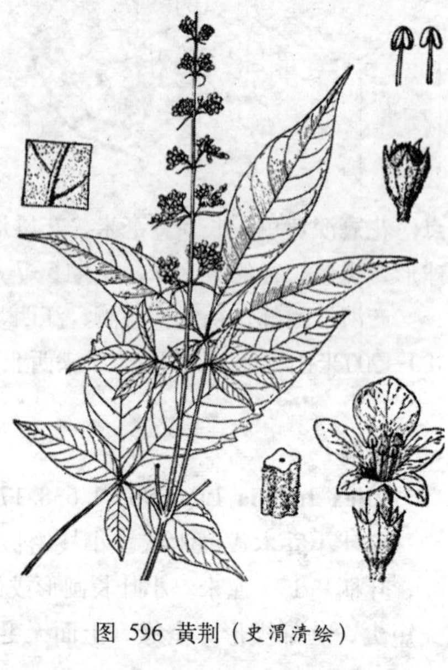

图 596 黄荆（史渭清绘）

[附] **牡荆 Vitex negundo** var. **cannabifolia** (Sieb. et Zucc.) Hand.-Mazz. in

Act. Hort. Gotoburg. 9: 67.1934.—— *Vitex cannabifolia* Sieb. et Zucc. in Abh. Akad. Munch. ser. 3,4: 152. 1846. 本变种与模式变种的区别：小叶具粗锯齿，下面淡绿色，被柔毛。产陕西、山西、山东、江苏、安徽、浙江、福建、江西、广东、湖南、湖北、四川及贵州，生于海拔500米以下山坡、路边或灌丛中。日本有分布。

[附] **荆条 彩片142 Vitex negundo** var. **heterophylla** (Franch.) Rehd. in Journ. Arn. Arb. 28: 258. 1947.—— *Vitex incisa* Lamk. var. *heterophylla* Franch. in Nouv. *Arch.* Mus. Paris ser. 2, 6: 112. 1883. 本变种与黄荆和牡荆的区别：小叶具缺刻状锯齿，浅裂至深裂。产辽宁、内蒙古、河北、山西、陕西、甘肃、四川、贵州、湖南、湖北、河南、山东、江苏、安徽及江西北部，生于海拔800米以下山坡路边或灌丛中。日本有分布。用途与黄荆同。

7. 长序荆 图 597

Vitex peduncularis Wall.ex Schauer in DC. Prodr. 11: 687. 1847.

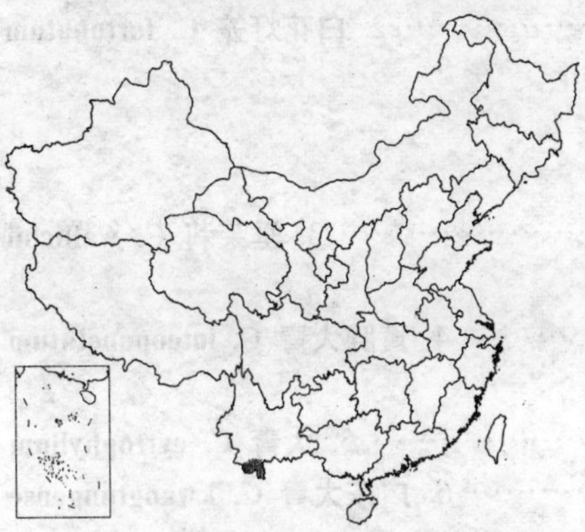

乔木，高达15米。幼枝疏被柔毛，后脱落；芽及幼枝基部密被淡黄色绒毛。三小叶复叶，叶柄长4-7厘米；中间小叶宽披针形或长圆形，长10-15厘米，两面无毛，下面被腺点，全缘。圆锥花序腋生，长7-17厘米；苞片早落。花萼长1.8-2.5毫米，被柔毛及腺点，内面无毛；花冠白色，被微柔毛；雄蕊内藏；花丝无毛；子房被腺点。核果近球形，黑色，径约7毫米。花果期7-8月。

产云南南部，生于海拔600-1200米混交林中。东南亚各国有分布。

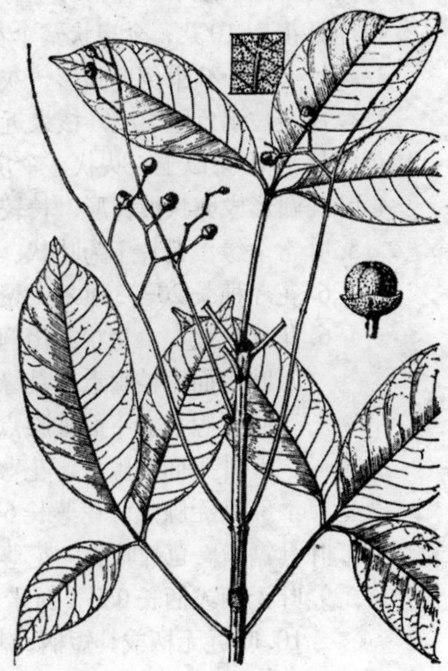

图 597 长序荆（史渭清绘）

8. 滇牡荆 图 598

Vitex yunnanensis W. W. Smith in Notes Roy. Bot. Gard. Edinb. 9: 141. 1916.

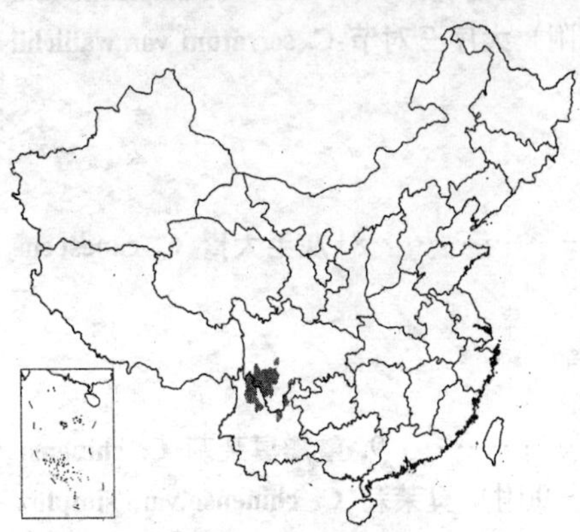

小乔木或灌木状，高达5米。幼枝密被绒毛及腺点，老枝近无毛。掌状复叶，小叶3-5，叶柄长1-6厘米；小叶卵形、卵状长圆形或椭圆状披针形，长2-6厘米，先端钝、短尖或渐尖，基部宽楔形或近圆，全缘，下面疏被柔毛。聚伞花序腋生，具3-7花，花序梗短，密被绒毛及腺点。花萼钟状，5浅裂；花冠白色带粉红或蓝晕，被柔毛及腺点，内面花丝着生处被白色柔毛；雄蕊4，稍伸出；花柱及子房无毛。核果球形，径约1厘米。花果期5-11月。

产云南西北及东北部、四川西南部，生于海拔900-3300米山坡或林中。

[附] **黄毛牡荆 Vitex vestita** Wall. ex Schauer in DC. Prodr. 11: 692. 1847. 本种与滇牡荆的区别：小叶3，下面密被柔毛，有时上部疏生浅齿；聚伞花序2-3歧分枝。产云南西南、东南至南部、广西，生于海拔780-1750米混交林中或山坡路边。印度、缅甸、泰国、马来西亚及印度尼西亚有分布。

图 598 滇牡荆（史渭清绘）

17. 大青属 Clerodendrum Linn.

（庄体德）

灌木或小乔木，稀为亚灌木或草本，直立，稀攀援。单叶对生，稀3－5叶轮生，全缘、波状或具锯齿，稀浅裂至掌状分裂。聚伞花序或组成伞房状、圆锥状花序或近头状，顶生、稀腋生；苞片宿存或早落。花萼色艳，钟状或杯状，近平截或具5(-6)钝齿至深裂，宿存；花冠高脚杯状或漏斗状，5(6)裂；雄蕊4(5-6)，等长或二强，着生花冠筒上部，伸出花冠；子房4室，每室1胚珠。浆果状核果，具4分核，有时分裂为2或4个分果爿。

约400种，主产东半球热带及亚热带，少数产温带。我国34种14变种，主产西南及华南。

1. 花冠筒长5厘米以下；叶常对生。
 2. 花序具花3-10朵，伞房状聚伞花序，腋生或近枝顶腋生。
  3. 苞片无毛；核果倒卵圆形，灰黄色，径0.7-1厘米 ………………………………………… 1. **苦郎树 C. inerme**
  3. 苞片密被褐色短柔毛；核果近球形，深蓝绿色，径约5毫米 ……………………… 2. **白花灯笼 C. fortunatum**
 2. 花序具花10朵以上，头状、伞房状或圆锥状聚伞花序，顶生或近枝顶腋生。
  4. 叶长圆形或卵状披针形，长较宽大3-4倍以上。
   5. 叶常全缘；苞片不为叶状；花萼浅裂至深裂。
    6. 花序梗长20-33厘米，聚伞花序成对组成圆锥状 ………………………………… 3. **垂茉莉 C. wallichii**
    6. 花序梗短、伞房状或短圆锥状聚伞花序。
     7. 叶两面密被腺点，具缘毛 …………………………………………………………… 4. **黄腺大青 C. luteopunctatum**
     7. 叶无腺点或下面被腺点，无缘毛。
      8. 叶下面被腺点；花萼长3-4毫米；花冠筒长约1厘米 ………………………… 5. **大青 C. cyrtophyllum**
      8. 叶无腺点；花萼长6-7毫米，花冠筒长2-3厘米 ……………………… 6. **广东大青 C. kwangtungense**
   5. 叶具锯齿；苞片叶状；花萼平截或具5钝齿。
    9. 叶无柄或柄长0.5-1厘米；花丝基部棍棒状或圆柱状。
     10. 叶近无柄或具短柄，基部不为耳状抱茎。
      11. 叶对生或三叶轮生；花序塔形圆锥状 ……………………………………………… 7. **三对节 C. serratum**
      11. 叶对生；花序穗状 ……………………………………… 7(附). **草本三对节 C. serratum var. herbaceum**
     10. 叶无柄，基部下延耳状抱茎 …………………………………… 7(附). **三台花 C. serratum var. amplexifolium**
    9. 叶柄长2-5厘米；花丝基部扁平 ………………………………… 7(附). **大序三对节 C. serratum var. wallichii**
  4. 叶卵形、宽卵形或心形，长较宽大2倍以下。
   12. 叶下面无盾状腺体。
    13. 花序头状。
     14. 花萼裂片卵形或宽卵形，边缘重叠，无盾状腺体 ……………………………… 8. **灰毛大青 C. canescens**
     14. 花萼裂片三角形或线状披针形，边缘不重叠，常被盾状腺体。
      15. 花萼长1-1.7厘米，裂片披针形或线状披外形。
       16. 花冠裂片长约2厘米，卵圆形或椭圆形。
        17. 花重瓣 …………………………………………………………………… 9. **重瓣臭茉莉 C. chinense**
        17. 花单瓣 …………………………………………………… 9(附). **臭茉莉 C. chinense var. simplex**
       16. 花冠裂片长5-7毫米，倒卵形 ………………………………………………10. **尖齿臭茉莉 C. lindleyi**
      15. 花萼长2-6毫米，裂片三角形 …………………………………………………………… 11. **臭牡丹 C. bungei**
    13. 花序伞房状。
     18. 叶下面被微柔毛或白色柔毛。
      19. 叶下面被微柔毛；花萼被柔毛及盾状腺体 ……………………………… 12. **腺茉莉 C. colebrookianum**
      19. 叶下面被白色短柔毛；花萼无毛，无腺体。
       20. 小枝及花序稍被黄褐色柔毛或近无毛 ……………………………… 13. **海州常山 C. trichotomum**
       20. 小枝及花序被锈红色绒毛 ……………………………………………………………………
       ……………………………………………… 3(附). **锈毛海州常山 C. trichotomum var. ferrugineum**

18. 叶下面密被灰白色绒毛 …………………………………………………………………………… 14. 海通 **C. mandarinorum**

12. 叶下面被盾状腺体。

21. 叶疏生细尖齿；花萼长1-1.5厘米 ……………………………………………………………… 15. 赪桐 **C. japonicum**

21. 叶浅裂具3-7角；花萼长约7毫米 ………………………………………………………… 16. 圆锥大青 **C. paniculatum**

1. 花冠筒长5厘米以上；叶常轮生 …………………………………………………………………… 17. 长管大青 **C. indicum**

1. 苦郎树 图 599 彩片143

Clerodendrum inerme (Linn.) Geartn. Fruct. Sem. Pl. 1: 271. t. 57. 1788.

Volkameria inermis Linn. Sp. Pl. 2: 637. 1753.

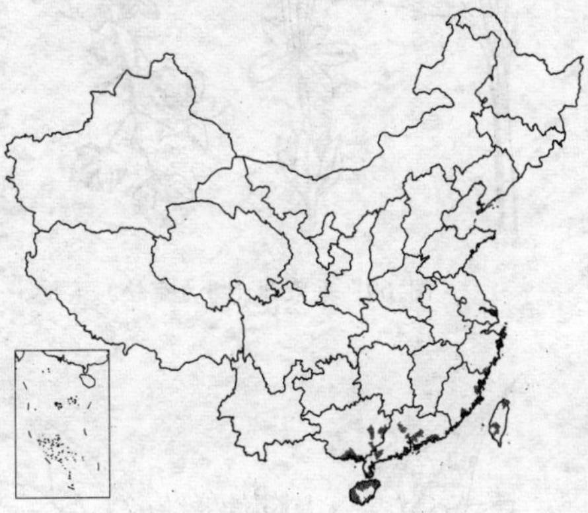

直立或攀援灌木，高达2米。根、茎、叶有苦味。幼枝四棱，被短柔毛。叶卵形、椭圆形或椭圆状披针形，长3-7厘米，先端钝尖，基部楔形，全缘，下面无毛或沿脉疏被短柔毛，两面疏被黄色腺点，微反卷；叶柄长约1厘米。聚伞花序，稀二歧分枝，具3(7-9)花，芳香，花序梗长2-4厘米；苞片线形，无毛。花萼钟状，被柔毛，具5微齿，果时近平截；花冠白色，5裂，裂片椭圆形，冠筒长2-3厘米，疏被腺点；雄蕊伸出，花丝紫红。核果倒卵圆形或近球形，灰黄色，径0.7-1厘米。花果期3-12月。

产浙江南部、福建、台湾、广东、香港、海南及广西，生于海岸沙滩。印度、东南亚、大洋洲北部及太平洋诸岛有分布。为我国南部沿海固沙造林树种；根入药，可清热解毒、舒筋活络；枝叶有毒。

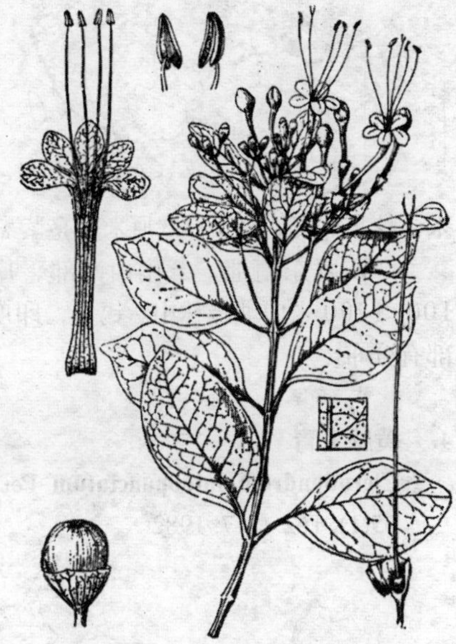

图 599 苦郎树（史渭清绘）

2. 白花灯笼 灯笼草 图 600

Clerodendrum fortunatum Linn. Sp. Pl. ed. 2: 889. 1763.

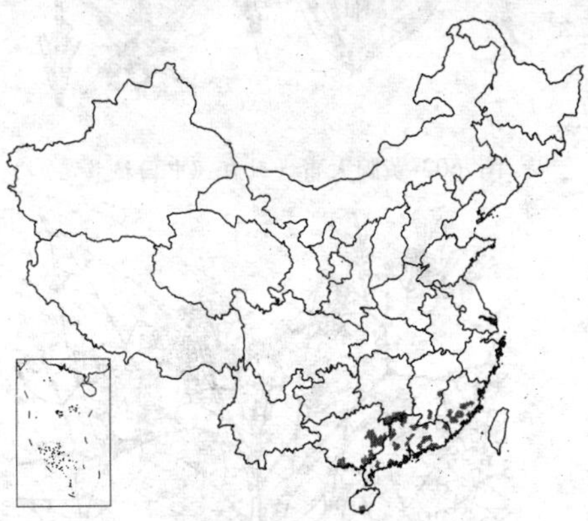

灌木，高达2.5米。小枝、叶柄、花序梗及苞片密被黄褐色柔毛。叶长椭圆形或倒卵状披针形，长5-17.5厘米，先端渐尖，基部楔形，全缘或波状，下面密被黄色腺点，沿脉被柔毛；叶柄长0.5-4厘米。聚伞花序腋生，具花3-9朵，花序梗长1-4厘米；苞片线形。花萼紫红色，具5棱，膨大，长1-1.3厘米，疏被柔毛，5深裂，裂片宽卵形；花冠淡红或白色带紫，被毛，裂片长圆形。核果近球形，深蓝绿色，径约5毫米，为宿萼所包。花果期6-11月。

产江西、福建、广东、香港、海南及广西，生于海拔1000米以下丘陵山坡、路边及旷野。全株入药，可清热解毒、止咳、镇痛。

图 600 白花灯笼（史渭清绘）

3. 垂茉莉 图 601

Clerodendrum wallichii Merr. in Journ. Arn. Arb. 33: 220. 1952.

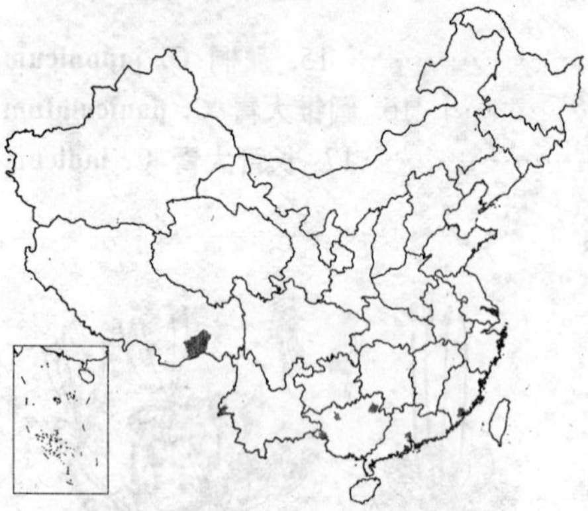

小乔木或灌木状，高达4米。小枝四棱，稍翅状。叶长圆形或长圆状披针形，长11-18厘米，先端渐尖，基部窄楔形，全缘，两面无毛；叶柄长约1厘米。圆锥状聚伞花序，长20-33厘米，下垂，花序梗及花序轴四棱或翅状；苞片钻形。花萼长约1厘米，裂片卵状披针形，长7-8毫米，果时鲜红或紫红色；花冠白色，裂片倒卵形，长1.1-1.5厘米。核果球形，径1-1.3厘米，亮紫黑色。

产西藏东南部、云南西南部、广西、广东、香港及海南，生于海拔100-1200米山坡疏林中。锡金、印度东北部、孟加拉、缅甸北部及越南中部有分布。

图 601 垂茉莉（韦力生绘）

4. 黄腺大青　　图 602

Clerodendrum luteopunctatum Péi et S. L. Chen, Fl. Reipubl. Popularis Sin. 65(1): 162. t. 17. 1982.

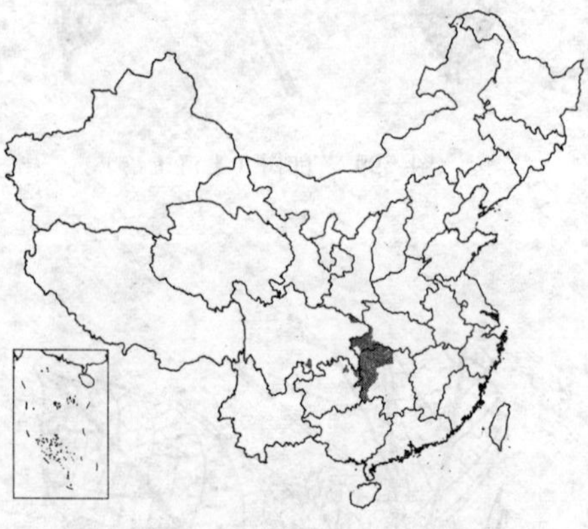

灌木，高达4米。小枝、茎、叶柄及花序轴密被锈色柔毛。叶长圆状披针形，长7-15厘米，先端渐长尖，基部宽楔形或圆，全缘，密生缘毛，两面疏被柔毛，密被黄色腺点；叶柄长1-5厘米。伞房状或短圆锥状聚伞花序；苞片披针形，紫红色，两面被腺点。花萼紫红色，被腺点，裂片披针形；花冠白色，冠筒长2-2.5厘米，裂片长圆形。果近球形，径约6毫米，为紫红色宿萼包被。花果期6-10月。

产四川、贵州及湖北，生于海拔600-1200米山坡、路边及灌丛中。

图 602 黄腺大青（引自《中国植物志》）

5. 大青　　图 603 彩片144

Clerodendrum cyrtophyllum Turcz. in Bull. Soc. Nat. Mosc. 36(1): 222. 1863.

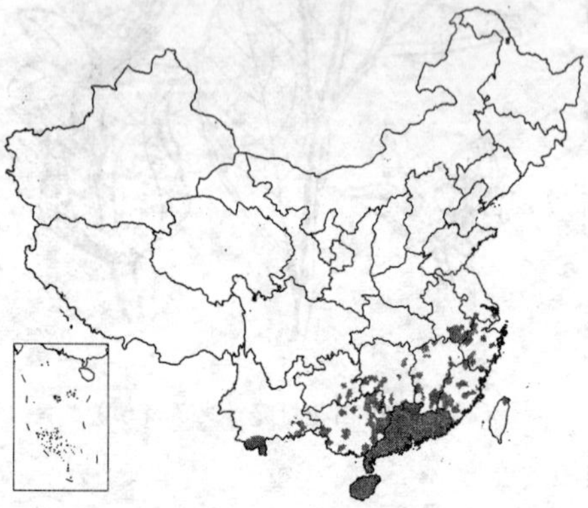

小乔木或灌木状，高达10米。幼枝被柔毛。叶椭圆形或长圆状披针形，长6-20厘米，先端渐尖或尖，基部近圆，全缘或具圆齿，两面无毛或沿脉疏被柔毛，下面常被腺点；叶柄长1-8厘米。伞房状聚伞花序，径20-25厘米；苞片线形。花萼杯状，被黄褐色细绒毛及腺点，长3-4毫米；花冠白色，疏被微柔毛及腺

图 603 大青（引自《中国植物志》）

点，冠筒长约 1 厘米，裂片卵形。核果球形或倒卵圆形，径 0.5-1 厘米，蓝紫色，为红色宿萼所包。

产江苏南部、安徽南部、浙江、福建、台湾北部、江西、湖南、广东、香港、海南、广西、云南东南部及贵州东南部，生于海拔 1700 米以下平原、丘陵及溪边。朝鲜、越南及马来西亚有分布。根、叶入药，可清热、利尿及解毒。

6. 广东大青 广东赪桐 图 604

Clerodendrum kwangtungense Hand.-Mazz. in Anz. Akad. Wiss. Wien, Math.-Nat. 59: 111. 1922.

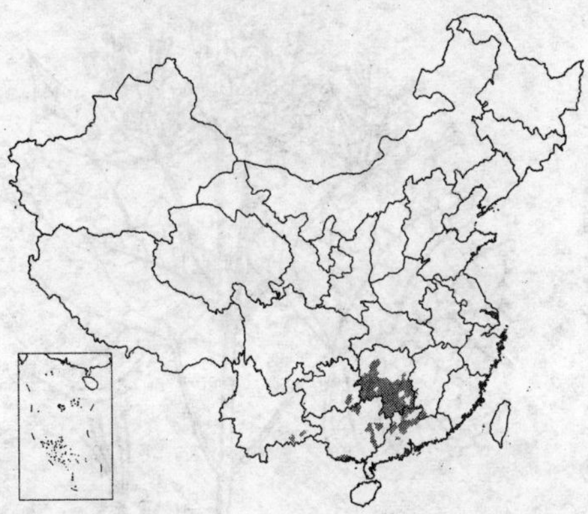

灌木，高达 3 米。幼枝被柔毛。叶卵形或长圆形，长 6-18 厘米，先端渐尖，基部宽楔形，稀平截，全缘、微波状或具不规则锯齿，两面无毛或沿脉被柔毛；叶柄长 1-4(-7) 厘米，微被柔毛。伞房状聚伞花序，长 7-12 厘米，密被柔毛；苞片卵状披针形，小苞片窄披针形。花萼长 6-7 毫米，疏被柔毛，5 深裂；花冠白色，疏被绒毛及腺点，冠筒长 2-3 厘米，裂片长圆形。核果球形，径 5-6 毫米，绿色，宿萼红色包果。花果期 8-11 月。

产云南南部、贵州、广西、广东及湖南南部，生于海拔 600-1300 米林中及林缘。叶、果可食；根药用，治脚软、风湿。

图 604 广东大青（引自《图鉴》）

7. 三对节 图 605

Clerodendrum serratum (Linn.) Moon, Cat. Pl. Ceylon 46. 1824.

Volkameria serratum Linn. Mant. Pl. 1: 90. 1767.

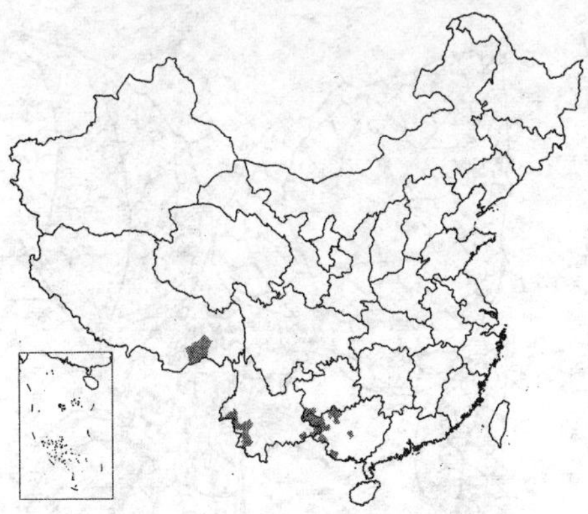

灌木，高达 4 米。幼枝密被黄色柔毛。叶对生或三叶轮生，倒卵状长圆形或椭圆形，长 6-30 厘米，先端渐尖，基部楔形或下延成窄楔形，具锯齿或近全缘，两面疏被柔毛；叶柄长 0.5-1 厘米。塔形圆锥状聚伞花序，长 10-30 厘米，密被黄褐色柔毛；苞片卵形，宿存，小苞片卵形或披针形。花萼被柔毛，平截或具 5 钝齿；花冠白、淡蓝或淡紫色，稍二唇形，裂片倒卵形或长圆形。核果近球形，黑色，径 0.4-1 厘米。花果期 6-12 月。

产西藏东南部、云南、贵州及广西西部，生于海拔 200-1800 米山坡疏林及谷地沟边灌丛中。东非及其沿海诸岛、马来半岛及南太平洋诸岛有分布。全株药用，治疟疾、痢疾、风湿、跌打损伤，鲜叶煎水治疮。

图 605 三对节（引自《中国植物志》）

[附] **草本三对节 Clerodendrum serratum** var. **herbaceum** (Roxb. ex Schauer) C. Y. Wu, Fl. Yunnan. 1: 467. 1977.—— *Clerodendrum herbaceum* Roxb. ex Schauer in DC. Prodr. 11: 675. 1847. 本变种与模式变种的区别：叶对生，倒披针状卵形或倒卵形，长 12-16 厘米，疏生锯齿；花序穗状。产西藏东南部、云南南部、贵州、广西中部及西北部，生于海拔 400-1450 米山坡、

路边灌丛中。用途同三对节。

[附] **三台花** **彩片145** **Clerodendrum serratum** var. **amplexifolium** Moldenke in Phytologia 4: 41-65. 1952. 本变种与模式变种的区别：三叶轮生，叶无柄、基部下延成耳状抱茎；花序穗状。产云南南部、贵州西南部及广西西部，生于海拔630-1600米密林或灌丛中。全株药用，可防治疟疾。

[附] **大序三对节** **Clerodendrum serratum** var. **wallichii** C. B. Clarke in Hook. f. Fl. Brit. Ind. 4: 592. 1885. 本变种与模式变种的区别：叶椭圆形或卵形，长10-14(-25)厘米，基部宽楔形或稍圆，具细锯齿或上部近全缘，叶柄长2-5厘米；塔形圆锥花序直立开展，小苞片披针形，花萼稍平截，花丝基部扁平。产西藏东南部及云南西南部，生于海拔700-1800米山地疏林中。用途同三对节。

8. **灰毛大青** 毛赪桐 九连灯 图 606

Clerodendrum canescens Wallich ex Walp. in Repert. Bot. Syst. 4: 105. 1845.

Clerodendron petasites (Lour.) auct. non Moore: 中国高等植物图鉴 3: 599. 1974.

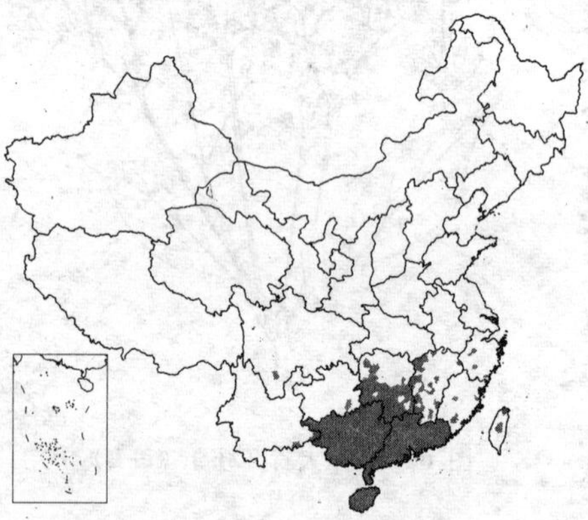

灌木，高达3.5米。幼枝稍四棱，密被长柔毛。叶心形或宽卵形，长6-18厘米，先端渐尖，基部心形或近平截，具齿，两面被长柔毛；叶柄长1.5-12厘米，被柔毛。聚伞花序密集成头状，常2-5顶生；苞片卵形或椭圆形。花萼具5棱，长约1.3厘米，疏被腺点，5深裂，裂片卵形或宽卵形，边缘重叠；花冠白或淡红色，被柔毛，冠筒长约2厘米，裂片倒卵状长圆形。核果近球形，径约7毫米，深蓝至黑色，为红色宿萼包被。

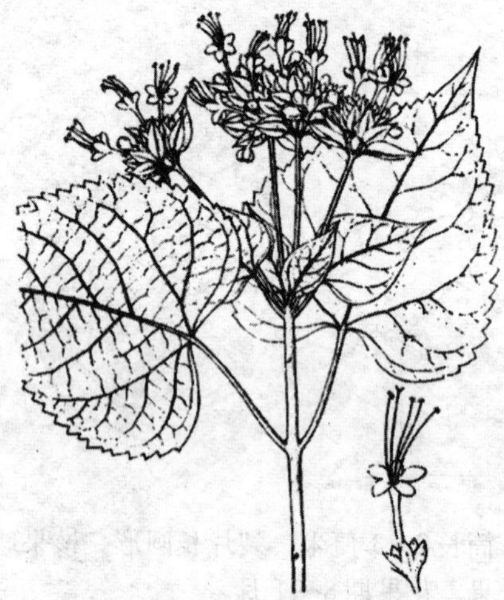

图 606 灰毛大青（引自《图鉴》）

产浙江、福建、台湾、江西、湖南西北部及南部、广东、香港、海南、广西、贵州、云南及四川，生于海拔220-880米山坡疏林中。印度及越南北部有分布。全株治毒疮及风湿病，可退热止痛。

9. **重瓣臭茉莉** 图 607

Clerodendrum chinense (Osbeck) Mabberly, Pl.-Book repr. 707. 1989.

Cryptanthus chinense Osbeck, Dagb. Ostind. Resa 215. 1757.

Clerodendrum philippinum Schauer, 中国植物志 65(1): 173. 1982.

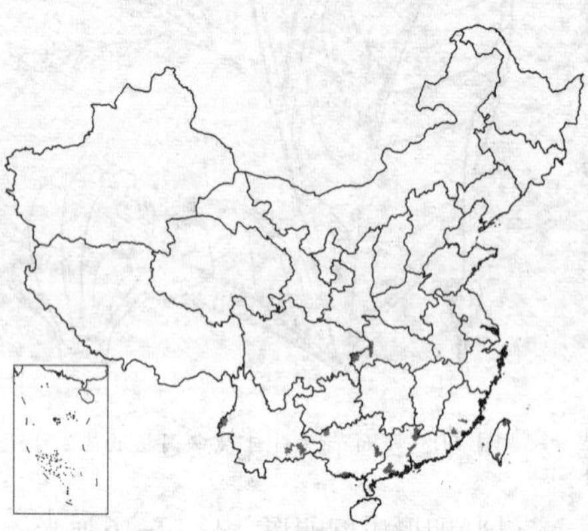

灌木，高达1.2米。幼枝被柔毛，后脱落。叶卵形或近心形，长9-22厘米，先端渐尖，基部平截，宽楔形或浅心形，疏生粗齿，上面被糙伏毛，下面被柔毛，基部脉腋具盾状腺体；叶柄长3-17厘米，密被柔毛。伞房状聚伞花序顶生，花序梗被绒毛；苞片披针形，长1.5-3厘米，被柔毛及盾状腺体。花萼钟状，被柔毛及盾状腺体，裂片线状披针形，长0.7-1厘米；花冠红、淡红或白色，有香味，冠筒长约1厘米，裂片卵形；雄蕊常花瓣状形成重瓣；宿萼增大包果。

图 607 重瓣臭茉莉（引自《中国植物志》）

产福建南部、台湾、湖北西部、广东、香港、广西及云南，多栽培供观赏。东南亚多栽培。

[附] **臭茉莉 彩片146 Clerodendrun chinensis var. simplex** (Moldenke) S. L. Chen in Novon 1: 58. 1991. ——*Clerodendrum philippinum* Schauer var. *simplex* Moldenke; 中国植物志 65(1):174. 1982. 本变种与模式变种的区别：植物体密被毛；花单瓣；花萼裂片披针形，长1-1.6厘米；花冠白或淡红色，冠筒长2-3厘米，裂片椭圆形；核果近球形，径0.8-1厘米，蓝黑色，宿萼包果。产云南南部、贵州西南部及广西西南部，生于海拔650-1500米林中、溪边。

10. 尖齿臭茉莉 图 608

Clerodendrum lindleyi Decne. ex Planch. in Fl. des Serres 9: 17. 1853.

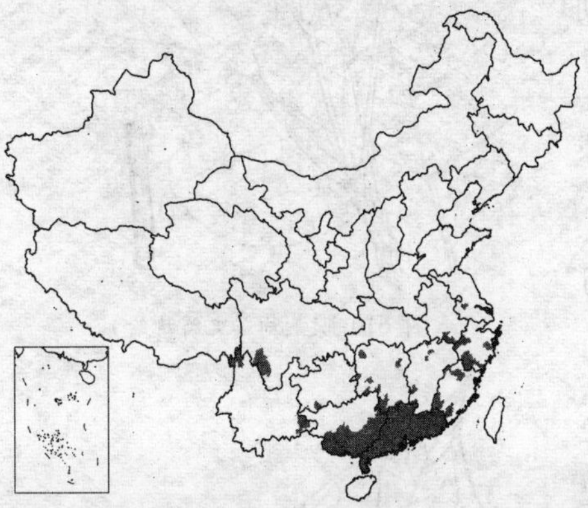

灌木，高达3米。幼枝被柔毛。叶宽卵形或心形，长6.5-12.5厘米，先端渐尖，基部心形或近平截，具不规则齿或波状，两面被柔毛，下面基部脉腋具盾状腺体；叶柄长2-11厘米，被柔毛。伞房状聚伞花序密集成头状，顶生，花序梗被柔毛；苞片披针形，被柔毛、腺点及盾状腺体。花萼密被柔毛及腺体，裂片线状披针形；花冠淡红或紫红色，冠筒长2-3厘米，裂片倒卵形，长5-7毫米。核果近球形，径5-6毫米，蓝黑色，为紫红宿萼包被。花果期6-11月。

产江苏南部、安徽、浙江、福建、江西、湖南、广东、香港、海南、广西、贵州、云南西北及东南部、四川，生于海拔2800米以下山坡林中、沟边及路边。

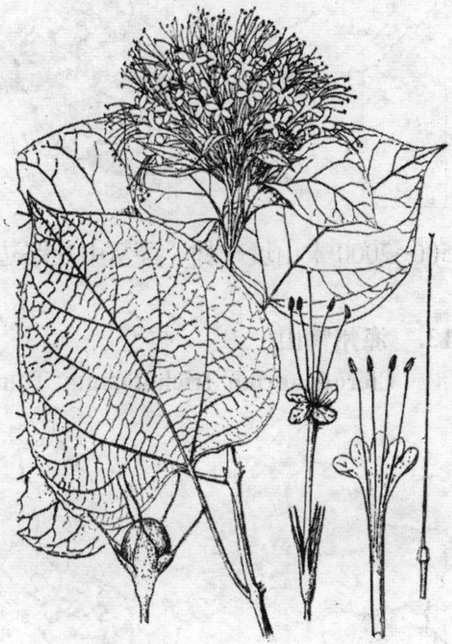

图 608 尖齿臭茉莉（史渭清绘）

11. 臭牡丹 图 609 彩片147

Clerodendrum bungei Steud. Nomencl. Bot. ed. 2, 1: 382. 1840.

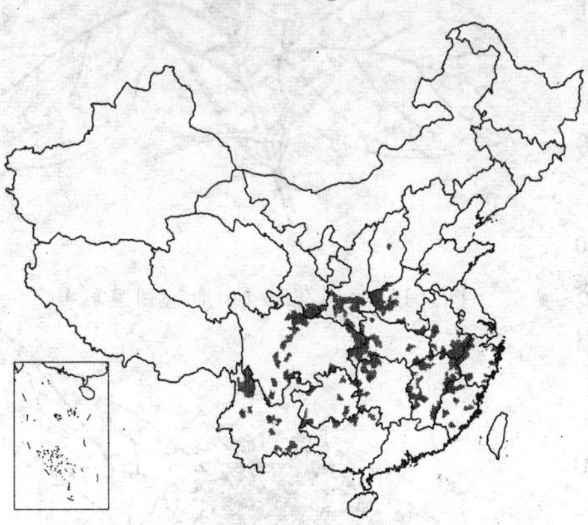

灌木。小枝稍圆，皮孔显著。叶宽卵形或卵形，长8-20厘米，先端尖，基部宽楔形、平截或心形，具锯齿，两面疏被柔毛，下面疏被腺点，基部脉腋具盾状腺体；叶柄长4-17厘米，密被黄褐色柔毛。伞房状聚伞花序密集成头状；苞片披针形，长约3厘米；花萼长2-6毫米，被柔毛及腺体，裂片三角形，长1-3毫米；花冠淡红或紫红色，冠筒长2-3厘米，裂片倒卵形，长5-8毫米。核果近球形，径0.6-1.2厘米，蓝黑色。花果期3-11月。

产江苏南部、安徽、浙江、江西、湖北西部、湖南、广西西北部及北部、云南、贵州、四川、甘肃、陕西南部、河南及山西，生于海拔2500米以下山坡林缘、沟谷、路边及灌丛中。印度北部、越南及马来西亚有分布。根、茎、叶入药，可祛风解毒、消肿止痛。

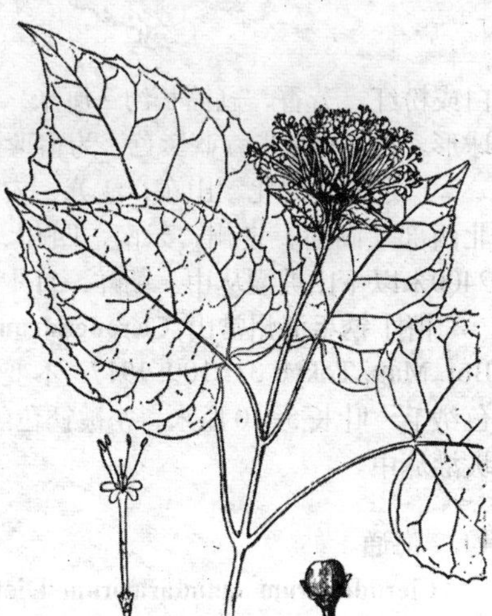

图 609 臭牡丹（史渭清绘）

12. 腺茉莉 图 610 彩片148

Clerodendrum colebrookianum Walp. Repert. Bot. Syst. 4: 114. 1845.

小乔木或灌木状。幼枝密被黄褐色微柔毛，后脱落。叶宽卵形或椭圆状心形，长7-27厘米，先端渐尖，基部平截、宽楔形或心形，全缘或微波状，上面疏被柔毛或近无毛，下面沿脉被微柔毛，基部脉腋具几个盾状腺体；叶柄长2-20厘米。聚伞花序

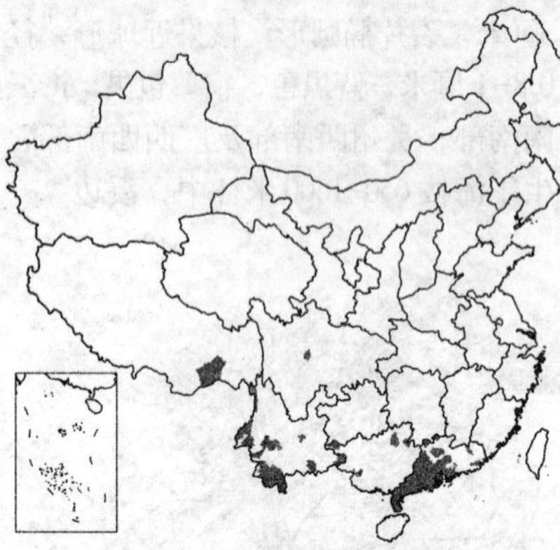

4-6组成伞房状；苞片披针形。花萼钟状，长3-4毫米，密被柔毛及几个盾状腺体，裂齿三角形，长不及1毫米；花冠白色，稀粉红色，裂片长圆形，冠筒长1.2-2.5厘米。核果近球形，径约1厘米，蓝绿色，干后黑色，宿萼紫红色。花果期8-12月。

产西藏东南部、四川、云南、广西及广东，生于海拔500-2000米山坡疏林、灌丛中及路边。东南亚各国有分布。

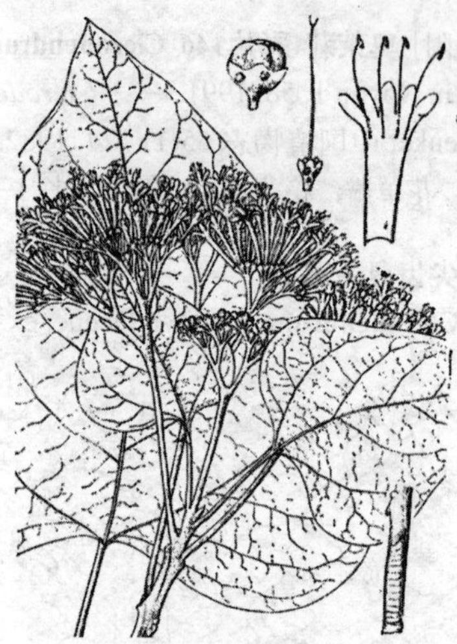

图 610 腺茉莉（史渭清绘）

13. 海州常山 图 611 彩片149

Clerodendrum trichotomum Thunb. Fl. Jap. 256. 1784.

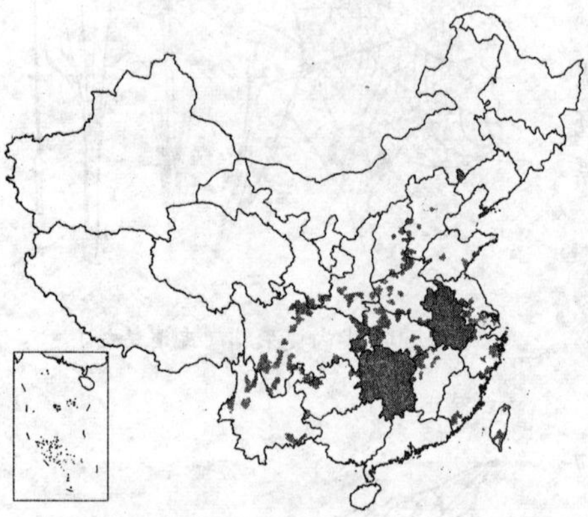

小乔木或灌木状，高达10米。幼枝、叶柄、花序轴稍被黄褐色柔毛或近无毛，老枝具淡黄色薄片层状髓心。叶卵形或卵状椭圆形，长5-16厘米，先端渐尖，基部宽楔形或平截，全缘，稀波状，两面幼时被白色柔毛；叶柄长2-8厘米。伞房状聚伞花序，花序梗长3-6厘米；苞片椭圆形，早落。花萼绿白或紫红色，5棱，裂片三角状披针形；花冠白或粉红，芳香，冠筒长约2厘米，裂片长椭圆形，长0.5-1厘米。核果近球形，径6-8毫米，蓝紫色，为宿萼包被。花果期6-11月。

产辽宁、河北、山东、江苏、安徽、浙江、福建、台湾、江西北部、湖北西部、湖南、贵州、云南、四川、甘肃、陕西、河南及山西，生于海拔2400米以下山坡灌丛中。朝鲜、日本及菲律宾北部有分布。

[附] **锈毛海州常山 Clerodendrum trichotomum** var. **ferrugineum** Nakai in Bot. Mag. Tokyo 31: 109. 1917. 本变种与模式变种的区别：小枝及花序被锈色绒毛；叶长5-10厘米，密被锈色绒毛。产台湾，生于海拔2400米以下山坡灌丛中。

图 611 海州常山（引自《图鉴》）

14. 海通 图 612 彩片150

Clerodendrum mandarinorum Diels in Engl. Bot. Jahrb. 29: 549. 1900.

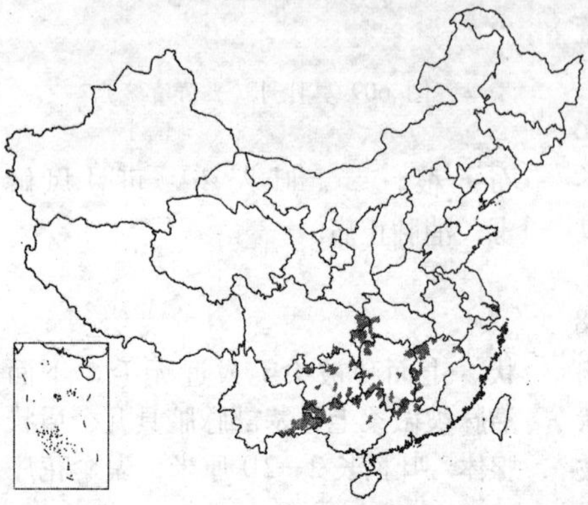

乔木或灌木状，高达20米。幼枝密被黄褐色绒毛。叶卵状椭圆形或心形，长10-27厘米，先端渐尖，基部平截或近心形，全缘，上面被柔毛，下面密被灰白绒毛；叶柄长1.5-5厘米，密被绒毛。伞房状聚伞花序顶生，花序梗及花梗密被黄褐色绒毛；苞片早落，小苞片线形。花萼密被柔毛及盾状腺体，萼齿钻形；花

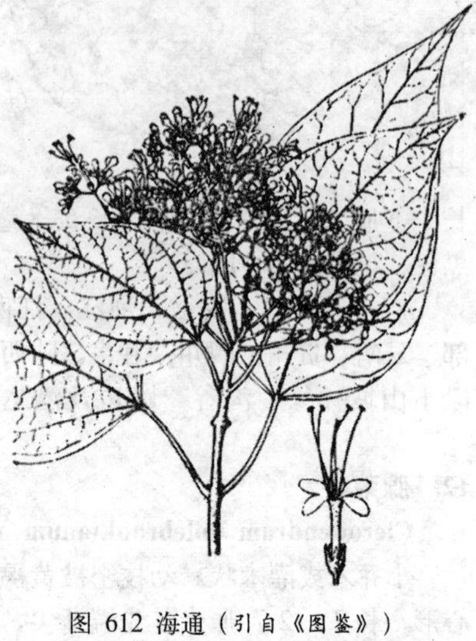

图 612 海通（引自《图鉴》）

冠白或粉红色，有香气，被柔毛，冠筒长0.7-1厘米，裂片长圆形。核果近球形，蓝黑色，红色宿萼半包果实。花果期7-12月。

产江西、湖北西部、湖南、广东、广西、云南东南部、四川东部及贵州，生于海拔250-2200米溪边、路边或灌丛中。越南北部有分布。枝叶药用，治半边疯。

15. 赪桐 图 613 彩片151

Clerodendrum japonicum (Thunb.) Sweet Hort. Brit. 322. 1826.

Volkameria japonicum Thunb. Fl. Jap. 255. 1784.

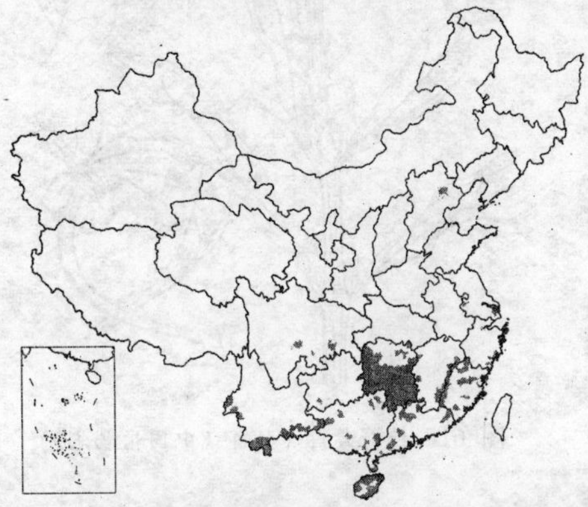

灌木，高达4米。小枝被柔毛或近无毛。叶心形，长8-35厘米，先端尖，基部心形，疏生尖齿，上面疏被柔毛，脉基被较密锈色柔毛，下面密被锈黄色盾状腺体；叶柄长0.5-15(-27)厘米，密被黄褐色柔毛。圆锥状二歧聚伞花序，长15-34厘米；苞片宽卵形或线状披针形，小苞片线形。花萼红色，疏被柔毛及盾状腺体，长1-1.5厘米；花冠红，稀白色，裂片长圆形，长1-1.5厘米。核果近球形，径0.7-1厘米，蓝黑色，宿萼裂片反折呈星状。花果期5-11月。

产河南、江苏、浙江东部及东南部、福建、台湾、江西南部、湖南、广东、海南、广西、云南南部、贵州、四川中部及西部，生于海拔1200米以下平原、山谷、溪边及疏林中，常栽培供观赏。全株药用，可祛风除湿、消肿散瘀。

图 613 赪桐（史渭清绘）

16. 圆锥大青 图 614

Clerodendrum paniculatum Linn. Mant. Pl. 1: 90. 1767.

灌木，高约1米。小枝四棱，被柔毛或无毛。叶宽卵形或近圆形，长5-17厘米，先端渐尖，基部心形，3-7浅裂呈角状，角间疏生尖齿或近无齿，两面疏被柔毛或近无毛，下面被盾状腺体，掌状脉；叶柄长3-11厘米，被黄褐色柔毛。塔形圆锥状聚伞花序，长15-26厘米；苞片卵形或卵状披针形，具浅裂角，小苞片线形。花萼长约7毫米，疏被柔毛及腺点，5深裂，裂片卵状披针形；花冠红色，被柔毛及腺点，裂片长圆形或卵形。核果球形，径5-9毫米，宿萼开展、反折。花果期4月至翌年2月。

产福建南部、台湾、广东南部及东部、海南及广西，生于海拔500米以下潮湿地方。东南亚各国有分布。

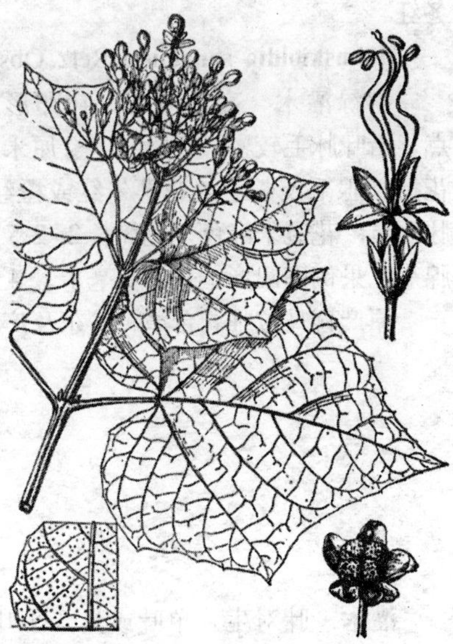

图 614 圆锥大青（史渭清绘）

17. 长管大青 图 615 彩片152

Clerodendrum indicum (Linn.) Kuntze Rev. Gen. Pl. 2: 506. 1891.

Siphonanthus indica Linn. Sp. Pl. 1: 109. 1753.

灌木或亚灌木、高达2米。小枝淡紫或紫色，具纵沟。叶3-5轮

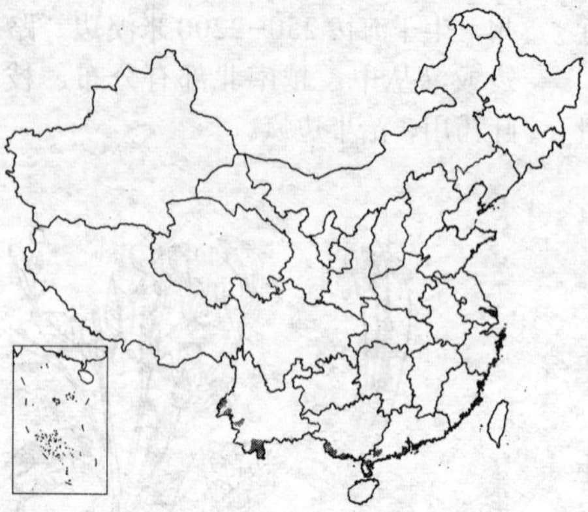

生，稀对生，长圆状披针形或披针形，长3-16厘米，先端渐尖，基部楔形，全缘或微波状，两面无毛；叶柄近无或长达1厘米。聚伞花序对生或轮生于茎上部叶腋或顶生；苞片披针形，小苞片线形。花萼革质，长1-1.5厘米，被盾状腺体，裂片卵状披针形，长5-8毫米；花冠白或淡黄色，被腺点，冠筒长5－9厘米，裂片披针形或倒卵状长圆形，长0.8-1.5厘米。核果近球形，深蓝色，径1.2厘米，包于宿萼内。

产云南西南部、广西西南部及广东西南部，生于海拔450-1000米阳坡及草丛中。尼泊尔、孟加拉、中南半岛、马来西亚及印度尼西亚有分布。全株入药，可消炎、利尿、活血、消肿、祛风湿。

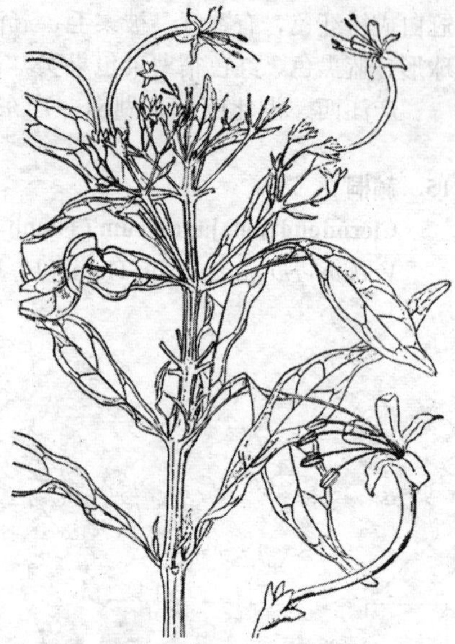

图 615 长管大青（引自《中国植物志》）

18. 冬红属 Holmskioldia Retz.

（姚 淦）

灌木。小枝四棱，被毛。叶对生，全缘或具锯齿。聚伞花序腋生或集生枝端呈圆锥状。花萼膜质，倒圆锥状碟形或喇叭状，全缘，有颜色；花冠筒弯曲，5浅裂；雄蕊4，着生于冠筒基部，与花柱均伸出花冠，柱头2浅裂，子房稍侧扁。果4深裂达基部。

约3种，分布于印度、马达加斯加及热带非洲。我国引入栽培1种。

冬红 图 616

Holmskioldia sanguinea Retz. Obs. 6: 31. 1791.

常绿灌木，高达7米。叶卵形或宽卵形，具锯齿，两面疏被毛及腺点，沿叶脉毛较密；叶柄长1-2厘米，被毛及腺点。花序圆锥状，花序梗及花梗被腺毛及长毛。花萼朱红或橙红色，倒圆锥状碟形，径达2厘米。网脉明显；花冠朱红色，冠筒长2-2.5厘米，被腺点；花丝长2.5-3厘米，被腺点。果倒卵圆形，长约6毫米，4深裂，为宿萼包被。花期冬末春初。

原产喜马拉雅。台湾、广东及广西栽培，供观赏。

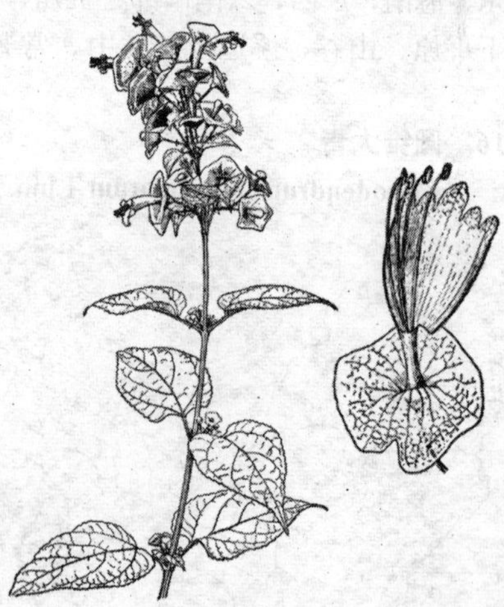

图 616 冬红（陈荣道绘）

19. 辣莸属 Garrettia Fletcher

（陈守良 刘心怡）

灌木。叶对生，单叶或具3小叶，具锯齿。聚伞花序腋生或组成顶生圆锥花序。花萼钟形，具5浅齿或近平截，果时增大；花冠二唇形，上唇2裂，下唇3裂，裂片全缘，冠筒与裂片近等长；雄蕊4，二强，稍短或稍长于花冠；花药背着；子房上位，初2室，后为4室，每室1胚珠，柱头2浅裂。蒴果球形，4瓣裂或为4分果，为膜质宿萼包被，易脱落。

约2种，分布于东南亚。我国1种。

辣莸 加辣莸 图 617

Garrettia siamensis Fletcher in Kew Bull. 1937: 71. 1937.

灌木。幼枝四棱，被褐色微柔毛，

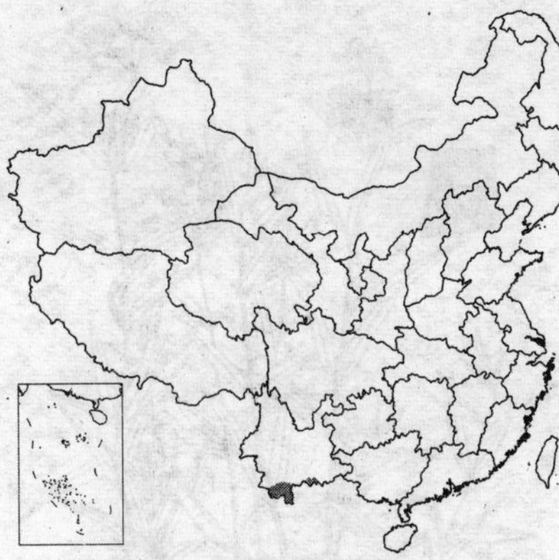

老枝圆，近无毛。叶卵形，长4.5-8 厘米，先端渐尖或尾尖，基部圆或近心形，具锯齿，两面疏被微柔毛及黄色腺点，下面较密；叶柄长1.5-5 厘米，被微柔毛，上面具沟。圆锥花序顶生，苞片线状披针形。花萼长约1.5 毫米，膜质，宿存；花冠白色，二唇形，上唇长约1 毫米，下唇长约2 毫米，冠筒长1.5-2 毫米；雄蕊着生处被短柔毛。蒴果球形，径1.5-2 毫米，顶端平截，密被黄色腺点，具网纹。花果期夏秋季。

产云南南部，生于海拔550-1200米石灰岩山地疏林中。泰国有分布。

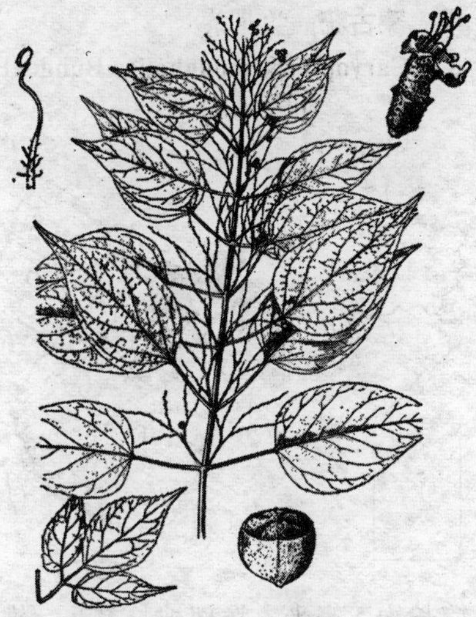

图 617 辣莸（引自《中国植物志》）

20. 莸属 Caryopteris Bunge

（陈守良　刘心怡）

灌木，稀草本。茎直立或匍匐。叶对生，全缘或具齿，稀深裂，常被腺点。聚伞圆锥花序，稀单花。花萼钟形或杯形，宿存，(4-)5(-6) 裂，裂片三角形或披针形，宿存；花冠 5 裂呈二唇形，下唇中裂片较大，全缘或流苏状；雄蕊 4，二强或近等长，着生冠筒喉部，与花柱均伸出花冠筒，子房不完全 4 室，每室 1 胚珠；花柱线形，柱头 2 裂。蒴果裂成 4 个果瓣。

约 17 种，分布于亚洲中部及东部，我国 14 种。

1. 花序无苞片及小苞片，花冠下唇中裂片边缘流苏状或具齿。
  2. 叶全缘。
    3. 花冠蓝紫色 …………………………………… 1. **蒙古莸 C. mongholica**
    3. 花冠黄绿或绿白色 …………………………………… 2. **灰毛莸 C. forrestii**
  2. 叶具锯齿。
    4. 子房顶端被毛；蒴果倒卵状球形 …………………………………… 3. **兰香草 C. incana**
    4. 子房顶端无毛；蒴果长圆状球形，长大于宽。
      5. 叶披针形或卵状披针形，长较宽大 2-3 倍，具深锯齿；果瓣具翅 ……………………………………………………… 3(附). **光果莸 C. tangutica**
      5. 叶宽卵形或长圆状卵形，长稍大于宽，具整齐钝齿；果瓣无翅 ……………………………………………………… 3(附). **毛球莸 C. trichosphaera**
1. 花序具苞片及小苞片，花冠下唇中裂片全缘。
  6. 花序具 1-5 花。
    7. 单花腋生，花冠淡蓝色 …………………………………… 4. **单花莸 C. nepetaefolia**
    7. 花 2-3(-5) 朵组成腋生聚伞花序。
      8. 叶具 6-10 对圆齿，上部叶具齿 …………………………………… 5. **三花莸 C. terniflora**
      8. 叶具 1-3 对锯齿，上部叶有时近全缘 …………………………………… 5(附). **金腺莸 C. aureoglandulosa**
  6. 花序具 5 至多花。
    9. 二歧聚伞花序腋生，不为圆锥状。
      10. 叶卵圆形、卵状披针形或长圆形；花冠红或紫色，冠筒长达 1.6 厘米 …………………… 6. **莸 C. divaricata**
      10. 叶宽卵形；花冠白色，冠筒长约 1 厘米 …………………………………… 6(附). **腺毛莸 C. siccanea**
    9. 聚伞花序组成窄长圆锥花序 …………………………………… 7. **锥花莸 C. paniculata**

1. 蒙古莸 兰花茶 图 618

Caryopteris mongholica Bunge, Fl. Mongh. China 28. 1835.

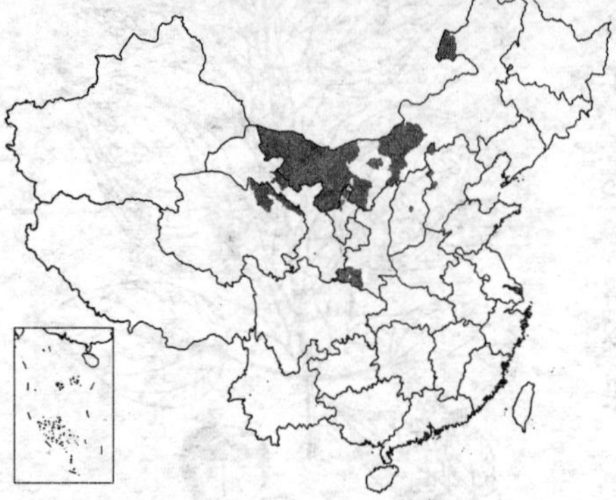

落叶亚灌木，高达1.5米。幼枝被柔毛，后脱落。叶线状披针形或线状长圆形，长0.8-4厘米，全缘，稀具齿，下面密被灰白色绒毛；叶柄长约3毫米。聚伞花序腋生，无苞片及小苞片。花萼钟状，长约3毫米，密被灰白色绒毛，5深裂，裂片线形或线状披针形，长约1.5毫米；花冠蓝紫色，长1-1.5厘米，被短毛，下唇中裂片边缘流苏状，冠筒长约5毫米，喉部被长柔毛；雄蕊近等长；子房无毛。蒴果椭圆状球形，果瓣具翅。花果期8-10月。

产内蒙古、河北、山西、陕西及甘肃，生于海拔1100-1300米干旱旷地。蒙古有分布。全株入药，可祛风湿，活血止痛；花及叶可提取芳香油，又可栽培供观赏。

图 618 蒙古莸（韦力生绘）

2. 灰毛莸 白叶莸 图 619 彩片153

Caryopteris forrestii Diels in Notes Roy. Bot. Gard. Edinb. 5: 296. 1912.

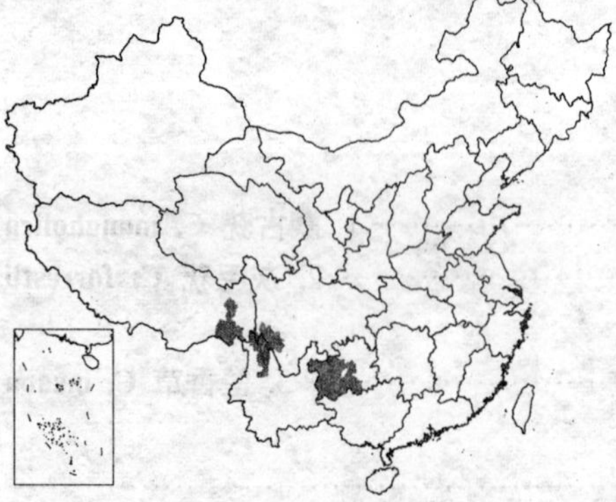

落叶亚灌木，高达1.2米。幼枝被灰褐色绒毛，后脱落。叶窄椭圆形或卵状披针形，长2-6厘米，先端钝，基部楔形，全缘，上面疏被柔毛，下面密被灰白绒毛；叶柄长0.2-1厘米。伞房状聚伞花序，无苞片及小苞片。花萼果时长达5-7毫米，被灰白绒毛，5裂，裂片披针形；花冠黄绿或绿白色，长约5毫米，被微柔毛，内面毛较少，冠筒长约2毫米，喉部被柔毛环，下唇中裂片具齿；雄蕊4；近等长；子房疏被柔毛，顶部被腺点。蒴果径约2毫米，为宿萼包被，果瓣边缘稍具翅。花果期6-10月。

产西藏、云南、四川及贵州，生于海拔1700-3000米干热河谷、阳坡、路边及荒地。叶、花可提取芳香油。

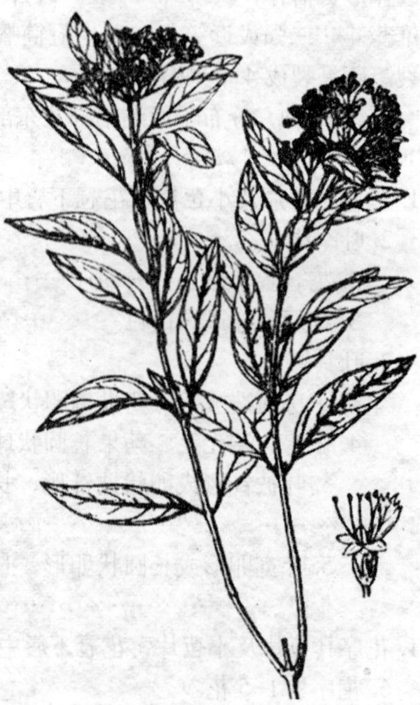

图 619 灰毛莸（引自《图鉴》）

3. 兰香草 莸 马蒿 图 620

Caryopteris incana (Thunb. ex Houtt.) Miq. in Ann. Mus. Bot. 2: 97. 1866.

Nepeta incana Thunb. ex Houtt. Nat. Hist. 2(9): 307. t. 56. f. 2. 1778.

亚灌木，高达6 0 厘米。幼枝被灰白色短柔毛，后脱落。叶披针形、卵形或长圆形，长1.5-9厘米，先端尖，基部宽楔形或稍圆，具粗齿，两面被黄色腺点及柔毛。伞房状聚伞花序密集，无苞片及小苞片。花萼杯状，长约2毫米，被柔毛；花冠淡蓝或淡紫色，被柔毛，冠筒长约3.5毫米，喉部被毛环，下唇中裂片边缘流苏状；子房顶端被短毛。蒴果倒卵状球形，被粗毛，径约2.5毫米，果瓣具宽翅。花果期6-10月。

产河南、江苏、安徽、浙江、福建、江西、湖北、湖南、广东及广西，生于海拔800米以下较干旱山坡、路边及林缘。日本及朝鲜有分布。

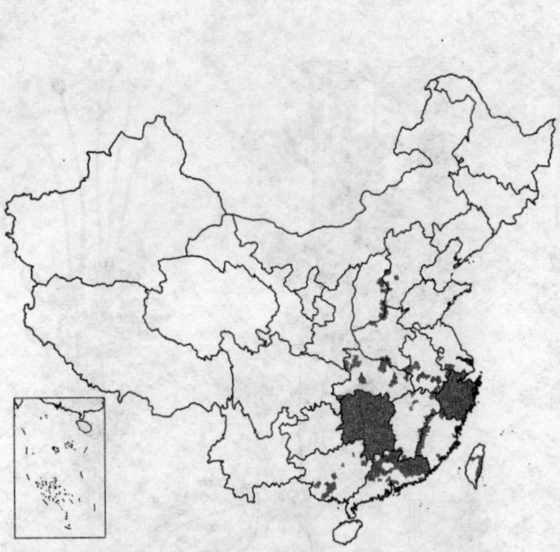

全株入药，可治毒蛇咬伤、疮肿、湿疹。

[附]光果莸 彩片154 **Caryopteris tang-utica** Maxim. in Bull. Acad. Sci. Pétersb. 27: 525. 1881. 本种与兰香草的区别：叶深裂达叶面1/3-1/2处；花萼长约2.5毫米；花冠筒长5-7毫米；子房无毛；蒴果无毛，径约4毫米。花果期7-10月。产河北、河南、湖北、陕西、甘肃及四川，生于海拔约2500米干燥山坡。

[附] 毛球莸 **Caryopteris trichosphaera** W. W. Smith in Notes Roy. Bot. Gard. Edinb. 10: 18. 1917. 本种与兰香草及光果莸的区别：叶宽卵形或长圆状卵形，长1－3厘米，具不规则钝齿；子房无毛；蒴果长圆状球形，果瓣无翅。产西藏东部、云南西北部及四川西部，生于海拔2700-3300米山坡灌丛中及河谷干旱草地。芳香植物。

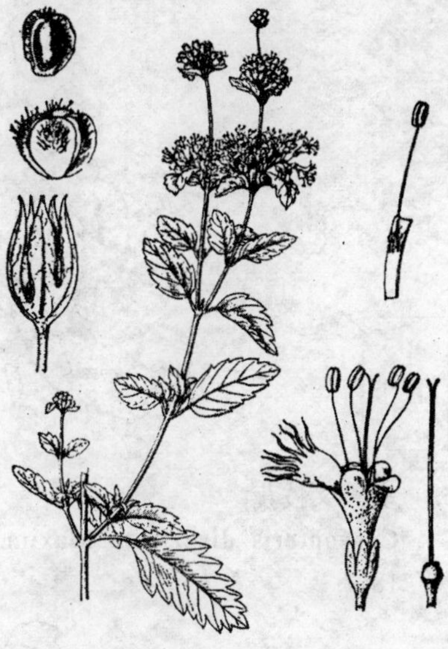

图 620 兰香草（引自《中国植物志》）

4.　单花莸　莸　　图 621

Caryopteris nepetaefolia (Benth.) Maxim. in Bull. Acad. Imp. Sci. St. Pétersb. 22: 390. 1876.

Teucrium nepetaefolia Benth. in DC. Prodr. 12: 580. 1848.

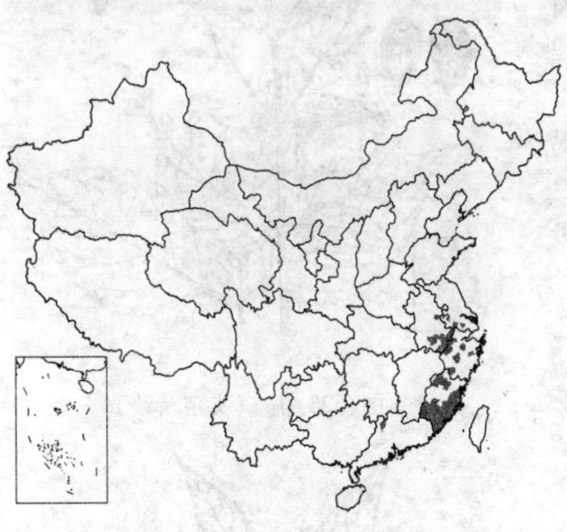

多年生草本，高达60厘米。茎四棱，被下弯曲柔毛，基部木质。叶宽卵形或近圆形，长1.5-5厘米，先端钝，基部宽楔形或圆，具钝圆齿，两面被柔毛及腺点；叶柄长0.3-1厘米，被柔毛。单花腋生，花梗细，长1.5-3厘米，近花柄中部生2枚锥形苞片。花萼杯状，长约6毫米，两面被柔毛及腺点；花冠淡蓝色，疏被微柔毛及腺点，喉部被柔毛，下唇中裂片全缘，冠筒长6－9毫米；子房密被柔毛。蒴果果瓣无翅，被硬毛，淡黄色，网纹不明显，长约4毫米。花果期5-9月。

产江苏、安徽、浙江及福建，生于海拔700米以下阴湿山坡、林缘、路边及沟边。全草入药，治中暑、感冒、尿路感染、白带。

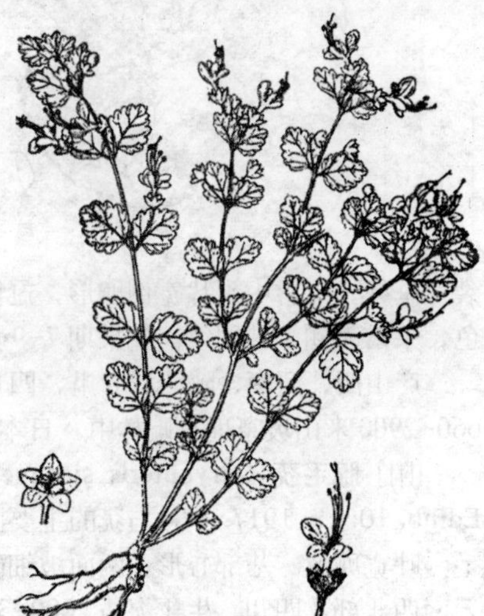

图 621 单花莸（引自《中国植物志》）

5.　三花莸　　图 622

Caryopteris terniflora Maxim. in Bull. Soc. Imp. Nat. Mosc. 54(1): 40. 1879.

亚灌木，高达60厘米。茎四棱。密被灰白色下弯柔毛。叶卵形或长卵形，长1.5-4厘米，先端尖，基部宽楔形或圆，具圆齿，两面被柔毛及腺点；叶柄长0.2-1.5厘米，被柔毛。聚伞花序腋生。花梗长3-6毫米；苞片锥形；花萼钟状，两面被柔毛及腺点，长8-9毫米，裂片披针形；花冠紫红或淡红色，长1.1-1.8厘米，疏被微柔毛及腺点，裂片全缘，下唇中裂片宽倒卵形；子房被柔毛。蒴果果瓣倒卵状舟形，无翅，网纹明显，密被硬毛。花果期6-9月。

产河北、山西、河南、陕西、甘肃、云南、四川、湖北及江西，生于海拔550-2600米山坡、旷地及水边。全草入药，治咳嗽、烫伤。

[附] 金腺莸 **Caryopteris aure-oglandulosa** (Van.) C. Y. Wu, Fl. Yunn.

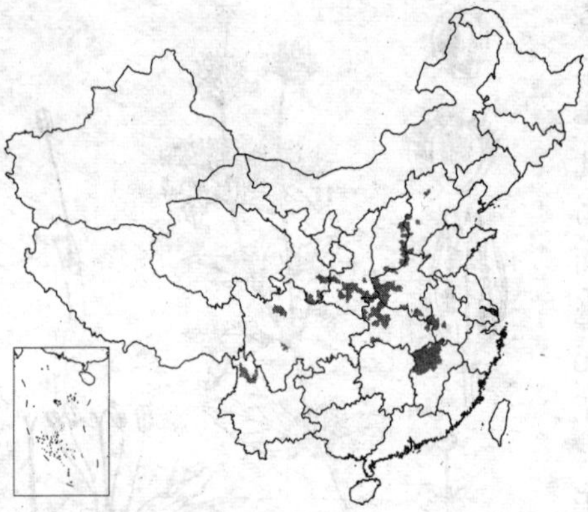

1: 484. pl. 115: 13-15. 1977. —— *Ocimum aureoglandulosum* Van. in Bull. Acad. Geogr. Bot. 14: 171. 1904. 本种与三花莸的区别：叶卵形或宽卵形，幼叶两面密被微柔毛，后脱落近无毛，下面疏被金黄色腺点，上部具1－3对锯齿。花期4月。产云南西南部、四川西南部、贵州西部及南部，生于海拔550-800米山坡草地。

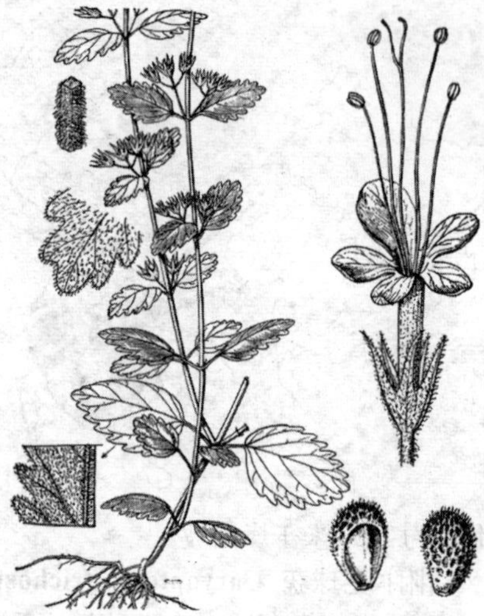

图 622 三花莸（史渭清绘）

6. 莸 叉枝莸 图 623

Caryopteris divaricata Maxim. in Bull. Acad. Sci. St. Pétersb. 23: 390. 1877.

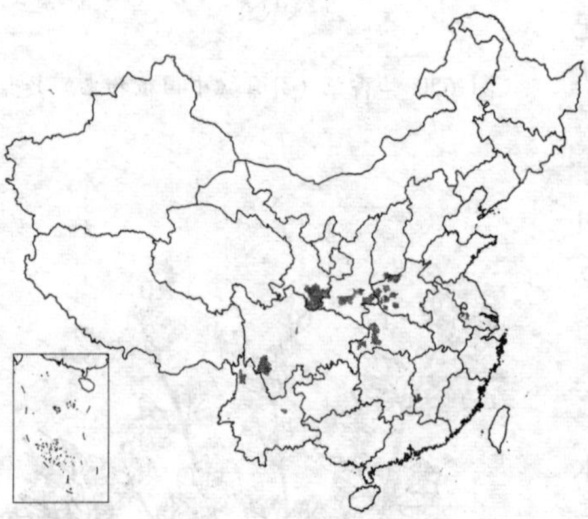

多年生草本，高达80厘米。茎四棱，疏被柔毛或无毛。叶卵形、卵状披针形或长圆形，长2-14厘米，先端渐尖或尾尖，基部近圆或楔形下延成翅，具粗齿，两面被柔毛；叶柄长0.5-2厘米。二歧聚伞花序腋生；苞片披针形或线形。花萼杯状，内被柔毛，长2-4毫米，5浅裂，齿三角形；花冠红或紫色，长1-2厘米，被柔毛，喉部被长柔毛，裂片全缘，下唇中裂片宽倒卵形，冠筒长1-1.6厘米；子房无毛。蒴果淡褐色，果瓣无翅，被网纹。花果期7-9月。

产山西、河南、陕西、甘肃、四川、云南中部、湖北及江西，生于海拔660-2900米山坡草地及疏林中。日本及朝鲜有分布。

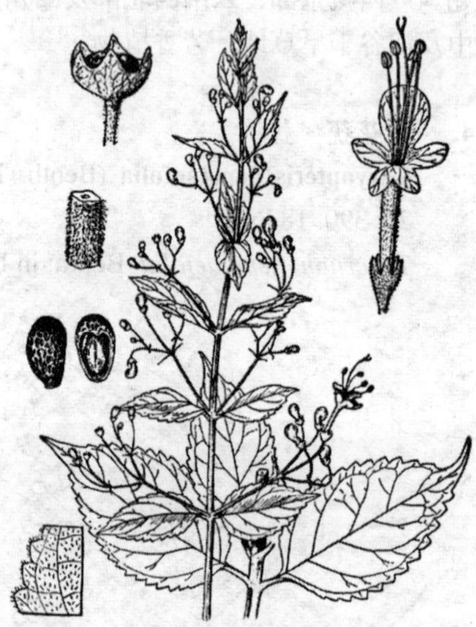

图 623 莸 （史渭清绘）

[附] **腺毛莸 Caryopteris siccanea** W. W. Smith in Notes Roy. Bot. Gard. Edinb. 10: 18. 1917. 本种与莸的主要区别：茎、花序、花梗均密被腺点及硬毛；叶宽卵形，基部心形，两面被细硬毛；花冠白色，冠筒长约1厘米。产云南西北部及四川，生于海拔2000-3000米山坡、草地。

7. 锥花莸 密花莸 图 624

Caryopteris paniculata C. B. Clarke in Hook. f. Fl. Brit. Ind. 4: 597. 1885.

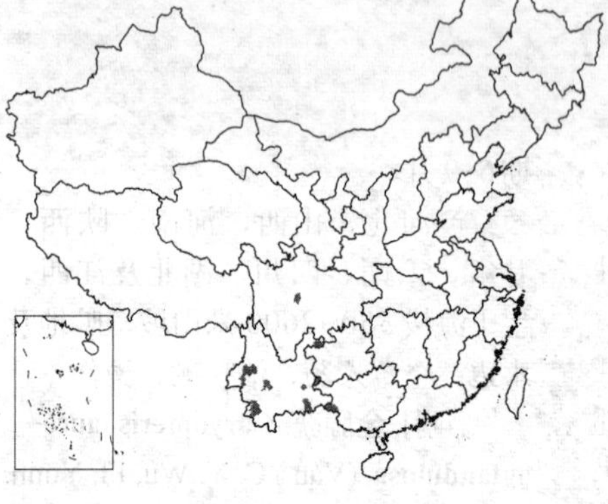

攀援灌木，高达3米。幼枝密被短柔毛。叶卵状披针形或宽披针形，长9-14厘米，先端尾尖，基部圆或宽楔形，具疏齿，两面疏被柔毛及密被黄色腺点；叶柄长0.5-1厘米。聚伞花序组成腋生窄长圆锥花序，花序梗密被柔毛。花萼杯状，被腺点及柔毛，长约3毫米，5-6深裂，裂片锥形；花冠粉红、深红或紫

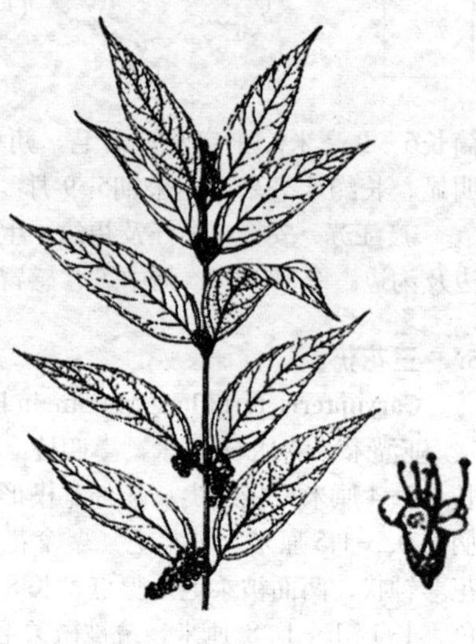

图 624 锥花莸（引自《图鉴》）

色，冠筒长2–3毫米，被柔毛及腺点，裂片全缘。蒴果球形，径约2毫米，橙黄或橙红色，被柔毛及腺点。花果期3–9月。

产云南、四川、贵州西部及广西，生于海拔650–2300米山坡、路边及疏林中。印度东北部、尼泊尔、不丹、缅甸北部及泰国有分布。根药用，可清热止痢。

21. 膜萼藤属 Hymenopyramis Wall.

（陈守良　刘心怡）

攀援灌木或小乔木。叶对生，全缘。聚伞花序常组成顶生圆锥花序。花小；花萼4浅裂，果时增大呈囊状，膜质透明，具4纵翅，顶端闭合，包果。花冠筒短，漏斗状，不等4裂，开展，远轴一片较长；雄蕊4，着生喉部，伸出；花药卵圆形，药室平行；子房2室，每室2胚珠；花柱细长，柱头2裂。蒴果球形，4瓣裂。

约6种，主产东南亚。我国1种。

膜萼藤　图 625

Hymenopyramis cana Cruil in Kew Bull. 1922: 240. 1922.

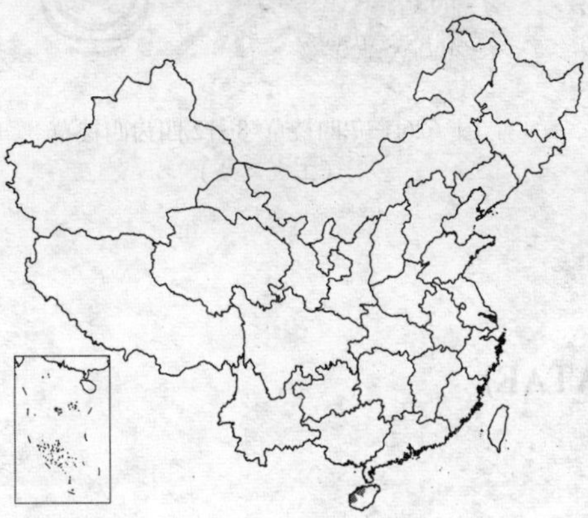

攀援灌木；常被腺毛及白毛。分枝4棱，被皮孔。叶椭圆状卵形、卵形、披针形或倒卵形，全缘，长9–16厘米，先端渐尖，基部楔形或圆楔形，干后上面黄褐色，沿中脉被柔毛，下面灰绿色，被绒毛。花序密集。花萼长约1.3毫米，果时淡褐色，长约1厘米；花冠筒长约1毫米，裂片长约2毫米。果长约4毫米，被细硬毛。

产海南，生于海拔100–500米山坡。泰国、柬埔寨及老挝有分布。

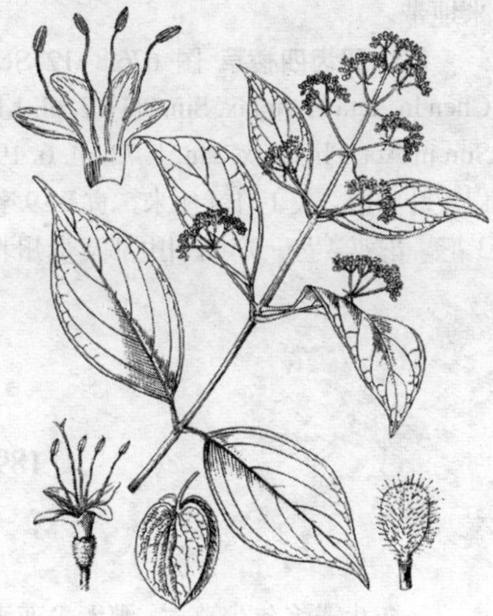

图 625 膜萼藤（余汉平绘）

22. 四棱草属 Schnabellia Hand.-Mazz.

（陈守良　刘心怡）

多年生草本。茎及分枝四棱，沿棱具翅。根茎粗短。单叶对生，常早落，不裂或3深裂，具齿。聚伞花序腋生或单花。花具开花型和闭花受精型两种类型：开花受精型的花冠较花萼长，花冠筒细长，二唇形，下唇3裂，上唇2裂、直立，雄蕊伸出，花柱较雄蕊长；闭花受精型的花冠较花萼短，雄蕊及花柱均较花冠短，内藏；两种类型的花萼均4–5裂，具8–10脉，裂片线状披针形；雄蕊二强；子房4室，每室1胚珠，柱头2微裂。小坚果4，倒卵圆形，被微柔毛，背部网纹不明显。

我国特有属，2种1变种，产南部及西南部。全草供药用。

1. 萼齿5；聚伞花序具1花，花序梗长7毫米以上 …………………… 四棱草 **S. oligophylla**
1. 萼齿4；聚伞花序具1–3花，花序梗长不及2毫米 …………………… (附). 四齿四棱草 **S. tetrodonta**

四棱草　图 626:1–7

Schnabelia oligophylla Hand.-Mazz. in Anz. Akad. Wiss. Wien, Math.-Nat.58: 93. 1921.

草本，高达1.2米，直立或攀援。茎被微柔毛，旋脱落。叶长圆形，三角状卵形或卵形，有时3深裂，长1–5厘米，先端尖或渐尖，基部楔形，稍圆或近心形，具锯齿；叶柄长0.3–2.3厘米。聚伞花序具1花；苞片锥形。开花型花萼5齿，具10脉，萼齿长5.5–8毫米，全缘，具缘毛，先端渐尖；花冠淡蓝紫或紫色，长1.4–1.8厘米，冠筒长约1.2厘米，下唇三角形或倒卵状三角

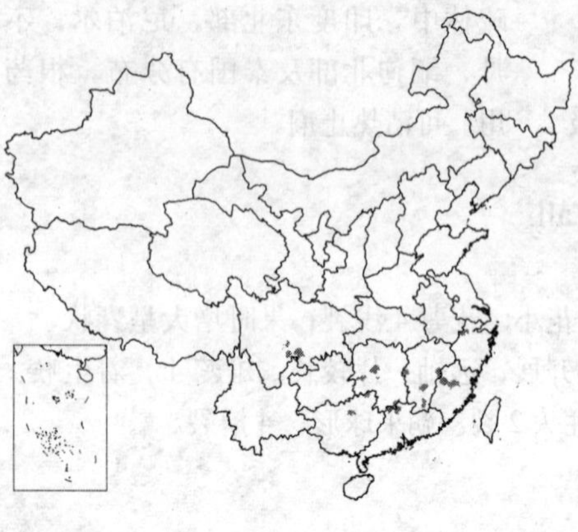

形，中裂片长约8毫米，侧裂片长约5毫米，上唇裂片宽椭圆形，长约4毫米；闭花受精型花萼长约3毫米，花冠长约1.5毫米，下唇中裂片长约0.5毫米，侧裂片长约0.2毫米，上唇卵形或近圆形，长约0.2毫米。小坚果长约5毫米。花果期4-7月。

产江西、湖南、福建、广东、海南、广西、云南东北部及四川东南部，生于海拔600-1900米地带。

[附] **四齿四棱草** 图 626:8-12 **Schnabelia tetrodonta** (Sun) C. Y. Wu et C. Chen in Acta Phytotax. Sin. 9(1): 7. pl. 1.f. 8-12. 1964.—— *Chienodoxa tetrodonta* Sun in Act. Phytotax. Sin. 1: 72. pl. 6. 1951. 本种与四棱草的主要区别：茎中部以下叶卵形，长1-1.4厘米，宽7-9毫米，茎上部叶小而窄；聚伞花序具1-3花，花萼4齿。产四川中部及贵州北部。

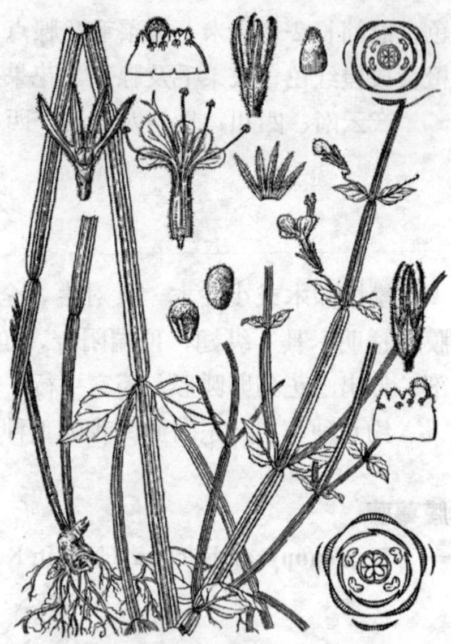

图 626:1-7.四棱草 8-12.四齿四棱草
（王金凤绘）

189. 唇形科 LAMIACEAE (LABIATAE)

（李锡文）

一年生或多年生草本，灌木或亚灌木，常芳香。茎、枝常四棱。叶对生、稀轮生或互生，单叶稀复叶；无托叶。聚伞花序常组成轮伞花序，稀总状花序或单花腋生。花两性；两侧对称，稀近辐射对称；花萼宿存，具5齿，上唇3齿或全缘，下唇2或4齿，萼筒内有时具毛环；花冠冠檐常二唇形，上唇2裂，下唇3裂，稀上唇全缘、下唇4裂，稀冠檐4-5裂，冠筒内具毛环或无；雄蕊着生花冠上，4或2，离生，稀花丝合生，有时具1退化雄蕊，花药1-2室，常纵裂；子房上位，2室，每室2胚珠，花柱近顶生，或子房4裂，每裂片具1胚珠，花柱近基生，柱头2浅裂，花盘宿存。果常为4枚小坚果。种子有或无胚乳。

约220属3500种，分布于全世界，主产地中海地区及东南亚。我国97属807种。

1. 花柱不着生于子房基部；小坚果合生面为果轴1/2以上；花冠单唇（花冠裂片仅形成下唇）或假单唇（上唇不发达），稀二唇或近辐射对称。
  2. 叶互生；花萼19脉；小坚果腹背扁，顶端被瘤点；花螺旋状组成总状花序 ………………………………… 8. **保亭花属 Wenchengia**
  2. 叶对生；花萼常10脉或较少；小坚果稍皱；聚伞或轮伞花序。
    3. 花柱顶生；叶掌状3深裂或3小叶复叶。
      4. 多年生草本具根茎；花萼具5主脉及3副脉，二唇形，上唇3齿、下唇2齿；花冠白色，长0.8-1厘米；种子背面微具3纵肋 ………………………………… 1. **掌叶石蚕属 Rubiteucris**
      4. 一年生草本；花萼具10脉，5脉明显；萼齿近整齐；花冠蓝或紫蓝色，长2-4毫米；种子背面具网状绉纹 ………………………………… 2. **水棘针属 Amethystea**
    3. 花柱近顶生；子房顶端稍浅裂；单叶，不裂稀浅裂。
      5. 花粉具囊盖；花冠单唇（仅有下唇），若二唇则雄蕊伸出花冠。
        6. 花冠单唇；花丝长不及冠筒2倍，花后多弓曲 ………………………………… 3. **香科科属 Teucrium**
        6. 花冠二唇形；花丝较花冠筒长2-3倍，花后直伸 ………………………………… 4. **动蕊花属 Kinostemon**

5. 花粉无囊盖；花冠二唇形；雄蕊内藏，稀伸出花冠。
7. 花冠下唇匙形；柱头前裂片较长；花盘大 …………………………………… 5. 全唇花属 Holocheila
7. 花冠下唇 3 裂；柱头 2 浅裂；花盘小。
8. 花冠色艳，轮伞花序具 2 至多花，组成顶生穗状花序，花冠宿存 ……………………………………………… 6. 筋骨草属 Ajuga
8. 花冠白色，上唇微内凹；聚伞花序 2-3(4) 歧分枝，腋生；花冠脱落 ……………………………………………… 7. 歧伞花属 Cymaria
1. 花柱着生子房基部；小坚果合生面小；花冠二唇。
9. 小坚果核果状，肉质；花萼 5 齿等大。
10. 植物体常被星状绒毛；花药成对靠近，药室长、平行、横生 ……………………… 9. 锥花属 Gomphostemma
10. 植物体不被星状毛；花药近球形，药室背部贴生囊状，顶端汇合开裂，两端被簇生毛 ……………………………………………… 10. 毛药花属 Bostrychanthera
9. 小坚果果皮干薄；花萼 5 齿等大或不等。
11. 花萼 2 裂，上唇具盾片或囊状突起，早落，下唇片宿存；子房具柄；种子稍横生，胚根弯曲 ……………………………………………… 11. 黄芩属 Scutellaria
11. 花萼无盾片；子房无柄；胚根短而直伸。
12. 花盘裂片与子房裂片对生；小坚果具基腹部合生面 …………………… 12. 薰衣草属 Lavandula
12. 花盘裂片与子房裂片互生。
13. 雄蕊上升、伸展或伸出。
14. 花冠筒藏于花萼内。
15. 花萼 5-10 脉；花冠上唇近扁平或外凸；花丝无毛或稍被毛。
16. 药室稍叉开；花萼 5-10 齿；轮伞花序腋生。
17. 花萼 5-10 齿；花冠筒内具毛环；叶具齿 ……………………… 13. 欧夏至草属 Marrubium
17. 花萼 5 齿；花冠筒内无毛环；叶掌状浅裂或深裂 ……………………………………………… 14. 夏至草属 Lagopsis
16. 后对雄蕊药室极叉开；花萼 5 齿；轮伞花序组成顶生穗状花序 ……………………………………………… 15. 毒马草属 Sideritis
15. 花萼 10 脉，5 齿相等；花冠筒内具毛环；上唇微外凸；花丝密被簇生毛 ……………………………………………… 49. 箭叶水苏属 Metastachydium
14. 花冠筒常伸出萼外。
18. 花药非球形，药室平行或叉开，长圆形、卵球形或线形，顶端不或稀近汇合（少数属如火把属除外），花粉散出后不扁平展开。
19. 花冠二唇，上唇外凸，弧状、镰状或盔状。
20. 雄蕊 4；花药卵球形。
21. 后对雄蕊长于前对雄蕊。
22. 花冠筒倒扭；萼筒内中部或喉部具毛环。
23. 花萼 5 齿近相等；叶多卵形 ………………………………… 17. 扭藿香属 Lophanthus
23. 花萼二唇形，上唇 3 齿，下唇 2 齿；叶卵圆形、宽卵形或肾形 ……………………………………………… 21. 扭连线属 Marmoritis
22. 花冠直，不倒扭；萼筒内无毛环。
24. 两对雄蕊稍叉开，后对前倾，前对直立 ……………………………………………… 16. 藿香属 Agastache

24. 两对雄蕊平行，均弧曲上升至花冠上唇之下（裂叶荆芥、多裂叶荆芥、小裂叶荆芥后对雄蕊稍伸出）。

25. 花冠上唇内面具2弧形褶襞；花萼5齿近相等；花梗扁平 …………………………………………… 24. **扁柄草属 Lallemantia**

25. 花冠上唇内面平，稀具褶襞；花萼5齿近相等或二唇形；花梗圆。

26. 花萼上唇3齿下唇2齿，齿间无小瘤。

27. 药室叉开近180；花萼11-15脉，口部平或斜 …………………………………………… 18. **荆芥属 Nepeta**

27. 药室叉开或平行。

28. 药室叉开或平行；叶先端稍钝圆；花长不及3厘米。

29. 花萼管状钟形，15脉，萼齿先端芒尖或刺芒尖；花冠筒内面无毛环 …………………………………………… 19. **活血丹属 Glechoma**

29. 花萼倒锥状钟形，5(10)脉，萼齿先端尖或渐尖；花冠筒内具毛环 …………………………………………… 20. **台钱草属 Suzukia**

28. 药室平行；叶先端尖或短渐尖；花长3厘米以上 …………………………………………… 22. **龙头草属 Meehania**

26. 花萼上唇中齿较侧齿宽，下唇2齿或4齿，齿间具小瘤 …………………………………………… 23. **青兰属 Dracocephalum**

21. 后对雄蕊短于前对雄蕊。

30. 花萼二唇形，喉部果期稍缢缩闭合，上唇顶端平截，具3短齿；花冠上唇盔状 …………………………………………… 25. **夏枯草属 Prunella**

30. 萼齿近等大，喉部果期张开。

31. 萼齿三角形或具3-4宽裂片；花冠上唇短小、直立、全缘或微凹 …………………………………………… 26. **铃子香属 Chelonopsis**

31. 萼齿披针形或锥形，稀针刺状；花冠上唇外凸，盔状，稀近扁平。

32. 花冠上唇短而稍扁平（火把花属除外），无毛或疏被毛。

33. 药室2，后顶端汇合为1室；小坚果具翅或鳞片。

34. 小坚果顶端具膜质翅；花大，色艳丽 …………………………………………… 50. **火把花属 Colquhounia**

34. 小坚果顶端及腹面密被线形鳞片；花小，白色或白带淡红色 …………………………………………… 51. **鳞果草属 Achyrospermum**

33. 药室2，分离（冠唇花属除外），稀1室；小坚果无翅（矮刺苏属除外）无鳞片。

35. 花药1室，纵裂；花冠筒前面囊状 …………………………………………… 52. **宽管花属 Eurysolen**

35. 花药2室，或前对雄蕊2室、后对雄蕊1室；花冠筒前面不囊状膨大。

36. 前对药室平行，横生，后对花药1室；花萼5齿，果时稍增大；轮伞花序腋生，组成长穗状花序 …………………………………………… 53. **广防风属 Anisomeles**

36. 两对药室均极叉开；花萼果时变形或增大；聚伞花序组成圆锥花序或轮伞花序。

37. 花冠上唇盔状，有时短；小坚果无翅。

38. 花冠上唇短；花丝基部无毛；药室分离，后叉开；花小，萼齿近相等 …………………………………………… 54. **簇序草属 Craniotome**

38. 花冠上唇盔状；花丝基部多具髯毛；药室极叉开，顶端汇合；花大，花萼后齿有时伸长 …………………………………………… 55. **冠唇花属 Microtoena**

37. 花冠上唇扁平；小坚果顶端及两侧具窄翅；叶缘具刺；轮伞花序腋生，2-6 花 …… 56. **矮刺苏属 Chamaesphacos**

32. 花冠上唇外凸或盔状，稀扁平，常密被毛。

39. 萼齿 5，膜质，内凹，具顶生钩状刺 …………………………………………… 27. **钩萼草属 Notochaete**

39. 萼齿 5-10，齿端无钩状刺尖。

40. 柱头裂片不等长（糙苏属有时等长），后裂片较前裂片短。

41. 小坚果顶端密被毛；全部或仅后对花丝基部具篦齿状流苏附属物；萼齿宽短、平截，具刺尖 ……………………………………………………………………………………… 28. **沙穗属 Eremostachys**

41. 小坚果稍被毛或无毛。

42. 花萼 10 齿，口部平截或偏斜 ………………………………………………… 29. **绣球防风属 Leucas**

42. 花萼 5 齿或平截。

43. 花冠上唇边缘常多毛或具流苏状缺刻；后对花丝基部多具附属物；叶脉非扇形；轮伞花序腋生 ……………………………………………………………………………………… 30. **糙苏属 Phlomis**

43. 花冠上唇具细牙齿；后对花丝基部无附属物；叶脉扇形；轮伞花序密集组成具短葶头状、短穗状或短圆锥花序 ………………………………………………………… 31. **独一味属 Lamiophlomis**

40. 柱头裂片近等长或等长。

44. 药室横向二瓣裂，内瓣被纤毛，外瓣无毛；花冠下唇颚上两侧裂片与中裂片间具齿状突起 ……………………………………………………………………………………… 32. **鼬瓣花属 Galeopsis**

44. 药室平行或开展，垂直或偏斜；花冠下唇颚上无齿状突起。

45. 小坚果卵球形，顶端圆。

46. 花冠上唇盔状，长于下唇，被髯毛；花萼倒圆锥状钟形，5-10 脉，5 齿相等。

47. 药室极叉开，边缘被髯毛；花丝顶端具齿 ……… 45. **髯药草属 Sinopogonanthera**

47. 药室平行或稍叉开，无髯毛；花丝顶端无齿 ……… 44. **假糙苏属 Paraphlomis**

46. 花冠上唇短于下唇或等长，稀长于下唇，如属后两种情况，花萼则 5-8(-10) 或 11 脉。

48. 花萼二唇，5-8（-10）脉或11脉。

49. 花萼上唇 3 齿，下唇 2 齿，5-8（-10）脉，下唇长于上唇；花冠上唇与下唇等长；雄蕊伸出花冠喉部；轮伞花序腋生 ……… 42. **斜萼草属 Loxocalyx**

49. 花萼上唇 2 齿，下唇 3 齿，11 脉，上唇长于下唇约 2 倍；花冠上唇长于下唇；雄蕊内藏或稍伸出；轮伞花序组成总状花序 ……………………………………………………………… 46. **喜雨草属 Ombrocharis**

48. 花萼具相等 5 齿或后齿稍长，5-10 脉，稀为二唇。

50. 萼齿先端针状；轮伞花序基部及叶腋具刺状小苞片；叶缘具刺尖 …………………………………………………………………… 40. **兔唇花属 Lagochilus**

50. 萼齿先端不为针状。

51. 轮伞花序多花；花冠筒与花萼等长或伸出花萼，内面无毛环 ……………………………………………………………………… 47. **药水苏属 Betonica**

51. 轮伞花序 2 至多花；花冠筒内藏或伸出花萼，内面常具毛环 ……………………………………………………………………… 48. **水苏属 Stachys**

45. 小坚果稍三棱形，顶端不平截（斜萼草属及兔唇花属部分除外）。

52. 花萼上唇具 3 齿或全缘，下唇具 2 或 4 齿，齿不相等；花冠筒伸出萼外。

53. 花萼管状，上唇 3 齿，下唇 2 齿；轮伞花序腋生 …… 42. **斜萼草属 Loxocalyx**

53. 花萼宽钟形，上唇全缘，先端平截，下唇 4 齿；轮伞花序组成顶生总状圆锥花序

……………………………………………………………………………………43. 假野芝麻属 Paralamium

52. 花萼稍二唇，5 齿相等或近相等。

54. 后对花丝基部具篦齿状流苏附属物或加厚。

55. 花萼管状钟形，萼齿先端钻状或刺状；小坚果顶端密被髯毛 ……………………………………………………………………………………………… 28. 沙穗属 Eremostachys

55. 花萼宽钟形，萼齿先端长渐尖；小坚果无毛 ………………………… 41. 绵参属 Eriophyton

54. 后对花丝基部无附属物或加厚。

56. 花冠筒伸长，喉部膨大；萼齿不为刺状。

57. 花冠下唇中裂片最大；叶不为菱形或楔状扇形。

58. 花冠下唇侧裂片半圆形，边缘常具 1- 几个尖齿；药室叉开，被毛 ……………………………………………………………………………… 33. 野芝麻属 Lamium

58. 花冠下唇侧裂片近圆形或卵形，边缘无尖齿；花药叉开，无毛 ……………………………………………………………………………… 34. 小野芝麻属 Galeobdolon

57. 花冠下唇侧裂片较大；叶菱形或楔状扇形，被绒毛 ……………………………………………………………………………… 35. 菱叶元宝草属 Alajja

56. 花冠筒稍伸出或内藏，喉部不甚膨大；萼齿先端针状或刺状。

59. 萼齿先端针状；轮伞花序基部及叶腋具刺；叶缘裂片具刺 ……………………………………………………………………………… 40. 兔唇花属 Lagochilus

59. 萼齿先端刺状；叶缘无刺尖。

60. 药室叉开；叶全缘。

61. 花冠长 6-7 毫米，稍长于花萼；小坚果顶端被柔毛 ……………………………………………………………………………… 36. 鬃尾草属 Chaiturus

61. 花冠长 1 厘米以上，长于花萼；小坚果无毛 ……………………………………………………………………………… 37. 假水苏属 Stachyopsis

60. 药室平行；叶深裂。

62. 花萼倒圆锥形或管状钟形；花冠紫红、粉红或白色，筒内被微柔毛或具毛环 ……………………………………………………………………………… 38. 益母草属 Leonurus

62. 花萼管状钟形，花冠黄白色，筒内无毛环 ……………………… 39. 脓疮草属 Panzerina

20. 雄蕊 2；花药线形。

63. 药隔线形，具斧形关节与花丝相连，成丁字形 …………………………………… 57. 鼠尾草属 Salvia

63. 药隔宽或小，与花丝无关节相连。

64. 叶窄，边缘外卷；小坚果平滑，具油质体 ………………………………… 58. 迷迭香属 Rosmarinus

64. 叶缘不外卷；小坚果无油质体。

65. 亚灌木；花冠上唇 4 裂，下唇全缘；花萼管状钟形，8(10) 脉，上唇近全缘具不明显 3 齿，下唇 2 齿 ……………………………………………………………………………… 59. 分药花属 Perovskia

65. 草本；花冠上唇全缘、微凹或 2 裂，下唇 3 裂；花萼窄管形，15脉，5 齿近相等 ……………………………………………………………………………… 60. 美国薄荷属 Monarda

19. 花冠近辐射对称，裂片近相似，或稍分化，则上唇扁平或外凸。

66. 后对雄蕊自花冠上唇 2 裂片间伸出，前对雄蕊内藏，散粉后伸出；花萼管状，二唇形，上唇中齿大于侧齿，卵圆形，先端刺状渐尖 ……………………………………………… 61. 异野芝麻属 Heterolamium

66. 雄蕊及花特征不同上述；花萼钟形或管形，如二唇则上唇中齿不大于侧齿，齿不具刺尖。

67. 雄蕊上升于花冠上唇之下，内藏。

68. 前对雄蕊能育，后对为退化雄蕊或缺如；花萼窄圆柱形 ………………………… 62. 新塔花属 Ziziphora

68. 前后对 4 枚雄蕊均能育。

69. 花冠筒稍伸出，中部以下向后折升 ………………………………………………… 63. 蜜蜂花属 Melissa

69. 花冠筒直伸或稍弯，内藏或稍伸出。

70. 花萼整齐或稍不整齐，5 齿，13-15 脉 ………………………………………… 64. 姜味草属 Micromeria

70. 花萼不整齐，花后二唇，13-18 脉。

71. 苞片线形或针状，被柔毛；花萼喉部稍缢缩，萼筒管形，基部一边肿胀 ……………………………………………………………………………… 65. 风轮菜属 Clinopodium

71. 苞片披针形，花萼喉部不缢缩，内面具毛环，萼筒管状钟形，基部不肿胀 ……………………………………………………………………………… 66. 新风轮属 Calamintha

67. 雄蕊直伸，突出。

72. 花萼 15 脉，齿间弯缺处具小瘤 ……………………………………………… 67. 神香草属 Hyssopus

72. 花萼 10-13(-15) 脉，齿间无小瘤。

73. 雄蕊 2 或 2 长 2 短，直伸；花萼 10 脉；花冠二唇或近辐射对称。

74. 能育雄蕊 4，花丝直伸，花冠筒短，5 裂 ………………………………… 72. 紫苏属 Perilla

74. 能育雄蕊 2 (后对)，前对为线形退化雄蕊；花冠近二唇，上唇微缺，下唇 3 裂 ……………………………………………………………………………… 73. 石荠苎属 Mosla

73. 雄蕊 4 (地笋属除外)，近等长，花丝直伸。

75. 花冠二唇，上唇微凹或凹缺，下唇 3 裂；叶常全缘。

76. 花萼 5 齿相等；苞片覆瓦状，长卵圆状倒卵形或倒披针形，绿或紫红色 ……………………………………………………………………………… 68. 牛至属 Origanum

76. 花萼二唇，上唇 3 齿，下唇 2 齿；苞片小 ………………………………… 69. 百里香属 Thymus

75. 花冠近辐射对称，冠檐 4 裂；叶具齿或羽状分裂。

77. 能育雄蕊 4，近等大；小坚果顶端圆 ……………………………………… 70. 薄荷属 Mentha

77. 能育雄蕊 2 (前对)，后对为棒状退化雄蕊或缺如；小坚果顶端平截 ……………………………………………………………………………… 71. 地笋属 Lycopus

18. 花药球形，药室叉开，顶端汇合为一室，花粉散后则平展；花冠筒内藏。

78. 萼齿近相等，果时增大成二唇，多脉，上唇宽具 3 齿，下唇 2 齿；花冠筒窄长；雄蕊内藏，花丝无毛 ……………………………………………………………………………… 82. 筒冠花属 Siphocranion

78. 萼齿近相等或后齿稍大；花冠筒短；雄蕊伸出，花丝有时被毛。

79. 花冠裂片 4-5 近相等，前裂片稍突出；药室顶端汇合，花丝被毛。

80. 花萼 5 深裂，萼齿钻形或羽毛状；植物体密被绵绒毛；叶对生或 3 叶轮生；花小，雌花两性花异株 … ……………………………………………………………………………… 81. 羽萼木属 Colebrookea

80. 花萼 5 齿相等。

81. 叶对生，卵形或窄卵形，稀线形或镰形，稍被毛；花冠上唇 3 裂，下唇全缘；花萼具晶体；茎实心 … ……………………………………………………………………………… 79. 刺蕊草属 Pogostemon

81. 叶 3-10 轮生，线形或披针形，无柄，近无毛；花冠 4 裂；花萼无晶体；茎中空 ……………………………………………………………………………… 80. 水蜡烛属 Dysophylla

79. 花冠二唇或近二唇，上唇稍外凸；药室后顶端常汇合；花丝无毛，稀被毛。

82. 花萼钟形，上唇 3 齿，下唇 2 齿；2 花轮伞花序组成顶生及腋生总状花序；花丝伸出，稀内藏，基部被髯毛 ……………………………………………………………………… 78. 香简草属 Keiskea

82. 花萼 5 齿相等或近相等；花序顶生。

83. 花冠筒短，冠檐 4 裂，后(上)裂片稍外凸，直立；花萼卵球形或钟形。

84. 小坚果顶端钝；花序直立 ……………………………………………… 75. 香薷属 Elsholtzia

84. 小坚果具喙；花序下垂或俯垂 ………………………………………… 76. 钩子木属 Rostrinucula

83. 花冠二唇，上唇 2 裂，下唇 3 裂；花萼管状或钟形。

85. 花萼 5 齿相等；花冠筒内无毛环；花丝基部密被微柔毛 ……………………………

…………………………………………………………………………………… 74. **米团花属 Leucosceptrum**

85. 花萼 2 前齿稍宽大;花冠筒内近中部具毛环;花丝无毛 ……… 77. **绵穗苏属 Comanthosphace**

13. 雄蕊下倾，平卧于花冠下唇或内藏。

86. 花萼 5 齿，后齿稍大，扁平 …………………………………………………… 83. **四轮香属 Hanceola**

86. 花萼二唇，上唇 4 齿，下唇全缘，稀上唇 3 齿下唇 2 齿，如 5 齿相等，则上唇 4 裂下唇全缘。

87. 花冠前(下)裂片囊状，反折，基部窄；花萼 5 齿相等 ……………………………… 84. **山香属 Hyptis**

87. 花冠前(下)裂片舟形、扁平或微内凹。

88. 花冠前(下)裂片内凹、匙形或舟形，不反折，基部窄。

89. 雄蕊花丝基部合生成筒状；花萼上唇全缘下唇 4 齿或上唇 3 齿下唇 2 齿；花序具艳色苞片 ……………………………………………………………………………………… 89. **鞘蕊花属 Coleus**

89. 雄蕊花丝分离。

90. 花萼近直伸，喉部偏斜，上唇全缘下唇 4 齿或上唇 3 齿下唇 2 齿；花冠筒细长；轮伞花序密集成穗状花序 …………………………………………………………… 85. **排草香属 Anisochilus**

90. 花萼直伸或下倾，5 齿相等或上唇 3 齿下唇 2 齿；花冠筒基部囊状或距状；轮伞花序疏离或组成圆锥状或总状花序。

91. 花冠筒基部具长后距；萼檐花时张开，下唇稍平截；小坚果被细凹点 ……………………………………………………………………………………… 88. **角花属 Ceratanthus**

91. 花冠筒基部囊状或短距状，下唇稍 2 裂；小坚果平滑或被细凹点。

92. 花冠上唇 3 深裂,中裂片宽大,先端 2 浅裂；后对花丝基部膨大，外侧被柔毛 ……………………………………………………………………………………… 86. **葶花属 Skapanthus**

92. 花冠上唇具 4 圆裂片； 后对花丝基部不膨大，无毛，稀被毛 ……………………………………………………………………………………… 87. **香茶菜属 Isodon**

88. 花冠前(下)裂片扁平或稍内凹，基部不窄； 花萼二唇。

93. 果萼下唇全缘，上唇全缘或两侧各具 1 细齿或 3 裂；苞片常有色泽。

94. 花萼上唇 3 裂，筒具 8-10 脉，果时基部具横肋及凹点；疏散总状花序 ……………………………………………………………………………………… 91. **凉粉草属 Mesona**

94. 花萼上唇近全缘，筒具 10 脉，果时基部无横肋及穴点； 密穗状花序 ……………………………………………………………………………………… 90. **龙船草属 Nosema**

93. 花萼下唇 2 齿，齿分离或合生。

95. 花萼上唇边缘不下延至萼筒。

96. 果萼钟形，稍下弯，后齿或后 3 齿稍大，侧齿及前齿近相等； 花小 ……………………………………………………………………………………… 94. **小冠薰属 Basilicum**

96. 果萼管形，伸长。

97. 果萼基部无横肋及凹点； 轮伞花序密集成头状花序 ……………………………………………………………………………………… 92. **尖头花属 Acrocephalus**

97. 果萼基部具横肋及凹点； 轮伞花序疏离，组成总状或总状圆锥花序 ……………………………………………………………………………………… 93. **网萼木属 Geniosporum**

95. 花萼上唇边缘稍下延至萼筒。

98. 柱头 2 裂，裂片钻形；花萼上唇倒卵形或圆形 ……………………………… 95. **罗勒属 Ocimum**

98. 柱头头状或棒状，不裂或微凹，花冠筒伸出；花萼上唇卵形,下唇齿多分离。

99. 雄蕊及花柱内藏或微伸出； 小坚果卵球形或近球形，被细瘤点 ……………………………………………………………………………………… 96. **鸡脚参属 Orthosiphon**

99. 雄蕊及花柱伸出，长达花冠筒 2 倍； 小坚果卵球形或长圆形，具皱纹 ……………………………………………………………………………………… 97. **肾茶属 Clerodendranthus**

1. 掌叶石蚕属 Rubiteucris Kudô

多年生草本，高达60厘米。具匍匐茎。叶卵状三角形或心形，长5-10厘米，掌状3裂或3小叶复叶，先端尖或渐尖，基部楔形或近心形，锯齿具突尖头，下面疏被柔毛；叶柄长2-4厘米。聚伞圆锥花序顶生；苞片钻状披针形，小苞片线形，早落。花萼钟形，具5主脉及3副脉，二唇形，上唇3齿，下唇2齿；花冠白色，长0.8-1厘米，冠筒较萼筒长，前方基部膨胀，冠檐二唇形，上唇直伸，2裂，下唇与冠筒成直角，3裂；雄蕊4，自花冠后方伸出，前对稍长，花药极叉开，肾形；子房无毛，花柱较雄蕊稍长，柱头2深裂，裂片丝状。小坚果倒卵状球形，淡褐色，背面3纵肋不明显，合生面为果长3/4。

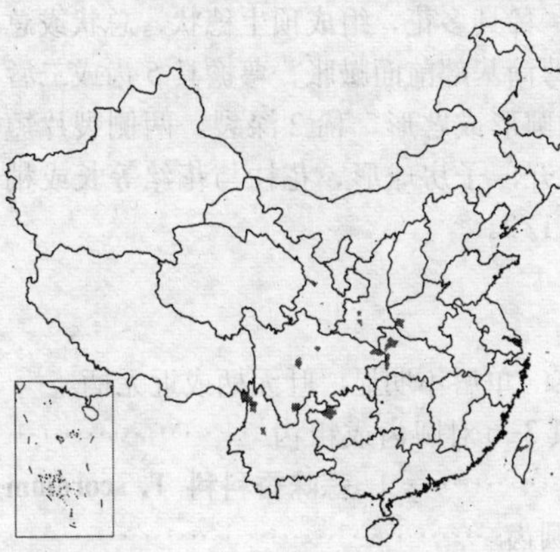

我国特有单种属。

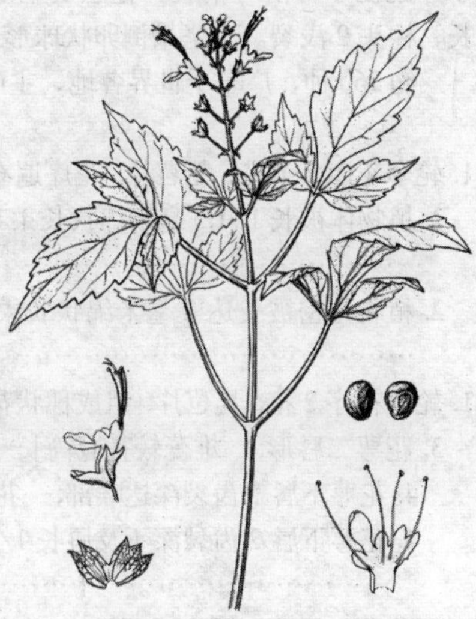

图 627 掌叶石蚕（郭木森绘）

掌叶石蚕 图 627

Rubiteucris palmata (Benth. ex Hook. f.) Kudô in Mém. Fac. Sci. Taihoku Imp. Univ. 2: 297. 1929.

Teucrium palmatum Benth. ex Hook. f. Fl. Brit. Ind. 4: 702. 1885.

形态特征同属。花期7-8月。

产甘肃东南部、陕西南部、河南西部、湖北西部、四川、贵州、云南及台湾，生于海拔2000-3000米针叶林下。锡金有分布。

2. 水棘针属 Amethystea Linn.

一年生草本，高达1米。叶三角形或近卵形，3深裂，裂片窄卵形或披针形，具锯齿，稀不裂或5裂，具粗锯齿或重锯齿，上面被微柔毛或近无毛，下面无毛；叶柄长0.7-2厘米，具窄翅，疏被长硬毛。聚伞花序具长梗组成圆锥花序；苞片与茎叶同形，小苞片线形。花萼钟形，具10脉，5脉明显，5齿；花冠蓝或紫蓝色，冠筒内藏或稍伸出，内无毛环，冠檐二唇形，上唇2裂，下唇3裂，中裂片近圆形；雄蕊4，前对能育，芽时内卷，花时向后伸长，后对为退化雄蕊，花药2室，叉开，纵裂，顶端汇合；花柱细长，柱头2浅裂。小坚果倒卵球状三棱形，背面具网状皱纹，腹面具棱，两侧平滑，合生面达果长1/2以上。

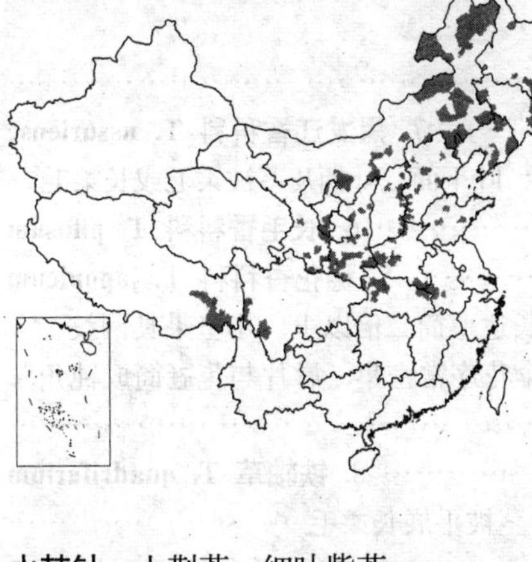

单种属。

水棘针 土荆芥 细叶紫苏 图 628

Amethystea caerulea Linn. Sp. Pl. 1:21. 1753.

形态特征同属。花期8-9月，果期9-10月。

产黑龙江、吉林、辽宁、内蒙古、河北、山东、安徽、河南、山西、陕西、甘肃、宁夏、西藏、云南、四川及湖北，生于海拔200-3400米田

图 628 水棘针（引自《图鉴》）

边、旷野、河岸沙地及溪边。伊朗、俄罗斯、蒙古、朝鲜及日本有分布。 全草代荆芥药用，可发汗。

3. 香科科属 Teucrium Linn.

草本或亚灌木，具地下茎及匍匐茎。单叶具羽状脉。轮伞花序具2－3花，稀具多花，组成顶生穗状、总状或总状圆锥花序；苞片菱状卵形或线状披针形。花萼10脉，喉部无毛或具毛环，萼筒基部前面臌胀，萼檐具5齿或二唇形，上唇3齿下唇2齿；花冠单唇，冠筒内无毛环，冠檐具5裂片，中裂片圆形或匙形，稀2深裂，两侧裂片短小；雄蕊4，前对稍长，花丝长不及冠筒2倍，花后多弓曲，花药药室极叉开；子房球形，花柱与花丝等长或稍长，柱头2浅裂。小坚果倒卵状球形，无毛，平滑或具网纹，合生面约为果长1/2。

约260种，广布于世界各地，主产地中海地区。我国18种。

1. 轮伞花序2-6花，无苞片，花序遍布全株；花萼5齿近相等；花冠后方弯缺窄，单唇不明显；叶无柄或近无柄。
  2. 植物体被长1-1.5毫米绵状长柔毛；叶近无柄或无柄，基部圆或宽楔形，具3-6对圆齿或粗齿 …………………… 1. **蒜味香科科 T. scordium**
  2. 植物体密被长达2毫米绵状长柔毛；叶无柄，基部耳状抱茎，具5-12对圆齿 …………………… 2. **沼泽香科科 T. scordioides**
1. 轮伞花序2花，具苞片，组成穗状花序；花萼二唇形明显或不明显；花冠单唇，后方弯缺宽；叶具柄。
  3. 花萼二唇形； 雄蕊较花冠筒长一倍以上。
    4. 花萼下唇2齿裂深达喉部； 花冠唇片后对侧柔毛 …………………… 10. **庐山香科科 T. pernyi**
    4. 花萼下唇2齿裂深不及唇长1/3；花冠唇片后对侧裂片近圆形；植物体近无毛 …………………… 11. **二齿香科科 T. bidentatum**
  3. 花萼二唇形不明显或明显； 雄蕊稍露出至伸出部分与花冠筒等长。
    5. 轮伞花序组成圆筒状穗状花序； 花萼稍二唇形，上唇3齿，下唇2齿，喉部内面无毛；花冠筒稍伸出萼筒外；小坚果无网纹。
      6. 花冠长不及1厘米，花冠筒长为唇片之半或等长，中裂片近圆形；叶柄长约叶片1/4。
        7. 叶圆形或卵状三角形；苞片3裂；穗状花序由疏生轮伞花序组成 …………………… 3. **裂苞香科科 T. veronicoides**
        7. 叶卵形或卵状长圆形；苞片全缘；穗状花序由密集轮伞花序组成 …………………… 4. **血见愁 T. viscidum**
      6. 花冠长1.1-1.5厘米，花冠筒长为唇片1/3-1/2，唇片中裂片菱状倒卵形、近圆形或倒卵状圆形； 叶柄长不及叶片1/5。
        8. 花萼近二唇形，萼齿具网脉； 叶下面、叶柄及茎密被白色绵毛 …………………… 7. **黑龙江香科科 T. ussuriense**
        8. 花萼5齿等大或近等大，或下2齿与上3齿等长但较窄，网脉不明显；叶下面、叶柄及茎被柔毛或长柔毛。
          9. 茎被白或淡黄色长达3毫米长柔毛 …………………… 6. **长毛香科科 T. pilosum**
          9. 茎无毛，稀近节处疏被长柔毛 …………………… 5. **穗花香科科 T. japonicum**
    5. 轮伞花序组成侧扁穗状花序； 花萼二唇形，喉部内面具毛环； 花冠筒长达萼筒二倍以上；小坚果具网纹。
      10. 穗状花序生于茎2/3以上腋生侧枝及主茎顶端，组成圆锥状花序，轮伞花序常密集；唇片与花冠筒成钝角；茎被长达2.5毫米黄、锈褐或紫色长柔毛或糙毛 …………………… 8. **铁轴草 T. quadrifarium**
      10. 穗状花序生于主茎及侧枝上，轮伞花序疏生；唇片与花冠筒成直角；茎被平展长柔毛 …………………… 9. **香科科 T. simplex**

1. 蒜叶香科科 图 629:1-7

Teucrium scordium Linn. Sp. Pl. 2:565. 1753.

多年生草本，高达35厘米。茎被长1-1.5毫米绵状长柔毛。叶倒卵形或长圆形，长1.2-3厘米，先端钝，基部圆或宽楔形，每侧具3-6疏生圆齿

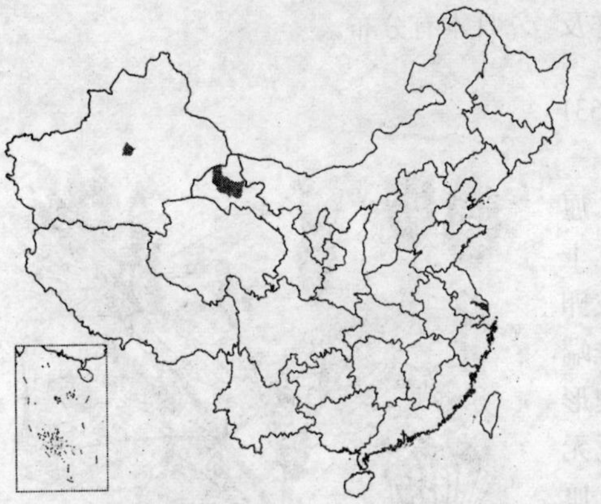

或粗齿，上面被平伏长柔毛，下面沿叶脉被长柔毛，余疏被腺点；近无柄或无柄。轮伞花序具2－6花。花梗长4－5毫米；花萼筒状钟形，长约2.8毫米，基部前方膨大，被腺毛及长柔毛；萼齿三角形；花冠淡紫色，长约6毫米，被柔毛，唇片内面具一簇柔毛，中裂片长圆形，前缘微波状，侧裂片卵状斜三角形。子房被白色泡状毛。小坚果卵球形，长约1毫米，微具网纹。花期7–8月，果期9月。

产甘肃西部及新疆，生于海拔约1000米沟边。俄罗斯西伯利亚至欧洲有分布。植物体含芳香油、可入药，用于驱虫、防鼠疫及治肺病。

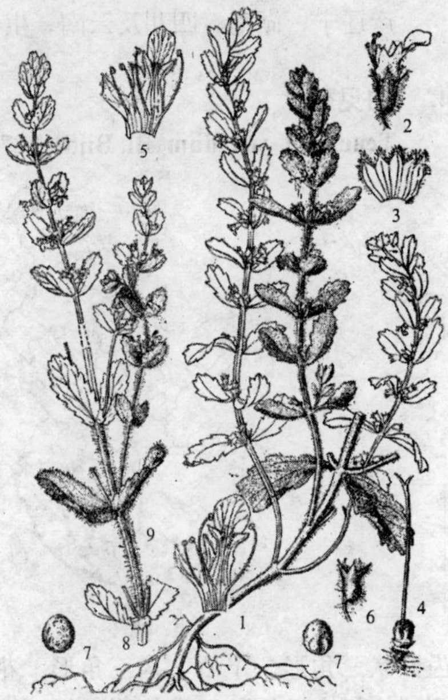

图 629:1–7.蒜叶香科科 8–9.沼泽香科科
（曾孝濂绘）

2. 沼泽香科科 图 629:8–9

Teucrium scordioides Schreb. Fl. Verticill. Unilab. Gen. Sp. 37. 1774.

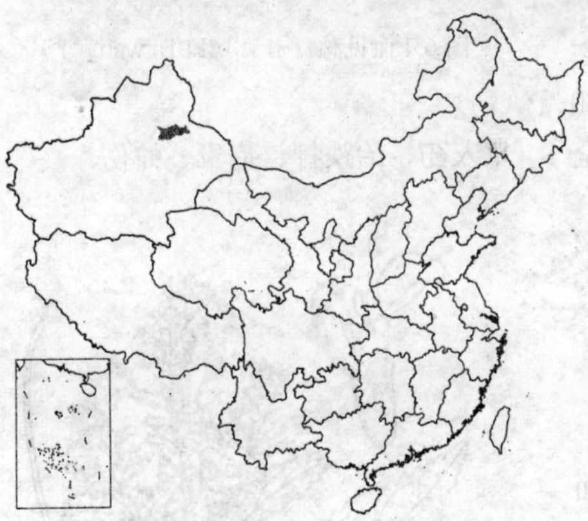

多年生草本，高达60厘米。茎密被长达2毫米绵状长柔毛。叶倒卵形或长圆形，长1–3.2厘米，基部耳状抱茎或圆，每侧具5–12圆齿，上面中脉密被长达2毫米绵状长柔毛，其余部分及叶下面均被长柔毛；无柄。轮伞花序具2－6花。花梗长4－5毫米；花萼筒状钟形，长不及3毫米，基部前方膨大，被腺毛及长柔毛；萼齿三角形，长约为萼筒1/2；花冠紫色，被柔毛，唇片内被簇生柔毛，中裂片圆形，侧裂片窄卵状斜三角形；子房被白色泡状毛。花期7月。

产新疆北部，生于沼泽边及湿草地。俄罗斯、中亚、西南亚及欧洲有分布。全株可入药及作调味香料。

3. 裂苞香科科 图 630

Teucrium veronicoides Maxim. in Bull. Acad. Imp. Sci. St Pétersb. 23: 388. 1877.

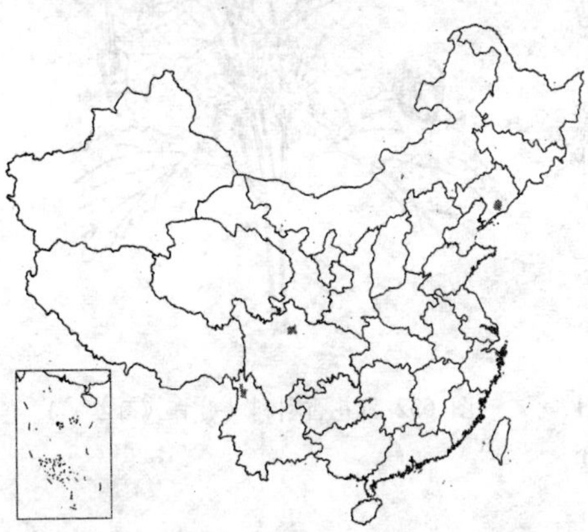

多年生草本，高达40厘米。茎被长柔毛。茎中部叶圆形或卵状三角形，长2－4厘米，茎下部及分枝之叶近肾形，长0.7–1.3厘米，基部平截或近心形，具重圆齿，上面被平伏长柔毛，下面脉被长柔毛，余被短柔毛；叶柄长1－2厘米，被长柔毛。轮伞花序具2花，组成穗状花序，序轴被长柔毛；苞片卵形，常3裂。花梗长2.5–3.5毫米，被长柔毛；花萼钟形，长3–4毫米，萼齿三角形，具缘毛；花冠淡紫红色，长7－8毫米，近无毛，唇片斜伸，中裂片近圆形，侧裂片卵状斜三角形。小坚果深褐色，长圆状倒卵球形，长1.2毫米。花期7月。

图 630 裂苞香科科（曾孝濂绘）

产辽宁、湖南、四川及云南，生于海拔1800-2500米山地林下。朝鲜及日本有分布。

4. 血见愁 图 631

Teucrium viscidum Bl. Bijdr. 827. 1825.

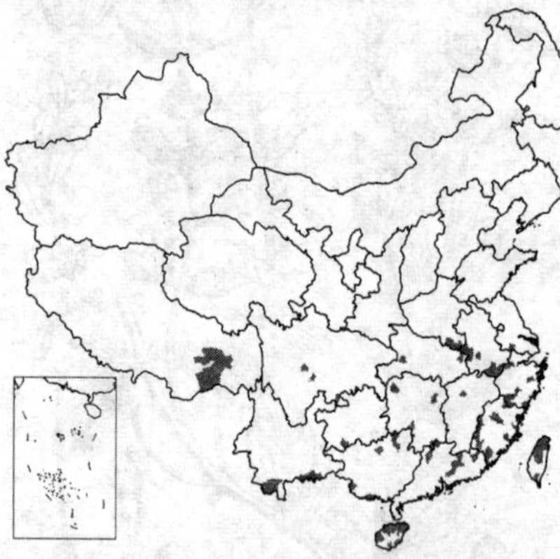

多年生草本，高达70厘米。茎下部无毛或近无毛，上部被腺毛及柔毛。叶卵形或卵状长圆形，长3-10厘米，先端尖或短渐尖，基部圆、宽楔形或楔形，具重圆齿，两面近无毛或疏被柔毛；叶柄长1-3厘米，近无毛。轮伞花序具2花，密集成穗状花序，苞片披针形。花梗长1-2毫米，密被腺长柔毛；花萼钟形，上唇3齿卵状三角形，下唇2齿三角形；花冠白、淡红或淡紫色，中裂片圆形，侧裂片卵状三角形；子房顶端被泡状毛。小坚果扁球形，长1.3毫米，黄褐色。花期长江流域7-9月，广东及云南南部6-11月。

图 631 血见愁（引自《Fl.Taiwan》）

产江苏南部、浙江、福建、台湾、江西、湖北、湖南、广东、海南、广西、云南、贵州、四川西南部、西藏东南部及河南东南部，生于海拔120-1530米山地林下。日本、朝鲜、缅甸、印度、印度尼西亚及菲律宾有分布。全草入药，治跌打、疮毒、蛇伤。

5. 穗花香科科 图 632

Teucrium japonicum Willd. Sp. Pl. 3:23. 1800.

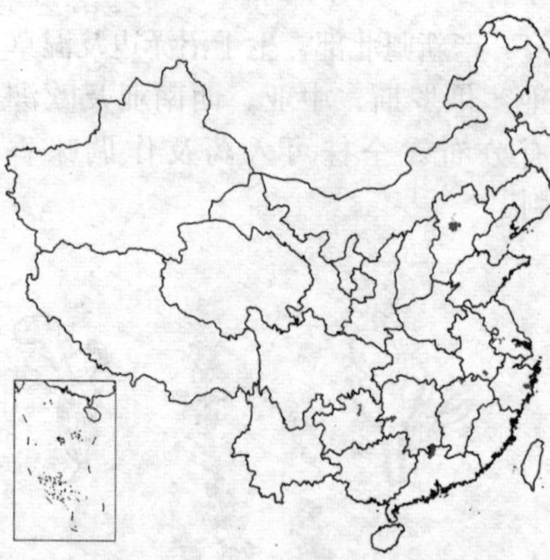

多年生草本，高达80厘米。叶卵状长圆形或卵状披针形，长5-10厘米，基部心形或平截，具重锯齿或圆齿，仅下面中脉基部有时疏被柔毛；叶柄长0.8-1.5厘米。轮伞花序具2花，密集成穗状花序；苞片线状披针形。花梗长约1.5毫米；花萼钟形，长4-4.5毫米，萼齿三角形，稍具缘毛；花冠白或淡红色，长1.2-1.4厘米，唇片被鳞状短毛，中裂片菱状倒卵形，侧裂片卵状长圆形。小坚果倒卵球形，长1.2毫米，疏被白色泡状毛。花期7-9月。

产河北、江苏、浙江、江西、湖南、四川、贵州及广东，生于海拔500-1100米山地及旷野。朝鲜、日本有分布。全草入药，治外感风寒。

图 632 穗花香科科（引自《图鉴》）

6. 长毛香科科 图 633:1

Teucrium pilosum (Pamp.) C. Y. Wu et S. Chow in Acta Phytotax. Sin. 10(4): 335, pl. 68, f.I. 1965.

Teucrium japonicum Willd. var. *pilosum* Pamp. in Nouv. Giorn. Bot. Ital. n. ser. 17: 711. 1910.

多年生草本，高达1米。茎密被长达3毫米平展长柔毛。叶卵状披针形或长圆状披针形，长5-8厘米，基部平截或近心形，具稍不整齐重锯齿，上面中脉及下面脉被长柔

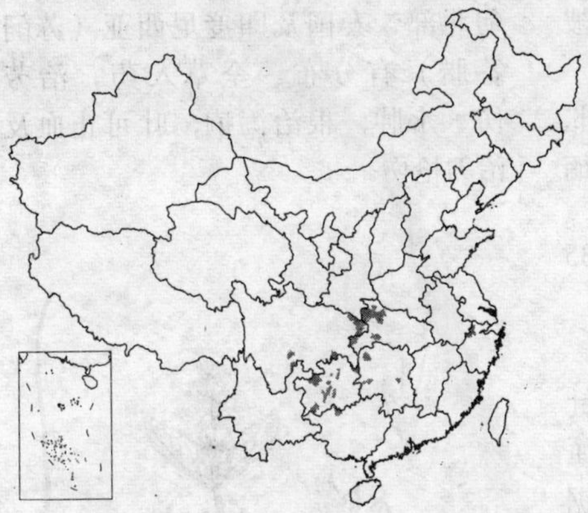

毛，余被短柔毛；叶柄长0.4-1厘米，被长柔毛。轮伞花序具2(3-4)花，密集成穗状花序；苞片线状披针形，被长柔毛。花梗长约1.5毫米，被长柔毛；花萼钟形，长4毫米，被长柔毛及淡黄色腺点，上唇3齿三角形，下唇2齿三角状钻形；花冠淡红色，长1.2-1.5厘米，外露部分疏被长柔毛及淡黄色腺点，中裂片倒卵状圆形，侧裂片卵状长圆形。花期7-8月。

产浙江、湖北、湖南、四川、贵州及广西，生于海拔340-2500米山坡林缘、河边。根茎入药，治痧症。

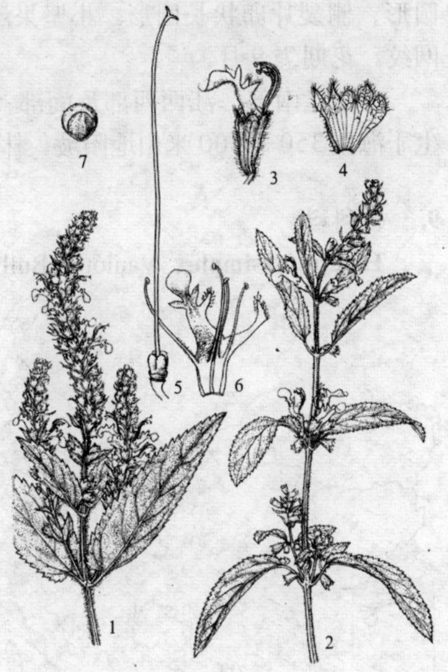

图 633:1.长毛香科科 2-7.黑龙江香科科
（曾孝濂绘）

7. 黑龙江香科科 图 633:2-7

Teucrium ussuriense Kom. in Izv. Bot. Akad. Nauk. SSSR 30: 208. 1932.

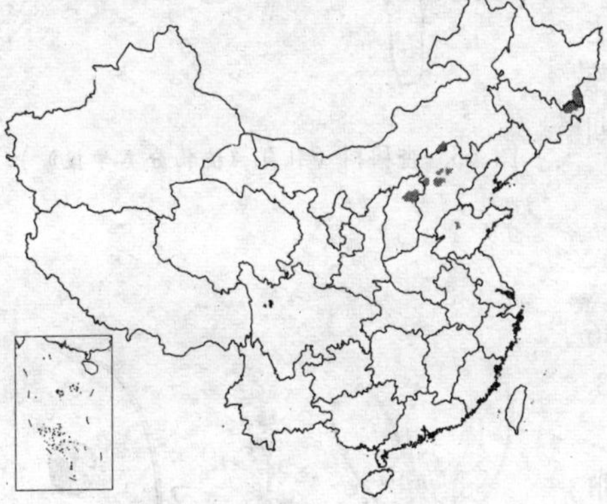

多年生草本，高达45厘米。茎被白色绵毛。叶卵状长圆形，长2.5-4厘米，基部平截或宽楔形，具不规则细锯齿，上面被平伏短柔毛，下面密被白色绵毛；叶柄长4-7毫米，被白色绵毛。轮伞花序具2-4花，组成穗状花序；苞片线状披针形，长3-4毫米，被柔毛。花梗长约2毫米，被柔毛；花萼钟形，长达5毫米，被柔毛，上唇3齿卵状三角形，下唇2齿三角状披针形；花冠紫色，长1.2厘米，疏被微柔毛，冠筒长为花冠1/3或以上，喉部内被白色微柔毛，中裂片菱状倒卵形，侧裂片卵状长圆形。小坚果淡褐色，近球形，径约1毫米。花期8月，果期9月。

产黑龙江、辽宁、河北、山西及山东，生于多石阳坡及水边。俄罗斯远东地区有分布。

8. 铁轴草 图 634

Teucrium quadrifarium Buch.-Ham. ex D. Don, Prodr. Fl. Nepal. 108. 1825.

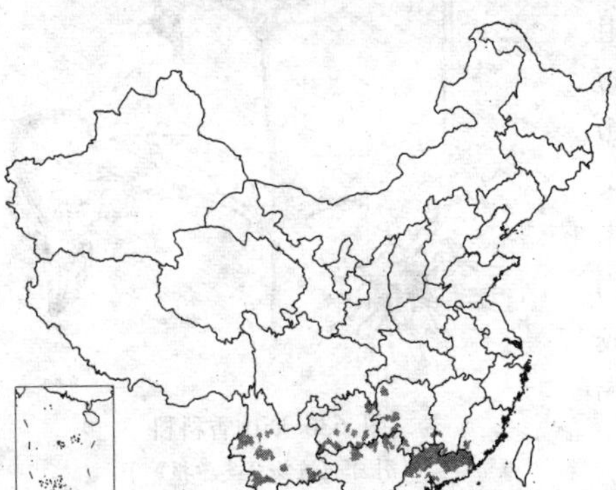

亚灌木，高达1.1米。茎密被黄、锈褐或紫色长柔毛或糙状毛。叶卵形或长圆状卵形，长3-7.5厘米，基部近心形、平截或圆，具重锯齿或重圆齿，上面被平伏短柔毛，下面脉被长柔毛或糙伏毛，余被灰白绒毛或密被短柔毛；叶柄近无或长达1厘米。轮伞花序具2花，密集成穗状花序；苞片长4-8毫米，被长柔毛，先端渐尖或尾尖；花萼钟形，被长柔毛或短柔毛，喉部内具白色毛环，上唇中齿倒卵状扁圆形，侧齿三角形，下唇2齿披针形；花冠淡红色，长1.2-1.3厘米，疏被短柔毛及淡黄色腺点，内面喉部被白色微柔毛，中裂片倒卵状

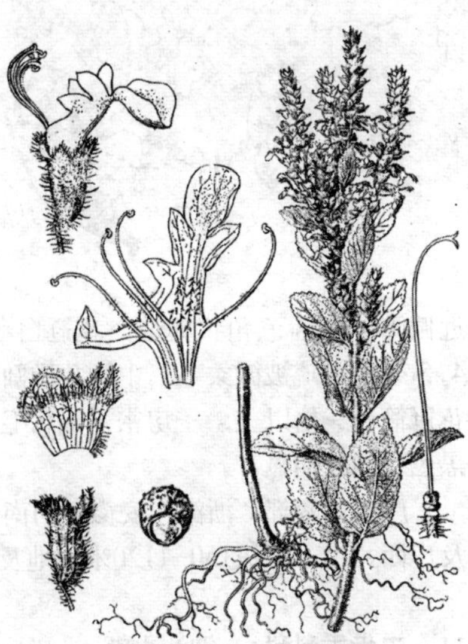

图 634 铁轴草（曾孝濂绘）

圆形，侧裂片卵状长圆形。小坚果深褐色，倒卵状球形，长约1毫米，被网纹。花期7-9月。

产福建南部、江西西部及南部、湖南、广东、广西、云南及贵州南部，生于海拔350-2400米山地阳坡、林下及灌丛中。尼泊尔、锡金、印度、缅甸北部、泰国及印度尼西亚（苏门答腊）有分布。全草入药，治劳伤，水肿；根治泻痢；叶可止血及治刀枪伤。

9. 香科科 图 635

Teucrium simplex Vaniot in Bull. Acad. Int. Geogr. Bot. 14: 186. 1904.

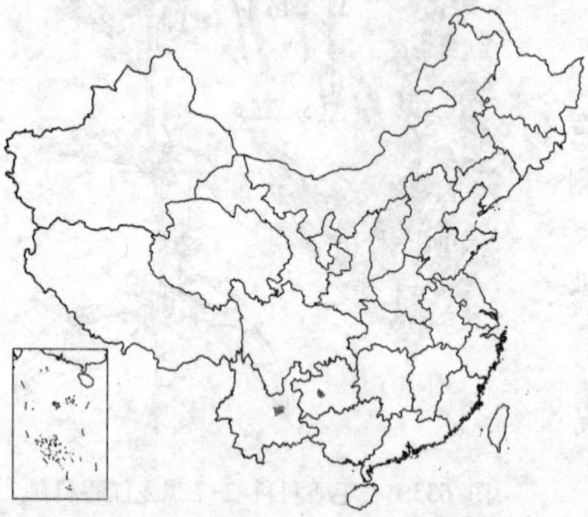

直立草本，高约50厘米。茎被平展长柔毛。叶卵状披针形或长圆状披针形，长5-9厘米，基部楔形下延，具粗锯齿，两面疏被长柔毛；叶柄长1.5-2.5厘米，被糙伏状长柔毛。轮伞花序具2-3花，组成顶生穗状花序，序轴密被糙伏状长柔毛；苞片被柔毛。花梗密被长柔毛；花萼钟形，长6-6.5毫米，被柔毛，喉部内面具毛环，上唇中齿圆形，侧齿斜三角形，下唇2齿钻状锥形；花冠白色，长达1.9厘米，被柔毛；冠筒长9毫米，中裂片卵形，侧裂片钻状披针形；雄蕊长6-7毫米；花柱长约1厘米。小坚果倒卵球形，土黄色，具网纹。花期7-8月。

产云南东部、贵州西部，生于海拔2000米常绿阔叶林下。

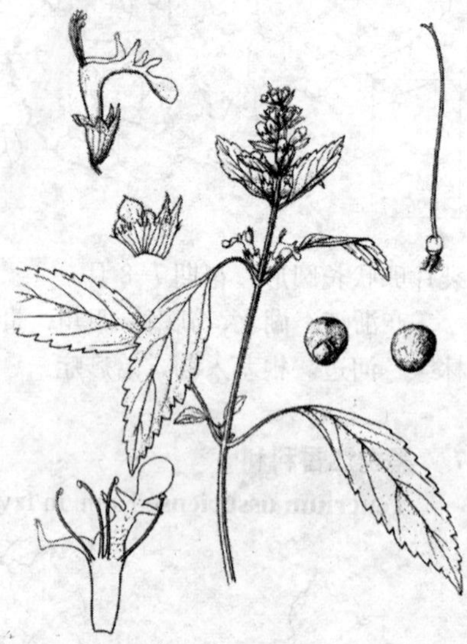

图 635 香科科（引自《植物分类学报》）

10. 庐山香科科 图 636

Teucrium pernyi Franch. in Nouv. Arch. Mus. Hist. Nat. ser. 2, 6: 125. 1883.

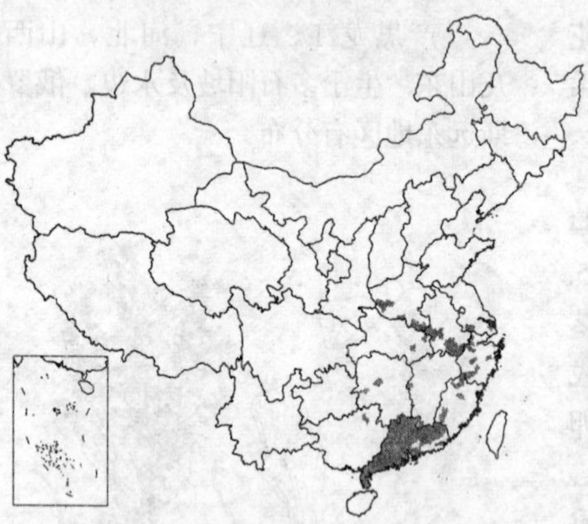

多年生草本，高达1米。茎密被白色倒向短柔毛。叶卵状披针形，长3.5-5.3(-8.5)厘米，基部圆或宽楔形，具粗锯齿，两面被微柔毛，下面脉被白色稍弯曲短柔毛；叶柄长3-7毫米。轮伞花序具2(-6)花组成穗状花序；苞片卵形，被短柔毛。花梗长3-4毫米，被短柔毛；花萼钟形，疏被微柔毛，喉部内具毛环，上唇中齿近圆形，侧齿三角状卵形；花冠白色或稍带红晕，长约1厘米，冠筒长约4.5毫米，疏被微柔毛，中裂片椭圆状匙形，侧裂片斜三角状卵形；雄蕊较花冠筒长一倍以上；子房密被泡状毛。小坚果倒卵球形，长约1.2毫米，褐黑色，网纹明显。

产江苏南部、浙江、安徽、河南南部、福建、江西、湖北、湖南、广东及广西，生于海拔150-1120米山地及旷野。

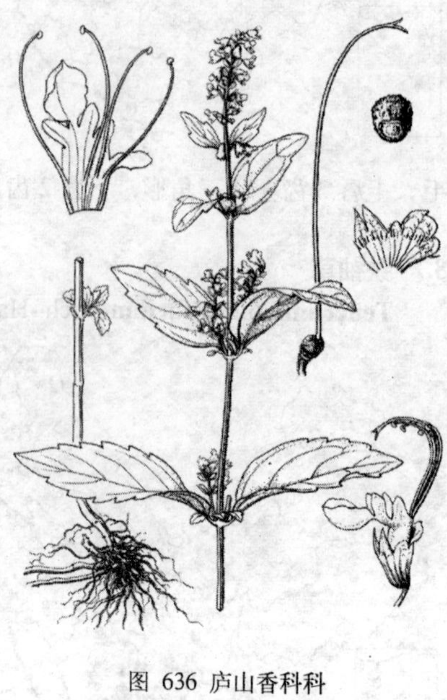

图 636 庐山香科科（引自《植物分类学报》）

11. 二齿香科科 细沙虫草 图 637

Teucrium bidentatum Hemsl. in Journ. Linn. Soc. Bot. 26: 312. 1890.

多年生草本，高达90厘米。茎疏

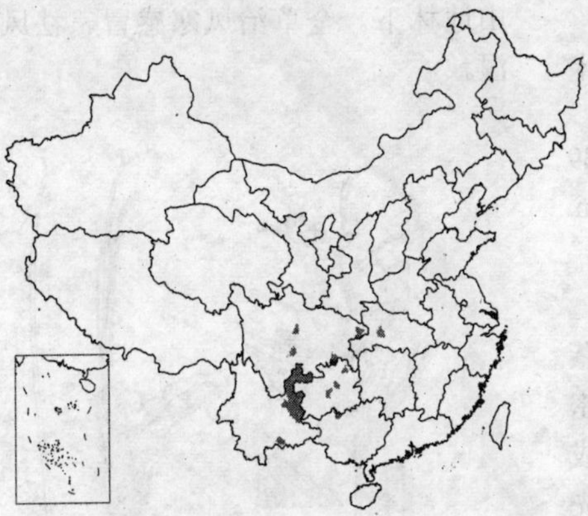

被倒向微柔毛。叶卵形或披针形，长4-11厘米，基部楔形或宽楔形下延，中部以上具3－4对粗锯齿，两面无毛仅中肋及侧脉疏被微柔毛，下面被细乳突；叶柄长5－9毫米，被微柔毛。轮伞花序具2花，组成穗状花序，序轴被微柔毛；苞片卵状披针形，具小缘毛。花梗长约3毫米，被微柔毛或近无毛；花萼钟形，仅基部被微柔毛，喉部内具毛环，上唇中齿扁圆形，侧齿近圆形，下唇2齿合生；花冠白色，长约1厘米，无毛，冠筒稍伸出，长约5毫米，中裂片近圆形，内凹，基部渐缢缩，前方一对侧裂片长圆形，后方一对侧裂片近圆形；雄蕊较花冠筒长一倍。小坚果卵球形，长约1.2毫米，黄褐色，被网纹。

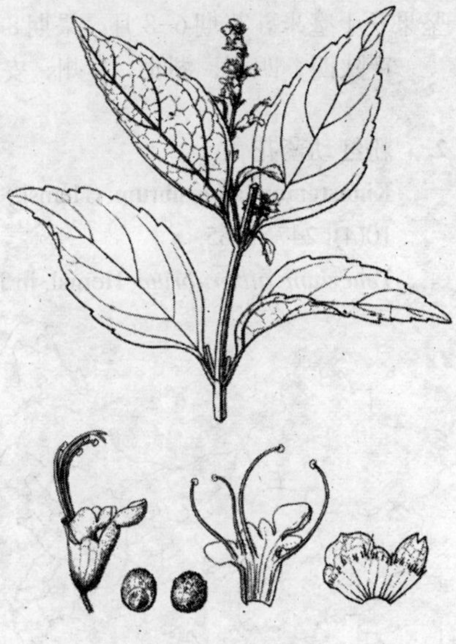

图 637 二齿香科科
（引自《植物分类学报》）

产湖北、四川、贵州、广西北部、云南东北部及台湾，生于海拔950－1300米山地林下。根治痢疾、白斑。

4. 动蕊花属 Kinostemon Kudô

多年生草本。叶卵形或线状长圆形；具短柄。轮伞花序具2花，组成疏散总状或总状圆锥花序；苞片披针形，有时早落。花萼钟形，10脉，二唇形，上唇3齿，中齿大，具网脉，侧齿小，下唇2齿；花冠二唇形，上唇2裂，下唇3裂，中裂片最大；雄蕊4，自花冠上唇伸出，直伸，前对较花冠筒长2倍；花丝丝状；药室稍叉开，顶端汇合；子房4浅裂，顶端平截。小坚果倒卵球形，4枚，背部微具网纹，合生面达果长1/2。

3种，我国特有属。

1. 植物体无毛；花冠上唇2裂片斜三角状卵形 ………………………… 1. **动蕊花 K. ornatum**
1. 植物体被平展长柔毛；花冠上唇2裂片扁圆形 ………………………… 2. **粉红动蕊花 K. alborubrum**

1. 动蕊花 图 638

Kinostemon ornatum (Hemsl.) Kudô in Trans. Hist. Soc. Taiwan 19: 2 1929.

Teucrium ornatum Hemsl. in Journ. Linn. Soc. Bot. 26: 313. 1890.

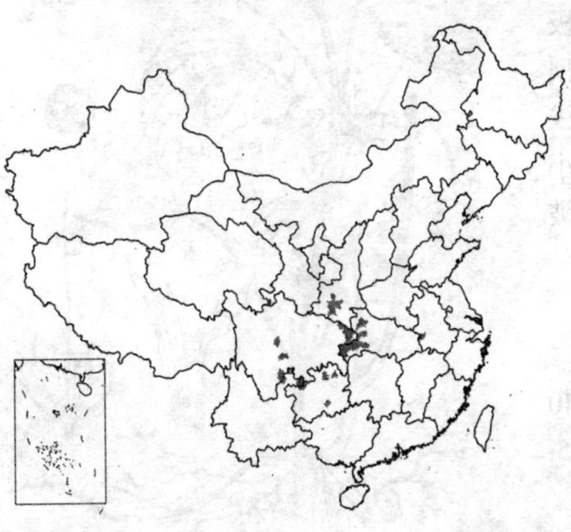

多年生草本，高达80厘米。茎无毛。叶卵状披针形或线状长圆形，长7-13厘米，先端尾尖或镰状渐尖，基部楔形下延，具疏齿，两面无毛，侧脉6－8对；叶柄长0.3－1厘米。轮伞花序沿一侧组成总状花序，苞片长约5毫米，早落。花萼长约4.7毫米，萼筒长2毫米，无毛，喉部内具毛环，上唇中齿圆形，侧齿卵形，下唇2齿披针形；花冠淡紫红色，长约1.1厘米，疏被微柔毛及淡黄色腺点，冠筒长达8毫米，下部窄细，上唇2裂片斜三角状卵形，长约2毫米，下唇中裂片卵状匙形，长约4毫米，侧裂片长圆形，长约2.5毫米。小

图 638 动蕊花（曾孝濂绘）

坚果长1毫米。花期6-8月，果期8-11月。

产陕西、四川、湖北、贵州、安徽及云南东北部，生于海拔700-2600米山地林下。全草治风寒感冒、祛风湿。

2. 粉红动蕊花 图 639

Kinostemon alborubrum (Hemsl.) C. Y. Wu et S. Chow in Acta Phytotax. Sin. 10(4): 247. 1965.

Teucrium alborubrum Hemsl. in Journ. Linn. Soc. Bot. 26: 311. 1890.

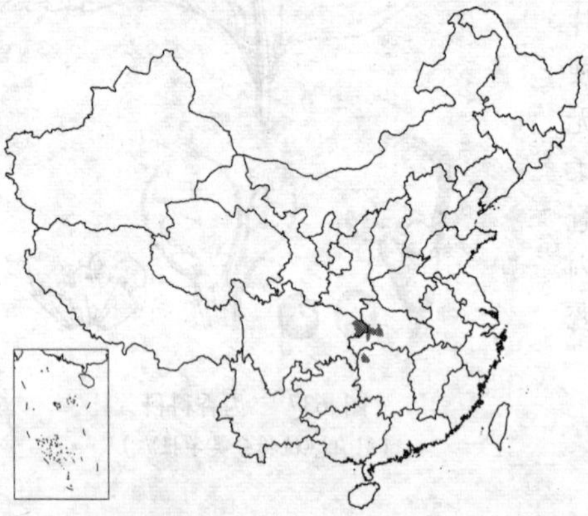

多年生草本。具匍匐茎；茎上升，长1米多，多分枝，密被平展白色长柔毛。叶卵形或卵状披针形，长3-6厘米，先端短渐尖或尾尖，基部宽楔形或楔形下延，具不整齐粗齿，两面被柔毛，下面脉密被长柔毛；叶柄长0.4-1.2厘米。轮伞花序沿一侧组成总状圆锥花序；苞片长1.5-2毫米，被柔毛。花梗长3-4毫米，被短柔毛；花萼长约4毫米，被柔毛，喉部内具毛环，萼筒长2毫米，上唇中齿扁圆形，侧齿卵形，下唇2齿三角状钻形；花冠粉红色，长约1.1厘米，被白色绵状长柔毛及淡黄色腺点，冠筒长达7毫米，喉部稍宽大，冠檐与冠筒几成直角，上唇2裂片扁圆形，长1毫米，下唇中裂片长圆形，长4毫米，侧裂片卵形，长1.2毫米。

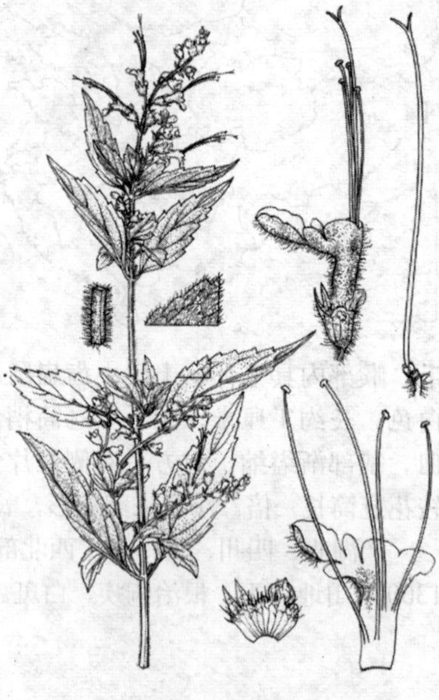

图 639 粉红动蕊花（曾孝濂绘）

产湖南西部、湖北北部及四川东北部，生于丘陵草地。

5. 全唇花属 Holocheila (Kudo) S. Chow

多年生草本。具匍匐茎。叶心形，具长柄。伞房状聚伞花序具7-13花，腋生，花序梗长；花萼斜钟形，10脉，二唇形，上唇3齿，下唇2齿；花冠筒弓状长筒形，基部窄，喉部宽展；花冠二唇形，上唇小，全缘，下唇匙形内凹，稍下倾；雄蕊4，芽中内卷，前对稍长，着生于花冠筒近顶部，自上唇伸出；花药肾形，药室极叉开，顶端汇合；花柱近顶生，与雄蕊等长，柱头2浅裂，前裂片较长，花盘大。小坚果仅1枚成熟，近球形，被蜂巢状雕纹。

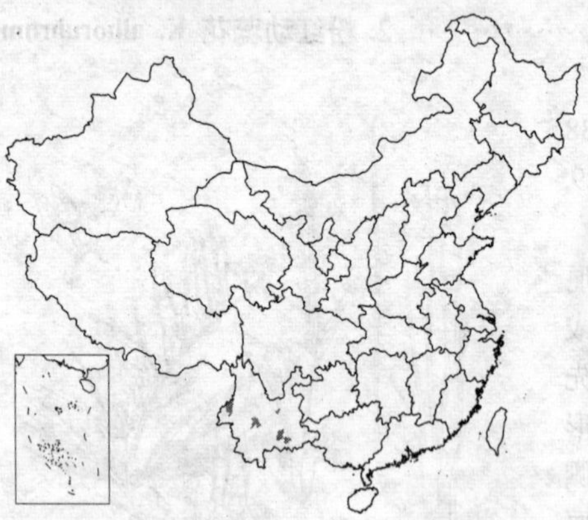

我国特有单种属。

全唇花 图 640

Holocheila longipedunculata S. Chow in Acta Bot. Sin. 10(3): 251. pl. 2. f. 1-5. 1962.

形态特征同属。花期3-5月，果期5-6月。

产云南南部，生于海拔1600-2200米混交林下、灌丛、草地及刺竹丛中。

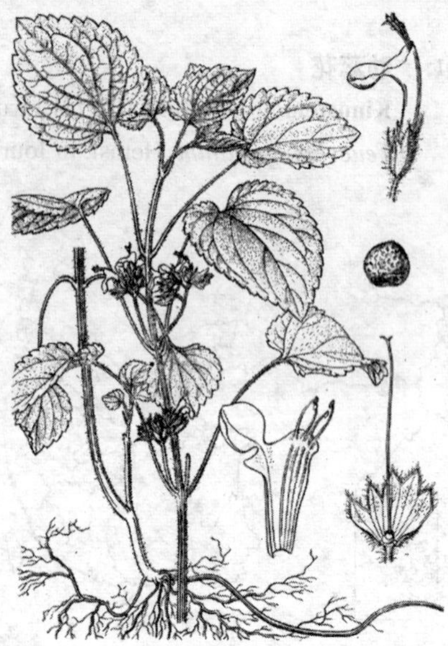

图 640 全唇花（曾孝濂绘）

6. 筋骨草属 Ajuga Linn.

一年生、二年生或多年生草本，稀灌木状。单叶，具齿或缺刻，稀近全缘。轮伞花序具2至多花，组成穗状花序；苞叶与茎叶同形，或呈苞片状，稀与茎叶异形而较大。花近无梗，花萼具10脉，5副脉有时不明显，萼齿5，近整齐；花冠紫或蓝色，稀黄或白色，常宿存，冠筒基部稍曲膝状或微膨大，喉部稍膨大，内具毛环，稀无，冠檐二唇形，上唇直立，全缘、先端微缺或2裂，下唇3裂，中裂片倒心形或近扇形，侧裂片长圆形；雄蕊4，二强，前对较长，常自上唇间伸出，花药2室，横裂汇合为1室；柱头2浅裂，裂片钻形，花盘小。小坚果倒卵球状三棱形，被网纹，合生面占腹面1/2-2/3，具1油质体。

约40-50种，广布于欧、亚大陆温带，近东为多。我国18种。

1. 轮伞花序具2花，疏离；苞叶与茎叶同形；植株具较长匍匐茎，花枝直立或上升；叶基部心形或近平截 …………………………………… 1. **匍枝筋骨草 A. lobata**

1. 轮伞花序具6花至多花，密集；苞叶与茎叶异形；植株直立，稀匍匐。
  2. 苞叶较花长，白黄、白或绿紫色 …………………………………… 2. **白苞筋骨草 A. lupulina**
  2. 苞叶与花等长或稍短，稀长于花，绿色或带紫色。
    3. 花冠筒长(1.5-)2-3厘米，上唇2裂。
      4. 茎具3或多对叶；叶长圆状椭圆形或宽卵状椭圆形；花冠长2-2.5厘米 …………………………………… 3. **圆叶筋骨草 A. ovalifolia**
      4. 茎具2(3)对叶；叶窄披针形、宽卵形或近菱形；花冠长1.5-2(-3)厘米 …………………………………… 3(附). **美花圆叶筋骨草 A. ovalifolia var. calantha**
    3. 花冠筒长1.6厘米以下，稀达2厘米；上唇2浅裂。
      5. 花冠筒直伸或微弯，不为囊状或曲膝状。
        6. 花萼上部沿肋及齿缘具缘毛或齿上被长柔毛及缘毛，下部无毛，或全部近无毛。
          7. 无匍匐茎，紫红或绿紫色，常无毛，仅幼部被灰白色长柔毛；叶卵状椭圆形或窄椭圆形，具不整齐重牙齿 …………………………………… 4. **筋骨草 A. ciliata**
          7. 具匍匐茎，密被灰白色短柔毛或长柔毛；叶卵形或披针状长圆形，具波状锯齿或圆齿，具缘毛 …………………………………… 6. **痢止蒿 A. forrestii**
        6. 花萼被糙伏毛或长柔毛，齿上毛密。
          8. 茎直立，不分枝，被绵状毛及长绢状毛；轮伞花序密集组成穗状聚伞花序；苞叶大，披针形、卵形、宽卵形或近圆形 …………………………………… 5. **多花筋骨草 A. multiflora**
          8. 茎具匍匐茎，基部分枝，被长柔毛或绵状毛；轮伞花序密集组成间断穗状聚伞花序；苞片倒卵形或近圆形 …………………………………… 5(附). **九味一枝蒿 A. bracteosa**
      5. 花冠筒在毛环上方稍膨大,浅囊状或曲膝状。
        9. 萼齿窄三角形或短三角形；雄蕊伸出部分达全长1/4-1/3。
          10. 叶匙形、倒卵状披针形、倒披针形或近长圆形；植株花时具基生叶,平卧,具匍匐茎 …………………………………… 7. **金疮小草 A. decumbens**
          10. 叶宽椭圆形或倒卵状椭圆形；植株花时常无基生叶，直立，稀平卧，基部分枝 …………………………………… 8. **紫背金盘 A. nipponensis**
        9. 萼齿卵形、宽卵形或卵状三角形；雄蕊伸出部分达全长约1/2 …………………………………… 9. **大籽筋骨草 A. macrosperma**

1. 匍枝筋骨草 图641

Ajuga lobata D. Don, Prodr. Fl. Nepal. 108. 1825.

多年生草本，高达12厘米。具匍匐茎，枝条蔓生，逐节生根，被淡褐色长柔毛或柔毛。叶圆形或椭圆状圆形，长2-2.5厘米，先端圆或钝，基部心形或近平截，具不整齐浅圆齿及缘毛，两面疏被糙伏毛，下面脉上毛密；叶柄长2-4(-5)厘米。轮伞花序具2花，疏离。花梗长3-4毫米；花萼钟形，长约5毫米，基部前方稍膨

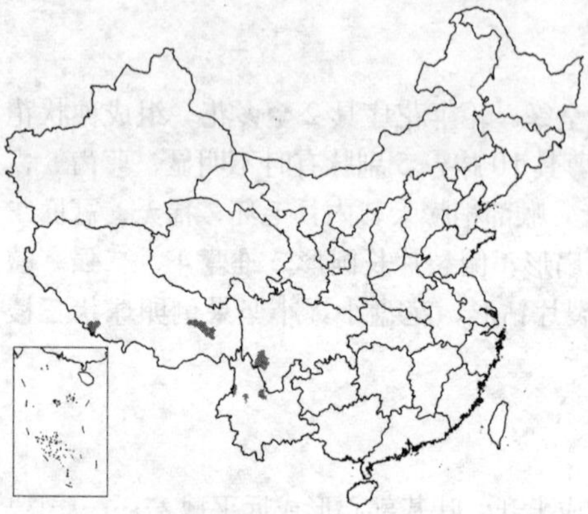

大，萼齿卵状披针形，后齿稍短，具缘毛；花冠紫或淡红紫色，筒状，长1.3-1.5厘米，被短柔毛，内面无毛环，上唇半圆形，下唇中裂片扇形，2裂，侧裂片长圆状披针形。小坚果长约2毫米，网纹明显，合生面占腹面4／5。花期4-5月，果期5-7月。

产云南西北部、四川西南部及西藏东南部，生于海拔1500-3000米密林下。尼泊尔、锡金、不丹、印度东北部及缅甸北部有分布。

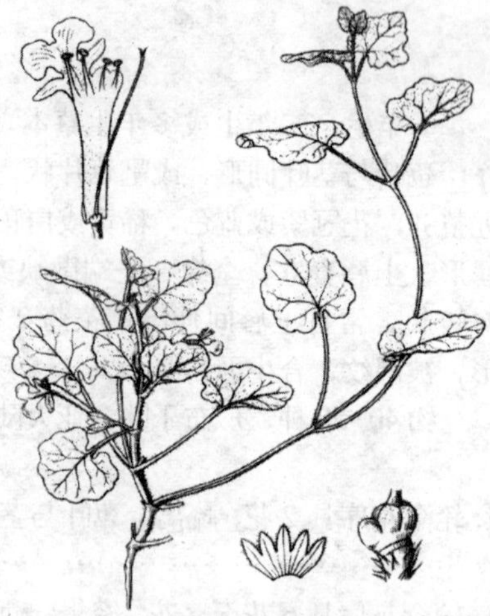

图 641 匍枝筋骨草（张泰利绘）

2. 白苞筋骨草 图 642 彩片155

Ajuga lupulina Maxim. in Bull. Acad. Sci. St. Pétersb. 23: 391. 1877.

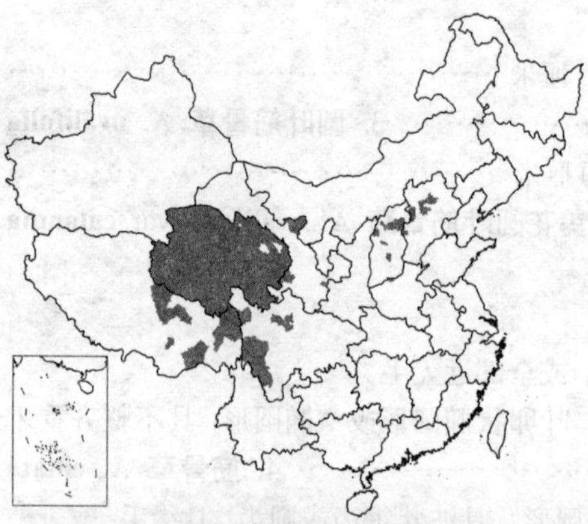

多年生草本。茎沿棱及节被白色长柔毛。叶披针形或菱状卵形，长5-11厘米，先端钝，基部楔形下延，疏生波状圆齿或近全缘，具缘毛，上面无毛或被柔毛，下面脉被长柔毛或近先端疏被柔毛；叶柄具窄翅，基部抱茎。轮伞花序组成穗状花序；苞叶白黄、白或绿紫色，卵形或宽卵形，长3.5-5厘米，先端渐尖，基部圆，抱轴，全缘。花萼钟形或近漏斗形，长7-9毫米，萼齿窄三角形，具缘毛；花冠白、白绿或白黄色，具紫色斑纹，窄漏斗形，长(1.1-)1.8-2.5厘米，疏被长柔毛，冠筒基部前方稍膨大，内面具毛环，上唇2裂，下唇中裂片窄扇形，先端微缺，侧裂片长圆形。小坚果腹面中央微隆起，合生面达腹面之半。花期7-9月，果期8-10月。

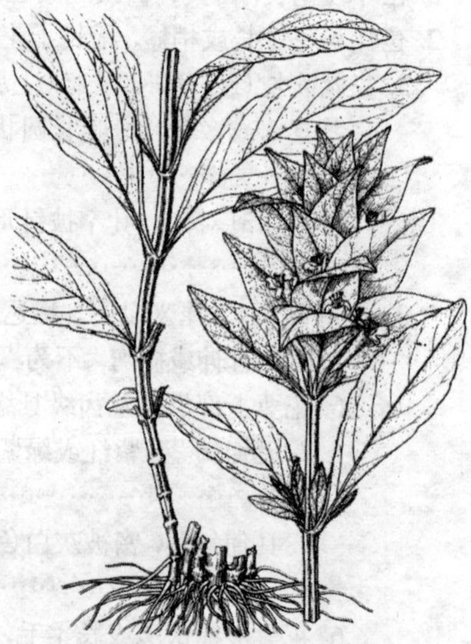

图 642 白苞筋骨草（张泰利绘）

产河北、山西、河南、甘肃、青海、西藏东部及四川西部，生于海拔1300-3500米河滩沙地、草地或陡坡石缝中。

3. 圆叶筋骨草 图 643:1-4

Ajuga ovalifolia Bur. et Franch. in Journ. de Bot. 5: 150. 1890.

一年生草本，高达23(30)厘米。茎被白色长柔毛，不分枝。叶长圆状椭圆形或宽卵状椭圆形，长4-8厘米，先端钝或圆，基部楔形下延，具波状或不整齐圆齿，具缘毛，两面被糙伏毛；叶柄长0.7-2厘米，具窄翅。轮伞花序3-4，组成顶生近头状穗状花序；苞叶卵形或椭圆形，长1.5-4.5厘米，下部苞叶紫绿、紫红或紫蓝

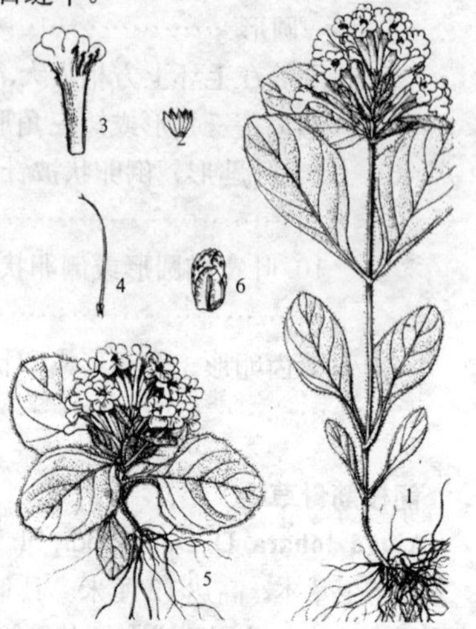

图 643:1-4.圆叶筋骨草 5-6.美花圆叶筋骨草（仿《中国植物志》）

色，具圆齿或全缘，被缘毛。花萼管状钟形，长5-8毫米，萼齿长三角形或线状披针形，被长缘毛；花冠红紫或蓝色，筒状微弯，疏被柔毛，内具毛环，上唇裂片圆形，下唇中裂片扇形，侧裂片圆形。花期6-8月，果期8月以后。

产甘肃东南部、四川西部，生于海拔2800-3700米草坡及灌丛中。

[附] **美花圆叶筋骨草** 图 643:5-6 彩片156 **Ajuga ovalifolia** var. **calantha** (Diels ex Limpr.) C. Y. Wu et C. Chen in Acta Phytotax. Sin. 12 (1): 23, pl. 8. f. 5-6. 1974. —— *Ajuga calantha Diels* ex Limpr. in Fedde, Repert. Sp. Nov. 12: 475. 1922. 本变种与模式变种的区别：茎高3-6(-12)厘米，具2(3)对叶；叶窄披针形、宽卵形或近菱形，长(3-)4-6厘米，基部下延；花冠长1.5-2(-3)厘米。产甘肃西南部及四川西部，生于海拔3000-3800(-4300)米沙质草坡或瘠薄山坡。

4. 筋骨草 图 644

Ajuga ciliata Bunge. in Mém. Acad. Sci. St. Pétersb. 2: 125. 1833.

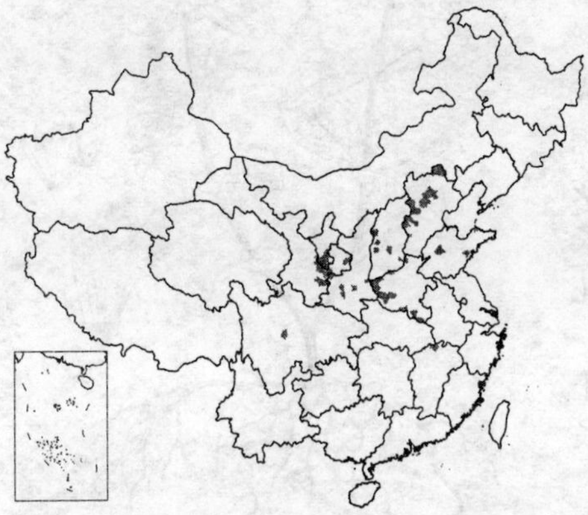

多年生草本，高达40厘米。茎紫红或绿紫色，常无毛，幼时被灰白色长柔毛。叶卵状椭圆形或窄椭圆形，长4-7.5厘米，基部楔形下延，不整齐重牙齿及缘毛；叶柄长1厘米以上或几无，有时紫红色，基部抱茎，被灰白色柔毛或仅具缘毛。轮伞花序组成长5-10厘米穗状花序；苞叶卵形，长1-1.5厘米，有时紫红色，全缘或稍具缺刻。花萼漏斗状钟形，长7-8毫米，齿被长柔毛及缘毛，萼齿长三角形或窄三角形；花冠紫色，具蓝色条纹，冠筒被柔毛，内面被微柔毛，基部具毛环，上唇先端圆，微缺，下唇中裂片倒心形，侧裂片线状长圆形。小坚果被网纹，合生面几占整个腹面。花期4-8月，果期7-9月。

产河北、山东、河南、山西、陕西、宁夏、甘肃、四川及江西，生于海拔340-1800米山谷溪边、草地、林下及路边草丛中。全草入药，治肺热咯血、跌打损伤、扁桃腺炎及喉炎。

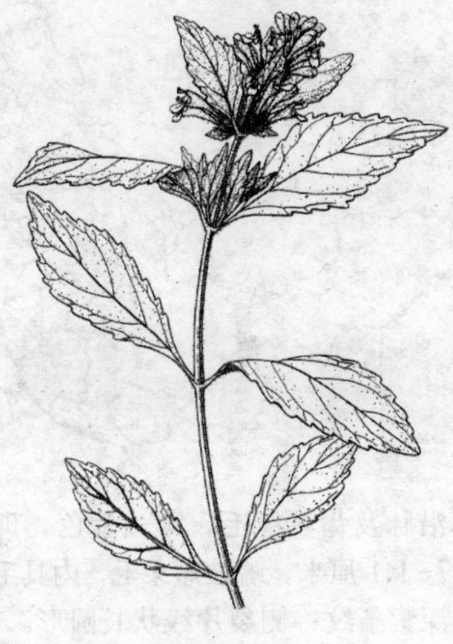

图 644 筋骨草（张泰利绘）

5. 多花筋骨草 图 645

Ajuga multiflora Bunge in Mém Acad. Sci. St. Pétersb. 2: 125. 1833.

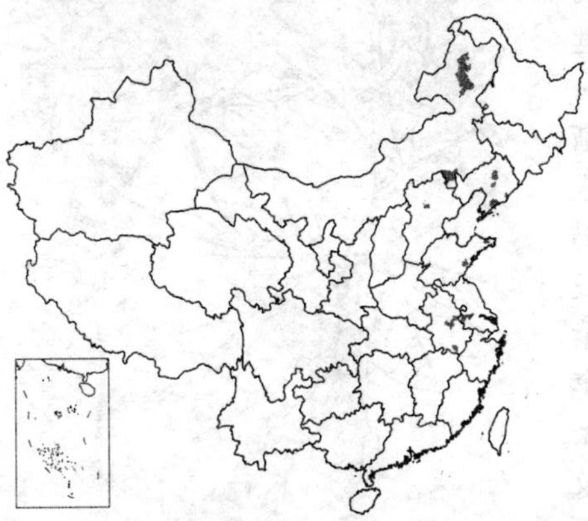

多年生草本，高达20厘米。茎直立，不分枝，密被灰白色绵状长柔毛。叶椭圆状长圆形或椭圆状卵形，长1.5-4厘米，基部楔形下延，抱茎，具浅波状齿或波状圆齿，具缘毛，上面密被下面疏被糙伏毛，基脉3或5出，两面突起；无柄，或基生叶柄长0.7-2厘米。轮伞花序自茎中部至顶端密集成穗状聚伞花序，下部苞片与茎叶同形，向上渐小，披针形或卵形。花梗极短，被柔毛；花萼宽钟形，被绵毛状长柔毛，萼齿5，钻状三角形，长为花萼2/3，具缘毛；花冠蓝紫或蓝色，长1-1.2厘米，被微柔毛，内面近基部具毛环，上唇短，先端2裂，裂片圆形，下唇宽大，3裂，中裂片扇形，侧裂片长圆形；雄蕊4，二强，伸出，花丝粗，被长柔毛；花柱细长，超出雄蕊；子房顶部被微柔毛。小

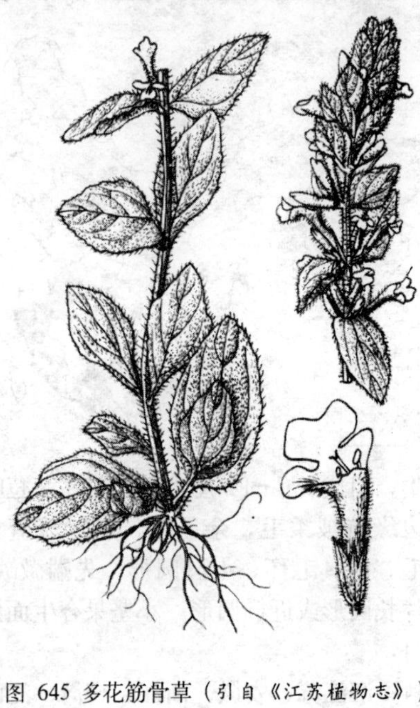

图 645 多花筋骨草（引自《江苏植物志》）

坚果倒卵圆状三棱形，背部具皱纹，腹部中间隆起，具果脐，长为果2/3。花期4-5月，果期5-6月。

产内蒙古、辽宁、河北、山东、江苏及安徽，生于山坡疏草丛、河边草地或灌丛中。朝鲜有分布。全草入药，利尿。

[附] **九味一枝蒿 Ajuga bracteosa** Wall. ex Benth. in Wall. Pl. Asiat. Rar. 1: 59. 1830. 本种与多花筋骨草的区别：具匍匐茎，基部分枝，被长柔毛或绵状毛；轮伞花序密集组成间断穗状聚伞花序；苞片倒卵形或近圆形。产云南中部及西部、四川西南部，生于海拔1500-1900米山坡草丛中及旷地。阿富汗、印度、尼泊尔及缅甸有分布。根可止血消炎。

6. 痢止蒿　　图 646　彩片157

Ajuga forrestii Diels in Notes Roy. Bot. Gard. Edinb. 5: 242. 1912.

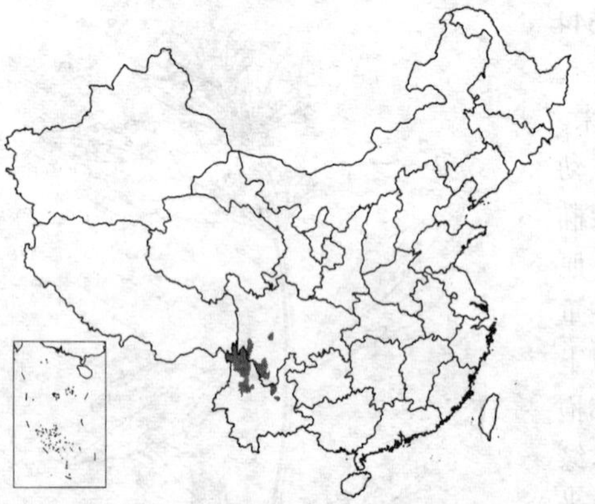

多年生草本，高达20(30)厘米。茎基部分枝，密被灰白色短柔毛或长柔毛；具匍匐茎。叶卵形或披针状长圆形，长4-8(-12)厘米，先端钝或圆，基部楔形下延，具波状锯齿或圆齿及缘毛；两面密被灰白色短柔毛或长柔毛；叶柄长不及8毫米，具窄翅。轮伞花序组成长约6厘米穗状花序。花梗短或无；花萼漏斗形，上部沿脉及齿具缘毛，萼齿紫色，卵形；花冠淡紫、紫蓝或蓝色，冠筒长0.7-1.1厘米，疏被短柔毛，内具毛环，上唇圆形，下唇中裂片窄倒心形，具深紫条纹，侧裂片线状长圆形。小坚果合生面占腹面2/3或以上。花期4-8月，果期5-10月。

产四川西部、云南中部至西北部，生于海拔1700-3200(-4000)米路边、溪边草丛中，常成片生长。全草入药，治痢疾及蛔虫，外敷乳腺炎。

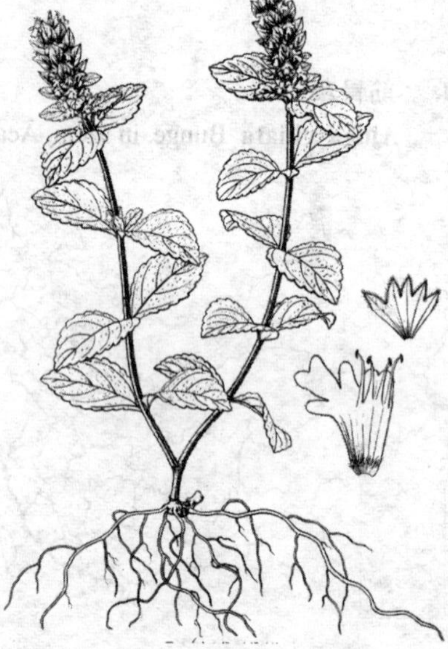

图 646 痢止蒿（李锡畴绘）

7. 金疮小草　　图 647

Ajuga decumbens Thunb. Syst. Veg. ed. 14, 525. 1784.

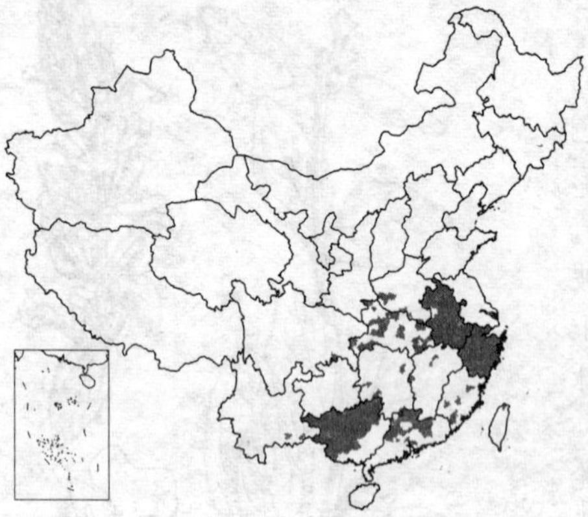

一年生或二年生草本。具匍匐茎，茎长达20厘米，被白色长柔毛。基生叶较多，叶匙形或倒卵状披针形，长3-6(-14)厘米，先端钝或圆，基部渐窄下延，具不整齐波状圆齿或近全缘，具缘毛，两面疏被糙伏毛或柔毛，脉上密；叶柄长1-2.5厘米或以上，具窄翅，紫绿或淡绿色，被长柔毛。轮伞花序多花，下部疏生，上部密集，组成长7-12厘米穗状花序；苞叶披针形。花萼漏斗形，三角形萼齿及边缘疏被柔毛，余无毛；花冠淡蓝或淡红紫色，稀白色，筒状，疏被柔毛，内具毛环，上唇圆形，先端微缺，下唇中裂片窄扇形或倒心形，侧裂片长圆形或近椭圆形。小坚果合生面约占腹面2/3。花期3-7月，果期5-11月。

产江苏、安徽、浙江、台湾、江西、湖北、湖南、广东、广西、云南、四川及河南，生于海拔360-1400米溪边及草坡。朝鲜及日本有分布。

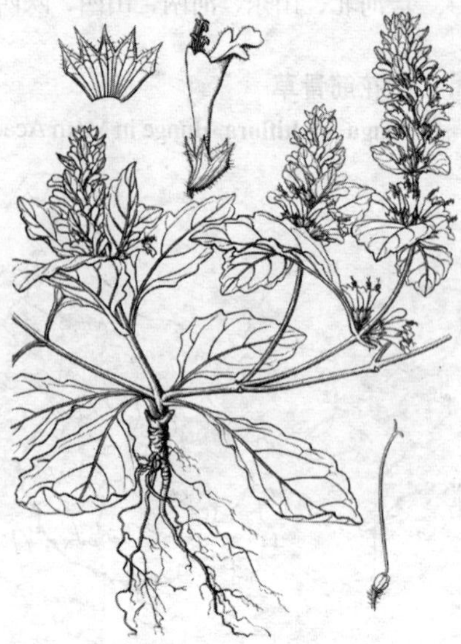

图 647 金疮小草（曾孝濂绘）

全草治烫伤、狗咬伤、毒蛇咬伤、外伤出血。

8. 紫背金盘 图 648

Ajuga nipponensis Makino in Bot. Mag. Tokyo 23: 67. 1909.

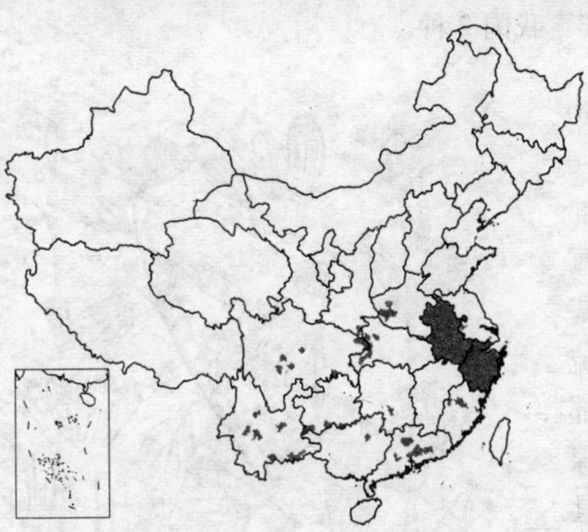

一年生或二年生草本，高达20厘米或以上。茎直立，稀平卧或上升，被长柔毛或疏柔毛，基部带紫色。基生叶无或少；茎生叶倒卵形、宽椭圆形、近圆形或匙形，长2-4.5厘米，先端钝，基部楔形下延，具粗齿或不整齐波状圆齿，具缘毛，两面疏被糙伏毛或柔毛；叶柄长1-1.5(-2.5)厘米，具窄翅，有时紫绿色。轮伞花序多花，组成穗状花序；苞叶卵形或宽披针形。花萼钟形，上部及齿缘被长柔毛，萼齿三角形；花冠淡蓝或蓝紫色，稀白或白绿色，具深色条纹，冠筒长(0.6)0.8-1.1厘米，疏被短柔毛，内面近基部具毛环，上唇2裂或微缺，下唇中裂片扇形，侧裂片窄长圆形。小坚果合生面达腹面3/5。花期4-6月（我国东部）及12月至翌年3月（我国西部），果期5-7月（东部）及翌年1-5月（西部）。

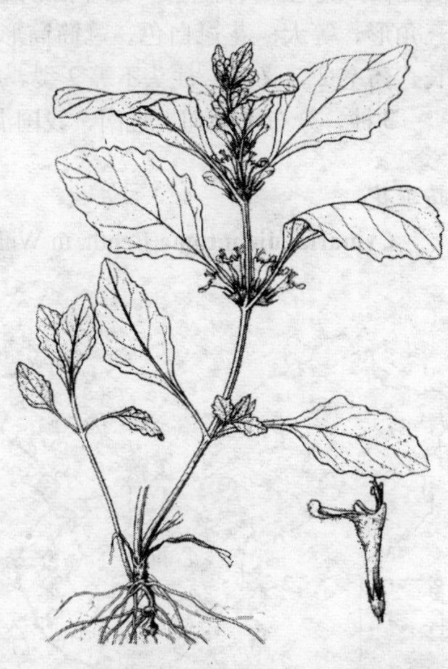

图 648 紫背金盘（张泰利绘）

产江苏、安徽、浙江、福建、湖北、湖南、广东、广西、云南、贵州、四川、陕西及河南，生于海拔100-2300米田边、湿润草地、林内及阳坡。朝鲜及日本有分布。全草治外伤出血及炎症。

9. 大籽筋骨草 图 649

Ajuga macrosperma Wall. ex Benth. in Wall. Pl. Asiat. Rar. 1: 58. 1830

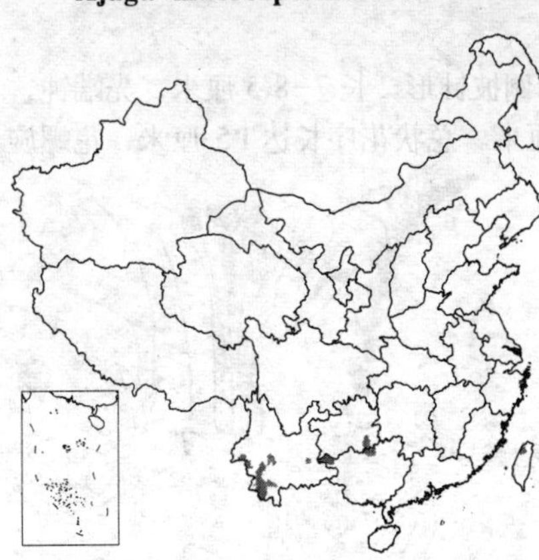

直立或匍匐草本，高达40厘米或以上。茎被柔毛，老时近无毛，幼部密被白色长柔毛。叶倒披针形、卵状披针形或椭圆状卵形，长4-10(-15)厘米，基部楔形下延，具波状齿或不规则波状圆齿，具缘毛，两面被长柔毛或糙伏毛；叶柄长2-5厘米或以上，具窄翅，有时紫色，被柔毛。轮伞花序具6-12花，多数生于茎、枝中上部，组成穗状花序；下部苞叶与茎叶同形，卵状披针形。花萼漏斗形，脉被糙伏毛，萼齿卵形，具灰白色长缘毛；花冠蓝或紫色，筒状，疏被柔毛，内具毛环，上唇长圆形，2浅裂，裂片近卵形，下唇中裂片窄心形，微缺，侧裂片长圆形。小坚果合生面占腹面2/3-3/4。花期1-3月，果期3-5月。

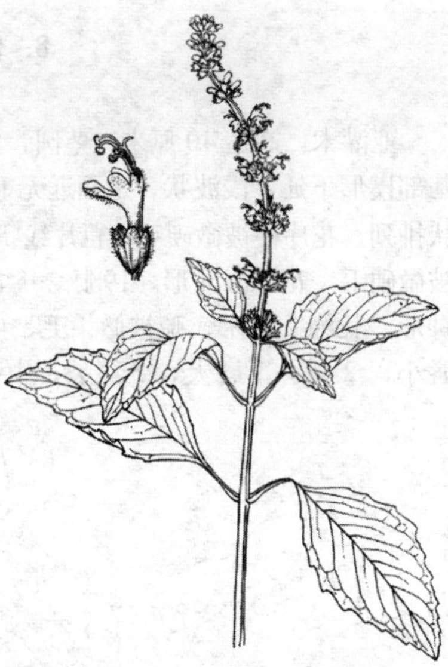

图 649 大籽筋骨草（曾孝濂绘）

产云南南部、贵州、广西及台湾，生于海拔400-2600米林下、沟边及草丛中。尼泊尔、不丹、印度、缅甸、泰国、老挝及越南有分布。全草可治肾结石、肾炎。

7. 歧伞花属 Cymaria Benth.

灌木。茎多分枝，小枝密被卷曲糙伏毛。叶卵形或卵状菱形，具齿；叶柄稍具窄翅。聚伞花序腋生，二歧状或蝎尾状，疏花，具花序梗；苞片钻形或倒披针形，宿存。花萼钟形，不明显10脉，果时近壶形，脉纹明显，萼齿5，三角形，等大；花冠白色，冠筒筒形，稍伸出，内面花丝着生处被髯毛，上唇微内凹，下唇3裂；雄蕊4，前对稍长，药室2，叉开；柱头不等2裂。小坚果倒卵球形，被凹点，合生面大、侧生。

3种，分布于缅甸、越南，我国海南、马来西亚、印度尼西亚及菲律宾。我国2种。

岐伞花 图 650

Cymaria dichotoma Benth. in Wall. Pl. Asiat. Rar. 1: 64. 1830.

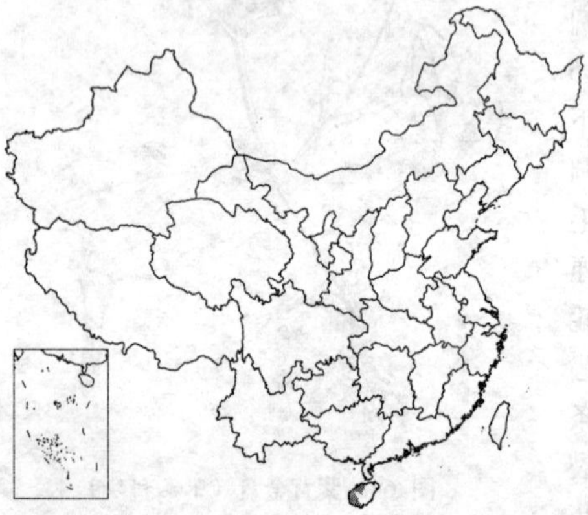

灌木，高达1米。茎中部叶卵形或卵状菱形，长4-8厘米，先端渐尖，基部楔形，基部以上具短尖浅粗齿，上面疏被糙硬毛，下面沿脉密被余部疏被糙伏毛，并密被橙黄色腺点；叶柄长0.5-2厘米，稍具翅。聚伞花序三歧式，稀四歧式，花序梗长1.5-2厘米，密被糙伏毛。花梗长约1毫米，密被糙伏毛；花萼长约1.5毫米，被微柔毛及橙黄色腺点，内面上部被长柔毛，果萼壶形，径约2毫米，脉纹明显；花冠长约3毫米，被微柔毛及腺点，冠筒长约2毫米，上唇椭圆形，下唇3裂，裂片椭圆形。小坚果卵球形，顶端微被毛及腺点。花期7月，果期8-10月。

产海南，生于海拔100米以下疏林中。缅甸及马来西亚有分布。

图 650 歧伞花（王利生绘）

8. 保亭花属 Wenchengia C. Y. Wu et S. Chow.

亚灌木。高达40厘米。茎圆，实心。叶互生，茎中部1-2对叶近对生，叶倒披针形，长7-8.5厘米，先端钝，基部楔形下延，浅波状，上面近无毛，下面无毛，仅脉被微硬毛；叶柄长约2厘米。总状花序长达15厘米，花螺旋状排列，花序梗被微硬毛；苞片线状披针形，被微硬毛。花梗长约2.2毫米，被微硬毛；花萼漏斗形，19脉，5齿，下方2齿宽；花冠淡红色，斜管状钟形，长约2厘米，疏被微柔毛，中部内面被髯毛，花冠筒长1.6厘米，上唇小，2裂，下唇大，3深裂，中裂片最大；雄蕊4，能育，后对较长，花药2室，药室极叉开；子房顶部4浅裂，胚珠倒生；花柱近顶生；花托盘状，中央具喙。小坚果4，有时下方一对不发育，倒卵球形，背腹扁，侧腹合生面约为果长。1/3，具珠柄丝穿孔，外果皮薄，纵肋5，顶部被瘤点及长硬毛。胚直，胚根向下，子叶肉质。

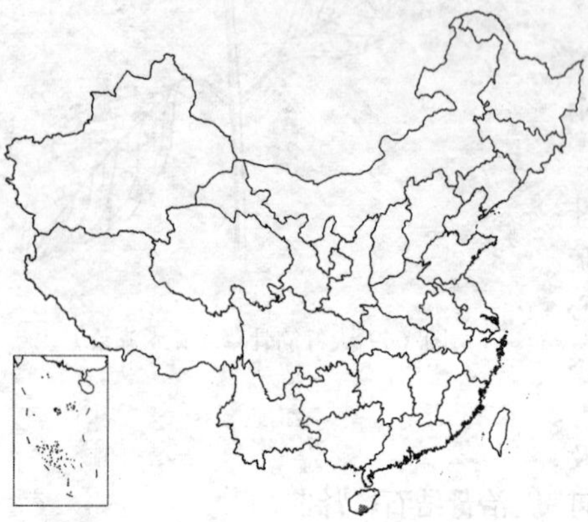

我国特有单种属。

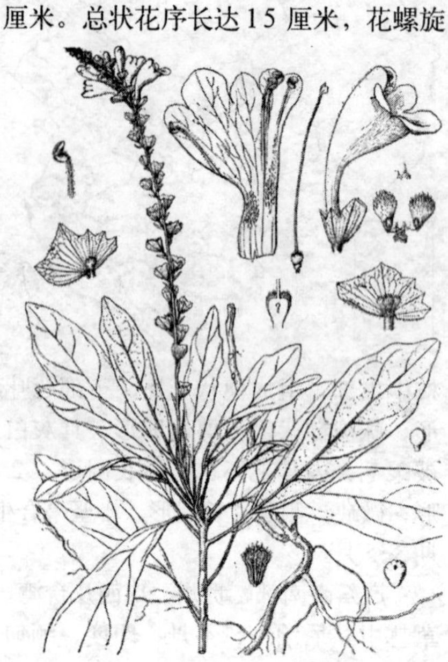

图 651 保亭花（引自《中国植物志》）

保亭花 图 651

Wenchengia alternifolia C. Y. Wu et S. Chow in Acta Phytotax. Sin. 10 (3):

251. pl.47. f.1-12. 1965.

形态特征同属。花期9月，果期9-11月。

产海南南部，生于海拔350米密林下。

9. 锥花属 Gomphostemma Benth.

灌木或多年生草本。茎被星状毛。叶具锯齿及柄，上面被星状微柔毛或硬毛，下面密被星状绒毛。聚伞花序，有时组成穗状或圆锥花序，腋生，有时基生，稀顶生。花萼钟形或管形，10脉，齿5；花冠紫红、黄或白色，二唇形，冠筒中部以上膨大成喉部，内面无毛环，上唇稍盔状，下唇3裂，中裂片较长；雄蕊4，花丝扁平，花药成对靠近，药室平行，横生；花柱内藏，柱头2浅裂。小坚果1-4枚成熟，核果状，合生面偏斜。

约36种，产东南亚各国及我国南部。我国15种。

1. 花序常生于茎中部及上部叶腋。
  2. 1-2花聚伞花序组成穗状圆锥花序；萼齿长约1毫米 …… 1. **小齿锥花 G. microdon**
  2. 多花聚伞花序密集成头状；萼齿长2毫米以上。
    3. 聚伞花序具3-4花；萼齿长8-9毫米 …… 3. **细齿锥花 G. leptodon**
    3. 聚伞花序具多花；萼齿长3-7毫米。
      4. 萼齿线形或线状披针形。
        5. 苞片具单脉或三出脉；萼齿线形或线状披针形。
          6. 苞片具单脉；萼齿线形；小坚果平滑 …… 2. **小花锥花 G. parviflorum**
          6. 苞片具三出脉；萼齿线状披针形；小坚果被细纹 …… 2(附). **被粉小花锥花 G. parviflorum** var. **farinosum**
        5. 苞片具不明显单脉或离基三出脉；萼齿线形 …… 4. **长毛锥花 G. crinitum**
      4. 萼齿三角形 …… 5. **光泽锥花 G. lucidum**
1. 花序具梗，生于茎基部。
  7. 花序梗长0.2-2.2厘米；苞片绿色 …… 6. **中华锥花 G. chinense**
  7. 花序梗长2.5-7厘米；苞片紫红色 …… 7. **抽葶锥花 G. pedunculatum**

1. 小齿锥花　图652

Gomphostemma microdon Dunn in Notes Roy. Bot. Gard. Edinb. 8: 170. 1913.

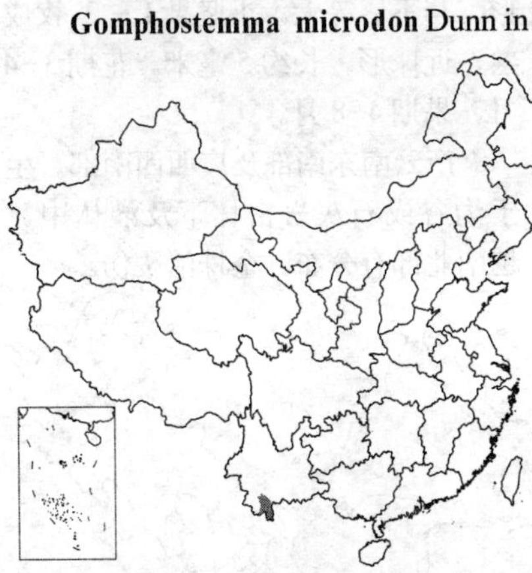

直立草本，高约1米，密被灰色星状短绒毛。叶长圆形或椭圆形，长8.5-24厘米，基部楔形，具圆齿或浅齿，上面被星状毛，下面密被暗灰色星状毛；叶柄长1-4厘米。穗状圆锥花序，长6.5-10.5厘米，花序梗长1.6-3.2(-7)厘米；苞片长圆形或披针形，长1.1-2.2厘米，小苞片线形，长0.6-1.1厘米。花萼窄钟形，长5-7毫米，萼齿宽三角形；花冠淡紫或淡黄色，喉部径6-7毫米，上唇圆，长3.5毫米，下唇长6毫米。小坚果3枚成熟，黑褐色，扁长圆形，长约4毫米，无毛，具沟纹。花、果期8-12月。

产云南南部，生于海拔640-1300米沟谷或平地热带雨林下。老挝有分布。根治肺炎、气管炎、肾炎、膀胱炎、尿路感染及结石症。

图652 小齿锥花（王利生绘）

2. 小花锥花 图 653:13-14

Gomphostemma parviflorum Wall. ex Benth. in Wall. Pl. Asiat. Rar. 2: 12. 1830.

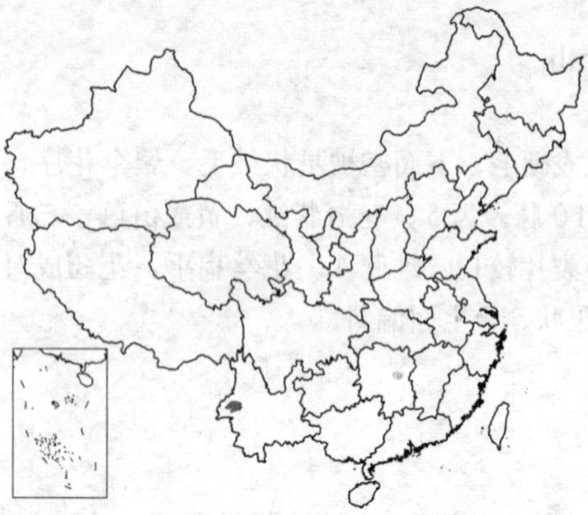

粗壮草本，高约70厘米。茎密被灰色绒毛。叶椭圆形或倒卵状椭圆形，长14-24厘米，基部楔形下延，疏生细齿，上面脉被较密星状毛余被星状毛及单毛，下面密被灰色星状绒毛；叶柄长约2毫米，密被星状长绒毛。聚伞花序具多花，密集，被星状绒毛，长3厘米，近无梗；苞片及小苞片线状披针形，长1.2厘米，单脉。花萼窄钟形，长0.8-1厘米，密被星状绒毛，萼齿线形；花冠黄，稀白或淡紫色，被短柔毛，冠筒喉部径3.5毫米，上唇卵形，长5毫米，下唇长4毫米。小坚果褐色，无毛，平滑。花期6月。

产云南西南部，生于海拔840米密林下。印度及马来西亚有分布。

[附] **被粉小花锥花** 图 653:1-12 **Gomphostemma parviflorum** var. **farinosum** Prain in Ann. Bot. Gard. Calcutta 3: 253. 1891.（植物志65(2):图版21:1-12）本变种与模式变种的区别：苞片及小苞片卵状披针形或披针形，具3脉；花萼窄钟形，萼齿线状披针形或三角状披针形，稍短于萼筒；小坚果被细纹。产云南南部，生于海拔600-1500米沟谷杂木林下、林缘或水边。印度、缅甸及泰国有分布。

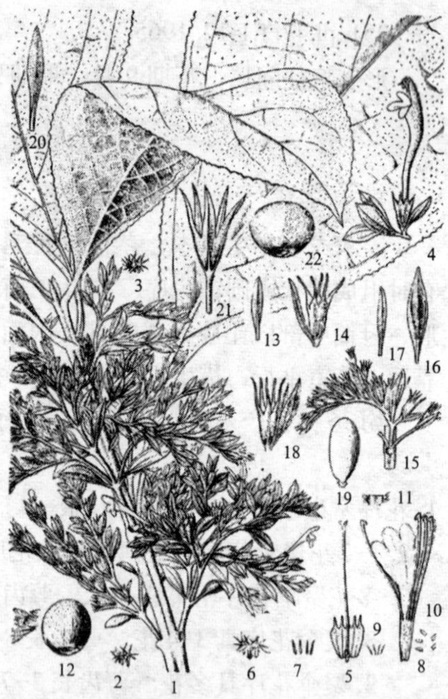

图 653:1-12.被粉小花锥花 13-14.小花锥花 15-19.长毛锥花 20-22.细齿锥花（王利生绘）

3. 细齿锥花 图 653:20-22

Gomphostemma leptodon Dunn in Notes Roy. Bot. Gard. Edinb. 8: 170. 1913.

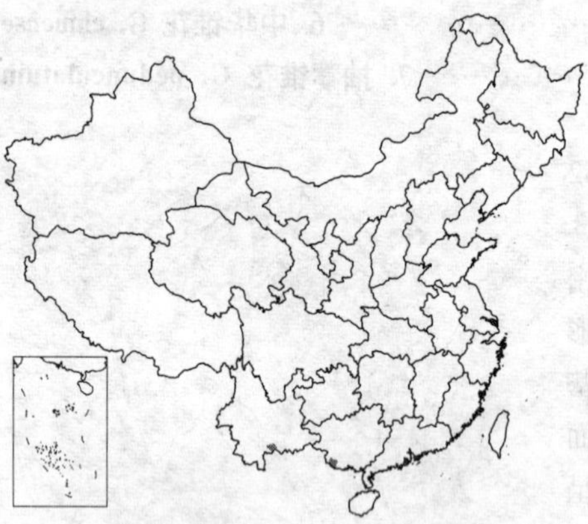

灌木，高达1.5米。叶宽卵形，长10-18厘米，先端尖，基部楔形或稍圆，基部以上具牙齿，上面脉密被星状毛余被短硬毛及星状毛，下面密被灰白星状绒毛；叶柄长5.5-6.7厘米，密被星状绒毛。聚伞花序单生，分枝短而密集，花序梗长2-3毫米；苞片及小苞片长6-8毫米，具单脉。花萼钟形，长1.4厘米，5脉明显，萼齿窄披针形，长8-9毫米，果萼增大，齿长达1.5厘米；花冠长约2.8厘米，被微柔毛，冠筒中部以上膨大，上唇圆形，与下唇等大。小坚果1-2枚成熟，近球形，长约5毫米。花期3-4月，果期4-8月。

产云南东南部及广西西南部，生于沟谷或石灰岩密林下及灌丛中。越南北部有分布。全株治烫伤。

4. 长毛锥花 图 653:15-19

Gomphostemma crinitum Wall. ex Benth. in Wall. Pl. Asiat. Rar. 2: 12. 1830.

草本。叶椭圆形，长15-23厘米，先端尖稍偏斜，基部楔形下延，基部以上具不整齐粗牙齿，上面疏被短硬毛及星状毛，下面密被灰色星状绒毛；叶柄长2.5-3.5厘米。聚伞花序簇生叶腋，近无梗；苞片线状披针形，长约1.2厘米，1（-3）脉，小苞片线形。花萼窄钟形，长1-1.2厘米，萼齿线形，长6-7毫米；花冠黄色，长2-2.5厘米，冠筒基部径约2毫米，喉部径3.5毫米，上唇长5毫米。小坚果1枚成熟，长约6毫米，无毛。花、果期10月。

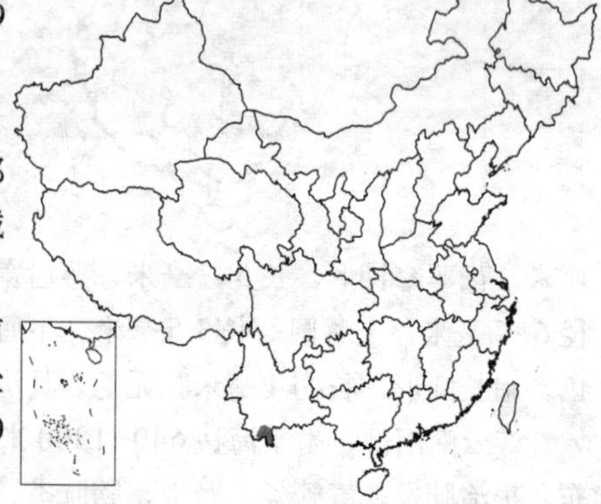

产云南南部，生于海拔860米林内。印度、缅甸及马来西亚有分布。

5. 光泽锥花 图 654

Gomphostemma lucidum Wall. ex Benth. in Wall. Pl. Asiat. Rar. 2: 12. 1830.

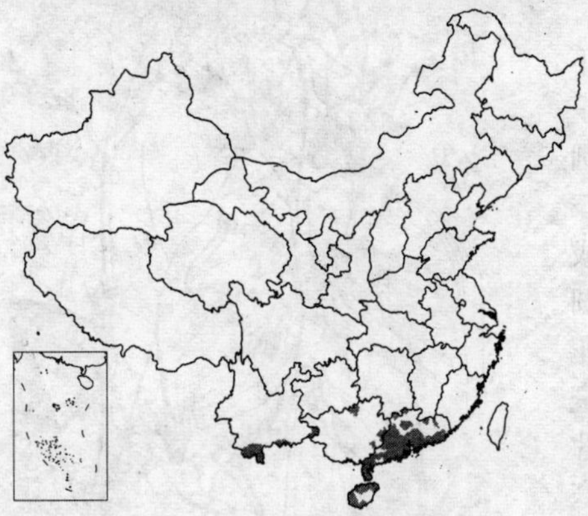

草本或小灌木状，粗壮，高达1.5米。茎上部被褐黄星状绒毛，下部粗糙或疏被星状绵毛。叶长圆形、倒卵状椭圆形或倒披针形，长19–21厘米，基部楔形，具粗齿或不明显细齿，上面粗糙，被短硬毛及星状短硬毛，下面密被褐黄色星状绒毛；叶柄长1–3厘米。聚伞花序腋生，密集多花，近无梗；苞片及小苞片线状披针形或线形，长0.7–1厘米。花萼钟形，密被星状绒毛，萼齿三角形，长2–3毫米；花冠白或淡黄色，长约3.5厘米，被微柔毛，冠筒基部径约2毫米，喉部径约1厘米，上唇圆形，长6.5毫米，下唇长约1厘米，中裂片圆形，侧裂片长4.5毫米。小坚果4，扁倒卵球形，长4.5–5.5毫米，土黄色，粗糙，疏被星状毛。花期4–7月，有时延至10月至翌年1月。

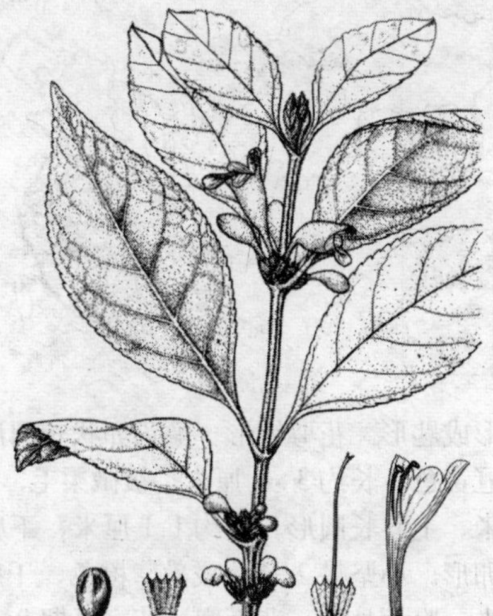

图 654 光泽锥花（张泰利绘）

产广东南部、海南、广西、云南东南部及南部，生于海拔140–1100米沟谷密林中。印度、缅甸、泰国、老挝及越南有分布。

6. 中华锥花 图 655

Gomphostemma chinense Oliv. in Hook. Icon. Pl. 15: 54. 1884.

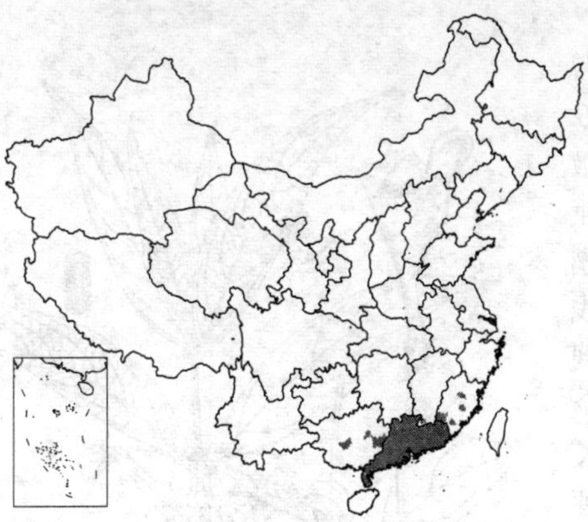

草本，高达80厘米。茎密被星状绒毛；具根茎。叶椭圆形或卵状椭圆形，长4–13厘米，先端钝，基部楔形或圆，具不整齐粗齿或近全缘，上面密被星状柔毛及稀疏平伏短硬毛，下面密被灰白色星状绒毛；叶柄长2–6厘米，密被星状绒毛。聚伞花序生于茎基部，4至多花，花序梗长约2.2厘米；苞片椭圆形或披针形，长1.1–1.6厘米，中部以上具粗锯齿或全缘，小苞片线形。花萼窄钟形，长1.2–1.3厘米，密被灰白星状短绒毛，萼齿披针形或窄披针形，长6–7毫米；花冠淡黄或白色，长约5.2厘米，疏被微柔毛，冠筒基部径约3毫米，喉部径达9毫米，上唇长约6毫米，下唇长 1–1.4厘米，中裂片倒卵状圆形，侧裂片卵形。小坚果4枚成熟，倒卵状三棱形，长约4毫米，褐色，被小突起。花期7–8月，果期10–12月。

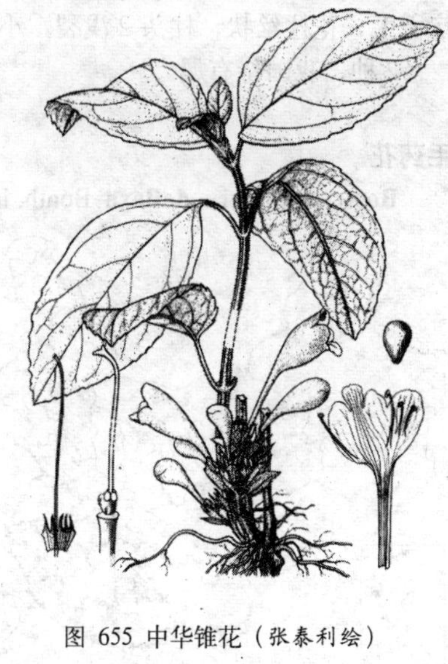

图 655 中华锥花（张泰利绘）

产福建、江西、广东及广西，生于海拔460–650米山谷密林下。越南北部有分布。

7. 抽葶锥花 图 656

Gomphostemma pedunculatum Benth. ex Hook. f. Fl. Brit. Ind. 4: 696. 1885.

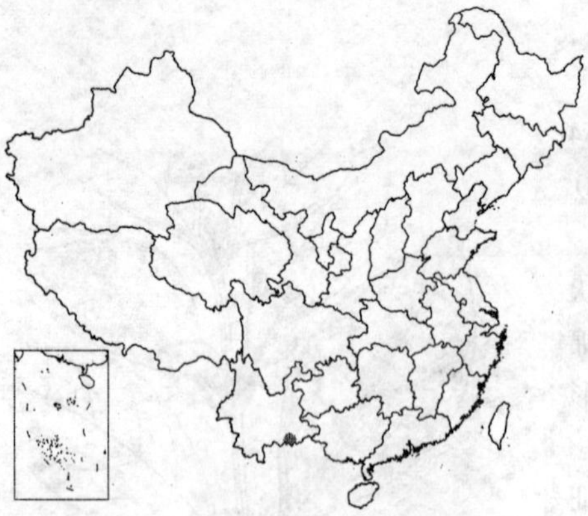

多年生草本，高达2.7米。茎蔓生，密被星状绒毛及具柄星状绵毛。叶卵形或椭圆形，长12-27.5厘米，基部宽楔形或平截，具锯齿状圆齿，上面被星状绒毛及糙伏毛，下面密被星状绒毛；叶柄长2.5-7厘米。聚伞花序组成穗状圆锥花序生于茎基部，连梗长6-10厘米；苞片紫红色，卵形或近圆形，具疏齿，小苞片近圆形或匙形。花萼钟形，萼齿卵状长圆形，长4-4.5毫米，稍被星状绒毛；花冠黄色，长约3.6厘米，被微柔毛，冠筒基部径约2毫米，喉部径达9毫米，上唇长圆形，长约1.1厘米，下唇长约1.3厘米，中裂片圆形，侧裂片卵形。小坚果2-4枚成熟，橙色，干后紫褐色，长圆状三棱形，长4.5-5毫米，腹面具棱，背面圆。花、果期9月至翌年2月。

产云南南部，生于海拔700-2200(-2700)米灌丛中、山坡及沟谷密林下。印度东北部有分布。

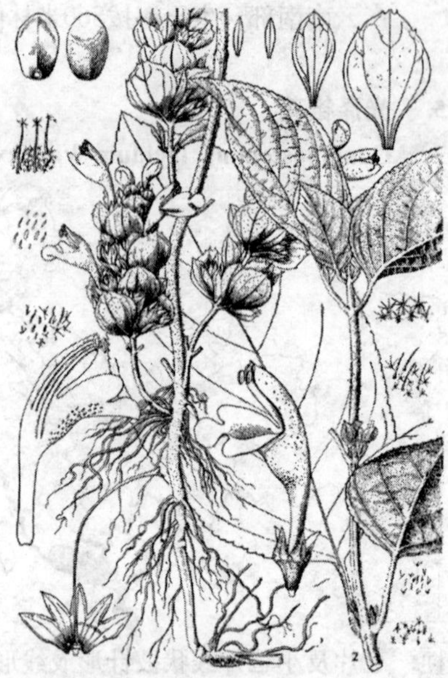

图 656 抽葶锥花（王利生绘）

10. 毛药花属 Bostrychanthera Benth.

匍匐或直立草本。叶长披针形或卵形，具锯齿；近无柄或具短柄。聚伞花序腋生，二歧，蝎尾状，具花序梗。花具梗；花萼钟形，10脉不明显，萼齿5；花冠淡紫红或白色，长于花萼，内无毛环，冠檐上唇短，先端圆，下唇3裂，中裂片较大；雄蕊4，前对较长，花药近球形，药室2，背部贴生囊状，顶端汇合开裂，两端被簇生毛；子房无毛，花柱丝状，柱头2浅裂。小坚果1(-3)枚成熟，黑色，核果状，近球形，果皮厚肉质，干时角质。

2种，我国特有属。

毛药花 图 657

Bostrychanthera deflexa Benth. in Benth. et Hook. f. Gen. Pl. 2: 1216. 1876.

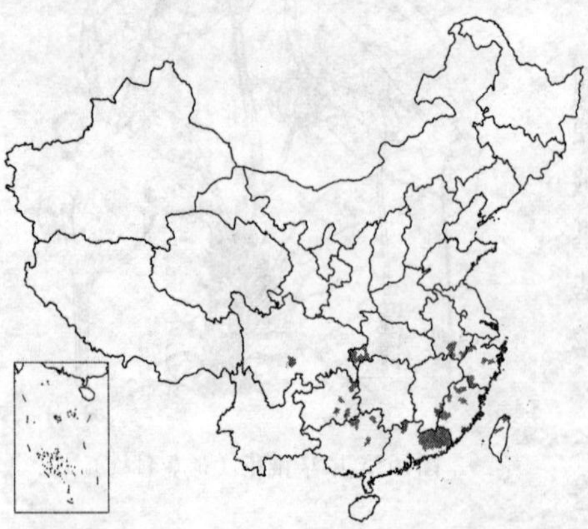

直立草本。茎密被倒向微硬毛。叶长披针形，长8-22厘米，先端渐尖或尾尖，基部楔形或浅心形，具粗锯齿或浅齿，上面疏被微硬毛，下面网脉疏被柔毛；叶近无柄。聚伞花序具(5-)7-11花，花序梗长0.6-1.2厘米，密被倒向微硬毛；苞片及小苞片线形，长1-2毫米。花梗长4-6毫米；花萼长约4.5毫米，后齿小；花冠淡紫红色，长约3.3厘米，疏被长硬毛，上唇长约3.5毫米，先端圆，下唇中裂片宽卵形，长6.5毫米。小坚果径5-7毫米。花期7-9月，果期9-11月。

产安徽、浙江、福建、台湾、江西、湖北、湖南、广东、广西、贵州及四川，生于海拔500-1120米密林下。全草治腹泻、跌打损伤及关节麻木。

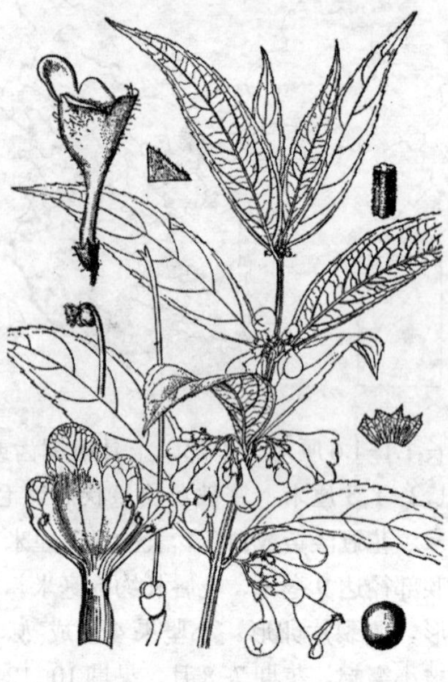

图 657 毛药花（曾孝濂绘）

11. 黄芩属 Scutellaria Linn.

草本或亚灌木，稀灌木。叶全缘或羽状分裂。总状或穗状花序；花腋生，对生或上部花有时互生。花萼短筒形，背腹扁，二唇，唇片全缘，果时闭合沿缝线开裂达基部，上唇具盾片或囊状突起，早落，下唇片宿存；花冠二唇，冠筒伸出，弓曲或近直伸，喉部宽大，基部前方膝曲呈囊状或囊状距，内无明显毛环，上唇盔状，下唇3裂，中裂片宽扁，2侧裂片和上唇稍靠合；雄蕊4，二强，前对长，花药成对靠近，药室裂口被髯毛，后对花药2室，药隔稍尖，前对花药败育为1室；子房具柄，柱头锥尖，不等2浅裂。小坚果扁球形、球形或卵球形。种子稍横生，胚根弯曲。

约350种，广布世界，热带非洲少见。我国98种。

1. 花序背腹偏向一侧，稀部分花螺旋状互生；花托有叶或叶状苞片。
  2. 上部花近互生，螺旋状排列；小坚果密被钩状尖瘤；花序顶生，稍呈花葶状；苞片小 …………………………………………………… 1. **异色黄芩 S. discolor**
  2. 花对生； 小坚果被雕纹，无钩状尖瘤；花序不为花葶状，苞片叶状。
   3. 总状或穗状花序顶生，多具小苞叶。
    4. 茎叶具柄，长宽近相等或长较宽大约2倍，具齿稀近全缘；苞片全缘，具短柄。
     5. 冠筒呈之字形弯曲，基部膝曲 …………………………………… 11. **韧黄芩 S. tenax**
     5. 冠筒直伸。
      6. 茎叶膜质或坚纸质；花冠长1.4–2厘米。
       7. 矮小草本。
        8. 叶心状卵形、圆卵形或椭圆形，具圆齿。
         9. 具匍匐茎；幼叶呈莲座状排列，茎叶交互对生 …………………… 6. **偏花黄芩 S. tayloriana**
         9. 具根茎； 叶茎生。
          10. 叶三角状卵形或圆卵形，上面无毛，下面沿脉被细短柔毛，余无毛 …………………………………………… 7. **光紫黄芩 S. laeteviolacea**
          10. 叶心状卵形或椭圆形，两面被毛 ………………………………… 8. **韩信草 S. indica**
        8. 叶三角状卵形或菱状卵形，具牙齿或牙齿状锯齿。
         11. 茎及叶柄被平展微硬毛 ……………………………………… 9. **台湾黄芩 S. taiwanensis**
         11. 茎及叶柄被上曲柔毛或微柔毛。
          12. 一年生草本；花冠蓝紫色，长1.7–1.8厘米；叶下面被柔毛 …………………………………………… 10. **京黄芩 S. pekinensis**
          12. 多年生草本；花冠淡红或紫红色,长1–1.2厘米；叶下面近无毛 …………………………………………… 10(附). **英德黄芩 S. yingtakensis**
       7. 中等至高大草本。
        13. 茎无毛或被细短柔毛或微柔毛 ……………………… 4. **紫苏叶黄芩 S. violacea** var. **sikkimensis**
        13. 茎密被腺微柔毛 …………………………………………… 5. **莸状黄芩 S. caryopteroides**
      6. 茎叶近革质,稀坚纸质，中部以上具波状浅齿或近全缘；花冠长(1.5–)2–3厘米。
       14. 花序轴及花梗近无毛或被细短柔毛。
        15. 叶缘具(4–)6–8对波状浅牙齿；花冠暗紫色,长达3.1厘米 …………………………………………… 2. **爪哇黄芩 S. javanica**
        15. 叶缘具3–4对波状浅齿；花冠蓝色，长约2.5厘米 ………… 2(附). **蓝花黄芩 S. formosana**
       14. 花序轴及花梗均被腺毛,茎及叶柄淡红色 ………………………… 3. **红茎黄芩 S. yunnanensis**
    4. 茎叶近无柄或具短柄，长较宽大2倍以上，具牙齿状锯齿、圆齿或全缘；苞片稍似茎叶。
     16. 叶疏生牙齿状锯齿。
      17. 叶膜质，长圆形，基部平截浅心形，上面疏被白色长硬毛或近无毛，下面沿脉疏被白色长硬毛；花冠长约1.8厘米 ………………………………………… 12. **喜荫黄芩 S. sciaphila**
      17. 叶坚纸质，长圆状卵形或窄披针形，基部圆或圆平截，两面被微柔毛；花冠长2–7厘米 …………………………………………… 12(附). **大齿黄芩 S. macrodonta**

16. 叶具圆齿、圆齿状锯齿、近全缘或全缘。
18. 茎叶稍具圆齿或圆齿状锯齿；花冠紫或蓝紫色 ………………………………………… 13. **滇黄芩 S. amoena**
18. 茎叶全缘或近全缘。
19. 茎叶异形，下部较密集，卵状披针形或卵形，上部散生，线形 …………………………………………………………………………………………… 17. **直萼黄芩 S. orthocalyx**
19. 茎叶同形，上部叶渐小。
20. 茎被腺短柔毛； 叶两面密被黄色腺点 ………………………………… 15. **粘毛黄芩 S. viscidula**
20. 茎近无毛或被短柔毛，无腺毛；叶两面无凹腺点或下面被凹腺点。
21. 叶下面被凹腺点 ……………………………………………………………… 14. **黄芩 S. baicalensis**
21. 叶下面无凹腺点 …………………………………………………………… 16. **甘肃黄芩 S. rehderiana**
3. 单花或总状花序腋生，如为顶生花序，其花多具苞叶，苞叶与茎叶同形，并渐呈苞片状。
22. 总状花序腋生。
23. 花序纤细，常腋生于茎中上部，苞叶均为小苞片状。
24. 叶基心形或偏斜心形，疏生圆齿，上面或两面稍被毛，叶柄长 4-7 毫米；花冠淡紫或紫红色 ……………………………………………………………………………………… 21. **尾叶黄芩 S. caudifolia**
24. 叶基宽楔形或圆，边缘波状， 疏生小牙齿，两面无毛；叶柄长 1-3 毫米； 花冠乳黄色 ……………………………………………………………………………………… 22. **方枝黄芩 S. delavayi**
23. 单花腋生或生于花枝苞叶腋内，组成腋生总状花序；苞叶与茎叶同形，渐小呈苞片状。
25. 植株多分枝；叶近菱形或卵状披针形，基部以上具尖牙齿 ………………………… 18. **裂叶黄芩 S. incisa**
25. 植株少分枝；叶卵形。
26. 花冠下唇中裂片蝶形 ………………………………………………… 20. **四裂花黄芩 S. quadrilobulata**
26. 花冠下唇中裂片近全缘或微缺，不为蝶形。
27. 叶中下部具 3-4 对大牙齿，上部全缘；总状花序长 (1-)2-9 厘米 ……………………………………………………………………………………… 19. **岩藿香 S. franchetiana**
27. 叶具圆齿；总状花序长 10-16 厘米 ……………………………… 19(附). **棱茎黄芩 S. scandens**
22. 花腋生，在主轴上偏向一边。
28. 小坚果背腹面不明显，被瘤点。
29. 根茎念珠状；花冠长约 3.2 厘米 ……………………………………… 29. **念珠根茎黄芩 S. moniliorrhiza**
29. 根茎非念珠状；花冠长不及 2.5 厘米。
30. 叶近戟形。
31. 花冠长 5-6.5 毫米；苞叶与茎叶同形 ……………………………… 25. **纤弱黄芩 S. dependens**
31. 花冠长达 1.3 厘米；苞叶与茎叶异形，苞片状 ………………………………… 26. **半枝莲 S. barbata**
30. 叶不为戟形。
32. 叶宽不及 7 毫米。
33. 花冠长达 2.5 毫米；叶基浅心形或近平截，上面密被微糙毛，下面密被微柔毛及稀疏腺点 ……………………………………………………………………………………… 24. **狭叶黄芩 S. regeliana**
33. 花冠长 2-2.2 厘米；叶基渐窄，两面近无毛或下面沿脉疏被柔毛，两面被黄色腺点 ……………………………………………………………………………… 24(附). **长叶并头草 S. linarioides**
32. 叶宽 7 毫米以上。
34. 花冠长不及 2 厘米；叶下面无腺点 ……………………………… 23. **盔状黄芩 S. galericulata**
34. 花冠长 2 厘米以上；叶下面被腺点。
35. 叶上面无毛，下面沿脉疏被柔毛，或近无毛 ……………………………………………………………………………… 27. **并头黄芩 S. scordifolia**
35. 叶密被长硬毛或糙伏毛。
36. 茎不分枝或少分枝；叶卵形或长圆状卵形，具浅锐牙齿或波状齿 ……………

……… 28. 图们黄芩 S. tuminensis

36. 茎多自基部分枝；叶椭圆形，稀窄椭圆形，具浅钝牙齿、锯齿或近全缘 …… 28(附). 沙滩黄芩 S. strigillosa

28. 小坚果背腹面明显，背面被瘤点,腹面具刺状突起或无。

37. 小坚果背面被瘤点，腹面圆锥形，顶端具突起，赤道面无翅环绕；根茎具匍匐茎及球形或卵球状块茎；茎密被平展柔毛 ………………………………………………………………………… 31. 假活血草 S. tuberifera

37. 小坚果背面密被瘤点，腹面近中央具圆柱状突起，四周密被刺状突起，赤道面具膜质翅环绕；根茎无匍匐茎及球形块茎；茎无毛或上部疏被柔毛 ………………………………………… 31(附). 连钱黄芩 S. guilielmii

1. 穗状花序具四棱,花交互对生，具膜质或近膜质无柄盔状苞片；叶下面被白色绒毛，羽状深裂 …… 30. 深裂叶黄芩 S. przewalskii

1. 异色黄芩 图 658

Scutellaria discolor Wall. ex Benth. in Wall. Pl. Asiat. Rar. 1: 66. 1830.

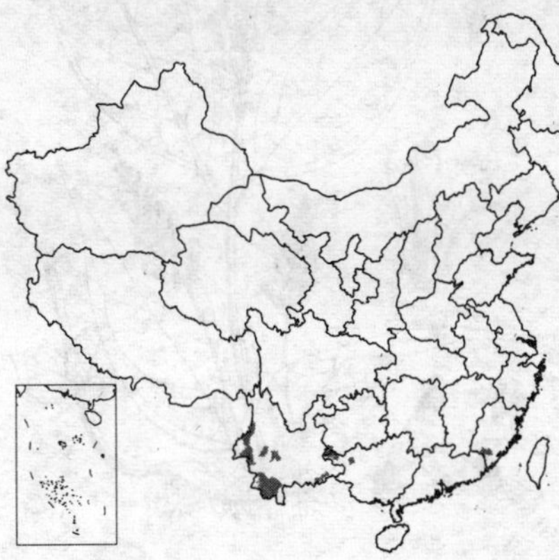

多年生草本，高达38厘米。茎常带淡红色，密被微柔毛。茎叶常2－4对，叶椭圆状卵形或宽椭圆形，长1.5–7.4厘米，基部心形或浅心形，具波状圆齿，两面被柔毛；叶柄长0.5–2.2(–4.8)厘米。总状花序偏向一侧，花葶状，花序梗密被微柔毛；苞叶卵形或椭圆形，长0.7–2.5厘米，苞片卵形，长1.5–3毫米，全缘，被柔毛。花梗长2.5－3毫米，密被柔毛；花萼长约2毫米，被短柔毛及腺柔毛，盾片半圆形，高0.5–0.8毫米；花冠紫色，长0.9–1.2厘米，被腺柔毛，冠筒长0.7–1厘米，基部膝曲状，喉部径达3毫米，冠檐内面被柔毛，下唇中裂片卵圆形，侧裂片卵形或长圆状卵形。小坚果褐色，卵球状椭圆形，径约1毫米，密被钩状尖瘤。花期6–11月，果期7–12月。

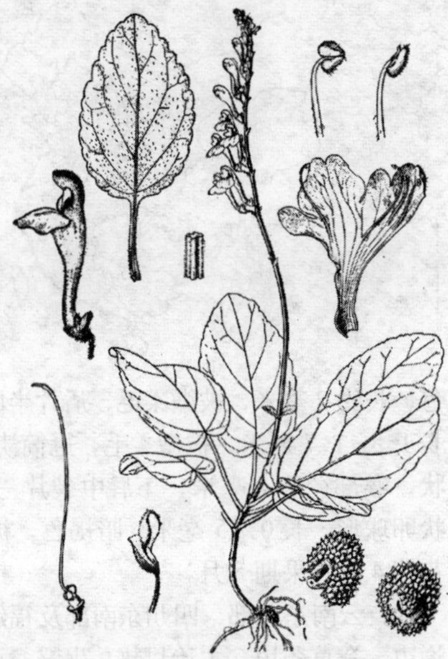

图 658 异色黄芩（曾孝濂绘）

产福建南部、广西西部、贵州南部及云南南部，生于海拔1800米以下山地林下、溪边或草坡。东南亚各国有分布。全草治感冒、胃肠炎、咽喉肿痛、痈毒疔疮及中耳炎。

2. 爪哇黄芩 图 659

Scutellaria javanica Jungh. Java 1: 621. 1853.

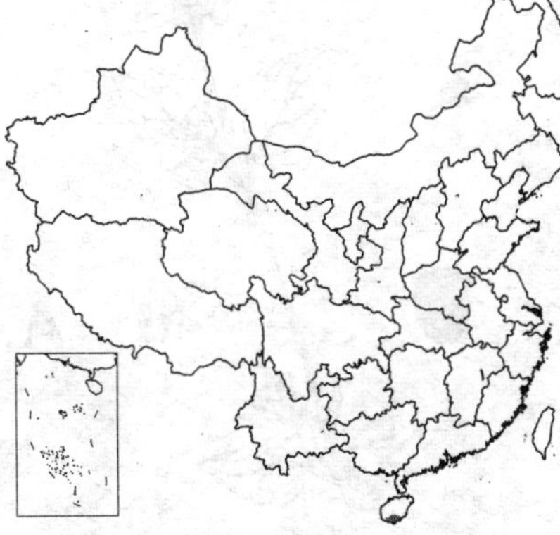

多年生草本，高约1米。茎被微柔毛或近无毛。叶卵状披针形或椭圆状披针形，长4－9.5厘米，先端尾尖，基部宽楔形，具(4－)6－8对浅波状牙齿，上面无毛，下面被腺点，沿脉被微柔毛；叶柄长0.8–1.2厘米。总状花序偏向一侧，顶生；苞片披针形，长3－6毫米，具缘毛。花梗长5－6毫米，被微柔毛；花萼长3－3.5毫米，被微柔毛，具缘毛，盾片半圆形，高2–2.5毫米，果时达4.5毫米；

图 659 爪哇黄芩（仿《中国植物志》）

花冠暗紫色，长达3.1厘米，冠筒基部膝曲状，喉部径达8毫米，被微柔毛，冠檐上唇宽三角状卵形，宽约9毫米，下唇中裂片卵圆形，侧裂片三角形。花期4-5月。

产海南，生于海拔1200米林缘草地。印度尼西亚、菲律宾有分布。

[附] **蓝花黄芩 Scutellaria formosana** N. E. Brown in Gard. Chron. ser. 3, 16: 212. 1894. 本种与爪哇黄芩的区别：植株高约30厘米；叶缘具3-4对波状浅齿；花冠蓝色，长约2.5厘米。花期8-9月，果期10-11月。产福建南部、江西、广东、海南及云南南部，生于海拔450-900米林下。

3. 红茎黄芩 图 660

Scutellaria yunnanensis Lévl. in Fedde, Repert. Sp. Nov. 9: 221. 1911.

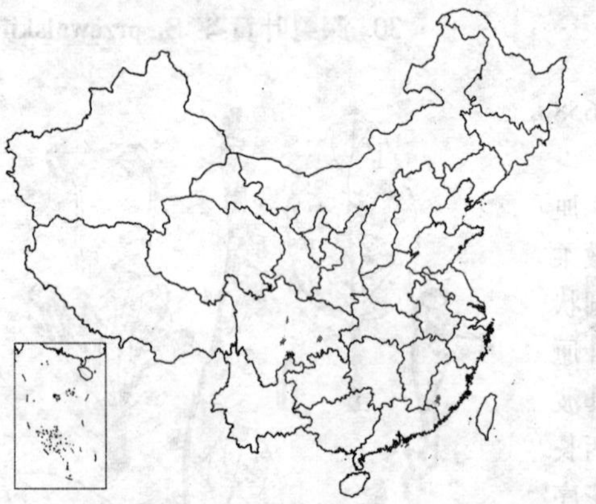

多年生草本，高达50厘米。茎常带淡红色，近无毛或稍被柔毛，少分枝。叶常4对，卵形或椭圆状卵形，长3-11厘米，先端渐尖或短渐尖，基部圆，疏生不明显细齿、浅波状或近全缘；叶柄长0.7-1.2厘米，带淡红色，被腺柔毛。总状花序长9-15厘米；苞片退化。花梗长2-2.5毫米，密被微柔毛及腺柔毛；花萼紫红色，长约2毫米，被微柔毛，盾片半圆形，高1.5毫米；花冠冠檐紫红色，长1.5-1.7厘米，被微柔毛，冠筒淡红或白色，长1-1.2厘米，基部膝曲状，喉部径达4毫米，下唇中裂片三角状卵形，侧裂片卵形。小坚果三棱状卵球形，长0.75毫米，暗褐色，被瘤点，腹面隆起，中央具脐状突起。花期4月，果期5月。

产云南东北部、四川东南部及福建，生于海拔900-1200米林下或山谷沟边。全草药用，主治目热、生翳，可退烧。

图 660 红茎黄芩（仿《中国植物志》）

4. 紫苏叶黄芩 图 661

Scutellaria violacea Heyne ex Benth. var. **sikkimensis** Hook. f. Fl. Brit. Ind. 4: 668. 1885.

Scutellaria coleifolia Lévl.；中国植物志 65(2): 156. 1977.

多年生草本，高达60厘米。茎近无毛，常带紫色，多分枝。叶卵形，茎中部叶长3.8(-6)厘米，基部心形或近心形，具6-10对圆齿，两面近无毛，下面常带紫斑；叶柄长0.4-2厘米，近无毛。总状花序长5-11厘米顶生。花梗长3毫米，常带淡紫色，密被腺微柔毛；花萼长约2毫米，被微柔毛；花冠长2厘米，红色，疏被柔毛，冠筒基部膝曲囊状，喉部径约4.5毫米，上唇盔状，先端微缺，下唇中裂片梯形，侧裂片长圆形。小坚果黑色，肾形，长1.7毫米，被瘤点，腹面中央具脐状突起。花期6-7月，果期7-8月。

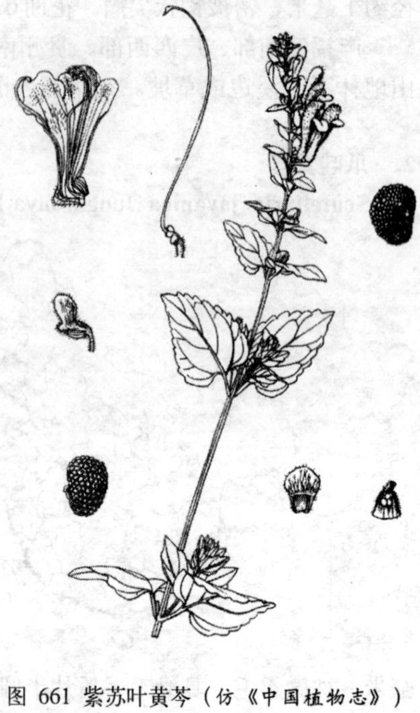

图 661 紫苏叶黄芩（仿《中国植物志》）

产云南中部及北部、四川，生于海拔1900–3200米云南松林下或山坡草地。锡金有分布。

5. 莸状黄芩 图 672:6–12

Scutellaria caryopteroides Hand.-Mazz. in Oester. Bot. Zeitschr. 85: 219. 1936.

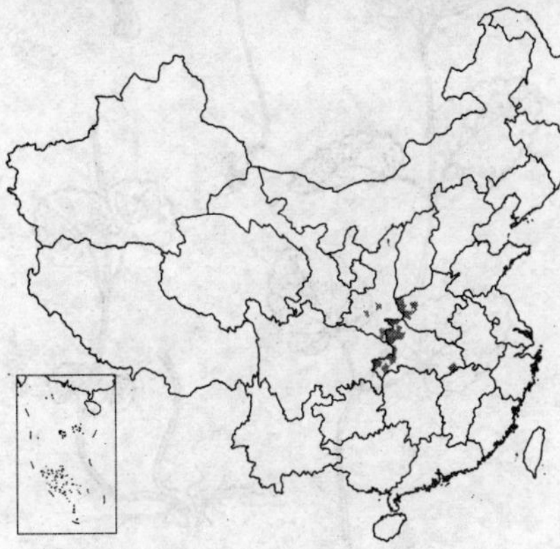

多年生草本，高达1米，径4毫米。径密被腺微柔毛。叶三角状卵形，长达6厘米，先端尖，基部心形或近平截，具圆齿状重锯齿，两面密被微柔毛，下面脉上毛较密；茎中部叶具柄，长0.5–3.5厘米。总状花序长6–15厘米；苞片菱状长圆形，密被腺微柔毛。花梗长2–3毫米，密被腺微柔毛；花萼长约2毫米，盾片高约1毫米；花冠暗紫色，长约1.6厘米，疏被腺微柔毛，基部囊状膝曲，喉部径达4毫米，下唇中裂片三角状卵形，侧裂片卵形。花期6–7月，果期6–8月。

产陕西中南部、湖北及河南，生于海拔800–1500米谷地河岸或阳坡。

6. 偏花黄芩

Scutellaria tayloriana Dunn in Notes Roy. Bot. Gard. Edinb. 8: 166. 1913.

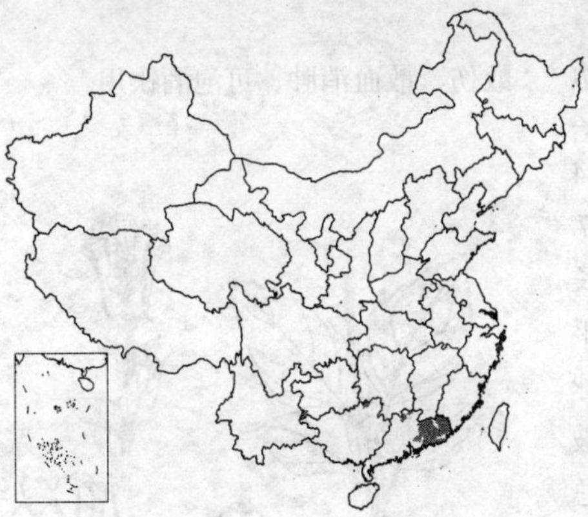

多年生草本，高达30厘米，径1.2–2.5毫米。茎被白色长柔毛；常具匍匐茎。基生叶常3–4对，初时呈莲座状，叶椭圆形或卵状椭圆形，长4.5–5.5厘米，先端圆或钝，基部心形或圆，具浅波状齿，两面密被白色糙伏毛，下面脉上毛密，下面被橙色腺点；茎中部叶柄长1–5厘米。总状花序长7–15厘米；苞片卵形，全缘。花梗长约2毫米，被长柔毛；花萼长约2.5毫米，密被短柔毛；花冠淡紫或紫蓝色，长(1.5–)1.8–2.5(–3)厘米，基部膝曲，喉部径达6毫米，疏被微柔毛，上唇盔状，先端微凹，下唇中裂片半圆形，侧裂片卵形。花期3–5月。

产湖南西南部、广东、广西及贵州，生于林下、灌丛中或旷地。根入药，治热咳、吐血及血痢。

7. 光紫黄芩 图 662

Scutellaria laetevoilacea Koidz. in Mayebara Fl. Austro-Higo 50. 1931.

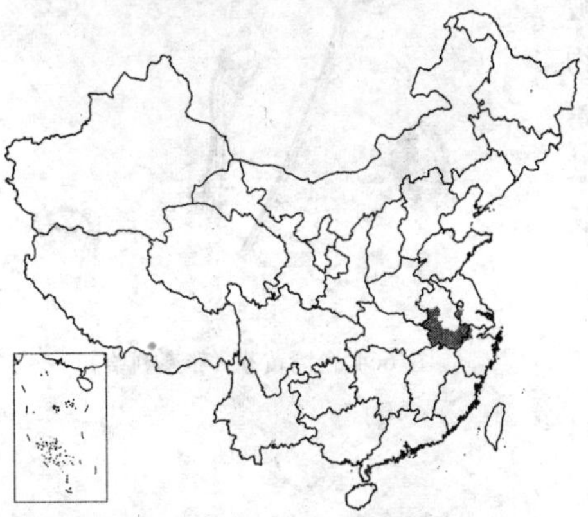

多年生草本，高达20(–30)厘米。茎带淡紫色，被向上细短柔毛；具根茎。叶3–4对，三角状卵形或圆卵形，长4厘米，先端钝或圆，基部圆、宽楔形或浅心形，具圆齿，上面无毛，下面带淡紫色，沿脉被细短柔毛；茎中部叶柄长1–2厘米，下部较长，上部较短或近无柄。总状花序长3.5–9厘米；苞片带淡紫色，窄菱形或卵形。花梗长约1.5毫米，密被腺微柔毛；花萼长约2.5毫米，密被腺微柔毛，盾片高约1.5毫米；花冠红紫或紫色；长1.5–2厘米，疏被微柔毛，基部膝曲，喉部径达5毫米，下唇中裂片卵形，具紫色斑点，侧裂片长圆形。小坚果褐黑色，卵球形，长约0.7毫米，被瘤点，腹面近基部具脐状突起。花期3–4月，果期4–5月。

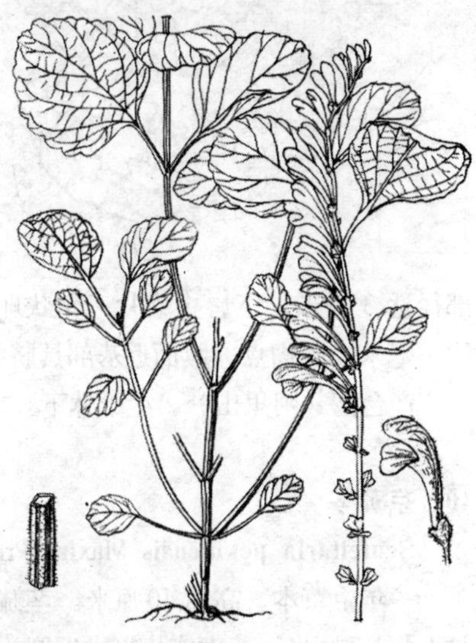

图 662 光紫黄芩（引自《江苏植物志》）

产江苏、安徽及浙江，生于草坡或灌丛中。日本有分布。

8. 韩信草 图 663

Scutellaria indica Linn. Sp. Pl. 2: 600. 1753.

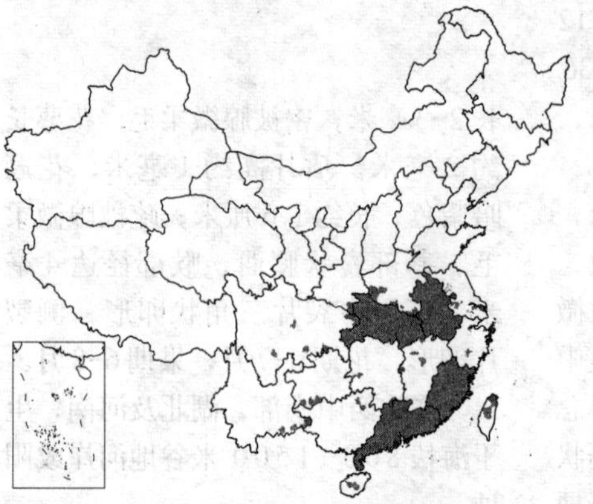

多年生草本，高达28厘米。茎深紫色，被微柔毛，茎上部及沿棱毛密。叶心状卵形或椭圆形，长1.5-2.6(-3)厘米，先端钝或圆，基部圆或心形，具圆齿，两面被微柔毛或糙伏毛；叶柄长0.4-1.4(-2.8)厘米。总状花序长2-8(-12)厘米；苞片卵形或椭圆形，具圆齿。花梗长2.5-3毫米，被微柔毛；花萼长约2.5毫米，被长硬毛及微柔毛，盾片高约1.5毫米；花冠蓝紫色，长1.4-1.8厘米，疏被微柔毛，冠筒基部膝曲，喉部径约4.5毫米，下唇中裂片圆卵形，具深紫色斑点，侧裂片卵形。小坚果暗褐色，卵球形，长约1毫米，被瘤点，腹面近基部具脐状突起。

产江苏、安徽、浙江、福建、台湾、江西、湖北、湖南、广东、广西、云南、贵州、四川、陕西及河南，生于海拔1500米以下山区疏林下、路边及草地。日本及东南亚各国有分布。全草入药，治跌打损伤、壮筋骨，治蚊伤、散血消肿，可泡酒饮用。

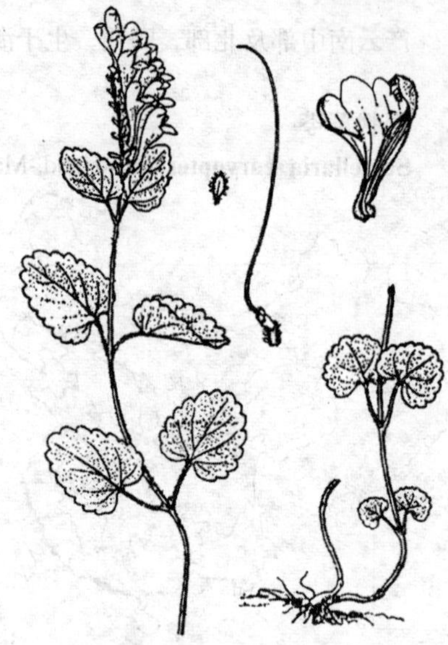

图 663 韩信草（引自《图鉴》）

9. 台湾黄芩 图 664

Scutellaria taiwanensis C. Y. Wu, Fl. Reipubl. Popularis Sin. 65(2): 580. 1977.

多年生草本，高达24厘米。茎被平展微硬毛。叶菱状卵形或卵形，长1.5-3.5厘米，基部楔形或近平截，具2-4对浅齿，下面沿脉及边缘被细糙伏毛，上面疏被糙伏毛；叶柄长4-8.5毫米。总状花序长1.5-2.7厘米；苞片卵形或菱状卵形。花梗长2.5-3毫米，密被腺硬毛；花萼密被腺微硬毛，盾片半圆形，高约2毫米；花冠长1.7-2厘米，被微柔毛，基部囊状膝曲，喉部径达3毫米，下唇中裂片三角状卵形，侧裂片卵形。小坚果卵球形，长约1毫米，被瘤点，腹面近基部具脐状突起。花、果期3-4月。

产台湾（阿里山），生于林下。

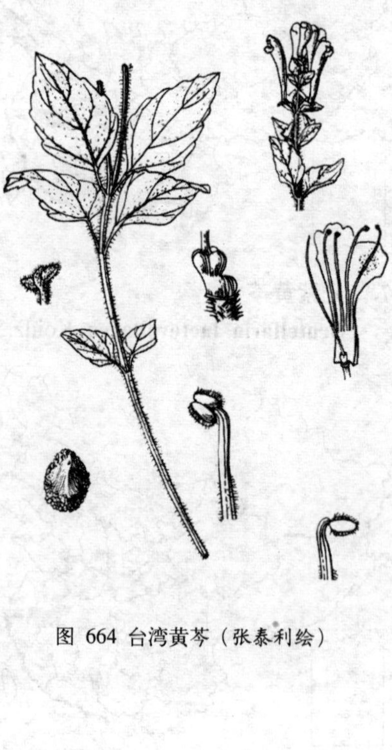

图 664 台湾黄芩（张泰利绘）

10. 京黄芩 图 665: 1-4

Scutellaria pekinensis Maxim. Prim. Fl. Amur. 476. 1859.

一年生草本，高达40厘米。茎疏被向上柔毛。叶卵形或三角状卵形，长1.4-1.7厘米，基部宽楔形或近圆，具2-10对浅钝牙齿，两面疏被平伏柔毛，下面沿脉毛较密；叶柄长(0.3-)0.5-2厘米，疏被向上柔毛。总状花序长4.5-11.5厘米；苞片窄披针形，疏被短柔毛。花梗长约2.5毫米，密被向上白色柔毛；花萼长约3毫米，密被柔毛，盾片高1.5毫米；花冠蓝紫色，长1.7-1.8厘米，被腺柔毛，基部稍膝曲，喉部径达5毫米，下唇中裂片宽卵形，侧裂片卵形。小坚果深褐或黑褐色，卵球形，径约1毫米，

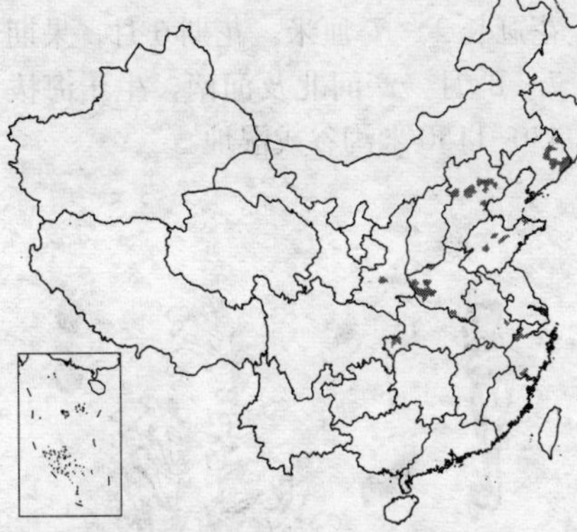

中裂片宽卵形，侧裂片卵形。小坚果深褐或黑褐色，卵球形，径约1毫米，被瘤点，腹面中下部具果脐状突起。花期6-8月，果期7-10月。

产吉林、河北、山东、河南、陕西、湖北、安徽及浙江，生于海拔600-1800米石坡、潮湿地或林下。

[附] **英德黄芩 Scutellaria yingtakensis** Sun ex C. H. Hu in Acta Phytotax. Sin. 11(1): 42. 1966. 本种与京黄芩的区别：多年生草本；叶窄卵形或窄三角状卵形，长达3厘米，基部宽楔形或近平截，下面近无毛；苞片长圆形；花冠淡红或紫红色，长1-1.2厘米，喉部被白髯毛，侧裂片窄长圆形。花期4-5月。产福建、江西、湖南西部、广东北部、广西北部、贵州南部及四川东部，生于海拔500-2200米丘陵地带。

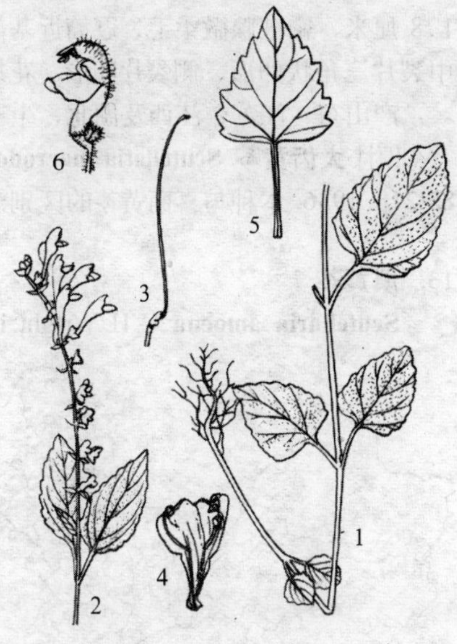

图 665:1-4. 京黄芩 5-6. 韧黄芩（孙英宝绘）

11. 韧黄芩 图 665: 5-6

Scutellaria tenax W. W. Smith in Notes Roy. Bot. Gard. Edinb. 12: 222. 1920.

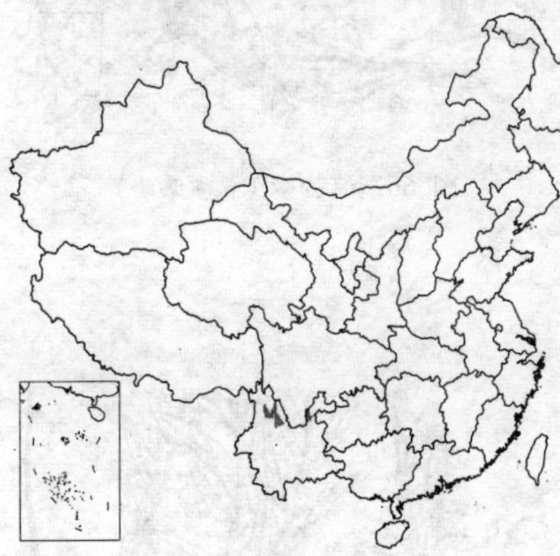

多年生草本，高达36厘米。茎被倒向短柔毛，棱上毛密。叶三角形或三角状卵形，长1.5-3厘米，先端尖，基部近平截或宽楔形，具缺刻牙齿或浅牙齿，上面无毛，仅中脉及边缘被短柔毛，下面疏被短柔毛，两面被腺点；叶柄长0.5-1.8厘米。总状花序长5-9厘米；苞片卵形、菱形或匙形，两面疏被短柔毛，具缘毛。花梗长2-3毫米，密被微柔毛及短柔毛；花萼长约2毫米，被腺微柔毛及短柔毛，盾片高1毫米；花冠蓝色，长1.2-1.3厘米，疏被微柔毛，冠筒之字形，基部膝曲，喉部径约4毫米，下唇中裂片长圆状宽卵形，侧裂片三角形。小坚果深褐色，卵球形，长约1毫米，被瘤点，腹面近基部具脐状突起。花期8月，花期9-10月。

产云南北部及四川南部，生于海拔1500-2600米溪边、草地、灌丛或林中。

12. 喜荫黄芩 图666

Scutellaria sciaphila S. Moore in Journ. Bot. 13: 228. 1875.

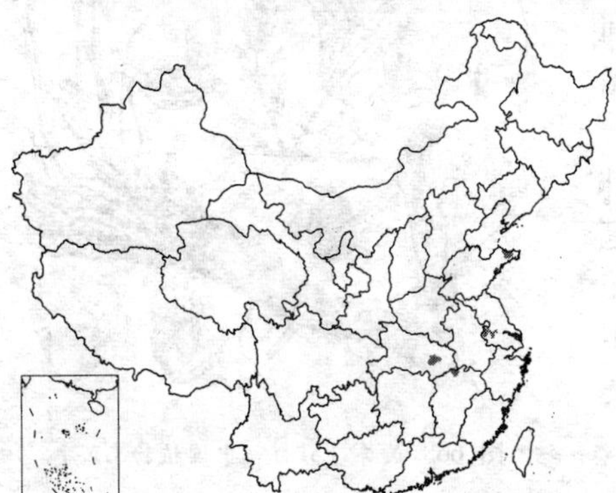

多年生草本。茎连花序高达70厘米，节被白色长硬毛，余无毛或疏被微柔毛。具根茎。叶膜质，长圆形，长3-5.5厘米，先端尖，基部平截浅心形，上面疏被白色长硬毛或近无毛，下面沿脉疏被白色长硬毛余无毛，疏生牙齿状锯齿；叶柄长3-7毫米，疏被白色长硬毛。总状花序密被腺微柔毛；苞片三角状卵形。花梗长约2毫米；花萼长约4.5毫米，密被腺微柔毛，盾片高约1毫米；花冠长约

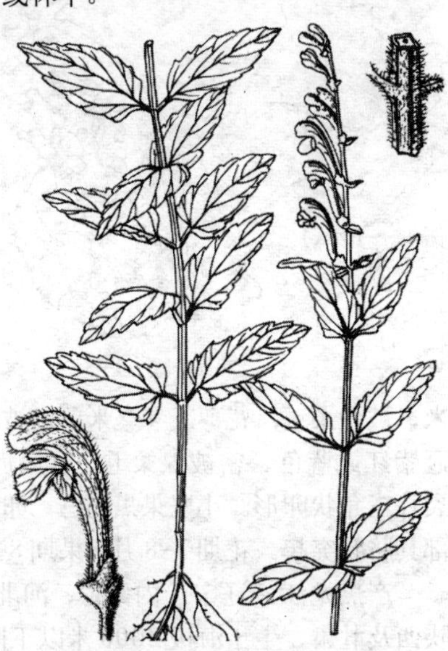

图 596 喜荫黄芩（引自《江苏植物志》）

1.8 厘米，密被腺微柔毛，冠筒近基部稍膝曲囊状，喉部径达 5 毫米，下唇中裂片三角状卵形，侧裂片卵形。花期 5 月。

产山东、江苏、江西及湖北，生于旷野、田地。

[附] **大齿黄芩 Scutellaria macrodonta** Hand.-Mazz. in Oesterr. Bot. Zeitschr. 85:218. 1936. 本种与喜荫黄芩的区别：叶坚纸质，长圆状卵形或窄披针形，基部圆或圆平截，两面被微柔毛；花冠长 2－7 厘米。花期 6 月，果期 7－8 月。产河北及河南，生于海拔 430–1150 米沟谷或湿地。

13. 滇黄芩 图 667 彩片158

Scutellaria amoena C. H. Wright. in Kew Bull. 1896: 164. 1896.

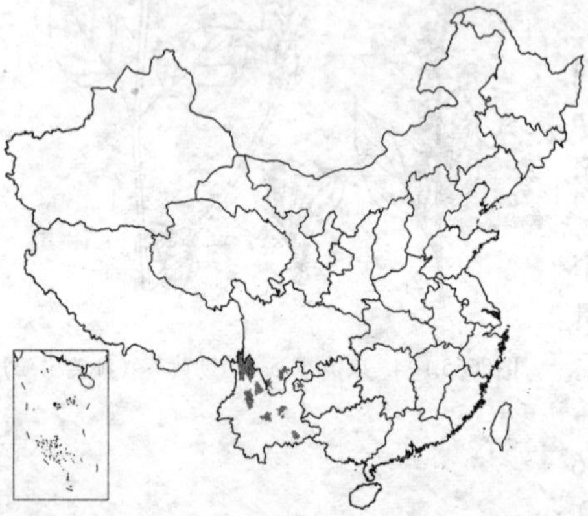

多年生草本，高达 35 厘米。茎带淡紫色，多数，沿棱被倒向或近伸展微柔毛及柔毛。叶长圆状卵形或长圆形，长 1.4–3.3 厘米，先端圆或钝，基部圆或浅心形，具浅钝圆齿或近全缘，上面疏被微柔毛，下面沿脉疏被微柔毛或近无毛；叶柄长 1－2 毫米。总状花序被腺微柔毛；苞片披针状长圆形。花梗长 3－4 毫米；花萼淡紫色，长约3毫米，被腺微柔毛，盾片高约 1 毫米；花冠紫或蓝紫色，长 2.4－3 厘米，被腺微柔毛，冠筒近基部微膝曲囊状，喉部径达 7 毫米，下唇中裂片近圆形，侧裂片三角形。小坚果黑色，卵球形，长约 1.3 毫米，被瘤点，腹面近基部具脐状突起。花期 5–9 月，果期 7–10 月。

产云南中部及西北部、四川南部及贵州西部，生于海拔 1300–3000 米云南松林下。根茎入药，作黄芩代用品。

图 667 滇黄芩（曾孝濂绘）

14. 黄芩 图 668

Scutellaria baicalensis Georgi, Bemerk. Reise Russ. Reichs 1: 223. 1775.

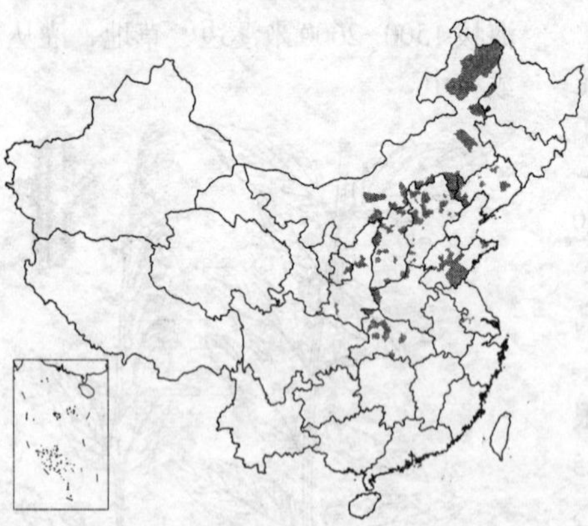

多年生草本，高达 1.2 米。茎分枝，近无毛，或被向上至开展微柔毛。根茎肉质，径达 2 厘米，分枝。叶披针形或线状披针形，长 1.5–4.5 厘米，先端钝，基部圆，全缘，两面无毛或疏被微柔毛，下面密被凹腺点；叶柄长约 2 毫米，被微柔毛。总状花序长 7–15 厘米；下部苞叶叶状，上部卵状披针形或披针形。花梗长约 3 毫米，被微柔毛；花萼长 4 毫米，密被微柔毛，具缘毛，盾片高 1.5 毫米；花冠紫红或蓝色，密被腺柔毛，冠筒近基部膝曲，喉部径达 6 毫米，下唇中裂片三角状卵形。小坚果黑褐色，卵球形，长 1.5 毫米，被瘤点，腹面近基部具脐状突起。花期 7–8 月，果期 8–9 月。

产黑龙江、辽宁、内蒙古、河北、山东，江苏，湖北、河南、山西、陕西及甘肃，生于海拔 2000 米以下阳坡草地或荒地。俄罗斯、蒙古、朝鲜及日本有分布。根茎为退热消炎药，对上呼吸道感染、急性胃肠炎有疗效，少量服用可健胃。

图 668 黄芩（引自《中国植物志》）

15. 粘毛黄芩 图 669

Scutellaria viscidula Bunge in Mem. Acad. Sci. Saint Petersb. Sav. Etrang 2: 126. 1833.

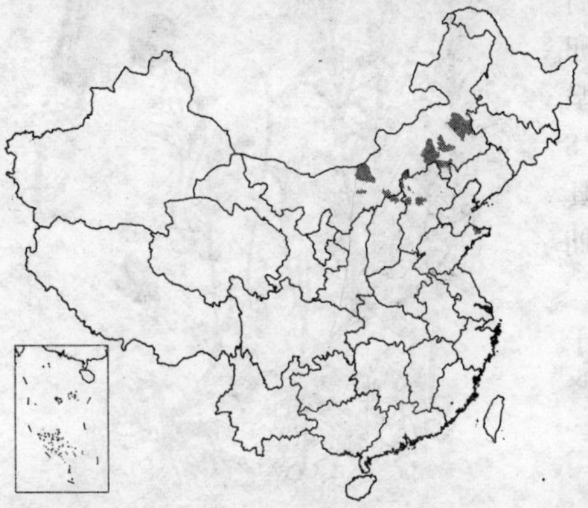

多年生草本，高达24厘米。茎被倒向短柔毛或近平展腺柔毛，多分枝。叶披针形或线形，长1.5-3.2厘米，先端钝，基部楔形或宽楔形，全缘，密被短缘毛，上面疏被平伏柔毛或近无毛，下面被柔毛，两面被黄色腺点；叶柄长达2毫米。总状花序密被平展腺柔毛；上部苞片椭圆形或椭圆状卵形，长4-5毫米。花梗长约3毫米；花萼长约3毫米，盾片高1-1.5毫米；花冠黄白或白色，长2.2-2.5厘米，被腺柔毛，近基部膝曲，喉部径达7毫米，下唇中裂片近圆形，侧裂片卵形。小坚果黑色，卵球形，被瘤点，腹面近基部具脐状突起。花期5-8月，果期7-9月。

图 669 粘毛黄芩（张泰利绘）

产内蒙古、河北北部、山东及山西北部，生于海拔700-1400米沙砾地、荒地或草地。

16. 甘肃黄芩 图 670

Scutellaria rehderiana Diels in Notizbl. Bot. Gart. Berlin 10: 889. 1930.

多年生草本，高达35厘米。茎沿棱被倒向柔毛，余无毛或被近平展或稍倒向白色细柔毛，基径达1.3厘米。叶三角状卵形或卵形，长1.4-4厘米，先端钝圆，基部宽楔形、近平截或近圆，全缘或有2-5对浅牙齿，上面疏被平伏毛或细柔毛，下面脉上疏被细柔毛，密被缘毛；叶柄长2.8-9(-12)毫米。总状花序长3-10厘米；苞片淡紫色，卵形、椭圆形或倒卵形，具缘毛。花梗长约2毫米，密被腺柔毛；花萼长约2.5毫米，密被腺柔毛，盾片高约1毫米；花冠淡红或紫蓝色，长1.8-2.2厘米，被腺柔毛，冠筒近基部膝曲，下唇中裂片三角状卵形，侧裂片卵形。花期5-8月。

产山西、陕西、甘肃及青海，生于海拔1300-3200米山地阳坡草地。

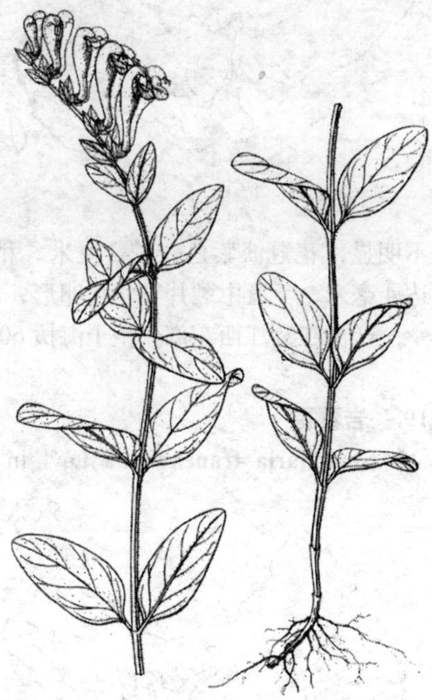

图 670 甘肃黄芩（曾孝濂绘）

17. 直萼黄芩 图 671

Scutellaria orthocalyx Hand.-Mazz. in Acta Horti Gothob. 9: 75. 1934.

多年生草本，高达25厘米。茎沿棱被平伏柔毛，有时近无毛，多不分枝。根茎匍匐，径1-1.5毫米，多分枝。茎下部叶卵状披针形，上部叶线形，长1-2.1厘米，先端钝圆，基部圆或宽楔形，全缘，稍内卷，两面疏被微柔毛，下面密被凹腺点；叶柄长不及1毫米。总状花序长3-19厘米；苞片线形。花梗长1.2-2.5毫米，被腺柔

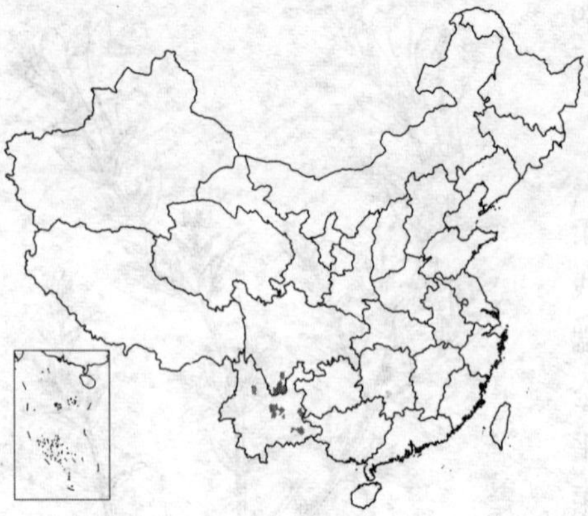

毛；花萼淡紫色，长1.5-2.5毫米，被腺柔毛，盾片圆，高约1毫米；花冠紫或蓝紫色，长1.2-1.7厘米，被腺柔毛，冠筒近基部膝曲，下唇中裂片卵形，侧裂片三角状卵形。小坚果黑褐色，近球形，径约1.8毫米，被瘤点，腹面近基部具脐状突起。花期4-10月，果期6-10月。

产云南及四川西南部，生于海拔1200-2300(-3300)米草坡或松林中。全草治痈疽肿毒、疥癣、肝炎、肾炎及喉痛。

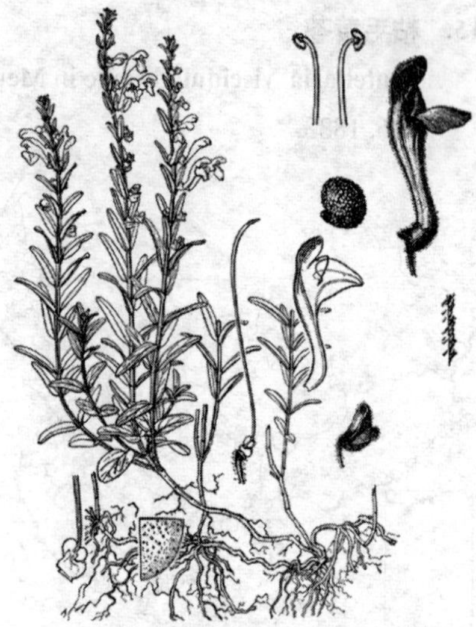

图 671 直萼黄芩（曾孝濂绘）

18. 裂叶黄芩 图 672:1-5

Scutellaria incisa Sun ex C. H. Hu in Acta Phytotax. Sin. 11: 39. 1966.

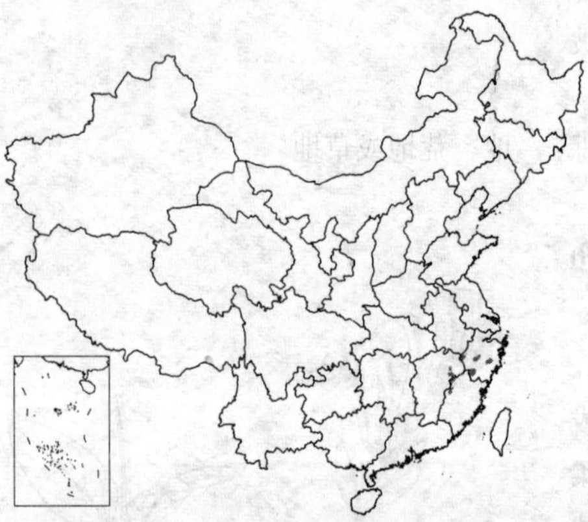

直立塔形草本，高约40厘米。茎无毛，多分枝。叶近菱形或卵状披针形，茎中部叶长4.8厘米，先端尾尖，基部楔形下延，基部以上具牙齿，两面无毛；叶柄长约1厘米。圆锥状花序顶生，长5-10厘米；下部苞片叶状，上部披针状，全缘。花梗长2-3毫米，紫红色，被微柔毛或近无毛；花萼长约2毫米，无毛，被腺点，盾片不明显；花冠淡紫色，长2厘米，稍被微柔毛，冠筒基部微囊状，喉部径达4毫米，下唇中裂片三角状卵形，侧裂片窄三角状卵形。花期6月。

产浙江及江西东部，生于海拔600米石质河床。

图 672:1-5.裂叶黄芩 6-12.莸状黄芩（引自《中国植物志》）

19. 岩藿香 图 673

Scutellaria franchetiana Lévl. in Fedde, Répert. Sp. Nov. 9: 221. 1911.

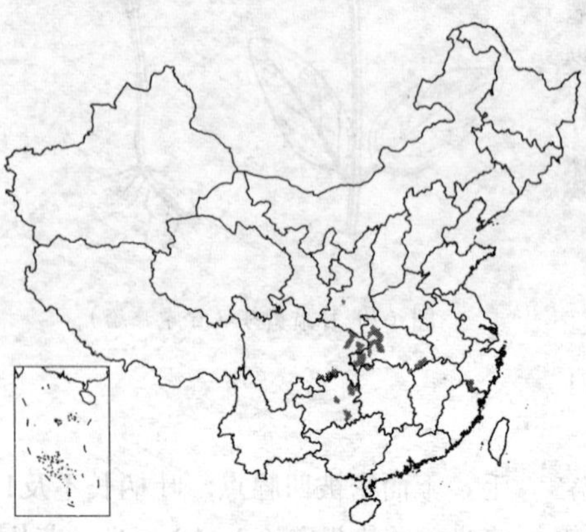

多年生草本，高达70厘米。茎带淡紫色，被向上微柔毛，沿棱较密。叶卵形或卵状披针形，长1.5-3(-4.5)厘米，先端渐尖，基部宽楔形、近平截或心形，具3-4对牙齿，两面疏被微柔毛，叶缘毛较密；叶柄长0.3-1厘米。总状花序长(1-)2-9厘米。花梗长2-3毫米，被微柔毛或腺柔毛；花萼长约2.5毫米，被微柔毛或腺柔毛，盾片高1.5毫米；花冠紫色，长达2.5厘米，被腺柔毛，基部膝曲，微囊状，喉部径达4毫米，下唇中裂片三角状卵形，宽达4毫米，侧裂片卵形。小

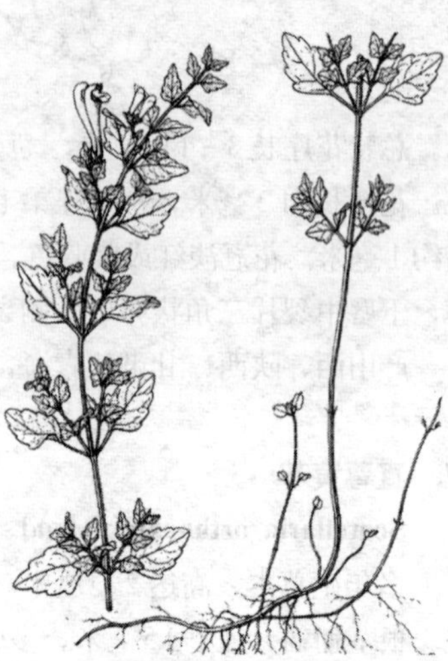

图 673 岩藿香（张泰利绘）

坚果黑色，卵球形，径约0.5毫米，被瘤点，腹面基部具脐状突起。花期6-7月。

产陕西南部、四川东部、贵州东部、湖南西部、湖北西部及浙江，生于海拔800-2300米山坡湿地。全草治跌打红肿及咳嗽。

[附] **棱茎黄芩 Scutellaria scandens** Buch.-Ham. ex D. Don Prodr. Fl. Nepal. 110. 1825. 本种与岩藿香的区别：茎棱具钝翅；叶基部浅心形或近圆，具圆齿；总状花序长10-16厘米。果期8月。产西藏南部，生于海拔2300米坡地。尼泊尔有分布。

20. 四裂花黄芩 图 674

Scutellaria quadrilobulata Sun ex C. H. Hu in Acta Phytotax. Sin. 11(1): 41. 1966.

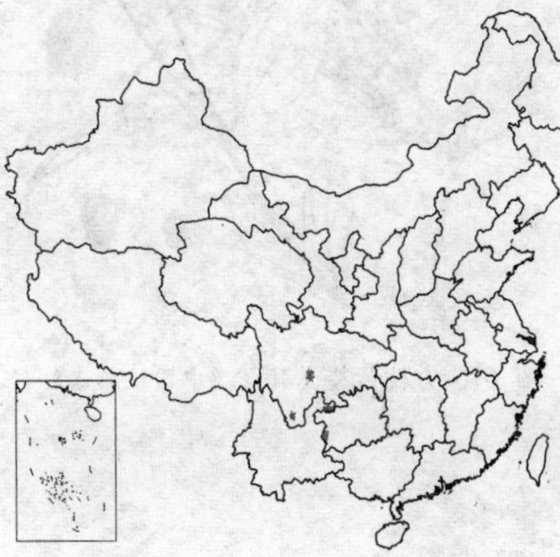

多年生草本，高达60厘米。茎被短柔毛。叶卵形，茎中部叶长4厘米，基部平截或圆稍下延，具5-8对重圆齿，上面被短柔毛，下面近无毛；叶柄长达2厘米，被短柔毛。总状花序长达10厘米；下部苞片卵形或卵状披针形，全缘。花梗长约3毫米，被短柔毛；花萼紫色，长约2.2毫米，沿脉及萼缘被短柔毛，盾片高1.5毫米；花冠黄色，被紫纹，长约2厘米，密被腺柔毛，冠筒长1.7厘米，基部囊状膝曲，上唇扁圆形，内凹，下唇中裂片梯形，蝶形相等4小裂，基部宽4.5毫米，侧裂片近圆形。花期6-8月。

产云南东北部、四川西南部、贵州西部及湖北，生于海拔2000-3000米山地林下或草坡。全草药用，对肝病有疗效。

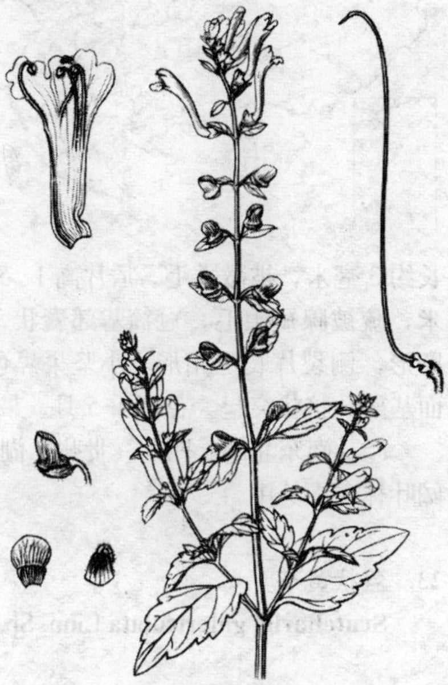

图 674 四裂花黄芩（张泰利绘）

21. 尾叶黄芩 图 675

Scutellaria caudifolia Sun ex C. H. Hu in Acta Phytotax. Sin. 11(1): 42. 1966.

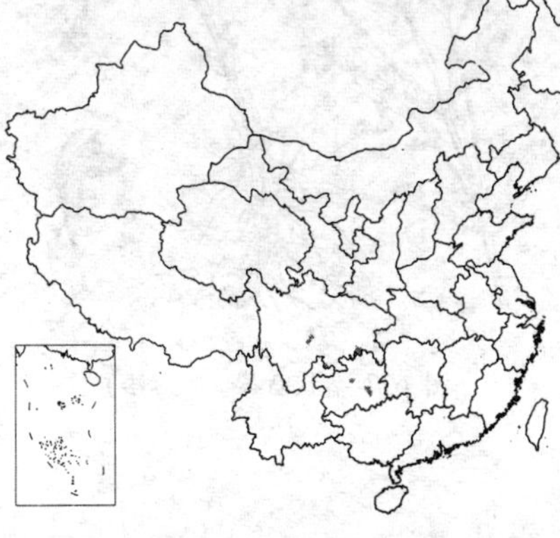

多年生草本，高达45厘米。茎带淡紫色，无毛，棱微具翅。具粗壮根茎。叶4-9对，卵状长圆形或长圆状披针形，长5-8厘米，先端尾尖，基部浅心形，具9-15对不规则圆齿，两面无毛或疏被糙伏毛；叶柄长4-7毫米。总状花序具6-14花，长4-10厘米；苞片圆卵形，先端尾尖。花梗长2.5-3毫米，密被短腺柔毛；花萼长约2毫米，被短柔毛，盾片高1.2毫米，被网纹；花冠淡紫色，长约2.2厘米，疏被腺微柔毛，冠筒近基部具囊状距，喉部径达5毫米，上唇近圆形，下唇中裂片三角状卵形，宽达5毫米，先端微缺，侧裂片卵形，先端圆。花期6-8月。

产四川及贵州，生于海拔900-1720米林缘、沟边。全草泡酒，治内伤。

图 675 尾叶黄芩（仿《中国植物志》）

22. 方枝黄芩 图 676

Scutellaria delavayi Levl. in Fedde, Repert. Sp. Nov. 9: 221. 1911.

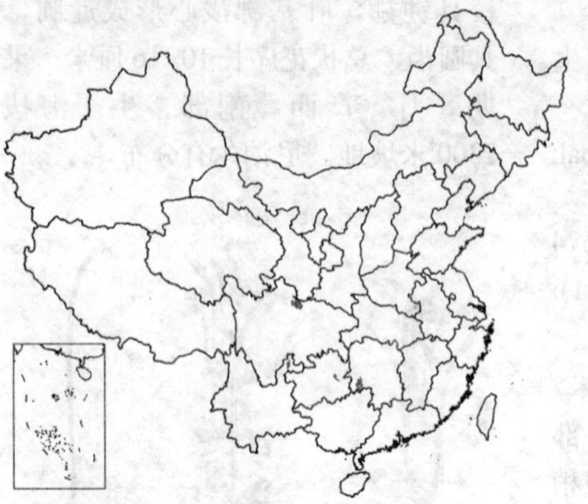

多年生草本，高达60厘米。茎棱稍具翅，无毛，稀节被微柔毛，多分枝。叶卵形或披针形，长2-7厘米，先端尾尖，基部宽楔形或圆，具波状细牙齿，两面无毛；叶柄长1-3毫米，无毛。总状花序顶生及腋生，腋生花序常反折，序轴被微柔毛；苞片卵形或披针形，全缘，无毛。花梗长3毫米，被微柔毛及短柔毛；花萼长约3毫米，被微柔毛，盾片高1.5毫米；花冠乳黄或白色，长约2.3厘米，疏被腺短柔毛，冠筒基部囊状，喉部径达6毫米，下唇中裂片三角状卵形，侧裂片长三角形。小坚果黑色，卵球形，径约1毫米，被瘤点，腹面基部具脐状突起。花期4-5月，果期5-6月。

产云南东北部、四川、贵州、湖南西南部，生于海拔1000-1600米山地阔叶林或灌丛中。

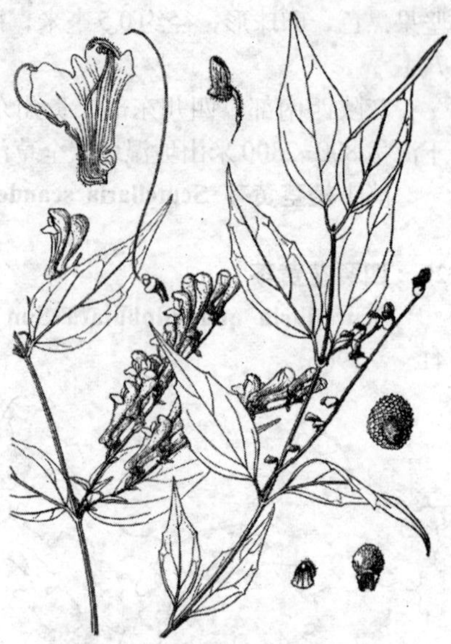

图 676 方枝黄芩（引自《中国植物志》）

23. 盔状黄芩 图 677

Scutellaria galericulata Linn. Sp. Pl. 2: 599. 1753.

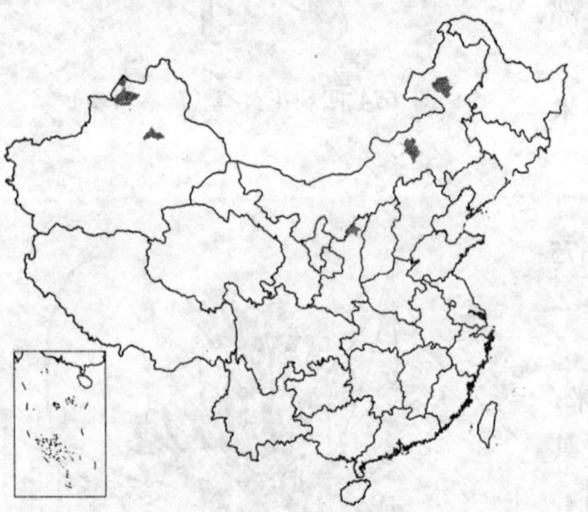

多年生草本，高达40厘米。茎微具槽，沿棱被倒向短柔毛余无毛。具根茎。叶长圆状披针形，长1.5-6厘米，先端尖，基部浅心形，具圆齿状锯齿，两面被短柔毛；叶柄长2-7毫米。花腋生，偏向一侧；花梗长2毫米，密被倒向短柔毛；花萼长约3.5毫米，密被白色短柔毛，盾片高0.8毫米，果时高达1.5毫米；花冠紫或蓝色，长约1.8厘米，被腺短柔毛，冠筒基部微囊状，喉部径3.5-5毫米，上唇半圆形，下唇中裂片三角状卵形，侧裂片长圆形。小坚果黄色，三棱状卵球形，径约1毫米，被瘤点，腹面中央具脐状突起。花期6-7月，果期7-8月。

产内蒙古北部、陕西及新疆，生于海拔440-1060米沟边冲积地。欧洲、西南亚、中亚、日本及北美有分布。

图 677 盔状黄芩（肖溶绘）

24. 狭叶黄芩 图 678:1-6

Scutellaria regeliana Nakai in Bot. Mag. Tokyo 35: 197. 1921.

多年生草本，高达30厘米。茎被上曲柔毛，棱上毛较密。具根茎及匍匐茎。叶披针形或三角状披针形，长1.7-3.3厘米，先端钝，基部稍浅心形或近平截，全缘稍内卷，上面密被微糙毛，下面密被微柔毛及稀疏腺点；叶柄长0.5-1毫米，密被柔毛。花腋生，偏向一侧。花梗长约4毫米，密被微柔毛；花萼长4毫米，密被短柔毛，盾片高约0.5毫米；花冠紫色，长2-2.5厘米，被短柔毛，喉部径达8毫米，下唇中裂片近扁圆形，侧裂片长圆形。小坚果黄褐色，卵球形，长1.25毫米，被瘤点，腹面基部具脐状突起。花期6-7月，果期7-9月。

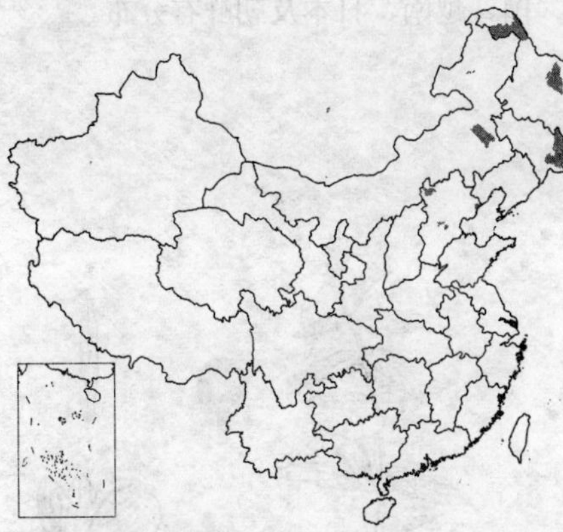

产黑龙江、吉林、内蒙古及河北，生于海拔480-1000米河岸或沼泽地。俄罗斯、朝鲜有分布。

[附] **长叶并头草 Scutellaria linarioides** C. Y. Wu, Fl. Yunnan. 1: 564. pl. 137, f. 4. 1977. 本种与狭叶黄芩的区别：叶基部渐窄，两面被黄色腺点，近无毛或下面沿脉疏被柔毛。花期3-7月，果期4-8月。产云南北部、四川西南部，生于海拔1200米山坡、沟边。

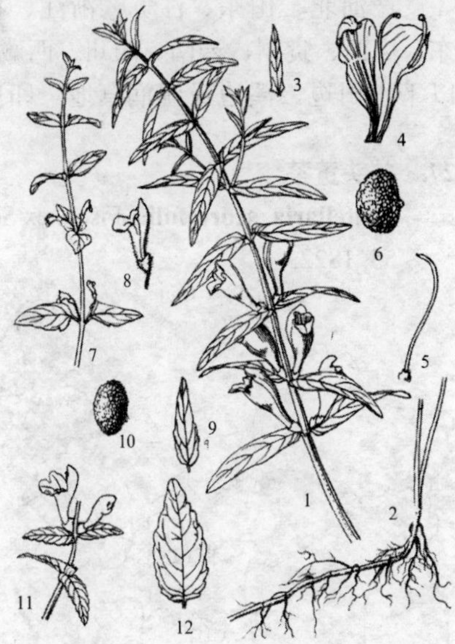

图 678:1-6.狭叶黄芩 7-10.纤弱黄芩 11-12.图们黄芩（张桂芝绘）

25. 纤弱黄芩 图 678:7-10

Scutellaria dependens Maxim., Prim. Fl. Amur. 219. 1859.

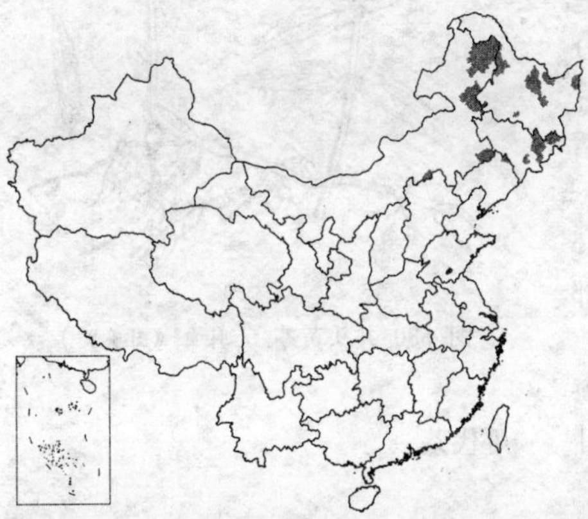

具根茎草本，高达35厘米。茎无毛或棱上疏被柔毛。叶卵状三角形或三角形，长0.5-2.4厘米，先端钝或圆，基部浅心形或平截心形，具1-3对不规则浅牙齿或近全缘，具短缘毛；叶柄长0.8-4毫米,被微柔毛或近无毛。总状花序不分明，或花单生叶腋；小苞片针状，成对着生花梗基部。花梗长2-3毫米，被平伏微柔毛；花萼长1.8-2毫米，脉纹稍凸，边缘及脉被柔毛，盾片高约1毫米；花冠白色或下唇带淡紫色,长5-6.5毫米，被微柔毛，冠筒微弯，下唇中裂片梯形，宽2-2.5毫米，侧裂片三角状卵形。小坚果黄褐色，卵球形，长约0.7毫米，被瘤点，腹面近基部具脐状突起。花、果期6-9月。

产黑龙江、吉林、辽宁、内蒙古及山东，生于海拔250米以下溪边或落叶松林中湿地。俄罗斯、朝鲜及日本有分布。

26. 半枝莲 图 679 彩片159

Scutellaria barbata D. Don, Prodr. Fl. Nepal. 109. 1825.

多年生草本，高达35(-55)厘米。茎无毛或上部疏被平伏柔毛。叶三角状卵形或卵状披针形，长1.3-3.2厘米，先端尖，基部宽楔形或近平截，疏生浅钝牙齿，两面近无毛或沿脉疏被平伏柔毛；叶柄长1-3毫米，疏被柔毛。总状花序不分明，顶生；下部苞叶椭圆形或窄椭圆形，小苞片针状，长约0.5毫米，着生花梗中部。花梗长1-2毫米，被微柔毛；花萼长约2毫米，沿脉被微柔毛，具缘毛，盾片高约1毫米；花冠紫蓝色，长0.9-1.3厘米，被短柔毛，冠筒基部囊状，喉部径达3.5毫米，上唇半圆形，长1.5毫米，下唇中裂片梯形，侧裂片三角状卵形。小坚果褐色，扁球形，径约1毫米，被瘤点。花、果期4-7月。

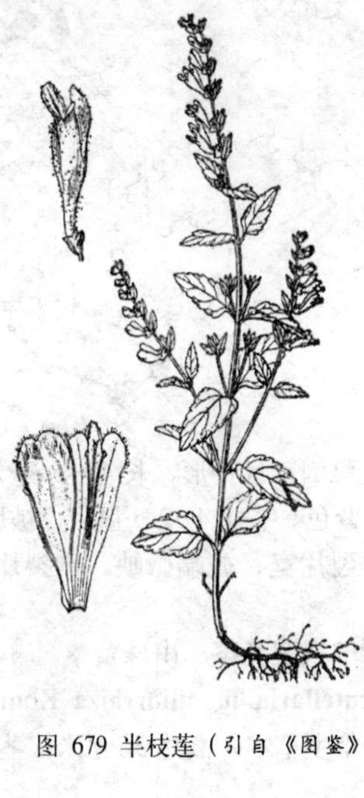

图 679 半枝莲（引自《图鉴》）

产河北、山东、江苏、浙江、福建、台湾、江西、湖北、湖南、广东、广西、贵州、云南、四川、西藏、陕西南部及河南，生于海拔2000米以下水田边、溪边或湿润草地。印度东北部、尼泊尔、缅甸、老挝、泰国、越南、日本及朝鲜有分布。

27. 并头黄芩 图 680

Scutellaria scordifolia Fisch. ex Schrank in Denkschr. Bot. Ges. Regensb. 2: 55. 1822.

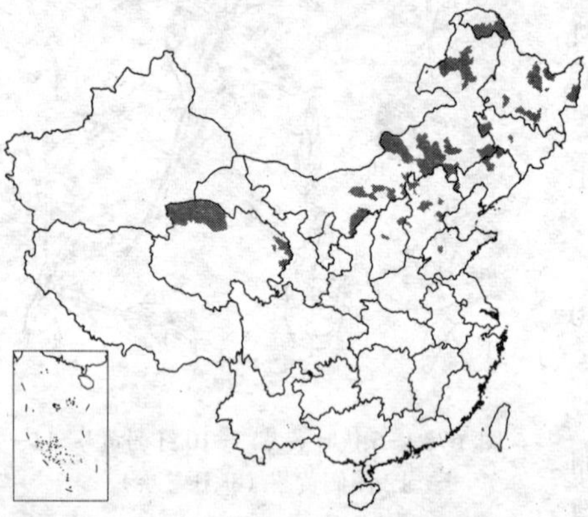

多年生草本，高达36厘米。茎带淡紫色，近无毛或棱上疏被上曲柔毛。叶三角状卵形或披针形，长1.5-3.8厘米，先端钝尖，基部浅心形或近平截，具浅锐牙齿，稀具少数微波状齿或全缘，上面无毛，下面沿脉疏被柔毛或近无毛，被腺点或无腺点；叶柄长1-3毫米，被柔毛。总状花序不分明，顶生，偏向一侧；小苞片针状。花梗长2-4毫米，被短柔毛；花萼长3-4毫米，被短柔毛及缘毛，盾片高约1毫米；花冠蓝紫色，长2-2.2厘米，被短柔毛，冠筒浅囊状膝曲，喉部径达6.5毫米，下唇中裂片圆卵形，宽约7毫米，侧裂片卵形，宽2.5毫米，先端微缺。小坚果黑色，椭圆形，长1.5毫米，被瘤点，腹面近基部具脐状突起。花期6-8月，果期8-9月。

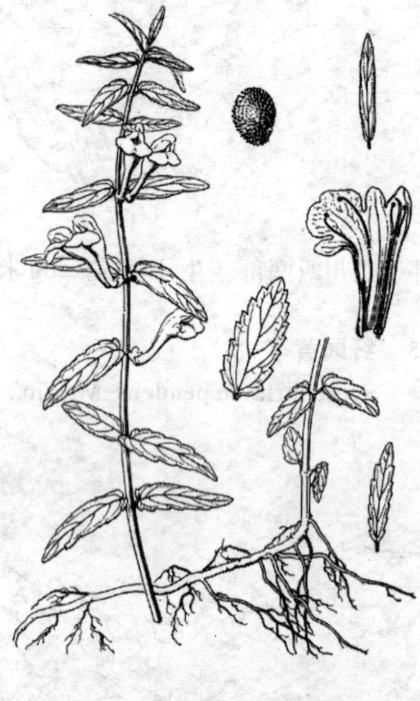

图 680 并头黄芩 （引自《图鉴》）

产黑龙江、吉林、辽宁、内蒙古、河北、山东、山西及青海，生于海拔2100米以下草地或湿草甸。俄罗斯、蒙古、日本有分布。根茎入药，叶可代茶。

28. 图们黄芩 图 678:11-12

Scutellaria tuminensis Nakai in Bot. Mag. Tokyo 35: 198. 1921.

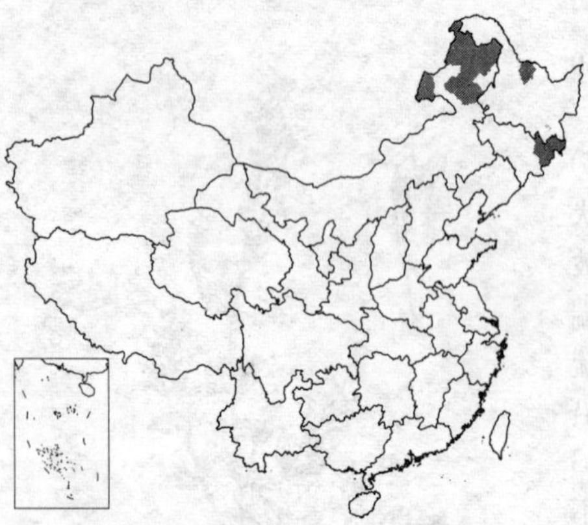

多年生草本，高达35厘米。茎紫色，疏被柔毛，节被短柔毛。根茎白色。叶卵形或长圆状卵形，长1.5-3.5厘米，先端稍钝，基部微心形或近戟形，具浅锐牙齿或波状齿，两面密被白色短毛，下面被细腺点；叶具短柄或近无柄。花单生叶腋，花梗长1-2毫米，被平展腺柔毛；花萼倒锥状钟形，长4-5毫米，被平展腺柔毛；花萼倒锥状钟形，长4-5毫米，被平展腺柔毛；盾片高不及1毫米；花冠紫蓝色，长1.4-2.5厘米，被腺短柔毛，冠筒窄长，喉部径达3毫米，下唇中裂片宽，先端微缺，侧裂片先端近平截。小坚果黄褐色，卵球形，长约9毫米，被瘤点，腹面具脐状突起。花期7(8)月，果期8-9月。

产黑龙江、吉林及内蒙古，生于海拔600米以下河边草地。俄罗斯远东地区有分布。

[附] **沙滩黄芩 Scutellaria strigillosa** Hemsl. in Journ. Linn. Soc. Bot. 26: 297. 1890. 本种与图们黄芩的区别：茎基部多分枝；叶椭圆形，稀窄椭圆形，具浅钝齿、锯齿或近全缘。花果期5-10月。产辽宁、河北、山东、江苏北部及浙江，生于海边沙滩。俄罗斯、朝鲜及日本有分布。

29. 念珠根茎黄芩 串珠黄芩 图 681

Scutellaria moniliorrhiza Kom. in Act. Hort. Petrop. 25: 346. 1907.

多年生草本，高达36厘米。茎带淡紫色，被白色柔毛，余无毛。根茎白色，念珠状。叶卵形或卵状长圆形，长0.8-2.3厘米，先端钝尖，基

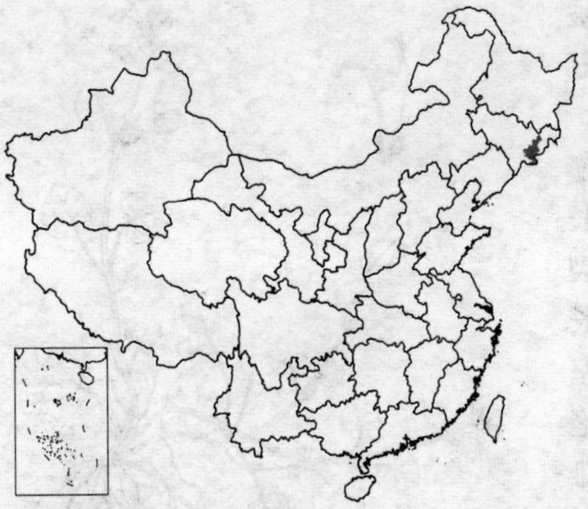

部圆或浅心形，具3－7对圆齿，上面无毛或疏被白色柔毛，下面带淡紫色，沿脉疏被柔毛，密被腺点；叶柄长1.5-4毫米，沟缘疏被白色柔毛。花1－2腋生偏向一侧；小苞片线形，成对生于花梗下部；花梗长约4毫米，疏被短柔毛；花萼长3(－4)毫米，无毛或稍被微柔毛，萼缘被白色柔毛，盾片高约1毫米；花冠蓝色，长约3.2厘米，被微柔毛，内面在上唇与下唇侧裂片接合处疏被白色长柔毛；冠筒基部浅囊状，喉部径达8毫米，下唇中裂片近圆形，宽达1厘米，先端微缺，侧裂片卵形，先端微缺。小坚果淡褐色，椭圆状球形，长约1毫米，被瘤点。花期7-8月，果期8-9月。

产吉林长白山地区，生于海拔850-1000米山地泉边碎石滩、草丛及沼地。俄罗斯远东地区及朝鲜北部有分布。

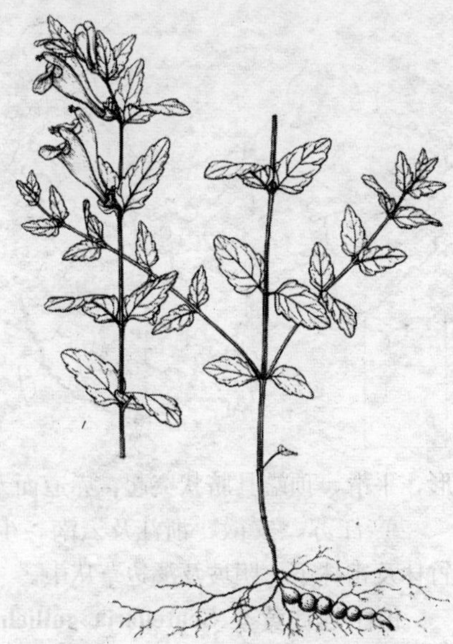

图 681 念珠根茎黄芩（张泰利绘）

30. 深裂叶黄芩 图 682

Scutellaria przewalskii Juz. in Not. Syst. Herb. Inst. Komar. Bot. Akad. Sci. SSSR 14: 400. 1951.

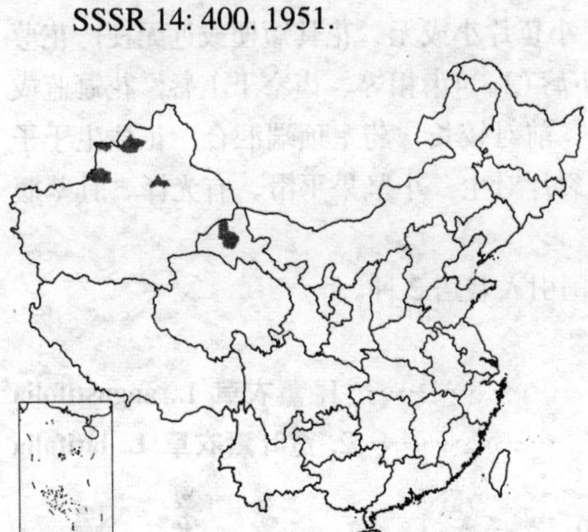

亚灌木，高达22厘米。茎常紫色，径约1.5毫米，疏被细绒毛。叶卵形或椭圆形，长(0.6-)1.2-2.2厘米，先端钝，基部近平截，羽状深裂，具4－7对指状裂片，上面疏被绒毛，下面密被灰色绒毛，上面侧脉凹下；叶柄长0.5-1(-1.4)厘米，扁平，具窄翅，被绒毛。总状花序长2.5-5厘米，苞片宽卵形，被长柔毛及腺毛。花梗长约5毫米，被长柔毛；花萼长约2毫米，被长柔毛及腺毛，盾片高1.5毫米；花冠黄色或冠檐带紫色，长2.5-3.3厘米，被柔毛及腺毛，冠筒基部稍囊状，喉部径达7毫米，下唇中裂片宽卵形，先端微缺，侧裂片卵形。小坚果三棱状卵球形，长1.5毫米，密被灰绒毛，腹面近基部具脐状突起。花期6-8月，果期7-9月。

产甘肃及新疆，生于海拔900-2300米草地、干旱砂砾旷地、河岸阶地及干沟。哈萨克斯坦有分布。

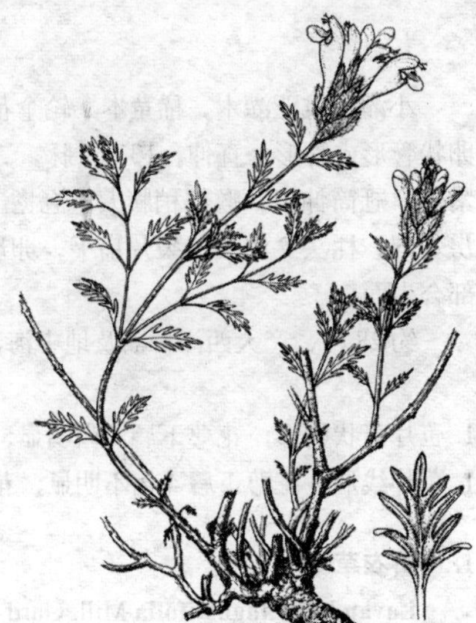

图 682 深裂叶黄芩（张泰利绘）

31. 假活血草 图 683

Scutellaria tuberifera C. Y. Wu et C. Chen, Fl. Yunnan. 1: 566. 1977.

一年生草本，高达30厘米。茎密被平展柔毛。根茎具长匍匐茎及球形或卵球形块茎。叶圆卵形、披针状卵形或肾形，长1-1.8(-2.4)厘米，茎下部叶长0.5-1厘米，先端钝或圆，基部近平截或深心形，具4-7对圆齿，两面疏被平伏柔毛，下面苍白色，掌状脉；叶柄长0.4-1.5厘米，扁平，密被平展柔毛。花单生叶腋。花梗长2-3毫米，被平展柔毛，基部具一对

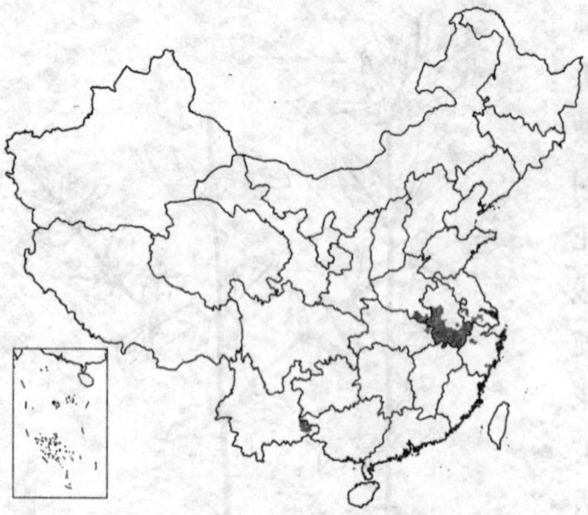

小苞片；花萼长约3毫米，被柔毛，盾片高0.75毫米；花冠淡紫或蓝紫色，长约6毫米，疏被短柔毛，冠筒基部稍膨大，喉部径达3毫米，上唇长圆形，长约1.5毫米，下唇中裂片梯形，长4毫米，侧裂片长圆卵形，与上唇片贴生。小坚果黄褐色，卵球形，径约2毫米，背面被瘤点，腹面圆锥形，平滑，顶端具脐状突起，赤道面无翅环绕。花期3-4月，果期4月。

产江苏、安徽、浙江及云南，生于海拔100-200米（云南达1550米）竹林及密林下、阴坡及溪边草丛中。

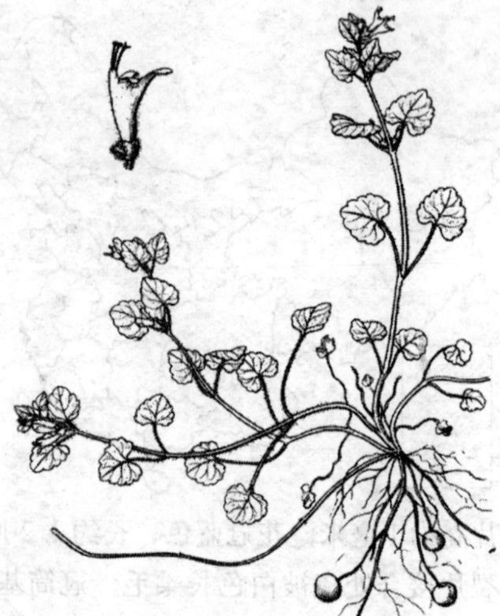

图 683 假活血草（张泰利绘）

[附] **连钱黄芩 Scutellaria guilielmii** A. Gray in Am. Ass. Advancem. Sci. 21: 25. 1873. 本种与假活血草的区别：根茎无匍匐茎及球状块茎，茎无毛或上部疏被柔毛；小坚果背面密被瘤点，腹面近中央具圆柱状突起，四周密被刺状突起，赤道面具膜质翅环绕。花期4-5月，果期5-7月。产浙江、湖南及陕西，生于海拔150-1700米山坡、林下或石灰岩石缝中。日本有分布。

12. 薰衣草属 Lavandula Linn.

小灌木或亚灌木，稀草本。轮伞花序具2-10花，组成顶生穗状花序；小苞片小或无。花具短梗或近无梗；花萼卵状管形或管形，直伸，13-15脉，二唇形，上唇全缘，延伸成附属物，下唇(2-)4齿相等，齿窄于上唇；花冠蓝或紫色，冠筒伸出，喉部稍膨大，冠檐上唇2裂，下唇3裂；雄蕊4，内藏，前对较长，药室顶端汇合；花柱生于子房基部，柱头2浅裂，裂片扁平，卵形，常合生；花盘4裂，裂片与子房裂片对生。小坚果平滑，有光泽，具基腹部合生面。

约28种，产大西洋群岛及地中海至非洲索马里、巴基斯坦及印度。我国引入栽培2种。

1. 苞片菱状卵形；花萼下唇4齿明显；花冠上唇裂片直伸，稍重叠 ………………………… 1. **薰衣草 L. angustifolia**
1. 苞片线形；花萼下唇4齿不明显；花冠上唇裂片近直角叉开 ………………………… 2. **宽叶薰衣草 L. latifolia**

1. 薰衣草 　　图 684:1-9

Lavandula angustifolia Mill. Gard. Dict. ed. 8. 1768.

小灌木，被星状绒毛。茎皮条状剥落。花枝叶疏生，叶枝叶簇生，线形或披针状线形，花枝之叶长3-5厘米，宽3-5毫米，叶枝之叶长1.7厘米，宽2毫米，密被灰白色星状绒毛，先端钝，基部渐窄成短柄，全缘外卷。轮伞花序具6-10花，多数组成长约3(-5)厘米穗状花序，花序梗长9(-15)厘米；苞片菱状卵形。花萼长4-5毫米，13脉，密被灰色星状绒毛；上唇全缘，下唇4齿相等；花冠蓝色，长0.8-1厘米，密被灰色星状绒毛，基部近无毛，喉部及冠檐被腺毛，内面具微柔毛环，上唇直伸，2裂片圆形，稍重叠，下唇开展。小坚果4。花期6-7月。

原产欧洲南部及地中海地区。我国各地栽培。为观赏及芳香油植物。

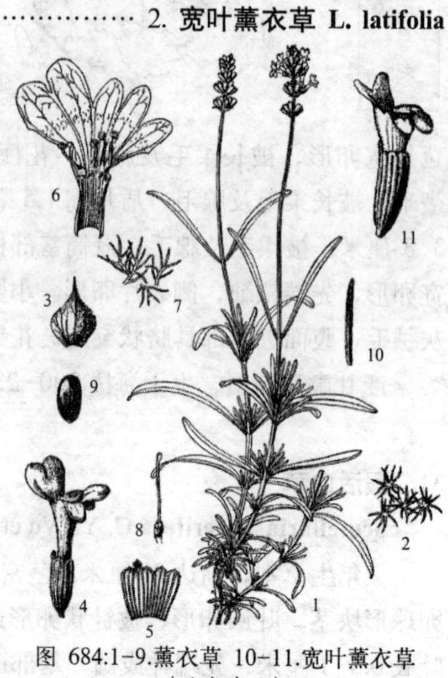

图 684:1-9.薰衣草 10-11.宽叶薰衣草（曾孝濂绘）

2. 宽叶薰衣草 　　图 684:10-11

Lavandula latifolia Vill. Hist. Pl. Dauphine 2: 363. 1787.

亚灌木。枝密被星状绒毛。 叶簇生枝基部，在上部疏生，窄披针形或线形，长2-4厘米，宽2-5毫米，先端钝或尖，基部渐窄成柄，全缘外卷，两面密被星状绒毛。轮伞花序具4-6花，疏散，由7-8轮组成长15-25厘米顶生穗状花序，花序梗长17-30厘米；苞片线形，与花冠近等长，小苞片线形，较萼短。花萼管形，长5-6毫米，密被星状绒毛，13脉，5齿，下唇4齿不明显；花冠长1-1.1厘米，密被绒毛，上唇2裂片成直角叉开，卵形，下唇3裂片近圆形。花期6-7月。

原产欧洲南部及地中海地区。我国栽培。为观赏及芳香油植物。

13. 欧夏至草属 **Marrubium** Linn.

多年生稀一年生草本，稍被柔毛或绵毛。叶圆形或卵形，具齿。轮伞花序腋生，多花；苞片钻形，稀无。花小，花萼管形，5-10脉，萼齿5-10，针刺状，直伸或开展反折；花冠白或紫色，稀黄色，二唇形，冠筒内藏，内面具毛环，上唇直伸，近扁平，先端微缺或2裂，下唇开展，3裂，中裂片微缺；雄蕊4，内藏，前对较长，药室2，稍叉开；花柱内藏，柱头2浅裂。小坚果卵球状三棱形，顶端圆。

约40种，主产欧亚大陆温带及非洲北部，地中海地区为多。我国1种。

欧夏至草 图 685

Marrubium vulgare Linn. Sp. Pl. 2: 583. 1753.

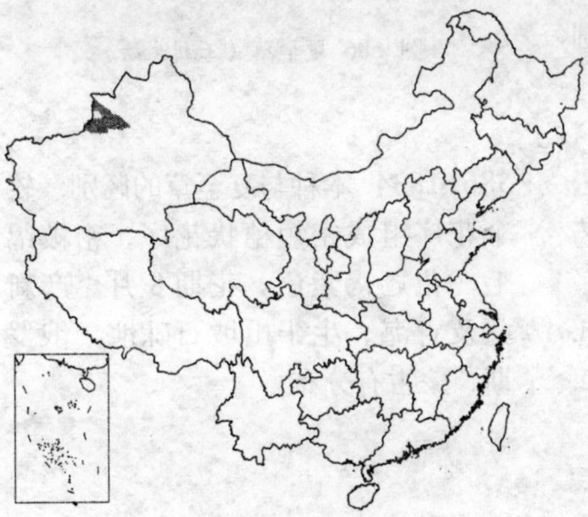

多年生草本，高达40厘米。茎密被平伏绵长柔毛，基部木质。叶卵形或圆形，长2-3.5厘米，先端钝或近圆，基部宽楔形或圆，具粗牙齿，上面具皱纹，疏被柔毛，下面密被糙伏状长柔毛；叶柄长0.7-1.5厘米。轮伞花序腋生，多花，密集成球状，径1.5-2.3厘米；苞片钻形，与萼筒近等长，反折。花萼10脉，萼齿10，5齿较长，先端钩曲；花冠白色，长约9毫米，冠筒长约6毫米，密被短柔毛，内面具毛环，上唇2裂，下唇中裂片肾形，先端波状2浅裂。小坚果被瘤点。花期6-8月，果期7-9月。

产新疆西部（伊犁地区），生于沟边、干燥灰壤土。阿富汗、印度、哈萨克斯坦、巴基斯坦、俄罗斯、塔吉克斯坦、乌兹别克斯坦、西南亚及欧洲有分布。全草入药，可治呼吸系统疾病及作金鸡纳霜树皮代用品；也是蜜源植物。

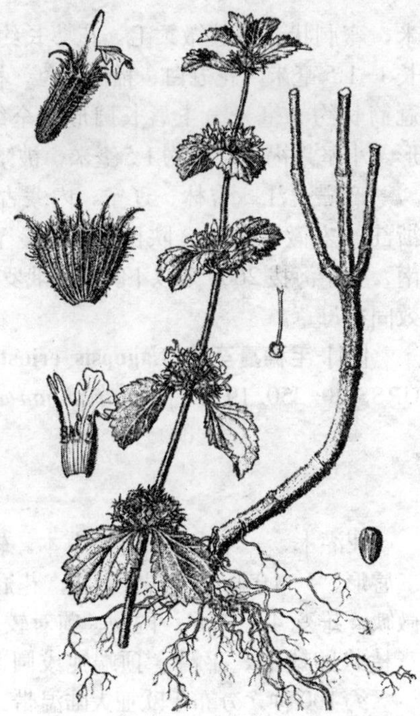

图 685 欧夏至草（曾孝濂绘）

14. 夏至草属 **Lagopsis** (Bunge ex Benth.) Bunge

多年生草本。叶圆形或心形，掌状浅裂或深裂。轮伞花序腋生；小苞片针刺状。花小；花萼管形或管状钟形，5-10脉；萼齿5，2齿稍长；花冠白、黄或褐紫色，二唇形；冠筒内无毛环，上唇直伸，全缘或微缺，下唇3裂，伸展，中裂片心形；雄蕊4，内藏，前对较长，花丝短，药室2，稍叉开；花柱内藏，柱头2浅裂。小坚果卵球状三棱形，平滑、被鳞片或被细网纹。

4种，分布于亚洲北部。我国3种。

1. 轮伞花序组成疏长穗状花序，被微柔毛；花冠白，稀粉红色 ………………………… **夏至草 L. supina**

1. 轮伞花序组成密短穗状花序，密被绵毛；花冠褐紫色 ………………………… (附). **毛穗夏至草 L. eriostachys**

夏至草 图 686 彩片160

Lagopsis supina (Steph. ex Willd.) Ikonn.-Gal. ex Knorr. Fl. URSS 20: 250. 1954.

Leonurus supinus Steph. ex Willd. Sp. Pl. 3: 116. 1800.

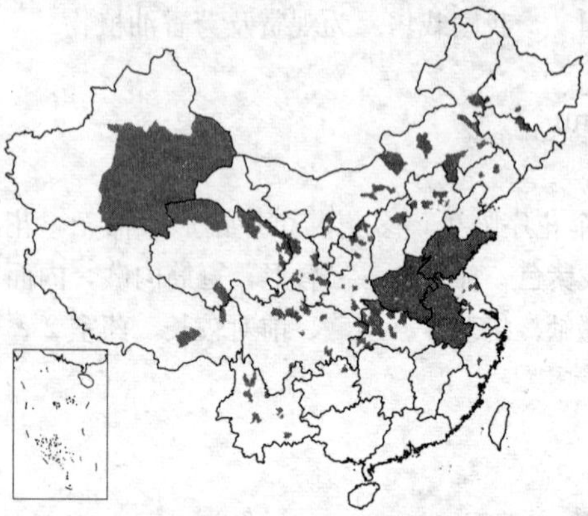

多年生草本，高达35厘米。茎带淡紫色，密被微柔毛。叶圆形，长宽1.5-2厘米，先端圆，基部心形，3浅裂或深裂，裂片具圆齿或长圆状牙齿，基生裂片较大，上面疏被微柔毛，下面被腺点，沿脉被长柔毛，具缘毛；基生叶柄长2-3厘米，茎上部叶柄长约1厘米。轮伞花序疏花，径约1厘米，小苞片长约4毫米，弯刺状，密被微柔毛。花萼长约4毫米，密被微柔毛，萼齿三角形，长1-1.5毫米；花冠白，稀粉红色，稍伸出，长约7毫米，被绵状长柔毛，冠筒长约5毫米，上唇长圆形，全缘，下唇中裂片扁圆形，侧裂片椭圆形。小坚果褐色，长约1.5毫米，被鳞片。花期3-4月，果期5-6月。

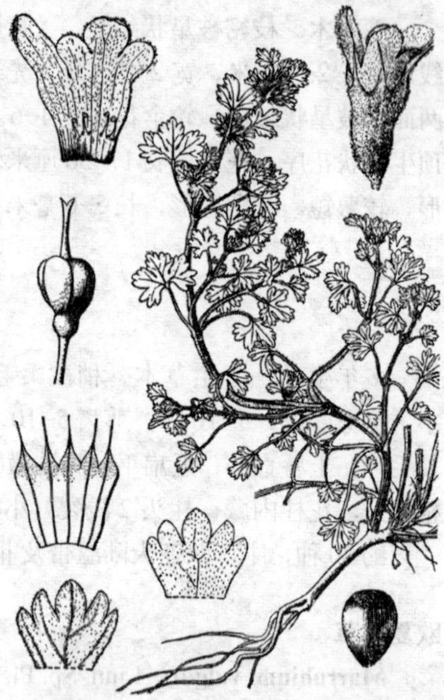

图 686 夏至草（王利生绘）

产黑龙江、吉林、辽宁、内蒙古、河北、河南、山西、山东、江苏、浙江、安徽、湖北、陕西、甘肃、青海、新疆、西藏、四川、贵州及云南，生于海拔2600米以下旷地。俄罗斯、蒙古及日本有分布。全草入药，药效同益母草。

[附] **毛穗夏至草 Lagopsis eriostachys** (Benth.) Ikonn.-Gal. ex Knorr. Fl. URSS 20: 250. 1954.——*Marrubium eriostachyum* Benth. Labiat. Gen. Spec. 586. 1834. 本种与夏至草的区别：轮伞花序组成密短穗状花序，密被绵毛；花冠褐紫色。花期8月。产新疆及青海，生于山坡石砾地。俄罗斯、蒙古有分布。

15. 毒马草属 Sideritis Linn.

亚灌木、一年生或多年生草本。轮伞花序组成顶生穗状花序，具苞片。花小；花萼管状钟形，5齿近相等，或稍二唇形，5-10脉，齿端针刺状；花冠黄色，二唇形，冠筒内藏，上唇近扁平，全缘或2裂，下唇3裂，中裂片先端微缺；雄蕊4，二强，内藏，前对较长，后对较短，花药2室，药室极叉开；花柱内藏，柱头不等2浅裂。小坚果三棱状卵球形，平滑，顶端钝或圆。

约100种，分布于欧亚大陆温带。我国2种。

毒马草 图 687

Sideritis montana Linn. Sp. Pl. 2: 575. 1753.

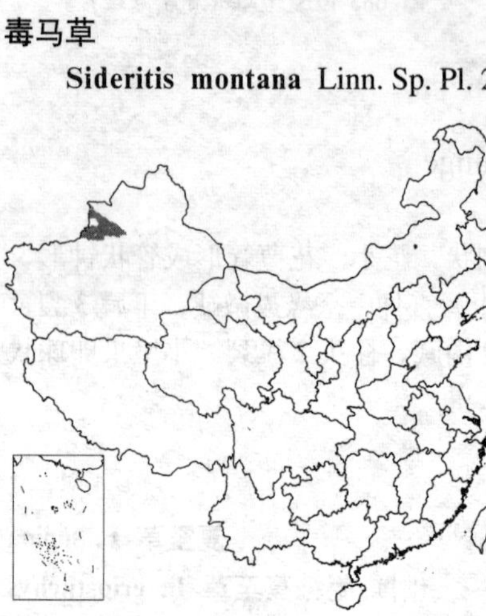

一年生草本，高约20厘米。茎被平展微硬毛。叶披针形或椭圆形，长1-2厘米，先端尖，基部楔形，全缘或疏生锯齿，两面疏被柔毛；叶柄短或近无。轮伞花序具6至多花；苞片长于花。花萼长0.8-1厘米，萼筒圆筒形，被长柔毛，10脉，萼齿长圆状披针形，长3-4毫米，先端针刺状，具缘毛，果萼壶状钟形，脉纹明显；花冠黄

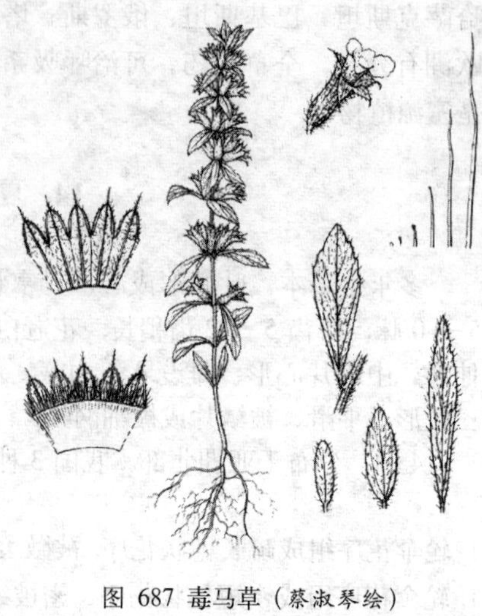

图 687 毒马草（蔡淑琴绘）

色，上唇扁圆形，长约1.5毫米，2裂，下唇长约1毫米。小坚果灰褐色，长约1.5毫米。花、果期6-8月。

产新疆，生于山地河谷及灌丛中。俄罗斯、土库曼斯坦、西南亚及欧洲有分布。为有毒杂草。

16. 藿香属 Agastache Clayt. ex Gronov.

多年生草本。叶具齿及柄。轮伞花序具多花，组成顶生穗状花序。花萼管状倒锥形，15脉，内无毛环，喉部偏斜；花冠筒直，向上渐宽至喉部，较花萼稍长或等长，内面无毛环，二唇形，上唇2裂，下唇3裂，中裂片伸展，基部无爪，边缘波状，侧裂片直伸；雄蕊4，能育，较花冠长，后对较长，前倾，前对直立，花药卵球形，药室2，初几平行，后稍叉开；柱头2裂。小坚果平滑，顶部被毛。

9种，8种产北美，1种产东亚及我国。

藿香 图 688

Agastache rugosa (Fisch. et C. A. Mey.) Kuntze, Rev. Gen. Pl. 2: 511. 1891.

Lophanthus rugos us Fisch. et C. A. Mey. in Ind. Sem. Hort. Petrop. 1: 31. 1835.

多年生草本，高达1.5米，径7-8毫米。茎上部被细柔毛，分枝，下部无毛。叶心状卵形或长圆状披针形，长4.5-11厘米，先端尾尖，基部心形，稀平截，具粗齿，上面近无毛，下面被微柔毛及腺点；叶柄长1.5-3.5厘米。穗状花序密集，长2.5-12厘米；苞叶披针状线形，长不及5毫米。花萼稍带淡紫或紫红色，管状倒锥形，长约6毫米，被腺微柔毛及黄色腺点，喉部微斜，萼齿三角状披针形；花冠淡紫蓝色，被微柔毛，冠筒基径约1.2毫米，喉部径约3毫米，上唇先端微缺，下唇中裂片长约2毫米，边缘波状，侧裂片半圆形。小坚果褐色，卵球状长圆形，长1.8毫米，腹面具棱，顶端被微硬毛。花期6-9月，果期9-11月。

我国各地常见栽培。俄罗斯、朝鲜、日本及北美洲有分布。全草可止呕吐，治霍乱腹痛；茎、叶及果富含芳香油。

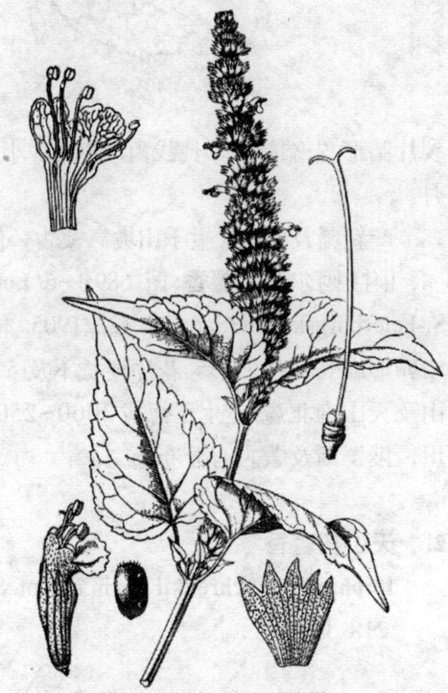

图 688 藿香（王利生绘）

17. 扭藿香属 Lophanthus Adans.

多年生草本。叶具齿或齿裂；具短柄或无柄。聚伞花序腋生；苞片线状披针形或线形，稀披针形。花萼管状或管状钟形，直伸或稍弯，萼齿5，近相等，(12-)15脉，内面具毛环；花冠直伸或内弯，冠筒伸出，向上膨大倒扭，冠檐二唇形，倒扭90-180(，上唇（真下唇）3裂，中裂片较大，下唇（真上唇）2裂；雄蕊4，药室平行；花柱伸出，稀内藏，柱头2裂。小坚果褐色，长圆状卵球形，稍扁，平滑。

约18种，分布于西南亚、中亚、蒙古及俄罗斯。我国4种。

1. 萼齿近相等，卵形、窄卵形或长圆状卵形。
   2. 花萼管状钟形，萼齿卵形；花序梗长达1厘米 ………… 1. **扭藿香 L. chinensis**
   2. 花萼管形，萼齿窄卵形或长圆状卵形；花序梗梗长不及5毫米 ………… 1(附). **阿尔泰扭藿香 L. krylovii**
1. 花萼二唇形，上唇较长，萼齿披针形或卵状披针形；花序梗长达1.5厘米 ………… 2. **天山扭霍香 L. schrenkii**

1. 扭藿香 图 689:10

Lophanthus chinensis Benth. in Bot. Reg. 15: t. 1282. 1829.

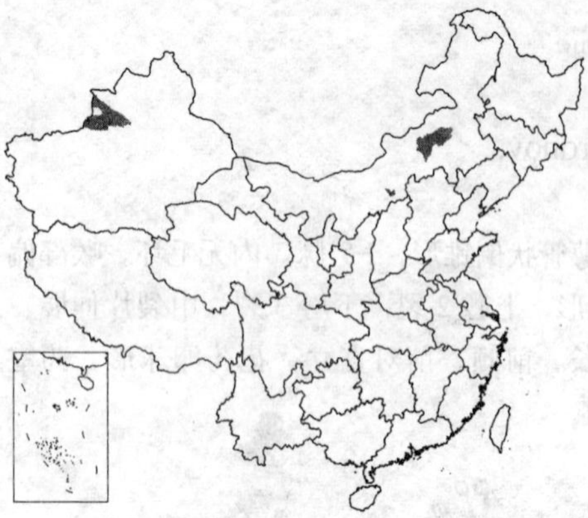

多年生草本。茎分枝，被短柔毛及腺点。叶卵形，长1.5–3厘米，先端钝或圆，基部圆或心形，具圆齿，两面稍被短柔毛及腺点。聚伞花序具3–6花或更多，花序梗长1厘米或无梗；苞片线状披针形。花萼管状钟形，长7–9毫米，具15脉，被短柔毛及腺点，内面具柔毛环，萼齿5，近等大，卵形；花冠长1.7–2厘米，被短柔毛，上唇中裂片圆形，先端微缺，具浅齿，侧裂片小，下唇2裂片椭圆状长圆形。花期10月。

产新疆及内蒙，生于山坡。蒙古、俄罗斯有分布。

[附] **阿尔泰扭藿香** 图 689:1–6 **Lophanthus krylovii** Lipsky in Trudy Imp. S.-Peterburgsk. Bot. Sada 24: 122. 1905. 本种与扭藿香的区别：花萼管形，萼齿窄卵形或长圆状卵形；花序梗长不及5毫米。花期6–8月。产新疆(阿尔泰山及天山南北麓)，生于海拔2000–2500米山谷阴处泉边或岩脚。哈萨克斯坦、俄罗斯及蒙古有分布。

图 689:1–6. 阿尔泰扭藿香 7–9.天山扭藿香 10.扭藿香（曾孝濂绘）

2. 天山扭藿香 图 689:7–9

Lophanthus schrenkii Levin in Not. Syst. Herb. Inst. Bot. Akad. Sci. SSSR 7: 218. 1937.

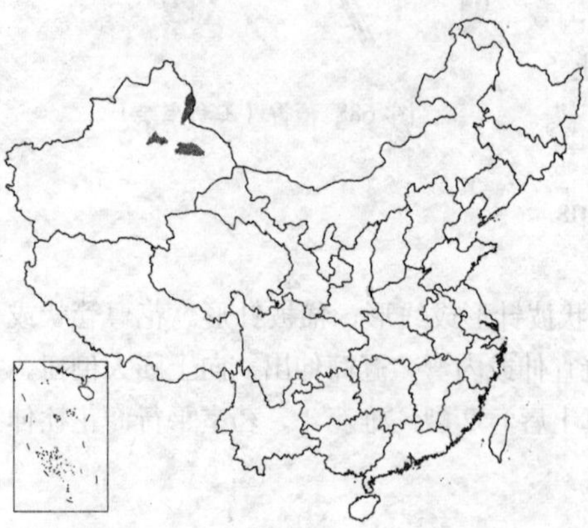

多年生草本。茎分枝，被柔毛。叶卵形或窄卵形，长1.5–3厘米，先端钝尖，基部浅心形、平截或圆，具圆齿，两面被柔毛，下面疏被腺点；茎上部叶近无柄，中部叶柄长约1厘米。聚伞花序具3至多花，花序梗长0.8–1.5厘米。花萼管状钟形，长1–1.2厘米，具15脉，被长柔毛，内面具毛环，上唇较长，齿披针形或卵状披针形；花冠蓝色，长1.7–2.1厘米，稍被短柔毛，上唇中裂片先端微缺，具浅齿，侧裂片近圆形，下唇2裂片宽椭圆状长圆形。花期8月。

产新疆，生于石砾山坡。哈萨克斯坦及俄罗斯有分布。

18. 荆芥属 Nepeta Linn.

多年生或一年生草本，稀亚灌木，常芳香。花两性，偶有雌花两性花同株或异株。轮伞花序组成穗状花序，或成对聚伞花序组成总状或圆锥状花序；苞片窄。花萼11–15(–17)脉，管形或钟形，萼齿5，钻形、窄披针形或长圆状三角形，先端渐尖或芒尖；花冠二唇形，冠筒下部窄，上唇近扁平或内凹，2裂或微缺，下唇3裂，中裂片内凹或近扁平，波状或具齿，侧裂片卵形或半圆形；雄蕊4，近平行，无毛，上升至花冠上唇片之下，后对较长，均能育；雌花雄蕊退化，内藏，药室2，椭圆形，叉开近180°，顶端不汇合；花柱伸出，柱头2裂。小坚果腹面稍具棱，平滑或被瘤点。

约250种，分布于温带亚洲、北非及欧洲，主产地中海地区、西南亚及中亚。我国42种。

1. 前对雄蕊稍前伸，不弧曲上升至花冠上唇片。
 2. 叶指状三裂；轮伞花序疏散 …………………………………………………………………… 12. **裂叶荆芥 N. tenuifolia**
 2. 叶一回至二回羽状深裂；上部轮伞花序连接。
  3. 叶羽状深裂，有时浅裂或近全缘；轮伞花序连接，稀间断；萼齿无芒尖 ……………………………………………………………………………………… 13. **多裂叶荆芥 N. multifida**
  3. 叶二回羽状深裂；下部轮伞花序间断；萼齿具短芒尖 ………………………………… 14. **小裂叶荆芥 N. annua**
1. 前后对雄蕊弧曲上达花冠上唇片。
 4. 苞片长1.7–1.9厘米，线形，淡紫色 ……………………………………………………… 1. **长苞荆芥 N. longibracteata**
 4. 苞叶或苞片小而窄。
  5. 花冠下唇中裂片凹下，具内弯粗牙齿，基部被柔毛 ……………………………………… 10. **荆芥 N. cataria**
  5. 花冠下唇中裂片基部隆起，顶部微缺；若花冠下唇片微凹，基部不隆起，则边缘微波状，无毛。
   6. 顶生密集穗状花序，下部具1–3(–5)疏散轮伞花序。
    7. 茎生叶披针形或长圆状卵形 ………………………………………………………… 3. **密花荆芥 N. densiflora**
    7. 茎生叶卵形、菱状卵形或三角状心形。
     8. 叶卵形或三角状卵形，长2.1–6厘米；穗状花序圆筒形，基部具1–2轮伞花序疏散 ……………………………………………………………………………… 2. **穗花荆芥 N. laevigata**
     8. 叶宽卵形或卵状心形，长1.2–2.2厘米；穗状花序卵球形或圆筒形，连接或基部疏离 ……………………………………………………………………………… 2(附). **异色荆芥 N. discolor**
   6. 花组成疏散或紧密，简单或复合聚伞花序。
    9. 萼喉部近整齐或微斜，不为二唇形。
     10. 叶具柄，膜质或纸质。
      11. 花长达2厘米；叶三角状心形，基部平截或心形，具圆齿 ……………………………………………………………………………… 11. **浙荆芥 N. everardi**
      11. 花长约8毫米；叶三角状卵形，基部心形，具粗齿或牙齿 ……………………………………………………………………………… 11(附). **心叶荆芥 N. fordii**
     10. 叶无柄，革质 ……………………………………………………………………… 11(附). **无柄荆芥 N. sessilis**
    9. 萼喉部偏斜，二唇形。
     12. 聚伞花序密集组成卵球状穗状花序，长达8.5(–12)厘米 ……………………………………………………………………………… 4. **蓝花荆芥 N. coerulescens**
     12. 聚伞花序疏散，常组成长花序。
      13. 叶近无柄或具短柄。
       14. 叶密生牙齿状锯齿 ……………………………………………………………… 8. **康藏荆芥 N. prattii**
       14. 叶具圆齿。
        15. 叶长圆状卵形或椭圆状卵形，宽1.9–3厘米，下面疏被短柔毛 ……………………………………………………………………… 9. **圆齿荆芥 N. wilsonii**
        15. 叶卵状长圆形或披针状长圆形，宽1.1–1.7(2.2)厘米，两面密被短柔毛 ……………………………………………………………………… 9(附). **川西荆芥 N. veitchii**
      13. 叶柄长1.5厘米以上，稀长3–7毫米。
       16. 雌花两性花同株；雌花花冠长1.3–1.5厘米，纤细 ……………………………………………………………………… 7. **细花荆芥 N. tenuiflora**

16. 花为两性花，花冠长1.5厘米以上。
　17. 叶上面被短柔毛，下面密被灰白短柔毛及黄色腺点 ……………………………………………………… 6(附). 狭叶荆芥 **N. souliei**
　17. 叶下面沿脉网被短柔毛或两面被微柔毛。
　　18. 叶长6-10厘米，中部叶柄长0.5-2厘米 ……………………………………… 6. 多花荆芥 **N. stewartiana**
　　18. 叶长3.4-9厘米，中部叶柄长3-7毫米 ………………………………………… 5. 大花荆芥 **N. sibirica**

1.　长苞荆芥　　图 690

Nepeta longibracteata Benth. Labiat. Gen. Spec. 737. 1835.

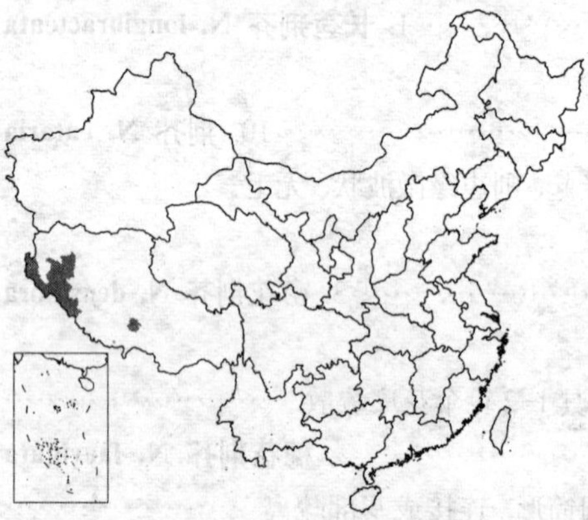

多年生草本，高达12厘米，径1-1.5毫米。茎细长，铺散，下部节间长，疏被短毛及白色腺点，上部被细长白毛。叶倒卵状楔形、卵状菱形、卵形或线状披针形，基部叶鳞片状，长0.8-1.5厘米，先端钝，基部楔形或平截楔形，具粗圆齿，上部叶有时3浅裂，两面被淡灰色绒毛；叶具长柄，基部叶无柄。花序球形，长1.5-3(-3.5)厘米；苞片淡紫色，线形，长1.7-1.9厘米，被小腺毛，边缘密被纤毛。花梗长1-1.5毫米；花萼窄倒锥形，长7-8毫米，喉部偏斜，萼齿窄披针状三角形，齿缘及萼筒密被细长毛及褐色腺点，前齿较萼筒稍长；花冠蓝紫色，长1.5-1.8厘米，微被短柔毛，冠筒细弯，长0.9-1.1厘米，上唇内凹，下唇中部白色，被蓝色斑点，中裂片基部具短爪，疏生圆齿，先端凹缺，侧裂片倒卵形。花期7-8月。

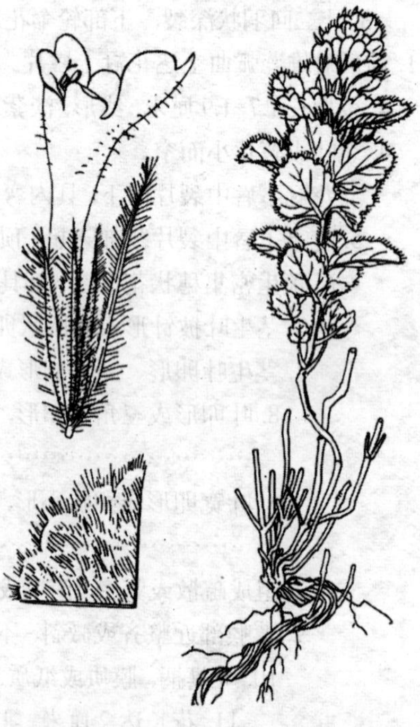

图 690 长苞荆芥（曾孝廉绘）

产西藏西部，生于海拔4900-5500米高山碎石堆。塔吉克斯坦及印度有分布。

2.　穗花荆芥　　图 691

Nepeta laevigata (D. Don) Hand.-Mazz. Symb. Sin. 7: 916. 1936.

Betonica laevigata D. Don Prodr. Fl. Nepal. 110. 1825.

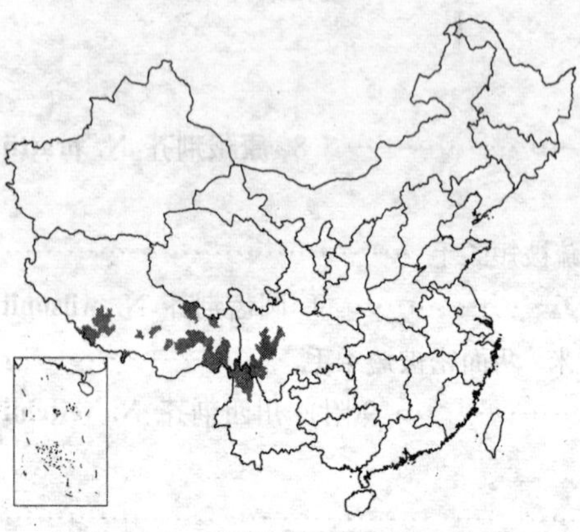

茎高达80厘米，被白色短柔毛。叶卵形或三角状卵形，长2.1-6厘米，先端尖，稀钝，基部心形或近平截，具圆齿状锯齿，上面疏被白色短柔毛，下面密被白色短柔毛；叶柄长0.2-1.2厘米，被白色长柔毛。穗状花序圆筒形，苞片上部淡紫色，线形，被白色长柔毛；花萼管状，长约6-8毫米，萼齿芒状披针形，齿缘密被白色长缘毛；花冠蓝紫色，长1.5-2厘米，喉部径达5毫米，上唇裂片圆卵形，长约3毫米。小坚果灰绿色，卵球形，长约

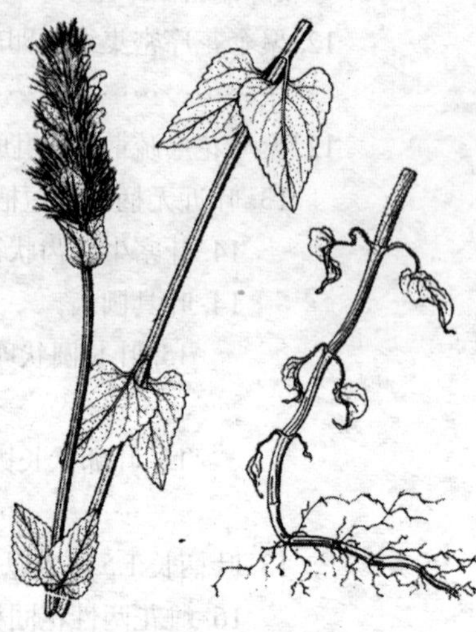

图 691 穗花荆芥（冀朝祯绘）

1.5毫米，平滑。花期7-8月，果期9-11月。

产西藏东部、云南北部及四川西部，生于海拔2300-4100米针叶林或混交林林缘及林中、草地或灌丛中。阿富汗、印度及尼泊尔有分布。

[附] **异色荆芥 Nepeta discolor** Royle ex Benth. in Hook. Bot. Misc. 3: 378. 1833. 本种与穗花荆芥的区别：叶宽卵形或卵状心形，长1.2(-2.2)厘米；穗状花序卵球形或圆筒形，连接或在基部间断，长3-5.5厘米。花期7-8月。

3. 密花荆芥 图 692

Nepeta densiflora Kar. et Kir. in Bull. Soc. Nat. Moscou 14: 725. 1841.

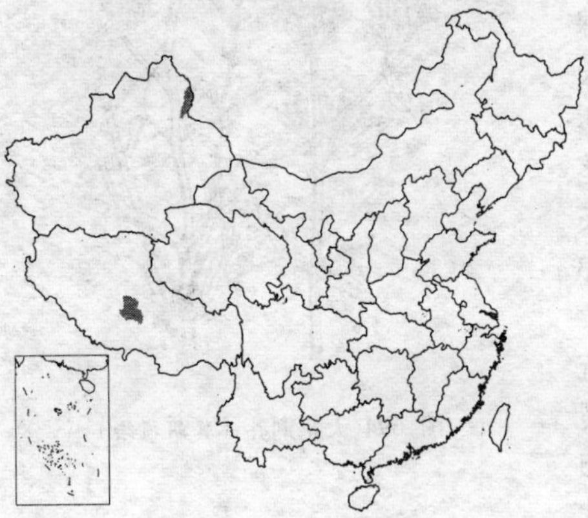

多年生草本，高达40厘米，径1.5-2.5毫米。茎下部疏被弯曲长柔毛及腺毛，节间长达6厘米。根茎具暗褐色鳞叶。叶披针形或长圆状卵形，长1.5-3厘米，先端尖或钝，基部楔形或圆楔形，疏生1-4对锯齿，两面疏被短柔毛及黄色腺点；叶柄长达4毫米。穗状花序卵球形或圆柱形，长1.5-8厘米，下部常具疏散轮伞花序。花萼蓝紫色，长0.8-1厘米，被短柔毛，脉密被柔毛及腺毛，萼齿窄三角形，前2齿较短；花冠蓝色，长1.5-1.6厘米，被短柔毛，喉部径约5毫米，上唇长约3毫米，下唇中裂片长3-4毫米，顶端弯缺，侧裂片半圆状三角形。小坚果深褐色，宽卵球形，长约2毫米。花、果期8月。

产新疆及西藏，生于海拔1400-2500米石山草坡或疏林下。俄罗斯及蒙古有分布。

4. 蓝花荆芥 图 693

Nepeta coerulescens Maxim. in Bull. Acad. Si. Petersb. 27: 529. 1881.

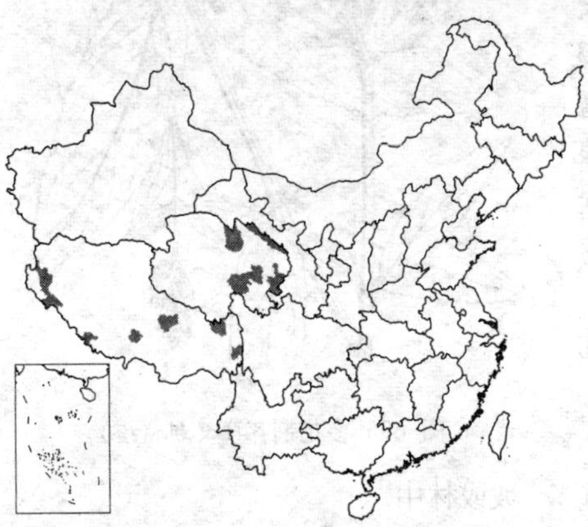

多年生草本，高达42厘米。茎被短柔毛。叶披针状长圆形，长2-5厘米，先端尖，基部平截或浅心形，具圆齿状锯齿，两面密被短柔毛，下面密被黄色腺点；下部叶柄长0.3-1厘米，上部叶柄长不及25毫米。轮伞穗状花序卵球形，长3-5厘米，花时长8.5-12厘米，花序梗长不及2毫米；苞片淡蓝色，线形或线状披针形，具缘毛。花萼长6-7毫米，被微硬毛及黄色腺点，上唇3齿宽三角状披针形，下唇2齿线状披针形；花冠蓝色，长1-1.2厘米，被微柔毛，冠筒长约6毫米，喉部径4.5毫米，长约3毫米，2圆裂，下唇长6.5毫米，中裂片倒心形，先端微缺，侧裂片半圆形，长1.5毫米，反折。小坚果褐色，卵球形，长约1.6毫米，无毛。花期7-8月，果期8-9月。

产西藏西部，生于海拔3600-4300米草坡、砾石山坡、林内或灌丛中。阿富汗、巴基斯坦、印度及尼泊尔有分布。

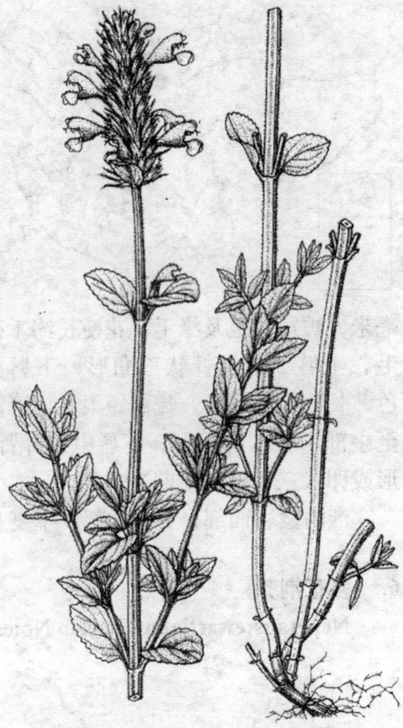

图 692 密花荆芥（冀朝祯绘）

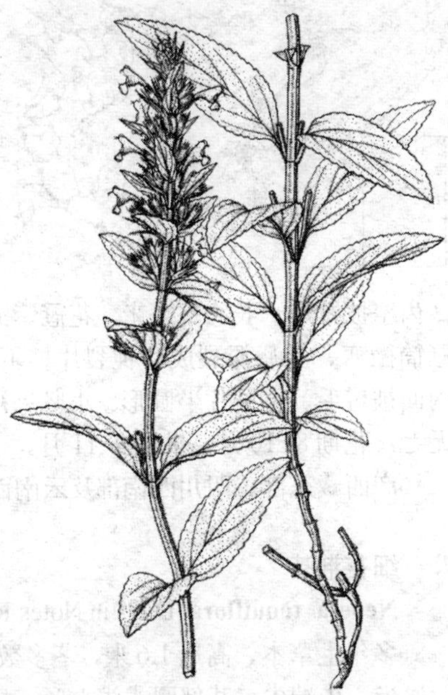

图 693 蓝花荆芥（冀朝祯绘）

产甘肃、青海西部及西藏，生于海拔3300-4800米山坡或石缝中。

5. 大花荆芥 图 694

Nepeta sibirica Linn. Sp. Pl. 2: 572. 1753.

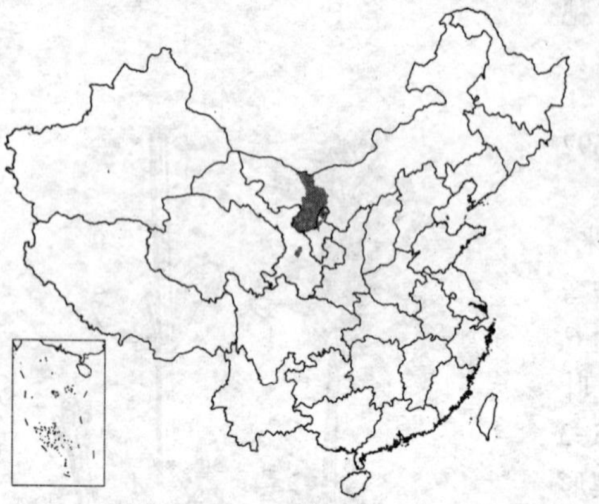

多年生草本，高约40厘米。茎多数，被微柔毛及腺点。叶三角状长圆形或三角状披针形，长3.4-9毫米，先端尖，基部浅心形，具细牙齿，上面疏被微柔毛，下面密被黄色腺点，沿脉网被短柔毛；叶柄长3-7毫米，茎下部叶柄长达1.5-1.7厘米。轮伞花序疏生茎上部，长达15厘米，花序梗长5-8毫米；苞片线形，长2.5-3毫米，被短柔毛及缘毛。花梗长约1毫米；花萼长0.9-1厘米，密被腺短柔毛，上唇3齿披针状三角形，下唇2齿窄长，裂至基部；花冠蓝或淡蓝色，长2-2.9厘米，疏被短柔毛，冠筒近直伸，喉部径约6毫米，上唇2裂至中部，裂片椭圆形，下唇中裂片肾形，先端深弯缺，具圆齿，侧裂片卵形或卵状三角形。花期8-9月。

图 694 大花荆芥（冀朝祯绘）

产内蒙古西部、甘肃中部、宁夏及青海，生于海拔1750-2650米山坡。蒙古及俄罗斯有分布。

6. 多花荆芥 图 695

Nepeta stewartiana Diels in Notes Roy. Bot. Gard. Edinb. 5: 237. 1912.

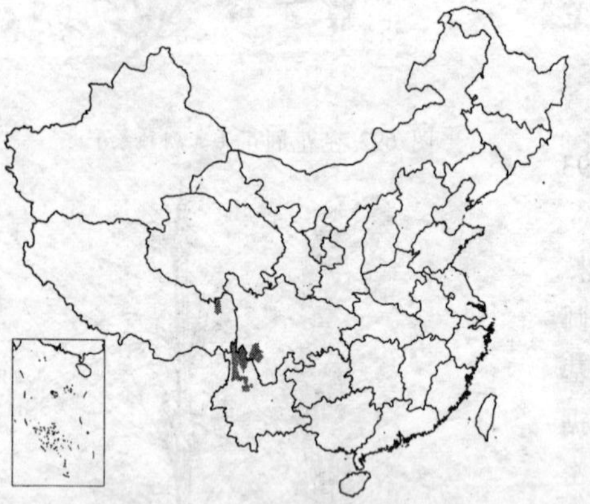

多年生草本，高达1.5米。茎被微柔毛，后无毛。叶长圆形或披针形，长6-10厘米，先端尖，基部圆或宽楔形，具细圆锯齿，上面被微柔毛，下面被短柔毛及黄色腺点；叶柄长0.5-2厘米，茎上部叶柄长2-3厘米。轮伞花序梗长约5毫米；苞片线状披针形，密被腺微柔毛，上唇3裂，齿披针状三角形，长1.5-1.8毫米，下唇2齿窄披针形，长约5毫米；花冠紫或蓝色，长2-2.5厘米，疏被短柔毛，冠筒微弯，上唇深裂成2钝裂片，下唇中裂片椭圆形，顶端具弯缺，基部内面被髯毛，侧裂片半圆形。小坚果褐色，长圆形，稍扁，长约2.6毫米，无毛。花期8-10月，果期9-11月。

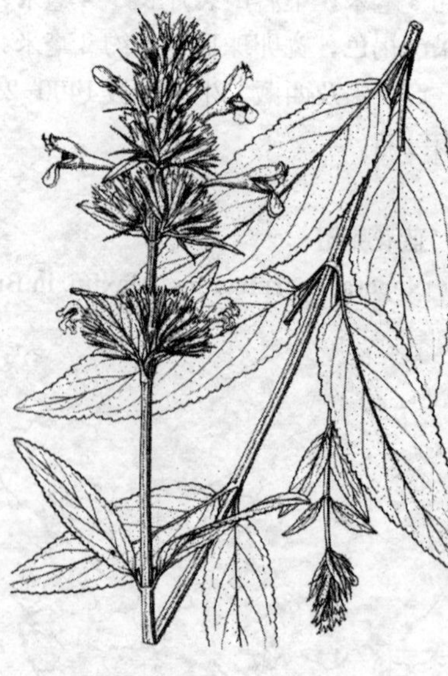

图 695 多花荆芥（冀朝祯绘）

产西藏东部、四川西南部及云南西北部，生于海拔2700-3300米山地草坡或林中。

7. 细花荆芥 图 696:1-2

Nepeta tenuiflora Diels in Notes Roy. Bot. Gard. Edinb. 5: 238. 1912.

多年生草本，高达1.6米。茎多数。叶宽披针形或长圆状披针形，长4-8厘米，先端尖，基部圆或浅心形，具不整齐细牙齿状锯齿，上面密被微柔毛，下面疏被细柔毛及黄白色腺点；叶柄长达2厘米。轮伞花序生于茎上部3-8节；苞片线形，密被黄色腺点及腺微柔毛。花萼长(0.6)0.8-1.1厘米，被腺微柔毛及黄色腺点，上唇3齿裂，齿宽披针形或披针状三角

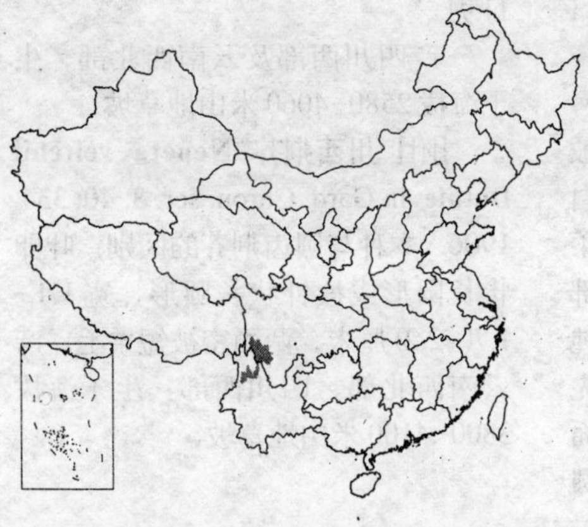

形，下唇 2 齿披针形；花冠紫蓝或淡蓝色，被微柔毛，雌花花冠长 1.3–1.5 厘米，两性花长达 2.1 厘米，纤细，喉部径达 5 毫米，上唇长约 4 毫米，深裂至中部，下唇中裂片倒卵形，长约 3 毫米，边缘波状，侧裂片近圆形，长约 1 毫米。小坚果淡灰褐色，长圆形，稍扁，长约 2 毫米，腹面具棱，被细柔毛。花期 8–9 月，果期 9–10 月。

产云南西北部及四川西南部，生于海拔 2800–3600 米山坡草地、灌丛中及林缘。

[附] 狭叶荆芥 **Nepeta souliei** Levl. in Fedde, Répert. Sp. Nov. 9: 221. 1911. 本种与细花荆芥的区别：花为两性花，花冠紫色，长 1.6–2.5 厘米；叶下面密被灰白色短柔毛及黄色腺点。花果期 7–10 月，产西藏东部及四川西部，生于海拔 2600–3400 米山地草坡或疏林中。

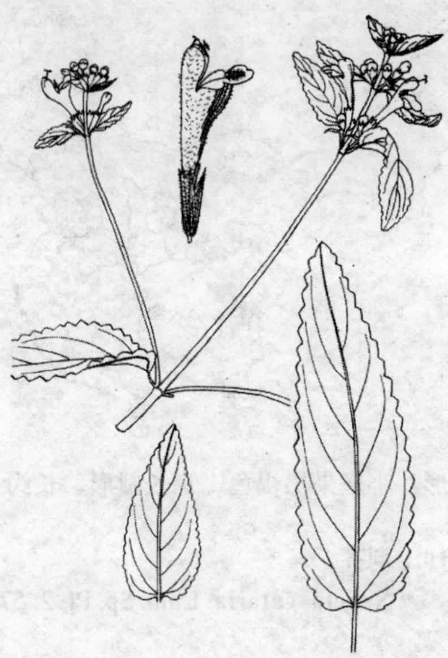

图 696:1–2.细花荆芥 3–4.圆齿荆芥
（曾孝濂绘）

8. 康藏荆芥 图 697

Nepeta prattii Lévl. in Fedde, Repert. Sp. Nov. 9: 245. 1911.

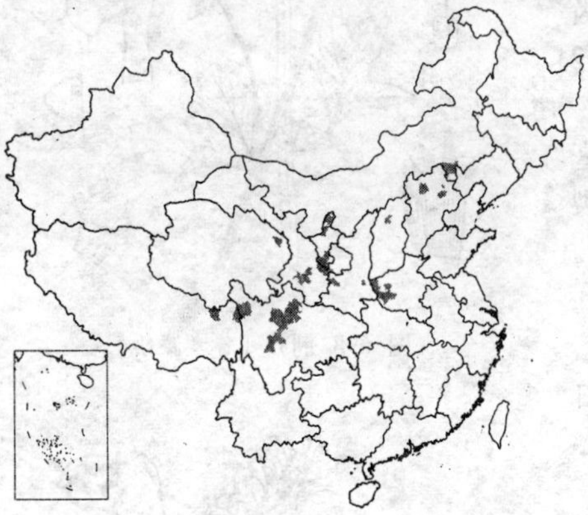

多年生草本，高达 90 厘米。茎被倒向短硬毛或无毛，疏被淡黄色腺点。叶卵状披针形或披针形，长 6–8.5 厘米，先端尖，基部浅心形，密生牙齿状锯齿，上面稍被短柔毛，下面被腺微柔毛及黄色腺点，沿脉疏被微硬毛；叶柄长 3–6 毫米，茎中部以上叶近无柄。轮伞花序密集成穗状；苞片长达 1.3 厘米，线形或线状披针形，被腺微柔毛及黄色腺点，具缘毛。花萼长 1.1–1.3 厘米，疏被短柔毛及白色腺点，上唇 3 齿宽披针形或披针状三角形，下唇 2 齿窄披针形；花冠紫或蓝色，长 2.8–3.5 厘米，疏被短柔毛，喉部径 9 毫米，上唇 2 裂至中部，下唇中裂片肾形，基部内面被白色髯毛，边缘啮蚀状，侧裂片半圆形。小坚果褐色，倒卵球状长圆形，长约 2.7 毫米，基部渐窄，平滑。花期 7–10 月，果期 8–11 月。

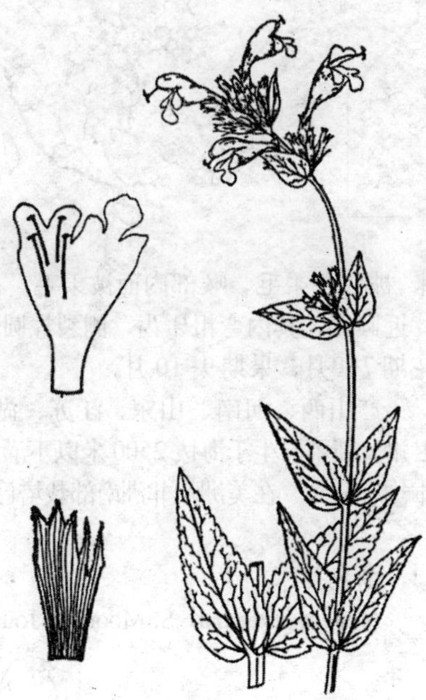

图 697 康藏荆芥（引自《图鉴》）

产河北北部、山西、河南西部、陕西南部、甘肃南部、宁夏、青海、西藏东部及四川西部，生于海拔 1920–4350 米山坡草地湿润处。

9. 圆齿荆芥 图 696:3–4

Nepeta wilsonii Duthie in Gard. Chron. ser. 3, 40: 334. 1906.

多年生草本，高达 70 厘米。茎疏被倒向短柔毛。叶长圆状或椭圆状卵形，长 4–7.4 厘米，先端钝，基部浅心形或近平截，密生圆齿，上面密被短柔毛，下面疏被短柔毛及淡黄色腺点；叶柄长不及 4 毫米。轮伞花序生于茎上部 2–6 节；苞片披针形或线

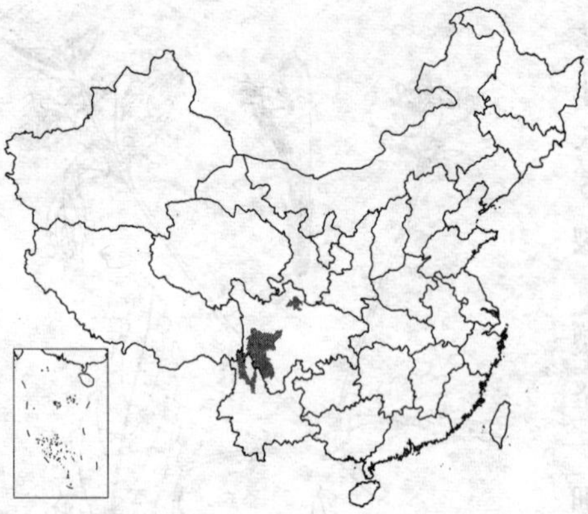

形，具长缘毛。花萼长0.9-1.1厘米，疏被长柔毛及长缘毛，杂有腺微毛及黄色腺点，上唇3浅裂，齿三角形，下唇齿披针形；花冠紫或蓝色，有时白色，长1.8-2.5厘米，疏被短柔毛或近无毛，冠筒微弯，喉部径约8毫米，上唇深裂成2钝裂片，下唇中裂片倒心形，先端微缺，边缘波状，基部上面被白色髯毛，侧裂片近半圆形。小坚果黑褐色，扁长圆形，长约2.8毫米，平滑。花期7-9月，果期9-11月。

产四川西部及云南西北部，生于海拔2580-4060米山地草坡。

[附] **川西荆芥 Nepeta veitchii Duthie** in Gard. Chron. ser. 3, 40: 334. 1906. 本种与圆齿荆芥的区别：叶卵状长圆形或披针状长圆形，宽1.1-1.7(-2.2)厘米，两面密被短柔毛。产云南西北部、四川西部，生于海拔3800-4100米山地草坡。

10. 荆芥 图 698 彩片161

Nepeta cataria Linn. Sp. Pl. 2: 570. 1753.

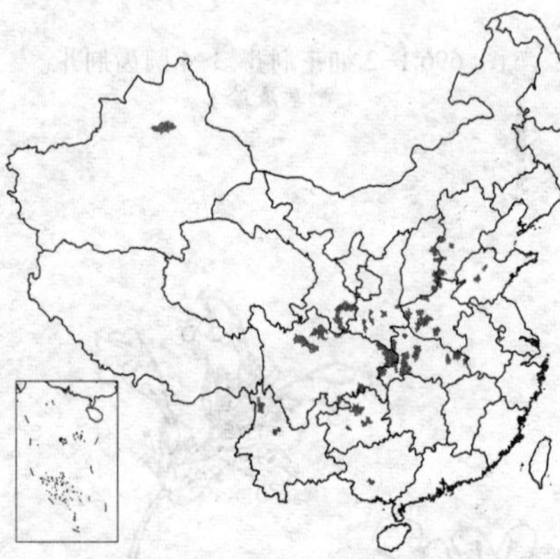

多年生草本，高达1.5米，被白色短柔毛。叶卵形或三角状心形，长2.5-7厘米，基部心形或平截，具粗圆齿或牙齿，上面被微硬毛，下面被短柔毛，脉上毛较密；叶柄细，长0.7-3厘米。聚伞圆锥花序顶生；苞片及小苞片钻形。花萼管状，被白色短柔毛，萼齿内面被长硬毛，钻形，长1.5-2毫米，后齿较长；花冠白色，下唇被紫色斑点，长约7.5毫米，被白色柔毛，喉部内面被柔毛，上唇长约2毫米，先端微缺，下唇中裂片近圆形，具内弯粗牙齿，侧裂片圆。小坚果三棱状卵球形，长约1.7毫米。花期7-9月，果期9-10月。

产山西、河南、山东、江苏、湖北、贵州、广西、云南、四川、陕西、甘肃及新疆，生于海拔2500米以下灌丛中或村边。自中欧经阿富汗，向东至日本均有分布。在美洲及非洲南部栽培已野化。干叶及花枝药用，治胃病及贫血。

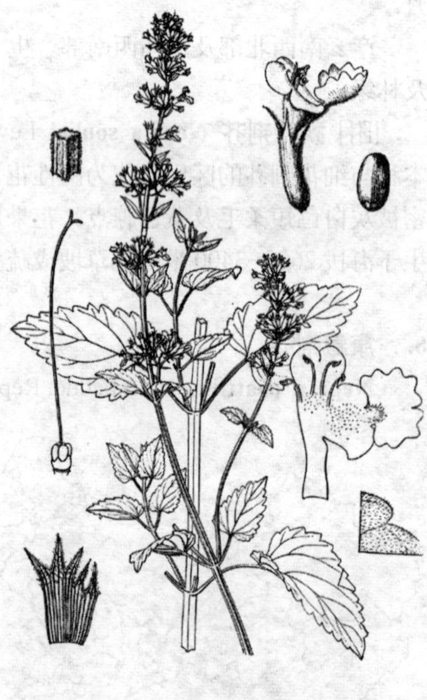

图 698 荆芥（曾孝濂绘）

11. 浙荆芥 图 699

Nepeta everardi S. Moore in Journ. Bot. 16: 135. 1878.

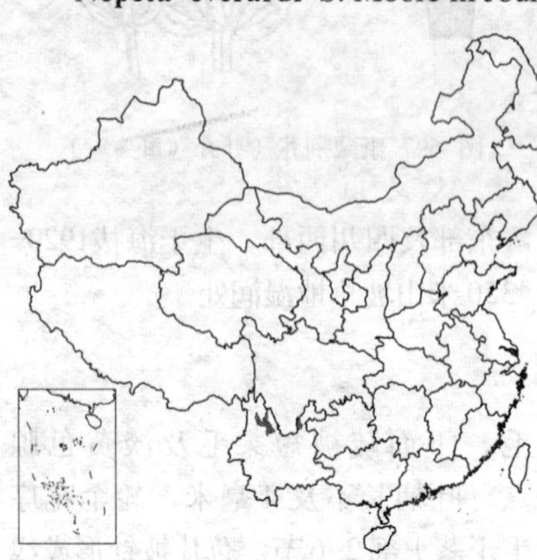

直立草本，高达1米。茎具细纵纹，被微柔毛。叶三角状心形，长4-7.5厘米，先端尾尖，基部平截或心形，具牙齿状圆齿，两面被微柔毛；叶柄具窄翅，长1.5-4.5厘米，被微柔毛。聚伞花序7-9花，具短梗，组成紧密顶生圆锥花序；苞叶、苞片及小苞片均线形。花梗长约1毫米；花萼管状，长约5.5毫米，密被细糙硬毛及

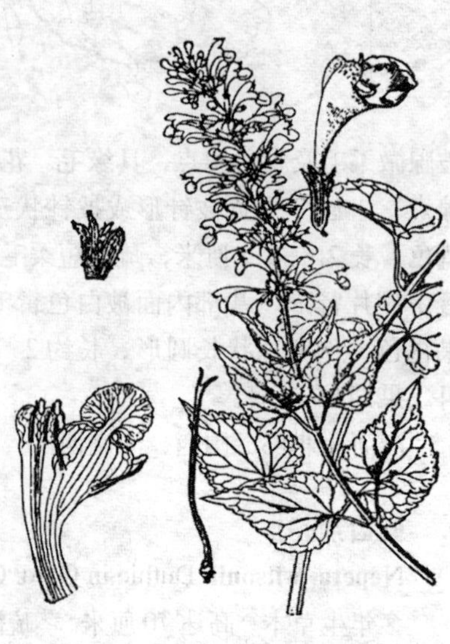

图 699 浙荆芥（引自《图鉴》）

腺点，萼齿披针形；花冠紫色，长达2厘米，被微柔毛，上唇长3毫米，先端2圆裂，边缘被细糙硬毛，下唇中裂片倒心形，长5毫米，先端圆，基部心形，边缘波状，侧裂片近平截。小坚果深褐色，卵球状三棱形，长约1.5毫米。花期5月，果期8月。

产浙江、安徽及湖北，生于低海拔山区灌丛中。

[附] **心叶荆芥 Nepeta fordii** Hemsl. in Journ. Linn. Soc. Bot. 26: 289. 1890. 本种与浙荆芥的区别：叶三角状卵形，基部心形，具粗齿或牙齿；花长8毫米。花果期4－10月。产广东、湖南、湖北、四川、陕西南部及甘肃南部，生于海拔130-650米灌丛中。

[附] **无柄荆芥 Nepeta sessilis** C. Y. Wu et Hsuan, Fl. Yunnan. 1:577. pl. 140. f. 10-12. 1977. 本种与浙荆芥的区别：茎密被倒向短柔毛或杂有腺微柔毛；叶卵形、长圆状卵形或长圆状披针形，革质，无柄。花期8-9月，果期9-10月。产云南西北部及四川西南部，生于海拔3100米山坡或阳坡灌丛中。

12. 裂叶荆芥 图 700:8-13

Nepeta tenuifolia Benth. Labiat. Gen. Spec. 468. 1834.

Schizonepeta tenuifolia (Benth.) Briq.; 中国高等植物图鉴 3: 631. 1974; 中国植物志 65(2): 267. 1977.

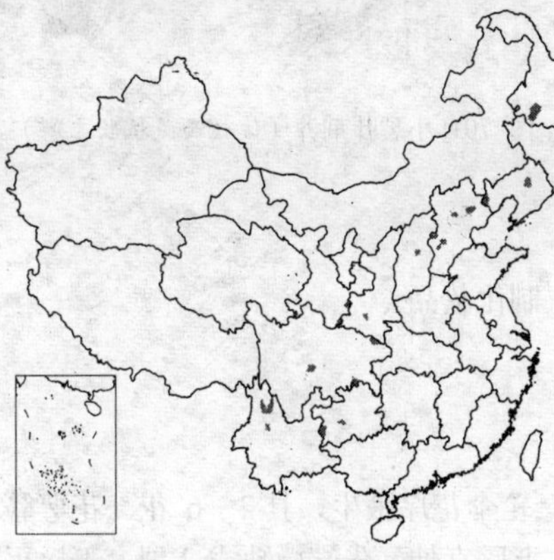

一年生草本，高达1米。茎多分枝，疏被灰白短柔毛。叶指状三裂，长1-3.5厘米，先端尖，基部楔状下延至叶柄，裂片披针形，宽1.5-4毫米，中间较大，两侧较小，全缘，上面被微柔毛，下面被短柔毛，脉及叶缘毛较密，被腺点；叶柄长0.2-1厘米。轮伞花序疏散，组成顶生间断穗状花序；苞片叶状，小苞片线形。花萼管状钟形，长约3毫米，被灰色柔毛，15脉，萼齿三角状披针形或披针形，长约0.7毫米，后齿较长；花冠紫色，长约4.5毫米，被柔毛。小坚果褐色，长圆状三棱形，长约1.5毫米，被瘤点。花期7-9月，果期8-10月。

产黑龙江、辽宁、河北、河南、山西、陕西、甘肃、四川、贵州及云南，生于海拔540-2700米山坡、山谷及林缘。朝鲜有分布。全草及花穗为中药荆芥，治感冒、头痛、咽喉肿痛等症；全草可提制芳香油。

13. 多裂叶荆芥 图 700: 1-7

Nepeta multifida Linn. Sp. Pl. 2: 572. 1753.

Schizonepeta multifida (Linn.) Briq.; 中国高等植物图鉴 3: 631. 1974; 中国植物志 65(2): 266. 1977.

多年生草本，高达40厘米。茎多数，被白色长柔毛。叶卵形，羽状深裂、浅裂或近全缘，长2.1-3.4厘米，先端尖，基部平截或心形，裂片线状披针形或卵形，全缘或疏生齿，上面被微柔毛，下面被白色微硬毛及腺点，具缘毛；叶柄长约1.5厘米。轮伞花序组成穗状花序；苞片卵形，深裂或全缘，淡紫色。花萼紫色，基部淡黄色，长约5毫米，15脉，疏被短柔毛，萼齿三角形；花冠蓝紫色，长约8毫米，被长柔毛，上唇2裂，下唇3裂。小坚果褐色，扁长圆形，长约1.6毫米，平滑，基部渐窄。花期7-9月，果期8-10月。

产内蒙古、辽宁、河北、山西、河南、陕西及甘肃，生于海拔1300-2000米松林林缘、山坡草丛中或湿润草原。蒙古及俄罗斯有分布。全草含芳香油。

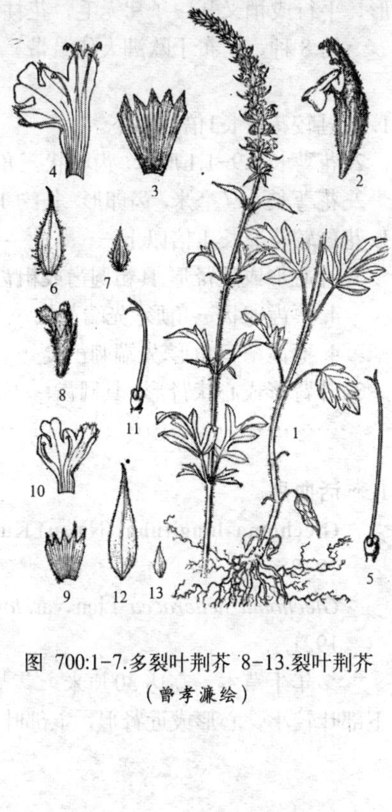

图 700:1-7.多裂叶荆芥 8-13.裂叶荆芥
（曾孝濂绘）

14. 小裂叶荆芥 图 701

Nepeta annua Pall. in Acta Acad. Petr. 2: 263. 1783.

Schizonepeta annua (Pall.) Schischk.; 中国植物志 65(2): 268. 1977.

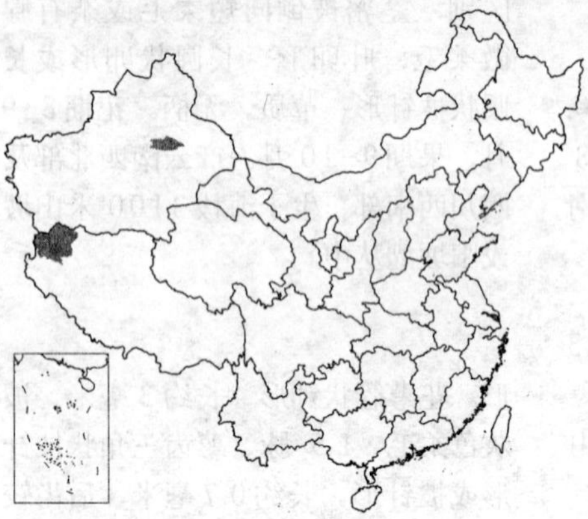

一年生草本，高达26厘米；基部分枝。茎被白色柔毛，棱淡紫褐色。叶宽卵形或长圆状卵形，长1-2.3厘米，二回羽状深裂，两面被白色柔毛，下面毛密，有时杂有黄色腺点，裂片线状长圆形或卵状长圆形，先端钝或圆，全缘或具1-2齿。轮伞花序多数，具4-10花，组成顶生间断穗状花序，被白色柔毛；苞叶线状披针形，苞片线状钻形。花梗长1-4毫米；花萼长5-6毫米，被白色柔毛，喉部偏斜，15脉，萼齿卵形，先端具短芒尖，前2齿较短；花冠淡紫色，长6.5-8毫米，被长柔毛，冠筒长5-6毫米，上唇2浅裂，下唇中裂片具不规则缺齿，侧裂片较小。小坚果褐色，长圆状三棱形，长1.7-2毫米，顶端圆，疏被毛或无毛。花期6-8月，果期8-9月。

图 701 小裂叶荆芥（仿《西藏植物志》）

产新疆及西藏西部，生于海拔1700米河谷阶地。全草含芳香油，适于制化妆品。

19. 活血丹属 Glechoma Linn.

多年生草本，具匍匐茎。叶具长柄，基部心形。雌花和两性花异株或同株；轮伞花序腋生，具2-6花。花萼管形或钟形，近喉部微弯，15脉，上唇3齿，下唇2齿；花冠管形，上部膨大，上唇直伸，先端微缺或2裂，下唇平展，3裂；雄蕊4，前对着生下唇侧裂片下方，后对着生上唇下方近喉部，花丝无毛，雌花雄蕊不育，药室长圆形，平行或稍叉开；子房无毛，花柱纤细，柱头2浅裂。小坚果深褐色，长圆状卵球形，平滑或被凹点，无毛。

约8种，广布于欧洲大陆温带，南北美洲有栽培。我国5种。

1. 花冠较花萼长1倍或以下。
  2. 花萼长0.9-1.1厘米，齿卵状三角形，长3-5毫米；叶被毛 ………… 1. **活血丹 G. longituba**
  2. 花萼长5-7毫米，齿卵形，长约1毫米，叶无毛或近无毛 ………… 1(附). **欧活血丹 G. hederacea**
1. 花冠较花萼长1倍以上。
  3. 叶心形或近肾形,具粗圆齿或粗齿状圆齿；下部叶柄较叶片长1-3倍；花冠筒管状钟形。
    4. 萼齿卵状三角形，先端芒状 ………… 1. **活血丹 G. longituba**
    4. 萼齿窄三角形,先端刺芒尖 ………… 2. **白透骨消 G. biondiana**
  3. 叶肾形或心状肾形，具圆齿；下部叶柄较叶片长3倍以上；花冠筒漏斗形 ………… 3. **大花活血丹 G. sinograndis**

1. 活血丹 图 702:1-3 彩片162

Glechoma longituba (Nakai) Kupr. Bot. Zhurn. SSSR. 33: 236. pl. 1. f. 4. 1948.

Glechoma hederacea Linn. var. *longituba* Nakai in Bot. Mag. Tokyo 35: 173. 1921.

多年生草本，高达30厘米。茎基部带淡紫红色，幼嫩部分疏被长柔毛。下部叶较小，心形或近肾形，上部叶心形，长1.8-2.6厘米，具粗圆齿或粗齿状圆齿，上面疏被糙伏毛或微柔毛，下面带淡紫色，脉疏被柔毛或长硬毛；下部叶柄较叶片长1-2倍。轮伞花序具2(-6)花；苞片及小苞片线形。花萼管形，长0.9-1.1厘米，被长柔毛，萼齿卵状三角形，长3-5

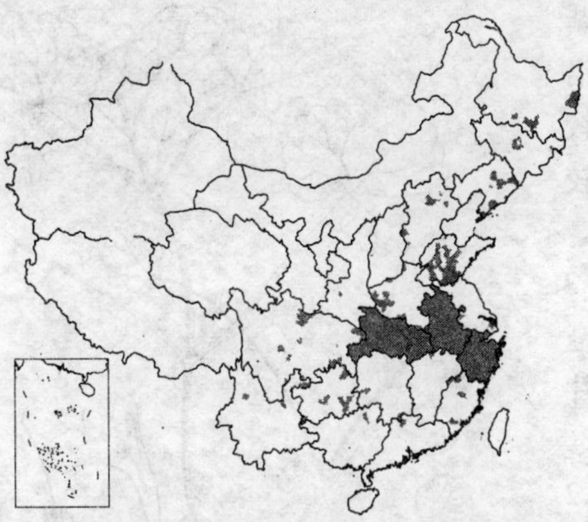

毫米，先端芒状，上唇 3 齿较长；花冠蓝或紫色，下唇具深色斑点，冠筒管状钟形，长筒花冠长 1.7-2.2 厘米，短筒花冠长 1-1.4 厘米，稍被长柔毛及微柔毛，上唇 2 裂，裂片近肾形，下唇中裂片肾形，侧裂片长圆形。小坚果长约 1.5 毫米，顶端圆，基部稍三棱形。花期 4-5 月，果期 5-6 月。

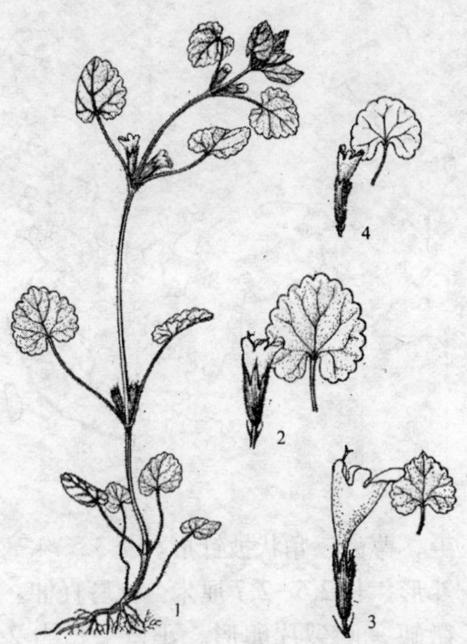

图 702:1-3.活血丹 4.欧活血丹
（张泰利绘）

产黑龙江、吉林、辽宁、河北、江苏、安徽、浙江、福建、江西、湖北、湖南、广东、广西、云南、贵州、四川、陕西及河南，生于海拔 2000 米以下林缘、疏林下、草地及溪边。朝鲜及俄罗斯有分布。全草治膀胱结石及尿路结石，内服治伤风咳嗽、流感、咳血，外敷治跌打损伤、骨折；叶汁治小儿惊痫、慢性肺炎。

[附] **欧活血丹** 图 702:4 **Glechoma hederacea** Linn. Sp. Pl. 2: 578. 1753. 本种与活血丹的区别：叶无毛或近无毛；萼齿长 5-7 毫米，长卵形，长约 1 毫米。产新疆，生于山谷草地。俄罗斯及欧洲有分布。全草治肺病及肾炎。

2. 白透骨消　　图 703

Glechoma biondiana (Diels) C. Y. Wu et C. Chen in Acta Phytotax. Sin. 12(1): 31. pl. 9. f. 7-9.1974.

Dracocephalum biondianum Diels in Engl. Bot. Jahrb. 36. Beibl. 82: 94. 1905.

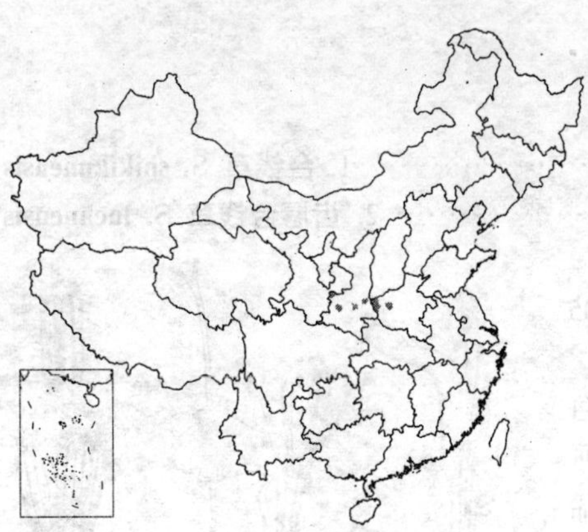

多年生草本，高达 30 厘米。茎被长柔毛，基部有时带淡紫色，节上生根。下部叶片较小，中部叶片心形，长 2-4.2 厘米，先端刺芒尖，基部心形，具粗圆齿，两面被长柔毛；下部叶柄较叶片长 3 倍，中部叶柄长 1.2-2.5 厘米。轮伞花序具 6 花；苞片及小苞片线形。花萼管状钟形，长 1-1.2 厘米，被长柔毛及微柔毛，萼齿窄三角形，长 4-5 毫米，先端芒刺尖；花冠粉红或淡紫色，管状钟形，长 2-2.4 厘米，喉径达 6 毫米，上唇宽卵形，微缺，下唇中裂片扇形，侧裂片卵形。小坚果基部稍三棱形，被凹点。花期 4-5 月，果期 5-6 月。

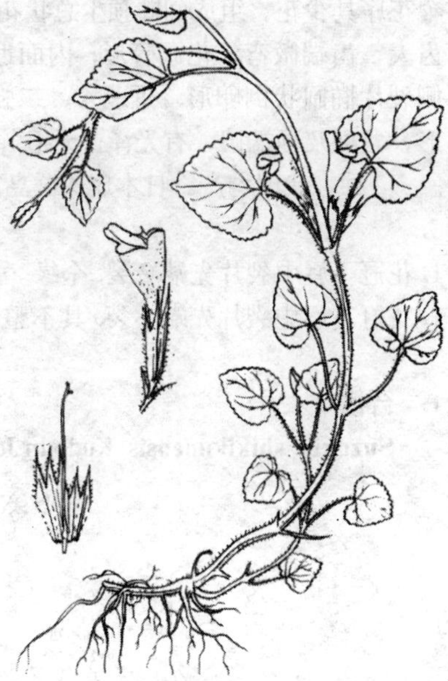

图 703 白透骨消（引自《图鉴》）

产陕西南部及河南西部，生于海拔 1000-1700 米溪边、林缘潮湿地。全草治筋骨痛，消肿。

3. 大花活血丹　　图 704

Glechoma sinograndis C. Y. Wu in Acta Phytotax. Sin. 8(1): 7. pl.1. 1959.

多年生草本，高达 25 厘米。茎疏被卷曲长柔毛。下部叶肾形，被长柔毛，上部叶心状肾形，长 1-3.5 厘米，先端圆钝，基部心形，具圆齿，上

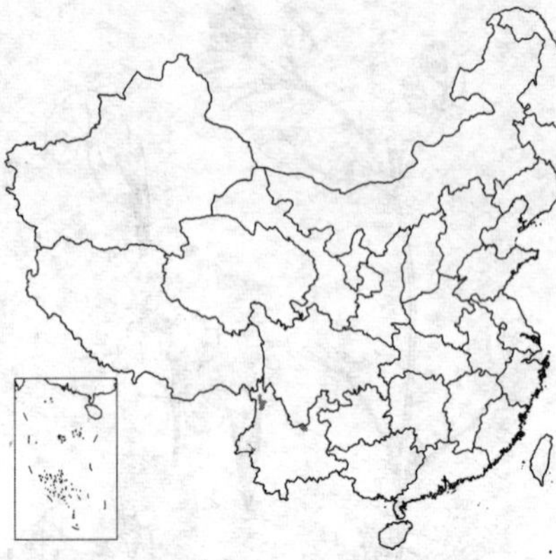

面疏被微硬毛，下面带淡紫色，疏被微柔毛及红腺点，沿脉被平展微硬毛；下部叶柄较叶片长3倍以上，上部叶柄较叶片长1.5–2倍，密被长柔毛。轮伞花序生于中部叶腋，具2（–4）花，花序梗长不及5毫米，被长柔毛；苞片及小苞片线状钻形。花梗长约3毫米，被长柔毛；花萼钟形，长1–1.2厘米，被腺点，脉疏被长柔毛，萼齿三角状披针形，长3.5–4毫米，先端刺尖；花冠粉红或淡蓝色，漏斗形，长2.5–2.7厘米，上唇直伸，下唇中裂片近圆形，边缘微波状，先端微缺，侧裂片卵形。小坚果长约2毫米，顶端近圆，基部稍三棱形，平滑。花期4–5月，果期6月。

产云南西部及北部，生于海拔2000–2900米沟边杂木林中。全草治小儿支气管炎。

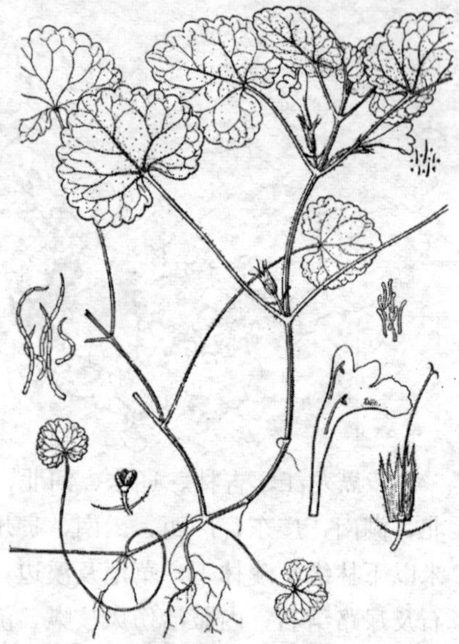

图 704 大花活血丹（引自《中国植物志》）

20. 台钱草属 Suzukia Kudo

草本，具匍匐茎。茎细长，密被平展白色长硬毛。叶圆形、心形或肾形，具卵状三角形或宽卵形胼胝质齿。轮伞花序具少花，组成间断顶生总状花序；苞叶与茎叶同形。花萼倒锥状钟形，萼齿卵状三角形，上唇3齿或较下唇2齿大，齿端微弯；花冠管形，内面近基部具毛环，冠檐二唇形，上唇卵形，盔状，下唇中裂片梯形，全缘或具齿，侧裂片椭圆状倒卵形；雄蕊4，二强，伸出，前对稍长，花丝扁平，药室2，平行；柱头2裂。小坚果卵球状三棱形，背部及顶端圆，有光泽，无毛。

2种，我国均产。日本琉球群岛产1种。

1. 花冠下唇中裂片先端2裂，全缘 ………………………………………… 1. 台钱草 **S. shikikunensis**
1. 花冠下唇中裂片先端不裂，具不整齐缺齿 ………………………………… 2. 齿唇台钱草 **S. luchuensis**

1. 台钱草　　图 705

Suzukia shikikunensis Kudo in Journ. Soc. Trop. Agr. 2: 146. 1930.

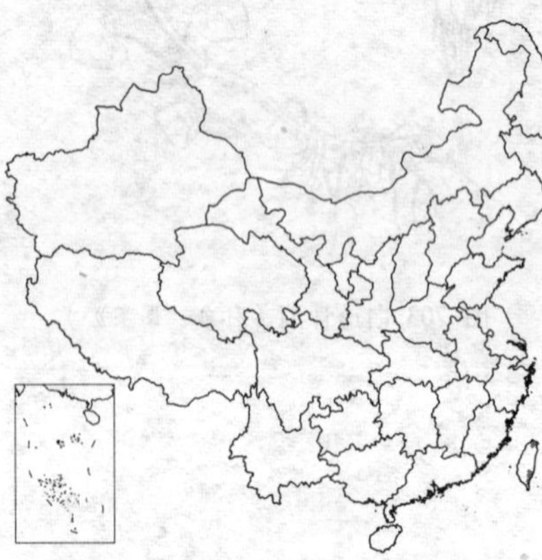

具长匍匐茎，密被平展白色长硬毛，节间长1.5–3.5厘米。叶近圆形或肾状圆形，稀近心形，长宽约1–1.5厘米，先端圆，基部浅心形，具疏齿；叶柄细，长0.1–1厘米。轮伞花序具2花，组成间断总状花序；苞片长圆形，全缘，具缘毛。花梗长约1.5毫米；花萼长5–6毫米，5脉，被白色长硬毛，萼齿长1–1.5毫米，下唇2齿稍小，具胼胝质尖头；花冠红色，长约1.4厘米，背部被微柔毛，冠筒长约1.1厘米，上唇长约3毫米，近盔状，下唇3裂，中裂片倒梯形，

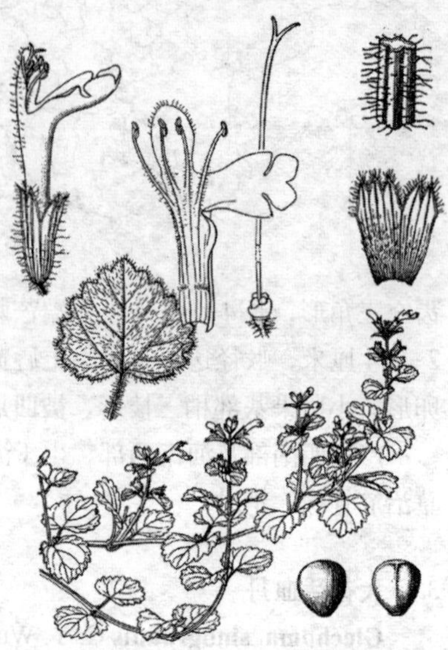

图 705 台钱草（曾孝濂绘）

先端2裂，全缘，侧裂片椭圆状倒卵形。小坚果深褐色，长约2毫米。花期7-8月，果期8-9月。

产台湾，生于山地林中。

2. 齿唇台钱草 图 706

Suzukia luchuensis Kudo in Journ. Soc. Trop. Agr. 3: 226. 1931.

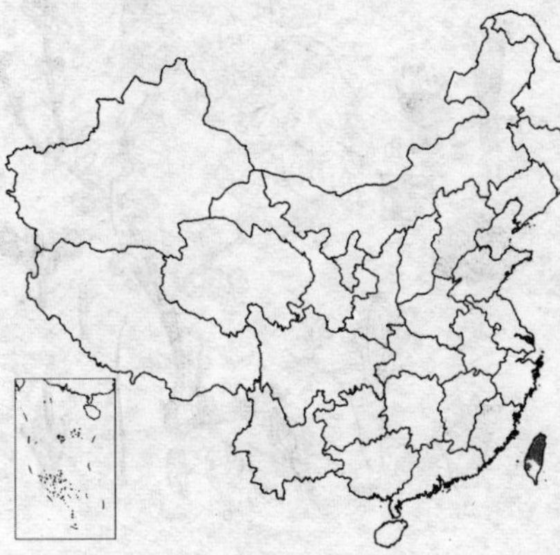

茎细长，节间长3.5-4.5厘米，密被平展白色长硬毛。叶近圆形，宽约1.5厘米，基部浅心形，具圆齿，两面密被白色长硬毛；叶柄细，长6-8毫米。轮伞花序具2花，顶生。花萼长达7毫米，10脉，密被白色长硬毛，喉部稍被短柔毛；萼齿长约2毫米；花冠长约1.4厘米，冠筒长9毫米，上唇盔状，长约4毫米，被短柔毛，下唇 中裂片近菱形，长4毫米，先端不裂，具不整齐缺齿，侧裂片卵形，宽1.5毫米。小坚果褐色，长2毫米。花期7月。

产台湾，生于山地。日本琉球群岛有分布。

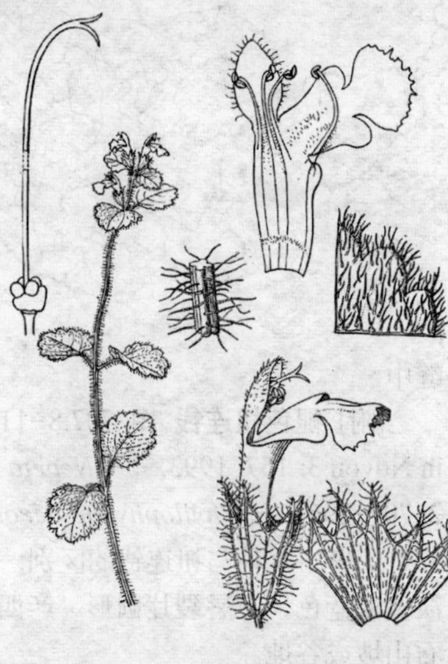

图 706 齿唇台钱草（曾孝濂绘）

21. 扭连钱属 Marmoritis Benth.

多年生草本，被柔毛。具根茎或匍匐茎。上部叶覆瓦状排列，叶近圆形或肾状卵形；无柄或近无柄。轮伞花序顶生，具苞叶覆盖；苞片线状钻形。花萼管形，15脉，内面具毛环，萼檐近二唇形，上唇3齿，下唇2齿；花冠管形，常倒扭伸出，冠檐二唇形，上唇（倒扭后呈下唇）2裂，下唇（倒扭后呈上唇）3裂，中裂片稍兜状，侧裂片长圆形或长圆状卵形；雄蕊4，二强，前对（倒扭后呈后对）短，内藏，后对有时伸出，药室2，稍叉开；子房无毛，花柱细长，柱头2裂。小坚果平滑，基部具小脐状突起。

约5种，分布印度及中国。我国5种均产。

1. 萼齿卵形或卵状三角形；植株被白色长柔毛。
  2. 萼内面中部具毛环，中部以上被柔毛；花冠淡红色，上唇(倒扭后呈下唇)裂片长圆形 …………………………………………………………………… 1. **扭连钱 M. complanatum**
  2. 萼内面中部具毛环，余无毛；花冠淡黄或蓝色，上唇(倒扭后呈下唇)裂片圆 …………………………………………………………………… 1(附). **褪色扭连钱 M. decolorans**
1. 萼齿披针形或三角形；植株被长硬毛 ………………………………… 2. **雪地扭连钱 M. nivalis**

1. 扭连钱 图 707:1-7 彩片163

Marmoritis complanatum (Dunn) A. L. Budantzev in Bot. Zhur. (Moscow Leningrad) 77(12): 125. 1992.

Nepeta complanata Dunn in Notes Roy. Bot. Gard. Edinb. 8: 122. 1913.

Phyllophyton complanatum (Dunn) Kudo; 中国高等植物图鉴 3: 637. 1994; 中国植物志 65(2): 330. 1977.

多年生草本，高达25厘米。茎多数，上部被白色长柔毛及腺点，下部常无叶，紫红色，近无毛。根茎木质，褐色。叶覆瓦状排列，宽卵圆形或近肾形，长1.5-2.5厘米，先端钝圆，基部宽楔形或近心形，具圆齿及缘毛，两面被白色长柔毛，上面脉上无毛。聚伞花序具3花；苞片线状钻形。花萼长0.9-1.2厘米，密被白色长硬毛及短柔毛，萼齿卵形或卵状三角形，具缘毛；花冠淡红色，

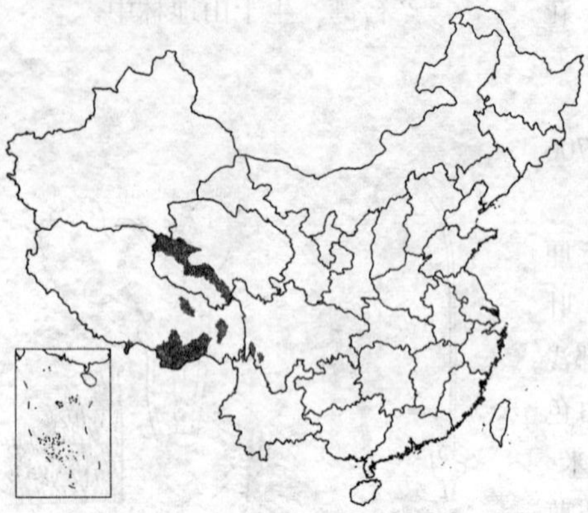

长1.5-2.3厘米，被柔毛，冠筒管状，冠檐倒扭，上唇中裂片卵状长圆形，先端有时微缺，侧裂片宽卵状长圆形，下唇2裂，裂片长圆形，长约4毫米。小坚果长圆形或长圆状卵球形，腹面稍三棱状。花期6－7月，果期7-9月。

产云南西北部、四川西部、西藏东部及青海，生于海拔4130-5000米强度风化石滩及石缝中。

[附] **褪色扭连钱** 图 707:8-11 **Marmoritis decolorans** (Hemsl.) H. W. Li in Novon 3: 157. 1993.——*Nepeta decolorans* Hemsl. in Hook. Icon. Pl. 25: t. 2470. 1896.——*Phyllophyton decolorans* (Hemsl.) Kudo; 中国植物志 65(1): 332. 1977. 本种与扭连钱的区别：花萼除内面中部具毛环外，余无毛；花冠淡黄或蓝色，上唇裂片圆形。产西藏中部及南部，生于海拔4800-5000米砂石山坡或谷地。

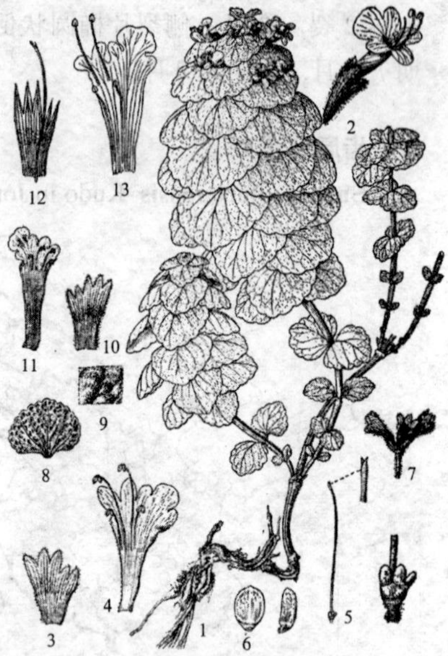

图 707:1-7.扭连钱 8-11.褪色扭连钱 12-13.雪地扭连钱（王金凤绘）

2. 雪地扭连钱 图 707:12-13

Marmoritis nivalis (Jacquem. ex Benth.) Hedge, Fl. Pakistan 192: 119. 1990.

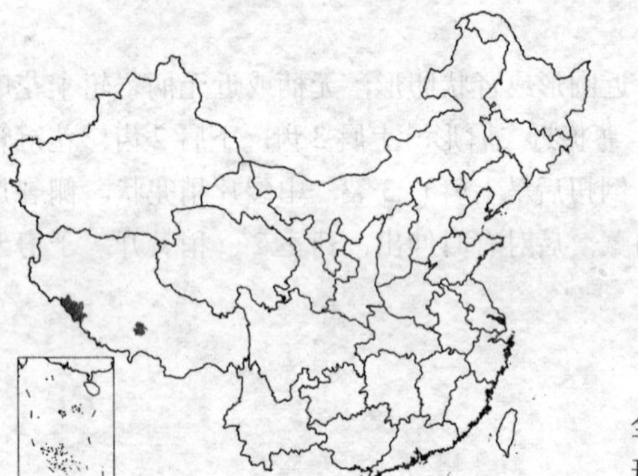

Nepeta nivalis Jacquem. ex Benth. Labiat. Gen. Spec. 737. 1835.

Phyllophyton nivale (Jacquem. ex Benth.) C. Y. Wu; 中国植物志 65(2): 333. 1977.

多年生草本，高达15厘米。全株被长硬毛及腺点。叶圆形、圆卵形或近肾形，长1.5-2.2厘米，先端圆，基部圆或近心形，具圆齿；叶无柄或近无柄。上部聚伞花序近无梗，中部花序梗长2－5毫米；苞片线状钻形。花萼上部膨大，长0.8-1厘米，萼齿披针形或窄三角形，长3-5毫米；花冠淡蓝色，倒扭，长1.5-1.7厘米，上唇中裂片具细齿，侧裂片宽卵形，下唇裂片宽卵形。小坚果长圆状卵球形，褐色。

产西藏，生于海拔4950-5300米石滩。巴基斯坦有分布。

22. 龙头草属 Meehania Britt.

一年生或多年生草本。具匍匐茎，茎节被毛。叶心状卵形或披针形，具齿。轮伞花序具少花，组成总状花序，稀单花腋生，苞片披针形，小苞片2，钻形或刚毛状。花萼钟形或管状钟形，被毛，内面无毛，15脉，果时二唇形，萼齿卵状三角形或披针形，上唇3齿，下唇2齿；花冠淡紫或紫色，管形，内面无毛环，冠檐二唇形，上唇较短，先端微缺或2裂，下唇3裂，中裂片较大；雄蕊二强，内藏或后对微露出，花丝有时稍扁，药室2，平行；花柱细长，柱头2浅裂。小坚果长圆形或长圆状卵球形，被毛。

约7种，6种分布于亚洲温带至亚热带，1种产北美。我国5种。

1. 叶心形或卵形,基部心形。
  2. 轮伞花序组成顶生总状花序或花成对近顶部腋生；花萼钟形或近管形。
    3. 花萼钟形，脉不隆起，疏被卷曲长柔毛，萼齿卵形或卵状三角形，近等大 …………………………………………………………………………………………………… 1. **萼麻叶龙头草 M. urticifolia**

3. 花萼近管形，脉隆起，密被短柔毛，萼齿三角形或窄三角形，不等大。

4. 茎细弱，不分枝；叶心形、卵状心形或三角状心形，具疏齿或钝齿 ………………………………………………………………………………………………… 2. **华西龙头草 M. fargesii**

4. 茎较粗壮，多分枝，常具匍匐茎；叶长圆状卵形，具圆齿 ……………………………………………………………………………… 2(附). **走茎华西龙头草 M. fargesii var. radicans**

2. 轮伞花序组成总状花序；花萼窄、管形 …………………………………………… 3. **龙头草 M. henryi**

1. 叶卵形或卵状椭圆形，基部近楔形或稍心形 ……………………………………… 4. **肉叶龙头草 M. faberi**

1. 荨麻叶龙头草　图 708

Meehania urticifolia (Miq.) Makino in Bot. Mag. Tokyo 13: 159. 1899

Dracocephalum urticifolium Miq. in Ann. Mus. Bot. Lugd. 2: 109. 1865.

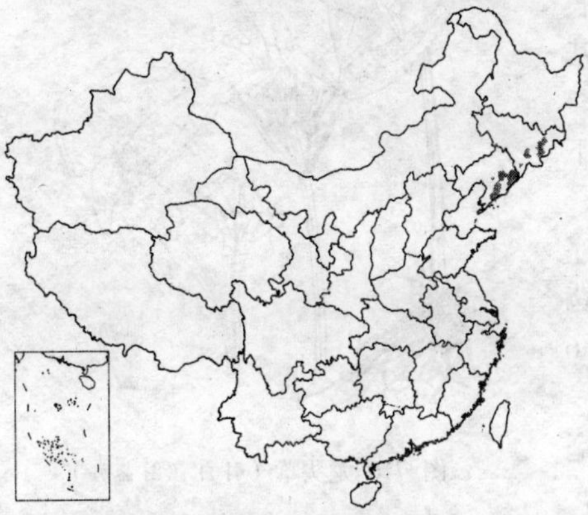

多年生草本，高达40厘米。茎细长，丛生，幼枝被长柔毛，后仅节被毛，余无毛。叶心形或卵状心形，长3.2–3.8厘米，先端渐尖或尖，基部心形，具锯齿或圆齿，两面被柔毛；中部叶柄长0.5–4厘米，向上渐短，有时近无柄。轮伞花序具2或少花，组成顶生总状花序；苞片卵形或披针形，小苞片钻形；长约1毫米。花梗长3–9毫米；花萼钟形，长1.3–1.8厘米，疏被卷曲长柔毛，萼齿卵形或卵状三角形，上唇3齿稍长；花冠淡蓝紫或紫红色，长2.2–4厘米，被柔毛，上唇椭圆形，2裂，裂片圆形或近长圆形，下唇中裂片扇形，先端微缺，侧裂片近卵形或长圆形。小坚果卵球状长圆形，近基部腹面微三棱形，被短柔毛。花期5–6月，果期6–7月。

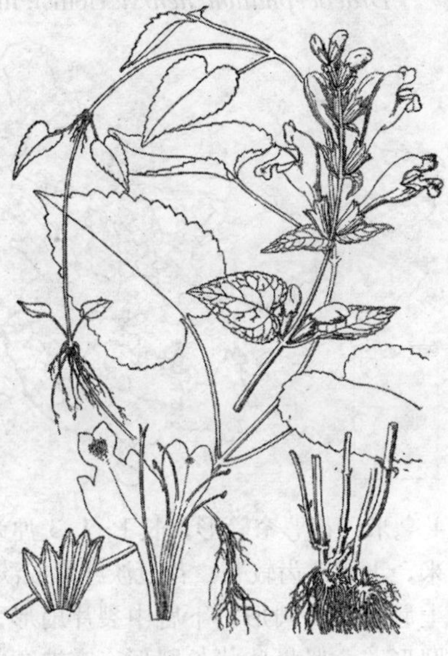

图 708 荨麻叶龙头草（张桂芝绘）

产吉林及辽宁，生于混交林或针叶林下。俄罗斯、朝鲜及日本有分布。

2. 华西龙头草　图 709

Meehania fargesii (Lévl.) C. Y. Wu in Acta Phytotax. Sin. 8(1): 12. 1959.

Dracocephalum fargesii Lévl. in Fedde, Repert. Sp. Nov. 9: 246. 1911.

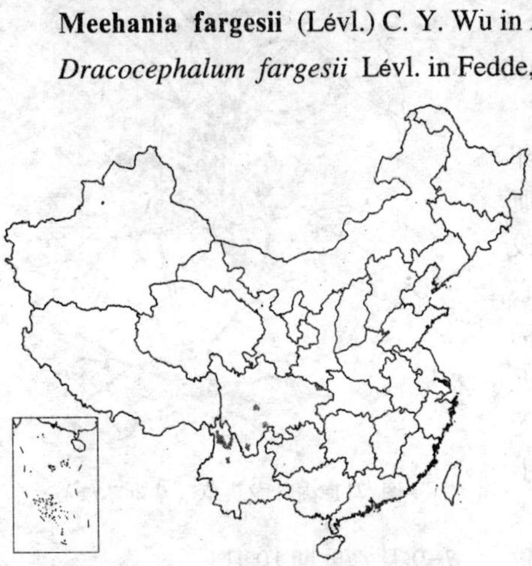

多年生草本，高达45厘米。茎细弱，不分枝，被短柔毛。叶心形、卵状心形或三角状心形，长2.8–6.5厘米，疏生锯齿或钝齿，上面疏被糙伏毛，下面被柔毛；基部叶柄长0.5–2.5厘米。轮伞花序具2花，组成顶生总状花序；苞片窄卵形或近披针形。花梗长2–6毫米；花萼近管形，长1.5–1厘米，密被短柔毛，萼齿卵状三角形或窄三角形，长2–3毫米，先端渐尖；花冠淡红或紫红色，长2.8–4.5厘米，被短柔毛，上唇裂片圆形或长圆形，下唇中裂片近圆形，边缘波状，侧裂片长圆形或圆形。花期4–6月，果期7月。

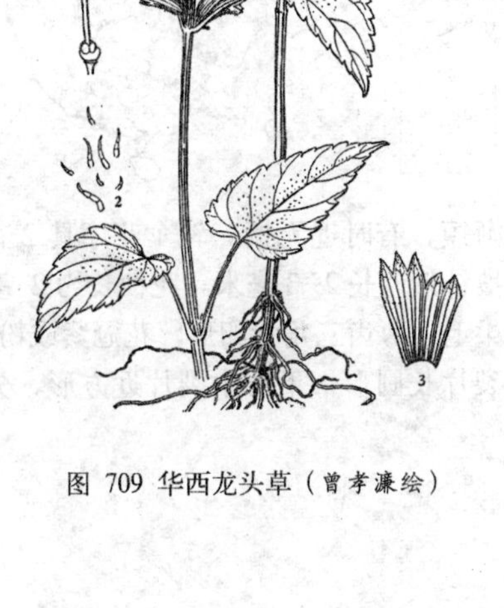

图 709 华西龙头草（曾孝濂绘）

产云南西北部及四川，生于海拔1900–3500米针阔叶混交林或针叶林下。全草药用。

[附] **走茎华西龙头草 Meehania fargesii var. radicans** (Vaniot) C. Y. Wu in Acta Phytotax. Sin. 8(1): 13. 1959.——*Dracocephalum radicans* Vaniot in Bull. Acad. Georg. Bot. 14: 180. 1904. 本变种与模式变种的区别：茎较粗壮，多分枝，常具匍匐茎；叶长圆状卵形，具圆齿。产浙江、江西、湖北、广东、云南、贵州及四川。

3. 龙头草 图 710 彩片164

Meehania henryi (Hemsl.) Sun ex C. Y. Wu in Acta Phytotax. Sin. 8(1): 15. 1959.

Dracocephalum henryi Hemsl. in Journ. Linn. Soc. Bot. 26: 291. 1890.

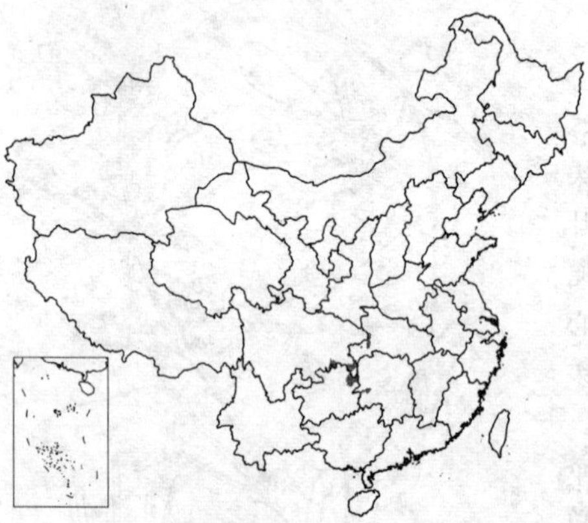

多年生草本，高达60厘米。幼茎被柔毛，后仅节被柔毛，余近无毛。叶心形或卵形，长4–13(–17)厘米，先端渐尖，基部心形，具波状锯齿或粗齿，上面被柔毛，沿脉毛较密，下面近无毛；叶向茎顶近无柄，叶柄长不及10厘米。轮伞花序组成长6–9厘米总状花序；苞片卵状披针形或披针形，长3–6毫米，小苞片钻形。花梗长1–4毫米；花萼窄管形，长1–1.3厘米，被微柔毛；萼齿三角形，长3–4毫米，上唇3齿较长；花冠淡红紫或淡紫色，长2.3–2.7厘米，疏被微柔毛，上唇裂片长圆形，下唇中裂片扇形，先端微缺，内面被长柔毛，侧裂片长圆形。小坚果球状长圆形，密被短柔毛，腹面微三棱形。花期9月，果期10月。

图 710 龙头草（引自《图鉴》）

产四川东南部、贵州东部、湖北西部及湖南西部，生于海拔500–700米常绿林或混交林下。

4. 肉叶龙头草 图 711

Meehania faberi (Hemsl.) C. Y. Wu in Acta Phytotax. Sin. 8(1): 17. 1959.

Dracocephalum faberi Hemsl. in Journ. Linn. Soc. Bot. 26: 291. 1890.

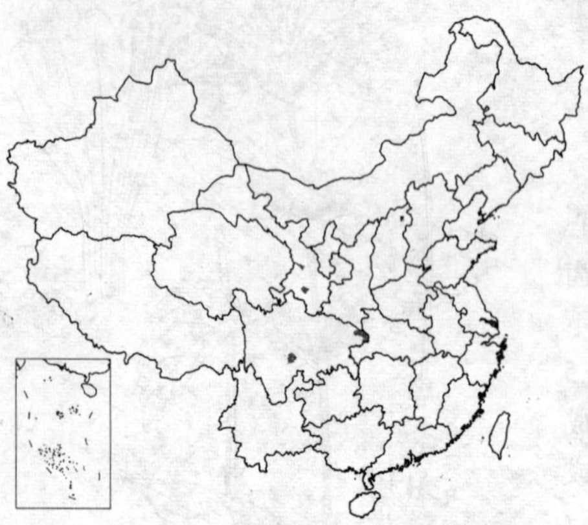

多年生草本，高达25厘米，不分枝。幼茎被倒生短柔毛或微柔毛，后仅节被毛余无毛。叶2–3对，集生茎上部；叶卵形或卵状椭圆形，长5–11厘米，先端尖或渐尖，有时圆或尖头微弯，基部近楔形或微心形，疏生波状圆齿或粗齿，稀近全缘，上面疏被微柔毛或近无毛，下面脉被柔毛或近无毛；叶柄长0.5–2.5厘米，向上渐短，有时近无柄。轮伞花序具2花，组成总状花序，苞片卵状披针形或披针形，长2–3毫米。花梗长约2毫米；花萼管形，长1.1–1.3厘米，被微柔毛，萼齿三角状卵形；花冠紫或粉红色，长3.5–4厘米，被微柔毛，上唇裂片长圆形，下唇中裂片近方形，先端平截或微缺，侧裂片长圆形。花期7–9月，果期10月。

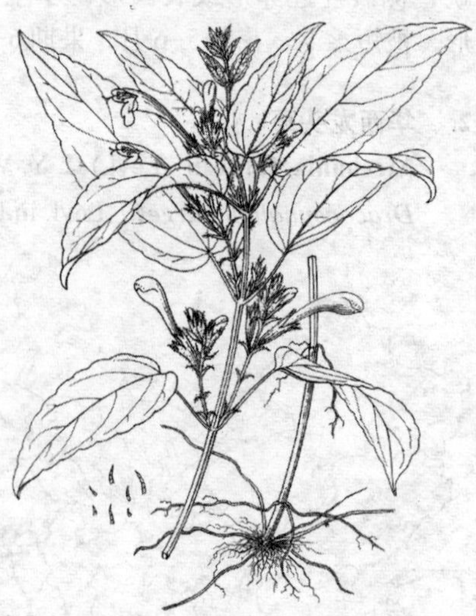

图 711 肉叶龙头草（蔡淑琴绘）

产甘肃及四川，生于海拔约1500米混交林内。

23. 青兰属 Dracocephalum Linn.

多年生，稀一年生草本。基生叶具长柄，茎生叶具短柄或无柄，叶全缘或羽状分裂。轮伞花序集成头状、穗状或稀疏排列；苞片具锐齿或刺，稀全缘。花萼管形或钟状管形，15 脉，5 齿近等大，或上唇中齿较宽，下唇 2 或 4 齿，萼齿间具小瘤；花冠蓝紫、粉红或紫，稀白色，冠筒下部细，喉部宽，冠檐二唇形，上唇直或稍弯，下唇 3 裂；雄蕊 4，后对较前对长，花药无毛，稀被毛，药室 2，近 180(叉开；柱头 2 浅裂。小坚果长圆形，平滑，有时具粘液。

约 170 种，主产亚洲温带，多生于高山及半干旱地区，少数种产中欧及北欧，北美产 1 种。我国 35 种。

1. 雄蕊伸出花冠；花冠长约 8 毫米 …… 13. **长蕊青兰 D. stamineum**
1. 雄蕊内藏或稍伸出；花冠长 1.2–4.2 厘米。
  2. 茎分枝多而密；叶长 3–5 毫米，卵形，羽状深裂 …… 11. **铺地青兰 D. origanoides**
  2. 茎不分枝或稀疏分枝；叶长 1 厘米以上，不裂或羽状全裂。
    3. 叶羽状全裂，裂片线形。
      4. 花萼 5 齿近等大，披针形或三角状披针形；叶羽状全裂。
        5. 裂片不密集叶基。
          6. 叶下面密被灰白色短柔毛；花萼密被伸展短柔毛及黄色腺点 …… 1. **甘青青兰 D. tanguticum**
          6. 叶下面毛渐脱落近无毛；花萼被短毛 …… 1(附). **美叶青兰 D. calophyllum**
        5. 裂片 2–3 对密集叶基，呈羽状全裂。
      4. 花萼二唇形；叶有时二次分裂 …… 3. **羽叶枝子花 D. bipinnatum**
        7. 花冠长 3.5–4.2 厘米；叶裂片斜展或近平展 …… 2. **白萼青兰 D. isabellae**
        7. 花冠长 2.5–2.8 厘米；叶裂片近直展 …… 2(附). **松叶青兰 D. forrestii**
    3. 叶不裂。
      8. 叶全缘或近全缘。
        9. 苞片具 2–3 对刺齿；花冠长 1.4–1.7 厘米；花萼上唇 3 裂近基部，中齿较侧齿宽约 2 倍；花药无毛 …… 6. **全缘叶青兰 D. integrifolium**
        9. 苞片全缘；花冠长 1.7 厘米以上；花萼上唇 3 裂稍过 1/2，中齿较侧齿稍宽；花药被毛。
          10. 茎近无毛；花萼基部被柔毛，上部近无毛；花冠长 3.3–4 厘米 …… 12. **光萼青兰 D. argunense**
          10. 茎下部疏被柔毛；花萼中下部密被短柔毛，上部毛较稀；花冠长 1.7–2.4 厘米 …… 12(附). **青兰 D. ruyschiana**
      8. 叶具锯齿或牙齿。
        11. 花萼二唇形。
          12. 叶宽卵形或长卵形，具浅圆齿或锯齿；苞片具 3–8 对长刺小齿；花冠白色 …… 4. **白花枝子花 D. heterophyllum**
          12. 叶卵状披针形或窄长圆形，基部楔形或圆，具小牙齿；苞片具 1–3 对刺齿；花冠蓝紫色。
            13. 茎叶草质，基部心形，具三角形牙齿或稀疏锯齿 …… 5. **香青兰 D. moldavica**
            13. 茎叶近革质，基部楔形，疏生细刺齿 …… 5(附). **刺齿枝子花 D. peregrinum**
        11. 花萼稍二唇形。
          14. 花萼上唇中齿与二侧齿近相等，同形，近等宽或较侧齿宽。
            15. 茎叶圆卵形或肾形；轮伞花序密集成头状花序 …… 7. **无髭毛建草 D. imberbe**
            15. 茎叶宽卵形；轮伞花序组成长穗状花序 …… 7(附). **垂花青兰 D. nutans**
          14. 花萼上唇中齿较侧齿宽 2 倍以上，圆卵形，侧齿披针形或长三角形。
            16. 花萼上唇中齿顶部稍近平截 …… 8. **截萼毛建草 D. truncatum**
            16. 花萼上唇中齿顶部圆。
              17. 叶下面密被白色短柔毛 …… 8(附). **美花毛建草 D. wallichii**
              17. 叶下面疏被糙伏毛或柔毛。
                18. 茎中部叶柄长不及 2 厘米或无柄。

18. 苞叶具粗牙齿；花冠长 3.3–4 厘米 ………………………………………………… 9. **大花毛建草 D. grandiflorum**
18. 苞叶具圆齿；花冠长 2.8–3.5 厘米 ………………………………………………… 9(附). **皱叶毛建草 D. bullatum**
18. 茎中部叶柄长 2–6 厘米 ………………………………………………………………… 10. **毛建草 D. rupestre**

1. 甘青青兰 图 712

Dracocephalum tanguticum Maxim. in Bull. Acad. Sci. Petersb. 27: 530. 1881.

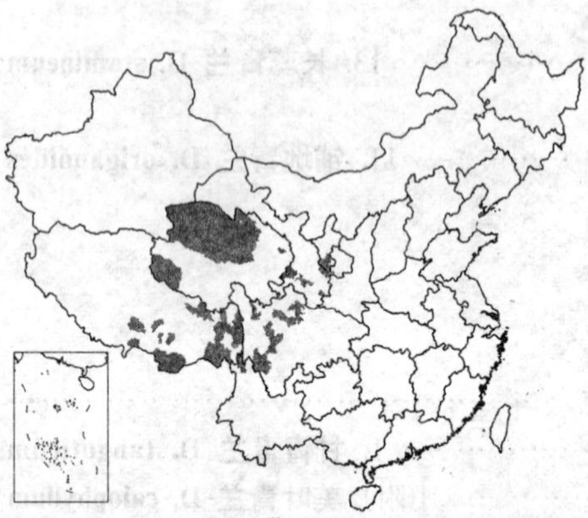

多年生草本，有臭味，高达55厘米。茎具钝四棱，上部被倒向短柔毛，中部以下近无毛，节间长2.5–6厘米，短枝生于叶腋。叶羽状全裂，椭圆状卵形或椭圆形，长2.6–4(–7.5)厘米，基部宽楔形，上面无毛，下面密被灰白色短柔毛；裂片2–3对，线形，长0.7–1.9(–3)厘米，顶生裂片长1.4–2.8(–4.4)厘米，全缘，内卷；叶柄长3–8毫米。轮伞花序具2–6花，生于茎上部5–9节；苞叶具一对裂片，两面被短柔毛，具缘毛。花萼带紫色，长1–1.4厘米，密被伸展短柔毛及黄色腺点，上唇3齿宽披针形，中齿与侧齿近等大，下唇2齿披针形；花冠紫蓝或暗紫色，长2–2.7厘米，被短柔毛，下唇较上唇长2倍。花期6–9月。

产甘肃南部、青海、西藏东部及四川西部，生于海拔1900–4000米干燥河谷、河岸、田野、草滩或松林林缘。全草治胃炎、肝炎、关节炎及疮疖。

[附] **美叶青兰 Dracocephalum calophyllum** Hand.-Mazz. in Anz. Akad. Wiss. Wien, Math.-Nat. 17: 4. 1923. 本种与甘青青兰的区别：叶下面毛渐脱落近无毛；花萼被短毛。花期9月。产云南西北部及四川西南部，生于海拔3100–3200米蒿类草坡。

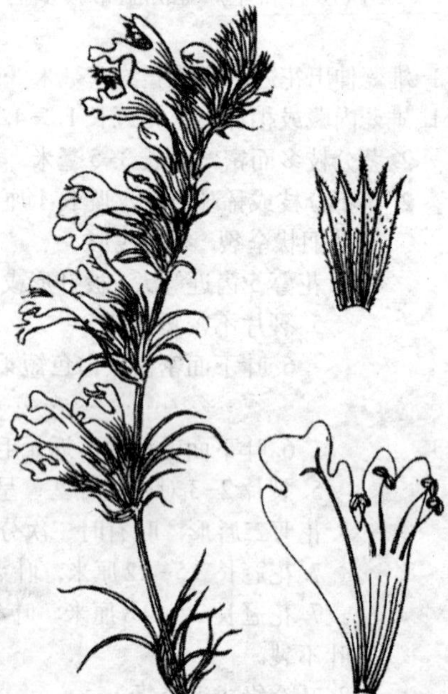

图 712 甘青青兰（引自《图鉴》）

2. 白萼青兰 图 713

Dracocephalum isabellae Forr. in Notes Roy. Bot. Gard. Edinb. 8: 211. 1914.

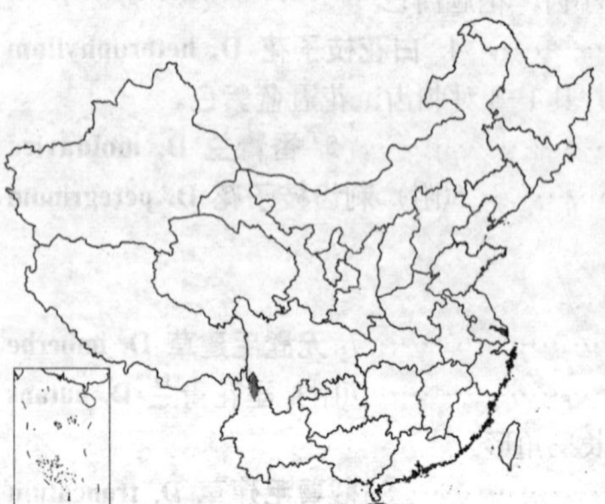

多年生草本，高达50厘米。茎棱密被倒向短柔毛，节间长3–4厘米。叶羽状全裂，宽卵形或菱状卵形，长2–2.8厘米，上面无毛，下面脉疏被短柔毛；裂片2–3对，密集于中脉基部，成钝角斜展或近平展，线形或倒披针状线形，长1.3–2厘米，顶生裂片长1.7–2.4厘米，全缘，具缘毛，干时反卷，先端钝；叶近无柄，具基鞘。轮伞花序具4花，生于茎上部3节，疏散；苞片倒卵形，长0.8–1.2厘米，三深裂，裂片披针形，密被绵状缘毛。花萼长1.5–2厘米，密被绵状长柔毛，具长缘毛，上唇3浅裂，齿卵状三角形，先端钻尖，下唇2裂至

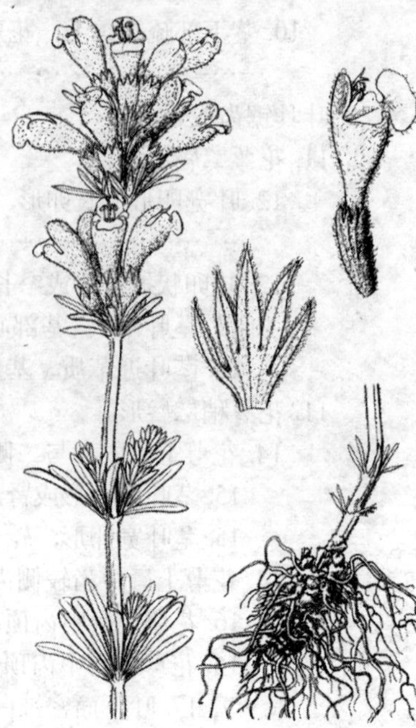

图 713 白萼青兰（引自《图鉴》）

基部，齿披针状三角形；花冠蓝紫色，长3.5-4.2厘米，被柔毛。花期7-8月。

产云南西北部，生于海拔3000-4000米林间石质草甸。

[附] **松叶青兰** （彩片165）**Dracocephalum forrestii** W. W. Smith in Trans. Bot. Soc. Edinb. 27: 90. 1916. 本种与白萼青兰的区别：叶裂片近直展；花萼被短柔毛，花冠长2.5-2.8厘米。产云南西北部，生于海拔2300-3500米多石灌丛及草甸中。

3. 羽叶枝子花 图 715:13-14

Dracocephalum bipinnatum Rupr. in Mem. Acad. Sci. St. Pretersb. 14: 65. 1869.

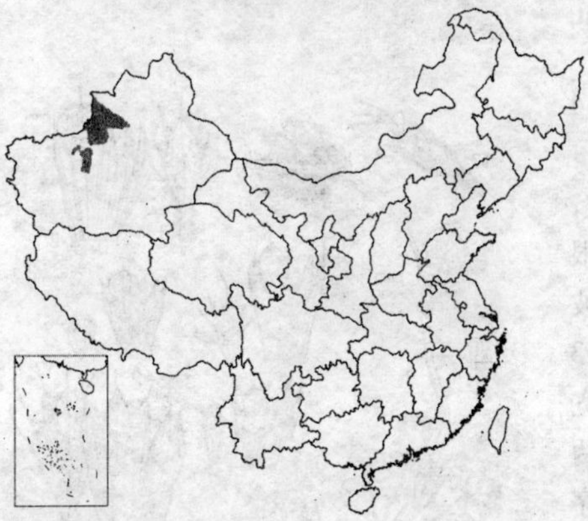

茎高达30厘米，疏被倒向微柔毛，上部毛较密。根茎粗0.5-1厘米。茎生叶羽状深裂或浅裂，卵形或披针形，长1.5-2.5厘米，先端钝，基部楔形，下面脉疏被微柔毛；裂片1-4对，线形，长4-8毫米，顶生裂片长1-1.4厘米，全缘或具小裂片，呈二回羽状。轮伞花序具2-4花，生于茎上部2-5节；苞片倒卵状椭圆形或披针形，长4-8毫米，两面被短柔毛，具缘毛，具2-4对小齿，齿端具细刺。花萼长1.4-1.7厘米，被微柔毛及黄色腺点，上唇3浅裂，齿宽卵形，先端具刺，下唇2齿披针形，先端具小刺；花冠蓝紫色，长3-3.8厘米，被短柔毛。花期8-9月。

产新疆西部，生于海拔1900-2600米溪边石缝中、山坡、草原或半荒漠。

4. 白花枝子花 图 715:9-10

Dracocephalum heterophyllum Benth. Labiat. Gen. Spec. 738. 1835.

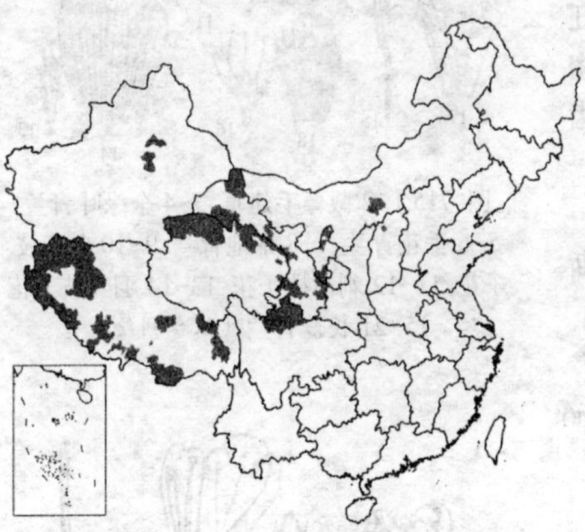

茎高达15(-30)厘米，密被倒向微柔毛。叶宽卵形或长卵形，长1.3-4厘米，先端钝圆，基部心形，下面疏被短柔毛或近无毛，具浅圆齿或锯齿及缘毛，茎上部叶锯齿常具刺；叶柄长2.5-6厘米，茎上部叶柄短。轮伞花序具4-8花，生于茎上部；苞片倒卵状匙形或倒披针形，长达8毫米，具3-8对长刺细齿。花萼淡绿色，长1.5-1.7厘米，疏被短柔毛，具缘毛，上唇3浅裂，萼齿三角状卵形，具刺尖，下唇2深裂，萼齿披针形，先端具刺；花冠白色，长1.8-3.4(-3.7)厘米，密被白或淡黄色短柔毛。花期6-8月。

产内蒙古、山西、甘肃、宁夏、青海、新疆、西藏及四川，生于海拔1100-5000米山地草原多石干燥地区。俄罗斯有分布。

5. 香青兰 图 714

Dracocephalum moldavica Linn. Sp. Pl. 2: 595. 1753.

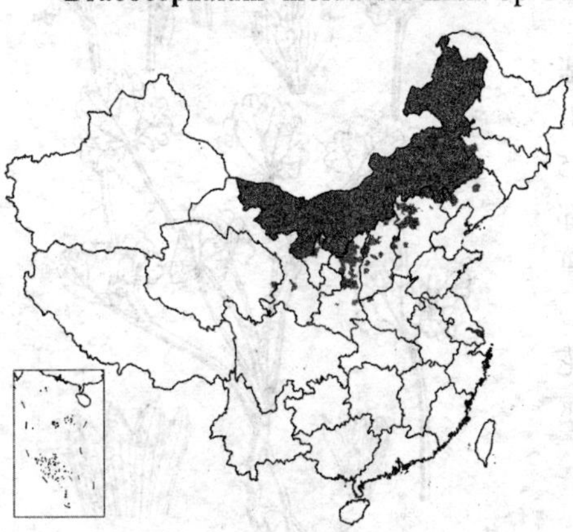

一年生草本，高达40厘米。茎3-5，被倒向柔毛，带紫色。基生叶草质，卵状三角形，先端钝圆，基部心形，疏生圆齿，上部叶披针形或线状披针形，长1.4-4厘米，先端钝，基部圆或宽楔形，叶两面仅脉疏被柔毛及黄色腺点，具三角形牙齿或稀疏锯齿，有时基部牙齿呈小裂片状，先端具长刺；叶柄与叶等长，向上较短。轮伞花序具4花，疏散，生于茎或分枝上部5-12节；苞片长圆形，疏被平伏柔毛，具2-3对细齿，齿刺长2.5-3.5毫米。花梗长3-5毫米，平

图 714 香青兰（引自《图鉴》）

展；花萼长0.8-1厘米，被黄色腺点及短柔毛，下部毛较密，脉带紫色，上唇3浅裂，三角状卵形，下唇2深裂近基部，萼齿披针形；花冠淡蓝紫色，长1.5-2.5(-3)厘米，被白色短柔毛；上唇舟状，下唇淡中裂片具深紫色斑点。小坚果长圆形，长约2.5毫米，顶端平截。

产吉林、辽宁、内蒙古、河北、河南、山西、陕西、甘肃及青海，生于海拔220-2700米干旱山地、山谷、河滩多石处。印度、俄罗斯、塔吉克斯坦、土库曼斯坦及欧洲有分布。芳香油植物，常栽培。

[附] **刺齿枝子花** 图 715:11-12 **Dracocephalum peregrinum** Linn. Cent. Pl. 2: 20. 1756. 本种与香青兰的区别：叶卵状披针形或披针形，先端刺尖，基部楔形，具疏生刺尖细齿及缘毛；花萼密被伸展短柔毛及黄色腺点。花期6-8月。产新疆西北部，生于高山草地石缝中。俄罗斯、哈萨克斯坦及蒙古有分布。

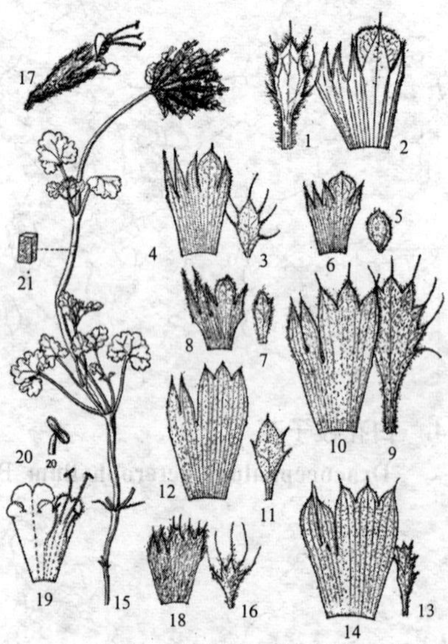

图 715:1-2.截萼毛建草 3-4.全缘叶青兰 5-6.垂花青兰 7-8.铺地青兰 9-10.白花枝子花 11-12.刺齿枝子花 13-14.羽叶枝子花 15-21.长蕊青兰（张泰利绘）

6. 全缘叶青兰 图 715:3-4

Dracocephalum integrifolium Bunge in Ledeb. Fl. Alt. 2: 387. 1830.

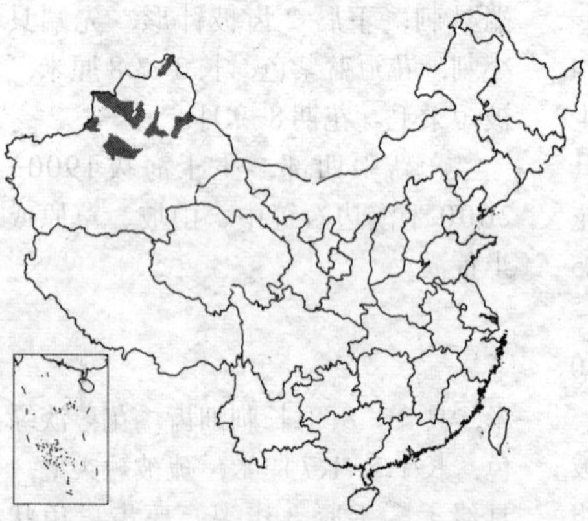

茎紫褐色，多数，不分枝，高达37厘米，被倒向柔毛。根茎径约5毫米。叶稍肉质，披针形或卵状披针形，长1.5-3厘米，先端钝或微尖，基部宽楔形或圆，全缘，具缘毛，两面无毛；叶近无柄。轮伞花序组成头状花序；苞片倒卵形或倒卵状披针形，具2-3对刺齿，刺长2.5-3毫米。花萼红紫色，长1-1.7厘米，筒部密被柔毛，上部毛疏，具缘毛，2浅裂，5齿具刺尖，上唇中齿卵形，侧齿披针形，下唇2齿披针形；花冠蓝紫色，长1.4-1.7厘米，密被白色柔毛；花药无毛。小坚果褐色，长圆形，长约2毫米。花期7-8月。

产新疆，生于海拔1400-2450米云杉冷杉混交林下或林间草地。俄罗斯及哈萨克斯坦有分布。

7. 无髭毛建草 图 716 彩片166

Dracocephalum imberbe Bunge, Fl. Alt. 50. 1836.

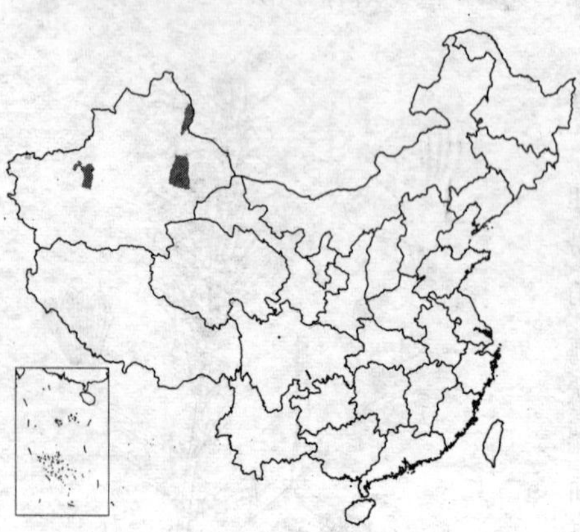

茎不分枝，高约25厘米，被倒向柔毛及长柔毛，上部毛密，中部以下毛稍稀。根茎径3.9-9毫米。叶圆卵形或肾形，长1.7-3.7厘米，先端圆钝，基部心形，具波状圆齿，两面沿脉疏被短柔毛；叶柄长4-10.5厘米，疏被倒向柔毛。茎中部叶具鞘状柄，柄长0.3-1.2厘米，叶卵形或肾形，基部心形。轮伞花序密集成头状花序；苞片匙状倒卵形，具缘毛，具1-2对刺齿；花萼带紫色，长1.2-1.5厘米，被短柔毛或绢状长柔毛，具缘毛，上唇3齿卵状三角形，下唇2齿，长约3毫米；花冠蓝紫色，长2.5-2.7厘米，被柔毛。花期7-8月。

产新疆，生于海拔2400-2500米山地草坡。土库曼斯坦、哈萨克斯坦、俄罗斯有分布。

图 716 无髭毛建草（引自《图鉴》）

[附] **垂花青兰** 图 715: 5-6 **Dracocephalum nutans** Linn. Sp. Pl. 2: 596. 1753. 本种与无髭毛建草的区别：茎叶宽卵形；轮伞花序组成长穗状花序。花期 7-9 月。产内蒙古、新疆北部，生于海拔 1200-2600 米山地阳坡、山谷阳地及落叶松林下。阿富汗、印度、巴基斯坦、哈萨克斯坦、塔吉克斯坦及东欧有分布。

8. 截萼毛建草 图 717; 图 715:1-2

Dracocephalum truncatum Sun ex C. Y. Wu in Acta Phytotax. Sin. 8(1): 25. pl. 2. 1959.

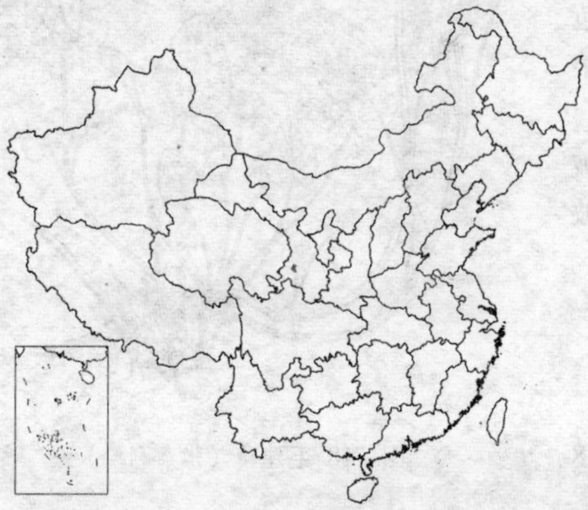

多年生草本，高达 30 厘米。茎具 2－4 节，被倒向卷曲柔毛。基生叶多数，叶三角状心形，长 2－5 厘米，先端近圆，基部心形，具圆齿及短缘毛，上面疏被长柔毛及乳点，下面稍紫色，脉疏被长柔毛，脉网显著；上部叶近无柄，茎生叶柄细，较叶长 3－4 倍。轮伞花序集成头状花序；苞片卵状披针形或近圆形，先端刺尖，边缘深尖裂，具缘毛。花萼管状钟形，微弯，长 1.2-1.5 厘米，疏被长柔毛，上唇中齿倒梯形，先端稍平截，具 9 个细刺齿，侧齿长三角形，下唇 2 齿披针形；花冠长 2．5 厘米，被白色卷曲长柔毛，上唇 2 裂，下唇长达 1 厘米，3 裂，中裂片较侧裂片宽 2 倍。花期 7 月。

产甘肃南部，生于海拔 2700 米山地溪边。

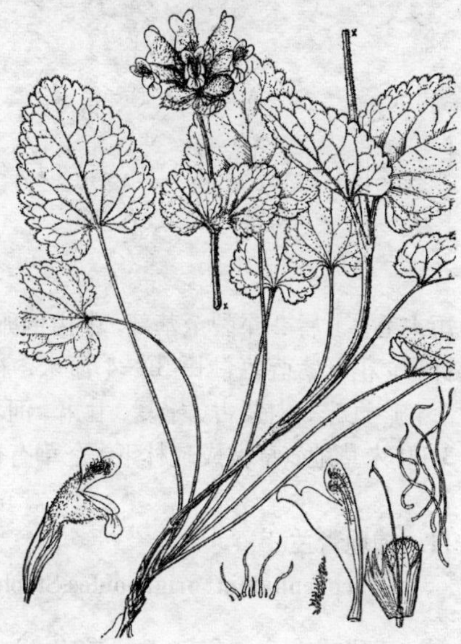

图 717 截萼毛建草（引自《中国植物志》）

[附] **美花毛建草** 图 719:7-8 **Dracocephalum wallichii** Sealy in Curtis's Bot. Mag. 164: t. 9657. 1944. 本种与截萼毛建草的区别：叶下面密被白色短柔毛；花萼上唇中齿先端圆。花期 7-9 月。产四川西部及西藏，生于海拔 4700 米灌丛边、草地多石处。

9. 大花毛建草 图 719:9-11

Dracocephalum grandiflorum Linn. Sp. Pl. 2: 595. 1753.

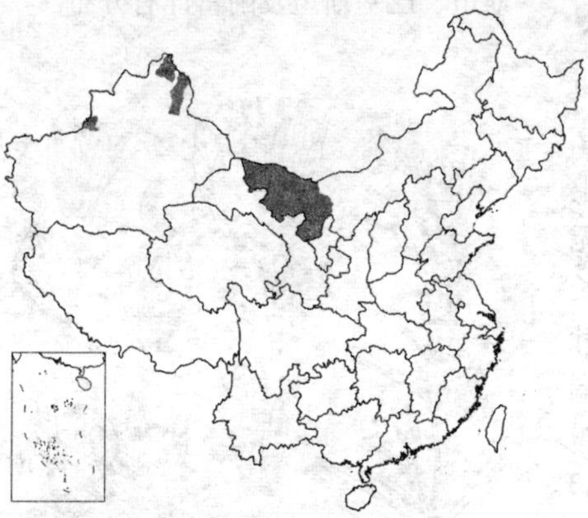

茎高达 26 厘米，不分枝，密被倒向短柔毛，下部常无毛。根茎径 5-10 厘米。叶长圆形或椭圆形，稀卵形，长 1.8-4.8 厘米，先端钝，基部心形，具圆齿，两面疏被平伏短柔毛；基生叶柄长 2.5-6 厘米，疏被伸展长柔毛；茎中部叶宽卵形，长 2.2-3.2 厘米，基部心形或宽楔形，具圆齿或锯齿；叶柄鞘状，长 4-7 毫米。轮伞花序密集茎顶成头状；苞叶具粗牙齿，苞片窄披针形或倒卵形，被绢状柔毛，先端渐锐尖或刺尖，刺长 2-3 毫米，具 1-4 对锯齿，具缘毛。花萼上部带紫色，长 1.5-2 厘米，被长柔毛及黄色腺点，上唇中齿窄长圆形，侧齿披针形，下唇 2 齿窄披针形；花冠蓝色，长 3.3-4 厘米，被长柔毛，下唇基部被深色斑点及白色长柔毛。花期 7-8 月。

产内蒙古西部及新疆北部，生于海拔 2200－2900 米山地草坡。蒙古、俄罗斯、塔吉克斯坦、哈萨克斯坦有分布。

[附] **皱叶毛建草** 图 719:12-13 **Dracocephalum bullatum** Forr. ex Diels in Notes Roy. Bot. Gard. Edinb. 5: 238. 1912. 本种与大花毛建草的区别：苞叶具圆齿；花冠长 2.8-3.5 厘米。产云南西北部及西藏，生于海拔 3000-4000 米石灰岩山地流石滩。

10. 毛建草 图 718 彩片167

Dracocephalum rupestre Hance in Journ. Bot. 7: 166. 1869.

茎带紫色，多数，长达 42 厘米，疏被倒向短柔毛。根茎粗达 1 厘米。基生

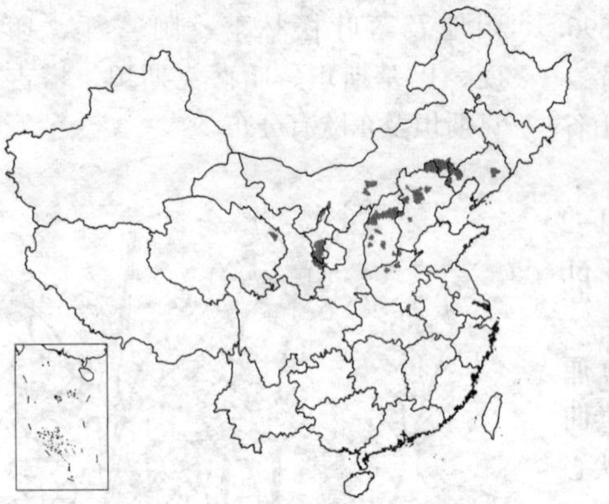

叶多数，叶三角状卵形，长1.4-5.5厘米，先端钝，基部心形，具圆齿，两面疏被柔毛；叶柄长3-15厘米，被伸展白色长柔毛；茎中部叶长2.2-3.5厘米，叶柄长2-6厘米。轮伞花序密集成头状，稀穗状；苞叶无柄或具鞘状短柄，柄长4-8毫米，苞片披针形或倒卵形，疏被短柔毛，具2-6对长达2毫米刺齿。花萼带紫色，长2-2.4厘米，被短柔毛，上唇2深裂至基部，中齿倒卵状椭圆形，侧齿披针形，下唇2齿窄披针形；花冠紫蓝色，长3.8-4厘米，被短柔毛。花期7-9月。

产辽宁、内蒙古、宁夏、甘肃、河北、河南、山西及青海，生于海拔700-3100米草地、草坡或疏林下。全草有香气，可代茶；花大，紫蓝色，供观赏。

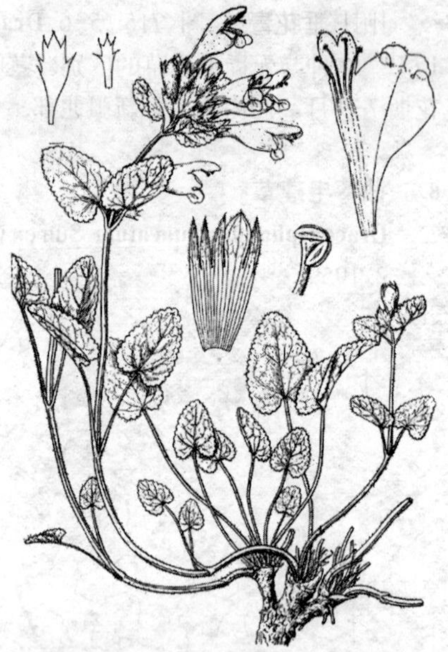

图 718 毛建草（张泰利绘）

11. 铺地青兰 图 715:7-8

Dracocephalum origanoides Steph. ex Willd. Sp. Pl. 3: 151. 1800.

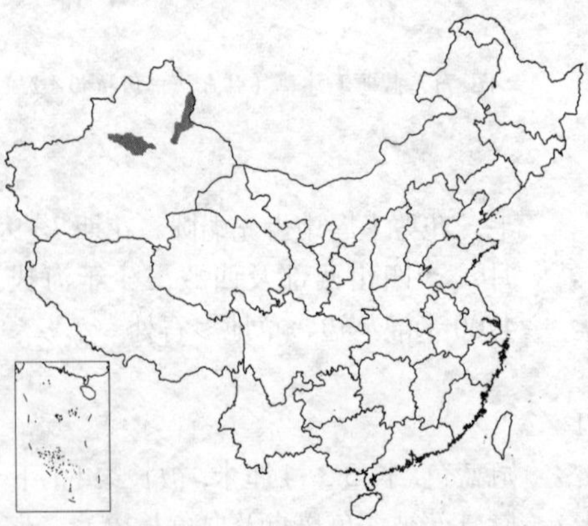

茎带紫色，多数，密被倒向短柔毛，花茎长3-7厘米，叶茎长2-4厘米。根茎粗约5毫米。叶卵形，羽状深裂，长3-5毫米，先端钝，基部骤宽楔形或浅心形，上面被短柔毛，下面密被白色短绒毛；裂片3对，宽卵形或长圆形，基裂片具小裂片；叶柄长3-5毫米，被短柔毛。轮伞花序生于茎上部叶腋，密集；苞片倒卵状披针形，长达8毫米，具3齿，被短柔毛及缘毛。花萼长7-8毫米，被短柔毛，具缘毛，上唇3裂近中部，中齿倒卵形，侧齿宽披针形，下唇2深裂至中部，萼齿刺状渐尖；花冠蓝色，长1-2厘米。小坚果黑色，长圆形。花期6-7月，果期8月。

产新疆北部，生于海拔1700-2500米山坡草地或冲积地干旱土丘。蒙古、俄罗斯、塔吉克斯坦、哈萨克斯坦、巴基斯坦及阿富汗有分布。

12. 光萼青兰 图 719:1-4

Dracocephalum argunense Fisch. ex Link Enum. Hort. Berol. Alt. 2: 118. 1822.

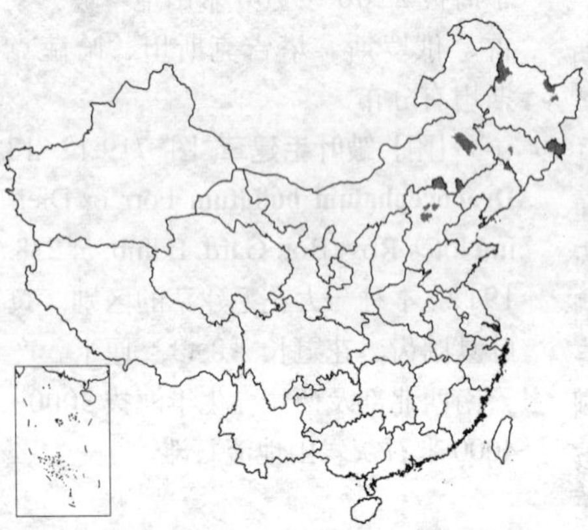

茎多数，高达57厘米，上部疏被倒向柔毛，中部以下近无毛。基生叶长圆状披针形，长2.2-4厘米，茎中部以上叶披针状线形，长4.5-6.8厘米，先端钝，基部楔形，下面中脉疏被短柔毛或近无毛；叶柄长0.7-1.3厘米，茎中部以上叶无柄。轮伞花序生于茎上部2-4节；苞叶披针形或卵状披针形，苞片椭圆形或匙状披针形，长0.7-1.2厘米，先端尖，具缘毛。花萼带紫色，长1.4-1.8厘米，基部被柔毛，上部近无毛，上唇3裂，中齿披针状卵形，侧齿披针形，下唇2齿披针形；花冠蓝紫色，长3.3-4厘米，被短柔毛。花期6-8月。

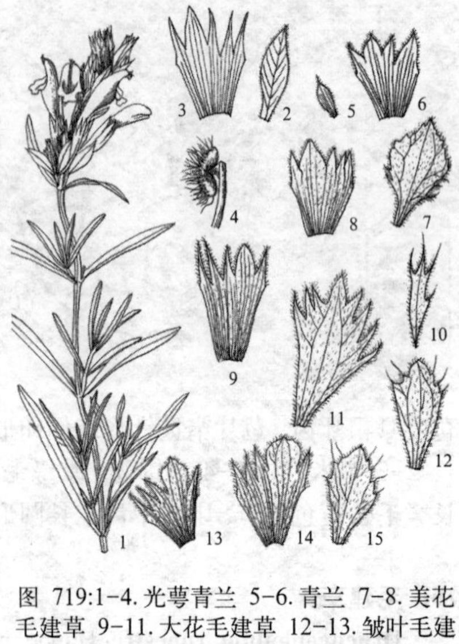

图 719:1-4. 光萼青兰 5-6. 青兰 7-8. 美花毛建草 9-11. 大花毛建草 12-13. 皱叶毛建草（赵宝恒绘）

产黑龙江、吉林、辽宁、内蒙古东部及河北北部，生于海拔 180–750 米山坡草地、草原、江岸沙质草甸或灌丛中。俄罗斯及朝鲜有分布。

[附] **青兰** 图 719:5–6 **Dracocephalum ruyschiana** Linn. Sp. Pl. 2: 595. 1753. 本种与光萼青兰的区别: 茎下部疏被柔毛; 花萼中下部密被短柔毛，花冠长 1.7–2.4 厘米。产黑龙江北部、内蒙古东北部及新疆北部，生于山地草甸或草原多石处。土库曼斯坦、哈萨克斯坦、蒙古、俄罗斯及欧洲有分布。

13. 长蕊青兰 图 715:15–21

Dracocephalum stamineum Kar. et Kir. in Bull. Soc. Imp. Nat. Moscou 15: 423. 1842.

Fedtschenkiella staminea (Kar. et Kir.) Kudr.; 中国高等植物图鉴 3: 638, 1974; 中国植物志 65(2): 345. 1977.

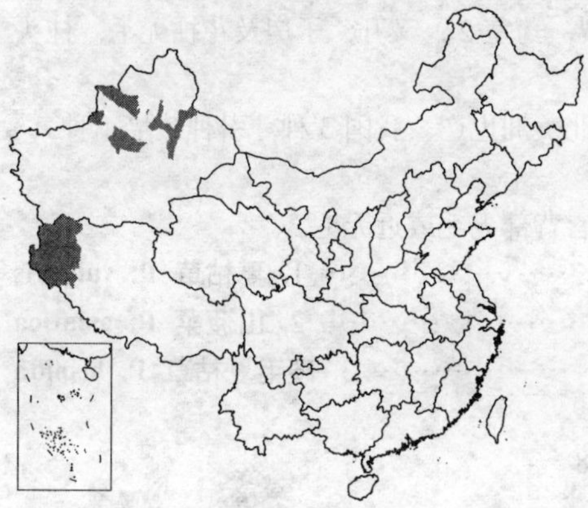

多年生草本。茎紫红色，多数，长达 27 厘米，被倒向短柔毛。根茎粗 3– 5 毫米。叶宽卵形，长 0.8–1.3 厘米，先端钝，基部心形，具圆牙齿，两面疏被短柔毛，下面被黄色腺点; 叶柄长 1–5 厘米。轮伞花序密集成头状; 苞叶具长达 3.6 毫米长刺锯齿，苞片椭圆状卵形或倒卵形，长 2–3 毫米，密被长柔毛，具 4–5 细齿，细齿具长 2.5–4.5 毫米长刺。花萼紫色，长 6–7 毫米，密被绵毛，上唇 3 齿三角状卵形，先端刺尖，下唇 2 齿披针形; 花冠蓝紫色，长约 8 毫米，被微柔毛，二唇近等长; 雄蕊长约 1.1 厘米，伸出花冠。小坚果黑褐色，长圆形，长约 2 毫米。

产新疆及西藏西部，生于海拔 1700–2500 米山地、草坡或溪边。塔吉克斯坦、哈萨克斯坦、巴基斯坦、印度及阿富汗有分布。

24. 扁柄草属 Lallemantia Fisch. et C. A. Mey.

一年生、二年生或多年生草本。叶近全缘。轮伞花序腋生，具 6 花; 苞片具睫毛状或芒状齿。花梗扁平; 花萼管状，15 脉，喉部花后闭合; 萼齿 5，后齿较宽，齿缺具小瘤; 花冠筒细，内藏或微伸出，冠檐二唇形，上唇稍凹，先端微缺，内面具 2 弧形褶襞，下唇 3 裂，中裂片肾形，侧裂片半圆形; 雄蕊 4，后对较长，花丝疏被柔毛，药室 2，叉开，柱头 2 裂，裂片钻形。小坚果深褐色，长圆形，腹面具棱，湿时具粘液。

5 种，分布于塔吉克斯坦、哈萨克斯坦、乌兹别克斯坦、土库曼斯坦、俄罗斯、伊朗、阿富汗、巴基斯坦、西南亚及欧洲，我国 1 种。

扁柄草 图 720

Lallemantia royleana (Benth.) Benth. in DC. Prodr. 12: 404. 1848.

Dracocephalum royleanum Benth. in Wall. Pl. Asiat. Rar. 1: 65. 1830.

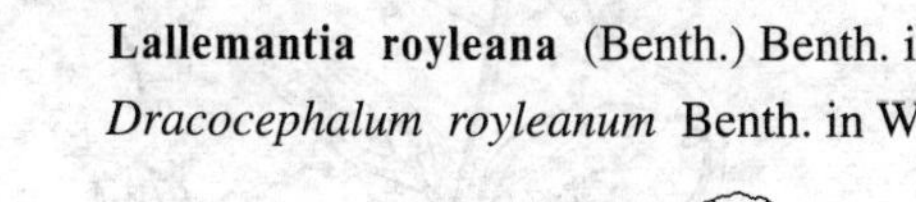

一年生草本，高达 20 厘米，密被灰白平展或倒向短柔毛。叶卵形，长 1.5–2.5 厘米，先端钝，基部楔形，具圆齿，两面疏被短柔毛; 叶柄长 0.5–1 厘米。轮伞花序组成长达 18.5 厘米穗状花序; 苞叶具短柄，卵形或长圆状楔形，长 0.8–1.7 厘米，疏生圆齿或下部具 1–2 对芒齿; 苞片倒卵状楔形，下面疏被黄色腺点，具 2–4 对芒长 2–6 毫米牙齿。花萼管状，长约 5 毫米，被平展短毛、微柔毛及黄色腺体，脉纹明显，后 3 齿卵形，中齿具针尖，前 2 齿长圆形; 花冠紫蓝色，稍伸出，长约 5.5 毫

图 720 扁柄草（曾孝濂绘）

米，被白色柔毛，上唇2圆裂，内面2弧褶襞，下唇中裂片肾形，先端微缺，边缘微波状，侧裂片圆形。小坚果深褐色，窄长圆形，长2.3毫米，无毛。花期5-6月，果期7月。

产新疆北部，生于山坡或沟边。欧洲、西南亚、中亚、俄罗斯及印度有分布。

25. 夏枯草属 Prunella Linn.

多年生草本。叶羽状分裂或近全缘。轮伞花序具6花，多数组成卵球形穗状花序；苞片大，膜质，具缘毛，覆瓦状排列，小苞片小或无。花梗短或无；花萼管状钟形，近背腹扁平，不规则10脉，脉间具网纹，二唇形，外面下方被毛，上方无毛，喉部内面无毛，上唇顶端平截，具3短齿，下唇2裂，裂片披针形，果时花萼缢缩闭合；花冠筒向上一侧膨大，伸出，喉部稍缢缩，内面近基部具鳞状毛环，冠檐二唇形，上唇盔状，全缘，下唇3裂，中裂片内凹，具齿状小裂片，侧裂片长圆形，反折；雄蕊4，前对较长，后对花丝顶端2裂，药室2，叉开；子房及花柱无毛，柱头2裂，裂片钻形。小坚果褐色，平滑或被瘤点，顶端钝圆。

约7种（有定为15种），广布于欧亚温带及热带山区，非洲西北部及北美洲也产。我国3种，引种栽培1种。

1. 植株各部疏被糙伏毛，柔毛或近无毛；花冠紫、红紫、深紫或白色，上唇背部无毛或近无毛。
   2. 植株细长；花冠稍伸出，长约1.3厘米 ……………………………………………… 1. **夏枯草 P. vulgaris**
   2. 植株粗壮；花冠伸出，长1.8-2.1厘米 ……………………………………………… 2. **山菠菜 P. asiatica**
1. 植株各部被糙硬毛；花冠深紫或蓝紫色，上唇背部具糙硬毛带 ……………………… 3. **硬毛夏枯草 P. hispida**

1. 夏枯草　　图721　彩片168

Prunella vulgaris Linn. Sp. Pl. 2: 600. 1753.

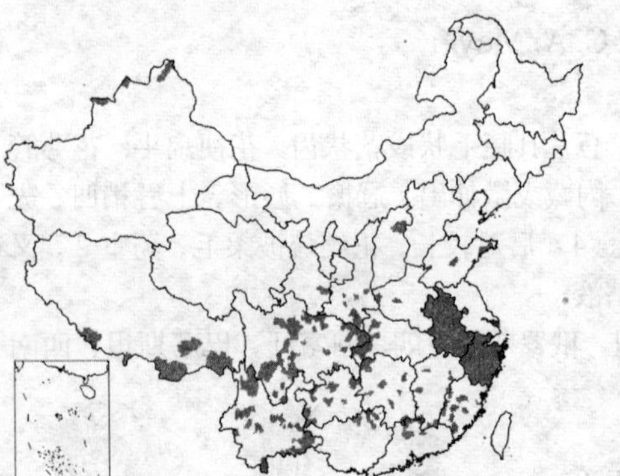

茎高达30厘米，基部多分枝，紫红色，疏被糙伏毛或近无毛。叶卵状长圆形或卵形，长1.5-6厘米，先端钝，基部圆、平截或宽楔形下延，具浅波状齿或近全缘，上面疏被长柔毛或近无毛，下面近无毛；叶柄长0.7-2.5厘米。穗状花序长2-4厘米；苞叶近卵形，苞片淡紫色，宽心形，先端骤尖，脉疏被糙硬毛。花萼钟形，长约1厘米，疏被糙硬毛，上唇近扁圆形，下唇齿先端渐尖；花冠紫、红紫或白色，长约1.3厘米，稍伸出，无毛，冠筒长约7毫米，喉部径约4毫米，上唇近圆形，稍盔状，下唇中裂片近心形，具流苏状小裂片，侧裂片长圆形；前对雄蕊长。小坚果长圆状卵球形，长1.8毫米，微具单沟纹。花期4-6月，果期7-10月。

产陕西、甘肃、新疆、山西、山东、河南、湖北、湖南、江西、安徽、浙江、福建、广东、广西、云南、贵州、四川及西藏，生于海拔3000米以下荒坡、草地、溪边及路边。欧洲、北非、俄罗斯、西亚、中亚、印度、巴基斯坦、尼泊尔、不丹、朝鲜及日本有分布，澳大利亚及北美亦偶见。全草药用，治中风、筋骨痛及肝病。

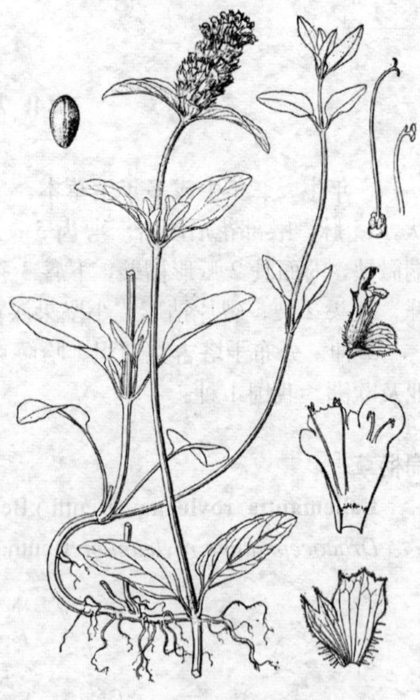

图721 夏枯草（曾孝濂绘）

2. 山菠菜　　图722

Prunella asiatica Nakai in Bot. Mag. Tokyo 44: 19. 1930.

茎紫红色，多数，高达60厘米，疏被柔毛。叶卵形或卵状长圆形，长3-4.5厘米，先端钝尖，基部楔形，疏生波状齿或圆齿状锯齿，上面被平伏微柔毛或近无毛，下面脉被柔毛；叶柄长1-2厘米。穗状花序顶生，长3-5厘米；苞叶宽披针形，苞片先端带红色，扁圆形，脉疏被柔毛。花梗长约2毫米；花萼长约1厘米，先端红或紫色，

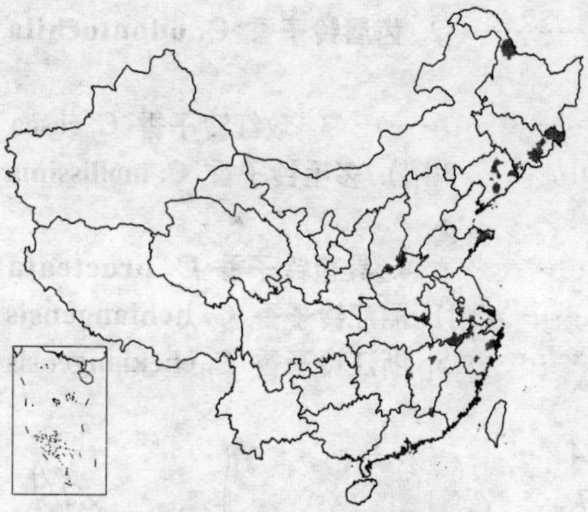

被白色柔毛，萼筒陀螺形，上唇近圆形，先端具3个近平截短齿，下唇齿披针形，具小刺尖；花冠淡紫、深紫或白色，长1.8-2.1厘米，冠筒长约1厘米，上唇长圆形，龙骨状，下唇长约8毫米，中裂片近圆形，具流苏状小裂片，侧裂片长圆形。小坚果卵球形，长1.5毫米。花期5-7月，果期8-9月。

产黑龙江、吉林、辽宁、山西、河南、山东、江苏、安徽、浙江及江西，生于海拔1700米以下山坡草地、灌丛及湿地。朝鲜及日本有分布。

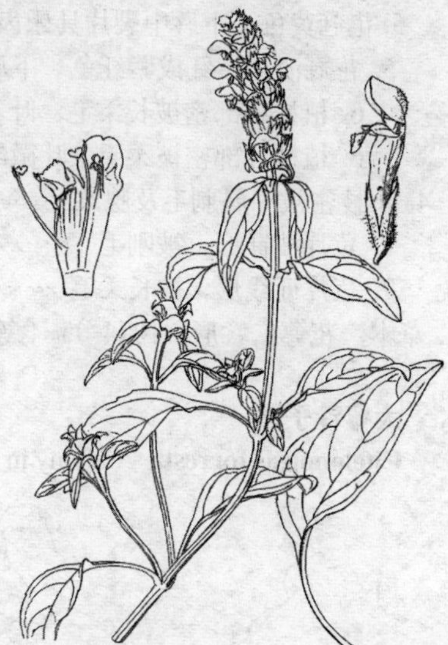

图 722 山菠菜（冯金环绘）

3. 硬毛夏枯草 图 723

Prunella hispida Benth. in Wall. Pl. Asiat. Rar. 1: 66. 1830.

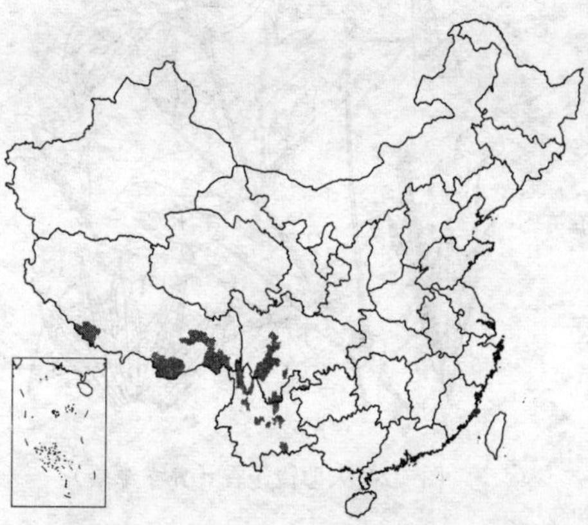

茎高达30厘米，具条纹，密被长硬毛，基部平卧。叶卵形或卵状披针形，长1.5-3厘米，先端尖，基部圆，具浅波状或圆锯齿，两面密被糙硬毛；叶柄长0.5-1.5厘米。穗状花序长2-3厘米；苞片近心形，先端骤长渐尖，密被长硬毛，边缘具糙硬毛。花梗长不及1毫米；花萼紫色，管状钟形，长约1厘米，脉被糙硬毛，上唇近圆形，下唇齿披针形，具刺尖头；花冠深紫或蓝紫色，长约1.5(-1.8)厘米，冠筒长约1厘米，喉部径达4毫米，上唇长圆形，龙骨状，背部被糙硬毛，下唇长5毫米，中裂片近圆形，具波状小裂片，侧裂片长圆形。小坚果卵球形，长1.5毫米，背腹稍扁。花期6月至翌年1月。

产云南、四川及西藏，生于海拔1500-3800米路边、林缘及山坡草地。印度及锡金有分布。

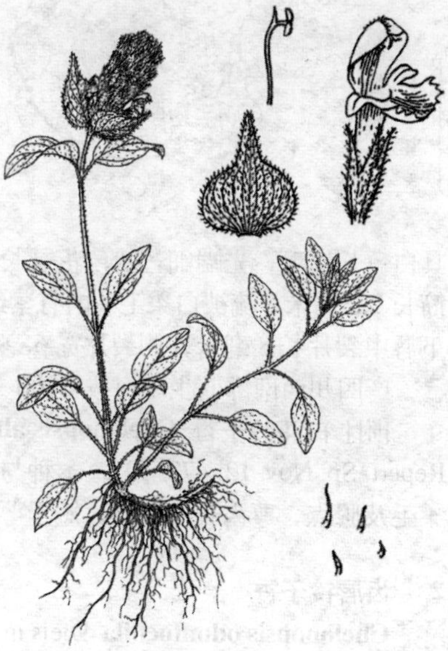

图 723 硬毛夏枯草（蔡淑琴绘）

26. 铃子香属 Chelonopsis Miq.

草本或灌木。叶具圆齿或锯齿。聚伞花序生于上部叶腋，具2-10花。花萼钟形，膜质，花后膨大，10脉，4-5齿，萼齿三角形，近等大或二唇形，上唇3齿，下唇2齿；花冠白、黄或紫红色，二唇形，冠筒近基部膨大，伸出，内面无毛环，上唇短小，直立，全缘或微缺，下唇3裂，中裂片先端微缺，边缘波状或具牙齿；雄蕊4，伸至上唇片之下，花丝扁平，被微柔毛，花药2室，药室叉开，前方被髯毛；子房无毛，柱头2浅裂。小坚果背腹扁，顶端具斜翅。

约16种，分布自克什米尔经我国至日本。我国13种。

1. 灌木或亚灌木；花萼5齿等大。
  2. 叶柄长2-5毫米；花冠白、乳白或粉红色，具紫晕或紫斑。
    3. 叶对生；花萼疏被白色纤毛，萼齿披针形，稍长于萼筒 …………………… 1. **大萼铃子香 C. forrestii**
    3. 三叶轮生；花萼被柔毛及腺点，萼齿长三角形，短于萼筒 …………………… 1(附). **白花铃子香 C. albiflora**
  2. 叶柄长1-5厘米；花冠黄、淡红或紫红色。
    4. 小枝被柔毛、短柔毛或长柔毛、杂有稀疏刺毛，无腺毛。

5. 花冠黄色，下唇中裂片具牙齿 ………………………………………… 2. **齿唇铃子香 C. odontochila**
5. 花冠淡红、红或紫红色，下唇中裂片先端微缺。
6. 植株各部密被长柔毛；叶不皱，密生重圆齿 ………………………………… 3. **玫红铃子香 C. rosea**
6. 植株各部密被柔毛；叶微皱，具圆锯齿 ………………………………… 3(附). **多毛铃子香 C. mollissima**
4. 小枝密被平展刺毛及腺柔毛。
7. 苞片披针形，被刚毛 ……………………………………………………… 4. **具苞铃子香 C. bracteata**
7. 苞片近线形，被长柔毛 ……………………………………………… 4(附). **丽江铃子香 C. lichiangensis**
1. 草本；花萼二唇形，具(4–)5 不等大短齿 ………………………………… 5. **浙江铃子香 C. chekiangensis**

1. 大萼铃子香 图 724

Chelonopsis forrestii Anthony in Notes Roy. Bot. Gard. Edinb. 15: 239. 1927.

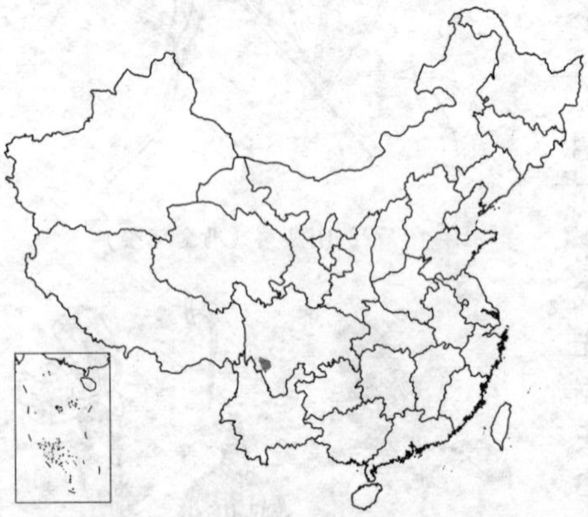

灌木，高达 2 米。茎麦秆色，茎皮剥落。小枝疏被柔毛或近无毛。叶对生，卵状披针形，长 4–7 厘米，先端渐尖，基部稍圆或浅心形，疏生浅齿或近全缘，具缘毛，两面疏被白柔毛，下面被腺点；叶柄长约 5 毫米。聚伞花序具 1 花，花序梗细，长 1–2.5 厘米；苞片线形，长 5 毫米。花梗长约 3 毫米；花萼钟形，长约2.3厘米，疏被白色纤毛，萼筒长约 1 厘米，萼齿 5，披针形，具白色长纤毛，先端细芒状；花冠长约 3 厘米，乳白色具紫晕，或红色。冠筒长 2.2 厘米，疏被白柔毛，内有紫纹，上唇扁圆形，长 5 毫米，先端微缺，下唇中裂片长 8 毫米，侧裂片宽 5 毫米。花期 7 月。

产四川西南部，生于海拔 2800–3100 米林下及沟边灌丛中。

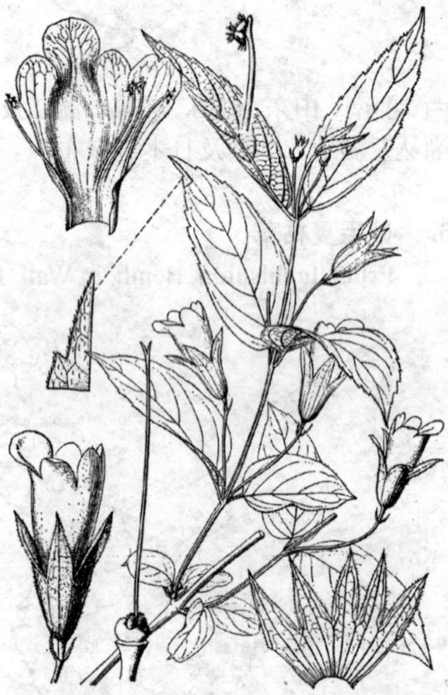

图 724 大萼铃子香（曾孝濂绘）

[附] **白花铃子香 Chelonopsis albiflora** Pax et Hoffm. ex Limpr. in Fedde, Repert. Sp. Nov. 12: 477. 1922. 本种与大萼铃子香的区别：三叶轮生；花萼被柔毛及腺点，萼齿长三角形，短于萼筒。花期 8 月。产四川西部及西藏，生于海拔 3400–3700 米灌丛湿地。

2. 齿唇铃子香 图 725:1–5

Chelonopsis odontochila Diels in Notes Roy. Bot. Gard. Edinb. 5: 240. 1912.

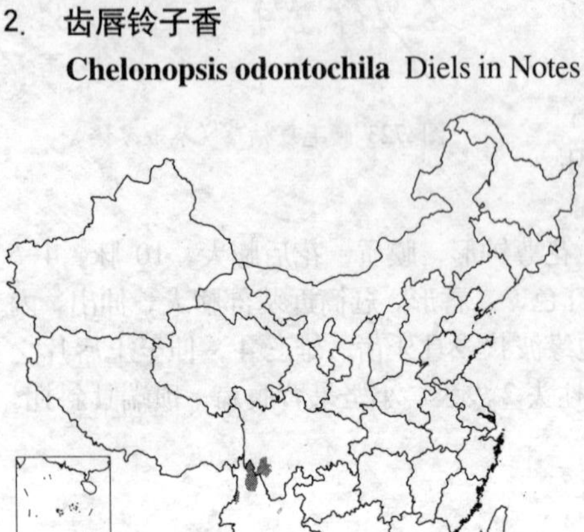

灌木，高达 2 米。茎密被短柔毛及稀疏长刺毛。叶卵形，长 3–5 厘米，先端渐尖，基部心形，具细密圆锯齿，微皱，两面被柔毛；叶柄长 1.5–2 厘米，被短柔毛。聚伞花序具(1–)3 花，被短柔毛，花序梗长 1–2 厘米；苞片线状披针形，长 4–6 毫米，具缘毛。花梗长 5–7 毫米；花萼钟形，长 1 厘米，疏被柔毛，萼筒长约 8 毫米，萼齿三角形，长约 2 毫米；花冠黄色，长约 3.2 厘米，被微柔毛，冠筒长约 2.2 厘米，上唇长约 3 毫米，先端微缺，下唇中裂片具牙齿，侧裂片宽约 4 毫米。小坚果黑褐色，卵状椭圆形，长 1 厘米，扁平，顶端具翅。花期 9–10 月，果期 10–11 月。

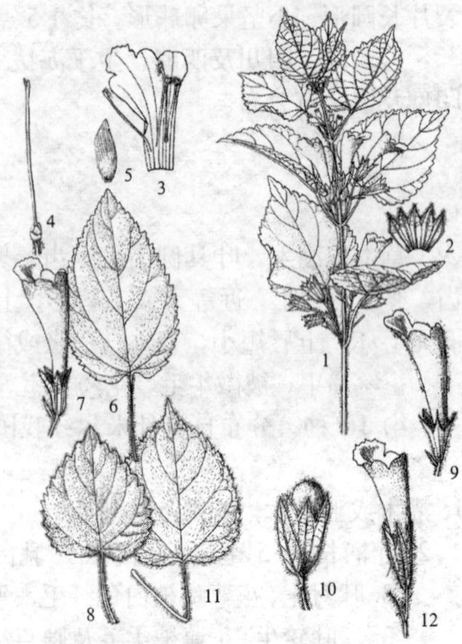

图 725:1–5. 齿唇铃子香 6–7. 玫红铃子香 8–9. 多毛铃子香 10. 具苞铃子香 11–12. 丽江铃子香（曾孝濂绘）

产云南西北部及四川西南部，生于海拔 1400-1950 米谷地干旱灌丛中。

3. 玫红铃子香 图 725:6-7

Chelonopsis rosea W. W. Smith in Notes Roy. Bot. Gard. Edinb. 9: 93. 1916.

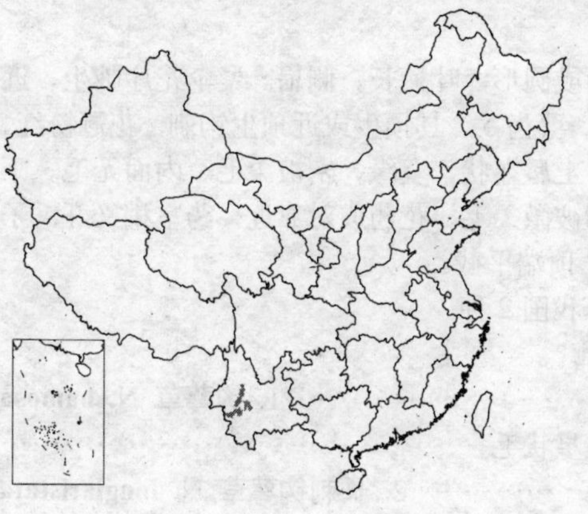

灌木，高达 2 米。枝粗壮，密被长柔毛。叶宽卵形，长 3-8 厘米，先端短渐尖，基部心形，具重圆锯齿，上面及下面沿脉密被长柔毛，两面被腺点；叶柄长 1-4.5 厘米，密被长柔毛。聚伞花序具 3 花，密被长柔毛，花序梗长 0.5-1.5 厘米；苞片近线形，密被长柔毛。花梗长 3-5 毫米；花萼管状钟形，长 1.2-1.4 厘米，密被短柔毛，萼齿 5，三角形或窄三角形；花冠淡红或紫红色，长 3-4 厘米，密被柔毛，上唇长 3 毫米，近全缘，下唇中裂片长 6 毫米，近全缘，侧裂片长约 3 毫米，宽 5 毫米。小坚果深褐色，长椭圆形，长 1.1 厘米，顶端具翅，具细脉。花期 9-10 月，果期 11-12 月。

产云南西部及西南部，生于海拔 1600-3100 米旷地灌丛中。

[附] **多毛铃子香** 图 725: 8-9 **Chelonopsis mollissima** C. Y. Wu in Acta Phytotax. Sin. 10(2): 151. 1965. 本种与玫红铃子香的区别：植株各部密被柔毛；叶微皱，具圆齿。产云南北部，生于海拔 1200-1700 米干暖河谷、旷地灌丛中。

4. 具苞铃子香 图 725:10

Chelonopsis bracteata W. W. Smith in Notes Roy. Bot. Gard. Edinb. 9: 92. 1916.

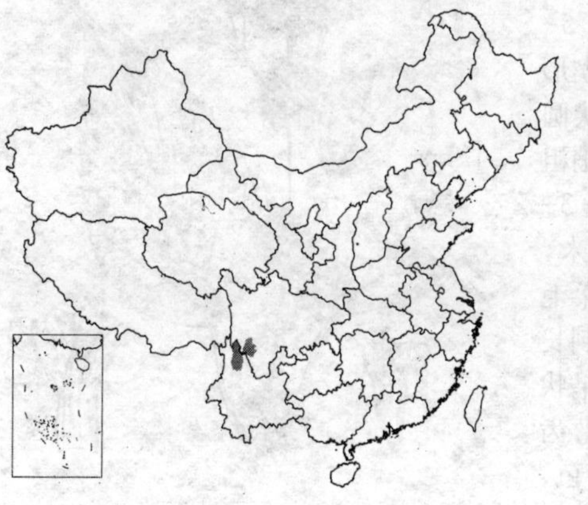

灌木，高达 1.5 米。小枝密被平展刚毛及腺柔毛。叶卵形或披针状卵形，长 7-10 厘米，先端渐尖，基部浅心形，具 1-3 对小羽片，齿状锯齿，上面疏被刚毛，沿中脉被白色柔毛，下面疏被刚毛；叶柄粗，长 3-5 厘米，被刚毛及腺柔毛。聚伞花序腋生，具 3 花，被刚毛及腺柔毛，花序梗长 3-5 厘米；苞片绿或红色，披针形，长达 2.5 厘米，被刚毛。花梗长 2-5 毫米；花萼长约 2 厘米，密被柔毛及疏生刚毛；萼齿三角形；花冠深玫瑰红色，长 2.5-3 厘米，喉部径达 1.2 厘米，近无毛，上唇长约 2 毫米，宽 4 毫米，下唇中裂片长 6 毫米，宽 7 毫米，边缘波状，侧裂片长 4 毫米。花期 10-11 月。

产云南西北部及四川西南部，生于海拔 2000-2400 米干暖河谷坡地及灌丛中。

[附] **丽江铃子香** 图 725:11-12 **Chelonopsis lichiangensis** W. W. Smith in Notes Roy. Bot. Gard. Edinb. 9: 92. 1916. 本种与具苞铃子香的区别 苞片近线形，被长柔毛。产云南西北部，生于海拔 1900 米谷地、开旷坡地。

5. 浙江铃子香 图 726

Chelonopsis chekiangensis C. Y. Wu in Acta Phytotax. Sin. 8(1): 26. pl. 3. 1959.

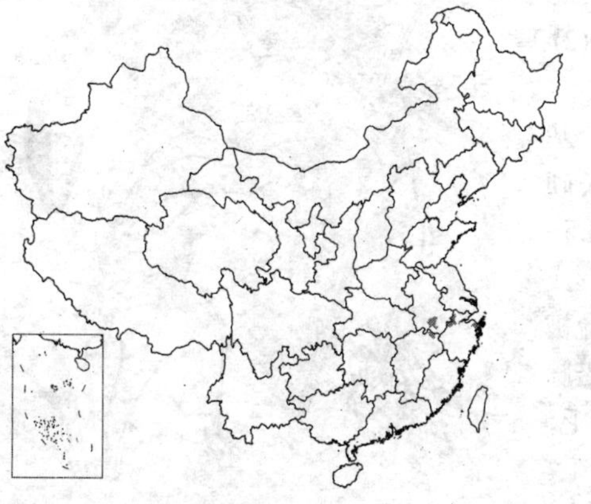

直立草本，高约 60 厘米。具根茎。茎钝四棱，具槽，无毛或稍被硬毛。叶披针形，长 3-15 厘米，先端渐尖，基部窄楔形，具不规则胼胝质浅锯齿，两面疏被硬毛，脉被糙伏毛，下面被不明显腺点；叶柄长 0.4-3 厘米。聚伞花序疏被糙伏毛，具 3-4 花，花序梗长 1-1.5(-2) 厘米；苞片披针形。花萼钟状，二唇形，长 0.8-1 厘米，果时囊状增大，长达 2 厘米，疏被糙伏毛，后无毛，上部具网状横脉，萼齿不等大，三角形，

图 726 浙江铃子香（引自《中国植物志》）

先端钝；花冠紫色，长 3-4 厘米，稍二唇形，被细乳点，上唇长约 7 毫米，全缘，下唇与上唇等长，中裂片全缘或波状。小坚果褐色，长椭圆形，长约 1 厘米，具翅，被细脉。花期 8 月，果期 9-10 月。

产安徽、浙江及江西，生于低海拔山坡。

27. 钩萼草属 Notochaete Benth.

直立草本。根茎粗。幼茎被星状毛或长硬毛，后脱落近无毛。叶卵形或圆形；叶柄长，侧扁。聚伞花序腋生，近球形，具多花；苞片线形，质硬，先端钩状，较花冠长。花萼管形，5 脉，萼齿 5，具顶生或近顶生钩刺；花冠粉红、黄或白色，冠筒直伸，内藏，无毛，或内面喉部稍被柔毛，冠檐二唇形，上唇盔状，全缘，密被柔毛，内面无毛，下唇近相等 3 裂，被柔毛，内面无毛；雄蕊 4，二强，前对较长，花丝下部被微柔毛，花药成对靠近，药室稍叉开；子房无毛或顶端被星状毛，花柱丝状，柱头 2 浅裂。小坚果三棱状长圆形，顶端平截。

2 种，分布于尼泊尔、锡金、不丹、印度东北部、缅甸北部及我国。我国 2 种。

1. 叶基部宽楔形或圆；苞片长约 1 厘米；花冠粉红或黄色；小坚果无毛 …………………………… 1. **钩萼草 N. hamosa**
1. 叶基部微心形或心形；苞片长 1.3-1.6 厘米；花冠白色；小坚果顶端被星状毛 …………………………………………………………………………………………………… 2. **长刺钩萼草 N. longiaristata**

1. 钩萼草 图 727

Notochaete hamosa Benth. in Edward's Bot. Reg. 15: 1289. 1829.

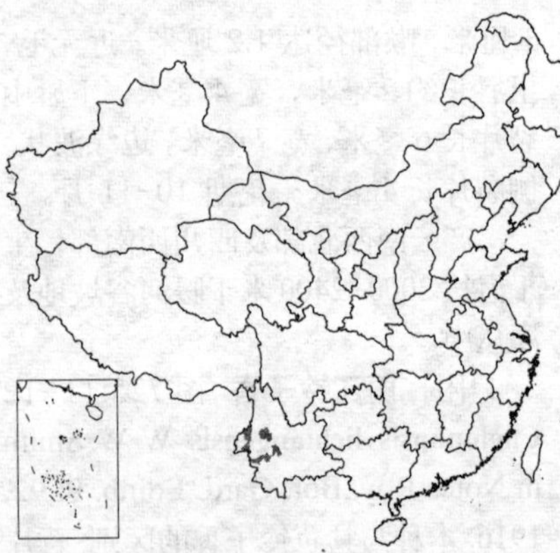

茎高达 2.5 米，基径达 6 毫米。茎枝具纵纹，幼时疏被星状毛，后渐无毛。叶卵形，长 5-14 厘米，先端渐尖，基部宽楔形或圆，基部以上密生锯齿状圆齿，两面密被微硬毛，上面稍粗糙，下面疏被星状毛；叶柄长 3-7 厘米。轮伞花序径约 2.5 厘米；苞片长约 1 厘米，下面被长柔毛及星状毛。花萼管状，连钩刺长约 1 厘米，萼筒中部以上被星状毛，内面喉部密被长柔毛，萼齿三角形，连钩刺长 4 毫米，果时长达 6 毫米，背面具钩刺；花冠粉红或黄色，长约 6 毫米。小坚果褐色，长 4 毫米，无毛。花期 8-9 月，果期 10 月。

产云南西部，生于海拔 1200-2500 米常绿林林缘或谷地。尼泊尔、不丹、锡金、印度东北部及缅甸北部有分布。

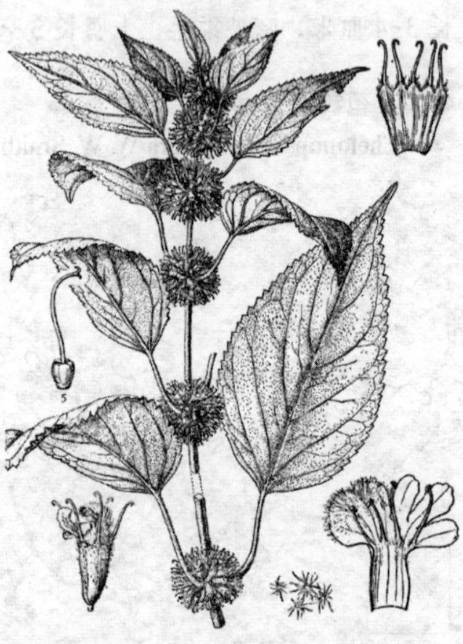

图 727 钩萼草（曾孝濂绘）

2. 长刺钩萼草 图 728

Notochaete longiaristata C. Y. Wu et H. W. Li in Acta Phytotax. Sin. 10(2): 154. pl. 37. 1965.

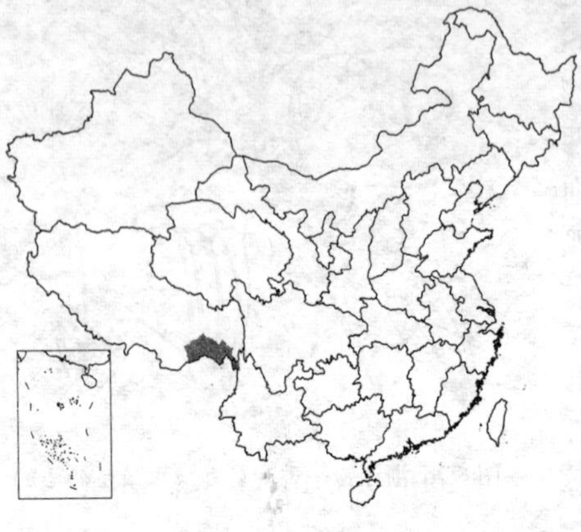

茎高达 80 厘米，具槽，基径达 8 毫米，幼时被倒向长硬毛，后近无毛。叶卵圆形，长 3.5-10 厘米，先端尖，基部微心形或心形，具锯齿状圆齿，上面疏被长硬毛，近边缘毛密，下面沿脉疏被长硬毛及星状毛，余无毛；叶柄长 2-8 厘米，疏被长硬毛。轮伞花序 3-4，径约 2.5 厘米；

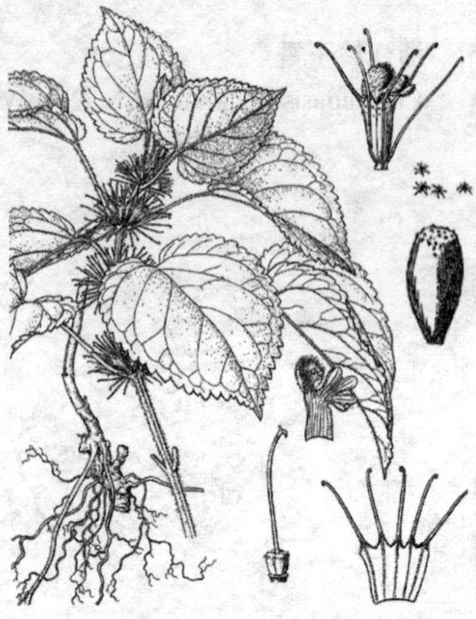

图 728 长刺钩萼草（曾孝濂绘）

苞片长 1.3-1.6 厘米，无毛。花萼管状，连钩刺长 1.3-1.6 厘米，上部疏被星状毛，萼筒长 6 毫米，萼齿连钩刺长 7 毫米，果时长达 1 厘米，三角形，先端具长钩刺；花冠白色，冠筒长约 5 毫米，上唇密被柔毛，下唇被柔毛。小坚果淡褐色，长约 4 毫米，顶端平截，被星状毛。花期 10-11 月，果期 11 月。

产云南西北部及西藏东南部，生于海拔 2000-2400 米密林下及沟边。

28. 沙穗属 Eremostachys Bunge

多年生草本。基生叶大，具粗齿或缺刻羽裂。轮伞花序具多花，组成穗状花序。花无梗；花萼管形，管状钟形或宽漏斗形，具 5 齿，有时萼檐增大具 5 短尖头，萼齿宽短，平截、圆形、卵形或三角形，先端具刺尖，齿间具卵状三角形附属物；花冠二唇形，冠筒多内藏，上唇盔状或镰状，基部窄，内面及边缘被髯毛或长柔毛，下唇 3 裂，中裂片较大；雄蕊 4，前对较长，有些花丝基部具篦齿状流苏附属物，药室 2，叉开，柱头不等 2 浅裂，前裂片较大。小坚果倒卵球状三棱形，顶端密被髯毛。

约 60 种，产亚洲中部及西部。我国 5 种。

1. 花萼管形，顶端不膨大，无萼檐 …………………………………………… 1. 绿叶美丽沙穗 **E. speciosa** var. **viridifolia**
1. 花萼漏斗形，顶端膨大，萼檐宽大 ……………………………………………………………… 2. 沙穗 **E. moluccelloides**

1. 绿叶美丽沙穗 图 729:1-5

Eremostachys speciosa Rupr. var. **viridifolia** Popov in Nouv. Mem. Moskovsk. Obsc. Isp. Prir. 19: 100. 1940.

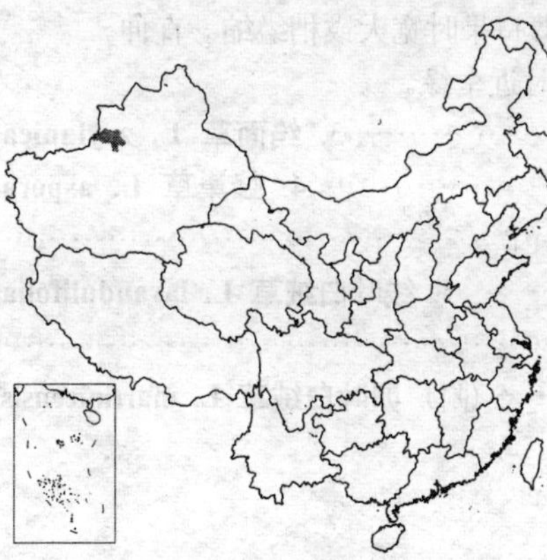

茎高达 25 厘米，密被白色绵毛。块根纺锤形，具须根，根颈被绵毛。基生叶卵形，长约 10 厘米，二回羽状深裂，裂片卵形，上面疏被短柔毛，下面疏被绵毛或柔毛，具不规则圆齿；叶柄长 9-10 厘米，稍抱茎，密被白色绵毛或柔毛。穗状花序长圆状椭圆形或球形，长 6-8 厘米，密被白色绵柔毛，轮伞花序具 4-5 花；苞叶卵形，具圆齿，苞片线形。花萼管形，长约 2 厘米，密被绵毛，萼齿平截，具长约 1 毫米刺尖；花冠黄色，长 4-4.5 厘米，冠筒无毛，内面近中部被毛，上唇卵形，先端弧弯，被白色柔毛，内面及边缘被髯毛，下唇扇形，长约 1.8 厘米，被柔毛，边缘波状，中裂片肾形，长约 9 毫米，侧裂片圆形，宽约 8 毫米；花丝中部被蛛网状毛，基部具篦齿状流苏附属物。花期 5-6 月。

图 729: 1-5. 绿叶美丽沙穗 6-9. 沙穗
（曾孝濂绘）

产新疆，生于海拔 1800 米山坡草地。美丽沙穗（模式变种）var. **speciosa** 产塔吉克斯坦、哈萨克斯坦、土库曼斯坦及西南亚，我国未见分布。

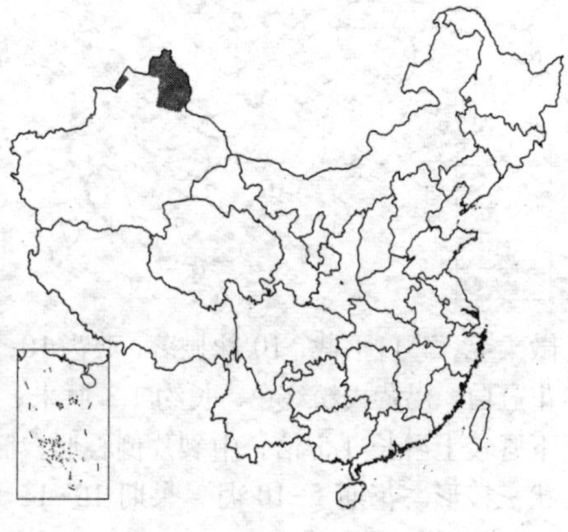

2. 沙穗 图 729: 6-9

Eremostachys moluccelloides Bunge in Ledeb. Fl. Alt. 2: 415. 1830.

茎粗壮，高达 30 厘米，密被腺绵毛状长柔毛，节间疏被毛。根芜菁状，根颈被绵毛状长柔毛。基生叶椭圆形，长 5-7 厘米，先端钝，基部近圆，具尖锯齿，上面疏被柔毛，下面密被绵毛状长柔毛；茎生叶长约 4.5 厘米，具圆齿；叶柄长 2-4 厘米。穗状花序长，轮伞花序具 (2-)4(-6) 花；苞叶全缘或上端具锯齿，苞片线形。花萼漏斗形，长约 2.3 厘米，被柔毛及腺点，萼檐内面疏被短柔毛，果时宽大，萼齿圆或扁三角形，先端具长1毫米刺芒；花冠长达 2.1 厘米，无毛，内面具柔毛环，上唇黄色，镰状，被柔毛，内面边缘被髯毛，下唇橙黄色，中裂片倒心形，长3毫米，侧裂片卵形，宽3毫米；花丝具蛛网状毛，后对基部具篦齿状流苏附属物，前对具鳞片状附属物。小坚果黑色，顶端密被柔毛状髯毛。花期 6-7 月，果期7月。

产新疆，生于海拔430米砂砾戈壁地带。哈萨克斯坦、塔吉克斯坦、俄罗斯、蒙古、西南亚及欧洲巴尔干半岛有分布。

29. 绣球防风属 Leucas R. Br.

草本或亚灌木。叶全缘或具齿。轮伞花序具少至多花，疏散。花萼管形或倒锥形，10 脉，直伸或弯曲，萼口平截或偏斜，萼齿 8-10，常等大；花冠白色，稀黄、紫、淡褐或深红色，冠筒内藏，冠檐上唇盔状，密被长柔毛，下唇 3 裂，中裂片大；雄蕊上升至上唇片之下，成对靠近，药室 2，卵球形，极叉开，后先端汇合，常橙色；柱头不等 2 浅裂。小坚果卵球状三棱形，稍被毛或无毛。

约 100 种，分布于非洲、亚洲、澳大利亚及太平洋岛屿，南美洲栽培 2 种，已野化。我国 8 种。

1. 萼口不偏斜。
  2. 花萼喉部内面被微柔毛，萼齿果时直立；叶卵形，长 2.5-4 厘米，植株密被白色柔毛状绒毛 …………………… 1. **白绒草 L. mollissima**
  2. 花萼喉部内面密被长柔毛，萼齿果时星状开展；叶披针形，长 6-9 厘米；植株密被黄色长硬毛 …………………… 2. **绣球防风 L. ciliata**
1. 萼口偏斜。
  3. 叶线形、长圆状线形或长圆状披针形，全缘、近全缘、疏生锯齿或圆齿；萼口果时宽大或稍缢缩，直伸。
    4. 植株被糙硬毛；萼口稍偏斜，齿较整齐，刺状；叶疏生锯齿或圆齿，有时近全缘。
      5. 轮伞花序径约1.5厘米，少花；萼筒脉不明显 …………………… 3. **绉面草 L. zeylanica**
      5. 轮伞花序径2-2.5厘米，多花；萼筒脉明显 …………………… 4. **蜂巢草 L. aspera**
    4. 植株被短柔毛；萼口偏斜，齿不规则或无，上齿大；叶全缘或疏生波状齿 …………………… 5. **线叶白绒草 L. lavandulifolia**
  3. 叶卵形或卵状披针形，具圆齿状锯齿；萼口果时缢缩，反折 …………………… 5 (附). **卵叶白绒草 L. martinicensis**

1. 白绒草 图 730

Leucas mollissima Wall. ex Benth. in Wall. Pl. Asiat. Rar. 1: 62. 1830.

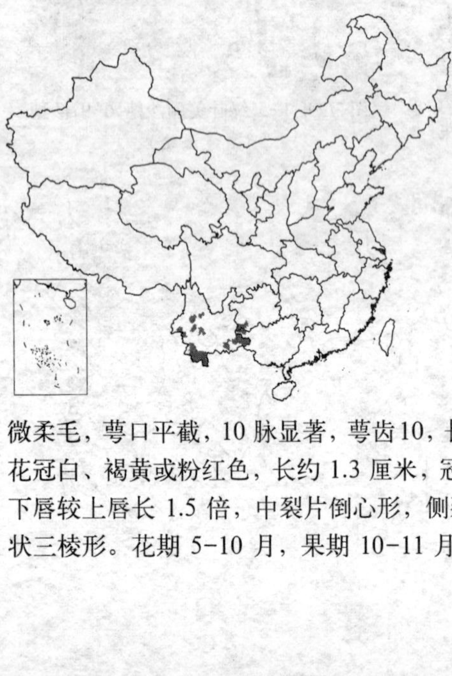

直立草本，高达1米。茎细长扭曲，被白色平伏柔毛状绒毛，多分枝，节间长。叶卵形，长 2.5-4 厘米，先端尖，基部宽楔形或心形，具圆齿状锯齿，两面密被柔毛状绒毛，上面具皱纹；叶柄长达1厘米，密被柔毛状绒毛。轮伞花序球状，径 1.5-2 厘米；苞片线形，长 2-3 毫米，密被长柔毛；花萼管形，长约 6 毫米，密被长柔毛，内面喉部被微柔毛，萼口平截，10 脉显著，萼齿10，长三角形，长约1毫米，果时直立；花冠白、褐黄或粉红色，长约 1.3 厘米，冠筒长约 7 毫米，内面中部具毛环，下唇较上唇长 1.5 倍，中裂片倒心形，侧裂片长圆形。小坚果黑褐色，卵球状三棱形。花期 5-10 月，果期 10-11 月。

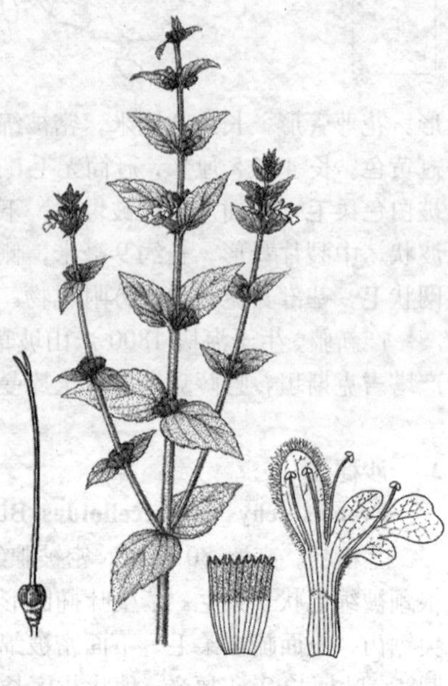

图 730 白绒草（王金凤绘）

产云南、贵州西部及广西西部，生于海拔 750-2000 米灌丛中、草地或溪边。尼泊尔、印度及东南亚有分布。全草治肾虚、遗精及阳痿。

2. 绣球防风 图 731

Leucas ciliata Benth. in Wall. Pl. Asiat. Rar. 1: 61. 1830.

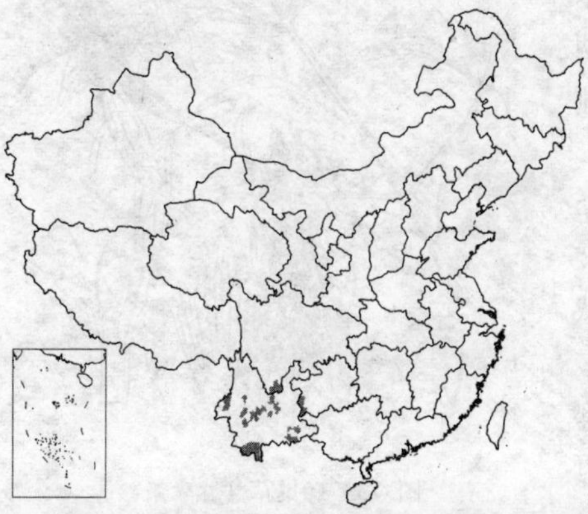

草本，高达 1 米。茎细长，被平伏或倒向黄色长硬毛。叶披针形，长 6-9 厘米，先端尖，基部宽楔形或近圆，具浅齿，上面被平伏短柔毛；叶柄长 0.6-1 厘米，密被长硬毛。轮伞花序球形，径 1.5-2.5 厘米；苞片线形，与萼筒等长，上面及边缘被长硬毛，下面无毛。花萼管形，长约 1 厘米，顶端宽大，被糙硬毛，内面喉部密被长柔毛，萼口平截或稍偏斜，萼齿 10，果时星状开展，被长硬毛；花冠白或紫色，长约 2.8 厘米，冠筒长约 1 厘米，内面具髯毛环，上唇长圆形，密被柔毛，下唇较上唇长 1.5 倍，中裂片倒梯形，先端 2 圆裂，侧裂片卵形。小坚果褐色，卵球形。花期 7-10 月，果期 10-11 月。

图 731 绣球防风（王金凤绘）

产云南、四川西南部、贵州西南部及广西西部，生于海拔 500-2750 米溪边、灌丛中或草地。尼泊尔、锡金、不丹、印度东北部、缅甸、老挝、越南北部有分布。全草治肿毒、皮疹、白翳、痈疽、癣疥及骨折。

3. 皱面草 图 732 彩片169

Leucas zeylanica (Linn.) R. Br. Prodr. Fl. Nov. Holl. 504. 1810.

Phlomis zeylanica Linn. Sp. Pl. 2: 586. 1753.

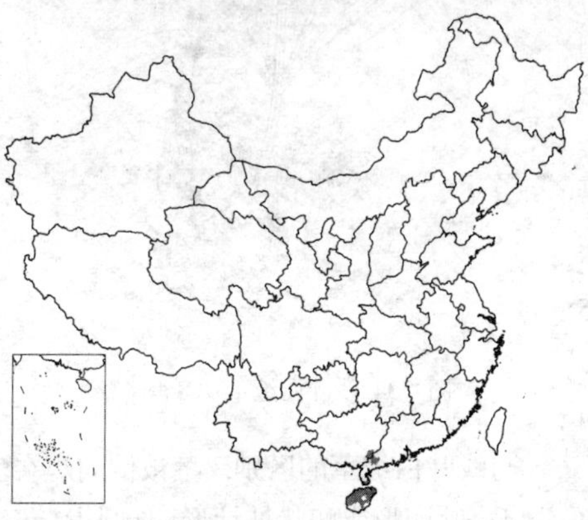

草本，高约 40 厘米。茎被硬毛及柔毛状硬毛。叶长圆状披针形，长 3.5-5 厘米，先端渐尖，基部楔形，疏生圆齿，上面疏被糙伏毛，下面密被淡黄色腺点，沿脉密被糙伏毛，侧脉 3-4 对；叶柄长约 5 毫米。轮伞花序径约 1.5 厘米，具少花，疏被糙硬毛；苞片线形，先端微刺尖。花萼管状钟形，下部无毛，上部有时疏被糙硬毛，内面疏被糙硬毛，10 脉不明显，萼口偏斜，萼齿 8-9，刺状；花冠白色，或具紫斑，长约 1.2 厘米，冠筒近喉部密被柔毛，内面具毛环，下唇较上唇长 1 倍，中裂片椭圆形，边缘波状，侧裂片卵形。小坚果深褐色，椭圆状近三棱形。花、果期全年。

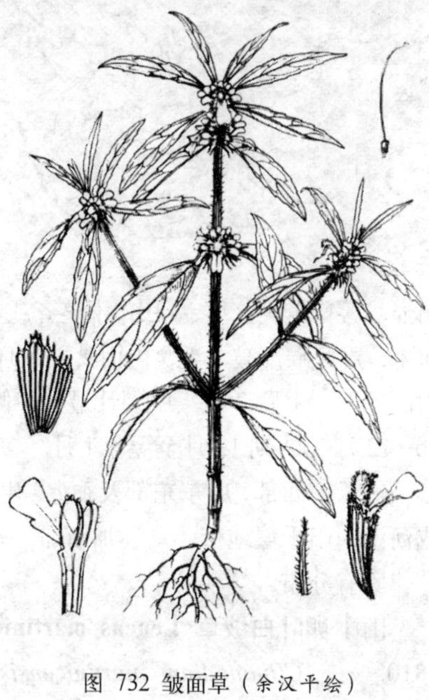

图 732 皱面草（余汉平绘）

产广西、广东及海南，生于海拔 250 米以下滨海地带、田边、缓坡及旷地。东南亚各国有分布。全草治感冒咳嗽、牙痛、肠胃不适及百日咳。

4. 蜂巢草 图 733

Leucas aspera (Willd.) Link, Enum. Hort. Berol. Alt. 2: 113. 1822.

Phlomis aspera Willd. Enum. Pl. 621. 1809.

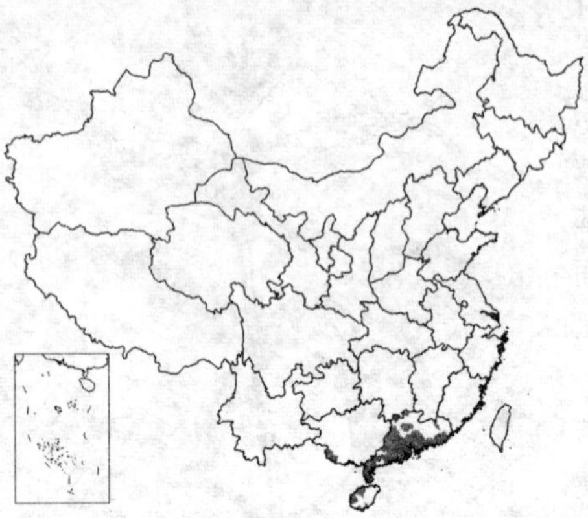

一年生草本，高达 40 厘米。茎被糙硬毛。叶线形或长圆状线形，长 2.5-6 厘米，先端钝，基部楔形，疏生圆齿或近全缘，两面被糙伏毛，下面脉上毛密，侧脉约 3 对；叶柄短，或近无柄，密被糙硬毛。轮伞花序径 2-2.5(-3) 厘米，具多花，密被糙硬毛；苞片线形，与萼等长，具硬毛状缘毛。花萼管形，长约 1 厘米，基部微被糙硬毛或近无毛，上部密被糙硬毛，10 脉突出，萼口偏斜，10 齿伸出，短三角形，先端刺尖；花冠白色，长约 1.2 厘米，冠筒长约 8 毫米，下唇伸展。小坚果褐色，长圆状三棱形，长约 2 毫米。花、果期全年。

产广西、广东及海南，生于海拔约 100 米田边、空旷湿地或沙质草地。印度、锡金、泰国、马来西亚、印度尼西亚及菲律宾有分布。

图 733 蜂巢草（曾孝濂绘）

5. 线叶白绒草 图 734

Leucas lavandulifolia Smith in Rees Cycl. 20 sect. 2, pl. 40. 1812.

草本，高达 1 米。茎基部多分枝，被灰白短柔毛。叶长圆状线形、线状披针形或线形，长 2.5-7厘米，先端钝，基部楔形，全缘或疏生波状齿，两面被灰白微柔毛，下面被淡黄色腺点，侧脉2-3对；叶柄极短。轮伞花序径1.5-2.5厘米；苞片线形，较萼筒短，具刺尖。花萼倒卵球形，长约 5 毫米，密被短柔毛，脉不明显，萼口偏斜，萼齿10，不整齐或不明显，上齿大；花冠白色，长约1.5厘米，冠筒喉部被柔毛，内面具柔毛环，下唇较上唇长 2 倍，基部稍被柔毛，内面无毛，上唇 3 裂，中裂片最大，侧裂片小。小坚果褐色，卵球形。花期10-12月，果期12月至翌年1月。

产云南西部、广东东部及香港，生于海拔950-1400米以下林缘、灌丛中或河滩向阳干燥地带。马达加斯加、印度、泰国、马来西亚、印度尼西亚及菲律宾有分布。

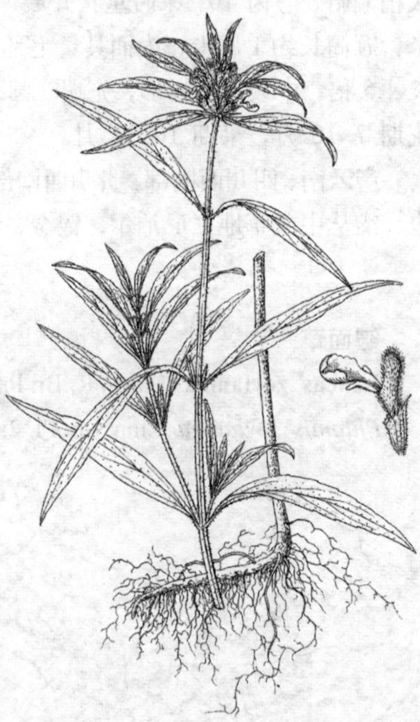

图 734 线叶白绒草（蔡淑琴绘）

[附] **卵叶白绒草 Leucas martinicensis** (Jacquin) R. Br. in DC. Prodr. 504. 1810. —— *Clinopodium martinicensis* Jacquin Enum. Syst. Pl. 25. 1760. 本种与线叶白绒草的区别：茎被倒向短柔毛；叶卵形或卵状披针形，具圆齿。花期9-10月，果期11月。产云南西部，生于海拔1100-1500米草坡或旷地。非洲、印度、缅甸、南美及北美有分布。叶浸液治肠胃病。

30. 糙苏属 Phlomis Linn.

多年生草本。叶具绉纹。轮伞花序腋生；苞叶与茎叶相似。花无梗；花萼管形或管状钟形，喉部不偏斜，脉5（10-11），凸起，萼齿5，等长，齿间弯缺具三角形齿；花冠黄、紫或白色，二唇形，冠筒内藏或稍伸出，内面常具毛环，上唇直立、盔状或龙骨状，稀窄镰状，全缘或具流苏状缺齿，被绒毛或长柔毛，下唇3裂，中裂片较侧裂片宽；雄蕊二强，前对较长，后对花丝基部常具附属物，花药成对靠近，药室2，极叉开，后先端汇合；柱头裂片钻形，后裂片长为前裂片之半，稀等长。小坚果卵状三棱形，顶端钝，稀平截。

约100种以上，分布于地中海、近东、亚洲中部至东部。我国43种。

1. 植株具基生叶丛。
  2. 小坚果被毛。
    3. 叶下面被单毛或近无毛 …………………………………… 4. **块根糙苏 P. tuberosa**
    3. 叶下面被星状毛。
      4. 叶上面被单毛。
        5. 苞片线状钻形 …………………………………… 8. **萝卜秦艽 P. medicinalis**
        5. 苞片披针形 …………………………………… 6. **大叶糙苏 P. maximowiczii**
      4. 叶上面被星状毛。
        6. 基生叶披针状长圆形或窄长圆形，上面被星状糙伏毛及单毛，下面被星状微毛 …………………………………… 2. **螃蟹甲 P. younghusbandii**
        6. 基生叶卵状三角形，上面疏被星状糙硬毛及单毛，或疏被糙硬毛至近无毛，下面被星状柔毛或簇生刚毛，稀被刚毛 …………………………………… 5. **串铃草 P. mongolica**
  2. 小坚果无毛。
    7. 花冠粉红或白色。
      8. 茎被星状糙硬毛；叶窄卵形或长三角形 …………………………………… 3. **假秦艽 P. betonicoides**
      8. 茎被星状毡毛、糙伏毛或短硬毛；叶三角形或三角状卵形 …………………………………… 7. **尖齿糙苏 P. dentosa**
    7. 花冠紫红色；叶心状卵形或卵状长圆形，两面被星状柔毛及单毛 …………………………………… 1. **草原糙苏P. pratensis**
1. 植株无基生叶丛，具茎生叶。
  9. 花冠长3厘米以上。
    10. 花冠淡黄或白色 …………………………………… 9. **大花糙苏 P. megalantha**
    10. 花冠暗紫色 …………………………………… 10. **美观糙苏 P. ornata**
  9. 花冠长不及3厘米。
    11. 轮伞花序无梗，稀花序梗短。
      12. 茎近无毛；叶上面被糙伏毛，下面被腺点，沿边缘被糙伏毛 …………………………………… 11. **黑花糙苏 P. melanantha**
      12. 茎被星状柔毛；叶上面疏被糙硬毛，下面被星状柔毛，沿脉密被平展细刚毛 …………………………………… 11(附). **苍山糙苏 P. forrestii**
    11. 轮伞花序具梗。
      13. 后对花丝基部具附属物 …………………………………… 12. **干精菜 P. congesta**
      13. 后对花丝无附属物。
        14. 叶具错齿状牙齿；苞片线状钻形，较硬 …………………………………… 13. **糙苏 P. umbrosa**
        14. 叶具圆齿；苞片线状披针形，草质 …………………………………… 13(附). **南方糙苏 P. umbrosa var. australis**

1. 草原糙苏 图735 彩片170

Phlomis pratensis Kar. et Kir. in Bull. Soc. Imp. Nat. Moscou 15: 426. 1842.

茎被长8柔毛，中部以上被星状毛。基生叶及下部茎生叶心状卵形或卵状长圆形，长10-17厘米，叶柄长3-22厘米；中部及下部茎生叶圆形，较

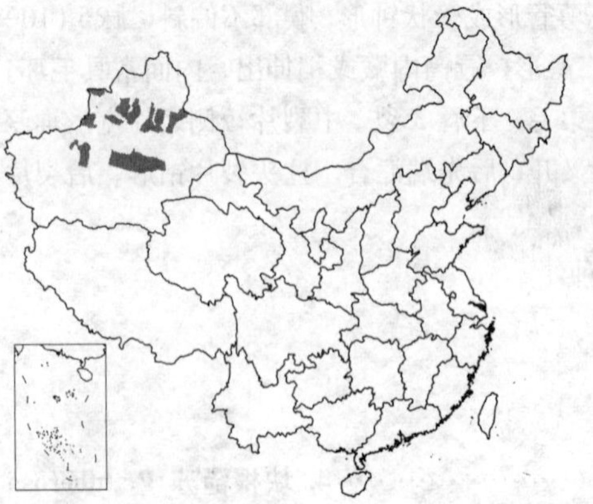

小，基部浅心形，具圆齿，上面被星状柔毛，下面被星状柔毛及单毛，叶柄长 1-3 厘米。轮伞花序具短梗或近无梗；苞叶卵状长圆形，具牙齿或近全缘，苞片线状钻形，长 0.8-1.5 厘米，被星状柔毛。花萼管形，长 1-1.5 厘米，被单毛及星状柔毛，萼齿具长 2-3 毫米芒尖；花冠紫红色，长 2.5-4 厘米，被长柔毛；冠筒下部无毛，内面具毛环，上唇具不整齐锯齿，内面密被髯毛，下唇中裂片宽倒卵形，侧裂片卵形；后对花丝基部在毛环之上具下弯附属器。小坚果无毛。

产新疆，生于海拔 1500-2550 米草原。哈萨克斯坦有分布。

图 735 草原糙苏（郭木森绘）

2. 螃蟹甲 图 736

Phlomis younghusbandii Mukerj. in Notes Roy. Bot. Gard. Edinb. 19: 307. 1938.

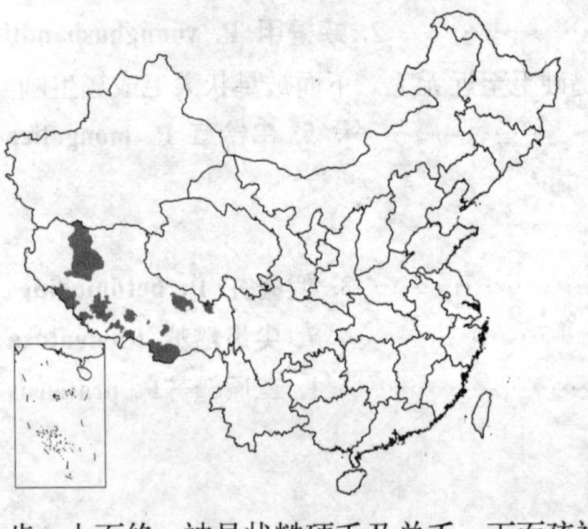

多年生草本，高达 20 厘米。茎不分枝，疏被平伏星状微绒毛。主根纺锤形，径达 2.5 厘米；根茎密被宿存叶柄基部。基生叶披针状长圆形或窄长圆形，长 5-9 厘米，先端钝或圆，基部心形，叶柄长 2-5 厘米；茎生叶卵状长圆形或长圆形，长 2-3.5 厘米，先端圆，基部宽楔形，叶柄长 0.4-1.3 厘米；叶缘均具圆齿，上面绉，被星状糙硬毛及单毛，下面疏被星状微绒毛。轮伞花序具多花，3-5 序；苞叶具短柄或近无柄，具牙齿或全缘，苞片刺毛状，长 0.9-1 厘米，被缘毛及星状微柔毛。花萼管形，长 0.9-1 厘米，径约 4 毫米，密被星状毛及腺微柔毛，萼齿圆，具长 1.2 毫米刺头；花冠长约 1.5 厘米，冠筒仅背部被毛，内面具毛环，上唇长约 5 毫米，边缘具齿，内面被髯毛，下唇长约 8 毫米，中裂片倒心形，侧裂片卵形，长约 2.5 毫米；后对花丝基部毛环上方具钩状附属物。小坚果被颗粒状毛。花期 7 月。

产西藏，生于海拔 4300-4600 米干旱山坡、灌丛中及旷野。块根治感冒咳嗽、支气管炎。

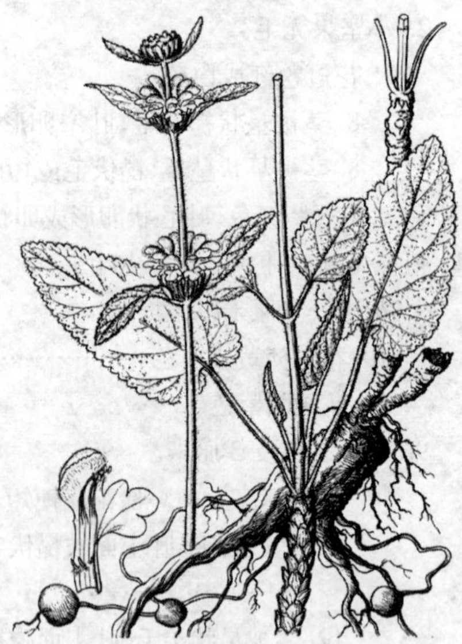

图 736 螃蟹甲（郭木森绘）

3. 假秦艽 图 737

Phlomis betonicoides Diels in Notes Roy. Bot. Gard. Edinb. 5: 241. 1912.

茎高达 80 厘米，密被星状糙硬毛，不分枝。根念珠状。基生叶窄卵形或长三角形，长 7.5-14 厘米，基部圆或心形，具圆齿或牙齿，上面密被星状糙伏毛或单毛，下面密被星状毛，沿脉被单毛，基生叶叶柄长 3-15 厘米；茎生叶长 5-9 厘米，毛被同基生叶，叶柄长不及 3 厘米。轮伞花序具多花；苞叶长 2.5-6 厘米，苞片深紫色，刺毛状，长约 1 厘米。花萼管状钟形，长约 1 厘米，上部及脉被刚毛，下部疏被微柔毛，萼齿刺毛状，长 1.8-4 毫米，平展，齿间具 2 牙齿，密被缘毛；花冠粉红或白色，长约 1.8 厘米，密被星状短硬毛，内面具毛环，上唇长约

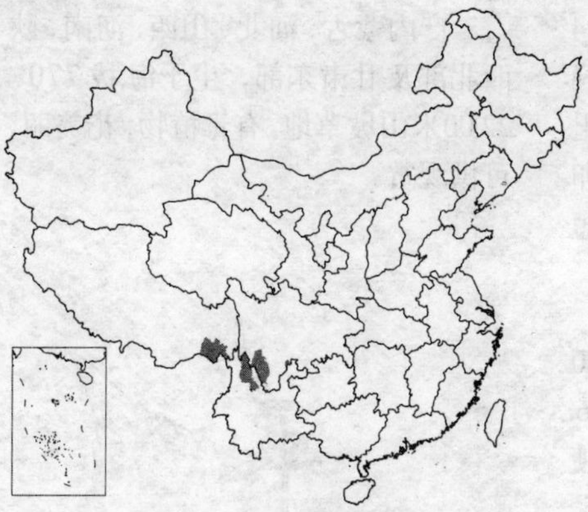

8毫米，内面被髯毛，具不整齐细齿，下唇长 6-7 毫米，中裂片倒卵状椭圆形，侧裂片近圆形，具不整齐细齿；雄蕊内藏，花丝被长毛，后对基部具短距状附属物。小坚果顶端微被鳞片，后脱落。花期6-8月，果期9-10月。

产云南西北部、四川西南部及西藏东部，生于海拔 2700-3000米林间草地、林下或草坡。根治肚胀、腹泻及风寒感冒。

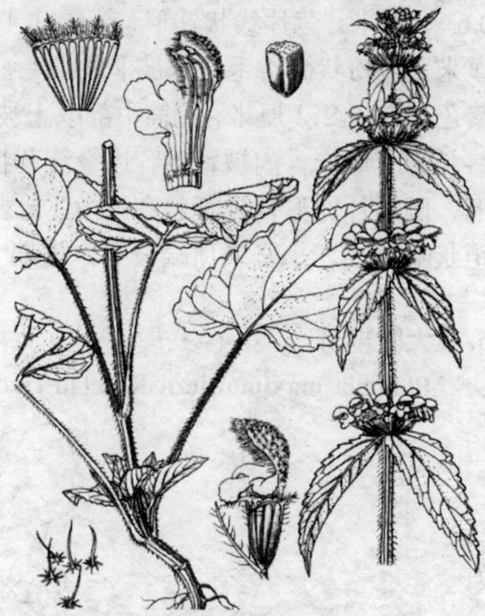

图 737 假秦艽（曾孝濂绘）

4. 块根糙苏　　图 738

Phlomis tuberosa Linn. Sp. Pl. 2: 586. 1753.

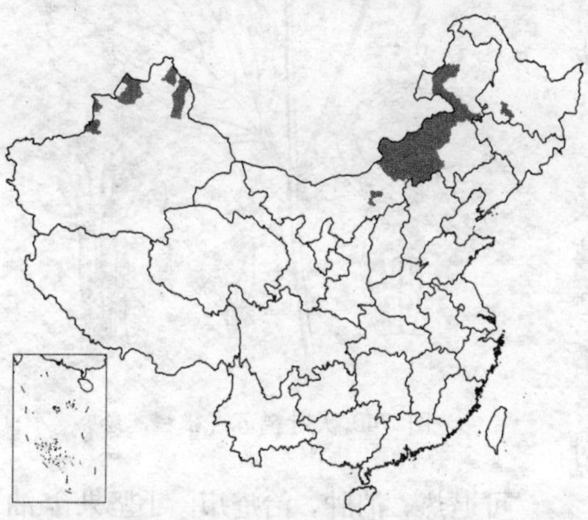

茎高达 1.5 米，上部近无毛，下部被柔毛，有时带紫红色。基生叶三角形，长 5.5-19 厘米，基部深心形，具不整齐圆齿，叶柄长 4-25 厘米；中部茎生叶三角状披针形，长 5-9.5 厘米，基部心形，具粗牙齿，稀波状，上面疏被刚毛或近无毛，下面无毛或仅脉疏被刚毛，叶柄长 1.5-3.5 厘米。轮伞花序具多花；苞叶披针形，具牙齿，苞片线状钻形，长约1厘米，具缘毛。花萼管状钟形，长约1厘米，仅近萼齿处疏被刚毛，萼齿半圆形，具长 1.8-2.5 毫米刺尖；花冠紫红色，长 1.8-2 厘米，冠檐密被星状绒毛，内面具毛环，下唇内面密被髯毛，具不整齐牙齿，下唇卵形，中裂片倒心形，侧裂片卵形；后对花丝基部具反折短距状附属物。小坚果顶端被星状短柔毛。花果期 7-9 月。

产黑龙江、内蒙古及新疆，生于海拔 1200-2100 米湿草原或山沟。中欧、巴尔干半岛、伊朗、哈萨克斯坦、俄罗斯及蒙古有分布，

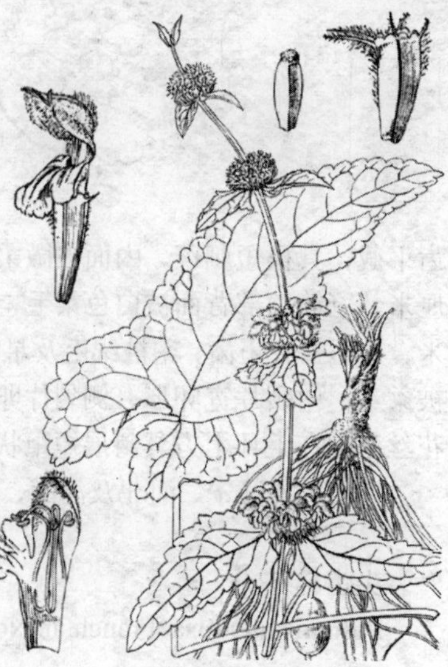

图 738 块根糙苏（冯金环绘）

5. 串铃草　　图 739 彩片171

Phlomis mongolica Turcz. in Bull. Soc. Imp. Nat. Moscou 24(2): 406. 1851.

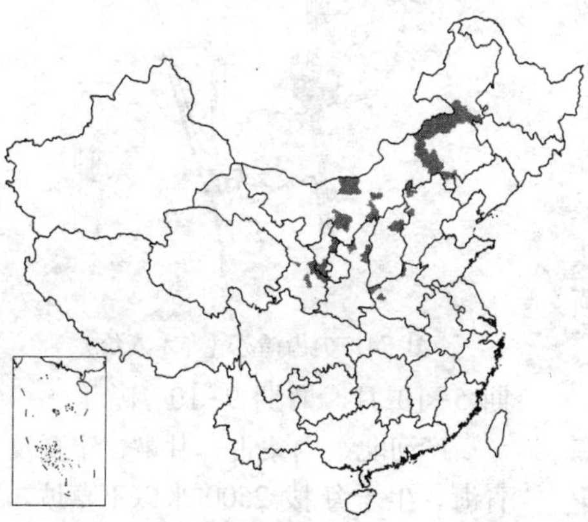

茎高达 70 厘米，分枝少，被柔毛或平展刚毛。主根木质，侧根球形或纺锤形。基生叶三角形或长卵形，长 4-13.5 厘米，先端钝，基部心形，具圆齿，上面疏被星状刚毛及单毛或疏被刚毛至近无毛，下面被星状毛，或簇生刚毛，稀被刚毛；茎生叶与基生叶同形，常较小；叶柄长 1-6 厘米。轮伞花序具多花；苞叶三角形或卵状披针形，柄长

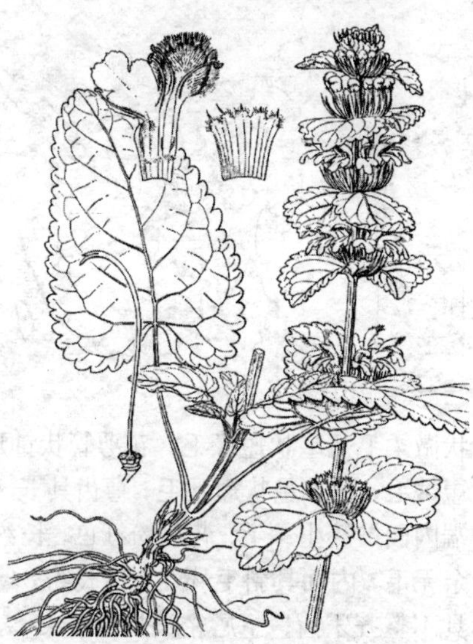

图 739 串铃草（曾孝濂绘）

0.6-1 厘米，苞片线状钻形，长约 1.4 厘米，先端刺尖。花萼管形，长约 1.4 厘米，被粉状微柔毛，脉被平展刚毛，萼齿圆，具长 2.5-3 毫米刺尖；花冠紫色，长约 2.2 厘米，冠筒中部以上被星状短柔毛，下部无毛，内具毛环，上唇长约 1 厘米，内被髯毛，边缘流苏状，下唇长宽约 1 厘米，中裂片宽倒卵形，侧裂片卵形，具不整齐圆齿；雄蕊内藏，花丝被毛，后对基部具反折短距状附属物。小坚果顶端被毛。花期 5-9 月，果期 7-10 月。

产内蒙古、河北、山西、河南、陕西北部及甘肃东部，生于海拔 770-2200米山坡草地。有毒植物；花美丽，可供观赏。

6. 大叶糙苏 图 740

Phlomis maximowiczii Regel in Trudy Imp. S. Peterburgsk. Bot. Sada 594. 1886.

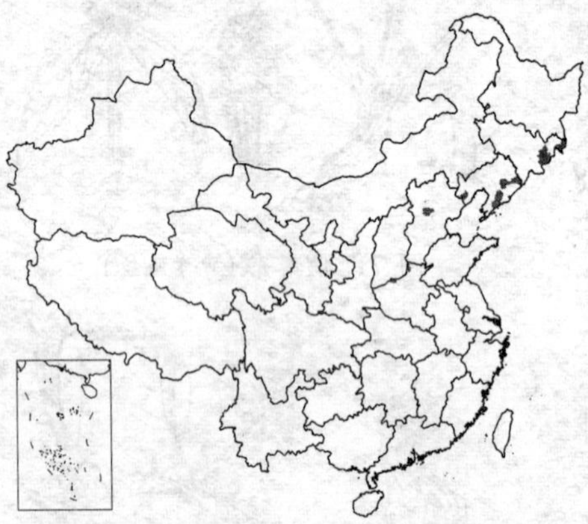

茎高达 1 米，疏被倒向糙硬毛，上部分枝。基生叶宽卵形，长 9-15 厘米，先端渐尖，基部浅心形，具锯齿或牙齿，上面疏被糙硬毛，下面疏被星状柔毛；下部茎生叶叶柄长 7-9 厘米，上部叶柄长 2-3 厘米。轮伞花序具多花，花序梗长 1-2 毫米；苞叶卵状披针形，苞片披针形，长 0.9-1 厘米。花萼管形，长 0.8-1 厘米，脉被平展刚毛，萼齿平截，具极短刺芒，内面被微柔毛，顶部被簇生毛；花冠粉红色，长约 2 厘米，冠筒顶部背面被白色柔毛，余无毛，内面具斜向毛环，上唇长约 9 毫米，具不整齐牙齿，密被绵毛及星状绒毛，内面密被髯毛，下唇长约 5 毫米，被柔毛，中裂片宽卵形，侧裂片卵形；雄蕊内藏，花丝顶部被长柔毛，后对花丝基部在毛环上方具斜展短距状附属物。花期 7-8 月。

产吉林、辽宁、河北及河南，生于林缘或河岸。俄罗斯有分布。根药用，可退热、消肿，治疮疖；小坚果含油 20%-34%。

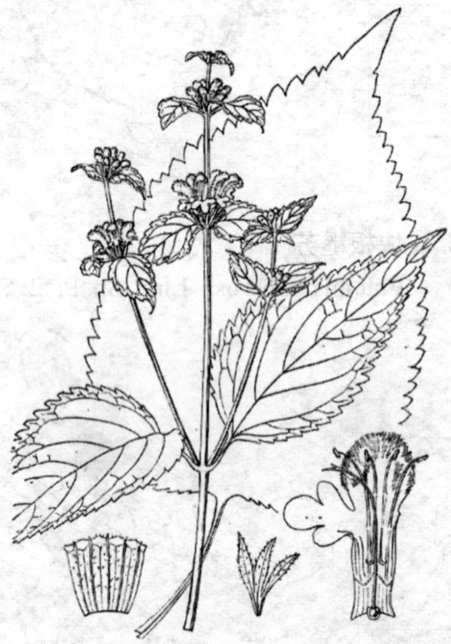

图 740 大叶糙苏（张桂芝绘）

7. 尖齿糙苏 图 741

Phlomis dentosa Franch. in Nouv. Arch. Mus. Hist. Nat. ser. 2, 6: 123. 1883.

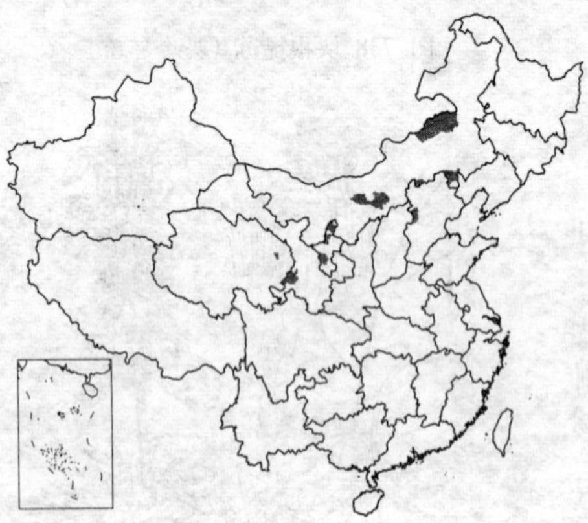

茎高达 80 米，被星状短毡毛、糙伏毛或短硬毛。基生叶三角形或三角状卵形，长 5.5-10 厘米，先端圆，基部心形，具不整齐圆齿，上面被短硬毛或星状糙伏毛，稀星状短柔毛，下面密被星状短柔毛；茎生叶同形，较小；叶柄长 2.5-10 厘米。轮伞花序具多花，多序；苞叶卵状三角形或披针形，疏生牙齿，苞片针刺状，长 0.7-1 厘米，密被星状微柔毛及星状短缘毛。花萼管状钟形，长约 9 毫米，径 6 毫米，密被星状短绒毛，脉被星状短硬毛，萼齿具长 4-5 毫米刺尖，齿间具 2 小齿，小齿顶端内面被簇生柔毛；花冠粉红色，长约 1.6 厘米，冠筒背面近喉部被短柔毛，余无毛，内面具斜毛环，上唇长约 8 毫米，反折，密被星状短柔毛及长柔毛，具不整齐牙齿，下唇密被星状短柔毛，中裂片宽倒卵形，侧裂片卵形；雄蕊伸出，花丝被毛，后对基部在毛环上方具反折短距状附属物。小坚果无毛。花期 5-10 月，果期 9-10 月。

产河北、内蒙古、甘肃、宁夏及青海，生于海拔 2500 米以下草坡。

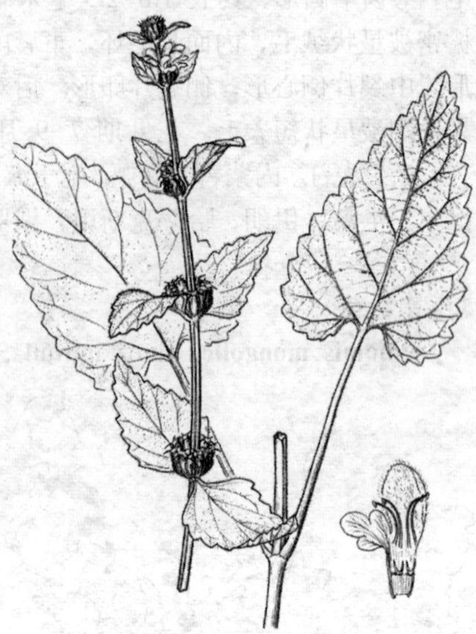

图 741 尖齿糙苏（郭木森绘）

8. 萝卜秦艽 图 742

Phlomis medicinalis Diels in Engl. Bot. Jahrb. 29: 554. 1900.

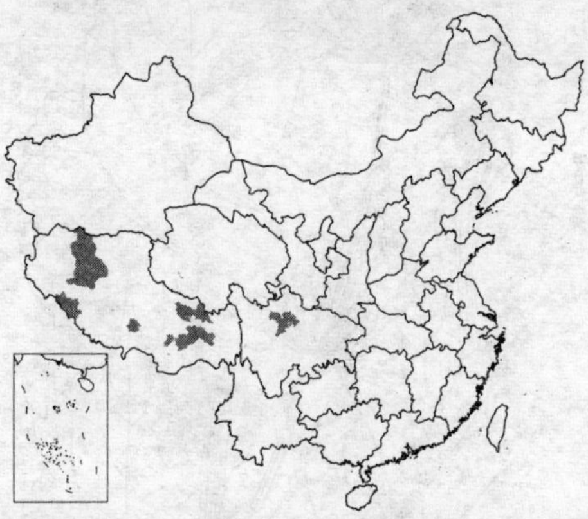

多年生草本，高达 75 厘米。茎带紫红色，被星状柔毛。基生叶卵形或卵状长圆形，长 4.5-14 厘米，先端圆，基部深心形，具圆齿，茎生叶长 5-6 厘米，基部浅心形或近平截，具不整齐圆牙齿，叶上面均被糙伏毛，下面密被星状短柔毛；基生叶叶柄长 6-23 厘米，茎生叶叶柄长 0.8-7 厘米。轮伞花序具多花；苞叶卵状披针形或窄菱状披针形，长 3.2-9 厘米，具粗牙齿，柄长0.7-2厘米，苞片线状钻形，被缘毛及腺微柔毛。花萼管状钟形，长约 9 毫米，疏被星状微柔毛及刚毛，萼齿三角形，长约 2 毫米，具长 3-5 毫米刺尖及 2 小齿，小齿内面先端簇生柔毛；花冠紫红或粉红色，长约 2 厘米，冠檐密被星状绒毛及绢毛，内面具斜向毛环，上唇长约 1 厘米，具不整齐牙齿，内面被髯毛，下唇长约 8 毫米，具红条纹，中裂片倒卵形，侧裂片宽卵形；后对花丝基部毛环上方具反折舌状附属物。小坚果顶端被鳞片。花期 5-7 月。

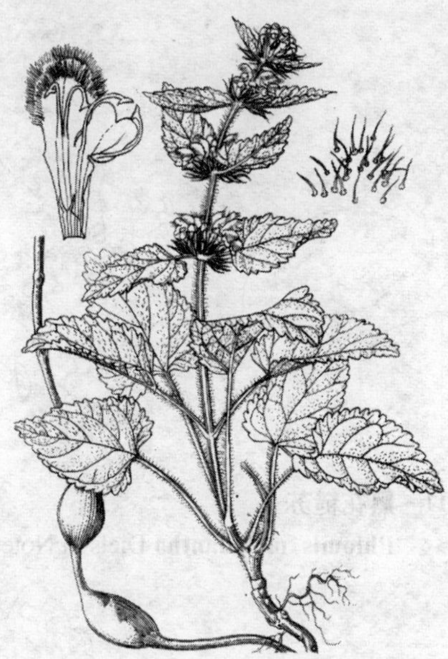

图 742 萝卜秦艽（肖溶绘）

产四川及西藏，生于海拔 1700-3600 米山坡。

9. 大花糙苏 图 743

Phlomis megalantha Diels in Engl. Bot. Jahrb. 36, Beibl. 82: 95. 1905.

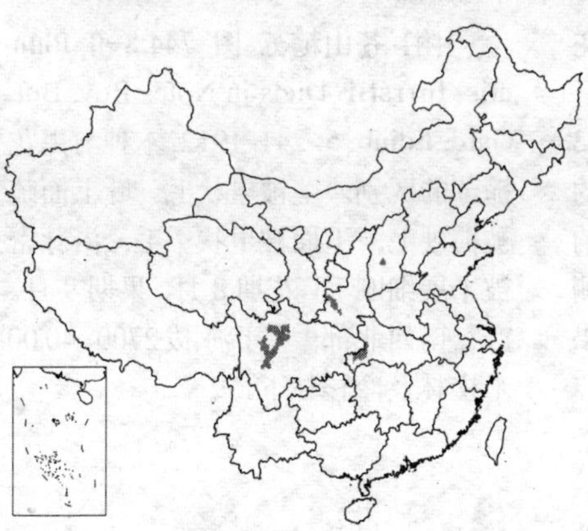

多年生草本，高达 45 厘米疏被倒向糙硬毛。主根木质。茎生叶圆卵形或长卵圆形，长 5-17.5 厘米，先端尖或钝，稀渐尖，基部心形或近平截，具深圆齿，上面皱，被平伏短柔毛，下面沿脉被柔毛；叶柄长 1.5-10 厘米。轮伞花序 1-2；苞叶较花序长，苞片线状钻形，长达 2 厘米，密被缘毛；花萼管状钟形，长 1.8-2.8 厘米，径约 8 毫米，脉被柔毛，萼齿呈双齿状，齿端微缺，具长约 2 毫米刺尖，小齿先端微缺，内面具簇生柔毛；花冠淡黄或白色，长 3.7-5 厘米；冠筒上部疏被短柔毛，下部无毛，内具毛环，上唇长 1.2-1.4 厘米，基部平截，具细牙齿，密被短柔毛，内被髯毛，下唇长约 1.7 厘米，被短柔毛，中裂片宽卵形，不整齐波状，侧裂片三角形；花丝被长柔毛，无附属物。小坚果无毛。花期 6-7 月，果期 8-11 月。

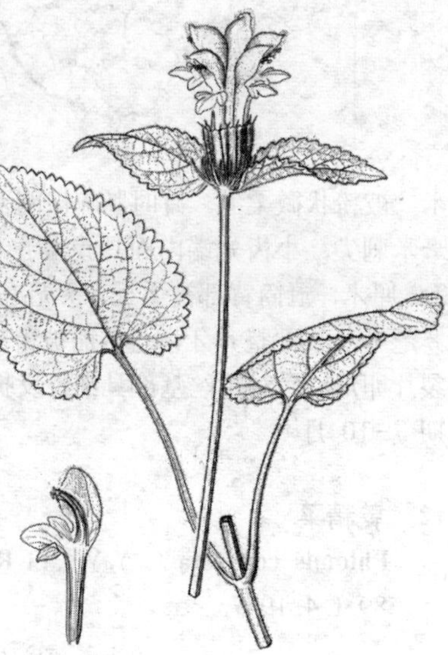

图 743 大花糙苏（郭木森绘）

产山西中部、陕西南部、四川西部及湖北西部，生于海拔 2400-4200 米冷杉林下、灌丛中或草坡。

10. 美观糙苏 图 744: 1-4

Phlomis ornata C. Y. Wu, Fl. Yunnan. 1: 610. pl. 148. f. 1-4. 1977.

多年生草本，高达 60 厘米。茎丛生，不分枝，疏被刚毛。茎生叶宽卵形，长 9-15.5 厘米，先端尖或渐尖，基部心形，牙齿状圆齿具短尖头，上面疏被刚毛，下面密被刚毛及稀少星状毛；叶柄长 2.5-21 厘米。轮伞花序具多花，1-2 序；苞叶长 6-10 厘米，具锯齿，苞片钻形，长 0.6-1.3 厘米，近刺尖，密被刺缘毛。花萼管形，长 2-2.3 厘米，径约 9 毫米，淡紫色，被腺微柔毛及星状微柔毛，沿脉被糙硬毛，萼齿先端微缺，具长 3-4 毫米刺尖，呈双齿状，小齿先端内面被簇生毛；花冠暗紫色，长达 4.7 厘米；冠筒背部被白或淡紫色绢状微绒毛，内无毛，上唇具细牙齿，上部内面被髯毛，下唇

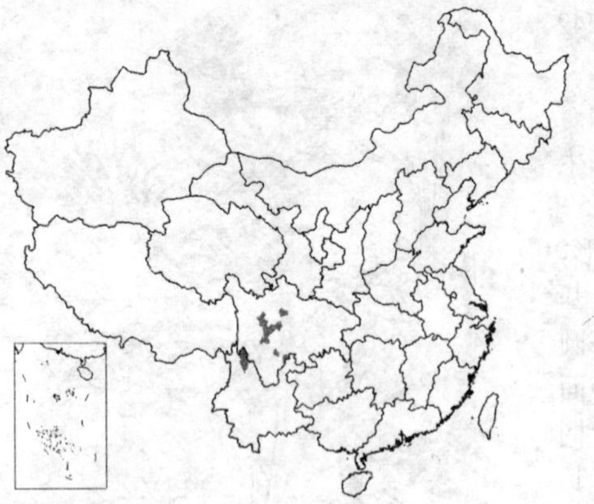

长约 1.7 厘米，中裂片扁圆形，具细牙齿，侧裂片卵形；花丝被长毛，基部无附属物。小坚果无毛。花期 6-9 月，果期 7-11 月。

产云南西北部及四川西部，生于海拔 3000-3700 米冷杉林下或草地。

11. 黑花糙苏 图 744:5-7 彩片172

Phlomis melanantha Diels in Notes Roy. Bot. Gard. Edinb. 5: 242. 1912.

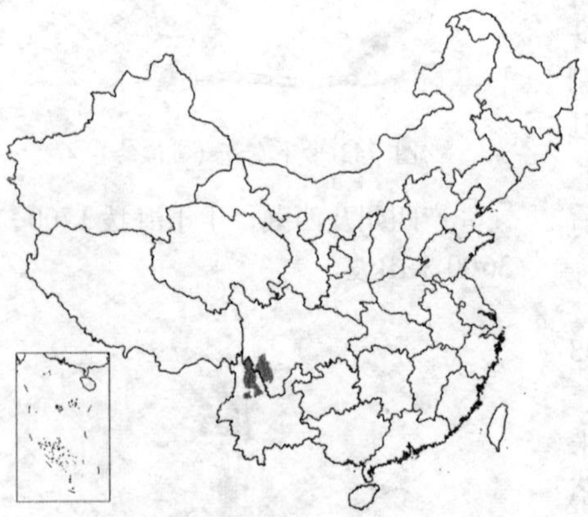

多年生草本，高达 90 厘米。茎近无毛。根木质，粗厚。茎生叶宽三角状卵形或卵状长圆形，长 4.5-12 厘米，先端尖或长渐尖，基部心形，具锯齿状牙齿或牙齿，有时具圆齿，上面被糙伏毛，下面被腺点，叶缘被糙伏毛；叶柄长 1.2-6 厘米。轮伞花序具多花，多序；苞片钻形，长 1-1.2 厘米，刺尖，疏被短缘毛。花萼紫色，长约 1.2 厘米，径 6 毫米，被粉状微柔毛，有时脉疏被刚毛，萼齿先端微缺，呈双齿状，具长 2-3 毫米刺尖，小齿先端内面具簇生毛；花冠紫红色，冠檐暗紫或淡红色，长约 2.2 厘米；冠筒背部被柔毛，余无毛，内具毛环，冠檐被绢状柔毛，上唇长约 8 毫米，具不整齐牙齿，内面被髯毛，下唇长约 6 毫米，中裂片扁圆形，侧裂片卵形；后对花丝基部具细长反折附属物。小坚果无毛。花期 6-9 月，果期 7-10 月。

图 744:1-4. 美观糙苏 5-7. 黑花糙苏 8-9. 苍山糙苏（曾孝濂绘）

产云南西北部及四川西南部，生于海拔3000-3300米云杉林或混交林下或草地。

[附] 苍山糙苏 图 744:8-9 **Phlomis forrstii** Diels in Notes Roy. Bot. Gard. Edinb. 5: 241. 1912. 本种与黑花糙苏的区别：茎被星状毛；叶上面疏被糙硬毛，下面被星状柔毛，沿脉密被平展细刚毛。花期 8 月，果期 9 月。产云南西北部，生于海拔2700-4000米松林及冷杉林下。

12. 乾精菜 图 745

Phlomis congesta C. Y. Wu, Fl. Reipubl. Popularis Sin. 65(2): 598. pl. 87 et pl. 89. f. 4. 1977.

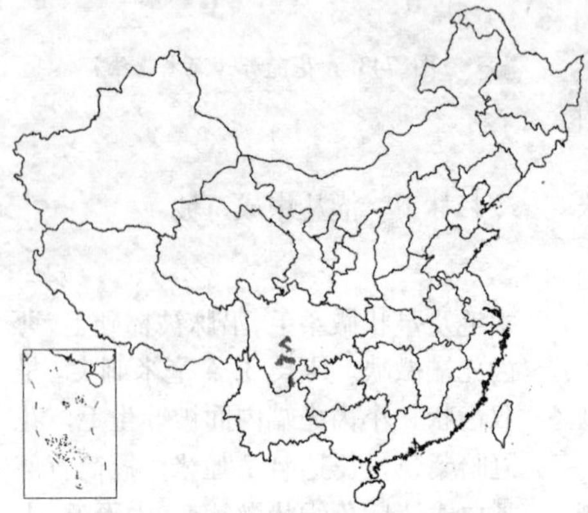

多年生草本，高达 80 厘米。茎多分枝，近顶部密被星状柔毛，余无毛。茎生叶卵状长圆形或卵状披针形，长 4.5-12.5 厘米，先端尖或长渐尖，基部心形或楔形，具粗牙齿，上面近无毛或疏被星状柔毛及短硬毛，下面无毛或被星状柔毛；叶柄长 1.5-7 厘米。轮伞花序具多花，2-5(-9)序，具总梗；苞片线状披针形，稀钻形，长达 11厘米，被星状微柔毛。花近无梗；花萼管形，长约 1.2 厘米，径 5 毫米，常纵裂，密

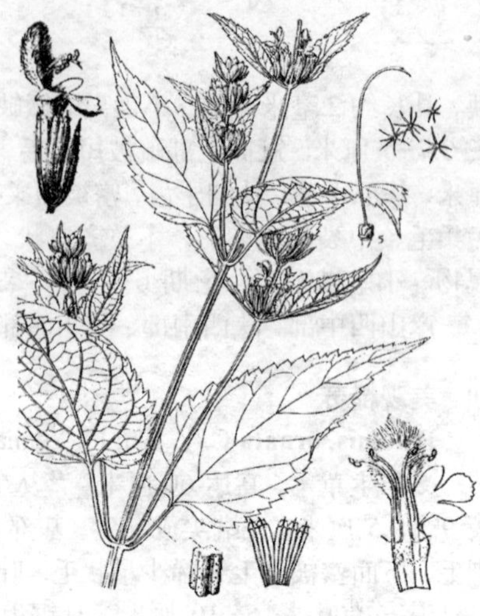

图 745 乾精菜（曾孝濂绘）

被星状微柔毛及长中枝星状柔毛，萼齿圆，具长 1-1.5 毫米刺尖，内面被簇生毛；花冠白色，长约 1.8 厘米，冠筒背部被柔毛，上唇密被绢状绒毛，上唇具小齿，内面被长髯毛，下唇长 7-9 毫米，中裂片倒卵形，边缘波状，侧裂片卵形；雄蕊内藏，花丝被毛，后对花丝基部具反折钩状附属物。小坚果无毛。花期 7-8 月，果期 9 月。

产云南东北部、四川西部及西南部，生于海拔 1900-3300 米林缘或山坡草地。

13. 糙苏　　图 746

Phlomis umbrosa Turcz. in Bull. Soc. Imp. Nat. Moscou 13: 76. 1840.

多年生草本，高达1.5米。茎疏被倒向短硬毛，有时上部被星状短柔毛，带紫红色，多分枝。根粗壮，长达 30 厘米，径约 1 厘米。叶圆卵形或卵状长圆形，长 5.2-12 厘米，先端尖或渐尖，基部浅心形或圆，具锯齿状牙齿，或不整齐圆齿，两面疏被柔毛及星状柔毛，下面有时毛较密；叶柄长 1-12 厘米，密被短硬毛。轮伞花序多数，具 4-8 花，具花序梗；苞叶卵形，长 1-3.5 厘米，具粗锯齿状牙齿，柄长 2-3 毫米，苞片线状钻形。花萼管形，长约 1 厘米，径 3.5 毫米，被星状微柔毛，有时脉疏被刚毛，萼齿具长约 1.5 毫米刺尖，齿间具双齿，齿端内面被簇生毛；花冠粉红或紫红色，稀白色，下唇具红斑，长约 1.7 厘米，冠筒背部上方被短柔毛，余无毛，内具毛环，上唇具不整齐细牙齿，被绢状柔毛，内面被髯毛，下唇长约 5 毫米，密被绢状柔毛，3 裂，裂片卵形或近圆形；雄蕊内藏，花丝无毛，无附属物。花期 6-9 月，果期 9 月。

产辽宁、内蒙古、河北、山东、山西、河南、陕西、甘肃、宁夏、四川、湖北、贵州及广东，生于海拔 200-3200 米疏林下或草坡。根药用，可消肿、生肌、接骨、补肝肾。

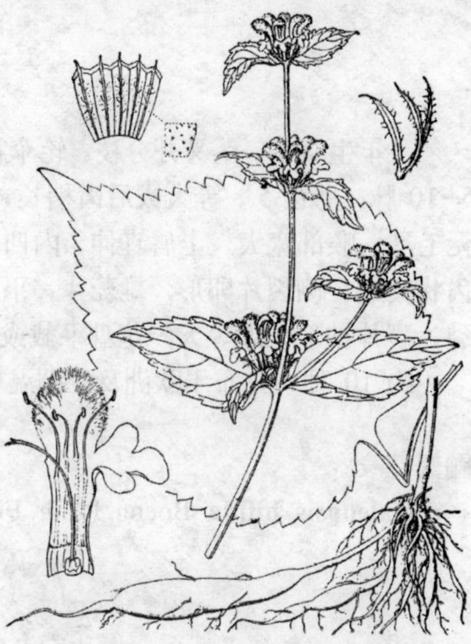

图 746 糙苏（张桂芝绘）

[附] 南方糙苏 **Phlomis umbrosa** var. **australis** Hemsl. in Journ. Linn. Soc. Bot. 26: 306. 1890. 本变种与模式变种的区别：叶具圆齿；苞片线状披针形，草质。产安徽、湖北、湖南、云南、贵州、四川、甘肃及陕西。

31. 独一味属 Lamiophlomis Kudo

多年生无茎草本，高达 10 厘米。根茎长，径达 1 厘米。叶莲座状，贴近地面；叶圆形、菱形、扇形或肾形，长 6-13 厘米，基部浅心形或宽楔形下延，具圆齿，上面皱，密被白色柔毛，下面沿脉疏被柔毛，叶脉扇形；叶柄宽扁，稍抱茎。轮伞花序密集组成具短葶头状、穗状或短圆锥状花序；小苞片针刺状。花萼管形，10 脉，萼齿 5，宽三角形，具长刺尖，内面被簇生毛；花冠筒稍圆筒形，密被微柔毛，冠檐二唇形，上唇具细牙齿，内面密被柔毛，下唇 3 裂，中裂片较大；雄蕊 4，前对较长，稍伸出，花丝扁平，上部被微柔毛，基部无附属物，药室 2，叉开，先端汇合；子房无毛，柱头 2 浅裂。小坚果淡褐色，倒卵球状三棱形，无毛。

单种属。

独一味　　图 747　彩片173

Lamiophlomis rotata (Benth. ex Hook. f.) Kudo in Mem. Fac. Sci. Taihoku

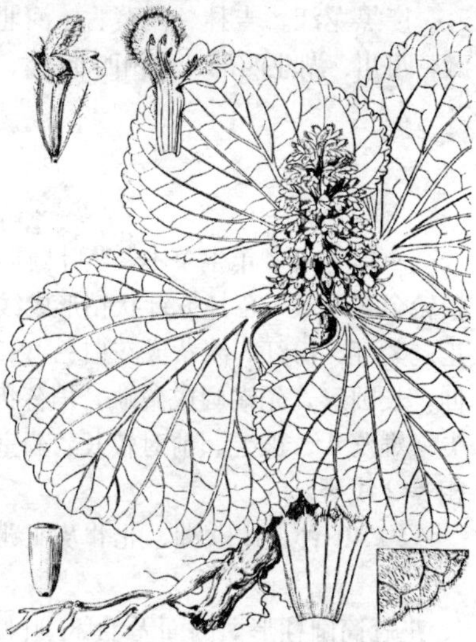

图 747 独一味（曾孝濂绘）

Imp. Univ. 2: 211.1929.

Phlomis rotata Benth. ex Hook. f. Fl. Brit. Ind. 4: 694. 1885.

形态特征同属。花期 6-7 月，果期 8-9 月。

产甘肃、青海、云南西北部、四川西部及西藏，生于海拔 2700-4500 米强度风化碎石滩、石质高山草甸、河滩地。尼泊尔、锡金及不丹有分布。全草治跌打损伤、筋骨痛。

32. 鼬瓣花属 Galeopsis Linn.

一年生草本。茎叉开分枝。轮伞花序具 6 至多花，疏离或聚生茎顶；苞片线形或披针形。花无梗；花萼管状钟形，5-10 脉，萼齿 5，等大或后齿稍长，先端锥状刺尖；花冠白、黄或紫色，常具斑纹，二唇形，冠筒伸出，漏斗状，内无毛环，喉部宽大，上唇直伸，内凹，卵形，被毛，下唇 3 裂，中裂片倒心形，先端微缺或近圆，与侧裂片弯缺处具齿状突起，侧裂片卵形；雄蕊 4，平行，药室 2，背着，横向 2 瓣裂，内瓣较小，具纤毛，外瓣较大，无毛；柱头 2 裂，裂片钻形，近等大；花盘平截或远轴裂片指状增大。小坚果近扁平。

约 10 种，分布于欧洲及亚洲温带。我国 1 种。

鼬瓣花 图 748

Galeopsis bifida Boenn. Prodr. Fl. Monast. Westphal. 178. 1824.

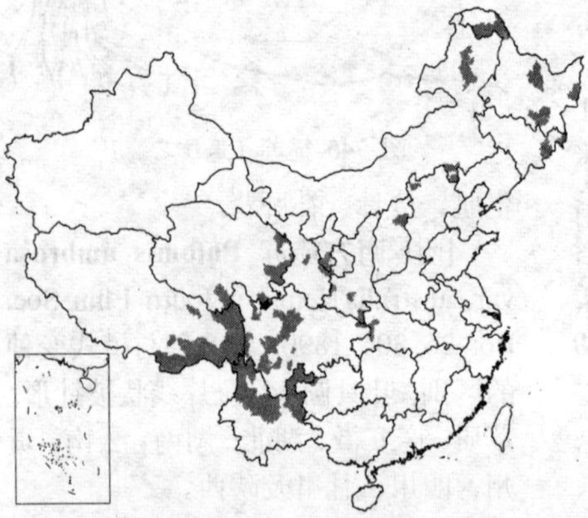

茎高达 1 米，粗壮；节被刚毛，节间被长刚毛及平伏短柔毛，上部或被腺毛。茎生叶卵状披针形或披针形，长3-8.5厘米，先端尖或渐尖，基部楔形或宽楔形，具圆齿状锯齿，上面被平伏刚毛，下面疏被微柔毛及腺点；叶柄长 1-2.5 厘米，被短柔毛。轮伞花序腋生，多花密集；苞片线形或披针形，先端刺尖，边缘具刚毛。花萼长约 1 厘米，被开展刚毛，内面被微柔毛，萼齿长三角形，具长刺尖；花冠白或黄色，稀淡紫红色，长约1.4厘米，上唇卵形，具细牙齿，被刚毛，下唇中裂片长圆形，先端微缺，紫纹达边缘，侧裂片长圆形，全缘；花丝下部至基部被短柔毛。小坚果倒卵球状三棱形，褐色，被鳞片。花期7-9月，果期 9 月。

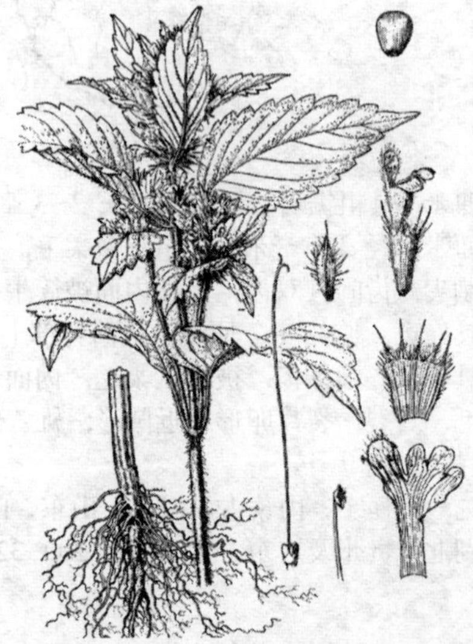

图 748 鼬瓣花（曾孝濂绘）

产黑龙江、吉林、内蒙古、河北、山西、陕西、甘肃、宁夏、青海、西藏、四川、湖北西部、贵州西北部 、云南西北部及东北部，生于海拔 4000 米以下林缘、灌丛中或草地。斯堪的纳维亚半岛南部、中欧、俄罗斯、乌克兰、蒙古、朝鲜、日本及北美有分布。

33. 野芝麻属 Lamium Linn.

一年生或多年生草本。茎叶圆形、肾形或卵状披针形，具圆齿或牙齿状锯齿。轮伞花序具 4-14 花；苞叶似茎叶，较轮伞花序长，苞片披针状钻形或线形，早落。花萼管状钟形或钟形，具 5 或 10 脉，稍被毛，萼齿 5，近等大，锥尖；花冠紫红、粉红、淡黄或灰白色，二唇形，较花萼长 1(-2) 倍，被毛，冠筒圆柱形或在毛环以上扩展近囊状，上唇直伸，长圆形，先端圆或微缺，稍盔状，下唇 3 裂，中裂片倒心形，先端微缺或 2 深裂，侧裂片半圆形，具 1 至几个齿尖；雄蕊 4，被毛，前对较长，药室 2，叉开，被毛；子房裂片顶端平截，无毛或被小瘤，有时具膜质边缘；柱头近相等 2 浅裂。

约 40 种，产欧洲、北非及亚洲，北美引种。我国 4 种。

1. 花冠筒圆柱形，内面无毛环；叶圆形或肾形，具深圆齿或近掌状分裂 ………………………………………………………………………… 1. 宝盖草 L. amplexicaule

1. 花冠筒内面近基部具毛环，毛环以上稍囊状；叶卵形、卵状披针形或心形。
   2. 苞叶近无柄 ………………………………………………………………………… 2. 短柄野芝麻 **L. album**
   2. 下部苞叶具柄 ……………………………………………………………………… 3. 野芝麻 **L. barbatum**

1. 宝盖草　　图 749

Lamium amplexicaule Linn. Sp. Pl. 2: 579. 1753.

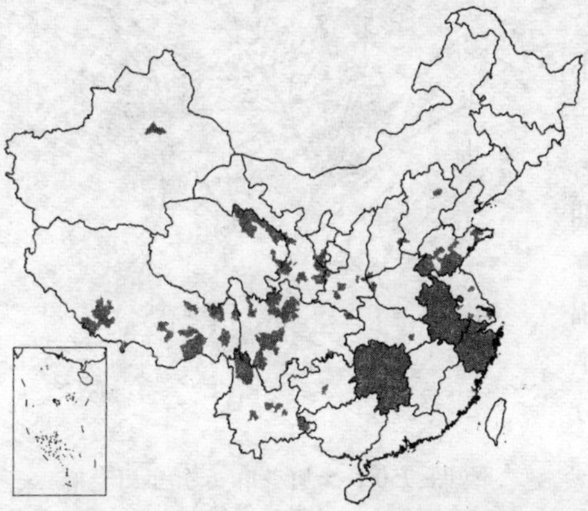

图 749 宝盖草（王利生绘）

一年生或二年生草本，高 30 厘米。茎基部多分枝，近无毛。叶圆形或肾形，长 1-2 厘米，先端圆，基部平截或平截宽楔形，半抱茎，具深圆齿或近掌状分裂，两面疏被糙伏毛；上部叶无柄，下部叶具长柄。轮伞花序具 6-10 花；苞片长约 4 毫米，具缘毛。花萼管状钟形，长 4-5 毫米，密被长柔毛，萼齿披针状钻形，长 1.5-2 毫米，具缘毛；花冠紫红或粉红色，长约 1.7 厘米，被微柔毛，冠筒喉部径约 3 毫米，上唇长圆形，长约 4 毫米，下唇稍长，中裂片倒心形，具 2 小裂片；花丝无毛，花药被长硬毛。小坚果淡灰黄色，倒卵球形，具三棱，被白色小瘤。花期 3-5 月，果期 7-8 月。

产河北、山东、山西、河南、陕西、甘肃、宁夏、青海、新疆、江苏、安徽、浙江、福建、湖北、湖南、四川、贵州、云南及西藏，生于海拔 4000 米以下林缘、沼泽草地、路边。欧洲、亚洲有分布。全草治外伤骨折、毒疮。

2. 短柄野芝麻　　图 750:6

Lamium album Linn. Sp. Pl. 2: 579. 1753.

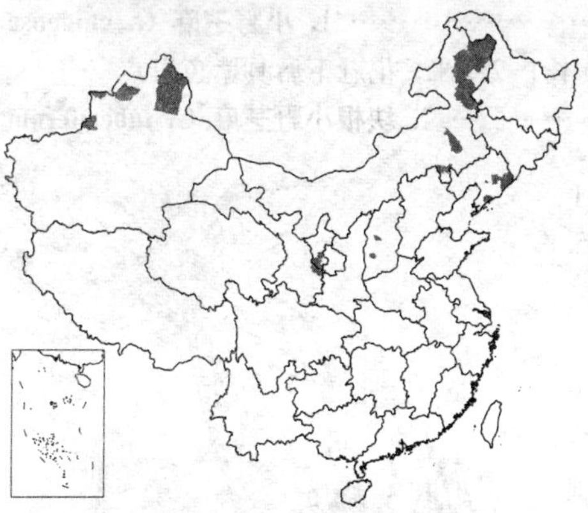

多年生草本，高达 60 厘米。茎被刚毛或近无毛。茎上部叶卵形或卵状披针形，长 2.5-6 厘米，先端尖或长尾尖，具牙齿状锯齿，上面疏被短硬毛；叶柄长 1-6 厘米。轮伞花序具 8-9 花；苞叶近无柄，苞片线形，长 1.5-2 毫米。花萼钟形，长 0.9-1.3 厘米，径 2-3 毫米，基部有时紫红色，疏被刚毛及糙硬毛，萼齿披针形，具芒尖及缘毛；花冠淡黄或灰白色，长 2-2.5 厘米，冠筒基部径 2-2.5 毫米，被短柔毛，内面无毛环，喉部宽，上唇倒卵形，长 0.7-1 厘米，下唇长 1-1.2 厘米，中裂片倒肾形，侧裂片圆形，长约 2 毫米，具长约 1 毫米钻形小齿；花药黑紫色，被长柔毛。花期 7-9 月，果期 8-10 月。

产内蒙古、辽宁、山西、甘肃、宁夏及新疆北部，生于海拔 1400-2400 米落叶松林林缘、云杉林迹地及山谷灌丛中。欧洲、西亚、伊朗、印度、蒙古、俄罗斯远东地区、日本及加拿大有分布。幼叶可食，花入药，又为优良蜜源植物。

3. 野芝麻　　图 750:1-5

Lamium barbatum Sieb. et Zucc. in Abh. Bayer. Akad. Wiss. Math. Phys. 4: 158. 1846.

多年生草本，高达 1 米。茎不分枝，近无毛或被平伏微硬毛。茎下部叶卵形或心形，长 4.5-8.5 厘米，先端长尾尖，基部心形，具牙齿状锯齿，茎上部叶卵状披针形，叶两面均被平伏微硬毛或短柔毛；茎下部叶柄长达 7 厘米，茎上部叶柄渐短。轮伞花序具 4-14 花，生于茎端；苞叶具柄，苞片线形或丝状，长 2-3 毫米，具缘毛。花萼钟形，长 1.1-1.5 厘米，近无毛或疏被糙伏毛，萼齿披针状钻形，长 0.7-

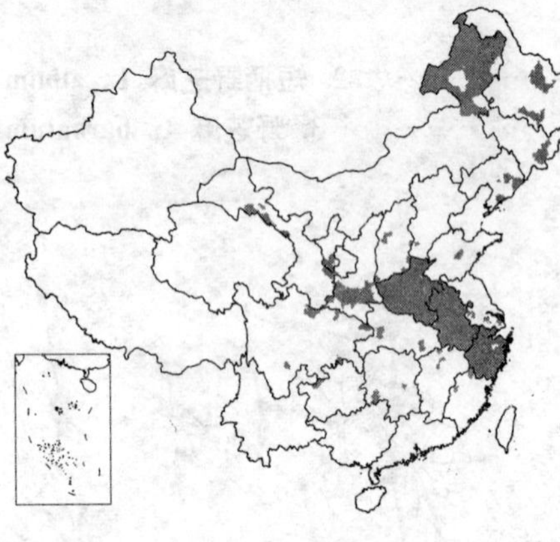

1厘米，具缘毛；花冠白或淡黄色，长约2厘米，冠筒基部径2毫米，喉部径达6毫米，上部被毛，上唇倒卵形或长圆形，长约1.2厘米，具长缘毛，下唇长约6毫米，中裂片倒肾形，具2小裂片，基部缢缩，侧裂片半圆形，长约0.5毫米，先端具针状小齿；花药深紫色。小坚果淡褐色，倒卵球形，顶端平截，基部渐窄，长约3毫米。花期4-6月，果期7-8月。

产黑龙江、吉林、辽宁、内蒙古、河北、山东、江苏、安徽、浙江、福建、江西、湖北、湖南、贵州、四川、甘肃、宁夏、陕西、河南及山西，生于海拔2600米以下路边、溪边及荒坡。俄罗斯远东地区、朝鲜及日本有分布。全草治跌打损伤，花治妇科及泌尿系统疾病。

图 750:1-5. 野芝麻 6. 短柄野芝麻
（曾孝濂绘）

34. 小野芝麻属 Galeobdolon Adans.

灌木或草本。轮伞花序具2-8花；苞片线形，早落。花萼钟形，被毛，内面仅齿被毛余无毛，5脉，萼齿5，披针形，后3齿稍大；花冠紫红或粉红色，较花萼长1.5-2倍，二唇形，被毛，上唇毛较密，冠筒稍伸出，内具毛环，上唇长圆形，稀倒卵形，先端微缺，下唇3裂，中裂片倒心形或倒卵形，侧裂片近圆形或卵形；雄蕊4，前对较长，花药卵球形，药室2，叉开，无毛；子房裂片顶端平截，无毛稀顶部被短硬毛；柱头2浅裂。小坚果三棱状长圆形、倒卵球形或倒卵锥形，顶端近平截，基部渐窄。

约6种，1种产西欧及伊朗北部，我国5种，其中1种分布至日本。

1. 一年生草本，高达60厘米，有时具块根；叶卵形、卵状长圆形或宽披针形，长1.5-4厘米；花冠下唇无斑点 ……………………………………………… **1. 小野芝麻 G. chinense**

1. 多年生草本，高达20厘米，主根顶端具球状或长圆形块根；叶卵状菱形，长1-2厘米；花冠下唇具紫色斑点 ……………………………………………… **2. 块根小野芝麻 G. tuberiferum**

1. 小野芝麻 图 751

Galeobdolon chinense (Benth.) C. Y. Wu in Acta Phytotax. Sin. 10(2): 157. 1965.
Lamium chinensis Benth. in DC. Prodr. 12: 512. 1848.

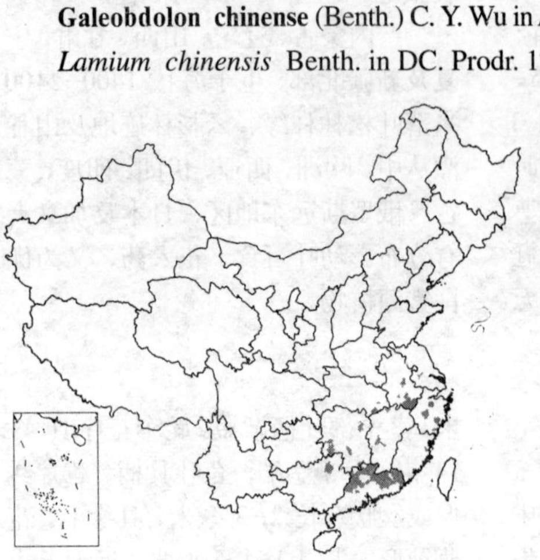

一年生草本，高达60厘米。茎密被褐黄色绒毛。有时具块根。叶卵形、卵状长圆形或宽披针形，长1.5-4厘米，基部宽楔形，具圆齿状锯齿，上面被平伏纤毛，下面被褐黄色绒毛；叶柄长0.5-1.5厘米。轮伞花序具2-4花；苞片线形，长约6毫米。花萼管状钟形，长约1.5厘米，径7毫米，密被绒毛，萼齿披针形，长4-6毫米，先端芒状渐尖；花冠粉红色，长约2.1厘米，被白色长柔毛，上唇长约1.1厘米，

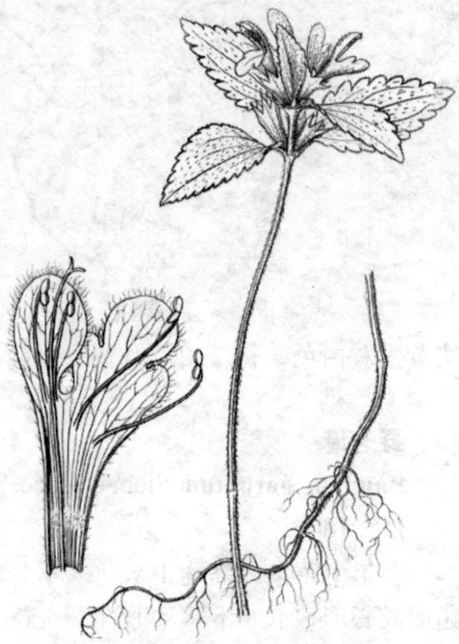

图 751 小野芝麻（引自《图鉴》）

倒卵形，下唇宽 9 毫米，中裂片较大，侧裂片近圆形；花丝无毛，花药紫色。小坚果三棱状倒卵球形，长约2.1毫米。花期3-5月，果期7-8月。

产江苏、安徽、浙江、福建、江西、湖北、湖南、广东北部及广西东北部，生于海拔300米以下疏林中。

2. 块根小野芝麻 图 752

Galeobdolon tuberiferum (Makino) C. Y. Wu in Acta Phytotax. Sin. 10(2): 158. 1965.

Leonurus tuberiferus Makino in Bot. Mag. Tokyo 19: 146. 1905.

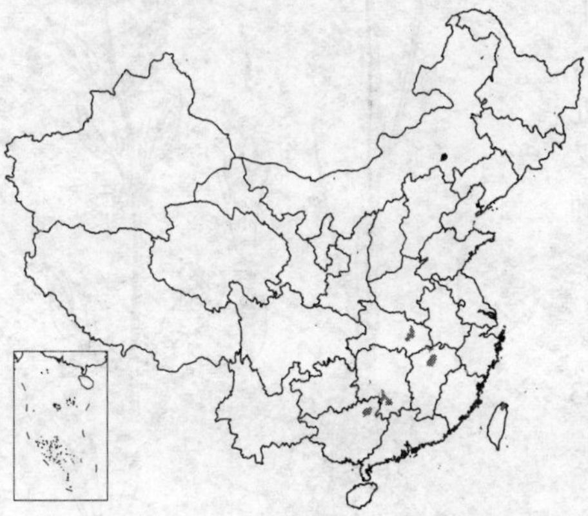

多年生草本，高达 20 厘米。茎细长，被细硬毛。主根顶端具球形或长圆形块根。茎生叶卵状菱形，长 1-2 厘米，基部宽楔形，具圆齿状锯齿，上面被平伏白色纤毛，下面被平伏硬毛；叶柄长 0.5-1.5 厘米。轮伞花序具(2-)4-8 花；苞叶长 5-6 毫米，苞片线形，长约 3 毫米。花萼管状钟形，长约 8 毫米，被刚毛，萼齿三角状披针形；花冠紫红或淡红色，长 1.3 厘米，冠筒基部径约 0.6 毫米，喉部径 4 毫米，上唇长圆形，长 6 毫米，被刚毛，下唇长 8 毫米，具紫色斑点，中裂片倒心形，侧裂片近圆形；花药深紫色；子房裂片长圆形，顶部被小鳞片。小坚果褐色，三棱状倒卵球形，长约 2 毫米，无毛。花期 4 月，果期 5 月。

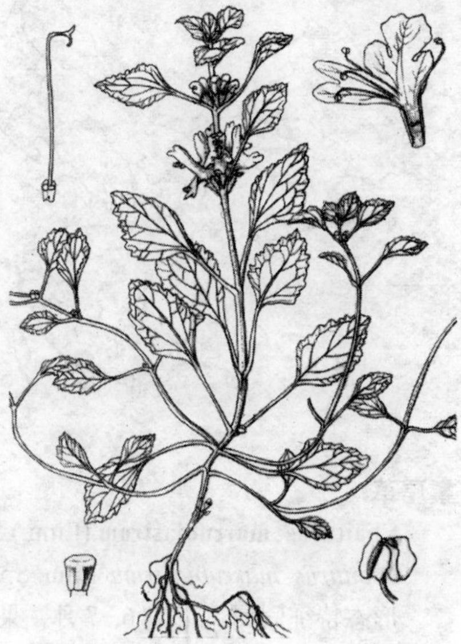

图 752 块根小野芝麻(仿《Fl.Taiwan》)

产台湾、江西、湖北、湖南及广东北部，生于海拔 300 米村边阴湿地及山麓。日本有分布。

35. 菱叶元宝草属 Alajja S. Ikonn.

一年生或多年生草本。叶多菱形，全缘或具圆齿，被绒毛；具短柄或近无柄。轮伞花序具少花；苞片钻形，较花萼短或等长。花无梗；花萼管状钟形，被绵毛，萼齿 5，线状披针形；花冠紫色，二唇形，冠筒伸出萼外，内面无毛，喉部膨大，上唇近盔状，先端微缺，下唇 3 裂，中裂片 2 裂，侧裂片卵形或长圆形，先端微缺；雄蕊 4，二强，前对较长，花药被长硬毛或无毛，药室 2，叉开；柱头 2 浅裂，裂片钻形。

约 3 种，分布于阿富汗、巴基斯坦、印度西北部、乌兹别克斯坦、吉尔吉斯斯坦、我国新疆及西藏西部。我国 2 种。

菱叶元宝草

Alajja rhomboidea (Benth.) S. Ikonn. in Novoski Sist. Vyssh. Rast. 8: 274. 1971.

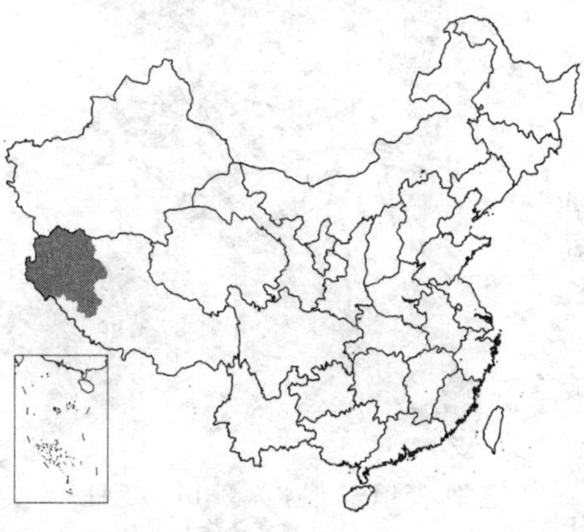

Lamium rhomboideum Benth. Labiat. Gen. Spec. 509. 1834.

多年生草本，高达30厘米。茎粗壮，密被绒毛状柔毛，不分枝；地下茎常埋藏在砾石中，细长，曲折，被鳞叶。叶菱形，最下部叶近全缘，上部叶宽 5-10 厘米，具皱，先端钝，基部楔形，具深圆齿，脉纹扇形及网状。轮伞花序具 2 花；苞叶多数，苞片钻形，被绵毛，与花萼等长。花萼长 1.3-2 厘米，被长柔毛，萼齿披针状线形 花冠紫色，长约 3.8 厘米，被微柔毛，冠筒直，喉部增大，冠檐二唇形，上唇宽，下唇 3 裂，侧裂片卵形，全缘；花药被长硬毛。花期 7-8 月。

产西藏西部，生于海拔 4000-5000 米乱石滩。阿富汗、巴基斯坦及印度有分布。

36. 鬃尾草属 Chaiturus Willd.

一年生或二年生草本，高达 60 厘米。茎灰绿色，分枝，被倒向糙伏毛。基生叶圆形，茎生叶卵形，长 2-5 厘米，先端尖，基部宽楔形，疏生牙齿状锯齿，上面被微柔毛，下面密被平伏灰色柔毛；叶柄长 1.5-2 厘米。轮伞花序无梗，球形，多花；小苞片刺状。花萼管形，10 脉，花时脉不明显，果时稍显著，萼齿 5，等大，先端刺尖；花冠紫白或白色，长 6-7 毫米，近内藏，内面无毛，上下唇近等大，上唇直伸，卵形，下唇 3 裂；雄蕊 4，近等大，近内藏，花药卵形，药室 2，极叉开；柱头不等 2 浅裂。小坚果椭圆状三棱形，顶端被微柔毛。

单种属。

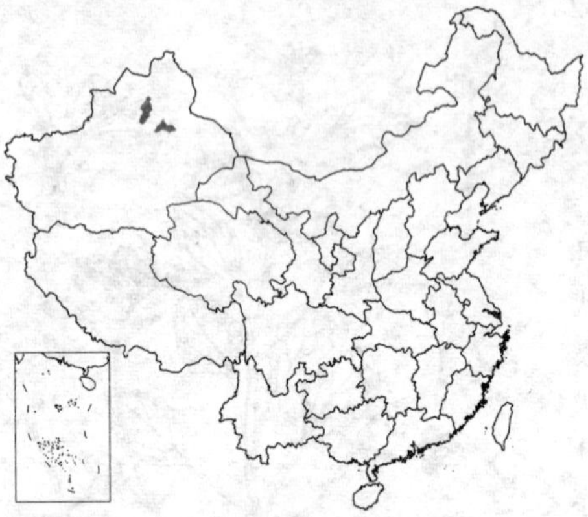

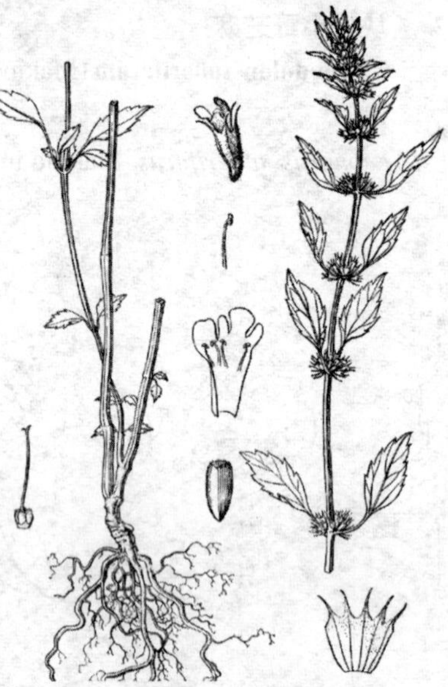

图 753 鬃尾草（曾孝濂绘）

鬃尾草 图 753

Chaiturus marrubiastrum (Linn.) Spenn. in Gen. Fl. Germ. 18: 353. 1839.

Leonurus marrubiastrum Linn. Sp. Pl. 2: 584. 1753.

形态特征同属。花期 6-7 月，果期 7-8 月。

产新疆，生于海拔 900 米草原、牧场、水边及旷地。西欧至中亚有分布。

37. 假水苏属 Stachyopsis Popov et Vved.

多年生草本。叶具粗锯齿。轮伞花序具多花，组成穗状花序；小苞片针刺状或线状披针形。花萼倒圆锥形，10 脉，萼齿 5，等大，三角形，先端长渐刺尖，被微柔毛或丝状长柔毛，内面无毛；花冠粉红色，二唇形，冠筒内面下部具斜向毛环，上唇卵形，全缘，密被长柔毛，内面无毛，下唇无毛，3 裂，中裂片圆形或倒卵形，先端微缺，侧裂片卵形；雄蕊 4，前对较长，后对花丝被微柔毛，花药卵球形，药室 2，叉开；柱头 2 浅裂，裂片钻形；花盘平顶，波状。小坚果长圆状三棱形，顶端斜向平截，无毛。

3 种，分布于哈萨克斯坦、塔吉克斯坦及我国新疆。我国 3 种。

1. 茎中部及下部叶具柄，叶柄长 0.5-3 厘米；花萼近无毛或被平伏微柔毛 …… 1. **假水苏 S. oblongata**
1. 茎叶无柄；花萼被丝状长柔毛 …… 2. **多毛假水苏 S. marrubioides**

1. 假水苏 图 754:1-7

Stachyopsis oblongata (Schrenk ex Fisch. et C. A. Mey.) Popov et Vved. in Trans. Sci. Soc. 1: 121. 1923.

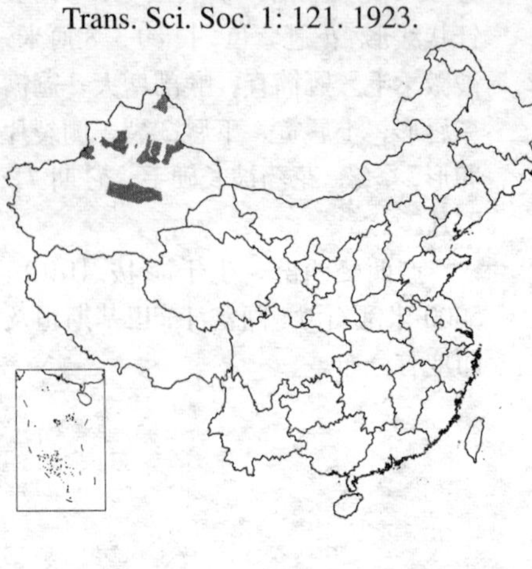

Phlomis oblongata Schrenk ex Fisch. et C. A. Mey. Enum. Pl. Nov. 1: 29. 1841.

多年生草本，高达 90 厘米。茎中部及上部多分枝，被短柔毛。中部茎叶长圆状卵形，长 6-11 厘米，先端长渐尖，基部宽楔形，具粗尖锯齿，两面疏被短柔毛，侧脉 4-5 对；叶柄长 0.5-3 厘米，密被短柔毛。轮伞花序径 3-3.5 厘米，组成穗状

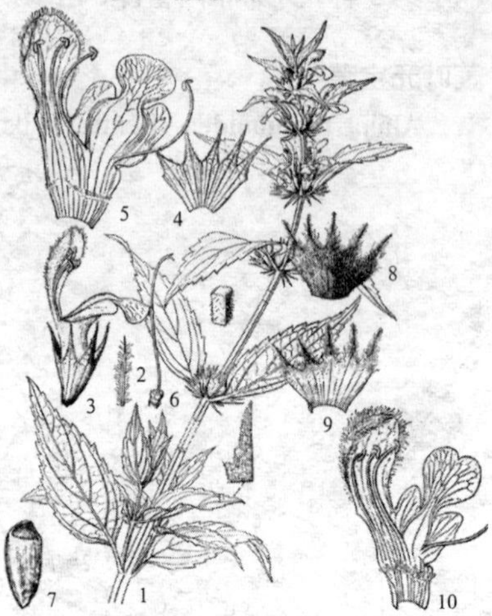

图 754:1-7. 假水苏 8-10. 多毛假水苏（曾孝濂绘）

花序；苞叶长圆状披针形，长4-6厘米，苞片刺状，长0.8-1厘米，被微柔毛及缘毛。花无梗；花萼倒圆锥形，长约1厘米，近无毛或被平伏微柔毛，萼齿长约5毫米，三角形，刺状渐尖；花冠紫红色，长约2厘米，上唇及下唇中部疏被白色长柔毛，上唇卵形，长9毫米，中裂片近圆形，长宽约4毫米，侧裂片卵形。小坚果卵球状三棱形，长3毫米，无毛。花期7月，果期38-9月。

产新疆，生于海拔2000-2300米草甸、草坡及灌丛中。哈萨克斯坦及塔吉克斯坦有分布。

2. 多毛假水苏 图 754:8-10

Stachyopsis marrubioides (Regel) Ikonn.-Gal. in Jard. Bot. Acad. Sci. URSS 26: 72. 1927.

Phlomis marrubioides Regel in Act. Hort. Petrop. 6: 375. 1880.

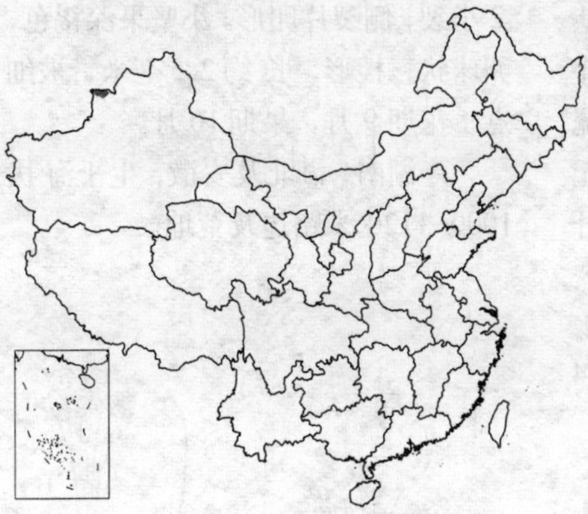

多年生草本，高达50米，多分枝。茎被微柔毛。上部茎叶长圆状卵形，长3.5-5厘米，先端渐尖，基部宽楔形或近圆，基部或中部以上具锯齿，两面被灰色微柔毛，侧脉3-4对；茎叶无柄。轮伞花序球形，径2-2.5厘米；苞叶披针形，长3-3.5厘米，苞片线形或刺状，长1厘米，密被长柔毛。花萼倒圆锥形，连齿长9毫米，被丝状长柔毛，10脉，萼齿长约4毫米，刺状长渐尖，内面被微柔毛；花冠长约1.7厘米，上唇卵形，疏被白色长柔毛，下唇中裂片倒卵形，长7毫米，先端微缺，侧裂片宽卵形；子房深褐色，无毛。花期8月。

产新疆北部，生于亚高山草甸。哈萨克斯坦有分布。

38. 益母草属 Leonurus Linn.

一年生、二年生或多年生草本。叶3-7裂，下部叶近掌状分裂，开花时凋落；茎叶全缘，具缺刻或3裂。轮伞花序具多花，组成长穗状花序；小苞片钻形或刺状。花萼倒圆锥形或管状钟形，5脉，稍二唇形，上唇3齿，下唇2齿较长，靠合；花冠白、粉红或淡紫色，二唇形，冠筒伸出，上唇全缘，被微柔毛或无毛，下唇被斑纹，3裂，裂片长圆状卵形，或中裂片微心形，侧裂片卵形；雄蕊4，前对较长，后对平行，药室2，平行；柱头2浅裂，裂片钻形。小坚果尖三棱形，顶端平截，基部楔形。

约20种分布于欧洲及亚洲温带，少数引种美洲、非洲各地，已野化。我国12种。

1. 花萼稍二唇形，前2齿不伸展；花冠筒内无毛环或具水平向毛环，花冠上唇长圆形，下唇近直伸；雄蕊近直伸；叶3裂。
  2. 花冠长不及1厘米，冠筒内无毛环，被微柔毛 …… 1. **假鬃尾草 L. chaituroides**
  2. 花冠长1厘米以上，冠筒内具近水平向毛环。
    3. 叶3裂，裂片羽裂成小裂片。
      4. 叶小裂片宽3毫米以上；苞叶全缘或具稀少牙齿；花冠长1-1.2厘米 …… 2. **益母草 L. japonicus**
      4. 叶小裂片宽1-3毫米，线形；苞叶3深裂；花冠长约1.8厘米 …… 3. **细叶益母草 L. sibiricus**
    3. 叶多裂，裂片具缺刻或粗齿状牙齿。
      5. 基生叶卵形，长6-7厘米，3裂，基部宽楔形；萼齿长3-5毫米；花冠长约1.8厘米，白色，常具紫纹；叶皱 …… 4. **錾菜 L. pseudomacranthus**
      5. 茎生叶心状圆形，长7-12厘米，常3-5裂，基部心形；萼齿长0.5-1厘米；花冠长2.5-2.8厘米，淡红或淡红紫色；叶不皱 …… 4(附). **大花益母草 L. macranthus**
1. 花萼二唇形，前2齿伸展；花冠筒内具斜向毛环，花冠上唇倒卵形，下唇平展；前对雄蕊下弯；叶3-7裂 ……

…… 5. 兴安益母草 **L. deminutus**

1. 假鬃尾草

Leonurus chaituroides C. Y. Wu et H. W. Li in Acta Phytotax. Sin. 10(2): 161. 1965.

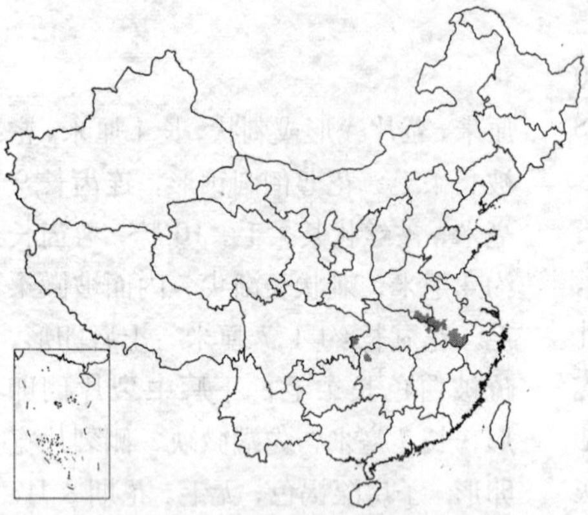

一年生或二年生草本，高达1米。茎密被倒向微柔毛，老时紫色。下部茎叶早落，叶长圆形或卵形，长2.5-4厘米，先端渐尖，基部楔形，3深裂，两面被微柔毛，下面被腺点；中部茎叶叶柄长不及1厘米。轮伞花序具2-12花，径达1.5厘米，疏散，组成长穗状花序；苞叶近无柄或具短柄，线形或线状披针形，长2-3厘米，先端渐尖，基部楔形，全缘或疏生1-2齿，小苞片刺芒状，被微柔毛，长3-5毫米。花无梗；花萼陀螺形，长约4毫米，被微柔毛，前2齿钻形，先端刺尖，后3齿三角形，先端刺状；花冠白或紫红色，长7-8毫米，冠筒中部被白色细柔毛，内面疏被细柔毛，冠檐被白色细柔毛，上唇卵形，下唇中裂片倒心形，先端2小裂，侧裂片卵形。小坚果深褐色，卵球状三棱形，长约2.5毫米，被细点。花期9月，果期10月。

产湖南、湖北及安徽，生于海拔1000-1120米路边及荒地。

2. 益母草 图 755:1-7 彩片174

Leonurus japonicus Houtt. in Nat. Hist. 9: 366. 1778.

Leonurus heterophyllus Sweet; 中国高等植物图鉴 3: 654. 1974。

Leonurus artemisia (Lour.) S. Y. Hu; 中国植物志 65(2): 508. 1977。

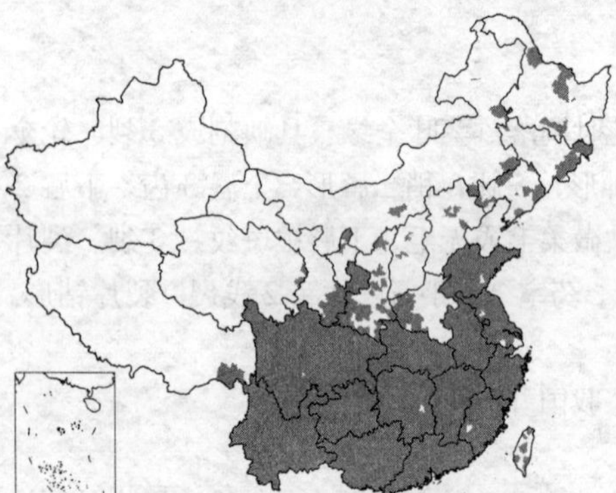

一年生或二年生草本，高达1.2米。茎被倒向糙伏毛，节及棱上毛密。下部茎叶卵形，掌状3裂，裂片再裂，小裂片线形，宽3毫米以上，上面被糙伏毛，下面被柔毛及腺点；中部茎叶菱形，掌状分裂，裂片长圆状线形；茎叶叶柄长0.5-3厘米，具窄翅。轮伞花序具8-15花，径2-2.5厘米；苞叶线形或线状披针形，全缘或疏生牙齿，小苞片刺状，长约5毫米，被平伏微柔毛。花萼管状钟形，长6-8毫米，被平伏微柔毛，萼齿宽三角形，前2齿靠合，长3毫米，后2齿长2毫米；花冠白、粉红或淡紫红色，长1-1.2厘米，被柔毛，冠筒长约6毫米，内具不明显鳞毛环，上唇长圆形，下唇内面基部疏被鳞片，中裂片倒心形，侧裂片卵形；花丝疏被鳞片。小坚果淡褐色，长圆状三棱形，长约2.5毫米，平滑。花期6-9月，果期9-10月。

产全国各地，生于海拔3400米以下地区，喜光，多生于向阳地方。俄罗斯、朝鲜、日本、热带亚洲、非洲及美洲有分布。全草药用，治妇科病，种子名茺蔚，可利尿、治眼疾。

图 755: 1-7. 益母草 8-13. 大花益母草
（田虹绘）

3. 细叶益母草 图756: 1-5

Leonurus sibiricus Linn. Sp. Pl. 2: 584. 1753.

一年生或二年生草本，高达80厘米。茎被平伏糙伏毛。下部茎叶早落，叶卵形，长约5厘米，基部宽楔形，掌状3深裂，裂片长圆状菱形，再3裂成线形小裂片，小裂片宽1-3毫米，两面被糙伏毛，下面被腺点；中部茎叶叶柄长约2厘米。轮伞花序具多花，径3-3.5厘米；上部苞叶近菱形，3深裂，中裂片常再3裂，小裂片线形，小苞片刺状，反折，被短糙伏毛。花

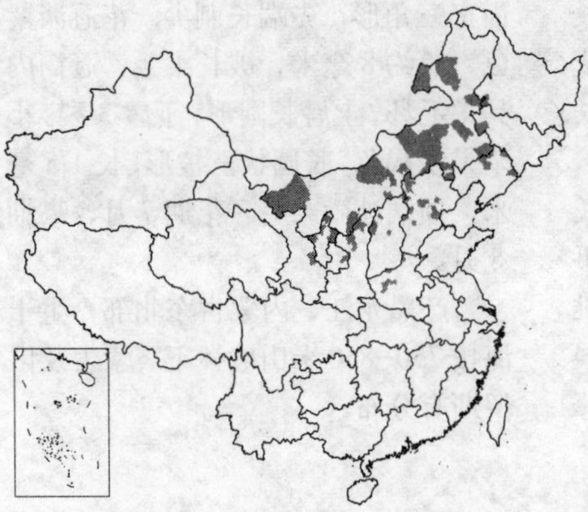

无梗；花萼管状钟形，长 8-9 毫米，中部密被柔毛，余被平伏微柔毛，前 2 齿钻状三角形，后 3 齿三角形，具刺尖；花冠白、粉红或紫红色，长约 1.8 厘米，冠筒内具鳞毛环，冠檐密被长毛，上唇长圆形，下唇长约7毫米，中裂片倒心形，侧裂片卵形；花丝疏被鳞片。小坚果褐色，长圆状三棱形，长约 2.5 毫米。花期7-9月，果期9月。

产黑龙江、吉林、辽宁、内蒙古、河北、山西、河南、陕西北部、甘肃及宁夏，生于海拔 1500 米以下石质、砂质草地及松林中。俄罗斯及蒙古有分布。

4.　蓍菜　图 757

Leonurus pseudomacranthus Kitag. in Bot. Mag. Tokyo 48: 109. 1934.

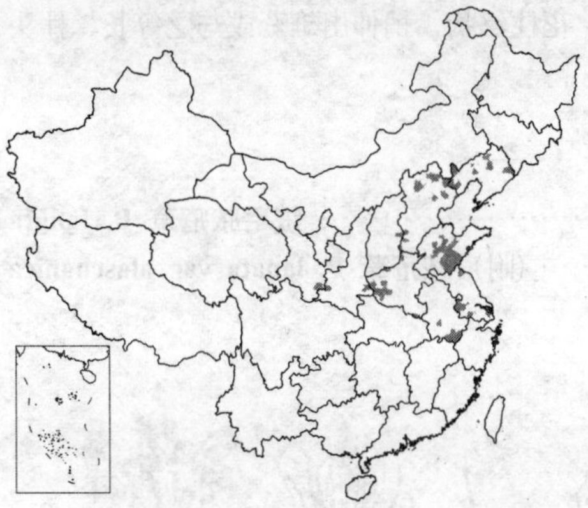

多年生草本，高达 1 米，上部分枝。茎密被平伏倒向柔毛。叶卵形，长 6-7 厘米，先端尖，基部宽楔形，疏生锯齿，上面密被糙伏微硬毛，具皱，下面被平伏微硬毛及稀疏淡黄色腺点；基生叶叶柄长 1-2 厘米，稍具窄翅；茎中部叶常不裂，长圆形，疏生锯齿状牙齿，叶柄长不及 1 厘米。轮伞花序具多花；苞叶无柄，线状长圆形，全缘或疏生 1-2 锯齿状牙齿，小苞片刺状，被糙硬毛。花无梗；花萼管形，长 7-8 毫米，被微硬毛，沿脉被长硬毛及淡黄色腺点，前 2 齿钻形，后 3 齿三角状钻形；花冠白色，带紫纹，长约 1.8 厘米，被柔毛，冠筒内具鳞毛环，上唇长圆状卵形，下唇卵形，中裂片倒心形，先端 2 小裂，侧裂片卵形。小坚果黑褐色，长圆状三棱形。花期 8-9 月，果期 9-10 月。

产辽宁、河北、山东、江苏、安徽、河南、山西、陕西南部、甘肃南部，生于海拔 100-1200 米山坡或丘陵地。

[附] **大花益母草** 图755：8-13 **Leonurus macranthus** Maxim. in Prim. Fl. Amur. 9: 476. 1859. 本种与蓍菜的区别：基生叶心状圆形，不皱，长 7-12 厘米，3-5 裂，基部心形；萼齿长 0.5-1 厘米；花冠长 2.5-2.8 厘米，淡红或淡红紫色。花期 7-9 月，果期 9 月。产黑龙江、吉林、辽宁及河北北部，生于海拔 400 米以下草坡及灌丛中。俄罗斯、朝鲜及日本有分布。

图 756：1-5. 细叶益母草 6-10. 兴安益母草（田虹绘）

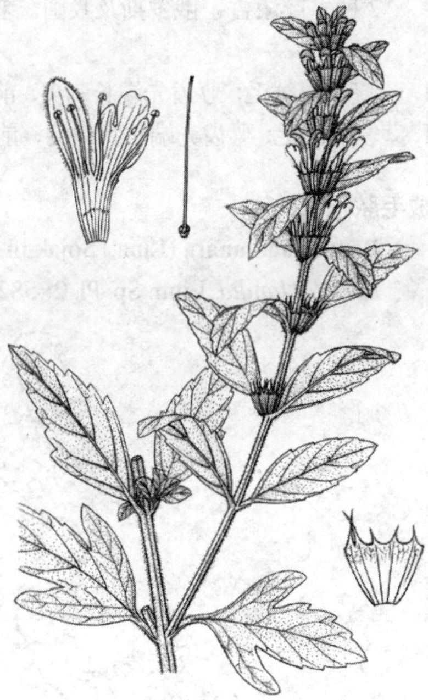

图 757 蓍菜（王金凤绘）

5.　兴安益母草　图 756:6-10

Leonurus deminutus V. Krecz. et Kuprian. in Bot. Mater. Gerb. Bot. Inst. Komar. Akad. SSSR 11: 134. 1949.

Leuonurus tataricus auct. non Linn.: 中国植物志 65(1): 519. 1977.

二年生或多年生草本，高 60 厘米。茎被平伏短柔毛，茎下部、节及花序轴均杂有白色近平展长柔毛。中部及上部茎叶近圆形，宽约 4.5 厘米，基部宽楔形，掌状分裂几达基部，两面被短糙伏毛，裂片菱形，长 2.5-3 厘米，

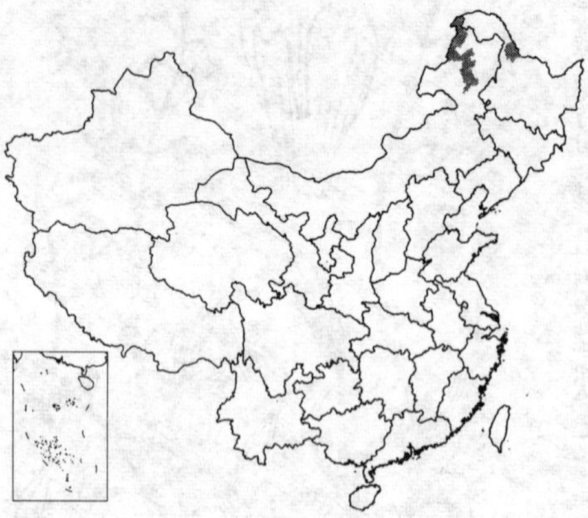

再分裂成线形小裂片；叶柄长1.7–2 厘米。轮伞花序多数组成间断穗状花序；苞叶菱形，长2.5–3 厘米，基部楔形，3深裂，裂片线形，全缘或稍缺刻，柄长约2厘米，小苞片针刺状，被平伏短柔毛及长柔毛。花萼倒圆锥形，被平伏短柔毛，脉被近平展白色柔毛；萼筒长约3毫米，萼齿宽三角形，先端长刺尖；花冠淡紫色，长约8毫米，被长柔毛，冠筒内具柔毛环，上唇长圆形，下唇3裂。小坚果淡褐色，长圆状三棱形，长1.5毫米，顶端被微柔毛。花期7月，果期8月。

产黑龙江、内蒙古东北部，生于海拔750–850米山坡林下。蒙古及俄罗斯有分布。

39. 脓疮草属 Panzerina Sojak

多年生草本。叶掌状分裂，具长柄。轮伞花序腋生，多花，组成穗状花序；小苞片针刺状，较萼筒短。花无梗；花萼管状钟形，5脉明显，5脉不明显，萼齿5，宽三角形，先端刺尖，前2齿较后3齿稍长；花冠白或黄白色，长2–4厘米，二唇形，冠筒与萼筒近等长，内无毛环，上唇直伸，盔状，密被柔毛，下唇直伸，3裂，中裂片扁心形，两侧边缘膜质；雄蕊4，平行，前对稍长，花药卵球形，2室，横裂，平行；花柱丝状，稍伸出雄蕊或与之等长，柱头2浅裂。小坚果卵球状三棱形，顶端圆。

2种，产蒙古、俄罗斯及我国。我国均产。

1. 茎疏被短绒毛；萼齿先端长刺尖，前2齿长达7毫米 ………………………………………… **绒毛脓疮草 P. lanata**
1. 茎密被绒毛；萼齿先端钻状刺尖，前2齿长3–5毫米 ………………………… (附). **脓疮草 P. lanata var. alaschanica**

绒毛脓疮草

Panzerina lanata (Linn.) Sojak in Cas. Nar. Muz. v. Praze 150: 216. 1981.

Ballota lanata Linn. Sp. Pl. 2: 582. 1753.

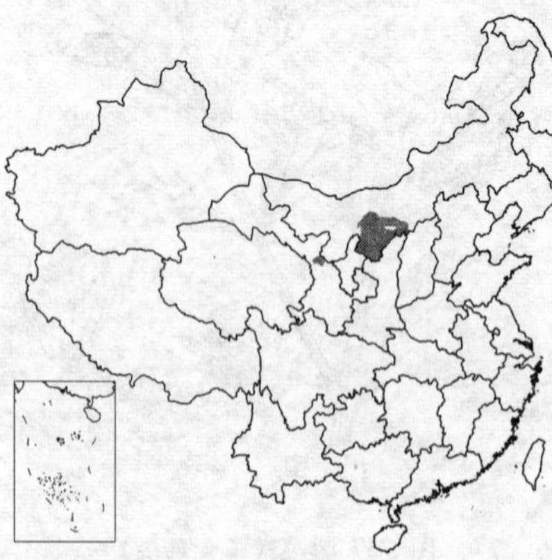

多年生草本。茎多数，多分枝，疏被短绒毛。茎叶圆形或宽卵形，宽3.5–6厘米，掌状5裂达中部至深裂，下面被白色绒毛或长柔毛，裂片楔形，羽状分裂或具圆齿。轮伞花序具多花；苞叶3深裂，小苞片钻形，刺尖，被绒毛或柔毛。花萼密被绒毛或长柔毛，萼筒长1.3–1.5厘米，萼齿窄三角形，长刺尖，前2齿长达7毫米，后3齿长约4毫米；花冠淡黄或白色，长3–3.5厘米，被丝状柔毛。小坚果长2–3毫米。花期7–9月。

产内蒙古及甘肃，生于砾石沙丘质荒漠草原。俄罗斯及蒙古有分布。

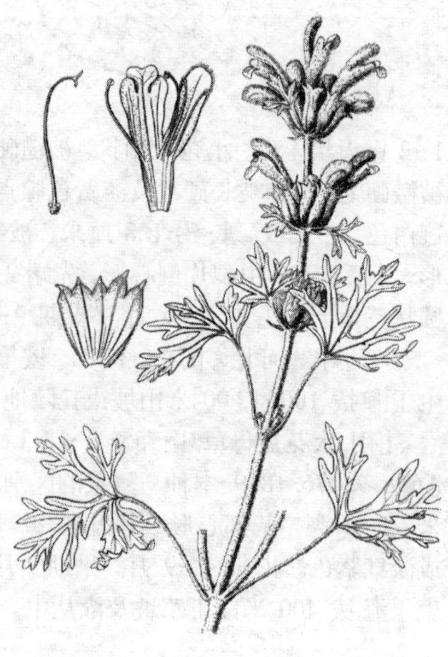

图 758 [附] 脓疮草（引自《图鉴》）

[附] **脓疮草** 图758 **Panzerina lanata var. alaschanica** (Kupr.) H. W. Li in Novon 3: 264. 1993. ——*Panzerina alaschanica* Kupr. in Bot. Mater. Gerb. Bot. Inst. Komar. Akad. Nauk. SSSR 15:363. 1953; 中国高等植物图鉴 4:656. 1974; 中国植物志 65(1):524. 1977. 本变种与模式变种的区别: 茎密被绒毛；萼齿具短钻状刺尖，前2齿长3–5毫米；叶掌状深裂达2/3–3/4，裂片窄楔形，宽2–8毫米。产内蒙古西南部、陕西、宁夏，生于海拔900–1350米砂地。全草治疥疮。

40. 兔唇花属 Lagochilus Bunge ex Benth.

亚灌木或多年生草本。茎绿白色，坚实，疏被长硬毛。根茎木质。叶菱形，掌状或羽状深裂，裂片具刺尖。轮伞花序具2-10花，花序基部及叶腋具刺状小苞片。花萼钟形或管状钟形，具5脉，喉部偏斜或直，萼齿5，近等长或后3齿较长，常较萼筒长，先端针状；花冠被柔毛，内面具柔毛环，上唇长圆形，直伸，先端2裂或具4缺齿，下唇斜展，3裂，中裂片倒心形，侧裂片直伸；雄蕊4，伸出或内藏，前对较长，花丝扁平，药室2，平行或稍叉开，具缘毛；花柱丝状，柱头2浅裂。小坚果扁倒圆锥形，长圆状倒卵球形或长圆状球形，顶端平截或圆，被腺点、粉状毛、鳞片或无毛。

约 35 种，分布亚洲中部。我国 11 种。

1. 叶腋无刺状小苞片。
  2. 萼齿三角形。
    3. 萼筒及小苞片被毛 ………………………………………… 1. **硬毛兔唇花 L. hirtus**
    3. 萼筒及小苞片无毛 ………………………………………… 1(附). **阿尔泰兔唇花 L. bungei**
  2. 萼齿长圆状披针形 ………………………………………… 2. **冬青叶兔唇花 L. ilicifolius**
1. 叶腋具刺状小苞片。
  4. 萼齿长圆形或窄长圆状披针形。
    5. 叶基部楔形；叶3裂，裂片齿状或卵状长圆形。
      6. 叶宽菱形，裂片先端钝，具芒尖；茎节无毛 ………………………… 3. **二刺叶兔唇花 L. diacanthophyllus**
      6. 叶楔状菱形，裂片先端具刺状芒尖；下部茎节被绵毛，上部茎节被绒毛 ………………………………………… 3(附). **毛节兔唇花 L. lanatonodus**
    5. 叶基部楔形或圆；叶一回或二回羽状深裂 ………………………… 4. **大花兔唇花 L. grandiflorus**
  4. 萼齿宽卵形 ………………………………………… 5. **大齿兔唇花 L. macrodontus**

1. 硬毛兔唇花 短刺兔唇花　图 759:7-13

Lagochilus hirtus Fisch. et C. A. Mey. Enum. Pl. Nov. 32. 1841.

Lagochilus brachyacanthus C. Y. Wu et Hsuan; 中国植物志 65(2): 530. 1977.

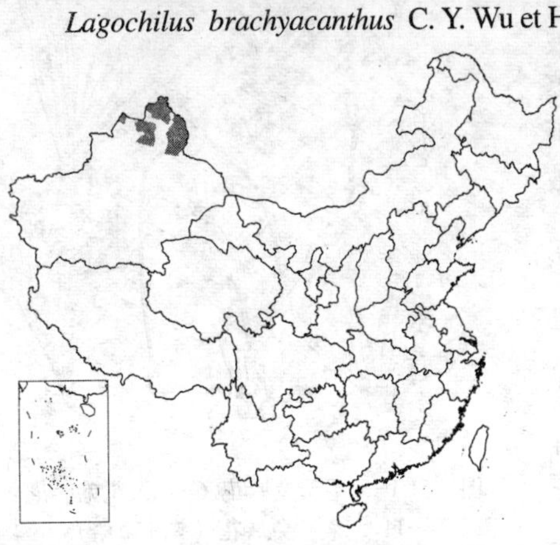

多年生草本，高约 16 厘米。茎多分枝，疏被糙伏毛。叶楔形，长 1.2-2 厘米，基部渐窄成翅状，两面无毛，被粉状腺点，3浅裂，下部叶裂片具2至多个三角形小裂片，小裂片及裂片先端均具刺尖；叶柄长 5-8 毫米，上部叶近无柄。轮伞花序具 4-6 花；小苞片针状，长 4-7 毫米，疏被刺毛。花萼窄钟形，长约 1.3 厘米，疏被刺毛，萼齿三角形，长 4-5 毫米；花冠长约 2.6 厘米，冠檐疏被毛及密被腺点，上唇直立，先端2半裂，裂片长约5毫米，先端圆或平截，下唇中裂片长约 2.5 毫米，先端2小裂，裂片及侧裂片三角形。花期 5-8 月。

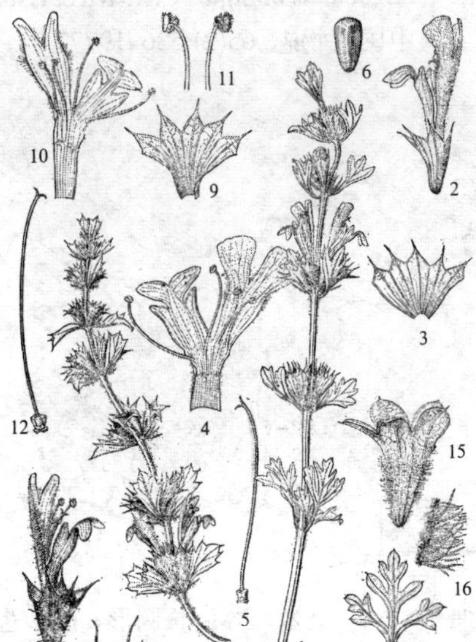

图 759:1-6. 阿尔泰兔唇花 7-13. 硬毛兔唇花 14-16. 大齿兔唇花（曾孝濂绘）

产新疆，生于砾石山坡。哈萨克斯坦有分布。

[附]**阿尔泰兔唇花** 图 759:1-6 **Lagochilus bungei** Benth. Labiat. Gen. Spec. 641.1834. —— *Lagochilus altaicus* C.Y.Wu et Hsuan; 中国植物志 65(1):527. 1977. 本种与毛兔唇花的区别：茎下部无毛；叶羽状深裂，裂片先端具短尖头或圆，叶柄长达 2.5 厘米；花萼无毛，花冠被白色长柔毛。花期 7月，果期9月。产新疆北部，生于海拔 500 米干旱山坡。哈萨克斯坦有分布。

2. 冬青叶兔唇花 图 760

Lagochilus ilicifolius Bunge ex Benth. Labiat. Gen. Spec. 641. 1834.

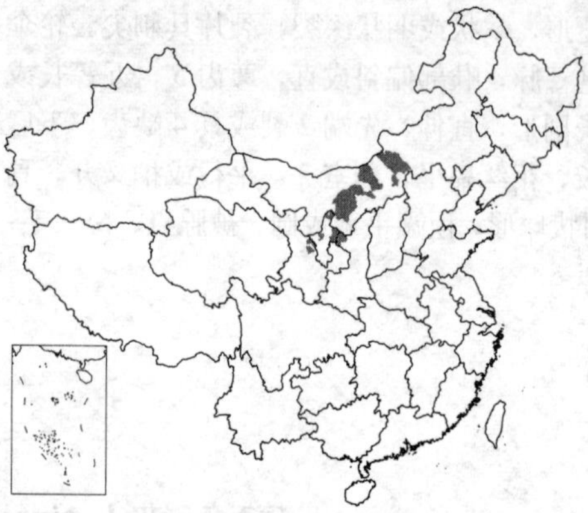

多年生草本，高达20厘米。茎分枝，铺散，基部木质化，被白色细糙硬毛。叶楔状菱形，长约1厘米，先端具3-5裂齿，齿端短芒状刺尖，基部楔形，两面无毛；叶无柄。轮伞花序具2-4花；小苞片细针状。花萼管状钟形，长约1.2厘米，白绿色，无毛，萼齿长约5毫米，长圆状披针形，具短刺尖，后齿长约7毫米；花冠淡黄色，具紫褐色脉网，长2.5-2.7厘米，上唇长1.8厘米，被白色绵毛，内面被白色糙伏毛，下唇长约1.5厘米，被微柔毛，内面无毛，3深裂，中裂片倒心形，长7.5毫米，先端具2小裂片，侧裂片卵形，先端具2齿；后对雄蕊长约2厘米，前对长约2.4厘米。花期7-9月，果期10月。

产内蒙古、宁夏、甘肃及陕西北部，生于海拔830-2000米沙地及半荒漠灌丛中。蒙古及俄罗斯有分布。

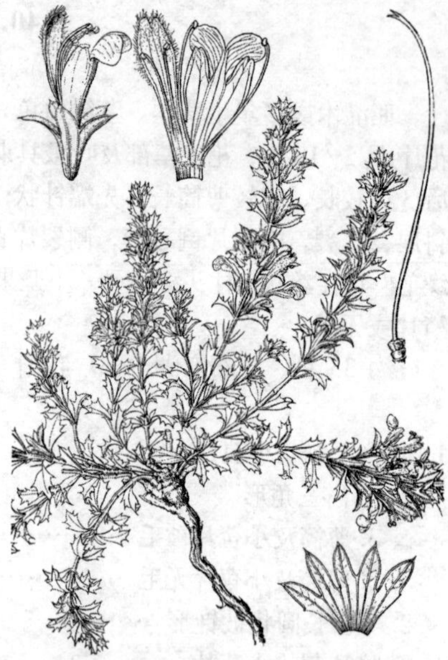

图 760 冬青叶兔唇花（曾孝濂绘）

3. 二刺叶兔唇花 斜喉兔唇花 四齿兔唇花 图 761:8-11

Lagochilus diacanthophyllus (Pall.) Benth. Labiat. Gen. Spec. 641. 1834.

Molucella diacanthophyllum Pall. in Nova Acta Acad. Sci. Imp. Petrop. Hist. Acad. 10: 380. 1797.

Lagochilus obliquus C. Y. Wu et Hsuan & *Lagochilus chingii* C. Y. Wu et Hsuan; 中国植物志 65(2):536. 1977.

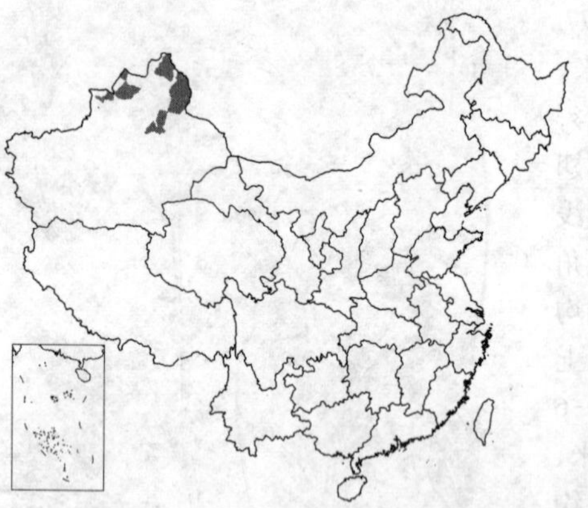

多年生草本，高达25厘米。茎白色，基部木质，分枝，疏被长柔毛，上部及节无毛。叶宽菱形，长2-3.5厘米，基部渐窄下延，上面疏被细硬毛，下面密被白色透明腺点，羽状深裂，下部裂片再3浅裂成圆形至长圆形小裂片，裂片及小裂片先端钝具芒尖；下部叶叶柄长达2厘米，具窄翅，上部叶近无柄。轮伞花序具4-6花；小苞片针状或钻形，刺尖。花萼钟形，长约1.7厘米，径7毫米，萼齿长圆形，前2齿长约5毫米，后3齿长7-8毫米，先端钝，具短尖头；花冠淡紫色，长约3.4厘米，密被短柔毛，基部无毛，上唇长约2厘米，边缘具长柔毛，先端2裂，裂片卵形，先端具2或4齿，下唇中裂片倒心形，侧裂片三角形；前对雄蕊长约1.6厘米，后对长1.4厘米；子房顶端被白色鳞片。花期7-8月。

产新疆北部，生于海拔1100-2000米砂砾质干旱山坡或谷地。哈萨克斯坦有分布。

[附]**毛节兔唇花** 图 761:1-5 **Lagochilus lanatonodus** C. Y. Wu et Hsuan in Acta Phytotax. Sin. 10(3): 216. pl. 42. f. 1-5. 1965. 本种与二刺叶兔唇花的区别：上部茎节被绒毛，下部茎节被绵毛；叶楔状菱形，长1-1.6厘米，下面被短柔毛或无毛，裂片及小裂片具刺状芒尖；轮伞花序具2花。产新疆北部，生于海拔820-2400米干旱山地及石质荒漠草原。

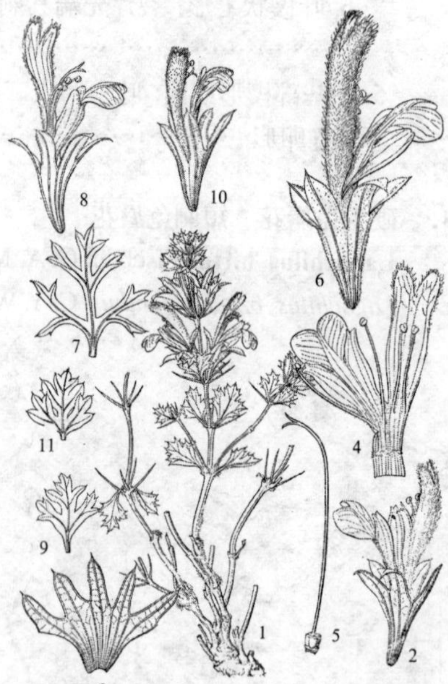

图 761:1-5. 毛节兔唇花 6-7. 大花兔唇花 8-11. 二刺叶兔唇花（曾孝濂绘）

4. 大花兔唇花 图 761:6-7

Lagochilus grandiflorus C. Y. Wu et Hsuan in Acta Phytotax. Sin.10(3): 217. pl. 42. f. 6-7. 1965.

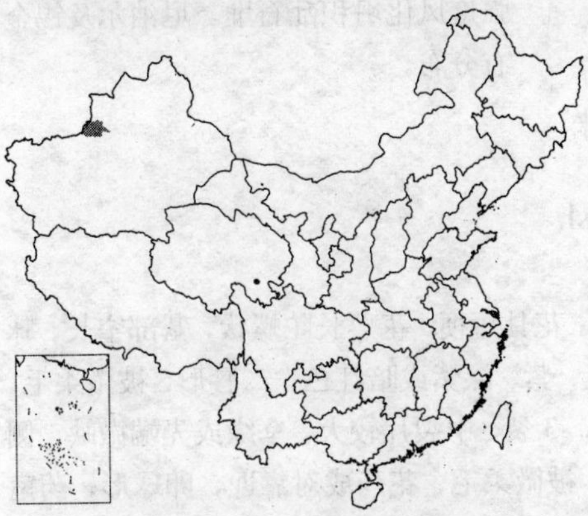

多年生草本，高达30厘米。茎基部分枝铺散，被细硬毛。叶宽卵形，长2.8-4厘米，基部楔形或圆，上面疏被细硬毛及腺点，下面被短柔毛及腺点，一回或二回羽状深裂，裂片宽2.2-4.2毫米，具短刺尖。轮伞花序约具6花；小苞片针状。花萼窄管状钟形，长约2.3厘米，密被微柔毛，齿被腺点，萼齿长圆形，长0.9-1.4厘米，具刺尖；花冠粉红色，长4.6厘米，被白色长柔毛，上唇长约3厘米，2裂，每裂片2小裂，下唇倒卵状楔形，3裂，中裂片长约1.1厘米，具2小裂片，侧裂片卵形，长5毫米，先端微缺，前对雄蕊长约2.8厘米，后对长2.3厘米；子房无毛。花期6月。

产新疆北部，生于山坡石缝中。

5. 大齿兔唇花 宽齿兔唇花 图759: 14-16

Lagochilus macrodontus Knorr. in Bot. Mater. Gerb. Bot. Inst. Komar. Akad. Nauk. SSSR 13:236. 1950.

Lagochilus iliensis C. Y. Wu et Hsuan; 中国植物志 65(2): 537. 1977.

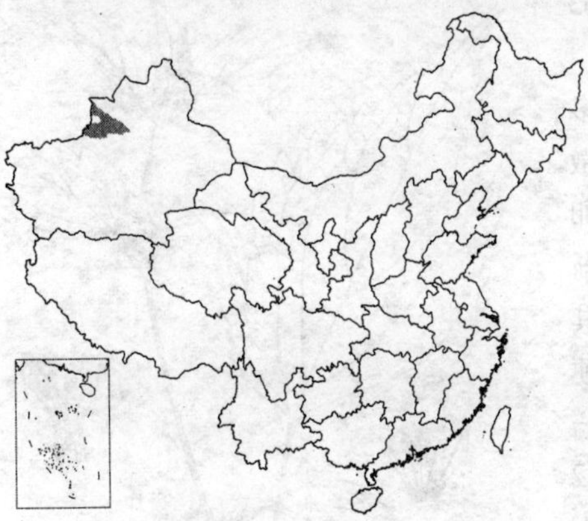

多年生草本，高约30厘米；茎疏被细硬毛。叶菱状三角形，长2.2-3厘米，基部骤窄成翅状，上面疏被细硬毛，下面密被细硬毛及腺点，羽状深裂，下部1对裂片3深裂或羽裂，裂片及小裂片卵形或长圆形，先端圆，具刺尖；叶柄长2-4毫米。轮伞花序具4-8花；苞片钻形。花萼窄钟形，长约1.9厘米，径7毫米，萼齿宽卵形，网脉明显，具刺尖，萼筒密被平展柔毛及腺毛；花冠淡红色，较花萼长2.5-3倍，上唇2裂，裂片具几个小裂片，边缘被柔毛，下唇中裂片2裂，小裂片卵形或圆形，侧裂片具2齿。

产新疆北部，生于海拔1900米砾石坡地。塔吉克斯坦有分布。

41. 绵参属 Eriophyton Benth.

多年生草本，高达20厘米。茎不分枝，质硬，被绵毛。根肥厚，柱状。叶菱形或近圆形，长3-4厘米，茎基叶鳞片状；近无柄。轮伞花序具6花，密集或下部花疏散；小苞片刺状。花无梗；花萼宽钟形，稍透明，具10脉，萼齿5，近等大，三角形，先端长渐尖；花冠淡紫或粉红色，冠筒内藏，内面无毛环，上唇盔状，覆盖下唇，下唇近张开，3裂，中裂片稍大，先端微缺或圆，侧裂片圆形；雄蕊4，前对较长，顶端具突起，上升至上唇片之下，后对花丝基部厚，花药成对靠近，药室2，极叉开，顶端汇合，被长柔毛；柱头近相等2浅裂，裂片钻形；子房无毛。小坚果宽倒卵球状三棱形，淡黄褐色，长3毫米，顶端圆，平滑。

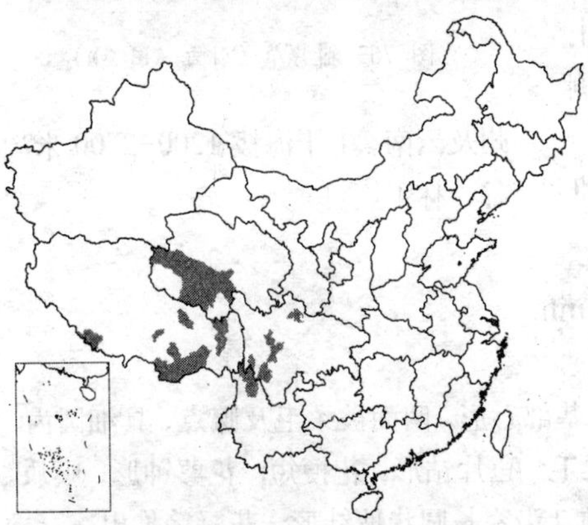

图 762 绵参（曾孝濂绘）

单种属。

绵参 图 762

Eriophyton wallichii Benth. in Wall. Pl. Asiat. Rar. 1: 63. 1830.

形态特征同属。花期 7-9 月，果期 9-10 月。

产云南西北部、四川西部、青海及西藏，生于海拔 (2700-)3400-4700 米强度风化坍积乱石堆。尼泊尔及锡金有分布。

42. 斜萼草属 Loxocalyx Hemsl.

多年生直立草本。叶具齿及长柄。轮伞花序具少花，腋生；小苞片钻形。花具短梗；花萼长陀螺状，基部窄长，脉被毛，内面无毛，5-8(-10)脉，二唇形，上唇 3 齿较下唇 2 齿短；花冠淡红、紫、深紫或暗红色，二唇形，被微柔毛，内面近基部具柔毛环，冠筒细长，伸出，上唇盔状，直伸，全缘，下唇张开，3 裂，中裂片较大，全缘或先端微缺，侧裂片全缘；雄蕊 4，近等长，上升至上唇片之下伸出花冠喉部，花丝扁平，被微柔毛，花药成对靠近，卵球形，药室 2，极叉开；花盘平顶，果时伸长；花柱内藏或微伸出，柱头相等 2 浅裂。小坚果卵球状三棱形，顶端平截，被微柔毛。

2 种，我国特有属。

斜萼草 图 763

Loxocalyx uriticifolius Hemsl. in Journ. Linn. Soc. Bot. 26: 309. 1890.

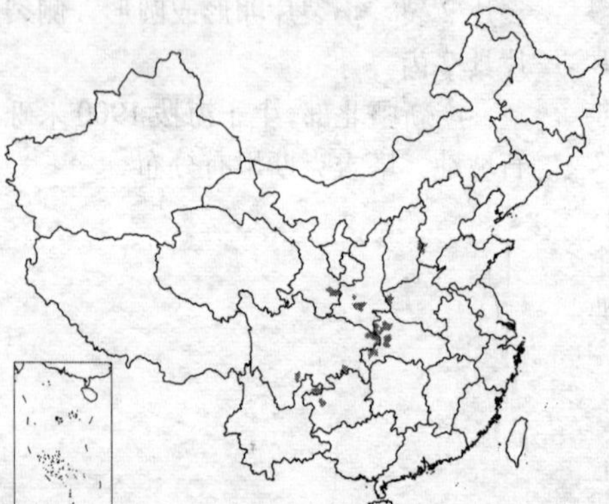

直立草本，高达 1.3 米；多分枝。茎及幼枝近无毛或疏被微柔毛。叶膜质，宽卵形或心状卵形，长 4.5-12 厘米，先端长渐尖或尾尖，基部平截或心形，具粗大锯齿状牙齿，两面疏被细硬毛，下面被腺点；叶柄细，长 1-6 厘米。轮伞花序具(2-)6-12 花；小苞片钻形。花梗长不及 1 毫米；花萼长 1-1.5 厘米，被腺点，近无毛，8 脉，脉被细硬毛，萼齿 5，较萼筒短，长三角形或卵形，后 3 齿近等大，均具刺尖；花冠淡红、紫或深红色，长 1.5-2 厘米，被柔毛，内面疏被鳞片，近基部具柔毛环，上唇长圆状椭圆形，长约 5 毫米，全缘，下唇 3 裂，中裂片长圆形或倒心形，侧裂片近圆形。小坚果深褐色，腹面具棱。花期 7-8 月，果期 9 月。

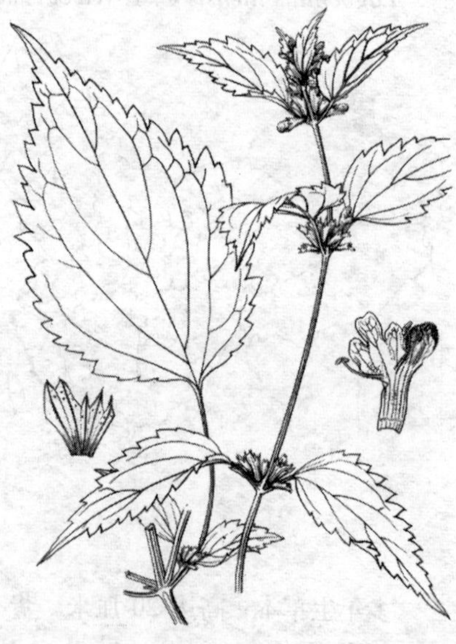

图 763 斜萼草（引自《图鉴》）

产河北西南部、山西、河南西部、湖北、陕西南部、甘肃东部、四川、贵州及云南，生于海拔 1200-2700 米沟谷、林下。

43. 假野芝麻属 Paralamium Dunn.

多年生草本，高达 80 厘米。叶卵状心形，长 9-17 厘米，先端骤渐尖，基部心形，两面被柔毛及腺点，具细圆齿；叶柄长 2-10 厘米。轮伞花序组成总状圆锥花序顶生，序轴密被细硬毛及柔毛；苞片钻形。花梗短；花萼钟形，膜质，果时 10 脉明显，萼齿 5，后齿最大，先端平截，2 侧齿三角状披针形，前 2 齿窄长圆状披针形；花冠筒伸出，冠檐紫色，上唇长圆形，稍内凹，下唇 3 裂，中裂片全缘；雄蕊 4，前对较长，均上升至上唇片之下，平行靠近；花丝被短缘毛；花药卵球形，药室 2，先端汇合，极叉开；柱头不等 2 浅裂；花盘平顶。小坚果扁球状三棱形，黑色，有光泽及洼点。

单种属。

假野芝麻 图 764

Paralamium gracile Dunn in Notes Roy. Bot. Gard. Edinb. 8: 168. 1913.

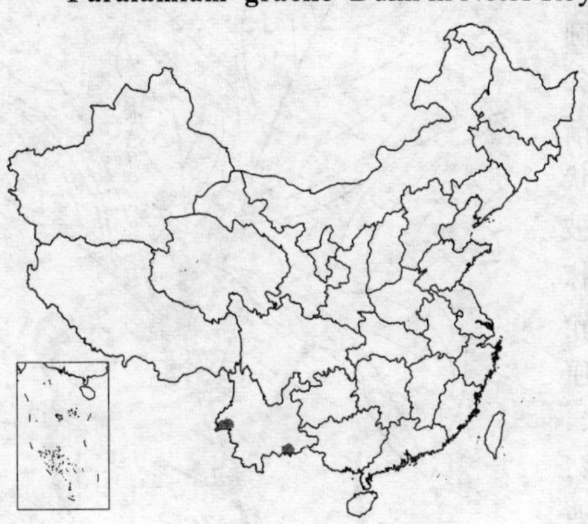

形态特征同属。花期 4 月，果期 4-5 月。

产云南东南及西南部，生于海拔 1150-1800 米沟边或林中湿地。缅甸及越南有分布。

图 764 假野芝麻（曾孝濂绘）

44. 假糙苏属 Paraphlomis Prain

草本或亚灌木，具根茎。叶无柄或具长柄；叶膜质或近革质。轮伞花序腋生；小苞片披针形或刺芒状，有时微小，早落。花萼管形或倒圆锥形，口部有时稍缢宿，平截或具褶，脉 5-10，萼齿 5，宽三角形或钻形，先端刚毛状渐尖、尖或翅状；花冠二唇形，冠筒内具毛环，上唇扁平，直伸或盔状，密被毛，下唇近水平开展，3 裂，中裂片较大；雄蕊 4，前对较长，花丝丝状，扁平，稍被毛，药室 2，平行或稍叉开；子房顶部平截，柱头 2 浅裂，裂片钻形；花盘环状或杯状，平顶。小坚果倒卵球形或三棱状长圆形。

约 24 种，分布于印度、东南亚及我国。我国 23 种。

1. 花萼管形或管状钟形。
    2. 萼口萼齿明显，短三角形、钻形、三角状钻形或长披针形，1 毫米以上。
        3. 叶不为卵形或圆形。
            4. 叶椭圆形、椭圆状卵形或长圆状卵形，具圆齿状锯齿；萼齿钻形或三角状钻形，被微硬毛 …………………………………………… 1. **假糙苏 P. javanica**
            4. 叶卵状披针形或窄长披针形，具不明显细圆齿；萼齿针状，被细刚毛 …………………………………………… 1(附). **狭叶假糙苏 P. javanica** var. **angustifolia**
        3. 叶卵形或圆形。
            5. 茎、叶两面及萼均密被长柔毛及短柔毛；花冠密被白色长柔毛；小苞片长约 2 毫米 …………………………………………… 2. **白花假糙苏 P. albiflora**
            5. 茎、叶两面及萼均密被长柔毛，不杂有短柔毛；花冠疏被短柔毛；小苞片长达 5 毫米 …………………………………………… 2(附). **曲茎假糙苏 P. foliata**
    2. 萼口近平截具摺，萼齿宽三角形，长不及 1 毫米 …………………… 3. **薄萼假糙苏 P. membranacea**
1. 花萼倒圆锥形。
    6. 茎上部、叶柄及叶下面被柔毛或倒向糙伏毛。
        7. 植株密被倒向糙伏毛 …………………………………………… 4. **纤细假糙苏 P. gracilis**
        7. 植株近无毛或疏被短柔毛 …………………………………… 4(附). **长叶假糙苏 P. lanceolata**
    6. 茎上部、叶柄及叶下面密被白色倒向柔毛。
        8. 萼齿宽三角状锥形，先端钻状 ………………………………………… 5. **白毛假糙苏 P. albida**
        8. 萼齿宽卵状三角形，先端尖 ……………………… 5(附). **短齿白毛假糙苏 P. albida** var. **brevidens**

1. 假糙苏 图 765

Paraphlomis javanica (Bl.) Prain in Ann. Roy. Bot. Gard. (Calcutta) 9: 59. 1901.

Leonurus javanicus Bl. Bijdr. 828. 1826.

Paraphlomis rugosa (Benth.) Prain; 中国高等植物图鉴 3:658. 1974.

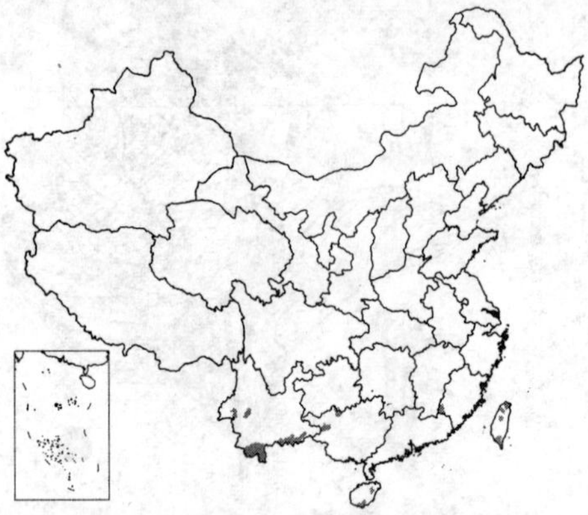

多年生草本，高达 1.5 米。茎单生，被倒向糙伏毛。叶椭圆形、椭圆状卵形或长圆状卵形，长 7-15(-30) 厘米，先端尖或渐尖，基部圆或宽楔形，具圆齿状锯齿，有时齿不明显，上面稍被细硬毛，下面疏被糙伏毛，沿脉毛密；叶柄细，长达 8 厘米。轮伞花序具多花，球形，径约 3 厘米；小苞片钻形，长约 6 毫米，被微硬毛。花无梗；花萼管形，淡绿色，密被微硬毛，脉不明显，果时红色，近无毛，萼筒长约 7 毫米，萼齿近相等，钻形或三角状钻形，长 3-4 毫米；花冠黄、淡黄稀近白色，长约 1.7 厘米，冠筒上部及冠檐稍被微硬毛，内面具柔毛环，上唇长圆形，全缘，下唇 3 裂。小坚果黑色，倒卵球状三棱形，顶端钝圆，无毛。花期 6-8 月，果期 8-12 月。

产云南南部、广西西北部、海南、福建及台湾，生于海拔 320-1350(-2500?) 米林下。印度、巴基斯坦、缅甸、泰国、老挝、越南、马来西亚、印度尼西亚及菲律宾有分布。

图 765 假糙苏（曾孝濂绘）

[附] **狭叶假糙苏 Paraphlomis javanica** var. **angustifolia** (C. Y. Wu) C. Y. Wu et H. W. Li in Acta Phytotax. Sin. 13(1):73. 1975.—— *Paraphlomis rugosa* (Benth.) Prain var. *angustifolia* C. Y. Wu in Acta Phytotax. Sin. 8(1):33. 1959. 本变种与模式变种的区别：叶卵状披针形或窄长披针形，具不明显细圆齿；萼齿针状，被细刚毛。产四川、云南、贵州、广西、广东、湖南及福建，生于海拔 500-1600 米林中。越南有分布。

2. 白花假糙苏 图 766

Paraphlomis albiflora (Hemsl.) Hand.-Mazz. in Acta Horti Gothob. 13: 347. 1939.

Phlomis albiflora Hemsl. in Journ. Linn. Soc. Bot. 26: 304. 1890.

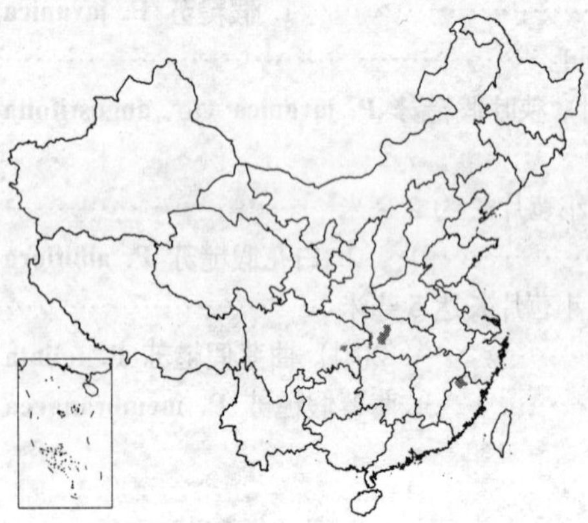

草本，高达 60 厘米。茎基部淡紫色，近基部无叶，不分枝，密被长柔毛及短柔毛。叶卵形，下部茎叶圆形，长 6-8 厘米，先端尖，基部宽楔形，具不规则圆齿状锯齿，两面被柔毛；叶柄细，长达 8 厘米。轮伞花序约 20 花，近球形，径 3(-4) 厘米；小苞片长约 2 毫米，线形，具缘毛。花梗极短；花萼管形，稍弯，上部稍膨大，被柔毛，喉部内面及萼齿被糙伏毛，10 脉，萼齿短三角形，先端尖；花冠白色或喉部具紫斑，长 1.2-1.5 厘米，密被白色长柔毛，冠筒长 0.8-1 厘米，直伸，圆筒形，喉部微扩大，伸出，无毛，内面具柔毛环，上唇长圆形，直伸，内凹，全缘，下唇 3 裂，裂片近圆形。小坚果三棱状长圆形，无毛，顶端平截。花期 6 月。

产湖北西部、四川东部及福建北部，生于海拔 100-800 米谷地林下。

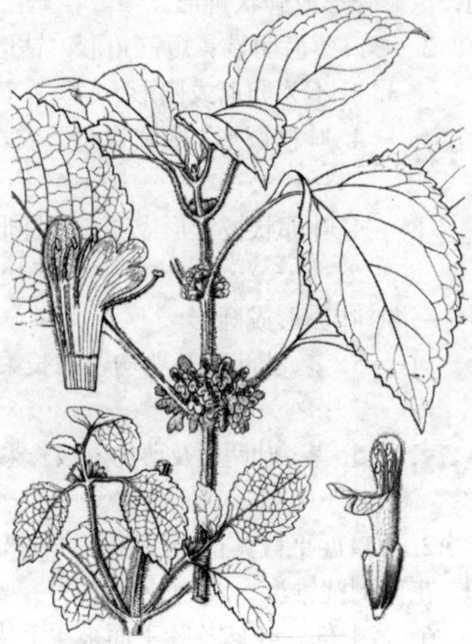

图 766 白花假糙苏（引自《图鉴》）

[附] **曲茎假糙苏 Paraphlomis foliata** (Dunn) C. Y. Wu et H. W. Li in Acta Phytotax. Sin. 10(1): 66. 1965.——

Lamium foliatum Dunn in Journ. Linn. Soc. Bot. 38:363. 1908. 本种与白花假糙苏的区别：茎、叶两面及萼均密被长柔毛，不杂有短柔毛；花冠疏被短柔毛；小苞片长达5毫米。产福建、江西及广东，生于海拔650-850米林下草丛中。

3.　薄萼假糙苏　　图 767

Paraphlomis membranacea C. Y. Wu et H. W. Li in Acta Phytotax. Sin. 10(1): 66. pl. 16. 1965.

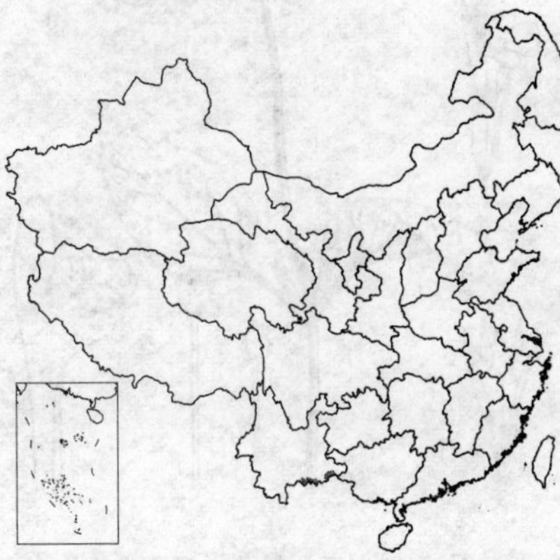

草本，高达50厘米。茎上升，基部平卧，径达7毫米，被糙伏毛，老时无毛。叶卵形，长11-18厘米，先端尖，基部圆，具圆齿，两面疏被短密被短柔毛脉上毛较密，上面杂有刚毛；叶柄长2-6厘米密被短柔毛。轮伞花序具多花，球形；小苞片倒披针形或倒卵形，长3-6毫米，上部疏被刺毛。花无梗；花萼管状钟形，稍透明，上部疏被白色刺毛，内面无毛，长约7毫米，萼齿宽三角形，长不及1毫米，萼口近平截，具褶；花冠紫色，长约1.5厘米，无毛，冠筒细，长达1厘米，径1.2毫米，内面具柔毛环，上唇长圆形，长约5毫米，直伸，全缘，下唇3深裂，中裂片卵形，微缺，侧裂片长圆形，全缘。

产云南东南部，生于海拔2500米以下林下及溪边沙地。越南北部有分布。

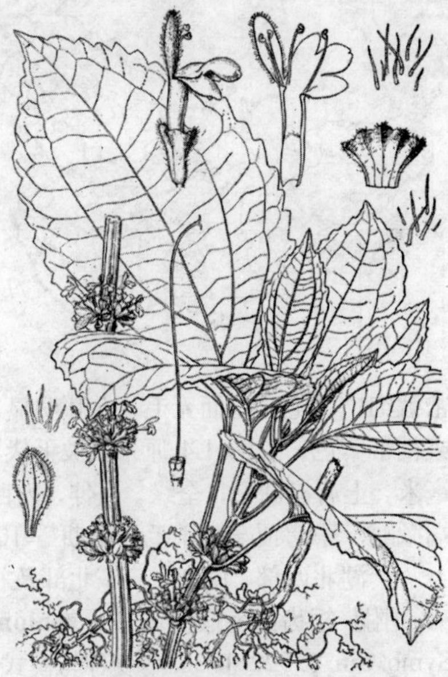

图 767　薄萼假糙苏（曾孝濂绘）

4.　纤细假糙苏　　图 768

Paraphlomis gracilis (Hemsl.) Kudo in Mem. Fac. Sci. Taihoku Imp. Univ. 2: 210. 1929.

Phlomis gracilis Hemsl. in Journ. Linn. Soc. Bot. 26: 305. 1890.

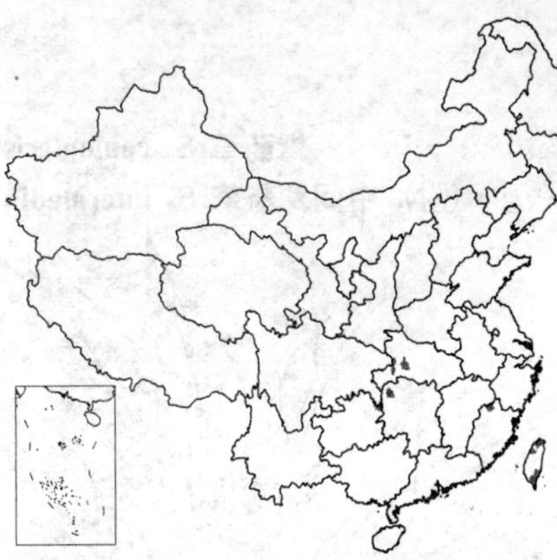

直立草本，高约1米。具匍匐茎。茎被倒向糙伏毛，上部少分枝。叶披针形，长5-10厘米，先端尖或渐尖，基部渐窄下延至叶柄，基部以上具圆齿状锯齿，上面疏被糙伏毛，沿脉毛密，下面密被糙伏毛及黄色腺点；叶柄具窄翅，长1-2.5厘米。轮伞花序具(2-)4-8(-12)花；小苞片锥形。花梗极短；花萼倒圆锥形，长约1.2厘米，密被倒向糙伏毛，10脉不明显，萼齿钻形；花冠白色，长约1.5厘米，冠筒内藏，长约5毫米，无毛，内面具柔毛环，上唇被柔毛，长圆形，内凹，长约1厘米，下唇稍平展，3裂，具紫斑。花期6-7月。

产湖北西部、湖南西北部、贵州东北部、福建及台湾，生于海拔600-810米密林下。

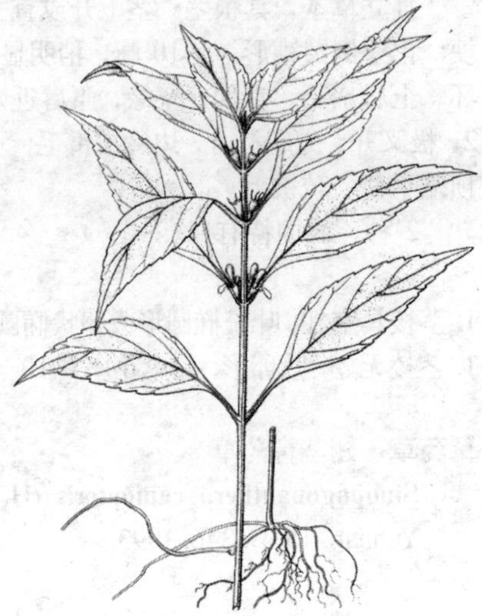

图 768　纤细假糙苏（王金凤绘）

[附] 长叶假糙苏 **Paraphlomis lanceolata** Hand.-Mazz. Symb. Sin. 7: 922. Abb. 27, Nr. 2. 1936. 本种与纤细假糙苏的区别：茎、叶上面、叶柄近无毛或沿中脉稍被微柔毛。花期4-8月，果期8-9月。产福建北部、江西南部、湖南西南部及广东北部，生于海拔1000-1200米阔叶林中。

5.　白毛假糙苏　　图 769

Paraphlomis albida Hand.-Mazz. Symb. Sin. 7: 922. Abb. 27, Nr. 1. 1936.

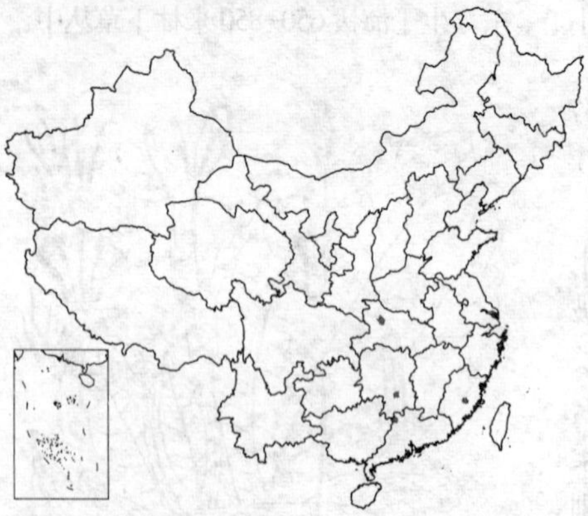

直立草本，高达60厘米。茎单生，密被白色倒向柔毛，近基部无叶，不分枝。叶卵形，长4-9厘米，先端尖或渐尖，基部圆或楔状渐窄下延至叶柄，基部以上具圆齿状锯齿，上面疏被白色短柔毛，脉上毛密，下面密被白色倒向柔毛及黄色腺体；叶柄具窄翅。轮伞花序具2-8花；小苞片锥形，早落。花梗长1-2毫米；花萼倒锥形，长6-7毫米，密被细糙伏毛，内面无毛，5脉明显，萼齿宽三角状锥形，内弯；花冠白色或稍带紫色，长约1.4厘米，被平伏柔毛及腺点，内具柔毛环，冠筒长约6毫米，上唇椭圆形，全缘，直伸，内凹，下唇稍大，3裂，中裂片倒梯形，先端微缺；子房顶端被柔毛。花期7-10月。

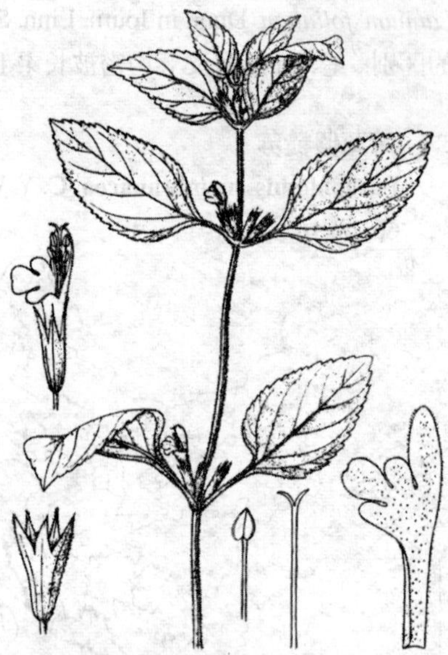

图 769 白毛假糙苏（邓晶发绘）

产湖北西部、湖南、广东北部及福建，生于海拔200-900米林下、溪边。

[附] **短齿白毛假糙苏 Paraphlomis albida var. brevidens** Hand.-Mazz. Symb. Sin. 7: 922. 1936. 本变种与模式变种的区别：萼齿宽卵状三角形，先端尖。产安徽、福建、台湾、江西、湖南、贵州、广西及广东，生于海拔900米以下常绿林、松林或灌丛中。

45. 髯药草属 Sinopogonanthera H. W. Li

直立草本，具根茎。茎上升或直立。叶具柄及齿。轮伞花序腋生，花序梗极短或无；小苞片钻形，脱落。花近无梗；花萼倒圆锥形，5-10脉，稍明显，萼齿5，宽三角形，直伸，先端尖；花冠二唇形，冠筒向上渐宽大，内面具毛环，上唇扁平，直伸，全缘，下唇近水平开展，3裂，中裂片较大；雄蕊4，前对较长；花丝扁平，顶端具齿，药室2，极叉开，先端汇合，边缘被髯毛；子房顶部平截，柱头近相等2浅裂，裂片钻形；花盘环状。小坚果长圆状三棱形，顶端平截，疏被毛。

2种，我国特有属。

1. 茎棱具窄翅；叶长椭圆形或卵状椭圆形；轮伞花序具(6-)30花 …………………………………… 髯药草 **S. caulopteris**
1. 茎棱无翅；叶卵形；轮伞花序具10-14花 …………………………………………………… (附). 中间髯药草 **S. intermedia**

髯药草 翅茎髯药草 图 770

Sinopogonanthera caulopteris (H. W. Li et X. H. Guo) H. W. Li in Acta Bot. Yunnan. 15(4): 346. 1993.

Pogonanthera caulopteris H. W. Li et X. H. Guo in Acta Phytotax. Sin. 31(3): 267. f. 1. 1993.

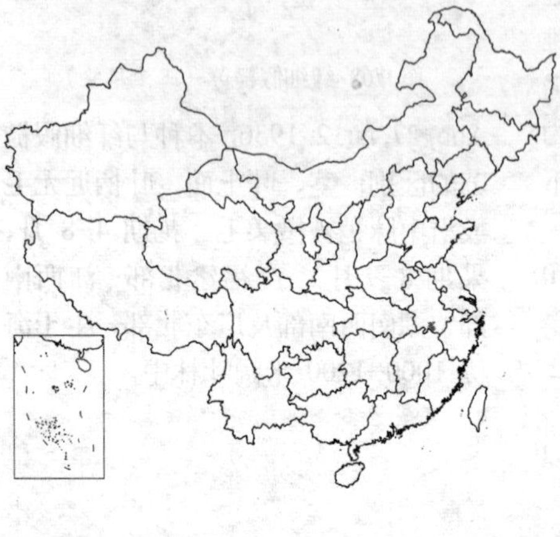

多年生草本，高达1米。具匍匐茎。茎单生，密被倒向微柔毛，棱具窄翅。叶长椭圆形或卵状椭圆形，长6-23厘米，先端长渐尖或尾尖，基部楔形，下延至叶柄，基部以上具细圆齿状锯齿，上面密被短柔毛，下面疏被

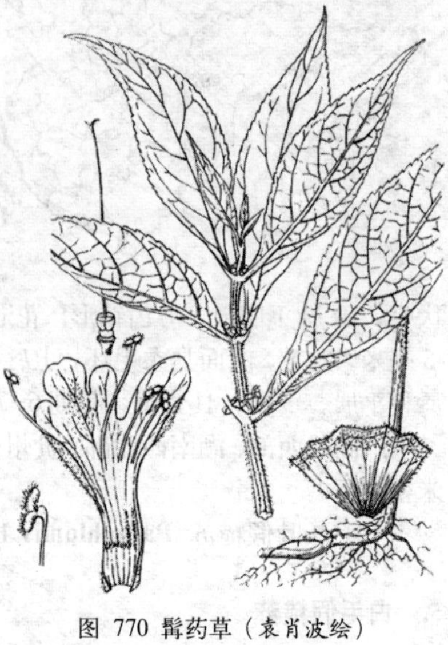

图 770 髯药草（袁肖波绘）

短柔毛，两面密被腺点；叶柄长 0.5-2 厘米。轮伞花序具(6-)30 花，花序梗短或近无；小苞片钻形，脱落。花萼倒圆锥形，长约 5 毫米，被柔毛，10 脉，萼齿宽三角形，长不及 1 毫米；花冠白色，长 1.2-1.65 厘米，被柔毛及腺点，冠筒长 0.8-1 厘米，上唇长圆形，长 4-6.5 毫米，全缘，具短缘毛，下唇宽倒卵形，3 裂，中裂片卵圆形，长 3-4 毫米，微缺，侧裂片长圆形。小坚果黑褐色，长圆状三棱形。花期 5-8 月，果期 7-9 月。

产安徽南部，生于海拔 250-700 米开旷林地。

[附] **中间髯药草 Sinopogonanthera intermedia** (C. Y. Wu et H. W. Li) H. W. Li in Acta Bot. Yunnan. 15(4): 346. 1993.——*Paraphlomis intermedia* C. Y. Wu et H. W. Li in Acta Phytotax. Sin. 10(1): 72. 1965. 本种与髯药草的区别：茎棱无翅；叶卵形；轮伞花序具 10-14 花。产安徽南部及浙江西部，生于海拔 400 米林下草丛中。

46. 喜雨草属 Ombrocharis Hand.-Mazz.

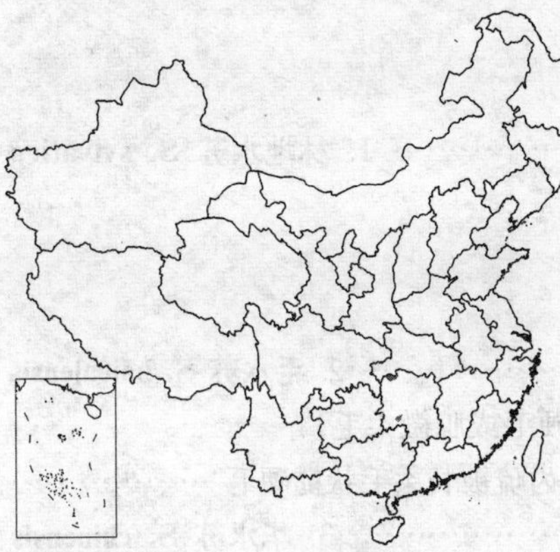

多年生草本，高达 30 厘米。具木质块茎，茎不分枝，下部无叶，上部具叶 5 对，叶卵形或长圆状卵形，长 4-12 厘米，先端尖或渐短尖，基部宽楔形，下延至叶柄，两面疏被细柔毛，沿脉被丛卷毛及柔毛；叶柄长 1.5-8 毫米。轮伞花序具 6 花，组成总状花序；苞片披针形，小苞片微小。花梗长 0.9-1.5 厘米；花萼钟形，11 脉，被腺点，脉被细柔毛，二唇形，喉部具长柔毛环，果时增大，近膜质，上唇具 2 齿披针形，下唇长约为上唇 1/2，具 3 圆齿；花冠二唇形，冠筒宽短，冠檐上唇微盔状，2 深裂，裂片卵形，下唇长约为上唇 1/2，3 裂，裂片近圆形，边缘微波状；雄蕊 4，着生冠筒中部，内藏，前对稍大，花药椭圆形，药室 2，近平行，分离；柱头相等 2 浅裂。小坚果淡褐色，卵球形，扁平，平滑。

我国特有单种属。

喜雨草

Ombrocharis dulcis Hand.-Mazz. Symb. Sin. 7: 926, Abb. 28, Nr. 2-5. 1936.

形态特征同属。

产湖南，生于海拔约 1250 米常绿林下沟谷。

47. 药水苏属 Betonica Linn.

多年生草本，直立，被柔毛。基生叶及下部茎叶具长柄；叶基部常深心形，具粗圆齿。轮伞花序具多花，组成顶生穗状花序；苞叶无柄，小苞片与花萼等长或较长。花萼管状钟形，5 脉，被毛，喉部内面无毛，萼齿 5，等大，直伸，具硬刺尖；花冠筒圆柱形，与花萼等长或伸出花萼，内面无毛环，直伸或稍下弯，喉部稀增大，冠檐二唇形，上唇内凹，全缘或先端微缺，下唇开展，3 裂，中裂片先端钝或微缺；雄蕊 4，平行，上升至上唇片之下，前对较长，花后稀在喉部侧向弯曲，药室 2，近平行；柱头近相等 2 浅裂。小坚果顶端钝圆或近平截。

约 15 种，主要分布于温带欧洲至近东。我国引入栽培 1 种。

药水苏 图 771

Betonica officinalis Linn. Sp. Pl. 2: 573. 1753.

多年生草本，高达 1 米。茎密被微柔毛。基生叶宽卵形，长 8-12 厘米，先端钝，基部深心形，具圆齿；茎生叶卵形，长 4.5-5.5 厘米，叶柄长 4-7.5 厘米。穗状花序长约 4 厘米，长圆形，下部苞叶无柄，长圆状披针形，具牙齿，上部苞叶线形，全缘，小苞片卵形或线形，具硬刺尖。花近无梗；花萼长约 6.5 毫米，密被柔毛，萼齿长三角形，长约 2.5 毫米，具硬刺尖；花冠紫色，长约 1.2 厘米，下部无毛，余被微柔毛，冠筒圆柱形，长约 8 毫米，上唇长圆形，宽 2.5 毫米，具波状齿，先端微缺，下唇扁圆形，宽 6 毫米，3 裂，中

图 771 药水苏（王利生绘）

裂片宽卵形，宽约1.5毫米；雄蕊近内藏，花丝被微柔毛；子房黑褐色，无毛。花期5月。

原产欧洲及西南亚洲。我国各地栽培，药用。

48. 水苏属 Stachys Linn.

一年生或多年生草本，稀亚灌木或灌木。轮伞花序具2至多花，组成顶生穗状花序。花梗短或近无；花萼管状钟形，倒圆锥形或管形，5或10脉，萼齿5，等大，或后3齿较大，先端尖、刚毛状或刺尖；花冠红、紫、黄、灰或白色；冠筒圆柱形，内面具毛环，稀无，前方呈浅囊状膨大或否，筒上部内弯，喉部不增大，冠檐二唇形，上唇直立或近开展，下唇较上唇长，3裂，中裂片全缘或微缺；雄蕊4，上升至上唇片之下，前对较长，常在喉部向二侧方弯曲，药室2，平行或稍叉开；柱头近相等2浅裂，裂片钻形。小坚果卵球形或长圆形，平滑或被瘤。

约300种，广布于非洲、亚洲、欧洲、北美及南美。我国18种。

本属许多种可食用，有些种可供观赏及药用，有些种含芳香油及脂肪油。

1. 多年生草本。
  2. 茎叶卵状心形，长8-12厘米，叶柄长3-6.5厘米 …………………… 1. **林地水苏 S. sylvatica**
  2. 茎叶较小。
    3. 叶披针形或长圆状披针形。
      4. 叶下面被糙硬毛或无毛。
        5. 茎密被糙硬毛；花萼密被白色柔毛状糙硬毛 …………………… 2. **毛水苏 S. baicalensis**
        5. 茎无毛或棱及节被长柔毛状糙硬毛或细糙硬毛；花萼被柔毛状糙硬毛或腺微柔毛。
          6. 叶上面疏被细糙硬毛或近无毛，叶柄长不及5毫米；花萼沿脉及齿疏被长柔毛状糙硬毛 …………………… 3. **华水苏 S. chinensis**
          6. 叶两面无毛，叶柄长0.3-1.7厘米；花萼被腺微柔毛 …………………… 4. **水苏 S. japonica**
      4. 叶下面密被灰白柔毛状绒毛，脉被长柔毛。
        7. 茎较粗；叶长达7厘米，柄长约2毫米或近无柄；花萼钟形，花冠长于花萼近1倍 …………………… 5. **针筒菜 S. oblongifolia**
        7. 茎较纤细，叶较小；几全具柄；花萼倒圆锥状钟形；花冠稍长于花萼 …………………… 5(附). **细柄针筒菜 S. oblongifolia var. leptopoda**
    3. 叶卵形、长圆状卵形或心形。
      8. 叶卵形、长圆状卵形或心形，长3厘米以上。
        9. 植株多分枝，被柔毛；叶心形 …………………… 7. **蜗儿菜 S. arrecta**
        9. 植株不分枝或少分枝；叶卵形或长圆状卵形。
          10. 花冠红、紫或紫蓝色。
            11. 萼齿长约4毫米，具刺尖，微反折 …………………… 6. **甘露子 S. sieboldii**
            11. 萼齿长约1.5毫米，先端尖 …………………… 8. **地蚕 S. geobombycis**
          10. 花冠白色；萼齿长约3毫米，先端刺尖，稍反折 …………………… 8(附). **白花地蚕 S. geobombycis var. alba**
      8. 叶三角状心形，长约3厘米 …………………… 9. **西南水苏 S. kouyangensis**
1. 一年生草本；花冠筒短，内藏 …………………… 10. **田野水苏 S. arvensis**

1. 林地水苏

图 772

Stachys sylvatica Linn. Sp. Pl. 2: 580. 1753.

多年生草本，高达1.2米。茎上部分枝，被糙硬毛，沿棱被腺微柔毛。茎叶卵状心形，长8-12厘米，先端渐尖，基部心形，具胼胝质圆齿状锯齿，上面被平伏长柔毛状糙硬毛，下面被淡黄色腺点，沿脉被长柔毛状硬糙毛；叶柄细，长3-6.5厘米。轮伞花序具

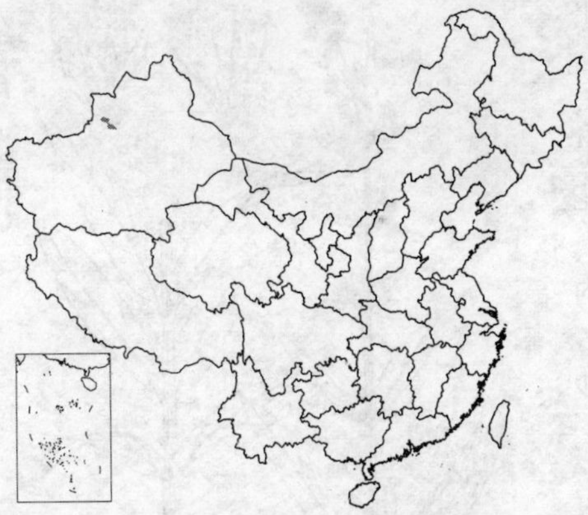

6(-8)花，疏散，组成长 10-20 厘米穗状花序；下部苞叶具柄，长 3 厘米，具齿，上部苞叶无柄，长圆状披针形，长 1-1.5 厘米，全缘，小苞片小或无。花梗长约 1 毫米；花萼管状钟形，长约 7 毫米，被糙硬毛及腺微柔毛，内面无毛，10 脉，副脉不明显，萼齿三角状披针形，长 2-3 毫米，具刺尖，果萼稍囊状；花冠红或紫色，长约 1.4 厘米，疏被微柔毛，冠筒直伸，基部前方浅囊状，上唇长圆形，长约 5 毫米，下唇平展，长 7 毫米，3 裂，中裂片近圆形，先端微缺，侧裂片卵形；花丝中部以下被柔毛；花柱稍超出雄蕊。小坚果暗褐色，卵球状三棱形，无毛。花期 7-8 月。果期 8 月。

产新疆，生于海拔 1750 米针叶林下及灌丛、草甸中。全国各地栽培供观赏。中亚、西亚及欧洲有分布。

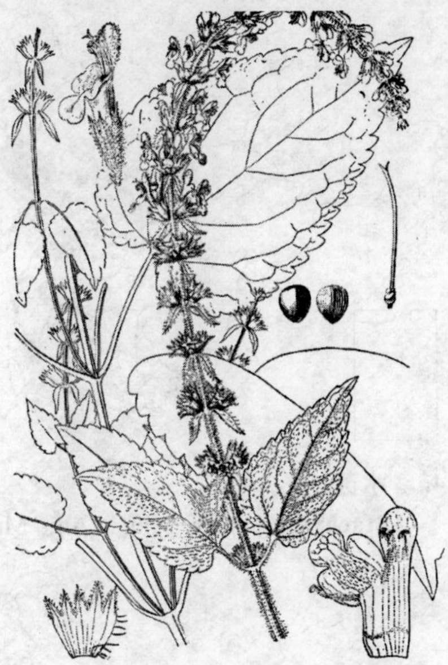

图 772 林地水苏（王利生绘）

2. 毛水苏 图 773

Stachys baicalensis Fisch. ex Benth. Labiat. Gen. Spec. 543. 1834.

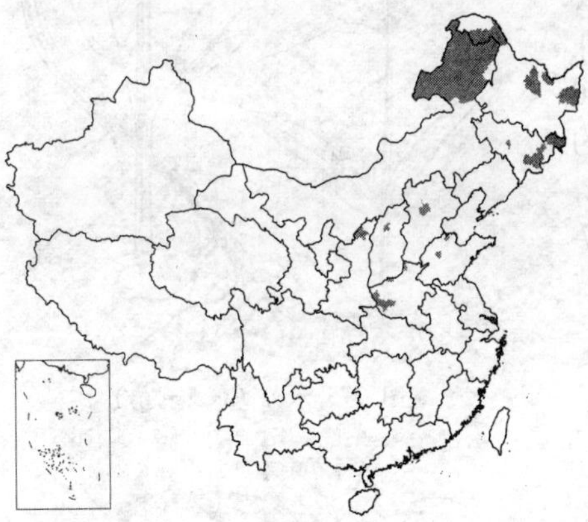

多年生草本，高达 1 米。茎棱及节密被倒向及平展糙硬毛，余无毛。叶长圆状线形，长 4-11 厘米，先端稍尖，基部圆，具圆齿状细齿，上面疏被糙硬毛，下面沿脉被糙硬毛，余无毛；叶柄长不及 2 毫米。轮伞花序具 6 花，组成上部密集下部疏散的穗状花序；苞叶披针形，小苞片线形，刺尖，早落。花梗长约 1 毫米，被糙硬毛；花萼钟形，长约 9 毫米，沿脉及齿缘密被白色长柔毛状糙硬毛，内面无毛，10 脉明显，萼齿披针状三角形，刺尖；花冠淡紫或紫色，长达 1.5 厘米，冠檐被毛，冠筒直伸，长约 9 毫米，上唇卵形，长 7 毫米，下唇卵形，长 8 毫米，3 裂，中裂片近圆形，宽约 4 毫米，侧裂片卵形。小坚果褐色，卵球形，无毛。花期 7 月，果期 8 月。

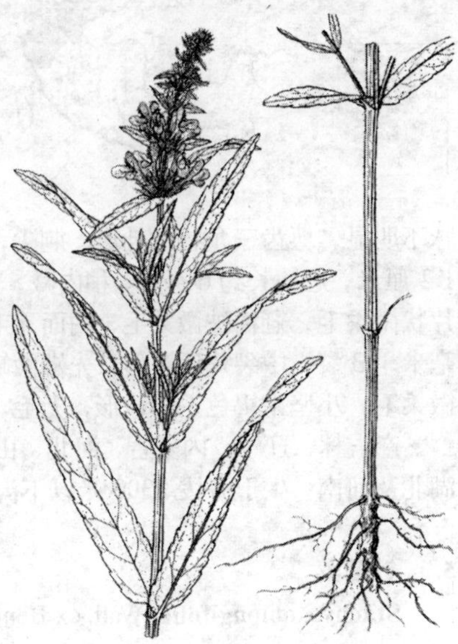

图 773 毛水苏（张泰利绘）

产黑龙江、吉林、内蒙古、山西、河南及山东，生于海拔 450-1670 米湿草地及河岸。俄罗斯有分布。

3. 华水苏 图 774

Stachys chinensis Bunge ex Benth. Labiat. Gen. Spec. 544. 1834.

多年生草本，高约 60 厘米。茎不分枝或基部分枝，棱及节疏被倒向长柔毛状糙硬毛，余无毛。叶长圆状披针形，长 5.5-8.5 厘米，先端钝，基部近圆，具锯齿状圆齿，上面疏被细糙硬毛或近无毛，下面无毛或沿脉疏被细糙硬毛；叶柄长不及 5 毫米。轮伞花序具 6 花，疏散；苞叶无柄，上部苞叶披针形，全缘，被长柔毛状糙硬毛，小苞片刺状。花梗极短或近无；花萼钟形，长约 1 厘米，沿脉及齿缘被长柔毛状糙硬毛，内面无毛，10 脉，副脉不明显，萼齿披针形，具刺尖；花冠紫色，长约 1.5 厘米，上唇被微柔毛，冠筒长约 8 毫米，直伸，近基部前方稍囊

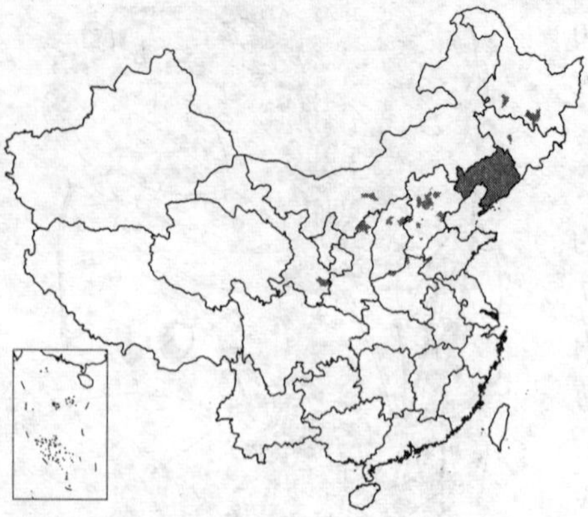

状，上唇长圆形，长4毫米，下唇近圆形，3裂，中裂片近圆形，3裂，中裂片近圆形，长3毫米，先端微缺，侧裂片卵形。小坚果褐色，卵球状三棱形，无毛。花期6-8月，果期7-9月。

产黑龙江、吉林、辽宁、内蒙古、河北、山西、陕西及甘肃，生于海拔1000米以下沟边及沙地。俄罗斯有分布。

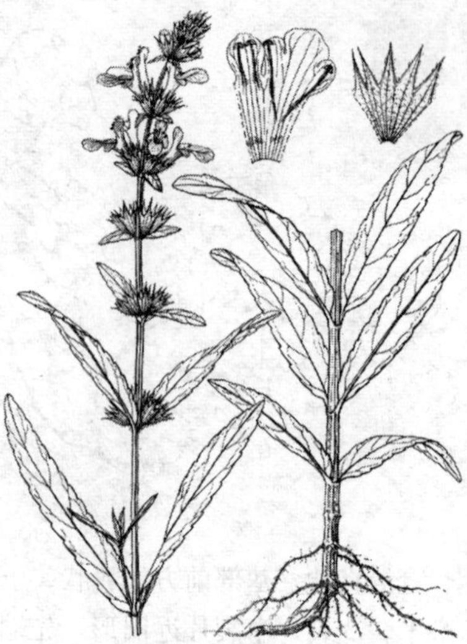

图 774 华水苏（张泰利绘）

4. 水苏 图 775

Stachys japonica Miq. in Ann. Mus. Bot. Lugd. Bat. 2: 111. 1865.

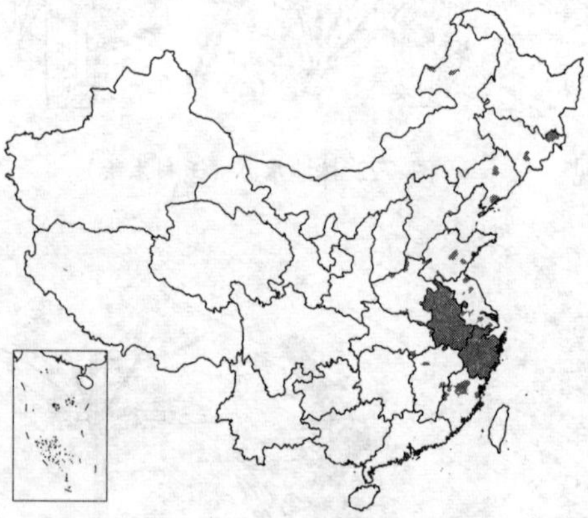

多年生草本，高达80厘米。茎不分枝，棱及节被细糙硬毛，余无毛。叶长圆状宽披针形，长5-10厘米，先端尖，基部圆或微心形，具圆齿状锯齿，两面无毛；叶柄长0.3-1.7厘米。轮伞花序具6-8花，组成长5-13厘米顶生穗状花序；苞叶无柄，披针形，近全缘，小苞片刺状，无毛。花梗长约1毫米；花萼钟形，长达7.5毫米，被腺微柔毛，脉被柔毛，齿内面疏被微柔毛，10脉不明显，萼齿三角状披针形，刺尖，具缘毛；花冠粉红或淡红紫色，长约1.2厘米，冠筒长约6毫米，稍内藏，无毛，近基部前方囊状，喉部内面被鳞片状微柔毛，冠檐被微柔毛，内面无毛，上唇倒卵形，长4毫米，下唇长7毫米，3裂，中裂片近圆形，先端微缺，侧裂片卵形；花丝先端稍膨大，被微柔毛。小坚果褐色，卵球形，无毛。花期5-7月，果期8-9月。

产吉林、辽宁、内蒙古、河北、山东、江苏、安徽、浙江、福建、江西、湖北及河南，生于海拔2300米以下沟边、河岸湿地。俄罗斯、日本有分布。

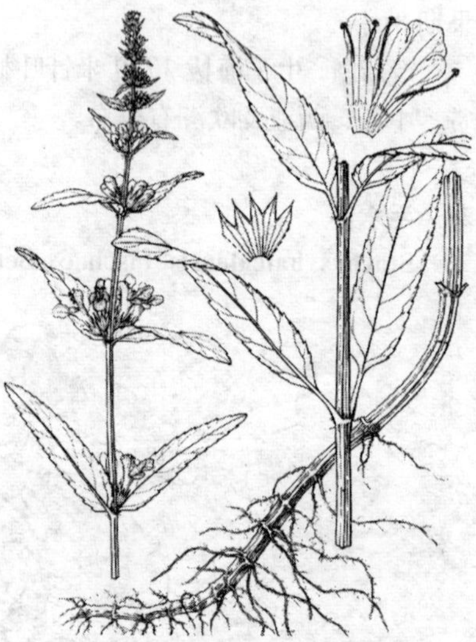

图 775 水苏（张泰利绘）

5. 针筒菜 图 776

Stachys oblongifolia Wall. ex Benth. in Wall. Pl. Asiat. Rar. 1: 64. 1830

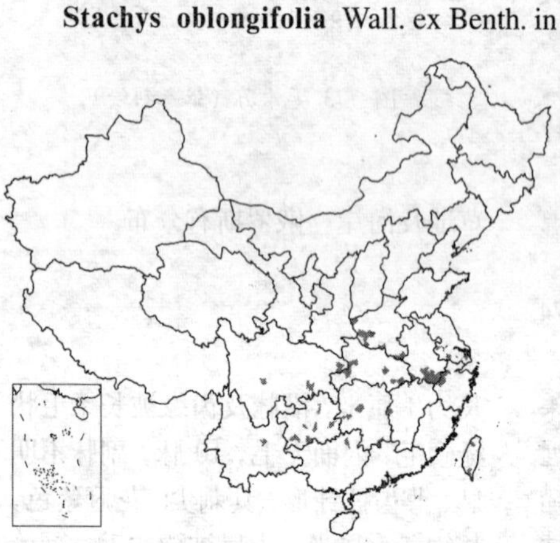

多年生草本，高达60厘米。茎稍被微柔毛，棱及节被长柔毛。叶长圆状披针形，长3-7厘米，先端尖，基部浅心形，具圆齿状锯齿，上面疏被微柔毛及长柔毛，下面密被灰白色柔毛状绒毛，沿脉被长柔毛；叶柄长不及2毫米，密被长柔毛。轮伞花序具6花，下部疏散，上部密集，组成长5-8厘米穗状花序；苞叶无柄，披针形，小苞片线状刺形，被微柔毛。花萼钟形，长约7毫米，被腺长柔毛状绒毛，脉疏被长柔毛，

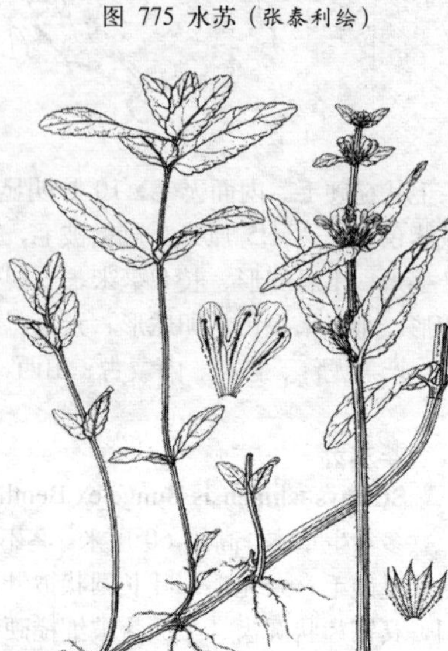

图 687 针筒菜（张泰利绘）

内面无毛，10 脉，副脉不明显，萼齿三角状披针形，长约 2.5 毫米，刺尖；花冠粉红或粉红紫色，长约 1.3 厘米，疏被微柔毛，冠檐被柔毛，冠筒长约 7 毫米，喉部内面被微柔毛，上唇长圆形，下唇 3 裂，中裂片肾形，侧裂片卵形。小坚果褐色，卵球形，径约 1 毫米，无毛。

产江苏、安徽、台湾、江西、湖北、湖南、广东、广西、云南、贵州、四川及河南，生于海拔 210–1350(–1900) 米林下、河岸、竹丛、灌丛、苇丛、草丛中及湿地。印度及锡金有分布。全草入药，治久痢。

[附] **细柄针筒菜 Stachys oblongifolia var. leptopoda** (Hayata) C. Y. Wu in Acta Phytotax. Sin. 10(3): 222. 1965.——*Stachys leptopoda* Hayata, Ic. Pl. Formos. 8: 93. 1919. 本变种与模式变种的区别：茎较纤细；叶较小，几全具柄；花萼倒圆锥状钟形，花冠稍长于花萼。产台湾、福建、广东、广西、云南及四川，生于海拔 500 米以下干燥沙地或田野中。越南北部有分布。

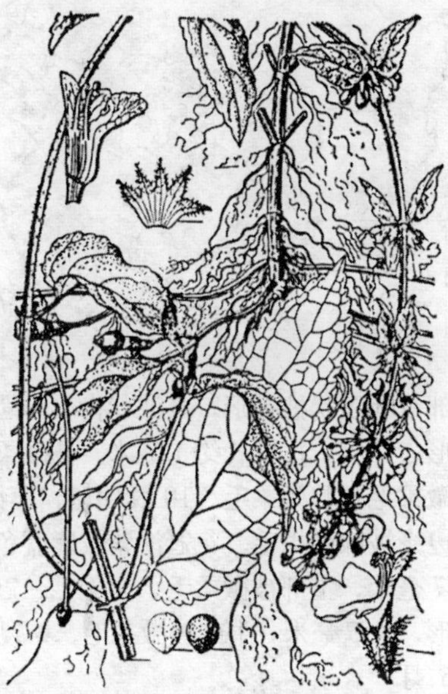

图 777 甘露子（引自《图鉴》）

6. 甘露子 地蚕 宝塔菜 螺蛳菜 图 777

Stachys sieboldii Miq. in Ann. Mus. Bot. Lugd. Bat. 2: 112. 1865.

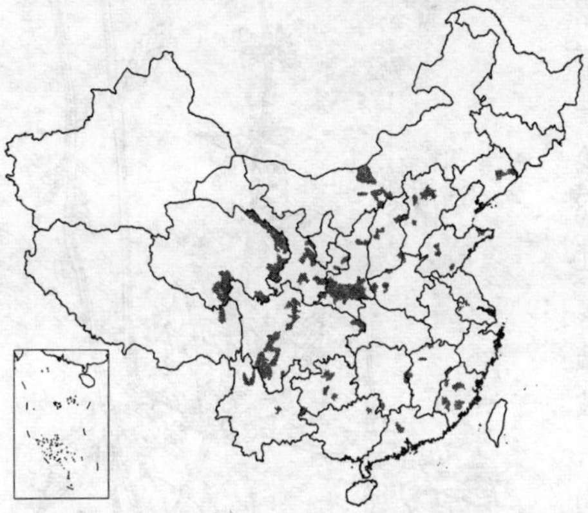

多年生草本，高达 1.2 米。根茎白色，节具鳞叶及须根，顶端具念珠状或螺蛳形肥大块茎。茎棱及节被平展硬毛；叶卵形或椭圆状卵形，长 3–12 厘米，先端尖或渐尖，基部宽楔形或浅心形，具圆齿状锯齿，两面被平伏硬毛；叶柄长 1–3 厘米，被硬毛。轮伞花序具 6 花，组成长 5–15 厘米穗状花序；下部苞叶卵状披针形，上部苞叶披针形，无柄，近全缘，小苞片线形。花梗长约 1 毫米，被微柔毛；花萼窄钟形，长约 9 毫米，被腺柔毛，内面无毛，10 脉稍明显；萼齿三角形或长三角形，长约 4 毫米，具刺尖，微反折；花冠粉红或紫红色，下唇具紫斑，长约 1.3 厘米，冠筒长约 9 毫米，近基部前方微囊状，被微柔毛，冠檐被微柔毛，内面无毛，上唇长圆形，长 4 毫米，下唇 3 裂，中裂片近圆形，宽约 3.5 毫米，侧裂片卵形。小坚果黑褐色，卵球形，径约 1.5 厘米，被小瘤。花期 7–8 月，果期 9 月。

产辽宁、河北、河南、山西、陕西、甘肃、青海、山东、江苏、江西、湖北、湖南、广东、广西、云南、四川及西藏，生于海拔 3200 米以下湿润或积水地。原产我国，华北及西北各地野生，其他地区均有栽培。欧洲、日本、北美有栽培。块茎供食用，脆嫩无纤维，宜作酱菜或泡菜；全草治肺炎、感冒。

7. 蜗儿菜 图 778

Stachys arrecta L. H. Bailey in Gentes Herb. 1: 43. 1920.

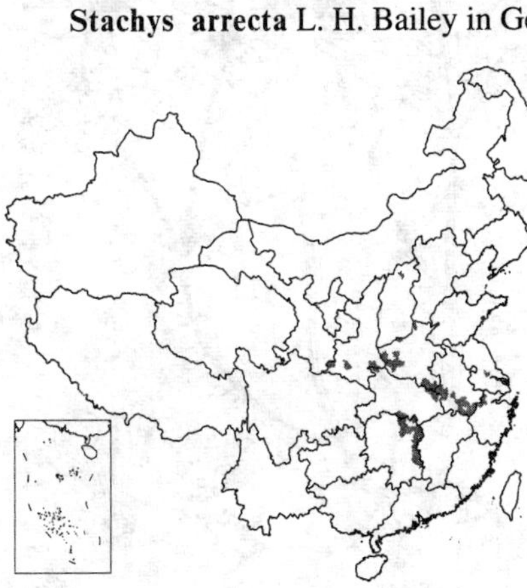

多年生草本，高达 60 厘米。茎基部以上多分枝，密被长柔毛。根茎肉质。茎叶心形，长 2.5–6.5 厘米，先端渐尖，基部心形，具细圆齿或圆齿状锯齿，两面疏被柔毛，下面被腺点，沿脉毛较密，侧脉 3–5 对；茎叶柄长 0.5–1.5 厘米，密被柔毛。轮伞花序具 2–6 花，少数，疏散，生于枝条顶；上部苞叶无柄，披针形，小苞片线形，被柔毛。花梗长约 1 毫米，被柔毛；花萼管状钟形，长约 5 毫米，密被腺柔毛或柔毛，内

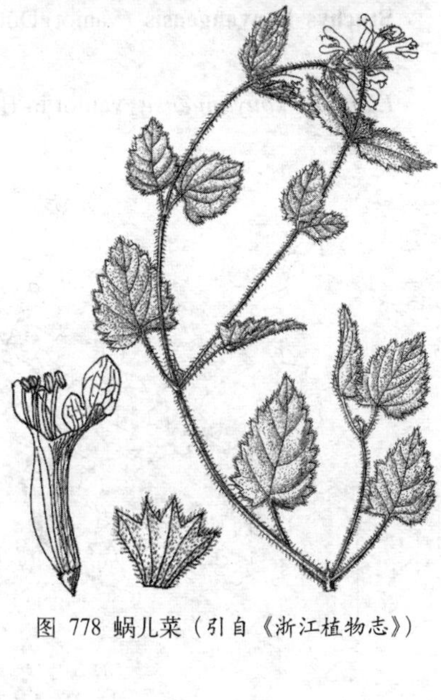

图 778 蜗儿菜（引自《浙江植物志》）

面上部疏被微柔毛，10 脉明显，萼齿窄三角形，长 2-2.5 毫米，具硬尖头；花冠粉红色，长 1.2 厘米，上部被微柔毛，冠筒长约 8 毫米，上唇长圆状卵形，长约 3 毫米，下唇近圆形，长约 4 毫米，3 裂，中裂片稍大。小坚果褐色，卵球形，长 1.5 毫米，被瘤。花期 7-8 月，果期 9-10 月。

产江苏、安徽、浙江、湖北、湖南、河南、陕西及山西，生于海拔 1500-2050 米林中及阴湿沟谷。

8. 地蚕 图 779

Stachys geobombycis C. Y. Wu in Acta Phytotax. Sin. 10(3): 222. 1965.

多年生草本，高达 50 厘米。茎棱及节疏被倒向柔毛状糙硬毛。根茎肥大，肉质。叶长圆状卵形，长 4.5-8 厘米，先端钝，基部浅心形或圆，具圆齿状锯齿，两面疏被柔毛状糙伏毛，下面沿脉毛较密；茎叶叶柄长 1-4.5 厘米，密被柔毛状糙伏毛。轮伞花序具 4-6 花，组成长 5-18 厘米穗状花序；苞叶具短柄或近无柄，下部苞叶披针状卵形，上部苞叶菱状披针形，具波状齿，小苞片线状钻形，具波状齿；小苞片线状钻形，早落。花梗长约 1 毫米，被微柔毛；花萼倒圆锥形，长 5.5 毫米，密被微柔毛及腺微柔毛，10 脉明显，萼筒长 4 毫米，萼齿三角形，长 1.5 毫米，边缘被腺微柔毛；花冠淡紫或紫蓝色，稀淡红色，长约 1.1 厘米，冠筒长约 7 毫米，上部被微柔毛，余无毛，冠檐上唇长圆状卵形，长 4 毫米，下唇卵形，长 5 毫米，中部被微柔毛，3 裂，中裂片长卵形，侧裂片卵形。花期 4-5 月。

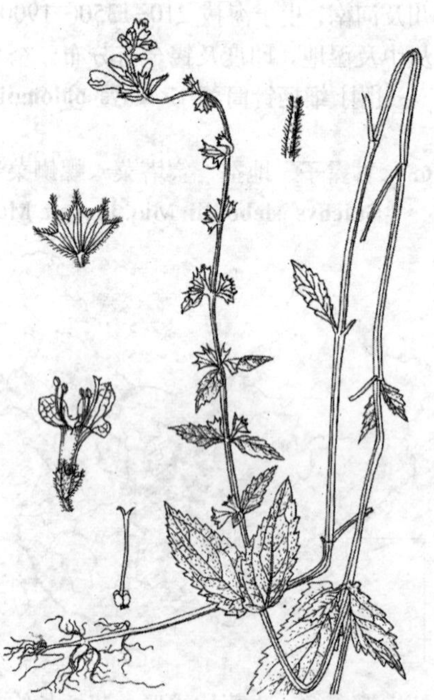

图 779 地蚕（引自《浙江植物志》）

产浙江、福建、江西、湖北、湖南、广东及广西，生于海拔 170-700 米荒地、田边及湿地。肉质根茎供食用；全草治跌打损伤、疮毒。

[附] **白花地蚕 Stachys geobombycis** var. **alba** C. Y. Wu et H. W. Li in Acta Phytotax. Sin. 10(3):223. 1963. 本变种与模式变种的区别：花冠白色；萼齿披针状三角形，长约 3 毫米，具刺尖，稍反折。产湖南南部、广东北部及广西北部，生于海拔 600 米阔叶林下。

9. 西南水苏 图 780

Stachys kouyangensis (Vaniot) Dunn in Notes Roy. Bot. Gard. Edinb. 8: 167. 1913.

Lamium kouyangense Vaniot in Bull. Acad. Internat. Geogr. Bot. 14: 175. 1904.

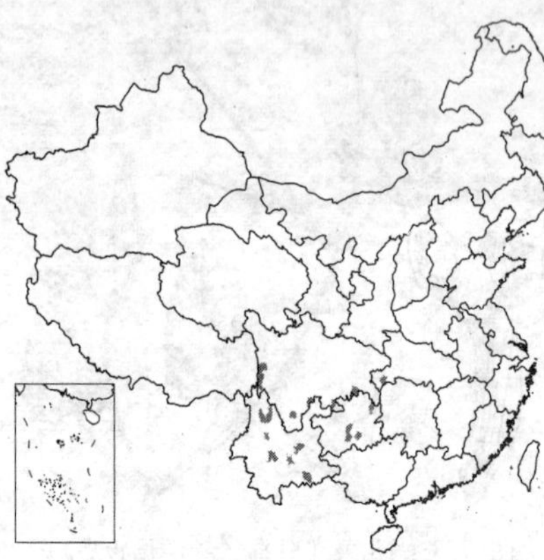

多年生草本，高约 50 厘米。茎细长曲折，基部平卧，棱及节被糙伏毛。具根茎。叶三角状心形，长约 3 厘米，先端钝，基部心形，具圆齿，两面被糙伏毛；叶柄长约 1.5 厘米，被糙伏毛。轮伞花序具 5-6 花，疏离，组成穗状花序；上部苞叶卵状三角形，疏生圆齿，小苞片线状披针形，被微柔毛，早落。花梗长不及 1 毫米，被微柔毛；花萼倒圆

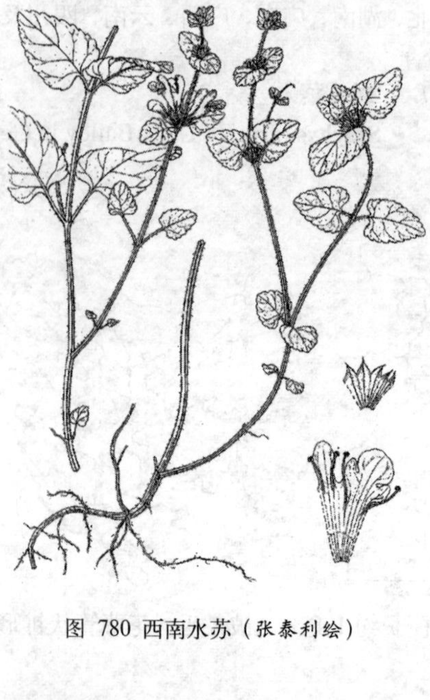

图 780 西南水苏（张泰利绘）

锥形，长约 6 毫米，被细糙伏毛，10 脉明显，萼齿三角形，长约 2 毫米，具长约 1 毫米刺尖；花冠淡红或紫红色，长约 1.5 厘米，上部被微柔毛，内面无毛，冠筒长约 1.1 厘米，近基部前方浅囊状，上唇长圆状卵形，宽 1.5 毫米。小坚果淡褐色，卵球形，径约 1.5 毫米，平滑。花期 7-8(11) 月，果期 9(-11) 月。

产云南、贵州、四川及湖北，生于海拔 900-2100(-2800) 米山坡草地、旷地及沟边。全草治疮疖、赤白痢及湿疹。

10. 田野水苏 图 781

Stachys arvensis Linn. Sp. Pl. ed. 2, 2: 814. 1762.

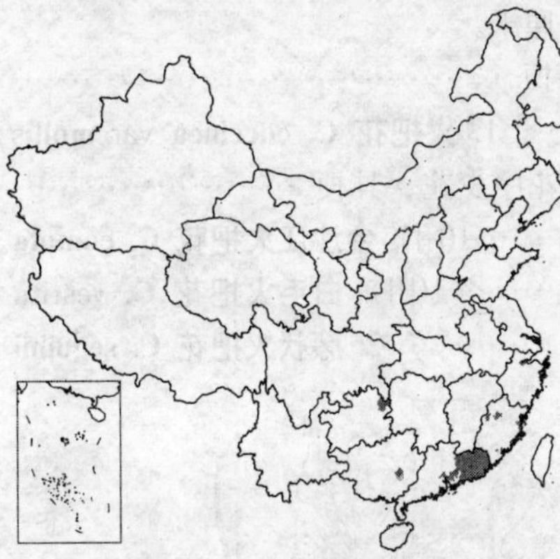

一年生草本，高达 50 厘米。茎细长，近直立至外倾，疏被微柔毛，多分枝。叶卵形，长约 2 厘米，先端钝，基部心形，具圆齿，上面疏被柔毛，下面密被短柔毛，沿脉疏被柔毛。轮伞花序具 2(-4) 花，疏离；上部苞叶无柄，基部楔形，近全缘，小苞片长约 1 毫米。花梗长约 1 毫米，被柔毛；花萼管状钟形，长约 3 毫米，密被柔毛，内面上部被柔毛，10 脉明显，萼齿披针状三角形，长约 1 毫米，果时呈壶状；花冠红色，长约 3 毫米，冠筒内藏，冠檐被微柔毛，内面无毛，上唇卵形，长约 1 毫米，下唇中裂片圆形，侧裂片卵形。小坚果褐色，卵球形，长约 1.5 毫米。花、果期全年。

产浙江、福建、广东、广西及贵州，生于荒地及田边。欧洲、中亚、热带美洲有分布。

图 781 田野水苏（蔡淑琴绘）

49. 箭叶水苏属 Metastachydium Airy Shaw ex C. Y. Wu et H. W. Li

多年生草本，高达 70 厘米。具根茎。叶箭形，长 6-8 厘米，基部深心形，下面被星状毛，具粗圆齿；叶柄长 2-6 厘米，抱茎。轮伞花序组成长圆形穗状花序。花萼管形，淡绿紫色，10 脉明显，被分枝毛及稀疏腺毛，萼齿 5，钻形，具刺芒尖头；花冠紫色，长 1.5-2 厘米，二唇形，冠筒内中部具毛环，冠檐喉部被分枝毛；上唇直伸微外凸，和下唇等长或较短，下唇 3 裂，中裂片宽肾形，具不规则细牙齿或波状，侧裂片卵状长圆形，较中裂片短；雄蕊 4，内藏；花丝密被簇生毛，近基部具乳突，基部三角形，花药肾形；花柱较雄蕊长，柱头 2 浅裂，裂片线状长圆形。

单种属。

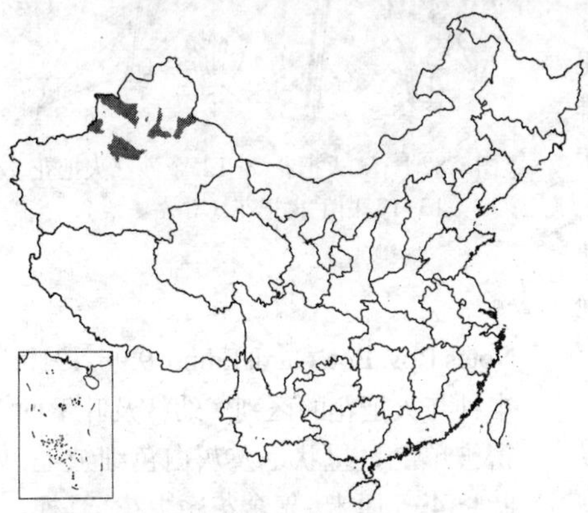

箭叶水苏

Metastachydium sagittatum (Regel) C. Y. Wu et H. W. Li, Fl. Reipubl. Popularis 66: 28. 1977.

Phlomis sagittata Regel in Act. Hort. Petrop. 6: 373. 1880.

形态特征同属。

产新疆南北，生于中山地带草甸。哈萨克斯坦有分布。

50. 火把花属 Colquhounia Wall.

直立或攀援灌木。茎、枝圆。叶具柄，被单毛或星状毛，具锯齿或圆齿。花序具梗或近无梗，轮伞花序具少花，组成穗状花序或头状花序；小苞片线形。花梗短或近无；花萼管状钟形，10 脉，喉部无毛，萼齿 5，近等大；花冠色艳，有时具斑点，冠筒伸出，弯曲，喉部增大，内无毛环，上唇直伸，下唇 3 裂，中裂片先端有时微缺；雄蕊 4，前对较长，上升至上唇片之下，花丝稍被毛，花药椭圆形，药室 2，叉开，先端汇合；子房无毛，柱头不等 2 浅裂。小坚果长圆形或倒披针形，背腹扁，一面膨起，顶端具膜质翅。

约 6 种，分布于东南亚各国及我国。我国 5 种。

1. 叶被星状毛及单毛。
   2. 茎、枝及叶下面毛被不为白色毡状绒毛；稀密被灰色短绒毛；花萼长不及 1 厘米。
      3. 幼枝及叶下面密被锈色星状绒毛；叶长 7-11 厘米；聚伞花序多花，近无梗 …………………………………………………1. **火把花 C. coccinea** var. **mollis**
      3. 幼枝及叶下面密被单毛、星状毛及灰白色细绒毛；叶长 4-5 厘米；聚伞花序少花，具梗 ……………………………………………… 1(附). **金沙江火把花 C. compta**
   2. 茎、枝及叶下面密被白色毡状绒毛；花萼长 1.2-1.5 厘米 ……………………… 1(附). **白毛火把花 C. vestita**
1. 叶被单毛 ……………………………………………………………… 2. **藤状火把花 C. seguinii**

1. 火把花 图 782:1-7 彩片175

Colquhounia coccinea Wall. var. **mollis** (Schlecht.) Prain in Journ. Asiat. Soc. Bengal 62: 37. 1873.

Colquhounia mollis Schlecht. in Linnaea 8: 618. 1851.

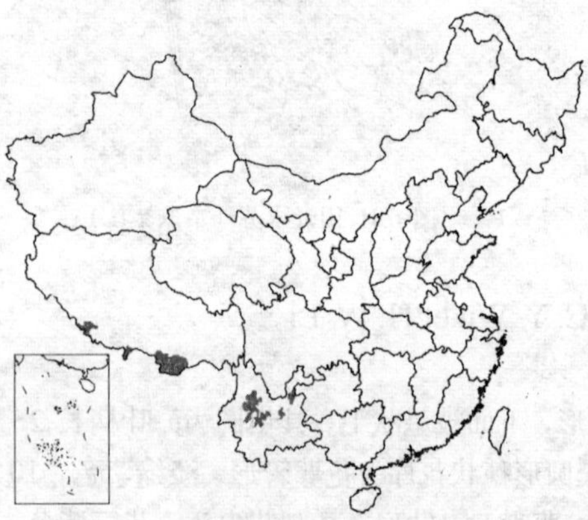

灌木，高达 3 米。幼枝、叶下面及叶柄密被锈色星状绒毛；叶宽卵形或卵状披针形，长 7-11 厘米，先端渐尖，基部圆，具细圆齿；叶柄长 1-2 厘米。轮伞花序簇生或组成头状至总状花序；苞片腺形。花梗长不及 1 毫米；花萼管状钟形，长约 6 毫米，被星状毛，萼齿宽三角形；花冠橙红至朱红色，长 2-2.5 厘米，疏被星状毛，冠筒长 1.7-2.3 厘米，外弯，冠檐上唇宽卵形，微 2 裂，稍盔状，下唇 3 浅裂，裂片宽卵形；雄蕊内藏；子房被腺点。小坚果倒披针形，背腹扁，一面膨起，顶端具鸡冠状膜质翅。花期 8-11(12) 月，果期 11 月至翌年 1 月。

产云南西部及中部、西藏东南部，生于海拔 1400-3000 米多石草坡及灌丛中。印度北部、尼泊尔、锡金、不丹、缅甸北部及泰国北部有分布。花艳丽，供观赏；入药代密蒙花，可明目。

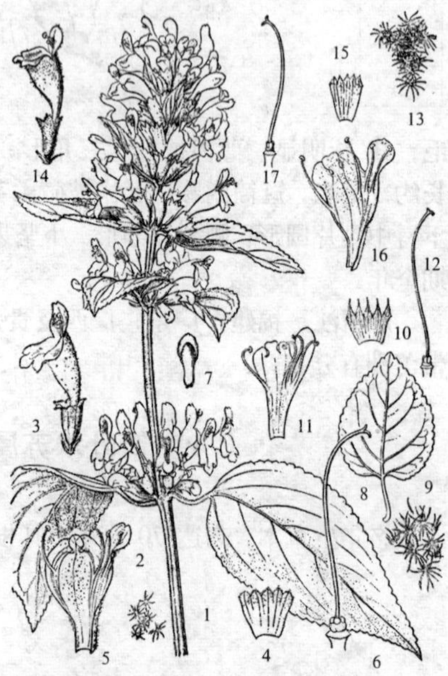

图 782:1-7. 火把花 8-12. 金沙江火把花 13-17. 白毛火把花（曾孝濂绘）

[附] **白毛火把花** 图 782:13-17 **Colquhounia vestita** Wall. Tent. Fl. Nepal. 1: 14. 1824. 本种与火把花的区别：茎、枝及叶下面密被白色毡状绒毛；花萼长 1.2-1.5 厘米。花期 7 月。产云南西部，生于海拔约 2000 米灌丛中。印度北部有分布。

[附] **金沙江火把花** 图 782:8-12 **Colquhounia compta** W. W. Smith in Notes Roy. Bot. Gard. Edinb. 9:96. 1916. 本种与火把花的区别：幼枝及叶下面密被单毛、星状毛及灰白色细绒毛；叶长 4-5 厘米；聚伞花序少花，具梗。花期 9 月。产云南西北部，生于海拔 1800-2100 米河谷、旷地灌丛中。

2. 藤状火把花 图 783

Colquhounia seguinii Vaniot in Bull. Acad. Geogr. Bot. 14: 165. 1904.

灌木，高约 2 米。茎无毛或稍被绒毛；枝密被微柔毛。叶卵状长圆形，长 2.5-4(-11) 厘米，先端渐尖，基部宽楔形或近圆，具细锯齿，上面疏被糙伏毛，下面沿中脉及侧脉被柔毛；叶柄长 1-3(-4.5) 厘米，密被微柔毛。轮伞花序具 2-6 花，密集成头状，长 3-

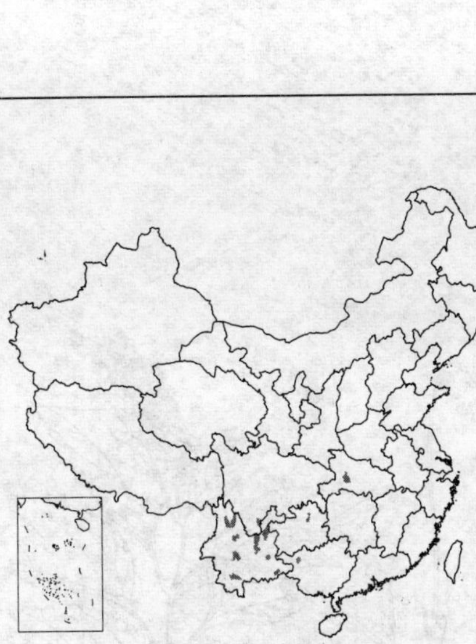

4 厘米；苞叶卵形，苞片线形，稍被微柔毛。花梗长 2-3 毫米；花萼长约 5 毫米，密被微柔毛，10 脉稍明显，萼齿三角形，长约 2 毫米；花冠黄或紫色，长约 2 厘米，被细柔毛及腺点，冠筒长约 1.2 厘米，上唇长圆形，长约 8 毫米，下唇 3 浅裂，中裂片小，侧裂片卵形。小坚果三棱状卵球形。花期 11-12 月，果期翌年 1-2 月。

产广西西部、云南东部及西北部、贵州、四川及湖北西部，生于海拔 240-2700 米灌丛中。缅甸北部有分布。

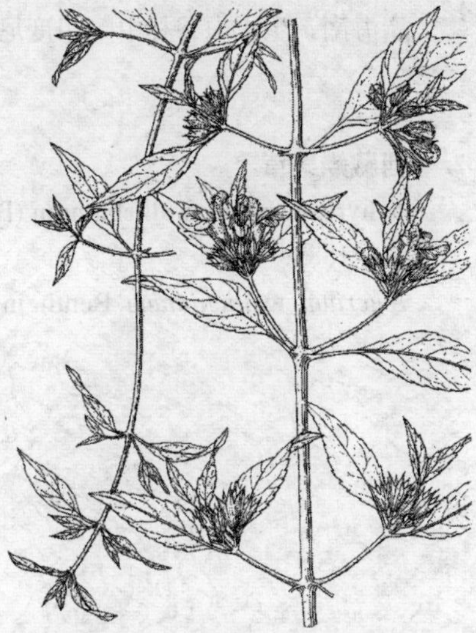

图 783 藤状火把花（张泰利绘）

51. 鳞果草属 Achyrospermum Bl.

草本，基部匍匐。叶多数，具柄及齿。轮伞花序具 6 花，组成穗状花序；苞片较花萼短。花萼管状钟形，果时囊状，直伸或下弯，10-15 脉，萼齿 5，近等大或稍二唇形，上唇具 3 齿，下唇具 2 齿；花冠筒近内藏或伸出，直立或下弯，上部稍宽大，冠檐二唇形，上唇短，直伸，先端微缺或 2 裂，下唇较长，开展，3 裂，裂片近圆形，中裂片大，全缘或 2 裂；雄蕊 4，前对稍长，上升至上唇片之下；药室 2(1)，叉开，2 室，顶端汇合；柱头 2 浅裂，后裂片短；花盘浅杯状，具齿。小坚果顶端及腹面密被线形鳞片。

约 30 种，星散分布于亚洲及非洲热带。我国 2 种。

1. 植株高不及 20 厘米；叶卵形，长 6.5-9.5 厘米，侧脉约 10 对；苞片卵形或匙形 ……… 1. 鳞果草 **A. densiflorum**

1. 植株高达 80 厘米；叶宽卵形，长 10-15 厘米，侧脉 4-6 对；苞片扁圆形或近圆形 ……… 2. 西藏鳞果草 **A. wallichianum**

1. 鳞果草 图 784

Achyrospermum densiflorum Bl. Bijdr. 841. 1826.

Achyrospermum philippinense Benth.; 中国高等植物图鉴 3: 664. 1974.

茎基部匍匐，具不定根，上升部分长约 16 厘米，不分枝，密被短柔毛。叶卵形，长 6.5-9.5 厘米，先端尖，基部楔形，具圆齿或锯齿状圆齿，上面淡紫色，疏被糙伏毛，下面绿紫色，沿脉密被短柔毛，侧脉约 10 对；叶柄长 0.5-3 厘米，密被短柔毛。穗状花序长 3.8-5 厘米；苞片卵形或匙形，长 6-8 毫米，淡黄或粉红色。花梗长约 1 毫米；花萼长 6-7 毫米，15 脉，二唇形，脉网明显，被短柔毛或近无毛，疏被淡黄色腺点；花冠长约 7.5 毫米，稍伸出萼外，被微柔毛，上唇 2 浅裂，裂片关圆形，下唇 3 裂，裂片近圆形，中裂片全缘，侧裂片具缘毛。小坚果长圆状倒卵球形。花期 11 月，果期 12 月。

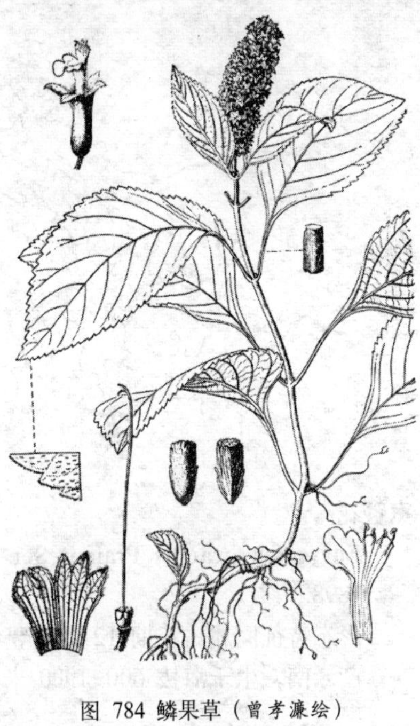

图 784 鳞果草（曾孝濂绘）

产海南，生于山谷林中。印度尼西亚、菲律宾有分布。

2. 西藏鳞果草 图 785

Achyrospermum wallichianum (Benth.) Benth. ex Hook. f. Fl. Brit. Ind. 4: 673. 1885.

Teucrium wallichianum Benth. in Wall. Pl. Asiat. Rar. 2:19. 1830.

草本，高达 80 厘米，不分枝。茎基部木质，平卧，上部密被黄褐色倒向微柔毛。具不定根。叶宽卵形，长 10-15 厘米，先端渐尖，基部宽楔形骤渐窄下延，基部以上具圆齿状牙齿，幼时两面疏被白色糙伏毛，沿脉被微柔毛，侧脉 4-6 对；叶柄长 5-7.5 厘米，密被黄褐色微柔毛。穗状花序长 (2-)5-10(-15) 厘米，密被微柔毛，花序梗长约 1 厘米；苞片扁圆形或近圆形。花梗长约 2 毫米；花萼长约 6 毫米，疏被微柔毛，15 脉，近二唇形，萼齿宽卵状三角形；花冠白色，或带淡红，长约 1.3 厘米，疏被微柔毛，上唇短小，下唇大，3 裂，裂片近圆形。花期 8-9 月。

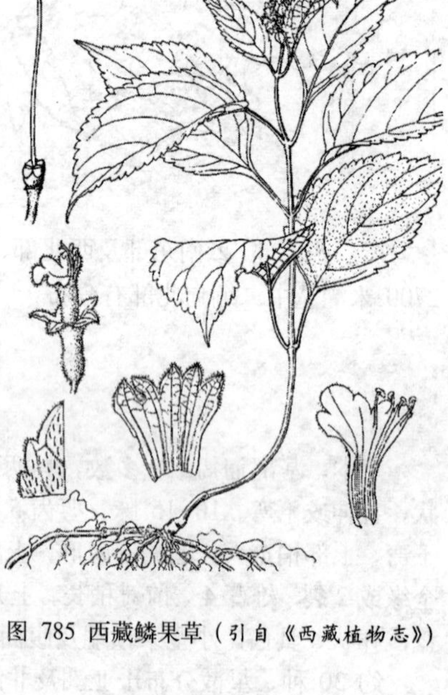

图 785 西藏鳞果草（引自《西藏植物志》）

产西藏东南部，生于海拔 800-1400 米山坡常绿阔叶林下。锡金、印度东北部及缅甸有分布。

52. 宽管花属 Eurysolen Prain

灌木，直立或攀援状。枝被褐黄色糙伏毛。叶倒卵状菱形，长 4-8 厘米，先端尖，基部窄楔形或稍下延，两面疏被长硬毛及淡黄色腺点；叶柄长 1.5-3.5 厘米，密被糙伏毛。轮伞花序密集组成穗状花序，顶生于短枝；苞片宿存，具缘毛。花萼管状钟形，长 3-4 毫米，10 脉明显，萼齿 5，三角状，前 2 齿稍长；花冠白色，长 7 毫米，被长硬毛及腺点，冠筒伸出，前面中部囊状，内具毛环，冠檐二唇形，上唇直立，2 裂，下唇较长，平展，3 裂，中裂片近圆形，侧裂片半圆形；雄蕊稍伸出花冠，花药 1 室，纵裂；子房被半透明粉状突起，柱头相等 2 浅裂。小坚果黑褐色，扁倒卵球形，背面具细皱纹，腹部被长硬毛及腺状突起。

单种属。

宽管花 图 786

Eurysolen gracilis Prain in Sci. Mem. Off. Med. Dept. Gov. Ind. 11: 43. 1898.

形态特征同属。花期 12 月至翌年 2 月，果期 3-6 月。

产云南，生于海拔 600-1900 米雨林。印度、缅甸及马来西亚有分布。

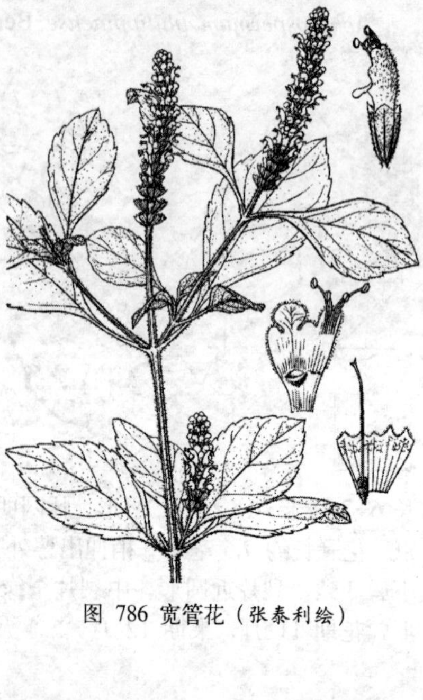

图 786 宽管花（张泰利绘）

53. 广防风属 Anisomeles R. Br.

直立、粗壮草本。叶具牙齿。轮伞花序多花，组成长穗状花序；苞叶叶状，苞片线形。花萼钟形，10 脉不明显，下部具多数纵脉，上部横脉网状，萼齿 5，直伸；花冠二唇形，冠筒与花萼等长，内面具毛环，上唇直伸，全缘，微凹，下唇较长，平展，3 裂，中裂片较大，先端微缺或 2 裂，侧裂片短；雄蕊 4，伸出，二强，前对稍长，花药 2 室平行，横生，后对花药 1 室；柱头 2 浅裂，裂片钻形；花盘平顶，具圆齿。小坚果黑色，近球形，具光泽。

约 5-6 种，分布于东南亚及澳大利亚。我国 1 种。

广防风 防风草 图 787 彩片176

Anisomeles indica (Linn.) Kuntze in Revis Gen. Pl. 2: 512. 1891.

Nepeta indica Linn. Sp. Pl. 2: 571. 1753.

Epimeredi indica (Linn.) Rothm.; 中国植物志 66: 42. 1977.

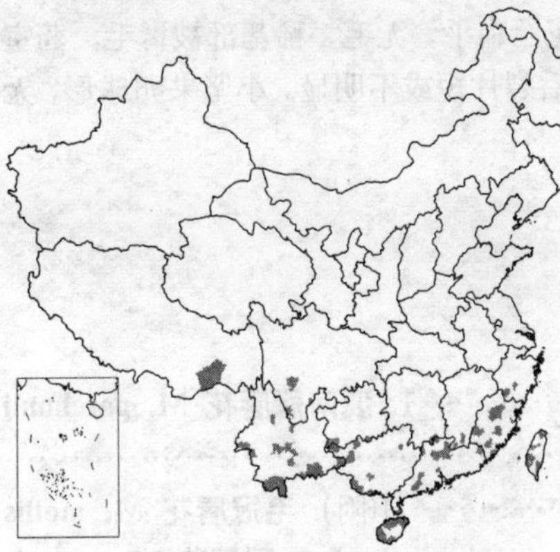

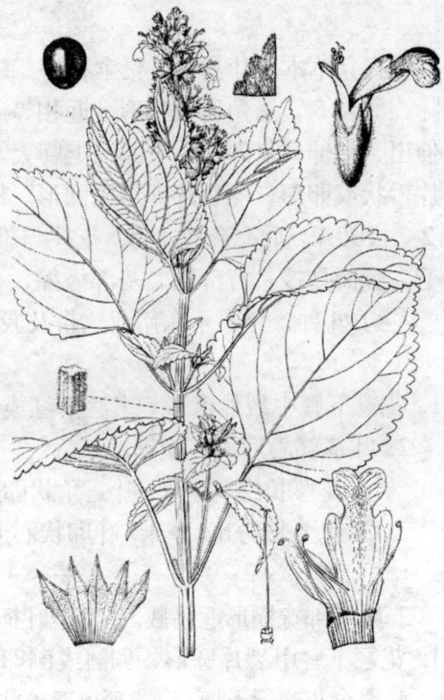

图 787 广防风 （曾孝濂绘）

茎直立，高达 2 米，分枝，密被白色平伏短柔毛。叶宽卵形，长 4-9 厘米，先端尖或短渐尖，基部近平截宽楔形，具不规则牙齿，上面被细糙伏毛，脉上毛密；叶柄长 1-4.5 厘米。穗状花序径约 2.5 厘米；苞叶具短柄或近无柄，苞片线形。花萼长约 6 毫米，被长硬毛、腺柔毛及黄色腺点，萼齿紫红色，三角状披针形，长约 2.7 毫米，具缘毛；花冠淡紫色，长约 1.3 厘米，无毛，冠筒漏斗形，口部径达 3.5 毫米，上唇长圆形，长 4.5-5 毫米，下唇近水平开展，长 9 毫米，3 裂，中裂片倒心形，边缘微波状，内面中部被髯毛，侧裂片卵形。小坚果径约 1.5 毫米。花期 8-9 月，果期 9-11 月。

产浙江南部、福建、台湾、江西南部、湖南南部、广东、海南、广西、云南、贵州、四川及西藏东南部，生于海拔 1580(-2400) 米以下林缘及荒地。东南亚各国有分布。

54. 簇序草属 Craniotome Reichb.

多年生直立分枝草本，高达 2 米，各部密被平展长硬毛。叶宽卵状心形，具圆齿，两面密被平展长硬毛及黄色腺点；叶柄长 2.5-7 厘米，密被长硬毛。螺形聚伞花序具梗，具多花，组成圆锥花序，长 14-18 厘米；上部苞叶匙形，小苞片线形，具缘毛。花梗具小苞片；花萼卵球形，果时近壶状球形，喉部稍缢缩，喉部内面上方被长柔毛，10 脉，萼齿 5，上齿较大；花冠淡红或紫红色，长 3-4 毫米，被毛，二唇形，冠筒直，伸出，喉部稍增大，上唇直伸，全缘，内凹，下唇较长，平展，3 裂，中裂片卵形；雄蕊 4，前对较长，均上升至上唇片之下，药室 2，叉开，花丝基部无毛；柱头近相等 2 浅裂。小坚果近球状三棱形，有光泽。

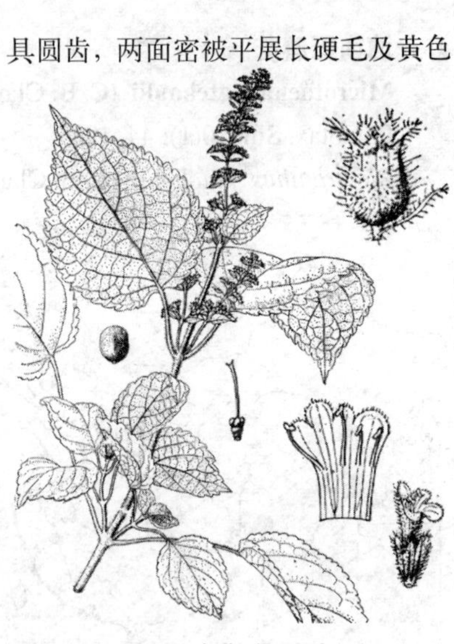

图 788 簇序草（曾孝濂绘）

单种属。

簇序草 图 788

Craniotome furcata (Link) Kuntze in Revis Gen. Pl. 2: 516. 1891.

Ajuga furcata Link Enum. Hort. Berol. Alt. 1: 99. 1822.

形态特征同属。花期8-9月，果期10月至翌年2月。产云南、四川南部及西藏南部，生于海拔900-3200米林下或灌丛中。印度北部、尼泊尔、锡金、不丹、缅甸、老挝及越南北部有分布。

55. 冠唇花属 Microtoena Prain

直立草本。叶具齿。聚伞花序二歧式，单生叶腋或组成顶生圆锥花序；苞片及小苞片线形，早落。花萼钟形，10脉，萼齿5，三角形或线形，近相等或后齿较长，果时常呈囊状，基部圆；花冠黄，稀白色，上唇紫红或褐色，冠筒伸出，直伸，基部窄，中部以上膨大，内面无毛环，上唇直立，盔状，基中偏斜楔形，有时具短爪，下唇3裂，中裂片舌状或卵形，侧裂片卵形或圆形；雄蕊4，近等长，包于上唇内或稍伸出，花丝扁平，无毛，稀基部被髯毛；药室2，极叉开，后汇合成1室；花柱与雄蕊等长，柱头不等2浅裂，前裂片钻形，后裂片短或不明显。小坚果卵球形，无毛，腹面具棱，背部圆，基部缢缩，合生面小。

约24种，分布于东南亚热带及我国南部。我国20种。

1. 花冠下唇中裂片舌形，上唇紫红或褐色。
  2. 叶基部心形或宽楔形。
    3. 花萼长约3毫米；叶三角状卵形；茎被平展长柔毛及倒向绒毛 ······ 1. **滇南冠唇花 M. patchouli**
    3. 花萼长约6.5毫米；叶卵状心形；茎疏被腺长柔毛及平展糙硬毛 ······ 1(附). **毛冠唇花 M. mollis**
  2. 叶基部宽楔形近平截，下延至叶柄成窄翅 ······ 3. **冠唇花 M. insuavis**
1. 花冠下唇中裂片圆形、卵圆或倒卵形，上唇黄色(云南冠唇花或为红或紫红色)。
  4. 聚伞花序近无梗，组成顶生近穗状圆锥花序 ······ 2. **近穗状冠唇花 M. subspicata**
  4. 聚伞花序具梗，单生叶腋或密集成圆锥花序。
    5. 萼齿窄披针形 ······ 4. **云南冠唇花 M. delavayi**
    5. 萼齿三角状钻形，先端微弯或钩状。
      6. 圆锥花序密集；萼齿仅边缘具小缘毛，余无毛 ······ 5. **南川冠唇花 M. prainiana**
      6. 圆锥花序疏散；花萼被腺微柔毛 ······ 6. **大萼冠唇花 M. megacalyx**

1. 滇南冠唇花 图 789

Microtoena patchoulii (C. B. Clarke ex Hook. f.) C. Y. Wu et Hsuan in Acta Phytotax. Sin. 10(1): 44. 1965.

Plectranthus patchoulii C. B. Clarke ex Hook. f. Fl. Brit. Ind. 4: 624. 1885.

草本，高达2米。茎被平展长柔毛及倒向绒毛，基部多分枝。茎叶三角状卵形，长2.5-9厘米，先端尖，基部宽楔形或近心形，两面均被糙伏毛；茎叶柄长1.5-4厘米，密被糙伏毛。聚伞花序腋生，或组成顶生圆锥花序；苞片线形，长2-3毫米。花萼长约3毫米，密被腺短柔毛及微硬毛，齿披针形 花冠长约1.5厘米，两面无毛，口部径约3毫

图 789 滇南冠唇花（引自《图鉴》）

米，上唇紫或褐色，长 7 毫米，基部楔形，先端微缺，下唇长圆形，3 裂，中裂片窄舌形，长 0.7 毫米，侧裂片卵形，宽约 2 毫米。小坚果黑褐色，卵球状三棱形，长约 1.6 毫米。花期 10 月至翌年 2 月，果期 2-3 月。

产云南南部及西南部、西藏，生于海拔(560-)1100-2000 米林下或草坡。印度、缅甸有分布。全草治感冒、喘咳、消化不良、气胀腹痛、肠炎痢疾、小儿腹泻及妇科腰痛等症。

[附] **毛冠唇花 Microtoena mollis** Lévl. in Fedde, Repert. Sp. Nov. 9: 222. 1911. 本种与滇南冠唇花的区别：茎疏被腺长柔毛及平展糙硬毛；叶卵状心形；花萼长约 6.5 毫米。花期 2-3 月，果期 4-5 月。产广西西北部、贵州南部及云南东南部，生于海拔 1000 米林缘或林下。

2. 近穗状冠唇花 图 790

Microtoena subspicata C. Y. Wu ex Hsuan in Acta Phytotax. Sin. 10(1): 45, pl. 12. 1965.

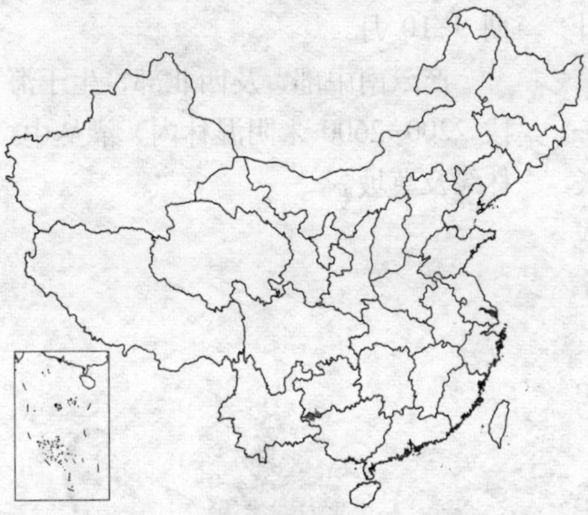

粗壮草本，高约 43 厘米。茎被白色短柔毛。叶三角状卵形，长约 10 厘米，先端骤渐长尖，基部宽楔形平截，具不整齐圆齿状牙齿，上面疏被白色细糙硬毛，脉被细糙伏毛，下面被短柔毛，侧脉 5 对；叶柄长 2-6 厘米。二歧聚伞花序近无梗，组成顶生近穗状圆锥花序，长 7-11 厘米，被腺毛，花序梗长达 2 毫米；基部苞片菱形，长约 1.5 厘米，上部苞片卵形，长 6 毫米。花萼长约 3 毫米，疏被短柔毛，齿三角状卵形，长约 1 毫米，后齿稍大；花冠黄色，疏被细糙硬毛，长约 1.6 厘米，直立，喉部径 4 毫米，上唇长约 8 毫米，下唇稍短，中裂片倒卵形，侧裂片圆形，较中裂片宽。小坚果近球形，三棱状，长 1.4 毫米。花期 10 月，果期 11 月。

产广西西北部、贵州南部，生于海拔 900-1000 米山谷或山腰。

图 790 近穗状冠唇花（曾孝濂绘）

3. 冠唇花 图 791

Microtoena insuavis (Hance) Prain ex Briq. Nat. Pflanzenfam. div. 4, 3a: 269. 1895.

Gomphostemma insuave Hance in Journ. Bot. 22:231. 1884.

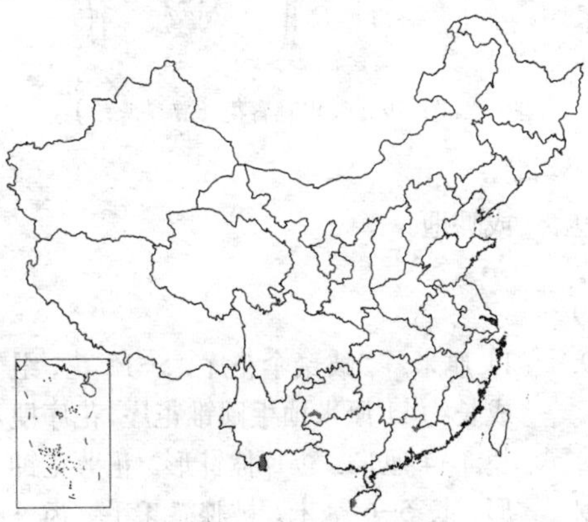

草本或亚灌木状，高达 2 米。茎被平伏短柔毛。叶卵形或宽卵形，先端尖，基部宽楔形近平截，下延成窄翅，具锯齿状圆齿，两面被短柔毛，脉上毛密；叶柄长 3-8.5 厘米。二歧聚伞花序，蝎尾状，组成顶生圆锥花序。花萼长约 2.5 毫米，被微柔毛，齿三角状披针形，后齿稍长；花冠红色，长约 1.4 厘米，喉部径约 3 毫米，上唇紫色，长约 7 毫米，基部平截，先端微缺，下唇较长，3 裂，中裂片舌状，侧裂片三角形。小

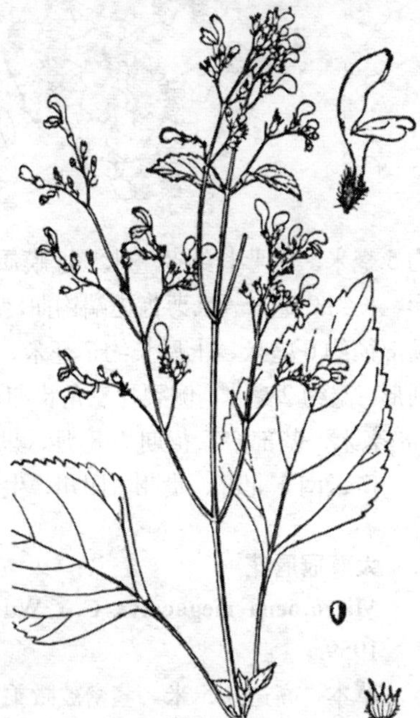

图 791 冠唇花（引自《图鉴》）

坚果长约 1.2 毫米，微皱。花期 10-12 月，果期 12 月至翌年 1 月。

产广东、海南、云南南部、贵州西南部，生于海拔 650-1000 米林下或林缘。越南、印度尼西亚有分布。

4. 云南冠唇花 图 793:10-20

Microtoena delavayi Prain in Bull. Soc. Bot. France 42: 424. 1895.

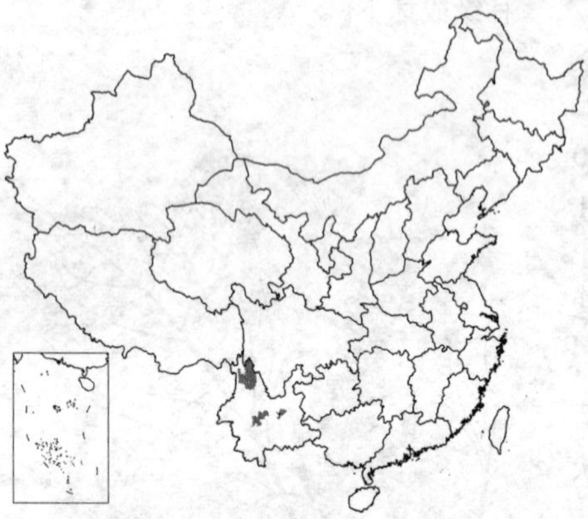

多年生草本，高达 2 米。茎被短柔毛及平展细糙硬毛。具根茎。叶心形或心状卵形，长 5-16.5(-18) 厘米，先端短尾尖，基部宽楔形平截或心形，圆齿状锯齿具短尖头，两面被细糙伏毛，下面脉有时被平展细糙硬毛；叶柄长 2-10 厘米，疏被短柔毛。二歧聚伞花序，多花，组成长 2-3 厘米顶生圆锥花序，花序梗长 1.5-6 厘米；苞片线状披针形或线形，长 0.6-1 厘米。花萼长约 6.5 毫米，被微柔毛及稀疏细糙硬毛，齿窄披针形，长 1.5-2 毫米，后齿长约 3 毫米，果萼囊状，细脉明显；花冠黄色，上唇红色，长约 1.5 厘米，喉部径达 5.5 毫米，上唇盔状，长约 6.5 毫米，背面钝圆，基部近平截，下唇 3 裂，裂片圆形。小坚果黑褐色，扁圆状三棱形，径约 2 毫米。花期 8 月，果期 9-10 月。

产云南中部、及西北部，生于海拔 2200-2600 米阴湿林内、灌丛中、林缘及草坡。

5. 南川冠唇花 图 792

Microtoena prainiana Diels in Engl. Bot. Jahrb. 29: 556. 1900.

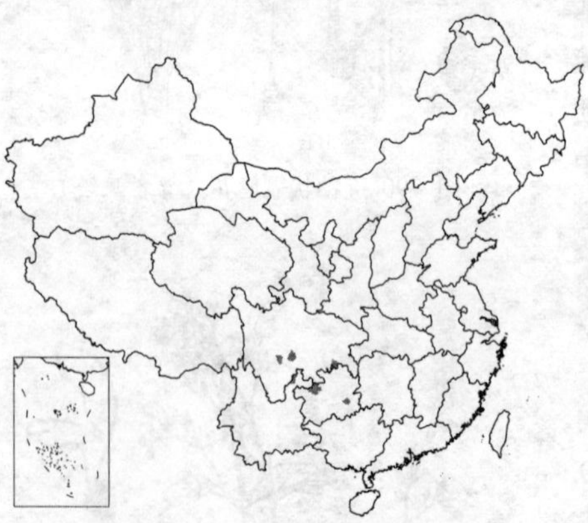

草本，高约 1 米。茎近无毛或节及槽内有时被倒向细绒毛。叶三角状卵形或卵状长圆形，长 6.5-14 厘米，先端渐长尖，基部近平截形或骤窄，具粗圆齿状锯齿，上面疏被微硬毛，脉被微柔毛，下面无毛；叶柄长达 8 厘米。二歧聚伞花序，径约 2 厘米，单个腋生或 6-10 密集成圆锥花序，花序梗长 1.4-3 厘米；苞片长 1-3 厘米，小苞片披针形，长约 5 毫米；花萼长约 8 毫米，近膜质，萼齿具小缘毛，余无毛，齿三角状钻形，长约 3 毫米，果萼齿先端钩曲；花冠淡黄色，长约 2.8 厘米，被微柔毛，喉部径约 6 毫米，上唇长约 7 毫米，先端微缺，下唇近圆形，3 裂，中裂片圆形，宽约 2 毫米，侧裂片三角状卵形。小坚果深褐色，倒卵球状长圆形，长 1.8 毫米，基部窄。花期 7-8 月，果期 9 月。

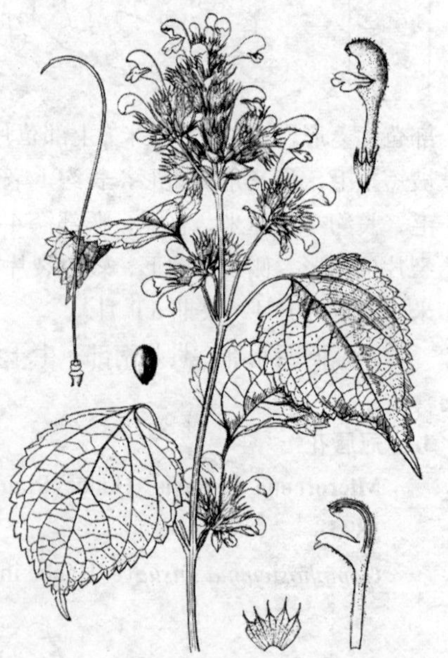

图 792 南川冠唇花（曾孝濂绘）

产云南东北部、贵州、四川，生于海拔 1000-2000 米林下、林缘、溪边或旷地。

6. 大萼冠唇花 图 793:1-9

Microtoena megacalyx C. Y. Wu in Acta Phytotax. Sin. 8(1): 48. pl. 5. f. 1-9. 1959.

草本，高达 1.5 米。茎密被微柔毛，上部近无毛或被腺微柔毛。叶卵形，长 5-14 厘米，先端尾尖，基部宽楔形平截，渐窄成具翅叶柄，具圆齿状锯齿，上面无毛，脉被较密腺微柔毛，下面疏被细糙硬毛或近无毛；叶柄长达 11 厘米。二歧聚伞花序，5-15 花，组成长约 11 厘米顶生圆锥花序，花序梗长 1-4 厘米；苞片披针形。花萼宽钟形，长 5-6 毫米，被腺微柔毛，齿三角状钻形，长 2-3 毫米，先端长刚毛

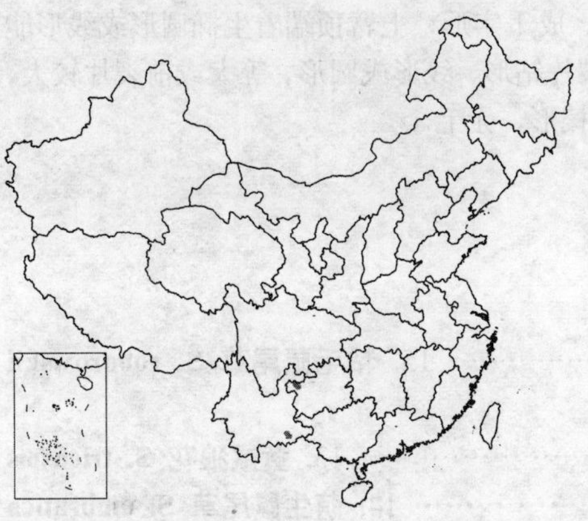

状，被头状腺硬毛，果萼后齿长约 4.5 毫米，余 4 齿长约 3 毫米，齿尖钩状；花冠淡黄或白色，长约 2.5 厘米，冠筒细，长约 1.5 厘米，内面密被微柔毛，喉部膨大，上唇直立，下唇中裂片近圆形，侧裂片近三角形，反折。小坚果黑褐色，倒卵状三棱形，基部窄，长 1.5–2.1 毫米。花期 8 月，果期 9 月。

产云南东南部及贵州西部，生于海拔(1500)2000–2200 米阔叶林中、水边或草坡。

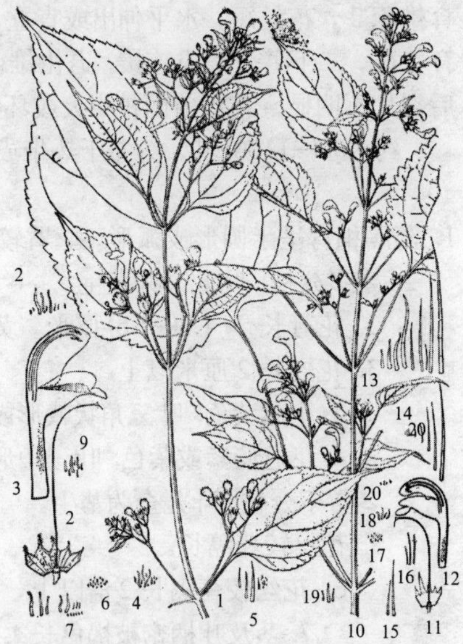

图 793:1–9. 大萼冠唇花 10–20. 云南冠唇花（引自《中国植物志》）

56. 矮刺苏属 Chamaesphacos Schrenk ex Fisch et C. A. Mey.

一年生草本，高达 17 厘米，近无毛。叶长圆状卵形或长圆形，长 1.2–3 厘米，先端稍尖，基部楔形，两面无毛，具刺齿，侧脉 3–4 对；叶柄长约 1 厘米。轮伞花序 2–6 花，下部花序疏离，上部花序密集；苞片钻形。花萼管状钟形，10–11 脉，上唇 3 齿，下唇 2 齿，齿三角形，先端钻状渐尖；花冠紫色，长 1.1–1.4 厘米，被微柔毛，冠筒细，伸出，上唇直伸，下唇短，开展，3 裂，裂片近等大，倒卵形；雄蕊 4，前对稍长，花丝着生喉部，较上唇短，花药长圆形，2 室，极叉开；柱头近相等 2 浅裂，裂片钻形。小坚果黑色，长圆形，长 3 毫米，有时具鳞片状斑点，顶端及两侧具膜质窄翅。

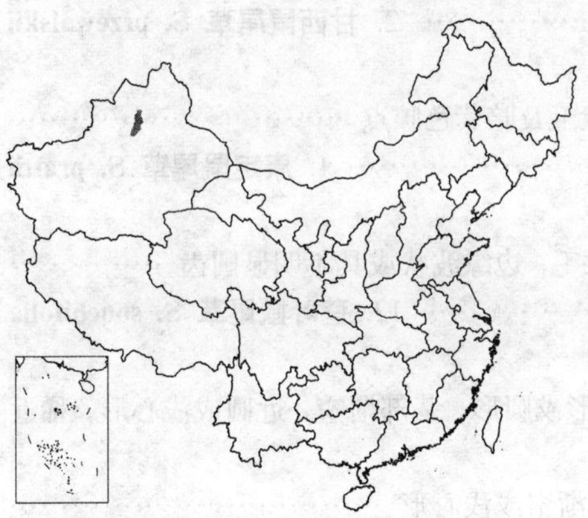

单种属。

矮刺苏 图 794

Chamaesphacos ilicifolius Schrenk ex Fisch. et C. A. Mey. Enum. Pl. Nov. 1:28. 1841.

形态特征同属。花期 4–5 月，果期 5 月。

产新疆北部，生于沙地。阿富汗、伊朗、土库曼斯坦、乌兹别克斯坦、塔吉克斯坦、哈萨克斯坦、俄罗斯有分布。

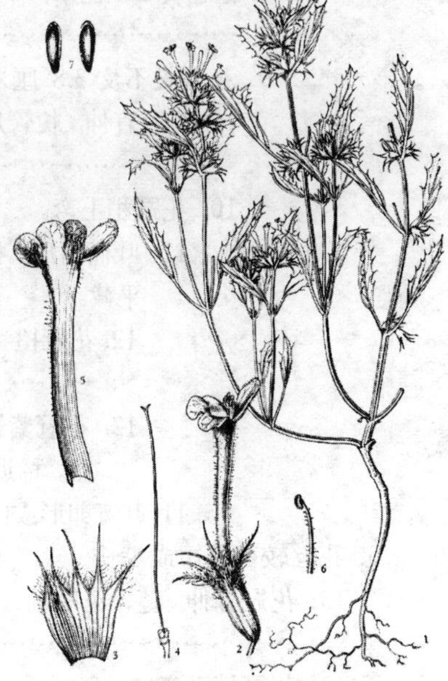

图 794 矮刺苏（曾孝濂绘）

57. 鼠尾草属 Salvia Linn.

草本，亚灌木或灌木。单叶或羽状复叶。轮伞花序 2 至多花，组成总状、圆锥状或穗状花序，稀单花腋生；小苞片细小。花萼管形或钟形，二唇形，上唇全缘，2–3 齿，下唇 2 齿；花冠二唇形，上唇褶叠、直伸或镰状，全缘或微缺，下唇开展，3 裂，中裂片宽大，全缘、微缺，或流苏状，或裂成 2 小裂片，侧裂片长圆形或圆形，开展或反折；能育雄蕊 2，花丝短，水平伸出或直立，药隔线形，具斧形关节与花丝相连，成 T 字形，上臂顶端着生椭圆形或线形能育花药，二下臂分离或连接，退化雄蕊 2，棍棒状或缺如；柱头 2 浅裂，裂片钻形、线形或圆形，等大或前裂片较大，后裂片不明显；花盘前面稍膨大或环状。小坚果卵球状三棱形或长圆状三棱形，无毛。

约 900(-1100) 种，分布于热带或温带。我国 84 种。

1. 药隔稍弯呈半圆形或弧形，上臂较下臂长或相等，臂端花药均能育。
  2. 茎多分枝；叶几全为茎生。
    3. 花冠长 1-1.3(-1.6) 厘米，黄色 ………… 15. **粘毛鼠尾草 S. roborowskii**
    3. 花冠长 2 厘米以上。
      4. 花冠黄色；叶三角状戟形或箭形 ………… 13. **黄鼠狼花 S. tricuspis**
      4. 花冠蓝紫或紫色；叶三角形或卵状三角形 ………… 14. **荫生鼠尾草 S. umbratica**
  2. 茎常不分枝；叶几全为基生。
    5. 花丝较药隔长。
      6. 花丝较药隔长 2 倍以上，药隔长 1.8-2.7(-3) 毫米。
        7. 茎及叶柄密被褐色长柔毛或渐脱落无毛；叶卵形或三角状卵形，基部心形稀浅戟形；苞片卵形 ………… 7. **雪山鼠尾草 S. evansiana**
        7. 茎及叶柄被倒向柔毛；叶戟形或长卵形，基部浅心形或戟形；苞片宽卵形 ………… 8. **短冠鼠尾草 S. brachyloma**
      6. 花丝较药隔长约 1 倍，或稍短，长 3 毫米以上(苣叶鼠尾草例外)。
        8. 叶下面密被灰白色绒毛，叶三角状戟形或长圆状披针形，稀心状卵形；花冠紫红色 ………… 2. **甘西鼠尾草 S. przewalskii**
        8. 叶下面不被绒毛。
          9. 花冠长 4-5 厘米；叶长圆状戟形或卵状心形，下面密被糙伏毛及暗紫色腺点 ………… 1. **康定鼠尾草 S. prattii**
          9. 花冠长不及 3.8 厘米，稀达 4 厘米。
            10. 花冠直伸，长管形；叶长圆形，近无毛或下面脉被微柔毛，边缘波状或具不明显圆齿 ………… 12. **苣叶鼠尾草 S. sonchifolia**
            10. 花冠稍上弯。
              11. 叶椭圆形、椭圆状披针形或长圆状卵形，稀倒卵形或圆形，基部渐窄，近圆或浅心形，稀近平截。
                12. 花冠橙黄、白、深蓝或紫色，冠筒伸出；叶基部渐窄或浅心形 ………… 3. **橙色鼠尾草 S. aerea**
                12. 花冠紫褐、褐或深紫色，冠筒下部窄筒形，上部囊状，向上弯曲；叶基部宽楔形或近心形，稀近平截 ………… 10. **栗色鼠尾草 S. castanea**
              11. 叶宽卵形或圆形，基部心形或戟形 ………… 5. **圆苞鼠尾草 S. cyclostegia**
    5. 花丝较药隔短或等长。
      13. 花冠直伸；茎、花序轴、苞片先端、花梗均被腺柔毛；叶圆状心形或卵状心形 ………… 4. **鄂西鼠尾草 S. maximowicziana**
      13. 花冠稍下弯。
        14. 花萼筒形或窄钟形；叶先端渐尖或尾尖，下面常绿色 ………… 6. **犬形鼠尾草 S. cynica**
        14. 花萼钟形或宽筒状钟形；叶先端不为渐尖或尾尖。
          15. 叶心形、卵状三角形或卵状戟形；花冠基部向上渐膨大，不在萼外背面或腹面骤膨大。
            16. 花萼长 1.7-2.2 厘米，宽筒状钟形；叶卵状三角形或卵状戟形，下面密被黄褐色腺点 ………… 9. **林华鼠尾草 S. hylocharis**
            16. 花萼长约 1.3 厘米，钟形；叶心形或卵状戟形，下面被柔毛 ………… 9(附). **钟萼鼠尾草 S. campanulata**

15. 叶卵形、三角状卵形或三角状戟形，花冠基部窄筒形，上部在腹面或背面骤膨大。
17. 叶柄及花序被柔毛；花冠上唇稍盔状，平展 …… 11. **黄花鼠尾草 S. flava**
17. 叶柄及花序被倒向刚毛状长硬毛；花冠上唇长圆形，直立 …… 11(附). **台湾琴柱草 S. nipponica var. formosana**
1. 药隔稍直伸，下臂花药不育。
18. 药隔下臂连生。
19. 植株多分枝；全为单叶；花冠长约 4.5 毫米 …… 27. **荔枝草 S. plebeia**
19. 植株不分枝或少分枝；单叶或奇数羽状复叶；花冠较长。
20. 花萼上唇 3 齿直伸；冠筒内无毛环 …… 25. **大叶鼠尾草 S. grandifolia**
20. 花萼上唇全缘或具 3 枚短尖头；冠筒内具毛环或不完全毛环，稀无毛环。
21. 三小叶或奇数羽状复叶，稀单叶；苞片常绿色。
22. 花冠长管状，直伸，较花萼长 2-3 倍。
23. 花萼内无毛环；植株近无毛或被柔毛；冠筒较花萼长 2-3 倍 …… 23. **长冠鼠尾草 S. plectranthoides**
23. 花萼喉部内面被长硬毛环；植株密被平展白色绵毛 …… 24. **南川鼠尾草 S. nanchuanensis**
22. 冠筒弯，顶部膨大。
24. 花冠下唇中裂片 2 浅裂，小裂片一边流苏状 …… 22. **河南鼠尾草 S. honania**
24. 花冠下唇中裂片先端微缺，不为流苏状。
25. 花冠长不及 1.5 厘米。
26. 萼筒内具长硬毛环；茎及叶被白色长硬毛 …… 20. **红根草 S. prionitis**
26. 萼筒内无毛环；茎及叶无毛或被微柔毛 …… 21. **贵州鼠尾草 S. cavaleriei**
25. 花冠长 1.5 厘米以上。
27. 冠筒较花萼长约 3 倍，伸展或微上弯，冠檐较冠筒伸出部分短，上唇直立；三小叶复叶，小叶具短柄 …… 16. **三叶鼠尾草 S. trijuga**
27. 冠筒内藏或稍伸出花萼；冠檐较冠筒伸出部分长，上唇镰状或盔状，上伸，几与下唇成直角。
28. 花萼内无毛环；叶柄及茎被伸展白色长柔毛 …… 17. **云南鼠尾草 S. yunnanensis**
28. 花萼内具白色长硬毛环；叶柄及茎被长柔毛或无毛。
29. 花萼钟形；冠筒伸出上弯，上唇镰状 …… 18. **丹参 S. miltiorrhiza**
29. 花萼筒形；冠筒内藏或微伸出，上唇稍弧曲 …… 19. **南丹参 S. bowleyana**
21. 全为单叶；苞叶色艳。
30. 花冠长约 4 毫米，冠筒内藏 …… 26. **新疆鼠尾草 S. deserta**
30. 花冠长 4-4.2 厘米，冠筒伸出 …… 28. **一串红 S. splendens**
18. 药隔下臂分离。
31. 萼筒内具毛环或不完全毛环，稀上唇中部内面具两行长硬毛。
32. 单叶或 3 小叶复叶，小叶及单叶均卵形或卵状椭圆形，基部心形或圆 …… 32. **华鼠尾草 S. chinensis**
32. 1-4 回羽状复叶。
33. 1-2 回羽状复叶，顶生小叶披针形或菱形，先端渐尖或尾尖 …… 31. **鼠尾草 S. japonica**
33. 3-4 回羽状复叶，小叶窄椭圆形、线状披针形或倒披针形，先端钝或渐尖 …… 33. **蕨叶鼠尾草 S. filicifolia**

31. 萼筒内无毛环。

34. 冠筒内无毛环 …………………………………………………………………………………… 29. **佛光草 S. substolonifera**

34. 冠筒内具毛环。

35. 轮伞花序偏向一侧；花冠下唇中裂片舌状全缘 ……………………………… 29(附). **舌瓣鼠尾草 S. liguliloba**

35. 轮伞花序不偏向一侧；花冠下唇中裂片微缺或 2 浅裂，不为舌状。

36. 药隔与花丝连接处具钻状薄膜附属物 ………………………………… 34. **附片鼠尾草 S. appendiculata**

36. 药隔无附属物。

37. 一回羽状复叶，小叶具不整齐小裂片或粗齿，长不及 2.5 厘米 ……………………………………………………………………………… 35. **羽叶阿里山鼠尾草 S. hayatae var. pinnata**

37. 单叶，稀复叶具2-3对小叶；叶基生或近基生，稀具茎生叶 ……………………………………………………………………………… 30. **地梗鼠尾草 S. scapiformis**

1. 康定鼠尾草 图 795:1-4

Salvia prattii Hemsl. in Journ. Linn. Soc. Bot. 29: 316. 1893.

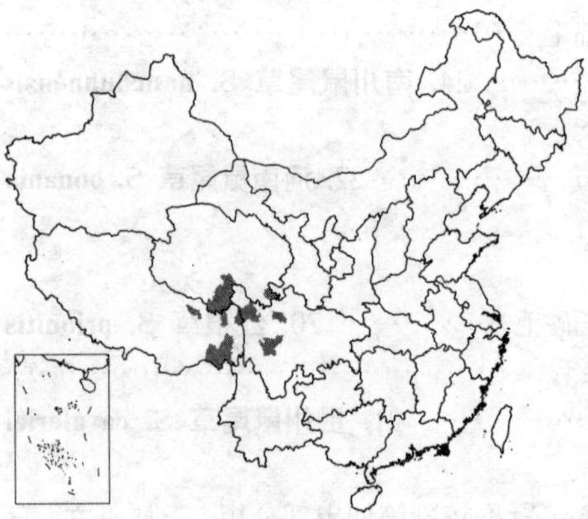

多年生草本，高达 45 厘米。茎疏被柔毛。叶多基生，长圆状戟形或卵状心形，长 3.5-9.5 厘米，先端钝，基部心形或近戟形，具圆齿，上面被细糙伏毛，下面密被糙伏毛及暗紫色腺点；叶柄长 3-17 厘米。被细糙伏毛。轮伞花序具 2-6 花，组成顶生总状花序，序轴密被柔毛；苞片椭圆形或倒卵形，先端具短尖头，下面脉网带紫色。花梗长达 7 毫米，密被长柔毛；花萼钟形，长 1.6-1.9 厘米，被长柔毛及紫色腺点，上唇半圆形，先端具 3 尖头，下唇与上唇等长，齿三角形；花冠红或紫色，长 4-5 厘米，被长柔毛，冠筒长 4-6 厘米，伸出，基部内面具柔毛环，基部径约 4 毫米，中部以上径 1.4 厘米，上唇长圆形，长约 1.1 厘米，稍弧曲，下唇长于上唇，中裂片倒心形，侧裂片卵形；药隔弧曲，长 5.5 毫米，上臂和下臂等长；花柱伸出。小坚果黄褐色，倒卵球形，长约 3 毫米。花期 7-9 月。

产四川西部、青海南部及西藏东部，生于海拔 3750-4800 米山坡草地。

图 795:1-4 康定鼠尾草 5-8. 栗色鼠尾草
（引自《中国植物志》）

2. 甘西鼠尾草 图 796:6-9

Salvia przewalskii Maxim. in Bull. Acad. Sci. Pétersb. 27: 526. 1881.

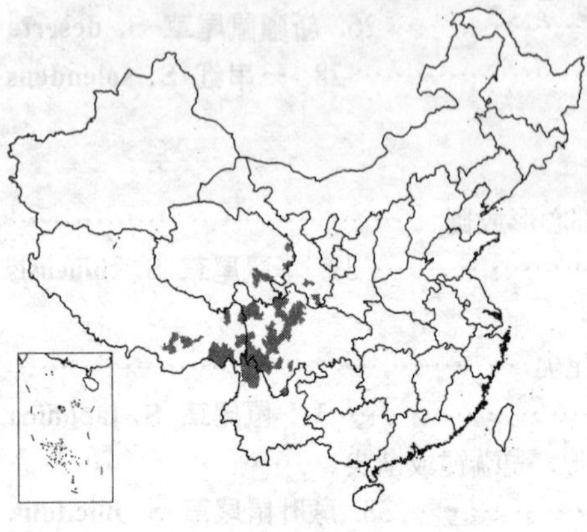

多年生草本，高达 60 厘米，基部分枝，上升。茎密被短柔毛。叶三角状戟形或长圆状披针形，稀心状卵形，长 5-11 厘米，先端尖，基部心形或戟形，具圆齿状牙齿，上面被细硬毛，下面密被灰白绒毛；基生叶柄长 6-21 厘米，茎生叶柄长 1-4 厘米，均密被微柔毛。轮伞花序具 2-4 花，疏散，组成长 8-20 厘米顶生总状或圆锥状花序，序轴密被

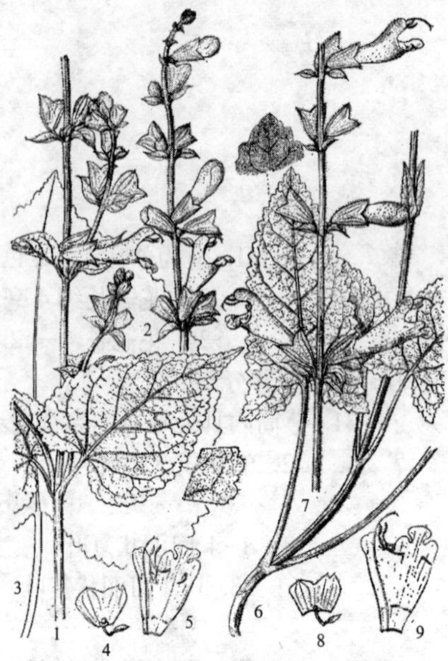

图 796:1-5. 钟萼鼠尾草 6-9. 甘西鼠尾草
（引自《中国植物志》）

柔毛；苞片卵形或椭圆形，两面被长柔毛。花梗长 1-5 毫米，密被柔毛；花萼钟形，长 1.1 厘米，密被长柔毛及红褐色腺点，上唇三角状半圆形，长 4 毫米，具 3 短尖头，下唇长 3 毫米，具 2 三角形齿；花冠紫红或红褐色，长 2.1-3.5(-4) 厘米，被柔毛，上唇疏被红褐色腺点，冠筒内具柔毛环，长约 1.7 厘米，喉部径约 8 毫米，上唇长圆形，长 5 毫米，全缘，稍内凹，具缘毛，下唇长 7 毫米，中裂片倒卵形，先端近平截，侧裂片半圆形；雄蕊伸出，花丝长约 4.5 毫米，药隔长约 3.5 毫米，弧曲，上下臂近等长；花柱稍伸出。小坚果红褐色，倒卵球形，长约 3 毫米。花期 5-8 月。

产甘肃、青海、四川、云南西北部及西藏，生于海拔 2100-4050 米林缘、沟边、灌丛中。根药用，同丹参。

3. 橙色鼠尾草 图 797

Salvia aerea Lévl. in Fedde, Repert. Sp. Nov. 12: 532. 1913.

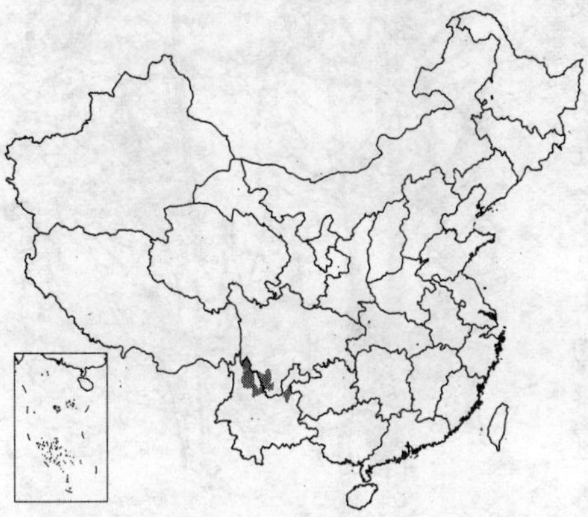

多年生草本，高达 40 厘米。茎、叶上面、花序轴及花梗均密被黄褐色长柔毛。叶多基生，基生叶椭圆形或椭圆状披针形，稀倒卵形或圆形，长 2.5-8.5(-20) 厘米，先端钝，基部楔形或浅心形，具不整齐圆齿，下面被长柔毛及稀疏紫褐色腺点；茎生叶椭圆形、长圆形、卵形或倒卵形，长 1-5.8(-8) 厘米，具圆齿；基生叶柄长 2-4 厘米，茎生叶柄短或无。轮伞花序具 2-6 花，下部疏散，组成长达 15 厘米总状花序；苞片椭圆形或倒卵形，密被长柔毛状缘毛。花梗长 2-4 毫米；花萼钟形，长 0.9-1 厘米，被褐色长柔毛，上唇半圆形，先端具 3 个短尖头，下唇具 2 三角形齿，果萼宽钟形，脉网隆起，沿脉及边缘密被长柔毛；花冠橙黄、白、深蓝或紫色，长 2.6-3.5 厘米，被细柔毛，冠筒内具斜向柔毛环，喉部径约 8 毫米，上唇长卵形，长 7 毫米，下唇长 1.2 厘米，中裂片倒心形，侧裂片半圆形；花丝扁平，长约 9 毫米。小坚果褐色，倒卵球形，腹面具棱，长 3 毫米，稍具网纹，顶端被腺点。

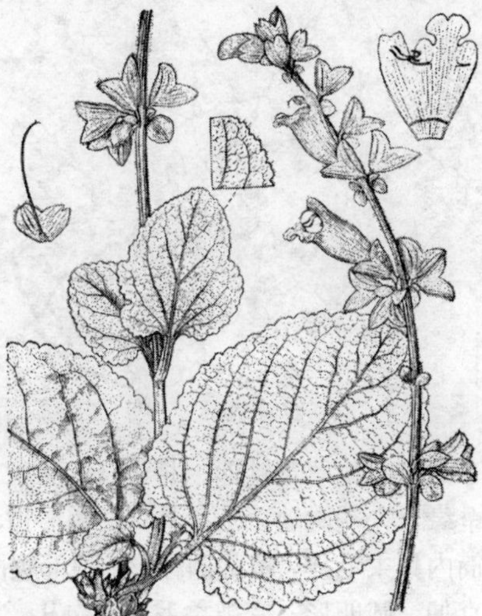

图 797 橙色鼠尾草（引自《中国植物志》）

产四川西南部、云南北部及贵州西部，生于海拔 2550-3300 米林内、灌丛中、草地或山坡。根治头晕、风湿痛，可补肾。

4. 鄂西鼠尾草 图 798:5-8

Salvia maximowicziana Hemsl. in Journ. Linn. Soc. Bot. 26:285. 1890.

多年生草本，高达 90 厘米。茎、花序轴、苞片先端及花梗均被腺柔毛。叶圆状心形或卵状心形，长宽 6-8(-12) 厘米，先端圆或骤渐尖，基部心形或近戟形，具圆齿状牙齿，有时具重牙齿及小裂片，上面近无毛或疏被细糙硬毛，下面沿脉被短柔毛及腺点；基生叶柄较叶片长 2-2.5 倍，茎生叶柄短。轮伞花序 2 花，组成疏散总状或圆锥花序；苞片披针形或卵状披针形。花梗长 1-2 毫米；花萼钟形，长约 6 毫米，稍被柔毛，上唇宽三角形，具 3 脉，稍反折，下唇具 2 三角形齿，具短尖头；花冠黄色，唇片带紫晕，长约 2.2 厘米，稍被微柔毛，内具柔毛环，冠筒直伸，喉部径

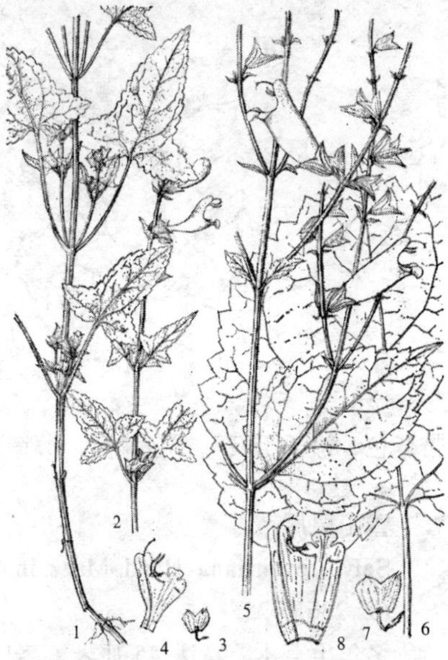

图 798:1-4. 黄鼠狼花 5-8. 鄂西鼠尾草（引自《中国植物志》）

达 8 毫米，上唇稍盔状，卵形，长 5 毫米，先端微缺，下唇与上唇近等长，中裂片心形，长 3 毫米，全缘，侧裂片半圆形或近平截；雄蕊伸出，花丝长约 5 毫米，药隔长约 5.5 毫米，弧曲，上臂长约 3 毫米，下臂长约 2.5 毫米；花柱伸出。小坚果黄褐色，倒卵球形，两侧稍扁，长 2.5 毫米。花期 7-8 月。

产河南西部、湖北西部、陕西南部、甘肃南部、西藏及云南东北部，生于海拔 1800-3450 米山区。

5. 圆苞鼠尾草 图 799:1-4

Salvia cyclostegia E. Peter in Acta Horti Gothob. 9:118. 1934.

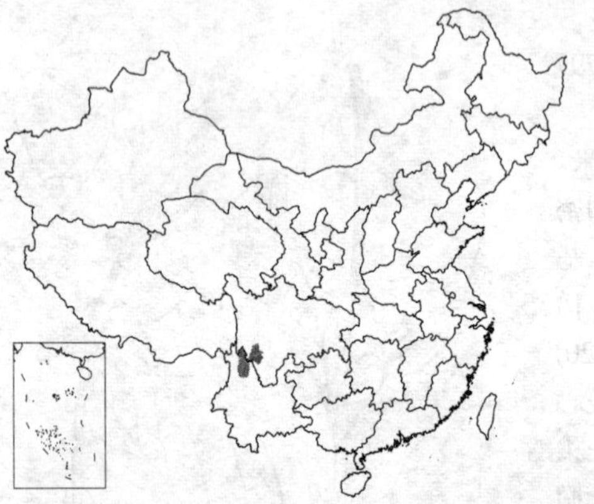

多年生草本。茎、叶柄、花序轴、花梗及花萼均被褐色长柔毛。叶宽卵形或圆形，长 2.3-13 厘米，先端圆或钝，基部心形或戟形，具圆齿或重圆齿，两面密被腺点，脉被柔毛；基生叶柄长 2-8 厘米，茎生叶柄渐短至近无。轮伞花序具 2-6 花，组成长达 20 厘米总状或圆锥状花序；下部苞片圆形，宽1-2 厘米，上部苞片宽卵形或卵形。花梗长约 2 毫米；花萼宽钟形，长 1-1.5 厘米，疏被腺点，沿脉被褐色长柔毛，上唇全缘，先端微缺，下唇具 2 三角形齿；花冠白、淡黄或乳黄色，被柔毛，冠筒内具柔毛环，基部圆柱形，顶部腹面膨大，长 2-3 厘米，向上稍弯，上唇直伸，圆卵形，密被柔毛，长约 9 毫米，下唇中裂片倒心形，长 8 毫米，先端微缺，边缘稍波状，无毛，侧裂片半圆形；花丝长约 7 毫米；药隔长约 6 毫米，弧曲，上下臂近等长；花柱伸出。花期 4-5 月。

产云南西北部及四川西南部，生于海拔 2700-3300 米山坡、草地或林下。

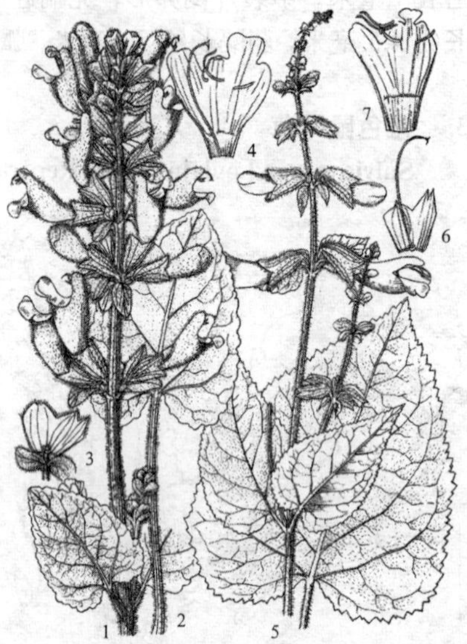

图 799:1-4. 圆苞鼠尾草 5-7. 犬形鼠尾草
（仿《中国植物志》）

6. 犬形鼠尾草 图 799:5-7

Salvia cynica Dunn in Notes Roy. Bot. Gard. Edinb. 8:164. 1913.

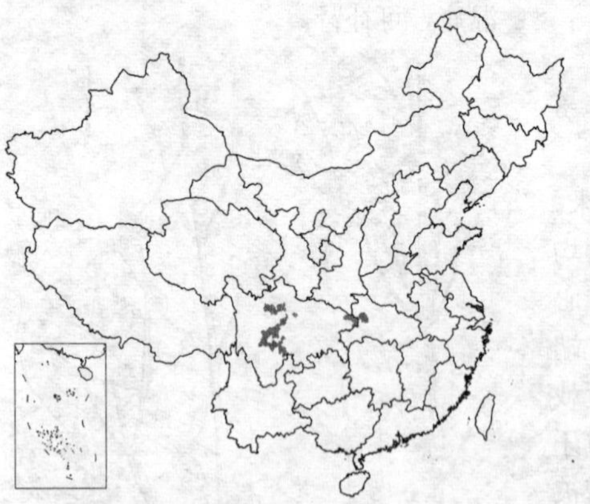

多年生草本，高达 50 厘米。茎疏被短柔毛。茎生叶宽卵形、宽戟状卵形或近圆形，长 5-20 厘米，先端渐尖，基部心状戟形，具重牙齿或重锯齿，两面疏被微硬毛及黄褐色腺点；叶柄长 1-11 厘米，疏被微硬毛。轮伞花序具2-6 花，疏离，组成长达 20 厘米总状圆锥花序，序轴被短柔毛；苞片披针形。花梗长约 5 毫米，被短柔毛；花萼筒形，带紫色，被柔毛及红褐色腺点，萼筒长 1.3-1.5 厘米，上唇宽三角形，具长达 1.5 毫米短尖头，下唇长约 6 毫米，具 2 长三角形齿；花冠黄色，长达 4 厘米，近无毛，冠筒内具柔毛环，上唇长圆形，下唇中裂片倒心形，边缘浅波状，侧裂片近半圆形，花丝长约 8 毫米，药隔长约 1.1 厘米，上臂长 7 毫米，下臂长约 4 毫米；花柱稍伸出花冠。小坚果褐色，球形，径约 2.8 毫米。花期 7-8 月。

产四川及湖北，生于海拔 1500-3200 米林下、路边、沟边。

7. 雪山鼠尾草 图 800:1-3

Salvia evansiana Hand.-Mazz. in Anz. Akad. Wiss. Wien, Math. Naturw. Kl. 62: 236.1925.

多年生草本，高达 45 厘米。茎具纵纹，密被褐色长柔毛或渐脱落无毛。叶卵形或三角状卵形，长 2-11 厘米，先端尖或圆，基部心形，稀浅戟形，具不整齐圆齿，两面密被糙伏长柔毛，沿脉被平展褐色长柔毛，疏被深褐色腺点；叶柄长 2-10(-20) 厘米。轮伞花序具 6 花，上部密集，下部疏散，组

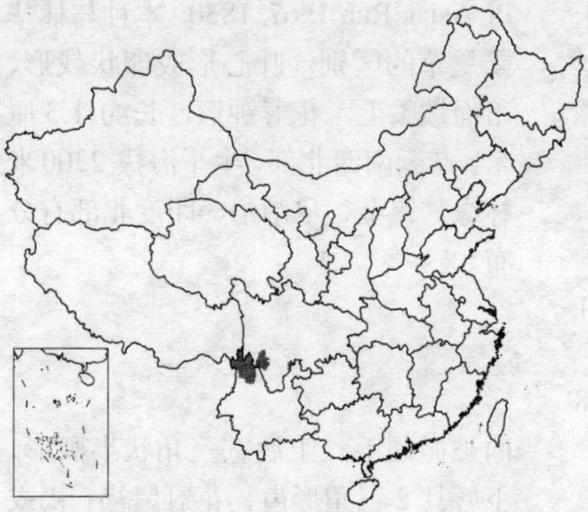

成长 10-20 厘米总状或圆锥状花序，序轴被褐色长柔毛；苞片卵形。花梗长约 8 毫米，被褐色长柔毛；花萼宽钟形，长 1.4-1.7 厘米，疏被深褐色腺点，沿脉被长柔毛，上唇宽卵形，下唇具 2 三角形齿，先端刺尖长达1毫米；花冠蓝紫或紫色，基部黄色，直伸，长 2.6-3.5 厘米，被柔毛，冠筒长 2-3.4 厘米，内具柔毛环，毛环以下径约 5 毫米，喉部径约 1.1 厘米，上唇半圆形，下唇中裂片长 5 毫米，侧裂片卵形；花丝长约 4.5 毫米，药隔长 2-3 毫米，弧曲，上下臂近等长或下臂稍短。花期 7-10 月。

产云南西北部及四川西南部，海拔 3400-4200 米草地、山坡或林下。根药用，同丹参。

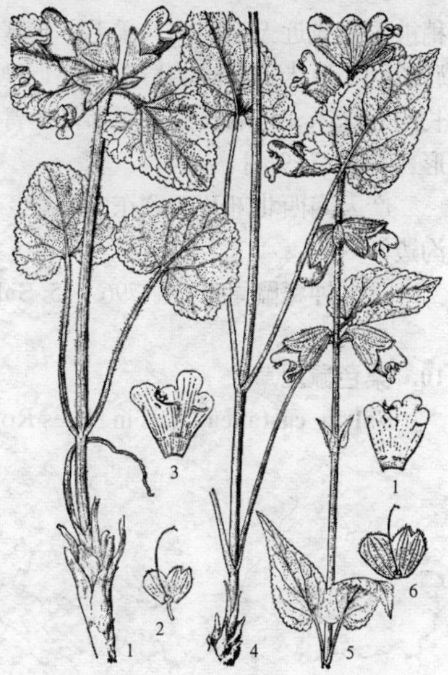

图 800:1-3. 雪山鼠尾草 4-7. 短冠鼠尾草（引自《中国植物志》）

8. 短冠鼠尾草 图 800:4-7

Salvia brachyloma E. Peter in Acta Horti Gothob. 9: 124. 1934.

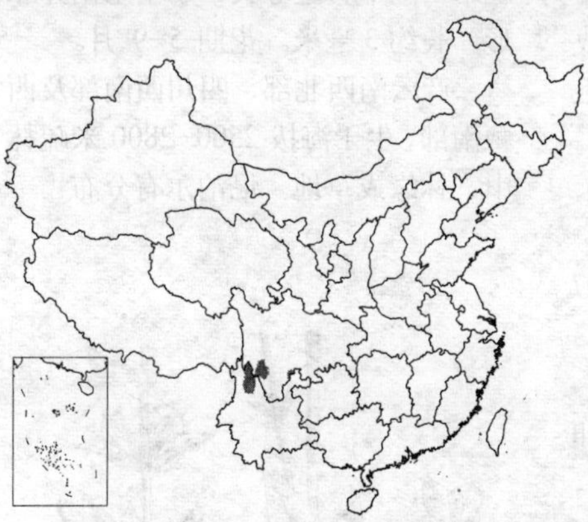

多年生草本，高达 57 厘米。茎被倒向长柔毛。叶戟形或长卵形，长 3.5-11 厘米，先端尖或短渐尖，基部浅心形或戟形，具不整齐细圆齿，上面幼时密被白色短柔毛，老时被短柔毛，下面幼时密被白色短柔毛，老时沿脉被微柔毛余无毛，两面均密被红褐色腺点；叶柄长 1-13 厘米。轮伞花序具 2 花，疏散，组成长 10-15 厘米顶生总状或圆锥状花序，密被平展长柔毛及腺柔毛；苞片宽卵形，两面稍被柔毛及红褐色腺点，具缘毛。花梗长约 2 毫米；花萼钟形，被长柔毛及红褐色腺点，上唇宽三角形，下唇具 2 三角形齿，先端具短尖头；花冠淡紫色，长 2-2.3 厘米，被短柔毛，冠筒长约 1.6 厘米，具斜向毛环，基部径约 2.5 毫米，喉部径约 8 毫米，上唇倒心形，下唇中裂片近扇形，长 3 毫米，宽 6 毫米，边缘波状，侧裂片半圆形；花丝长约 5 毫米，药隔长 1.8-2 毫米，上下臂近等长；花柱稍伸出。小坚果倒卵球形，长约 2 毫米，黑色。花期 6-7 月。

产云南西北部及四川西南部，生于海拔 3200-3800 米林缘草坡或草地。

9. 林华鼠尾草 图 801

Salvia hylocharis Diels in Notes Roy. Bot. Gard. Edinb. 5:236. 1912.

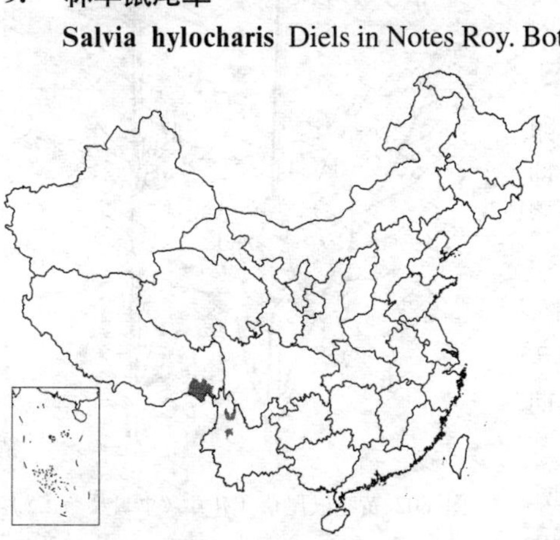

多年生草本，高达 90 厘米。茎上部被长柔毛，下部无毛。叶卵状三角形或卵状戟形，长 3-8.5(-14) 厘米，先端钝或尖，基部心形，具不整齐圆齿，上面被柔毛，下面密被黄褐色腺点，沿脉被柔毛；叶柄长 2-13 厘米。轮伞花序具 2-4 花，组成总状或总状圆锥花序，密被长柔毛；苞片宽卵形或近圆形。花梗长约 4 毫米；花萼宽筒状钟形，长 1.7-2.2 厘米，疏被黄褐色腺点，沿脉及边缘被长柔毛，萼筒长约 1.5 厘米，上唇半圆三角形，下唇具 2 宽三角形齿；花冠黄色，长(2.2-)3.5-3.8 厘米，

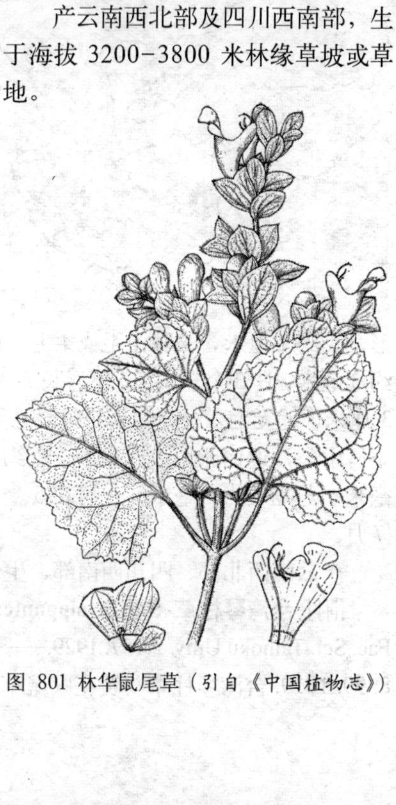

图 801 林华鼠尾草（引自《中国植物志》）

稍被柔毛或近无毛，内具柔毛环，基部径约 3 毫米，喉部径达 1.4 厘米，上唇长约 1 厘米，直伸，下唇长达 1.7 厘米，中裂片扇形，侧裂片斜卵形；花丝长约 6 毫米，药隔长约 9 毫米，上臂长约 6 毫米；花柱伸出。小坚果倒卵球形。花期 7-9 月。

产云南西北部及西藏东南部，生于海拔 2800-4000 米草坡、草丛、林缘、沟边。

[附] **钟萼鼠尾草** 图 796:1-5 **Salvia campanulata** Wall. ex Benth. in Wall. Pl. Asiat. Rar. 1: 67. 1830. 本种与林华鼠尾草的区别：叶心形或卵状戟形，下面被柔毛；花萼钟形，长约 1.3 厘米。产云南西北部，生于海拔 2300 米林缘。锡金、尼泊尔、印度北部有分布。

10. 栗色鼠尾草 图 795:5-8

Salvia castanea Diels in Notes Roy. Bot. Gard. Edinb. 5: 233. 1912.

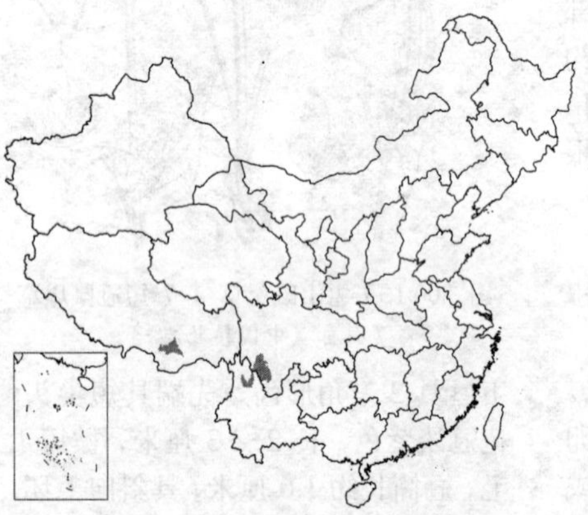

多年生草本，高达 65 厘米。茎下部被柔毛，上部被长柔毛。叶椭圆状披针形或长圆状卵形，长 2-22 厘米，先端钝或稍尖，基部近心形，稀近平截，具不整齐圆齿或牙齿，上面被微柔毛，下面疏被短柔毛及黑褐色腺点或近无毛；叶柄长 2-13 厘米。轮伞花序具 2-4 花，疏离，组成总状或圆锥状花序，密被长柔毛及腺柔毛；苞片卵形或宽卵形。花梗长 4-5 毫米；花萼钟形，长 0.9-1.5 厘米，密被腺长柔毛及黄褐色腺点，内被微硬毛，上唇宽三角状半圆形，下唇具 2 三角形齿；花冠紫褐、褐或深紫色，长 3-3.2 厘米，被柔毛，冠筒长约 2.6 厘米，下部窄筒状，上部囊状，向上弯曲，内具斜毛环，喉部径达 1 厘米，上唇卵形，稍盔状，下唇三角形，中裂片倒心形，侧裂片半圆形；花丝长约 7 毫米，药隔长约 5 毫米，上下臂近等长。小坚果倒卵球形，长约 3 毫米。花期 5-9 月。

产云南西北部、四川西南部及西藏南部，生于海拔 2500-2800 米疏林中、林缘或草地。尼泊尔有分布。

11. 黄花鼠尾草 图 802 彩片177

Salvia flava Forrest ex Diels in Notes Roy. Bot. Gard. Edinb. 5: 235. 1912.

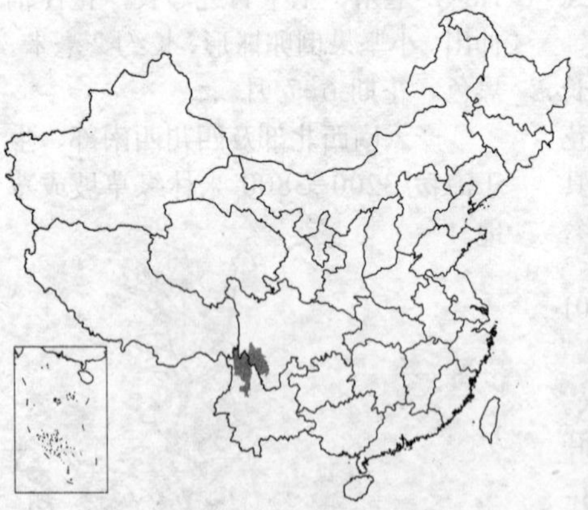

多年生草本，高达 50 厘米。茎被柔毛或渐脱落无毛。叶卵形或三角状卵形，长 2-7 厘米，先端尖或钝，基部戟形或心形，具圆齿或重圆齿，上面被平伏柔毛，下面密被紫褐色腺点，沿脉被短柔毛；叶柄长达14厘米，被柔毛。轮伞花序具 4 花，4-8 个组成顶生疏散总状或圆锥花序，密被长柔毛及腺柔毛；苞片卵形。花梗长约 3 毫米；花萼钟形，长约 1 厘米，被腺柔毛或柔毛，疏生紫褐色腺点，上唇三角状卵形，长约 3 毫米，具 3 个短尖头，下唇长 5 毫米，具 2 三角形齿；花冠黄色，长 2.3-3 厘米，近无毛，冠筒内具斜向柔毛环，上唇稍盔状，平展，长 0.7-1 厘米，下唇中裂片近倒卵形或近扇形，宽约 8 毫米，侧裂片稍半圆形；花丝长约 7 毫米，药隔长约 9 毫米，上臂长 5 毫米，下臂长 4 毫米；花柱稍伸出。花期 7 月。

产云南西北部、四川西南部，生于海拔 2500-4000 米林下及山坡草地。

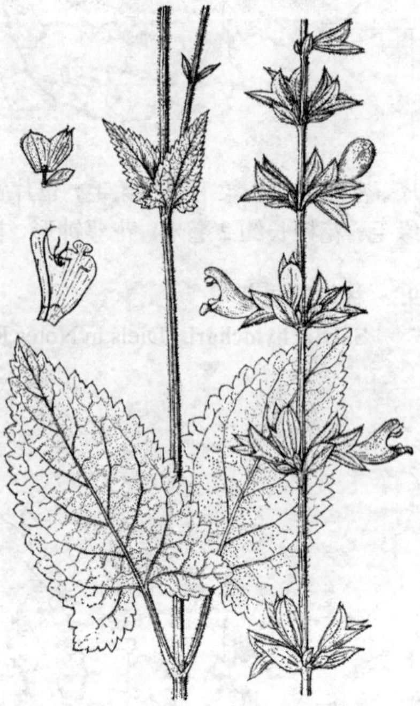

图 802 黄花鼠尾草（引自《中国植物志》）

[附] **台湾琴柱草** **Salvia nipponica** var. **formosana** (Hayata) Kudo in Mem. Fac. Sci. Taihoku Univ. 2:157. 1929.—— *Salvia formosana* Hayata, Ic. Pl. Formos. 8: 99. 1919. 台湾琴柱草与黄花鼠尾草的区别：叶柄及花序被倒向刚毛状长硬毛；花冠上唇长圆形，直立。花期 7-8 月。产台湾。模式变种 var. nipponica

产日本。

12. 苣叶鼠尾草 图 803

Salvia sonchifolia C. Y. Wu, Fl. Yunnan. 1: 679. pl.167. f. 1-4. 1977.

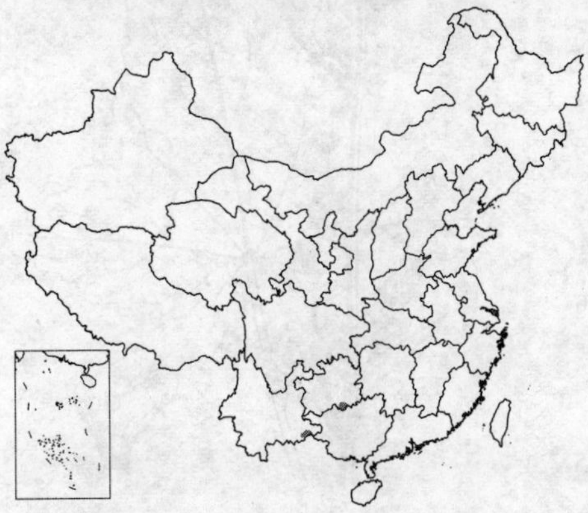

多年生草本，高约 30 厘米。茎密被倒向短柔毛。叶多基生，茎生叶 1 对；叶长圆形，长 4–6.5 厘米，先端圆，基部宽楔形或近平截，波状或具不明显圆齿，两面无毛，或下面脉被微柔毛；叶柄长 4–6.5 厘米，被微柔毛。轮伞花序具 2 花，组成长 4.5–7 厘米顶生总状花序，密被微柔毛；苞片较花梗短。花梗长 3–6 毫米；花萼钟形，长约 8 毫米，被细柔毛，疏生淡黄色腺点，具短缘毛，内密被微硬毛，上唇带深紫色，近半圆形，具 3 短尖头，下唇淡紫色，具 2 长三角形齿；花冠紫色，长达 3.5 厘米，被短柔毛，冠筒内具不明显柔毛环，上唇近圆形，宽约 6 毫米，下唇长 7 毫米，宽 9 毫米，中裂片倒心形，先端微缺，边缘波状，侧裂片卵形，花丝长约 3 毫米，药隔长约 1.5 毫米，上下臂等长，上下药室近等长。花期 4–5 月。

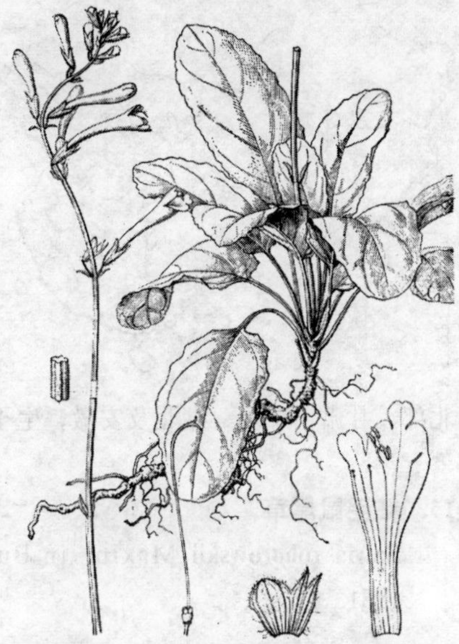

图 803 苣叶鼠尾草（郭木森绘）

产云南东南部及贵州南部，生于海拔 1300–1500 米石灰岩山地林内。

13. 黄鼠狼花 图 798:1-4

Salvia tricuspis Franch. in Bull. Soc. Philom. Paris ser. 8, 3: 150. 1891.

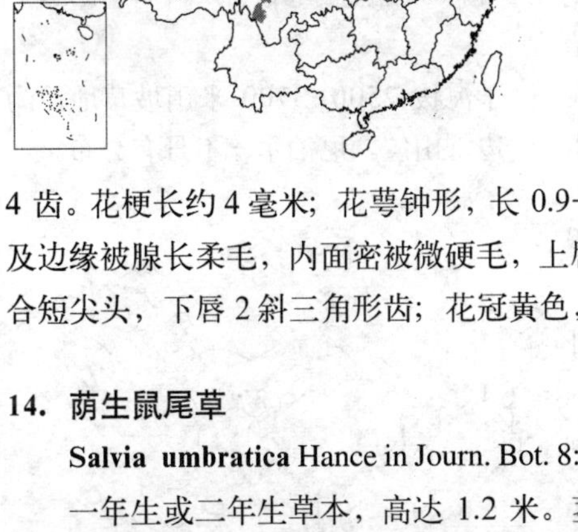

一年生或二年生草本，高达 95 厘米。茎多分枝，被短柔毛及腺长柔毛。叶 3 裂，三角状戟形或箭形，长 3–12 厘米，先端渐尖或尖，基部心形，具卵形裂片，具锯齿或圆齿；叶柄长达 11 厘米，疏被长柔毛。轮伞花序具 2 (–4) 花，疏散，组成总状或总状圆锥花序，被短柔毛及腺长柔毛；苞片窄披针形，全缘或具 2–4 齿。花梗长约 4 毫米；花萼钟形，长 0.9–1.1 厘米，密被黄褐色腺点，沿脉及边缘被腺长柔毛，内面密被微硬毛，上唇三角形，长约 3 毫米，具 3 个靠合短尖头，下唇 2 斜三角形齿；花冠黄色，长 2.1–2.3 厘米，被柔毛，冠筒长约 1.5 厘米，内具柔毛环，向上弯曲，上唇长圆形，长约 6.5 毫米，下唇长约 5 毫米；能育雄蕊伸出，花丝长约 5 毫米，药隔长约 6.5 毫米，弧曲，上臂较下臂稍长。小坚果倒卵球形，长 3 毫米，褐色。花期 7–9 月，果期 9–10 月。

产山西、河南西部、陕西东南部及南部、甘肃西、四川西部及西北部、西藏东南部，生于海拔 1400–3040 米山麓、水边、草地及路边。

14. 荫生鼠尾草 图 804

Salvia umbratica Hance in Journ. Bot. 8: 75. 1870.

一年生或二年生草本，高达 1.2 米。茎被长柔毛，间有腺长柔毛。叶三角形或卵状三角形，长 3–16 厘米，先端渐尖或尾尖，基部心形或近平截，具卵形裂片，具重圆齿或牙齿，上面被长柔毛或短硬毛，下面疏被黄褐色腺点，沿脉被长柔毛；叶柄长达 9 厘米。轮伞花序具 2 花，疏散，组成总状花序，被长柔毛及腺短柔毛；上部苞片披针形。花梗长约 2 毫米；花萼钟形，长 0.7–1 厘米，被长柔毛，内被微硬毛，上唇长 3 毫米，具 3 短尖头，下唇具 2 斜三角形齿；花冠蓝紫或紫色，长 2.3–2.8 厘米，稍被短柔毛，冠筒内具

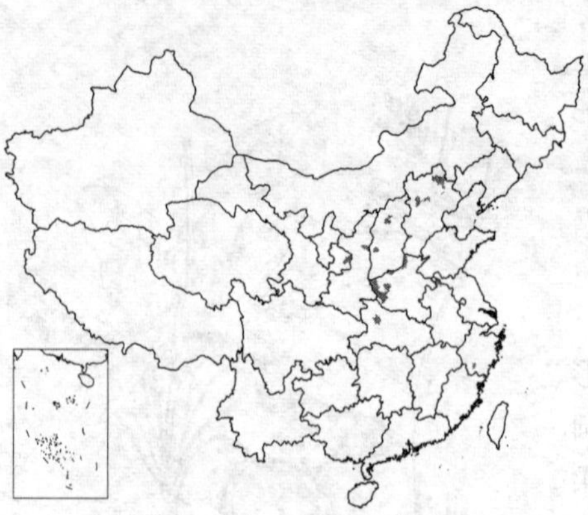

不完全柔毛环，冠筒向上弯曲，喉部径达7毫米，上唇长圆状倒心形，长8毫米，下唇长7毫米，中裂片宽扇形，侧裂片新月形；花丝长约5毫米，无毛，药隔长7.5毫米，弧曲，上臂长4毫米，下臂长3.5毫米；花柱伸出或与花冠上唇等长。小坚果椭圆形。花期8–10月。

产河北、山西、河南、陕西北部、甘肃、宁夏、湖北及安徽，生于海拔600–2000米山坡、谷地或路边。

图 804 荫生鼠尾草（郭木森绘）

15. 粘毛鼠尾草 图 805

Salvia roborowskii Maxim. in Bull. Acad. Sci. St. Pétersb. 27: 527. 1881.

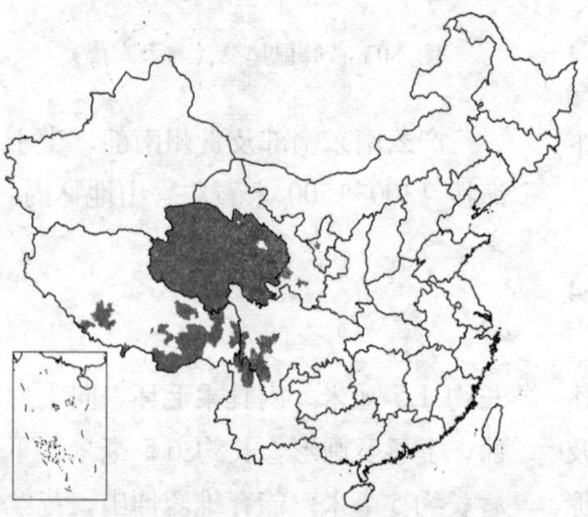

一年生或二年生草本，高达90厘米。茎多分枝，密被粘腺长硬毛。叶戟形或戟状三角形，长3–8厘米，先端尖或钝，基部浅心形或戟形，具圆齿，两面被糙伏毛，下面被淡黄色腺点；叶柄长2–6厘米。轮伞花序具4–6花，组成总状花序；上部苞片披针形或卵形，被长柔毛、腺毛及淡黄色腺点，全缘或波状。花梗长约3毫米；花萼钟形，被长硬毛、腺短柔毛及淡黄色腺点，内被微硬毛，上唇三角状半圆形，具3短尖头，下唇具2三角形齿，先端刺尖长约1毫米；花冠黄色，长1–1.3(–1.6)厘米，被柔毛或近无毛，冠筒内具不完全柔毛环，喉部径约5毫米，上唇长圆形，全缘，下唇中裂片倒心形，侧裂片半圆形，宽约2毫米；花丝长约4毫米；花隔弧曲，长约4毫米，上下臂近等长。小坚果倒卵球形，长约2.8毫米，暗褐色。花期6–8月，果期9–10月。

产甘肃西南部、宁夏、青海、西藏、四川西部及西南部、云南西北部，生于海拔2500–3700米山坡草地、沟边、山麓。尼泊尔、不丹有分布。

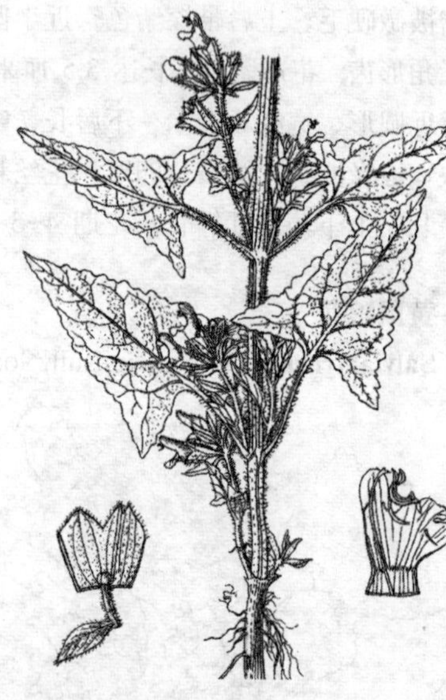

图 805 粘毛鼠尾草（仿《中国植物志》）

16. 三叶鼠尾草 图 806:5–9

Salvia trijuga Diels in Notes Roy. Bot. Gard. Edinb. 5: 237. 1912.

多年生草本，高达60厘米。茎被长柔毛。单叶及3小叶复叶，稀5小叶复叶，茎下部常为3小叶复叶，具长柄，上部为单叶；顶生小叶卵形或椭圆状心形，长5–6厘米，先端钝，基部心形或平截，具圆齿，上面密被平伏刚毛，下面疏被淡黄色腺点，沿脉被柔毛，侧生小叶卵形或圆卵形，长1–4厘米，顶生小叶叶柄长0.8–3厘米。轮伞花序具2花，疏散，组成顶生总状或总状圆锥花序，密被长柔毛及腺短柔毛；苞片披针形或窄卵形，具腺缘毛。花梗长约3毫米；花萼钟形，长1–1.1厘米，被腺长柔毛，上唇长2.5毫米，先端3小齿宽三角形，下唇具2三角形齿；花冠蓝紫色，具黄色斑点，冠筒长约2厘米，上唇镰形，长约9毫米，被短柔毛，下唇近无毛，中裂片横椭圆形或近圆形，宽约9毫米，边缘波状，先端微缺，侧裂片斜三角形；花丝长约5毫米，药隔长约8毫米，弧曲，上下臂近等长。小坚果暗褐色，长椭圆形。花期 7–9 月。

产云南西北部、四川西南部及西藏东南部，生于海拔 1900–3000 米山坡、山谷、沟边、灌丛中、林下或草地。根药用，同丹参。

17. 云南鼠尾草 图 806:1–4 彩片178

Salvia yunnanensis C. H. Wright in Kew Bull. 1896: 164. 1896.

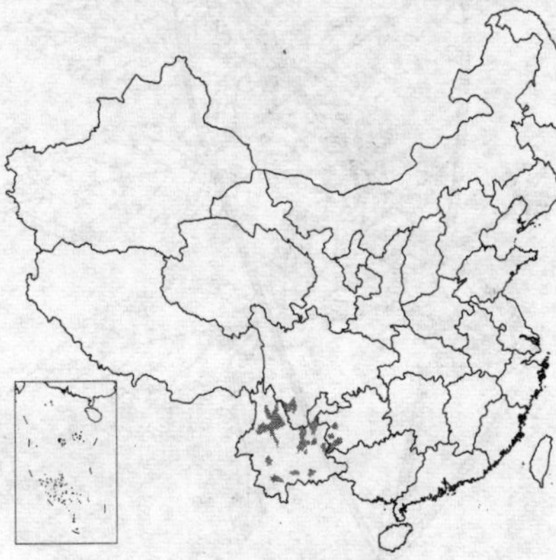

多年生草本，高约30厘米。茎密被平展白色长柔毛。块根2–3，深红色。叶常基生，单叶、三小叶或羽状复叶；茎生叶1–2对，具短柄；单叶长圆状椭圆形，长2–8厘米，先端钝或圆，基部心形或圆，具圆齿，下面带紫色，两面被长柔毛，稀渐脱落无毛，具细皱；复叶顶生小叶卵形或椭圆形；叶柄长2.5–10厘米，被长柔毛。轮伞花序具4–6花，疏离，组成长7–13厘米顶生总状或总状圆锥花序，被长柔毛及腺微柔毛；苞片较花梗短，被短柔毛。花梗长约3毫米；花萼钟形，长7–9毫米，带紫色，被腺点，沿脉被长柔毛，内面密被微硬毛，上唇宽三角形，长2.5毫米，具短尖头，下唇长3毫米，具2三角形齿；花冠蓝紫色，长2.5–3厘米，被短柔毛，冠筒长1.3–1.5厘米，喇叭形，内面下部疏被微柔毛，基部径约2.5毫米，喉部径达6毫米，上唇镰形，长0.9–1.1厘米，下唇中裂片倒心形，边缘波状，侧裂片卵形；花丝长约3毫米，药隔长0.6–1厘米，上臂长约为下臂2倍。小坚果黑褐色，椭圆形。花期 4–8 月。

产云南、四川西南部及贵州西部，生于海拔 1800–2900 米山坡草地、林缘、路边或疏林地。根药用，同丹参。

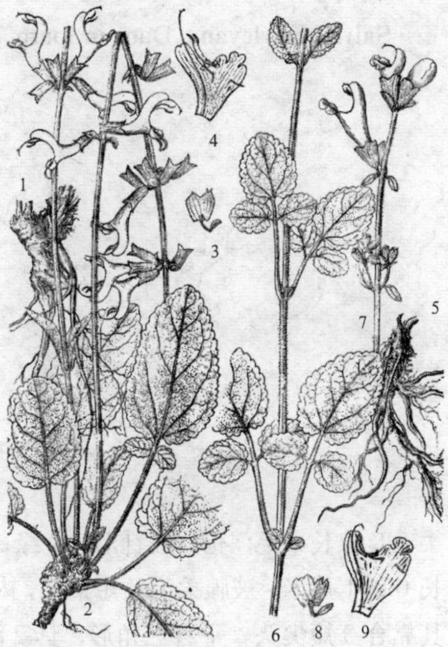

图 806:1–4. 云南鼠尾草 5–9. 三叶鼠尾草（引自《中国植物志》）

18. 丹参 图 807

Salvia miltiorrhiza Bunge in Mém. Acad. Sci. St. Pétersb. 2: 124. 1833.

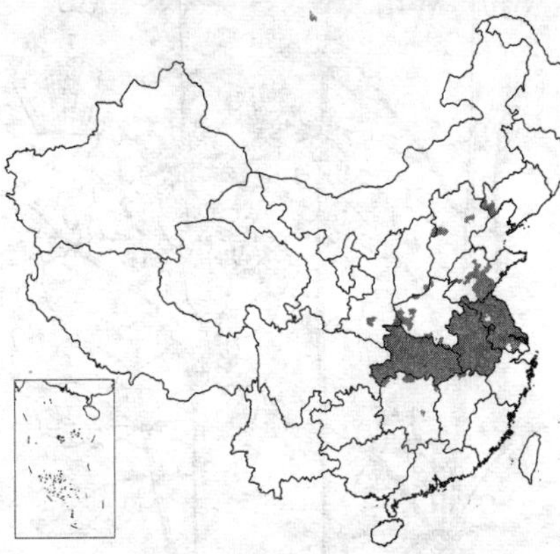

多年生草本，高达80厘米。茎多分枝，密被长柔毛。主根肉质，深红色。奇数羽状复叶，小叶3–5(–7)，卵形、椭圆状卵形或宽披针形，长1.5–8厘米，先端尖或渐尖，基部圆或偏斜，具圆齿，两面被柔毛，下面毛较密；叶柄长1.3–7.5厘米，密被倒向长柔毛，小叶柄长0.2–1.4厘米。轮伞花序具6至多花，组成长4.5–17厘米总状花序，密被长柔毛或腺长柔毛；苞片披针形。花梗长3–4毫米；花萼钟形，带紫色，长约1.1厘米，疏被长柔毛及腺长柔毛，具缘毛，内面中部密被白色长硬毛，上唇三角形，具3短尖头，下唇具2齿；花冠紫蓝色，长2–2.7厘米，被腺短柔毛，冠筒内具不完全柔毛环，基部径2毫米，喉

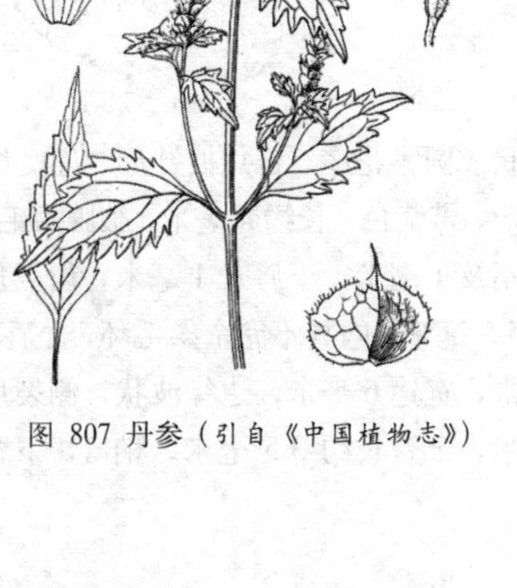

图 807 丹参（引自《中国植物志》）

部径达8毫米，上唇长1.2-1.5厘米，镰形，下唇中裂片宽达1厘米，先端2裂，裂片顶端具不整齐尖齿，侧裂片圆形；花丝长3.5-4毫米，药隔长1.7-2厘米；花柱伸出。小坚果椭圆形，长约3.2毫米。花期4-8月，果期9-10月。

产辽宁、河北、山西、陕西、河南、山东、江苏、浙江、安徽、江西、湖北及湖南，生于海拔120-1300米山坡、林下草丛中或溪边。日本有分布。根药用，主治妇科病、冠心病。

19. 南丹参 图 808

Salvia bowleyana Dunn in Journ. Linn. Soc. Bot. 38: 363. 1908.

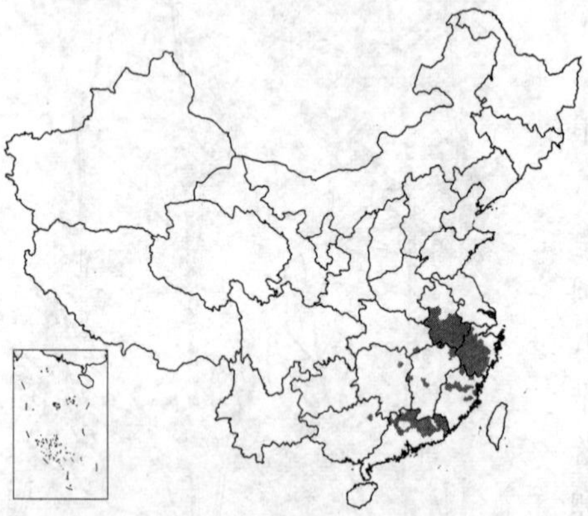

多年生草本，高达1米。茎粗壮。一回羽状复叶，长10-20厘米，叶柄长4-6厘米，被倒向长柔毛；小叶5(-7)，顶生小叶卵状披针形，长4-7.5厘米，先端渐尖或尾尖，基部圆或浅心形，具圆齿状锯齿或锯齿，两面无毛，仅脉稍被柔毛。轮伞花序具8至多花，组成长14-30厘米总状或总状圆锥花序，密被长柔毛及腺长柔毛；苞片披针形，全缘，具缘毛。花梗长约4毫米；花萼筒形，长0.8-1厘米，被腺柔毛及短柔毛，内面喉部被白色长刚毛，上唇宽三角形，具靠合3短尖头，下唇三角形，具2浅齿；花冠紫或蓝紫色，长1.9-2.4厘米，被微柔毛，冠筒长约1厘米，内具斜向毛环，喉部径达7毫米，上唇稍镰形，长0.8-1.2厘米，下唇长圆形，长1.1厘米，中裂片倒心形，侧裂片卵形；花丝长约4毫米，药隔长约1.9厘米，上臂长达1.5厘米，下臂长约4毫米。小坚果褐色，椭圆形，长约3毫米，顶端被毛。花期3-7月。

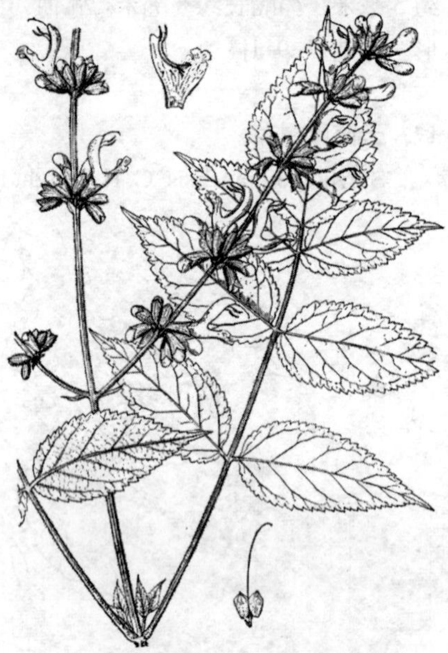

图 808 南丹参（引自《中国植物志》）

产浙江、福建、江西、湖北、湖南、广东及广西，生于海拔960米以下山地、路边、林下或水边。根药用，同丹参。

20. 红根草 图 809: 1-4

Salvia prionitis Hance in Journ. Bot. 8: 74. 1870.

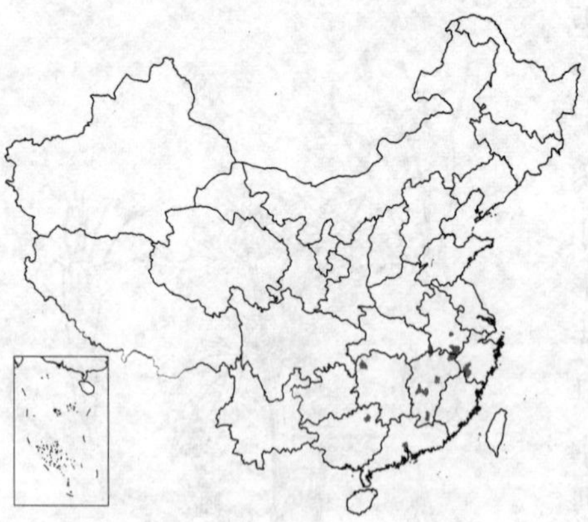

一年生草本，高达43厘米。茎密被白色长硬毛。叶多基生，单叶长圆形或卵状披针形，长2.5-7.5厘米，先端钝或圆，基部圆或心形，具粗圆齿，上面被长硬毛，下面无毛，仅沿脉被长硬毛；3小叶复叶顶生小叶卵状椭圆形，长达9厘米，侧生小叶卵形；叶柄长1.5-6厘米。轮伞花序具6-14花，疏散，组成总状或圆锥花序；苞片披针形。花梗长1-2毫米，下弯，密被短柔毛；花萼钟形，带紫色，长约4毫米，被腺柔毛，内面喉部具长硬毛环，上唇三角形，长不及1毫米，下唇长1毫米，齿三角形；花冠紫色，稍被微柔毛，冠筒长约5.5毫米，内具不完全柔毛环，上唇长圆形，长4.5毫米，下唇中裂片长2毫米，宽达6毫米，边缘波状，侧裂片卵形；花丝长约3毫米，药隔长约5毫米，上臂长约3.5毫米，稍弯，下臂短，顶端联合；花柱伸出，长约1.3厘

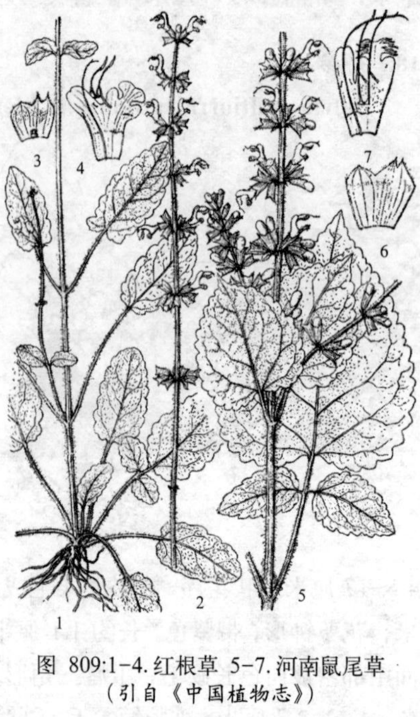

图 809:1-4. 红根草 5-7. 河南鼠尾草（引自《中国植物志》）

米。小坚果淡褐色，椭圆形，长 1.3 毫米。花期 6-8 月。

产浙江、安徽、江西、湖北、湖南、广东及广西，生于海拔 100-900 米山坡、旷地、草丛中及路边。全草治腹泻、腹痛、感冒。

21. 贵州鼠尾草 图 810

Salvia cavaleriei Lévl. in Fedde, Repert. Sp. Nov. 8: 422. 1910.

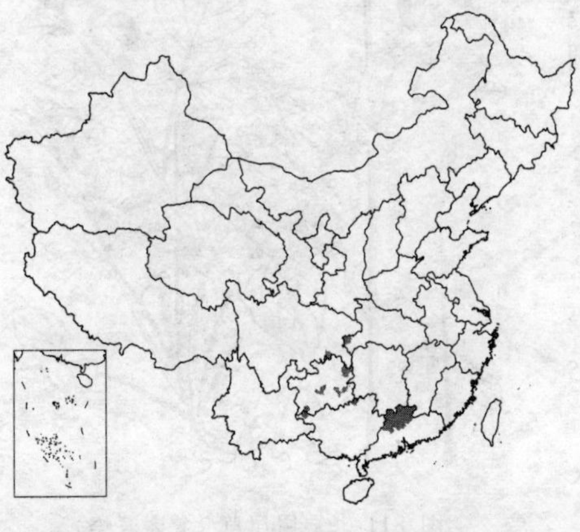

一年生草本，高达 32 厘米。茎细长，带紫色，下部无毛，上部稍被微柔毛。茎下部具羽状复叶，上部具单叶，或 3 深裂至 3 小叶复叶；顶生小叶长卵形或披针形，长 2.5-7.5 厘米，先端钝或圆，基部楔形或圆，疏生钝齿，上面被微柔毛或无毛，下面带紫色，无毛，侧生小叶 1-3 对，全缘或具钝齿；叶柄长 3-7 厘米，无毛。轮伞花序具 2-6 花，疏散，组成总状或圆锥花序，稍被微柔毛；苞片带紫色，披针形，近无毛。花梗长约 2 毫米；花萼筒形，长约 4.5 毫米，无毛，内面上部被细糙伏毛，上唇全缘，先端尖，下唇具三角形尖齿；花冠蓝紫或紫色，长约 8 毫米，被微柔毛，冠筒长约 5.5 毫米，内具柔毛环，喉部径约 2 毫米，上唇长圆形，下唇中裂片倒心形，侧裂片卵形；花丝长约 2 毫米，药隔长约 4.5 毫米，上臂长约 3 毫米，下臂长约 0.5 毫米。小坚果黑色，长椭圆形，长约 0.8 毫米。花期 7-9 月。

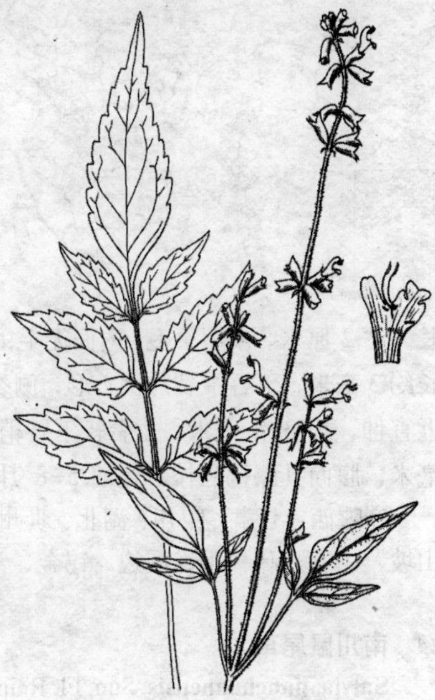

图 810 贵州鼠尾草（郭木森绘）

产四川、湖北、广西及广东，生于海拔 530-1300 米石山上。

22. 河南鼠尾草 图 809:5-7

Salvia honania L. H. Bailey in Gentes Herb. 1: 43. 1920.

一年生或二年生草本，高达 50 厘米。茎密被腺长柔毛。单叶卵形，长 5-7 厘米，先端渐尖或钝，基部心形，具粗锯齿或圆齿状锯齿，两面被长柔毛或柔毛，具缘毛，复叶顶生小叶长 5-10.5 厘米；叶柄长 3-11 厘米，基部鞘状，小叶叶柄长 1-4.3 厘米，密被腺长柔毛。轮伞花序具 5-9 花，疏散，组成总状或圆锥花序，密被腺长柔毛；苞片披针形或匙形，边缘被长柔毛及腺毛。花梗长 2-6 毫米；花萼筒形，长 7-8 毫米，沿脉被腺长柔毛，喉部内面具白色长柔毛环，上唇三角形，近全缘，具缘毛，下唇齿三角形；花冠伸出，中部以上被短柔毛，冠筒长 6-7 毫米，内面具毛环，上唇长圆形，下唇中裂片两边流苏状，侧裂片卵形；雄蕊伸出，花丝长约 1 厘米，药隔线形，长约 1.4 厘米，上臂长约 1 厘米，下臂短而扁，药室不育。小坚果长圆状椭圆形。花期 5 月。

产河南南部及湖北，生于平原水田中或湿地。

23. 长冠鼠尾草 图 811

Salvia plectranthoides Griff. Notul. Pl. As. 4: 199. 1854.

一年生或二年生草本。茎被柔毛。复叶具 3-5-7 小叶或二回羽状复叶；叶柄较叶片长或稍短，被开展长柔毛或脱落无毛；小叶卵形或披针形，长 0.5-5 厘米，先端渐尖或圆，基部宽楔形或圆，具圆齿或圆齿状牙齿，下面带紫色，两面无毛，或上面稍被柔毛，下

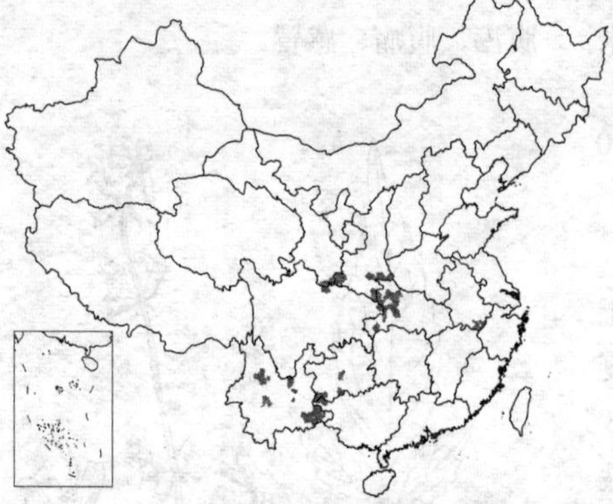

面被腺点，沿脉被柔毛。轮伞花序具（2-）5-7 花，疏散，组成总状或圆锥花序，密被腺柔毛；苞片披针形。花梗长 1-2 毫米；花萼钟状筒形，长 5-8毫米，疏被淡黄色腺点，脉被腺短柔毛，内面上部被微硬毛，上唇半圆形，长 1.5 毫米，具 3 靠合小齿，下唇长约 1.5 毫米，具 2 深齿；花冠红、淡紫或紫蓝色，稀白色，长 1.1-2 厘米，被短柔毛，内面无毛；冠筒管形，较萼长 2-3 倍，上唇直伸，长约 3 毫米，下唇中裂片倒心形，侧裂片近半圆形；花丝长 2-3 毫米，药隔近直伸，长 3-4 毫米，上臂较下臂稍长。小坚果淡褐色，长圆形，长约 2.5 毫米，腹面具深褐色棱。花期 5-8 月。

产陕西、甘肃、四川、湖北、贵州、云南及广西，生于海拔 800-2500 米山坡、山谷、疏林下、溪边。锡金、不丹有分布。全草治感冒及腹痛。

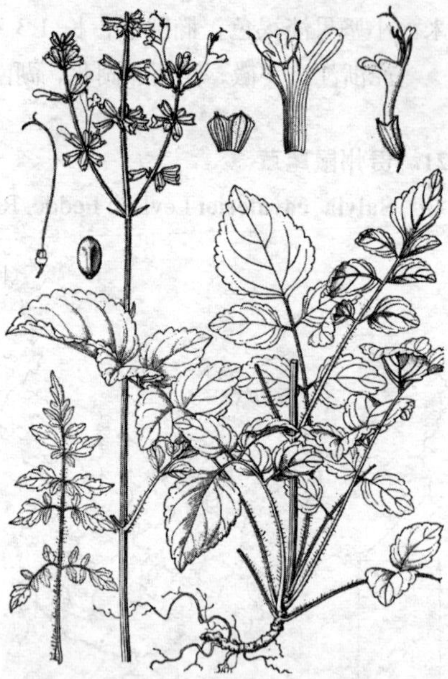

图 811 长冠鼠尾草（曾孝濂绘）

24. 南川鼠尾草 图 813:6-10

Salvia nanchuanensis Sun, Fl. Reipubl. Popularis Sin. 66: 582. pl. 36. f. 6-10 et pl. 37. f. 1-7. 1977.

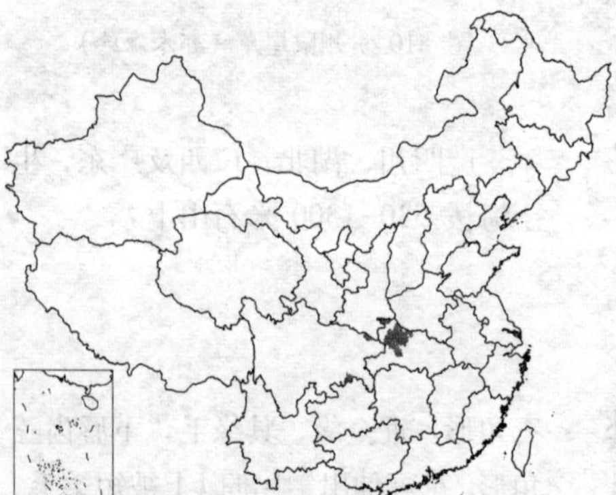

一年生或二年生草本，高达 65 厘米。茎密被平展白色长绵毛。叶茎生，一回羽状复叶，叶柄长 1.5-5.5 厘米；小叶卵形或披针形，长 2-6.5 厘米，先端钝或渐尖，基部偏斜、圆或心形，具圆齿或锯齿，上面无毛，下面绿紫色，脉被长柔毛；小叶柄长 2-7 毫米。轮伞花序具 2-6 花，组成长 6-15 厘米总状花序或长达 25 厘米圆锥花序，被腺柔毛；苞片披针形，具缘毛。花梗长约 3 毫米；花萼深紫色，萼筒长 5-7 毫米，脉被白色腺柔毛，喉部内面被白色长硬毛，上唇三角形，长约 1 毫米，下唇长 2 毫米，齿窄三角形；花冠紫红色，长 0.9-3 厘米，被柔毛，冠筒长达 2.5 厘米，直伸，基部径 2 毫米，喉部稍宽大，上唇长圆形，下唇长约 5 毫米，中裂片宽倒卵形，侧裂片半圆形；花丝长约 2 毫米，药隔长约 3.5 毫米，上臂较下臂稍长。小坚果褐色，椭圆形，长约 2 毫米。花期 7-8 月。

产四川南部及湖北西部，生于海拔 1700-1800 米河边石缝中。

图 812 大叶鼠尾草（引自《中国植物志》）

25. 大叶鼠尾草 图 812

Salvia grandifolia W. W. Smith in Notes Roy. Bot. Gard. Edinb. 9: 123. 1916.

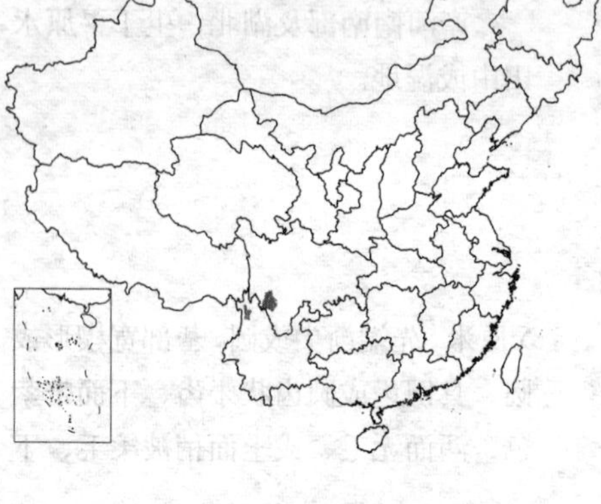

多年生草本，高约 1.5 米。茎粗壮，多分枝，密被腺糙硬毛。叶倒卵形，长达 35 厘米，先端圆，基部近圆或宽楔形，具波状小圆裂片；叶柄长 7 厘米至近无柄，密被锈色绒毛状长柔毛。轮伞花序具 2 花，疏散，组成多分枝圆锥花序，密被腺柔毛；苞片卵形。花梗长 1-5 毫米；花萼钟形，长 1.3-1.7 厘米，被腺短柔毛及稀疏红褐色腺点，内面上部被柔毛，萼筒长 0.8-1 厘米，上唇具 3 齿，中齿较小，下唇具 2 三角形齿；花冠紫红色，基部带黄色，长 2.4-3 厘米，上部密被腺柔毛，冠筒直，稍伸出，内无毛环，上唇长圆形，稍盔状，下唇中裂片倒心形，长 4 毫米，侧裂片卵形，宽约 3 毫米；花丝长约 4 毫米，药隔近直伸，长约 1 厘米，下臂较上臂短。小坚果褐色，卵球形，长约 4 毫米。花、果期 10 月。

产云南西北部及四川西南部，生于海拔 2000-3000 米江边峡谷。

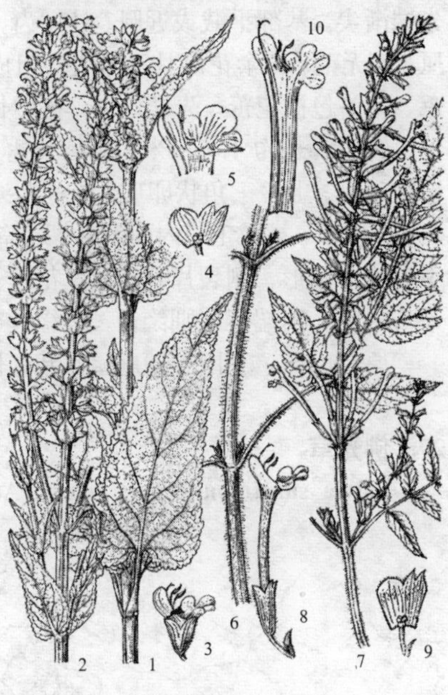

图 813:1-5. 新疆鼠尾草 6-10. 南川鼠尾草（引自《中国植物志》）

26. 新疆鼠尾草 图 813: 1-5

Salvia deserta Schang in Bot. Gart. Dorpat. Suppl. 2, 6. 1824.

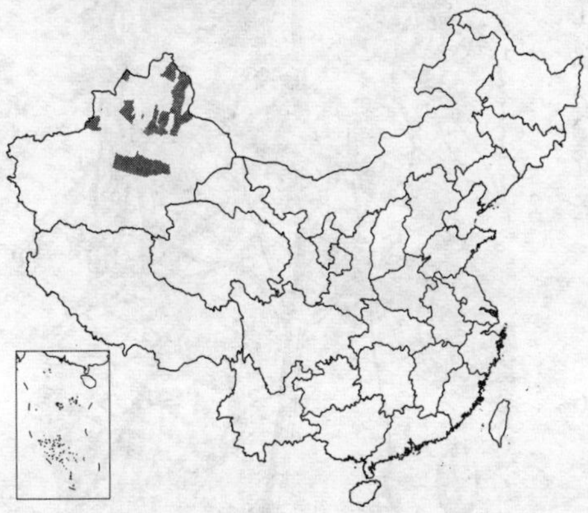

多年生草本，高达 70 厘米。茎被柔毛及微柔毛。叶卵形或披针状卵形，长 4-9 厘米，先端尖或渐尖，基部心形，具不整齐圆锯齿，上面泡状，粗糙，被微柔毛，下面被短柔毛；叶柄长达 4 厘米。轮伞花序具 4-6 花，组成总状或圆锥花序，密被微柔毛；苞片宽卵形，紫红色。花梗长约 1.5 毫米；花萼卵状钟形，长 5-6 毫米，疏被黄褐色腺点，沿脉被细柔毛，内面上部密被微硬毛，上唇半圆形，具 3 小齿，下唇具 2 窄三角形齿；花冠蓝紫或紫色，长 0.9-1 厘米，被细柔毛及黄褐色腺点，冠筒长约 4 毫米，基径 2 毫米，喉部径 3 毫米，上唇椭圆形，下唇近圆形，中裂片宽倒心形，先端微缺，边缘波状，侧裂片椭圆形；花丝长约 2 毫米，药隔长约 6.5 毫米，上臂长约 4.5 毫米，下臂长约 2 毫米。小坚果黑色，倒卵球形，长约 1.5 毫米。花、果期 6-10 月。

产新疆，生于海拔 270-1850 米荒地、沟边、沙滩、草地及林下。哈萨克斯坦、俄罗斯有分布。

图 814 荔枝草（引自《图鉴》）

27. 荔枝草 图 814

Salvia plebeia R. Br. Prodr. Fl. Nov. Holl. 501. 1810.

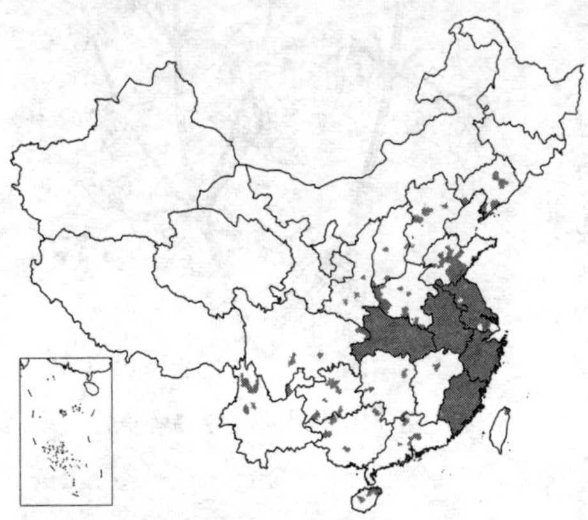

一年生或二年生草本，高达 90 厘米。茎粗壮，多分枝，被倒向灰白柔毛。叶椭圆状卵形或椭圆状披针形，长 2-6 厘米，先端钝或尖，基部圆或楔形，具圆齿、牙齿或锯齿，上面疏被细糙硬毛，下面被细柔毛及稀疏黄褐色腺点；叶柄长 0.4-1.5 厘米，密被柔毛。轮伞花序具 6 花，多数，组成长 10-25 厘米总状或圆锥花序，密被柔毛；苞片披针形。花梗长约 1 毫米；花萼钟形，长约 2.7 毫米，被柔毛及稀疏黄褐色腺点，上唇具 3 个细尖齿，下唇具 2 三角形齿；花冠淡红、淡紫、紫、紫蓝或蓝色，稀白色，长约 4.5 毫米，冠檐被微柔毛，冠筒无毛，内具毛环，上唇长圆形，下唇中裂片宽倒心形，侧裂片近半圆形；雄蕊稍伸出，花丝长约 1.5 毫米，药隔长约 1.5 毫米，弧曲，上臂及下臂等长。小坚果倒卵球形，径 0.4 毫米。花期 4-5 月，果期 6-7 月。

产辽宁、河北、河南、陕西、山东、江苏、安徽、浙江、福建、台湾、江西、湖北、湖南、广东、海南、广西、云南、贵州及四川，生于海拔 2800 米以下山坡、路边、沟边、田野湿地。朝鲜、日本、阿富汗、印度、缅甸、泰国、越南、马来西亚及澳大利亚有分布。全草治跌打损伤、肿毒、流感、咽喉肿痛。

28. 一串红 图 815 彩片179

Salvia splendens Ker Gawler in Bot. Reg. 8: t. 687. 1822.

草本或亚灌木状，高达 90 厘米。叶卵形或三角状卵形，长 2.5–7 厘米，先端渐尖，基部平截或近圆，具锯齿，两面无毛，下面被腺点；叶柄长 3–4.5 厘米，无毛。轮伞花序具 2–6 花，组成长达 20 厘米总状花序；苞片卵形，红色，花前包被花蕾，先端尾尖。花梗长 4–7 毫米，密被红色腺柔毛；花萼红色，钟形，长约 1.6 厘米，花后长达 2 厘米，沿脉被红色腺柔毛，内面上部被微硬毛，上唇三角状卵形，具短尖头，下唇具 2 三角形齿；花冠鲜红色，长 4–4.2 厘米，被柔毛，内面无毛，冠筒直伸，喉部稍膨大，上唇长圆形，下唇中裂片半圆形，侧裂片长卵形；花丝长约 5 毫米，药隔长约 1.3 厘米。小坚果暗褐色，顶端不规则绉褶，边缘具窄翅。花期 3–10 月。

原产巴西。我国各地庭园盆栽，供观赏。

图 815 一串红（曾孝濂绘）

29. 佛光草 图 816

Salvia substolonifera E. Peter in Acta Horti Gothob. 9: 138. 1934.

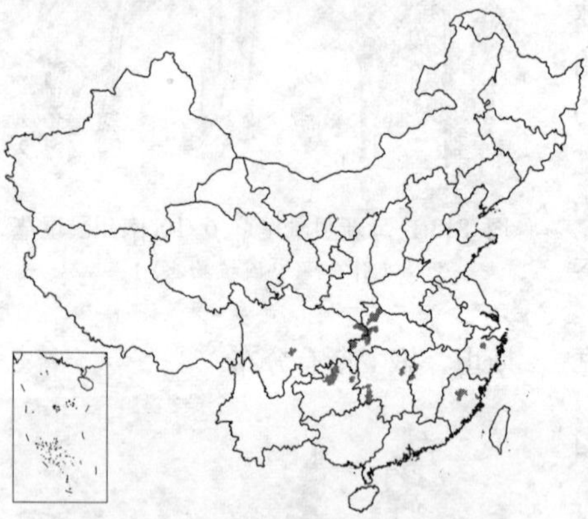

一年生草本，高达 40 厘米。茎上升或匍匐，被短柔毛或微柔毛。基生叶多为单叶，茎生叶 3 裂或为三小叶复叶；单叶或小叶卵形，长 1–3 厘米，先端圆，基部平截或圆，具圆齿，两面近无毛或仅沿脉被细长硬毛；叶柄长 0.6–6 厘米，小叶柄长不及 4 毫米，被微柔毛。轮伞花序具 2–8 花，下部疏散，上部密集，组成长 7–15 厘米总状或圆锥花序，密被微硬毛及腺柔毛；苞片长卵形。花梗长约 2 毫米；花萼钟形，长 3–4 毫米，被微柔毛及腺点，内面近无毛，上唇梯形，平截，全缘或具 2 小齿，下唇具 2 卵状三角形齿；花冠淡红或淡紫色，长 5–7 毫米，疏被微柔毛，冠筒内具毛环或无，稍伸出，长 3–4 毫米，基部径约 1 毫米，喉部径约 2 毫米，上唇近圆形或倒卵形，下唇中裂片近倒心形，侧裂片圆形；花丝长 1 毫米，药隔长不及 1 毫米，弧曲，上下臂等长。小坚果淡褐色，卵球形，长 1.5 毫米，腹面具棱。花期 3–5 月。

产浙江、福建、湖南、湖北、贵州及四川，生于海拔 950 米以下林内、沟边、石隙、湿地。全草治劳伤、咳嗽及蛇头疔。

图 816 佛光草（李锡畴绘）

[附] **舌瓣鼠尾草** 图 820: 4–6 **Salvia liguliloba** Sun in Contr. Biol. Lab. Sci. Soc. Chin. Sect. Bot. 10(1): 29. t. 5. 1935. 本种与佛光草的区别：花冠下唇中裂片舌状，冠筒内具毛环；轮伞花序偏向一侧。花期 6 月。产浙江及安徽，生于海拔 800 米山坡、林缘及路边。

30. 地梗鼠尾草 图 817:1–3

Salvia scapiformis Hance in Journ. Bot. 23: 368. 1885.

一年生草本，高达 26 厘米。茎细长，疏被平伏微柔毛或近无毛。叶多基生或近基生，稀茎生，多单叶，稀具 2–3 小叶复叶；叶心状卵形，长 2–4.3 厘米，先端钝或尖，基部心形，具浅波状圆齿，上面无毛，下面带紫色，无毛，仅脉被短柔毛；叶柄长 2.5–9 厘米，无毛或稍被微柔毛。轮伞花序具 6–10 花，疏散，组成长 10–20 厘米总状或圆锥花序，被短柔毛；苞片卵

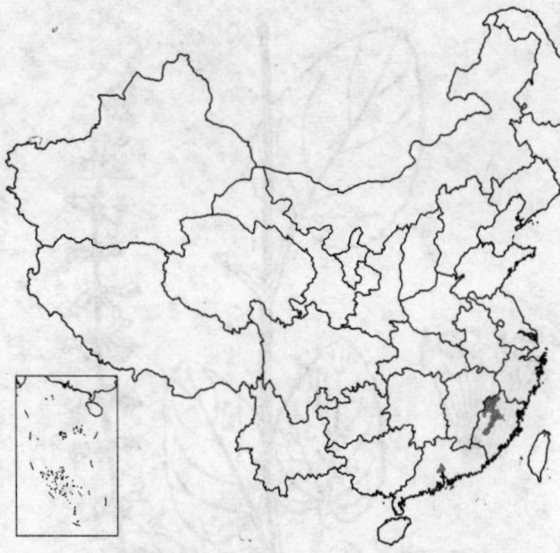

状披针形。花梗长约 1.5 毫米；花萼绿色，萼筒长约 4.5 毫米，常带红色，近无毛，疏被淡黄色腺点，内面上部被微伏毛，上唇半圆状三角形，具短尖头，下唇具 2 三角形齿；花冠紫或白色，长约 7 毫米，被短柔毛，冠筒内具柔毛环，稍伸出，径约 0.8 毫米，喉部稍宽，上唇直伸，下唇中裂片宽倒心形，侧裂片卵形；雄蕊伸出，花丝长约 1 毫米，药隔长 2.4 毫米，上臂长约 1.5 毫米，下臂长约 0.9 毫米。小坚果褐色，长卵球形，长约 1.5 毫米。花期 4–5 月。

产福建、台湾及广东，生于山谷、林下、山顶。菲律宾有分布。全草治肺病。

图 817: 1–3. 地梗鼠尾草 4–6. 羽叶阿里山鼠尾草 7–9. 附片鼠尾草
（引自《中国植物志》）

31. 鼠尾草 图 818

Salvia japonica Thunb. Syst. Veg. ed. 14, 72. 1784.

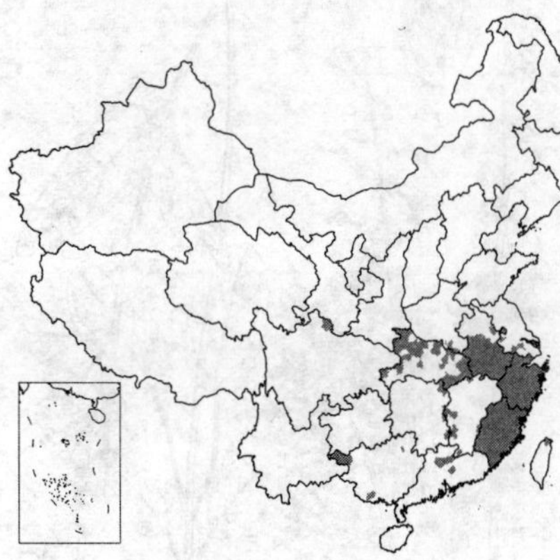

一年生草本，高达 60 厘米。茎沿棱疏被长柔毛或近无毛。上部茎叶一回羽状复叶，具短柄，顶生小叶披针形或菱形，长达 10 厘米，先端渐尖或尾尖，基部窄楔形，具钝锯齿，两面被柔毛或无毛；侧生小叶近无柄，卵状披针形，长 1.5–5 厘米，先端尖或短渐尖，基部偏斜近圆形。轮伞花序具2–6花，组成总状或圆锥花序，序轴密被腺柔毛或柔毛；苞片及小苞片披针形，全缘，无毛。花萼筒形，长4–6毫米，疏被腺柔毛，喉部内具白色长硬毛环，上唇三角形或近半圆形，长约2毫米，先端具3短尖头，下唇具2长三角形齿；花冠淡红、淡紫、淡蓝或白色，长约1.2厘米，密被长柔毛，冠筒内具斜向柔毛环，长约9毫米，伸出，基部径约2毫米，喉部径达3.5毫米，上唇椭圆形或卵形，下唇中裂片倒心形，具小圆齿，侧裂片卵形；雄蕊伸出，花丝长约1毫米，药隔长约6毫米。小坚果褐色，椭圆形，长约1.7 厘米。花期 6–9 月。

产江苏、安徽南部、浙江、福建、台湾、江西、湖北、湖南、广东、广西及河南，生于海拔220–1100米山坡、路边、草丛、水边及林荫下。日本有分布。

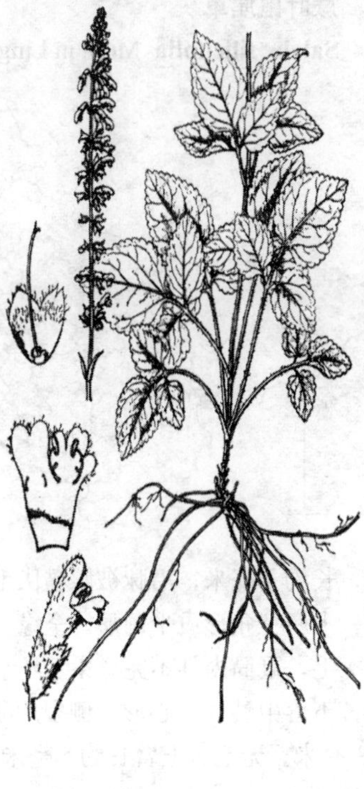

图 818 鼠尾草（引自《江苏植物志》）

32. 华鼠尾草 图 819

Salvia chinensis Benth. Labiat. Gen. Spec. 725. 1835.

一年生草本，高达 60 厘米。茎直立或基部平卧，被短柔毛或长柔毛。单叶卵形或卵状椭圆形，长 1.3–7 厘米，先端钝或尖，基部心形或圆，圆齿或钝锯齿，两面近无毛，仅叶脉被短柔毛；茎下部具 3 小叶复叶，顶生小叶长 2.5–7.5 厘米，小叶柄长 0.5–1.7 厘米。轮伞花序具 6 花，下部疏散，上部密集，组成长 5–24 厘米总状或圆锥花

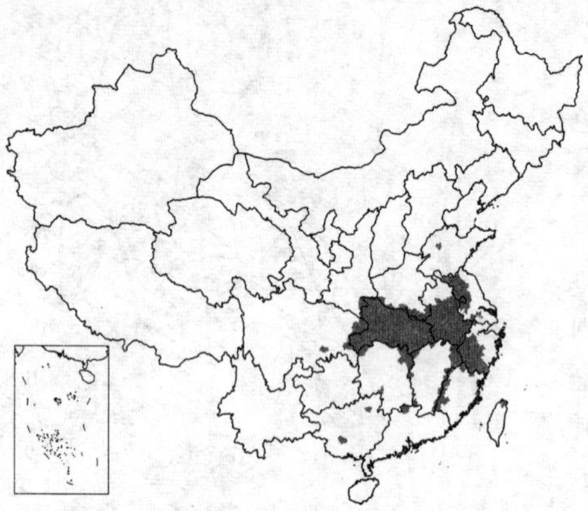

序，被短柔毛；苞片披针形。花梗长 1.5-2 毫米；花萼钟形，长 4.5-6 毫米，紫色，沿脉被长柔毛，喉部内面具长硬毛环，萼筒长 4-4.5 毫米，上唇近半圆形，具 3 短尖头，下唇具 2 三角形齿；花冠蓝紫或紫色，长约 1 厘米，伸出，被短柔毛，冠筒内具斜向柔毛环，长约 6.5 毫米，基部径不及 1 毫米，喉部径达 3 毫米，上唇长圆形，下唇中裂片倒心形，具小圆齿，先端微缺，侧裂片半圆形；雄蕊稍伸出，花丝长约 1.8 毫米，药隔长约 4.5 毫米，上臂长约 3.5 毫米。小坚果褐色，椭圆状卵球形，长约 1.5 毫米。花期 8-10 月。

产河南、山东、江苏南部、安徽南部、浙江、福建、台湾、江西、湖北、四川、湖南、广东北部及广西东北部，生于海拔 120-500 米山坡、林下或草丛中。全草治风湿及疥疮，可调经活血。

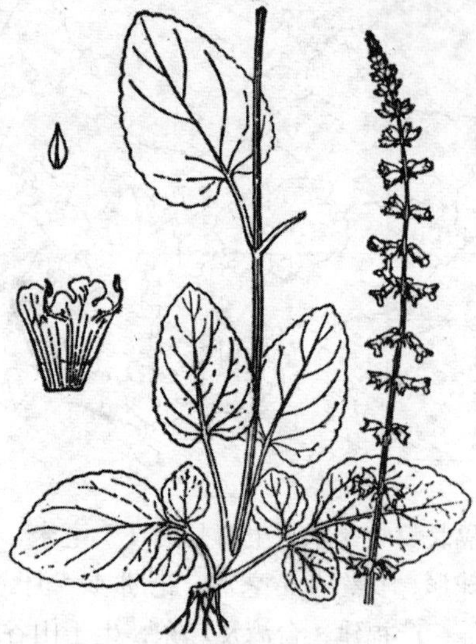

图 819 华鼠尾草（引自《图鉴》）

33. 蕨叶鼠尾草 图 820:1-3

Salvia filicifolia Merr. in Lingnan Sci. Journ. 13: 47. 1934.

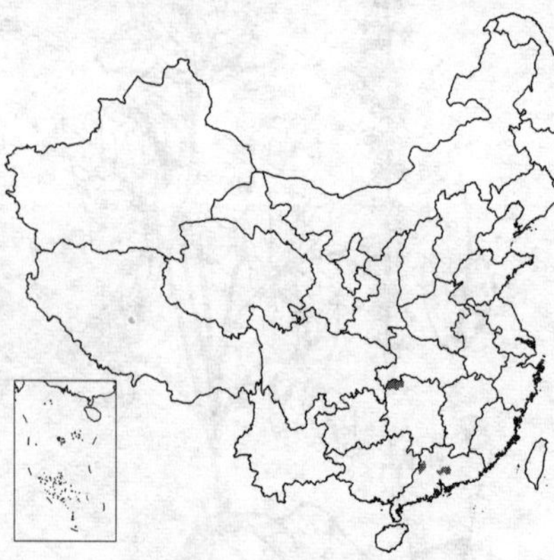

多年生草本。茎直立或稍上升。3-4 回羽状复叶，叶柄长 7-10 厘米；叶宽卵形，长约7厘米，裂片多，窄椭圆形、线状披针形或倒披针形，全缘或具小裂片，长 0.8-1.5 厘米，宽 2-4 毫米，两面无毛。轮伞花序具 6-10 花，组成长 10-23 厘米具梗总状花序，序轴被灰色微柔毛及腺柔毛；苞片线状披针形。花梗长 1.5-2 毫米，被微柔毛；花萼筒形，长约 7 毫米，沿脉被腺糙伏毛，萼筒长约 4 毫米，喉部内具稀疏长柔毛环，上唇三角形或半圆形，全缘，下唇具 2 三角形齿，刺尖；花冠黄色，密被柔毛，冠筒内具不完全柔毛环，长约 8 毫米，基部径 1.5 毫米，上唇长圆形，下唇中裂片倒心形，侧裂片卵形；雄蕊伸出，花丝长约 2 毫米，药隔长 6.8 毫米，无毛，上臂长约 5 毫米，下臂长 1.8 毫米。小坚果褐色，椭圆形，长约 1.5 毫米。花期 5-9 月。

图 820:1-3. 蕨叶鼠尾草 4-6. 舌瓣鼠尾草（引自《中国植物志》）

产广东及湖南，生于石缝中或砂地。

34. 附片鼠尾草 图 817:7-9

Salvia appendiculata E. Peter in Acta Horti Gothob. 10: 65. 1935.

多年生草本，高达 55 厘米。茎被短柔毛或近无毛。叶基生，卵形或椭圆形，长 3-9.5 厘米，先端尖或圆，基部心形，具粗圆齿，上面疏被糙伏毛，下面带紫色，被腺点，脉被细柔毛；叶柄较叶长，稀较短。轮伞花序具 4-6 花，疏散，组成长 8.5-16 厘米总状或圆锥花序，密被柔毛；苞片披针形，带紫色。花梗长 1-2 毫米；花萼紫红色，长5-7毫米，疏被短柔毛及腺点，上部内面被微硬毛，萼筒长 4-6 毫米，上唇宽三角形或近平截，全缘或具不明显 3 小齿，下唇具 2 三角形齿；花冠紫或

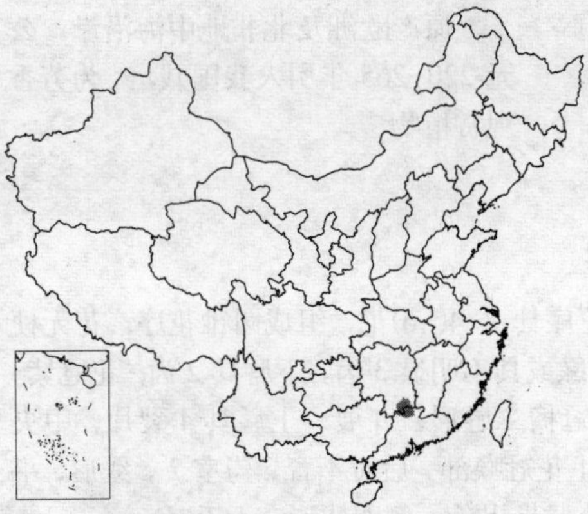

深红色，长 0.8-1 厘米，被柔毛，冠筒内面具柔毛环，内藏或稍伸出，喉部径约 2.5 毫米，上唇长圆形，稍镰形，下唇中裂片 2 浅裂，裂片近圆形，具小圆齿，侧裂片圆形；花丝长约 1 毫米，药隔稍弯，长约 6 毫米，二下臂与花丝联接处具薄膜质钻形附属物。小坚果褐色，长圆形，长约 2 毫米。花期 5 月。

产湖南南部、广东北部，生于溪边、旷地、林内或灌丛中。

35. 羽叶阿里山鼠尾草 图 817:4-6

Salvia hayatae Makino ex Hayata var. **pinnata** (Hayata) C. Y. Wu, Fl. Reipubl. Popularis Sin. 66: 192. pl. 44, f. 4-6. 1977.

Salvia scapiformis Hance var. *pinnata* Hayata in Journ. Coll. Sci. Univ. Tokyo 22: 312. t. 17. 1906.

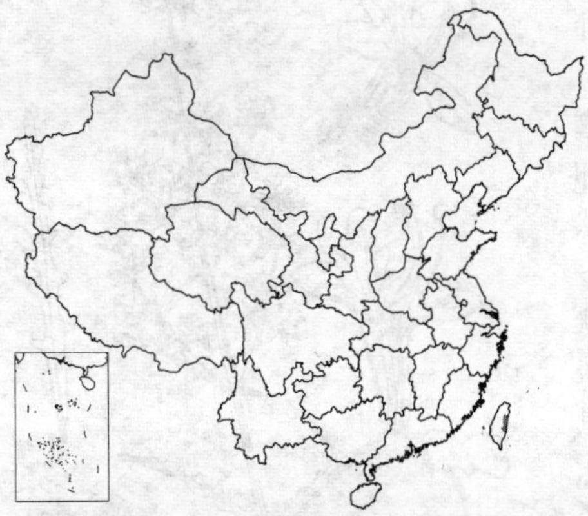

一年生草本，高达 45 厘米。茎被倒向微柔毛。一回羽状复叶基生，叶柄长 1-2.5 厘米，被倒向微柔毛；顶生小叶长 0.8-2.5 厘米，基部斜平截或浅心形，具不整齐小裂片及粗圆齿，上面被细糙伏毛，下面无毛，沿脉被短柔毛 侧生小叶近圆形，近无柄。轮伞花序具 2-5 花，组成长达 14 厘米总状或圆锥花序，密被腺柔毛及短柔毛；苞片披针形。花梗长 2-3 毫米，密被短柔毛；花萼筒形，长约 5 毫米，脉被微柔毛或近无毛，萼筒长约 3.5 毫米；上唇近宽三角形，具短尖头，下唇具 2 长三角形齿；花冠长约 6.5 毫米，稍伸出，稍被短柔毛，冠筒长约 4.5 毫米，内具柔毛环，基部径 1 毫米，喉部径达 1.5 毫米，上唇 2 圆裂，下唇中裂片 2 浅裂，裂片卵形，侧裂片卵形；雄蕊稍伸出，花丝长约 1.5 毫米，药隔长约 3 毫米，下臂长约为上臂 1/2；花柱内藏。小坚果淡褐色，长圆形，长约 1.5 毫米。花、果期 4-5 月。

产台湾，生于山麓。阿里山鼠尾草（模式变种）var. **hayatae** 具二回羽状复叶，亦产台湾。

58. 迷迭香属 Rosmarinus Linn.

常绿灌木。叶线形，全缘，边缘外卷。苞叶与茎叶同形，苞片具柄。花少数，近无梗，在短枝顶端集成总状花序。花萼卵状钟形，喉部内面无毛，11 脉，二唇形，上唇全缘或具 3 小齿，下唇 2 齿；花冠蓝紫、淡蓝或带白色，二唇形，冠筒伸出，内面无毛，喉部膨大，上唇直伸，先端微缺或 2 浅裂，下唇宽大，开展，3 裂，中裂片内凹，下倾，边缘具齿，侧裂片长圆形；前对雄蕊能育，靠上唇上升，花丝与药隔连接，中部以下具 1 下弯小齿，药室 2，平行，1 室发育，线形，背着药隔顶端，后对退化雄蕊缺如；花柱长于雄蕊，柱头不等 2 浅裂，裂片钻形，后裂片短；花盘平顶，具浅裂片。小坚果卵球形，平滑，具 1 油质体。

约 3(-5) 种，产非洲、亚洲西南部及欧洲。我国引入栽培 1 种。

迷迭香 图 821

Rosmarinus officinalis Linn. Sp. Pl. 1: 23. 1753.

树高达 2 米；树皮暗灰色，不规则纵裂，块状剥落。幼枝密被白色星状微绒毛。叶簇生，线形，长 1-2.5 厘米，宽 1-2 毫米，先端钝，基部渐窄，上面近无毛，下面密被白色星状绒毛；无柄或具短柄。花萼长约 4 毫米，密

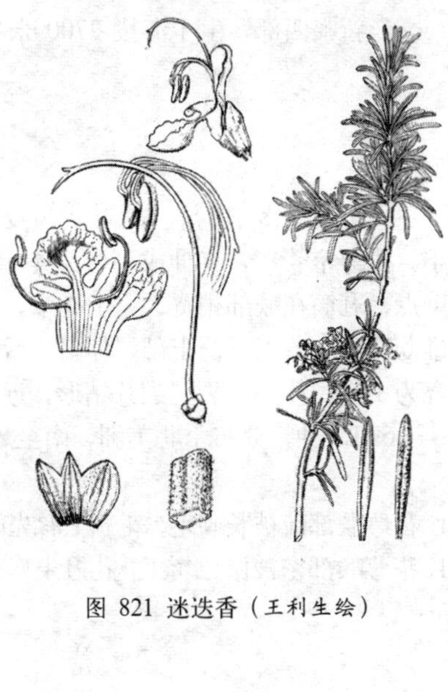

图 821 迷迭香（王利生绘）

被白色星状绒毛及腺点，内面无毛，上唇近圆形，下唇齿卵状三角形；花冠蓝紫色，长不及1厘米，疏被短柔毛，冠筒稍伸出，上唇2浅裂，裂片卵形，下唇中裂片基部缢缩，侧裂片长圆形。花期 11 月。

原产欧洲及北非地中海沿岸。公元 220-265 年引入我国栽培，为芳香观赏植物。

59. 分药花属 Perovskia Kar.

亚灌木，无毛或被单毛及星状毛，被黄色腺点。叶全缘或羽裂。轮伞花序具 2-4(-6)花，组成圆锥花序。花无梗或具短梗；花萼管状钟形，8(10)脉，密被单毛或星状毛，二唇形，上唇近全缘或具不明显 3 齿，下唇具 2 齿；花冠紫、淡红、淡黄，稀白色，较花萼长 2 倍，冠筒漏斗形，无或具不完全毛环，冠檐二唇形，开展，上唇具 4 裂片，中央 2 裂片较侧裂片小，下唇椭圆状卵形，全缘；雄蕊 4，前对能育，伸出，着生花冠喉部，后对不育，药室 2，线形，平行，药隔小；花柱伸出，柱头 2 裂，裂片宽扁；花盘环形或前方呈指状。小坚果褐色，倒卵球形，无毛。

约 7 种，产伊朗北部、巴基斯坦、阿富汗、印度西部、土库曼斯坦、塔吉克斯坦、我国西藏及新疆。我国 2 种。

滨藜叶分药花 图 822

Perovskia atriplicifolia Benth. in DC. Prodr. 12: 261. 1848.

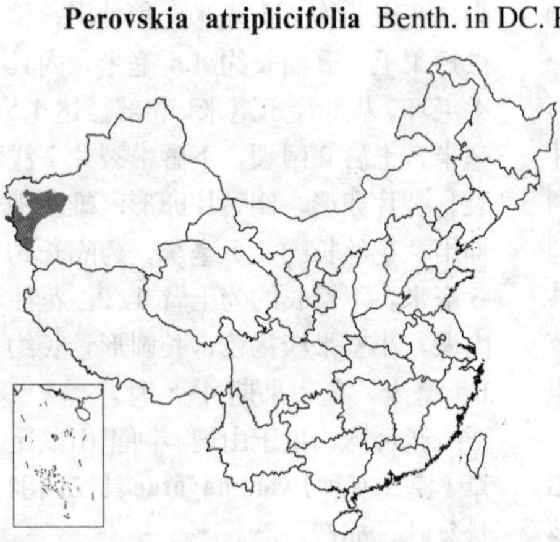

茎高约 50 厘米，基部分枝，密被星状毛及稀疏黄色腺点。叶线状披针形，长 4-5(-6) 厘米，宽 4-9 毫米，先端钝，基部楔形，羽状深裂，裂片长圆形或卵形，长 2-4 毫米，两面疏被星状毛及较密黄色腺点；叶柄长 4-6 毫米。轮伞花序组成疏散总状或圆锥花序；苞叶线形，苞片淡紫色，卵形或椭圆形，膜质，具白色缘毛。花梗长 1-1.5 毫米，密被短柔毛；花萼长 5-6 毫米，淡紫色，下部密被白或淡紫色长硬毛及黄色腺点，上部疏被短柔毛或近无毛，萼筒长 4-5 毫米，径 1.5-2 毫米，上唇长 1 毫米，具不明显 3 齿，下唇具 2 齿；花冠蓝色，长约 1 厘米，无毛，疏被腺点，冠筒长 5-6 毫米，上唇长 3-3.5 毫米，具暗紫色条纹，裂片椭圆形或卵形，中裂片长 1.5 毫米，侧裂片长 1 毫米，下唇长圆状椭圆形，长 3 毫米。小坚果长 2 毫米，顶端钝。

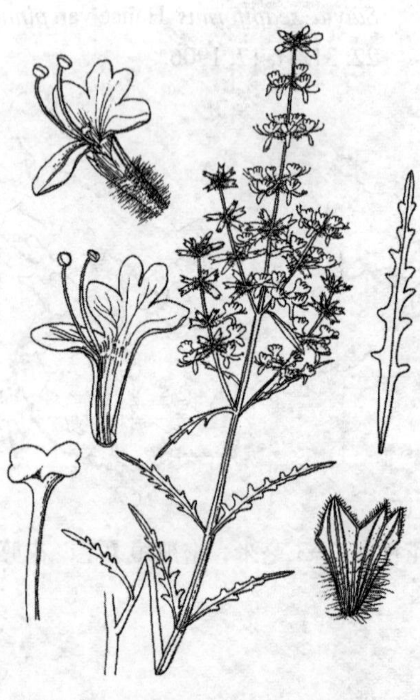

图 822 滨藜叶分药花（张荣生绘）

产新疆西部，生于海拔 2700 米石砾河谷。

60. 美国薄荷属 Monarda Linn.

一年生或多年生草本。叶具齿及柄。轮伞花序多花，密集成头状花序顶生，苞叶与茎叶同形，常具艳色，小苞片小。花萼窄管形，直伸或稍弯，具 15 脉，喉部被长柔毛或长硬毛，5 齿近相等；花冠红、紫、白、灰白或黄色，具斑点，冠筒在喉部稍宽大，上唇窄，直伸或弓形，全缘、微凹或 2 裂，下唇开展，3 裂，中裂片大，先端微缺；前对雄蕊能育，着生冠筒上部，伸出，后对雄蕊退化，小或缺如，花丝无齿，花药线形，中部着生，药室 2，极叉开，汇合为 1 室；柱头 2 裂，裂片钻形，近相等。小坚果平滑。

6-12 种，分布于北美洲，南至墨西哥。我国引入栽培 2 种，供观赏。

1. 花萼喉部疏被长硬毛；花冠上唇先端稍外弯；茎锐四棱 …………………………… 美国薄荷 **M. didyma**
1. 花萼喉部密被白色髯毛，花冠上唇先端稍内弯；茎钝四棱 ………………………… (附). 拟美国薄荷 **M. fistulosa**

美国薄荷 图 823: 6-7

Monarda didyma Linn. Sp. Pl. ed. 1: 22. 1753.

一年生草本。茎近无毛，节及上部沿棱被长柔毛，后脱落。叶卵状披针形，长达 10 厘米，先端渐尖或长渐尖，基部圆，具不整齐锯齿，上面疏被长柔毛，后渐脱落，下面疏被凹腺点，沿脉被长柔毛；叶柄长达 2.5 厘米，茎顶叶近无柄。轮伞花序组成径达 6 厘米头状花序；苞片具短柄，叶状，全缘，带红色，短于头状花序，小苞片线状钻形，被微柔毛，带红色。花梗长约 1 毫米，被微柔毛；花萼稍弯，长约 1 厘米，径 2.5 毫米，干时紫红色，沿脉被短柔毛，喉部内面疏被长硬毛，萼齿钻状三角形，长约 1 毫米，具硬刺尖头；花冠紫红色，长约 2.5 厘米，被微柔毛，冠筒内面被微柔毛，上唇直立，稍外弯，全缘，下唇平展，3 裂，中裂片较窄长，先端微缺。花期 7 月。

原产美洲。我国各地园圃栽培，供观赏。

[附] **拟美国薄荷** 图823: 1-5 彩片180 **Monarda fistulosa** Linn. Sp. Pl. ed. 1: 22. 1753. 本种与美国薄荷的区别：茎钝四棱，密被倒向白色柔毛；花萼喉部密被白色髯毛，花冠上唇先端稍内弯；花期 6-7 月。原产北美洲。我国各地园圃栽培，供观赏。

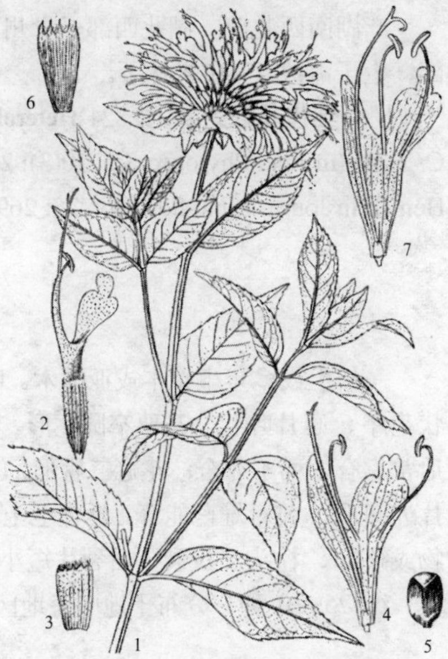

图 823: 1-5:拟美国薄荷 6-7. 美国薄荷
（王利生绘）

61. 异野芝麻属 Heterolamium C. Y. Wu

直立草本。叶心形，具长柄。轮伞花序 2-6 花，具梗，组成偏向一侧顶生窄圆锥花序；苞叶苞片状，具短柄至近无柄，苞片小。花梗纤细；花萼管状，15 脉，内面近喉部具毛环，二唇形，上唇 3 齿，中齿大于侧齿，卵圆形，下唇具 2 齿；花冠二唇形，冠筒伸出，内面无毛环，上唇直立，2 裂，裂片先端圆，下唇 3 裂，裂片大而张开，外面近中部被白色髯毛，侧裂片较短；雄蕊 4，后对自花冠上唇 2 裂片间伸出，前对内藏，散粉后伸出，药室 2，极叉开，后于顶端汇合；花柱伸出，与雄蕊等长，柱头 2 浅裂，裂片线形，稍弯。小坚果三角状卵球形，无毛。

我国特有单种属，1 种 2 变种。

异野芝麻

Heterolamium debile (Hemsl.) C. Y. Wu in Acta Phytotax. Sin. 10(3): 254. 1965.

Orthosiphon debilis Hemsl. in Journ. Linn. Soc. Bot. 26: 267. 1890.

茎近直立，高达 40 厘米，不分枝，具纵纹，密被微柔毛，后渐脱落无毛。叶心形、圆状心形或卵形，下部叶肾形，宽 2.5-5 厘米，基部心形或近平截，具粗圆齿，两面疏被平伏白色糙伏毛；叶柄长 1.5-5 厘米。轮伞花序组成疏散长 4-10 厘米总状圆锥花序；苞片卵状长圆形，小苞片线形。花梗长 4-5 毫米；花萼长 4 毫米，被微柔毛，上唇侧齿三角形，下唇 2 齿钻状三角形，果萼上唇中齿反卷、下延，侧齿及前齿前伸，刺状渐尖；花冠白色，冠筒窄，伸出，上唇裂片圆形，下唇中裂片近圆形，全缘，稍内凹，侧裂片卵形。小坚果具微细皱。花期 6 月，果期 7 月。

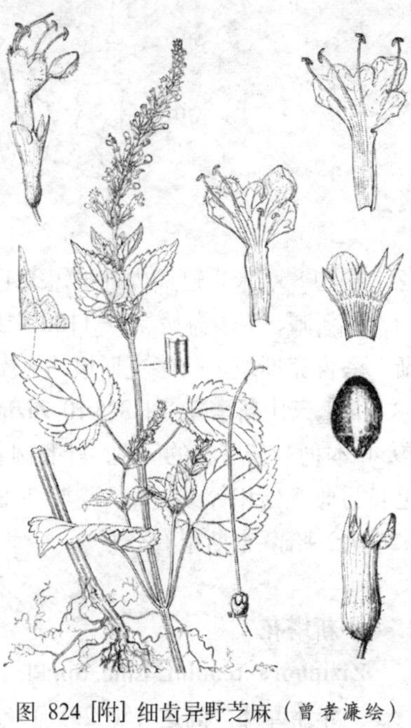
图 824 [附] 细齿异野芝麻（曾孝濂绘）

产湖南西北部、湖北西部、贵州东南部、四川东部、陕西南部及河南西部，生于海拔 1700 米林下。

[附] **细齿异野芝麻** 图 824 **Heterolamium debile** var. **cardiophyllum** (Hemsl.) C. Y. Wu in Acta Phytotax. Sin. 10(3): 255. 1965.——*Plectranthus cardiophyllus* Hemsl. in Journ. Linn. Soc. Bot. 26: 269. 1890. 本变种与模式变种的区别：叶具细圆齿，叶下面带紫色；总状圆锥花序密集；花冠深红或紫蓝色。产湖南、湖北、四川、贵州及云南东北部，生于海拔 1550-2700 米林下、林缘、竹林中、沟边及草坡。全草治天花。

62. 新塔花属 Ziziphora Linn.

一年生或多年生草本或亚灌木。叶下面被腺点，具短柄或近无柄。轮伞花序腋生，组成穗状花序或密集茎项成头状花序；苞片叶状。花萼窄圆柱形，直伸或稍弯，具 13 脉，喉部具长柔毛环，上唇 3 齿，下唇 2 齿，齿近等长，花后常靠合，稀不靠合；花冠二唇形，上唇直伸，全缘，先端微缺，下唇开展，3 裂，中裂片较窄长，先端微缺，侧裂片近圆形；前对雄蕊能育，延伸至上唇，后对退化，或无退化雄蕊，药室线形，2 室或 1 室发育，另 1 室退化成附属物或缺如；柱头 2 浅裂，后裂片短小。小坚果卵形，平滑。

约 25-30 种，分布于地中海地区、亚洲中部及阿富汗。我国 4 种。

1. 轮伞花序密集成头状花序。
  2. 花萼密被短柔毛，毛长为萼宽 1/2 以下 …………………………………………… 1. **新塔花 Z. bungeana**
  2. 花萼密被平展白色长毛，毛长与萼宽近相等或较短 ………………………… 1(附). **天山新塔花 Z. tomentosa**
1. 轮伞花序疏散或密集组成穗状花序 …………………………………………………… 2. **小新塔花 Z. tenuior**

1. 新塔花 图 825:1-6 彩片 181

Ziziphora bungeana Juz. in Fl. URSS 21: 664. 1954.

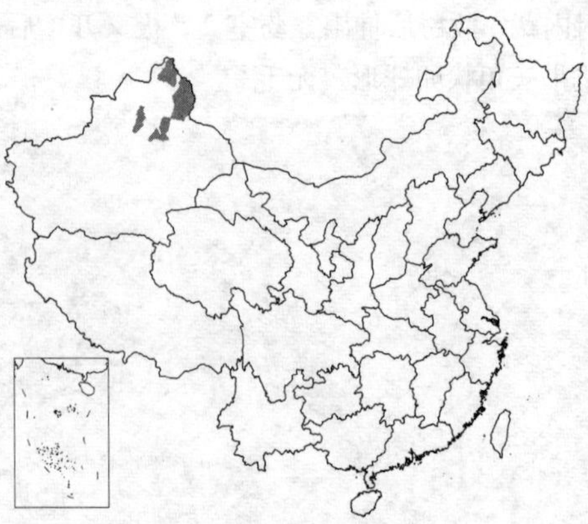

芳香亚灌木，高达30 厘米。茎多数，斜上升至近直立，分枝密被倒向短柔毛。叶窄披针形或卵状披针形，稀卵形，长 0.5-1.5 厘米，先端尖或稍钝，基部楔形或渐窄，全缘，两面被腺点，近无毛或被短柔毛；叶柄被短柔毛。轮伞花序密集成头状花序；苞叶小。花梗长 1-3 毫米；花萼管形，长 5(-7) 毫米，密被短柔毛及不明显腺点；花冠淡红色，长约 8 毫米，冠筒内外被短柔毛，侧裂片圆形。花期 8-9 月。

产新疆，生于海拔 700-1100 米砾石坡地、半荒漠地及沙滩。蒙古、俄罗斯、塔吉克斯坦、哈萨克斯坦、土库曼斯坦有分布。

[附] **天山新塔花** 图 825:10 **Ziziphora tomentosa** Juz. in Fl. URSS. 21: 667. 1954. 本种与新塔花的区别：叶长圆状卵形或卵形；花萼密被平展白色长毛，毛长与萼宽近相等或较短。花期 7-8 月。产新疆北部，生于海拔 1350-2100 米草坡。哈萨克斯坦有分布。

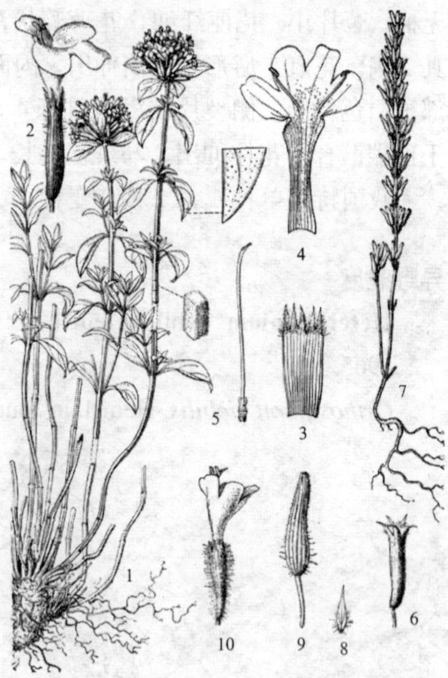

图 825:1-6. 新塔花 7-9. 小新塔花 10. 天山新塔花（曾孝濂绘）

2. 小新塔花 图 825:7-9

Ziziphora tenuior Linn. Sp. Pl. 1: 21. 1753.

一年生草本，高达 15(-25) 厘米。茎细长，直立，被倒向短柔毛。叶线状披针形或披针形，长 0.7-1.5(-2.5) 厘米，先端渐尖，基部渐窄成短柄，全

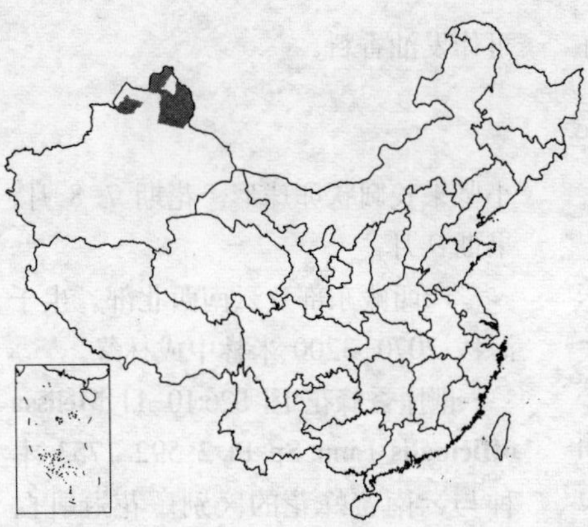

缘，稍有缘毛，两面无毛或被细糙伏毛，稍被不明显腺点。轮伞花序具2-6花，组成长2-11(-15)厘米穗状花序；苞叶具缘毛。花梗长1.5-4毫米；花萼近管形，稍下弯，长5-7毫米，果时基部囊状，被开展硬毛，萼齿卵状三角形；花冠长约1厘米，冠筒稍伸出；能育雄蕊2，内藏，花药基部具向下卵形附属物，果期8月。

产新疆北部，生于草原及半沙漠山坡、砾石地带。俄罗斯、塔吉克斯坦、哈萨克斯坦、土库曼斯坦、伊朗、经西亚至巴尔干半岛有分布。

63. 蜜蜂花属 Melissa Linn.

多年生草本。卵形，具柄及锯齿。轮伞花序腋生；苞片叶状，较叶小；小苞片小。花萼钟形，花后下垂，具13脉，稍被毛，二唇形，上唇3浅齿裂，下唇2深齿裂；花冠白、黄白、黄或淡红色，二唇形，冠筒稍伸出，喉部稍宽大，上唇直伸，先端微缺或2浅裂，下唇开展，3裂，中裂片全缘或微缺，较侧裂片宽大；雄蕊4，前对较长，紧靠上唇，内藏或稍伸出，花丝弓曲，药室2，初稍叉开几成直角，后极叉开；柱头相等2浅裂，裂片钻形，外卷。小坚果卵球形，平滑。

约4种，分布于欧洲及亚洲。我国3种，引入栽培1种。

1. 花萼上下唇近等大 ……………………………………………………………………………… 1. **蜜蜂花 M. axillaris**
1. 花萼下唇较长。
   2. 花冠黄白色；花萼仅上唇内面被长柔毛，上唇3齿尖，2侧齿稍向中齿弯靠 ……………………………………………………………………………… 2. **云南蜜蜂花 M. yunnanensis**
   2. 花冠乳白色；花萼上部内面被长柔毛，上唇3齿直伸，短尖，或近浅波状，2侧齿不向中齿弯靠 ……………………………………………………………………………… 2(附). **香蜂花 M. officinalis**

1. 蜜蜂花　　图 826:1-7

Melissa axillaris (Benth.) Bakh. f. Fl. Jav. 2: 629. 1965.

Geniosporum axillare Benth. in Wall. Pl. Asiat. Rar. 2: 18. 1830.

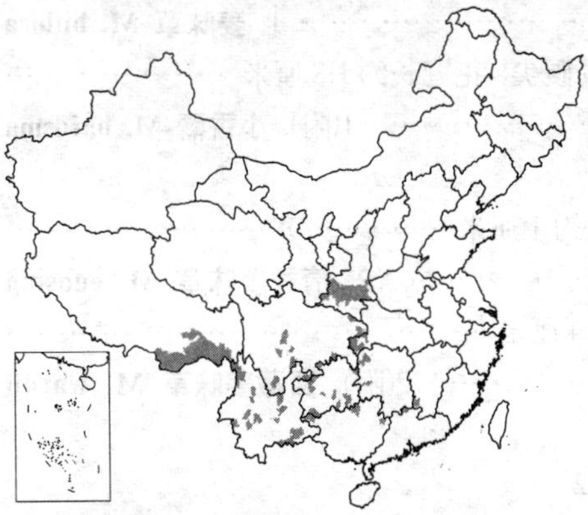

茎近直立，高达1厘米，被短柔毛。叶卵形，长1.2-6厘米，先端尖或短渐尖，基部圆、近心形或楔形，具锯齿状圆齿，上面疏被短柔毛，下面近中脉两侧带紫色或紫色，近无毛或沿脉被短柔毛；叶柄长0.2-2.5厘米，密被短柔毛。轮伞花序疏散；小苞片近线形，具缘毛。花梗长约2毫米；花萼长6-8毫米，沿脉被柔毛，内面无毛，上唇齿短，下唇与上唇近等长，齿披针形；花冠白或淡红色，长约1厘米，被短柔毛，内面无毛，冠筒伸出，上唇先端微缺，下唇开展。小坚果腹面具棱。花、果期6-11月。

产西藏、云南、四川、陕西南部、河南西部、湖北西部、湖南西部、江西南部、广东北部及广西北部，生于海拔600-2800米山区。印度东北部、尼

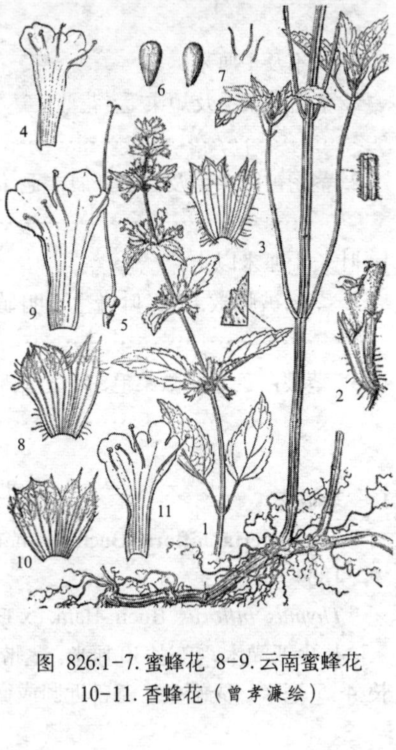

图 826:1-7. 蜜蜂花 8-9. 云南蜜蜂花 10-11. 香蜂花（曾孝濂绘）

泊尔、锡金、不丹、越南北部及印度尼西亚有分布。全草治痢疾、蛇咬伤；亦可作发油香料。

2. 云南蜜蜂花 图 826:8-9

Melissa yunnanensis C. Y. Wu et Y. C. Huang in Acta Phytotax. Sin. 10(3): 228. 1965.

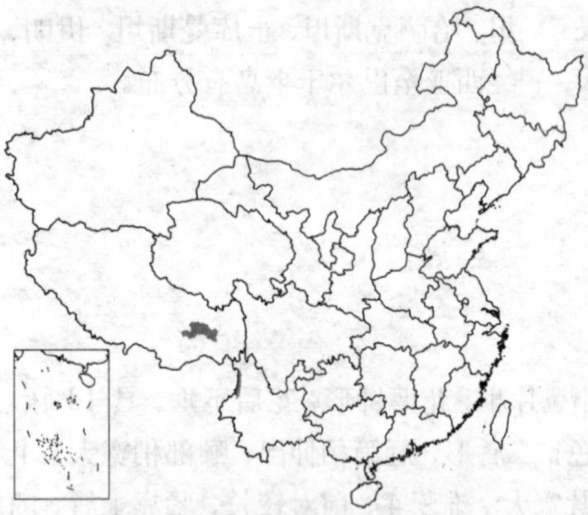

茎直立，高约1米，被细柔毛。叶卵形或披针状卵形，长2-5厘米，先端尖，基部楔形或心形，具不整齐钝齿或锯齿，上面被微柔毛或近无毛，下面密被短柔毛；叶柄长0.5-2厘米。轮伞花序具2-16花，多数，疏散；苞片叶状，小苞片近线形。花梗长约3毫米；花萼钟形，被长柔毛，上唇内面被长柔毛，3齿尖，2侧齿稍向中齿弯靠，下唇2齿披针形；花冠黄白色，长达1.5厘米，被短柔毛；上唇先端微缺，下唇中裂片先端圆，与圆形侧裂片稍重叠；雄蕊内藏。小坚果长圆状卵球形。花期7-8月，果期9月。

产西藏东部及云南西北部，生于海拔2070-3200米林中或林缘。

[附] **香蜂花** 图 826:10-11 **Melissa officinalis** Linn. Sp. Pl. 2: 592. 1753. 本种与云南蜜蜂花的区别：花冠乳白色；花萼上部内面被长柔毛，上唇3短齿或近波状，侧齿不向中齿靠合。花期6-8月。原产俄罗斯、中亚、伊朗、地中海及大西洋沿岸。我国引种栽培。全草作刺激剂或轻泻剂，可治头痛及牙痛；又为优良蜜源植物；植物体富含维生素丙及芳香油。

64. 姜味草属 Micromeria Benth.

芳香亚灌木或草本。叶近无柄或具短柄，稍被毛，被腺点，上部叶苞片状。轮伞花序腋生，具1至多花，组成顶生穗状或圆锥花序。花萼管形，具13(-15)脉，直伸或微弯，稍被毛或被腺点，喉部内面被柔毛，萼檐具5个近等大直伸齿，或稍二唇形；花冠白、粉红或紫色，被毛，内面无毛或稍被毛，冠筒直伸，上唇全缘，先端微缺或2浅裂，下唇3裂；雄蕊4，前对较长，上升，分离，顶端弧曲靠近，内藏或伸出；药室2，平行，稍叉开或极叉开，药隔横向稍厚；柱头2裂，裂片钻形。小坚果卵球形或长圆状三棱形，平滑。

约130种，分布于非洲、亚洲、欧洲。我国4种。

1. 叶长不及1厘米。
  2. 茎密被柔毛及短柔毛；花萼长达4毫米，后3齿长三角形，前2齿钻形，具刺尖；花冠长6毫米 ………… 1. **姜味草 M. biflora**
  2. 茎密被微柔毛及白色开展柔毛；花萼长达9毫米，萼齿近等大，钻形，具硬尖；花冠长约1.8厘米 ………… 1(附). **小香薷 M. barosma**
1. 叶长1厘米以上。
  3. 茎密被腺微柔毛；叶疏生不明显小圆齿；花萼13脉；花冠深红色，长约1厘米 ………… 2. **清香姜味草 M. euosma**
  3. 茎被白色卷曲微柔毛；叶全缘内卷；花萼15脉；花冠淡紫色，长约1.4厘米 ………… 2(附). **西藏姜味草 M. wardii**

1. 姜味草 图 827:1-2

Micromeria biflora (Buch.-Ham. ex D. Don) Benth. Labiat. Gen. Spec. 378. 1834.

Thymus biflorus Buch.-Ham. ex D. Don, Prodr. Fl. Nepal. 112. 1825.

丛生亚灌木，高达30厘米。茎带红紫色，密被稍平展白色柔毛。叶卵形，长4-5毫米，先端尖，基部近圆或微心形，上面带红色，下面被黄色腺点，中脉疏被微柔毛；叶柄长0.1-0.5毫米，密被微柔毛。轮伞花序具1-2(-5)花，花序梗长1-2毫米；苞片及小苞片线状钻形。花梗长2-3毫米，偏向一侧，带红色；萼筒短，二唇形，长

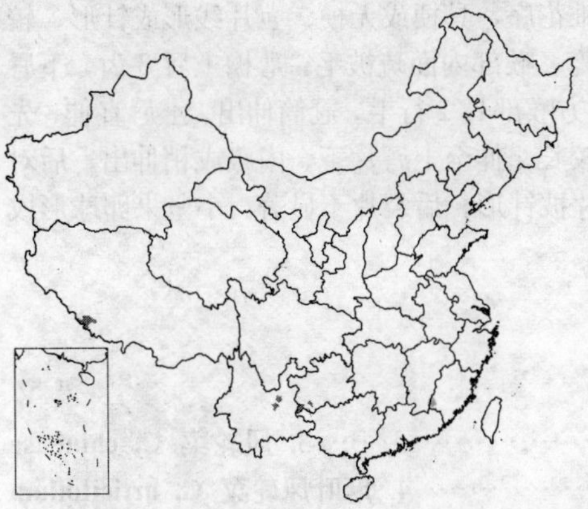

达4毫米，脉被微柔毛，喉部内面被柔毛，13脉，具缘毛，后3齿长三角形，前2齿钻形，刺尖；花冠粉红色，长6毫米，疏被微柔毛，冠筒长约4毫米，上唇椭圆形，下唇长约2.5毫米；前对雄蕊近内藏。小坚果褐色，长圆形，长约1毫米，无毛。花期6-7月，果期7-8月。

产西藏、云南及贵州，生于海拔2000-2550米石灰岩山地及草地。不丹、尼泊尔、印度、阿富汗、埃塞俄比亚及非洲南部有分布。全草含芳香油，可作酒类香精；又可药用，治胃痛、腹泻、感冒、咳嗽。

[附] **小香薷** 图 828:1-5 **Micromeria barosma** (W. W. Smith.) Hand.-Mazz. Symb. Sin. 7: 932. 1936.——*Calamintha barosma* W. W. Smith in Notes Roy. Bot. Gard. Edinb. 9: 88. 1916. 本种与香味草的区别：茎密被微柔毛及白色开展柔毛；花萼长达9毫米，萼齿近等大，钻形，具硬尖；花冠长约1.8厘米。花期7-8月，果期9-10月。产云南西北部，生于海拔2300-3800米谷地、多砾石草地及石灰岩岩缝中。

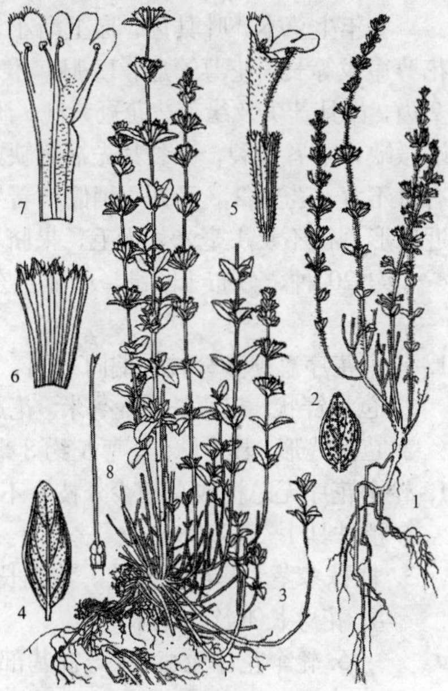

图 827:1-2. 姜叶草 3-8. 西藏姜叶草
（引自《西藏植物志》）

2. 清香姜味草 图 828:6-10

Micromeria euosma (W. W. Smith) C. Y. Wu in Acta Phytotax. Sin. 10(3): 229. 1965.

Calamintha euosma W. W. Smith in Notes Roy. Bot. Gard. Edinb. 9: 89. 1916.

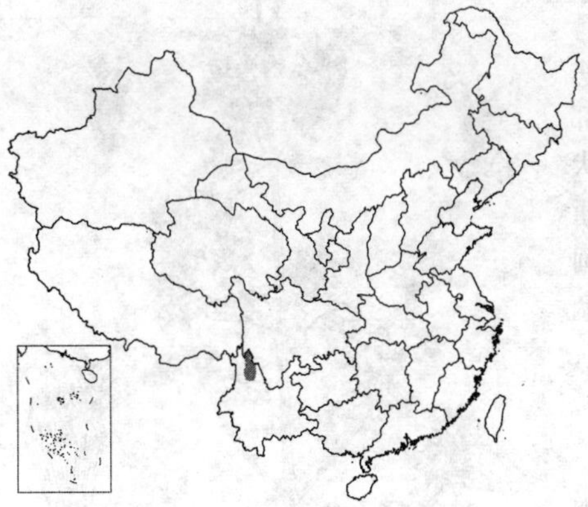

丛生亚灌木；茎多数，铺散上升，长达30厘米，密被腺微柔毛，带紫红色；基部木质。叶卵形或近圆形，长1-2厘米，先端钝或圆，基部楔形或近圆，稍下延，疏生细圆齿，两面被腺点，无毛或中脉被微柔毛；叶柄长2-4毫米，顶部具窄翅。轮伞花序具(2-)6-10花，3-7组成顶生窄圆锥花序，花序梗长0.5-1厘米，被腺微柔毛；苞片长圆形，小苞片线形。花梗长2.5-4毫米，被腺微柔毛；花萼长约5毫米，疏被黄色腺点，沿脉及齿被腺微柔毛及柔毛，喉部内面被白色柔毛，13脉，齿长三角形，刺尖，长约1.5毫米；花冠深红色，长约1厘米，疏被微柔毛，下唇中部及冠筒上部内面被柔毛，冠筒长6毫米，稍伸出，上唇近长圆形，长1.5毫米，2深裂，下唇长约5毫米，边缘波状，中裂片近倒心形，侧裂片宽卵形。小坚果褐色，长约1毫米，无毛。花期7-8月，果期9-11月。

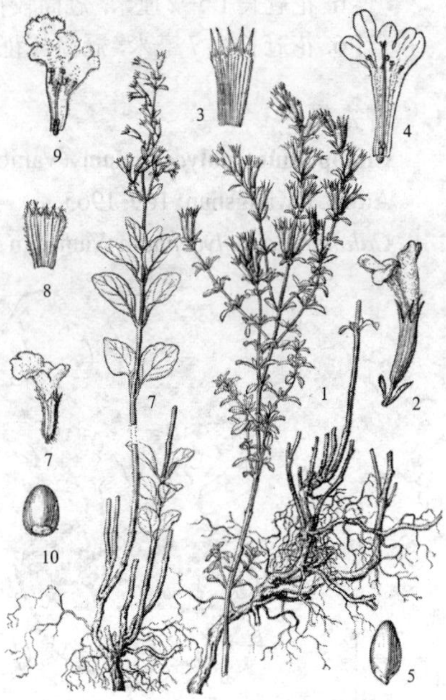

图 828:1-5. 小香薷 6-10. 清香姜味草
（曾孝濂绘）

产云南西北部，生于海拔3300米石灰岩山地草坡。

[附] **西藏姜味草** 图 827:3-8 **Micromeria wardii** Marquand et Airy Shaw in Journ. Linn. Soc. Bot. 48: 216. 1929. 本种与清香姜味草的区别：茎具白色卷曲微柔毛，叶全缘内卷；花萼15脉；花冠淡紫色，长约1.4厘米。产西藏东南部，生于海拔2100-3700米山坡草丛、灌丛中、松林下或采伐迹地。

65. 风轮菜属 Clinopodium Linn.

多年生草本。叶具齿，向上渐小，苞片状。轮伞花序近球形，组成圆锥花序，具梗或无梗；苞片线形或针形，较花萼短或等长。花萼管形，13 脉，喉部稍缢缩，基部一边肿胀，直伸或微弯，喉部内面疏被毛，萼檐上唇 3 齿，下唇 2 齿，齿具芒尖及缘毛；花冠紫红、淡红或白色，被微柔毛，下唇片内面下方喉部具 2 行毛，冠筒伸出，上唇直伸，先端微缺，下唇 3 裂，中裂片先端微缺或全缘，侧裂片全缘；雄蕊 4，前对较长，伸至上唇片下，内藏或稍伸出，后对有时不育，药室 2，叉开，稍偏斜着生于膨大药隔；柱头不等 2 裂，前裂片披针形，后裂片不显著。小坚果卵球形或近球形，径不及 1 毫米，无毛，果脐小，基生。

约 20 种，分布于欧洲、中亚及东亚。我国 11 种。

1. 轮伞花序总梗多分枝，偏向一侧。
  2. 苞片针状；花萼长约 6 毫米；花冠长不及 1 厘米 ………… 3. **风轮菜 C. chinense**
  2. 苞片线形，具中脉；花萼长约 8 毫米；花冠长约 1.2 厘米 ………… 4. **麻叶风轮菜 C. urticifolium**
1. 轮伞花序无总梗或总梗少分枝，不偏向一侧。
  3. 植株具 1-2 茎，多直立 ………… 1. **灯笼草 C. polycephalum**
  3. 植株多茎，基部多分枝，茎细长上升。
    4. 花萼长不及 5 毫米。
      5. 轮伞花序无苞叶；萼筒基部一边肿胀，被微柔毛，沿脉被细糙硬毛，上唇 3 齿果时反折 ………… 6. **细风轮菜 C. gracile**
      5. 轮伞花序具苞叶；萼筒圆柱形，无毛或沿脉疏被毛，上唇 3 齿果时不反折 ………… 7. **邻近风轮菜 C. confine**
    4. 花萼长 5 毫米以上。
      6. 花冠长 1.5-2 厘米，冠筒较花萼长 2 倍或以上 ………… 5. **寸金草 C. megalanthum**
      6. 花冠长约 7 毫米，冠筒与花萼近等长 ………… 2. **匍匐风轮菜 C. repens**

1. 灯笼草 图 829:1-4

Clinopodium polycephalum (Vaniot) C. Y. Wu et Hsuan ex P. S. Hsu, Observ. Ad Fl. Hwangshan. 169. 1965.

Calamintha polycephala Vaniot in Bull. Acad. Internat. Geogr. 14: 183. 1904.

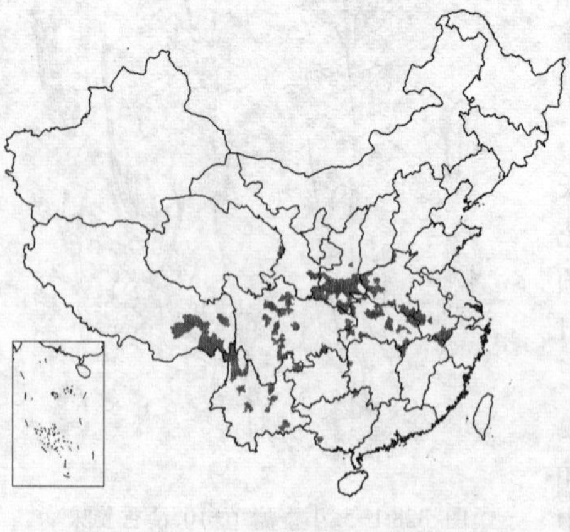

茎高达 1 米，多直立，基部有时匍匐，多分枝，被平展糙伏毛及腺毛。叶卵形，长 2-5 厘米，基部宽楔形或近圆，疏生圆齿状牙齿，两面被糙伏毛；叶柄长达 1 厘米。轮伞花序具多花，球形，组成圆锥花序；苞片针状，长 3-5 毫米。花萼长约 6 毫米，径 1 毫米，脉被长柔毛及腺微柔毛，喉部疏被糙硬毛，果萼基部一边肿胀，径达 2 毫米，上唇 3 齿三角形，尾尖，下唇 2 齿芒尖；花冠紫红色，长约 8 毫米，被微柔毛；冠筒伸出，上唇直伸，先端微缺，下唇 3 裂；雄蕊内藏，后对短，花药小，前对伸出，能育。小坚果褐色，卵球形，长约 1 毫米，平滑。花期 7-8 月，果期 9 月。

产甘肃、陕西、山西、河南、河北、山东、江苏、安徽、浙江、福建、江西、湖北、湖南、广西、云南、贵州、四川及西藏东部，生于海拔 3400 米以下山坡、路边、林下及灌丛中。全草治感冒、疔疮、蛇及狂犬咬伤。

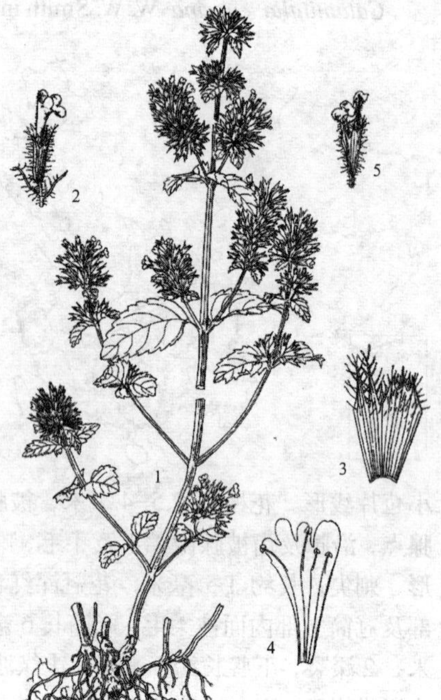

图 829:1-4. 灯笼草 5. 匍匐风轮菜
（仿《云南植物志》）

2. 匍匐风轮菜 图 829:5

Clinopodium repens (Buch.-Ham. ex D. Don) Benth. Pl. Asiat. Rar. 1: 66. 1830.

Thymus repens Buch.-Ham. ex D. Don, Prodr. Fl. Nepal. 113. 1825.

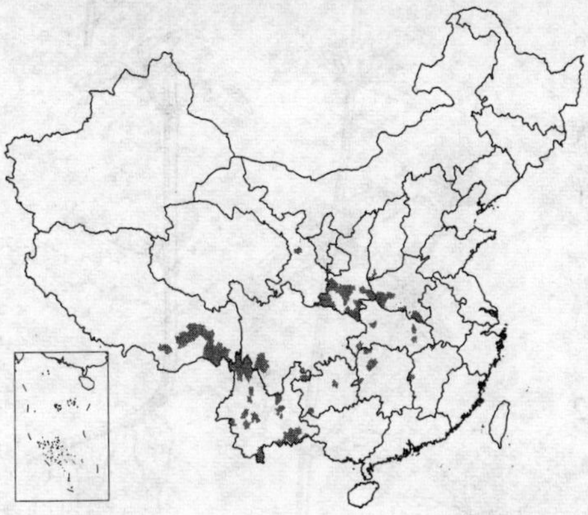

茎匍匐，上升，高约 35 厘米。茎被柔毛，棱及上部毛密。叶卵形，长 1-3.5 厘米，基部宽楔形或近圆，具内弯细齿，两面疏被糙硬毛；叶柄长 0.5-1.4 厘米，密被糙硬毛。轮伞花序近球形，苞叶较花序长，苞片针状，长 3-5 毫米。花萼长约 6 毫米，被腺微柔毛，具白色缘毛，内面无毛，上唇 3 齿三角形，尾尖，下唇 2 齿芒尖；花冠粉红色，长约 7 毫米，被微柔毛，冠筒与花萼近等长。小坚果近球形，径约 0.8 毫米，花期 6-9 月，果期 10-12 月。

产江西、湖北、湖南、江苏、浙江、福建、台湾、贵州、云南、西藏、四川、陕西、甘肃及河南，生于海拔 3300 米以下山坡、草地、林下、路边、沟边。尼泊尔、不丹、印度、斯里兰卡、缅甸、印度尼西亚、菲律宾及日本有分布。

3. **风轮菜** 图 830

Clinopodium chinense (Benth.) Kuntze, Rev. Gen. Pl. 2: 515. 1891.

Calamintha chinensis Benth. in DC. Prodr. 12: 233. 1848.

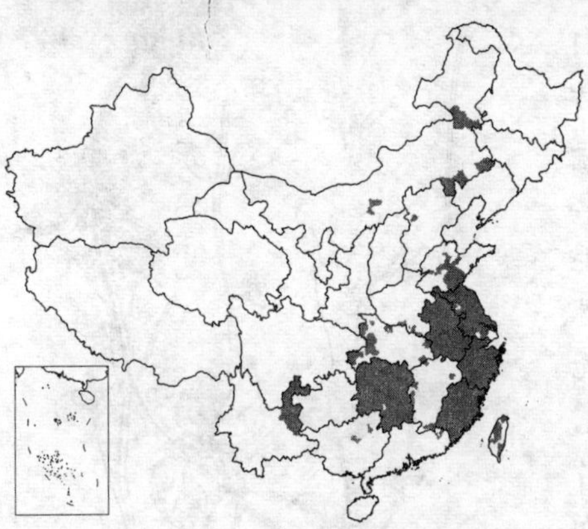

茎高达 1 米，基部匍匐，具细纵纹，密被短柔毛及腺微柔毛。叶卵形，长 2-4 厘米，基部圆或宽楔形，具圆齿状锯齿，上面密被平伏糙硬毛，下面被柔毛；叶柄长 3-8 毫米，密被柔毛。轮伞花序具多花，半球形；苞片多数，针状，长 3-6 毫米。花萼窄管形，带紫红色，长约 6 毫米，沿脉被柔毛及腺微柔毛，内面齿上被柔毛，果时基部一边稍肿胀，上唇 3 齿长三角形，稍反折，下唇 2 齿直伸，具芒尖；花冠紫红色，长约 9 毫米，被微柔毛，喉部具二行毛，径约 2 毫米，上唇先端微缺，下唇 3 裂。小坚果黄褐色，倒卵球形，长约 1.2 毫米。花期 5-8 月，果期 8-10 月。

产内蒙古、河北、河南、山东、江苏、安徽、浙江、福建、台湾、江西、湖北、湖南、广东、广西及云南东北部，生于海拔 1000 米以下山坡、草丛、路边、沟边、灌丛中、林下。日本有分布。

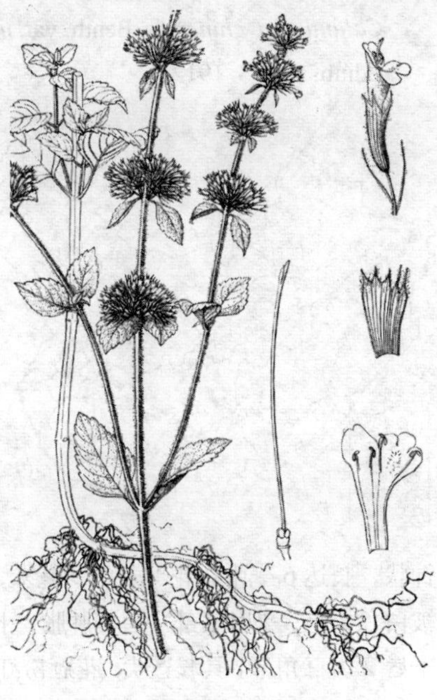

图 830 风轮菜（曾孝濂绘）

4. **麻叶风轮菜** 风车草 图 831

Clinopodium urticifolium (Hance) C. Y. Wu et Hsuan ex H. W. Li in Acta Phytotax. Sin. 12(2): 219. 1974.

Calamintha clinopodium Benth. var. *urticifolia* Hance in Ann. Sci. Nat. Bot. ser. 5, 5: 235. 1866.

多年生草本，高达 80 厘米。茎具细纵纹，疏被倒向细糙硬毛。叶卵形或卵状长圆形，长 3-5.5 厘米，基部近平截或圆，具锯齿，上面疏被细糙硬毛，下面沿脉疏被平伏柔毛；下部叶柄长 1-1.2 厘米，上部叶柄长 2-5 毫米。轮伞花序具多花，半球形，花序梗长 3-5 毫米，多分枝；下部苞叶较花序长，上部苞叶与花序等长，苞片线形，带紫红色，具中脉及白色缘毛。花梗长 1.5-2.5毫米，密被腺微柔毛；花萼窄管形，长约 8 毫米，上部带紫红色，被腺微柔毛，脉被白色纤毛，内面齿上疏被柔毛，果时基部一边稍肿胀，上唇 3 齿长三角形，反折，具短芒尖，下唇 2 齿直伸，具芒尖；花冠紫红色，长约 1.2 厘米，被微柔毛，喉部内面具二行毛，冠筒基部径 1 毫米，喉部径约 3 毫米；前对雄蕊近内藏或稍伸出。

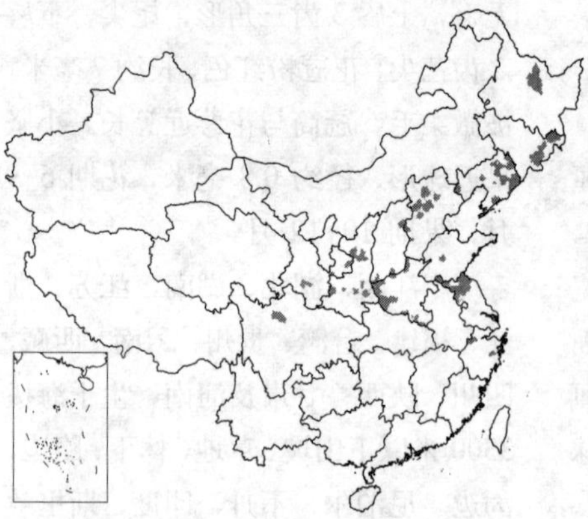

小坚果倒卵球形，长约1毫米。花期6-8月，果期8-10月。

产黑龙江、吉林、辽宁、内蒙古、河北、山西、甘肃、陕西、四川西北部、河南、山东及江苏，生于海拔300-2240米山坡、草地、林下、路边。俄罗斯、朝鲜及日本有分布。

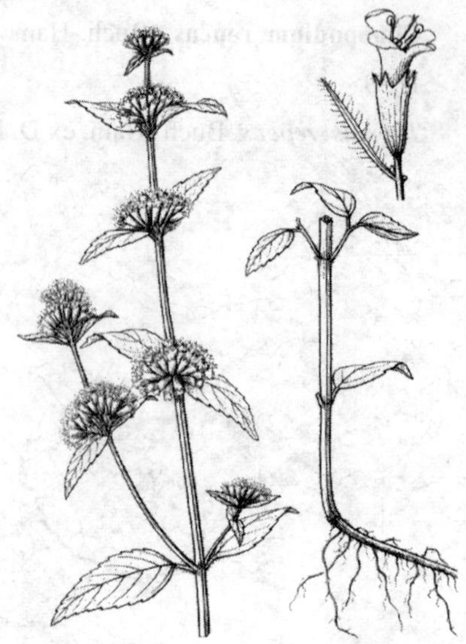

图 831 麻叶风轮菜（吴彰桦绘）

5. 寸金草 图 832

Clinopodium megalanthum (Diels) C. Y. Wu et Hsuan ex H. W. Li in Acta Phytotax. Sin. 12(2): 220. 1974.

Calamintha chinensis Benth. var. *megalantha* Diels in Notes Roy. Bot. Gard. Edinb. 5: 233. 1912.

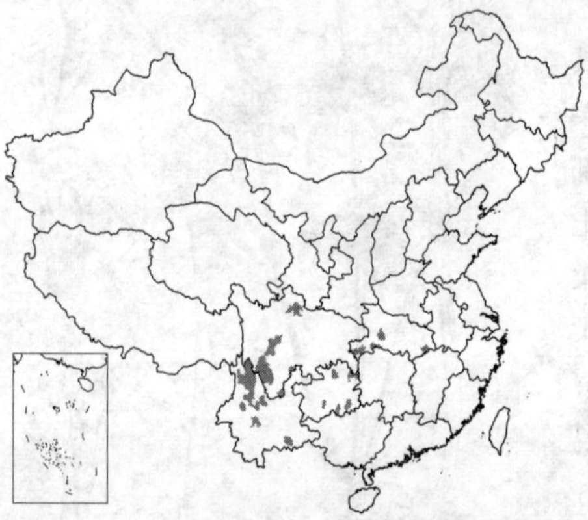

茎多数，高达60厘米，基部匍匐，带紫红色，密被平展白色糙硬毛或微柔毛至近无毛。叶三角状卵形或披针形，长1.2-3.8(-5)厘米，基部圆或浅心形，具圆齿状锯齿，上面被白色纤毛或细糙硬毛，下面被腺点，沿脉被白色纤毛或细糙硬毛，或近无毛；叶柄长1-3(-5)毫米，被毛。轮伞花序具多花，半球形；苞片针状，长达6毫米。花萼长约9毫米，密被腺点，沿脉被糙硬毛，喉部内面被白色柔毛，果时基部一边稍肿胀，上唇3齿长三角形，稍反折，具短芒尖，下唇2齿三角形，具长芒尖；花冠粉红或紫色，长1.5-2厘米，被微柔毛，喉部具二行柔毛，冠筒伸出，基部径1.5毫米，喉部径达5毫米。小坚果倒卵球形，长约1毫米。花期7-9月，果期8-11月。

产云南、四川南部及西南部、贵州北部及湖北西南部，生于海拔1300-3200米山坡、草地、灌丛中、林下及路边。全草治牙痛、小儿疳积、风湿、跌打损伤。

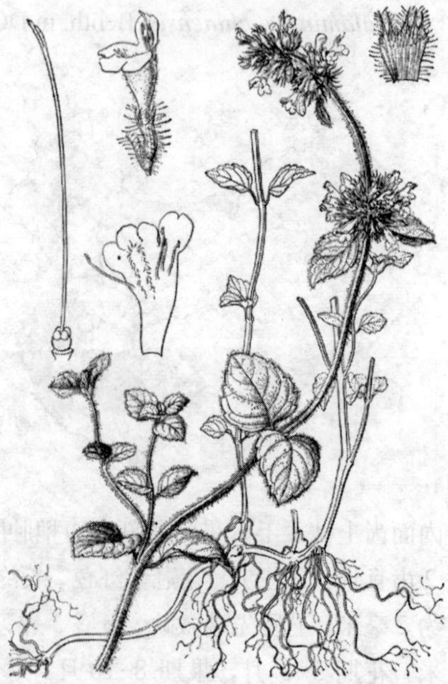

图 832 寸金草（曾孝濂绘）

6. 细风轮菜 图 833:1-6

Clinopodium gracile (Benth.) Matsum. Ind. Pl. Jap. 2: 538. 1912.

Calamintha gracilis Benth. in DC. Prodr. 12: 232. 1848.

茎多数，上升，高达30厘米，被倒向短柔毛；具匍匐茎。最下部叶圆卵形，长约1厘米，先端钝，基部圆，疏生圆齿，茎中部及中下部叶卵形，长1.2-3.4厘米，先端钝，基部圆或楔形，疏生牙齿或圆齿状锯齿，茎上部叶卵状披针形，先端尖，具锯齿，上面近无毛，下面脉疏被细糙硬毛；叶柄长0.3-1.8厘米，密被短柔毛。轮伞花序具少花，组成短总状花序；苞片卵状披针形，具锯齿，苞片针状。花梗长1-3毫米，被微柔毛；花萼管形，基部圆，长约3毫米，果时基部一边肿胀，长约5毫米，被微柔毛或近无毛，沿脉被细糙硬毛，喉部疏被柔毛，齿具缘毛，下2齿钻形，上3齿三角形，果时反折；花冠白或紫红色，长约4.5毫米，被

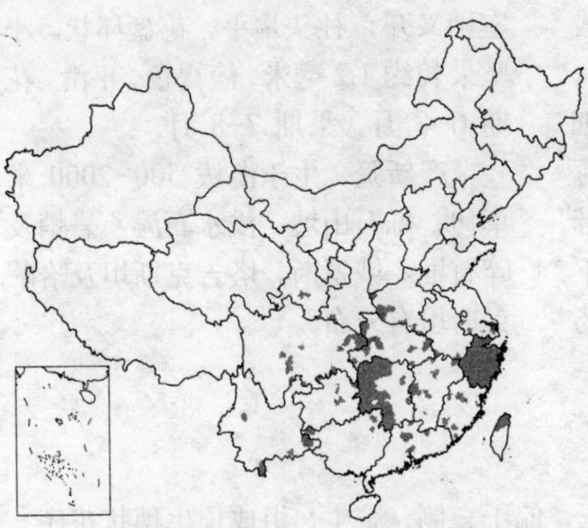

微柔毛。小坚果卵球形，平滑。花期 6-8 月，果期 8-10 月。

产江苏、安徽、浙江、福建、台湾、江西、湖北、湖南、广东、广西、云南、贵州、四川、陕西南部及河南，生于海拔 2400 米以下沟边、草地、林缘、灌丛中及路边。印度、东南亚及日本有分布。全草治感冒、痢疾、痈疽、荨麻疹、过敏性皮炎、跌打损伤。

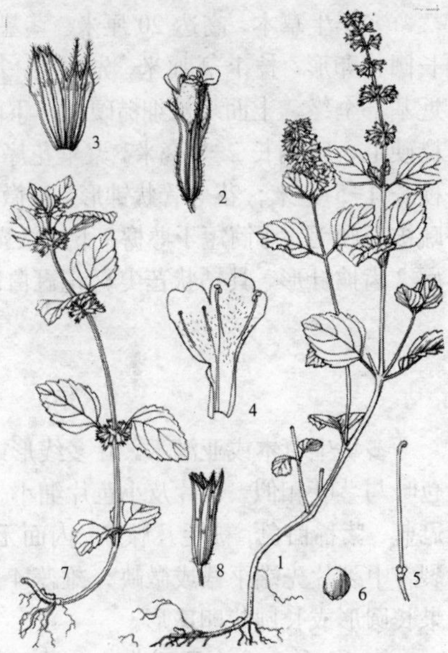

图 833:1-6. 细风轮菜 7-8. 邻近风轮菜（曾孝濂绘）

7. 邻近风轮菜 图 833:7-8

Clinopodium confine (Hance) Kuntze, Rev. Gen. Pl. 2: 515. 1891.

Calamintha confinis Hance in Journ. Bot. 6: 331. 1868.

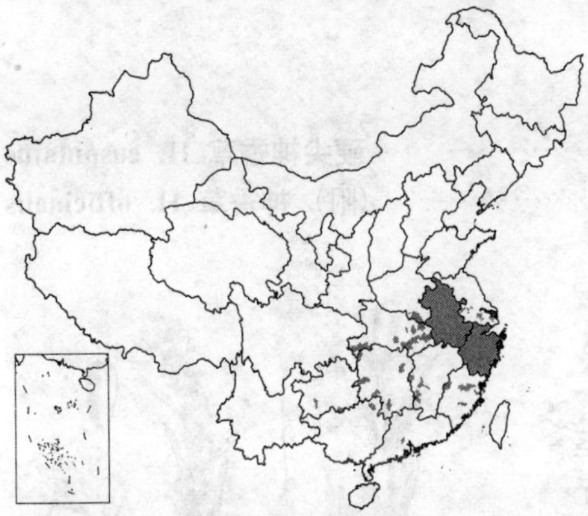

铺散草本。茎无毛或疏被微柔毛。叶卵形或近圆形，长 0.8-2.2(-3) 厘米，先端钝，基部圆或宽楔形，具 5-7 对圆齿状锯齿，两面无毛；叶柄长 1-2 毫米。轮伞花序具多花，近球形，径 1-1.5(-1.8) 厘米；苞叶叶状，苞片小。花梗长 1-2 毫米，被微柔毛；花萼近圆柱形，基部稍窄，长约 4 毫米，无毛或沿脉疏被毛，喉部内面被柔毛，齿具缘毛，上 3 齿三角形，下 2 齿长三角形；花冠粉红或紫红色，稍伸出花萼，长约 5 毫米，被微柔毛，喉部径 1.2 毫米，稍被毛或近无毛，冠檐长约 0.6 毫米，下唇中裂片先端微缺；后对雄蕊退化。小坚果卵球形，长 0.8 毫米，平滑。花期 4-6 月，果期 7-8 月。

产江苏、安徽、浙江、福建、江西、湖北、湖南、广东、广西、贵州、四川及河南南部，生于海拔 500 米以下山坡、草地及田边。日本有分布。

66. 新风轮属 Calamintha Mill.

一年生或多年生草本。叶具齿及柄。聚伞花序腋生，具 2-12 花，具短梗；苞片披针形。花萼管形或管状钟形，13 脉，喉部不缢缩，内面疏被长硬毛，萼筒基部不肿胀，萼檐上唇 3 齿反折，下唇 2 齿披针形；花冠与花萼近等长或伸出，冠筒向上渐宽，上唇先端微缺，直立，下唇反折，3 裂，中裂片较大；雄蕊 4，二强，内藏或前对稍伸出，药室 2，近平行或稍叉开；子房无毛，花柱短于花冠，柱头扁平或 2 裂。小坚果卵球形。

约 6-7 种，产地中海沿岸。我国 1 种。

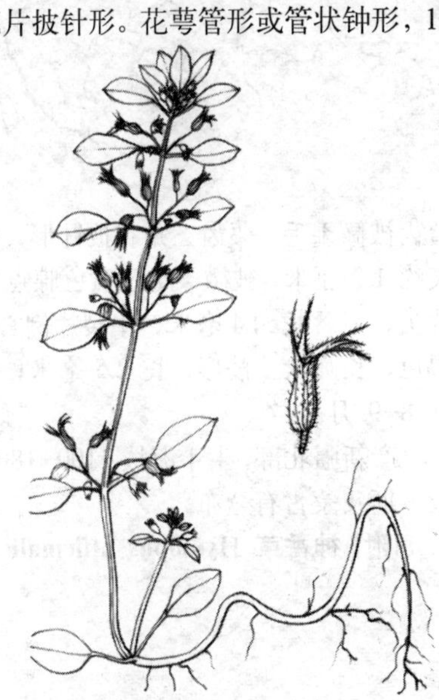

图 834 新风轮（孙英宝绘）

新风轮 图 834

Calamintha debilis (Bunge) Benth. in DC. Prodr. 12: 232. 1848.

Thymus debilis Bunge in Ledeb. Fl. Alt. 2: 391. 1830.

多年生草本，高达 20 厘米。茎基部及节带淡红色，被短柔毛。叶卵形或长圆状卵形，长 1-2 厘米，先端尖，基部窄楔形，下延至叶柄，疏生细牙齿，近基部全缘，上面疏被细糙硬毛，下面被微柔毛及稀疏黄色腺点，脉疏被细糙硬毛；叶柄长 2-8 毫米。聚伞花序二歧式，腋生，花序梗长 2-3 毫米。花梗长 1-5 毫米；花萼管状钟形，被微柔毛及黄色腺点，脉被细糙硬毛，喉部疏被长硬毛，萼筒短于萼檐，下部微囊状，上唇 3 齿卵形，具芒尖，反折，下唇 2 齿披针形，具钻状芒尖；花冠白色，漏斗形；雄蕊内藏，后对不育，药室稍叉开；柱头扁平，花盘环状。小坚果长约 1.2 毫米，淡褐色，平滑。花期 6-7 月，果期 7-8 月。

产新疆，生于海拔 500-2000 米草甸、砾石山坡、浅水石滩、岩峭及碎石堆。俄罗斯、塔吉克斯坦及哈萨克斯坦有分布。

67. 神香草属 **Hyssopus** Linn.

多年生草本或亚灌木。叶多线形或长圆形，全缘。轮伞花序具 2 至多花，偏于一侧，腋生，组成顶生穗状花序；苞叶与茎叶相似，苞片及小苞片细小。花萼管形或近钟形，15 脉，被毛及腺点，萼齿 5，等大，齿间弯缺具小瘤；花冠蓝、紫稀白色，被毛及腺点，内面无毛，冠筒内藏或伸出，冠檐上唇先端微缺或 2 浅裂，有时近全缘，下唇开展，3 裂，中裂片先端平截或微缺；雄蕊 4，直伸，前对稍长，花丝无毛，花药卵球形，药室 2，叉开；柱头 2 浅裂。小坚果长圆形或长圆状卵球形。

约 15 种，分布于亚洲、非洲及欧洲。我国 2 种，引入栽培 1 种。

1. 叶、苞片及萼齿先端均锥尖 …………………………………… **硬尖神香草 H. cuspidatus**
1. 叶、苞片及萼齿先端均不锥头 …………………………………… (附). **神香草 H. officinalis**

硬尖神香草 图 835 彩片182

Hyssopus cuspidatus Boriss. in Not. Syst. Herb. Inst. Bot. Acad. Sci. URSS 12: 256. 1950.

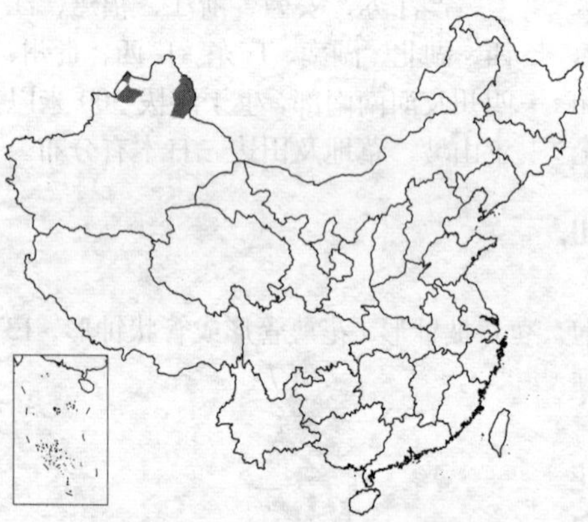

亚灌木，高达 60 厘米；茎褐色，扭曲，基部多数分枝，无毛或近无毛。叶线形，长 1.5-4.5 厘米，宽 2-4 毫米，具长约 2 毫米锥状尖头，基部渐窄，边缘被糙伏毛；无柄。轮伞花序具 10 花，偏向一侧，组成穗状花序，花序梗长 1-2 毫米；苞片及小苞片线形，先端锥尖长 2-3 毫米。花萼管形，长约 1 厘米，喉部稍增大，疏被黄色腺点，脉及萼齿被微柔毛，萼齿三角状披针形，长约 4 毫米，先端锥尖；花冠紫或白色，长约 1.2 厘米，被微柔毛及黄色腺点，内面无毛，上唇直伸，长约 3 毫米，裂片尖，下唇长约 4 毫米，中裂片倒心形，先端微缺，侧裂片宽卵形。小坚果褐色，长圆状三棱形，长 2.5 毫米，被腺点，基部具白痕。花期 7-8 月，果期 8-9 月。

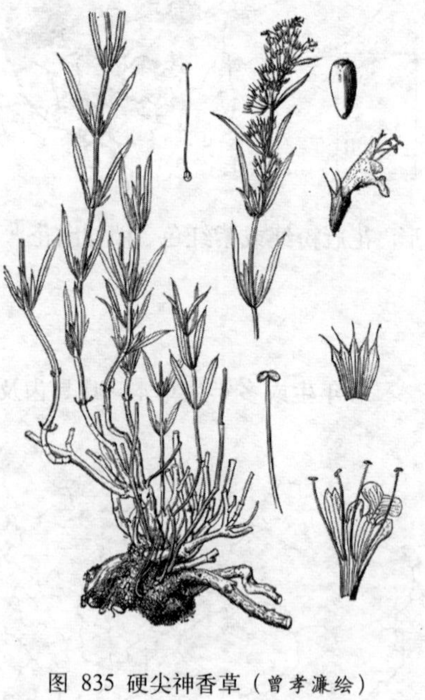

图 835 硬尖神香草（曾孝濂绘）

产新疆北部，生于海拔 1100-1800 米砾石山坡及干旱草地。哈萨克斯坦、俄罗斯及蒙古有分布。

[附] **神香草 Hyssopus officinalis** Linn. Sp. Pl. 1: 569. 1753. 本种与硬尖神香草的区别：叶、苞片及萼齿先端均不锥尖。花期 6 月。原产欧洲。我国引入栽培。可提取芳香油作甜酒香料；花美丽，供观赏。

68. 牛至属 **Origanum** Linn.

亚灌木或多年生草本，芳香。叶卵形或长圆状卵形，全缘或具疏齿。雌花两性花异株；穗状花序圆柱形或长圆形，多花，组成伞房状圆锥花序，具覆瓦状排列小苞片，苞片及小苞片绿或紫红色，长圆状倒卵形或披针形。花萼钟形，喉部具毛环，约13脉，萼齿5，近三角形，近等大；花冠白、粉红或紫色，钟形，冠筒伸出，冠檐上唇直伸，先端微缺，下唇开展，3裂；两性花4雄蕊短于或稍伸出上唇，雌花不育，雄蕊内藏，花药卵球形，药室2，药隔三角状楔形，花丝无毛；花柱伸出，柱头相等2浅裂。小坚果卵球形，稍具棱，无毛。

约15-20种，分布于地中海地区至中亚。我国1种。

牛至 图 836 彩片183

Origanum vulgare Linn. Sp. Pl. 2: 590. 1753.

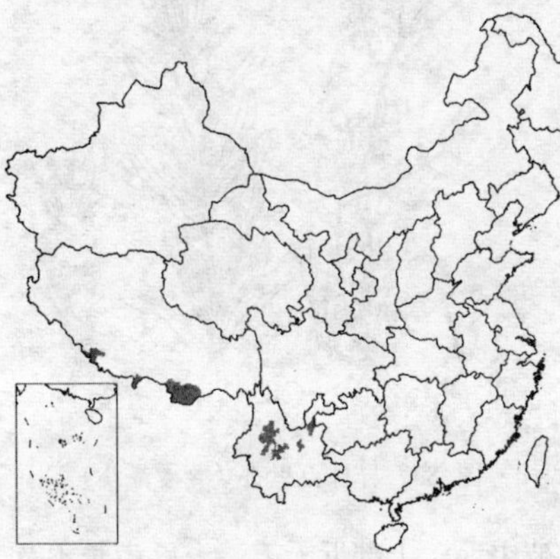

茎高达60厘米，直立或近基部平卧，稍带紫色，被倒向或微卷曲短柔毛。根茎偏斜，稍木质。叶卵形或长圆状卵形，长1-4厘米，先端钝，基部宽楔形或圆，全缘或疏生细齿，上面亮绿带紫晕，疏被长柔毛，下面密被长柔毛，两面被腺点；叶柄长2-7毫米，被柔毛。穗状花序长圆柱形；苞叶多无柄，带紫色，苞片绿或带紫晕，长圆状倒卵形或倒披针形。花萼长约3毫米，被细糙硬毛或近无毛，萼齿三角形，长约0.5毫米；花冠紫红或白色，管状钟形，长5-7毫米；两性花冠筒长5毫米，伸出花萼，雌花冠筒长约3毫米，均疏被短柔毛，上唇卵形，2浅裂，下唇裂片长圆状卵形。小坚果褐色，长约0.6毫米，顶端圆。花期7-9月，果期10-12月。

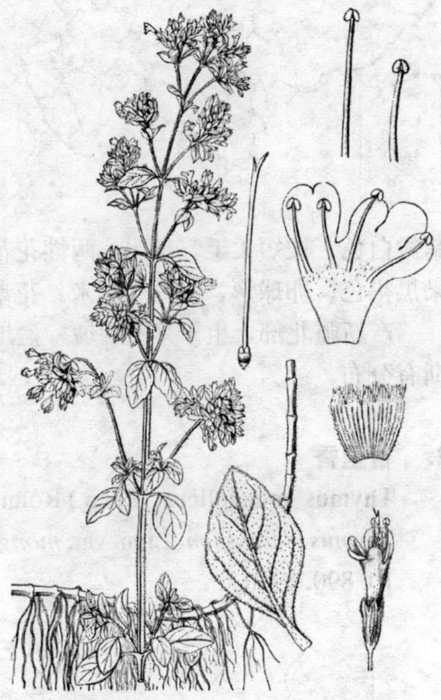

图 836 牛至（王利生绘）

产江苏、浙江、安徽、福建、台湾、江西、湖北、湖南、广东、贵州、云南、四川、陕西、甘肃、新疆、西藏及河南，生于海拔500-3600米山坡、林下、草地及路边。欧、亚及北美有分布。全草可防感冒，治中暑、腹泻；可提取芳香油；也是优良蜜源植物。

69. 百里香属 Thymus Linn.

亚灌木。茎粗短，枝条细长。叶全缘或疏生细齿。轮伞花序组成头状或穗状花序；苞片小。花具梗；花萼管状钟形或窄钟形，10-13脉，喉部具白色毛环，萼檐上唇具3齿，齿三角形或披针形，下唇2齿，钻形；花冠筒内藏或伸出，冠檐上唇直伸，先端微缺，下唇开展，3裂；雄蕊4，前对较长，伸出或内藏，药室2，平行或叉开；柱头2裂，裂片钻形。小坚果卵球形或长圆形，平滑。

约300-400种，分布于非洲北部、欧洲及亚洲温带。我国11种。

1. 花序穗状，长20厘米以上 …………………………………… 1. **异株百里香 T. marschalianus**
1. 花序头状。
  2. 花萼上唇齿三角形，长不及上唇1/3 …………………………………… 2. **百里香 T. mongolicus**
  2. 花萼上唇齿披针形，长为上唇1/2或稍短。
    3. 叶长圆状椭圆形或长圆状披针形；花序轴密被下弯短柔毛 ……………… 3. **地椒 T. quinquecostatus**
    3. 叶宽卵状披针形；花序轴密被平展柔毛 ……………………………………
    …………………………………… 3(附). **展毛地椒 T. quinquecostatus var. przewalskii**

1. 异株百里香 图 837

Thymus marschallianus Willd. Sp. Pl. 3: 141. 1800.

茎短，多分枝；营养枝多从茎顶长出，较花枝短而少，被短柔毛；花枝长达30厘米，近直立或斜升，具花小枝被开展或倒向长柔毛，无花小枝被

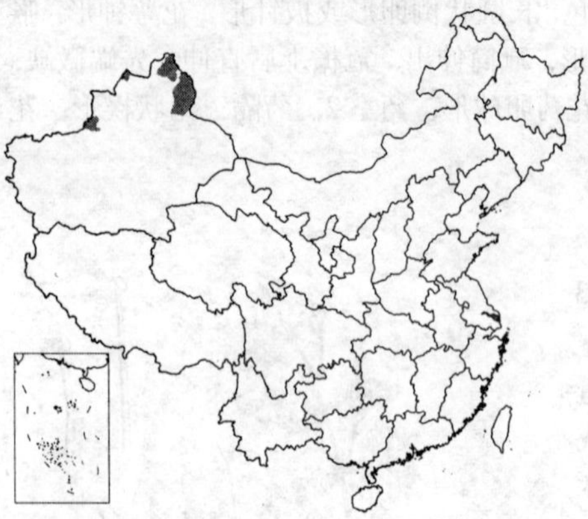

短柔毛，其叶腋具簇生小叶的短枝。叶长圆状椭圆形或线状长圆形，长1-2.8厘米，宽1-6.5毫米，基部渐窄，全缘，稀具细齿，两面无毛，稀被微柔毛。轮伞花序组成长达20厘米以上穗状花序；雌花两性花异株。花梗长2-4(-5)毫米，密被短柔毛；花萼管状钟形，长2.5-3.5(-4)毫米，被开展柔毛，果时腺点明显，上唇齿三角形，具缘毛；花冠红紫、紫或白色，被短柔毛，伸出，两性花花冠下唇开展，雌花下唇近直伸。小坚果黑褐色，卵球形，长约1毫米。花期8月。

产新疆北部，生于多石斜坡、盆地及沟边。哈萨克斯坦、乌克兰及俄罗斯有分布。

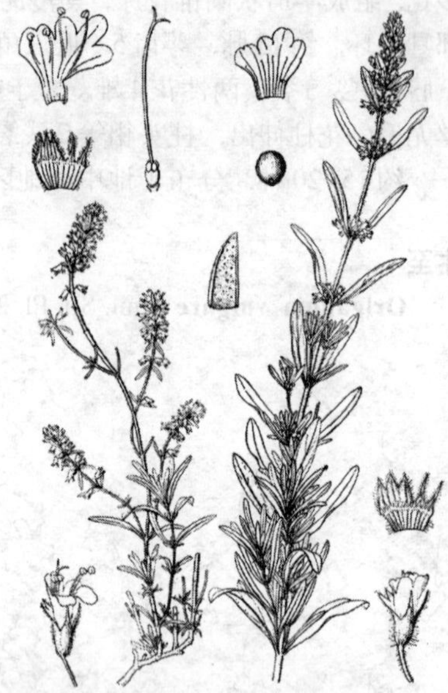

图 837 异株百里香（曾孝濂绘）

2. 百里香 图 838:8-13

Thymus mongolicus (Ronn.) Ronn. in Acta Horti Gothob. 9: 99. 1934.

Thymus serpyllum Linn. var. *mongolicus* Ronn. in Notizbl. Bot. Gart. Berl. 10: 890. 1930.

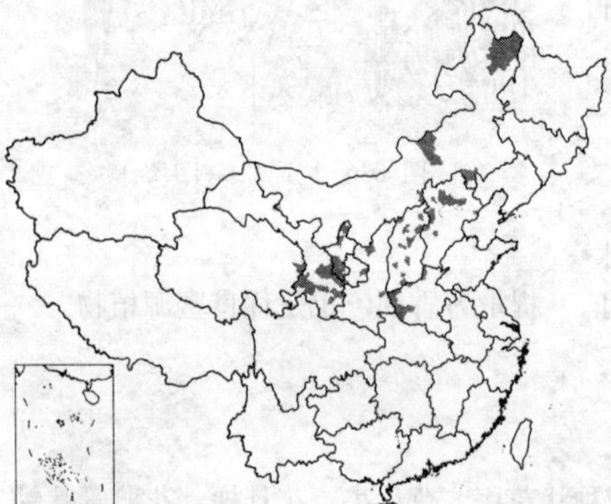

茎多数，匍匐至上升；营养枝被短柔毛；花枝长达10厘米，上部密被倒向或稍平展柔毛，下部毛稀疏，具2-4对叶。叶卵形，长0.4-1厘米，宽2-4.5毫米，先端钝或稍尖，基部楔形，全缘或疏生细齿，两面无毛，被腺点。花序头状。花萼管状钟形或窄钟形，长4-4.5毫米，下部被柔毛，上部近无毛，上唇齿长不及唇片1/3，三角形，下唇较上唇长或近等长；花冠紫红、紫或粉红色，长6.5-8毫米，疏被短柔毛，冠筒长4-5毫米，向上稍增大。小坚果近球形或卵球形，稍扁。花期7-8月。

产内蒙古、河北、山西、河南、陕西、甘肃及青海，生于海拔1100-3600米多石山地、斜坡、山谷、山沟、路边及草丛中。

3. 地椒 图 838:1-7

Thymus quinquecostatus Celak. in Oesterr. Bot. Zeitschr. 39: 263. 1889.

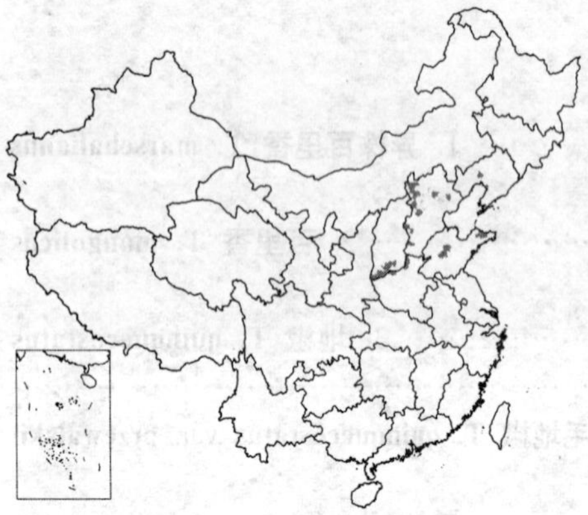

茎斜升至平展；营养枝较花枝少，疏被倒向柔毛；花枝多数，长3-15厘米，花序以下密被倒向柔毛，下部毛稀疏，节间多达15个。叶长圆状椭圆形或长圆状披针形，稀卵形或卵状披针形，长0.7-1.3厘米，宽(1.5-)2-3(-4.5)毫米，基部渐窄，全缘，外卷，或具长缘毛，两面无毛，侧脉2-3对。花序头状，稀长圆状；苞叶与茎叶同形。花梗长达4毫米；花萼管状钟形，长5-6毫米，上部无毛，下部被平展柔毛，上唇齿披针形；花冠长6.5-7毫米，冠筒较花萼短。花期8月。

产辽宁、河北、山东、河南及山西，生于海拔900米以下山区。俄罗斯、

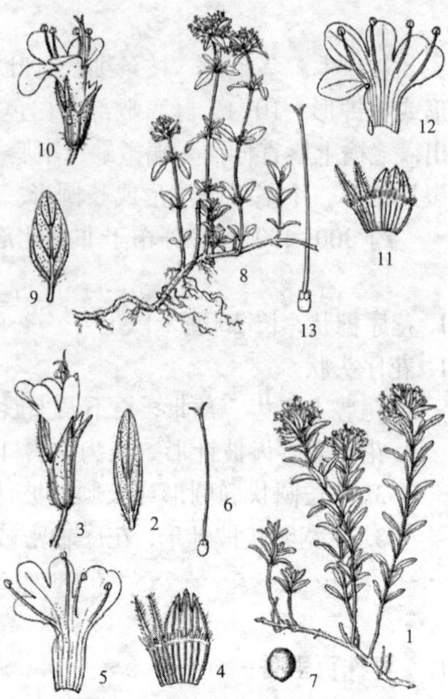

图 838:1-7. 地椒 8-13. 百里香（曾孝濂绘）

朝鲜及日本有分布。

[附] **展毛地椒 Thymus quinquecostatus** var. **przewalskii** (Kom.) Ronn. in Acta Hort. Gothob. 9: 100. 1934.—— *Thymus serpyllum* Linn. var. *przewalskii* Kom. in Acta Hort. Petrop. 25: 377. 1907. 本种与模式变种的区别：叶宽卵状披针形；花序轴密被平展柔毛。产黑龙江、吉林、辽宁、内蒙古、河北、河南、山西、陕西及甘肃，生于海拔600-2000（-3500）米山坡石砾地或草地、河岸沙地、沙滩、石缝中。

70. 薄荷属 Mentha Linn.

一年生或多年生草本，芳香，常具根茎或匍匐茎。上部叶无柄或近无柄；叶具齿。轮伞花序2至多花；苞叶与茎叶相似，苞片披针形或线形。花两性或单性；花萼具10-13脉；花冠漏斗形，冠筒常不伸出花萼，喉部稍膨大或前方呈囊状，冠檐4裂，上裂片稍宽，先端微缺或2浅裂，余3裂片等大，全缘；雄蕊4，近等大，叉开，直伸，两性花雄蕊伸出，雌花雄蕊内藏或退化，花丝无毛，药室2，平行；花柱伸出，柱头相等2浅裂。小坚果卵球形，平滑或稍被瘤，顶端圆，稀被毛。

约30种，广布于北半球温带，少数种产南半球。我国6种，引入栽培6种。

1. 花萼钟形或管状钟形，直伸，整齐，萼齿近等大，萼筒喉部内面无毛；花冠喉部稍膨大。
  2. 轮伞花序腋生，疏散；花冠喉部被毛。
    3. 茎多分枝，上部被微柔毛，下部沿棱被微柔毛；叶缘疏生牙齿状锯齿；萼齿被微柔毛；雄蕊及花柱稍伸出 ………………………………………… 1. **薄荷 M. canadensis**
    3. 茎不分枝或上部分枝，密被柔毛；叶缘具不规则浅齿；萼齿被长柔毛；雄蕊及花柱伸出 ………………………………………… 1(附). **东北薄荷 M. sacalinensis**
  2. 轮伞花序组成顶生头状或穗状花序，苞叶线形或似茎叶。
    4. 轮伞花序2个集成头状花序；花萼管状钟形；花冠内被毛；小坚果无毛 ………………………………………… 2. **兴安薄荷 M. dahurica**
    4. 轮伞花序组成穗状花序；花萼钟形；花冠内面无毛；小坚果顶端被毛。
      5. 叶下面被毛。
        6. 叶具短柄或近无柄，不皱，疏生不整齐浅牙齿 ………………… 3. **假薄荷 M. asiatica**
        6. 叶无柄，多皱，具圆齿或圆齿状锯齿 ………………… 3(附). **圆叶薄荷 M. suaveolens**
      5. 叶无毛或近无毛，两面暗绿或亮绿色。
        7. 上部茎叶无柄或近无柄；花序细，长4-10厘米 ………………… 4. **留兰香 M. spicata**
        7. 茎叶具柄；花序粗大 ………………… 4(附). **辣薄荷 M. × piperita**
1. 花萼管形，稍弯曲，二唇形，上唇3齿披针状三角形，下唇2齿钻形，萼筒内面喉部被髯毛；花冠喉部前方囊状 ………………………………………… 4(附). **唇萼薄荷 M. pulegium**

1. 薄荷 图839

Mentha canadensis Linn. Sp. Pl. 2: 577. 1753.

Mentha haplocalyx Briq.; 中国高等植物图鉴 3: 681. 1974; 中国植物志 66: 263. 1977.

多年生草本，高达60厘米。茎多分枝，上部被微柔毛，下部沿棱被微柔毛。具根茎。叶卵状披针形或长圆形，长3-5(-7)厘米，先端尖，基部楔形或圆，基部以上疏生粗牙齿状锯齿，两面被微柔毛；叶柄长0.2-1厘米。轮伞花序腋生，球形，径约1.8厘米，花序梗长不及3毫米。花梗细，长2.5毫米；花萼管状

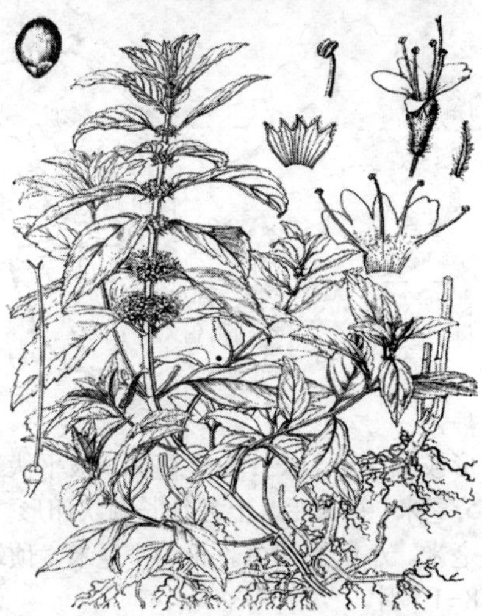

图839 薄荷（曾孝濂绘）

钟形，长约 2.5 毫米，被微柔毛及腺点，10 脉不明显，萼齿窄三角状钻形；花冠淡紫或白色，长约 4 毫米，稍被微柔毛，上裂片 2 裂，余 3 裂片近等大，长圆形，先端钝；雄蕊长约 5 毫米。小坚果黄褐色，被洼点。花期 7–9 月，果期 10 月。

产南北各地，生于海拔 3500 米以下水边湿地。热带亚洲、俄罗斯远东地区、朝鲜、日本及北美洲（南达墨西哥）有分布。全草可提取薄荷油，用于医药、牙膏、漱口剂等制品；又可药用；幼嫩茎尖可食。

[附] **东北薄荷 Mentha sachalinensis** (Briq. ex Miyabe et Miyake) Kudo in Journ. Coll. Sci. Imp. Univ. Tokyo 43(10): 47. 1921 —— *Mentha arvensis* Linn. subsp. *haplocalyx* Briq. var. *sachalinensis* Briq. ex Miyabe et Miyake, Fl. Saghalin 361. 1916. 本种与薄荷的区别：茎不分枝或上部分枝，密被柔毛；叶缘具不规则浅齿；萼齿被长柔毛；雄蕊及花柱伸出。花期 7–8 月，果期 9 月。产黑龙江、吉林、辽宁及内蒙古，生于海拔 170–1100 米水边及潮湿草地。俄罗斯远东地区及日本有分布。

2. 兴安薄荷 图 840

Mentha dahurica Fisch. ex Benth. Labiat. Gen. Spec. 181. 1836.

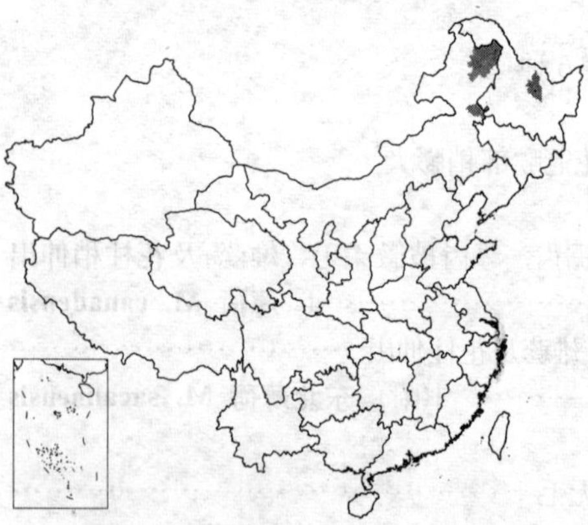

多年生草本，高达 60 厘米。茎沿棱被倒向微柔毛，有时带紫色。叶卵形或长圆形，长约 3 厘米，基部宽楔形或圆，具浅圆齿状锯齿或近全缘，两面无毛或疏被微柔毛，下面被腺点；叶柄长 0.7–1 厘米。轮伞花序具 5–13 花，2 个集成头状花序，花序梗长 0.2–1 厘米，被微柔毛；小苞片线形。花梗长 1–3 毫米；花萼管状钟形，长约 2.5 毫米，脉明显，萼齿宽三角形，长约 0.5 毫米；花冠淡红或粉紫色，长约 5 毫米，无毛，喉部内面被微柔毛，裂片圆，长约 1 毫米，上裂片 2 浅裂；前对雄蕊内藏或稍伸出花冠。花期 7–8 月。

产黑龙江、吉林及内蒙古，生于海拔 650 米草甸。俄罗斯远东地区及日本北部有分布。

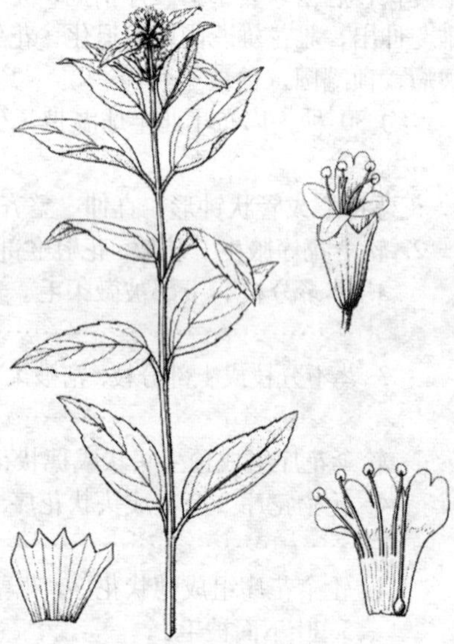

图 840 兴安薄荷（吴彰桦绘）

3. 假薄荷 图 841

Mentha asiatica Boriss. in Not. Syst. Herb. Inst. Bot. Acad. Sci. URSS 16: 280. 1954.

多年生草本，高达 1.2(1.5) 米。茎稍分枝，密被细绒毛。叶长圆形、椭圆形或长圆状披针形，长 3–8 厘米，有时褶叠下弯，先端尖，基部圆或宽楔形，疏生不整齐浅牙齿，两面带灰绿色，被平伏绉细绒毛，下面被腺点；叶柄长 0.1–0.5 毫米。轮伞花序组成圆柱形穗状花序；苞片线形或钻形，小苞片钻形。花梗长约 1 毫米；花萼稍紫红色，钟形或漏斗形，长 1.5–2 毫米，被平伏短柔毛，萼齿线形；花冠紫红色，长 4–5 毫米，被柔毛，上裂片长圆状卵形，长 2 毫米，先端微缺，余 3 裂片长约 1 毫米。小坚果褐色，长约 1 毫米，顶端被柔毛，被洼点。花期 7–8 月，果期 8–10 月。

产新疆、西藏及四川西北部，生于海拔 3100 米以下溪边、沟谷、田间及

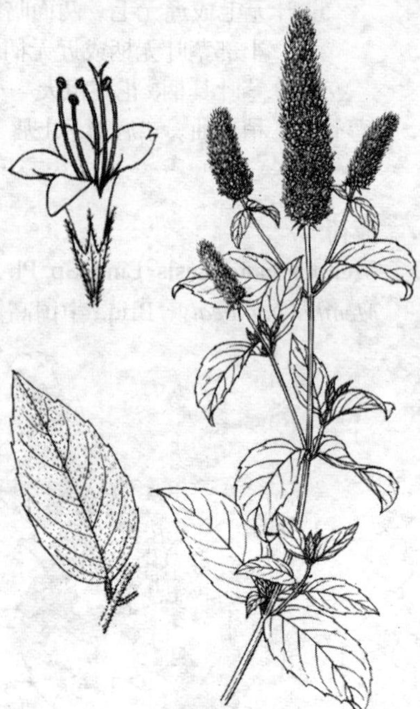

图 841 假薄荷（蔡淑琴绘）

荒地。伊朗、哈萨克斯坦、塔吉克斯坦、土库曼斯坦、乌兹别克斯坦、乌克兰及俄罗斯有分布。

[附] **圆叶薄荷** 图 842:3 **Mentha suaveolens** Ehrh. in Beitr. Naturk. 7: 149. 1792.——*Mentha rotundifolia* (Linn.) auct. non Huds.: 中国植物志 66: 272. 1977. 本种与假薄荷的区别: 茎密被皱曲长柔毛；叶圆形或长圆状卵形，多皱，具圆齿或圆状锯齿，无柄；花冠白、淡紫、紫蓝或紫色。原产中欧。北京、南京、上海、云南（丽江、昆明）等地引种栽培。

4. 留兰香 图 842:1-2

Mentha spicata Linn. Sp. Pl. 2: 576. 1753.

多年生草本，高达 1.3 米。茎直立，无毛或近无毛。具匍匐茎。叶卵状长圆形或长圆状披针形，长 3-7 厘米，先端尖，基部宽楔形或圆，具不规则尖锯齿，两面无毛或近无毛；叶柄无或近无。轮伞花序组成圆柱形穗状花序；小苞片线形，长 5-8 毫米。花梗长约 2 毫米；花萼钟形，长约 2 毫米，无毛，被腺点，5 脉不明显，萼齿三角状披针形，长约 1 毫米；花冠淡紫色，长约 4 毫米，两面无毛，冠筒长约 2 毫米，裂片近等大，上裂片先端微缺。子房褐色，无毛。花期 7-9 月。

新疆有野生。河南、河北、江苏、浙江、湖北、广东、广西、四川、贵州、云南等地栽培或已野化。非洲、西南亚、欧洲、土库曼斯坦及俄罗斯有分布。全草含芳香油，称留兰香油或薄荷油，用作口香糖及牙膏等香料，也供药用，嫩枝叶可作调味香料。

[附] **辣薄荷** **Mentha piperita** Linn. Sp. Pl. 2: 576. 1753. 本种与留兰香的区别: 茎叶具柄，叶披针形或卵状披针形，长 2.5-3 厘米，基部圆或浅心形，下面密被腺点，脉被细糙硬毛；花序粗大，花冠白色。花期 7 月，果期 8 月。原产欧洲。南京、北京等地栽培。埃及、印度、中亚、俄罗斯、日本及北美均有引种。

[附] **唇萼薄荷** **Mentha pulegium** Linn. Sp. Pl. 2: 577. 1753. 本种主要特征: 茎带红紫色，多分枝；叶卵圆形或卵形，长 0.8-1.3 厘米，两面被毛；轮伞花序具 10-30 花；花萼管形，稍弯曲，二唇形，上唇 3 裂披针状三角形，下唇 2 齿钻形，萼筒内面喉部被髯毛；花冠喉部前方囊状。花期 9 月。原产西南亚、中欧、土库曼斯坦、塔吉克斯坦、俄罗斯。北京、南京等地引种栽培。全草可提取唇萼薄荷油，用于制皂及合成薄荷醇，药用可治肠胃气胀、腹痛及作发汗剂。

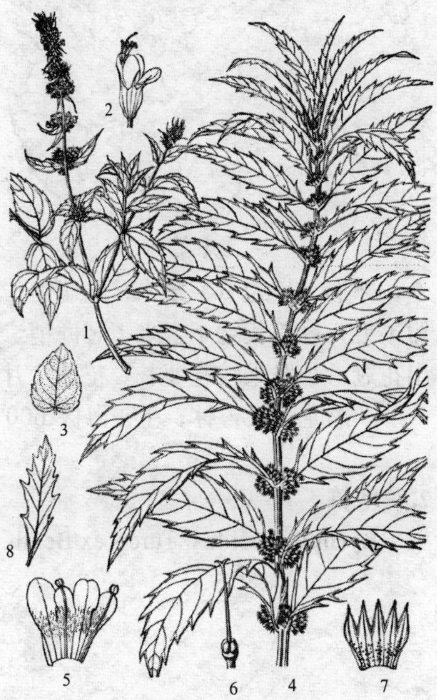

图 842:1-2. 留兰香 3. 圆叶薄荷 4-7. 地笋 8. 小叶地笋（李锡畴绘）

71. 地笋属 Lycopus Linn.

多年生草本，根茎肥大。叶具齿或羽状分裂。轮伞花序无梗，具多花；苞叶与茎叶同形，小苞片较花萼长或等长。花无梗；花萼钟形，近整齐，内面无毛；萼齿 4-5，等大或 1 枚大；花冠钟形，二唇形，喉部被交错长柔毛，上唇全缘或微缺，下唇 3 裂；前对雄蕊能育，稍伸出，直伸，后对退化雄蕊丝状，顶端棒状或头状，或缺如，花丝无毛，药室 2，平行，后稍叉开；花柱伸出，柱头 2 裂，裂片尖，扁平，等大，或后裂片较小。小坚果背腹稍扁，腹面稍具棱，无毛或腹面被腺点，顶端平截，基部楔形，边缘厚。

约 10 种，广布于东半球温带及北美。我国 4 种。

1. 萼齿先端尖；小坚果较花萼长 ………………………………………… 1. **小花地笋 L. parviflorus**
1. 萼齿先端刺尖；小坚果较花萼短。
    2. 叶较节间短或稍长，基部以上疏生浅波状牙齿或不规则圆齿状牙齿 ……………………………… ………………………………………… 3. **小叶地笋 L. cavaleriei**
    2. 叶较节间长，具粗牙齿状尖锯齿。
        3. 茎无毛或节疏被微硬毛；叶两面无毛 ………………………………………… 2. **地笋 L. lucidus**
        3. 茎沿棱被倒向微硬毛，节密被长硬毛；叶上面及下面脉密被糙长硬毛，具缘毛 ……………………………… ………………………………………… 2(附). **硬毛地笋 L. lucidus var. hirtus**

1. 小花地笋 图 843

Lycopus parviflorus Maxim. Prim. Fl. Amur. 216. 1859.

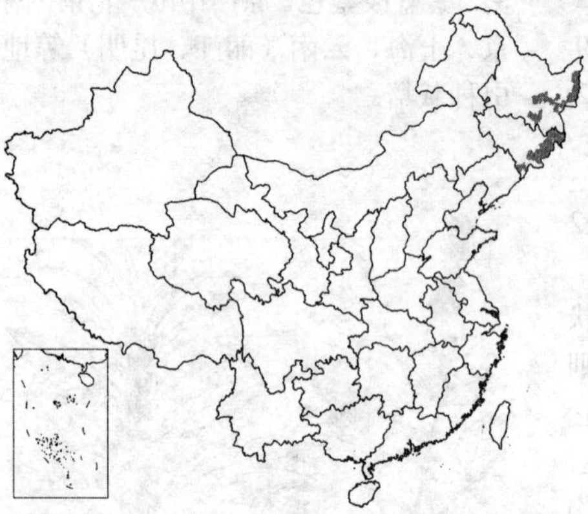

多年生草本，高达40厘米。茎常不分枝，密被细微柔毛。根茎纺锤形；匍匐茎具鳞叶。叶长圆状椭圆形，长3-5.5厘米，先端尖，基部楔状渐窄，具4-6对尖锯齿或全缘，两面近无毛或沿脉稍被细微柔毛，密被淡黄色腺点；具短柄。轮伞花序具7-10花，近球形，小苞片2-3，线状披针形，具缘毛。花萼长约2毫米，被短柔毛，萼齿5，卵形，长约0.8毫米，先端尖，具小缘毛；花冠白色，长约2毫米，被短柔毛，冠筒长约1毫米，冠檐稍二唇形，上唇直立，下唇开展；雄蕊稍伸出花冠。小坚果较花萼长。花期7月，果期8-10月。

产黑龙江及吉林，生于海拔600米湿草地。

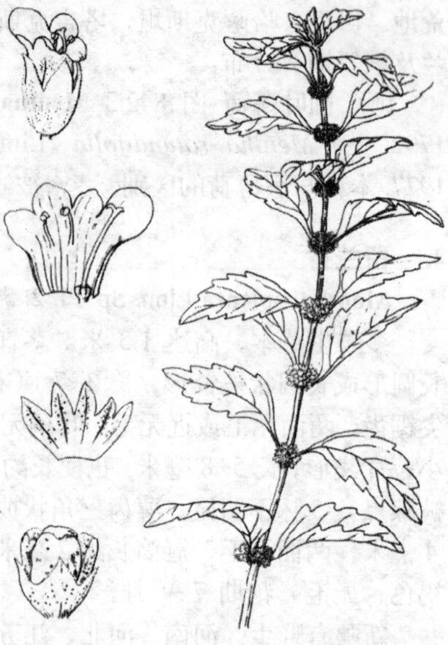

图 843 小花地笋（冯金环绘）

2. 地笋 图 842:4-7

Lycopus lucidus Turcz. ex Benth. in DC. Prodr. 12: 178. 1848.

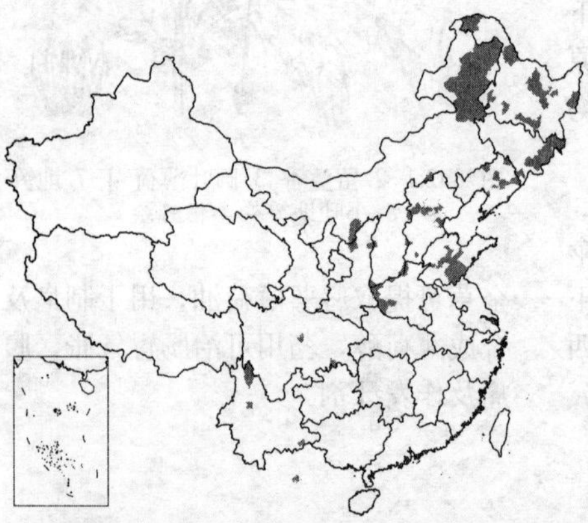

多年生草本，高达70厘米。茎常不分枝，无毛或节稍紫红色，疏被微硬毛。地下匍匐茎肥大，具鳞叶。叶长圆状披针形，长4-8厘米，先端渐尖，基部楔形，具粗牙齿状尖齿，两面无毛，下面被腺点；叶柄极短或近无。轮伞花序球形，径1.2-1.5厘米；小苞片卵形或披针形，刺尖，具小缘毛，外层小苞片长达5毫米，具3脉，内层小苞片长2-3毫米，具1脉。花萼长3毫米，被腺点，内面无毛，萼齿5，披针状三角形，长约2毫米，刺尖，具小缘毛；花冠白色，长5毫米，冠檐被腺点，喉部被白色短柔毛，冠筒长约3毫米，冠檐稍二唇形，上唇近圆形，下唇3裂。小坚果倒卵球状四边形，长1.6毫米，背面平，腹面具棱，被腺点。花期6-9月，果期8-11月。

产黑龙江、吉林、辽宁、河北、河南、陕西、四川、贵州及云南，生于海拔320-2600米沼泽地、沟边湿地。俄罗斯远东地区及日本有分布。

[附] **硬毛地笋** 泽兰 **Lycopus lucidus** var. **hirtus** Regel in Mém. Acad. Sci. St. Pétersb. 4: 115. 1861. 本变种与模式变种的区别：茎沿棱被微硬毛，节密被长硬毛；叶披针形，上面及下面脉被长硬糙毛，具缘毛及尖齿。产黑龙江、吉林、辽宁、内蒙古、河北、山西、陕西、甘肃、山东、江苏、浙江、安徽、福建、台湾、江西、湖北、湖南、广东、广西、贵州、四川及云南，生于海拔320-2400米沼泽地、水边。俄罗斯远东地区及日本有分布。全草为妇科要药，根茎称地笋，可食，也可药用，治金疮肿毒及风湿关节痛。

3. 小叶地笋 图 842:8

Lycopus cavaleriei Lévl. in Fedde, Repert. Sp. Nov. 8: 423. 1910.

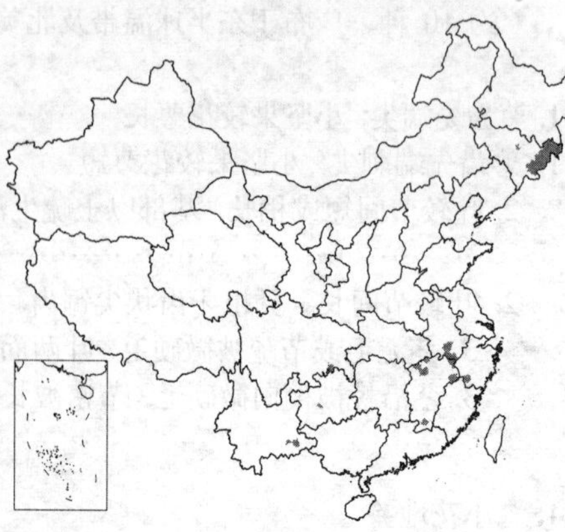

茎直立，高达60厘米。茎被微柔毛或无毛，节稍被柔毛。根茎顶端具肥大地下匍匐茎。叶长圆状卵形或卵形，长1.5-3厘米，先端尖，基部楔形或窄楔形，基部以上疏生波状牙齿或不规则圆齿状牙齿，两面近无毛，被腺点；无柄。轮伞花序球形，径5-7毫米；小苞片线状钻形，长1.5-2.5毫米，刺尖。花冠白色，伸出，长3-3.5毫米，唇片被腺点，喉部被白色交错纤毛，冠檐稍二唇形，唇片长约1毫米，上唇圆形，先端微缺，下唇3裂，裂片近相等；前对雄蕊与花冠等长，后对雄蕊退化成丝状或缺如。小坚果倒卵球状四边形，腹面稍隆起，被腺点，基部具小白痕。花期7-8月，果期8-9月。

产吉林、浙江、安徽、江西北部、贵州、四川及云南，生于海拔850-1700米山坡、溪边及水田边。朝鲜及日本有分布。

72. 紫苏属 Perilla Linn.

一年生芳香草本。叶具齿。轮伞花序具2花，组成偏向一侧总状花序；苞片宽卵形或近圆形。花具梗；花萼钟形，10脉，直伸，结果时增大，基部一边肿胀，喉部被柔毛环，檐部二唇形，上唇3齿，中齿较小，下唇2齿披针形；花冠白或紫红色，钟形，冠筒短，喉部斜，冠檐二唇形，上唇微缺，下唇3裂，侧裂片与上唇相似，中裂片较大；雄蕊4，近相等或前对稍大，花丝直伸，分离，药室2，平行，后稍叉开或极叉开；花柱内藏，柱头2浅裂，裂片钻形，近相等。小坚果近球形，被网纹。

1种2变种，产东亚。我国均产。

紫苏 白苏 图 844

Perilla frutescens (Linn.) Britt. in Mem. Torr. Bot. Club. 5: 277. 1894.

Ocimum frutescens Linn. Sp. Pl. 2: 597. 1753.

直立草本，高达2米。茎绿或紫色，密被长柔毛。叶宽卵形或圆形，长7-13厘米，先端尖或骤尖，基部圆或宽楔形，具粗锯齿，上面被柔毛，下面被平伏长柔毛；叶柄长3-5厘米，被长柔毛。轮伞总状花序密被长柔毛；苞片宽卵形或近圆形，长约4毫米，具短尖，被红褐色腺点，无毛。花梗长约1.5毫米，密被柔毛；花萼长约3毫米，直伸，下部被长柔毛及黄色腺点，下唇较上唇稍长；花冠长3-4毫米，稍被微柔毛，冠筒长2-2.5毫米。小坚果灰褐色，近球形，径约1.5毫米。花、果期8-12月。

全国各地广泛栽培。不丹、印度、中南半岛、印度尼西亚、朝鲜及日本有分布。全草供药用及香料，叶可发汗、止咳、健胃、利尿、镇痛、镇静、解毒，对鱼蟹中毒腹痛呕吐有特效；茎、梗可安胎，种子可镇咳、祛痰、平喘，治精神抑郁症；叶可食用；种子油称苏子油，可食用及作防腐等工业用。

叶全绿称白苏，叶紫色称紫苏，白苏花常白色，紫苏花常粉红至紫红色。

[附] **野生紫苏 Perilla frutescens** var. **purpurascens** (Hayata) H. W. Li in Acta Bot. Yunnan. 13(3): 350. 1911.——*Perilla ocymoides* Linn. var. *purpurascens* Hayata, Ic. Pl. Formos. 8: 103. 1919. —— *Perilla frutescens* var. *acuta* (Thunb.) Kudo; 中国植物志 66: 286. 1977. 本变种与模式变种的区别：茎被短柔毛；叶卵形，长4.5-7.5厘米，两面被柔毛；果萼长4-5.5毫米，下部被柔毛及腺点；小坚果黄褐色，径1-1.5毫米。产山西、河北、江苏、浙江、福建、台湾、江西、湖北、湖南、广东、海南、广西、云南、贵州、四川及西藏，生于山区荒地、村边及路边。植株供药用及食用。

[附] **回回苏 Perilla frutescens** var. **crispa** (Benth.) Deane ex Bailey, Manual Cult. Pl. ed. 1: 646. 1924. ——*Perilla ocymoides* Linn. var. *crispa* Benth. in DC. Prodr. 12: 164. 1848. 本变种与模式变种的区别：叶常青紫色，锯齿窄长。我国各地栽培。日本有分布。植株供药用及香料用。

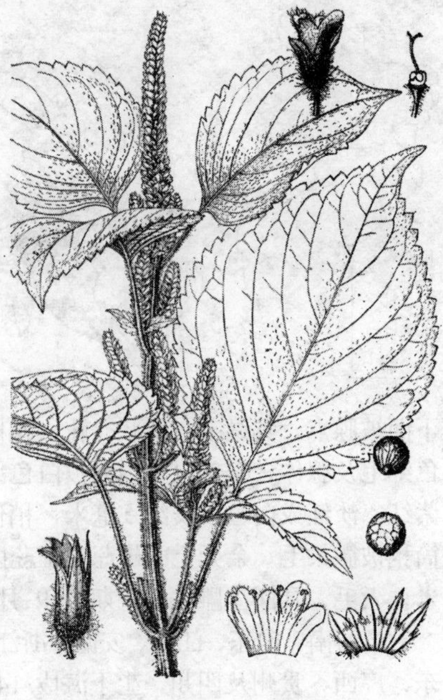

图 844 紫苏 （曾孝濂绘）

73. 石荠苎属 Mosla (Benth.) Buch.-Ham. ex Maxim.

一年生芳香草本。叶具齿及柄，下面被腺点。轮伞花序2花，组成顶生总状花序；苞片小，或下部的叶状。花具梗；花萼钟形，10脉，喉部被毛，萼檐具5齿或二唇形，上唇3齿，下唇2齿披针形；花冠白、粉红或紫红色，冠筒内面无毛或具毛环，冠檐近二唇形，上唇微缺，下唇3裂，侧裂片与上唇近似，中裂片常具圆齿；雄蕊4，后对能育，花药2室叉开，前对退化，药室不发育；柱头近相等2浅裂。小坚果近球形，疏被网纹或深洼雕纹，果脐基生，点状。

约22种，产印度、中南半岛、马来西亚、印度尼西亚、菲律宾、朝鲜及日本。我国12种。

1. 苞片倒卵圆形；花萼5齿近等大；小坚果被深洼雕纹 ………………………………… 1. **石香薷 M. chinensis**

1. 苞片卵状披针形、披针形或针形；花萼二唇形；小坚果被疏网纹，稀被深洼雕纹。
  2. 花萼上唇具尖齿 ………………………………………………………………………… 2. 石荠苎 **M. scabra**
  2. 花萼上唇具钝齿。
    3. 花冠长 2.5 毫米；植株疏被长柔毛及微柔毛；叶卵形或卵状披针形 ……………………………………………………………………………………………… 3. 小花荠苎 **M. cavaleriei**
    3. 花冠长 2.5 毫米以上；植株被微柔毛或短硬毛；叶倒卵形、卵状针形、菱状披针形或菱形。
      4. 叶疏生尖齿；苞片针形或线状披针形 ………………………………………… 4. 小鱼仙草 **M. dianthera**
      4. 叶具圆齿或圆齿状锯齿；苞征卵状披针形或披针形 …………………… 4(附). 长苞荠苎 **M. longibracteata**

1. 石香薷 图 845

Mosla chinensis Maxim. in Mél. Biol. Acad. Sci. St. Pétersb. 11: 805. 1883.

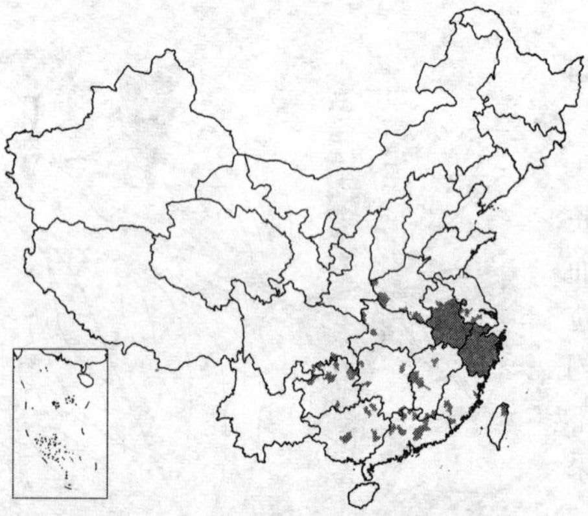

直立草本，高达 40 厘米。茎基部多分枝或不分枝，被白色柔毛。叶线状长圆形或线状披针形，长 1.3–2.8(–3.3) 厘米，先端渐尖或尖，基部楔形，疏生浅齿，两面疏被短柔毛及褐色腺点；叶柄长 3–5 毫米，疏被短柔毛。总状花序头状，长 1–3 厘米；苞片覆瓦状排列或疏散排列，倒卵圆形，长 4–7 毫米，先端短尾尖，全缘，两面被柔毛，下面被腺点，具缘毛，掌状 5 脉。花梗疏被短柔毛；花萼长约 3 毫米，被白色绵毛及腺体，喉部以上内面被白色绵毛，下部无毛；萼齿 5，钻形；花冠紫红、淡红或白色，长约 5 毫米，稍伸出苞片，被微柔毛，下唇内面下方冠筒稍被微柔毛，余无毛；雄蕊及雌蕊内藏。小坚果灰褐色，球形，径 1.2 毫米，无毛，具深洼雕纹。花期 6–9 月，果期 7–11 月。

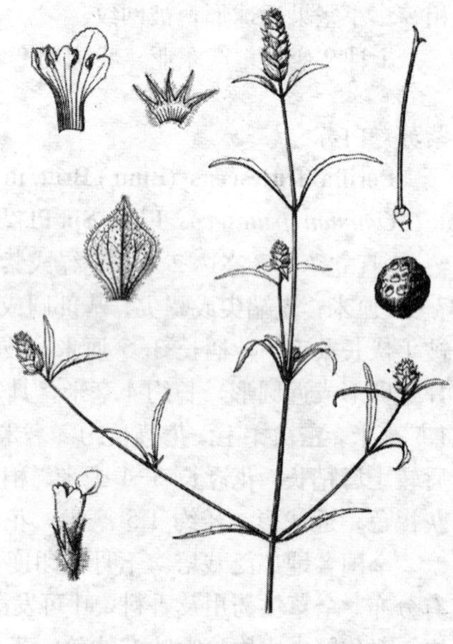

图 845 石香薷（引自《中国植物志》）

产河南、山东、江苏、安徽、浙江、福建、台湾、江西、湖北、湖南、广东、广西、贵州及四川，生于海拔 1400 米以下草坡或林下。越南北部有分布。全草治中暑、感冒、胃痛、痢疾、跌打瘀痛及蛇咬伤。

2. 石荠苎 图 846

Mosla scabra (Thunb.) C. Y. Wu et H. W. Li in Acta Phytotax. Sin. 12(2): 230. 1974.

Ocimum scabrum Thunb. in Trans. Linn. Soc. 2: 338. 1794.

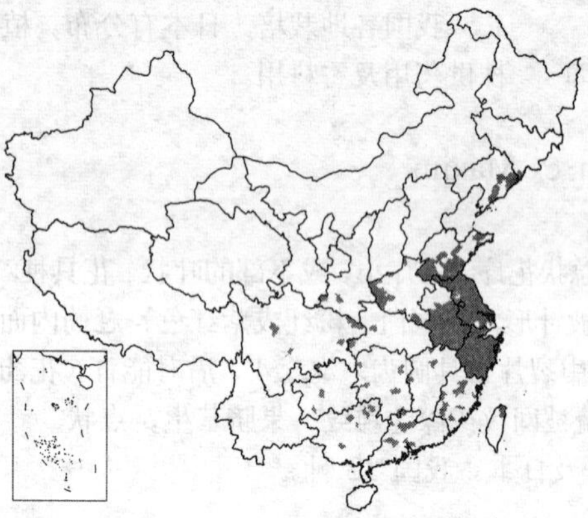

茎高达 1 米，多分枝，密被短柔毛。叶卵形或卵状披针形，长 1.5–3.5 厘米，基部圆或宽楔形，具锯齿，上面被灰色微柔毛，下面近无毛或疏被短柔毛，密被腺点；叶柄长 0.3–1.6(–2) 厘米，被短柔毛。总状花序长 2.5–15 厘米；苞片卵形，密被灰白柔毛。花萼长约 2.5 毫米，被柔毛，萼檐二唇形，上唇 3 齿卵状披针形，中齿稍小，下唇 2 齿线形；花冠粉红色，长 4–5 毫米，被微柔毛，内面基部具毛环，冠檐上唇直伸，下

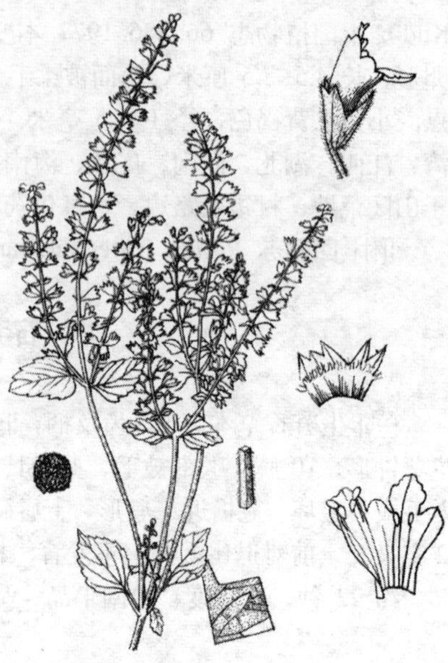

图 846 石荠苎（引自《浙江植物志》）

唇中裂片具齿。小坚果黄褐色，球形，径约 1 毫米，被深洼雕纹。花期 5-11 月，果期 9-11 月。

产吉林、辽宁、江苏、安徽、浙江、福建、台湾、江西、湖北、湖南、广东、广西、贵州、四川、陕西及甘肃，生于海拔 1150 米以下山坡、灌丛中及路边。越南北部及日本有分布。全草治感冒、便血、疖疮、外伤出血，根治疮毒；又可杀虫。

3.　小花荠苎　图 847

Mosla cavaleriei Lévl. in Fedde, Repert. Sp. Nov. 9: 247. 1911.

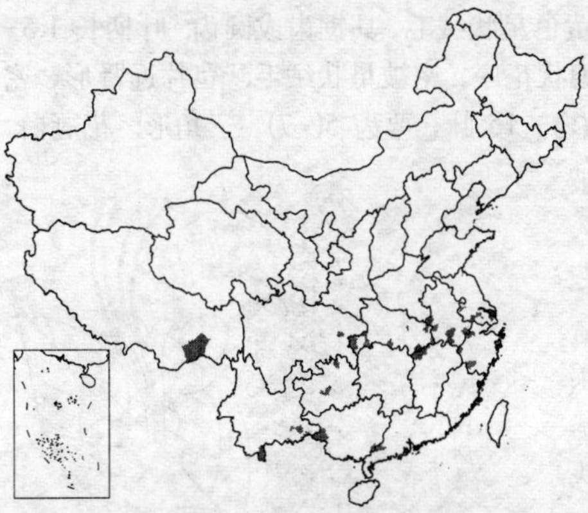

茎高达 1 米，疏被长柔毛及微柔毛。叶卵形或卵状披针形，长 2-5 厘米，先端尖，基部圆或宽楔形，具细锯齿，两面被柔毛，下面密被腺点；叶柄长 1-2 厘米，被柔毛。总状花序长 2.5-4.5 厘米，果时长达 8 厘米，被柔毛；苞片卵状披针形，被柔毛。花梗长约 1 毫米，被柔毛；花萼长约 1.2 毫米，被柔毛；上唇 3 齿三角形，下唇 2 齿披针形；花冠紫或粉红色，长约 2.5 毫米，被短柔毛，下唇较上唇稍长。小坚果灰褐色，球形，径 1.5 毫米，被疏网纹，无毛。花期 9-11 月，果期 10-12 月。

产浙江、江西、湖北、广东、广西、云南、贵州、四川及西藏，生于海拔 700-1600 米疏林下、山坡草地。越南北部有分布。全草药效同石香薷。

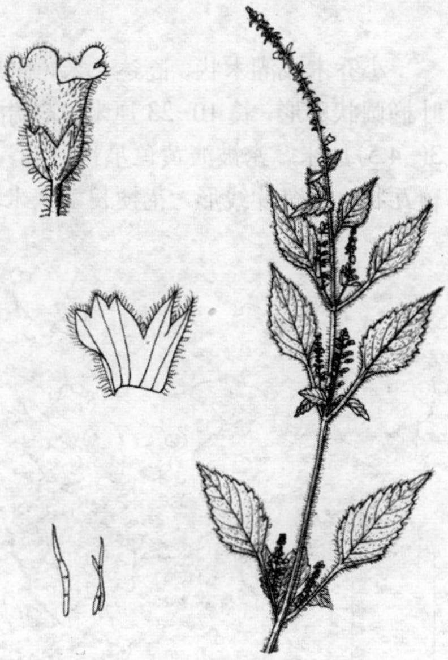

图 847 小花荠苎（引自《浙江植物志》）

4.　小鱼仙草　图 848:1-7

Mosla dianthera (Buch.-Ham. ex Roxb.) Maxim. in Bull. Acad. Sci. St. Pétersb. 20: 457. 1875.

Lycopus dianthera Buch.-Ham. ex Roxb. Fl. Ind. 1: 144. 1820.

茎高达 1 米，近无毛，多分枝。叶卵状披针形或菱状披针形，长 1.2-3.5 厘米，先端渐尖或尖，基部楔形，疏生尖齿，上面无毛或近无毛，下面无毛，疏被腺点；叶柄长 0.3-1.8 厘米，上面被微柔毛。总状花序多数，序轴近无毛；苞片针形或线状披针形，近无毛，长达 1 毫米，果时长达 4 毫米；花梗长约 1 毫米，果时长达 4 毫米。被微柔毛；花萼长约 2 毫米，径 2-2.6 毫米，脉被细糙硬毛，上唇反折，齿卵状三角形，中齿较短，下唇齿披针形；花冠淡紫色，长 4-5 毫米，被微柔毛。小坚果灰褐色，近球形，径 1-1.6 毫米，被疏网纹。花、果期 5-11 月。

产江苏、浙江、安徽、福建、台湾、江西、湖北、湖南、广东、海南、广西、云南、贵州、四川、陕西及河南，生于海拔 175-2300 米山坡、水边或路边。印度、巴基斯坦、尼泊尔、锡金、不丹、缅甸、越南、马来西亚、日本南部有分布。全草药效同石荠苎。

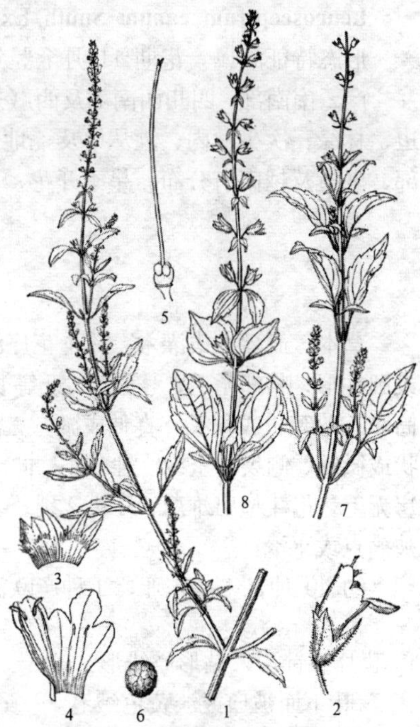

图 848:1-7. 小鱼仙草 8. 长苞荠苎

（曾孝濂绘）

[附] **长苞荠苎** 图 848:8 **Mosla longibracteata** (C. Y. Wu et Hsuan) C. Y. Wu et H. W. Li in Acta Phytotax. Sin. 12(2): 232. 1974.—— *Orthodon longibractea* *tus* C. Y. Wu et Hsuan in Acta Phytotax. Sin. 10(3): 232. 1965. 本种与小鱼仙草的区别：茎棱及节被倒向细糙硬毛；叶倒卵形或菱形，具圆齿或圆齿状锯齿；苞片卵状披针形或披针形，长达 6.5 毫米。花期 9-10 月，果期11 月。产浙江及广西，生于海拔470米山麓及河边。

74. 米团花属 Leucosceptrum Smith

小乔木或灌木状，高达 7 米，树皮灰黄或褐色，片状剥落。幼枝密被灰或淡黄色星状绒毛，老时微披毛或近无毛。叶椭圆状卵形，长 10-23 厘米，先端渐尖，基部楔形，幼时两面密被灰或淡黄色星状绒毛，具锯齿或圆齿；叶柄长 1.5-3(-4.5) 厘米，密被淡黄色星状绒毛。轮伞花序具 6- 多花，组成长圆柱形穗状花序，密被星状绒毛；苞片近肾形，密覆瓦状；小苞片线形。花梗长 1 毫米；花萼钟形，密被淡黄色星状绒毛，微弯，15 脉，萼齿 5(-7)，三角形；花冠白、粉红或紫红色，长 8-9 毫米，被星状绒毛，筒状，冠筒内无毛环，冠檐上唇微缺，下唇 3 裂；雄蕊 4，前对较长，着生冠筒中部，花丝细长，伸出，基部密被微柔毛，花药1室，肾形，横裂，基着；子房4裂；花柱细长，柱头 2浅裂，裂片钻形 花盘近环状，4浅裂。小坚果长圆状三棱形，被瘤点，顶端平截。

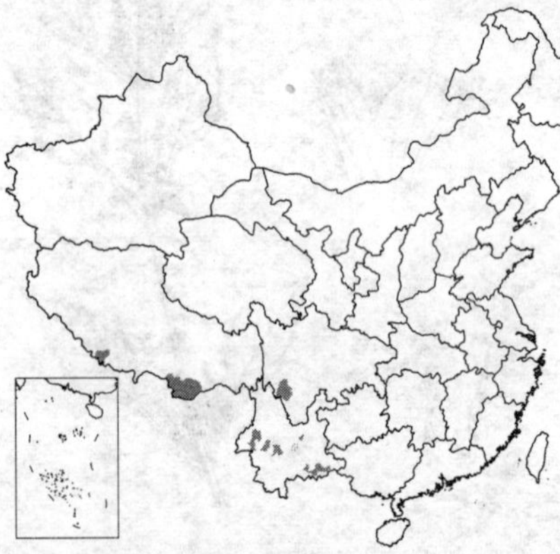

单种属。

米团花 图 849

Leucosceptrum canum Smith, Exot. Bot. 2: 113. 1805.

形态特征同属。花期 11 月至翌年 3 月，果期 3-5 月。

产云南南部、四川西南部及西藏东南部，生于海拔 1000-2600 米谷地溪边、林缘、次生林内、灌丛中及荒地。不丹、尼泊尔、印度东北部、缅甸北部、老挝及越南有分布。旱季开花，花期长，为优良蜜源植物。

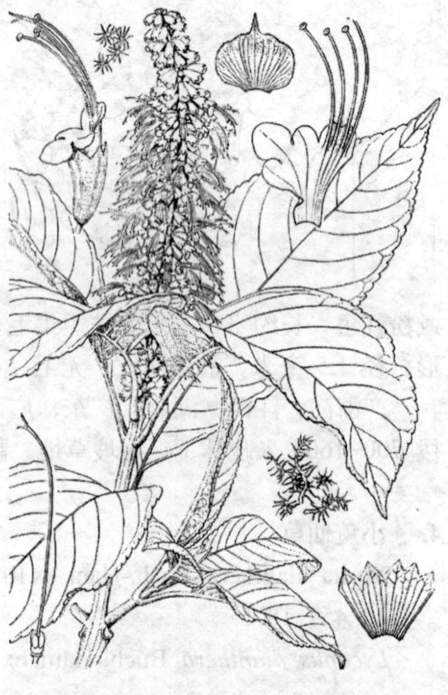

图 849 米团花（曾孝濂绘）

75. 香薷属 Elsholtzia Willd.

草本、亚灌木或灌木。轮伞花序组成穗状、头状或圆锥花序；苞片披针形，卵形或扇形，覆瓦状排列。花萼钟形或圆柱形，喉部无毛，萼齿 5，近等长或前 2 齿较长；花冠白、淡黄或淡紫色，常被毛及腺点，内面具毛环或无毛，冠筒和花萼等长或稍长，直伸或微弯，漏斗形，冠檐上唇直伸，先端微缺或全缘，下唇 3 裂，中裂片较大，全缘、啮蚀状或微缺，侧裂片全缘；雄蕊 4，伸出，前对较长，稀不育，分离，花丝无毛，药室 2，稍叉开或极叉开，后汇合；子房无毛，花柱超出雄蕊，柱头 2 裂，裂片钻形、近线形或棍棒形，近等长。小坚果卵球形或长圆形，无毛或稍被细毛，被瘤点或平滑。

约 40 种，主产东亚，1 种产欧洲及北美，3 种产非洲埃塞俄比亚。我国 33 种。

1. 苞片披针形、钻形或线形。
  2. 叶下面被白或淡黄色绒毛 ……………………………… 1. **野拔子 E. rugulosa**
  2. 叶下面无毛或被毛。
    3. 叶下面无毛或仅脉被微柔毛。
      4. 穗状花序下部轮伞花序疏散，花序下垂；花萼无毛 ……………………………… 8. **大黄药 E. penduliflora**
      4. 穗状花序的轮伞花序连续，花序不下垂；花萼被绒毛。
        5. 穗状花序圆柱形；花冠长约4毫米，白色；叶菱状披针形 ……………………………… 3. **光香薷 E. glabra**

5. 穗状花序偏向一侧；花冠长约 9 毫米，淡红紫色；叶披针形或椭圆状披针形 ………………………………………………………… 4. 木香薷 E. stauntoni

3. 叶下面被毛。
6. 灌木或亚灌木；花冠白或黄色。
7. 花序头状 ……………………………………………… 5. 头花香薷 E. capituligera
7. 花序穗状。
8. 穗状花序圆柱形，较紧密；苞片披针形或钻形 ………………… 2. 鸡骨柴 E. fruticosa
8. 穗状花序稍偏向一侧，较疏散；苞片钻形或针状钻形 ………………… 8. 四方蒿 E. blanda
6. 草本；花冠粉红、淡红或紫，稀白色。
9. 花序顶生及腋生；花冠白色 ……………………………… 4(附). 白香薷 E. winitiana
9. 花序顶生；花冠粉红、淡红或紫色。
10. 植株被柔毛状刚毛；苞片密被开展白色硬长缘毛 ………………… 7. 长毛香薷 E. pilosa
10. 植株被短柔毛；苞片被短柔毛或柔毛。
11. 穗状花序径 6(-8) 毫米；叶菱状卵形，基部以上具缺刻锯齿 ………………………………………………………… 9. 穗状香薷 E. stachyodes
11. 穗状花序径 0.8-1 厘米；叶卵形或长圆形，具锯齿或圆齿。
12. 植株具柠檬香气；花萼顶端花后外曲偏向前方，密被灰白绵状长柔毛 ………………………………………………………… 10. 吉龙草 E. communis
12. 植株无香气；花萼顶端花后直伸，稀外曲，密被短柔毛 ………………………………………………………… 11. 野草香 E. cypriani

1. 苞片扇形、近圆形或近宽卵形。
13. 叶宽卵形或近圆形，长 8-15 厘米 ……………………………… 5(附). 黄花香薷 E. flava
13. 叶不为宽卵形及近圆形。
14. 苞片连合成杯状，覆瓦状复叠。
15. 穗状花序圆柱形 ……………………………………………… 13. 球穗香薷 E. strobilifera
15. 穗状花序偏向一侧。
16. 花冠淡红紫色；苞片先端具短尖头；茎暗紫色；叶倒卵形或长圆形，上面被柔毛 ………………………………………………………… 14. 东紫苏 E. bodinieri
16. 花冠白或淡黄色；苞片具不规则钻状齿，先端刺芒状；茎淡黄色；叶披针形，上面近无毛 ………………………………………………………… 15. 淡黄香薷 E. luteola
14. 苞片不连合。
17. 穗状花序圆柱形。
18. 穗状花序基部间断；花萼密被紫色念珠状长柔毛；果时膨大近球形 ………………………………………………………… 12. 密花香薷 E. densa
18. 穗状花序基部不间断；花萼被柔毛或腺点，果时不成球形。
19. 植株平卧；叶卵形或卵状披针形；苞片被柔毛 ……………… 16. 水香薷 E. kachinensis
19. 植株直立；叶披针形或线状披针形；苞片无毛 ……………… 17. 岩生香薷 E. saxatilis
17. 穗状花序偏向一侧。
20. 萼齿近等长；叶卵状三角形或长圆状披针形；花冠长 6-7 毫米 ………………………………………………………… 18. 海州香薷 E. splendens
20. 萼齿前 2 齿较长；叶卵形或椭圆状披针形；花冠长约 4.5 毫米 ………………………………………………………… 19. 香薷 E. ciliata

1. 野拔子 图 850 彩片184

Elsholtzia rugulosa Hemsl. in Journ. Linn. Soc. Bot. 26: 278. 1890.

草本或亚灌木状，高达 1.5 米。茎多分枝，枝密被白色微柔毛。叶椭圆形或菱状卵形，长 2-7.5 厘米，先端尖或微钝，基部圆或宽楔形，具钝齿，

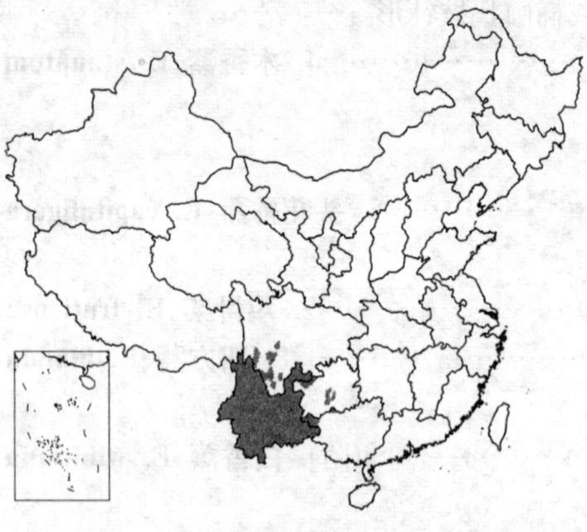

近基部全缘，上面被糙硬毛，微皱，下面密被灰白或淡黄色绒毛，侧脉 4-6 对；叶柄长 0.5-2.5 厘米，密被白色微柔毛。穗状花序顶生，长 3-12 厘米或以上，被白色绒毛，轮伞花序具梗，在花序上部密集，下部疏散，花序梗长 1.2-2.5 厘米；上部苞片披针形或钻形，长 1-3 毫米，全缘。花梗长不及 1 毫米；花萼钟形，长约 1.5 毫米，径 1 毫米，被白色糙硬毛，萼齿等大或后 2 齿稍长；花冠白色，有时为紫或淡黄色，长约 4 毫米，被柔毛，内面具斜向毛环，冠筒长约 3 毫米，喉部径达 1.5 毫米，上唇长不及 1 毫米，先端微缺，下唇中裂片圆形，边缘啮蚀状；前对雄蕊伸出，花丝稍被毛。小坚果淡黄色，长圆形，稍扁，长约 1 毫米，平滑。花、果期 10-12 月。

图 850 野拔子（冀朝祯绘）

产云南、四川、贵州及广西，生于海拔 1300-2800 米山坡草地、林内、灌丛中、旷地及路边。枝叶治感冒、消化不良、腹痛腹胀、上吐下泻、咳血、外伤出血、蛇咬伤；花繁茂，花期长；为秋冬蜜源植物。

2. 鸡骨柴 图 851

Elsholtzia fruticosa (D. Don) Rehd. in Sarg. Pl. Wilson. 3: 381. 1917.

Perilla fruticosa D. Don, Prodr. Fl. Nepal. 115. 1825.

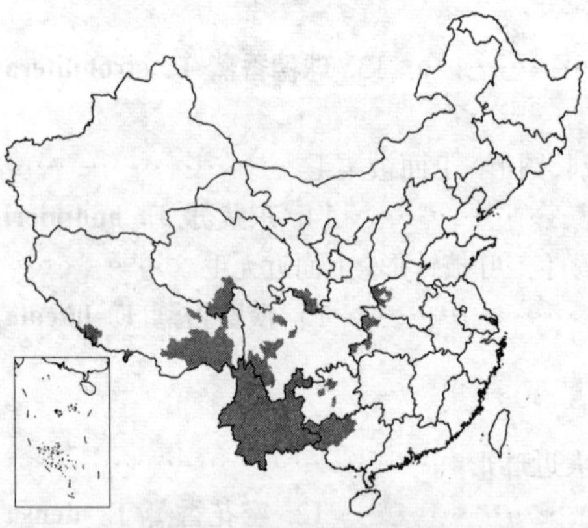

灌木，高达 2 米，多分枝。幼枝被白色卷曲柔毛，老时脱落无毛。叶披针形或椭圆状披针形，长 6-13 厘米，先端渐尖，基部窄楔形，基部以上具粗锯齿，上面被糙伏毛，下面被弯曲短柔毛，两面密被黄色腺点，侧脉 6-8 对；叶柄短或近无。穗状花序圆柱形，长 6-20 厘米，径达 1.3 厘米，下部稍间断，多密被短柔毛，轮伞花序具短梗，多花；苞片披针形或钻形。花梗长 0.5-2 毫米；花萼钟形，长约 1.5 毫米，被灰色短柔毛，萼齿三角状钻形；花冠白或淡黄色，长约 5 毫米，被卷曲柔毛及黄色腺点，内面具毛环，冠筒长约 4 毫米，基部径约 1 毫米，喉部径达 2 毫米，上唇直伸，长约 0.5 毫米，先端微缺，下唇中裂片圆形。小坚果褐色，长圆形，长 1.5 毫米，腹面具棱。花期 7-9 月，果期 10-11 月。

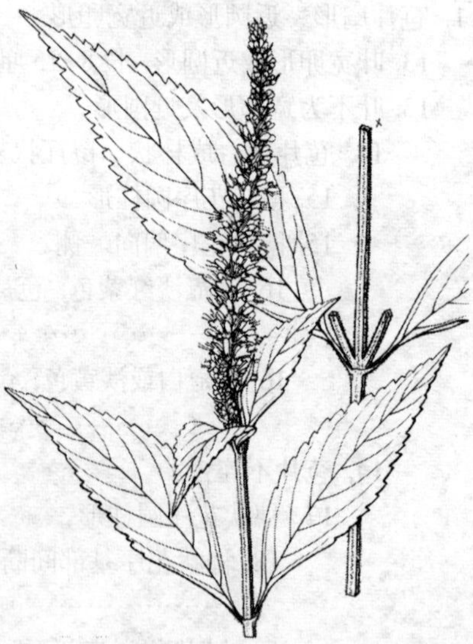

图 851 鸡骨柴（冀朝祯绘）

产甘肃南部、河南西部、湖北西部、四川、西藏、云南、贵州及广西，生于海拔 1200-3200 米山谷、山坡、草地及路边。锡金、尼泊尔、不丹及印度北部有分布。根治风湿关节痛，叶外敷治疥疮。

3. 光香薷 图 852:1-2

Elsholtzia glabra C. Y. Wu et S. C. Huang in Acta Phytotax. Sin. 12(3): 338. 1974.

灌木，高达 2.5 米。小枝无毛。叶菱状披针形，长 6-15 厘米，先端渐尖，基部楔形下延，具圆齿状锯齿，近基部全缘，上面疏被微柔毛，沿脉毛较密，下面无毛仅脉稍被微柔毛，两

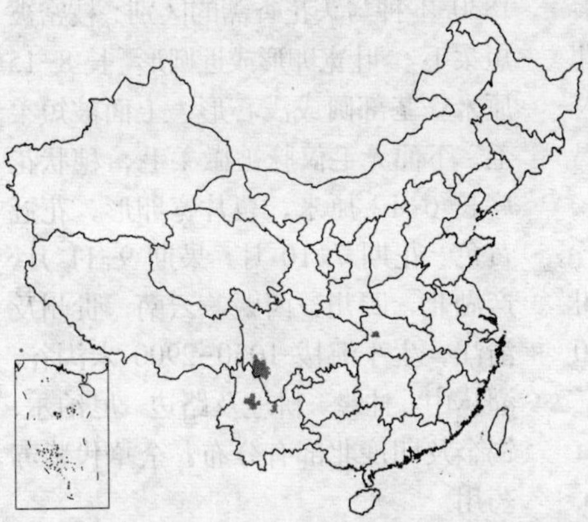

面密被树脂腺点，侧脉 7-8 对；叶柄短或无。穗状花序圆柱形，长 5-13 厘米，被灰色绒毛及腺点，轮伞花序具短梗，多花；苞片钻形，早落。花梗长约 0.5 毫米；花萼钟形，长约 1.2 毫米，密被灰色绒毛及腺点，内面无毛，仅齿被绒毛，萼齿三角状钻形，长约 0.5 毫米，近等大；花冠白色，长约 4 毫米，被短柔毛及腺点，内面被髯毛环，冠筒漏斗形，基部径约 1 毫米，喉部径达 1.8 毫米，上唇长约 0.5 毫米，先端微缺，下唇中裂片近圆形，长约 1 毫米，边缘啮蚀状，侧裂片近三角形。小坚果淡褐色，长圆形，长约 1 毫米。花期 10 月。

产云南、四川及湖北，生于海拔 1900-2400 米山谷灌丛中或疏林下。

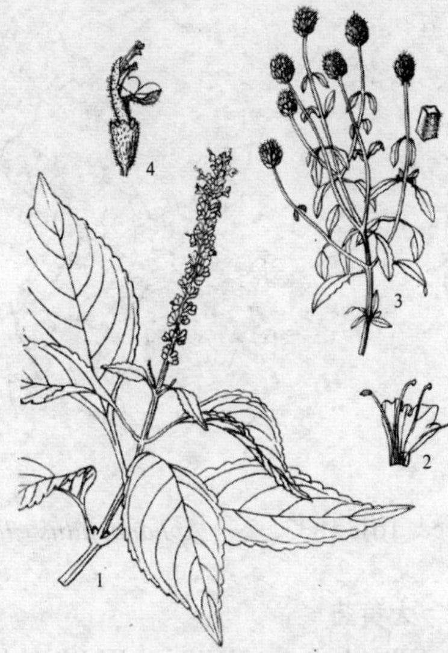

图 852:1-2. 光香薷 3-4. 头花香薷（李锡畴绘）

4. 木香薷 图 853 彩片185

Elsholtzia stauntoni Benth. Labiat. Gen. Spec. 161. 1833.

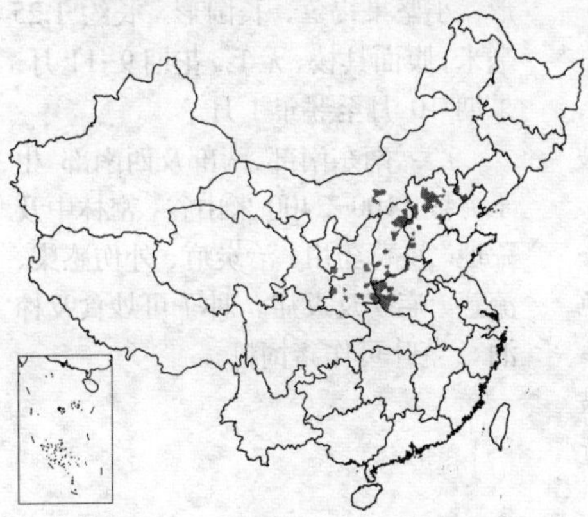

直立亚灌木，高达 1.7 米。茎上部多分枝，带紫红色，被灰白微柔毛。叶披针形或椭圆状披针形，长 8-12 厘米，先端渐尖，基部楔形，具锯齿状圆齿，上面无毛，仅边缘及中脉被微柔毛，下面无毛，密被腺点，仅脉稍被微柔毛；叶柄长 4-6 毫米，带紫色，被微柔毛。穗状花序偏向一侧，被灰白微柔毛，轮伞花序 5-10 花；苞片披针形或线状披针形，长 2-3 毫米，带紫色。花梗长 0.5 毫米；花萼管状钟形，长约 2 毫米，密被灰白色绒毛，内面无毛，仅齿被灰白色绒毛，萼齿卵状披针形，长约 0.5 毫米，近等大；花冠淡红紫色，长约 9 毫米，被白色柔毛及稀疏腺点，内面具间断髯毛环，冠筒长约 6 毫米，漏斗形，喉部径达 2.5 毫米，上唇长约 2 毫米，先端微缺，下唇中裂片近圆形，长约 3 毫米，侧裂片近卵形。前对雄蕊伸出。小坚果椭圆形，平滑。花、果期 7-10 月。

产辽宁、河北、河南、山西、陕西及甘肃，生于海拔 700-1600 米谷地及水边。

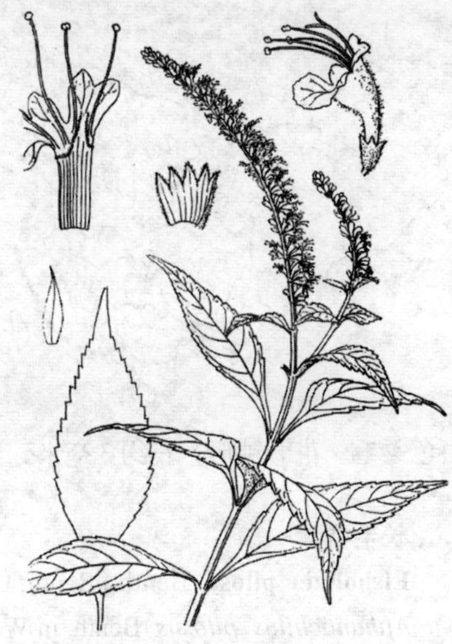

图 853 木香薷（张桂芝绘）

[附] **白香薷 彩片186 Elsholtzia winitiana** Craib. in Kew Bull. 1918: 368. 1918. 本种与木香薷的区别：草本；枝密被白色卷曲长柔毛；叶两面密被灰色柔毛；花序轴、花梗及叶柄被灰色柔毛；花冠白色。花期 11-12 月，果期翌年 1-3 月。产云南南部及广西西部，生于海拔 600-2200 米林中旷地。泰国及越南有分布。

5. 头花香薷 图 852:3-4

Elsholtzia capituligera C. Y. Wu in Acta Phytotax. Sin. 8(1): 49. 1959.

小灌木，高达 30 厘米。茎粗壮，扭曲，褐色，无毛，多分枝，茎皮纵向剥落；小枝细，密被白色卷曲短柔毛。叶椭圆状长圆形或长圆形，长 0.8-2 厘米，宽 2-5 毫米，先端钝，基部楔形，具浅圆齿，近基部全缘，两面密被卷曲短柔毛及黄色腺点；叶柄长达 4 毫米。轮伞花序密集成短穗状花序顶生，长 0.5-1 厘米，具长梗，密被白色短柔毛；苞片钻形。花梗长不及 1 毫米；花萼钟形，长约 2 毫米，被白色短柔毛，内面齿稍被微柔毛，萼齿披针形，喉部稍缢缩，径 1 毫米；花冠绿、白

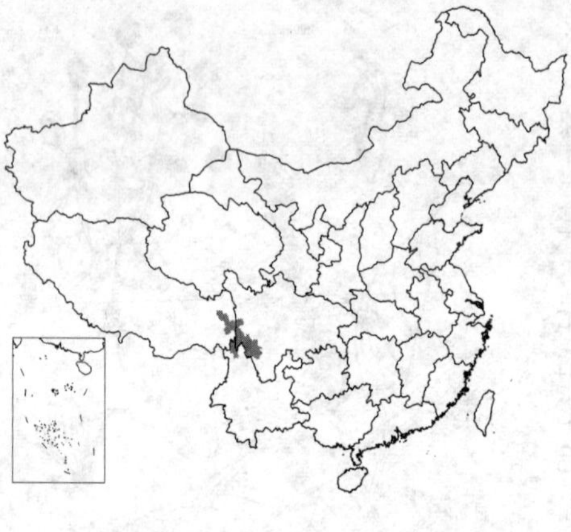

或淡紫色，长约 4.5 毫米，被柔毛，内面具毛环，上唇圆形，具长缘毛，下唇中裂片圆形，稍内凹，侧裂片长圆形。小坚果深褐色，倒卵球形，长约 1.2 毫米。花、果期 9–11 月。

产西藏、云南西北部及四川西南部，生于海拔 2000–3000 米石砾地。

[附] **黄花香薷 Elsholtzia flava** (Benth.) Benth. Labiat. Gen. Spec. 161. 1833. —— *Aphanochilus flavus* Benth. in Wall. Pl. Asiat. Rar. 1: 28. 1830. 本种与头花香薷的区别：枝密被短柔毛；叶宽卵形或近圆形，长 8–15 厘米，基部圆或浅心形，上面被短柔毛，下面无毛仅脉被微柔毛；穗状花序长 6–12 厘米，苞片宽卵形，花冠黄色。花期 7–10 月，果期 9–11 月。产湖北、四川、西藏、云南、贵州及浙江，生于海拔 1050–2900 米沟谷、灌丛中、林缘、耕地及路边。尼泊尔、锡金及印度北部有分布。全草代紫苏药用。

6. 大黄药 图 856:11–12

Elsholtzia penduliflora W. W. Smith in Notes Roy. Bot. Gard. Edinb. 10: 176. 1918.

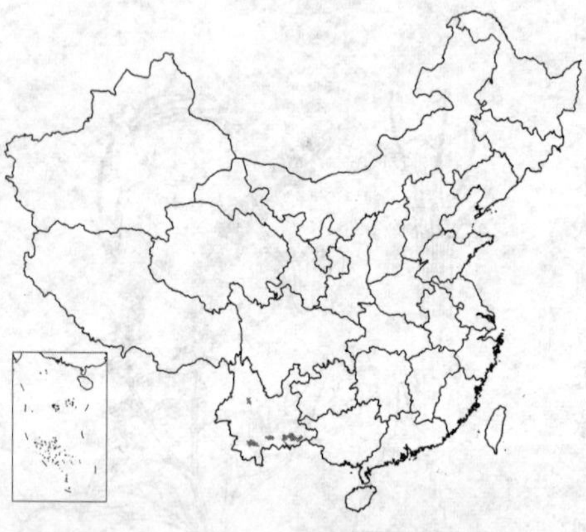

芳香亚灌木，高达 2 米。小枝稍被卷曲微柔毛及腺点。叶长圆状披针形或卵状披针形，长 6–18 厘米，先端渐尖，基部楔形、圆或心形，具细锯齿，上面无毛，脉被粉状柔毛，下面无毛，密被淡黄色腺点。轮伞花序近无梗，6–12 花，组成穗状花序，长 5–15 厘米，下垂，花序轴稍被白色柔毛；苞片线形或线状长圆形。花梗长 2–4 毫米，稍下垂，稍被白色柔毛；花萼钟形，长约 3 毫米，无毛，密被腺点，萼齿三角状钻形，近等大或前 2 齿稍短；花冠白色，长约 5.5 毫米，近无毛，冠筒长约 3 毫米，漏斗形，喉部径达 2 毫米，上唇长约 1.5 毫米，先端微缺，下唇中裂片近圆形。小坚果褐色，长圆形，长约 1.25 毫米，腹面具棱，无毛。花期 9–11 月，果期 10 月至翌年 1 月。

产云南东南部、南部及西南部，生于海拔 1100–2400 米山谷、密林中及荒地。全草药用，治炭疽、外伤感染、流感、疟疾及炎症；种子可炒食及榨油；茎叶可作猪饲料。

7. 长毛香薷 图 856: 9–10

Elsholtzia pilosa (Benth.) Benth. Labiat. Gen. Spec. 163. 1833.

Aphanochilus pilosus Benth. in Wall. Pl. Asiat. Rar. 1: 30. 1830.

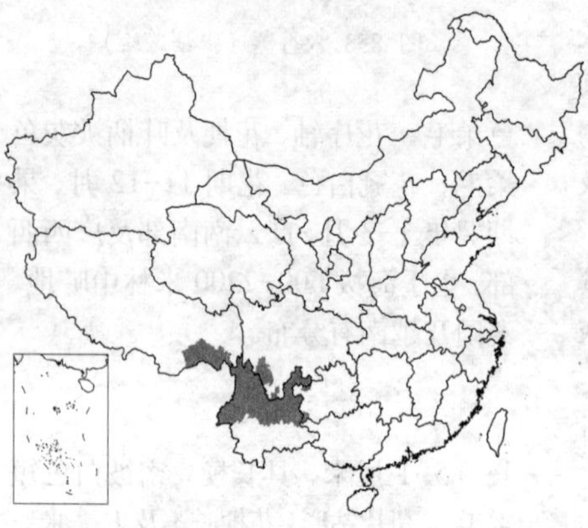

铺散草本，高达 50 厘米。茎被柔毛状糙硬毛。叶卵形或卵状披针形，长1–4.5 厘米，先端钝，基部楔形或稍圆，下延至叶柄，具圆齿，近基部全缘，上面被柔毛状糙硬毛及细糙硬毛，下面疏被淡黄色腺点，沿脉被柔毛状糙硬毛；叶柄长不及 1 厘米，被柔毛。轮伞花序具多花，组成穗状花序顶生，长2.5–6 厘米；苞片线状钻形，长 5–6 毫米，具白色长硬缘毛。花梗长不及 1 厘米，密被柔毛；花萼钟形，长约 2 毫米，基部以上密被柔毛，内面齿被柔毛，萼齿披针形，长约 1 毫米；花冠粉红色，长约 4 毫米，被短柔毛，内面具不明显毛环，冠筒长约 3 毫米，漏斗形，喉部径达 2 毫米，上唇微弯，2 圆齿，下唇中裂片圆形，具缺齿；前对雄蕊退化，后对内藏或稍伸出。小坚果淡黄色，长圆形。花期 8–10 月。

产西藏、四川、贵州及云南，生于海拔 1100–3200 米松林下、林缘、山坡草地、河边或沼泽草地边缘。尼泊尔、锡金、印度东北部、缅甸及越南北部有分布。

8. 四方蒿 图854:1 彩片187

Elsholtzia blanda (Benth.) Benth. Labiat. Gen. Spec. 162. 1833.

Aphanochilus blandus Benth. in Wall. Pl. Asiat. Rar. 1: 29. 1830.

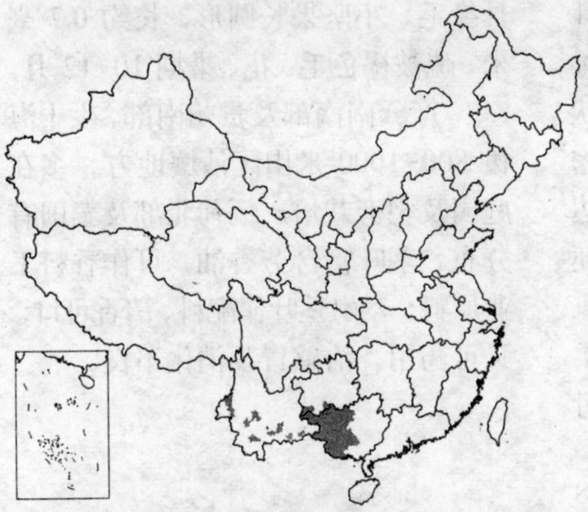

草本，高达 1.5 米。茎、枝密被短柔毛。叶椭圆形或椭圆状披针形，长 3-16 厘米，先端渐尖或尾尖，基部窄楔形，具圆齿，上面被微柔毛及腺点，下面无毛，仅叶脉被糙伏毛；叶柄长 0.3-1.5 厘米，密被短柔毛。轮伞花序具 7-10 花，组成穗状花序，稍偏向一侧，长 4-8(-20) 厘米，被短柔毛；苞片钻形或披针状钻形，长 1.5-3 毫米。花梗长不及 1 毫米；花萼圆柱形，长 2-2.5 毫米，被糙伏毛，萼齿披针形；花冠白色，长 3-4 毫米，被糙伏毛，漏斗形，喉部径达 2 毫米，上唇先端微缺，下唇中裂片近圆形，稍内凹。小坚果黄褐色，长圆形，长约 0.8 毫米。花期 6-10 月，果期 10-12 月。

产云南、贵州东南部及广西西部，生于海拔 800-2500 米旷地、沟边或路边。尼泊尔、锡金、不丹及东南亚各国有分布。全草治夜盲症、痢疾、感冒、创伤出血、小儿疳积及炎症。

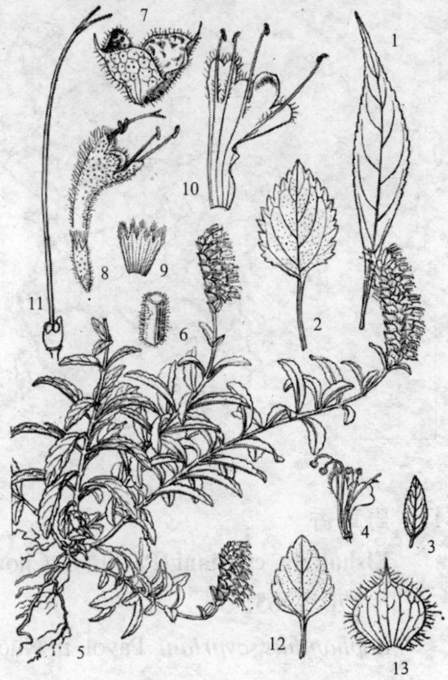

图 854:1. 四方蒿 2. 穗状香薷 3-4. 吉龙草 5-11. 东紫苏 12-13. 水香薷（曾孝濂绘）

9. 穗状香薷 图 854:2; 图 855

Elsholtzia stachyodes (Link) C. Y. Wu in Acta Phytotax. Sin. 12(3): 340. 1974.

Hyptis stachyodes Link, Enum. Hort. Berol. 2: 106. 1822.

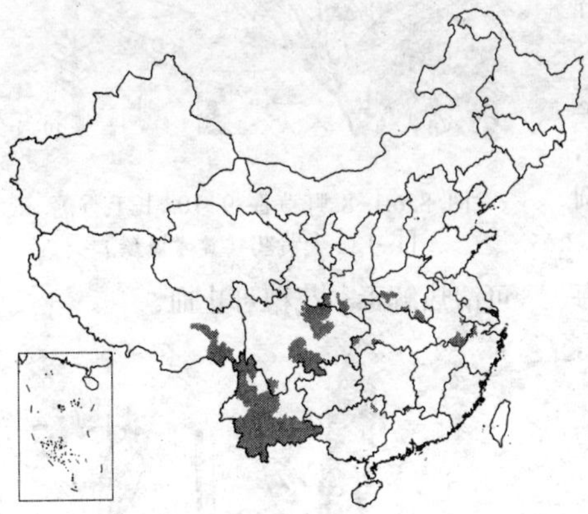

草本，高达 1 米。幼茎稍被白色卷曲短柔毛，后渐脱落。叶菱状卵形，长 2.5-6 厘米，先端骤渐尖，基部楔形或宽楔形，下延至叶柄，基部以上具缺刻状锯齿，上面疏被白色短柔毛，下面疏被淡黄色腺点，沿脉被短柔毛；叶柄长 0.5-4 厘米，疏被白色微柔毛。轮伞花序疏花组成穗状花序，苞片钻状线形。花梗长约 0.5 毫米；花萼钟形，长约 1.5 毫米，密被白色柔毛，内面齿稍被微柔毛，萼齿披针形；花冠白或紫红色，长约 3 毫米，被短柔毛，内面无毛，冠筒漏斗形，上唇先端微缺，下唇中裂片椭圆形，前对雄蕊退化，后对内藏或稍伸出。小坚果淡黄色，椭圆形。花、果期 9-12 月。

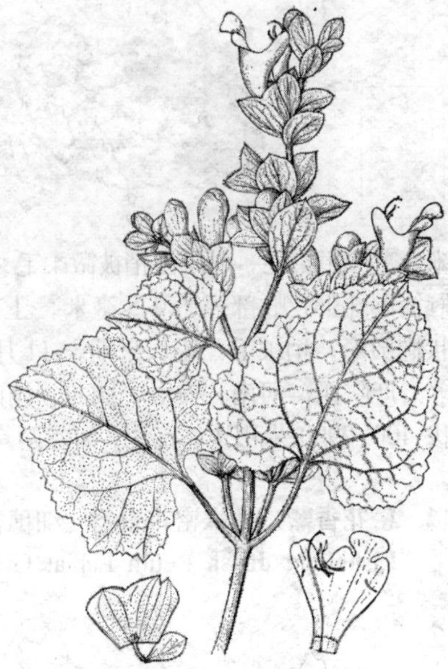

图 855 穗状香薷（引自《浙江植物志》）

产河南、陕西、湖北、四川、西藏、云南、广西、广东、浙江及安徽，生于海拔 800-2800 米山坡、林中旷地、石灰岩岩缝中、路边及荒地。尼泊尔、印度北部及缅甸有分布。

10. 吉龙草 图 854:3-4

Elsholtzia communis (Coll. et Hemsl.) Diels in Notes Roy. Bot. Gard. Edinb. 7: 47. 1912.

Dysophylla communis Coll. et Hemsl. in Journ. Linn. Soc. Bot. 28: 114. 1891.

草本，高约 60 厘米，有柠檬香气。茎直立，带紫红色，密被倒向白色短柔毛，基部多分枝。叶卵形或长

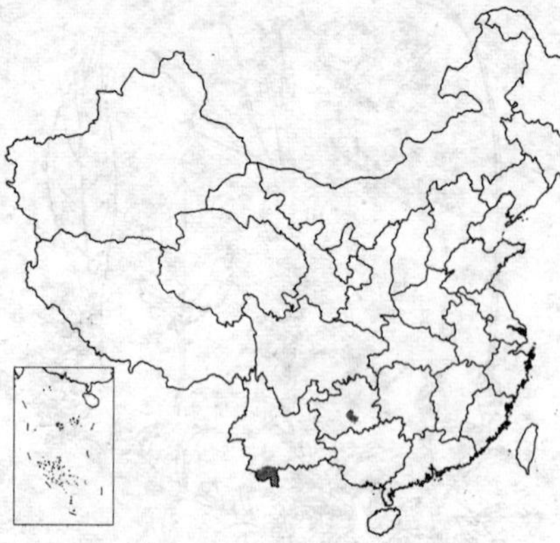

圆形，先端钝，基部稍圆或宽楔形，具锯齿，上面被白色柔毛，下面被短柔毛及淡黄色腺点；叶柄长 2-5 毫米，密被白色短柔毛。轮伞花序具多花，组成穗状花序，长 1-4.5 厘米，花序轴密被白色柔毛；苞片线形，长达 3.5 毫米，密被白色柔毛。花梗长约 1 毫米，密被白色柔毛；花萼管形，密被灰白绵状长柔毛，萼齿下弯，偏向一侧，果时闭合；花冠漏斗形，长约 3 毫米，被柔毛及腺点，上唇长圆形，先端微缺，具缘毛。小坚果长圆形，长约 0.7 毫米，疏被褐色毛。花、果期 10-12 月。

产云南南部及贵州南部，生于海拔 800-1000 米山区沙壤地方；多在庭园及宅旁栽培。缅甸北部及泰国有分布。茎叶富含芳香油，可作香料工业原料；幼嫩茎叶作配料，清香可口；又可药用，治感冒及消化不良。

11. 野草香 图 856:1-8 彩片188

Elsholtzia cypriani (Pavol.) S. Chow. ex P. S. Hsu, Obser. Ad Fl. Hwangshan. 170. 1965.

Lophanthus cypriani Pavol. in Nuovo Giorn. Bot. Ital. n. ser. 15: 434. 1908.

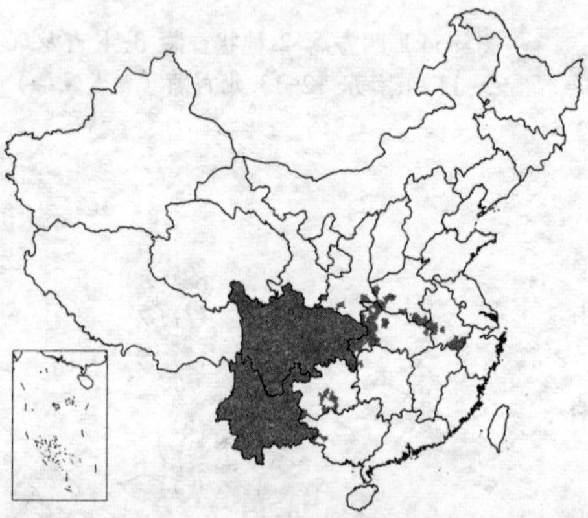

草本，高达 1 米。枝及茎密被倒向短柔毛。叶卵形或长圆形，长 2-6.5 厘米，先端尖，基部宽楔形，下延至叶柄，具圆齿状锯齿，上面被微柔毛，下面密被短柔毛及腺点；叶柄长 0.2-2 厘米，上部具三角形窄翅，密被短柔毛。穗状花序圆柱形，长 2.5-10.5 厘米，被短柔毛；苞片线形，长达 3 毫米。花梗长约 0.5 毫米；花萼管状钟形，长约 2 毫米，密被短柔毛，内面齿稍被微柔毛；花冠淡红色，长约 2 毫米，被微柔毛，冠筒漏斗形，喉部径达 1.5 毫米；上唇全缘或稍微缺。小坚果黑褐色，长圆状椭圆形，稍被毛。花、果期 8-11 月。

产陕西、河南、安徽、湖北、湖南、贵州、四川、云南及广西，生于海拔 400-2900 米田边、路边、河谷两岸、林中或林缘草地。全草治感冒疔疮，可清热解毒，花穗可止血。

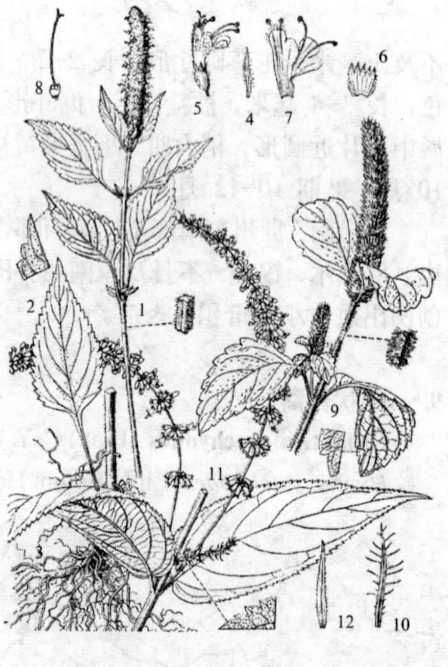

图 856:1-8. 野草香 9-10. 长毛香薷 11-12. 大黄药（曾孝濂绘）

12. 密花香薷 矮株密花香薷 细穗密花香薷 图 857

Elsholtzia densa Benth. Labiat. Gen. Spec. 714. 1835.

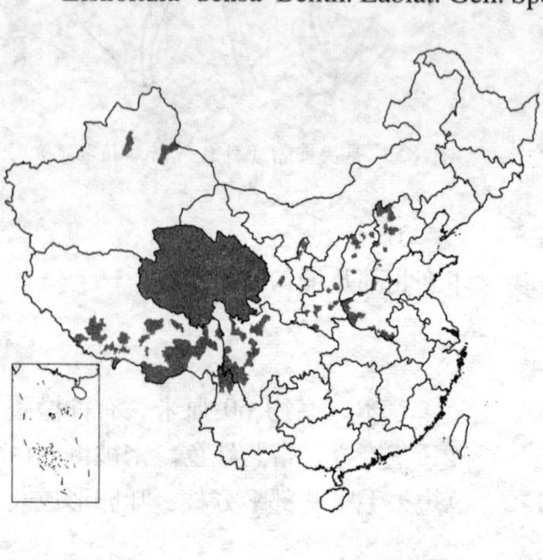

Elsholtzia densa var. *calycocarpa* (Diels) C. Y. Wu et S. C. Huang; 中国植物志 66: 333. 1977.

Elsholtzia densa var. *ianthina* (Maxim. ex Kanitz) C. Y. Wu et S. C. Huang; 中国植物志 66: 334.1977.

草本，高达 60 厘米，基部多分枝。茎被短柔毛。叶披针形或长圆状披针形，长 1-4 厘米，

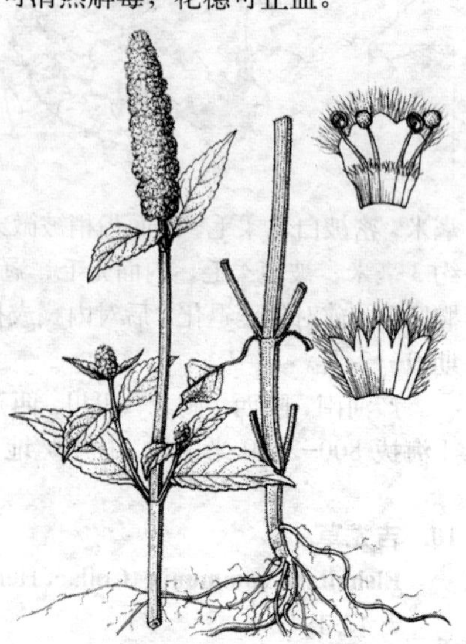

图 857 密花香薷（冀朝祯绘）

基部宽楔形或圆，基部以上具锯齿，两面被短柔毛；叶柄长 0.3-1.3 厘米，被短柔毛。穗状花序长 2-6 厘米，密被紫色念珠状长柔毛；苞片卵圆形，长约 1.5 毫米，被长柔毛。花萼钟形，长约 1 毫米，密被念珠状长柔毛，萼齿近三角形，后 3 齿稍长，果萼近球形，齿反折；花冠淡紫色，长约 2.5 毫米，密被紫色念珠状长柔毛，冠筒漏斗形，上唇先端微缺，下唇中裂片较侧裂片短。小坚果暗褐色，卵球形，长 2 毫米，被微柔毛，顶端被疣点。花、果期 7-10 月。

产河北、山西、河南、陕西、甘肃、青海、新疆、西藏、四川及云南，生于海拔1000-4100米林缘、草甸、林下、河边及山坡荒地。阿富汗、巴基斯坦、塔吉克斯坦、尼泊尔、锡金及印度有分布。全草代香薷药用，可治脓疮及皮肤病。

13. 球穗香薷 图 858

Elsholtzia strobilifera Benth. Labiat. Gen. Spec. 163. 1833.

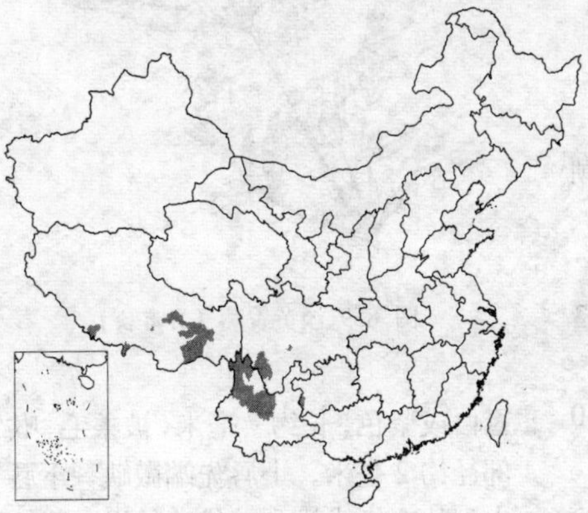

一年生草本，高达 15 厘米。枝及茎褐色，被白色皱波状柔毛。叶卵形，长 0.5-2.5 厘米，先端尖，基部宽楔形，具细锯齿，上面疏被白色柔毛，下面被淡褐色腺点；叶柄长 0.2-1.2 厘米，密被柔毛。穗状花序圆柱形，长 1-2.5 厘米；苞片连成浅杯状，具 2 短尖头，膜质，多脉，被柔毛，上部疏被黄色腺点，稍紫色，具缘毛。花萼管形，膜质，长约 2 毫米，被短柔毛及黄色腺点，萼齿披针形，具缘毛；花冠白或淡红色，长约 3-4 毫米，稍被微柔毛，冠筒漏斗形，上唇先端微缺，下唇中裂片全缘。小坚果淡黄色，椭圆形。花、果期 9-11 月。

产四川、贵州、云南、及西藏，生于海拔 2300-3700 米山坡、草地、沟谷、林隙及灌丛边。印度、尼泊尔、锡金有分布。

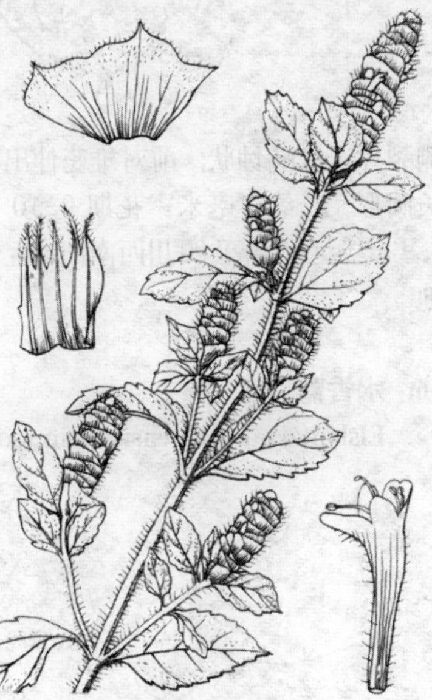

图 858 球穗香薷（肖溶绘）

14. 东紫苏 图 854:5-11 彩片189

Elsholtzia bodinieri Vaniot in Bull. Acad. Internat. Geogr. Bot. 14: 176. 1904.

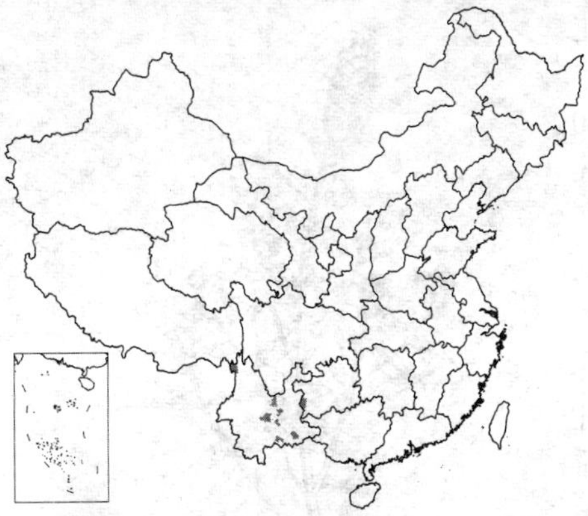

多年生草本，高达 30 厘米。茎基部稍平卧上升，有时具多数有鳞叶的短匍匐茎，枝及茎暗紫色，被平展柔毛。匍匐茎叶倒卵形或长圆形，长 3.5-5 毫米，全缘或具浅钝齿，两面被柔毛；近无柄。茎叶披针形或倒披针形，长 0.8-2.5 厘米，先端钝，基部楔形，上部具圆齿，两面带紫红色，无毛或疏被柔毛，下面密被腺点，近无柄。穗状花序长 2-3.5 厘米；苞片覆瓦状排列，连成杯状，被柔毛及腺点，具缘毛，先端具短尖头，脉带紫红色。花萼管形，长 3 毫米，被长柔毛及腺点，萼齿三角状披针形，长约 1 毫米，具缘毛；花冠淡红紫色，长约 9 毫米，被长柔毛及稀疏腺点，冠筒漏斗形，喉部径达 2 毫米，上唇先端微缺，下唇中裂片全缘。小坚果褐黑色，长圆形，长约 1.1 毫米。花期 9-11 月，果期 12 月至翌年 2 月。

产云南及贵州西部，生于海拔 1200-3000 米松林下或山坡草地。全草治感冒、咽喉痛、消化不良、腹泻、急性结膜炎、尿闭及肝炎。嫩叶代茶饮用，可清热解毒。

15. 淡黄香薷 图 859

Elsholtzia luteola Diels in Notes Roy. Bot. Gard. Edinb. 5: 232. 1912.

一年生草本，高达 40 厘米。茎淡黄色，被柔毛。叶披针形，长 1-3.5 厘米，先端尖，基部楔形，疏生锯齿，上面近无毛，下面被柔毛，密被腺点；叶

柄极短或近无。穗状花序长 2-5 厘米，偏向一侧；苞片连合，宽肾形，具不规则钻状齿，先端刺芒状，被柔毛及腺点，具缘毛。花梗短；花萼管形，长约 2.5 毫米，被柔毛及腺点，萼齿披针形，前 2 齿稍长，齿端刺芒状；花冠白或淡黄色，长 5-6.5 毫米，被柔毛，内面无毛，冠筒基径 0.5 毫米，喉部径达 2 毫米，上唇微缺，具缘毛，下唇中裂片近圆形，侧裂片边缘啮蚀状；前对雄蕊伸出，花药卵球形；花柱内藏。小坚果黑褐色，长圆形，长约 1 毫米。花期 9-10 月，果期 10-11 月。

产云南北部及四川西南部，生于海拔 2200-3600 米林缘、草坡或溪边潮地。

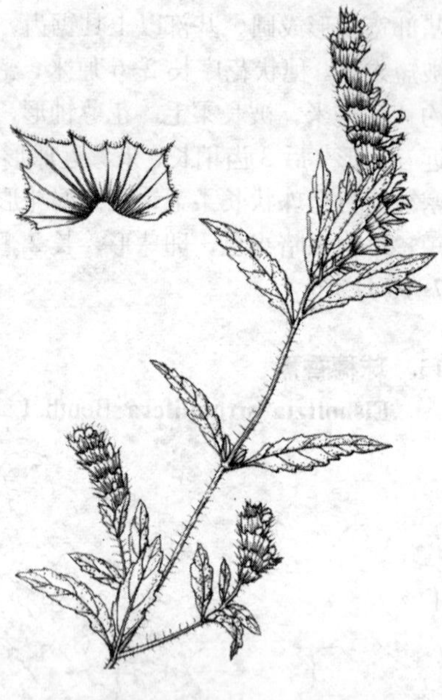

图 859 淡黄香薷（肖溶绘）

16. 水香薷 图 854:12-13

Elsholtzia kachinensis Prain Journ. Asiat. Soc. Bengal 73: 206. 1904.

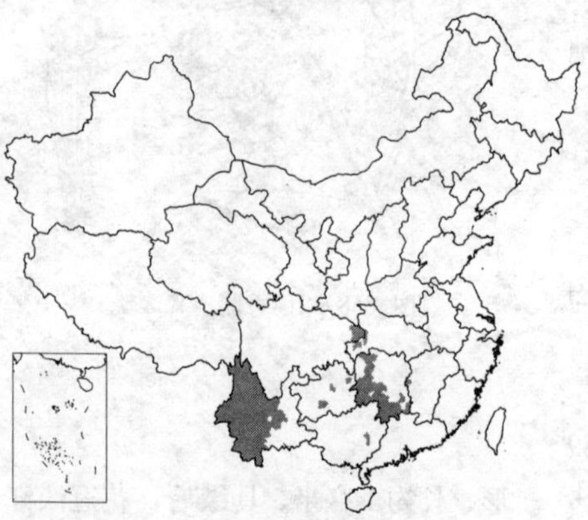

铺散草本，茎平卧，长达 40 厘米，被柔毛，下部节生不定根。叶卵形或卵状披针形，长 1-3.5 厘米，基部宽楔形，基部以上具圆齿，两面疏被柔毛，下面沿中脉被微柔毛；叶柄长 0.3-1.5 厘米，疏被柔毛。穗状花序长 1.5-2.5 厘米，偏向一侧，被柔毛；苞片宽卵形，长 3-4 毫米，具钻状短尖头，全缘，被柔毛，具缘毛。花梗长约 0.5 毫米，被柔毛；花萼管形，长约 1.5 毫米，被柔毛及腺点，萼齿披针状三角形，先端刺状；花冠白或紫色，长约 7 毫米，被柔毛，喉部径约 2 毫米，上唇先端微缺，下唇中裂片全缘或浅裂；雄蕊伸出；花柱与雄蕊近等长。小坚果深褐色，长圆形，被微柔毛。花、果期 10-12 月。

产江西、湖北、湖南、广东、广西、云南、贵州及四川，生于海拔 1200-2800 米林下、山谷及水边湿地。缅甸有分布。嫩枝叶可食；全草入药，主治跌打损伤、黄胆性肝炎、感冒、咳嗽。

17. 岩生香薷 图 860

Elsholtzia saxatilis (Kom.) Nakai ex Kitag. in Rep. First. Sci. Exped. Manch. 1: 266. 1937.

Elsholtzia cristata Willd. f. *saxatilis* Kom. in Acta Hort. Petersb. 25: 390. 1907.

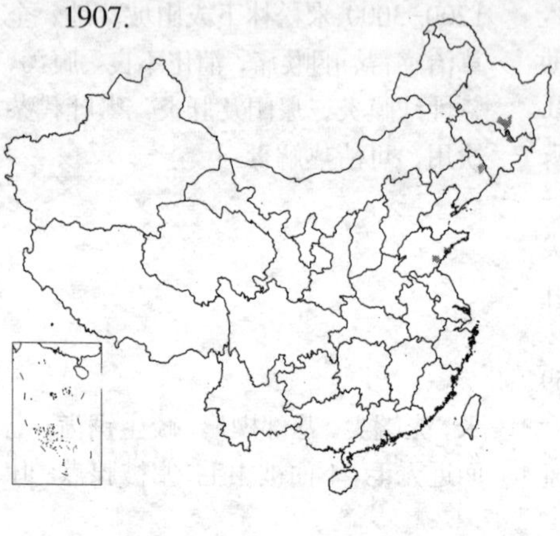

一年生草本，高达 20 厘米。茎密被微柔毛，多分枝。叶披针形或线状披针形，长 1-4.5 厘米，先端渐尖或稍钝，基部楔形下延至叶柄，疏生浅锯齿，两面带紫色，疏被微柔毛，下面密被腺点；叶柄长 2-5 毫米，被微柔毛。穗状花序长 1-2(-2.5) 厘米，稍偏向一侧；苞片宽卵形，长约 4 毫米，先端骤芒尖，疏被

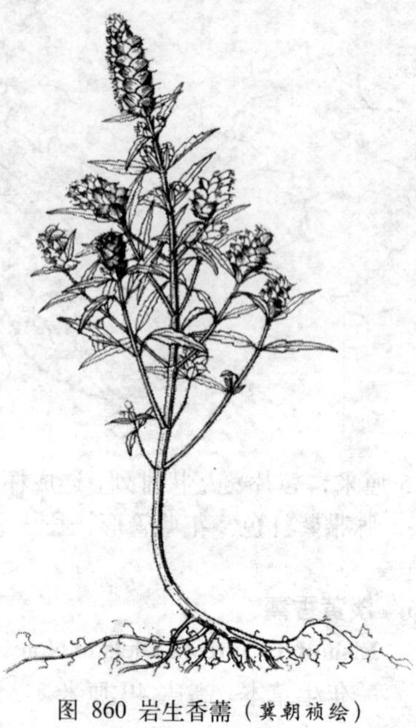

图 860 岩生香薷（冀朝祯绘）

腺点，脉纹带紫色，具缘毛。花梗短，被微柔毛；花萼管形，被柔毛，萼齿披针形，先端刺芒状；花冠淡红紫色，较花萼长 2.5 倍，被柔毛，上唇先端微缺，下唇中裂片近圆形。小坚果深褐色，长圆形。花期 9-10 月，果期 10-11 月。

产黑龙江、吉林、辽宁及山东，多生于石缝中。俄罗斯（西伯利亚）、朝鲜及日本有分布。

18. 海州香薷 图 861

Elsholtzia splendens Nakai ex F. Maek. in Bot. Mag. Tokyo 48: 50, f. 20. 1934.

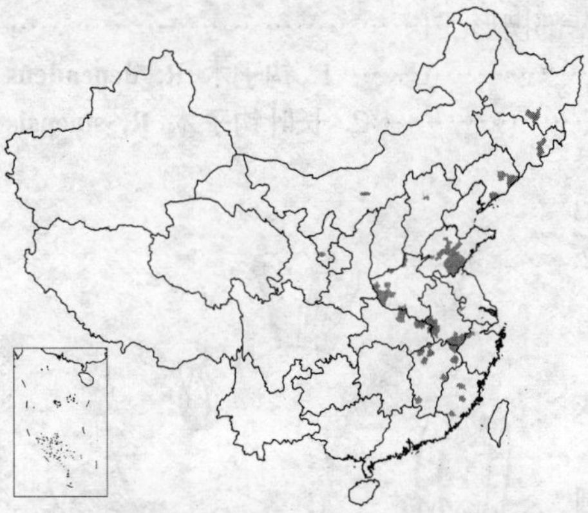

一年生草本，高达 50 厘米，基部以上多分枝，褐黄紫色，被二行柔毛。叶卵状三角形或长圆状披针形，长 3-6 厘米，先端渐尖，基部楔形，下延至叶柄，疏生锯齿，上面被柔毛，脉上毛较密，下面沿脉被柔毛，密被腺点；叶柄长 0.5-1.5 厘米，上面被短柔毛。穗状花序长 3.5-4.5 厘米，偏向一侧，花序轴被短柔毛；苞片近圆形或宽卵形，长约 5 毫米，先端尾尖，尖头长 1-1.5 毫米，无毛，疏被腺点，带紫色，具缘毛。花梗长不及 1 毫米，近无毛；花萼长 2-2.5 毫米，被白色短硬毛及腺点，萼齿三角形，先端刺芒状，具缘毛；花冠淡红紫色，长 6-7 毫米，近漏斗形，被柔毛，内面具毛环，喉部径不及 2 毫米，上唇先端微缺，下唇中裂片圆形，全缘。小坚果黑褐色，长圆形，长 1.5 毫米，被疣点。花、果期 9-11 月。

图 861 海州香薷（冀朝祯绘）

产黑龙江、吉林、辽宁、内蒙古、宁夏、河北、山东、江苏、浙江、江西、河南及湖北，生于海拔 200-300 米山坡、草丛中及路边。朝鲜有分布。全草入药，治中暑、感冒、水肿、脚气。

19. 香薷 图 862

Elsholtzia ciliata (Thunb.) Hyland in Bot. Notiser 1941: 129. 1941.

Sideritis ciliata Thunb. Syst. Veg. ed. 14, 532. 1784.

一年生草本，高达 50 厘米。茎无毛或被柔毛，老时紫褐色。叶卵形或椭圆状披针形，长 3-9 厘米，先端渐尖，基部楔形下延，具锯齿，上面疏被细糙硬毛，下面疏被树脂腺点，沿脉疏被细糙硬毛；叶柄长 0.5-3.5 厘米，具窄翅，疏被细糙硬毛。穗状花序长 2-7 厘米，偏向一侧，花序轴密被白色短柔毛；苞片宽卵形或扁圆形，先端芒状突尖，尖头长达 2 厘米，疏被树脂腺点，具缘毛。花梗长约 1.2 毫米；花萼长约 1.5 毫米，被柔毛，萼齿三角形，前 2 齿较长，先端针状，具缘毛；花冠淡紫色，长约 4.5 毫米，被柔毛，上部疏被腺点，喉部被柔毛，径约 1.2 毫米，上唇先端微缺，下唇中裂片半圆形，侧裂片弧形；花药紫色；花柱内藏。小坚果黄褐色，长圆形，长约 1 毫米。花期 7-10 月，果期 10 月至翌年 1 月。

图 862 香薷（冀朝祯绘）

除新疆、青海，产全国各地，生于海拔 3400 米以下路边、山坡、荒地、林内、河边。俄罗斯（西伯利亚）、蒙古、朝鲜、日本、印度及中南半岛有分布。全草治急性肠胃炎、霍乱、水肿、口臭；嫩叶可喂猪。

76. 钩子木属 Rostrinucula Kudo

灌木，植株被星状绒毛。轮伞花序具 6-10 花，组成顶生穗状花序，下垂或俯垂；苞片宽三角状卵形，早落，小苞片窄椭圆形或近线形，早落。花萼钟形，10 脉，萼齿 5，前 2 齿较宽；花冠粉红或紫红色，伸出部分被腺点，前裂片内面基部新月形突起及花丝基部具不整齐毛环，冠筒伸出或内藏，冠檐上唇直伸，全缘，下唇 3 裂，中裂片内凹呈囊状，侧裂片与上唇近等大；雄蕊 4，着生花冠喉部，伸出，花丝无毛，花药近球 1 室，顶端 2 裂；柱头相等 2 浅裂，子房 4 裂，被星状毛及腺点。小坚果三棱状椭圆形，褐色，被星状绒毛及腺点，顶端具喙，外弯或近直伸。

2 种，我国特有属。

1. 叶长圆状椭圆形或倒卵状椭圆形，下面疏被星状毛，后脱落，近无毛，基部楔形 …………………………………………………………………………………………………… 1. **钩子木 R. dependens**

1. 叶长圆形或长圆状披针形，下面密被白色星状绒毛，基部圆 …………………………… 2. **长叶钩子木 R. sinensis**

1. 钩子木 图 863

Rostrinucula dependens (Rehd.) Kudo in Mem. Fac. Sci. Agr. Taihoku Univ. 2: 304. 1929.

Elsholtzia dependens Rehd. in Sarg. Pl. Wilson. 3: 383. 1917.

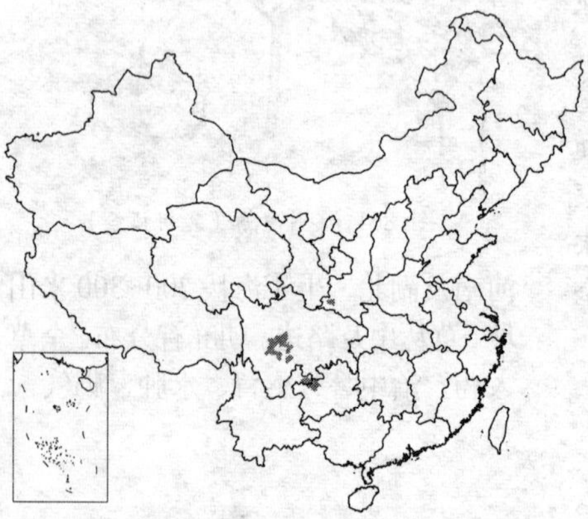

灌木，高达 2 米。幼枝被灰褐色粉状绒毛，后脱落，近无毛。叶长圆状椭圆形或倒卵状椭圆形，长 4-9.5 厘米，先端短尖或短渐尖，基部楔形或稍心形，具不规则锯齿，上面无毛，下面疏被星状毛及黄色腺点，后仅脉被毛余无毛；叶柄长 2-6 毫米。穗状花序长 6-35 厘米，密被白色星状绒毛；苞片交互对生，长 4-6 毫米，密被星状毛。萼齿三角状卵形；花冠粉红或紫红色，长 5-6 毫米，冠筒近内藏，长约 3 毫米，无毛，上唇圆卵形，长约 1 毫米，下唇中裂片内凹，长约 2 毫米。小坚果长约 3 毫米，喙外弯，长约 1.5 毫米。花期 8-10 月，果期 11 月。

产云南东北部、贵州北部、四川及陕西南部，生于海拔 600-2500 米山坡。

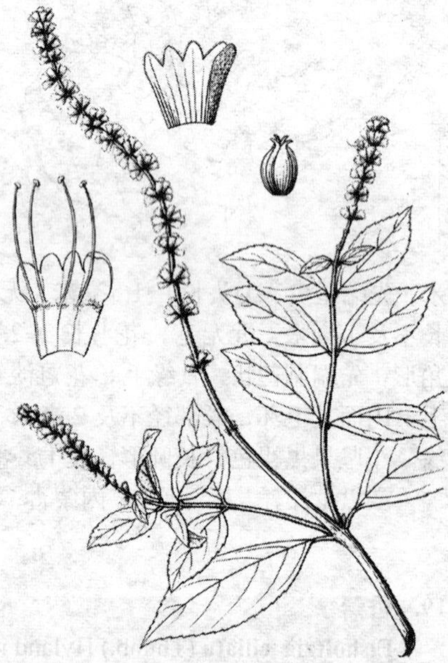

图 863 钩子木（吴彰桦绘）

2. 长叶钩子木 图 864

Rostrinucula sinensis (Hemsl.) C. Y. Wu in Acta Phytotax. Sin. 10(3): 233, pl. 43. 1965.

Leucosceptrum sinense Hemsl. in Journ. Linn. Soc. Bot. 26: 310. 1890.

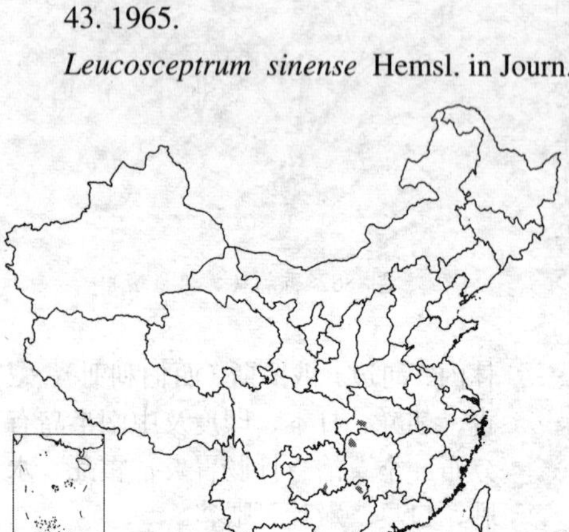

灌木，幼枝密被粉状绒毛，后脱落，近无毛。叶长圆形或长圆状披针形，长 5.5-14.5 厘米，先端尖，基部圆，具细圆齿状锯齿，上面无毛，下面密被白色星状绒毛；叶柄长 3-5 毫米。穗状花序圆柱形，长 8-25 厘米，密被白色星状绒毛；苞片交互对生，卵圆形，长 7 毫米。萼齿三角状卵形；花冠长 4-5 毫米，伸出，上唇圆卵形，长约 1 毫米，

图 864 长叶钩子木（引自《中国植物志》）

下唇中裂片内凹，长约 3 毫米。未成熟小坚果三棱状长圆形，长约 2 毫米，喙长 0.5 毫米，近直伸。花期 10 月。

产湖南、湖北、贵州及广西，生于海拔 1000 米山坡及悬崖。

77. 绵穗苏属 Comanthosphace S. Moore

多年生草本或亚灌木，具根茎。茎常不分枝，直伸。叶具柄或近无柄，具齿。轮伞花序 6-10 花，组成顶生长穗状花序，密被白色星状绒毛；苞片叶状或鳞片状，早落，小苞片微小。花萼管状钟形，10 脉不明显，被星状绒毛，内面无毛，萼齿 5，短三角形，前 2 齿稍宽大；花冠淡红或紫色，冠筒漏斗形，内面近中部具毛环，上唇 2 裂或全缘，下唇 3 裂，中裂片卵形，内凹，稍浅囊状，侧裂片直伸，较小；雄蕊 4，前对稍长，伸出花冠，花丝无毛，花药卵球形，1 室，横向开裂。小坚果三棱状椭圆形，黄褐色，被黄色腺点。

约 6 种，分布于我国及日本。我国 3 种。

1. 茎、叶柄、叶中脉及侧脉被星状绒毛或近无毛；叶先端渐尖；苞片尖；花冠筒内毛环宽、密 ………………………………………… 1. 绵穗苏 **C. ningpoensis**

1. 茎、叶柄、叶中脉及侧脉被平展芒状刚毛；叶先端骤尖；苞片具短尖；花冠筒内毛环窄、疏 ………………………………………… 2. 天人草 **C. japonica**

1. 绵穗苏　　图 865:1-6

Comanthosphace ningpoensis (Hemsl.) Hand.-Mazz. Symb. Sin. 7: 936. 1936.

Caryopteris ningpoensis Hemsl. in Journ. Linn. Soc. Bot. 26: 264. 1890.

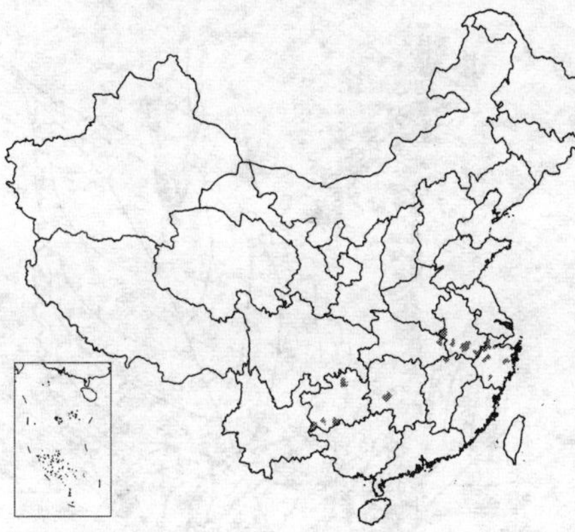

多年生草本，高达 1 米。根茎木质。叶卵状长圆形、宽椭圆形或椭圆形，长 7-13(-20) 厘米，先端渐尖，基部宽楔形，基部以上具锯齿，幼时上面稍被糙硬毛，下面被星状毛，老时两面近无毛；叶柄长 0.5-1 厘米，无毛。穗状花序圆柱形，被星状绒毛，下部苞片叶状，无柄，宽卵状披针形，疏生牙齿，上面疏被糙硬毛，下面被星状绒毛，上部苞片卵状菱形。花梗长 1-3 毫米；花萼管状钟形或钟形，长约 4 毫米，密被白色星状绒毛，内面无毛，萼筒长 3 毫米，前 2 齿稍宽；花冠长约 7 毫米，密被白色星状绒毛，冠筒长约 3 毫米，内面中部毛环宽而密，冠檐上唇长 1 毫米，宽 2 毫米，先端 2 浅裂或全缘，下唇中裂片宽 2 毫米。花期 8-10 月。

产浙江、江西、湖北、湖南及贵州，生于海拔 1220 米山坡、草丛中及溪边。全草治瘫痪、感冒、疮毒、产后疾病、劳伤、吐血。

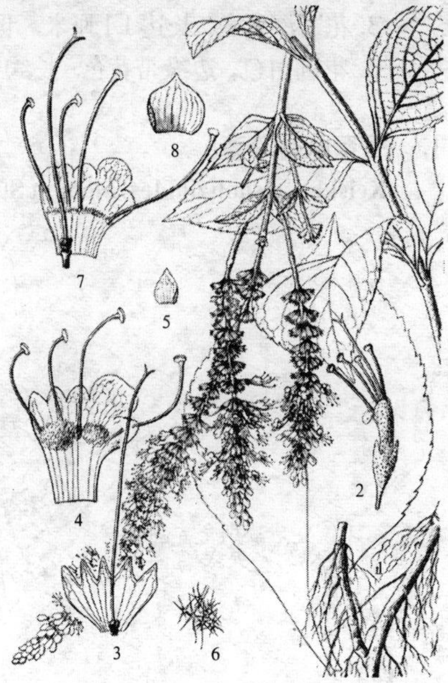

图 865:1-6. 绵穗苏 7-8. 天人草
（王利生绘）

2. 天人草　　图 865:7-8

Comanthosphace japonica (Miq.) S. Moore in Journ. Bot. 15: 293. 1877.

Elsholtzia japonica Miq. in Ann. Mus. Bot. Lugd. Bat. 2: 103. 1865.

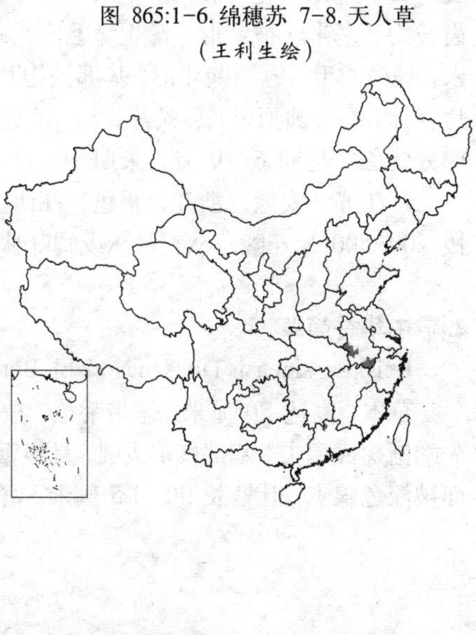

草本或亚灌木状，高达 1 米。根茎木质。叶卵形或卵状椭圆形，长 8-20 厘米，先端骤尖，基部宽楔形下延，具粗尖锯齿，上面疏被糙硬毛，脉上毛较密，下面被腺点，近无毛，脉被平展芒状刚毛；叶柄长 0.5-6 厘米，稍具窄翅。穗状花序圆柱形，被白色星状绒毛；苞片覆瓦状排列，卵状菱形，上面疏被星状毛，小苞片倒披针形。花梗长 1-2 毫米；花萼长约 4 毫米，萼齿短三角形，长约 0.5 毫米，前 2 齿稍宽；花冠长约 8 毫米，疏被星状微柔毛，冠筒长约 6 毫米，内面中部具窄而稀疏柔毛环，上唇长 1 毫米，2 浅裂，下唇中裂片卵形，宽 3 毫米，侧裂片近圆形。小坚果长 3 毫米。花期 8-9 月，果期 10-11 月。

产安徽、江西及广东，生于海拔 1300-1600 米常绿林下。

78. 香简草属 Keiskea Miq.

草本或亚灌木。叶具齿及柄。轮伞花序具 2 花，组成顶生及腋生总状花序；苞片宿存，疏散或近覆瓦状。花萼钟形，稍被毛，内面喉部齿间被簇生毛或具柔毛环，萼齿 5，近等大，或后齿稍小；花冠白、带黄色或带紫色，冠筒漏斗形或近圆柱形，内具毛环，上唇 2 裂，下唇 3 裂，中裂片扁平，侧裂片圆形；雄蕊 4，伸出，稀内藏，前对较长，花丝分离，无毛，无附属器，药室 2，稍叉开，先端汇合；花柱丝状，柱头 2 浅裂，裂片钻形或近线形。小坚果近球形，无毛。

约 6 种，产我国及日本。我国 5 种。

1. 苞片宽卵圆形，近覆瓦状排列 ………………………………………… 1. **香薷状香简草 K. elshotzioides**
1. 苞片卵形或卵状钻形，排列稀疏。
  2. 叶披针形或长圆状披针形，基部楔形，常不对称 ……………………………… 4. **香简草 K. szechuanensis**
  2. 叶卵形或卵状长圆形，基部楔形、圆或偏斜浅心形，对称或稍不对称。
    3. 花冠深紫色，长达 1.1 厘米，下唇中裂片宽大 …………………………… 3. **南方香简草 K. australis**
    3. 花冠白色，边缘带黄色，长约 5 毫米，下唇中裂片较小 ……………………… 2. **中华香简草 K. sinensis**

1. 香薷状香简草 图 866

Keiskea elsholtzioides Merr. in Sunyatsenia 3: 258. 1937.

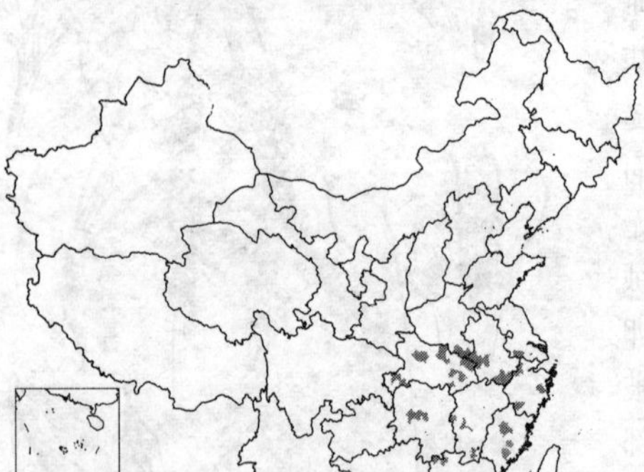

草本，高约 40 厘米。茎带紫红色，初密被平展纤毛状长柔毛，后脱落无毛。叶卵形或卵状长圆形，长 1.5-15 厘米，先端渐尖，基部楔形或稍圆，具圆齿状锯齿或粗锯齿，上面疏被糙硬毛，下面疏被纤毛，密被腺点；叶柄长 5.5-7 厘米。总状花序密被纤毛状长柔毛；苞片宽卵圆形，长约 8 毫米，先端尾尖，具白色缘毛，近覆瓦状排列。花梗长约 2.5 毫米；花萼长约 3 毫米，被纤毛状硬毛，喉部齿间被簇生纤毛，萼齿长约 2 毫米，披针形，疏生缘毛；花冠白色，带紫晕，或紫色，长约 8 毫米，被微柔毛，冠筒漏斗形，基部径约 1.7 毫米，喉部径达 4.7 毫米，冠檐唇片直伸，裂片圆形，上唇裂片长约 1.6 毫米，下唇裂片长约 2 毫米；花丝伸出部分紫色。花期 6-10 月，果期 10-11 月。

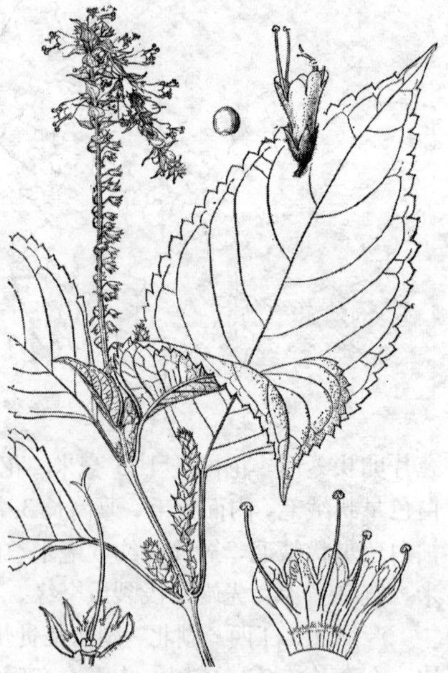

图 866 香薷状香简草（曾孝濂绘）

产江苏、安徽、浙江、福建、江西、河南、湖北、湖南及广东，生于海拔 200-500 米丘陵草丛、灌丛或阔叶林中。

2. 中华香简草 867

Keiskea sinensis Diels in Notizbl. Bot. Gart. Berlin 9: 199. 1924.

草本，高达 70 厘米。茎带紫色，被倒向柔毛。叶卵形，长 10-15 厘米，先端渐尖或尾尖，基部楔形或圆，具粗锯齿，上面无毛，脉被黄褐色糙毛，下面被深色腺点；叶柄长 0.8-1.5 厘米，密被柔毛。总状花序密被腺短柔毛；苞片宿存，卵形，长约 2 毫米，先端尾尖，被腺短柔毛。花梗长 1.5-2 厘米，被腺短柔毛；花萼长 4 毫米，被黄色树脂腺点，脉被微柔毛，喉部齿间被

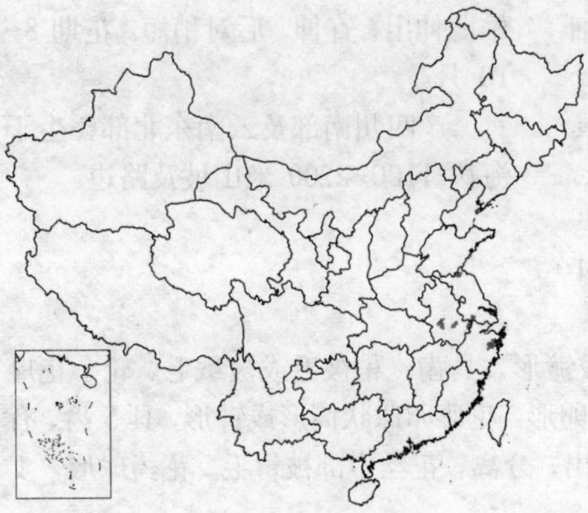

簇生纤毛状硬毛，萼齿长约 2.5 毫米，披针形；花冠白色，边缘稍黄色，长约 5 毫米，无毛，内面被树脂腺点，冠筒漏斗形，喉部径达 4.5 毫米，密被柔毛状髯毛环，上唇直伸，2 裂，下唇中裂片长圆形，侧裂片圆形。小坚果基部稍窄，径约 2 毫米。花期 9-10 月，果期 11 月。

产江苏、安徽及浙江，生于低山林中。

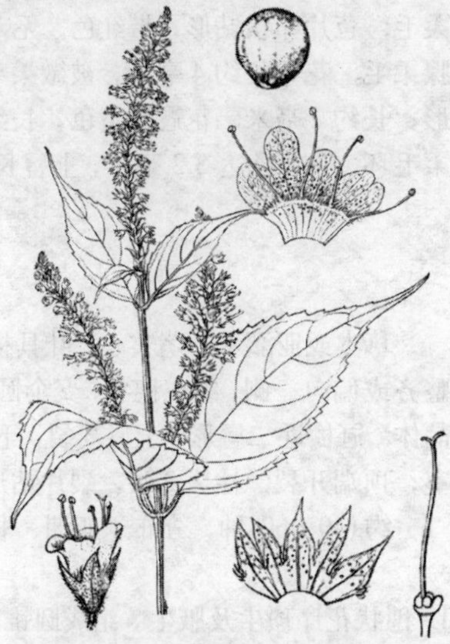

图 867 中华香简草（曾孝濂绘）

3. 南方香简草 图 868

Keiskea australis C. Y. Wu et H. W. Li, Fl. Reipubl. Popularis Sin. 66: 585, pl. 75. 1977.

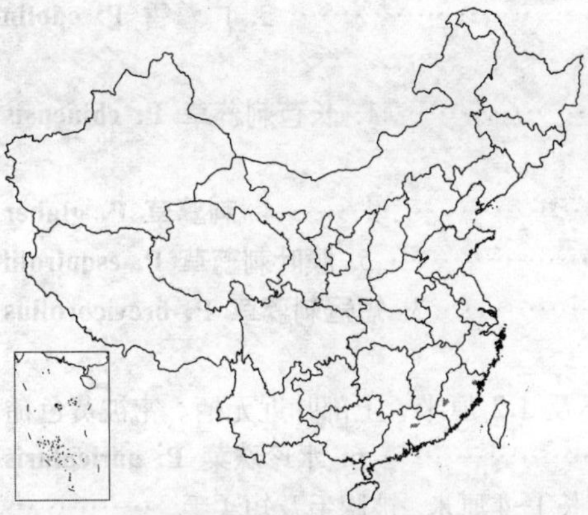

直立草本，高达 80 厘米。茎淡红色，疏被短柔毛。叶卵形或卵状长圆形，长(2.5-)4-11 厘米，先端短渐尖或尖，基部宽楔形或偏斜浅心形，具圆齿，上面被微柔毛及粉状毛，沿脉被短柔毛，下面被腺点，沿脉疏被短柔毛；叶柄淡红色，长 1-4 厘米。总状花序轴密被腺短柔毛；苞片卵状钻形，长约 5 毫米，先端尾尖，具白色缘毛。花梗长 1-2 毫米，密被腺短柔毛；花萼长达 4 毫米，下部被腺短柔毛，喉部具柔毛环，萼具小缘毛，上唇 3 齿近等大或中齿稍小，下唇 2 齿披针形；花冠深紫色，长达 1.1 厘米，冠筒长约 9 毫米，喉部径达 2 毫米，上部疏被微柔毛，内面近基部具柔毛环，上唇长约 2 毫米，先端微缺，下唇长约 3 毫米，中裂片内面密被白色髯毛及红色腺点；后对雄蕊内藏。花期 10 月。

产福建西部及广东北部，生于海拔 600-700 米山谷疏林下。

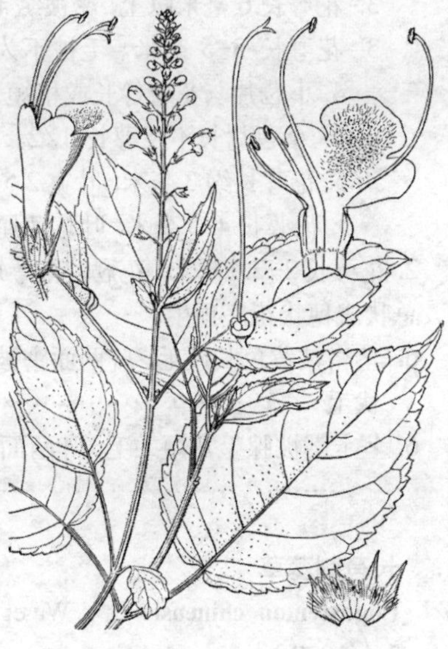

图 868 南方香简草（曾孝濂绘）

4. 香简草 图 869

Keiskea szechuanensis C. Y. Wu in Acta Phytotax. Sin. 10(3): 236. pl. 45. 1965.

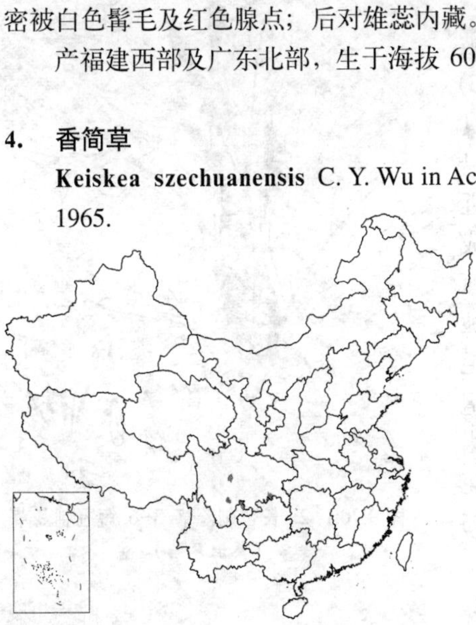

直立草本，高约 80 厘米。茎无毛，上部带紫红色，纵槽内被卷曲柔毛。叶披针形或长圆状披针形，长 3.5-14.5 厘米，先端长尾尖，基部楔形，具锯齿，上面无毛，下面幼时脉被平展细毛，老时无毛，密被腺点；叶柄长 0.7-1.8 厘米，上面被卷曲细柔毛。总状花序长 5-7 厘米，花序梗长 0.4-1 厘米，序轴被细腺

图 869 香简草（曾孝濂绘）

柔毛；苞片卵状钻形，带红色，无毛，具小缘毛。花梗长 1-1.5 毫米，被细腺柔毛；花萼长约 4 毫米，被微柔毛，内面齿间被簇生细长柔毛，萼齿披针形，长约 2 毫米；花冠淡黄色，长约 7 毫米，被微柔毛，冠筒漏斗形，内具柔毛环，喉部径达 3.2 毫米，上唇长约 1.5 毫米，下唇中裂片长约 1.1 毫米；雄蕊伸出，直伸，后对稍短。花期 8-10 月。

产四川南部及云南东北部，生于海拔 1100-2200 米山坡及路边。

79. 刺蕊草属 Pogostemon Desf.

草本或亚灌木。茎实心。叶具柄或近无柄；叶窄卵形或圆形，稀线形或镰形，具齿，稍被毛或被绒毛。轮伞花序整齐或偏向一侧，组成穗状、聚伞圆锥状或圆锥花序；苞片及小苞片线形或卵形。花萼卵球状筒形或钟形，具 5 齿，有晶体；冠檐近二唇形，上唇 3 裂，下唇全缘，较上唇长或等长；雄蕊 4，伸出，分离，花丝中部被髯毛，花药球形，1 室，顶端开裂；柱头 2 裂，裂片钻形。小坚果卵球形或球形，稍扁，平滑。

约 (40-)60 种，分布于亚洲、非洲热带及亚热带。我国 16 种。

1. 穗状花序顶生及腋生，组成圆锥花序。
  2. 花萼长 3 毫米以上；花冠较花萼长，稀近等长。
    3. 花萼长 6 毫米以上，密被绒毛；叶圆形或宽卵形 …… 2. **广藿香 P. cablin**
    3. 花萼长 3-5 毫米，毛被不为绒毛；叶卵形。
      4. 小苞片与花萼等长或稍短 …… 1. **长苞刺蕊草 P. chinensis**
      4. 小苞片长不及萼长 1/2。
        5. 花萼长约 3 毫米；叶宽 2.5-5 厘米 …… 4. **刺蕊草 P. glaber**
        5. 花萼长 4-5 毫米；叶宽 7 厘米 …… 5. **膜叶刺蕊草 P. esquirolii**
  2. 花萼长 2-2.5 毫米；花冠较花萼短，稀近等长 …… 3. **短冠刺蕊草 P. brevicorollus**
1. 总状或穗状花序顶生。
  6. 茎密被黄色长硬毛；叶两面密被黄色糙伏毛，下面被腺点，叶柄长不及 1.2 厘米，上部叶近无柄，密被黄色糙伏毛 …… 6. **水珍珠菜 P. auricularis**
  6. 茎上部被腺毛及短柔毛；叶两面被糙伏毛或近无毛，下面被腺点，叶柄长 1-4 厘米，被腺毛及短柔毛 …… 6(附). **小刺蕊草 P. menthoides**

1. 长苞刺蕊草　图 870:1-2

Pogostemon chinensis C. Y. Wu et Y. C. Huang, Fl. Yunnan. 1: 742, Pl. 179, f. 3-4. 1977.

直立草本，高达 2 米。茎被糙伏毛。叶卵形，长 5-10(-13) 厘米，先端渐尖，基部楔形，具重锯齿或重圆齿状锯齿，两面沿脉被糙伏毛，侧脉 3 对；叶柄近无或长达 6 厘米。穗状花序组成圆锥花序，花序梗长 0.5-2 厘米，密被糙伏毛；小苞片卵状披针形、椭圆形或卵形，被糙伏毛及腺点。花萼近筒形，长 3-4 毫米，被糙伏毛及稀疏腺点，萼齿三角形，近相等或 2 枚较短，长约为萼筒 1/3，内面被糙伏毛，具缘毛；花冠淡红色，与花萼近等长或稍长，上唇被长硬毛；花丝中部被髯毛；花柱与雄蕊近等长。花期 7-11 月。

产福建、广东北部、广西及云南西部，生于海拔1500 米山谷、溪边及草地。

图 870:1-2. 长苞刺蕊草 3-6. 短冠刺蕊草
（蔡淑琴绘）

2. 广藿香 图 871

Pogostemon cablin (Blanco) Benth. in DC. Prodr. 12: 156. 1848.

Mentha cablin Blanco, Fl. Filip. 473. 1837.

多年生芳香草本或亚灌木状，高达1米。茎被绒毛。叶圆形或宽卵形，长2-10.5厘米，基部楔形，具不规则齿裂，上面疏被绒毛，下面被绒毛，侧脉约5对；叶柄长1-6厘米，被绒毛。轮伞花序具10至多花，组成长4-6.5厘米穗状花序，密被绒毛，花序梗长0.5-2厘米；苞片及小苞片线状披针形。花萼筒形，长7-9毫米，被绒毛，内面被细绒毛，萼齿钻状披针形，长约为萼筒1/3；花冠紫色，长约1厘米，裂片被毛；雄蕊被髯毛。花期4月。

原产菲律宾。福建厦门、台湾、广西南宁、广东广州及海南等地栽培。叶可提取芳香油，作香精原料；茎、叶药用，为芳香健胃、退热、镇吐剂。

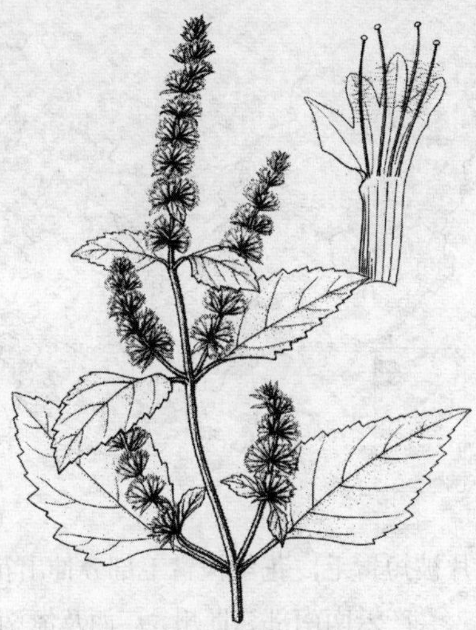

图 871 广藿香（吴彰桦绘）

3. 短冠刺蕊草 图 870:3-6

Pogostemon brevicorollus Sun ex C. H. Hu in Acta Phytotax. Sin. 11(1): 49, pl. 6, f. 16-19. 1966.

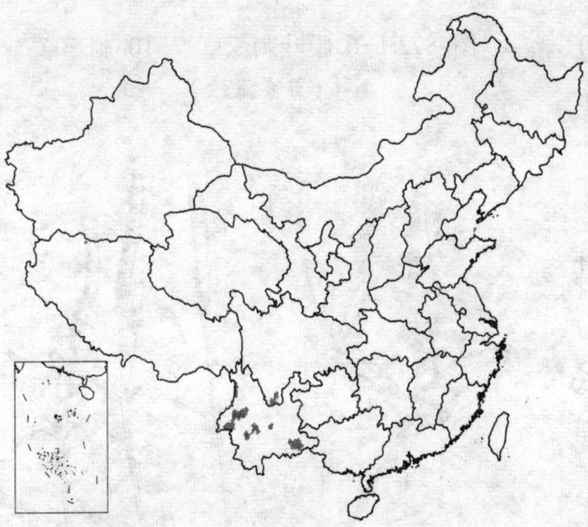

多年生草本或亚灌木状。幼茎被短柔毛，后脱落无毛。叶披针状卵形或卵形，长6-13厘米，先端渐尖，基部楔形，基部以上具重锯齿，上面疏被微柔毛，下面脉被细糙硬毛；叶柄长1-3厘米，被短柔毛。穗状花序具12-14花组成轮伞花序。花萼卵球状筒形，长2-2.5毫米，近无毛或沿脉被短柔毛，萼齿三角形，长约0.5毫米，具缘毛，果时闭合；花冠长约2毫米，无毛，冠筒长约1.6毫米，裂片近等长，三角形；花丝被髯毛部分内藏。小坚果黑色，倒卵球形，长约0.8毫米。花、果期9-11月。

产云南南部及四川西南部，生于海拔1200-2300米山谷或林中

4. 刺蕊草 图 872:7-10 彩片190

Pogostemon glaber Benth. Labiat. Gen. Spec. 154. 1833.

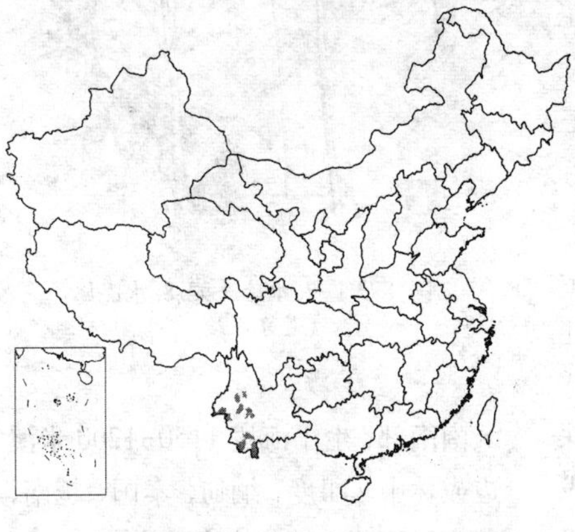

直立草本，高达2米。幼茎被柔毛，旋脱落无毛。叶卵形，长5-8(-10)厘米，先端渐尖，基部宽楔形、圆或近心形，具重锯齿，上面被糙伏长柔毛或近无毛，下面无毛，沿脉被柔毛，侧脉5对；叶柄长达6厘米，上部叶近无柄，被短柔毛。轮伞花序具多花组成穗状花序，长(3-)5-20厘米，花序梗长0.5-4厘米；小苞片卵形，具缘毛；花萼卵球状管形，长约3毫米，无毛或被短柔毛，内面无毛，仅齿稍被短柔毛，萼齿三角形；花冠白或淡红色，长约5毫米，上唇被短髯毛，下唇无毛；花丝伸出部分与花冠等长。小坚果球形。花、果期11月至翌年3月。

产云南南部，生于海拔1300-2700米山坡、荒地、山谷、林中。尼泊尔、印度、泰国及老挝有分布。全草治肺结核咳血及急性肠胃炎。

5. 膜叶刺蕊草 图 872:1-6

Pogostemon esquirolii (Lévl.) C. Y. Wu et Y. C. Huang, Fl. Yunnan. 1: 743. pl. 179, f. 1-2. 1977.

Caryopteris esquirolii Lévl. in Fedde Repert. Sp. Nov. 9: 449. 1911.

多年生草本或亚灌木状，高达1.5米。幼茎被短柔毛，后脱落无毛。

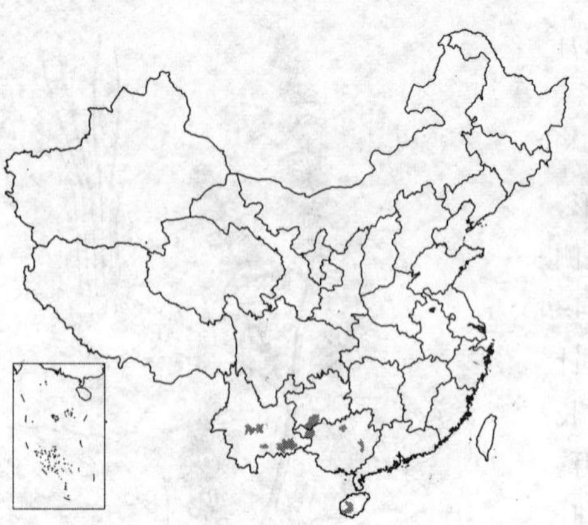

叶膜质或稍纸质，卵形，长达 12 厘米，先端渐尖，基部楔形，稀稍圆，具重圆齿或重锯齿，上面被糙伏毛，稀密被长柔毛，下面近无毛或沿脉被短柔毛，侧脉 5 对；叶柄长 1.5-7 厘米，被长柔毛。穗状花序长 3-7(-15) 厘米，花序梗密被长柔毛；小苞片卵形，无毛或近无毛，具缘毛。花冠白或淡紫色，长 6-7 毫米，裂片被短髯毛；花丝被髯毛部分伸出花冠。花期 12 月至翌年 4 月。

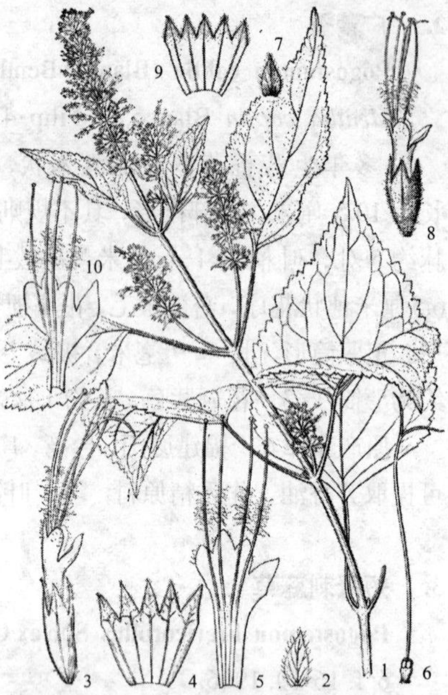

图 872:1-6. 膜叶刺蕊草 7-10. 刺蕊草
（曾孝濂绘）

产云南南部、贵州、广西及海南，生于海拔 2000 米山谷、溪边。枝叶治子宫下垂。

6. 水珍珠菜 图 873:1-7

Pogostemon auricularius (Linn.) Hassk. in Tijdsch. Nat. Geschied. 10: 127. 1843.

Mentha auricularis Linn. Mant. Pl. ed. 1, 81. 1767.

Dysophylla auricularia (Linn.) Bl.; 中国高等植物图鉴 3: 693. 1974.

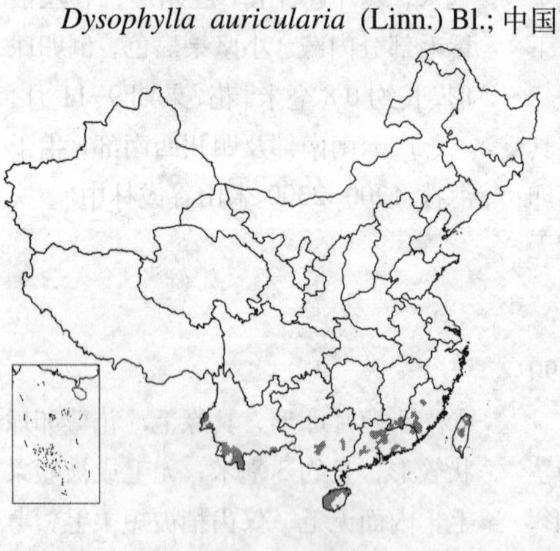

一年生草本，高达 2 米；基部平卧，节上生根，上升，多分枝，密被平展黄色长硬毛。叶长圆形或卵状长圆形，长 2.5-7 厘米，基部圆或浅心形，稀楔形，具锯齿，两面被黄色糙伏毛，下面疏被腺点，侧脉 5-6 对；叶柄短，稀长达 1.2 厘米，上部叶近无柄，密被黄色糙伏毛。穗状花序长 6-18 厘米；苞片卵状披针形，边缘具糙伏毛。花萼钟形，长约 1 毫米，无毛，被黄色腺点，萼齿短三角形，边缘具柔毛；花冠淡紫或白色，长约 2.5 3毫米，无毛；雄蕊伸出部分被髯毛。小坚果褐色，近球形，径约 0.5 毫米，无毛。花、果期 4-11 月。

国 873:1-7. 水珍珠菜 8. 水虎尾
（曾孝濂绘）

产台湾、福建、江西、广东、海南、广西及云南，生于海拔 300-1700 米疏林下、溪边湿地。锡金、印度、东南亚及菲律宾有分布。全草煎水治小儿惊风或洗伤口。

[附] **小刺蕊草 Pogostemon menthoides** Bl. Bijdr. 825. 1826. 本种与水珍珠菜的区别：茎上部被腺毛及短柔毛；叶卵形或卵状披针形，两面被糙伏毛或近无毛，下面被腺点，叶柄长 1-4 厘米，被腺毛及短柔毛。花期 3-4 月，产云南南部，生于海拔 1150-1200 米溪边或林中。印度、缅甸、泰国、越南、印度尼西亚及菲律宾有分布。

80. 水蜡烛属 Dysophylla Bl.

草本。茎中空。叶 3-10 轮生，稀对生，无柄，线形或披针形，全缘或疏生齿，常近无毛。轮伞花序多花，组成顶生穗状花序；苞片与花等长或稍短。花无梗；花萼钟形，被毛，内面无毛，具5短齿，无晶体；花冠伸出，冠筒向上宽大，冠檐4裂，裂片近相等，后裂片全缘或微缺；雄蕊4，伸出，花丝长，近等长，被髯毛，花药近球形，汇合一室；花柱与雄蕊近等长，柱头2浅裂，裂片钻形；花盘环状，近全缘。小坚果近球形，平滑。

约27种，分布于东南亚，主产印度，澳大利亚1种。我国7种。

1. 茎无毛或近无毛。
  2. 叶较短，具细锯齿。
    3. 叶线形或披针形，宽1.5-4(-7.5)毫米，下面灰白色 ………… 1. **水虎尾 D. stellata**
    3. 叶倒卵状长圆形或倒披针形，宽4-8毫米，下面淡绿色 ………… 1(附). **齿叶水蜡烛 D. sampsonii**
  2. 叶长3.5-4.5厘米，全缘或上部疏生浅齿 ………… 2. **水蜡烛 D. yatabeana**
1. 茎被黄色糙伏毛 ………… 2(附). **毛茎水蜡烛 D. cruciata**

1. 水虎尾 图 873:8

Dysophylla stellata (Lour.) Benth. in Wall. Pl. Asiat. Rar. 1: 30. 1830.

Mentha stellata Lour. Fl. Cochinch. 2: 361. 1790.

Dysophylla benthamiana Hance; 中国高等植物图鉴 3: 693. 1974.

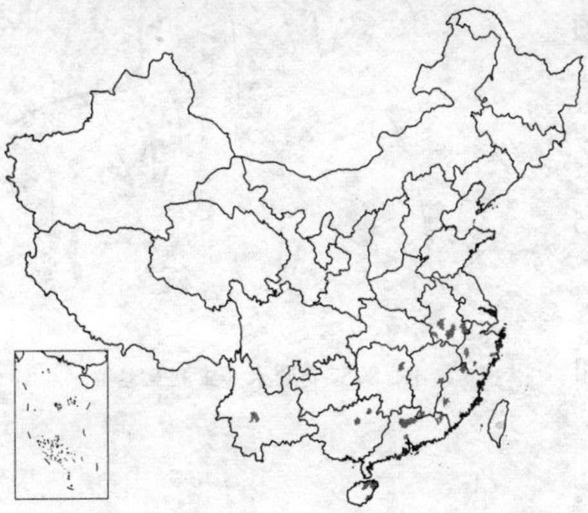

一年生草本，高达40厘米，基径达1厘米。茎无毛，节上有时被灰色柔毛。叶4-8轮生，线形或披针形，长2-7厘米，先端尖，基部楔形，疏生细齿或近全缘，两面无毛。穗状花序长0.5-7(-9)厘米，密集；苞片披针形。花萼密被灰色绒毛，长约1.2毫米，径1毫米；花冠紫红色，长1.8-2毫米。小坚果褐色，倒卵球形。花、果期全年。

产浙江、福建、江西、安徽、湖南、广东、海南、广西及云南，生于海拔1550米以下稻田、溪边湿地。东南亚各国及澳大利亚有分布。

[附] **齿叶水蜡烛 Dysophylla sampsonii** Hance in Ann. Sci. Nat. Bot. 5: 234. 1866. 本种与水虎尾的区别：叶倒卵状长圆形或倒披针形，宽4-8毫米，下面淡绿色，密被黑色腺点。花期9-10月，果期10-11月。产江西、湖南、广东、广西及贵州，生于沼泽地或水边。

2. 水蜡烛 图 874

Dysophylla yatabeana Makino in Bot. Mag. Tokyo 12: 55. 1898.

多年生草本，高达60厘米。茎无毛，仅顶端被微柔毛，不分枝，稀具短分枝。叶3-4轮生，窄披针形，长3.5-4.5厘米，宽5-7毫米，先端钝，全缘或上部疏生浅齿，两面无毛，下面被不明显褐色腺点；叶无柄。穗状花序长2.8-7厘米；苞片带紫色，线状披针形；花萼卵球状钟形，长1.6-2毫米，被柔毛及锈色腺点，萼齿三角形，长约为萼筒1/2；花冠紫红色，长3.6-4毫米，无毛，冠檐近相等4裂；雄蕊伸出，花丝密被紫红色髯毛。花期8-10月。

产浙江、安徽、湖北、湖南及贵州，生于水池、稻田或湿地。朝鲜及日本有分布。

[附] **毛茎水蜡烛 Dysophylla cruciata** Benth. in Wall. Pl. Asiat. Rar. 1: 30. 1830.

图 874 水蜡烛（引自《浙江植物志》）

本种与水蜡烛的区别：茎被黄色糙伏毛；叶线形，长 1.3-3.5 厘米，宽 2.5-4 毫米，两面被糙伏毛。花期 9-11 月，果期 10-12 月。产云南南部，生于海拔 1100-1500 米沼泽地或荒地。印度、尼泊尔、老挝、柬埔寨及越南有分布。

81. 羽萼木属 Colebrookea Smith

灌木，高达 3 米。茎黄褐色，密被绵状绒毛。叶对生或 3 枚轮生，长圆状椭圆形，长 10-20 厘米，先端渐长尖，基部宽楔形或稍圆，具圆锯齿，上面皱，被微柔毛，下面密被绒毛或绵状绒毛；叶柄长 0.8-2.5 厘米，密被绒毛。圆锥花序顶生，分枝穗状，具花序梗；小苞片线形，密被绒毛，基部稍连合呈总苞状。花无梗；花萼钟形，萼筒极短，萼齿 5，钻形，羽毛状，雌花两性花异株，雌花冠筒与花萼近等长或稍长，两性花冠筒伸出，冠檐稍二唇形，上唇微缺，下唇 3 裂；雄蕊 4，近等长，在雌花中内藏，在两性花中伸出，花丝无毛，花药近球形，1 室；花柱在雌花中伸出，在两性花中稍伸出，柱头 2 裂，裂片钻形或线形，叉开。小坚果倒卵球形，顶端被柔毛。

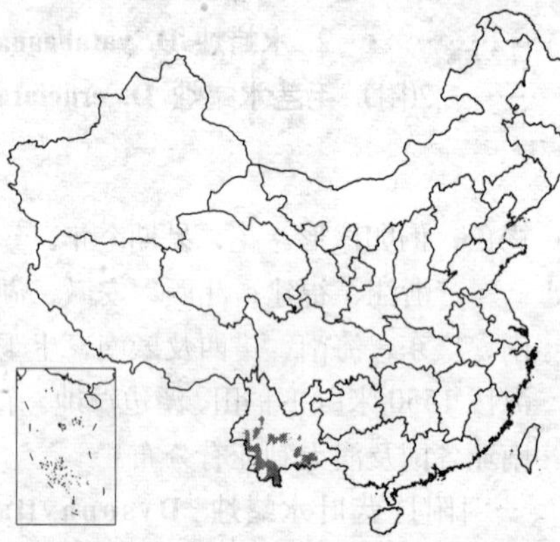

单种属。

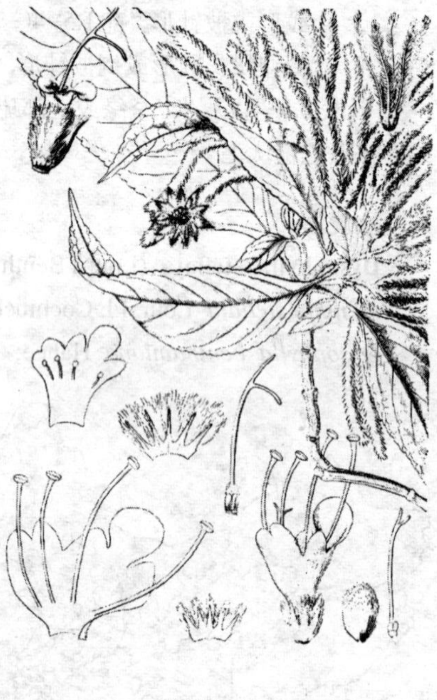

图 875 羽萼木（王利生绘）

羽萼木 羽萼 图 875

Colebrookea oppositifolia Smith, Exot. Bot. 2: 111. t. 115. 1806.

形态特征同属。花期 1-3 月，果期 3-4 月。

产云南，生于海拔 200-2200 米稀树乔木林或灌丛中。尼泊尔、锡金、印度、缅甸及泰国有分布。

82. 筒冠花属 Siphocranion Kudo

多年生草本。茎细长，下部无叶；具根茎。叶多聚生茎端。轮伞花序具 2 花，组成总状花序顶生；小苞片对生，宿存。花具梗；花萼宽钟形，萼檐二唇形，上唇 3 齿，下唇 2 齿，齿窄长；花冠长筒形，中部有时稍缢缩，喉部稍膨大，冠檐短，二唇形，上唇 4 裂，下唇稍大，全缘，稍内凹；雄蕊 4，内藏，前对较长，花丝无毛；花药球形，2 室，极叉开，顶端汇合；子房无毛，柱头等 2 浅裂。小坚果长圆形或卵球形，被点，基部具白痕。

2 种，分布于锡金、印度、缅甸北部、越南北部及我国亚热带地区。我国 2 种均产。

1. 花冠长达 2.5 厘米，雄蕊着生花冠喉部或近喉部；小苞片长 0.4-1 厘米；茎密被伸展或卷曲腺长柔毛，有时近无毛 ………………………………………… 1. **筒冠花 S. macranthum**
1. 花冠长 1.2-1.5 厘米，雄蕊着生冠筒中上部；小苞片长不及 2 毫米；茎被微柔毛或近无毛 …2. **光柄筒冠花 S. nudipes**

1. 筒冠花 小叶筒冠花 图 876；图 877:1-5

Siphocranion macranthum (Hook. f.) C. Y. Wu in Acta Phytotax. Sin. 8(1): 56.1959.

Plectranthus macranthus Hook. f. Fl. Brit. Ind. 4: 616. 1885.

Siphocranion macranthum var. *microphyllum* C. Y. Wu; 中国植物志 66: 392. 1977.

多年生草本，高达 70 厘米。茎密被伸展或卷曲腺长柔毛，有时近无毛。叶卵状披针形或卵形，长（1-）3-10 厘米，先端尖，基部宽楔形，疏生粗锯齿，上面疏被平伏细糙硬毛，

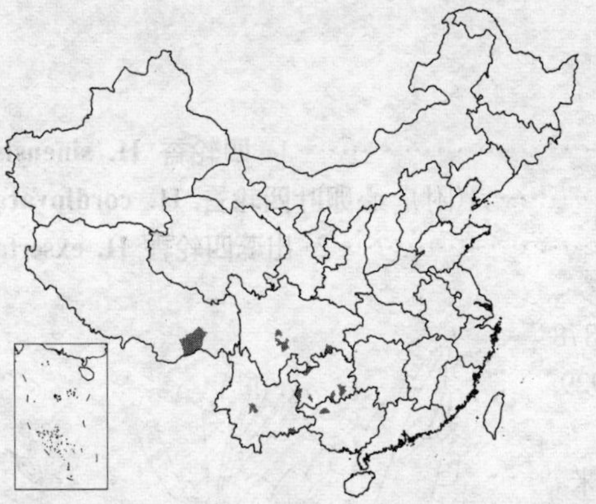

下面近无毛；叶柄长 0.5-3 厘米，被腺柔毛及长柔毛。总状花序长 4-20 厘米；小苞片披针形，长 0.4-1 厘米，具缘毛。花梗长约 5 毫米；花萼长约 4 毫米，被腺微柔毛，内面无毛，上唇长约 3 毫米，齿三角形，具短尖头，下唇长约 2.5 毫米，齿窄三角形，锥尖；花冠粉红或淡紫蓝色，筒形，长达 2.5厘米，直伸，喉部稍膨大，上唇裂片卵形，近等大，长约 3 毫米，下唇长 4-9 毫米，近圆形，稍内凹，全缘，雄蕊内藏，着生花冠近喉部。小坚果黄褐色，卵球形，径约 1.5 毫米。花期 7-10 月，果期 10-11 月。

产西藏、云南、四川、贵州及广西，生于海拔600-3200米常绿林或混交林内。

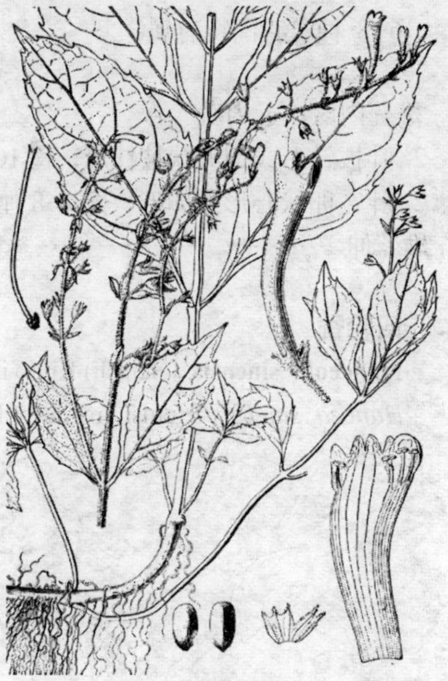

图 876 筒冠花（王利生绘）

2. 光柄筒冠花 图 877:6-10

Siphocranion nudipes (Hemsl.) Kudo in Mem. Fac. Sci. Agr. Taihoku Univ. 2: 53. 1929.

Plectranthus nudipes Hemsl. in Journ. Linn. Soc. Bot. 26: 272. 1890.

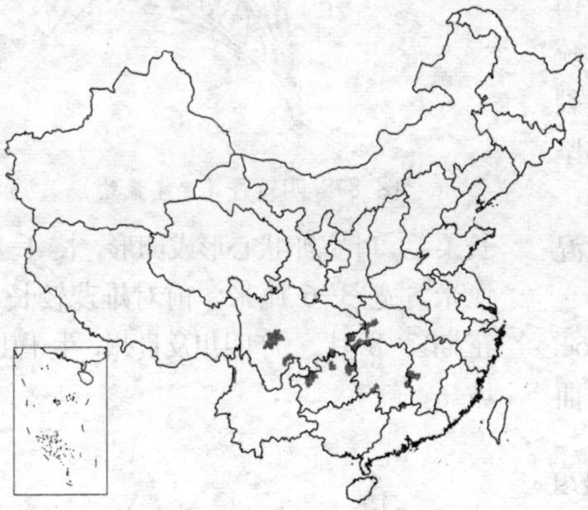

多年生草本，高达 50 厘米。茎被微柔毛或近无毛。叶披针形，长 6-15厘米，先端尖或长渐尖，基部楔形，具细锯齿，上面疏被细刚毛，脉被微柔毛，下面无毛，被黄色腺点，脉被微柔毛；叶柄长 0.5-2 厘米，被微柔毛。总状花序具疏花，长 6-25 厘米，疏被微柔毛或近无毛；小苞片披针形或钻形。花梗长约 3 毫米，被腺微柔毛；花萼长 3-4 毫米，被腺微柔毛，萼齿三角形，锥尖；花冠筒白色，上部紫红色，长 1.2-1.5 厘米，中部稍缢缩，被微柔毛，上唇长约 5 毫米，裂片圆形，近等大或中央 2 裂片较小，下唇内凹，全缘；雄蕊着生冠筒中上部。小坚果长圆形，长 1.5 毫米，褐色。花期 7-9 月，果期10-11 月。

产福建、江西、湖北、湖南、广东、云南、贵州及四川，生于海拔 1000-2150 米常绿林或混交林下。

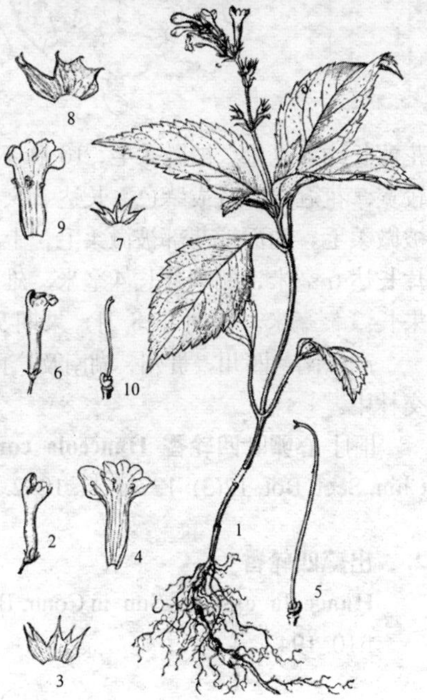

图 877:1-5. 筒冠花 6-10. 光柄筒冠花（曾孝濂绘）

83. 四轮香属 **Hanceola** Kudo

一年生或多年生草本。叶基部楔形下延。轮伞花序 2-14 花，具梗，组成顶生总状花序。花萼近钟形，8-10 脉，萼齿 5，后齿稍大，先端尾尖，或萼檐稍二唇形，前 2 齿较窄，果萼增大，脉显著；花冠筒直伸或弧曲，伸出，漏斗形，内面无毛环，有时被微柔毛或长柔毛，冠檐二唇形，上唇 2 裂，裂片圆，下唇 3 裂，中裂片长；雄蕊 4，近等长或前对较长，着生花冠筒上部，花丝扁平，无毛或被微柔毛，花药卵球形，药室 2，极叉开，后汇合；花柱与雄蕊等长或较长；花盘前面膨大。小坚果长圆形，具纵纹，无毛，基部具白痕。

6-8 种，我国特有属。

1. 雄蕊内藏或近内藏。
  2. 叶披针形或倒卵状披针形，长 10-25 厘米；雄蕊近等长 ………………………………… 1. **四轮香 H. sinensis**
  2. 叶宽卵状心形或卵形，长 4-8 厘米；前对雄蕊较长 ……………………… 1(附). **心卵叶四轮香 H. cordiovata**
1. 雄蕊伸 ……………………………………………………………………………………… 2. **出蕊四轮香 H. exserta**

1. 四轮香 图 878

Hanceola sinensis (Hemsl.) Kudo in Mem. Fac. Sci. Taihoku Univ. 2: 54. 929. *Hancea sinensis* Hemsl. in Journ. Linn. Soc. Bot. 26: 310. 1890.

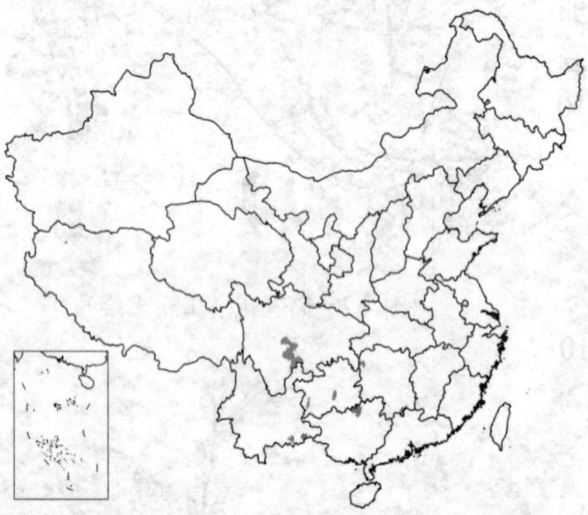

多年生草本，高达 1.5 米。茎被微柔毛。叶披针形或倒卵状披针形，长 10-25 厘米，先端渐尖或尾尖，基部窄楔形下延，具粗锯齿状牙齿，上面疏被细糙微柔毛；叶柄长 1-1.5 厘米，被微柔毛。轮伞花序具 2-6 花，组成总状或圆锥花序腋生及顶生，长达 13 厘米；苞片倒披针形或披针形，具齿。花梗长 5-7 毫米，上部被微柔毛；花萼长约 4 毫米，被微柔毛，10 脉不明显，萼齿三角形，先端长渐尖，后齿较宽；花冠白、黄或紫色，长达 3.5 厘米，冠筒弧曲，喉部径达 1 厘米，疏被微柔毛，内面近基部被微柔毛，上唇长约 3 毫米，下唇长约 6 毫米，中裂片长达 6 毫米，侧裂片长 4 毫米；雄蕊内藏，近等长，花丝被微柔毛。小坚果长 3.5 毫米。花期 7-8 月，果期 9 月。

产云南、四川、贵州、湖南及广西，生于海拔 1240-2200 米常绿林或混交林中。

图 878 四轮香（曾孝濂绘）

[附] **心卵叶四轮香 Hanceola cordiovata** Sun in Contr. Biol. Lab. Sci. Soc. Chin. Sect. Bot. 12(3): 127. f. 11. 1942. 本种与四轮香的区别：茎密被黄色卷曲长柔毛；叶宽卵状心形或卵形，长 4-8 厘米，宽 3-6 厘米；前对雄蕊较长。花期 7-8 月。产四川及贵州，生于山坡。

2. 出蕊四轮香 图 879

Hanceola exserta Sun in Contr. Biol. Lab. Sci. Soc. Chin. Sect. Bot. 12: 125. f.10. 1942.

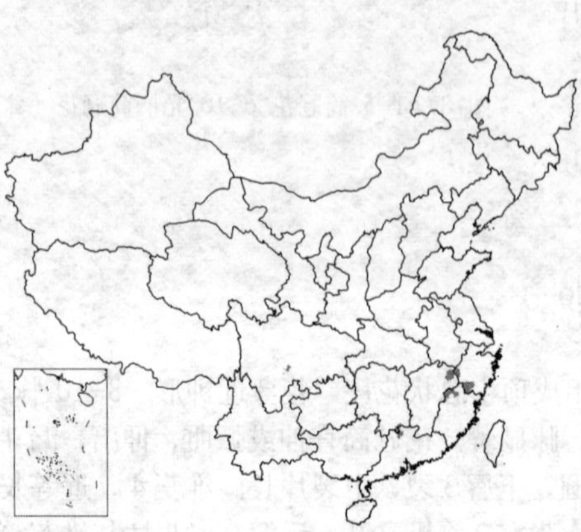

多年生草本，高达 50 厘米。茎平卧上升，疏被细糙伏毛，带深紫色，多分枝。叶卵形或披针形，长 0.5-9(-17) 厘米，宽 0.3-3(-4.5) 厘米，先端尖或渐尖，基部楔形下延，具锯齿，上面疏被细糙硬毛，下面无毛，带青紫色，脉被微柔毛；叶柄长 0.5-5 厘米，被细微柔毛。总状花序顶生，疏花，密被微柔毛及头状腺毛；苞片披针形或线形，小苞片钻形。花萼钟形，长达 3 毫米，被腺微柔毛，10 脉不明显，萼齿三角

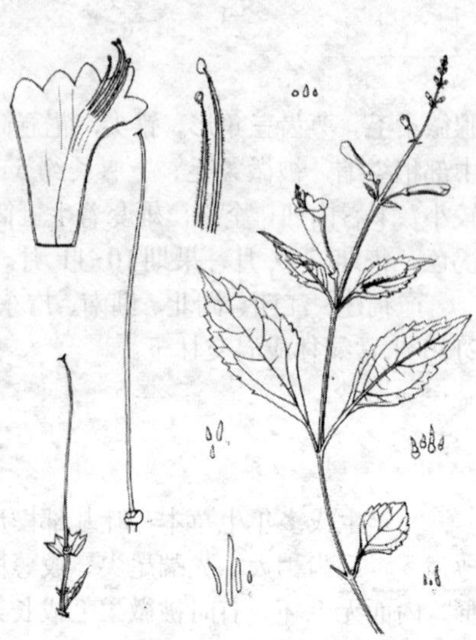

图 879 出蕊四轮香（仿《中国植物志》）

形，锥尖，后齿较宽大；花冠紫蓝色，漏斗状管形，长达 2.5 厘米，被微柔毛，内面下部稍被微柔毛，冠筒长约 1.9 厘米，喉部径约 1 厘米，上唇长约 3 毫米，下唇长 6 毫米，平展，裂片椭圆形；雄蕊伸出。花期 9-10 月。

产浙江西南部、福建、江西、广东、湖南及四川，生于海拔 540-1400 米阴坡草地及常绿林下。

84. 山香属 Hyptis Jacq.

直立草本、亚灌木或灌木。叶具齿。苞片钻形或刺状。头状、穗状或圆锥花序。花萼管状钟形或管形，直伸或偏斜，具 10 脉，喉部被簇生长柔毛或无毛，萼齿 5，近等大，直伸；花冠筒圆筒形或一侧膨胀，近圆柱形或窄漏斗形，冠檐上唇 2 裂，下唇 3 裂，中裂片囊状，反折，基部缢缩，有时两侧具齿，侧裂片相似；雄蕊 4，前对较长，下倾，花丝分离，药室 2，顶端汇合；柱头 2 浅裂或近全缘；花盘全缘或前面稍膨大。小坚果卵球形或长圆形，平滑或被细点，粗糙，少数种具膜质翅。

约 350-400 种，产美洲热带、亚热带及西印度群岛。我国引入栽培 4 种，已野化。

1. 聚伞花序具(1)2-5 花，组成总状或圆锥花序 ………………………… 1. 山香 **H. suaveolens**
1. 聚伞花序具多花，组成头状花序 ………………………… 2. 吊球草 **H. rhomboidea**

1. 山香　　图 880:1-6

Hyptis suaveolens (Linn.) Poit. in Ann. Mus. Paris 7: 472. t. 29. f. 2. 1806.

Ballota suaveolens Linn. in Syst. Nat. ed. 10, 2: 1100. 1759.

一年生芳香草本，高达 1.6 米。茎粗壮，分枝，被平展糙硬毛。叶卵形或宽卵形，长 1.4-11 厘米，基部圆或浅心形，稍偏斜，边缘不规则波状，具细齿，两面疏被柔毛；叶柄细，长 0.5-6 厘米。聚伞花序具(1)2-5 花，组成总状或圆锥花序。花萼长约 5 毫米，具 10 条凸脉，被长柔毛及淡黄色腺点，喉部被簇生长柔毛，萼齿短三角形，先端长锥尖，长 1.5-2 毫米；花冠蓝色，长 6-8 毫米，外面除冠筒下部外被微柔毛，筒部基部宽约 1 毫米，喉部宽约 2 毫米，上唇先端 2 圆裂，裂片外反，下唇侧裂片与上唇裂片相似，中裂片束状，稍短。雄蕊生于花冠喉部，花丝疏被柔毛，花药汇合；花盘宽杯状；子房无毛。小坚果常常枚成熟暗褐色，侧扁，长约 4 毫米，被细点，基部具 2 白痕。花、果期全年。

原产热带非洲，现广布于全球热带。广西、广东、海南、福建、台湾等地栽培，已野化为杂草，生于荒地。全草入药，治赤白痢、乳腺炎、痈疽、感冒、胃肠涨气、风湿骨痛、蛇咬伤、刀伤出血、跌打肿痛、皮炎。果含油 24%，蛋白质 22%。

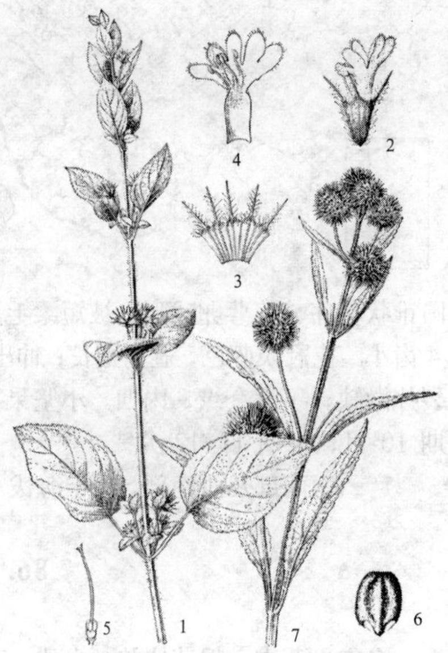

图 880: 1-6. 山香 7. 吊球草（曾孝濂绘）

2. 吊球草　　图 880:7

Hyptis rhomboidea Mart. et Gal. in Bull. Bru. 11(2): 188. 1844.

一年生草本，高达 1.5 米。茎粗壮沿棱被短柔毛。叶披针形，长 8-18 厘米，先端渐尖，基部窄楔形，具钝齿，上面疏被细糙硬毛，下面密被腺点，脉被柔毛；叶柄长 1-3.5 厘米，疏被柔毛。聚伞花序具多花，密集成头状花序，花序梗长 5-10 厘米；苞片多数，紧贴，披针形或线形，密被柔毛。花萼绿色，长约 4 毫米，果时管状增大，长达 1 厘米，宽约 3.2 毫米被细糙硬毛，基部被长柔毛，萼齿锥尖，长约 2.2 毫米；花冠乳白色，长约 6 毫米，被微柔毛，冠筒基部径 1 毫米，喉部稍宽，上唇长 1-1.2 毫米，先端 2 圆裂，裂片卵形，反折，下唇长约上唇的 2.5 倍，中裂片凹下，具柄，侧裂片三角形；雄蕊生于花冠喉部；花柱先端宽，2 浅裂；花盘宽杯状；子房无毛。小坚果深褐色，长圆形，腹面具棱，长约 1.2 毫米，基部具 2 白痕。

原产热带美洲，现广布于全球热带。广西、广东、海南及台湾等地栽培，已野化为杂草，生于荒地。

85. 排草香属 **Anisochilus** Wall. ex Benth.

草本或亚灌木。叶常肉质，具齿。轮伞花序密集组成顶生穗状花序；苞片早落，在花序顶端宿存。花萼卵球形，近直伸，口部偏斜，后齿大，全缘，反折，或内弯封闭萼口，余4齿小或不明显；花冠筒细长，伸出，中部下弯，喉部宽大，冠檐上唇短而钝，3-4裂，下唇全缘，伸长，内弯；雄蕊4，前对较长，下倾，花丝分离，无齿，花药卵球形，2室；花柱伸出雄蕊，柱头相等2浅裂，裂片钻形。小坚果扁卵球形，平滑，被腺点。

约20种，产热带亚洲及非洲。我国1种，引入栽培1种。

异唇花 图 881

Anisochilus pallidus Wall. ex Benth. in Wall. Pl. Asiat. Rar. 2: 18. 1830.

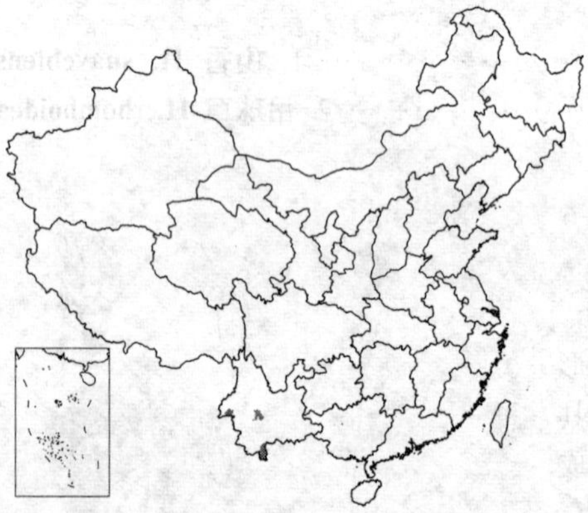

一年生草本，高达1米。茎被平伏短柔毛，上部毛较密。叶卵状长圆形或披针状长圆形，长5.5-15厘米，先端渐尖，基部圆或楔形下延，具锯齿或圆齿状锯齿，上面疏被微柔毛及细微硬毛，下面被微柔毛或锈色腺点，脉密被短柔毛；叶柄长1-3厘米，密被短柔毛及锈色腺点。穗状花序卵球状长圆形或圆筒形，长1-4厘米，组成圆锥状花序。花萼卵球形，被短柔毛及锈色腺点，后齿钻形，爪状下弯，余4齿小；花冠淡蓝色，冠筒细长，伸出，中部下弯，喉部宽大，上唇3裂，中裂片微缺，下唇全缘，内凹。小坚果径约1毫米，淡褐色，被黄色腺点。花期10月，果期11-12月。

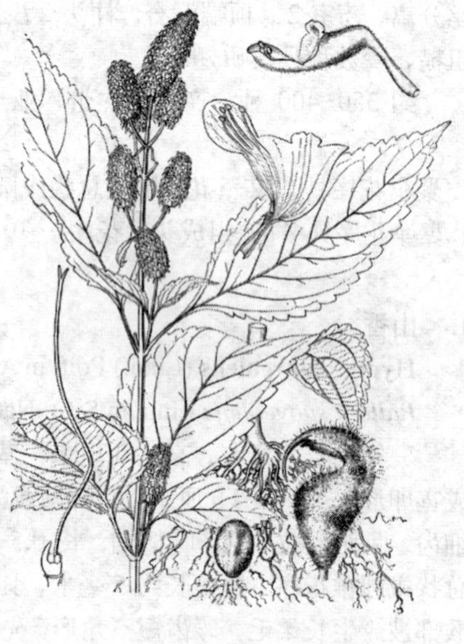

图 881 异唇花（曾孝濂绘）

产云南南部及西南部，生于海拔1200-1700米草坡及林缘。锡金、印度东北部、缅甸、老挝、越南有分布。

86. 葶花属 **Skapanthus** C. Y. Wu et H. W. Li

多年生草本。根茎块状，木质。茎少数。叶4-6基生，宽卵圆形或菱状椭圆形，长3-6厘米，先端钝，基部宽楔形、稍圆或平截，基部骤窄下延叶柄具翅，两面密被灰白或褐色糙伏毛，下面密被褐色腺点，侧脉约4对，基部以上具圆齿，叶柄长1-5毫米；茎叶卵状披针形，长6毫米，全缘。聚伞花序具6-10花，疏散，组成顶生聚伞圆锥花序。花萼宽钟形，10脉，密被腺毛或腺点，内面无毛，萼檐上唇3齿反折，下唇2齿卵状三角形；花冠紫蓝色，下倾，被柔毛及褐色腺点，内面无毛，冠筒基部上方浅囊状，喉部稍缢缩，冠檐上唇反折开展，3裂，中裂片宽，2浅裂，侧裂片窄长，下唇与上唇近等长，内凹，稍舟状；雄蕊4，二强，下倾，内藏，花丝分离，扁平，后

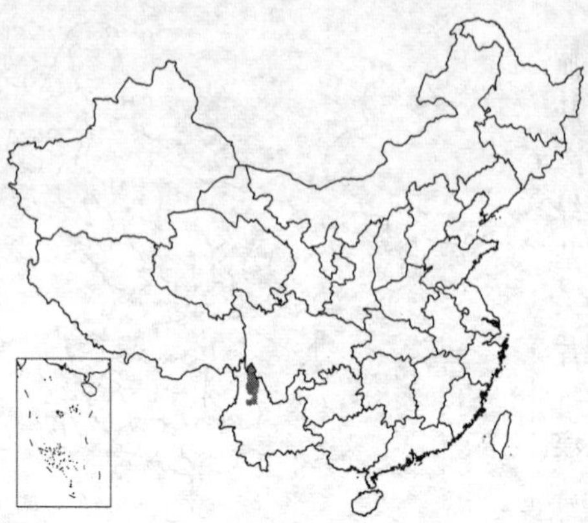

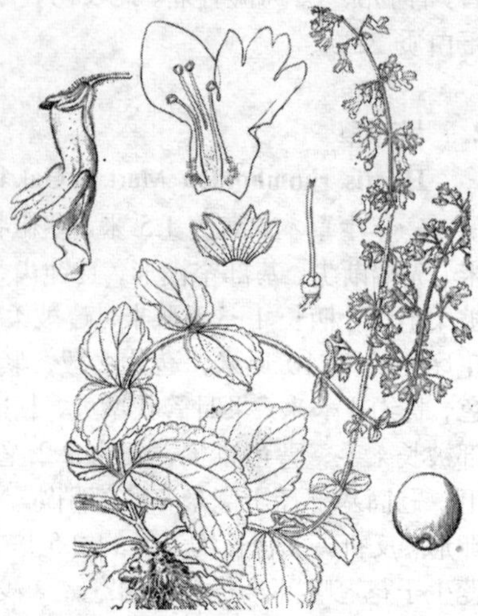

图 882 [附] 茎叶葶花（曾孝濂绘）

对基部宽，外侧被柔毛，花药1室；花柱内藏，柱头相等2浅裂。小坚果球形，平滑。

我国特有单种属。

葶花 子宫草

Skapanthus oreophilus (Diels) C. Y. Wu et H. W. Li in Acta Phytotax. Sin. 13(1): 78. 1975.

Plectranthus oreophilus Diels, in Notes Roy. Bot. Gard. Edinb. 5: 227. 1912.

形态特征同属。花期 7-8 月，果期 9-10 月。

产云南西北部，生于海拔2700-3100米松林下或林缘草坡。

[附] **茎叶葶花** 茎叶子宫草 图 882 **Skapanthus oreophilus** var. **elongatus** (Hand.-Mazz.) C. Y. Wu et H. W. Li in Acta Phytotax. Sin. 13(1): 78. 1975.—— *Plectranthus oreophilus* Diels var. *elongatus* Hand.-Mazz. Symb. Sin. 7: 941. 1936. 本变种与模式变种的区别：茎伸长，中部常具叶 3-4 对；花序下部苞叶与茎叶相似。产云南西北部、四川西南部，生于海拔 2500-3700 米林下、草坡或灌丛中。

87. 香茶菜属 Isodon (Schrad. ex Benth.) Spach

灌木、亚灌木或多年生草本。根茎木质，块状。叶具齿及柄。聚伞花序具(1-)3 至多花，组成聚伞圆锥花序或穗状花序。花具梗；花萼钟形或管状钟形，直伸或下倾，萼檐具近等大5齿，或上唇具3齿，下唇具2齿；花冠筒伸出，下倾或外折，基部上方稍囊状或距状，冠檐上唇下弯或反折，具4圆裂，下唇全缘，内凹，舟状；雄蕊4，下倾，花丝分离，无齿，药室2，顶端常汇合；柱头2浅裂。小坚果近球形，稀长圆形或卵球形，无毛或被毛，平滑，被颗粒或圆点。

约 100 种，主产亚洲，热带非洲少数。我国 77 种。

1. 果萼5齿相等或近相等，常直伸。
  2. 果萼管形、管状钟形或卵球形；尖塔状圆锥花序。
    3. 叶 3-4 轮生 ………………………………………………………… 1. **牛尾草 I. ternifolius**
    3. 叶对生。
      4. 茎及花序密被淡紫或褐黄色柔毛状短绒毛或柔软绒毛 ………………………… 2. **紫毛香茶菜 I. enanderianus**
      4. 茎及花序被柔毛、绵毛或绒毛。
        5. 叶具长柄，叶两面脉疏被微柔毛；圆锥花序无苞叶；花萼被白色绵毛，果时无毛 ………………………………………………………… 3. **毛萼香茶菜 I. eriocalyx**
        5. 叶具短柄，叶上面被短柔毛或柔毛；下面被灰白色绒毛；圆锥花序具苞叶；花萼密被柔毛，果时毛稀疏 ………………………………………… 3(附). **叶穗香茶菜 I. phyllostachys**
  2. 果萼钟形或宽钟形；圆锥花序疏散。
    6. 叶披针形；萼齿披针形；小坚果顶端被微柔毛 ………………………… 4. **显脉香茶菜 I. nervosus**
    6. 叶宽卵形或卵状披针形；萼齿三角形；小坚果无毛。
      7. 果萼长宽近相等；小坚果被腺点 ……………………………………… 5. **香茶菜 I. amethystoides**
      7. 果萼长大于宽；小坚果无腺点。
        8. 叶上面疏被短柔毛，下面沿脉被白色柔毛；花萼被微柔毛，果时无毛 ………………………………………………………… 6. **内折香茶菜 I. inflexus**
        8. 叶两面被短柔毛及腺点或无毛；花萼密被微柔毛及腺点。
          9. 叶卵形或卵状披针形，两面近无毛，具内弯粗锯齿；萼齿与萼筒等长，雄蕊及花柱内藏 ………………………………………………………… 7. **溪黄草 I. serra**
          9. 叶卵形或宽卵形，两面被微柔毛或短柔毛及腺点，具锯齿或圆齿状锯齿；萼齿短于萼筒，雄蕊及花柱伸出。
            10. 叶两面被微柔毛及腺点，具锯齿或圆齿状锯齿；花萼密被平伏白色微柔毛 ………………………………………………………… 8. **毛叶香茶菜 I. japonicus**
            10. 叶两面被短柔毛及腺点，具钝锯齿；花萼带蓝色，密被平伏短柔毛 ……………………………

…………………………………………………… 8(附). **蓝萼毛叶香茶菜 I. japonicus** var. **glaucocalyx**

1. 果萼5齿近相等或二唇形，常外弯。

11. 聚伞花序具少花，腋生；花冠筒基部上方具囊距。

12. 叶窄披针形或长圆形，长为宽3倍或以上；花冠长达8毫米，冠筒近基部上方囊状，径达2毫米，上部下倾，喉部径约1.2毫米；二歧聚伞花序长0.8-2厘米 ……………………………… 32. **囊花香茶菜 I. gibbosus**

12. 叶长为宽2倍或以下；聚伞花序组成顶生总状圆锥花序，长10-20厘米 …… 33. **腺花香茶菜 I. adenanthus**

11. 聚伞花序具多花；冠筒基部上方无囊距。

13. 花冠长1.2-2.0厘米；冠筒较冠檐长2倍或以上。

14. 叶披针状卵形或卵形，长3.5-12厘米；果萼二唇形；冠筒长约为冠檐3倍 ……………………………………………………………………………………… 9. **长管香茶菜 I. longitubus**

14. 叶宽卵形或卵形，长1.5-3厘米；果萼不明显二唇形；冠筒长不及冠檐3倍 …………………………………………………………………………………… 9(附). **露珠香茶菜 I. irroratus**

13. 花冠长不及1.2厘米；冠筒较冠檐长不及2倍。

15. 果萼二唇形。

16. 花萼唇片裂至萼长1/2或以上。

17. 聚伞花序组成窄圆锥花序 …………………………………………… 25. **细锥香茶菜 I. coetsa**

17. 聚伞花序组成开展圆锥花序。

18. 叶基部心形 …………………………………………………… 26. **黄花香茶菜 I. sculponeatus**

18. 叶基部宽楔形或近平截，下延成窄长翅 …………………………… 27. **鄂西香茶菜 I. henryi**

16. 花萼唇片裂至萼长1/2以下。

19. 聚伞花序组成开展圆锥花序。

20. 叶基部浅心形或平截。

21. 果萼萼齿宽三角形，先端尖；花丝基部被柔毛 …………………………………………………………………………… 29. **宽花香茶菜 I. scrophularioides**

21. 果萼萼齿三角形或披针状三角形，先端渐尖；花丝中部以上被髯毛 …………………………………………………………………………… 30. **扇脉香茶菜 I. flabelliformis**

20. 叶基部宽楔形或平截楔形 …………………………………… 31. **维西香茶菜 I. weisiensis**

19. 聚伞花序组成窄圆锥花序。

22. 叶具圆齿状锯齿，先端渐尖或长渐尖。

23. 花冠长约8毫米 ………………………………………… 28. **大萼香茶菜 I. macrocalyx**

23. 花冠长约5.5毫米 ……………………………………… 28(附). **瘿花香茶菜 I. rosthornii**

22. 叶具锯齿状牙齿，先端长渐尖，有时稍具缺刻 ……………………………………………………………………………… 28(附). **拟缺香茶菜 I. excisoides**

15. 果萼5齿相等或近相等，或微二唇形。

24. 叶先端凹缺，具尾状长尖齿 ………………………………………… 10. **尾叶香茶菜 I. excisus**

24. 叶先端无凹缺。

25. 果萼5齿短，齿长不及萼筒1/3；花冠筒开展或直伸。

26. 花冠黄或淡黄色，稀淡红色 ……………………………………… 11. **淡黄香茶菜 I. flavidus**

26. 花冠淡紫、蓝、淡红或白色。

27. 叶窄披针形、披针形或椭圆状披针形，基部窄楔形，中部以上疏生锯齿 ……………………………………………………………………………… 12. **长叶香茶菜 I. walkeri**

27. 叶卵形或卵状披针形，基部圆或楔形，基部以上具圆齿或锯齿。

28. 花序被乳突状毡毛；叶下面被糠秕状短硬毛，密被紫色腺点 ……………………………………………………………………………………… 13. **不育红 I. yuennanensis**

28. 花序被短柔毛及长柔毛；叶下面被糙硬毛，密被褐色腺点。

29. 叶长 1.5–8.8 厘米，宽 0.5–5.3 厘米，先端钝，基部楔形、宽楔形或圆，稀浅心形 ………………………………………… 14. **线纹香茶菜 I. lophanthoides**

29. 叶长达 20 厘米，宽达 8.5 厘米，先端渐尖，基部楔形 ………………………………………… 14(附). **狭基线纹香茶菜 I. lophanthoides** var. **gerardiana**

25. 果萼具 5 长齿，齿长为萼筒 1/3 以上；花冠筒下倾。

30. 萼齿较长，裂至萼长 1/2 或以下；苞叶稍似茎叶；萼齿窄披针形或披针状三角形；圆锥花序顶生，长达 13 厘米，花序梗长 2–5(–9) 毫米 ………………………………………… 24. **四川香茶菜 I. setschwanensis**

30. 萼齿短，裂至萼长 1/2 以上。

31. 小枝、叶及花萼疏被毛；叶不皱。

32. 茎上升；枝及叶柄密被柔毛；茎叶三角状卵形，叶柄长 1.5–3 厘米 ………………………………………… 22. **柔茎香茶菜 I. flexicaulis**

32. 茎直立；枝及叶柄疏被柔毛；茎叶宽卵形或长圆状披针形，叶柄长不及 1.5 厘米。

33. 茎叶长圆状披针形、卵形或宽卵形，基部楔形，两面密被平伏短柔毛及腺体 ………………………………………… 23. **川藏香茶菜 I. pharicus**

33. 茎叶截状卵形或近圆形，基部圆，两面密被腺短柔毛及腺体 ………………………………………… 23(附). **胶粘香茶菜 I. glutinosus**

31. 小枝、叶及花萼密被毛；叶多具皱。

34. 小枝、叶及花萼密被星状绒毛或星状绵毛。

35. 萼齿长约为萼筒 1/3。

36. 圆锥花序长 10–24 厘米；叶卵形或三角状卵形 ………………………………………… 15. **白叶香茶菜 I. leucophyllus**

36. 圆锥花序长 3–5 厘米；叶长卵形或圆卵形 ………………………………………… 15(附). **腺叶香茶菜 I. adenolomus**

35. 萼齿与萼筒等长或近等长。

37. 叶三角状卵形或长卵形，长 3–8 厘米，基部圆或圆截形 ………………………………………… 16. **德钦大叶香茶菜 I. grandifolius** var. **atuntzeensis**

37. 叶卵形，长 0.7–1.5 厘米，基部圆或浅心形 ………………………………………… 17. **山地香茶菜 I. oresbius**

34. 小枝、叶及花萼毛被非如上述。

38. 叶下面灰白色。

39. 萼齿窄三角形 ………………………………………… 18. **荛花香茶菜 I. wikstroemioides**

39. 萼齿三角形 ………………………………………… 18(附). **细叶香茶菜 I. tenuifolius**

38. 叶下面不为灰白色。

40. 叶及幼枝密被绒毛，老时脱落近无毛 ………………………………………… 19. **碎米桠 I. rubescens**

40. 叶及枝被毛，老时不脱落或近无毛。

41. 叶卵状披针形，长 3.5–6(–10) 厘米，基部楔形或圆楔形 ………………………………………… 20. **弯锥香茶菜 I. loxothyrsus**

41. 叶菱形或三角状卵形，长 1.5–4.2 厘米，基部宽楔形或平截 ………………………………………… 21. **类皱叶香茶菜 I. rugosiformis**

1. 牛尾草

图 883:1

Isodon ternifolius (D. Don) Kudo in Mem. Fac. Sci. Agr. Taihoku Univ. 2: 140. 1929.

Plectranthus ternifolius D. Don, Prodr. Fl. Nepal. 117. 1825.

Rabdosia ternifolia (D. Don) Hara; 中国植物志 66: 436. 1977.

多年生草本或亚灌木状，高达 2 (–7) 米。茎多分枝，密被绒毛状长柔毛。叶对生或 3–4 轮生，窄披针形或长圆形，稀卵状长圆形，长 2–12 厘

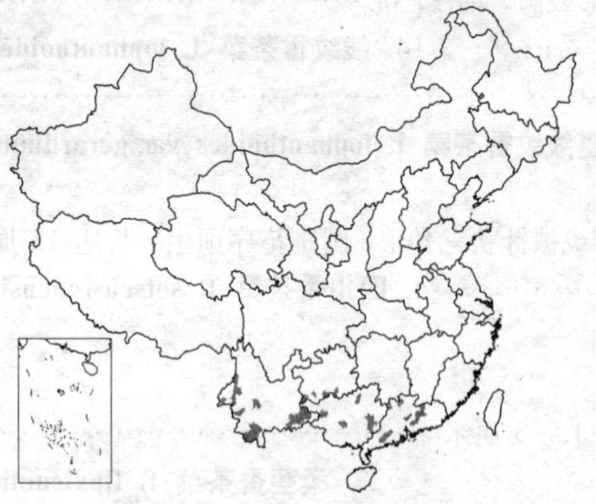

米，先端尖或渐尖，基部楔形，稀圆，具锯齿及皱纹，上面被柔毛及长柔毛，下面密被灰白或褐黄色绒毛；叶柄长 2-3(-10) 毫米。穗状花序顶生及腋生，组成尖塔状圆锥花序，苞叶似茎叶。花萼钟形，长 2.3 毫米，密被灰白或褐黄色长柔毛，萼齿三角形，长约 0.5 毫米；花冠白或淡紫色，上唇具紫斑，长 5-6 毫米；雄蕊及花柱内藏。小坚果三棱状卵球形，长约 1.8 毫米，无毛。花期 9 月至翌年 2 月，果期 12 月至翌年 5 月。

产云南南部、贵州南部、广西及广东，生于海拔 140-2200 米山坡或疏林下。尼泊尔、印度、不丹、缅甸、泰国、老挝及越南有分布。全草治炎症及毒蛇咬伤，外敷黄水疮，外洗疮毒及红肿。

图 883:1. 牛尾草 2-4. 紫毛香茶菜 5-7. 毛萼香茶菜 8. 叶穗香茶菜（李锡畴绘）

2. 紫毛香茶菜 图 883:2-4

Isodon enanderianus (Hand.-Mazz.) H. W. Li in Journ. Arn. Arb. 69: 295. 1988.

Plectranthus enanderianus Hand.-Mazz. in Acta Horti Gothob. 9: 96. 1934.

Rabdosia enanderiana (Hand.-Mazz.) Hara; 中国植物志 66:438. 1977.

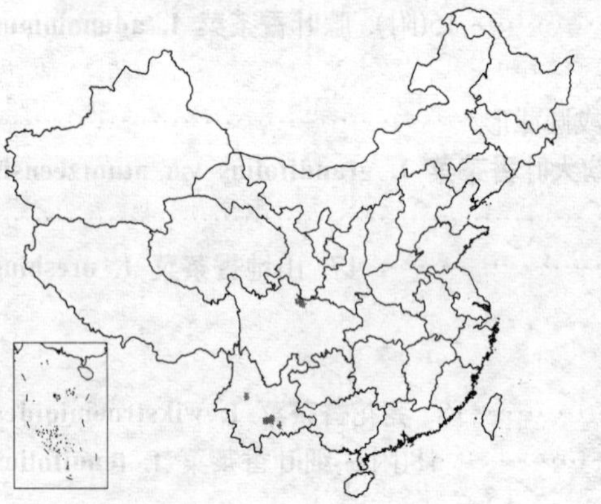

亚灌木，高达 1.2(-2) 米。茎密被平展淡紫或褐黄色柔毛状短绒毛。叶卵形或三角状卵形，长 1.5-7 厘米，先端尖或短渐尖，基部宽楔形，骤渐窄成窄翅，具锯齿或稍圆齿，两面微皱，被短绒毛，侧脉约 4 对；叶柄不连翅长 2-8 毫米，密被短绒毛。聚伞花序具 3-7 花，组成圆锥花序，密被茸毛；苞叶卵形或近圆形。花萼钟形，长 2.5-3 毫米，被柔毛，萼齿卵状披针形或卵状三角形，果萼管状钟形，长达 4 毫米，脉纹明显；花冠紫或白蓝色，长 5-7 毫米，疏被短柔毛及腺点；雄蕊内藏。小坚果深褐色，扁球形，长约 1 毫米，无毛。花期 8-9 月，果期 9-10 月。

产云南中南及东南部、四川北部，生于海拔 700-2500 米干热河谷、灌丛或林中。

3. 毛萼香茶菜 图 883:5-7 彩片191

Isodon eriocalyx (Dunn) Kudo in Mem. Fac. Sci. Agr. Taihoku Univ. 2: 137. 1929.

Plectranthus eriocalyx Dunn in Notes Roy. Bot. Gard. Edinb. 8: 155. 1913.

Rabdosia eriocalyx (Dunn) Hara; 中国植物志 66: 439. 1977.

多年生草本或灌木状，高达 3 米。茎带淡红色，密被平伏柔毛。叶卵状椭圆形或卵状披针形，长 2.5-18 厘米，先端渐尖，基部宽楔形或圆，骤渐窄，具圆齿状锯齿或牙齿，稀全缘，两面脉疏被柔毛；叶柄长 0.6-5 厘米。聚伞花序多花密集，组成穗状花序，顶生及腋生，长 2.5-3.5 厘米，密被白色卷曲短柔毛。花萼钟形，长 1.5-1.8 毫米，被白绵毛，后渐脱落，萼齿卵形，近等大，长 0.5-0.6 毫米，果萼直伸，长约 4 毫米；花冠淡紫或紫色，长 6-7 毫米，被柔毛；花柱内藏或稍伸出。小坚果褐黄色，卵球形。花期 7-11 月，果期 11-12 月。

产云南、四川西部、贵州南部及广西西部，生于海拔 750-2600 米阳坡、灌丛中。叶治脚气，根治泻痢。

[附] **叶穗香茶菜** 图 883:8 **Isodon phyllostachys** (Diels) Kudo in Mem. Fac. Sci. Agr. Taihoku Univ. 2: 121. 1921, excl. syn.—— *Plectranthus phyllostachys* Diels in Notes Roy. Bot. Gard. Edinb. 5: 230. 1912. —— *Rabdosia phyllostachys* (Diels) Hara; 中国植物志 66:440. 1977. 本种与毛萼香茶菜的区别: 叶上面被短柔毛或柔毛，下面被灰白色绒毛，具短柄；圆锥花序具苞片；花萼密被柔毛，果时毛稀疏。产云南西北部及四川西南部，生于海拔 1000-3000 米灌丛中或草坡。

4. 显脉香茶菜 图 884

Isodon nervosus (Hemsl.) Kudo in Mem. Fac. Sci. Agr. Taihoku Univ. 2: 123. 1929.

Plectranthus nervosus Hemsl. in Journ. Linn. Soc. Bot. 26: 272. 1890.

Rabdosia nervosa (Hemsl.) C. Y. Wu et H. W. Li; 中国植物志 66: 428. 1977.

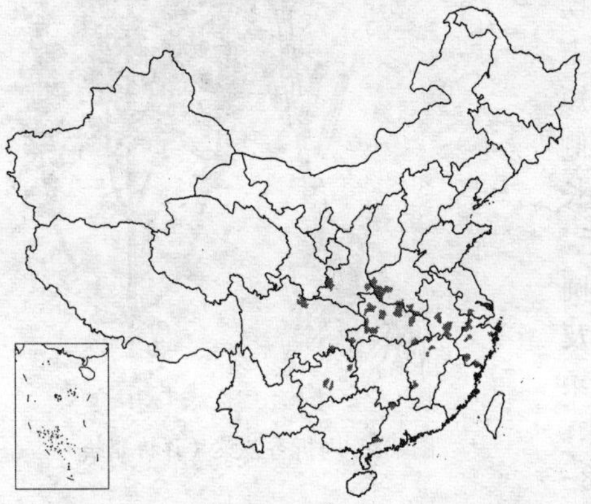

多年生草本，高达1米。幼茎被柔毛，后渐脱落。叶披针形，长 3.5-13 厘米，先端长渐尖，基部楔形，具粗浅齿，上面沿脉被柔毛，下面近无毛，侧脉 4-5 对，两面隆起；叶柄长 0.2-1 厘米，上部叶无柄，被柔毛。聚伞花序具(3-)5-9(-15)花，组成顶生圆锥花序，疏散；苞片窄披针形，密被柔毛，小苞片线形。花萼淡紫色，钟形，长约 1.5 毫米，密被柔毛，萼齿披针形，长约 0.8 毫米；花冠蓝或紫色，长 6-8 毫米，疏被柔毛，冠筒长 3-4 毫米；雄蕊及花柱伸出。小坚果卵球形，长 1-1.5 毫米，顶端被柔毛。花期 7-10 月，果期 8-11 月。

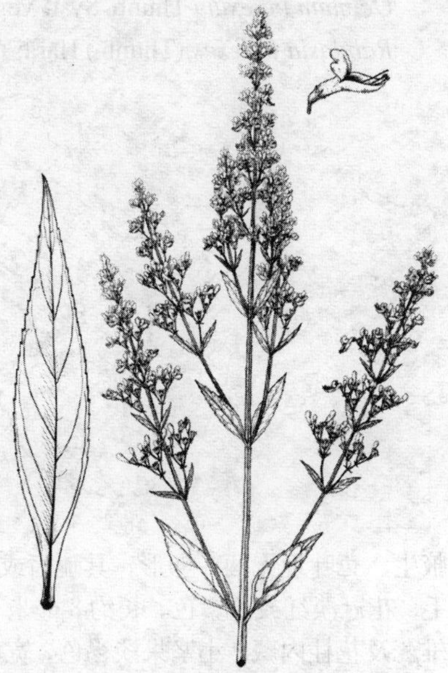

图 884 显脉香茶菜（许梅娟绘）

产江苏、安徽、浙江、江西、湖北、广东、广西、贵州、四川、陕西及河南，生于海拔 1000 米以下山谷、草丛或林下。茎叶治急性肝炎、毒蛇咬伤、脓疮、湿疹、皮肤搔痒。

5. 香茶菜 图 885

Isodon amethystoides (Benth.) Hara in Journ. Jap. Bot. 60: 233. 1985.

Plectranthus amethystoides Benth. Labiat. Gen. Spec. 45. 1832.

Rabdosia amethystoides (Benth.) Hara; 中国植物志 66: 429. 1977.

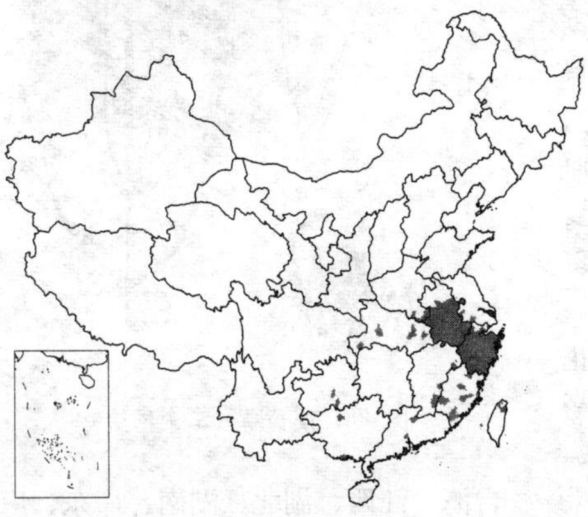

多年生草本，高达 1.5 米，密被平伏内弯柔毛。叶卵圆形或披针形，长 0.8-11 厘米，先端渐尖或钝，基部宽楔形渐窄，基部以上具圆齿，上面被短硬毛或近无毛，下面被柔毛或微绒毛，或近无毛；叶柄长 0.2-2.5 厘米。聚伞花序疏散，具多花，组成顶生圆锥花序，长 2-9 厘米；苞叶卵形。花萼钟形，长约 2.5 毫米，疏被微硬毛或近无毛，密被白或黄色腺点，萼齿三角形，长约 0.8 毫米；花冠白蓝、白或淡紫色，上唇带紫蓝色，长约 7 毫米，疏被微柔毛；雄蕊及花柱内藏。小坚

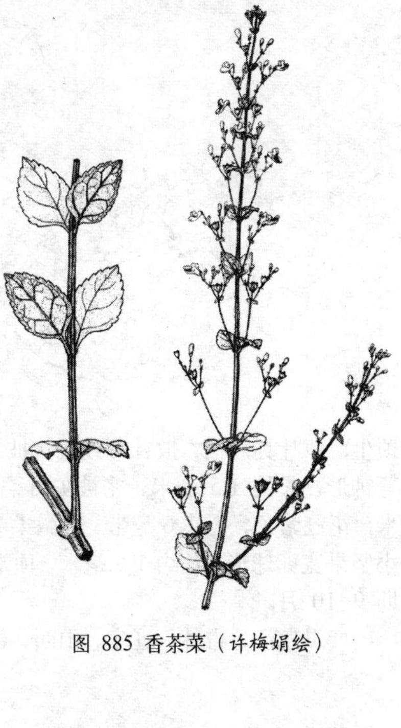

图 885 香茶菜（许梅娟绘）

果卵球形，长约2毫米，褐黄色，被黄或白色腺点。花期6-10月，果期9-11月。

产江苏、安徽、浙江、福建、台湾、江西、河南、湖北、贵州、广西及广东，生于海拔200-920米林下或草丛湿润地方。全草治闭经、乳痈、跌打损伤，根治劳伤、筋骨痛、疮毒、蛇咬伤，为治蛇伤要药。

6. 内折香茶菜 图 886

Isodon inflexus (Thunb.) Kudo in Mem. Fac. Sci. Taihoku Univ. 2: 127. 1929.

Ocimum inflexum Thunb. Syst. Veg. ed. 14, 546. 1784.

Rabdosia inflexus (Thunb.) Hara; 中国植物志 66: 432. 1977.

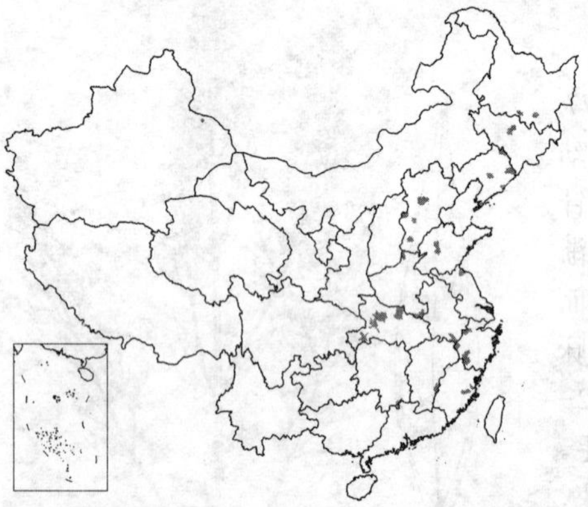

多年生草本，高达1.5米。茎多分枝，沿棱密被倒向白色柔毛。叶宽三角状卵形或宽卵形，长3-5.5厘米，基部宽楔形，渐窄下延成翅状，基部以上具粗圆齿状锯齿，上面疏被短柔毛，下面沿脉被白色柔毛，侧脉约4对，上面微凹；叶柄长0.5-3.5厘米，密被白色柔毛。聚伞花序具3-5花，组成窄圆锥花序，长6-10厘米，顶生及腋生；苞叶近无柄，卵形，具疏齿或近全缘。花萼钟形，长约2毫米，被柔毛；花冠淡红或淡紫色，长约8毫米，被微柔毛及腺点，冠筒长约3.5毫米；雄蕊及花柱内藏。小坚果淡褐色，宽卵球形，长约1.5毫米，无毛。花期8-10月，果期10月。

产黑龙江、吉林、辽宁、河北、河南、山西、山东、江苏、浙江、江西、湖南及湖北，生于海拔200-1400米山谷疏林中、溪边。朝鲜及日本有分布。

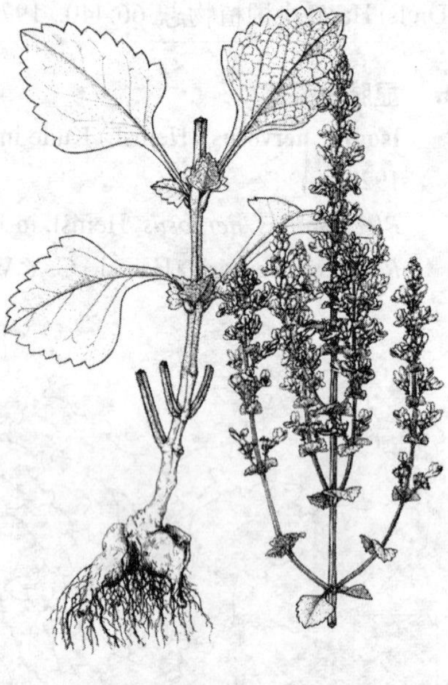

图 886 内折香茶菜（许梅娟绘）

7. 溪黄草 图 887

Isodon serra (Maxim.) Kudo in Mem. Fac. Sci. Taihoku Univ. 2: 125. 1929.

Plectranthus serra Maxim. in Mél. Biol. Acad. Sci. St. Pétersb. 9: 428. 1875.

Rabdosia serra (Maxim.) Hara; 中国植物志 66: 433. 1977.

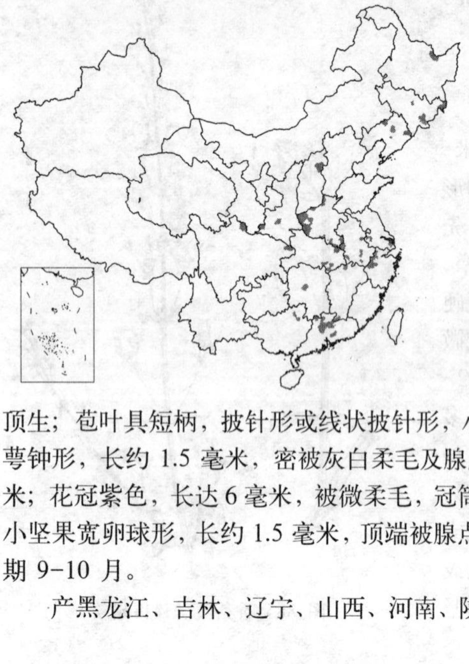

多年生草本，高达1.5(-2)米。茎上部多分枝，密被倒向柔毛，基部近无毛。叶卵形或卵状披针形，长3.5-10厘米，先端渐短尖，基部楔形，具内弯粗锯齿，两面无毛，仅脉被柔毛，疏被淡黄色腺点，侧脉4-5对，两面微隆起；叶柄长0.5-3.5厘米，上部具渐宽翅，密被柔毛。聚伞花序具5至多花，组成疏散圆锥花序，长10-20厘米，顶生；苞叶具短柄，披针形或线状披针形，小苞片长1-3毫米，被柔毛。花萼钟形，长约1.5毫米，密被灰白柔毛及腺点，萼齿长三角形，长约0.8毫米；花冠紫色，长达6毫米，被微柔毛，冠筒长约3毫米；雄蕊及花柱内藏。小坚果宽卵球形，长约1.5毫米，顶端被腺点及白色髯毛。花期8-10月，果期9-10月。

产黑龙江、吉林、辽宁、山西、河南、陕西、甘肃、江苏、安徽、浙江、台湾、江西、湖北、湖南、广东、广西、贵州及四川，生于海拔120-1250米山坡、田边、溪边、河岸、草丛、灌

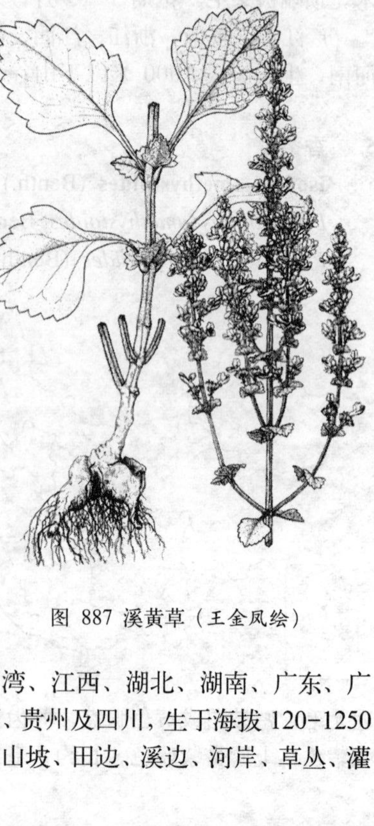

图 887 溪黄草（王金凤绘）

丛中或林下。俄罗斯远东地区、朝鲜有分布。全草治急性肝炎、急性胆囊炎、跌打瘀肿。

8. 毛叶香茶菜 日本香茶菜 图 888

Isodon japonicus (Burm. f.) Hara, Enum. Spermat. Japon. 1: 206. 1948.

Scutellaria japonica Burm. f. Fl. Ind. 130. 1768.

Rabdosia japonica (Burm. f.) Hara; 中国植物志 66: 434. 1977.

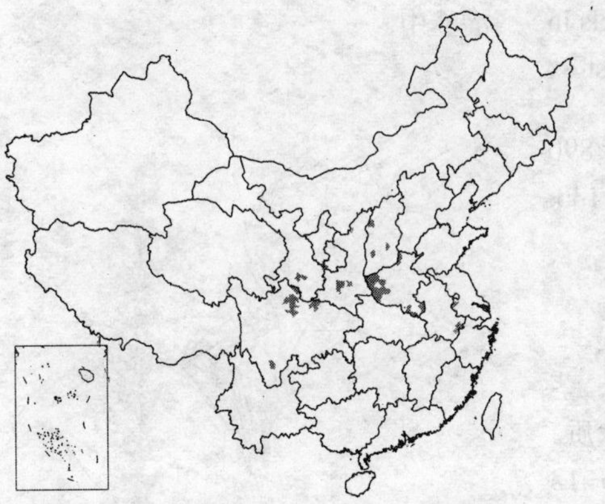

多年生草本，高达 1.5 米。茎多分枝，上部被柔毛及腺点，下部木质，近无毛。叶卵形或宽卵形，长 (4-)6.5-13 厘米，先端渐尖，基部宽楔形，骤渐窄，具锯齿或圆齿状锯齿，两面被微柔毛及淡黄色腺点，侧脉 5 对，两面隆起；叶柄长 1-3.5 厘米，被柔毛。聚伞花序具 (3-)5-7 花，组成疏散圆锥花序，开展，顶生，被柔毛及腺点；苞叶卵形，小苞片线形。花萼钟形，长 1.5-2 毫米，密被灰白柔毛及腺点，萼齿三角形，下唇 2 齿稍长；花冠淡紫或蓝色，上唇具深色斑点，长约 5 毫米；雄蕊及花柱伸出。小坚果淡褐色，三棱状卵球形，长约 1.5 毫米，无毛，顶端被瘤点。花期 7-8 月，果期 9-10 月。

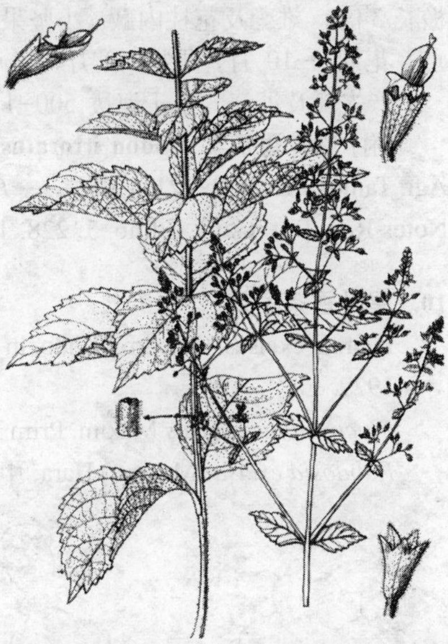

图 888 毛叶香茶菜（引自《江苏植物志》）

产江苏、河南、山西南部、陕西南部 、甘肃南部及四川北部，生于海拔 2100 米以下山坡、谷地、林缘、林下、草丛、灌丛中。日本有分布。日本作健胃药，分离出延命素，有抑制肿瘤细胞生长和抑菌作用。

[附] **蓝萼毛叶香茶菜 Isodon japonicus** var. **glaucocalyx** (Maxim.) H. W. Li in Journ. Arn. Arb. 69: 307. 1988.——*Plectranthus glaucocalyx* Maxim. Prim. Fl. Amur. 212. 1859. —— *Isodon glaucocalyx* (Maxim.) Kudo; 中国高等植物图鉴 3: 698. 1974. —— *Rabdosia japonica* var. *glaucocalyx* (Maxim.) Hara; 中国植物志 66: 435. 1977. 本变种与模式变种的区别：叶两面疏被短柔毛及腺点，具钝锯齿；花萼带蓝色，密被微柔毛。产黑龙江、吉林、辽宁、山东、河北、山西及河南，生于海拔 1800 米以下山坡、林缘、林下、草丛中。俄罗斯远东地区、朝鲜及日本有分布。

9. 长管香茶菜 图 889

Isodon longitubus (Miq.) Kudo in Mem. Fac. Sci. Agr. Taihoku Univ. 2: 139. 1929.

Plectranthus longitubus Miq. in Ann. Mus. Bot. Lugd. Bat. 2: 102. 1865.

Rabdosia longituba (Miq.) Hara; 中国植物志 66: 442.1977.

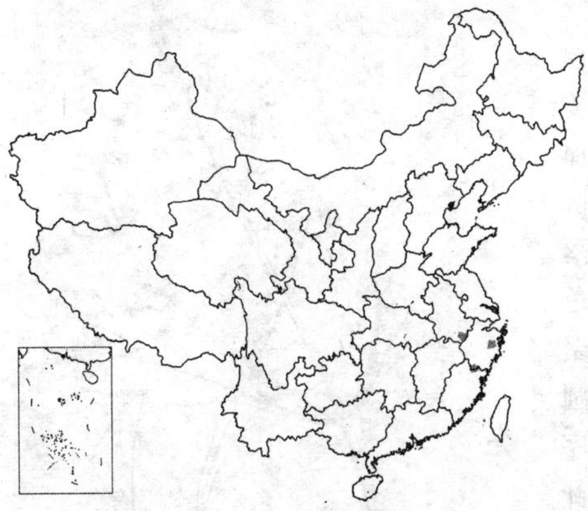

多年生草本，高达 1 米。茎上升，带紫色，密被倒向柔毛，上部分枝。叶披针状卵形或卵形，长 3.5-12 厘米，先端短渐尖，基部楔形或楔状下延，基部以上具锯齿，上面疏被细糙毛，沿脉被柔毛，下面疏被黄色腺点，脉密被柔毛，侧脉 3- 4 对，两面隆起；叶柄长 (0.2-)0.5-2 厘米，密被柔毛。聚伞花序具 1-3(-5) 花，组成圆锥花序，长 10-20 厘米，顶生及腋生，具花序梗，被细柔毛；上部苞叶近无柄，苞片状，全缘，小苞片线形，被细柔毛。花萼钟形，长 4-6 毫米，淡紫色，被腺点，

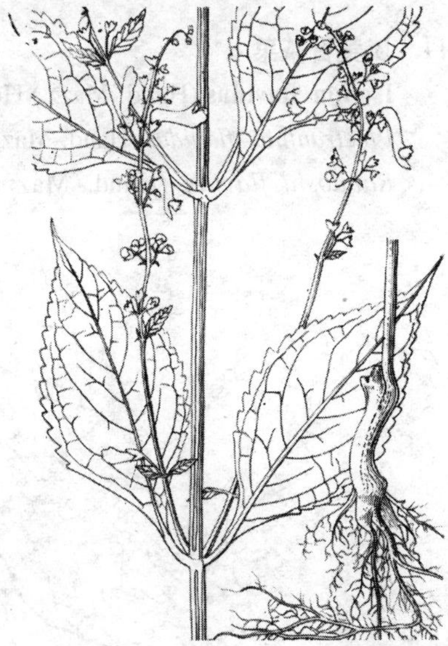

图 889 长管香茶菜（引自《浙江植物志》）

沿脉及边缘被细柔毛，二唇裂至萼中部，上唇反折，具 3 个三角形短尖齿，下唇具 2 个卵状三角形尖齿；花冠紫蓝色，长达 2 厘米，被微柔毛，冠筒较冠檐长 3 倍；雄蕊及花柱内藏。小坚果深褐色，扁球形，径约 1.5 毫米，被瘤点。花期 6-10 月，果期 10 月。

产安徽及浙江，生于海拔 500-1130 米山地竹丛中、林下。

[附] **露珠香茶菜 Isodon irroratus** (Forrest ex Diels) Kudo in Mem. Fac. Sci. Agr. Taihoku Univ. 2: 121. 1929. —— *Plectranthus irroratus* Forrest ex Diels in Notes Roy. Bot. Gard. Edinb. 5: 228. 1912. —— *Rabdosia irrorata* (Forrest ex Diels) Hara；中国植物志 66: 445. 1977. 本种与长管香茶菜的区别：叶宽卵形或卵形，长 1.5-3 厘米；果萼不明显二唇形；冠筒长不及冠檐 3 倍。产西藏南部及云南西北部，生于海拔 2700-3500 米松林、竹林及冷杉林下、灌丛中。

10. 尾叶香茶菜 图 890

Isodon excisus (Maxim.) Kudo, in Mem. Fac. Sci. Agr. Taihoku Univ. 2: 133. 1929.

Plectranthus excisus Maxim. Prim. Fl. Amur. 213. 1859.

Rabdosia excisa (Maxim.) Hara; 中国植物志 66: 490. 1977.

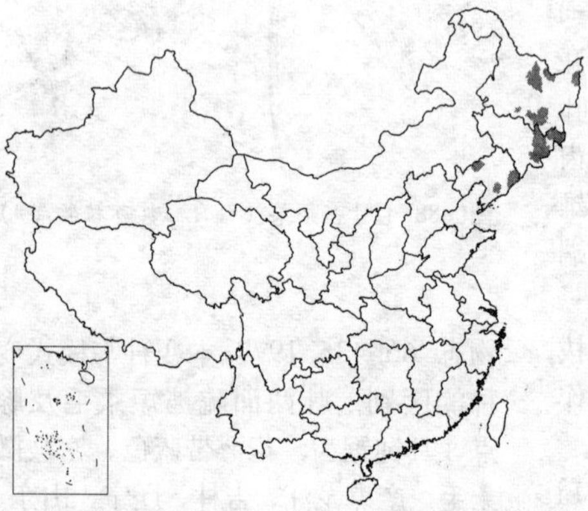

多年生草本，高达 1 米。茎多数，疏被柔毛，下部半木质。叶圆形或圆卵形，长 (4-)6-13 厘米，先端凹缺，具尾状长尖齿，齿长 4-6 厘米，其下部具一对粗齿，基部宽楔形或近平截，骤渐窄下延，具粗牙齿状锯齿，上面被糙伏微硬毛，沿脉密被柔毛，下面无毛，沿脉疏被柔毛，被淡黄色腺点，侧脉 3-4 对；叶柄长 0.6-6 厘米，疏被柔毛。聚伞花序具 (1-)3-5 花，组成圆锥花序，顶生或腋生，密被柔毛；苞叶卵状披针形或线形，小苞叶线形。花梗长 1-2 毫米；花萼钟形，长约 3 毫米，被柔毛及腺点，二唇深裂，下唇长达 1.8 毫米，齿长三角形；花冠淡紫、紫或蓝色，长达 9 毫米，被微柔毛及腺点，冠筒长约 4 毫米；雄蕊内藏，花柱内藏或稍伸出。小坚果褐色，倒卵球形，长约 1.5 毫米，被毛及腺点。花期 7-8 月，果期 8-9 月。

图 890 尾叶香茶菜（许梅娟绘）

产黑龙江、吉林及辽宁，生于海拔 500-1100 米林缘、林下及草地。俄罗斯远东地区、朝鲜及日本有分布。

11. 淡黄香茶菜 图 891:1-5

Isodon flavidus (Hand.-Mazz.) Hara in Journ. Jap. Bot. 60: 234. 1985.

Plectranthus flavidus Hand.-Mazz. Symb. Sin. 7: 942. 1936.

Rabdosia flavida (Hand.- Mazz.) Hara; 中国植物志 66: 488. 1977.

多年生草本，高达 90 厘米。茎棱具窄翅。茎叶卵形、菱形或卵状长圆形，长 3.5-15 厘米，先端尖，基部宽楔形，具圆齿，上面被鳞状糙伏毛，后脱落无毛，下面无毛，被褐色或黑色腺点；叶柄长不及 1 厘米。聚伞花序具 3-15 花，组成顶生圆锥花序，长 4.5-35 厘米，花序梗被短乳头状绒毛；苞叶披针形，小苞片线形。花梗长 0.4-1 厘米；花萼钟形，长约 2.5 毫米，被淡红褐色腺点及短乳头状绒毛，萼齿

图 891:1-5. 淡黄茶菜 6. 长叶香茶茶 7-9. 不育红（曾孝濂绘）

与萼筒近等长，宽卵状三角形，前 2 齿较大；花冠黄或淡黄色，稀淡红色，长约 7 毫米，冠檐疏被红色腺点；雄蕊及花柱伸出。小坚果淡绿色，卵球形，长约 1 毫米，无毛。花、果期 9-11 月。

产云南中部及西部、贵州西北部，生于海拔 1500-2600 米林下或林缘湿地。

12. 长叶香茶菜 图 891:6

Isodon walkeri (Arnott) Hara in Journ. Jap. Bot. 26: 237. 1985.

Plectranthus walkeri Arnott, Pug. Pl. Ind. Or. 36. 1836.

Rabdosia stracheyi (Benth.) Hara; 中国植物志 66: 483. 1977.

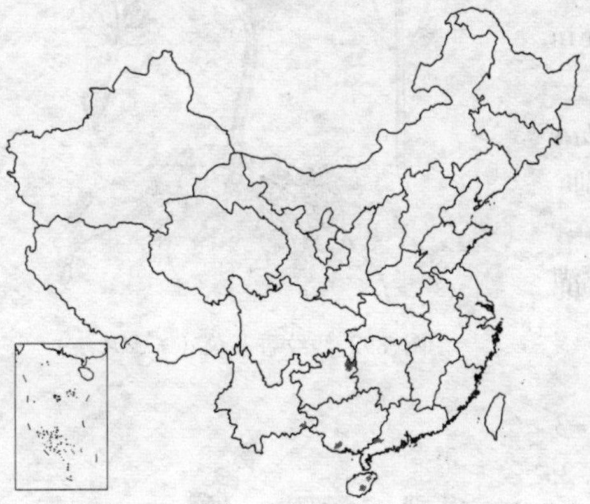

多年生草本，高达 60 厘米。茎基部匍匐，上升，被微柔毛或鳞状柔毛。叶窄披针形、披针形或椭圆状披针形，长 2.4-7.5 厘米，先端渐尖，基部窄楔形，中部以上疏生锯齿，上面无毛。脉被鳞状短硬毛，下面疏被褐色腺点；叶柄长 0.2-1.2 厘米。聚伞花序具 3-15 花，组成顶生圆锥花序，长 4-30 厘米，花序梗被鳞状柔毛；苞叶卵形或披针形，小苞片线形。花萼钟形，长约 2 毫米，10 脉明显，被褐色腺点，脉被鳞状毛或近无毛，萼齿卵形，前 2 齿较大；花冠粉红或白色，长 6-7 毫米，冠筒长 3-3.5 毫米；雄蕊及花柱伸出。小坚果卵球形，稍扁。花期 11 月至翌年 1 月，果期 12 月至翌年 1 月。

产广东、海南、广西西南部、云南南部及贵州南部，生于海拔 300-1300 米水边、林下湿地。印度、斯里兰卡、缅甸及老挝有分布。

13. 不育红 图 891:7-9

Isodon yuennanensis (Hand.-Mazz.) Hara in Journ. Jap. Bot. 60: 237. 1985.

Plectranthus yuennanensis Hand.-Mazz. Symb. Sin. 7: 943. 1936.

Rabdosia yuennanensis (Hand.-Mazz.) Hara; 中国植物志 66: 484. 1977.

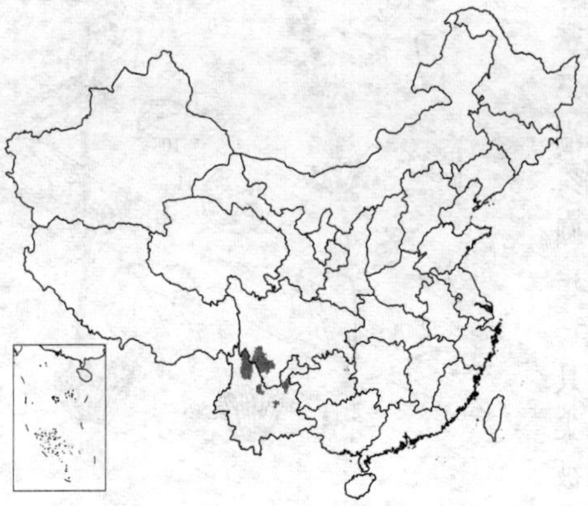

多年生草本，高达 70 厘米。茎常不分枝，被白色微柔毛及长柔毛。根茎具红色芽眼。叶窄或宽卵形，长 2.5-6 厘米，先端尖，稀钝，基部楔形，具圆齿，上面被糙伏毛，下面密被淡紫色腺点，脉被鳞状长硬毛；无柄。聚伞花序具 5-15 花，极叉开，组成圆锥花序，顶生或腋生，长 7-34 厘米，花序梗被乳头状短绒毛；苞叶三角形或披针形，小苞片窄披针形或线形。花萼钟形，长约 2.8 毫米，口部径约 2.8 毫米，被短柔毛及红色腺点，萼齿宽卵形，前 2 齿较大；花冠淡黄或白色，上唇深紫或红紫色，下唇具紫色斑点，长 4-5 毫米，冠筒稍伸出花萼；雄蕊及花柱伸出。小坚果深褐色，扁卵球形，长约 1.2 毫米。花、果期 8-10 月。

产云南北部及四川西南部，生于海拔 1800-3000 米松林下或草丛中。根茎药用，可止血、止痢及治妇女不育症。

14. 线纹香茶菜 图 892 彩片192

Isodon lophanthoides (Buch.-Ham.ex D. Don) Hara in Journ. Jap. Bot. 60: 235. 1985.

Hyssopus lophanthoides Buch.-Ham. ex D. Don, Prodr. Fl. Nepal. 110. 1825.

Isodon striatus (Benth.) Kudo; 中国高等植物图鉴 3: 697. 1974.

Rabdosia lophanthoides (Buch.-Ham. ex D. Don) Hara; 中国植物志 66: 479. 1977.

多年生草本，高达 1 米。茎被微柔毛或柔毛，下部具多数叶，基部匍匐。块根球状。叶宽卵形、长圆状卵形或卵形，长 1.5-8.8 厘米，先端钝，基部宽楔形或圆，具圆齿，两面被长硬毛，下面疏被褐色腺点；叶柄长 2-9 厘米。螺形聚伞花序具 11-13 花，组成顶生及腋生圆锥花序，长 7-20 厘米，具花序梗；苞叶卵形，小苞片线形。花萼钟形，长约 2 毫米，口部径约 1.7 毫米，下部疏被长柔毛，疏被红褐色腺点，萼齿卵状三角形，前 2 齿较大；花冠白或粉红色，冠檐具紫色斑点，长 6-7 毫米，冠筒长 3.7-5 毫米，直伸，上唇长 1.6-2 毫米，反折，下唇较上唇稍长；雄蕊及花柱伸出。小坚果褐色，扁卵球形，长约 1 毫米，无毛。花、果期 8-12 月。

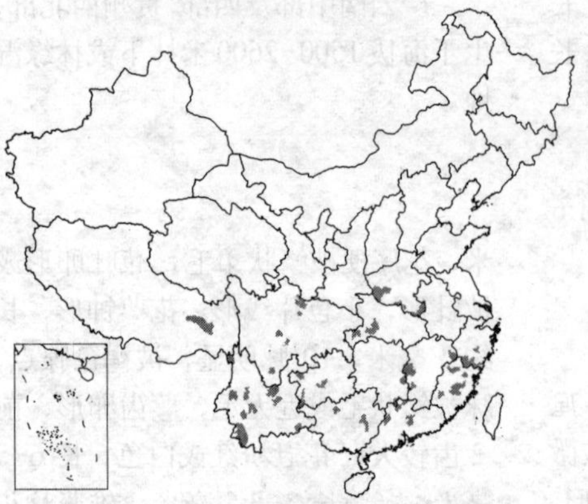

产浙江、福建、江西、河南、湖北、湖南、广东、广西、云南、西藏、四川及贵州，生于海拔 500-3000 米沼泽地及林下湿地。全草治急性黄疸型肝炎、急性胆囊炎、咽喉炎、妇科病、瘤型麻风，可解草乌中毒。

[附] **狭基线纹香茶菜** **Isodon lophanthoides** var. **gerardianus** (Benth.) Hara in Journ. Jap. Bot. 60: 235. 1985. —— *Rabdosia lophanthoides* var. *gerardiana* (Benth.) Hara —— *Plectranthus gerardiana* Benth in Wall. Pl. Asiat. Rar. 2: 7. 1831. 本变种与模式变种的区别：叶卵形，长达 20 厘米，宽达 8 厘米，先端渐尖，基部楔形。产湖南、广东、广西、贵州、云南、西藏、四川及甘肃，生于海拔 430-2900 米杂木林下或灌丛中。印度、锡金、尼泊尔、缅甸、泰国、老挝、越南有分布。

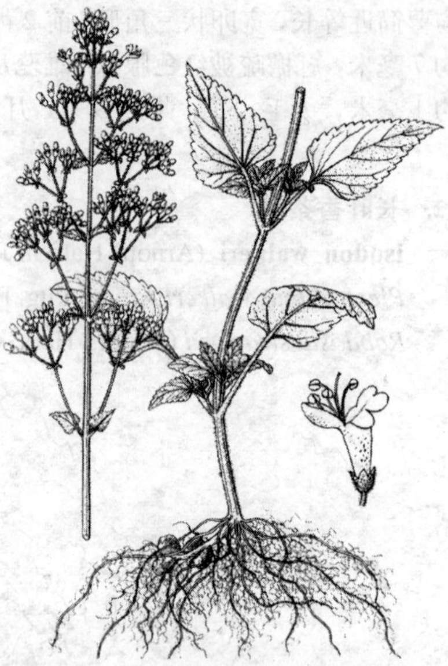

图 892 线纹香茶菜（王金凤绘）

15. 白叶香茶菜 图 893:1-3

Isodon leucophyllus (Dunn) Kudo in Mem. Fac. Sci. Agr. Taihoku Univ. 2: 122. 1929.

Plectranthus leucophyllus Dunn in Notes Roy. Bot. Gard. Edinb. 8: 157. 1913.

Rabdosia leucophylla (Dunn) Hara; 中国植物志 66: 451. 1977.

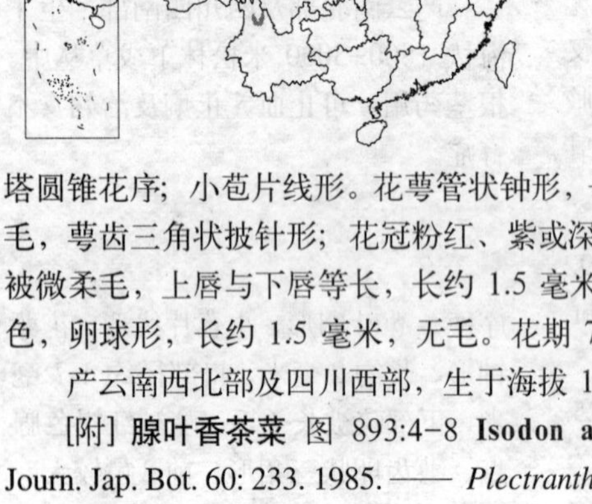

灌木，高达 1.2 米；多分枝，除花冠外各部均密被白色鳞片星状绒毛或绵毛。幼枝密被毛，后脱落无毛。叶卵形或三角状卵形，长 2-6 厘米，先端钝或稍尖，基部楔形或圆楔形，上面被毛，下面密被毛，具圆齿，齿端具褐色腺体，侧脉 3-4 对，上面凹下；叶柄长 0.5-1.5 厘米，密被毛。聚伞花序具 3-9 花，组成长 10-24 厘米尖塔圆锥花序；小苞片线形。花萼管状钟形，长 2.5-3(-40) 毫米，10 脉，密被毛，萼齿三角状披针形；花冠粉红、紫或深紫蓝色，长 3-5(-7) 毫米，冠檐被微柔毛，上唇与下唇等长，长约 1.5 毫米；雄蕊及花柱内藏。小坚果黄褐色，卵球形，长约 1.5 毫米，无毛。花期 7-10 月，果期 10-11 月。

产云南西北部及四川西部，生于海拔 1400-2900 米干旱山坡灌丛中。

[附] **腺叶香茶菜** 图 893:4-8 **Isodon adenolomus** (Hand.-Mazz.) Hara in Journ. Jap. Bot. 60: 233. 1985. —— *Plectranthus adenoloma* Hand.-Mazz. Symb. Sin. 7: 938. 1936. —— *Rabdosia adenonoma* (Hand.-Mazz.) Hara; 中国植物志 66: 452. 1977. 本种与白叶香茶菜的区别：叶长卵形与圆卵形；圆锥花序长 3-5 厘米。产云南西北部及四川西南部，生于海拔 2300-3300 米石山灌丛中。

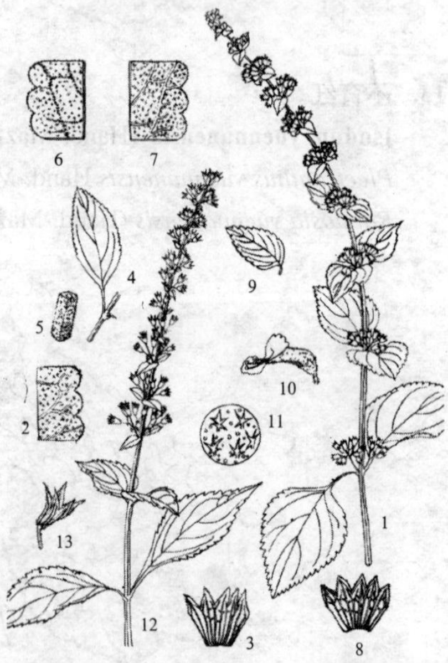

图 893:1-3. 白叶香茶菜 6. 腺叶香茶菜 9-11. 山地香茶菜 12-13. 四川香茶菜（李锡畴绘）

16. 德钦大叶香茶菜 图 894

Isodon grandifolius (Hand.-Mazz.) Hara var. **atuntzeensis** (C. Y. Wu) H. W. Li in Arn. Arb. 69: 342. 1988.

Rabdosia grandifolia (Hand.-Mazz.) Hara var. *atuntzeensis* C. Y. Wu, Fl. Yunnan. 1: 783. 1976 中国植物志 66: 450. 1977.

灌木，高达 1.8 米。幼枝密被星

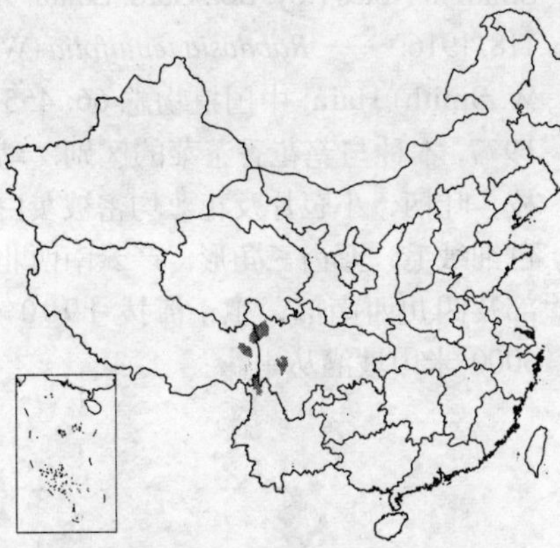

状绒毛，后脱落无毛。叶三角状卵形或长圆形，长 3-8 厘米，先端尖或稍钝，基部圆或平截稍圆，具细圆齿，上面微皱，密被星状柔毛，下面密被星状绒毛；叶柄长 1-2.5 厘米，密被黄色星状绒毛。圆锥花序顶生或腋生，尖塔形，聚伞花序具花序梗。花梗长 1-2 毫米，被绒毛；花萼钟形，长约 2.5 毫米，萼齿三角形，长约 1.2 毫米；花冠灰蓝色，长 6-7 毫米，直伸，冠檐疏被星状柔毛；雄蕊及花柱伸出。花期 9 月。

产西藏东部、云南西北部及四川西部，生于海拔约 2700 米山坡草地。

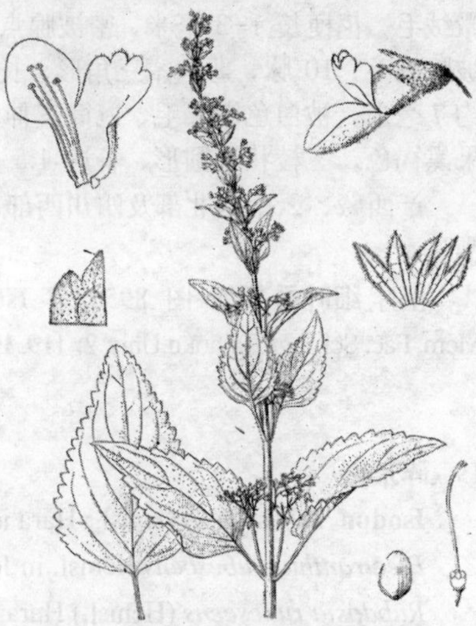

图 894 德钦大叶香茶菜（曾孝濂绘）

17. 山地香茶菜 图 893:9-11

Isodon oresbius (W. W. Smith) Kudo in Mem. Fac. Sci. Agr. Taihoku Univ. 2: 120. 1929.

Plectranthus oresbius W. W. Smith in Notes Roy. Bot. Gard. Edinb. 9: 118. 1916.

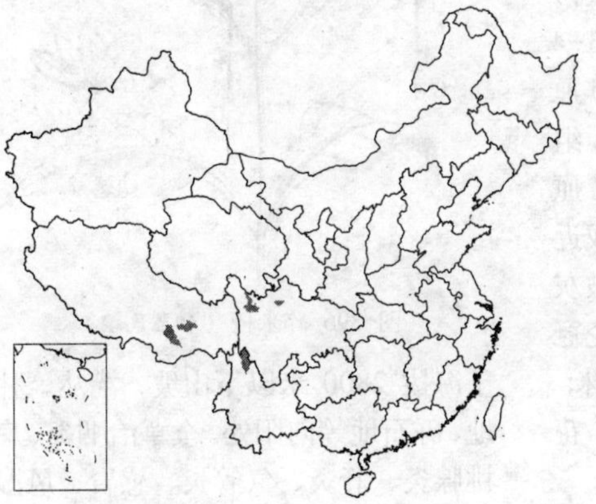

Rabdosia oresbia (W. W. Smith) Hara: 中国植物志 66: 449. 1977

灌木，高达 60 厘米，多分枝。老枝近无毛，幼枝密被灰白星状微绒毛。叶卵形，长 0.7-1.5 厘米，先端钝，基部圆或浅心形，具圆齿，两面具皱，上面被星状长柔毛及绒毛，下面被灰白星状微绒毛，侧脉 3-4 对；叶柄长约 3 毫米，密被星状微绒毛。聚伞花序具 3-5 花，少数组成顶生圆锥花序，密被灰白星状微绒毛；苞叶与茎叶同形，小苞片线形。花萼钟形，长约 4 毫米，萼筒被白色星状长柔毛及绒毛，萼长三角形，长约 2 毫米；花冠淡紫或紫蓝色，被星状柔毛，冠筒稍伸出花萼，冠檐上唇与下唇长约 3.5 毫米；雄蕊及花柱内藏。花期 7-9 月。

产西藏南部、云南西北部及四川西部，生于海拔 2100-3400 米石山灌丛中。全草煎水内服，治内脏肿块出血。

18. 荛花香茶菜 图 895:1-3

Isodon wikstroemioides (Hand.-Mazz.) Hara in Journ. Jap. Bot. 60: 237. 1929.

Plectranthus wikstroemioides Hand.-Mazz. in Acta Horti Gothob. 13: 369. 1939.

Rabdosia wikstroemioides (Hand.-Mazz.) Hara; 中国植物志 66: 454. 1977.

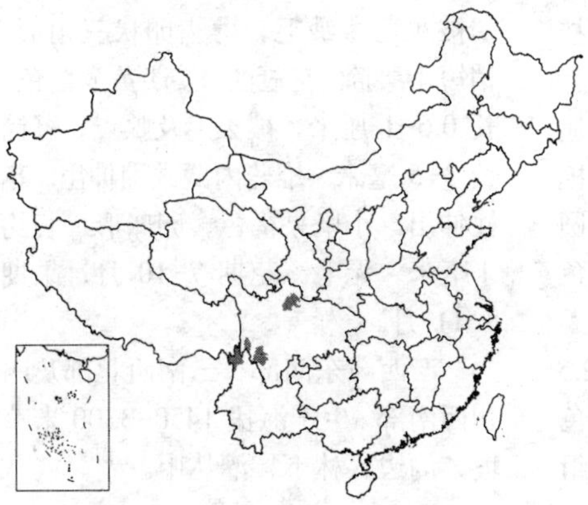

灌木，高达 1.5 米。多分枝，幼枝密被腺微绒毛，后脱落无毛。叶披针形或倒披针形，长 0.8-1.5 厘米，先端尖或圆，基部宽楔形或近平截，全缘或中部以上疏生浅齿，上面密被微绒毛或乳头腺点，下面密被卷曲绒毛及淡黄色腺点，侧脉 3-5 对；叶柄长 1-4 毫米，密被微绒毛及腺点。聚伞花序具 3-5 花，腋生，花序梗密被腺点及

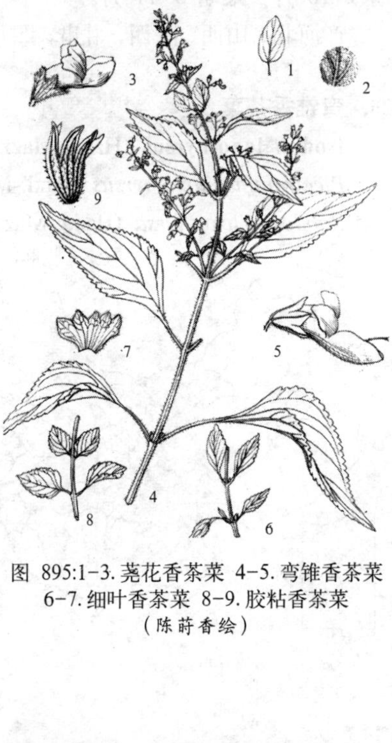

图 895:1-3. 荛花香茶菜 4-5. 弯锥香茶菜 6-7. 细叶香茶菜 8-9. 胶粘香茶菜（陈莳香绘）

微绒毛。花梗长 1-3 毫米，密被腺点及微绒毛；花萼钟形，长约 4 毫米，密被腺绒毛，10 脉，萼齿窄三角形，长约 1.3 毫米；花冠淡紫或淡黄白色，长约 7 毫米，被白色微柔毛，冠筒直伸，长约 3 毫米；雄蕊及花柱内藏。小坚果黑褐色，三棱状长圆形，长达 1.5 毫米，无毛。花、果期 8-10 月。

产西藏、云南西北部及四川西部，生于海拔 2300-3200 米山谷、山坡、灌丛中。

[附] **细叶香茶菜** 图 895:6-7 **Isodon tenuifolius** (W. W. Smith) Kudo in Mem. Fac. Sci. Agr. Taihoku Univ. 2: 119. 1929. —— *Plectranthus tenuifolius* W. W. Smith in Notes Roy. Bot. Gard. Edinb. 9: 118. 1916. —— *Rabdosia tenuifolia* (W. W. Smith) Hara; 中国植物志 66: 455. 1977. 本种与莞花香茶菜的区别：幼枝、叶柄、小苞片及花萼均密被灰白色细绒毛；萼齿三角形。产云南西北部及四川西南部，生于海拔 1900-3000 米山坡灌丛中。

19. 碎米桠 图 896

Isodon rubescens (Hemsl.) Hara in Journ. Jap. Bot. 60: 236. 1985.

Plectranthus rubescens Hemsl. in Journ. Linn. Soc. Bot. 26: 273. 1890.

Rabdosia rubescens (Hemsl.) Hara; 中国植物志 66: 457. 1977.

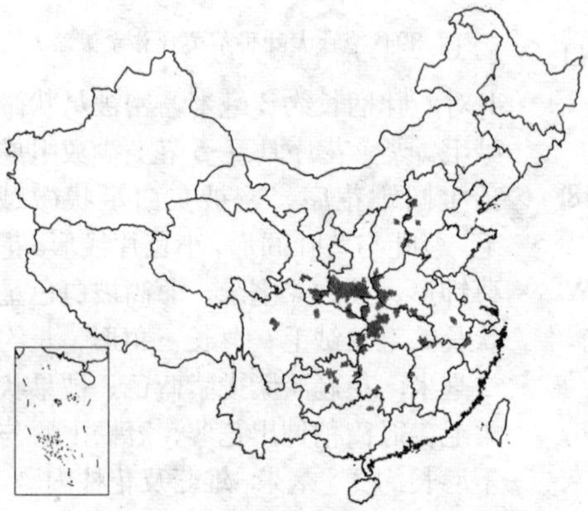

灌木，高达 1(-1.2) 米。幼枝带淡红色，密被绒毛。叶卵形或菱状卵形，长 2-6 厘米，先端尖或渐尖，基部宽楔形，具粗圆齿状锯齿，上面疏被柔毛及腺点，或近无毛，下面密被灰白色微绒毛或近无毛，侧脉 3-4 对，带淡红色；叶柄长 1-3.5 厘米。聚伞花序具 3-5(-7) 花，组成顶生圆锥花序，长 6-15 厘米，密被柔毛 苞叶具疏齿或近全缘，小苞片钻状线形或线形，被柔毛。花萼钟形，长 2.5-3 毫米，密被灰色柔毛及腺点，带红色，10 脉，萼齿卵状三角形，长约 1.2-1.5 毫米；花冠长 0.7(-1.2) 厘米，雌花花冠长约5毫米，被柔毛及腺点，冠筒长 3.5-5 毫米；雄蕊及花柱伸出。小坚果淡褐色，倒卵球状三棱形，长约 1.3 毫米，无毛。花期 7-10 月，果期 8-11 月。

产河北、山西、陕西、甘肃、四川、贵州、广西、湖南、湖北及江西，生于海拔 2800 米以下山坡、灌丛、林地、砾石地等向阳处。全草治咽炎、扁桃腺炎、肝炎、气管炎、感冒、风湿痛，对癌症有缓解症状作用。

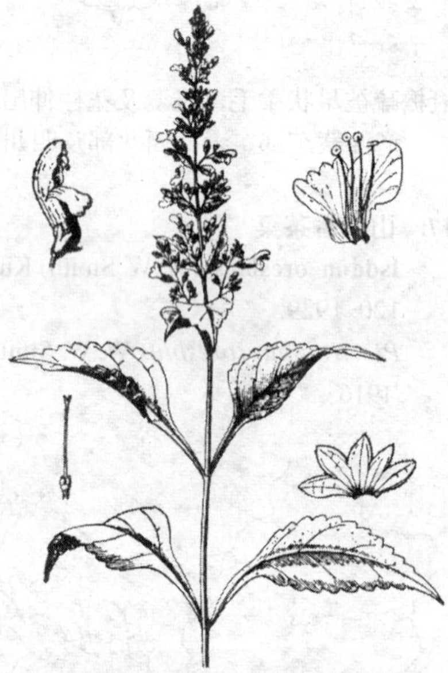

图 896 碎米桠（李志民绘）

20. 弯锥香茶菜 图 895:4-5

Isodon loxothyrsus (Hand.-Mazz.) Hara in Journ. Jap. Bot. 60: 235. 1985.

Plectranthus loxothyrsus Hand.-Mazz. in Acta Horti Gothob. 13: 372. 1939.

Rabdosia loxothyrsa (Hand.-Mazz.) Hara; 中国植物志 66: 458. 1977.

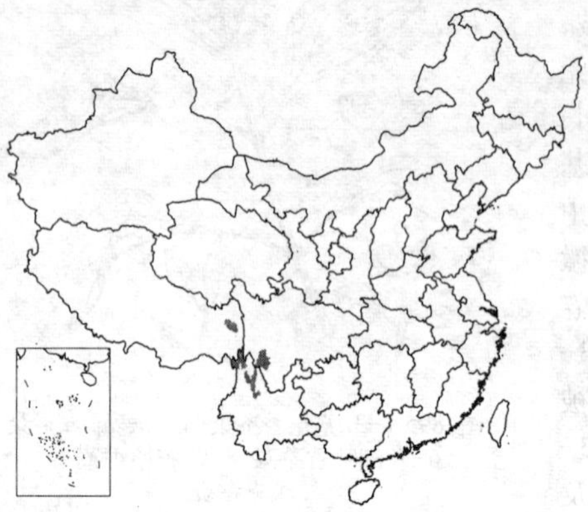

灌木，高达 1.6 米。幼枝被灰色微绒毛，后脱落无毛。叶卵状披针形，长 3.5-6(-10) 厘米，先端渐尖，基部楔形或圆楔形，骤渐窄下延，基部以上具圆齿状牙齿，上面微皱，脉被灰色微绒毛，下面被微绒毛或被柔毛，侧脉 3-4 对；叶柄长 1-2.5 厘米，有时上部具窄翅，被灰色微绒毛。聚伞花序具 3-7花，组成窄圆锥花序，顶生及腋生，长 3-15 厘米，被灰色微绒毛；苞片卵状披针形，全缘。花萼钟形，长 2-2.5 毫米，密被灰色微绒毛，萼齿卵状三角形，稍短于萼筒；花冠淡红、淡黄或白色，长 0.6-1 厘米，被柔毛及腺点，冠筒长 3-5 毫米；雄蕊内藏或稍伸出；花柱伸出。小坚果褐色，卵球形，长约 1 毫米，无毛。花期 7-10 月，果期 8-11 月。

产西藏东南部、云南西北部及四川西南部，生于海拔 1450-3300 米草坡、沟边、林下、灌丛中。

21. 类皱叶香茶菜 图 897

Isodon rugosiformis (Hand.-Mazz.) Hara in Journ. Jap. Bot. 60: 236. 1985.

Plectranthus rugosiformis Hand.-Mazz. in Anz. Akad. Wiss. Wien, Math. Nat. 62: 237. 1925.

Rabdosia rugosiformis (Hand.-Mazz.) Hara; 中国植物志 66: 459. 1977.

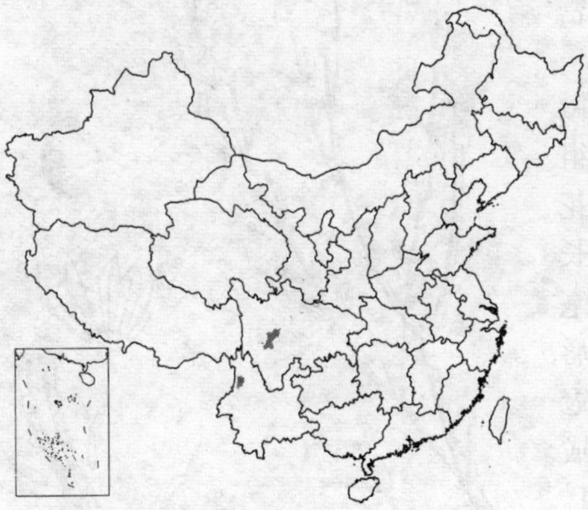

亚灌木，高达 1.2 米。幼枝密被灰白微绒毛，后脱落无毛。叶菱状或三角状卵形，长 1.5–4 厘米，先端尖或短尾尖，基部宽楔形或平截，具圆齿，上面疏被灰白微柔毛，沿脉毛密，下面密被灰白微绒毛，两面均被腺点，侧脉约 4 对；叶柄长 0.3–1.5 厘米，密被灰白微绒毛。聚伞花序具 3–5 花，组成穗状圆锥花序，顶生，密被灰白微绒毛；苞叶卵状披针形，近全缘。花梗长 2–3 毫米；花萼钟形，长不及 3 毫米，被灰白微绒毛，萼齿卵状三角形，下 2 齿稍长；花冠紫或淡紫蓝色，长约 7 毫米，被微柔毛，上唇长约 2 毫米，下唇长 4 毫米；雄蕊稍伸出或上对内藏；花柱伸出。小坚果褐色，长圆状三棱形，长约 1.3 毫米，无毛。花、果期 9–10 月。

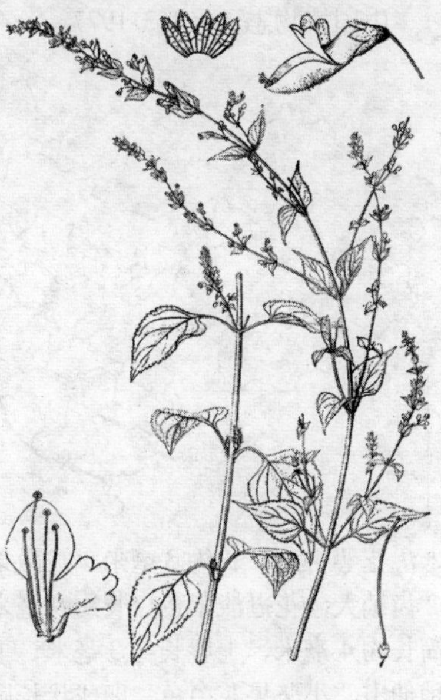

图 897 类皱叶香茶菜（曾孝濂绘）

产云南西北部及四川西部，生于海拔 1925–2500 米山坡灌丛中、石缝或沟谷。

22. 柔茎香茶菜 图 898

Isodon flexicaulis (C. Y. Wu et H. W. Li) Hara in Journ. Jap. Bot. 60: 234. 1977.

Rabdosia flexicaulis C. Y. Wu et H. W. Li, Fl. Reipubl. Popularis Sin. 66: 587. pl. 96. 1976; 中国植物志 66: 461. 1977.

灌木，高达 1 米。茎密被腺点及柔毛。叶三角状卵形，长 2–4 厘米，先端尖，基部宽楔形或近平截，具牙齿，上面疏被柔毛及淡黄色腺点，下面疏被腺点，沿脉被柔毛，侧脉 4 对；叶柄细，长 1.5–3 厘米，密被柔毛。聚伞花序具 3–5 花，组成顶生圆锥花序，长约 10 厘米，密被柔毛及腺点；苞叶及苞片具圆齿或近全缘。花萼钟形，长约 3 毫米，被柔毛及腺点，萼齿卵状三角形，长约 1.5 毫米，下 2 齿稍长，具小缘毛；花冠白或淡红色，长达 1.1 厘米，疏被柔毛及腺点，冠筒长约 5 毫米，上唇长约 4 毫米，下唇长 6 毫米，雄蕊及花柱内藏。小坚果长圆状三棱形，长约 2 毫米，淡黄色，被淡黄白色斑点。花、果期 9 月。

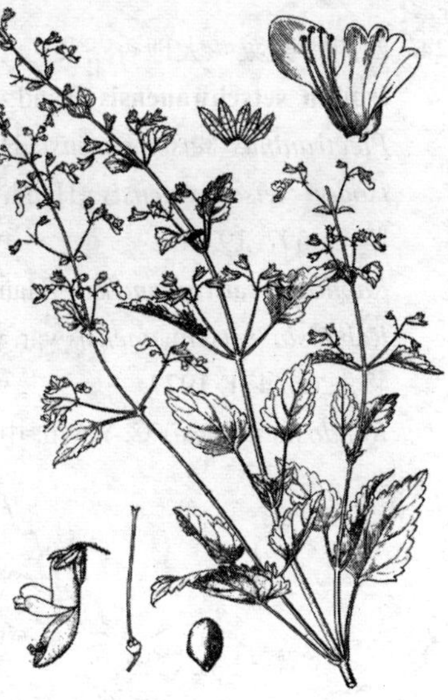

图 898 柔茎香茶菜（曾孝濂绘）

产云南西北部及四川西南部，生于海拔 2100–2400 米山谷或灌丛中。

23. 川藏香茶菜 图 899

Isodon pharicus (Prain) Murata in Acta Phytotax. Geobot. 16: 15. 1955.

Plectranthus pharicus Prain in Journ. Asiat. Soc. Bengal, Pt. 2, Nat. Hist. 59: 297. 1891.

Rabdosia pseudo-irrorata C. Y. Wu;

中国植物志 66: 463. 1977.

丛生灌木，高达 50 厘米。幼枝被平伏微柔毛。叶长圆状披针形、卵形或宽卵形，长 0.7–2.5 厘米，先端钝，基部楔形，具 4–6 对圆齿状锯齿，两面密被平伏微柔毛及腺点，侧脉 3–4 对；叶柄长 1–4 毫米，被微柔毛。聚伞花序具 3–7 花，组成总状花序或不明显的圆锥花序，被平伏微柔毛，花序梗长 0.3–1.5 厘米。花梗长 2–3 毫米；花萼钟形，长约 3 毫米，被微柔毛及腺点，萼齿卵形，具短尖头，下唇 2 齿稍大；花冠淡紫色，长约 9 毫米，被微柔毛，内面下唇中部被柔毛，冠筒长约 4 毫米，上唇长约 3 毫米，下唇长达 5 毫米；雄蕊内藏；花柱内藏或稍伸出。小坚果灰白色，卵球状长圆形，长约 1.6 毫米。花、果期 7–9 月。

产西藏南部及四川西南部，生于海拔 2300–4300（–5400）米山坡、林缘、岩缝或灌丛中。叶及花药用，可驱蛔虫及祛翳。

[附] **胶粘香茶菜** 图 895:8–9 **Isodon glutinosus** (C. Y. Wu et H. W. Li) Hara in Journ. Jap. Bot. 60: 234. 1985. —— *Rabdosia glutinosa* C. Y. Wu et H. W. Li, Fl. Yunnan. 1: 788. pl. 186. f. 13-14. 1976; 中国植物志 66: 462. 1977. 本种与川藏香茶菜的区别：茎叶截状卵形或近圆形，基部圆，两面密被腺短柔毛及腺体。产云南西北部及四川西南部，生于海拔 2000–2300 米河谷、砾石山坡及干燥灌丛中。

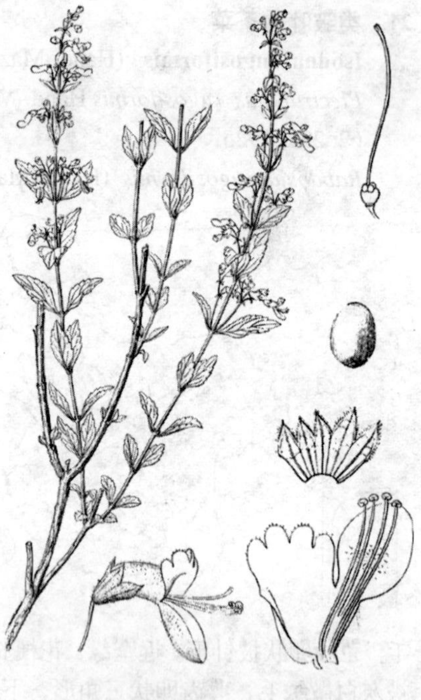

图 899 川藏香茶菜（曾孝濂绘）

24. 四川香茶菜 大理香茶菜 图893: 12–13; 图 900

Isodon setschwanensis (Hand.-Mazz.) Hara in Journ. Jap. Bot. 60: 236. 1985.

Plectranthus setschwanensis Hand.-Mazz. Symb. Sin. 7: 939. 1936.

Isodon setschwanensis (Hand.-Mazz.) C. Y. Wu et Huan; 中国高等植物图鉴 3: 697. 1974.

Rabdosia setschwanensis (Hand.-Mazz.) Hara; 中国植物志 66: 470. 1977.

Rabdosia setschwanensis var. *yungshengensis* C. Y. Wu et H. W. Li; 中国植物志 66: 471. 1977.

Rabdosia taliensis C. Y. Wu; 中国植物志 66: 471. 1977.

小灌木，高达 1.5 米。幼枝淡红褐色，被柔毛。叶窄菱状卵形、披针形、倒卵形或卵形，长 2.5–10 厘米，先端尖或短渐尖，基部楔形，具锯齿或近圆齿状牙齿，上面疏被微柔毛及腺点，下面被淡黄色腺点，侧脉 3–4 对；叶柄长 0.5–1 厘米。聚伞花序具 3–5(–11) 花，组成总状花序，长 1.5–13 厘米，被平伏微柔毛；苞叶近无柄，披针形或卵形，全缘。花梗长 2–5 毫米；花萼钟形，长 3–3.5 毫米，疏被腺点及平伏柔毛，萼齿窄披针形，长 2–2.2 毫米；花冠白色具紫点，长 8–9 毫米，被柔毛及稀疏腺点，冠筒长约 5 毫米；雄蕊及花柱稍内藏。小坚果深褐色，卵球形，长约 1.5 毫米，平滑。花期 9 月，果期 10 月。

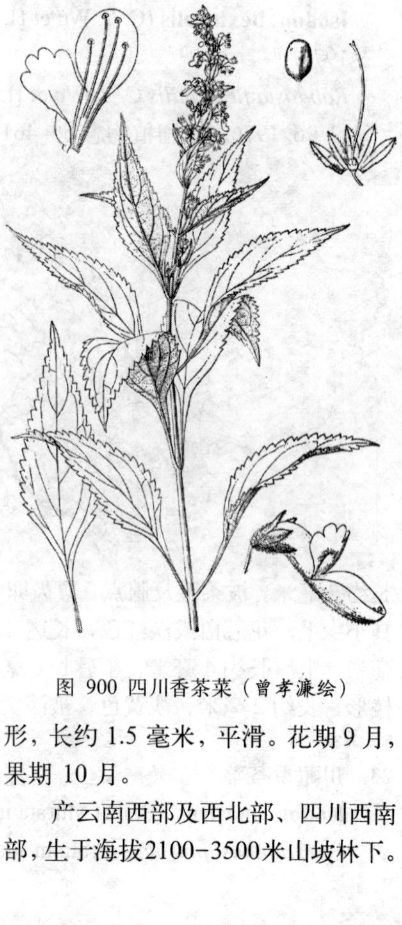

图 900 四川香茶菜（曾孝濂绘）

产云南西部及西北部、四川西南部，生于海拔2100–3500米山坡林下。

25. 细锥香茶菜 图 901

Isodon coetsa (Buch. -Ham. ex D. Don) Kudo in Mem. Fac. Sci. Agr. Taihoku Univ. 2: 131. 1929.

Plectranthus coetsa Buch. -Ham. ex D. Don, Prodr. Fl. Nepal. 117. 1825.

Rabdosia coetsa (Buch. -Ham. ex D. Don) Hara; 中国植物志 66: 494. 1977.

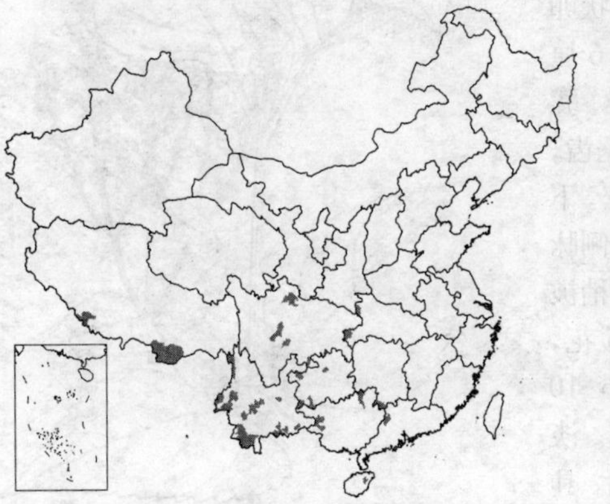

多年生草本或亚灌木状，高达2米。茎被倒向柔毛或近无毛。叶卵形，长3-9厘米，先端渐尖，基部宽楔形，具圆齿，两面被腺点，沿脉密被糙硬毛，侧脉3对；叶柄长1-5.5厘米，被柔毛。聚伞花序具3-5花，组成圆锥花序，长5-15厘米，顶生或腋生，被柔毛；下部苞叶卵形，上部卵状披针形。花梗长1-3毫米；花萼钟形，长宽约1.5毫米，被柔毛及腺点，萼齿卵状三角形，长约0.5毫米；花冠紫或紫蓝色，长约6毫米，被柔毛，冠筒长约2.5毫米，上唇长约2.5毫米，下唇宽卵形，长约3.5毫米；雄蕊及花柱内藏或柱头稍伸出。小坚果褐色，倒卵球形，径约1毫米，无毛。花、果期10月至翌年2月。

产西藏南部、云南、四川、贵州、湖北、湖南、广东、海南及广西，生于海拔650-2700米草坡、灌丛、溪边、林缘或常绿阔叶林中。尼泊尔、印度、缅甸、老挝及越南有分布。全草治刀伤。

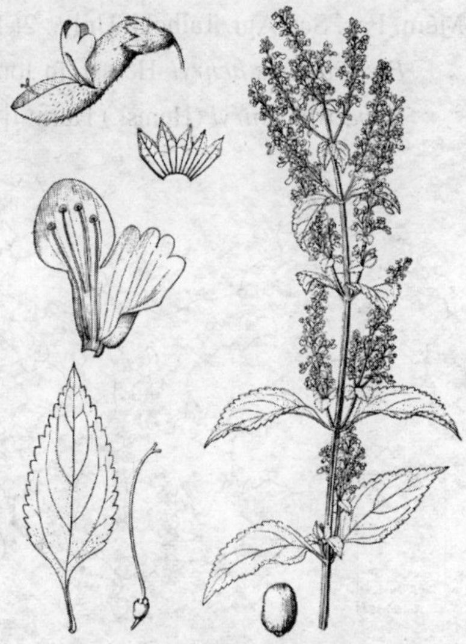

图901 细锥香茶菜（曾孝濂绘）

26. 黄花香茶菜 图 902

Isodon sculponeatus (Vaniot) Kudo in Mem. Fac. Sci. Agr. Taihoku Univ. 2: 132. 1929.

Plectranthus sculponeatus Vaniot in Bull. Acad. Geogr. Bot. 14: 167. 1904.

Rabdosia sculponeata (Vaniot) Hara; 中国植物志 66: 504. 1977

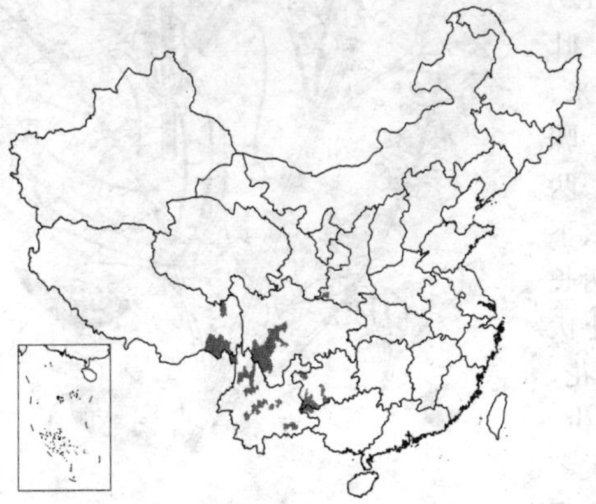

多年生草本，高达2米。茎丛生，疏被平展糙硬毛及密被微柔毛。叶卵状心形，长3.5-10.5(-19)厘米，先端尖或渐尖，基部心形，具圆齿或牙齿，上面被白色卷曲柔毛，下面被平展长柔毛，疏被黄色腺点，侧脉4-5对；叶柄长1.5-7(-11.5)厘米。聚伞花序具9-11花，组成顶生圆锥花序，被糙硬毛及微柔毛；苞叶近无柄。花梗细，长达5毫米；花萼钟形，长3毫米，疏被白色糙硬毛，萼齿三角状卵形，长约1.5毫米，果萼管状钟形，下部囊状；花冠黄色，上唇具紫色斑点，稀粉红色，长约6毫米，被微柔毛及腺点，冠筒长约3毫米，上唇及下唇长约3毫米；雄蕊内藏。小坚果栗褐色，卵球状三棱形，长约1.8毫米，被不明显锈色瘤点。花期8-10月，果期10-11月。

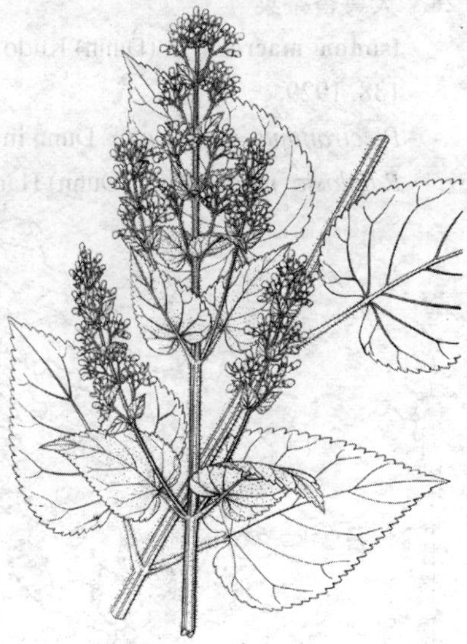

图 902 黄花香茶菜（王金凤绘）

产陕西西南部、四川、西藏、云南、贵州、广西西部，生于海拔500-2800米空旷草地、灌丛中或疏林下。锡金及尼泊尔有分布。全草治痢疾。

27. 鄂西香茶菜 图 903

Isodon henryi (Hemsl.) Kudo in

Mem. Fac. Sci. Agr. Taihoku Univ. 2: 123. 1929.

Plectranthus henryi Hemsl. in Journ. Linn. Soc. Bot. 26: 271. 1890.

Rabdosia henryi (Hemsl.) Hara; 中国植物志 66: 510. 1977.

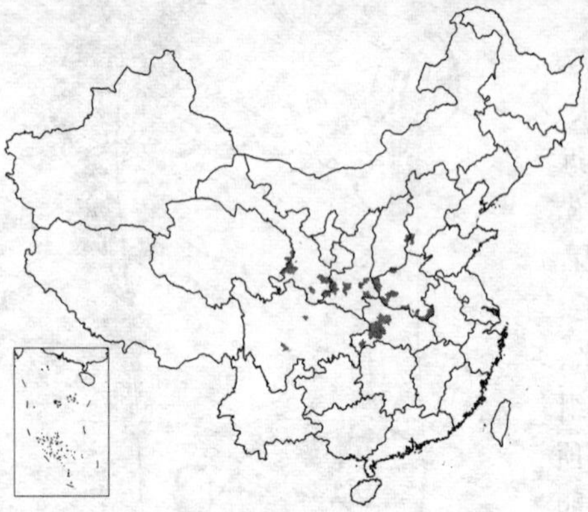

多年生草本，高达 1(-1.5)厘米。茎棱疏被柔毛，下部毛渐脱落，上部多分枝。叶菱状卵形或披针形，中部叶长约 6 厘米，先端渐尖，基部近平截，骤窄下延成窄翅，具圆齿状锯齿，上面疏被糙硬毛，沿脉毛密，下面无毛，沿脉疏被糙硬毛，侧脉 3-4 对；叶柄长达 4 厘米，稍被细糙硬毛。聚伞花序具 3-5 花，组成顶生窄圆锥花序，长 6-10(-15) 厘米，被腺柔毛；苞叶叶状。花萼宽钟形，长约 3 毫米，被微柔毛，淡紫色，上唇 3 齿稍小，果萼脉纹明显，近无毛，被腺点；花冠白或淡紫色，具紫斑，长约 7 毫米，被微柔毛及腺点，冠筒长约 3.5 毫米，上唇长约 3 毫米，下唇长约 3.5 毫米；雄蕊内藏。小坚果褐色，扁长圆形，长约 1.3 毫米，无毛。花期 8-9 月，果期 9-10 月。

产河北南部、河南西部、山西南部、陕西南部、甘肃南部、四川及湖北西部，生于海拔(260-)800-2600 米谷地、山坡、林缘、溪边。

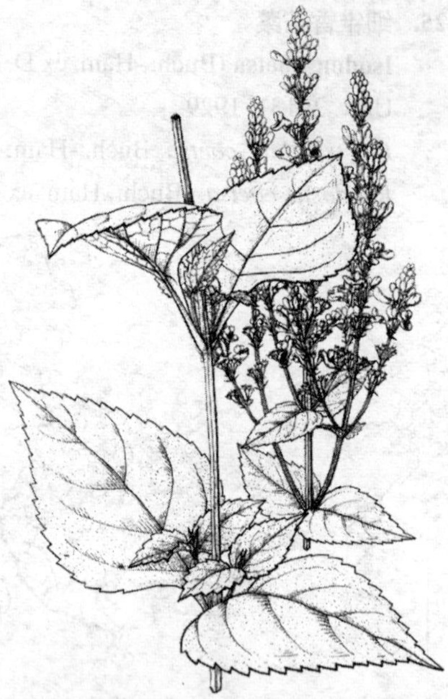

图 903 鄂西香茶菜（许梅娟绘）

28. 大萼香茶菜 图 904:1

Isodon macrocalyx (Dunn) Kudo in Mem. Fac. Sci. Agr. Taihoku Univ. 2: 138. 1929.

Plectranthus macrocalyx Dunn in Notes Roy Bot. Gard. Edinb. 8: 157. 1913.

Rabdosia macrocalyx (Dunn) Hara; 中国植物志 66: 519. 1977.

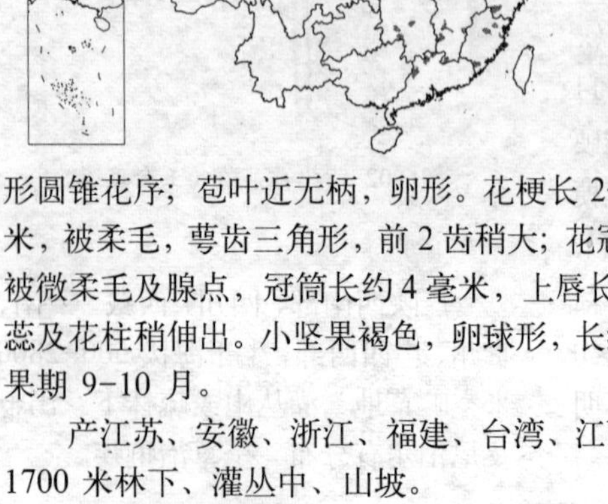

多年生草本，高达 1(-1.5)米。茎多数，被平伏柔毛。叶卵形，长 (5-)7-10(-15) 厘米，先端长渐尖，基部宽楔形，骤渐窄下延，具圆齿状锯齿，两面近无毛，沿脉被平伏柔毛，下面疏被淡黄色腺点；叶柄长 (0.5)2-3(-6.5) 厘米，密被平伏柔毛。聚伞花序具 (1-)3-5 花，组成窄总状花序，顶生或腋生，长 6-10(-15) 厘米，组成尖塔形圆锥花序；苞叶近无柄，卵形。花梗长 2-4 毫米；花萼宽钟形，长 2.7 毫米，被柔毛，萼齿三角形，前 2 齿稍大；花冠淡紫或紫红色，长约 8 毫米，疏被微柔毛及腺点，冠筒长约 4 毫米，上唇长约 2 毫米，下唇长约 4 毫米；雄蕊及花柱稍伸出。小坚果褐色，卵球形，长约1.5 毫米，无毛。花期 7-8 月，果期 9-10 月。

产江苏、安徽、浙江、福建、台湾、江西、湖南及广东，生于海拔 600-1700 米林下、灌丛中、山坡。

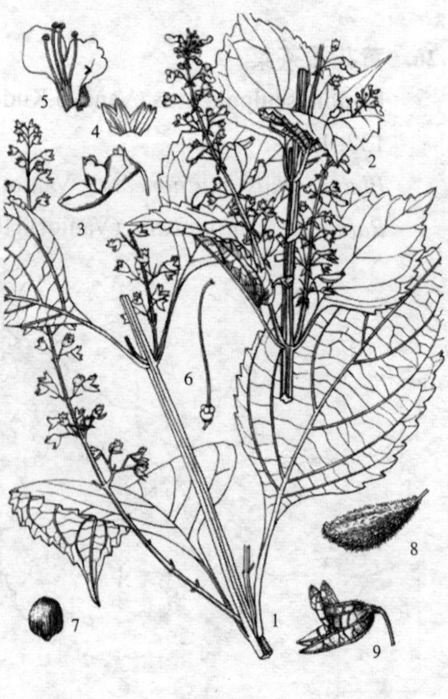

图 904:1. 大萼香茶菜 2-9. 瘿花香茶菜（曾孝濂绘）

[附] **瘿花香茶菜** 图 904:2-9 **Isodon rosthornii** (Diels) Kudo in Mem. Fac. Sci. Agr. Taihoku Univ. 2: 135. 1929. —— *Plectranthus rosthornii* Diels in Bot. Jahrb. Syst. 29: 562. 1900. —— *Rabdosia rosthornii* (Diels) Hara; 中国植物志 66: 518. 1977. 本种与大萼香茶菜的区别：茎密被微柔毛，花冠长达 5.5 毫米。产云南北部、四川中部及南部、贵州北部，生于海拔 550-

2300 米开旷山坡。全草药用，可发汗、清热化痰、消肿。

[附] **拟缺香茶菜 Isodon excisoides** (Sun ex C. H. Hu) Hara in Journ. Jap. Bot. 60: 234. 1985.——*Plectranthus excisoides* Sun ex C. H. Hu in Acta Phytotax. Sin. 11(1): 53. pl. 7. f. 32-35. 1966. ——*Rabdosia excisoides* (Sun ex C. H. Hu) C. Y. Wu et H. W. Li; 中国植物志 66: 514. 1977. 本种与大萼香茶菜的区别：叶长(2.5-)5-7 厘米，具不整齐锯齿状牙齿，先端渐长尖，有时具缺刻。产云南东北部、四川中部及东部、湖北西部及河南西部，生于海拔(700-)1200-3000 米草坡、沟边、荒地、疏林下。

29. 宽花香茶菜 图 905

Isodon scrophularioides (Wall. ex Benth.) Murata in Acta Phytotax. Geobot. 22: 21. 1966.

Plectranthus scrophularioides Wall. ex Benth. in Wall. Pl. Asiat. Rar. 2: 16. 1830.

Rabdosia latiflora C. Y. Wu et H. W. Li; 中国植物志 66: 522. 1977.

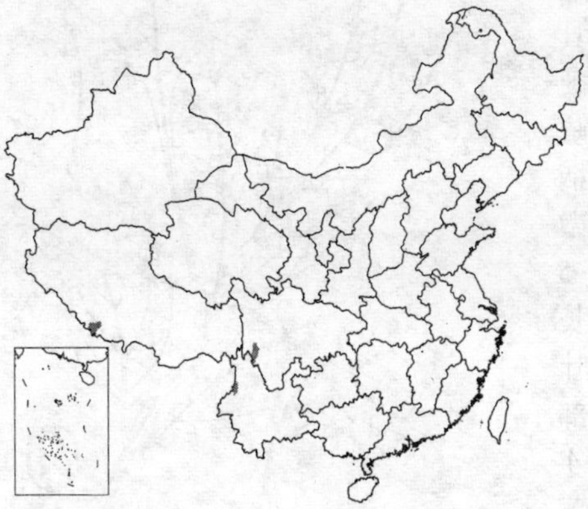

多年生草本，高达 60 厘米或以上。茎近无毛，棱被柔毛。叶圆卵形或宽卵形，长(3.2)5.5-14 厘米，先端尖或短渐尖，基部浅心形或近楔形，具圆齿或圆齿状牙齿，上面疏被柔毛，脉密被微柔毛，下面疏被红色腺点，脉疏被柔毛，侧脉 4-5 对；叶柄长(1-)3.5-10 厘米。聚伞花序具 3-11 花，组成顶生及腋生圆锥花序，长 8.5-20 厘米，密被腺微柔毛；下部苞叶近无柄，上部卵形。花梗长 3-5(-7) 毫米；花萼宽钟形，长约 3.5 毫米，被腺柔毛，萼齿宽三角形，后 3 齿长约 1.5 毫米，前 2 齿长约 1 毫米；花冠白或黄色，顶端带红紫色，长约 9 毫米，冠筒长约 5 毫米，近无毛，上唇长约 1.5 毫米，下唇长约 4 毫米；雄蕊及花柱伸出，花丝基部被柔毛。小坚果黄色，卵球形，长约 1.5 毫米，无毛。花期 7-10 月，果期 9-10 月。

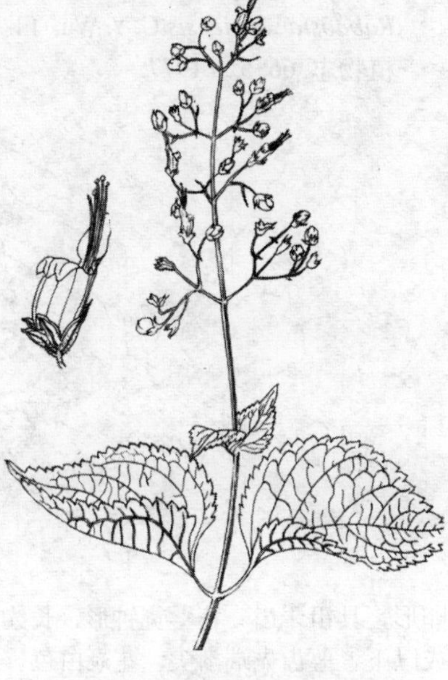

图 905 宽花香茶菜（陈莳香绘）

产西藏南部、云南西部及四川，生于海拔 2000-3500 米林下、灌丛中、林缘及水边湿地。孟加拉、不丹、锡金、印度及尼泊尔有分布。

30. 扇脉香茶菜 图 906

Isodon flabelliformis (C. Y. Wu) Hara in Journ. Jap. Bot. 60: 234. 1985.

Rabdosia flabelliformis C. Y. Wu, Fl. Yunnan. 1: 801. pl. 189. f. 5-6. 1976; 中国植物志 66: 52.1977.

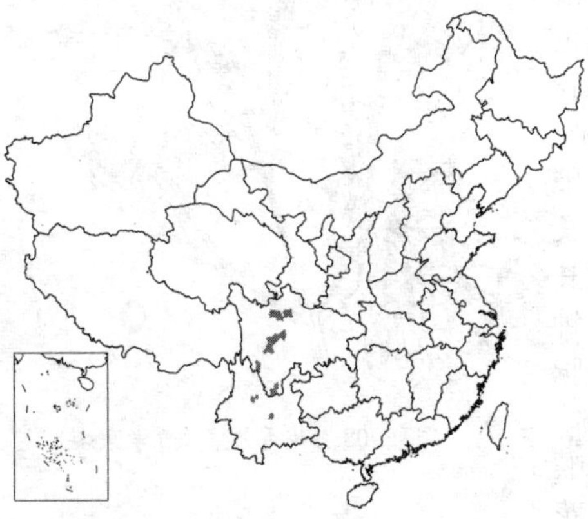

多年生草本，高约 1 米。茎密被腺微柔毛。叶宽卵形或卵形，长 3.7-13 厘米，先端尖或渐尖，基部浅心形或平截，圆齿或圆齿状锯齿具小尖头，上面密被微柔毛及柔毛，下面被微柔毛，脉被平展柔毛，侧脉 1-3 对；叶柄长 1.7-5.7 厘米，被腺微柔毛。聚伞花序具 7-15 花，组成圆锥花序，顶生及腋生，长 15-50 厘米，被腺微柔毛；下部苞叶近无柄，上部苞片扁圆形或宽卵形。花梗长 0.6-1.2 厘米；花

图 906 扇脉香茶菜（曾孝濂绘）

萼钟形，长约 4.5 毫米，带紫色，密被腺柔毛，上唇 3 齿披针状三角形，下唇 2 齿长三角形；花冠蓝色，长约 1.1 厘米，冠筒长 5–6 毫米，上唇与下唇近等长；雄蕊及花柱伸出，花丝中部以下被髯毛。小坚果淡黄色，卵球状长圆形，长约 1.6 毫米。花、果期 9–10 月。

产云南及四川西南部，生于海拔 2600–3100 米山坡岩缝中、林下或林缘。

31. 维西香茶菜 图 907

Isodon weisiensis (C. Y. Wu) Hara in Journ. Jap. Bot. 60: 237.1985.

Rabdosia weisiensis C. Y. Wu, Fl. Yunnan. 1: 802. pl. 189. f. 1-2. 1976; 中国植物志 66: 526.1977.

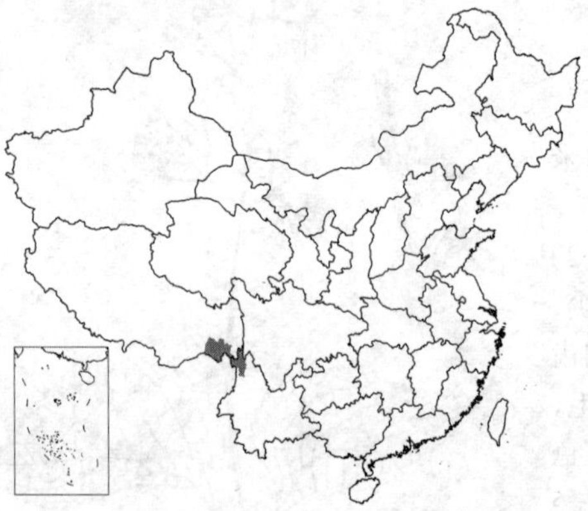

多年生草本。茎无毛，疏被腺点，沿棱被微柔毛。叶宽卵形或近圆形，长 4.5–11.5 厘米，先端长渐尖，基部宽楔形或平截状楔形，骤渐窄下延，具粗大或重牙齿，上面疏被细硬毛，沿脉密被微柔毛，下面疏被微柔毛，侧脉 4– 5 对；叶柄长 1–6 厘米，具窄翅，密被微柔毛。聚伞花序疏散，具 1–5 花，组成窄圆锥花序，顶生，长达 15 厘米，密被腺柔毛；苞叶卵形，具粗牙齿。花萼宽钟形，长约 2 毫米，被柔毛及腺点，二唇裂至中部或以下，萼齿先端渐尖；花冠白色，长约 7.5 毫米，疏被柔毛，冠筒长约 4 毫米，上唇长约 2.5毫米，下唇长约 3.5 毫米；雄蕊及花柱内藏。小坚果淡黄褐色，近球形，径约 1.5 毫米，无毛。花期 8–9 月，果期 9–10 月。

产西藏东南部及云南西北部，生于海拔 2600 米沟谷中。

图 907 维西香茶菜（曾孝濂绘）

32. 囊花香茶菜 图 908

Isodon gibbosus (C. Y. Wu et H. W. Li) Hara in Journ. Jap. Bot. 60: 234. 1985.

Rabdosia gibbosa C. Y. Wu et H. W. Li, Fl. Reipubl. Popularis Sin. 66: 530, 592. pl. 112. f. 1-7. 1977.

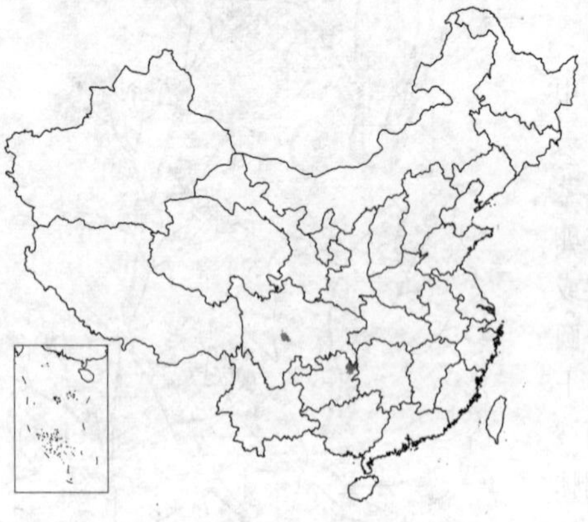

多年生草本，高约 40 厘米。茎直立上升，密被灰白色微柔毛。叶窄披针形或长圆形，先端渐尖，基部窄楔形，具圆齿状锯齿，上面疏被细糙硬毛，沿脉密被柔毛，下面疏被淡黄色腺点，沿脉疏被细糙硬毛，侧脉约 4 对；叶柄长 0.5–1.5 厘米，密被微柔毛。二歧聚伞花序腋生，长 0.8–2 厘米，花序梗长 1–3 毫米，密被微柔毛。花梗长 1–3 毫米，密被微柔毛；花萼钟形，长约2.5 毫米，被腺点，沿脉及边缘被微柔毛，口部径达 2.5 毫米，沿脉及边缘被微柔毛,上唇 3 齿卵状三角形，下唇 2 齿长三角形；花冠长达 8 毫米，疏被微柔毛及腺点，冠筒基部上方具囊状突起，径达 2 毫米，冠筒下倾，喉部稍缢缩，径约 1.2 毫米，上唇长约 3.5 毫米，下唇长约 4 毫米；雄蕊及花柱内藏。小坚果褐色，近球形，径约 1.5 毫米，无毛。

产四川及贵州，生于山地。

图 908 囊花香茶菜（曾孝濂绘）

33. 腺花香茶菜 图 909

Isodon adenanthus (Diels) Kudo in Mem. Fac. Sci. Agr. Taihoku Univ. 2: 123. 1929.

Plectranthus adenanthus Diels in Notes Roy. Bot. Gard. Edinb. 5: 228. 1912.

Rabdosia adenantha (Diels) Hara; 中国植物志 66: 532. 1977.

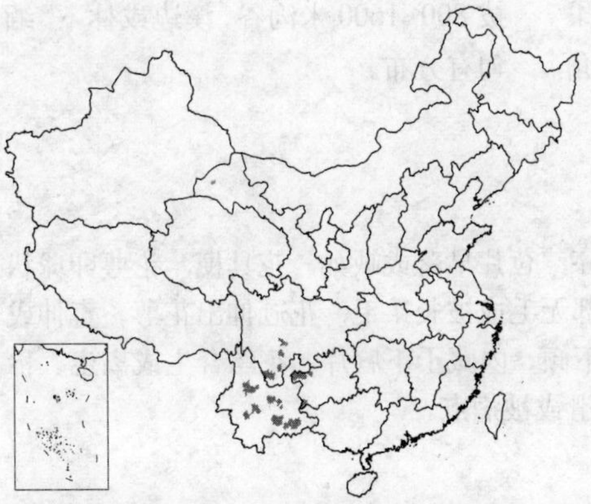

多年生草本，高达 40 厘米；茎密被倒向灰白柔毛。茎中部叶菱状卵形或卵状披针形，长 (1.5–)2.5–3.5(–6.5) 厘米，先端钝，基部宽楔形下延，两面疏被淡黄色腺点，下面被白色柔毛，沿脉密被白色柔毛，侧脉 3–4 对；叶柄长0.2–1 厘米。聚伞花序具梗，具 3–5 花，组成长 10–20 厘米顶生总状圆锥花序，密被柔毛；苞叶披针形，近全缘。花萼紫色，宽钟形，长 2–3 毫米，疏被淡黄色腺点，沿脉被柔毛，萼齿卵状披针形，长 1–1.5 毫米，具细尖头，下唇 2 齿较大；花冠蓝、紫、粉红或白色，被淡黄色腺点，中部以上密被柔毛，冠筒长约 4 毫米，上唇长约 4 毫米，下唇长达 6 毫米；雄蕊及花柱内藏。小坚果褐色，卵球形，径约 1.5 毫米。花期 7–8 月，果期 7–9 月。

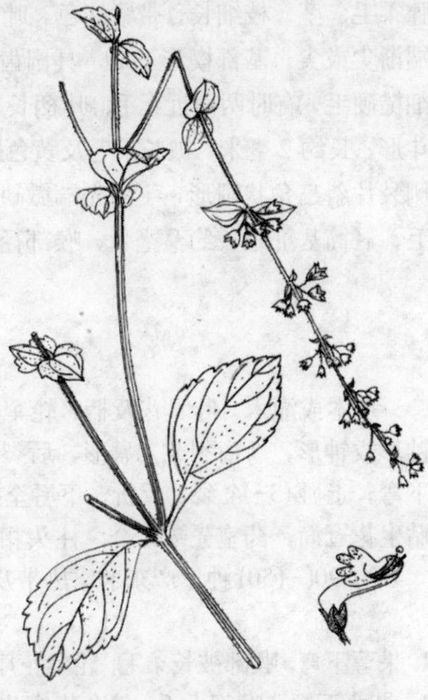

图 909 腺花香茶菜（李锡畴绘）

产云南西部及中南部、四川西南部及贵州西南部，生于海拔 1100–3400 米松林、松栎林、竹林下或林缘草地。根药用，治肠胃炎、痢疾、狂犬咬伤。

88. 角花属 Ceratanthus F. Muell. ex G. Taylor

多年生草本。叶具齿及柄。轮伞花序具 4–10 花，组成顶生总状花序；苞片卵形。花梗纤细；花萼宽漏斗形，二唇形，花时张开，上唇 3 裂，中裂片圆形，边缘下延至筒部，侧裂片小，下唇梯形，先端微缺；花冠筒窄，内面无毛，基部具长距，冠檐二唇形，上唇反折，具近相等 4 裂片，下唇较上唇稍长，舟状；雄蕊 4，二强，后对基部被毛，着生冠筒基部，较冠檐稍短，前对无毛，着生冠筒喉部，与冠檐近等长，花丝离生，花药 1 室，花柱与后对雄蕊等长，柱头近相等 2 浅裂。小坚果近球形，无毛，被细凹点。

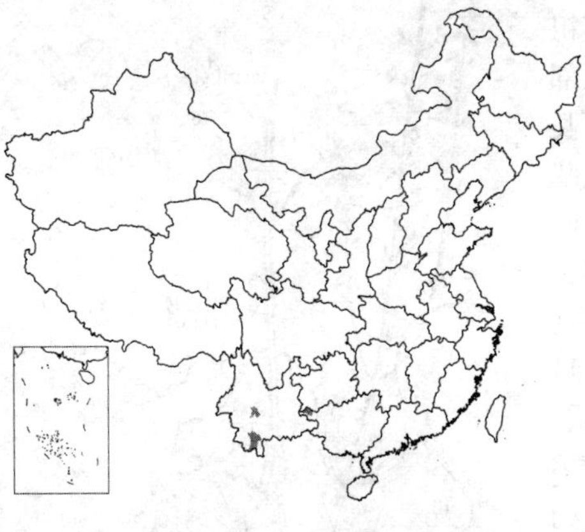

约 8 种，分布于东南亚热带及澳大利亚。我国 1 种。

角花 图 910

Ceratanthus calcaratus (Hemsl.) G. Taylor in Journ. Bot. 74: 40. 1936.

Plectranthus calcaratus Hemsl. in Hook. Icon. Pl. 27: t. 2671. 1900.

图 910 角花（曾孝濂绘）

多年生草本，高达 25 厘米。茎多分枝，基部匍匐上升，疏被锈色念珠状腺柔毛；茎、枝细长，带紫红色。叶卵形或卵状长圆形，长 1.4-5 厘米，先端渐尖或尖，基部楔形下延，具圆齿，上面被平伏细糙硬毛，下面脉被平伏细糙硬毛，有时两面近无毛；叶柄长 4-9 毫米。花梗长 3-5 毫米；花萼宽漏斗形，长约 2 毫米，被长柔毛及黄色腺点，上唇中裂片圆形，宽约 1.6 毫米，侧裂片斜三角状圆形，下唇先端微缺；花冠蓝色，长约 1.8 厘米，被腺长柔毛，冠筒基部距长约 9 毫米，喉部径约 4 毫米，上唇长约 5 毫米，裂片三角状卵形，中裂片较大，下唇宽约 1.6 毫米，微内凹；花药蓝色，柱头头状。小坚果灰褐色，径约 1.2 毫米。花期 9-10 月，果期 10-11 月。

产云南南部及广西南部，生于海拔 800-1600 米沟谷、溪边或林下。缅甸有分布。

89. 鞘蕊花属 **Coleus** Lour.

草本或灌木。叶具齿及柄。轮伞花序具 6 至多花，组成总状或圆锥花序；苞片早落或缺如。花具梗；花萼卵球状钟形或钟形，5 齿裂或二唇形，后裂片较大，果萼增大，下倾或下弯，喉部无毛或被长柔毛；花冠伸出花萼，直伸或下弯，上唇 (3-)4 裂，反折，下唇全缘，伸长，舟形，基部窄；雄蕊 4，下倾，内藏于下唇片，花丝合生或离生，稀贴生花冠筒，药室先端汇合；柱头相等 2 浅裂。小坚果卵球形或球形，平滑或被瘤点。

约 90(-150) 种，产东半球热带及澳大利亚。我国 6 种。

1. 果萼下弯，喉部被长柔毛；轮伞花序 6 花 …………………………………………………… 1. **毛喉鞘蕊花 C. forskohlii**
1. 果萼下倾，喉部无毛；轮伞花序疏散多花。
    2. 花萼不呈二唇形，2 侧裂片与前 2 裂片等长或近等长，后裂片较宽。
        3. 花萼被微柔毛，无腺点；叶非肉质 ……………………………………………… 2. **毛萼鞘蕊花 C. esquirolii**
        3. 花萼密被腺微柔毛及红色腺点；叶肉质 ……………………………………… 3. **肉叶鞘蕊花 C. carnosifolius**
    2. 花萼二唇形，裂片不等长。
        4. 花萼上唇中裂片与下唇 2 裂片等长或较长 ………………………………………… 4. **五彩苏 C. scutellarioides**
        4. 花萼上唇中裂片短于下唇 2 裂片 …………………………… 4(附).**小五彩苏 C. scutellarioides** var. **crispipilus**

1. 毛喉鞘蕊花 图 911:1

Coleus forskohlii (Willd.) Briq. in Engl. u. Prantl. Nat. Pflanzenfam. 4, 3a: 359. 1897.

Plectranthus forskohlii Willd. Sp. Pl. 3: 169. 1800.

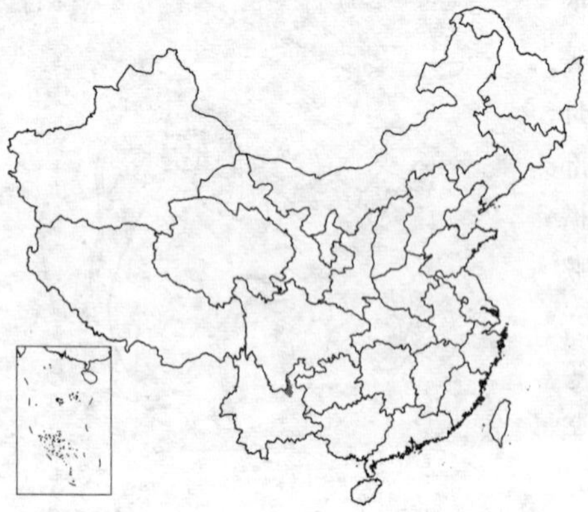

草本，高约 40 厘米。茎粗壮，分枝，被开展长柔毛，上部毛较密。叶近肉质，卵形，长 7.5-13 厘米，先端钝或尖，基部宽楔形，骤渐窄，具圆齿，两面密被绒毛状长柔毛；叶柄长约 1.5 厘米或较短。轮伞花序具 6 花，组成总状花序，长达 11 厘米；苞片无柄，宽卵形，膜质，具缘毛，尾尖，疏被腺点及微柔毛，花时脱落。花萼钟形，长约 6 毫米，密被长柔毛，喉部密被长柔毛，后齿心形，余齿钻状披针形，侧齿较短；花冠紫蓝色，长 1.2-1.5 厘米，疏被腺点，下弯，喉部膨大，上唇不等 4 浅裂，下唇长圆形，内凹；雄蕊稍伸出或内藏，花丝中部以下合生成鞘。小坚果扁球形。花期 9 月。

产云南东北部，生于海拔 2300 米山坡。印度、斯里兰卡、尼泊尔、不丹

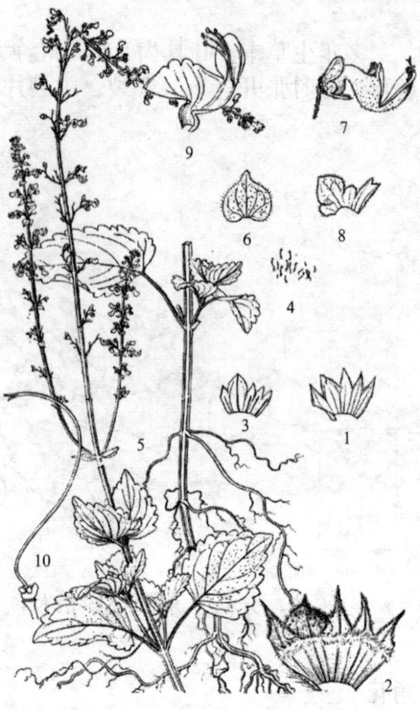

图 911:1. 毛喉鞘蕊花 2. 毛萼鞘蕊花 3-4. 肉叶鞘蕊花 5-10. 小五彩苏（曾孝濂绘）

及热带非洲有分布。全草治咳嗽、气管炎。

2. 毛萼鞘蕊花 图 911:2

Coleus esquirolii (Lévl.) Dunn in Notes Roy. Bot. Gard. Edinb. 8: 158. 1913.

Calamintha esquirolii Lévl. in Fedde, Repert. Sp. Nov. 8: 450. 1910.

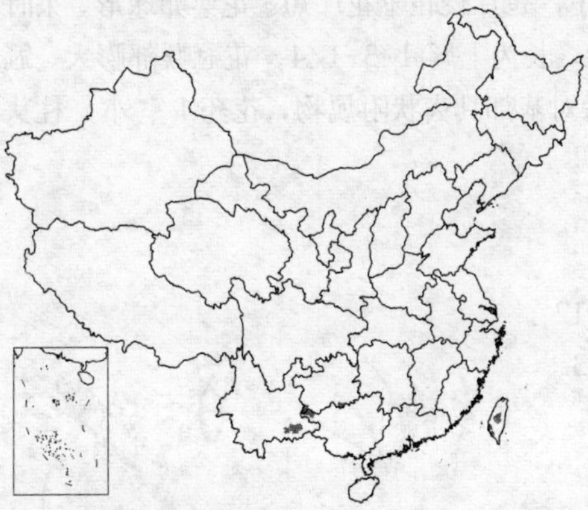

草本，高达 45 厘米。茎基部木质，分枝。具块根。叶近肉质，卵形或近心形，长 2-3.5(-5) 厘米，先端钝或尖，基部浅心形，稀圆，具粗圆齿，两面被微柔毛；叶柄长 1-2.5 厘米，密被微柔毛。轮伞花序具多花，组成顶生总状或圆锥花序，长达 15 厘米，密被微柔毛，花序梗粗，长约 2 毫米。花梗纤细，长 2-4 毫米；花萼卵球状钟形，长约 2.5 毫米，密被微柔毛，内面无毛，萼齿近等长，三角形，后齿较宽；花冠紫或紫蓝色，长约 1.5 毫米，下弯，疏被微柔毛及腺点，冠筒向上渐宽，喉部径 2.5-3 毫米，上唇 4 浅裂，反折，下唇长达 6 毫米，内凹；雄蕊内藏，花丝基部稍合生。小坚果黑色，近球形。花期 9-11 月。

产云南东南部、贵州、广西及台湾，生于海拔 1100-1800 米山谷岩缝中或草坡。全草可止血、接骨。

3. 肉叶鞘蕊花 图 911:3-4

Coleus carnosifolius (Hemsl.) Dunn in Notes Roy. Bot. Gard. Edinb. 8: 158. 1913.

Plectranthus carnosifolius Hemsl. in Journ. Linn. Soc. Bot. 26: 270. 1890.

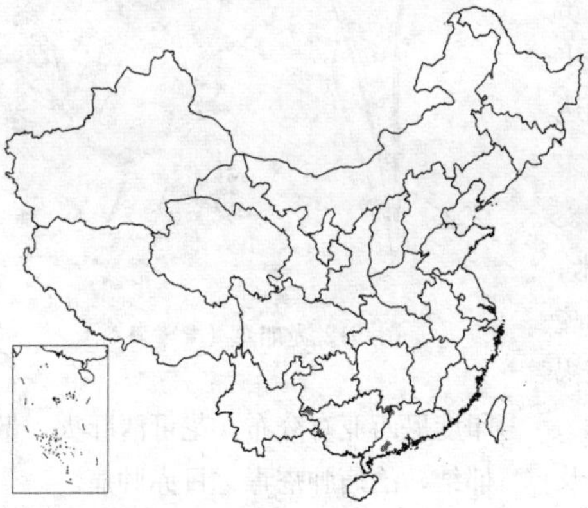

多年生肉质草本，高约 30 厘米。茎多分枝，幼时被柔毛，老时近无毛。叶肉质，宽卵形或近圆形，宽 1.2-3.5 厘米，先端钝或圆，基部平截或圆，稀楔形，疏生圆齿或浅波状圆齿，两面疏被毛及红褐色腺点；叶柄长 1.2-3.5 厘米，稀具翅。轮伞花序具多花，组成顶生圆锥花序，长达 18 厘米，密被微柔毛，花序梗短；苞片倒卵形。花梗长 3-6 毫米；花萼卵状钟形，长约 2.5 毫米，密被腺微柔毛及红褐色腺点，萼齿近等长，长圆状披针形，后齿三角状卵形，果时反折，果萼管状钟形，下倾，稍弯曲；花冠淡紫色，被微柔毛，长约 1.2 厘米，冠筒骤外弯，喉部径达 2.5 毫米，上唇 4 浅裂，下唇全缘，伸长；花丝基部稍合生。小坚果深褐色或黑色，卵球形。花期 9-10 月，果期 10-11 月。

产湖南、广东及广西，生于多岩石山地林下或石缝中。

4. 五彩苏 洋紫苏 彩片193

Coleus scutellarioides (Linn.) Benth. in Edward's Bot. Reg. 15: t. 1300. 1830.

Ocimum scutellarioides Linn. Sp. Pl. ed. 2, 2: 834. 1763.

草本。茎分枝，带紫色，被微柔毛。叶卵形，长 4-12.5 厘米，先端钝或短渐尖，基部宽楔形或圆，具圆齿状锯齿或圆齿，黄、深红、紫及绿色，两面被微柔毛，下面疏被红褐色腺点；叶柄长 1-5 厘米，被微柔毛。轮伞花序具多花，组成圆锥花序，长 5-10(-25) 厘米，被微柔毛；苞片脱落，宽卵形，尾尖，被微柔毛及腺点。花梗长约 2 毫米；花萼钟形，长 2-3 毫米，10 脉，被细糙硬毛及腺点，上唇中裂片宽卵形，果时反折，与下唇 2 裂片等长或较长，侧裂片卵形，下唇长方形，裂片靠合；花冠紫或蓝色，长 0.8-1.3 厘米，被微柔毛，冠筒骤下弯，喉部径达 2.5 毫米，上唇直伸，下唇舟形。小坚果褐色，宽卵球形或球形，长 1-1.2 毫米，扁。花期 7 月。

全国各地园圃栽培。印度、马来西亚、印度尼西亚、菲律宾及波利尼西亚有分布。供观赏。

[附] **小五彩苏** 小洋紫苏 图 911: 5-10 **Coleus scutellarioides** var. **crispipilus** (Merr.) H. Keng in Gard. Bull. Singapore 24: 56. 1969. —— *Coleus macranthus* Merr. var. *crispipilus* Merr. in Philipp. Journ. Sci. 1: Suppl. 235. 1906. —— *Coleus pumilus* Blanco; 中国高等植物图鉴 3: 703. 1974. 本变种

与模式变种的区别：花萼上唇中裂片较下唇2裂片短。产福建、台湾、广东、海南及广西，生于溪边、旷野、山谷、山地、田间草丛或林中。菲律宾有分布。

90. 龙船草属 Nosema Prain

草本。叶全缘或具细齿。轮伞花序具多花，密集，组成头状或穗状花序；苞片较轮伞花序短。花萼卵球形，果时管形，10脉，上唇长圆形，全缘或有时两侧具1小齿，下唇近圆形，全缘，长为上唇 1/3-1/4；花冠喉部膨大，冠檐上唇3浅裂，下唇长圆形，全缘，舟形；雄蕊4，伸出；花丝分离，后对基部具齿状附属物，花药1室外；柱头2浅裂，裂片不等大。小坚果长圆形或卵球形，平滑。

约6种，产东南亚。我国1种。

龙船草 图 912

Nosema cochinchinensis (Lour.) Merr. in Trans. Amer. Philos. Soc. 24: 343. 1935.

Dracocephalum cochinchinensis Lour. Fl. Cochinch. 2: 371. 1790.

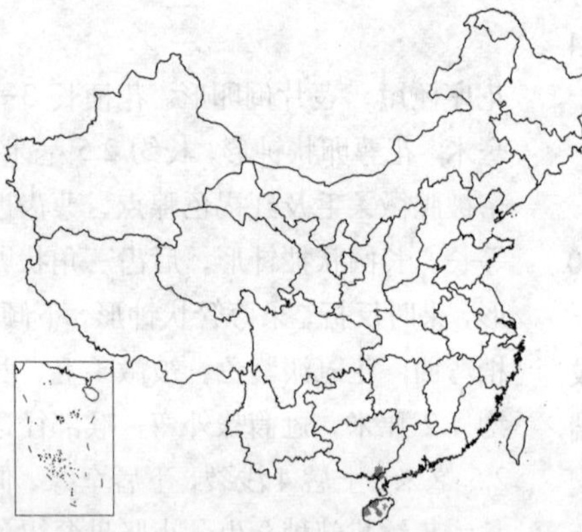

草本，高达80厘米。茎密被平伏或稍开展长柔毛。叶长圆形、椭圆形或卵状长圆形，长1.5-7厘米，先端钝或尖，基部圆或楔形，具不明显细锯齿或细圆齿，稀近全缘，两面密被平伏长柔毛；叶柄长不及1厘米。头状或穗状花序，长达1-10(-18)厘米，顶生，被长柔毛；苞片无柄，宽卵形或近菱状卵形。花萼长3-3.5毫米，密被淡褐色绵毛，上唇宽长圆形；花冠蓝、紫或淡红色，被长柔毛，喉部疏被微柔毛，冠筒膨大，下唇窄长；前对雄蕊稍长，花丝被髯毛。小坚果深褐色，长圆形，平滑。花期10月至翌年2月。

图 912 龙船草（曾孝濂绘）

产广西、广东及海南，生于海拔100-1000米山坡或山谷。泰国、越南及印度尼西亚有分布。花可清肝火、散郁结，治痈肿疮毒、目赤肿痛。

91. 凉粉草属 Mesona Bl.

草本。叶具齿及柄。轮伞花序组成顶生总状花序；苞片无柄，圆形、卵形或披针形，先端尾状骤尖，有时具色泽。花梗细长，被毛；花萼钟形，果时筒形或坛状筒形，8-10脉，具横脉及凹点，上唇3裂，中裂片大，下唇全缘，稀微缺；花冠白或粉红色，喉部膨大，内面无毛环，冠檐上唇平截或具4齿，下唇较长，全缘，舟形；雄蕊4，伸出，花丝分离，后对花丝基部具齿状附属物，花药1室；花柱超出雄蕊，柱头不等3浅裂，裂片钻形。小坚果长圆形或卵球形，平滑或被不明显疣点。

约8-10种，星散分布于印度东北部至东南亚。我国2种。

凉粉草 图 913 彩片194

Mesona chinensis Benth. Fl. Hongk. 274. 1861.

一年生草本，高达1米。枝及茎被柔毛及细刚毛，后脱落无毛。叶窄卵形或近圆形，长2-5厘米，先端尖或

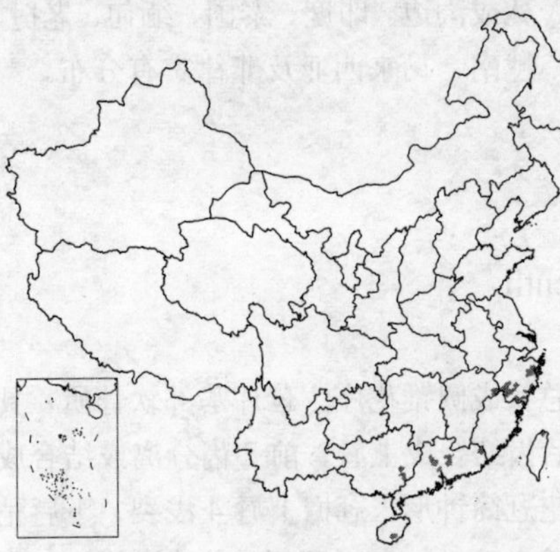

钝，基部宽楔形或稍圆，具锯齿，两面被细刚毛或长柔毛或脱落无毛，下面脉被毛；叶柄长0.2-1.5厘米，被平展柔毛。轮伞花序组成顶生总状花序；苞片圆形、菱状卵形或近披针形，先端尾状骤尖，具色泽。花梗长3-4(-5)毫米，被短毛；花萼长2-2.5毫米，密被白色柔毛，上唇中裂片先端尖或钝，下唇偶微缺；花冠白或淡红色，长约3毫米，被微柔毛，喉部膨大，上唇4浅裂，2侧裂片较中央2裂片长，有时上唇近全缘；前对雄蕊较长，后对雄蕊花丝下部被硬毛。小坚果黑色，长圆形。花、果期7-10月。

产浙江、台湾、江西、广西西部、广东、香港及海南，生于沟边及干旱沙地草丛中。植株晒干煎汁与米浆混煮，成黑色胶状物，以糖拌之供暑天解渴，广州称凉粉，梅县称仙人拌。

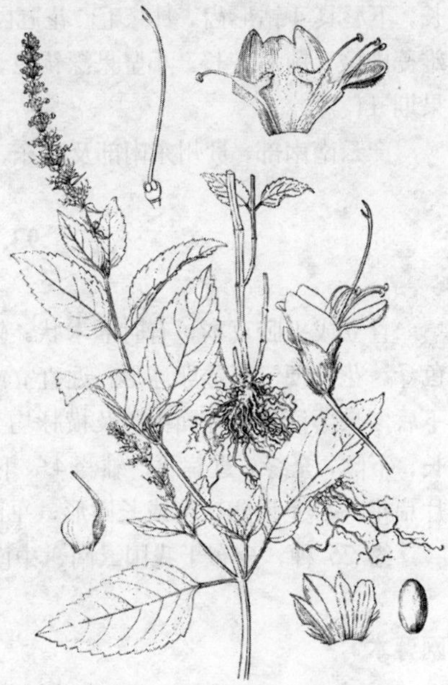

图 913 凉粉草（曾孝濂绘）

92. 尖头花属 Acrocephalus Benth.

一年生草本。叶具齿及短柄。轮伞花序组成球形或圆柱形头状花序，顶生，稀腋生；苞叶2或4，具色泽，苞片覆瓦状排列。花具梗；花萼卵球形，果时管形，基部囊状，喉部稍缢缩，萼檐上唇全缘或具齿，下唇全缘，先端微缺或具4齿；花冠淡蓝或淡紫色，稀白色，喉部膨大，冠檐上唇4浅裂，下唇全缘，稍长于上唇，有时冠檐各裂片近等长；雄蕊4，下倾，花丝分离，无齿状附属物，着生花冠喉部；花药卵球形；柱头相等2浅裂。小坚果卵球形或长圆形，平滑。

约5-6种，分布于印度、缅甸、印度尼西亚及菲律宾。我国1种。

尖头花 图 914

Acrocephalus hispidus (Linn.) Nicholson et Sivadesen in Taxon 29(2/3): 324. 1980.

Gomphrena hispida Linn. Sp. Pl. ed. 2: 526. 1763.

Acrocephalus indicus (Burm. f.) Kuntze; 中国高等植物图鉴 3: 704. 1974; 中国植物志 66: 551.1977; Fl. China 17: 295. 1994.

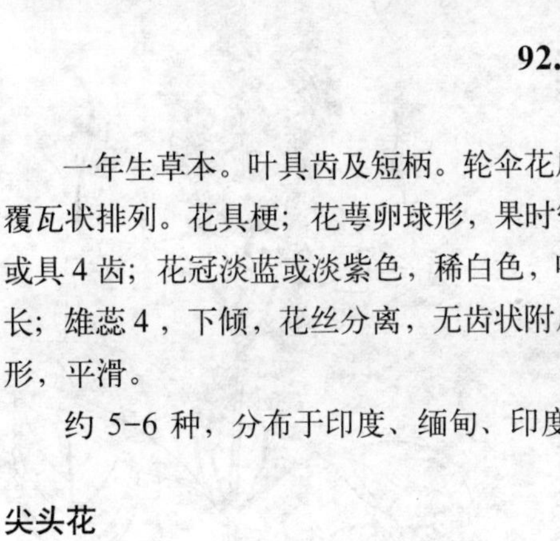

草本或亚灌木状，高达1米。茎基部有时平卧，近木质，多分枝，枝细长上升，无毛或两侧疏被长柔毛。叶披针形或卵形，长1.2-5厘米，先端钝，基部窄楔形下延，疏生锯齿，上面近无毛，下面疏被腺点，沿脉疏被细糙硬毛；叶柄长2-7毫米。头状花序球形或椭圆形；苞片无柄，菱状扇形，内凹，下面基部密被长柔毛，上面无毛。花萼长约1.5毫米，被柔毛，上唇全缘，宽大伸

图 914 尖头花（王利生绘）

长，下唇具4钻形齿，具缘毛；花冠白或紫红色，长约2毫米，稍伸出萼筒；雄蕊内藏，前对较长。小坚果深褐色，卵球形，长约1毫米。花期 9-10 月，果期 11 月。

产云南南部、贵州东南部及广东，生于海拔 100-1800 米田间、林缘、竹丛或沟边。印度、泰国、缅甸、老挝、越南、马来西亚及菲律宾有分布。

93. 网萼木属 **Geniosporum** Wall. ex Benth.

直立或平卧草本，有时灌木状。轮伞花序具多花，疏散，组成顶生或腋生总状或圆锥花序；苞片基部软骨质，具色泽。花具梗；花萼卵球形，近直立或下倾，萼齿5，后齿宽，侧齿分离或与后齿结合成上唇，前2齿分离或结合成下唇；果萼筒形，外面中脉及横脉均突出，其间小穴形成网状，齿常具色泽；花冠筒钟形，冠檐上唇4浅裂，下唇稍长，下倾，全缘，近扁平；雄蕊4，下倾，伸出，花丝分离，无附属物，花药汇合为1室，其后平展；柱头2浅裂，裂片扁平。小坚果卵球形或长圆形，平滑或被点状网纹。

约 25 种，分布于我国云南、中南半岛、缅甸、南亚各国、马达加斯加及热带非洲。我国1种。

网萼木 图 915

Geniosporum coloratum (D. Don) Kuntze, Rey. Gen. Pl. 2: 517. 1891.

Plectranthus coloratum D. Don, Prodr. Fl. Nepal. 116. 1825, non E. Meyer

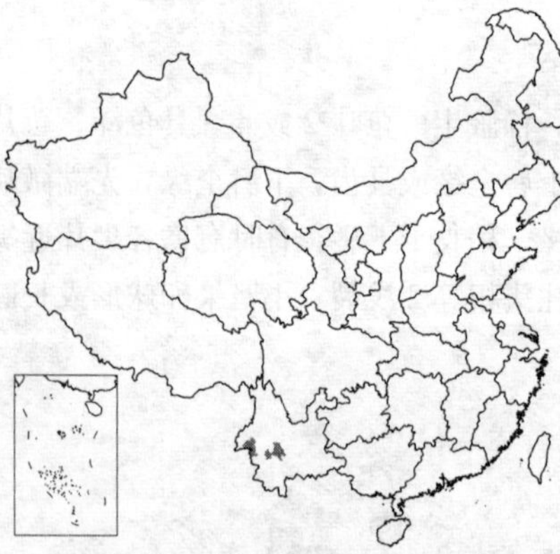

灌木，高约2米。茎直立，被鳞状微柔毛。叶卵状披针形或披针形，长 5-8 厘米，先端渐尖，基部楔形，具锯齿，两面被鳞状微柔毛；叶柄长不及1厘米。苞片卵形。花萼长2毫米，被柔毛，喉部缢缩；花冠白色，具紫点，长约5毫米，疏被柔毛，喉部钟状，密被柔毛，冠筒长约4毫米，冠檐上唇4裂，中央2裂片稍小，下唇窄披针形；前对雄蕊较长，花丝基部稍膨大，疏被微柔毛；花药卵球形。小坚果深褐色，卵球形，顶端被细刚毛。花期 9-10 月，果期 10-11 月。

产云南西南部，生于海拔 1100-1600 米荫蔽谷地、林下或灌丛中。尼泊尔、不丹、印度东北部、缅甸北部及老挝有分布。

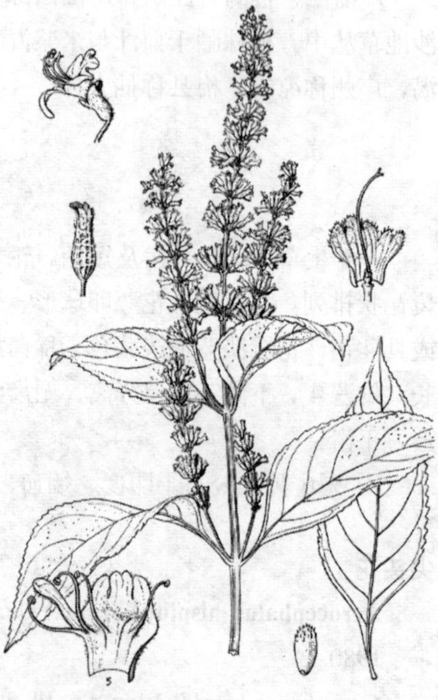

图 915 网萼木（曾孝濂绘）

94. 小冠薰属 **Basilicum** Moench

一年生或多年生草本。轮伞花序具 6-10 花，组成偏向一侧顶生聚伞圆锥或圆锥花序；苞片小，早落。花萼卵球状钟形或钟形，果时下倾，稍抻长，喉部稍缢缩，萼齿5，后齿或后3齿稍大，萼筒被毛，喉部内面无毛；花冠筒内藏或稍伸出，喉部钟形膨大，冠檐上唇3裂，中裂片稍大，全缘或先端微缺，下唇稍长，全缘，扁平，稍内凹；雄蕊4，前对较长，下倾，花丝离生，无齿状附属物，花药近球形，1室；柱头棒状头形，2浅裂，裂片钻形，近等大；花盘平顶或前方指状膨大。小坚果倒卵球形，背腹扁，平滑。

约 6-7 种，产热带非洲、东南亚及澳大利亚。我国1种。

小冠薰 图 916

Basilicum polystachyon (Linn.) Moench, Suppl. Meth. 143. 1802. *Ocimum polystachyon* Linn. Mant. Pl.

ed. 2, 567. 1771.

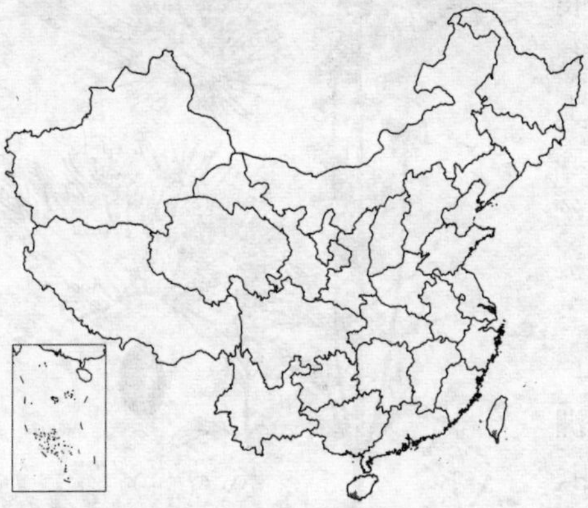

直立草本，高达 1 米。茎被细腺点，棱粗糙，节被微柔毛。叶披针状卵形或三角状卵形，长 2–7 厘米，先端尖或渐尖，基部宽楔形或圆，基部以上具圆齿，两面近无毛，密被黄色腺点，侧脉 3–4 对；叶柄长 1–5 厘米，无毛。聚伞圆锥花序长 3–6 厘米，具花序梗，被微柔毛及腺点；苞片倒卵状菱形。花萼长约 1.5 毫米，卵球状钟形，疏被黄色腺点，近基部被细糙硬毛，向顶端近无毛，后齿宽卵形，2 侧齿三角形，前 2 齿披针形，具刺尖，果萼长 2–2.5 毫米，卵球形，喉部稍缢缩，下倾，后齿边缘微下延，10 脉稍明显；花冠白或粉红色，直伸，圆柱形，长 2.5 毫米，唇片稍被微柔毛及腺点，内面上唇下方喉部稍被微柔毛，冠筒长约 2 毫米，上唇裂片卵形，中裂片较长，下唇长圆形，全缘，扁平，与上唇片近等长。小坚果褐色，卵球形，长约 1 毫米。花、果期 8 月。

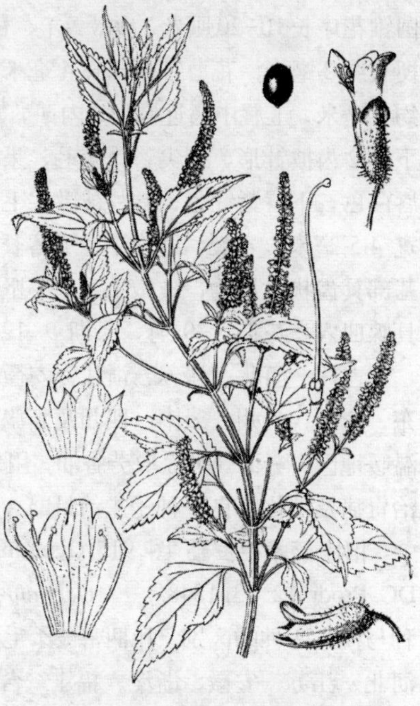

图 916 小冠薰（曾孝濂绘）

产台湾及海南，生于海拔 800 米以下荒地、溪边灌丛中或谷地。热带非洲、亚洲及澳大利亚有分布。

95. 罗勒属 Ocimum Linn.

草本、亚灌木或灌木，芳香。叶具齿及柄。轮伞花序具 6(–10) 花，组成顶生、具梗聚伞圆锥花序或圆锥花序；苞片早落，具柄，全缘。花白色；花梗直伸，先端下弯；花萼卵球形或钟形，果时下倾，被腺点，内面喉部无毛或被柔毛，萼檐上唇 3 齿，中齿圆形或倒卵形，边缘翅状下延，侧齿较短，下唇 2 齿，齿较窄，先端渐尖或刺尖，有时靠合；花冠筒较花萼稍短，稀伸出花萼，内面无毛环，喉部常膨大呈斜钟形，冠檐上唇近相等 (3–)4 裂，下唇几不或稍伸长，下倾，全缘，扁平或稍内凹；雄蕊 4，伸出，下倾于花冠下唇，花丝离生或前对靠合，花药卵球状肾形，汇合成 1 室；花柱超出雄蕊，柱头 2 浅裂，裂片近等大，钻形或扁平。小坚果卵球形或近球形，平滑或被腺孔穴，湿时具粘液，基部具白色果脐。

约 100–150 种，产全球温带，在非洲及南美尤多。我国 5 种。

1. 后对花丝具齿。
    2. 果萼反折，后中齿近圆形，翅较宽下延花萼中部，2 侧齿宽卵形，前 2 齿窄长，几不靠合；叶两面近无毛，下面被腺点。
        3. 叶卵形或卵状长圆形；叶柄及轮伞花序被微柔毛 ………………………………………… 1. **罗勒 O. basilicum**
        3. 叶长圆形；叶柄及轮伞花序密被柔毛 ……………………………… 1(附). **疏柔毛罗勒 O. basilicum** var. **pilosum**
    2. 果萼下垂，后齿宽倒卵形，具稍下延窄翅，2 侧齿窄小，稍宽于前 2 齿，前 2 齿靠合成下唇片具二刺芒；叶两面密被柔毛状绒毛及黄色腺点 ………………………………………………… 2. **毛叶丁香罗勒 O. gratissimum** var. **suave**
1. 后对花丝无齿，基部微膨大，稍被微柔毛 ……………………………………………………………… 3. **圣罗勒 O. sanctum**

1. 罗勒

0**Ocimum basilicum** Linn. Sp. Pl. 2: 597. 1753.

一年生草本，高达 80 厘米。茎上部被倒向微柔毛，基部无毛，带红晕，多分枝。叶卵形或卵状长圆形；长 2.5–5 厘米，先端微钝或尖，基部楔形，具不规则牙齿或近全缘，两面近无毛，下面被腺点，侧脉 3–4 对；叶柄长约 1.5 厘米，稍具窄翅，被微柔毛。聚伞圆锥花序长10-20厘米，被微柔毛；苞片无柄，倒披针形，具缘毛及色泽。花梗长约3毫米；花萼钟形，长4毫米，被短柔毛，喉部内面被柔毛，萼筒长约2毫米，上唇中齿近圆形，内凹，翅较宽，下延达花萼中部，侧齿宽卵形，下唇2齿披针形，刺尖，具缘毛，果萼反折，脉纹显著；花冠淡紫色；或上唇白色，下唇紫红色，唇片被微柔毛，冠筒长约3毫米，喉部稍膨大，上唇宽 4.5 毫米，4裂，近扁平，下唇长约3毫米，雄蕊稍伸出花冠，后对花丝基部具齿状附属物，被微柔毛。小坚果深褐色，卵球形，长约 2.5 毫米，被具腺凹穴。花期 7-9 月，果期 9-12 月。

吉林、河北、江苏、浙江、安徽、福建、台湾、江西、湖北、湖南、广东、广西、贵州、云南、四川及新疆各地栽培，在南方已野化。非洲及亚洲温暖地区有分布。可提取芳香油，用作化妆品、皂用及食用香精；全草药用，治胃痛及消化不良；种子主治目翳。

[附] **疏柔毛罗勒** 图 917 **Ocimum bacilicum** var. **pilosum** (Willd.) Benth. in DC. Prodr. 12: 33. 1848.—— *Ocimum pilosum* Willd. Enum. Pl. 629. 1809. 本变种与模式变种的区别: 叶柄密被柔毛，叶长圆形；轮伞花序密被柔毛。河南、河北、江苏、安徽、浙江、福建、台湾、江西、广东、广西、贵州、四川及云南等地作为芳香油植物栽培。非洲至亚洲温暖地区有分布。

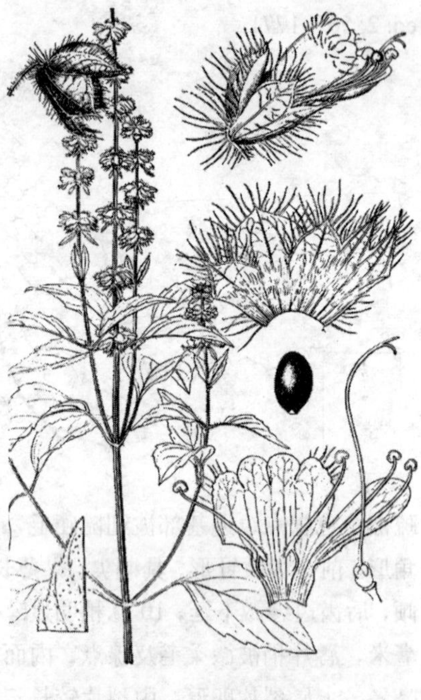

图 917 [附] 疏柔毛罗勒（曾孝濂绘）

2. 毛叶丁香罗勒 图 918

Ocimum gratissimum Linn. var. **suave** (Willd.) Hook. f. Fl. Brit. Ind. 4: 609. 1885.

Ocimum suave Willd. Enum. Pl. 629. 1809.

灌木，高达1米。多分枝，茎枝被长柔毛或近无毛。叶卵状长圆形或长圆形，长 5-12 厘米，先端长渐尖，基部楔形或窄楔形，疏生圆齿，稍粗糙，两面密被柔毛状绒毛及黄色腺点；叶柄长 1-3.5 厘米，密被柔毛状绒毛。轮伞花序具6花，组成圆锥花序；下部苞叶近无柄，长圆形，苞片卵状菱形或披针形。花梗长约 1.5 毫米；花萼钟形，长达4毫米，被柔毛及腺点，喉部内面被柔毛，萼筒长约2毫米，上唇中齿宽倒卵形，边缘具窄翅稍下延反卷，侧齿具刺尖，下唇具2刺芒齿，果萼下垂，10 脉明显，后中齿反折；花冠黄白或白色，长约4.5毫米，稍伸出花萼，唇片被微柔毛及腺点，上唇4裂，下唇长圆形；雄蕊近等长，后对花丝基部具齿状附属物。小坚果褐色，近球形，径约1毫米，多绉纹，被具腺凹穴，基部具白色果脐。花期 10 月，果期 11 月。

江苏、浙江、福建、台湾、广东、广西及云南等地作为芳香植物栽培。热带非洲、马达加斯加、斯里兰卡有分布。西印度群岛亦见栽培。全株可提制芳香油。

图 918 毛叶丁香罗勒（王金凤绘）

3. 圣罗勒 图 919

Ocimum sanctum Linn. Mant. 1: 85. 1767.

亚灌木，高达1米。茎多分枝，被平展柔毛，基部木质。叶长圆形，长 2.5-5.5 厘米，先端钝，基部楔形或圆，具浅波状锯齿，两面被微柔毛及腺点，沿脉被柔毛；叶柄长 1-2.5 厘米。轮伞花序具6花，组成圆锥花序；苞片心形；花序梗长 1-1.5 厘米。花梗长约 2.5 毫米；花萼钟形，长约 2.5 毫米，被柔毛及腺点，萼筒长 1.5 毫米，上唇中裂宽扁圆形，侧齿宽三角形，下唇2齿披针形，刺尖；花冠白或粉红色，长约3毫米，微伸出花萼，唇片

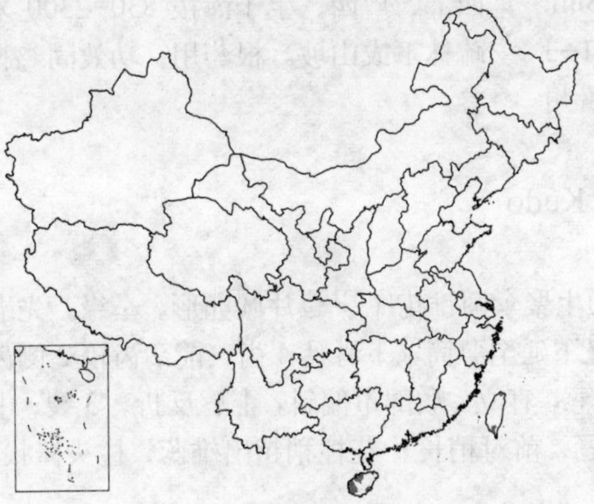

稍被微柔毛，冠筒长约 2 毫米，喉部膨大，上唇长不及 1 毫米，裂片卵形，下唇长圆形；雄蕊稍伸出花冠，后对花丝基部稍膨大。小坚果褐色，卵球形，长约 1 毫米，被腺凹穴，基部具白色果脐。花期 2.6 月，果期 3.8 月。

产台湾及海南，生于干燥沙质草地。北非、西亚、印度、中南半岛、马来西亚、印度尼西亚、菲律宾及澳大利亚有分布，为泛热带杂草。全株研粉治头痛，煎服治哮喘；叶可作调味品及代茶作饮料。

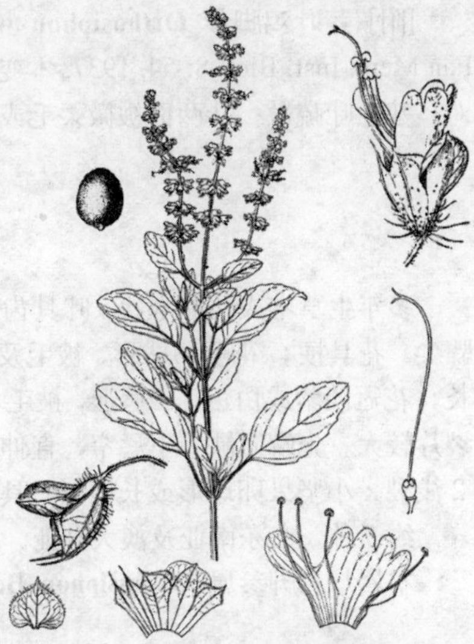

图 919 圣罗勒（曾孝濂绘）

96. 鸡脚参属 **Orthosiphon** Benth.

多年生草本或亚灌木。根粗厚、木质。叶具齿。轮伞花序具(4–)6 花，组成聚伞圆锥花序；苞片短于花梗，圆形或扁圆形，全缘。花萼管形或宽管形，带艳色，二唇形，上唇卵形或扁圆形，干膜质，下延至萼筒，边缘反折，下唇具 4 齿，齿芒尖或针状，前 2 齿较 2 侧齿长，果萼 10 脉明显；花冠白、淡红或紫色，冠筒伸出，直或内弯，倒锥形，冠檐上唇 3–4 圆裂，下唇全缘，内凹；雄蕊 4，前对较长，下倾，内藏或稍伸出，花丝分离，无齿，花药汇合 1 室；柱头球形，全缘或微缺，花盘前方指状膨大。小坚果卵球形或近球形，被细瘤点，无毛。

约 45 种，产热带非洲、东南亚及澳大利亚。我国 3 种。

鸡脚参 图 920

Orthosiphon wulfenioides (Diels) Hand.-Mazz. in Acta Horti Gothob. 9: 98. 1934.

Coleus wulfenioides Diels in Notes Roy. Bot. Gard. Edinb. 5: 231. 1912.

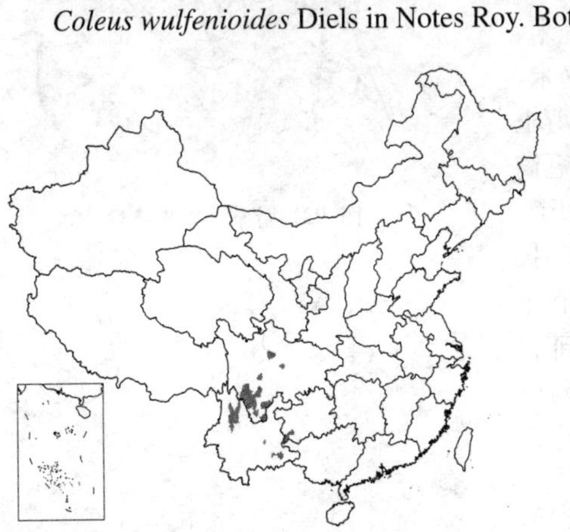

多年生草本，高达 30 厘米。茎基部分枝，茎、枝带紫红色，密被长柔毛及腺柔毛。叶多基生，卵形、倒卵形或舌形，长 4.5–13 厘米，先端钝或圆，基部宽楔形，基部以上具圆齿状锯齿，上面被柔毛及密被暗色腺点，稍皱，下面被柔毛，侧脉 5–7 对；无柄。聚伞圆锥花序顶生，序轴被褐黄色长柔毛。花梗长 3 毫米，被褐黄色长柔毛；花萼紫红色，宽管形，长 7–8 毫米，径 4.5–5 毫米，疏被长柔毛，内面无毛，上唇扁圆形，长约 3 毫米，下唇前 2 齿芒尖，具小缘毛，果萼上唇反折；花冠淡红或紫色，长 1.8–1.9 厘米，疏被柔毛，冠筒直，长约 1.4 厘米，基部径 2 毫米，口部径约 4 毫米，上唇 4 裂，下唇长约 6 毫米；雄蕊内藏。小坚果淡褐色，球形，径约 2 毫米。花期 3–10 月，果期 6–11 月。

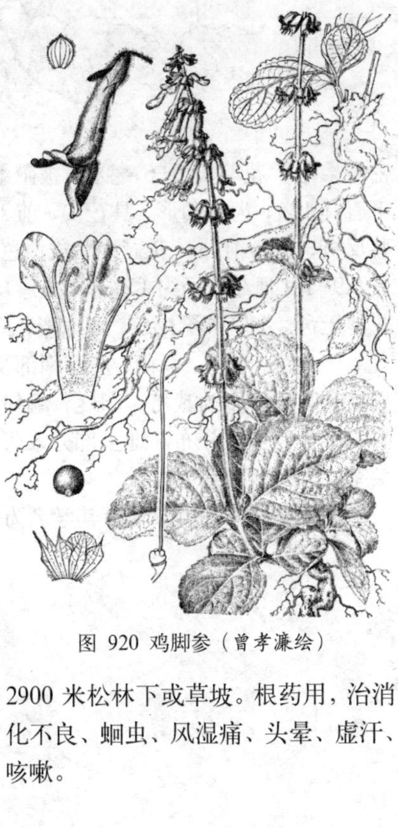

图 920 鸡脚参（曾孝濂绘）

产云南东南及西北部、四川西部及西南部、贵州西南部，生于海拔 1200–2900 米松林下或草坡。根药用，治消化不良、蛔虫、风湿痛、头晕、虚汗、咳嗽。

[附] 茎叶鸡脚参 **Orthosiphon wulfenioides** var. **foliosus** E. Peter in Bull. Fan Mem. Inst. Biol. 8: 54. 1937. 本变种与模式变种的区别：茎中部具叶 1-3 对，基生叶疏散，叶两面被微柔毛或近无毛。产云南中部、四川西部、贵州西部、广西，生于海拔 830-2300 米疏林下或山坡。根药用，功效同鸡脚参。

97. 肾茶属 Clerodendranthus Kudo

多年生草本或亚灌木状。叶具齿及柄。轮伞花序具 6-10 花，组成顶生聚伞圆锥花序；苞片圆卵形，全缘，先端骤尖。花具梗；花萼卵球形，被毛及腺点，具 10 脉，上唇长圆形，边缘下延至萼筒，下唇具 4 齿，前 2 齿较 2 侧齿长；花冠淡紫或白色，二唇形，被毛，内面无毛环，冠筒窄管形，伸出花萼，直立，喉部不偏斜，上唇反折，3 裂，中裂片较大，先端微缺，下唇窄，直伸，稍内凹；雄蕊 4，下倾，伸出花冠，前对稍长；花柱稍超出雄蕊，柱头棒状，2 浅裂。小坚果卵球形或长圆形，具皱纹。

约 5 种，产东南亚及澳大利亚。我国 1 种。

本属与鸡脚参属 **Orthosiphon** Benth. 的区别：雄蕊及花柱伸出甚长。许多学者主张将其归入该属。

肾茶 图 921 彩片195

Clerodendranthus spicatus (Thunb.) C. Y. Wu ex H. W. Li in Acta Phytotax. Sin. 12(2): 233. 1974.

Clerodendron spicatum Thunb. Fl. Jav. 22. 1825.

多年生草本，高达 1.5 米。茎被倒向柔毛。叶菱状卵形或长圆状卵形，长 (1.2-)2-5.5 厘米，先端尖，基部宽楔形或平截楔形，具粗牙齿或疏生圆齿，齿端具短尖头，两面被短柔毛及腺点，侧脉 4-5 对；叶柄长 (0.3-)0.5-1.5 厘米，被柔毛。聚伞圆锥花序长 8-12 厘米，序轴密被柔毛；苞片长约 3.5 毫米，具平行纵脉。花梗长达 5 毫米，密被柔毛；花萼长 5-6 毫米，被微柔毛及锈色腺点，上唇长宽约 2.5 毫米，下唇具 4 齿，齿三角形，具芒尖，前 2 齿较侧 2 齿长 1 倍，均具缘毛，果萼上唇反折，下唇前伸；花冠淡紫或白色，被微柔毛，上唇疏被锈色腺点，冠筒长 0.9-1.9 厘米，径约 1 毫米，上唇反折，3 裂，中裂片微缺，下唇长圆形；花丝无齿。小坚果深褐色，卵球形，长约 2 毫米，具皱纹。花、果期 5-11 月。

图 921 肾茶（曾孝濂绘）

产福建、台湾、海南、广西南部及云南南部，生于海拔 1500 米以下林下湿地及旷地，多为栽培。印度、缅甸、泰国、马来西亚、印度尼西亚、菲律宾及澳大利亚有分布。地上部分入药，治肾炎、膀胱炎、尿路结石及风湿性关节炎，对肾脏病有良效。

本种如并入鸡脚参属，其学名为 **Orthosiphon aristatus** (Bl.) Miq.。

中 名 音 序 索 引

（按首字字母顺序排列）

Z

拉丁名索引

（按字母顺序排列，正体字为正名，斜体字为异名）

G

H

本卷图编、绘图、摄影及工作人员

图　编　傅立国(形态图、分布图)　郎楷永(彩片)　张明理(分布图)

绘　图　(按绘图量排列)　曾孝濂　张泰利　郭木森　阎翠兰　吴彰桦　史渭清　王　颖　陈国泽　吴翠云　王金凤　王利生　李锡畴　冀朝桢　蔡淑琴　陈荣道　夏　泉　杨可泗　张桂芝　黄少容　肖　溶　李秉滔　马　平　白建鲁　孙英宝　冯晋庸　许梅娟　田　虹　余汉平　冯金环　韦力生　李志民　邓晶发　陈莳香　吴锡麟　游光琳　张海燕　刘进军　张荣生　钱存源　袁肖波　赵宝恒　路桂兰

摄　影　(按提供彩片数量排列)　武全安　李延魁　李泽贤　郎楷永　陈虎彪　刘尚武　邬家林　管天云　何廷农　韦毅刚　刘伦辉　费　勇　李渤生　杨启修　张宪春　李光照　郭　柯　谭策铭　熊济华　岳建英

工作人员　赵　然　李　燕　孙英宝　童怀燕

Graphic editors and people making illustrations and providing photographs and clerical assistance (alphabetically arranged)

Graphic editors　Fu Likuo, Lang Kaiyung and Zhang Mingli

Illustrations　Bai Jianlu, Cai Shuqin, Chen Rongdao, Chen Guoze, Chen Shixiang, Deng Jingfa, Feng Jinhuan, Feng Jinrong, Guo Musen, Huang Shaorong, Ji Chao zhen, Li Pingtao, Li Zhimin, Li Xichuo, Liu Jinjun, Lu Guilan, Ma Ping, Qian Cunyuan, Wang Ying, Shi Weiqing, Sun Yingbao, Tian Hong, Wang Lishen, Wang Jinfeng, Wu Zhanghua, Wu Cuiyun, Wu Xilin, Wei Lisheng, Xia Quan, Xiao Rong, Xu Meijuan, Yan Cuilan, Yang Kesi, You Guanglin, Yuan Xiaopo, Yu Hanping, Zeng Xiaolian, Zhang Taili, Zhang Guizhi, Zhang Haiyan, Zhang Rongsheng, Zhang Peiying and Zhao Baoheng

Photographs　Chen Hubiao, Fei Rong, Guan Kaiyun, Guo Ke, Ho Tingnung, Hsiung Chihua, Lang Kaiyung, Li Bosheng, Li Guangzhao, Li Yanhui, Li Zexian, Lin Qi, Liu Shangwu, Liu Lunhui, Tian Ceming, Wei Yigang, Wu Jialin, Wu Quanan, Yang Qixiu, Yue Jianying and Zhang Xianchun

Clerical Assistance　Li Yan, Sun Yingbao, Tong Huaiyan and Zhao Ran

彩片 1　灰莉 *Fagraea ceilanica*　（韦毅刚）

彩片 2　牛眼马钱 *Strychnos angustiflora*　（李泽贤）

彩片 3　钩吻 *Gelsemium elegans*　（李泽贤）

彩片 4　麻花艽 *Gentiana straminea*　（刘尚武）

彩片 5　达乌里秦艽 *Gentiana dahurica*　（张宪春）

彩片 6　粗茎龙胆 *Gentiana crassicaulis*　（李延辉）

彩片 7　管花秦艽 *Gentiana siphonantha* （刘尚武）

彩片 8　大花龙胆 *Gentiana szechenyii* （郎楷永）

彩片 9　滇西龙胆 *Gentiana georgei* （费勇）

彩片 10　无尾尖龙胆 *Gentiana ecaudata* （郎楷永）

彩片 11　七叶龙胆 *Gentiana arethusae var. delicatula* （何廷农）

彩片 12　蓝玉簪龙胆 *Gentiana veitchiorum* （郎楷永）

彩片 13　华丽龙胆 *Gentiana sino－ornata*　（管开云）

彩片 14　滇龙胆 *Gentiana rigescens*　（何廷农）

彩片 15　五岭龙胆 *Gentiana davidii*　（何廷农）

彩片 16　岷县龙胆 *Gentiana purdomii*　（郎楷永）

彩片 17　云雾龙胆 *Gentiana nubigena*　（郎楷永）

彩片 18　矮龙胆 *Gentiana wardii*　（刘伦辉）

彩片 19　四数龙胆 *Gentiana lineolata*　（武全安）

彩片 20　微籽龙胆 *Gentiana delavayi*　（何廷农）

彩片 21　红花龙胆 *Gentiana rhodantha*　（邬家林）

彩片 22　钻叶龙胆 *Gentiana haynaldii*　（邬家林）

彩片 23　卵萼龙胆 *Gentiana bryoides*　（郎楷永）

彩片 24　四川龙胆 *Gentiana sutchuenensis*　（邬家林）

彩片 25　草甸龙胆 *Gentiana praticola*　（管开云）

彩片 26　华南龙胆 *Gentiana loureirii*　（武全安）

彩片 27　大花蔓龙胆 *Crawfurdia angustata*　（管开云）

彩片 28　大钟花 *Megacodon stylophorus*　（管开云）

彩片 29　花锚 *Halenia corniculata*　（郎楷永）

彩片 30　椭圆叶花锚 *Halenia elliptica*　（邬家林）

彩片 31　湿生扁蕾 *Gentianopsis paludosa*（邬家林）

彩片 32　大花扁蕾 *Gentianopsis grandis*（管开云）

彩片 33　细萼扁蕾 *Gentianopsis barbata* var. *stenocalyx*（武全安）

彩片 34　蓝钟喉毛花 *Comastoma cyananthiflorum*（管开云）

彩片 35　紫红假龙胆 *Gentianella arenaria*（李渤生）

彩片 36　肋柱花 *Lomatogonium carinthiacum*（刘尚武）

彩片 37　辐状肋柱花 *Lomatogonium rotatum*　(郎楷永)

彩片 38　辐花 *Lomatogoniopsis alpina*　(刘尚武)

彩片 39　红直獐牙菜 *Swertia erythrosticta*　(刘尚武)

彩片 40　膜边獐牙菜 *Swertia marginata*　(郎楷永)

彩片 41　华北獐牙菜 *Swertia wolfangiana*　(刘尚武)

彩片 42　獐牙菜 *Swertia bimaculata*　(邬家林)

彩片 43　丽江獐牙菜 *Swertia delavayi*（武全安）

彩片 44　贵州獐牙菜 *Swertia kouitchensis*（邬家林）

彩片 45　紫红獐牙菜 *Swertia punicea*（武全安）

彩片 46　西南獐牙菜 *Swertia cincta*（武全安）

彩片 47　假虎刺 *Carissa spinarum*（武全安）

彩片 48　雷打果 *Melodinus yunnanensis*（武全安）

彩片 49　仔榄树 *Hunteria zeylanica*（李泽贤）

彩片 50　狗牙花 *Tabernaemontana divaricata*　（武全安）

彩片 51　鸡蛋花 *Plumeria rubra*　（武全安）

彩片 52　糖胶树 *Alstonia scholaris*　（李延辉）

彩片 53　鸡骨常山 *Alstonia yunnanensis*（武全安）

彩片 54　长春花 *Catharanthus roseus*　（武全安）

彩片 55　蛇根木 *Rauvolfia serpentina*　（李延辉）

彩片 56　萝芙木 *Rauvolfia verticillata* （李泽贤）

彩片 57　蕊木 *Kopsia arborea* （李延辉）

彩片 58　黄花夹竹桃 *Thevetia peruviana* （李延辉）

彩片 59　海芒果 *Cerbera manghas* （李泽贤）

彩片 60　黄蝉 *Allamanda schottii* （李光照）

彩片 61　软枝黄蝉 *Allamanda cathartica* （李延辉）

彩片 62　短柱络石 *Trachelospermum brevistylum*　（武全安）

彩片 63　紫花络石 *Trachelospermum axillare*　（武全安）

彩片 64　漾濞鹿角藤 *Chonemorpha griffithii*　（武全安）

彩片 65　毛车藤 *Amalocalyx microlobus*　（李延辉）

彩片 66　夹竹桃 *Nerium oleander*　（陈虎彪）

彩片 67　蓝树 *Wrightia laevis*　（李泽贤）

彩片 68　大纽子花 *Vallaris indecora*　（李延辉）

彩片 69　箭毒羊角拗 *Strophanthus hispidus*　（李延辉）

彩片 70　羊角拗 *Strophanthus divaricatus*　（李泽贤）

彩片 71　止泻木 *Holarrhena pubescens*　（李延辉）

彩片 72　罗布麻 *Apocynum venetum*　（陈虎彪）

彩片 73　长节珠 *Parameria laevigata*　（李延辉）

彩片 74　小花藤 *Ichnocarpus polyanthus*　（李延辉）

彩片 75　翅果藤 *Myriopteron extensum*　（武全安）

彩片 76　杠柳 *Periploca sepium*　（郎楷永）

彩片 77　须药藤 *Stelmatocrypton khasianum*　（李延辉）

彩片 78　牛角瓜 *Calotropis gigantea*（武全安）

彩片 80　鹅绒藤 *Cynanchum chinense*（郎楷永）

彩片 79　马利筋 *Asclepias curassavica*（李延辉）

彩片 81　青羊参 *Cynanchum otophyllum* （武全安）

彩片 82　凸脉球兰 *Hoya nervosa* （韦毅刚）

彩片 83　滴锡眼树莲 *Dischidia tonkinensis* （韦毅刚）

彩片 84　匙羹藤 *Gymnema sylvestre* （李泽贤）

彩片 85　豹皮花 *Stapelia pulchella*（熊济华）

彩片 86　苦绳 *Dregea sinensis* （李延辉）

彩片 87　云南娃儿藤 *Tylophora yunnanensis* （李延辉）

彩片 88　醉魂藤 *Heterostemma alatum* （李延辉）

彩片 89　宁夏枸杞 *Lycium barbarum* （郎楷永）

彩片 90　枸杞 *Lycium chinense*（武全安）

彩片 91　颠茄 *Atropa belladonna* （武全安）

彩片 92　马尿泡 *Przewalskia tangutica*（郭柯）

彩片 93　天仙子 *Hyoscyamus niger* （武全安）

彩片 94　假烟叶树 *Solanum erianthum* （刘伦辉）

彩片 95　龙葵 *Solanum nigrum* （李延辉）

彩片 96　白英 *Solanum lyratum* （郎楷永）

彩片 97　阳芋 *Solanum tuberosum*（李延辉）

彩片 98　水茄 *Solanum torvum* （李泽贤）

彩片 99　刺天茄 *Solanum violaceum* （刘伦辉）

彩片 100　牛茄子 *Solanum capsicoides*　（李泽贤）

彩片 101　毛茄 *Solanum lasiocarpum*　（李泽贤）

彩片 102　红丝线 *Lycianthes biflora*　（李泽贤）

彩片 103　茄参 *Mandragora caulescens*　（郎楷永）

彩片 104　洋金花 *Datura metel*　（李泽贤）

彩片 105　碧冬茄 *Petunia hybrida*　（陈虎彪）

彩片 106　土丁桂 *Evolvulus alsinoides*（武全安）

彩片 107　九来龙 *Erycibe elliptilimba*（李泽贤）

彩片 108　田旋花 *Convolvulus arvensis*（郎楷永）

彩片 109　掌叶鱼黄草 *Merremia vitifolia*（李延辉）

彩片 110　金钟藤 *Merremia boisiana*（武全安）

彩片 111　茑萝 *Ipomoea quamoclit*（郎楷永）

彩片 112　假厚藤 *Ipomoea imperati* （李泽贤）

彩片 113　蕹菜 *Ipomoea aquatica* （李泽贤）

彩片 114　菟丝子 *Cuscuta chinensis* （李泽贤）

彩片 115　睡菜 *Menyanthes trifoliata*（费　勇）

彩片 116　花荵 *Polemonium coeuleum* （陈虎彪）

彩片 117　天蓝绣球 *Phlox paniculata* （陈虎彪）

彩片 118　小天蓝绣球 *Phlox drummondii*（陈虎彪）

彩片 119　厚壳树 *Ehretia acuminata*（武全安）

彩片 120　西南粗糠树 *Ehretia corylifolia*（武全安）

彩片 121　大尾摇 *Heliotropium indicum*（李泽贤）

彩片 122　滇紫草 *Onosma paniculatum*（武全安）

彩片 123　勿忘草 *Myosotis alpestris*（郎楷永）

彩片 124　长蕊斑种草 *Antiotrema dunnianum*（武全安）

彩片 125　垫紫草 *Chionocharis hookeri*（李渤生）

彩片 126　西藏微孔草 *Microula tibetica*（刘尚武）

彩片 127　颈果草 *Metaeritrichium microuloides*（刘尚武）

彩片 128　倒提壶 *Cynoglossum amabile*（武全安）

彩片 129　海榄雌 *Avicennia marina*（李泽贤）

彩片 130 马缨丹 *Lantana camara* （武全安）

彩片 131 过江藤 *Phyla nodiflora* （李泽贤）

彩片 132 假马鞭 *Stachytarpheta jamaicensis* （李泽贤）

彩片 134 大叶紫珠 *Callicarpa macrophylla* （李延辉）

彩片 133 假连翘 *Duranta erecta* （武全安）

彩片 135 白棠子树 *Callicarpa dichotoma* （陈虎彪）

彩片 136　广东紫珠 *Callicarpa kwangtungensis*（林　祁）

彩片 137　思茅豆腐柴 *Premna szemaoensis*（李延辉）

彩片 138　苦梓 *Gmelina hainanensis*（李泽贤）

彩片 139　石梓 *Gmelina chinensis*（李泽贤）

彩片 140　莺哥木 *Vitex pierreana*（李泽贤）

彩片 141　蔓荆 *Vitex trifolia*（李延辉）

彩片 142　荆条 *Vitex negundo var. heterophylla*（郎楷永）

彩片 143　苦郎树 *Clerodendrum inerme*（李泽贤）

彩片 144　大青 *Clerodendrum cyrtophyllum*（李泽贤）

彩片 145　三台花 *Clerodendrum serratum var. amplexifolium*（李延辉）

彩片 146　臭茉莉 *Clerodendrum chinensis var. simplex*（武全安）

彩片 147　臭牡丹 *Clerodendrum bungei*（陈虎彪）

彩片 148　腺茉莉 *Clerodendrum colebrookianum*（李延辉）

彩片 149　海州常山 *Clerodendrum trichotomum*（陈虎彪）

彩片 150　海通 *Clerodendrum mandarinorum*（武全安）

彩片 151　赪桐 *Clerodendrum japonicum*（李延辉）

彩片 152　长管大青 *Clerodendrum indicum*（李延辉）

彩片 153　灰毛莸 *Caryopteris forrestii*（武全安）

彩片 154　光果莸 *Caryopteris tangutica*（刘尚武）

彩片 155　白苞筋骨草 *Ajuga lupulina*（郎楷永）

彩片 156　美花圆叶筋骨草 *Ajuga ovalifolia var. calantha*（郎楷永）

彩片 157　痢止蒿 *Ajuga forrestii*（武全安）

彩片 158　滇黄芩 *Scutellaria amoena*（李延辉）

彩片 159　半枝莲 *Scutellaria barbata*（陈虎彪）

彩片 160　夏至草 *Lagopsis supina*（武全安）

彩片 161　荆芥 *Nepeta cataria*（陈虎彪）

彩片 162　活血丹 *Glechoma longituba*（李泽贤）

彩片 163　扭连钱 *Marmoritis complanatum*（杨启修）

彩片 164　龙头草 *Meehania henryi*（谭策铭）

彩片 165　松叶青兰 *Dracocephalum forrestii*（武全安）

彩片 166　无髭毛建草 *Dracocephalum imberbe*（郎楷永）

彩片 167　毛建草 *Dracocephalum rupestre*（郎楷永）

彩片 168　夏枯草 *Prunella vulgaris*（郎楷永）

彩片 169　皱面草 *Leucas zeylanica*（李泽贤）

彩片 170　草原糙苏 *Phlomis pratensis*（郎楷永）

彩片 171　串铃草 *Phlomis mongolica*（岳建英）

彩片 172　黑花糙苏 *Phlomis melanantha*（武全安）

彩片 173　独一味 *Lamiophlomis rotata*（杨启修）

彩片 174　益母草 *Leonurus japonicus*（武全安）

彩片 175　火把花 *Colquhounia coccinea var. mollis*（武全安）

彩片 176　广防风 *Anisomeles indica*（李泽贤）

彩片 177　黄花鼠尾草 *Salvia flava*（武全安）

彩片 178　云南鼠尾草 *Salvia yunnanensis*（武全安）

彩片 179　一串红 *Salvia splendens*（陈虎彪）

彩片 180　拟美国薄荷 *Monarda fistulosa*（陈虎彪）

彩片 181　新塔花 *Ziziphora bungeana*（郎楷永）

彩片 182　硬尖神香草 *Hyssopus cuspidatus*（郎楷永）

彩片 183　牛至 *Origanum vulgare*（郎楷永）

彩片 184　野拔子 *Elsholtzia rugulosa*（武全安）

彩片 185　木香薷 *Elsholtzia stauntoni*（陈虎彪）

彩片 186　白香薷 *Elsholtzia winitiana*（李延辉）

彩片 187　四方蒿 *Elsholtzia blanda*（李延辉）

彩片 188　野草香 *Elsholtzia cypriani*（李延辉）

彩片 189　东紫苏 *Elsholtzia bodinieri*（武全安）

彩片 190　刺蕊草 *Pogostemon glaber*（李延辉）

彩片 191　毛萼香茶菜 *Isodon eriocalyx*（武全安）

彩片 192　线纹香茶菜 *Isodon lophanthoides*（武全安）

彩片 193　五彩苏 *Coleus scutellarioides*（陈虎彪）

彩片 194　凉粉草 *Mesona chinensis*（李泽贤）

彩片 195　肾茶 *Clerodendranthus spicatus*（李泽贤）